DIE LANDSCHAFTEN
DER BRITISCHEN INSELN

VON

Dr. JOHANN SÖLCH
PROFESSOR AN DER UNIVERSITÄT WIEN

IN ZWEI BÄNDEN

ERSTER BAND
ENGLAND UND WALES

MIT 154 TEXTABBILDUNGEN

Springer-Verlag Wien GmbH

1951

ISBN 978-3-662-24060-1   ISBN 978-3-662-26172-9 (eBook)
DOI 10.1007/978-3-662-26172-9
ALLE RECHTE, INSBESONDERE DAS DER ÜBERSETZUNG
IN FREMDE SPRACHEN, VORBEHALTEN

Copyright 1951 by Springer-Verlag Wien
Ursprünglich erschienen bei Springer-Verlag in Vienna 1951.

MEINER LIEBEN FRAU

Vorwort

Laetus sorte tua vives sapienter.

Horaz, Ep. I, 1, 44.

1923 war ich kurze Zeit in England und vorübergehend in Schottland gewesen und hatte schon selbst mit dem Gedanken gespielt, eine Länderkunde der Britischen Inseln zu schreiben. Eine solche war ein Bedürfnis. Geh. Rat Prof. Dr. A. PENCK, mit dem ich gelegentlich darüber sprach, bestärkte mich in meiner Absicht und unterstützte mich mit Rat und Tat. Bei einem fünfmonatigen Besuch der Britischen Inseln (1926), den mir auf seinen Vorschlag hin die Notgemeinschaft der deutschen Wissenschaft ermöglichte — stets werde ich mich dieser Tatsachen dankbarst erinnern —, gewann ich einen ersten Überblick über Land und Leute. Im folgenden Jahrzehnt bin ich wiederholt drüben gewesen und habe so ziemlich alle Teile kennengelernt, manche auch wiederholt besucht. Sachkundige Freunde sind mir dabei ungemein behilflich gewesen.

Allein die Vollendung des Werkes sollte sich immer wieder verzögern. Unerwartete Schwierigkeiten ergaben sich, verursacht z. T. durch meine Übersiedlung von Innsbruck nach Heidelberg, z. T. durch die Wirtschaftskrise zu Beginn der Dreißigerjahre. Schließlich mußte der ursprünglich mit der Firma Engelhorns Nachf. abgeschlossene Vertrag aus zeitbedingten Gründen gelöst werden. Obwohl inzwischen der zweite Weltkrieg ausgebrochen war, ergab sich dann die Möglichkeit, das Werk im Verlag Gebr. Borntraeger, Berlin, herauszubringen. Herr Dr. Thost, der Inhaber des Verlages, bezeigte mir von Anfang an größtes Entgegenkommen und bemühte sich trotz der Nöte der Zeit um eine bestmögliche Ausstattung des Werkes.

Mit Vorbedacht habe ich das Schwergewicht auf die eingehende Darstellung der einzelnen Landschaften der Britischen Inseln gelegt: denn gerade an einer solchen hat es gefehlt und fehlt es auch heute noch. Nicht einmal die englische Fachliteratur selbst weist diesbezüglich ein modernes Werk aus einem Guß auf. Geographische Beschreibungen der Britischen Inseln im allgemeinen liegen dagegen mehrfach vor. Ich hatte zwar nicht die Absicht, auf einen sogenannten allgemeinen Teil zu verzichten, aber unter den gegebenen Verhältnissen schien es dem Verlag und mir ratsamer, diesen erst später, nach dem Ende des Krieges, sobald die inzwischen erschienenen ausländischen Schriften wieder zur Verfügung stünden, folgen zu lassen. In ihm sollten die Britischen Inseln in ihrer geographischen Weltstellung allseitig beleuchtet, die Geschichte ihrer geographischen Erkundung dargestellt und methodische Fragen erörtert werden, u. a. warum ich jene zunächst nicht nach morphologischen oder überhaupt physiogeographischen Gesichtspunkten, sondern einfach nach der Lage gegliedert und benannt habe. Im übrigen weiß jeder Fachmann der Länderkunde, zu wieviel Zugeständnissen man sich bei solchen Einteilungen namentlich infolge der Überschneidung von physio- und kulturgeographischen Einteilungen herbeilassen muß, ganz abgesehen davon, daß sich deren Einheiten auch untereinander gewöhnlich nicht scharf abgrenzen lassen. Dem Ermessen des Verfassers wird man hier einen gewissen — oft sogar recht weiten — Spielraum zuerkennen müssen.

Verleger und Verfasser hatten für sicher damit gerechnet, daß wenigstens der erste Teil des Bandes, England und Wales umfassend, spätestens bis Herbst 1943, der zweite, Schottland und Irland, dann im folgenden Jahr erscheinen würden. Infolge der Verzögerungen in der Papierbeschaffung, der Druckerlaubnis usw. kam es leider anders. Der erste Teil war zu Beginn 1945 eben ausgedruckt, als mich der Zusammenbruch von jeder Verbindung mit dem Verlag abschnitt. Erst zwei Jahre später erreichte mich die Nachricht, daß das ganze Werk samt Klischees usw. im Herbst 1945 verbrannt worden sei. Herr Dr. Thost war gestorben. Da alle Voraussetzungen für eine Herausgabe in Berlin geschwunden waren, wurde 1947 der Vertrag mit Borntraeger aufgehoben. Nunmehr nahm sich der Springer-Verlag in Wien des Werkes an. Nach dem neuen Vertrag wurde es auf die „Landschaften der Britischen Inseln" beschränkt. Es wird in zwei Teilen (Bänden) erscheinen: England und Wales, bzw. Schottland und Irland. Dem zweiten wird ein ausführliches Sachverzeichnis beigefügt werden. Ob ich noch dazu komme, die seinerzeit geplante Darstellung der Britischen Inseln als ein Ganzes (s. o.) abzufassen, bleibt eine offene Frage.

In den letzten Jahren habe ich die unbedingt notwendig gewordene Umarbeitung vorgenommen. Oftmals hat dies eine fast völlige Neubearbeitung bedeutet. Denn es mußten die seit 1939 auf den Britischen Inseln eingetretenen Veränderungen und die inzwischen erschienene vielseitige britische Literatur berücksichtigt werden, wollte man vermeiden, daß die Darstellung gleich bei ihrem Erscheinen nicht mehr völlig zutreffend wäre. Hierbei war es für mich überaus wertvoll, und ich fühle mich dem British Council dafür ganz besonders verpflichtet, daß es mich auf Antrag des damaligen Leiters seiner Wiener Stelle, Herrn C. R. Hiscocks, zweimal (1947 und 1948) zu einem mehrwöchigen Besuch in Großbritannien einlud. Gern benütze ich die Gelegenheit, für die mir großzügig gewährte Unterstützung meinen verbindlichsten Dank auch öffentlich auszusprechen.

Ziel und Zweck sowie Methode geographischer Beschreibungen haben sich im Lauf der Zeit öfters gewandelt, gewöhnlich im Zusammenhang mit deren allgemeinen Strömungen, welche vielfach modebestimmend wirkten. So ertönte bekanntlich vor ein paar Jahrzehnten, namentlich von Jüngeren, wieder einmal der Schrei nach einer neuen Auffassung von den Aufgaben der Geographie überhaupt und der Länderkunde im besonderen. Man bekämpfte das sogenannte „länderkundliche Schema", man forderte „Ganzschau", „Synthese", Erkunden und Erleben „der Seele" einer Landschaft, „Herausstellung ihrer Funktionen" und danach womöglich eine Voraussage für die Zukunft. Ganz unberechtigt sind solche Wünsche nicht. Allein die erste Hauptaufgabe jeder Wissenschaft wird doch immer die Frage nach dem „Warum" sein, nach dem „Wie der Zusammenhänge"; für die Geographie also die Frage nach den Ursachen und dem Verlauf jener Entwicklung, welcher ein „individuelles" Stück Erdoberfläche sein Wesen und sein Gepräge verdankt; die Frage nach den natürlichen Vorgängen sowie den menschlichen Ideen und Motiven, die es bisher gestaltet haben, sowie denjenigen, die es in der Gegenwart teils schneller, teils langsamer, manchmal binnen kurzem auffällig und gründlich, ein andermal zunächst kaum merklich umgestalten. Immer haben dabei die Gegebenheiten der Natur grundlegende Bedeutung, und immer treten natürliche Tatsachen und Vorgänge bestimmend auf, denen sich die anderen mehr oder weniger unterordnen;

das „Wechselspiel" ist von vornherein keines mit gleich starken Kräften. Das natürliche Werden der Landschaft und die Bedingungen ihrer weiteren Entwicklung müssen daher in einer logischen Erörterung allem übrigen vorangehen. Auch der Mensch der neotechnischen Kultur, der in sie hineingestellt ist, in ihr und aus ihr lebt, vermag die großen Gesetze des Naturwaltens jenseits gewisser, ihren Fähigkeiten und Kenntnissen angemessener Grenzen nicht zu ändern, ohne die Gefahr heraufzubeschwören, letzten Endes mehr Schaden als Nutzen zu stiften. Der Fortschritt seines Werkes ist darüber hinaus von vielen, auch nichtphysischen, Voraussetzungen, von beabsichtigten und von nichtbezweckten, ja ungünstigen Auswirkungen seiner Eingriffe, von den verschiedensten Motiven, auch nichtgeographischen, abhängig. Dem Ausmaß seiner Leistung in der Auseinandersetzung mit der Natur entspricht der Grad der Umwandlung der Natur- zur Kulturlandschaft. Deren Erklärung, die den Geographen an die Ränder seines Arbeitsgebietes führt, schließt sich folgerichtig an die natürliche Landschaftsgestaltung an. Auf dieser in sich begründeten Abfolge beruht die Berechtigung des länderkundlichen Schemas. Demgemäß ist auch im folgenden jeder Abschnitt gegliedert. Im einzelnen läßt sich übrigens auch in ein Schema mancherlei Abwechslung bringen, der sorgfältige Leser wird dies wohl in dem vorliegenden Buche feststellen können. Daß weder die Physio- noch die Kulturgeographie einseitig in den Vordergrund gerückt sind, ergibt sich aus dem Gesagten von selbst.

Eine eingehende Beschreibung kann, wenn sie nicht leeres Gerede oder ein Spiel mit schönen Worten sein soll, nicht immer auf Einzelheiten verzichten. Dann müssen mitunter auch Namen genannt werden, die nicht einmal im „Stieler" oder in einem anderen unserer großen Atlanten zu finden sind — ich habe dann meist noch eine nähere Lageangabe hinzugefügt; doch reichen jene gewöhnlich aber aus. In einzelnen Fällen und namentlich für das genauere Studium wird man allerdings die neuesten Ausgaben der brit. Spezialkartenwerke, der „Half inch map" (1 : 126 720) oder der „One inch map" (1 : 63 360), zu Rate ziehen müssen. Verhältnismäßig viele Einzelheiten bringen die ersten drei Kapitel; die in ihnen behandelten Teile der Br. I. sind am besten erkundet, liegen uns am nächsten, werden am häufigsten besucht und sind für uns am wichtigsten. Nur hier bin ich anscheinend von der einfachen Einteilung nach der Lage abgewichen und habe dem Londoner Becken und London je ein eigenes Kapitel gewidmet. Ein Stück SE-England im weiteren Sinn sind gewiß auch sie; mit Rücksicht auf ihre besondere Bedeutung habe ich jedoch absichtlich ihre Betrachtung von der des Downs- und Weald-Gebietes getrennt und der Einfachheit halber die Bezeichnung SE-England auf dieses beschränkt. Sonst habe ich nach möglichster Gleichmäßigkeit gestrebt. Sie absolut durchzuführen, wäre sinnlos gewesen: denn jedes Gebiet hat seine Eigenheiten, und was für die Auffassung des einen wichtig und entscheidend ist, kann in einem anderen ganz zurücktreten.

Autoren werden nur ausnahmsweise im Text genannt, über sie geben die vielen durch eckige Klammern gekennzeichneten Schriftennachweise genügend Auskunft. Diese beziehen sich auf die Literaturverzeichnisse, die den einzelnen Kapiteln angeschlossen sind; auf Vollständigkeit erheben sie trotz ihrer Fülle keinen Anspruch. Mit Ausnahme ganz besonders wichtiger Werke greifen sie grundsätzlich nicht vor 1900 zurück. Ich habe mich bemüht, sie möglichst bis zur Gegenwart zu ergänzen. Von den jüngst erschienenen Veröffentlichungen konnte ich allerdings nicht mehr alle einsehen, doch hielt ich es für zweckmäßig, sie wenigstens zu nennen.

Die Schriften sind in neun Gruppen und in jeder Gruppe nach Nummern, unter Voransetzung der Gruppenziffern, zeitlich geordnet. Die 1-Nummern umfassen die allgemeinen oder auf ganze Landschaften bezüglichen Schriften; 2 Geologie, u. zw. allgem. Geol. des Gebietes und Tektonik, weniger Stratigraphie, nur ausnahmsweise die uns ferner liegende Paläontologie; 3 Morphologie und Eiszeitalter; 4 Klimato- und Hydrologie, Bodenkunde, Pflanzen- und Tiergeographie; 5 Anthropologie, Vorgeschichte und Römerzeit; 6 Hist. Kulturgeographie (Entwicklung der Kulturlandschaft) bis ins 19. Jh., also hauptsächlich Veröffentlichungen hist.-geographischen, wirtschafts- und siedlungsgeschichtlichen Inhalts; 7 Wirtschafts- und Verkehrsgeographie; 8 Siedlungsgeographie (wichtige Städte erscheinen hier unter eigenen Nummern); die 9-Gruppen enthalten eine Auswahl von mehr oder weniger populären, öfters etwas weitschweifigen und „seelenvollen" Darstellungen, wenn sie dem Geographen wenigstens einzelne lebendige Bilder von Land und Leuten geben. Wer also nur die Lit. eines bestimmten Faches sucht, findet sie leicht für den ganzen Bereich der Br. I., indem er alle Verzeichnisse unter der betreffenden Gruppennummer nachschlägt. Verweise auf das Lit.-Verz. eines anderen Kap. erfolgen unter Angabe von dessen Zahl, z. B. [II^{312}], d. i. Lit.-Verz. von Kap. II, Nr. 312 (lies 3—12). Nur ausnahmsweise ist eine Schrift zweimal aufgenommen worden. Dagegen wurde eine größere Anzahl von Werken, die sich auf die ganzen Br. I. oder größere Teile derselben beziehen, in drei eigenen Verzeichnissen zusammengefaßt, nach denselben Gesichtspunkten geordnet; sie werden an das Literaturverzeichnis jeweils des letzten Kapitels des betreffenden Bandes angefügt werden. Die auf sie bezüglichen Nummern sind im Text durch folgende Zeichen hervorgehoben: * für Br. I. im allgemeinen, England, Wales; + für Schottland, ^{x} für Irland. Die mit der Anlegung der Literaturverzeichnisse und der Einfügung der bezüglichen Verweise in den Text verbundene Arbeit kostete mehr Zeit als die Abfassung des Textes selbst; bei der manchmal nötigen Überprüfung der Autorennamen, Titel der Veröffentlichungen usw. unterstützte mich sehr dankenswert Frau Dr. ELIS. CZERMAK. Grundsätzlich nicht aufgenommen sind in die Literaturverzeichnisse Zusammenstellungen der amtlichen topographischen und geologischen Kartenwerke; über sie geben die von Zeit zu Zeit erscheinenden Veröffentlichungen des Ordn. Survey Office, bzw. des Geol. Survey of Great Britain Bescheid. Nicht aufgenommen habe ich ferner Werke allgemeinen „englandkundlichen" Inhalts. Der deutsche Leser sei diesbezüglich in erster Linie auf W. DIBELIUS' zweibändige Darstellung „England" (Deutscher Verlag, Stuttgart; mehrere Auflagen) und das in der Sammlung „Die Handbibliothek des Philologen" erschienene Buch von K. BRUNNER, Großbritannien, Land, Volk, Staat (Velhagen & Klasing, Bielefeld und Leipzig 1929) verwiesen.

In runden Klammern stehen Angaben anderer Art, z. B. Höhenzahlen, Einwohnerzahlen. Diese sind für Großbritannien nach der amtlichen Statistik der Zählung von 1931 angegeben, die Namen der Städte (einschließlich der Urban Districts) durch Sperrdruck hervorgehoben. Über die recht erheblichen Veränderungen, die seither eingetreten sind, geben z. T. die auf Schätzungen beruhenden Zahlen Auskunft, die in Whitakers Almanach 1948 für 1945 mitgeteilt wurden; ich habe sie jeweils in Schrägdruck an die für 1931 beigefügt. Wenn die Angaben über Einwohnerzahlen aus einer anderen Quelle entnommen wurden oder sich auf ein anderes Jahr beziehen, wurde dies ausdrücklich vermerkt.

Die beiden Bände sind mit mehr als 200 Bildern und Karten ausgestattet.

Leider konnte ich in diesem Punkt meine Pläne nicht verwirklichen. Es war mir seinerzeit u. a. von britischen Behörden, Firmen und Freunden eine ganze Anzahl besonders lehrreicher und schöner Bilder in Aussicht gestellt worden. Infolge des Krieges mußte ich mich jedoch größtenteils mit eigenen Aufnahmen begnügen, einige stellte mir Herr Prof. Dr. KARL BRUNNER, Innsbruck, freundlich zur Verfügung, etliche der Aerofilm Co. Ltd. vermittelte mir Herr Studienrat (jetzt Gymnasialdirektor) Dr. H. SLANAR. Beiden danke ich dafür herzlich. Natürlich konnte es sich nicht darum handeln, einen förmlichen Bilder- oder Kartenatlas beizugeben, sondern nur darum, bestimmte Erscheinungen, für die man entsprechende Abbildungen auch aus anderen Landschaften hätte bringen können, an einzelnen Beispielen zu veranschaulichen.

In diesem Zusammenhang erfordern die Stadtpläne nach J. SPEED eine eigene Bemerkung. Um das Wachstum der großen englischen Städte zu beleuchten, wäre es am besten gewesen, Stadtpläne aus dem Anfang des vorigen Jahrhunderts den heutigen gegenüberzustellen. Allein solche sind mir hier nicht erreichbar gewesen. Zum Glück besitzt die Wiener Nationalbibliothek ein schönes Exemplar von J. SPEEDS Theatrum Imperii Magnae Britanniae ..., Amsterdami, Apud Ioannem Blaey, MDCLXVI. Mit dankenswerter Erlaubnis ihres damaligen Direktors, Herrn Hofrats Dr. R. TEICHL, hatte ich für die Veröffentlichung im Verlag Gebr. Borntraeger mehrere von J. SPEEDS Plänen unverändert wiedergegeben, andere dagegen wegen des Kostenpunktes nach Rücksprache mit Herrn Prof. Dr. E. OBERHUMMER, dessen Rat ich in dieser Sache besonders schätzte, durch Frau Dr. H. JURCZAK umzeichnen lassen und dadurch vereinfacht. Diese Umzeichnungen sind natürlich noch weniger maßstabsgetreu als die Originale mit ihrer perspektivischen Darstellung, geben aber immerhin eine gewisse Idee von dem damaligen Plan der betreffenden Stadt.

Am Schlusse dieses Vorwortes möchte ich meinen ganz besonderen Dank allen denjenigen britischen Freunden aussprechen, die meine Arbeit irgendwie mit Rat und Tat gefördert haben. An der Spitze stehen Miß AGATHA BOOKER, dzt. Nairobi, Prof. H. J. FLEURE und Mr. ALEXANDER FARQUHARSON, Generalsekretär des Inst. of Sociology, Ledbury. Besonders hilfreich erwiesen sich ferner Prof. C. B. FAWCETT, London, und G. H. J. DAYSH, Newcastle, in London außerdem Prof. L. DUDLEY STAMP, der mir u. a. ein vollständiges Exemplar des von ihm herausgegebenen zehnbändigen Werkes „The Land of Britain" (The Report of the Land Utilisation Survey of Britain) widmete; Prof. K. EDWARDS, Nottingham, Prof. J. A. STEERS, Cambridge, Prof. A. G. OGILVIE, Edinburgh, Prof. A. STEVENS, Glasgow, Dr. F. J. NORTH und Dr. ELWYN DAVIES, Cardiff. Einige von ihnen hatten jüngst noch die besondere Güte, die Druckbogen des einen oder anderen Kapitels zu überprüfen. Im übrigen müßte ich hier noch eine lange Liste anschließen, wollte ich alle einzeln nennen. Ihnen allen auch an dieser Stelle zu danken, ist mein Wunsch und meine Pflicht.

Wärmsten Dank empfinde ich für die Herren der R. Geogr. Soc., deren Direktoren, zuerst Mr. A. HINKS, dann nach dem zweiten Weltkrieg Mr. L. KIRWAN, mir alle Hilfsmittel der Gesellschaft zur Verfügung stellten.

Dankbar gedenke ich auch der Herren Direktoren des Geological Museum, die mir die Benützung der Bücher und Sammlungen des Museums gestatteten. Sir JOHN FLEET vor dem zweiten Weltkrieg, nach diesem Dr. W. F. P. McLINTOCK, und der besonderen Hilfe daselbst durch Herrn Dr. J. PHEMISTER. Weiters möchte ich auch an dieser Stelle dem Präsidium der British

Association for the Advancement of Science meinen ergebensten Dank aussprechen. Nachdem ich schon 1926 als Gast ihres Sekretärs, Prof. J. L. Myres, der Versammlung in Oxford beiwohnen durfte, wurde mir die Ehre einer Einladung wiederholt zuteil, zuletzt noch 1947 für Dundee. Ich brauche mich wohl über den geistigen Gewinn nicht näher zu äußern, den die Teilnahme an diesen Veranstaltungen durch Vorträge, Diskussionen und die Anknüpfung persönlicher Bekanntschaft mit Kollegen des eigenen Faches und benachbarter Fächer für mich bedeutete.

Hinsichtlich der Ausführung des folgenden Werkes gebührt mein Dank außer den schon hervorgehobenen Stellen und Personen in ganz hervorragendem Maße meinem lieben Freund Herrn Univ.-Prof. Dr. Karl Brunner in Innsbruck, der zuerst schon das Manuskript geprüft und mir eine Reihe beachtenswerter Winke gegeben, dann auch die Korrekturen für den Verlag Gebr. Borntraeger mitgelesen hatte und es sich schließlich nicht nehmen ließ, die Korrekturen der neuen Bearbeitung für den Springer-Verlag genau zu prüfen; und meiner lieben Frau, die in Hunderten von Stunden unermüdlicher Arbeit meine Stenogramme in Maschinschrift übertrug und auch die Geduld nicht verlor, wenn im Laufe der langen und z. T. so traurigen Entstehungsgeschichte dieses Werkes immer wieder Umarbeitungen nötig wurden.

Zuletzt noch ein Wort des Dankes an Verlag und Druckerei, nicht etwa, weil es so üblich, sondern weil er durchaus verdient ist. Bedeutet doch in Zeiten wie den heutigen die Übernahme eines großen und dabei nicht auf Massenabsatz berechneten Werkes für jeden Verleger ein Wagnis.

Wien, am Allerheiligentage 1950.

J. Sölch

Inhaltsverzeichnis

Übersicht über den Inhalt des II. Bandes

I. Südostengland

Keilförmig springt Großbritannien zwischen der Nordsee und dem Ärmelkanal gegen das Festland vor, dem es in der auf 32 km eingeschnürten Straße von Dover am nächsten kommt. In der Tat sind die Anklänge an die Verhältnisse des Kontinents nirgends so zahlreich und stark, nirgends in England waren und blieben die Einwirkungen Europas so unmittelbar, kräftig und mannigfach wie hier. Beiderseits der Straße von Dover, der „Narrow Straits", kehren gleiche Grundlinien des inneren Baus, gleiche Gesteine, ähnliche Formen wieder; das Klima ist nur in den feineren Zügen verschieden. Nachbarlage und Ähnlichkeit der natürlichen Bedingungen lassen auch Ähnlichkeiten in der Geographie des Menschen erwarten, und wirklich fehlt es an solchen nicht. Gleichwohl ist auch SE-England wegen seiner — ehemals noch viel wirksameren — Abtrennung durch das Meer in Wesen und Bild ein Stück echtes England und damit einer anderen Welt geblieben. Wohl weist ihm der Verkehr mit dem Festland auch heute noch besondere Aufgaben zu wie einst schon im grauen Altertum, aber seine gegenwärtigen Hauptfunktionen sind ihm aus der Nähe von London erwachsen: hauptsächlich für dieses arbeitet es, dorthin vor allem bringt es den Überschuß seiner Erzeugnisse, gibt es von seiner Bevölkerung ab. Demgegenüber werden die Wohnstätten der Londoner in SE-England immer zahlreicher und im ganzen wächst hier die E.Z. dauernd an. Der Raum erhält dadurch ein neues Gepräge, namentlich auf den der Landwirtschaft weniger günstigen Böden. Auch sonst sind im Zusammenhang mit den Bedürfnissen der Riesenstadt dauernd kulturgeographische Wandlungen der Landschaft im Gange [12].

Im S und E bezeichnet das Meer eindeutig die Grenze SE-Englands; im N und W kann sie dagegen nur willkürlich gezogen werden. Weder innerer Bau noch Formenschatz, weder Klima noch Boden, weder die kulturgeographischen Züge noch die Gr.-Grenzen gestatten dort eine in jeder Hinsicht befriedigende Abgrenzung im N gegen das Themsetiefland, im W gegen das mittlere S-England. Von den drei historischen Gr. SE-Englands reichen Kent und zumal Surrey in das erstere hinab, Sussex in das letztere hinüber. Im N bildet der langgestreckte, aber doch von verschiedenen Flüssen SE-Englands durchbrochene Höhenzug der North Downs in vieler Hinsicht die auffälligste und klarste Scheide gegen das Themsetiefland und die Themsebucht, doch ist er zu klein, um als eine eigene Hauptlandschaft ausgeschieden zu werden. Mit steiler Stufe fällt er gegen S ab, während seine n. Abdachung allmählich in das Themsetiefland übergeht. Schon deshalb möchte man die North Downs zu diesem rechnen, aber auch wegen der immer mehr zunehmenden kulturgeographischen Beeinflussung von London her. Allein ihre geo- und morphologische Geschichte und ihr heutiger Formenschatz lassen sich nur im Zusammenhang mit der des übrigen SE-England verstehen, gleich der ihres Gegenstückes im S, der South Downs, deren Zugehörigkeit zu SE-England klar ist. So schließen wir auch die North Downs in dieses ein. Im W zieht man die Grenze am zweckmäßigsten dort, wo sich die beiden Höhenzüge von dem viel breiteren Plateau von E-Wessex ablösen, und dazwischen längs dem Fuße der Stufe, von welcher dieses im E umrandet ist.

North und South Downs umschließen als kräftige Schichtstufen das geologische Kernstück SE-Englands, den W e a l d. Dieser erhält seinen besonderen Zug durch eine mittlere Erhebung, den High Weald. Sie wird von einem wohlausgeprägten Ring tieferen Landes umschlossen, der n. und der s. Wealdniederung, welche im W im Bogen ineinander übergehen, im E und SE durch das Meer abgeschnitten werden. Über dieses Hufeisen niedrigen Landes steigt gegen außen hin eine erste Reihe von Stufen auf, zwar im ganzen genommen einheitlich, im einzelnen aber ungleich breit und hoch, am höchsten im NW, wo sie sogar die benachbarten North Downs leicht überragen (Surrey Hills mit Leith Hill). Ähnlich hoch sind sie auch über dem

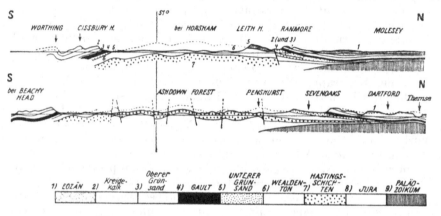

Abb. 1. Tektonische Profile durch SE-England.
(Nach Wooldridge-Linton. Maßst. ungef. 1 : 460 000. Vierfach überhöht.)

W-Ende der Wealdniederung in den Western Heights. Dagegen bleiben sie im S an Höhe hinter den South Downs beträchtlich zurück, ja im E tritt die s. Wealdniederung (Southern Vale of the Weald) unmittelbar an deren Abfall heran. Der Abstand zwischen dem inneren Stufenring und den North Downs ist verschieden: im NW verwachsen beide fast völlig miteinander, weiter ö. aber schaltet sich zwischen beide eine Längstalfurche ein, mit den Vales of Holmesdale und of Kent als den Hauptabschnitten.

Jene ringförmige Anordnung entspricht einer geräumigen Aufwölbung von elliptischem Grundriß (Abb. 1). Von ihr wurden noch die Kalke der Oberkreide (Chalk) erfaßt. Doch wurde der Scheitel des Gewölbes abgetragen und das Land weitgehend eingeebnet, wobei das benachbarte Meer im Themsetiefland und in der Niederung von Hampshire die Erosionsbasis abgab. Auf der N-Abdachung der North Downs ist schon eine subeozäne Einflächung erkennbar. Aber im jüngeren Oligozän erreichten, im Zusammenhang mit den stärkeren Gebirgsbildungen des alpinen Europa (des „Alpine storm" der englischen Geologen), Krustenbewegungen, die schon im Eozän begonnen hatten, ihren Höhepunkt, und das anfängliche Bild einer domförmigen Aufkrümmung wurde im einzelnen sehr verwickelt gestaltet. Es bildeten sich etliche größere und kleinere Falten und Flexuren (Monoklinalfalten), die teils im Hauptstreichen, teils aber schräg dazu verlaufen. Mitunter sind sie bogenförmig krumm, kulissenförmig angeordnet, oft gehen sie in Verwerfungen über oder sind sie von solchen begleitet oder begrenzt (Abb. 2). Nach einer längeren Ruhepause im Miozän entstanden ausgedehnte Einflächungen, die in der Folge dem altpliozänen Meer eine weitreichende Überflutung und in Verbindung damit eine ausgiebige Einebnung der äußeren Teile gestatteten. Mit dem Rückzug des Meeres und einer gleichmäßigen Hebung des gesamten Gebietes beginnt die jüngste Phase des Abtragungsverlaufes. Alle diese Vorgänge haben zur Entwicklung des heutigen Formenschatzes wesentlich beigetragen [21, 24, 28, 218, 221, 336 u. a.].

Der H i g h   W e a l d oder „Forest Ridge" ist ein unruhiges Hügelland mit Rücken und Platten, flachen Kuppen und niedrigen Stufen, nur ausnahmsweise über 200 m hoch (Crowborough Beacon 241 m). Die Höhenzüge und die Haupttäler halten sich mehr weniger an das Schichtstreichen des

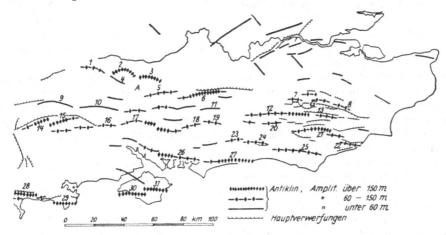

Abb. 2. Strukturbild SE-Englands. (Nach WOOLDRIDGE-LINTON u. a.)

1. Vale of Pewsey Anticline. 2. Ham Pericline. 3. Kingsclere Pericline. 4. Heydown Hill A. 5. Farley Wallop A. 6. Peasemarsh A. (Hog's Back). 7, 8. Penshurst u. Cranbrook A. 9. Warminster A. 10. Stockbridge A. 11. Hindhead A. 12., 13. Crowborough u. Ticehurst A. 14. Wardour A. 15. Bower Chalk. 16. Dean Hill A. 17. Winchester A. 18. Petersfield A. 19. Fernhurst A. 20. Cuckfield A. 22. Brightling A. 22. Battle A. 23. Greenhurst A. 24. Pyecombe A. 25. Brighton-Pevensey A. 26. Portsdown A. 27. Worthing A. 28. Chaldon A. 29. Purbeck A. 30. Brixton A. 31. Sandown A.
A Andover Depression. G Groombridge Depression.

miozänen Faltenwurfs, im W also so ziemlich in W—E-Richtung („Forest Range"), im E mehr in ESE („Battle Range"). Mindestens streckenweise knüpfen sich die wichtigeren Wasserscheiden an die Faltensättel, die größeren Täler und Talfurchen an die Faltenmulden oder auch an tektonische Gräben [24, 28]. Die Hauptachse ist die Crowborough-Ticehurst Anticline, vor die sich im E-Flügel die Penshurst-Cranbrook Anticline im N, die Brightling Anticline im S legt. Jede von ihnen besteht aus einer Anzahl kleinerer Falten. Ganz im SE schließt sich eine solche bei Battle an, die bei Hastings an das Meer herantritt, ein 1—2 km breiter, plateauartiger, aber im einzelnen stark zerschnittener Rücken; er ist nö. Hastings immer noch 176 m hoch, aber bei Battle auf 60 m eingesattelt [21 g, 24, 222]. Bachschnellen und Hängetäler kennzeichnen die Nachbarschaft der vom Meer lebhaft angegriffenen Kliffküste, allmählich absteigende Riedel die NE-Abdachung, deren Gewässer der Brede zum Rother führt. Beide Flüsse greifen zwischen niedrigen Höhenzügen gegen W aus, der Brede mit einem breiten, offenen Tal, der Rother mit einer förmlichen Niederung. Die Höhenzüge, so der

Im N—S-Schnitt über Tunbridge Wells—Mayfield wird der High Weald über
unter 100 m H., auch das wellige Plateau von Cranbrook erreicht nur 137 m.
n. des Bredetals von Mountfield gegen Rye ziehende, bleiben aber durchwegs
25 km breit; weiter w. verschmälert er sich immer mehr, um bei Horsham
zu endigen. Von der Forest Range (Ashdown Forest sö. East Grinstead,
St. Leonard's Forest ö. Horsham) fließen Medway und Mole gegen N, die
Quellbäche des Cuckmere, Ouse und Arun gegen S.

Obwohl die Anordnung des Talnetzes noch deutliche Beziehungen zur
oligo-miozänen Tektonik erkennen läßt, zeigt die Höhenverteilung doch bereits
eine starke Anpassung an die Widerstandsfähigkeit des Gesteins. Aufgebaut
wird der eigentliche Weald fast ausschließlich von den Hastings Beds
(Neokom); nur ausnahmsweise sind (so im Tal des Dudwell, sö. Mayfield)
kalkige Tonschiefer des Purbeck von der Erosion angeschnitten. Zwei Bohr-
löcher bei Mountfield (1872—76) und eines bei Battle (1907—09) gaben Aufschluß über die Schichtfolge im SE bis zu 528 m Tiefe hinab (Portland Beds;
Kimmeridgetone, ± 360 m mächtig; Corallian; Oxfordtone) und ließen anscheinend erkennen, daß eine Synklinale von Juraschichten die Kreidegesteine
des Wealdantiklinoriums unterlagert [21 g, 22, 24]. Doch wird die Juraformation gegen W mächtiger, wie die jüngsten Bohrungen von Henfield
(1937) und Portsdown zeigten: bei der ersteren wurden fast 1200 m Juragesteine durchteuft und der Grund in 1480 m erreicht, bei der letzteren nicht
einmal in 1998 m [24, 346].[1])

In den Kreidegesteinen wechseln überwiegend tonige mit überwiegend sandigen Schichten ab. Die Fairlight Clays, Tone und Tonschiefer
mit eingeschalteten lichten Sandsteinen, treten an der Küste bei Hastings
auf, dünnen sich aber gegen N und W bald aus. Viel verbreiteter sind die
z. T. gleich alten, z. T. jüngeren Ashdown Sands (50—200 m mächtig), welche
einerseits die Höhen von Ashdown Forest, andererseits die zwischen Uckfield
und Winchelsea bilden. Sie beherrschen die S-Abdachung des High Weald
bis hinab gegen die nur etwa 30 m hoch gelegene Wealdniederung von
Hailsham. Sie sind von der Ouse und ihren Seitenbächen in oben steilen,
unten offenen Kerben zerschnitten, zwischen denen rundliche oder plattige
Riedel stehen. Namentlich im E mehr tonig, enthalten sie in verschiedenen
Horizonten einen durch Kalzit verkitteten, harten Kalkstein, der zu rostigem
„sandrock" oder Sand verwittert („Tilgate Stone"), anderswo Quarzsand-
steine mit Limonit und Siderit. Die grauen oder blauen Tone, Schiefertone
und Mergel, seltener Sandsteine der hangenden Wadhurst Clays ziehen,
45—75 m mächtig, in einem hufeisenförmigen Gürtel von Rye über Wadhurst
nach W bis gegen East Grinstead, um über Uckfield nach Hastings zur Küste
zurückzuschwenken. Sie sind durch das Auftreten von Toneisenstein ausgezeichnet, welcher seinerzeit die Hauptmasse des im Weald gewonnenen Eisens
lieferte. Über ihnen erscheinen zunächst in Ausliegern, dann gegen außen
hin als breite Decke die Tunbridge Wells Sands, die im N als „High Weald
of Kent" von Cranbrook über Tunbridge Wells, East Grinstead gegen Horsham

---

[1]) Die kretazische Schichtfolge beginnt mit den Hastings Beds (Fairlight Clays,
Ashdown Beds, Wadhurst Clay, Tunbridge Wells Sand), die zusammen mit dem hangenden
Weald Clay die Wealden Series bilden. Auch der Lower Greensand darüber (Atherfield
Clay, Hythe Beds, Sandgate B., Folkestone B.) ist noch „Lower Cretaceous". „Upper
Cretaceous" umfaßt Gault, Upper Greensand, Lower, Middle und Upper Chalk (diese drei
entsprechend Cenoman, Turon, Senon). Das Eozän ist im Wealdgebiet durch Thanet Beds,
Woolwich und Reading B., Oldhaven und Blackheath B., endlich durch die Londontone
(London Clay) vertreten.

(St. Leonard's Forest) streichen, hier nach S abbiegen und über Cuckfield
und Uckfield gegen ESE verlaufen. Stellenweise werden diese quarzigen
Sande durch eingelagerte Tone (z. B. die Grinstead Clays) in eine untere
und eine obere Abteilung gegliedert. Beide haben zuoberst mitunter Lagen
eines besonders festen Sandsteins, der Stufen bildet und prächtige Kleinformen der Verwitterung zeigt („The Rocks" bei Uckfield; „The High Rocks"
bei Tunbridge Wells) [21 f, 24, 29—211, 213].

Durch die ungleiche Widerstandsfähigkeit der Tone einerseits, der Sande
und besonders der Sandsteine andererseits wurde die Entwicklung eines subsequenten Talnetzes begünstigt. Namentlich an die Wadhursttone knüpfen
sich gern die Tiefenlinien an, und selbst wo diese, wie in den Tälern des
Brede und des Tillingham, in die widerständigeren Ashdownsande eingeschnitten sind, dürften sie ursprünglich Wadhursttonen gefolgt sein. Dabei
sind aber durch die verschiedenen Falten und vielen Brüche im einzelnen
oft sehr verwickelte Bedingungen gegeben. Der Aufbruch der Purbeckschichten im Dudwelltal knüpft sich an eine Antiklinale mit steilerem N-,
flacherem S-Schenkel (Fallwinkel 6—8°, bzw. 3°), die aber im S durch eine
streichende Verwerfung begrenzt wird. Die Ouse von Lingfield folgt einem
flachen Graben an der N-Seite einer niedrigen, zerbrochenen Antiklinale, die
von Newick gegen NW zieht. Nur im allgemeinen gilt, daß gegen das Innere
des Weald hin immer ältere Schichten an die Oberfläche kommen. So treten
die Hastingsschichten s. Tonbridge in mehreren Wellen auf; auf der zweiten
liegt Tunbridge Wells, die dritte, höher, steigt zum Crowborough Beacon auf.
Im W, in St. Leonard's Forest, lagern die Tunbridge Wells Sands flach, aber
gegen die Ränder fallen sie sanft ein, dabei im n. Gürtel steiler als im s.;
über die liegenden Wadhursttone schauen sie dort mit einer mehr weniger
ausgeprägten Stufe hinweg. In der Battle Range bilden sie den First über
der s. Wealdniederung, während unter ihnen an der N-Seite die Ashdownsande aufbrechen [21, 24, 210, 211, 213, 215, 319].

Der große T i e f l a n d r i n g um den inneren Weald knüpft sich an die
blaugrauen Wealdentone und -schiefertone (selten über 75 m mächtig). Im S
ist er meist bloß 3—5 km, im N doppelt so breit (bei Sevenoaks 7 km, bei
Ashford 11 km), am breitesten, entsprechend der flachen Abbiegung der
Wealdkuppel, im W (s. Dorking 30 km). Wegen der tiefen Lage — der
„Weald of Kent" z. B. bleibt größtenteils unter 30 m H. — lassen sich ihre
undurchlässigen Böden nicht leicht entwässern. Auch den Wealdentonen
sind stellenweise Sande, Sandsteine, die manchmal niedrige Hügel verursachen, und kalkige Sandsteine eingelagert, so der Horsham Stone, der sich
leicht in dünne Platten spalten läßt und daher oft zur Bedachung verwendet
wird, ferner verschiedene muschelige Kalke („Sussex Marble"). Dünne Bänke
eines Paludinenkalkes erzeugen wegen ihrer größeren Widerstandsfähigkeit
einen leichten Stufenzug (bis 119 m hoch) s. Redhill [21 c, 215]. Die Wealden-
formation wird jetzt als eine Deltabildung angesehen [346]. Die Wealdentone werden ihrerseits umfaßt von der Schichtfolge des Unteren Grünsandes.
Von deren vier Gliedern haben drei ihren Namen im Weald erhalten: die
Hythe Beds, hauptsächlich poröse Sandsteine und kalkhaltige Sande („Has-
sock"), aber in Kent mit eingeschalteten grauen kieseligen Kalken („Kentish
Rag"), um Leith Hill mit mächtigen Hornsteinschichten; darüber die Tone
und feinen tonigen Sande der Sandgate Beds, die gleichfalls örtlich festere
muschelige Kalke aufweisen („Bargate Stone"); zuoberst die Folkestone
Beds, manchmal mehr lehmig, meist aber sandig und selbst kiesig, die nur
mitunter Linsen eines kieseligen Kalks („Folkestone Stone") oder eines

härteren Sandsteins (z. B. des „Ightham Stone") und unregelmäßig auftretende eisenhaltige Sandsteine („Carstone") enthalten. Der unterste Horizont, die verschiedenfarbigen Atherfield Clays, die auf der I. Wight ihren
Namen bekommen haben, spielen im Weald wegen ihres schmalen Ausstrichs
eine mehr untergeordnete Rolle.

Als der wichtigste Höhen- und Stufenbildner machen sich in der Landschaft die Hytheschichten bemerkbar. Wenn auch im allgemeinen weder so
breit noch so hoch wie die Kreidekalke, tragen sie doch in den Surrey Hills
sw. Dorking, wo sie besonders mächtig, durch die Kiesel besonders fest und
zugleich etwas herausgehoben sind, die höchsten Erhebungen SE-Englands,
das malerische Gebiet von Leith Hill (294 m) und Holmbury Hill (262 m).
Die kieseligen Schichten schützen die liegenden Sande und Tone vor der Abtragung, doch wird die 200 m hohe, gegen S schauende Stufe längs einem
an Atherfield- und Wealdentone geknüpften Quellhorizont untergraben und
zurückgetrieben. Über den gegen N einfallenden Hytheschichten bilden die
Folkestonesande dank ihrem „Carstone" eine zweite Stufe (St. Martha's Hill
bei Guildford), die überdies noch eine Vorstufe aufweist, verursacht durch
den „Bargate Stone". Gegen Godalming bricht im Kern einer Antiklinale
(„Peasemarsh Anticline") der Wealdenton auf, umschlossen von Stufen der
Hythe Beds. Sw. Leith Hill schwenkt die Hytheschichtstufe gegen S ab. Hier
blickt sie in den Western Heights beiderseits Haslemere (im N Hindhead
mit Gibbet Hill 271 m; im S Blackdown 280 m) gegen E über die 200 m tiefer
gelegene Wealdniederung hinweg. Plateauartig breit, fallen aber Hindhead
auch gegen N, Blackdown gegen S stufenförmig ab, hier entlang einer Antiklinale, der Fernhurst Anticline, in welcher die Wealdentone am weitesten
gegen W vorspringen. Bis zu diesen hinab sind hier die Hytheschichten zer-
schlitzt, ähnlich das Plateau von Hindhead von N her bis in die undurchlässigen Atherfieldtone, über denen sie auch hier durch die Quellerosion
unterminiert werden, so daß sie geräumige steilwandige Quellkessel bilden
(„Devil's Punch Bowl"). Weiter n. schließen sich dann, jenseits eines
schmalen Ausstrichs der Sandgate Beds, weite, leicht zerschnittene Flächen
von Folkstonesanden an bis hinab zum Wey. Solche nehmen auch w. des
Hindhead-Blackdown-Plateaus größere Räume ein bis hinüber in den Wool-
mer Forest (w. des oberen Wey); doch kommen zwischen ihnen in den
tieferen Strichen wiederholt auch die Sandgate und die Hythe Beds zum
Vorschein. In die Entwässerung dieses ganzen, größten Grünsandgebietes
SE-Englands teilen sich Wey, Arun und dessen Nebenfluß Rother. Der
eine der Quellflüsse des Wey, der Bramshott Wey, kommt aus dem Herzen
der Landschaft, der flachen Einsattelung zwischen Hindhead und Blackdown bei Haslemere, das z. T. auf der Wasserscheide selbst steht [21 b, c,
24, 215—218, 220, 225].

Im N zieht die Grünsandstufe der Surrey Hills, nur von wenigen verlassenen oder noch benützten Flußkerben unterbrochen, vom Wey gegen
E über den Molefluß, bei Reigate, Redhill und Sevenoaks vorbei, 50 km bis
zum Medway und jenseits von dessen Durchbruch, allerdings nur mehr bis
zu 143 m hoch, durch Kent bis zum Stour bei Ashford, endlich als Vorstufe
vor den North Downs noch über 20 km bis Folkestone. Besonders bei Redhill bilden die Folkestoneschichten malerische Anhöhen zwischen dem Vale
of Holmesdale und dem im S gelegenen tieferen Land der Sandgate Beds,
die bei Nutfield Walkererde enthalten. S. Maidstone ist die Ragstonestufe
gut ausgeprägt. Im SW spannen sich die Höhen der Hytheschichten am
besten ausgeprägt längs des dortigen Rother (n. Midhurst noch fast 200 m

hoch) über Petworth zum Arun bei Pulborough, sinken dann aber zwischen
Arun und Adur auf unter 100 m H. ab. S. von ihnen hat der Rother schon
oberhalb Midhurst und dann weiter hinab bis Pulborough in den Sandgate
Beds ein breites Tal ausgeräumt, welches sich ö. des Adur gegen Washington
(wnw. Steyning) in einem Niederungsstreifen fortsetzt, hier von einer
30 m mächtigen Kappe von Folkestone Beds scharf überragt. Tektonisch
sind jedoch diese Grünsandzüge keineswegs einheitlich. Der s. wird unter
spitzem Winkel von einem jungen Faltenwurf gequert; noch stärker ist die
Falten- und Bruchtektonik im NW, um Godalming, entwickelt und infolgedessen das Gelände im einzelnen formenreicher gestaltet [24, 215, 224, 225].

Die Talflucht zwischen den Höhen des Unteren Grünsandes und den
North Downs wird durch einen Ausstrich der steifen grauen, bei Durchnässung schwärzlichen Gaulttone vorgezeichnet, die nur wenig sandige
Schichten enthalten, dagegen oft mergelig sind. Bei Folkestone 30 m mächtig, ziehen sie in einem meist schmalen elliptischen Streifen über Ashford
und Maidstone, n. Sevenoaks und Westerham, über Dorking und Guildford
nach Farnham (Vale of Holmesdale), zwischen den Folkestoneschichten und den Kreidekalken gegen S über Selbourne bis w. Petersfield,
weiter gegen ESE s. Midhurst, über Steyning endlich, dem vorspringenden
Abfall der South Downs vorgelagert, gegen Eastbourne, hier 90 m mächtig.
Mit ihnen beteiligen sich auch die Tone des Oberen Grünsandes an der
Ausbildung der „Vales", doch fehlt dieser ö. Sevenoaks. Anderswo bilden
dagegen seine Sandsteine und „Malmstones" (so heißt eine hauptsächlich
aus Kieselschwammnadeln und verhältnismäßig wenig Quarzkörnern bestehende Gesteinsart) eine Sockelterrasse oder Stufe vor den Kreidekalkhöhen, so in den North Downs am schönsten zwischen Darent und Stour,
aber auch bei Folkestone, in den South Downs u. a. zwischen Rother und
Arun, hier in einer H. von 60—90 m. Je nach dem Einfallswinkel der
Schichten kann die Terrasse 1—2 km breit werden. In ihren durchlässigen
Schichten sammelt sich das Grundwasser, und die Grenze gegen die liegenden Gaulttone bezeichnet einen wichtigen Quellstrich, aus welchem zahlreiche kleine Bäche entspringen. Gewisse harte, feinkörnige kieselig-kalkige
Sandsteine des Oberen Grünsands werden als „Firestone" bezeichnet, da sie,
gegen Feuer widerstandsfähig — der Verwitterung freilich leichter er-
liegend —, gerne für den Bau von Feuerstellen verwendet wurden; andere,
in ihrem Hangenden, weich, leicht zerreiblich, als „Hearthstone", da man
mit ihm Herde, Tür- und Fensterschwellen, Steinböden und -stufen tünchte
[21 c, 224, 225; 93].

Den Rahmen der Wealdlandschaft, den äußersten und daher weitesten,
im allgemeinen auch höchsten Ring bilden die Kreidekalke [25, 212]. Meist
flach gelagert, richten sie regelmäßig eine Landstufe gegen den Weald zu,
während sie sich nach außen allmählich abdachen, im N zum Themsetiefland, im S gegen das Küstentiefland von Hampshire und Sussex, bzw. zum
Ärmelkanal. Aber im einzelnen sind Streichrichtung, Höhe und Formen
verschieden. Die North Downs, die zwischen Folkestone und Deal mit
über 100 m hohen Kliffen an die Küste herantreten, erstrecken sich bis
Farnham 150 km westwärts, werden aber von den Durchbrüchen des Stour,
Medway, Darent, Mole und Wey in mehrere Abschnitte zerlegt. In E-Kent,
entlang der Stufenkante nur ausnahmsweise über 150 m hoch, senkt sich
die Kalkfläche mit schwachem Relief, bloß vom Dour zur E-Küste hin zersägt, im Sinne des Schichtfallens, jedoch unter kleinerem Winkel gegen
NE fast bis zur Höhe des Meeresspiegels ab. Sie wird dann w. Sandwich

von einer bloß 30 m hohen Eozänstufe (Sande und Mergel der Reading- und Thanetschichten) leicht überragt. Deren Flur neigt sich ganz sanft gegen N zum unteren Stour, wo ehemals der Wantsum Channel, geschützt durch die Isle of Thanet, nicht bloß in römischer Zeit, sondern bis in die Neuzeit herauf den Schiffen eine besser gegen Stürme gedeckte Fahrt bot als der Weg um North Foreland (vgl. S. 15).

Auch zwischen Stour und Medway streichen die North Downs gegen WNW, aber schmäler als im E, mit einer merkwürdig gleichmäßigen Firstlinie in ungef. 190 m, ausnahmsweise über 200 m (bei Lenham 205 m). W. des Medway schwenkt die Stufe gegen WSW um; zugleich reichen die Kreidekalke im N bei Gravesend bis zur Themse.

Die WSW-Richtung behält die Stufe w. des Darent bei. Sie erreicht hier n. des Vale of Holmesdale zwischen Westerham und Godstone, wo eine N—S streichende Falte die Hauptfaltungsrichtung kreuzt, ihre größte Höhe (Botley Hill 264 m; eine unbenannte Kuppe sw. davon 267 m). Zwischen Croydon und Redhill noch über 10 km breit, verschmälern sich die Kreidekalke gegen den Mole hin, zu welchem sie im Box Hill (209 m) schroff abfallen, und noch mehr gegen den Durchbruch des Wey, in diesem Abschnitt an Höhe von der Grünsandstufe mit Leith Hill übertroffen. W. Guildford verengen sie sich zuletzt zu dem bloß 2 km breiten, 12 km langen Hog's Back, der eine schmale Kalkbrücke zu den Downs von Berkshire schlägt. Hier fallen die Schichten in einer besonders ausgeprägten Flexur (unter Winkeln bis zu 55°) gegen S ein, durch Verwerfungen im Streichen und Fallen in Schollen aufgelöst, bei Farnham dagegen nur mehr unter 16°, während sie weiter n. fast waagrecht liegen. Überall lagert sich gegen N Eozän auf die Kreidekalke, gegen die Themse hin immer flacher geneigt (unter 1° oder weniger). Flintführende Tone („clay-with-flints") sind auf den Kreidekalken der North Downs weitverbreitet, Verwitterungsrückstände derselben aus verschiedener Zeit und auch heute noch in Bildung begriffen, aber doch wohl in der Hauptsache im Alteozän durch das reichliche Einsickern tropischer Regenwässer unter Mitwirkung eines dichten Waldkleides [21 a, c; VII A 216]. An der Lücke von Farnham, einem vom Blackwater verlassenen Talstück, an welches das Eozän des Londoner Beckens unmittelbar herangreift, zieht man zweckmäßig die Grenze der North Downs, obwohl auch noch ihre Fortsetzung in Berkshire mitunter so bezeichnet wird. Außer dem Mole- und dem Weydurchbruch kerben die Pässe von Merstham (n. Redhill; 134 m) und von Caterham (n. Godstone; 171 m) diesen Abschnitt der North Downs [26 a, 214].

Die South Downs ziehen vom Meontal in Hampshire gegen ESE. Ihre gegen N gerichtete Stufe entwickelt sich kräftig, jedoch erst vom Butser Hill (268 m) ab, ihrem höchsten, über dem Gaulttonbecken von Petersfield gelegenen Punkt. Von dort verläuft sie, mit ihren gerundeten Kuppen wiederholt 230 m erreichend, nur im Hintergrund des Lavanttals tiefer eingesattelt (Cocking Gap 104 m), ziemlich geradlinig bis fast an den Durchbruch des Arun heran, weicht daselbst bei Bignor 3 km zurück und setzt sich weiterhin wieder fast gerade, bloß vom Adur durchbrochen, bis in die Gegend n. Brighton fort. Hier springt sie gegen N vor, biegt jedoch alsbald gegen E um und zieht, im Ditchling Beacon (248 m) gipfelnd, bis jenseits des Durchbruchs der Ouse bei Lewes, wo sie mit Mt. Caburn unvermittelt an der s. Wealdniederung endigt. Gegen diese öffnet sich s. des Mt. Caburn die Pforte von Glynde aus den „Levels" der Ouse („The Brooks") gegen E. Jenseits derselben streicht eine zweite Stufe, von der Ouse und dem Cuckmere fast bis zum Meeresspiegel zersägt, im Firle Beacon 219 m und beiderseits der Durchbrüche noch 180 m hoch, bis zum E-Ende bei Eastbourne. Jene einspringenden Winkel hängen mit der miozänen Faltung zusammen, deren flache, asymmetrische (steilerer N-Schenkel!), kulissenartig angeordnete Anti- und Synklinalen, 2—16 km lang, von der Wealdniederung her schräg in die Downs hineinziehen. So liegt die Niederung „The Brooks" im Scheitel der Kingston Anticline, in welcher der Obere Grünsand unter den Kreidekalken aufbricht und die sich gegen E bis in die Pevensey Levels verfolgen läßt, wo sogar Tunbridge Wells Sands an die Oberfläche kommen. Die Mt. Caburn Syncline n. davon setzt sich dagegen anscheinend in der Wealdniederung s. Hailsham fort, wo in ihrem Kern Wealdentone zwischen beiderseits Tunbridge Wells-Sanden erscheinen. Gegen W senkt sich ihre Achse über den Sporn von Lewes Castle nach Falmer und Hove; daher stellen sich in dieser Richtung immer jüngere Schichten ein, so schon bei Falmer Sande des Eozäns (Woolwich- und Readingschichten, ja selbst Sarsensteine). Weiter n. ziehen die Pyecombe Anticline, drüben im W bei Bignor die Greenhurst Anticline in die Downs; in beiden kommt der Wealdenton an den Tag [21 c, f, h; 24, 34, 332, 336] (vgl. Abb. 2, S. 3).

Die Kreidekalke, welche die Downs aufbauen [212], gliedern sich in drei Hauptabteilungen von verschiedener Beschaffenheit und dementsprechend auch in ihren Formen und kulturgeographisch verschieden. Die untere, der Lower Chalk, grau, mergelig, feucht, bildet einen Gürtel am Fuß und im unteren Teil der Gehänge, ein sanftwelliges Gelände mit ausgezeichnetem Pflugland. Mit steiler Böschung steigt darüber der harte weiße Middle Chalk (Turon) auf, der den mittleren und dort auch den oberen Teil der Stufe bildet, wo der weichere Upper Chalk (Senon) auf ihrer Höhe schon abgetragen ist. Dieser, gekennzeichnet durch seine vielen Feuersteine, während der mittlere fast flintfrei ist, erscheint meist erst auf den Schichtabdachungen, u. zw. in den Formen unmerklich. Sowohl an der Basis des Middle wie an der des Upper Chalk treten harte, oft knollige Kalke auf, der Melbourn Rock (benannt nach Melbourn in Cambridgeshire), bzw. Chalk Rock [25]. Besonders jener verursacht oft über den „Belemnitenmergeln" („Plenus marls", mit dem Belemniten Actinomax plenus) eine untergeordnete Sockelterrasse vor dem Hauptabfall der Kreidekalke. Jede der drei Hauptgruppen wird nach der Fossilführung weitergegliedert. Mehr kalkige und mehr mergelige Schichten wechseln in ihnen ab. U. a. bilden die obersten Kreidekalkschichten in den South Downs eine sekundäre Stufe (über den meist verhältnismäßig weichen Schichten in und gleich über der „Marsupites-Zone"), die sich mitten durch die S-Abdachung w. des Adur (Cissbury Hill 183 m) weit nach W verfolgen läßt [21 e, 332, 336].

Miozäne Falten bauen auch den Untergrund der Küstenebene von Sussex auf, so die n. Littlehampton (Highdown Hill) und s. Chichester verlaufende Littlehampton Anticline und die durch einen Gürtel eingefalteter Eozänschichten gekennzeichnete Chichester Syncline (30 m mächtige Reading-, bei Worthing auch Woolwichschichten; darüber Londontone). Aber die Falten sind glatt eingeflächt und mit pleistozänen Ablagerungen bedeckt [21 d, e].

Kurze Täler mit meist steilen Gehängen, aber sanft geneigten, oft flachen Böden zerschneiden die Stufenstirn der Downs, längere, aber oft auch trockene Täler (Combes) deren Schichtfallabdachungen. In den South Downs erinnern einige Talursprünge an Kare, doch dürften sie nicht so sehr auf Erosion des während des Höhepunktes der Eiszeit angehäuften Schnees

und Firns, sondern auf Frostverwitterung und auf lebhafte Erosion der
Sommerschmelzwässer zurückzuführen sein, welche die schon vorhandenen
Täler weiter eintieften und in die Stufenstirnen neue Kerben einrissen
[322 a, 332, 337, 340]. Vermutlich ist die erhöhte Erosionsleistung der Bäche
dadurch begünstigt worden, daß die Durchlässigkeit der Kreidekalke
durch ein bis zu beträchtlicher Tiefe hinabreichendes Gefrieren des
Bodens oder durch einen feinen Staub vermindert wurde, zu welchem die
Kreidekalke vom fließenden Wasser zerrieben wurden und der die Poren der
Kreide verstopft hat. Wieder andere erblicken in der Lösung der Kalke
längs der Klüfte geradezu die Hauptursache der Talbildung, obwohl dem
schon die vielfache Verzweigung der Talsysteme widerspricht [33, 35, 38].
Wohl aber dürften durch Lösung und wohl auch durch Bodenfließen kleinere
Dellen und vor allem die Zurundung der Höhen zu erklären sein, zumal
diese in den South Downs vollkommener ist als in den North Downs, offenbar weil diese viel mehr mit flintführenden Lehmen bedeckt sind. Jedenfalls fehlen echte glaziale Ablagerungen. Im übrigen ist die Entwicklung
der Tallandschaft der Downs und im besonderen die ihrer Flußdurchbrüche
(„water gaps"), Trockentäler und Paßlücken („wind gaps") nur im Zusammenhang mit der Entwicklung von ganz SE-England zu verstehen.

SE-England ist „eine deutliche und klar datierbare physiographische
Treppe", die von den Alluvialterrassen bis in das Miozän zurückführt [325].
Diesem gehören die ältesten Oberflächenreste an, nur auf den Höhen der
Downs erhalten. Für die Entwicklung der Landschaft wurde die pliozäne
Transgression das Hauptereignis. Soweit sie gereicht hat, kann das Flußnetz nicht älter sein als sie, doch zeichneten ihm die schon vorhandenen
Auslässe in den Downs gewisse Wege vor. Das Pliozänmeer hinterließ nicht
nur bestimmte Ablagerungen, sondern auch ausgedehnte Einflächungen. Es
überflutete die niedrigen Teile der North Downs, zumal ihren E-Flügel,
wo es ihre Kante abbrandete und einebnete und s. der heutigen Stufe die
unterpliozänen Lenham Beds (Diestian) zurückließ. In die höheren Abschnitte der Downs kerbte es von N her eine Küstenplattform in 180—200 m
mit einem dahinter gelegenen, heute schon verwaschenen Brandungskliff
ein. Reste von Strandgeröll und Sanden aus jener Zeit bilden da und dort
eine dünne Decke. Jene Plattform liegt im großen ganzen überall in derselben Höhe, ein Beweis dafür, daß Faltung seitdem keine Rolle mehr gespielt hat; um die Querverkrümmung von Botley Hill biegt die alte Uferlinie nach N aus. Im W finden sich gleich alte Ablagerungen noch bei
Aldershot. Dagegen drang das Meer anscheinend nirgends weiter in das
Wealdland ein. Auch auf den South Downs wurden, zum Unterschied von
den North Downs, bisher keine Spuren der Lenham-Transgression nachgewiesen, außer auf Beachy Head (fossilführende eisenhaltige Sande); doch
müssen auch sie z. T. überflutet gewesen sein [21 b, 332, 335, 336, 346]. In dem
vom Meer selbst nicht erreichten Gebiet arbeiteten die Flüsse vornehmlich
mit Seitennagung an der Abtragung der Höhen. Beim Rückzug des Meeres
wuchsen ihm die Hauptabdachungsflüsse nach, zugleich schnitten sie immer
tiefere Kerben ein. Subsequente Wasserläufe entwickelten sich entlang der
weniger widerstandsfähigen Schichten, sei es in Synklinalen, sei es in jenen
Antiklinalen, in denen sie bei der Erosion unter den härteren erreicht
wurden, so längs der Gault-, der Weald-, der Wadhursttone usw. Selbst
auf dem First der North Downs liegen stellenweise Schotter mit Kieseln
aus dem Unteren Grünsand, jünger als die Lenhamschichten. Das Vale of

Holmesdale kann damals noch nicht vorhanden gewesen sein, ebensowenig
der heutige Farnham Wey, da solche Kiesel noch jenseits desselben in dem
Paß bei Crondell in 128 m abgelagert wurden, 60 m über dem Weytal, 55 m
unter der miozänen Einebnung. Verschiedene Paßlücken lassen sich am
besten durch die subsequente Talentwicklung erklären [31]. Dabei waren
manche Flüsse vor ihren Nachbarn durch die Gesteinsart oder -lagerung
begünstigt, so der Wey, der im Unteren Grünsand arbeitete, während Blackwater mit seinen Seitenbächen erst die Kreidekalke durchsägen mußte; durch
dessen Anzapfung entstand die Lücke von Farnham [21 b]. Im Gebiet des
Mole und des Arun war der Wealdenton schon frühzeitig aufgeschlossen,
wodurch sie gegen Wey und Adur im Vorteil waren. Der Arun hat wegen
des Fehlens der sonst vorhandenen Barre von Hastingssanden seine Wasserscheide gegen Leith Hill treiben und einen schmalen Streifen zwischen Wey
und Mole gewinnen können. Der Medwey, der längs einer durch Brüche ge-
lockerten Linie arbeiten konnte, hat seine Nachbarn Stour und Darent, die
einst auch aus dem Weald kamen, ihres Oberlaufes beraubt; tote Quertal-
strecken öffnen sich daher in den North Downs in der Fortsetzung ihrer
alten Oberläufe [21 c, 24, 31, 36, 39, 329, 336, 343].

Den Halten im Rückzug des Meeres und den Schwankungen seines
Spiegels entspricht die Ausbildung einer Terrassen- und Riedellandschaft
in ganz bestimmten Systemen, nicht bloß im S, sondern auch im N des
Londoner Beckens. So wurden im Moletal, dem bestuntersuchten Beispiel,
Terrassen und Einflächungssysteme aus dem Weald in das Themsebecken
hinaus verfolgt [320, 329]. Das wichtigste senkt sich von 55—60 m im Oberlauf (bei Horley) auf 46—49 m im „Mole Gap" bei Dorking („Mickleham
Flat") und geht in die Boyn Hill-Terrasse der Themse über (vgl. S. 71). Ein
jüngeres System schließt an die Taplow-Terrasse des Themsetieflandes an,
bei Leatherhead in 30 m, während es oberhalb des Durchbruchs in den alluvialen Talboden ausläuft, ähnlich wie noch weiter flußaufwärts die vorhin
genannte „Hauptterrasse". Deutlich kann man hier das Aufwärtswandern
der Kerbenscheitel von der Themse her verfolgen und aus den Profilen des
Moletals eine „Zusammenfassung der Hebungsgeschichte" ablesen, zugleich
aber auch das Fehlen jeglicher Schrägstellung. Prallstellen und Umlaufberge
sind stellenweise gut erkennbar [329]. Fraglich ist, ob der untere Mole
während der Taplowzeit mit dem unteren Wey verbunden war. Heute ver-
sickert der Mole im Durchbruch bei Mickleham in Schlundlöchern des Kreidekalks (alte unterirdische Rinne, bis zu 30 m tief), um erst bei Leatherhead
wieder zu erscheinen [21 c]. Über der „Hauptterrasse" folgt ein breiter Talboden, nicht selten mit groben Schottern, im Moledurchbruch in 60 m; er hat
längs der Surrey Hills s. Reigate und Redhill seine Entsprechungen in
± 70 m. W. des Vale of Holmesdale schneiden die Einflächungen die Gesteine
von der Basis des Kreidekalks bis zum Wealdenton ab, unbekümmert um
deren Widerstandsfähigkeit, unterhalb des Durchbruchs dann, wo sich das
System bis zum Blackheath Plateau verfolgen läßt, die Blackheath Beds und
die Londontone. Diese Einflächungen sind jünger als der Chalky Boulder
Clay, da derselbe in Essex auf ihren Entsprechungen liegt (vgl. S. 72).
Stellenweise erscheint darüber ein System in ± 100 m. Weitverbreitet ist
ferner eine jungpliozäne Fastebene, die im inneren Weald zwischen 120 und
150 m auftritt (so auch noch ö. Limpsfield). Ihr ordnet sich das Merstham
Gap ein, entweder dadurch entstanden, daß durch das Zurückweichen der
Stufe der North Downs ein Fluß ihrer N-Abdachung sein Quellgebiet verlor
oder aber — wahrscheinlicher — ein alter Oberlauf des Wandle das Gebiet

zwischen Horsham und Leith Hill, das er entwässerte, an den Arun ein-
büßte und überdies später durch einen Seitenbach des Mole angezapft wurde
[21 c, 215, 225, 331 a, 336 u. ao.].

Entsprechend verlief die Entwicklung der South Downs mit ihren Fluß-
durchbrüchen und mit jenen „wind gaps", bei denen es sich gleichfalls um
Täler handelt, die durch Zurückweichen der Kalkstufe oder durch Anzapfung
enthauptet wurden (Findon; Wellsbournetal usw.) [21 e, 339]. Auch die South
Downs weisen bezeichnende Einflächungsreste und Terrassen auf. Auf den
Riedeln ihrer S-Abdachung will man neuestens unter dem altpliozänen
„bench" von 170—200 m H. nicht weniger als 11 Phasen der Talbildung aus
der Abfolge schwacher geneigter Böschungen („flats") zwischen steileren
ablesen; als die wichtigsten „flats" werden die in 145 und 131 m (475',
bzw. 430') bezeichnet [347]. Jungpliozäne bis holozäne Terrassenreste, manchmal mit Kiesen bedeckt, kehren in den Durchbrüchen in 60—70 m, in 40 m
und in 26—30 m wieder [326, 330, 332, 339]. Nach den Verhältnissen im
Londoner Becken zu schließen, sind sie teils jungpliozän, teils holozän.
Außerdem finden sich Verebnungen in fast 100 m und 135 m Höhe. Diese
knüpfen sich zwar sehr gern an den Melbourn Rock, allein angesichts der
Verbreitung solcher Einflächungen im übrigen SE-England dürften sie ihm
mehr ihre Erhaltung als ihre Entstehung verdanken, zumal sie in den South
Downs gelegentlich auf den Gault und den Unteren Grünsand übergreifen.
Wohl aus ihrer Zeit stammen verschiedene „Plateauschotter", die n. von
ihnen zwischen Adur und Arun bis zu 90 m H. auf Unterem Grünsand und
auf Wealdentonen liegen, stellenweise jedoch auch in die Täler hinabreichen
und vermutlich älter sind als die gehobenen Strandlinien von Sussex (vgl. u.).
Den Schottern, die zwischen Uckfield und Newick auf den Hastingsschichten
lagern, entstammen die Reste des „Piltdown-Menschen" (vgl. S. 22) [21 f].

Dem Eiszeitalter gehören der sog. „Coombe Rock" und die „Ziegelerde"
(Brick Earth) an. Jener ist ein kreidekalk- und feuersteinhaltiger Soli-
fluktionsschutt (Tjäleschutt) und wohl kaum bloß auf Schneeschmelze zurückzuführen [21, 24, 337, 340 u. ao.], diese eine lößartige, stellenweise sehr
mächtige Ablagerung, die im Molegebiet bis 90 m H. aufsteigt und wohl
meist windvertragener Staub ist, angeweht während einer trockenen Kälte-
zeit und z. T. fluviatil umgelagert [329]. Der „Coombe Rock" ist jünger als
die Boyn Hill-Terrasse des Londoner Beckens und als die gehobenen Strandlinien von Sussex. Das mit der älteren von ihnen verbundene Kliff läßt sich
aus der Gegend von Portsdown n. Chichester (Goodwood, Waterbeach)
über den Arun bis Worthing verfolgen, 24—40 m über dem Meeresspiegel
hoch („100 foot-beach"). Anscheinend handelt es sich um zwei Niveaus, in
35—40, bzw. 24—27 m (so bei Aldingbourne, 7 km onö. Chichester). Dagegen
sind sie bei Brighton der Abrasion zum Opfer gefallen, als sich darunter
ein jüngerer Strand in 4—7 m ausbildete, der über Portslade nach W bis
Worthing zieht [21 e, 321, 322 b, 324, 333 a, 334 a, b, 345]. Coombe Rock lagert
sich auf diesen; ehemals reichte er über die heutige Küste hinaus. Örtlich wird
er von fast ungeschichteten Lehmen oder Ziegelerden bedeckt, die vielleicht
auch hier z. T. äolischen Ursprungs, in der Hauptsache aber entkalkte
Schwemmstoffe von den Downs her sind. Flache Deltakegel schoben sich damals von den Talausgängen über die Küstenebene vor. Die ältere Strandlinie
wird wegen der übereinstimmenden Höhe, warmen Fauna und (spärlichen)
Acheulartefakte für gleich alt mit der Swanscombeterrasse des Themsetals
(vgl. S. 71) angesehen und in das „Große Interglazial" gestellt, die jüngere
in das letzte Interglazial [311*]. Das Sinken des Meeresspiegels und der

„Coombe Rock" entsprechen einer Eiszeit. Doch sind die Verhältnisse, u. a. auch die Beziehung zu den Strandlinien bei Portsmouth (vgl. S. 185), noch nicht endgültig geklärt. In der Folge schnitten die Flüsse ihre Rinnen 10—25 m und mehr unter O.D. ein, während einer Phase, in welcher ganz SE-England entsprechend höher stand, die Küstenlinie weiter draußen lag als heute. Das Wealdtiefland, das beiderseits der Höhen von Battle-Hastings an das Meer herantritt, reichte damals vor den Pevensey Levels und vor Romney Marsh vermutlich bis zur 10 Faden-Linie. Dagegen drang das Meer im Postglazial bei der „neolithischen Senkung" (vgl. S. 75/6) wieder in die Niederung und in alle die Haupttäler der South Downs ein, deren Durchbrüche verwandelten sich in Rias; auch die Mündungen der Seitenbäche tauchten unter. Die Isle of Thanet wurde vom Hauptland durch den Wantsum Channel abgetrennt; am Innenrand von Romney Marsh, zwischen Winchelsea und Appledore, entstand ein niedriges Kliff. Infolge verstärkter Abrasion wichen auch die Mauer der Downs und die Küste bei Hastings seit Beginn der rezenten Periode etliche Meilen zurück. Ertrunkene Wälder sind hier bei Little Galley Hill und n. Cliff End festgestellt worden. Ein kleiner Rückzug des Meeres erleichterte es schließlich den Flüssen, die ertrunkenen Täler und Ästuare allmählich aufzuschlicken, ein Vorgang, der bis in die neuere Zeit angedauert hat [21 e—h, 345; 312*].

Heute ist die Landabtragung in den Downs und im Weald unbedeutend. Gering ist das Gefälle der Hauptflüsse bereits geworden, mit vielen Krümmungen schleichen sie träg dahin (durchschn. Gefälle des Medway nur etwa 0,25 m). Die Böschungen sind in den weniger widerstandsfähigen Gesteinen auf wenige Grad abgeflacht, ihre weitere Abschrägung ist ungemein verlangsamt und wird fast nur von der Regenspülung besorgt. Bloß die härteren Kalke und Sandsteine zeigen steilere Hänge, namentlich an den Schichtköpfen (aber nur selten über das Verhältnis 1 : 3). Das Rückwandern der Stufen ist unmeßbar klein geworden, ja selbst seit dem mittleren Pleistozän, wo die Gaultfurche noch etwa 30 m höher lag als heute, beträgt es nicht mehr als 0,5 km. Wohl aber mußte damals der Grundwasserspiegel in den benachbarten Downs 30 m höher liegen, und stärkere Bäche als heute durchströmten deren Täler (Abb. 3) [12, 21 c, 35, 318, 347]. Mit der Senkung des Grundwasserspiegels wanderten die Quellen talabwärts, die oberen Talstücke wurden trocken. (Dieser Erklärung der Trockentäler steht die andere durch eiszeitliche Schmelzwässer gegenüber [21 e, 332, 340].) Nur bei andauernd nasser Witterung fließen auch höhere Quellen und füllen sich die Bachbetten mit Wasser, die einen regelmäßig in regenreichen Wintern, die anderen nur in besonders feuchten Jahren („nail bourns" in Kent, eigentlich „eylebourns", „Quellen, die plötzlich entspringen, eine Zeitlang wie ein Gießbach fließen und dann verschwinden", etymol. ungeklärt; „woebournes" der Gegend von Reigate). Manche Talfurchen führen überhaupt kein Wasser. Während die Höhen der Downs unter Wassermangel leiden, sammelt sich über den undurchlässigen Liegendtonen ein mächtiger Grundwasserkörper an, überaus wertvoll für die Wasserversorgung der Nachbarschaft [23, 311, 322, 335 a; 84, 85 u. ao.].

Im Gegensatz zu den Festlandskräften arbeitet das Meer fortdauernd, lebhaft und erfolgreich [312*]. Mit weißschimmernden Kliffen brechen die South Downs zwischen Brighton und Eastbourne, die North Downs zwischen Dover und Deal zu ihm ab. Am höchsten und malerischesten sind die fast senkrechten Felsen von Beachy Head (175 m) und der im W folgenden

„Seven Sisters", die den SW-Stürmen unmittelbar ausgesetzt sind; aber auch
die beiderseits Dover sind bis zu 143 m hoch. Niedriger sind die Abfälle
in den eozänen Sanden und Tonen w. Brighton; dagegen erreicht auch der
Rücken von Hastings hart am Ufer noch 150 m (Fairlight) [34 a, 310,
312, 319].

Andererseits treten die Wealdentone, bzw. die über sie gebreiteten
Alluvien in den Pevensey Levels zwischen Eastbourne und St. Leonard's-
Hastings und wieder in der Romney Marsh zwischen Winchelsea und Folkestone mit flachen Anschwemmungsküsten an das Meer heran, öfters auch
Alluvien der Küstenebene von Sussex. Allenthalben sind die Veränderungen
der Küste in historischer Zeit groß. Immer mehr weichen die Kalke vor der
Brandung zurück, welche die Feuersteine und „Donnerkeile" (von ihr geglättete Eisenpyrite) zum Angriff verwendet; zwischen den Vorgebirgen
schütten Küstenströmungen, Gezeiten, Flüsse und Wind neues Land auf

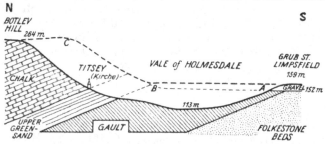

Abb. 3. North Downs und Vale of Holmesdale bei Limpsfield.
Gaulttal (AB). Chalkstufe (BC) zur Zeit der Ablagerung des Limpsfield Gravel (Jung-
Acheul). Grundwasserspiegel im Chalk mindest. 21 m höher, Zurückweichen der Stufe
seitdem ungef. 400 m. (Nach C. C. FAGG.)

[21 a, g, h; 312* u. ao.]. Etliche früher als Häfen verwendete Ästuare sind
aufgeschlickt worden. Der Adur ist noch in sächsischer Zeit für Segelboote
bis Bramber hinauf fahrbar gewesen, während heute Wiesen auf den ehemaligen Watten liegen; aber schon im 12. Jh. mußte der Hafen von Old
Shoreham hinab nach dem neu gegründeten New Shoreham verlegt werden
[333]. Allein die das Haff sperrende Nehrung wuchs fortdauernd nach E,
zuletzt zu Beginn des 17. Jh. fast bis Brighton. Wiederholt verlegte der
Adur seine Mündung, und obwohl ihm 1760 vor Kingston künstlich ein
Ausweg eröffnet wurde, verschob er sie bis 1810 abermals, bis vor Portslade
ostwärts. Erst 1816 wurde jene künstliche Mündung wieder eröffnet und
1821 mit Hafenanlagen versehen. Auch die Mündung der Ouse, die im 13. Jh.
bis Seaford abgedrängt war, dann aber nach einem Durchbruch des Meeres
(kurz vor 1565) den „New Haven" bei Tide Mills benützen mußte, ist erst
seit 1731 noch weiter w. festgelegt und durch Uferbauten offen gehalten
[324 a]. Der Cuckmere verlegte infolge eines Durchbruchs zuletzt noch 1932
seine Mündung ungefähr 400 m gegen W [313]. Romney Marsh ist zwar in
der Hauptsache eine Schöpfung des Rother und der heute von ihm auf-
genommenen Flüsse Tillingham und Brede, die mit ihren Deltas das Ästuar
von Appledore seit dem Ende der „neolithischen" Senkung auffüllten; sie
wurden dabei durch eine Hebung von 8 m („Forest Bed-Schwankung") und
eine kleinere während der Römerzeit und vom Meer unterstützt. Die eigentliche Romney Marsh, n. eines von den Römern aus der Gegend von Appledore gegen Romney gezogenen Deichs (Rhee Wall), der einem natürlichen

Flußufer folgte, dürfte sogar schon in vorrömischer Zeit Land gewesen sein. Umstritten ist bis heute die Frage, ob der Rother zur Römerzeit einen Hauptarm gegen Hythe (Limen) entsandt hat; jedenfalls mündete einer zwischen Dymchurch und Rye [323, 327, 328; 31 a; neueste Lit. in 312*]. Fortdauernd war die Küste zwischen Hastings und Fairlight zurückgewichen und zwischen diesem und Lydd eine Nehrung aufgeworfen worden, auf welcher Old Winchelsea entstand, vielleicht auf einer Insel wie Rye. Vermutlich begünstigt durch eine leichte Senkung, durchbrach das Meer bei einer der großen Sturmfluten die Nehrung und erreichte den Tillingham, der nun s. Rye mündete, hier seit der M. des 16. Jh. auch der Rother, anstatt wie sicher mindestens seit dem 11. Jh. bei Romney. 1287 wurde Old Winchelsea, nachdem schon 1280 durch eine erste Sturmflut angeblich 300 Häuser, 6 Kirchen und zahlreiche Schiffe vernichtet worden waren, von den Wogen völlig zerstört und das heutige Winchelsea von Eduard I. fast 5 km davon entfernt am Hange eines 35 m hohen Hügels (Hastingsschichten) erbaut, der sich in der Fortsetzung eines ebenso hohen Ausläufers des Battle Range erhebt; aber schon im 15. Jh. war sein Hafen verlandet gleich dem von Appledore. Selbst Lydd ist heute 3,5 km von der Küste entfernt. Von ihm aus ziehen an die zwei Dutzend öder Feuersteinstrandwälle, in drei Hauptgruppen fächerförmig angeordnet, zur Küste, welche von der Rothermündung ungefähr gegen E bis zum Kap Dungeness streicht und jene fast unter rechtem Winkel schneidet. Sie wurden bei besonders starken Sturmfluten aufgeschüttet („ridges", „fulls"), u. zw. die älteren inneren Wälle von Küstenströmungen, welche Gerölle von SW herbeischleppten. Jüngst hat man sogar versucht, die verschiedenen mittleren Höhen der einzelnen Wallgruppen mit den Spiegeländerungen der See in Zusammenhang zu bringen [341, 24]. Später hat eine Gegenströmung von N her etliche neue hinzugefügt, während die älteren von dem aus S vordringenden Meer, besonders nach den Ereignissen des 13. Jh., immer mehr abgestutzt wurden. Die Landspitze an der E-Seite wuchs im 18. und 19. Jh. jährlich 5,5 m weiter [24, 32, 327]. Dermalen sind diese Vorgänge, geregelt durch die Tiefe der See, die Kraft der Strömungen und die Menge der Sinkstoffe, zu einem gewissen Stillstand gekommen (Abb. 4). Der Mensch endlich hat aus der fortdauernden Verlandung auch seinen Nutzen gezogen („innings" in Denge Marsh um 774; Wallant Marsh nö. Rye 1178—1209; Guldeford Marsh und Broomhill Levels 1478—1661; zuletzt noch die Weiden um Camber Castle 1883) [21 g, 31 a, 616 a]. Zugeschüttet wurde ferner der Wantsum Channel. Hier kam der von South Foreland gegen N führenden Küstenversetzung aus noch nicht recht geklärter Ursache eine durch die Insel Thanet verursachte Gegenströmung entgegen, die mit einer Nehrung den Stour gegen S drängte, so daß er bei Sandwich mündete. Später verlegte die N-Strömung dem Stour den Weg durch weiter ö. gelegene Strandwälle; daher die merkwürdig lange, schmale Schleife mit dem Scheitel bei Sandwich. Dieses selbst rückte trotz aller Bemühungen, seinen Hafen offen zu halten, immer weiter landeinwärts (heute 3 km vom Meer entfernt) [21 a, 319 a, 333, 342; 312*]. Vergeblich kämpfte auch Hastings bald gegen Aufschüttung, bald gegen Zerstörung [316]. Pevensey's alter Hafen, wo Wilhelm der Eroberer gelandet war, bestand bis ins 13. Jh.; eine Zeitlang wurde er um 1580 zur Eisenausfuhr wieder benützt. 1698 waren die Levels endgültig trockengelegt, nachdem man schon vor 1200 einen Teil der Bucht eingedeicht hatte. Etliche Namen auf -ey erinnern an die einstige Insellage von Siedlungen. Landfest geworden ist auch Selsey (= Seal Island) vor der Küstenebene von Chichester. Ehe-

mals eine Insel, war es schon zu Beda's Zeit durch einen Strandwall längs
Bracklesham Bay im W mit dem Hauptland verbunden; ein anderer dämmte
Pagham Harbour im E ab. Die dazwischen gelegene Lagune wurde aufgefüllt. Ein Einbruch des Meeres im 14. Jh. gestattete noch Ende des 16. Jh.
40 tons-Schiffen die Einfahrt in Pagham Harbour. Im 19. Jh. konnte dieser
dank einem 5 km langen, 180 m breiten Strandwall verlanden. Allein 1910
wurde Selsey Bill vorübergehend durch einen abermaligen Einbruch des
Meeres, von beiden Seiten her, fast völlig zur Insel. Heute ist das Über-
schwemmungsgebiet besonders an der W-Küste schon wieder weitgehend verlandet. Eine geringe Hebung ergäbe großen Landgewinn. Denn etwa 8 km
vor der heutigen Küstenlinie läuft ein alter Strandwall, kaum 8 m unter

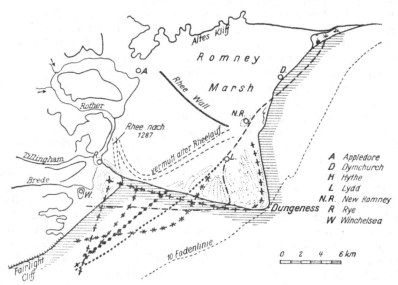

Abb. 4. Romney Marsh und die Entwicklung von Dungeness Foreland. (Nach W. V. Lewis.)

dem Meeresspiegel, während diese Tiefe sonst allenthalben schon in 2 km
Entfernung erreicht wird [14, 21 d, e, g; 312, 315, 333; 312*].
      Groß sind aber auch die Landverluste, besonders bei Sturmfluten. Sie
bedrohen das tiefere Land mit Überschwemmungen und drängen die Kliffe
zurück. Durch Steindeiche und durch normal zur Uferlinie vorspringende
Buhnen sucht man sich dagegen zu schützen. Nicht wenige Siedlungen und
Gebäude sind im Laufe der Zeit vernichtet worden, so auch die alte Kathedrale von Selsey. Namentlich die niedrigen Kliffe weichen rasch zurück.
Das Gestade zwischen Eastbourne und Beachy Head wurde 1736—1804 um
fast 0,5 km zurückgedrängt, das bei Bognor 1778—1875 um 165 m. Noch
wirksamer sind die Angriffe des Meeres zur Zeit des „neolithischen" Hochstandes gewesen. Damals ist die Straße von Dover in die jüngste Phase ihrer
Entwicklung getreten (vgl. S. 76) [21a, 315].
      Unterstützt wird die Tätigkeit des Meeres durch den starken Gezeiten-
hub an der Küste von Sussex: 3,4—5,8 m bei Nip-, 4,3—6,4 m bei Springflut.
Weit hinauf, noch jenseits der Durchbruchsstrecken, macht er sich in der
schwankenden Tiefe der Flüsse bemerkbar (Arun z. B. 1,2—1,5 m; bei Springflut 4,6—4,8 m). Stellenweise werden die Sande und Schlamme der Ufer-

zone bei N.W. bis zu 2 km Breite frei. In der Nachbarschaft von Selsey liegt
alles Land bis zu 8′ über dem M.T.L. unter der H.W.M., an der Küste von
Chichester alles Land bis zu 7′ [315]. Eine sandig-kiesige Ebene, mit einzelnen
Blöcken bestreut, bildet den Meeresgrund vor der S-Küste von Sussex; zunächst mit bloß 2 ‰ Gefälle gegen S geneigt, beginnt sie sich dann in etwa
15 km steiler (mit 4—10 ‰) zu senken, zu einer der kleinen trogförmigen Mulden des Ärmelkanals. Weiter im E, vor Hastings und Dungeness, fällt dagegen
ein etwa 30 m hoher unterseeischer „Bluff" zu dem fast ebenen, in 33—35 m
Tiefe gelegenen Trawling Ground ab; doch sind verschiedene Bänke (Pevensey, Hastings Shoals usw.) vorhanden. Ö. Dover und des South Foreland
sinkt der Grund jenseits der N.W.-Linie mit 8—16 ‰ ab, wird dann aber in
8 km Entfernung nahezu schelfartig („100 foot-platform") und fällt schließlich zum Haupttrog der Straße von Dover (49—52 m) rascher ab. Weiter n.
bilden die Goodwin Sands einen 18 km langen, 7 km breiten hügeligen Rücken,
der sich an der E-Seite bis höchstens 2,1 m über N.W. heraushebt. Nach der
Überlieferung an Stelle einer fruchtbaren Insel Lomea, die um 1099 von
einem Sturm zerstört worden wäre, entstanden, ändern sie ihre Lage stark.
Zwischen ihnen und der Küste liegen „The Downs", ein 5—10 Faden tiefer,
geräumiger Ankergrund, und, um dies gleich vorwegzunehmen, vor North
Foreland die Margate Sands, die bei N.W. von 21,3 m unter Wasser bis 1,5 m
über Wasser reichen. Sie werden durch eine bis zu 9 Faden tiefe Rinne
(South Channel und Margate Road) von der N-Küste von Kent getrennt
[21 a, d—h, 310].

Das Klima SE-Englands ist im großen ganzen einheitlich, wenn auch
mit leichten Abtönungen von der Küste gegen das Innere und von den Niederungen gegen die Höhen. Auslage gegen Sonne, Wind und Regen bringt
gewisse Unterschiede. Dem Festland am nächsten gelegen, ist es etwas mehr
kontinental als das des übrigen Großbritannien. Dieselben Isothermen um-
spannen das Land zu beiden Seiten der Straße von Dover, die J. Isotherme
von 10⁰ verläuft durch SE-England nach Belgien. Die Ausgeglichenheit des
Klimas zeigt sich vor allem darin, daß selbst die Temperaturen der innersten
und höchsten Teile von denen der Küste kaum verschieden sind. Die J.M.
liegen durchwegs um 9,5—10,5⁰ C; sogar Biggin Hill, in 173 m auf der N-
Abdachung der North Downs (n. Limpsfield) gelegen, hat noch 9,3⁰ (1920/30).
Namentlich die M. des wärmsten Monats (an der Küste meist der · August,
im Inneren der Juli) weichen fast gar nicht voneinander ab: Margate 17⁰,
Biggin Hill, 173 m, 16,4⁰; überall hat er 16,3—16,7⁰. Die absoluten Temp.-
Maxima lagen für 1901—1940 in 32—35⁰ (Tonbridge wies am 22. VII. 1868
das höchste bisher auf den Br. I. überhaupt vermerkte Max. mit 38⁰ auf [111]).
Etwas größer sind die Unterschiede im Winter, 1—2⁰ (Tunbridge Wells,
107 m, hat im Febr. 0,9⁰; Ardingly, n. Cuckfield, im High Weald, 133 m, 0,4⁰;
an der S-Küste dagegen im Jan.M. 1901—1940: Brighton 4,9⁰, Eastbourne
5,6⁰). Demgemäß halten sich auch die Unterschiede in der J.Schw. zwischen
1—3⁰. Die T.Schw. beträgt im M. 6—7⁰, wird am größten im Inneren während
des Sommers (Tunbridge Wells 9⁰), am kleinsten im Winter (mit nur 5⁰).
Wohl sinkt die Temperatur an der Küste nur selten unter — 5⁰, auf den
Höhen des Weald und der N-Downs auf — 10⁰ (ganz ausnahmsweise auf
— 15⁰), doch können auch an der Küste während des ganzen Winterhalb-
jahres gelegentlich Fröste auftreten, im Inneren sogar von Sept. bis Mai.
Besonders im Mai ist Temperaturumkehr zwischen den Grünsandhöhen und
den benachbarten Niederungen nicht selten — dabei wird die s. Auslage etwa

im Holmesdale besonders wirksam —, weil jener gewöhnlich die trockensten, ruhigsten und heitersten Tage aufweist, im Zusammenhang mit antizyklonalen Luftdruckverhältnissen. Im übrigen bestimmen die wandernden Minima das Wetter, deren Zugstraßen von der Irischen See, vom Bristolkanal, aber auch vom Ärmelkanal her (diese quer durch SE-England) in der Themse-niederung zusammenlaufen und n. des Weald vorbeiziehen. Sie sind schon von Juni bis Sept. häufig, am zahlreichsten von Nov. bis März. Sie bringen mit überwiegenden SW- und oft mit W-Winden milde Luft und reich-lich Niederschläge. Auch NW-Winde sind häufig, N- und S-Winde verhältnis-mäßig selten. E-Winde wehen am ehesten im Sept. und Okt., im April und Mai kalte trockene NE-Winde. So ist das Frühjahr die trockenste Jahreszeit, der Okt. mit ungef. $\frac{1}{7}$ aller Niederschläge (90—120 mm) der regenreichste Monat (April und Mai liefern nur je 40—50 mm). Meist schon vom Nov. nehmen die Niederschläge allmählich ab. Oft stellt sich im August ein leichter Regenscheitel ein ($\frac{1}{12}$). Stark wird das Ausmaß der Niederschläge vom Relief beeinflußt. Sie sind am größten auf den dem Anstrom der SW-Winde unmittelbar ausgesetzten South Downs (über 950 mm), auf den höchsten Grünsanderhebungen (Haslemere 905 mm, Hindhead 890 mm; Leith Hill 825 mm) und im High Weald, der überall mehr als 760 mm empfängt, um Crowborough in 242 m H. sogar 944 mm; erheblich geringer dagegen in dem Wealdring (690—760 mm) und im Weygebiet um Farnham und Godalming, am kleinsten im ö. Teil der Wealdniederung, im SE und besonders im E des High Weald, wo auf Romney Marsh nur 630 mm, Dungeness sogar nur 619 mm fallen. Die North Downs erhalten größere Niederschläge (Biggin Hill 790 mm), auch der E-Flügel bei Dover (über 850 mm; Margate nur 580 mm!). Dagegen ist die S-Küste von Sussex niederschlagsärmer (meist 540—700 mm, z. B. Worthing 685 mm; aber Eastbourne 780 mm!). Die J.Niederschlagssummen schwanken jedoch innerhalb weiter Grenzen, von 50—150%. Schnee fällt an der S-Küste durchschn. an 7—10 T., in Kent an 10—15 T.; eine Schneedecke, d. h. eine Schneeschicht, die im Gebiet des Beobachtungsortes wenigstens die Hälfte der Fl. bedeckt, ist hier an 5—10, an der S-Küste an weniger als 5 T. zu erwarten. Auch gehört diese mit mehr als 1800, in manchen Jahren mehr als 2000 Sonnenscheinstunden (von 4400 möglichen) zu den sonnigsten Land-strichen Englands. Die mittl. tägl. Besonnung im Weald wird auf $4\frac{1}{4}$—$4\frac{1}{2}$, an der S-Küste auf 5 St. veranschlagt. Mai und Juni sind am sonnigsten (7—7,7 St.), der Dez. ist am trübsten (1,4—1,9 St.). Nebel und niedriges Gewölk sind im Winter häufig, Bodennebel auch im Mai; Sommernebel treten oftmals an der Küste auf, besonders in der Romney Marsh. Im Weald sind Nebel häufiger als auf den Downs, aber nicht so häufig wie in der Themse-niederung. Auch weist er das ganze Jahr hindurch schon wegen seiner großen Bodenfeuchtigkeit eine große relative Feuchtigkeit auf, meist 80%, selbst im April und August kaum weniger. Im allgemeinen aber kann das Klima der Höhen überall als gesund bezeichnet werden — daher, zumal bei der leichten Erreichbarkeit Londons, die Vorliebe, Landhäuser und Erholungs-stätten auf ihnen zu errichten, selbst den Schwierigkeiten der Wasserver-sorgung (vgl. u.) zum Trotz. Natürlich werden dabei windgeschützte, sonnige Lagen (also besonders die S-Seiten) bevorzugt [12, 18, 19, 111; 45*, 48*—411*, 416*; 86, 814 u. ao.].

Für größere Flüsse hat SE-England nicht Raum: der Medway ist 70, der Stour 67, der Wey 62 km lang. Ganz abgesehen von den „winter-bournes" oder den überhaupt bloß ausnahmsweise fließenden Bächen der Downs und den Schwinden des Mole, führen sie alle nur geringe Wassermengen, der Wey selbst zur Zeit des normalen Winterhochwassers (Jan., Febr.) bloß 8—9 m³/sec, vom Juni ab nur mehr 3, im Sept. knapp 2 m³. Gefährliche Hochwässer sind in SE-England selten. Trotz der unbedeutenden Wasserführung haben die Hauptflüsse ehemals doch als Wasserstraßen gedient, der Wey seit 1650 bis Guildford, seit 1780 sogar bis Godalming mittels Schleusen schiffbar gemacht, der Medway um 1750 von Maidstone bis Tonbridge, der (East) Rother bis Bodiam. Auf Arun, Adur, Ouse gestatteten die Gezeitenfluten den Booten die Fahrt zu den alten Häfen jenseits der South Downs; noch können kleine Seeschiffe Arundel, Beeding Bridge, Lewes erreichen. Aber die Flüsse und die meist noch im 18. Jh. angelegten Kanäle (vgl. S. 31 f.) sind heute für den Verkehr so gut wie bedeutungslos.

Trotz der ansehnlichen Niederschlagsmengen ist die Wasserversorgung SE-Englands nicht überall leicht. Die Wealdentone tragen zwar viele Wassertümpel und feuchte Böden, bieten aber keine guten Trinkwasserquellen; nur die ihnen eingelagerten sandigen Schichten liefern etwas weiches Wasser, ausreichend für Farmen und Weiler. Kleinere Quellen treten an der Grenze der Hythe Beds aus, die auch von Brunnen erreicht werden. Die Sandgate Beds enthalten wenig Wasser, die Folkestone Beds sind oft wenig mächtig, öfters lehmig, die Gaulttone kommen als Wasserspender nicht in Betracht. Dagegen liefern die Oberen Grünsande, besonders in ihrer sandigen Oberschicht, die durchlässiger ist als der Malmstone, starke Quellen mit hartem Wasser, um so mehr als Wasser aus dem hangenden Kreidekalk in sie absteigt. Dieser selbst ist das wichtigste wasserführende Gebilde der Landschaft, dank seiner Durchlässigkeit, Mächtigkeit, weiten Verbreitung und dem reichlichen Niederschlag, den er auf seinen Höhen empfängt. So kennzeichnet ein ergiebiger Quellhorizont unten den Abfall der Downs, während ihre Rücken schlecht mit Wasser versorgt sind. Namentlich in den South Downs trifft man noch heute die sog. „Tauweiher" (dew-ponds), eine Art Zisternen, die in Wirklichkeit nur Regenwasser sammeln (vgl. S. 505) [23, 35 a, 67 a, 93; 38*].

Das natürliche Pflanzenkleid SE-Englands war, mit Ausnahme der feuchtesten, trockensten und windigsten Striche, der Wald, und ohne die Eingriffe des Menschen würde dieser weithin Täler und Höhen bedecken. Meilenweit zog die Anderida silva der Römer, der Andredesweald der Sachsen (477 Andredesleage, D. B. Andret; später, 1185, einfach Waldum, 1235 Wald [623*]) hinter Pevensey binnenwärts; und bis heute sind namentlich auf den Forest Ridges größere Waldbestände vorhanden. Noch machen die beholzten Flächen in SE-England ungef. 12% der Ges.Fl. aus. Surrey und Sussex sind mit 14, bzw. 12,3% die waldreichsten Gr. der Br. I. (Kent 11,1%). Laub-, Nadel- und Mischwald teilen sich in die Bestände. Am waldreichsten ist der High Weald in St. Leonard's Forest mit Eichen, häufig gemischt mit Lärchen, Fichten, Föhren oder mit Edelkastanien, Buchen, Eschen [19]. Aber selbst in ihm sind, verursacht durch den Menschen, an Stelle des Waldes vielfach Strauchwerk und Heide getreten, und noch mehr Fläche nehmen Kulturland und Weide ein [16, 93].

Freilich war schon das ursprüngliche Waldkleid keineswegs einheitlich zusammengesetzt. Zwar sind die Unterschiede des Klimas gering, obwohl die Auslage gegen Regen und Wind nicht ohne Einfluß bleibt; um so stärker sind die Auswirkungen des Bodens auf das Pflanzenkleid überhaupt. Die Kreidekalkhöhen, die Tonniederungen, die Sandhügel und -platten tragen allenthalben eigene Züge (Abb. 5) [440*, 443*; 407—417; 16].

2*

Am reinsten sind die oberen Kreidekalke (Upper Chalk); die mittleren und besonders die unteren enthalten mehr tonige Stoffe, sie werden daher im allgemeinen landwirtschaftlich genutzt. Die oberen Kreidekalke dagegen tragen noch vielfach Buchenwälder, zwar weniger auf ihren Firsten als vielmehr an ihren Hängen (daher „hangers" genannt). Auf der Höhe, wo der Grundwasserspiegel weit unter der Oberfläche liegt, bedecken Grasfluren mit bestimmten Gesellschaften von Pflanzen, Gräsern und Kräutern den dünnen Boden. Nur wo undurchlässige Tone oder Lehme auf dem Kalk aufliegen, stellt sich die Eiche ein, so besonders in den North Downs. Die schönsten Buchenwälder stehen auf den regenreichen w. South Downs [47—410]. Vor der Buche scheint die Esche zurückgewichen zu sein, erst weiter im W herrscht sie vor. Buschwerk fehlt den Buchenwäldern fast völlig. Oft ist die Eibe noch reichlich vorhanden, ja stellenweise, an steileren Talgehängen, besonders an der Grenze von Sussex und Hampshire, finden sich Eibenhaine und -wälder. Seinerzeit ist sie oft gepflanzt worden, um Häuser und Wege zu schützen — manchmal ist sie inzwischen verschwunden —, so längs dem Pilgrims' Way (vgl. S. 26, 55), und wegen ihrer Verwertung für Bögen [411, 93]. Längs der alten Saumpfade, an den Rändern der Buchenwälder, wuchert oft Buschwerk von Hagedorn, Wacholder, Heckenrosen, Schlehdorn auf tonigen Böden, auf kalkigen Spindelbaum, Holunder, Liguster, Stechpalmen usw., auch 6—9 m hoher Buchsbaum (vgl. Namen wie *Box Hill*, *Juniper Hill* usw.). Für die Grasweiden der Downs („chalk pasture") ist der Schafschwingel bezeichnend, der selbst auf der dünnen, weniger kalkigen, ehemals reicheren Oberschicht gedeiht, die durch das Auftreten von Heidekraut mitunter heideartiges Gepräge erhält („chalk heath"). Außer dem Schafschwingel beteiligen sich allerlei andere Gräser an der Zusammensetzung des dichten, federnden Rasens, der sich leicht vom Untergrund abheben läßt. Dann schimmert dieser so kräftig auf, daß benachbarte Farmen ihre Weidegründe mitunter durch flache weiße Furchen gegeneinander abgrenzen. Solche Grasflächen, auf den Höhen besonders der South Downs zu trocken für den Pflugbau, sind seit uralten Zeiten Weideland für Schafe; die an den Stufen und Talgehängen gelegenen, niedrigeren hat erst später der Mensch geschaffen, indem er die Buchen-, bzw. Eschenwälder zerstörte [93]. In den North Downs mit ihren reichlichen Feuersteinlehmen sind Gehölze zahlreicher erhalten geblieben. Auch hier wird das Grasland häufig gemäht. Dann treten an Stelle des Schafschwingels Trespe, Waldzwenke und Goldhafer. Im Frühling und Sommer

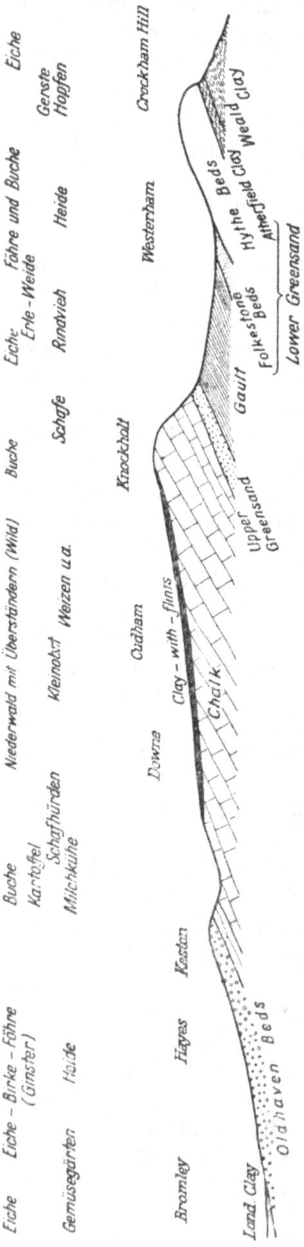

Abb. 5. Kulturgeogr. Schnitt Londoner Becken—North Downs—Grünsandstufe—Wealdniederung. (Nach C. C. FAGG.)

entfaltet sich auf diesen Grasfluren ein bunter Teppich von Blumen. Die Wald-schöpfe und Hangwälder verraten jedoch, daß sich heute die Höhen der Downs ohne Beweidung mit Buchenforsten und Buschwerk bedecken würden [440*].

Auf den Tonböden der Wealdniederung und des Gault („Blackland") [21 e], auch auf den tonigen Abteilungen der Hastingsschichten, namentlich den Wadhurst Beds, ist die Eiche der wichtigste Baum; daneben stellt sich auch hier gegen W (vgl. o.) immer mehr die Esche ein. Dichte Bestände von Eichen, Kastanien und Erlen (diese sind sonst in dem Gebiet verhältnis-mäßig selten) stehen auf den Gaulttonen ö. Farnham, anderswo gewöhnlich Eichen-Hasel-Gehölz an den Hängen, während die nassen Talgründe heute fast nur als Weide genutzt werden [21 b, c]. Die gröberen, trockeneren Sand-böden des High Weald und der Höhenzüge des Unteren Grünsands, besonders der Western Heights, endlich sind der Bereich von Föhrenbeständen oder echter Heiden mit Heidekraut, Farnen, Heidelbeeren, Ginster usw. Sie kehren wieder auf den Tunbridge Wells Sands, auch auf den Folkestone und be-sonders den Hythe Beds, z. B. um Leith Hill und noch mehr auf Hindhead und Blackdown; hauptsächlich sie nehmen die „commons" und „warrens" genannten Wüstlandstreifen ein [413, 85, 86]. Auf dem Unteren Grünsand fehlt übrigens die „chalk flora" nicht völlig [417]. Nicht selten haben sich aber auch auf der Heide Föhren und Birken, stellenweise sogar Eichen und Buchen mit ihren Begleitern angesiedelt, anderswo zeigen sich Übergänge zwischen echten Heiden und Grasheiden, armes Land, das sich, wenn nicht beweidet, mit Wald bedecken würde. Oft handelt es sich dabei um eine Mischung verschiedener Sukzessionsstadien von der Heide zur Grasheide und zum trockenen Eichenwald [440*]. Wo aber etwa die Böden mehr Tone oder feine Sande enthalten, welche das Wasser besser festhalten, wird entweder überhaupt normaler Anbau möglich oder es stellt sich Laubwald ein, wie z. B. auf dem Battle Ridge mit seinen Eichen und Kastanien. Gras- und selbst Pflugland finden sich auch, wo die Hythe Beds von tonigen Flußablagerungen bedeckt oder mehr kalkig sind. So liefern sie auf dem Ragstone von Kent leichte, nährstoffreiche und auch bei nassem Wetter bearbeitbare Böden, ge-eignet für alle Arten Feldfrüchte wie auch für Gartenbau, obwohl heute z. T. bloß als Grasland verwertet. Die tonigen Sandgateschichten tragen oft Laub-bäume (vgl. S. 53). Auch die Bargate Beds von Surrey sind oft lehmig und bieten dann gute Ackerböden, solche vor allem der Obere Grünsand am Abfall der Downs, da sich mit seinen eigenen Stoffen die kalkigen Mergel und Kalke mischen, die von den Stufenhängen auf sie hinabgelangen [18, 19, 111, 21, 74].

Die eozänen tonigen und sandigen Ablagerungen zeigen das gleiche Bild, so z. B. in der Küstenebene von Sussex, soweit sie nicht von pleistozänen Ablagerungen überlagert sind, Eichen und Mischbestände und Lichtungen mit Weideland. Die Ziegelerde und die lehmige Oberschicht des „shrave" (des verwitterten Coombe Rock) [21 e], in welchen jene übergeht, reich an pflanzlichen Nährstoffen, gut entwässert und doch hinreichend feucht, bieten, wenn mit Kreidekalk oder Kunstdünger gedüngt, die fruchtbarsten Böden des Gebietes. Das Süßwasseralluvium, allenthalben reich an organischen Stoffen und Stickstoff, wird teils als Wiese, teils als Weide verwendet.

Sind also Holzbestände auch heute noch weitverbreitet, so lassen doch Pflanzung und Holzschlag ein rationelles System vermissen [16]. Wohl sieht man im w. Wealdflachland nicht selten Holzverfrachtung und Säge-werke — Eichen-, Eschen- und Kastanienholz wurde bis vor kurzem gern für Hopfenstangen, Zäune u. dgl. verwendet, und stellenweise gibt es etwas Holz-industrie —, auch ist die Köhlerei noch nicht ganz erloschen; aber die Gehölze werden weniger als Einnahmequellen angesehen, vielmehr als Schmuck der zum Erholungsraum werdenden Landschaft. Durch das ganze Gebiet ist der Niederwald mit großen Überständern verbreitet („coppice-with-standards"; in Kent $^2/_3$, in Sussex $^2/_5$, in Surrey $^1/_3$ der Wald-Fl.). Das Unterholz bildet oft die Hasel, die gerne für Zäune verwendet wird; sie und die Esche werden mit Vorliebe „coppiced". Seit Jh. alle 10—15 J. geschnitten, stellte er bis in die jüngste Zeit die typische Form der Forstwirtschaft in SE-England dar. Mächtige Bäume stehen regelmäßig in den charakteristischen Waldstreifen („shaws") des Weald, anderswo Baumgruppen und kleine Gehölze. Die Landschaft sieht daher oft viel stärker bewaldet aus, als sie wirklich ist, und wird unübersichtlich. Der Einfluß des Bodens auf die Art der Überständer zeigt sich schön z. B. in NE-Kent: auf den Kreidekalkböden sind es die Buchen, auf den Feuersteintonen gewöhnlich Eichen und Hainbuchen; Eichen, auch niedere Roßkastaniengehölze auf den Thanetsanden und auf den Londontonen, Eichen, Birken und manchmal auch Föhren auf den Woolwich- und Readingschichten [47].

Alle irgendwie geeigneten Böden werden heute von der Landwirtschaft genutzt; nach wie vor hängen Verbreitung und Bedeutung von deren einzelnen Zweigen stark vom Boden ab [18, 111, 19, 21, 74]. Doch ist sie, besonders während der letzten 7—8 Jahrzehnte, von den gleichen Wandlungen betroffen worden wie im übrigen England, wobei die Nähe von London als des Hauptverbrauchers einen entscheidenden Einfluß ausgeübt hat. Viele Getreideäcker sind in Dauerwiesen oder in Weideland umgewandelt worden, Obst- und Gemüsebau haben zugenommen, begünstigt durch die etwas trockeneren, wärmeren Sommer; dagegen hat der Hopfenbau abgenommen. Stärkere Zentralisierung und Spezialisierung sind dabei in vieler Hinsicht erkennbar. Die Rinderzucht, obwohl noch immer auch auf Erzielung von Fleisch bedacht, stellt sich immer mehr auf Molkereiwirtschaft um. Die Schafzucht ist zurückgegangen, Geflügelmast und Eiererzeugung haben sich aufsteigend entwickelt.

Die älteste Besiedlung beschränkte sich auf die trockenen, mehr offenen Striche der Downs, des Unteren Grünsands und der Flußschotter der Haupttäler; noch für lange Zeit blieb dagegen der Weald gemieden, obgleich schon der Mesolithiker gelegentlich auch in ihn eindrang. Paläolithische Funde stammen u. a. aus der Gegend von Farnham, Godalming, Guildford und Limpsfield im N, im S aus der Umgebung von Chichester, Worthing, Brighton, Eastbourne, aus den Tälern des Arun und des w. Rother, von den Hügeln um Fairlight, Hastings (Little Galley Hill), Udimore [51, 53, 55—58, 511, 514]. Einer noch früheren Zeit, vielleicht dem Beginn des Pleistozäns, gehören die viel erörterten Überreste des sog. „Piltdown-Menschen" (Eoanthropus Dawsoni) aus der Nähe von Fletching (5 km nw. Uckfield) und eolithische (?) Werkzeuge von Ightham (ö. Sevenoaks) an [53, 57, 83]. Eine mesolithische Wohnstätte wurde bei Farnham entdeckt, bestehend aus vier Hütten, wohl dem ältesten Beispiel der Behausung (abgesehen von den Höhlen) in Großbritannien, Mesolithikum mit Mikrolithen auch bei Horsham („H.-Kultur; Jung-Maglemose, verschmolzen mit Mittel-Tardenois") [59*, 510*, 518a*, 519*]. Erheblich stärker war die Besiedlung in der Jungsteinzeit auf den Kreidekalken und dem Grünsand von W-Surrey und auf den South Downs mit ihrer Flintgewinnung in dem „steinzeitlichen Sheffield" auf Cissbury Hill (bei Findon) und anderen Kuppen n. Worthing und Brighton [56, 511, 58a]. Die South Downs, auf einer Seite vom Meer, auf der anderen von den Wäldern und Sümpfen des Weald begrenzt, bildeten einen besonders gut umgrenzten natür-

lichen Siedlungsraum, zugleich durch die Nähe der Küste bevorzugt, wo man
Salz und Fische gewann. Auf ihnen konnten sich die Kulturen, die ihren Mittelpunkt auf Salisbury Plain hatten, gegen E bis Beachy Head auswirken [513*].
Auf ihnen stehen u. a. die „causewayed" Camps der Windmill-Hill-Kultur
(vgl. S. 165), so die von Whitehawk bei Brighton und The Trundle (n. Chichester) mit den benachbarten Langhügelgräbern und Chanctonbury Ring
(n. Worthing). Ein Gegenstück dazu im N ist Anstiebury Camp auf Leith
Hill. Megalithbauten nahe dem Medway Gap in den North Downs dürften mit
denen von Holland zusammengehören. Die neolithische Hirtenkultur blieb bis
tief in die Bronzezeit hinein erhalten.

Wie im Neolithikum, so haben sich weiterhin Bevölkerung und Kultur in
Sussex im engsten Anschluß an das benachbarte Wessex entwickelt, in der
Zeit der „Beaker people", der Wessex-Kultur usw. (vgl. S. 165), n. des Weald
dagegen unter dem Einfluß des Londoner Beckens. Für die Mittelbronzezeit
ist die erstmalige Verwendung des Pfluges aus Sussex (Plumpton Plain bei
Lewes) nachgewiesen, in der Jungbronzezeit erweiterten seit dem 8. Jh. die
„Deverel-Rimbury=Leute", welche in Rundhütten wohnten und auch Einzelfarmen (z. B. Harrow Hill bei Worthing) betrieben, den Ackerbau. In der
älteren Eisenzeit (Iron Age A) wohnten Eindringlinge der Hallstätter Kultur in offenen Dörfern, anscheinend in rechteckigen Häusern; wie schon die
der Jungbronzezeit, hatten sie kleine rechteckige Felder („keltisches System"),
getrennt durch Steinwälle, bzw. Ackerterrassen („lynchets"), auf den Hängen der Downs. Auf deren Höhen errichteten sie Erdschanzen, die von den
Führern einer neuen Einwanderungswelle aus der Champagne, den „Marnian chiefs", zu starken Höhenburgen mit mehrfachen Wällen und Gräben
ausgestaltet wurden, z. T. an Stelle der ehemaligen neolithischen Camps. Von
ihnen wurden Cissbury, The Trundle und Mt. Caburn Stammesvororte und
Hauptmärkte. Zu Oldbury bei Ightham (ö. Sevenoaks) stand eines der größten „Hill-forts" [515]. Funde von Mt. Caburn weisen auf vorrömische Eisengewinnung und -verarbeitung hin [511*, 517*; 13, 56, 58, 511 u. ao.].

Um 75 v. Chr. erschienen die Belger (Eisenzeit C), ein germanisch-
keltisches Mischvolk, an der N-Küste von Kent (Aylesford); zur Zeit Cäsars
war dieses schon verhältnismäßig dicht besiedelt. Sie verlegten zwar den
Schwerpunkt ihres Reiches auf die Driftböden n. der Themse, schoben
sich aber auch nach Hampshire und zur S-Küste vor. Selsey war eine
Zeitlang ihr Hafen, wurde jedoch bald durch Regnum, einen Vorläufer von
Chichester, ersetzt. Um 50 v. Chr. begründete eine andere Gruppe unter dem
Atrebatenflüchtling Commius einen Staat in E-Wessex, der nach SE-England hineinreichte. Neben den alten, noch verstärkten Erdwerken wurden
neue bis in die römisch-britische Zeit angelegt, einzelne sogar im Weald.
Doch verlief die Römerzeit friedlich. Es entstanden Gutshöfe (villae), besonders zahlreich in NW-Kent und in der Küstenebene von Sussex, wo
Regnum der Hauptort wurde. E—W-Pfade längs dem offenen Downland
hatte es schon früher gegeben, nun bauten die Römer wegen der Eisengewinnung und des Handelsverkehrs mehrere S—N-Straßen [516]. So zog
Stane Street von Regnum über die South Downs nach Pulborough und
fast schnurgerade durch den Weald, dessen Hauptwaldgebiete ö. blieben,
nach Dorking und weiter über die North Downs nach Londinium. Dorthin führte auch eine andere Straße auf dem Umweg über Venta Belgarum
(Winchester). Das Haupttor Britanniens für die Römer war Kent mit
einer ganzen Anzahl von Häfen und Forts: den Flottenbasen von Portus
Lemanis (Lympne) und Dubra (Dover), Rutupiae als Haupthafen (Über-

fahrt nach Gesoriacum, Boulogne), Durovernum Cantiacorum (Canterbury), der Hauptstadt der Cantii, als Straßenknoten im Brennpunkt, wo
damals die Schiffahrt endigte und von wo Watling Street auf der N-Abdachung der Downs, die aus ihnen kommenden Täler querend, über Durobrivae (Rochester) nach Londinium zielte. Daneben blieb jener vorgeschichtliche Weg nach W in Benützung, der vor oder an dem S-Hang des
Stufenzugs verlief und im Mittelalter als „Pilgrims' Way" einen lebhaften
Verkehr von Kaufleuten, Wallfahrern, Kriegern und Bettlern zwischen
Winchester und Canterbury vermittelte. Das Wealdland war nur spärlich
besiedelt. Das Eisen wurde namentlich im oberen Bredegebiet gewonnen, und
eine Römerstraße lief von West Wickham bei Croydon über Edenbridge mitten
durch Ashdown Forest zur Ouse und deren Tal hinab auf Lewes zu.
Anderida (Pevensey), auf einer kleinen Insel gelegen wie das Fort von
Rutupiae, war hier neben Regnum ein zweiter Stützpunkt der Römer an
der S-Küste [517*, 624*; 13, 52, 52 a, 510, 512, 513 u. ao.].

Durch den Einbruch der Germanen änderte sich das Bild wesentlich.
In Kent drangen diese, u. zw. nach der herrschenden Auffassung Jüten,
von Ebbsfleet her ein (455—475?), Canterbury wurde ihr Königssitz; in
seinem Namen lebte der der alten Cantii fort. Hier entstand ein Königreich von eigenem Gepräge in Recht, Gesellschaftsordnung, Wirtschafts-
und Siedlungsformen. Ferner war angeblich 477 Aelle an der S-Küste gelandet, hatte Regnum genommen und 491 auch Anderida, wo alle Bewohner getötet wurden. Anscheinend gingen jedoch die Südsachsen aus
mehreren verschiedenen Gruppen hervor; noch 1011 werden die Haestingas
besonders genannt. Surrey wurde aus N von den Sachsen erreicht (der
Name erscheint erst 722 zum erstenmal), seine Grenze gegen Kent wohl
erst nach der Schlacht von Wibbandun (568) zwischen Ceawlin von Wessex
und Ethelbert von Kent festgelegt. Die einheimische Bevölkerung flüchtete
sich in die Urwälder des Weald, wo sie sich noch eine Zeitlang erhielt,
wie anscheinend auch in Romney Marsh. Der schwer begehbare, sumpf-
reiche „Andredeswald" bildete, wie früher zwischen den Cantii und den
Regni, so nunmehr und noch für längere Zeit eine Grenzwildnis zwischen
Jüten, Südsachsen und Westsachsen. Doch schoben sich die Sachsen von
W her bis zum Medway vor, der eine innere Grenze zwischen den „Men of
Kent" im E und den „Kentish Men" im W wurde [11, 13, 619; 517*, 621*, 622*,
624*, 635*, 636*]. Demgemäß entstanden in Kent beim Einzug des Christentums
auch zwei Bistümer, zu Canterbury, seinem Ausgangspunkt (597), und zu
Rochester (600). Infolge seiner Verbindung mit dem Festland hatte es schon
im 7. Jh. etliche Klöster [BE], außer den Gründungen St. Augustins in
Canterbury u. a. solche zu Folkestone (630), Lyminge (633), Minster-in-
Thanet (670), Minster-in-Sheppey (675), Dover (696) usw. [BE]. Bischofsstadt von Sussex war ursprünglich (705) Selsey, seit 1078 aber Chichester,
während Surrey von Egbert seit der Angliederung an Wessex (825) bis in
die jüngste Zeit zum Bistum Winchester gehörte (jetzt hauptsächlich in
der neuen Diözese Guildford). Auch Sussex wurde 823 von Egbert mit
Wessex vereinigt. Die Einteilung in die drei Gr. stammt aus der Zeit
Ethelstans (834—51). Zwischen Surrey und Sussex zog der Weald eine
Verkehrsschranke; vom älteren Wessex war jenes durch Windsor Forest und
die sandigen Ödländer s. davon getrennt, die Verbindung mit dem Themsetal oberhalb und um Reading kann nur schwach gewesen sein. Die ruhige
Entwicklung wurde jedoch seit der M. des 9. Jh. durch die Dänen gestört,

die auch nach solchen Niederlagen wie zu Aclea (851; Ockley vor Leith Hill?) während der folgenden Jh. wiederholt eindrangen, ohne sich hier irgendwo dauernd festsetzen zu können. Alsbald machte sich dann der normannische Einfluß stärker bemerkbar; Hastings, Winchelsea und Steyning unterstanden der Abtei Fécamp. Die Landung Wilhelms bei Pevensey und sein Sieg bei Hastings, nach welchem er die Abtei Battle gründete, bedeuteten den Anfang einer neuen Entwicklung.

Auf die Landnahme der Germanen gehen die Grundlagen der heutigen Besiedlung zurück. Keltische Elemente sind in den Ortsnamen SE-Englands selten, fehlen aber nicht in den Flußnamen (Ouse, Stour, Wey u. a.) [61, 61 a, 62]. Die Germanen bevorzugten von Anfang an die mittleren, sandig-lehmigen Böden, falls nur genügend Wasser zur Verfügung war [612, 615]. Gräberfunde und Ortsnamen sprechen eine deutliche Sprache. So sind die Jütengräber besonders auf den Lehmvorkommen der verhältnismäßig offenen Kreidehöhen von E-Kent verbreitet. Längs Watling Street, am Rande des Alttertiärs gegen das Sumpfland und auf dem Unteren Grünsand (Hytheschichten) schoben sie ihre Siedlungen bis zum Medway vor. Für ihren Bereich sind anscheinend nicht so sehr Haufendörfer als vielmehr Weiler und Einzelfarmen, im Zusammenhang mit der Sitte der Erbteilung („gavelkind"), bezeichnend.

An der N-Küste drunten, mit ihren Londontonen, fehlen Namen auf -ing, doch nicht solche auf -ham (Faversham u. a.), die auch alt sind. Erst höher oben stellen sich -ing=Namen ein, die ostwärts bis Canterbury reichen. Vor dem Stufenfuß liegt eine Gruppe von -ing=Orten auf den Hytheschichten bis zum Medway; die ein wenig jüngeren -ingham=Siedlungen ziehen vor dem Stufenfuß gegen W bis zum Durchbruch des Stour [83 a*, 61 a]. In W-Kent und Surrey finden sich Gräber von westsächsischem Gepräge; hier sind die Bargate und die lehmigen Folkestone Beds für Acker- und Grasland geeignet. Die Südsachsen bezogen zunächst die Lehm- und Ziegelerdeböden der Küstenebene, von wo sie durch die Flußdurchbrüche an die N-Seite der South Downs und zu deren Sockelterrassen gelangten. Auffallend häufig sind in Sussex die ganz alten Ortsnamen auf -ing (in Verbindung mit einem Personennamen), welche auf Sippensiedlung, nicht auf Einzelfarmen weisen [61]. Ungefähr die Hälfte liegt nahe dem damaligen Gestade. Zwischen Adur und Ouse fehlen jedoch alte Küstensiedlungen; wahrscheinlich sind sie hier dem Meer zum Opfer gefallen. Auch zwischen Bredetal und der Küste bei Hastings finden sich -ing=, aber noch mehr die für Einzelbesitz sprechenden -ham=Namen, gleichfalls ein Gebiet günstig für alte Besiedlung (Haestingas). Im Vale of Holmesdale sind sie nur durch Dorking nahe dem Weytal vertreten. Die Verbreitung der Ortsnamen läßt vermuten, daß auch in Surrey die Flüsse die Hauptlinien der Frühbesiedlung bestimmten (Woking, Godalming usw.). In seiner SW-Ecke weisen einzelne Ortsnamen noch auf heidnischen Kult [62]. Aber zur Zeit der Eroberung Wilhelms war auch im Vale of Holmesdale bereits ein Siedlungsstreifen vorhanden, da hier kleine Sand- und Lehmgebiete durcheinandergemengt auftreten (Abb. 6—8). Spärlich sind dagegen die ältesten germanischen Ortsnamen im Tal des W Rother; der innere Weald, die North Downs von W-Kent und Surrey mit ihren Wäldern blieben vorerst überhaupt nur wenig besiedelt. Doch auch hier zeigen Namen auf -ham und -ton (diese vermutlich meist aus dem 10. und 11. Jh.), die auch in den zuerst besiedelten Landschaften und selbst schon im Tal des W Rother häufig sind, das Einsetzen der Be-

siedlung. Im Weald selbst werden bereits früh Horsham, Ashburnham,
Wittersham und auch Orte mit Namen auf -field (Nutfield, Mountfield)
und etliche andere genannt (Crowhurst, Hemsted, Bromley, Brabourne)
[623*]; ja manche seiner Siedlungsnamen dürften mindestens in das 7. Jh.
zurückgehen, eine Zeit, wo bereits verstreut Hirten oder Waldbauern in
ihm wohnten [61]. Aber im großen ganzen bildete das besiedelte Gebiet
einen Ring um das menschenarme Wealdland, das hauptsächlich der Haltung
von Schweinen diente; zur Zeit der Eroberung bargen deren die Wälder
von Sussex allein über 35 000 [815]. Am besten besiedelt war der Fuß der
beiden Downstufen mit seinem Quellstrich, dem Ackerland um die Dörfer
auf den kalkig-lehmigen Böden, den Lichtungen und Weiden auf der einen,
dem Wald auf der anderen
Seite. In den nassen Mar-
schen suchten die Siedlungen Kiese oder Sande, wo-
möglich in etwas erhöhter
Lage auf (Appledore, Rom-
ney, Lydd usw.).

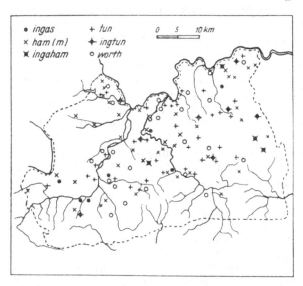

Abb. 6—8. Ortsnamen in Surrey.
(Nach J. E. B. GOVER u. a.)

Nach der Eroberung er-
hielten Mitglieder des Kö-
nigshauses oder normanni-
sche Adlige, Kirchenfürsten
und Klöster das Land zu-
geteilt. Burgen wurden an
allen strategisch und ver-
kehrswichtigen Plätzen gebaut: zu Lewes und Bram-
ber, Arundel und Amberley,
zu Chichester, Pevensey,
Hastings, zu Dover, Farn-
ham, Guildford, um nur
einige zu nennen. Die meisten sind heute Ruinen oder
ganz verschwunden, ebenso
wie die in der nächsten Zeit gegründeten Abteien und Klöster, die der Benediktiner zu Battle, Bayham bei Tunbridge Wells, Rochester (1089), Folkestone
(1095), Dover (1140), der Cluniazenser zu Faversham (1147), der Zisterzienser
zu Waverley bei Farnham (die älteste Niederlassung dieses Ordens in England; 1128) und zu Boxley (1146). Prämonstratenser ließen sich 1192 zu
St. Radegund bei Dover nieder, Augustiner zu Newark bei Woking. Das
älteste Dominikanerkloster Englands entstand zu Canterbury (1221), das
erste Karmeliterkloster zu Aylesford (1240) [BE]. Canterbury wurde durch
Thomas Becket's Ermordung (1170) zu einem Hauptwallfahrtsort, und der
Pilgrims' Way lebte auf [63]. Schon zur Zeit des Domesday Book waren
mehr als $2/_3$ von Kent im Besitz der Kirche. Durch viele Jahrzehnte hat
sich diese, namentlich die Klöster, um die wirtschaftliche Erschließung des
Landes bemüht. Leider sind bei oder seit der Aufhebung der Klöster (1538)
auch die meisten der prächtigen Bauten zerstört worden.

Erst nach der Eroberung schob sich die Besiedlung nachdrücklich
in den Weald vor, um 1300 war sie in der Hauptsache durchgeführt
und der alte Andredeswald stark gelichtet; und während noch Heinrich II.
Windsor Forest, den großen Grenzwald gegen Wessex, z. T. neu auf-

geforstet hatte, wurde unter seinen Nachfolgern das Land ö. des Wey und
s. Guildford erheblich entwaldet. In den nassen Lehmstrichen des Weald
bevorzugte die Besiedlung die trockeneren Sandböden; von 97 Ortschaften
im Gebiet der Hastingsschichten liegen 79 auf Sand. Allerdings waren die sandigschotterigen
Grünsandböden und große
Teile des High Weald der
Landwirtschaft ungünstig.
Der Fortschritt der Besiedlung spiegelt sich gut in
der Verbreitung der fast
500 Ortsnamen auf -hurst,
-den (Schweineweiden),
-field und -fold wider, die
alle auf Wald, Waldlich-
tung, Gereut deuten. Na-
mentlich die -den-Örtlich-
keiten sind ursprünglich
im Besitz von außerhalb,
oft recht entfernt gelegenen
Dörfern gewesen (Tenterden
gehörte zu Minster-in-Tha-
net). Von den 195 Namen
auf -hurst und den 126 auf
-field und -fold gehören nur
mehr wenige dem Randge-
biet (16, bzw. 12), die meisten der Wealdebene (101,
bzw. 73), viele dem High
Weald an (78, bzw. 41);
dagegen sind in diesem die
Namen auf -den (76) häu-
figer als in der Ebene (54)
und im Randgebiet (13).
Außerdem finden sich im
Wealdland viele Namen auf
-holt, -wood, -ley usw. [16].
Zum Unterschied von den
Grünsandgebieten herrsch-
te hier die Streusiedlung,
jede Farm stand inmitten
des zugehörigen Grundes.
Nicht bloß Holz, sondern
auch Weizen und Hafer wurden nun aus dem Herzen
des Weald zu den Küsten
oder Flußhäfen hinabge-
bracht [624*; 13 b, 67—69].

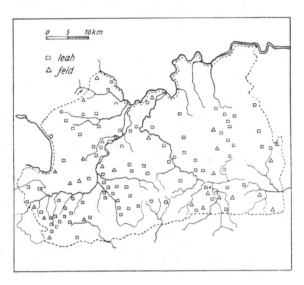

Abb. 7.

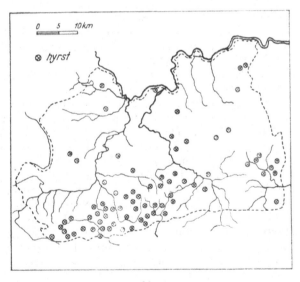

Abb. 8.

SE-Englands besondere Aufgabe wurde nach der Eroberung der Verkehr zuerst mit der Normandie, aus welcher die neuen Herren gekommen
waren, dann mit Frankreich und dem Festland überhaupt — selbst die Einteilung von Sussex in „rapes" wird damit in Zusammenhang gebracht, da

sie an der französischen Küste ihre Fortsetzung fanden. Den Hauptvorteil hatten davon die Küstenorte, zumal Wind, Wetter und Strömungen es ratsam machten, mehrere Landungsplätze zu haben. Darauf beruhte die erhöhte Bedeutung der Cinque Ports: Sandwich, Dover, Hythe, Romney und Hastings, zu denen nun auch Rye und Winchelsea als „Old Towns" und zahlreiche kleinere Mitglieder („limbs") kamen [67, 616]. Ihnen war, wie einst den römischen Küstenforts, die Bewachung der gefährdeten Seite von England anvertraut, und sie erfreuten sich dafür besonderer Vorrechte (erst 1855 aufgehoben). Ihre Hauptblüte fällt in die 1. H. des 14. Jh. Sandwich, wenn auch nicht so mächtig wie die führenden Wollausfuhrhäfen Lynn und Southampton, handelte hauptsächlich mit Wolle, ebenso Chichester, Pevensey, Romney usw., Winchelsea mit Holz aus dem Weald [68, 69 a, b]. In Sandwich lag der Handel in den Händen ausländischer, besonders italienischer Kaufleute; hier überwogen die fremden Schiffe, vor allem die aus Venedig, in den übrigen Häfen SE-Englands meist die einheimischen. Doch war die Küstenschiffahrt wichtiger als der Überlandverkehr. Gesalzenes Schweinefleisch (die Küstenebene von Sussex lieferte Seesalz; auch aus Kent werden schon im Domesday Book über 100 „saltings" und viel Fischerei erwähnt), Getreide und Holz wurden durch sie befördert [69]. Dover war schon damals durch seinen Personenverkehr über die Meerenge wichtig. Allein infolge der Versandung der Häfen, der in den Kriegen mit Frankreich erlittenen Verwüstungen, der Pest und der Agrarkrise im 14. Jh. verfielen dieselben nach der Reihe — auch die Seeräuberei konnte nicht helfen —, zuerst Hastings, dann Old Winchelsea; Rye, Romney, Hythe waren schon im 15. Jh. ohne Bedeutung, obwohl Rye Harbour noch zu LELAND's Zeit viel besucht war. Am längsten hielt sich noch Sandwich, freilich immer mehr von London überschattet und schließlich zu dessen Außenhafen herabsinkend (vgl. S. 116) [92, 624*].

Im Lande drinnen entwickelten sich Zeilen von Verkehrsknoten und Marktstädten, zumal als Brückenorte, an den Hauptflüssen nahe oder in den Pforten der Durchbruchstäler der Downs und der Grünsandstufe: Maidstone, Reigate, Dorking, Guildford, Godalming, Farnham im N, Lewes, Arundel, Petworth im S. Lewes und Arundel beteiligten sich auch, dank ihrer Lage an einem Tidenfluß, am Seeverkehr. Manche von ihnen verdankten dem Wollhandel und später der Wollweberei ihren besonderen Aufschwung [624*]. Diese war unter Eduard III. von Flamen in Kent eingeführt worden (zu Tenterden, Binenden, Cranbrook usw.) und hatte sich dann auch nach Surrey ausgebreitet. Nach der Bartholomäusnacht landeten 1500 Hugenotten in Rye, weitere Flüchtlinge kamen nach der Aufhebung des Ediktes von Nantes. Im W wurde Guildford ein Hauptsitz der Tucherzeugung. Die Walkererde von Nutfield wurde dabei ein wichtiger Behelf. Auch die Gerberei und seit dem 13. Jh. die Glaserzeugung, geknüpft an die Hastingssande, blühten auf, zu Petworth, Loxwood, Westborough Green, Chiddingfold [611]. Die einheimischen Steine wurden vielenorts gebrochen, Bargate Stone zu Godalming, „Sussex Marble" bei Petworth und Guildford, Horsham Stone usw. Schon im 14. Jh. wurden Dachziegel zu Wye (nö. Ashford) hergestellt [BE].

Mit dem Verfall des Manorwesens im 14. Jh., besonders seit dem Wüten des „Schwarzen Todes", bereitete sich eine einschneidende Wandlung im Wirtschafts- und Siedlungsbild vor. In E-Kent hatten schon immer Weiler und Einzelhöfe vorgeherrscht, mit rechteckigen Jochen Landes, unabhängig vom „open-field"=System, vielleicht zurückreichend bis in die Römerzeit, eine Ansicht, die allerdings sehr bestritten wird. Jedenfalls hatte es daneben auch dort Besitzungen gegeben, die über die Dorfflur verstreut lagen [69*]. Seit dem 15. Jh. machten die Einhegungen allgemein große Fortschritte; schon um 1600 waren die sö. Gr. von ihnen bedeckt, zu CAMDEN's Zeit gabe es im Weald viele kleine Felder in Schachbrettmuster, mit hohen Hecken umsäumt. Im 18. Jh. war diese Entwicklung ziemlich abgeschlossen [624*; 16]. Wohl blieben dabei die meisten Dörfer der Randgebiete des Weald erhalten, aber viele gaben im 16. Jh. infolge des Aufstiegs der dortigen Eisenindustrie, z. T. auch infolge der Aufhebung der Klöster, soviel von ihrer Bevölkerung an den Weald ab, daß sie schrumpften; nicht wenige lösten sich völlig auf. Neben sie und z. T. auch an ihre Stelle traten Einzelfarmen. Das Übergewicht der Bevölkerung der Randgebiete über die des inneren Weald hörte auf. Wohl breitete sich vielfach das Weideland stärker aus, aber die besten Böden wurden dafür um so intensiver ausgenützt; Ackerbau und Viehzucht blühten auf [16]. Die Nähe Londons mit seiner stark anwachsenden Bevölkerung wirkte sich dabei immer nachhaltiger aus. Schon im 16. Jh. entfaltete sich der Anbau des Hopfens. Dieser kam vielleicht schon um 1400 nach England, nach anderen Angaben erst 1525. Jedenfalls wurde er im 17. Jh. besonders zwischen Canterbury und Sittingbourne und um Maidstone gepflanzt und hatte sich nach Surrey und Sussex ausgebreitet, dort bis hinüber auf den Oberen Grünsand bei Farnham, hier in das Rothertal bei Midhurst [624*]. Auch der Gemüse- und Obstbau wurde zuerst besonders in Kent gepflegt, der Gemüsebau (namentlich Kohl, Blumenkohl, Rüben, Karotten) nach holländischem Muster zuerst um Sandwich, der Obstbau nach dem Beispiel Flanderns. In Kent wurden seit Heinrich VIII. Kirschbäume gepflanzt [111], und es war schon zu LELAND's Zeit durch seine Kirschen berühmt. Die Bereitung von Apfel- und Birnmost kam um 1577 aus der Normandie nach SE-England.

Dank der neuen Methoden der Landwirtschaft konnte sich im 18. Jh. die Erzeugung, die fortdauernd durch den Londoner Markt angeregt wurde, rasch steigern. Noch immer war der Getreidebau die allgemeine Gundlage, der Weizenbau besonders auf den Tonböden des Weald, dessen Kulturfläche weiter zunahm, bedeutend. Der Anbau von Rüben und anderen Futterpflanzen, für die Mast wichtig, breitete sich aus. Farnham und Maidstone gehörten zu den wichtigsten Märkten. Die Marschen im S wurden aus ferneren Gegenden Englands und sogar aus Wales mit Vieh beschickt. Auf den Downs und in einzelnen Teilen des Weald gedieh die Schafzucht, und im Zusammenhang damit stellten nicht bloß Guildford und Farnham, sondern auch Midhurst, Petworth, Cranbook Tuche her. Schon CAMDEN hatte Kent mit seinem Dreiklang von Getreideäckern, Wiesen und Weiden, seinen Obst-, Gemüse- und Hopfengärten als den „Garten von England" angesehen, während H. MOLL 1724 Surrey mit einem „groben Gewand [coarse garment] ... mit einem schönen grünen Rande" verglich; lag doch das Pflugland unten an der Themsemündung, während die Downs Schafweiden trugen, die Grünsandstriche zum Teil Ödland, Heide, Jagdgehege und Kaninchenbaue. Eingehegte Getreideäcker begleiteten den oberen Wey von Farnham bis Alton und wechselten in Holmesdale mit Parken ab. Bereits zu LELAND's Zeit hatten viele Hofleute, Beamte, Kaufherren in Surrey und Kent ihre Ansitze.

Ein Kapitel für sich ist die Eisengewinnung im Weald, der bis dahin außer seinem Holz etwas Getreide und Eichenrinde (die über Winchelsea

oder das Medwayästuar verschifft wurden) in den Handel gebracht hatte
[624*, 68, 69]. In ihren Anfängen wahrscheinlich schon in die vorgeschicht-
liche Zeit zurückgehend, von den Römern sicher betrieben [513], aber im
Domesday Book nicht erwähnt, hatte sie seit dem 13. Jh. namentlich in
Sussex Gebrauchsgegenstände für Haus und Hof und allerlei Kriegsbedarf
erzeugt. Aber erst seit Heinrich VIII., welcher die englische Flotte und die
Küstenverteidigung verstärkte, wurden hauptsächlich Toneisensteine der
Wadhursttone in großem Ausmaß ausgebeutet. Die Schmelzöfen wurden
mit Holzkohle geheizt, die zahlreichen Eisenhämmer von den Wässern der
Flüsse betrieben. Diese Eisenindustrie hatte ihre Hauptsitze im E um
Ashbournham (w. Battle), zu East Hoathley, im Ousegebiet und um Cuck-
field, an den oberen Verzweigungen des Medway, im W um Chiddingfold,
Kirdford und Petworth. Indes schon nach kurzer Zeit waren die Wälder,
zumal das Holz auch für Schiff- und Hausbau benötigt wurde, so gelichtet,
daß man sie durch eigene Verordnungen zu schützen suchte. 1607 zählte
NORDEN in Sussex 140 Hammerwerke und Öfen, 1611 soll von rund
800 Eisenhämmern Englands die Hälfte in Sussex und Surrey gewesen sein.
Demgegenüber waren schon 1653 nur mehr 35 Schmelzöfen und 45 Hämmer
in Betrieb, und von diesen zu Beginn 1664 nur mehr 14, dazu 21 in Aus-
besserung, die übrigen aufgelassen und verfallen. Mit der Erschöpfung der
Wälder und der Verwendung von Grubenkohle ging der Eisenbergbau des
Weald um die Mitte des 18. Jh. ziemlich ein, der letzte Schmelzofen — zu
Ashbournham — wurde 1811 gelöscht. Namen wie Cinder Hill, Furnace
Farm, Hammer Pond u. dgl. und manchmal die braunen Eisenschlacken,
mit denen man damals die Fahrwege verbesserte, erinnern noch an jene
Zeit [16, 65, 66, 610, 624*].
   Schon 1543 wurden zum erstenmal Feuerwaffen aus Gußeisen hergestellt (zu Buxted bei Uckfield). Mit der Vergrößerung der Kriegsflotte und
mit der Eisengewinnung im Weald entwickelten sich vor allem auch Anlagen der Kriegsindustrie an der Themse und am Ästuar des Medway, der
unterhalb Yalding als Wasserweg zum Versand von Eisen und Holz benützt
wurde (vgl. u.). Dover war der Hauptkriegshafen. Im Binnenland entstanden seit 1600 Pulvermühlen zu Godstone, zu Chilworth und im Weygebiet. Glasbläserei um Chiddingfold blühte bis ins 17. Jh. [611].
   Trotz der industriellen Entwicklung blieben die Straßen im Weald bis
tief ins 18. Jh. hinein schlecht; noch um 1700 waren selbst die wichtigsten
Verbindungen, wie die von Petworth nach Godalming, von Horsham nach
Dorking, in der nassen Jahreszeit greulich. Erst zwischen 1820 und 1835
wurden dann jene besseren Straßen gebaut, an welche die heutigen angeknüpft haben. Dagegen wurden in der 2. H. des 18. Jh. eine Anzahl Kanäle
angelegt und Medway, Wey, E Rother kanalisiert und schiffbar gemacht [66*,
81 a*, 624*]. Kanalisiert wurden ebenso die Hauptflüsse im S durch die
Durchbrüche aufwärts bis in die Wealdniederung. Nur wenig benützt wurde
der Wey—Arun= (oder Surrey—Sussex=)Kanal, zwischen dem Bramber-
Zweige des Wey und dem Loxwood-Zweige des Arun. Gerade in jenen
Jahrzehnten erreichte der Ackerbau seinen Höhepunkt [617]. Viele der dichtesten Hecken („shaws") des Weald wurden ausgeschnitten und an ihrer
Stelle Felder angelegt; für bessere Entwässerung und Düngung wurde gesorgt. Die modernen Verkehrsmittel förderten zunächst noch diese Entwicklung. Schon 1801 war eine mit Pferden und Mauleseln betriebene Schienen-
bahn Wandsworth—Croydon eröffnet und bald nach Merstham verlängert
worden. 1840 wurde die Dampfeisenbahn London—Portsmouth, 1841 die

nach Brighton, 1844 die nach Dover eröffnet; zwischen 1840 und 1855 sind die Hauptlinien des heutigen Bahnnetzes der S.R.[1]) entstanden. Damit war die Ära der Kanäle vorüber. Die modernen Verkehrsmittel erleichterten dann beim Einsetzen der großen Agrarkrise der Landwirtschaft jene Umstellung und Anpassung, durch welche die derzeitigen Verhältnisse herbeigeführt wurden.

1870 wiesen die vier sö. Verwaltungs-Gr. noch 4020 km² Ackerland, 2480 km² Grasland auf, aber bereits 1910 umgekehrt 2650 km² Acker-, dagegen 4040 km² Grünfläche; 1936 endlich bloß 1630 km² Acker-, 4750 km² Grasland. Das Wealdgebiet innerhalb des Ringes der Downs verwendete 1870 noch 1052 km² auf den Anbau von Getreide, 1926 nur mehr 411 km² (Rückgang um 61%). Dabei hat sich hier besonders die Weizenfläche vermindert (von 1870 bis 1925 um 71%); während sie 1870 noch größer war als die von Gerste und Hafer zusammen, nahm sie 1925 nur rund ²/₅ der Getreideböden ein, der Hafer dagegen über 50%, die Gerste nur 8% (1870 noch 12%). Daß der Getreidebau, nachdem er zu Beginn der Siebzigerjahre einen Höhepunkt des Wohlstands bedeutet hatte, gewaltig zurückging, wurde verursacht durch eine Reihe schlechter Ernten und namentlich durch das Fallen der Getreidepreise infolge der Veränderungen in Welthandel und -verkehr. Dagegen behaupteten sich die Fleisch-, Butter- und Milchpreise [714]. Daher begann man sich auf Viehzucht und Molkereiwirtschaft umzustellen. 1936 hatte sich das Verhältnis wieder zugunsten des Weizenbaus verändert (48% der Getreidefläche, Gerste 13, Hafer 38%). In W-Sussex ist in den letzten 70 J. mehr als die Hälfte des Pfluglandes aufgegeben worden, das Grasland hat um 40% zugenommen (1936 entfielen 58% der Fl. auf Feldfrüchte und Gras, 20% des Pfluglandes auf Hafer, 22% auf Weizen); sehr zugenommen hat die Kartoffel (in Kent z. T. Frühkartoffel), doch tritt ihr Anbau im Weald noch immer sehr zurück, nur auf den leichteren Böden des Grünsandes ist sie häufiger. Gewisse Futterpflanzen sind zurückgegangen. Ähnliche Wandlungen zeigen sich in den anderen Gebieten. Der Hafer, früher auch als Nahrungsmittel für den Menschen verwendet (für das „porridge"), dient heute ausschließlich als Futter für Milchkühe und Geflügel und wird daher auf allen Farmen etwas gebaut, mit Vorliebe auf den mittleren und schwereren Böden des inneren Weald, allein ohne den Bedarf zu decken, so daß Einfuhr nötig wird. Die Gerste, die hauptsächlich als Schweine- und auch als Hühnerfutter, zum kleineren Teil als Industriegerste verwertet wird, beschränkt sich im wesentlichen auf den leichten Oberen Grünsand um Farnham, Midhurst, Ashford (Brauergerste). Roggen wird bloß wenig gebaut, Weizen (durchwegs Winterweizen) besonders auf den Tonen der Wealdniederung, den besseren Grünsandböden, in der Küstenebene von Sussex und selbst noch in der Romney Marsh; doch ist er über das ganze Gebiet verbreitet. Er wird freilich nicht wie früher in vielen kleinen Mühlen vermahlen, sondern größtenteils zu den großen Dampfmühlen des Londoner Gebiets gebracht. Gerste (Sommergerste) und Hafer werden in der Regel nach den Futterrüben gepflanzt [74*, 717*; 18, 19, 111, 71, 74].[2])

Spezialisiert hat sich namentlich Kent, der „Garten von England", im

---

[1]) Bis zu der vor kurzem erfolgten Verstaatlichung unter dem Namen „British Railways" war das Eisenbahnnetz fast ganz im Besitz von vier großen Gesellschaften: der Southern R., der Great Western, der North Eastern und der London, Midland and Scottish R. Ich behalte aber im folgenden die alten Bezeichnungen bei (in abgekürzter Schreibung).

[2]) Vgl. hiezu und zum folg. Tab. 1 im Anhang.

Obst- und Hopfenbau; doch hat sich jener auch in der Küstenebene von Sussex bei Worthing, Shoreham und Chichester sehr entwickelt, dort außerdem auf der Brick Earth und den Talsanden der Gemüsebau, belebt durch die Nachfrage der Seebäder. Bei Worthing hegen viele Glashäuser Tomaten und Trauben [19]. Die Fläche der Baumobstgärten hat sich 1880—1930 ungefähr verdreifacht; viel kleiner, aber nicht minder wertvoll ist die des Zwergobstes. Sie machen ungefähr $^1/_7$ der entsprechenden von England und Wales aus. Kleine Obstgärten besitzen auch die Farmen des inneren Weald. Als Grundlage der Wirtschaft und auch des Landschaftsbildes herrscht der Obstbau aber um Maidstone und überhaupt im Raum zwischen Sevenoaks—Tonbridge—Tunbridge Wells—Sutton Valence (sö. Maidstone). Pflaumen- und Kirschbäume und überhaupt Kernobst gedeihen hier dank dem günstigen Klima besonders auf dem kalkigen „Rag" des Unteren Grünsandes im Medwaytal unterhalb Penshurst am besten sowie auf den Hytheschichten gut — ein guter Baum kann über 1000 kg Kirschen liefern —, Apfelbäume und schwarze Johannisbeeren auch auf den schwereren, nur nicht zu tonreichen Böden, also auch im inneren Weald. Rote Johannis- und Stachelbeeren bevorzugen die leichten sandigen Böden am Rande des Weald. Johannis- und Stachelbeeren nehmen im Wealdland $^2/_3$ der Kleinobstfläche ein, Erdbeerkulturen, allgemein verbreitet, etwa $^1/_4$, Himbeeren $^1/_8$. In ganz Kent, also einschließlich des auf das Londoner Becken entfallenden Teiles, nahmen die Kleinobstkulturen 1936 folgende Fl. ein: Erdbeeren 18 km², Himbeeren 7,5 km², Johannisbeeren 12 km², Stachelbeeren 12 km², Logan- und kultivierte Heidelbeeren 5 km²; man zählte 1936 (4. Juni) 7,6 Mill. Obstbäume, u. zw. 4,28 Apfel-, 0,99 Birnbäume (Dessert- und Kochobst), 0,53 Kirsch-, 1,79 Pflaumenbäume, außerdem 1385 Nußbäume (so ziemlich alle Englands). In Kent werden die Obstgärten durch die Schafe gedüngt, die dort zum Abweiden des Grases zugelassen werden; deren Nahrung muß freilich im Winter durch Heu und Rüben, im Sommer durch Ölkuchen, Trester und Getreide ergänzt werden. Die Kirschen werden im Juni und Juli, die Pflaumen im August, die Äpfel und Birnen im Okt. und noch im Nov. geerntet. Durch Wochen sind hierbei Leute aus den benachbarten Städten, besonders Frauen, beschäftigt. Der Hauptmarkt ist natürlich London (Covent Garden). Ein Teil des Obstes wird in Konservenfabriken verarbeitet, meist ebenfalls in London, außerdem in Maidstone und Tunbridge Wells. Eine gewisse Gefahr für die Ernte bringen gelegentlich Frühfröste, eine gewisse Konkurrenz das Frühobst aus Frankreich und das Obst aus Kanada und Südafrika [76 b, 713].

Kent ist auch das wichtigste Gebiet des Hopfenbaus Großbritanniens geblieben. Allein jetzt ist er selbst um Ashford schon selten, bei Midhurst und im Holmesdale ist er völlig verschwunden. Nur um Farnham findet er sich auch in Surrey noch heute. Nicht mehr über 200 Gemeinden wie noch 1870, sondern vielleicht bloß an 100 betreiben ihn gegenwärtig im Weald, u. zw. hauptsächlich im Medwaygebiet um Maidstone auf dem Unteren Grünsand und in der s. anschließenden Niederung, ferner an geschützten Stellen der Talgründe des High Weald zwischen Appledore, Winchelsea, Rotherfield und Chiddingstone, während er früher gegen W bis zu einer Linie Reigate—Uckfield reichte [16]. Im High Weald hat er seit 1870 über die Hälfte seiner Fläche eingebüßt. Am besten gedeiht er auf Lehm und feinem Sand besonders des Unteren Grünsandes, bei nicht zu reichlichem Tongehalt; das Grundwasser soll mindestens 15 cm unter der Oberfläche liegen. Vorzüglich ist auch der Hopfen von der Kreide der Downs in E-Kent. Die kostspieligen,

aber einträglichen Kulturen verlangen viel Arbeit von der ersten Vorbereitung
(im März) an und bis zur Ernte viel Pflege: „stringing, twiddling, picking".
So wurden sie immer mehr auf die geeignetsten Böden beschränkt, wie um
East und West Peckham-Wateringbury, um East und West Farleigh. Der
Kleinfarmer ersetzte sie dagegen allmählich durch Obstbau. Die Ernte im
Sept. zieht große Mengen von Pflückern („pickers") aus den Armenvierteln
E-Londons herbei. Mit dem — übrigens sehr schwankenden — Ertrag (1924:
fast 240 000, 1926: nicht einmal 100 000 dz, durchschn. etwa $^3/_5$ der ganzen
englischen Ernte) werden der Hauptmarkt London beliefert und die großen
englischen Brauereien versorgt — in Kent sind die bedeutendsten Maidstone
und Tonbridge. Die Hopfengärten verleihen der Landschaft im Sommer ihr Gepräge. Zwischen den Stangen pflegt man heute in $3^1/_2$—$4^1/_2$ m Höhe galvani-
sierte Drähte zu spannen und von ihnen Kokosbastschnüre zum Boden zu
ziehen; die Hopfenranken bilden grüne Wände. Eigenartig sind die Hopfendarren, kleine, runde oder neuerdings vierseitige Häuschen mit kegelstutz-
förmigen Aufsätzen. Diese tragen eine Rauchfangkappe, die sich im Wind
so dreht, daß er nicht in den Kegel hineinblasen kann. Manchmal stehen
die Darren paarweise oder zu viert oder sogar zu sechst nebeneinander. Sie
werden mit rauchloser wälscher Kohle (früher mit Holzkohle) geheizt [16,
111, 75, 77, 715, 93; 120*].

Seit langem völlig verschwunden ist der Waid, der einst zusammen mit
Gerste u. a. auf Banstead Downs gepflanzt wurde.

Schon im 18. Jh. wurde die Stoppel-(Wasser-)rübe angebaut, gegen Ende
desselben kamen auch die Runkelrüben aus Frankreich. Diese sind namentlich für die Ernährung der Milchkühe sehr wichtig, die Futterrüben für die
der Schafe, von denen sie z. T. innerhalb der Hürden, welche von verschieb-
baren Zäunen umschlossen sind, abgeweidet werden; in der Hauptsache werden sie jedoch vorerst in Gebäuden oder auf den Feldern, mit Erde bedeckt,
aufgespeichert. Sie haben übrigens 1870—1926 noch mehr Fläche verloren
als der Weizen (um 72%); an ihrer Stelle werden jetzt oft Kohl und Kohlrüben gepflanzt. Am meisten werden sie derzeit auf dem Unteren Grünsand
von Surrey angetroffen (ha-Ertrag durchschn. 26 t; Runkelrübe: 44 t).
Sehr gewachsen ist seit 1870 der Anbau der Luzerne, allerdings beschränkt
auf die mäßig durchlässigen Kalkböden. Auch Esparsetten, Erbsen und
Wicken fehlen nicht [16]. Die Hauptnährfläche für das Vieh stellen jedoch
die Weidefluren, die im Wealdland ungef. $^3/_4$ der ganzen Nutzfläche ausmachen. Die besten, saftigsten knüpfen sich an die feinen Sinkstoffe der
Marschen, bei gleichmäßiger Temperatur und hoher Luftfeuchtigkeit, an die
Alluvialböden der breiten, flachen Haupttäler und an die mit Kalk gemengten
Gault- und gewisse Böden des Unteren Grünsandes. Viel Dauergrasland, aber
ärmeres, tragen auch die Höhen des High Weald, soweit sie sich überhaupt
als Nutzfläche verwerten lassen. Es hat im Wealdland seit 1870 sehr zugenommen (1870: 1698 km²; 1926: 2734 km²). Bei mittelwertigen Böden ist das
„short leys"-system sehr beliebt: nach 7—10 J. Grünland wird eine entsprechend reiche Getreideernte erzielt. Dabei wird auf jenem vornehmlich
der Weißklee gepflanzt, da er etliche J. auf demselben Boden gedeiht, während
Inkarnatklee nur schwach tonige Böden verträgt und gewöhnlich bloß eine
Ernte gibt, der Rotklee durchlässige Böden bevorzugt und durch zwei J. zwei
Ernten (im 3. J. nur noch bei Verwendung von Kunstdünger) liefert. Das
Saatgut wird in bestimmten Gegenden gewonnen, für Weißklee hauptsächlich
um Ashford und Midhurst, für Rotklee im ö. High Weald um Cranbrook und
Tenterden, im W um Petersfield usw. Die Dauerweiden tragen überwiegend

Weißklee, Rai-, Rispen- und Fuchsschwanzgräser, Esparsetten. Je älter, desto besser sind sie; denn durch den Schnitt werden die Gräser hart und grob. Daher werden gerade die ältesten nur aus besonderen Gründen geschnitten. Immerhin liefert auch das Dauergrasland etwa $1/_3$ als Heu (ha-Ertrag: 22 dz), die künstlichen Wiesen dagegen fast $4/_5$ (ha-Ertrag: 34 dz). Die Bestellung des Weidelandes macht, abgesehen von der Bearbeitung der Unkräuter und einer sorgsamen Entwässerung, wenig Arbeit; Berieselung ist fast nirgends nötig [16, 717*].

Die fortdauernde Umstellung des Wealdlandes auf die Viehzucht äußerte sich in der starken Zunahme der Rinderzahl (1870: 134 000; 1926: über 200 000). Weitaus am größten ist die Rinderdichte in der Pevensey Marsh (73 auf 1 km²), ansehnlich in der Wealdebene (45—50) und selbst im High Weald (37). An den Rändern des Wealdlandes sinkt sie auf unter 30, am kleinsten ist sie in den Downs [16]. Meist verbindet sich Aufmast mit Milchwirtschaft, doch wird diese im N wegen Londons Nähe immer wichtiger, besonders im Gaultgebiet und bereits auch auf dem Unteren Grünsand. Mast — übrigens jüngeren Datums — wird vornehmlich auf den Pevensey Levels und in den Talniederungen des SE und E betrieben. Die einheimische, einst sehr gerühmte Sussexrasse, rötlich und langhaarig, wird wegen der geringeren Ansprüche und ihres guten Fleisches heute noch sehr geschätzt [72], wegen dieses auch die Welsh Black, langhörnige schwarze Ochsen. Schon vor 100 J. wurden solche aus Wales eingeführt und als Pflugtiere verwendet [91]. Auch gegenwärtig werden sie meist im W gekauft, aber schon nach kurzer Mast nach London verkauft. Dagegen sind die Shorthorns ausgezeichnete Milchtiere: sie werden gerne aus Buckinghamshire bezogen, manchmal aus Irland über Bristol. Sehr beliebt sind Kreuzungen von Shorthorns mit Sussex, namentlich bei den kleineren Farmern. Die Zahl der früher selteneren Jerseys und Guernseys und jüngst der Friesians hat sehr zugenommen. Hauptabnehmer der Milch sind außer London die Häfen und Seebäder von Margate bis Brighton. Die großen Milcheimer („churns"; 65 l fassend) gehören zum Bilde der Bahnstationen und der Straßen der Landschaft, auf denen sie von den Farmern zur Abholung durch die Milchsammelautos bereitgestellt werden.

Die Schafzucht, einst die Grundlage der Wirtschaft, im 19. Jh. systematisch betrieben, zeigte zwar in den letzten Jz. gewisse Schwankungen, doch war die Ges.Z. der Schafe der vier Gr. 1936 nicht wesentlich von der für 1884 verschieden (über 1 Mill.); in einzelnen Strichen war sie allerdings zurückgegangen, zumal im Grünsandgebiet und ferner in dem Wohn- und Ausflugsbereich der Londoner in Surrey, wo die Aufzucht der Lämmer durch die vielen Hunde leidet [18]. Der eine Hauptbereich liegt ö. einer Linie Tonbridge—Hastings. Hier ernährt Romney Marsh, im E-Teil das reichste Grasland Gr.Br., durchschnittlich über 6 auf 1 ha, auf den besten, mit erstklassigem Raigras bedeckten Böden im Sommer sogar 20 (oder 5—6 Stück Großvieh), im Winter die Hälfte. Dem in Temperatur und relativer Feuchtigkeit zwar sehr gleichmäßigen, aber sonst keineswegs besonders gesunden Klima (beißende NE-Winde im Frühjahr) ist das dicht- und langwollige Romneyschaf ausgezeichnet angepaßt. Die Tiere bleiben das ganze Jahr im Freien unter der Aufsicht von „Lookers", von welchen sie gegen die Insektenplage geschützt werden und die das Unkraut zu beseitigen haben. Nur die halbjährigen (meist in der 2. Aprilhälfte geborenen) Lämmer werden im Aug. oder Sept. mit der Bahn auf Farmen des Weald gebracht, z. T. auf solche, welche die Schafzüchter dort selbst besitzen. Oft läßt dort allerdings ihre Nahrung viel zu wünschen

übrig, so daß an die 15% zugrunde gehen. Im folgenden Jahr werden sie von
Lady Day (25. März) bis Michaelmas (25. Sept.) wieder auf der Marsch gemästet und mit 18 Monaten als schlachtreif abgeführt. Die Schur findet im
Juli, das erste Bad („dipping") 4 Wochen, das zweite weitere 2 Wochen
später statt [16, 813; 752*].

Der andere Hauptbereich der Schafhaltung sind die Downs. Doch müssen
die Tiere im Winter wegen des rauheren Klimas und der Unzulänglichkeit der
Nahrung in die angrenzenden Wealdlandschaften um Farnham, bzw. im
Tal des W Rother gebracht werden. Das schmackhafteste Fleisch liefert die
kurz-, aber feinwollige South Downs-Rasse, die in den ersten Jz. des 19. Jh.
entwickelt und durch ganz S-England verbreitet wurde. Heute werden auch
andere Rassen — Kreuzungen von Border Leicester und Cheviots z. B. — gehalten. Die Erzielung von Wolle steht im allgemeinen an zweiter Stelle. Vielfach werden die jungen Tiere aus Hampshire und selbst Dorset im Herbst
mit Sonderzügen auf die Hauptmärkte gebracht und an die Farmen verkauft,
wo sie den Winter über manchmal im Stalle, meist in Hürden auf den
Rübenfeldern gehalten werden. Auf den Downs oben leben sie dagegen in
Freiheit. In der Obstregion sind sie, wie erwähnt, für die Düngung wichtig.
Um Maidstone, Ashford und im inneren Weald liegen die einheimischen Auf-
zuchtgebiete. Die Lämmerung tritt gewöhnlich schon im März, manchmal
sogar schon im Febr. ein; auch Schur und Bäder werden bereits einen Monat
früher als auf Romney Marsh vorgenommen. Die größten Schafmärkte werden
zu Ashford (Sept. für Romney Marsh), zu Findon (anfangs Juli und
anfangs Sept.) und Lewes (21. Sept., für die South Downs) gehalten,
aber auch die zu Rye, Tunbridge Wells, Farnham, Chiddingly („Bat and Ball
Fair" Ende Juli, besonders für Lämmer), Lingfield (bei Hayward's Heath)
sind wichtig. Ashford, Tunbridge Wells, Farnham, Midhurst sind die bedeutendsten Rindermärkte [16, 18, 19, 111, 716, 815; 93; BE].

Allgemein wird Schweinezucht getrieben, wenigstens auf den gemischten
Farmen, aber nirgends in größerem Ausmaße. Im Mittelalter ist das Schwein
das wichtigste Nutztier im Weald gewesen. Bevorzugt sind die Berkshirerasse im N, die Large Black im High Weald und im S, diese namentlich deshalb, weil sie rasch fett wird. Doch wird nur wenig Fett in den Handel
gebracht. Pferdezucht ist unbedeutend. Bienenzucht im kleinen wird auf
vielen Farmen betrieben, zumal in den Tongebieten des S. Sehr aufgeblüht ist
seit den Achtzigerjahren die Geflügelzucht; die Zahl des Mastgeflügels wächst
fortwährend. Ein Mittelpunkt derselben ist Heathfield im High Weald, welchem überhaupt $^2/_5$ der Geflügelzahl des Wealdlandes angehören. Auch die
Umgebung von Ashford, Maidstone, Dorking ist durch Hühnerzucht bekannt.
Abgesehen von einheimischen Hafer, etwas Weizen und Gerste, wird über
London eingeführtes Hühnerfutter verwendet. Immer mehr steigern sich auch
die Eierlieferungen aus dem Weald.

Die meisten Farmen im Weald sind gemischte Betriebe mit Weizenbau,
Molkerei, Ochsenmast, Schweine- und Hühnerzucht und häufig mit etwas
Obstbau. Schafhaltung ist gering. Eine großzügige Wirtschaft besteht im
allgemeinen nicht, wohl aber viele kleinere Betriebe (mit weniger als 80 ha)
mit guten, wenn auch nicht hervorragenden Leistungen. Wegen der Mannigfaltigkeit der Erzeugung und der Nähe von London, dessen Bedürfnissen man
sich anpassen lernte, hat das Gebiet die Krisen des Weltmarktes verhältnismäßig wenig verspürt. Die Anpassung an die Erfordernisse der Zeit werden
einerseits durch die möglichste Verminderung der Produktionskosten (Ersatz
des Feldbaus durch Weideland; Abnahme der bewirtschafteten Fläche über-

3*

haupt) gesucht, andererseits durch eine Intensivierung der Betriebe, die
freilich anfangs einen gewissen Kapitalaufwand bedeutet, da sie vielfach
besondere Einrichtungen und technische Kenntnisse erfordert [16].

Verhältnismäßig wenig Menschen verschafft die Fischerei den Lebensunterhalt, teils Hochsee-, teils Küstenfischerei. Jene, mit dem Hauptsitz zu
Hythe, fährt hauptsächlich auf Heringe aus (Sept. bis Dez.), außerdem auf
Stinte (Nov. bis Febr.) und Makrelen (Mai bis Sept.). Die Küstenfischerei,
in welcher Folkestone (1937: 73 Motorboote) und Hastings führen, die wichtigsten Fischerhäfen SE-Englands überhaupt, bringt Schollen, Rochen und
Seezungen, Weißlinge und Schellfisch. Sie ist z. T. Uferfischerei, z. T.
wird sie mit Motorbooten auf dem Schelf innerhalb des Ärmelkanals
betrieben. Auch Dunge und Rye (76 Motorboote), Eastbourne, Newhaven
(57 Motorboote), Brighton, Little Hampton (48 Motorboote) beteiligen sich
an ihr. Zu Folkestone und Eastbourne werden Hummer und Krabben gefangen. Die Fische werden ziemlich im Gebiet selbst verbraucht; immerhin
liefert die Hochseefischerei einen Teil auch nach London. Doch hat sich der
Fischereiertrag in allen diesen Häfen im letzten Jz. um mehr als die Hälfte
vermindert [11, 16; 76*, 712*, 113*].

Bei dem Mangel an Mineralschätzen und dem Fehlen großer Häfen
tritt die Industrie hinter der Landwirtschaft sehr zurück. Ehemals wichtiger,
beschränkt sie sich heute auf kleine, mehr örtliche Anlagen, denen die Kohle
teils von London her, teils über See (zumal Folkestone) zugeführt werden
muß. Die Eisenerzvorräte des Weald sind aufgebraucht, und „Ziegelerden"
werden an einigen wenigen Orten für die Töpferei, häufiger in kleineren und
größeren Ziegelwerken verwertet, so in der s. Küstenebene, im Wealdtiefland
(neuerdings bei Midhurst). Das Vale of Holmesdale weist einige der größten
Ziegelfabriken mit einer Erzeugung von Mill. Stück auf, außerdem auch große
Kalköfen. Zementwerke stehen namentlich zu Pulborough, Lewis und Guildford, Dränröhren werden u. a. zu Dorking, Redhill, Godstone erzeugt. Noch
werden auch der „Kentish Rag" bei Maidstone, der Bargate Stone bei Godalming, „Sussex Marble" an verschiedenen Plätzen gebrochen. Auch die landwirtschaftlichen Industrien sind nicht bedeutend (Brauereien von Farnham,
Maidstone, Horsham, Eastbourne, Hastings usw.; „Ginger beer" von Dorking;
Konservenfabriken von Maidstone, Malling, Tunbridge Wells). Guildford,
Maidstone, Tunbridge Wells, Folkestone erzeugen landwirtschaftliche Ma-
schinen. Das einzige größere Unternehmen der Eisenindustrie sind die Eisen-
bahnwerkstätten der S.R. in dem Bahnknoten Ashford [712]. Von den alten
Industrien hat die Textilindustrie nur in Godalming bescheiden weitergelebt,
Gerberei ebendort und in Guildford, Cuckfield und Winchelsea, Lederei zu
Horsham und Battle. Noch liefert Chilworth, dank der Nähe von Aldershot,
Schießbedarf hauptsächlich für Jagdzwecke. In Godalming, Dorking,
Maidstone, Tarring-Neville (Ousetal) stehen Papierfabriken. Fischer-, aber
noch mehr Vergnügungsboote werden in verschiedenen Küstenorten von Folke-
stone bis Eastbourne gebaut, zu Rye und Hailsham Seile und Taue herge-
stellt. Neueren Datums sind die elektrischen Kraftwerke von Maidstone,
Hastings und Brighton und mehrere Umformer.

Ein Industriegebiet der Zukunft liegt über dem Kohlenfeld von Kent [22,
26, 73]. Hier erreichte man 1890 bei Bohrungen, die mit dem Plan eines
Kanaltunnels beim Shakespeare Cliff zusammenhingen, unter einer ziemlich
vollständigen, wenn auch von Diskordanzen durchsetzten mesozoischen
Schichtfolge unter dem Lias die Coal Measures und unter diesen in dem
Bohrloch von Ebbsfleet in 350 m den Karbonkalk. Die Gesteine bilden eine

von einer flachwelligen Peneplain geschnittene Synklinale [21a, 22; 27a, 28a], deren Achse unter Dover gegen NW streicht. Die Kohlenschichten, unten mehr tonig, oben mehr sandig (mit Sandstein und dünnen Konglomeraten; dem Pennant Grit W-Englands vergleichbar), in der Hauptsache den Middle Coal Measures entsprechend, sind sehr ungleich mächtig, bei Ebbsfleet 30 m, bei Oxney 824 m. Kohle wird zu Snowdown und Tilmanstone bei Dover, zu Betteshanger bei Deal, zu Chislet bei Canterbury gewonnen. Man hat hier in der Zwischenkriegszeit moderne Betriebsanlagen geschaffen, ohne die Landschaft zu entstellen; die Bergleute wohnen in freundlichen Gartendörfern (vgl. S. 42). Wichtig ist, daß die Corallian Rocks im Untergrund des Gebietes auch wertvolle Erze enthalten, in fast 5 m mächtigen Schichten von Eisensandstein, die bei Dover in rund 200 m Tiefe liegen. Ihr Vorrat wird auf 100 Mill. tons geschätzt. Die Bohrungen auf Erdöl zwischen Henfield und Steyning und am Portsdown (vgl. S. 4) sind ohne Ergebnis geblieben.

Eine wichtige Einnahme schöpft SE-England aus seiner Aufgabe, Erholungsraum zu sein, vor allem der Londoner. Schon in der 1. H. des 18. Jh. gingen die „Besseren Schichten" gern nach Folkestone, Eastbourne, Bognor; Brighton blühte auf (vgl. S. 46), Worthing entwickelte sich rasch. Im Inneren war Tunbridge Wells ein „fashionabler" Platz. Nach wie vor locken vor allem die Küstenorte, wie Dover, Folkestone, Hastings, Eastbourne, Brighton usw., dazu mehr als früher auch die Wald- und Heidehöhen des Weald; alle werden immer mehr ein Wohngebiet für die Londoner. Die Wohlhabenderen lassen sich hier dauernd nieder, andere kommen als Sommerfrischler oder wenigstens über das Wochenende. Für dauernden Aufenthalt werden Hastings, Eastbourne, Folkestone, im Inneren Tunbridge Wells sehr bevorzugt. Erholungsheime für Kranke und Krüppel nützen die frische Luft, auch verschiedene Schulen. Zahlreiche Sommerhäuser stehen im Holmesdale. Viel besucht ist auch das Gebiet von Haslemere—Hindhead. Neue Villenorte sind nahe den Eisenbahnlinien aufgeblüht, so an der Strecke nach Brighton z. B. Hayward's Heath, Burgess Hill, Wivelsfield. Fast bei jedem Dorf stehen mindestens einzelne Villen. Ganze Villenreihen sind längs mancher Straßen erwachsen, auch Bungalowsiedlungen. Diese Entwicklung hat natürlich ihren Ausgang wieder von London, u. zw. schon seit dem 17. Jh., genommen und sich dank der modernen Verkehrsmittel, namentlich des Autobusses, von den Tälern und Hängen der North Downs bis an die S-Küste ausbreiten können [915]. Sie hat leider auch sehr unliebsame Schattenseiten: die neuen Siedlungen sind keineswegs immer ein Schmuck der Landschaft, ein Platz wie Peacehaven(!) ist vielmehr geradezu ein Schandfleck (vgl. S. 47). Marktschreierische Reklametafeln beleidigen das Auge, noch mehr die modernen „Küchenabfälle" aller Art auf Wegen und Wiesen. Dazu sehr oft der Lärm und das rücksichtslose Treiben der Besucher, die zu Tausenden mit Bahn, Autobus, „Char-a-bancs" herbeikommen und kaum einen stillen Winkel mehr übrig lassen [120*].

Die Straßen und Bahnen SE-Englands haben in erster Linie dem Personen- und Güterverkehr mit London zu dienen, erst in zweiter dem inneren Verkehr [712]. Dazu kommt als besondere Aufgabe die Verbindung mit dem Kontinent. Von London strahlen die Hauptstraßen zu allen wichtigen Küstenplätzen aus, die meisten von ihnen quer durch verschiedene Teillandschaften hindurch. London ist selbstverständlich auch Ziel und Ausgangspunkt des Verkehrs mit dem Festland, welchen Folkestone und Dover besorgen und an

dem auch Newhaven lebhaft teilnimmt. Dutzende von Zugpaaren, auch viele
Schnellzüge, verbinden die Hauptstadt mit den Seebädern, die mit den besten
Zügen in 1—2 St. erreicht werden können: Brighton (80 km, 1 St.), Hastings
(103 km, $1^1/_2$ St.), Folkestone (114 km, $1^1/_2$—$1^3/_4$ St.). Die Linien Folkestone—
Maidstone—Guildford—Farnham und Tunbridge Wells—Horsham—Petworth
—Midhurst—Petersfield sind die wichtigsten Linien in der E—W-Richtung.
Keines von den weit über 300 Dörfern SE-Englands ist mehr als 9,6 km, nur
11 sind mehr als 8 km von der nächsten Haltestelle der Bahn entfernt. Z. T.
aus dem unruhigen Gelände, z. T. aus dem Bestreben, möglichst viele Orte zu
bedienen, erklären sich die zahlreichen Krümmungen der Schienenwege. Besondere Schwierigkeiten haben diese im übrigen nicht zu überwinden, obwohl
kurze (z. T. unnötige) Tunnel auf vielen Linien, etliche längere für die Durch-
querung der Downs erforderlich wurden und die Niederungen und Flüsse oft
auf hohen Dämmen oder langen Brücken überschritten werden müssen [712].
Ähnlich fächerförmig angeordnet wie die Bahnen sind die Hauptstraßen. Sie
halten sich mit Vorliebe an die trockeneren Grünsand- und Hastingssand-
striche, während sie die Tonniederungen auf möglichst kurzem Wege durchsetzen. Noch mehr als die Bahnen erschließen sie die malerischen Wald- und
Heidestriche des High Weald und der Western Heights. Während wegen des
Herantritts der Downs an das Meer keine zusammenhängende Eisenbahnlinie längs der ganzen Küste verläuft, führt eine Randstraße von Margate
über Sandwich, Dover, durch Romney Marsh usw. bis in die Küstenebene von
Chichester. Die vorzüglichen Straßen 1. und 2. Klasse machen mit über
4000 km Länge fast die Hälfte des Straßennetzes aus. Etliche große Autobus-
gesellschaften unterhalten zahlreiche Linien mit ein paar tausend Wagen im
täglichen Verkehr. Nur wenige Dörfer sind mehr als 3,5 km von der nächsten
Haltestelle entfernt [16]. Auch sind eine Anzahl Fernlinien im Wettbewerb
mit den Bahnen im Betrieb. Die Haupteisenbahnknoten Guildford, Tunbridge
Wells, Ashford sind zugleich die wichtigsten Straßenknoten, andere bedeutende sind Maidstone, Sevenoaks, Horsham, Midhurst, Lewes. Bahn und Kraftwagen befördern an Waren hauptsächlich die Erzeugnisse der Landwirtschaft,
also Milch, Gemüse, Obst, Kartoffeln, Eier nach London und den Seebädern,
die S.R. 1927 allein fast 14 Mill. l Milch. Die verschiedensten Fabrikserzeug-
nisse und Kolonialwaren werden umgekehrt größtenteils von London herangeführt, von dort und von Folkestone auch Kohle. Vieh wird in der Regel
auf der Bahn verfrachtet. Folkestone und Dover sind die einzigen größeren
Verkehrshäfen, Dover war bis 1923 auch Kriegshafen.

Die Veränderungen in der Wirtschaft, die Entwicklung des modernen
Verkehrs und der modernen Technik wirken sich fortdauernd auf das Siedlungsbild aus; doch noch immer machen sich dabei unmittelbar oder mittelbar
die Gegebenheiten der Natur geltend, u. zw. schon infolge des Beharrungs-
vermögens besonders hinsichtlich der Siedlungslage und -art, viel weniger in
der Bauart [16, 75]. Auf den Kreidestufen selbst stehen selten Dörfer — von
weit mehr als 100 Gemeinden, deren Gebiete auf sie hinaufgreifen, nur ein
halbes Dutzend. Dagegen trägt die Grünsandterrasse von rund 400 Dörfern
und Städten des ganzen Raumes fast $^1/_3$; denn der Obere Grünsand bietet
gutes Trinkwasser in 3—4 m Tiefe. Die Dörfer sind allerdings meist klein
(weniger als 300 E.). Den nassen Gaultton meiden sie; sie halten sich vielmehr an die leichtesten, trockensten Böden der unter ihm aufsteigenden
Schichten des Unteren Grünsandes. Soweit dessen Gebiet reich an Quellwasser und Bächen ist, wird Flußnähe nicht auffällig bevorzugt, wohl aber
Terrassenlage gern gesucht. Schmale Terrassen tragen geschlossene Ort-

schaften, breitere Einzelgehöfte. Oft sind zwei Siedlungszeilen erkennbar,
z. B. im NE (Straße Ashford—Folkestone) eine am Rand gegen die Weald-
tone, die andere, ältere, näher dem Kreidekalk. Im Medway-, Mole- und Weytal finden sich etliche Hangsiedlungen, dem Medway entlang in zwei Reihen,
dabei wieder auf schmaleren Absätzen mehr geschlossene, auf den breiteren,
sanften Talgehängen der Durchbruchstäler solche mit mehr unregelmäßigem
Grundriß und stärkerer Verstreuung der Gehöfte. Zahlreiche große ländliche
Siedlungen liegen auf den Sandgateschichten an der W—E-Straße Guildford—
Dover, unter Vermeidung der Talsohlen; die Kirche und der älteste Orts-
teil stehen oft auf einer kleinen Anhöhe. In der nassen Wealdniederung
werden sandige Stellen von den Siedlungen gesucht; wegen der keineswegs
immer leichten Wasserversorgung überwiegen Einzelhöfe und Weiler. Die
wenigen großen Dörfer halten sich nahe den Flüssen, aber deren Hoch-
wasserbereich tunlichst entrückt. Wie die Hauptstraßen, die den Talgrund
möglichst kurz durchqueren wollen, gern normal zum Flußlauf ziehen, so
auch die an diesem entstandenen Brückenorte. Tatsächlich sind überhaupt
die meisten Dörfer Straßen- und Reihendörfer, also Längsdörfer; an Straßen-
gabelungen gab es schon früh zweizinkige Dorfsiedlungen, und das moderne
Wachstum zeigt die gleichen Hauptrichtungen [75]. Zwar gibt es eine ganze
Anzahl von Angerdörfern mit geräumigem „village green" (Lurgershill nw.
Petworth, Cranleigh, Ockley, Groombridge bei Tunbridge Wells), doch ist
deren Verbreitung hier ebensowenig untersucht wie in anderen Teilen Englands.

Auch die Umrisse und die Ausdehnung der alten Gemeindegemarkungen
zeigen Beziehungen zur Bodenbeschaffenheit (Abb. 9, S. 41). Im Wealdgebiet
mit seinen eintönigen Böden sind sie ausgedehnt und unregelmäßig, dabei
aus vielen kleinen Bauerngütern zusammengesetzt; große Güter finden sich
nur im E (Tersetal). Scheinbar bunt durcheinandergewürfelt, liegen Dörfer,
große Farmhöfe, begleitet von Getreide- und Heuschobern, zwischen Äckern,
Baumzeilen, Wiesen und dunkelgrünem Gehölz. In den anderen Strichen dagegen wurden die Dörfer von Anfang an mit verschiedenen Böden beteilt, so
daß sie Weide, Wald und Ackerland besaßen. In langen, schmalen Streifen
dahinter erstrecken sich ihre Fluren, z. B. zwischen Dorking und Sevenoaks
oder im S bei Midhurst, entweder normal zur Quellenlinie von den Höhen der
Downs über die Obergrünsandterrasse und die Gaulttone bis zum Unteren
Grünsand, wobei von diesem dann eine zweite Reihe auf den Wealdton übergreift; oder bei geringerer Talbreite reichen sie von den Kreidekalken bis
auf die gegenüberliegenden Grünsandhöhen hinauf, im M. mit Flächen von
6—12 km². Im allgemeinen hier also wie in den South Downs in N—S-Richtung angeordnet, schwenken sie mit dem Stufenabfall um, z. B. in der Bucht
von Bignor, einer wellenförmigen Quereinwalmung der South Downs, fächerförmig in die E—W-Richtung. Mitunter nimmt aber eine Gemeinde auch ein
ganzes Tal ein. Freilich, viele der Dörfer am Rande der Wealdniederung
sind nur mehr Überreste ihrer ehemaligen Größe, ist doch beim Aufblühen
des Eisenbergbaues im Weald und bei den Einhegungen mehr als die Hälfte
der Bewohner abgewandert (vgl. S. 29), und noch jetzt hält die Abwanderung
an. Auch diese Auflösung und das Veröden von Dörfern an der Wende zur
Neuzeit muß erst noch näher erforscht werden.

Weit stärker sind die Wandlungen im Anblick der Häuser, seitdem die
Ziegelsteine die natürlichen Baustoffe zu verdrängen begannen. Zwar sind
diese hier wegen der Abseitigkeit vieler Striche verhältnismäßig lange verwendet worden und z. T. bis heute in Verwendung geblieben, allein die moder-

nen Verkehrsmittel drohen dem ein baldiges Ende zu machen, um so mehr als
die verschiedenen Tone die einheimische Ziegelherstellung ermöglichen. Ehemals war in den Kreidekalklandschaften der Flint der wichtigste Baustoff, dessen größere Knollen für die Trockenmauern, dessen mittelgroße für
alle Arten von Gebäuden verwertet wurden. Meilenweit wurde sogar Flintgeröll aus den Strandwällen der S-Küste landeinwärts gebracht. Selbst noch
heute werden Flinte und Kreidekalke in den South Downs, um Dover usw.
beim Hausbau verwendet, allerdings selten allein, meist in Verbindung mit
Ziegeln oder eingeführten Bausteinen. Die Feuersteine, in frischem Zustand
spröde, werden hart und dauerhaft, wenn man sie einige Jahre trocknen läßt.
Wenn sorgfältig behauen und dicht aneinandergefügt, bilden sie tatsächlich
fast unzerstörbare Mauern, aber ihre Bearbeitung verlangt besondere Übung,
und diese fehlt heute meist schon [21, 711; 16, 75, 815]. In den waldreichen
Wealdniederungen waren die Häuser ursprünglich entweder reine Holz-
oder Fachwerkbauten; später wurde wenigstens der Sockel aus Stein aufgeführt. Derartige Bauten, besonders Eichengebälk mit Ziegelfüllung, sind
auch heute nicht selten. Eichengebälk war besonders beliebt. Mancherlei
Bausteine boten der Untere und der Obere Grünsand, jener z. B. den Grit-
oder Carstone der Folkestone Beds, dieser den grauen oder bläulichen Malmstone. Bei Reigate wurde der „Reigate Stone" gebrochen („Firestone",
„Hearthstone"; vgl. S. 7). Auch bei der Bedachung verdrängen Ziegel und
Kunststeine immer mehr die alten einheimischen Stoffe, u. a. die Steinplatten
des Horsham Stone, mit denen viele Häuser und etliche Kirchen in Surrey
und Sussex, mitunter selbst in den South Downs, gedeckt sind, die jedoch
wegen ihres Gewichts ein starkes Gebälk verlangen. Im Weald waren Holz-
schindeln, im übrigen weithin Strohdächer verbreitet. Auch jetzt noch werden
solche errichtet, ja sie sind sogar sehr beliebt, da sie als schlechte Wärme-
leiter im Sommer kühl, im Winter warm wirken und, wie eine Decke über
das Gebäude gezogen, überdies gegen Regen gut schützen. Wenn ordentlich
gemacht, halten sie 20—30 J. ohne größere Ausbesserung. Übrigens sind
sie keineswegs billig, immer mehr verlernt man, sie anzufertigen, und die
Strohdachdecker beklagen sich, daß das Stroh bei der Verwendung von
Dreschmaschinen kürzer und zerbrechlicher ist [16, 711; 84*].
      Alt sind die meisten Dorfkirchen, gleichfalls aus den einheimischen oder
aus der Nachbarschaft herbeigeholten Steinen erbaut. Normannische oder
gar sächsische Bestandteile sind selten erhalten, noch am ehesten die Kirchtürme, fast alle viereckig und meist ohne Helm, einige wenige in Sussex rund
(St. Michael in Lewes, mit hoher Nadel; Piddinghoe, Southease). In Kent
und in Sussex ist englische Frühgotik häufig vertreten, in Sussex auch die
Hochgotik (Winchelsea als eines der schönsten Beispiele), am meisten aber
in SE-England die Spätgotik des 14. und 15. Jh. Bei vielen Kirchen hat
der Stil im Laufe der Zeiten gewechselt (St. Mary zu Rye; St. Denys von
Rotherfield). Surrey's Kirchen sind verhältnismäßig bescheidene Bauten. Im
Weald tragen die viereckigen Türme oft eine mit Eichenholzschindeln bedeckte Nadel (Horsham, Hartfield, West Heathley, Billingshurst). Die
höchstgelegene Kirche dürfte wohl die von Tatsfield auf der Stufe der North
Downs sein (in über 200 m Höhe) [94, 98—913].
      Von den vielen alten Schlössern, Wachttürmen, Klöstern ist nur mehr
wenig übriggeblieben. Leeds Castle (ö. Maidstone), ein prächtiges Beispiel
einer zinnengekrönten Wasserburg aus dem 14., z. T. dem 13. Jh., Knowle
(bei Sevenoaks), größtenteils aus der 1. H. des 17. Jh., eines der größten
Schlösser (mit 365 Zimmern und 52 Treppen), und Penshurst Place (bei Ton-

bridge) mit seiner schönen Halle (M. des 14. Jh.) zählen zu den bemerkenswertesten Denkmälern der Baukunst [120*]. Einst gehörten die Windmühlen,

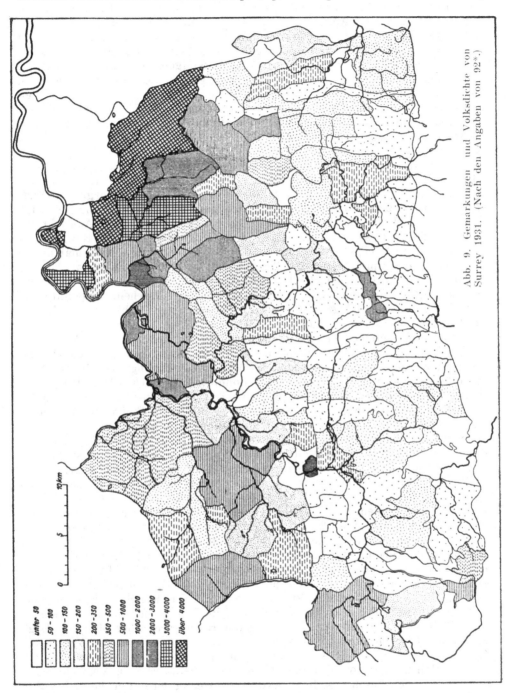

Abb. 9. Gemarkungen und Volksdichte von
Surrey 1931. (Nach den Angaben von 92*.)

unter 50
50 — 100
100 — 150
150 — 200
200 — 350
350 — 500
500 — 1000
1000 — 2000
2000 — 3000
3000 — 4000
über 4000

die man nicht bloß zum Kornmahlen, sondern auch zum Pumpen und bei
der Bereitung von Kork, Federn u. dgl. verwendete, zum Landschaftsbild,

aber von den mehr als 400 in Kent allein nachgewiesenen standen 1930 nur
mehr 70; bloß 17 davon wurden 1933 noch mit Wind betrieben, ein Dutzend
mit Öl oder Dampf, und 40 waren teils in Verfall, teils als Speicher u. dgl.
benützt [97 a, 710]. Auch die Zahl der kleinen Wassermühlen ist schon
stark geschrumpft [67 a]. Die Hopfenröstöfen dienen heute oft anderen
Zwecken (vgl. S. 51). Viele Steinbrüche sind außer Betrieb, die alten Schaf-
wege („borstals"), die auf die Downs hinaufsteigen, sind meist unbenützt.
Immer seltener begegnet man überhaupt den großen Schafherden, trifft man
noch die echten Schäfertypen von ehedem. Viel rascher als in anderen Teilen
Englands schwinden in der Nähe der Hauptstadt alte Sitten und Bräuche
dahin. Überall tritt die Maschine an die Stelle der alten Werkzeuge: Göpel,
Dreschflegel, Sichel und erst recht der „kentische Pflug" sind sehr selten
geworden [717*, 91, 93].

Noch viel nachhaltiger und rascher werden sich voraussichtlich die Verhältnisse in E-Kent wandeln, wenn man die dortigen Kohlen- und Eisenvorräte stärker ausbeuten wird. Mit Recht hat hier eine vorsorgliche Wirt-
schafts- und Sozialpolitik von Anfang an eine sorgfältige Planung ins Auge
gefaßt. Danach ist die Anlage von 7 bis 8 neuen Städten in Aussicht genommen, mit insgesamt 180.000 E. Jede soll Mittelpunkt sein für Bildung
und Erholung, Gesellschaft und Verwaltung, mit großen landwirtschaftlichen
Gebieten, weiten Spielplätzen und Waldparken ausgestattet (Ayleston, Elving-
ton usw.). Canterbury soll die Führung übernehmen, Dover würde sich zum
Industrieort entwickeln und neue Häfen würden entstehen. Jedenfalls ist
hier eine besondere Gelegenheit gegeben, zielbewußt die Schäden der alttech-
nischen Zeit zu vermeiden [78, 78 a, 79].

Die ursprüngliche Verteilung der Bevölkerung ist in neuester Zeit durch
die im wesentlichen von London aus erfolgte Zuwanderung erheblich umgestaltet worden, doch machen sich die natürlichen Bedingungen immer noch
grundlegend bemerkbar. Der Einfluß Londons zeigt sich schon darin, daß
im allgemeinen der w., ihm näher gelegene Teil dichter bevölkert ist als der ö.
Die niedrigsten Werte der Volksdichte weisen die South Downs, das Southern
Vale und Romney Marsh auf (wiederholt unter 40, einzelne Gem. unter 25).
Im w. High Weald ist die Volksdichte 70—100, im ö. 50—70. In den Gem.
der n. Wealdniederung sinkt sie nur ausnahmsweise unter 50, meist hält sie
sich in 40—60. Auch in den Gem., deren Gemarkungen in den Surrey Hills
liegen, erreicht sie solche Werte. In denen des Vale of Holmesdale und Teilen
des Vale of Kent steigt sie auf 100—200. Die w. North Downs werden immer
mehr in die Menschenballung des Londoner Beckens mit einbezogen, hier findet
man Landgem. mit 100—200 E./km² und noch darüber, in den ö. North
Downs dagegen nur ausnahmsweise solche mit mehr als 80. In den w. North
Downs sind überdies erst in der letzten Zeit etliche Landgem. zu Städten
erhoben worden; durch ihre Berücksichtigung erhält man für das Gebiet
einen Durchschn.-Wert von rund 200. Abgesehen davon haben sich an allen
von London hereinführenden Straßen auch sonst innerhalb der dünner besiedelten Striche Dichteknoten entwickelt, in den North Downs um Merstham (über 500), in den Western Hills um Haslemere (über 500), im High
Weald um Crowborough (580), in der s. Wealdniederung an der Bahn nach
Brighton um Burgess Hill, Hurstpierpont (148), Keymer (151). Dagegen
sind im Hinterland von Hastings bisher noch keine solchen Verdichtungen
entstanden. Ein besonders dicht bevölkertes Gebiet ist durch die vielen Seebäder die Küste von Sussex geworden (selbst in den Landgem. wiederholt
über 500). Der Gegensatz zwischen den von der Siedlung erfaßten und den

noch nicht erfaßten Gem. ist hier oft ungemein groß (z. B. Telscombe und Denton bei Newhaven 125, bzw. 173; daneben Piddinghoe 52, Tarring-Neville 22). Zu den Gem. mit der geringsten Volksdichte gehören West Dean am unteren Cuckmere (10) und mehrere der Romney Marsh. Weiter auf Einzelheiten einzugehen, ist nicht möglich (vgl. im übrigen die als Beispiel gebrachte Dichtekarte von Surrey, Abb. 9).

Die S o u t h D o w n s sind vielleicht der eigenartigste Zug im Landschaftsbild SE-Englands [14, 815, 912]. Vor den North Downs haben sie den besonderen Reiz, daß sie vom Meer weniger abgeschnitten als vielmehr begleitet werden und ihre Höhen allenthalben den Blick auf die Küste und die See freigeben. Das gilt besonders von dem Abschnitt ö. des Arun, wo sie wegen der heftigen Winde meist kahl oder mit Ginster bedeckt sind oder nur einzelne Gruppen von Bäumen auf ihren runden Kuppen stehen und sich das Meer schon näher an sie herangearbeitet hat. Am malerischesten ist das Gestade ö. der Ousemündung bei den Seven Sisters und um Beachy Head. Im W des Adurtals sind sie, weil höher und feuchter, wenigstens z. T. mit Buchenwäldern und anderem Gehölz bekleidet; erst um Butser Hill, wo sie sich schon an das Plateau von Hampshire anschließen, beginnt die Vorherrschaft der Esche. Ein anderer Vorzug der South Downs ist es, daß sie ihre Ursprünglichkeit besser bewahrt haben als die den Londonern unmittelbar benachbarten North Downs. Allerdings stehen heute auch in dem küstennahen Abschnitt Landhäuser und Bungalows auf ihren Hängen, Brighton's n. und nö. Vorstädte reichen auf sie hinauf, und auch von den Toren der Flußdurchbrüche, welche den Weg zur See weisen, und längs der Hauptstraßen, von denen die Höhen übersetzt werden, breiten sich jene immer mehr aus. Aber dazwischen gibt es doch noch weite unberührte Striche. Fast ausnahmslos liegen die wenigen Dörfer in den Talgründen, in den oberen trockenen Strecken, möglichst nahe dem Wasser und im Lee der SW-Winde. Trinkwasser kann etwas leichter gewonnen werden als in den North Downs, weil die Täler der South Downs tiefer und damit näher an den Grundwasserspiegel eingeschnitten sind. Die versumpften Böden der Hauptflüsse werden dagegen gemieden; nur auf den Terrassen der Durchbruchstäler stehen ein paar Siedlungen. Über etwa 100 m H. sind die Vorsprünge und Riedel unbewohnt, zum Unterschied von der vorgeschichtlichen Vergangenheit mit ihren mannigfachen Spuren. Telscombe, das höchstgelegene Dorf (in über 60 m H.), ist ein ausgesprochenes Uplanddorf. Malerisch sind die alten Dörfer vor dem Fuß der Stufe im N, u. zw. nicht bloß durch ihre Lage, sondern oft auch durch ihre Bauart. Die Lage und Form ihres Gemeindegebietes ermöglicht ihnen gemischten Betrieb. Die schönen Grasflächen auf den gut benetzten Höhen der Downs selbst (die Niederschläge sind hier mit etwa 1000 mm um die Hälfte größer als unten in der Küstenebene) dienen fast ausschließlich den Schafen zur Weide. Deren Zahl war 1938 dreimal so groß wie die der Rinder; denn in den Tälern erschwert der Wassermangel die Rinderzucht [717*]. Weiler und Einzelhöfe sind weniger häufig und die Dörfer kleiner als in den North Downs. Es sind meist Straßen- oder Reihen-, manchmal Haufendörfer. Feuerstein ist noch immer ein beliebtes Baumaterial, wenigstens für Ställe und Umfassungsmauern, die aber gern mit Kalkblöcken verkleidet werden.

Die durch die letzte Hebung aufgetauchten Küsten- und die Landablagerungen (Ziegelerde, Coombe Deposits) der S u s s e x L e v e l s [14], der Küstenebene von SW-Sussex, die sich gegen E zwischen den South Downs

und dem Kanal keilförmig verschmälert, im W bei Chichester, wo sie sich
nach Hampshire fortsetzt, etliche km breit wird, steigen ganz allmählich
vom Gestade auf 20—30 m H. am Fuß der Downs an. Den Untergrund bilden
eozäne Sande und Tone: zwischen Chichester und Bognor Reading Beds und
etwas sandige Londontone und im S der H.I. Selsey die jüngeren, nach der
dortigen Bracklesham Bay benannten Schichten. In einem schmalen Zug
streicht das Eozän in der Chichester Syncline gegen E. Südl. von dieser
kommen die Kreidekalke nochmals bis in das Niveau der heutigen Landoberfläche. Zwischen Beachy Head und Selsey Bill buchtet sich das Meer leicht
nordwärts vor, im einzelnen mit mehreren sanften Kurven. Niedrige Ton-
kliffe treten abwechselnd mit kurzen Dünenstrichen und Marschböden an
das Ufer heran. Mehrere Nehrungen haben sich von Natur aus gebildet (Pagham Harbour) oder z. T. auch künstlich, z. B. infolge der Ablenkung der
Küstentrift durch die Mole an der Mündung des Adur (Shoreham Harbour).
Träge schlängeln sich die Hauptflüsse durch Wiesen, Weiden und Sümpfe,
in den unteren Verzweigungen noch heute für kleine Küstenboote befahrbar. Viele schmale Wasserläufe („rifes") durchziehen dazwischen wie Entwässerungsgräben die Niederung. Große Windmühlen gehören hier zum
Landschaftsbild. Wälder fehlen so gut wie ganz, selbst Bäume sind unter 15 m
S.H. selten, außer bei den Gehöften und in den Hecken. Das seinerzeit durch
die Wälder im N abgesonderte, zum Meer hin offene Gebiet ist reich an -ing-
Namen. Zwischen den alten Dörfern stehen zahlreiche Einzelhöfe. Die Siedlungen knüpfen sich vornehmlich an Plätze mit günstiger Wasserversorgung.
Flint und Kreidekalk waren ehemals beliebte Baustoffe, doch wurde auch
viel „Caen Stone" aus der Normandie eingeführt, sehr bezeichnend aber, wie
im übrigen SE-England, nicht in das Wealdland hinein. Heute liefert die
einheimische Ziegelerde den Baustoff; Strohdächer sieht man noch häufig.
    Die Ziegelerde und die Coombe Deposits sind fruchtbar und dank dem
günstigen Klima — mäßige Niederschläge (durchschn. rund 65 cm) und verhältnismäßig viel Sonnenschein — in der Hauptsache als Pflugland verwertet,
mit vielem Weizen-, aber hauptsächlich Gras- und Kleebau im Fruchtwechsel.
Denn die Rinderzucht, für welche die Alluvialniederungen gute Weiden
bieten, nimmt zu. Eine Menge Gemüsegärten und Glashauskulturen (Gurken,
Tomaten, Erdbeeren, Trauben) zwischen Arundel und Portsmouth beliefern
nicht bloß die benachbarten Seebäder, sondern auch London [717*]. Fischerei,
Hummer- und Garnelenfang, Sammeln von Austern und Muscheln waren
früher wichtiger. Die Landschaft wird erst wenig von Fabriken entstellt,
keine Rauchwolken lasten auf ihr. Deshalb hat die schon im vorigen Jh. bemerkbare Ausbreitung von Ansitzen und Sommerhäusern große Fortschritte
gemacht. Besonders nahe der Küste haben sich Ruheständler, Privatleute
und kleine Geschäfte niedergelassen; leider ist die Verbauung z. T. recht
planlos und unschön (vgl. S. 37, 47) [815].
    Alte Städte bezeichnen die Stellen, wo sich die zum Meer hinabführen-
den N—S-Straßen mit der E—W-Straße kreuzen, vor allem also vor den
Flußpforten der South Downs. Von ihnen aus beherrschten die Normannen
das Land und die Verkehrswege. Auf den Hauptflüssen konnte man auch
von der See her bis zu ihnen, ja noch weiter gelangen. So wurden auch die
oberen Eingänge der Durchbrüche mit Burgen gesichert, Amberley am
Arun, Bramber am Adur. Während aber an diesem die Kreidekalke schon
fast an die Küste herantreten, liegt ihr Abfall am Arun 7 km von ihr entfernt. So ist hier A r u n d e l (2490; 2400), dessen wehrhaftes Schloß,
im 19. Jh. restauriert, die unterste Brücke über den Fluß deckte, der eine

Wächter dieses Landstriches gewesen (Abb. 10) [81], der andere das Schloß von L e w e s (10 784; *11 530*), auf einer Anhöhe über der Ouse, verhältnismäßig weit ins Innere vorgeschoben. Beide Orte sind, bis jüngst ohne größere Industrie und abseits vom Hauptverkehr, klein geblieben. Noch immer sind die großen Schafmärkte von Lewes („Lewes Fair") das Ereignis der Saison (vgl. S. 35). An die alte, leicht ansteigende Straßensiedlung schließen sich heute jüngere Stadtviertel an, bis zu 60 m aufsteigend; das Schloß liegt in Trümmern. In der Umgebung hat sich neuerdings die Hühnerzucht sehr entwickelt. Ouse und Arun sind eingedeicht, sonst wäre das saftige Wiesenland verheerenden Überschwemmungen ausgesetzt, zumal der Tidenhub groß ist. Aber Sandbänke („Owers") und Untiefen vor der Küste erschweren die Schiffahrt [21 d, e; 815].

Dagegen liegt C h i c h e s t e r (13 912; *15 890*) an keinem schiffbaren Fluß; der Lavant, der durch das Dean Valley herabkommt, fließt nur bei nassem Wetter zum Ästuar, bzw. zum Chichester-Kanal hinab, bei trockenem Wetter löst er sich in der Regel in Tümpel auf. Und doch war schon das römische Regnum, sein Vorläufer, ein bedeutender Hafen und Straßenknoten, vor allem als Ausgangspunkt der Stane (Stone) Street, die im Mittelalter durch die Straße das Dean Valley hinauf über Midhurst nach Guildford abgelöst wurde. Auch lagen um Chichester als Mittelpunkt etliche kleinere Häfen, ähnlich wie die Cinque Ports um Canterbury [69]. Von Aelle eingenommen und zerstört, dann von dessen Sohn Cissa wieder aufgebaut und befestigt (Cisseceaster der Sachsen), kam es als Hauptstadt der Südsachsen, und auch unter Egbert von Wessex wichtig, trotz Verheerungen durch die Dänen empor, besonders seitdem dorthin der Bischofssitz von Selsey verlegt worden war (1078). Unter den Normannen Hauptquartier eines „rape", wurde es von Anfang an durch eine starke Feste gesichert und selbst umwallt [13 b]. Noch sind die alten Mauern z. T. erhalten, ein unregelmäßiges Viereck umschließend, die vier Tore dagegen beseitigt. Durch zwei nach den vier Hauptweltgegenden gerichteten Straßen, die sich im Mittelpunkt der Stadt (mit dem prächtigen Hallenbau eines Marktkreuzes) schneiden, wurde diese in vier Bezirke gegliedert. Die Normannenburg stand im NE-Viertel, aus welchem die Straße nach London führte und das die Verwaltungsbehörden innehatten. Das NW-Viertel war Wohnviertel, der SE-Teil dem Gewerbe (hauptsächlich blühte die Gerberei) überlassen, aber ohne eigentliche Industrie. Der SW war das bischöfliche Viertel, das „Pallant" oder „Archbishop's (von Canterbury) Peculiar", eine kleine Welt für sich. Der 85 m hohe Turm der Kathedrale ist das Wahrzeichen Chichesters, angeblich der einzige Münsterturm Englands, der vom Meer her sichtbar ist; ein neben dem Dom frei stehender Glockenturm eine Seltenheit in England [811]. Als Hauptstadt der Gr. erhielt es schon früh eine Grammar School (1497), andere Schulen, Spitäler usw. Es betreibt noch immer Gerberei, Lederei,

Abb. 10. Arundel. Nach einer käufl. Ansichtskarte. L. Römisch-kath. Kirche St. Philip Neri (1869—1876), r. Arundel Castle.

es hat Mühlen und Schottergruben und ist der Markt- und Einkaufsort für seine ländliche Umgebung. Der lange, schmale Meeresarm, dessen Ende die Stadt als Hafen benützt hat, ist versandet [829].

Auffallend ist, daß an der durch die Küstenebene führenden Hauptstraße keine größeren Dörfer liegen; solche haben sich vielmehr überall dort entwickelt, wo der jetzt aufgelassene Chichester—Arundel-Kanal die N—S ziehenden Straßen kreuzt. Am stärksten ist der jüngste Aufschwung an der Küste. Hier hatte im Mittelalter S h o r e h a m (8757), Nachfolger eines älteren sächsischen Hafenplatzes, welcher infolge Verschleppung der Adurmündung verfallen war, eine Zeitlang, besonders im 13. Jh., lebhaften Seehandel und Schiffbau betrieben. Noch im 19. Jh. fuhren seine Paketboote zu den Kanalinseln, nach Dieppe und Le Havre. Heute führt es Holz, Zement und Ziegel ein, etwas Alteisen und -stahl aus. Durch die erste Eisenbahn London—Brighton, die das Adurtal benützt, wurde auch Shoreham-by-Sea zum Seebad entwickelt und jetzt zur „bungalow-town“. Im 20. Jh. erhielt es Militärlager und einen Flugplatz [813]. Etwas Industrie (Schiffbau, Getränkeerzeugung) hat auch das Seebad L i t t l e h a m p t o n (10 178) an der Mündung des Arun, nur bei Flut dem Schiffsverkehr zugänglich, der aber seit den Sechzigerjahren sehr abgenommen hat. Zwischen beiden ist seit dem Besuch der Königstochter Amalie (1798) W o r t h i n g (46 224; 58 620) aufgeblüht, neuerdings auch das anschließende West Worthing, wo viele Londoner Geschäftsleute wohnen (von London 125 km), mit Gärten, Straßenalleen, umgeben von Gemüsegärten und Glashäusern; sein mildes Klima läßt Feigen im Freien reifen [815 a, 822]. Hübsch gruppiert sich B o g n o r R e g i s (13 521; 22 590) an der hier flachen, durch feinen Sand ausgezeichneten Küste um seinen Pier. Längst hat es sich aus dem Verband von South Bersted abgelöst, dem vorher größten Dorf von Sussex. Seit dem Besuch König Georgs V. (1929) ist es sehr in Mode gekommen. Auch das Fischerdorf (Heringsfang) Selsey hat eine „bungalow-town“. Alle diese bekannten Badeorte und manche kleinere, erst im Werden begriffene, wie Angmering (nö. Littlehampton), werden nicht bloß wegen ihrer frischen Seeluft und ihres reichlichen Sonnenscheins gepriesen, sondern auch wegen des durch die Downs gebotenen Schutzes gegen die N-Winde und wegen ihres ebenfalls den Downs zu verdankenden guten Trinkwassers [14, 815, 97].

Die Führung der Seebäder hat hier die Großstadt B r i g h t o n (147 427; 132 160), ursprünglich ein Fischerdorf (Bristelmestune des D.B.) am Fuße des Kliffs. Wegen der wachsenden Gefährdung durch das Meer wurde es im späteren Mittelalter durch eine höher gelegene Siedlung abgelöst und zuletzt die heutige Stadt auf dem Kliff erbaut. Doch mußte dieses fortdauernd durch Holzbuhnen, später auch durch Zementdämme geschützt werden [312*]. Brighton hat sich, seitdem sich dort der Arzt R. Russell niederließ (1754) und besonders seit den Besuchen König Georgs IV. (seit 1783), zum „London of the Sea“ entwickelt. Schon vor dem Eisenbahnbau war es ein „fashionabler“ Platz, der die älteren Binnenbäder in seinem Gehaben nachahmte und sich nach deren Beispiel ausstattete. Zwar ohne Hafen, erstreckt es sich mit dem Gitterwerk seiner villenreichen Straßen auf 7 km längs dem Meer, 3 km in recht spürbarem Anstieg landeinwärts bis auf die Downs hinauf. Nur mehr undeutlich hebt sich der Grundriß des alten Dorfes, dessen frühere Pfarrkirche St. Nicholas (1380 erbaut) hoch oben auf dem Kliff steht, ebenso wie der Bahnhof, aus dem heutigen Stadtplan hervor [12, 21 e, 827, 828]. An Brighton schließt H o v e (54 993; 57 560) unmittelbar im W an, zwar kleiner und ruhiger, aber ebenfalls mit

vielen stattlichen Gebäuden an seiner 3 km langen Promenade, und P o r t s -
l a d e - b y - S e a (9527) und S o u t h w i c k (6138) setzen die Reihe
der Seebäder gegen Shoreham hin fort. Als Seebad findet ferner das
alte S e a f o r d (6570, schon 788 Saforde) seinen Unterhalt, das von dem
schotterigen Alluvium auf den sanften Hang der Kreidekalke aufsteigt. Im
13. und 14. Jh. ein geschäftiger Hafen an der Mündung der Ouse und dem
Bund der Cinque Ports angehörig, verfiel es seit den Kriegen mit Frankreich und infolge Versandung des Ästuars der Ouse; zu Beginn des 16. Jh.
hatte es seine Rolle ausgespielt. Seine Aufgabe übernahm, nachdem die Ouse
ihren heutigen Lauf erhalten (vgl. S. 14), N e w h a v e n (6789) am West-
ufer des Flusses. Es hat Personenverkehr mit Dieppe (ungef. 5 St.) und betätigt sich ebenfalls als Seebad. Im Handel übertrifft es Folkestone erheblich
(1938: E.W. 3,5 Mill. Pf.St., A.W. 1,6 Mill., Wa.A. 0,47 Mill.). Es führte 1938
Kartoffeln, Gemüse, frisches Obst, Wein ein, ferner Seidenwaren und Kunstseide (zus. für 0,85 Mill. Pf.St.), Taschenuhren, Drucke usw., dagegen Textilien, Maschinen und wissenschaftliche Instrumente aus. Das benachbarte
Peacehaven ist ein Muster einer häßlichen modernen Schöpfung, trotz der
Anpreisungen der S.R. (vgl. S. 37).

Über eine schmale Terrasse des Oberen Grünsandes steigt man von den
w. South Downs zum „V a l e o f S u s s e x" ab, u. zw. zu einem Streifen
von Gaulttonen (in etwa 60 m), weiter über Unteren Grünsand zum Rothertal (in 15—20 m H.). Dessen N-Rahmen bildet hier die malerische Grünsandstufe von Midhurst, ein etwas niedrigeres Gegenstück (150—198 m) zum
Blackdown, von dem sie durch den schmalen Aufbruch der Wealdentone bei
Fernhurst getrennt wird. Weiter ö. verliert sie rasch an Höhe, immerhin
bringt sie einigermaßen Abwechslung in das eintönige, nur leichtwellige
Tongelände des Southern Vale. Durch breite, offene Täler schlängeln sich
in diesem mit geringem Gefälle, schwach eingeschnitten, die Bäche des verästelten Netzes von Arun, Adur, Ouse und Cuckmere, welche von größeren
Alluvialflächen begleitet und alle mehr weniger reguliert sind, um die sonst
häufigen Überschwemmungen zu verhindern; der Verkehr auf ihnen ist gering. Wiesen und Weiden herrschen vor, dazwischen füllen Äcker die Heckenmaschen, und immer wieder sind Eichen- und andere Gehölze („shaws") eingeschaltet und stellenweise schöne Parke (u. a. Knepp Castle bei West Grinstead) [714]. Sanft steigen die Riedel nordwärts gegen den High Weald auf.
N. Brighton springt ein solcher, 40—60 m hoch, mit der Wasserscheide zwischen Adur und Ouse auf Burgess Hill zu quer durch die Niederung vor
und engt sie ein. Im Ouse- und Cuckmeregebiet liegen Grünsandgesteine
und Wealdentone im gleichen Niveau, und auch hier lockten jene zur frühesten Besiedlung, wie Ortsnamen auf -ington bekunden. An die etwas höheren
Grünsandzüge von Thakeham zwischen Arun und Adur und von Henfield
und Ditchling knüpfen sich die größeren Dörfer des Vale; denn aus den
kleinen Quellen, die regelmäßig an der Grenze der Hythe Beds gegen die
Wealdentone austreten, kann Wasser in Brunnen geholt werden. Die noch
höhere Stufe von Midhurst trägt keine Dörfer, sondern auf ihrem S-Abfall
Kastaniengehölz, auf der N-Abdachung Föhrenbestände, dazwischen Parke,
Wildgehege und Heideflächen [21 e]. Ein neues Zementwerk auf Midhurst
Common beeinträchtigt jetzt den Reiz der Landschaft. In der Rotherfurche
halten sich die Dörfer, etliche mit -ing=Namen, an die Grenze zwischen Gaulttonen und Unterem Grünsand längs dem Fuß der Downs wie weiter im E;
auf den steifen Gaulttonen selbst stehen nur wenige Weiler und Gehöfte,

umgeben von Grasflächen und Eichengehölzen. Noch sieht man hier Holz-
und Fachwerkbauten. Bei vielen Häusern füllen Feuersteine und Zement
eine Art Ziegelrahmen aus. Schon vor 50 J. hat in fast allen Gemeinden die
Bevölkerung abgenommen, zum Unterschied von der Küstenebene [14].

Die größten Orte des Rothertals sind P e t e r s f i e l d (Hampshire;
4387), ein Vieh- und Getreidemarkt nahe dem keilförmigen W-Ende des
Weald, wo die Straßen von Farnham, Guildford, Midhurst und Winchester
zusammenstrahlen und eine Nebenlinie von der Hauptbahn London—Portsmouth in das Southern Vale abzweigt; und Midhurst (1812), am S-Ufer
des W Rother dort gelegen, wo ihn die Straße von Chichester (Cocking Gap)
übersetzt, um sich gleich darauf zu gabeln (nach Haslemere, bzw. Petworth).
Hier endete ehemals die Bootfahrt auf dem Rother. Gleich ihm war Petworth
(2362), in einer Kerbe der Grünsandstufe, auf welche die Wege von den
Eisenhämmern des w. Weald zielten, ehemals ein wohlhabender Markt- und
Burgflecken, wie die mächtige Kirche mit ihrem hohen Spitzturm bezeugt.
Pulborough (2020), auf einem flachen Sporn über dem hochwassergefähr-
deten Boden des fast 2 km breiten Durchbruchs des Arun, der hier weit nach
E ausbiegt, ist eine alte Brückensiedlung; daß die Gezeiten so weit hinauf,
ja auch nur bis Arundel gereicht hätten, wird aber bestritten. Von hier war
schon die römische Stane Street durch den Weald gezogen [52, 510; vgl.
S. 23], hier laufen Straßen von Chichester, Arundel und Steyning zusammen
und zweigt die Bahnlinie nach Midhurst von der nach Littlehampton ab.
Trotzdem ist es heute ziemlich bedeutungslos. Das gilt auch von Steyning,
gelegen neben dem oberen Eingang des Adur Gap vor der Stufe der Downs,
die hier reizvoll im Bogen geschwungen und von alten Sachsendörfern
gesäumt ist. Zur Zeit des D.B. war es eines der größeren boroughs
Englands, zur Zeit CAMDEN's wenigstens noch ein betriebsamer Markt, dann
aber verfiel es und lebte später vornehmlich vom Viehhandel (u. a. mit
wälschen Ochsen). Moderne Wohnorte an der Hauptstrecke nach Brighton
sind B u r g e s s H i l l (5974) und Partridge Green. Im übrigen hat hier
die Umwandlung von Bauern- in Ansitzsiedlungen noch keinen solchen Umfang angenommen wie etwa um Guildford und in SW-Sussex.

Im E tritt das Vale of Sussex mit den Marschen („L e v e l s") von
Pevensey, einem völlig ebenen Niederland, zwischen Eastbourne und Hastings
an den Kanal heran. Nur in kleinen inselförmigen Erhebungen kommt stellenweise der feste Untergrund an die Oberfläche, bei Pevensey antiklinal mit
Tunbridge Wells Sands. Während der „neolithischen" Senkung, die jedoch
hier kein solches Kliff hinterließ wie über Romney Marsh, vom Meer bedeckt,
wandelte sich das Gebiet durch Aufschlickung des Ästuars von Hailsham
in ein Watt- und Sumpfland, bis der Mensch durch Gräben, Schleusen und
Deiche die Tidenströmungen einschränkte und die fluviatilen Schwemmlehme
für Wiesen und Weiden gewann. Ein mächtiges Strandwallgebilde, bis zu
270 m breit, von Abzugsgräben durchquert, schützt die Niederung gegen das
Meer. Im Langney Point bildet es einen Vorsprung, der aus zwei Reihen von
Wällen („fulls") besteht. Erst um 1700 entstanden, wurde es schon nach
wenigen Jz., wahrscheinlich weil die Geröllzufuhr infolge der Hafenbauten
von Newhaven nachließ, wieder angeschnitten und ist seit 200 J. um fast
1 km zurückgewichen [21 b, 333]. Das Grünland wird von einer blühenden
Rinderzucht genutzt. Im Mittelalter war Pevensey (793), der Nachfolger
des von den Südsachsen zerstörten Anderida, ein wichtiger Landungsplatz
(Wilhelm der Eroberer!), deshalb mit einer Normannenburg bewehrt,
und Handelshafen. Im Hintergrund der Marschen ist Hailsham (5420) auf

einem Sand- und Kiesbodenstrich der Ausgangspunkt von Straßen in den inneren Weald und ein Hauptviehmarkt. Die größte Stadt ist das vor dem E-Ende der S-Downs gelegene E a s t b o u r n e (57 435; *39 300*), mit Fischerei beschäftigt und zugleich eines der bekanntesten Seebäder der S-Küste, ausgestattet mit Schulkonvikten und Sanatorien. Die Küste ist von hier bis gegen Dover hin mit vielen während der napoleonischen Zeit errichteten Wachttürmen (Martello Towers) besetzt. Am Innenrand der Marsch steht einer der bemerkenswertesten späteren befestigten Schloßbauten SE-Englands, Hurstmonceux Castle (1440), neuestens dazu ausersehen, die Aufgaben und Ausstattung der Sternwarte von Greenwich zu übernehmen.

Am E-Ende der Niederung, schon im Bereich der Wealdhöhen, ist H a s t i n g s (65 207; *48 820*) das Gegenstück zu Eastbourne, aber viel älter, ein seit der Germanenzeit angesehener Ort mit bewegter Vergangenheit, die namentlich erfüllt ist vom Kampf mit dem Meer [316, 89, 821, 312*]. Zwei Täler, die sich früher vor der heutigen Küste vereinigt haben, führen in einem Kliff des Wealdsandsteins (Ashdown Sand) zum Gestade hinab, das Priory Valley im W, das Bourne Valley im E, dieses flankiert von zwei einst gleichfalls weiter ins Meer vorspringenden Hügeln, West und East Hill. Die Mündung des Priory Valley bot den ursprünglichen flußartig gewundenen, 2 km langen Hafen. Das sächsische Hastings, an seiner W-Seite gelegen, hatte unter Eduard dem Bekenner geblüht, jedoch seine Bedeutung verloren, als ein Strandwall das Ästuar versperrte. Nach den Verwüstungen durch den Eroberer entstand im 11. Jh. im Bournetal eine neue, wahrscheinlich normannische Niederlassung, die „Old Town"; dorthin sind noch vor 1400 die Bewohner der älteren Siedlung abgezogen. Eine starke Normannenburg, auf dem Ende des Kliffs errichtet, schützte die Stadt, die zu den Cinque Ports gehörte. Allein das Meer untergrub den Berg, so daß 1331 ein Teil der Feste ins Meer stürzte. Alle späteren Versuche, den Hafen vor der Verschlammung zu retten, waren erfolglos. So sank die Stadt zum Fischerdorf herab, endgültig seit Elisabeths Zeit. Seit der M. des 17. Jh. begann sie gegen W zu wachsen, das noch versumpfte Land wurde trockengelegt, um 1850 das heutige Straßennetz geschaffen. Noch während des 19. Jh. mußte man freilich die Hauptküstenstraße über St. Leonard's weiter landeinwärts verlegen, nachdem der dortige Martello Tower weggespült worden war. Nur durch Uferschutzbauten konnte ein weiteres Zurückweichen der Küste verhindert werden. Seinen Aufschwung nahm auch Hastings als Seebad. An das alte Hastings mit schmalen Straßen und alten Kirchen schließt sich w. des West Hill die neue Badestadt an, die mit hübschen Villenvierteln in das zu Hastings gehörige Seebad St. Leonard's übergeht. 6 km weiter w. liegt das kleinere B e x h i l l - o n - S e a (21 229; *18 190*), 9 km n. davon schon jenseits der Niederung auf Grünsand Battle (3491) mit der von Wilhelm dem Eroberer gegründeten, z. T. zerstörten Benediktinerabtei St. Martin's.

Im H i g h W e a l d mit seinen oft grobsandigen oder kiesigen Böden und seinem niederschlagsreichen, etwas rauheren Klima nehmen Wald und Heide auch heute noch größere Flächen ein. Ihre Nähe lockt die Londoner immer mehr zum Besuch und selbst zur Niederlassung. Bei vielen Orten haben sich Villenstraßen entwickelt und nicht wenige Farmen beherbergen Sommergäste. Durchwegs vermeiden die Siedlungen die feuchten Talgründe [15]. Auch die Straßen halten sich an die Höhen, die Eisenbahnen gern an die unteren Teile der Talgehänge. Der Wasserreichtum begünstigt die

Streusiedlung. Namentlich im höheren W-Flügel herrschen Weiler und Einzelhöfe, welche Hänge und Talsporne bevorzugen; im niedrigeren E-Flügel stehen auf den schmäleren Rücken der Hastingssande einige gedrängte Reihendörfer, aber nur selten geschlossene Häuserzeilen. Straßenkreuzungen und -gabeln bestimmen häufig die Richtung der Wachstumsspitzen. Die größten Dörfer, mit mehr unregelmäßigem Grundriß, liegen an den S-Hängen der Höhenrücken. Noch sind die Wirtschaftsgebäude, besonders die Scheunen, nicht selten aus Fachwerk oder Holz gebaut, doch haben auf feuchtem Grund auch Holzhäuser Steinsockel. Die Strohdächer (selten Mansardendächer) kommen immer mehr ab (vgl. S. 40). Sehr verbreitet, auch bei Steinmauern, ist, damit der Regen gut abfließen könne [16], die Verkleidung mit Eichenschindeln oder mit Brettern, die von oben nach unten übereinandergelagert sind („weather boarding"), oder mit flachen Ziegeln („weather tiles"). Auffallend sind die großen, breiten Kamine, welche sämtliche Rauchabzugsrohre des Hauses sammeln und eine Außenwand der Häuser bilden, und die geringe Zahl und Größe der Fenster. Die Farmen zeigen meist Vier- oder Dreiseithöfe, u. zw. inmitten der Feldflur; gesondert stehen die kleineren Häuser für die Landarbeiter. Es herrschen die gemischten Betriebe, doch gewinnen Rinderzucht und Molkereiwirtschaft andauernd Raum, und die Zahl leistungsfähiger Hühnerfarmen für Mastgeflügel und Eier wächst. Nach der kurzen Belebung des Eisenbergbaues war der innere Weald wegen der schlechten Straßen lange abgeschieden und entsprechend rückständig, heute schaltet er sich dank den modernen Straßen und Verkehrsmitteln und den Beziehungen zu London wieder stärker in das Leben SE-Englands ein, am meisten in den von den Hauptstraßen und den Schienenwegen berührten Marktstädtchen, wie East Grinstead (7902) im N, Cuckfield (2114), Haywards Heath (5091), Uckfield (3555) im S, Balcombe (1323) und dem hochgelegenen Crowborough (6095) im Inneren. Mit seinen Geschäftsstraßen, Hotels, Villen zeigt dieses, ein beliebter Ausgangspunkt für Fahrten und Wanderungen im High Weald, ein besonders modernes Gepräge. Heathfield (Mastgeflügel) ist eine beliebte Sommerfrische (3659). Sie alle werden von Tunbridge Wells (35 365) übertroffen, dessen Stahlquellen schon unter Jakob I. bekannt wurden und das unter Königin Anna in Mode kam [819, 820, 826]. Es ist der beliebteste Erholungsort im Inneren SE-Englands, heute mehr wegen seiner gesunden Luft (es liegt in 120—150 m H.) und seiner anmutigen Umgebung als wegen seines Säuerlings, zugleich die größte Siedlung des zentralen Weald. Verkehrsgeographisch günstig liegt ganz am W-Ende der großen Wald- und Heidestriche Horsham (13 580), wo sich die E—W-Verbindung durch den Weald mit dem N—S-Weg vom Mole Gap nach Shoreham schneidet. Neben seinem um den Hauptplatz („Carfax") erbauten Kern entwickeln sich ringsum neue Viertel. Obwohl noch immer ein vielbesuchter Markt, wirbt es heute um den Fremdenverkehr. In das nahe West Horsham wurde 1902 die altberühmte, 1552 in London gegründete Schule Christ's Hospital („Blue Coat School") verlegt. Der Versand des „Horsham Stone", einst die wichtigste Einnahmsquelle, spielt keine Rolle mehr. Zwischen Horsham und dem halbkreisförmigen Ring der Western Heights dehnt sich in größter Breite die Wealdentonniederung, in welcher hier das s. und das n. Vale zusammenlaufen, ein ganz flaches, aber wegen seiner vielen Wäldchen und Hecken sehr unübersichtliches Gelände mit zahlreichen Einzelhöfen, wenigen Dörfern und keinem einzigen größeren Marktflecken.

Zwischen dem High Weald von Kent und den ö. North Downs ist die
n ö r d l i c h e W e a l d n i e d e r u n g verhältnismäßig breit. Es ist die erste
englische Landschaft, welche der vom Kontinent kommende Fremde kennen-
lernt. Sie wird durch dunkle Heckenzeilen in Maschen zerlegt, in denen Äcker
mit Getreide- und Futterpflanzen, Mahdwiesen, Wälder und Gehölze miteinander abwechseln. Sehr auffällig sind die Obst- und Hopfengärten im Herzen
des „Weald of Kent": sie knüpfen sich an die Lehme und Sande, die Medway
und Seitenbäche, im Winter oft sehr hochwassergefährlich, über die Tone gebreitet haben. Wiesen und Weiden sind im Übergewicht. Dörfer, Weiler und
zahlreiche Einzelhöfe mit roten und grauen Dächern beleben das Bild
(Abb. 11). Immer wieder sieht man Kuh- und Schafherden. In den Hopfen-
gebieten stehen bei vielen Gehöften die Hopfendarren, obwohl heute öfters

Abb. 11. Typische Wealdlandschaft: High Halden. Kent.
Aerofilm Ltd. 28 525.

als Scheunen oder sonst als Wirtschaftsgebäude, nicht selten auch als Wohnhäuser („cottages") verwendet (vgl. S. 42). Naturgemäß suchen die Siedlungen auch hier im Bereich der schweren nassen Wealdentone Stellen oder
Striche mit mehr sandigen Böden auf, und die ältesten von ihnen halten sich
überhaupt an die angrenzenden Grünsandstreifen. Manches malerisch gebaute Örtchen kann man unter ihnen entdecken, jedoch keine größeren Städte.
Auch T o n b r i d g e (16 333; *21 140*) im W und A s h f o r d (15 248) liegen
randlich, jenes an der Grenze gegen die Hastingsschichten auf dem Alluvial-
boden des Medwaytals, dieses vor dem Durchbruch des Stour auf Unterem
Grünsand. Durch die 50 km lange schnurgerade Teilstrecke der Linie
London—Dover verbunden, wird Ashford gekennzeichnet durch Lokomotivfabriken und Eisenbahnwerkstätten, Tonbridge durch Papiererzeugung
und Brauereien. Beide sind, wie schon ihr Name erkennen läßt, an Flußübergängen erwachsen; aber die Normannenburg von Tonbridge, welche die Brücke
und das Städtchen — im Kerne eine lange Straße — bewachte, ist eine Ruine.
Schon 1750 wurde der Medway bis hierher schiffbar gemacht und zum Versand von Kohle und Holz benützt. Eine Zeitlang blühten Woll- und Leinenweberei [817 a]. Noch immer ist es ein Hauptmarkt des „Gartens von England", mit prächtigen Obstkulturen in seiner Umgebung und viel Hopfenbau,

4*

namentlich in der Richtung gegen Maidstone. Hier bildet der Untere Grünsand, der sich ö. des Stour bloß als eine Vorstufe eng an die North Downs
anschmiegt, einen selbständigen Höhenzug. Die Sandsteine bieten einen
fruchtbaren Verwitterungsboden, der unter dem günstigen Klima bei sorgfältiger Düngung außer den Hopfengärten Apfel-, Kirsch- und Pflaumenbäume und Strauchobst trägt. Das gleiche gilt von den Alluvialböden längs
dem Medway, welcher den Höhenzug in einem schmäleren Tal durchbricht
und dann jenseits der Gaultniederung in der breiten Pforte von Rochester
auch die North Downs quert [88]. Aus den beiden Öffnungen, dem Gaulttal,
aber auch über die Höhen herüber sammelt die alte Brückenstadt M a i d -
s t o n e (42 280; *45 060*) den Verkehr, die zentral gelegene Gr.St. von Kent,
umschlossen von einem dicht besiedelten Gebiet, wichtig als Markt (Hopfen-
handel) und industriell tätig (Autobusse, Papier, zumal feines Druckpapier;
Druckerei; Ziegel, Zement). Trotzdem anmutig, ist es auch ein beliebter
Platz für Ruheständler [712, 814]. Noch mehr als für Tonbridge hat der
Verkehr auf dem Medway für die Stadt Bedeutung gehabt und nur wegen
ihrer ablehnenden Haltung gegen G. Stephensons ursprünglichen Plan wurde
die Bahn London—Dover über jenes geführt [817 a]. Kleiner ist
S e v e n o a k s (10 484), ebenfalls schon im Gebiet des Unteren Grünsands
gelegen, der im S den fast 200 m hohen Rücken (Ragstone Ridge der Hytheschichten) bildet, u. zw. s. vom Durchbruch des Darent durch die Downs.
Aber nicht diesem folgt die Haupteisenbahnlinie, sondern sie durchschneidet
in dem 2,4 km langen Polehill-Tunnel schräg die Downs zum Londoner Becken.
    Zwischen dem Rücken von Hastings und der Grünsandstufe von Hythe
tritt die völlig ebene, ausdruckslose R o m n e y M a r s h an die Küste heran
[16, 328, 87, 810]. Ihr Untergrund, Schotter, Sande und Tone, teils marinen,
teils ästuarinen, teils fluviatilen Ursprungs, hauptsächlich Deltaaufschüttun-
gen des Rother und seiner Nebenflüsse, erweisen eine sehr wechselvolle jüngere
Geschichte (vgl. S. 14). Heute liegt der größere Teil wiederum unter dem
Meeresspiegel. S. New Romney springt die Marsch mit der dreieckigen Landspitze und den Strandwällen von Dungeness keilförmig in die Straße von
Dover vor (vgl. S. 15). Zwischen New Romney und Hythe schützt sie nur
ein fortdauernd große Kosten verursachender Deich. Erst bei Hythe legt
sich wieder ein Strandwall vor, dessen „fulls" ebenfalls von der Küste geschnitten werden. Gegenwärtig wächst er nicht weiter; vielmehr werden hier
die Geschiebe rasch gegen NE verfrachtet [31 a]. Zwischen Rye und Lydd, bei
New Romney und West Hythe streichen Dünen entlang. Der reiche Alluvial-
boden der Marsch wird von zahlreichen Gräben („guts") entwässert. Doch
neigt das Oberflächenwasser dazu, von den Strandwällen in die Niederung
hineinzufließen und sich hier längs dem heutigen und den alten Läufen des
hin und her schweifenden Lower Rother zu sammeln. Dessen Ästuar, am
Scheitel von Rye Bay, ist der einzige wichtigere Auslaß für die Entwässerung. Die einzelnen Teile der Marsch tragen besondere Namen (vgl. S. 15).
    Diese „Levels" sind größtenteils Grasland, mit verstreuten Flecken von
Feldern, mit wenig Baumwuchs, höchstens daß die gewundenen Bäche und
Gräben hier und da von gestutzten Weiden und Erlen begleitet werden und
einzelne Gruppen von Holunder, Schwarzdorn oder Stechpalmen auf trockeneren Böden stehen. Diese grünen Flächen (über 60% Raigras) dienen hauptsächlich zur Ernährung großer Schafherden. Die wenigen Straßen laufen
bei New Romney zusammen; schlecht sind die Pfade und ohne Verwendung
von Holzplatten, die an den Schuhsohlen befestigt werden („backsters")
[21 g], oft anstrengend. Die paar einsamen Dörfer in der Marsch stehen auf

flachen Erhebungen [212], mehr auf den niedrigen Höhen der Hastingsschichten am Innenrand der Niederung längs dem alten „neolithischen" Kliff, bloß die im N auf den Wealdentonen. Übrigens leben die meisten Farmer auf ihren „hill farms", und auf den Wiesen steht höchstens des „looker's" Haus (vgl. S. 34) [111]. Von den eigentlichen Marschsiedlungen wird einzig die Stätte von Lydd schon lange vor dem D.B. genannt (ad Hlidum, 774), in diesem dann Newchurch und bald darauf auch Dymchurch und Ivychurch. Die Randsiedlungen werden fast alle spätestens im D.B. angeführt. Romney Marsh hat keine größere Stadt und so gut wie keinen Hafen; denn das Ästuar des Rother ist nur für kleine Fahrzeuge bis Rye Harbour befahrbar. Ehemals waren Rye und Winchelsea als „Old Towns" angesehene Mitglieder des Bundes der Cinque Ports. Beide Städte lebten und starben mit ihren Häfen. Old Winchelsea's Name erscheint schon um 960 auf Münzen, vielleicht „Insel im Bug, Winkel" bedeutend. Als die alte Stadt und ihr Hafen von den Wogen zerstört worden waren, blühte ein neugegründetes Winchelsea für kurze Zeit auf (vgl. S. 15). Es hatte zwar nur ein beschränktes Einzugsgebiet, jedoch damals ein geräumiges, leicht zu verteidigendes Ästuar. Es wurde der größte Ausfuhrhafen für Bau- und Brennholz und Eichenrinde aus dem Weald [68 a, 620]. Aber der Ballast, den seine Schiffe auf der Rückfahrt von den Niederlanden und NW-Frankreich mitnahmen und in die Rothermündung entleerten, trug sehr zur Verschlechterung des Hafens bei, und schon unter Elisabeth war es verarmt [624*]. Heute ist es 2 km vom Meere entfernt (1330), ein Dorf, dessen Häuser in Gärten und dessen übriggebliebenen Tore draußen im offenen Felde stehen. Auch R y e (3947; *3671*) liegt auf einer Anhöhe über dem steilen postglazialen Kliff. Beide Städte hatten in den Kriegen mit Frankreich schwer zu leiden. Später ließen sich in Rye Hugenotten nieder — in manchem erinnert sein Bild noch an eine flämische Stadt [818 a]. Beide schöpfen etwas Einnahmen aus dem Fremdenverkehr, besonders Rye dank seinem berühmten Golfspielplatz drunten bei Rye Harbour (Camber-on-Sea). Appledore (935), Lydd (2778), Dymchurch (928) sind heute bedeutungslos, Lydd durch sein Versuchsfeld für Sprengstoffe bekannt (Lyddit). Am größten ist innerhalb der Marsch New Romney (1786; *1430*). Lympne (598), in römischer und noch in dänischer Zeit ein Seehafen, steht am N-Rand auf kalkigen Schichten des Unteren Grünsands und auf Gaulttonen; das Seebad H y t h e (8398; *6238*), sein Nachfolger und einer der Cinque Ports, 8 km ö. auf Strandgerölle. Gegen E keilt die Niederung bei dem kleineren Sandgate aus, zu Füßen der Höhen von Shorncliffe Camp und vor den Kliffen von Folkestone.

W. Sevenoaks wird der Grünsandzug schmäler, die Wealdniederung im S mit dem ihr eigentümlichen Gepräge breiter [215]. Auch ist jener mehr wellig, von Bächen zur Niederung hin zerschnitten und mehr mit Heide bedeckt. Erst bei Bletchingley wird er, einen steileren Abfall gegen S kehrend, wieder 180 m hoch. Ö. Redhill wird die Grünsandstufe hauptsächlich von großen Gütern eingenommen; manche ihrer Herrenhäuser stehen oben auf dem First, mit weitem Ausblick gegen den Weald. Die Schichtböschung zwischen Oxted und Redhill ist größtenteils Kulturland [84, 85]. Auf den Sandgateschichten bei Reigate prangen Ulmen, Eichen, Kastanien. Zwischen ihr und der Schichtstufe der North Downs, die hier über einer schmalen Terrasse des Oberen Grünsandes aufsteigt, zieht (das V a l e o f) H o l m e s - d a l e gegen W bis hinüber nach Dorking, mit den Gaulttonen im Grund, ein nasser, da und dort mit Eichengehölzen besetzter grüner Streifen von Weideland und Gemüsegärten, welche London mit Milch, bzw. Gemüse versorgen. Die Siedlungen halten sich von den Gaulttonen ferne. Dafür steht eine Reihe reizender Dörfer auf dem Oberen Grünsand, alle schon in der sächsischen Zeit entstanden: Westerham, Limpsfield, Oxted, Godstone [812], wo einst der Sandstein gebrochen wurde, um bei vielen Kirchen- und Burgenbauten Surrey's verwendet zu werden (z. B. Farnham). Auf weißem Sandstein des Unteren Grünsands erwuchs R e i g a t e (37 797; *36 670*) gerade s. des Passes von Merstham. Ursprünglich eine Straßensiedlung mit einer Normannenfeste, betrieb es Handel mit Hafer, Mehl, mit der Walkererde, die man bei Redhill und Nutfield aus den Sandgate Beds gewann, und mit seinem „Reigate Stone", der u. a. auch beim Bau des Schlosses Windsor verwendet wurde, geschätzt wegen seiner Feuerfestigkeit, aber leicht verwitternd. Allein seitdem die Straße und später die Bahn London—Brighton gebaut wurden, erhob sich neben jenem älteren Reigate, allerdings zu ihm gehörig, aus einem vor 120 J. noch ganz bedeutungslosen Platz R e d h i l l (ursprünglich Warwick Town geheißen), heute der eigentliche Hauptort des Vale, der wegen seiner Verbindungen mit der Hauptstadt einer ihrer Wohnvororte wurde. Noch älter als Reigate ist D o r k i n g (10 111), dank seiner fruchtbaren Umgebung schon unter Eduard I. ein wichtiger Markt, oberhalb des Durchbruchs des Mole, dessen alter Name Dork gewesen sein dürfte. Abgesehen von Handel mit Mehl und Kalk, war und blieb es durch seine Hühnerzucht (die fünfzehigen „Dorking fowls") bekannt. Doch mußte es hinter dem benachbarten Guildford (vgl. S. 56) zurückstehen, ebenso wie Godalming (1945: 14 020), das etwas weiter oberhalb am Wey (1760 bis dorthin befahrbar gemacht) Papier erzeugte und Gerberei betrieb.

Das Landschaftsbild wechselt hier mit dem Gestein infolge der etwas verwickelteren Tektonik oft auf engem Raum. Das Ackerland hat sich noch am besten auf den kalkhaltigen Claygate Beds w. Godalming erhalten, auch auf den Kreidekalken des Hog's Back zwischen Guildford und Farnham und selbst auf den roten Lehmen der Folkestone Beds. Auf den gröberen Sanden erstrecken sich dagegen allenthalben Heiden mit Stech- und Besenginster, mit Heidekraut und Heidelbeeren, unterbrochen durch Föhrenbestände; nur die feinsandigen Sandgateschichten tragen Laubbäume. Heide- und Waldstriche kennzeichnen vor allem das ganze Gebiet der Western Heights von dem aussichtsreichen Leith Hill über Hascombe Hill und Hambledon Hill bis Hindhead, Blackdown und Fernhurst [86]. Da und dort stehen schöne neue Föhren- und Fichtenpflanzungen um die Heide (Farley Heath). Die Besiedlung ist dünn, auch wegen der starken Zerschlitzung des Geländes und der nassen Talgründe; nur einzelne Farmen liegen in diesen. Aber H a s l e m e r e (4339), über das die Bahn Guildford—Petersfield führt, ist eine der beliebtesten Sommerfrischen geworden, ähnlich wie drüben im High Weald Crowborough, vor ihm jedoch ausgezeichnet durch seine vielen Häuser aus dem 17. und 18. Jh. Seine Hauptstraße steigt auf fast 200 m empor, und Villen und Bungalows stehen auf den flachen Hängen von Hindhead, über welchen die Straße nach Portsmouth läuft [86].

Die einzelnen Abschnitte der N o r t h D o w n s weichen in ihrem Gepräge viel mehr voneinander ab als die der South Downs, obwohl sie diesen an Höhe gleichen und ebenfalls von etlichen Quertälern durchbrochen werden. Denn infolge der Unterschiede des inneren Baus wechselt ihre Breite auffällig, und ihre reichliche Bedeckung mit flintführenden Tonen schafft andere pflanzen- und kulturgeographische Voraussetzungen [12]. Sie beginnen mit dem langen Rücken des Hog's Back (154 m) in Surrey an dem Strunkpaß von Farnham, dem ehemaligen Durchbruch des Blackwater. Wegen des steileren N-Fallens der Kreidekalke bildet er nicht eine Schichtstufe, sondern einen Schichtkamm über der Gaultfurche im S, während von N her das Tertiär des Londoner Beckens, weit ausgreifend, an ihn heranreicht. Auf seiner Höhe zieht die wichtigste Straße aus Wessex nach London. Ö. des Weydurchbruchs lagern die Schichten flach (nur unter etwa 1° geneigt), und nun beginnen sich die Downs stark herauszuheben, zu verbreitern und eine ausgeprägte Schichtstufe gegen S zu kehren. Gegen ENE streichend, nähern sich zugleich ihre Kreidekalke immer mehr der Themse, bis sie zwischen Darent und Medway fast unmittelbar an sie herantreten. Schon w. des Mole auf 223 m ansteigend, erreichen sie sö. Croydon um Botley Hill ihre größte Höhe (267 m). Lower und Middle Chalk bilden in der Hauptsache die Stufenstirn, obwohl sie sich noch eine Strecke weit in den Mole- und Darentdurchbruch verfolgen lassen, Upper Chalk dagegen die Stufentrauf und meist die Gehänge der vielen gut verästelten Täler und der „Comben" der N-Abdachung, die bloß Winterbäche führen. Stärker eingesattelt sind nur die Pässe von Merstham (134 m) und Caterham (171 m). Den Sockel der Schichtstufe begleitet entlang Holmesdale die Terrasse des Oberen Grünsandes. Zahlreich sind die größeren und kleineren Flecken flintführenden Tons. Am auffälligsten aber ist jene vom unterpliozänen Meer geschaffene oder mindestens vollendete Abrasionsplatte in 150—180 m H., die zwischen Reigate Hill und Banstead fast 7 km breit wird und weiter ö. scharf gegen die höchsten Kuppen der Kreidekalke absetzt. Jedoch nur soweit diese noch von Tonen bedeckt sind, zeigen sie die typischen glatten, gerundeten Downsformen.

Die N-Grenze gegenüber dem Londoner Becken zieht man zweckmäßig entlang der Linie, an welcher die Kreidekalke unter das ältere Londoner Tertiär hinabtauchen, d. i. ungef. längs der Linie Guildford—Leatherhead—Epsom—Croydon—Farnborough—Orpington—Dartford—Gravesend— Rochester. Ö. des Craytals ist sie allerdings sehr unregelmäßig, indem die Kreidekalke auch n. von ihr in den Tälern unter dem Eozän zum Vorschein kommen, während umgekehrt Auslieger der Thanet und der Woolwich Beds (vgl. S. 69) auf den Kreidekalken s. von ihr erhalten geblieben sind. Verhältnismäßig gerade verläuft sie dagegen von Croydon bis Guildford. Sie wird hier durch einen Quellstrich (vgl. S. 113) bezeichnet, der zugleich als alte Siedlungslinie erscheint. Wieder wegen der flintführenden Tone und Lehme treten die für die South Downs so bezeichnenden offenen Grasfluren seltener auf. Wohl heißen einzelne Striche „Downs", aber sie sind gewöhnlich Unland (Epsom D., Banstead D.), oft nicht einmal mehr als Schafweide verwendet. Die kalten Tonböden tragen in der Regel nur niedrige Hasel- oder Kastaniengehölze, mit Eichen und Buchen als Überständern. Seitdem die Nachfrage für Hopfenstangen abgenommen hat, werden die Wälder vernachlässigt und die Kaninchenplage wächst zum Schaden der benachbarten Äcker [111]. Sicher sind die Wälder ehemals viel ausgedehnter gewesen als heute, obwohl schöne Baumpflanzungen mit Eichen, Buchen, auch Eiben, nicht fehlen, wie besonders auf dem Hang des unter Karl II. mit Buchs bepflanzten Box Hill bei Dorking. Aber zwischen solchen Beständen wird auch der Steilabfall oft nur von armseligen, als Schafweide dienenden Heidepflanzen, von Wacholder, Ginster und anderem Buschwerk bedeckt. Eben wegen jener Wälder verlief nicht wie auf den South Downs ein zusammenhängender Weg die Höhen entlang; noch der Pilgrims' Way folgte streckenweise dem Ausstrich des Melbourn Rock, eines harten griesigen Kreidekalks, der wiederholt Sporne oder

Vorstufen vor der Hauptstufe bildet. Anderswo hielt er sich an jenen Ackerstreifen am Fuß der Stufe, wo sich die mergeligen Tone des Lower Chalk
mit den von oben herabgeschwemmten kalkigen Stoffen oder auch mit dem
Oberen Grünsand mengen.

Dementsprechend gibt es so gut wie keine Dörfer auf der Höhe. Sie
suchen mindestens Nest- oder Nischenlage auf, lieber die unteren Hänge und
besonders die Einmündungen von Seitentälern. Größere Siedlungen haben
sich bloß längs der Straßen entwickelt, welche durch die Durchbrüche oder
über die tieferen Pässe führen; im Kern meist eng gebaut, werden sie von
locker gestellten Farmen umschlossen. Im übrigen gehören zu jeder Gemeinde
Weiler und Einzelhöfe. Eine Anzahl Dörfer liegen auf der oberen Grünsandterrasse entlang dem Vale of Holmesdale, so Merstham. Aber schon greift
die Verbauung von London immer mehr auf die North Downs hinauf, auch
sie namentlich an den Hauptstraßen, bei Epsom und Banstead, Purley, Caterham (vgl. S. 95, 113 f.), auf Biggin Hill und sogar ö. des Darent. Zugleich
ändert sich die Nutzung des Landes. Die Schafhaltung hat stark ab-, Molkereiwirtschaft zugenommen; doch wirkt sich der Wassermangel ungünstig aus.
Viele Geflügelfarmen sind seit dem ersten Weltkrieg im oberen Teil der
Trockentäler entstanden, und die übrigen Farmen betreiben wenigstens nebenbei Geflügelzucht. Nur die besten Böden gehören noch dem Getreidebau. Von
den großen Kalksteinbrüchen, welche in die Stufenstirn geschlagen sind,
werden heute wenige betrieben [21 c].

Während sowohl die Enden des Moledurchbruchs je ein altes Marktstädtchen, aber schon außerhalb der Downs, aufweisen und im Darenttal
innerhalb der Downs nur wenige freundliche alte Straßendörfer liegen, ist
am Übergang über den Wey gegenüber dem Aufstieg der Straße auf den
Hog's Back schon frühzeitig G u i l d f o r d (1933: 34 237; *44 740*) aufgeblüht.
Mit gutem Grund errichtete an dem schon viel früher genannten Ort (um
880 Gyldeford) Heinrich II. eine Burg; ihr Bergfried, aus Bargate Stone
erbaut, ist erhalten geblieben. Steil steigt die Hauptstraße von der Brücke
auf die ö. Kalkhöhe auf. Bis hierher wurde der Wey am Ende des 17. Jh.
von Kähnen befahren, auf ihm schickte es Holz, Malz und Bier nach London.
Eine Zeitlang brachte ihm und seiner Umgebung die Tuchweberei Wohlstand; noch stehen Gebäude aus jener Periode in seiner Hauptstraße, u. a.
die Town Hall. Heute hat es allerlei Industrie (Kraftwagen, landwirtschaftliche Maschinen, Druckerei). Es ist ein belebter Getreide- und Viehmarkt
und wie ehemals in den Tagen der Postkutsche von starkem Verkehr durchpulst, besonders dem Kraftwagenverkehr zwischen London und Portsmouth.
Durch seine zentrale Lage eignete es sich zur Gr.St. von Surrey; doch tagt
der Grafschaftsrat in Kingston-on-Thames (vgl. S. 105). Schon gehört es zu
den Wohnvororten des 50 km entfernten London, wo $^1/_3$ seiner Berufstätigen
arbeitet [824, 825].

Die zweitgrößte Stadt des s. Surrey ist F a r n h a m (1933: 19 005;
22 430), s. der Pforte zum Blackwater im breiten Grund des Weytals gelegen,
wo Bahn und Straße nach Hampshire streben, im Kern ein Straßenkreuz
mit Häusern im Georgsstil. Zum Unterschied von Guildford ist seine Normannenfeste, eine Residenz der Bischöfe von Winchester, wiederaufgebaut
worden. Auf den lehmig-kalkigen Böden der benachbarten, hier etwas breiteren Terrasse des Oberen Grünsands wird Hopfen gebaut, allerdings nicht
mehr so viel wie vor 100 J., wo er zur Wey Hill Fair bei Andover geliefert
wurde (vgl. S. 182/3). Seltener sind die Mühlen am Wey geworden, die damals
ihr Mehl auf dem Basingstoke-Kanal nach London schickten. Doch ist auch

Farnham ein wichtiger Getreide- und Viehmarkt geblieben. Die Gaulttone liefern der nicht unbedeutenden Ziegelindustrie der Umgebung den Rohstoff.

Schon ö. des Darent schwächt sich der unmittelbare Einfluß Londons sehr ab; ö. des Medway fehlt er im Bereich der North Downs fast ganz. Diese bleiben bis zum Stourdurchbruch, auf eine Entfernung von 40 km, vom großen Verkehr unberührt; er läuft vielmehr n. von ihnen zwischen Rochester und Canterbury, s. zwischen Maidstone und Ashford entlang. Nur von vier Straßen 1. Kl. werden sie überquert, von denen die Rochester—Maidstone ganz im W die wichtigste ist. Kein Abschnitt der Downs ist so reich bewaldet wie dieser. Die älteren Ortsnamen sind trotz der geringeren Höhe (meist 100—150 m) seltener als die jüngeren auf -sted, -den u. dgl., erst gegen das Stourtal hin und entlang diesem stellen sich solche auf -ing oder -ham häufiger ein. Die Siedlungen sind klein, eher Weiler als Dörfer; Einzelfarmen sind verbreitet. Größere Parke fehlen auch diesem Abschnitt nicht.

In den North Downs ö. des Stour endlich macht sich der morphologische Unterschied zwischen der aufgedeckten subeozänen (vgl. S. 67) und der miozänen Peneplain auch kulturgeographisch geltend. Jene ist nur von flachen Tälern, zwischen denen wellige Rücken ziehen, zerschnitten, da und dort von dünnen, leicht bearbeitbaren Böden bedeckt und reich mit Farmen besetzt; diese, s. vom Dourtal, etwas höher gelegen (120—150 m), schwächer geneigt und, besonders bei Dover, stark zerfurcht, von der pliozänen Abrasion nur wenig betroffen, gestattet auf ihren schweren, flintreichen Böden bloß geringen Anbau, dafür sind wieder die Gehölze häufiger. Siedlungen und Wege bevorzugen hier die Plateauriedel. Es ist alter germanischer Siedlungsraum; viele seiner Ortsnamen erscheinen schon vor dem D. B., darunter außer solchen auf -ing, -ham n. des Dour auch solche auf -wold (Sibertswold, Ringwold usw.).

Auf den Kreidefelsen n. der Mündung des Dourtals hatten schon die Römer das befestigte Lager Dubra angelegt, als Ausgangspunkt der Watling Street. Die Sachsen hatten eine Burg errichtet, und dem dadurch gesicherten Hafen, einem der ältesten der Cinque Ports, verlieh Eduard der Bekenner besondere Rechte. Zur Zeit Knuts von Earl Godwin befestigt, von Wilhelm dem Eroberer genommen, erhielt D o v e r (41 097; *24 320*) unter Eduard I. seine Korporation, unter Eduard II. das ausschließliche Recht, den Personenverkehr über die Meerenge zu besorgen. Dafür mußte allerdings jedes seiner 21 Wards (Bezirke) dem König ein Schiff stellen. In Dover landeten u. a. Kaiser Sigismund und Kaiser Karl V. bei ihren Besuchen in England. Heinrich VIII. nannte es den Schlüssel seines Königreichs, namentlich Jakob I. suchte den Hafen zu fördern. Obwohl Strandgeröll die Mündung des Dour absperrte, so daß sie verschlammte, betreute Dover bis ins 19. Jh. hinein den Personenverkehr mit dem Festland fast allein. Außerdem verschiffte es Getreide und Mehl und das in Buckland und River erzeugte Papier. Halbkreisförmig, mit einer fast 2 km langen Hauptstraße und einem kleinen Marktplatz, lag damals die Stadt im Tal. Vor dem alten Commercial Harbour ist im 19. Jh. der Admiralty Harbour mit mächtigen Molen (1878—1909) geschaffen worden (2,5 km², bis 2,4 km lang, 1,2 km breit). Doch wurde 1923 der Kriegshafen aufgelassen, nachdem er während des ersten Weltkrieges von 12 Mill. Soldaten passiert worden war. Am Admiralty Pier legen die Dampfer an, die in $^5/_4$ St. nach Calais, in 3 St. 20 M. nach Ostende, in ungef. 4 St. nach Dünkirchen fahren. In dem 31. III. 1939 endigenden J. passierten 1,2 Mill. Fahrgäste den Hafen. Auch der Güterverkehr ist nicht unbedeutend (1937: N.Tonn. der auslaufenden Schiffe 3,88 Mill. tons). Mit der Entwicklung einer Industrielandschaft in E-Kent wird er noch wesentlich wachsen. In den letzten Jahren hat die E. von Lebensmitteln gewaltig zugenommen (frisches Obst, Gemüse, Geflügel usw.), außerdem die von Woll- und Kunstseidewaren, von Stahlerzeugnissen und von Erdöl. In der A. stehen dem Werte nach Textilien obenan (1938: Ges. E.W. 8,6 Mill. Pf.St.; Ges. A.W. 3,8; 1934: 4,0, bzw. 2,96!). An klaren Tagen begrüßen die weißen, leuchtenden Kreidekalkfelsen schon von ferne den Reisenden: das bekannte Shakespeare Cliff w. der Stadt, auf der anderen Seite aus 114 m H. die Ruinen von Dover Castle, etwas tiefer der achteckige Leuchtturm, ein Rest der römischen Festung, und die Kirche St. Mary de Castro, aus römischen Ziegeln erbaut. Dover wird auch als Seebad besucht [82, 82 a, 823; 811*, 99*].

Entlang dem von vielen Abbrüchen und Rutschungen (so besonders am „Warren"; [314]) betroffenen Kliff führt die dem Verkehr mit dem Festland dienende Bahn nach dem 7 km entfernten, schon auf Unterem Grünsand stehenden F o l k e s t o n e (35 889; 27 320). Auch dieses verdankt seinen Aufschwung z. T. dem Personenverkehr über die Meerenge — es bietet die zweitkürzeste Verbindung mit dem Festland, nach Calais oder Boulogne (1¹⁄₂ St.) —, z. T. seiner besonderen Beliebtheit als Seebad. Zwischen der East Wear Bay und Romney Marsh gelegen, nicht so alt wie Dover, aber auch schon im 7. Jh. genannt und noch unter den sächsischen Königen von Kent durch eine Burg geschützt, blickte das alte Folkestone vom West Cliff hinab, auf dessen Gipfel die Kirche steht. Wacker behauptete es seinen Platz neben Dover, bis es nach der Zerstörung durch die Schotten und Franzosen (1378) verfiel. Neuere Hafenanlagen waren unzulänglich. Erst die Schaffung des heutigen Hafens durch die S.E.R. (1842) brachte einen großen Aufschwung. Abgesehen vom Personenverkehr hat es starken Güterverkehr mit dem Kontinent (N.Tonn. der einlauf., bzw. auslauf. Schiffe je 1,2 Mill. tons), von dort bezieht es, ähnlich wie Dover, aber in viel geringerem und neuerdings sehr zu dessen Gunsten abnehmendem Ausmaße, Obst, Gemüse, Blumen, Wein, Käse, Geflügel, Modekleider, feine Seide — fast alles für London —, während es Maschinen, Tabakerzeugnisse und vor allem Fische ausführt (1938: E.W. 1,6 Mill. Pf.St.; A.W. 0,86; 1934: 4,7, bzw. 0,5!); dagegen ist die N.Tonn. seiner Küstenschiffahrt (rund 100 000 tons) kaum halb so groß wie die von Dover (E. hauptsächlich Kohle; A.: Fleisch und Butter nach N-England und Schottland). Viel größer ist seine Seefischerei (Makrelen; Heringe vor der ostengl. Küste). Folkestone beschäftigt rund 2000 Personen im Verkehr, aber fast 5000 im Fremdengewerbe, Dover dagegen 2500, bzw. ungef. 1000. Bezeichnend ist auch, daß über 3000 E. von Folkestone auswärts berufstätig sind, davon fast die Hälfte in London, andere in den Fabriken von Ashford, Maidstone usw. [99*].

Literatur

11. Cambr. Co. Geographies (ed. F. H. H. Guillemard):
    a) Bosworth, G. F., Surrey. 1906.
    b) Ders., Sussex. 1909.
    c) Ders., Kent. 1909. 2nd ed. 1922.
12. Fagg, C. C., and Hutchings, G. E., The South-East (In: 112*, 19—41).
13. The Victoria Hist. of the Co. of E.:
    a) Surrey. (I. 1902. II. 1905. III. 1911. IV. 1012. Ind. vol. 1914.)
    b) Sussex. (I. 1905. II. 1907. III. 1935. VII. 1940. IX. 1937.)
    c) Kent. (I. 1908. II. 1926. III. 1932.)
14. Mill, H. R., A fragment of the g. of E. (South-West Sussex). GJ. 15, 1900, 205—227, 353—378.
15. Bosworth, G. F., Kent, past and present. London 1901.

16. LEMAITRE, G., Le Weald des comtés de Kent, Surrey, Sussex, Hampshire. Étude de g. écon. et humaine. Paris 1931.
17. THORNHILL, J. F. P., Downs and Weald. A social g. of SE E. London 1935.
18. STAMP, L. D., and WILLATTS, E. C., Surrey. (With a contrib. by D. W. SHAVE.) LBr., pt. 81, 1941.
19. BRIAULT, E. W. H., Sussex, East and West. (With H. C. K. HENDERSON and H. B. SMITH.) Sussex, LBr., pt. 83/84, 1943.
110. BICKERSTETH, J. B., Sussex. CanadGJ. 26, 1943, 27—39.
111. STAMP, L. D., Kent. (With notes by R. G. BRADE-BICKS and B. S. FURNEAUX.) LBr., pt. 85, 1945.

21. Gl. Sv., Mem., Explan. sheets:
   a) 274 and 290. Ramsgate and Dover. By H. J. Osborne White. 1928.
   b) 285. Aldershot and Guildford. By H. G. Dines and F. H. Edmunds. 1929.
   c) 296. Reigate and Dorking. By H. G. Dines and F. H. Edmunds. 1933.
   d) 317. Chichester. By C. Reid (with contrib. by others). 1903.
   e) 318 with 333. Brighton and Worthing. By H. J. Osborne White. 1924.
   f) 319. Lewes. By H. J. Osborne White. 1926.
   g) 320 and 321. Hastings and Dungeness. By H. J. Osborne White. 1928.
   h) 334. Eastbourne. By C. Reid. 1898.
22. Gl. Sv., Distr. Mem.:
   a) LAMPLUGH, G. W., and KITCHIN, F. L., On the mesozoic rocks in some of the coal explorations in Kent. 1911.
   b) Ders., The concealed mesozoic rocks in Kent. 1923.
23. Gl. Sv., Water Supply:
   a) WHITAKER, W., and others, Sussex 1899; Suppl. 1911.
   b) Ders., Kent. 1908.
   c) Ders., Surrey. 1912.
   d) EDMUNDS, F. H., Wells and springs of Sussex. 1928.
24. Gl. Sv., Br. Reg. Geologies: EDMUNDS, F. H., The Wealden Distr. 1935. 2nd ed. 1948 [einige Ergänzungen].
25. JUKES-BROWNE, A. J., The cretaceous rocks of Br., 3 Bände. London 1900/1904.
26. DAWKINS, W. B., The discovery of the South-eastern coalfield. JSArts. 55, 1907, 450—460.
26a. YOUNG, G. W., The Chalk area of Western Surrey. PrGlAss. 20, 1907/8, 422—455.
27. ELSDEN, J. V., The gl. of the neighbourhood of Seaford. QJGlS. 65, 1909, 442—461.
27a. ARBER, E. A. N., Gl. of the Kent coalfield. InstMinEng. London 1914.
28. LAMPLUGH, G. W., The struct. of the Weald and analogous tracts. QJGlS. 75, 1920, 73—95.
28a. BAKER, H. A., Struct. features of the East Kent coalfield. Iron and Coal Trades Rev. 1920, 785—788.
29. MILNER, H. B., The gl. of the ctry ar. Heathfield, Sussex. With Rep. excurs. to H. PrGlAss. 33, 1922, 142—151.
210. MILNER, H. B., The gl. of the ctry ar. East Grinstead. Sussex. PrGlAss. 34, 1923, 283—300.
211. SWEETING, G. S., The gl. of the ctry ar. Crawhurst, Sussex. Ebd. 36, 1925, 406—418.
212. TARR, W., The chalk a chemical deposit? GlMg. 62, 1925, 252—264.
213. FERGUSON, J. C., The gl. of the ctry ar. Horsham, Sussex. PrGlAss. 37, 1926, 401—413.
214. DINES, H. G., and EDMUNDS, F. H., On the tectonic struct. of the Hog's Back. PrGlAss., 38, 1927, 395—401.
215. GOSSLING, F., The gl. of the ctry ar. Reigate. PrGlAss. 40, 1929, 197—259.
216. HAYWARD, H. A., The gl. of the Lower Greensand in the Dorking-Leith Hill distr., Surrey. PrGlAss. 43, 1932, 1—31.
217. KIRKALDY, J. F., The gl. of the ctry ar. Hascombe, Surrey. Ebd. 137—151.
218. KIRKALDY, J. F., The tectonic development of the W Weald in Lower cretaceous times. GlMg. 70, 1933, 254—268.
219. LEES, G. M., and COX, P. T., The gl. basis of the present search for oil in Gr. Br. QJGlS. 93, 1937, 156—194.
220. KIRKALDY, J. F., and WOOLDRIDGE, S. W., Notes on the ctry ar. Haslemere and Midhurst. PrGlAss. 49, 1938, 135—147.
221. WOOLDRIDGE, S. W., and LINTON, D. L., Some episodes in the struct. evol. of SE Engl. etc. PrGlAss. 49, 1938, 264—291.
221a. HAWKINS, H. L., Some episodes in the gl. hist. of the South of E. QJGlS. 98, 1942, 49—70.
222. KIRKALDY, J. F., A traverse across the Weald (Weald ResCommFMeet.). PrGlAss. 59, 1943, 77—79.

223. Sweeting, G. S., Wealden iron ore and the hist. of its ind. PrGlAss. 55, 1944, 1—20.
224. Wright. C. W., and Thomas, H. D., Notes on the gl. of the ctry ar. Sevenoaks, Kent. Ebd. 57, 1946, 315—3321.
225. Vgl. Berichte über Field Meet. in PrGlAss., u. a. 47, 1936, 346—348 (Henfield and Bramber); 50, 1939, 26—28 (Amberley and Pulborough); 51, 1940, 72—76 (Steyning and Henfield); 58, 1947, 73—85 (Central Weald); 60, 1949, 223—226 (Folkestone and Sandling).

31. Davis, W. M., On the development of certain E. rivers. GJ. 5, 1895, 127—146.
31a. Dowker, G., Romney Marsh. PrGlAss. 15, 1897/8, 214—223.
32. Gulliver, F. P., Dungeness Foreland. GJ. 9, 1897, 536—546.
33. Bennet, F. J., and Spicer, E. C., Formation of valleys in porous strata. GJ. 32, 1908, 277—293. (Vgl. dazu Pitt, W., Swallow-holes in Chalk. GJ. 33, 1909, 196—198.)
34. Elsden, J. V., The gl. of the neighbourhood of Seaford. QJGlS. 65, 1909, 442—459.
34a. Martin, E. A., Some recent obs. on the Brighton Cliff formation. GlMg. Dec. V, vol. 7, 1910, 290—294.
33. Chandler, R. H., Some dry chalk-valley features. GlMg. Dec. V, vol. 6, 1909, 538/9.
35a. Martin, E. A., Some obs. on dew-ponds. GJ. 34, 1909, 174—195; 36, 1910, 439—464.
36. Gwinell, W. F., The evolution of rivers, partic. of our southern rivers. TrSEUnSciS. 1909, 54—61.
37. Carey, W. M., The Wandle and the Croydon Bourne. GT. 5, 1909, 106—111.
38. Clinch, G., The sculpturings of the Chalk Downs of Kent, Surrey and Sussex. GlMg. Dec. V, vol. 7, 1910, 49—57. Vgl. QJGlS. 65, 1909, 208/9.
39. Bury, H., The denudation of the western end of the Weald. QJGlS. 66, 1910, 640—692.
310. Lewis, A. D., The Kent coast. (The Co. Coast Series). 1911.
311. Cooke, R., and Russell, S. C., Variation of the depth of water in a well at Detling, Maidstone, compared with the rainfall, 1885—1909. QJMetS. 37, 1911, 125—162.
312. Hannah, I. C.. The Sussex coast. (The Co. Coast Series). 1912.
313. Isaac, V. K.. The mouth of the River Cuckmere. GT. 8, 1915, 192—194.
314. Osman, C. W., The landslips of Folkestone Warren ... near Dover. PrGlAss. 28, 1917, 59—84.
315. Ballard, A., The Sussex coastline. SussexArchSColl. 53 (vgl. GJ. 37, 1911, 560).
316. Ward, E. M.. The evolution of the Hastings coastline. GJ. 56, 1920, 107—123.
317. McCay, G. T., The process of meandering, with sp. ref. to the upper mole. PrTr-CroydonNHistSciS. 9, 1923, 117—123.
’318. Fagg, C. C., The recession of the chalk escarpment and the development of chalk valleys in the Reg. Sv. Area. Ebd. 93—112.
319. Milner, H. B., and Bull, A. J., The gl. of the Eastbourne-Hastings coast line. PrGlAss. 36, 1925, 291—316 (vgl. auch 317 ff.).
319a. Walker, G. P., The lost Wantsum Channel: its importance to Richborough Castle. ArchCant. 39, 1927, 91—111.
320. Wooldridge, S. W., The geomorph. of the Mole Gap. PrGlAss. 36, 1925, 1—10 (vgl. auch The Rep. of the Weald Research Comm. Ebd. 39. 1928, 223—237).
320a. Groves, A. W., Eocene and pliocene outliers between Chipstead and Headley, Surrey. PrGlass. 39, 1928, 471—485.
321. Wright, W. B., The raised beaches of the Br. I. FirstRepCommPliocPleistTerr. (Ed. K. S. Sandford.) 11, 1928, 99—106. (Vgl. Dewey, H., Evidence of changes of relative level between land and sea in S E. since the pliocene period. Ebd., 95—98.)
322. Brown, J. H., Bourne flows. G. 15, 1929, 114—121.
322a. Sherlock, R. L., The origin of the Devil's Dyke, near Brighton. PrGlAss. 40, 1929, 371/2.
322b. Edmunds, F. H., The Coombe rocks of the Hampshire and Sussex coast. SummProgr. GlSv. 1929 (1930).
323. Gilbert, C. J., Earth movements during the closing stages of the neol. depression. QJGlS. 86, 1930, 94/95 [Romney Marsh].
324. Fowler, J., The "One Hundred Foot" raised beach between Arundel and Chichester, Sussex. QJGlS. 88, 1932, 84—99.
324a. Morris, F. G., Newhaven and Seaford. A study in the diversion of a river mouth. G. 16, 1931, 28—33.
325. Wooldridge, S. W., The physiogr. evolution of the London Basin. G. 17, 1932, 99—116.
326. Bull, A. J., Notes on the geomorph. of the Arun Gap. PrGlAss. 43, 1932, 274—276.
327. Lewis, W. V., The formation of Dungeness Foreland. GJ. 80, 1932, 309—324.
328. Gilbert, C. T., The evolution of Romney Marsh. ArchCant. 45, 1933, 246—272.
329. Bull, A. J., Gossling, F., and others. The R. Mole: its physiogr. and superficial deposits. PrGlAss. 45, 1934, 35—69.
330. Green, J. F. N., The terraces of Southernmost E. QJGlS. 92, 1936, 58—88.

331. WOOLDRIDGE, S. W., and KIRKALDY, J. F., River profiles and denudation chronology in Southern E. GlMg. **73**, 1936, 1—16.
331a. GOSSLING, F., Note on a former high-level erosion surface about Oxted. PrGlAss. **47**, 1936.
332. BULL, A. J., Studies in the geomorph. of the South Downs. PrGlAss. **47**, 1936, 99—129.
333. BÖDLER, H., Die Küste der englischen Schichtstufenlandschaft. Diss. Halle 1936. Nova Acta Leop., N. F. **5**, Nr. 28.
333a. SMITH, B. S., Levels in the raised beach, Black Rock, Brighton. GlMg. **73**, 1936, 423—426.
334. OAKLEY, K. P., and CURWEN, E. C., The relation of the Coombe Rock to the 135-ft. raised beach at Slindon, Sussex. PrGlAss. **48**, 1937, 317—323.
334a. MARTIN, E. C., A section in Woolwich and Reading Beds, and in the ' 15-foot' raised beach of Worthing. PrGlAss. **48**, 1937, 48—51.
334b. MARTIN, E. C., The Littlehampton and Portsdown inliers and their relation to the raised beaches of West Sussex. PrGlAss. **49**, 1938, 198—211.
335. WOOLDRIDGE, S. W., and LINTON, D. L., The influence of pliocene transgression on the geomorph. of Southeast E. JGeom. **1**, 1938, 40—54.
335a. SNELL, F. C., Intermittent streams of Kent. Canterbury 1938.
336. WOOLDRIDGE, S. W., and LINTON, D. L., Struct., surface and drainage in South-East E. BullInstBrG. (Nr. 9 and 10), London 1939.
337. BULL, A. J., Nivation in the S Downs. PDiscovAssStudySnowIce, **1**, 1939, 1—14, 21/2.
338. STEERS. J. A., and others, Recent coastal changes in SE E.: a discussion. GJ. **93**, 1939, 399—418, 491—511. [Bezieht sich aber haupts. auf Ostanglien.]
339. KIRKALDY, J. F., and BULL, A. J., Geomorph of the rivers of the S Weald. PrGlAss. **51**, 1940, 115—150.
340. BULL, A. J., Cold conditions and land forms in the S Downs. Ebd. 63—71. (Vgl. auch: Ders., A zonal map of parts of landforms in the S D. Ebd. **49**, 1938, 261—263.)
341. LEWIS, W. F., and BALCHIN, W. G. V., Past sea-levels at Dungeness. GJ. **96**, 1940, 258—285.
342. HARDMAN, F. W., and STEBBING, W. C. D., Stonar and the Wantsum Channel. Pt. I. Physiogr. ArchCant. (Ashford) **53**, 1940, 61—90.
343. GOSSLING, G. F., A contrib. to the pleistoc. hist. of the upper Darent valley (Weald). PrGlAss. **51**, 1940, 311—340.
344. LEWIS, W. F., Some aspects of percolation in SE E. PrGlAss. **54**, 1943, 171—184.
345. GREEN, J. F. N., The age of raised beaches of S Br. PrGlAss. **54**, 1943, 129—140. [Wichtige Disk.]
345a. REEVES, J. W., Surface problems in the search for oil in Sussex. PrGlAss. **59**, 1948, 234—269.
346. WOOLDRIDGE, S. W., The Weald and the field sciences. The Advanc. of Sci. VI, no. 21, 1949, 3—11.
347. SPARKS, B. W., The denudation chronol. of the dip-slope of the S Downs. PrGlAss. **60**, 1949, 165—207, disc. 207—215.

41. HANCOCK, D. S., Rainfall at Bognor Regis. QJMetS. **65**, 1939, 138.
42. BROWN, A. H., Meteorol. observ. at Brockhurst Observ., East Grinstead, East Sussex. QJMetS. **65**, 1939, 457—463.
43. BROWN, A. H., The rainfall at Short Heath Lodge, Farnham, Surrey, 1899—1938. MetMag. **74**, 1939, 173—176.
44. DYSON, J. H., The snowfall in E Kent in recent years. QJMetS. **68**, 1942, 261/2.
45. FOURNEAUX, B. S., The soils of the High Weald of Kent. JSouthEastAgrCollege (Wye). **30**, 1932, 123—140.
46. COLE, L. W., and DUBEY, J. K., Soil profile in relat. to pasture performance in Romney Marsh. Ebd., 141—165.
47. WILSON, M., Plant distribution in the woods of NE Kent. RepBrAssSheff. 1910 (1911), 787.
47a. FRITSCH, F. H., and PARKER, M., The heath on Hindhead Common. NewPhytol. **12**, 1913, 148—163. Vgl. dazu FRITSCH, F. H., and SALISBURY, E. J., ebd. **14**. 1915, 116—138.
48. ADAMSON, R. S., Studies of the vegetation of the E. Chalk: I. The woodlands of Ditcham Park. JEcol. **9**, 1921, 113—219.
49. WATT, A. S., On the ecol. of Br. beach woods, w. sp. ref. to their regeneration. II. The development and struct. of beech communities on the Sussex Downs. JEcol. **12**, 1924, 145—205; **13**, 1925, 27 ff.
49a. SUMMERHAYES, V. S. (and others), Studies on the ecol. of E. heaths. I. JEcol. **12**, 1924, 287—306; II. ebd., **14**, 1926, 203—243.
410. TANSLEY, A. G., Vegetation of Southern E. Chalk (CARL-SCHRÖTER-Festschrift, Zürich 1925).

411. Tansley, A. G., and Adamson, R. S., Studies of the E. Chalk. IV. A prelim. sv. of the chalk grasslands at the Sussex Downs. JEcol. 14, 1926, 1—32.
411a. Haines, F. M., A soil sv. of Hindhead. JEcol. 14, 1926, 33—71.
412. Watt, A. S., Yew communities of the S Downs. JEcol. 14, 1926, 282—316.
413. Fritsch, F. E., The heath assoc. on Hindhead Common 1910—1926. Ebd. 15, 1927, 344—372.
414. Rendle, A. B., The Flora of Sussex, past and present. South Eastern Nlist, 1927, 1—12.
415. Salmon, C. F., Flora of Surrey. Ed. by W. H. Pearsall. London 1931.
416. Wolley-Dod, A. H. (ed.), Flora of Sussex. Hastings 1938.
417. Simpson, J. F. Hope, A chalk flora on the Lower Greensand: its use in interpreting the calcicole habitat. JEcol. 26, 1938, 218—235.

51. Dawkins, W. B., The arrival of man in Br. in the pleistocene age. JAnthrInst. 40, 1910, 233—263.
52. Belloc, H., Stane Street. 1913.
52a. Grant, W. A., The topogr. of Stane Street. A crit. rev. (of 52). 1922.
53. Dawson, C., and Woodward, A. S., On the discovery of a palaeol. human skull and mandible in a flint-bearing gravel, overlying the Wealden (Hastings Beds) at Piltdown, Fletching (Sussex). QJGlS. 69, 1913, 117—151.
54. Bury, H., The gravel beds of Farnham in relation to palaeol. man. PrGlAss. 24, 1913, 178—201.
55. Bury, H., The palaeoliths of Farnham. PrGlAss. 27, 1916, 151—192.
55a. Crawford, O. G. S., Notes on arch. information, incorp. in the Ord. Sv. maps. 2. The long barrows and megaliths (Kent, Surrey, Sussex). OrdSvProfP., N.S. 8. London 1924.
56. Curwen, E. C., Prehist. Sussex. 1929.
57. Jessup, R. F., The arch. of Kent. (The Co. Arch.) 1930.
58. Whinster. D. C., The arch. of Surrey. (The Co. Arch.) 1931.
58a. Pull, J. H., The flint-miners of Blackpatch [S Downs, unweit Worthing]. 1932.
58b. Calkin, J. B., Implements from the higher raised beaches of Sussex. PrPrehistSEast-Anglia. VII, 1934, 333—347.
59. Holleyman, G. A., The Celtic field-system in S Britannia: a sv. of the Brighton distr. Ant. 9, 1935, 443 ff.
510. Winbolt, S. E., With a spade on Stane Street. 1936.
511. Curwen, E. C., The arch. of Sussex. (The Co. Arch.) 1937.
512. Hughes, G. M., Roman roads in South East Br. 1936.
513. Straker, E., and Margary, I. D., Ironworks and communications in the Weald in Roman times. GJ. 92, 1938. 55—60.
514. Migeod, F. H. W., Palaeoliths from the Worthing archaeol. area. No. 149, 1942, 444/5.
515. Perkins, J. B. A., Excav. on the Iron Age hill-fort of Oldbury, near Ightham, Kent. Archaeol. 90, 1944, 127—176.
516. Margary, I. D., Roman ways in the Weald. 1949.

61. Mawer, A., and Stenton, F. M., The place-names of Sussex. (EPlNS. 6, 7.) Cbr. 1929, 1930.
61a. Wallenberg. J. K., The place-names of Kent. Uppsala 1934. (Vgl. Ders., Kentish place-names. Uppsala 1931. Univ. Årskrift 1931, Filosofi, språkvetenskap och hist. vetensk. 2.)
62. Gover, J. E. B., and others, The place-names of Surrey. (EPlNS. 11.) Cbr. 1934.
63. Belloc, H., The Old Road (from Canterbury to Winchester). 1904, N.A. 1935.
63a. Heron-Allen, E., Selsey Bill. Hist. and prehist. 1911.
64. Ward, E., The Cinque Ports and their coastline. GT. 8, 1906, 306—311, 360—374.
65. Delany, M. C., The hist. g. of the Wealden iron ind. HistGMon. London 1921. Vgl. N. 107, 1921, 240/1. — S. ferner J. Rhys, The rise and fall of the Sussex iron ind. TrNewcomen S. 1, 1920/21; Ders., Notes on the early hist. of steel-making. Ebd. 3, 1922/23.
66. Herbert, S., List of forges in England and Wales c. 1750. GT. 11, 1922, 389/90.
67. Williamson, J. A., G. hist. of the Cinque Ports. Hist. 40, 1926.
67a. Meyer, G. M., Early water-mills in relat. to changes in the rainfall of East Kent. QJMetS. 53, 1927, 407—419.
68. Ford, J. H., Sussex (Borzoi Co. Hist.) 1929 [Siedlungsgeschichte sehr berücksichtigt].
68a. Pelham, R. A., The foreign trade of the Cinque Ports in the year 1307/8 (Studies in Reg. Consciousness etc. Pres. to H. J. Fleure). London 1930, 129—145.
69. Pelham, R. A., Some mediaeval sources for the study of hist. g. G. 17, 1932, 32—38.
69a. Pelham, R. A., Some aspects of the East Kent wool trade in the 13th cent. ArchCant. 44, 1932.

69b. PELHAM, R. A., The distrib. of sheep in Sussex in the early 14th cent. Suss. ArchColl. 75, 1934, 130. Vgl. auch Ders., The exportation of wool from Sussex in the late 13th cent. Ebd. 74, 1933; Ders., The distrib. of wool merchants in Sussex in 1296. Sussex Notes Queries 4, 1933, No. 6; Ders., Sussex wool ports in the 13th cent. Ebd. 5, 1935, No. 4, 5.

610. STRAKER, E., Wealden Iron: a g. on the former iron works in the co. of Sussex. Surrey, and Kent. 1931. (Vgl. MATTHEW, D. and G., Iron furnaces in SE England and E. ports and landing places, 1578. EHistRev. 48, 1932.)

611. WINBOLT, S. E., Wealden Glass: the Surrey-Sussex glass industry (a. D. 1226—1615). Hove 1933.

612. WOOLDRIDGE, S. W., and LINTON, D. L., The loam-terrains of SE E. and their relation to early hist. Ant. 7, 1933, 297—310.

613. Box, E. G., Kent in early roadbooks of the 17th cent. ArchCant. 44, 1933. (Vgl. auch Ders., Ebd. 43, 1932.)

614. WHITE, G. M., A settlement of the South Saxons. AntJ. 14, 1934, 393.

615. WOOLDRIDGE, S. W., and LINTON, D. L., Some aspects of the Saxon settlement in SE E., considered in relation to the g. background. G. 20, 1935, 161—175.

616. MURRAY, K. M. E., The constitutional hist. of the Cinque Ports. Manchester 1935.

616a. DERVILLE, M. T., The Level and the Liberty of Romney Marsh in the Co. of Kent. 1936.

617. BRIAULT, E. W. H., Land utilisation and ownership in a South Down parish in 1827. G. 22, 1937, 121—128.

618. MACDONALD, A., Plans of Dover Harbour in the 16th cent. ArchCant. 49, 1939, 108.

619. FLETCHER, E. G. M., Did Hengist settle in Kent? Ant. 17, 1943, 91—93.

620. LOVEGROVE, H., Shipping in a 16th cent. plan of Winchelsea and Rye. MarMirror 33, 1947, 187—198.

621. LAMBERT, U. H. H., Bletchingley. A short hist. SurreyArchS. Guildford 1949.

71. WHITEHEAD, C., A sketch of the agr. of Kent. JAgrS. 60, 1899, 429—485.

72. RIGDEN, H., Sussex cattle. JAgrS. 69, 1908, 114—122.

73. BURR, M., The SE coalfield, its discovery and devel. SciProgr. 3, 1909, 379—404.

74. HALL, A. D., and RUSSELL, J. E., Agr. and soils of Kent, Surrey and Sussex. 1911.

75. EICHRODT, I., Der Weald und die Downs Südostenglands. Eine siedlungs- und wirtschaftsg. Studie. Diss. Heidelberg 1914.

76. SPETHMANN, H., Der Kanal mit seinen Küsten und Flottenstützpunkten. Kriegsg. Zeitbilder. H. 3. Leipzig 1915.

76a. RITCHIE, A. E., The Kent coalfields, its evol. and devel. IronCoalTradesRev. 1920.

76b. ELGAR, W. R., The planting, cultiv. and general management of orchards in Kent. JAgricSEngl. 82, 1921, 117—131.

77. MinAgrFish., Cultivation, diseases and insect pests of the hop crop. 1925.

78. ABERCROMBIE, P., and ARCHIBALD, J., E Kent reg. planning scheme: prelim. sv. 1925.

79. ABERCROMBIE, L. P., The Kent coalfields. JSArts. 79, 1931, 504—519.

710. FINCH, W. C., Watermills and windmills. 1933.

710a. OSWALD, A., Country houses of Kent. Ctry Life. 1933.

711. ARCHIBALD, J., Kentish archit. as influenced by gl. Ramsgate 1934.

712. JUNGE, R., Siedlung, Wirtschaft und Verkehr Südostenglands in ihrer Verknüpfung. VeröffGSemUnivLeipzig, II. 11. Dresden 1935.

713. BANE, W. A., and JONES, G. H. GETHIN, Fruit growing areas on the Lower Greensand in Kent. MinAgrFish., Bull. No. 80, 1934. Vgl. N. 135, 1935, 663.

714. HENDERSON, H. C. K., Our changing agr.: the distrib. of arable land in the Adur basin, Sussex, from 1780 to 1931. JMinAgr. 43, 1936, 625—633.

715. GARRAD, G. H., The Romney Marsh problem. (Publ. by Kent EducComm.) 1936.

716. HILTON, J., Going hopping. GMg. 4, 1937, 393—406.

717. LULHAM, H., Shepherds of the Sussex Downs. GMg. 14, 1942, 217—221.

81. EUSTACE, G. W., Arundel: Borough and Castle. 1922.

82. WALMISLEY, A. T., The Port of Dover. JSArts. 58, 1910, 526—538 [haupts. hist.]. (Vgl. dazu SCHULZE, E. E., Der neue Kriegshafen von Dover. Pet.Mitt. 56, II. 1910. 221/2.)

83. BENNETT, F. J., Ightham, the story of a Kentish village and its surroundings. 1907.

84. DANN, E. W., Reigate and its surroundings. GT. 4, 1908, 229—236.

85. SMITH, E., The Reigate sheet of the One-inch Ord. Sv.: a study in the g. of the Surrey Hills. StudEconPolSci. (London School Econ.) GStud. No. 1, 1910.

86. MATTHEWS, E. C., The Highlands of SW Surrey. Ebd. No. 2, 1911.

87. COCK, F. W., The oldest map of Romney Marsh. ArchCant. 30, 1913.

88. ELLIOT, M. G., The hist. g. of the Weald, as exemplified round Tonbridge. GT. 8, 1915, 173—179.

89. Salzman, L. F., Hastings. 1921.
810. Bright, A. D., The Romney Marsh and its flock. 19thCentAfter. 89, 1921, 457—466.
811. Hardingham, B. G., Chichester. The rec. of a school excursion. Obs. 1, 1925, 125—133.
812. Lambert, U., Godstone: a parish hist. (Privately printed.) 1929.
813. Cheal, H., The story of Shoreham. Hove 1921.
814. Finch, W. C., The Medway River and valley. 1929.
815a. Frost, M., The early hist. of Worthing ... to a cent. ago. Hove 1929.
816. Allcroft, A. H., Waters of Arun. (Publ. by the Brighton and Hove ArchS.) 1930.
817. Hayward, A. B., and Hazell, S., A hist. of Lingfield. Tunbridge Wells 1933.
817a. Neve, A. H., The Tonbridge of yesterday. Tonbridge 1933.
818. Muddle, J. E., The suitability of the Port of Dover as an outlet for its developing
hinterland. GJ. 83, 1934, 503—512. (Vgl. auch "The Port of Dover", publ. by the
Dover Harbour Board 1931.)
818a. Vidler, L. A., A new hist. of Rye. Hove 1935.
819. Barton, M., Tunbridge Wells. 1937.
820. Brackett, A. W., Tunbridge Wells through the cent. Rev. ed. Tunbr. W. 1937.
821. Belt, A., Hastings: a sv. of times past and present. Hastings 1937.
822. Worthing: a sv. of times past and present. By local writers. (Ed. by F. W. H. Migeod.)
Brighton and Worthing 1938.
823. Klemmer, H., Front-line town of Br.'s siege [Dover]. NatGMg. 85, 1944, 105—128.
824. Budden, L., The evol. of Guildford. G. 29, 1944, 114—122.
825. Guildford, The co. town of Surrey. Canada's Weekly 127, April 5th, 1946, 15—17.
826. Tunbridge Wells. Tradition and future. (Civic Sv., o. J.)
827. Dale, A., Fashionable Brighton, 1820—1860. 1948.
828. Roberts, H. D., Brighton. A short hist. of Br. RepBrAss. 5, 1948, 75—78.
829. Sharp, T., Georgian City. A plan for the preservation and improvement of Chichester.
1949.
830. Gilbert, E. W., The growth of Brighton. GJ. 114, 1949, 30—52.

91. Hudson, H. W., Nature in Downland. 1900.
92. a) Bradley, A. G., An old gate of E.: Rye, Romney Marsh, and the Western Cinque
Ports. 1918.
b) Bradley, A. G., E.'s Outpost. The ctry of the Kentish Cinque Ports. 1921.
93. Harper, C. G., and Kershaw, J. C., The Downs and the Sea: wild life and scenery
in Surrey, Sussex and Kent. 1923.
94. a) Maxwell, D., Unknown Kent. 1922.
b) Maxwell, D., Unknown Sussex. 1923.
c) Maxwell, D., Unknown Surrey. 1924.
95. Mothersole, J., The Saxon Shore. 1924.
96. Gilbert, R., Everyman's Sussex: The countryside in varying moodes and seasons.
1927.
97. Clunn, H., Famous South Coast pleasure resorts, past and present; their hist. associations, rise to fame, and future development. Whiltingham 1929.
97a. Batten, M. I., E. windmills. I. (Kent, Surrey, Sussex). SProtectionAncient
Buildings. 1930.
98. Maxwell, D., a) A Detective in Kent. 1929. b) A Detective in Sussex. 1932.
98a. Thomas, E., The South Country. 1932.
99. Gardiner, D., Companion into Kent. 1934.
910. Clark, G. G., and Thompson, W. H., The Surrey Landscape (The Co. Landsc.). 1934.
911. Cox, J. C., Kent. Revised by Ph. Johnston, 6. A. (The Little Guides.) 1935.
912. Lucas, E. V., Highways and Byways in Sussex. 2. A. 1935.
912a. Belloc, H., The Pilgrims' Way. GMg. 1, 1935, 421—428.
913. Thompson, W. H., and Clark, G. G., The Sussex Landscape (The Co. Landsc.). 1935.
914. Belloc, H., The County of Sussex. 1936.
915. Massingham, H. J., English Downland. (The Face of Br.) 1936. 4. A. 1949.
916. Hemming, P., Windmills in Sussex. 1936.
917. Collison-Morby, L., Companion into Surrey. 1939.
917a. Lulham, H., Shepherds of the Sussex Downs. GMg. 14, 1942, 217—221.
918. Maynell, Esther, Sussex. The County Books Series, 1947.
919. Parker, E., Surrey. Ebd., 1947.
920. Church, R., Kent. Ebd., 1948.
921. Mais, S. P. B., The Land of the Cinque Ports. 1949.

II. Das Londoner Becken

Das Londoner Becken, ein geräumiges Tiefland, muß als eine eigene
Landschaft aufgefaßt werden, obwohl sich diese gegen die benachbarten
Höhen nicht einfach geologisch abgrenzen läßt. Denn deren Abdachungen
gegen das Becken entsprechen den aufsteigenden Schenkeln zwischen Einbiegung und Aufwölbung. Zwar wird jenes von tertiären Schottern, Sanden,
Tonen und Lehmen erfüllt und damit eine geographisch wirksame Verschiedenheit gegenüber den umrahmenden Kalken begründet, aber Tone und
Sande steigen, mehr oder weniger geschlossen, verschieden weit hinauf. Noch
am besten läßt sich die Grenze des Londoner Beckens dort ziehen, wo die
Kreidekalke die Herrschaft erlangen, einerseits entlang den North Downs
(vgl. S. 55), andererseits in ihrem Gegenflügel, den Chiltern Hills. Gleichwohl betrachten wir diese nicht erst bei Mittelengland, sondern in unmittelbarem Anschluß, da sie kulturgeographisch zum Bereich von London gehören. Auch sonst gibt es Schwierigkeiten. Gegen W verschmälert sich nämlich das Tiefland, indem North Downs und Chiltern Hills unter spitzem
Winkel aufeinander zulaufen, und am Kennet bei Newbury klingt es schließlich in einem Tal innerhalb der Kreidekalke aus; daher wird dort die Grenze
zweckmäßig zwischen Newbury und Reading angenommen. Im NE wieder
ziehen die Aufschüttungen des Londoner Beckens zwischen den Kreidekalken
und der Nordsee nach Ostanglien hinein; auf dieser Seite scheinen uns der
Unterlauf und das Ästuar des Stour, die alte Grenze zwischen den Gr. Essex
und Suffolk, für die Darstellung die am ehesten geeignete Grenze zu bieten.

Trogförmig öffnet sich die Niederung gegen E zur s. Nordsee, in welche
die Meerenge von Dover aus dem Ärmelkanal hineinführt, den Zugang zum
Atlantischen Ozean, den Gestaden W-Europas, des Mittelmeers, Afrikas ver-
mittelnd. Gegenüber liegen die Rheinmündungen, und durch die n. Nordsee
laufen die Schiffahrtswege von Skandinavien, der Ostsee, den Baltischen
Ländern heran. Aus naheliegenden Gründen zieht der Überseeverkehr der
Nord- und Ostseehäfen und überhaupt Nordeuropas die Fahrt durch die
Straße von Dover dem Weg um Schottland vor. Er passiert dabei unmittelbar vor jenem geräumigen Trichter, mit welchem die Themse in die Nordsee
mündet, dank ihres Gezeitenhubes selbst eine erstklassige Wasserstraße bis
hinauf nach London. So erhält dieser Raum seine Sonderstellung als das
Haupttor Großbritanniens gegenüber dem Festland. Seit vorgeschichtlicher
Zeit haben die Themse und ihr Ästuar, haben auch die Ästuare der benachbarten Flüsse fremde Händler und fremde Eroberer angelockt, um so mehr
als geographisch besonders begünstigte und am besten bewohnbare Striche
in der Nachbarschaft liegen. Wiederholt haben Völker und Rassen, Kulturen
und Ideen hier zuerst in England Fuß gefaßt; wiederholt hat das Schicksal
des Londoner Beckens das Schicksal der Insel bestimmt [513*]. In Verbindung damit steht auch der einzigartige Aufschwung Londons, und dieser
wieder hat die geographische Entwicklung der Landschaft selbst entscheidend
beeinflußt. Freilich hängt er zugleich mit dem Aufstieg des Britischen

Weltreichs zusammen, an welchem die englische Hauptstadt ihrerseits einen
wesentlichen Anteil gehabt hat.

Den entscheidenden Wendepunkt für diesen Aufstieg bedeutete die Zeit
der Tudors; denn in sie fallen jene weltgeschichtlichen Ereignisse: die Entdeckung neuer Seewege und Erdteile; die großen Wandlungen und Auseinandersetzungen im religiösen und geistigen Leben des Abendlandes; die neuen
politischen und wirtschaftlichen Wettbewerbe. Nur kurz sei in diesem Zu-
sammenhange erinnert an die Selbständigkeitsbestrebungen der englischen
Kaufleute (Merchant Adventurers; Merchants of the Staple), die Gründung
verschiedener Handelsgesellschaften und die Schließung des hanseatischen
Stahlhofs unter Königin Elisabeth; an die Anlegung von Küstenforts, den
Fall von Antwerpen, den Untergang der Armada (1588); an die starke Einwanderung protestantischer Flamen und Hugenotten und die Entwicklung
neuer Industrien durch sie; die Gründung der Kolonien, Abwehr der Holländer, Überflügelung Amsterdams usw. [619*]. Wenn London schon unter Elisabeth die Führung unter allen Städten und Häfen Englands hatte, so wurde
es mit dem Anwachsen des Britischen Empire dessen Metropole, die größte
und volkreichste der Welt, für Jahrhunderte der erste Welthafen und Weltmarkt, Hauptknoten des Weltverkehrs und Welthandels, der Sitz der großen
Geldmächte und der wichtigsten Börse, maßgebend in der geistigen, politischen und wirtschaftlichen Führung des Reiches. Diese Rolle hat es behauptet, obwohl andere Teile des Landes in bestimmten Zweigen der modernen
Industrie einen Vorsprung gewannen und andere große Häfen an der W-Seite
der Insel mit dem seinen in Wettbewerb traten. Schon durch den ersten
Weltkrieg wurde jene einzigartige Geltung in der Welt empfindlich getroffen
und sogar seine Stellung innerhalb des Empire geschwächt. Noch verhängnisvoller hat sich der zweite Weltkrieg ausgewirkt, und es bleibt abzuwarten,
inwieweit es London gelingen wird, die Einbuße an Bedeutung, Glanz und
Ansehen auszugleichen. Obwohl seine diesbezüglichen Bemühungen, getragen
von größter Erfahrung und Sachkenntnis und unermüdlicher Zähigkeit, zu
bewundern sind, wird es nach menschlichem Ermessen die Führung der Welthandel und Weltpolitik nicht mehr zurückgewinnen. Stets ist aber bei allen
diesen Entwicklungen das Wechselspiel geographischer Bedingungen, politischer Macht, geistiger und materieller Kultur überaus mannigfach gewesen,
angefangen von der Grundtatsache, daß kein Platz in dem Gebiet beiderseits
der Meerenge bei der gleichen Gunst der Weltverkehrslage eine ähnliche Gunst
der örtlichen Lage hinsichtlich Raum, Baugrund, Wasserversorgung, Hafenanlagen bietet.

Nicht weniger als neun Gr. haben am Londoner Becken Anteil, keine
außer Middlesex und London selbst gehören ihm ausschließlich an. Von
W reicht Berkshire s. der Themse, n. sogar Oxfordshire noch herein. Buckinghamshire überquert von NW her die Chiltern Hills bis hinab zur Themse
bei Marlow und Eton und zum Colne, Hertfordshire umfaßt, im einzelnen
mit oft recht künstlicher Grenze [66], hauptsächlich das Gebiet des Lea,
an dessen Unterlauf von E her Essex heranreicht. Den S nehmen Kent und
Surrey ein, voneinander getrennt durch eine z. T. sehr unregelmäßige Grenze,
welche von dem Scheitel der North Downs zur Themse unterhalb Woolwich
verläuft und uralte Macht- und Besitzverhältnisse widerspiegelt [13]. Ganz
im SW entfällt ein kleiner Teil des Beckens sogar auf Hampshire. Aber
sehr bezeichnend werden Middlesex, Hertfordshire, Essex im N, Surrey und
Kent im S als „Home Counties" zusammengefaßt; sie wenigstens gehören
in der Hauptsache oder zum guten Teil zum Londoner Becken.

Tektonisch ist das Londoner Becken eine gegen E geneigte, trogförmige Synklinalsenke mit steilem S-, flachem N-Schenkel, also asymmetrisch; in seinen Formen eine Terrassen-, Riedel- und Stufenlandschaft, zerschnitten von der Themse und deren Nebenflüssen. Gegen die Downs, die Chilterns und die East Anglian Heights steigt es ganz allmählich an. Themseabwärts wird es flacher, und unterhalb Londons begleiten streckenweise Marschen das Ästuar; doch treten auch an dieses noch mehrmals niedrige Erhebungen mit steilen Kliffen heran. Sich allmählich verbreiternd, senkt es sich schließlich unter den Spiegel der Nordsee. Zahlreiche Bohrungen geben Aufschluß über die Lage und Beschaffenheit des paläozoischen Sockels, der im großen ganzen ziemlich gleichmäßig gegen N und W ansteigt und unter London Old Red, bei Calvert (nw. Aylesbury) Kambrium, bei Cliffe (n. Rochester) 316 m unter der OFl. Silur aufweist, und seiner mesozoischen Decke, in welcher z. B. der Great Oolite bei Richmond 350 m unter der OFl. liegt und erst 160 km weiter w. an diese heraufkommt, während der Kreidekalk in der Achse der Senke 100 m unter O.D. hinabsteigt, beiderseits von ihr aber 300 m H. erreicht [27, 28, 214, 216; auch 21, 22, 25].

Das paläozoische Grundgebirge zeigt s. der Themse kräftige armorikanische E—W-Falten, n. von ihr ist es besonders durch eine NW streichende Schwelle („London Ridge") gekennzeichnet. Über ihm war eine Peneplain entstanden und darauf die mesozoische Gesteinsdecke unter sehr wechselnden Bedingungen aufgehäuft worden. Diese läßt u. a. eine jungjurassische Einflächung erkennen, über welche dann die Kreideablagerungen transgredierten. Nach dem Auftauchen des Landes wurden sie weithin abgetragen, es entwickelte sich subaeril eine „subeozäne Peneplain". Während des Alttertiärs wurde die große, sich trichterförmig gegen E erweiternde Mulde der Kreidekalke, ein sinkender Grund, von mannigfachen Meeres-, Brackwasser- und Flußablagerungen aufgefüllt, später, wohl hauptsächlich im Oligo-Miozän gleichzeitig mit der alpinen Gebirgsbildung, gehoben und von einem rechtwinkligen Netzwerk kleiner Falten und Brüche und von einzelnen breiteren Flexuren durchsetzt [21, 211]. So hebt sich Kreide antiklinal unter dem Schloß von Windsor über die Themse heraus, ein Kreidedom quert diese bei Purfleet-Grays. Auch ö. Gravesend bricht die Kreide bei Cliffe unten in der Themseniederung auf. Eine Kreideantiklinale bildet schließlich das bloß 40—50 m hohe Plateau der Isle of Thanet, s. des äußersten Themseästuars [211, 212]. Das untere Leatal scheint durch eine N—S-Flexur vorgezeichnet zu sein. Eine Verwerfung, mit abgesunkenem NW-Flügel, verläuft z. B. bei Greenwich gegen NE, eine andere über Wimbledon gegen Deptford. Normal dazu steht eine ältere Serie mit einer Antiklinale bei Lewisham-Chislehurst usw. (Abb. 12). Durch jene Krustenbewegungen über den Meeresspiegel gebracht, wurde das Land wiederum zu einer Peneplain eingeflächt und diese dann nochmals im älteren Pliozän vom Meer (Diesttransgression) überflutet. Es griff über die ö. North Downs gegen S hinweg, reichte dagegen nicht bis auf die Höhen der w. und ebensowenig bis auf den First der Chilterns hinauf, sondern nagte hier vielmehr ein niedriges Kliff mit einer Brandungsterrasse ein, die heute, ohne jede Spur einer nachträglichen Verkrümmung, in ungef. 160—190 m liegt. Zu dieser Höhe ist sie in einer Anzahl von Phasen aufgestiegen, in denen die Täler eingetieft wurden, während in den Ruhezeiten Seitennagung und Aufschüttung eintraten. So sind die höheren Teile der Riedel- und Terrassenlandschaft des Londoner Beckens entstanden, im ganzen genommen mit dem Charakter eines reif zerschnittenen Plateaus. Besonders bemerkenswert, weil geradezu ein vorherr-

schender Zug im Londoner Becken ö. des Colne, ist ein subaeriles Einflächungs-
system in 60—75 m H., die „200'-platform" oder „Lower Plain". Sie läßt sich
durch das ganze Themsetal verfolgen, erscheint als Leiste in den Flußpässen
der North Downs und zieht gegen N unter den Chalky Boulder Clay (kreide-
kalkhaltige Grundmoräne) von Hertfordshire und Essex hinüber, ist also
älter als dieser, frühpleistozän oder noch jungpliozän, vielleicht gleichzusetzen
den marinen Westleton Beds (vgl. S. 70, 303). Auch Reste einer „400'-plat-
form" oder „Upper Plain" sind vorhanden [215, 32, 315, 316, 319, 322 a, 323,
324, 329, 335, 341, 345 a].

Damals wich das Flußnetz von dem heutigen wesentlich ab, indem die
Themse n. ihres jetzigen Laufes von Marlow her zum Crouch und aus dem
oberen Vale of St. Albans ein Fluß zum Blackwaterästuar geflossen sein
dürfte. Die Verschiebung der Themse nach S war kein einfacher Vorgang
und ist keineswegs in allen Phasen endgültig geklärt. Als Ursache kommt
vor allem der Vorstoß der Great Eastern Glaciation in Betracht (vgl. S. 72).
Überdies hat sich wahrscheinlich die Achse der Senke noch im Pleistozän
gegen S verlagert und ist die Themse auch damit im Zusammenhang gegen
S gerückt; erst unterhalb Chertsey folgt sie ungefähr der Achse (vgl. S. 73).
[31, 36, 317, 318, 320, 326, 327, 341, 343]. Jedenfalls spielen die pliozänen
Aufschüttungen heute geographisch nur eine geringe Rolle, eine viel größere
die alttertiären und die pleistozänen. Sie haben Wesen und Bild der Landschaft bis in Einzelheiten entscheidend beeinflußt.

Ein auffallender Zug des Riedellandes ist die Ungleichseitigkeit der Tal-
querschnitte; alle s. Seitenflüsse der Themse drängen nach rechts und haben
an ihrem E-Ufer steile, wenn auch bei der Flachheit des Reliefs nur niedrige
Hänge (6—12 m hoch) erzeugt, ebenso die Themse selbst bei Richmond. Da
dies aber auch die n. Nebenflüsse zeigen, deren Einzugsgebiete zudem einseitig gegen W entfaltet sind, so kommt als Ursache nicht das BAERsche Gesetz, sondern vermutlich eine leichte, wenigstens zeitweilig wirksame
Kippung der Landschaft gegen E in Betracht.

Ungefähr zwei Drittel der Senke nehmen die steifen dunkelgrauen bis
blauen, an der Oberfläche braunen Londontone (London Clay) ein. Sie werden
als Flußschlamme gedeutet, die unter einem subtropischen oder gar tropischen
Klima in ein Ästuar, bzw. ins Meer geschüttet wurden. Sie werden 100—200 m
mächtig, sind allerdings oft schon stark abgetragen und meist von jüngeren
Ablagerungen bedeckt und daher besser in den Tälern als auf den Höhen
erschlossen. Wegen ihrer Wasserundurchlässigkeit werden sie leicht abge-
schwemmt und abgespült. Auch neigen sie stark zu Rutschungen, besonders
an den steileren Hängen und Flußprallstellen (Themse bei Richmond). Zudem
begünstigen sie die Entstehung von Flußhochwässern. Sie ziehen aus dem
Kennettal heraus, in einem immer breiteren Streifen, dessen N-Grenze ungef.
das Colne- und das mittlere Leatal entlang und weiter gegen Sudbury verläuft.
So bilden sie namentlich in Middlesex, S-Hertfordshire und einem großen
Teil von Essex den Untergrund des Landes, in Epping Forest [34], bei
Southend, Clacton usw. S. der Themse ist ihr Bereich wesentlich kleiner.
Im E stellen sie etwa n. der Linie Rochester—Canterbury—Sandwich einen
zusammenhängenden Gürtel dar, welcher in die Synklinale s. der Isle of
Thanet hineinzieht und somit diese von den North Downs trennt. An sie
knüpft sich die 3 km breite, oberflächlich mit Alluvium bedeckte Niederung
am unteren Stour (vgl. S. 116). W. der Aufwölbung von Purfleet gewinnen
sie s. London wieder an Raum, indem die Downs gegen SW abschwenken;
doch hier legen sich über sie schon ö. des Weytals (Cobham, Esher) und

sw. Windsor jungeozäne Bagshotsande, vermutlich ästuarinen Ursprungs (nur die ihnen eingeschalteten Bracklesham Beds sind sicher marin). Diese lassen sich in das Kennettal hinein verfolgen. Auch zu Harrow, Hampstead, Highgate n. der Themse bedecken sie die Höhen, hier ebenso in tektonischen Gräben erhalten wie um Crystal Palace und auf Shooter's Hill s. der Themse. Je nach ihrer Beschaffenheit stellen sie sich bald als Decken, bald als niedrige Stufen dar, als solche z. B. zwischen Cobham und Esher und auf Oxshott Heath. Sie haben einst das ganze Gebiet verhüllt, sind aber stark ausgeräumt worden [21—23, 25, 26].

Die „Lower London Tertiaries", die älter sind als die Londontone, bilden im allgemeinen nur schmälere Bänder am Saum gegen die Kreidekalke. Die

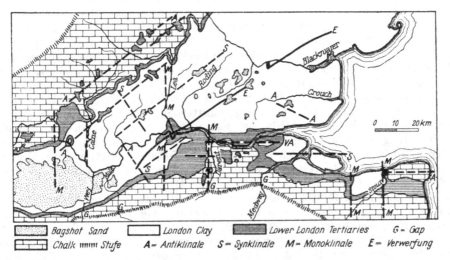

Abb. 12. Tektonik des Londoner Beckens. (Hauptsächlich nach S. W. WOOLDRIDGE.)

untersten, die Thanetsande, über die subeozäne Abtragungsfläche gelagert [39, 315], sind namentlich im SE-Teil des Beckens bis in die Gegend sö. und s. London verbreitet. Morphologisch treten die Blackheath Pebble Beds stärker hervor, zwar bloß 10—15 m mächtig, aber hauptsächlich Gerölle und Quarzsande, deren Decken niedrige Plateaus mit steilen Abfällen bilden, z. B. die Höhen der Addington Hills bei Croydon [21, 29]. Sie werden von Kerben zerschnitten, vor deren Mündungen Geröllmuren, bei heftigen Regengüssen sich hinabwälzend, kleine Schuttkegel aufwerfen. Die darüber folgenden Woolwichsande und Readingschichten gehen allmählich ineinander über, indem die hierher gehörigen gefleckten Tone bis Dulwich und Woolwich marin sind, hier ästuarin werden und noch weiter w. — bei Reading — sicher fluviatil sind. Doch führen auch die Woolwichschichten gelegentlich Süßwasserablagerungen, während an der Basis der Readingschichten eine ästuarine Bank durchzieht („Bottom Bed", zum Unterschied vom „Basement Bed" an der Basis der Londontone). Mit leicht stufenartigem Anstieg („Tertiary Escarpment") heben sich die Readingschichten ö. des Colnetales etwas heraus, oft mit einem festen Konglomerat im Sockel („Hertfordshire Puddingstone") und bedeckt mit glazialen Kiesen [21 b]. Im übrigen zeigt die eozäne Schichtfolge mancherlei Diskordanzen, in welchen sich der Wechsel in der Höhenlage und Ausdehnung des Meeresspiegels ebensosehr bekundet

wie im Wechsel der Fazies. Die Readingschichten greifen z. B. bis über die
Thanetsande, die Blackheath Beds über diese beiden über, mitunter in Mulden
einer Abtragungsfläche gelagert, welche unter die Woolwichschichten hinabzieht und im S nicht bloß die Thanetsande, sondern auch noch den Kreidekalk abschneidet. Öfters nehmen die oberen Schichten der Londontone bereits
Sande auf und gehen so durch Wechsellagerung in die Bagshotsande über
(„Claygate Beds"), z. B. im Hügel des Crystal Palace; im W liegen dagegen
die Bagshotsande auf einer Abtragungsfläche der Londontone. Es ist also die
Senke auch während des Eozäns zeitweise wenigstens örtlich trocken gelegen
und der Einflächung ausgesetzt gewesen [21, 22, 25, 217].

Die Schwankungen von Land und Meer haben im Jungtertiär und im
Quartär fortgedauert. Im Miozän war das Gebiet landfest und wurde kräftig
subaeril eingeflächt. Die Diesttransgression hat stellenweise eine dünne
Schicht mariner Ablagerungen hinterlassen. Noch im Pliozän zog sich das
Meer wieder zurück, und abermals wurde das Land stark abgetragen. Die
Schotter des jungpliozänen und des altpleistozänen Flußnetzes finden sich
einerseits auf den Riedelfluren im unteren Teil der Niederung, anderseits um
Reading und weiter flußaufwärts in H. von 45—150 m. U. a. bedecken sie s.
der Themse Bagshot Heath, Fox Hills und Chobham Ridges ö. des Black-
watertals, ferner die in Londontone geschnittenen Terrassenflächen bei Richmond und der Wimbledon Hills, bei Esher, Norwood usw.; n. der Themse
den Hügelzug von Stanmore Hill—Chipping Barnet. Doch sind diese Decken
weder zeitlich noch inhaltlich eine Einheit. Vielmehr dürften ihre älteren
Teile, die „Plateau Gravels" („Pebble Beds"), noch in das Pliozän zurückreichen (verwitterte, entkalkte Reste des Diest oder des Jungpliozäns
sein), da sie im NE des Beckens wiederholt unter eiszeitlicher Grundmoräne liegen (im Gebiet von Oxford werden sie als z. T. umgelagerte
Grundmoräne der ersten Vergletscherung angesehen; vgl. S. 386); z. T. werden sie für Ablagerungen jener Urthemse gehalten, die in das Meer der
Westleton Beds von Suffolk (ältestes Pleistozän) mündete [310, 318,
325 u. ao., vgl. o.]. Tatsächlich beschränken sie sich oberhalb Maidenhead bis
nach Oxford hinauf auf die Nachbarschaft des Themsetales. Im SW können
sie dagegen nach ihrer Geröllgesellschaft bloß aus Surrey stammen („Southern
Drift"), vielleicht aus dem Bereich von Hindhead, und wenn nicht überhaupt
noch pliozän, so nur altpleistozän sein. Weiter ö. lagern solche Schotter
auch n. der Themse, hier wohl von Flüssen aus dem Weald von Kent herbeigeschleppt, u. a. die zu Shoeburyness vom Medway. Das heutige Themseästuar
kann damals noch nicht bestanden haben [343 u. ao.]. Die großen Unterschiede in ihrer Höhenlage erklären sich z. T. aus späterer Umlagerung (auch
Bodenfließen), z. T. aus dem verschiedenen Alter; denn gegen Ende des Pliozäns war durch den Wechsel von Tiefen- und Seitennagung bereits eine
flache Riedellandschaft erzeugt worden. So liegen z. B. n. Henley im Themsetal mindestens vier ältere Terrassen über dem Niveau der jüngerpliozänen.
Im einzelnen sind allerdings jene älteren „Plateau Gravels" von den jüngeren
„Valley Gravels" oft kaum zu unterscheiden [25].

Erst während des jüngeren Pleistozäns hat das Londoner Becken seine
heutige Gestalt erhalten und der Fluß seinen gegenwärtigen Lauf eingeschlagen. Hebungen und Senkungen, im wesentlichen wohl isokinetischer
Art, und dementsprechend Zerschneidung und Aufschüttung haben mehrfach gewechselt [32*, 342]. Damit verbanden sich die Auswirkungen der
Klimaänderungen. Eis und Schmelzwässer haben an der Formung lebhaft

mitgewirkt. Das Ergebnis dieser mannigfaltigen Vorgänge ist das Terrassen-, Riedel- und Hügelland, über dessen Mitte London hinweggewachsen ist. In ihm vereinigen sich also wie im benachbarten SE-England Flächenstücke von sehr verschiedenem Alter, jung- und altpliozäne, wieder aufgedeckte subeozäne, mit den jüngeren Terrassen zur heutigen Landoberfläche; diese ist ausgesprochen polygenetisch, bzw. polyzyklisch.

Mindestens drei Systeme von jungpleistozänen Terrassen verleihen dem Themsetal das Gepräge, ehemals als Ober-, Mittel- und Niederterrasse (Upper, Middle, Lower Terrace) bezeichnet, heute gewöhnlich als Boyn Hill, Taplow und Flood Plain Terrace [21, 22, 25, 312, 313, 343]. Die Schotter sind hauptsächlich umgelagert aus den älteren Schotterdecken und daher verarmt, Quarz- und Flintgerölle, im N auch ortsfremde Quarzite und Erstarrungsgesteine; dagegen keine Kalkgerölle wie weiter oberhalb an der Themse (vgl. S. 387), da solche bei der Verfrachtung rascher aufgebraucht wurden. Nach ihrer Höhenlage werden die drei Terrassen auch oft als 100'-, 50'- und 25'-Terrasse bezeichnet. Indes besteht jede dieser Terrassen aus mindestens zwei Teilterrassen, die meist durch den Zusatz Upper, bzw. Lower (oder Early, bzw. Late) unterschieden, z. T. auch eigens benannt werden, so daß eine gewisse Verwirrung droht: Upper (Early) und Lower (Late) Boynhill- oder Dartford Heath-, bzw. Swanscombe- oder auch Boyn Hill-, bzw. Upper Taplow-Terrasse genannt, diese auch Iver-Terrasse usw. [32 a, 32 b, 36 a; 334, 337 a, 338, 345 a, 348, 349]. Neuerdings werden im ganzen 7—8 unterschieden. Auch liegen in Wirklichkeit die Boyn Hill- und die Taplow-Terrasse bei Maidenhead, wo sie ihre Namen erhalten haben, 21, bzw. 6 m über dem Fluß (42, bzw. 27 m O.D.); flußaufwärts steigen sie an (Boyn Hill Terrace bei Oxford 70 m O.D.), so daß hier die Bezeichnung nach der Höhe ungenau wird. Von der Themse aus führen sie, mehr oder weniger gut erhalten, in die Seitentäler hinein, ebenfalls ansteigend, wie z. B. die Boyn Hill Terrace am Colne von 30—40 m auf 85 m. Diese ist übrigens sonst nur an der S-Seite des Beckens entwickelt (Wandsworth, Clapham, Dartford Heath). Auffallend ist, daß sie wie auch die Taplow Terrace zwischen Staines im W und Grays unterhalb London, d. i. auf einer Strecke von 65 km, fast kein Gefälle zeigt. Gegen die Annahme, die Themse sei damals als Ästuargewässer im Meeresspiegel geflossen oder durch eine Schwelle knapp oberhalb ihrer Mündung zu einem See aufgestaut gewesen, wurden stichhaltige Einwände erhoben; aber eine befriedigende Erklärung wurde noch nicht gegeben. Jedenfalls strömte die Themse schon damals s. des Kreidesattels von Purfleet—Grays, kehrte allerdings später für eine Zeitlang an dessen N-Seite zurück [21 i, k].

Die Taplow Terrace begleitet vor allem die Themse selbst in breiter Entwicklung zwischen Kingston und Mitcham, Staines und Brentford, bei Ealing und Acton. Sie tritt uns auch im Stadtgebiet von London deutlich entgegen, so in der Kante von Knightsbridge, Green Park, Jermyn Street und Charing Cross; sie trägt die City. Hier bilden überall Londontone den Sockel. Trafalgar Square ist wahrscheinlich der Rest eines in sie eingeschnittenen Mäanders, Covent Garden der Rest eines Riedels zwischen zwei Bächen [12, 328; vgl. auch Kap. III]. In großer Breite ist die Terrasse w. vom Lea entfaltet. Taplowschotter und -sande nehmen weiters in Essex eine große Fläche ein, während sie sich s. der Themse auf das Gebiet zwischen Erith, Crayford und Dartford beschränken, sich allerdings auch in den Seitentälern einstellen, so am Wey, Mole usw. Dagegen unterschneidet die Themse zwischen Greenwich und Erith infolge Rechtsdrängens unmittelbar einen Hang von Kreidekalken und Thanetsanden. Von der Flood Plain Terrace end-

lich, welche da und dort in zwei Niveaus zerlegbar ist (Upper und Lower
Fl.Pl.), sind Reste beiderseits der Themse erhalten, teils bandförmige Streifen, teils kürzere Flecken. Obwohl den Hochwässern ausgesetzt, trägt auch
sie seit langem eine Reihe von Siedlungen, bzw. Londoner Stadtteilen, so
Westminster. Oft weisen schon deren Namen auf die ehemalige Insellage
(vgl. S. 77) [21 c—k, 22, 25, 312, 334, 348 u. ao.].

Aus der näheren Untersuchung dieser Schotterdecken und Terrassen,
ihrer Fossilführung und ihrer prähistorischen Funde ergaben sich wertvolle
Anhaltspunkte, die jungpleistozäne Entwicklung des Londoner Beckens zu
deuten. Für deren Auffassung ist ferner die Verbreitung und das Alter der
eiszeitlichen „Drift“, die hier fast ausschließlich als Grundmoräne auftritt,
wichtig [32*; 35, 322, 341, 342 u. ao.]. Freilich liegt sie nicht mehr in ihrer
ursprünglichen Beschaffenheit vor, zudem war sie von Anfang an verschieden
zusammengesetzt. Bald sind die Ablagerungen zähe, blaugraue Tone mit zahlreichen Geschieben von Kreidekalken und Feuerstein (Chalky Boulder Clay)
oder auch solchen aus Jura und Unterkreide (Chalky Jurassic Boulder
Clay); bald sind sie mehr lehmig oder sandig. Namentlich die Zusammensetzung des Untergrunds, über welchen das Eis nahe seinen Rändern hinweg-
ging, war dafür entscheidend. Im Gebiet von London nirgends über 10 m
mächtig, verwittern die Tone oberflächlich zu braunen sandigen Lehmen.
Jünger als die Plateauschotter, liegen sie stellenweise, z. B. bei Hornchurch,
unter den Schottern der Boyn Hill Terrace, sind also älter als sie. Im
W floß ein Arm des Eises, welches die „Tertiärstufe“ s. Hertford (s. S. 69)
nicht bewältigen konnte — obwohl durch einen Zufluß von Stevenage und
durch das heutige Beanetal her verstärkt —, gegen St. Albans, wo sich Übergangsschotter und -sande das Colnetal hinab (Watford) anschließen. Ein
Arm zog durch das Leatal (Epping Forest). Hier reicht die S-Grenze der
„Drift“ in das Stadtgebiet von London hinein (Camden Town, St. Pancras,
Islington), sw. Brentwood bis zur Themse hinab; indes bleibt ihre Hauptmasse n. (Hornsey-Finchley Ridge; Scheitel des Muswell Hill; nö. London
beiderseits des Rodingtals usw.) (Abb. 13). Weiter gegen NE beteiligt sich
die Grundmoräne an der Auffüllung tief eingeschnittener älterer Flußtäler,
die unter den heutigen Meeresspiegel hinabreichen (vgl. S. 305). Unter dieser
Grundmoränendecke liegen gelegentlich Schotter, die bereits skandinavisches
und anderes ortsfremdes Material enthalten; das erstere kann nur aus dem
Schutt der North Sea Glaciation umgelagert sein. Die Grundmoräne selbst,
der Chalky Boulder Clay, entstammt der Great Eastern Glaciation, der zweiten, größten Vergletscherung E-Englands[1]). Zu ihrem Verband gehören teils

---

[1]) Ich bemerke hier einfürallemal, daß in den letzten J. zwei neue Versuche zur
Gliederung des südbrit. Pleistozäns veröffentlicht und in Verbindung damit auch neue
Bezeichnungen vorgelegt wurden, von F. E. ZEUNER [39*, 311*] und J. W. ARKELL [V 337;
VII a 216]. ZEUNER, der, weit ausgreifend, im Anschluß an MILANKOVITCH, SOERGEL, EBERL
u. a. eine schärfere Gliederung des Eiszeitalters als PENCK und BRÜCKNER unternimmt,
zieht es vor, statt von G-, M-, R- und W-Eiszeit von Early, Antepenultimate, Penultimate
und Last Glaciation (EGl, ApGl, PGl, LGl) und demgemäß von ApIgl, PIgl und LIgl zu
sprechen; die einzelnen Phasen werden, ohne weiteres verständlich, z. B. mit LGl₁, LGl₁/₂
(Interstadial), LGl₂, LGl₂/₃, LGl₃ bezeichnet. Die drei Interglaziale parallelisiert er mit dem
Milazzian, Tyrrhenian, Monastirian resp. In der Grundeinteilung hält er aber an der der
„Alpen im Eiszeitalter“ fest. ARKELL hält die Parallelisierung der britischen mit den
europäischen Eiszeiten überhaupt für verfrüht und will jene mit britischen Namen belegen
(in der Klammer die von ihm gewählten Abkürzungen): Berrocian (Be), Catuvellaunian
(Ca), Cornovien (Cu), Cymrian (Cy) mit nachf. Cymrian II (Cy II) oder Clwydian. Die
Interglaziale benennt er nach den prähist. Kulturen: Abbevillian, Middle Acheulean, Mico-
quian; zwischen Cy und Cy II schaltet er das „Aurignac-Interstadial“ ein. Übrigens ver-

als Vorstoß-, teils als Rückzugsablagerungen verschiedene Glazialschotter. Vermutlich gleich alt sind gewisse Plateauschotter s. der Themse
(Richmond Hill, Kingston Hill, Wimbledon Common) in fast 60 m H.
[343 u. ao.].

Die Themse floß noch damals weiter n. als heute, jedoch nicht mehr wie
ursprünglich über Rickmansworth, Watford und St. Albans, auch nicht mehr
durch die Furche zwischen Hampstead und Barnet gegen Ware, einen Weg,
in den sie vielleicht durch eine lokale Eisbedeckung der Chiltern Hills abgelenkt worden war [339]. Noch beschrieb sie nicht die große Schleife
zwischen Windsor—Weybridge—Brentford, wohl aber eine bei Erith gegen
S (Crayford—Dartford Heath—Wilmington—Stone Castle). Als sich nach
dem Rückzug der Vergletscherung das Land hob, schnitt sie sich zunächst
um 25 m ein (auf 20—30 m O.D.) und trug erst dann bei gleichzeitiger Seitennagung die Schotter der Boyn
Hill Terrace auf, wahrscheinlich in dem „Großen Interglazial". Nun begann sie, abgedrängt durch den Colne und
vielleicht angelockt durch eine
leichte Einkrümmung im Raume ö. Windsor, zwischen Maidenhead und Richmond—Ea-
ling gegen S abzubiegen. Die
Läufe von Lea, Wey, Mole waren noch nicht so weit nach E
verschoben wie heute, noch
mündete der Wey bei Ealing,
während sich der Wandle auf
dem Schwemmkegel, den er
über die Gegend von Croydon
breitete, in der Folge gegen
W wandte.

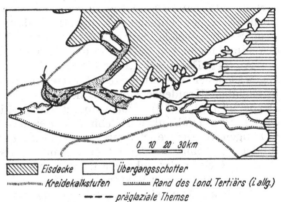

Abb. 13. Vergletscherung im Londoner Becken.
(Nach S. W. Wooldridge.)

Nach einer weiteren Phase der Tiefennagung (etwa 18 m) lagerte die
Themse die Schotter der Taplow Terrace ab; deren Basis reicht bereits
unter O.D. hinab, ihre Oberfläche unter das holozäne Alluvium. Der Fluß
wurde durch den besonders schwemmstoffreichen Colne unterhalb Windsor,
wo er sich bereits im Kreidekalk festgelegt hatte, stark gegen S abgedrängt,
in der Richtung auf Weybridge, und im Zusammenhang damit der Unterlauf des Wey und des Mole verlegt. Dieser war noch kurz vorher durch eine
heute trockene Furche von Kingston nach Merton geflossen, nunmehr wurde
er durch seitliches Einbrechen der Themse abgeschnitten („capture by lateral
encroachment"). Nach einer abermaligen (relativen) Hebung und Tiefennagung wurde die Upper Flood Plain gebildet, worauf der Fluß neuerdings
6 m einschnitt, u. zw. eine verhältnismäßig enge Rinne mit steilem Gefälle
(25 m auf 12 km), die sich talaufwärts bis Brentford verfolgen läßt, bei
Erith 30 m unter O.D. hinabreicht. Das setzt einen entsprechend hohen

gleicht auch er seine Eiszeiten mit der herkömmlichen Einteilung. Noch bestehen unter den
brit. Forschern z. T. recht große Meinungsverschiedenheiten über die lokale Gliederung,
(Vgl. dazu u. a. 32*, 33b*; 345a.) Ich werde daher im folgenden im allgemeinen die für
die einzelnen Gebiete bisher üblichen Namen beibehalten. Im übrigen sei besonders auf
A. J. Bull's Abhandlung „Pleistocene Chronology" und die daran anschließende Diskussion
(17 Teilnehmer) hingewiesen [PrGlAss. 53, 1942, 1—20; Disk. 20—45].

Stand des Landes voraus. In der Rainham Marsh (s. Romford) liegen die
Kiese einer unter dem Alluvium begrabenen Rinne 21 m unter O.D. Sie
wurde mit Sinkstoffen bis zum Niveau der Upper Flood Plain aufgefüllt
(„Buried Channel"). Zur Zeit der „Flood Plain Gravels" bog die Themse
unterhalb Windsor in einer 5 km breiten Talau am stärksten gegen S aus
[21 e—k, 22, 25].

Entsprechende Terrassen finden sich auch in den n. und s. Seitentälern
der Themse, am Lea, Wey, Mole usw. [21 e, f; 35, 38]. Besonders auf der
Taplow Terrace sind die sog. Ziegelerden (Brick Earth), ein Lehm, verbreitet, also jünger als jene. Sie sind wohl größtenteils Hochwasserschlamme,
die letzten Endes dem Londoner Tertiär entstammen. Schon früh hat man
sie mit dem Löß verglichen oder gar als eine äolische Ablagerung unter
Wüsten- oder Steppenklima gedeutet. Wie ihr Name andeutet, wird sie zur
Erzeugung von Bauziegeln verwendet; heute trägt sie oft große Gemüsegärten. Stellenweise ist sie durch den Menschen schon völlig abgetragen
worden. Sicher äolischen Ursprungs und wohl gleich alt mit ihr sind die
„Top Sands", welche da und dort die Riedelflächen bedecken, besonders nahe
den Mündungen von Dellen und Tälern der Downs [21 k, 25].

An der Basis der „Flood Plain Gravels" endlich findet sich mitunter
abgewaschener und abgerutschter Gehängeschutt örtlichen Ursprungs, also
je nachdem Kreidebrocken, eozänes oder pleistozänes Material, die „Coombe
Deposits" (vgl. S. 12). Überhaupt dürften während der Eiszeiten die Massenbewegungen (Solifluktion) lebhaft gewesen sein; Höhenschotter sind an den
Gehängen in tiefere Niveaus abgestiegen, größere Abbrüche haben stattgefunden. „Coombe Rock" ist sicher mehrmals gebildet worden. Der „Main
Coombe Rock" entspricht der vorletzten Vergletscherung, ein jüngerer (z. B.
bei Swanscombe) der letzten [331, 336].

Nach alledem ist es oft schwer, die Schotter verschiedenen Alters auseinanderzuhalten. Nur bis zu einem gewissen Grade bieten dabei prähistorische Funde und Fossilführung eine Hilfe; denn nicht überall gestatten
sie sichere Schlüsse, da auf jeder der Terrassen infolge von Rutschungen,
Abspülung, Bodenfließen Artefakte verschiedenen Alters ebenso wie Reste
von Faunen verschiedener Klimate auftreten können. Auch droht die Gefahr von Zirkelschlüssen.

Besonders bemerkenswert sind die schon viel erörterten Aufschlüsse
von Swanscombe (Barnfield Pit), nicht zuletzt wegen des Fundes eines
Schädelbruchstücks von Homo sapiens. Über Thanetsanden folgen hier vier
Schotterlagen (Lower Gravel, Lower und Upper Middle Gr., Upper Gr.)
aufeinander. Die beiden Middle Gravels sind durch eine Erosionsdiskordanz
getrennt, während sich zwischen sie und die Lower, bzw. Upper Gravels
oberflächlich verwitterte Lehme (Lower und Upper Loam) einschalten. Der
Schädelrest stammt aus einer basisnahen, kiesigen Schicht des gelben, im
allgemeinen mehr sandigen Upper Middle Gravel. Da die Lower Gravels u. a.
Quarzitgerölle führen, die vermutlich durch eine ältere Vergletscherung in
das Themsegebiet gelangt waren, werden sie in das II. Interglazial gestellt,
der Upper Loam, dessen Oberfläche in 33,5 m sich dem Tyrrhenian gut ein-
fügt, in die vorletzte Vergletscherung. Damit stimmt auch der archäologische Befund überein: älteres Clacton (II a) im Lower Gravel, Mittelacheul
(III) und weiter entwickeltes Clacton (III) in den Middle Gravels. Schon
mit dem Upper Loam ist Fließschutt verbunden, der Upper Gravel ein Soli-
fluktionsgebilde, entsprechend der vorletzten Vergletscherung [515, 517, 519,
520, 523]. Annähernd gleich alt mit dem Lower Gravel von Swanscombe dürf-

ten die Artefakte von Clacton selbst sein (II b) [54, 55, 512, 513, 515], älter
dagegen die Kiese von Dartford Heath (41 m) mit zerbrochenen, abgerollten
Abbevillewerkzeugen, die wahrscheinlich aus dem I. Interglazial oder
spätestens aus der II. Eiszeit stammen, wie dies für Ostanglien und das
Sommegebiet gilt. Die Dartford Heath-Terrasse dürfte also der Upper oder
Early, die Swanscombe-Terrasse der Lower oder Late Boyn Hill-Terrasse
entsprechen.

Über die weitere Entwicklung gibt der Befund im nahen Ebbsfleettale
(Baker's Hole) Auskunft [347, 521]. Hier lagert der Main Coombe Rock
der dritten Vergletscherung über einer Levallois (I—II)-Kulturschicht,
u. zw. so niedrig, wie es einem Tiefstand des Meeres entspricht. In ihn ist
eine Kerbe eingeschnitten, in die unten ein Kies mit Mittellavoiswerkzeugen
und darüber eine Art Löß eingefüllt ist; dieser und der Coombe Rock entsprechen vermutlich zwei Scheiteln der vorletzten Eiszeit, der Kies dem
Interstadial dazwischen. Im III. Interglazial stieg der Meeresspiegel auf
16 m an, nach einer bis 9 m tiefen Erosion etwas weniger hoch (Haupt- und
Jungmonastir, Taplow, bzw. Upper Flood Plain); in der letzten Eiszeit
folgten nochmals Erosion, und Bodenfluß bedeckte verschiedentlich die
älteren Ablagerungen. Die Lower Flood Plain-Terrasse (nach Halling oberhalb Rochester am Medway auch Halling Stage genannt, hat jungpaläolithi-
sche Funde (Mittelaurignacien?) geliefert und ist vielleicht in einem letzt-
eiszeitlichen Interstadial aufgetragen worden [311*]. In den Lower Flood
Plain Gravels finden sich jedoch auch reichlich Renntierreste, in ihren jüngeren Teilen bei Uxbridge Madeleine-Werkzeuge usw. So dürften sie durch
die Abschlußphase der letzten Eiszeit bis in das ältere Postglazial reichen.
Von manchen Autoren wird die plötzliche Einnagung des „Buried Channel"
mit der raschen Schneeschmelze nach der letzten Eiszeit erklärt. Vielleicht
werden die jüngst unternommenen Versuche, die Geschichte des unteren
Themsegebietes mit jener der Somme in Einklang zu bringen, den Verlauf
der pleistozänen Entwicklung des Londoner Beckens klären helfen; eine
bestimmte Stellungnahme dazu ist hier vorläufig noch nicht möglich [331,
334, 336, 342; 311*].

Auch die Ablagerungen des Holozäns, das übrigens keineswegs einfach
verlaufen ist, läßt sich mit Hilfe der prähistorischen Archäologie einigermaßen gliedern. Sie beschränken sich nur auf einen schmalen Streifen
längs der Themse. Flußabwärts werden sie immer mächtiger (Battersea
2,7 m; Deptford 4,9 m; Greenwich 9,1 m; Tilbury 16,5 m). Beim Ende der
letzten Eiszeit stand das Land 18—21 m höher als gegenwärtig, es reichte
weit vor die heutige Küste hinaus. Unter dem milden Klima des Atlantikums
wuchsen Eichenwälder. Durch die folgende (relative) Senkung wurden sie
unter Wasser gesetzt. Das Absinken erfolgte mit Schwankungen, wie die
wiederholte Bildung von Torfschichten anzeigt, deren man unterhalb Erith
gewöhnlich drei zählt. Durch geglättete Steinwerkzeuge werden sie als
neolithisch erwiesen [21 i, k; 25, 29]. Zu Beginn der Jungsteinzeit lag der
Meeresspiegel nur mehr 8 m unter O.D. Der Fortschritt der Überflutung ist
an der Küste von Essex archäologisch datierbar. Denn dort fand man bei
Walton-on-the-Naze, Clacton (Dovercourt) und auch sonst Kulturreste, die
von der „Lower Halstow"- bis in den Beginn der Bronzezeit (B-Becher;
vgl. S. 82) reichen, begraben unter einem Torf mit Scrobiculariatonen im
Hangenden. Die dortige untergetauchte prähistorische Landoberfläche ist
als „Lyonesse surface" bezeichnet worden im Hinblick auf die Sage vom
versunkenen Lyonesse bei den Scilly-I. (vgl. S. 255). Der Vorgang entspricht

der auch sonst vielfach festgestellten sog. „neolithischen Senkung", ist aber
wenigstens hier genauer genommen z. T. postneolithisch [340; 312*].

Die Geschichte des Themseästuars ist mit jener der Nordsee und der
Straße von Dover eng verbunden. Zur Zeit der altpliozänen Diest-Trans-
gression dürfte die dortige Gegend wohl vom Meer bedeckt gewesen sein.
Die warme marine Fauna des jungpliozänen Coralline Crag Ostangliens
(vgl. S. 302f.) spricht für eine Verbindung mit dem Ärmelkanal, die des Red
Crag für eine folgende Unterbrechung derselben. In jenen Phasen des Eiszeitalters, wo der Boden der s. Nordsee trocken lag, muß sich das Flußnetz
des Rheins weit nach N fortgesetzt haben; nach der vorherrschenden Ansicht
hätte die Themse in ihn gemündet, nach einer anderen dagegen den Weg
durch die Meerenge eingeschlagen, während der heute unterseeische Rücken
von Happisburgh-Terschelling die Wasserscheide bildete. Jedenfalls müssen
in den Zeiten, wo skandinavisches Eis bis E-England reichte, die aufgestau-
ten Wasser der Nordsee im Bereich der Straße von Dover abgeflossen sein.
Fraglich ist, inwieweit diese selbst durch einen derartigen Überflußdurchbruch erst geschaffen oder eine schon vorhandene Talfurche benützt und
erweitert wurde. Vielleicht war eine solche schon präglazial dadurch erzeugt
worden, daß sich an der gegen SSW blickenden Stufenstirn der Kreidekalke
ein Fluß nach rückwärts verlängerte und einen Abdachungsfluß der
N-Seite („Creux de Lobourg") anzapfte. Zur Zeit der Entstehung des Strandes von „Sangatte" (bei Calais), der früher für präglazial angesehen wurde,
jedoch vielleicht aus zwei verschiedenen Teilen, nämlich auch einem letzt-
interglazialen, besteht, muß die Straße bereits bestanden haben. Die Tiden-
Erosion, welcher man seinerzeit deren Entstehung zuschrieb, kann nur untergeordnet mitgewirkt haben. Im Spätglazial spannte sich zur Zeit des An-
cylussees wieder eine Landbrücke über sie. Durch die Litorina-Transgression
wurde sie um 5000 v. Chr. unter Wasser gesetzt, allerdings war sie zunächst
noch nicht so tief und so breit wie jetzt. Voll geöffnet wurde sie durch die
„neolithische" Senkung (vgl. S. 16). Durch Tidenströmungen und Wogen-
gang wurde sie seitdem gewiß noch verbreitert, ob aber wirklich seit Cäsars
Zeit um 3 km, ist zweifelhaft. Weitere Untersuchungen sind zur Aufhellung
der einschlägigen Fragen nötig [14*, 23*, 24*, 31*, 312*; 316 a, 327, 342].

Flache Alluvialterrassen begleiten die Themse zwischen Kew und Richmond, in London zu Barnes, Hammersmith—Westminster, Pimlico, Lambeth, Southwark usw. Weiter unterhalb bildet das Alluvium hauptsächlich
die Marschen von Tilbury im N; im S die von Plumstead, Erith, Dartford,
Stone, Swanscombe u. a. Mannigfach wechsellagern miteinander Sande,
Mergel, Tone ästuarinen, bzw. marinen Ursprungs.

Seit der älteren Bronzezeit haben sich Relief und Höhenlage nur
mehr wenig geändert. Immerhin wurden Reste aus der Römerzeit auf einer
obersten Torfschicht gefunden, 1,8—2,4 m unter dem heutigen Niveau der
Watten, zu Tilbury kreisförmige römisch-britische Hütten 4 m unter H.W.M.,
zu Brentford eine Pfahlbauwohnstätte. Noch vor tausend J. ist das
Land bei Dagenham wohl 1 m höher gestanden als heute; darauf weist ein
großer versunkener Eibenwald in dem dortigen Sumpfstrich in 3,8 m unter
H.W.M. hin, von welchem schon CAMDEN wußte. Der Gezeitenscheitel der
Themse dürfte damals nicht weit oberhalb London Bridge gelegen gewesen
sein. Allerdings sind bei diesen Erscheinungen auch Sackungen des Untergrunds mit in Rechnung zu ziehen. Solche haben u. a. noch in jüngster Zeit
eine Senkung des Geländes bei der Bank von England bewirkt (1865—1931
um 1'). Eine Fortdauer echter Krustenbewegungen bis in die Gegenwart

hat sich dagegen vorläufig noch nicht nachweisen lassen [332, 333]. Jedenfalls kommen etwaige Schwankungen neuestens deshalb nicht mehr so zur Geltung wie ehedem, weil der Mensch in das Leben des Flusses eingegriffen hat, besonders durch Eindeichungen. Infolgedessen sind heute die Sümpfe und Niederungen im Umkreis von London stark vermindert, und manche alte Flußinsel ist Festland geworden (Putney, Chelsea; Battersea, ehedem St. Peter Island; Chertsey, Isle of Dogs; Thorney I., heute Westminster usw.). Allein es gibt noch eine Menge Schlamm- und Sandinseln (ails, eyots) im Themseästuar; weiter flußaufwärts über der versumpften Talau, stellenweise sogar über den höchsten Hochwassermarken niedrige „islands", die als Ablagerungen der Seitenbäche aus dem Ende des Pleistozäns angesehen werden, wo sie wasserreicher und frachtfähiger waren als heute [312*; 21 e, h—k; 22 u. ao.].

Im NW wird das Londoner Becken von den C h i l t e r n H i l l s umrahmt [21 a, 25]. Ganz allmählich, im allgemeinen mit weniger als 1⁰, steigen die Kreidekalke ungef. entlang dem Colnetal, entsprechend dem N-Schenkel der großen Synklinale, wieder auf. Aber sie streichen mehr gegen NE, die Höhen mehr gegen NNE. Daher liegt die Basis des Upper Chalk bei Goring in nur ± 90 m, im Inneren der Hills in über 180 m. Die Kreidekalke bilden breite Rücken und Platten mit flachen Kuppen, die sich mit gewölbten Hängen zu den Talgründen neigen. Von diesen führen nur die größten und tiefsten, der Hauptabdachung gegen SE folgend, Wasserläufe: den Wye zur Themse, Misbourne, Chess, Gade mit Bulbourne, Ver zum Colne; den Lea und dessen Nebenfluß Maran (oder Mimram); die übrigen sind Trockentäler. Der First der eigentlichen Chiltern Hills zieht ganz im NW vom Themsedurchbruch bei Goring, an dessen Eintiefung sich Schmelzwässer der Midlandvergletscherung beteiligten, bis zur Lücke von Hitchin, etwa 75 km lang, über 200 m hoch (Coombe Hill bei Wendover 260 m [26]). Gegen NW kehren sie eine Stufe, morphologisch ein Glied der englischen Stufenlandschaft. Ihr Abfall, an welchem unten Tone des Oberen Grünsandes und des Gault zum Vorschein kommen, wird nicht selten durch den Melbourn Rock und den Chalk Rock (an der Basis des Middle, bzw. des Upper Chalk) terrassiert. Im SW bildet auch Lower Chalk eine Vorstufe; hier ist die Stufenstirn besonders stark gegliedert. Weiter nö. ist sie dagegen mehr mauerartig, weniger ausgereift, jedoch auch hier seit dem Eiszeitalter nicht weiter zurückgewichen, wie Kerben glazialer Randgerinne und fluvioglaziale Schwemmkegel erkennen lassen. Auffallend tief sind die Lücken von Wendover, Tring und Dagnall im Hintergrund von Misbourne, Bulbourne und Gade; der Lea entspringt sogar etwas vor der Stufenstirn. Unentschieden ist, ob es sich um ursprüngliche Chilterntäler handelt, die durch das Rückwandern der Stufe ihr einstiges Quellgebiet verloren haben, oder um Täler, die von Folgeflüssen aus den Midlands eingeschnitten und erst später durch Anzapfungen (und leichte Verkrümmungen?) in Strunkpässe verwandelt wurden. Durch die Ausflüsse der kleinen Stauseen, die sich zwischen dem Eis der Great Eastern Glaciation und der Stufe, vor welcher es sich eine Zeitlang bis Aylesbury vorschob (vgl. S. 386), gebildet hatten, dürften sie noch etwas weiter eingetieft worden sein, ein einheitlicher großer Stausee („Lake Oxford"; [33]) jedoch kaum bestanden haben. Jüngere Aufschüttungen, die sich auf dem Scheitel des Trockentals von Wendover einstellen und für gleich alt mit der Taplow Terrace der Themse gelten, sind noch nicht ausreichend erklärt [25, 37, 337, 338 a]. Die Probleme der „dry valleys" der Chiltern Hills sind im übrigen die gleichen wie in den Downs. Jüngst wurde ihre Entwicklung auf höheren Grundwasserstand während oder unmittelbar nach den Eiszeiten und die kräftigere Quellerosion zurückgeführt [350].

Die Verebnungsflächen der SE-Abdachung sind keineswegs einheitlich, vielmehr durchkreuzen einander, ähnlich wie in den North Downs, eine subeozäne und eine altpliozäne Einflächung (Lenham Beds und Plateau Gravel). Diese ist mindestens z. T. marinen Ursprungs. Aber die zugehörigen Aufschüttungen sind nur mehr in kleinen Resten vorhanden [343], deren Alter überdies z. T. noch umstritten ist [25]. Von der Abtragung wurden sowohl die flintreichen Schichten des Upper Chalk wie die Rückstände des Eozänmeeres erfaßt. Bloß in einigen Ausliegern haben sich Readingschichten und Londontone, manchmal an kleinen Verwerfungen, erhalten. Dagegen sind flintführende Tone weitverbreitet, am mächtigsten (10—12 m) in 5—6 km Abstand vom Scheitel der Chilterns; auf diesem selbst sind sie abgespült. Mit dem Kreidekalk senken sie sich gegen SE bis etwa 120 m ab, dann werden sie gegen das Colnetal hin durch Glazialschotter und -sande oder auch durch Chalky Boulder Clay ersetzt. Im ganzen genommen ist somit das heutige Relief erst durch die Zerschneidung der alten Einflächungen entstanden, von welchen gegen SE hin immer jüngere Schichten gekappt werden. Besonders lebhaft war die Abtragung während der Kältezeiten (Bodenfluß); eine Firneisbedeckung ist nicht ausgeschlossen. Damals haben die Chiltern Hills gleich den Downs ihre heutigen Formen erhalten, namentlich auch die großen Dellen. Sehr langsam bilden sich diese heute noch weiter. Offensichtlich sind manche Täler (hier „bottoms" genannt) für die heutigen Flüsse viel zu breit; sie dürften durch glazigene Schmelzwässer ausgeweitet worden sein. Mit dem Einschneiden der Leitflüsse senkt sich der Grundwasserspiegel, die kleineren Täler werden immer trockener, die Quellen der Hauptflüsse rücken talabwärts, die des Bulbourne seit etwa 1600 um 5 km. Das Bett des Misbourne ist nach längeren Trockenzeiten oberhalb Great Missenden eine wasserlose Grasfurche, in nassen J. dagegen von einem Bache durchflossen [831]. Die Taldichte ist verhältnismäßig gering, die Flußdichte klein. Wieder sind die Kreidekalke ein bedeutender Wasserspeicher, dem große Quellen entströmen. Die Hauptbäche sind schon nach kurzem Lauf so wasserreich, daß sie, durch Wehre gestaut, Mühlen und selbst Fabriken treiben. Übrigens sind auch die Höhen nicht so wasserarm wie die der Downs, dank der vielen Decken und Fetzen von sandig-tonigen Böden.

Die Entwicklung und auch das heutige Bild der Kulturlandschaft des Londoner Beckens zeigen starke Abhängigkeit von der Beschaffenheit der Böden [14, 15—110, 21, 24]; Klimaunterschiede treten zurück, obwohl sie keineswegs fehlen und Auslage gegen Wind und Sonne, Häufigkeit der Frostgefahr usw. bei der Auswahl der Wohnplätze, der Anlage der Bauten, beim Anbau heikler Pflanzen berücksichtigt werden müssen. Die Jan.M. halten sich im ganzen Gebiet in 4—5°, die Juli-M. in 16—17° C, die J.M. in 9—10°. Nur an den über 100 m H. gelegenen Beobachtungsorten sinkt das Jan.M. unter 4° (Hampstead 137 m, 3,8°; Rothamsted 128 m, 3,6°; Addington 149 m, 3,8°), gegen die Nordsee hin auch in niedrigeren Lagen (Halstead 43 m, 3,8°; Clacton 17 m, 3,8°), nicht aber am Themseästuar (Shoeburyness 3 m, kältester Monat Febr. 4,5°). Über dem obigen Durchschn. bleiben dagegen die tieferen Teile von London (Westminster, St. James Park 8 m, I: 5,2°; VII: 17,4°; J.M.: 10,7°; Camden Squ. 31 m, I: 4,5°; VII: 18°; J.M.: 10,6°; Greenwich 45 m, I: 4,5°; VII: 17,4°; J.M.: 10,2°). Zum Vergleich mögen noch folgende Angaben über mehr randlich gelegene Orte dienen: Reading (Universität) 46 m, I: 4,2°; VII: 16,6°; J.M.: 9,7°; Croydon 66 m, I: 5,3°; VII: 17,1°; J.M.: 10,1°; Canterbury 38 m, I: 4,9°; VII: 17,0°; J.M.: 10,1°; Southend 27 m, I: 4,2°; VIII (wärmster Monat): 17,4°; J.M.: 10,3°. Die J.Schw. beträgt innerhalb des Gebietes im M. nur 12—14°; im E ist sie etwas größer als im W (Kew: 12,9°). Die extreme Schwankung der J.M. von Kew und von Greenwich erreichte 1876—1935 kaum 3,5°. Die mittl. T.Schw. zu Kew ist im Jan. am kleinsten (4,7°), am größten im Juni (9,4°), ist aber auch im April fast ebenso groß (6,7°). Das höchste mittl. T.Maximum für das J. wies London (Camden Squ.) mit 14,9° auf. Die durchschn. jährl. Extreme betragen zu Kew 29,4°, bzw. 7,2°. Bodenfröste treten im J.M. zu Kew und Greenwich an 101 Tagen auf, am häufigsten im Jan. und März (in Kew je 15 T.) [47*, 48*, 410*; 47, 417]. Unliebsam machen sich die „frost-hollows" bemerkbar. Der besonders strenge Frost des Winters 1939/40 hat die Austernzucht von Essex schwer geschädigt, etwas weniger auch die von Kent [415]. Greenwich verzeichnete damals das niedrigste Jan.M. von 100 J. (— 0,7°), nur übertroffen von dem Febr.M. 1895 (— 1,6°) [431 a*; 16, 419—421].

Stärkere Unterschiede zeigen die Niederschläge, in enger Abhängigkeit von der Höhe und Auslage. Während sie z. B. zwischen London und Croydon nur ungef. 600 mm betragen, steigen sie gegen die North Downs hin rasch auf 800 mm, ja auf Walton Heath sogar auf 910 mm an. Auch auf den Chiltern Hills fallen über 750 mm. Als der trockenste Ort erscheint das Dorf Great Watering bei Shoeburyness mit 464 mm; aber auch dieses selbst, Dagenham, Southend und ein Streifen über Clacton bis Felixstowe erhalten nur um 500 mm. Kew zählt 167 T., Shoeburyness 149 T. mit Niederschlägen. Die jahreszeitliche Verteilung weicht nicht von der SE-Englands ab: sie haben ihren Scheitel im Okt. und bleiben bis in den Jan. hoch; sie sind am geringsten von Juni bis Sept., doch zeigen Aug. und auch März kleine Erhöhungen. Regenlose T. (mit weniger als 0,1 mm Niederschlag) zählte man in London im M. der J. 1878—1947 180,2 (Extreme: 1921 241, 1894 107), am meisten im Juni (17,9), am wenigsten im Nov. (12,2). Reihen von mehr als 6 regenlosen T. traten zwar zu allen Jahreszeiten auf, am häufigsten jedoch im Juni, am seltensten nach Weihnachten, die längsten (über 14 T.) am meisten im Juli, die kürzesten (1—2 T.) im Okt. [427 a].

Verdunstungsmessungen ergaben zu Camden Squ., London, für 1908—1935 380 mm, 1921 (trockener Sommer) ein Maximum von 500 mm, 1888 ein Minimum von 320 mm. 1921 übertraf die jährl. Verdunstung ausnahmsweise sogar den Niederschlag um 127 mm, 1933 um 43 mm. Im Sommer ist sie in normalen J. überhaupt größer. Die mittl. T.Verdunstung errechnet man auf 2,54 mm. Schnee fällt im Durchschn. nur wenig, zu Kew (1881—1915) an 13 T. (Dez. 2, Jan. bis März je 3), aber nur selten mehr als 5 cm auf den Anhöhen, in den Niederungen kaum die Hälfte. Ziemlich häufig sind dagegen Gewitter (an mehr als 15 T.; n. London gegen das Trentgebiet sogar mehr als 20 T.) [43*, 45*, 48*, 416*; 15—110, 23; 41, 42, 48, 410, 412, 414, 416, 418, 426].

Die Niederschläge werden fast ganz von Winden aus dem w. Viertelkreis gebracht, und diese herrschen auch im Londoner Becken vor. Selbst zu Clacton, ganz im E, kommen die meisten Winde, etwa 30%, aus WSW bis WNW, außerdem 9% aus SSW. Aus dieser Richtung wehen auch die meisten stärkeren Winde (ungef. 4%), aus dem S-Quadranten überhaupt rund 15%. Die NNE bis ENE-Winde stellen ungef. 6%. Die Windstillen betragen dagegen bloß 1%. Ähnliches ergaben die Beobachtungen zu Greenwich, doch

sind dort, im Land, die Kalmen häufiger (5%), die SW-Winde am häufigsten (27%), W-Winde ein wenig häufiger (13%) als N- und NE-Winde
(je 12%); auffallend selten nicht bloß die SE-, sondern auch die NW-Winde
(je 6%). Die örtlichen Verhältnisse spielen eben eine nicht unmerkliche
Rolle. Die SW-Winde erreichen ihr Maximum im Sommer (38%), die NW-
Winde sind am gleichmäßigsten über das ganze Jahr verteilt. Das Maximum
der NE- und E-Winde fällt in das Frühjahr [48*; 47 a, 411].

Die mittl. tägl. Sonnenscheindauer wurde zwischen 4—5 St. ermittelt,
in London aber mit weniger als 4, in der City sogar mit bloß 3,36 St. (4 St.
entsprechen 33% der theoretischen Möglichkeit). Für den Juni beträgt sie
6,37 St. (zu Kew 6,76); in der City im Dez. dagegen nur ungef. 20 Min.
(4% der möglichen, selbst das Maximum nur 41%). Der Londoner Nebel
ist ein Kapitel für sich [44*, 47 a*, 48*, 428*; 43, 46, 413]. Mit der Zunahme
der elektrischen Heizanlagen ist er übrigens viel weniger ausgeprägt, im
Innern der Stadt weniger dicht als in den verbauten Vorstädten, vermutlich
wegen der höheren Gebäude und besseren Abzugsmöglichkeit [427 b].

Natürlich gelten alle diese Angaben bloß im großen und ganzen. Die
einzelnen J. zeigen beträchtliche Abweichungen, sowohl in den Temperaturen als auch in den Niederschlägen: kalte, schneereiche und milde, regnerische Winter, kühle, regnerische Sommer und dann wieder heiße, trockene, wo,
wie im J. 1947, Felder und Wiesen ausdorren und der Wassermangel empfindlich wird. Wie überall auf den Br. Inseln ist das Wetter oft wochenlang
äußerst veränderlich („unsettled") [420; 430*, 431*]. Außerdem läßt sich auf
gewisse Veränderungen im Klima des Londoner Beckens aus dem Vergleich
mit Beobachtungen aus dem 17. Jh. (1668—1689) schließen: das Maximum
der Niederschlagshäufigkeit hat sich von Frühjahr/Frühsommer auf Herbst/
Winter verlegt. Sommerfröste waren damals im Inneren Londons nichts
Ungewöhnliches. Die Luftbewegung war lebhafter, daher Nebel weniger
häufig. Zum Unterschied von heute waren heftige Winde im Sommer nicht
viel seltener als im Winter [427; 427*, 429*].

Das Londoner Becken gehört mit Ausnahme des äußersten NE ganz dem
Bereich der Themse an, von der es durch das Goring Gap erreicht wird. Als
ihr Ursprung wird meist Thames Head (108 m H.; 5 km w. Cirencester) angenommen, ihre Lauflänge bis London Bridge mit 259 km, von dort bis zum
Leuchtturm Nore mit 76 km angegeben, ihre Einzugsfl. mit ungef. 13 700 km².
Bei Oxford ist sie 45, bei Teddington, wo die unterste Schleuse die Flutwelle
nicht weiter aufsteigen läßt (vgl. S. 155), 76 m breit, ihr eingedämmtes Bett
bei London Bridge 225 m, bei Gravesend 600 m. Hier öffnet sich ihr Mün-
dungstrichter bis zum Querschnitt Sheerness-Shoeburyness auf 90 km. Wie
alle britischen Flachlandsflüsse führt sie einen ozeanischen Wasserhaushalt
mit Hochwasser im Winter, Niederwasser im Sommer. Im langjähr. M.
(1883—1917, 1925—1934) sind deren Unterschiede verhältnismäßig geringfügig, größer die des Abflußkoeffizienten, wie folgende Übersicht zeigt [435*]:

	I	II	III	IV	V	VI	VII	VIII	IX	X	XI	XII
Mittlerer Abfluß bei Teddington in m³/sec	135	131	110,5	77,5	61,3	44,5	31,9	30,4	46,6	47,4	79,8	113,2
Abflußkoeffizient	0,611	0,603	0,537	0,45	0,313	0,197	0,141	0,118	0,149	0,153	0,30	0,388
Niederschl. d. Einzugsfl. oberhalb Teddington in mm (1883—1897)	56	52	55	43	50	57	59	67	49	84	68	76

Da im Sommer nicht viel weniger Niederschläge — wenn auch häufiger in Form von kräftigen Gewitterregen — auf das Einzugsgebiet fallen als im Winter, so muß die recht erhebliche Abnahme des Abflusses durch die Verdunstung aus dem Boden und dem Pflanzenkleid verursacht sein. Tatsächlich kann diese im Sommer den Niederschlag übertreffen, und der Fluß zehrt dann von den unterirdischen Wasservorräten der oolithischen Kalke im Bereich seines Oberlaufes und der Kreidekalke des Kennetgebietes. Gegen Ende der warmen Jahreszeit sind dieselben am stärksten verbraucht, daher ist im August der Abfluß am geringsten. Das mittl. Maximum fällt in den Januar. Von einem mittl. J.Niederschlag von 716 mm fließen durchschn. 239, also ungef. $^1/_3$ ab; das Abflußdefizit beträgt 477 mm, der J.Abflußkoeffizient 0,337. Die mittl. relat. Wasserführung, bezogen auf 1 km² Fl. des Einzugsgebietes, beträgt 7,75 l/sec. Die meteorologischen Unterschiede von J. zu J. machen sich sehr geltend. Vermindert sich der Niederschlag im Themsegebiet um ein bestimmtes Ausmaß, so sinkt der Abfluß auf die Hälfte. So lag die Niederschlagssumme August 1933 bis Juli 1934 um über 40%, der Abfluß 64% unter dem normalen. In den Monaten Juli—Sept. 1934 sank er auf 300 Mill. gallons im T. (15,3 m³/sec) ab, so daß er bei der starken Inanspruchnahme für die Wasserversorgung von London mit täglich nahezu 200 Mill. gallons (vgl. S. 152) bei Teddington tatsächlich nicht einmal mehr 3 m³/sec erreichte. Damals mußte der Wasserverbrauch der Metropole bereits eingeschränkt werden. Dagegen war der Ges.Abfluß im J. 1916 bei einer 1,73mal so großen Niederschlagsmenge 4,06mal so groß gewesen wie 1934. Bei außerordentlichen Hochwässern kann die Wasserführung auf mehr als 1000 m²/sec anschwellen; Überschwemmungsgefahr für die Talauen des Themsetales tritt schon bei einer Wasserführung von 400 bis 500 m³/sec ein [48*; III⁷¹⁵].

Als Verkehrsweg spielt die Themse keine Rolle mehr, während sie vor dem Eisenbahnzeitalter, namentlich seit ihrer Verknüpfung mit dem Wassernetz der Midlands durch Kanäle, einer der wichtigsten im Lande war. Dafür hat sie heute große Bedeutung für die Erholung, besonders der Londoner, für Ruder-, Segler- und Angelsport, die an ihren Ufern eine Anzahl von Klubhäusern haben. Das Oxford and Cambridge Boat Race, das gewöhnlich am Samstag vor Judica von Putney nach Mortlake abgehalten wird, gehört ebenso zu den Ereignissen der Saison wie die Henley Regatta anfangs Juli, die aber keineswegs die einzige ist (vgl. S. 100).

Von Natur aus trug das ganze Londoner Becken ein Waldkleid, je nach den Böden verschieden dicht und verschieden zusammengesetzt: auf den Londontonen die unzugänglichsten Eichenurwälder, auf den Schotterflächen der Bagshotschichten lichtere Bestände, den „trockenen" Eichenwald mit Birken und Föhren, auch Buchen, gemengt mit Heiden und Mooren [13]. Dieser Strich hat sich am stärksten und am längsten der Urbarmachung entzogen und als siedlungsfeindlich erwiesen. Auch die Chiltern Hills sind mit einem reicheren Waldkleid in die Geschichte eingetreten und noch heute da und dort mit Wäldern geschmückt. Schöne Buchenforste bedecken namentlich den s. Teil („Beechy Bucks"). Auch die Eibe ist für die Kreidekalke von Buckinghamshire bezeichnend; weiter im E nimmt, besonders auf den Tertiärböden, die Hainbuche im Verhältnis zur Buche zu, und die Stechpalme erhält das Übergewicht über die Eibe [S31]. Allerdings ist der Wald meist zum Waldpark umgewandelt worden, zumal auf den großen Herrengütern, deren die Chilterns nicht wenige aufweisen (u. a. Ashridge Park bei Tring). Die vielbesuchten „Burnham Beeches" bei Slough [452*, 16] sind

wie Epping Forest ein Rest des Royal Forest und nun Eigentum der Stadt
London. Auf den durchlässigen Böden herrscht die Föhre. Die großen offenen
Heideflächen, mit Ginster, Farnkraut und Brombeersträuchern, sind nicht
so ausgedehnt wie in den Downs [16, 442, 828, 832, 833]. Zur Besiedlung
lockten dagegen am frühesten die lehmbedeckten Schotterterrassen längs der
Themse und ihrer Nebentäler, die Streifen der alttertiären Sande und Tone
an der Grenze gegen die Kreidekalke und die Geschiebelehmplatten und
Riedel des ö. Hertfordshire und des w. Essex. Nur in der vorgeschichtlichen
Zeit hatten die offenen Kreidekalkhöhen der Downs eine besondere An-
ziehungskraft ausgeübt. Übrigens sind die Böden des Beckens im einzelnen
viel abwechslungsreicher, als die allgemeinen Ausdrücke wie Plateauschotter,
Geschiebeton, Ziegelerde u. dgl. erkennen lassen; denn den Tonen und
Lehmen sind Sande und Schotter eingelagert, während umgekehrt die Sande
bald mehr lehmig oder tonig oder auch wieder schotterig sind. Nur in den
großen Zügen lassen sich daher innerhalb des Beckens bestimmte Teillandschaften ausscheiden, und deren Grenzen sind oft schwer zu ziehen [440*,
513*, 514*, 624*; 617, 620, 622].

Die vorgeschichtlichen Funde in den Themseterrassen reichen bis in
das Altpaläolithikum zurück (vgl. S. 74 f.); doch sind die Eolithe der „Grays
Eolithic Factory" noch wahrscheinlicher als die von Ightham Naturerzeug-
nisse [25]. Acheul-, Clacton-, Levalloisfunde lassen die Entwicklung erkennen. Moustierwerkzeuge liegen in größerer Zahl vor, wenn auch nur von
wenigen Stellen (Acton, Ealing, Hanwell, Stoke Newington, Northfleet
usw.). Aurignac- und Solutréfunde in der Flood Plain Terrace (u. a. auch
von Whitehall) sowie die seltenen Madeleinefunde (Uxbridge) weisen auf
Beziehungen zum Festland [21, 22, 58; 516*]. Auffallend reichlich vertreten
ist das Mesolithikum des Maglemosebereiches (dem Campignian nahe ver-
wandt) in einer britischen, als Lower Halstow-Kultur bezeichneten Abart
(L. H. 6,5 km wnw. Milton am Medwayästuar). Durch das Themsetal hinauf
wurde sie bis in das Kennetgebiet festgestellt [519*]. Bei Lower Halstow ist
sie von atlantischem Torf bedeckt, bei Broxbourne zusammen mit Tardenois-
artefakten schon von borealem. Maglemoseharpunen wurden bei Royston
und in der Themse (Batterfield, Wandsworth) gefunden, Tardenois im Colnetal. Bis in die Jungsteinzeit blieb die Fahrt über die Straße von Dover
ein Wagnis. Bei dem etwa 8 m höheren Stand des Landes war diese
enger als heute, das Tidenspiel kräftig und gefährlich, die s. Nordsee weithin von Watten eingenommen. Nach den noch ins Neolithikum zurückreichenden Spuren bei Clacton (Dovercourt) dürfte dieser Stand durch vielleicht 500 J., bis in die Zeit des Bechervolkes, angedauert haben. Infolge der
„Lyonesse"-Senkung (vgl. S. 75), die ziemlich plötzlich um 1800 v. Chr. einsetzte, endete dort die Besiedlung. Der Verkehr zu den Gegengestaden des
Ärmelkanals war während des Hochstandes des Landes erschwert, dagegen
den Völkern des n. Mitteleuropa der Übergang über die Nordsee nach Britannien erleichtert. „Peterborough ware" (Neolithikum B) weist auf Verbindungen mit Dänemark und der Ostsee. Auffallend häufen sich die Becherfunde
an der oberen Themse und an ein paar Stellen oberhalb Londons. Die Becherleute (A-Beaker), um 1800 aus den Niederlanden kommend, schoben sich
von der Küste von Essex nach dem Inneren vor [513*, 519*]. Die Bronzezeit-
funde begleiten im allgemeinen die Themse von Shoeburyness bis hinauf nach
Oxford, geknüpft an die Terrassenschotter, welche trockene Siedlungsstätten,
Trinkwasser und Fischplätze boten. Der Fluß selbst war bereits ein wichtiger

Verkehrsweg, eine natürliche Hauptstraße mit der Hochfläche von Salisbury als Ziel, mindestens seit der jüngeren Bronzezeit mit Warenversand auch talaufwärts, freilich im übrigen wegen der benachbarten dichten Wälder ohne rechtes Hinterland. Schon damals, im 2. Jt., waren jene Stellen an den Flüssen besonders geschätzt, wo beiderseits fester Grund an sie herantritt (Canterbury, Rochester). Doch stieg die Besiedlung auch auf die offeneren Höhenzüge hinauf, noch mehr in der älteren Eisenzeit, wie auch später in der Römerzeit, vermutlich infolge des Klimawechsels. Während nämlich der Bronzezeitmensch im trockeneren Subboreal an der Quellenlinie unterhalb der Downs zu wohnen vorzog und seine Herden zur Weide auf das Plateau hinauftrieb, verlegte der eisenzeitliche im feuchteren Subatlantikum seine Wohnstätten auf die Höhen, nutzte diese als Äcker und Weide und führte die Herden zu den Quellen hinab. Die Trockenheit des Subboreals hatte wohl große Flächen der Downs für den Pflug und die Besiedlung unbrauchbar, das feuchtere Subatlantikum seit ungef. 700 v. Chr. wieder verwertbar gemacht. Jedenfalls weisen viele Funde von Werkzeugen und das Vorhandensein offenbar besiedelter Werkplätze darauf hin, daß sie in der Jungsteinzeit und in der älteren Eisenzeit bewohnt wurden, während sie dazwischen in der Bronzezeit verlassen waren [511*, 513*, 519*; 58, 515, 530 u. ao.].

Infolge der „neolithischen" Senkung kam auch der Verkehr über die Straße von Dover allmählich zur Geltung; immer mehr vollzog sich hier der Handel mit dem Festland. In der römischen Zeit ging er fast ganz über Gesoriacum (Boulogne) und vom Rheinästuar in die Hafenbuchten von Kent und Essex und besonders nach London, während sich in der Bronze- und Eisenzeit die Funde noch ziemlich gleichmäßig auf die Ufer der Themse verteilen, ein Zeichen, daß London noch nicht als Vermittler vorhanden war. Die Römer meisterten auch die Schwierigkeiten, welche die Tonböden an der unteren Themse mit ihren Wäldern und Sümpfen dem Landverkehr boten, sie legten Straßen nach den benachbarten Hauptstädten an, nach Verulamium und Camulodunum, und verbanden durch die Watling Street Londinium mit Dubra (Dover) [624*; 53*, 55*, 512*; 517*]. Erst als mit dem Sinken der Römermacht jene Verbindungen mit dem Festland und damit die Teilnahme an den kulturellen Fortschritten des w. Europa nachließen oder ganz unterbrochen wurden, lebte vorübergehend die alte Überfahrt über den Ärmelkanal zur S-Küste wieder auf [513*].

Nachdem die Belger bei ihrem ersten Einbruch von Kent aus (vgl. S. 23) bis zum Cherwell im W, bis Northampton und den Fenlands im N das Land erobert und einen förmlichen Staat gegründet hatten, tritt das Londoner Becken zur Zeit Cäsars [51] in das Licht der Geschichte, stärker seit ihrer Unterwerfung durch die Römer unter Claudius (45 n. Chr.) und durch Suetonius Paulinus (61) [512*, 517*; 53, 59].

Schon in der vorrömischen Zeit war n. der Themse besonders die Driftgrenze bei der Besiedlung wichtig geworden: die britischen Stämme, die Catuvellauni (in Hertfordshire) und die Trinobantes (in Essex), hatten die Geschiebemergelgebiete besetzt und Getreide darauf gebaut. Verkehrswege durchzogen das Land und die Siedlungen waren zahlreich. Dagegen blieben die großen Wälder auf den Londontonen selbst in der Römerzeit, als sie schon von Straßen durchquert wurden, so gut wie unberührt. Auch s. der Themse hielt sich die Besiedlung an die leichter bearbeitbaren Böden der alttertiären Sande und Tone, landeinwärts von der Watling Street [517*, 624*; 620, 622]. Wo diese die Flüsse aus den North Downs übersetzte, entstanden die Vorläufer von Canterbury (Durovernum Cantiacorum), Ro-

chester (Durobrivae) u. a.; sie lösten oft benachbarte Höhensiedlungen ab.
Die drei wichtigsten römisch-britischen Siedlungen, abgesehen von Londinium selbst, entwickelten sich abseits der Themse im Anschluß an die befestigten Hauptorte der Belger: im W, schon etwas außerhalb des Londoner
Beckens gelegen, Calleva Atrebatum (Silchester), im N Verulamium
(St. Albans), im NE Camulodunum (Colchester), jedes in verkehrsbeherr-
schender zentraler Lage und Knoten des römischen Straßennetzes [514; 517*].
Ihr Aufstieg und Verfall ist typisch für das Schicksal des römischen Britannien. In dem kleinen Calleva, das auf einem schotterbedeckten Bagshot-
sandriedel zwischen Loddon- und Kennettal stand, gabelte sich die von
Londinium kommende Straße in die Zweige, die nach Venta Belgarum,
Sorbiodunum–Durnovaria, Aquae Sulis, bzw. Corinium Dobunoruum führten, es war ein wichtiger Handelsplatz und ein Mittelpunkt der Schafzucht
mit Färbereien. Seit der M. des 5. Jh. läßt sich dort städtisches Leben nicht
mehr nachweisen, die Römerstraßen verschwinden, außer der nach London
[624*, 57, 529 a]. Das erste römische Verulamium war nicht weit von den
älteren belgischen Anlagen der Catuvellauni (Whithampstead, Prae Wood)
am l. Ufer des Ver gegründet worden. Nach seiner Verheerung beim Aufstand des J. 61 n. Chr. trat eine neue Stadt, teilweise auf den Boden der
ersten übergreifend, ins Leben, die später stärker umwallt und mit prächtigen
Toren, Triumphbogen, Tempeln ausgestattet war. Nach der Blüte unter
Hadrian und Antonin und einer vorübergehenden Wiederbelebung unter
Konstantin schrumpfte sie rasch ein; doch hat Beda zufolge das Christentum an der Stätte von St. Alban's Märtyrertod durch die ältere Sachsenzeit
fortgelebt [57 a, 510, 522, 527, 529]. Camulodunum aber lassen die jüngsten
Ausgrabungen zu Colchester als eine der wichtigsten Siedlungen des vorrömischen und römischen Britannien erkennen. Ursprünglich ein befestigter
Platz der vorbelgischen Trinobantes, wurde es dann die Hauptstadt ihrer
Besieger, der Catuvellauni, und des Reiches des Cunobelinus, dessen Residenz
man noch zu finden hofft. Sein aus dichtgedrängten, fest gebauten Hütten
bestehender Kern, gelegen im Hintergrund des Colneästuars auf einem ringsum von Wäldern, Sümpfen und Gewässern (Roman River) geschützten Riedel,
war mit Wall und Graben umgeben und überdies im weiten Umkreis durch
eine Linie von äußeren Erdwerken gesichert. Die von den Römern sö. davon
gegründete Colonia Victricensis, die älteste, noch unter Claudius geschaffene
Ansiedlung verabschiedeter Soldaten in Britannien, konnte jedoch auf die
Dauer mit Londinium ebensowenig wetteifern wie Verulamium [531; 517*,
624*].

Den seit der M. des 5. Jh. eindringenden Germanen boten die Themse mit
ihren Nebenflüssen, die benachbarten Ästuare und die Römerstraßen die
geeignetsten Zugänge und Wege in das Innere [624*, 517*; 612, 615, 620].
Kent wurde von den Jüten besetzt, mindestens im ö. Teil (vgl. S. 24), Essex,
das Gebiet des heutigen Middlesex, ein Teil von Hertfordshire und vermutlich
auch Surrey von den E-Sachsen. Reste der unterworfenen britischen Bevölkerung konnten sich nur in einzelnen Rückzugsgebieten in entlegenen Wäldern
der Chiltern Hills [830], der Gegend von Saffron Walden, in NE-Essex bei
Walton und sonst an ein paar Stellen halten [13]. Keltische Wurzeln sind in
Ortsnamen selten erkennbar [61—67] (z. B. Panfield, Pentlow u. dgl. von
pant, Tal) [66]. Nur bei einigen größeren Plätzen haben die römischen und
britischen Namen in den englischen fortgelebt, in London, Rochester, Canterbury, Colchester; an die römisch-britische Zeit erinnern auch Wortbildungen

mit Strat oder Straet. Um 600 hielt das Christentum seinen Einzug, kurz
nacheinander wurden die Bistümer Canterbury, Rochester und von London
gegründet. Damals beherrschte Ethelbert das ganze Land von Kent bis zum
Humber. Allein es gab immer wieder Auseinandersetzungen zwischen den
Königen der angelsächsischen Reiche, und die Grenzen schwankten. Surrey
unterstand schon 688 Wessex, doch behauptete Essex, das am Beginn des
8. Jh. zu Mercia gehörte, Middlesex. 825, nach der Niederlage Beornwulfs
von Mercia zu Ellandun (Nether Wroughton s. Swindon vor der Stufe der
Marlborough Downs), schlossen sich aber die Ostsachsen Egbert, dem König
von Wessex, an. Bald darauf drohte Gefahr von den Dänen. Schon 850 überwinterten sie in Kent, besiegten die Mercier, wurden aber von Ethelwulf von
Wessex vernichtend geschlagen. 854/5 überwinterten sie auf Sheppey, 865/6
in Ostanglien, diesmal mit besonders großer Heeresmacht; der Hauptangriff
begann, schwere Kämpfe folgten durch zwei Jahrzehnte. Endlich gelang es der
Tatkraft und der Geschicklichkeit Alfreds des Großen, der ungeheuren Gefahr
Herr zu werden [614*, 622*]. Der Vertrag zwischen ihm und Guthrum (886)
setzte u. a. Themse und Lea als Grenzen zwischen dem sächsischen und dem
dänischen England fest; Essex kam zum Danelaw, doch wurde Middlesex von
ihm abgetrennt [624*]. Allein der Krieg lebte wieder auf. 893 überwinterten
die Dänen auf Mersey Island und legten Schanzen zu Shoebury und Benfleet
an; 910 war ein Teil von Essex wieder in sächsischer Hand. 916 wurde zu
Maldon, 1016 zu Ashingdon (bei Rochford) gekämpft. 1011/14 bauten die
Dänen sogar bei Greenwich eine Flotte. Diesen Kämpfen machte Wilhelm
durch die Eroberung Englands ein Ende [635*, 637* u. ao.].

Die älteste angelsächsische Besiedlung knüpfte sich an die besseren Böden
in der Nähe der Küste und die Zugänge ins Innere. Im S, längs der N-Küste
von Kent, waren ihr die Londontone nicht günstig. Hier findet sie sich nicht
an den Mündungen der Flüsse, sondern an den Scheiteln der Gezeitenstrecken
(Faversham, Teynham) und längs der N-Grenze der Kreidekalke bis hinüber
nach Canterbury [624*]. Diesem Gürtel gehören auch die meisten Funde und
Begräbnisstätten an, so der jüngst entdeckte Friedhof von Horton Kirby
(7 km s. Dartford), wo das Vorwiegen der Beerdigung auf jütischen Ursprung
weist. In Essex zwischen unterer Themse und Blackwater sind Überreste
aus der sächsischen Heidenzeit spärlich, doch erweisen einzelne Gräber zu
Shoebury und zu Prittlewell (bei Southend), daß dort die Gegend nicht ganz
unbesiedelt war. Dafür sprechen auch etliche alte Ortsnamen auf -ingas und
-ingaham [66] sowohl auf den Talkiesen und Ziegelerden unfern der Themse
(Corringham, Dagenham, Barking u. a.) als auch in den Niederungen hinter
der E-Küste (Fringinghoe an der Mündung des Colne, Tillingham und Dengie
— von Daenningas, „Siedler im Waldland" — zwischen Blackwater und
Crouch, Barling und Wakering zwischen Crouch und Themse) (vgl. dazu
und z. folg. Abb. 14—16). Wohl waren weite Küstenstriche versumpft, doch
stand das Land damals noch 4 m höher als heute (vgl. S. 76). Erst am Blackwater, Colne und Stour stellen sich archäologische Funde aus der Heidenzeit
häufiger ein, und alte Sachsengräber finden sich nahe der Römerstraße Chelmsford—Colchester (Broomfield, Feering, Colchester). Sw. Chelmsford zieht
eine Folge von alten Siedlungen am Wid gegen Brentwood durch einen einst
zusammengehörigen Gau (Ginges). Wie hier, so weisen auch sonst die ausgedehnten Bereiche mancher Namen auf -ingas (z. B. Roding, „Rothinges",
heute 8 Gemeinden umfassend), -ingaham und einige andere alte Namen
darauf hin, daß sich die germanischen Ansiedler zunächst in Gemeinschaften
und noch nicht auf Einzelfarmen niederließen, u. zw. in den zugänglichsten

und lockendsten Strichen. Erst im Lauf der Zeit besetzten sie auch die minder
günstigen Flächen, und die Rodung der Wälder, ursprünglich wenig betrieben,

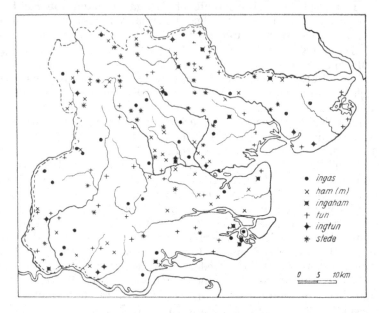

● ingas
× ham (m)
✳ ingaham
+ tun
◆ ingtun
✴ stede

0　5　10 km

Abb. 14. Ortsnamen in Essex. (Nach P. H. Reaney u. a.)

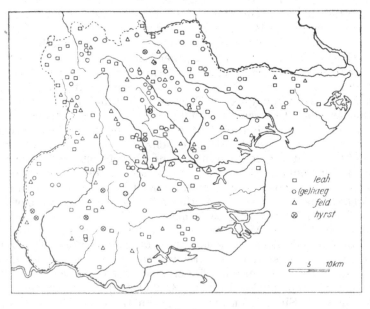

□ leah
○ (ge)haeg
△ feld
⊗ hyrst

0　5　10 km

Abb. 15.

machte immer größere Fortschritte. Man kann dies an der Hand der Ortsnamen in den großen Zügen gut verfolgen. Die Namen auf -tun und die
selteneren auf -ingtun halten sich alle in die Nähe der Flüsse; auch

die auf -stede sind ähnlich verbreitet (w. einer Linie Tilbury—Thaxted
spärlich). Dagegen zeugen die jüngeren Namen, schon die auf -field und -ley
(leigh) und zuletzt die auf -hey, von der Zunahme der Niederlassungen im
Wald. Die -ley=Namen treten in etlichen gut ausgeprägten Gruppen auf,
z. B. um das Plateau von Southend und in den ehemaligen großen Wäldern
w. einer Linie Haverhill—Tilbury, zwischen Colne und Stour und um Tendring. Aber von den 90 Namen sind nur mehr 24 solche von Gemeinden, von
den ungef. 60 -hey=Namen überhaupt keiner mehr. Diese fügen sich deutlich
zwischen die -ley=Namen ein, hauptsächlich auf den Geschiebelehmen und den
Kreidekalken, in noch 1086, ja z. T. noch heute bewaldeten Gebieten [66]. Sehr

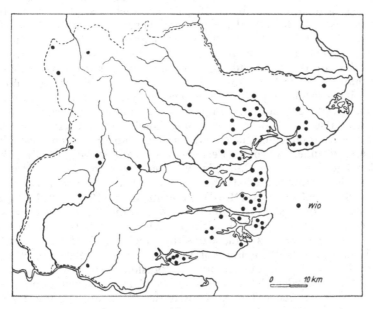

Abb. 16.

bezeichnend greifen alle jene Waldnamen nur wenig auf den Bereich der
Namen auf -ingas oder -ingaham über. In einigen Strichen häufen sich andere
Gruppen von Namen auffallend, so im E und auf Canvey I. (n. des Themseästuars) solche auf -wic, auf diesem auch solche auf -worth (entsprechend
unserem Werder). Merkwürdig wenige Namen sind sicher dänischer Herkunft und diese wenigen fast ganz auf die Hundertschaft von Tendring
beschränkt (Kirby, Thorrington); offenbar waren deren ehemals dicht bewaldete Tonböden von den Sachsen bloß dünn besiedelt worden [66; 617].
Ähnlich lehrreich für den Fortschritt der Besiedlung ist der Vergleich der
älteren und der jüngeren Ortsnamen in Hertfordshire [67] (Abb. 17 und 18).
   Die Wälder der Chiltern Hills sind wie die von Essex vor der Ankunft
der Sachsen nur spärlich besiedelt gewesen; und auch diese folgten den
zurückweichenden dunkelhaarigen Ciltern-saeta nicht gleich in sie nach [13,
64, 67]. Selten sind Ortsnamen auf -ton, häufiger noch solche auf -ham, aber
auch solche auf -den, -wood, -ley. Die neuen Einwanderer ließen sich gern
in den wasserreichen Tälern nieder (sächsische Friedhöfe zu Wycombe, Newport Farnell usw.). Kirchen und Siedlungen suchten die Nähe von Quellen.
Die Landnahme erfolgte nicht so jählings und gewalttätig wie in den besser

zugänglichen Strichen. Auch die Herrensitze der Normannen beschränkten
sich anfangs auf die Ränder des Plateaus und dabei fast ausschließlich auf
die Täler. Kein Hauptverkehrsweg führte damals über die Höhen, das Reisen
durch den Urwald war von Wegelagerern gefährdet. Wohl aber zog der alte
Icknield Way am NW-Abfall entlang. Hier entstand schon früh am Ausstrich
des Lower Chalk eine Reihe von Dörfern (North Stoke, Cuxham, Shirburn,
Lewknor), doch reichen nur wenige Ortsnamen in die vorgermanische Zeit
zurück. Bloß der NE-Flügel (kreidekalkreicher, baumarmer Geschiebelehm)
wurde anscheinend schon in der Jungsteinzeit besiedelt; stellenweise wurden
sogar altsteinzeitliche Werkzeuge gefunden [617].

Die versumpften Täler des Lea und des w. Colne wurden von der ersten
germanischen Besiedlung gemieden [64, 67]. Dagegen sind die Schotter- und
Lehmflächen des w. Middlesex alte Siedlungsflächen mit -ing- und -ham=Namen
[63, 620, 622, 623; 624*]. Solche finden sich auch im Mole- und im Weytal
in W-Surrey (Woking, Wocingaham). S. London weisen etliche -ton=Namen
auf ältere Besiedlung, während das Becken von Reading nur wenige -ing=
Namen enthält. Die Zahl der aus den „Dark Ages" im Schrifttum überlieferten Namen ist allerdings gering; u. a. erscheinen Breguntford (Brentford),
Tuiccanham (Twickenham), Cyningestun (Kingston) oberhalb, Daccanham
(Dagenham), Tilsburg (Tilbury) unterhalb London [623*]. Hier war übrigens
schon eine kleine römisch-britische Siedlung gestanden, deren Reste in mehr
als 4 m Tiefe gefunden wurden. Ferner werden außer den auf die Römerzeit
zurückgehenden Namen von Canterbury, Rochester, Colchester, Ythancaestir
(welches an das römische Küstenfort Othona s. des Blackwaterästuars an-
knüpfte) auch Herutford (Hertford), Haethfield (Hatfield) und Lygcanburg
(Limbury bei Luton) genannt, dieses an der Linie, längs welcher sich die
Angeln von der Ouse her nach Buckinghamshire vorschoben [67].

Scharf hob sich damals und, allmählich sich abschwächend, noch lange
Zeit ein siedlungsleerer Ring um London ab, gegeben durch die Wälder der
Chiltern Hills, von Essex, die Heide von Bagshot, Windsor Forest und den
Weald [624*]. Außerdem blieben in der Nachbarschaft von London die mit
flintführenden Tonen bedeckten Abschnitte der N-Abdachung der Downs und
die kleineren Heiden wie Black Heath unbesiedelt, obwohl in die Nutzfläche
einbezogen. Aber bis zum Einbruch der Normannen war das ganze einigermaßen verwertbare Land innerhalb des Beckens von der Bewirtschaftung und
entsprechender Besiedlung erfaßt, ausgenommen die Jagdgebiete der Krone.
Selbst auf den Londontonen von Essex waren schon große Waldstriche
gerodet worden, sehr bemerkenswert zuerst dort, wo sie von Geschiebemergeln
bedeckt sind, und weitere Wälder wurden von Wilhelm dem Eroberer, der
durch gewaltige Verheerungen und Verwüstungen den Widerstand der Angelsachsen zu brechen wußte, noch zwischen 1066 und 1086 niedergelegt [617,
622]. Auch die Normannen stellten ihre Herrenhäuser in Essex mit sicht-
licher Vorliebe auf die Driftböden. Ihr Einfluß spiegelt sich dort auch in den
Orts-, Farm- und Flurnamen wider, in denen vielfach die Namen französischer Familien und Städte, obgleich oft stark verschleiert, erscheinen
(Beauchamp, Pleshey sogar als Gemeindenamen; Tolleshunt d'Arcy, Hatfield
Peverel, Helion Bumpstead u. a.). Diese Entwicklung hält noch in den
nächsten Jh. an. Grays z. B. wurde nach Henry de Grai aus Graye (Normandie), dem es 1195 verliehen worden, benannt. Auch in anderen Teilen des
Beckens und in den Chiltern Hills kann man das gleiche feststellen.

Schon in der angelsächsischen Zeit hatten verschiedene Orte in günstiger
Verkehrslage erhöhte Bedeutung gewonnen, namentlich Furt-, bzw. Brücken-

orte. Namen auf -ford und -bridge sind häufig. Aus ihnen entwickelten sich in der Folge Marktstädte, so an der Straße London—Colchester Stratford (am Lea), Ilford (Hyle war ein alter Name des Roding), Chelmsford (am

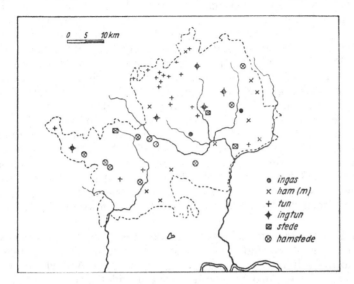

Abb. 17. Ortsnamen in Hertfordshire. (Nach J. B. Gover u. a.)

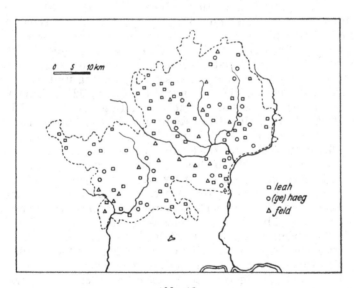

Abb. 18.

Can—Chelmer); an den Straßen gegen W Uxbridge am Colne, Staines (schon röm. Pontes) an der Themse, Maidenhead. Weitere Beispiele sind Hertford, Watford. Brückenorte waren auch Reading im Oberland und die neuerdings aufblühenden Städte an der Watling Street zwischen London und Dover. Die unterste Brücke über die Themse war London Bridge; auf sie gründete sich eine Hauptfunktion von London selbst. Mit gutem Grund errichtete

Wilhelm der Eroberer den Tower etwas unterhalb von ihr neben der Stadt, nicht bloß als Zwingburg für die Londoner, sondern auch als Sperre des Zugangs. Um so eher konnten die Normannen stromaufwärts, in Middleessex, auf die Anlage von Burgen verzichten, während sie solche an allen Eintrittspforten in das Becken, an allen verkehrsgeographisch und daher auch militärisch wichtigen Plätzen aufführten, sowohl in Kent als auch in Essex. Von diesen hatten aber 1066 außer London bloß Colchester, Rochester und Canterbury mehr als 200 Bürger [624*]. Nur dieses und Sandwich entfalteten schon sehr früh einen lebhaften Handel; Colchester, Canterbury und London hatten um die M. des 13. Jh. größere Judengemeinden. Im übrigen herrschten Landwirtschaft und Viehzucht, begünstigt durch die Selbstversorgung der Herren und der Kirchengüter. Zu den älteren Klostergründungen (Westminster, Chertsey, Reading, St. Osyth bei Clacton) traten in der Normannenzeit die jüngeren der Zisterzienser, Stratford (1135), Waltham, Coggeshall; der Prämonstratenser zu Beeleigh (bei Maldon). Die Klöster machten sich u. a. besonders um die Gemüsepflanzung (Flurnamen mit kitchen) und die Bienenzucht verdient. Selbst die Rebe wurde stellenweise in Essex gepflanzt [13 d, 86]. An den Ufern des Themseästuars wurde Salz gewonnen.

Innerhalb des Beckens wirkten sich die Bodenunterschiede fortdauernd auf die Art der Wirtschaft aus. Die dem Wald abgerungenen Gebiete wurden hauptsächlich als Weide-, nur z. T. als Ackerland verwendet. Middlesex und S-Hertfordshire mit ihren Londontonen wurden geradezu als „hay countries" bezeichnet. Dagegen begünstigten die Geschiebelehme den Pflugbau. Übergänge sind allenthalben erkennbar. N-Essex war überwiegend Pflug-, S-Essex Grasland [617; 624*]. Die alten, schon früher bebauten Gefilde lieferten die meisten Getreideernten. Übrigens war der Wald noch keineswegs völlig beseitigt. Noch lange zog ein großer Forst vom Lea hinüber bis fast zur Nordseeküste, wenn auch nicht in geschlossenem Band. Als Waltham Forest nahm er das sw. Essex ein, Epping und Hainault Forest waren von ihm zu Ende des 17. Jh. noch übrig [69, 621]. Wald und Heide bedeckten noch immer die Schotterstriche von Bagshot Heath, Black Heath usw. Berüchtigte Schlupfwinkel für Räuber und Wegelagerer bot das Wald- und Buschwerk auf Shooter's Hill, hinter Highgate, auf Hounslow Heath, im Maidenhead Thicket und anderswo an den von London ausstrahlenden Straßen. Solche führten nach Colchester, über Ware nach Huntingdon, nach Cambridge und Norwich; nach Coventry über Dunstable und Stony Stratford, wo eine andere nach Leicester abzweigte; über Wycombe nach Oxford und Gloucester; über Reading nach Bristol; über Andover nach Salisbury und Exeter; über Guildford nach Winchester und Southampton; über Rochester nach Canterbury und Dover. Alle diese Straßen hielten sich möglichst an die trockeneren, von Schotter oder Sanden gebildeten Plateaus oder Terrassen; die Niederungen querten sie auf möglichst kurzem Wege. Wohl wurden wenigstens sie einigermaßen instand gehalten, besonders die nach Dover, doch waren sie in den Niederungen, zumal im Winter, schlecht genug. Elend waren die Nebenstraßen. Schwierig war auch die Instandhaltung der Brücken. Steinbrücken gab es außer der über den Lea zwischen Bow und Stratford vor dem 12. Jh. überhaupt nicht. Bis in die Zeit Richards II. mußten sich die Erzbischöfe von Canterbury, Rochester und die benachbarten Herren mit dem König in die Erhaltung der neun Pfeiler der Holzbrücke bei Rochester teilen [620*; 814 a]. Auch die Vorgänger der 1209 vollendeten London Bridge waren Holzbrücken gewesen. Andere setzten bei Staines,

Maidenhead und Henley über die Themse, bei Uxbridge über den Colne, bei Weybridge über den Wey [11, 13].

Wie in SE-England, so hatte seit dem 12. Jh. die Schafzucht im Londoner Becken immer größere Bedeutung für den Wollhandel gewonnen. Schafe wurden nicht bloß auf den Downs, sondern auch auf den Heiden und in den Niederungen gehalten. Führend im Wollhandel war London. Allmählich kam dann durch die Flamen die Tuchweberei auf, in London und in Colchester, für welche man Waid, Alaun und Weberkarde vorerst aus dem Ausland bezog. Wie in den Kirchen der Cotswolds, so erinnern in den Chiltern Hills manchmal Gedenkplatten aus Messing an die reichen Wollhändler des 14. bis 16. Jh., welche derartige Erzeugnisse in Belgien (Dinant!) kennengelernt hatten. Schon Ende des 14. Jh. zog ein Hauptwebereigebiet aus Suffolk über Colchester tief nach Essex hinein. London verschiffte damals als wichtigster Wollmarkt ein Drittel aller aus England ausgeführten Wollwaren. Dagegen ging die Ausfuhr von Wolle immer mehr zurück. Im übrigen war Londons Handel, mußten sich auch seine Kaufleute vorläufig noch mit Hanseaten und anderen Fremden in ihn teilen, bereits vielseitig und umfassend geworden und mit vielen Ländern Europas in Verbindung [65*, 612*, 618*, 619*].

Um 1400 zählte London rund 30 000 E., dreimal soviel wie York, damals die zweitgrößte Stadt, um 1600 etwa 250 000 E., um 1700 nach verschiedenen Schätzungen kaum weniger als 600 000—650 000 [624*; s. auch Kap. III]. Im Zusammenhang damit verdichtete sich auch die Bevölkerung in den Home Counties, und der Ackerbau wurde intensiver. Schon frühzeitig sind die Einhegungen im Londoner Becken durchgeführt worden, soweit nicht ohnedies wie in Kent von vornherein andere Betriebsformen bestanden hatten. Obst- und Gemüsebau breiteten sich in den Vorstädten Londons aus, der Hopfenbau zog in Kent ein, sein Obst wurde besonders gerühmt. Von Milton am East Swale wurden im 18. Jh. viel Kirschen und Äpfel nach London geschickt (vgl. S. 29). Stellenweise wurden Industriepflanzen in den Gärten gezogen, Krapp, Weberkarde, Waid. Rings um London entstanden neue Ansitze wohlhabender Adeliger, Kaufherren und anderer reicher Leute [624*]. Das prächtige Schloß Hampton Court, von Kardinal Wolsey 1516 begonnen, aber noch vor der Vollendung „freiwillig" an Heinrich VIII. überlassen, ist das größte Beispiel jener im 16., 17. und 18. Jh. errichteten Bauten. Diese sind in dem jeweils herrschenden Stil erbaut, vom Tudorstil angefangen (Ingatestone Hall sw. Chelmsford im Elisabethstil; Hatfield House bei Hatfield und Swakeleys nö. Uxbridge im Jakobstil; Syon House bei Brentford, Eltham Palace bei Chislehurst, Cobham Hall unweit Greenwich, Chiswick House u. viele a.) [11 a, 11 g u. ao.]. Noch im 16. Jh. wurden Teddington, Richmond, Chelsea u. a. als Wohnorte bei den Londonern beliebt. Mit der Schaffung der besseren Mautstraßen (Turnpike Roads) seit der Zeit der Königin Anna und der Entwicklung des Kutschen- und Postkutschenverkehrs ließen sich viele bemittelte Großstädter nicht bloß in Middlesex, Surrey und NW-Kent nieder, sondern auch jenseits des Lea in Walthamstow, Woodford, Leyton, West Ham, East Ham, von wo sie in ihren Wagen zur Stadt fuhren. Erst recht wurden in und neben Dörfern der näheren Umgebung Paläste, Herrenhäuser und Villen erbaut, zu Kensington, wo Wilhelm III. ein Palais hatte, zu Hammersmith, das noch 1830 ein Dorf war, zu Hampstead, wo man in der 1. H. des 18. Jh. eine Stahlquelle und andere Mineralquellen entdeckt hatte und eine Zeitlang sogar ein Brunnenhaus stand, zu Dulwich. Auch in Epsom, dessen „Salts" (Magnesiasulfat) sogar

in Flaschen verschickt wurden, Esher und an anderen Orten, die gutes
Wasser boten und als besonders gesund galten, ließen sich Londoner nieder.
Aber noch immer war, abgesehen von London, das Gebiet in der Hauptsache landwirtschaftlich tätig. Seine Hauptaufgabe war, London mit Lebensmitteln zu versorgen, stieg doch dessen Bevölkerung unheimlich rasch an,
namentlich in der 2. H. des 18. Jh. 1801 zählte man in der heutigen Admin.
Co. of London (vgl. S. 144) 959310 E., davon in der City of London 128129 E.
Alle die Marktstädte des Beckens und seiner Umgebung handelten mit Weizen
und Roggen, manche auch mit Gerste. Dunstable, Hitchin, St. Albans, Wycombe, Hemel Hampstead in den Chilterns, Braintree, Colchester, Romford in
Essex, Brentford, Richmond, Kingston und andere bis hinauf nach Reading,
s. der Themse Croydon, Dartford, Rochester, Milton, Farnham, Canterbury
waren noch um 1800 wichtig für die Versorgung Londons mit Getreide und
Mehl; Farnham wurde damals von dem deutschen Reisenden NEMNICH als
größter Weizenmarkt Englands gerühmt. Obst- und Gemüsebau blühten vornehmlich s. der Themse in Surrey und in Kent. Noch vor 130 J. lieferten die
Gemüsegärten von Battersea Kohl, Bohnen, Spargel; sie hatten außerdem
Rosenkulturen und erzeugten Rosenessenz. Gravesend hatte Spargelbau [68].
Obst- und Gemüsebau wurden auch längs dem unteren Leatal betrieben,
Vorläufer des heutigen Glashausbetriebs. Essex war schon unter Elisabeth
von JOHN NORDEN als das „englische Goschen", als „the fattest of the Lande"
bezeichnet worden. Es lieferte Getreide, Milch und Butter und hatte zu
DEFOES Zeit auf seinen grünen Niederungen die beste und größte Kälber-
zucht Englands, Milchschafe und Hammel [624*]. „Essex cheese", ein Schaf-
käse, nahmen sich die Seeleute gern auf die Fahrten mit. Auf den Kreidekalken im N wurde eine Zeitlang etwas Hopfenbau betrieben. Manche Orte
waren wegen ihrer Spezialitäten besonders bekannt, so Epping durch
Schweinefleisch, Würste und Butter. Little Ilford hielt vielbesuchte Viehmärkte ab, auf denen Vieh aus Wales, N-England und Schottland aufgetrieben wurde. Hitchin und Royston hatten zu CAMDENS Zeit große Getreidemärkte und Mälzereien, Hitchin sammelte bis vor wenigen Jz. Heil-
kräuter und lieferte im J. bis zu 20 000 Stück Löwenzahn in die Fabriken,
wo aus der Wurzel ein „Kaffee" und tonische Mittel bereitet wurden [834,
835]. Große Mühlen standen zu Hertford, Ware und längs dem Lea bis
hinab nach Stratford, das schon seit dem 14. Jh. durch sein Gebäck bekannt
war. Die Mühlen an den Nebenflüssen der Themse, in Middlesex, Surrey,
Berkshire schickten Mehl nach der Hauptstadt [625]. Reading z. B. lieferte
noch um 1830 jährlich bis zu 20 tons, außer Weizen Hafer, Bohnen, Erbsen,
Malz, Käse, Holz usw.; es hatte am Kennet einen Kai [60*]. Auch von
Henley und Maidenhead wurde die Themse als Wasserweg benützt, ebenso
auf dem Wey Holz und Kohle nach London befördert [11 f, i]. Die Anlage
neuer Kanäle, welche die benachbarten Flußgebiete miteinander verbanden,
diente gleichfalls der Versorgung Londons. Wichtig für die Ernährung
Londons war der Fischfang im London River und im Themseästuar. Faversham und mehrere Plätze in Essex waren durch ihre Austernzucht bekannt.
Noch im 18. Jh. war die Industrie außerhalb Londons nicht bedeutend.
Nur die Weberei blühte weiterhin, teils Tuchweberei, teils die um die M. des
17. Jh. aufkommende und durch eingewanderte Hugenotten, die schon 1573
in Wandsworth das Textilgewerbe aufgenommen hatten [11 e], besonders
belebte Seidenweberei, diese namentlich in Canterbury und zusammen mit
Tuchweberei auch in Reading und Wokingham — daselbst wurden sogar
Maulbeerbäume gepflanzt — und in Essex. Hier wurden zwar weniger Woll-

als Fleischschafe gehalten, aber die Schafe der Heiden (Tiptree Heath)
versorgten die Weber von Colchester, Coggeshall, Halstead u. a. mit guter
Wolle. Von den landwirtschaftlichen Gewerben waren außer der Müllerei
hauptsächlich Brauerei und Gerberei vertreten. Windmühlen gehörten
zum Landschaftsbild (vgl. S. 41 f.). Reading und Wokingham waren auch
durch ihre Glockengießerei bekannt, Dartford durch seine Papiererzeugung
[625*; 68], London selbst durch Herstellung feiner Glassorten (seit 1556),
Taschenuhren (1577 von Nürnberg eingeführt) und Tonherde und -öfen [11 e].
Neue wichtige Aufgaben hatten seit Heinrich VIII., noch mehr seit
Elisabeth und besonders Karl I. einige Plätze an der Themse übernommen,
vor allem Chatham, wo der Bau und das Anwachsen der Kriegsflotte größere
Werften und Werkstätten ins Leben riefen und wohin Eisen und Holz aus
dem Weald auf dem Medway hinabgeführt werden konnten [624*] (vgl. S. 30).
Auch Gravesend, Woolwich und Deptford beschäftigten sich mit Schiffbau
und -ausbesserung. In Deptford, dem Übergangsort am Ravensbourne (Deptford Creek), stand außer geräumigen Marinespeichern ursprünglich Trinity
House, das Heim jener 1514 gegründeten Körperschaft, welche die Leucht-
feuer und das Rettungswesen an den britischen Küsten zu organisieren hatte.
Der alte Landungsplatz von Greenwich erhielt ein großes Hospital (seit 1873
R. Naval College), und 1695 wurde das königliche Observatorium eingerichtet (Flamsteed House), dagegen das „Laboratorium" nach Woolwich verlegt [BE, 837]. Dieses und Chatham entwickelten sich infolge der Bedürfnisse
des Schiffbaus und der Schiffsausrüstung immer mehr zu Industriestädten,
für welche die Kohle auf der Themse herbeigeschafft wurde. Gewaltig wuchs
deren Verbrauch in London an: 1700 wurden 0,41, 1799 1,05 Mill. tons zugeführt [624*].

Um die Wende zum 19. Jh. hatte bereits die paläotechnische Industrie
ihren Einzug begonnen, vorderhand freilich nur in London selbst und seiner
Umgebung. Wie viele alte Gewerbe, so suchten auch die neuen Fabriken mit
Vorliebe die Nähe der Themse und ihrer Zuflüsse auf, auch die neu angelegten Wasserwege, wie den Regent's Canal. Eine gewisse Lokalisierung ist
dabei unverkennbar. Die damals bestehenden Kattundruckereien fanden das
benötigte gute Wasser und günstige Trocken- und Bleichböden besonders
im Wandletal, um Croydon und Dartford, wo sie sich auch am längsten
erhielten. Die schon 1801—1803 erbaute Surrey Iron Railway und der 1809
vollendete Croydon Canal, welcher über Sydenham zu dem ebenfalls in
jenem Jz. angelegten Grand Surrey Canal und damit zu den Surrey Docks
führte, sollten die Walkererde von Godstone herbeischaffen, doch wurde die
Bahn nur bis Merstham gebaut (vgl. S. 30). In Merton, Mitcham, Wimbledon,
Wandsworth standen zu Nemnichs Zeiten Kattundruckereien. Die durch
ihren Gestank unangenehmsten Betriebe blieben meist auf dem S-Ufer der
Themse, so die Leim-, Kerzen-, Farben-, Seifenfabriken, chemischen Fabriken,
Gerberei und Lederei. Diese beiden blühten besonders in Southwark und
Bermondsey (hier wurde 1832 die Lederbörse eingerichtet) (vgl. S. 141). Southwark hatte Vitriolwerke, Rotherhithe stellte um die M. des 19. Jh. aus allerlei Abfällen Kunstdünger her. An die Themse hielten sich ferner Fabriken für
das „floorcloth", eine Art Teppiche aus grober Leinwand, die dick mit Ölfarbe
überzogen waren. Dagegen erzeugten in und um West End verbrauchs-
ständige Industrien Luxusartikel und besseren Haus- und Wohnungsbedarf,
so u. a. Chelsea feuerfeste Tonwaren, Patent-Filtriersteine, Tapeten, Seide,
Fulham Teppiche und Steingut, Battersea Emaillewaren, Kensington Spitzen,

Kerzen, Tapeten, Long Acre Kutschen. Lambeth hatte eine Zeitlang „Delft
Ware" hergestellt. An der Themse, bzw. am Lea, in Wandsworth, Bermondsey, Rotherhithe, Stratford standen große Getreidemühlen, teils schon mit
Dampf, teils noch mit Wasser betrieben, Zuckersiedereien und Brauereien
[68]. Noch war London ein Mittelpunkt des Schiffbaus (zu Deptford, Millwall, Blackwall, Poplar, Bow Creek). Hier wurde die „Comet" als erstes
Dampfschiff für die Marine erbaut; das erste eiserne Kriegsschiff, die „Trident"; die erste eisengepanzerte Schwimmbatterie usw. Überhaupt entwickelte
sich die Eisenindustrie infolge der Erfordernisse des Schiffbaus, der Eisenbahnen, der Rüstungswerke von Woolwich günstig. Dampfkessel und -pumpen,
Baggermaschinen usw. wurden in London hergestellt. Zu Bishopsgate,
Shoreditch, am E-Hang des Fleettals wohnten Uhrmacher, Juweliere, Kupfer-
stecher, Drucker. Noch 1851 gab es in Bethnal Green und Whitechapel über
5000 Seidenweber. Dagegen war die Strumpfwirkerei bereits nach Nottingham abgewandert. Aber die Bekleidungsindustrie blühte, da London weit
mehr als heute das „shopping centre" des Landes war. Hier kaufte man
Kleider, Hüte, Schuhe, Modewaren, Juwelen, „time keepers" (Chronometer),
mathematische und physikalische Instrumente, chemische Apparate. Auch
die Möbelindustrie (von East End zumal) und das Baugewerbe blühten. Die
Ziegelbrennerei wurde damals in erster Linie in Islington, Kensington,
Hackney und s. der Themse in Camberwell betrieben. Bereits um 1800 war
Londons industrielle Tätigkeit besonders durch Mannigfaltigkeit gekennzeichnet, und dies ist bis heute so geblieben.

Dem Schwergüterverkehr dienten außer der Themse und den Unterläufen ihrer Nebenflüsse die neuen Kanäle: der 1796 vollendete, hauptsächlich vom Loddon gespeiste Woking—Basingstoke Canal, der bei 59 km Länge
29 Schleusen und einen 1 km langen Tunnel benötigte; der Grand Junction
Canal (1795 eröffnet) von Brentford nach Braunston (zwischen Daventry
und Rugby), wo er in den Oxford Canal mündete und damit an das Kanalnetz der Midlands anschloß; der Regent's Canal von Limehouse nach Paddington (1820 eröffnet), der mit dem Grand Junction Canal durch den Paddington Canal verbunden war; der Kennet-Avon Canal (seit 1810). Das Vieh
— Rinder, Schweine, Schafe — wurde „on the hoof" nach London gebracht,
auf gewissen Straßen etliche 100 bis zu 1000 Stück im Tag. Der Postkut-
schen- und Wagenverkehr nahm ständig zu, die Gasthöfe der Halteplätze
waren immer überfüllt.

Voll entfaltete sich die paläotechnische Zeit jedoch erst nach dem Einzug der Eisenbahn. Binnen einem Jz. nach der Eröffnung der Linie nach
Birmingham (1838) war London mit allen wichtigen Städten der Insel durch
Bahnen verbunden. Bald teilten sich diese mit der Schiffahrt in die Heran-
schaffung der Kohle, und erst durch sie konnte sich der Hafen von London
sein heutiges Hinterland, jetzt erst London die Führung im Welthandel gewinnen. Im engen Zusammenhang damit stand eine starke Zuwanderung
in die Stadt. Unheimlich rasch stieg ihre Bevölkerung an: 1801—1851 von
nicht ganz 1 auf über 2 Mill., bis 1861 auf über 2,8, bis 1881 auf über 3,8.
Mit über 4,5 Mill. trat die 1888 geschaffene Admin. Co. of London in das
20. Jh. und in die neotechnische Zeit ein, mit 6,6 Mill. der Polizeibezirk
London, „Greater London" [vgl. Kap. III]. Und noch ist dieses Wachstum
nicht am Ende. Immer gewaltiger und verhängnisvoller überschattet es das
übrige Londoner Becken. In Wirtschaft und Siedlung, im Verkehr, in der
Verteilung der Bevölkerung und entsprechend im kulturgeographischen Bild
der Landschaft kommt dies zum Ausdruck.

Der grundlegende Vorgang bei dieser Entwicklung besteht darin, daß in einem immer weiteren Umkreis Acker-, Garten- und Weideland verschwinden. Aus kleinen Dörfern sind hier Städte mit 100 000 und mehr E. entstanden und mit London verwachsen. Überall schließen sich an die alten Dorfkerne neue Wohnviertel an, sei es Arbeiter-, sei es Villenviertel. Zu Dutzenden schießen alljährlich neue Häuserblöcke empor, große und kleine Fabriken werden errichtet, und die Zwischenräume füllen sich alsbald mehr oder weniger auf. Zuerst hatten die Haupteisenbahnen und -straßen die Wachstumsspitzen bestimmt, entlang ihnen wurden benachbarte Siedlungen zuerst durch Häuserzeilen miteinander verbunden. Heute ermöglichen die Linien der elektrischen Stadtbahnen und der Kraftwagenverkehr eine noch raschere Auffüllung der offenen Flächen. Viele große Güter sind veräußert und parzelliert worden. Von dieser Entwicklung ist eigentlich nur jener Streifen alter Parke im W der Stadt ein für allemal verschont geblieben, der von Kingston gegen N bis über die Themse reicht (Richmond Park, Kew Gardens). Freilich sieht man jetzt bei der Anlage neuer Wohnviertel mehr darauf, auch größere Grünflächen in Form von Parken, Gärten und Sportplätzen zu bewahren. Aber nicht bloß die lieblichen, alten Städtchen des Themsetals oberhalb Londons, die Höhen von Highgate und Hampstead sind Wohnviertel von London geworden, sondern selbst Watford, St. Albans und Hertford, Guildford und Croydon und die dazwischen gelegenen Orte; bis in die Täler und auf die Höhen der Downs hinauf und selbst jenseits derselben wohnen viele Londoner, ebenso in den Tälern der Chiltern Hills. Hier ist z. B. Harpenden noch vor 70 Jahren ein Dörflein gewesen, mit kleinen Häusern, von denen verschiedene zusammen nur e i n e n Brunnen hatten, um ein „common", mehreren Gehöften, zwei oder drei Geschäften. Die Bevölkerung betrieb Ackerbau auf alte Weise und Strohflechterei. Heute hat es Straßen mit Vorstadtvillen, zwei Bahnhöfe; von seinen E. sind viele in London beschäftigt [820]. Demgemäß ist die Bevölkerungszahl vieler ehemals kleiner Dörfer im Umkreis von London stark angewachsen (vgl. z. B. S. 114). Schon erstreckt sich die Verbauung Groß-Londons über den Lea, dessen nasses Tal lange Zeit eine Schranke gewesen, weit nach E. Erst jenseits des Colne und des Wey, des Darent und des Roding werden diese Beziehungen schwächer. Doch kommen viele der in London Beschäftigten von noch viel weiter her, von Farnham, Reading, von Southend, Folkestone und von der S-Küste (vgl. S. 37). Zwischen London und Brighton fuhren schon 1932 täglich 35 000 Personen; man rechnete mit einem baldigen Anstieg auf 50 000 [75].

Wie der Siedlungsring, so schiebt sich auch der Industriegürtel fortwährend weiter auf das Land hinaus [113*]. Während der letzten 10 J. vor dem Ausbruch des zweiten Krieges dürften an die 10 000 neue Fabriken und Werkstätten entstanden sein, eine Entwicklung, welcher eine Zunahme der Bevölkerung um $^3/_4$ Mill. entsprach. Verbraucher und Arbeitskräfte stehen in gewaltiger Menge zur Verfügung, die Themse vermittelt Rohstoffe aus aller Welt. Zum Unterschied von den anderen Riesenstädten Europas ist London zugleich auch ein Welthafen. Zwar fehlen ihm gewisse Zweige der Großindustrie, um so zahlreicher und mannigfacher sind die mittlere und kleinere. Tatsächlich ist es eine der gewaltigsten Fabrikstädte der Welt. 1938 zählte man 36 911 Betriebe, von denen $^3/_4$ höchstens 25 und die insgesamt 743 473 Personen beschäftigten [III[816]]. Nach wie vor besonders wichtig sind seine Lebensmittelindustrien, seine Zucker-, Brot- und Biskuit-, seine Konservenfabriken, seine Brauereien, die Tabakindustrie; seine chemischen

Fabriken (Arzneien, Riechwässer, Essenzen, photographische Chemikalien; Teer, Benzol, Kreosot usw.); ferner seine Möbelindustrie, Holzverarbeitung, Zündholzerzeugung, seine Papier- und Kartonagenfabriken; seine Bekleidungsindustrie, die Herstellung von Leder-, Mode- und Luxuswaren, Juwelierarbeiten; Druckerei, Buchbinderei, photographisches Gewerbe (fast die Hälfte aller in diesen Berufen Beschäftigten Englands entfällt auf London); die optische Industrie (Brentford, Barnet). Nach wie vor blühen auch die Leichtmetallindustrien, welche Kupfer, Zink, Bronze, Messing verarbeiten; hat es doch nicht weniger als 300 Gießereien für Nichteisenmetalle. Dagegen ist der Schiffbau in der 2. H. des vorigen Jh. abgewandert, nach dem Clyde, nach Tyneside usw. Dafür haben sich viele von den neueren, u. zw. besonders von den verbrauchständigen Industrien in Groß-London und im Londoner Becken niedergelassen, die Eisen- und Stahlverarbeitung hauptsächlich mit Erzeugung kleiner, leicht versendbarer Fertigfabrikate wie Motoren, elektrischer Lampen, Akkumulatoren und überhaupt elektrischer Apparate, die Aluminium- und die Gummiindustrie (Autoreifen). Der sog. „Zug nach dem Süden" besteht dabei weniger in einer Verlagerung von Industrien aus dem n. England in das Londoner Becken als vielmehr in dem Zustrom der Bevölkerung und in der Gründung neuer Fabriken im Umkreis der Metropole [719*, 721*]. In der County of London selbst wurden 1934—1938 sogar weit mehr Fabriken geschlossen als eröffnet (654, bzw. 463), außerhalb von ihr war es umgekehrt (629, bzw. 200). Rund $^5/_4$ Mill. Menschen sind in der Zwischenkriegszeit in das Gebiet eingewandert, während über 600 000 aus der County in die Umgebung übersiedelten. Die schweren Maschinen- und Metallindustrien (Lokomotiven- und Waggonwerkstätten, Schiffsmaschinen u. dgl.) bevorzugen nach wie vor East End und die Themseufer, besonders das s.; an diesem stehen auch Getreidemühlen, Zuckerraffinerien, Brauereien, Margarine-, Seifen- und Chemikalienfabriken, Gas- und Elektrizitätswerke (Kohlenzufuhr!). Die Möbelindustrie hat sich, anknüpfend an die alte Holzindustrie der Boroughs Shoreditch und Bethnal Green, namentlich längs den Kiesterrassen des Leatals ausgedehnt, auch Kleider-, Papier-, chemische Industrie, Druckerei haben dieses aufgesucht (Tottenham, Edmonton, Enfield, Waltham). Bekleidung aller Art wird vor allem in Finsbury, Stepney und in West End fabriziert, Schuhe und Stiefel in Hackney. Die neuen leichteren Industrien (elektrische Apparate, Haushaltware, Filme, Rundfunkgeräte, Molkereimaschinen, Eisschränke, Feuerlöschapparate, chirurgische Instrumente u. gl.), dazu auch Luxus-, Halbluxus- und Kraftwagenindustrie, die für den heimischen Markt arbeiten, suchen jetzt mit Vorliebe die Nähe der Bahnen und der neuen Straßen im W und NW auf, so zumal die der Great West Road, wo sie zwischen den Maschinenbaustädten der Midlands und den Verbrauchern von West End einen besonders günstigen Standort haben. Neue Fabriken sind ferner längs der G.W.R. und Grand Union Canal (vgl. S. 150) entstanden, so in Southall und Hayes (Lebensmittel: Jams, Konserven, Spezereien; Flugzeug- und Schwermotoren, Fahrräder, Grammophone u. dgl. m.); daher in allen jenen Orten das starke Anwachsen der E.Z. (vgl. auch S. 106). Ähnlich in Ealing, Acton, Wembley usw. Übrigens sind alle Arten von Industrien durch ganz London verbreitet. Aber über Groß-London weit hinaus sind fast in allen Städten des Beckens neue Fabriken entstanden, von Reading und Slough im W bis Rochester im E, sogar in dem Seebad Southend (Kautschukwerke), in der Gartenstadt Welwyn (Rundfunkgeräte, Filmindustrie) und in den Städten der Chiltern Hills, ganz besonders in Luton, endlich auch s. der

Themse an den neuen Umfahrungsstraßen (Grammophonplatten, elektrische Schalter; Banknotendruck). Kurzum, die Industrialisierung des Raumes von London schreitet unaufhaltsam fort, dringt in die Täler der Umrahmung ein und verschlingt nunmehr auch die guten Böden. Ja der unmittelbare wirtschaftliche und kulturelle Einflußbereich der Hauptstadt reicht über das Becken hinaus bis an die S- und E-Küste, nach Ostanglien und nach Innerengland; selbst Oxford und Cambridge gehören noch dem „Metropolitan England" an [14*, 724*, 726*, 735*, 741*a u. ao.; s. auch Kap. III].

Auch außerhalb Londons hat dabei die neue Entwicklung oft an schon vorhandene Standorte angeknüpft, mannigfaltig wie in London selbst. So hat der Schiffbau, zumal für die Flotte, seine Mittelpunkte in Chatham (Kreuzer und U-Boote), Sittingbourne, Sheerness, Faversham, in Gravesend und Colchester. Die Ziegelfabrikation blüht um Slough, die Zementindustrie nutzt die Kreidekalke von Purfleet und Grays, am unteren Medway zu Rochester—Gillingham, am Swale, zu Luton und Dunstable usw. Die Textil-(Seiden- und Kunstseiden-) Industrie in verschiedenen Städtchen von Essex setzt die ehemalige Wollweberei fort. Hutformen werden, abgesehen von London, besonders in Luton erzeugt, das ehemals durch seine Strohflechterei wichtig war. Jute wird in Slough, Croydon, Leatherhead, Dagenham verarbeitet. Die Papierindustrie weist Riesenfabriken bei Sittingbourne (Kemsley am Swale), Gravesend, Northfleet (erstklassiges Druckpapier), Greenhithe auf, andere in Dartford (feines Schreibpapier), South Darenth (Kunstdruckpapier für illustrierte Zeitschriften und Kataloge), Crayford, Purfleet, Rochester, hier in der Fortsetzung derjenigen des Medwaytals (Snodland, Aylesford, Maidstone). Die fünf größten Fabriken des unteren Themsetals lieferten (vor 1939) jährlich rund 400 000 tons, etwa $^1/_3$ der Gesamterzeugung Englands. Hauptverbraucher ist London. Die Eisenindustrie hat in den staatlichen Werken von Chatham und Sheerness große Betriebe. Werkzeugmaschinen werden zu Chelmsford und Colchester gebaut. 90% der Unterseekabel der Welt wurden an der unteren Themse erzeugt. Chemische Industrien sitzen u. a. zu Slough, Ilford; Erith und Faversham haben große Pulver- und Sprengstoffabriken. Neu aufgeblüht waren in den letzten Jz. oder gar nur J. die Kraftfahrzeug-, Flugzeug- und Treibstoffindustrien: die Autofabriken von Wembley, Feltham (zwischen Twickenham und Staines), Fleet (sw. Feltham) und besonders zu Dagenham, die Anfertigung von Fahrgestellen zu Maidenhead, Isleworth, Letchworth, der Bau von Lastkraftwagen, bzw. Autobussen zu Slough, Luton, Welwyn und drüben in Ramsgate und Colchester. Flugzeugfabriken stehen bei Weybridge („Wellington-Bomber"), Kingston-on-Thames („Hurricanes"), Rochester, Hatfield [735*]. Die Ölraffinerien halten sich an die Themse (Brentford, Wandsworth, Greenwich, Erith), Verschwelanlagen bestehen zu Corytown, Thameshaven, Shellhaven, auf der Isle of Grain (n. des Medwayästuars). Öllager (Bunker) haben Thames- und Shellhaven, Purfleet und Shoreham, ferner Ramsgate, Dover, Folkestone s. des Ästuars, n. Burnham, Tollesbury, Maldon, Colchester, Harwich. Schweröle werden zu Purfleet und Beckton verarbeitet, Fulham und Wandsworth versenden Schmieröl, Silvertown speichert u. a. Mexphalt auf, einen bituminösen Straßenbaustoff (für London Passenger Transport Board). Zahlreich sind die Gasanstalten mit Treibstofferzeugung, von Berkhampstead bis nach Colchester, Sheerness, Canterbury, Folkestone. Das vielleicht größte Gaswerk der Welt steht zu Beckton, das über 16 000 Fabriken und 1 Mill. Haushalte versorgt und zusammen mit seinen Nebenwerken an die 3 Mill. tons Kohle verbraucht. Kraftwerke finden sich zu Uxbridge, Willesden, Barking, Rav-

leigh, zu Reading, Woking, Croydon, Gravesend usw. Wieweit sich dieser
Stand der Dinge seit 1939 geändert hat, ließ sich leider nicht näher ermitteln.
Schon vor den großen Bombenangriffen wurden eine Anzahl Fabriken, besonders Maschinenfabriken, nach W- und NW-England verlegt, infolge jener
wanderten verschiedene Industrien nach Reading, Newbury, High Wycombe,
Aylesbury, Luton ab, etliche größere nach Bolton, Barnsley, Macclesfield,
Leicester, Nothingham. Inzwischen sind namentlich viele kleinere wieder
zurückgekehrt, aber eine große Anzahl Fabriken in und um London ist
schwer beschädigt und noch nicht wiederaufgebaut worden [111].

Trotz all dieser Wandlungen werden noch heute nicht unbeträchtliche
Teile des Londoner Beckens landwirtschaftlich genutzt, in Essex, Hertfordshire und längs der N-Abdachung der North Downs bis hinüber zur Isle of
Thanet, in den Niederungen der Themse und ihrer Nebenflüsse und im benachbarten Hügel- und Riedelland von Berkshire und Buckinghamshire. In
Middlesex nahm das Pflugland 1936 allerdings nur mehr 5,6% der Ges.Fl. ein,
in Essex dagegen noch immer 56, in Hertfordshire 57%. Buckinghamshire
wies zwar nur 15% Pflugland gegenüber 61% Dauergrasland auf, aber dieses
tritt gerade im Londoner Becken zugunsten der Felder zurück. In Hertfordshire machte es 34, in Essex 44% der Ges.Fl. aus. Diese beiden Gr. bauen
viel Weizen an, Essex auch Gerste, Hertfordshire weniger Gerste als Hafer.
Futterfrüchte sind im ganzen Gebiet wichtig, denn die Viehzucht ist ansehnlich, in Essex besonders Schweine- und Geflügelzucht, in Hertfordshire
die Rinderhaltung. Hoch entwickelt sind Gemüsebau, z. T. auch Obstbau, im
Umkreis der Riesenstadt, u. a. auch in Glashauskulturen betrieben (vgl.
S. 104). Im einzelnen zeigt jeder Landschaftsteil sein eigentümliches land-
wirtschaftliches Gepräge (vgl. Tab. 2 im Anhang).[1])

Im Themseästuar und an der benachbarten Küste wird Fischerei betrieben. Früher war sie viel bedeutender, besaß doch z. B. Barking eine
ansehnliche Fischerflotte; noch vor wenigen Jz. führten seine Schmacken
Fische nach Billingsgate. London selbst beteiligt sich noch wesentlich an
der Fischerei (1937 ungef. 80 Boote, fast nur Dampfer), übertroffen von
Colchester (93 Motorschiffe) und Shoreham (92 M.Sch.). In weitem Abstand
folgen Faversham (38), Harwich (30) und Maldon (30) [113*; 97*].

Das im W Londons gelegene O b e r l a n d, wie man diesen Teil des
unteren Themsegebietes nennen könnte, ist im wesentlichen landwirtschaftlich eingestellt, wichtig für die Versorgung der Hauptstadt mit Lebensmitteln. Von dieser aus wird es durch einen Stern von Eisenbahnen und
Straßen nach dem s. Innerengland und dem W durchzogen, auch von
Kanälen, die allerdings viel von ihrer einstigen Bedeutung eingebüßt haben,
ebenso wie der Verkehr auf der Themse selbst. Eine unmittelbare Beziehung
zum Meer besteht nicht. Die Industrie spielt vorläufig eine untergeordnete
Rolle, schiebt sich jedoch neuestens von London kräftig nach W vor. Im
einzelnen werden durch Relief und Boden bemerkenswerte Unterschiede verursacht [11 f—h].

---

[1]) Die z. T. sehr ausführlichen Rep. des Land Utilis. Sv. (The Land of Britain. Ed.
by L. D. Stamp) gliedern die Counties meist weitgehend auf; auf sie muß bezüglich
weiterer Einzelheiten verwiesen werden [15—110]. Ebenso fehlt es hier an Raum, die
Veränderungen während des zweiten Weltkrieges näher zu beleuchten; einen Überblick bilden
die Tab. Übrigens lassen diese in mancher Hinsicht bereits eine Neigung erkennen, zu
Vorkriegsverhältnissen zurückzukehren.

Oberhalb des Kreidekalkplateaus von Maidenhead, das durch den Themsedurchbruch von den Chiltern Hills abgegliedert wird, liegt das B e c k e n v o n R e a d i n g. Londontone, bedeckt von Bagshotsanden und -kiesen, bilden flache Riedel längs dem Fluß, der sich durch eine breite Talau mit Rieselwiesen windet, begleitet von der alten Straße, von der wichtigen Linie der G.W.R. nach Taunton, Exeter und SW-England und vom Kennet—Avon Canal Je nach dem Boden wechseln Ackerfelder mit Wiesen auf den sanften Hängen, während die Hügelwellen oben reichlich Gehölze oder wenigstens Baumgruppen tragen. Kleine Dörfer halten sich an den Rand der Schotterkappen, dazwischen stehen zahlreiche Einzelhöfe. Der Umgebung von Newbury (Berkshire) verleihen bereits die Kreidekalke das Gepräge (vgl. S. 163, 176).

Ö. der breiten, in den Londontonen ausgeräumten Niederung des Loddon, welchem von E das Blackwater entgegenkommt — ebenfalls in einem nassen, Winterhochwässern ausgesetzten und nur als Sommerweide verwendbaren Talgrund —, entfalten sich größere Heiden an der Grenze von Berkshire, Hampshire und Surrey; an ihrem E-Rand liegt Bagshot (Surrey). Auf den Barton Beds (den obersten Eozänschichten; vgl. S. 184) lagert eine Decke trockener Plateauschotter, während die liegenden Brackleshamtone die Ortsteinbildung und damit die Versumpfung der Talmulden begünstigen [21 g, h, m]. Somit ist die in nur 120—150 m H. gelegene B a g s h o t H e a t h von Natur aus für den Ackerbau ungeeignet und überhaupt landwirtschaftlich so gut wie nutzlos [15]. Föhrenwälder, z. T. erst in neuerer Zeit gepflanzt, und offene Heiden mit Heidekraut, Ginster, Farnen, Stechpalmen, Rhododendren wechseln miteinander ab. Etliche Golfspielplätze liegen hier. Im übrigen dient ein großer Teil dieses Geländes seit 1855, wo es vom War Department gekauft wurde, militärischen Zwecken. Hier befinden sich die Lager und die Truppenübungsfelder von Aldershot (23 290), der Flugplatz von Farnborough, die Schießstätten von Bisley, die Kasernen von Aldershot und Farnborough, die Militärschulen von Sandhurst. Infolge der jahrzehntelangen Beanspruchung durch Artillerie und Kavallerie ist im Long Valley w. Aldershot geradezu eine künstliche Wüste entstanden, in welcher Gußregen wadiartige Einschnitte eingerissen und die Winde Sanddünen aufgeworfen haben [85]. Ascot ist durch seine Pferderennen bekannt. Lebhafter Verkehr besteht zwischen jenen Garnisonsorten und dem benachbarten Farnham. Eisenbahnlinien begleiten zu beiden Seiten das obere Blackwatertal, von welchem das Plateau in zwei Flügel zerschnitten wird. Schon stark verschmälert, setzt sich hier im E die Heide in den Chobham Ridges (ebenfalls mit Kasernen und Schießplätzen) in der Richtung auf den Hog's Back fort. Erst neuerdings haben sich weiter n. längs dem 50—80 m hohen E-Abfall des Heideplateaus Londoner niedergelassen. Wo hier die von den Bächen herabgeführten sandigen Lehme oder Tone, wenn schon keine nährstoffreichen, so doch leichter bearbeitbare Böden bieten, wird zunehmend Molkerei, ja sogar etwas Ackerbau betrieben [16]. Ein schmaler Streifen von älterem Londoner Tertiär zieht von der N-Seite des Hog's Back hinüber in die Kennetfurche, ein breiterer schaltet sich zwischen Bagshot Heath und das Kreideplateau von Maidenhead: hier hängt das Becken von Reading mit dem eigentlichen Londoner Becken zusammen.

Die einzige Großstadt des Oberlandes ist R e a d i n g (97 149; 108 830). Dank seiner zentralen Lage sammelt es die Verkehrswege durch das Kennettal (Bath) und das obere Themsetal (Oxford), aus Hampshire (Winchester, Southampton) und Surrey (Farnham). Kennet und Themse konnte es als

Wasserstraßen verwerten. Die Kreidekalke im Zwiesel zwischen beiden
Flüssen boten ihm trockenen Grund und Schutz. So erwuchs es als Brückenort am Kennet, der hier oberhalb seiner Mündung in mehrere Arme geteilt
war. Schon 871 in den Kämpfen zwischen den Dänen und Sachsen als befestigter Platz genannt, 1006 von den Dänen erobert, erhielt es in der
Normannenzeit eine Benediktinerabtei (1121), unter Stephan eine starke
Burg, von Heinrich III. bis Karl I. verschiedene Rechte [BE]. Trotz seiner
Randlage (das N-Ufer der Themse gehört zu Oxfordshire) wurde es Gr.St.
von Berkshire. Da in seiner Umgebung die Felder der Kreidetafel und die
Weiden und Wiesengründe der London- und der Alluvialtone zusammen-
stoßen, wurde es Mittelpunkt einer blühenden Landwirtschaft, deren Erzeugnisse es in dem 60 km entfernten London absetzte [15]. Eine Fakultät für Landwirtschaft ist seiner jungen (1892, zunächst als Reading University College,
gegründeten) Universität angeschlossen. Besonders bekannt ist Reading
durch seinen Samenbau und -handel und seine Biskuiterzeugung. Es hat
Brauereien und allerlei andere Industrien (Eisen- und Messinggießerei; Fahrräder; landwirtschaftliche Werkzeuge; Eisenbahnwerkstätten; wasserdichte
Stoffe, sehr geschätzt sein „Burberry"; Druckereien). Es ist weit über den
Kennet gegen E gewachsen, im W steigen seine Ausläufer auf das Plateau
von Tilehurst (Ziegelerzeugung) hinauf, an dessen Fuß Straße und Bahn
längs dem breiten Themsetal zum Durchbruch zwischen Pangbourne und
Goring führen, beliebten Sommerfrischen [820 a]. Wokingham (7294;
8134), ehemals ein regsames Städtchen am W-Rand der großen Heide, ist
von Reading ganz in den Schatten gestellt worden und heute ohne Bedeutung
(vgl. S. 93).

Auch zwischen Reading und Windsor schmiegen sich Sommerfrischen
in das Themsetal, lockend durch die Lieblichkeit der Landschaft und
mit Rudersport: Wargrave (2271), Henley-on-Thames (in Oxfordshire; 6621; *8699*), Marlow (5086), Maidenhead (17 515; *26 090*).
Die Henley Royal Regatta in der 1. Juliwoche lockt tausende Besucher
herbei. Schöne Wälder und prächtige Ansitze, manche mit berühmten
Gärten (Dropmore), liegen in der Umgebung. Zweimal täglich fahren Personendampfer von Kingston die 146 km lange Strecke nach Oxford, brauchen
dazu allerdings wegen der 31 Schleusen zwei Tage. Henley und Maidenhead
sind bekannte Brückenorte. Beide sind in der Zeit der Postkutschen wichtige
Halteplätze gewesen — 68 passierten täglich unmittelbar vor dem Bahnbau
Maidenhead. Beide handelten damals mit Getreide, Mehl, Holz und Malz,
sie hatten ihre Rinder- und Pferdemärkte. Marlow und Henley erzeugten
Papier, dieses zeitweilig auch Glas, Seide, jenes Spitzen, Seile und umwickel-
ten Draht [60*]. Heute ist die Industrie unbedeutend (Brauereien, Ziegelfabrikation).

Die Niederung s. des Plateaus von Maidenhead wird von Feldern, Wiesen
und Parken eingenommen, unter denen der große Park von Windsor mit
seinen Eichen, Eschen und Ulmen der schönste ist. Windsor Forest war
ehemals Wald und Heide im Besitz der Krone. Wiederholt wurde er vergrößert, unter Jakob I. umfaßten seine 16 „walks" das ganze Land zwischen
Loddon, Blackwater, Wey und Themse. Georg III. gab die Hälfte zur Urbarmachung frei [11 f, 15]. Das mächtige, turmreiche Schloß von Windsor
(eigentlich New W., 20 287; *19 940*), ursprünglich von Wilhelm dem Eroberer
errichtet und unter Heinrich II. zum Königssitz ausersehen, wurde bis in
die Zeit der Königin Viktoria wiederholt neu ausgestattet und umgebaut.
Seine heutige Gestalt erhielt es hauptsächlich unter Georg IV. Es steht.

ein jährlich von Zehntausenden besuchtes Ausflugsziel, am r. Ufer der Themse
(in Berkshire) in beherrschender Lage (in 40—45 m H.) auf den Kreidefelsen jener kleinen Antiklinale, welche hier von dem Flusse angeschnitten
worden ist (vgl. S. 67). An das Schloß schmiegt sich das Städtchen, während
dessen älterer, schon unter Eduard dem Bekenner genannter Vorläufer
(Windlesora), 3 km weiter unterhalb an der Themse gelegen, ein Dörflein
geblieben ist. Abgesehen von Bierbrauerei (Ale, das es auch nach London
schickt) entfaltet es kein nennenswertes Gewerbe. Erst zu Beginn des 19. Jh.
traten an Stelle der alten Fachwerkhäuser vornehmere Bauten und Anlagen
[83]. Windsor gegenüber liegt Eton mit seiner „Universität im kleinen",
der vornehmsten Grammar School Altenglands (1441 unter Heinrich IV. in
Verbindung mit King's College in Cambridge gegründet), in der ¨grünen
Talau der Themse; etwas weiter vom Fluß entfernt S l o u g h (33 530;
60 220), wo einst HERSCHEL sein Teleskop erbaut hat, Sitz verschiedener
Industrien, die an Stelle der Munitionsfabriken des ersten Weltkrieges getreten sind (Maschinen, Nährmittel, Arzneien, Tabak, Ziegel; 200 Firmen
auf dem 2,3 km² großen Factory Trading Estate), und bekannt durch seine
Pflanzgärten und seinen Samenhandel [VII A¹¹²].

Unterhalb Windsor wird die Themseniederung breiter, beiderseits des
hier mehrfach verzweigten Colne bis hinab zur Mündung des Wey. Drei
alte Brückenorte führen die Straßen nach dem W: Uxbridge am Colne,
Staines an der Themse, Weybridge am Wey gleich oberhalb seiner Mündung.
Auch bei Chertsey wird die Themse von einer Brücke übersetzt. U x b r i d g e
(31 880; *50 650*) und der Brückenkopf S t a i n e s (21 213; *33 500*) sind hier
die Außenposten des Industriegebietes von London, das erstere mit Erzeugung von Möbeln, Gartensesseln, „Windsor chairs", landwirtschaftlichen
Werkzeugen, das letztere mit Eisengießerei, Bootbau, Brauerei und Linoleum-
fabrikation. Seinerzeit war Uxbridge einer der wichtigsten landwirtschaftlichen Märkte w. Londons für Butter, Eier und das Mehl, das ihm zahlreiche Wassermühlen am Colne und am Grand Junction Canal lieferten.
In der Richtung auf London stellen sich dann Industrie und größere Siedlungen, meist Arbeiterstädte, mit rasch wachsender E.Z. ein: Hayes und
Harlington (*60 660*) zwischen Slough und Ealing, Southall, Feltham (*35 670*)
zwischen Staines und Twickenham (vgl. S. 105, 106). Auch Chertsey in Surrey
(s. Staines), entstanden neben einer reichen Benediktinerabtei, wächst rasch
an (*27 520*).

Abwechslungsreicher sind die C h i l t e r n H i l l s nicht bloß in Formen
und Pflanzenkleid, sondern auch in der Bodennutzung [16, 17, 18a, 71a, 72b].
Dank der großen Quellen zeigen die Haupttäler saftige Rieselwiesen, die vor-
treffliches Heu liefern. Auch wird Wasserkresse gepflanzt. Die besten Ackerböden knüpfen sich an die Geschiebelehme, die flintführenden Tone sind dem
Anbau weniger günstig. Wegen der starken Verschiedenheit der Böden be-
wirtschaften viele Landwirte getrennte Güter, die einander oft ergänzen.
Doch nimmt der Ackerbau ab, auch die Schafzucht geht etwas zurück, namentlich die Haltung der alten Downrassen, an deren Stelle andere treten. Milchwirtschaft blüht auch hier auf. Mischfarmbetriebe herrschen vor [717*].
Ansehnliche Bauernhöfe, meist mit Drei- oder Vierseitform, sind häufig.
Früher wurden die Flinte gesammelt und zur Straßenverbesserung verwendet.
Das Roggenstroh der Kreide- und Flintböden erwies sich als besonders ge-
eignet zum Flechten. Lange Zeit, noch um 1900, war die Strohflechterei,

angeblich unter Jakob I. aus Schottland eingeführt, wohin sie unter Maria
Stuart von Frankreich aus gekommen war, eine weitverbreitete Heimarbeit
in den Chiltern Hills bis hinab in die Vales of St. Albans und of Aylesbury.
Dagegen hat sich aus der alten bodenständigen Holzverarbeitung (Drechs-
lerei, Erzeugung von Stuhlbeinen aus Buchenholz) eine moderne Möbelindustrie entwickelt (High Wycombe) [829]. Bradenham und Wendover erzeugen in Heimarbeit Rohrstühle, Stokenchurch verschiedene Holzwaren. Die
ehemalige bodenständige Töpferei von Chalfont ist erloschen, doch werden zu
Wycombe, zu Chesham usw. aus Ziegelerde Blumentöpfe, Wasserrohre und
Ziegel hergestellt. Sehr zurückgegangen ist die vielleicht aus Flandern eingeführte Spitzenerzeugung (noch um High Wycombe). Größere Industrien
haben sich wegen des Mangels an Kraft- und Rohstoffen, ja selbst an guten
Bausteinen nicht entwickelt.

In neuerer Zeit ist das Leben in den Tälern der Chiltern Hills lebhafter geworden. Denn die Haupttäler leiten die wichtigsten Schienenstränge
von London über die Talsättel in die Midlands, alle werden von vorzüglichen
Straßen durchzogen, und auch die Höhen werden von solchen erstiegen. Mit
dem Kraftwagen kann man heute von London aus ihre Ausflugsgebiete leicht
in einem Tage besuchen: alte malerische Dörfer, wie Aldbury (Fachwerkhäuser, Pranger); prächtige Schlösser — von ihnen sind Chequers, 5 km
n. Princes Risborough, Landsitz des jeweiligen Ministerpräsidenten und
wiederholt Stätte wichtiger Verhandlungen und Beratungen, Ashridge Park
und Tring Park mit ihren Gärten, Alleen und Wildgehegen besonders bekannt —; mittelalterliche Kirchen mit kräftigen Vierecktürmen, denen oft ein
Helm aufgesetzt ist (Denham, Ivinghoe u. a.) [11h, i; 831, 913]; oder auch den
Freilufttierpark von Whipsnade. Neues Leben ist in die alten Städtchen
eingezogen. Jede der Haupttalfurchen weist an oder nahe den beiden Enden
ein solches auf und die meisten etwa halbwegs noch ein drittes. Zur südlichsten, dem Wyetal, müssen Bahn und Straße vom Colnetal her allerdings
die Wasserscheide bei B e a c o n s f i e l d (4846) überschreiten, einem Städtchen, in welchem vor der Erbauung der Bahn täglich ein paar hundert Frachtwagen und Postkutschen haltmachten; denn hier führt die Straße von London
über Uxbridge nach Oxford durch. Im Wyetal selbst ist H i g h W y c o m b e
(mit West W., 27 988; *38 850*) zu 3 km Länge angewachsen, ursprünglich eine
Abteisiedlung, tüchtig in bodenständiger Industrie (Sperrholzmöbel, „Windsor chairs" aus Buchenholz, Bettstätten, Matratzenfedern, Papier; jüngst aber
auch elektrische Apparate und Präzisionsinstrumente [111, 836]). Durch
diese ist auch das an der Straße nach Oxford gelegene Dorf Stokenchurch
sehr bekannt (Abb. 19). Princes Risborough (2827) liegt vor der Lücke, durch
welche die Schnellzüge der Gr.W. nach Birmingham, der L.N.E.R. nach Manchester und den n. Midlands hinabführen. Keine Eisenbahn läuft durch das
untere Misbournetal; das mittlere wird von einer Linie aus dem Chesstal
von Rickmansworth her über die offenen Höhen der Wasserscheide erreicht.
Ohne das in dem Talgrund des Misbourne gestreckte Amersham zu berühren,
steigt sie dann zum Paß von Wendover auf und wieder jählings hinab nach
dem kleinen Wendover, mit Aylesbury als Ziel. Mit ihr ist C h e s h a m
(8812), der Hauptort des oberen Chesstals, wo ein Dutzend Straßen von
allen Seiten zusammenstrahlen, durch eine Nebenlinie verbunden. Der wichtigste Schienenweg in die Midlands (L.M.S.) benützt von Watford her das
Gade- und das Bilbournetal und die Pforte von Tring, dieselbe Furche auch
der Grand Junction Canal; G r e a t B e r k h a m p s t e a d (8052), einst
durch eine Normannenburg gesichert, ist der Marktort des Bilbournetals,

H e m e l H e m p s t e a d (15 119; *21 120*. Papier-, Bürstenfabrik; Druckerei),
2 km von der Hauptstrecke entfernt, der des Gadetals. Durch das Ver-
tal führt keine Bahn, dafür eine der wichtigsten Straßen, die Nachfolgerin
der Watling Street, von St. Albans nach Dunstable, Bahn und Straße auch
von St. Albans über Harpenden (vgl. S. 95), in dessen Nähe die berühmte,
1843 gegründete landwirtschaftliche Versuchsanstalt von Rothamsted gelegen
ist, nach L u t o n am Lea (68 523; *100 600*). Ehemals wie Dunstable und viele
Dörfer der Umgebung durch Strohflechterei bekannt, spezialisierte es sich in
der Erzeugung von Hutformen [616a]. Neuestens ist es durch Flugmotoren-
industrie — mit deren Erweiterung während des Krieges hängt die starke Zunahme der E.Z. zusammen —, Herstellung von Gasöfen, Staubsaugern u. dgl.
[111] und Aluminiumverarbeitung die volkreichste Stadt des Chiltern-
gebietes geworden. D u n s t a b l e (8976; *15 680*), gelegen im Schnittpunkt
von Icknield Way mit
Watling Street, umgeben
von reichen vorgeschicht-
lichen Denkmälern, aber
nicht vor Heinrich I. ge-
nannt (1123), der hier ein
Augustinerkloster erbaute,
war ein verkehrsreicher
Halteplatz an der Straße
nach Chester; in den be-
nachbarten Brüchen ge-
wann man den als Bau-
stein geschätzten Totternhoe Stone. Kalköfen, Mo-
torenwerke, Papier- und
Maschinenerzeugung ma-
chen es zu einem klei-
nen Industriezentrum; die

Abb. 19. Stokenchurch. „village green" und alte Häuser. Auf dem geräumigen Anger wird jährlich ein
Pferdemarkt abgehalten. In den Höfen der Cottages
werden Stuhlbeine u. dgl. Holzarbeiten aufgeschichtet.
(Aufn. J. Sölch. 1926.)

Strohflechterei („Dunstable hats") ist erloschen. Mancherlei leichte Industrien
hat das als Muster einer Gartenstadt angelegte W e l w y n (8586), im Mim-
ramtal unweit der Hauptlinie der L.N.E.R. gelegen, welche von Hatfield her
über Stevenage der Lücke von Hitchin zustrebt [820, 834].
    Die T e r r a s s e n l a n d s c h a f t d e s T h e m s e t a l s z w i s c h e n
d e m C o l n e u n d L o n d o n ist heute eines der wertvollsten Gemüse-
baugebiete des Londoner Beckens. In einzelnen großen Bögen und vielen
kleineren Windungen strömt hier der Fluß durch die breite Alluvialebene,
über die sich, oft mit kaum merklichem Anstieg, die Flood Plain- und dann
die Taplow-Terrasse erheben. Die mächtigen Lehm- und Ziegelerden gehören
zu den besten Böden Englands. Leicht zu entwässern, leider nicht immer
von Frösten verschont, liefern sie bei sorgfältiger Düngung alle Arten Gemüse (Kohl, Kohlsprossen, Blumenkohl, Spinat, Zwiebel, Rhabarber, Rettich,
Rüben, Kürbis) auf die großen Märkte von Covent Garden, Spitalfields, Kew
Bridge. Viel Strauchobst wird gepflanzt, dagegen hat die Zahl der Obstbäume sehr abgenommen. Auch die Kunstgärtnerei blüht, besonders um
Uxbridge (Rosenkulturen) und Hampton [16]. Gehölze und Parke treten
in der Niederung zurück. Bei Staines und Laleham und oberhalb Hampton
sind große Wasserspeicher für Londons Verbrauch angelegt und andere in
Angriff genommen worden (vgl. S. 152).
    N. der Linie Brentford—Uxbridge streichen Londontone in den Nie-

derungen aus, über welche sich die aus Claygate, bzw. Bagshot Beds gebildeten und von Schottern gekrönten Hügel und Hügelplatten von Harrow
(120 m), Hendon und andere inselartig erheben. Wegen der größeren Widerständigkeit der durchlässigen Sande und Schotter ist hier in einer SW—NE
streichenden Synklinale eine Reliefumkehr eingetreten. Brent und viele
kleinere Bäche entwässern die Ebene, deren Grasfluren bis hinüber zum Colne
der Milchwirtschaft dienen. Diese tritt auch in dem C o l n e - L e a - H ü g e l -
l a n d (South Hertfordshire Plateau), an welches sich die Grenze von Middlesex und Hertfordshire anlehnt, immer mehr in den Vordergrund. Auch hier
bilden die Londontone die Gehänge der vielen zum Colne, Brent, Lea hinabführenden Bachkerben. Die liegenden Readingschichten kommen nur selten
an den Tag. Die Höhen der Riedel, die aus der 400'-Fastebene herausgeschnitten worden sind (vgl. S. 68), tragen oft Schotterdecken. Sowohl auf
ihnen wie auf den Londontonen fehlt es nicht an größeren Wäldern mit den
bei trockenem Wetter harten, holperigen, bei nassem Wetter morastigen
Wegen und Sträßlein, aber im allgemeinen beherrschen Grasfluren das Bild,
Pflugland gibt es nur wenig; die schlechtesten Schotterböden tragen Heiden.
In die Landschaft fügen sich gut ihre Herrenhäuser und Parke [16]. Im
NW und W, jenseits des „Tertiary Escarpment" (vgl. S. 69), bildet das
Colnetal die Grenze, im E das viel breitere Leatal. Im n. Teil des ersteren,
dem V a l e o f St. A l b a n s, ist die Landnutzung infolge der Verschieden-
heit der Böden (Geschiebetone, Übergangsschotter und Sande in der Tal-
furche und auf den benachbarten Talhängen, Kreidekalke im NW, tertiäre
Tone und Sande im SE) mannigfaltiger. Noch ist hier verhältnismäßig viel
Ackerland übriggeblieben, obwohl sich das Grasland auf seine Kosten bereits
ausgedehnt hat und vornehmlich Futterpflanzen die Ackerflächen einnehmen.
Für Gemüsegärten eignen sich die Böden weniger. Die Milchviehzucht wird
hier mehr als sonstwo im Londoner Becken durch die Zucht von Fleisch-
schafen (Hammeln und Lämmern) ergänzt.

Das u n t e r e L e a t a l zeigt ein ganz anderes wirtschaftliches Gepräge.
Der Fluß, der sich bis zu 60 m in die Londontone eingeschnitten hat, dabei
aber längs einer N—S streichenden Flexur gegen E abglitt, hat ein bis zu
5 km breites Tal ausgeräumt, durch dessen von Natur aus sumpfigen Grund
er sich langsam windet. Wie drüben an der Themse bei Staines, so sind
hier große Wasserbehälter, offene und gedeckte, und Kläranlagen des Metrop.
Water Board geschaffen worden; 2 Mill. Menschen werden so mit Wasser
versorgt. Äcker gibt es nicht, nur Weideland zieht stellenweise den Fluß
entlang. Im W wird dieser von Schotterablagerungen begleitet, die z. T. mit
Ziegelerde bedeckt sind. Hier sind auf den fruchtbaren Böden, begünstigt
durch die Nähe Londons und das Vorhandensein von Arbeitskräften aus
den benachbarten Dörfern, schon seit der M. des vorigen Jh. mustergültige
Glashauskulturen entstanden, lange vor den erst um 1880 auf Guernsey und
um Worthing gegründeten (Abb. 20). Bei Broxbourne beginnend, sind sie
besonders zahlreich im unteren Abschnitt des Tals, wo Waltham Cross und
Waltham Abbey einander gegenüberliegen. Zwei Drittel nehmen die Tomaten
ein, außerdem werden Gurken, Salat, Pilze, Trauben und Zierpflanzen (Rosen,
Palmen, Farne) gezogen. Die ersten Früchte werden im April gepflückt.
Bei sorgfältig geschulter Pflege ist die Ernte reichlich (1 t Tomaten auf 1 a,
ungef. ebensoviel Gurken usw.). Ungünstig sind der viele Rauch und die
geringe Zahl der Sonnenscheinstunden im Winter, auch fremder Wettbewerb
(z. B. Tomaten von den Kanarischen Inseln). Mit dem Wachstum Londons
macht sich eine gewisse Verschiebung der Kulturen talaufwärts und auf die

Talgehänge bemerkbar; die Neigung, sie überhaupt allmählich nach SW-England zu verlegen, wird stärker [16, 17, 810].

Die alten Städtchen dieses Abschnittes gehören fast alle dem Themse-Colne- und Leatal an. Die des Themsetals sind schon in der vortechnischen Zeit die beliebtesten Wohnsitze wohlhabender Londoner Kaufleute und des hohen Adels geworden, und das englische Königshaus hat hier außer dem Schloß Hampton Court einen Palast zu R i c h m o n d (37 797; *41 390*) gehabt, das seinen Namen erst unter Heinrich VII. erhalten hatte (früher Manor of Sheen geheißen). Von der Brücke über den von vielen Booten belebten Fluß am Terrassenabfall ansteigend, ist es einer der malerischesten Orte in unmittelbarer Nähe der Hauptstadt. Oben auf der Terrasse erstreckt

Abb. 20. Glashäuser für Gurken und Tomaten im Leatal.
(Aerofilm London Ltd. 13043.)

sich der 9 km² große Richmond-Park, unter Karl I. als Wildpark eingehegt, mit prächtigen alten Eichen, Kastanien und Buchen in Alleen und Gruppen und noch heute mit Dam- und Rotwild besetzt [11 a, 624]. N. Richmond liegen der Old Red Deer Park mit dem 1768 geschaffenen Kew Observatory, der Hauptstation Großbritanniens für Meteorologie und Geophysik, und daran anschließend die ebenfalls schon um 1760 gegründeten, 1810 zum Nationaleigentum gemachten Kew Gardens, einer der berühmtesten botanischen Gärten der Welt [444]. Viel älter als Richmond ist K i n g s t o n - o n - T h a m e s (39 055; *41 150* [1]*) am S-Ende von Richmond Park, im 10. Jh. Krönungsstadt der sächsischen Könige, ganz am Rande Surreys gelegen, trotzdem durch dessen County Hall ausgezeichnet. Das benachbarte S u r b i t o n (29 401; *58 600**) ist als Wohnvorstadt mit ihm bereits verwachsen, während M a l d e n a n d C o m b e (*38 090*) und B a r n e s (*41 140**) die Verbindung mit Merton, bzw. SW-London (Wandsworth) vermitteln. Auch oberhalb Kingston beginnt sich das Gebiet aufzufüllen: bis hinauf nach W a l t o n a n d W e y-b r i d g e (*33 150*) und E s h e r (*49 870**). Am l. Themseufer steht eine Reihe

---

[1]) Die in diesem Kap. mit * bezeichneten E. Z. (Schätzungen) beziehen sich nicht auf das J. 1945, sondern auf das J. 1947 (entnommen aus Statist. Abstr. for London, 1937—1946, Lond., Dez. 1948, S. 79).

alter, z. T. malerischer Außenwohnplätze von Londonern: T e d d i n g t o n
(*23 369*), T w i c k e n h a m (39 906; *106 230**), H e s t o n a n d I s l e w o r t h
(75 460; *107 130**) und B r e n t f o r d a n d C h i s w i c k (62 618; *59 380**),
die Gr.St. von Middlesex, umringt von Herrenhäusern und Parken des 18. Jh.
und von Villen. Es hängt bereits mit Hammersmith (London) zusammen, und
die Verwachsung mit Hanwell längs dem Brenttal und mit E a l i n g (117 707;
184 990*) schreitet fort. Dieses selbst, einst auch ein Gartenvorort von
London, wird immer mehr von großen und kleinen Fabriken umringt, welche
die Nachbarschaft der Great West Road oder des Grand Union Canal suchen
(vgl. S. 96). Viele neue Industrieanlagen sind beiderseits des Brenttales und
zwischen A c t o n (70 510; *68 510**) und W i l l e s d e n (184 434; *179 030**)
errichtet worden. Über dieses hinaus reicht eine der Wachstumsspitzen Londons zu dem durch die Empireausstellung (1925) und sein über 100 000 Zu-
schauer fassendes Stadion weltbekannten W e m b l e y (18 561; *133 610**)
jenseits des Brent, weiter nach dem hochgelegenen (100 m), vor zwei Jz. noch
kleinen, jetzt besonders rasch anwachsenden H a r r o w (-on-the-Hill, 26 380;
216 940*!), das durch seine 1572 gegründete Schule berühmt wurde [823].
Schon schließen sich auch an die alten Dorfkerne von Pinner und Stanmore Villenviertel an. Andere Wachstumsspitzen haben sich von Hampstead über H e n d o n (einschl. Edgware, Golders Green u. a., 113 682;
159 840*), von Highgate (N-London) und H o r n s e y (95 523; *97 890**) über
F i n c h l e y (58 954; *71 270**) nach B a r n e t (14 726; *20 820*), auch über
W o o d G r e e n (54 181; *52 730**) und S o u t h g a t e (55 597; *74 920**)
nach E n f i e l d (67 879; *108 810**) entwickelt, besonders w. des Lea
längs, bzw. nahe der alten Ermine Street, die auf der niedrigen Kiesterrasse
zwischen den Londontonriedeln und den Alluvialschlammen nach N führte,
über T o t t e n h a m (157 772; *130 000**), E d m o n t o n (77 658; *107 400**),
W a l t h a m H o l y C r o s s (7115; *6670*), C h e s h u n t (14 656; *18 700*),
Broxbourne bis nach Hoddesdon hinauf, und über kurz oder lang wird dieses
kräftige Siedlungsband Ware erreicht haben. Das Tertiärhügelland von
S-Hertfordshire weiter im W ist von dieser Entwicklung vorläufig weniger
berührt, während die Städtchen jenseits desselben im Colnetal und am
mittleren Lea bereits zu Trabanten Londons geworden sind.

Von ihnen blickt S t. A l b a n s (28 684; *41 200*) als Nachfolger des bri-
tisch-römischen Verulamium auf die älteste Geschichte zurück (vgl. S. 84).
Die von Offa (793) gegründete Benediktinerabtei, z. T. erbaut aus den
Steinen und Ziegeln der wahrscheinlich von den Angeln um 500 zerstörten
Römerstadt, war im Mittelalter eine der reichsten und angesehensten.
Seit 1877, mit der Erhebung von St. Albans zum Bischofssitz, ist die Abtei-
kirche, im Kern eine der ältesten romanischen Bauten Englands,
Kathedrale geworden [99]. Noch kräftiger ist der Aufschwung von
W a t f o r d (56 805; *67 070*), das, abgesehen von seiner Lage an der Haupt-
linie der L.M.S. (vgl. S. 102), über die beste Verbindung mit London ver-
fügt. Neben alten bodenständigen Industrien (Brauerei in Watford, Strohflechterei und Hutmacherei in St. Albans) haben sich Kraftwagen- und Maschinenbau, Kautschuk- und Papierindustrie, Druckerei und Buchbinderei
(Watford) entwickelt. Beide Städte erzeugen Lebensmittel, St. Albans
Kleider, Seidenstoffe, Kartons, elektrische Apparate und Instrumente, Watford Kanzleibedarf, Tinten, photographisches Material, Arzneien, Kosmetika.
Im mittleren Leatal wächst Hatfield dank der riesigen Flugzeugfabrik (1934
von Edgware hierherverlegt), Traktorenfabrik und anderer Industrien rasch
an; auch hat es einen Flugplatz. Vor dem NE-Ende des South Hertford-

shire Plateau liegt unten im Leatal, wo mehrere Täler des Kreidekalklandes zusammenstrahlen, die kleine Gr.St. H e r t f o r d (12 378; *13 300*). Seine einstige Bedeutung, die sich in den Kämpfen zwischen Sachsen und Dänen erwies — Eduard der Ältere ließ 912 beiderseits des Lea je eine Festung anlegen [67] — und in seiner Normannenburg bekundete, konnte es freilich nicht behaupten, seitdem der Verkehr auf dem Lea nicht mehr ins Gewicht fällt. Er war mittels Durchstichen für Barken bis Hertford hinauf fahrbar gemacht worden und seinerzeit, als sein Ästuar wahrscheinlich bis Chingford (gegenüber Edmonton) reichte, um so leichter benützbar [11 b; 821]. Das benachbarte W a r e (6181) ist seit langem durch seine Mälzereien am Lea bekannt. Malzbereitung ist auch sonst in der Gegend bis hinüber nach Bishop's Stortford (vgl. S. 108) eine einträgliche Industrie.

Ö. des Lea bilden hauptsächlich Londontone den Untergrund des R i e d e l l a n d e s v o n E s s e x, reichlich bedeckt mit Schottern und Sanden der Bagshotschichten, mit Plateau- und Glazialschottern [86, 815]. Zwischen Stort und Chelmer liegt Boulder Clay in großer Einförmigkeit auf den Londontonen, s. des Stort kommen diese in einem Streifen neben der Leaniederung wieder herauf, der gegen S breiter wird. Dadurch entstehen zu beiden Seiten des Flusses verschiedene Bilder. Soweit durch Glazialschutt gegen Abtragung besser geschützt, bilden die Londontone, die bei Waltham Cross 60 m mächtig werden, Riedel und Hügel. Auf 20 km erstreckt sich beiderseits der Straße London—Bishop's Stortford der E p p i n g F o r e s t, stellenweise noch dichter Wald mit mächtigen Eichen, Buchen, besonders gekennzeichnet durch seine Hainbuchen, dazwischen Heide und Busch, ein Überrest des schon unter Eduard dem Bekenner als königlicher Wildpark genannten Waltham Forest. Erst im 18. Jh. hörten die Jagden auf, und im 19. schwand mit den fortschreitenden Einhegungen der Wald rasch dahin. Während aber der ö. des Roding gelegene H a i n a u l t F o r e s t, ein Eichenwald, 1851 abgeholzt und das Land in Farmen aufgeteilt wurde [69], erhielt die Corporation of London noch rechtzeitig die Pflege von Epping Forest, ja die hier ebenfalls seit 1851 vorgenommenen Einhegungen wurden 1874 rückgängig gemacht und seither die Fläche wieder verdoppelt (24 km²). So ist dieser Strich den Londonern als Erholungsraum erhalten geblieben. Er ist reich an Damwild, auch wieder an Rotwild und Rehen [11 d, 16, 621, 627].

Ö. Epping Forest ist die Schotterdecke auf den Londontonen spärlicher: Geschiebelehme sind dagegen weitverbreitet. Ein flaches Hügel- und Riedelland begleitet das Rodingtal, dem sich die Wasserscheide gegen die zur Themse hinabziehenden Flüßchen Rom (im Unterlauf Beam River) und Weald Brook von S, die Quelladern des Wid und des Can im E sehr nähern. Gegen N wird der Geschiebelehm immer reicher an Kreidekalk und geht dann ungefähr in einem Streifen zwischen Harlow am Stort und Chelmsford in den Chalky Boulder Clay über, der zwischen Chelmsford und Colchester, unterlagert von großen Schottermassen, und am Blackwater die Höhen einnimmt. Er bietet ein ausgezeichnetes Pflugland, von verhältnismäßig wenig Bäumen und Hecken durchsetzt. Die mehr steinigen Lehme s. jener Übergangszone sind je nachdem mit Äckern, Wiesen oder kleinen Gehölzen bestanden. Der Ackerbau geht auf Weizen, Hafer oder Gerste, Hackfrüchte und Futtergräser, Bohnen, Erbsen, in einem gewöhnlich fünfjährigen Fruchtwechsel mit verschiedener Abfolge. Auch die Zuckerrübe wird gepflanzt (Fabrik zu Felsted). Während des letzten halben Jh. haben Wiesen und Molkereiwirtschaft, namentlich infolge der Einwanderung schotti-

scher Farmer, sehr zugenommen; die früher stark vorwaltende Mastviehzucht
ist zurückgegangen. Auch die Schafzucht fehlt nicht. Viele Farmen betreiben Geflügelzucht im großen (nicht selten mit 2000—5000 Stück). Gemischte Betriebe sind die Regel, die Farmen besonders groß (im Mittel
100—120 ha) [19, 71, 77, 810].

Obwohl in erster Linie landwirtschaftlich eingestellt, ermangelt auch
der NE-Flügel des Londoner Beckens der Industrien keineswegs. Abgesehen
von den mit der Landwirtschaft zusammenhängenden, knüpfen sie z. T. an
die Gewerbe der vortechnischen Zeit an, wie die Textilindustrie, z. T. sind
sie ganz jung [11 d]. Sie sind, wie zu erwarten, gegen London zu, den
Haupthafen und Hauptverbraucher, am häufigsten, doch haben sich größere
Industriestädte nicht entwickelt; außer Southend zählt jenseits Ilford keine
Stadt über 100 000 E. Die wichtigsten sind an den auch für den lokalen
Marktverkehr günstig gelegenen alten Brücken und Straßenknoten erwachsen,
so Ilford (vgl. u.) am Roding, der bis hierher Tiden zeigt und eingedeicht
ist; R o m f o r d am Rom (35 918; 57 960; Brauerei); das benachbarte Hornchurch (28 417; 84 430; Ziegel- und Röhrenfabriken); B r e n t w o o d (7208;
25 970) auf der Höhe zwischen Rom und Wid (Brauerei). C h e l m s f o r d
(26 537; 32 970) im Zwiesel zwischen Chelmer und Can, in zentraler Lage,
ist Gr.St. von Essex und Markt (u. a. mit großem Viehhandel) für eine
weitere Umgebung, durch Molkereiwirtschaft ausgezeichnet; Shire Hall und
Corn Exchange sind der Ausdruck dieser Funktionen. Es hat auch viel
Industrie (Mälzerei, Brauerei; landwirtschaftliche Maschinen; Autobusse;
elektrische Apparate). In W i t h a m (4367) am Brain lebt die von den
Flamen unter Elisabeth eingeführte Weberei in der Textilindustrie weiter,
auch handelt es mit den rundum erzeugten Himbeeren, Erd- und Stachelbeeren. Eine zweite Reihe von Siedlungen knüpft sich an die von Colchester
nach W führende Straße, der Nachfolgerin einer alten Stone Street: Coggeshall am Blackwater; B r a i n t r e e (8912), einst Residenz der Bischöfe von
London, auf dem schmalen Riedel zwischen Brain und Blackwater, über
den es mit dem benachbarten Bocking verwachsen ist, einer Straßensiedlung,
die längs der Straße nach Sudbury hinabführt [77]; Halstead (5883); Great
Dunmow (2882) am Chelmer, und 10 km weiter oberhalb an diesem Thaxted
(1610) mit der schönen „Kathedrale von Essex", einer im wesentlichen aus
Holz gebauten Guild Hall auf seinem ehemaligen Marktplatz und alten
Fachwerkhäusern. Alle diese Orte, einst Mittelpunkte der Tuchweberei, sind
nunmehr Sitze moderner Textilindustrien (teils Seide- und Kunstseiden-, teils
Tucherzeugung). B i s h o p's S t o r t f ö r d (9510), Grenzstadt von Hertfordshire am Ende der „Stort Navigation", an der Hauptlinie nach Cambridge und zugleich an der Grenze des Kreidekalks und der tertiären Sande
und Tone, die über Thaxted nach Sudbury am Stour verläuft, war einst
gleichfalls Besitz der Londoner Bischöfe, wurde durch eine Normannenburg
gesichert, war eine Zeitlang sogar Borough, mit reichen Märkten von Getreide, Fleisch, Wolle, Vieh. Seit dem Bürgerkrieg ging es sehr zurück
[821]. Bedeutend sind seine Malzfabriken, Dampfmühlen und Holzverarbeitung. Am S-Ufer des Stour, noch in Essex, liegen Dedham, wo manche
Häuser aus der Zeit der von den Flamen eingeführten „bay-and-say"-Erzeu-
gung (leichte Tuche) stammen, und Manningtree mit Getreide-, Malz- und
Holzhandel und Xylonitfabriken. Hier beginnt das Ästuar des Stour, an
dessen S-Seite die Bahn zum Hafen von Harwich läuft (vgl. S. 322).

Weiter sö., zwischen dem Oberlauf des Wid, der Themseniederung und
dem oberen Cronch, erheben sich die Londontone in dem breiten Hügel- und

Riedelzug der E s s e x   H e i g h t s zwischen Brentwood—Billericay—Chelmsford noch einmal auf 60—110 m, zur gleichen H. wie Epping Forest. Schotter- und Sandkappen sind unbedeutend; daher sind hier, ähnlich wie in S-Hertfordshire, zwar auch Ackerböden vorhanden, aber Grasland, Rinderzucht und Molkereiwesen sind die Hauptsache. S. des Höhenzuges bilden Londontone den Grund bis zu den Schotterterrassen an der Themse, ein schwach gewelltes Gelände mit nur wenig Dörfern und nicht viel Farmen. Dagegen tragen die Themseterrassen ö. des Lea (Taplow und Flood Plain Terrace) auf ihren meist mittleren Böden Gemüsegärten (besonders grüne Erbsen) [19]. Obstbau würde durch Frostgefahr gefährdet. Wegen der Schranke des unteren Leatals lange Zeit vom modernen Verkehr nicht so berührt, sind jene Terrassen erst jüngst von der Verbauung erreicht worden, zunächst bei Ilford und Romford, und neuestens dringen Fabriken, Häuser und Sportplätze im Zusammenhang mit der Industrialisierung von Dagenham rasch vor. Schon schwinden auch die Gemüsegärten vor ihr dahin.

Die Industrien sind am ältesten und zahlreichsten im unteren Leatal im Bereiche Groß-Londons; hier ballt sich daher die Bevölkerung am dichtesten, von C h i n g f o r d (gegenüber Edmonton; *37 790*) über W a l t h a m - s t o w (132 972; *123 100**) [819], L e y t o n (128 318; *106 200**), W e s t H a m (294 278; *172 890**) nach E a s t H a m (142 394; *119 640**). Längs dem Roding folgen W o o d f o r d (23 946), W a n s t e a d (19 183), jetzt vereinigt (Wanstead and Woodford; *60 900**), dann I l f o r d (131 061; *180 910**) und B a r k i n g (51 270; *78 450**), aufeinander. In diesem Gebiet stehen die Xylonitfabriken von Walthamstow, die großen Werkstätten der L.N.E.R. von Stratford, das aber vor allem durch seine chemischen Fabriken, Seifen- und Kerzenfabriken sein Gepräge und seine Düfte erhält; die chemischen Fabriken auch von Uphall und Ilford (photographische Filme), die Eisenwerke zu Bow Creek an der Mündung des Lea, die Guttapercha- und Kautschukfabriken von Silvertown am Eingang des Albert-Docks usw. Bei Barking Creek am N-Ufer und Cross Ness am S-Ufer münden die Londoner Hauptsammelkanäle in die Themse. Hier wird diese auf beiden Seiten von den „Themse Marshes" begleitet, die heute fast überall eingedeicht sind [15]. Ehemals gab es oft verheerende Hochwässer; u. a. wurden 1707 bei Dagenham 40 km² Land überflutet. Viele Entwässerungsgräben („fleets") durchziehen die nur ein paar Fuß über O.D. gelegene, aus Silten bestehende Ebene; sie dienen zugleich als Feldgrenzen. Zwischen den Deichen und dem Flusse schreitet die Aufschwemmung fort („Essex saltings"). Stellenweise liegen bereits sumpfige Grasflächen, die nur bei den höchsten Fluten überschwemmt werden und bestenfalls als Wildweiden dienen. Dagegen sind die eingedeichten Grasfluren ausgezeichnetes Weideland für Milchvieh, Kälber und Schafe. Schwierig ist die Wasserversorgung, doch sind jetzt Brunnen bis in die Londontone abgeteuft. Auch dieses bis vor kurzem wenig besiedelten Gebietes bemächtigte sich jüngst die Industrie, da es ihr genügend Raum und leichten Verkehr zu Wasser und zu Land bietet. Hier stehen nunmehr die 1930 gegründeten Fordwerke von D a g e n h a m (89 362; *110 650**; 1921: 9127) mit ihrer Motoren- und Stahlerzeugung, die alle Arten von Wagen, Traktoren, dazu landwirtschaftliche Maschinen, Generatoren usw. liefern [751*]; seit dem ersten Weltkrieg ist es aus einer Landgemeinde zu einer Großstadt mit (1938) über 100 000 E. und fast 60 Industriebetrieben und 1938 Borough geworden. Hier stehen ferner Ölraffinerien mit ihren Tanks, zu Beckton bei dem industriellen West Ham sieht man die größten Gas- und Teerwerke Großbritanniens, zu Barking eines der größten Elektrizitäts-

werke; hier hat auch die Kabelindustrie einen ihrer Hauptsitze. An die
Aufbrüche der Kreidekalke zwischen P u r f l e e t (8511) und G r a y s
T h u r r o c k (18 173; *60 820*), die sich unter den Londontonen zu 30 m H.
erheben, knüpfen sich die größten Zementwerke der Insel [82]. In diesem
Gebiet werden außerdem Papier (P.-säcke!), Seife und Margarine erzeugt
und Holz und Kohle verladen. N. des Höhenzuges aber fließt der Mar Dyke
der Themse gegen W entgegen; er entwässert eine breite, fast völlig
ebene Niederung, die den benachbarten Farmen als Weidegrund dient. Dem
Marschland an der Themse gehören außerdem die untersten Docks von
London im W, im E die von T i l b u r y (16 825) an (vgl. S. 154, 156). Dieses,
auch Industrieort, ist mit dem gegenüberliegenden Gravesend durch eine
Fähre und einen täglichen Zu- und Abstrom von Arbeitern verbunden. Durch
Bomben wurde es allerdings so schwer beschädigt, daß man erwog, seine
Bevölkerung nach Grays umzusiedeln [111, 82].

O. und sö. der Essex Heights reicht die N i e d e r u n g v o n E s s e x von
der Themse im S bis zum Stour nach N [19]. Einen 3—6 km breiten Streifen
von „Sands" und „Flats" gibt die Ebbe bis zum Blackwater frei. Mächtige
Deiche schützen das von holländischen Ingenieuren dem Meere abgerungene
Land, das schon bei einer Senkung von 10 m weithin überschwemmt würde.
Auch zwischen Blackwater und Stour erstrecken sich Sümpfe und Marschen
hinter The Naze und der Penninghole Bay. Nur ausnahmsweise wird das
flachwellige Gelände mehr als 30 m hoch. Noch in neuerer Zeit lag eine weite,
seichte Bai zwischen Shoebury und Bradwell, jetzt aufgefüllt mit Themse-
alluvionen, welche bis zum Crouch hin reichen, ein Gewirr von Wässern und
Inseln bildend. Die mit ungef. 4 m hohen Deichen umsäumte I. Foulness
ist aus mehreren Eilanden durch Aufschlickung der Priele entstanden. Die
Schlamme bieten gutes Acker- und Weideland; ehemalige Priele dienen als
Feldgrenzen [312*]. Inselartig ragen im Hintergrund die L a i n d o n H i l l s
(119 m) auf, die von Claygate Beds, Bagshot Sands und Pebble Beds gebildet
werden, und weiter ö. das aus Londontonen bestehende, von Bagshotschichten
bedeckte P l a t e a u v o n S o u t h e n d (80 m), das mit einem 20—30 m hohen
Kliff unmittelbar an das Themseästuar herantritt; ferner die kleine Platte
von Danbury ö. Chelmsford (108 m) [310]. Überhaupt schalten sich zwischen
Chelmsford und Cholchester zwischen die Londontone und die Geschiebe-
lehme ausgedehnte Schotter ein, längs dem Blackwater, dem ö. Colne usw.
In dem einst waldbedeckten, heute größtenteils eingehegten und bebauten
Rücken von Tiptree (70—90 m) machen sie den Eindruck einer Moräne.
Auch Ziegelerden, wenigstens z. T. äolischen Ursprungs, sind sehr verbreitet.
Die Grenzen zwischen Geschiebemergeln und -lehmen, den verschieden alten
Schottern, Sanden und Ziegelerden sind keineswegs überall scharf. Rasch
wechselt das Bild der Kulturlandschaft im einzelnen [617, 815]. Im großen gan-
zen kennzeichnen jedoch zahlreiche Einzelfarmen und nur wenige Dörfer das
Gebiet.. Auf den Londontonen herrscht Milchwirtschaft, auf den gemischten
Böden und den Mergeln Pflugbau vor. Die Bagshotschichten und die Plateau-
schotter tragen wie gewöhnlich meist Heide und Gebüsch; doch weichen
diese auf den Laindon Hills, an denen die Bahnlinie nach Southend vorüber-
führt, immer mehr zurück. Am Southend-Plateau haben sich Lea-on-Sea
(mit Austern- und anderem Muschelfang) und besonders S o u t h e n d - o n -
S e a, von London mit der Bahn in einer Stunde erreichbar und durch
Dampfer mit ihm verbunden, als Seebäder und Ausflugsorte, besonders für
East London, ja sogar als Wohnorte vieler Londoner entwickelt; unter den
Seebädern wird Southend, nachdem es im Wachstum selbst Blackpool über-

flügelt hat (1891: 10 000; 1931: 120 115; *107 990*), nur von Brighton übertroffen. Demgemäß auch sein Gepräge. Das benachbarte S h o e b u r y n e s s (6720), Garnisonsort mit Artillerieschule und Kanonenprüfungsfeld, bewacht den Eingang in das Themseästuar als Gegenstück zu Sheerness. Im übrigen fallen in dem Marschland am Ästuar Themsehaven und Shellhaven durch ihre Öltanks und -raffinerien auf; Themsehaven, um 1875 angelegt, wurde seit 1880 der Hauptverladeplatz von Erdöl, wo (vor 1939) alljährlich über 1,5 Mill. tons Rohöl gelandet wurden und man über 1 Mill. tons aufspeichern kann.

Eine Reihe von kleinen Seebädern umsäumt die Küste zwischen Colne und Harwich Harbour: B r i g h t l i n g s e a (4147), gleich dem weiter oberhalb am Colne gelegenen Wivenhoe (2193), durch Boots- und Yachtbau bekannt, C l a c t o n - o n - S e a (15 848), F r i n t o n - o n - S e a (2196), W a l t o n - o n - t h e - N a z e (3071). In diesem Abschnitt der Küste wird auch noch Fischerei betrieben (Flundern, Seezungen, Schollen, Klieschen usw.), namentlich von Brightlingsea und Colchester aus. Die benachbarten Marschen, auffallend durch die Häufung von Namen auf -ton und -ley und einzelne auf -by (Kirby bei Frinton), betreiben Rinder- und Schafzucht, bloß das etwas höher gelegene Mersea Island, zwischen Blackwater- und Colnemündung, auch etwas Ackerbau, B u r n h a m - o n - C r o u c h (3416) Boot- und Schiffbau und Austernfang. Rochford (3009) ist ein Brückenort am Rode, einem Nebenfluß des Crouch. Hunderte von Vergnügungsbooten bedecken in der guten Jahreszeit dessen 21 km langes Ästuar. Das Blackwater (im Oberlauf Pant geheißen) erreicht das seine (16 km lang) bei M a l d o n (6559; *8807*; Yachtbau, Eisenindustrie). Die Schiffahrt geht nicht über die Mündung des Chelmer hinauf, der seit dem Ende des 18. Jh. von Chelmsford bis Maldon (18 km) kanalisiert ist. Der Colne ist bis Colchester für kleine Schiffe befahrbar. Bemerkenswert ist an der ganzen Küste das rege Vogelleben im Sommer.

C o l c h e s t e r (48 701; *44 940*), einst die größte Stadt in Essex und eine der größeren Englands (1801: 12 000), liegt dem Meer zwar näher als Norwich (12 km) und wird durch das Colneästuar von Seeschiffen erreicht, aber sein Seehandel ist unbedeutend, seine Ausfuhr (Getreide, Stiefel, Boote) seit dem ersten Weltkrieg fast völlig erloschen. Es führt hauptsächlich Holz, Bausteine, Schiefer ein. Seinerzeit ein Mittelpunkt der Wollspinnerei, -weberei und -wäscherei, fabriziert es heute Kleider, Schuhe, Ziegel, Ölkuchen und Maschinen (besonders für die Landwirtschaft). Nach wie vor ist es ein vielbesuchter Markt mit ausgedehntem Viehhandel. Seit einem Jh. sind die Hopfengärten aus seiner Umgebung verschwunden — dafür Rosenzucht sehr verbreitet —, und die Müllerei ist nur mehr unbedeutend, aber es betreibt noch Mälzerei und Brauerei, ferner Fischerei im Meere (u. a. große Mengen von Sprotten, diese einst „weaver's beef" genannt!), im Colne und in dessen Seitenbächen und seine berühmte Austernzucht im Pyefleet Creek. Vor Abwässern geschützt, erzeugte sie hier besondere Qualitäten, die anscheinend irgendwie mit den Londontonen zusammenhängen. Durch den außerordentlich strengen Frost Jan. 1940 wurde sie schwer geschädigt. Noch erinnern der rechteckige Umriß und die Überreste der Stadtmauern an die römische Zeit (vgl. S. 84); alles andere ist allerdings so gut wie verschwunden, zumal die Ziegel der römischen Bauten bei denen des Mittelalters, Kirchen und Klöstern, verwendet wurden. Wie einst die Römer, so bemächtigten sich die Sachsen bald des Platzes (noch um 800 Cair Colun, 921 Colneceaster), dann für eine Zeitlang die Dänen. Eduard der Ältere besserte die Mauern aus und erbaute eine Burg. Die Normannen errichteten an dem wichtigen Straßenknoten

eine starke Feste, doppelt so groß wie der White Tower Londons. Leider ist
von den Bauten des Mittelalters nur wenig übrig, von der Feste bloß die
eindrucksvolle Ruine [11 d; BE].

Auch das S-Ufer der Themse und ihres Ästuars werden unterhalb von
London streckenweise von meist sorgfältig eingedeichten und entwässerten
Marschen und Poldern mit Milchviehweiden begleitet, so bei Woolwich, an
der vereinigten Mündung von Darent und Cray, längs dem Swale bis Whitstable; aber sie sind schmal und unterbrochen durch die niedrigen, allerdings meist auch von Alluvium umsäumten P l a t t e n d e r L o n d o n t o n e
von All Hallows mit der I. of Grain w. des Medwayästuars, ö. davon der
I. of Sheppey, welche ein niedriges Kliff zeigt, weiter des Blean District n.
Canterbury, der ö. Whitstable mit niedrigen Ton- und Sandkliffen gegen
die I. of Thanet zieht, von ihr aber durch die Stour- (Wantsum-) Niederung
getrennt wird. Jenseits steigt Thanet (vgl. S. 116) mit seinen Kreidekalken leicht auf. Diese treten auch im W, bei Gravesend, an die Themse
und tauchen bei Erith über sie. Da die Kreidekalke der North Downs
schon von Gravesend, gegen WSW ziehend, immer mehr von der Themse
abschwenken, bleibt Raum für das Hügel- und Riedelland so. London. Es
wird vom Ravensbourne, Cray und Darent zerschnitten [21 k, 1; 81, 88].
W. des dünnen Ravensbourne bilden die von einem 2,8 km langen Tunnel
durchbrochenen Londontone in den Höhen von Sydenham (mit dem 1936
abgebrannten Crystal Palace) einen Rahmen um das s. London, weiter ö.
Blackheathschichten ein leicht ansteigendes, welliges Plateau (50—100 m),
das gegen SE, gegen die North Downs hin, oft ziemlich steil abfällt, so in
den Addington Hills (sö. Croydon 145 m; vgl. S. 69) und w. des Craytals
über Chislehurst bis Sidcup. Durch eine Furche sind davon die Kies- und
Sandplatten von B l a c k h e a t h (s. Greenwich), Shooter's Hill, Woolwich
Common und Bexley Heath getrennt, die mit niedriger Stufe an den Dartford Marshes endigen. Da und dort tragen die Blackheathschichten Kappen
von Londontonen. Sie selbst sind trocken, sandig, meist mit uneingehegten
Heiden und mit Föhrengehölz bedeckt (Hayes und Bromley Commons);
Viehweiden und kleine Laubwälder schalten sich dazwischen ein. Für den
Ackerbau ist wenig Platz, die besseren Böden sind hauptsächlich Gemüsegärten vorbehalten [18, 442]. M i t c h a m am Wandle (56 859) war bis vor
kurzem durch seine Kulturen von Lavendel, Pfefferminze und Heilkräutern
bekannt. Parke und Sportplätze nehmen einen großen Raum ein, die Verbauung hat bereits viel Land aufgezehrt, und fortwährend werden neue
„building estates" mit schematischen Häuserzeilen angelegt.

Im W reicht das niedrige Riedelland bis zum unteren Mole und Wey,
stärker abgetragen und verwaschen. Denn es besteht hier fast ausschließlich
aus Londontonen, die örtlich von jüngeren Sanden und Schottern bedeckt
sind und auf denen nordwärts Claygate Beds folgen. Noch gibt es viel nassen
Eichenwald, Heiden und „commons" mit Eichen-, Birken-, Brombeer- und
Haselgebüsch. Nur in dem n. Streifen, der vom unteren Mole gequert wird
und zum Wey hinabzieht, haben die von den Riedeln abgeschwemmten Sande
die Londontone etwas verbessert, so daß hier bei sorgfältiger Entwässerung
Ackerbau gedeihen kann; noch vor 50 J. war sogar aller Boden mit Ausnahme
der Uferwiesen Pflugland. Seitdem hat sich das Grasland stark ausgebreitet,
und besonders im NE, gegen London hin, steht heute die Molkereiwirtschaft
obenan. Erst recht dienen die Wiesen im Grunde des Mole- und des Weytals,
Winterhochwässern sehr ausgesetzt, dem Milchvieh zur Weide. Fleischvieh

wird fast gar nicht gehalten. Die großen Flurmaschen, 4—8 ha groß, sind oft von Dornenhecken mit Ulmen und Eichen umschlossen [16, 18].

S. und sö. dieses Gürtels senkt sich die N-Abdachung der Downs zum Londoner Becken ab, eingesäumt von einem schmalen Streifen von Thanet-sanden, ungef. längs einer Linie Effingham—Leatherhead—Epsom—Croy-don—Farnborough. Deren lehmige Böden mischen sich bald mit den Kreide-kalkbrocken aus dem Liegenden, bald mit den Tonen der Hangendschichten; manchmal sind sie von Ziegelerde überlagert. Selbst in kleinen Abständen sind sie oft sehr verschieden. Es ist dies der „North Kent Loam Belt" [115*]. Auf ihnen blüht schon seit Jh. der Obstbau (Apfel-, Birn- und Pflaumenbäume, weniger Kirschen; Strauchobst: Erd-, Johannis-, Stachel- und Loganbeeren, diese eine Kreuzung aus Himbeeren und Brombeeren). Gemüsegärten (Blumen-und Rosenkohl, Rhabarber, Grünzeug) und Kartoffelfelder sind weitver-breitet, zumal Natur- und Kunstdünger aus London leicht zu beschaffen sind. Ein alter Mittelpunkt dieser Kulturen ist O r p i n g t o n (9870; *58 460**), wo auch Pfefferminze gepflanzt wird. Fröste können allerdings auch hier die Obstkulturen schwer gefährden. Die Talböden werden daher von ihnen ge-mieden, steilere Böschungen offensichtlich bevorzugt, da von ihnen die kalte Luft leichter abfließt [16]. Auffallend ist, daß die Pflanzungen keineswegs immer die sonnige S-Seite aufsuchen, sondern eher N-Auslage, trotz der kalten NE-Winde des Frühjahrs. Allein gerade diese verhindern an den ihnen zugekehrten Hängen das noch schlimmere Stagnieren kalter Luft-massen.

Erst s. einer Linie Farnborough (Craytal)—Eynsford (Darenttal)—Cobham (sw. Gravesend) tritt die Gärtnerei zurück. Eine alte Siedlungs-zeile hält sich an die durch einen Quellstrich bezeichnete Grenze der Kreide-kalke und des Londoner Tertiärs zwischen Guildford und Croydon; ihre langen Gemeindegebiete umfassen beiderlei Böden und damit Wald-, Acker-und Weideland. Einige von diesen Siedlungen haben ehemals eine gewisse Bedeutung gehabt, so L e a t h e r h e a d (6916; *23 700*), Brückenort am Mole und zugleich Kreuzungspunkt der Straßen Kingston—Dorking und London—Guildford, und E p s o m (27 089; 1945: E. and Ewell *62 830*), das in seinem al-ten Kern noch Häuser im Anna-, Georgs- und Viktoriastil aufweist, aber von neumodischen Häusern umringt ist. Das ehemalige „Spa" (vgl. S. 91 f.) wird heute hauptsächlich anläßlich der berühmten Pferderennen („Derby") und -märkte besucht, die schon 1710 das Erstaunen des deutschen Reisenden Z. v. UFFENBACH erregten [III⁴⁰]. Auch sonst wurde eine Reihe von Säuer-lingen oder schwefel- und magnesiumhaltigen Salzen für Heilzwecke ver-wertet, so zu Dulwich, Lambeth, Vauxhall usw.

Wie diese alten Siedlungen, so sind auch die Dörfer der sö. Umgebung Londons heute mindestens längs der Hauptstraßen von der fortschreitenden Verbauung erreicht. Eine der Hauptwachstumsspitzen zieht von Dulwich und Catford her über Sydenham und South Norwood nach Croydon und von hier in die Täler der Downs gegen Coulsdon und Caterham [89, 812, 825]. Von ihr zweigt eine andere bei Sydenham nach B e c k e n h a m (43 832; *74 030**) und weiter nach B r o m l e y (45 374; *63 070**) ab, die beide ihre Bevölkerung 1881—1931 mehr als verdreifacht haben. 1801 zählte das den Bischöfen von Rochester gehörige Bromley, etwas erhöht ö. des Ravensbourne gelegen, nur 2700 E. [822]. Die größte Stadt des Gebietes ist C r o y d o n ge-worden (233 032; *244 070**), noch um 1800 ein Marktstädtchen mit nicht einmal 6000 E., das Getreide- und Viehhandel betrieb, während auf dem Croydonkanal der Reigate Stone heruntergebracht wurde; es hatte damals

einen eigenen Kornmarkt [89, 825]. 1891 zählte es über 100 000 seiner E.
Trotz dieser Bevölkerungszunahme ist es im wesentlichen Wohnsiedlung
geblieben, aber mit wachsender Industrie (Flugzeuge und deren Ausrüstung,
Kabelwerke, feine Keramik und Lederwaren, Präzisionsinstrumente) und dem
ersten Flughafen Großbritanniens (1915) in seiner Nachbarschaft. Ehemalige
Dörfer mit nur ein paar hundert E. sind auch in diesem Gebiet während
der letzten Jz. ansehnliche Stadtgemeinden geworden, so in Kent B e x l e y
(39 949; 88 060*) w. Dartford, P e n g e (27 771; 24 580*) n. Croydon, in Surrey
M i t c h a m (56 859; 64 640*); M e r t o n a n d M o r d e n (41 227; 75 590*)
im Wandletal (in diesem alte Farben- und Lackerzeugung; Spielwaren in
Merton), S u t t o n a n d C h e a m (46 500; 80 850*), das benachbarte C a r -
s h a l t o n (61 560*), B e d d i n g t o n a n d W a l l i n g t o n (32 650*) und
W i m b l e d o n (89 524; 57 650*). In den letzten Jz. sind selbst von London
entferntere Orte sehr angewachsen: Banstead bei Epsom (27 690), das schon
in den Siebzigerjahren als Wohnplatz beliebte, im Tale lang dahinziehende
C a t e r h a m , Merstham, Orpington (vgl. o.), C h i s l e h u r s t a n d S i d -
c u p (70 930*). Hier hat sich seit 1901 die E.Z. verzehn-, in Orpington
vervierzehnfacht. Addington hatte zwischen 1841 und 1921 nur 600—700 E.,
1931 fast 3000. Nicht so dicht, doch auch im Vordringen begriffen, ist die
Verbauung im Abschnitt zwischen London und dem unteren Craytal, in der
Richtung auf Dartford und zwischen Woolwich und Erith. Hier, längs der
Themse, stellen sich dann wieder verschiedene Industrien ein.

    W o o l w i c h (zur Co. of London gehörig; 146 881), im Mittelalter ein
kleines Fischerdorf, heute eine der Hauptrüstungsstätten Großbritanniens,
hatte schon unter Heinrich VIII. eine Werft zum Bau von Kriegsschiffen
erhalten. Großen Aufschwung nahm es, als unter Georg I. auf Anraten des
Schweizers Andreas Schalch die Kanonengießerei auf das benachbarte
„warren" verlegt wurde. Alsbald erhielt hier die Artillerie ihr Hauptquartier, das R. Arsenal wurde erbaut (1805), Werften angelegt (1869 aufgelassen),
Werkstätten, Laboratorien, Hospitäler errichtet. Aus der ursprünglichen
Straßensiedlung, die 2 km lang die Themse begleitete, entwickelte sich eine
Großstadt, in welcher weitere Industrien aufkamen, u. a. die Telegraphen-
bauanstalt der Gebrüder Siemens. Auch in dem gegenüberliegenden North
Woolwich entstanden Fabriken. 1741 war die Kgl. Militärakademie gegründet worden. Pionier- und Artilleriekasernen kennzeichnen die Stadt als
eine große Garnison. Im ersten Weltkrieg hat das Arsenal über 100 000, im
zweiten bis 40 000 Arbeiter beschäftigt [BE; 11e]. Gleich zu Beginn der
großen Luftschlacht um Großbritannien waren diese Anlagen das Ziel
schwerster Bombenangriffe und die Schäden gewaltig.

    Eine Zeile von Industrieorten begleitet die Themse, alle wie auch Wool-
wich und schon Greenwich, Purfleet und Grays nach ihrer Lage als „bluff-
towns" [72] zu bezeichnen: E r i t h (32 798; 44 530*; Treibstoffindustrie und
Kabelwerke), N o r t h f l e e t (16 428; Kabel- und Zementwerke, Zink- und
Bleiraffinerien) und G r a v e s e n d (35 495; 36 090), einst das Ende von
London Port, Schlafort für die Fabrikarbeiter von Northfleet und Swanscombe (Papier, Zement, Maschinen) und schon vor Jz. beliebt als Seebad
und Ausflugsort (35 km unterhalb London). Hier berührt die tiefe Rinne
des Themseästuars zum erstenmal unmittelbar Land, das über T.H.W. aufsteigt. Vor der modernen Dampfschiffahrt wurde der ganze Verkehr oberhalb Gravesend von den Gezeiten auf- und abwärts getragen; unterhalb war
dagegen günstiger Wind wesentlich. So wurde es zum natürlichen Halte-

platz, viele ausfahrende Schiffe nahmen erst hier Mannschaft und Lebensmittel an Bord. Gern setzten von hier die Reisenden, die von Dover über
Land gekommen waren, ihre Fahrt nach London auf der Themse fort („Long
Ferry"), zumal zu Zeiten, wo auf Blackheath Gefahr von Wegelagerern
drohte. Heute sind zwar die Schiffe unabhängig von Tiden und Winden,
doch kommen noch immer die Lotsen für die Fahrt durch das Ästuar in
Gravesend an Bord. Gegen London zu liegen die alten Übergangsorte der
Watling Street über die zur Themse strömenden Flüsse: C r a y f o r d (15 896;
23 030) mit Maschinen- und Textilfabriken, D a r t f o r d (28 871; *34 280*)
mit Maschinenbau, chemischer Industrie, Pulver- und Papiererzeugung.
Diese hat hier einen ihrer alten Hauptsitze, seitdem um 1588 der Deutsche
Johann Spillmann die erste Mühle für weißes Papier schuf, wie auch ein anderer Deutscher, Gottfried Box, 1590 die erste Eisendrahtmühle Englands
am Darent anlegte [68, 68 a]. Zwischen Dartford und Gravesend werden
große Kalkbrüche von Zementfabriken verwertet, für welche die Tone aus
der Themse gedredscht und die Kohle auf ihr herbeigeschafft werden.

Das breite und tiefe M e d w a y ä s t u a r kann von den größten Schiffen
befahren werden; ihm verdankt die Stadtverwachsung der „Medway Towns"
[12] ihre Bedeutung: der City of R o c h e s t e r mit dem gegenüberliegenden
S t r o o d (31 193; *34 330*), mit C h a t h a m (42 999; *36 080*) und G i l l i n g-
h a m (61 536; *55 250*). Rochester, das Durobrivae der Briten, als Hrofes-
ceaster der zweitälteste Bischofssitz Großbritanniens und durch eine schöne
Kathedrale ausgezeichnet, die manche Anklänge an das Münster von Canterbury zeigt, schon unter Wilhelm dem Eroberer Royal Borough und besonders
stark befestigt, war früher einer der wichtigsten Verkehrsknoten dank seiner
Rolle als Hafenstadt am schiffbaren Fluß und als Brückenort und Halteplatz an der Watling Street halbwegs zwischen London und Canterbury und
daher ein bedeutender Holz- und Getreidemarkt [813, 814]. C h a t h a m's
Bild wird von Kasernen, Hospitälern, Werften, vom Treiben der Matrosen
und Soldaten auch im Frieden beherrscht. Jünger ist die Entwicklung von
Gillingham und Strood. Alle vier haben mannigfache Industrien: Schiff-
und Maschinenbau (landwirtschaftliche Maschinen, Dampfwalzen, Traktoren,
Motorenkörper, Wasserflugzeuge, Ölraffinerien, Zementwerke, Papierindustrie, Druckerei). Im E.W. übertraf Rochester 1938 zum erstenmal Folke-
stone (2,14 Mill. Pf.St., davon für die Papierindustrie allein 1,77 Mill.,
im übrigen Petroleum, etwas Futtermittel und Mehl; A. hauptsächlich
Zement). Chatham ist durch den Bau von Kreuzern und U-Booten wichtig.
Wohlweislich wird die Einfahrt in Themse und Medway vom stark befestigten S h e e r n e s s (16 738) auf der I. of Sheppey bewacht. Es wird von
S i t t i n g b o u r n e (M i l t o n, 20 177; *20 111*), halbwegs Rochester und
Faversham, Ziegel und Zement, mit der Bahn erreicht, die nicht weit von
der großen Papierfabrik von Kemsley (vgl. S. 97) vorbeiführt und von
dem kleinen, nach Eduards III. Gemahlin benannten Q u e e n b o r o u g h
(8150; *2685*) einen Zweig durch die Insel nach Leysdown entsendet.

Auch F a v e r s h a m (10 091; *11 270*) war ehemals Stapelplatz und
Ausfuhrhafen von Wolle und handelte mit den landwirtschaftlichen Erzeugnissen seiner Umgebung. Der „creek", an dem es liegt, ist noch nicht aufgeschlickt, da kein Fluß in ihn mündet. Daher hat es noch einigen Seeverkehr (E. von Holz, Kohle usw.) und beteiligt sich mit einer nicht unansehnlichen Flotte von Motorschiffen am Fischfang; es erzeugt Zement und
Ziegel. Bekannt ist seine Austernzucht, noch mehr allerdings die von Whitstable an der Mündung des Swale; Austernkulturen betreiben übrigens auch

Milton, Rochester und Queenborough. W h i t s t a b l e (11 201) und H e r n e
B a y (11 249) sind die zwar kleinen Seebäder des Blean District, aber viel
gemütlicher als die großen lärmenden „sea-side resorts" der I. of Thanet
[11 c].

Ein fruchtbares Gelände zieht von Rochester gegen E, geknüpft an die
sandig-lehmigen Böden der Thanet- und Woolwichschichten. Hier werden
reiche Ernten von Weizen und Gerste, Esparsette und Luzerne erzielt, der
Obstbau gedeiht und der Hopfenbau besteht fort; seine Darröfen gehören
hier genau so zum Landschaftsbild wie um Maidstone. Bei Canterbury
wurde noch um 1800 sogar Wein gepflanzt. Ö. des Stour verläuft eine
niedrige Eozänstufe über Woodnesborough gegen Sandwich. Ihr Abfall trägt
Obstgärten, ihre Flur auf leichten kiesigen Böden ein Gemenge von Pflugland, Weiden, Obst- und da und dort Hopfengärten, Lavendelfeldern und
kleinen Wäldern. Wiesen begleiten den Stour auf den Alluvialböden. Auf
den Kreidekalken der I. o f T h a n e t endlich erstrecken sich weite Acker-
gefilde und Grasflächen, gelegentlich mit Hecken oder Bäumen; die Wool-
wich- und Thanetschichten liefern Frühkartoffeln nach London. Geschätzte
Erzeugnisse der Insel sind namentlich Malzgerste, Blumenkohl und Luzerne [110].

Der Hauptverkehr richtet sich hier nach M a r g a t e (31 341; *24 850*)
und R a m s g a t e (33 603; *24 620*), jenes etwa 5 km w., dieses 5 km s. des
Kaps North Foreland. Beide waren früher Fischerdörfer und kleine Ge-
treidehäfen an den Kliffen der I. of Thanet; Ramsgate besitzt eine aus
Dampfern und Motorschiffen bestehende Fischerflotte, die fast so groß ist
wie die von Folkestone. Sie sind die besuchtesten Seebäder von Kent und
zeigen das Gepräge solcher ersten Ranges. Ramsgate steht auf der Höhe
zu beiden Seiten eines Klifftales (gate), das den Fischerhafen birgt, Mar-
gates ältester Teil auf einem Kliffsporn zwischen zwei Talkerben (Dane
Valley und The Brooks). Von hier aus haben sich Wachstumsspitzen zuerst
gegen E (Cliftonville), im 19. Jh. auch gegen W angeschlossen, und heute
saugt es schon die benachbarten Binnendörfer Garlinge und Northdown auf.
Zwischen beiden Städten ist Broadstairs in Aufnahme begriffen, ebenfalls
von weißen Kreidefelsen überragt [817]. Dagegen ist S a n d w i c h (3287),
noch im 15. Jh. neben Southampton im Wollhandel und als Vermittler des
Verkehrs zwischen dem Festland und London wichtig, 3 km vom Meer entfernt (vgl. S. 28, 90). Es ist ein kleines Städtchen mit krummen Gassen und
alten Häusern geblieben, das sich — neben Canterbury — als Marktort
für Thanet betätigt und wegen seines in den Dünen an der Pegwell Bay gelegenen Golfplatzes gerne besucht wird. D e a l (1945: *16 620*) hat sich zum Seebad entwickelt. Nur bei T.H.W. ist der Stour noch für Barken
bis Sandwich befahrbar; eine untergetauchte Sandbank verlegt seine Mündung, bei N.W. bloß 1—2′ unter dem Meeresspiegel. Eine bereits 1—1,5 km
in das Land gerückte Nehrung trägt die Straße nach Cliffsend, auf etwa
3 km Länge eingesäumt von den während des ersten Weltkrieges geschaffenen
Gebäuden und Eisenbahnanlagen von Richborough Port, von wo gewaltige
Truppenmassen nach Flandern und Frankreich gebracht wurden, der aber 1925
an eine Kohlenbergbaufirma verkauft wurde und dem Kohlenversand dient.
Noch sieht man auf einem niedrigen Hügel (15 m) die massigen Mauern
des einst so stolzen Richborough Castle, das an Stelle des römischen Rutupiae
getreten war. Sein Gegenstück, R e c u l v e r (829) im Blean District, Nachfolger des römischen Kastells Regulbium, entstanden neben einer der ältesten Kirchen des Gebietes, wurde ein Opfer des Meeres, welches in den nach-

giebigen Londontonen zwischen 1631 und 1820 im J.M. 0,75, zeitweilig über 2 m vordrang. Das römische Fort hatte die n. Mündung des Wantsum bewacht (vgl. S. 15). Allein der n. Arm verschlickte infolge der Ablagerung von Sinkstoffen, die reichlich von den Bächen seines W-Ufers und durch das Meer von der Küste bei Herne Bay herbeigeschleppt wurden, zumal in ihm eine Doppeltide Stillwasser verursachte. Zu Beginn der Neuzeit konnte man hier bereits Entwässerungsarbeiten durchführen, während der s. Arm zunächst schiffbar blieb. Noch in Camden's Tagen war Reculver durch seine Austern bekannt. Die beiden Spitztürme seiner Kirche waren bis 1815, wo

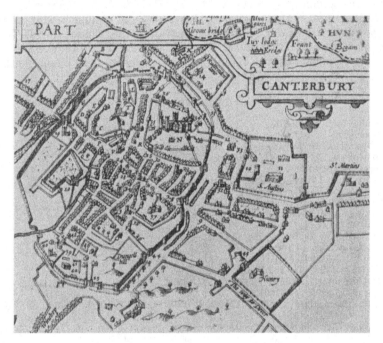

Abb. 21. Canterbury im 17. Jh. (Aus J. Speed.)

sie infolge der Angriffe der See abgetragen werden mußten, eine weithin grüßende Landmarke [824].

Durch Jh. war E-Kents führende Stadt C a n t e r b u r y (24 446; 21 630); jetzt wird es von den „Medway Towns" an industrieller Bedeutung und E.Z. erheblich übertroffen. Und doch war von Anfang an seine verkehrsgeographische Lage besonders günstig. Schon die kleinen Küstenhäfen der Briten, die Vorläufer der Cinque Ports, hatten einen Sammelpunkt im Hintergrund erheischt [513*, 517*] und an jener Übergangsstelle über den Stour gefunden, bis zu welcher der Tidenhub den Kähnen die Fahrt gestattete. Er wurde die Hauptstadt der Cantii und nach der Römerzeit [532] von den Germanen zum Königssitz ausersehen. Die wohlhabenden Adeligen der „Cantware" errichteten neben der Königshalle ihre Häuser zwischen dem Trümmerwerk der römischen Kirchen und Geschäftsläden. Bald nach der Ankunft der ersten römischen Mönche wurde es Sitz des ältesten Bistums (Primas von England), Vorort der Landschaft und Gr.St. und unter Heinrich II. und Heinrich III. (1256) mit besonderem Stadt-, unter Heinrich IV. mit dem Messerecht ausgestattet (Abb. 21). Der Dom ist sein herrliches Wahr-

zeichen. Heute läßt der Verkehr nach dem Festland, s. der North Downs entlang führend, das freundliche Städtchen abseits. Dafür wird es alljährlich von
vielen Tausenden von Fremden um seiner Bauten und Erinnerungen willen
besucht. Im Mittelalter war es der wichtigste Wallfahrtsort Englands gewesen, als die Pilger auf dem Pilgrims' Way zum Grabe des Hl. Thomas
Becket zogen. Es beteiligte sich am Wollhandel und betrieb Ende des 16. Jh.
die von Wallonen eingeführte Seidenweberei; doch ging diese mit dem Aufblühen von Spitalfields (London) zurück. Um die Wende zum 19. Jh. verfertigte eine benachbarte Baumwollspinnerei ein feines Gewebe aus Seide
und Baumwolle, den „Canterbury Muslin"; auch dieses Gewerbe hat sich
nicht gehalten [84, 811]. Seine Industrien sind unbedeutend geblieben.
Aber noch immer ist es der Hauptstraßenknoten für Thanet und E-Kent und
ein blühender landwirtschaftlicher Markt dank der Fruchtbarkeit des Lehm-
gürtels. Die benachbarten Kohlenlager versprechen ihm einen neuen Aufschwung.

Literatur[1]

11. 1. Cambr. Co. Geographies:
   a) BOSWORTH, G. F., Surrey. 1909.
   b) LYDDEKKER, R., Hertfordshire. 1909.
   c) BOSWORTH, G. F., Kent. 1909. 2nd ed. 1922.
   d) Ders., Essex. 1909.
   e) Ders., East L. 1911.
   f) MONCKTON, H. W., Berkshire. 1911.
   g) BOSWORTH, G. F., West L. 1912.
   h) DAVIES, A. M., Buckinghamshire. 1912.
   i) BOSWORTH, G. F., Middlesex. 1913.
12. ORMSBY. H., The L Basin (in: 112*, 42—67).
13. The Victoria Hist. of the Co. of E.:
   a) Surrey. I. 1902. II. 1905. III. 1911. IV. 1912. Index vol. 1914.
   b) Kent. I. 1908. II. 1926. III. 1932.
   c) Hertfordshire. I. 1902. II. 1908. III. 1912. IV. 1914. Index vol. 1923.
   d) Essex. I. 1903. II. 1907.
   e) Buckinghamshire. I. 1905. II. 1908. III. 1925. IV. 1927. Index vol. 1928.
   f) Middlesex. II. 1911.
14. ADHEAD, S. D., and others, South Essex Reg. Planning Scheme. Lond. 1931.
15. STEPHENSON, J. (and EAST, W. G.), Berkshire. Br., pt. 78. 1936.
16. WILLATTS, E. C., Middlesex and the London Region. (Ebd., pt. 79). Lond. 1937.
17. CAMERON, L. G., Hertfordshire. LBr., pt. 80. 1941.
18. STAMP, L. D., and WILLATTS, E. C., Surrey. (With a contrib. by D. W. Shave.) Ebd.,
   pt. 81. 1941.
18a. FRYER. D. W., Buckinghamshire. Ebd., pt. 54, 1942.
19. SCARFE. N. V., Essex. Ebd., pt. 82. 1942.
110. STAMP, L. D., Kent. (With notes by S. G. Brade-Birks and B. S. Fourneaux.) Ebd.,
   pt. 85. 1945.
111. ABERCROMBIE, P., Greater London Plan 1944. A Rep., prepared on behalf of the
   Standing Confer. on L. Reg. Planning. 1945.
112. CORKILL, W. H., The L. of Thanet. CanadGJ. 32, 1946, 257—265.
113. FORDHAM. H. G., Hertfordshire maps. 1579—1900. Hertford. 1907.
114. EMMISSON, F. G. (ed.), Catal. of maps in the Essex Record Off., 1566—1855. Chelmsford (Essex Co. Council). 1947.

21. Gl. Sv., Mem., Explan. sheets:
   a) 238. Aylesbury and Hemel Hempstead. By R. L. Sherlock. 1922.
   b) 239. Hertford. By R. L. Sherlock and R. W. Pocock. 1924.
   c) 254. Henley-on-Thames and Wallingford. By A. J. Jukes-Browne and H. J. Osborne
      White. 1908.
   d) 255. Beaconsfield. By R. L. Sherlock and A. H. Noble. 1922.
   e) 256. North L. By C. E. N. Bromehead. 1925.

---

[1] In den Titeln dieses Verzeichnisses bedeutet L. London.

f) 257. Romford. By H. G. Dines and F. H. Edmunds. 1925.
g) 268. Reading. By J. H. Blake. Edited by H. W. Monckton. 1903.
h) 269. Windsor and Chertsey. By H. Dewey and C. E. N. Bromehead. 1915.
i) 270. South L. By H. Dewey and C. E. N. Bromehead. 1921.
k) 271. Dartford. By H. Dewey, C. E. N. Bromehead, C. P. Chatwin and H. G. Dines. 1924.
l) 274/290. Ramsgate and Dover. By H. J. Osborne White. 1928.
m) 285. Aldershot and Guildford. By H. G. Dines and F. H. Edmunds. 1929.
22. Gl. Sv., Distr. Mem.: WOODWARD, H. B., Gl. of the L. Distr. 2nd ed. Revised by C. E. N. Bromehead. 1922.
23. Gl. Sv., Water Supply:
    a) WHITAKER, W., Buckingh. and Hertfordshire. 1921.
    b) WHITAKER, W., and THRESH, J. C., Essex (Rainfall by H. R. Mill). 1916.
    c) WHITAKER, W. (with contrib. by others), Kent. 1908.
    d) Ders., Surrey (Rainfall by H. R. Mill). 1912.
    e) BARROW, G., and WILLS, L. J., Records of L. wells. 1913.
    f) BUCHAN, S., The water supply of the Co. of L. from underground sources. 1938 (vgl. auch ders. in TrInstWaterEngn. 43, 129—153).
24. Gl. Sv., Soils: WOODWARD, H. B., Soils and sub-soils from a sanitary point of view, w. sp. ref. to L. and its neighbourhood. 1897. 2nd ed. 1906.
25. Gl. Sv., Br. Reg. Geologies: SHERLOCK, R. L., L. and the Thames valley. 1935. 2nd ed. 1947. (Wenig verändert.)
26. Gl. Sv., STRAHAN, A., The gl. of the Thames valley near Goring. 1924.
27. STRAHAN, A., The form and structure of the palaeozoic plat-form upon which the rocks of E. rest. Anniv. Addr. 1913. QJGlS. 69, 1913, 70 ff.
28. DAVIES. A. M., and PRINGLE, J., On two deep borings at Calvert Station (N. Bucks) etc. QJGlS. 69, 1913, 309—340.
29. DAVIES, G. M., Gl. excurs. ar. L. 1914.
210. BARROW, G., Some future work for the GlAss. PrGlAss. 30, 1919, 1—48.
211. WOOLDRIDGE, S. W., The minor struct. of the L. Basin. PrGlAss. 34, 1923, 175—193.
212. DEWEY, H., WOOLDRIDGE, S. W., and others, The gl. of the Canterbury Distr. PrGlAss. 36, 1925, 257—284 (vgl. auch 284—290).
213. DAVIES, G. M., The sea in Surrey. TrCroydonNHistSciS. 9, 1925, 197—206.
214. WOOLDRIDGE, S. W., The struct. evolution of the L. Basin. PrGlAss. 37, 1926, 162—196.
215. MERRETT, E. A., The gl. of the lower valley of the Gade, and its bearing upon problems connected with the erosion of the Chalk and the deposition of superficial gravels. PrGlAss. 38, 1927, 217—236.
216. DAVIES, G. M., Gl. of L. and SE E. 1939.
217. GOSSLING, F., A skeleton in the Lower L. Tertiaries in Ballard's Way, Croydon (WealdResCommRep. No. 33). PrGlAss. 56, 1945, 135—139.
218. HESTER, S. W., Gl. of NW Middlesex. PrGlAss. 52. 1941, 304—320.

31. GREGORY, J. W., The evolution of the Thames. NSci. 5. 1894, 97—109.
32. MONCKTON, H. W., On the origin of the gravel flats of Surrey and Berks. GlMg. Dec. IV, vol. 8, 1901, 510—513.
32 a. POCOCK. T. I., On the drifts of the Thames valley near London. SummProgrGlSv. 1902 (1903), 199—207.
32 b. HINTON, M. A. C., and KENNARD, A. S., The relative ages of the stone implements of the Lower Thames valley. PrGlAss. 19, 1906, 76—100. (Vgl. dazu Dies., Contrib. to the pleistocene gl. of the Thames valley: the Grays Thurrock area. EssexNlist. 11, 336—370; 15 (1907), 56—88.
33. HARMER. F. W., On the origin of certain cañon-like valleys, associated with lake-like areas of depression. QJGlS. 63, 1907, 470—514.
33 a. HILL, W., On a deep channel of drift at Hitchin. QJGlS. 64. 1908, 8—26.
34. WARREN. S. H., Exc. to the Loughton distr. of Epping Forest etc. PrGlAss. 21, 1910, 451—455.
35. WARREN, S. H., On the late glacial stage in the valley of the R. Lea. QJGlS. 68, 1912, 213—251.
36. SHERLOCK, R. L., and NOBLE, A. H., On the glacial origin of the clay-with-flints of Bucks and a former course of the R. Thames. QJGlS. 68, 1912, 199—211.
36 a. CHANDLER, R. H., and LEACH, A. L., On the Dartford Heath gravels and on a paleolithic implement factory. PrGlAss. 23, 1912, 102—111.
37. GREGORY, J. W., The Chiltern Gaps. GlMg. Dec. VI, vol. 1, 1914, 145—148.
38. REID, E. M., The plants of the late glacial deposits of the Lea valley. QJGlS. 71, 1915, 155—161.
39. BOSWELL, P. G. H., The stratigr. and petrol. of the Lower Eocene deposits of the north-eastern part of the L. Basin. QJGlS. 71, 1915, 586—588.

310. GREGORY, J. W., The Danbury gravels. GlMg. Dec. VI, vol. 2, 1915, 529—538.
311. LEACH, A. L., Gl. and g. notes on Well Hill, Kent. PrGlAss. 26, 1915, 342—347.
312. SMITH, R. A., and DEWEY, H., Exc. to the river terraces near Crayford. PrGlAss. 27, 1916, 72—76. (Vgl. auch Arch. 1914.)
313. DEELEY, R. M., The fluvio-glacial gravels of the Thames valley. GlMg. Dec. VI, vol. 3, 1916, 57—64, 111—117.
314. LEACH, A. L., Gl. and g. notes on the Ravensbourne valley. PrGlAss. 27, 1916, 139—146.
315. BAKER, H. A., On the Pre-Thanetian erosion of the chalk in parts of the L. Basin. GlMg. Dec. VI, vol. 5, 1918, 296—304.
316. GILBERT, C. J., On the occurrence of extensive deposits of high-level sands and gravels resting upon the chalk at Little Heath, near Berkhamsted. QJGlS. 75, 1919, 32—43.
317. HAWKINS, H. L., The relation of the R. Thames to the L. Basin. RepBrAssHull. 1922 (1923), 365/6. (Vgl. auch Ders., On the former course of the Kennet between Theale and Pangbourne. PrGlAss. 37, 1926, 442—446.)
318. GREGORY, J. W., The evolution of the Essex rivers and the Lower Thames. Colchester. 1922.
318 a. WOOLDRIDGE, S. W., The gl. of the Rayleigh Hills, Essex. PrGlAss. 34, 1923, 314—322.
319. WOOLDRIDGE, S. W., The Diestian transgression in the L. Basin and its effect on the geomorph. of the North Downs and Chiltern Hills. RepBrAssOxford 1926 (1927), 353.
320. SHERLOCK, R. L., The superficial deposits of S Bucks and S Herts and the old course of the Thames. PrGlAss. 35, 1924, 1—28 (vgl. auch ebd. 40, 1929).
321. WOOLDRIDGE, S. W., The gl. of Essex. SEUnionSciSEssexSvColch. 1926. (Vgl. auch Ders., Essex Nlist. [Colchester] 21, 1927, 257 ff.)
322. MANTLE, H. G., Chalky Boulder Clay in the NW distr. of L. GlMg. 64, 1927, 501/2.
322 a. CHATWIN, C. P., Fossils from the iron sands on Netley Heath. Surrey. SummProgrGlSv. 1926 (1927), App. IX, 154—157.
323. WOOLDRIDGE, S. W., The pliocene hist. of the L. Basin. PrGlAss. 38, 1927, 49—132.
324. WOOLDRIDGE, S. W., The 200'-platform in the L. Basin. PrGlAss. 39, 1928, 1—26 (vgl. auch GlMg. 65, 1928, 41).
325. GREGORY, J. W., The gravels of Little Hayes and the age of the Crouch valley, SE Essex. GlMg. 63, 1926, 273—275.
326. GREGORY, J. W., The relations of the Thames and Rhine, and age of the Strait of Dover. GJ. 70, 1927, 52—59.
327. STAMP, L. D., The Themse drainage system and the age of the Strait of Dover. GJ. 70. 1927, 386—390.
328. SAXER, R. M., On some features of the Taplow Terrace between Charing Cross and the Fleet valley. PrGlAss. 40, 1929, 54—74.
328 a. ROSS, B. R. M., The physiogr. evolution of the Kennet-Thames. RepBrAssLondon 1931, 368.
329. WOOLDRIDGE, S. W., The physiogr. evolution of the L. Basin. G. 17, 1932, 99—116.
330. WOOLDRIDGE, S. W., The cycle of erosion and the representation of relief. ScGMg. 48, 1932, 30—36.
331. DEWEY, H., Palaeol. deposits of the Lower Thames valley. QJGlS. 88, 1932, 35—56.
332. FRANCIS, A. G., On subsidence of the Thames Estuary since the Roman Period, at Southchurch. EssexNlist. 23, 1932, 151.
333. LONGFIELD, T. E., The subsidence of L. OSvProfP. N.S. No. 14, 1933 (vgl. QJGlS. 89, 1933, 105—111).
333 a. BURCHELL, J. P. T., The Northfleet 50-foot submergence later than the Coombe rock of post-early Mousterian times. Archaeol. 83, 1933, 67—92.
334. BRIQUET, A., Le quaternaire de la Tamise etc. Quatr. Rapp. Comm. pour l'étude des terrains pliocènes et pleistocènes (Union G. Internat.) Paris. 1935. (Vgl. J. SÖLCH, MittGGes Wien 82, 1929, 170—172.)
335. WOOLDRIDGE, S. W., and EWING, C. J. C., The eocene and pliocene deposits of Lane End, Bucks. QJGlS. 91, 1935, 293—317.
336. BURCHELL, J. P. T., Evidence of a further glacial episode within the valley of the Lower Thames. GlMg. 72, 1935, 90/91. Vgl. auch Ders., ebd., 73, 1936, 91/92 und 550—554.
337. HAWKINS, H. L., Field meeting in the Southern Chilterns. PrGlAss. 47, 1936, 32—35.
337 a. LACAILLE, A., and OAKLEY, K. P., The paleol. sequence at Iver, Bucks. AntJ. 16, 1936, 420.
338. KING, W. B. R., and OAKLEY, K. P., The pleistoc. succession in the lower part of the Thames valley. PrPrehistSLd. (N.S.) 2, 1936, 52—76.
338 a. OAKLEY, K. P., Field meeting at Cheddington, Ivinghoe and Gubblecote. PrGlAss. 47, 1936, 38—41.

339. WOOLDRIDGE, S. W., and KIRKALDY, J. F., The gl. of the Mimms valley. PrGlAss. 48, 1937, 307—315.
340. WARREN, S. H., and others. Archaeol. of the submerged land surface of the Essex coast. PrPrehistS. no. 9, 1936 (vgl. N. 139, 1937, I, 200).
340 a. WOOLDRIDGE, S. W., A compar. study of the morphol. of the N Downs and Chiltern Hills. RepBrAssNorth. 1937, 323/324.
341. WOOLDRIDGE, S. W., The glaciation of the L. Basin and the evolution of the Thames drainage. QJGlS. 94, 1938, 627—661.
342. WRIGHT, W. B., The terraces of South E. 5me Rep. Comm. pour l'étude des terr. plioc. et pleistoc. CRCongrIntG. Amsterd. 1938. T. II. Trav. sect. A—F, 273—278. Leiden 1936. [Dort einige weitere Lit.]
343. WOOLDRIDGE, S. W., and LINTON, D. L., Struct., surface and drainage in South-East E. InstBrGPubl. 10, Lond. 1939.
344. OAKLEY, K. P., Rep. of field meeting at Swanscombe. Kent. PrGlAss. 50. 1939, 357—361.
344 a. DINES, H. G., and others, The mapping of head deposits. GlMg. 78, 1940, 198—226.
345. LINDER, E., "Red Hill" mounds of Carvey I. in relat. to subsidence in the Thames estuary. PrGlAss. 51, 1940, 283—290.
345 a. BULL, A. I., Pleistocene chronology. PrGlAss. 53, 1942, 1—20, disc. 20—45.
345 b. WARREN, S. H., The drifts of SW Essex. EssexNlist. 27, 1942/3, 155—163, 171—179.
346. KENNARD, A. S., The Crayford brickearths. Ebd., 55, 1944, 121—169.
347. OAKLEY, K. P., and KING, W. B. R., Age of the Baker's Hole Coombe Rock, North Fleet, Kent. N. 155, 1945, 51/52.
348. HARE. F. K., The geomorphol. of a part of the Middle Thames. PrGlAss. 58, 1947, 294—339.
349. GREEN, J. F. N., Some gravels and gravel-pits in Hampshire and Dorset. PrGlAss. 58, 1947, 128—143 (auch über Themseterrassen!).
350. LEWIS, W. V., The Pegsdon dry valleys. Compass (MgCambrUnivGL.), 1. 2. 1949. 53—70.

41. NASH, W. C., Daily rainfall in the R. Observatory, Greenwich, 1841—1903. QJMetS. 36, 1910, 309—328.
42. The rainfall maps of the Thames valley. SymMctMg. 44, 1910, 239.
43. BROOKS, C. E. P., Incidence of fog in L. on Jan. 31, 1918. MetOffProfPNotes. No. 3, 1918, 22—30.
44. BILHAM, E. G., On the variation of underground water-level near a tidal river. QJMetS. 44, 1918, 171—189.
45. LE GRAND, J., Notes on Artesian wells in the L. distr. GT. 11, 1922, 283—285.
46. SAWYER, L. D., The effect of pressure distribution upon L.'s sunshine in winter. QJMetS. 51, 1925, 121—130.
47. BROOKS, C. E. P., and MIRRLIES, S. T. A., Irregularities in the annual variation of the temp. of L. QJMetS. 56, 1930, 375—384.
47 a. BROOKS, C. E. P., and HWNT, T. M., Resultant wind direction in L.: its periodicities and its effect on rainfall. MetMg. 68, 1932, 154—161.
48. GLASSPOOLE, J., Av. annual rainfall of the Co. of L. 1881 to 1915. BritRainfall. 1934.
49. SCRASE, J. F., Obs. of atmospheric electricity at Kew Obs. 1843—1931. MetOffGeophys-Mem. 60, 1934.
410. BILHAM, E. G., and HAY, R. F. M., The frequency of heavy rains lasting from 1 to 48 hours at Kew Obs., during the period 1828—1927. BrRainfall. 1934 (1935).
411. BILHAM, E. G., Light winds in the L. area. MetMg. 72, 1937, 57—60.
412. CHAMPION, D. M., Rainfall and run-off from intermittent streams. MetMg. 72, 1937, 180—182.
413. HAWKE, E. L., Sunshine in the Chilterns. QJMetS. 64, 1938, 299/300.
414. BONACINA, L. C. W., Snow in the Chiltern Hills after thaw. MetMg. 43, 1939, 152/153.
415. ORTON, J. M., The effect of the severe frost of the winter of 1939/1940 on the fauna in the Essex oyster beds. N. 145, 1940, 708/709.
416. HAWKE, E. L., The snow-storm and drifts of Jan. 26—29, 1940, in the N Chilterns. QJMetS. 66, 1940, 152/153.
417. HAWKE, E. L., The frequency distrib. through the year of abnormal high and low daily mean temper. of Greenwich Obs. QJMetS. 67, 1941, 247—261.
418. DYSON, J. H., The snowfall in E Kent in recent years. Ebd., 68, 1942, 261/262.
419. PENMAN, H. L., Daily and seasonal changes in the surface temp. of fallow soils at Rothamsted. Ebd., 69, 1943, 1—16.
420. DRUMMOND, A. J., Cold winters at Kew Obs. Ebd., 17—32.
421. HAWKE, E. L., Thermal charact. of a Herfords. frost-hollow. Ebd., 70, 1944, 23—48.
422. DRUMMOND, A. J., A cent. of progress in atmosph. electric. of Kew Obs. MetMg. 70, 1944, 49—60.

423. DRUMMOND, A. J., The persistence of dew [Kew Obs.]. QJMetS. **72**, 1946, 415—417.
424. DRUMMOND, A. J., Kew Obs. Weather. **2**, 1947, 69—76.
425. Warm spells at Kew. Ebd., 194.
426. BISHOP. B. V., The frequency of thunderstorms at Kew Obs. MetMg. 1947, 108—111.
427. HAWKE, E. L., Changes in the climate of L. Weather. **3**, 1948, 98—102, 130—135.
427 a. BELASCO, J. E., Rainless days of L. QJMetS. **79**, 1948, 339—348.
427 b. BONACINA, L. S. W., London fogs, then and now. Weather **5**, 1950, 91—93.
428. Rep. of the Comm. ... to consider the question of floods from the R. Thames etc. Lond. 1928.
429. DOODSON. A. T., and DINES, J. S., Rep. on Thames floods etc. MetOffGeophysMem. No. **47**. Lond. 1929 (vgl. auch DOODSON, High tides in the Thames. Ebd.).
430. DEWEY, H., Falling water-level in the chalk near L. QJGlS. **89**, 1933, 116—121. (Vgl. N. **131**, 1933, 882/883).
431. The underground water of L. N. **143**, 1939, 342.
432. CUNNINGHAM, B., The estuar. embankment of the R. Thames. 16. Intern. Congr. Navig. Brussels. 1935.
433. BUCHAN, S., The water supply of the Co. of L. from underground sources. MemGlSvGrBr. 1938. (Vgl. auch PrGlAss. **50**. 1939, 147/148.)
434. BUCHAN, S., Pollution and exhaustion of L.'s underground water supply. RepBrAss-AdvSciCambridge 1938, 418.
435. CUNNINGHAM, B., The underground water of L. N. **143**, 1939, 142.
435 a. BUNGE, J. H. O., Tideless Thames in future L. 1944.
436. BERRY, H., L.'s water supply. JRSArts. **92**, 1944. 186—198.
437. BERRY, H., The Thames conservancy. Ebd., **93**, 1945, 60—71.
438. MACKENZIE, E. F. W., L.'s water supply. PrRInstGrBr. **33**, 1947, 211—225. (Vgl. N. **155**, 1945, 162—165.)
439. TEMPLE, M. S., A sv. of the soils of Buckinghamshire. UnivReading, DeptAgrChem. Bull. **38**, 1929.
440. PIZER, N. H., The soils of Berkshire. Ebd., Bull. **39**, 1931.
441. SALISBURY, E. J., The oak-hornbeam woods of Hertfordshire. JEcol. **6**, 1918, 14—52.
442. SUMMERHAYES, V. S., and others, Studies of the ecol. of E. heaths. I. The vegetation of the unfelled portions of Oxshott Heath and Esher Common, Surrey. JEcol. **12**, 1924, 287—306.
443. ADAMSON, R. G., Notes on the natural regeneration of woodland in Essex. JEcol. **20**, 1932, 125—190.
443 a. WATT, A. S., The veget. of the Chiltern Hills etc. Ebd., **22**, 1934, 230—270, 445—507.
444. BOWER, F. O., The R. Lot. Gardens, Kew. — HILL, Sir ARTHUR, Kew in recent years. N. **147**, 1941, 400—403.

51. HOLMES, T. R., Ancient Br. and the invasions of Julius Caesar. 1907.
52. SMITH, R., A palaeol. ind. at Northfleet, Kent. Archaeol. (Ld.) **62**, 1911, 515—532.
53. SHARPE, Sir MONTAGUE, Middlesex in Br., Roman and Saxon times. 1912. 2. A. 1932.
54. WARREN, S. H., The Mesvinian ind. of Clacton-on-Sea, Essex. PrPrehistSEastAnglia. **3**, 1922, 1—6.
55. WARREN, S. H., The Elephas antiquus-bed at Clacton-on-Sea (Essex) and its flora and fauna. QJGlS. **79**, 1923, 606—634.
56. COOK, W. H., and KILLICK, I. R., On the discov. of a flintworking date in the Medway valley at Rochester, Kent, etc. PrPrehistSEastAnglia. **4**, 1924, 133—154.
57. THOMSON, J., A great free city. The book of Silchester. 2 vol. 1924.
57 a. WHEELER, R. E. M., and WHEELER, T. V., A Belgic and two Roman cities. Rep-ResearchCommSAntLond., No. XI, 1927.
58. VULLIAMY, C. E., The arch. of Middlesex and Lond. (The Co. Arch.). 1930.
59. HAWKES, C. F. C., and DUNNING, G. C., The Belgae of Gaul and Britain. ArchJ. **87**, 1930, 150—335.
510. WHEELER, R. E. M., A prehist. Metropolis: the first Verulamium. Ant. **6**, 1932, 33—47.
511. JESSUP, R. F., Bigberry Camp, Hambledown, Kent. ArchJ. **89**, 1932, 87—115.
512. BREUIL, H., Le Clactonien. Préhist. (Paris). **1** (2), 1932, 125—190.
513. WARREN, S. H., The palaeol. ind. of Clacton and Dovercourt distr. EssexNlist. **24**, 1933, 1—29. (Vgl. auch PrFirstInternCgrPrehist. etc. Lond. 1932, 69/70.)
514. WHEELER, R. E. M., The Belgic cities of Br. Ant. **7**, 1933, 21—35.
515. CHANDLER, R. H., On the Clactonian ind. at Swanscombe. PrPrehistSEastAnglia. **7**, 1934, 333—347 (bzw. **6**, 1930, 79—116).
515 a. BURCHELL, J. P. T., The Middle Mousterian culture and its relations to the Coombe Rock of post-Early Mousterian times. AntJ. **14**, 1934, 33—39.
516. JESSUP, R. F., The arch. of Kent (The Co. Arch.). 1935.
517. WARREN, S. H., PIGGOTT, S., CLARK, J. G. D., BURKITT, M. C., GODWIN, H., and M. E.,

Archaeol. of the submerged land-surface of the Essex coast. PrPrehistS. (Lond.), N.S., 2 (12), 1936, 178—210.

518. OAKLEY, K. P., and LEAKEY, M., Rep. on excav. at Faywick Sands (Essex) 1934 etc. Ebd., 3, 1937, 217—260.

519. MARSTON, A. T., The Swanscombe skull. JRAnthrInst. 67, 1937 (1938), 339—406.

520. Swanscombe Comm. Rep. 1938. Rep. Sv. skull. Ebd., 68, 1938, 17—98.

521. BURCHELL, J. P. T., Two neolithic "floors" in the Ebbsfleet valley of the Lower Thames. AntJ. 18, 1938, 397—401.

522. MYRES, J. N. L., Verulamium. Ant. 12, 1938, 16—25 (vgl. auch N. 142, 1938, 2, 606).

523. OAKLEY, K. P., and MORANT, G. M., Ein Menschenschädel altpaläolithischen Alters in Swanscombe, Kent. Quartär. 2, 1939, 54—65.

524. A mesolithic settlement in Surrey. N. 144, 1939, 525.

525. BURCHELL, J. P. T., and MOIR, J. R., Eoliths of a late prehist. date. AntJ. 19, 1939, 185—192.

526. LACAILLE, A. D., The palaeol. from the gravels of the Lower Boyn Hill Terr. around Maidenhead. Ebd., 20, 1940, 245—271.

527. CORDER, P., Verulamium, 1930—1940. Ant. 15, 1941, 113—123.

528. FRERE, S., An Iron Age site near Epsom. AntJ. 22, 1942, 123—138.

529. RICHARDSON, K. M., Rep. on excav. at Verulamium. Arch. 90, 1944, 81—126.

529 a. O'NEIL, B. H. S. I., The Silchester region in the 5th and 6th cent. A.D. Ant. 18, 1944, 113—122.

530. BURCHELL, J. P. T., and FRERE, S., The occup. of Sandown Park, Esher, during the Stone Age, the Early Iron Age and the Anglo-Saxon period. AntJ. 27, 1947, 24—46.

531. HAWKES, C. F. C., HULL, M. R., and others, Camulodunum. First Rep. excav. at Colchester, 1930—1939. (SAnt)Oxf. 1948.

532. Roman Canterbury. RepCanterbExcavComm. 1949.

61. SKEAT, W. W., The place-names of Hertfordshire. Cbr. 1904.

62. SKEAT, W. W., The place-names of Bedfordshire. Cbr. 1906.

63. GOVER, J. B. G., The place-names of Middlesex. 1922.

64. MAWER, A., and STENTON, F. M., The place-names of Buckinghamshire (EPlNS. II). Cbr. 1925.

65. WALLENBERG. J. K., The place-names of Kent. Uppsala 1934.

66. REANEY, P. H., and others, The place-names of Essex (EPlNS. XII). Cbr. 1935.

67. GOVER, J. E. G., MAWER, A., and STENTON, F. M., The place-names of Hertfordshire (EPlNS. XV). Cbr. 1938. (Vgl. CRAWFORD, O. G. S., Hertfords. place-names. Ant. 12, 1938. 432—436.)

67 a. GOVER, J. E. G., and others, The place-names of Middlesex, apart from the City of L. (EPlNS. XVIII). Cbr. 1942.

68. NEMNICH, P. A., Neueste Reise durch E., Schottland und Irland, hauptsächlich in bezug auf Produkte. Fabriken und Handlung. Tübingen 1807.

68 a. SCHAIBLE, K. H., Geschichte der Deutschen in England. Straßburg 1885.

69. HUNTER, R., The reconstruction of Hainault Forest. 19th Cent. 52, 1902, 239—250.

69 a. THACKER, F. S., The Thames highway. A history of the inland navigation. 1914.

610. PAGE, W., The origins and forms of Hertfordshire towns and villages. Arch. 69, 1920, 47—60.

611. MAJOR, A., Surrey, L. and the Saxon Conquest. PrCroydonNHSciS. IX. 1, 1920.

612. LEEDS, E. T., The early penetration of the Upper Thames area. AntJ. 13. 1933, 229 bis 251.

613. SMITH, D. and E., Windmills—mainly of Essex. Obs. 2. 1926, 134—144.

614. MEYER, G. M., Early water-mills in the relation to changes in the rainfall of East Kent. QJMetS. 53, 1927, 407—420.

615. CRAWFORD, O. G. S., The Chilterns Grim's Ditches. Ant. 5, 1931. 161—171.

616. CHRISTY, M., Essex rivers and their names. EssexNlist. 1927. 257—302.

616 a. AUSTIN, W., The hist. of Luton and its hamlets. 2 vol. Newport (I. W.). 1929.

617. WOOLDRIDGE, S. W., and SMETHAM, D. J., The glacial drifts of Essex and Hertford-shire, and their bearing upon the agr. and hist. g. of the region. GJ. 78. 1931. 243 bis 269.

618. BAKER, J. H., The story of the Chiltern heath-lands. Reading 1931.

619. SMITH, D., E. Windmills, vol. II (Bucks., Essex, Herts., Middlesex, L.). Westm. 1932.

620. WOOLDRIDGE, S. W., and LINTON, D. L., Loam terrain of South-East E. and its relation to early hist. Ant. 7, 1933, 297 ff.

621. COLES, R. C., The past hist. of the Forest of Essex. EssexNlist. 24, 1933, 121.

622. WOOLDRIDGE, S. W., and LINTON, D. L., Some aspects of the Saxon settlement in South-East E., considered in relation to the g. background. G. 20. 1935, 161—175.

623. SHARPE, M., Middlesex in Domesday Book. TrLondMiddlesexArchS. N.S. 7, 1937. 509—527.

624. COLLONETTA, C. L., A hist. of Richmond Park: with an account of its birds and
     animals. 1937.
625. ROBERTS, C., The Middlesex Canal, 1763—1860. Harvard Econ. Stud. 61, Oxf. 1938.
626. BELL, V., Little Gaddesden. The story of an E. village. 1949.
627. BRIMBLE, J. A., L.'s Epping Forest. 1950.

71. DANNERS, F. C., Agr. in Essex during the past fifty years etc. JStatS. 60, 1897, 257
    bis 277.
71 a. PORTER, J., Recent changes of system of farming in Bucks. RothamstedConf. 8,
     1929. — Changes in cropping in Hertfordshire. Ebd.
72. JONES, LL. R., The g. of L. River. 1931.
72 a. An econ. sv. of Hertfords. agricult. Cbr. DepAgric. 1931.
73. WILLATTS, E. C., Changes in land utilisation in the South-West of L. Basin 1840—1902.
    GJ. 82, 1933, 515—528.
74. SCARFE, N. V., The agric. g. of Essex. RepBrAssNorwich. 1935, 399.
75. JUNGE, R., Siedlung, Wirtschaft und Verkehr Südostenglands in ihrer Verknüpfung.
    VeröffGSemUnivLeipzig., Heft 11, 1935.
76. SÖLCH, J., Der „Zug nach dem Süden" in Großbr. MGGesWien. 80, 1937, 179—193.
77. BERNARD, L., Le renouveau d'une rég. de l'Essex [Braintree]. Ann. G. 47, 1938, 397
    bis 407.

81. SMITH, T. A., The Ravensbourne valley. GT. 3, 1906, 259—263.
82. PAGE, G. W., Notes on the distr. between Purfleet and Grays. GT. 6, 1911, 160—163.
83. GODDARD, A., Windsor. 1911 (vgl. auch HOPE, W. H. S., Windsor Castle. 1917).
84. TAYLOR, G. R. S., The story of Canterbury. Med. Town Ser. (fast rein geschichtlich).
    1912.
85. OGILVIE, A. G., An E. desert. GJ. 41, 1913, 569—575.
86. COX, J. C., Essex. 1919. Rev. ed. 1938.
87. PAGE, W., St. Albans. (The Story of the E. Towns.) 1920.
88. HUTCHINSON, G. E., Population and parishes in the Ravensbourne and Darent Basins.
    GT. 11, 1921, 63—71.
89. FAGG, C. C., The Reg. Sv. of the Croydon distr. GJ. 60, 1922, 336—346.
810. HATLEY, A. R., The Lea and Roding valleys: a study in g. development. 1923.
811. GARDINER, D., Canterbury (The Story of the E. Towns). 1923.
812. DAVIES, G. M., Gl. and lines of transport in the Croydon distr. TrCroydonNHistSciS.
     9, 1925, 187—193.
813. HUTCHINGS, G. E., Rochester and its region. Obs. I, 1926, 200—203.
813 a. EWING, G., The story of a Hertfordshire parish. Tunbridge Wells 1928.
814. SMITH, T. F., A hist. of Rochester. 1928.
815. HATLEY, A. R., Notes on the reg. g. of Essex. G. 14, 1928, 309—314.
816. BROWN, H., Hist. of Bradwell-on-Sea, Essex. Chelmsford 1929.
817. FARQUHARSON, A., A sv. of social conditions and problems in Margate. SocRev. 21,
     1929, 56—66, 135—149.
817 a. BECKER, M. J., Rochester Bridge, 1387—1856. 1930.
818. Rep. Joint Town Planning Committees, Regional Planning Rep. u. dgl. für: West
     Kent; North East Surrey and West Kent; North-West Surrey; Mid-Surrey; West
     Surrey; South Essex; Hertfordshire; South Bucks. and Thames-side; Thames Valley;
     West Middlesex; North Middlesex; Greater London usw.
819. HATLEY, A. R., Footnotes to local hist. Early days in the Walthamstow distr. Walth.
     AntS. 1933.
820. GREY, E., Cottage life in a Hertfordshire village ... in the late 60's and 70's.
     St. Albans. 1934.
820 a. GILBERT, E. W., Reading: its position and growth. TrSEastUnionSciS. 1934, 81—91.
821. WORSFOLD, W. B., Twenty centuries of E. Being the Annals of Bishop's Stortford.
     1935.
822. HORSBURGH, E. L. S., Bromley, Kent, from the earlist times to the present cent. etc.
     1935.
823. DRUETT, W. W., Harrow through the ages. 1936.
824. JESSUP, R. F., Reculver. Ant. 10, 1936, 179 ff.
825. Reg. Sv. Atlas of Croydon and Dist. (C. C. FAGG u. a.). CroydNHistSciSCroydon. (seit
     1936).
826. CARRIER, E. H., The Inner Gate: a reg. study of North-West Kent. 1937.
827. ROPER POWER, E. R., The soc. struct. of an E. county town [Hertford]. Soc. Rev. 29,
     1937, 391—413.
828. ELAND, G., The Chilterns and the Vale. 1911.
829. DALLIMORE, W., The beechwood industry of the Chilterns. KewB. 1911, 109—111.

830. BRADBROOKE, W., and PARSONS, F. G., The anthropology of the Chiltern Hills. JAnthrI. 52, 1922.
831. ROBINSON, R. M., The Penn Country and the Chilterns. 1928.
832. BAKER, J. H., The story of the Chiltern heathlands. Reading 1932.
833. WATT, A. S.. The veg. of the Chiltern Hills, w. ref. to the beechwwoods etc. I. JEcol. 22, 1934, 230—270, II., ebd., 445—507.
834. HINE, R. L., The n. hist. of the Hitchin region. Hitchin and distr. RegSvAss. 1934.
835. JENKINS, J. G., The hist. of the parish of Penn in the Co. of Bucks. 1937.
836. West Wycombe. JRSArts. 92, 1944, 91/92. (Vgl. auch ebd., 81. 1933, 893 ff.)
837. SPENCER, Sir HAROLD, The Greenwich Obs. PrRS., B, 1949, 349 ff.
838. TOWNSEND, W.. Canterbury. Br. Cities. 1950.

91. TOMPKINS, H. W., Highways and byways in Hertfordshire. 1902.
92. BELLOC, H., The hist. Thames (The Heart of E. Series). 1909.
93. BELLOC, H., The Old Road. 1911.
94. MAXWELL, D., Unknown Essex. 1925.
95. MORLEY, F. V., The R. Thames from source to mouth. 1926.
96. MAYO, Earl of, and others, The Thames valley from Cricklade to Staines. A sv. of its existing state and suggestions for its future preservation. 1929.
97. MAXWELL, D., A detective in Essex: landscape clues to an Essex of the past. 1933.
98. BRIGGS, M. S., Middlesex: old and new. 1934.
99. JOWITT, R. L. P., A guide to St. Albans and Verulamium. 1935.
99 a. BROWN, A. H., Bekonscot: E.'s toy-size town. NatGMg. 71, 1937, 649—661 [Beaconsfield].
910. TOMPKINS, H. W., Companion into Essex. 1938.
911. BAX, C., Highways and byways in Essex. 1939.
912. SIMPICH, F., Time and tide on the Thames. NatGMg. 75, 1939, 239—272.
913. MASSINGHAM, H. J., Chiltern country (The Face of Br.). 1940.
914. MAIS, S. P. B., The Home counties. (The Face of Br.). 1943.
915. JONES, S. R., Thames triumphant. 1943.
916. WARD, J. D. U., Burnham Beeches and Stoke Poges. CanadGJ. 29, 1944, 10 ff.
917. GAYE, P. F., Essex (Vision of E. Series). 1949.
918. WARREN, C. H., Essex. (County Book Series.) 1950.

III. London

Noch einmal tritt die 50'-Terrasse oberhalb des eigentlichen Mündungstrichters von N hart an die Themse heran, und gleichzeitig bieten leichte Schottererhebungen in geringer Entfernung einen Wegweiser für den Zutritt in den Auen im S: dort, im W des Leaästuars, hatte schon der Altsteinzeitmensch gehaust und die Schutzlage bereits in vorrömischer Zeit zur Siedlung gelockt (Töpfereireste) [213, 215 u. ao.]. Doch waren die großen Urwälder im Hintergrund für die damalige Bevölkerung eine fast unüberwindliche Verkehrsschranke. Erst die Römer, welche sehr rasch die Bedeutung des Platzes erkannten, der einen verhältnismäßig bequemen Übergang und zugleich Sicherheit, Nahrung und Wasser gewährte, bezwangen sie und machten Londinium zu einem Straßenknoten, Handelsplatz und Stützpunkt ihrer Herrschaft [21—25, 210—218]. Schon im J. 43 n. Chr. besaß es eine Brücke, vermutlich errichtet im Zusammenhang mit der Verlegung der Hauptstadt von Verulamium nach Camulodunum; vorher hatte man die Furt von Westminster zum Überschreiten des Flusses benützt. Der Name, früher als „Sumpfburg" gedeutet, wird jetzt auf einen Häuptlings- oder Stammesnamen zurückgeführt (vgl. altirisch lond, wild, kühn); später erscheint er als Lundenne, Lundin, auch als Lundenburg und Lundinceaster und noch in den ältesten wälschen Handschriften des 14. Jh. als Lundein oder Llundein [623*]. Obwohl beim Aufstand der Boudicca (61) schwer verwüstet, war die Stadt bald darauf „copia negotiatorum et commeatuum maxime celebre" (Tac. ann. XIV, 33). Mit der Funktion des Brückenortes und Straßenknotens verband sie die Rolle als Hafen von Verulamium, mit dem es sowohl zu Lande über die bewaldeten Hügel im N (Watling Street) als auch durch den Verkehr auf dem Lea verbunden war. Aber weit wichtiger war der Verkehr mit dem Festlande. Im 4. Jh. zwar weder ein municipium noch eine civitas, war Londinium doch eine der größten Städte im N des Römischen Reiches [111, 211, 624* u. ao.].

Allein nach mehr als 300jähriger Blüte sah es sich von den Römern verlassen und den Angriffen der Germanen preisgegeben. Wann und wie es ihnen erlag, ist in Dunkel gehüllt. Eine Zeitlang hatte es ihnen den Weg gegen W versperrt oder war es von ihnen umgangen worden, aber noch um die M. des 6. Jh. scheinen die Ostsachsen in London ihre Hauptstadt eingerichtet und es bis 600 gründlich germanisiert zu haben [37, 517*, 624*]. 604 wird es deren Bischofssitz. Von Beda wird es als Handelsplatz fremder Kaufleute gerühmt. Schon im 8. Jh. kamen deutsche Kaufleute („Easterlings") nach London, im 10. Jh. werden die Weinhändler aus Rouen genannt. Freilich, unsicher blieb sein Schicksal. 842 richteten die Dänen ein Gemetzel an, 851 erstürmten sie London und behaupteten es durch ein Menschenalter, bis es Alfred der Große (885/6?) zurückgewann und neu befestigte. Später wurden der Stadt von Knut gewaltige Schatzungen erpreßt. Trotz aller Wechselfälle blieb ihre politische Bedeutung, nicht zuletzt dank der Geschicklichkeit ihrer Führer, so groß, daß ihr Wilhelm der Eroberer in einem Freibrief die Wahrung besonderer Rechte ausdrücklich versprach. Übrigens sicherte er sich zugleich die Bewachung und Beherrschung des wichtigen Platzes durch Erbauung des wuchtigen „Weißen Turms", um welchen herum später die anderen Anlagen der Zwingburg und Stromsperre des Tower errichtet wurden. Winchester trat nunmehr endgültig in den Hintergrund (vgl. S. 181/2). Mit dem Eroberer beginnt das „zweite Leben" von London [21, 33, 35, 61—63].

Deutlich lassen sich die Einflüsse des Geländes in der Entwicklung des älteren London erkennen [16, 28, 212]. Allerdings zeigt jenes heute, überzogen von dem riesigen Häusermeer, nur mehr abgeschwächt und verschwommen die natür-lichen Terrassen und Riedel; so stark waren die Eingriffe des Men-schen, der hier Vertie-fungen auffüllte, dort schärfere Stufen ab-schrägte, Wasserläufe ab-lenkte, trockenlegte oder eindeckte. Im Mittel ist die Kulturschicht („made ground") in der City 3,5 bis 4,5 m, ausnahmswei-se 7,6 m mächtig, außer-halb der City 0,9—1,2 m [33*]. Immerhin können die stärkeren Züge des Reliefs dem aufmerksa-men Beobachter nicht entgehen, etwa die höhere Lage von St. Paul und Ludgate Hill, die alte Furche des Fleet (Far-rington Road und Street), der Anstieg zwischen Themse und James Street,

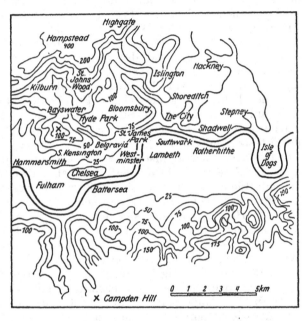

Abb. 22. Relief des Londoner Gebiets (Höhenlinie in Fuß). (Nach H. Ormsby.)

bzw. Knightsbridge; noch weniger die Erhebungen von Highgate, Hampstead und der übrigen Hügel im N (Abb. 22 und 23). Noch sieht man an klaren Tagen von Parliament Hill aus über die Themseniederung hinweg auf die North Downs. Alte Pläne und Bilder geben eine Vorstellung von jener Man-nigfaltigkeit des Geländes, von welcher Anlage und Entwicklung der Stadt selbst im einzelnen bestimmt worden sind [15].

Durch das Riedelland w. des Lea zogen früher etliche Bächlein gegen SSE zur Themse hinab, genährt aus den Kies- und Sandkappen auf den Londontonen, und zerlegten es in einzelne schmälere und breitere Streifen, so der Turnmill Brook (River of Wells), der über King's Cross herabkam und nächst Blackfriars Bridge mündete, hier Fleet genannt [631]; der Tyburn, welcher aus der Gegend n. von Regent's Park kam, unter Tyburn Bridge die Straße nach Oxford kreuzte und in scharfem Einschnitt gegen Thorney Isle, die Themseinsel, auf welcher die Westminsterabtei errichtet wurde, hinabfloß, später aber längs Tachbrook Street abgelenkt wurde (vgl. Abb. 28, S. 137); noch weiter w. der Westbourne, der seit 200 J. die „Serpen-

tine" speist, von der „Kynges brig" (Knightsbridge) schon seit Eduard
dem Bekenner und beim Sloane Square auf der „Bloody Bridge" von King's
Road übersetzt wurde. Sein Unterlauf trennte Chelsea von Westminster,
der Fleet dieses ursprünglich von der Stadt. Erst später wurde die Grenze
bei Temple Bar festgesetzt [16, 22, 27].

Zwischen Lea und Fleet mündete der Walbrook aus, mit 100 m breitem
Ästuar (Dowgate, ehemals Dourgate, vgl. kelt. dwr, Wasser). Er fließt noch
heute unter der Bank von England und dem Mansion House und ergießt
sich unmittelbar w. Cannon Street Station in die Themse (vgl. Abb. 24,
S. 130). Er trennte die beiden 15—18 m hohen, der Taplow Terrace angehörigen Stadthügel, Cornhill im E und Ludgate Hill im W, welche durch
seichtere Bachfurchen (Smithfield, eigentlich Smooth Field; Moorfields) auch
von den Höhen im N (Islington) etwas abgegliedert wurden. Scharf ausgeprägt war ihre S-Kante: durch Cannon Street und Eastcheap wird annähernd der obere Rand des „Bluff" bezeichnet, die Achse der Erhebung
durch Newgate und Cheapside. Gegen E senkte sich diese mit langen Ausläufern allmählich zum Leatal hin ab; doch war auch bei Shadwell ihr Rand
noch deutlich. Durch die seichte Furche des Langbourne, dessen gekrümm-
ter Lauf durch Lombard Street und Fenchurch Street angedeutet bleibt,
wurde davon ein kürzerer Sporn im SE abgelöst. Auf ihm vermutet man
das älteste römische Fort.

Der Kern der römischen Stadt lag auf Cornhill [216, 218, 517*, 624*
u. ao.]. Hier steht Leadenhall Market teilweise an Stelle jener Basilika,
die, mit 150 m Länge eines der größten römischen Gebäude, der Mittelpunkt
des öffentlichen Lebens war. Hierher zielte die Brücke über die Themse. Auf
Ludgate Hill entwickelte sich eine Art „West End". Alsbald dehnte sich
die römische Stadt mit einer Fläche von 1,3 km² über das ganze Plateau
aus, längs dessen natürlicher Grenze die Umwallung, London Wall oder City
Wall, angelegt wurde. Diese hat auch den Umriß des mittelalterlichen London bestimmt. Strittig ist noch immer, ob die römische Stadt auf Cornhill
durch die „Dunkle Zeit" fortbestanden hat oder nicht. Jedenfalls war sie
im 4. und besonders im 5. Jh. stark zusammengeschrumpft. Doch dürfte
sich der eigentliche Kern erhalten haben, vielleicht sogar mit einer gewissen
christlichen Überlieferung. Denn die Ostsachsen und Jüten ließen sich im
6. Jh. hauptsächlich auf dem w. Hügel nieder; hier wurden unter Ethelbert
in der 1. H. des 7. Jh. die St. Paul's-Kirche gegründet und ein Palast erbaut.
Erst mit der Zeit wuchsen die neue Sachsenstadt und die alte Römerstadt,
welche, durch den Walbrook getrennt, jede einen eigenen Marktplatz (West-,
bzw. Eastcheap), eigene Läden und eigene Verwaltung hatten, zusammen,
und in der späteren Sachsenzeit war das römische London endgültig zu einem
sächsischen geworden: „cité" mit Königspalast und Kathedrale und „bourg"
mit kaufmännischer Bevölkerung waren, wie bei vielen französischen Städten,
zu einer Einheit verschmolzen [27, 210, 216, 36, 517*].

Etwas oberhalb von London stellte Westminster einen zweiten Siedlungs-
kern dar. Die leichte Erhebung von Thorney Isle hatte schon in vorrömischer
und römischer Zeit den Flußübergang begünstigt. 616 soll hier Sebert, der
erste christliche König der Ostsachsen, ein Benediktinerkloster mit der
Kirche St. Peter gegründet haben. Von den Dänen zerstört, wurde es von
Edgar wiederaufgebaut. Eduard der Bekenner gründete die Westminsterabtei, deren Kirche seit Harold und Wilhelm dem Eroberer Krönungskirche
wurde (der heutige Bau entstammt im wesentlichen dem 13., die W-Türme
gehören sogar erst dem 18. Jh. an), und errichtete in der nächsten Nähe

eine Burg dort, wo jetzt das Parlamentsgebäude steht (daher „New Palace of Westminster" genannt). Doch ist von dem Bau, welchen verschiedene Herrscher fortsetzten und der 1398 unter Richard II. vollendet wurde, nur ein kleiner Teil (Westminster Hall) übriggeblieben. Unter den Normannenkönigen entwickelte sich im Anschluß an Burg und Abtei ein Kirchspiel — St. Margaret's ist die älteste Pfarrkirche — und alsbald eine Stadt, die, vielfach von den Herrschern gefördert, London ebenbürtig zu werden drohte. Schließlich behauptete sich London nach mancherlei Zwist und Not dank der natürlichen Vorteile seines Platzes, an welchem sich Brücke und Hafen

mit der durch die Sümpfe gedeckten, geräumigen Siedlung auf der Höhe glücklich verbanden. Seit den Tagen der Tudors war der Wettbewerb endgültig zu seinen Gunsten entschieden. Aus zwei Keimen also ist die heutige Riesenstadt erwachsen [16, 111, 26, 28, 29, 38].

Lange Zeit hat „medieval London" den Rahmen des römischen Londinium nicht nennenswert überschritten. Noch leben die Namen der sieben Tore des Mittelalters fort, vor denen sich die Straßen durch das ganze n. Hügelland verzweigten [25, 32, 33, 35, 38] (Abb. 23). Doch war das Antlitz von London immer der Themse zugewandt; auf ihr spielte sich der Hauptverkehr ab, über sie ging er hinweg. Ihm diente auch die Brücke von London [34, 617 u.

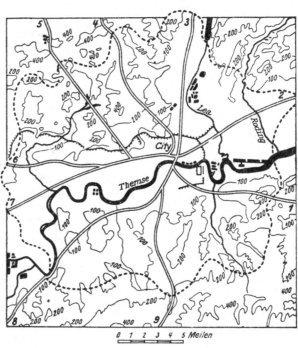

Abb. 23. Relief und Hauptstraßen im Gebiet von London. (Nach J. F. UNSTEAD). 1 Watling Street (Dover Road), 2 East Anglia R., 3 Ermine Street (Cambridge R.), 4 Great North R., 5 Watling Street (St. Albans R.), 6 Oxford R., 7 Bath R., 8 Portsmouth R., 9 Brighton R., ■ Reservoirs und Docks.

ao.]. Zum erstenmal in nachrömischer Zeit wird sie unter König Edgar (963) erwähnt, sie ist bestimmt nicht die älteste gewesen, ebensowenig wie sie die letzte war. Denn die alten Holzbauten widerstanden den Hochwässern nicht. Erst 1209 wurde nach mehr als 30jähriger Bauzeit das Werk Peters de Colechurch, ein kräftiger Steinbau, vollendet, über 9 m hoch und 6 m breit, mit 19 Pfeilern und 20 Bogen, mit Toren, mit hohen Häusern zu beiden Seiten und einer Kapelle in der Mitte. Durch ihn wurde die Fläche des Wasserspiegels so verengt, daß er sich beim Tidenspiel beiderseits ungleich hoch einstellte. Heftige, der Bootfahrt nicht ungefährliche Strömungen wurden dadurch erzeugt. Größeren Schiffen hemmte die Brücke den Weg. Darunter litt nicht bloß Westminster, sondern auch — je größer die Schiffe wurden, um so mehr — der obere Hafen von London, Queenhithe, schon 899 unter

Alfred dem Großen als Aetheredes hyd (hithe, Landungsplatz) erwähnt, aber
umgetauft, seit ihn Heinrich I. seiner Gemahlin übergeben. Oberhalb der
Brücke lag auch Dowgate, das von den Weinhändlern aus Rouen schon früh-
zeitig als Hafen benützt wurde und später lange der Hafen der Hanseaten
war. Gegen Ausgang des Mittelalters gewann allmählich der untere Hafen,
Billingsgate, den Vorrang, ebenfalls schon in der Sachsenzeit genannt (vgl.
S. 151). Durch Jh. war der Handel von London überhaupt ganz in den Händen
von Ausländern gelegen, von Florentinern, Lombarden, von Flamen und
Franzosen, selbst Spaniern und Portu-
giesen, schließlich größtenteils von
Deutschen. Schon 1221 hatten z. B. die
Kölner ihren Hof in London, 1236 er-
hielten die Hanseaten einen Freibrief.
Bald wurde der Ausdruck ihrer Han-
delsmacht ein gewaltiges Gebäude, der
Stahlhof (an Stelle des heutigen Bahnhofs Cannon Street) [17, 30, 35, 45 a]
(Abb. 24). Wolle war die wichtigste
Ausfuhrware, dazu Zinn und Blei, Leder und Häute, Pferde, Flachs, Eisen
und Töpfererde. Eingeführt wurden
Tuche, Getreide, Südfrüchte, Wein,
Salz. Beträchtlich war der Fischhandel.
In der damals noch nicht verunreinig-
ten Themse wurde die Lachsfischerei
mit Netzen an Wehren betrieben. So
ist die Tradition von Billingsgate, dem
Hauptfischmarkt von heute, bemerkenswert alt (vgl. S. 151). Sonderbar mutet
es an, daß in Lissabon „Thameswater
Beer" getrunken wurde. Sehr begreiflich suchten sich die Londoner selbst
des Handelsgeschäftes mit dem Aus-

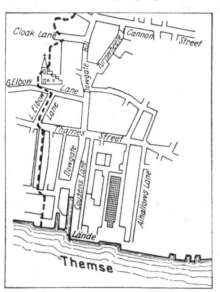

Abb. 24. ⧺⧺ Lage des Stahlhofs.
— — — Wahrscheinlich ehemaliger Lauf
des Walbrook (Grenze zweier Wards).
(Nach H. Ormsby.)

land zu bemächtigen und dazu die Führung in England zu gewinnen [65*,
612*, 618*, 625*], und auffallend rasch entwickelten sich die Gilden zu einer
Macht, mit welcher auch die Herrscher rechnen mußten [31].

Seit dem 12. Jh. fing die Stadt an, über die tausendjährige Grenze etwas
hinauszuwachsen. Zu den „Wards Within", den von Aldermen geleiteten
Bezirken innerhalb der Stadt, traten die „Wards Without" vor den Toren
(Alders-, Cripple-, Bishopsgate usw.) [617]. Hier lagen schon seit der
Sachsenzeit eine Anzahl Dörfer (etliche mit bezeichnenden Namen auf -ing,
-ton, -stead) und dazwischen Einzelfarmen, umringt von Feldern, Wiesen und

Abb. 25. Westminster um 1600. Aus J. Speed (nach J. Norden's Plan, 1593).
An der Straßenbiegung oben Charing Cross, von wo The Strand schräg nach r. abwärts
zieht. Zwischen Strand und Themse die bischöflichen Paläste York House und Durham
House, weiter r. Savoy Palace (seit Heinrich VII. Hospital), daneben, etwas zurück,
Somerset House, hinter dem Aldwych abzweigt, um vor Temple Bar wieder in The Strand
einzumünden. Ganz am r. Rande The Temple. Oberhalb der Themsebiegung reicht heute
das Victoria Embankment bis Westminster Bridge, deren Stelle damals nur die im Plan
gut erkennbare Stiege Kings Bridge bezeichnet. L. von dieser das Old Palace of Westminster, auf dessen Platz heute das Parlamentsgebäude steht. Im Plan darüber Westminster Abbey. S. der Themse die Lambeth Marshes.

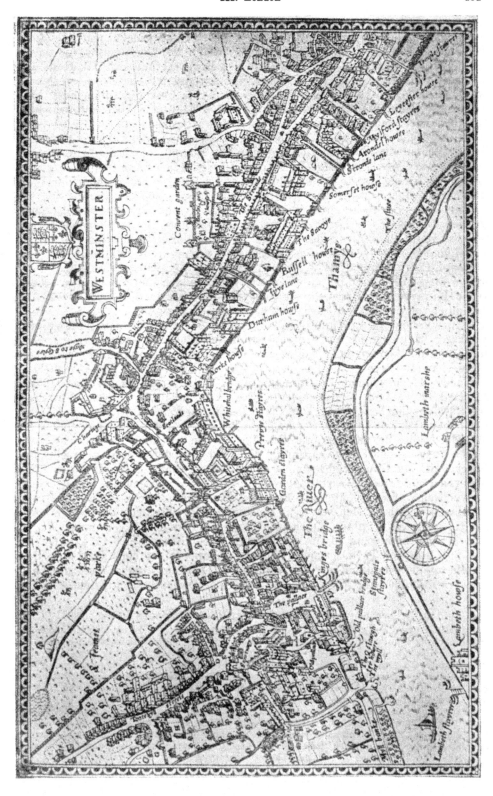

Weiden und noch viel Wald. Seit der Normannenzeit entwickelte der
Brückenkopf des S-Ufers, Southwark, vorher ziemlich bedeutungslos, einigen
Handel und Verkehr. Auf einer niedrigen Insel stand Bermondsey, die reiche
Abtei der Kluniazenser (1088). Unfern der Brücke erhob sich das Haus des
Bischofs von Winchester, eine Häuserreihe zog von ihr den Deich stromauf-
wärts (Bank) und Herbergen erwarteten den vom Festland kommenden Reisenden. Weil die Brücke von Fahrzeugen nicht benützt werden konnte, muß-
ten die Waren ausgeladen und vorübergehend gespeichert, die Pferde eingestellt werden: Doch blieb die Siedlung lange klein. Viehweiden, Obst- und
Gemüsegärten umschlossen sie, soweit nicht Sümpfe die Talau einnahmen,
wie am Effra und auf Lambeth Marsh. Ursprünglich ganz unabhängig von
London, ward sie erst 1550 von Eduard VI. als Bridgeward-Without den Londonern für einen ausgiebigen Kaufpreis überlassen [35, 35a, 38, 616, 624*].
In der Folge diente es mit Theatern, Biergärten und Buden deren Vergnü-
gungen. Erst mit den Bau der neuen London Bridge (1831 vollendet) verlor
es seine Rolle im Verkehr, dafür siedelten sich allerlei Industrien an, welche
einen großen Teil der verlassenen Gebäude erwarben und für ihre Zwecke verwerteten (Mitt. von Prof. H. J. Fleure). Die ehemalige Klosterkirche der Augustiner (seit 1106), eine der ältesten Kirchen Londons und das einzige bedeutende Bauwerk des Borough, ist jetzt die Kathedrale des 1905 durch Abtrennung von der Diözese Rochester geschaffenen Bistums.

Inzwischen waren die Stadt (City) und Westminster miteinander verwachsen. Heinrich II. hatte die Westminsterabtei von Grund aus erneuert
und 1252 den Äbten das Recht eines Wochenmarktes und einer jährlichen
Messe von 40 Tagen auf den Tothill Fields (St. Vincent Squ.) verliehen.
Eduard III. gewährte Westminster das Stapelrecht für Wolle (1352),
Richard II. vollendete Westminster Hall. Seit dem 13. Jh. war Whitehall
die Residenz der Erzbischöfe von York. Immer zahlreicher wurden die Häuser
der hohen Geistlichkeit und des hohen Adels in der Nähe des Königspalastes.
Auf der Kante der 50'-Terrasse der Themse, dem „Strand", lief die kürzeste
Verbindung beider Städte entlang. Während hier vorher nur eine einsame
Kirche, St. Martin-in-the-Fields (schon 1222 erwähnt), gestanden, der Fuß-
weg von London nach Westminster noch im 13. Jh. stellenweise mit Dickicht
verwachsen war und später der Fahrweg wiederholt Beschwerden und Streit
verursachte, reihten sich seit dem 15. und 16. Jh. stattliche Paläste (Somerset House, Savoy Palace, Durham House) aneinander, mit Gärten, Wegen
und Stiegen zum Fluß hinab, wo die Boote bereitlagen [19, 111] (Abb. 25
und 26]. Auf der Themse spielte sich der Hauptverkehr der City bis in das
19. Jh. ab, sie war auch eine der wichtigsten Straßen in das Innere des Landes — auf 40000 wird die Z. der mit dem Bootverkehr beschäftigten „Thames

---

Abb. 26. London um 1600. Aus J. SPEED (nach J. NORDEN's Plan, 1593).
Zur Orientierung diene London Bridge, l. davon Queenhithe, der kleine, halbkreisförmige
Hafen. Schräg l. aufwärts St. Paul. Über London Bridge o. in der Stadtmauer Bishopsgate,
l. davon Moorgate und hinter der Mauer Moor Fields. Ungef. halbwegs London Bridge
und Bishopsgate ein Hauptstraßenzug ungef. in W—E: gegen W Lombard Street—Poultry—Cheapside—Newgate Street—Holborn, gegen E Fenchurch Street in der Richtung auf
das Tor Aldgate. Über Lombard Street sieht man Cornhill, über Fenchurch Street Leadenhall. Zwei andere Straßenzüge führen auf den Tower (ganz r. an der Themse), u. zw. von
St. Paul her Cannon Street—Eastcheap—Tower Street und s. (im Plan unterhalb) Upper
und Lower Thames Street. Unterhalb London Bridge der Hafen Billingsgate. L. von
St. Paul in N—S ein Straßenzug, der ungef. den Lauf des Fleet bezeichnet; w. davon in
der Höhe von St. Paul Fleet Street in der Richtungn auf Temple Bar und The Strand
(vgl. Abb. 25). S. der Themse der Brückenkopf Southwark.

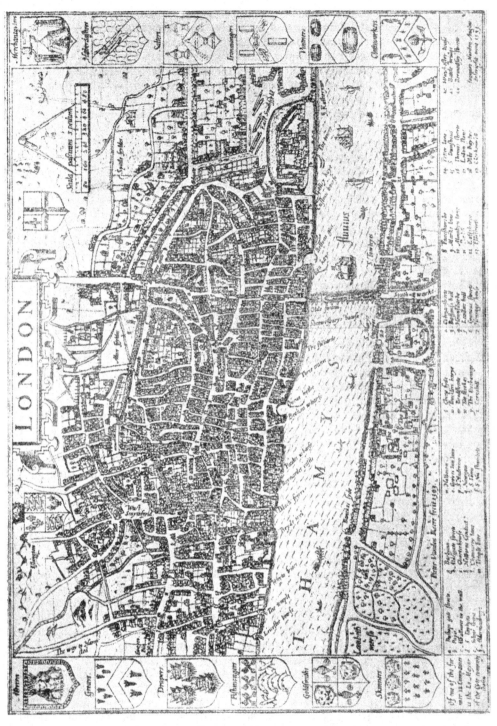

watermen" für die Zeit der Elisabeth angegeben. Tatsächlich ist ja London
ohne sie überhaupt nicht denkbar [11a].

Die neue Phase der Entwicklung, welche unter den Tudors einsetzte, machte sich auch im Wachstum und im Bilde der Stadt bemerkbar. Das mittelalterliche London begann, sich in das moderne zu verwandeln. Die City bleibt der Mittelpunkt von Handel und Gewerbe, erhält aber neue Gebäude; in dem neuen London außerhalb haben Herrscherhaus und Hof, Adelsfamilien und Regierungsstellen ihren Sitz. Schon zur Zeit des „Großen Brandes" (1666) sind die Vorstädte größer als London selbst. Indem Heinrich VIII. die Geistlichkeit und besonders die Klöster enteignete, deren Güter London auf allen Seiten umschlossen hatten, fiel eine der stärksten Fesseln für dessen Ausdehnung. Längs aller wichtigen Straßen schoben sich Wachstumsspitzen vor: vom Tower Hill gegen Shadwell und Limehouse, längs Whitechapel Road gegen Miles End, von Bishopsgate über Shoreditch hinaus; nach Islington; an der Straße nach Oxford. Die bei Hochwasser unter einem See begrabenen Moorfields waren 1605 trockengelegt; auf den Finsbury Fields entstand ein Markt, um 1600 zeigen sich die Anfänge von Clerkenwell und Shoreditch. Noch widerstanden im 17. Jh. die Rechtsgelehrten von Lincoln's Inn und Gray's Inn zwischen der City und Westminster erfolgreich dem Versuch, Lincoln's Inn Fields zu verbauen [19]. Dagegen wurde um 1630 die Covent Garden Piazza angelegt. Um 1660 ist der Raum zwischen Holborn und Strand größtenteils mit Häusern erfüllt. Der Hafen wurde für den stets wachsenden Verkehr zu klein. Infolge der Vorliebe der Engländer für ein Eigenheim wurde London eine Stadt der Einfamilienhäuser. Um jene Zeit beginnt seine Dreiteilung in Erscheinung zu treten: City, West End, East End [46—48].

Schon unter Elisabeth war das Wachstum Londons geradezu besorgniserregend. Man fürchtete die Verarmung des übrigen Königreichs — bereits wohnte ein Zehntel der Bevölkerung von England und Wales in der Stadt —, Mangel an Nahrungsmitteln, an Wasser und Brennstoff, man fürchtete Feuers- und Seuchengefahr und Bettler- und Räuberunwesen. London drohte zu groß zu werden für eine gute Verwaltung [47]. Deshalb wollten sowohl die Herrscher als auch die Stadt selbst das Wachstum einschränken. Wiederholt ergingen diesbezügliche Verordnungen, von Elisabeth angefangen bis zum Commonwealth [624*]. Man verbot, neue Häuser auf den alten Fundamenten, soweit diese nicht aus Stein oder Ziegeln aufgeführt waren, oder innerhalb einer gewissen Entfernung von den Toren Londons zu errichten. Jakob I. wollte dieses aus einer Stadt von „stickes" in eine aus „brickes" verwandeln. Tatsächlich stellte das Vorhandensein einer so großen Menschenmasse (vgl. S. 91) starke Anforderungen an die Wasser- und Lebensmittelversorgung. Das Wasser hatte man ursprünglich durch zahlreiche Brunnen aus den Terrassensanden entnommen, unter Eduard I. leitete man (1236) das des Tyburn durch Bleirohre in die Stadt, in neun Leitungen verteilt. Auch der obere Holborn wurde verwertet. Nun wurde seit 1613 in einer 50 km langen Holzrohrleitung (New River) das Wasser der Kreidekalkquellen von Amwell und Chadwell durch das Leatal in einen großen Behälter nach Islington geführt und von hier in die Stadt teils weitergeleitet, teils von Männern getragen [11, 617; II^{23f}]. Zur Lebensmittelversorgung Londons steuerten SE-England, Ostanglien, weniger die Midlands bei. Aus Suffolk kamen Weizen, Käse und Butter, aus Essex Hafer, aus Kent Weizen, Hafer, Malz, Obst und Hopfen. Getreide und Butter wurden außerdem aus Norfolk, Cambridge, Lincoln und selbst Yorkshire herangeführt, Malz aus Ostanglien. In den Städtchen an den Straßen nach London schaltete sich der Zwischenhandel ein, die „mealmen", „maltmen" usw. (Enfield, Hertford, Hitchin, Luton u. a.; Royston sandte unter Karl I. wöchentlich 180 Wagen Malz). Neue Mehlmärkte wurden eröffnet, andere (Newgate, Leadenhall) vergrößert [59]. Als Brennstoff wurde immer mehr die „sea coal" vom Tyne bezogen. Um London von dem Kohlengestank zu ·befreien, schlug John Evelyn 1661 in seinem „Fumifugium" vor, eine neue Stadt anzulegen, mit einem grünen Gürtel von Blumengärten und Baumpflanzungen um die City, Westminster und Southwark; die Kohle verbrauchenden Gewerbe sollten nach E zwischen Greenwich und Woolwich verbannt werden, wo man sie weder sehen noch riechen könnte.. So war er einer der ältesten·Stadtplaner, wenn er auch in John Dee, ·dem Kosmographen. der Königin Elisabeth, einen Vorgänger gehabt hatte. Dieser hatte geraten, Wasserstraßen von Meer zu Meer zu bauen, Bristol, Chester, Hull und Ipswich in Hauptmarktstädte umzuwandeln und so Londons Lage durch Dezentralisation zu erleichtern [46—48; 41].

Nachdem 1665 die Pest verheerend gewütet hatte [45], brachte das ·J. 1666 das „Great Fire" [44]. Am 7. September loderte der Riesenbrand ·auf, welcher, durch einen kräftigen E·Wind ausgebreitet, zwei Drittel der Häuser der City, 460 Straßen und Gäßchen, über 13 000 Gebäude, 89 von 96 Kirchen einäscherte. Das London der Tudorzeit mit seinen gotischen Kir-·chen, seinen spitzgiebeligen Häusern und Hallen, größtenteils gebaut aus ·dem Holz der Wälder und aus den Tonen von Middlesex, war fast gänzlich verschwunden. Da erwuchs aus der Asche unter Leitung Christopher Wren's ·eine neue Stadt mit wesentlich anderem architektonischem Gepräge. Denn besonders beim Wiederaufbau der Kirchen kam die Renaissance zum vollen Durchbruch, nachdem längere Zeit holländischer und italienischer Baustil im Wettbewerb gestanden waren. An Stelle der alten gotischen St. Paul's-Kathe-·drale mit ihrem langen Schiff und ihrem steilen Dach—ihr mächtiger Vierungsturm war schon 1561 abgebrannt — trat in Nachahmung der St. Peters-Kirche Roms der heutige Kuppelbau in Form eines lateinischen Kreuzes (120 m hoch), ·erst 1710 vollendet. Derselben Zeit gehören die heutigen Gestalten von St. Clement Danes, St. Mary-le-Strand u. v. a. an [43, 47, 49, 53, 111, 614, 630].

Die Phasen des weiteren Wachstums näher zu verfolgen, ist hier nicht möglich [112; 624*]. Nur mit Mühe kann man da und dort den Kern der von ihm verschlungenen Dörfer erkennen, anschließend an die Pfarrkirchen, deren Türme einst weit ins Land hinausgrüßten, heute aber im Gewirr der Häuser ·alle Wirkung verloren haben (Abb. 27). So bezeichnen Marylebone High Street und die schmale Marylebone Lane zusammen mit der Kirche Old Marylebone die Lage des ursprünglichen St. Mary-on-the-Tyburn. Mitunter ist ·auch ein altes Haus absichtlich erhalten worden (Johnson's House, Staple Inn) [54]. Noch heute folgen manche Straßen selbst in dem Stadtteil um Piccadilly [626], Leicester Square und Soho (mit Ausnahme der Durchbrüche ·des 19. Jh.) den alten Feldwegen und Grenzhecken [613]. Verschiedene Plätze (squares) gehen auf Gärten zurück, mit denen adelige Grundbesitzer ihre Häuser umgaben. Auch sind im Inneren Londons wenigstens ein paar große Räume unverbaut geblieben, die königlichen Gärten und Gehege im N Westminsters, welche das Herrscherhaus für die Öffentlichkeit freigab [19]: ·der Hyde Park (1,47 km²), bis Heinrich VIII. zum Manor of·Hyde der Westminsterabtei gehörig, noch unter Jakob I. ein Wildpark [67]; w. davon die Kensington Gardens aus der Zeit Georgs II. (1,04 km²); Green Park und St. James's Park — dieser ursprünglich eine sumpfige Wiese des Aussätzigen-Spitals St. James's, unter Heinrich VIII. entwässert und von Karl II. in einen Lustgarten umgewandelt; dazu weiter n. Regent's Park (0,76 km²), der aus dem alten Marylebone Park, ebenfalls einem Tiergehege, hervorgegangen war und später den Zoologischen Garten (1826) und den Botanischen (1839)

aufnahm. Das sind die „Lungen von London", die großen Grünflächen, die
im Häusermeer der Stadt zu voller Geltung kommen. Die meisten anderen,
Hunderte von kleinen und kleinsten, manche bloß mit einem einzelnen Baum,
gehen darin unter; allein man möchte sie um so weniger missen, als selten
Alleen die Straßen schmücken. Öfter erinnern nur mehr Namen (Green,
Garden, Grove, Gore) an ein längst entschwundenes Bild. Erst gegen die
Außenränder der verbauten Fläche stellen sich Landhäuser mit kleinen Rasenbeeten, in den besseren Wohnvierteln solche mit größeren Gärten ein [68].
Immerhin bieten auch in den ärmeren Stadtteilen wenigstens einzelne Parke
mit belebenden Wasserspiegeln und mit Spielflächen für die Kinder etwas Erholung, so Victoria Park im NE, Battersea Park und Greenwich Park s. der
Themse.

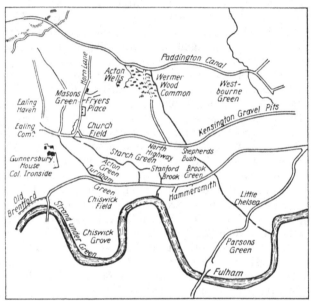

Abb. 27. Dörfer, die in W-London aufgegangen sind. Aus FADEN's Karte, 1815.
(Nach H. ORMSBY.)

Immer mehr entwickelten sich Westminster und „Westend" zum vornehmen Wohnviertel. Dort begann man seit 1762 die Straßen zu pflastern und
besser zu beleuchten als in der City, und 1813 wurde dank den Bemühungen
des gebürtigen Mährers F. A. Winzer Westminster Bridge als erstes öffentliches Bauwerk durch Gaslampen erhellt [617]. Bei der Vorliebe für die
w. Stadtteile spielte mit, daß die vornehmen Herren für ihre Häuser und
Gärten den Schottern der Taplow-Terrasse eigenes Brunnenwasser entnehmen konnten.

In manchen Stadtteilen und Straßenzeilen verrät der Stil der Häuser
dem Kundigen die Zeit der Entstehung. Noch sieht man am Cheyne Walk
in Chelsea die roten Ziegelhäuser der Zeit der Königin Anna und der George,
in Marylebone, St. John's Wood und Belgravia (an Stelle der Five Fields)
die schmalen mehrstöckigen Häuser mit den Vorhallen vor dem Tor im
Georgsstil [53, 54, 614, 632]. James's Square stammt aus der Zeit Karls II.
Schon um 1700 war Soho, bevorzugt von Auswanderern aus Frankreich, von
Schweizern, Italienern usw. mit Häusern besetzt. Die Verbauung reichte

im W bereits über den St. James's-Palast hinaus und wuchs nach N und NE. Zugleich entwickelten sich Oxford Street, damals Tybourn Road geheißen und besonders durch Buchhandel bekannt, und Bond Street, benannt nach einem der Grundspekulanten. Leicester, Berkeley, Grosvenor Square waren bereits angelegt oder wenigstens in Ausführung genommen. Aus dem 18. Jh. stammt die planvolle Verbauung von Bloomsbury. Es war ausgezeichnet durch breite Straßen und große Plätze (Bedford Square, 1775—1780, ist einer der schönsten); hier entwickelte sich das „Quartier Latin" Londons [620].

Mayfair, wo Jz. lang die Maimesse stattgefunden hatte, wandelte sich gegen 1800 in eines der vornehmsten Wohnviertel um [19, 53 u. ao.]. 1791 wurde Camden Town angelegt. Im 19. Jh. beginnt dann London stärker aus seinem alten Umfang herauszuwachsen und seit dem Einzug der Eisenbahn die Terrassen- und Riedellandschaft des Londoner Bekkens unter seinem Häusermeer zu begraben. Noch um 1830 reichte die verbaute Fl. Londons im N über New Road (heute Marylebone Road und Euston Road) und City Road, im E über Cambridge Road (damals The Dog Row) und Sidney Street nur wenig hinaus; Regent's Park lag größtenteils, Regent's Canal fast ganz außerhalb von ihr. Lose hing Stepney mit der Stadt zusammen. Islington war nur entlang seiner Upper Street und seiner Lower Street (heute Essex Road) und deren Nachbarschaft verbaut. Im SW reichte die verbaute Fl.

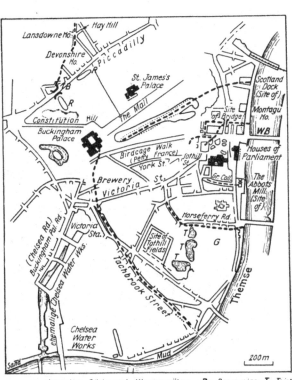

----- ehemalige Bäche und Wassergräben R = Reservoirs T = Teiche
TB = Tyburn Bridge G = Gemüsegärten um 1740
WB = Westminster Bridge

Abb. 28. Skizze von Westminster. (Nach H. ORMSBY.) Thorney wurde wahrscheinlich im SW längs Tachbrook Street, im N durch die Linie s. des Teichs in St. James's Park begrenzt. Buckingham Palace liegt zwischen den Ursprüngen der zwei Bäche, welche Thorney fast ganz vom l. Themseufer abschnitten.

bloß unwesentlich über Sloane Street und Vauxhall Bridge hinaus; zwischen ihr und der Themse, an welcher verschiedene Fabriken standen, lagen „Neat House Gardens", an Stelle der heutigen Victoria Station das Endbecken des Grosvenor-Kanals (Abb. 28). S. der Themse erstreckte sich die geschlossene Verbauung nicht viel über eine Linie Vauxhall Bridge—Jamaica Road hinaus, nur Walworth bis zum Grand Surrey-Kanal war teilweise schon verbaut [60*].

Wieder ein Menschenalter später, zu Beginn der Sechzigerj., ist die

Verbauung gewaltig fortgeschritten, in Portland Town w. Regent's Park, in Camden Town und Kentish Town [623, 627], in Lower Holloway und Upper Islington — schon bestand der große Viehmarkt w. der Caledonian Road —, zwischen der City Road und Hackney, in der Richtung auf Oldford und Bow; Bromley New Town ist noch in den Anfängen, Poplar bereits stärker verbaut. Im SW ist Chelsea mit der Stadt verwachsen, der Raum zwi-

Abb. 29. London 1866. Aus K. BAEDEKER, London. 2. A., Coblenz 1866.
×✕× Grenze der verbauten Fläche um 1830.

schen Victoria Station und der Themse aufgefüllt, und kräftig rückt die Verbauung s. der Themse beiderseits Clapham Road, in Camberwell und Peckham vor. Nur im SE dehnen sich noch größere leere Räume mit Feldern und Gemüsegärten beiderseits des Surrey-Kanals. Die Themse entlang ziehen in breiten Streifen Speicher, Fabriken, Arbeiterhäuser bis nach Deptford und Greenwich. Groß-London entfaltet sich (Abb. 29).

Gleichzeitig mit diesem Wachstum nach außen liefen und laufen fortdauernd innere Umgestaltungen, namentlich vom Verkehr gebieterisch verlangt. So war in der 1. H. des 19. Jh. Regent's Street (1813—1822) angelegt worden, dann Trafalgar Square (1829—1841) an Stelle der Royal Mews. Der alte Hay Market wurde 1830 aufgelassen und auf den Cumberland Market weiter n. verlegt. Später wurden neue Straßen durch die „slums" der inneren Stadt gebrochen, so durch die „Rookery" von St. Giles (New Oxford Street 1847, Shaftesbury Avenue 1886, Charing Cross Road 1887). Victoria Street, zur Victoria Station führend, wurde 1851 eröffnet, Queen Victoria Street in der City 1867—1871 durchgebrochen (Abb. 30), Strand zwischen Wellington Street und der Kirche St. Clement Danes 1897—1905 beträchtlich erweitert und gleichzeitig Kingsway angelegt. Auch anderswo schritt man im 20. Jh. kräftig an die Beseitigung der „slums". Eine große Anzahl von prunkvollen Gebäuden wurde errichtet, Regierungs- und Verwaltungsgebäude, Museen, wissenschaftliche Institute, Banken, die Häuser der Schiffahrts- und Versicherungsgesellschaften, Spitäler, Bahnhöfe, Theater usw. Große Häuserblöcke entstehen mit Palästen, Verbands- und Klubhäusern; anderswo Fabriken, Wohnhäuser, oft zu Dutzenden einförmig nach bestimmten Schablonen gebaut, nur je nach der Klasse der Bevölkerung etwas freundlicher und reicher ausgestattet oder armselig und bald verschmutzend (vgl. S. 141). Gerade der Reisende, der vom Festland kommt, empfängt diesbezüglich bei der Einfahrt nach London kein angenehmes Bild. Noch ist das Einfamilienhaus die bevorzugte Bauart, aber die Zahl vielstöckiger Zinshäuser (flats) nimmt dauernd zu [17, 19, 111, 51, 53, 614].

Im ganzen zählte 1938 London etwa 3/4 Mill. Häuser und 10 000 Straßen. Es hatte an die 7000 Hotels und Gastwirtschaften,

Abb. 30. Blick von St. Paul's gegen ESE über die City zur Tower Bridge und auf die Themse. (Aerofilm Ltd.) Die beschattete Straße r. ist Cannon Street, schräg geschnitten von Queen Victoria Street. Im Winkel zwischen beiden St. Mildred Church. Das lange Gebäude im Mgr. ist Cannon Street Station. Ganz im Hgr. der Tower. Die Säule l. vorn von Tower Bridge ist das „Monument", 1671—1677 errichtet zur Erinnerung an das „Große Feuer". Die beschattete Straße l. im Vgr. ist Cheapside.

20 000 Geschäftsläden, ungef. ebensoviel Fabriken, Werkstätten und Lagerräume. Entsprechend groß ist die Zahl der Ämter, der Bildungsanstalten aller Art, der niedrigeren Schulen (rund 1000) und der höheren, der Fachschulen usw., der Büchereien, der Gotteshäuser (ungef. 2000). Es hat Dutzende von Theatern, von Variétés und eine Unmenge von Kinos.

So „einförmig und unermeßlich" das Bild Londons weithin ist [111*], so tragen doch manche Stadtteile ein ausgesprochenes Eigengepräge, namentlich Westminster und die City. In ihnen kommt die Rolle der Stadt als Hauptstadt des Weltreichs am stärksten zur Geltung. In Westminster, das seit den Sachsen- und Normannenkönigen die Stätte der obersten Reichsgewalten blieb, stehen die Paläste des Herrscherhauses, St. James's Palace, unter Heinrich VIII. erbaut, unter Karl I. erweitert, 1691—1809 Residenz, und Buckingham Palace, an Stelle des ehemaligen Buckingham House, unter Georg IV. umgebaut und später ausgestaltet, seit 1837 Residenz; hier die Gebäude der Ministerien und Reichsämter in großen Blöcken: Colonial, Home, Foreign und India Offices (1868—1875); Board of Education, Ministry of Health, Office of Works, Board of Trade (1900—1920); War Office (1906); Office of Woods, Forests and Land Revenues (1910) usw. Hier steht der Riesenbau des Parlamentsgebäudes (1840—1850) und sind in der West-minsterabtei die größten Männer des Volkes beigesetzt, ihre Denkmäler auf-gestellt. Neben und zwischen jenen modernen Neubauten nehmen sich die älteren Gebäude fast fremdartig aus: die alte Admiralität (1722—1726 er-baut), die Horse Guards (1751—1793), das Banqueting House (1619—1622) als letzter Überrest des Palastes von White Hall (1691 und 1697 durch Brand zerstört). Die röm.-kath. Kirche hat unfern die eigenartige Westminster Cathedral (byzant. Stil) mit 88 m hohem Turm errichtet (1895—1903), ein neues Wahrzeichen der Stadt. Nirgends sonstwo sind die Paläste des Adels und der Reichen so zahlreich wie hier im West End. In Pall Mall und St. James's Street haben die vornehmsten Klubs prunkvolle Gebäude. Die Botschaften etlicher fremder Mächte haben sich in der Nachbar-schaft niedergelassen, z. B. in Belgravia. West End, besonders Knights-bridge und Kensington, sind ein nationales und internationales „shopping centre".

Im Anschluß an diesen Mittelpunkt politischer Macht sind in den letz-ten 70 J. großartige Wahrzeichen geistiger Arbeit nicht bloß Londons, son-dern des Königreichs und des Empire, wissenschaftliche Anstalten und Museen, errichtet worden, besonders in Kensington s. Kensington Gardens: Natural History Museum (1873—1880) und Science Museum, Imperial Insti-tute mit dem India Museum (1887—1893) und Victoria and Albert Museum (1899—1909) sind die wichtigsten von ihnen. Hier stehen auch das Meteoro-logical Office, das Geol. Museum (1935; Geol. Sv.) und das Heim der R. Geogr. Society (gegründet 1830). Weiter drüben im E, in Bloomsbury, ist 1826 London University College eingerichtet worden (1836 mit King's College, gegr. 1828, zur neugegründeten University of London vereinigt [628]), 1823—1855 wurde das Britische Museum erbaut und gleichzeitig die National Gallery (1832—1838) am Trafalgar Square, die später vergrößert und durch die National Portrait Gallery (1890—1896) ergänzt wurde. Burlington House (1872) in Piccadilly ist der Sitz der bedeutendsten wissenschaftlichen Körperschaft Großbritanniens, der 1660 gegründeten R. Society, und etlicher anderer wissenschaftlicher Gesellschaften, darunter der British Association for the Advanc. of Science, außerdem der Br. Academy of Arts. Ein riesiger Neubau der Universität, die 1900 umorganisiert wurde, nicht weit vom Br. Museum, nähert sich der Vollendung [628]. Nahe den vornehmsten Wohn-vierteln, von deren Luxusmiethäusern die großen Parke Londons umringt sind, u. a. Mayfair mit der Park Lane am Hyde Park, finden sich auch die vornehmsten Geschäftsstraßen, Hotels, Clubs, Theater, Unterhaltungsstätten (Regent's Street, Haymarket, Piccadilly, New Bond Street, Oxford Street) — außerdem hat natürlich jedes Borough seine eigenen Geschäftsstraßen. Jenseits Trafalgar Square und Charing Cross aber stellen Strand und Fleet Street die Verbindung mit der City her, begleitet nicht bloß von Hotels, Theatern, Geschäften, sondern auch von den Gebäuden des Obersten Gerichts-hofs (Courts of Justice) und der hohen Juristenkollegien („Temple" [918]; Lincoln's Inn), von King's College und der London School of Economics, von zahlreichen Zeitungshäusern und Druckereien. Nur die „Times" hat ihre Kanzleien und ihre Druckerei in der City selbst.

Die City hat sich aus dem alten London weiterentwickelt und ist der Mittelpunkt der Finanz und des Handels des Reiches geblieben [63—65]. Die Börsen und Banken, die Kanzleien der großen Handels- und Versicherungsgesellschaften, der Organisationen für den Verkehr, die Versandhäuser verleihen ihr das besondere Gepräge. Das ist die Stadt, die des Nachts keine 11 000 E. zählt (1945: 4420, 1947: 5490!), untertags fast eine halbe Mill. (vgl. S. 144); ein Bruchteil der Riesenstadt (2,7 km²), aber mit weitgehender Selbständigkeit und besonderen Rechten, mit Lord Mayor und Aldermen. Guild Hall, das Rathaus der Corporation of the City of London, 1411—1439 erbaut, nach 1666 erneuert, wurde leider durch Bomben erheblich beschädigt, während das Mansion House, 1739—1752 errichtet, das Palais des Lord Mayor während seines Amtsjahres, mit geringen Schäden davonkam. Durch die Bank of England wird die Finanzmacht des Reiches verkörpert, der Weltnachrichtenverkehr im General Post Office. Unfern liegen auch Stock Exchange und Royal Exchange (mit der Produktenbörse und bis jüngst den Büros von Lloyds). Einige wenige Straßen bezeugen durch den Namen ihre Jugend (Queen Victoria Street und King William Street), andere ihre ehemaligen Aufgaben [60a*, 617]: Lombard Street, noch heute Sitz vieler Banken; Poultry und Cheapside, dieses einst der große Markt von London (vgl. auch, beiderseits von Cheapside, Wood, Milk, Bread, Friday Streets, ferner Honey Lane, Oat Lane usw.). Bis zum „blitz" hatten etliche Gilden in dem Viertel zwischen Cheapside und London Wall ihre Häuser (Grocers', früher Pepperers', ferner Mercers', Goldsmiths', Brewers', Girdlers', Barbers' Halls; etwas weiter drüben Drapers' Hall). In Coleman Street befindet sich die Wollbörse. Alle anderen Warenbörsen haben dagegen ihren Sitz näher dem Hafen: in Lower Thames Street die Kohlenbörse, die Kornbörse in Mark Lane; die Börse für Tee, Drogen, Kaffee, Aloe, Eukalyptus, Kautschuk, Straußenfedern, Teppiche, Elfenbein usw. in Mincing Lane; die für Pelze in Lime Street, für Tabak in Fenchurch Street; der Papierhandel hat in der Upper Thames Street seinen Sitz. (Überhaupt haben sich nur drei große Börsen am Südufer des Flusses niedergelassen: die Hopfenbörse zu Southwark, die Börse für Butter und Zucker bei London Bridge, die für Häute und Leder bei den alten Gerbereien von Bermondsey.) An der Themse unten stehen neben Billingsgate Fishmongers' Hall (1831—1833), das geräumige Zollhaus (1814—1817), das Haus der Hafenbehörden, ferner Trinity House (1793—1795), das alte Seemannshaus im Angesicht des Tower, Sitz der Behörde zur Aufsicht über die Leuchttürme und -feuer (vgl. S. 93) und die R. Mint. Ganz versteckt und abseits, so daß sie erst förmlich gesucht werden müssen, liegen manche der alten Kirchen (St. Helen's, St. Sepulchre's, St. Olave's usw.) [69].

Jenseits des Tower beginnen dann mit den St. Katherine's Docks sofort der Hafen und jenseits des Banken- und Börsenviertels die ärmeren und ärmsten Viertel von East London [111]. Hier sind die Straßen schmutzig, die Häuser dürftig, viele Läden nur Buden mit den wohlfeilsten Lebensmitteln und billigem Kram. Am schlimmsten sind die Reste der „slums" neben der Themse, halbverfallene Häuser mit zerbrochenen Fenstern, schmutzige Massenquartiere in lichtlosen Gassen, alte Bretterzäune, das Ganze von üblen Düften erfüllt, im Vergleich zu denen die Fischgerüche der Garküchen noch angenehm sind; z. T. Quartiere des Elends und des Verbrechens auch heute noch. Doch sind die Verhältnisse nicht mehr so schlecht, wie oft dargestellt.

Eigentlich gehen nur die Straßen in der Nähe der Docks und vielleicht in
Shoreditch und Bethnal Green unter die „Armutslinie" („poverty line")
hinab, in den Dreißigerj. 40 sh, jetzt etwa 85 sh Wocheneinkommen entsprechend [520]. Immerhin hatten noch 1921 12% der 2½ Mill. zählenden Bevölkerung von East London (worunter in der Statistik 6 Bezirke außerhalb
der Citygrenze im N und 5 Distrikte im S der Themse zusammengefaßt wurden) ein kleineres Einkommen, in Poplar sogar 24,1%, Shoreditch 18%,
Bethnal Green 17,8%, Bermondsey 17,5%. 31,4% gehörten der ungelernten
Arbeiterklasse über der Armutslinie an, 45,3% den gelernten Arbeitern, nur
11,3% dem Mittelstand. In keinem Teile Londons ist denn auch die Wohn-
dichte so groß wie hier im E, hier herrschte schlimmste Überfüllung, hausten
doch in den Boroughs von Hackney im N bis Poplar im S weit über eine
Mill. Menschen. Etwa ein Drittel davon sind Hafenarbeiter und Last-
träger, überhaupt Arbeiter und niedrige Angestellte im Dienste des Verkehrs; Arbeiter der Gaswerke; Aufseher der Hafenanlagen, Speicher und
Magazine. Aber auch viele kleine Handwerker und Heimarbeiter wohnen
hier, die vornehmlich im Uhren-, Lederwaren-, Juwelier-, Hutmachergewerbe
für die Reichen, mit der Erzeugung billiger Möbel, Schuhe, Kleider für die
Bewohner von East End beschäftigt sind und für niedrigsten Lohn arbeiten.
In Stepney, Bethnal Green, Poplar, Hackney, Shoreditch zählte man rund
30 000 Schneider, 15 000 Sattler usw. Hauptsächlich dort lebten auch
aus dem E Europas stammende Juden.

Das hier entworfene Bild war bis in den zweiten Weltkrieg gültig,
allein durch die wiederholten Bombenangriffe, namentlich in der Zeit vom
Sept. 1940 bis M. April 1941, ist es schwer verstümmelt worden. Viele
Tausende von Wohn- und Geschäftshäusern, ein paar Dutzend Kirchen, dar-
unter manches alte Baudenkmal (Bow Church, St. Mildred's, St. Swithin's,
St. Olave's, St. Clement Danes usw.), 218 Schulen, 77 Kinos (von fast 300)
wurden zerstört, Bahnhöfe und Fabriken getroffen. Von den bekanntesten
Bauten wurden St. Paul's, Guildhall, Mint, Custom House, Temple, Tower,
War Office, Westminster School, the House of Commons, das Britische
Museum mehr oder weniger schwer beschädigt. Große Teile der City um
Queen Victoria Street und Fetter Lane wurden derart in Trümmer gelegt,
daß sich dort heute weite offene Schuttfluren erstrecken. Von den 36 „halls"
der „livery companies", der Guildenhäuser, blieben nur 2 unverletzt, 20 wur-
den so gut wie ganz vernichtet. Von den Kirchen der City blieb einzig St. Mary
Woolnoth völlig unversehrt. Schwer gelitten hat Ost-London (Bow,
Poplar, Stepney), s. der Themse Camberwell, Southwark u. a. Etwas besser
sind die w. Stadtteile davongekommen, insofern sich hier die Bomben-
schäden nicht über so große zusammenhängende Flächen erstrecken; aber
Ruinen von Kirchen, einzelnen Häusern oder Häusergruppen zeugen auch
hier von dem Greuel der Verwüstung [816].

Der Wiederaufbau bedarf gründlichster Vorbereitung. Wie nie zuvor ist
die Gelegenheit gegeben, die schon seit Jz. nötige Auflockerung der ungeheuren
Menschenballung tatkräftig in Angriff zu nehmen. Bereits vor dem ersten
Weltkrieg war der Ruf nach einer wirklichen Stadtplanung erhoben worden,
in der Zwischenkriegszeit hatten die Bevölkerungs-, Wohn-, Wirtschafts- und
Verkehrsprobleme eine Lenkung immer dringlicher gemacht, manches war
verbessert und noch vieles mehr angeregt worden. Durch den Krieg wurden
neue Probleme verursacht, aber auch neue Möglichkeiten zu großzügiger
Planung geboten. Behörden und Ämter, Fachleute und Interessenten aller
Art beraten darüber und legen Berichte, Denkschriften und Pläne vor.

Die Aufgabe ist ungemein verwickelt und schwer. Wirtschaftliche, soziale und ideelle Interessen, die verschiedensten Standpunkte müssen zu einer Vereinbarung gelangen. Fragen, inwieweit man das alte Stadtbild der City wiederherstellen oder die zerstörten Teile durch etwas ganz Neues ersetzen soll, ob und wie man neue Satellitenstädte anlegen oder schon vorhandene Siedlungen zu solchen ausbauen soll, müssen entschieden werden. Es ist hier nicht möglich, auf diese vielerörterten Vorschläge und Beschlüsse näher

Abb. 31. Greater London März 1929. Seither sind einige Änderungen eingetreten, z. B. ist Staines R. D. 1930 zwischen die benachbarten Urb. Distr. aufgeteilt worden. Die eingefügten Zahlen geben die Bevölkerungsbewegung 1921—1931 in % (+ Zunahme, — Abnahme) für die Gemeinden innerhalb des „equalization area" an (vgl. S. 144). [Nach 92*, 521 u. a.]

einzugehen. Jedenfalls wird, friedliche Entwicklung vorausgesetzt, die jetzige Planung für lange Zeit das Antlitz nicht bloß der Metropole, sondern des ganzen Londoner Beckens bestimmen [81—812, 816; bes. 87, 816].

Administr. County of London, Polizeigebiet L. und „L. conurbation" sind verschiedene Dinge (Abb. 31). Wieder anders umrissen sind die einzelnen Verwaltungsgebiete, die Bereiche des Metropolitan Water Board, der Port of London Authority usw. Zum Unterschied von diesen fest umgrenzten Ein-

heiten weist der Schlafsiedlungsraum der Londoner einen mehr oder weniger
breiten Grenzgürtel mit vielen Ausliegern auf. Die Frage, wie weit man
London geographisch rechnen soll, läßt sich nicht einfach beantworten. Un-
bestimmt und veränderlich ist auch der Raum, von dessen Bewohnern es als
„Town" schlechtweg bezeichnet wird [14*], mögen auch die „Up-" und
„Down-trains", der Vorstadtverkehr, eine gewisse Vorstellung von seiner
Ausdehnung gewähren.

Die City of London bildet mit dem seit 1900 ebenfalls zur City erhobenen
Westminster und 27 anderen Metropolitan Boroughs die Administrative
County of London (303 km²). Diese wurde 1888 geschaffen, indem die bis
dahin unabhängigen und in der Verwaltung getrennten Teile der Riesenstadt, manche davon noch Landgemeinden, aus den anschließenden Gr., zu
denen sie gehörten, losgelöst wurden. Die Metropolitan Boroughs bestehen
als solche seit 1899; ihre Behörden haben weitgehende Befugnisse, doch
bewahrte die City bei der Vereinigung gewisse Sonderrechte. Die vorher
arge Zersplitterung der Behörden war so wenigstens einigermaßen beseitigt.
Allein immer noch erhebt sich im Grunde genommen ein Nebeneinander
etlicher Großstädte von 100 000—200 000 E.; nur 4 der Boroughs hatten 1931
weniger als 100 000, 6 über 200 000 (Wandsworth 353 110, Islington 321 795,
Lambeth 296 147). Über die Co. of London greift die in der Hauptsache
verbaute Fl. weit hinaus, in W—E 20—30 km, in N—S 15—20 km lang.
Schon auf ihr wohnen mindestens 7 Mill. Menschen. Dabei ist diese Zahl
im Vergleich zur Fl. anderer Riesenstädte nicht einmal so groß, kommen
doch durchschn. nur 10 E. auf ein Haus. Von den Metropolitan Boroughs
werden in der Statistik Bermondsey, Bethnal Green, Finsbury, Holborn,
Shoreditch, Southwark, Stepney und Westminster, also 8 im ganzen, als
innere bezeichnet. 1931 zählten sie zusammen mit der City 963 037 E.,
1945 nur mehr 406 150, also nicht einmal die Hälfte, die Co. of London
4 397 003 E. (1945: 2 601 270!) [92*, 113*]. Die sog. „equalization area",
1923 von der R. Commission on London Government empfohlen, schließt
50 weitere Metropolitan Boroughs, County Boroughs und Urban Districts
ein, gelegen innerhalb eines Kreises von ungef. 16 km von Charing Cross,
mit (1931) 3 258 194 E. Der Polizeibez. London, mit einem Halbmesser von
rund 27 km, bildet das „Greater London" der Statistik, 1931 mit 8 203 942 E.
(1820 km²). Infolge gewisser Abänderungen seiner Grenzen zählte dieses
1945 auf einer Fl. von 1905 km² 8 221 699 E. Seit dem 1. April 1947 sind abermals Umgemeindungen vorgenommen worden; abschließende statistische Angaben liegen darüber noch nicht vor (für 30. Juni 1947 schätzungsweise:
County of London 3,328 Mill., Polizeibezirk 8,177 Mill., „L. conurbation"
9,9 Mill.) [526]. Im Umkreis von 40 km um Charing Cross wohnten 1931
9 277 873, in London und den Home Counties 10 592 547 Seelen. Das wirtschaftlich zur Metropole gehörige Gebiet wurde schon für 1931 auf 12 Mill. E.
geschätzt.

Einer der auffälligsten Züge im Anwachsen der größten „conurbation"
Großbritanniens [513] war die Entvölkerung zunächst der City, deren Häuser in Geschäfts- und Warenhäuser und Kanzleien umgewandelt wurden. Die
Bewegung nach außen ist schon in den Dreißigerj. des v. Jh. erkennbar. 1851
wohnten von über 16 060 Kaufleuten, Bankiers und anderen Handelsleuten
nur mehr 1463 in der City, im übrigen Verkäufer, Angestellte und Bedien-
stete, im ganzen aber noch 129 000 E. 1938 zählte sie, wie bereits bemerkt,
nicht einmal 11 000, aber untertags arbeiten in ihr fast eine halbe Mill. Menschen [512]. Seit der M. des vorigen Jh. füllte sich die heutige Co. of London

bis zur Übervölkerung auf; noch 1891—1901 zeigte sie eine Zunahme von
7,3 %, 1901—1911 jedoch zum erstenmal eine leichte Abnahme von 0,3 %. Dagegen nahm Groß-London 1891—1901 um 16,8 %, 1901—1911 um 10,2 % zu.
Diese Entwicklung hat fortgedauert [92*]. 1901 hatte die Co. of London
bereits 4 540 000 E. gezählt, 1921 trotz des Weltkriegs noch 4 485 000 erreicht;
1931 betrug sie bloß 4 397 000, für 1934 wurde sie auf ungef. 4 230 000 beziffert. Die City mit den inneren Boroughs hat 1921—1931 8,2 % ihrer Bevölkerung verloren, selbst die äußeren Boroughs, deren E.Z. sich seit 1891
mehr als verdoppelt hatte, hatten eine vorläufig fast unmerkliche Abnahme
aufzuweisen (1084 Menschen). Nur in der Altersklasse von 15 bis 25 J. zeigte
das innere London auch noch 1921—1931 eine stärkere Zu- als Abwanderung,
aber sie war als vorübergehend anzusehen, da viele später wieder nach dem
äußeren Gürtel ziehen, welcher die Arbeiter vom Land und aus den Notstandsgebieten aufnimmt. Demgegenüber hat die E.Z. außerhalb der Gr.
London, aber innerhalb der „equalization area" 1911—1921 um 222 917 (94 %),
1921—1931 um 584 548 (21,9 %) zugenommen, in Groß-London außerhalb
der „equalization area" gleichzeitig um 43 094 (15,4 %), bzw. sogar 226 713
(70,4 %) (vgl. Abb. 31, S. 149). Von diesem Wachstum entfielen allerdings über
80 000 auf Dagenham allein (vgl. S. 109). In Essex war das Wachstum der
London benachbarten Siedlungen überhaupt besonders stark gewesen, in Ilford von 85 000 auf 131 000, in Barking von 35 000 auf 51 000, in Loughton
von 5700 auf 7400. Auch die Gebiete von Hendon, Ruislip, Uxbridge in
Middlesex, von Coulsdon-Purley, Epsom in Surrey, von Bexley, Bromley,
Croydon und viele andere zeigten großes Anwachsen der Bevölkerung [92*]
(vgl. auch S. 95, 113 f.).

Das Wachstum der Bevölkerung beruhte auf der starken Zuwanderung.
Die Geburtenrate hatte dagegen gewaltig abgenommen, in der Gr. London
und neun anschließenden Distrikten von 35,4 (1871—1880) auf 17 (1926 bis
1928), der Geburtenüberschuß war in dieser Zeit auf 4,3 gesunken, die Zahl
der von je 1000 Frauen im gebärfähigen Alter geborenen Kinder von 121
(1891) auf 83 (1921). Demgemäß hatte sich der Anteil der Kinder unter 10 J.
von 22,7 auf 17,2 % vermindert, in Groß-London auf 14,8 (unter 5 J. 7,7 %).

Über den Anteil, den Geburtenüberschuß und Wanderung an der Zu-,
bzw. Abnahme der ansässigen (nicht der gezählten) Bevölkerung 1921—1931
hatten, geben folgende Angaben einige Auskunft [93*].

Zonen (M. = miles)	Zunahme in T.	Zunahme in %	Durch Geburtenüberschuß in %	Durch Wanderung in %
VI. innerhalb der Home Co., außerhalb des 25 M.-Radius	131	11,1	4,6	6,5
V. innerhalb des 15—25 M.-Radius	197	22,3	6,1	16,2
IV. innerhalb des 10—15 M.-Radius	232	72,5	10,6	61,9
III. innerhalb des 10 M.-Radius, aber außerhalb London Co.	589	21,9	6,8	15,1
II. äußere Metrop. Boroughs	— 21	— 0,6	5,1	— 5,7
I. City + innere Boroughs	— 97	— 9,2	6,2	— 15,4
City of London	— 3,2	— 23,4	— 3,9	— 19,5

Von den Metrop. Boroughs zeigten die stärkste Abwanderung: Stepney
(18,2 %; 45 673 Personen), Bethnal Green (17,1; 20 283), Shoreditch (16,9;
17 843), Finsbury (15,3; 11 819), Poplar (15,2; 25 093), Holborn (14,7; 6403),

also vor allem East End. Fast ebenso groß war der Abwanderungsverlust in einigen Boroughs s. der Themse: Bermondsey (15,6; 18 764), Southwark (14,3; 26 561), Camberwell und Deptford (je 12,3). Starke Zuwanderung zeigten nur Lewisham (19,5; 34 432), eine kleine Wandsworth und Kensington.

Die starke Zunahme der Bevölkerungszone IV geht zu $^4/_5$, die in Zone III und V zu mehr als $^2/_3$ auf Zuwanderung zurück. Im ganzen waren 1921—1931 in den Zonen III, IV und V ungef. $^3/_4$ Mill. Menschen zugewandert. Davon entfielen mehr als $^1/_3$ auf die Gebiete von Hendon (81 000), Dagenham (72 000), Ilford (44 000), Croydon und Wembley (je 31 000).

Infolge der seit jeher starken Zuwanderung machen die gebürtigen Londoner nur einen Teil der Bevölkerung aus, von 8,2 Mill. Groß-Londons nur 4,6 Mill. 1931 stammten fast 3 Mill. aus England, je über 100 000 aus Schottland, Irland und Wales, sogar von den Kanalinseln fast 7000. Im übrigen sind in der Bevölkerung Londons seit langem alle Rassen und Nationen vertreten. Schon vor dem ersten Weltkrieg kamen auf 100 E. 3—4 Ausländer, aus manchen Staaten so viele Fremde, daß sie der Zahl nach ganze Stadtteile hätten füllen können (1904: 44 000 Deutsche, Österreicher, Schweizer; 38 000 Russen, 18 000 Polen, 11 000 Franzosen, 11 000 Italiener). 1931 waren in Groß-London über 160 000 Fremde (männl. und weibl.) ansässig (in T.: Polen 34,9, Russen 24,3, Franzosen 14,5, Deutsche 14,2, Italiener 12,2, Schweizer 6,8, Belgier 5,0, Holländer 4,7, Rumänen 3,1, Österreicher 2,4; Chinesen 1,7, Japaner 1,0, Ägypter 1,6; USA.-Angehörige 9,6, Argentinier 1,3). Britische Staatsangehörige aus den Dominions, Kolonien usw. zählte man über 70 000 (Indian Empire 18 000; S-Afrika und Kanada je 9000, Australien 11 000, Neuseeland über 3000). Die Zahl der fremdländischen Juden hat während des halben Jh. vor 1938 sehr ab-, die jüdische Bevölkerung dagegen sehr zugenommen. Im ganzen wohnten 1931 in der Gr. London über 200 000 Juden (1889 keine 70 000), u. zw. noch immer vornehmlich in Whitechapel, im übrigen weiter verstreut als früher und in verschiedenen Berufen tätig. Auch die Chinesen verteilten sich auf etliche Boroughs; die meisten wohnten aber nicht in Poplar (98) in der sog. „Chinatown" nahe den West India Docks, sondern in Kensington (135) und Westminster (115) [92*].

Bei der großen Ausdehnung und der ungeheuren Entfernung innerhalb des Raumes haben die einzelnen Teile der riesigen Menschenballung oft wenig Kenntnis voneinander und nur wenig gemeinsame Interessen, ganz abgesehen von den Klassen- und Berufsunterschieden. Wirkliche Londoner, d. h. solche, deren Einstellung von den Erfordernissen Gesamt-Londons bestimmt wird, gibt es daher viel weniger, als man nach der E.Z. erwarten möchte. Der im Herzen der Stadt geborene, echte Londoner, der „Cockney", macht ja überhaupt nur einen Teil der Bevölkerung aus [619].

Schon vor dem letzten Krieg hatte die Bevölkerung der County of London zugunsten der Umgebung sehr abgenommen, infolge des Krieges sank ihre Zahl 1941 auf den Tiefpunkt. Für 1939 wurde sie auf 4 013 400 geschätzt, 1941 (Sept.) auf 2 320 100, bis April 1941 waren 1,5 Mill. evakuiert worden! Nach dem Kriegsende stieg sie rasch wieder an, 1947 auf 3 328 340. In diesem J. hatten die City of London 5490 E., nur Wandsworth über 300 000 (332 650), bloß 4 Boroughs über 200 000 (Islington 238 630, Lambeth 224 890, Lewisham 213 220), 13 weniger als 100 000 statt 11 wie 1931, davon 7 weniger als 50 000 (1931 nur Holborn). Die Zahl der Ausländer hatte etwas zugenommen, von 117 724 auf 134 984, namentlich die der Polen (von 5128 auf 23 078), der Belgier, Holländer, Tschechoslowaken (1947 rund je 5000), der Österreicher und Italiener (je über 8000), die der Norweger sich mehr als verdoppelt (auf 2715), die der Russen beträchtlich vermindert (von 32 470 auf 21 994). Deutsche zählte man 1947 über 14 000 [526].

Erhebliche Veränderungen zeigten sich in der Verteilung der Arbeiter und Angestellten auf die verschiedenen Berufe; die folg. Zahlen für 1939, 1943, 1946 mögen für sich selbst sprechen: „Engineering" 166 440, 308 180, 190 430; „Metal Trades" 211 390, 225 800, 198 670; „Clothing Trades" 190 180, 97 590, 111 420; „Food, Drink and Tobacco" 150 380, 91 430, 97 120; „Saw-milling, Furniture and Woodwork" 75 590, 29 870, 48 860; „Printing and Paper Trades" 174 450, 85 470, 111 930; „Building and Public Works Construction" 265 640, 104 270, 239 850; „Transport and Communications" 233 240, 162 820, 221 300; „Distributive Trades" 616 760, 304 930, 351 058; „Hotel, Public House, Restaurant, etc., Service" 194 890, 98 220, 116 940. In der Maschinen- und Metallindustrie waren somit 1946 29%, in den „verteilenden" Berufen 26%, im Bekleidungs- und Gastgewerbe je 8% tätig. Nach der Zahl der Beschäftigten kündigt sich, wie man sieht, gegen Ende 1946 die Rückkehr zu normalen Verhältnissen bereits deutlich an, besonders in dem großen Rückgang der Beschäftigten in der kriegswichtigen Maschinen- und Metallindustrie und der großen Zunahme im Baugewerbe. Aber außer in den Berufen, wo Frauen so gut wie überhaupt nicht oder nur wenig verwendet worden, ist deren Anteil wesentlich gewachsen, am meisten im Gastgewerbe und in den „Distributive Trades". In den „Clothing Trades" waren schon 1939 71% auf sie entfallen (1946 72%) [526].

Bei dem gewaltigen Anwachsen der E.Z. und der verbauten Fl. stand London als erste der Riesenstädte vor sich immer wieder erneuernden schwierigen Verkehrsproblemen; bekanntlich hat es in deren Behandlung ein mustergültiges Beispiel gegeben. Zu Beginn des 17. Jh. hatte man die Entfernungen noch zu Fuß oder zu Roß zurückgelegt; ein Viertel der Bevölkerung hatte auf der Themse Boote in Besitz oder in Miete. Man widersetzte sich damals der Einführung der Mietwagen [60 a*, 19]. Im 18. Jh. hatten sich die Lohnfuhrwerke eingebürgert. 1829 war dann der erste Pferdeomnibus (zwischen Paddington und der Bank) gelaufen. Aber erst eine Ende 1855 gegründete (übrigens ursprünglich französische) Unternehmung, die 1858 als London General Omnibus Co. eingetragen wurde, und die etwas jüngere London Road Car Co. brachten, abgesehen von etlichen kleineren Gesellschaften, die moderne Entwicklung. Nachdem sie seit 1899 den Motorbetrieb aufgenommen hatten, wurden sie 1908 miteinander verschmolzen und der Standard-Wagen geschaffen [58]. Die Streckenlänge des Trambahnnetzes, seit 1870 entstanden, seit 1901 elektrifiziert, ist bereits sehr zurückgegangen (1946 nur noch 163 km; 1937 noch 360 km), die der Trolley Buses entsprechend gewachsen. Mehr als 7000 Autobusse des Londoner Passenger Transport Board (s. u.) beförderten 1946 auf über 500 verschiedenen Strecken von über 4000 km Länge etwa 2,5 Milld. Personen, außerdem die Trolley Buses 0,89, die Bahnen 0,57, die Trams 0,3 Milld., im ganzen 4,26 Milld. Menschen [526]. Dutzende von Linien mit über 700 Wagen verknüpfen die Arbeitsstätten mit den weiter draußen gelegenen Wohnvorstädten und Außenorten, und an sie schließen die Netze anderer Gesellschaften an. Beispielsweise führten 1931 allein gegen SE nicht weniger als 18 Stammlinien, die sich dann in zahlreiche Einzellinien verzweigten; von Wimbledon liefen täglich 150 Wagenpaare, von Croydon 80 gegen S. Außerdem bestanden 46 Fernautobusverbindungen nach SE-England, mit insgesamt 562 Fahrtpaaren [517]. Zusammen mit den anderen Fahrzeugen ergibt sich so, besonders zu gewissen Tageszeiten, ein ungeheurer Verkehr. Auf der Straße London—Folkestone, einer seiner Schlagadern, zählte man vom 10.—16. August 1931 im T.Durchschn. verschiedener Zählpunkte 289 Autobusse, 2078 Personenautos, 732 Motorräder, 951 Lastkraftwagen, 19 Pferdewagen!, im ganzen über 4000 Fahrzeuge. Die Verkehrsdichte (nach der englischen Statistik die Anzahl der Verkehrseinheiten, umgerechnet auf je 10 Fuß Straßenbreite) betrug 3,28. Ungeheure Menschenmassen befördern die Autobusse an schönen Sonntagen auf 1600 und mehr Wagen: nach Epping Forest und Hampton Court über, bzw. fast ¼ Mill.; nach Richmond 100 000, nach Banstead und Epsom noch etwas mehr, viele Tausende nach Dorking, Reigate, Windsor, St. Albans [55, 515].

Auch das Stadtbahnnetz ist aus den Linien mehrerer Unternehmungen zusammengewachsen; noch tragen jene verschiedene Namen [511]. Die ältesten waren als Ringbahnen zur Verbindung der Hauptbahnhöfe angelegt. Die erste, 1863 eröffnet, lief von Bishop's Road (Paddington) nach Farringdon Street. 1884 war der „Inner Circle" über Kensington, Westminster, Blackfriars, Aldgate vollendet. Jene älteren Linien waren im „cut-and-cover system" erbaut, d. h. in überdeckten Einschnitten, und wurden mit Dampf betrieben (im 1. Jz. dieses Jh. elektrifiziert). Aber die Londontone, leicht bearbeitbar und doch fest genug, gestatteten auch Anlagen in größerer Tiefe. So wurde 1890 die erste elektrisch betriebene Rohrbahn („Tube") zwischen der City und South London (Monument-Stockwell) geführt, unter der Themse hindurch. Weitere Quer- und Radiallinien nach allen Richtungen dienten zur Verbindung namentlich mit den Vororten. Ihre Tunnel und Stationen liegen im M. 18 m, einzelne in über 30 m, Hampstead sogar über 50 m unter der Oberfläche. Weiter und weiter schieben sich diese Schienenwege in das Land vor, hier jedoch nicht als Untergrundbahnen; besonders dort, wo sie in den Kreidekalk übertreten, steigen sie ans Tageslicht auf. So sind von über 600 Stationen im Umkreis von 25 km von Charing Cross im ganzen nur etwa 150 Untergrundbahnhöfe. Die Zahl der Fahrgäste ist riesengroß: in dem Knoten Finsbury Park jährlich 30 Mill., in Golder's Green 14 Mill. — letzteres ein Beispiel der unglaublich raschen Entwicklung: 1906 noch offenes Land mit grünen Feldern und Heckenzeilen, ist es heute eine freundliche Villen- und Gartenstadt (Abb. 32). Diese Entwicklung dauert ununterbrochen fort, und immer neue Maßnahmen müssen zur Bewältigung des Verkehrs getroffen werden, um so mehr als sich oft ¹/₃ oder wenigstens ¹/₆ des Tagesausmaßes in jeder Richtung in 1 St. abwickeln muß. Deshalb auch hatte die S.R. 1929 den Vorstadtverkehr elektrifiziert und andere Bahngesellschaften wollten dem Beispiel folgen. 1933 wurden dann alle Verkehrsunternehmungen (abgesehen von den Hauptbahnen) unter die einheitliche Leitung des London Passenger Transport Board gestellt, das den ganzen Verkehr einer Fl. von über 5000 km² mit rund 10 Mill. E. neu organisieren und das Verkehrsnetz zweckmäßig um- und ausgestalten soll [524]. Vor allem sollten die bisher stiefmütterlich bedachten Gebiete ö. des Lea besser mit der Stadt verbunden werden. Schon 1936 konnte man mit den Stadtbahnzügen bis Edgware, Watford, Aylesbury, Uxbridge, Hounslow, Richmond, Wimbledon, Morden, New Cross, Southend usw. fahren.

1913 hatten sich die Leistungen von Tram, Omnibus und Stadtbahnen in Groß-London auf 36, 32, 32% beziffert (insgesamt 2,3 Milld. Fahrgäste). 1910 waren auf den Kopf der Bevölkerung 110 Tram-, 100 Omnibus- und 98 Bahnfahrten entfallen; für 1928 betrugen die Zahlen 134, 243, 118.

Unermüdlich strömt der Verkehr durch die Straßen Londons. Wohl sieht man auch heutzutage, und gar nicht selten, vor Lastwagen die schweren

Pferde gespannt, wie sie zu Beginn des Jh. den Frachtverkehr der Stadt fast ausschließlich besorgten; rauchend und ratternd schleppt manchmal eine Dampfmaschine eine Reihe von Kohlenwägelchen oder anderen Anhängern hinter sich her. Doch der Kraftwagen in allen möglichen Formen, Salon- und Luxuswagen der Reichen, „Taxis" zu Tausenden, die hohen Wagen der „General", die verschiedenen Typen von Frachtwagen, die Motorräder beherrschen das Straßenbild.

Dem Verkehr über die Themse dienen mehr als zwei Dutzend Brücken [514]. Schon im 18. Jh. waren Westminster Bridge (1738—1749) und Blackfriars Bridge (1760—1769) gebaut worden, Steinbrücken, die im 19. Jh. durch Eisenbrücken ersetzt wurden. Die unterste ist die wuchtige Tower Bridge, 800 m lang, in der Mittelöffnung mit einer Klappbrücke, so daß Schiffe unter dem 42 m über H.W.M. gelegenen oberen Durchgang passieren können. Weiter abwärts führen zwei Tunnel für den Wagen- und Personenverkehr unter der Themse hindurch: Rotherhithe Tunnel unterhalb Tower Bridge von Shadwell nach Rotherhithe und zu den Surrey Docks, 2 km lang (1908); Blackwall Tunnel (1897) von Poplar nach East Greenwich (1,7 km); außerdem für Fußgänger Greenwich Tunnel (1902) und Woolwich Tunnel (1912), im T.Durchschn. 1947 von über 5000, bzw. fast 18 000 Personen passiert. Bei Woolwich übersetzt eine Fähre den

Abb. 32. Hampstead Garden Suburb. Typus einer Londoner Gartenvorstadt. (Nach einer käufl. Ansichtskarte.)

Strom; stellt sie den Verkehr ein (z. B. bei schwerem Nebel), so muß der ganze Verkehr durch den Blackwall Tunnel gehen.

Vor einem Blick aus der Luft heben sich am stärksten die großen Kopfbahnhöfe und die Güterbahnhöfe im Grundriß von London ab. Sie halten sich alle an den Rand des London vor 100 J. Über weite Fl. dehnen sich die Geleiseanlagen, ein Über-, Unter- und Nebeneinander von Schienenwegen, Straßen, Brücken. Mit einigen Hauptbahnhöfen sind schloßartige Riesenhotels unmittelbar verbunden. Ein halbes Jh. hatten, nachdem 1838 die erste Fernlinie eröffnet worden war (nach Birmingham; erste Linie auf Londoner Gebiet überhaupt 1833 nach Greenwich), die Eisenbahnen Londons Überlandverkehr vollständig beherrscht, den Straßen nur den Lokalverkehr überlassen. Allein der Wettbewerb der Kraftwagen ist sehr fühlbar geworden, zumal seitdem neue große Straßen als „Schlagadern" („arterial roads") angelegt und Autobusfernverbindungen eingerichtet worden sind. Im großen ganzen folgen sie den von der Natur vorgezeichneten Linien des Reliefs, nur daß sie ähnlich wie die Straßen der Römer Höhenunterschiede weniger scheuen als größere Umwege. Auch sie haben in London ihren wichtigsten Knoten. Für rasche und dabei doch bequeme Personenbeförderung sind aber noch immer die Eisenbahnen am geeignetsten, fährt man doch heute — 1938 waren die Fahrzeiten kürzer — in 2 St. nach Southampton, in 2½ nach Birmingham, in gut 3 nach Cardiff, in 4½ nach Manchester, Liverpool, Sheffield, in 5 St. nach Plymouth. In 7—8 St. kann man Penzance, in 9 St.

Edinburgh, Glasgow erreichen, Inverness in 15, selbst Thurso und Wick in 21.
Sie bewältigen auch einen großen Teil des Güterverkehrs, namentlich der
Lebensmittelversorgung der Riesenstadt. In der ungeheuren Kohlenzufuhr
leisten die Bahnen zusammen fast ebensoviel wie die Schiffahrt (1927:
9 192 000 tons, bzw. 9 200 000). Ähnlich brachten schon zu Beginn der Sechzigerj. etwa 1000 Kohlenschiffe jährlich ebensoviel Kohle nach London wie
die Eisenbahnen, nur viel weniger als heute, nämlich je 2 Mill. tons. Aber
während die Bahnen meist Hausbrand- und Industriekohle zuführen, bringen
die Kohlenschiffe (von 3000—4000 tons) außer Industriekohle vornehmlich
Gaskohle und Kohle für die Dampfer (Bunkerkohle).

Übrigens haben auch die Kanäle ihre Rolle keineswegs ausgespielt.
Noch 1927 wurden auf dem Grand Junction Canal 1,4 Mill. tons Güter befördert, größtenteils Kohle, aber auch Getreide, Zucker, Öl, Holz, Gewürze.
Seit 1929 sind der Regent's Canal und sechs andere Kanäle der sö. Midlands
in der Grand Union Canal Co. vereinigt, die damit ein Kanalnetz von ungef.
385 km zwischen Limehouse und Birmingham in ihre Hand bekam. 100 tons-
Kähne sollten in Zukunft hauptsächlich Kohle nach London bringen [617;
113*]. 1937 entfielen auf diese tatsächlich 33% der 2,1 Mill. tons Ges.Güter-
verkehr des Grand Union Canal, 18% auf Baustoffe, 15 auf Kunstdünger,
11 auf Holz. Nicht viel geringer sind die Verfrachtungen der Lea Navigation
(1937: 1,8 Mill. tons, davon 46% Steinkohle, 17% Holz, 16% Mineralöl)
[721]. Selbst auf dem Surrey Canal werden über 0,4 Mill. tons Kohle und
Holz befördert.

Selbstverständlich ist London auch einer der großen Weltflughäfen geworden, abgesehen von den Verbindungen im Land selbst: nach Belfast
(3¼ St.), nach Glasgow (Renfrew 4¼ St.) — beide Linien führen über Manchester—Liverpool — und mit dem Festland. Hauptflugplätze für den Zivilverkehr sind London Airport, Northolt (sw. Harrow), Croydon, Heathrow
(24 km w.); Flugzeuge verkehren nach allen Himmelsrichtungen und Erdteilen. Flugplätze sind auch zu Feltham, Heston, Hatfield, Hornchurch, Gravesend, Lympne, Gatwick usw. Außerdem gab es schon vor dem zweiten Weltkrieg im Londoner Becken etliche Funkstellen für den Zwischenstaatenver-
kehr, für Kriegsmarine und Heer, besonders natürlich für Flugdienst und
Luftwaffe [723].

Die 12—15 Mill. E. auf engem Raum können nicht aus dessen kleiner
Nährfl. versorgt werden, sondern sind auf die Einfuhr von Waren aus Übersee
angewiesen, u. zw. zu einem erheblichen Teil aus dem nichtbritischen Ausland. So ist das Leben Londons ohne die Themse und den Hafen nicht denkbar. Aus dem Lande selbst führen heute außer den Eisenbahnen Tausende
von Kraftwagen Lebensmittel herbei. Der Anteil von Bahn, Kraftwagen und
Schiffahrt ist schwer zu beziffern. Auffallend ist, daß die Bahnen bei der
Fischzufuhr weitaus das Übergewicht über den Wasserweg haben (vgl. S. 151).
Auch Milch wird zum guten Teil von ihnen befördert, u. zw. aus einem
weiten Umkreis, der nicht bloß die Home Counties und SE-England umfaßt,
sondern im W bis nach SE-Somerset, Wiltshire und E-Dorset hinüberreicht,
im N sogar bis nach Wightownshire und Galloway in Schottland [113*].
Desgleichen erfolgt die Versorgung mit Gemüse und Kartoffeln reichlich aus
England selbst, wobei außer dem Londoner Becken besonders Ostanglien,
Bedford- und Cambridgeshire (Isle of Ely), Lincolnshire, auch York- und
Lancashire beteiligt sind. Frühgemüse kommen aus SW-England, von der
Küste von Sussex und besonders von den Kanalinseln. Ebenso kommt viel

Obst aus England selbst, vornehmlich aus Kent und aus den Glashäusern des Leatals, außerdem seit der Einführung des Kraftwagenverkehrs aus Cambridge- und Hampshire (Erdbeeren). Auch das Schlachtvieh wird aus Großbritannien selbst bezogen, nur der Freistaat Irland liefert etwa 2—3%. Dagegen werden Gefrier- und Kühlfleisch, Getreide, Mehl, große Mengen von Eiern, Butter, Käse und selbstverständlich die verschiedenen Kolonialwaren über den Hafen von London eingeführt.

Der Lebensmittelverbrauch Groß-Londons kann durch einige Angaben über die Verkäufe auf seinen Märkten beleuchtet werden [510, 516, 816]. Sein Hauptmarkt für Fleisch, London Central Meat Market, ist Smithfield, um 1150 von einem Mönche gegründet, seit Eduard III. im Besitz der City of London. Erst seit 1855 wird das Lebendvieh auf dem Metropolitan Cattle Market in Islington (Copenhagen Fields) verkauft und zumeist in den dortigen Schlachthäusern geschlachtet (1932: 47 336 Rinder, 116 351 Schafe, 30 143 Kälber, 90 328 Schweine, 2712 Pferde, zusammen über 280 000 Tiere, entsprechend 70% der Gesamtzahl; an die 68 000 wurden von den Fleischern selbst geschlachtet). Der größte Teil des Fleisches geht nach Smithfield. Hier wurden 1932 einschließlich des Gefrierfleisches aus Argentinien, Australien, Neuseeland 467 250, 1938: 461 957 tons Fleisch verkauft, im Wochendurchschn. 9000 tons, an manchen Montagen allein, den Hauptmarkttagen — der Verkauf findet überhaupt nur an 3 Tagen statt — 5000. Über 7000 Personen sind dort beschäftigt. Zusammen mit dem Poultry and Provision Market (1870) und dem General Market (1885—1892 angelegt) für Geflügel, Eier, Wild, Butter, Käse, Obst, Gemüse bildet der Central Meat Market die London General Markets. Während des Krieges sank die Anlieferung auf 34 436 tons (1943), jetzt wächst sie rasch wieder an (1947: 300 141 tons „meat, poultry, and provisions").

Billingsgate ist Londons altberühmter Fischmarkt. Schon 976 wird der Holzkai von Blynesgate genannt, aus der Zeit Eduards I. gibt es eine Preisliste für die besten Fischsorten. Doch war ehemals Queenhithe (vgl. S. 129 f.) ein Nebenbuhler. Früher wurden hauptsächlich Themseästuarfische geliefert: Rochen, Schollen, Stinte, Flundern, Lachse, Aale, Kliesschen; 400 Fischer wohnten zwischen London und Deptford. Aber infolge der Verunreinigung der Themse durch die Abwässer der Fabriken, Gaswerke, Sammelkanäle werden heute die Fische zum geringsten Teil aus dem Ästuar und der s. Nordsee unmittelbar geholt (8—10%). Vor dem Kriege wurden jährlich 150 000 bis 200 000 tons nach Billingsgate gebracht, nur scheinbar viel weniger als noch 1930 (258 000 tons), denn jetzt werden große Mengen in Form von Fischfilets und große Fische ohne Kopf herangeführt (kleinste Verkaufsmenge 1941: 81 380 tons; 1947: 195 567 tons!). 1932 entfielen von 175 000 tons Zufuhr 160 000 auf die Eisenbahn (also fast 90%, in der Vorkriegszeit erst 60—70%). Die L.N.E.R., welcher die wichtigsten Fischereihäfen der E-Küste Großbritanniens gehörten (früher Great Northern R., jetzt Br.R.; vgl. S. 31 Anm.), bezifferte ihren Anteil auf etwa ²/₃ der Gesamtanlieferung. Ungef. die Hälfte entstammt den Häfen von England und Wales, über ¹/₄ den schottischen. Auf Billingsgate selbst gelangt allerdings nur ein Teil der Ware; vielfach wird diese dort bloß in Proben geboten und im übrigen gleich in die weiter draußen wartenden Wagen der Händler übernommen.

Der wichtigste Markt nicht bloß Londons, sondern Großbritanniens überhaupt für Gemüse, Obst und Blumen ist Covent Garden Market (1670 gegründet) [624]. Hier wurden in den Dreißigerjahren über 750 000 tons Waren verkauft, außerdem noch etwa 250 000 in den benachbarten Privatgebäuden. 120 000 tons stammten aus dem Ausland, namentlich Obst, das während des ganzen J. aus den verschiedenen Teilen des Weltreichs und aus den Vereinigten Staaten geliefert werden kann. Covent Garden liefert auch in viele andere Städte Obst, selbst nach Inverness und nach Dublin. Spitalfields in Whitechapel, benannt nach einem ehemals außerhalb Bishopsgate gelegenen Hospital, 1682 gegründet, 1920 in seiner heutigen Ausgestaltung eröffnet und seit 1929 mit der London Fruit Exchange ausgestattet, ist besonders für East End wichtig. Hier werden im J. ungef. 70 000 tons Waren verkauft, davon mindestens die Hälfte Kartoffeln. Für London s. der Themse ist Borough Market in Southwark, der älteste Gemüse- und Obstmarkt des Londoner Gebiets (schon 1276 erwähnt), der führende Markt für Gemüse, Grünzeug, Kartoffeln, Rüben, Obst; Hauptlieferant ist hier Kent durch Vermittlung der London Bridge Station. King's Cross Potato Market ist der größte Kartoffelmarkt Großbritanniens, mit einem jährl. Verkauf von durchschn. über 100 000 tons (außerdem über 30 000 tons Gemüse, namentlich Sellerie, grüne Erbsen, Rhabarber usw.). Zu den Eisenbahnmärkten gehören ferner St. Pancras Potato Market und Stratford Market in West Ham, welcher das Gebiet ö. des Lea und zum Teil East London beliefert (100 000 tons Kartoffeln, Sellerie, grüne Erbsen), und Somers Town Market (rund 80 000 tons Kartoffeln, Gemüse usw.). Leadenhall Market handelt mit Geflügel, Eiern, Wild und Fischen.

Der Handel mit den Lebensmitteln, die über die Häfen eingeführt werden, hat seinen Mittelpunkt in den verschiedenen Börsen. Milliardengeschäfte wurden auf ihnen vor 1939 alljährlich erledigt. In Mincing Lane (vgl. S. 141) z. B. wurden 90% des ganzen Teehandels des Ver.Kgr. besorgt, mit einer J.Menge von nahezu ½ Milld. Pf. Tee, und 2½—3 Mill. tons Zucker verkauft. Diesbezüglich hat sich allerdings während des Krieges vieles geändert, seitdem das Ministry of Food unmittelbare Abschlüsse mit den Lieferländern macht und dadurch der Verdienst des Zwischenhandels verlorengegangen ist.

Außer diesen Großmärkten ist noch eine große Anzahl kleinerer vorhanden, besonders in dem inneren Ring um die City, von Fulham bis hinüber nach Bethnal Green, s. der Themse in Battersea, Lambeth, Southwark [518].

Ungeheuer ist der Wasserverbrauch Groß-Londons. 1929 wurden täglich 1,25 Milld. l Wasser durch das über 11 000 km lange Hauptröhrennetz des Metropolitan Water Board gepumpt, das 6,2 Mill. Menschen damit zu versorgen hat [526]. 58% wurden von der Themse geliefert, 25% vom Lea, einschließlich des New River (täglich 9—12 Mill. l von Chadwell), 17% aus Tiefbrunnen. Schon für 1914 bezifferte man das der Themse oberhalb Teddington entnommene Wasser auf 140 Milld. l, d. i. 7,5% des natürlichen Abflusses der Themse. Seitdem ist vor allem das Queen Mary Reservoir zu Littleton hinzugekommen (1925), angeblich das größte der Welt (3 km² mit 30 Milld. l Fassungsraum). 1946 betrug die Wasserleistung des Metr. Water B. 538 Milld., im T.Durchschn. also 1,47 Milld. l (davon 65% aus der Themse). Das Brunnen- und Quellwasser wird aus den Kreidekalken, dem Unteren Grünsand, in kleineren Mengen aus den Bagshotschichten und den Glazialschottern bezogen. Je Kopf der Bevölkerung betrug die durchschn. Tageslieferung 236 l. Die tiefen Brunnen, die man seit Ende des 18. Jh. selbst bis in die Kreidekalke hinab gegraben hatte, sind außer Betrieb gesetzt worden, zumal der Wasserspiegel 1844—1911 bis zu 30, ja 39 m gesunken war. Der tiefste, zu Stoneybridge Park, 678 m, erreichte sogar den Old Red, doch war das Wasser in größerer Tiefe ausgesprochen salzig und schon von 450 m an zeigten sich Spuren von Öl und Gas [II.23 f, 431]. Die Abwässermengen, jährl. fast ½ Bill. l, werden durch 600 km lange Hauptröhren geführt und zu Barking im N und zu Crossness im S in die Themse entleert. Die festen Bestandteile, die dabei ausgefällt werden („sludge"), etwa 2 Mill. tons im J., werden in besondere Tankdampfer gepumpt und im 90 km entfernten Black Deep, 19 km ö. der Küste von Essex, abgesetzt [II⁴³⁰, ⁴³³⁻⁴³⁷].

Londons Funktionen sind so mannigfaltig, daß man es nicht ohne weiteres als eine Hafenstadt schlechtweg bezeichnen kann. Aber es ist ohne seinen Riesenhafen ebensowenig denkbar wie dieser ohne die Hauptstadt seines Weltreichs [71 ff., 91, 91 a, 92, 113*, 85*, 87*]. Tatsächlich ist er nicht bloß eine besondere geographische Erscheinung und ein eigenes Verwaltungsgebiet, sondern auch ein ungeheurer, wertvoller Speicher, unerläßlich für die Lebensmittelversorgung von vielen Mill. Menschen, das Mittel und die Voraussetzung für Londons Stellung im Handel und in der Finanzwelt. Über ihn erhalten die Londoner Industrien ihre Rohstoffe, er besorgt die Ausfuhr ihrer Erzeugnisse. Dank seiner günstigen geographischen Lage, innerhalb weniger St. und ohne besondere Schwierigkeit der Schiffahrt von den großen Häfen des Festlandes erreichbar, eignet er sich vortrefflich zum Zwischenhandel zwischen weiten Teilen Europas und der übrigen Welt. So konnte London im 19. Jh. der größte internationale Zwischenmarkt werden, und wenn es auch mit dem ersten Weltkrieg in verschiedenen Zweigen die Führung verlor, war diese Funktion bis zum Ausbruch des neuen Krieges eine seiner wichtigsten geblieben. Das eigene Hinterland hat einen Halbmesser von rund 150 km. Diese Ausdehnung des Inlandverkehrs ist erst durch die Eisenbahn ermöglicht worden. Nur mit einigen der älteren Docks (London, St. Katherine's und Surrey Commercial Docks) haben die Br.R. keine eigene Verbindung. Wohl hatte London schon vorher Kolonialwaren und Rohstoffe mit Hilfe der Küstenschiffahrt und der Kähne auf der Themse, ihren Nebenflüssen und den neuerbauten Kanälen verteilt, Holz, Zucker, Wein, Reis, Tee, Wolle usw. weitergeführt, Steine, Ziegel, landwirtschaftliche Maschinen heranbringen lassen, aber der Verkehr war umständlich, langsam und kostspielig. Noch 1850 kostete die Verfrachtung von 1 ton Ware auf den Wasserstraßen nach Birmingham 7 Pf.St.

Im Stadtbild selbst machen sich die Anlagen allerdings verhältnismäßig wenig bemerkbar; denn sie liegen unterhalb London Bridge, die größten und modernsten 12—15 km, die untersten, die Tilbury Docks, sogar erst 40 km talabwärts. Selbst demjenigen, der von der See her auf dem „London River" [79] hinauffährt, kommt das Gewaltige dieser Schöpfung kaum genug zum Bewußtsein. Eher stärker ist im Vergleich dazu der Eindruck der alten Häfen am Uferdamm der Themse zu Füßen der Stadt, den gleichzeitige Gemälde und Stiche vermitteln.

Allein, diese alten Häfen hatten zu Beginn des 19. Jh. ihre Rolle ausgespielt [78, 715]. Die Größe und Zahl der sie besuchenden Schiffe war schon im 18. Jh. erstaunlich gewachsen (1705: 1355 fremdländische Schiffe mit 157 000 tons; 1794: 3663 mit 620 000 tons). Die damit verbundene Überfüllung und unerwünschte Begleiterscheinungen wie das Treiben von Hunderten von Hafenbanditen erforderten durchgreifende Maßnahmen [712]. Einst waren stolze Schiffe zu Deptford und zu Rotherhithe gebaut worden. Das 1700 eröffnete Howland Dock bei Rotherhithe am S-Ufer (später Greenland Dock genannt) — nebenbei bemerkt, zum Windschutz der Segler mit Bäumen umpflanzt, dafür ohne Speicher — und das 1789 errichtete, für die Ausbesserung und Ausrüstung der Schiffe verwendete Brunswick Dock erwiesen sich bald als unzulänglich. Nunmehr wurden im Hals der großen

nach S gerichteten Schlinge der Themse auf der Isle of Dogs 1802 das West
India Dock, 1806 das East India Dock eröffnet, 1805 die London Docks. Darauf begann man auch innerhalb der dazwischen gelegenen Windungen der
Themse auf deren r. Ufer mit dem Bau jener Anlagen, die im Laufe der Zeit
zu den Surrey Commercial Docks ausgestaltet wurden (1807—1876). Nach
einer Pause wurden, näher zur Stadt und noch oberhalb der London Docks,
die St. Katherine's Docks angelegt (1828). Aber die gleichen Schwierigkeiten wie früher machten sich in stärkerem Maße geltend, seitdem neben
die großen Segler seit 1815 die noch größeren Dampfer traten (1830 schon
57). In mehreren Phasen wurden daher neue Hafenanlagen vollendet, weiter
und weiter flußabwärts: 1855 das R. Victoria Dock, ö. vom East India Dock,
als erstes ausgestattet mit unmittelbarem Bahnanschluß; 1864 auf der Isle
of Dogs das Millwall Dock, dann 1881, an das Victoria Dock anschließend,
das R. Albert Dock; 1886 gegenüber Gravesend die Tilbury Docks; schließlich 1921 neben dem Albert Dock King George V. Dock. Dieses ist das geräumigste und modernste von allen (Fl. 0,26 km²; seine Tiefe kann bei
Trinity H.W.M. durch Füllpumpen auf 11,6 m gebracht werden), mit entsprechend großer Schleuse (244 m lang, 30,5 m breit, 13,7 m tief). Es wurde
bereits unter der Leitung einer neuen obersten Hafenbehörde geschaffen, der
Port of London Authority (1908 ins Leben gerufen) [76]. Auch sonst hat sich
diese ihrer schweren Aufgabe, den Hafen zu modernisieren, tatkräftig gewidmet: seine verschiedenen Teile speziellen Aufgaben anzupassen versucht, neue
Speicher, Kühlhäuser, Keller und Schuppen, Pumpen, Kräne, Landungsstege
errichtet, die Fahrtrinne der Themse vertieft und so dem Hafenverkehr einen
neuen Aufschwung verliehen. Im Einlauf der J. 1908—1912 hatten sich
Ladung und Ballast durchschn. um 13 Mill. N.R.T. gehalten, 1934—1936 waren
sie auf 19—20 Mill. angewachsen (1936: 20 136 Mill.); dazu kam aber noch
die Tonnage der Küstenschiffahrt (1936: 11 147 Mill.). Die Ges.N.Tonn. in
Ein- und Auslauf samt Küstenverkehr betrug 1938 61,88 Mill. N.R.T. Über
20 km² Fl., über 50 km Kailänge; über 12 000 Angestellte und Arbeiter, davon
über 5000 Dockarbeiter — das sind Zahlen, welche die Größe des Hafens gebührend beleuchten [712]. Bis der Verkehr das Vorkriegsausmaß wieder erreicht, wird es voraussichtlich noch eine Weile dauern. Für 1946 wurden
19,1 Mill. tons Einlauf, 19,13 Auslauf im Fern-, 15,28 Mill. Küstenverkehr
angegeben, für 1947 eine Ges.N.Tonn. des Fernverkehrs von 39,839 Mill. tons,
als Ges.Zahl der Schiffe 37,370 [526, 715, 720, 722—725].

Die natürlichen Verhältnisse haben jene Entwicklung teils begünstigt,
teils gehemmt. Günstig war vor allem, daß unbesiedelter und ungenutzter
Raum genügend zur Verfügung stand und daß sich die weichen Böden verhältnismäßig gut ausheben ließen. Am schwierigsten war dagegen die Erzielung und Freihaltung einer ausreichend tiefen Fahrtrinne. Zwar sperrt
keine Barre das Themseästuar ab wie im Mersey, aber Sandbänke und Untiefen, fortwährend veränderlich in Lage und Gestalt, erfordern unausge-
setzte Aufmerksamkeit und Arbeit. Sechs schiffbare Rinnen, mit zahlreichen
beleuchteten und unbeleuchteten Bojen, mit Leuchtschiffen, Signalen und
mehreren Leuchttürmen bezeichnet, führen zwischen Orfordness und North
Foreland vom Meer zur Sandbank Nore [716—720 a]. Das Barrow Deep ist
jetzt der beste Eingang von NE — Gull Stream, der s. Eingang, zwischen
den Goodwin Sands und Ramsgate, ist heute nur mehr 400 m breit und 8,23 m
tief —, die Fahrtrinne bis zu den Tilbury Docks (40 km von der See) allgemein 9,14 m tief. Im Ästuar ist Baggern nicht erforderlich, ein unschätz-
barer Vorteil, im „London River" oberhalb Nore auf ein Mindestmaß herab-

gesetzt; doch ist hier der Yantlet Channel (1924 vollendet) auf 15 km Länge, 300 m Breite und im allgemeinen 9,14 m Tiefe ausgebaggert worden. Von Coldharbour Point (gegenüber Erith, 16 km oberhalb Tilbury Docks) bis R. Albert Dock ist die Fahrtrinne auf 10 km Länge 183 m breit und 8,23 m tief, bis West India Dock, 6,5 km, noch 6,1 m tief. Bis King George V. Dock können 32 000-tons-Schiffe mit 11—11,3 m Tiefgang gelangen, Schiffe bis zu 7000 tons den Upper Pool, d. i. den Raum unterhalb London Bridge, erreichen, solche von mehr als 4000 tons in die London Docks einlaufen.

Infolge des starken Gezeitenhubes liegen die Verhältnisse bei H.W. wesentlich besser [111*, 710, 715, 719]. Die Tidenwelle macht sich zwar tatsächlich bis zur Schleuse von Teddington bemerkbar, 32 km oberhalb London Bridge — dort beginnt denn auch amtlich der Port of London —, aber ihr eigentlicher Bereich liegt unterhalb der Brücke. Hier fängt der „London River" an. Flußaufwärts wächst die Höhe des Hubs. Eine mittlere Hublinie von 3,65 m läuft von North Foreland gegen NW, an der Küste von Essex etwas der Küste von Kent voraus. Der mittl. Tidenhub ist mit 6,23 m (bei Springtide) unmittelbar unterhalb London Bridge am größten. Die mittl. H.S.Tide ist hier um 82,5 cm höher, bei mittl. N.S.T. um 22,9 cm niedriger als bei Southend. Die größte Oberflächengeschwindigkeit des Gezeitenstroms beträgt im M. ungef. 4 Knoten bei halber Ebbe und ungef. 3,5 Knoten bei Flut. Aber diese Durchschnittswerte unterliegen starken Schwankungen je nach Wind, Wetter und der Wasserführung der Themse; und obwohl von gut ausgeprägtem Halbtagsrhythmus, können sich die Gezeiten etwas verfrühen oder verspäten. Die Beseitigung der alten London Bridge, die Eindeichung, die Baggerarbeiten haben bestimmte Wirkungen ausgeübt. So hat die Baggerung den mittl. Flutstand oberhalb der Brücke etwas erhöht. Wenige Meilen oberhalb Teddington gehören alle Höchststände bereits dem Flußwasser an. Außergewöhnliche Fluthöhen haben mehrmals alle Berechnungen und Vorkehrungen zuschanden gemacht. Das letzte verhängnisvolle Ereignis dieser Art ist die große Flut vom 6. und 7. Jan. 1928 gewesen. Mit 4,57 m über O.D. zu Southend übertraf sie die höchste vorher verzeichnete (18. Jan. 1881) um 28 cm; oberhalb London Bridge erreichte sie 5,56 m über O.D. Ein heftiger NW-Sturm in der Nordsee und Schneeschmelze im Themsegebiet verursachten zusammen die außergewöhnliche Erhöhung des Spr.H.W. Zum Glück scheinen die stärksten NW-Winde in der Nordsee sonst bei halber und nicht bei voller Tide aufzutreten [II 429]. Für die flachen Inseln des Ästuars können derartige Ereignisse verhängnisvoll werden. So wurde Canvey I. am 29. Nov. 1897 zur Hälfte überschwemmt [312*].

Die einzelnen Hafenteile haben jeder seine besonderen Aufgaben zu erfüllen; doch wirkt sich dies vielleicht weniger in ihrem Bild aus als das Alter der Anlagen durch Größe, Bauform und Ausrüstung [712, 713, 720] (Abb. 33). Für 1938 galt folgendes: Zwar alt, aber geräumig sind die Speicher der London und St. Katherine's Docks, wo außer Wein (bis zu 14 Mill. hl) und Wolle (zusammen mit den Speichern der Surrey Docks fast 200 000 tons) vor allem wertvolle Waren aufbewahrt werden, in verschiedenen Stockwerken untergebracht, hier Hunderte von Elefantenzähnen aus Afrika, dort Hunderte Ballen Kaffee, dazu Kakao, Gewürze, Drogen, Kampfer, Gummi und Kautschuk, Blütenextrakte, getrocknete Früchte. Für Kautschuk allein steht z. B. ein 76 m langer Speicher zur Verfügung. In den West India, East India und Millwall Docks werden Getreide, Zucker, Hartholz (Teak, Mahagoni), in den West India Docks bis zu 100 000 tons Zucker aufbewahrt, in den Surrey Commercial Docks mit ihren langen Zeilen von Speichern Gefrierwaren, Käse, Speck, hauptsächlich aber Weichholz (Aufspeicherung von über 500 000 tons). Die R. Docks sind besonders ausgerüstet für die Aufbewahrung von Gefrierfleisch; am Victoria Dock stehen außerdem ein mächtiger Getreidesilo und daneben große Getreidemühlen, am King George V. Dock sechs zweistöckige Speicher (für Fleisch und Tabak). Über große Speicher verfügen die Tilbury Docks (drei von ihnen 183 × 36,5 m), die hauptsächlich dem Verkehr mit dem Orient dienen. 1926 wurden hier eine neue Einfahrt, die auch die größten Schiffe zuläßt (30,5 m lang, 33,5 m breit, 13,9 m tief), und etwas weiter ö. ein schwimmender Landungssteg gebaut für die Personendampfer zum Kontinent; doch wurde seitdem dieser Verkehr wegen der Themsenebel und der damit verbundenen Verspätungen wieder eingestellt. Außerdem besitzt die Port Authority Magazine in der Stadt u. a. das Cutler Street Warehouse (für Tee, Vanille, orientalische Teppiche, Porzellan, Seide und Seidenwaren, Straußenfedern, Zigarren, Zigaretten) und das Commercial Road Warehouse (hauptsächlich für Tee).

Der Hafen von London empfing 1938 ungef. die Hälfte der ganzen E., ¼ der A. des Kgr. [98*, 99*; 113*]. Über 3 Mill. tons passierten die Kais. Die E. umfaßte 1938 u. a. folgende Güter (in T. tons): Weizen und Weizenmehl 1360, Gerste 190, Mais und Maisprodukte 375, Reis und Reismehl 155; Fleisch,

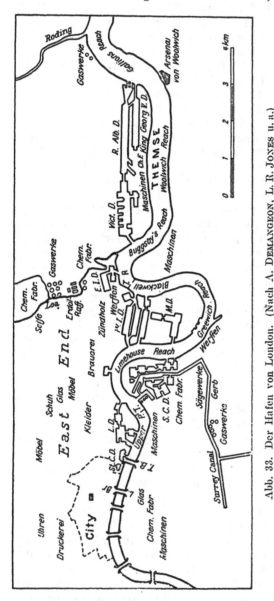

Abb. 33. Der Hafen von London. (Nach A. DEMANGEON, L. R. JONES u. a.)

Kühl- und Gefrierfleisch 686 (etwa 10 000 Schaf- und Lämmerkörper, über 4½ Mill. Ochsenviertel; 70% der ganzen Fleischeinfuhr Großbritanniens gehen über London), Speck, Schinken und Schweinefleisch 155, Kaninchen 10, Butter 230, Käse 95, Kondensmilch 39; Tee 217, Kaffee 18, Rohkakao 30, Kakaobutter 23; Zucker (gereinigt und ungereinigt) 1185, Melasse 128, Tabak 34; frische Äpfel 140, Birnen 33, Trauben 17, Grape fruit 34,

Orangen 199, andere Sauerfrüchte 24, Nüsse und Mandeln 10, Tomaten 44, Gewürze über 15 (Pfeffer 9,4); Kartoffeln 35, frische Zwiebeln 79; Schafwolle 156 (1,8 Mill. Ballen); Baumwolle 18, Kautschuk (Rohgummi) 107 (fast $^2/_3$ über London, etwa 56 000 tons über Liverpool; stark schwankend in den einzelnen Jahren). Weiter wurden eingeführt: 1,6 Milld. Eier, 7,7 Mill. (1926 1,2 Mill.!) Bananenbündel, 90 000 hl Bier (1926 800 000!), ungef. 470 000 hl Wein; aber auch Kleider, Schuhe, Stiefel, Lederwaren, Handschuhe (über 10 Mill. Paar, davon rund $^1/_5$ Lederhandschuhe), Hüte (über 6 Mill.), Strümpfe (30 Mill. Paar), ferner Chemikalien, Maschinen, Krafträder und -wagen, elektrische Apparate, wissenschaftliche Instrumente, Papier, Bücher, Gemälde, Teppiche usw., jede einzelne Post mit Millionenwerten. Über den Hafen von London kamen endlich 40 Mill. hl gereinigtes Öl, davon 22,5 Mill. Motoröl, 7,9 Mill. für Feuerung, 3,4 Kerosen, 2,7 Schmieröl, 3,5 Gasöl; außerdem Eisen (205 000 tons), andere Metalle, Holz, Zellulose, Asbest, Asphalt usw. Ein nicht unerheblicher Teil dieser Waren wurde aber in das Ausland verhandelt, vor allem Tee, Kautschuk, Wolle, Gewürze, auch Kaffee, Kakao, Tabak, Seide, Obst usw. Den Reishandel hatte London z. T. an Hamburg abgeben müssen. In der Ausfuhr standen obenan Erzeugnisse der Eisenindustrie, Kleiderstoffe, Schuhe, Wirkwaren, Lederwaren (z. T. auch Wiederausfuhr).

Alles in allem erfüllen die heutigen Hafenanlagen von London ihre Aufgabe, mögen auch einzelne Teile veraltet sein. Daß das Löschen eines modernen Frachtdampfers von mittlerer Größe bis zu 30% teurer kommt als in manchen anderen Großhäfen, ist kein Zeichen der Rückständigkeit [85*], sondern erklärt sich aus den besonderen Verhältnissen des Betriebes. U. a. ist der Leichterdienst „einer der auffallendsten und eigenartigsten Züge" des Londoner Hafenverkehrs [111*]. 80—90% aller Waren benützen Leichter, 20—100 tons groß (insgesamt über 8000); etwa 600 fahren durchschn. im Tag in die Docks ein. Auch in Zukunft wird der Hafen von London weitaus die Führung vor den anderen Großbritanniens behaupten, sowohl im Tonnengehalt wie im Ges.W. der E. und A. [724, 921]. 1934—1936 betrug dieser über ein Drittel des Ges.W. von E. und A. des Ver.Kgr. Liverpool blieb dahinter sehr zurück, freilich mit dem Unterschied, daß der E.W. Londons fast dreimal so groß war wie der A.W., der Liverpools dagegen nur wenig größer als sein A.W., welcher dem Londons ungef. gleichkam. Nur im W. der WA. stand London vor Liverpool sehr voran. Für 1938 beleuchten dies folgende Zahlen (in Mill. Pf.St.): E.W. London 381, Liverpool 163; A.W. 134, bzw. 132; WA.W. 37, bzw. 7; Ges.W., E. und A. 552, bzw. 302.

Es versteht sich von selbst, daß die Küste an verschiedenen Stellen zum Schutze des Hafens und der Stadt befestigt und auch sonst schon in Friedenszeit allerlei militärische Maßnahmen zu deren Sicherung getroffen wurden [718]. Mit ihnen und den Vorkehrungen während des Krieges brauchen wir uns nicht zu beschäftigen.

Literatur[1]

11. Cambr. Co. Geographies:
  a) BOSWORTH, G. F., East L. 1911.
  b) Ders., West L. 1912.
12. The Victoria Co. Hist., L. 1909. Vgl. außerdem II. 113.
13. DAVIES, A. M., The g. of Greater L. GT. 1, 1902, 67—76.

[1] In diesem Abschnitt bezeichnet L. in den Titeln London.

14. Johnson, E. R., An American study of L.: an essay in human g. GT. 4, 1907/1908, 79—88.
15. Gomme, L., The story of L. maps. GJ. 31, 1908, 489—509, 616—640.
16. Ormsby, H., L. on the Thames: a study of the natural conditions that influenced the bulk and growth of a great city. 1924.
17. Cunningham, G. H., L.: being a comprehensive sv. of the hist., tradition and hist. associations of buildings and monuments, arranged under streets in alphab. order. 1927.
18. Thornhill, J. F. P., Greater L.: a social g. 1935.
19. Rasmussen, S. E., L.: the unique city. 1937.
110. L. Topogr. Records. AnnRepLondTopS. Vgl. z. B. [631].
111. R. Comm. on Hist. Monuments of E., An inventory of the hist. monuments in L. 7 Bände.
112. Sv. of L. (Lo. Co. Council), eine Reihe von Bänden (Gen. Ed. derzeit Sir Howard Roberts and W. H. Godfrey), zuletzt vol. 21. Tottenham Court Road and neighbourhood (The Parish of St. Pancras. pt. III). 1949 [Enthält u. a. die Bauentwicklung des Stadtteils]; 22. Bankside. 1950.
113. Wicky, E., L. vor dem Krieg. Schweizer G. 21. 1944. 97—104, 113—125.

21. Gomme, L., The making of L. 1912.
22. Gomme, L., The g. of early L. GT. 5. 1910. 321—334.
22 a. Haverfield, F., Roman L. JRS. 1, 1911, 141—172.
23. Norman and Reader, Further discoveries to Roman L. Arch. 63, 1912, 257—344.
24. Smith, R. A., A new view of Roman L. JSArts. 59, 1911, 114—126.
25. Smith, R. A., Roman roads and the distribution of Saxon churches in L. Arch. 68, 1917, 229—262.
26. Jones, S. R., The site of Westminster. RepBrAssBournemouth. 1919, 229—230.
27. Page, W., The early development of L. 19th CentAfter. 87, 1920, 1042—1056.
28. Bromehead, C. E. N., The influences of its g. on the growth of L. GJ. 60, 1922, 125 bis 135.
29. Ormsby, H., L. and Westminster contrasted. GT. 11, 1922, 251—259.
210. Page. W., L.: its origin and early development. 1923.
211. Lethaby, W., Londinium. 1923. (Vgl. dazu aber 111, III. Roman L. 1928).
212. Thompson D'Arcy, W., The origin of L. ScGMg. 40, 1924, 92—99.
213. Gordon, E. O., Prehist. L.: its mounds and circle. 1925.
214. Home, G., Roman L. 1926.
215. Parsons, F. G., The earlier inhabitants of L. 1927.
216. Wheeler, R. E. M., L. in Roman times. 1930.
217. Dunning, G. C., Two fires of Roman L. AntJ. 25, 1945, 48—77.
218. Home, G., Roman L. A.D. 43—457. 1948.

30. Schulz, F., Die Hanse und England von Eduard III. bis Heinrich's VIII. Zeit. Abh. Verkehrs- u. Seegeschichte (Hanseat. Gesch. Verein). Berlin 1911.
31. Unwin, G., Guilds and compagnies of L. 1918.
32. Kingsford, C. L., Hist. notes on mediaeval L. houses. LTopRec. 12, 1920, 1—66.
33. Home, G., and Ford, E., Mediaeval L. 1927.
34. Home, G., Old L. Bridge. 1931.
35. Knoll, K., L. im Mittelalter. (Wiener BeitrEPhil. 56). Wien 1932.
35 a. Weinbaum, M., L. unter Eduard I. und Eduard II. Stuttgart 1933.
36. Wheeler, R. E. M., The topogr. of Saxon L. Ant. 8, 1934, 290—302. (Vgl. dazu Myres, J. N. L., Some thoughts on the topogr. of Saxon L. Ebd., 437 ff.).
37. Wheeler, R. E. M., L. and the Grim's Ditches. AntJ. 14, 1934, 254—263.
38. Stenton, F. M., and others, Norman L. 1934.

41. Stewart, C. E., A visit to L. in the year 1651. 19th CentAfter. 72, 1912, 763—782.
42. George, M. D., Increase of population in the 18th cent., as illustrated by L. EconJ. 32, 1922, 325 ff.
43. Bell, W. G., The rebuilding of L. after the Great Fire of 1666. JInstBrArchit. 25, 1918, 145—158.
44. Bell, W. G., The Great Fire of L. 1920.
45. Bell, W. G., The Great Plague in L. in 1665. 1924.
45 a. Weinbaum, M., Stahlhof und Deutsche Gildhalle in L. HansGeschbl. 53. Jg. 1928, 33. Lübeck 1929, 45—65.
46. Taylor, E. G. R., Late Tudor and Early Stuart Geography. 1933.
47. Brett-James, N. G., The growth of Stuart L. (LMiddlesexArchS.) 1935.
48. Taylor, E. G. R., England's blame, if not her shame. RepBrAssNorwich (1935). 1936.
49. L. in 1710, from the travels of Zach. Conrad v. Uffenbach. Transl. and edited by H. W. H. Quarrell and M. Mere. 1934.

410. Jones, P. E.. and Judges, A. V., L. population in the late 17th cent. EconHistRev. 6, 1935, 45—63.

51. Fleming, D., The archit. development of L. JInstBrArchit. 10, 1903, 461—468.
52. Johnson, E. R., A study of L.: an essay in human g. BGSPhilad. 5, 1906, 15—29. Vgl. GT. 4, 1909, 79—88.
53. Godfrey, W., Hist. of archit. in L. 1911.
54. Richardson, A. E., L. houses, 1660—1820. 1911.
55. Macassey. L., L. traffic. JSArts. 72, 1924, 423—444.
55 a. Clunn, H., L. rebuilt, 1897—1927. 1927.
56. Webb, A., The future development of L. PrRInstGrBr. 24, 1925, 290—298.
57. Smith, D. H., The industries of Greater L. 1933.
58. Sommerfield, V., L. buses. 1930.
59. Fisher, F. J., The development of the L. Food Markets, 1540—1640. EconHistRev. 5. 1934/1935, 46—64.
510. Maughan, C.. The Markets of L. 1931.
511. Passingham, W. J., The romance of L.'s Underground. 1932.
512. Tamss, F., Fortschritte der Citybildung in L. PM. 78, 1932, 80/81.
513. Fawcett, C. B., Distribution of the urban population in Gr. Br. GJ. 79, 1932, 100—116.
514. Benskin, J., The bridges of L.: past, present and future. JRSArts. 81, 1933, 279—301.
515. Ashfield, Lord, L. passenger transport. PrRInstGrBr. 27, 1933, 785—823.
516. Passingham, W., L.'s Markets, their origin and hist. (o. Jahr, ungef. 1935).
517. Junge, R., Siedlung, Wirtschaft und Verkehr in SE-E. in ihrer Verknüpfung. VeröffGSemUnivLeipz., Heft 11. Dresden 1935.
518. Benedetta, M., The Street Markets of L. 1936.
519. Jones, J. A., L.'s Eight Millions. 1937.
520. The New Sv. of L. life and labour. 1930—1937.
521. Stevens, F. L., Under L. GMg. 12, 1940/1941, 212—217.
522. Harris, C. D., Electric. generation in L., Engl. GRev. 31, 1941, 127—134.
523. Robertson, A. M., The engineering evol. of the L. Pass. Transport Board. JInstCivEng. 1943/44, 71—94.
524. Rees, H., A growth map for N-East L. during the railway age. GRev. 35, 1945, 455—465.
525. L. Stat. Abstract. Jährlich.
526. L. Statistics (L. County Council), zuletzt 1937—1946 (Dez. 1948).
527. The Corporation of L. 1950.

61. Wheatley, H. P., and Cunningham, G. H., L. past and present. 1891.
62. Sharpe, R., L. and the Kingdom. 1895.
63. Wheatley, H. B., The story of L. (Mediaeval Town Series). 1904.
64. Ditchfield, P. H., Memorials of Old L. 2 Bünde. 1908.
65. Ditchfield, P. H., The City of L. (The Story of the E. Towns.) 1908. .
66. Besant, Sir W., Survey of L. 1902—1908.
67. Alec-Tweedie, A., Hyde Park, its hist. and romance. 1908. N.A. (1930).
68. Hampstead Heath, its glory and natural hist. Prepared under the auspices of the HistSciS. 1916.
69. Harben, H. A., A dictionary of L. Being notes, topogr. and hist., relatively to the streets and principal buildings in the City of L. 1918.
610. Draper, W., Chiswick. 1923.
611. Spiers, H. A., Inner L.: some possibilities. SocRev. 16, 1924, 216—234.
612. George, M. D., L. life in the 18th cent. 1925.
613. Kingsford, C. L., The early hist. of Piccadilly, Leicester Square, Soho and their neighbourhood, based on a plan drawn in 1525 etc. Cbr. 1925.
614. Hatley, A. R., L. and its buildings. Obs. (Lond.) 1, 1925, 150—158; 2, 1926, 87—98; 3, 1927, 42—53.
615. Ormsby, H., Reg. sv. in a large city. G. 14, 1927, 40—45.
616. Pendrill, C., Wanderings in mediaeval L. 1928.
617. The City of L. Publ. by the Times. 1928. (Zuerst in Times No. 44733 und 44734 vom 8. und 9. Nov. 1927).
618. Eades, G. E., L. The romance of its development. 1928.
619. Hare, K., Our Cockney Ancestors. 1928.
620. Chancellor, E. B., L.'s Old Latin Quarter: being an account of Tottenham Court Road and its immediate surroundings. 1930.
621. Adcock, S. J., L. Memories. 1931.
622. Lewis, M., Papers relating to the Westminster Fish Market, 1750/5. MarMirror. 17, 1931.

623. COOKE, M. E., A g. study of a L. Borough, St. Pancras. 1932.
624. WALLIS, C. E., Hist. of Covent Garden. EconHist. 2, No. 7, 1931.
625. SHANNON, H. A., Migration and the growth of L., 1841—1891. A statist. note. EconHistRev. 5, 1933/1934, No. 2.
626. FAY, E. S., Why Piccadilly? The story of the names of L. 1935.
627. MORRELL, R. C., The story of Agar Town, the eccles. parish St. Thomas, Camden Town. 1935.
628. DAVIS, E. J., The University site, Bloomsbury. LTopRec. 17, 1936, 19—139.
629. RIBORA, M., L. e il suo piano regolatore. Le Vie del Mondo. Milano. 6, 1938, 893—904.
630. THOMAS, A. H., Re-building of L. after the Great Fire. Hist. 1940.
631. HONEYBOORNE, M. B., The Fleet and its neighbourhood in early and medieval times. LTopRec. 19, 1947, 13—89.
632. SUMMERSON, J., Georgian L. 1947.

71. EGERTON, E., The Port of L. 19th Cent. 52, 1902, 94—111.
72. GINSBURY, B. W., The Port of L. JSArts. 51, 1903, 264—281.
73. The Port of L. QRev. 197, 1903, 252—269.
74. RICHARDSON, R., The Port of L. ScGMg. 20. 1904. 196—202.
75. BARBER, T. W., and others, The Port of L. and the Thames Barrage. 1907.
76. Rep. Comm. on the Port of L. Bill. 1908.
77. WIEDENFELD, K., L. im Weltverkehr und Welthandel. GZ. 21, 1915, 344—354.
78. BROODBANK, J. G., Hist. of the Port of L. 2 vol. 1921.
79. TENNYSON, J. F., L. River. Blackwood's Mag. 212, 1922, 799—811.
710. SHANKLAND, E. C., The tidal and hydrogr. functions of the Port of L. Marine Obs. 3, 1926, 95—100.
711. Rep. of the R. Comm. on cross-river traffic in L.: dated 30 Nov. 1926. 1926.
712. OWEN, D. J., The Port of L.: yesterday and to-day. 1927.
713. ESTILL, J. H., The Port of L. JSArts. 77, 1929, 185—207.
714. COULET, F., Le trafic du Port de L. RevÉconFranç. 52, 1930, 273—288.
715. JONES, LL. R., The g. of L. River. 1921.
716. EVANS, H. M., The Kentish Flats and Southern Channels. MarMirror. 16, 1930. 319—342.
716a. EVANS, H. M., Sands, gats and swatchways between Harwich and the Nore. Ebd., 1930.
717. EVANS, H. M., The Long Sands and Southern Channels. Ebd., 18, 1932, 45—63.
718. WILLIAMS, D. F., Some problems of the strategic g. of L. and the Thames Estuary. ScGMg. 48, 1932, 174—179.
719. SHANKLAND, E. C., The hydrogr. and cartogr. of a great sea-port. HydrRev. 9, 1932, 107—120.
720. BELL, A., Port of L., 1909—1934. 1934.
720a. SHANKLAND, E. C., A contrib. on the hydrogr. research and develop. of the Yanklet dredged channel in the Thames estuary. HydrRev. 17, 1940, 23—47.
721. Zur Binnenschiffahrt in Gr. Brit. vgl. Wochber. des Deutschen Inst. f. Wirtschaftsforschung 1942, Heft 14/15.
722. HALL, W. B., The origin and hist. of Trinity High Water. JInstCivEng. 1943, 30—32.
723. KING, E., L., sea-air port. The Trident 6, 1944, 165—167.
724. SHERRINGTON, C. E. R., The Port of L. Br. to-day. 114, 1945, 9—14.
725. ROBINSON, A., The Thames estuary. Cosmos (L.), No. 2, 1947, 3—9.

81. PEARSON, S. V., L.'s overgrowth. 1939.
82. BRESSEY, Sir CHARLES, Bigger L. or better L.? PrRInstGrBr. 30, 1939, 558—580.
83. Greater L. highway devel. sv. Discuss. opened by Sir Charles Bressey. GJ. 94, 1939, 353—367.
84. ANSELL, W. H., The re-planning of L. PrRInstGrBr. 31, 1941, 506—530.
85. L. replanned. The RAcadPlannCommInterimRep. 1942.
86. ABERCROMBIE, P., Some aspects of the Co. of L. Plan. GJ. 102, 1943, 227—240.
87. City of L. Plan. Prep. for the L. Co. Council by J. H. Foreshaw and P. Abercrombie. 1943.
88. WHEELER, R. E. M., The rebuilding of L. Ant. 18, 1944, 151/152.
89. BUNGE, J. H. O., Tideless Thames in future L. 1944.
810. BUNGE, J. H. O., The Thames barrage scheme and its importance in the L. reconstr. plan. JRSArts. 93, 1945, 314—323.
811. STAMP, L. D., Re-planning L. Review. GRev. 35, 1945, 665—667.

812. ABERCROMBIE, P., Greater L. Plan 1944. A Rep., prep. on behalf of the Standing Confer. on L. Reg. Planning. 1945. (Vgl. MAYER, R., Die Londoner Stadtplanung. MGGesWien. **91**, 1949, 48—52).
813. GENDRE, F., Urbanisme Londonien, d'après le « Co. of L. Plan ». RevGMaroc. **29**, 1945, 9—17.
814. Reconstruction in the City of L. Rep. ... by the Joint Consultants, H. C. Holden and W. G. Holford. 1946.
815. City of Westminster Plan. Prep. by J. Rawlinson and W. R. Davidge for the Western City Council. 1946.
816. PURDOM, C. B., How should we rebuild L.? 1945. Rev. 1946.
817. WOOLDRIDGE, S. W., Some g. aspects of the Gr. L. Reg. Plan. TrPrInstBrG. No. 11, 1946, 1—20.
818. LOWE, D. N., L. traffic and the L. Plan. N. **158**, 1946, 435—437.
819. MACMILLAN, R. H., L. transport system. No. **161**, 1948, 942.

91. GOMME, L., L. as the Capital of the Empire. ContempRev. **96**, 692—698.
91 a. BLINK, H., L. als wereldstad, als emporium en als havenstad in den loop der eeuwen. TEconG. **7**, 1916, 511—526.
92. CORNISH, V., L. as an imperial city. UnEmp. **12**, 1921, 429 ff. ScGMg. **37**, 1921, 164—170.
93. DARK, S., L. 1924.
94. COLLINS, J. R., The spirit of L. FortnightlyRev. **244**, 1925, 295 ff.
94 a. MAXWELL, G. S., The fringe of L. 1925.
95. GORDON, G. B., Rambles in Old L. 1926.
96. LUCAS, E. V., L. 1926.
97. COREY, H., L. from a bus top. NatGMg. **49**, 1926, 551—596.
98. HARPER, C. G., A Londoner's own L. 1927.
99. EBERLEIN, H. D., Some forgotten corners of L. NatGMg. **61**, 1932, 163—198.
910. L. and the advancement of science. BrAssCentMeet. 1931.
911. SIMPICH, F., As L. tolls and spins. NatGMag. **71**, 1937, 1—58.
912. COLE, G. D. H., L.—one fifth of the nation. FortnightlyRev. 1937, 57—66.
913. TILBY, A. W., The genius of L. UnEmp. **29**, 1938, 294—301.
914. BURKE, T., The streets of L. through the centuries. 1940. 4. Abdruck 1949.
915. HARBOG, Lady MABEL, Plant ecol. of bombed sites. N. **150**, 1942, 320.
916. FITTER., R. S. R., L.'s natural hist. (The New Nlist). 1945.
917. GAMMANS, L. D., Yanks at Westminster. NatGMg. **90**, 1946, 223—252.
918. PITT, E. Q., The Temple, L. CanadGJ. **33**, 1946, 275—283.
919. KENT, W., L. for everyman. 1947.
920. KENT, W., The lost treasures of L. With an introd. by N. Brett-James. 1947.
921. HERBERT, J., The Port of L. (Br. in Pictures). 1948.
922. Flower of Cities. A book of L. Studies and sketches by 22 authors. 1949.

Vgl. außerdem eine Reihe von Art. in GMg. (hpts. Bilder); u. a. MORTON, H. V., Trafalgar Squ. (1, 1937, 50—64); MORRISON, H., Plans for L. (3, 1938, 73—86); STORNIER, G. W., The poetry of L. (12, 1941, 371—380); CARTER, E., St. Paul's Cathedral (15, 1942, 388—390); RICHARDS, J. M., L. plans (16, 1943, 1—13); SANSON, W., L. village (16, 1943, 312—318); SANSON, W., Palaces of steam [Bahnhöfe] (17, 1944, 342—349); LOWSLEY, J. E., Wild flowers in the City of L. (18, 1946, 413—422).

IV. Mittelsüdengland (Wessex), die Insel Wight und die Kanalinseln

Mittelsüdengland (Wessex)

Zwischen SE-England mit seinem von den Downs umringten Weald im E einerseits, die älteren Uplands der SW-Halbinsel und das Severnästuar im W andererseits schaltet sich Mittelsüdengland ein. Es reicht von der Ärmelkanalküste ungef. 80—100 km binnenwärts, ist aber gegen seine Umgebung nur mit einer gewissen Willkür abgrenzbar. Denn von allen Seiten her entsenden die Nachbarlandschaften Ausläufer und Auslieger, verschiedene natürliche Einheiten verwachsen oder verzahnen sich in ihm miteinander und ihnen entsprechend auch die kulturgeographischen Züge. So fällt es weder mit einer natürlichen Landschaft zusammen noch deckt es sich mit einem bestimmten, in sich einheitlichen Wirtschafts- oder Verwaltungsgebiet. Nur im großen ganzen kann man es als den SW-Flügel der englischen Stufenlandschaft auffassen, nur annähernd mit dem Raum des ehemaligen Kgr. Wessex gleichsetzen, nur annähernd mit der Fl. der vier Gr. Hampshire, Wiltshire, Somerset und Dorset, umfaßt es doch auch einen Teil der ehemals fast ganz zu Wessex gehörigen Gr. Berkshire; und doch könnte man es nicht ohne weiteres auf die Nachbarlandschaften aufteilen. Ihnen gegenüber hebt es sich vor allem durch seine Mittellage heraus, durch diese erhält es trotz aller Verknüpfungen eine selbständige Stellung in seiner Rolle als Verbindungs- und als Übergangsgebiet. Sie kommt geologisch und morphologisch ebenso zur Geltung wie in Klima und Pflanzenwelt, sie ist auch geschichtlich wirksam gewesen und tritt kulturgeographisch immer wieder in Erscheinung [11, 12, 13].

In vor- und frühgeschichtlicher Zeit hat Wessex eine viel größere Rolle gespielt, es war gewissermaßen das Kulturzentrum Altbritanniens, Salisbury Plain dessen Kern. Von diesem aus boten die offeneren Höhenzüge Verkehrswege, größtenteils „ridge-ways", nach allen Richtungen: die Kreidekalke von Dorset nach S zum Meere, die Blackdown Hills und die Devon Moorlands nach SW, jenseits eines schmalen Tontieflands die Mendip Hills zum Bristolkanal, im N die Cotswolds und deren Fortsetzung, im NE die White Horse Hills von Berkshire, auf die jenseits des Themsedurchbruchs von Goring die Chiltern Hills folgen. Im E geht Salisbury Plain über in die Hampshire Downs und weiter in die N- und S-Downs. So war sie der Mittelpunkt des Wegenetzes von S-Britannien; daher ihr Reichtum an bedeutenden archäologischen Denkmälern (vgl. S. 165, 174, 176, 178).

Etwas erleichtert wird der Überblick über das mittlere Südengland dadurch, daß man in ihm geomorphisch vier Hauptteile gut unterscheiden kann. Den N und NE nimmt eine ausgedehnte, verhältnismäßig hoch gelegene, hügelig-wellige Kreidekalkplatte ein, in der sich die Downs SE-Englands miteinander und mit der Fortsetzung der Chiltern Hills vereinigen und die einen sich verschmälernden Ausläufer gegen SW entsendet. Dieser biegt wieder gegen E zurück und setzt sich, durch das Meer unterbrochen, auf der I. Wight fort. An jener Kalkplatte haben Hampshire im NE, Wiltshire im NW den größten Anteil; nur der äußerste N gehört zu Berkshire, der sw. Ausläufer mit seiner Umgebung fast ganz zu Dorset. In das von dem Kreidekalkrahmen umschlossene, geräumige „Becken von Hampshire" (Hampshire Basin) aber dringt in der Fortsetzung der Küstenniederung von W-Sussex eine aus eozänen Stoffen aufgebaute Riedel- und Hügellandschaft ein. Sie beginnt schmal im E, verbreitert sich in der Mitte beträchtlich und läuft im W spitz in die Umbiegung der Kreidekalke aus; bloß der n. Teil der I. Wight, der ihr gleichfalls angehört, weist auch ausgedehnte oligozäne Ablagerungen auf. Wie im S, so buchten sich im N von der Themseniederung aus eozäne Aufschüttungen dem Kennettal entlang in die Kreidekalke ein, so daß man hier, wie schon erwähnt (vgl. S. 65), vor der Wahl steht, ob man das Kennettal noch zum Londoner Becken oder zu Mittelsüdengland stellen soll. Westwärts von den Kreidekalken heben sich gegen die paläozoischen Uplands hin immer ältere Gesteine heraus, Grünsand und Gault, Tone und Kalke des Jura, Lias in verschiedener Ausbildung, Triasmergel und -sandsteine, Perm und schließlich selbst Karbon und Devon. Hier entfaltet sich eine Stufenlandschaft, z. T. in einfachen Zügen, z. T. reichlich von Brüchen durchsetzt und im einzelnen sehr unregelmäßig. Wiederum unterscheidet sich dabei der S auffällig vom N: den dicht gedrängten höheren Stufen von Dorset und E-Devon steht die „Plain" von Somerset mit breiten Tälern und Niederungen gegenüber, zwischen die von allen Seiten aus der Nachbarschaft nur niedrige Anhöhen vorstoßen, mit verschiedener Streichrichtung, da sich hier schon die tektonischen Einflüsse W-Englands bemerkbar machen. Sie kommen am stärksten in den Mendip und den Quantock Hills, wo bereits das Devon in größerer Ausdehnung auftaucht, und im Kohlenfeld von Bristol zum Ausdruck [21—25].

Ihren heutigen Formenschatz verdankt die Landschaft im großen und ganzen einheitlichen tektonischen und außenbürtigen Vorgängen; aber jene waren nicht überall gleich stark und nicht gleichgerichtet, und diese trafen auf verschiedenen Gesteinswiderstand. Leider ist die morphologische Entwicklung der w. Abschnitte noch wenig geklärt, etwas besser die der ö. im Anschluß an die SE-Englands erkundet. Wie hier ist auf die miozänen Krustenbewegungen, durch welche das Becken von Hampshire und sein Faltenrahmen geschaffen wurden, eine Periode subaeriler Abtragung gefolgt, die besonders in den weicheren alttertiären Ablagerungen weite Einflächungen schuf. Die Transgression des altpliozänen Meeres, das sowohl aus der Themsesenke als auch in der Solentniederung gegen W vordrang, hat sie vollendet. Aber dann erhob sich neuerdings ein Gürtel flacher Aufwölbungen quer durch den Raum, das Meer zog sich endgültig zurück und endgültig schieden sich die Bereiche der Themse und des Kanals; die neuen Abdachungen wiesen den Hauptflüssen den Weg. Diese schnitten um so mehr ein, je tiefer die Erosionsbasis sank, sie gerieten auch in die Sockelgesteine und durchbrachen die miozänen Antiklinalen. Ihre Seitenbäche verlängerten sich besonders in den nachgiebigeren Gesteinen der Synklinalen nach rückwärts. So entstand das heutige Talnetz der Schüssel von Hampshire. Wie im N die Themse, so sammelte im S der Solentfluß die Gewässer; von ihm ist aber nur der Oberlauf im heutigen Dorset Frome übriggeblieben, während der Unterlauf ö. der I. of Purbeck dem Meere anheimfiel [21 n, s, 24, 32, 37, 38, 38a, 318, 327 u. ao.]. An verschiedenen Flußläufen sind pleistozäne Terrassen ausgebildet, Gegenstücke zu denen SE-Englands und des Londoner Beckens [323a]. Außer der altpliozänen Einebnung lassen sich auch in Wessex da und dort präeozäne und subkretazische Abtragungsflächen erkennen, z. B. nahe der Küste von Dorset (Chargebiet). Allein es fragt sich, ob die hier auf 120—150 m H. gehobenen Flächen wirklich rein präeozän oder nicht vielmehr erst später ausgestaltet worden sind. Denn die große altpliozäne Abtragung, die sowohl in SE- wie in SW-England nachzuweisen ist, muß auch in diesem Zwischenstück ihre Entsprechungen gehabt haben. U. a. gelten die Einflächungen in derselben H. (100—150 m) auf der I. of Purbeck für postmiozän. Jedenfalls liegt der Gedanke an eine polygenetische Entwicklung dieser Formen nahe [319, 321].

Klimatisch äußert sich die Übergangsstellung von Mittelsüdengland in einer leichten Abnahme der atlantischen und einer entsprechenden Zunahme der kontinentalen Züge gegen E. Trotz der geringen Abstände von der Küste schwächen sich zugleich die maritimen Einflüsse binnenwärts etwas ab, namentlich dort, wo die vorherrschenden Luftströmungen den Haupterhebungen mehr weniger entlang laufen. Obwohl nur ausnahmsweise über 250 m hoch, sind diese doch merklich kühler und namentlich im Winter niederschlagsreicher als ihre niedrigere Umgebung. Besonders auffällig ist der Gegensatz zwischen dem milden Klima der S-Küste und den rauhen Höhen der Kreidekalke (Weymouth I 5,7°, VII 16,8°; J.M. 10,8°, J.Schw. 11,1°. Dagegen Shaftesbury, 220 m, I 3,9°, VII 16,1°; J.M. 9,2°, J.Schw. 12,2°. Marlborough, 129 m, I 3,8°; VII 15,4°). Fast durchwegs liegen die Jan.M. an der S-Küste in 5—6° (Weymouth 5,7°; Bournemouth und Southampton 5,0°; Portsmouth 5,3°), die JuliM. in 16—17° (Bournemouth 16,4°; Southampton 17°); in Weymouth und Portsmouth ist der Aug. der wärmste Monat (16,8, bzw. 17°). Die J.Schw. beträgt demgemäß 11—12°. Bemerkenswert ozeanisch ist das Klima von Portland Bill (I 7,2°; VIII 15,7°; J.M. 10,8°; J.Schw. 8,5°). Die Zahlen für Bath weichen von denen der S-Küste nur wenig ab (I 4,7°; VII 16,5°; J.M. 10,0°). Bodenfröste sind selbst an der Küste bis in den April nicht selten, Calshot bei Southampton zählte im Durchschn. 1931—1935 66 T., davon I—III 41; im Inneren ist vielenorts mit 80 und mehr zu rechnen, zumal in II und III. Die Niederschläge betragen, wie in SE-England, im allgem. auf den Höhen 750—900 mm (Evershott s. Yeovil in 180 m 980 mm), wobei wie dort die Abweichungen vom langjähr. M. ± 50% erreichen können. Durchwegs sind die Okt.Regen am reichsten, doch fallen auch während des trockeneren Halbj. (Febr.—Juli) an die 40%. Nebel sind auf der I. Wight (29 T. „fog") und den benachbarten Gewässern am häufigsten. Im einzelnen zeigen sich viele örtliche Abweichungen. Lee- und Luvseiten kommen am meisten an den N—S streichenden Höhenzügen in Wind- und Niederschlägen zum Ausdruck; Poole Harbour (640 mm) läßt den Regenschatten der I. of Purbeck deutlich erkennen, das Gebiet von Andover den von Salisbury Plain, Portsmouth den der I. Wight. An den E—W streichenden Stufen und Hügelreihen macht sich der Unterschied zwischen N- und S-Auslage geltend. Bemerkenswert ist das Auftreten von Land- und Seewinden in Calshot bei ruhigem Sommerwetter [45*, 48*, 410*, 411*; 12, 115—117, 41—45].

Im Pflanzenkleid und in der Landnutzung können diese klimatischen Einflüsse allerdings durch die des Gesteins, bzw. der Böden übertönt werden. Bei ihnen herrscht im E der schon früher gekennzeichnete Gegensatz zwischen den Kreidekalken und den Tonen und Sanden des Tertiärs, während sich im W die Unterschiede in den Kalken, Sandsteinen, Mergeln und

Tonen des Jura und der älteren Perioden auswirken. Überall stand einst auf den undurchlässigen Böden der Wald. Auch die Kalke, namentlich die Kreidekalke, waren, obgleich nicht waldlos, verhältnismäßig offen, selbst während des feuchten Klimas der neolithischen Zeit, als das Grundwasser in ihnen 50—60 m höher reichte als heute [12, 440*, 443*, 452*]. Die Böden sind größtenteils braune Waldböden oder graubraune podsolige Böden, im einzelnen äußerst mannigfach; örtliche wissenschaftliche Untersuchungen haben selbst auf beschränktem Raum verschiedene „Gruppen" festgestellt und sie weiter in „Serien" gegliedert und eigens benannt [117; 41 a, 411 u. ao.].

Gerade diesen offenen Landstrichen verdankte Mittelsüdengland jene kultur- und politisch-geographische Stellung, die es bis hoch in das Mittelalter hinein behauptet hat. Sie haben schon vorgeschichtliche Stämme angelockt, um so mehr als aus den benachbarten Landschaften und zumal von der Küste her die gleichen Gesteine bequeme Zugänge boten. Bereits der Altsteinzeitmensch hat einzelne Werkzeuge hinterlassen. Während die von dichten, nassen Wäldern bedeckten Tone des Tertiärs, der Kreide und des Jura noch lange unbesiedelt blieben, häufte sich die Bevölkerung auf den Kalkplatten der Salisbury und der Winchester Plains und der Marlborough Downs in der Jungsteinzeit an, mit Viehzucht und primitivem Ackerbau beschäftigt; auch die Mendips und andere Kalkstriche waren besiedelt [513*, 514*, 517*, 518 a*, 519*; 516—518].

Von E-Sussex bis nach Devon erstreckte sich der Bereich der „Windmill-Hill-Kultur" (Neolithikum A der brit. Prähistoriker), benannt nach der klassischen Fundstätte bei Avebury, bis zu der später auch Einflüsse der „Peterborough-Kultur" (Neolithikum B) von E her vordrangen (vgl. S. 82, 328). Aus jener Zeit stammen die vielen Langhügelgräber („long barrows"; die längsten über 100 m lang), deren man die meisten, über 100, allein in Wiltshire zählt. Auf den Höhen standen auch ihre „cause-wayed" Camps, bei denen der Graben, aus dem man das Material für die Wälle an der Innenseite gewann, nicht zusammenhängend ausgehoben, sondern von ungef. 5 m breiten Querdämmen („cause-ways") unterbrochen war, außer Windmill Hill u. a. das älteste Maiden Castle (vgl. S. 215). Die Windmill-Hill-Neolithiker, die um 2400 v. Chr. über die Straße von Dover eingewandert sein dürften, waren die ersten Ackerbauer in Britannien. Mit den Feuersteinen ihrer Gräben trieben sie und ihre Nachfolger, das „Bechervolk", Handel. Dieses war, im 19. Jh. v. Chr. aus der Bretagne kommend, von den Mündungen des Dorset Stour und des Avon eingedrungen und schob sich bis zur oberen Themse und zum Bristolkanal vor. Seit 1700 waren Bronzeschmiede in der Salisbury Plain tätig. Unter dem „Bechervolk" traten „round barrows", Einzelgräber, im Laufe der Zeit von verschiedenen Typen, an Stelle der Sammelgräber, aber in der Tradition der Neolithiker wurden von ihm die berühmtesten Megalithdenkmäler Britanniens, die Steinkreise von Avebury, Stonehenge, Overton Hill, errichtet (vgl. S. 176 ff.). Noch mehr als bereits unter ihnen entwickelte sich der Handel in der Mittelbronzezeit, seit ungef. 1500, in der „Wessex-Kultur", die sich durch neue Formen von Waffen, Werkzeugen und Gefäßen und durch die Einführung der Verbrennung statt der Beerdigung von der altbronzezeitlichen „Becher-Kultur" unterschied. Eine neue Herrscherklasse war an Stelle des Bechervolkes getreten, deren Tauschhandel sich nicht bloß nach Cornwall (Zinn) und Irland (Gold), sondern bis zur Ostsee, ja nach Kreta und überhaupt dem Mittelmeergebiet erstreckte. Die Bronzezeit hat keine Siedlungen auf den Höhen hinterlassen, diese dien-

ten wieder mehr der Viehhaltung als dem Feldbau (vgl. S. 83). Eine weitere
Einwanderungswelle brachte die „Deverel-Rimbury-Leute" zwischen Weymouth
und Christchurch ins Land, von deren Ackerbau, bei dem sie nicht mehr die
Hacke, sondern den Pflug verwendeten, die „Celtic lynchets", Ackerterrassen, Zeugnis geben [512]. Ungef. 300 J. später bewirkte die Klimaverschlechterung vom Subboreal zum Subatlantikum abermals Volksbewegungen, und
Neuankömmlinge brachten im 8. Jh. das Eisen, das in der älteren Eisenzeit
(Hallstattzeit, Iron Age A Britanniens) allmählich die Bronze ersetzte. Aus
ihrem Beginn ist All Cannings Cross (10 km ö. Devizes) der besterforschte
Fundort, ein förmliches Dorf, wo die Ausgrabungen einen guten Einblick in
die Lebensweise und die Kultur der damaligen Bevölkerung gewährten [58,
518]. Um der wachsenden Gefahr fremder Eroberer zu begegnen, errichtete
man Höhenschanzen, St. Catherine Hill bei Winchester, Maiden Castle u. a.
(vgl. S. 174, 215). Im 7. Jh. von den siegreichen „Marnian chiefs" (vgl. S. 23)
genommen und zu förmlichen Wallburgen ausgestaltet, beherrschte jede ein
durch die benachbarten Täler gut umgrenztes Stück der Downs. Wohl wurde
der Wald schon damals etwas eingeengt, doch änderte sich das Bild der Landschaft mit dem „keltischen Feldsystem" nicht wesentlich. Erst die Belger
begannen mit ihren schweren Pflügen die Lehmniederungen zu bearbeiten,
in dieser Hinsicht die Vorläufer der Angelsachsen, und neue Siedlungen in
Tallage anzulegen, die man bis zu einem gewissen Grade schon als Städte
bezeichnen kann. Dagegen vernichteten sie später das „lake village" von
Glastonbury, in jener Zeit (Iron Age B) das bedeutendste Handelszentrum
im W, wahrscheinlich in der 2. H. des 1. Jh. n. Chr. [518 a, 519*; 52, 512,
524, 526 u. ao.].

Zwar entstanden in der Römerzeit eine große Menge Dörfer der allmählich romanisierten Briten auf den Wellen und Platten der Kreidekalke und
das Pflugland mit kleinen rechteckigen Feldern, die von „lynchets" begrenzt
waren, breitete sich aus, aber die römischen „villae" — aus Wiltshire waren
1934 23 bekannt — lagen in den Tälern. Wichtiger waren die starken Stützpunkte, die von den neuen Beherrschern im Anschluß an die britischen Forts
— Venta Belgarum (Winchester), Durnovaria (Dorchester), Sorbiodunum
(Old Sarum bei Salisbury) — errichtet und untereinander durch Straßen
verbunden wurden. Von Venta Belgarum strahlten fünf Hauptstraßen, oft
meilenweit schnurgerade, durch das Land: nach Calleva (Silchester), Cunetio
(Marlborough), Sorbiodunum, Clausentum (Southampton), Portus Adurni
(Portchester). Der Portway verband Calleva mit Sorbiodunum und setzte
sich nach Durnovaria fort. Von hier führte eine Römerstraße nach dem heu-
tigen Ilchester zum Fosse Way (vgl. S. 205). Von diesem zweigte auch eine
Straße zu den Bergwerken der Mendips und am unteren Severn ab. Verschiedene kleinere Küstenplätze hatten schon in der Römerzeit ihre Vorläufer
(Wareham—Morinio, Lyme—Londinis usw.) [54*, 55*, 512*, 517*].

Etwa 100 J. nach dem Abzug der Römer drangen, der lange herrschenden, wenn auch nicht unbestrittenen Ansicht zufolge, von der S-Küste her
die Jüten, wahrscheinlich längs dem Fuße der Chiltern Hills die Sachsen
ein. Nach dem Siege Cerdic's (519) nahmen diese den Briten zuerst das
Kalkgelände im E, nach den Siegen Cynric's (552 und 556) auch Old Sarum
und das ö. Wiltshire [622*; 515 b]. Demgegenüber wurde erst kürzlich wieder
betont, daß in der 1. H. des 6. Jh. die Verluste der Briten an die Sachsen
gering gewesen seien; Cerdic sei vielleicht überhaupt ein keltischer Name
[637*]. Doch dann zerstörten die Eindringlinge die alten Höhensiedlungen
und ließen sich in den Tälern nieder, mit Vorliebe nahe den Bächen und

Quellen in Dörfern, deren Gemarkungen mit ihrer „hill-and-valley strip form" entweder beiderseits des Tales oder nur einseitig auf die benachbarte Wasserscheide hinaufreichten. Noch lange wurden dagegen die Höhenstraßen benützt, zu denen über die Talsporne Zugänge hinaufführten, welche mit der Zeit zu tiefen Hohlwegen wurden; die eigenartige grätenförmige Anordnung des Wegnetzes ist oft bis heute geblieben [12, 610]. Der starken Volkskraft der Westsachsen entsprach ihre Bedeutung in Abwehr und Angriff, und durch sie kam die auf der zentralen Lage beruhende politische Bedeutung des nach ihnen benannten Wessex zu voller Geltung. 571 bemächtigte sich Ceawlin des oberen Themsegebiets und Aylesburys. Schrittweise wurden die Briten zurückgedrängt, denen auch die großen Grenzwälder der Niederungen keinen ausreichenden Schutz mehr boten, und nach Ceawlin's Sieg bei Dyrham (577), der ihnen Cirencester, Bath und Gloucester preisgab, erreichten sie den unteren Severn: die Briten von Wales und der W-Midlands wurden so endgültig von denen SW-Englands getrennt [624*]. 658, nach den Kämpfen von Burford und Penselwood, wurde der Parrett die Grenze, jenseits dessen selbst die Römerherrschaft nur locker gewesen war. Gegen Ende des 7. Jh. wurde Dorset von König Ine erobert; um 690 war auch Exeter in den Händen der Sachsen (vgl. S. 256). Noch vor 700 zog das Christentum bei ihnen ein, als sich König Cynegils und sein Sohn Cenwall taufen ließen; es begann die Zeit der Klostergründungen, Winchester wurde der erste Bischofssitz von Wessex. Schon 705 wurde auch das Bistum Sherborne geschaffen und nach der Überlieferung ungef. gleichzeitig von Ine auch die Kirche von Wells gegründet, die 909 zum Bistum für Somerset erhoben wurde. Aber dann stießen, seit 787, die Dänen sowohl von der S-Küste, wo sie gelegentlich Charmouth, Poole, Wareham, Exeter verbrannten, als auch von der W-Küste vor, hier selbst bis Chippenham. Sie erschienen auch von E her über Basingstoke, selbst vor Wilton. Doch gelang gerade in jener Zeit, begünstigt durch die Mittellage, von Wessex aus eine erste Einigung Englands: 827 wurde Egbert von Wessex zu Winchester als König von Angleland gekrönt. Wie er, so hielt mit Vorliebe auch Alfred der Große in Winchester Hof, nachdem er 878 die Dänen entscheidend besiegt hatte [622*; 620]. Wohl plünderten diese nach seinem Tode abermals verschiedene Häfen am Bristolkanal, doch nur vorübergehend konnten sie das Übergewicht erlangen, als Knut 1015 in Wareham landete und Winchester zur Hauptstadt seines anglodänischen Reiches machte. Dagegen bemächtigte sich Wilhelm der Eroberer nach dem Sieg von Hastings sehr rasch und gründlich des Landes, teilte es unter seine Normannen auf, und diese sicherten alle wichtigen Plätze durch Burgen (Winchester, Southampton, Christchurch, Wareham, Corfe Castle, Somerton, Bridgwater, Taunton, Dunster usw.). Winchester mußte damals hinter London zurücktreten (vgl. S. 127).

Bereits die Sachsen hatten im großen und ganzen jene Verteilung der Siedlungen und Wege und jene Art der Bodennutzung gebracht, die durch mehr als ein halbes Jahrtausend fortbestehen sollten [69*]. Das D.B. läßt das kulturgeographische Bild gegen Ende des 11. Jh. gut erkennen, fast alle Kirchspiele und selbst viele Farmen werden schon 1086 genannt [624*, 67, 68]. Vielfach bekunden Ortsnamen den Fortschritt der Landnahme [616*, 623*; 61—67]. Zu den auf römische Militärplätze hinweisenden Namen auf -chester (Port-, Win-, Dor-, Ilchester usw.) treten verhältnismäßig viele Namen auf -ing, ingaham, -ham, im Bereiche der Kreidekalke sehr häufig solche auf -ton; ferner, zumal in Somerset, die Klosternamen auf -minster. Auffällig ist der Mangel an britischen Namen, abgesehen von verschiedenen

Fluß- und Bergnamen und einzelnen auf Flußnamen zurückgehenden Siedlungsnamen (Andover, Candover, Meon u. a.); immerhin stellen sich gegen
W auch einige vorgermanische Dorfnamen ein. Regelmäßig suchen die Siedlungen die schiffbaren Flüsse auf, auf denen man mit Booten weit in das
Land hinein fahren konnte, bis Winchester, Salisbury; aus Furtplätzen er-
wuchsen Brückenorte, Namen auf -bridge sind häufig. Erst recht wurde in
den Downs das Wasser geschätzt, die Furchen der „bournes" besiedelt; hier
reihten sich die Siedlungen dicht aneinander, geknüpft an Quellen, während
die kahlen Höhen nur noch Schafweiden trugen, im übrigen aber verödet
waren. Immer mehr schreitet der Ausbau der Besiedlung fort, die Ortsnamen
verdoppeln sich nicht selten, oft mit Kennzeichnung des Besitzers (Bishop's,
King's, Abbas usw.). Dicht drängen sich an den kräftigen Bächen die Mühlen:
von den 5624 im D.B. aufgezählten entfallen 1267 auf die vier Gr., an den
Bächen von Salisbury Plain gab es vills mit 4—9 [619 a]. Zwar waren um
1100 die Wälder schon merklich eingeengt, aber die königlichen Forste wiesen
noch immer ausgedehnte Bestände auf: Savernake- und Sherborne Forests,
Selwood mit Cranborne Forest, Penselwood, New Forest, der Forest of Bere
usw. [615, 615 a, 618]. Immer deutlicher treten die vier Gr. oder, genauer,
shires in Erscheinung, die schon Alfred eingerichtet hatte und die heute
ungef. den Bereich des alten Wessex einnehmen.

Nachdem die Normannen das Manorsystem eingeführt hatten, bestand
vorerst die reine Landwirtschaft fort. Manche ihrer Haupterzeugnisse,
z. B. der Käse von Cheddar, wurden schon im 12. Jh. auch in London geschätzt [11 a]. Der Fischreichtum der Flüsse sowohl der Niederungen
Somersets als auch der Kreidekalke im E wurde ebenso ausgenützt wie jener
der Küstengewässer; in „salterns" (Salzgärten) der S-Küste wurde Seesalz
gewonnen. „Salt-, Ox-, Maultways" (Schafsteige? [11 e]) dienten dem Verkehr, elend besonders in den versumpften Talgründen, denen man tunlichst
auf die trockenen Sande oder die Kalkhöhen auswich und die man möglichst
kurz bei den Furten oder Brücken querte. Viel begangen war der Pilgerweg
von Southampton nach Winchester zum Grabe St. Swithin's und von dort über
Alresford, Farnham und Guildford nach Canterbury (vgl. S. 26). Im W
war Glastonbury mit dem Grabe St. Dunstan's ein vielbesuchter Wallfahrtsort. Von Exeter, Weymouth, Poole, Southampton führten die wichtigsten
Handelswege zu den Wollmärkten im Inneren bis hinüber zu den Cotswolds.
Seit dem 11. Jh. war Wolle, seit dem 14. Jh. Tuch die wichtigste Ware, aber
auf den großen Messen zu Winchester und zu Weyhill bei Andover wurde
auch vielerlei anderes feilgeboten [11 e, 19]. Woll- und Tuchhandel belebte
die Häfen der S-Küste, die dafür hauptsächlich Wein aus Frankreich herbei-
holten. Erstaunlich groß war die Zahl der Schiffe, welche sie in den Kriegen
gegen Frankreich stellten. Im NW besorgten Bridgwater und vor allem
Bristol den Handel. Weniger eng waren die Beziehungen zu London, dessen
Aufstieg durch die Entwicklung E-Englands begünstigt wurde und das
Wessex und im besonderen Winchester allmählich in den Schatten drängte.
Andauernd wuchs die Bevölkerung: 1377 wird die Dichte auf 10—12/km² ge-
schätzt, nur in den waldreichen Gebieten S-Hampshires blieb sie darunter.
Die gegen Frankreich blickende S-Küste wurde militärisch immer wichtiger.
Schon Eduard III. hatte Southamptons Seebefestigungen verbessert, Hein-
rich VIII. ließ eine große Anzahl von Forts errichten und machte Portchester
zu einer starken Flottenbasis; unter Jakob I. wurde es Hauptkriegshafen.
Sehr bezeichnend führte die erste Mautstraße Hampshires dorthin. Im Zeitalter der Entdeckungen erreichten Bristols Unternehmungslust und kauf-

männischen Erfolge einen neuen Höhepunkt, während sich die Häfen im S
mehr dem Küstenschutze widmeten und ihr vornehmlich in das Mittelmeergebiet gerichteter Handel bedrohlich schrumpfte. Die innerpolitischen Auseinandersetzungen brachten zwar auch Wessex wirtschaftliche Erschütterun-
gen, veränderten aber das Gesamtbild nicht wesentlich. Sehr auffällig ist jedoch der ungleiche Fortschritt der Einhegungen. Fast im ganzen Bereich
hatte das Zweifelder-System geherrscht, obwohl da und dort schon vor dem
15. Jh. Umstellungen auf das Dreifelder-System erfolgt waren; bloß im nö.
Hampshire überwog dieses. Während um 1600 in Somerset (mit Ausnahme
der Niederungen) Almenden meist weniger als die Hälfte der Ges.Fl. einnahmen, betrug deren Zahl auf den Kreidekalken der n. Gr. noch 70—85%,
in S-Hampshire (abgesehen von den Wäldern) 30—50%. Von den späteren
Enclosure Acts wurden in Wiltshire noch 24,1, in Dorset 8,7, in Hampshire
6,4% der Ges.Fl. betroffen, ein nicht unerheblicher Teil davon sogar erst
zwischen 1802 und 1845 eingehegt. Erst dadurch erhielt auch hier die englische Landschaft bemerkenswerte Züge ihres gegenwärtigen kulturgeographischen Gepräges. Doch sind auf den Downs noch heute viele uneingehegte,
bzw. nicht umzäunte Felder bebaut [67*, 69*, 624*].

Die paläotechnische Zeit hat die Stellung von Wessex in der Wirtschaft
sehr geschädigt. Wegen des Mangels an Kohlenlagern konnten sich größere
Industrien nicht recht entwickeln, und die alten Gewerbe, namentlich die
Tuchmacherei und die Mühlenbetriebe, siechten dahin, obwohl die schon im
18. Jh. begonnenen Versuche, durch andere Erzeugnisse Ersatz zu schaffen,
nicht erfolglos waren. Bloß die Landschaft von Bristol verfügt über eigene
Kohlenfelder. Demgemäß haben sich daher Großindustrien entfaltet, außerdem kleinere in verschiedenen Orten von Somerset z. T. in Anknüpfung an
die Tuchweberei, z. T. in der Ausnützung der einheimischen Steine und
Erden oder landwirtschaftlicher Produkte. Einzelne Fabriken gibt es auch
sonst in manchen Marktstädtchen. Großindustrien, hauptsächlich militärischen Zwecken dienstbar, sitzen in Portsmouth und Nachbarschaft und
gegenüber an der Küste der I. Wight, allerhand Industrien in Southampton;
die Kohle wird hier größtenteils aus Wales zugeführt. Abbau von Blei und
Zink in den Mendips ist unrentabel geworden, die kleinen Eisenvorkommen
im New Forest in einzelnen Jurahorizonten sind heute bedeutungslos. Verschwunden sind die Salzgärten der S-Küste. So ist Wessex in der Hauptsache landwirtschaftlich geblieben, ohne stärkeres Anwachsen der Bevölkerung, ohne stärkere Zunahme des Verkehrs. Es fehlte der Anreiz zur Erbauung von Kanälen, nur im N und NW konnten sie einige Bedeutung
erlangen. Das Bahnnetz blieb verhältnismäßig weitmaschig. Die Linien
London—Winchester—Southampton, bzw. Portsmouth (1840), London—
Bristol (über Chippenham—Bath, 1841), Bristol—Taunton (1841)—Exeter
(1844), die ältesten und wichtigsten, dienten vornehmlich dem Verkehr der
Hauptstadt mit den großen Häfen der S-, bzw. SW-Küste. Im Lauf der nächsten Jz. wurden dann verschiedene Seiten- an die Hauptlinien angeschlossen,
für den Verkehr der Midlands mit der S-Küste besser gesorgt und auf die
Bedürfnisse und wirtschaftlichen Möglichkeiten des Gebietes selbst mehr
Rücksicht genommen. Doch haben erst der moderne Kraftwagenverkehr und
die modernen Straßen, die jetzt in großer Zahl trotz der Unruhe des Geländes und der Schwierigkeiten des Bodens die Landschaft durchziehen, bessere
Bedingungen geschaffen. Sie haben u. a. den rechtzeitigen Versand verderb-
licher Erzeugnisse, zumal der Milch, wesentlich erleichtert und auch den
Fremdenverkehr stark anwachsen lassen.

Übrigens hatte sich in der Bodennutzung während der letzten 70—100 J. manches geändert, die Schafzucht auch dort, wo sie früher vorgeherrscht hatte, zugunsten von Feldbau und Milchwirtschaft abgenommen, natürlich in den einzelnen Teilgebieten in verschiedenem Ausmaß; die weiten „offenen Räume" haben sich stark vermindert. Infolge des Sinkens der Getreidepreise stellte man sich zunehmend auf die Haltung von Milchvieh um. Die alte Losung „corn and sheep", bei der den Schafen die Düngung der Äcker zugefallen war, wich einer neuen: „Down corn, up horn", sogar in den Downlandschaften. In den letzten Jz. zeigt sich eine neue Tendenz in der Schafzucht in der starken Abnahme der „arable sheep" zugunsten der „grass sheep", d. h. statt wie vorher „sheep crops" mit „grain crops" abwechseln zu lassen, hat man den Ackerbau immer mehr aufgegeben und große Flurstücke eingehegt, auf denen man dauernd Schafe (oder Kühe) hält und die man mit Wasserleitungen ausstatten muß. Denn Wasser ist in der Lammungszeit für die Milchspende der Schafe unbedingt nötig, d. i. in S-England im Frühjahr, zumal im April, der aber gerade oft sehr trocken ist. Eben deshalb war der frühere Fruchtwechsel, der Klee, Rüben und Wicken lieferte, sehr zweckmäßig gewesen. Im Zusammenhang mit jener Entwicklung ist die Zahl der Zuchtschafe ungemein gesunken (in Dorset 1912: 158 000; 1921: 104 000; 1937: 77 000; 1948: 22 000). 1913 waren auf der Juli-Schafmesse in Salisbury 25 000 Schafe gepfercht gewesen, 1948 waren es nur ungef. 1000! In den vier Gr. hat die Zahl der Schafe überhaupt 1939—1944 von 890 000 auf 590 000 abgenommen (vgl. Tab.). Viele Schafweiden wurden während des Krieges wieder unter den Pflug genommen, Traktoren und andere Maschinen in steigendem Ausmaß verwendet, durch künstliche Düngemittel die zeitweiligen Weiden erheblich verbessert. Es bleibt abzuwarten, ob dies der Schaf- oder der Milchviehhaltung mehr zugute kommt [712]. 1936 entfielen in Wiltshire ³/₇ des Pfluglandes auf das Getreide, in Hampshire und Somerset ungef. ¹/₃, in Dorset ²/₅. In allen Gr. ist der Weizen die wichtigste Halmfrucht, in Wiltshire ist seine Fl. größer als die von Gerste und Hafer zusammen. Im Zusammenhang mit den neueren Umgestaltungen des Wirtschaftslebens hat die Bevölkerung in den letzten Jz. in den vom Verkehr begünstigten Gebieten etwas zu-, dagegen besonders auf den Kreidekalkgebieten etwas abgenommen; insgesamt zählt sie einschließlich Bristols ungef. 2½ Mill.

Im ganzen genommen macht sich also die schon eingangs festgestellte geomorphische Viergliederung von Wessex in Verbindung mit der Lage auch kulturgeographisch geltend. Jeder der vier Hauptteile hat eine Gr. zum Kerngebiet, doch deckt sich keiner völlig mit einer solchen. NE-Wessex gehört hauptsächlich zu Wiltshire, SE-Wessex zu Hampshire, NW-Wessex zu Somerset, SW-Wessex zu Dorset. Wir beginnen ihre nähere Betrachtung mit NE-Wessex, im Anschluß an die Kreidekalklandschaft SE-Englands. Auch die Gliederung in Einzellandschaften ist nicht überall leicht, so sehr sich manche von ihrer Nachbarschaft abheben. (Einen der diesbezügl. Versuche bringt Abb. 34.)

NE-Wessex. Als NE-Wessex kann man die Kreidekalklandschaft der „Central Downs" zwischen dem Vale of the White Horse (vgl. S. 383) und dem Themsetal im N, des Eozänriedelland im S, der in der Fortsetzung der Midlandstufen gelegenen Stufenlandschaft im W und der Weald-Down-Landschaft im E bezeichnen. Drei Gr. teilen sich in sie: Wiltshire, Berkshire und Hampshire, die aber jede beträchtlich über sie hinausreichen. Sie springt am weitesten gegen N in den Berkshire Downs vor (White Horse Hill 261 m), welche im Schichtfallen flach gegen S abdachen und gegen das Vale of the White Horse im N eine von einer niedrigen Grünsandterrasse begleitete Stufe kehren. In Wiltshire s. Swindon schwingt diese gegen SE, später gegen S ab, in den Marlborough Uplands, welche hufeisenförmig das Gebiet des oberen Kennet umfassen, der in einem gegen W geöffneten Tal auf einer Kreidekalkterrasse entspringt und zwischen den höchsten Erhebungen (Marlborough Downs mit Milk Hill 294 m; Hackpen Hill 270 m) gegen E zur Themse fließt. In dieser Richtung stellen sich immer mehr die tertiären Ablagerungen des Londoner Beckens ein. Vor die an 90 m mächtigen Upper

Abb. 34. Landschaftsgliederung von Wessex nach J. F. UNSTEAD [115*]. + + + Polit. Grenze zwischen England und Wales, ... Grenzen der „stows", —— Grenzen der „tracts and tract groups". —— Grenzen der „sub-regions", × × × Grenze von Mittelsüdengland in unserer Darstellung.

Chalk geknüpfte Stufe der Marlborough Downs legt sich, getragen vom Grünsand, in 160—200 m eine 5—6 km breite Rampe von Lower Chalk. Etwas weiter s. dringt umgekehrt das Vale of Pewsey, eine breite, wellige Furche in 100—150 m H., von W her in die Kreidekalke ein. Es knüpft sich an eine scharf ausgeprägte Antiklinale, deren Scheitel zerstört ist. Wie von N die Marlborough Uplands, so blickt von S her die Randstufe der Salisbury Plain auf das Tal hinab, in welchem wieder Oberer Grünsand (härterer Malmstone und darüber Sandstein) eine Stufe über dem Gaultgrunde bilden. Mehr gegen W, s. Devizes, tauchen auch die Kimmeridgetone auf, noch mit Auslieferung des Unteren Grünsands bedeckt, und schließlich die Portlandschichten. Sehr überraschend entsendet das Vale of Pewsey seine Gewässer nicht nach dem offenen W, sondern, im (Salisbury) Avon gesammelt, durch die s. Randstufe. S. Marlborough verwachsen Marlborough Uplands und Salisbury Plain morphologisch völlig, aber die Naht der Antiklinale setzt sich nach E in das Kingsclere Vale (sö. Newbury) fort, wo wieder der Untere Grünsand erscheint; sie ist noch s. des Hog's Back erkennbar (vgl. Abb. 2, S. 3). Im Streichen zwar mehrfach eingewalmt, tritt sie landschaftlich als steile, von etlichen Lücken unterbrochene Stufe hervor, die an der Grenze der drei Gr. die größten Höhen erreicht (Walbury Camp 297 m; Inkpen Beacon 291 m) und von hier ab ostwärts mitunter bereits als North Downs bezeichnet wird. S. jener wichtigen tektonischen Linie erstreckt sich die größte Kreidekalklandschaft Englands durch S-Wiltshire und N-Hampshire, aber ohne Ges.Namen: im W die Salisbury Plain, ö. des Test die Winchester Plain. Das Gebiet mit den höchsten Erhebungen, etwa zwischen dem zum Avon fließenden Bourne im W, der Talflucht Test—Loddon im E, könnte man als Andover Downs bezeichnen. Die Test—Loddon-Senke öffnet einen schrägen Durchgang aus dem Londoner Becken nach Hampshire, der auch durch seine Entstehungsgeschichte besonders bemerkenswert ist [21 a—e, 24 b].

Von der Randstufe im N neigen sich Salisbury Plain und Andover Downs mit langen Riedeln gegen S bis SE. Tatsächlich ist Salisbury Plain keine wirkliche Ebene, obwohl sich ihre Hügelwellen, meist in H. von 120 bis 200 m, vor dem Auge des Beschauers zu einer zusammenhängenden Platte zu vereinigen scheinen [21 g]. Aber die Täler des Avon und seiner Nebenflüsse Wylye (mit Nadder), Ebble, Bourne sind in sie 60—100 m eingeschnitten, besonders der Avon mit prächtigen Schlingen. Während der Glazialzeiten schütteten diese Wasserläufe bei höherem Grundwasserstand Kiese und Sande auf, die jetzt, etwas zerschnitten, niedrige Terrassen bilden. Den Abfluß der Andover Downs sammelt der Test mit Hilfe des Anton und des Baches von Hurstbourne, den der Winchester Plain der Itchen, der bei Alresford aus der ursprünglichen NNW-Richtung gegen W und oberhalb Winchester fast gegen S umschwenkt. Weiter ö. scheint der obere Meon anfänglich zum oberen Itchen fließen zu wollen, allein auch er biegt gegen SSW ab. An ihm zieht man am besten die Grenze zwischen der Kreidetafel von Wessex und den S-Downs, die sich in seinem Quellgebiet unmittelbar aneinanderschließen, aber schon bei Petersfield durch den Aufbruch unterkretazischer Gesteine voneinander getrennt sind. Diese bilden dann längs dem Rother nordwärts die E-Grenze der Kreidekalke. Wie der Meon zur E-, so eignet sich der Durchbruch des Stour am besten zur W-Grenze. Salisbury Plain entsendet auf ihn zu einen schmäleren Ausläufer, Cranborne Chase (White Sheet Hill 233 m). Dessen Fortsetzung, die Dorset Heights, stellen wir zu SW-Wessex, die an untere Kreide und oberen Jura geknüpften Niederungen entlang dem W-Rand von Salisbury Plain zu NW-Wessex. Nur die Grünsandterrasse, welche auch hier die Kreidestufe umsäumt, z. B. bei Shaftesbury, gehört noch unmittelbar mit dieser zusammen [21 l]. Zum Unterschied von der deutlichen N- ist die S-Grenze der Kreidekalkplatte morphologisch meist unscharf; diese taucht hier vielmehr allmählich unter das Eozän des Beckens von Hampshire hinab, das mit vielen größeren und kleineren Ausliegern auf sie übergreift. Andererseits finden sich solche auch von dem Londoner Becken her beiderseits des Kennet- und Testtals. Hydro-, pflanzen- und kulturgeographisch heben sie sich von den Kreidekalken stark ab. Die mehr weniger geschlossene Tertiärdecke im S reicht etwas über die Linie Wimborne Minster—Fordingbridge—Romsey, von wo eine Ausstülpung den Test aufwärts und in das Deantal reicht, —Bishop's Waltham—Chichester nordwärts nicht hinaus [21 g—i, 1—o].

Der innere Bau der Landschaft ist durch etliche Erhebungsachsen gekennzeichnet, die z. T. aus einzelnen kulissenartig angeordneten Antiklinen oder auch flexurartigen Gewölben mit steilem N-Schenkel bestehen. S. des schon genannten Gürtels der Antiklinen Vale of Pewsey—(Ham—)Kings-

clere zieht zunächst die „Andover Depression" gegen W in die Salisbury Plain
hinein (vgl. Abb. 2, S. 3). Von den weiter s. folgenden Falten sind besonders
die Warminster—Stockbridge und Dean Hill Anticlines, an die sich mehrere
kleinere anschließen, bemerkenswert. W. des Test sind die drei Hauptanti-
klinen durch schwach oder nicht gefaltete Striche getrennt, in der eigentlichen Salisbury Plain und s. des Cranborne Chase. Ö. des Test zählt man
5—6 Antiklinalachsen, einschließlich der z. T. bis in das Meer hinaus streichenden von S-Hampshire und der I. Wight 8—9. Während aber die n. im
allgemeinen ENE streichen, verlaufen die im S mehr gegen ESE. Wie die
Anti-, so sind auch die zwischen ihnen gelegenen Synklinen eigens benannt
(Micheldever, Alresford Synclines u. a.) [21, 24, 318].

Unbekümmert um den Faltenbau fließen heute die Hauptflüsse der
Salisbury—Andover Plain und erst recht die der Winchester Plain gegen
S auf den Ärmelkanal zu, den Abdachungen folgend, welche die posthumen
pliozänen Verbiegungen auf der altpliozänen Rumpffläche schufen: Avon,
Test, Itchen, Meon [327]. Die Antiklinen werden von ihnen durchbrochen,
ein subsequentes Talnetz ist in Entwicklung begriffen: Wylye und Nadder
knüpfen sich an den aufgebrochenen Kern von Antiklinen, der Ebble an eine
Synkline. Beim Einschneiden und Ausräumen waren diejenigen Flüsse im
Vorteil, die dabei in der weicheren Tertiärdecke verblieben oder erst später
in die Kreidekalke gerieten; sie konnten durch die Rückwärtsverlängerung
der Zubringer ihr Einzugsgebiet auf Kosten ihrer Nachbarn vergrößern. So
hat der Itchen, welcher von Anfang an in die Kalke der Winchester Anticline
einschneiden mußte, sein Quellgebiet an den Test verloren, der bei Stockbridge viel länger in der Tertiärdecke arbeiten konnte und in der Michel-
denver Syncline den Itchen anzapfte. Heute verliert dieser überdies unterirdisch Wasser an den Meon, dessen eigenartiger Lauf ebenfalls auf eine
Anzapfung deutet. Der obere Test dürfte übrigens überhaupt erst auf der
pliozänen Fastebene ins Leben getreten, das Gebiet von Andover und Whitchurch vor der Überflutung durch das Pliozänmeer, das hier einen Sund
zwischen den Becken von London und Hampshire bildete, über Basingstoke
zur Themse entwässert worden sein. Auch dem Avon drohte eine Zeitlang die
Gefahr, von dem durch Tektonik, bzw. Gestein begünstigten Test angezapft
zu werden; mit dessen Ankunft in den Kreidekalken ist sie bedeutend verringert. Mit Recht wird diese Anordnung des Talnetzes auf Epigenese zurückgeführt und sowohl die reine Antezedenz- als auch die Anzapfungstheorie mit
guten Gründen zurückgewiesen [318, 327]. Tatsächlich steht die Landschaft
in einem noch nicht sehr fortgeschrittenen Stadium eines zweiten Abtragungsverlaufes, der von dem miozänen durch den Einbruch des Pliozänmeeres und
die jüngeren Krustenbewegungen getrennt ist. Nur die über 180—200 m H.
gelegenen Gebiete sind von dem Pliozänmeer nicht überflutet und überformt
worden, das namentlich nö. Winchester eine prächtige Abrasionsschnittfläche
und längs der Test—Loddon=Senke eine bis zum Avon hin erkennbare Strandplatte hinterlassen hat. Jedenfalls ist nicht nur die ehemals viel weiter verbreitete Tertiärdecke größtenteils abgetragen, sondern sind auch die obersten Horizonte der Kreidekalke vielfach abgestreift worden. So ist die heutige
Salisbury Plain in der Hauptsache die durch die Beseitigung des etwas
weicheren (Actinocamax) „Quadratus Chalk" freigelegte, verbogene Schicht-
fläche des härteren „Micraster(-cor-angninum)-Sockels". Da dieser im
Schichtstreichen gegen E absinkt, blieb hier der „Quadratus Chalk" in Form
einer kräftigen Schichtstufe erhalten, an welcher der Bourne entlangfließt.
Weiter s. formt er steil gegen W und E abfallende Erhebungen (Danebury bei

Stockbridge), an die sich die Grenze zwischen Wiltshire und Hampshire knüpft. Auch im SE kehrt die Micraster-Stufe wieder, u. a. in St. Catherine's Hill bei Winchester und jenseits des Meontals, hier weiter s. von einer Quadratus-Stufe begleitet. Während die Flüsse im W, von Anfang an in den Kreidekalk arbeitend, bis heute oft nur schmale, gewundene Täler einschneiden konnten, erzeugten die im E, im Bereich der weicheren Tertiärablagerungen des Hampshire Basin, welche hier am weitesten nach N ausgreifen, eine flachwellige Riedellandschaft mit breiten Tälern [327].

Zwar sind die „Central Downs" dank dem niederschlagsreichen Klima nicht verkarstet, aber karsthydrographische Erscheinungen fehlen nicht. Der durchlässige Upper Chalk ist oberflächlich trocken, die Wasserversorgung schwierig [23 a—c]. Das Grundwasser liegt oft in großer Tiefe, die Brunnen hochgelegener Dörfer sind manchmal 50, ja über 100 m tief. Viele starke Quellen treten dagegen in den Talgründen aus und speisen die Bäche mit ihrem harten, aber klaren Wasser. Die Quellen bei Mottisfort im Testtal liefern täglich 9 Mill. l, also über 100 l/sec. Trockentäler sind häufig, auch die tieferen Einschnitte haben oft nur Winterbäche („winter-bournes" oder schlechtweg „bournes"), und selbst die größeren Wasserläufe treten im Winter km weiter talaufwärts hervor als im Sommer, der Pangbourne z. B. 12 km, der Hurstbourne 10 km. Der Test selbst verliert in der trockenen Jahreszeit sein Wasser oberhalb Overton in Schlucklöchern, um sich erst 5 km unterhalb wieder zu zeigen; auch der Meon verschwindet auf einer Strecke bei West Meon [11 e]. Kein Wunder also, wenn sich die Siedlungen an die niedrigen Terrassen der Talgründe halten; versorgt doch der Wasserspeicher der Kreidekalke selbst Southampton und Portsmouth mit gutem Trinkwasser. Gleichwohl hat sich die vorgeschichtliche und selbst noch die britische Besiedlung auf die offenen oder nur mit lichten Gehölzen bestandenen Höhen beschränkt, dabei eine Zeitlang begünstigt durch den merklich höheren Stand des Grundwasserspiegels (vgl. S. 83, 165). Ungemein zahlreich sind die Camps in Hampshire und Wiltshire (St. Catherine's Hill bei Winchester, mit einfachen Gräben und Wällen [515]; Danebury mit viel verwickelterer Anlage; Bury Hill bei Andover, Woolbury bei Stockbridge u. a.; Walbury in Berkshire). Nach Windmill Hill bei Avebury wird eine Type der neolithischen Keramik bezeichnet, auf Eaton Down nö. Salisbury fand man Flintgruben und -werkstätten. Manche der camps waren durch mehrere Kulturperioden benützt, bis in die La Tène- und selbt die Römerzeit [518 a, 519*]. All Cannings Cross lieferte unvermischtes Material aus der älteren Eisenzeit, Stonehenge, Woodhenge, Avebury zählen, wie bereits bemerkt (vgl. S. 165), zu den brühmtesten prähistorischen Denkmälern der Br. Inseln. Lang- und noch mehr Rundhügelgräber finden sich in mehreren Typen an verschiedenen Stellen [517*], auch sog. „britische Dörfer", wie die Erdgrubensiedlung bei Hurstbourne [11 e, 526]. Salisbury Plain und Cranborne Chase waren in der Römerzeit Pflugland [512]. Die Küste von Hampshire bot wiederholt fremden Eindringlingen den Weg ins Innere des Landes, so zumal auch um 50 v. Chr. den Belgern, welche Calleva Atrebatum (vgl. S. 84) zu ihrer Hauptstadt machten. Aber kaum ein Jh. später machten sich die Römer zu Herren des Landes.

Wie das Formenbild, so ist auch die kulturgeographische Erscheinung der Landschaft im großen ganzen einheitlich, ja geradezu eintönig, bei genauerer Prüfung jedoch nicht ohne Abwechslung. Nur in die größeren Täler schmiegen sich, das Wasser der Quellen und Bäche suchend, die Dörfer, von

denen fast alle spätestens schon im D.B. angeführt werden und die sehr
häufig Namen auf -ton, -hampton, -ford tragen [61—66]. 90% der Sammelsiedlungen in Hampshire gehören dem Chalkland an [117]. Namen auf -ton
drängen sich besonders im Test- und Itchental und in ihren Seitentälern
zusammen, im ganzen über 50. In diesen Tälern waren auch, sehr bezeichnend, schon zur Zeit der normannischen Eroberung viele Mühlen in Betrieb.
Nicht wenige von den Orten werden sogar lange vor dem D.B. zum erstenmal genannt (Wilton, Wylye, Fovant, Micheldever, Woodford, aber auch
Handley — ein ley-Name), vereinzelt solche keltischer Herkunft (Tollard
in Cranborne Chase). Die nahe aufeinanderfolgenden Siedlungen des Bournetals Allington, Boscombe, Idmiston, Winterbourne sind alle schon im 10. Jh.
vorhanden [623*]. Jüngeren Ursprungs sind u. a. die auffallend häufigen
Unterscheidungen durch Zusatzwörter, zu erklären aus der Entstehung von
Tochtersiedlungen, ohne daß sich dies in jedem Fall nachweisen läßt (West
und East Grimstead, Dean usw.; Over, Middle, Nether Wallop; Broad und
Bower Chalke) [616*]. Auf den Höhen stehen nur wenige Dörfer, eher noch
Einzelhöfe und diese in ziemlichen Abständen. Die Häuser sind Flint- oder
Ziegel-, in den Tälern oft noch „wattle-and-daub"-Bauten [117].

Die Kreidekalke der endlosen Hügelwellen sind größtenteils baumlose
Grasflächen, Weideland für Schafe, nur von einzelnen Eschen, Brombeersträuchern, Ginster, Wacholderbüschen unterbrochen. Aber auf den flintführenden Tonen stellen sich Waldbestände ein, mitunter auch auf den steileren Böschungen der Kalke. Auf den Tonen steigen Felder, die sich sonst
auf die mittleren Hänge beschränken, höher an: auf Hackpen Hill z. B. reicht
der Anbau von Getreide, Hackfrüchten — Rüben sind auf den Downs wegen
der Schafe am wichtigsten — und Klee bis auf den First hinauf. Im einzelnen verursachen Klima und Bodenbeschaffenheit erhebliche Unterschiede.
Auf den Downs erreichen die Niederschläge oftmals 1 m und mehr im J.,
Bodenfröste und im Frühjahr kalte NE-Winde sind nicht selten. Test- und
Itchental sind trockener (70—80 cm Niederschlag), s. Auslage gewährt
höhere Temperaturen. Im W sind die Niederschläge des Winterhalbj.
(Okt.—März) verhältnismäßig reichlicher als im E. Größere Siedlungen
haben sich entweder in Talknoten, ursprünglich meist als Furt- und Brückenorte, entwickelt oder am Fuß der Kreidetafel vor den Haupttälern, die in
diese hineinführen.

Dünn besiedelt sind die ziemlich rauhen M a r l b o r o u g h U p l a n d s,
die ihren inneren Mittelpunkt in dem hoch (120 m) gelegenen Marlborough
finden (Dichte 25—20) [17]. Selbst in den Tälern reihen sich die Orte nur in
größeren Abständen und einsam liegen die Farmen, möglichst windgeschützt,
auf den Höhen, noch in 200 und selbst 240 m; Dörfer sind auf diesen selten.
In den Berkshire Downs und besonders gegen die Bahnlinie Newbury—
Didcot hin werden sie und die Einzelhöfe zahlreicher; zugleich ändert sich
die Nutzung des Bodens. Wohl steigt das Pflugland bis auf den Scheitel des
Inkpen Hill und auf White Horse Hill auf über 250 m H. an, doch wird hier
die Getreidereife von den rauhen NE-Winden des Frühjahrs und durch die
größeren Niederschläge verzögert, die Ernte durch verfrühtes Einsetzen der
Herbstregen gefährdet. Regelmäßig sind Lower Chalk—Upper Greensand
mit ihren fruchtbaren, aber oft schweren Böden der wichtigste Ackergrund.
In meist vierjährigem Fruchtwechsel nehmen ihn Weizen und etwas weniger
Hafer und Gerste etwa zur Hälfte ein, Futterpflanzen (Klee, Hackfrüchte)
und Brache benützen die andere. Auf dem Oberen Grünsand ö. Wantage
sind Apfel- und Kirschbaumgärten verbreitet. Die großen Fluren, hier nicht

durch Hecken getrennt („fields"), schalten sich zwischen das Weideland auf
dem Gault unten, dem Upper Chalk auf den Höhen ein. Diese sind der Bereich der Schafzucht. Aber in den tieferen Lagen sind Middle und Upper
Chalk meist durch gemischte Betriebe gekennzeichnet, mit stärkerem Übergewicht der Futterpflanzen, zumal Hafer und Klee, so um Lambourn, wo sie
der Aufzucht von Rennpferden dienen. Auf den flintführenden Tertiärtonen
zwischen Lambourn und Pangtal tritt dagegen das Gras- hinter dem Ackerland ganz zurück, und Braugerste ist hier von den Körnerfrüchten am wichtigsten [15, 115]. Bemerkenswert sind die Rieselwiesen („floated meadows")
in den Tälern der Kreidekalke, am Avon, Bourne, Wylye u. a. Aus den
Hauptzuleitungsgräben („main carriers") wird das Bachwasser über die
„panes" verteilt und durch die „drawns" oder „drains" abgeführt. Um
Weihnachten beginnt die Bewässerung, die einige Wochen dauert. Im März
werden die Mutterschafe und die Lämmer zur Weide gebracht. Anfangs Mai
wird nochmals eine Woche berieselt, anfangs Juli das Gras gemäht. Später,
nach einer dritten Bewässerung, werden im Sept. Milchkühe auf das neue
Gras geführt. Bis um 1850 waren diese Wiesen eine wesentliche Grundlage
der dortigen Farmwirtschaft, als man noch allgemein dem „corn-sheep"-
System huldigte. Sie verloren aber an Wert, als die Schafe mehr mit Hackfrüchten gefüttert wurden, und manche sind aufgegeben worden, zumal die
Reinigung und Instandhaltung der Gräben viel sachkundige Arbeit verlangt
und die Löhne der dazu befähigten „mead men" sehr gestiegen sind [115 bis
117].

Wohl übersteigen mehrere Hauptstraßen vom Kennet her die Wasserscheide auf Swindon, Wantage und Abingdon zu, aber nur zwei Bahnlinien:
eine im W von Andover über Marlborough nach Swindon, welche am W-Rand
des Savernake Forest ein verlassenes Tal, n. Marlborough das Tal und die
Lücke von Ogbourne benützt, wie schon die Römerstraße von Winchester
nach Cirencester; die andere im E von Newbury durch das Churn Gap nach
Didcot. Dagegen biegt die Hauptlinie nach dem W (mit den Expreßzügen
nach Exeter und SW-England) bereits bei Hungerford aus dem Kennettal in das Vale of Pewsey ab. Der Bahnknoten N e w b u r y in Berkshire
(13 340; 17 560) ist die Torstadt des Kennettals und zugleich sein bedeutend-
ster Markt; wirtschaftlich spielt es die Rolle eines Vermittlers zwischen dem
Londoner Becken und dem n. Wessex, dessen landwirtschaftliche Erzeugnisse es weitergibt, bzw. verarbeitet (Dampfmühlen, Mälzereien). Einst
spielte es eine große Rolle im Woll- und Tuchhandel. Viel besucht sind seine
Pferderennen. In M a r l b o r o u g h (3492; 4635; 1921: 4194!) wird das
Kennettal von der N—S-Linie Ogbourne—Bournetal (Becken von Andover)
gequert. Es hatte schon im römischen Cunetio einen Vorgänger gehabt, aber
erst die normannischen Könige, die gerne im benachbarten Savernake Forest
jagten, bauten das Schloß, erst König Johann gewährte den ersten Stadtbrief. Häuser im Jakobsstil, mit überkragendem Oberstock, stehen an seiner
breiten Hauptstraße. Heute ist es nur Markt für ein beschränktes Gebiet.
In seiner bloß dünn besiedelten Umgebung häufen sich die Denkmäler der
Vergangenheit. Keines wird mehr besucht als der Steinkreis aus der älteren
Bronzezeit bei dem Dorfe Avebury (Abb. 35), der größte in Wiltshire, der
von einem niedrigen Wall mit einem Graben an der Innenseite umschlossen
ist (Innendurchm. 384 m) und zwei kleinere Kreise im Inneren enthält [519,
521, 524, 525, 533; 518 a*, 519*]. Bemerkenswert sind von der Stätte Funde
von Lavastein aus der Gegend von Andernach (Niedermendig) [525]. Etwas
s. erhebt sich auffällig der 40 m hohe künstliche Silbury Hill, unbekannten

Zwecks und Alters, aber jedenfalls vorrömisch, da ihn die sonst gerade Römerstraße nach Aquae Sulis umging. In der Nähe führt auch der vielleicht der älteren Eisenzeit entstammende Ridgeway von der Salisbury Plain über das Vale of Pewsey her gegen N, den Scheitel von Hackpen Hill entlang und an Barbury Castle vorbei, einem der schönsten und stärksten „Camps" von Wiltshire (Umwallung einer eisenzeitlichen Bauernsiedlung?), auf die Berkshire Downs (Icknield Way). Mit Vorliebe wurden bei den prähistorischen Steinbauten die Sarsen Stones verwendet, durch Silikatlösungen verfestigte Sande der Reading Beds; die nicht derart zusammengekitteten Bestandteile sind ausgewittert und ausgeschwemmt und so Steinblöcke übriggeblieben. Aus Sarsens sind übrigens um Avebury auch viele ältere Farmgebäude, Mühlen, Torpfeiler, Straßen- und Hofpflaster gebaut, selbst heute noch werden sie in der Nachbarschaft, z. B. in Swindon, als Randsteine verwendet [517, 518].

Am SW-Rand der Marlborough Uplands steht vor dem Ausgang der Vale of Pewsey der Hauptmarkt von N-Wiltshire, das Städtchen D e v i z e s (6058; 7701; Abb. 36) auf der Grünsandterrasse, ursprünglich, wie es heißt, geteilt zwischen dem König und dem Bistum Salisbury (Devizae, ad Divisas). Der Bischof Roger errichtete unter Heinrich I. eine Burg. Unter Heinrich VIII. blühte die Tuch-, in der Neuzeit kürzer die Seidenwirkerei; es hatte große Pferde-, Rinder- und Hopfenmärkte. Zu seiner Marktfunktion (Vieh, Getreide) hat sich etwas Industrie gesellt (Maschinenfabriken).

Abb. 35. Avebury. Hauptstraße. Altes Haus aus Sandstein, jüngerer Vorbau aus Ziegeln. Sorgfältig ausgeführte Strohdächer sind in Wessex nicht selten. Aufn. J. Sölch (1930).

Ausgedehnter als die Marlborough Uplands ist Salisbury Plain. Auch hier auf den Höhen nur weitabständige Einzelhöfe, manchmal mit Baumgruppen daneben; in den Tälern perlenschnurartig aneinandergereihte Straßen- und Haufendörfer. Auch hier die langen Streifen der Gem.-, bzw. Farmflächen, welche von den durch Bäche und Quellen benetzten Rieselwiesen der Talgründe zu den Grasgefilden auf den dünnen Böden der Höhen hinaufziehen. Meist sind die Felder mit Futterpflanzen (Wicken, Klee, Wintergerste) und Hackfrüchten, z. T. auch mit Weizen bestellt. Mahdwiesen sind weitverbreitet, und die großen Heuschober, bald kegelstumpfförmig mit aufgesetzter Spitze, bald hausförmig, deren manchmal bis zu einem Dutzend zusammenstehen, treten im Landschaftsbild immer wieder hervor. Die Fluren sind entweder von Weißdorn-, Maulbeer-, Hartriegel- und Schneeballhecken oder durch Stacheldraht umschlossen, nicht selten auch offen. Mit dem ehemaligen Überwiegen der Schafzucht hängt die Größe der Farmen zusammen (20 und selbst 40 ha ermöglichen hier nur einen geringen Lebensstand), doch ist jene sehr zurückgegangen. Einen großen Raum nimmt Ackerland ein, immer mehr entwickelt sich die Milchwirtschaft. Sehr wird die Art der Nutzung durch Zusammensetzung und Böschungswinkel des Bodens bestimmt: die Mergel des Lower Chalk bieten meist sanfte Böschungen und bei

entsprechender Düngung gute Böden, die steileren Teile des härteren, trockeneren Middle Chalk dagegen nur dünne Böden, die oft kaum einen zusammenhängenden Rasen hervorbringen und — trotz der alten „lynchets" — für den
Ackerbau wenig geeignet sind, eher für Weiden. Der Upper Chalk trägt
wenigstens auf den Schichtböschungen Farmen mit Gras- und Pflugland sowohl auf seinen Mergeln wie auf seinen rotbraunen Tonen [115]. Große
Flächen beiderseits des Avon dienen militärischen Zwecken: hier sind die
Übungsplätze von Bulford (Artillerie), Netheravon und Upavon (Luftwaffe),
Lark Hill (Kavallerie).

Nur ein Seitenzweig der Linie Andover—Salisbury erreicht das Avontal
bei Amesbury (2488), einem neben einer Abtei erwachsenen großen Dorfe
in etwas dichter bevölkerter Gegend (Dichte des R.D. 65 bis 70). Es teilt
sich mit Salisbury in den Versand der für London bestimmten Milch. Gewaltigen Verkehr verdankt es den Besuchern des nahen Stonehenge (Abb. 37).
Ein äußerer Kreis von 30 aufrechten Sarsensteinen, ein innerer Kreis von
aufrechten fremden („blue") Steinen, die aus den Preseli Hills in Pembrokeshire, vielleicht aus einem dortigen heiligen Kreis, herbeigeschafft wurden
[523], fünf große Trilithons (je zwei aufrechte Steine, die oben einen Stein-
balken tragen) in Hufeisenform, endlich in ähnlicher Anordnung ein inner-
ster Ring von aufrechten fremden Steinen stehen um einen rechtwinkelig zur
Hauptachse liegenden fremden Stein, den „Altar". Das Ganze wird umschlossen von einem kreisförmigen Rain mit einem Graben und einem Ring
von Löchern für (Holz?-) Pfosten an der Außenseite der Anlage [518, 524,
542]. Die gegen Aufgang der Mittsommersonne gerichtete Achse aber trifft
auf den noch innerhalb gelegenen „Hele Stone" und den etwas außerhalb
gelegenen „Slaughter Stone". Genau so ist die Anordnung bei dem nur 3 km
nö. entfernten Woodhenge; bei ihm wurden sechs konzentrische Ringe (der
äußerste mit 43 m Durchm.) von Holzpfostenlöchern und in der gleichen
relativen Lage wie der „Altar" ein Grab festgestellt [514 a, 518, 520, 524].
Der Zweck von Stonehenge, ob Heiligtum, Grab oder Beobachtungsstätte der
Gestirne zur Einteilung des Jahres, sein Alter und sein Verhältnis zu Woodhenge sind noch umstritten. Wahrscheinlich ist dieses älter. Die Errichtung
von Stonehenge dürfte, nach gewissen Schnecken zu schließen, ein trockeneres
Klima voraussetzen, also in das Subborcal und frühestens in die ältere Bronzezeit oder gar erst in die Eisenzeit gehören, obwohl ein „Bluestone" säon in
einem jungneolithischen Langhügelgrab gefunden wurden [518]. Noch reicher
als auf den Marlborough Upplands sind auch sonst die vorgeschichtlichen
Bauwerke. Die Siedlung von Odistock bei Salisbury, aus der Zeit von
200 v. Chr., ließ nicht bloß den extensiven Anbau von Weizen, Gerste, Hafer,
Bohnen, Erbsen, sondern auch eine Anzahl Gruben zur Aufspeicherung der
Feldfrüchte und Öfen zum Trocknen des Getreides erkennen. Oft wundert
man sich, daß die viele Jh. alten Hügelgräber von Wind und Wetter nicht
stärker abgetragen sind.

Heute gehört auch Salisbury Plain zu den relativ dünn besiedelten Gebieten des englischen Flachlandes (Dichte in einzelnen Gem. unter 20). Nur
um S a l i s b u r y , die volkreichste Stadt von Wiltshire und dessen Gr.St.
(26 460; 30 550), zeigt sich eine gewisse städtische Verdichtung. Dieses
selbst ist eine Schöpfung des Mittelalters, hat aber in Sorbiodunum, bzw.
Old Sarum einen wichtigen Vorläufer gehabt [517*, 624*; 518, 518 a, 524].
Es blühte auf, seitdem (1220) der Bischofssitz von Old Sarum nach ihm verlegt worden war. Von Heinrich III. zur Freistadt erhoben, mit Mauern und
Gräben umgeben, spielte es bald im Woll- und Tuchhandel („Salisbury

Whites") eine große Rolle. Wie schon die vorgeschichtlichen Höhenwege und die Römerstraßen auf den Talknoten an der Mündung des Bourne in den Avon, kurz unterhalb der Vereinigung von Wylye und Nadder, zielten, so heute die Straßen und Eisenbahnen. Aber nicht unten im Tale wie Salisbury, sondern 3 km n. auf dem Riedel zwischen Avon und Bourne stand das alte Sarum, wo die Straßen von Venta Belgarum und von Durnovaria zusammenliefen. Salisburys Wahrzeichen ist seine Kathedrale, 1220—1258 errichtet aus dem gelben, im Sonnenlicht grünlich schimmernden Portlandsandstein des Vale of Wardour; die Spitze ihrer Turmnadel lugt über die Hügelwellen hinaus. Auch sonst weist es noch alte Bauten auf, Kirchen, Häuser, das „Poultry Cross" mit seiner Dachkrone. Ganz regelmäßig schachbrettförmig

Abb. 36. Devizes, Hauptplatz mit „Market Cross". Man beachte, daß diese „Marktkreuze" nicht einfache Kreuze, sondern prächtige Denkmäler sind.
Aufn. J. Sölch (1930).

(„Chequers") ist der Grundriß der Stadt, auf deren geräumigem Marktplatz sich der Verkehr mit der Umgebung sammelt. Ihre Industrien sind unbedeutend, der bloß 15 m breite Avon bietet bloß einen unzulänglichen Wasserweg. Die Tuchweberei war schon vor 100 J. eingegangen [11 b, 12, 827; 60*]. Dagegen hat das benachbarte, am Zusammenfluß von Nadder und Wylye gelegene Wilton (2195; 2436), das in der vornormannischen Zeit der Hauptort der nach ihm benannten Gr. war, jedoch mit dem Aufblühen von Salisbury niederging, die Teppichweberei behauptet, die es 1835 von Axminster übernahm (vgl. S. 219).

Über Salisbury führt die Hauptlinie der S.R. von London nach SW-England. Sie benützt das Naddertal, das in die Vale of Wardour Anticline eingeschnitten ist, wo die gleiche Schichtfolge mit ähnlichen Formen aufbricht wie im Vale of Pewsey, aber auch die Tone, Schiefertone, Mergel und mergelige Kalksteine der Purbeck und die Kalke und Oolithe der oberen Portland Beds, ja die unteren, mehr tonigen oder sandigen, auftauchen. Viele Steinbrüche sind hier in die Talgehänge geschlagen; der Portland Stone ist nicht nur bei der Kathedrale von Salisbury, sondern auch bei denen von Rochester, Chichester, beim Balliol College in Oxford, bei Abteien und Burgen

als Baustein verwendet worden, abgesehen von seiner Verwertung als Straßenschotter [221]. Alle jene Gesteine, des Lower Chalk, Upper Greensand und
Gault (diese beiden oft als Selbornian Group zusammengefaßt), Wealdentone
usw., umsäumen dann auch den W-Rand der Salisbury Plain, einerseits ö.
Wincanton, andererseits bei Shaftesbury. Hier am Rand ist der Obere Grünsand der Hauptwasserspeicher, seinem Ausstrich folgt eine Reihe alter Dörfer, jedes gelegen in einer grünen Mulde, in welcher eine oder mehrere Dauer-
quellen austreten. Doch sind seine steifen Böden nur dort für den Anbau
wertvoll, wo lehmige oder kalkige Stoffe auf sie herabgeschwemmt sind.
Kleine Felder mit hohen Hecken und kleine Farmen mit Milchwirtschaft sind
für ihn bezeichnend. Auf den Gaulttonen kehrt wie gewöhnlich das Grasland
mit Gehölzen wieder. Auch der Untere Grünsand versorgt Dörfer und Farmen mit Wasser, das an der Grenze gegen die Kimmeridgetone entspringt
[115, 21 1]. Diese, mit Gras oder Gehölzen bewachsen, sind im Vale of
Wardour nur undeutlich aufgeschlossen, nehmen aber im W größere Flächen
ein. Auf einem Sporn der Grünsandstufe und gleich den benachbarten Dörfern größtenteils aus Oberem Grünsandstein erbaut, steht, etwas abseits der
Bahn, dafür aber wichtiger Straßenknoten, das kleine S h a f t e s b u r y in
Dorset (2367; *3390*), das sich rühmt, eine der ältesten Städte Englands
zu sein (Caer Palladour?, c. 871 Sceaftesburi). Einer von Alfred dem Großen
880 gegründeten Benediktinerabtei verdankte es ehemals seine Bedeutung.
Sö. streichen die Downs des Cranborne Chase gegen SW, morphologisch der
Salisbury Plain ähnlich, aber reicher an Gehölzen — bis in die Zeit der
Stuarts ein beliebtes Jagdgebiet der englischen Könige. Zwischen den wasserarmen Flächen, deren Farmen ihre Brunnen 30—100 m abteufen müssen,
ziehen die Täler der „Bournes" mit ihren im Jahreszeitenwechsel sich so sehr
verschiebenden Quellen; ist doch zur Zeit der „low springs" das Taranttal
bis 40 m H. hinab fast trocken, während die „high springs" des Winters
stellenweise in 80 m fließen [21 1]. Das „Städtchen" Cranborne selbst (596 E.)
entstand im Anschluß an ein 980 gegründetes Benediktinerkloster, dessen
Abt jedoch 1102 nach Tewkesbury übersiedelte.

Ein anderer Jagdbereich der Könige schaltete sich zwischen die Marlborough Uplands und Salisbury Plain im S a v e r n a k e F o r e s t ein, wo sich
ein großer Waldbestand mit Eichen und Buchen auf den 2—3 m mächtigen
fintführenden Tertiärtonen bis heute erhalten hat. Hingegen beträgt die Dichte
in der Gem. South Savernake (Bez. Marlborough) nur 10. Auch gegen E,
beiderseits des Kennettals, wo die Londontone und jüngere eozäne Tone und
Sande gegen das Londoner Becken einen breiteren Raum einnehmen, sind
Wald und Gehölze, bzw. Heidestriche verhältnißmäßig zahlreich, selbst auf
den benachbarten Kalkhöhen, soweit sie noch Reste der Tertiärdecke tragen.
Die vielen Ortsnamen auf -ley deuten auf eine jüngere Phase der Besiedlung.
Im Grunde genommen ist das Gebiet ein Ausläufer des Londoner Beckens
(vgl. S. 65, 163), von dem es auch wirtschaftlich beherrscht wird. Aber auf
drei Seiten von der Kreidekalklandschaft umfaßt und anthropogeographisch
mit ihr vielfach verbunden, nimmt es eine vermittelnde Stellung ein.

Zwischen Avon und Test dringt das Tertiärriedelland am weitesten gegen
N vor, ja es erfüllt, nur durch die Antikline des Dean Hill-Rückens (156 m)
unterbrochen, auch die Synkline von Alderbury. In deren weichen Readingschichten, Londontonen und Baghotsanden ist das Deantal ausgeräumt. Auslieger der Readingschichten, Sande und Tone, bedecken sogar n. noch Beacon
Hill und den durch sein „Camp" bekannten Sidbury Hill (224 m) am W-
Rand des Beckens von Andover. In diesem haben sich wegen der Häufigkeit

der eozänen Deckgesteine größere Waldbestände erhalten (Harewood Forest ö. Andover u. a.), erst auf den Downs um Inkpen Beacon und zwischen Newbury und Whitchurch fehlen sie ganz. Im allgemeinen etwas niedriger als Salisbury Plain (größtenteils unter 100 m H.), ist W i n c h e s t e r P l a i n zwischen Test und Rother, aber sie steigt im E gegen das Wealdgewölbe hin merklich an, bis die Kreidekalke schließlich eine gut ausgeprägte Schichtstufe zum Rothertal kehren (Weatham Hill n. Petersfield 247 m); und wieder bildet unter dieser der Malmstone (Oberer Grünsand) eine 15—17 m hohe Vorstufe, sehr zum Rutschen auf den Gaulttonen geneigt, an welche sich einerseits das Rothertal knüpft und aus denen andererseits etliche Bäche zum Wey fließen [21 d, e, h, i]. Das niedrige Gehügel ö. des Rother gehört zum Wealdgebiet. Der Malmstone, dessen feiner Witterstaub sich mit den liegenden Tonen zu einem schmierigen, fruchtbaren Boden vermengt, wurde vom Hopfenbau besonders bevorzugt; noch stehen Hopfengärten und Äcker gelegentlich auch auf dem Lower Chalk. Winchester Plain selbst ist reicher an Waldbeständen als Salisbury Plain, wegen der größeren Verbreitung von lehmig-sandigen Böden, die gegen E und SE immer häufiger werden. Für die Kalke ist, wie überall in den Downs, die Buche bezeichnend. Noch ist die Eibe häufig und nicht bloß auf Friedhöfen, sondern auch in Parken und in einzelnen schönen Alleen besonders gepflegt.

Abb. 37. Stonehenge. Leichtwellige, offene Landschaft der Salisbury Plain. Aufn. J. Sölch (1930).

Getreide nimmt einen verhältnismäßig großen Teil der Ackerfläche ein, Weizen und Braugerste werden namentlich um Alresford gepflanzt. Die Milchwirtschaft nimmt zu, die Schafzucht ist zurückgegangen. Prächtige Felder erfüllen auch das Testtal. Das Itchental bei Alresford und Cheriton hat in dem Anbau von Wasserkresse eine Spezialkultur [110].

In der Kalklandschaft von Hampshire, am r. Ufer des Itchen, ist W i n c h e s t e r (22 970; 24 090) die wichtigste Siedlung mit ungef. ebensoviel E. wie Salisbury, diesem aber an geschichtlicher Bedeutung sehr überlegen. Das Caer Gwent der Briten, das Venta Belgarum der Römerzeit, das Wintanceaster der Sachsen waren aufeinander gefolgt. Diese machten es zu ihrer Hauptstadt und als solche wurde es seit der Krönung Egberts (827) auch Hauptstadt von England. 1897 konnte es die Tausenjahrfeier seiner ersten Verfassung begehen. Alfred der Große und Knut förderten es auf alle Weise, erst seit Wilhelm dem Eroberer, der London zur Hauptstadt erhob, begann es zurückzutreten, obwohl es, mit einer starken Feste ausgestattet, Residenz und noch durch Jh. im Handel dessen Nebenbuhler blieb. 634 hatte Bischof Birinus das Christentum eingeführt, in der 2. H. des 7. Jh. wurde Winchester Bischofssitz; die Kathedrale (St. Swithin's, von Walkelin, dem ersten normannischen Bischof, 1079 begonnen) ist sein Wahrzeichen. Vor Salisbury hatte es die Lage am Itchen, der bis hierher schiffbar war, und dadurch die Verbindung mit Southampton Water voraus, während Salisburys Warenverkehr mit diesem und mit Poole auf schlechten Landwegen stattfand. Das Itchental bot einen Zugang von der S-Küste zur unteren Themse, Kaufleute und Pilger zogen, von Southampton kommend, hier vorbei nach Farnham, London, Canterbury; hier liefen auch die Straßen von Poole, Salisbury, Andover zusammen. Angriffen von der Seeseite her nicht unmittelbar preisgegeben, durch seine zentrale Lage für die Beherrschung S-Englands vorzüglich geeignet, war es militärisch ungemein wichtig. Zugleich entfaltete es, besonders in Verbindung mit Southampton, einen weit ausgreifenden Handel, die St. Giles-Messe, auf der gleichnamigen Anhöhe ö. jenseits des Itchen abgehalten, gehörte zu den besuchtesten Englands. Seit Wilhelm dem Eroberer bis Eduard I. hatte es eine große jüdische Kolonie, daher „The Jerusalem of England" genannt. Zu Beginn des 12. Jh. erreichte der Handel seinen Höhepunkt. Schon im 13. Jh. waren Gassen nach den Zünften der Schuhmacher, Weber usw. benannt. Heute ist es nur eine Durchgangsstation an der Hauptstrecke von London nach Southampton, mit einer Abzweigung der Linie über Newbury nach Didcot. Wohl hat es etwas Eisen-, Textil- und Brauereiindustrie, aber eine Fabrikstadt ist es nicht geworden. Dafür hat es sich, abgesehen von seinem Dom, schöne Bauten oder wenigstens Baureste aus seiner reichen Vergangenheit bewahrt, u. a. Teile der Normannenburg, das West Gate, das einzige erhaltene von den fünf Toren der ehemals umwallten Stadt, am oberen Ende der High Street, die Ruinen von Wolvesey Castle, der ursprünglichen Residenz des Bischofs, das Hl. Kreuz-Hospital, Winchester College, die älteste große öffentliche Schule Englands (1382 gegründet) [11 e, 12, 14 a, 110, 810, 812, 818, 819, 99; 624*].

Etwas oberhalb der Mündung des Candover Brook in den Itchen, an der alten, unter Heinrich III. angelegten Straße nach London, ist N e w A l r e s - f o r d (1624) ein betriebsamer Getreide- und Viehmarkt. Schafe, Schafhäute und Wolle werden hier heute nicht mehr verhandelt, aber Braugerste aus der Umgebung, Weizen und Wasserkresse (vgl. o.). Nicht mehr gepflanzt wird die Weberkarde. Einstmals konnte Alresford dank der Maßnahmen seiner Herren, der Bischöfe von Winchester, in Weberei und Walkerei mit Winchester wetteifern; noch unter Heinrich VII. hatte es viele Tuchmacher, Walker und Färber. Um 1200 hatte man durch Stauteiche den Itchen von Winchester herauf befahrbar machen wollen, doch scheiterte der Plan an der Durchlässigkeit der Kalke. Auch A l t o n (6188), ebenfalls an der Straße nach London, aber schon im Weytal vor dem Rand der Kalkplatte gelegen, erzeugte noch bis ins 19. Jh. Wollstoffe, besonders feinere Sergesorten. Dank der Hopfengärten auf den benachbarten Wealdentonen ist es ein Mittelpunkt des Brauereigewerbes; auch hat es große Papierfabriken [110]. Als Industriestadt wird es jedoch von dem Eisenbahn- und Straßenknoten B a s i n g s t o k e (13 865; 15 160) übertroffen. Dieses liegt an der nur 90 m hohen Wasserscheide zwischen Test und Loddon, deren Talflucht den Hauptzugang von der unteren Themse und den ö. Midlands nach Hampshire und zugleich gegen SW-England bietet. Eine Torstadt wie Alton, hatte es bis in die Postkutschenzeit regen Verkehr, Gewinn auch vom Loddon—Wey- (Basingstoke-) Kanal. Aus der Herstellung von Werkzeugen und Ackergeräten hat sich hier eine Großindustrie entwickelt mit Lokomotiven- und Motorfabriken, aus seiner Tuchweberei eine ansehnliche Kleiderfabrikation. Alle diese Städte sind ursprünglich Straßensiedlungen gewesen, gewachsen längs der alten Landstraßen. Im Testgebiet endlich ist A n d o v e r (9692; 12 570) am Übergang der Straße Silchester—Salisbury über den Anton, an deren Kreuzung mit dem Portway Winchester—Cirencester, der Vormarkt (Schafe), freilich längst nicht mehr so wichtig wie noch vor 130 J., wo die von Elisabeth bewilligten großen Messen von Weyhill abge-

halten wurden — am ersten Tag wurden oft mehr als 100 000 Schafe aufgetrieben und verkauft, an den folgenden mit Hopfen, Käse, Pferden, Tuch
gehandelt — und wo ein Kanal von Stockbridge dem Versand von Getreide,
Malz und Holz (aus Harewood Forest nach Portsmouth) diente [19, 610 a;
60*]. Auch O v e r t o n (1885) mit etwas Eisenindustrie und S t o c k -
b r i d g e (826) an der Hauptverkehrsader London—Exeter halten Schafmärkte ab, dieses ist auch durch Forellen- und Aalfischerei bekannt.
W h i t c h u r c h (2961) hatte die erste Papierfabrik gehabt, indes schon 1724
erhielt die des benachbarten Laverstoke das Vorrecht, Notenpapier für die
Bank von England zu erzeugen [11 e, 110].

SE-Wessex. In weitem Bogen tauchen die Kreidekalke gegen das Innere
des Beckens von Hampshire unter die alttertiären Schotter, Sande und Tone,
die ihrerseits vielfach von jüngeren, hauptsächlich pleistozänen Schottern
bedeckt sind [24 b]. Auffällig ändern sich damit Formen, Boden, Bewässerung, Pflanzenkleid, Wirtschaft und Besiedlung: SE-Wessex zeigt ein ganz
anderes Gepräge als NE-Wessex. In einem mehr oder weniger breiten Streifen, je nach dem Vorhandensein eozäner Auslieger, vollzieht sich der im
Wechsel des Gesteins begründete Übergang. Überdies unterscheidet sich NE-
Wessex durch seine größere Höhe und seine Binnenlage von SE-Wessex, das
in breiter Front an das Meer herantritt. Deren Mitte ist die I. Wight vorgelagert, der gegen S aufsteigende Gegenflügel der Senke von Hampshire, ein
durch eine seichte Überflutung abgetrenntes Stück derselben Landschaft und
ursprünglich durch einen längst der Brandung zum Opfer gefallenen Wall
von Kreidekalk mit der I. of Purbeck verbunden. Im W läuft das tertiäre
Flachland in das Downland von Dorchester aus, im E zieht es, sich zwischen
den South Downs und dem Kanal immer mehr und mehr verschmälernd, nach
SE-England hinein. Im W und im E läßt sich daher SW-Wessex noch weniger scharf abgrenzen als im N; für manche Zwecke eignen sich hierzu die
Grenzen der Gr. Hampshire am besten.

Im allgemeinen ist SE-Wessex ein flaches Riedel- und Hügelland. Nur
mit seinen höchsten Punkten zwischen Southampton und Fordingbridge über
100 m hoch, fällt es in leichten Absätzen zum Meer hin, an dem es z. T. mit
prächtigen Kliffen abbricht. Aus dem halbkreisförmigen Kreidekalkrahmen
kommen alle größeren Flüsse: Frome, Stour, Avon, Test, Itchen, Meon [11 e].
Sie münden in Ästuaren mit geräumigen Watten von meist sehr verwickelten
und veränderlichen Umrissen. Denn sie selbst, Küsten- und Gezeitenströmungen führen Sinkstoffe herbei und ordnen sie im Verein mit Wind und Wogen
stets von neuem, während die Brandung unermüdlich gegen die Kliffe heran-
drängt. Mit leicht geschwungenen Linien buchten sich im W Bournemouth
(oder Poole) Bay und Christchurch Bay ein, durch Hengistbury Head und
den daran anschließenden Haken getrennt; dahinter vereinigt Christchurch
Harbour die Mündungen von Stour und Avon, Poole Harbour nimmt den
Frome auf. Von dem Haken von Hurst Castle, schon gegenüber der I. Wight,
zieht der Sund The Solent zuerst gegen ENE, dann gegen ESE; die Reede
von Spithead führt wieder in den Kanal hinaus. Der E-Flügel setzt sich
landeinwärts in der langen Bucht des Southampton Water fort, das sich in
die Mündungen des Test und des Itchen gabelt und den Hamble am Ausgang
zum Solent aufnimmt. In diesen selbst mündet der Meon. Der Untergrund
des Solent zeigt Rücken, Wannen und Furchen. Die Hauptrinne ist über
10 Faden tief, im W-Flügel aber meist nur 5—10, bloß am Eingang, s. Hurst

Castle, 31 Faden (56,7 m). Spithead wird s. Portsmouth 17 Faden (31 m) tief [21 n, o, s, t].

Eozäne Ablagerungen, gleichaltrig mit denen des Londoner Beckens, erfüllen die Senke von Hampshire [21 h, m—o, r—t, 24 b]. Bloß im New Forest reichen auch oligozäne von der I. Wight her, wo sie weiter und vollständiger verbreitet sind, auf das Hauptland hinüber (vgl. u.); ihre einst viel größere Ausdehnung wird durch einen letzten Rest auf einer n. Vorhöhe der Purbeck Hills erwiesen. Da die Schichten von allen Seiten her, wenn auch nur flach, gegen das Beckentiefste einfallen, so folgen in dieser Richtung immer jüngere Glieder aufeinander. Allerdings nur im großen ganzen ist die Senke ein synklinaler Trog, im einzelnen wird auch sie, wie die Kreidekalktafel von NE-Wessex, von untergeordneten Wellungen durchzogen, deren Achsen meist E bis SE streichen [24 b] (vgl. Abb. 2, S. 3). Eine von ihnen tritt im Portsdown n. Portsmouth auch morphologisch kräftig hervor als ein 16 km langer, schmaler, 60—125 m hoher Kreidekalkrücken. Eine hier über 2000 m abgeteufte Probebohrung auf Erdöl, welche 690 m Kreidekalk, 1292 m Jura, 20 m Rhät durchstieß und in dem Tea Green Marl des Keuper abgebrochen wurde, blieb erfolglos [226]. Zwischen dieser Portsdown Anticline und die South Downs schaltet sich die hauptsächlich mit Londontonen gefüllte Chichester Syncline ein (vgl. S. 9). Von der I. Wight her zieht über den Solent und Lymington eine andere Antikline (Porchfield Anticline). Sie wird beiderseits von Synklinen begleitet, in denen sich die oligozänen Headon Beds erhalten haben, einerseits im New Forest um Beaulieu und Lyndhurst, andererseits an der Küste nw. Hurst Castle. An dieser steigen dann, längs Christchurch und Bournemouth Bays in schönen Schnitten erschlossen, nach der Reihe die eozänen Ablagerungen auf [37, 37 a]: die Barton Beds, unten Tone und sandige Tone echt marinen Ursprungs, oben Sande, in seichterem Wasser abgelagert; die Bracklesham Beds, deren gelbe, weiße und graue Sande und Tone, teils fluviomarin, teils marin, stellenweise reich an Ligniten, bei Bournemouth in vier Abteilungen gegliedert werden; die Bagshot Beds, ebenfalls gelbe und weiße Sande mit Einlagerungen von Pfeifentonen und reichen Resten einer subtropischen Flora, bis hinüber nach Poole Harbour; die Londontone, hier schon stärker sandig und viel weniger mächtig als im E (bei Wimborne 30, im E rund 100 m), die zusammen mit den Reading Beds allenthalben mit schmalem Band die Kreidekalke umsäumen, auch die des Portsdown [21 m, r, s]. Die gleiche Schichtfolge kehrt auch sonst vom Inneren gegen die Ränder der Senke wieder. Die I. Thorney, Hayling, Portsea zeigen zwischen Kanal und Portsdown die Abfolge von den Bagshot Beds bis zum Kreidekalk. Die Barton Beds ziehen über Southampton Water gegen WNW in den New Forest hinein, die Bagshot Beds vom Hamble über den Itchen zum Test bei Romsey. Diese und die Bracklesham Beds, zusammen oft 200 bis 250 m mächtig, bauen überhaupt den größten Teil des Riedellandes auf, eine unaufhörliche Folge von verschiedenfarbigen Sanden und Tonen, Kies- und Schotterlagen, und bestimmen daher weithin das Landschaftsbild [21 n, o, t].

Die auf die miozäne Faltung folgende Einebnung, besorgt durch Flüsse, Massenbewegungen und Abspülung, hat in dem wenig widerständigen Gelände leichte Arbeit gehabt, die altpliozäne Abrasion hat das Werk weitgehend vollendet; ein mehrere 100 m mächtiger Schichtverband wurde abgetragen [21, 327]. Dann wurden über die weiten Flächen ausgedehnte Schotterdecken gebreitet, die ältesten, höchsten wohl schon im Pliozän, die Hauptmasse erst während der Glazialperiode von den damals durch Schmelzwässer genährten Flüssen. Diese Plateau Gravels liegen auf den Höhen bis zu 90 m, steigen aber, umgelagert (z. T. durch Solifluktion), an den Talhängen bis nahe an die heutigen Talsohlen hinab. Im s. New Forest, wo sie vielfach über den Headon Beds auf den Zwischentalscheiden ruhen, tauchen sie am Solent im Meeresniveau unter die rezenten Ablagerungen. In größerer Ausdehnung bedecken sie die Höhen um Bournemouth und bei Southampton [21 m—o, s, t; 311 b, 319 a]. Die Zerschneidung selbst erfolgte in mehreren Phasen. Die Ruhepausen brachten Seitennagung und neue Aufschüttungen. So entstand das heutige Riedelland. Längs aller Haupttäler stellen sich übereinstimmende Terrassensysteme ein, entlang dem unteren Avon über den in 8—10 m gelegenen Talschottern in 20, 30, 45, 60, 80—90 m O.D. Sie zeigen vornehmlich kantengerundete und gerollte Flinte und Quarzsande, haben jedoch wenig organische Reste geliefert. Die höheren Terrassenreste (seinerzeit „Eolithic Terrace" genannt) entsprechen anscheinend einem in SE-England weitverbreiteten Niveau, das einen Meeresspiegel in 50—55 m H. verlangt, die niedrigeren den Terrassen des Themsetals [323 a]. Leider gestatteten bisher Chelles- und Acheulwerkzeuge, die in der 45 m-Terrasse gefunden werden, keine einwandfreie Altersbestimmung. Doch scheint diese „Palaeolithic Terrace" mit dem gehobenen Strand von Goodwood in Sussex (vgl. S. 12) zusammenzuhängen, der n. Chichester Harbour in 30—40 m H. gegen das Portsdown heranzieht. Durch einen mehr weniger verwischten Abfall wird er auch im Gebiet von Portsmouth von einer jüngeren Terrasse getrennt, die, in der Fortsetzung des Strandes von Worthing—Brighton gelegen, von ungef. 15 m H. bis unter den Meeresspiegel absinkt und die Küstenniederung ö. Southampton Water mit ihren Halbinseln und Inseln bildet. Hier, auf einem fast ebenen Land von selten mehr als 7, meist 3—6 m H. mit kaum wahrnehmbarem Gefälle, ist sie reichlich von Brick Earth bedeckt, mit welcher oft ein Coombe Rock eng verbunden ist, entsprechend einer kalten Phase; beide lagern auch auf einem noch jüngeren, tiefsten Strand. Das Verhältnis dieser Strandlinien zu denen weiter im E ist noch nicht eindeutig geklärt. Auffällig ist, daß die oberste, älteste, mit einer warmen Fauna und Acheulwerkzeugen, drei Lagen von Head und dazwischen zwei von Brick Earth zeigt, d. h. nach ihrer Bildung noch drei Kälteperioden gefolgt wären. Jedenfalls kommen die pleistozänen Klimaänderungen somit in diesen Stranden deutlich zum Ausdruck. Der Befund wird ergänzt durch eine von Treibeis herangeführte Schicht von Erratika, die älteste pleistozäne Ablagerung des Gebietes, die, sich zu Selsey noch unter dem marinen Schlamm mit der warmen Fauna findet und sich bis Lee-on-Solent vor der Küste erstreckt. Die Ziegelerden sind interglazial, ihre Verbreitung zeigt, daß hier das Land zu Ende der Glazialperiode und noch im Neolithikum mindestens 15 m, wahrscheinlich 20—25 m höher als heute stand. Die Küste lag weiter draußen, die I. Wight bildete noch eine Halbinsel, ähnlich der heutigen I. of Purbeck. Die Niederung wurde damals zerschnitten. Erst die spätneolithische Senkung ließ das Meer eindringen, und indem die unteren Flußtäler ertranken, entstanden die Harbours der Küste von SE-Wessex; die I. Wight wurde endgültig abgegliedert. Durch Vorkommen von Torfschichten und Baumstrünken in verschiedener Tiefe unter dem heutigen Meeresspiegel wird die ehemalige Ausdehnung des Landes erwiesen [21 n, s; 24 b, 38 c; 312*].

In Southampton Water zeigten die Dockgrabungen den Verlauf der Senkung: auf Schotter mit Renntierresten folgen Mergel mit Torfschichten und neolithischen Funden, darüber dann die ästuarinen Silte. Torf mit ertrunkenen Wäldern wurde auch in den Docks von Portsmouth und vor der Küste

von Bournemouth festgestellt. Seit dem Abschluß der Senkung (im 2. Jt.
v. Chr.) sind die inneren Winkel der Ästuare und die in sie mündenden Täler
meilenweit landeinwärts in Aufschlickung begriffen. Das Meer hatte in den
meist wenig widerständigen eozänen Gesteinen leichte Arbeit. Bei Bournemouth hat es, nach einer allerdings bestrittenen Auffassung, während des
letzten halben Jh. den Fuß des alten präglazialen Kliffs erreicht und es in
rascher Erosion bereits meßbar versteilt. Kurze, steile V-Kerben („chines")
zerschneiden das Küstenplateau, eingenagt in die vielleicht durch eiszeitliche
Schneeschmelzwässer über Frostboden verbreiterten Böden der älteren Täler,
die einst 2—3 km weiter draußen gemündet haben, aber beim Vordringen des
Meeres immer mehr abgestutzt wurden. In den seichten Harbours werden
infolge des großen Gezeitenhubs bei Ebbe große Wattflächen mit bräunlichem
bis blaugrauem Schlamm sichtbar [21 s, t; 37, 38, 38 a, 330, 331].

Wechselnde Bilder entfaltet die Küste von Hampshire, je nach der Höhe
der Kliffe, die von der Brandung benagt werden, und der Größe der Watten,
die sich davor lagern. Wirkliche Flachufer gibt es nur wenig, Dünen selten.
Abbrüche und Rutschungen, deren Stoffe rasch aufgearbeitet werden, unter-
stützen die Brandung. Die vorherrschenden W-Winde erzeugen gegen E gerichtete Küstenströmungen, die aber durch den Verlauf des Gestades abgelenkt werden. So wird durch eine im Lee der I. of Purbeck auftretende
Gegenströmung der abradierte Sand der Kliffe von Poole Bay vor Poole Harbour und Studland Bay abgelagert, die daher ausnahmsweise von einem größeren Dünenfeld umsäumt wird; verhältnismäßig schmal ist die Öffnung von
Poole Harbour, der schon längst ein abgeschlossener Strandsee wäre, wenn
nicht der Frome in ihn mündete. Seine Umrisse verdankt er dem Ertrinken
eines niedrigen Sandhügelsumpflandes. Die H.I. South Haven, die ihn von
Studland Bay trennt, hat erst in den letzten 200 J. ihre heutige Gestalt erhalten und weist eine den Böden (Sand, Schlamm, Kies) entsprechende Vegetation von Heidekraut, Glockenheide, Adlerfarn, Strandbinse usw. auf [317,
326, 412; 440*]. Dünen tragen auch die Strandwälle des Hakens im Lee von
Hengistbury Head, deren Material von der in Bournemouth Bay gegen E
ziehenden Strandvertriftung herbeigeschleppt wurde. Doch ist der Haken angeblich erst seit M. des vorigen Jh. durch künstliche Eingriffe entstanden,
übrigens in seinem umgebogenen nö. Teil ein sehr veränderliches Gebilde, so
daß sich das „Run", der Kanal zwischen Christchurch Harbour und dem
Meer, gelegentlich verschiebt [315, 414]. Der 3,5 m hohe Haken von Hurst
Castle mit seinem Flintgeröll zieht, entsprechend der Richtung der aus SW
kommenden wirksamsten Wellen, erst gegen SE und biegt dort nach E um, wo
die herangeführten Stoffe infolge der Zunahme der Wassertiefe nicht mehr
ausreichen. An diesen ö. Teil schließen sich, durch NE-Stürme aufgebaut,
etliche gegen NW gerichtete kurze Haken an, deren „fulls" das seitliche Anwachsen erkennen lassen; auf den Karten des 16. Jh. sind sie noch nicht verzeichnet. Nur kurz ist der Haken an der Mündung des Beaulieu Water,
etwas länger der von Calshot Castle, der den Sender von Southampton trägt.
Strandgerölle umsäumen die Küste der Harbours im E; am S-Ende von
Thorney sind die niedrigen Kliffe um die Jh.Wende im J.Durchschn. 1 yard
zurückgewichen [21 n, o, s, t; 314; 312*; I³³³].

Vielleicht nirgends in ganz S-England, wenn man von der SW-Halbinsel
absieht, gibt es gegenwärtig noch so viele einsame, dünn besiedelte Wald- und
Heidestriche. Die germanischen Eindringlinge haben sie nicht urbar gemacht, sie benützten sie nur als Weideland. Die Eichenwälder waren wert-

voll für die Schweinemast und als Holzlieferer. Die Behauptung der
Annalisten des 12. Jh., Wilhelm der Eroberer habe einen blühenden Landstrich durch Austreibung vieler Bauern veröden lassen und so den New
Forest geschaffen, ist unglaubwürdig, wenn auch vielleicht einige randlich
gelegene Dörfer in diesen einbezogen wurden. Tatsächlich hatten die meisten
der Manors um den New Forest keinen eigenen Wald, sondern sandten ihre
Schweine in den königlichen Forst [624*]. Immerhin ließen sich die Germanen in den Tälern des Riedellandes nieder, welche von der vorgeschichtlichen und der britischen Bevölkerung noch gemieden worden waren und die
ihnen die Zugänge von der Küste her in das Innere des Landes geboten
hatten. Auch die prähistorischen Einwanderer waren von der Küste gekommen, Hengistbury Head war ein beliebter Stützpunkt gewesen [511a*], New
Forest schon lange vor der Ankunft der Römer besiedelt worden [56, 511].
Vielleicht erreichten die Westsachsn von N her die Kalklandschaft; aber die
Jüten, die sich auch auf der I. Wight niedergelassen hatten, stiegen das
Meontal aufwärt ("Meonwaras") und die Dänen suchten u. a. von Poole ins
Innere vorzustoßen [621*, 622*, 637*]. Auf die Gründungen der Benediktiner-
klöster der sächsischen Zeit (St. Swithin's und Hyde Abbey zu Winchester;
Christchurch, Portchester) folgten später, längst nach der normannischen
Eroberung, die Zisterzienserklöster von Beaulieu (1204) und Netley (1239)
und die Prämonstratenserabtei Titchfield (1222), alle reich begütert und auf
die Hebung von Landwirtschaft, Waldnutzung, Fischzucht bedacht. Auf
Southampton Water baute und sammelte Alfred der Große eine Flotte und
über Southampton entwickelte sich der Handel von Winchester mit dem
Festland, besonders mit Frankreich, seit die englischen Könige (Heinrich II.)
auch über große Teile von S-Frankreich geboten. In nächster Nähe von
Southampton hatten schon die Römer ihre Station Clausentum (Bitterne)
gehabt [538]. Dagegen hatte deren wichtigster Hafen Portus Adurni (Por-
chester) seine Bedeutung eingebüßt. Erhöhte Wichtigkeit gewann die Küste
in den langen Kämpfen mit Frankreich, und wieder hatte Southampton, wo
die Flotte ihren Hauptstand hatte und die Schiffe aus dem Holz des New
Forest und anderer Eichenwälder gebaut wurden, den größten Gewinn. Auch
mit der Levante blühte der Handel bis in die Türkenzeit, eine Zeitlang
besonders durch Vermittlung der Genuesen (vgl. S. 195). Später schaltete
sich Southampton immer mehr in den atlantischen Überseehandel ein.
Flüchtlinge aus den Niederlanden und später die Hugenotten verfertigten
feine Wollstoffe. Die Hugenotten errichteten auch etliche Papiermühlen
in Hampshire. Im übrigen war dieses schon im Mittelalter durch seine
Biere (ale) bekannt, es erzeugte Cider, betrieb in seinen Stauteichen Fischzucht und gewann Seesalz, zumal um Lymington. Hier und an anderen
Küstenorten betrieb man Fisch- und Krabbenfang. Doch hatte das s. Hampshire nur wenige bessere Straßen, obwohl schon 1710 die erste Mautstraße
von London nach Portsmouth angelegt wurde [11e], und die Kanalprojekte,
z. B. den Test bis Andover hinauf zu kanalisieren, waren beim Beginn des
Eisenbahnbaus noch nicht verwirklicht.

Wald und Heide sind auf den Böden von SE-Wessex das natürliche
Pflanzenkleid, und auch heute noch bedecken sie ansehnliche Flächen,
namentlich im New Forest, dem größten zusammenhängenden Walde Englands. Hier stehen auf den Bartontonen Tausende von Eichen, auf den
trockenen Höhen der Bartonsande Föhren und Buchen; viele offene Callunaheiden schalten sich dazwischen ein, anderswo Quellmoore. Die breiten,
nassen Talgründe mit Ortstein in geringer Tiefe sind oft von Torfmooren

mit Wollgräsern, Sumpfschachtelhalmen und Birken, von Erlendickichten und Schilfsümpfen erfüllt und werden von eisenhaltigen dunkelbraunen, aber klaren Bächen durchflossen [96, 911]. Auch die Plateauschotter auf den Headonschichten und diese selbst sind teils bewaldet, mit Eichen, Föhren — Stechpalmen sind ziemlich häufig —, teils Calluna- und Erikaheide. Einst hat der New Forest, wie bereits bemerkt, der Schweinemast der benachbarten Dörfer gedient und lange Zeit Holz für den Schiffbau von Southampton und Lymington geliefert, aber er blieb ein armes Land, nur in großen Abständen finden sich einzelne kleine, eingehegte Anwesen oder ein strohgedecktes, sich altertümlich gebärdendes Wirtshaus. Jetzt bringt der moderne Verkehr auf vortrefflichen Straßen viele Fremde hin, von denen die paar anmutigen, in Wald- oder Parklandschaft gebetteten Dörfer den Hauptgewinn haben. Die kleinen, wetterharten Ponies der New Forest-Rasse tummeln sich auf den Wiesen, Magervieh weidet das ganze Jahr auf den uneingehegten, dem Staat gehörigen Flächen. Selbstgewählte „Verderers" sollen wieder wie früher als Rechtswahrer über die Einhaltung der Forstgesetze wachen. Sie tagen in dem Hauptort des Forest, zu L y n d h u r s t (2594), das allerdings an E.Z. von Eling und Fawley infolge ihrer neuen Entwicklung als Siedlungsorte stark übertroffen wird (Eling 1921: 3759; 1931: 5586; Fawley 1941, bzw. 3394) [416, 511, 96, 911].

Wellige Heiden mit viel Farnkraut und Föhrenpflanzungen stehen auf den Schottern, den Podsolböden der Bagshot- und Brackleshamschichten zwischen Avon und Allen und auf der Platte von Bournemouth. Größere Waldbestände haben sich n. und ö. Southampton und auf den Londontonen n. des Portsdown im Gebiet des ehemaligen Forest of Bere erhalten; Eichen und Eschen sind hier und auch sonst für die Londontone bezeichnend. Ein eigenes Pflanzenleben entfaltet die Küste, gekennzeichnet durch weite Flächen mit *Spartina Townsendii*, einer Hybride der aus Amerika eingeführten *Sp. alterniflora* und der europäischen *Sp. stricta*. 1870 zum erstenmal von Southampton Water erwähnt, hat sich dieses Gras in den letzten Jz. an der Küste Hampshires auffallend ausgebreitet, wichtig dadurch, daß es die Gezeitenwirbel bricht, als Schlick- und Tangfänger wirkt und den Landgewinn fördert. Auf feinerem Schlamm folgt ein förmlicher Wiesenteppich von Strandschwaden (*Glyceria maritima*) und Strandmelden (*Atriplex portaculoides*), dessen Gürtel dann in das Weideland mit den nicht halophilen Pflanzen übergeht [47 a; 440*].

Längs der Haupttäler zieht altes Kulturland aufwärts. So schalten sich im Avontal Äcker und Weiden um Ringwood zwischen Heide und Wald ein und auf den niedrigen Ausläufern des New Forest gegen die Küste hin Felder und Heckenzeilen zwischen Ginster, Heidekraut und Grasflächen. R i n g w o o d (5887) betätigt sich in Eierhandel, doch hat es längst nicht mehr die Bedeutung wie früher als Brücken- und Rastort an der Straße Winchester—Poole; wie im benachbarten Fordingbridge blühte dort die Handschuhmacherei. Ihm entspricht im Testtal an derselben Straße R o m s e y (4862; *6126*), ursprünglich eine Klostersiedlung (910), das zwar noch Gerberei und Müllerei betreibt, aber nicht mehr Tuch und Papier erzeugt [11 e]. Für den Ackerbau sind am besten das Schwemmland der Flüsse, die Ziegelerde und die Talschotter geeignet, auf deren kalkreichen, mitunter sehr fruchtbaren Böden der Weizen gut gedeiht. Gemüsebau hat sich in der Umgebung von Southampton und Bournemouth entfaltet. Mehr örtlich hat sich auf nicht zu kalten tonigen Böden dank der starken Nachfrage in London und den benachbarten Seebädern der Erdbeeranbau entwickelt,

besonders um Swanwick und Botley im Hambletal, wo die Erdbeeren etwas
früher reifen als in Kent und im Juni und Juli das Erdbeerpflücken die
wichtigste Beschäftigung ist (Erdbeerzüge nach London) [12]. Broadstone
(w. Bournemouth) hat Lavendelkulturen. Im Itchental begünstigen saftige
Rieselwiesen die Milchviehhaltung [48]. Diese ist ebenso wie der Erdbeeranbau infolge des Kraftwagenverkehrs aufgeblüht, der dem vorher etwas
abgelegenen und zurückgebliebenen Gebiet einen gewissen Aufschwung
ermöglichte. Denn die Haupteisenbahnlinien dienten fast ausschließlich der
Verbindung zuerst von London mit Southampton (1842) und Portsmouth,
dann auch mit Dorchester (1847) und mit Bournemouth. Dem Avontal folgt
überhaupt kein zusammenhängender Schienenweg. Industrie gibt es im
Binnenland wegen des Fehlens von Kohle nur ausnahmsweise, bloß etwas
Ziegel- und Töpfereiindustrie, für welche die mancherlei Tone (Londontone,
Tone der Reading Beds, Ziegelerde) den Rohstoff liefern. Erst dem 20. Jh.
gehören die Lokomotiven- und Waggonfabriken von E a s t l e i g h - Bishop-
stoke (18 335; 27 200) in der Itchenniederung an, einem ganz regelmäßig
angelegten Arbeiterdorf, wo die Linien nach Portsmouth und Salisbury von
der Hauptlinie Southampton—London abzweigen. Große Industrie- und
Fabriksviertel weisen Portsmouth und Southampton auf.

Von den alten Hafenplätzen führen H a v a n t (4350; 1945: H. and
Waterloo 26 870) im Hintergrund des Longstone Harbour und F a r e h a m
(11 595; 36 940) am Portsmouth Harbour auf Schiffen mit geringem Tiefgang Getreide, Holz und Kohle ein; besonders Fareham, das auch Dampfmühlen, Kraftfahrzeug- und Töpfereiindustrie hat, betreibt lebhaften Küstenhandel. An der Mündung des Hamble obliegen die Dörfer Hamble (1203)
und gegenüber Warsash, wo seinerzeit die Mönche von Beaulieu
Austernzucht betrieben hatten, dem Krabben-, Hummer- und Fischfang.
L y m i n g t o n (5177; 19 910), am Ästuar des gleichnamigen Flusses gelegen und mit Yarmouth auf der I. Wight durch eine Fähre verbunden,
beschäftigt sich mit dem Bau von Yachten und kleineren Schiffen; seine
Salzgärten („salterns"), die von hier bis Hurst die Watten begleiteten und
bis ins 19. Jh. herauf eine Haupteinnahmequelle waren, sind infolge der
Überlegenheit des Salzes von Cheshire seit 1865 eingegangen [614 a]. Auch
C h r i s t c h u r c h (ursprünglich Twynham; 9190; 16 680), dessen Augustinerkloster eine Ruine, dessen mächtige Prioratskirche sein Wahrzeichen ist,
hat seine einst durch eine Normannenburg betonte Bedeutung eingebüßt,
doch ist es noch immer ein Mittelpunkt des Fischfangs und -handels (Lachse,
Seezungen, Flundern, Heringe; auch Hummer und Krabben). Es wird heute
in Schatten gestellt durch das großstädtische Seebad B o u r n e m o u t h
(116 797; 126 640), das zu beiden Seiten der Kerbe des Bournetals auf dem
Kliff oben steht, mit prachtvollen Gartenanlagen, Parken, Spielplätzen, umrahmt von Föhrenhainen und Heiden auf den Sandhöhen und mit „goldenem"
Sandstrand (Abb. 38). 1812 wurde im offenen Heideland an der Straße
Christchurch—Poole der erste Ansitz erbaut, ein Gasthaus, ein paar Häuschen kamen dazu, erst 1870 erhielt der kleine Ort eine Bahnstation; 50 J.
später ist es eine Großstadt geworden. Zwar teurer als die Seebäder
SE-Englands und weiter von London entfernt (160 km), dafür mit wenig
Industrie (Kraftfahrzeuge; Kohlehydrierung), lockte es reiche Ruheständler
und Aktionäre, die keine Funktion in der Geschäftswelt haben, zur Niederlassung oder wenigstens längerem Besuch; ihren Ansprüchen weiß es zu
genügen, ihnen verdankt es sein Gepräge. Besonders groß ist der Anteil der
weiblichen Bevölkerung (viele Hausgehilfinnen!) [117, 85, 818 a, 823]. Das

ö. benachbarte, schon eingemeindete B o s c o m b e zeigt ähnliche Züge. Im
übrigen umsäumt heute die Küste bis hinüber nach Hurst Castle eine ganze
Reihe kleiner Seebäder (Southbourne bei Christchurch, Highcliffe, Barton,
Milford-on-Sea). Bournemouth selbst ist das „shopping centre" für einen
weiteren Umkreis, auch für die im äußersten W des Hampshire Basin gelegenen (zu Dorset gehörigen) Städtchen im Stourtal: W i m b o r n e M i n-
s t e r (3895), eine der ältesten Klostergründungen (um 705) des Gebietes,
Sturminster Marshall und B l a n d f o r d F o r u m (3320; *1140*; mit dem
gegenüberliegenden Blandford St. Mary, 3646), das die Übergangsstelle der
Straße Salisbury—Dorchester über den Fluß an dessen Austritt aus den
Dorset Heights bezeichnet (Segeltucherzeugung und Seilerei).

Bournemouth hat auch das alte S w a n a g e (877 Swanawic; 6274)

Abb. 38. Bournemouth. Aufn. J. SÖLCH (1926).

überflügelt, dessen Hauptstraße zu den Steinbrüchen im Purbeck Stone-
ansteigt, mit dem es gewinnbringenden Handel betreibt und aus dem es
früher seine Häuser errichtet hat. Mit modernen Villen, roten Ziegelbauten,
zieht es fast 2 km längs der schöngeschwungenen Bucht dahin. Schon vor
100 J. war es ein beliebtes Seebad und damals durch seine Stroh-, Korb- und
Mattenflechterei bekannt [60*]. Noch immer führt es Steine und Tone von
Purbeck aus. Geschäftiger ist das schon zur „conurbation" von Bournemouth
gehörige P o o l e (57 211; 1921: 43 649) dank seinem Fischfang und Küstenverkehr (Abb. 39). Zahllose Masten füllen Poole Harbour. Holz, Getreide,
Kartoffeln und Erdöl werden hier eingeführt. Schon im frühen Mittelalter
wichtig — und deshalb von den Dänen verwüstet —, wurde es 1298 zur Stadt
erhoben. Wiederholt war es ein Hauptsitz des Küstenschmuggels, durch
Sümpfe auch von der Landseite her geschützt. Einst besorgte es den Wollhandel Salisburys, mit dem es durch eine Straße über die sandigen Riedel
verbunden war. Noch zu DEFOE's Zeit war es der bedeutendste Hafen in der
Mitte der S-Küste, sogar Southampton überlegen. Allein im modernen Verkehr konnte es seine Stellung trotz der Einfuhr von Kohle, Öl, Holz und der
Ausfuhr von Töpferton und Teer nicht behaupten [817, 823], obwohl das
Tidenspiel viermal im Tage H.W. bringt. Denn die Versandung von Poole
Harbour ist weit fortgeschritten (vgl. S. 186). Eine prächtige Dünenneh-
rung schließt ihn ab; nur ein schmales Tief bleibt zwischen der breiten
Sandplatte im S, welche einen Strandsee trägt, und dem schmalen Haken

im N übrig. Bei T.H.W. erinnert er an die Broads von Norfolk. Viele Seevögel wählen ihn im Winter zum Aufenthalt.

Nur zwei Großstädte weist das Becken von Hampshire auf, die Hafenstädte Portsmouth und Southampton. Beide benützen die Doppeltiden des
Solent und die Deckung durch die I. Wight, aber mit ganz verschiedenen
Funktionen. P o r t s m o u t h (249 283; 179 240) ist die größte Stadt der
englischen S-Küste, der größte Kriegshafen Englands und bis 1940 der
größte der Welt [83 a, 89, 822, 826; BE, 11 e]. Es liegt mit dem w. anschließenden, kleineren Landport an der W-Seite des zwischen Langstone
und Portsmouth Harbours eingeschalteten Portsea Island und wird bloß
durch einen flußartig schmalen Meeresarm, welcher in den Hafen führt, von
dem w. gegenüberliegenden G o s p o r t (40 470) getrennt. Mit dem Haupt-

Abb. 39. Poole mit Poole Harbour von N. Im Hgr. die Höhen der I. of Purbeck.
Aufn. J. Sölch (1926).

land ist es durch eine Straßen- und eine Eisenbahnbrücke verbunden. Im
Vordergrunde breitet sich die geräumige Reede von Spithead aus, auf welcher die ganze britische Kriegsflotte Platz finden kann und die der Schauplatz vieler Segelwettfahrten und Flottenschauen ist. Schon die Römer hatten den strategischen Wert des Harbour erkannt: Portchester — im Hintergrund der dreieckigen, über 6 km langen, über 3 km breiten Watten-
bucht — steht an Stelle jener römischen Flottenstation, welche im W das
Litus Saxonium abschloß. Obwohl von Heinrich I., der auch eine Abtei
gründete, mit einer Burg ausgerüstet, wurde es in der Folge von Portsmouth
abgelöst. Dieses gewann, von Richard I. mit Stadtrecht ausgestattet und
unter Eduard IV. befestigt, zunehmende Bedeutung seit Heinrich VIII.,
der hier überall die Küste befestigte und 1540 das erste Dock einrichtete.
Heute steht es völlig unter dem Zeichen seiner einzigartigen Aufgabe. Auf
der See- und Landseite auf das stärkste befestigt, arbeitet es in seinen Werften, Docks und Fabriken ausschließlich für die Kriegsflotte Englands. In
großen Speichern werden Kriegsbedarf und Lebensmittel geborgen, im
R. Clarence Victualling Yard von Gosport alle Arten von Nahrungsmitteln
für die Marine bereitgestellt. Außer Marinefahrzeugen, u. a. Kreuzern,
werden, mehr nebenbei, auch Yachten und Yachtsegel angefertigt. Die Ausdehnung des alten Portsmouth, das, gerade an der Einfahrt in den Harbour
gelegen, in der Mitte von der Hauptstraße durchzogen wird, ist noch am

Verlaufe der Straßenführung erkennbar. Es ist heute in erster Linie Garnisonsstadt. Zu ihm gehört auch Portsea mit dem R. Dockyard (Trockendocks, Ausbesserungsanlagen usw.), dem Admiralitätsgebäude und der Marinekriegsschule. Weit größer sind das durch einen Streifen von Parken, Übungsplätzen, auch Kasernen abgetrennte Landport, das größte Arbeiterwohnviertel, im NE und Southsea mit den Villen der Bemittelteren, der Offiziere und Marinebeamten in Ruhestand, zugleich als Seebad sehr besucht, mit Wintergärten, Esplanade und der anderen üblichen Ausstattung. Nach alldem kann es nicht überraschen, daß es während des zweiten Weltkrieges ähnlich wie Plymouth und Hull den stärksten Bombenangriffen ausgesetzt war; sein Zentrum, die n. Vorstadt Fratton, Southsea wurden schwer verwüstet [120*]. Als Handelshafen hat Portsmouth jedoch, abgesehen von der eigenen Versorgung und der Aufstapelung für die Flotte, keine Bedeutung (1937: N.Tonn. der im Außenhandel einlaufenden Schiffe 106 403 tons, der auslaufenden 57 771; aber der im Küstenverkehr — I. Wight! — auslaufenden 2,3 Mill. tons); Erdöl (1938: 1,3 Mill. hl), Holz und frisches Gemüse bilden seine Haupt-E. Immerhin beteiligt es sich an der Seefischerei (Seezungen, Schollen, Heringe, Makrelen, Sprotten), am Hummerfang und Austernsammeln. Hayling I. im E, wie Portsea I. mit fruchtbarer Brick Earth bedeckt, ist bereits stark verbaut; die Dünen auf dem SW-Vorsprung werden als golf links verwertet.

Southampton. Tiefer in das Land hineingerückt, näher dem Mittelpunkt des Beckens von Hampshire als Portsmouth, im Zwiesel der Flüsse Test und Itchen, deren Täler Zugänge in das Innere bieten, deren vereinigtes Ästuar, das 1—3 km breite Southampton Water, zum Solent hinausführt, ist Southampton (176 007; *142 310*) der wichtigste Handelshafen der englischen S-Küste geworden [11 e, 12, 81; 85*, 87*, 113*]. Durchschn. laufen dort jährl. über 12 Mill. tons N.Tonn. ein, einschließlich der Küstenschiffahrt mit 1,8 Mill. Eine Verdoppelung des T.H.W. hält den Wasserspiegel 3—4 St. lang in einer H. von 3—4 m. Sie wird dadurch verursacht, daß der Teil der aus dem Ozean kommenden Welle, welcher Großbritannien im N und E umfließt und durch die Straße von Dover gegen W läuft, zwischen Southampton und St. Malo jenem Teile der nächsten Flutwelle begegnet, welcher durch den Kanal gegen E vorrückt. So folgt 2 St. 22 Min. nach dem ersten H.W. ein zweites, 3 St. 13 Min. später N.W. (mittleres Spr. H.W. 4,04 m, N.W. 0,08 m; Nip H.W. 3,5 m, N.W. 0,99 m).[1]) Die Fahrtrinne, im Southampton Water auf 10,7 m (35 Fuß) Mindesttiefe ausgebaggert und im inneren Teil 180 m, im äußeren 300 m breit, gewährt auch den modernen Ozeanriesen die Zufahrt — bei heftigem Winde müssen diese allerdings wegen der Enge der Fahrtrinne vor Cowes außerhalb warten, weil er sie, gegen ihre großen Seitenflächen anprallend, auf eine Sandbank treiben könnte. Die I. Wight ist der große natürliche Wellenbrecher. Die Häfen Frankreichs von der Seinemündung bis nach Cherbourg liegen unmittelbar gegenüber, aber auch die Schiffe, die von den Häfen der Nordsee und überhaupt des n. Europa kommen, bevorzugen aus naheliegenden Gründen den Weg durch den Ärmelkanal und benützen Southampton als Anlegeplatz. Das Hinterland reicht über das Becken von Hampshire hinaus, besonders gegen W; es macht im NW Bristol sein Einzugsbereich streitig, sucht selbst Liverpool im Black Country Raum abzugewinnen und wird nur im NE durch London

---

[1]) Anders gedeutet wurde unlängst die Erscheinung durch A. T. DOODSON und H. D. WARBURG (Tides: theory and prediction. Admiralty Manual of Tides. 1941).

erheblich eingeschränkt. Im Umkreis von 80 km wohnen 2,6 Mill., im Umkreis von 120 km, der auch Bristol und London erfaßt, fast 16 Mill. Menschen. Für London ist es insofern wichtig, als die Bahnfahrt (in 2 St.) für Überseereisen 12 St. Zeit erspart im Vergleich mit der Seefahrt über Gravesend. Direkte Züge verbinden Southampton mit Bristol und S-Wales, mit den Midlands und Schottland (Edinburgh 12 St.). Gegen 600 000 Fahrgäste (70—80% des Überseepersonenverkehrs des Ver.Kgr.) schifften sich im Durchschn. der letzten Vorkriegsj. in Southampton ein oder aus. Der Überseeverkehr erreicht in den Sommermonaten seinen Höhepunkt, wenn an manchen Tagen etliche Tausende Amerikaner landen. Nicht bloß mit Nordamerika, auch mit S-Amerika und S-Afrika, mit Australien und dem Fernen Osten bestehen rasche Verbindungen, nur mit dem ö. Mittelmeer und der W-Küste Amerikas hat Southampton verhältnismäßig wenig Beziehungen. Die britische Flagge herrscht weitaus vor, zumal seitdem es die White Star Line (1907), die Cunard Line (1918) und die Canadian Pacific Line (1922) zum Endpunkt für ihre Paketboote machten. 1938 nahmen 30 Dampfschifffahrtsgesellschaften am Verkehr von Southampton teil. Die deutsche Flagge war viel seltener als vor dem ersten Weltkrieg — bereits 1858 hatte der Norddeutsche Lloyd einen regelmäßigen Dampferdienst zwischen Southampton und den Ver.Staaten eingerichtet! Mehrmals wöch. fahren Personendampfer nach Le Havre (nicht ganz 7 St.), im Sommer auch zu den Kanalinseln und nach St.-Malo-Dinard (im Winter 2—3mal wöchentlich); Frachtdampfer in größeren Abständen auch nach Cherbourg und Honfleur. Gerade die Verbindung mit Frankreich gehört zu den Hauptaufgaben von Southampton. Während des ersten Weltkrieges wurden mehr als 7 Mill. Offiziere und Mannschaft und mehr als 3,7 Mill. tons Güter ein- oder ausgeschifft [81 l]. Im zweiten Weltkrieg wurden u. a. von hier die „Mulberries" über den Kanal für den Angriff auf die Normandie geschleppt [120*].

Ansehnlich ist auch der Warenversand. Es wetteifert im Ges.W. des Handelsverkehrs mit Manchester um die 4. Stelle unter den Häfen des Kgr. (1938: E.W. 29,6 Mill. Pf.St., A.W. 25,4; Wa.W. 7,0; Manchester 44,96, bzw. 15,0, bzw. 0,3). Wird es von diesem im E.W. bedeutend übertroffen, so ist es ihm dafür in A. und Wa. weit überlegen. 1938 standen die Dinge wie folgt: Hauptgegenstände der A. sind Textilien aller Art, Kleider, Leder und Lederwaren (insges. für 9 Mill. Pf.St.), Tabak, elektrische Apparate und Waren, Kraftfahrzeuge, Eisen- und Stahlwaren; Bücher, Gemälde, Drucke, „curios" (insges. für 1,1 Mill. Pf.St.). Der wichtigste Posten der Wa. sind unbearbeitete Felle (Pelze) für 4 Mill. Pf.St. (sowohl 1937 als auch 1938; 1934 nur 1,5) [99*]. Sehr mannigfaltig ist seine E. Vor allem leicht verderbliche Güter, wie Obst, Gemüse, Eier, Blumen, gehen in vielen Tausenden von Kisten über Southampton nach London und in die Midlands. Im Laufe des J. lösen einander dabei Waren und Lieferländer in regelmäßigem Wechsel ab: Broccoli, Blumenkohl, Frühkartoffeln, Tomaten von Guernsey und Jersey, dann die verschiedenen Obstgattungen von den Kirschen angefangen bis zu den Trauben, Orangen aus Spanien, S-Afrika usw. Außerdem werden Getreide, Gefrierfleisch, Tabak, Holz, Wolle, Häute, Felle eingeführt und vorerst in geräumigen Speichern eingelagert. Natürlich fehlen weder die Kohlenlager noch die Öltanks, von denen sich die Schiffe mit Treibstoff versorgen. Fawley soll zwei große Destillationsanlagen erhalten. Auch der Lebensmittelbedarf der großen Personendampfer wird im wesentlichen in Southampton selbst gedeckt, allerdings nur zum kleinsten Teil selbst erzeugt. Dieses ist viel weniger Industriestadt als die anderen größeren Häfen Englands (im ganzen sind 4—5% der Beschäftigten versicherte Arbeiter); aber Schiffbau, auch für die Marine (Zerstörer und Kanonenboote zu Thornycroft und Woolston) und in neuerer Zeit Flugzeugbau (Spitfire) sind ansehnlich [81 c, d, f, g].

Sehr vorteilhaft wurde für Southamptons neuere Entwicklung die Übernahme seines Hafens (1892) durch die L.S.W.R. (in der S.R. aufgegangen), welche die Zahl der Docks vermehrte und moderne Einrichtungen, Geleiseanlagen (45 km Ges.Länge), Speicher für Getreide, Gefrierfleisch, elektrische Kräne usw. schuf (Abb. 40). Dicke Röhren saugen Berge Getreide in wenigen Sekunden in riesige Dampfmühlen, die dort stehen, wo noch vor wenigen J. Sümpfe waren [81 l]. Ausgiebige Vorsorge wurde getroffen für die Ausrüstung der Schiffe mit Kohle, die hauptsächlich mit der Bahn zugeführt wird, z. T. auch schon aus Kent, und mit Öl. Die Ölgesellschaften haben ihre Tanks und Raffinerien teils zu Southampton selbst, teils am Hamble und dessen Mündung gegenüber bei Fawley (Verschwelwerke). Die älteren Docks liegen auf der E-Seite der Landzunge längs dem Itchen: Outer Dock (1842 eröffnet; für den Verkehr mit dem Festland, besonders N-Frankreich, und den Kanalinseln), Inner Dock (1851; Getreide, Obst) und Empress Dock (1890; Gefrierfleisch, Butter, Getreide, Obst), sowie Prince of Wales Dock; auf der W-Seite dagegen Ocean Dock (1911), das gleichzeitig fünf der größten Schiffe der Welt aufnehmen kann (Wartehallen usw.), und Trafalgar Dock. Auf das großzügigste sind jüngst 3 km entlang dem Nordufer des Test neue Docks bis Millbrook Point angelegt worden (bei N.W. bis 13,7 m tief). 1935 wurde King George V. Dock eröffnet, mit 366 m Länge das größte Trockendock der Welt. Itchen und Test Quays handeln namentlich mit S-Afrika (Einfuhr: Obst, Wolle, Häute; Ausfuhr: Maschinen). Insgesamt haben die Hafenbecken 25 ha Wasserfl., die Kais sind etwa 11 km lang. Etliche Trockendocks sind vorhanden, aber nur ein „floating dock" (1924 eröffnet), allerdings das größte seiner Art, das sogar die „Queen Elizabeth" (fast 85 000 tons) aufnehmen kann [81 g, h]. Unmittelbar schließt sich hier die jüngste Entwicklung an jenen ältesten Hafen an, in welchem sich die Kreuzfahrer des Richard Löwenherz und die Kämpfer von Crecy und Agincourt eingeschifft haben. Damals schon hat Southampton, das bereits im D.B. als Borough erscheint, seine erste Blütezeit erlebt.

Hamptun oder Hamwich, später — zum Unterschied von Northampton (oder vom benachbarten Northam?) — Southampton genannt, war eine sächsische Neugründung, wahrscheinlich nicht vor der M. des 7. Jh., gewesen; die römische Station Clausentum (vgl. S. 166, 187) lag etwas weiter flußaufwärts am l. Ufer des Itchen. Nach einer großen Überschwemmung (1014) von Knut auf etwas höherem Grund erneuert, wurde es von den Normannen mit einer Burg an der NW-Ecke bewehrt, später mit einer 8—9 m hohen, etwa 2 km langen Mauer umwallt und diese an der E- und N-Seite von Gräben umschlossen, während sie im S und W vom Meer bespült war. Die Reste der noch heute vorhandenen Mauern, Tore und Türme entstammen aber erst der Zeit bis zum 15. Jh. Noch heute ist Bar Gate, das N-Tor, ein Wahrzeichen der Stadt. Von hier zieht die Hauptstraße nach S (einst „English Street" genannt zum Unterschied von der „French Street" an der Hinterseite der E-Mauer). Schon von König Johann mit besonderen Handelsrechten ausgestattet, erhielt Southampton 1227 unter Heinrich III. die Zolleinnahmen gegen eine jährliche Zahlung von 200 Pf.St., 1445 von Heinrich VI. volles Stadtrecht, 1447 Grafschaftsrang. In jener ersten mittelalterlichen Blütezeit, die nur von der teilweisen Zerstörung durch die Franzosen (1338) und von der Pest (1348) unterbrochen wurde, war Southampton der Haupthafen von Hampshire. Sein Hinterland umfaßte Winchester, bis wohin der Itchen fahrbar gemacht wurde, und reichte über Salisbury bis zu den Wollmärkten der Cotswolds. Es führte Wolle, Vliese, Häute und später Tuch aus Hampshire und den Midlands aus, Wein aus Bordeaux und Bayonne, Öl, Baumwolle, Gewürze, Zucker usw. aus der Levante ein [81 e]. Franzosen, Genuesen, Venezianer erschienen in seinem Hafen, es stand damals bloß hinter London und Bristol zurück. Allein im 16. Jh. erlosch der Levantehandel, obwohl es vorerst noch ein Privileg für Malvasiereinfuhr hatte. Dafür begann sich der Verkehr mit Brasilien, spä-

ter mit Neufundland und den englischen Kolonien in N-Amerika zu entwickeln [624*]. Die „Mayflower" hat eigentlich von hier aus ihre berühmte Fahrt angetreten, wenn sie auch erst von Plymouth über den Ozean segelte. Eine Zeitlang blühte die Tuchindustrie, unter Elisabeth von flüchtigen Wallonen und Franzosen gegründet („Hampton serges"), aber im Bürgerkrieg siechte sie dahin. Ungünstig hatte sich auch ausgewirkt, daß Heinrich VII. die R. Naval Base von Southampton Water und dem Hamble nach Portsmouth verlegte. Mitte des 18. Jh. war die Stadt eine Zeitlang als „Spa" vielbesucht. Durch den Mangel an Kohle und Eisen war sie vorerst ohne Aussicht auf industrielle Entwicklung [81 b]. Die Einrichtung des Dampferverkehrs mit

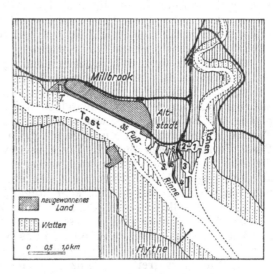

Abb. 40.
Der Hafen von Southampton. Nach L. D. STAMP.
1 Outer Dock, 2 Inner Dock, 3 Empress Dock, 4 Prince of Wales Dock, 5 Ocean Dock. 6 Trafalgar Dock, S. Schwimmdock, T. Trockendock.

Übersee und namentlich die Eröffnung des ersten Docks in Verbindung mit der ersten Bahnlinie (nach London) hat die neue Phase des Aufstiegs eingeleitet. Besonders seit 1892 ist die Bevölkerung sehr gewachsen (1892: 67 000, 1902: 121 000, 1921: 161 000). Wohl erkennt man bei genauer Prüfung auch im Leben und Treiben Southamptons die Not der Zeit; erfreulich ist es jedoch, daß das Wachstum der Stadt in vernünftige Bahnen gelenkt wurde [81 c, e, f]. Raum steht ja in den Heidelandschaften der Umgebung genügend zur Verfügung. Schon seit 1895 sind Freemantle und Shirley einverleibt, neuerdings auch Woolston, wo sich die großen Maschinenfabriken befinden, und Bitterne, im N Basset. Die Einfahrt auf der Straße von N her durch Southampton Common bietet in dem allmählichen Übergang von der Heide durch die herrliche Ulmenallee, die mit Villen besetzte Straße von Bar Gate eine Reihe ansprechender Bilder.

Southamptons geistiges Leben hat einen seiner Mittelpunkte im University College. Bekanntlich war es auch der Sitz des Ordnance Survey Office, welchem Großbritannien seine mannigfachen gründlichen Aufnahmen und seine ausgezeichneten topographischen und geologischen Kartenwerke verdankt; infolge des Krieges wurde es nach South Chessington (zwischen Leatherhead und Surbiton; vgl. S. 113) verlegt.

NW-Wessex. NW-Wessex umfaßt das Hügel-, Stufen- und Riedelland zwischen dem Severnästuar und den Cotswolds im N, den Kreidekalken der Wiltshire Downs im E und der Dorset Heights im SE, den Black Downs im SW, den Brendon Hills im W. Im großen ganzen deckt es sich mit der Gr. Somerset, aber diese schließt im W die Brendon Hills, ja sogar die E-Hälfte von Exmoor ein, während sie im E nicht bis an den Fuß der Kreidekalke reicht. Zwar liegen der Hauptteil von Bristol und das n. benachbarte Land zwischen den Cotswolds und dem Severn in der Gr. Gloucester; allein dieses Gebiet gehört geo- und morphologisch und kulturgeographisch mit dem s. des Avon zusammen, sein Blick ist genau so nach Bristol gerichtet, dem „Tor des Westens", wie der von Somerset.

NW-Wessex vermittelt: zwischen den Uplands der SW-Halbinsel, die mit den Quantock Hills hereinreichen und in den Mendip Hills einen Vorposten haben, den Landstufen und Niederungen der Midlands, die von N herein-ziehen und dann gegen W und selbst WNW umschwenken, den Kreidekalk-platten von E-Wessex, über welche und n. von denen die Wege von der unteren Themse heranführen. Von drei Seiten gewähren Taldurchgänge und niedrige Pässe Verkehrswegen Zutritt. Die Einschnürung der SW-Halbinsel sammelt diese heute im Vale of Taunton (wie ehemals im Fosse Way), dem Haupt-ausgang gegen W mit Exeter als nächstem vornehmen Ziel. Die größten Schwierigkeiten haben dem Verkehr lange Zeit die versumpften Niederungen von Somerset selbst bereitet, die zwar nur von kleinen, aber durch ihre Hoch-wässer oft verhängnisvollen Flüssen durchströmt werden: Axe, Brue, Parrett mit Yeo und Tone. Sie alle münden in das Severnästuar, ebenso der (Bristol) Avon, welcher (Somerset) Frome und Chew aus dem Hügelland im S auf-nimmt. Nur im E greift der Einzugsbereich des Ärmelkanals mit dem oberen Stour nach NW-Wessex über.

Tatsächlich sind wenige Landschaften Großbritanniens auf gleicher Fl. so mannigfach wie NW-Wessex. Denn entsprechend den Unterschieden seines geologischen Baus, Reliefs und Bodens ist auch das pflanzen- und kultur-geographische Bild von Ort zu Ort ein anderes. Ganz besonders hier muß sich also jede Einteilung des Gebietes in Unter- und Kleinlandschaften, von welchem Gesichtspunkt man sie auch vornimmt, auf morphologische Ein-heiten gründen. Man könnte deren je nach dem Grad der Gliederung 1—2 Dutzend unterscheiden [16]. Im folgenden können nur die Haupteinheiten gekennzeichnet werden: die Stufenlandschaft im E und S mit den sie tren-nenden Niederungen, die Somerset Plain mit den sich aus ihr erhebenden Höhenzügen in der Mitte und im W, die Landschaft von Bristol im N.

Im E, bei Shaftesbury, fällt die Kreidekalktafel von Wiltshire mit ihrer Grünsandvorstufe zur bloß 40—60 m hohen Niederung des oberen Stour ab, über deren Kimmeridge- und Oxfordtonen sich nur ein Auslieger (Duncliffe Hill 211 m) kräftiger erhebt. Diese wird durch eine gegen W blickende Land-stufe, welche sich an die Kalke und Kalksteine der Corallian Beds knüpft und die im N zwischen Gillingham und Wincanton 150 m, im S nur aus-nahmsweise über 100 m hoch wird, in zwei Flügel zerlegt: der ö. folgt den Kimmeridge-, der w. den Oxfordtonen; in diesen ist die Ausräumung, vielleicht weil sie beim Zurückweichen der Kreidekalkstufe früher freigelegt wurden, weiter fortgeschritten als in jenen. Durch die Oxfordtone fließt der Cale im leichtgewellten Blackmoor Vale, auf den Kimmeridgetonen sammelt der Stour seine Quellbäche um Gillingham. Er durchbricht dann die Corallianstufe zum Blackmoor Vale, verläßt dieses aber bald wieder in einem zweiten Durchbruch bei Sturminster Newton, um etwas unterhalb seinen Weg durch die Kreidekalke zu nehmen, den ihm eine synklinale Einbiegung erleichtert hat [21 1]. Während sich jedoch die Furche der Oxfordtone über Wincanton gegen den Somerset Frome und Trowbridge fortsetzt, sind die Kimmeridgetone n. Gillingham von der Kreidetafel der Salisbury Plain im N überdeckt, ähnlich wie im S durch die der Dorset Heights; erst bei Westbury, das noch auf Oberem Grünsand und Gault steht, kommen sie samt dem hier eisenerzhaltigen Corallian wieder zum Vorschein in der Fortsetzung der Abdachung der Cotswolds. Hier, an der Grenze von Wessex, endet die schräg vom Wash her durch das Land ziehende mittelenglische Tonniederung, indem sie sich wegen des Verstoßens der Kreidekalkplatten zwischen Westbury und Bradford am Avon auf 11 km, bei Frome sogar auf 5 km verschmälert (vgl. S. 396 f.). In ihr herrschen die Oxfordtone. Gegen W folgt der Dogger[1]): Kalke und Mergel des Cornbrash, der „Forest Marble" und „Fuller's Earth" in dem leicht ansteigenden Gelände von Frome. Weiter im S, w. des Blackmoor Vale, bildet „Forest Marble" eine wohlausgeprägte Stufe (Windmill Hill sw. Wincanton 186 m). Im E wird sie überlagert von Cornbrash, im W begleitet von einem den blaugrauen oberen Tonen der „Fuller's Earth" folgenden Tal. Auch sö. Sherborne kehrt sie wieder [325]. Eine zweite steile Stufe (181 m) knüpft sich weiter w. an „Fuller's Earth Rock", einen in die „Fuller's Earth Clays" eingeschalteten Kalk, und zwar bei Milborne Port am (Sherborne) Yeo, der hier in das Stourgebiet eingedrungen ist; doch ist sie wegen der Bruchtektonik nur auf eine kurze Strecke verfolgbar. Eine dritte wird durch den Inferior Oolite verursacht. Dieser, im einzelnen von sehr wechselnder stratigraphischer Gliederung, bildet, oft mit dem Oberlias als Sockel, den stark aufgelösten Rahmen im S und E der Somerset Plain. Er zieht aus der Gegend von Chard im Halbkreis über Crewkerne und den oberen Parrett hinweg [210], bei Yeovil und Sherborne vorbei gegen Bruton am oberen Brue, umfaßt dann das E-Ende der Mendips von Doulting an und baut die Höhen s. Bath auf. Auslieger erheben sich w. vor seiner Stufe aus der Liasebene, zuletzt noch ganz drüben im W auf Dundry Hill s. Bristol. Bei Doulting liefert er einen seinerzeit als Baustein geschätzten hellbraunen Kalkstein (Doulting Freestone). Der Oberlias, der an der Innenseite des Bogens auftaucht, bildet die niedrigeren Höhen nw. Yeovil und bei Crewkerne (Yeovil Sands mit dem vortrefflichen Ham Hill Freestone, einem Kalk, als Krönung) [21 c, k, 1; 24 a; 229; 111].

Im S und SE von diesem Stufenland umschlossen, erstreckt sich das Niederland der Somerset Plain im N bis an den Fuß der Mendip Hills, im W bis zu den Quantock Hills. Im NW wird es vom Meer umfaßt, von welchem es bei einer Senkung von nur 15 m größtenteils überschwemmt würde. Bloß

---

[1]) Die englischen Geologen gliedern die Juraformation in Lias und Oolite und diesen wieder in Lower, Middle und Upper Oolite; Lower Oolite entspricht unserem Dogger, M. und U. Oolite unserem Malm. Im Lower Oolite unterscheiden sie Inferior Oolite (Aalenian, Bajocian und unteres Vesulian) und Great Oolite Series. Beide sind von Ort zu Ort sehr verschieden ausgebildet. Zum (Upper) Inferior Oolite gehören u. a. der Dundry Freestone, der Doulting Stone, der Sherborne Building Stone. Die Great Oolite Series umfaßt Fuller's Earth, Great Oolite Limestone (Bath Stone u. a.), Forest Marble und Cornbrash. Der Oberjura beginnt mit dem Kellaway Rock, der mit dem Oxford Clay und Corallian den Middle Oolite ergibt; im Upper Oolite folgen Kimmeridge Clay, Portland Beds und Purbeck Beds. Bloß

einige Inseln würden aus ihm herausragen (Glastonbury Tor 167 m, Brent
Knoll 137 m) und Halbinseln zungenförmig von den umrahmenden Höhen
weithinein vorspringen, wie der lange, 50—70 m hohe Zug der Polden Hills,
die ungefähr in der Achse des Beckens verlaufen und vom Parrett unterhalb
Bridgwater abgeschnitten werden. Sie bestehen hauptsächlich aus den kalkigen Gesteinen des Unterlias ("Blue Lias"), die dann jenseits des Parrett-
durchbruchs an die S-Küste des Bristolkanals herantreten. Unter ihnen
tauchen gegen die paläozoischen Mendip und Quantock Hills die mächtigen
roten Mergel und Sandsteine des Oberkeuper auf. Gesteine des Unterlias
und des Rhät (für dessen obersten lichtgrauen Kalk ehemals der Name
"White Lias" üblich wurde) bauen die Vorhöhen der Blackdown Hills auf,
aus deren Kreidekalken und Grünsanden Taunton sein Wasser bezieht,
setzen sich dann als kleinere Stufe in die Somerset Plain fort und erscheinen
jenseits des Parrett in den niedrigeren Plateaus von High Ham und Somerton wieder. Sowohl an den Rändern als auch an den Ausliegern innerhalb
der Plain macht sich ferner der Mittellias im Relief bemerkbar, denn seine
Mergel und Sandsteine tragen den zwar geringmächtigen, aber harten Marlstone, an den sich Geländestufen und Hangterrassen knüpfen. In den sumpfigen Torfniederungen selbst sind jedoch Lias und Keuper von ganz jungen
Ablagerungen überdeckt, Sanden und Tonen teils marinen, teils lakustren
Ursprungs, die stellenweise auch ältere Torfe enthalten. Verschiedene Sandsteine und Kalke werden als Baustein gebrochen, die Mergel und Tone in
Ziegeleien verwertet [24 a; 111].

Fast ohne Gefälle schlängeln sich Axe, Brue, Parrett durch das Land,
das z. T. sogar unter dem Meeresspiegel gelegen ist. Hochwässer, durch
außergewöhnliche Regengüsse verursacht [43], und vollends Deichbrüche
haben infolgedessen verheerende Wirkungen: der durch eine große Sturmflut
verursachte von Burnham (1607) setzte einen 30 km langen, 5 km breiten
Strich bis Glastonbury hinauf 3—3,5 m tief unter Wasser [44]. Ursprünglich
dehnten sich Bruchwälder und Sümpfe aus; Siedlungen wie die eisenzeitlichen
"lake villages" von Meare [541] und Glastonbury [51, 55, 59] waren eine Ausnahme. Die "Isle of Athelney" am Parrett bot einst Alfred dem Großen
Zuflucht. Erst in neuerer Zeit hat man Gräben angelegt, welche das Wasser
in größere Kanäle ("rhines") leiten, die in die Hauptflüsse oder ins Meer
münden; erst um 1800 wurde der letzte Rest von Meare Pool beseitigt.
In den Bridgwater Levels und im Sedgemoor sind saftige Wiesen und Viehweiden gewonnen worden, allerdings sind manche sauer und den Tieren nicht
bekömmlich ("teart pastures") [72]. Die Küste wird stellenweise, so zwischen
Brean Down und Parrett, von Dünen gebildet ("tots" genannt). An der
Küstenlinie wechseln Zerstörung und Aufbau. Während bei Weston das
Land vorgedrungen ist, auch dank künstlicher Abdämmung, hat es in Bridg-
water Bay und an der Parrettmündung an Raum verloren. Untergetauchte
Wälder (mit Resten von Mammut und mit vielen Werkzeugen) bei Stolford,
Minehead, Porlock und ein 1867 entdeckter gehobener Strand zeugen von
jungen Veränderungen der Küstenlinie. Gewaltig ist der Tidenhub im inne-
ren Winkel des Bristolkanals (bei Portishead 13,7 m bei Spr.T.; vgl.
Kap. XII) [11 a, 16].

Die Mergel des oberen Keuper erfüllen auch das Vale of Taunton (Taunton Deane), während an dessen S-Seite die Rhätkalke eine ausgeprägte Stufe
bilden. Permotriassische Schichten heben sich schließlich im W heraus, um
die Quantock und Brendon Hills, die bereits aus den roten Devonschiefern
bestehen und zwischen denen die Senke Taunton—Watchet zum Bristolkanal

hinauszieht. Untere Sandsteine und Brekzien, Untere Mergel, Konglomerate und Schotter, Oberer Sandstein, Oberer Mergel des Keuper folgen aufeinander. Die Konglomerate und Schotter bilden u. a. vor dem E-Abfall der Brendon Hills eine Stufe, die sw. Wellington, an der Grenze zwischen Somerset und Devon, von der Bahn durchtunnelt wird. W. von ihr zeichnet der Untere Mergel dem Flusse Tone seinen Lauf vor. Die Quantock Hills, hauptsächlich vom Oberen Sandstein umringt, der bei Watchet von der Brandung zernagt wird, fallen durch ihre schmalen, steilen, offensichtlich jüngeren Täler auf, in denen sich diluviale Schotter finden. Solche bilden auch in den flachen Einschnitten des Vale of Taunton häufig niedrige Terrassen [21 k, 211, 225 a].

Reiche Abwechslung herrscht in der Landschaft von Bristol [111, 113, 114, 214, 218, 219]. Von E blickt, 200—250 m hoch, die Oolithstufe der Cotswolds auf sie nieder. Im S bildet das breite Grasplateau der Mendips einen 250—300 m hohen Rahmen, der im E bis in das Quellgebiet des (Somerset) Frome reicht [215 a, 222, 311]. Wie eine Antiklinale aufsteigend, besteht es in Wirklichkeit aus mehreren in SE—NW kulissenartig angeordneten, in die Länge gestreckten periklinalen Domen, in deren Kern Old Red-Gesteine aufscheinen — so im Black Down, der heidetragenden höchsten Erhebung (316 m) —, einmal sogar Silur, hier merkwürdig durch seinen Einschluß gleichzeitiger Laven und Tuffe. Im allgemeinen bleibt der Old Red unter einem Mantel von Karbonkalken begraben, deren Durchlässigkeit keinen Bach duldet, die aber an ihrer Basis Quellen entspringen lassen. Prächtige Höhlen wölben sich in ihnen. Die von Cheddar sind am berühmtesten; Wookey Hole entsendet den Axefluß [34—36, 335]. Wohl sind viele Comben in das Plateau eingeschnitten, die einen, z. B. das 130 m tiefe, jetzt trockene, vielleicht durch den Einsturz eines Höhlendaches entstandene Cheddar Gorge, jünger und schluchtartig; breit die anderen und uralt, denn der Keuper, dessen Mergel und Sandsteine hier in eine konglomeratische Fazies („Dolomitic Conglomerate") übergehen, zieht in flacher Lagerung fast ungestört in sie hinein: eine prätriassische Tallandschaft wird hier wieder ausgegraben. Das „Dolomitic Conglomerate" wurde ehemals gerne als Bau- und Zierstein verwendet, z. B. der „Draycott Marble" von Cheddar.

Im näheren Umkreis von Bristol wird das Bild der Landschaft im allgemeinen beherrscht durch den Gegensatz von Kohlenkalkhöhen und Lias—Trias-Furchen [111, 216, 225 a, 334 u. ao.]. Eine domförmig aufgewölbte Kuppel von Kohlenkalk baut das 180 m hohe, ziemlich öde Plateau von Broadfield Down (180—200 m) sw. der Stadt auf. Im Rücken von Weston-super-Mare vergesellschaftet sich der Kalk mit Laven, in seine Kliffe ist in 7—8 m H. der „neolithische" Strand eingekerbt. Damals müssen also die Niederungen am Parrett und längs dem Severn noch vom Meer bedeckt gewesen sein. In den Antiklinalen der konvergierenden Rücken von Clevedon—Clifton, die voneinander durch das triaserfüllte Gordanotal getrennt werden (auch hier liegt ein Stück prätriassischer Tallandschaft vor), kommt aber unter dem Kohlenkalk der Old Red zum Vorschein, ebenso wie in dem Gewölbe von Henbury n. des Avon [214 a, 217]. Mit Ausnahme des Clevedon—Clifton-Plateaus, das mit 164 m fast die Höhe von Broadford Down erreicht, halten sich alle diese Erhebungen in 60—90 m. Entsprechende Einflächungen kehren auch n. und ö. Bristol wieder, in zwei Hauptstufen, die durch das Tal des Frome voneinander getrennt werden. Gegen die Cotswolds hin steigen sie auf 90—120 m an, oft unbekümmert um den geologischen Bau. Dieser ist hier durch die lange, in N—S streichende, flach schüsselförmige Synklinale des Bristoler Kohlenfeldes gekennzeichnet, die im Kern Coal Measures enthält

und von einem Ring von Kohlenkalk umschlossen wird [24 a, 225, 227, 230].
Ö. Bristol wird sie, noch n. des Avon, durch die große Antiklinale von Kingswood in W—E-Richtung gequert. An kräftigen Verwerfungen tauchen hier
sogar die Lower Coal Measures auf, die in etlichen Zechen abgebaut werden.
Sonst liegen sie dagegen, wie drüben in S-Wales, unter dem 450—900 m mächtigen, fast kalklosen Pennant Sandstone begraben, welcher die Upper Coal
Measures trägt. Das wichtigste Bergbaugebiet, das von Radstock am S-Ende
des Kohlenfeldes von Bristol, knüpft sich an sie, am N-Ende das von Crom-
hall. Hier steigt seine Längsachse allmählich an und geht schließlich in die
Devon—Silur-Antikline von Tortworth über, eine tektonische Hauptlinie, die
zu den Malverns zieht [222 a] (vgl. Kap. X b). Die flözführenden Schichten
sind im übrigen nur am E-Rand erschlossen, bei Brislington, Hanham und
Mangotsfield. Auch zu Nailsea im SW wurde ehemals Kohle abgebaut. Sowohl im W wie im SE wird der Kohlenkalkrand von nur ganz schwach
geneigten mesozoischen Gesteinen verdeckt, hauptsächlich Keuper, z. T. Rhät
und Lias, die von der erwähnten Einflächung ebenso gekappt werden (z. B.
bei Chipping Sodbury) wie das viel steiler gelagerte Karbon. Den Frome
entlang ziehen sie nach Bristol hinab und erfüllen weiter s. alle die Talfurchen bis zu den Mendips. Auf Dundry Hill (ö. Bradford Down; 233 m)
ist auf dem Liassockel sogar noch ein verhältnismäßig hoher Ausliegter von
Oolithkalk erhalten (vgl. S. 197) [24 a, 26, 29, 218, 219].

Die Einflächungen von 60—90 m, weiter landeinwärts über 100 m hoch,
sind wohl wieder altpliozän, obwohl sich dies nicht leicht wird sicher bewei-
sen lassen; die Lias—Rhät—Keuper-Niederungen, die in sie eingeschnitten
sind, können in ihrer heutigen Gestalt nicht älter sein. Aber sie knüpfen
sich an das alte prätriassische Talnetz, das nun in Wiederausräumung
begriffen ist. In den Mendips, im Gebiet von Weston-super-Mare, um Broadfield Down griff der Keupersee in schon vorhandene Buchten und Täler ein,
ja sogar in Bristol selbst, wo die Kliffe, welche ihn einst umragten, den
„bemerkenswertesten topographischen Zug" bilden (Park Street, St. Michael's
Hill usw.) und noch dolomitische Strandkonglomerate mit riesigen Blöcken
vorhanden sind [111]. Im Rhät war jedoch das Meer eingebrochen, noch
höher im Lias gestanden und schließlich, in der Oolithzeit, waren auch die
Mendips, die bis zuletzt als Inseln aufgeragt hatten, unter seinem Spiegel
verschwunden. Viele vorkretazische Verwerfungen durchsetzen das Trias-
gelände, dessen Bau und Bild dadurch im einzelnen verwickelt sind. Sehr
wahrscheinlich hat sich dann das Kreidemeer über das ganze, leicht gegen
SE gekippte Gebiet gebreitet, durch seine Abrasion die Ausglättung des
Reliefs fortsetzend; jedenfalls überlappt der Obere Grünsand in den Black
Downs über Lias bis auf die Keupermergel. Im E, auf der Kreideplatte von
NE-Wessex, ist eine präeozäne, in den höheren Teilen der Dorset Downs die
nach der miozänen Faltung erfolgte Einebnung erkennbar. Somit ist die
Landschaft von Bristol ein polygenetisches Gebilde. Die Entwicklung der
heutigen Oberfläche setzte aber erst während des Rückzuges des Kreidemee-
res und nachher ein, wobei die Flüsse epigenetisch einschnitten und im Verein
mit der Denudation die härteren Gesteine herausarbeiteten. Mitunter haben
sie sich bereits in diesen verfangen und sind jene eigentümlichen Durchbrüche entstanden, von denen die Kerbe des Avon quer durch die Kalkhöhen
w. Bristol der größte und schönste ist. Prächtig ist in diesem von einer 75 m
hohen Hängebrücke überspannten „Avon Gorge" die von Brüchen durchsetzte Schichtfolge des Karbons aufgeschlossen (Abb. 41). Vergleichsweise
noch erstaunlicher sind allerdings die Durchbrüche so kleiner Gewässer wie

der des Trym durch den Kalk von Henbury und der des Frome durch den N-Rand des Kohlenfeldes. Besonders rätselhaft sind der Durchbruch des Avon unterhalb Bradford und dessen starker Richtungswechsel. Der Fluß, der die großen Grit- und Schottermassen der „Twerton Gravels" bei Bath ablagerte, muß vom heutigen Avon sehr verschieden gewesen sein [111, 82 c].

Entsprechend dem Zusammentreffen so mannigfacher Bauelemente und der ihnen entsprechenden Formen und Böden und infolge der Grenzlage zwischen der SW-Halbinsel und dem übrigen England durchkreuzen sich in NW-Wessex vielerlei Einflüsse der benachbarten Landschaften; so ist es selbst weit mehr Übergangslandschaft als etwa NE-Wessex. Dies zeigt sich u. a. in der leichten Zunahme der Kontinentalität gegen E, verstärkt durch den Regenschatten der sw. Uplands, obwohl die Niederschläge auf den Mendips und gegen die Cotswolds hin recht beträchtlich sind (1000—1200 mm); aber die Parrettniederung ist verhältnismäßig niederschlagsarm (700—800 mm) [11 a, 16, 42]. Pflanzengeographisch fallen im W die mächtigen Wuchsformen der einheimischen Eschen und Eichen, der fremdbürtigen Edelkastanien, Platanen, Zypressen auf. Meist ist die Ulme auf den offenen Feldern und in den Heckenzeilen der bezeichnende Baum, während die „rhines" von langen Korbweidenzeilen begleitet werden [11 a, 13, 16, 44, 46, 49, 410; 440*]. Anthropo-

Abb. 41.
Avon Gorge bei T.N.W. Blick talabwärts, r. Straße Bristol—Avonmouth. Glatte Abrasionsfläche, von junger Kerbe zerschnitten. Bewaldete Steilhänge, frische Ausbrüche. Aufn. J. SÖLCH (1926).

geographisch sind die Unterschiede in Rasse und Sprache zwischen W- und E-Somerset bemerkenswert: ö. des Parrett viele hochgewachsene, lichthaarige, dunkeläugige Menschen, w. dagegen meist dunkelhaarige, helleräugige. Im W ähnelt die Mundart viel stärker der von Devon. Im E finden sich nur ganz wenige keltische geographische Namen; auch im W sind sie nicht häufig, aber doch zahlreicher. Historische Vorgänge wirken in diesen Tatsachen nach. Die Sachsen hatten nur unter schweren Kämpfen eindringen können und dabei die Eingeborenen größtenteils vernichtet, ihre Siedlungen zerstört. Langsamer schoben sie sich von der Parrettgrenze gegen den Exe, seit dem 8. Jh. noch langsamer gegen W vor, ohne dort, zumal sie inzwischen Christen geworden waren, die einheimische Bevölkerung auszurotten. Rasch entwickelte sich im E die angelsächsische Kulturlandschaft mit dem Dreifeldersystem und mit den alten Dörfern, welche häufig Namen auf -ton und -ham haben, zu denen solche auf -bury treten (Sod-, Almond-, Hen-, Glastonbury), und den jüngeren mit Namen auf -combe, -bourne, -hill, -ford usw. [11 a, 66, 67]. Im W bestanden die britischen Siedlungs- und Wirtschaftsformen, hauptsächlich Einzelhöfe und Weiler mit dem alten „runrig"=System fort (vgl. Kap. XIII). Im Zusammenhang damit waren dort die Einhegungen schon vor dem 16. Jh. weit fortgeschritten, im E gehören sie dagegen vornehmlich erst den letzten 200 J. an, wo sie zur Entste-

hung neuer Milch- und Ackerfarmen zwischen den alten Dörfern führten.
Zur Zeit des D.B. gab es auch im E noch größere Wälder auf den Oxford-
und Liastonen, um Bruton, die Forests of Selwood und Melksham, of Sherborne, zwischen Langport und Ilminster; im W zogen sie, zwar verstreut,
dafür häufiger, selbst noch durch das Vale of Taunton und das Exetal entlang nach Devon hinein. Die „moors" der Alluvialniederungen trugen keinen
Wald, auch die Liastone der Polden Hills und bei Ilminster waren schon fast
waldfrei. Wälder standen an den unteren Hängen der Mendips, Quantocks
und von Exmoor [615].

Die friedliche Entwicklung blieb freilich nicht ungestört. Die dänische
Gefahr bedrohte hier Wessex von den beiden nur 60—80 km voneinander entfernten Küsten und außerdem von E her, bis es Alfred dem Großen gelang,
sie gerade von Somerset aus erfolgreich abzuwehren. Dagegen erlag dieses
den Normannen sehr rasch [67 a, 611]. Manche ihrer Burgen bestehen, wenn
auch baulich verändert, noch heute. Zu den älteren kirchlichen Gründungen
Glastonbury, Wells, Sherborne traten neue, wie das Zisterzienserkloster
Cleeve Abbey (1188), doch hatten auch entferntere Kirchen in Somerset ausgedehnten Besitz, Winchester z. B. um Taunton [BE, 67 a]. Dem 13.—15. Jh.
gehören die prächtigen, großen Kirchen an, die meisten in englischer Hoch-
und Spätgotik, mit mächtigen Vierkanttürmen (Glastonbury, Bridgwater,
Cheddar, Taunton, Ilminster, Crewkerne, Yeovil; Bath Abbey 16. Jh.). Der
oolithische Freestone (Corallian), der Obere Grünsandstein und andere einheimische schöne Steine wurden zum Bau verwendet [21 l]. Die Landwirtschaft blühte auf, Cider und Käse (Cheddar) von Somerset waren schon im
Mittelalter auch außerhalb der Gr. bekannt. Vom 11. bis Ende des 18. Jh.
führte es Getreide aus. Dagegen sind die im D.B. mehrfach genannten Weingärten im Laufe der neueren Zeit verschwunden [11 a]. Nach beiden Küsten
hin hat Somerset Wolle und später Tuch zum Versand über das Meer
gebracht; doch ging die Ausfuhr vorzüglich über Bristol. Frome, Bath,
Bridgwater, Taunton waren die wichtigsten Sitze des Wollhandels. Bis ins
19. Jh. herauf hat sich die Tucherzeugung erhalten, nachdem noch in die
Gebäude der aufgehobenen Abtei Glastonbury Wollwirker aus den Niederlanden berufen worden waren. In der Maschinenzeit erlosch die Heimweberei in den vielen Dörfern, wo sie geblüht hatte, als Fabriksindustrie hat
sie sich in Trowbridge (vgl. S. 397) und Frome, Taunton und Wellington
fortgesetzt [624*]. An Stelle von Tuchen fertigte man eine Zeitlang Seiden-
gewebe an, so 1778 in Taunton, anderswo Handschuhe (z. B. in Yeovil) und
im Zusammenhang mit dem Flachsbau Leinwand und Segeltuch (z. B. in
Crewkerne) [60*]. Erhalten haben sich Ziegelbrennerei und Töpferei, während die Glasindustrie von Nailsea und Bridgwater im vorigen Jh. eingegangen ist. Besonders im 16. und im 17. Jh. wurden die Bleierze der Mendips
ausgebeutet, im Zusammenwirken von „deutscher Technik und englischem
Kapital", aber im 18. Jh. verfiel der Bergbau rasch [612]. Schon sehr früh
wurde Kohle bei Radstock gegraben, allein erst die Eisenbahn ermöglichte
ihre Verwertung in großem Ausmaß. Immerhin wurde wälsche Kohle von
Bristol her auf dem Parrett bis Bridgwater, von dort auf einem Kanal nach
Taunton gebracht [11 a, 60*]. Wirklich industrialisiert sind auch heute nur
einzelne Gebiete des Kohlenfeldes von Bristol und seiner Nachbarschaft.
Im übrigen herrscht die Landwirtschaft. Fast ¾ des überhaupt genutzten
Geländes war 1938 Dauergrasland, 17% ist Pflugland, und auch von diesem
rund ¼ zeitweilig unter Gras, während Weizen und Hafer zusammen ungef.
ebensoviel Fl. einnahmen. Kleiner war der Anteil von Gerste und Rüben,

gering der Kartoffelbau. In der großen Zahl der Rinder und besonders der Milchkühe, in der Somerset bloß von wenigen anderen Gr. Englands übertroffen wird und in der sich schon der Einfluß des W-Klimas bemerkbar macht, beruht der Hauptreichtum der Landwirtschaft. Auch hatte Somerset unter den Gr. von Wessex weitaus die meisten Schweine und das meiste Geflügel (vgl. Tab. 3). Seit langem sind seine Käsebereitung und seine Cidererzeugung wichtig. Apfelbaumgärten nahmen 1936 fast 80 km² Fl. ein [96*], die Erzeugung von Cider wurde auf 450 000 hl beziffert [16].

Abwechslungsreich wie Relief und Boden ist das kulturgeographische Bild der Landschaft. Längs dem Ausbiß der Kreide-, bzw. Grünsandstufen im E und S reihen sich an der Quellenlinie Dörfer aneinander, während sich Taldörfer in die Ursprungsmulden der Comben innerhalb der Plateaus selbst schmiegen; für sie ist gemischte Wirtschaft bezeichnend. Die Niederungen der kalten, schweren Oxfordtone, z. B. das Blackmoor Vale [92] und die Furche zwischen Bradford und Westbury, durchzogen von einem dichten Bachnetz, betreiben hauptsächlich Milchwirtschaft (Shorthorns). Hohe Buschhecken mit mächtigen Ulmen trennen die saftigen Wiesen und Dauerweiden [21 c, 1; 912]. Gehölze aus verkrüppeltem Eichenbuschwerk sind dort auf den schweren nassen Böden häufig, auch Waldbestände nicht selten, Reste der ehemaligen Wälder wie des Forest of Selwood. Ihrer spärlichen Besiedlung steht der schmale, dicht bevölkerte, dorffreiche Streifen des Cornbrash gegenüber, dessen leichtere kalkhaltige Lehmböden Getreide-, seltener Luzernefelder, Gärten und Obstbäume tragen. Der anschließende durchlässige Great Oolite bietet auf seinen „Stonebrash"-Böden, ähnlichen, mehr rotbraunen Lehmen mit Kalksteinscherben, vornehmlich Grasweideland. Sehr zweckmäßig verlaufen daher die Gemeindegrenzen quer zum Streichen der Gesteine von der Tonniederung über den Cornbrash auf die Ooliteabdachungen hinauf. Einzelne Dörfer liegen auch auf diesen ö. der Wasserscheide im Windschutz, andere wieder knüpfen sich an die Quellenlinie zwischen dem Ausstrich des Oolite und des Lias. Die Steilabfälle des „Forest Marble", dessen Böden bald mehr kalkig, bald mehr sandig sind, weisen vielfach „hangers" von Buchen, Eschen und Eichen auf. Überaus fruchtbar sind die leichtgewellten, hochwassersicheren Keupermergel des Taunton Deane: hier wechseln Getreidefelder (ö. Taunton besonders mit Weizen, w. mit Gerste), Wiesen, Obstbaumgärten miteinander ab; hohe, blütenreiche Hecken und schattige Bäume kennzeichnen die Flurmaschen. Dörfer, Weiler, Einzelfarmen sind über das Gebiet verstreut [16]. Auf den Permsandsteinen und -mergeln weiter im W am Fuß der Brendon Hills und von Exmoor, einem kräftig zerschnittenen, unruhigen, wasserreichen Gelände, herrschen Einzelfarmen und Weiler weitaus vor, obwohl kleinere Dörfer nicht fehlen. Zugleich treten gegen W mehr und mehr lose Steinmauern an Stelle der Hecken, das Weideland nimmt zu, Flächen mit Heidekraut und Adlerfarn werden häufiger, die Cottages ärmlicher. Zum Unterschied von E-Somerset überwiegen im W, etwa w. einer Linie vom Parrettästuar nach Chard, Siedlungen mit höchstens 20 Häusern weitaus über die größeren (81 % gegen 19; im E 34 gegen 66 %). Die Ursache liegt in den Unterschieden der Bodenbeschaffenheit, von der die Wasserversorgung abhängt: im W Vorherrschen undurchlässiger, im E vielfach durchlässiger Gesteine. In der Plain of Somerset aber müssen die Siedlungen die trockenen, hochwassersicheren „Inseln" aufsuchen — daher die vielen Namen auf -ey aus der sächsischen Zeit. Das reiche ebene Wiesenland, von den Deichen und Entwässerungsgräben in Rechtecke zerlegt, ist auf

weite Strecken ohne Haus, ohne Gebäude, da es bei den Winterhochwässern
so überschwemmt wird, daß Flachboote den Verkehr vermitteln. Noch gibt
es ausgedehnte Moore, Torfstiche gehören zum Landschaftsbild. Die alten
Siedlungen umringen entweder als Dörfer die „Inseln", an den Fuß der Lias-
stufen geschmiegt, oder folgen als Reihen- oder Straßendörfer deren Kanten;
jüngere Straßendörfer und Einzelfarmen sind längs der Deiche entstanden.
53% der Bevölkerung wohnen in Dörfern mit 50—100 Häusern, ungef. 9 sogar
in solchen mit mehr als 200 Häusern [821]. Zwischen den Polden Hills und
den Mendips hat die britische Käsebereitung eines ihrer Zentren; 1934/5
wurden fast $^9/_{10}$ der Milchproduktion zu Cheddar, z. T. auch zu Caerphilly
Cheese verarbeitet [752*].

Größere Dörfer umsäumen den gegen NE-Winde geschützten S-Abfall
der Mendips. Sie halten sich hier an den schmalen Streifen des dolomitischen
Konglomerats zwischen der Karbonkalkstufe und der Alluvialniederung, wo
die mächtigen Quellen austreten; und wieder laufen hier die Gem.Grenzen
quer zum Schichtstreichen von den Wiesen unten zu den Weiden hinauf. Auf
dem Plateau oben stehen im E Dörfer und etliche Gehöfte, im W, wo der
vorherrschende Kalk auf dünnen, steinigen Böden bloß bei guter Düngung
einen reicheren Rasen, sonst bloß Ginster- und Farnheide und Buschwerk
trägt, nur vereinzelte große Viehfarmen, die ihr Wasser aus tiefen Brunnen
oder aus künstlichen „dew-ponds" (vgl. S. 19, 505; [417]) beziehen müsen. Dort
sind die Häuser aus Stein gebaut, die Fluren wieder durch lose Steinwälle
getrennt. Eine zweite, minder wichtige Siedlungszeile begleitet, durch keine
Bahn verbunden, den N-Fuß. Doch liegt hier der Yeo-Stausee, genährt aus
den Mendipkalken, wichtig für die Wasserversorgung von Bristol. Die Quantocks sind von einem Ring von Weilern mit weniger als 20 Häusern (im
ganzen ungef. $^3/_5$ der Bevölkerung) und von Dörfern (¼ der Bevölkerung)
umschlossen, aber diese sind kleiner (zu $^2/_3$ mit 21—50 Häusern) [821] und
knüpfen sich nicht an eine Quellenlinie, sondern an die Grenze der steiler
gebösten Devonschiefer und der Triasmergel. Die Gemeindegebiete der n.
Dörfer reichen dabei von der Küste durch das Ackergelände hinauf zu den
Weiden auf den Höhen, wo auch Torf gewonnen wird. Felder, Wiesen und
Apfelbaumgärten, locker gebaute Dörfer und Einzelhöfe ziehen von Bristol
zwischen Severn und den Cotswolds gegen N in die Gegend von Gloucester,
Milchfarmen überwiegen hier wie im W der Ebene von Somerset so sehr, daß
man geradezu von einer sw. Milchregion (der s. Midlands) sprechen kann
[717*]. Stellenweise haben sich, zur Versorgung von Bristol, Kulturen von
Beerenobst (Axbridge) und von Frühgemüse entwickelt, so bei Bridgwater
(Kohl, Kohlsprossen, Blumenkohl) und ö. Weston-super-Mare (Frühkartoffeln, Erbsen, Beerenfrüchte). Auf den Liashöhen sind „Hügeldörfer" nicht
selten, indes auch hier bevorzugen die Siedlungen die Talgründe. Im großen
ganzen gehört Somerset zu den dichter besiedelten Agrarlandschaften; nur
in den z. T. schon Uplandstriche aufweisenden Landbezirken im W sinkt die
Dichte unter 50 ab: Gem. Williton 32, Wellington 41, Dulverton, schon zu
Exmoor gehörig, 15. Dafür erreicht sie im R.D. Yeovil 77.

Wie überall im englischen Flachland hatte demgegenüber, zum Unterschied von der heutigen Besiedlung, auch in Somerset die vorgeschichtliche
Bevölkerung mit Vorliebe die trockenen, weniger bewaldeten oder offenen
Plateaus besiedelt, die Kreidekalke im S, die Oolithe im E, auch die Devonschiefer im W [510, 516]. Vor allem haben die Mendips in ihren Höhlen einige
alt- und ziemlich viel jungsteinzeitliche Funde geliefert (Aveline's Hole bei
Burrington, Gough's Cave bei Cheddar, Rowberrow Cavern, Wookey Hole

usw.) [52, 511 a, 513]; auch Langhügelgräber, einzelne Steinkreuze, Dolmen bekunden die Ausdehnung des alten Siedlungslandes. Die dort wohnenden Jäger fertigten bis in die Bronzezeit Mikrolithen an [519*]. Die eisenzeitlichen Eindringlinge hinterließen Erdwerke auf den Höhen (u. a. drei Cadbury, Ham Hill) [511 a*], später die bereits genannten „Seedörfer" von Meare und Glastonbury (vgl. S. 198). Manch der großen Camps gehören wahrscheinlich z. T. noch der Bronzezeit an, andere entstammen der britischen, bzw. römisch-britischen Zeit. Die vielen Reste römischer villae erweisen eine dichte Besiedlung. Schon damals blühte in den Mendips der Bergbau auf Zink und Blei. Aquae Sulis (Bath), wo sich die Via Julia (von Calleva zur Avonmündung) mit dem Fosse Way (Isca—Lindum) schnitt, dankt seinen Namen den warmen Quellen, auch sein Baustein wurde bereits geschätzt. Wansdyke, ein 130 km langer Erdwall aus römischer oder sächsischer Zeit, zieht von Portishead bis Inkpen Beacon, an der N-Seite von einem Graben begleitet; wahrscheinlich war er mehr Grenz- als Schutzwall [518].

Bristol. Die Stätte von B r i s t o l, der zweitgrößten Stadt S-Englands (397 012; *414 320*), hatte in der Römerzeit noch keine Rolle gespielt. Ihre Vorzüge [13, 82] — die Lage an einem starken Gezeiten unterworfenen Fluß, aber nicht unmittelbar der Brandung des Meeres und Angriffen von der Seeseite her ausgesetzt, sondern durch den Wall des Cliftonzuges gedeckt — wurden anscheinend zuerst von den Skandinaviern, alsbald von den Sachsen ausgewertet, welche von hier Handel mit Irland trieben, u. a. Sklaven an die Ostmänner von Dublin verkauften und die hier schon um das J. 1000 Münzen prägten [82 l, p; BE; 624*]. Eine 15 m hohe Keupermergelkuppe auf dem Riedel im Zwiesel zwischen Avon und Frome trägt den alten Kern der Siedlung, der von den Sachsen durch eine Mauer befestigt wurde. Einen größeren Aufschwung nahm der Platz, dessen älteste Bezeichnung auf eine Brücke weist (1063 Brycgstow, D.B. Bristou) [623*], erst unter den Normannen. 1006 erbaute Bischof Geoffrey von Coutances eine Burg auf dem schmalen Hals an der besonders gefährdeten E-Seite der Stadt und ebendort um 1110 Graf Robert von Gloucester, der neue Befestigungen anlegen ließ, einen mächtigen Bergfried; erst nach dem Bürgerkrieg wurde die Burg 1656 niedergelegt. In dem ummauerten ovalen Stadtkern, der noch heute durch die Straßenführung gut erkennbar ist, schnitten sich die beiden Hauptverkehrsadern, die W—E ziehenden Corn und Wine Streets mit den N—S führenden Broad und High Streets, vor deren unteren Enden Brücken über den Frome, bzw. Avon führten (Abb. 42) [82 h]. 1247/8 wurde über diesen eine neue gebaut, wobei er zeitweilig abgelenkt wurde [82 p]. Über sie ging der Verkehr aus Gloucestershire nach Somerset. Unterhalb der Burgmauer im E der Altstadt schufen die Normannen eine eigene Niederlassung um „Old Market". Auch am N-Ufer des Frome entstand um eine von dem Grafen Robert gegründete Benediktinerabtei ein Dorf, außerdem auf dem S-Ufer des Avon auf der Sandsteinterrasse von Redcliff ein anderes, das, etwas unterhalb Bristol gelegen, dessen Handel zeitweilig beeinträchtigte, übrigens bald in das Stadtgebiet aufgenommen wurde. Den niedrigeren Teil ö. davon, s. der Bristol Bridge, erhielten die Tempelritter, welche dort jene Kirche bauten, deren Turm sich bei einem späteren Aufbau (1460) etwas neigte — der „Schiefe Turm" von Bristol. Der Name des Hauptbahnhofs von Bristol, Temple Meads, erinnert noch an das alte Templergut. 1155 hatte Bristol seinen ersten Freibrief erhalten, schon blühten Wollhandel und Frieserzeugung, es entstanden die Zünfte der Weber, Walker, Schneider usw. und vor allem die reiche Gilde der Kaufleute. Vorerst blühte am meisten der Handel mit Irland auf, als Heinrich II. den Bristolern das Vorrecht einräumte, die Stadt Dublin mit gleichen Rechten wie Bristol und steuerfrei zu bewohnen. Unter den Anjous verstärkte Bristol den Verkehr mit dem Festland, es holte die Weine S-Frankreichs und S-Spaniens, es führte Blei aus den Mendips und Zinn aus Cornwall aus, Leder, das die Gerbereien am Avon erzeugten, Getreide, Fische und in erster Linie Tuch, 1359/60 z. B. 3554 Stück „broadcloth" (zu 24 ×1,25 yards), d. i. mehr als Salisbury (3060), mehr als doppelt soviel wie Exeter (1498) und fast dreimal soviel wie London [624*; 82 l—n]. Es wurde natürlich nur z. T. von den eigenen Webern geliefert, z. T. kam es aus Coventry, Ludlow, Barnstaple, aus Wales und selbst aus Kendal [616]. Doch schon um 1400 hatte London die Führung übernommen. 1373 erhielt die Stadt zum Dank für ihre bei der Belagerung von Calais geleistete Hilfe als erste und zunächst einzige außer London den Rang einer Grafschaft. In jener Zeit entstand außerhalb der Stadtmauer eine der schönsten Pfarrkirchen Englands, St. Mary Redcliffe, eine Schöpfung der reichen Tuchhändlerfamilie Canynges, die 1450 ein Monopol für den Handel mit Dänemark erworben hatte. Die später noch erhöhte Turmnadel (87 m) war lange das Wahrzeichen von Bristol. Überhaupt war dieses reich an Kirchen und Kapellen. In stattlichen dreistöckigen Häusern mit hohen Giebeldächern und Mansarden, mit großen Kellern zur Aufspeicherung von Waren, besonders des Weins, wohnten die reichen Kaufleute. Im Zeitalter der Entdeckung spähte Bristol aufmerksam über das Meer nach dem W, die beiden Cabot traten von hier 1497 ihre Fahrt an. Nach der Aufhebung der Klöster wurde es (1542) Bischofssitz und zur City erhoben, die am r. Ufer des Frome stehende Kirche der Augustinerabtei wurde Kathedrale. 1536 wurde der Bau der Grammar School vollendet, 1590 eine andere, Queen Elizabeth's Hospital, gegründet; beide bestehen noch heute [82 k, p].

An allen großen Ereignissen der englischen Geschichte nahm Bristol stärksten Anteil, am Bürgerkrieg, an der Entwicklung des Überseehandels [82 b]. Hatte es sich vorher am Mittelmeerhandel beteiligt, so wandte es in der 1. H. des 16. Jh. der Küste von N-Afrika, in der 2. H. Neufundland seine Aufmerksamkeit zu. Auch die Kaperei gestaltete sich recht einträglich [82 kk]. Aber erst nach der Eroberung von Jamaika entwickelte sich der Kolonialhandel am vollsten. Es betrieb ihn mit den berüchtigten Fahrten im Dreieck (Bristol—W-Afrika—W-Indien—Bristol) ähnlich wie Liverpool, dem es vorläufig noch weit überlegen war. Der Sklavenhandel erreichte 1788 seinen Höhepunkt, der mit ihm in Verbindung stehende Zuckerhandel schon vor dem Unabhängigkeitskrieg. Etwa 20 Raffinerien bestanden damals in Bristol [82 f]. Die Einfuhr von Kakao und die Herstellung von Schokolade begann schon im 18. Jh., die Anfänge des Tabakhandels reichen bis in den Anfang des 17. zurück. Noch blühte das Weberhandwerk. Die bereits im 14. Jh. gegründete Seifenindustrie, für welche die Seifensieder Olivenöl aus Marseille einführten, und der Seifenhandel entfalteten sich nach schweren Rückschlägen gegen Ende des 18. Jh. von neuem, auch die Glas- und die Porzellanmanufaktur waren eingezogen; die erstere, die auch Emailglas und farbiges Glas, Fensterglas und Flaschen erzeugte, hat bis 1922 bestanden, die letztere in einer Tonwarenfabrik fortgelebt [82 g]. Dem Aufschwung entsprechend wuchs die Stadt immer mehr über ihren alten Kern hinaus, doch behielt dieser noch lange sein mittelalterliches Gepräge, seine Umwallung mit den vielen Toren und parallel zu ihr zwei Straßenringen, die engen, gewundenen Gassen. Erst das 18. Jh. brachte tiefgreifende Umgestaltungen: in förmlicher Stadtplanung brach man Straßen durch, man beseitigte Tore, verlegte Kirchen, schuf neue

Plätze, verbaute die „Marsh", das versumpfte Gelände ö. der Fromemündung (Queen Square). Schon war auch im W, zu „Clifton-on-the-Hill", eine vornehme Vorstadt entstanden, nun wurde sie gegen Ende des Jh. mit prächtigen Straßenzügen, Gebäuden und Parken geschmückt, ganz nach dem Muster von Bath („the true daughter of Bath") [113].

Allein mit dem Verlust der amerikanischen Kolonien und der Aufhebung des Sklavenhandels endigte jene Blüteperiode Bristols. Liverpool, dank Baumwollhandel, überholte es in der E.Z. schon vor der Jh.Wende (1801: 78 000, Bristol 64 000). Es kam ihm in der Anlage von Docks und überhaupt in der Ausgestaltung seines Hafens zuvor, erhob viel geringere Hafengebühren, der Wollhandel wanderte nach London ab, für die

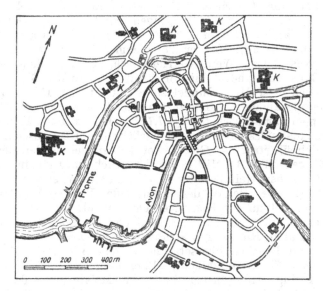

Abb. 42.   Bristol im Mittelalter.   Nach S. J. Jones.   1 Broad St., 2 High St..
3 Corn St.. 4 Wine St., 5 Castle, 6 St. Mary Redcliffe. K Klöster.

Baumwoll- und Eisenindustrien der Midlands konnte Bristol nicht das Haupttor werden. Erst nachdem es (1848) der alten „Bristol Docks Co." ihre Anlagen und Rechte abgekauft hatte, war es in der Lage, den neuen Anforderungen der Schiffahrt Rechnung zu tragen: die Kalksteinbarre in der Avonschlucht, die einst als Furt gedient hatte, wurde gesprengt, 1864 Dock und Landungsbrücke von Portishead eröffnet (1879 erweitert), 1877 das Hafenbecken von Avonmouth; aber erst als dieses 1884 von der Stadt übernommen wurde, konnte eine zielbewußte Handelspolitik durchgeführt, der unzuträgliche Wettbewerb mit dem Stadthafen in nutzbringende Zusammenarbeit übergeleitet werden. Auch dieser, im Herzen der Stadt gelegen, wurde erweitert und mit modernen Einrichtungen ausgestattet. 1908 wurde neben dem Avonmouth Dock das R. Edward Dock eröffnet, 1928 dessen Ostarm vollendet. Eine Schleuse von 267 m Länge, 30 m breit, bei Nip H.W. 10 m, bei Spr.H.W. 14 m tief, gestattet den großen Ozeandampfern die Einfahrt. Während der Stadthafen besonders dem Stückgutverkehr dient, versehen mit Getreide- und Tabakspeichern, Kühlhäusern und Holzlagerplätzen, stehen doch die Hauptanlagen dieser Art in Avonmouth. Vornehmlich hier werden Weizen und Mais aufgespeichert, südamerikanisches und rhodesisches Gefrierfleisch, Molkereiprodukte und Früchte aus Kanada, Australien und Neuseeland sowie andere leicht verderbliche Waren eingelagert; Zucker, Tee und Kakao, eingemachtes Obst werden hier ausgeladen, auch Ölsamen, Dünger, Zellulose, Eisen und Stahlwaren eingeführt. Zwischen Avon und R. Edward Dock stehen an die 100 Öltanks, die über 3 Mill. hl aufnehmen [114, 82 e, q, r; 113*, 85*, 87*]. Auch Portishead hat, abgesehen vom Elektrizitätswerk von Bristol, Getreidespeicher, eine große Tankanlage, Kohlenverladung und ist besonders Holzhafen. So ist der „Port of Bristol" einer der großen Häfen des Kgr. Sein Hinterland mit fast 1 Mill. Menschen im Umkreis von 40 km umfaßt SW-England und W-Wessex, es reicht in die Midlands hinein und nach Wales hinüber; es überschneidet sich mit dem von London, Southampton, Liverpool, mit denen er in Wettbewerb steht. Auch Cardiff tritt in diesen ein. 1938 gingen rund $^1/_{10}$ der Getreideeinfuhr (190 000 tons Weizen, 80 000 tons Mais, 210 000 tons Gerste), gut ¼ der Tabakeinfuhr (39 Mill. kg), $^1/_{12}$ der Petroleumeinfuhr über ihn, dazu Holz, Erze, Butter, Käse, Obst, Wein, Gefrierfleisch, Kakao, Pflanzenöle; in der Einfuhr von Bananen stand er bis vor wenigen J. an der Spitze der Häfen Europas (jährlich 6—7 Mill. Bündel zu je 150 Stück), England lieferte er fast soviel wie alle anderen Häfen zusammen, doch wurde er 1938 von London und Liverpool darin überboten (je 7,7 Mill. B.). Mit 250 Häfen des Weltreichs und des Auslandes hatte Bristol Verkehr (im J.Durchschn. 3—3,5 Mill. tons). Natürlich übertraf der Ges.W. der E. bei weitem den der A. (1938: 31,9 Mill. Pf.St. gegenüber 1,4 Mill.), die wesentlich aus Industrieerzeugnissen der Stadt und Lebensmitteln besteht. Nach dem Ges.W. seines Handels stand es an 8. Stelle (2% des Ges.W. des Handels des Ver.Kgr.) [99*]. Rund $^1/_3$ (0,9 Mill. tons) entfiel auf den Küstenverkehr, der mit Wales und der S-Küste am lebhaftesten ist, aber auch nach Irland und — weniger — nach Schottland geht. Nach allen Richtungen strahlen Eisenbahnen und Straßen. Eine große Anzahl von Brücken übersetzt heute den Avon; die 1864 eröffnete Hängebrücke über die Avonschlucht, 412 m lang und fast 90 m über dem Fluß, und die Swing Bridge in der Stadt sind Meisterwerke der Technik.

Eng mit der Entwicklung von Handel und Verkehr hing die der Industrie zusammen. Sie wurde durch die benachbarten Kohlenlager ermöglicht, die schon seit dem 16. Jh. immer mehr ausgebeutet wurden. Allerdings liefern deren Flöze nur Hausbrandkohle, die beste Dampfkohle wird aus S-Wales bezogen. Ansehnlich sind die Tabak-, Seifen- und Schokoladenindustrie; auch erzeugt es Chemikalien, Farben, Gummiwaren, es hat Brauereien, Jute-, Flachs- und Hanfspinnereien usw. Dagegen konnte sich die Baumwollindustrie niemals so recht entfalten, die letzte Baumwollfabrik wurde 1926 in eine Kunstseidenfabrik umgewandelt [82 z]. Nicht unbedeutend ist hier und in der Umgebung die Leder- und Schuhindustrie [752*]. Neueren Ursprungs ist der Bau von Straßenbahn-, Eisenbahn- und Kraftwagen, von Lokomotiven, Werkzeugmaschinen und schließlich von Flugzeugen (Blenheim) und Flugmotoren. Seit 1930 hatte Bristol selbst einen Flughafen bei Whitchurch (Somerset) und Flugverbindungen mit London, Liverpool, Manchester Plymouth. Dank der Vielseitigkeit seiner während der älteren Krise (vgl. o.) entwickelten Industrien ist Bristol ähnlich wie Norwich (vgl. S. 325) von denen des 20. Jh. weniger stark berührt worden als viele andere Industriegebiete Großbritanniens [82 i, p, s—z].

Die reichen Fabriksherren haben auch das ihrige für das geistige Leben der Stadt getan; in erster Linie ihrer Freigebigkeit dankt die aus dem 1876 geschaffenen University College hervorgegangene Universität (1909) die

schönen Gebäude, die Institute, Laboratorien und Lehrstühle. Ihr gehören
auch das Nat. Fruit and Cider Institute von Long Ashton (bei Nailsea) und
das R. Agricultural College von Cirencester an. Der über 60 m hohe University Memorial Tower ist heute das weithin sichtbare Wahrzeichen der Stadt.
Auch auf seine Bibliothek, auf Museum und Kunstgalerie kann Bristol stolz
sein. Reich an historischen Erinnerungen, alten Kirchen und anderen Gebäuden
(St. Peter's Hospital mit seiner prächtigen Fachwerkfassade; the Old Dutch
House mit seinen geräumigen Kellereien), malerisch in den Hügelrahmen
mit abwechslungsreicher Umgebung gebettet, gehört Bristol zu den anzie-
hendsten Großstädten Englands, und der Fremde fühlt sich in ihr wohler als
in jeder anderen [82 c, d, j]. Anmutig und gesund sind seine Wohnviertel
auf den benachbarten Höhen. Seit 1930 sind u. a. auch Whitchurch, Brislington, Portishead eingemeindet. Ein Kranz von Trabantensiedlungen lagert
sich um die zur Führung des w. S-England berufene Stadt, u. a. Keynsham
(Schokoladefabrik) und Pensford im Chewtal; hier nimmt die Bevölkerung
infolge des „residential development" besonders rasch zu (Keynsham 1921:
3837, 1931: 4521). Einem äußeren Ring gehören an: das Seebad Clevedon,
vor dem SW-Ende des Portishead-Rückens am Rand der Marschen gelegen
(s. u.); R a d s t o c k (3622) und M i d s o m e r N o r t o n (7490) im Bergbaugebiet des SE; im NE Chipping Sodbury (973) am Frome, einst Post-
station an der Straße London—Severntal, mit alten Häusern und dem ehemaligen Anger als Marktplatz [113].

Zum Bannkreis von Bristol gehört auch B a t h, die größte Stadt von
Somerset (68 815; *74 000*), lieblich am Avon gelegen. Schon die Römer nütz-
ten die Heilkräfte seiner radiumhaltigen Thermen (48,9° C = 120° F; hauptsächlich Kalksulfate). Sie steigen, sehr bezeichnend an der Kreuzung der
N—S- des Malvern- mit den E—W-Strukturlinien des Mendipsystems,
aus mindestens 1500 m Tiefe durch jene Schotter- und Sandterrasse empor,
auf welcher die unteren Teile der Stadt stehen [215]. Im 18. Jh. kam Bath,
das sich zu einem Mittelpunkt des Tuchhandels entfaltet und dessen Abtei
mit Wells und Glastonbury um die Würde des Bischofssitzes gewetteifert
hatte, als Badeort in Mode. Damals wurde die Stadt, in deren Plan noch
das römische castrum durchschimmert, durch die beiden John Wood, Vater
und Sohn, zur „ersten wirklich modernen Stadt Europas" gemacht. Sie
brachen „mit der alten Vorstellung eines in sich geschlossenen, mit festen
Mauern umschlossenen, starren städtischen Organismus", bauten die Straßen
an den Hängen der benachbarten Hügel empor, schufen neue Plätze in
Quadraten, halbkreisförmige und kreisförmige Anlagen, versahen sie mit
stattlichen Gebäuden im Stile Palladios und bepflanzten sie mit Bäumen [86].
Das Bad war bis ins 19. Jh. das Modebad der Engländer, der Treffpunkt
seiner politischen, wissenschaftlichen und wirtschaftlichen Größen, das
„centrum eruditionis et elegantiae". Den heutigen Massenströmen der luft-
hungrigen Industriebezirke konnte es jedoch nicht so genügen wie die verschiedenen Seebäder, dafür haben dort jetzt auch reiche Kaufherren aus
Bristol ihre Ansitze; noch immer ist es bei Offizieren und Beamten des Ruhe-
standes als Wohnort beliebt. Leider haben sich auch einige Industrien in
seiner Umgebung niedergelassen (Lederwaren-, Kraftwagen- und Maschinenfabriken); „Bath buns, biscuits, pipes, chairs" haben nach der Stadt ihren
Namen erhalten [113; 11 a, 83, 86, 88, 812, 820, 824, 825].

Außerhalb der „conurbation" von Bristol (rund ½ Mill. E.) sind in dem
Gebiet nur kleine Landstädte vorhanden. Am S-Abfall der Mendips reihen

sich, durch Bahn und Straße verbunden, die Siedlungen dichter: A x b r i d g e
(1017), in der sächsischen Zeit ein wichtiger Hafen, bis 1802 noch von Booten
auf dem Axe erreichbar, heute durch seine Erdbeer- und Gemüsegärten
bekannt [815]; Cheddar (2154), besucht wegen seiner Tropfsteinhöhlen und
seiner bis 130 m tiefen „Schlucht" und berühmt durch den nach ihm benannten Käse, der allerdings schon seit langem nicht bloß in der Umgebung
(Wedmore), sondern auch in Wiltshire und Dorset erzeugt wird; die
Bischofsstadt W e l l s (4831; *5659*) mit ihrer prächtigen Kathedrale, dem
Kreuzgang, dem Bischofspalast, dem Kapitelhaus, Schöpfungen hauptsächlich des 13. Jh., die hier ausnahmsweise der Wut der Klosterstürmer ent-
gingen; weiter ö., schon in etwas höherem Land, S h e p t o n M a l l e t
(4108), einst ein geschäftiges Marktstädtchen, jetzt mit Brauerei und Hemd-
kragenerzeugung beschäftigt; das Dorf Doulting (535), nahe dem E-Ende
der Mendips auf dem Inferior Oolite, aus dessen ausgezeichnetem Baustein
die Kirchen von Wells und Glastonbury (heute Ruine) erbaut wurden (vgl.
S. 197). G l a s t o n b u r y's (4514; *4613*) Rolle, durch Sage und Dichtung
mit König Arthur und den sächsischen Königen verbunden, gehört der Vergangenheit an. Das sw. benachbarte S t r e e t (4453) erzeugt Stiefel und
Schuhe. B r i d g w a t e r (17 139; *19 620*), Brückenstadt am Scheitel des
Parrettästuars (ursprünglich Brigewaltier, weil im Besitz Walters de Douai),
ist zwar der wichtigste Hafen der Gr. Somerset (mit E. hauptsächlich von
Holz, Zellulose und Espartogras und A. besonders von Zement und Ziegeln);
zu CAMDEN's Zeit von 100 tons-Schiffen erreicht, heute bei T.H.W. für 900 tons-
Schiffe zugänglich, kommt er für die moderne Großschiffahrt nicht in
Betracht. Für diese ist hier der Bristolkanal überhaupt nicht gerade günstig
wegen der Seichtheit des Wassers und der vielen Sandbänke („English
Grounds" und verschiedene „Sands"). Schwere Schiffsunfälle waren in ihm
häufig. Auf dem Parrett aber steigt mitunter eine fast 1 m hohe Bore aufwärts [11 a]. Immerhin ist Bridgwater, abgesehen von einigen anderen
Industrien (Wagen, Kinderwagen und Kraftfahrzeugen, „Windsor chairs";
Eisengießerei) durch Ziegel- und Zementindustrie bemerkenswert, namentlich die nach ihrem Erfinder benannten „Bath bricks", die nur hier (aus
dem Schlamm des Parrett) gebrannt werden [67 a]. Unbedeutend sind die
Häfen H i g h b r i d g e (2585) am Brue (mit Speckerzeugung) und Uphill
am Axe. T a u n t o n, die Gr.St. von Somerset (25 178; *30 060*) ist Markt
für seine reiche landwirtschaftliche Umgebung, weniger Industrieort (Speck-
fabriken); seine Woll- und Seidenwarenerzeugung hat es ziemlich verloren.
Ganz am W-Rand des Gebietes, eigentlich schon zu SW-England gehörig,
liegt W e l l i n g t o n (7132) mit Tuch-, Serge- und Bettdeckenfabriken vor
dem N-Abfall der Blackdown Hills. Eine Reihe von Seebädern, von Bristol
aus viel besucht, zieht das Severnästuar, bzw. den Bristolkanal entlang:
außer dem bescheideneren C l e v e d o n (7029), das durch einen schönen
Sandstrand und sein gesundes Klima ausgezeichnet ist, das städtische
W e s t o n - s u p e r - M a r e (28 554; *37 470*), das von den Hängen des
Worlebury Hill auf die Inseln Steep Holm und Flat Holm und die wälsche
Küste hinausblickt; das kleine B u r n h a m (5120), von dessen Strand bei
N.W. das Meer 5—6 km zurückweicht — hier stehen seit 1923 die 40 m hohen
Masten von „Burnham Radio", die zusammen mit dem „Portishead Radio"
der Seeschiffahrt dienen —; der noch kleinere, etwas Handel treibende,
seinerzeit viel wichtigere und daher oft von den Dänen angegriffene Hafen
von W a t c h e t (1936); gleich diesem am Fischfang im Bristolkanal (Lachs,
Heringe) beteiligt, Porlock (1351); endlich M i n e h e a d (6315), schon vor

dem Abfall des Exmoor, landschaftlich am schönsten, zudem am wärmsten, an altertümlichen Reizen aber übertroffen von dem landeinwärts gelegenen Dorfe Dunster, dessen Schloß die Stürme der Zeit überdauert hat [11 a, 113] und dessen Yarn Market und Market Cross Sehenswürdigkeiten sind.

Kleine Landstädte mit etwas Industrie sind auch die Hauptsiedlungen der Stufenlandschaft: das aufstrebende Y e o v i l (19 077; *21 890*), Brückenort, wo die Straßen Shaftesbury—Exeter und Dorchester—Bristol den Yeo übersetzen, und Bahnknoten, Butter-, Käse- und Viehmarkt und wie das benachbarte M a r t o c k (2049) durch Handschuhmacherei (besonders aus Ziegenleder) bekannt; I l m i n s t e r (2232), etwas abseits von dem Islefluß, mit Anfertigung von Spitzen, Hemden und Kragen; mit Spitzenherstellung auch C h a r d (4054; *4757*) auf der Wasserscheide zwischen Isle und Axe im Schnittpunkt der Hauptstraße nach dem W mit denen von Taunton und Langport zur S-Küste. Hemden, Segeltuch und Bindfaden erzeugt und Jute verarbeitet C r e w k e r n e (3509) halbwegs Yeovil und Chard. L a n g p o r t (686) ist ein kleiner Flußhafen an der Mündung des Yeo in den Parrett. Ilchester am Yeo, Nachfolger einer Römerstation, wo der Fosse Way den Fluß überschritt, und Somerton, einst der Hauptort der Sumertun-saetau („Bewohner der Sommerstadt" [623*]) und noch vor den Normannen durch eine Burg gesichert, sind heute ohne Bedeutung. S h e r b o r n e (654), schon in Dorset am oberen Yeo, der hier gegen N ausgreift, zeigt außer anderen alten Gebäuden und malerischen Gassen seine umgebaute und restaurierte Abbey Church, ursprünglich eine Schöpfung der Normannenzeit. Um 705 gegründet, war die zum Bischofssitz erhobene Abtei eine Zeitlang einer der wichtigsten Vorposten der Sachsen w. des großen Grenzwaldgürtels; aber 1078 wurde das Bistum nach Old Sarum verlegt. Der benachbarte Forest of Sherborne blieb bis in die Zeit der Stuarts Jagdgehege der Könige [325]. Weiter ö. steht Stalbridge (998 Stapulbreicge [623*; 66]; 1249) inmitten des Milchwirtschaftsgebiets des Blackmoor Vale, ferner im Durchbruch des Stour durch die niedrige Corallianstufe in einer Schleife des Flusses S t u r - m i n s t e r N e w t o n (1708), ebenfalls ein alter Brückenort und einst beliebter Ausgangspunkt für die Jagden der Könige ähnlich wie G i l l i n g - h a m (3274), das am oberen Stour, im nördlichsten Teile von Dorset, die Straßen zusammenfaßt und Töpferei und landwirtschaftliche Industrien (Bier, Zucker usw.) betreibt. Erst unter Karl I. wurde der benachbarte Forest of Selwood abgeholzt. Wincanton (2047) ist Markt für das n. Blackmoor Vale. Weiter n. bezeichnet Bruton (1555) die Pforte des Bruetals durch die 100 m darüber ansteigende Stufe. Lebhaft ist F r o m e (10 739) mit Kraftfahrzeug-, Textilindustrie und Druckerei, mit geräumigem Marktplatz und engen, krummen Gassen. Auch Bradford-on-Avon und Trowbridge, jenes am Rande der Cotswolds, dieses benachbart schon draußen in dem sw. Ausläufer der Tonniederung (vgl. S. 397), haben Tuchindustrie.

SW-Wessex. Verhältnismäßig schmal, dabei lang ist SW-Wessex. Seinen Kern bildet die Gr. Dorset [11 c]. Aber jenes reicht im W nach Devon, im E nach Hampshire hinein, dafür springt Dorset im N in das Niederland von NW-Wessex vor. Eine durchaus befriedigende natürliche Grenze läßt sich nicht finden. Und doch, im großen ganzen zeigt das Gebiet zwischen dem Tiefland von Somerset und dem Kanal, dem Exe im W und dem Stour und Poole Harbour im E im Vergleich zu seiner Nachbarschaft manche besondere Züge, vor allem durch die Zusammendrängung seiner Schichtstufen auf engen Raum und durch die Eigenart seiner Küste.

Zwar ziehen aus Hampshire im S das niedrige Tertiärhügelland entlang dem (Dorset) Frome, im N die Kreidekalke von Cranborne Chase über den Stour gegen W; indes verschmälern sich beide so sehr, daß nicht sie allein das Gepräge der Landschaft bestimmen [21 k, l, r; 24 b]. Vielmehr treten hier, entsprechend dem Ansteigen der tektonischen Achsen, Jura-, noch weiter w. Triasstufen auf. Die Kreidekalke bilden das Downland um Dorchester: im N, bei flacher Lagerung ziemlich breit, die Dorset Heights (Bulbarrow Hill 275 m), im S, steiler aufgerichtet, das schmale „Rückgrat der I. of Purbeck", die Purbeck Hills (191 m), die ostwärts über Corfe Castle zum Kap Foreland zwischen Studland Bay und Swanage streichen [27 a]. Hier kehrt die gleiche Tektonik wieder wie auf der I. Wight, ein breites Gewölbe mit steil einfallendem N-Schenkel und flachem Scheitel. Tatsächlich ist diese Purbeck Anticline als Fortsetzung der Brixton Anticline anzusehen, wenn auch durch eine Einwalmung von ihr getrennt. Wie auf Wight, ist der Scheitel abgetragen, so daß die oberjurassischen Purbeck und Portland Beds, w. des Meridians von Corfe Castle sogar die Kimmeridgetone entblößt sind. Der S-Schenkel ist bereits der Brandung in großem Ausmaß zum Opfer gefallen. Immerhin bilden die Portland- und Purbeckschichten, teils Kalke, teils Tone, im SE der „Isle" bei so gut wie waagrechter Lagerung ein Plateau, das in den Kliffen von Durlston Head und St. Alban's Head (192 m) abbricht; w. von diesem benagt das Meer die Kimmeridgetone, die stärker zurückgewichen sind, zumal sie um das Dorf, nach welchem sie benannt wurden, nur mehr eine geringe Höhe erreichen. N. steigen darüber die steilgeneigten Portlandkalke des N-Schenkels zu einem Schichtkamm auf, der parallel den Purbeck Hills verläuft, so daß Kimmeridge vom Inneren des Landes „doppelt abgesperrt" ist. Im W ist zwischen den Kreide- und den Portlandkalken eine lange Furche im Zuge der Wealdentone und -sandsteine ausgeräumt, dessen Enden durch Swanage Bay im E, Worbarrow Bay im W bezeichnet werden. In dieser hat die See die Portlandkalke des N-Schenkels bereits durchbrochen und die weicheren Purbeck-, Wealden- und anderen kretazischen Gesteine erodiert, so daß sie nun unmittelbar an die Kreidekalke herantritt [22, 25, 27, 223, 310]. In solchen stellt sich sofort typische Downlandschaft ein (Abb. 43). Weiter w. folgt einer der malerischesten Abschnitte der englischen Küste. Noch bildet der Portland Stone auf etwa 2 km eine geschlossene Mauer, aber durch sie hat das Meer, wegen der geringeren Mächtigkeit und steileren Lagerung, eine Bresche geschlagen, die Wealdenschichten dahinter ausgeräumt und so das vielbesuchte, kesselförmige Lulworth Cove geschaffen, allerdings vielleicht aus einem schon vorhandenen, durch Quellerosion erweiterten Ursprungskessel eines einst gegen S ziehenden Tales [22 b, 228; 324]. In dem benachbarten Stair Cove ist ein ähnlicher Vorgang eingeleitet. Allenthalben wird hier die Küste im Gegenspiel von Brandung und Gesteinslagerung und -widerstand in mustergültigen Beispielen gestaltet. Immer sind die Portlandkalke am schroffsten, die Purbeckkappen darüber und der Portlandsand darunter flacher geböscht. Regelmäßig bilden die härteren kieseligen Schichten des Unteren Portland Stone und härtere Kalke im Kimmeridgetone Kliffleisten. Dieser, die Wealdentone und Portland Sands verursachen gerne Rutschungen und Ausquetschungen, ihre abrasive Untergrabung beschleunigt das Zurückweichen des Kliffs; Klüfte und Verwerfungen erleichtern dem Meer auch in den widerständigeren Gesteinen den Angriff [224, 316, 321, 326, 329; 312*].

Noch mehr hebt sich weiter im W die Weymouth Anticline heraus. Infolgedessen erscheinen hier nicht nur die Kimmeridgetone wieder, sondern

auch Middle und Lower Oolite (vgl. S. 197), zumal die weicheren Oxfordtone und „Fuller's Earth". Bloß die Kalke des „Forest Marble" (unter den
Oxfordtonen) bilden niedrige, gegen SW schauende Stufen. Im übrigen ist
das Land nur ausnahmsweise über 50 m hoch, längs dem Wey und seinen
kurzen Nebenflüssen wenig über dem Meeresspiegel, der im E in Weymouth
Bay und Portland Harbour mit schöngeschwungenen Kurven eindringt.
Hier ist ein letzter Rest des S-Schenkels der Antiklinale auf Portland I.
erhalten, die sich ähnlich wie die I. of Purbeck über den Kimmeridgetonen
aus Portland und Purbeck Beds aufbaut. Da aber die Kimmeridgetone selbst
bereits durchbrochen sind, wird sie nur durch den 30 km langen Strandwall
der Chesil Bank, einen ausgezeichneten natürlichen Wellenbrecher, mit der
Küste bei Abbotsbury verbunden. Ihre S-Spitze, Portland Bill, wird von

Abb. 43. Bindon Hill und ö. Teil von West Lulworth. Aufn. J. Sölch (1926).
Breite Kreidekalkrücken, hpts. mit Heufeldern und Weiden, wasserarm und baumlos.
Große Flurmaschen, von Hecken umschlossen.

heftigen Tidenströmungen umflossen („Portland race"). Hier erreicht ein
gehobener Strand (marine Muscheln, überlagert von Lehm und darüber
„Head"), 20 m O.D., ein älteres Gegenstück zur Chesil Bank [24 b]. Diese,
im N 155 m breit, bis 8 m hoch, im SE, wo sie aus dem gröbsten Geröll
(Feuerstein, Grünsandkiesel, Kalk) gebildet wird, 180 m breit, bis 14 m hoch,
besteht aus einem 1853 während eines besonders heftigen Sturmes aufgebau-
ten n. Hauptwall, vor welchen sich seither im S acht, weiter n. fünf kleinere
Wälle gelegt haben. Sie ist in Großbritannien das vollkommenste Beispiel
einer durch den Wellengang gebildeten Küste; die Strandvertriftung spielt
eine völlig untergeordnete Rolle. Denn im großen ganzen wandert das
Gerölle hin und her, bei SSW-Winden nach W, bei WSW-Winden nach E,
wenn auch die Bewegung nach E, verursacht durch die kräftigeren Wellen,
etwas überwiegt. Anscheinend hat sich die Bank im Laufe der Zeit leicht
gegen NE verschoben, nur ein langer, schmaler Strandsee (Fleet) schaltet
sich zwischen sie und die Küste; noch jetzt wird bei heftigen Stürmen Geröll
auf den Wall hinauf und sogar über ihn hinweggetragen [22 b, 24 b, 33,
313, 326]. Allein trotz wiederholter Untersuchungen über Ursprung und
Entwicklung bleibt das Problem der Chesil Bank noch weiter bestehen
[312*].

Bei Abbotsbury erscheint der Grünsandstein, der nun um das W-Ende
der Kreidekalke, zumal um die Platte von Beaminster und dann längs der

Dorset Heights, eine Stufe aufbaut. Längs der Küste gegen W kommen dann ältere Schichten herauf, u. zw. Oxfordtone und „Fuller's Earth" wie bei Weymouth, dann Lower Oolite, beiderseits des Brit der Mittel-, im Gebiet des Char (Vale of Marshwood) der Unterlias [220]. Oberer Grünsand nimmt die Höhen ein, so beiderseits des Axeflusses bis zur Küste — wo sogar noch Kreidekalk im Bear Head als senkrechtes Kliff abfällt —, zwischen Axe, Otter und oberem Culm. Hier bildet er das breite, zerschnittene Plateau der Blackdown Hills, das sich in ± 240 m H. hält, aber im NE über der Plain of Somerset im Staple Hill auf 315 m erhebt. Das Land ist überall, wo seine weniger widerständigen Liegendschichten von der Erosion erreicht sind, stärker aufgelöst, von breiten Tälern durchfurcht. Die härteren Schichten bilden niedrige Stufenzüge vor den mit Grünsandkappen bedeckten Tafelbergen. Vielfach sind nur mehr kleine Auslieger der Grünsanddecke übriggeblieben, allein immer ist der Gegensatz zwischen deren steileren, mit Busch, Heide und manchmal mit Gehölz bedeckten Hängen und den Gefilden der Talgründe bezeichnend. Auf der Wasserscheide zwischen Char und Axe stehen als Grünsandzeugenberge Pilsdon Pen und die Wootten Hills (221 m), ö. von der Charmündung der lange Zug des Stonebarrow Hill, Chardown usw. mit Liassockel. Auch krönt der Grünsand Golden Cap mit seinen im Lias untergrabenen Wear Cliffs (halbwegs Bridport und Lyme Regis). Trotz des auffallend geraden Verlaufs bietet diese Küste, indem sie abwechselnd Höhenzüge und Talfurchen abschneidet, fortwährend andere Bilder, bald steile, von der Brandung angegriffene Felshöhen, bald durch Aufschüttungen verlegte Flußmündungen. Die Arbeit des Meeres wird hier durch die Liastone sehr begünstigt, die unter dem wasserdurchlässigen Grünsand leicht ins Rutschen kommen (1839 großer Felsschlipf der Kreidekalke der Bindon oder Dowland Cliffs ö. der Axemündung). Auch im Land drinnen schlagen Rutschungen nicht selten Wunden in die Gehänge. Eigentümliche Brände in den Kliffen von Charmouth (schon vom J. 1751 erwähnt; 1890, 1908) werden auf chemische Zersetzungsvorgänge zurückgeführt [21 q, 212, 220, 224, 328, 333, 84; 312*].

Weit, bis hart an den Rand der Niederung von Somerset, greift der Axe in das Land zurück. Er entspringt in der Kreidekalkplatte von Beaminster, quert die Oolite- und Liasschichten und ist im Unterlauf mit seinen Seitentälern schon in die Keupermergel eingekerbt, welche längs der Täler zungenförmig zwischen die Grünsandhöhen hineinziehen. Lias und Oolith sind hier nicht vertreten, der Grünsand überlagert vielmehr unmittelbar ältere Gesteine, bis er ganz drüben im W auf dem Permsockel der Haldon Hills ein letztesmal erscheint (vgl. S. 273). Gegen W werden von der Küste immer ältere Gesteine geschnitten: bei Sidmouth bilden rote Sandsteine und Keupermergel, ebenfalls zu Rutschungen sehr geneigt, den Fuß des Kliffs, Buntsandsteinkonglomerate eine schmale, gegen W blickende Stufenlandschaft zwischen dem Otter- und dem Exetal, die bei Budleigh Salterton jäh abfällt. Der „Untere Mergel" des Perm und Permbrekzien umrahmen die Mündung des Exe, von welcher sie landeinwärts ziehen. Auf den Brekzien des Perm steht ein Teil von Exeter, ein anderer schon auf Kulmgesteinen: hier ist man an der Grenze des alten Grundgebirges der SW-Halbinsel. Die Tektonik ist keineswegs einfach: Synklinalen und Antiklinalen wechseln miteinander wiederholt ab, vom Meer schräg geschnitten, z. B. um Lyme Regis und Charmouth, und von Verwerfungen durchsetzt [21 p, q].

Schwieriger als im ö. Wessex ist in dieser dicht zerschnittenen und stark ausgeräumten Stufenlandschaft, in welcher die ganze Tertiärperiode, sieht man von einigen Ausläufern der Eozänfüllung des Hampshirebeckens ab, keine bezeichnenden Ablagerungen hinterlassen hat, die Entwicklung der heutigen Oberflächenformen zu verstehen. Einebnungen sind nur in beschränktem Umfang erhalten, z. B. auf der Platte von Portland und Purbeck Beds der I. of Purbeck, in deren Mitte eine Abtragungsfläche in 120—150 m H. die leicht gegen S fallenden Schichten kappt. Weiter ö. ist die Oberfläche bloß durch Abstreifung der über dem Purbeck Stone früher vorhandenen weicheren Schichten entstanden. Auffallend ist hier und in anderen Gebieten, z. B. zwischen Char und Brit, eine Art Gipfelflur in ± 180 m; vermutlich schimmert in ihr noch die auf den altpliozänen Meeresspiegel eingestellte Fastebene durch, vielleicht wie weiter im E z. T. ein Werk der damaligen marinen Abrasion. Nw. Lyme Regis ist die altpliozäne Küstenlinie (Diestian) in 210 m festgestellt worden, darunter sind in der Gegend in 180 und 160 m jüngerpliozäne (Casterlian—Scaldisian) erkennbar, so daß die endgültige Hebung um 150 m im Pleistozän fortgedauert haben muß [319, 322, 333]. Aber post- und präeozäne und subkretazische und jurassische Einflächungen, die stellenweise in Wiederaufdeckung begriffen sind, interferieren mit ihr. Fraglich ist auch, inwieweit Epigenese oder normale Talbildung mit subsequenter Entfaltung das Gewässernetz geschaffen haben. Für jene sprechen verschiedene Durchbrüche wie die zwei Kerben beiderseits Corfe Castle, die sich noch im Kreidekalk miteinander vereinigen; auch der Durchbruch des Stour bei Blanford dürfte epigenetisch sein [211]. Für Anzapfungen im Verlauf subsequenter Talbildung bietet namentlich die Landschaft von Charmouth lehrreiche Beispiele [212, 31, 39]. Von der Wirksamkeit der marinen Abrasion aber erhält man gerade auf dieser Küstenstrecke einen gewaltigen Eindruck. Durch Zurückweichen der Küste wurden die zur See hinabführenden Täler verkürzt und versteilt und dadurch wieder die Zerschneidung der alten Landoberfläche begünstigt. Am Dorset Stour, Axe, Otter treten auch pleistozäne Terrassen und Einflächungen in selben 60 m-Niveau auf wie in SE-Wessex [323 a]. Wie dort ist auch die holozäne Entwicklung der Küste von den wechselnden Spiegelständen des Meeres geleitet worden (ertrunkener Wald von Charmouth).

Dem geologisch-morphologischen Mosaik entspricht trotz der geringen Höhenunterschiede ein fortwährender Wechsel des kulturgeographischen Bildes, das mancherlei Züge aus dem Mittelalter bewahrt hat. Schon die Spuren der vorgeschichtlichen Besiedlung in Dorset sind reichlich, Rundhügelgräber und Erdwerke (u. a. Rawlsbury Rings auf Bulbarrow), im ganzen über zwei Dutzend „Hill-forts" [527, 528, 531, 535]. Eines der schönsten ist Hembury Fort (vgl. S. 219). Manche seiner „Camps", wie das fünffach umwallte, mächtige Maiden Castle bei Dorchester, das geradezu als eine vorrömische Stadt zu bezeichnen ist, gehören zu den bemerkenswertesten Großbritanniens. In der älteren Eisenzeit (Iron Age A) im 3. und 2. Jh. angelegt, wurde es später ausgebaut und verstärkt, vielleicht von flüchtigen Venetern aus Gallien [522, 524 a, 526 a, 530, 532, 537, 540]. Besonders Zeugenberge lockten zur Befestigung: wie Hambledon Hill, ein Auslieger des Cranborne Chase, die Pforte des Stour bewachte, so schaute Rawlsbury Camp (s. Sturminster) auf die Niederung von Sherborne hinab, das „Camp" und das „britische Dorf" Eggardon Hill über die des Brit. Römerstraßen durchzogen das Land, Reste römischer villae wurden wiederholt gefunden. Zu Wareham, Lyme, Bere Regis waren römische Stationen, Durnovaria (Dorchester) ein Hauptstützpunkt der Fremdherrschaft. Zwar sind britische Ortsnamen in Dorset etwas häufiger als in Hampshire und um Dorchester, das bei Asser, dem Biographen Alfreds des Großen, Durngueir genannt wird, ist das Keltische vielleicht noch um 875 gesprochen worden, indes hat auch hier erst die germanische Landnahme die heutigen Siedlungen geschaffen, nachdem sie die Naturschranke der Sümpfe und Wälder im E und NE durchstoßen. Sherborne und in der Folge andere Abteien (Milton 964, Cerne 987 usw.) beteiligten sich an dem Siedlungswerk. Die Namen Wimborne Minster, Ax-, Stur-, Beaminster weisen auf Klostergründungen. Fast alle Dörfer gehören schon der vornormannischen Zeit an, doch sind in Dorset (und in Devon) mitunter auch noch normannische Personennamen mit -ton zusammengesetzt, und häufiger als in der Nachbarschaft wurden Namen vervielfältigt, besonders in Verbindung mit Flußnamen. Das deutet auf die Gründung von Tochtersiedlungen, bzw. auf Teilung der älteren vills in 2—3 manors [66]. Vielleicht war noch damals in Dorset (und Devon) ungenutztes Urland vorhanden [615 a]. Durch das ganze Mittelalter hindurch führten die Klöster das kulturelle Leben — neben den älteren und jüngeren Benediktinerklöstern (1172 z. B. wurde Bindon Abbey bei Swanage gegründet) seit der Normannenzeit auch Zisterzienserstifter (Forde Abbey, um 1140) —, nach ihrer Aufhebung die wohlhabenden Grundherren. Noch sind schöne alte Manorhäuser und Herrensitze, selbst mittelalterliche, die meisten aus der Tudor- und Stuartzeit, erhalten [816, 912, 913]. Prächtig sind oft die neueren Bauten dieser Art aus dem 18. und 19. Jh. Die Normannenburgen sind alle Ruinen, das starke Corfe Castle, Rufus Castle (das älteste bekannte Gebäude aus Portland Stone, um 1080 erbaut, auf der I. of Portland), oder überhaupt verschwunden, verfallen auch die von Heinrich VIII. errichteten Küstenforts (Portland Castle, Sandsfoot Castle an Portland Harbour). Dagegen stehen fast in jedem Dorf eine der alten, meist in Früh- oder Hochgotik erbauten Kirchen und irgendein altes Wohnhaus.

Im ganzen hat sich das Landschaftsbild lange, bis in die neueste Zeit herauf nicht wesentlich geändert. Ackerbau und Viehzucht bestimmten sein Gepräge. In Dorset wuchsen um Bridport und Beaminster der beste Flachs und Hanf von England; aus ihnen wurden Segel und Taue für Southampton und Plymouth, Netze für die Neufundlandfischer, Schnüre und Zwirne erzeugt und damit ein paar tausend Menschen beschäftigt [116]. Einen großen Aufschwung nahm der Wollhandel. Dorset lieferte schon im späteren Mittelalter seine beliebten Bausteine, Purbeck Marble zum Bau von Kirchen, Portland Stone und Purbeck Stone nach London, Exeter, in die Niederlande. In größerem Maßstab wurde Portland Stone seit dem 17. Jh. bei den Bauten von London verwendet, besonders von Wren nach dem Großen Feuer (St. Paul's usw.) [221]. Viele kleinere Häfen beteiligten sich an dem Geschäft, Poole, Wareham, Melcombe Regis, Weymouth, Bridport, Lyme Regis usw. (abgesehen von Schmuggel und Seeräuberei im Kanal; nicht ohne Grund zerstörten die Franzosen 1377 Melcombe Regis). Allein die folgende Zeit brachte eine strenge Auslese teils durch den gegenseitigen Wettbewerb, teils durch den Willen der Natur. Sandbarren und Gerölle verlegten die Mündung des Brit trotz wiederholter Versuche, sie offenzuhalten, der Hafen von Lyme („Cobb") wurde 1377 durch Sturm zerstört, der von Sidmouth durch Anschwemmungen des Sid und durch Abbrüche vernichtet. Weymouth war lange Zeit von Poole in den Schatten gestellt [624*].

Auch heute steht die Landwirtschaft im ganzen Gebiet obenan, die Großindustrie fand in SW-Wessex keinen Nährboden; nur bescheidene landwirt-

schaftliche Industrien konnten sich in manchen Städtchen entwickeln. Pflugland, Wiesen, Weide und Ödland verteilen sich je nach der Art der Böden
sehr ungleich [116, 46 a]. Auf den Kreidekalken der Dorset Heights steigen
aus den Talgründen, die im Sommer meist wasserlos sind — „winterbournes"
sind auch hier häufig —, große Ackerflurmaschen bis auf die offenen Höhen,
an den steileren Hängen stehen kleine Wälder. Auf den saftigen Grasflächen der Höhen weiden die schwarznasigen oder völlig weißen „Dorset
Horns", die Dorset Downs, Hampshire Downs, größtenteils „hurdle sheep"
zum Unterschied von den „grass sheep". Im nö. Dorset, dem wichtigsten
Schafzuchtgebiet, kommt durchschn. 1 Schaf auf 73 a [116]. Alte Pfade
mit weitem Ausblick ziehen dort entlang, Straßendörfer suchen, in die Com-

Abb. 44. Typische Landschaft von E-Devon. Woodbury Common. sö. Exeter, gegen W.
Im Hgr. Haldon Hill. davor Exetal. Aufn. J. Sölch (1926).

ben geschmiegt, die Nähe der Quellen. Die eozänen Sande und Kiese im
flachen Riedelland des unteren Frome und Stour tragen auf Podsolböden
die „Great Heath" mit Ginster, Farnen und Brombeergebüsch. Die breiten
Rücken, Plateaus und Tafelberge der Stufenlandschaft von Dorset und
E-Devon zeigen oben die mit Busch und Heide besetzten Steilhänge des Grünsands und auf den flachen Kuppen oft einzelne Bäume oder Baumgruppen,
unten in den Tälern Gefilde, die nicht wie in E-Dorset durch niedrige Zäune,
sondern durch hohe Hecken getrennt werden, schmale, gewundene Feldwege,
kleine Dörfer, selten größere, viel mehr Weiler und Einzelsiedlungen, mit
Häusern aus einem der benachbarten Bruchsteine; statt der Shorthorns, die
im Blackmoor Vale bevorzugt werden, die roten Devonkühe [71, 912]. Im
sw. Dorset liefern die Farmen um Bridport und Beaminster ausgiebig Äpfel
für die Ciderbereitung [116]. Auf den Tonen des Lias sind wie in der Plain
of Somerset versumpfte Talböden nicht selten (Vale of Marshwood). Auf
den Permsandsteinen und -konglomeraten wechseln Gehölze mit Heide,
Weide und Feld (Abb. 44).
    Wie im Becken von Hampshire birgt jedes der Haupttäler ein oder zwei
Städtchen, kleine Straßenknoten, z. T. besuchte Vieh- und Buttermärkte.
Etwas bedeutender sind nur die Häfen Poole, Swanage und Weymouth und
im Binnenland Dorchester. Aber Poole und Swanage haben so enge Bezie-

hungen zu Bournemouth, daß man sie besser zu SE-Wessex stellt (vgl. S. 190). W e y m o u t h war gleich dem am n. Weyufer gegenüberliegenden Melcombe Regis, mit welchem es nach allerhand Streit unter Elisabeth zu einem Borough vereinigt wurde (Weymouth-Melcombe Regis, 22 188; *31 000*), schon im 12. Jh. als Hafen tätig gewesen; im 14. Jh. hatte es unter Eduard III. das Weinstapelrecht erhalten. Melcombe Regis war Stapelplatz für Wolle. Nach dem Bürgerkrieg erlangte Poole (vgl. S. 190) durch seinen Handel mit Neufundland das Übergewicht, der Hafen von Weymouth versandete und verödete. Da wurde es 1763 durch Ralph Allen aus Bath als Seebad entdeckt und durch die Besuche Georgs III. und der königlichen Familie volkstümlich, auch als Dauerwohnsitz beliebt. Zwar bestand es vor 100 J. eigentlich nur aus zwei parallelen Hauptstraßen, doch war es bereits ein „fashionabler" Erholungsort mit Crescents, Terraces usw. Seebad ist es bis heute geblieben. Als Hafenort dient es in erster Linie dem Verkehr mit den Kanalinseln; über 2000 Schiffe im J. führen von dort Tomaten (1938 25 000 tons für 1 Mill. Pf.St.), Frühkartoffeln (9300 tons für 0,19 Mill. Pf.St.), Schnittblumen (1,6 Mill. kg für 157 000 Pf.St.), Trauben ein [99*]. Ausgeführt werden Fleisch, Getreide, Textilien, Kleider, Hüte, Lederwaren, Wohnungsbedarf, Maschinen, Papier, Bücher usw., außerdem der Portland Stone, der von einer Werkbahn aus den nahen Steinbrüchen (ungef. 100!) von P o r t l a n d (12 019) herbeigeschafft wird (1938: E.W. 1,994 Mill. Pf.St., A.W. 1,88, Wa.W. 0,25) [221]. Während Weymouth gegen E offen ist, wurde Portland Harbour 1849—1872 durch einen 2 km langen Wellenbrecher abgeschlossen und zum größten künstlichen Hafen des Ver.Kgr. gemacht, in der weiteren Verfolgung der von Heinrich VIII. begonnenen Küstensicherung durch Forts gedeckt und in einen Kriegshafen umgewandelt. Die n. davon am W-Ende der Great Heath am Frome gelegene Markt- und Gr.St. D o r c h e s t e r (10 030; *10 080*) ist der Nachfolger des römischen Durnovaria, welches von dem vorrömischen Maiden Castle (vgl. S. 215) die Rolle eines die Straßen und Wege beherrschenden Hauptstützpunkts übernahm und das manche Überreste zurückließ; noch bezeichnen die „Walks" den Verlauf der mindestens 6 m hohen römischen Mauer, die St. Peters-Kirche die Stätte eines römischen Tempels. Das sächsische Dorecestre, die „villa regalis" zum Unterschied von Dorceaster in Oxfordshire, der „villa episcopalis", erhielt später eine Normannenburg. Eine Zeitlang blühte der Wollhandel. Leider wurde es wiederholt von Bränden heimgesucht. Auch W a r e h a m (2058), auf einem niedrigen Riedel zwischen Frome und Piddle gelegen, hatte eine vorrömische Siedlung und eine römische Station als Vorläufer; an diese erinnert seine regelmäßige Anlage. Einst ein Hafen, ist es heute bloß Marktort mit Zementfabrik und etwas keramischer Industrie [813]. B e a m i n - s t e r im oberen Brittal (1621) (schon 892 Bebyngeminster), umringt von alten Farm- und Manorhäusern, umrahmt von den Kreidekalk- und Grünsandhöhen, zu welchen hier die Straße nach N aufsteigt, ist ein wichtiger Viehmarkt und schon lange durch seinen „Blue Vinny" (einen blau geäderten Käse) bekannt, abgesehen von seiner Segeltuch- und Sackerzeugung.

Eine Reihe kleinerer Küstenorte, die sich ehemals nur mit Makrelen- und Sardinenfang und Landwirtschaft, mit Küstenhandel und Schmuggel beschäftigt haben, verdienen heute als Sommerfrischen oder als Seebäder Geld. Die besseren werden von Seitenlinien der G.W.R. oder der S.R. bedient, obwohl deren Bahnhöfe 1—2 km entfernt sind, weil die Schienenwege den letzten steilen Abstieg zur Küste scheuen, so zu L y m e R e g i s (2620; *2951*), das die für Kalk- und Zementbereitung geeigneten blauen Liastone ver-

schiffte [84, 87], und S i d m o u t h (6126) an der Mündung des Sid, das
schon in der älteren Viktoriazeit in Mode kam und daher mehr städtisches
Gepräge aufweist [818b]. Dem Meer entrückt ist B r i d p o r t (5917;
6003), das früher Leinwand und Leinöl erzeugte und Pflastersteine und Sand
nach London schickte; nur zu West Bay drunten an der Mündung des Brit
hat sich ein kleines Seebad entwickelt. Zwischen Lyme Regis, hart w. von
welchem die Grenze zwischen Dorset und Devon von den Wootton Hills her
das Meer erreicht, und Sidmouth steht S e a t o n (2349), eines der neueren
Seebäder, auf einem Geröllstrand w. neben der Mündung des Axe, der hier
durch ein breites Wiesental fließt. Zwischen Seaton und den Kreideabstür-
zen von Beer Head schmiegt sich das Fischerdorf Beer (1266), bekannt durch
seine großen, tunnelartig in den weißen Fels getriebenen Steinbrüche, in eine
Mulde; nö. Sidmouth in den Scheitel einer kleinen Talkerbe, etwas entfernter
vom Gestade, Salcombe Regis. Als Seebad ist auch B u d l e i g h S a l t e r-
t o n (3162) vor der Kliffküste w. neben der Mündung des Otter beliebt,
dessen Talgrund eingedeicht und in Weideland umgewandelt ist. Mit Exmouth (vgl. S. 279) schließt die Reihe der Seebäder von E-Devon ab. Das
Binnenland ist durch hochentwickelte Landwirtschaft ausgezeichnet, ohne
größere Siedlungen. Seine Marktstädtchen haben zwar das verschiedene
paläo- und neotechnische Zubehör erhalten, aber ihre alten Funktionen bis
heute kaum verändert. A x m i n s t e r (2326), im Axetal, einst verkehrsgeographisch und daher auch strategisch wichtig (der römische Fosse Way
wurde hier von der Straße Bridport—Honiton gekreuzt), ist Mittelpunkt eines
Molkereigebietes; seine 1755 gegründete Teppichweberei ist 1835 nach Wilton verlegt worden (vgl. S. 179) und nur ihr Name hat fortgelebt. H o n i-
t o n (3008; *3390*), der Vorort des obstreichen Ottertals, und das benachbarte, zu Somerset gehörige Chard (vgl. S. 211) erzeugen wie schon vor
300 J. Spitzen [71a]; früher war Honiton ein wichtiger Halteplatz an der
Hauptstraße von London nach Exeter und SW-England mit Butter- und
Käsehandel [60*]. O t t e r y S t. M a r y (3713) ist ein kleinerer Marktflecken. Das ganze Gebiet ist altbesiedeltes Land, wie große Camps bezeugen,
so Hawksdown Camp (ö. über Axmouth), welches das Axeästuar bewachte;
Hembury Fort, eine an Stelle eines neolithischen Camp in der Eisenzeit
mächtig ausgebaute Festung nw. Honiton im Brennpunkte alter Wege,
welche sie von einem Ausläufer der Blackdown Hills beherrschte; Dumpden
Great Camp nnö. Honiton; Woodbury Castle in wehrhafter Höhenlage
zwischen Exeästuar und Ottertal; die „promontory fortress" von Brans-
combe (w. Beer Head) u. a. [511a*].

Die Insel Wight

Die Hauptbedeutung der I. Wight (381 km², 88 454) für England besteht
darin, daß durch sie jenes eigentümliche Gezeitenspiel im Solent—Spithead-
Sund verursacht wird (vgl. S. 192), ohne welches die Häfen von Southampton
und Portsmouth undenkbar wären. Zugleich bietet sie ihnen Schutz gegen
die Stürme des Kanals und auch gegen feindliche Angriffe, seitdem unter
Heinrich VIII. mehrere Forts auf ihr und der englischen Küste errichtet
wurden. Im 19. Jh. ist sie, von Königin Viktoria besonders bevorzugt, einer
der beliebtesten Erholungsräume Englands geworden [91—95]. Seit 1888 ist
sie eine selbständige Verwalt.Gr. Fast 600 J. war sie mehr oder weniger lose
mit Hampshire verbunden, nachdem sie 1293, vorher ein unabhängiges Le-
hensgebiet, unter die Herrschaft der Krone gekommen war [11, 12, BE].

Von auffallend symmetrischem, rhombischem Umriß, wird sie in N—S bis zu 21 km breit, in W—E bis zu 36 km lang. Ungefähr in W—E zieht auch eine sehr ausgeprägte Erhebungsachse von den Needles nach Culver Cliff, das hinter Foreland, der E-Spitze, etwas zurückbleibt: die „Central Downs", das „Rückgrat von Wight" [11]. Sie knüpfen sich im E an die Kreidekalke des steil, ja senkrecht einfallenden N-Schenkels einer Antiklinale (Sandown Anticline) (Abb. 45); besonders festem, steil aufgerichtetem Mucronata-Chalk verdanken die hohen weißen Klippen der Needles ihre Erhaltung [11]. Im W nähert sich ihr eine zweite (Brixton Anticline) von Ventnor her. In dieser krönt wieder der Kreidekalk unmittelbar über Ventnor die zugerundeten „South Downs" in den höchsten Erhebungen der Insel (St. Boniface Down 241 m, St. Catherine's Hill 238 m). Die hier unter ihm, bzw. dem Oberen Grünsand von der Brandung angegriffenen Gaulttone („blue slippers") verursachen gewaltige Rutschungen; durch solche sind die großen Terrassen des „Undercliff" entstanden (vgl. Abb. 46, S. 225). Kliffschluchten, wie bei Bournemouth „chines" genannt (vgl. S. 186), gliedern den Abfall; manche hängen über dem Meeresspiegel (z. B. Blackgang Chine) [35, 36, 81]. Der S-Schenkel der Brixton-Falte ist vom Meer schon fast vernichtet. W. vom Medina, dem Hauptfluß der Insel, verwachsen die beiden Falten, die Schichten liegen flach; dort werden daher die Central Downs am breitesten und am höchsten (214 m). Ö. des Medina und im W jenseits der Lücke von Freshwater sind sie niedrig und infolge steiler Schichtstellung schmal. Zwischen den South und den Central Downs, in der „Bowl of the Island", ist der Kreidekalk abgetragen, das Land merklich erniedrigt; der sanfte Fluß der Linien wird nur selten durch einen scharfen Felsbuckel unterbrochen. Denn hier beherrscht der Untere Grünsand die Oberfläche, der, bei Atherfield an die 250 m mächtig, über seinem unteren Horizont (Atherfield Clays) größtenteils aus Sandsteinen besteht (Ferruginous Sands, Sandrock, Carstone). Im Kern der beiden Antiklinalen sind die Wealdenmergel und -tone einerseits an Sandown Bay, andrerseits an der SW-Küste aufgeschlossen. Nur in schmalen Streifen erscheinen Gault und Oberer Grünsandstein, dieser stellenweise als Vorhöhe oder -stufe am Rand der „Bowl". Gegen N aber schließen sich an die Central Downs zunächst noch steil oder senkrecht aufgerichtetes Eozän und Oligozän, der S-Flügel einer von Brading Harbour über den unteren Medina ziehenden asymmetrischen Schichtmulde (Bouldnor Syncline; Bouldnor ö. Yarmouth), deren N-Schenkel langsam, mit höchstens 5° zur N-Küste aufsteigt (Porchfield Anticline); deutlich setzen sich die Baulinien und -stoffe von Hampshire auf der Insel fort. Ein flachwelliges Hügel- und Riedelland knüpft sich an die meist tonigen oder sandig-tonigen, mitunter kalkigen Oligozänschichten, deren vier Horizonte (Headon, Osborne, Bembridge, Hamstead Beds) nach Örtlichkeiten der Insel benannt sind. Ganz allmählich neigt es sich, im W 120 m hoch (Headon Hill), im E meist nur 50—80 m, zum Spithead hin, während sich an der NW-Küste, so bei Bouldnor und auf die Needles zu, wieder Kliffgestade einstellt. Plateauschotter, in der Hauptsache wohl pleistozän, aber wahrscheinlich vielfach umgelagertes Pliozän, bedecken häufig die Höhen zwischen 30 und 120 m, ungeschichtete Flintgerölle, Rückstände der Kreidekalke, die Downs. Fluviomarine Schotter und Sande, 36—52 m ü. d. M., ein Gegenstück zu dem Portsdown—Goodwood-Strand (vgl. S. 185), begleiten den w. Solent; jüngeres Strandgerölle, mit Ziegelerde darüber, ein Gegenstück zum gehobenen Strand von Brighton—Worthing, liegt in 0—15 m H. auf einer in die Bembridgekalke von Foreland eingenagten Abrasionsplatte. Talschotter bauen, vorzüg-

lich an den Unterläufen der Flüsse, Terrassen über den Alluvialböden auf.
Auch „Head", Solifluktionserscheinungen und Stauchungen fehlen nicht, dagegen jede Spur einer Vergletscherung. So vereinigen sich auf dem engen
Raum von Wight Züge der Downs, des Weald und der Schüssel von Hampshire, entsprechend dem inneren Bau, dem Gestein und der Entwicklungsgeschichte der Landschaft [21, 22, 34].

Schon im Altpliozän waren die höheren Teile der im Miozän aufgefalteten Kreidekalkgewölbe vielfach aufgeschlitzt und zerstört gewesen und die

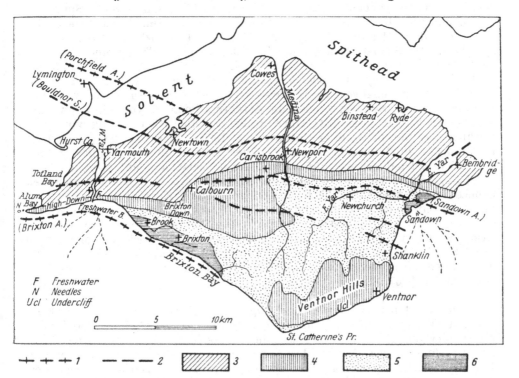

Abb. 45. Die I. Wight (nach H. J. O. WHITE, S. H. REYNOLDS u. a.).
1 Antiklinen, 2 Synklinen, 3 Eozän und Oligozän, 4 Chalk, 5 Lower Greensand, 6 Wealden.
Berichtigung: Als Solent bezeichnet man den ganzen Sund zwischen der I. Wight und dem
Hauptland. Spithead heißt bloß die Reede vor Portsmouth.

Erosion in die unter dem Oberen Grünsand liegenden, weicheren Schichten
eingedrungen. Schon erhoben sich Landstufen über die stärker erniedrigte
Umgebung. Eine ältere miozäne Einebnung als Ausgangsfläche hat sich bisher nicht nachweisen lassen. Infolge weiterer Hebungsakte wurden die härteren Gesteine immer mehr herausgearbeitet, die weicheren ausgeräumt, ein
subsequentes Talnetz entwickelte sich [21; I 336]. Die Flüsse der N-Abdachung
verlängerten sich rückwärts auf Kosten der gegen S fließenden, welche außerdem an das von S her andrängende Meer fortwährend Raum verloren. Daher
sammeln Medina und East Yar ihre Quellbäche aus den South Downs und
durchbrechen die Central Downs. Der Durchbruch des West Yar, der den
größten Teil seines Einzugsgebietes durch das Zurückweichen der Küste
verloren hat — es umfaßte früher einen großen Teil des Vale of Brixton —,
ist die Lücke des Freshwater Gate, so tief, daß bei einer schweren Sturmflut

die W-Spitze von der übrigen Insel völlig abgetrennt werden könnte, zumal bei N.W. der Meeresspiegel im Solent höher steht als an der S-Küste. Eine ähnliche Lücke im E, durch welche der East Yar fließt, ist gegen die gleiche Gefahr durch die Küstenschutzbauten von Sandown besser gesichert.

Beim Kampf um das Einzugsgebiet kam es zu verschiedenen Anzapfungen, es entstanden die „wind gaps" der Central Downs. Der Medina verlor, weil er infolge des inneren Baues erst später den Kreidekalk durchschnitt, den Nitonbach an den East Yar; dafür wurde diesem ein Teil seines Bereiches vom Meer im SE genommen. Noch flossen jene Flüsse zum Solent—Spithead-Strom und war die Insel mit dem Hauptland verbunden. Doch dauerte die Eintiefung der Täler fort bis gegen das Ende des Pleistozäns, wo der Meeresspiegel an der S-Küste mindestens 15, vielleicht sogar 25 m tiefer stand als heute, ähnlich niedrig wahrscheinlich auch an der N-Seite. Erst durch die neolithische Senkung entstanden die Ästuare der Haupttäler und wurde die letzte Brücke zur englischen S-Küste — sei es bei Yarmouth, sei es w. Cowes — unterbrochen. Seitdem werden die Ästuare allmählich von den Schwemmstoffen der Flüsse aufgefüllt; einen größeren künstlichen Landgewinn verzeichnet man nur in Brading Harbour (um 1880). Seicht ist das Meer rings um die Insel; bloß vor dem Undercliff nähert sich die 10 Faden-Linie (18,3 m) der Küste ausnahmsweise auf 0,8 km, sonst meist nur auf 2—3 km (vgl. S. 183/4). Stark ist die Tidenerosion an der N-Küste, besonders zwischen Sconce Pt und Hurst, wo die Hauptströmung mit 6 Knoten/St. passiert. W. Gernard Bay weicht das Kliff etwa 1,5 m im J. zurück, der „Solent River" hat sein Bett in 50 J. um 1 m vertieft. Die für Southampton so wichtige „Doppeltide" (vgl. S. 192) bedeutet für Cowes zwei H.W.Scheitel im Abstand von 1 St., für Yarmouth von 2 St. Weiter gegen W vergrößert sich der Zeitunterschied noch mehr, bis schließlich Weymouth drüben ein „doppeltes N.W." hat [11, 31, 33].

Auch die kulturgeographischen Züge SE-Englands kehren, entsprechend den natürlichen Gegebenheiten, auf der Insel wieder [13, 92]. Die Downs bieten hier die gleichen Bilder wie die Kreidekalke des Hauptlandes überhaupt, grüne Wiesen, Ackerfelder, Schafweiden auf den Höhen, Ginster und Brombeerbüsche, manchmal Heidekraut; nur fehlen Buchen, Wacholder, Eiben fast völlig [11]. Die Farmen stehen in Gehängemulden, kleine Reihendörfer schmiegen sich in die Talgründe; sie suchen die Nähe der Quellen, welche unter den Kreidekalken, dem Wasserspeicher der Insel, der auch die Städte beliefert, austreten. Aus Kreidekalk sind ältere Wohnhäuser und Feldmauern erbaut, die Häuser oft auch aus dem Oberen Grünsandstein, der besonders um Ventnor und Shanklin gebrochen wird. Kein Wald steht auf den windigen Höhen, auch auf dem Grünsand ist er wie im Weald schon lange verschwunden; überall zeigen die Bäume Windwuchs. Auf der Höhe des Kliffs bei Atherfield liegen Dünen, deren Sand die Stürme aus dem Grünsand ablösen und hinauftragen [35 a]. Die Mischung sandig-toniger Böden begünstigt den Ackerbau (Hafer, Weizen, vorzügliche Gerste, Hackfrüchte; wenig Kartoffeln; vgl. Tab. 3 im Anhang). Bloß die schweren Tonböden der N-Hälfte sind noch reich an Gehölzen; Parkhurst Forest ist ein größerer Rest der Wälder, die einst den ganzen N der Insel bedeckten [61]. Eichen herrschen vor, Föhren sind selten, die Ulme, geradezu der charakteristische Baum der Insel, häufig. Hier überwiegt die Molkereiwirtschaft (hauptsächlich Kreuzung von Guernseys und Shorthorns; Friesians), für welche die benachbarten Häfen und die Seebäder Abnehmer sind. Auch

Schweine- und Geflügelzucht werden betrieben [14]. Das Newtonästuar hat
Austernzucht. Industrien haben sich an der N-Küste entwickelt, am flachen
Gestade des ö. Solent und längs dem unteren Medina, an der England zuge-
wandten und verkehrsgeographisch wichtigsten Seite. Hier liegen auch die
größten Siedlungen. R y d e (10 570; *17 590*) war ursprünglich ein Fischerdorf und Wachposten (La Ride); West und East C o w e s (10 171) hießen
zwei unter Heinrich VIII. beiderseits des Medina errichtete Blockhäuser, die
wahrscheinlich nach einer Sandbank im Solent („The Cowe") benannt wurden.
Beide Orte begannen sich schon in der 1. H. des 19. Jh. zu Seebädern zu
entwickeln, beide sind auch wichtige Häfen geworden, indem Ryde den Paket-
dienst, Cowes den Hauptverkehr der Insel besorgt und dieses auf seinen
„Roads" auch große Ozeandampfer ankern sieht, die auf die Einfahrt nach
Southampton warten oder aus anderen Gründen dort liegen. Schon 1614
war zu Cowes eine Schiffswerft angelegt worden, viele Kriegsschiffe wurden
dort gebaut, und heute gehören die Werften, Speicher, Aufzüge und Kräne
beiderseits des Medina genau so zu seinem Stadtbild wie die schmalen, gekrümmten Gassen und dichtgedrängten Häuser seines ältesten Viertels und
die lange Esplanade des Seebades im N von (West) Cowes. Namentlich
Torpedoboote und Zerstörer (1885 der erste), Yachten und Segelboote werden
gebaut, Taue und Segel hergestellt. Die Gäste von Cowes widmen sich mit
Vorliebe dem Segelsport, die angesehensten Yachtklubs haben hier ihren Sitz
und die Regatten der Cowes Week (1. Augustwoche) sind das Ereignis der
Saison. Ähnliches gilt auch von Ryde.

Im Medina reichen die Gezeiten 7 km aufwärts. Dem verdankt N e w-
p o r t (11 322; *18 170*) sein Aufblühen, zugleich begünstigt durch die natürliche Verknotung der Verkehrswege. Straßen und Bahnen führen von hier
nach allen Teilen der Insel, nach Ventnor, Sandown, Bembridge, nach Yarmouth und Totland Bay. Kein Platz ist so zur Hauptstadt geeignet. Von
keinem war die Insel besser zu beherrschen wie von dem benachbarten Carisbrooke Castle, der mächtigen, bereits von William Fitz-Osborn, dem ersten
normannischen Herrn, errichteten Feste. Schon 1160 durch einen Stadtbrief
ausgezeichnet, unter Jakob I. zum Borough erhoben, überflügelte Newport
die beiden älteren Boroughs Y a r m o u t h (823), den ehemaligen, von einem
Castle gesicherten Haupthafen (Eremue), und Newton (Francheville); das
erstere führt nur mehr ein stilles Dasein, das letztere, 1377 von den Franzosen verbrannt, konnte sich nicht mehr erholen und ist fast ganz verschwunden. Auch Brading im E mußte zurücktreten und verlor nach der Urbarmachung von Brading Harbour trotz der Errichtung von Zementwerken seine
Bedeutung. So war Newport lange der wichtigste Hafen, aber es hat keine
alten Bauten, und sein Kern zeigt im Gegensatz zu Cowes eine auffallend
regelmäßige Anlage. Es hat Brauerei, Holz- und Mahlindustrie und in der
Nähe die großen Medina-Zementwerke, welche den Kreidekalk verarbeiten;
auch ist es der einzige Viehmarkt der Insel. Carisbrooke (5232) ist heute eine
Vorstadt von Newport.

Der Aufschwung der I. Wight begann erst, als es Lieblingsaufenthalt der
Königin Viktoria wurde, der Prinzgemahl das Schloß Osborne errichtete und
zu Barton eine Musterfarm schuf. Vorher hatte sie als besonders rückständig
gegolten. Nun kam sie mehr und mehr in Mode, wegen der Milde des Winters
auch in der schlechten Jahreszeit gerne besucht. Besonders angenehm ist das
Klima bei V e n t n o r (5114), wo im Windschutz der Downs und in S-Lage
auf den Terrassen des Undercliff [81] Feigen, Zypressen, Lorbeer, Fuchsien
auch im Febr., dem kältesten Monat (5,7°, Jan. 6,0°), im Freien bleiben

(Abb. 46) [81]. Ungefähr ebenso hoch liegt das WinterM. der anderen Küstenorte, aber ihre mittl. Minima sind etwas niedriger. Die Niederschläge sind
mäßig, am größten in der „Bowl" (90 cm; an den Ecken der Insel nur 70 cm).
Aus gutem Grunde wird Ventnor, ein um 1800 kaum gekannter Platz, namentlich von kranken Menschen bevorzugt (große Lungenheilanstalt). Doch erreicht auch hier der Fremdenverkehr im Sommer seinen Höhepunkt (Juli
und Aug.M. um 16,5°; Sandown 16,8°). Viele Küstenorte, wie S t. H e l e n's
(5501), S a n d o w n (6168), S h a n k l i n (5072), Bembridge, im W Freshwater (3124), leben heute von ihm. In ihnen sind daher die kulturgeographischen Wandlungen der jüngsten Zeit am stärksten. Allein noch ist die Insel
reich an Kirchen aus der Zeit der Normannen, mit wehrhaften, massiven
Türmen (Shalfleet, Brading, Brixton, Godshill); an Manor- und Herrenhäusern aus verschiedenen Jh. (Mottistone, Westcourt, Northcourt, Arreton,
Wolverton, Nunwell), an alten Cottages und Farmbauten. Ruinen sind die
starken Schlösser von Carisbrooke und Yarmouth und die Abtei Quarr, die
durch 400 J. (1131—1536) im Wirtschaftsleben führend war. Von der entfernten Vergangenheit geben Ausgrabungen und Funde Nachricht: Gräberfelder von Jüten und Sachsen, villae der Römerzeit (bei Carisbrooke und bei
Brading), Grabhügel der Eisen- und Bronzezeit. Erst in dieser scheint die
Insel stärker besiedelt worden zu sein. Doch dürfte die Ansicht, daß die
I. Ictis des Diodorus Siculus mit ihrem Zinnhandel der I. Wight (Vectis
der Römer) gleichzusetzen sei, nicht zutreffen. Im D.B. sind bereits die meisten heutigen Dorfnamen enthalten, darunter 2 einfache und 15 zusammen-
gesetzte -ing=Namen, die ersteren sehr bezeichnend nahe dem ö. Solent, wo die
Jüten 530 zuerst eindrangen und sich niederließen, die letzteren nahe dem
Oberlauf von Medina und East Yar. Die jüngeren Namen auf -hyrst, -wudu,
-leah, -feld finden sich dagegen besonders in der damals noch reich bewaldeten
N-Hälfte der Insel, die Mehrzahl längs dem S-Rand des Waldgebietes [61].

Die Kanalinseln (Channel Islands)

80 km von Portland Bill, dem nächstgelegenen Punkt der englischen
S-Küste, steigen zwischen 49° 45' n. Br., 2° und 2° 40' w. Gr. die Kanalinseln
(Channel Islands) oder Normannischen Inseln aus dem Ärmelkanal auf, nur
20—50 km von dem W-Gestade der H.I. Cotentin [11—14].
Sie liegen also schon auf der anderen Seite des Ärmelkanals, des English
Channel der Engländer, des Canal la Manche der Franzosen. Die I. Wight ist
vom Kap Barfleur (ö. Cherbourg) über 100 km entfernt, die Öffnung des
Ärmelkanals zwischen Land's End und der I. Ouessant 166 km breit. Dessen
ö. Teil würde schon eine Hebung von 60 m, seinen w. eine solche von 90 m
fast völlig trockenlegen. Aber die flache untermeerische Senke weist nw. der
H.I. Cotentin in der Längsachse eine 100 km lange, scharf eingerissene Rinne
auf („Hurds Deep", „la fosse centrale"), nw. Alderney 174 m tief. Auf sie
richten sich die unterseeischen Fortsetzungen des Seine-, Selune- und
Couesnontals. Durch sie müssen während der Blockierung der n. Nordsee
durch das skandinavische Eis auch die Wasser vor Rhein, Maas und Schelde
abgeschlossen sein. Wiederholt wurden im w. Teil des Kanals Kreide- und
Tertiärsedimente festgestellt, auch kristalline Blöcke, die wohl nur durch das
Treibeis herbeigeführt worden sein können. Die langen Becken Varne und
Colbart im ö. Teil zeigen Jura- und Kreideantiklinalen; an der Kanalenge
zwischen Sangatte (bei Calais) und Dover zeigt die Kreide leichte Faltungen,
in der Mitte des Pas-du-Calais lagert sie dagegen ungestört. Das Hurdstief

selbst ist wahrscheinlich von der Seine eingeschnitten worden. Vor der Bank „Des Sondes", schon am Rand gegen das offene Meer, wurden sogar aus 100 bis 120 m Tiefe Landschaltiere heraufgeholt, Arten, die noch jetzt auf den benachbarten Küsten leben. Wie die Nordsee, dürfte auch der Kanal einer Geosynklinale angehören [37 b].

Am nächsten der französischen Küste kommt Alderney (franz. Auregny; 10 km²). Es liegt sogar nur 16 km w. des Cap de la Hague, 50 km n. von Jersey, der größten Insel der Gruppe (160 km² bei N.W., 116 km² bei H.W.).

Abb. 46. Ventnor mit Undercliff. Nach einer käufl. Aufn.

Guernsey (74 km² bei N.W., 63 km² bei H.W.), am weitesten gegen W vorgeschoben, bildet mit ihnen ein ungef. gleichschenkliges Dreieck, dessen Mittelpunkt das kleine Sark (Sercq; 6,4 km²) bezeichnet. Zwischen Guernsey und Sark schalten sich Herm (2,6 km²) und Jethou (1 km²) ein. Alle diese Inseln sind von einem Gewirr von Inselchen und unzähligen Riffen umgeben, die bei Flut größtenteils unter dem Meer verschwinden, bei Ebbe aus ihm auftauchen, wobei sich Umriß und Flächen auch der Hauptinseln stark verändern. So schließen sich an Alderney gegen W jenseits des Passage du Singe (The Swinge) die flache Sandinsel Burhou, der Fels Ortach und die mit einem 27 m hohen Leuchtturm ausgerüsteten Casquets an. Ebenso wimmelt es in dem seichten Passage de la Déroute zwischen Jersey und Cotentin von Klippen, während s. Jersey das Plateau des Minquiers und die Iles Chausey in der Richtung auf Granville eine Klippenflur bilden, die bei H.W. großenteils vom Meer bedeckt wird. Denn die durch den Kanal eindringende Gezeitenwelle erreicht zwar nicht solche Hubhöhen wie zu Granville (11,7 m) oder St.-Malo (10,7 m), aber zu St. Helier auf Jersey immerhin 9,6 m, zu St. Peter Port (St.-Pierre-Port) auf Guernsey 7,9 m, auf Alderney 5,3 m. Besonders dieses wird von heftigen Tidenströmungen umschlossen, die im Raz Blanchard zwischen der Insel und dem Cap de la Hague 8 Knoten (15 km/St.), im Passage du Singe 7 Knoten (13 km) zurücklegen. Bei Gegenwind machen sie das Landen noch gefährlicher [11].

Die Kanalinseln sind nach Gestein, innerem Bau und Formen ein Teil des armorikanischen Massivs, die Fortsetzung der Bretagne und Cotentins [21, 26]: eine schon im Pliozän stark eingeebnete Landschaft mit niedrigen Höhenzügen und breiten Tälern und Niederungen, die weithin unter den Meeresspiegel geriet und unter den Angriffen der stürmischen Brandung immer mehr zusammenschrumpfte. Einer der alten Höhenzüge verläuft über Sark (114 m), das s. Herm (70 m) und das s. Guernsey (Haut-Nez 110 m); er fällt steil gegen S, sanft gegen N ab. So zeigt das dreieckige Guernsey im S ein Plateau, dessen präkambrische Glimmerschiefer und Gneise mittagwärts mit einer malerischen, 80—100 m hohen Steilküste abbrechen. Seine NW-Seite ist dagegen eine niedrige Ebene, mit Graniten und Dioriten im Untergrund, zwischen deren Felsspornen das Gestade oft von Dünen umsäumt ist [22 a, 25 a]. Jersey, der Rest eines anderen Höhenzugs, wird im N aus rötlichen und grauen Graniten, Granuliten und Syeniten aufgebaut, s. davon aus Sandstein und grünen und blauen Schiefern, an der E-Seite hauptsächlich aus Porphyriten und Rhyolithen, im NE aus wahrscheinlich kambrischen Konglomeraten. Seine plateauartige Hauptabdachung neigt sich, von Bächen leicht zerschnitten, sanft gegen S; die Steilküste blickt gegen N [24 a, 25]. Aus grauen Graniten bestehen Herm und Jethou, Sark aus Hornblende-schiefern, Gneisen und Graniten, welche allseits wie eine vielgestaltige, unzugängliche Felsmauer aufragen und seine Ecken bilden [23]; Alderney endlich im SW und S, an einer zerrissenen Küste, aus grauen Graniten und Dioriten, im NE aus Sandstein und Schiefer, umsäumt von einem niedrigen Felsgestade oder von Dünen [22]. Prachtvoll sind auf allen Inseln die Brandungsformen, Felstürme, Grotten. Immer wieder brechen Gesteinsmassen nieder. So verschmälerte sich noch 1811 die schmale Felsbrücke La Coupée zwischen den beiden Teilen von Sark, Great und Little Sark, infolge eines Bergsturzes auf 60 cm Breite; die heutige Verbindung, 200 m lang, 80 m über dem Meer, ist künstlich auf 2—4 m verbreitert [11]. Abgesehen von vielen kleinen, in die weichen Gesteine geschlagenen Buchten gliedern etliche größere Baien die Umrisse der Inseln, so die halbkreisförmige von St. Aubin an der S-Seite und der 8 km lange flache Bogen von St. Ouen's an der W-Seite von Jersey.

Das Plateau von Jersey, das einzige, das sich auf über 120 m erhebt (Mont Mado 148 m), wird wohl mit Recht als gleich alt mit der pliozänen Einebnungsfläche von S-England angesehen [31, 36, 37]. Darunter folgen tiefere Terrassen und Absätze in 88 m, in 50—60 m, diese vielleicht ein Gegenstück zur „200'-platform" des Londoner Beckens (vgl. S. 68); dann gehobene Strandlinien in 33—36 und 18 m, die letzteren wahrscheinlich dem „Portland raised beach" (vgl. S. 213) entsprechend, auch auf Guernsey und Alderney. Gut ausgeprägt ist wiederholt der 25'-Strand, außerdem ein unterster Strand in 10' auf Guernsey. Gefällsbrüche der Bachläufe ergeben für die höheren Niveaus etwas abweichende Zahlen, 73—75 und 43—45 m [38]. Alter und Bedeutung dieser Abfolge und ihre Stellung in der Entwicklung des Ärmelkanals sind noch nicht hinreichend geklärt, nicht einmal die jüngste Geschichte ist ganz aufgehellt [32—39]. Nach alten, aber keineswegs zuverlässigen Berichten wäre Alderney bis ins frühere Mittelalter mit dem Festland verbunden gewesen. Sagen erzählen von ertrunkenen Städten. Reste von untergetauchten Wäldern und Torfmooren an verschiedenen Baien erweisen, daß Jersey und Guernsey ehemals größer waren als heute. Sicher hingen sie vor dem Eiszeitalter, als Seine und Somme noch das Hurd-Tief benützten (174 m), mit dem Festland zusammen. Ein gemeinsamer Unterlauf sammelte die heutigen Flüsse Couesnon, Sélune und Sée, die heute im inneren Winkel der Bai von St.-Michel münden, strömte s. der Granitinseln Chausey und Minquiers gegen W und nahm einerseits s. Minquiers die Rance aus der Bretagne, andrerseits wahrscheinlich die Vire auf [35 a]. Schon damals hatten sich jene gelben sandig-lehmigen Verwitterungsböden gebildet, welche, 1—2 m, stellenweise aber 20—25 m mächtig, die Inselplateaus bedecken, von derselben Art wie die Lehme in der Normandie und Bretagne [11].

Der Mensch hat, wenn nicht früher, sicher im letzten Interglazial auf Jersey gewohnt, nachweislich mit Mittel-Levallois-Kultur in den Grotten Le Pinnacle, Cotte à la Chèvre, die dem 18 m-Strand angehört, und Cotte de St. Brelade. In dieser liegen die seine Artefakte enthaltenden interglazialen Tone und Sande, die eine gemäßigte Flora und Fauna (mit Elephas cf. antiquus) lieferten, zwischen zwei Lößen, die der vorletzten Eiszeit, bzw. dem ersten Vorstoß der letzten entstammen dürften. Zusammen mit Jung-Levallois-Werkzeugen wurden in dem jüngeren Löß Reste eines Neandertalers gefunden [51—54, 57; 311*]. Aus dem Jungpaläolithikum wurde bisher keine Spur entdeckt; vielleicht war die Insel infolge einer (relat.) Senkung isoliert. Reichlich ist dann die Hinterlassenschaft aus der Megalithzeit, wo sie landfest gewesen sein dürfte. Guernsey ist offenbar etwas später besiedelt worden, obgleich auch von Morbihan her. Seine Keramik trägt einen mehr atlantischen Charakter (Glockenbecher von ausgesprochen pyrenäischem und galizischem Typ; Verbindung mit Cornwall), während Jerseys Beziehungen zur Bretagne und zu Mittelfrankreich enger sind. Während der Mittelbronzezeit tritt der Seeverkehr zurück, und in der Jungbronze- und in der Hallstattzeit fallen die Inseln in den Kulturbereich N-Frankreichs [56]. Zum Unterschied von Alderney sind Guernsey und Jersey noch heute reich an Megalithdenkmälern. Menhire sieht man in Friedhofsmauern und Kirchen eingebaut, andere dienen als Grenzsteine [51, 51 a, 52, 54 a, 55, 56, 79].

Für den Fortschritt der Ablösung der Inseln ist die Tierwelt aufschlußreich: die Fauna von Guernsey ist viel ärmer an Landtieren als die von Jersey, es fehlen dort Feldmaus, Kröte, mehrere Eidechsenarten, Wassermolch, verschiedene Schmetterlinge usw., es hatte auch nicht wie ehemals Jersey Eichhörnchen und Füchse. Auch die Maulwürfe haben Guernsey nicht erreicht, wohl aber Alderney und Sark [11]. Dagegen hat es mit den anderen Inseln Frösche, Blindschleichen und Kaninchen gemeinsam. Es wurde also zuerst, Jersey zuletzt vom Festland abgegliedert. Andrerseits finden sich gewisse Vögel und Reptilien, die in England unbekannt sind, auf den Inseln. Die Tierwelt des Eiszeitalters hatte sich noch auf ihnen ausbreiten können (langhaariges Nashorn, Renntier usw.). Sehr eigenartig ist ferner die Flora. Manche Pflanzenarten S-Englands fehlen ihnen, umgekehrt diesem 17 Arten von Guernsey. Viele Pflanzen haben sie mit der Normandie und Bretagne gemeinsam, diesen stehen sie floristisch näher als England. Dabei weisen sie auch mediterrane, ja tropische Arten auf, die in der Normandie nicht vorkommen [11, 42, 43]. Tatsächlich erreichen hier etliche kontinentale und selbst einzelne nordafrikanische Arten ihre N-Grenze, so der nordafrikanische Jerseyfarn (*Gymnogramme leptophylla*) [47]. Jersey eigentümlich ist auch *Scirpus americanus*. Guernseys berühmteste Blume ist die Guernsey lily (*Amaryllis* oder *Nerine Sarniensis*), die angeblich vor 200 J. beim Scheitern eines holländischen Schiffes aus Java hier heimisch wurde [73]. In den Gärten besonders des sonnigen Jersey gedeihen Erdbeerbäume, baumhohe Kamelien, Magnolien, Myrten, Fuchsien, Geranien, Romelien, roter Baldrian. An geschützten Plätzen blühen Aloe und halbtropische Gewächse. Ulmen, Buchen, Eichen und Eschen sind die häufigsten Bäume der Parklandschaften,

Stechpalmen und immergrüne Eichen sehr verbreitet. Wirkliche Wälder gibt
es jedoch nicht. Dornsträucher, Disteln und Farne nehmen die zum Kulturland ungeeigneten Heidestriche ein. Dünen und Strand haben ihre eigene
Flora, ebenso die verschiedenen Gesteine der Steilküste; das Gebiet von
St. Ouen's Bay gehört zu den floristisch reichsten.

Das Auftreten s. Arten wird durch die Milde des Klimas ermöglicht
[11, 41]. Nur ganz ausnahmsweise ist die Temperatur auf Jersey während
der letzten 120 J. auf — 9,5° C gesunken; das niedrigste Mon.M. ist immer
über 5,5° geblieben. Die durchschn. J.Schw. hält sich in 10—11°, zwischen
Febr. (meist der kälteste Monat) und Aug. (Jersey: 6,2°, bzw. 17,2°). Meist
bleibt der Winter ohne Frost, Schnee fällt selten. Lang und milde ist der
Herbst, der Frühling manchmal rauh. Aber die Monate Okt. bis Dez. bringen
über ein Drittel der Niederschlagssummen von 80 bis 90 cm (12,4; 11,9;
12,8%), April, Mai, Juni die wenigsten (5,8; 5,7; 5,3%); der Aug. zeigt ein
leichtes Anschwellen (7,7%; Juli 6,7, Sept. 7,2%). Jersey ist weniger feucht,
etwas wärmer als Guernsey, durch die Höhe des Plateaus im N besser gegen
die starken NW-Winde geschützt. Die häufigen W- und SW-Winde sind die
eigentlichen Regenbringer, die E- und NE-Winde, die „vents d'amont", im
Gegensatz zu den aus dem w. Viertelkreis kommenden „vents d'aval", können
im Winter und Frühjahr schädliche Temperaturstürze bewirken. Von Mai
bis Aug. umringen oft schwere, für die Schiffahrt gefährliche Seenebel
(„bliaze") die Küsten, während oben auf den Plateaus die Sonne scheint.
Die normannischen Inseln werden überhaupt wegen ihrer verhältnismäßig
geringen Bewölkung geschätzt. Mit 1900—2000 St. Sonnenschein im J., mit
5,16, bzw. 5,10 im T.M. stehen Guernsey und Jersey fast gleichwertig nebeneinander. 8,33 St. Sonnenschein erhält Guernsey im T.M. des Juni, von April
bis Sept. ungef. die Hälfte des möglichen Sonnenscheins (Aug. 53%). Aber
das gegen S blickende Jersey verspürt die Sonne noch wärmer und wird
daher gern als „Sunny Jersey" gepriesen. In der Tat verbindet sich mit den
Kanalinseln für viele Engländer die Vorstellung von der Riviera, der „Côte
d'Azur" des Mittelmeeres; der Atlantische Ozean sieht allerdings anders aus.
Viel öfter erinnert die Landschaft in Form und Farbe an die Küste von Cornwall [11].

Die Inseln haben für England auch durch ihre Wirtschaft Bedeutung.
Durch Jh. hindurch war die Milchviehzucht eine ihrer Grundlagen. In der
2. H. des 10. Jh. hatten Mönche aus der Normandie die gestreifte Isigny-,
Mönche aus der Bretagne die kleine rot-weiße Froment de Léon-Rasse eingeführt; aus deren Verschmelzung ist die heutige schlanke hellbraune weiß-
gefleckte Guernseyrasse hervorgegangen [715 a*]. Noch etwas kleiner und
zarter, nur 1,2—1,3 m hoch, sind die mehr graubraunen oder falben Kühe der
Jerseyrasse, bretonischen Ursprungs, welche im T.M. 8—12 l Milch geben.
Die völlige Reinhaltung der beiden Rassen ist Gesetz. Auf Jersey wird ausschließlich die gleichnamige Rasse gehalten, auf den anderen bloß die Guernseyrasse. Fast täglich werden Kühe, Kälber und manchmal prächtige Stiere
nach Amerika, den Dominions, England eingeschifft und außerdem jährlich
ein paar tausend Ochsen verkauft. Auf Guernsey muß das Vieh wegen der Beschränktheit der Weideflächen angepflöckt werden, alle 3 bis 4 St. werden die
Pfähle weiter verschoben; auf dem größeren wiesenreichen Jersey wird es
meist auf baumumsäumten, auf Alderney auf ummauerten Weiden gehalten.
Auf Sark findet im Juli eine große Rinderschau statt [11, 14, 44, 45].

Die moderne wirtschaftliche Entwicklung von Guernsey und Jersey,
obwohl auf beiden in erster Linie von der Ausfuhr von Frühprodukten nach

Großbritannien abhängig, ist einigermaßen verschieden verlaufen. Jersey hat auf seiner hauptsächlich S-gerichteten Abdachung Felder, auf denen Kartoffeln besonders im Juni gegraben und ausgeführt werden, denen im August oder in der 1. H. des Sept. reifende Tomaten folgen. Lange Zeit kamen viele Bretonen und eine Anzahl normannischer Arbeiter zur Ernte und etliche haben sich auf Jersey als Pächter, mitunter später als Farmeigentümer niedergelassen. Gewöhnlich wurden deren Kinder anglisiert. Jersey verfügt über reichliches Fruchtwechselgrasland und baut Hackfrüchte, Klee u. dgl. für sein Vieh. Es hat ziemlich viele Treibhäuser, aber nicht so viele wie Guernsey.

Dieses, im wesentlichen gegen N geneigt, hat seit etwa 1870 Glashauskulturen entwickelt. Zuerst hatte man in ihnen Reben gepflegt, dann seit dem Ausgang des Jh. Tomaten, die zumeist im Juni reifen, also früher als die Tomatenfelder von Jersey. Sie herrschen vor. Häufig werden Bohnen („French beans") und andere Gemüse gepflanzt für die Ausfuhr in den ersten Monaten des J. Gerne werden Chrysanthemen nach der Tomatenernte in den Glashäusern gezüchtet. Viel künstlicher Dünger wird benötigt, weil nur wenig Viehdünger verfügbar ist. Wasser, durch windmühlenartige Hebewerke dem Untergrund entnommen, wird ausgiebig verdampft, Anthrazit zur Beheizung aus Wales herbeigeschafft (vgl. Kap. XII). Viele spezielle Blumenkulturen, sowohl in Glashäusern als auch auf Feldern, bringen Verdienst, Rosen, Veilchen, Begonien, auch Farne. Narzissen werden namentlich im März nach England ausgeführt. Guernsey hat weniger Arbeiter aus der Bretagne und der Normandie. Die Mehrzahl der Besitzer arbeitet selbst in den Hunderten von Treibhäusern, die im N am zahlreichsten sind, zumal in der von General Doyle urbar gemachten Niederung (vgl. S. 231).

1938 führten die Inseln 59 000 tons Tomaten für 2,3 Mill. Pf.St. aus, ferner 56 000 tons Kartoffeln für 1,13 Mill. Pf.St., 439 tons Trauben für 60 000 Pf.St., 3 Mill. Kg. Schnittblumen für 926 000 Pf.St. Dafür müssen viele Lebensmittel, Kleider, Maschinen, Kraftfahrzeuge u. a. aus England bezogen werden (Ges.W. der E. aus dem Ver.Kgr. 1938: 5,1 Mill. Pf.St., der A. dorthin 4,7 Mill.). Die Ausfuhr nach England geht hauptsächlich über Weymouth (vgl. S. 218).

Eine weitere Einnahmequelle waren früher die Steinbrüche in Graniten, Dioriten, Hornblendegneisen (St. Sampson), doch hat sie infolge des modernen Straßenbaus sehr abgenommen. Guernsey führte 1913 454 000 tons Steine aus, 1938 110 737, Jersey in diesem J. 53 576 tons.

Viel Geld bringt der Fremdenverkehr ins Land mit 80 000 bis 100 000 Besuchern im J., weit mehr nach Jersey als nach Guernsey. 1938 waren die I. auch durch Flugverkehr mit Heston (London, 1½ St.), Southampton, Shoreham, Exeter verbunden.

Im Laufe der Jh. haben die Normannischen Inseln ihre Wirtschaft wiederholt umstellen müssen. Seit 933 hatten sie zur Normandie gehört — daher ihr Name —, 1066 sind sie mit ihr zu England gekommen [713]. Als Philipp August 1204 die Normandie zurückgewann, waren sie, sozusagen vergessen, bei England geblieben, diesem aber im Vertrag von Bretigny (1360) auch förmlich überlassen worden. Die kirchliche Ablösung vom Bistum von Coutances und die Angliederung an das Bistum Winchester trat erst 1568 in Kraft [11]. Die Inseln waren in jener Zeit ein wichtiger Platz für den Handel mit Frankreich, dank dem geschützten Ankergrund von St. Peter Port, wo englische Schiffe und französische aus Bayonne Zuflucht finden konnten [61]. Aus dem 13. und 14. Jh. stammen auch die meisten jener

massiven, aus Granit gebauten Pfarrkirchen mit ihren viereckigen, oft zinnengekrönten Türmen. Im übrigen lebten die Bewohner von Landwirtschaft und
Fischerei. Im 16. Jh. schalteten sich Jersey und Guernsey in den Handel mit
S-Wales ein [63]. Nach der Entdeckung von Neufundland war der Fischhandel, mehr von Jersey als von Guernsey betrieben, lange eine Haupteinnahmequelle. Heute ist selbst die Küstenfischerei unbedeutend, obwohl
Rochen, Seezungen, Butten, Seebarben und besonders Schollen (Febr. bis Mai)
und Muränen gefangen werden. An der Rocquainebai auf Guernsey werden
Hummer eingebracht [73], Gorey war durch Austern bekannt. Allein die
charakteristischen alten Fischer sind fast ausgestorben. Schon im 16. Jh.
waren die Strickwaren der Inseln, Strümpfe, Westen sehr geschätzt, gewisse
Mengen Wolle aus England wurden von den Königen dazu freigegeben. Seit
der M. des 17. Jh. wurde die einheimische Schafzucht so gesteigert, daß 1660
6000 Personen von jenem Gewerbe lebten [78]. Noch jetzt heißt eine bestimmte Sorte — maschinell (allerdings nicht auf den Ch.I.) gestrickter —
Leibchen Jerseys. Ferner sandte Jersey durch 200 J. viele Fässer Cider nach
Bristol und London, zu Beginn des 19. Jh. 7000 tons; die hohen Ränder seiner
schmalen Wege waren damals fast überall mit Apfelbäumen bepflanzt. Eine
gar nicht unbeliebte Abhilfe gegen die bei der Übervölkerung immer größer
werdende Not fand man in Schmuggel und mit Erlaubnis des Königs im
Kapern feindlicher Schiffe („privateering"). Erst das 19. Jh. hat die heutigen
wirtschaftlichen Verhältnisse geschaffen.

Durch die ganze Zeit hatten die Inseln ihre alten Rechte und viele ihrer
alten Sitten und Gebräuche bewahrt; doch der moderne Verkehr, der sie mit
der Außenwelt in starke Berührung brachte, hat sie mehr und mehr untergraben. Allein bis zur Gegenwart bildet Guernsey mit den kleineren Inseln
und die Hauptinsel Jersey je eine kleine politische Einheit, ein Verwaltungsgebiet für sich (bailiwick), z. T. mit abweichenden Einrichtungen und Gesetzen. Noch bestehen vielfach alte Besitzverhältnisse und Feudalverpflichtungen.
Zwar ist der Besitz infolge der seit Jh. bestehenden Erbteilungen überall
stark zersplittert, auf Jersey infolge der Bestimmung, daß er nicht unter 14 a
absinken durfte, weniger als auf Guernsey, wo die Farmen durchschn. 22 a,
nur ganz wenige mehr als 48 a groß sind. Auch entspricht hier das Acker-
maß, die Rute, nur 16 a, auf Jersey 18 [11]. Im 19. Jh. hat die Anglisierung,
die ihre ersten größeren Erfolge den Methodisten zu verdanken hatte, starke
Fortschritte gemacht, zuerst infolge des Handels mit England, seit den letzten Jz. des 19. Jh. infolge der Niederlassung vieler Engländer auf den Inseln.
Während der Kriege mit Napoleon und nachher bis 1865 maßen ihnen die
Engländer größere militärische Bedeutung bei [91] und daher wurden einige
der vorher elenden, löcherigen Fahrwege, unter denen selbst die „chemins du
roy" nur 4,8 m, die „chemins de quatre pieds" nur für Fußgänger und Tragtiere
breit genug waren, zu Hauptstraßen ausgebaut. Gegen die M. des vorigen Jh.
wurde das vorgeschobene Alderney mit Festungsanlagen bei St. Anne bewehrt,
und 1847 begann man einen langen Wellenbrecher zu bauen, um einen geräumigen Hafen zu schaffen; aber dazu war der Platz nicht geeignet, und das
„Gibraltar des Ärmelkanals" ist nicht vollendet worden, die Garnison klein
geblieben. Auch die Hafenbauten in St. Catherine's Bay an der E-Seite von
Jersey (1843—1855) wurden als nutzlos erkannt und halbfertig dem Verfall
preisgegeben [11, 14]. Damals zählte Alderney fast 5000 E. (1831 nur 1045,
1931 nur mehr 1506; 1946 1251) und erreichte die E.Z. der Inseln überhaupt
ihren Höhepunkt. In den letzten 50 J. hat sie zwischen 97 000 (1911) und
90 000 (1921) geschwankt; 1931 betrug sie, auf 195 km², 93 061 (davon 50 455

auf Jersey), die entsprechende Dichte 480 (Guernsey 630, Jersey 640). 1946,
nach dem Ende der deutschen Besetzung (30. Juni 1940 bis 9. Mai 1945),
zählte man 92 467 E.

A l d e r n e y s einzige größere Siedlung ist S t. A n n e; fast die ganze
Bevölkerung der Insel, 1938 rund 1600, 1946 1251 E., auch die Farmer leben
in ihr. Sie liegt versteckt an der Baie de Braye. Ihr Vieux Port reicht für
den Verkehr aus (mehrmals wöch. Personendampferverkehr mit St. Peter
Port, vor 1939 einmal mit Cherbourg). Die drei Kirchen (anglik., röm.-kath.
und method.) zeugen von der Duldsamkeit der Bevölkerung (anglik. Staats-
religion). Im S und W der Stadt trägt die eintönige, baum- und graslose
schiefe Fl. des etwa 60 m hohen Plateaus Blaize Weizen-, Rüben- und
Kartoffelfelder und Wiesen in langen, schmalen Streifen ohne Hecken und
Mauern; Viehzucht ist die Grundlage der Wirtschaft. Der ö. Teil der 5,5 km
langen, 2,5 km breiten Insel ist eine sandige Niederung.

Viel malerischer ist S t. P e t e r P o r t (16 720), die Hauptstadt von
G u e r n s e y. An dessen E-Seite, gerade an der Grenze zwischen dem höheren
S- und dem niedrigeren N-Teil der Insel, liegt der Kern auf einem schmalen,
gehobenen Strand. Die dichtgedrängten Granithäuser mit hellroten Ziegel-
dächern, die Kirchen und engen, gekrümmten Gassen · der Altstadt steigen
auf dem steilen Abfall empor; auf der Höhe stehen die Villen und Gärten der
alten Familien. Die alte Festung Castle Cornet und die mächtige Kirche
St. Peter beherrschen das Stadtbild. Zwischen St. Peter Port und dem n. benachbarten St. Sampson sammelt sich das Leben der Insel. Bei St. Sampson
sind die größten Steinbrüche Guernseys. Vom White Rock fuhren 1938 die
Schiffe der G.W.R. und der S.R. im Sommer alle Wochentage, im Winter
dreimal wöchentlich in 4½ St. nach Weymouth, mit dem schon 1794 eine Verbindung eingerichtet worden war, bzw. in 7 St. nach Southampton, außerdem
nach St. Helier und St. Anne; der Hafenverkehr ist beträchtlich. In der
Hochsaison werden hier mehrere Mill. von Paketen, Körben und Kisten mit
Gemüse, Obst, Blumen abgeschickt (1934: 27 000 tons Tomaten, 4728 tons Blumen, 974 tons Obst, 713 tons Kartoffeln). Bei St. Sampson stehen die großen
Treibhäuser besonders zahlreich und dicht; das 1,3 km² große Bray du Val,
erst 1808 vom Gouverneur Doyle, dessen Denkmal eine weithin sichtbare
Landmarke bei St. Peter Port war (von den Deutschen zerstört), abgedämmt
und urbar gemacht, wird fast ganz von ihnen eingenommen [11, 14]. Andere
glitzern in und um St. Peter Port und sonst auf der Insel, selbst drüben im W.

Fast die Hälfte der Bevölkerung (1946: 40 585) wohnt in der Hauptstadt, die übrige Bevölkerung verteilt sich auf 9 Kirchspiele, von denen die
höher gelegenen im S mehr landwirtschaftlich-bäurisch sind, in Sprache und
Sitte von älterem Gepräge, im ganzen mehr französisch-normannisch, die unteren im N mehr industrialisiert und anglisiert. Auch gegen W, mit der Entfernung von der Hauptstadt, werden die alten Züge stärker. Dort sprechen
die Bauern hauptsächlich das normannische Französisch, obwohl jeder auch
englisch kann; in St. Peter Port herrscht das Englische. Zum Unterschied
von Alderney sind die Farmen und Cottages, mit Blumen geschmückt und mit
Gärten ausgestattet, über das ganze Land verstreut. Die sauber gehaltenen
Straßen, ursprünglich meist Kuhpfade, waren noch vor ein paar Jz. oft so
eng, daß nur ein Mann und ein Tier nebeneinander gehen konnten. Heute
sind die Hauptstraßen, 8—10 m breit, ausgezeichnet. Felder und Wiesen —
im ganzen sind ⁵/₈ der Insel unter Anbau — nehmen das baumlose Plateau
ein [71—74].

Die Siedlungen sind Einzelhöfe. Kleine, lockere Gruppen von Farmen umgeben nur die alten Kirchen, die gewöhnlich nahe der Plateauhöhe stehen, fast alle an vorgeschichtliche Heiligtümer, wie heilige Brunnen, manchmal auch Menhirs, anknüpfen und ehemals innerhalb mehr weniger kreisförmiger Friedhöfe standen. Solche Plätze wählten auch die späteren Neuankömmlinge aus, andere bevorzugten den Strand. Die christliche Mission wurde im 6. Jh. von St. Sampson aus Dol eingeleitet, von St. Helerius u. a. fortgesetzt [51 a, 75, 76]. Aber manche aus der vorgeschichtlichen Zeit stammende Bräuche, wie der große Umgang um die Insel (Chevauchée de St. Michel) mit Halten an wichtigen Menhirs und Tänzen um sie, haben sich bis ins 19. Jh. erhalten [74]. Bis in dieses bestanden auch verschiedene Einrichtungen, welche der älteren Auffassung, wonach die Kanalinseln ein Musterbeispiel urtümlicher Einzelsiedlungen seien, widersprechen: offene Flur mit Besitz von verstreuten Ackerstreifen, Gemeinschaftsorganisation, Recht auf Stoppelweide im Ödland, Einfeldsystem — dieses wurde ermöglicht durch die sechs Monate dauernde Haltung von Schafen und Rindern auf den Stoppelweiden und die Düngung mit Tang, der frisch oder in Form von Asche auf die Felder gebracht wurde. Somit dürfte die Haufensiedlung die ursprüngliche gewesen sein. Zwar waren schon zu CAMDEN's Zeit die Flurstücke durch Einhegungen voneinander getrennt, doch hatten noch im 18. Jh. vier Gemeinden offene Felder. Die Einhegungen wurden durch die neu eingeführten Hackfruchtpflanzungen begünstigt, namentlich die Pflanzung des aus der Bretagne herübergebrachten Pastinak, der tiefe Pflügung verlangt. Nach DEFOE's Bericht nahmen im 18. Jh. die Einhegungen auch auf Jersey zu. Auf Alderney finden sich noch Spuren des ursprünglichen Systems, das dann von der normannischen Form der Landhaltung überlagert wurde. In mancher Hinsicht erinnern die Verhältnisse sehr an die in Kent mit seinem „gavelkind" (vgl. S. 25) [79].

Auch St. Helier (25 824), die Hauptstadt von Jersey und dessen geistig-kultureller Mittelpunkt, hat sich zur Hafenstadt entwickelt, als es nach einem Beschluß des J. 1699 seinen „Vieux Port" anlegte [710, 711]. Um 1800 überholte es das benachbarte St. Aubin, welches vorher der einzige Hafen gewesen war und schließlich aus dem Fernverkehr ganz ausgeschaltet wurde. An den „Vieux Port" wurde dann 1840 bis 1850, als die Fischerei in Jersey besonders blühte, ein neuer, schleusenloser Hafen, geschützt durch Albert Pier und Victoria Pier, angeschlossen; infolge Baggerung ist jetzt den Dampfern auch bei N.W. die Einfahrt möglich — früher konnten sie nur in einer engen, ausgebaggerten Zone des Hafeneingangs anlegen. Denn St. Helier liegt auf einer ehemals versumpften, flachen Ebene zwischen mehreren „Monts", weder mit dem Blick auf das Meer noch in die grüne Parklandschaft des Inneren; ohne steilen Rahmen, hat es auch keine Treppenwege wie St. Peter Port. Gegen das Meer hin kehrt es seine häßlichste Seite. Erst jenseits des Kerns mit geradezu großstädtisch lebhaften Straßen und Geschäften und dem Marktplatz, an welchen das Court House (Cohue Royale) und die Salle des États stehen, folgen die Viertel mit Villen und Gärten, überragt von dem zugleich an eine Kirche und einen Festungsbau erinnernden Victoria College (1852 errichtet). Das Fort Regent beherrscht die Stadt. Landhäuser, Villen und Gärten reichen überall in die benachbarten Orte, besonders gegen St. Aubin im W, St. Clement im E. 1831 zählte es keine 2000 Häuser und 16 000 E., jetzt ungef. 8000 Häuser und dreimal so viel E. (1946: 49 724). Die Entwicklung zur modernen Stadt verdankt es seinem Handel. Im Laufe der Zeit und zuletzt namentlich seit 1945 wanderten viele Engländer ein. Von seinem gut ausgestatteten Hafen fuhren Dampfer auch nach Granville und St.-Malo; derzeit verbinden Verkehr und Handel Jersey ausschließlich mit England, höchstens daß im Sommer Vergnügungsdampfer nach St.-Malo gehen. (Nur für 1934 liegen mir Angaben vor: A. 159 000 tons, davon rund 50 000 tons Frühkartoffeln, 20 000 tons Tomaten; Steine, Tabak; E. 183 000 tons, besonders Kohle. Mehl und andere Nahrungsmittel, Wein, Heu wurden aus Frankreich bezogen.) Im Sommer ist St. Helier übervölkert von Badegästen. Die ausgedehnten Dünen von Le Quennevais vor La Corbière bieten, wie zu erwarten, den Golfspielplatz, die alten Kirchen, Herrenhäuser und Schlösser, u. a. das mittelalterliche Mont Orgueil bei Gorey, und gewisse Abschnitte der Küste beliebte Ausflugsziele eines Stroms von Fremden, der von April bis Sept., namentlich im Mai, hoch anschwillt und auch im Winter nicht abreißt.

Mehr als die Hälfte der Einwohner der Insel wohnen in St. Helier. Das übrige Gebiet verteilt sich auf 11 Gemeinden. Es ist im N, auf der Höhe des baumlosen Plateaus, am ärmlichsten, auch an und über der W-Küste vielfach bloß Heide. St. Helier selbst wird dagegen bis weit in das Innere hinein umsäumt von vielen kleinen Farmen, Kartoffel-, Zwiebel- und Kohlfeldern, Tomatengärten, Wiesen und Weiden, die zusammen ungef. die Hälfte der Inselfläche einnehmen; vor der deutschen Besetzung parkartig mit prächtigen Baumgruppen und Alleen von Ulmen, Buchen, Ahornen und Eichen. Viele Bacheinschnitte, mit reichem Pflanzenkleid an den Hängen und Kulturen im Grund, führen zur S-Küste hinab. Straßen strahlen aus allen Richtungen nach St. Helier zusammen. Zwar sieht man nicht wie auf Guernsey fast von jedem Punkt auf das Meer hinaus, aber jede Gemeinde hat ihren Zugang zu ihm. Trotzdem lebt heute die Bevölkerung abgewandt vom Meer; bloß in Gorey sieht man noch Fischerhäuser, Netze, Hummerbehälter. An den Straßenkreuzungen in der Nähe der alten Kirchen sind neue Siedlungskerne mit Hotels, Schulen und Wohnhäusern entstanden. Wie auf Guernsey, findet man auf Jersey die alten, aus Granit gebauten Häuser mit ihren Rundbogentoren und kleinen Fenstern. Oft sind sie noch mit Stroh gedeckt, für das man ehemals den großen Jerseykohl („chou cavalier") verwendete, der 3 m hoch wird; bis vor kurzem verarbeitete man ihn gerne zu Spazierstöcken. Leider nimmt die einheimische Bevölkerung, welche besonders im N noch ihren alten franko-normannischen Dialekt erhalten hat, ab. Die jungen Mädchen wollen nicht mehr auf den Feldern arbeiten, die jungen Männer lieber Beamte, Bankangestellte oder in Kanada oder den Ver.Staaten Bauern sein [11, 710, 712, 714, 715].

H e r m (1946: 53) hat bloß ein paar Häuser und grüne Weiden [14] und einen berühmten Muschelstrand (ungef. 200 Arten), J e t h o u (1946: 2!) ist nur ein Felsklotz. Dagegen ist S a r k (1946: 571) „ein Naturpark auf hohem Felssockel" [11, 716—718]. Wenige Zugänge sind vorhanden. Creux Harbour im E, ausgestattet mit Molo und Kai, war mit dem Inneren seit 1868 durch einen Straßentunnel verbunden; jetzt ist in der Nähe ein neuer Landungsplatz angelegt worden, von dem aus jener nicht mehr benützt werden muß. Anderswo führen Felssteige auf das Plateau. Hier oben liegen prachtvolle Wiesen mit herrlichem Blumenschmuck und Felder mit Weizen, Hafer, Kohl, Bohnen, Kartoffeln und Pastinak, der noch heute als Nahrung dient. An den Rändern und auf den langen Abhängen des Plateaus herrscht die Heide, mit kugeligem Distelgestrüpp [14] oder mit Farnen dicht bewachsen. In der Mitte steht die Kirche, 1 km davon entfernt das Herrenhaus mit großen, windgebeugten Bäumen. Außer zwei Hotels sind 40 Farmhäuser, die älteren vom gleichen Typ wie auf Jersey, über die Insel verstreut, bis auf eine Häusergruppe an einer Straße (1841: 785, 1931: 614).

Literatur

11. Cambr. Co. Geographies:
    a) KNIGHT, F. A., and DUTTON, L. M., Somerset. 1909.
    b) BRADLEY, A. G., Wiltshire. 1909.
    c) SALMON, A. L., Dorset. 1910.
    d) MONCKTON, H. W., Berkshire. 1911.
    e) VARLEY, T., Hampshire. 1922.
12. RISHBETH, O. H. T., Central South England (In: 112*, 68—88).
13. JERVIS, W. W., The Lower Severn Basin and the Plain of Somerset (Ebd., 110—124).
14. The Victoria Hist. of the Co. of E.,
    a) Hampshire and I. of Wight. I. 1900. II. 1908. III. 1908. IV. 1911. V. 1912. Index vol. 1914.
    b) Dorset. II. 1908.
    c) Somerset. I. 1906. II. 1911.
15. STEPHENSON, J., Berkshire. With an hist. sect. by W. G. East. LBr., Pt. 78. 1936.
16. STUART-MENTAETH, T., Somerset. Ebd., pt. 86. 1938.
16 a. FRIPP, C. E., Dorset. GT. 4, 1907—1909, 101—112.
17. BRENTNALL, H. C., and CARTER, C. C., The Marlborough ctry, notes, gl., hist., and descr. of sheet 266, One-inch map. O. Sv. Oxf. 1912. New ed. 1933.
18. LORD FITZMAURICE and BROWN, W. L., The boundaries of the Admin. Co. of Wiltshire. Lond. 1920 (vgl. GJ. 57, 1921, 61).
19. CRAWFORD, O. G. S., The Andover distr. An account of sh. 283 of the One-inch O. Sv. Map (OxfGStud.). Oxf. 1922.
110. DENT, H. G., The Hampshire Gate. 1924.
111. REYNOLDS, S. H., Bristol gl. and g. Bristol. 1924.
112. Southampton and New Forest. HBBrAssSouthampton. 1925.
113. ABERCROMBIE, P., and BRUETON, B. F., Bristol and Bath reg. planning scheme. Liverpool 1930.
114. BrAssBristol. 1930, HB. for general exc. Bristol 1930.
115. FRY, A. H., Wiltshire. LBr., pt. 87. 1940.
116. TAVERNER, L. D., Dorset. Ebd., pt. 88. 1940.
117. GREEN, F. H. W., Hampshire (Co. of Southampton). Ebd., pt. 89. 1940.
    Vgl. im übr. RISHBETH, O. H. T.. Bibliogr. of the Hampshire Basin. G. 13, 1926, 489—496.

21. Gl. Sv., Memoirs, Explan. sheets:
    a) 266. Marlborough. By H. J. O. White. 1925.
    b) 267. Hungerford and Newbury. By H. J. O. White. 1907.
    c) 282. Devizes. By A. J. Jukes-Browne. 1905.
    d) 283. Andover. By A. J. Jukes-Browne. 1908.
    e) 284. Basingstoke. By H. J. O. White. 1909.
    f) 295. Quantock Hills, Taunton and Bridgwater. By W. A. E. Ussher. 1908.
    g) 298. Salisbury. By C. Reid (with contrib. by others). 1903.
    h) 299. Winchester and Stockbridge. By H. J. O. White. 1912.
    i) 300. Alresford. By H. J. O. White.
    k) 311. Wellington and Chard. By W. A. E. Ussher (with contrib. by others). 1906.
    l) 313. Shaftesbury. By H. J. O. White. 1923.
    m) 314. Ringwood. By C. Reid. 1902.
    n) 315. Southampton. By C. Reid. 1902.
    o) 316. Fareham and Havant. By H. J. O. White. 1913.
    p) 325. Exeter. By W. A. E. Ussher. 1902.
    q) 326/340. Sidmouth and Lyme Regis. By H. B. Woodward and W. A. E. Ussher. 1906. Ed. 2, 1911.
    r) 328. Dorchester. By C. Reid. 1899.
    s) 329. Bournemouth. By H. J. O. White. 1898. Ed. 2, 1917.
    t) 330/331. Lymington and Portsmouth. By H. J. O. White. 1915.
22. Gl. Sv., Distr. Mem.:
    a) The gl. of the I. of Purbeck and Weymouth (Expl. sh. 341—343). By A. Strahan. 1898.
    b) The gl. around Weymouth, Swanage, Corfe, and Lulworth. (Expl. sh. 300—343.) By W. J. Arkell, with contrib. by C. W. Wright and H. J. O. White. 1947.
23. Gl. Sv., Water Supply:
    a) BLAKE, H. J., Berkshire. 1902.
    b) WHITAKER, W., and others, Hampshire. 1910.
    c) WHITAKER, W., and EDMUNDS, F. H., Wiltshire. 1925.

d) WHITAKER, W., Wells and springs of Dorset. 1926.

e) RICHARDSON, L., Wells and springs of Somerset, with a bibliogr. of The Bath Thermal Waters by W. Whitaker. 1928.

24. Gl. Sv., Br. Reg. Geologies:

   a) KELLAWAY, G. A., and WELCH, F. B. A., Bristol and Gloucester distr. 1948. (2nd ed., stark umgearbeitet, von WELCH, F. B. A., and CROOKALL, R., Bristol and Gloucester distr. 1935.)

   b) CHATWIN, C. P., The Hampshire Basin and adjoining areas. 1936. 2nd ed. 1948.

25. Gl. Sv., Guide to the gl. model of the I. of Purbeck. By A. Strahan. 1906. Sec. ed. 1932.

26. BUCKMAN, S. S., Exc. to Dundry Hill, Thursday May 30. PrGlAss. 17, 1901, 152—158.

27. HUDLESTON, W. H., Creechbarrow in Purbeck. GlMag. Dec. IV, vol. 9, 1902, 241—256.

27 a. ROWE, A. W., The White Chalk of the Dorset coast. PrGlAss. 18 (1903/1904), 1—51.

28. HUDLESTON, W. H., On some recent wells in Dorset. GlMg. Dec. V, vol. 5, 1908, 212—220, 243—251.

29. RICHARDSON, L., Exc. to the Frome distr., Som. PrGlAss. 21, 1909/1910, 209—228.

210. RICHARDSON, L., and others, Exc. to Dunball, Ilminster, Chard etc. PrGlAss. 22, 1911, 246—263.

211. EVANS, J. W., and others, Rep. of an exc. to West Somerset. PrGlAss. 25, 1914, 97—105.

212. LANG, W. D., The gl. of the Charmouth cliffs, beach and foreshore. PrGlAss. 25, 1914, 295—360.

213. BARTLETT, B. P., and SCANES, J., Exc. to Mere and Maiden Bradley in Wiltshire. PrGlAss. 27, 1916, 117—134.

214. REYNOLDS, S. H., A gl. exc. HB. for the Bristol distr. Sec. ed. Bristol 1921.

214 a. REYNOLDS, S. H., and GREENLY, E., The gl. struct. of the Clevedon-Portishead area (Somerset). QJGlS. 80, 1924, 447—466.

215. RASTALL, R. H., Note on the gl. of the Bath springs. GlMg. 63, 1926, 98—104.

215 a. WELCH, F. B. A., The gl. struct. of the Central Mendips. RepBrAssOxford. 1926 (1927).

216. TUTCHER, J. W., and TRUEMAN, A. E., The liassic rocks of the Radstock distr. (Somerset). QJGlS. 81, 1925, 595—666.

217. WALLIS, F. S., The Old Red Sandstone of the Bristol distr. Ebd. 83, 1927, 760—789.

218. REYNOLDS, S. H., The gl. of the Bristol distr. PrGlAss. 40, 1929, 77—100.

219. The gl. of the Bristol distr. with some account of the physiogr. By R. Crookall. L. S. Palmer, S. H. Reynolds, A. E. Trueman, J. W. Tutcher and F. S. Wallis. BrAssBristol 1930.

220. LANG, W. D., The Lower Lias of Charmouth and the Vale of Marshwood. PrGlAss. 43. 1932, 97—126.

221. EDMUNDS, F. H., and SCHAFFER, R. J., Portland Stone, its gl. and properties as a building stone. PrGlAss. 43, 1932, 225—240.

222. WELCH, F. B. A., The gl. struct. of the Eastern Mendips. QJGlS. 89, 1933, 14—52.

222 a. GARDINER, C. I., REYNOLDS, S. H., and others, The gl. of the Gloucester distr. PrGlAss. 45, 1934, 109—144.

223. ARKELL, W. J., The tectonics of the Purbeck and Ridgeway Faults in Dorset. GlMg. 73, 1936, 56—73, 97—118.

224. LANG, W. D., and THOMAS, H. D., The Lyme Regis distr. PrGlAss. 47, 1936, 301—314.

225. REYNOLDS, S. H., The Carboniferous Limestone (Avonian) rocks of the Bristol coalfield. PrGlAss. 48, 1937, 115—140.

225 a. THOMAS, A. H., The triassic rocks of NW-Somerset. RepBrAssNottingham 1937, 354.

226. COX, P. T., Rep. of field meeting at the test borings for oil at Portsdown and Henfield. PrGlAss. 48, 1937. 280/281.

227. MOORE, L. R., and TRUEMAN, A. E., The struct. of the Bristol and Somerset coalfields. PrGlAss. 50, 1939, 46—67. (Vgl. auch QJGlS. 93, 1937, 195—240.)

228. ARKELL, W. J., Three tectonic problems of the Lulworth distr. QJGlS. 94, 1938, 1—53.

229. KELLAWAY, G. A., An outline of the gl. of Yeovil, Sherborne and Sparkford Vale. PrGlAss. 52, 1941, 131—174.

230. TRUEMAN, A. E., The Bristol and Somerset coalfields, with partic. ref. of the prospects of future devel. PapGlDeptUnivGlasgow. 21, 1947, 180—222.

31. JUKES-BROWNE, A. J., The origin of the Vale of Marshwood in West Dorset. GlMg. DeDc. IV, vol. 5, 1898, 161—169.

32. PRESTWICH, J., The Solent River. Ebd., 349—351.

33. CORNISH, V., On the grading of the Chesil Beach shingle. PrDorsetNHistS. 1898.

34. BALCH, H. E., Les cavernes et les cours d'eaux souterrains des Mendip Hills (Somerset, Angleterre). BullMémSSpéléol. 39, 1904.
35. BAKER, E. A., and BALCH, H. E., The Netherworld of Mendip. Explor. in the great caverns of Somerset, Yorkshire etc. Clifton. 1907.
36. Pr. Bristol University Speleol S., passim.
37. ORD, W., The erosion of Bournemouth Bay and the age of its cliffs. RepBrAssBournem. 1919. Lond. 1920, 196.
37 a. ORD, W., The tertiary beds of Bournemouth and the Hampshire Basin. Ebd., 187 f.
38. BURY, H., The chines and cliffs of Bournemouth. GlMg. 57, 1920, 71—76. (Vgl. auch RepBrAssBournemouth 1919, 191 f.)
38 a. SMITH, R., The post-tertiary deposits of the Bournemouth area. RepBrAss. 1919, 192.
38 b. GREENLY, E., An aeolian deposit at Clevedon. GlMg. 59, 1922, 365—376, 414—421.
38 c. PALMER, L. S., and COOKE, J. H., The pleistocene deposits of the Portsmouth distr. and their relation to man. PrGlAss. 34, 1923, 253—282.
39. LANG, W. D., The submerged forest at the mouth of the R. Char and the hist. of that river. PrGlAss. 37, 1926, 197—210.
310. REYNOLDS, S. H., The I. of Purbeck. GT. 13, 1926, 433—438.
311. REYNOLDS, S. H., The Mendips. G. 14, 1927, 187—192.
311 a. LANG, W. D., Landslips in Dorset. NHistMg. 1, 1928, 201—209.
311 b. BURKITT, M. C., The age of certain gravels in the New Forest area. N. 128, 1931. 222.
312. JONES, O. T., Some episodes in the gl. of the Bristol Channel region. RepBrAssBristol 1930, 57—82 (PresAddr.).
313. BADEN-POWELL, D., On the gl. evolution of the Chesil Bank. GlMg. 67, 1930, 499—512.
314. PALMER, L. S., On the pleistocene succession of the Bristol distr. PrGlAss. 42, 1931. 345—361.
314 a. LEWIS, W. V., The effect of wave incidence on the configur. of a shingle beach. GJ. 78, 1931, 129—148.
315. BURTON, E. S. J., Periodic changes in position of the Run at Mudeford, near Christ-church, Hants. PrGlAss. 42, 1931, 157—174.
316. CHATWIN, G. P., The Dorset coast, near Weymouth. PrGlAss. 43, 1932, 277—283.
317. DIVER, C., The physiogr. of South Haven Peninsula, Studland Heath, Dorset. GJ. 81, 1933, 404—427.
318. LINTON, D. L., The origin of Wessex rivers. ScGMg. 48, 1932, 149—166.
319. BURTON, E. S. J., A peneplain and re-excavated valley floors in Dorsetshire. GlMg. 69, 1932, 474—477.
319 a. BURY, H., The plateau gravels of the Bournemouth area. PrGlAss. 44, 1933, 314—323.
320. PALMER, L. S., Some pleistocene breccias near the Severn estuary. PrGlAss. 45, 1934, 145—161.
321. DAVIES, G. M., The Dorset coast: a gl. guide. 1935. Pt. 1. Western section (Lyme Regis and Bridport area).
321 a. BALCH, H. E., Mendip-Cheddar: its gorge and caves. Wells. 1935.
322. BURY, H., Some anomalous river features in the I. of Purbeck. PrGlAss. 47, 1936, 1—10.
323. KENDALL, O. D., The coast of Somerset. PrBrNatS. IV, ser. 8, 1936, 186—200.
323 a. GREEN, J. F. N., The terraces of Southernmost England. Pres. Address. QJGlS. 92. 1937, LVIII—LXXXVI.
324. BURTON, E. S. J., The origin of Lulworth cove. GlMg. 74, 1937, 377—383.
325. FOWLER, J. A., A descr. of Sherborne scenery, its nature and hist. in its relation to the underlying rocks. Sherborne 1936.
325 a. EDMUNDS, F. H., A contrib. on the physiogr. of the Mere distr., Wilts. PrGlAss. 49, 1938, 174—196.
326. LEWIS, W. V., Evolution of shore-line curves. PrGlAss. 49, 1938, 107—127. (Vgl. N. 143, 1939 I, 305.)
327. WOOLDRIDGE, S. W., and LINTON, D. L., Struct., surface and drainage in SE England. InstBrG. Publ. Nos. 9 and 10. Lond. 1939.
328. ARBER, M. A., The coastal landslips of SE Devon. PrGlAss. 51, 1940, 257—271.
329. ARBER, M. A., The coastal landslips of W Dorset. PrGlAss. 52, 1941, 273—283.
330. GREEN, J. F. N., The hist. of the Bourne and its valley. (PresAddr.) PrBournemouth-NSciS. 35, 1946.
331. GREEN, J. F. N., The terraces of Bournemouth, Hants. PrGlAss. 57, 1946, 82—101.
332. BOSWELL, K. C. A., A detailed profile of the R. Test. With an interpret. by J. F. N. Green. Ebd., 102—116.
333. ARBER, M. A., The valley system of Lyme Regis. Ebd., 8—15.
334. TRUEMAN, A. E., Erosion levels in the Bristol distr. and their relat. to the devel. of scenery. PapGlDeptUnivGlasgow. 20, 1944, 402—425.

335. Balch, H. E., The caves of Mendip. 3 vol. 1947.

41. Eaton, H. S., Dorset monthly rainfall, 1856—1895. PrDorsetNHistAntClub. **18.**
Dorchester 1897.
41 a. Luxmore, C. M., Soils of Dorset. Rep. on their mechan. and chem. composition and
their physical properties. 1905.
42. MacPherson, J. A., Bristol Water-works: rainfall statistics and notes on wet and dry
cycles. MinPrInstCivilEng. **194,** 1914, 421—427.
43. Glasspole, J., The unprecedented rainfall at Cannington [Somerset], August 18, 1924.
BrRainfall., 1924, 246—255.
44. Neville-Grenville, R., Somerset drainage. PrSomersetArchNHistS. 1926.
45. Balchin, W. G. V., and Pye, N. A., A micro-climatic investig. of Bath and the surrounding distr. QJMetS. **73,** 1947, 297—323.
46. Moss, C. E. G., Distribution of the veget. in Somerset: Bath and Bridgwater distr.
RGS. 1907.
46 a. Gilchrist, D. A., and Luxmore, C. M., The soils of Dorset. Reading Coll. Dorset Co.
Council. 1907.
46 b. Stevenson, E. H., Notes on the veget. of Weston Bay, Somerset. JEcol. **1,** 1913,
162—166.
47. Tansley, A. G., and Adamson, R. L., The chalk grasslands of the Hampshire-Sussex
border. JEcol. **13,** 1925, 177—223.
47 a. Oliver, F. W., Spartina townsendii, its mode of establishment, econ. uses and
taxonomic status. Ebd., 74—91.
48. Butcher, R. M., A prelim. account of the veget. of the R. Itchen. Ebd. **15,** 1927,
55—65.
49. Bracher, R., The ecol. of the Avon banks at Bristol. Ebd. **17,** 1929, 35—84.
49 a. Haines, The New Forest. EmpForestryJ. **8,** 1929, 71—84.
410. Thompson, H. S., Further changes in the coast veget. near Berrow, Som. Ebd. **18,**
1930, 126—130.
411. Pizer, N. H., A sv. of the soils of Berkshire. UnivReadingBull. **39,** 1931.
412. Good, R., Contrib. towards a sv. of the plants and animals of South Haven penins.,
Studland Heath, Dorset. II. General ecol. of the flowering plants and farns. JEcol. **23,**
1935, 331—405. Vgl. [317].
413. Good, R., An account of a bot. sv. of Dorset. PrLinnSLond. **149,** 1937, 114—116.
414. Green, F. H. W., Poole Harbour: a hydrogr. sv. 1938/1939. Publ. for P. H. Comm.,
and Univ. Coll. Southptn.
415. Peirson, L. G., The great ice storm of Jan. 1940. JSPreservFaunaEmp. **43,** 1941,
19—22.
416. Robinson, K. L., Human activities and soil characteristics. N. **150,** 1942, 24/25 [New
Forest]. Vgl. dazu Kenchington, F. E., ebd. **151,** 1943, 83/84.
417. Thienemann, A., Taugewässer. Eine lit. Studie über die limnolog. Bedeutung von
Tau und Nebel. ZGesEBerlin. 1943, 219—242. (Vgl. 51 a.)
418. Bush, R., Frost and the fruit grower. G. **30,** 1945, 80—86 [Hampshire].

51. Bulleid, A., and Gray, H. S., The Glastonbury lake-village. 2 vol. Glastonb. 1911,
1915.
51 a. Hubbard, A. J., and G., Neolithic dew-ponds and cattleways. 2nd ed. 1907. (1st ed.
1904.)
52. Balch, H. E., Wookey Hole. Its caves and cave dwellers. [Einl. von W. B. Dawkyns]
Oxf. 1914.
53. Sumner, H., Earthworks of Cranborne Chase. 1914.
54. Williams-Freeman, J. P., An introduction to field arch., as illustrated by Hampshire.
1915.
55. Dawkyns, W. B., The lake villagers of Glastonbury. N. **97,** 1916, 473/474.
56. Sumner, H., Earthwork of the New Forest. 1917.
57. Graiswell, W. H. P., Dumnonia and the valley of the Parrett. Taunton 1922.
58. Cunnington, M. E., The Early Iron Age inhabited site at All Cannings Cross Farm,
Wilts. Devizes 1923.
59. Bulleid, A., The lake-villages of Somerset. Somerset Folk Press 1924.
510. Burrow, E. J., Ancient earthworks and camps of Somerset. Chelthm. 1924.
511. Sumner, H., G. and prehist. earthworks in the New Forest distr. GJ. **67,** 1926.
244—248.
511 a. Tratman, E. K., The prehist. arch. of the Mendips. RepBritAssLeeds 1927, 361/362.
512. Crawford, O. G. S., and Keiller, A., Wessex from the air. Oxf. 1928.
512 a. Sumner, H., Excav. in New Forest Roman pottery sites. 1927.

513. PARRY, R. F., Recent excavations at the Cheddar Caves. N. 122, 1928, 735/736.
514. PIGGOTT, S., The Uffington White Horse. Ant. 5, 1931, 37—46.
514 a. CUNNINGTON, M. E., Woodhenge. Devizes 1929.
515. HAWKES, C. F. C., MYRES, J. N. L., and STEVENS, C. G., St. Catherine's Hill. Winchester 1930.
515 a. CUNNINGTON, M. E., A guide to Avebury: the circles, the church etc. Devizes 1930.
515 b. CRAWFORD, O. G. S., Cerdic and the Cloven Way. Ant. 5, 1931.
516. DOBSON, D. P., The arch. of Somerset (The Co. Arch.). 1931.
517. PEAKE, H., The arch. of Berkshire (The Co. Arch.). 1931.
517 a. Map of neolithic Wessex: showing the distrib. of long barrows, circles etc. O. Sv. Shpt. 1932.
518. CUNNINGTON, M. E., An introd. to the arch. of Wiltshire from the earliest times to the pagan Saxons. Devizes 1934. (Vgl. auch in: WiltsArchNHistSMg. 44, 1930, 166 bis 216.)
518 a. Celtic earthworks of Salisbury Plain: based on air photogr. Old Sarum sheet. O. Sv. Shpt. 1934.
518 b. Celtic earthworks of Salisbury Plain (Map), No. 1. Old Sarum (1 : 25 000). O. Sv. Shpt. 1934.
519. GRAY, H. G. G., The Avebury excavations 1908—1922. Arch. 84, 1935, 99—162.
520. LEARMONT, D. A., Stonehenge and Woodhenge. EmpireSvRev. 3, 1936, 339—343.
521. KEILLER, A., and PIGGOTT, S., The recent excavations at Avebury. Ant. 10, 1936, 417 ff.
522. WHEELER, R. E. M., The excavations of Maiden Castle. AntJ. 17, 1937. (Vgl. auch die vorhergehenden Jahrgänge.)
523. KEILLER, A., Petrological analysis. Ant. 11, 1937, 484 f. Vgl. THOMAS, H. H., The source of the stones of Stonehenge. AntJ. 3, 1923.
524. CRAWFORD, O. G. S., Luftbildaufnahmen von arch. Bodendenkmälern in E. In: Luftbild und Vorgeschichte (Luftbild und Luftbildmessung, Nr. 16). Berl. 1936.
524 a. Maiden Castle, Dorchester. N. 139, 1937, 424/425.
525. KEILLER, A., Avebury. Summ. of excavations. Ant. 13, 1939, 223—233.
526. GRINSELL, L. V., White Horse Hill and surrounding ctry. 1939.
526 a. WHEELER, R. E. M., Iron Age camps in NW France and SW Br. Ant. 13, 1939, 58—79.
527. PIGGOTT, S., The Badbury Barrow, Dorset and its carved stone. AntJ. 19, 1939, 291—299.
528. PIGGOTT, S., and PIGGOTT, C. M., Stone and earth circles in Dorset. Ant. 13, 1939, 138—158.
529. An Iron Age settlement in S Brit. N. 146, 1940, 841—843.
530. SALISBURY, E. J., and JANE, F. W., Charcoals from Maiden Ca. and their signif. in relat. to the veget. and clim. conditions in praehist. times. JEcol. 28, 1940, 310—325.
531. WHITLEY, M., Excav. at Chalbury Camp, Dorset. AntJ. 23, 1943, 98—121.
532. GRESHAM, C. A., Multiple ramparts. Ant. 17, 1943, 67—70. [Maiden Castle].
533. Avebury. Ant. 17, 1943, 94/95.
534. PIGGOTT, C. M., The Grim's Ditch complex in Cranborne Chase. Ant. 18, 1944, 65—71.
535. PIGGOTT, S., and PIGGOTT, C. M., Excav. of barrows on Crichel and Lancester Downs, Dorset. Archaeol. 90, 1944, 47—80.
536. WHEELER, R. E. M., Multiple ramparts: a note in reply. Ant. 18, 1944, 50—52.
537. GRIMES, W. F., Maiden Castle. Ant. 19, 1945, 6—10.
538. WATERMAN, D. M., Excav. at Clausentum, 1937/1938. AntJ. 27, 1947, 151—176.
539. COTTON, M. A., Excav. at Silchester, 1938/1939. Archaeol. 92, 1947, 121—167.
540. SVENFIELD, E., Town of Maiden Castle. 1947.
541. BULLEID, A., and GRAY, H. S. B., The Meare Lake village. Vol. I. Taunton 1948.
542. Stonehenge (im folg. gekürzt St.):
    a) BLOW, J., The archit. discov. of 1901 at St. JInstBrArchit. 9, 1902, 121—136.
    b) LOCKYER, J. N., and PENROSE, F. C., An attempt to ascertain the date ... of St. from its orientation. Ebd., 9, 1902, 137—142.
    c) HUNTER, R., The inclosure of St. 19thCent. 52, 1902, 430—438.
    d) LOCKYER, J. N., St. and other Br. stone monuments astronomically considered. Lond. 1906. (Vgl. auch Ders., Notes on St. N. 71, 1904/1905; 72, 1905, in einer Reihe von Fortsetz.)
    e) HAWLEY, W., and PEERS, C. R., The excavations at St. AntJ. 1, 1921, 19—41.
    f) STONE, E. H., The age of St. 19thCentAfter. 91, 1922, 105—115; 95, 1924, 95—107.
    g) SOMMERVILLE, B. J., Remarks on Mr. STONE's paper on the date of St. etc. Man. 22, 1922, 133—137.
    h) STONE, E. H., The stones of St., a full descr. of the struct. and of its outworks. 1924. (Vgl. auch Ders., 1925, 19thCentAfter. 95, 1924, 97—105 und ebd. 98, 1925, 415—421.)

i) HAWLEY, W., Rep. on the excavations of St. during the season of 1924. AntJ. 6, 1926, 1—25. (Vgl. auch ebd. 4, 1924, 30—40.)
k) NEWALL, R. S., St. Ant. 3, 1929, 75—88.
l) CUNNINGTON (Mrs.), B. H., St. and the two-date theory. AntJ. 10, 1930, 103—113.
m) CUNNINGTON, B. H., St. and its date. 1935.
n) STEVENS, F., St.: to-day and yesterday. AnnRepSmithsonInst. 1940, 447/448.

61. STENTON, F. M., The place-names of Berkshire, an essay. ReadingUnivCollStudies in local hist. 1911.
62. SKEAT, W. W., Berkshire place-names. Oxf. 1911.
63. EKBLOM, E., The place-names of Wiltshire. Uppsala 1917.
64. GRUNDY, G. B., The place-names of Wiltshire. The WiltsMg. 41, 1921, 335—364.
65. GRUNDY, G. B., On place-names in general and the Hampshire place-names in partic. HampshireFClubArchSPapPr. 9, 1922, 222—261.
66. FÄGERSTEN, A., The place-names of Dorset. Uppsala Univ. Årsskrift 1933.
67. GOVER, J. B. O., and others, The place-names of Wiltshire. (EPlNS. XVI.) 1939 Vgl. dazu H. C. BRENTNALL, Wiltshire pl.-n. Ant. 15, 1941, 33—44.
67 a. RICHMOND, W. R., Story of Somersetshire. 1905.
68. BARING, F. H., Domesday tables. 1909.
69. DAVIES, M. F., Life in an E. village (Corsley, Wilts. [bei Warminster]). 1909.
610. GRUNDY, G. B., The ancient highways and tracks of Wiltshire, Berkshire, and Hampshire, and the Saxon battlefields. ArchJ. 75, 1918, 69—194.
610 a. HEANLEY, R. M., Hist. of Weyhill, Hants, and its ancient fair. Winch. 1922.
611. WARD, P., Somerset. (The Borzoi Co. Hist.) 1928.
612. GOUGH, J. W., The mines of Mendip. Oxf. 1930.
612 a. TAYLOR, I., Map of Hampshire, 1759. Shptn. 1933.
613. GRAS, N. S. B., The econ. and social hist. of an English village (Crawley, Hants.). 1930.
614. FINN, R. W., Wiltshire. (The Borzoi Co. Hist.) 1930.
614 a. JONES, C. P., Hist. of Lymington. Lym. 1930.
615. MORGAN, F. W., Woodland in Wilts. at the time of the Domesday Book. WiltsArchMg. 1935.
615 a. MORGAN, F. W., Domesday woodland in South-west E. Ant. 10, 1936, 306—324.
616. WILLAN, T. S., The river navigation and trade of the Severn valley, 1600—1750. EconHistRev. 8, 1937/1938, 68—79.
617. EAST, G., Land utilisation in E. at the end of the 18th cent. GJ. 89, 1937, 156—172.
618. MORGAN, F. M., The Domesday g. of Somerset. PrSomersetArchAntHistS. 1938.
619. EAST, G., Land utilis. in Somerset at the end of the 18th cent. SomersetYearB., No. 36 (Yeovil), 1937, 60—65.
619 a. HODGEN, M. T., Domesday water mills. Ant. 13, 1939, 261—279.
620. REED, T. D., The rise of Wessex. 1948.

71. Dairy farming in the Blackmore Vale. UnivReadBull. 40, 1931.
71 a. JEMMET, M. K., Honiton lace making. Medstead, Hants. 1931.
72. MUIR, W. R., The teart pastures of Somerset. AgrProgr. 13, 1936.
73. TAVERNER, L. E., Land classif. in Dorset etc. InstBrGPubl. Nr. 6, 1937.
74. DUNCAN, F. M., The New Forest as a nat. reserve. JSPreservFaunaEmp. 32, 1937, 12—20.
75. LING, A. W., PRICE, W. T., and McLEES, L. D. C., An agric. and soil sv. of the Bromham distr. of Wilts. Univ. Bristol and Wilts. Co. Council. 1938.
76. MALLORY, J. E., Places and products. VIII. Portland Stone. GMg. 9, 1939, 327—338.
77. MASSINGHAM, H. J., The Wilts. flax-mill. An example of true husbandry. Ebd. 16, 1943, 369—379.
78. KENCHINGTON, F. E., The Commoner's New Forest. 1945.
79. WALKER, F., Ind. of the hinterland of Bristol. EconG. 23, 1947, 261—282.
710. Gloucestershire, Somerset and Wilts. Land classification. By the ReconstrResGroup-UnivBristol. 1947.
711. CHAMPION, H. G., The future of the New Forest. N. 161, 1948, 547/548.
712. WIGHTMAN, R., Sheep farming in S England. BrAgricBull. 1, 1948/1949, 151—158.

81. Southampton:
a) Rep. of the S. Harbour Comm. 1912.
b) DAYSH, G. H. J., S., Points in its development to the end of the 18th cent. Shptn. 1928.
c) DAYSH, G. H. J., The future of the Port of S. ScGMg. 45, 1929, 211—219.
d) S.: a Civic Sv. Ed. by P. Ford. Oxf. 1931.

e) WILLIAMS, D. T., The maritime relations of Bordeaux and S. in the 13th cent. ScGMg. **47**, 1931, 270—275.

f) FORD, P., Work and wealth in a modern port: an econ. sv. of S. 1934.

g) COTTIER, J., Le Port de S. AnnG. **45**, 1936, 220—236.

h) SDocks. HB. of rates, charges and general information. S.Railway. 1936.

i) The port books or local customs of S. for the reign of Edward IV. Ed. by D. B. Quinn and A. A. Ruddock. SouthptnRecS., 1938.

k) GREEN, F. H. W., S.—hydrogr. factors. RepBrAssCambr. 1938, 447/448.

l) TOOGOOD, S., S.-Gateway to London. NatGMg. **77**, 1940, 91—114.

m) CRAWFORD, O. G. S., S. Ant. **16**, 1942, 36—50.

Über den Hafen von S. vgl. MISSENDEN, in: The Trident. **6**, 1944, 216—218, und YARHAM, E. R., ebd. **8**, 1946, 349—351.

82. Bristol:

a) BEDDOE, J., On the mediaeval population of B. JAnthrInst. **2**, 1899, 142—144.

b) LATIMER, J., Hist. of the Merchant Venturers. B. 1903.

c) SANDERS, E. M., La région de B. Paris 1914.

d) SALMON, A. L., B.: City, suburbs and countryside. 1922.

e) LENNARD, E. W., B., Empire City. UnEmp. (JColInst.) **15**, 1924, 412—415.

f) HALL, J. G., Sugar trade in B. (M. A. Thesis). B. 1925.

g) POWELL, A. G., Glass-making in B. TrBGloucArchS. 1925.

h) PRITCHARD, J. E., Old plans and views of B. Ebd., 1927.

i) PUGSLEY, A. J., Some contrib. towards the study of the econ. development of some B. industries and of the coalfield (M. A. Thesis). B. 1929.

j) ARROWSMITH, J. W., B., Capital of the West Country. 1930.

k) B. Off. Guide to the City. HBBrAssB. 1930.

kk) POWELL, J. W., B. privateers and ships of war. 1930.

l) JONES, S. J., The histor. g. of B. G. **16**, 1931, 175—186.

m) LENNARD, E. W., Some intimate B. connections with the overseas trade. G. **16**, 1931, 109—121.

n) CARUS-WILSON, E. M., The overseas trade of B. in the later Middle Ages. B. 1937. (Vgl. auch BullInstHistRes. **5**, 1928.)

o) RICH, E. E., The Staple Court books of B. BristolRecSPubl. **5**, 1934.

p) WALTJEN, K., B. VeröffGInstUnivKönigsberg., N. F., R. 9, Nr. 8, 1935. (Ausf. Lit.-Verz.)

q) The Port of B. OffHB. Port of B. Authority (jährlich).

r) WALKER, F., The Port of B. EconG. **15**, 1939, 109—124.

s) MacINNES, C. M., A gateway of Empire. Bristol 1939.

t) Ders., B. and the Empire to-day. UnEmp. **30**, 1939, 870—876.

u) SHANNON, H. A., and GREBENIK, E., The popul. of B. (NatInstEconSocResearch., OccasPap. II), Cbr. 1943.

v) English City. The growth and the future of B. 1945.

w) REES, H., The growth of B. EconG. **21**, 1945, 269—275.

x) JONES, S. J., The growth of B. TrPBrG. No. 11, 1946, 57—83.

y) REES, H., The ind. of B. EconG. **22**, 1946, 174—192.

z) JONES, S. J., The cotton ind. of B. TrPBrG. No. 13, 61—79.

83. BALL, J. L., Bath: a comparative study. JInstBrArchit. **20**, 1912, 33—39.

83 a. ROGALLA v. BIEBERSTEIN, Portsmouth und seine Befestigungen. PetMitt. **56**, II, 1910, 331.

84. CAMERON, A. C. G., The seaport town of Lyme Regis in Dorset. Lyme Regis 1913 (auch mit einem Abschn. über Gl. usw.).

85. FAWCETT, C. B., The g. position and site of Bournemouth. RepBrAssBournemouth. 1919, 222/223.

86. MELVILLE, L., Bath under Beau Nash and after. Rev. ed. 1926.

87. WANKLYN, C., Lyme Regis [Dorset]: a retrorespect. 2nd ed. 1927.

88. GANTNER, J., Grundformen der europäischen Stadt. Versuch eines hist. Aufbaus in Genealogien. Wien 1928. Vgl. dazu HOME, G., The City of Bath. 1932.

89. GATES, W. G., Hist. of Portsmouth: a naval chronol. Portsm. 1932. Vgl. Ders., P. in the past. Portsm. 1926. — Älter: SPARKS, H. I., A naval hist. of P. 1912.

811. WOODLAND, W. C., The story of Winchester. (Mediaeval Town Series). 1932.

812. SITWELL, E., Bath. 1932.

812. Winchester: its hist., buildings and people. WinchCollArchS. Winch. 1933.

813. Wareham. A summ. of a paper prep. by members of Bournemouth High School GS. G. **18**, 1933, 321—325.

814. JERVIS, W. W., and JONES, S. G., The village of Congresbury, Somerset. G. **19**, 1934. 105—114.

815. SWAINSON, B. M., Rural settlement in Somerset. G. **20**, 1935, 121—124.

816. Oswald, A., Country houses of Dorset. Country Life. Sept. 1935.
817. The port of Poole. G. 21, 1936, 138—141.
818. Firth, J. D'E., Winchester. 1936.
818 a. Gilbert, E. W., The growth of inland and sea-side health resorts in E. ScGMg. 55, 1939, 16—34.
818 b. Cornish, V. A., The scenery of Sidmouth, its nature, beauty, and hist. interest. Cambr. 1940.
819. Simpich, F., Winchester, E.'s early capital. NatGMg. 79, 1941, 67—92.
820. Smith, R. A. L., Bath. 1944.
821. Swainson, B. M., Dispersion and agglomer. of rural settlements in Somerset. G. 29. 1944, 1—8.
822. Blackman, R. V. P., Portsmouth: home of the R. Navy. The Trident. 8, 1946, 515 bis 523.
823. A plan for Bournemouth, Poole and Christchurch. Prep. by Sir Patrick Abercrombie and R. Nickson. 1946.
824. A plan for Bath. Rep., prep. by Sir Patrick Abercrombie. J. Owens and H. A. Mealand for the Bath and Distr. Planning Comm. Lond. 1948.
825. Little, B., The building of Bath, 47—1947. An archaeol. and social study. 1948.
826. Kitson, Sir Henry, The early hist. of Portsmouth Dockyard, 1796—1800. MarMirror. 34, 1948, 3—11.

91. Albrecht, F. C., Channel ports and some others. NatGMg. 28, 1905, 1—56.
91 a. Treves, F., Highways and byways in Dorset. 1906.
92. Snell, F. J., The Blackmore ctry. 1906.
93. Read, D. H. M., Highways and byways in Hampshire. 1908.
93 a. Hutton, N., Highways and byways in Wiltshire. 1907.
94. Bickley, F., Where Dorset meets Devon. 1911.
95. Knight, F. A., The heart of Mendip. 1915.
96. Sumner, H., A guide to New Forest. Ringwood 1923.
97. Tweedie, G. R., Hampshire's glorious wilderness. 1926.
98. Hobson, J. M., Wanderings in the Vale of Whitehorse. Observ. 3, 1928, 91—102.
98 a. Walls, E., a) The Bristol Avon. 1927; b) The Salisbury Avon. 1929.
99. Goodman, F. R., Winchester: valley and downland. Winch. 1934.
910. Page, H. W., Rambles and walking tours. Somerset (G. W. R.). 1935.
911. Moore, J. C., The New Forest. 1935.
912. Clark, G., and Thompson, W. H., The Dorset landscape. (The CoLandsc.). 1935.
913. Treves, Sir Frederick, Highways and byways in Dorset. 1935.
914. Timperley, H. W., Ridgeway country. 1935. [Wilts.]
915. Gardiner, D., Companion into Dorset. 1937.
916. Mais, S. P. B., Walking in Somerset. 1938.
917. Aubrey de Selincourt, Dorset. (Vision of E. Series.) 1947.
918. Fraser, M., Companion into Somerset. 1948.
        Vgl. außerdem im GMg. Art. über Bristol (Lord Apsley, 7, 1938); Thomas Hardy's Wessex (McWilliam, W., 11, 1940), Somerset churches (Wickham, A. K., 12, 1940).
919. Whitlock, R., Wiltshire (Vision of E. Series). 1949.
920. Warner, S. T., Somerset. (Dies. S.). 1949.

Die Insel Wight

11. Varley, T., The I. of W. Cambr. Co. G. 1924.
12. Clinch, G., The I. of W. 1904.
13. Sawicki, L. v., Zum Landschaftsbild der I.W. DRdschG. 34, 1912, 510—514.
13 a. Brandt, B., Die I. W. MittVerStudGUnivBerlin. 1915.
14. Willats, E. C., and Stamp, L. D., Hampshire (I. of Wight). LBr., pt. 90, 1940.

21. White, H. J. O., A short account of the I. of W. MemGlSv. 1921.
22. Hughes, J. C., The gl. hist. of the I. of W. 1922.
23. Reynolds, S. H., The I. of W. G. 21, 1936, 87—93.

31. Hull, E., Postpliocene submergence of the I. of W. GlMg. Dec. IV, vol. 3, 1896, 66—68.
32. Reid, C., The island of Ictis. Arch. 59, 1905, 8 S.
32 a. Chandler, R. H., Notes on a landslip in the I. of W. GlMg., Dec. V, vol. 8, 1911, 19—20.
33. Reid, C., Joint disc. with Sect. E over the former connexion of the I. of W. with the mainland. RepBrAssPortsmouth. 1911 (1912), 384—386.

34. HULL, E., On the interglacial gravel beds of the I. of W. and the South of E. QJGlS.
68, 1912, 121/122. (Vgl. auch GlMg., Dec. V, vol. 9, 1912, 100—105.)
35. CÉSAR-FRANCK, R., Sur les relations entre la constitution gl. de l'I. de W. et la forme
de ses côtes. CRAcSciParis. 158, 1914, 1728—1732.
35 a. CÉSAR-FRANCK, R., Sur la présence des formes d'érosion éolienne à l'I. de W. Ebd.
163, 1916, 517—520.
36. ROHLEDER, H., Der Bergsturz zwischen Ventnor und Blackgang (I. of W.) vom
Sept. 1928. ZGErdk. Berl. 1930, 370—374.

51. STONE, P., On the Down pits in the I. of W. PrSAnt. 24, 1911/1912, 65—94.

61. KÖKERITZ, H., The place-names of the I. of W. Nomina Germanica No. 6. Uppsala
1940.

81. WHITEHEAD, J. L., The Undercliff of the I. of W., past and present. Ventnor. Winch.
and Lond. 1911.

91. The I. of W. Ed. by J. Burrow. Chelthm./Lond. 1923.
92. HARGROVE, E. C., E.'s Garden Island: I. of W. Newport I. o. W. 1925.
92 a. ALDERMAN, H. M., Old-world villages of the I. of W. 1928.
93. BECKETT, R. A., The I. of W. 1932.
93 a. MEW, F., Fifty years back of the I. of W. Newport, I. of W. 1934.
94. HILDEBRAND, J. R., E.'s suntrap I. of W. NatGMg. 67, 1935, 1—34.
95. AUBREY DE SELINCOURT, I. of W. (Vision of E. Series.) 1948.

Die Kanalinseln

(Ch. I. = Channel Islands; la M. = la Manche)

11. VALLAUX, C., L'Archipel de la M. Paris 1913. (Ausf. Lit.-Verz.)
12. BOLAND, H., Les I. de la M. Paris 1904.
13. CAREY, E. F., The Ch. I. Lond. 1904 und 1924. (Vgl. auch dies. in: NatGMg. 38,
1920, 143—164.)
14. PUDOR, H., Von den Kanalinseln. MGGesWien 47, 1904, 11—46.
15. „Nos Iles." Ch. I. Study group. (Während des Krieges ersch. in Teddington, Middlesex. Mir nicht zugänglich. Vgl. H. J. FLEURE, GRev. 35, 1945, 324/325.)

21. PARKINSON, J., The Ch. I. HBRegGl. III, Heidelberg 1916, 334—341.
22. PLYMEN, G. H., Gl. of Alderney. TrGuernsSNSci. 1922.
22 a. PARKINSON, J., The rocks of Northern Guernsey. GlMg. 54, 1917, 74—78.
23. PLYMEN, G. H., A prelim. sv. of the gl. of Sark. GlMg. 63, 1926, 255—264. Vgl. auch
WOOLDRIDGE, S. W., The petrology of Sark. Ebd. 62, 1925, 241—252.
23 a. GROVES, A. W., Plutonic rocks in the Ch. I. GlMg. 64, 1927, 241—251, 457—473.
24. SINEL, J., Gl. of Jersey. Jersey 1929.
24 a. WELLS, A. K., The rock groups of Jersey etc. PrGlAss. 42, 1931, 178—215.
25. MOURANT, A. E., The gl. of Eastern Jersey. QJGlS. 89, 1933, 273—307.
25 a. PLYMEN, G. H., Gl. of Guernsey. TrGuernsSNSci. 1933.
26. ROBINSON, A. J., et MOURANT, A. E., Contributions à l'étude gl. des I. de la M. et du
Trégorrois. MémSGlMinérBretagne. 3, 1936.

31. SINEL, J., The relative age of the Ch. I. BullSJers. (St. Hélier) 6, 1906—1909, 429 bis
451.
32. NAISH, T. E., On the pleistocene beds of Jersey. BullSJers. 7, 1911, 112—120.
33. DUNLOP, A., On a raised beach on the southern coast of Jersey. QJGlS. 71, 1916,
150—154.
34. COLLENETTE, A., The pleistocene period in Guernsey. TrGuernsSNSci. 7, 1916, 337 bis
406.
35. DUPREY, E., Note sur un ancien rivage submergé dans la Baie de Grouville. BullSJers.
9, 1919, 124/125.
35 a. MORIN, P., Le Golf Normand-Breton, sa formation et ses vicissitudes quaternaires.
AnnG. 40, 1931, 1—23.
36. MOURANT, A. E., The raised beaches and other terraces of the Ch. I. GlMg. 70, 1933,
58—66.
37. MOURANT, A. E., The pleistocene deposits of Jersey. BullSJers. 12, 1935, 489—496.
37 a. ZEUNER, F. E., The origin of the E. Channel. Discov. 1935, 196 ff.
38. HANSON-LOWE, J., Bearing of morphol. data in the Ch. I. on the eustatic theory.
JGeom. I, 1938, 91—103.

39. DOBET, F., Relief et hydrogr. de la Baie de St.-Michel-en-Grève à la rivière de la Rance. Thèse, Rennes. 1939.
41. YORKE, H. W., Climate of Jersey. QJMetS. **25**, 1899, 203—206.
42. LESTER GARLAND, L. V., A flora of the I. of Jersey. 1903.
43. MARQUAND, E. D., Flora of Guernsey and the Lesser Ch. I. 1901.
44. OLLIVIER, E., Quelques notes sur la vache de Jersey. Paris 1901.
45. CAMAS, J. DE, Étude sur la race bovine de Jersey. BullMensMinAgr. 1902.
46. WOODLAND, T. F., Notes on farm chemistry in Jersey. 1905.
47. On the flora and fauna of the Ch. I. N. **135**, 1935, 613.

51. SINEL, J., Prehist. times and men of the Ch. I. (Ohne J.)
51 a. GUÉRIN, T. W. M. DE, Our statue-menhirs and those of France and Italy. TrSGuerns., 1910, 177—187.
52. MARETT, R. R., Pleistocene man in Jersey. Archaeol. (Lond.) **62**, 1911, 449—482.
53. KEITH, Sir A., and KNOWLES, F. H. S., A descr. of teeth of palaeol. man from Jersey. BullSJers. **7**, 1912, 223—240.
54. MARETT, R. R., The site, fauna and ind. of La Cotte de St. Brelade, Jersey. Arch. **67**, 1916, 75—118.
54 a. GUÉRIN, T. W. M. DE, The megalithic culture of Guernsey. TrSGuerns. 1925.
55. KENDRICK, T. D., The archaeol. of the Ch. I. The Bailiwick of Guernsey. 1928.
56. HAWKES, J., The arch. of the Ch. I. II.: The Bailiwick of Jersey. Jers. 1939.
57. ZEUNER, F. E., The age of Neandertal man, with notes on the Cotte de St. Brelade, Jersey, Ch. I. UnivLondonArchaeolGeochronTables. **2**, 1940.

61. WILLIAMS, D. T., The importance of the Ch. I. in Br. relations with the continent during the 13th and 14th cent. BullSJers. 1928. 1—89.
62. HARRIS (Miss), S., Village settlements in the Ch. I. RepBrAssLeeds 1927, 343.
63. WILLIAMS, D. T., Trade relations between Jersey, Guernsey and the Welsh ports in Elizabeth times. BullSJers., 1934.
64. BALLEINE, G. R., A hist. of the island of Jersey. From the Cave Men to the German occup. and after. 1950. [Mir nicht mehr zugängig.]

71. WARREN, J. P., Our own island: a descr. account of Guernsey. St. Peter Port 1926.
72. DURAND, R., Guernsey, present and past. Guernsey 1933.
73. CAMPBELL, A. S., Guernsey: The friendly island. NatGMg. **73**, 1938, 361—396.
74. MacCULLOCH, E., Guernsey folk-lore (geschrieben 1864, veröffentlicht von E. F. CAREY). Lond. 1903.
75. HARRIS, S., Settlements and field-systems in Guernsey (Stud. in reg. consciousness and environment. Essays pres. to H. J. Fleure. Ed. by I. Peate). Oxf. 1930, 97—112.
76. BARRINGTON, E. C., The human g. of Guernsey. TrSGuerns. **12**, pt. 3 (für 1935), 1937.
77. ROBIN, A. C., Notes on the popul. of Guernsey. St. Peter Port 1947.
78. DURY, G. H., The popul. of Guernsey: an essay in hist. g. G. **33**, 1948, 61—68.
79. HARRIS, S., The village community of Alderney. SocRev. **13**, 1926, 265—278.
710. SAUNDERS, A. C., Jersey in the 18th and 19th centuries. Jersey 1930.
711. SAUNDERS, A. C., Jersey in the 17th cent. Jersey 1931.
712. MARETT, R. R., Jersey: suggestions towards a civic and reg. sv. SocRev. **24**, 1932. 233—247.
713. SAUNDERS, A. C., Jersey, before and after the Norman Conquest of E. JersLitSJ. 1935.
714. SALMON, E., Jersey, Br.'s oldest oversea dominion. UnEmp(JRCollInst). **11**, 1920, 330—335.
715. HARTKE, W., Die I. Jersey. GZ. **47**, 1941, 225—232.
716. CACHEMAILLE, J. L. V., The I. of Sark. Guernsey 1929. (Schon 1875: Descript. sketch of the I. of Sark.)
717. SELOSSE, L., L'Ile de Sercq: un état féodal au XXme siècle. Lille 1911 und wieder 1929.
718. HATHAWAY, S., The feudal I. of Sark. NatGMg. **62**, 1932, 101—120.

91. CLOWES, W. L., The strategic value of the Ch. I. 19th Cent. **48**, 1900, 881—890.
92. FOORD, E., The Ch. I. 1927 und 1933.
93. HOLLAND, C., Things seen in the Ch. I. 1929.
94. DURAND, R., 107 places to visit in Guernsey. Gsey. 1934.
95. PLATT, E., Sark as I found it. 1935.
96. CAMPBELL, A. S., Golden Guernsey. New York 1938. (Vgl. o. Nr. 73.)
97. MAUGHAM, R. C. F., The I. of Jersey today. 1939. Rev. ed. 1950.
98. DE GUERIN, B. C., The Norman I. Oxf. 1949.

V. Südwestengland

Zwischen der Bridgwater Bay des Severntrichters und Lyme Regis an der Lyme Bay des Ärmelkanals verschmälert sich das Land auf rund 50 km. Von hier erstreckt sich SW-England als H.I. durch die Gr. Devon und Cornwall (oder genauer das Herzogtum Cornwall; seit 1937 Duchy of C.) über 200 km bis Land's End. Ungefähr an jener Linie wandeln sich Bau und Bild der Landschaft. An Stelle der „Plains" und „Downs" des E treten breitere, höhere Massenerhebungen, umschlossen von zerschnittenen Plateaus, die fast überall mit Steilküsten ans Meer herantreten, und statt der einfacher gelagerten mesozoischen Kalke, Mergel und Sandsteine herrschen paläozoische Sandsteine und Schiefer, wiederholt gefaltet und verworfen und von Graniten und anderen Erstarrungsgesteinen durchsetzt. Doch bestehen innerhalb der H.I. natürliche Unterschiede.

In Verbindung mit den Lagebeziehungen zum übrigen England, zum Kontinent, zu Irland haben sich diese in der Geschichte so stark ausgewirkt, daß die Berechtigung, die beiden Gr. in einer länderkundlichen Einheit zusammenzufassen, vom historisch- und kulturgeographischen Standpunkt aus geradezu bestritten werden konnte [113]. Das wird im folgenden bis zu einem gewissen Grade beleuchtet werden.

Der E-Flügel von SW-England ist über 100 km breit und höher. Aus seiner Mitte erhebt sich das fast kreisförmig umrissene Hochland des Dartmoor (High Willhays 621 m), das Quellgebiet zahlreicher Bäche und längerer Flüsse; an seinem N-Rand das Exmoor (Dunkery Beacon 520 m). Zwischen beide schaltet sich ein 30 km breiter Streifen niedrigeren Landes — nirgends über 300 m hoch — ein, der trotz seines lebhaften Reliefs als „Plain of Mid- and NW-Devon" bezeichnet wird. Wir nennen ihn im folgenden auch Senke von N-Devon. Den Raum zwischen Dartmoor und der S-Küste erfüllt das ausgiebig zerschnittene Platten- und Hügelland von S-Devon. Es setzt sich w. des Tamar bis in jenen auf die Vorgebirge Land's End und Lizard Pt. zielenden Ausläufer der H.I. fort, der, in seiner SW-Hälfte bloß 20—30 km breit, ungef. mit der Gr. Cornwall zusammenfällt und daher im folgenden als die cornische H.I. bezeichnet wird. Diese weist zwar noch einzelne breite, sanft gewölbte Höhenzüge und inselartige Erhebungen auf, bietet aber weithin das Bild einer flachen Wellungsebene, welche im N mit der „Plain" von NW-Devon (vgl. o.) und längs dem Tamar mit der von S-Devon zusammenhängt. Für größere Flüsse ist hier kein Raum. Die Hauptwasserscheide hält sich nahe der N-Küste, ebenso in Devon. Hohe Steilküste umsäumt fast überall die ganze SW-H.I., gekennzeichnet durch geräumige Baien, die mit vielen kleinen Brandungsbuchten („coves") besetzt und in deren Kliffen Dutzende vorspringende Nasen und einspringende Nischen herausgearbeitet sind. Die S-Küste weist etliche tief eingreifende Rias und Sunde auf, die gute Häfen böten. Allein das Hinterland ist schmal und z. T. unwirtlich, es hat keine Kohle, keine bedeutenderen Industrien. So kommen sie für den heutigen Welthandel und -verkehr kaum in Betracht.

In größerem Maßstab nimmt an diesen nur Plymouth teil, hauptsächlich
dank seiner Rolle als zweiter britischer Kriegshafen. Für den Binnenverkehr
ist die SW-H.I. ungünstig gelegen und geformt; bis weit in die Neuzeit herauf
ist sie nur mit einem unzulänglichen Wegnetz ausgestattet gewesen [69, 610].
Und doch hat sie der Welt schon in vorgeschichtlicher Zeit Zinn geliefert,
war sie ein Stützpunkt für die Verbindungen zwischen W- und SW-Europa
mit Wales und Irland; heute unbewohnte Gebiete sind damals gut besiedelt
gewesen. Sie hat sich wieder im Mittelalter mit ihren Metallen, den Fischen
ihrer Meere, später der Wolle ihrer Schafe in den Handel Englands eingeschaltet und ihm Boote und Mannschaft auch bei seinen Kriegen zur Verfügung gestellt. Ihre Schiffer haben sich an den großen Entdeckungen und
der Kolonisation überseeischer Gebiete beteiligt, berühmte Seefahrer und
Seehelden sind aus ihr hervorgegangen. Allein wie sie von den Römern nicht
in ihrem ganzen Umfang besetzt und erschlossen wurde, so ist sie auch erst
300—400 J. später in den Bannkreis der germanischen Eroberer getreten und
später anglisiert worden als das übrige S-England. Während das Cornische
in SE-Devon (South Hams; vgl. S. 272) zwar noch um 1300 lebendig, im
16. Jh. aber erloschen war, starb es in Cornwall erst in der 2. H. des 18. Jh.
aus [11 b u. ao.]. Mancherlei hat dabei mitgewirkt: die aufgezwungene Einführung des English Prayer Book, das nie in das Cornische übersetzt wurde,
die dadurch verursachten Aufstände, der Zustrom Englisch Sprechender in
die Bergbaugebiete (vgl. S. 257 ff.). Aber der Cornish man hat ein besonderes
Volks- und Heimatbewußtsein behalten, so sehr, daß er selbst im Engländer einen „foreigner" sieht. Übrigens hat man in jüngster Zeit sogar versucht, das Cornische wiederzubeleben oder doch wenigstens alte Feste und
Bräuche wiederzuerwecken [120*].

Erst die technische Zeit hat SW-England durch Bahnen und Straßen mit
dem kulturell rascher fortschreitenden Osten besser verbunden, und heute liefert sie diesem nicht bloß wie schon früher wertvolle Mineralien, sondern auch
hochgeschätzte Erzeugnisse der Landwirtschaft. Zudem gehört sie dank dem
milden Klima ihrer Küsten, den landschaftlichen Reizen ihrer Höhen, Täler
und Gestade und den Denkmälern ihrer Vergangenheit zu den beliebtesten
Erholungsräumen, Reise- und Wandergebieten Großbritanniens [11, 12, 16].

Der innere Bau von SW-England entstammt im wesentlichen zwei Haupt-
perioden der Gebirgsbildung. Schon bei der älteren vordevonischen (kaledonischen) waren die Gesteine in NE—SW-Falten gelegt, verworfen und
umgewandelt worden, aber sie wurde von der jüngeren armorikanischen
gegen Ende des Karbons überwältigt. Demnach stellt die H.I. ein Stück des
alten armorikanischen Massivs dar. Im großen ganzen streichen die damals
geschaffenen Falten in der Richtung W—E oder WNW—SSE, doch ist der
Bau sehr verwickelt. N-Cornwall und NW-Devon werden von einer trog-
artigen Synklinale beherrscht, welcher ungef. die norddevonische Senke zwischen Tiverton und Exeter einerseits und dem Meer zwischen Boscastle und
Barnstaple anderseits entspricht. In ihren Kern reicht von E her eine Zunge
permischer Gesteine bis in das Tawgebiet. Aber in der Hauptsache wird sie
auf über 3000 km² Fl. von Culm Measures eingenommen, eintönigen grauen
oder grünen Schiefern, da und dort Sandsteinen und spärlichen Kalksteinen.
Sie ziehen im N mehr zusammenhängend, wenn auch zerbrochen, vom
Tawästuar bis gegen Wellington; im S, stärker verworfen und selbst überschoben, von Boscastle über Launceston und um die große, aus ihnen heraus-
geschälte Granitmasse des Dartmoor bis zum Bovey. Den Lower Culm

Measures gehören auch Laven, Tuffe und Hornsteine an; eine besonders
mächtige Lavadecke („pillow-lava") reicht von der Küste zwischen Tintagel
und Padstow fast ununterbrochen bis an die E-Seite von Dartmoor, anscheinend auf submarine Spaltenergüsse zurückzuführen. Beiderseits des
Karbons steigen antiklinal die devonischen Gesteine empor, auch sie vornehmlich Schiefer, Sandsteine und Sandsteinschiefer. Außerordentlich zu-
sammengedrückte Antiklinen, gegen S bis SW einfallend und von Verwerfungen durchsetzt, werden von der N-Küste, welche zwischen Tawästuar und
Morte Pt. gegen N, von hier gegen E zieht, schräg abgeschnitten. Nach verschiedenen Punkten der Küste sind denn auch die meisten Horizonte von
N-Devon benannt worden. Am ältesten, noch unterdevonisch, sind die Foreland Grits, welche Foreland Pt., das hohe Vorgebirge von Exmoor, aufbauen,
ferner die weiter w. landeinwärts streichenden Lynton Beds und Hangman
Grits; mitteldevonisch die noch weiter w. erscheinenden Ilfracombe Beds,
kieselige Kalksteine, Kalkschiefer und Tonschiefer. Oberdevonisch endlich
sind die Morte Slates, Pickwell Down Sandstones, Baggy and Marwood Beds
und die Pilton Beds unter dem Kulm [21 c—e, 24, 27, 211—213, 217—220, 222].

An der S-Seite der großen Synkline von N-Devon folgen mit parallelen
Achsen zuerst eine Antikline (Davidstow A.), dann eine Synkline
(St. Minver S.), die beiderseits von kleineren Falten begleitet wird und gegen
SW abermals zu einer Antikline ansteigt (Watergate A.). Die Achse der
Davidstow Anticline hebt sich gegen SE, gegen Bodmin Moor, heraus, so daß
hier die untersten Schichten auftreten und der Bau domförmig wird. Im
Zentrum taucht der Granit von Bodmin Moor auf. Im NW sind die kleineren
Falten um den Dom zerbrochen und bei Tintagel ist eine verwickelt gebaute
Schubmasse gegen SE getrieben worden [25]. Inmitten der langgestreckten
Synkline liegt n. des Camelästuars St. Minver. In ihr und in der n. Antikline
herrschen oberdevonische Schiefer- und Tongesteine mit Laven, Tuffen, Quarz-
porphyrgängen („elvans", cornisch = weißer Fels [11 a]) und anderen Er-
starrungsgesteinen, die an der Küste wilde Felsvorsprünge bilden (z. B.
Trevose Head). Jene Oberdevongesteine umfassen Bodmin Moor an seiner
NW-, N- und E-Seite und erfüllen die Tamarsenke bis gegen das S-Ende von
Dartmoor. S. des Camelästuars heben sich dann mittel- und unterdevonische
Schichten in der Watergate Anticline herauf, welche von der Watergate Bay
und Newquay in W—E-Richtung bis an die E-Küste von S-Devon zu verfogen
ist; zwischen Looe und Plymouth wird sie von einer gewaltigen SE—NW,
gegen Liskeard hin streichenden Verwerfung durchsetzt. Ö. von ihr herrschen
etwas andere geologische Verhältnisse als im W, doch wird in beiden Flügeln
der Kern von den buntfarbigen Dartmouth Slates (an der Basis des unteren
Devon) gebildet, so bei Watergate, Fowey, an der Küste ö. Looe und in einem
Streifen, der von Plymouth Sound bis über Dartmouth nach E zieht. Im W
herrschen die grauen Schiefer der Meadfoot Beds (wahrscheinlich mittleres
Unterdevon) vor, welche auch die Granitmasse von St. Austell umschließen,
die hier genau so in der Watergate Anticline auftaucht wie die Bodmin-
granite in der Davidstow Anticline. Im E bilden sie schmälere Streifen
beiderseits der Dartmoor Slates. Sie treten auch an der Küste bei Torquay
zu Meadfoot auf, wo sie zuerst erkannt worden sind. Landschaftlich heben
sich die widerständigeren Staddon Grits streckenweise als gut ausgeprägte
Landrücken am meisten hervor (Denzell Downs s. Padstow 184 m; St. Breock
Downs 212 m). Diese Sandsteine ziehen s. Bodmin bis an die vorhin genannte
Störungslinie, setzen jenseits dieser weiter s. von neuem ein, überschreiten
den Plymouth Sound (an dessen E-Seite Staddon Point und Staddon

Heights!) und verlaufen durch die South Hams auf Tor Bay zu. Örtlich treten im Sandstein Konglomerate, vermutlich auch unterdevonischen Alters, auf, bei Plymouth, Brixham, Torquay, Totnes mitteldevonische Kalke [21 b, c, e—k, m, n; 24, 215, 216].

Eine andere mächtige Antikline baut W-Cornwall auf. Von St. Erth bis hinüber nach Land's End sind dort, in den Penrith Moors, Granite auf einem größeren Raum aufgedeckt, weiter ö. die Granitmasse des Carn Menellis zwischen Camborne und Falmouth, umringt von kleineren Granitaufbrüchen, die alle als Erhebungen herausgearbeitet sind (Carn Brea und Carn Marth bei Redruth, Godolphin w. Helston). Im übrigen wird das Gebiet s. einer Linie Perran Bay (s. Newquay)—Mevagissey Bay von Sandsteinen, Schiefern und Sandsteinschiefern, von Phylliten und Quarziten gebildet, die man in Serien zusammengefaßt und nach dortigen örtlichen Vorkommnissen benannt hat (Veryan, Portscatho, Falmouth, Mylor Series usw.). Erstarrungsgesteine, sowohl Tiefen- wie Ergußgesteine, sind in ihnen häufig. Die Tektonik ist schwierig, die Altersfrage noch nicht endgültig gelöst. Jedenfalls reichen die Serien mindestens von Ordoviz (die Veryan Beds mit Brekzien, Quarziten, vergesellschaftet mit Laven und Tuffen, sind vermutlich von Llanvirn- oder Llandeilo-Alter) bis ins Unterdevon, wenn nicht vom Kambrium bis ins Oberdevon. Der ganze Komplex wird s. des Helstonflusses an einer tektonisch völlig zerrütteten Grenzzone (Meneage Crush-Zone) von einer Scholle metamorpher Gesteine überschoben, welche die Lizard-H.I. aufbauen und wahrscheinlich archäisch sind. Ihren Hauptanteil stellen Serpentine, die im W und S (so auch bei Lizard Pt. selbst) von alten Schiefern (Glimmer-, Grün- und Hornblendeschiefern) und Granuliten umschlossen, dazwischen aber bereits der Brandung zum Opfer gefallen sind. Im wesentlichen aus Serpentin bestehen die Goonhilly Downs in der Mitte der H.I. — mit fast 50 km² Fl. das größte Serpentinvorkommen der Br. Inseln —, wo sie von jüngeren Magmen, den Kennackgneisen und -graniten, durchsetzt sind. Eine große Gabbromasse nimmt das Gebiet nö. davon bis gegen St. Keverne hin ein (Crousa Downs). Sie hat den Serpentin durchbrochen, wurde mit ihm zusammen von Gabbropegmatiten und zuletzt das Ganze von Olivindoleriten und Epidioriten durchsetzt. Schon vor mehr als 100 J. hat der verwickelte Bau SW-Englands die Aufmerksamkeit der Forscher auf sich gelenkt und sie bis in die jüngste Zeit stets von neuem beschäftigt [21 l, m, p; 22, 24, 210, 218, 221, 223].

Ein Gegenstück zu den alten Gesteinen der H.I. Lizard sind die kristallinen Schiefer beiderseits der Salcombe Bay in S-Devon, vermutlich präkambrischen Alters [21 i, 24].

Die verschiedenen Granitmassen sind gegen das Ende der armorikanischen Faltung in die paläozoischen Gesteine intrudiert worden [24, 27, 218, 220]. Außer den genannten Vorkommnissen bauen sie die Scilly-I. [21 o] und in der Hauptsache Lundy I. auf, wahrscheinlich auch den Untergrund von Exmoor. Regelmäßig sind sie von schönen Kontakthöfen umschlossen. An diese knüpfen sich die meisten der Zinn- und Kupfererzadern, die für die Wirtschaft SW-Englands so wichtig waren [23, 26 a, 214, 218]. Auf den Graniten selbst finden sich ferner die Kaolinerden Cornwalls, eine der größten Einnahmesquellen der Gegenwart (vgl. S. 259).

Allein so mannigfaltig der innere Bau ist, die ganze H.I. erhält ihr Gepräge durch eine Folge alter Landoberflächen, welche unbekümmert um ihn über die Gesteine hinwegziehen. Deren ungleiche Widerständigkeit ist außerhalb der Granitgebiete nahezu überwunden. Weithin spannt sich eine mehr oder weniger gut ausgebildete Ebene in 120—150 m, durchschn. in 130 m H., so im Gebiet von Land's End und bei Newquay, bei Falmouth und Camborne auf Red, Conce und Goss Moors; sie findet sich auch längs dem Tamartal bis Launceston, in S-Devon, um Bovey Tracey, im ö. Dartmoor usw. wieder [323]. Über ihr liegen ältere Flächensysteme: manchmal in 180 bis 200 m, häufiger in 220—240 m (bei Land's End; auf Carnmenellis sö. Camborne; „Treswallock platform" in N-Cornwall [333]) und wieder in 280 bis 300 m, so auf Bodmin Moor und um Camelford, um Brent Tor und Moretonhampsted (vgl. S. 262, 272). Inselartig steigen darüber die höchsten Erhebungen auf. Versuche, weitere Zwischenniveaus („subsidiary platforms") mit Höhenabständen z. T. von bloß 5—10 m zu unterscheiden [336], sind mehr als gewagt. Ohne Zweifel hat sich jedoch das Land in mehreren Phasen gehoben, während dazwischen einebnende Kräfte erfolgreich waren. Allein weder über das Alter der Flächen noch über die Art der Vorgänge herrscht völlige Klarheit und noch weniger über die Korrelationen mit SE-England, obwohl namentlich die Diesttransgression auch im W ihr Gegenstück gehabt haben muß, höchstwahrscheinlich in dem 130 m-System. Dafür könnten marine Tone bei St. Erth in W-Cornwall sprechen, die unter den dortigen pleistozänen Ablagerungen auftreten und für die damalige Küstenlinie eine heutige H. von etwa 120 m verlangen [24]; leider sind die Meinungen über das Alter jener Tone, ob obermiozän, alt- oder jungpliozän, trotz ihrer reichen Mollusken- und Foraminiferenfauna sehr geteilt [22, 325; 312*]. Zunächst dachten die englischen Geologen an marine Abrasion [211, 314], doch spricht vieles dafür, daß die 130 m-Einflächung nur im W eine Abbrandungsebene ist, im ö. Cornwall und in Devon mindestens z. T. subaeril ist [313, 315, 318, 319, 323, 325a, 329, 331, 332]. Denn hier fallen Formen- und Härtegrenze zusammen, dort sind Ebenheiten km weit in den Granit hineingenagt worden. Jüngst wurde dagegen wieder die marine Erosion kräftig betont, und zwar auch für die höher gelegenen Flächensysteme weiter im E [338, 340]. Im Dartmoor liegen solche sehr ausgedehnt zwischen 580—600 m H. Ihr genaueres Alter ist deshalb schwer festzustellen, weil sie nirgends fossilführende Aufschüttungen tragen. Mögen sich auch ehemals mesozoische Sedimente weit über das Land erstreckt haben, heute ist jedenfalls nichts mehr davon übrig. So hat sich noch nicht ermitteln lassen, inwieweit jene Flächen etwa alte mesozoische (jurassische oder vorkretazische) Einebnungen sind, die z. T. wieder aufgedeckt wurden, inwieweit sie postkretazisch, d. h. alttertiär sind. Überreste eines postkretazischen Entwässerungssystems sollen z. B. gewisse sö. gerichteten Flußstrecken der H.I. Lizard sein, die infolge späterer Anzapfungen gegen SW abschwenken [325a]. Schwächelinien längs Gesteinsgrenzen oder Brüchen werden dafür verantwortlich gemacht. Epigenesen sind hier tatsächlich kaum annehmbar [331], aber auch die Anzapfungshypothese befriedigt nicht recht. Besser begründet ist die Vermutung subeozäner Einflächungen bei Torquay (vgl. S. 272). Das 300 m-System des Dartmoor wird entweder für miozän oder noch oberoligozän angesehen, je nachdem man sein Verhältnis zu den Boveyschichten deutet [21e, 24; vgl. S. 273 f.], das 230 m-System für jungmiozän [333]. Ein System in 73—87 m wurde sw. Boscastle in N-Cornwall beobachtet und samt den dortigen höheren „platforms" unter Hinweis auf alte Klifflinien auf Meererosion zurückgeführt [333].

Die wie gesagt vermutlich unterpliozäne Einebnung ist in der Folge gehoben worden. Infolgedessen schnitten die Flüsse in ihrem Unterlauf in die alten Talböden steilwandige Kerben ein, deren Scheitel immer weiter

aufwärts rückten [314, 322, 323, 329]. Flache Mulden im Oberlauf, V-Täler
im Unterlauf — man sollte jedoch nicht von „Übertiefung" sprechen, wie dies
manchmal geschieht — sind somit bezeichnend für die Flüsse der SW-H.I.,
ganz abgesehen von den älteren Gefällsstellen, die in die höheren Flächensysteme aufwärts gerückt sind. Am Camelfluß ist der Kerbenscheitel heute
hart an das Quellgebiet herangerückt (Slaughterbridge oberhalb Camelford),
am Fowey und seinen Nebenflüssen bis etwa zur Breite von St. Neots. Nach
verschärft wird dieser Gegensatz dort, wo der neue Einschnitt an der Grenze
der weicheren Schiefer und der härteren Granite anfängt. Die schalenartigen
Mulden oberhalb der jungen Einschnitte sind oft so breit, die Gewässer in
ihnen so unbedeutend, selbst nach Regengüssen, daß man sie nur aus der
langdauernden Verwitterung der Granite verstehen kann. Zumal die durch
und durch kaolinisierten Böden fließen, wenn gründlich durchnäßt, fast wie
Wasser ab [21 b]. Wo das Meer das junge Kliff sehr rasch zurückdrängt,
konnten sich kleinere Flüsse noch nicht auf die neue Erosionsbasis einstellen.
Bei Boscastle sieht man die verschiedenen Stadien in der Entwicklung der
jungen Schluchten an besonders lehrreichen Beispielen, angefangen vom
Küstenwasserfall, der über den Rand des Kliffs herabstürzt (Pentargon
Valley), über den schon landeinwärts gerückten Wasserfall mit anschließender Schlucht (Rocky Valley) bis zum Tal, das dem N.W.-Spiegel des Meeres
bereits angeglichen ist (Valency Valley) [323]. Anderswo hat das Meer die
Wasserscheide gegen einen der Küste gleichlaufenden Fluß durchbrochen,
so daß dieser nun mit einem Wasserfall unmittelbar zu ihm herabstürzt und
der frühere Unterlauf trocken liegt (Speltesmouth bei Hartland) [316].

Eng hängt die Entstehung der Buchten und Vorgebirge der Steilküste
mit der Widerständigkeit der Gesteine zusammen [11, 38, 39, 313, 315, 316,
329, 334, 335, 337 a, 338; schön zus.fass. 312*]. Oft verursachen Stürme eine
wütende Brandung, der Tidenhub ist besonders im Bristolkanal groß, bei
Spr.T. zu Padstow 6,7, bei Bude 7 m [11 b]. Der fortwährende Gesteinswechsel
schafft eine Folge mannigfacher, z. T. großartiger Küstenbilder, namentlich
die zahlreichen Rundbuchten („coves") in den weicheren Schiefern, die Vorgebirge in den Erstarrungsgesteinen, in Gneisen, kristallinen Schiefern und
harten Sandsteinen. Zu den schönsten Beispielen gehören Kynance Cove in den
Serpentinen und Gneisen an der W-Seite der H.I. Lizard, Lizard Pt. in den
kristallinen Schiefern, Land's End in Granit, Pentire Head (79 m) in
„pillow-lavas", Morte Pt. in den senkrecht geschieferten Morte Slates. Der
prächtige Küstenabschnitt beiderseits des Teignästuars bis hinüber nach
Exmouth besteht aus Permbrekzien und -konglomeraten mit zwischengelager-
ten Sandsteinbänken, die von Brüchen durchsetzt sind; Hornblendeschiefer
bauen Prawle Pt., Hornblendegneise Bolt Head auf, Kalke Berry Head.
Flachküsten und Dünen sind dagegen nur streckenweise ausgebildet. Dünen-
hügel, „towans" genannt, finden sich z. B. am Camelästuar (Doom Bar; die
in ihnen reichlich enthaltenen Muschelschalen wurden früher als Dünger
benützt, um 1836 jährlich Hunderte von tons), bei Padstow und an der Perran
Bay, wo sie, 40—50 m mächtig, alte Kirchen und Siedlungen verschüttet haben,
am Tawästuar (Braunton Burrows) [11 a, 21 b, 36, 48]. Vor die Mündung
des Exeästuars legt sich im W eine lange, veränderliche, grasbewachsene
Sandbarre mit Dünen („Warren"), im 17. Jh. noch mit dem E-Ufer bei Exmouth verbunden, noch 1730 von dort auf Trittsteinen erreichbar [21 a].
Im allgemeinen ist der Landgewinn sehr gering (Eindeichungen z. B. am
Laira, d. i. dem oberen Teil des Meavyästuars bei Plymouth, und in den Char-
leston Marshes bei Salcombe). Eine Unmenge Klippen und Riffe begleiten die

Küste, je nach dem Gestein vom Meer geformt, manchmal phantastisch und
mit eigenen Namen benannt („Mewstones", „Parson and Clerk" bei Dawlish),
und machen sie gefährlich, oft sogar weit draußen im Meer, wie besonders
die aus granitischen Gneisen gebildeten Eddystone Rocks (fast 25 km s. Plymouth), die durch die Geschichte ihrer Leuchttürme berühmt geworden sind
[21 m], oder die Nachbarschaft der Scilly-I. und Lundy's. Mit Leuchttürmen,
Bojen, Nebelsignalen sind die Küsten der SW-H.I. entsprechend reichlich ausgestattet. Schwer zugängliche Vorgebirge und Kliffe sind die Brut- und Nist-
plätze ungeheurer Mengen von Seevögeln. Wasser- und Wandervögel bevölkern den Strandsee Slapton Ley, der durch einen der Chesil Bank vergleichbaren, aber kleineren Strandwall abgeschlossen ist und vor dem sich die
„Measured Mile" erstreckt, auf welcher die Geschwindigkeit der Schiffe geprüft wird [11 a].

    SW-England ist nicht vergletschert gewesen, höchstens daß sich vorüber-
gehend kleine Firneismassen in ein paar Quellkessel von Dartmoor und Exmoor gebettet haben. Es fehlen sichere Spuren der Eiswirkung, Schrammen,
Seewannen [32, 337 a]. Auch auf den Höhen findet man die tiefgründigen Verwitterungsböden, deren Bildung schon viel früher begonnen haben muß. Wohl
aber müssen die Schneebedeckung mächtig, die Frühjahrsschmelzwässer
kräftig, Bodenfließen lebhaft gewesen sein. Sehr verbreitet ist daher das
Head, das hier seinen Namen erhalten hat (so nennen die Bergleute die
Schuttdecke über dem Waschzinn). An der Küste lagert es meist nahe dem
heutigen Meeresspiegel auf den Ablagerungen einer älteren, in den Fels ge-
nagten Strandterrasse. Zu Fremington (sw. Barnstaple) folgen über 23 m
mächtigen Tonen mit Geschieben schottischer Herkunft, die offenbar während
einer älteren Eiszeit herbeigeführt wurden, geschichtete Sande mit einer
gemäßigten Fauna und erst darüber Head, bei Trebetherick Pt. (ö. am Ausgang der Padstow Bay) auf dem Strandgerölle ebenfalls (zementierter) Sand,
Head, Quarzgerölle, „head"-artige Solifluktionsablagerungen, Sanddünen.
Stellenweise beobachtet man zwei Headschichten, jede bedeckt von rundem
Strandgerölle; mindestens zwei Kältezeiten lassen sich somit erkennen,
welche den beiden letzten Eiszeiten entsprechen. Die Strandterrasse wäre
demnach wahrscheinlich im „Großen Interglazial" eingekerbt worden, präglazial im eigentlichen Sinne des Wortes braucht sie nicht zu sein — deshalb
werden er und seinesgleichen neuestens lieber als „Patella beach" bezeichnet
[213, 338, 339; 312*]; übrigens ist die Terrasse vielleicht überhaupt nicht einheitlich. Bei Newquay liegt sie in 4—6 m, in der benachbarten Fistral Bay nur
halb so hoch, bei Penzance (Mousehole) aber 20 m über M.W., an der Tor Bay
(Hope's Nose) 9 m über H.W. Sie tritt auch sonst häufig auf sowohl an der
S- als auch an der N-Küste (Falmouth Bay, St. Gerran's Bay, Morte Bay
usw.). Beträchtlich höher, in 54—57 m H., liegt der obere Eingang von Kent's
Cavern bei Torquay, der einst vom Meer erreicht worden sein muß [21 k, 24,
312, 312 a, 320, 321, 322, 330, 337 b]. In gleicher H. treten vielfach kleinere
Verflachungen in Cornwall auf, u. a. be Land's End [312*] — man denkt hier
unwillkürlich an das Milazzian des Mittelmeergebiets.

    Demgegenüber weisen die Ästuare mit ihren 20 m und tiefer einge-
schnittenen Rinnen auf einen jungen Tiefstand des Meeres hin, der offenbar
der letzten Eiszeit, bzw. deren Ende angehört und auch sonst auf den
Br. Inseln nachgewiesen ist (vgl. S. 332 u. ao.). Vor die heutige Küste legen
sich Flachseesäume, eine alte Alluvialebene bildet z. B. den Untergrund der
Carrick Roads von Falmouth. Am schönsten sind die im Plymouth Sound
vereinigten Riaszweige des Tamar und seiner Nebenflüsse; auch Dart, Fowey,

Fal, im N der Camel u. a. haben ertrunkene Talmündungen. Bei der Senkung sind stellenweise Wälder ertrunken, u. a. in Tor Bay, bei Westward Ho! und besonders in Falmouth Bay. Hier hatte seinerzeit (1851) das Profil der Pentuan (Pentewan) Stream Works wichtige Aufschlüsse über die postglaziale Küstengeschichte der SW-H.I. geliefert: etwa 23 m unter dem heutigen Meeresspiegel liegt in der Tiefe der Rinne der „Zinngrund", Sand und Gerölle, ein Äquivalent des Head. Auf diesem hatten bereits Eichen Wurzel gefaßt, als das Meer rasch anstieg und eine Folge zuerst von marinen Sanden und Silten (mit Austern und Walfischresten), später von ästuarinen (mit eingeschwemmten Knochen von Hirschen und Rindern, Haselnüsse) abgelagert wurde. Diese Senkung mag durch die Bronzezeit bis in die Eisenzeit fortgedauert haben. Immer mehr werden die Ästuare von den Sinkstoffen der in sie mündenden Flüsse angefüllt; für das Falästuar wird die Aufschüttung für 1698—1855 auf 3,5—5,5 m geschätzt [21 h, k, m, 22, 24, 313, 315, 316]. Jüngere Flußterrassen sind in verschiedenen Tälern gebildet worden (vgl. S. 272 f.).

Stark prägen sich in SW-England die Eigenheiten des atlantischen Klimas aus, in den reichen Niederschlägen, der großen Zahl der Regentage, den Nebeln und Stürmen, in der Gleichmäßigkeit der Temperatur [41*—44*; 11, 41—45]. Das M. des kältesten Monats (fast überall der Febr.) hält sich durchwegs in 6—7° C und sinkt selbst in Tavistock (140 m) bloß auf 5,4, in Princetown (414 m) auf 2,7°; das des wärmsten (Juli oder Aug.) bleibt in 16—17°, in Tavistock wenig darunter (15,4°) und selbst in Princetown in 13,5°. Nur hier wächst die J.Schw. auf über 10°; auf den Scilly-I. beträgt sie bloß 8,9°. Um die mittl. Monatsmittel schwanken die höchsten, bzw. niedrigsten nur um 2—3°, die höchsten und niedrigsten Monatstemperaturen überhaupt um 6—10° (im E mehr als im W). Die niedrigsten überhaupt beobachteten Temperaturen liegen allerdings auch auf den Scilly-I. unter 0° (—4°), in Plymouth sogar unter —8°; die höchsten erreichen Werte wie in SE-England (Plymouth 30,6°, Scilly-I. 27,8°). In Verbindung mit der großen relativen Feuchtigkeit (Falmouth VII 81,6, VIII 82,9, J.M. 82,5%; Min. IV 79,6; Max. XII 84,1) erinnert dies an äquatoriale Verhältnisse. Im einzelnen erzeugen Höhe, Relief und Auslage merkbare Unterschiede. Im allgemeinen nimmt die mittl. J.- und T.Schw. der Temperatur von W nach E zu, jene von 9° (Scilly-I. 8,4°!) auf 12°, die Zahl der T. mit Niederschlägen dagegen ab (Cornwall 195, Devon 185). Noch ausgesprochener ist der Gegensatz zwischen den Küsten und den hohen Moors. Die Küsten empfangen durchschn. etwa 900 mm Niederschlag und 1600—1700 St. Sonnenschein, das Hochland 1500 mm und mehr Niederschläge (Dartmoor über 2 m) und keine 1500 St. Sonnenschein. In Falmouth entfällt auf 6 T. nur 1 sonnenloser, es hat selbst im Dez. und Jan. je 17 T. mit mehr als der Hälfte des möglichen Sonnenscheins und im Juni haben 45% der T. mehr als 9 St. Sonnenschein. Die Scilly-I. erhalten sogar im Dez. 21% des möglichen Sonnenscheins. Zwar hat auch Falmouth 16 Nebeltage, die Scilly-I. 26 (davon 11, bzw. 14 von Jan. bis Juni), aber Princetown (Dartmoor) zählte 1935 79 Morgennebel und hat mit mindestens 100 Nebeltagen zu rechnen. Frosttage sind an den Küsten unten selten, Schnee ist fast unbekannt (Falmouth 5, Scilly 1,3 T.); durchschn. nur einmal in je 2 J. bleibt der Schnee in Falmouth überhaupt liegen. Noch am häufigsten fällt er im März. In diesem treten hier auch die Bodenfröste am häufigsten auf (10 T. von durchschn. 48 im J.). Auf Dartmoor dagegen fallen mitunter gewaltige Schneemengen nieder, zu Weihnachten 1927 z. B. so reichlich, daß Dörfer tagelang eingeschneit waren und Princetown eine Woche für Fahrzeuge nicht erreichbar war. Die Straßen wurden über 4 m tief zugeweht und Hunderte von Schafen unter dem Schnee begraben. Vom 9. bis 13. März hatte sich über das ö. Dartmoor eine 2 m mächtige Schneedecke gebreitet, und das oberste Tavytal (Tavy Cleeve) soll 90 m hoch von Schneewehen aufgefüllt worden sein [46]. Häufig wehen heftige Winde, nicht selten furchtbare Stürme über das Land; Geschwindigkeiten von mehr als 100 km wurden zu Lizard und Plymouth festgestellt, auf den Scilly-I. von fast 180 km. Selbst eine stündliche Durchschn.Geschw. von 112 km wurde auf ihnen beobachtet, auf Lizard noch eine solche von 96 km (1909—1935). Verhältnismäßig selten sind Gewittertage (Falmouth 5), häufiger solche mit Hagel (in den Wintermonaten: 15 von Okt. bis März) [45*, 48*—413*].

Über den jährl. Gang von Temperatur und Niederschlag gibt untenstehende Tabelle Auskunft [48*]. Aus ihr erhellt, daß überall Mai und Juni

Jährlicher Gang von Temperatur

		I	II	III	IV	V
Plymouth	Temp. C⁰	6,1	6,1	7,2	9,0	11,7
(36 m)	Nschl. cm	8,4	7,4	7,4	5,5	5,2
Falmouth	Temp. C⁰	6,7	6,7	7,2	9,0	11,7
(51 m)	Nschl. cm	10,7	9,4	8,9	6,6	5,5
Scilly-I.	Temp. C⁰	8,3	7,2	8,3	9,0	11,1
(49 m)	Nschl. cm	7,6	6,6	6,1	4,8	4,3

am niederschlagsärmsten sind, der Dez. am niederschlagsreichsten ist. Deutlich treten auch die Okt.-Regen hervor, daneben ein schwächerer Scheitel im Aug., während der Sept. etwas trockener ist.

Die reichen Niederschläge nähren ein dichtes Netz von Gewässern: namentlich Dartmoor entsendet Flüsse nach allen Seiten. Die große Zahl der Täler und Wasserläufe hat die gleichmäßige Verteilung der Dörfer ermöglicht und die Anlage vieler Mühlen gestattet (Devon hatte zur Zeit des D.B. 99), überhaupt den Gang der sächsischen und normannischen Kolonisation beeinflußt. Dagegen bietet keiner der Flüsse einen Wasserweg in das Innere, teils wegen der Unregelmäßigkeiten im Gefälle, teils wegen zu raschen Strömens, teils wegen der vielen Schlingen, wie der Tamar, der sich besser zum Grenzfluß als für den Bootverkehr eignete. Immerhin sind auf ihm und dem Tavy die Dänen bis nach Tavistock vorgedrungen, ja sie haben sogar noch Lydford erreicht. Der Wasserreichtum des Gebietes erleichtert die Trinkwasserversorgung auch der bedeutenderen Orte, aber nur Dartmoor weist größere Wasserspeicher auf [22, 47, 48].

Entsprechend den Unterschieden des Klimas, der Witterung und der Böden, die übrigens meistens zu starker Durchfeuchtung neigen, allerdings schon bei kurzer Trockenheit stark ausdörren, wandelt sich das Pflanzenkleid von selteneren Flecken üppiger, gepflegter Gärten, ja mit subtropischen Gewächsen, die an geschützten Stellen im Freien überwintern können — bei Falmouth wurden sogar Bananen im Freien gezogen [120*] —, an der Küste bis zu den sich selbst überlassenen Heiden und Mooren auf den Uplands. Über 900 Arten von Bäumen und Büschen zählt man in Cornwall, nicht eingerechnet die von Ribes, Rubus u. dgl., darunter viele fremde — selbst aus Japan,

Chile, Neuseeland; kaum 70 davon haben englische Namen [414]. Der Wald bleibt heute auf die Talkerben beschränkt. Früher war er weiter verbreitet, aber der Bergbau hat ihn so sehr gelichtet, daß man sogar Gebüsche verheizte und somit aus der Landschaft beseitigte. Hauptsächlich Ulmen, Eschen, Buchen, Ahorne, Eichen bilden die Gehölze [11 a]. Nutzholzpflanzungen gibt es wenig, obwohl sie selbst im windigen W in niedrigen Lagen gut gedeihen würden. Baumlos ist NW-Devon — mit Ausnahme geschützter Talstriche — wegen der vielen heftigen Winde, die auch an der offenen Küste von Cornwall und erst recht auf den Scilly-I. keinen höheren Pflanzenwuchs dulden. Größere Aufforstungen hat man jedoch jüngst an der E-Seite von Dartmoor, w. Lydford, bei Haldon und sogar bei Hartland vorgenommen. Weithin herrschen in Dartmoor in über 250 m H. Pfeifengrasheiden und Wollgras-moore, auf Exmoor Pfeifen- und Bürstengras. Das unbebaute Land wird meist von Stechginster, Farnen, bzw. Sumpfgräsern und -kräutern einge-nommen. Nur bis zu höchstens 300—350 m reicht das Kulturland, das im

und Niederschlag in SW-England

VI	VII	VIII	IX	X	XI	XII	J	Δ
14,4	16,1	16,1	14,4	11,7	8,3	7,2	10,6	10
5,2	7,1	7,6	6,1	9,9	9,1	12,7	91,9	
14,0	16,1	16,1	14,4	11,7	8,3	7,2	10,6	9,4
5,7	7,1	8,4	7,4	12,7	12,2	16,0	110,7	
14,0	16,1	16,1	15,0	12,2	9,4	8,3	11,1	8,9
4,3	5,5	6,6	6,1	9,4	8,6	11,2	81,3	

trockeneren und mit besseren Böden ausgestatteten E etwas mehr Getreide (auch Weizen) baut als im W. Die einzelnen Farmen in Cornwall haben durchschn. 25—30% unter Anbau, während der Rest Langbrache (4—12 J.) oder überhaupt Dauergrasland ist. Allein im ganzen Bereich überwiegt die Viehzucht. Daher auch die große Verbreitung von Hackfrüchten, von Hafer oder auch von Hafer und Gerste als Mischkorn („dredge corn"; in Cornwall ⅕ der Getreidefl., 60% der Mischkornfl. von E.; gutes Futter für Rinder, Schweine, Schafe, Geflügel) und von Weideland. Cornwall und Devon gehören in der Erzeugung von Milch, Butter, Käse und Trockenmilch zu den führen-den Gr., dank dem einheimischen dunkelkastanienfarbigen South Devon-Rind („dual purpose", d. i. für Fleisch und Milch), neben dem sie jetzt immer mehr die Guernseyrasse züchten. Diese und die Jerseyrasse werden in W-Cornwall bevorzugt. Auf den ärmeren, rauheren Böden im N hält man haupt-sächlich das kleinere Red Devon (Fleisch), das z. T. später auf die Weiden der Midlands zur Aufmast gebracht wird. Mehrere Schafrassen — Devon Long Wool, die etwas größeren South Devon, die wegen des Hammelfleisches besonders geschätzten Exmoor Horn u. a. — werden mehr in Devon gezüchtet, Schweine, in Verbindung mit der Milchwirtschaft, mehr in Cornwall, nament-lich im W; ebenso nimmt dort neuestens die Hühnerzucht sehr zu. Schafe und Rinder der Umgebung von Dartmoor und Bodmin Moor, z. T. auch aus-wärtiges Vieh weiden von Mai bis Okt. vielfach im höheren Gelände [12]. Ein-zelne Striche SE- und S-Devons und der Tamarsenke sind durch Obstbau, die Küste von Cornwall stellenweise durch Anbau von Frühgemüse (Kohlsprossen, Blumenkohl) und Frühkartoffeln bekannt [17, 110—112]. Ansehnlich ist die Leistung Devons in Cideräpfeln; mit 76 km² Fl. der sie liefernden Obstgärten

steht es an erster Stelle, gefolgt von Somerset (64 km²) und Hereford
(53 km²), in der Erzeugung von besseren Arten jedoch weit übertroffen von
Kent.

Während des letzten Krieges ist auch im SW das Pflugland bis 1943
stark ausgedehnt worden, die Fl. des Weizens und in Cornwall auch die der
Gerste wurde fast vervierfacht, die der Kartoffel verfünffacht. Geringer
war der Zuwachs der Haferfl. Das Dauergrasland verminderte sich dagegen
in Devon um ¹/₃, in Cornwall auf die Hälfte. Die Bestände an Milchkühen
und überhaupt an Rindern wurden noch vermehrt, die der Schafe merklich,
die an Schweinen und Hühnern gewaltig vermindert. Doch zeigen die Zahlen
für 1944 schon den beginnenden Umschwung an. (Vgl. Tab. 4.)

Die Grundstücke sind verhältnismäßig klein (Größe der Anwesen durchschn. 30 ha; in Cornwall fast 50% unter 8 ha). Das ganze Plateau ist je
nachdem von Strauchhecken, hohen Wallhecken oder Steinmauern durchzogen. Einzelhöfe, Weiler und kleine Dörfer sind in die Talkerben oder
— möglichst windgeschützt — in die Plateaumulden eingebettet. Ländliche
Marktstädte haben sich in den Haupttälern und -becken in günstiger Verkehrslage, in Talknoten, als Brückenorte, entwickelt. Allenthalben sind die
besseren Gebäude aus einheimischem Baustein errichtet und mit Schiefer
gedeckt, aber viele Cottages sind aus „cob" (Gemenge von Lehm und Stroh-
häcksel, Rinderhaaren und Kalk) oder überhaupt nur aus Lehm und Stroh
hergestellt und mit Stroh gedeckt. Übrigens hat sich das Strohdach gerade
im sturm- und regenreichen SW als viel haltbarer erwiesen als die modernen
Schiefer- und Ziegeldächer. Selbst die Kirchen sind meist bescheidene, wenn
auch feste Bauten. An großen Schlössern und Manorhäusern ist der SW
arm [11, 12, 18, 110, 86, 87, 92, 917, 925 u. ao.]. Zahlreiche Fischerdörfer, deren
Bewohner oft auch etwas Landbau betreiben und heute immer mehr vom
Fremdenverkehr leben, nisten in den Einschnitten der Küsten, jedoch nur
wenige Plätze treiben Küstenhandel; Überseehandel und Industrie beschränken sich, wie bereits oben bemerkt, so ziemlich auf Plymouth. Bloß e i n e
Haupteisenbahnlinie (Exeter—Plymouth—Truro—Penzance) und nur wenige
Straßen 1. Ordnung verbinden die H.I. mit dem übrigen England. Bis in die
technische Zeit hat sie, fern und abgeschieden vom übrigen England, ein
Eigenleben geführt. Dies hat den Menschen und ihrer Arbeit den Stempel auf-
gedrückt. Selbst sprachlich hat der SW lange seine Sonderstellung bewahrt
(vgl. S. 245). Cornwall war seit dem 9. Jh. durch den Tamar von Devon so
wirksam abgegrenzt, daß noch heute die beiden Gr. trotz aller modernen Angleichung in mancher Hinsicht wie zwei verschiedene Welten sind. Viel
enger sind die Beziehungen von Devon zu seiner Nachbarschaft im E und SE.
Denn hier liegt keine scharfe Grenze vor, weder physio- noch anthropogeographisch, sondern eine Übergangslandschaft, die zwischen E und W
vermittelt.

Die Abgeschiedenheit der SW-H.I. tritt kulturgeographisch schon in
vorgeschichtlicher Zeit in Erscheinung. Bekanntlich sind Devon und noch
mehr Cornwall reich an Werken der jüngeren Steinzeit, die hier noch lange
in die Metallzeit und zusammen mit dieser fortbestand. Man hat früher jene
den Druiden, bzw. Kelten zugeschrieben und einen lebhaften Handel mit den
Phöniziern angenommen. Allein so wenig sich dieser nachweisen läßt, so
sagenhaft sind die Druiden. Kein Zweifel, daß hier sogar schon der Moustier-
mensch gehaust hat (schwarze Flintartefakte von Camborne, Cornwall;
Funde in Kent's Cavern bei Torquay [58], Windmill Hill Cavern bei Brixham

u. a.), allein man weiß noch nicht einmal genaueres über die Entwicklung während der neolithischen Zeit, die hier während der wärmeren Klimaperiode zwischen 3000 und 1000, etwa um 2000 v. Chr., ihre Steingräber errichtete und deren Schlußperiode die Bauten der Megalithkultur entstammen. Sie sind besonders zahlreich auf Penwith (der H.I. von Land's End) und auf den Scilly-I., die, nach der Zahl der Steingräber zu schließen, dichter besiedelt gewesen sind als heute. Sie standen damals noch etwas höher über dem Meeresspiegel als jetzt und ihre innere „road" oder Lagune dürfte ein fruchtbares Tal gewesen sein. Die Sage von einem versunkenen Land „Lost Lyonesse" mag damit zusammenhängen [57, 810 d; 312*]. Es ist der Kulturbereich von Carnac in der Bretagne in Verbindung mit den Iberern des Mittelmeergebietes, die sich auf der cornischen H.I. niederließen, nach Zinn und Kupfer suchten und seit etwa 1700 v. Chr. die Bronzekultur entwickelten [55]. Einige lunulae der älteren Bronzezeit wurden gefunden (Harlyn Bay). In der Mittelbronzezeit entwickelte sich eine der „Wessex-Kultur" parallele Kultur, deren Töpferei der Bretagne verwandte Züge aufweist, während ihre Steinkisten und die sie bergenden großen Rundhügel an Irland erinnern. Die Urnenkultur ist durch einen bestimmten Keramiktyp vertreten. Zinn wurde in der jüngeren Bronzezeit von Ictis (St. Michael's Mount) zur Loiremündung gebracht, Verkehr mit Irland unterhalten. Zwei Hauptwege querten Cornwall vom Foweyästuar zum Camelfluß, bzw. von der Mount's Bay nach St. Ives. Die Höhen von Dartmoor waren auffallend stark besiedelt (vgl. S. 265), anscheinend hauptsächlich von einer aus S stammenden Bevölkerung, z. T. aber auch einer aus SE-England kommenden, wie Glockenbecherfunde erweisen. Dagegen fehlen solche in Cornwall. Im allgemeinen wurde der SW von den Vorgängen in SE-England wenig berührt, wenn sich auch gegen Ende der Bronzezeit Deveral-Rimbury-Leute ganz im W Cornwalls niederließen. Andere Kelten aus Gallien folgten, angelockt vom Zinn. Sie errichteten Ringburgen mit mehrere m dicken Steinwällen, u. a. Chun Castle. Von ihnen aus beherrschten und beschützten sie die benachbarten offenen Dörfer — kleine Farmgemeinschaften mit höchstens 8 Haushalten —, im Gebiet von Land's End allein 23. Chysauster z. B. (5 km n. Penzance), abhängig von Castle-an-Dinas, war/mindestens ein halbes Jt., bis in das 3. Jh. n. Chr. bewohnt [13, 53—55, 57; 511 a*, 513*, 518 a*, 519*, 522* u. ao.].

In den nächsten Jh. brachten neue Einbrüche von Kelten, die aus der Bretagne (bzw. S-Frankreich oder Galicien) kamen, eine der SW-H.I. eigenartige Entwicklung der La Tène-Kultur. Aus jener Zeit stammen die ältesten vollständig erhaltenen Skelette des Gebiets (Langschädel aus den Sanden von Harlyn Bay). Zur Römerzeit saßen die Dumnonii in Devon, die Cornovii in Cornwall; auf sie gehen die Namen der beiden Gr. zurück (Cornwall: 891 Cornwalum, 997 Cornwealum; altengl. Cornwealas bedeutet „die Wälschen in C."). Der Name wurde dann auf das Gebiet übertragen [616*, 623*]). Die Römer haben zwar auch den äußersten SW der H.I. in der Hand gehabt [55 a, 56, 57], begnügten sich jedoch im allgemeinen damit, das Land von Isca Dumnoniorum (Exeter), ihrem westlichsten Stützpunkt, zu sichern. Damals breitete sich die brythonische Sprache nach Cornwall aus und gelangte von dort seit dem 5. Jh. in die Bretagne, wohin sich die Bevölkerung vor den Angriffen irischer Flüchtlinge und Seeräuber flüchtete. Bald darauf begannen auch die Kämpfe mit den Westsachsen. Infolge der Niederlage bei Dyrham (577) wurden die Briten der H.I. von ihren Brüdern in Wales abgeschnitten, nach der Schlacht „aet Peonnum" (658; wahrscheinlich Penselwood an der Grenze von Somerset und Wiltshire; vgl. S. 167) die

Grenze zwischen Briten und Sachsen mindestens an den Parrett, vielleicht
schon auf die Höhen verlegt, welche heute die Grenze zwischen Somerset und
Devon tragen; nach einer weiteren Niederlage der Briten (682) wurde um
690 Exeter von den Sachsen genommen. Wohl gab es noch um 700 ein Kgr.
Dumnonia, aber es erlag rasch den Sachsen, und nach dem Sieg Egberts (835)
auf Hingston Down bei Calstock über die Briten und die von ihnen zu Hilfe
gerufenen Dänen endete auch die Unabhängigkeit von Cornwall, obwohl ab-
hängige Fürsten noch weitere 100 J. regierten [64]. Äthelstan machte den
Tamar zur Grenze zwischen Cornwall, das er 936 völlig erobert hatte, und
Devon. Auf jene Kämpfe zwischen den Briten und Sachsen bezog man später
die Sagen von König Arthur, König Marke, Tristan und Isolde, die mit verschiedenen Örtlichkeiten SW-Englands verbunden sind [13 b; 614 u. ao.].

   Ö. des Tamar griff die sächsische Besiedlung auffallend gründlich durch.
Selbst die Fluß- und Bachnamen zeigen viel stärker englische Elemente als
in Dorset und Somerset; nur die Namen der meisten größeren Flüsse sind
keltisch. Keltische Ortsnamen gibt es ö. des Tamar kaum 1%, Namen mit
wal-, tre-, pen- sind äußerst selten, die häufigen mit tor und combe wegen
ihrer unsicheren Herkunft kein Beweis für britische Besiedlung. Offenbar
haben die Sachsen die ansässige Bevölkerung, soweit sie nicht in die Bretagne
geflüchtet oder in den Kämpfen aufgerieben war, größtenteils vernichtet
oder wenigstens enteignet und N-Devon von Somerset, S-Devon von Dorset
aus kolonisiert. Für diesen Gang der Landnahme aus zwei Richtungen
sprechen gewisse Unterschiede in der Ortsnamenbildung, u. a. das völlige,
bzw. fast gänzliche Fehlen der -cott- und -worthy=Namen im S. Häufig weisen
die Namen auf Befestigungen hin, solche auf -stock, -stow, -bury, -worthy.
Merkwürdig sind viele Namen, deren erstes Element ein Personenname des
11. Jh., gewöhnlich in Verbindung mit -tun, ist. Dagegen gibt es weder
Namen auf -ingas noch sächsische Heidengräber; deren Zeit war bei der
Eroberung des SW schon vorbei. Die Sachsen waren Christen geworden,
Crediton wurde hier ihr erster Bischofssitz (910). 1050 nach Exeter verlegt,
blieb er der einzige für den ganzen SW bis 1876, wo Cornwall eine eigene
Diözese (Truro) erhielt (vgl. S. 285).

   Übrigens drang die englische Besiedlung auch über den Tamar vor. In
NE-Cornwall gibt es eine ganze Reihe englischer Ortsnamen, auf Bodmin
Moor sind sie sogar im Übergewicht. Nur in NE-Cornwall ist die Grenze
zwischen ihnen und den keltischen scharf. Sehr bezeichnend ist, daß in der
Zeit der normannischen Eroberung fast alle Manors bis in den äußersten W
der H.I. Männern mit englischen Namen gehörten. Immerhin herrschen die
cornischen Namen, besonders die tre=Namen [623*; 62, 63] (tre, tref = Haus,
Gehöft, Weiler). Man zählt ihrer bei den Städten, Dörfern und Weilern
allein über 200, bei den Einzelfarmen viele Hunderte. Diese tre=Siedlungen
ersetzten seit etwa 500 n. Chr. die alten, befestigten Höhendörfer [13 b; 614].
Die Bezeichnungen vieler Kirchspiele sind mit Namen einheimischer heiliger
Männer und Frauen zusammengesetzt, um Camborne auf der H.I. Lizard
auch solchen der Bretagne. Sie mögen auf die Zeit zurückgehen, wo dort
Bretonen, vor den Normannen flüchtend, von Äthelstan Wohnsitze zugewiesen
erhielten. ‚ Nirgends in Großbritannien gibt es soviel Saint=Namen, viele
andere sind es ursprünglich gewesen und haben die Vorsilbe erst später
verloren. Das lehren Urkunden aus dem 13. und 14. Jh., wo die meisten von
ihnen zum erstenmal überliefert werden (Crowan: 1238 ecclesia Ste Cra-
wenne; Gwennap: 1269 Ste Wenappe; Mullion: 1262 Sti Melani; Mevagissey:
SS. Mew ag Ida = Meva und Ida). Selbst Namen auf -stow sind so gebildet

worden (Padstow 1351 Padristowe, St. Petroc's Kirche) [vgl. die vielen St.-
Namen in 623*]. Bemerkenswert ist dabei auch das Wiederaufleben alter, in
die Vorgeschichte zurückreichender Verbindungen von W-Cornwall in der
Zeit der keltischen Heiligen [511]. Auf vorenglische Häuptlingssitze weisen
Verbindungen mit -lis (Halle, Haus, Sitz eines Häuptlings), wie Liskeard,
Helston (Henlistone D.B. = hen + lis, altes Haus) usw. Normannische
Ortsnamen sind selten, denn die Normannenbarone haben zwar große Herr-
schaften („honours") erhalten, aber die ältere Bevölkerung nicht vertrieben.
Besonders fällt Grampaund (1373 Graundpont; Brückenort, an der Straße
St. Austell—Truro) auf. In Devon sind normannische Einflüsse etwas stär-
ker, skandinavische in beiden Gr. außerordentlich gering gewesen [64].

Die verschiedenen Einwanderungen schon seit vorgeschichtlicher Zeit
haben sich anthropologisch ausgewirkt. Um Dartmoor und andere Moors
finden sich, offenbar in alten Rückzugsgebieten, dunkle langschädelige Typen
von schlanker Gestalt, wahrscheinlich iberischer Abkunft. Doch sind Kurzköpfe in N-Devon anscheinend zahlreicher vertreten, als man bisher angenommen hat [113]. Unter der Fischerbevölkerung von Cornwall sind dunkle,
breitschädelige Typen mit untersetztem Körperbau häufig [51], die man mit
den Basken verglichen hat und die gewiß auch aus dem Mittelmeergebiet
stammen. Kelten und Sachsen haben nordische Rassenmerkmale hinterlassen, solche auch die Dänen, die zeitweilig als Verbündete ins Land kamen,
freilich wiederholt Cornwall ausplünderten und in Devon bis nach Lydford
aufwärts drangen, sich jedoch später in den Hafenstädten der S-Küste
niederließen. Hochgewachsene, blauäugige, rotblonde Elemente sind hier
häufig. Bis auf den heutigen Tag ist eine gewisse Abneigung zwischen
ihnen und den dunkelhaarigen Typen verblieben. Durch die fortdauernden
engen Verbindungen Cornwalls mit der Bretagne, dann durch die Niederlassung von Flamen in Devon, endlich die Berufung deutscher Bergleute ist
auch später noch fremdes Blut ins Land gekommen [11, 612, 92 u. ao.].

Erst seit der Normannenzeit sind die Beziehungen SW-Englands zum
E etwas lebhafter geworden. Devon hat sich zum Unterschied von Cornwall,
dessen gröbere Schafwolle dazu weniger geeignet war, an dem Aufschwung
des Woll- und Tuchhandels lebhaft beteiligt, dank seiner verhältnismäßig
dichten Bevölkerung, seiner einheimischen langhaarigen Schafe, seiner
Flüsse und Häfen; Exeter, Dartmouth, Plymouth führten große Mengen von
„broadcloth" (vgl. S. 206) aus. In Devon blühte auch die Zinnwäscherei
zuerst wieder auf, verlegte sich aber mit der Zeit mehr und mehr in das viel
erzreichere Cornwall und wurde später durch den Zinnbergbau in Minen (um
Bodmin, Lostwithiel, später um Truro, Helston und noch weiter im W)
abgelöst. Deutsche Bergleute betätigten sich als Lehrer, sie richteten die
erste Stampfe ein, verwendeten Sprengstoffe usw. [68 b]. Die Geschichte der
Zinngewinnung und der eigenartigen damit verbundenen wirtschaftsrecht-
lichen und sozialen Einrichtungen ist ein Kapitel für sich [66, 68]. Groß
war auch ihre geographische Bedeutung, einerseits durch die Entstehung der
„Stannaries Towns" und durch die Belebung der Häfen mit dem Versand
des Zinns, andererseits durch die Entstellung der Landschaft mit Abraumhaufen, Schmelzresten usw. Außer dem Zinn brachte Cornwall Schiefer,
Fische und auch Leinwand in den Handel, besonders von Fowey und Falmouth aus. Schiffe von Devon und Cornwall fuhren nach Frankreich, Wales
und Irland, nach Bristol, Chester und vor allem nach Southampton [624*].
An den Kämpfen mit den Franzosen und seit dem Zeitalter der Entdeckungen mit den Spaniern, an den Fahrten über See nach Nordamerika, von

Westindien bis Neufundland, haben sich beide Gr. rühmlich beteiligt [81 d].
Dabei ist Cornwall wegen seiner noch mehr gegen W vorgeschobenen Lage
zeitweilig sogar stärker hervorgetreten, wie die Entwicklung von Falmouth
beweist. Einen großen Aufschwung nahm abermals die Fischerei. Die
„West Country Adventurers" holten, kraft des ihnen verliehenen Monopols,
Salz aus Spanien, fischten dann bei Neufundland, brachten die getrockneten
und gesalzenen Fische nach Spanien und dafür von dort Wein in die Heimat.
Nicht bloß die Häfen der S-, sondern auch die der N-Küste (Barnstaple,
Bideford) hatten eine Blütezeit. Übrigens blühte auch die Küstenfischerei
fort, wie die z. T. noch heute vorhandenen, gehöfteartigen „fish cellars" bezeugen, in denen Sardinen (pilchards) zubereitet, d. h. gepreßt, gesalzen und
in „hogsheads" (s. u.) verpackt wurden. In ergiebigen J., so noch 1847, wurden bis zu 40 000 solcher Fässer, jedes mit 3000 Stück, in das Mittelmeer
versandt, von Mevagissey, Mousehole, St. Ives, Newquay aus [623]. Die
Männer von Devon und Cornwall waren als Schiffer hochgeschätzt und auch
für die Kriegsflotte wichtig [11, 12, 110 u. ao.].

Recht rückständig blieb weiterhin die Landwirtschaft („infield-outfield"-
System in Cornwall). Zwar waren die commons schon um 1600 stark
eingeschränkt, indessen noch um 1700 in Devon verbreitet, das hohe
„Devonshire earthwork", die dem Reisenden jede Aussicht versperrenden
Wallhecken, nicht allgemein vorhanden. Noch 1804 fand MARSHALL im SW
Spuren der wilden Feldgraswirtschaft [710*]. Gering war der Landverkehr,
trotz der vielen Saumwege; auch im 16. Jh. durchzog erst e i n e „Straße"
die H.I. von Exeter über Okehampton, Launceston, Bodmin, Truro, Market
Jew (Marazion; vgl. S. 286) [623*] nach St. Buryan. Bis ins 19. Jh. reiste
man lieber im Sattel als auf Rädern [110], um 1750 gab es in Devon kaum
ein Radfuhrwerk. Eher verwendete man wie in Wales Schlitten auf den
Grashängen. Die „Straßen" vermieden die Talgründe wegen der Sümpfe,
Hochwässer und Wälder, sie hielten sich an die Hänge, waren steil und
schmal und wurden durch die Regenwasser tief eingerissen. Das Ausweichen wurde durch die Hecken erschwert [610]. Die Brücken waren aus
groben, unbehauenen Steinblöcken gebaut („clapper bridges") [11 a u. ao.].

Im 18. Jh. verbreitete sich die Papiererzeugung von Plymouth aus besonders in Devon, zeitweilig gab es in beiden Gr. über drei Dutzend Papiermühlen. Heute beschränkt sich diese Industrie auf wenige Plätze (Exeter,
Totnes, Ivybridge, Buckfastleigh, Cullompton) [76]. In der 2. H. des 18. Jh.
begann man das 1748 entdeckte Kaolin auszubeuten [11 b].

Allein nun folgte eine Zeit der Rückschläge. Die Napoleonischen Kriege
schädigten den Wollhandel schwer; die Industrierevolution fand im SW
wegen des Mangels an Kohle kein geeignetes Arbeitsfeld, die seichten und
immer mehr versandenden Flußmündungen waren für moderne Schiffe zu
klein und der Bezug überseeischer Erze, der schon vor 1800 mit der Zinn-
einfuhr von Banka und Billiton begonnen hatte, erwies sich mit der Zeit
billiger als der Abbau der heimischen. Um die Jh.-Wende hatten die Produktion und die Preise von Zinn und Kupfer einen Höhepunkt erreicht, und eine
starke Zuwanderung in die Gebiete w. Truro, Abwanderung aus E-Cornwall
und selbst aus Devon war mit der Entwicklung des Bergbaus verbunden
gewesen; das Aussterben der cornischen Sprache war dadurch vermutlich
beschleunigt worden [621]. Dann aber verfielen zuerst die kleinen Zinn-
gruben und seit der Einfuhr des Zinns aus Malaya auch große. Zu Dutzenden sieht man noch verfallene Schächte und die Ruinen von Maschinen- und
Schmelzhäusern, keineswegs eine Zierde der Landschaft. Während des ersten

Weltkrieges trat eine Neubelebung ein; als nachher ein Preissturz kam, wurden alle Betriebe, ausgenommen St. Ives, geschlossen, doch allmählich ein Dutzend später wiederaufgenommen (Erzeugung 1938: 3172 tons) [114, 712 a]. Die Einrichtungen der Stannaries sind bis auf wenige Ausklänge erloschen. Eine Zeitlang (1843—1871) blühte der Kupferbergbau bei Tavistock, ging aber dann rasch nieder; bei Redruth wurde er schon zur Zeit der CELIA FIENNES betrieben. Da und dort erhielt er sich über den ersten Weltkrieg, aber um 1920 hörte er so gut wie ganz auf. Auch auf Blei hatte man gegraben und zu CAMDEN's Zeit auf Silber zu Combe Martin (N-Devon) [23 b, c; 624*]. Nicht unbedeutend ist die Gewinnung von Wolfram (hauptsächlich zwischen Camborne und Redruth, etwas auch in Devon; Erzeugung von „dressed tungsten" 1939—1943 862 tons, davon 737 in Cornwall) und von Baryt (in Devon; 1939—1943 84 000 tons). Gewaltig zugenommen hat die Ausfuhr von Porzellanerde (Erzeugung 1938: 800 000 tons — A. ungef. $^2/_3$ davon; 1944 nur 61 927 tons, größtenteils von St. Austell Moor—Hensbarrow district über Fowey und in zweiter Linie von Lee Moor an der S-Flanke von Dartmoor). Die Ausfuhr von Graniten ist ansehnlich geblieben (1933 über 17 000 tons). Sie werden u. a. bei Carnmenellis und bei Land's End (1938: 36 Brüche) gebrochen und aus den nächstgelegenen kleinen Häfen (Newlyn, Wadebridge u. a.) verschickt, Schiefer für Dächer bei Plymouth, Ashburton und Delabole geholt, Bausteine, Kalke, Sandsteine von verschiedenen Orten. Töpfertöne werden bei King's Teington verwertet [114; 737*].

Die Fischerei beschränkt sich auf die heimischen Gewässer und hat, obwohl vor etwa 70 J. die alten primitiven Methoden der Behandlung durch moderne ersetzt wurden, nicht mehr die Bedeutung wie früher. Den schwersten Schlag in neuester Zeit erlitt sie infolge der wirtschaftlichen Sanktionen gegen Italien (1936). Eine Anzahl Fischerdörfer hat den bisherigen Beruf ganz aufgegeben und manche werden vielleicht überhaupt eingehen. Der Fischfang richtet sich vornehmlich auf Sardinen, Makrelen und Heringe. Die Sardinen verbringen den größeren Teil des J. in den tieferen Gewässern w. der Scilly-I. Gewöhnlich wandern sie im Juli in einem einzigen größeren Schwarm nach E, u. zw. heute nur an der S-Küste von Cornwall, während früher etwa die Hälfte der N-Küste folgte. Sie werden entweder frisch verkauft oder in Salzereien behandelt. Die Fische sind sehr fettreich und liefern einen vorzüglichen Tran; die „hogsheads" (Fässer von 40 gallons = 181,7 l) haben Spalten, damit das Öl abfließen kann. Vom Makrelenfang SW-Englands entfielen 1926 60—70% auf die cornischen Häfen, u. zw. fast ganz auf Newlyn (von 8500 tons Ges.Fang fast 5900). Die Sardinenfischerei beginnt im August, die Makrelenfischerei schon im Mai; beide dauern bis in den Okt., der Heringfang von Okt. bis Febr. Auch Fahrzeuge von der E-Küste, ja selbst schottische und ausländische Boote beteiligen sich an ihm. Die Erträge schwanken in den einzelnen J. nach Menge und Gewicht sehr stark; 1920 wurden z. B. über 5000, 1926 nur 1829 tons gelandet. Der Rückgang hielt weiterhin an, zumal die Fische ihre Wanderrichtung geändert hatten. Im J.Durchschn. 1919—1923 wurden 613 007 cwts wet fish [1]) (219 883 demersal, 393 124 pelagic) in der SW-Region gelandet, 1934—1938 nur 308 440 (140 713, bzw. 167 727). Für die Heringe beliefen sich die Zahlen

---

[1]) „Wet fish" sind die Fische in unserem Sinn, zum Unterschied von den shell-fish, d. s. Muscheln, Hummer, Krabben usw. Bei den wet fish unterscheidet man „pelagic" und „demersal", jene leben in den oberen Wasserschichten, diese nähren sich am Meeresgrund. „Pelagic" sind Hering, Makrelen, Sardinen, „demersal" die Butte, Schollen, Rochen, Seezungen usw.

auf 155 653, bzw. 42 769, die Makrelen auf 179 024, bzw. 65 903, die Sardinen
77 551, bzw. 58 117 cwts. Für die „demersal" waren die Zahlen wenig verändert, einige waren sogar gewachsen: Glattdorsch (skate) 57 011, bzw.
54 669, Scholle (plaice) 4817, bzw. 4746, Glattbutt (brill) 450, bzw. 1145,
Seebarbe (red mullet) 59, bzw. 639 usw. Entsprechend ist auch der Ertrag
gesunken, die Fischerflotte ist 1919—1938 viel kleiner geworden (erstklass. Dampftrawler 13, bzw. 2, erstklass. Motorboote 150, bzw. 91) und wird
immer weniger in den einheimischen Gewässern, dafür mehr in der Nordsee
und selbst in der Arktis eingesetzt. Sehr gewechselt hat der Fanganteil der
einzelnen Häfen. 1919 entfielen z. B. auf Plymouth 19% (1930 sogar 38),
1938 11%, auf Brixham 18%, bzw. 15, auf Newlyn 31%, bzw. 57. Dieses
lieferte seit 1938 mehr als die Hälfte der „wet fish", St. Ives, 1919 noch mit
19% beteiligt, ist seit 1933 bedeutungslos. Plymouth, Newlyn, Looe fischen
vornehmlich „pelagic", Brixham und Padstow „demersal". Außer der Grund-
und Treibnetz- wird auch Angel- und Leinenfischerei betrieben auf Schollen,
Seezungen, Steinbutt, Rochen usw. Auf den Riffen der Start Bay vor Dartmouth und an der Felsküste von Start Point bis Plymouth beschäftigen sich
etliche Dörfer mit Hummer- und Taschenkrebsfang, doch stehen (1938) an
der Spitze des Krabbenfangs Brixham, Plymouth und Looe, an der des
Hummerfangs St. Ives, Looe und Plymouth. Austernfischerei wird in den
Ästuaren des Fal und des Yealm betrieben [11, 12, 18, 73—75, 92, 114; 71*,
712*].

Bemerkenswert ist in diesem Zusammenhang die Lachsfischerei. Die
„runs" erfolgen zweimal im J., aber nicht überall gleichzeitig, im Exe, Dart,
Tamar das größere im Frühling oder Frühsommer, das kleinere im Herbst;
im Teign und Plym im Spätherbst und Winter (Dez.—Febr.). Im Taw und
Torridge haben die Lachszüge des Frühjahrs seit 1910 andauernd zugenommen und übertreffen jetzt die des Herbstes, die früher größer waren. Da im
Herbst die Schonzeit beginnt, sind Herbstfänge weniger ergiebig; die „runs"
des Winters kommen für die Ernte überhaupt nicht in Betracht [114].

Die Bevölkerung selbst ist nicht ganz ohne Schuld an der ungünstigen
Entwicklung. Bis in die jüngste Zeit verhältnismäßig wenig in Berührung
mit dem übrigen England, hat sie, stets sehr konservativ, auf ihre alten Ge-
pflogenheiten, Einrichtungen und Arbeitsmethoden nicht verzichten wollen,
weder im Bergbau noch in der Landwirtschaft noch in der Fischerei. Sie ist im
Vergleich zu der des E und der Midlands in ihrer Denkart und ihren Kenntnissen rückständig geblieben, namentlich in den abseits gelegenen Moor-
landschaften, wo der Glaube an Geister, Hexen usw. noch sehr verbreitet ist,
u. zw. nicht bloß in den unteren Schichten der Bevölkerung, sondern auch
bei den Grundherren. Die Bergleute hüten sich sehr, die gutgesinnten „Little
people" der Unterwelt zu kränken. Man hat weder genug Verständnis noch
Kapital aufbringen können für den Fortschritt der Zeit und erst spät größere
Organisationen zu schaffen begonnen [87, 92 u. ao.]. Die landwirtschaftlichen
Krisen, der Verfall der Wollindustrie [12], die Schließung von Bergwerken,
der Rückgang der Fischerei haben zu verschiedenen Zeiten dabei mitgewirkt.
Erst nach dem zweiten Weltkrieg haben Kraftwagen- und Fremdenverkehr
neuen Antrieb erhalten und neue Einnahmsquellen gebracht. Denn die
Vorzüge des Klimas und die bald lieblichen Reize, bald wilden Schön-
heiten der Küsten locken zum Besuch, manche zu dauerndem Aufenthalt.
Infolge der regeren Verbindung mit der Außenwelt beginnt sich der Gesichtskreis der Einheimischen zu erweitern. Der moderne Aufschwung von Viehzucht und Gartenbau hängt damit eng zusammen. Vorher, bis in die 2. H. des

19. Jh., hatte sich das alte, den Verhältnissen gut angepaßte System der Landwirtschaft in den beiden Gr. im großen ganzen wenig geändert, nicht einmal zwischen 1840 und 1880, abgesehen von verschiedenen mehr oder weniger erfolgreichen Versuchen, die Betriebe moderner und damit ergiebiger zu machen („high farming") [624].

Überhaupt ist die Zahl der Bevölkerung und der Siedlungen z. T. im Rückgang begriffen. Devon, mit 6745 km² eine der größten engl. Gr., hatte während des 19. Jh. seine E.Z. fast verdoppelt, von rund 340 000 (1801) auf 662 000 (1901; von den inzwischen eingetretenen Grenzveränderungen abgesehen); seitdem ist sie langsam weiter gewachsen, 1921—1931 um 3,3% (1931: 732 968). Cornwall, nur ungef. halb so groß (3505 km²), zählte 1801 nicht ganz 200 000 E., 1861 369 000 (Höchststand), aber 1921 nur mehr 320 705, 1931 317 968. Die Bevölkerungsdichte beträgt heute, die Städte mit eingerechnet, für Devon 108, für Cornwall 90. Aber schon die durchschn. Zahlen der Landbezirke zeigen große Unterschiede. Im allgemeinen ± 30, sinkt sie in N- und NW-Devon und den angrenzenden Teilen von Cornwall auf 15—20, erreicht selbst um Tiverton und Crediton bloß 25—30 und nur in dem fruchtbaren E-Devon und den South Hams sowie in den Bergbaugebieten von Cornwall höhere Werte (Axminster 50, Newton Abbot über 50; Redruth und St. Austell über 100). Auffallend groß (105) ist sie auf den Scilly-I. Aber da die Landbez. auch die großen leeren Räume der moors einschließen, beläuft sie sich in den wirklich besiedelten Strichen auf das 2—3fache [92*].

Eine Linie Tiverton—Tavistock trennt ungef. den Bereich der größeren Dörfer im SE von dem mit Weilern und Einzelhöfen im NW von Devon. N. der Linie Plymouth—Exeter Bevölkerungsabnahme, s. -zunahme, die immer wiederkehrende Erscheinung der Landflucht und Anlockung durch die Stadt. Im mittleren Cornwall nahm die E.Z. zu, im übrigen ab. 1931 wohnten in den acht größeren Städten von Devon bereits 58%, selbst in Cornwall schon 46% der Ges.Z. Während des Krieges sind neuerdings Verschiebungen eingetreten. Die Ursachen für Zuwachs, bzw. Rückgang sind im einzelnen sehr verschieden, doch sind hier nähere Angaben darüber nicht möglich (vgl. S. 265) [114, 711].

In Dartmoor Forest wird die SW-H.I. am höchsten (High Willhays 622 m, Yes Tor 619 m; durchschn. H. 400—500 m). In N—S zwischen Okehampton und Ivybridge 50 km lang, in E—W zwischen den Tälern des Tavy und des Bovey 30 km breit, nimmt er eine Fl. von 550 bis 600 km² ein, je nach der Grenze, die im einzelnen nicht überall leicht zu ziehen ist. Im W ist er ein Massiv mit unregelmäßig angeordneten Bergen, im NE um Chagford und Moretonhampstead ein kuppiges Hügelland, sonst vornehmlich ein sanftwelliges Plateau.

Dartmoor Forest wird hauptsächlich von hellgrauen groben Graniten aufgebaut. Sie sind, mit schönem Kontakthof, im S von oberdevonen Schiefertonen, im N und E von unterkarbonen Schiefertonen und Sandsteinen umschlossen, in welche sie zwischen Unter- und Oberkarbon intrudiert wurden [21 d, 24, 27, 213 a, 220]. Wahrscheinlich in der Wealdenzeit wurden sie aufgedeckt [219]. Von den älteren Einflächungen, von jurassischen, kretazischen und eozänen Sedimenten ist nichts mehr erhalten. Vielleicht war Dartmoor schon im Obereozän ein Bergland, an dessen N-Seite ein großer See oder eine Lagune von E-Devon gegen W reichte [37]. Am Ende des Eozäns erhielt es infolge einer Hebung eine Abdachung gegen E. Die

Dartmoorflüsse, wie Teign und Dart, traten, ihr folgend, aus den Graniten, deren Witterstoffe sie weit verfrachteten, auf eozäne Ablagerungen über und schnitten von ihnen in den paläozoischen Untergrund ein. Weitere Hebungsphasen wechselten mit Ruhepausen ab, in denen Einflächungen geschaffen wurden [318, 323, 327]. Auffallend sind drei Systeme, ein äußeres bis zu 240 m, ein mittleres in 300—425 m und ein oberstes in 580—600 m H. Das äußere dürfte schon unterpliozän sein. Tiefere Flächenreste in den Tälern sind selten erhalten, am ehesten entlang dem E-Rand von Dartmoor ausgeprägt. Erst durch vielleicht bis ins Quartär dauernde Bewegungen wurden die Fl. in ihre heutige H. gebracht, am höchsten im N und NW. Dorthin kehrt das Hochland seinen steilsten Abfall und dort entspringen in der Nachbarschaft des Hangingstone Hill (606 m) Tavy, Dart, Teign und Taw, die strahlenförmig auseinanderfließen. Am tiefsten greifen die Quellwässer des Dart westwärts in das Innere ein, entlang einer Mulde, durch welche der N- und der S-Flügel des Dartmoor voneinander getrennt werden. Strahlenförmig sind auch die Täler des S-Flügels angeordnet. Im E zieht vom Teign bei Newton Abbot über Bovey Tracey in SE—NW eine Senke über Moretonhampstead, die wohl einer jüngeren Einbiegung entspricht. Um Bovey Tracey liegt in ihr das oligomiozäne (wahrscheinlich aquitanische) Vorkommen von Tonen und Ligniten, das allein eine gewisse morphologische Zeitbestimmung ermöglicht (vgl. S. 273).

Die dunkelfarbigen Flüsse des Dartmoor entspringen in breiten, versumpften und vertorften Mulden zwischen steinübersäten, mit Gräsern und Heidekraut bedeckten Erhebungen, die eigentümliche Felsauswitterungen des Granits und seiner Kontaktgesteine tragen, „Tors" genannt, ganz von der Art unserer „Teufelsteine" und oft mit den auch bei uns wohlbekannten „Opferschalen" bedeckt [19]. Angeblich 170, sind sie der bezeichnendste Zug der H. von Dartmoor; viele sind ganz absonderlich gestaltet, alle größeren haben eigene Namen. Sie sind aber nicht, wie man früher geglaubt hat, vom Meer erzeugte Felsklippen, sondern durch subaerile Verwitterung entstanden. Oft sind sie noch von Blockwerk umgeben, das auf ihre ehemals größere Ausdehnung hinweist [11 a, 15]. Riesige Steinplatten, „clitters", liegen unterhalb auf den Hängen, beschwerlich zu passieren, wenn auch nicht so gefährlich wie die trügerischen Torfmoore [328]. Ohne Zweifel entstammen die Tors und die Clitterfelder den pleistozänen Kälteperioden, wo hier Durchnässung, Spaltenfrost, Frostschub und Bodenfluß in einem Tundrenklima lebhaft gearbeitet haben. Auffallend dick, stellenweise bis 30 m, werden die Grus- und Sandböden auf dem Granit („growan"). Noch mächtiger ist das Kaolin, das im S unfern Ivybridge (Lee Moor, Shaugh Prior, Ugbridge) verwertet wird. Häufig sind Ortsteinhorizonte unter dem Torf. Die eiszeitliche Vergletscherung kann höchstens schwach gewesen sein (ein paar karartige Talanfänge; Moräne auf Taw Marsh in 370 m?) [34*; 337 a]. Doch müssen die Flüsse, von den reichen Wässern der jährlichen Schneeschmelze geschwollen, oben kräftiger erodiert, im Unterlauf stärker aufgeschüttet haben als heute. Selbst jetzt ist die „pluviale" Erosion sehr wirksam. Bei Regengüssen können sonst harmlose Bäche ehr gefährlich werden; der obere Dart ist gelegentlich an einem Tag über 3 m gestiegen, bei Hochflut kann der Fluß 3900mal soviel Wasser führen als im Sommer normal [328 a]. Eine Menge von meist parallelen, oft einander schneidenden Furchen führt die Hänge hinab, Sammelrinnen des Regenwassers, die immer breiter und tiefer ausgenagt werden. Talabwärts schließen sich an die flachen Mulden der obersten Talstrecken regelmäßig zunächst tiefere an, daran

Kerbtäler mit steilen Hängen, manchmal mit klammartigem Charakter am Außenrand der Granite („cleaves") ; sie gehen schließlich in echte Sohlentäler über. Zugleich ändert sich die Vegetation. Oben herrschen die Torfheiden, Wollgras, Heidekraut, Hartgräser, gegen die Ränder des Forest hin überwiegen Heidekraut und Hartgräser, soweit sie nicht von Stechginster oder von Heidelbeerbeständen zurückgedrängt werden. Schöne neue Aufforstungen mit fremden Nadelhölzern stehen s. Postbridge und um das Reservoir sw. Chagford, ältere in 420 bis 480 m bei Princetown. Noch weiter unten stellen sich Farnbestände ein, dann Buschformation und endlich an den Hängen der Kerbtäler kleine Wälder. Im Wechsel der Jahreszeiten entfalten die verschiedenen Arten von Heide und Moor ihre Farben [19, 97 a, 913 a].

Die Höhen von Dartmoor sind rauh, stürmisch und regenreich. Juli- und August-M. erheben sich zwar auf 12—15°, d. h. sie sind kaum um 1° niedriger als unten an der Küste bei Torquay, aber das Februar-M. von Princetown (425 m), d. i. das des kältesten Monats, ist mit 1,7° ungef. 4° niedriger als das von Torquay. Die Niederschläge nehmen von allen Seiten her mit der H. zu. Am meisten, 1,5—2 m im J., empfangen der SW-, der S- und SE-Abfall, Princetown im langjährigen M. 1950 mm, in einzelnen J. noch viel mehr (1903: 2,6 m). Am Fuß des Dartmoor sinkt die Niederschlagssumme auf 1,2 m und darunter ab. Der Gürtel der größten Niederschläge hält sich anscheinend in 400 m, also gerade in der mittl. H. des Forest; zwischen 400—500 m stellt sich auch die Hauptzone der Wolken und Nebel bei geringerer Verdunstung ein. Daher die vielen Wasseradern, die Durchnässung des Bodens, die ausgedehnten Moore im Grunde der Mulden und auch auf den Hängen. Torflager, bis zu 3, ja 6 m mächtig, nehmen etwa $^1/_3$ der Ges.Fl. ein. Daß sich dort oben im Postglazial oder gar bis zur Ankunft des Menschen Wälder ausgedehnt hätten, läßt sich nicht erweisen, nur Buschwerk kann an geschützten Stellen den Angriffen von Wind und Verdunstung getrotzt haben. Heute sind die höchstgelegenen Vertreter des Waldes Wistman's Wood am E-Gehänge des W-Dart, Black Tor Copse am NE-Gehänge des W-Okement, niedrige verkrüppelte Eichenwälder mit ein paar Ebereschen und Stechpalmen, in 400 m H. Nach dem Verhältnis der Zahl der Jahresringe zum Stammdurchmesser wachsen die Bäume ungemein langsam: die ältesten, etwa 5 m hoch, dürften über 500 J. alt sein. Sie sind danach als die letzten Reste einer einst stärkeren Bewaldung anzusehen, die hier an der oberen Grenze ihres Wachstums stand [19, 411, 412; 440*]. Der Torf ist anscheinend in leichtem Zurückweichen begriffen. Bei andauernder Durchnässung setzt er sich, schwer von Wasser, in den Bacheinrissen und selbst an den sanfteren Hängen in Bewegung, zerreißt dabei und wird abgespült. In warmen Sommern können große Teile der Moore austrocknen. Wertvoll sind die Niederschläge für die Wasserversorgung der Umgebung (Burrator Res. im Meavytal für Plymouth; die drei Kennick Res. n. Bovey Tracey in E-Dartmoor für Torquay, Teignmouth und Newton Abbot) [47, 48]. Zahlreiche Wasserleitungsgräben führen auch zu den Bergwerken und Höfen.

Der Ackerbau tritt auf Dartmoor unter solchen Umständen ganz zurück. Angebaut werden Hafer und Gerste, als Mengkorn und als Grünfutter verwendet. Zu Brownberry und an der Straße nach Ashburton lag — wenigstens bis vor kurzem — das oberste Getreidefeld (340 m). Im allgemeinen endigen die Kulturen (Kartoffel-, Karotten-, Rübenfelder und Heuwiesen) in 300 m S.H. Nur um Princetown sind durch sorgfältige Pflege noch in über 400 m solche geschaffen worden. Die Meinung [15], es könnten auch die

Heiden und Weiden zwischen 400 und 500 m noch mit Erfolg in Kulturland umgewandelt werden, ist wohl zu optimistisch. Hauptsache bleibt vielmehr auf den ausgedehnten Heiden die Viehzucht. Das Innere des Berglandes, der Forest im engeren Sinne, gehört seit 1337 zur Duchy of Cornwall, ist also persönlicher Besitz des Prinzen von Wales. Die Randgebiete sind dagegen Allmenden der 21 Kirchspiele, die rings um Dartmoor liegen und alte Rechte auf Nutzung der Weiden haben („Venville right") [12]. Sowohl im Forest wie auf den „Commons" weiden große Herden von Rindern, Schafen und Ponies. Die Schafe, die am zahlreichsten sind, und die Ponies, diese kleinen, untersetzten, ungemein abgehärteten Tiere, bleiben auch im Winter auf den moors, die Rinder nur von Mai bis Sept., und auch dies nur während der ersten zwei oder drei Lebensjahre; dann werden sie als Milch- oder Fleischtiere in das tiefere Land verkauft. Im Ponyhandel spielt „Brent Fair" die Hauptrolle.

Nahe dem Fuße des Hochlandes liegen im Tal an einem Bach oder Fluß die alten Dartmoordörfer, bis in die jüngste Zeit von der modernen Technik kaum berührt. Malerisch stehen den Dorfstraßen entlang die meist zweistöckigen, trotzdem niedrigen, weißgekalkten Granithäuser. Vor ihre Längsseite springt ein ebenfalls zweistöckiger Vorbau vor, der den Hauseingang enthält und ein Giebeldach trägt, das quer zum Hauptdach verläuft. Viele Häuser sind noch mit Stroh gedeckt, andere mit grauen Schiefern. Nicht selten sind kleine, aus Lehm gebaute und ebenfalls weiße oder gelb getünchte Häuser. Randlich gelegene Marktflecken sind die Straßenknoten Moretonhampstead, C h a g f o r d (1584, eine alte „Stannary Town") an der Vereinigung des N- und des S-Teign, O k e h a m p t o n (3352; *3816*), Lydford, Tavistock, Ivybridge, Ashburton. Die beiden einzigen Straßen, welche das Moor durchsetzen, kreuzen einander in der Mulde des oberen Dart bei Two Bridges: die von Moretonhampstead nach Yelverton in NE—SW-, die von Ashburton nach Tavistock in E—W-Richtung. Dort liegt auch inmitten der einsamen, rauhen Heide- und Moorfläche, nahe der Wasserscheide gegen das Tavygebiet am Scheitel des Meavytals, durch eine Anhöhe gegen die W- und SW-Winde etwas geschützt, dafür den S-Winden preisgegeben, Princetown in 420—440 m, das höchste Städtchen des Kgr. 1798 hatte hier der damalige Lord Warden of the Stannaries, Sir Thomas Tyrwhitt, eine Farm errichtet, um die Urbarmachung des Ödlandes zu versuchen. 1806 wurde ein Gefängnis für französische Krieger angelegt, um 1850 wurde es in ein Zuchthaus für englische Sträflinge umgewandelt. Daneben entstand nach bestimmter Planung das heutige Princetown mit rechtwinkeligem Straßennetz. Das Zuchthaus bildet einen Wirtschaftskörper für sich. Der graudachige, aus Granit gebaute, etwas ungemütliche Ort lockt trotz der Frische seiner Luft die Besucher nicht zu längerem Verweilen [11 a, 110, 913 a, 914, 915, 916, 917].

Obwohl heute rein landwirtschaftlich, hat doch manches der Dartmoordörfer ehemals dem Bergbau auf Blei und Silber, Eisen, Mangan, Kupfer und Zinn Wachstum und Wohlstand verdankt. Am wichtigsten war das Zinn. Es wurde seit dem 11. Jh. in fast allen Tälern gewaschen, namentlich im Tal des Dart selbst [13 a]. Hier stand King's Oven (1240 erwähnt), hier, am Crockern Tor, hielten die Zinnbergleute 1315—1749 ihre Beratungen (Stannary Parliament), und unter der Königin Elisabeth lehrten deutsche Bergleute in einer Zeit des Tiefstandes die Einheimischen den Gebrauch von Kanälen und Wasserrädern. Diese Bergbaue sind aus bekannten Ursachen längst eingegangen; der Schwerpunkt der Zinngewinnung, die sich am läng-

sten erhielt und am Birch Tor noch in der 2. H. des vorigen Jh. über 1000 tons
„Black Tin" lieferte [21 d, 66, 68], ist nach W abgewandert. Zu Petertavy
wurde bis vor 40 J. etwas Zinnbergbau betrieben, dort nahm die Bevölkerung noch etwas zu, während sie 1891—1901 in den vier Distr. von Tavistock,
Okehampton, Crediton und Newton Abbot von 132 000 E. durch Abwanderung über 11 000 verlor. Heute bieten die Granite von Dartmoor außer dem
Baustein als solchen, der an verschiedenen Stellen (z. B. Merrivale bei Princetown) gebrochen wird, im Kaolin von Lee Tor einen wichtigen Handelsgegen-
stand; die weißen Hügel daselbst sind ein Gegenstück zur Kaolinlandschaft
von St. Austell in Cornwall. Die Bevölkerungsdichte der 21 Moorgem. beträgt durchschn. nur 20 [15]. Das Moor selbst ist so gut wie unbesiedelt.
Bloß ein paar kleine Farmen sind aus dem Öd- oder Weideland herausgeschnitten worden, etliche noch während des 19. Jh., obwohl es seit 1796
verboten war, „newtakes" zu schaffen. Man baut dort auf schwierigem Boden
eine Zeitlang Hafer und Kartoffel und überläßt dann das Feld wieder der
Natur [923].

In ergreifendem Widerspruch zu der Öde der Gegenwart stehen die
zahlreichen Zeugen einer dichten Besiedlung zumal in der Bronzezeit; Dartmoor war „ein Brennpunkt der Becherkultur". Viele „hut circles", etwa
100 Siedlungen, sind über das Moor verstreut, manche einst eingeschlossen
durch Steinwälle zum Schutz des Viehs in sogen. „pounds", den „weltlichen"
Gegenstücken zu den runden Kultstätten der Bronzezeit (allein bei Postbrige
auf einer Fl. von 3 km² die Überreste von 15). Besonders gut erforscht ist
Grimspound (auf Hamilton Down 7 km s. Chagford) [519*; 11 a u. ao.].
Dazu kommen [11 a] außerdem Steinkammern, Menhire, Steinkreise, ungef.
60 Steinalleen. Eine solche, fast 4 km lang, zieht von Stall Moor auf Green
Hill (8 km sö. Princetown) hinauf zu einem großen Steinkreis. Zinnbergbau ist
aber auf Dartmoor für die Bronzezeit nicht nachweisbar. Das einstige Vorhandensein einer starken Bevölkerung, die sich hauptsächlich auf Viehzucht
stützte, spricht für die natürliche Waldlosigkeit der Höhen. Das Klima war
damals wahrscheinlich trockener als heute. Offenbar infolge der Zunahme der
Feuchtigkeit setzte die Entvölkerung ein. Nur an den Grenzen des Moor
standen „Hill-forts" vom Typus der älteren (?) Eisenzeit in guter wehrhafter
Lage auf Talspornen und in den Flußzwieseln, bloß ein einziges (White Tor)
im Inneren [510; 110].

Nw. des Vale of Taunton, w. der New Red-Furche Milverton—Watchet,
erheben sich massig das Plateau von E x m o o r und die B r e n d o n H i l l s,
die, geographisch-morphologisch eine Einheit, durch den Talzug Exe—Sattel
von Cutcombe (290 m)—R. Avill voneinander getrennt werden. Die Brendon
Hills, etwas niedriger und schmäler, sind längs der Küste von einem flachen,
leichtwelligen New Red-Streifen umfaßt, der sich bis zur Porlock Bay verfolgen läßt. Exmoor steigt unmittelbar über dem Bristolkanal auf; mit dem
über 200 m hohen Vorgebirge Foreland Pt. springt es eindrucksvoll gegen ihn
vor, in 300—400 m H. führt die aussichtsreiche Straße von Porlock nach
Lynmouth nahe dem Plateaurand entlang [39, 316]. In ungef. 300 m hält
sich auch der von einer Tiefenlinie umgrenzte Block zwischen Porlock Bay
und Minehead (Abb. 47). Vermutlich mit einem granitischen Kern, der aber
nirgends angeschnitten ist, besteht Exmoor aus tektonisch stark beanspruchten Devonschiefern und -sandsteinen. Zugerundete Kuppen und Rücken
bilden flache Wellen, die gegen NW hin 450 m erreichen; die höchste Kuppe,
Dunkery Beacon (512 m), liegt jedoch nahe der NE-Ecke. Unverkennbar ist

hier eine alte Fastebene, die auch Brendon Hill überzog, etwas gekippt, dabei leicht verbogen und von den Flüssen zersägt worden. Man hat sie dem obersten Niveau von Dartmoor beigeordnet und außerdem wie dort zwei tiefere ausgeschieden, von denen das eine um Dulverton in 305—360 m, das andere im W in 240—300 m auftritt [318][1]). In seichten Mulden sammeln die Flüsse ihre Quellwässer, rasch schneiden sie sich talabwärts ein, namentlich die an der N-Seite nahe der Küste. Ihr Unterlauf führt durch enge, z. T. sogar schluchtförmige V-Täler mit Schnellen und Wasserfällen (Lyn). Die Hauptabdachung neigt sich sanfter gegen SE und S. In dieser Richtung fließt das Zwillingspaar Barle und Exe, die kaum 10 km von der N-Küste entspringen, zur 60 km entfernten S-Küste. Obwohl auch stürmisch und naß,

Abb. 47. Exmoor. N-Rand bei County Gate (323 m) an der Straße zwischen Minhead und Lynmouth. Zerschnittene Abrasionsfläche auf unterdevonen Foreland Grits und Lynton Beds (haupts. Schiefer). Große Heckenmaschen mit Wiesen, Baumwuchs in den Bachkerben. Aufn. J. SÖLCH (1930).

zumal im Winter, weist Exmoor nicht die Felsauswitterungen der Tors auf, die für Dartmoor so bezeichnend sind; doch sind im Umbertal karartige Nischen vorhanden [19]. Die Moore treten zurück hinter den Heiden, die im Wechsel der Jahreszeiten je nach ihrem Pflanzenkleid, Heidekraut, Ginster, Farnen, in verschiedene Farben getaucht sind. Kein Wald bedeckt das Plateau außer jenen Beständen, die nahe dem N-Rand w. Porlock auf 430 m H. ansteigen. Dagegen bekleidet er die Hänge der Taleinschnitte, die überhaupt ein üppiges Pflanzenkleid zeigen. In ihnen liegen auch, schon außerhalb des eigentlichen Moor, die kleinen Siedlungen, fast ausschließlich mit Viehzucht beschäftigt. Nur die Fischerorte der Küste sind im modernen Fremdenverkehr von Bristol und Exeter her zu beliebten Sommerfrischen aufgeblüht. Reizvoll sind L y n t o n (2011), ein „anderes Capri" [110], mit Häusern schon aus Viktorias Zeit, mit neuen Hotels und Pensionen am steilen Hang, und Lynmouth unten am Strand an der Mündung des schattigen Glenlyn (Abb. 48), umrahmt von dem durch abenteuerliche Felsformen ausgezeichneten Gestade („Valley of the Rocks") im W, dem Vorsprung von Foreland Pt. im E, in dessen Nähe Countisbury's Farmen und Häuser auf luftiger Höhe (200—250 m) stehen.

Exmoor ist eines der lehrreichsten Beispiele für das Ringen des Menschen, die Nährfläche zu vergrößern [611; 112]. Schon vorgeschichtlich ist es besiedelt gewesen, u. zw. von Viehzüchtern, die zahlreiche Gräber und Camps hinterlassen haben. Auch hier ist später die Bevölkerung in die Täler abgestiegen, und seit der sächsischen Zeit ist es durch rund 1000 J. ein

---

1) Anm. während des Druckes. Herr W. G. V. BALCHIN unterscheidet außer einer „summit peneplane", die vermutlich marinen Ursprungs und ein Rest der subkretazischen Fastebene ist, 7 Einflächungssysteme, von denen bloß das oberste, mitteltertiäre („Exmoor Surface") in 380—460 m subaeril, die übrigen, so auch die wichtige „Lynton Surface", in 290—370 m submarin entstanden seien. Die unterste liege in 45—85 m. [Hier mitgeteilt aus einem Schreiben vom 12. 1. 1950, mit freundl. Erlaubnis des Verf.]

Royal Forest gewesen, nicht ein Wald, sondern ein Jagdgehege. Erst seit etwa 1654 stand zu Simonsbath eine kleine Farm mit ein paar Feldern am Oberlauf des Barle. Die Bemühungen, Exmoors Flächen nutzbar zu machen, sind auf das engste mit dem Geschlecht der Knights verbunden gewesen, seitdem John Knight das Land kaufte, 1815 ermächtigt wurde, Einhegungen vorzunehmen und bei Simonsbath Kirche, Friedhof und Pfarrhaus errichtete und eine größere Farm schuf. Erstaunlich rasch belebte sich die Viehzucht, indem mehr als 50 der umliegenden Gem. von allen Seiten her ihre Schafe auftrieben auf Weiden, die eine gemeinsame Ringmauer von fast 50 km Länge umschloß und die untereinander nur durch Bäche und Steine abgegrenzt waren. Der Versuch, den Sumpfboden zu entwässern, wurde durch die Ortsteinkruste erschwert, die von einer seichten, schwammigen Torfschichte bedeckt ist. Der rötlichbraune lehmige Verwitterungsboden der Devonschiefer trocknet dagegen leicht aus und ist nährstoffarm. Immerhin wurden durch Kalken einige Erfolge erzielt und für 1845 10 km² Kulturfläche angegeben. Man versuchte in vierjährigem Fruchtwechsel den Anbau von Hafer, Rüben, Gerste und Sommerweizen. Etliche große Farmen entstanden, deren Fluren mit hohen Steinen und Erdwällen eingefaßt wurden. Diese wurden mit Rasen bedeckt und

Abb. 48. Lynmouth. Mündung des Lyn bei T.N.W. Aufn. J. SÖLCH (1930).

Buchenhecken darauf gepflanzt. Sie sind bis heute ein eigenartiger, dem Wanderer, der Aussicht haben will, unerwünschter Zug in der Landschaft geblieben. Innerhalb der Güter wurden die Felder durch Drahtzäune getrennt. Als sich der Anbau von Weizen und Gerste auf den windigen, regen- und nebelreichen Höhen als unmöglich erwies, zumal die Herbeischaffung des Kalkes kostspielig war, beschränkte man sich auf Hackfrüchte und Fruchtwechselgräser; Hafer wurde nur als Winterfutter für Pferde und Rinder gepflanzt. Bessere Erfolge erzielte man mit Rapssamen, wenn der Torfboden entsprechend vorbereitet wurde. Allein schließlich verwandelte man doch das Land fast völlig in Dauerweiden für einheimische Schafe (Exmoor Horn) und Rinder (Devonrasse). Die Bemühungen, schottische Rinder einzuführen, haben keinen rechten Erfolg gehabt, einen besseren die Einführung von anderen Schafrassen (Mountain Blackface und Cheviots) unter Aufsicht schottischer Hirten. Außerdem läßt man wie auf Dartmoor einheimische Ponies im Freien auf den Bergweiden heranwachsen [713; vgl. S. 269]. Im ganzen sind jetzt über ein Dutzend Farmen mit ungef. 20 km² verbessertem, eingehegtem Land und einem Eigenbesitz von ungef. 200 Pferden, 1000 Rindern und 10000 Schafen vorhanden. Bemerkenswert ist die Tierwelt von „Wild Exmoor", u. a. durch das Vorkommen von Rotwild [915 a]. Das etwas niedrigere w. Exmoor ist besser besiedelt, am häufigsten mit Weilern und Höfen in halber Hanghöhe zwischen dem Pflug-Gras- Land oben, den Talweiden unten [714, 88].

Zwischen Exmoor und Dartmoor zieht die „P l a i n" v o n N - D e v o n
gegen W, eine unruhige Landschaft, die aber nicht bestimmten Gesteinen
folgt, sondern schräg zur Synklinale von N-Devon verläuft. In den alten
Schiefergesteinen ist ein engmaschiges Talnetz entstanden. Die Kämme,
Rücken, Plateauberge und Kuppen lassen sich in ein Niveau von durchschn.
180—220 m einreihen (also ungefähr 150 m tiefer als das Hauptniveau von
Exmoor), das w. Exmoor an die Küste von NW-Devon beiderseits Hartland
Pt. herantritt und aus dem sich Exmoor selbst ganz allmählich heraushebt.
Da es im SW anscheinend in die altpliozäne Fastebene von Cornwall über-
geht, dürfte es mit dieser gleich alt sein; vielleicht ist es aber älter und im
Altpliozän, nach der Aufwölbung von Exmoor, noch verbreitert worden.
Rätselhaft sind die Laufrichtungen der Hauptflüsse. Der Torridge, der auf
dem Plateau s. Barnstaple Bay entspringt, fließt gegen SE in das Land
hinein, wendet sich gegen E, biegt aber schließlich gegen NW zurück und
erreicht in einem merkwürdig geschlungenen Lauf die Bucht von Bideford,
seine ertrunkene Mündung. In denselben von mächtigen Dünen mit einer
eigentümlichen Pflanzen- und Vogelwelt und von Marschen (Braunton Burrows, Northam und Braunton Marshes) erfüllten Trichter ergießt sich von
E der Taw. Dieser bricht, anstatt durch eine der tiefen Lücken hinüber ins
Exegebiet zu fließen, unvermutet gegen NW hin durch und nimmt unterwegs
den ihm unter spitzem Winkel entgegenfließenden Bray auf, der seine Gewässer an der SW-Flanke des Exmoor, u. a. den Mole, sammelt. Manches
spricht dafür, daß der obere Torridge früher aus der Gegend von Monk Okehampton durch eine niedrige Lücke bei Winkleigh zum Taw und weiter, das
Tal des Yeo benützend, zum Creedy geströmt ist [39]. Jedenfalls ist gegenwärtig das Einzugsgebiet des Exe auf einen schmalen Raum beschränkt. Die
Laufveränderungen sind wohl durch jene Krustenbewegungen verursacht
worden, welche Exmoor und Dartmoor heraushoben und den Bristolkanal
einsenkten. Dabei ist die alte Fastebene verbogen worden, am stärksten in
der Achse zwischen den beiden Moors; im W wurde sie etwas gegen N, im
E etwas gegen S gekippt.

Ein Gelände mit so unruhigem Relief ist weder für die Entstehung von
Dörfern noch von Hauptverkehrslinien günstig. Tatsächlich herrschen Einzelhöfe vor, aus Stein gebaute Cottages und Farmhäuser mit grauem Schiefer-
plattendächern. Je näher zur Küste, desto spärlicher und armseliger werden
sie. Einsam stehen die Kirchen oder höchstens ein paar Häuser, selten eine
Schenke neben ihnen. Die selteneren Dörfer haben große Anger für die lokalen
Viehmärkte. Sie stehen auf den Kuppen, darunter reichen die Felder so weit
hinab, als es die Hangböschung gestattet; wo sie steiler wird, setzt manchmal der Wald, sonst Gesträuch oder Heide ein. Die Siedlungen haben sächsische Namen; hier mußten sich die Sachsen dem Gelände anpassen, die
Talgründe waren wegen Enge und Nässe zum Wohnen ungeeignet [88].
Zwischen hohen, steinumfaßten Erdwällen, die mit Buschwerk, Farnen, Gräsern und Blumen bewachsen sind, winden sich die Land- und Feldwege, den
Windungen der Bäche folgend oder über Sporne auf- und absteigend, unermüdlich dahin [913 b]. Kleiner sind hier die Einhegungen als oben auf Exmoor,
aber ihre Gräser süßer [917]. Die Böden wären zwar auf den Culm Measures
nicht schlecht, wenn sie ausreichend entwässert und gekalkt werden; sie
tragen dann am häufigsten Hafer. Indes Klima und Nachfrage begünstigen
die Zucht von Milch- und Fleischrindern (fast ausschließlich die einheimische Devon- und die größere South Devon-Rasse). Rinder- und Schafzucht werden durch die Nachbarschaft der Moors begünstigt. Eine Sonder-

stellung in der Landverteilung nehmen die Marschen beiderseits Barnstaple
Bay ein: bei Braunton ist die Fläche, das Great Field, in ungef.
300 Acker-
felder („lands") geteilt, die nicht durch Hecken, sondern durch niedrige
Dämme, welche der Nutzfläche weniger Raum abnehmen, voneinander getrennt werden. Im Winter werden sie von Schafen beweidet und gedüngt.
Hier allein hat sich in SW-England das „Offenfeld"-System erhalten. Die
jenseits des Great Field gelegene Marsch dient n. des Flusses der Rinder-,
s. der Schafzucht [88].

Zwei Bahnlinien durchziehen das Gebiet in E—W, die eine am S-Rand
des Exmoor, die andere am N-Rand von Dartmoor. Die n. (G.W.R.) führt
von Taunton nach Barnstaple; bei Dulverton mündet in sie eine Linie von
Exeter ein. An dieser liegt in fruchtbarer Landschaft am Rande der „good
red earth" und noch heute mit Textilindustrie und dazu einer Spitzenfabrik
T i v e r t o n (9610; *10 630*; c. 880 Twyfyrde, „Zweifurt") im Zwiesel zwischen Exe und Lowman, einst überragt von einer Normannenburg, im Mittelalter mit Wollhandel befaßt, später ein Hauptsitz der Wollweberei, aber,
weil wiederholt von Bränden zerstört, arm an alten Gebäuden [11 a, 110].
Auch Cullompton (2973) im Culmtal, durch das die Linie Exeter—Taunton
aufsteigt, Mittelpunkt eines Obstgebietes, hat die seinen durch ein ver-
heerendes Feuer (1839) größtenteils eingebüßt [18, 110, 917]. Das benachbarte ehemalige Borough Bradninch ist zu einem Dorf herabgesunken [66 a].
An der s. Linie nach Barnstaple liegt C r e d i t o n (3090) am Creedy, bis
ins 16. Jh. ebenfalls ein bedeutender Wollmarkt, der jedoch damals nach
Exeter verlegt wurde wie seinerzeit der Bischofssitz (vgl. S. 256; prächtige
alte Kirche aus rotem Sandstein); heute hat es Cidererzeugung, Gerbereien
und Schuhfabriken. Unfern dem durch große Ponymärkte (Exmoor!) bekannten, vom Sommerverkehr belebten, sonst stillen B a m p t o n (1392)
übersetzt die n. Linie den Exe, dessen Talboden von dem kalkhaltigen Wasser
des Bathermbaches berieselt wird [110, 112; 924], und läuft nach South Mol-
ton, in wechselndem Abstand von der Hauptstraße begleitet. S o u t h M o l t o n
(1832; *2905*), ein Straßenknoten, entfaltet in den Häusern, die seinen Marktplatz umsäumen, die Freude an der Farbe, die ebenso für die Cottages seiner
Nachbardörfer und bis hinüber zur Küste bezeichnend ist und auch in
Bampton, Barnstaple und Bideford nicht fehlt. Diese zwei sind die wichtigsten Plätze von NW-Devon. B a r n s t a p l e (14 700; *15 940*), im Hintergrund des Tawästuars am r. Ufer des Flusses im Zwiesel zwischen ihm und
seinem Nebenfluß Yeo, ist eine Hafen- und Brückenstadt mit einer Steinbrücke von 16 Bogen. Schon als sächsische Burg (Beardstapol, Bardan-
stapol) ein geschäftiger Stapelplatz und im D.B. als eines der vier Boroughs
von Devon bezeichnet, war es durch eine Mauer zwischen den beiden Flüssen,
durch eine Feste an deren Vereinigung geschützt. Es betrieb bis in die
neueste Zeit lebhaften Handel, führte Getreide, Rinder, Eichenholz aus, Kalk
aus Wales, Kohle aus Bristol im 19. Jh. ein. Es errichtete Manufakturen für
Serge und Tuch; Hugenotten taten sich dabei hervor. Auch ist seine Industrie nicht unbedeutend (Papier, Lederwaren, Handschuhe, Holzverarbeitung
und Möbel, besonders aber Ziegelei, Töpferei und geschätzte Terrakotta-
waren: „Barum ware") — sie hat während des Krieges noch zugenommen,
besonders in Textilien, Maschinen und Schiffbau —, aber die durch die Aufschlickung des Hafens hat es viel von seinem Handel eingebüßt. Es hat noch
eine kleine Fischerflotte (1937: 19 Motorboote). Schienenwege laufen nach
Taunton, Exeter und Ilfracombe. Somit leicht aus der Umgebung erreichbar, ist es ein beliebter Einkaufsplatz. Viele sehenswerte Gebäude

und prächtige Anlagen sprechen von einstigem und heutigem Wohlstand [60*; 11 a, 110].

Ähnlich ist es B i d e f o r d (8778; *10 000*) ergangen, das, an dem langen,. schmäleren Ästuar des Torridge gelegen, seinen Namen einer schon von den Briten benützten Furt verdankt. Gleichfalls schon in sächsischer Zeit ein wichtiger Platz (Bedeford), im D.B. wegen seiner Fischerei als wertvoll bezeichnet, erhielt es 1271 Markt- und Messerecht. Seit den Entdeckungen blühte es vollends auf. Es handelte mit Carolina, Neufundland, Spanien, Irland, Schottland, führte Tabak ein und verarbeitete Baumwolle und Seide, besonders seitdem sich viele Hugenotten nach der Aufhebung des Ediktes von Nantes hier und in der Umgebung niederließen; deren anglisierte Namen sind dort noch jetzt zu lesen. Heute führt sein Hafen hauptsächlich Holz ein. Aber der Hauptschmuck des Städtchens ist die aus dem 15. Jh. stammende 24bogige Steinbrücke über den Torridge, der bei Springflut bis 5,5 m über das normale H.W. ansteigen kann; sie verbindet die beiden Stadtteile. Besonders malerisch ordnen sich die Häuserzeilen des größeren w. in Reihen am Talgehänge übereinander. N o r t h a m (5563) mit Golfspielplatz in den Dünen und Appledore, draußen am Ästuar, sind ländliche Siedlungen. Die Gezeiten reichen übrigens bis zu dem langweiligen Marktflecken T o r r i n g - t o n (2913; *2702*; etwas Handschuhmacherei) hinauf, das unter dem Schutz einer hochgelegenen (heute nicht mehr vorhandenen) Burg gleichfalls am Überseehandel beteiligt war. Auch I l f r a c o m b e (9175; Alfreincombe D.B.) in der 2. H. des 13. Jh. mit Marktrecht ausgestattet, hatte sich von seinem durch zackige Felsvorsprünge und seit 200 J. auch durch einen Wellenbrecher geschützten, kleinen Hafen am Handel des Bristolkanals beteiligt. Aber schon vor 100 J., wo es eigentlich nur aus einer einzigen Straße bestand, kam es als Seebad in Aufnahme. Heute ist es nach Weston-super-Mare der volkreichste Platz an der S-Seite des Bristolkanals, viel besucht im Sommer und Winter, inmitten einer großartigen Küstenszenerie. Drei Täler münden hier nebeneinander ins Meer, von denen das westlichste von der Bahn, die beiden anderen von den zwei Straßen nach Barnstaple zum Aufstieg benützt werden.

Die s. Bahnlinie (S.R.) verbindet Exeter über Crediton und Okehampton mit Launceston in der Tamarfurche und schwenkt dann um die NW-Seite von Bodmin Moor nach Padstow ab, das täglich einmal von London in 6 St. erreicht werden kann („Atlantic Coast Express"). Ein Seitenzweig führt über Holsworthy (1403) und dann den oberen Tamar an die W-Küste s.. Hartland Pt. bei B u d e, das mit dem landeinwärts gelegenen S t r a t t o n eine Gem. bildet (3836). Das vielbesuchte und -gepriesene Clovelly, ö. Hartland Pt. am S-Gestade der Barnstaple Bay, malerisch durch seine Lage in einem steilen Waldtal — die Hauptstraße war ursprünglich ein Bachbett [312*] —, seine engen, aufsteigenden Gassen und seine formenreichen Häuschen, bleibt abseits der Bahn [11 a, 917].

Auch im W wird Dartmoor von niedrigerem Hügelland umsäumt, der T a m a r s e n k e. Der Tamar, der Grenzfluß zwischen Devon und Cornwall, entspringt nahe der N-Küste nicht weit vom Torridge. Zum Unterschied von diesem durchquert er, ähnlich wie die Exe, die H.I. Im Unterlauf zu prächtigen, eingesenkten Schlingen ausgezogen [323], ergießt er sich in die 15 km lange, schlauchförmige Ria von Devonport: das untere Tamartal ist ertrunken, zusammen mit den Mündungen des Tavy, welcher aus Dartmoor kommt und unterhalb Tavistock ein gewundenes V-Tal mit steileren, waldbedeckten Hängen durchmißt, und des Lynher auf der anderen Seite. Das gemeinsame Ästuar bei Devonport heißt Hamoaze (vgl. S. 279).

Beiderseits des Tamar dehnen sich niedrige Landwellen, besonders im W, wo erst in 10 km Entfernung Bodmin Moor den Gesichtskreis abschließt, während die Ausläufer von Dartmoor im E nahe an den Tavy heranrücken. Bodmin Moor und Dartmoor werden durch den W—E streichenden Rücken des Kit Hill (333 m) einigermaßen miteinander verbunden. Ausgedehnte Flächenreste liegen in 160—180 m H. Sie bleiben ganz im Bereich der Kulturen und des unendlichen Netzes von Heckenmaschen. Natürlich überwiegen Wiesen und Weiden, der Feldbau steht zurück, doch wird auf den gegen den S-Quadranten gerichteten Hängen der Flußschlingen unterhalb Calstock viel Obst- und Gemüsebau und Narzissenzucht für den Markt von Plymouth betrieben (5 km² hauptsächlich mit Apfel-, ferner mit Kirsch- und Pflaumenbäumen; von Zwergobst namentlich Erdbeeren) [111, 112, 715]. Waldstreifen beschränken sich auf die steileren Hänge. Die Siedlungen sind dichter verstreut als in der Senke von N-Devon, häufiger sind die Einzelfarmen, Straßen und Wege. Die Hauptstraßen bevorzugen die Plateaus vor den schmalen, gekrümmten Tälern. In ihren Schnittpunkten sind kleine Landstädte entstanden. Bei beherrschender Schutzlage sind sie seinerzeit die Stützpunkte der verschiedenen Machthaber geworden, so die ehemalige Hauptstadt Cornwalls, L a u n c e s t o n (4071; *4567*). Sie steigt, umrahmt von Gärten und früher ummauert, auf einem Sporn an der S-Seite des Kenseytals auf (ehemals Dunheved, d. i. Berghaupt genannt) — einst unter der Hut einer Normannenburg —, greift aber auch auf das N-Ufer über [18; BE]. Hier kreuzen einander die Straßen von Okehampton, Camelford, Tavistock usw., so daß es für eine ausgedehnte, wenn auch dünnbesiedelte Farmlandschaft als Markt dienen kann. Mit schönem Flußfächer sammelt etwas unterhalb der Tamar die Wässer aus dem n. Halbkreis, darunter von E den Dartmoorfluß Lyd, der im Oberlauf an L y d f o r d (2218) vorbeifließt, einer der vier alten „Stannary Towns", die zu einem Dorf herabgesunken ist, und gleich darauf in eine Schlucht hinabstürzt, das Ergebnis einer Anzapfung vom Tamar her; ursprünglich ist er gegen S, zum Tavy, gegangen. An diesem liegt in fruchtbarem Gelände, gleich Lydford umrahmt von Ausläufern des Dartmoor, der vielstrahlige Wegeknoten T a v i s t o c k (4471), eines der malerischesten Städtchen von W-Devon. An eine alte Siedlung anknüpfend, verdankte es seinen Aufschwung einer 961 gegründeten Benediktinerabtei. Es wurde ein Sitz des Woll- und Tuchhandels, gleichfalls „Stannary Town" und hatte in seiner Umgebung auch Kupferbergbau [60*; 110]. Etwas unterhalb nähert sich der Tavy dem Tamar auf 1,5 km gerade dort, wo dieser eine seiner schönsten Schlingen nach E krümmt. An die S-Seite ihres Spornes lehnt sich Calstock, das, wie das in seiner Gem. gelegene Gunnerslake, durch Kupferbergbau recht wohlhabend war und durch dessen Auflassen verarmte. Von Yelverton, am SW-Rand von Dartmoor [85], führen Bahn und Straße nach Princetown. Dem ehemaligen Bergbaugebiet gehört schließlich C a l l i n g t o n (1801) an, das unter Elisabeth Stadtrecht erhielt, jetzt bloß ein kleiner Marktflecken, Verkehrs- und Straßenknoten, von der Endstation einer Sackbahn fast 2 km entfernt. Überhaupt durchziehen nur wenige Schienenstränge das Gebiet. Die Hauptstrecke Plymouth—Penzance durchquert es im S, nachdem sie das Tamarästuar bei S a l t a s h (3063; *6588!*) auf der 1859 errichteten, 30 m hohen und fast 700 m langen Brücke übersetzt hat, einem letzten Meisterwerk I. K. BRUNEL'S [11 b, 18].

Dartmoor stößt bei Ivybridge gegen S bis zur Straße und Bahn Plymouth—Exeter vor. Es wird dort von dem schon sehr zerschnittenen und
aufgelösten P l a t e a u v o n S - D e v o n umsäumt, das sich von Plymouth
gegen E verbreitert und bis zu den Haldon Hills im NE reicht. Zwischen
deren W-Abfall und Dartmoor zieht es, ungemein zergliedert, mit sanften
Schwellen, Kuppen und Buckeln am Teign aufwärts gegen N. Es ist bedeckt
mit einer verwirrenden Fülle von Feldern, Wiesen und Weiden, die durch
buschtragende Steinwälle eingehegt sind, mit kleinen Gehölzen und Dickich-
ten auf den steileren Hängen und den Spornen und mit vielen Farmen. Am
breitesten wird das Plateau im N—S-Schnitt durch die gedrungene H.I.,
welche in Bolt Head und Prawle Pt. beiderseits des Sundes von Salcombe
endigt. Nur in diesem südlichsten Teil herrschen die alten kristallinen
Schiefer, Grün-, Hornblende-, Glimmer- und Quarzschiefer. Andererseits
ziehen permische Konglomerate, Sandsteine und Mergel von Exeter her die
Küste entlang bis s. Paignton an der Tor Bay [21 h—k, 216, 310, 311; 312*].
An deren N-Seite sind sie bei Torquay durch einen Vorposten devonischer
Gesteine unterbrochen. Diese selbst, Schiefer, Sandsteine und Kalke, erfüllen den übrigen Raum, der zwischen Plymouth und Torquay, mit etwas
ungenauer Abgrenzung, S o u t h H a m s genannt wird. Ein Zug vulkanischen Gesteins verläuft aus der Senke des Tamar über dessen Ästuar bei
Saltash in der Richtung auf Totnes. Zwar ist dieses Gebiet wegen der geringen Widerständigkeit der Schiefer und der Nähe der Erosionsbasis ein
unruhig gewelltes Hügelland geworden, allein die wohl altpliozäne Rumpffläche, aus welcher es herausgeschnitten wurde, schimmert noch durch. Sie
liegt heute zwischen Plymouth und Start Bay in 100—110, höchstens 120 m
H., unbekümmert um den Bau und die Zusammensetzung des Untergrundes,
und tritt in dieser H. auch an die Küste heran; ö. Ivybridge und bei South
Brent am Avon hält sie sich in 120—150 m [21 i]. Nur ö. und nö. Modbury
erhebt sich eine Schwelle auf ± 200 m. Vom Avon durchbrochen, zieht sie
über Dartmoor Harbour gegen E. Auch sie knüpft sich nicht an ein bestimmtes Gestein, sondern gehört, da die altpliozäne Fastebene buchtförmig
in sie eingreift, einem älteren Flächensystem an, wahrscheinlich demselben
(miozänen?), das den Dartmoorstock in 200—240 m H. umgibt. Bei Torquay
und Brixham endlich treten Einflächungen in 100—110 m auf, stark zerschnitten und aufgelöst. Aber hier gelten sie nicht für pliozän, sondern für
die „basal plane" des Eozäns, die in E-Devon über Kreidekalk liegt. Tor Bay
wird auf eine Einkrümmung derselben zurückgeführt, während sie auf den
Haldon Hills (Little Haldon) bis über 200 m H. aufgebogen sei (vgl. unten).
Der Sachverhalt ist noch nicht geklärt, zumal auch das Vorhandensein prä-
kretazischer und präpermischer Oberflächen, die in Wiederaufdeckung begriffen sind, vermutet wird [216, 35, 37, 310, 311, 317].

Die aus Dartmoor abströmenden Flüsse: Plym, Yealm, Erme, Avon,
Dart und Teign durchmessen das Plateau quer zum Streichen der Schichten.
Da und dort knüpfen sich geräumige Weitungen an die weniger widerständigen Gesteine (Ermetal bei Ivybridge, Teigntal bei Newton Abbot). Auffallend ist, daß sich die w. Flüsse im Unterlauf mehr gegen SSW oder gar
SW wenden, so besonders der Avon, wahrscheinlich infolge einer Kippung
der pliozänen Fastebene, vielleicht auch in Verbindung mit Epigenese.
Jedenfalls ist die Flußgeschichte von Dart, Yeo und Teign recht ereignisreich gewesen [35, 37, 310, 311]. Terrassenreste entlang dem Dart sind jüngst
in über ein Dutzend Systeme seit dem Mittelpliozän eingeordnet, aus dem
etappenweisen Rückzug des Meeres erklärt und mit den Terrassensystemen

SE-Englands parallelisiert worden. Der Dart soll ursprünglich aus der Gegend von Ashburton über Newton Abbot nach Teignmouth und später weiter s. nach Brixham geflossen sein [340]. Jedenfalls ist die pleistozäne Entwicklung hier nicht anders verlaufen als sonstwo auf der H.-I., wie der Befund an der Küste lehrt: im allgemeinen die gleiche Art der Steilküste mit größeren Baien (Bigbury B., Start B., Tor B.), mit vielen kleinen „coves", mit den Riasästuaren der früher genannten Flüsse. Diese sind tiefer eingeschnitten, als die heutigen Isobathen angeben; denn in sie sind nachträglich Sande und Tone eingefüllt worden: das Ästuar des Plym, eingenagt in Devonkalke, zeigt bei Laira Bridge eine bei N.W. 63 m breite, 26,5 m tiefe Rinne, das des Tamar ist 36, das des Dart 43 m tief [21 i]. Manche schrieben die Ausfurchung dieser Felsrinnen und ebenso die der Ästuare des Yealm, Erme und Avon Gletschern des Dartmoor zu [21 h, 312]; dem widerspricht jedoch der ganze übrige Befund SW-Englands. Terrassen treten an den Flüssen von S-Devon bis zum Exe und Otter im E genau so auf wie weiter im W am Fowey oder am Looe, am Tamar und Tavy in der Tamarsenke usw., aber in verschiedenen Höhen, meist 5—10 m über dem Alluvium, manchmal von Head bedeckt [21 c, h, i, n].

Eine besondere Stellung nimmt der langgestreckte Höhenzug des Great und Little Haldon ein, zwischen dem unteren Exe und dem Teign. Er ist durch Zerschneidung und Abrutschen der Ränder aus einem Plateau von 240 m H. hervorgegangen. Der Sockel besteht aus den sandigen, z. T. schottrigen Haldon Beds (Oberer Gault) und Grünsand, trägt aber eine entkalkte, stellenweise 9—12 m mächtige Schotterkappe, welche hauptsächlich Kreideflinte, im übrigen kantengerundete Grünsandhornsteine und paläozoische Gesteine (aus der Permbrekzie) führt [21 a]. Dieses Gebilde wird einem von W oder NW kommenden Fluß, einem Vorläufer des Teign, zugeschrieben und für eozän gehalten, da gewisse ähnliche Vorkommen bei Lyme Regis und Sidmouth die Verbindung mit den Bagshot Gravels von Blackdown in Dorset herstellen [24]; neuestens wurde es allerdings für nicht älter als jungmiozän erklärt [340]. Wichtig ist, daß sich die 230 m-Fläche, die sich über das weiche Eozänmaterial erstreckt, in der Nachbarschaft am Abfall des Dartmoor wiederfindet. Um Moretonhampstead bildet sie einen sehr breiten Boden, vermutlich miozänen Alters, zumal er anscheinend die Auffüllung des Beckens von Bovey Tracey (vgl. im folg.) abschneidet [21 e]. Miozän dürfte außerdem jene höhere „platform" sein, welche ebenfalls um Moretonhampstead auftritt und sich bis gegen Teignmouth hin in 300 m H. verfolgen läßt. Wäre sie noch oberoligozän, dann würde ihrer Abtragung die Auffüllung des Boveybeckens entsprechen.

Dieses selbst zieht längs Bovey und Teign als eine Grabensenke (oder Synklinale?) entlang, die zwischen parallelen NW-Verwerfungen eingebrochen ist, in einer Richtung, die auch sonst die tertiären Brüche von Cornwall bis Dorset hinüber zeigen. Anscheinend sind sie gleich alt mit den oligomiozänen E—W-Falten des Hampshire Basin. Auf oberoligozänes Alter weisen die lakustren Ablagerungen des Beckens hin, deren Flora schon 1863 als Äquivalent des Aquitan in Frankreich und der Hampstead Beds der I. Wight erklärt wurde. Nach späteren Untersuchungen stimmen viele Pflanzen mit denen der Lignite der Wetterau überein, d. h. die Boveylignite wären oberstes Oligozän, vielleicht unterstes Miozän [21 e, 24, 29, 39, 340]. Infolge des Einbruchs bildete sich ein langer, mindestens 300 m tiefer See. Er wurde von den Bächen der Umgebung, besonders aus Dartmoor, zugeschüttet, während die Bewegungen noch anhielten; die Beckenfüllung weist nämlich stellenweise Einfallswinkel von 50—60⁰ auf. Sie besteht sehr einheitlich aus Sanden und Tonen mit Einschaltung von Ligniten und wird gegen die Ränder hin gröber. In das Granitgebiet hinein läßt sie sich jedoch nicht verfolgen, vielleicht ist sie hier in über 120 m H. bei der Ausbildung der pliozänen Abtragungsflächen beseitigt worden. Die Tone, die nichts anderes sind als die abgeschwemmten Witterstoffe der Dartmoorgranite, werden in großen Töpfereiwerken bis nach Newton Abbot hinab verwertet. Am unteren Ende wird das Becken durch einen Querriegel begrenzt, der vom Ausfluß des Sees gegen Torquay hin zerschnitten wurde. Das unterste Teigntal von heute dürfte jünger sein; seine Entstehung ist noch nicht endgültig geklärt [37, 313].

Auch bei Plymouth hat man Gerölle gefunden, so auf dem Kalkplateau des Hoe und Cattedown und an Deadman's Bay, u. zw. reichlich Quarz- und Phyllitgerölle, dazu Kalke und Gritstones. Sie entstammen offenbar der S-Flanke des Dartmoor, dessen Granit damals noch ausgiebig mit Sedimenten verhüllt war, und sind wohl mit den Schottern auf Haldon Hill und n. Kingsteignton zu vergleichen [21 h, i].

Das Küstenplateau von S-Devon ist ursprünglich, vielleicht mit Ausnahme der windumbrausten Kliffhöhen, von Wald bedeckt gewesen. Nach den Ortsnamen zu schließen, waren noch zur Zeit der Besitznahme durch die Sachsen Wald und Moor weiter verbreitet als heute [64]. Jetzt beschränkt sich jener so ziemlich auf die Flußkerben und die Gehänge der Ästuare des Plym, Yealm, Avon, Dart usw. Im übrigen schweift der Blick über Äcker, Wiesen und Weiden, über die zahlreichen Einzelfarmen und Weiler, die Hecken und die einfachen Fahrwege, die sich gern auf den Höhen halten, aber in dem unruhigen Gelände fortwährend auf und ab steigen müssen, und Feldwege. Da und dort ragt ein massiger viereckiger Kirchturm mit Ecktürmchen oder Zinnen über eine Häusergruppe oder ein in den Talgrund gebettetes Dörflein heraus, meist dem 13.—15. Jh. entstammend. Die Häuser sind aus einheimischem Baustoff errichtet, dem Plymouthkalkstein, den Sandsteinen verschiedenen Alters, oder auch nur aus Lehm gebaut; doch breitet sich jetzt der Ziegelbau aus. Nur wenige Straßen höherer Ordnung durchziehen die South Hams. Ihre Richtung ist sehr oft schon von alters her durch die Furtstellen der Flüsse vorgezeichnet gewesen, die später auf Brücken übersetzt wurden. Dorthin laufen gewöhnlich mehrere zusammen; Totnes und Kingsbridge (dieses schon 962 Cinges bricg genannt [623*]) sind die besten Beispiele. Die wichtigste Straße vom ö. England her führt von Exeter s. Dartmoor nach Plymouth, während die Hauptlinie der G.W.R. über Teignmouth, Newton Abbot und Totnes ausbiegt und bloß zwei wichtigere Zweige nach S entsendet, den einen von Newton Abbot zur Küste nach Torquay, Brixham und Kingswear am Dartästuar, den anderen von Brent Station nach Kingsbridge. Viele der kleinen Fischerdörfer an der Küste sind bis in die jüngste Zeit überhaupt ohne jeden Verkehr mit dem Hinterland und nur durch Boote untereinander und mit den benachbarten Häfen verbunden gewesen.

Dank dem milden Klima, das durch den Windschutz des Dartmoor noch begünstigt wird, und der Beschaffenheit der Böden spielt der Ackerbau in den South Hams eine ziemliche Rolle. Selbst Weizen ist stellenweise Hauptfrucht. Am fruchtbarsten und zugleich klimatisch begünstigt sind die roten Sandsteine und Mergel des Perm und New Red, die von Torquay über die Exemündung bis Sidmouth, am Exe gegen N ziehen und sich über Crediton und Tiverton zungenförmig westwärts erstrecken. Auf dieser „good red earth" sind 30% Ackerland, in 4jähr. Fruchtwechsel mit relativ viel Weizen und (Malz-) Gerste. Frühgemüse- und Blumenkulturen sind hier erfolgreich. Gegen W nimmt das Weideland auf Kosten der Körnerfrüchte zu, für die sich die vulkanischen und kalkhaltigen Böden am besten eignen. Die Böden auf den Schiefern sind nährstoffärmer und oft sehr dünn. Bemerkenswert ist der Obstbau von Totnes bis hinüber nach Plympton. Außer Birnen, Kirschen und Pflaumen liefert er vor allem Äpfel, weniger Tafelobst als vielmehr für die Bereitung von Cider. An steileren Hängen werden auf den oberdevonischen Schieferböden auch Erdbeeren und anderes Kleinobst gepflanzt. Wichtiger als weiter im W ist die Aufzucht von Rindvieh. Auch viel Milchvieh wird gehalten, da die Molkereierzeugnisse in Plymouth und in den Seebädern und im übrigen England (Devonshire cream) guten Absatz finden. Daher der weitverbreitete Anbau von Futtergetreide und Hackfrüchten. Die Schafzucht ist seit der Abwanderung der Wollindustrie unbedeutend. Die Industrie tritt ganz zurück. Außer Plymouth gibt es keine größeren Siedlungen, nur kleine Landstädte sind in günstiger Verkehrs- und Marktlage erwachsen.

Die eine Reihe derselben bezeichnet die Stellen, wo die Straße Exeter—Plymouth die Dartmoorflüsse übersetzt. Von ihnen hat A s h b u r t o n (2505) am Yeo (früher Ashbourne geheißen), einst eine der „Stannary Towns" und im Woll-, Vieh- und Getreidehandel tätig, etwas Textilindustrie und Sägewerke, ebenso B u c k f a s t l e i g h (2410) unfern dem Dart. Gegen W folgen South Brent, Ivybridge (1609; Papiererzeugung) und Plympton mit seinen Obstgärten, seinerzeit der wichtigste Platz des Gebietes, als es ein Augustinerkloster (Plympton St. Mary) und eine Normannenburg besaß (Plympton Earl's). Eine zweite Reihe von Städtchen liegt im Hintergrunde der Ästuare, in die einst mit dem Gezeitenhub 100- und selbst 200 tons-Schiffe einliefen: Yealmpton oberhalb des Yealmästuars (Austernzucht); K i n g s b r i d g e (2978; Eisenwerke) im Hintergrund des verästelten gleichnamigen Ästuars, an dessen Eingang S a l c o m b e (2384) aufsteigt, das sich aus einem Fischerdorf zu einem Seebad entwickelt; sehr malerisch D a r t m o u t h (6708; 5177) mit Marinedocks und ihm gegenüber Kingswear am Ästuar des Dart, beschäftigt mit Forellen- und Seelachsfischerei (1937: 29 Motorboote). Dartmouth, allseits von Höhen umschlossen, windgeschützt, war früher ein wichtiger, auch militärisch wertvoller Hafen. Bereits 1342 zum Borough erhoben, zeichnete es sich in den Kämpfen gegen Frankreich aus. Laubenhäuser aus dem 17. Jh. und Gasthöfe aus der Georgszeit erinnern, soweit sie nicht durch Bombenangriffe zerstört wurden, an den ehemaligen Wohlstand. Eine Brücke nach Kingswear, dem Endpunkt der Bahn, ist geplant [110]. Am wichtigsten aber, seit jeher auch strategisch, ist der Straßenknoten T o t n e s (4526; 5610), wo die unterste Brücke den Dart überspannt. Schon zur Zeit des D.B. nach Exeter der bedeutendste Platz Devons, ja schon in angelsächsischer Zeit im Besitz einer Münze (Toteneis), blühte es dank dem Tuchhandel auf, bewacht von einer Burg und umwallt. 1215 erhielt es seinen ersten Stadtbrief. Noch zeigt seine High Street Häuser mit vorspringendem Oberstock („Rows") und die alte Guildhall. Es betreibt Fischfang (1937: 29 Motorboote), ist einer der Hauptmärkte der South Hams und hat Ciderfabrikation, Molkerei, Brauerei und Müllerei. Mit Rindern und Molkereiprodukten handelt N e w t o n A b b o t (15 010; Leder- und Textilindustrie), ein geschäftiger Einkaufsplatz für die Farmer, unfern dem Scheitel des Ästuars des Teign, an welchem es Holz- und Kohlenlager hat; durch den Abbau der Lignite des Boveygebietes würde es sehr gewinnen

[11 a]. T e i g n m o u t h (10 017) ist ein kleiner Hafen für leichtere Fahrzeuge (E. von Holz, A. fast nur Ton), aber durch eine Sandbank („The Den")
abgesperrt, entwickelt es sich mehr und mehr zum Seebad. Als solches ist
jedoch — trotz etwas Industrie (Leder, Maschinen, Druckerei; in der Umgebung Zement- und Ziegelwerke) — T o r q u a y (46 165; *46 900*), das Klein-
od der Küste von Devon, unübertroffen, dank dem Windschutz der Höhen,
welche zum Kap Hope's Nose vorspringen und so die schön geschwungene
Tor Bay gegen N abschließen. Es war das erste der Seebäder Devons, daher
trägt sein älterer Teil das Gepräge der Regency- und Viktoriazeit. Von den
Promenaden und Gärten am inneren und am äußeren Hafen steigt es am
Gehänge empor, mit weitem Blick über die Bucht und die vielen Yachten,
umringt und durchsetzt von herrlichen Gärten mit einer üppigen subtropischen Vegetation, Kamelien, Magnolien, Geranien, Hortensien, mit Palmen
und Eukalyptus, Orangen- und Zitronenbäumen, deren Früchte im Freien
reifen. Von Tor Abbey, einer 1196 gegründeten Prämonstratenserabtei, sind
bloß spärliche Reste übrig. Ein kleineres Seebad mit schönem Sandstrand
am Fuß des Kliffs ist P a i g n t o n (18 414; *29 310*), neuerdings in
raschem, nicht überall schönem Wachstum begriffen. B r i x h a m (8145),
an der S-Seite der Tor Bay, ist dagegen der Mittelpunkt des Küstenhandels
und der Seefischerei von Devon, hat eine Fischerflotte (1937: 44 Motorboote)
und einen Fischmarkt und einen durch einen Wellenbrecher geschützten
Hafen, der aber bei N.W. fast trocken läuft. Bis nach dem ersten Weltkrieg
blieb es den alten Segelschmacken treu und holte mit dem Grundschleppnetz
Frischfische ein; jüngst wandte es sich mehr dem Treibnetzfang von
Heringen zu [712*]. Auch baut es Schiffe und erzeugt Schiffstaue, Farben
und Öl. Übrigens beteiligen sich hier am Fischfang auch die Trawler der
E-Küste. N. Teignmouth ist das villen- und parkreiche neue D a w l i s h
(4580), umrahmt von den roten Permfelsen des Kliffs, aufgeblüht, heute
schon ein Vorort von Exeter; das alte schmiegt sich dahinter malerisch in
den Grund eines Tales. Malerisch sind auch die Dörfer und Straßen weiter
landeinwärts wie etwa Cockington (Abb. 49).

Exeter. Am breitesten und tiefsten greift hier das Ästuar des Exe in das
Land ein. In seinem Hintergrund ist die Gr.St. von Devon, E x e t e r
(66 029; *69 070*), erwachsen, die bis ins 18. Jh. die führende Stadt im W war,
dann aber von Plymouth überholt wurde. Auf Exeter laufen die durch den
Flußfächer des Exegebietes vorgezeichneten Straßen und Bahnlinien zusammen, von Exmoor und Tiverton, von Bristol über Taunton und durch
das Burlescombe Gap (die Lücke zwischen Exmoor und Blackdown Hills),
von Barnstaple und Crediton. Außerdem zielt von Salisbury her über Yeovil
und Honiton eine der Hauptstraßen S-Englands. Sie war wichtiger als eine
andere, die weiter im N die Sümpfe von Somerset passieren mußte. Hier
läuft seit 1860 auch ein Strang der S.R., während die ältere Linie der G.W.R.
(1844) von Taunton herabführt. Alle diese Straßen und Bahnen werden in
der Brückenstadt zusammengefaßt, von wo sie über, bzw. um die Haldon
Hills nach Plymouth und Cornwall ihre Fortsetzung finden. Auch die wichtigste Straße über Dartmoor nach Tavistock geht eigentlich von Exeter aus.
Nahe der Grenze von Flachland und Hochland gelegen, vereinigt dieses mit
der Verkehrs- auch besondere Marktfunktionen. Als Hafenstadt blieb es dagegen trotz wiederholter Bemühungen hinter Plymouth zurück [11 a, 12, 81 g;
312*].

Das älteste Exeter lehnte sich an die S-Seite der kleinen, aus harter
Lava („Exeter Trap") bestehenden Rückfallskuppe Rougemont, die sich am

Ende eines langen Spornes permo-triassischer Sandsteine und Mergel erhebt. Es steht in der Hauptsache 6—8 m über dem alluvialen Talboden auf einer trockenen Schotterterrasse zwischen zwei zum Exe hin gerichteten Gräben, welche die Verteidigung begünstigten. Hier war bereits in der römisch-britischen Zeit Isca Dumnoniorum entstanden, von welchem die Wege in die H.I. hineinführten. Größere Bedeutung erlangte es nach der Besetzung durch die Sachsen, zumal seitdem es, unter Äthelstan zum Schutz gegen die Angriffe der Dänen befestigt, die britische Bevölkerung, welche bis dahin friedlich neben den Eindringlingen gewohnt hatte, vertrieben (926) hatte und es an Stelle von Crediton Bischofssitz für Devon und Cornwall geworden war (1050), und vollends unter den Normannen, welche schon unter Wilhelm

Abb. 49. Cockington, ein Schaustück („museum piece" [110]) des Dorfbaustils im Devon. (Aus: Devon. Issued by the Great W. R. Comp. London.)

dem Eroberer auf Rougemont eine Burg errichteten [13 a, 81 a, g]. Der Zinnhandel und später der Wollhandel blühten auf, begünstigt durch königliche Freibriefe von 1160 und 1326, welche den Bürgern Zollfreiheit in ganz England, bzw. Stapelrecht für Wolle, Häute, Leder und Blei gewährten [81 b]. Mehr und mehr entwickelte sich in den umliegenden Dörfern und Weilern die Wollweberei; „white straits" (einfachbreite weiße Tuche, zum Unterschied vom doppeltbreiten „broadcloath") und getrocknete Fische waren wichtige Gegenstände der Ausfuhr. Doch wurde der Schiffsverkehr den Exe hinab durch fortwährende Streitigkeiten mit den Earls of Devon erschwert; 1340 wurde sogar die Fahrtrinne durch einen Damm gesperrt (Countess Weir), so daß Topsham als Hafen benützt wurde, wie anscheinend einst schon in der römischen Zeit. Eine unter Eduard I. über den Exe erbaute Brücke erleichterte den Marktverkehr mit dem W. Von dem Wohlstand der Bürger sprechen die Guildhall (1464) und andere Zunfthäuser. Besonders die Lederer, Walker und Weber waren reich, auch die Fleischer, Bäcker, Fischhändler und Schneider [81 c]. Immer mehr wurde die Weberei (serges; broadcloath) die Hauptsache, die schon im 17. Jh. in Faktoreien außerhalb der Stadtmauern betrieben wurde und auch aus Wales, Irland und selbst Spanien Wolle einführte. Flüchtlinge aus Holland, Deutschland, Frankreich brachten ihre Kenntnisse, Fähigkeiten und selbst Kapital mit. Nach Hol-

land, Flandern, Hamburg, Spanien, Portugal wurden die Tuche verkauft.
Um 1710 war Exeter eine der blühendsten Handelsstädte Europas, eine der
reichsten England [81 f]. Namentlich mit Holland wurde der Handel ge-
pflegt, holländische Einflüsse machten sich daher stark bemerkbar; viele
Häuser in Exeter und Topsham zeigen ganz holländischen Stil. Holländische
Ingenieure beteiligten sich an der Kanalisierung des Exe [81 g]. Außer der
Wolle waren Wein, Tabak und Zucker Hauptgegenstände der Einfuhr, eine
Zeitlang auch Eisen, nachdem 1792 eine Eisengießerei gegründet worden war,
die schwedisches Eisen benützte. Als dann mit den Napoleonischen Kriegen
aus den bekannten Ursachen der Wollhandel dahinschwand und sich bloß
die Küstenschiffahrt mit ihren kleinen Fahrzeugen behaupten konnte — die
Fahrtrinne läßt nur Schiffe von weniger als 350 tons zu —, bewirkten die
neuen Straßen und später besonders die Eisenbahn einen starken Zuzug
wohlhabender Mittelständler, die sich, angelockt durch das günstige Klima
und die Anmut der Umgebung, in neuen Wohnvierteln niederließen. In einem
gewissen Zusammenhang damit stehen die Bemühungen der Stadt auf geistig-
kulturellem Gebiet. Sie ist eine angesehene Schulstadt geworden und hat
seit 1922 eine im Werden begriffene Universität, vorläufig ein University
College. Die alten Bauwerke sowie die benachbarten Seebäder und der
Touristenstrom nach Devon und Cornwall brachten immer mehr Besucher
nach Exeter, durch den Kraftwagen und die modernen Straßen ist es ein
Mittelpunkt des Fremdenverkehrs geworden und auch seine Rolle als Markt
erheblich gewachsen. Für ein weites, die ganze Gr. umfassendes Gebiet ist
es das „shopping centre" mit riesigem Verkehr — 2700 Buses allein passieren
täglich seinen Mittelpunkt [81 h]. Im Viehhandel hat es mehr als lokale
Bedeutung, wurden doch (vor 1939) wöchentlich an die 400 Rinder, 1000
Schafe und Lämmer und 500 Schweine hereingebracht und nach London und
den Industriegebieten verkauft. Der Gemüsebedarf der Fremden hat in der
Umgebung neue Gärten entstehen lassen. Industriell betätigt es sich mannigfach (Brauereien, Papier, Tabak; Kessel und landwirtschaftliche Maschinen;
Eisengießerei; Druckerei). Die meisten Fabriken und Werkstätten, Magazine, Holzlager, das Schlachthaus usw. stehen auf Exe I. Der Hafenverkehr
ist unbeträchtlich, aber etwas im Wachsen (E. etwa 50 000 tons: Auto-
benzin, Zement, Futtermittel; Zucker und Chemikalien aus London, Holz
aus dem Ostseegebiet; A. etwa 5000 tons: Steine, Saatgut, landwirtschaftliche Erzeugnisse). Es beteiligt sich auch an der Fischerei (1937: 95 Motorboote).

Exeters Wahrzeichen und schönstes Baudenkmal ist die Kathedrale, im
wesentlichen eine Schöpfung der englischen Hochgotik des 13. und 14. Jh.,
die wie das Schloß aus der harten Lava und Brekzie und aus den mesozoischen Sandsteinen und Kalken (u. a. von Beer) erbaut ist. Sie ist bei dem
schweren Bombenangriff 1942 erhalten geblieben. Doch ist sein kirchlicher
Wirkungsbereich seit der Gründung des Bistums Truro (vgl. S. 256) auf
Devon beschränkt. Auch sonst ist es reich an Kirchen und alten Bauten
aus dem Mittelalter und der Tudorzeit, im „Georgian"- und „Regency"-Stil,
an „terraces" und „crescents"; Bedford Circus, die schönste jener Anlagen,
ist allerdings den Bomben zum Opfer gefallen. Noch zeigt es seine Stadtmauern, aber die nach den vier Hauptweltgegenden benannten Tore sind verschwunden, welche an den Enden der beiden einander rechtwinkelig schneidenden Hauptstraßenzüge (North und South Streets, High und Fore Streets)
gestanden waren und von denen West Gate zur Brücke über den Exe hinabgeführt hatte (Abb. 50).

Ein Außenposten der Stadt ist das freundliche Seebad E x m o u t h (14 591), im Mittelalter ein Hafen mit Schiffervolk, heute ausgestattet mit Docks (Ziegelwerke). Als Seebad begann es sich schon um 1800 zu entwickeln, wie Häuser im Georgsstil bekunden [110].

Plymouth. Weitaus die größte Siedlung SW-Englands sind die „Three Towns" P l y m o u t h, S t o n e h o u s e u n d D e v o n p o r t, seit 1914 als Plymouth zu einem Gemeinwesen vereinigt (208 182; *157 580!*). Im Hintergrund des Plymouthsundes zwischen den Ästuaren des Plym (Cattewater) und des Tamar (Hamoaze) und ihren Seitenbächen gelegen, hat der Platz als Hafen mit ausgezeichneter Schutzlage und zugleich als Sperre des Haupt-

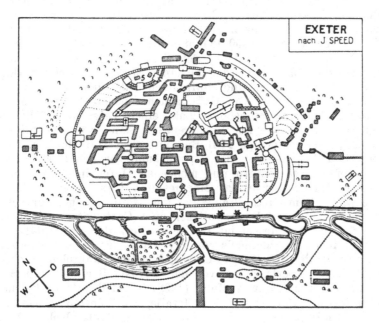

.Abb. 50. Exeter um 1600. Nach J. SPEED. 1 East Gate, 2 South Gate. 3 West Gate, 4 North
·Gate, 5 The Castle, 6 St. Stephen's, 7 Cathedral (St. Peter's), 8 High Street, 9 Guild Hall.

tores zwischen Devon und Cornwall im späteren Mittelalter Bedeutung gewonnen. Im D.B. als Sutona bezeichnet (der Name Sutton Pool, einer seichten Bucht des Cattewater, erinnert daran), war es um 1100 ein Fischerdorf, das ursprünglich dem Kloster Plympton gehörte. Von ihm sehr gefördert, erhielt es 1283 Marktrecht, 1439 einen Stadtbrief. In den Kämpfen des 13. und 14. Jh. mit Frankreich hatte es sich als wertvoller Stützpunkt erwiesen. Seit dem Zeitalter der Entdeckungen und der älteren englischen Kolonisation konnte es seine gegen W vorgeschobene Lage ausnützen; mit ihm sind u. a. die Namen von Hawkins, Drake — der von hier seine erste Weltreise antrat — und der Pilgrim Fathers verbunden. Unter Wilhelm von Oranien wurde 1689 mit dem Bau des R. Dockyard in Devonport begonnen (bis 1824 Plymouth Docks genannt); in der Napoleonischen Zeit wurde es der große Flottenstützpunkt. Im 18. Jh. blühte der Handel mit Virginia und Westindien auf; bis in unsere Tage sind die Zuckerraffinerien ein wichtiger Industriezweig der Stadt geblieben [82 a—c, e]. Um 1800 hatte Plymouth Exeter bereits weit überflügelt (1801: 43 000, Exeter 17 000).

Viele Regencyhäuser in Devonport und Stonehouse zeugen von seiner raschen
Ausdehnung.

Heute umfaßt der Port of Plymouth auch Plymouth Sound (18 km²),
der durch einen 1560 m langen Wellenbrecher aus Granitblöcken (1812 bis
1847 erbaut) gegen die SW-Stürme geschützt wurde — Plymouth hat also
nicht einen rein natürlichen Hafen — und Hamoaze, alles bewehrt mit mächtigen Forts und Batterien. Denn Plymouth ist in erster Linie Kriegshafen
und steht als Seefestung nur Portsmouth nach. Das Hamoaze dient der
Kriegsflotte, an seiner E-Seite liegen die Docks, die älteren R. Docks im S,
das Keyham Steam Yard (seit 1883) im N. Hier, in Devonport, stehen
auch die Eisen- und Messinggießereien und Maschinenwerkstätten, Speicher,
große Ölbunker, Seemannsheime, Kasernen und in Keyham das R. Naval
Engineering College. In Devonport werden Kreuzer und Minensucher gebaut. 1930 waren ungef. 10 000 Personen auf der Staatswerft beschäftigt,
davon die Hälfte im eigentlichen Schiffbau [82 d]. Auf dem aussichtsreichen Mt. Wise hat der Hafenadmiral seinen Sitz, gegenüber Mt. Edgcumbe,
einem mit herrlichen Gärten und Golfplätzen bedeckten Vorsprung der cornischen Küste. Ein Gürtel von Grünflächen umschließt Devonport im E,
wo Stonehouse Pool und Stonehouse Lake einen Talgrund erfüllen und die
Landzunge von Stonehouse im W begrenzen. Seine E-Grenze bildet, gegen
Plymouth hin, die rechteckige Mill Bay mit zwei Hafenbecken, von denen
das äußere bei H.W. 11—12 m tief ist, umsäumt von den Docks der G.W.R.
mit ihren Werften, Magazinen und modernen Hafeneinrichtungen. Devonport hat eine Marinekaserne, das Marinespital, verschiedene Fabriken und
das riesige R. William Victualling Yard, den Hauptspeicher für den Bedarf
der Kriegsflotte. Wie Mill Bay, so dienen auch Cattewater und Sutton Pool
als Handelshafen. An diesem ist Barbican Quay der Schauplatz des noch
immer ansehnlichen Fischhandels von Plymouth, das in den heimischen Gewässern hauptsächlich Heringe, Pilchards, Sprotten, Makrelen fängt — darin
ist Brixham etwas überlegen —, vor der E-Küste Schollen und Seezungen
(1937: 32 Motorboote). Zur Ausfuhr (1938: 0,2 Mill. Pf.St.) kommen hierher Kaolin für die Potteries, Teer, Metalle, zur Einfuhr (1938: 2,4 Mill.
Pf.St.) Lebensmittel, Obst, Bier, Mais, Gerste, Holz, Kohle, Viehfutter,
Kunstdünger, Erdöl. Aber abgesehen vom Kriegsschiffbau beschränkt sich
die Industrie auf die Erzeugung von Lebensmitteln, Chemikalien und elektrischen Apparaten. Neuerdings wurden Kraftwagen und Flugzeuge gebaut
(Flughafen in Roborough). Zwischen Sutton Pool und Mill Bay zieht sich
der Badestrand am Fuß der Anhöhe entlang, auf welcher die Esplanade
des „Hoe" weniger durch ihre Denkmäler als durch ihren Ausblick auf
Plymouth Sound mit seinen Schiffen, Yachten und Booten und auf die ihn
umrahmenden Küsten den Besucher entzückt. E. des Hoe steht die von
Karl II. errichtete Zitadelle über Sutton Pool, n. des Hoe steigt über diesem
das alte Plymouth an, mit engen Gassen und alten Häusern — Kern und
Wachstum werden durch die Stadtpfarrkirche St. Andrews (1450—1520)
und die New Church (1640) bezeichnet. Ringsum sind die öffentlichen Gebäude, in denen die Funktionen des städtischen Lebens zum Ausdruck
kommen, am zahlreichsten, sind die Brennpunkte des Verkehrs und die
Bildungsanstalten. Nur das wichtige Marine Biological Laboratory liegt
drunten am Hoe. Weiter n. wachsen saubere Wohnviertel auf den luftigen
Höhen in das Land hinein, heute auch schon jenseits der North Road
Station, des Hauptbahnhofes der G.W.R., von wo London in knapp 4½ St.
über Exeter und Taunton erreicht wird. Deshalb nehmen Post und viele

Reisende den Weg nach Übersee über Plymouth. Nach allen Erdteilen bestehen Dampferverbindungen, auch an der Küstenschiffahrt Großbritanniens ist es lebhaft beteiligt [11a, 12, 82].

Plymouth gehört zu denjenigen Städten, die während des letzten Krieges besonders schwer durch Bomben beschädigt wurden. Eine umfassende Planung wird ihm ein neues Gepräge verleihen [82 l, m].

In seinen Formen gleicht B o d m i n M o o r, w. der Tamarsenke, dem Dartmoor, aber es ist kleiner und niedriger (Brown Willy 419 m) [11 b, 18, 919]. Es wird vornehmlich von rötlichgrauen Zweiglimmergraniten aufgebaut, die sich über die im S und W anschließenden Schiefer mit einer deutlichen Stufe, im übrigen ohne scharfe Grenze über ihre Nachbarschaft erheben, obwohl hier Verwerfungen, dort der normale intrusive Verband vorliegen [21 b]. An gewisse graue feste, verhältnismäßig kluftarme Granite knüpfen sich, entlang den Hauptbrüchen, die Gipfel und Tors (Roughtor, Bolventor usw.). Die Masse der Erhebung trägt einen manchmal mehrere Meter mächtigen Verwitterungsboden. Auch hier beobachtet man ferner Intrusionen von feinkörnigen Graniten und kleinere jüngere Granitadern und -gänge, auch hier schließlich einen Hof von kontaktmetamorphen Gesteinen. Bodmin Moor weist mindestens zwei alte Flächensysteme auf, das eine in ± 300 m, das andere in 220—230 m H. [314]; das höhere trägt die Wasserscheide zwischen dem Tamargebiet einerseits, dem Fowey und Camel und deren Seitenbächen andererseits. Die Gewässer entspringen auch hier in flachen, weiten Mulden, deren Hänge sehr oft von mächtigem „Head" bedeckt und deren Gründe gewöhnlich von ganz jungem Torf erfüllt sind. Ob die darüber aufsteigenden Kuppen ehemalige Meeresinseln sind, ist fraglich. Das 220—230 m-System dringt bei Camelford buchtartig entlang dem Granitrand ein, bei St. Breward in den Granit selbst. Die altpliozäne Küstenlinie liegt merklich tiefer, mit ihrem oberen Rand in 130 m H. Sie ist in den weicheren Schiefern schon sehr verschwommen, dagegen scharf ausgeprägt im Staddon Grit, der von Bodmin fast bis an das Meer heranzieht, während das alte Kliff selbst — sehr bezeichnend 5 km von dem Gestade entfernt — gegen N umschwenkt. Weniger deutlich ist die altpliozäne Uferlinie auf der E-Seite, wieder auffallend hingegen zwischen Tregardock und Boscastle [312*]. Nicht geklärt ist die öfter auftretende Versteilung der sanften, grasbedeckten Böschungen, die vom pliozänen Kliff zur heutigen Küste hinabführen, ob es sich dabei um ein jüngeres Kliff handelt oder um die Zurundung des Kliffrandes unter einem arktischen Klima. Erst unter jenen Böschungen stellt sich dann das sehr oft fast senkrechte holozäne Kliff ein, welches da und dort ein paar Fuß über H.W. eine schmale Felsleiste, nicht selten auch mit gut gerundetem Strandgeröll, zeigt, so am Ästuar des Camel. Von S her ist die durch die jungpliozäne Hebung eingeleitete Tiefenerosion der Flüsse bereits in den S-Abfall der Erhebung eingedrungen (bei St. Neot usw.). Der Rand der weiten Moorflächen (Red M., Conce M.) hält sich durchwegs in 130 m H., ganz entsprechend der altpliozänen Uferlinie. Nach Form und Lage können sie selbst nicht durch Abrasion erzeugt worden sein, sondern stellen breite, offene Täler dar, welche unmittelbar über dem Meeresspiegel lagen [314; 21 g]. Die einzigen Überreste, welche aus jener sehr fernen Zeit — sehr selten — vorhanden sind, scheinen gewisse gut gerundete, eisenhaltige Schotter zu sein, welche die Zinnwäscher aus dem Untergrund aufgegraben haben.

Bodmin Moor ist zwar reich an „hut circles", Steinkreisen, Dolmen,

Grabhügeln und anderen Spuren vorgeschichtlicher Besiedlung, längst aber
größtenteils Ödland. Immerhin steigen die Einzelhöfe von Bolventor, der
höchstgelegenen Siedlung (mit Kirche und Hotel), unfern dem oberen
Fowey, auf über 300 m H. an. Hier durchquert die einzige Straße (Launceston—Bodmin) das Gebiet. Rundum liegen ein paar locker gebaute Dörfer.
Die meisten Farmwohnhäuser sind einsame, niedrige Gebäude, die durch
Pfade miteinander verbunden sind. Sie sind oft, die Nebengebäude fast ausschließlich aus unbehauenen Granitblöcken errichtet. Daneben ist der Torf
aufgeschichtet. Mit ihm wird u. a. über dem offenen Herd das Brot gebacken. Alles wird von dem grauen Granit beherrscht, wie die Mauern der
Häuser so die Einhegungen, Wege, die Hänge und die Gipfel der Anhöhen
[912, 920]. Er wird besonders an der NE-Seite des Gebirges gebrochen.

Noch kleiner und niedriger ist der G r a n i t s t o c k v o n St. A u s t e l l
(Hensbarrow Beacon 315 m). Niedrige, flache Kuppen werden durch breite
Furchen voneinander getrennt (Criggan Moor, Redmoor). Steiler geböscht
sind bloß die Talflanken des Fal und des St. Austell-Flusses. Ein paar
Vorposten des Granits finden sich in der Nachbarschaft; auf einem von
ihnen, vielleicht einer selbständigen Intrusion, steht St. Dennis. Mit schär-
feren Formen ist der graue porphyrische Granit nur im Helman Tor (180 m)
s. Bodmin ausgewittert. Aber riesige, bis zu 10 m lange, bis zu 100 t schwere
Blöcke liegen zahllos über die Heiden der Gem. Luxulyan und Lanlivery
(w. Lostwithiel) verstreut, aus der ursprünglichen Form, welche durch die
Bankungs- und Kluftflächen des Gesteins verursacht wird, zugerundet und
langsam in die Mulden hinabkriechend. Grobes Trümmerwerk, Granitgrus
und feiner Sand („growan"; vgl. S. 262) bedecken im übrigen die Gehänge
und Höhen der Landschaft fußtief. Am eigentümlichsten ist die außerordentlich starke Kaolinisierung des Granits in den mittleren und w. Teilen.
Der „China Clay Rock" wird in vielen großen Gruben, desgleichen der
„China Stone", auch „Cornish Stone" genannt, der von manchen Forschern als ein Zwischenstadium in der Umwandlung von Granit in Kaolin
angesehen wird, zur Erzeugung von Porzellanerde gewonnen [24]. Die Anfänge dieser Industrie, welche die wichtigste Wirtschaftsquelle von Cornwall
ist und welche das Aussehen der Landschaft ungemein verändert hat, reichen
über 1½ Jh. zurück. Die Literatur sowohl zur Geschichte der Industrie
als auch zur Geologie ist groß. Nach der Härte, dem Grad der Kaolinisierung, dem Gehalt an Flußspat, der Farbe unterscheidet man verschiedene
Arten von „Cornish Stone". Mit dem Kontakthof des St. Austell-Granits
und der anderen Granite von Cornwall ist ferner im S auch der Bergbau
auf Zinn und Kupfer bis in die jüngste Zeit eng verknüpft gewesen. Die
Hauptlager befinden sich in der Umgebung von Camborne, Redruth und
St. Austell, in der Regel verbunden mit den „elvans", von welchen die
Schiefer („killas") durchsetzt werden; z. T. auch im Granit [21, 23, 24,
214, 218]. Waschzinn ist früher auch im N-Rand und im mittleren Teil des
St. Austell-Granits gewonnen worden. Noch erinnern die Abfallhaufen an
die Tätigkeit der alten Betriebe, aber diese Art ist schon im Laufe des
vorigen Jh. erloschen [66, 68, 71]. Stellenweise wurden den zinnführenden
Bächen Goldkörner entnommen (über St. Austell selbst vgl. S. 284).

M i t t e l - C o r n w a l l, der Abschnitt zwischen Bodmin Moor und der
W-, bzw. S-Küste und von St. Austell Moor bis zur H.I. Lizard und nach
Penwith, gehört größtenteils der altpliozänen Einebnungsfläche an. Sie
senkt sich leicht zur Küste hin und endigt an ihr mit einem meist 90 bis

120 m hohen Kliff. Wegen der Nähe der Erosionsbasis und der geringen Widerständigkeit des Gesteins ist sie dicht zerschnitten, die Riedel zwischen den Talfurchen sind erniedrigt, am meisten auf den Wasserscheiden zwischen gegenständigen Tälern. Bald waltet mehr der Eindruck welliger Plateauflächen, bald mehr der einer Rücken- und Kuppenlandschaft vor. Stellenweise hebt sich diese etwas betonter über das allgemeine Niveau heraus, auf 180—200 m H. und darüber, so in den an die Staddon Grits geknüpften Denzell und St. Breock Downs zwischen Newquay und Wadebridge, in den Castle Downs (214 m) und Belowda Beacon (227 m) n. der St. Austell Moors, ferner beiderseits Lostwithiel (bis 210 m). Inselartig steigt ö. des unteren East Looe Bin Down (201 m) über seine Umgebung auf, zumal sich diese gegen das Tamarästuar hin merklich abdacht. Im W stellen die Granitmassen des Carnmenellis und seiner Nachbarschaft ein höheres Gelände von 170 bis 220 m H. dar. Alle diese Erhebungen ordnen sich in ein Flächensystem ein, das rund 100 m über dem altpliozänen liegt und wie die 200—240 m-Flächen von S-Devon vermutlich miozän ist [313, 319, 320, 331]. Auffällige Hohlformen mitten im Land sind das große Goss Moor am Oberlauf des Fal und die ebenfalls moorige Niederung nw. Luxulyan an der NE-Seite von St. Austell Moor, beide im Niveau der altpliozänen Fastebene. Unter dieser sind verschiedentlich tiefere Riedelplatten vorhanden, wahrscheinlich jungpliozänen Alters. Zahlreiche Spuren junger isokinetischer Bewegungen sind an der Küste erhalten, namentlich die km-langen, im Hintergrund schon zugeschütteten Ästuare des Looe und des Fowey, das besonders schön verzweigte des Fal (Carrick Roads) mit Truro R. und Tresillian R. und den „Creeks" von Devoran, Mylor und Penryn, das des Helston R.; an der N-Küste endlich das des Camel und des Hayle R., welcher aus der Senke von St. Erth kommt [21 m, 22, 325 a, 331; 312*]. Eine geringe Senkung, von 15 bis 20 m, würde diese unter Wasser setzen, W-Penwith abtrennen, vorhandene Rias weit in das Land verlängern und neue schaffen. Die Senke von St. Erth ist wieder ein Beispiel für die wechselvolle Geschichte des Gebietes: erste Anlage schon im Eozän, dann Hebung und Zerschneidung infolge der miozänen Krustenbewegungen, gegen Ende des Miozäns wieder eine Meerenge, im Pliozän unter Wasser. Vor der Hebung scheint durch sie ein Fluß vom Bristolkanal her geflossen zu sein, mit Zuflüssen auch aus E (Kyanite aus der Gegend von Devizes!, Chalkgerölle, Hornsteine); doch auch von S wurden Stoffe herbeigeführt (Staurolithe aus der Bretagne) [324, 325, 332].

In dem an sich gleichartigen Klima werden durch die Auslage gegen Wind und Sonne und durch den Gegensatz von Hochflächen und Talkerben allerlei Unterschiede verursacht. Am meisten begünstigt sind die Buchten der S-Küste, benachteiligt die Gestade und Hochflächen längs der NW-Küste. Im großen ganzen einheitlich ist das Bild der Kulturlandschaft. Der Wald ist bis auf gewisse ältere, manchmal recht schöne Bestände und Neupflanzungen in den Tälern und zumal an den Hängen der Ästuare geschwunden; die Bäume, in deren Schutz sehr häufig die Farmen stehen, zeigen Windwuchs und sind namentlich im W verkrüppelt. Weiden und Wiesen ziehen über das Wellenland, von Ginster- und Farnheiden unterbrochen. Die Erhebungen der Plateaus sind überhaupt nur Heide und Moor. Inmitten der kleinen Güter liegen Einzelhöfe, überwiegend mit tre=Namen (Tregidden, Treworgie, Tregoney, Tregarn u. a.; vgl. S. 256). Die meisten Farmen sind nicht über 20 ha groß und daher „family farms", d. h. ohne Hilfspersonal, die Felder klein, oft winzig. Die Kirchen sind lange, niedrige Gebäude mit kräftigen W-Türmen, viele aus dem 15. Jh., häufig mit älteren, normannischen Bestandteilen. Die älteren Häuser sind aus dem einheimischen Baustein, z. B. Granit, erbaut und mit den graugrünen cornischen Schiefern gedeckt; ärmere, aus Lehm und Stroh („cob") gebaute und strohgedeckte Cottages sind nichts Seltenes. Beide Arten werden zum Schutze gegen die Verwitterung gerne verputzt und farbig oder weiß getüncht, die Mauern mit Schieferplatten belegt. Die Torvorbauten sind jüngeren Datums. In jüngster Zeit werden jedoch die teueren Granite durch Ziegel aus Holland und Belgien verdrängt, die einheimischen Schiefer durch die ebenfalls billigeren violetten aus Wales oder auch durch das häßliche Wellblech oder auffällig rote Asbestplatten, mit denen namentlich die größeren Wirtschaftsgebäude der Farmen und die Speicher für die Porzellanerde gedeckt werden [917]. Die Einhegungen sind niedrige, dicke, gestampfte Erdwälle, an beiden Seiten bedeckt mit senkrechten oder im „Heringgrätenmuster" gestellten Steinplatten und oben mit Gräsern und Farnen bewachsen. Bloß in den Granitgebieten bestehen sie mitunter aus rohem, übereinander geschichtetem Blockwerk mit einer Torfkrönung. Weitmaschig ist das Netz der besseren Straßen, die von den Küstenhäfen und von den Marktplätzen der Haupteisenbahnlinie, der Strecke Plymouth—Truro—Penzance (der G.W.R.), ausgehen. Diese entsendet Seitenzweige einerseits nach Looe, Fowey und Falmouth im S, andererseits nach Padstow, Newquay, Perranporth und St. Ives, den kleinen Häfen der NW-Küste, die für die Zufuhr von Kohle und Holz oder die Ausfuhr der Porzellanerde dienen und auch als Seebäder geschätzt werden. Von N her führt die Linie der S.R. durch das Cameltal nach Padstow hinab.

Ein besonderes Gepräge weisen die Gebiete der Kaolingewinnung auf. Abgesehen von den Stannon Works an der NW-Seite von Bodmin Moor, gehören sie dem Hensbarrow-Granit an. St. Austell, die „Kaolin City", ist der Mittelpunkt der Porzellanerdegewinnung. Zwischen Lostwithiel und Par beginnt das Bergbaugebiet. Überall erblickt man schon von der Bahn aus die mächtigen kegelförmigen Hügel, aus der Ferne wie weißschimmernde Zelte anzusehen, die flaschenförmigen Schlote der Werkhäuser und die Cottages der Arbeiter. Milchweiß ist die Farbe der Gewässer und Hänge, weiß der Staub, in rechteckigen Becken steht der weiße Brei. Die feine weiße Erde wird hauptsächlich in die Potteries versandt, außerdem nach Lancashire für die Kattun- und Papierindustrie, u. zw. teils mit der Bahn, teils zu Schiff (über Polmear [gegenüber Par], Charlestown und Fowey). St. Austell (8295; 21 870!) selbst, dessen Kern mit engen Gassen schon vor 1196 bestand, ist noch von Leland als armseliges Dorf beschrieben worden; erst den Minen von Polgooth (sw.) verdankte es Bedeutung. Auch um das nüchterne St. Blazey (3267) wird Kaolin gewonnen und der schwarze Rauch seiner Öfen breitet sich über die weißen Flecken der Kaolingruben und der Abraumhaufen. Es führt seine Porzellanerde über den kleinen Hafen von Par aus [912].

Das Binnenland hat wenige Marktstädte. Zentral gelegen und Kreuzungspunkt mehrerer Straßen, unter denen die von Exeter nach Penzance am wichtigsten ist, eignet sich Bodmin (5526) gut zur Verwaltung von Cornwall, aber die Rolle als Gr.St. wird ihm von Launceston und Truro streitig gemacht, liegt es doch nur an einer Nebenbahn. Jedenfalls ist es Stätte für die Assisen Cornwalls [14, BE]. Schon 938 erhielt es ein Priorat (Bodmine = Sitz der Mönche). Durch Jh. war es die größte Stadt von Cornwall, daher auch die mächtige Stadtpfarrkirche. Noch läßt es den mittelalterlichen Stadtkern erkennen [18, 614]. Im E blieb Liskeard

(4268; *4242*) am SE-Rand von Bodmin Moor, dessen Granite es über Looe
ausführt, durch Viehmärkte wichtig; die Zinn- und Kupferbergbaue seiner
Umgebung sind dagegen erloschen. Auch R e d r u t h (9904) und C a m -
b o r n e (14 160), jetzt vereinigt (1945: 33 850) die größte Stadtgem. von
Cornwall, mit der Pyramide des Carn Brea im Hintergrund, sind durch den
Bergbau emporgekommen. Redruth hat Eisenwerke und Zinnschmelzen, und
Camborne (Maschinenbau, Molkerei) hat in seiner Bergbauschule viele Bergleute ausgebildet, welche in der ganzen britischen Welt ihre Kenntnisse zu
verwerten wußten; die berühmte, bis 960 m in den Grund abgeteufte Dolcoath
Mine ist jedoch nicht mehr in Betrieb. Beide Orte sind von zahlreichen aufgelassenen Zinn- und Kupfergruben umgeben, außerdem von vielen Einzelhöfen und kleinen Dörfern.

Eine gewisse Bedeutung haben die Märkte und Brückenstädte im
Hintergrund der Ästuare, manche von ihnen sind früher sogar Hafenstädte
gewesen: L o s t w i t h i e l (1327; *2130*), in strategischer Lage an der untersten Brücke über den Fowey, von Heinrich III. gegründet, dem Earl of
Cornwall verliehen, 1009 zum Borough erhoben und mit besonderen Vor-
rechten ausgestattet, 1260—1386 Gerichtsstadt des Herzogtums [614];
P e n r y n (3414; *3472*), an einem Ast des Falästuars, einst neben dem
Kloster Glasney erbaut, über 700 J. alt, das aus seinen berühmten Steinbrüchen Granit versendet [11 b]; vor allem aber die Gr.St. T r u r o (11 064;
12 360), eine alte „Stannary Town" am Scheitel des Trurozweiges des
Falästuars an der Vereinigung von Allen und Kenwyn, die von der G.W.R.
auf hohen Bogenbrücken übersetzt werden. Es wird bei T.H.W. von 70 tons-
Schiffen erreicht, die Mais (Viehfutter), Gerste und Holz bringen [99*]. Es
hat etwas Wollindustrie. Seit 1876, wo Cornwall aus der Diözese Exeter
ausgeschieden wurde, ist es Bischofssitz, seine Kathedrale, im einheimischen
Stil erst zwischen 1880 und dem Weltkrieg aus silbergrauem Granit errichtet,
eine Landmarke. Die County Hall ist aus „elvan stone" errichtet und mit
den blaugrauen Schiefern von Delabole (vgl. S. 286) gedeckt.

Eine zweite Zeile etwas größerer Siedlungen knüpft sich an die Ausmündungen von Ästuaren; sie sind alle zugleich Märkte und kleine Fischer-
und Handelshäfen. Beiderseits des verhältnismäßig schmalen Looe stehen
auf niedrigen Felsterrassen East und West L o o e (2877), durch eine Brücke
miteinander verbunden, als Hafen für Liskeard dienend. An der geräumi-
geren, daher nicht überbrückten Mündung des Foweyästuars, dessen W-
Gehänge mit schönen Wäldern bestanden und dessen Wasser von Seglern
belebt sind, liegen einander Polruan und F o w e y (2382; *1948*) gegenüber.
Dieses, früher ein Borough [614], ist der Hafen für Lostwithiel und z. T.
auch für St. Austell. Es besaß 1937 die größte Fischerflotte SW-Englands
(226 Motorboote) und führte außer Fischen Porzellanerde, „China Stone",
Feldspate aus, Holz ein. Am bedeutendsten ist F a l m o u t h (13 492; *15 130*)
an der W-Seite des geräumigsten Ästuars von Cornwall: die „Carrick Roads"
bieten auch den größten Schiffen einen vortrefflichen Ankerplatz und sind
wegen des Windschutzes besonders für Segler sehr beliebt. Die unter Heinrich VIII. errichteten Schlösser von Pendennis und St. Mawes bewachten
den 1,6 km breiten Eingang. Auf dem Hals einer H.I. gelegen und somit auf
zwei Seiten von Wasser umgeben, ist es aus dem Flecken Smithick hervorgegangen. 1661 wurde es inkorporiert und Falmouth genannt, 1664 Borough
und eigene Kirchengemeine [65; 918; BE]. Von hier fuhren im 18. und in
der 1. H. des 19. Jh. Paketboote nach Amerika und Südeuropa, erst 1850 hat
es diese Funktion verloren [11 b]. Aber es behauptete seine Pilchardfischerei

[1937: 79 Motorboote], wandte sich dem Schiffbau zu, legte Werften und moderne Werkstätten an, erzeugt Maschinen und Kunstdünger; noch 1925 und 1928 sind zwei neue Trockendocks hinzugekommen. Es führt vornehmlich Petroleum (1938: 0,7 Mill. hl) und wie die übrigen cornischen Häfen Gerste, Mais und andere Futtermittel, Holz und Kohle ein, Granit, Porzellanerde, Fische aus. Mit seiner schönen Seestraße, alten Häusern im Kern und vielen Gärten macht es einen freundlichen Eindruck [912]. Wichtig ist seine Wetterwarte. Im übrigen nisten nur kleine Fischerdörfer an der S-Küste. Unter ihnen hat Mevagissey (1729) an der gleichnamigen Bai s. St. Austell einen guten, neuen Hafen; wie Polperro hat es sich zum Seebad entwickelt [18, 913 c].

Noch stiller ist die NW-Küste von Cornwall. Selbst die Zahl der Fischerdörfer ist hier geringer. Die einzige größere Siedlung ist N e w q u a y (5959), Endpunkt der Bahn von Par bei St. Austell her und zugleich auf guten Straßen von allen Seiten erreichbar. Deshalb hat es starken Fremdenverkehr. Es ist bis auf die Anhöhen hinauf gewachsen, welche Newquay Bay vom Flusse Gannel trennen, an dessen Ästuar eine Anlage geplant war, um den Gezeitenhub als Kraftquelle zu verwenden. Älter ist das Hafenstädtchen P a d s t o w (1919), das sich als Straßensiedlung am W-Ufer des Camelästuars in den Talgrund hineinzieht. Seine Schiffahrt wurde durch die Aufschlickung der Fahrtrinne beeinträchtigt, sein Handel (E. von Holz und Kohle, A. von Granit und Porzellanerde), obwohl durch die Bahnverbindungen mit Bodmin und N-Cornwall gefördert, ist zurückgegangen. Ansehnlich ist seine Fischerei (1937: 87 Boote) [83]. Ihr Rückgang ließ hier bei den ehemaligen Fischerdörfern unschöne „holiday houses" entstehen [111]. Das nahe W a d e b r i d g e (2460), als Furtsiedlung entstanden, wurde Brückenort am oberen Ende des Camelästuars; die heutige 15bogige Brücke, die zu seinem Bilde gehört, ist verhältnismäßig neu (1845). Ein alter Furtort am oberen Camel ist Camelford, in dessen Nähe die riesigen Schiefergruben von Delabole bis zu 400 m tief in das Plateau eingesenkt sind; Pt. Isaac dient ihnen als Hafen. Nw. Camelford steht in wildromantischer Lage die Ruine des mit den Sagen von König Artur und König Marke verknüpften Tintagel Castle auf Tintagel Head. Perranporth sw. Newquay und Portreath sind kleine Häfen. An der Ausmündung des Hayleflusses hat H a y l e (916) einst lebhaften Verkehr gehabt, da es den einzigen geschützten Hafen an der N-Küste von Cornwall bot. Hier sind die irischen Missionare des 5. Jh. gelandet; heute ist es ein unbedeutender Ort mit etwas Industrie (Eisengießerei, Sprengstoffabrik) [11 b, 18, 114].

Auf der anderen Seite der Senke von St. Erth ist Marazion (1126) (oder Market Jew; 1291 Marchadion, corn. marchas + dyow, Südmarkt? [624*] oder Market Jeudi? [11 b]) durch Blumenversand und durch den Blick auf St. Michael Mt. bekannt, der ein kleines Gegenstück zu St.-Malo bietet. Einst sind viele Wallfahrer zu seiner Kirche gepilgert. Diese und das später erbaute Schloß krönen den Granitberg, an dessen Fuß ein kleiner, durch Wellenbrecher geschützter Hafen bei N.W. jedesmal 4 St. durch die Sande vom Festland her erreichbar ist.

Auch auf der H.I. L i z a r d (corn. Meneage) kommt die Mannigfaltigkeit der Gesteine weniger in den Formen zum Ausdruck als in der Wirtschaft [21 l, m, p; 210, 221 u. ao.]. Im allgemeinen eine flache Tafel mit welliger Oberfläche, ist sie in einem mittleren Streifen am höchsten (Goonhilly Down, Crousa Downs sw. St. Keverne; beide 115 m) und endigt an dem Kliff, von

welchem sie begrenzt wird, meist in 70—75 m, selten unter 60 m H. Es ist
wieder die altpliozäne Fastebene, auf der sich stellenweise noch pliozäne Ablagerungen finden (auf den obengenannten Downs; ferner Polcrebo bei
Helston, hier Schotter auf Granit), Gegenstücke zu den marinen Tonen und
Sanden von St. Erth. Auch hier dann Hebung, Einkerben der Täler, Ertrinken der Flußmündungen (Helford R. mit seinen Verzweigungen; Loe
Pool, d. i. die durch einen Strandwall versperrte Mündung des Cober;
Porthleven sw. Helston) [330—334]. Selbst die kürzeren Küstenbäche entspringen in flachen Mulden und sind nur in ihrem Unterlauf scharf eingeschnitten. Im übrigen auch hier der gleiche Verlauf der Formengeschichte
wie auf der cornischen H.I. überhaupt; das erweisen pleistozäne Strandwälle,
„Head" und ertrunkene Wälder. Zur Zeit der letzten Vergletscherung muß
das Land etwa 15 m höher gestanden sein als heute [312*].

Die Serpentine verwittern zu einem gelblichen undurchlässigen tonigen
Boden, welcher zwar den Untergrund schützt, aber arm und unfruchtbar und
mit Ginster, Dornen und dem cornischen Heidekraut bedeckt ist. Der Gabbro
der Crousa Downs ist meist tiefer verwittert, das feinere Material jedoch oft
ausgespült, und dann bedecken Hunderte von großen Blöcken Hänge und
Flächen. Die „growans" der Granite tragen nur Weiden, dagegen die Gneise
und Hornblendeschiefer gute Ackerböden, solche auch die „killas" (Tonschiefer), besonders wenn sie mit vulkanischen Witterstoffen gemengt sind,
wie z. B. zwischen Helston und Porthleven mit Grünstein. So hat der N der
H.I. noch am meisten Ackerfläche und die größte Volksdichte, um Helston
und Breage. Bloß H e l s t o n (2548; 5457) ist durch eine Seitenlinie an die
G.W.R. angeschlossen und durch Kraftwagenverkehr mit Falmouth,
Penzance, Lizard Town und der E-Küste verbunden. Entstanden im Schutz
eines alten, später befestigten Manorhouse, erhielt es 1201 den ersten Stadtbrief. Bevor die Barre am Ausgang des Coberästuars entstand, hatte es regen
Handel. Allein in das 19. Jh. trat es als eines der bekanntesten Beispiele
eines „rotten borough" ein [614, 615], deren es in Cornwall überhaupt auffallend viele gab, da unter Elisabeth sogar einige Weiler zu „boroughs" erhoben worden waren [11 b]. Einen guten natürlichen Hafen böte im E zwar
Helford R., in welchem der Gezeitenhub 10 km, bis Gweek, hinaufdringt, aber
keine größere Siedlung ist an ihm erwachsen. Die Zahl der Kirchspiele ist
gering, Einzelhöfe, meist mit tre=Namen, sind über das Gebiet verstreut.
Überreste alter Cottages und Einhegungen zeigen an, daß früher der Ackerbau auch auf den „Downs" im S der H.I. weiter ausgedehnt war als heute,
wo dort höchstens im Sommer Rinder weiden. Verlassene Werkhäuser und
Zinnstampfen erinnern an ehemaligen Bergbau. Der Wald fehlt fast ganz;
nur kleine Bestände werden auf einzelnen Gütern gepflegt. Demgegenüber
gedeihen in den windgeschützten Einschnitten nahe der Küste Palmen,
Dracaenen und Yuccas. Immer mehr belebt sich der Fremdenverkehr, angelockt durch den Formenreichtum der Kliffe und die in die Mündungen der
kurzen Talkerben geschmiegten, alten Fischerdörfer, die sich trotz der Nähe
von Newlyn und Penzance erhalten haben und am Fang der Pilchards teil-
nehmen (Porthleven, Coverack, Porthallow). Über Landewednack stehen die
weißgetünchten Häuser des jüngeren Lizard Town, heute mit der südlichsten
Kirche Großbritanniens, oben auf dem Plateau, das in Lizard Pt., der S-Spitze
des Hauptlandes, endigt (49° 57′ 32″), und die alte, noch romanische von
Landewednack selbst nur wenig n. davon. In der nächsten Nähe liegt eine
der schönsten kleinen Rundbuchten, Kynance Cove, am Fuß eines farben-
reichen Serpentinkliffs mit phantastischen, durch die oft tosende Brandung

geschaffenen Riffen und Höhlen. Dutzende von Schiffen sind an diesen Felsmauern zerschellt. Zwei große Leuchttürme warnen heute die Seefahrer,
Rettungsboote sind hier zu Polpeor stationiert und etwas weiter n. stehen
an der W-Seite die Masten der Funkstation von Poldhu Point bei Mullion
[11 b, 18].

In West-Cornwall (Penwith), w. der flachen Senke von
St. Erth, herrscht fast ausschließlich der Granit [21 1]. S. einer Linie
Penzance—Land's End wird er von der altpliozänen Einebnung gekappt, die
das gleiche Gepräge wie auf der H.I. Lizard aufweist, aber etwas dichter mit
Einzelhöfen besetzt und noch reicher an Resten vorgeschichtlicher Besiedlung
ist, u. a. dem prächtigen Steinkreis der „Merry Maidens" und den Menhirs
bei St. Buryan. Die einzige Hauptstraße führt von Penzance zu dem Hotel
von Land's End (Abb. 51). N. von ihr erhebt sich der Granit zu den West
Penwith Moors, einer Kuppen- und Rückenlandschaft mit blockbedeckten
Hängen, die, durchschn. 180—200 m hoch, bei Morvah an der NW-Küste
gipfelt (White Downs 252 m). Hier wird sie von St. Just bis hinüber nach
St. Ives von der 1—2 km breiten, 100—120 m hohen pliozänen Abrasionsplatte
umsäumt, die meerwärts von einem hohen, oft von wütenden Wogen bear-
beiteten Kliff begrenzt wird. Keine größeren Buchten sind in dieses genagt, nur
eine Menge „coves" [313, 918]. Der Küstenplatte folgt die Landstraße, welche
die kleinen Dörfer verbindet. In den Mulden der Moors stehen, mit Vorliebe
an der windsicheren W-Seite der flachen Täler („in the lewth" = geschützt),
ärmliche Einzelfarmen, aber selten in mehr als 150 m H. Auffallend
häufig auch dort die Spuren vorgeschichtlicher Besiedlung: Steinkreise,
Cromlechs, Überreste keltischer Dörfer (Chysauster), Hill-camps (Chun sö.
Morvah; vgl. S. 255) [53, 57]. Wiederholt begegnet man den Spuren des Zinn-,
seltener denen des Kupferbergbaues. Die Mine von Botallak bei St. Just ist
300 m tief und bis unter den Meeresspiegel vorgetrieben. Bei St. Ives Head
schwenkt das Gestade zu der schön geschwungenen, gegen die W-Stürme
besser gedeckten Bucht von St. Ives zurück, in welche der Hayle mündet.
Ausgedehnte Dünenfelder, natürlich als Golf Links verwendet, sperren dessen
flaches Ästuar ab. Die Senke von St. Erth im Hintergrund wird von der
Bahn und der Straße nach Penzance (11 331; *19 700*) benützt, der wichtigsten Stadt von W-Cornwall, der westlichsten Englands [84]. Eine alte
Siedlung („Holy Head" bedeutet sein Name), erhielt es 1332 Marktrecht,
später eine Münzstätte. Seine Hauptbeschäftigung war der Fischfang; auch
heute ist er in Verbindung mit dem von Newlyn und Mousehole beträchtlich
(1937: 67 Motorboote). Es hat in seinem (1512 förmlich anerkannten) Hafen
Schwimm- und Trockendocks und führt außer Pilchards (1938: 800 tons für
17 000 Pf.St.; starke Schwankungen: 1934: 1450 tons; 1936: 70 tons!) Zinn,
Granit, Porzellan, Gemüse und Blumen aus, Holz und Futtermittel ein. Die
Industrie beschränkt sich auf Wolltextilien. Als Endpunkt der Bahn und
erster Markt des Gebietes entsendet es durch ganz S-Cornwall Kraft-
wagenlinien, auch vermittelt es den Verkehr zwischen den Scilly-I. und Eng-
land. Dank seinem milden Klima wird es im Sommer und Winter von vielen
Fremden besucht. In seinen Gärten und Parken entfalten sich Fuchsien,
Geranien, Hydrangeen zur üppigsten Fülle, stehen Palmen und Bambusse
[11 b, 18, 91, 98]. Schöne Villenviertel umschließen den alten Kern, der zur
Stadtkirche aufsteigt und freundliche Häuser der älteren Viktoriazeit bewahrt hat. Die schönste Gartenlandschaft des Gebietes mit Frühgemüse- und
Kleinobstgärten (in erster Linie Erdbeeren) und Blumenzucht liegt jedoch

nö. Penzance um Gulval (1292) auf jüngeren sandig-lehmigen Aufschüttungen, die sich zwischen das Kliff im Hintergrund und das Gestade der geräumigen Mount's Bay einschalten und 4 km lang, bis zu 1 km breit als „golden acres" bis Ludgvan ziehen. Felder von Narzissen und Veilchen erfüllen hier in normalen Zeiten die Luft im Febr. und März mit ihren Düften; aber während des Krieges mußten sie auf 12 km² eine Zeitlang einer Abfolge von Frühkartoffeln, Kohlsprossen oder Zuckerrüben und Kohlrabi weichen. Ende Mai oder zeitig im Juni wird die Kartoffel geerntet, die im Febr. gepflanzt wird. Von Nov. bis April werden Kohlsprossen nach London und auf andere Märkte geschickt, ja zu gewissen Zeiten fährt ein „Broccoli Special" von Penzance nach London [111, 97].

Im S ist mit Penzance Newlyn bereits verwachsen, recht anmutig gelegen, aber von Fisch- und Ölgestank erfüllt. Es ist der Hauptsitz der Makrelenfischerei von Cornwall, für welche Italien als Abnehmer sehr wichtig war [11 b, 912]. Einen angenehmeren Eindruck macht das nahe stille Mousehole, das Muster eines alten cornischen Fischerdorfes [911]. An der N-Küste war seit Jh. Fischfang zu St. Ives (6687; 8525) ein wichtiger Erwerbszweig (Makrelen und Heringe). Im 15. Jh. war es noch ein Weiler [614]. Dank der Eisenbahn ist es Seebad und Luftkurort geworden, auch im Winter viel besucht, und zu der alten, aus Granit erbauten Unterstadt, in welcher

Abb. 51. Vorgebirge Land's End. Steilküste im Granit mit prächtigen Brandungsformen. Auf der 20—30 m hohen Abrasionsplatte das Hotel, das westlichste Englands. Aufn. Aerofilm Lond. Ltd. 39 857.

die Maler viele Motive finden, ist die Oberstadt mit den vom modernen Fremdenverkehr gewünschten Anlagen getreten [7]. Infolge des Rückgangs der Fischerei an der cornischen Küste ist die Zahl der Fischer in den letzten 100 J. von über 3000 auf etwa ¹/₃ gesunken [51]. Die winzigen Fischerhäfen sind zu eng, um moderne Drifter oder gar Trawler aufzunehmen; auch fehlen, um solche zu kaufen, den kleinen Fischergemeinschaften die Mittel. Zu Sennen unweit Land's End wurde noch vor wenigen Jz. das fast 60 m lange Schleppnetz, das von 40 Männern bedient werden mußte, zum Fang von Seebarschen, Makrelen und Meeräschen verwendet; die sogenannten „Huers" mußten von der Höhe des Kliffs aus die Ankunft der Fischschwärme erspähen und den Booten durch Zeichen und Zuruf die Richtung weisen. Die Seefischerei an den Küsten von Cornwall, zumal die jenseits Land's End, wurde in erster Linie von 2000 bis 3000 „East Coastmen" und immer mehr auch von Fremden betrieben, namentlich Belgiern (Ostende hatte 1920 bloß 7 Motortrawler, 1931 schon 250!). Bis nach Newlyn fahren auch die Boote von Lowestoft. Der Sommer ist die Sardinensaison, Herbst und Winter die Heringsaison [916 a]. Außerdem werden Krabben und Hummer gefangen. Die Fischerdörfer, traurig verarmt und verschuldet, wenden sich notgedrungen von der Fischerei ab und suchen Hilfe im Fremdenverkehr.

Etwa 45 km wsw. Land's End erhebt sich das Land ein letztesmal über
den Meeresspiegel, allerdings nur bis zu 49 m, in der Gruppe der S c i l l y - I.
[810]. Insgesamt fast 150 Felsinseln und -inselchen zählend, sind sie erst
vor relativ kurzer Zeit vom Festland abgetrennt worden. Eine Hebung von
nur 20 m würde die ganze Gruppe zu einer einzigen großen Insel vereinigen.
Vielleicht erinnert die Sage von Lyonesse, das zwischen ihnen und Cornwall
gelegen haben soll, an alte Zusammenhänge (vgl. S. 255) [810 g]. Wenn man
auch heute die Zinninseln des Altertums nicht mehr in ihnen erblickt, so sind
doch die vorgeschichtlichen Spuren zahlreich (u. a. über 40 „chambered
tombs") [57].

Die Inseln sind fast ausschließlich aus Graniten aufgebaut [810 h];
deren Spaltensysteme, ungef. N—S streichend, bestimmen vielfach den Verlauf der Küstenlinie im einzelnen. Wieder zeichnen sie der Verwitterung ihre
Angriffslinien vor, welche auch hier „Teufelssteine" und „Opferschalen" erzeugt („Giant's Punch Bowl" auf St. Agnes; „Kettle and Pans" auf
St. Mary's). Auf einer älteren Einebnungsfläche im höchsten Teil der
I. St. Martin's (St. M.'s Head 40 m) hinterließ entweder ein vermutlich
eozäner Fluß aus dem Dartmoor merkwürdige Gerölle, Kreideflinte und Hornsteine aus dem Grünsand oder es handelt sich um umgelagertes Material, wie
es auch sonst mehrfach an oder vor der Küste SW-Englands vorkommt
[810 c]. Im Altpliozän müssen die Inseln ganz vom Meere bedeckt gewesen
sein. Später umgürtete ungef. in der Höhe der heutigen Uferlinie eine
Strandlinie mehr weniger zusammenhängend die Außenküste [21 o]. Sie
ist offenbar gleich alt mit den Strandbildungen an den S-Küsten von Irland
und S-Wales (vgl. K. XII). Von den jüngeren für Cornwall erwiesenen Bewegungen müssen auch die Scilly-I. betroffen worden sein. Auch hier liegt
tatsächlich auf dem Strand nicht selten das „Head", stellenweise, so auf
White I. (am NW-Ende von St. Martin's) durch glaziale Ablagerungen in
einen unteren und einen oberen Horizont gegliedert. Jene glazialen Ablagerungen bestehen aus einer bunten Gesellschaft von Geschieben (Kreideflinte,
Grünsandhornsteine, vulkanisches Material, metamorphe Schiefer), die manchmal deutlich gekritzt sind. Auf Tresco (Gimble Porth) und Bryher greift
das Gebilde über Küstenvorsprünge hinweg [21 o]. Man führt seine Entstehung auf den Stau von Eisschollen zurück, in welche das fremdbürtige
Material eingefroren war. Meist tritt jedoch an Stelle des Schuttes bloß ein
feiner Sand, der durch Kieselsäurelösungen und Eisen so stark verfestigt ist,
daß eine dünne Schicht einen Mann tragen kann. Von den Eingeborenen
wird er gern als Mörtel beim Bau von Mauern verwendet („clay" genannt;
„iron cement" der Geologen). An der Küste bildet er häufig das Dach von
Brandungsnischen, welche im Head darunter herausgeschlagen werden. Anscheinend handelt es sich um eine äolische Aufschüttung, deren Material
durch Frostwirkung auf den nackten periglazialen Granitflächen entstand,
aber nicht wie die jüngeren Dünen durch das Meer ausgewaschen wurde und
sich daher von diesen durch Glimmergehalt und feinere Textur unterscheidet.

Jüngere Dünen haben übrigens für die Inselgruppe eine besondere Bedeutung: durch sie werden einzelne der Granitbuckel zu größeren Inseln
zusammengeschlossen, so S- mit N-Tresco. Hugh Town, der Hafen von
St. Mary's, steht größtenteils auf einer solchen Barre; ähnliches wiederholt
sich bei St. Agnes und Bryher. Die Dünen wachsen noch an. Älter als sie
sind mächtige Dünen auf Tresco, St. Martin's und St. Mary's. Sie gehören
der Zeit an, wo das Meer mindestens 7,6 m tiefer stand als heute, die trockene
Landoberfläche größer war und demgemäß mehr Granitsand lieferte. Bei

der letzten Senkung gerieten sie z. T. unter Wasser, aber im Spiel der Strömungen und der Stürme werden ihre Sande wieder erfaßt und entweder zur Küste getragen, wo sie die neuen Dünen aufbauen, oder durch die tieferen Rinnen in' das Meer hinaus verschwemmt, wobei sie vor deren Öffnungen große unterseeische Schwemmfächer aus feinstem Sande bilden. Ob die Krustenbewegungen in der jüngsten Zeit fortdauern, ist fraglich; für eine Senkung sprechen anscheinend die Ruinen von Steinmauern, die von den Inseln Bryher und Samson etliche Fuß unter dem Meeresspiegel gegen Tresco verlaufen.

Wegen der Lage draußen im Meer haben die Scilly-I. einen zwar kühlen Sommer (14,9°), aber keinen richtigen Winter (7,7°), eigentlich beginnt ihr Frühjahr schon zur Weihnachtszeit, ihr Herbst mit den Okt.-Regen. So gedeihen an geschützten Plätzen Baumwolle, Aloe, Dracaenen, Bambusse. Die J.Niederschläge betragen ungef. 80 cm. Häufig sind Nebel, sobald kalte Luftmassen über den warmen Meeresspiegel hereinströmen, jedoch ist im ganzen der Sonnenschein reichlicher als in Cornwall. Gefürchtet sind die Stürme, weil sie die Blumenzucht unmittelbar oder durch den Salzgischt schädigen, den sie weit verbreiten.

Die vor bald 50 J. eingeführte Blumenzucht ist heute die Haupteinnahmsquelle und -beschäftigung der Inselbewohner [810 a, 11 a]. Früher betrieb man je nachdem Fischfang oder Schmuggel, baute kleine Schiffe oder besserte solche aus, bestellte ein paar Felder. Vom Ende des 17. bis gegen die M. des 19. Jh. gewann man auch aus dem „kelping" seinen Lebensunterhalt. „Kelp", Seetang („oreweed" auf den Scilly-I. geheißen), bzw. das aus der Asche gewonnene Alkali wurde in der Glas- und Seifenerzeugung und in der Bleicherei verwendet und nach Bristol und London verkauft. Man schnitt den Seetang bei N.W., warf ihn beim Ansteigen der Flut an das Ufer und trocknete ihn in der Sonne. Hierauf wurde er in Sandgruben („kilns"), in denen ein Feuer mit Stechginster genährt wurde, verbrannt und das Kelp flüssig gemacht. Der von den kilns ausgehende Gestank verpestete die Luft [810 a]. Heute wird diese dagegen von den Düften der Blumenfelder erfüllt, die vorzüglich die W- und S-Hänge bedecken und am besten auf den Dünensanden gedeihen. Zum Schutz gegen die Stürme sind sie von hohen Hecken immergrüner Pflanzen (*Evonymus, Veronica, Escallonia, Laurus*) umschlossen. Weiße und gelbe Narzissen in 100 Varietäten („Scilly Whites", „Pheasant-Eyes" usw.), Lilien, Margeriten, Anemonen, Veilchen, Tulpen usw. schmücken die Felder, von denen jedes ein anderes Farbenbild bietet. Geranien und Fuchsien wachsen bis zur Höhe der Häuschen an, welche aus Granit gebaut und heute mit Schieferplatten bedeckt sind. Die Blumenernte dauert von Mitte Dez. bis Ende Juni; im Febr. und März erreicht sie ihren Höhepunkt. Dann sind Männer und Knaben mit dem Pflücken, Frauen und Mädchen mit dem Bündeln und Binden beschäftigt. Dreimal wöchentlich gehen in der Hauptsaison je 50 tons (d. i. ungef. 3,5 Mill. Stück) Blumen in Schachteln und Kisten von St. Mary's Quay nach Penzance, von wo sie mit eigenen Blumenzügen nach London, den Midlandstädten, Glasgow usw. geliefert werden. Dafür kommen von Penzance Lebensmittel. Aber nie weicht die Sorge um Wind und Wetter, welche das Ausmaß der Ernte bestimmen, und um die Nachfrage. Zum Schutze gegen die Stürme und den Salzgischt werden die Blumen oft schon in der Knospe gesammelt und in Glashäusern zur vollen Blüte gebracht, doch gedeihen selbst Tomaten und Trauben ohne künstliche Wärme. Im übrigen werden nur etwas Kartoffeln für den Eigenbedarf gepflanzt, einzelne niedrige Apfel- und andere Obstbäume stehen inmitten der Blumenfelder. Auch Herstellung, Verpackung und Versand der Blumenschachteln geben Arbeit. Fischerei wird noch immer betrieben (1937: 20 Motorboote). Steigende Einnahmen bringt der Fremdenverkehr. Nicht ohne Grund erblickt man in den Inseln wegen ihrer Ruhe, ihres gleichmäßig milden Klimas und ihrer ausgezeichneten Luft ein „Sanatorium der Zukunft" [11a, 810b, d—f, i].

Allein die Bevölkerung der Inseln nimmt dauernd ab (1851: 2601; 1901: 2092; 1921: 1749; 1931: 1732; Abnahme 1911—1921 16,6%, 1921—1931 dagegen nur 0,5%). Mehr als $^2/_3$ von ihr (1216) wohnen auf St. Mary's, der größten (3,7 km lang, 3,2 km breit). Hugh Town ist der Hauptort. Im übrigen sind nur vier bewohnt: St. Martin's, Tresco, Bryher und St. Agnes; Samson, noch vor 70 J. besiedelt, ist heute leer, in Trümmern liegen St. Teilo's Church auf St. Helen und die von Athelstan in der 1. H. des 10. Jh. gegründete Benediktinerabtei zu Tresco. Dafür sichern jetzt wichtige Leuchttürme die Schiffahrt, die hier an den Klippen viele schwere Opfer gekostet hat. Die Wohnungseinrichtungen der E. sind vielfach Strandgut.

Eine gefährliche kleine, 20—40 m hohe Felsinsel aus Granit (nur im S aus Karbonsandstein) ist Lundy I., 20 km nnw. Hartland Pt., der Aufenthaltsort von Kormoranen, Haubenscharben, allerlei Möwenarten u. dgl. m. und von Kaninchen besiedelt [11a, 811]. Von ihr streichen viele Riffe aus. Eine Sandbank (Stanley Bank) im NE, bloß 4,5 Faden tief, wird von der Flut mit schäumenden Wellen überflossen („White Horses"). Lundy's Leuchttürme bezeichnen den Eingang des Bristolkanals. Im Sommer wird es gerne von Fremden, sogar direkt von Cardiff her, besucht; im Winter hausen dort nur etwa 25 Menschen [112].

Literatur

11. Cambr. Co. Geographies:
   a) KNIGHT, F. A., and DUTTON, L. M., Devonshire. 1910.
   b) BARING-GOULD, S., Cornwall. 1910.
12. LEWIS, W. S., The South-West (in: 112*, 89—109).
13. The Victoria Hist. of the Co. of E.,
   a) Devonshire (I. 1906).
   b) Cornwall (vol. I. 1906; pt. 5, 1925; pt. 8, 1925).
14. CAREY, W. M., The g. of Cornwall. GT. 6, 1911, 90—103.
15. VALLAUX, C., La «Dartmoor Forest». AnnG. 23, 1914, 325—338.
16. LEWIS, W. S., The evolution of the South-West. GT. 11, 1921, 20—34.
17. POGGI, E. M., Devon: a study of rural England. BGSPhilad. 28, 1930, 161—173.
18. THOMPSON, W. HARDING, Cornwall: a sv. of its coasts, moors and valleys. Prep. for the Cornwall Branch Council Preserv. Rural E. 1930.
19. ALBERS, G., Landschaftskunde von Dartmoor Forest. Diss. Hamb. Univ. 1931.
110. THOMPSON, W. HARDING, Devon: a sv. etc. Prep. for the Devon Branch Council Preserv. Rural E. 1932.
111. ROBERTSON, B. S., Cornwall. With an hist. sect. by L. D. Stamp. Appendix on Scilly I. by M. Mortimer. LBr., pt. 91. 1941.
112. STAMP, L. D., Devonshire. Ebd., pt. 92. 1941.
113. LEWIS, W. S., The South-West. G. 27, 1942, 131—138.
114. Devon and Cornwall. A prelimin. sv. A Rep. issued by the Sv. Comm. UnivCollSW., Exeter. 1947.

21. Gl. Sv., Mem., Explan. sheets:
   a) 325. Exeter. By W. A. E. Ussher. 1902.
   b) 335/336. Padstow and Camelford. By C. Reid, G. Barrow and H. Dewey. 1910.
   c) 337. Tavistock and Launceston. By C. Reid and others. 1911.
   d) 338. Dartmoor. By C. Reid and others. 1912.
   e) 339. Newton Abbot. By W. A. E. Ussher, with contrib. by others. 1913.
   f) 346. Newquay. By C. Reid and J. B. Scrivenor. 1906.

g) 347. Bodmin and St. Austell. By W. A. E. Ussher, G. Barrow and D. A. MacAlister. 1909.

h) 348. Plymouth and Liskeard. By W. A. E. Ussher. 1907.

i) 349. Ivybridge and Modbury. By W. A. E. Ussher. 1912.

k) 350. Torquay. By W. A. E. Ussher. 1903. Sec. ed. Rev. by W. Lloyd. 1933.

l) 351/358. Land's End distr. By C. Reid and J. S. Flett. 1907.

m) 353/354. Mevagissey. By C. Reid. 1907.

n) 355/356. Kingsbridge and Salcombe. By W. A. E. Ussher. 1904.

o) 357/360. I. of Scilly. By G. Barrow. 1906.

p) 359. Lizard and Meneage. By J. S. Flett and J. B. Hill. 1912. 2nd ed. 1949.

22. Gl. Sv., Distr. Mem.:
Falmouth and Truro, and the mining district of Camborne and Redruth (Sh. 352 N.S.). By J. B. Hill and D. A. MacAlister.

23. Gl. Sv., Econ. Mem.:
a) vol. IX. Iron ores: Sundry unbedded ores of Durham ..., Devon and Cornwall. By T. C. Cantrill, R. L. Sherlock and H. Dewey. 1919.

b) vol. XXI. Lead, silver-lead and zinc ores of Cornwall, Devon, and Somerset. By H. Dewey. 1921.

c) vol. XXVII. Copper ores of Cornwall and Devon. By H. Dewey.

24. Gl. Sv., Br. Reg. Geologies:
DEWEY, H., South-west E. 1935. 2nd ed. 1948. [Wenig verändert.]

25. PARKINSON, J., The gl. of the Tintagel and Davidstow distr. (N Cornwall). QJGlS. 59, 1903, 408—428.

26. USSHER, W. A. E., Excurs. to Plymouth, Easter 1907. PrGlAss. 20, 1907/1908, 78—93.

26 a. MacALISTER, D. A., Gl. aspect of the lodes of Cornwall. EconGl. 3, 1908, 363—380.

27. SOMERVAIL, A., Ancient and perished volcanoes of Devon. TrDevAssAdvSoc. (Plymouth) 40, 1908, 201—218.

28. DAVISON, C., The Exmoor earthquake of Sept. 1910. N. 106, 1920, 132. (Vgl. ders. über das Erdbeben von 1898 in QJGlS. 56, 1900, 1—7.)

29. REID, C., and REID, E. M., The lignite of Bovey Tracey. GlMg. Dec. V, vol. 7, 1910, 424/425 und PhilTrRS. Ser. B, 201. 1910, 165—178.

210. FLETT, J. S., and HILL, J. B., Rep. of an exc. to the Lizard, Cornwall. PrGlAss. 24, 1913, 313—327. (Vgl. ebd. auch S. 118—133.)

211. WORTH, R. H., The gl. of the Meldon valleys, near Okehampton ... QJGlS. 75, 1919, 77—118.

212. EVANS, J. W., The gl. struct. of the ctry ar. Combe Martin, N Devon. PrGlAss. 33, 1922, 201—227.

213. DEWEY, H., The gl. of N Cornwall. PrGlAss. 25, 1914, 154—179.

213 a. OSMAN, C. W., The gl. of the northern border of Dartmoor between Whiddon Down and Butherdon Down. QJGlS. 80, 1924, 315—337.

214. DEWEY, H., The mineral zones of Cornwall. PrGlAss. 36, 1925, 107—135.

215. ANNISS, L. G., The gl. of the Saltern Cove area, Torbay. QJGlS. 83, 1927, 492—500.

216. SHANNON, W. G., Gl. of the Torquay distr. PrGlAss. 39, 1928, 103—153. (Vgl. auch ders., The petrogr. and correlation of the surface deposits of South-east Devon. GlMg. 64, 1927, 145—153.)

217. PHILIPPS, F. C., Metamorphism in the Upper Devonian of N Cornwall. GlMg. 65, 1928, 541—556.

218. DAVISON, E. H., HB. of Cornish gl. Truro 1930.

219. GROVES, A. W., The unroofing of the Dartmoor granite and the distrib. of its detritus in the sediments of S E. QJGlS. 87, 1931, 62—96.

220. BRAMMAL, A., and HARWOOD, H. F., The Dartmoor granites. QJGlS. 88, 1932, 171 bis 237; vgl. auch Ders., PrGlAss. 39, 1928, 27—48.

221. FLETT, Sir J. S., The gl. of Meneage. Summ. Progr. 1932, II. 1933, 1—14.

221 a. OWEN, D. E., The carboniferous rocks of the N Cornish coast and their structures. PrGlAss. 45, 1934, 451—471.

222. OWEN, D. E., The gl. struct. of Mid-Devon to N Cornwall. PrLiverpoolGlS. 17, 1937, 141—159.

223. HENDRIKS, E. M. L., Rock succession and struct. in S Cornwall: a review. QJGlS. 93, 1937, 322—367.

224. SCRIVENOR, J. B., Gl. of the Lizard penins. GlMg. 75, 1938, 97—108, 304—308; vgl. auch 385—394, 515—526.

225. REYNOLDS, D. L., Hercynian Fe-Mg metasomatism in Cornwall; a reinterpretation. GlMg. 84, 1947, 33—50.

226. SCRIVENOR, J. B., The New Red Sandstone of S Devons. GlMg. 85, 1948, 117—132.

31. WHEELER, W. H., The Northam pebble ridge [bei Bideford]. N. 57, 1897, 209/210.

32. SOMERVAIL, A., On the absence of small lakes, or tarns, from the area of Dartmoor. TrDevAssAdvSci. 29, 1897.
33. SOMERVAIL, A., Mehrere Abh. über den Teign. Ebd., 33, 1901; 34, 1902.
34. LOWE, H. J., A fragment of phys. g., the past and present of a bit of Dartmoor. GlMg. Dec. IV, vol. 9, 1902, 397—401.
35. LOWE, H. J., The Teign valley and its gl. problems. TrDevAssAdvSci. 35, 1903.
36. KENNARD, A. S., and WARREN, S. H., The blown sands and assoc. deposits of Towan Head, near Newquay. GlMg. Dec. IV, vol. 10, 1903, 19—25.
37. JUKES-BROWNE, A. J., The valley of the Teign. QJGlS. 60, 1904, 319—334.
38. ANDREWS, A. W., The northern cliffs of the Land's End peninsula. GT. 3, 1905, 13—22.
39. CLAYDEN, A. W., The hist. of Devonshire scenery: an essay in g. evolution. 1906.
310. JUKES-BROWNE, A. J., The hills and valleys of Torquay: a study in valley development and an explan. of local scenery. Torquay 1907.
311. JUKES-BROWNE, A. J., The age and origin of the plateaus around Torquay. QJGlS. 63, 1907, 106—123.
312. CODRINGTON, T., On some submerged rock-valleys in S Wales, Devon and Cornwall. QJGlS. 64, 1908, 251—278.
313. SPETHMANN, H., Grundzüge der Oberflächengestaltung Cornwalls. Glob. 94, 1908, 329 ff.
314. BARROW, G., The high-level platforms of Bodmin Moor and their relation to the deposits of stream-tin and wolfram. QJGlS. 64, 1908, 384—400.
314 a. ROGERS, I., On the submerged forest at Westward Ho! RepTrDevAssAdvSci. 40, 1908, 249 ff.
315. SPETHMANN, H., Die Küste der engl. Riviera. SammlMeeresk., 3. Jahrg. Berlin 1909.
316. ARBER, E. A. N., The coast scenery of N Devon. 1911.
317. JUKES-BROWNE, A. J., The making of Tor Bay. TrDevAssAdvSci. 44, 1912.
318. SAWICKI, L. v.. Die Einebnungsflächen von Wales und Devon. SberWarschGesWiss. 5, 1912, 2, 123—134.
319. SPETHMANN, H., Zur Geomorph. des sw. E. (Eine geogr. Studienreise durch das w. Europa.) Herausgeg. v. VerGUnivLeipzig. Leipzig-Berlin 1913.
320. HUNT, A. R., The age of the Tor Bay raised beaches. GlMg., Dec. V, vol. 10, 1913, 106—108.
321. DEWEY, H., The raised beach of N Devon: its relation to others and to palaeol. man. GlMg. Dec. V, vol. 10, 1913, 154—163.
322. HUNT, A. R., Coast erosion in Tor Bay. TrDevAssAdvSci. 48, 1916, 18 S.
323. DEWEY, H., On the origin of some river gorges in Cornwall and Devon. QJGlS. 72, 1916, 63—76.
324. LOWE, H., The tertiary gl. of Devon and Cornwall. TrDevAssAdvSci. 50, 1918.
325. MILNER, H. B., The nature and origin of the pliocene deposits of the Co. of Cornwall, and their bearing on the pliocene g. of the SW of E. QJGlS. 78, 1922, 348—377.
325 a. HENDRIKS. E. M., The physiogr. of SW Cornwall. GlMg. 60, 1923, 21—31.
326. SHANNON, W. G., Erosion in the Torquay Promont. RepTrDevAssAdvSci. 55, 1923, 148—153.
326 a. SHANNON, W. G., The petrogr. and correlation of the surface deposits of SE Devon. GlMg. 64, 1927, 145—153.
327. BRAMMAL. A.. Dartmoor detritus: a study in provenance. PrGlAss. 39, 1928, 27—48.
328. ALBERS, G., Notes on the tors and clitters of Dartmoor. TrDevAssAdvSci. 62, 1930.
328 a. WORTH, R. H., Dartmoor. Ebd.
329. DEWEY, H., The scenery and gl. of Cornwall. TrSEUnionSciS. 1930 (GlSectPresAddr.).
330. TOY, H. S., The Loe Bar, near Helston, Cornwall. GJ. 83, 1934, 40—53.
331. GULLICK, C. F. W., A physiogr. sv. of W Cornwall. TrGlSCornwall. 16, pt. 8. Truro 1936.
332. MACAR, P., Quelques remarques sur la géomorph. des Cornouailles et du Sud du Devonshire. AnnSGlBelg. 60, 1936/1937, Bull. 152—169. (Vgl. auch ders. ebd. 58, Bull. 154—164, 230—236 und 59, Bull. 263—288.)
333. BALCHIN, W. G. V., The erosion surfaces of N Cornwall. GJ. 90, 1937, 52—63.
333 a. STUART, A., and SIMPSON, B., The shore sands of Cornwall and Devon from Land's End to the Taw-Torridge estuary. TrRGlSCornwall. 17, 1937, 13 ff.
334. ARBER, M. A., Outline of SW E. in rel. to wave-attack. N. 146, 1940, 27/28.
335. BARRETT, W. H., The composition and properties of shore and dune sands. GlMg. 77, 1940, 383—394.
336. GREEN, J. F. N., The high platforms of E Devon. PrGlAss. 52, 1941, 36—52.
337. ARKELL, W. J., The pleistocene rocks at Trebetherick Pt., N Cornwall: their interpret. and correlation. Ebd. 54, 1943, 141—170.
337 a. PICKARD, R., Glaciation on Dartmoor. TrDevAssAdvSci. 75, 1943, 102—116.
337 b. ROUND, E., Raised beaches and platforms of the Marazion area. TrRGlSCornwall. 17, 1943/4, 97 ff.
338. BALCHIN, W. G. V.. The geomorph. of the N Cornish coast. TrGlSCornwall. 17, pt. 6, 1946, 317—344.

339. COOPER, L. H. N., A submerged ancient cliff near Plymouth. N. **161**, 1948, 280.
338 a. PICKARD, R., The high-level gravels in E- and N-Devon. TrDevAssAdvSci **78**, 1946, 207—218.
340. MACAR, P.. Péneplaines et formes connexes du relief. AnnSGlBelge **72**, 1949, 259—277.
340 a. GREEN, J. F. N., The hist. of the R. Dart. PrGlAss. **60**, 1949, 105—129.

41. MILL, H. R., The Cornish dust-fall of Jan. 1902. QJMetS. **28**, 1902, 229—252.
42. MILL, H. R., Rep. on the rainfall of the Exe valley. GJ. **34**, 1909, 630—645.
43. BILHAM, E. G., Pressure type in relation to fog frequency at Scilly during the summer months. Air Min., MetOffProfNotes. **3**, No. 37, 1924, 124—280.
44. SILVESTER, L. N., Local weather conditions in Mullion, Cornwall. QJMetS. **46**, 1920, 245—270.
45. Extreme cold in Devons. in Jan. 1945. QJMetS. **71**, 1945, 350.
46. SPINK, P. C.. Famous snowstorms, 1878—1945. Weather. **2**, 1947, 50—54.
47. SANDEMAN, E., The Burrator works for the water-supply of Plymouth. PrInstCivEng. **146**, 1901, 2—42.
48. WORTH, H., The Dartmoor catchments. N. **142**, 1938, 17. (Vgl. auch Waterpower and Dartmoor. Ebd. **104**, 1920, 461/462.)
49. DAVEY, F. H., Flora of Cornwall. 1909.
410. WATSON, W., Cryptogamic veget. of the sand dunes of the W coast of E. JEcol. **6**, 1918, 216 ff.
411. HARRIS [N. N.], Ecol. notes on Wistman's Wood and Black Tor Copse, Dartmoor. TrDevAssAdvSci. **53**, 1921, 232—245.
412. MILLER, C., and WORTH, R. H., The ancient dwarfed oak woods of Dartmoor. Ebd., 1922.
413. WHITE, W., With the birds on Exmoor. 19thCentAfter. **93**, 1923, 865—873.
414. THURSTON, E., Br. and foreign trees and shrubs in Cornwall. Cbr. 1930.
415. PALMER, M. G.. The fauna and flora of the Ilfracombe distr. of N Devon. Exeter 1946.
416. TREGARTHEN, J. C., Wild life at the Land's End. 1922.

51. ANDREW, T. H.. The "Cornish fisherman type". Man. **21**, 1921, 137—139.
52. HAVERFIELD, F., On an inscribed Roman ingot of Cornish tin and royal tin-mining in Cornwall. PrSAnt. **18**, 1900, 117—123.
53. LOCKYER, N., Notes on some Cornish stone circles. N. **73**, 1906, 366—368.
54. GRAY, H. S. G., On the stone circles of E Cornwall. Archaeol. **61**, 1908, 1—60.
55. REID, C., Bronze and tin in Cornwall. Man. **18**, 1918, 9—11.
55 a. HAVERFIELD, F.. and TAYLOR, M., Romano-british Cornwall. 1924.
56. COLLINGWOOD, R. G., Roman milestones in Cornwall. AntJ. **4**, 1929. 101—112. (Vgl. auch A. F. MAJOR, ebd. 142—145.)
57. HENCKEN, H. O'NEILL, The archaeol. of Cornwall and Scilly. (The Co. Arch.) Lond. 1932.
58. DOWIE, H. G., The hist. of Kent's Cavern. Torquay 1934.
59. CRAWFORD, O. G. S., The work of Giants. Ant. **10**, 1936, 162—174.
510. BRAILSFORD, J. W., Bronze age stone monuments of Dartmoor. Ant. **12**, 1938, 444 ff.
511. BOWEN, E. G., The travels of the Celtic Saints. Ant. **18**, 1944, 16—28.
512. KENNARD, A. S., The early dig's in Kent's Hole, Torquay, and Mrs. Cazalit. PrGlAss. **56**, 1945, 156—192, 193—214.

61. DEXTER, T. F. G., Cornish names. 1926.
62. BLOMÉ, B., The place-names of N Devonshire. Uppsala 1929.
63. GOVER, J. E., Cornish place-names. Ant. **2**, 1928, 319—327.
64. GOVER, J. E., and others, The place-names of Devon. (EnglPlNS. VIII, IX.) Cbr. 1931/1932.
65. GAY, S. E., Old Falmouth. The story of the town etc. 1903.
65 a. PETER, T. C., The hist. of Cornwall. Truro 1906.
66. LEWIS, G. R., The Stannaries: a study of the English tin-mines. Cambr. (Mass.) u. Lond. 1908.
66 a. CROSLEGH, C., Bradninch: being a short hist. sketch. 1911.
67. MACDERMOT, E. T., The hist. of the forest of Exmoor. Taunton 1911.
67 a. WALKIN, H. R., The hist. of Totnes priory and medieval town. Torquay (Selbstverlag) 1914.
68. LEWIS, W. S., The West of E. tin-mining. Exeter 1923.
68 a. SALZMAN, L. F.. and TAYLOR, T., Domesday Sv. of Cornwall. 1924.
68 b. JENKIN, A. K. H., The Cornish miner. 1927.

69. HENDERSON, C., and COATS, H., Cornish studies. I. Old Cornish bridges and streams. Exeter 1928.
610. SHELDON, G., From track to turnpike: an illustration from E Devon. 1928.
611. ORWIN, C. S., The reclamation of Exmoor Forest. 1929.
612. JENKIN, A. K. H., Cornwall and the Cornish: the story, religion and folk-lore of the Western Land. 1933.
613. JENKIN, A. K. H., The story of Cornwall. 1935.
614. HENDERSON, C., Essays in Cornish hist. (Ed. by A. L. Rowse and M. I. Henderson). Oxf. 1935.
615. TOY, H. SPENCER, The hist. of Helston. Oxf. 1936.
616. ROWSE, A. L., Tudor Cornwall: portrait of a society. 1941.
617. MORGAN, F. M., The Domesday g. of Devon. RepTrDevAssAdvSci. 72, 1940, 305—331.
618. POUNDS, N. J. G., The Domesday g. of Cornwall. AnnRepRCornwallPolytechS. 1, 1942.
619. POUNDS, N. J. G., The ancient woodland of Cornwall. „Old Cornwall", Dec. 1942, 523—528.
620. POUNDS, N. J. G., Lanhydrock Atlas. Ant. 19, 1945, 20—26.
621. POUNDS, N. J. G., Populat. movements in Cornwall and the rise of mining in the 16th cent. G. 28, 1943, 37—46. Vgl. auch MACGUINESS, T. W., Changes of popul. in W Cornwall with the rise and decline of mining. AnnRepRCornwallPolytechS. 9, 1940, 22 ff.
622. POUNDS, N. J. G., German miners in Elizabethan Cornwall. G. 29, 1944, 25.
623. POUNDS, N. J. G., Cornish fish cellars. Ant. 18, 1944, 36—41.
624. FUSSELL, G. E., High farming in SW E., 1840—1880. EconG. 24, 1948, 53—73.

71. COLLINS, J. H., The West of E. mining region. Plym. 1907.
72. ROSS, C. D., Glimpses of Devons. agric. AgrProgress. 4, 1927, 67 ff.
72 a. CURRIE, J. R., and LONG, W. H., An agric. sv. in S Devon. 1929.
73. FORD, E., An account of the herring investig., conducted at Plymouth during the years 1924—1933. JMarineBiolAss. 19, 1933, 305 ff.
74. BARRON, W. H., Notes on Cornish fisheries. Truro 1933.
75. STRAIGHT, M., A rep. on the Brixham fishing ind. 1935.
76. SHORTER, A. H., Paper-making in Devon and Cornwall. G. 23, 1938, 164—176.
76 a. LONG, W., Factors affecting some types of farming in Devon and Cornwall. JAgrS. 94, 1933, 42 ff. (Vgl. auch Ders., The SW counties, in: Regional types of Br. agric. 1936.)
77. HAMILTON, A. K., C.'s mines and miners. GMg. 4, 1937, 357—376.
78. ORTON, J. H., Fluctuations in oyster production in the Fal estuary. JMarineBiolAss. 24, 1940, 331 ff.
79. FRENCH, W., Local sv. at Tiverton. G. 25, 1940, 76—84.
710. POUNDS, N. J. G., Note on transhumance in Cornwall. G. 27, 1942, 34.
711. McGUINESS, T. W., Popul. changes in the St. Austin-Bodmin-Padstow distr. AnnRepRCornwallPolytechS. 11, 1942.
712. McGUINESS, T. W., Occupation changes in C. Ebd. 12, 1943.
712 a. Post-war reconstr. and Cornish metalliferous mining. Memor. from the C. Tin Mining Advis. Comm. Liskeard 1944.
713. ETHERINGTON, M. G., Exmoor ponies. JSPreservFaunaEmp. (N.S.), pt. 53, 1946.
714. TURNER, W. J., Exmoor village [Luccombe]. Based on factual inform. from mass-observ. 1947.
715. COCKS, D., The fruit and flower-growing ind. of the Tamar valley. Cosmos (Lond.), No. 2, 1947, 10—12.

81. Exeter:
  a) BOGGIS, R. J. E., Hist. of the diocese of E. Selbstverl. (Bury St. Edmunds) 1922.
  b) LEWIS, W. S., The ancient maritime trade of E. GT. 12, 1924, 455—457.
  c) CRESWELL, B. M., A hist. of weavers, fullers and shearmen of E. Exeter 1930.
  d) HARTE, W. J., Some evidence of trade between E. and Newfoundland in the 17th cent. TrDevAssAdvSci. 65, 1933.
  e) HOWARD, F. T., The building stones of ancient E. Ebd., 331—338.
  f) HOSKINS, W. G., Ind., trade and people in E., 1688—1800. HistExeterResearch-GroupMonogr., No. 6, 1935.
  g) LEWIS, W. S., and SHORTER, A. H., The evolution of E. G. 24, 1939, 149—161.
  h) SHARP, T., Exeter Phoenix. 1946.
82. Plymouth:
  a) SALMON, A. L., The story of the E. towns: Pl. 1920.
  b) BRACKEN, C. W., A hist. of Pl. and her neighbours. Plym. 1932.
  c) ROWSE, A. L., The Pl. pilchard fishery, 1584—1591. EconHist. 2, 1933, No. 7.

d) A soc. sv. of Pl. 1935.
e) SHORTER, A. H., and WOODLEY, E. T., Pl.: port and city. G. 22, 1937, 293—306.
f) TAYLOR, R. M., A soc. sv. of Pl. and rep. 1938.
g) WILLIAMS, M. D., Pilgrims still stop at Pl. NatGMg. 74, 1938, 59—77.
h) STEPHENS, A. E., Pl. in the sailing era. RepBrAssCambr. 1938, 448.
i) PILDITCH, Sir PHILIP, Gates of advent. IV. Pl., craddle of the fleet. GMg. 8, 1939, 431—442.
k) WATSON, J. P., and others, A plan for Pl. Prep. for the City Council. 2nd ed. 1943.
l) WATSON, J. P., and ABERCROMBIE, P., Plans of Pl. A Rep., prep. for the Co. Council. App. on agr. and soil by L. D. Stamp and G. W. Robinson. 1944.
m) KLEMMER, H., A city that refused to die. NatGMg. 89, 1946, 211—236.
n) YARHAM, E. R., Pl.: City of Drake. The Trident. 8, 1946, 434—437.
83. The Padstow distr. GT. 6, 1911/1912, 347—360.
84. CORNISH, J. B., and BRIDGER, J. A., Penzance and the Land's End distr. The Homeland Ass. HBs. 1916.
85. FRANCIS, E., and THOMAS, B., Yelverton (Devon), with its surroundings. The Homeland Ass. HBs. 1920.
86. RICHARDSON, A. E., and GILL, C. L., Regional archit. of the W. of E. 1924.
87. JENKIN, A. K. H., Cornish homes and costums. 1934.
88. SWAINSON, B. M., Rural settlement in NW Devon. EconG. 11, 1935, 77—90.
89. O'NEIL, B. H. S., Dartmouth Castle and other defence of D. Harbour. Archaeol. 85, 1936, 129—157.
89 a. GAWNT, A., Visible hist.—Dartmouth, hist. port of Devon. The Trident. 7, 1945, 309/310.
89 b. HOLLGER, H. B., Torquay—Queen of the English Riviera. CanadGJ. 32, 1946, 169 bis 172.
810. Scilly I.:
    a) MOTHERSOLE, J., The I. of Sc.: their story, their folk and their flowers. 1910.
    b) ZAHN, G., Die Sc. I. MGGesMünchen. 1911, 386—423.
    c) WADMORE, M. F., The Sc. and their bird life. Observ. 1, 1925, 134—142.
    d) MOORE, W. R., The Garden I. of Sc. NatGMg. 74, 1938, 755—774.
    e) WARNER, O., The I. of Sc. GMg. 10, 1940, 418—422.
    f) The Sc. I.: flower garden of E. CanadGJ. 33, 1946, 117—120.
    g) CRAWFORD, O. G. S., Lyonesse. Ant. 1, 1927, 5 ff.
    h) OSMAN, C. W., The granites of the Sc. I. QJGlS. 84, 1928, 258—292.
    i) GRIGSON, G., The Sc. I. (Vision of E-Series.) 1950.
811. Lundy I.:
    a) LOYD, R. W., Lundy: its hist. and nat. hist. 1925.
    b) WYNNE EDWARDS, V. C., A bird-census of Lundy I. JEcol. 20, 1932, 371—379.
    c) DOLLAR, A. T., The L. complex. QJGlS. 97, 1941, 49 ff.
    d) PERRY, R. L., Isle of puffins. 1946.
    e) ETHERTON, P. T., L., treasure island of birds. NatGMg. 91, 1947, 675—698.
    f) ETHERTON, P. T., and BARLOW, V., Tempestuous isle. The story of L. Lutterworth 1950.

91. LEWIS, H., Days in Cornwall. 1907.
92. HUDSON, W. H., The Land's End: a naturalist's impression in W Cornwall. 1908.
93. SALMON, A. L., The Cornwall coast. 1910.
94. HEATH, S., The S Devon and Dorset coast. 1910.
95. BICKLEY, F., Where Dorset meets Devon. 1911.
96. STONE, J. H., E.'s Riviera: A topogr. and archaeol. descr. of Land's End, Cornwall etc. 1912.
96 a. COX, C. J., Cornish churches. 1912.
97. FOLLIOT-STOKES, A. G., The Cornish coast and moor. 1912.
97 a. PHILLPOTTS, E., My Devon year. 1916.
98. KINSMAN, J., The Cornish HB. Publ. by the London Cornish Ass. Chelth./Lond. 1921.
98 a. NORWAY, A. H., Highways and byways in Devon and Cornwall. 1922.
99. SALMON, A. L., The heart of the West. A book of the West Ctry to Land's End. 1922.
910. FORTESCUE, J. W., My native Devon. 1924.
911. COREY, H., A char-à-bancs in Cornwall. NatGMg. 46, 1924, 652—694.
912. VULLIAMY, C. E., Unknown Cornwall (The Co. Ser.). 1925.
912 a. BARING-GOULD, S., A book of Cornwall. 1925.
912 b. BARING-GOULD, S., Cornish characters and strange events. 2 vols. 1925.
913. PEACH, L. DU GRADE, Unknown Devon. 1927.
913 a. HARDINGHAM, B. G., On Dartmoor. Observ. 3, 1927, 23—29.
913 b. COREY, H., Down Devon lanes. NatGMg. 55, 1929, 531—568.

913 c. MAIS, S. P. C., The Cornish Riviera. 1929.

914. WADE, J. H., Rambles in Devon. 1930.

915. PILKINGTON-ROGERS, C. W., Days in Dartmoor. 1930.

915 a. HENDY, E. W., Wild Exmoor: through the year. 1930.

916. GORDON, D., Dartmoor in all its moods. 1933.

916 a. JENKIN, A. K. H., Cornish seafarers: the smuggling, wrecking, and fishing life of Cornwall. 1932.

917. THOMPSON, W. H., and CLARK, G., The Devon landscape (The Co. Landscapes). 1934.

918. CORNISH, V. A., A nat. park at the Land's End. G. 19, 1934, 288/289.

919. WALLING, R. A. J., The West Country. 1935.

920. MALIM, W. J., The Bodmin Moors. 1936.

921. WARREN, C. H., West Ctry (Somerset, Devon and Cornwall). 1938. 1940.

922. CHOPE, R. P., The Book of Hartland. Torquay 1940.

923. WALLING, R. A. J., Unchanging Dartmoor. GMg. 11, 1940, 111—124.

924. E.'s wild moorland ponies. NatGMg. 89, 1946, 129—136 [Bampton].

925. MANNING-SANDERS, R.. The West of E. (The Face of Br. Series). 1949.

926. BERRY, C., Cornwall (The Co. Books). 1949. [Fischer, Bergleute, Sport usw.]

VI. Mittelostengland

Das Gebiet zwischen dem Londoner Becken und der Humbermündung faßt man manchmal unter der Bezeichnung Ostengland zusammen; genauer sollte man es Mittelostengland nennen [11, 12, 16]. Es entspricht ungef. dem ehemaligen Kgr. Ostanglien und dem viel umstrittenen, besonders von Mercia beanspruchten Gebiet der Mittelangeln. Heute bezeichnet man als E a s t A n g l i a gewöhnlich nur die beiden Gr. Suffolk und Norfolk, die sich tatsächlich von dem übrigen Mittelostengland in vieler Hinsicht geographisch unterscheiden. In ihnen springt Großbritannien, meist von einer Steilküste umschlossen, am stärksten ostwärts, in die Nordsee, vor, im großen ganzen eine gegen E bis SE geneigte Kreidekalktafel, die bloß z. T. an ihrem Außenrand von Tertiär bedeckt und weithin unter glazialen Aufschüttungen begraben ist. Mit einer an die Chiltern Hills anschließenden niedrigen Stufe, den East Anglian Heights im S, den Norfolk Heights im N, fällt sie gegen die längs der Juratone der Midlands ausgeräumte Niederung der Vales ab (vgl. S. 364 f.). Diese verbreitert sich hier zu einer geräumigen, tischglatten Ebene, die gegen N, am Wash, vom Meer überflutet ist: den von einer Flachküste eingesäumten F e n l a n d s. Sie liegen größtenteils in den Gr. Lincolnshire und Cambridgeshire, aber Norfolk reicht von E, Northamptonshire von W etwas in die Niederung hinein, und diese beherrscht auch das Bild von Huntingdon- und Bedfordshire, obwohl hier das Gelände schon hügeliger und unruhiger wird, ebenso wie im benachbarten s. Cambridgeshire, dessen Grenze sogar in die East Anglian Heights aufsteigt. N. der Fenlands erheben sich die Kreidekalke wieder in den Lincoln Wolds und w. davon, gegen den Humber unter spitzem Winkel sich ihnen nähernd, die Juragesteine der Lincoln Heights. Beide richten niedrige, aber gut ausgeprägte Stufen gegen W; sie bilden das S t u f e n l a n d v o n L i n c o l n s h i r e, die dritte Teillandschaft Mittelostenglands. Jenseits der Lincoln Heights erstreckt sich die Trentsenke. Hier, wie überhaupt binnenwärts, kann man die Grenze Mittelostenglands nur mehr oder weniger willkürlich ziehen. Zwar greift Lincolnshire noch in die Trentsenke hinab — ja beiderseits Gainsborough bis an den Trent selbst und weiter n. sogar auf sein W-Ufer hinüber —, doch deren größerer Teil gehört zu der Midlandsgr. Nottinghamshire. Zu den Midlands stellen wir auch das weiter s. gelegene East Midland Plateau und die Jurahöhen von Northamptonshire. Die Grenze gegen die mittelenglischen Vales zieht man am besten in der Gegend von Bedford, wo bereits der Eindruck der Tiefebene vorherrscht.

Mittelostengland umfaßt also annähernd sechs historische Gr., doch ist Suffolk in zwei Verw.Gr. geteilt, East und West Suffolk, Lincolnshire sogar in drei: Holland, Kesteven und Lindsey. Neben der Verw.Gr. Cambridge steht die Isle of Ely. Northamptonshire hat mit dem Soke of Peterborough Anteil an den Fenlands.

Die heutige Kulturlandschaft ist durchaus die Schöpfung der Germanen. Wohl wird eine ausgiebige vorgeschichtliche Besiedlung durch viele Denk-

mäler und Funde erwiesen — gerade dieser Abschnitt der E-Küste mit seinen
befahrbaren Flüssen bot den über das Meer kommenden Eindringlingen eine
ganze Anzahl von Pforten und Wegen in das Innere —, aber die Besiedlung
beschränkte sich auf die trockeneren, waldarmen Höhen, über welche auch
die Wege verliefen [14]. Die Römer trafen hier zwei größere Stämme an,
die Trinobantes und die Iceni, nach deren Unterwerfung sie sich das Land
wie überall durch Straßen und Stützpunkte sicherten. Auch die Küste wurde
von ihnen wohl bewehrt und bewacht, namentlich in den späteren Jh. Auffallend ist die damals starke Besiedlung der Fenlands. Dann taucht das
Gebiet in das Dunkel des frühen Mittelalters, aus dem erst seit dem 7. und
8. Jh. die englische Kulturlandschaft hervorzutreten beginnt. Später bemächtigten sich die Dänen des Landes. Die Besiedlung war inzwischen weit vorgeschritten, die Wälder waren schon sehr eingeengt, nur die Fenlands noch
wenig berührt. Nach der normannischen Eroberung kam eine Blütezeit. Im
späteren Mittelalter lagen hier die reichsten Kornkammern und die bevölkertsten Striche Englands, denn Klima und Böden begünstigten den Ackerbau. Immer mehr entfalteten sich die Handelsbeziehungen zum Festland,
besonders dank der Wollausfuhr. In der Folge blühte das Webereigewerbe
auf und die Städte wurden reich. Mit dem Zeitalter der Entdeckungen, dem
Aufkommen des Kolonial- und Überseehandels setzte der Verfall ein, mit dem
Zeitalter der Kohle und der Maschinen verlegte sich die Textilindustrie nach
Yorkshire; dafür nahmen Landwirtschaft und Viehzucht einen großen Aufschwung. Tatsächlich sind sie bis heute die Grundlage und Hauptaufgabe der
ostenglischen Wirtschaft geblieben. Zwar herrscht nicht mehr der Weizen-
und überhaupt der Getreidebau vor, aber Halmfrüchte sind noch immer
wichtig. Der ausgedehnte Anbau von Futterpflanzen wird von der hochent-
wickelten Viehzucht erfordert, in welcher die Rinderzucht (Milchkühe) auf
schweren Böden obenansteht, die Schafzucht auf den Kalkhöhen überwiegt.
Altberühmt ist die Pferdezucht („Shires"). Große Fortschritte haben Obst-
und Gemüsebau im Fenland, wo seit dem 17. Jh. über 1000 km² durch Entwässerung urbar gemacht wurden, und in einzelnen Teilen Ostangliens erzielt, die Kartoffel hat sich sehr ausgebreitet und in den letzten Jz. die Pflanzung von Zuckerrüben; in der I. of Ely, im Soke of Peterborough, in Norfolk
nimmt diese 5—8% des Pfluglandes ein, einige Prozent auch in allen Gr. der
Anbau von Bohnen und Erbsen.

Die Industrie war bis vor kurzem wegen des Fehlens einheimischer
Kohle verhältnismäßig unbedeutend. Allerhand kleinere Fabriken standen
wohl in verschiedenen Städtchen; die größeren Betriebe beschränkten sich
auf wenige Plätze. Man verarbeitete vornehmlich die Erzeugnisse der Landwirtschaft und des Gartenbaus (Brauerei, Rübenzucker, Obst- und Gemüse-
konserven), die Tone und Kalke (Ziegel- und Zementwerke). Etwas Eisenindustrie hatte sich entwickelt, besonders die Herstellung landwirtschaftlicher Maschinen. Neuerdings hat jedoch die Industrialisierung ziemliche
Fortschritte gemacht (vgl. S. 316).

Ungemein wichtig für die Ernährung Großbritanniens und bis vor
kurzem auch für seine Handelsbilanz ist die Fischerei Mittelostenglands,
gehört diesem doch eine Anzahl der bedeutendsten Fischereihäfen nicht bloß
der Br. Inseln, sondern der Welt an.

Bei dem überwiegend landwirtschaftlichen Gepräge des Gebietes hat hier
die Bevölkerung in den letzten 100—150 J. nicht so zugenommen wie in
anderen, inzwischen industrialisierten Teilen Englands; sie hat sich nur ungef. verdoppelt. Im ganzen wohnen heute auf fast 20 000 km² etwas über 2 Mill.

Menschen; die Volksdichte beträgt also im M. rund 100, die der landwirtschaftlichen Bez. schwankt im allgemeinen zwischen 30 und 60. Größere Menschenballungen fehlen, bloß Norwich hat die E.Z. einer Großstadt erreicht. Das ganze Gebiet liegt abseits der Schlagadern des britischen Überlandverkehrs, Eisenbahnen und Straßen nach dem N berühren es nur am Rande. Keine bedeutenderen Häfen, sieht man von den Fischereihäfen ab, weist die Küste auf, doch können Kähne auf einigen Flüssen weit aufwärts fahren. Ehemals waren diese sogar die Hauptträger des Verkehrs und das Aufkommen fast aller größeren Siedlungen hängt irgendwie mit ihnen zusammen. Zahlreich sind die Seebäder. Sie werden einerseits von London, anderseits von den Midlands aus viel besucht. Mit diesen und besonders mit London ist Mittelostengland wirtschaftlich am stärksten verflochten.

Wie die wirtschaftlichen, so sind z. T. in unmittelbarem Zusammenhang damit auch die siedlungs- und verkehrsgeographischen Verhältnisse in den einzelnen Teilen Mittelostenglands trotz vieler ähnlicher Züge doch recht verschieden. Ganz allgemein heben sich Ostanglien und die Fenlands stark gegeneinander ab. Das liegt schon in Bau und Boden, in den Formen und in der Bewässerung begründet; sie sollen daher im folgenden getrennt, aber, weil in sich verhältnismäßig einheitlich, jedes zusammenhängend betrachtet werden. Mannigfacher ist das Stufenland von Lincolnshire; hier erheischt jede der Teillandschaften eine kurze Darstellung für sich.

A. Ostanglien

An der Lücke von Hitchin endigen nach der üblichen Einteilung die Chiltern Hills. Die Kreidestufe setzt sich jedoch zunächst gegen NE fort bis Newmarket, dann, gegen N und zuletzt gegen NNW gewendet, bis an den Wash bei Hunstanton. Nur bei Hitchin steigen die runden Rücken der East Anglian Heights, einer echten Downlandschaft, auf über 150 m H. empor. Hier ist die Randstufe, offenbar durch den Schurf des Eises, stärker zurückverlegt und mehr verwischt als in den Chiltern Hills; ausgedehnter und mächtiger ist die Decke des Chalky Boulder Clay. Die Täler sind nässer, während w. der Lücke, deren Sohle ($\pm$ 100 m H.) von Glazialschottern hoch aufgefüllt ist, flintführende Tone und Plateaulehme überwiegen und die Täler trockener sind. Hart an die Stufentrauf ist die Wasserscheide gerückt, von welcher, der Abdachung folgend, Nebenflüsse des Lea (Beane, Quin, Ash, Stort) nach S strömen. Bloß der Cam greift von N her auffallend weit gegen S aus. Bei genauerer Betrachtung zeigen die East Anglian Heights zwischen Hitchin und Newmarket drei niedrige stufenförmige Höhenzüge hintereinander, verursacht durch die widerstandsfähigsten Horizonte der Kreide: den Totternhoe Stone, der zwischen Chalk Marl und dem Gray Chalk (alles Lower Chalk) einen wichtigen Quellhorizont bildet; den Melbourn Rock und den Chalk Rock (an der Basis des Middle, bzw. Upper Chalk) [12, 21 a, 24, 63].

In der Beuge zwischen Newmarket und Brandon senkt sich die Kreidestufe auffallend ab. Eine dünne Decke von Sand beherrscht hier, in der Ostanglischen Pforte [63], beiderseits der Little Ouse die Oberfläche eines wasserarmen, wenig gegliederten Riedellandes. Kaum irgendwo über 50 m hoch, geht dieses gegen W allmählich in die Fenlands über, im E in das Flachland am Waveney, der jenseits einer unmerklichen, von Sand und Schotter gebildeten Wasserscheide hart neben der Little Ouse in einem versumpften „Urstromtal" entspringt. Magere Heiden mit „warrens" und „commons" er-

innern in jener Landschaft, einem der trockensten Teile von England (jährl.
Niederschlag ungef. 560 mm), stellenweise geradezu an eine Halbwüste [63],
wenn auch viele Windbaumstreifen und neue, große Aufforstungen (vgl.
S. 315) dunklere Töne in die hellen Farben mischen und vereinzelt kleine
Grundwasserseen („meres") aufschimmern. In diesem „steppenähnlichsten"
Gebiet der Br. Inseln, dem sog. B r e c k l a n d (breck, d. i. wahrscheinlich
Neubruch, neue große Einhegung [15, 623*]), haben sich etwa ein Dutzend
Vertreter der postglazialen Steppenflora erhalten, wie sie sonst nirgends jenseits des Kanals zu finden ist [440*; 412, 413, 415, 417, 419—421, 425—427, 58,
912]. Von der echten Steppe unterscheidet es sich allerdings durch das Vorherrschen des Heidekrauts. Erst hinter Swaffham erhebt sich das Gelände
wenigstens wieder auf 60—80 m H., selten auf 90 m in den W e s t N o r -
f o l k H é i g h t s oder Norfolk Edge, einem meilenweit gespannten Flachland mit rundlichen Formen, mit Dellen, Winterbächen und echten Trocken-
tälern. Langsam steigen die Kreidekalkschichten im Streichen ab, zugleich
vermindert sich ihre Mächtigkeit. Zwischen das vom Eis abgestumpfte
„Edge" und die Fenlands schalten sich ö. King's Lynn und bei Sandringham,
geknüpft an die Sandringham Beds und den Carstone (eisenhaltige Sandsteine und Sande) des Lower Greensand, aber getrennt durch einen Ton-
horizont (Snettisham Beds), zwei niedrige Stufen ein, ähnlich wie die Brecklands heidebedeckte Höhen mit armen Böden, Föhrenbeständen und „commons" [23—25]. Bei Trimingham drüben im E (halbwegs Cromer und Mundesley) ist auch der oberste Horizont des Chalk erhalten, nur hier in Großbritannien überhaupt [213, 33].

Im großen ganzen verfließen die Kreidekalkwellen in Plateauflächen,
die sich sanft zur Nordsee abdachen (bzw. ganz im SW gegen das Londoner
Becken). Dorthin fließen auch die Hauptflüsse des Gebietes: Bure, Wensum,
der unterhalb Norwich den Yare aufnimmt und seinen Namen an diesen verliert, Waveney, Gipping, Stour. In derselben Richtung fallen die Kreide-
schichten ein, etwas stärker, so daß sie schließlich unter die Talsohle hinab-
sinken [27]. Wohl werden sie gegen E bedeutend mächtiger (bei Norwich
über 300 m), sind hier dafür jedoch stärker abgebogen. So ist zwischen Thetford und Newmarket noch Lower, schon bei Bury St. Edmunds und erst recht
bei Ipswich nur Upper Chalk erschlossen [21 a, b, 26, 29, 211]. Weiters stellen
sich zwischen Sudbury und dem Gippingtal auf einer subeozänen Abtragungsfläche Thanetschichten ein, ebenda, im unteren Debental und entlang dem
Stour und seinen Seitenbächen die Londontone; dazwischen die Readingschichten, die mit etlichen Ausliegern noch drüben in Bedfordshire erscheinen,
während sie bei Yarmouth 130 m unter der Oberfläche liegen. Diese machen
sich übrigens geographisch wenig bemerkbar. Wegen ihrer Verhüllung durch
eiszeitliche Aufschüttungen treten ebenso gewisse sandige Ablagerungen
weniger hervor, die, vorwiegend marin, z. T. ästuarin von Walton-on-the-
Naze her Ostanglien im E bis zur N-Küste umsäumen und unter dem Namen
Crag (dortige lokale Bezeichnung eines Muscheln enthaltenden Sandes) zusammengefaßt werden. Sie sind wichtig für die Auffassung der damaligen
Entwicklung Großbritanniens und der Nordsee. Indes sind die Ansichten
über ihre stratigraphische Stellung geteilt. Früher meist zur Gänze noch
zum Pliozän gerechnet, wurden sie neuestens, mit Ausnahme der älteren,
nachdrücklich für ältestpleistozän erklärt. Jedenfalls lassen ihre einzelnen
Abteilungen (Coralline Crag, Red C., Norwich C., Chillesford Beds, Weybourne C.) deutlich einen Rückzug des Meeres gegen N und eine fortschreitende Abkühlung seines Wassers erkennen. U. a. weisen die Chillesford

Beds (Ch. nw. Orford; geringmächtige glimmerige und braune Sande und Tone), u. zw. besonders das Vorkommen zwischen Lowestoft und dem s. davon gelegenen Kessingland, auf das Ästuar eines Stromes hin, der wahrscheinlich aus SE kam. Zwischen Kessingland und Weybourne kann die gleichfalls durch Flüsse (vielleicht den Rhein) herbeigeführte Cromer Forest Bed Series an den Kliffen studiert werden, die eine reiche Fauna und Flora geliefert hat, größtenteils mit warmem Charakter. Auch ihre Einordnung ist bis heute strittig, ob pliozän oder interglazial. Sie besteht aus zwei durch eine Brackwasserschicht getrennten Süßwasserhorizonten. In ihren Hangenden folgt das „Leda myalis Bed" als Basis der Westleton Series (vgl. u.), nach älterer Auffassung jedoch zunächst überlagert vom „Arctic Freshwater Bed" als ältestem Pliozän. Eine einwandfreie Datierung all dieser Ablagerungen wäre um so wünschenswerter, als die Crags in ihrer Basisschicht außer Fossilien auch Artefakte führen (Basement Beds, Bone Beds; vgl. S. 310) [32*, 33 a*, 39*, 311*; 24, 32, 35, 315 a, 317 b u. ao.].

Weithin wird jedoch das Antlitz der Landschaft von der Decke der pleisto- und holozänen Ablagerungen bestimmt. Leider bestehen auch über ihre Gliederung erhebliche Meinungsverschiedenheiten. Die folgende Übersicht kann daher bloß mit Vorbehalt gegeben werden. Ziemlich sicher lassen sich vier Vergletscherungen unterscheiden [318]. Vor allem breitet sich der Great (oder Lower) Chalky Boulder Clay, ein klebriger, schwerer, bläulicher oder lichtgrauer Ton mit vielen Geschieben und Blöcken, die Hauptablagerung der Great Eastern Glaciation (II. Vergletscherung), über die Kreidekalke. Von ihnen greift er sowohl auf die Londontone als auch auf den Crag über. In W-Norfolk wird er wegen seiner Geschiebeführung als Chalky Neocomian, in NE- und S-Norfolk und in fast ganz Suffolk als Chalky Jurassic Boulder Clay bezeichnet. Das Eis kam von N bis NNW her, aus N-England über Yorkshire und die Fenlands. Der Chalky Boulder Clay nimmt den größten Raum zwischen Norwich, Woodbridge, Ipswich, Bentley, Hertford und Cambridge ein [22, 28]. Während er hier, in Huntingdon- und Bedfordshire die älteste glaziale Ablagerung ist, findet sich längs der N-Küste von Norfolk die Hinterlassenschaft der älteren North Sea Drift (I. Vergletscherung): der dunkelgraue Cromer Till, der zwischen Mundesley (sö. Cromer) und dem benachbarten Happisburgh durch die Mundesley Sands in einen Lower und einen Upper Till gegliedert wird. Darüber folgen Sande und Schotter und über diesen Bändertone („Intermediate Beds"), abgesetzt beim Rückzug der North Sea Drift. Zusammen bilden diese Aufschüttungen, oft gestaucht („Contorted Drift"), zwischen Happisburgh und Mundesley drumlinartige Hügel. Sie wurden nach einer Phase kräftiger Erosion (vgl. u.) durch die Great Eastern Glaciation geformt, deren Chalky Boulder Clay darübergebreitet wurde und seinerseits wieder Sande und Schotter, z. T. schön gerundete („Cannon-shot Gravels"), trägt. Von Mundesley ziehen Sande und Schotter der North Sea Drift, früher „Midglacial Sands und Gravels" genannt, jetzt der „Westleton Series" [320] zugewiesen, in einem breiten, zusammenhängenden Streifen zwischen Norwich und Yarmouth bis Dunwich und Westleton (sw. Dunwich). Sie gelten wenigstens z. T. als marine Fazies der sie stellenweise bedeckenden Norwich Brickearth [320, 323], einem dem Upper Till beigeordneten Geschiebeton, der oft entkalkt und verwittert ist (Abb. 52). Noch bei Aldeburgh und s. vom Aldefluß kommen die Sande und Schotter der „Westleton Series" in der Heide von Tunstall hervor; weiter nw. sind sie vom Chalky (Jurassic) Boulder Clay bedeckt. Während des Interglazials, das diesem voranging und dem wohl die „Cromer Forest Bed Series" angehört (vgl. o.),

wurden die Ablagerungen der I. Eiszeit von den Hauptflüssen Waveney, Yare
usw. durchschnitten, die Täler dann von den bis zu 45 m mächtigen der
II. erfüllt. Weitverbreitet sind Sande und Schotter aus der Zeit ihres Rückzuges, Übergangskegel und „Auswaschfächer"; sie sind aber meist nur schwer
von dem gleichartigen Schutt der I. Eiszeit zu unterscheiden [35 a, 36—39,
310a, 317a]. Auch die „Good Sands" von N- und NW-Norfolk, zwischen Breckland und Cromer Ridge (vgl. u.), von A. YOUNG seinerzeit wegen ihrer Fruchtbarkeit so bezeichnet, und die „Sandlings" von E-Suffolk gehören zu jenen sandigen eiszeitlichen Ablagerungen. Steife Glaziallehme bedecken die recht ausdruckslosen Flächen im Inneren von Norfolk und Suffolk („High" N. und S.).
Gegen die Wasserscheide im W dünnen sie sich allmählich aus. Kiese und Sande,
z. T. zu Dünen verweht, treten an ihre Stelle und bilden das Breckland. Sie
entstammen jenem Lappen jüngeren Inlandeises, der über Lincolnshire her
aus dem Inneren der Insel vorstieß und dessen Schmelzwässer zeitweise durch
die Little Ouse-Waveney-Niederung abgeflossen sein mögen. In seichten Seewannen auf der Oberfläche des Geschiebetones der Great Eastern Glaciation
wurden nicht selten Bändertone abgelagert und diese manchmal bei einem
neuen Vorstoß gestaucht. Auch im II. Interglazial erfolgte eine starke Abtragung und Umlagerung des Glazialschutts; bei Bacton (sö. Mundesley)
wurden in ein damals gebildetes Tal Schotter eingefüllt (Bacton Valley
Gravel). Wesentlich weniger Ablagerungen hat die Little Eastern Glaciation
(III. Vergletscherung) hinterlassen, u. a. die Upper Chalky Drift des alt-
berühmten Profils von Hoxne im Waveneytal (vgl. S. 310); ferner sandige
Ziegelerden und namentlich die Sande und Schotter, auch „Cannon-shot
Gravels", der auffallend frisch aussehenden Cromer Ridge Moraine, die, bis
über 100 m hoch, 8 km breit und 30 km lang, den die Küstenlandschaft zwischen Cromer und Holt beherrschenden Cromer Ridge aufbaut; endlich auch
Eskers bei Blakeney und Morston. Hier findet sich anscheinend ein interglazialer gehobener Strand in 25′ O.D. aus der Zeit nach dem Rückzuge der
Little Eastern Glaciation und darauf ein brauner Geschiebelehm, dieser auch
zu Holkham und Hunstanton. Ähnlich dem Hessle Boulder Clay von Yorkshire, ist er der einzige unmittelbare Zeuge der Hessle Glaciation (IV. Vergletscherung) s. des Wash [329]. Wie verwickelt die Geschichte der Landschaft im einzelnen verlaufen ist, haben erst jüngst wieder Untersuchungen
über die pleistozäne Stratigraphie im Breckland gezeigt, zugleich auch, wie
wenig geklärt die Dinge sind, wenn die Ansicht geäußert wird, Great Chalky
Boulder Clay und Norwich Brickearth gehörten als Lower Boulder Clay
zusammen, nur der Great Chalky Jurassic Boulder Clay entspreche der Great
Eastern Drift, der Crag (mit dem Cromer Forest Bed) darüber sei pliozän
(Villafranchian) [325]. Unsicher bleiben daher erst recht die Versuche, die
einzelnen Eiszeiten Ostangliens noch weiter zu gliedern oder sie mit denen
Norddeutschlands oder der Alpen zu parallelisieren. Nicht einmal ihre Bezie-
hungen zu den Midlandvergletscherungen sind hinreichend aufgehellt. Gleichwohl sind derartige Versuche neuestens mehrfach gemacht worden. U. a. wurden jüngst der Upper Chalky Boulder Clay mit W I, der Hessle Boulder
Clay als W II parallelisiert [523*], während man vorher in den vier Boulder
Clays Ostangliens am ehesten die Gegenstücke zu den vier Eiszeiten der Alpen
anzutreffen glaubte. Noch unsicherer ist die Zerlegung der älteren Eiszeiten.
Die Schwierigkeiten sind besonders deshalb groß, weil die Geschiebetone bloß
selten in unmittelbarer Übereinanderlagerung aufgeschlossen sind [22, 24,
33 a*, 39*, 311*; 35, 36, 38, 313, 316 a, 317, 317 a, 318, 318 a, 320, 320 a, 323,
323 a, 324, 327 a, 330, 331].

Jedenfalls ist das ganze Gelände zwischen Wash und Themseästuar weniger Schurf- als vielmehr Schüttgebiet des Eises gewesen, wenn dieses auch das Chalk- und Cragland etwas aufpflügte und im Bereich des Ostanglischen Tores n. Bury St. Edmunds die Stufe zwischen Breck- und Fenland durch Abschleifen verflacht hat. Niemals hat dieser Raum, seitdem er aus dem Kreide-, bzw. Eozänmeer aufgetaucht war, ein stärkeres Relief besessen, und nur leichte Verkrümmungen haben ihn erfaßt, welche die Mulde des Brecklands — Waveney und Little Ouse sind anscheinend durch sie vorgezeichnet worden — und die Abbeugung des Chalk unter die Craggebilde im E schufen. Wie im benachbarten Essex konnte sich die Abtragung infolge des Flachreliefs und der Weichheit der meisten Gesteine von Anfang an sehr wirksam entfalten. Breite Niederungen entstanden besonders längs der alten Abdachungsflüsse durch deren Seitenerosion, eine Fastebene überzog wohl schon im Miozän die Kreide- und Eozänablagerungen. Nur randlich wurde sie vom Pliozänmeer über-flutet, mit dessen Rückzug sich abermals kleinere Flüsse entwickelten (Alde, Blyth), bzw. die älteren ihre Mündungen verscho-ben. Schon soll der Colne durch den Stour hinter einer alteozänen Stufe an-gezapft gewesen sein; eine breite, flache Wasserscheide trennt heute beide [21 b,

Abb. 52. Geol. Schnitt durch das Wensumtal bei Norwich. (Nach F. W. HARMER.) 1 Chalk, 2 Crag Sands und Pebble Beds, 3 Norwich Brickearth, 4 Glacial Sands, 5 Chalky Boulder Clay, 6 „Cannon-shot Gravels", 7 Valley Gravels.

310, 328]. Eine pliozäne Eindeckung alter Täler ist nirgends beobachtet worden. Leider ist das Verhältnis des Crag zur Plateaudrift noch nicht geklärt. Jener greift zwar an den Hängen des Stourtals von den Londontonen auf die Reading- und Thanetschichten und zuletzt sogar auf den Kreidekalk über, doch ist es fraglich, ob dort das Cragmeer in teilweise erodierte posteozäne (miozäne) Täler eindrang oder ob sich die verschiedenen eozänen Ablagerungen von Anfang an landeinwärts ausdünnten. Der Crag selbst ist bei Sudbury unter den Schottern und Sanden erodiert [32]. Im älteren Pleistozän stand das Land etwa 120 m, am Schluß der Periode fast 30 m höher als heute. Doch läßt sich die präglaziale Anordnung des Flußnetzes kaum mehr erkennen. Denn wiederholt schwankte während des Eiszeitalters die Höhenlage des Landes gegenüber dem Meer infolge isokine-tischer Vorgänge [32*], auch wurden die Laufrichtungen der Flüsse durch die Unregelmäßigkeiten der glazialen Aufschüttungen, das ungleiche Ausmaß des Eisrückzuges, die Veränderungen in der Wasserführung sehr beeinflußt. So dürften sie sich nicht leicht unmittelbar auf den Bau des Untergrundes, etwa die flachen Faltungen des Pliozäns, bzw. auf ein älteres Relief zurück-führen lassen [21 c], wie dies für den Lauf des Deben angenommen wurde, der zuerst ein Abdachungsfluß ist, zwischen Wickham Market und Wood-bridge dem Schichtstreichen folgt, dann aber quer dazu gegen SE umbiegt [21 d].

Hoch stand das Land vor der großen pleistozänen Verschüttung, die Täler waren, wie in Essex, weit flußaufwärts tiefer eingeschnitten als heute, so eine verhältnismäßig schmale Rinne bei Glemsford (oberhalb Sudbury am Stour) 143 m unter die heutige Talsohle [35 a; 21 b] und ein alter Lauf des Gipping-Orwell noch oberhalb Ipswich 35 m unter O.D. [21 c, d] (Abb. 53).

An glaziale Übertiefung kann man dort m. E. nicht denken. Der Brett,
ein Nebenfluß des Stour, wird zwischen seinem Quellgebiet und Hadleigh
zweimal von Furchen gequert, die jetzt von mächtigen Sanden, Schottern
und Geschiebelehmen erfüllt sind und ebenfalls bis unter den Meeresspiegel
hinabreichen. Es ist also eine ausgedehnte, alte Flachlandschaft, z. T. mit
anderen Flußrichtungen, von quartären Aufschüttungen verhüllt worden;
kleine epigenetische Laufverlegungen sind häufig. Im Gippingtal müssen die
Talsporne oberhalb Ipswich, die vom Eis stark angegriffen wurden, schon
im vorhergehenden Interglazial (oder sogar im Präglazial) ausgebildet gewesen sein [21 c, 37].

Erst nach der neolithischen Zeit wurden annähernd die heutigen Niveau-
verhältnisse hergestellt. Bei der vorangehenden Senkung waren die Wälder
im Orwellästuar, von Cromer, Brancaster, Hunstanton ertrunken und alle
größeren Flüsse zwischen Themse und Deben mündeten mit tief in das Land
eingreifenden föhrdenartigen Buchten, dem starken Gezeitenhub der Nordsee unterworfen. Weiter im N war die Senkung weniger stark, doch erinnern
gerade dort die Spiegel der Broads, flache, unregelmäßig geformte Seen, die
in den Niederungsmooren zwischen Norwich und der Küste neben den breiteren Tälern des Bure, Yare, Waveney liegen, an die ehemalige Ausdehnung
des Meeres [31, 46, 416 a]. Neuestens gelten sie übrigens für aufgestaut durch
die Ablagerung mariner Tone, welche den „Fen Clays" entsprechen sollen
(vgl. S. 332). Vom Meere sind sie heute durch Nehrungen, Strandwälle, Dünen
und Deiche („walls"), wie solche auch die Flüsse begleiten, getrennt. Noch
zur Römerzeit erstreckte sich hier eine breite Bai, ein Ästuar, das durch
die Sedimentation der gegen N gerichteten Gezeitenströmungen abgedämmt
wurde. Die Flüsse schlicken fortdauernd auf und stauen dadurch ihre Seitenbäche; aber sie fließen auffallend schnell (etwa 5 km in der Stunde) und ero-
dieren vielleicht zeitweilig noch. Dränpumpen, die älteren durch Windmühlen, die neueren mit Dampf betrieben, leiten das überflüssige Wasser ab.

Auf weiten Strecken ist die ostanglische Küste ein ausgezeichnetes Beispiel einer glatten Ausgleichsküste [11, 34, 311, 322, 326; 312*]. Sie hat
zwischen Harwich und dem Humber keinen einzigen natürlichen Hafen, der
den heutigen Anforderungen der Schiffahrt genügen könnte; zwischen Hunstanton und Yarmouth hat nur Cromer eine Landungsbrücke. Wohl aber ist
die flutbedingte Schiffbarkeit verschiedener Flüsse seinerzeit für die Entwicklung der Städte wichtig gewesen, nicht bloß für Norwich und Ipswich,
sondern auch für Woodbridge, Bungay, selbst Aylsham, wohin Boote von
Yarmouth auf dem Bure fuhren.

Allenthalben, wo höheres Land, gleichgültig ob Kreidekalk, Crag oder
— im S — Londontone, an das Meer herantritt, hat die Brandung, gepeitscht
von NE-Stürmen, prächtige Kliffe geschlagen, 30, 50, ja 80 m hoch, bei
Trimingham sogar 90 m [33]. Stellenweise lagern sich allerdings schmale
Küstenebenen davor, wie ö. vom Wash zwischen Gore Point und Weybourne
die „meal marshes" [11 b] mit Sand- und Geröllstrand und Dünen, vom
Festland getrennt durch kleine salzige „creeks" und bestanden mit allerlei
Strandpflanzen, daher auch „moorland of the sea" genannt; mit den Nist-
plätzen von Tausenden von Meerschwalben und anderer Seevögel. Trockener
als die „salt marsh", mit etlichen Dörfern am Innenrand, sind sie bei Holkham nutzbar gemacht worden, gleichsam Außenposten der Fenlands. Aber
dann folgt jene Kliffküste, deren nachgiebige Gesteine verhängnisvoll rasch
zerstört werden. Alljährlich weicht sie zwischen Cromer und Yarmouth etwa

0,3 m zurück, örtlich sogar 3,5 m und mehr; seit der Römerzeit hat sie sich etliche km landeinwärts verschoben. Hier lernt man die Ausmaße der Abrasion hoch einschätzen. Ganze Dörfer sind seit den Tagen des D.B. verschwunden; u. a. ist Shipton, in diesem genannt, der Vorläufer Cromers, dem Meere zum Opfer gefallen. Im 13.—15. Jh. scheint der Ansturm der Wogen einen Höhepunkt erreicht zu haben. Zu Dunwich, vordem einer blühenden Stadt mit lebensvollem Hafen, mit Kirchen, Hospizen und starker Befestigung, wurden schon 1328 400 Häuser zerstört, um die M. des 16. Jh. vier Kirchen weggespült, nur wenig ist übriggeblieben, hart am Kliffrand steht eine Kirchenruine. In neuerer Zeit hat besonders Pakefield stark gelitten; immer wieder drohen Häuser und Felder „down-cliff" zu gehen. Verschwunden ist der Weiler Newton n. Lowestoft, und dieses selbst mußte wiederholt schwer mit der See ringen. Easton Ness, früher der östlichste Punkt von England — heute ist es Lowestoft Point —, ist weggewaschen worden. Erst vor

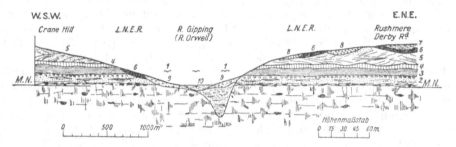

Abb. 53. Geol. Schnitt durch das Gippingtal bei Ipswich. (Nach P. G. H. Boswell.) 1 Upper Chalk, 2 Thanet Beds usw. an der Basis, Reading Beds und Oldhaven (?) Pebble Beds, 3 London Clay, 4 Red Crag, 5 Glacial Sands and Gravels, 6 Boulder Clay, 7 Loam und Brickearth (post-Boulder Clay), 8 Moraine Gravels, 9 Flußterrasse (Sand und Schotter), 10 Alluvium.

wenigen J. sind an der Küste bei Trimingham große Abbrüche erfolgt [31*, 312*; 322, 96 u. ao.].

Vor Niederland oder gar Buchten bauen sich hingegen langgezogene Nehrungen und Haken auf, durch die gegen S laufende Strandverdriftung aufgeworfen. Wieder bestehen sie sehr oft aus zahlreichen schräg voreinander gelagerten Einzelwällen („fulls"; vgl. S. 15). Ein Musterbeispiel ist der Geröllwall vor der Mündung des Alde; meilenweit muß dieser, zuletzt als R. Ore, durch Marschen gegen SSW fließen, ehe er den Weg ins offene Meer findet. Ehemals mündete er s. Aldeburgh. Mit einer schmalen Spitze, North Weir Pt., endet Orford Beach im SW, in Orford Ness springt er stumpf etwas vor. Zwischen 1601 und 1897 ist er fast 4 km gewachsen [314; 312*]. Auch dem Butley versperrt er den Weg, so daß er sich in den Ore ergießen muß. Dagegen hat der Deben seinen Lauf ziemlich frei zu halten vermocht. Sehr rasch ändert sich das Bild der Nehrung, obwohl dies heute der Mensch zu verhindern sucht. Immerhin ist derzeit ihr Hals gleich s. Aldeburgh so schmal, daß ihn vielleicht schon die nächste große Sturmflut durchbricht und der Alde wieder geradewegs das Meer erreichen kann. Viel kürzer, aber wichtiger ist die dreieckige, sich ebenfalls stark umgestaltende Landzunge von Landguard Pt., hinter welcher sich Stour und Orwell zu gemeinsamer Mündung vereinigen. Der geräumige Naturhafen wird dadurch geboten, welchem Harwich seine Bedeutung verdankt (vgl. S. 322). Auf alten Karten erscheint das Gebiet um Landguard Pt. noch als Insel oder als Sandbank,

heute schalten sich zwischen seinen Strandwall und das Red Crag-Kliff von
Felixtowe die Landguard Marshes ein. Auch n. Aldeburgh sind etliche
kleinere Buchten durch Nehrungen ausgeglichen worden (Minsmere Haven
und Dunwich River s., bzw. n. Dunwich, The Denes s. Kessingland usw.).
Yarmouth ist auf einer Sandbank hinter dem Yare-Waveney erwachsen. Um
die M. des 14. Jh. mündete der Yare 10 km weiter s., erst seit 1566 am heutigen
Ort [315; 312*].

Weiter n. beteiligen sich Dünen, bis zu 25 m hoch, an der Absperrung
der Broadlands vom Meer. Aber sie sind eine unsichere Wehr, wiederholt
sind sie durchbrochen worden (bei Horsey 1897 und zuletzt Febr. und April
1938) [326, 423, 424], abgesehen davon, daß sie hier landwärts wandern: die
Kirche von Eccles, 1839 bereits halb im Sande begraben, kam 1862 an ihrer
Seeseite unter ihnen wieder zum Vorschein und wurde im März 1895 von den
Wogen vernichtet. Diese Flachküste reicht bis Mundesley, wo sich noch
lange, schmale Lagunen („lows") bei N.W. vom Meer abgliedern. An der
N-Küste sind die beiden eigenartigsten und bestuntersuchten, dem National
Trust gehörigen Gebilde Blakeney Pt., ein über 14 km langer Haken aus
Feuersteingeröll, der von Weybourne gegen W zieht (Abb. 54), und der
kleinere von Scolt Head I. vor der Mündung des Burn [311, 312, 319, 319 a,
321, 321 a, 324, 327, 328, 410, 411, 414; 312*]. Die Feuersteine, bei der Zerstörung des Kreidekalks geliefert, werden durch eine Küstenströmung nach W
geschleppt. Bei beiden schließt sich an den Hauptwall eine Reihe von älteren
Wällen gegen das Land zu an; sie werden aber von diesem noch immer durch
Sand- und Schlammflächen getrennt, die bei N.W. größtenteils trocken liegen
(noch heute „saltings" genannt). Sand und Schlamm füllen auch die Zwischenräume zwischen den einzelnen Wällen aus. Dünen kann man in allen Stadien
der Entwicklung sehen, von kleinen Sandhaufen angefangen bis zu 9 m S.H.
(„Marram Hills", benannt nach dem marram-grass, *Ammophila arundinacea*
[11 b]). Die einzelnen Niveaus sind durch bestimmte Pflanzen gekennzeichnet,
von den Meeresalgen ganz unten angefangen über den Queller und das Strand-
gänseblümchen der bei T.H.W. bedeckten Zonen bis zu den Binsen, Strandweizen und -nelken der obersten Zone. Ungemein schnell wachsen die Wälle
gegen W (Scolt Head 1886—1904 im J.M. 86 m, 1904—1925 46 m) [49, 411,
321, 327; 312* u. ao.]. Kein Wunder, daß Burnham, Blakeney und Cley — wo
übrigens 1897 die Dünen durchbrochen wurden — keine blühenden Häfen
mehr haben wie noch im 18. Jh.; heute hält nur Wells einen beschränkten
Schiffsverkehr aufrecht.

Eine solche Küste, mit Untiefen und Kliffen, schweren Stürmen preis-
gegeben, nebelreich, mit wenigen Einlässen, ist immer ein Schrecken der
Seefahrer gewesen. Tausende von Opfern hat sie gefordert — berichtet doch
DEFOE, daß die Einwohner am Gestade Norfolks Wohnhäuser, Scheunen,
Schuppen, Ställe hauptsächlich aus Schiffsresten zu bauen pflegten. Nicht
ohne Grund umsäumen ein paar hundert Bojen, Dutzende von Leuchtschiffen
und etliche Leuchttürme mit ihren bestimmten Lichtzeichen die tückischen
Ufer (zu Cromer, Hunstanton usw.).

Maßgebend für das natürliche Pflanzenkleid sind, wie in SE-England,
so auch in diesem niedrigen, flachgeböschten Land, dessen Klima nur geringe Unterschiede zeigt (vgl. S. 313), die Art und Wasserführung der Böden.
Die Kreidekalke, die Sandstriche, die leichteren und schwereren Lehme, die
nassen Niederungen der breiten Flußtäler, die Marschen und die Dünen an
der Küste, sie alle haben ihre besonderen pflanzengeographischen Züge, so-

wohl floristisch als auch ökologisch [440*; 416, 417; Marschen- u. Dünenveget.
312*; vgl. Brecklands S. 302, Broads s. o.]. Nicht minder machen sich ihre
Unterschiede kultur-, besonders wirtschaftsgeographisch geltend, und jede
Gliederung des Raumes in Teillandschaften muß sie zur Grundlage nehmen.
So heben sich besonders die East Anglian Heights, das Breckland, das Down-
land von NW-Norfolk im W, die Broads, die Good Sands, die Londontone im
E hervor. Das Innere aber ist in großer Breite der Bereich des Boulder Clay.
Kleinere Einheiten sind die Marschen der N-Küste, der Cromer Ridge und
das benachbarte Lehmgebiet mit lößähnlicher Ziegelerde über dem Crag [12,
15, 18, 63, 71].

Weite Wälder standen einst auf den Hügelwellen bis zur Kante der
Kliffe, weite Sümpfe und viele Wasserspiegel erfüllten die Niederungen; nur

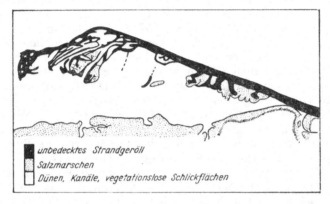

Abb. 54. Blakeney Point. (Nach F. W. OLIVER, J. A. STEERS u. a.)

auf den Kreidekalken und auf den Sanden war der Wald lichter oder
herrschte die Heide. Die größten Wälder wurden von den Londontonen
getragen und lange behauptet, zwischen der Themse und den East Anglian
Heights; als breiter Grenzsaum schlossen sie das alte Ostanglien gegen das
Themsebecken hin ab. Im übrigen fast ganz vom Meer oder von Sümpfen
umringt, war es ein von Naturschranken gut umgrenztes Land, besonders
geeignet, einen politischen Raum zu bilden. Dieser griff allerdings wiederholt
über den natürlichen Rahmen hinaus; namentlich suchte er die Ostanglische
Pforte auch künstlich zu schützen [63, 624* u. ao.]. Die größere Gefahr hat
aber doch lange über die See gedroht. Schon vorgeschichtliche Völkerwellen,
später die Angeln, zuletzt noch die Dänen, sind hier in England eingebrochen;
noch 1667 versuchten die Holländer, bei Felixstowe Truppen auszuschiffen. Zu
Napoleons Zeit entstanden auch hier „Martellotürme" und in den Weltkriegen
blickte man in ganz England mit besonderer Sorge auf diesen Abschnitt der
Küste. Doch hat das Meer auch friedlichen Zuzug gebracht: im 13. Jh. Flamen
und Niederländer, in der Zeit der Glaubenskriege Wallonen und Hugenotten.
Von den germanischen Zuwanderern stammen hoher Wuchs, Blondhaar und
Blauäugigkeit, die in E-Anglien jedoch häufig sind. Daneben haben sich aber
auch Reste einer dunkelhaarigen Rasse, derjenigen von Wales ähnlich, erhalten, z. B. um Brandon [51*]. Im allgemeinen ist die Bevölkerung eine
Mischrasse.

Nirgends in Großbritannien reichen die Spuren menschlicher Tätigkeit
so weit zurück wie in Ostanglien [50—54, 56—511; 516*, 518*, 518 a*, 519*].
Sie wurde hier durch das reiche Vorhandensein leicht erreichbarer Feuersteine
ermöglicht. Schon die „Stone Beds", die unter den Crags liegen, haben Eolithe
und andere Werkzeuge geliefert, die als Prä-Chelles gelten und das erste Auftreten des Menschen noch in das Pliozän zurückführen müßten. Doch bestehen bezüglich der Eolithen und der sog. „Schiffsschnäbelflinte" („rostro-
carinate flints") aus dem Stone Bed unter dem Red Crag, welche als Zwischen-
glieder zu den paläolithischen Faustkeilen angesehen werden, Zweifel. Demgegenüber ist älteres Abbeville mehrfach nachgewiesen, so aus dem Cromer
Forest Bed des I. Interglazials (vgl. S. 303) zwischen Bacton und Sheringham.
Aus den Seeablagerungen und den Terrassenschottern des II. Interglazials
stammen Acheulfunde, u. a. aus dem Yaretal, von Hoxne (ö. Diss im Waveneytal; Abb. 55) — von hier verzeichnete JOHN FRERE 1797 als erster Paläo-
lithe [32*] —, Foxhall Road (6 km w. Ipswich), Ipswich, High Lodge bei
Mildenhall (vgl. aber S. 340) u. ao. [57]; eine bestimmte Entwicklung
von Clacton, bzw. Levallois ist gut erkennbar. Im Breckland ließ sich die
Entwicklung dieser Kulturen näher verfolgen [325]. Auch die Schotter der
III. Vergletscherung haben Clactonwerkzeuge geliefert, z. B. zu Swaffham.
Aurignactypen, aus dem Intervall zwischen der III. Eiszeit und der Zeit der
Geschiebetone von Hunstanton, sind dagegen selten, Solutré-Reste ziemlich
zahlreich aus Suffolk, spärlich aus Norfolk. Im einzelnen ist die Einordnung
der Funde in die Chronologie des Eiszeitalters verwickelt und voll ungelöster
Fragen, so sehr man sich auch bemüht, den archäologischen Befund mit dem
stratigraphischen in Einklang zu bringen [316 b, 317, 427]. Madeleine-
werkzeuge sind im Gippingtal in einem ertrunkenen Wald an der Mündung
des Orwell entdeckt worden usw. Im Mesolithikum, wo das Land höher stand
und die s. Nordsee trocken lag, wanderten im Boreal Maglemoseleute aus
Dänemark ein (Werkzeuge von der Heide bei Kelling, vom Rande des Cromer
Ridge) [55]. Das Mesolithikum hat ziemlich lang fortgelebt, dafür ist die
Jungsteinzeit verhältnismäßig kurz, ihre Hinterlassenschaft unbedeutend.
U. a. weist Norfolk keine Langhügelgräber auf. Glockenbecherfunde (von
den Ästuaren des Stour, Orwell, Deben und in Norfolk) erweisen, daß
sich die Vertreter des sogenannten B 2-typ über Ostanglien verbreitet
hatten. Die berühmten Flintgruben von Grime's Graves (5 km nö. Brandon), ein vorgeschichtlicher Kulturmittelpunkt mit Feuersteinbearbei-
tung und -handel (in dieser Gegend hat sich übrigens die Tätigkeit der „flint
knappers" mit ihren letzten Ausläufern bis vor kurzem erhalten), gehören,
obwohl schon während der Altsteinzeit (Levallois!) benützt, dem Jung-
neolithikum und der älteren Bronzezeit an, dieser wahrscheinlich auch viele
der 200 namentlich über die Downs verstreuten Rundgräberhügel von Norfolk,
in das die Becherleute einerseits vom Wash, andererseits von der Küste
Suffolks aus eingedrungen waren. Reicher ist auch die Jungbronzezeit vertreten [51 a, 56, 57]. Hatte man früher hauptsächlich die Wasserstellen der
Heide gesucht und war das Breckland am dichtesten besiedelt gewesen, so
bevorzugte man nun in steigendem Maße die fruchtbaren Mischböden der
Täler der Little Ouse, des Lark, des oberen Cam und Ivel [513* u. ao.]. Hier
führte auch der Icknield Way herein, über Newmarket, Kentford, Lackford
(im Larktal) nach Thetford, vielleicht gegen N bis zur Küste bei Holme-next-
the-Sea durch Peddar's Way fortgesetzt, welchen dann die Römer ausgebaut
haben dürften. Allmählich drang die Bevölkerung gegen SW vor. Der große
Erdwall an der Grenze von Wald und Fen sollte in der älteren Eisenzeit

(Hallstattkultur von West Harling ö. Shelford, noch mit Bronzezeiteinflüssen) den gefährlichen Zugang durch das Ostanglische Tor abschließen helfen, konnte aber neue Einbrüche fremder Banden nicht verhindern. Die große Unruhe der Zeit spiegelt sich in der Häufigkeit von Erdwerken wider, doch sind entsprechende Funde nicht so zahlreich wie aus der Bronzezeit. Von Kelten mit Mittel- und Jung-Laténekultur, die kaum vor 250 v. Chr. eingewandert sein dürften, stammten vermutlich die Iceni ab [511*]. Die Belger konnten sich Norfolks nicht bemächtigen; ein menschenleerer Grenzgürtel blieb zwischen ihnen und den romfreundlichen Iceni bestehen. Noch lange vermieden die Siedlungen die großen Wälder. Selbst die Straßen der Römer, aus deren Zeit die Reste etlicher villae stammen, wichen ihnen möglichst aus: die von Londinium nach Venta Icenorum (Caistor St. Edmund bei Norwich) umging den riesigen Urwald von N-Essex im W, die nach Camulodunum im E. Der äußerste NE jenseits der Broads blieb ohne wichtigere Verbindung. Immerhin sicherten sich die Römer auch dieses Gebiet; Branodunum (Brancaster), eine der besterhaltenen Ruinen eines römischen „camp", und Gariannonum (Burgh Castle) waren im N die Hauptstützpunkte des „Litus Saxonicum" [512*, 517*, 124*; 57 a].

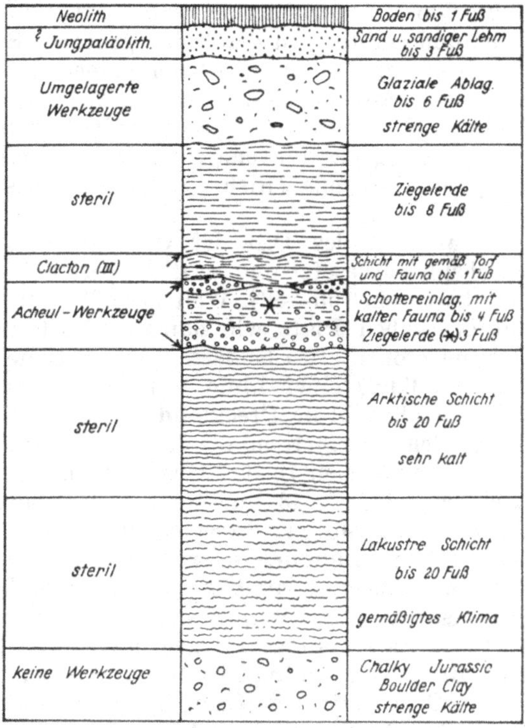

Auch die Angeln, die in der 2. H. des 5. Jh. eindrangen, mieden, nach der Schrumpfung des Siedlungsgebietes infolge des Abzugs der Römer, zunächst

Neolith	Boden bis 1 Fuß
? Jungpaläolith.	Sand u. sandiger Lehm bis 3 Fuß
Umgelagerte Werkzeuge	Glaziale Ablag. bis 6 Fuß / strenge Kälte
steril	Ziegelerde bis 8 Fuß
Clacton (III)	Schicht mit gemäß. Torf und Fauna bis 1 Fuß
Acheul-Werkzeuge	Schottereinlag. mit kalter Fauna bis 4 Fuß / Ziegelerde (×)3 Fuß
steril	Arktische Schicht bis 20 Fuß / sehr kalt
steril	Lakustre Schicht bis 20 Fuß / gemäßigtes Klima
keine Werkzeuge	Chalky Jurassic Boulder Clay / strenge Kälte

Abb. 55. Profil von Hoxne. (Nach J. R. Moir.)

alles unwirtliche Land [13, 63]. Sie bezogen vorerst bloß die inneren Winkel der Buchten, um Ipswich, Norwich, ferner das Breckland an Little Ouse und Lark. Gräberfelder und Gräber (Walsingham, Castle Acre usw.) geben — freilich nur unzulänglich — Kunde von ihrer Ausbreitung. Den kostbarsten Fund aus anglischer Zeit (aus der 1. H. des 7. Jh.), reich an Gold und Juwelen, machte man jüngst bei Woodbridge nahe dem Scheitel des Deben („Sutton Hoo ship-burial") [611—614]. Seit 630 zog das Christentum ein, begründet von dem Burgunder Felix, 631 wurde für Ostanglien das Bistum Dunwich gegründet, 673 für das n. Ostanglien das Bistum Elmham (9 km n. East Dereham), das 1075 nach Thetford und 1094 nach Norwich verlegt wurde. Nach wenigen Jh. hatten die Angeln auch von den Geschiebetonböden Besitz ergriffen und sich bereits auch gegen die Wälder vorgeschoben, die sich auf solchen in Mittel-Norfolk und im angrenzenden Suffolk am längsten erhielten. Am zahlreichsten waren die Siedlungen längs der Täler des Yare, Wensum, Waveney, längs dem Gipping und Stour. Um Sudbury lag eines der

ältesten anglischen Siedlungsgebiete von Suffolk. Besonders in NE-Norfolk
sind -ing= und -ingham=Namen häufig, desgleichen auf den Good Sands von
NW-Norfolk, nicht selten in Nieder-Suffolk; überall sind dort auch -ton=
Namen sehr verbreitet, viel weniger auf den East Anglian Heights. Recht
häufig sind auch die etwas jüngeren Namen auf -ford, -field, -ley, man findet
etliche auf -hall, -burgh, -worth. Aus ihnen kann man den Fortschritt der
Besiedlung einigermaßen erkennen [61—63, 624*]. Inzwischen waren auch
die Dänen in das Land eingedrungen, das nacheinander unter der Herrschaft
von Kent, Mercia und Nordhumbria gestanden und zuletzt (827) an Wessex
angeschlossen worden war, und hatten 867 König Edmund bei Thetford besiegt und getötet. In der Folge gehörten Suffolk und Norfolk zum Danelaw,
d. h. dem unter dänischem Rechte stehenden Gebiet. Besonders beachtenswert
sind die dänischen -by=Namen um die Broads (namentlich in der Landschaft
Flegg n. des Bure) und um Norwich; dänische Siedlungen lagen ferner um
die Mündung des Waveney, um Ipswich, ein vorgeschobener Posten sogar w.
Bury St. Edmunds (Risby). Doch treten sie im allgemeinen in Suffolk sehr
zurück.

Zur Zeit des D.B. ist Ostanglien mit so vielen Haufendörfern und
Kirchspielen besetzt und so dicht besiedelt wie gleichzeitig kein anderer Teil
der Br. Inseln [65—68]. Weit über 300 von Norfolks heutigen Kirchen stehen
auf demselben Platz wie damals. Noch immer gab es viel Wald auf den
Geschiebetonen etwa beiderseits einer Linie Cromer—East Dereham—Diss in
Norfolk, längs einer Linie Bungay—Halesworth—Debenham in Suffolk; in
NW-Norfolk und im Breckland war er am spärlichsten. Hier zumal weideten
die großen Schafherden, die für den Wollhandel Ostangliens immer wichtiger
wurden, außerdem in den Grasniederungen am unteren Bure und Waveney.
Nicht weniger als 43 Marktorte werden aus den beiden Gr. erwähnt, 12 von
ihnen hatten Bürger. Norwich und Ipswich waren durch den Einbruch der
Normannen anfänglich schwer geschädigt worden, die Zahl der Bürger war
dort seit 1066 auf rund die Hälfte gesunken. Indes schon hatte eine neue
Kolonisation eingesetzt, in wenigen Jz. nahm die Waldfläche abermals stark
ab [67]. Es erstanden Burgen der neuen Herren in Norwich, Orford, Clare,
Eye, Bungay, Framlingham usw., und neue Klöster wurden gegründet, u. a.
die der Benediktiner zu Castle Acre (1085), Binham, Norwich, Broomholm bei
Happisburgh, St. Benet's Abbey inmitten der Sümpfe des Bure auf einer
leichten Erhebung — wahrscheinlich begannen erst die Mönche die Umgebung
urbar zu machen —, die zu Walsingham, Beeston, Woodbridge, Ixworth, das
der Prämonstratenser zu Leiston. Nur einzelne Ruinen sind von diesen Bau-
werken übriggeblieben [710] (vgl. S. 320).

Alsbald belebte sich der Handel mit dem Festland gewaltig. Wieder
fahren die kleinen Schiffe mit der Flut hinauf bis nach Ipswich, nach Norwich; Yarmouth tritt ins Leben. Auch kleinere Häfen beteiligen sich am
Verkehr und an der Bewachung der Küste. Dunwich blüht auf. Wolle,
Weizen und Gerste werden nach Flandern ausgeführt, Erzeugnisse des S
kommen ins Land. Dann begründen flämische und holländische Weber die
Tuchwirkerei Ostangliens, besonders unter Eduard III. [13, 16, 72]. Hanseatische Kaufleute haben organisierte Niederlassungen in Ipswich, Yarmouth, Lynn,
Boston [63 a, 64]. Norwich wird der Mittelpunkt einer Gruppe wohlhabender
Städte; feine Wollgarne erhalten nach Worstead (20 km nnö. Norwich) ihren
Namen, auch zu Thetford, Diss, Dereham, Attleborough wird „worsted"
erzeugt. In Suffolk und bis nach Essex hinein arbeitet man für die Weber
von Norwich. Durch 400 J. hatte Ostanglien geradezu ein Monopol in Kamm-

wollzeug. Auch grobe Wollstoffe aus kurzer Wolle wurden hergestellt („baize",
„kerseys") ; Hadleigh, Lavenham, Clare, Sudbury, Kersey waren die Hauptsitze
dieser Tätigkeit in Suffolk [72]. Stourbridge bei Cambridge hielt jährlich große
Messen ab. Viel später, unter Elisabeth, brachten wieder Flamen die Herstellung von leichten Wollseidenstoffen („bombasines") nach Norwich. Dieses
erreichte den Höhepunkt seines Wollhandels zwischen 1740 und 1760; sein
schwarzer Krepp und feiner „challis", aus Seide und Kammwolle gewoben,
wurde besonders für Frauenkleider verwendet. In Norfolk waren zeitweilig
über 100 000 Arbeitskräfte in der Woll- und Seidenweberei beschäftigt. Jener
Blütezeit des 16. und 17. Jh. gehören auch die Gründungen von Grammar
Schools selbst in später ganz zurückgebliebenen Städtchen an (Holt, North
Walsham u. a.). Erst seit der M. des 18. Jh. setzte, aus den bekannten Ursachen, der Rückschlag ein. Man vermochte sich den neuen Verhältnissen
nicht rasch genug anzupassen. Norwich hatte 1818 noch 10 000 Webstühle,
1830 erst 3 Textilfabriken, noch 1840 12 000 Handweber. Seine heutige Seiden-
und Bekleidungsindustrie ist nichts anderes als ein Ausläufer des alten Gewerbes. Im übrigen spielt jetzt Ostanglien in der Textilindustrie im Vergleich
zu Yorkshire und Lancashire nur eine untergeordnete Rolle: Sudbury erzeugt
neuerdings Kunstseide, Norwich Seiden- und Konfektionswaren. Besser entfaltet haben sich jene Industrien, die mit Landwirtschaft und Fischfang
zusammenhängen (vgl. S. 316).

In der Tat sind weite Striche Ostangliens alter Ackergrund. Wie in
SE-England, so ist hier der Sommer, auch noch der Sept., wärmer als sonst-
wo auf den Br. Inseln, länger und kräftiger in diesen Monaten der Sonnen-
schein (6—7 St., d. i. 40—50% des möglichen, von Mai bis Aug.; Max. im
Mai). Das Jan.M. bleibt 3—4° über Null, die mittl. J.Schw. spielt um 12°
(Norwich 54 m: I 3,8°, VII 16,5°, J. 9,6°; Lowestoft 25 m: I 3,8°, VIII 15,9°,
J. 9,4°; Felixstowe 5 m: II 4,2°, VIII 16,8°, J. 10,0° C). Geringer ist hier der
Regenfall als in den Midlands, am spärlichsten im Spätwinter und im Frühjahr, am größten erst nach der Ernte im Okt., immerhin auch im Sommer
eher zu reichlich als zu spärlich (Norwich, J.S.: 676 mm, davon X etwa 80,
II—V je ± 50 mm). Besonders trocken ist das Breckland (vgl. S. 302).
Die rauhen NE-Winde und -stürme wehen [408*—411*, 41—45] am häufigsten im März, wo sie Blüte und Frucht noch nicht gefährden. Bemerkenswert ist die „sea breeze" von Felixstowe [45 a]. Wohl haben gewisse Böden
bis heute den Anbau verwehrt, aber nur wenige Striche sind völliges Unland;
die Heide, schon ziemlich eingeengt, kann wenigstens als Schafweide verwendet werden. Selbst auf den Sandlings von E-Suffolk werden heute Gerste
und Hackfrüchte angebaut [15, 18, 71].

So ist der Landbau die Grundlage von Ostangliens Wirtschaft [624*; 11,
71, 78, 712; bes. 15, 16, 18]. Seit dem 18. Jh. ist Norfolk darin führend. Damals
erprobte es neue Anbaumethoden („Norfolk course", 4jähr. Fruchtwechsel)
und hob durch die Anpflanzung von Hackfrüchten und Klee und die Gewinnung von Winterfutter zuerst die Schaf-, dann die Rinderzucht („red
polled" seit 1782). Schon DEFOE hatte die Butter von Suffolk gerühmt, den
Käse allerdings als schlecht bezeichnet. Nun schob sich das Ackerland auf
die „Good Sands" und in die Marschen vor; und auf den Kreidekalken
wurden in der Napoleonischen Zeit große Farmen angelegt. Bis zu Ende des
18. Jh. waren die Fluren großenteils offen, die Einhegungen gering; im
Breckland und auf den „Good Sands" gab es stellenweise sogar noch das alte
„infield-outfield"-System (vgl. Kap. XIII) [69], namentlich die „brecks" wurden

nicht selten als Außenfeld benützt, gewöhnlich als Schafweide. Seit der 2. H.
des 18. Jh. machten die Einhegungen große Fortschritte, am meisten zwischen
1802 und 1845. Sie erfaßten auch die Watten an der N-Küste, in denen durch Jh.,
wie überhaupt entlang dem Wash, Salzgärten bestanden hatten. Seitdem
verleihen die Heckenzeilen Ostanglien das Gepräge, obwohl schon infolge des
ersten Weltkrieges viele Ständerbäume gefällt worden sind. Im einzelnen
zeigen sich bei dieser Entwicklung mancherlei Wandlungen nach Raum und
Zeit. Die Sandböden begünstigen Gerstenbau und Schafzucht, die Lehmböden Weizenbau und Rinderzucht. Noch 1925 waren von Norfolks und Suf-
folks Fl. ungef. 70% Pflugland, davon rund $\frac{1}{4}$ mit Gerste, $\frac{1}{6}$ mit Weizen
bestellt, $\frac{1}{10}$ mit Hafer, der Rest, soweit nicht Brache oder zeitweiliges Grasland, vornehmlich mit Rüben, Erbsen, Bohnen. Die Kartoffel fehlt fast völlig.
Infolge des Weizengesetzes einerseits, sinkender Preise für Malzgerste anderseits war aber in den letzten J. die Weizen- ungefähr ebenso groß
wie die Gerstenfläche. Die Futterrübenfläche ist jüngst auf die Hälfte gesunken, die der Zuckerrübe sehr gewachsen (1925: 60 km², 1933: 400 km²)
[713]. Diese gedeiht auf allen Böden außer den schwersten, auch in den
Brecklands und auf den Sandlings. Hier hat außerdem die Senferzeugung
ihre Hauptstätte (über 2300 Arbeiter). Zu Beginn des 19. Jh. in Stoke Holy
Cross ins Leben gerufen, aber in den Fünfzigerj. nach Norwich übertragen,
bezieht sie die Samen aus Essex, Cambridge-, Lincoln- und Yorkshire, wo
sie im August geerntet und in Dörröfen getrocknet werden. Die Hülsen, zu
Kuchen gebacken, werden in den Weingärten Frankreichs gern als Dünger
verwendet. Ziemlich unbedeutend ist der Obstbau, wenngleich Norwich als
„city in an orchard" gepriesen wird. Nur in E-Norfolk werden zunehmend
Beerenobst (Johannis-, Erd-, Stachel- und Himbeeren), ferner Äpfel, Kirschen, Birnen und Pflaumen in großen Mengen geerntet und z. T. frisch in
die Midlands und nach NE-England versandt, z. T. in Obstkonserven verwan-
delt. Gemüsegärten sind namentlich um Norwich vorhanden, in Flegg und um
Fakenham. Rosen werden bei Norwich in größerem Umfang, Flieder und
Maiglöckchen bei Sandringham gezüchtet, hier und bei Heacham (s. Hun-
stanton) neuerdings Lavendel. In der Zwischenkriegszeit wurden auch wieder
Versuche mit Flachsbau gemacht (Flax Research Institute zu Flitcham
Abbey, ö. Castle Rising) [15].
      Auch in Ostanglien war in den letzten Jz. das Pflugland zugunsten des
Graslandes stark zurückgegangen, in Norfolk 1924—1933 um fast 300 km²
[713]. Entsprechend hatte die Viehzucht zugenommen, obwohl sie nur als
eine Ergänzung des Landbaues dient und noch mehr Gras benötigen würde.
Anderseits erfordern die Getreidefluren reichlich Viehmist. Deshalb hat
man schon seinerzeit Rinder aus Galloway und selbst dem Schottischen
Hochland auf die Farmen von E-Norfolk (Messen von St. Faith zu Norwich)
und dann gemästet nach Smithfield (London) gebracht. Wohl führt man
schon seit langem im Winter Stallfütterung durch, aber bevor das Futter
aufgebraucht ist, bis Weihnachten, spätestens bis Ostern, muß Vieh verkauft,
gegen den Sommer zu anderes bezogen werden, aus den Midlands und aus
Irland. Auf den Viehmärkten von King's Lynn und Ipswich werden jährl.
mehr als 20 000 Stück verkauft, in Bury St. Edmunds 10 000—20 000, auf
mehreren anderen 5000—10 000. Seit dem ersten Weltkrieg hat das Molkereiwesen sehr zugenommen. In den genannten Orten und in Swaffham finden auch
die großen Schafmärkte statt, wo oft mehr als 20 000 Tiere aufgetrieben werden
(im Frühjahr und Frühsommer Verkauf der zweijährigen Schafe, im Herbst
Ergänzung der Herden für die Winterfütterung). Bedeutend ist Ostangliens

Schweinezucht, besonders in den Molkereigebieten, aber nur in Suffolk (Bury, Ipswich) wird Speck (bacon) fabrikmäßig zubereitet. Die Pferdezucht hat nach der Zahl, nicht nach der Qualität abgenommen. Nahezu verdoppelt hat sich die Hühnerzucht (1924—1933) in Norfolk auf rund 2 Mill. Stück; in Suffolk zählte man schon 1925 über 1,6 Mill. (Lege- und Tafelhühner). W. Norwich, um Attleborough und Diss und bis hinein nach Suffolk werden große Mengen von Enten für den Londoner Markt gemästet; Attleborough und Lavenham sind außerdem Hauptmärkte für Truthähne, in deren Erzeugung Norfolk die englischen Gr. führt (etwa 60 000 jährlich) [75, 79, 713]. Die Veränderungen in der Bodennutzung infolge des zweiten Krieges lassen sich aus Tab. 5 (im Anhang) leicht entnehmen. Die schon vorher bestehende Tendenz zur Motorisierung des Feldbaus, die Verringerung der Schaf- und Pferdezucht zugunsten des Molkereiwesens hat sich verstärkt und die Geflügelhaltung durch den Krieg sehr vermindert.

Die Art der landwirtschaftlichen Betriebe ist in einzelnen Teilen Ostangliens verschieden [11, 12, 15, 18] (Abb. 56). Auf den leichten Böden der „Good Sands" von W-Norfolk ist die vorzügliche Malzgerste das wichtigste Getreide, besonders in dem welligen Gelände gegen die Küste hin (um die Burnhams); dort sind die Farmen größer als sonst in der Gr. (in dieser meist 40—120 ha). Doch fehlt der Weizen in dem meist noch eingehaltenen 4jähr. Fruchtwechsel nicht. Schafzucht, vornehmlich zur Erzielung von Mastlämmern, ist mit der Farmwirtschaft unzertrennlich verbunden, die Winterfütterung von Jungvieh tritt zurück, nur auf dem Grasland längs der Küste (Holkham Marshes) weiden große Herden von Rindern. Doch hat es der Farmer nicht leicht, der gegenwärtigen Schwierigkeiten Herr zu werden. Am ungünstigsten sind die Verhältnisse im Breckland von Thetford, dessen Weiden zu den schlechtesten von England gehören. Hier beschränkt sich der Anbau auf winzige Plätze und die Besiedlung auf weitabständige Farmen und Aufseherhäuser. Nur wenige Hauptstraßen durchziehen das Breckland, unbekümmert um die kleinen Höhenunterschiede, im allgemeinen die Talgründe vermeidend. Mitten zwischen stark vom Menschen umgestaltetem Land war hier ein Stück eigenartiger Naturlandschaft erhalten (vgl. S. 302), bevölkert von unzähligen Kaninchen, die mit ihren Bauen den Boden ihrer „rabbit farms" durchlöchert haben, und aufgesucht von Wildenten und seltenen Vögeln [15, 910]. Doch hat man seit 1922 bei Swaffham und im Thetford Chase 160 km² aufgeforstet und bei Thetford in neuer Art der Bodennutzung Spargelfelder angelegt [418 a, 79, 714]. Ausgezeichneten Weizen, auch Gerste und Zuckerrüben liefern die schweren Lehme von Mittel-Norfolk, dem Raum zwischen Swaffham, Fakenham, dem Cromer Ridge und Norwich. Neuestens sind in weitem Umkreis um Fakenham große Gemüsegärten angelegt worden (Kohl, Blumenkohl, Karotten, Spargel), und das Dauergrasland dem Wensum entlang wurde ein einträgliches Gebiet der Milchwirtschaft, die hier das schwarz-weiße friesische Vieh bevorzugt. Ö. einer Linie Cromer—Norwich—Beccles gedeiht auf mittleren Lehmböden die Zuckerrübe so gut, daß Futterrüben und Viehhaltung stark zurückgegangen sind, obwohl für E-Norfolk die Winterfütterung von Ochsen, die gern aus Irland bezogen werden, typisch bleibt. „Beef" ist dort die Hauptsache. 3000—4000 Stück Vieh werden in der Regel zum Verkauf auf den Samstagmarkt von Norwich Hill gebracht. Dagegen werden dort nur wenige Schafe gehalten, auch nicht auf den Marschen der Broadlands am unteren Bure und Yare, die, z. T. unter dem Meeresspiegel gelegen, durch Gräben und Windmühlen gekennzeichnet werden. In einsamen Häuschen wohnen die wetterfesten „marshmen", heute freilich nur mehr wenige, welche die Herden von Shorthorns und Aberdeen Angus, deren Besitzer gewöhnlich Farmer auf den angrenzenden Höhen sind, zu beaufsichtigen und die Gräben im Winter, wenn kein Vieh auf der Weide ist, zu reinigen haben. S. vom Yare bis weit hinein nach Suffolk herrschen schwere Tone, oft unzulänglich entwässert, für die Aufzucht von Rindern, für Milchfarmen und Schafhaltung verwertet; hier hat jüngst die Ackerfläche, die bei entsprechender Behandlung guten Weizen und Bohnen liefert, zugunsten von Dauerweiden besonders abgenommen [15, 713].

Mit der Landwirtschaft hängen eng einige Industrien zusammen: die Erzeugung von Rübenzucker in den Fabriken von Cantley (zwischen Norwich und Yarmouth), der heute ältesten des Landes, von Wissington (bei Nayland), King's Lynn, Bury St. Edmunds, Ipswich; die Erzeugung von Senf in Norwich, von Marmeladen (Jams) zu Yarmouth, Lowestoft, von North Walsham, Thetford, Banham [15]; hier und in Attleborough die Bereitung von Apfelwein (Cider). Die Zahl der kleineren Brauereien hat abgenommen: Norwich, Yarmouth, Ipswich, Bury St. Edmunds sind jetzt die Zentren der Brauerei. Dazu kommt, zumal in Suffolk, die Erzeugung von landwirtschaftlichen Maschinen, Pflügen, Eggen, Ackerwerkzeugen usw. (Norwich, North Walsham, Diss; Ipswich, Bury St. Edmunds, Thetford, Leiston) und von Kunstdünger (Norwich, Yarmouth, Ipswich). Chemische Industrie hat außer Ipswich auch Stowmarket. Thetford erzeugt Walzen und Straßenlokomotiven, East Dereham Feldtore, Hühnerhäuser, Schoberhüllen, solche sowie Zelte und Jutesäcke auch Ipswich. Darüber hinaus haben Norwich und Thetford Eisengießereien, dieses auch Zelluloidwarenfabriken. Norwich, Lowestoft, Ipswich liefern Kraftwagen, East Dereham, Thetford, Ipswich Fahrgestelle, Ipswich auch Werkzeugmaschinen, Kräne, Eisenbahnmaterial, Gasapparate und Schleusen. Andere Industrien dienen Luxus (Silberwaren in East Dereham, Spitzen in Diss) oder Spiel (Cricketschläger in Elmswell bei Stowmarket). Zu Bungay und Beccles arbeiten Druckereien für London. Verschiedene Küstenplätze, besonders Lowestoft, versorgen die Fischerei mit Netzen, Segeln, Booten. Zu Wroxham werden Yachten und Vergnügungskähne für die Fahrt auf den Broads und ihren Flüssen gebaut. Große Elektrizitätswerke haben Norwich, Yarmouth und Ipswich [11, 715].

Nur durch den Fischfang ist Ostanglien enger mit London verknüpft als Essex. Seitdem sich die Eisenbahnunternehmungen zielbewußt um die Belieferung der Metropole und der Midlands mit Fischen bemühten, ist es ein Hauptsitz der britischen Seefischerei [71*, 712*, 713 a*]. Ihr verdanken Lowestoft und Yarmouth ihre heutige Bedeutung, jenes seit 1831 mit einem geräumigen Hafen ausgestattet, dieses mit gutem Ankergrund zwar auf offener Reede, aber im Lee einer Sandbank [11 a, b].

Yarmouth war bis zum zweiten Weltkrieg in der Heringfischerei der Br. Inseln führend. Sie findet im Herbst 8—20 km von der Küste Ostangliens statt und erreicht ihren Höhepunkt im Okt. und Nov.; Ende Nov. ziehen die Heringe weiter gegen S. Auf die Ursachen dieser Erscheinung kann hier nicht eingegangen werden [76*, 113*, 422; vgl. II. Bd.]. In der Fangsaison erfüllt regstes Leben den Hafen. Die 100 Dampfdrifter, die während des übrigen Jahres anderswo in britischen Gewässern fischten, waren dann heimgekehrt, und zu ihnen stießen durchn. 600 schottische Dampf- und Motordrifter. Etwa 10 000 Fischer und mehrere tausend Arbeiter, darunter viele Frauen und Mädchen aus Schottland, die mit der Konservierung, Verpackung und Versendung der Heringe beschäftigt waren, kamen von auswärts. Auch nach Lowestoft begaben sich während der Heringsaison ungef. 200 schottische Drifter

mit 3000—4000 Fischern. Während aber in Yarmouth der Wert des Herings-
fanges 90—95% des Ges.W. der gelandeten Fische ausmachte, entfiel in
Lowestoft auf ihn nur knapp die Hälfte des Ges.W., gut die Hälfte dagegen
auf Bodenfische, die mit Trawlwade oder Langleine gefangen werden, dem
Gewichte nach nur rund ¼ der Heringslandung (z. B. 1926 Ges.W. der gelandeten Fische 1 Mill. Pf.St., Bodenfische 0,5). Besonders geschätzt sind
Scholle (1926: 0,3 Mill. Pf.St.) und Seezunge, von der hier mehr gelandet

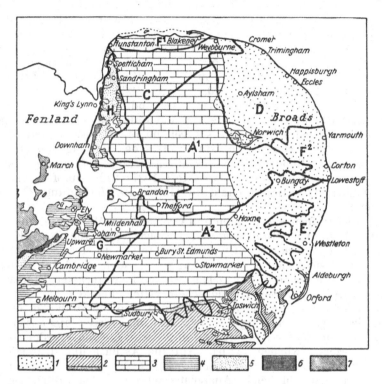

Abb. 56. Ostanglien. Geol. Übersichtskarte. Landschaftsteile („sub-regions") nach P. ROXBY.

1 Pliozän (Crag), 2 London Clay; an der Basis Thanet, bzw. Reading Beds, 3 Chalk, 4 Upper Greensand und Gault,
5 Lower Greensand, 6 Corallian, 7 Oxford Clay.
A¹. *High Norfolk.* Geschiebetone, durchsetzt mit Schottern und Ziegelerden. Gemischte Farmen, viele „commons".
A². *High Suffolk,* ähnlich wie A¹; Böden im allgemeinen schwerer, besonders im S (Suffolk „Woodlands").
B. *Breckland,* Dünensande auf Kreidekalk. Viel Heide. Handelsfrüchte, Versuche mit Zuckerrübe, Tabak statt
Weizen. Öfters Roggen.
C. „*Good Sands.*" Ergiebig bei fortgeschrittenem Betrieb, Hackfrüchte, Gerste. Schafe. Große Farmen.
D. „*Loam Region.*" Leichte, im allgemeinen sehr fruchtbare und leicht bearbeitbare glaziale Lehme. Frühe Ein-
hegung. Hackfrüchte, Gerste, Weizen; Ochsen.
E. *East Suffolk* „*Sandlands*" oder „*Sandlings*". Leichte glaziale Lehme, Sande, Schotter auf Crag. Z. T. fruchtbar,
z. T. Heide.
F¹. *North Norfolk Marshland,* F² *Broadland.* Alluvialland mit reichen Sommerweiden (April—Oktober) für die
Pflugfarmen von C, bzw. D.
G. *Chalk Downland* (Ostanglische Pforte). Ursprünglich trockene Heiden, Einhegungen spät. Heute hauptsächlich
Weizen- und Gerstebau und Schafhaltung („Suffolk Fieldings").
H. „*Greensand Belt.*" Unruhiges Gelände. Waldhöhen, Heide, fruchtbare Täler mit Weide.

NB. Statt Spetticham lies richtig „Snettisham", statt Weybburne „Weybourne".

wird als in irgendeinem anderen Hafen der Br. Inseln. 1940 wurde nun
Yarmouth weitgehend evakuiert und gleich Lowestoft durch Bomben stark
beschädigt (vgl. S. 321). Über die gegenwärtigen Verhältnisse waren genauere Angaben nicht erreichbar.

Yarmouths Fischfang hatte im 19. Jh. einen neuen Aufschwung genom-

men, nachdem 1833 zum erstenmal Fischer aus Brixham (vgl. S. 276) in der
Nordsee erschienen waren, die im Gebrauch von Schleppnetzen als Vorbild
dienten. Um 1890 erreichte er einen Scheitelpunkt. Allein in der modernen
Dampftrawlfischerei ließ sich Yarmouth von Hull, Grimsby und Lowestoft
überflügeln. Seit dem ersten Weltkrieg gingen die fremden Absatzgebiete,
welche bis zu 80% des Fanges aufgenommen hatten, Rußland, Deutschland,
Italien, entweder ganz verloren oder sie schränkten die Einfuhr mindestens
sehr ein. Nur schwer konnten 1934 die 190 000 Fässer Salzheringe in Yarmouth Käufer finden. Lowestoft schnitt etwas besser ab, da dort deutsche
Händler große Mengen frische Heringe aufkauften und sie, in Eis gekühlt
(„clondyked"), besonders nach Altona brachten (durchschn. über ¼ Mill.
boxes. 1 box = ¼ cran, 1 cran = 3,5 cwt = 178 kg). Pickelheringe gingen von
beiden Häfen hauptsächlich nach Danzig, Stettin, Königsberg, Libau, Riga,
aber auch nach Duisburg, Rotterdam usw. 1930 wurden von Yarmouth
536 000, von Lowestoft 196 000 barrels versandt (1 barrel enthält 2 cwt
Heringe; Ges.Gewicht von Faß, Hering und Salz 165 kg). In der Tat war
aber die Lage der ostanglischen Fischerei um die M. des letzten Jz. trübe.
Vollends hatte die Verlegung des Hauptsitzes des Herring Industry Board
von London nach Edinburgh in Yarmouth und Lowestoft große Bestürzung
ausgelöst, da ihre Drifterflotte (Lowestoft 1937: 279 Dampfer, 112 Motorboote, Yarmouth 105, bzw. 138) fast die Hälfte des Heringfangs Großbritanniens landete.

Im übrigen treiben Sheringham und Cromer (von M. März bis in den Okt.
hinein) den Fang von Hummern und Krabben, weil vor ihrer Küste der
Meeresgrund mit Tausenden von Felsblöcken (einer unterseeischen Moräne?)
bestreut ist und sich jene in dem darauf wachsenden Wald von Seepflanzen
nähren („Cromer crabs"). Miesmuscheln werden in Brancaster, Staithe, Wells
und Blakeney, Kinkhörner, Herzmuscheln, Uferschnecken auch sonst von
Frauen und Mädchen gesammelt. Mannigfach sind die Methoden des Fisch-
und Schaltierfanges. Zu King's Lynn zählte man deren nicht weniger als
neun, u. a. wurden Seeforellen mit Netzen gefischt, die von Pferden durch das
Uferwasser gezogen wurden [11 b]. Auf die Ästuare und Unterläufe der
Flüsse beschränkt sich die Stintfischerei (Breydon Water; aber auch bei
Norwich). Die einst blühende Austernfischerei auf den „Burnham Flats"
ist ziemlich eingegangen. In den Broads fängt man im Herbst Aale, wenn
sie zum Laichen ins Meer hinauswandern, in Netzen, die bei N.W. über Yare,
Bure, Waveney gespannt werden.

Eine wesentliche Einnahmsquelle Ostangliens ist manchenorts der Fremdenverkehr geworden, ganz abgesehen von den Seebädern [96]. Seit jeher
haben die lieblichen Landschaften ihre Maler gefunden, wie das Stourtal in
John Constable; ja Norwich entfaltete in der 1. H. des 19. Jh. eine eigene
Schule der Landschaftsmalerei (Crome, Cotman u. a.). Mit stillem Frieden
und Einsamkeit locken die Broads im Sommer zu Wassersport und Fischerei,
im Winter zum Vogelfang, der hier und an der Küste häufig mit Lockvögeln
in Ködernetzröhren („decoy-pipes") betrieben wird. Waveney und Yare sind
in der schönen Jahreszeit von Yachten und kleinen Booten („wherries") bis
Bungay, bzw. Norwich hinauf belebt [11, 94, 97, 99]. In 2½ St. kann man
dieses von London über Colchester und Ipswich, in 4 St. über Cambridge und
Ely erreichen. N. Ipswich zweigt die Linie nach Lowestoft und Yarmouth
ab (von London 194 km, bzw. 3—4 St.). Die wichtigsten Querlinien führen
von Ely nach Norwich und Yarmouth, von Cambridge über Bury St. Edmunds
nach Ipswich (vgl. S. 322). Dieselben Ziele werden auch durch die belebtesten

Querstraßen verbunden, während in Great Yarmouth die beiden Hauptstraßen von London her, die eine über Ipswich, die andere über Norwich zusammenlaufen. In Norwich endigt die Schiffahrt auf dem Yare, der heute ziemlich allein als Binnenwasserweg in Betracht kommt. Erst seit der Erbauung der Mautstraßen im 18. Jh. hat der Verkehr auf den Lehmböden Ostangliens seine Schrecken verloren. Seit 1771 konnte man von London nach Norwich in einem Tag, seit 1821 nach King's Lynn schon in 14 St. gelangen. Die alten Höhenwege und Römerstraßen waren schon damals nicht mehr begangen, ebensowenig die Pilgerwege, die von Brandon und King's Lynn zur Abtei Walsingham, einem berühmten Marienwallfahrtsort, führten.

In Ostanglien herrschen wie in Essex die ländlichen Siedlungen. Einzelfarmen sind zu Hunderten über die Täler und Höhen verstreut, besonders auf den undurchlässigen Lehmböden (Abb. 57). Die kleineren Dörfer suchen mit Vorliebe Mulden- oder Nestlage oder Talterrassen auf, meist locker gebaut, saubere Straßen- oder auch Angerdörfer. Alte Bauwerke und -weisen haben sich da und dort erhalten, so die „clay lump"-Häuser [11 a, b, 73, 84*]. Sie bestehen aus Ton, der mit „spear-grass" (Straußgras, Quecke, Fuchsschwanzgras u. a.) vermengt und zu „lumps", Prismen von verschiedener Größe — aber stets größer als die normalen Ziegel —, geformt wird. Diese

Abb. 57. Farm in Suffolk. Wohnhaus neben großem mehrteiligem Hof; Obst- und Gemüsegarten. Aerofilm Lond. Ltd. 39 734.

werden in Sonne und Luft getrocknet. Entweder werden die Wände überhaupt aus ihnen errichtet, oder ein Holzbalkenwerk mit ihnen ausgefüllt. Sehr oft werden die Außenseiten mit Lehm, oder heute Zement, oder mit Ziegeln verkleidet. Solche Häuser sind in Ostanglien und Cambridgeshire weit verbreitet, in Norfolk sind die Hälfte scheinbarer Ziegelbauten in Wirklichkeit „clay-lump"-Häuser. Nicht so häufig sind „wattle-and-daub"-Häuser, Fachwerkbauten, deren Fächer mit einem Flechtwerk („wattle") von Haselzweigen („rizzes") gefüllt und innen und außen mit Teer überstrichen oder einem Lehmbewurf („daub") verschmiert werden [11 a]. Manches schöne „half-timber work" (Fachwerk) in Stadt und Land ist zum Schutz gegen Regen verputzt oder mit Holz verschalt worden. Oft haben ältere Häuser Korn- oder Schilfstrohdächer, in den Broads sogar manche Kirchen [94, 97]. Im Breckland werden Schuppen und kleinere Gebäude auch mit Heidekraut und Ginster überdacht [910]. Dank dem Wohlstand des späteren Mittelalters und wegen der Abnahme des Waldes wurden jedoch die alten Holzkirchen und -häuser je nach der Gegend durch Bauten aus Feuerstein oder aus dem harten Kalk des Lower Chalk („clunch") oder auch durch eingeführte Oolithkalke ersetzt. Selbst in kaum bekannten Dörfern stehen öfters förmliche „pocket cathedrals" [120*]. „Flint-and-flushwork" waren besonders beliebt.

Seit dem 15. Jh. kamen nach flandrischem Muster Ziegelbauten auf. Aus Ziegeln werden heute die meisten Gebäude, auch die meisten größeren Farmhäuser, errichtet, nur noch örtlich anderes Material verwendet, z. B. der harte eisenhaltige „Carstone", ein Sandstein aus dem Unteren Grünsand von Snettisham und Hunstanton („Gingerbread Stone") in NW-Norfolk. In SW-Norfolk und an der N- und NE-Küste sind ganze Dörfer nur aus Flint gebaut. Zwar hat sich bloß wenig von den Klöstern und Burgen des Mittelalters erhalten, die Ruinen von Leiston Abbey, der große Bergfried von Orford Castle, die von einem tiefen Graben umschlossenen, mächtigen, turmbewehrten Wälle von Framlingham Castle [84 b], der herrliche Toreingang von Castle Acre, Torbogen und Torturm der Benediktinerabtei von Bury St. Edmunds, die Reste des Schlosses von Norwich auf einem künstlichen Hügel, der wuchtige Bau von Castle Rising; aber das wenige zeigt trefflich den Wechsel von Stil und Geschmack im Wandel der Zeit [11]. Besonders eigenartig sind die runden Türme vieler Gotteshäuser (über 120 in Norfolk, etwa 40 in Suffolk [11 b]: einzelne in Essex!). 70 Dorfkirchen von Norfolk haben wenigstens ihre normannischen Tore gerettet. Englische Früh- und Spätgotik herrschen vor, die Hochgotik tritt zurück. Zu den schönsten spätgotischen Kirchen Suffolks gehören der mächtige Bau von Blythburgh, eines verfallenen Hafenorts bei Southwold, und von Long Melford bei Sudbury [76, 716—718]. Von den Profanbauten reichen ein paar in die Zeit vor Elisabeth zurück, häufiger sind solche im Elisabethstil (Rushbrooke Hall bei Bury St. Edmunds) und im Jakobstil (Blickling Hall bei Aylsham). Dazu kommen jüngere Schöpfungen, wie Holkham Hall, das im Palladiostil erbaute Schloß des „ersten Farmers von England", Thomas Coke, Earl of Leicester. Manche Gegenden sind auffallend reich an Schlössern; um Bury St. Edmunds stehen solche aus verschiedenen Jh. Allerdings, manche der „Halls" sind in Farmhäuser umgewandelt worden. Das Schloß von Sandringham, von Eduard, Prinz of Wales (nachmals König Eduard VII.) im Elisabethstil errichtet, ist einer der bekanntesten modernen Bauten [85]. Namentlich in den kleinen Städten findet man krumme Gäßchen und eigenartige alte Fachwerkhäuser, z. B. die Moot Halls (Rathäuser) in Aldeburgh und Sudbury, die Guildhall in Lavenham, das Ancient House in Ipswich, das Star Hotel in Yarmouth; doch hat auch Norwich eine ganze Anzahl bemerkenswerter Beispiele gerettet (Strangers' Hall, ein Kaufmannshaus aus dem 15. Jh., jetzt Volkskundemuseum, das erste seiner Art in England) [11, 81, 92, 93, 913 u. ao.). Die Landstädtchen sind so über das Gebiet verteilt, daß man ihre Märkte von jedem Dorf ihres Bereichs in einer Tagesfahrt besuchen konnte [77]. Sie entwickelten sich vornehmlich an Flußübergängen und an den Endpunkten der Flußschiffahrt, abgesehen von den wenigen Küstenhäfen. Zu höherem Ansehen sind sie aber nicht gelangt. Alle wurden von Norwich überschattet, das heute die einzige Großstadt zwischen Hull und London ist. In dem Fehlen großer Städte kommt nicht bloß der Mangel an Mineralschätzen und an guten Häfen mit industriereichem Hinterland zum Ausdruck, sondern auch der Wettbewerb Londons und die etwas abseitige Lage Ostangliens. Sehr verschieden sind die Grundrisse der Städte, teils linear, teils radial, seltener leiterförmig (Great Yarmouth) oder rostförmig (Bury St. Edmunds, Harwich), die meisten mit einem drei- oder rechteckigen oder unregelmäßig geformten Marktplatz [711] (Abb. 58).

Von den Häfen haben, außer Ipswich, nur Great Yarmouth und Lowestoft Bedeutung, u. zw. dank ihrer Fischerei (vgl. S. 316). Great Yarmouth (56 777; 34 250!) ist zugleich der Hafen von Norwich. Ursprünglich

war es ein Fischerdörflein am Eingang der Broads, gelegen auf einer aus
Strandgeröll und Dünen gebildeten Nehrung; noch mündete der Bure n. von
ihr selbständig in das Meer. Schon vor dem Einbruch der Normannen lockte
der Ort viele Fischer von den Cinque Ports an. Später wurde sein Haupt-
geschäft der Heringshandel mit dem Festland. Außerdem wurde Langleinen-
fischerei betrieben, und Kabeljau, Leng, Seehecht wurden gesalzen und getrocknet ins Mittelmeergebiet ausgeführt. In den Kriegen mit Frankreich
stellte es die meisten Schiffe, förmliche Flotten sind von hier abgesegelt.
Sehr bezeichnend ist, daß es bis 1619 unter der Aufsicht der Barons of the

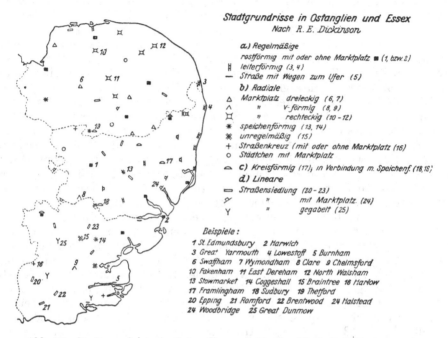

Abb. 58. Stadtgrundrisse in Ostanglien und Essex. (Nach R. E. DICKINSON.)

Cinque Ports stand. Indes seit der M. des 14. Jh. begann es unter dem Wettbewerb der dänischen und später auch der holländischen Fischerei zu leiden,
auch beschädigten oder zerstörten Stürme und Veränderungen in der Größe
und Lage der Sandbank wiederholt seinen Hafen. 1567 wurde durch den
Holländer Joost Jansen der zu den Kais führende Kanal angelegt, an der
Barre bei N.W. 12′ tief [BE]. In der Folge beteiligte es sich eifrig am Wal-
fang. Erst im 19. Jh. wurde sein heutiger Hafen geschaffen, Kais, Docks, lange
Holzlagerplätze längs der nach S verschleppten Mündung des Yare. Denn
hauptsächlich Holz wird eingeführt, außerdem Butter, Mais und andere
Futtermittel, Hanf (für Seile), Teer, Kohle, Chemikalien (1938: E.W.
1,19 Mill. Pf.St.; A.W. 0,71, davon 0,6 für Fische). Aber immer mehr wandelte
sich Yarmouth zum Seebad für Besucher aus Lancashire und E-London,
zugleich wuchs es über seine alten Mauern hinab zum Ufer. Der eigentliche
Kern hatte das E-Ufer des Yare begleitet. Die Kirche St. Nicholas — angeblich
die größte Pfarrkirche Englands, um 1100 gegründet — ist von den Bomben
zerstört worden. Außer ihr kündeten das Stadthaus, das Zollhaus, das Star
Hotel, die schmalen Gäßchen („Rows“) zwischen Fluß und Gestade von seiner

Vergangenheit. Das 114 m hohe Denkmal Nelsons, der aus Norfolk stammte, grüßt weit über Land und Meer [16].

Auch L o w e s t o f t in Suffolk (41 769; *31 370*) entwickelte sich schon im Mittelalter aus einem kleinen Fischerdorf (1086 Lothu Wistoft) zum Marktflecken und erhielt das Messerecht, wurde aber erst 1885 Stadt. Bis in das 18. Jh. hatte es mit Yarmouth Streitigkeiten wegen der Fischerei. Es liegt zu beiden Seiten der ehemals natürlichen, heute künstlichen Mündung des Waveney, an dessen S-Ufer infolge der Verbesserung des Hafens (1844) South Lowestoft entstand [16, BE]. Sein älterer Teil steht oben auf der Höhe eines Kliffs, unten am Strand das Fischerviertel. Etwas Industrie, Bootbau und -ausrüstung, dienen der Fischerei. S. des Hafens (1938: A. von 30 Mill. kg Heringen in verschiedener Form für 266 000 Pf.St.; 1937 noch mehr) reihen sich große Hotels und Pensionen aneinander; denn auch Lowestoft ist heute Seebad. Lange Häuserzeilen laufen gegen N. Draußen in „The Denes" liegt sein Golfspielplatz. Zwei Leuchttürme sichern die Schiffahrt, Low Light unten auf Lowestoft Ness, High Light oben auf dem Kliff.

Nicht unmittelbar am Meer, sondern am Scheitel des T.H.W. des Orwell (so heißt das Ästuar des Gipping), 18 km von der Mündung liegt der wichtige Handelshafen I p s w i c h (87 502; *88 920*), die Gr.St. von East Suffolk [16, 18, 19, 82]. Sein Mittelpunkt ist Cornhill mit dem anschließenden Geschäftsviertel und den wichtigsten öffentlichen Gebäuden (Rathaus), Banken, Hotels usw. Von hier ist es auf die benachbarten Moränenhänge hinaufgewachsen, während sich am Flusse unten Fabriken und Speicher aneinanderreihen. Es hatte zwar seit 1841 das Wet Dock und erhielt 1929 die Anlagen von Cliff Quay, die von 4000 tons-Schiffen erreicht werden können, weil der Orwell bei T.N.W. 5,8 m tief ist, auch verfügt es über den Vorhafen Butterman's Bay 16 km flußabwärts für das Umladen von großen in kleine Schiffe, doch muß es sich mit dem benachbarten Harwich in den Verkehr teilen. Handelsdampfer verbinden es mit London, Hull, Newcastle. Es führt Mais, Weizen, Gerste, Holz, Kunstdünger, Eisen, Kohle, Steine ein, seit 1934 in steigendem Maße raffiniertes Erdöl (1938: 1,54 Mill. hl); die Ausfuhr ist gering: landwirtschaftl. Maschinen und überhaupt Eisen- und Stahlfabrikate, Kunstdünger, Malz, Öl und Ölkuchen (1938: E.W. 1,85 Mill. Pf.St., A.W. 0,12). Sein Aufstieg hat früh begonnen. Schon unter den angelsächsischen Königen war Gipeswic (so 993 zum erstenmal genannt) umwallt. Sein Handel mit dem Festland machte es reich. Später verfertigte es ein geschätztes Tuch, Garne für die Weberei von Norwich, Segeltuch. In neuerer Zeit schickte es Getreide und Malz nach London, es erzeugte Pflüge, Papier, Tabakwaren, Bier, hatte Schiffbau. 1793 wurde es durch einen Kanal mit Stowmarket verbunden, der Port of Ipswich reichte über Harwich hinaus. Für die Entwicklung eines großen Hafens war jedoch weder der Platz selbst noch die Natur des Hinterlandes günstig, obwohl es der wichtigste Straßenknoten eines ausgedehnten Gebietes und ein bedeutender Vieh-, Weizen- und Gerstenmarkt ist. Vielseitig sind seine Industrien (vgl. S. 316; außerdem Mühlen, Kleider- und Schuhfabriken. Seine Tabakfabrik ist schon 1790 gegründet worden).

H a r w i c h (in Essex; 12 046; *9963*), der einzige schöne Naturhafen zwischen Themse und Wash, an der vereinigten, bis 3 km breiten Mündung des Stour und Orwell, im Schutz von Landguard Pt., hat noch weniger unmittelbares Hinterland für den Handel als Ipswich, aber, sowohl von London (114 km) als auch von den Midlands her (über Doncaster—Lincoln—March —Bury) und aus dem N (über York—Peterborough—March) schnell erreichbar, mehrmals wöch. Personenschiffsverkehr mit Rotterdam, Hoek van Holland

(8—9 St.), mit Zeebrügge (8½ St.), Antwerpen (10 St.), Esbjerg (—Kopen-hagen; 27 St.), allerdings nicht von einem Stadtkai aus, sondern von dem ungef. 2 km entfernten Parkeston Quay am r. Ufer des Stour. Während es 1901 im Personenverkehr über den Kanal noch an letzter Stelle stand, hat es sich, die militärischen Anlagen des ersten Weltkriegs nutzend, so kräftig entwickelt, daß es 1936 hinter Dover nicht viel zurückstand (5,5 Mill. tons). Hauptsächlich für London und die großen Midlandsstädte führt es Speck, Butter und Eier aus Dänemark, Fleisch und Margarine aus Holland, Seide und Seidenwaren aus Frankreich und Italien, aus diesen auch Obst und Ge-müse ein. In der Ausfuhr standen 1938 dem Werte nach obenan Maschinen und Maschinenbestandteile, Wolltextilien, Leder und Lederwaren, elektrische Apparate, Kraftfahrzeuge (E.W. 23,31 Mill. Pf.St. — davon 5,6 für Speck, 1,7 für Butter; A.W. 3,53, Wa.W. 0,91). Große Bedeutung hat Harwich für die Verteidigung der Insel als Flottenbasis an der s. Nordsee [16, 86].

Besonders dank der Geschäftstüchtigkeit zuerst der G.E.R., dann L.N.E.R. haben sich eine ganze Anzahl Fischerdörfer zu Seebädern entwickelt; in der Tat ist heute die ganze Küste Ostangliens vom Orwell bis zum Wash mit solchen besetzt. Felixstowe (12 067), einst nur von den „besseren Klassen" besucht, ist oft gewaltig überfüllt [84a]; Aldeburgh, Southwold, Kessingland, Gorleston bei Yarmouth, Happisburgh setzen die Reihe fort. Anmutiger sind die Orte an der Kliffküste im N, mit den Heiden und Hecken, Parken und Wäldchen des Cromer Ridge im Hintergrund: Cromer (4176) selbst mit seinem „Poppyland", Sheringham, das sich des meisten Sonnenscheins rühmt, Wells mit seinen Deichspaziergängen bis hinüber nach Hunstanton [16].

Eine Binnensiedlung ist die Gr.St. von West Suffolk, Bury St. Ed-munds (16 708; 17 820), inmitten des Dreiecks Cambridge, Ipswich, Norwich gelegen, nur von diesem etwas weiter (55 km) entfernt [16, 74, 83]. Es ent-stand am l. Ufer des Lark im Anschluß an ein schon im 7. Jh. gegründetes Kloster, das durch die Grabstätte König Edmunds (vgl. S. 312) ein selbst vom Festland her vielbesuchter Wallfahrtsort wurde und reich begütert war. Seinerzeit im Wollhandel (Woolhall Street!) und noch vor 150 J. bloß als Markt für Pferde, Butter, Käse tätig, hat die Stadt heute auch etwas Industrie (vgl. S. 316). Seit 1914 ist sie Sitz eines Bistums (St. Ed-mundsbury-Ipswich). In einem Umkreis von etwa 20 km gruppieren sich mehrere Zwergstädte. Im N, an der Mündung des Thet in die Little Ouse, bezeichnet der alte Brückenort, Markt und Verkehrsknoten Thetford (4098; *4260*) fast genau den geometrischen Mittelpunkt Ostangliens, doch lief ihm das vom Meer her leichter erreichbare Norwich den Rang ab. Nur vorübergehend (1075—1094) war es Bischofsstadt. Kahnverkehr auf der Little Ouse verband es mit Lynn, es handelte mit Getreide, Wolle, Kohle, erzeugte in der 1. H. des 19. Jh. Papier und landwirtschaftliche Maschinen und hatte Mälzereien und Brauereien [60*]. Heute betreibt es Eisenindustrie (Gießerei und Maschinenbau). Stowmarket (4297) im Gippingtal etwa halbwegs Bury St. Edmunds und Ipswich (Sprengstoff- und Kunstseidefabri-ken), Lavenham (1620) mit seinen schönen Fachwerkbauten (vgl. S. 320) und Hadleigh (2951) am Brett, Clare am Stour [66a], einst Hauptsitze der Tuchweberei, sind klein geblieben. Lebhafter ist Sudbury (7007; 6399), der uralte Brückenort am Stour (schon 798 Sudberi), wo in neuerer Zeit Krepp- und Seidenwaren, Fahnenstoffe, Kokosmatten hergestellt wur-den. Hier steigt unter den eozänen Ablagerungen der Kreidekalk der East Anglian Heights auf, welchen Saffron Walden (in Essex; 5930), eine

alte Stadt, etwas abseits vom Grantatal und von der Hauptlinie London—
Cambridge, für Zementindustrie verwertet. Seinen Namen (1582 Safforne-
walden; vorher, schon im D.B., Waledana, „Britental" [623*]) verdankt es
den Safranfeldern seiner Umgebung. Wichtiger ist H i t c h i n (14 383; in
Hertfords.) in der Lücke zwischen den Chilterns und East Anglian Heights,
schon im Mittelalter wegen seiner Wollerzeugung ein bemittelter Ort, in welchem Kaufleute von Calais wohnten und der mit Getreide und Malz handelte (die Gerste seiner Umgebung war sehr geschätzt), Bier braute, später
Strohflechterei betrieb, eine Seidenfabrik hatte usw. [84]. Es hat wie das
benachbarte Stevenage Maschinenfabriken. Das (nö.) benachbarte L e t c h -
w o r t h (14 454), 1903 auf Anregung Ebenezer Howard's gegründet, wurde
ein bekanntes Muster einer Gartenstadt in Verbindung mit Industrie. Über
R o y s t o n (3831) betritt die Old (Great) North Road, Ermine Street folgend, Cambridgeshire. N e w m a r k e t (9752), zwischen Bury St. Edmunds
und Cambridge (schon 1200 genannt; der Markt wurde angeblich infolge
einer Seuche von Exning, nw. der Stadt, hierher verlegt), ist schon seit den
Stuarts durch seine Pferdezucht und Pferderennen bekannt — sein „race-
course" umfaßt 40 km² [18].

In dem Geschiebegebiet des s. Norfolk, bzw. von Suffolk sind Diss,
Bungay und Beccles im Waveneytal lokale Märkte. Von ihnen war das von
einer Normannenburg gesicherte B u n g a y (3100; Druckerei) am wichtigsten, wo mit dem Gezeitenhub die Schiffahrt auf dem Fluß endigte. Vor dem
Bahnverkehr holte es von Yarmouth herauf Kohle und Holz; es erzeugte
damals Papier, Seide und wie Diss Hanfgespinste. Seine Umgebung war
durch Flachsbau berühmt. Heute ist B e c c l e s (6545; *5823*) betriebsamer
(Maschinen, Getreidemühlen, Mälzerei, Druckerei) [16]. Leinen- und Wollweberei und Strumpfwirkerei verbanden auch A y l s h a m (2646), F a k e n -
h a m (2843) und einige andere Orte mit ihrer Funktion als Getreide- und
Viehmärkte. Wie auf dem Bure die „wherries" (vgl. S. 318) bis Aylsham, so
fuhren sie auf dem Ant bis N o r t h W a l s h a m (4137). Alle diese Plätze
haben heute wenig Bedeutung. Nur E a s t D e r e h a m (5643) ist auch stärker industriell tätig (vgl. S. 316), Wymondham hat eine Bürstenfabrik. N e w
H u n s t a n t o n (3132) am Kliff der Kreidekalke, unter denen hier der
Lower Greensand auftaucht, ist ein gerne besuchtes Seebad neben dem schon
auf flacherem Grunde gelegenen Old Hunstanton. Zu Norfolk gehört auch
King's Lynn, draußen im Fenland gelegen (vgl. S. 339) [11, 16].

N o r w i c h (126 236; *103 540*) ist aufgeblüht als Brückenort, Straßenknoten und als Hafen am Scheitel der Seeschiffahrt (32 km vom Meer),
welche der Yare-Wensum, bis hierher den Tiden unterworfen, ermöglicht
(Abb. 59) [11 b, 12, 14, 15, 81; BE]. Die römisch-britische Hauptsiedlung, Venta
Icenorum (Caistor), war 6 km sö. an einem Arm des Tas gelegen gewesen,
ein Landstädtchen mit rechtwinkeligem Grundriß, der Endpunkt der
Straße von Camulodunum. Die Germanen lockte aber mehr ein Platz an der
untersten Furt über den Wensum, der hier eine Schlinge durch den Norwich
Crag bis in die Kreide eingeschnitten hat. Schutzlage, fester Baugrund,
Sicherheit vor den Hochwässern der Talauen vereinten sich hier. So ent-
standen zwei anglische Niederlassungen: Conesford („Königsfurt") am r.
Ufer zwischen Fluß und Talhang und Coselanye am l. zwischen Fluß und
Sumpfland. Schon unter den Königen von Ostanglien ist es ein wichtiger
Platz (mit einer Münze), Königssitz, als Schlüssel von Norfolk auch für
Feinde, so die Dänen, begehrenswert. Doch gründeten diese gegenüber Cose-
lanye eine eigene Niederlassung, Westwyk. Alle drei Siedlungen verwuchsen

zu Norwich (um 930 Nordwic; 1003 Norwyk). Mitten hinein stellten die
Normannen ihre Burg und schufen w. daneben ein französisches Borough
mit Marktplatz. 1094 wurde Norwich an Stelle von Thetford Bischofssitz und
damit unbestrittene Hauptstadt Ostangliens. Schon 1158 erhielt es unter
Heinrich II. den ersten Stadtbrief, die normannische und die englische Stadt
verschmolzen. Zwischen 1263 und 1342 wurde seine 7 km lange Umwallung
angelegt, mit vielen Türmen und 12 Toren, von welchen noch Teile erhalten
sind (Abb. 60 und 61). Damals blühte der Wollhandel mit Flandern auf,
nach dem Einzug flandrischer Weber (1336) die Wollweberei. Etliche Kirchen entstammen jener Zeit, darunter die gotische Kathedrale, deren Turmnadel (96 m hoch) als weit-
hin sichtbares Wahrzeichen
über die Häuser und Gär-
ten der Stadt emporragt.
Unter Eduard III. wurde
Norwich Stapelplatz, un-
ter Heinrich IV. erhielt es
Gr.Rechte (1404). Schon
vor 1332 hielt es jährlich
zwei Messen ab. Aus dem
Woll- und Kammwollzeug-
handel schöpfte es seine
reichsten Einnahmen, in
der Guild Hall (1453)
kam der Wohlstand der
Bürger zum Ausdruck.
Unter Elisabeth und im
17. Jh. war der Zuzug
von Wallonen und Hol-
ländern so stark, daß
noch 150 J. später viele
Einwohner Französisch,
bzw. Holländisch sprachen.

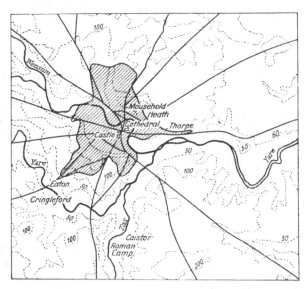

Abb. 59. Die Lage von Norwich zum Wensum- und
Yaretal; Straßen 1. und 2. Klasse. Auf Mousehold
Heath heute Flugplatz. (Nach [81 a].)

Nach allen Teilen Europas
sandte Norwich damals seine Wollwaren, nach Rotterdam, Hamburg, den
Ostseehäfen, nach Genua, Livorno, Triest; noch im Siebenjährigen Krieg
war es ein Hauptlieferant für Wollstoffe. Dann kam der Rückschlag mit dem
Verlust der Kolonien in Nordamerika, mit dem Aufkommen neuer Industriegebiete (vgl. S. 313). Nach 1830 wurde es von der Textilindustrie verlassen.
Allein tapfer begann es sich wieder emporzuarbeiten, erfolgreich, seitdem es
durch die Bahn mit London verbunden (1845) war und dann als Eisenbahnknoten neue Bedeutung gewann. Seine Jh. alte Tradition hat dabei mit-
geholfen. Seit der M. des 19. Jh. entwickelten sich, z. T. im Anschluß an die
Weberei und unter Benützung der bisherigen, gut erhellten Dachkammern
(„weaving garrets"), die Schuh- und Stiefelindustrie (u. a. Modeschuhe für
Frauen; 1946 rund 7000, vor dem Kriege 11 000 Arbeiter), landwirtschaftliche und Lebensmittelindustrien (Müllerei, Brauerei, Mälzerei; Schokolade), auch wieder Textilindustrie (Seide und Kunstseide) und Eisenindustrie (Schmelzwerke, Maschinenbau, Werkzeuge, Drahtnetze, elektrische
Apparate); es erzeugt Ölkuchen, Stärke, Waschmittel und ist durch seine
Senf- und Essigbereitung bekannt [715]. Nach wie vor ist es ein führender
Markt für Getreide und für Rinder, Schafe und Schweine; besonders irisches

Vieh wird feilgeboten. Im Verkauf von Weizen und Gerste steht es an der Spitze, selbst vor London, Peterborough und Ipswich. Doch wurde das geistig-kulturelle Leben über Wirtschaft und Handel nicht vernachlässigt. 1547 wurde seine Grammar School gegründet, aber es hat keine Hochschule erhalten; eine solche gibt es in ganz Ostanglien nicht [81; 120*, 752*].

Groß ist der Gegensatz zwischen Alt- und Neustadt; jene erinnert besonders an Markttagen, wo Blumen und Obst das Bild schmücken, an die Domstädte des Niederrheins. Sie hat über 30 alte Kirchen und viele andere alte Bauten (vgl. S. 320). Auffallend ist bei ihnen die häufige Verwendung von schwarzen Feuersteinen als Schmuck- und die des braunen „Gingerbread Stone" (vgl. ebd.) als Baustein [84]. Die neueren Wohnviertel, durchwegs Ziegelbauten, sind durch ihre Gärten ausgezeichnet.

B. Die Fenlands und die Landstufen von Lincolnshire

Der n. Teil von Mittelostengland gruppiert sich um die Fenlands als Kern. Nach diesen hin richten sich die Hauptflüsse der Umrahmung: die Great Ouse mit ihren einseitig von r. mündenden Nebenflüssen Ivel, Cam, Lark, Little Ouse, Wissey und Nar; Nene, Welland, Witham. Längs Great Ouse, Ivel, Cam erstrecken sich Tieflandzungen von bloß 20—30 m H. in der Richtung auf die Midland Vales, nur durch niedrige Wasserscheiden von kaum 60—70 m H. voneinander getrennt. Erst jenseits des Iveldurchbruchs bei Sandy stellen sich s. Bedford Höhen von über 100 m H. ein. Ganz flaches Gelände, nirgends über 70 m hoch, begleitet auch das breite Tal des Nene bis hinauf nach Oundle und Thrapston; allmählich geht es hier in die Plateauwellen von Northamptonshire über, etwas merklicher am Welland bei Stamford. Von hier gegen N bildet das Plateau von Kesteven, geographisch von dem von Northamptonshire kaum verschieden, die wenig deutliche Grenze der Fenlands. Nordwärts verschmälert es sich, und jenseits der tiefen, flußlosen Lücke von Ancaster setzt es sich in den Lincoln Heights fort. Gleich dem Kesteven Plateau fallen diese mit einer wohlausgeprägten Stufe gegen W ab. Eine weitere solche Stufe zeigen die Lincoln Wolds ö. davon. Zwischen beide Höhenzüge schaltet sich ein Ausläufer der Fenlands ein, das Vale of Ancholme. Eine andere Niederung, die Lincoln Marsh, umfaßt die Wolds im E bis zum Humber. Dort endigen auch die Heights und die Wolds, die im spitzen Winkel aufeinander zulaufen.

Klar sind in dieser Landschaft die Zusammenhänge zwischen Bau und Bild: die Niederungen knüpfen sich an die leicht ausräumbaren Oxford- und Kimmeridge-, z. T. auch an die Gaulttone, die aus den Midland Vales hereinziehen; die Erhebungen an die widerständigeren Sande und Kalke des Jura im W, die Kreidekalke im E. In den Wolds setzen sich die Norfolk Heights fort, im Kesteven Plateau und in den Lincoln Heights die Doggergesteine von Northamptonshire. Infolge der flachen Schichtlagerung haben sich Stufen entwickelt; aber diese ziehen einander nicht parallel, sondern schwenken von SW her gegen die Fenlands und den Wash infolge deren Einkrümmung auseinander, während sie sich im N einander wieder nähern. Dabei kehren die Wolds ihre Stufe mehr gegen SW, die Lincoln Heights gegen W. Auch der Untere Grünsand unterliegt demselben Gesetz. Nur im SW, in dem Höhenzug von Leighton Buzzard über Ampthill und Sandy Gap bis in die Gegend w. von Cambridge, bildet er eine selbständige Stufe, sonst bloß eine Vorstufe der Kreidekalkhöhen.

Die Entwicklung dieser Stufenlandschaft muß erst noch näher untersucht werden, besonders bezüglich der Frage, die für SE-England schon weitgehend geklärt ist: ist sie aus einer weitgespannten pliozänen oder älteren Fastebene hervorgegangen oder von Anfang als Stufenlandschaft in Erscheinung getreten? Jedenfalls war sie zu Beginn des Eiszeitalters samt dem zentralen Fenland schon vorhanden. Die einst zusammenhängende Kreidekalkdecke von Norfolk und Lincolnshire war hier bereits durchbrochen, ursprünglich wohl von Flüssen, später von mariner Erosion, die leichteres Spiel hatten, sobald sie die liegenden Juratone erreichten. Die Vergletscherungen haben dann ihre Geschiebelehme über das Gelände gebreitet, namentlich den Chalky Jurassic Boulder Clay, dessen Kreide das Eis beim Überschreiten der Wolds aufnahm.

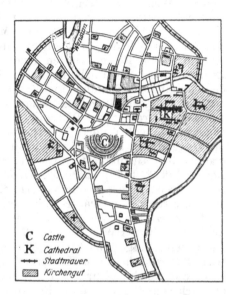

Ö. von diesen herrschen dagegen die Purple und die jüngeren Brown Boulder Clays. Die Wiederholung der Eisvorstöße ist in verschiedenen Aufschlüssen gut nachweisbar. Doch treten interglaziale Ablagerungen zurück hinter extra- und postglazialen Aufschüttungen, die zusammen mit den Geschiebetonen die Oberfläche und die Formen beherrschen und weithin die Böden und die Wasserführung bestimmen. Durch die Schwankungen in der Höhenlage des Landes über dem Meer wurden ihre Beschaffenheit und ihre Verbreitung entscheidend beeinflußt. Jene wurden namentlich auch für die Entwicklung der Fenlands maßgebend, die nur ganz wenig über dem heutigen Meeresspiegel liegen, während die flache Bai des Wash daneben im M. bloß 10 m tief und bloß ein nicht zugeschütteter Teil derselben ist.

C Castle
K Cathedral
→ Stadtmauer
▨ Kirchengut

Abb. 60. Norwich um 1500 (Nach [81a].)

Das Klima ist im großen ganzen wegen der geringen Höhenunterschiede recht einheitlich. Es zeigt den leichten kontinentalen Einschlag wie die E-Küste Großbritanniens überhaupt. Er kommt zumal darin zum Ausdruck, daß das Sommer- etwas mehr Niederschläge bringt als das Winterhalbjahr. Cambridge kann als Typus für das Niederland um den Wash gelten (12 m S.H.). Von der 57 cm Ges.Menge entfallen auf die drei regenreichsten Mon. Juni—Aug. 16,7 cm, auf die Mon. Okt.—Dez. 15,7 (X 5,8; XI und XII je 4,9). Febr.—März liefern 10,5 cm, davon der Febr., der trockenste Mon., bloß 3,2 cm. Doch ist die Z. der T. mit Niederschlag im Spätherbst und Winter größer (Okt. bis Jan. 60) als im Sommer und Frühherbst (Juni bis Sept. 50), dafür weniger ergiebig als die Gewitter der heißen Jahreszeit (Mai—Sept. 12 Gewittertage von insges. 14 im J.). Mai, Juni und August erhalten mit durchschn. tägl. 6,4, bzw. 6,8, bzw. 6,0 St. 41%, der Dez. mit 1,3 St. bloß 17% des mögl. Sonnenscheins (J.Durchschn. 4,2 St./T., d. i. 34% des mögl.) [42; 48*]. Die Temp.M. sowohl der drei Winter- als auch der drei Sommermonate weichen jeweils wenig von einander ab (I 4,6°, VII 16,5°; J.M. 9,6°). Die mittl. Maxima und Minima der einzelnen Mon. spielen allerdings innerhalb recht weiter Grenzen (z. B. I: 12,7° gegenüber —6,7°: VII: 28,8 bzw. 7,2°). Bodenfrost tritt durchschn. an 112 T. (19 im Jan.) auf.

Noch während des Eiszeitalters war der Mensch eingezogen. Altstein-
zeitliche Funde sind zwar spärlich, wurden aber in Bedfordshire (Bidden-
ham, Kempston bei Bedford) schon zu allererst in England festgestellt.
Tardenoismensch und Neolithiker (Peterborough-Kultur!) besiedelten die
Wolds und Heights von Lincolnshire und die offenen Sandsteinhöhen sw. der
Fenlands; Langhügel- und Becherleute haben dort gewohnt [53a, 57, 510—513].
Auffallend ist, daß die Fenlands bereits in der Bronzezeit und dann, nach
einer durch eine Senkung verursachten Vereinödung, auch wieder in römisch-
britischer Zeit besiedelt und bebaut waren; erst 1937 wurden u. a. Äcker
und Entwässerungskanäle aus dem 1. Jh. nach Chr. im Sumpfgebiet der
Welney Washes am Rand eines verschwundenen Armes des Well Stream
entdeckt. Infolge der Zunahme der Fluten wurde das Gelände im 4. Jh. verlassen und blieb bis weit ins Mittelalter hinein unbesiedelt (IV[524]).
Bei der Ankunft der Römer herrschten im N die Iceni, im S wohl die Catuvellauni. Die Römer bauten mehrere Heerstraßen durch das Land, u. a.
Ermine Street, die Vorläuferin der Great North Road, und die Via Devana.
Jene umging die Fenlands im W, übersetzte bei Durobrivae (Castor w. Peterborough), dessen Umgebung schon damals durch seine Töpferei bekannt war
(„Castor ware"), den Welland und zog über Causennae (Ancaster) und
Lindum (Lincoln) nach N-Britannien, die Via Devana führt von S durch
die Gegend des heutigen Cambridge auf Durobrivae zu. Namen wie God-
manchester, Grantchester, Chesterford usw. erinnern an Stützpunkte der
Römer [59a*, 517*; 624*; 52, 54, 56, 59 u. ao.]. Zu deren Zeit waren die
trockeneren Terrassen und die Anhöhen im S der Fenlands verhältnismäßig
dicht besiedelt, wie Gräber- und Münzfunde und verschiedene villae erweisen.
In der 2. H. des 6. Jh. drangen die Angeln vom Wash her ein, während die
W-Sachsen von SW her vorstießen und 571 bei Biedcanford (vgl. S. 371)
die Briten schlugen [53, 618]. Bald begannen die Kämpfe zwischen den benachbarten angelsächsischen Königreichen um die Randgebiete der Fenlands, die
selbst eine starke natürliche Schranke waren. Wehranlagen, wie Devil's Dyke,
der sich vom Fenland über die offenen Kreidekalke bis zu den Wäldern der
Lehmböden spannte, erinnern an jene Zeit [68]. Mit Northumbria stritt
Mercia um das von Sümpfen umschlossene Lindsey, mit Wessex und Ostanglien um die Striche im S der Fens, bis schließlich (827) Egbert von
Wessex die Oberhoheit über das Gebiet erlangte. Schon 628 war das Christentum in Lindsey eingezogen, das mit den Fenlands dem Bistum Sidna-
cester (678; Stow, halbwegs Lincoln und Gainsborough?) unterstellt wurde.
Das s. Cambridgeshire und Ely gehörten zum Bistum Dunwich, das Gebiet
ö. der Great Ouse zum Bistum Elmham (vgl. S. 311), doch unterstand der
größte Teil des Landes noch für lange Zeit entfernten Bistümern, Lichfield,
dann Dorchester, hierauf Winchester; erst 1072 wurde Lincoln selbst
Bischofssitz. Die in der älteren christlichen Zeit gegründeten Klöster, wie
Ely (um 655), Thorney (657), Bardney (697), Crowland (716), wurden jedoch
von den Dänen zerstört, die 787 zum erstenmal auch in Cambridgeshire ein-
brachen, 870/1 von Cambridge aus eine weite Umgebung verheerten und 878
im Vertrag von Wedmore das Danelaw behaupteten. Nun beherrschten
sie von Lincoln und Stamford aus ihren Bereich, dessen Grenze vom Ursprung des Lea über Bedford zur Watling Street verlief. Sie ließen sich
vornehmlich im N der Fenlands neben den Angeln nieder, wo sie nicht bloß
viele Ortsnamen, sondern auch, gleich den Angeln, einen starken Einschlag
nordischer Rasse hinterließen. S. der Fenlands fehlen dagegen dänische Ortsnamen völlig (vgl. S. 334). Übrigens lebten die Kämpfe unter Eduard dem

Älteren von neuem auf, der 919 Bedford einnahm und 921 Huntingdon besetzte, beide Plätze verstärkte und die Dänen zurückwarf. Diese bildeten jedoch auch weiterhin in Ostanglien, Lindsey und Northamptonshire einen starken Teil der Bevölkerung; dort fanden daher Sweyn und Knut bei ihrer Landung (1012) am raschesten Anerkennung und konnten sie Stützpunkte zur Eroberung des übrigen England errichten. Durch die Kämpfe und durch innere Streitigkeiten geschwächt, wurden dann die Angeln und Dänen von Wilhelm dem Eroberer unterworfen; bloß Ely, gedeckt durch seine Sümpfe, widerstand länger.

Nach der Eroberung durch die Normannen wurden die Klöster der Bene-

Abb. 61. Norwich. Blick auf die Stadt und die Kathedrale.
(Aus: C. ROUSE, The Old Towns of England. London 1936.)

diktiner wiederhergestellt, andere neu gegündet, alsbald auch solche der Zisterzienser, u. a. zu Kirkstead am Witham (1139), Swinehead (wnw. Boston), Louth Park, ferner Klöster der England eigentümlichen Gilbertiner (Sempringham 1139, Newstead-on-Ancholme), der Prämonstratenser (Barlings ö. Lincoln 1154). Lincoln, Stamford, Huntingdon, Bedford, Cambridge, Ely und andere wichtigere Plätze erhielten als erste mächtige Burgen. Andere folgten, so Tattershall (s. Horncastle), um 1230 vom Bischof von Durham errichtet, das im 15. Jh. zu einem „tower-house" umgebaut wurde, eines der besterhaltenen Beispiele eines befestigten Wohnhauses aus jener Übergangszeit, wo die festen Burgen vor den Feuerwaffen ihren Wert als Schutzplätze verloren [82 b, 83]. Die Besiedlung dehnte sich aus, der Wald wich zurück. Man kann diese Entwicklung bis zu einem gewissen Grade aus der Verbreitung urkundlich genannter Ortsnamen auf -ham, -ford, -ton und -ley verfolgen. Bereits vor der Ankunft des Eroberers waren immer mehr Lichtungen in die Urwälder auf den schweren Ton- und Lehmböden geschlagen worden, und zur Zeit des D.B. war die Besiedlung rings um die Fenlands weit fortgeschritten [623*, 624*; 61 a, 62 a, 610, 611]. Aber erst 1204 und 1230 wurde das Kesteven Plateau zur Rodung freigegeben.

In der Anordnung und der Erscheinung der Dörfer hatte sich schon von Anfang an der Gegensatz zwischen nassem und trockenem Land geltend gemacht. Während sie in den Fenlands die leichteren Erhebungen des Untergrundes, die sandigen und schotterigen Stellen aufsuchten, bevorzugte man im trockeneren Hügel- und Riedelland die Quellstriche, so an der Grenze von Gault und Lower Chalk, zumal dieser auch fester war, einen Baustein („clunch") und mehr offene Fluren bot. Daher unterscheidet man von den Fen- vor allem die Fenranddörfer, deren man allein zwischen Lincoln und King's Lynn an die 100 zählt. Hier konnte man sich einerseits Fische und Wasservögel, Nutz- und Trinkwasser beschaffen, später Wiesen für das Vieh anlegen, anderseits Getreide auf den trockenen kalkreichen Böden anbauen. Demgemäß sind auch die Gemarkungen der Fenranddörfer ringsum von Cambridgehire bis in die Lincolnshire Marsh lange, schmale, ungef. rechteckige Streifen, die bis auf die Wasserscheide der benachbarten Kalke oder Sandsteine reichen und manchmal über sie hinweggreifen. Im Riedel- und Hügelland stehen die Dörfer meist auf Terrassen oder am flachen Talgehänge, seltener auf einer Kuppe. Straßendörfer überwiegen bei weitem, entweder vorgezeichnet durch den Verlauf des Tales, bzw. der Talterrassen oder durch die Erstreckung der Sand- und Schotterflecken. Manche Dörfer haben schöne, geräumige Anger. Mitunter gruppieren sich Einzelhöfe um die Fendörfer; häufiger sind sie im Hügelland. Auffallend scharf hören die Weißdornhecken an der Grenze der trockeneren Böden gegenüber den Fenlands auf und machen den Wassergräben Platz [19, 110, 113].

Im Frieden der auf die Eroberung folgenden Jh. blühte die Landwirtschaft auf. Hunderte von Mühlen waren schon zur Zeit des D.B. in Betrieb gewesen [619], an der Küste der Lincolnshire Marsh wurde Salz gewonnen, der Fischreichtum der Küstengewässer und der Flüsse ausgebeutet. Die Zahl der kleinen Marktstädte war verhältnismäßig groß. Es entfaltete sich der Wollhandel von Lincoln, Stamford, Cambridge, die auf ihren Flüssen dank den Gezeiten von Kähnen erreicht wurden, doch wichen sie an Bedeutung später Boston und King's Lynn, die für die Schiffahrt günstiger lagen. In Boston hatten schon 1279 hanseatische Kaufleute aus Köln, Ypern, Ostende Häuser. St. Botolph's Fair (Messe) in Boston blühte bis ins 15. Jh., Stourbridge Fair bei Cambridge bis in die Zeit Defoe's (vgl. S. 344); die Midsummer Fair von Cambridge und die Messen von St. Ives waren viel besucht. Auch die Wollweberei entwickelte sich. Aber die Hauptsache blieb die Landwirtschaft. Der damalige Wohlstand kommt in den schönen Dorfkirchen zum Ausdruck, von denen manche geradezu Musterbeispiele der englischen Früh-, Hoch- oder Spätgotik sind, die meisten allerdings Bestandteile aus verschiedenen Phasen der Gotik aufweisen. Hohe Turmnadeln sind für viele bezeichnend. In geringen Abständen stehen mehrere der prachtvollsten Dome Großbritanniens: Lincoln, Peterborough, Ely. Ein Kapitel für sich sind die Architektur und die Baugeschichte der Colleges der Universität Cambridge. Bei jenen Bauten wurden fast nur einheimische Steine verwendet: die Kalke von Ancaster in Kesteven, die graugrünen Sandsteine des Lower Greensand in den Wolds und der Lincolnshire Marsh, der „clunch" des Lower Chalk im s. Cambridgeshire. Leider ist von den alten Burgen nicht viel übriggeblieben. Beinahe alle größeren Herrenhäuser gehören erst der Neuzeit an. Namentlich Bedfordshire ist reich an solchen. Allerdings

sind manche zu Farmwohnhäusern umgebaut worden. Ein hervorragendes
Beispiel englischer Renaissance ist Burghley House bei Stamford (1553—1587)
in einem ausgedehnten Park. Malerische alte cottages findet man in vielen
Dörfern, auch Lehmflechtwerkbauten mit Strohdächern, die über den Fenstern halbkreisförmig ausgeschnitten sind.

Jene Entwicklung hielt trotz der inneren Auseinandersetzungen bis in
die neuere Zeit herauf an. Das 17. Jh. brachte dann den ersten großen
Versuch zur Urbarmachung der Fenlands; das 18. einen gewaltigen Fortschritt in der Landwirtschaft, die namentlich in Bedford- und Lincolnshire
ähnlich tüchtige Förderer und Vorkämpfer fand wie in Ostanglien; das
Ende des 18. und die ersten Jz. des 19. die Einhegungen. Noch um 1790
hatten $^3/_4$ der Gem. von Bedfordshire das Offenfeldsystem, Cambridgeshire
noch 1822 viel uneingehegtes Land gehabt; 1847 waren indes die Einhegungen
auch hier durchgeführt [616, 617, 78]. Immer mehr beteiligten sich die „shires"
an der Versorgung Londons. Straßen wurden verbessert, der Verkehr zumal
auf der Great North Road beschleunigt. Nach allen Richtungen strahlten
von den Gr.St. die Straßen aus, auch Peterborough, Stamford, Grantham
und viele kleinere Plätze, wie Ampthill, St. Ives, St. Neots, Kimbolton, Ely,
Wisbech, Sleaford, Horncastle, Louth waren wichtige Verkehrsknoten, und
manche heute still gewordene Ortschaft sah in der Postkutschenzeit lebhaften
Betrieb, wie etwa Stilton, das durch den in der Umgebung erzeugten, von den
Reisenden sehr geschätzten Käse bekannt war (vgl. S. 409). Einige echte
alte Einkehrgasthöfe haben sich hier und an ein paar anderen Orten erhalten. Aber 1845 wurde die Eisenbahn von London über Bishop's Stortford
nach Cambridge—Ely (—Norwich) eröffnet, und rasch folgten andere Linien:
1846 Blechtley—Bedford, Ely—March—Peterborough, 1847 Cambridge—
St. Ives—Huntingdon, Ely—Lynn, March—Wisbech, 1848 (Manchester—Shef-
field—)Lincoln—Grimsby, 1850 London (King's Cross)—Huntingdon—
Peterborough (und weiter nach dem N, 1852), 1858 Hitchin—Bedford, 1862
Cambridge—Bedford, 1868 London—Luton [11]. Durch die Eisenbahn wurde
das Gebiet noch enger mit London verbunden. Eingeschaltet zwischen die zwei
Hauptverbraucher Englands, London und die Industriedistrikte der nö.
Midlands und des West Riding, wurde es für sie durch seine Landwirtschaft,
besonders die Viehzucht, immer wichtiger (Fleisch- und Milchvieh — Red
Shorthorns; Schafe — Lincoln sheep; Pferdezucht — „shires"). Eine hohe
Blüte erreichte der Gartenbau in Art und Menge seiner Erzeugnisse. Dagegen
blieb die Industrialisierung auf wenige Städte beschränkt, obwohl neuestens
Eisengewinnung und -verarbeitung im Grenzsaum gegen die Midlands einen
gewaltigen Aufschwung nimmt. Kann man den n. Teil von Mittelostengland im ganzen genommen als einen Ausschnitt des englischen Stufen-
landes betrachten, so stellen sie kulturgeographisch jedenfalls einen Über-
gangsraum zwischen den Midlands, SE- und NE-England dar, verkehrsgeographisch zugleich ein Durchgangsgebiet, durch welches Fernautobusse
und Expreßzüge von London zu den Fabrikstädten der Pennines, nach N-
England und Schottland laufen und direkte Wagen von Glasgow und Edinburgh, von Liverpool, Manchester und Sheffield, von Birmingham und
Nottingham über Lincoln, Ely und Cambridge nach Harwich und Norwich
und im Sommer, mindestens an Samstagen, nach verschiedenen Badeorten
der Küste Ostangliens und Lincolnshires (Skegness) geführt werden. Auch
die Fischexpreßzüge von Grimsby, die Frachteilzüge, welche Gemüse und
Obst in die benachbarten Verbrauchsgebiete bringen, durcheilen die Fenlands und deren Nachbarschaft.

a) Die Fenlands

Indem die Kreidekalkstufe in Ostanglien gegen NE schwingt, die Doggerstufe im W mehr nordwärts zieht, wird Raum für die breite Niederung der Fenlands — des „Sumpflandes" [13, 16, 17, 111, 21]. Während aber deren Oxford- und Kimmeridgetone nach SE einfallen, dacht sie sich selbst fast unmerklich gegen NE ab. Infolge einer leichten Einbiegung strömte in dieser Richtung ehemals ein Vorläufer der Great Ouse als Sammelader der Gewässer, welche von den Höhen ringsum herabkamen, dem früheren Unterlauf des Rheins weit draußen im Bereich der heutigen Nordsee zu. Gemeinsam haben die Flüsse die weite Ebene ausgearbeitet. Die Vergletscherung, zuerst das nordische Eis, dann Eis vom NW her, hat Geschiebetone darübergebreitet. Wie der Untergrund, so senken auch sie sich im allgemeinen gegen NE. Innerhalb der Fenlands bilden sie nur stellenweise die Oberfläche, indem sie sich gern an die unbedeutenden Aufragungen des älteren Sockels anlehnen; in der Regel sind sie von jüngeren Ablagerungen verhüllt.

Zwar ist die Entwicklung des Gebietes während der einzelnen Phasen des Eiszeitalters noch nicht endgültig ermittelt, doch soviel steht fest, daß es nicht ununterbrochen unter dem Eis begraben lag, sondern daß, ehe die Hesslevergletscherung (vgl. S. 304) bis an die Küste von Norfolk reichte, zeitweilig das Meer eingedrungen war. Es stand durchschn. 13 m O.D. und hinterließ bei March Schotter und Sande, am Nar Tone („March-Nar Sea") [38, 39]. Die „March Gravels", die auf den „Islands" des Fengebietes auftreten, sind stellenweise reich an marinen Organismen; nach den Muscheln zu schließen, war das Klima eher etwas kühler als heute. Wahrscheinlich gehören sie dem letzten Interglazial an.

Die postglaziale Entwicklung der Fenlands ist jüngst durch moderne Pollenuntersuchungen (u. a. zu Willenhall St. Germans bei King's Lynn und Peacocks Farm, Shippea Hill, 11 km nö. Ely) näher erkundet worden [314, 315, 58; 311*]. Danach ist ihre Waldgeschichte ähnlich verlaufen wie die von Dänemark, u. zw. kann man von den daselbst unterschiedenen acht die Zonen IV—VIII und mehrere Übergangszonen nachweisen und zugleich zwei Land- (Süßwasser-) Zeiten und zwei marine Transgressionen als Hauptphasen erkennen. Im Zusammenhang damit läßt sich die prähistorische Kulturchronologie einigermaßen klären. Im Präboreal stand das Meer noch viel niedriger als heute, Torfe vom Boden der Nordsee aus 30—50 m Tiefe erweisen das Vorhandensein von Birken-Kiefern-Wäldern, zuerst überwiegend mit Birken (Zone IV), bei etwas höherem Meeresspiegel im älteren Boreal (— 35 m) mit Kiefern (V). Aus ihm stammt eine vom Nordseegrund heraufgeholte Maglemoseharpune. Bei zunehmender Wärme stellen sich Eiche und Ulme ein, und die Hasel erreicht ihre Klimax in der Föhren-Hasel-Zeit (VI), die dem Tardenois entspricht (Mikrolithen der Fenlands). Gegen ihr Ende erscheinen ziemlich unvermittelt die Erlen. Während des feuchtwarmen Atlantikums (5500—2000 v. Chr.) stieg das Meer fortdauernd an, auf — 7 m, — 3,2 m und nach einer kleinen Schwankung zuletzt auf + 0,6 m O.D. Dementsprechend wurde das Gebiet immer mehr durchnäßt, die Eichen starben ab, es entstanden Simsenfens, umrahmt von Erlen-, Weiden- und Birkenwäldern, in denen Windmill Hill- und zuletzt noch B 2-Becherleute wohnten, die sich bis in die Wolds vorschoben (VII). Während ihres Hochstandes gegen Ende der atlantischen Phase hinterließ die marine Transgression über dem „unteren Torf" die „Fen Clays" („Buttery Clay"), 6—7' mächtige Silte und Tone mit einer Brackwasserfauna. Im trockeneren Subboreal (2000—500 v. Chr.) senkte sich der Meeresspiegel wieder, schließlich auf

—3,4 m. An Stelle der Brücher traten teils Hochmoore mit Torfmoosen, Wollgras und Heidekraut, teils Wälder mit Eichen, Föhren, Birken und Eiben. Die Buche gewann ihre größte Ausbreitung. Damals, um 1800 v. Chr., drang das A-Bechervolk, das aus der Niederrheingegend kam, vom Wash in die Täler des Cam, Granta und entlang des Icknield Way gegen Wessex vor. In den Fenlands ließ es sich auf den größeren Sandinseln (Ely, March u. a.) nieder. Jene Phase umfaßt dann noch die Anfänge der Hallstattzeit [510, 511]. Noch um 400 v. Chr. wurde an der Küste von Lincolnshire Salz an Orten gewonnen, die später von marinen Silten bedeckt waren. Allein um 500 v. Chr. hatte ziemlich unvermittelt das kühlere, nassere Subatlantikum eingesetzt, Sümpfe und Grundwasserseen („meres") nahmen zu. Daher fehlen weitere Spuren des Eisenzeitmenschen. Die Klimaverschlechterung kam in der Römerzeit auf den Höhepunkt, als sich bei einer abermaligen Transgression um Chr. Geburt das Meeresniveau auf +1,5 bis 3 m O.D. hob. Der „obere Torf" tauchte unter Watten, in denen sich Silte absetzten (Scrobicularia Clays; VIII), offenkundig ein Gegenstück zu denen von Walton (vgl. S. 75), und längs der Flüsse bildeten sich im Tidenbereich natürliche Siltdämme, die leicht über das benachbarte Torfland aufragten und besiedelt und bebaut wurden. Damals, in der römisch-britischen Zeit, wurden auch die ersten Entwässerungsanlagen geschaffen. Bei einem neuen Rückzug erreichte das Meer um 700 in — 2,2 m seinen tiefsten Stand, dann stieg es in den letzten 900—1000 J. zum heutigen auf. Doch blieben die Fenlands nach dem Abzug der Römer unbebaut bis zu den Entwässerungsarbeiten, die erst im 17. Jh. ernstlich aufgenommen wurden. Infolge derselben sank der Grundwasserspiegel, die seichten „meres" verschwanden; und die Siltdämme längs der Flüsse traten im 19. Jh. infolge der fortdauernden Torfzerstörung und -schrumpfung als erhöhte Ufer („roddons") (vgl. S. 336) [310] immer deutlicher in Erscheinung. Im einzelnen und örtlich ist diese ganze Entwicklung noch komplizierter gewesen. U. a. wurden bei St. Germans (sw. King's Lynn) fünf Tone mit Einschaltung von vier Torfen festgestellt, eine Abfolge, die nach dem Befund an Foraminiferen auf Schwankungen des Wasserspiegels zurückgeführt wird, während Pollenanalysen ein postboreales bis subatlantisches Alter der Torfe ergeben [34, 35, 37, 311, 314, 315, 318, 415; 311*, 312*].

Der Torf mit den Geschiebetonen darunter nimmt fast den ganzen W und S des Fenlands ein; den N und die Mitte dagegen der „Fen silt", überwiegend bläuliche bis violette, z. T. rötlichbraune sandige Ablagerungen („warp") [22]. Diese füllen besonders in der Nähe des Meeres die alten Priele und bilden auch kleine Erhebungen. Sie sind das „Rote Fen", die Torfstriche das „Schwarze Fen". Die Unterschiede in der Erscheinung von Silt- und Torflandschaft sind mannigfach, obwohl die weite Niederung dem flüchtigen Blick das einheitliche Bild einer völligen Ebene zeigt, das beste Beispiel einer solchen in Großbritannien.

Umschlossen werden die Fens von einem etwas höheren, bereits über der 15 m-H.L. liegenden Innengürtel, dem „Fen Border Land" [19]. Es besteht im SW großenteils aus Geschiebetonen, im NW (in Lincolnshire) aus Kiesen, die von den Bächen der Lincoln Heath, bzw. der Wolds am Rande der Niederung aufgeschüttet wurden. Statt eines tiefeingreifenden Golfes ist heute nur mehr eine fast viereckige flache Bucht vorhanden, The Wash. Andauernd führt hier die Flutwelle von NNE und ESE her längs der Küste Sinkstoffe ein, welche der Ebbestrom nicht völlig wieder entfernen kann. Allenthalben wird daher jene von Sandbänken begleitet. Sandbarren und -inseln lassen in der Bucht nur schmale, seichte Rinnen frei, die sich, zum Nachteil der

Schiffahrt, fortwährend verschieben. Ein bis zu 20—30 m tiefer Kanal (Lynn Deep) ist dort ausgefurcht, wo sich die beiden Strömungen übereinander-lagern, das „tiefste Wasser zwischen England und dem Deutschen Reich" ist 50 m tief. Allmählich wächst das Land über den Meeresspiegel herauf. Zuerst bloß zeitweise trocken, wird es bald vom Queller (samphire — daher „samphire marshes") besiedelt. Später wird es nur mehr ausnahmsweise überspült, von einer Marschflora bezogen („green marshes") und für die Ein-deichung reif. Schon die Römer haben Uferdämme errichtet (Roman Bank bei Walsoken und den beiden Walpoles) und die Küste durch Deiche ge-schützt; deren Reste sind heute stellenweise (z. B. zu Long Sutton n. Wis-bech nachweisbar) 8—9 km vom Gestade entfernt [54, 55]. Auch die Flüsse sind eingedeicht, manchmal mit einem Innen- und einem höheren Außendeich: die dazwischenliegende Fläche heißt „wash" oder „wash land". Noch immer wird, allerdings für die Wünsche der Bewohner viel zu langsam, neuer, kost-barer Boden — das acre (vor 1938) 100 Pf.St. wert — dem Meere enteignet. Bei ungestörter Weiterentwicklung würde der Wash in knapp 10 000 J. land-fest sein. Solche Vorgänge sind früher auch im Inneren der Niederung wirk-sam gewesen [312*; 316, 43—45].

Ein amphibisches Sumpfgebiet, vergleichbar den Norfolk Broads, sind die Fens noch bis in die Neuzeit gewesen, obwohl sie in römischer Zeit Ge-treideland, ja eine Kornkammer Britanniens gewesen waren [52, 54, 55]. Aber in das Licht der mittelalterlichen Geschichte treten sie ein als ein Ge-wirr von Wasserspiegeln und Wasseradern, von Binsen, Schilf und Röhricht, von Erlen, Espen und Weiden, reich an Wasservögeln und Fischen, ein abseits vom Verkehr gelegenes Rückzugsgebiet von Völkern und Rassen — länger als sonstwo in England sollen sich hier „dunkelhaarige Kelten" erhal-ten haben [51]. Es hat selbst den normannischen Eroberern große Schwie-rigkeiten bereitet. Aus einer ehemals dichtbesiedelten Landschaft war im frühen Mittelalter eine Schranke geworden, eine „weite Wildnis" [64], deren Sümpfe die Grenzen der angelsächsischen Reiche an sich zogen, zwischen Mercia, Ostanglien und Northumbria. Nicht weniger als 5 Gr. haben an den Fenlands Anteil, meist durch frühere oder heutige Flußläufe voneinander geschieden.

Die Landnahme des Gebietes durch die Germanen ist im einzelnen nicht mehr zu ergründen. Jedenfalls haben die Angeln die fruchtbaren, trockenen Böden zuerst bezogen. Altes Siedlungsland zieht den Innenrand entlang, das bezeugen viele Namen auf -ton, manche auf -ham, außerdem etliche däni-sche auf -by. Alte Siedlungen weist auch das Siltland auf, besonders auf den leichten Sandwellen des „Red Fen", das schon zur Römerzeit dicht bevölkert gewesen sein muß. So spannt sich um den Wash, beginnend am N-Ende der Norfolk Heights bei Hunstanton, eine Kette von Orten mit -ton- und -ham-Namen bis hinüber nach Boston [18, 510]. Sehr bezeichnend ist, daß dänische Ortsnamen im N-Teil der Fenlands zahlreich sind, dagegen in Huntingdon-, Bedford- und Cambridgeshire by- und thorpe-Namen fehlen [61a,b]. Die Nene-sümpfe haben offenbar eine wirksame Grenze gebildet [624*]. Alt sind ferner Wisbech und Holbeach (mit ae. baece, Bach, Bachfurche). Im Torfland endlich haben die wenn auch kaum merklich über die nasse Niederung aufsteigenden, jedoch hochwassersicheren und Ackerböden bietenden Erhebungen, die „Is-lands", frühzeitig Siedlungen aufgenommen: Ely steht auf Unterem Grün-sand, andere Orte auf Kimmeridge- oder Oxfordtonen oder Geschiebetonen (Chatteris, March, Littleport usw.). Namen auf -ey deuten die inselartige

Lage an: Thorney, Ramsey, Whittlesey, Ely (dieses urspr. aber, bei Beda, um 730 Elge, „Aalgau", erst um 890 Elig, „Aalinsel") usw. Die meisten von ihnen werden schon vor dem J. 1000 genannt. Viele haben sich in Verbindung mit Klöstern entwickelt, die auch hier die ersten Kulturträger waren [11, 18], außer den älteren (vgl. S. 328) u. a. Ramsey (gegr. 969), Chatteris (um 980). Außerhalb der „Inseln" war das Torfland völlig siedlungsfeindlich, der Verkehr benützte die Wasserwege, die Hauptflüsse: die beiden Ouse, Cam, Nene, Welland, Witham bis an den Innenrand, wo zugleich der Tidenhub erlischt [19, 64]. Hier entstanden die größeren Fenrandsiedlungen. Wirtschaftlich war das Torfland so gut wie wertlos, bis auf die Wasservögel und die Fische (Hechte und Aale), die in den Klöstern auch der Umgebung sehr begehrt waren. U. a. lieferten die Mönche von Ely jährlich 4000 Aale an das Stift zu Peterborough und durften dafür aus den Brüchen von Barnack (vgl. S. 410) jenen ausgezeichneten Baustein (Northampton Sandstone) holen, aus dem die Kathedrale und viele der schönen gotischen Kirchen der steinlosen Fenlands mit ihren Spitztürmen erbaut sind, weithin sichtbaren Landmarken [19]. Ein besonderes Wahrzeichen ist der 88 m hohe viereckige Turm von St. Botolph's in Boston („Boston Stump"), der an flandrische Vorbilder erinnert.

Erst in den letzten Jh. ist aus dem (zwischen Lincoln und Cambridge) über 100 km langen und etwa halb so breiten Sumpfgebiet eine der ertragreichsten Kulturlandschaften Großbritanniens geworden, ungef. 4000 km² groß, mit einer durchschn. Dichte von über 50, manchenorts sogar von 70—80, eine großartige Leistung des Menschen [13, 69, 612, 615]. Denn was die Römer hier geschaffen hatten (z. B. Car Dyke von Ramsey nach Lincoln), war verschwunden; die diesbezüglichen Versuche der Mönche des Mittelalters, namentlich zwischen Witham und Welland, waren nur örtlich gewesen, und nach der Aufhebung und Zerstörung der Klöster waren auch ihre Werke verfallen. U. a. hatte John Morton, Bischof von Ely, zwischen 1478 und 1486 einen 22 km langen, 12 m breiten, 4' tiefen Kanal von Peterborough nach Guyhirne (sw. Wisbech) erbauen lassen (Morton's Leam), der erst 1728 einen Begleiter im New Cut oder Smith's Leam, dem heutigen Nenelauf, erhielt. Nur größere Organisationen konnten, mit erheblichen Kosten und gegen den Widerstand der Bevölkerung, mit mancherlei Fehl- und Rückschlägen, die Aufgabe in bedeutenderem Maßstab durchführen. Die Geschichte dieser Unternehmungen ist wiederholt geschrieben worden. Der Holländer Vermuyden leitete sie, nachdem 1613 eine furchtbare Sturmflut ungeheure Verheerungen angerichtet hatte, in der 1. H. des 17. Jh. [63 a, 620], die Familie der Bedfords war der Unternehmer. Danach sind die Bedford Levels benannt (400 km² in den s. Fens). Vermuyden wollte die Flüsse geradelegen, vor allem natürlich die Ouse, die wahrscheinlich erst seit 1236 infolge einer Sturmflut (oder schon früher künstlich?) zur „Kleinen Ouse" und bei Lynn vorbei zum Wash floß, vorher dagegen von Littleport nach Wisbech geströmt war und hier einen Arm des Nene aufgenommen hatte. Die beiden Kanäle, die nun die Ouse von Earith (nw. Cambridge) gerade nach Denver (bei Downham Market) führten, sind der Old und der New Bedford River, dieser auch Hundred Foot Drain genannt (1631, bzw. 1653 vollendet). Vermuydens System waren Netze von Kanälen, in Fischgrätenmuster angeordnet: kleinere Kanäle speisten größere und diese die Hauptkanäle, welche das Wasser den Flüssen zuführten. Fluß- und Kanalbetten wurden in einiger Entfernung von Deichen begleitet, zwischen denen bei Hochwasser Raum für Anschwemmungen bleiben sollte. Allein Vermuyden, der damit die holländi-

sche Technik auf das Fenland mit anderen Niveau- und Wasserverhältnissen
übertrug und sich zu wenig um die Vorgänge in den Flußmündungen („out-
falls") kümmerte, hatte weder mit der starken Aufschwemmung in den Kanälen gerechnet noch mit dem Schrumpfen des Torfes, das 1860—1909 bis
zu 2 m, während des letzten Vierteljh. bis zu 4 m und noch mehr betrug, sich
aber schon sehr bald in der Entwässerung bemerkbar gemacht hatte [36].
Der Vorgang wurde noch dadurch verstärkt, daß man die Tone unter dem
Torf heraushob und mit der Torfschicht vermengte, um diese fruchtbarer zu
machen („claying"). Wenn das Torfland schon ursprünglich nur wenig über
das Siltland aufstieg, so nahm also der Höhenunterschied andauernd ab, die
Überschwemmungen wurden verheerender, aus den kleineren Seitenkanälen
floß das Wasser nicht mehr ab [13, 16, 17, 18, 110 u. ao.]. Man ging nun
daran, dessen Überschuß durch Pumpen zu entfernen. Sie wurden zuerst
durch Menschen- oder Pferdekraft, seit 1727 durch Windmühlen betrieben.
Um 1800 zählte man deren Hunderte (Bedford Middle Level hatte rund 250,
Whittlesey allein 50): sie verstärkten noch den Eindruck einer holländischen
Landschaft. Seit 1805 wurden sie allmählich durch Dampfpumpwerke
abgelöst, mit ihren hohen Schloten ebenfalls ein Zug im Landschaftsbild.
Zu Beginn des 19. Jh. kehrte man auf Betreiben des Ingenieurs Rennie wieder zu dem von den Römern geübten System der Sammelkanäle zurück
(„catchwaters"), mit dem man bereits im North Forty Foot Drain (1720)
gute Erfahrungen gemacht hatte: Gräben, parallel zum Fenrand, sammeln
den Abfluß des höheren Landes annähernd längs einer Höhenlinie und geben
das Wasser an einen der Sammelflüsse weiter. Zwischen Witham und Wolds
wurden so bis 1820 über 200 km² neuen Landes gewonnen. Noch heute bestehen übrigens die beiden Systeme im Fenland nebeneinander, nicht gerade
vorteilhaft [13]. Außerdem wurde dem Meere fruchtbarer Boden durch Ein-
deichung und Aufschlickung („warping") von Marschen abgerungen, an der
Küste von Norfolk und South Holland im Vergleich zur Römerzeit rund
180 km², meist im 19. und 20. Jh. Die Ablagerung des „warp" beginnt
gewöhnlich beim Niveau von 1,5 m O.D., indem die Niptiden bis 2,4 m steigen. Hier wächst dann der Queller, in ungef. 3 m das Gras. Der Gefahr der
Hochwässer ist man allerdings noch keineswegs völlig Herr geworden, wie
erst jüngst wieder die Märzüberschwemmungen des J. 1947 sehr eindringlich
gelehrt haben. Ein besonders kritischer Punkt ist die Denverschleuse unterhalb der Mündungen von Cam, Lark, Little Ouse, Wissey und der South
Level-Kanäle in die Great Ouse, weil schon bei normaler Springtide das Meer-
wasser unterhalb der Schleuse über dem Uferniveau oberhalb derselben steht
und bei gleichzeitigem Auftreten von Flußhochwasser und Sturmflut Damm-
brüche drohen [419, 420].

Neuestens ist man daher besonders bemüht, die Entwässerung entlang
dem Unterlauf der Ouse zu regulieren; die bei St. Germans errichteten drei
1000 HP.-Pumpwerke, die in der Minute leicht 850 tons Wasser bewältigen,
gelten als eine der größten derartigen Anlagen Europas [46, 416]. Auch plant
man, den Nene für Boote normaler Größe wieder bis Northampton befahrbar
zu machen — im Sommer 1911 hatte man sogar den Verkehr zwischen Wisbech
und Peterborough einstellen müssen. Pläne bestehen, die Gezeiten des Wash
für ein Kraftwerk zu nutzen, das einem weiten Gebiet mit 12 oder gar 20 Mill.
Bevölkerung Elektrizität liefern soll.

Durch den Menschen sollten die Fenlands ein völlig neues Gepräge
erhalten. Man merkte den Fortschritt sehr bald. Schon im 16. Jh. hatte
man mit Blumenzwiebeln, die aus Wien eingeführt wurden, die Zucht von

Zwiebelpflanzen begonnen [120*], und um 1650 konnte man auf dem neugewonnenen Boden der I. of Ely Erbsen, Hanf und Flachs, Weizen, Hafer
und Waid bauen, zu Whittlesey 1657 neue Wiesen und Obstgärten finden.
Die Fläche der „summerlands", ja sogar die der „winterlands" (d. h. des
Geländes, das nur im Sommer, bzw. auch im Winter hochwasserfrei bleibt)
wuchs. Auch das Klima ist durch die zunehmende Austrocknung gebessert
worden. Zwar brauen im Winter noch immer oft schwere Nebel über der
Niederung; aber dazwischen gibt es wieder Tage mit strahlendem Sonnenschein. Die Jan.-M. halten sich in ± 2–$3°$, der Juli, mit $16°$, ist warm. Die
J.Niederschläge betragen über 600 mm. Die Sommermonate liefern ebenso-
große Mengen wie der Okt., der feuchteste Monat, jedoch hauptsächlich in
Form von kurzen, ausgiebigen Gewitterregen; der Sept. ist verhältnismäßig
trocken. Das alles ist günstig für die Saaten. Der Anbau hat sich tatsächlich so ausgedehnt, daß man die Fenlands — vielleicht etwas übertreibend —
als die „Golden Plain" bezeichnen konnte [15, 114, 115, 42].

Allein es sind, wie bereits erwähnt, merkliche Unterschiede zwischen
Torf- und Siltland vorhanden [16, 22]. Auf dem schwammigen Torfboden
gibt es fast keine Dörfer — die wenigen haben ausgedehnte Gem.Fl. (Downham, Littleport) — und nur wenige Häuser, in der völlig flachen Landschaft
keine Bäume außer einzelnen Pappeln und Weiden längs den Kanälen, keine
Heckenzeilen, sondern bloß offene Fluren, Wasseradern und Deiche. Schwarz
sind die Felder, schwarz die langen, geraden Fahrwege („droves"), im Sommer von Torfstaub bedeckt, im Winter verschlammt. Auf Deichen und Dämmen führen schnurgerade die Straßen entlang („ramparts"), sie haben den
Verkehr übernommen. Aber meist kann man auf ihnen sein Ziel nur mit
großen Umwegen erreichen: die Entfernung Manea—Cambridge auf der
Straße ist siebenmal so lang wie die Luftlinie [19]. Dunkelbraun sind die
Wasser der Bäche und Gräben, im nassen Winter hoch angeschwollen, die
Böden mit Feuchtigkeit durchtränkt, das Land fast unpassierbar; im
Sommer alles trocken, die kleinen Gräben wasserleer, Trinkwassermangel
herrscht, da die meisten Brunnen nur 2—3 m tief sind. Kanäle und Deiche
gliedern die Fläche in zahllose Rechtecke. Den Straßen folgen lange Zeilen
kleiner, häßlicher Cottages, aus weißen Ziegeln gebaut und mit blauen Schiefern gedeckt; selbst Siedlungen mit schachbrettförmigem Muster lehnen sich
an sie an. Längs der alten Deiche, welche einen ehemaligen Ousearm einfas-
sen, bilden Upwell und Southwell eine zusammenhängende Häuserreihe. Von
den Sumpfseen ist fast nichts mehr übriggeblieben, der Pflanzenbestand der
Fens durch Entwässerung und Verlandung und durch das Schneiden ihrer
Gräser verändert. Bloß Wicken Fen (20 km nö. Cambridge) zeigt noch den
ursprünglichen Zustand [47—412, 414; 440*]. Auf den schweren Böden über
dem Torf gedeihen langwurzeliger Weizen, Hafer, Kartoffel.

In den Siltlands ist die Oberfläche nicht so tischeben. Da und dort
steigen ganz leichte Erhebungen auf, ohne bestimmten Umfang und Verlauf.
Sie tragen die Dörfer und die paar Städtchen mit unregelmäßigem Grundriß; Bäume und Baumgruppen sind zahlreicher, Heckenzeilen trennen die
Grundstücke. Oft sind die Straßen gekrümmt. Auf den leichteren sandigen
Böden breiten sich Wiesen aus, auf denen schwarzweißgescheckte Kühe
(Friesians) weiden, und hat sich seit langem der Gemüsebau entwickelt,
manchmal auf Kosten des Weizens (Zwiebeln von Spalding; Senf von Holbeach; Sellerie, I. of Ely führend, 11 km²; außerdem Spargel, Erbsen, Tomaten). Hervorragend ist der Anbau von Frühkartoffeln (Holland 1936: 32 km²

First Earlies, 200 km² Haupternte mit Second E.; in I. of Ely 142 km²)
und von Karotten (I. of Ely 8 km²). Ausgedehnte Obstgärten umfassen Wisbech und Walsoken (mit Staudenobst: Erd-, Johannis-, Stachel- und Himbeeren, und Obstbäumen, besonders Pflaumen und Äpfel), auch Ely (Reineclauden). Besonders um Spalding blühen Tulpen-, Hyazinthen- und Nar-
zissengefilde mit etwa 16 km² Fl., ungef. 600 Blumenzüchter beschäftigen
7000 Menschen. 250 000 t Blumen werden von Spalding allein jedes Jahr
mit der Bahn verschickt. 1931 wurden über ½ Milld. Zwiebeln für 1,5 Mill.
Pf.St. eingeführt, hauptsächlich aus Holland, außerdem 4000 t Blumen.
Seitdem hat man sich sehr stark auf die Kultur der Blumenzwiebeln umgestellt, 1935 nahm sie bereits ³/₄ der Fl. ein. Zu Ely wird Rübenzucker-
erzeugt, die Zuckerrübe hat hier in neuester Zeit Boden gewonnen [77]. Älter
ist der Anbau des Buchweizens. Verschwunden sind dagegen Hanf und
Waid, einst Erzeugnisse auch für die Ausfuhr. Hack- und Hülsen-
früchte schalten sich in den Fruchtwechsel ein. Die Schafzucht spielt keine
Rolle, die Rinderzucht bloß im Marschland, Schweinezucht im Anschluß an
den Kartoffelbau [15, 111, 114, 115, 73, 79, 712, 716]. Fischerei wird von
Boston und King's Lynn betrieben. Fast nur landwirtschaftliche Industrien
sind vorhanden, außer Obstverwertung (zumal Wisbech) Getreidemühlen
(z. B. Boston, March), Brauereien (Wisbech, March, Chatteris, Ely, Sleaford,
St. Ives). Große Ziegeleien verarbeiten die Tone (Peterborough und Nachbarschaft; Ely, Whittlesey, Haddenham) [15, 19]. Noch wird allerlei Flechtwerk — Körbe, Sessel, Flaschenhüllen u. dgl. — angefertigt (Ely, Chatteris,
Wisbech). In Spalding steht eine der größten Anlagen für die Reparatur von
Farmmaschinen, Wisbech erzeugt Ackergeräte und in Verbindung mit seiner
Holzindustrie, um Telegraphenstangen, Eisenbahnschwellen, Außenverscha-
lungen wetterfest zu machen, Creosotöl, außerdem Zelte und die vielverwen-
deten „labels" [120*; 77].

Gemüse- und Gartenbau halten sich besonders in die Nähe der Eisenbahnen, welche die Niederungen ziemlich dicht und mannigfach verknotet
durchziehen. Die S—N-Hauptlinien, im W über Peterborough und im E über
Cambridge, nach Boston(—Grimsby) heben sich deutlich hervor. Querlinien stellen die Verbindung mit den Midlands her, deren Industriegebiete
zu den besten Abnehmern der Fenlands gehören. Dorthin, nach Lancashire
und nach London entsenden die Bahnhöfe von King's Lynn, Ely und Cambridge gewaltige Mengen von Obst und Gemüse.

Höhenverteilung und Bodenbeschaffenheit bestimmen die Stellen der
stärksten Bodennutzung, des größten Verkehrs, der dichtesten Bevölkerung,
der größeren Siedlungen. Wisbech ist ein anschauliches Beispiel dafür [110]
(Dichte fast 100). Wie fast alle anderen Städte des Fenlands hat es ursprünglich als Hafen Bedeutung erlangt: hier bot der Nene, zu King's Lynn
die Ouse, in Spalding der Welland, in Boston der Witham die Voraussetzung, u. zw. nicht ganz draußen an der Küste, sondern in einigermaßen
sicherer Entfernung. Nahe dem inneren Rand sind Cambridge (Cam), Huntingdon (Ouse), Peterborough (Nene), Stamford (Welland), Sleaford (Slea)
und vor allem Lincoln die Gegenstücke. Aber die Funktion als Hafen ist
heute bei diesen Städten mehr weniger erloschen, sie sind Mittelpunkte
des Landbaues und Viehmärkte geworden und haben einige Industrie entwickelt. Bloß Boston und King's Lynn, die beiden „Tore des Fenlands"
[18], wenigstens für mäßig große Schiffe durch etwas tiefere Rinnen im
Wash (Boston Deep, bzw. Lynn Deep) erreichbar, treiben noch etwas Seehandel, indem sie Kohle ausführen, auch Eisen aus Northamptonshire, da-

.egen Getreide, Futtermittel, Holz, Leinsamen, Blumenzwiebeln einführen.
Einst, im 13. und 14. Jh., ist B o s t o n (16 600; *21 510*) eine der reichsten
und größten Städte des Kgr. gewesen, als es an der Wollausfuhr E-Englands
— u. a. nach Köln — hervorragend beteiligt war (1569 lief es Lincoln den Rang
als Stapelplatz ab); aber modernen Anforderungen konnte sein Hafen nicht
genügen, obwohl er 1882 ein neues Dock erhielt (E.: besonders Blumenzwiebeln — 1938 über 14 000 tons; A: Kohle und Kartoffeln). Bostons
Industrie ist gering (landwirtschaftliche Maschinen). Seine wichtigste Einnahme schöpft es aus dem Gartenbau und seinem Fischmarkt (1937:
48 Motorboote). Das Wahrzeichen der Stadt ist, wie schon erwähnt, der
Turm seiner Pfarrkirche (vgl. S. 335). Auch K i n g 's L y n n (20 600; *22 900*)
betrieb im Mittelalter Wollhandel, im 18. Jh. Grönlandfischerei. In der Wein-

einfuhr aus Portugal („Lynn
Port") wurde es damals nur
von London und Newcastle
übertroffen. Es blieb der
führende Markt für die
Landwirtschaft der s. Fenlands, besonders der Wash
Marshes, durch die Great
Ouse, an deren r. Ufer es
liegt, und andere Wasser-
wege mit seinem Hinterland
verbunden. Es hat einen geräumigen Hafen (1938: E.W.
1,96 Mill. Pf.St., A.W. 0,297;
E. besonders „Bäume, Pflanzen und Zwiebeln" für 0,33
Mill. Pf.St., Holz 0,32; A.
Maschinen, Kraftfahrzeuge,
Fahrräder) und Docks, be-
treibt Fischerei (1937: 79
Motorboote), Eisenindustrie,

Abb. 62. Kathedrale von Ely. W-Turm, 65 m hoch,
um 1180 vollendet (normann. Übergangsstil; der
oberste Stock, achteckig, Hochgotik). Vierungsbau,
„Octagon", um 1348 vollendet (Hochgotik). Der Bau
ist 158 m lang, über 23 m breit, das Schiff 63 m lang,
26 m hoch, das Querschiff 54 m lang. Nach einer
käufl. Aufnahme.

Dampfmühlen und Seilerei. Von seinem ehemaligen Wohlstand zeugen alte
Bauten, so St. Nicholas Church, Guild Hall (1624) und Custom House (1683).
Von der mittelalterlichen Stadtmauer steht nur noch das Südtor [19].
Die Ouseregulierung hat für King's Lynn besondere Bedeutung [46 a].
     W i s b e c h (12 006; *15 080*) und S p a l d i n g (12 595; vgl. S. 338) sind
liebliche Landstädtchen mit Obstbaumhainen und Gärten, mit Obsthandel und
mancherlei Industrien (vgl. o.). Sie erinnern am stärksten an holländische
Typen. Geraden Laufes fließt langsam der Welland, bis hierher von 120 tons-
Kähnen befahren, durch Spalding zwischen baumbestandenen Deichen mit
grünen Rasenböschungen. Schöne Beispiele echter Fensiedlungen sind ferner
M a r c h (11 266), W h i t t l e s e y (8301), R a m s e y (5180), C h a t t e r i s
(5153) und das altehrwürdige E l y (8381) mit seinem wuchtigen, an einen
Burgbau erinnernden Dom (1109 Bischofssitz) [614 a] (Abb. 62), ursprünglich eine einzige Straße, welche durch den Marktplatz in Ober- und Unterstadt geteilt war. Sie alle sind von Gemüsegärten und Feldern umgeben
[15, 19, 114, 72 a, b].
     Die Städte des inneren Ringes sind nicht als reine Fensiedlungen ver-
ständlich. Ihre Hauptaufgabe ist, zwischen der nassen Niederung und dem
Meere einerseits, dem etwas höheren, trockeneren Binnenland anderseits zu

22*

vermitteln. Von ihnen sind Peterborough, Huntingdon und Cambridge die
bedeutendsten (vgl. S. 342 f.).

Gegen S laufen die Fenlands fast unmerklich zwischen den leichten
Hügelwellen aus, in denen der feste Untergrund auftaucht. Schon Huntingdons Umgebung ist nicht völlig eben, doch bleibt die Ouseniederung noch
bis über St. Neots hinauf mehrere km breit. Bereits bei einer Senkung von
25—30 m würde das Meer in ihr bis Bedford, an ihrem r. Nebenfluß Ivel bis
Biggleswade reichen. Tiefes Land begleitet ebenso den Cam, der im Oberlauf Rhee heißt und von den East Anglian Heights den Granta (gleichfalls
auch Cam genannt) und den Lin (oder Bourn) aufnimmt. Aber sö. von
Cambridge erheben sich die Gog Magog Hills auf 60—70 m, ein Auslieger der
Kreidekalke (Middle Chalk), bedeckt von Lower Chalky Boulder Clay (Abb.
63), und selbst w. Cambridge finden sich solche in dem zerschnittenen Western
Plateau [28] zwischen Cam und Ouse, dessen Fl. sich auf mehr als 20 km
Entfernung auffallend in ± 70 m H. hält und gegen W auch über Gaulttone,
Grünsande und Juratone hinweggreift. Allerdings hat der Rhee entlang dem
Gault, asymmetrisch gegen E verschoben, sein Tal breit ausgeräumt. Eine
Decke von Geschiebetonen schwächt, obwohl meist dünn, die Auswirkungen
des Gesteinswechsels noch mehr ab. Gegen SW wird das Plateau durch die
breite Furche von Potton zertalt, die sich zum Ivel hin öffnet. Dieser zeichnet den Weg zur Lücke von Hitchin vor, das Grantatal den Übergang zum
Stortgebiet. Ganz flach ist auch das Gelände zwischen Ivel und Rhee. Der
Cam und seine Nebenflüsse werden wiederholt von 2—3 Terrassen begleitet,
von denen die unterste, nur wenig über den heutigen Flußspiegeln, am
besten zusammenhängt, die mittlere u. a. einen größeren Teil von Cambridge
trägt; die oberste, älteste, liegt 8—12 m O.D. Aber ihre Körper sind, da Senkung und Aufschüttung mehrmals mit Hebung und Erosion gewechselt
haben, sehr verwickelte Gebilde; mitunter bestehen sie aus verschieden alten
Schottern. Nachdem die älteste bisher hier nachweisbare Vergletscherung,
welche, z. T. über Vorstoßschottern, den bläulichen Lower Chalky Boulder
Clay über die Anhöhen und höheren Gehänge gebreitet hatte, wieder zurückgewichen war, stand das Land beträchtlich höher und wurde von tiefen Tälern
zerschnitten [28]. In diesen wurden jüngere Schotter, Sande und Lehme
eingetragen. Unmittelbar bei Cambridge (zu Barrington, Barnwell, Tra-
veller's Inn) ergaben ihre Fossilien und Artefakte, daß auf den Lower Chalky
Boulder Clay ein Interglazial mit *Hippopotamus* und anderen großen Säu-
gern und mit älterem Acheul und Clacton folgte und mit einem braunen
lößähnlichem Lehm (Mittel- bis Jung-Acheul) endete. Sanderschotter auf
diesem bezeugen das Nahen der Vergletscherung des Upper Chalky Boulder
Clay (Little Eastern Glaciation), welcher durch Aufnahme des Lehms und
reichliche Buntsandsteingeschiebe bräunlich ist und zwei Vorstöße erkennen
läßt, zwischen denen abermals Lößlehme abgesetzt wurden; vielleicht gehört
das Jungclacton von High Lodge erst dieser Schwankung an (vgl. S. 310).
Nach Ablagerung des Upper Chalky Boulder Clay wurden über 9 m tiefe
Rinnen eingeschnitten und dann mit Schottern aufgefüllt, welche die obere
Terrasse bedecken. Noch im selben Interglazial wurde sie zersägt und die
Schotter der mittleren Terrasse abgelagert (warme Fauna; Jung-Clacton,
Levallois, Acheul). Die Schotter beider Terrassen zeigen Solifluktions-
erscheinungen: es herrschten zum letztenmal arktische Verhältnisse. Schot-
ter und Kiese ziehen auch aus den heute bachlosen Tälern der Kreidestufe
in 30—60 m H. oft in langen Streifen in die Niederung. Ehemals wurden

sie für Ablagerungen eines voreiszeitlichen Flußsystems angesehen, jetzt hält man sie für Schwemmkegel von wilden Tjäleschmelzwässern. In der Hauptsache gleich alt mit dem Geschiebeton oder durch Umlagerung und Verwitterung aus ihm hervorgegangen sind gewisse „Plateauschotter" und Lehme, die besonders längs der Stufe und in den Tälern der Kreidekalke auftreten. Schon der Lower Chalky Boulder Clay selbst war stellenweise in Furchen eingefüllt worden, manchmal zu großer Tiefe (18 m) unter den Meeresspiegel hinab, ein Beweis für eine ausgiebige vorhergehende Zerschneidung des Kalkplateaus, das vor der Vergletscherung vielleicht 2 km weiter gegen W reichte als heute. Seine Geschiebe sind meist Kreidekalke und Feuersteine, neben Gesteinen der Unteren Kreide, des Jura, des Karbon, ferner Basalte aus N-England, Granitporphyrite aus Skandinavien [113, 23 c, 26, 28, 31 a, 32, 317, 42].

Infolge des starken Wechsels der Böden [413] und der immerhin vorhandenen Höhenunterschiede ist das kulturgeographische Bild schon im s. Cam-

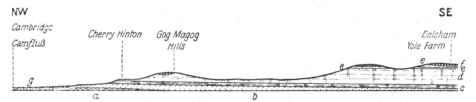

Abb. 63. Geol. Schnitt Cambridge—East Anglian Heights bei Balsham.
(Nach A. J. JUKES-BROWNE und W. HILL aus: 24 a.)
a Gault. b und c Lower Chalk (Varians- und Subglobosus-Zone), d Middle Chalk, e Upper Chalk. f Boulder Clay, g Valley Gravel.

bridgeshire, im „Highland" von Huntingdonshire und erst recht in Bedfordshire weniger eintönig als in den Fens [413]. Vor allem tritt das nasse Land zugunsten des trockenen mehr zurück, es beschränkt sich mit seinen Gräben, Weiden, Erlen, Pappeln auf die tiefsten Striche. Die Geschiebelehme, von Natur aus mit Eichen, Ulmen und Eschen bestanden, tragen längst fruchtbare Weizen- und Gerstenfelder, selbst die Kreidekalke nicht bloß Grasfluren und Buchenwäldchen, sondern auch Getreide und Futterpflanzen. Auf den fruchtbaren Tallehmen und den niedrigen Flußterrassen sind bei St. Neots, Sandy, Biggleswade ausgedehnte Gemüsegärten geschaffen worden. Auch das lange Zeit nur als Jagdgebiet benützte Ödland auf den Grünsandhöhen um Leighton Buzzard, Ampthill, Fletton, Biggleswade und das Plateau w. Cambridge sind heute von solchen bedeckt und umrahmt, um Potton, Gamlingay, Histon. Überall werden hier Zwiebel, Sellerie, Kürbisse, Petersilie, Pastinakwurzeln, Karotten und Kartoffeln gepflanzt, stellenweise auch Spargel, Himbeeren, außerdem Blumen. Über 40 km² liefern Kohlsprossen — Bedfordshire ist hierin in England führend. Bedford und Huntingdon sind Hauptversandorte [115, 115a, 117, 71]. Große Obstmarmelade-, Gelee- und Jamfabriken stehen in Histon bei Cambridge, wo der Obstbau schon vor mehr als 100 J. aufblühte, während gleichzeitig Sandy London mit Gurken versorgte. Im allgemeinen ist jedoch die Industrialisierung gering. Bodenständig sind Brauerei (St. Neots, St. Ives, Potton u. ao.) und Ziegelindustrie um Peterborough, Bedford und Bletchey. Diese, geknüpft an die Oxfordtone, liefert ¹/₆ der Ges.Produktion der Br.I., die größten Fabriken jährl. über ¹/₂ Milld. Ziegel [737*]. Die Papierfabrik zu Sawston (ssö. Cambridge) gehört zu den ältesten Englands (schon 1664 erwähnt); außerdem erzeugt und verarbeitet

es Chamoisleder (Handschuhe), es ist geradezu ein industrialisiertes Dorf
[77]. Im übrigen beschränkt sich die Industrie ziemlich auf die Gr.Städte.
Fast nur Kleinstädte sind in dem Gebiet vorhanden, alt, aber im Zeitalter der Eisenbahn zurückgeblieben. Zu den betriebsamsten gehören St.
Neots (4314) mit Papierfabrikation und St. Ives (2664; *3215*) mit
seinen großen Rinder- und Pferdemärkten, ebenfalls an der Ouse, über die sich
eine über 400 J. alte Brücke spannt; ferner Potton (1955), das auch
(wie Arlesey) Maschinenfabriken hat, Sandy (3140), Ampthill (2168)
und Biggleswade (5844), das einst dem Verkehr auf der Great North
Road, welche hier den Ivel übersetzt, und der Erzeugung von Zwirnspitzen
seine Einnahmen verdankte und heute mit Müllerei, Brauerei, Druckerei und
Buchbinderei beschäftigt ist.

Die Siedlungen sind trotz der Flachheit des Geländes oft überraschend
malerisch. Viele Farmwohnhäuser und Cottages sind Fachwerkbauten, im
s. Bedfordshire gerne mit Ulmenholzbrettern verschalt. In den Gebieten mit
Ziegelindustrie herrschen heute allerdings deren Erzeugnisse weitaus vor,
doch bringt die Verschiedenheit der Farbe — gelb, rot, orange — eine gewisse Abwechslung. Manchmal sind die Dach- andersfarbig als die Mauer-
ziegel [95 a, 112].

Besser hat sich die Gr.St. Bedford (40 354; *51 070*) behauptet, schon
mehr in das Innere vorgeschoben. Sie entwickelte sich als Brückenort und
Verkehrsknoten an der Ouse, auf welcher einst Kähne regen Verkehr mit
King's Lynn vermittelten; mit ihr hängt im SW Kempston (5390) zusammen,
das sich durch seine reichen altsteinzeitlichen Funde und die großen
römisch-britischen und angelsächsischen Gräberfelder als ihr vorgeschichtlicher Vorgänger erweist [82 a]. Nach wie vor ist Bedford der Markt für die
landwirtschaftlichen Erzeugnisse (vgl. o.) des Ousetales, zugleich industriell
recht tätig (Eisenindustrie: Röhren, Pumpen, Kräne; land- und gartenwirt-
schaftl. Maschinen; Wagengestelle; Fahrräder; Möbel, Körbe, Kartons,
Cricketschläger; Brauerei, Mälzerei, Getreidemühlen). In Elston werden
Autobusse gebaut, hier und in anderen Dörfern der Umgebung, vor allem in
Stewartby (8 km s.) in Riesenmengen Ziegel fabriziert [112]. Auch ist es als
alte Schulstadt bekannt (Lateinschule 1552).

Drei wichtige Plätze bezeichnen schließlich den Fenrand, Peterborough,
Huntingdon und Cambridge, alle drei gleichfalls alte Brückensiedlungen.
Peterborough (43 551; *49 200*), dessen römischer Vorläufer — am Übergang der Ermine Street über den Nene zwischen Chesterton und Castor
— wahrscheinlich Durobrivae gewesen war und in dessen Nähe wie bei
St. Neots auch eine frühanglische Niederlassung bestand, erwuchs im Anschluß an ein schon 655 gegründetes Kloster (Medehamstede). Wohl wurde
dieses 870 von den Dänen zerstört, aber eine neue Benediktinerabtei, aus
Barnack Stone erbaut, erhob sich, deren Kirche mit ihrer edlen Westfassade
der Hauptschmuck der Stadt blieb. Der Ort hatte eine Zeitlang eine ansehnliche
dänische Bevölkerung: noch heißen manche seiner alten Straßen gates. Der
neue Name Burchus (im 10. Jh.; D.B. Burg, 1225 Purgus Sancti Petri; 1333
Petriburgh) kennzeichnet seine Bedeutung. In der Nähe setzte die Great
North Road über den Nene, später allerdings 12 km weiter oberhalb auf einer
schönen Steinbrücke bei Wansford; zu Peterborough selbst gab es noch vor
130 J. bloß eine Holzbrücke. Unter Wilhelm dem Eroberer wurde es durch
eine neue Feste gesichert. Für Kähne erreichbar und in trefflicher Marktlage, handelte es mit Vieh, Getreide, Holz, Kalk und Bausteinen [19, 82]. Bis
heute blieb es einer der wichtigsten Getreidemärkte, seine Industrie arbeitet

für die Landwirtschaft (Maschinen). Außerdem ist es durch den Versand
der aus den Oxfordtonen in der Nachbarschaft bei Fletton, Farcet, Yaxley
usw. bereiteten Ziegel (jährlich über 1 Mill. tons [113*, 737*] bekannt. Große
Eisenbahnwerkstätten sind ihm als wichtigem Bahnknoten eigen. — Wie
Peterborough liegt auch die kleine Gr.St. H u n t i n g d o n (4106; 5290. 921
Huntandum), Markt für eine reiche Ackergegend, an der Hauptlinie der
L.N.R.E., am r. Ufer der Ouse, während sein römischer Vorläufer zu G o d -
m a n c h e s t e r (1993; 2230) am l. gestanden war. Gleich Bedford und
Buckingham gehörte es zu den Stützpunkten der Angelsachsen gegenüber
den Dänen. Im späteren Mittelalter beteiligte es sich an der Tuchweberei.
Der Great North Road diente es als Brückenort — die massive Brücke
stammt aus dem J. 1332; die Verbindung mit London war so wichtig, daß
zur Erhaltung der Straße der erste Turnpike-Trust Englands (1663) eingerichtet wurde. In der Eisenbahnzeit hat es sehr an Bedeutung verloren.
Leider ist die Ouse durch ihre verheerenden Überschwemmungen berüchtigt,
obwohl man sie durch Regulierungen immer mehr zu bändigen versucht, und
als Wasserstraße nicht verwertbar (vgl. S. 336).

C a m b r i d g e (66 789; 76 260) blühte dank seiner Verkehrslage auf.
An der S-Grenze der Fens gelegen, bezeichnet es die Stelle, wo die umrahmenden Höhen von beiden Seiten her mit langen flachen Spornen — im E den
„Gog Magog Hills" — in das 8 km breite Tal des Cam absteigen [81 a, b, h].
Hier war dieser in nur mehr 15 m H. zum letztenmal vor seinem Eintritt in
die Niederung in einer Furt überschreitbar, später von einer Brücke übersetzt: Grantacaestir (um 730), Grontabricc (um 745), Grentebrige (D.B.)
u. dgl. sind die ältesten überlieferten Namen der Siedlung. Sie stammen
aus der Zeit, wo der Fluß hier noch Granta hieß. Unter den Normannen kam
der Name Cantebruge (um 1125) oder Cambrugge auf; anscheinend erst im
16. Jh. ging davon der Name Cam auf den Fluß über [61 a, 616*, 623*].
Wichtig ist ferner, daß man gegen S mit bloß geringem Anstieg aus dem
Tal des heutigen Granta über die Kreidekalkhöhen in das Storttal und weiter
zum Lea und nach London gelangen kann. Deshalb hat hier schon die Via
Devana Camulodunum (Colchester)—Ratae Coritanorum (Leicester) den
Fluß überschritten; hierher zielte auch Akeman Street, welche von Ermine
Street abzweigte und nach Lynn führte. Eine römische Niederlassung ist
jedoch bisher nicht nachgewiesen, und das Alter des künstlichen Castle Hill
(auf dem l. Ufer des Cam), ob britisch oder erst sächsisch, ist umstritten.
Jedenfalls errichtete hier Wilhelm der Eroberer, der den Ort zum Ausgangspunkt seiner Unternehmungen in das Fenland machte, eine Burg; hier standen auch die zwei ältesten Kirchen. Aber der Kern des heutigen Cambridge
liegt auf dem r. Ufer, von der Brücke über den Cam gegen S zu. Die beiden
Siedlungen sind miteinander verwachsen [14 b, 81 e]. Zwischen sie hat sich
das Judenviertel (Jewry) eingeschaltet, zwischen der Allerheiligenkirche
und der Kirche des Hl. Grabes, der ältesten der vier Rundkirchen Englands
(von ungef. 1130).

Der Grundriß des Stadtkerns ist noch gut erkennbar [81 h, 81 d]: zwei
Hauptstraßen laufen bei der Rundkirche zusammen, von SSE her im Zuge
der alten Römerstraße von Colchester her fortgesetzt durch Bridge Street
(Sidney Street), von S die den Verkehr mit London vermittelnde
High Street (heute mit verschiedenen Namen, u. a. King's Parade,
Trinity Street). Die Brückenstraße führte zur Great Bridge und hin-
über zum älteren „Borough", Milne Street zwischen High Street und
dem Fluß zu den Mühlen oberhalb der Stadt. Zwischen High Street und

Bridge Street war der (bis 1891 L-förmige) Marktplatz angelegt, mit Guild Hall, Marktkreuz, Brunnen und Pranger. An ihn stießen im NW der Kornmarkt, im SW der „Gartenmarkt". Verschiedene Gassen, mit der ältesten Kirche St. Benedikt im Mittelpunkt, waren damals nach den Zünften benannt. Die Häuser waren ursprünglich aus Holz gebaut und mit Stroh gedeckt; erst seit dem 16. Jh. wurden Ziegelbauten häufiger. Dem regen Verkehr entsprachen die geräumigen Gasthäuser, die zwar auch nur schmale Fronten gegen die Straßen kehrten, aber mehrstöckig waren und mit ihren zwei Höfen, vorn dem eigentlichen, von Galerien umsäumten „Gasthof" und

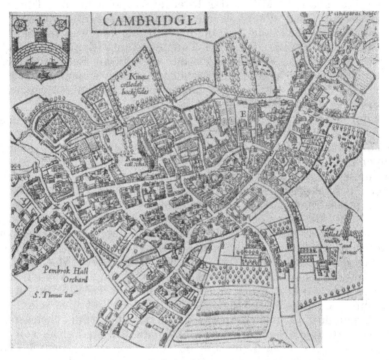

Abb. 64. Cambridge. Aus J. Speed (vgl. Vorwort).
2 The Castle. A Trinity College, B Kinges C., D Caius C., E Sainct Iohns C., F Sainct Sepulchre, M Corpus Christi C., P Magdalen C., Q Emanuell C., R Christ's C., S Sainct Andrews. T Jesus C., V Quenes C., X Pembrok C., Y Peter house, Z Sainct Clement.

hinten dem Wirtschaftshof mit den Stallungen, bis zur nächsten Parallelstraße reichten. Die ganze Stadt war von Wall und Graben (King's Ditch) umgeben, jedoch keine wirkliche Festung (Abb. 64).

Von Milne Street führten Seitengassen (lanes) zum Fluß, an dessen Kaien (hithes) das regste Leben herrschte. Auf ihm wurden die Waren verfrachtet, namentlich für die großen Messen (Stourbridge Fair, vor dem Osttor; vgl. S. 330), die auch von Ausländern viel besucht wurden. Gelegentlich wurde er als „das Leben des Verkehrs dieser Stadt und Grafschaft" bezeichnet, und bis zur Ankunft der Eisenbahnen ist er wichtig geblieben. Auf ihm bezog Cambridge Kohle und Wein über King's Lynn, Torf und Butter aus den Fenlands. Einen Teil der Butter schickte es zu Land nach London weiter.

Allein sein besonderes Gepräge hat Cambridge — gleich Oxford — als

Universitätsstadt erhalten [81 a, b, c, f]. Die Zahl der Studierenden betrug 1931 rund 7000 (einschl. 600 Frauen) und ist derzeit noch etwas größer. Schon unter Heinrich III. ein Sitz der Gelehrsamkeit, viel besucht von den Mönchen der benachbarten Klöster, erhielt es 1281—1284 durch Flüchtlinge aus Oxford das älteste seiner Colleges (Peterhouse). Seitdem ist deren Zahl auf 17 gestiegen. Sie haben mit ihren herrlichen Bauten, Hallen und Toren, Höfen, Gärten und Rasenflächen den Raum zwischen der Hauptstraße und dem Cam besetzt, so u. a. Queen's und King's Colleges, Clare und Caius Colleges, St. John's College und das größte von allen, Trinity College; sie umschließen die Stadt auch jenseits des alten Grabens (Pembroke, Emmanuel und Christ's Colleges). Von den alten Colleges stehen nur Magdalene

Abb. 65. Cambridge. Camfluß mit St. John's Chapel.
Nach einer käufl. Aufnahme.

College und ein Teil von St. John's am W-Ufer des Cam, außerdem die drei Colleges für Frauen, das National Institute of Agricultural Botany mit der Universitätsfarm und vor allem der großartige Neubau der Universitätsbibliothek (1934). Der Fluß, von schön geschwungenen Stegen überspannt, zieht durch die anmutigen Garten- und Parkanlagen der „Backs", beliebt für geruhsame Wasserfahrten in „punts" und kleinen Booten unter prächtigen Bäumen, ein Schauplatz des Wassersportes (Abb. 65). Zum Unterschied von Oxford herrscht bei den Bauten weniger die Gotik als der klassische Stil der Renaissance, aber das von vier schlanken Ecktürmen überragte, 25 m hohe Gewölbe von King's College Chapel, wohl das Juwel der Architektur von Cambridge, ist noch eine Schöpfung der Spätgotik (2. H. des 15. Jh.). In den letzten zwei Jz. ist eine ganze Anzahl von Neu- oder Zubauten der Universität entstanden, während andere renoviert wurden. Auch eine neue Guild Hall ist am Market Hill kurz vor dem zweiten Weltkrieg errichtet worden.

Über seiner großen Aufgabe als ein Hauptmittelpunkt gelehrten Lebens — besonders die Naturwissenschaften sind hier gepflegt worden — hat Cambridge seine wirtschaftlichen Belange nicht vernachlässigt. Immer noch ist es ein wichtiger Getreide- und Viehmarkt, nach allen Richtungen streben Eisenbahnen und Straßen auseinander. Die Industrie bevorzugt die Nachbarschaft des 2,5 km vom Stadtmittelpunkt entfernten Bahnhofs. Sie entfaltet sich neuerdings (Dampfmühlen, Ziegel-, Zement-, Kunststeinwerke, landwirtschaftliche Maschinen; Möbel, Bürsten). Erzeugung ausgezeichneter optischer und überhaupt wissenschaftlicher Instrumente und Apparate, Rundfunk- und jüngst Fernsehgeräte, Buchdruckerei — schon 1521 gegründet — und Buchbinderei hängen mit dem geistigen Schaffen der Stadt zusammen [77]. Während sich die Arbeiterviertel ö. jenseits des Bahnhofs auszudehnen beginnen, wachsen die besseren Wohn- und Villenviertel vornehmlich gegen S und W in das offene Land [81 g, h]. Eine neue Erscheinung in der Umgebung sind mehrere Village Colleges, darunter der in Form eines Kreuzes errichtete Bau von Sawston (1930 eröffnet).

b) Die Landstufen von Lincolnshire

Das Gebiet zwischen den Fenlands und dem Humber, der Trentsenke und der Nordsee wird von einer Stufenlandschaft eingenommen, die zum größten Teil in Lincolnshire liegt. In ihr setzen sich die Kreide- und die Jurastufen S-Englands gegen N fort, aber nur ausnahmsweise über 120 m hoch. In der Richtung auf den Humber laufen sie zusammen. Die dazwischen eingeschaltete Niederung, am Humber etwa 5—6 km breit, öffnet sich gegen S zwischen Lincoln und Horncastle auf eine Entfernung von über 20 km gegen die Fenlands. An diese schließt sich längs der Küste vom Wash bis zum Humberästuar ein ununterbrochener, 5—8 km breiter Marschenstreifen an, die Lincoln Marshes und die Humber Marshes. So durchquert man vom Meere landeinwärts eine Reihe natürlicher Gürtel, von denen jeder auch seine besonderen kulturgeographischen Erscheinungen trägt.

Den größten Raum nimmt das zerschnittene Kreidekalkplateau der Wolds ein [24, 25]. Die Middle Wolds nö. Lincoln, 167 m hoch, fallen mit einer 120—150 m hohen, durch viele Sporne und Kerben gegliederten Stufe gegen WSW ab, während die North Wolds, die n. der eigentümlichen Lücke von Barnetby mehr gegen NW schwenken, ziemlich geradlinig abbrechen. Die Kalke des Plateaus fallen in der Regel flach gegen ENE ein, dabei schwach aufgewölbt vom Wash bis Louth. An der W-Seite bilden marine Sande und Kalke des Neokom eine zunächst schmale Vorstufe; stellenweise kommen Eisensteine vor ("Claxby Ironstone"). Jene verbreitert sich jedoch gegen SSE und bildet schließlich ein niedriges Plateau für sich. Der Obere Grünsand tritt als Verflachung auf oder ist zu seichten Talfurchen ausgeräumt. Der Kreidekalk, mit dem "Red Chalk" an der Basis, mit dem "Spilsby Sandstone" und den "Tealby Clays" verbunden, erscheint jedoch nicht allenthalben an der Oberfläche der gegen ENE langsam absteigenden und entsprechend langen Abdachung. Vielmehr hat die Vergletscherung die Wolds überwältigt und kalkigen Geschiebeton von hier bis in das Gebiet des Warwickshire Avon verschleppt. Ö. der Wolds gibt es nur die "Purple" und die "Brown" Boulder Clays (vgl. S. 475). Beim Rückzug der Vereisung bildeten sich Stauseen und Überflußrinnen, z. B. um Louth [25]. Vielenorts ist also Drift auf den Wolds hinterlassen, die gegen E zunimmt und schließlich in einem zusammenhängenden Streifen die Kalkflächen meerwärts begrenzt. Die Geschiebetone bilden hier eine bis zu 4 km breite, unruhige Platte, die sich ebenfalls gleichförmig gegen NE oder ENE neigt und mit einem mehr weniger gut erhaltenen alten Kliff gegen die Lincoln Marshes absetzt. Diese bestehen ausschließlich aus jungen Feinsanden und Schlammen; nur da und dort sind sie von flachen Hügeln aus Geschiebeton leicht überragt. Ein bloß 3 m hoher Schotterstreifen, eine gehobene Strandterrasse, die sich auch kulturgeographisch abhebt, zieht ungefähr gleichlaufend zur Küste durch die Marschen durch.

Die baumlosen L i n c o l n M a r s h e s erinnern in vieler Hinsicht einerseits an die Fens, anderseits an Holderness im N des Humber (vgl. S. 501). Allerdings unterscheiden sie sich von den Fens durch den Mangel an größeren Flüssen und deren jungen Aufschüttungen, ferner durch das Fehlen von Kanalsystemen und Pumpwerken [12]. Holderness wiederum ist nicht so eigentlich Marschland. Aber wie bei ihm hat auch die heutige Küstenlandschaft von Lincolnshire einen Kreidekalksockel, der schon im Präglazial eingeebnet war, höchstwahrscheinlich durch marine Erosion. Diese hat das vorhin erwähnte Kliff dort hinterlassen, wo der Kalk mit einer leichten Flexur zum Nordseebecken niederbiegt. Wie weiter im N, sind auch an der Küste von Lincolnshire prä-(inter-)glaziale Talkerben von Drift erfüllt worden, und ebenso auch an ihr gewisse Niveauschwankungen im Postglazial eingetreten [33, 312*]. Durch junge Meeresanschwemmungen und davor lange Dünenzüge wird sie zwischen Wash und Donna Nook (n. Saltfleet) auffallend glatt, indem die Küstenströmungen, die von der Humbermündung her ihre Richtung erhalten, dem Gestade ziemlich gleichlaufen. Wo die Dünen fehlen, hat das Meer noch in historischer Zeit Land und Siedlungen zerstört. Allein der Landgewinn überwiegt die Verluste beträchtlich, zumal der Mensch durch „warping" (vgl. S. 336) eingegriffen hat. Mehr als früher wehrt er heute die Angriffe des Meeres durch Deiche und Buhnen, durch Schleusen an den Bachmündungen ab [11 c].

In der Niederung w. von den Wolds kommen unter dem Unteren Grünsand langsam die Kimmeridge- und weiter die Oxfordtone herauf, im „M i d C l a y V a l e" [12, 19, 116]. Schon im Präglazial ist es zu einer Furche ausgeräumt gewesen, und nach Einfüllung pleistozäner Stoffe haben Ancholme im N, gegen S Witham und Bain (Nebenfluß des Witham) mit ihren Seitenbächen die Ausräumung fortgesetzt. Das Ancholmetal liegt tiefer und ist mehr zur Versumpfung geneigt, das Einzugsgebiet des Langworthbachs (nö. Lincoln) flachwellig und reicher zerschnitten. Gegen W erheben sich flache Böschungen zum Plateau der L i n c o l n H e a t h, das mit dem Lincoln Cliff (oder Edge), einer fast genau gegen N ziehenden Stufe, gegen W abbricht. Die Trauf wird von einer Kappe von Kalken gebildet (Lincolnshire Limestone), auf die sich gegen das „Mid Clay Vale" der Mitteldogger, hauptsächlich mit Tonen, lagert, mit den feinkörnigen Kalken des Cornbrash im Hangenden. Unter den Lincolnshirekalken ziehen im unteren Teil des Abfalls Sande und Sandsteine entlang, alles Unterdogger. Der eigentliche Sockel wird bereits von den dunkelbraunen Tonen des Lias gebildet. Flachland, ausdruckslos, leitet westwärts in die Trentniederung über. Nur im S, beiderseits Grantham, bilden die Marlstones des Mittellias noch eine niedrige Stufe, wertvoll durch Eisenerze (vgl. S. 379). Der Unterlias gehört schon der Trentniederung selbst an.

Lincoln Heath, im N-Flügel 50—60 m hoch, steigt s. Lincoln auf über 70 m an, ihre Fortsetzung jenseits der Lücke von Ancaster auf über 120 m. S. Grantham verbreitert sich schließlich das Doggergebiet an der Grenze von Lincoln- und Leicestershiere, zwischen Stamford und Uppingham, zum Kesteven Plateau.

Sehr bezeichnend sind die Anpassungen des Menschen an die Natur der Stufenlandschaft von Lincolnshire. In den Marschen drunten bietet die glatte, bloß von Bächen erreichte Küste, vor die sich ein nur ganz seicht überfluteter Schelf legt (die 5-Faden-Linie läuft stellenweise 10 km weit draußen), der Schiffahrt keinen geeigneten Hafen; kein größerer Fluß mündet, kein ergiebiges Hinterland, kein Absatzgebiet ist vorhanden. Früher betrieben die Küstenorte Fischfang und einige von ihnen gewannen Seesalz, heute sammelt sich die Seefischerei in Grimsby (vgl. S. 487, 500), die Salzgewinnung lohnt sich nicht mehr. So sind die alten Fischersiedlungen Seebäder geworden: S k e g n e s s (9122), M a b l e t h o r p e - S u t t o n (3928), C l e e - t h o r p e s (28 621), gut besucht von London und den Midlands her. Die Dünen, die bei Mablethorpe 20—30 m hoch werden, bieten die beliebten Golfspielplätze.

Die Siedlungen des Marschlandes haben naturgemäß vor allem die Erhebungen bezogen, so den Streifen der gehobenen Strandterrasse (vgl. o.), oder die ganz niedrigen Inseln von Geschiebeton wie in den Fens (Burgh le Marsh; Irby le Marsh). Ein zweiter Siedlungsstreifen folgt der Grenze zwischen Marschboden und Geschiebeton. Der erstere gestattet Viehzucht, der letztere Anbau. Daher ziehen hier die Gem.Gebiete über die Grenze zwischen beiden hinweg. Eine dritte Zeile hält sich längs dem Innenrand der Geschiebetone, dem Fuß der Wolds. Hier hat man die besten Ackerböden, hinreichend Wasser und Sicherheit vor Überschwemmungen, wenn auch ausnahmsweise einmal ein Unwetter verheerend wirkt, wie 1920 um Louth [41 a]. Kein Wunder, wenn schon im D.B. eine Anzahl Kirchspiele aus diesem Strich genannt werden, darunter viele wie überhaupt im n. Lincolnshire mit Namen auf -by und -thorpe; fast ununterbrochen ziehen dänische Gründungen von Louth bis zum Humber, während altenglische Siedlungen selten sind. Zur selben Zeit waren die Marschen nur spärlich besiedelt. Erst seit dem 16. Jh. haben dort Landgewinn und Einhegungen die Bevölkerung verdichtet, neben alten Siedlungen sind neue entstanden, sehr oft mit gleichen Namen, aber durch einen Zusatz unterschieden: Garton und G. le Marsh, ebenso Irby; oder Saltfleet All Saints, S. St. Peter, S. St. Clements [12]. Es blüht die Rinderzucht (Lincolnshire Reds), auch Farmen der inneren Dörfer haben hier Weiden. Auf den Geschiebetonen gedeihen Weizen und Kartoffeln, Bohnen und Futterrüben. Gegen die Kalkflächen hin nimmt die Schafzucht zu. Mineralschätze gibt es keine. Die Tone der Marschen werden bei Boston zur Ziegelgewinnung benützt. Gegen Grimsby hin stellen sich Gemüsegärten ein, die Milchwirtschaft ist bedeutend. Die Bahnlinie London—Grimsby über Boston, welche die kleinen Marktstädte A l f o r d (2227) und L o u t h (9682) vor dem Fuße der Wolds berührt, dient hauptsächlich dem Versand der Fische von Grimsby nach London (vgl. S. 501).

Alter germanischer Volksboden sind auch die Wolds (viele Ortsnamen auf -ham und -ingham, auf -ton und wieder auf -by; dazu jüngere auf -well, -ford usw.). Bereits zur Zeit des D.B. standen Hunderte von Mühlen in ihren Gründen. Eine Hauptsiedlungszeile hält sich an den W-Fuß, u. zw. den Quellstrich unter dem Kreidekalk, mit Vorliebe an der Ausmündung der Woldstäler, manchmal auf den Ausläufern der Stufensporne. Dörfer entstanden auch in den Tälern, besonders gern in den Quellmulden und an Straßenkreuzungen, mehr Haufen- als Straßensiedlungen. Öfters stehen die aus dem grauen Kalk gebauten Häuser um einen Anger [120*]. Erst aus der Zeit der Einhegungen stammen die paar kleinen Farmen auf den Höhen (daher „tops" genannt) [12]. Innerhalb der Wolds gibt es keine größeren Orte und auch an ihrem Rand und nahe demselben bloß wenige Kleinstädte, so H o r n c a s t l e (3496; mit Brauerei, Getreidehandel und großen Pferdemärkten) im S und B a r n e t b y (1471) in der Lücke zwischen N- und Mittelwolds (Bahnlinie Grimsby—Gainsborough), heute im wesentlichen eine

Eisenbahnsiedlung. Nahe dem Humber liegen die altanglischen Gründungen B a r t o n - u p o n - H u m b e r (6332) und W i n t e r t o n (1958), ferner Barton mit Mälzerei, Zement- und Ziegelindustrie und einem kleinen Hafen.

Schon die alten Gemeinden zeigten die drei Höhenstufen der Nutzung: unten die Wiesen, in der Mitte die Äcker, auf der Höhe Heideland mit Schafweiden und viele km² einnehmenden Kaninchenbauen. Noch vor 200 J. waren die Zubereitung und der Verkauf von silbergrauen Kaninchenfellen für Louth, Brigg usw. eine wichtige Erwerbsquelle [19]. Die sandigen, Flintgeröll führenden Verwitterungslehme der Höhen lohnten ohne künstliche Düngung den Anbau nicht; erst gegen 1800 hat man mit ihr auf den neu eingehegten Grundstücken begonnen. Die Industrierevolution hat diese Entwicklung so lange gefördert, bis die Krise der Siebzigerj. zu Rückschlägen führte. Immerhin finden die Farmer der Wolds ein auskömmliches Dasein, dank der Verbindung von Anbau mit Schafzucht (die Lincolnrasse und Kreuzungen derselben mit der Leicesterrasse sind hier am meisten verbreitet) und mit der Haltung von Rindern, die im Winter im Stall gefüttert werden, im Sommer auf den Wiesen des Mid Clay Vale grasen. Es herrscht hier vierjährige Fruchtfolge; jedes zweite J. werden die Schafe auf dasselbe Feld getrieben. Die kurzwurzelige Gerste ist auf den seichten Verwitterungsböden des Kreidekalks wichtiger als der Weizen. Die Farmen der Wolds sind durchschn. größer als die der Marschen, die Dörfer dagegen kleiner [12].

Das Mid Clay Vale zeigt gewisse Unterschiede zwischen S und N. Die ehemaligen großen Sümpfe am Ancholme sind in neuerer Zeit entwässert und in Wiesen umgewandelt worden („carrs" oder „ings" genannt), auf welchen auch, wie erwähnt, viel Vieh der Woldsfarmen weidet. Der Ancholme selbst hat einen geraden Lauf erhalten, doch bleiben die Siedlungen in 3—4 km Entfernung in zwei Streifen geordnet, einem w. auf der Abdachung der Heath entweder auf dem Cornbrash oder auf dem Unteren Dogger, einem ö. auf dem Saum von Geschiebeton vor den Wolds. An der W-Seite ist M a r k e t R a s e n (2048) ein kleineres Gegenstück zu Louth im E, B r i g g (4019) Furtort, später Brückenort am alten Ancholme draußen vor der Lücke von Barnetby. Namen auf -by sind auch in diesem Gebiet sehr häufig, sehr bezeichnend für die Auswahl der Siedlungsplätze mehrere Namen auf -ey (Insel). Um Brigg im N und Bardney am Welland im S wird Zuckerrübe angebaut. In Nocton (sö. Lincoln) verarbeitet eine der größten Flachsfabriken Englands jährl. 650 tons Flachs, z. T. den hochwertigen einheimischen, der im höheren Gelände mit tonigem Unterboden wächst [120*].

Lincoln Heath und noch mehr das breitere Kesteven Plateau erinnern im Kulturbild an die Wolds. Den Heiden auf den wasserdurchlässigen, dürftigen Böden der Heath, auf welcher der Geschiebeton keine Rolle spielt, hat man durch künstliche Düngung vielfach Ackerland, besonders für Gerste, abgerungen, die Schafzucht seit der Einführung des Fruchtwechsels verbessert. Hier wieder lehnen sich an den Quellstrich über den Oberliastonen am W-Fuß oder am Hang die Heidedörfer, durchschn. eine Viertelstunde Gehzeit voneinander entfernt, Orte mit -ham= oder -ton=Namen, s. Lincoln auch solchen auf -by, alle verbunden mit der Straße, die oben die Stufenkante entlang zieht. Nordwärts von Lincoln läuft ö. nur die schnurgerade Hauptstraße, viele Meilen weit in der Linie der römischen Ermine Street. Sie berührt die kleinen Dörfer nicht, welche im Grunde der flachen, wasserarmen, stillen Täler der E-Abdachung ruhen.

L i n c o l n. An zwei Stellen weist Lincoln Edge tiefe Lücken auf, bei Ancaster und bei Lincoln. Ist die von Ancaster vielleicht ein altes, verlas-

senes Tal des Witham, so die von Lincoln (66 243; *62 960*) wahrscheinlich
ein altes Trenttal, das heute vom Witham benützt wird [312]. Diese bot den
günstigsten Ort für das Aufblühen einer Stadt in der Stufenlandschaft zwischen Trent und Nordsee. Nicht nur, daß hier der Fluß den Weg zum Meer
eröffnet, er wird hier auch am bequemsten von der N—S-Straße überschritten, welche die trockenen Höhen der Heide zwischen den sumpfigen Niederungen aufsucht. So haben bereits die Römer ihre Ermine Street über diese
Stelle gezogen und den Übergang über den Fluß durch ihre Lagerstadt Lindum geschützt, die 50 m über seinem N-Ufer auf dem Rand des Kliffs stand;
der heutige Name Lincoln erinnert an sie [59]. Noch sind Reste ihrer Umwallung und besonders Newport Arch, das eine der beiden in England noch
vorhandenen römischen Tore (das andere ist in Colchester), erhalten. Die
Römer dürften auch bereits die Kanäle Foss Dyke vom Witham zum Trent
bei Torksey und Car Dyke zum Welland angelegt haben [52, 624*]. Am
Ende der römischen Zeit wurde die Stadt verbrannt. In der Folge haben
sich hier die Sachsen niedergelassen, dann die Dänen eines der fünf Boroughs des Danelaw eingerichtet (daran erinnern Namen wie Danes Gate
und D. Terrace). Zur Zeit des Normanneneinbruchs stand Lincoln mit
ungef. 6000 E. vermutlich an vierter Stelle unter Englands Städten. Schließlich hat Wilhelm der Eroberer selbst die Burg von Lincoln gegründet. Erst
damals (1072) wurde der Bischofssitz von Dorchester (vgl. S. 373) hierher
übertragen, eines der bedeutsamsten Ereignisse in ihrer Geschichte, denn die
Stadt wurde doch erst dadurch ein Mittelpunkt kirchlichen Lebens, obwohl
hier das Christentum schon 628 eingezogen war, und sie erhielt ihren herr-
lichsten Schmuck, die Kathedrale. Im unteren Teil ihrer mächtigen W-Fas-
sade zeigt sie noch den romanischen Stil, im übrigen ist sie, mit Kreuzgang
und Kapitelhaus, ein Meisterwerk der Gothik. Mit drei Türmen, den beiden
63 m hohen über der W-Front und dem 55 m hohen Vierungsturm, blickt sie
von der Höhe weit über Stadt und Land, das eindrucksvollste Denkmal an
jene mittelalterliche Blüte, die Lincoln dem Wollhandel verdankte [85].

Die reiche Schafzucht auf der Heide und die Schiffbarkeit des Witham waren dafür die Voraussetzung [19]. Kaufleute der Hansa, von Köln, Ypern und
Caen besuchten die Messen in Lincoln, das später durch sein Scharlachtuch
und sein „Lincoln Green" bekannt war. Nach der E.Z. rückte es zwischen
1377 und 1503 vom 6. Platz auf den 4. Platz unter den englischen Städten
auf (Abb. 66). Denn es gewann immer größere Bedeutung als Getreide- und
Viehmarkt (Rinder, Schafe, Pferde) und hat sie bis heute behauptet. Sehr
bezeichnend ist, daß schon 1597 Pferderennen erwähnt werden und Lincoln
Handicap eines der Ereignisse der „Season" ist. Als Getreidemarkt gehört
Lincoln auch heute zu den führenden Großbritanniens (besonders Hafer und
Gerste). Es handelt außerdem mit Hülsenfrüchten, Frühgemüse, Blumen,
Obst. Zwergobstkulturen werden in der Nachbarschaft auf kleinen Grund-
stücken betrieben. Vorzüglich dem Ackerbau dienen auch die Industrien
Lincolns: es erzeugt Pflüge, Eggen, Drähte, landwirtschaftliche Maschinen,
außerdem Straßenwalzen und Baggermaschinen von Weltruf, und hier zuerst
wurden in England die für die Entscheidung des ersten Weltkriegs so wichtigen Tanks gebaut. Bodenständig sind seine Ziegel- und Zement- und die
Steinbruchindustrien seiner Umgebung (kieseliger Eisenstein von Greetwell
und Monks Abbey ö. der Stadt). Dauernden Nutzen zog es aus seiner Verkehrslage: wie es schon vor 150 J. Straßen nach allen Richtungen aus-
strahlte, nach Barton, Gainsborough, Grantham, Stamford, Sleaford mit
ihren Fortsetzungen nach N, in die Midlands, nach London und zur Küste,

so heute die Eisenbahnen. Ihnen vor allem schuldet Lincoln seine moderne
Entwicklung, bzw. die Zunahme seiner Bevölkerung (1821: 21 000, 1891:
41 000). Räumlich ist die Stadt entsprechend gewachsen. Noch 1841 reichte
sie nur bis zur Broad Gate im E, hier lagen Beast Market, s. Pig Market,
ö. gegenüber St. Swithin's Sheep Market; gegenwärtig liegt übrigens der
große Rindermarkt im gleichen Gelände. Im W standen bloß eine kleine
Farm an der Mündung des Fosse Dyke und einige Ziegeleien. Es gab weder
Eisenbahnen noch Eisenwerke, dafür etliche Windmühlen (Mills Road!)

w. etwas unter der Kante von Newport — 1932 war nur mehr eine
erhalten. 1883 war die Stadt bereits
entlang dem Foss Dyke gegen W
gewachsen, im S entlang High
Street und der Bahn, im E füllte
sich der Winkel zwischen Witham
und den Höhen schon auf mit Maschinenfabriken und Arbeitersiedlungen. Das moderne Leben ist in
der Unterstadt entfaltet, die wohlhabenderen Viertel mit Villen und
Gärten gruppieren sich in N und
NE um die Oberstadt. Besonders
malerisch wirkt der Blick auf die
alte High Bridge über den Witham,
auf welcher noch Häuser stehen,
und das nahe Stadttor (Stone Bow,
aus dem 15. Jh.), das im oberen
Stock als Guild Hall verwendet
wird. Ein z. T. altes Gebäude
(Grey Friars Priory, aus dem
13. Jh.) birgt das Stadt- und Gr.-
Museum. Für seine Gr. ist Lincoln
nicht bloß wirtschaftlich, sondern
auch geistig der Mittelpunkt [19,
84, 85].

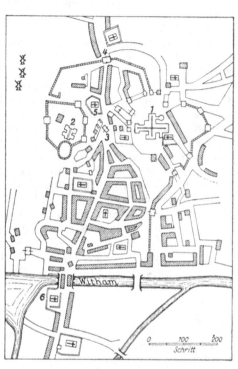

Abb. 66. Lincoln um 1600. Nach J. Speed.
1 The Minster, 2 The Castell, 3 Ball Gate,
4 Newport Arch, 5 St. Paul's, 6 St. Bennet's.

Eine solche Bedeutung wie
Lincoln Gap konnte das „trockene"
Ancaster Gap nicht gewinnen.
Ancaster (758) selbst, inmitten der Lücke, ist zwar gleichfalls schon eine
römische Station gewesen (Causennae) und ist durch seinen als Baustoff
geschätzten Oolithkalk bekannt (Ancaster Stone; Steinbrüche in A. und
dem benachbarten Wilsford), aber die verkehrsgeographische Bedeutung
der Lücke, welche die kürzeste Verbindung von Boston nach Nottingham
und in die Midlands vermittelt, nutzten zwei andere Orte, G r a n t h a m
(19 711; 22 240) im W, S l e a f o r d (7025) im E. Dieses, Gr.St. von
Kesteven, ist eine unansehnliche Fenrandsiedlung am Übergang über den
Slea, mit Wollhandel und Mälzereien, Grantham eine langgestreckte, aus
einem Straßendorf entstandene Stadt im Tal des Witham oberhalb seines
Austritts aus der Stufenlandschaft in das Vale of Trent. Durch das
Ancaster Gap läuft die Eisenbahn in das Fenland und zur Küste, von
Peterborough her die Hauptlinie nach dem N, welche Lincoln beiseite läßt,
aber von Barkston aus eine Seitenlinie am Fuß der Heath dorthin ent-

sendet, und von Grantham selbst eine Linie nach Nottingham. Im Schnittpunkt von vier Straßen mit der Great North Road und durch den Grantham
Canal über die Höhen des East Midland Plateau mit dem Trent verbunden,
ist die Stadt ein kleineres Gegenstück zu Lincoln, hat wie dieses Maschinenindustrie, Holzverarbeitung und Steinbrüche. Der spitze Turm von St. Wulf-
ram, weithin sichtbar, ist ebenso hoch wie der Vierungsturm der Kathedrale
von Lincoln und ungefähr gleich alt. Auch Grantham hat Wollhandel betrieben und eine Webergilde gehabt. Es hat eine Grammar School und sein
Angel Hotel, eines der wenigen erhaltenen Beispiele einer älteren englischen
Herberge. Nunmehr ist es stark industrialisiert (Dampfwalzen, Kessel,
Pumpen, Lokomotiven, Baggermaschinen u. dgl.). Geschätzt wird Grantham's Ginger Bread. Die Heiden und Gehölze des Kesteven Plateau bieten
beliebte Jagdgründe. In dieser Hinsicht ist die Stadt ein Vorposten von
Leicestershire.

Ebensowenig konnte S t a m f o r d (9947; *10 020*) mit Lincoln Schritt
halten, ihm fehlte eine gleich gute Verkehrslage; das Tal des Welland, welchen hier die Straße nach N (Ermine Street) übersetzt, bietet (trotz der
Eisenbahn nach Rugby) keine so kurze Verbindung in die Midlands. Es ist
in erster Linie Getreidemarkt. Seine Blütezeit hat es im Mittelalter gehabt
dank dem auf die Schafzucht von Kesteven gegründeten Wollhandel. Wie
Lincoln, war es eine der Städte des Danelaw gewesen; seit Eduard dem
Älteren wurde es von einer Burg beschützt (auf dem anderen, r. Ufer des
Flusses). Unter Eduard III. gab es Bestrebungen (1333), die Universität
von Oxford nach Stamford zu verlegen; tatsächlich blieb es bis ins 15. Jh.
eine der angesehensten Bildungsstätten. Aber die Plünderung im Rosen-
krieg (1461) brach seinen Wohlstand. Noch erinnern an diesen schöne alte
Kirchen und der Bau des Heims „Callises", so genannt nach den Gründern,
den Wollhändlern des Stapels von Calais.

Literatur

a) Ostanglien

11. Cambr. Co. Geographics:
    a) DUTT, W. A., Suffolk. 1909.
    b) Ders., Norfolk. 1909.
12. ROXBY, P. M., East Anglia (In: 112*, 143—166).
13. The Victoria Hist. of the Co. of E.,
    a) Norfolk (I. 1901. II. 1906).
    b) Suffolk (I. 1911. II. 1907).
14. A scient. Rep. of Norwich and distr. (Ed. by F. Rayns.) BrAssNorwich 1935.
    Lond. 1935.
15. MOSBY, J. E. G., Norfolk. LBr., pt. 70. 1938.
16. BYGOTT, J., Eastern E., some aspects of its g. with spec. ref. to econ. significance.
    1923.
17. East Suffolk reg. planning scheme. Prep. ... by P. Abercrombie and S. A. Kelly.
    Liverp./Lond. 1935.
18. BUTCHER, R. W., Suffolk (East and West). LBr., pt. 72, 73. 1941.
19. OXENBURY, T. B., Suffolk planning sv. With a foreword by Sir Patrick Abercrombie.
    Ipswich/Lond. 1946.
110. CHUBB, T., and STEPHEN, G. A., A descr. list of printed maps of Norfolk, 1574—1916;
    STEPHEN, G. A., A descr. list of Norwich plans, 1541—1914. Norwich 1928.

21. Gl. Sv., Memoirs, Explan. sheets:
    a) 205. Saffron Walden. By H. J. Osborne White. 1932.
    b) 206. Sudbury. By P. G. H. Boswell. 1929.
    c) 207. Ipswich. By P. G. H. Boswell. 1927.
    d) 208/225. Woodbridge, Felixstowe and Orford. By P. G. H. Boswell. 1928.

Die übrigen Blätter (darunter Ipswich, Stowmarket, Bury St. Edmunds, Cromer usw.) gehören schon den Achtzigerj. an; Yarmouth-Lowestoft 1890.

22. Gl. Sv., Distr. Memoirs:
WOODWARD, H. B., The neighbourhood of Norwich. 1881.
23. Gl. Sv., Water Supply:
Suffolk (1906), Norfolk (1921). By W. Whitaker (Niederschläge von H. R. Mill).
24. Gl. Sv., Br. Reg. Geologies:
CHATWIN, C. P., East Anglia and adjoining areas. 1937. 2nd ed. 1948 [wenig verändert].
25. REED, F. R., Cowper, A HB. to the gl. of Cambridgeshire. Cbr. 1897.
26. BAKER, H. A., On successive stages in the denudation of the chalk in East Anglia. GlMg. 55, 1918, 412—416.
27. BOSWELL, P. G. H., On the surface and dip of the chalk in Norfolk. TrNorfNorwich-NlistsS. 1919/20.
27 a. DOUBLE, I. G., Later tertiary deposits of E Engl. PrGlAss. 35, 1924, 332—358.
28. BOSWELL, P. G. H., Gl. of the Norwich distr. In: 14, 49—60.
29. BOSWELL, P. G. H., Whitsun field meeting, 3rd June to 7th June 1938, Ipswich distr. PrGlAss. 49, 1938, 410—414.
210. KENT, P. E. K., A deep boring at North Creake, Nf. GlMg. 84, 1947, 1—18.
211. OVEY, C. D., and PITCHER, W. S., Observ. on the gl. of East Suffolk. PrGlAss. 59, 1948, 23—34.
212. OVEY, C. D., and STEPHEN, G. A., Observ. on the gl. of E Suffolk. PrGlAss. 59, 1948, 23—34.
213. SAINTY, J. E., The Trimingham chalk. PrGlAss. 60, 1949, 216—218.

31. GREGORY, J. W., The phys. features of the Norfolk Broads. NSci. 1, 1892, 347—355.
32. HARMER, F. W., A sketch of the later tertiary hist. of East Anglia. PrGlAss. 13, 1902, 416—480.
33. BONNEY, J. G., The chalk bluff at Trimingham. GlMg. Dec. V, vol. 3, 1906, 400—406, 570/71. Vgl. auch Ders., ebd., vol. 9, 1912, 289—293.
34. DUTT, W. A., The Norfolk and Suffolk coast. 1909.
35. HARMER, F. W., The glacial gl. of Norfolk and Suffolk. 1910. Vgl. auch TrNorf-NorwichNlistsS. 5, 9, 1910, 108 ff.
35 a. HILL, E., The glacial sections ar. Sudbury. QJGlS. 68, 1912, 23—30.
36. BOSWELL, P. G. H., Rep. of an exc. to Ipswich and the Gipping valley. PrGlAss. 23, 1912, 229—236.
37. BOSWELL, P. G. H., On the age of the Suffolk valleys; with notes on the buried channels of drift. QJGlS. 69, 1913, 581—620.
38. BOSWELL, P. G. H., The petrol. of the North Sea Drift and upper glacial brickearths in East Anglia. PrGlAss. 27, 1916, 79—98. Vgl. ebd. 25, 1914, 121—154.
39. HUGHES, T. McKENNY, The gravels of East Anglia. Cbr. 1916.
310. BOSWELL, P. G. H., The evolution of the East Anglian river Stour. Ipswich DistrNHistS. I, 1, 1925.
310 a. PHEMISTER, J., The distribution of Scandinavian boulders in Br. GlMg. 63, 1926, 433—454.
311. STEERS, J. A., and KENDALL, O. D., Scolt Head Island. TrNorfNorwichNlistsS. 12, I, 1926/27, 229—253.
312. STEERS, J. A., The East Anglian coast. GJ. 69, 1927, 24—48.
313. SLATTER, G., Studies in the drift deposits of the SW part of Suffolk. PrGlAss. 38, 1927, 156—216.
314. STEERS, J. A., Orford Ness: a study in coastal physiogr. PrGlAss. 37, 1926, 306—325.
315. EVANS, H. M., The sandbanks of Yarmouth and Lowestoft. Mariner's Mirror. 35, 1929, 251—270.
315 a. SAINTY, J. E., The problems of the Crag. PrPrehistSEastAnglia. 6, 1929, 57—75.
316. STEERS, J. A., and THOMAS, H. D., Veget. and sedimentation as illustrated in the region of the Norfolk Salt Marshes. PrGlAss. 40, 1929, 341—352.
316 a. BOSWELL, P. G. H., The stratigr. of the glacial deposits of East Anglia in rel. to early man. PrGlAss. 42, 1931, 87—111.
316 b. BANTON, J. T., On the relations of the Chalky Boulder Clay to the implementiferous beds of the pleistocene formation [u. a. Foxhall Road, Ipswich, Hoxne]. GlMg. 68. 1931, 263—266.
317. BOSWELL, P. G. H., The Ice Age and Early Man in Br. PresAddr. Sect. C. BrAss-AdvSciYork. 1932.
317 a. SOLOMON, J. D., On the heavy mineral assemblages of the Great Chalky Boulder Clay and Cannon-shot Gravels of East Anglia. GlMg. 69, 1932, 314—320.

317 b. MACFADYEN, W. A., Foraminifera from some late pliocene and glacial deposits in East Anglia. Ebd., 481—497.

318. SOLOMON, J. D., The glacial succession on the North Norfolk coast. PrGlAss. **43**, 1932, 241—271.

318 a. MACCLINTOCK, P., Interglacial soils and the drift sheets of E Engl. Rep17GlCongr. Washington, 1933, 1041—1053.

319. STEERS, J. A., Scolt Head Island: The story of its origin. Cbr. 1934.

319 a. STEERS, J. A., Scolt Head I. GJ. **83**, 1934, 479—493.

320. SOLOMON, J. D., The Westleton Series of East Anglia etc. QJGlS. **91**, 1935, 216—238.

320 a. ZEUNER, F. E., A comparison of the Pleistocene of East Anglia with that of Germany. PrPrehistSLondNS. **3**, 1937, 136—157.

321. STEERS, J. A., A note on the rate of sedimentation on a salt marsh on Scolt Head I., Norf. GlMg. **72**, 1935, 443—445. Weiteres ebd. **75**, 1938, 26—39.

321 a. STEERS, J. A., Some notes on the North Norfolk coast from Hunstanton to Brancaster. GJ. **87**, 1936, 35—46.

322. BÖDLER, H., Die Küste der englischen Schichtstufenlandschaft. Diss. Halle 1937.

323. HARRISON, K., The age of the Norwich Brick Earth. GlMg. **74**, 1937, 81—83.

323 a. ZEUNER, F. E., A comparison of the Pleistocene of East Anglia with that of Germany. PrPrehistSEastAnglia. **3**, 1937, 136—157.

324. BLAKENEY Point Publ., bzw. Rep., in: TrNorfNorwichNlistsS., versch. J.

325. PATERSON, T. T., Pleistocene stratigr. of the Breckland. N. **143**, 1939, I, 822/823.

326. STEERS, J. A., u. a., Recent coastal changes in SE E.: a discussion. GJ. **93**, 1939, 399—418, 491—511.

327. STEERS, J. A., Scolt Head I. Report. TrNorfNorwichNlistsS. **15**, pt. 1, 1939, 41—46.

327 a. PATERSON, T. T., On a world correlation of the Pleistocene. TrRSEdb. **60**, 1941, 373 ff.

328. STEERS, J. A., The physiogr. of East Anglia. PresAddr. TrNorfNorwichNlistsS., 1941 (Norwich 1942), 231—258.

329. BADEN-POWELL, D. F. W., and MOIR, J. R., On the occurrence of Hessle Boulder Clay at Happisburgh, Nf., etc., GlMg **81**, 1944, 207—213.

330. BADEN-POWELL, D. F. W., Long-distance correl. of boulder clays. N. **161**, 1948, 287/288.

331. BADEN-POWELL, D. F. W., The Chalky Boulder Clays of Norfolk and Suffolk. GlMg. **85**, 1948, 279—296.

41. SHAW, W. N., On seasons and crops in the East of E. JScottMetS. **16**, 1913, 179—183.

42. MILL, H. R., Unprecedented rainfall in East Anglia. QJMetS. **39**, 1913, 1—28.

43. HOOKER, R. H., The weather and the crops in Eastern E. QJMetS. **48**, 1922, 115—138.

44. GLASPOOLE, J., The rainfall of Norfolk. BrRainfall 1928, 270—285.

45. WILLIS, J. H., The climate of East Anglia. In: 14, 21—23.

45 a. SUTCLIFFE, R. C., The sea breeze at Felixtowe. QJMetS. **63**, 1937, 137—148.

46. GURNEY, R., The tides of the River Bure and its tributaries. TrNorfNorwichNlistsS. **9**, Norwich 1911, 216 ff.

47. PALLIS, M., and GURNEY, R., Salinity in the Norfolk Broads. GJ. **37**, 1911, 284—301. Vgl. auch PALLIS, M., The river valleys of East Norfolk: their veget. and fen formations. In: 440* (1. A., S. 214 ff.).

48. INNES, A. G., Tidal action in the Bure and its tributaries. TrNorfNorwichNlistsS. **9**, Norwich 1911, 244—262.

49. OLIVER, F. W., The maritime formations of Blakeney Harbour. (In: 440*). Vgl. Ders., Blakeney Point Reports, 1913—1929. TrNorfNorwNl'stsS, passim.

410. OLIVER, F. W., Some remarks on Blakeney Point. JEcol. **1**, 1913, 4—15. Vgl. [324].

411. MARSH, A. S., The maritime ecol. of Holme-next-the-Sea, Norf. JEcol. **3**, 1915, 65—93.

412. FARROW, E. P., On the ecol. of the veget. of Breckland. JEcol. **3**, 1915, 211—228, **4**, 1916, 57—64, **5**, 1917, 155—173, **6**, 1918, 144—152, **13**, 1925, 120—137.

413. JEFFREYS, H., On the rarity of certain heath plants in Breckland. JEcol. **6**, 1918, 226—229.

414. SALISBURY, E. J., The soils of Blakeney Point. AnnBot. 1922.

415. FARROW, E. P., Plant life on East Anglian Heaths: being observ. and experimental studies of the veget. of Breckland. Cbr. 1925.

416. SALISBURY, E. J., The East Anglian flora. TrNorfNorwichNlistsS. **13**, 3, 1931/1932, 191—263.

416 a. GODWIN, H., and TURNER, J. S., Soil acidity in relation to veget. succession in Calthorpe Broad, Norf. JEcol. **21**, 1933, 235—262.

417. NICHOLSON, W. A., and ELLIS, E. A., The botany of Norfolk. In: 14, 24—35.

418. HOWARD, H. J., The zool. of Norfolk. Ebd., 36—49.

418 a. WATT, A. S., Climate, soil and veget. of Breckland; TAYLOR, W. L., New forests in

East Anglia; STAMP, L. D., The present use of Brld. (In: 14). Vgl. auch STAMP, L. D., The problem of Brld. Discov. 17, 1936, 24—26.
419. WATT, A. S., Studies on the ecol. of Breckland I. JEcol. 24, 1936, 117—138; II, 25, 1937, 91—112; III, 26, 1938, 1—37; IV, 28, 1940, 42—70.
420. SCHOBER, H., Das Breckland: eine Charakterlandschaft Ost-E.s. Breslau 1937.
421. CLARKE, R. R., MACDONALD, J., and WATT, A. S., The Breckland. In: B. 113, 208—229.
421 a. CHAPMAN, V. J., Studies in salt marsh ecol. JEcol. 26, 1938, 144—179.
422. CARRUTHERS, J. N., Fluctuations of the herrings in the East Anglian fishery etc. in the light of relevant wind conditions. BullStatPêchesMarit. (Cons. Perman. Intern. Explor. de la Mer). Kopenh. 107, 1938, 10—15.
423. CARRUTHERS, J. N., The Horsey floods of Febr. 1938. MetMg. 38, 1938, 86—93.
424. MOSBY, J. E. G., The Horsey flood 1938. GJ. 93, 1939, 413. [Weitere Lit. s. 312*, 377.]
425. JONES, O. T., Water levels in Fowlmere and other Breckland meres. I. Fowlmere. GJ. 97, 1941, 155—166.
426. LEWIS, W. V., II. The water levels of the meres, related to rainfall and percolation. Ebd., 166—179.
427. GODWIN, H., Age and origin of the " Breckland Heath " of East Anglia. N. 154, 1944, 6/7.

51. MOIR, J. R., and LANKESTER, E. R., Flint implements from the Cromer Forest Bed. N. 106, 1921, 156/157. (Vgl. dazu LANKESTER, E. R., On the discovery ... below the base of the Red Crag of Suffolk. PhilTrRS. B. 202, 1912, 283—336.)
51 a. CLARKE, W. G., Distrib. of flint and bronze implements in Norfolk. PrPrehistS-EastAnglia. III, 1, 1922. (Vgl. Ders., The classif. of Norfolk flint implements TrNorfNorwichNS. 8, 1906, 215—230; Implements of sub-Crag Man in Norfolk. PrPrehistSEastAnglia. I, 1, 1911, 160—168.
52. Glacial deposits and palaeol. cultures in East Anglia. N. 112, 1923, 224/225.
52 a. MOIR, J. R., Tertiary Man in E. NHist. (New York), 24, 1924, 636—654.
53. MOIR, J. R., The antiquity of Man in East Anglia. Cbr. 1927. [Weitere Schr. dess. s. 32*, 100; 311*, 404/405.]
54. MOIR, J. R., Palaeolithic implements of the Cannon-shot Gravels of Norfolk. PrPrehistS-EastAnglia. VI, 1, 1929, 1—11.
55. SOLOMON, J. D., Palaeolithic and mesol. sites at Morston, Norf. Man. 31, 1931, 275—278.
56. FOX, C., Distrib. of Man in East Anglia, c. 2300 B.C.—50 A.C. PrPrehistSEastAnglia. VII, 2, 149 ff. (1933).
56 a. MOIR, J. R., Hand-axes from glacial beds of Ipswich. Ebd. 3 (1933), 178—184.
57. SAINTY, J. E., Norfolk prehist. S. in: 14, 60—71.
57 a. CLARKE, R., The Roman villages at Brettenham etc. PrNorfNorwArchS. 26, 1937.
58. PATERSON, T. T., Studies on the palaeolithic succession in E. I. The Barnham sequence. PrPrehistSEastAnglia. N.S. 3 1, 1937, 87—135. II. (mit FAGG, B. E. B.), The Upper Brecklandian Acheul (Elveden). Ebd. 6, 1. 1940. 1—29.
59. MOIR, J. R., Industries of the Cromer Forest Bed. N. 147, 1941, 530/531.
510. BADEN-POWELL, D. F. W., and MOIR, J. R., On a new palaeol. ind. from the Norfolk coast. GlMg. 79, 1942, 209—220.
511. PATERSON, T. T., Earliest known prehist. industry. N. 161. 1948, 278.
Anm. Darüber hinaus vgl. vor allem die vielen wichtigen Beiträge in PrPrehist-SEastAnglia zur Vorgeschichte und Diluvialstratigraphie des Gebietes.

61. SKEAT, W. W., The place-names of Suffolk. Cbr. 1913.
62. REANEY, P. H., The place-names of Essex. Cbr. 1935.
63. ROXBY, P. M., Hist. g. of East Anglia. GT. 4. 1908, 284—295; 5, 1909, 128—144.
63 a. ENGEL, K., Die Organisation der deutsch-hansischen Kaufleute in E. im 14. und 15. Jh. bis zum Utrechter Frieden von 1474. HansGeschbl. 19, 1913, 445—517; 20, 1914, 173—225.
64. VOGEL, W., Geschichte der deutschen Seeschiffahrt. Berl. 1915.
65. BEEVOR, SIR HUGH, Norfolk woodlands from the evidence of contemporary chronicles. QJForestry. 19, 1925.
66. DOUGLAS, D. C., Social struct. of Medieval East Anglia. 1927.
66 a. THORNTON, G., A hist. of Clare, Suffolk [Entwicklung als Borough und als Sitz des Webergewerbes]. BullInstHistRes. 6, 1928.
66 b. REDSTONE, L. J., Suffolk (Borzoi Co. Hist.). 1930.
67. DARBY, H. C., Domesday woodland in East Anglia. Ant. 14, 1934, 213 ff.
68. DARBY, H. C., The Domesday G. of Norfolk and Suffolk. GJ. 85, 1935, 432—452. (S. auch Ders. in: TrCambrAntS. 36, 1936, 35—57).
69. SALTMARSH, J., and DARBY, H. C., The infield-outfield system on a Norfolk Manor. EconHist. III, No. 10, 1935.

610. CHRISTOBAL, M. H., The chorogr. of Norfolk. An hist. and chorogr. descr. of N. Transl. by M. A. Blyth. Norwich 1938.
611. PHILLIPS, C. W., KENDRICK, T. D., and others, The Sutton Hoo ship-burial. Ant. 14, 1940, 6—87.
612. PHILLIPS, C. W., The excav. of the Sutton Hoo ship-burial. AntJ. 20, 1940, 149—202.
613. MARGON, H., The Sutton-Hoo shield. Ant. 20, 1946, 21—30.
614. PHILLIPS, C. W., The world from Sutton Hoo. NatgMg. Oct. 1946, 235—243.

71. NEWMAN, L. F., Soils and agric. of Norfolk. TrNorfNorwichNlistsS. 9, pt. 3. 1911/1912.
72. LIPSON, E., The hist. of woollen and worsted industries. 1921.
73. MESSENT, C. J. W., The old cottages and farm-houses of Norfolk. Norw. 1928.
74. DICKINSON, R. E., and HENDERSON, H. C. K., The markets and market area of Bury St. Edmunds. SocRev. 22, 1930, 292—308.
75. DICKINSON, R. E., and HENDERSON, H. C. K., The livestock markets of E. and W. G. 16, 1931, 187—194.
76. MESSENT, C. J. W., The ruined churches of Norfolk. Norw. 1931.
77. DICKINSON, R. E., The distrib. and function of the smaller urban settlements of East Anglia. G. 17, 1932, 19—31.
78. An econ. sv. of agric. in the Eastern co. of E., 1931. RepDeptAgrUnivCbr. Cbr. 1932.
79. DICKINSON, R. E., Markets and market areas of East Anglia. EconG. 10, 1939, 172—182.
79 a. Forestry Comm. areas in Norfolk and Suffolk. ForComm. 1934.
710. MESSENT, C. J. W., The monastic remains of Norfolk and Suffolk. Norw. 1934.
711. DICKINSON, R. E., The town plans of East Anglia. G. 19, 1934, 37—50.
712. RAYNS, F., The agric. of Norfolk. In: 14, 71—88.
713. MOSBY, J. E. G., Some aspects of land utilis. in Norfolk. RepBrAssNorwich 1935, 399.
714. STORY, F., Afforestation at Thetford Chase. In: 14, 34/35.
715. GOWEN, H. P., Norwich and distr. industries. Ebd., 89—104.
716. MESSENT, C. J. W., The parish churches of Norfolk and Suffolk. Norw. 1936.
717. CAUTLEY, H., The churches of Suffolk and their treasures. Ipswich. Vgl. P. D. TURNET, CanadGJ. 26, 1943, 208—225.
718. CAUTLEY, H., Norfolk churches. Ipswich 1950.

81. Norwich:
   a) N. and its region. G. 15, 1930, 452—460.
   b) MOSBY, J. E. G., N. in its regional setting: the g. of Norfolk. In: 14, 7—21.
   c) RUDD, N. B., The municipal life of N. Ebd., 109—116.
   d) HOWARD, D., and PRATT, C. A., The evol. of Norwich. G. 26, 1941, 125—130.
   e) City of Norwich Plan. Prep. for the Council by C. H. James and others. 1945 [nicht geogr.].
   f) KENT, A., and STEPHENSON, A., N. inheritance. Norwich 1948.
82. Ipswich:
   a) I.: a sv. of the town. Ipswich 1924.
   b) HARRIS, C. D., I., England. EconG. 18, 1942, 1—12.
   c) REDSTONE, L. J., I. through the ages. Ipswich 1949.
83. Bury St. Edmunds:
   a) SPANTON, W. S., B. St. E.: its hist. and antiquities. Cheltenham 1933.
   b) LOBEL, M. D., The Borough of B. St. E. 1935.
84. HINE, R. L., The hist. of Hitchin. 2 vol., 1927, 1929 (s. auch II[834]).
84 a. WALLIS, L., Felixtowe in days gone by. 1931.
84 b. BOOTH, J., Framlingham: the hist. of its castle, its church and its college. 1931.
85. TWITE, E. D., Sandringham, the Norfolk home of Br. royality. (In collab. with E. COLLINGTON.) CanadGJ. 10, 1935, 207—214.
86. VINCE, S. W. E., The evol. of the port of Harwich. G. 26, 1941, 168—186.

91. Norfolk. QuRev. 185, 1897, 117—148.
92. DUTT, W. A., Highways and byways in East Anglia. 1901.
93. HANNAH, I. C., The heart of East Anglia (ungef. 1910).
94. DUTT, W. A., A guide to the Norfolk Broads (= N. Broads, pt. I). 1923.
95. MAXWELL, D., a) Unknown Suffolk. 1925. b) Unknown Norfolk. 1925.
95 a. MARLOWE, C., People and places in Suffolk. 1927.
96. COOPER, E. R., A Suffolk coast garland. 1928.
97. MEREDITH, H., East Anglia. 1929.
98. JAMES, M. R., Suffolk and Norfolk: a perambulation of two counties. 1930.
98 a. PATTERSON, A. H., A Norfolk naturalist: observ. on birds, mammals and fish. 1930.
99. DUTT, W. A., The Norfolk Broads. 4th ed. 1930.
910. CLARKE, W. G., Norfolk and Suffolk. 1931.

911. MOTTRAM, R. H., East Anglia: E.'s Eastern province. 1933. (Vgl. auch Ders., East Anglia. Lond. 1936.)
912. CLARKE, W. G., In Breckland wilds. 2nd ed. Cbr. 1937 (1, 1925).
913. WALLACE, D., East Anglia. (The Face of Br.) 1939.
914. WOOLCOMBE, J., The East Anglian background. CanadGJ. 22, 1941, 108—124.
915. MOTTRAM, R. H., Norfolk (Vision of E.). 1948.
915. TOMPKINS, H. W., Companion into Suffolk. 1949.
S. auch GMg. 5, 1937 (CONSTABLE, W. M., The Constable ctry.); 9, 1939 (COBBOLD, J. M., Ipswich; WOOLCOMBE, J., Yarmouth); 16, 1943 (TENNYSON, C., George Crabbe and Suffolk).

b) Die Fenlands und die Landstufen von Lincolnshire

11. Cambr. Co. Geographies:
    a) HUGHES, T. MACKENNY, and HUGHES, M. C., Cambridgeshire. 1909.
    b) DUTT, W. A., Norfolk. 1909.
    c) NOBLE, W. M., Huntingdonshire. 1911.
    d) BROWN, M. W., Northamptonshire. 1911.
    e) SYMPSON, E. M., Lincolnshire. 1913.
    f) CHAMBERS, C. G., Bedfordshire. 1917.
12. BYGOTT, J., Lincolnshire (in: 112*, 177—192).
13. DEBENHAM, F., The Fenland. Ebd., 167—176.
14. The Victoria Hist. of the Co. of E.:
    a) Bedfordshire. I. 1904. II. 1908. III. 1912. Index vol. 1914.
    b) Cambridgeshire and the I. of Ely. I. (PublUnivLondInstHistRes.). 1938. (Vgl. dazu J. A. STEERS, GJ. 92, 1938, 543 f.) II. 1948.
    c) Huntingdonshire. I. 1926. II. 1932. III. 1936. Index vol. 1938.
    d) Lincolnshire. II, 1906.
15. SMITH, G. L., Lincolnshire (parts of Holland). LBr., pt. 69. 1937.
16. MILLER, S. H., and SKERTCHLEY, S. B. J., The Fenland past and present. Lond. 1878. (Grundlegend.)
17. MARR, J. E., and SHIPLEY, A. E., HB. to the n. hist. of Cbr. Cbr. 1904.
18. WILLCOCK, W. J., The Fenland. GT. 6, 1911, 139—147.
19. BYGOTT, J., Eastern E. 1923.
110. JONES, J., A human g. of Cbrshire. 1924.
111. JOSTEN, T., Das Fenland. GZ. 36, 1930, 577—593.
111a. DAVIDGE, W. R., Cambridge Reg. Planning Rep. (CbrJointTownComm.). Cbr. 1939.
112. DAVIDGE, W. R., Bedfordshire. RegPlanningRep. Bedf. 1937.
113. DARBY, H. C. (ed.), A scient sv. of the Cambridge distr. BrAssCbr 1938. Lond. 1938.
114. MELBOURNE, R. W. L., I. of Ely. LBr., pt. 71, 1940.
115. PETTIT, G. H. N., Cambridgeshire (exclud. the I. of Ely). Ebd., pt. 74, 1941.
115a. FRYER, D. W., Huntingdonshire. Ebd., pt. 75, 1941.
116. STAMP, L. D., Lincolnshire (parts of Lindsey and Kesteven). Ebd., pt. 76/77, 1942.
117. FITCHETT, C. E., Bedfordshire. Ebd., pt. 55, 1943.
118. BEAVER, S. H., Northamptonshire and Soke of Peterborough. Ebd., pt. 58/59, 1944.

21. Gl. Sv., Memoirs, Old Series Maps, Explan. sheet 69: The gl. of the Borders of the Wash, includ. Boston and Hunstanton. By W. Whitaker and A. J. Jukes-Browne. 1899.
22. Gl. Sv., Distr. Memoirs:
    The gl. of the Fenland. By S. B. J. Skertchley, 1877. (Grundlegend.)
23. Gl. Sv., Water Supply:
    a) WOODWARD, H. B., and others, Lincolnshire. 1904.
    b) WOODWARD, H. B., Bedfordshire and Northamptonshire. 1904.
    c) WHITAKER, W., Cambridgeshire, Huntingdonshire and Rutland. 1922.
24. Gl. Sv., Br. Reg. Geol.:
    a) CHATWIN, C. P., East Anglia and adjoining regions. 1937. 2nd ed. 1948 [wenig verändert].
    b) WILSON, V., East Yorkshire and Licolnshire. 1948.
25. KENDALL, P. F., Gl. of the Lincolnshire Wolds. PrYorksGlS. 16, 1906—1908.
26. The gl. and physiogr. of the Cambr. distr. Ed. by O. T. Jones. In: 113, 1—24.
27. HAWKES, L., The erratics of the Cambr. Greensand—their nature, provenance and mode of transport. QJGlS. 99, 1943, 93—104.
28. SWINNERTON, H. H., and KENT, P. E., The gl. of Lincolns. LincsNHistBroch. 1. Linc. 1949.

31. RASTALL, R. H., and ROMANES, J., On the boulders of the Cambridge distr., their distrib. and origin. QJGlS. 65, 1909, 246—264.

31 a. WHEELER, W. H., A hist. of the Fens of South Lincolnshire. 1920.
32. MARR, J. E., The pleistocene deposits of the lower part of the Great Ouse basin. QJGlS. 82, 1926, 98—104. Vgl. dazu Ders., Notes on the pleistocene deposits of the Cambridge distr. GlMg. 65, 1928, 307—312.
33. SWINNERTON, H. H., The post-glacial deposits of the Lincolnshire coast. QJGlS. 87, 1931, 360—372.
34. MACFADYEN, W. A., The foraminifera of the Fenland clays at St. Germans, near King's Lynn. GlMg. 70, 1933, 182—191. (Vgl. auch Ders., GlMg. 69, 1932, 481—497.)
35. GODWIN, H. and M. E., and EDMUNDS, F. H., Pollen analyses of Fenland peats etc. GlMg. 70, 1933, 168—180.
36. FOWLER, G., The shrinkage of the peat-covered Fens. GJ. 81, 1933, 149/150.
37. CLARK, J. D. G., Recent researches on the post-glacial deposits of the Br. Fenland. IrishNlist'sJ. 5, 1934, 144 ff.
38. BADEN-POWELL, D. F. W., The marine gravels at March, Cbr. GlMg. 71, 1934, 193—219.
39. HARRISON, K., The March-Nar Sea. GlMg. 72, 1935, 257—262.
39 a. SWINNERTON, H. H., The physical hist. of E Lincolns. TrLincsNUnion., 1936.
310. GODWIN, H., The origin of roddons. GJ. 91, 1938, 241—250.
311. H. H. S. [Swinnerton], The post-glacial hist. of the Fenland. N. 142, 1938, II, 527. Vgl. ebd. 634—636 und N. 143, 1939, I, 249.
312. SWINNERTON, H. H., The problem of the Lincoln Gap. TrLincsNHistS. for 1937 (1938), 145—153.
313. KENT, P. E., Notes on river systems and glacial retreat stages in S Lincolnshire PrGlAss. 50, 1939, 164—168.
314. GODWIN, H., and CLIFFORD, M. H., Studies in the post-glacial hist. of Br. veget. I. Origin and stratigr. of Fenland deposits near Woodwalton, Hunts. II. Origin and stratigr. of deposits in southern Fenland. PhilTrRSLond. (B) 229, 1938, 323—406.
315. GODWIN, H., Studies in the post-glacial hist. of Br. veget. III. Fenland pollen diagrams. IV. Post-glacial changes of relative land and sea-level in the E. Fenland. Ebd. (B) 230, 1940, 239—303. (Vgl. auch N. 142, 1938, 527, 634—636; 143, 1939, 249; 145, 1940, 907.)
316. BORER, O., Changes in the Wash. GJ. 93, 1939, 491—496.
317. PATERSON, T. T., The effects of frost action and solifluxion ard. Baffins Bay and in the Cbr. distr. QJGlS. 96, 1940, 99—130.
318. GODWIN, H., "Pollen analysis" and quaternary gl. PrGlAss. 52, 1941, 13—38.

41. MILL, H. R., Über die Niederschläge des Gebietes, in: 23 a, b.
41 a. NEWNHAM, E. V., Rep. on the thunderstorm which caused disastrous floods at Louth on 29th May, 1920. AirMinMetOffProfNotes. No. 17, 1921. (Vgl. auch: The disaster of Louth. MetMg. 55, 1920, 83—86.)
42. WATT, A. S., The climate of Cbrshire. In: 113, 30—43.
43. CUNNINGHAM, W., The Cbrshire rivers. GJ. 35, 1910, 700—705.
44. FOWLER, G., Old river beds in the Fenlands. GJ. 79, 1932, 210—212.
45. FOWLER, G., The extinct waterways of the Fens. GJ. 83, 1934, 30—40. (Vgl. auch Ders., CbrAntSComm. 33, 1933, 108.)
46. STEVENSON, D. A., The flooded Fens: a tidal river and its control. ScGMg. 53, 1937, 166—175.
46 a. BORER, O., Modern drainage problems: A. D. 1850—1938. In: 113, 194—207.
47. YAPP, R. H., Sketches of veget. at home and abroad. III. Wicken Fen. NewPhyt. 7, 1908, 61—81. (Vgl. auch Ders. in AnnBot. 13, 1909.)
47 a. ADAMSON, R. S., An ecol. study of a Cambridges. woodland. JLinneanS. 40, 1912, 339—387.
48. COMPTON, R. H., The botan. results of a Fenland flood. JEcol. 4, 1916, 15—17.
48 a. RIGG, T., The soils and crops of the market garden distr. of Biggleswade [Bedfords.]. JAgrSci. 7, 1916, 385—431.
49 a. GODWIN, H., Stud. in the ecol. of Wicken Fen. I. JEcol. 19, 1931, 449—473. II. (mit F. R. Bharucha), ebd., 20, 1932, 157—191.
410. GARDINER, J. S. (Editor), The nat. hist. of Wicken Fen. Cbr. 1925—1932.
411. GODWIN, H. and M. E., and CLIFFORD, M. H., Controlling factors in the formation of fen deposits, ... at Wood Fen, near Ely. JEcol. 23, 1935, 509 ff.
412. GODWIN, H., Studies in the ecol. of Wicken Fen. III. (mit F. R. Bharucha). The establishment and development of Fen scrub (carr). JEcol. 24, 1936, 82—116.
413. NICHOLSON, H. H., and HANLEY, F., The soils of Cbrshire. MinAgrFishBull. No. 98, 1936; auch in: 113, 25—30.
414. GODWIN, H., The botany of Cbrshire. In: 113, 44—59. Vgl. auch: The zool. of Cbrshire. Ed. by A. D. Imms, ebd., 60—79.
415. GARDINER, J. S., The Fenland. N. 145, 1940, 649—651.

416. DORAN, W. E., The Ouse flood problem. GJ. 97, 1941, 217—235.
417. CHAMPION, D. L., Wind and sea disturbance in the Wash. QJMetS. 71, 1945, 126—128.
417 a. GODWIN, H., Coastal peats of the Br. I. and North Sea. JEcol. 31, 199—247.
418. ABBER, M. A., Dust-storms in the Fenland round Ely. G. 31, 1946, 23—26.
419. ABBER, M. A., Notes on the 1947 floods in the South Level of the Fens. G. 32, 1947, 161—166.
420. REED, E. E., The Fen floods, 1947. JREngInst. 61, 1947, 225—240.

51. WADMORE, B., The earthworks of Bedfordshire. Bedford 1920.
52. FOX, C., The archaeol. of the Cambridge region. Cbr. 1923. 2nd ed. 1948.
53. LETHBRIDGE, T. C., Recent excav. in Anglo-Saxon cemeteries in Cbrshire and Suffolk. CbrAntS. 1931.
53 a. CLARK, J. G. D., The dual character of the Beaker invasion Ant. 5, 1931, 415—426.
54. PHILIPPS, C. W., The Roman ferry across the Wash. Ant. 6, 1932, 342—348.
54 a. ARMSTRONG, A. L., The pre-Tardenois and Tardenois cultures of N-Lincolns. RepBrAssYork 1932. Lond. 1932, 371/372.
55. KENNY, E. J. A., A Roman bridge in the Fens. GJ. 82, 1933, 434—441.
56. CLARK, J. D. G., and others, Rep. on an early Bronze Age site in the south-eastern Fens. AntJ. 13, 1933, 266—296.
56. HAWKES, C., The Roman camp-site near Castor on the Nene. AntJ. 13, 1933, 178—190.
57. PHILIPPS, C. W., The present state of archaeol. in Lincolnshire. ArchJ. 90, 1934, 106 ff., bzw. 91, 98.
57 a. CORDER, P., Excav. at the Roman fort at Brough-on-Humber. HullUniv.Coll. 1934.
58. CLARK, J. D. G., GODWIN, H. and M. E., and CLIFFORD, M. H., Rep. on recent excav. at Peacock's Farm, Shippea Hill, Cbr. AntJ. 15, 1935, 284—319.
59. BAKER, F. T., Roman Lincoln. Lincoln 1938.
510. The archaeol. of Cbrshire. Ed. by J. D. G. Clark. In: 113, 80—98.
511. CLARK, J. D. G., and GODWIN, H., A late Bronze Age find near Stuntney, I. of Ely. AntJ. 20, 1940, 52—71.
512. RILEY, D. N., Aerial reconnaissance of the Fen Basin. Ant. 19, 1945, 145—153.
513. DUDLEY, H. E., The one-tree boat at Appleby, Lincs. Ant. 17, 1943, 156—166.

61. SKEAT, W. W., The place-names of Cbrshire. PrCbrAntSOctavoPubl. 36, 1901.
61 a. REANEY, P. H., The place-names of Cbrshire. In: 113, 99—105.
61 b. REANEY, P. H., The place-names of Cbrshire (EPINS. 19), 1943. (Vgl. GJ. 102, 1943, 35—37.)
62. WHEELER, W. H., A hist. of the Fens of South Lincolnshire. 1920 (1. A. 1896).
62 a. FOSTER, C. W., and LONGLEY, T., The Lincolnshire Domesday and the Lindsey Sv. LincRecS. 19, 1924.
63. GARRAT, G. J., Farming in Cbrshire a cent. ago. 19thCentAfter. 92, 1925, 259—264.
63 a. KORTHALS ALTES, I., Sir Cornelius Vermuyden, the life-work of a great Anglo-Dutchman in land reclamation and drainage. 1925.
64. DARBY, H. C., The human g. of the Fenland before the drainage. GJ. 79, 1932, 420—435.
65. CLAPHAM, J. A., A 13th cent. market town: Linton, Cbrshire. CbrHistJ. 4, 1933.
66. PAGE, F. M., The estates of Crowland Abbey. A study in manorial organisation. Cbr. 1933.
66 a. OLDHAM, A. A., The hist. of Wisbech River. 1933.
67. EMMISON, F. G., The earliest turnpike bill (Biggleswade to Baldock Road), 1622. BullHistRes. 12, No. 35, 1934.
68. DARBY, H. C., The Fenland frontier in Anglo-Saxon E. Ant. 8, 1934, 185—201.
69. Fenland Sv. Exhibition. Early maps and air photographs. By the Fenland Res. Comm. Cbr. 1934.
610. DARBY, H. C., Domesday woodland in Huntingdonshire. TrCbrHuntsArchS. 5, 1935, 269 ff.
611. DARBY, H. C., The Domesday g. of Cbrshire. PrCbrAntS. 36, 1936, 35—37.
612. DARBY, H. C., The draining of the Fens (in 624*, 444—464). Vgl. auch Ders., in: 113, 181—194; ferner Ders., The Middle Level of the Fens and its reclamation, in 14 c, III, 1936, und BORER, O., Modern drainage problems, in: 113, 194—207.
613. MacGREGOR, F. J., The econ. hist. of two rural estates in Cbrs., 1874—1934. JAgricS. 98, 1937, 142—161.
614. EMMISON, F. G., Types of open-field parishes in the Midlands. HistAssPamphlet., No. 108, 1937 [Gem. in Bedfords.].
614 a. LADDS, S. I., The monastery of Ely. Ely. 1937.

615. DARBY, H. C., a) The medieval Fenland. b) The draining of the Fens. Cbr. 1940.
616. BEARS, C., Lincolns. in the 17th and 18th cent. 1940. [Behandelt u. a. Landwirtschaft, Einhegungen, Straßen, Entw. der Fens.]
617. ISERNHAGEN, C., Totternhoe. Das Flurbild eines angelsächsischen Dorfes in der Gr. Bedfordshire in Mittel-E. SchrGInst. Univ. Kiel 1, 4. Kiel 1942.
618. LEEDS, E. T., and ATKINSON, R. S. C., An Anglo-saxon cemetery at Nassington, Northants. AntJ. 24, 1946, 100—128.
619. WEST, D. R. C., The water mills of the R. Granta. Compass (MgCbrUnivGS.) 1, No. 2, 1949, 77—92.
620. HARRIS, L. E., Sir Cornelius Vermuyden, an evaluation and an appreciation. TijdsNederlAardrGen. 67, 1950, 173—194.

71. RIGG, T., The soils and crops of the market-garden distr. of Biggleswade. JAgrSci. 7, 1916, 385—431.
71 a. LAZARD, P., La petite propriété en Cbrshire. AnnG. 36, 1927, 364—368.
72. WILSON, E. M., Farmers and farming in Cbrshire. JG. 28, 1929, 100—108.
72 a. WRIGHT, C., and WARD, J. F., A sv. of the soils and fruit of the Wisbech area. MinistryAgrResMonogr. No. 6, 1929.
72 b. WARD, J. F., West Cambridgeshire fruit-growing area. MinistryAgrBull. No. 61, 1933.
73. WALLACE, J. C., Fenland farming. AgrProgress. 1934.
73 a. CARSLAW, MENZIES-KITCHIN and GRAVES, An econ. sv. of agric. in the Eastern co. of E. DeptAgrUnivCbr. 1934.
74. MARSHALL, L. M., The rural population of Bedfordshire, 1671—1914. PublBedfsHistRecS. 16, 1934.
75. JONES, J., The villages of Cbrshire. In: 113, 106—116.
76. CARSLAW, R. McG., and McMILLAN, J. A., The agric. of Cbrshire. Ebd., 135—153.
77. PAGE, F. M., The industries of Cbrshire. Ebd., 154—162.
78. DARBY, H. C., Cbrshire in the 19th cent. Ebd., 116—134.
79. SMITH, G. E., The agric. g. of Holland, Lincs. etc. RepBrAss. Nothingham 1937, 376/377.
710. CARSLAW, R. McG., and GRAVES, P. E., Farm organis. on the Black Fens of the I. of Ely. JRAgrSE. 98, 1937, 35—52.
711. CARSLAW, R. McG., and GRAVES, P. E., The changing organis. of arable farms. EconJ. 47, 1937, 483 ff.
712. CARSLAW, R. McG., Farm organis. on the silt soils of Holland, E Lincs. JRAgrS. 99, 1938, 54—70.
713. ROSS, A., The colonis. of abandoned agric. land in SW Cbr. RepBrAssCbr 1938, 510/511.
714. CARSLAW, R. McG., Changes in the econ. organis. of agric., 1937 and 1938. DeptAgrUnivCbr. 1939.
715. DARBY, H. C., The movement of popul. to and from Cambridgeshire betw. 1851 and 1861. GJ. 101, 1943, 118—125.
716. BATES, G. H., The Black Fen. JRAgrSE. 106, 1945, 75—84.

81. Cambridge:
   a) THOMPSON, A. H., C. and its Colleges. Lond. 1898.
   b) CLARK, J. W., A concise guide to the town and University of C. BrAss 1904. Cbr. 1904. 11th ed. By H. Fletcher and others. Cbr. 1936 (s. sub l).
   c) HUGHES, T. McKENNY, The superficial deposits of C. and their effect on the distribution of the Colleges. PrCbrAntS. 11, 1907, 293 ff.
   d) GRAY, A., The town of C. Cbr. 1925. Vgl. auch CLARK, J. W., and GRAY, A., Old plans of C., 1574—1798. Cbr. 1921.
   e) CAM, H. M., The origin of the Borough of C.: a consideration of Prof. CARL STEPHENSON's theories. PrCbrAntS. 35, 1935, 33 ff.
   f) BROAD, P., Within the halls of C. NatGMg. 70, 1936, 333—349.
   f') MAYCOCK, A. L., Things seen in C. 1936.
   g) BORSA, A., C. Le Vie d'Italia, 1937, 211—230.
   h) MITCHELL, J. B., The growth of C. In: 113, 162—180.
   i) STEEGMAN, J., C.: as it was. 1940.
   k) STAMP, L. D., The future of Cbr. GMg. 16, 1943, 186—199.
   l) A concise guide to the town and University of C. (Originally written by J. W.
   m) HOLFORD, W., and WRIGHT, H. M., C. planning proposals. 2 vol. Cbr. 1950.
82. ROBERTS, K. K., and R. E., Peterborough (The Story of the E. Towns). Lond. 1920.
82 a. FARRAR, C. F., Old Bedford: the town of Sir William Harper, John Bunyan, and John Howard the philanthropist. 1926.

82 b. THOMPSON, A. H., Tattershall: the manor, the castle, the church. Lincoln 1928.
83. LAMBERT, M. R., and WALKER, R., Boston, Tattershall and Croyland. Oxf. 1930.
84. LAMBERT, M. R., and SPRAGUE, M. S., Lincoln. Oxf. 1933.
84 a. COOK, A. M., Boston (Botolph's Town): a short hist. of a great parish church and the town about it. Boston 1935.
85. HILL, J. F. W., Medieval Lincoln. Cbr. 1948.

91. THOMPSON, M. W., An undiscovered country, and the E. Holland. JManchGS. 22, 1906, 97—107.
92. RAWNSLEY, W. F., Highways and byways in Lincolnshire. 1914.
93. MACALISTER, A., Notes on the Fenland. Cbr. 1916.
94. MARLOWE, C., The Fen country. 1925.
95. MARLOWE, C., A tour in the E Fenland. NatGMg. 55, 1929, 605—634.
95 a. BALDWIN, A. W., and PALMER, W. E., In Bedford byways. Bedford 1932.
96. WEDGEWOOD, I., Fenland rivers. 1936.
97. WALLACE, D., The story of the Fens. GMg. 14, 1942, 178—185.

VII. Mittelengland
(Die Midlands)

Das Innere Englands bilden die Midlands, ein Begriff, der ursprünglich bloß die Binnengr. des Flachlands umfaßte: zuerst — zu Beginn des 17. Jh. — in der Jägersprache eigentlich bloß die Gefilde von Rutland, Northampton-, Nottingham-, Leicester-, Warwick- und Derbyshire; später, etwas erweitert, überhaupt die mittelenglischen Gr. s. des Humber und des Mersey, also auch die von Lincolnshire bis Buckinghamshire im E, Staffordshire und Cheshire im W. Dagegen haben weder Gr. Ostangliens noch des Londoner Beckens zu ihm gehört, auch nicht Gloucester im SW. Heute wird der Ausdruck nicht bloß bei den Einteilungen verschiedener Verwaltungszweige in ungleichem Umfange verwendet, sondern auch in der Geographie selbst. Im folgenden werden darunter, in einer gewissen Annäherung an den ursprünglichen Gebrauch, die nirgends an das Meer grenzenden Gr. des mittleren England verstanden, außer den eingangs genannten also auch Stafford- und Gloucestershire. In einem weiteren Sinne des Wortes könnte man allerdings die Küstengr. mit einbegreifen, die um den Wash im E, Cheshire und Lancashire im W. Allein eben mit Rücksicht auf ihre Lage am Meer und gewisse andere, z. T. damit zusammenhängende Unterschiede und im Hinblick auf die Unterschiede zwischen der E- und der W-Seite Großbritanniens werden hier die ersteren bei Mittelostengland, die letzteren bei Mittelwestengland betrachtet. Scharfe Grenzen zwischen den Binnen- und den Küstengebieten bestehen freilich nirgends, vielmehr in allen geographischen Erscheinungen Übergänge. Zugleich sind die Midlands ein Kern- und Durchgangsland, physiographisch ein Ausschnitt aus der englischen Stufenlandschaft von den Kreidekalkhöhen im E und S bis zu den Altländern im W und N; das Klima ist im W stärker atlantisch als im E, eine Tatsache, die sich im Pflanzenkleid und in der Landwirtschaft deutlich ausprägt, obwohl sich dabei die Bodenarten oft mehr geltend machen. Die Einflußbereiche der großen Häfen verschneiden sich in den Midlands. Die kulturgeographischen Wandlungen, die durch den Kohlenbergbau und die auf ihm fußenden Industrien bewirkt wurden, machen weder an der Grenze zwischen den Binnen- und Küstenlandschaften noch am Rand des Flachlands gegen die benachbarten Hochländer halt; im Gegenteil, sie ziehen darüber hinweg, so daß manchmal die Entscheidung, ob man ein bestimmtes Gebiet den Midlands oder der angrenzenden Landschaft zuweisen soll, mehr oder weniger willkürlich sein muß.

Entscheidend für die Sonderstellung Mittelenglands sind seine zentrale Lage und im Zusammenhang damit seine Rolle im Überlandverkehr. Alle Hauptbahnen und -straßen, die von London aus durch Großbritannien strahlen, und viele andere führen durch die Midlands: nach N-England und Schottland, nach W-England und Wales, selbst die nördlichsten derer nach SW-England. Diese Verkehrsentfaltung wurde durch das Flachrelief ermöglicht, dessen Flußnetz überdies gute natürliche Wasserstraßen bot an Trent, Themse, Severn, Avon und durch Jh. Verbindung mit den Häfen im E und W vermittelte. Hauptsächlich in den letzten 50 J. vor dem Zeitalter der Eisenbahnen wurde es durch viele Kanäle ergänzt; noch heute stehen deren wichtigste im Dienst. So konnten die mannigfachsten wirtschaftlichen Wechselbeziehungen mit der Nachbarschaft geknüpft werden und darüber hinaus die Midlands in den Weltverkehr und Welthandel eintreten. Grundlegende Voraussetzung hierfür waren ihre Kohlenfelder. Dank diesen konnten des Menschen Arbeit, Fleiß und Unternehmungslust inmitten einer reichen, durch Klima und Böden begünstigten Landwirtschaft blühende Industrien schaffen. Deren Hauptgebiete liegen, entsprechend der Verbreitung der

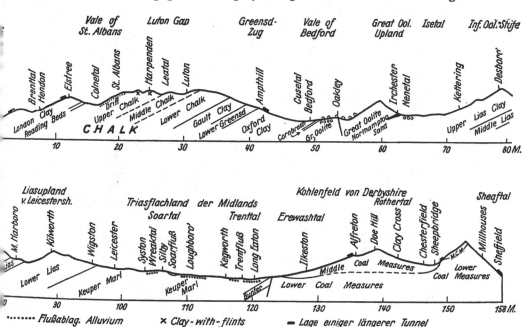

Abb. 67. Schichtfolge längs der Linie der L.M.S. London (St. Pancras)—Sheffield. (Nach S. H. Beaver.) (100fach überhöht, Fallwinkel der Schichten und Gefälle des Schienenweges entsprechend vergrößert.)

Kohle, vielfach durcheinander, aber doch so, daß der NW die meisten Industrie-, der SE größtenteils Agrarlandschaften aufweist. Die Grenze zwischen „Agricultural" und „Industrial England" zieht ungefähr von Worcester über Birmingham nach Leicester und Nottingham [14*]. Doch hat auch der NW große rein landwirtschaftliche Gegenden und der SE eine steigende Anzahl von der Industrie erfaßter Städte. Hand in Hand mit den Unterschieden in der Wirtschaft gehen wie immer die in der Dichte des Verkehrsnetzes und der Volksdichte, in den sozialen Verhältnissen und in den kulturellen Erscheinungen überhaupt und demgemäß auch die Gegensätze im kulturgeographischen Gepräge der Landschaft. Um Wiederholungen zu vermeiden, muß diesbezüglich auf die späteren Ausführungen verwiesen werden.

Die Midlands sind ein Musterbeispiel einer Stufenlandschaft mit allen ihren bezeichnenden Formen und allen ihren schwierigen Fragen. Sie knüpft sich, wie die SW-Deutschlands, an das Auftreten von meist flachlagerndem Mesozoikum, Buntsandstein bis Kreide (Abb. 67). Entsprechend dem Schicht-

fallen tauchen die älteren gegen E und SE unter immer jüngere unter. Fortwährend wechseln in den so gerichteten Profilen Gesteine von verschiedener
Widerstandsfähigkeit, Kalke, Mergel, Tone, Sandsteine, miteinander ab. Auch
ändern sich oft Fazies und Mächtigkeit. Außerdem haben ältere und jüngere
tektonische Bewegungen, Faltungen, Verwerfungen, Verkrümmungen, die einzelnen Teile des Gebietes in ungleichem Ausmaße heimgesucht. Dabei ist
selbst der paläozoische Sockel mitunter so hoch gehoben worden, daß er heute
wenigstens innerhalb der w. Midlands an der Oberfläche erscheint (Abb. 68).
Ihm gehören jene reichen Kohlenfelder an, welche die wirtschaftliche Ent-

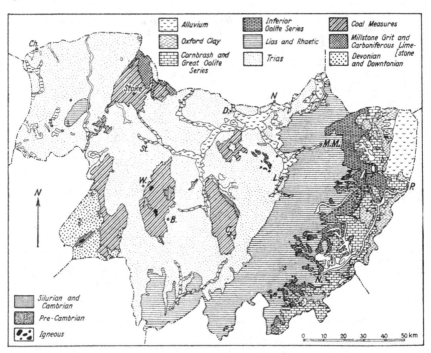

Abb. 68. Geol. Übersichtskarte der Midlands. (Nach F. H. EDMUNDS und K. P. OAKLEY.)

wicklung der Midlands in der technischen Zeit ermöglichten. Wegen der
Mannigfaltigkeit der Baustoffe und der Störungen des inneren Baus zeigt
die Landschaft bei näherer Betrachtung viel mehr Abwechslung, als man
nach den üblichen schematisierenden Darstellungen annehmen würde. Dies
wird bei der Beschreibung ihrer einzelnen Teile näher beleuchtet werden.
   Immerhin tritt inmitten der Midlands ein an jurassische Gesteine ge-
knüpfter Hauptstufenzug deutlich hervor, der mit den Cotswold Hills im
SW beginnt und sich gegen NE über die Plateaus von Banbury, von Northamptonshire und der East Midlands bis in die Lincolnshire Heights fortsetzt (Abb. 69). Nur ausnahmsweise wird er über 300 m hoch. Hauptträger
der Stufenbildung sind die mitteljurassischen Kalke des Great und des
Inferior Oolite oder auch der Northampton Sandstone [212]. Von der NW
schauenden Stufe neigen sich die welligen, gut zerschnittenen Plateauflächen
nach SE allmählich zu einer breiten Ausräumungszone hinab, die sich vornehmlich an Oxford- und Kimmeridgetone knüpft und mitunter Gaulttone
einschließt. Das ist die Zone der „V a l e s", die von Frome her über Oxford

bis zum Wash zieht. Stellenweise erheben sich aus ihr Zwischenstufen, gebildet von Kalken oder Sandsteinen des Corallian. W. der Jurastufe verursachen die Mergelkalke des Mittellias entweder eine Sockelterrasse vor der

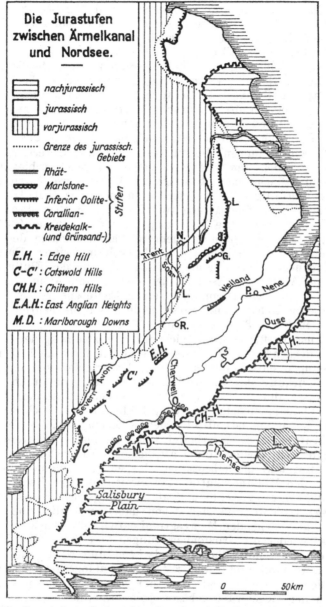

Die Jurastufen zwischen Ärmelkanal und Nordsee.

- nachjurassisch
- jurassisch
- vorjurassisch
- .... Grenze des jurassisch. Gebiets
- Rhät-
- Marlstone-
- Inferior Oolite- ⎫ Stufen
- Corallian- ⎬
- Kreidekalk- ⎭ (und Grünsand-)

E.H. : Edge Hill
C—C' : Cotswold Hills
CH.H. : Chiltern Hills
E.A.H. : East Anglian Heights
M.D. : Marlborough Downs

Abb. 69. Die Jurastufen zwischen Ärmelkanal und Nordsee. (Nach S. H. Beaver.)

Oolithstufe oder aber, bei geringerem Einfallswinkel, einen selbständigen Stufenzug in einiger Entfernung von ihr. Im Edge Hill übernimmt er sogar für eine kurze Strecke die Führung. Weitere Stufen werden durch gewisse Abteilungen des Keuper (marlstone), des Buntsandsteins, des Perm und in den Karbonaufbrüchen durch die verschiedene Widerständigkeit von deren Konglomeraten, Sandsteinen und Schiefertonen erzeugt. Immer folgen den weichen Gesteinen breitere Täler oder sogar geräumige Niederungen, die sich hauptsächlich auf die Bereiche des Severn, des Trent, der Ouse und der Themse und damit auf die von Bristolkanal und Nordsee verteilen. Bloß ein kleiner Ausschnitt im NW entwässert zur Liverpool Bay. Zur Themse strömen bei auffälliger Ungleichseitigkeit der Einzugsgebiete Coln, Leach, Windrush, Evenlode, Cherwell aus den Cotswolds, der Thame aus den Vales, von r. der Ock bei Abingdon. Midlandflüsse sind ferner die Ouse und ihre kleineren Nachbarn, Nene, Witham. Dagegen empfängt der Trent nicht bloß Tame und Soar von S aus den Midlands, sondern mehr und bedeutendere Nebenflüsse aus den Pennines, ähnlich der Severn solche aus dem Bergland von Wales, aus den Midlands selbst namentlich den Avon (mit Stour und Arrow). Im großen ganzen setzt sich das Flußnetz aus Abdachungs- und Schichtflüssen zusammen; im einzelnen ist diese Unterscheidung nicht immer leicht, da auch den kleineren nachträglichen Verbiegungen einer älteren Einebnungsfläche neue konsequente Wasserläufe entsprechen müssen. Besonders auffällig ist der Quellknoten um Edge Hill, besonders problematisch sind die Laufrichtungen von Frome und Bristol Avon. Sicher haben früher Anzapfungen eine Rolle gespielt, und wie in den Chiltern Hills, so werden auch in der Jurastufe mehrere Paßdurchgänge derart erklärt. Dermalen bedroht u. a. die Ouse den Cherwell mit einer „Enthauptung". Doch spricht manches, darunter auch die Anordnung des Flußnetzes selbst, dafür, daß jene Ausräumungssenken des Severn und Avon, der Ouse, des Thame durch leichte Einkrümmungen einer Fastebene vorbereitet worden sind. Durch deren Hebung und Zerschneidung ist die heutige Stufenlandschaft entstanden [A 31, 31 a, 33 a, 310].

Die alte Ausgangsfläche mußte sich in der Fortsetzung der Einebnungen des Londoner Beckens und SE-Englands und wie diese nach den miozänen Krustenbewegungen entwickeln, aber zum Unterschied von dort ohne unmittelbare Mitwirkung des unterpliozänen Meeres, nur durch die Seitenerosion der Flüsse und die Abspülung der weicheren Gesteine; die härteren dürften schon damals niedrige Stufen gebildet haben. Doch wurden diese dann bei der Zersägung des altpliozänen Flächensystems bis zur heutigen Tiefe immer kräftiger herausgearbeitet, wobei sie mehr oder weniger zurückwichen. Fraglich ist, inwieweit die altpliozänen Einflächungen mit älteren interferieren, inwieweit die subeozänen Flächen des Londoner Beckens Entsprechungen in den Midlands hatten, inwieweit einst eine Decke von Kreidekalken über diese hinwegreichte und als Ausgangsfläche eines noch älteren Abtragungszyklus diente und sich schon dabei erstmalig eine Stufenlandschaft aus dem auftauchenden Meeresgrund entwickelte. Auch in noch älteren Epochen haben wiederholt Krustenbewegungen und Ruhezeiten, Meerestrans- und -regressionen, Landoberflächen eindeckend und wieder der Zerstörung preisgebend, miteinander abgewechselt. Das paläogeographische Bild des Raumes hat sich demgemäß wiederholt sehr geändert. Zu den eigenartigsten Erscheinungen der Gegenwart gehören jedenfalls die in Wiederenthüllung begriffenen uralten Landschaftsformen, wie zumal die der präkambrischen Gesteine in Charnwood Forest, die aus den bedeckenden weicheren Triasgesteinen geradezu herausgeschält werden (vgl. S. 421).

Die eiszeitliche Geschichte des Gebietes ist erst jüngst einigermaßen aufgehellt worden, aber das im folg. von ihr entworfene Bild ist selbst in seinen Grundzügen kaum gesichert. Denn nur im NW bedecken jüngere eiszeitliche Ablagerungen mit gut ausgeprägten Formen das Land, u. zw. solche der Main Irish Sea Glaciation (Co; vgl. S. 72), die durch Geschiebe aus Schottland, dem englischen Seengebiet und vom Grund der Irischen See gekennzeichnet sind. Ihr sind im W zwei ältere Vergletscherungen, im wesentlichen aus dem Bergland von Wales genährt und daher First und Second Great Welsh Glaciation (Be, bzw. Ca) genannt, vorangegangen, die durch ein Interglazial getrennt waren. Bei der ersten war das Eis zur Zeit seines Höchststandes durch das untere Severntal bis nach Gloucester und in der Gegend von Moreton in the Marsh (Lower Campden Drift) an den obersten Evenlode vorgestoßen, ja sogar durch die Themseniederung bis zum Durchbruch von Goring und an den Fuß der sw. Chilterns. Es hatte das Black Country bedeckt und bis auf die Wasserscheide zwischen dem Blythe und dem Avon bei Stratford gereicht. Anscheinend gleichzeitig hatte Eis aus den Pennines das Trenttal gegen SE überquert, doch stellt sich, kenntlich an der Führung von Kreidekalk und Feuerstein, bei Coventry und Rugby eine Art Chalky Boulder Clay ein, hinterlassen von einer hier in ihrer Selbständigkeit etwas fraglichen Early Eastern Glaciation. Während einer späteren Phase war dagegen der Great Eastern Glacier (vgl. S. 303) (II. Eiszeit, Ca [216*] am bedeutendsten: eingezwängt zwischen penninischem Eis im W, skandinavischem im E, reichte er im Trenttal zeitweilig bis über Burton aufwärts und hinterließ in der Fortsetzung des Lower Chalky Boulder Clay Mittelostenglands auch in den ö. Midlands einen flintreichen Chalky Boulder Clay. Stellenweise sind die beiden Geschiebetone durch zwischengeschaltete Schotter und Sande getrennt (Hinckley, Coventry, Rugby; „Jurassic Gravels", Snitterfield, 7 km nnö. Stratford, mit Elephas antiquus; „Ditchfield" oder „Moreton Gravels" bei Moreton), deren spärliche Fauna für ein ältestes Interglazial spricht. Oft lassen sich jene Ablagerungen des Great Eastern Glacier (hier auch Main Eastern Glaciation genannt) nur schwer gegen die aus dem W abgrenzen. Jedenfalls reichen sie von NE her durch das Avontal bis über Stratford, ja bis nach Tewkesbury hinab. Auch die „Moreton Drift" dürfte zu ihnen gehören, während sich in der Drift auf dem Ridgeway in E-Worcestershire mit den ö. Erratika auch wälsche vermengen. Diese werden der Second Great Welsh Glaciation zugeschrieben, die etwas schwächer war als die erste, aber doch den n. Teil des unteren Severntales sowie einen großen Teil des zentralen Midland-Plateaus bedeckte und zum Unterschied von der ersten auch etwas Irischseematerial dorthin beförderte. Als sich die beiden großen Eismassen aus den Midlands zurückzogen, bildeten sich stadiale Stauseen zwischen ihrer Stirn und den älteren Wasserscheiden. So entwässerte zur Zeit des „Stratford-Stadiums" des Great Eastern Glacier, als dieser im N noch mit dem w. Eis zusammenhing, ein Blythetalsee durch das Kingswood Gap (s. Knowle) zum Alne. Auch im Cole- und im Reatal bestanden eine Zeitlang Stauseen, ein anderer im oberen Stourtal, aber weiter n. sind hier im W alle Spuren des ferneren Rückzugs durch die jüngere Main Irish Sea Glaciation (Co) verwischt, deren Grenze auffallend scharf und deren Ablagerungen viel frischer sind als die der älteren Driften [C 213, 315; A 216]. Prächtige Stauseenbildungen in N-Shropshire und der Durchbruch des Severn bei Ironbridge hängen mit ihrem Rückzug zusammen (vgl. S. 438). Tatsächlich schaltete sich zwischen die ältere Drift und die Main Irish Sea Glaciation das lange, warme „Große Interglazial" ein, während dessen das ganze Gebiet kräftig zerschnitten und die älteren glazialen Aufschüttungen, die dadurch über die neuen Talböden zu liegen kamen — daher „High-level Drift" —, stärker abgeräumt wurden. Beim letzten Vorstoß (Little Welsh

Glaciation; Cy) gelangte wälsches Eis nur mehr bis Shrewsbury. In den
Tälern wurden nun die „Low-level Terraces" gebildet. Deren Verbreitung
am Severn und am Avon ist für die Ermittlung der Abfolge der pleistozänen
Ereignisse sehr aufschlußreich (vgl. S. 433, 438 ff.).

Somit sind zwei Linien für die Verbreitung der verschiedenen eiszeitlichen Aufschüttungen besonders wichtig: die Linie Derby—Lichfield—Tamworth—Coventry—Stratford—Moreton, welche den Hauptbereich der ö. von
dem der w. Drift trennt, und die S-Grenze der Main Irish Sea Glaciation, an
welcher die frischen Ablagerungen und Formen der jüngeren Drift den sichtlich viel stärker zerstörten der älteren Platz machen [A 311, C 315].

Infolge der geringen Seehöhe und des flachen Reliefs gibt es innerhalb
der Midlands keine. größeren Klimaunterschiede, immerhin kleinere, bezeichnend genug, zwischen den n. und den s., den ö. und w. Strichen und zwischen
den Niederungen und den Höhenzügen. Namentlich die Cotswolds heben sich
auch klimatisch von ihrer Umgebung nicht unwesentlich ab, durch kältere
Winter, rauheren Frühling, etwas kühlere Sommer, die größeren Niederschläge, durch dichte Talnebel bei Temp.Umkehr von Okt. bis Dez., durch die
stärkeren Stürme [A 42]. Das J.M. liegt im allg. zwischen 8,5—10°, das Jan.M.
in ± 4°, das des Juli in ± 16°. Oxford und Cheltenham zeigen bei gleicher
S.H. die gleichen Temperaturen, ebenso, bloß etwas niedrigere, Nottingham
und Oundle. Aber Cirencester ist, obwohl nur 70 m höher als das benachbarte
Cheltenham, im J.M. fast 1°, im Jan.M. sogar 1,4° kälter. Diese Verhältnisse
zeigt die folgende Tabelle (im allg. für 1901—1935).

	S.H. m	I	VII	J
Nottingham..	59	3,8	15,8	9,2
Oundle	45	3,7	15,8	9,4
Oxford	63	4,4	16,6	9,8
Cheltenham .	65	4,4	16,5	9,8
Cirencester..	135	3,0	15,7	8,8
Birmingham (Edgbaston)	163	3,9	16,0	9,3

Der Okt. ist 2,5—3,0° wärmer als der April, Bodenfröste sind demgemäß
weniger häufig. Zu Belvoir Castle (12 km w. Grantham; 79 m) zählt man im
J.Durchschn. 99, u. zw. von Dez. bis März 61, Jan. 16, aber auch im April
noch 11—12, im Okt. dagegen bloß 7. Frei von Bodenfrost sind nur Juli und
August; Juni und Sept. haben ihn durchschn. einmal. In manchen J. und an
manchen Orten entfallen die meisten von den 90—100 T. mit Bodenfrösten auf
den März (in Oxford 15 von 91).

Stärker als die Temperatur wechseln die J.Niederschlagsmengen von
Ort zu Ort, hauptsächlich infolge des Reliefs. Selbst ein so niedriger Höhenzug wie die Cotswolds empfangen deren um die Hälfte mehr als die leeseitigen Vales (900—1000 mm, Oxford 630 mm). Zugleich wirken sie mitunter
geradezu als Scheide zwischen einem verhältnismäßig trockenen Binnen-
wettertyp im E, einem marinen mit feucht-nebeligem Wetter oder sehr klarer
durchsichtiger Luft im W über der Severnniederung. Übereinstimmend zeigen die Niederschläge ihr Hauptmaximum im Okt., ihr Hauptminimum im
April, sekundäre Maxima im Dez. und im August, sekundäre Minima im
Nov. und im Sept. Von April (oder März) bis zum August nehmen sie fortdauernd zu.

Ziemlich häufig sind Gewittertage in den Midlands (20, davon 12 von Juni bis August, 5 von März bis Mai). Die jährl. Sonnenscheindauer hält sich zwischen 1250 und 1500 St. Sie ist nicht bloß absolut im Juni am größten, sondern auch im Verhältnis zur größtmöglichen Dauer (30—40%); am kleinsten im Dez. (12—20%) und Jan. (Nottingham, J. 1265 St. = 28%; VI, T.Durchschn. 5,88 St. = 35%; XII, T.D. 0,88 St. = 12%; Oxford J. 1501 St. = 34%; VI, 6,7 St. = 40%; XII, 1,5 St. = 19%). Im allg. haben die Midlands im T.D. des Dez. bloß 1—1½ St. Sonnenschein, das obere Trentgebiet bis nach Coventry hinüber sogar weniger als 1 St., bloß das untere Severntal mehr als 1½ St. Nebeltage sind häufig, man zählt deren größtenteils mehr als 80 (Birmingham hat 90); auch Dauernebel treten dort häufiger auf. An klaren Wintertagen sammeln sich Bodennebel in den Tälern, begünstigt durch die Feuchtigkeit der wasserundurchlässigen Tieflandböden. Dann fließt wohl auch die schwere kalte Luft mit ein paar km St.-Geschwindigkeit, wie manchmal in den Cotswolds, in die Talgründe hinab, so daß deren Temperaturen um 2—3° unter die der benachbarten Höhen sinken, während sie sonst gewöhnlich um ½° höher sind [A 42].

Niederschläge in % des J.M.		I	II	III	IV	V	VI	VII	VIII	IX	X	XI	XII	J
Midlands im allgemeinen..		7,9	6,9	7,0	6,4	7,7	8,1	9,0	9,5	7,1	10,8	9,3	10,2	100
Nottingham . . .	Menge	43	40	39	34	45	48	57	60	41	60	47	57	572
Oxford	in	46	41	41	42	48	55	61	57	43	74	57	64	630
Birmingham . . .	mm	51	43	48	43	55	57	57	69	46	71	61	69	672

Die Hauptregenbringer sind die SW-Winde; gerade diese sind aber am häufigsten. Nach den Beobachtungen zu Belvoir Castle weht die Hälfte aller Winde aus dem SW-Quadranten (SW 24%, S 15%, W 13%), aus dem E-Quadranten dagegen nur 13% (E 2, SE 5, NE 6). Etwas häufiger sind Winde aus N und NE (je 10%). Windstillen erreichen 15%. Heftige Stürme blasen nicht selten auch über die Midlands hinweg, besonders unangenehm als Schneestürme auf den Höhen der Cotswolds und den anderen Juraplateaus. Die Zahl der Schneetage ist jedoch kaum größer als die für Kew, York oder Plymouth.

Bemerkenswert ist die große Veränderlichkeit des jährl. Niederschlags, mit Abweichungen von 14—16% und mehr vom langjähr. Mittel. In Oxford ergaben die J. 1900—1902, die drei trockensten bisher nachgewiesenen, die unmittelbar aufeinanderfolgten, mit 600, 567, 422 mm im Durchschn. bloß 530 mm. Demgemäß nehmen die Wasserbauer als Ausgangszahl für die Abschätzung des jährl. Abflusses des Einzugsgebietes der Themse bloß 80% des normalen Regenfalles an. Auch die Temp.M. zeigen in den einzelnen J. erhebliche Unterschiede. Die niedrigste überhaupt beobachtete Temp. liegt unter — 13° (im Jan. oder Febr.), die höchste in über 34° (August). Auffallend niedriger, um etwa ½°, als für die J. 1900—1935 (vgl. o.) lagen die Temp.M. 1881—1915 (Nottingham I, 3,2, VII, 15,7, J.M. 9,0; Oxford I, 3,7, VII, 16,3, J.M. 9,5) [48*—411*, 416*, 422*, 424*; A 112, 113, 41—43; B 111, 112, 114—117, 44—47; C 17—110].

Die Midlandsniederungen mit ihren Sumpfwäldern sind der Besiedlung bis in die angelsächsische Zeit ziemlich verschlossen geblieben, obwohl die größeren Flüsse bequeme Zugänge boten. Immerhin sind auf den Schotterterrassen der Themse sogar altsteinzeitliche Werkzeuge gefunden worden, ebenso im Severntal bei Worcester; aus dem Avontal bei Coventry, dem Trenttal bei Nottingham (Beeston) usw. liegen solche vor. In der Jungsteinzeit waren die Cotswolds ausgiebig besiedelt, auch die anschließenden Oolithhöhen bis hinüber nach Lincolnshire. Ihr gehören die long barrows der Cotswolds an, welche viel Flintpfeilspitzen, aber wenig Steinbeile geliefert haben, desgleichen der Steinkreis der Rollright Stones (ö. Moreton). Mit Windmill Hill-Töpferei verband sich ein eigener, den untern Severn umfassender Ganggräbertypus („Severn-Cotswolds"- oder „Severnkultur") [59*]. In der Bronzezeit zeigt sich die gleiche Verteilung, obwohl die Bevölkerung der Cotswolds, wo die Langhügelleute noch eine Zeitlang fortgelebt haben mögen, anscheinend etwas abgenommen hatte. Jedenfalls wohnten hier „beaker people", die sich entlang der Höhen von NE her vorschoben; man zählt 150 round barrows und bronzezeitliche Typen von Flintwerkzeugen sind keineswegs spärlich. Ein zusammenhängender Streifen von Funden erweist, daß damals das Themseufer von Dorchester bis hinauf nach Eynsham (oberhalb Oxford) besiedelt war; Sutton Courtenay bei Abingdon hat eine große Anzahl von mittel- oder spätbronzezeitlichen Wohngruben überliefert. Später schoben sich die keltischen Träger der Eisenzeit (B, La Tène) von Somerset her längs dem offenen Land vor — sie haben viele Denkmäler hinterlassen, zumal die Hill-forts der Cotswolds, so, umgebaut, das bereits in Eisenzeit A errichtete auf Leckhampton Hill — und wieder von NE her bis zur Berührung mit ihnen ein anderer Zweig neuer Einwanderer. Menschenleer war das Severntal oberhalb Gloucester, nur ein paar Siedlungen lagen im Avontal, einige andere im Raum von Leicester; bei Coventry stand ein quadratisches Fort u. dgl. m. Verschiedene „Ridgeways" zogen auf den Höhen entlang, so Icknield Way am SE-Rand, welcher Salisbury Plain über die Berkshire Downs mit den Siedlungsgebieten Ostangliens verband (vgl. S. 310) [56 a]; dann gerieten die sö. Midlands unter die Herrschaft der belgischen Catuvellauni, deren Bereich vielleicht entlang dem Cherwelltal gegen den der Dobuni grenzte. Dieser mächtige Stamm hatte das Land von Oxfordshire bis hinüber nach Herefordshire inne. In den nö. Midlands saßen die Coritani [511*, 513*, 518 a*, 522*, 524*; 11 passim, A 52—510; B 51—53 u. ao.].

Nach der Unterwerfung dieser Völker machten die Römer, spätestens unter den Flaviern, aus deren Hauptstädten Corinium Dobunorum (Cirencester) und Ratae Coritanorum (Leicester) militärische Stützpunkte und sicherten sich den untersten bequemen Übergang über den Severn durch die Anlegung eines weiteren zu Glevum (Gloucester). Unter Anlehnung an die alten vorgeschichtlichen Wege bauten sie auf den Jurahöhen eine der wichtigsten Straßen Britanniens, den Fosse Way, welcher Isca Dumnoniorum über Aquae Sulis, Corinium und Ratae mit Lindum verband. Sie wurde von einer anderen, Calleva Atrebatum (vgl. S. 84)—Glevum, in Corinium geschnitten; hier mündete auch Akeman Street, von Verulamium über Alchester kommend, ein. So entwickelte es sich in der Folge zur zweitgrößten Stadt Britanniens (Fl. 0,83 km²), ein lebhafter Handelsplatz, umgeben von villae (u. a. die bekannte von Chedworth), die Wolle in den Handel brachten und Walkerei betrieben [A 52, 57]. Andere villae standen um Ratae [B 56], auf den sandig-kalkigen Anhöhen bei Oxford, überhaupt auf den leichteren Böden. Die villa von Ditchley in einer Rodung von Wychwood Forest (vgl. S. 398, 402) zeigt zwar schon eine gewisse Ausdehnung des Siedlungsraumes an, doch blieben die Tonstriche selbst noch unbewohnt, fast unbewohnt das ganze Midlanddreieck zwischen Leicester, Chester und Worcester, obwohl schon Eisen zu Tiddington bei Stratford-on-Avon geschmolzen wurde [51].

Auch zog die später als Watling Street (880 Wætlingastræt) bezeichnete Heerstraße von Verulamium nach Uriconium (Wroxeter) durch, an welcher u. a. Lactodurum (Towcester) und Letocetum (Wall) lagen. Hier wurde sie von dem Ryknild Way gequert, der bei Bourton-on-the-Water (am Windrush) vom Fosse Way abzweigte und über Alcester und das Gebiet des heutigen Birmingham zur Ermine Street bei Doncaster (vgl. S. 328, 420) verlief [55*, 511*, 512*, 517*, 524*, 624*; A 55 a, B 56].

Schon um 500 haben s. und sw. Oxford Germanen gewohnt. Aber strittig ist, ob sich hier an der oberen Themse und in den Vales of Thame und of Aylesbury der Kern des alten Wessex befand, der vom Wash her erreicht worden war, oder ob es sich bloß um Ansiedlungen einzelner Banden handelte, die auf der Themse heraufgekommen und in der einheimischen Bevölkerung aufgegangen waren [A 68, 610, 614; 517*, 622*, 624*, 637*]. Für die erstere Annahme spricht der archäologische Befund mit den sächsischen Friedhöfen von Fulford, Fairford u. a., während die Ortsnamen dazu schweigen. Jedenfalls wurden die Gebiete von Aylesbury, Benson (Bensington) bei Dorchester a. d. Themse, Eynsham spätestens nach der Schlacht von Biedcanford (571, Lage unbekannt) an das Reich der Westsachsen angeschlossen und dieses durch den Sieg Ceawlins bei Dyrham (577) und die Einnahme von Corinium und Glevum bis über den Severn ausgedehnt. Hier ließen sich die westsächsischen Hwicce nieder. Ein anderes germanisches Reich war weiter n. im Werden. Längs der Flüsse Ouse und Welland, Trent und Soar drückten die Angeln vor. Ihre Niederlassungen finden sich in Northamptonshire längs der Quellenlinie unter den Northampton Sands, die darüber eine trockene Anbaufläche boten; im Avongebiet (Bidford, Baginton bei Coventry) sogar schon inmitten der dichten Wälder der Tonböden; im Trenttal, dessen Kalkschotter die Besiedlung begünstigten; und als ein vorgeschobenes Land der Angeln auf den leichteren Böden Mercia, „die Mark", im Raum zwischen dem Forest of Arden in Staffordshire, den Mergeln und Sandsteinen an der Grenze zwischen Stafford- und Shropshire, wo später der normannische Forest of Blore lag, und den Moränenwällen von Newport (vgl. S. 437). Es trat an Stelle des britischen Königreiches Theyrnllwg, das von Cannock Chase gegen W bis zum Clwyd gereicht haben soll. Repton (10 km sw. Derby; um 795 Hrypadun, im D.B. Rapendune, „hill of the Hrype tribe" [623*]) war bis zum Einbruch der Dänen seine „Hauptstadt" (vgl. S. 422). Das regelmäßige „open-field"=System, das im Trenttal herrschte, läßt darauf schließen, daß Staffordshire schon früh völlig unter die Gewalt der neuen Ankömmlinge kam. Über die prähistorischen Siedlungsformen der heidnischen Sachsen haben die Ausgrabungen von Sutton Courtenay Auskunft gegeben: schmutzige, kleine Dörfer mit rechteckigen Häusern, die wahrscheinlich aus abwechselnden Lagen von Schlamm und Stroh gebaut waren, angeordnet in einer Hauptzeile, begleitet von einer gleichlaufenden Straße [511*, 622*, 635*; 616 b].

Die in den nächsten Jh. folgenden Kämpfe zwischen Mercia, Wessex und den anderen Königreichen haben zwar die politische Entwicklung stark bestimmt, dagegen weniger den Fortschritt der Besiedlung als solcher. Immerhin wurde das n. Buckinghamshire von den Angeln bezogen, das s. von den Westsachsen. Vielleicht schoben sich die Angeln auch in das Gebiet der Hwicce ein, als diese 628 unter die Herrschaft Penda's von Mercia gekommen waren. Dieser vereinigte die noch verstreuten Gruppen der Ansiedler der w. Midlands mit dem ursprünglichen Kern von Mercia. Im E sperrten die Marschen am Scheitel des Humber das alte Reich Deira gegen Mercia ab;

die Verbindung war hier w. Hatfield Chase sehr schmal. Auch das Innere
war von Waldschranken, an die sich in der Folge naturgemäß die Grenzen
zwischen den shires knüpften, durchsetzt: dem großen Rockingham Forest,
der zwischen Welland und Nene von Northampton bis Stamford zog; den
Whittlebury und Salcey Forests s. des Nene an der Grenze zwischen North-
ampton- und Buckinghamshire; Bernwood Forest an der Grenze zwischen diesem und Oxfordshire gegen Bicester hin; dem Forest of Arden auf
den Keupertonen zwischen Warwick- und Staffordshire; Sherwood Forest,
Charnwood Forest und Cannock Chase; den Wäldern des Severngebiets,
zumal an der Grenze gegen die Wälschen Marken (vgl. S. 443) u. v. a.

Um 870 bemächtigten sich die Dänen der n. Midlands, ja sie suchten von
dort und von SE-England her Wessex in die Zange zu nehmen [622*]. Diesen
Plan konnte Alfred der Große zwar vereiteln, aber das Danelaw mußte er
ihnen überlassen. Derby, Nottingham und Leicester waren ihren Hauptstützpunkte im Trentgebiet. Er selbst legte zu ihrer Abwehr Burgen in Worcester
und Warwick an, später wurden auch Bridgnorth (911), Tamworth (912),
Stafford und Shrewsbury befestigt, erst 917 unter Eduard, Alfreds Sohn,
Derby, 918 Leicester zurückerobert [637*; 15]. Watling Street, die Grenze des
Bereiches der Dänen, war im allgemeinen auch die S-Grenze ihrer Besiedlung. Nur wenige dänische Ortsnamen finden sich sw. von ihr, in Warwickshire einige nicht ganz sichere (vgl. S. 443), in Staffordshire eigentlich
bloß um Newcastle-on-Lyme und Stoke. Sie dürften dort auf die Zeit zwischen 876 und 917, d. i. die J. zurückgehen, bevor Mercia wieder englisch
wurde. Dagegen sind sie in Northampton-, Leicester- und Nottinghamshire
sehr verbreitet, in Northamptonshire besonders längs des Welland an der
Grenze von Leicestershire, dagegen um Northampton selbst spärlich. Besonders dicht sind sie in dem Gebiet ö. und nö. Leicester, im Wreaktal und auf
den benachbarten Höhen, zumal um Melton Mowbray (Namen auf -by,
-thorpe); indes selbst hier weisen viele englische Namen auf eine voran-
gehende ältere Besiedlung. In Nottinghamshire sind dänische Ortsnamen ö.
des Trent am häufigsten, einige wenige sogar w. des Sherwood Forest, der
jedoch auch von den Dänen nicht gerodet wurde, und längs der Grenze von
Derbyshire. In diesem selbst war Derby ihre wichtigste Schöpfung, eine andere
größere Kolonie um Repton. Während man aber in Lincolnshire 260 Ortsnamen auf -by zählt, erscheinen deren in Nottinghamshire bloß 21. Dafür sind
etliche skandinavische Namen vorhanden, die auf Ansiedlungen von Norwegern weisen. Bemerkenswert ist, daß sich die ursprünglichen Verbreitungs-
gebiete von Sachsen und Angeln bis heute in einer Mundartengrenze ungef.
von Bedford die Ouse aufwärts widerspiegelt [617*, 624*; A 61—63 b; B 61,
62, 62 a; C 61—66].

Den Fortschritt der germanischen, angelsächsischen und dänischen
Landnahme im einzelnen zu verfolgen, ist in einem kurzen Überblick nicht
möglich; einige Bemerkungen darüber werden am gegebenen Platz noch
folgen. Sie war so gründlich, daß im ganzen Gebiet nur wenige Ortsnamen
britischer Herkunft erhalten geblieben sind. Einige haben, stark verändert,
auf dem Wege über römische Siedlungsnamen fortgelebt (Cirencester, Gloucester u. a. Zusammensetzungen mit -chester, welche meist auf ehemalige
Römerforts hinweisen, sind auch sonst mehrfach vorhanden). Von den
Flußnamen sind dagegen viele keltischen Ursprungs, außer Themse, Thame
und Tame z. B. Avon, Stour, Severn, Ouse, Nene, Welland, Trent, Soar,
Sowe [616*; 623*].

Die Eroberung durch die Normannen brachte einen gewissen Zuzug französischer Elemente, namentlich in den wichtigsten Orten, z. B. in Nottingham, dessen Name sich sogar unter dem neuen Einfluß etwas änderte (vgl. S. 422), oder in Oxford, wo noch 200 J. später Französisch die Unterrichtssprache in den Schulen und die Umgangssprache fast aller geistlichen und weltlichen Würdenträger war und viele Angehörige der niedrigeren Berufe Franzosen waren [617*]. Neue Siedlungen mit französischen Namen sind allerdings selten, abgesehen von Ausbausiedlungen in den alten Dorfgemarkungen und von manchen der vielen normannischen Kloster- und Burggründungen. Burgen waren zwar schon in angelsächsischer Zeit errichtet worden, und günstig gelegene Orte hatten sich zu Markt- und Handelsstädten entwickelt. Lichfield und Worcester waren seit 669, bzw. 680 Bischofssitze, Lichfield für kurze Zeit (787—803) sogar Erzbistum [622*]; doch trat 1102 Coventry an Stelle Lichfields, später, 1188—1661, als Bistum Coventry-Lichfield, 1661—1836 als L.-C. bezeichnet. Im S war Dorchester (an der Themse) 389, 634—664 und wieder von 869—1072 Bischofssitz (dann nach Lincoln übertragen. Vgl. S. 350). Groß war die Zahl schon der angelsächsischen Klöster gewesen (Benediktiner zu Abingdon 675, Evesham 701, Pershore 715, Burton 1004, Coventry 1043 usw.), unter den Normannen wuchs sie stark an (Zisterzienser zu Woburn 1145, Merevale 1148, Stoneleigh 1154, Croxden 1176, Dieulacresse 1214, Hayles 1246 u. a.; Augustiner zu Dorchester 1140, Repton 1172, Maxstoke 1336; Augustinerinnen von Grace Dieu Priory 1236 usw.). Besonders reich an Klöstern waren Stafford- und Warwickshire (u. a. Stone, Stafford, Coventry, Wolverhampton, Tutbury, Cannock, Dudley, bzw. Nuneaton, Kenilworth, Warwick, Studley). Städtisches Leben begann sich rascher zu entfalten. Neben dem auf Selbstversorgung gerichteten Ackerbau erlangte die Schafzucht auf den Kalkplateaus eine immer größere Bedeutung, und der Woll-, später der Tuchhandel blühten auf [618*; A 67, 613]. Über ein Dutzend Zisterzienserklöster der Midlands beteiligten sich an der Wollausfuhr [624*]. Schon im 12. Jh. hatten Nottingham und Oxford auch Webergilden; die rotbraunen Wollstoffe („russets") von Oxford und Leicester waren geschätzt. Gute Walkererde lieferte der Oolith. Die Wolle der nö. Midlands wurde auf den Flüssen nach Lynn, Boston, Hull gebracht und von dort in das Ausland versendet, die der Cotswolds und selbst die von Worcester zur Themse nach Lechlade und auf dieser hinab nach London oder auch über Land nach Salisbury und zur S-Küste befördert. Wo immer Wasserwege zur Verfügung standen, zog man sie vor. Auf dem Severn konnten die kleinen Seeschiffe sogar bis Gloucester und Tewkesbury gelangen, Bewdley war ein Flußhafen; flache „trows" befuhren selbst die Strecke bis Shrewsbury. Northampton und Nottingham hatten lebhaften Flußverkehr. Hemmende Brücken gab es kaum, über den Trent unterhalb Nottingham nur die bei Newark, nur wenige über die Themse. Wohl war auch die Bootfahrt nicht ohne Schwierigkeiten, durch Strömungen, Untiefen, oft durch Hochwasser, manchmal durch Vereisung unterbrochen, aber noch unangenehmer war der Landverkehr. Denn selbst die Hauptstraßen waren schlecht, namentlich auf den morastigen Tonböden, die sie wiederholt queren mußten, obschon sie sich möglichst an die trockenen Kalk-, Sand- und Schotterstriche hielten, die Straße Gloucester—Abingdon z. B. an die Oolithkalke zwischen Birdlip und Fairford, an den Corallian Limestone zwischen Faringdon und Abingdon, an den Unteren Grünsand bei Dorchester. Die Niederungen wurden mitunter auf einem Damm übersetzt, so zu LELAND's Zeit die Gaulttone zwischen Aylesbury und Wendover oder die Trentauen bei Nottingham [65 a*, 624*, 625*].

Infolge der Schicksalsschläge des 14. Jh. ging die Tucherzeugung stark zurück. Mit Ausnahme der Gegend von Frome blühte sie um 1400 eigentlich nur mehr in Coventry, Winchcombe („kerseys") und Steventon (sw. Abingdon). Noch waren die Cotswolds ein Hauptlieferant vorzüglicher Wolle. Ihr verdankten die Kaufleute der Cotswoldstädtchen großen Reichtum. Auf ihre Kosten wurden in jenen Jh. viele der Stadtpfarrkirchen in englischer Hochgotik erneuert; in denen von Northleach, Chipping Campden und anderen Orten erinnern noch alte Gedenktafeln aus Messing daran [624*]. Ein gewisser allgemeiner Wohlstand des Landes im 15. Jh. kommt auch in vielen schönen Kirchenbauten der englischen Spätgotik zum Ausdruck [A 618].

Inzwischen hatte der Ausbau des Landes weitere Fortschritte gemacht. Aber noch um die M. des 13. Jh. gab es ausgedehnte Wälder in den Midlands; ganze Gr. waren den forest laws unterworfen, Northamptonshire, Rutland, Leicester [624*]. Zur Zeit des D.B. war Rutland überhaupt kaum vorhanden gewesen, es war ein kaum gelichtetes Waldland, das zu Northamptonshire gehörte, und bis ins 12. Jh. ein Jagdgelände; erst im 12. und 13. Jh. bildete sich die kleine Gr. aus [B 13 d]. Neben die älteren geschlossenen Dörfer germanischen Ursprungs im E, nahe der Ermine Street, waren Rodungssiedlungen vom „ring-fence"=Typ getreten. Nicht lange, und es wurden auch Kaufleute aus Rutland Mitglieder des Staple von Calais [B 13 d]. In Staffordshire wurde das ganze Gebiet 1204 „disafforested", in der 2. H. des 13. Jh. Leicestershire. In Derby- und Oxfordshire wurden 1217 mehr als die Hälfte, in Gloucester- und Worcestershire mehr als $^1/_3$, in Nottinghamshire vielleicht $^2/_3$, in Berkshire $^4/_5$ der Forests von der Krone freigegeben [624*].

Schon im 14. Jh. hatten Leicester- und Northamptonshire, die zu den bevölkertsten Gr. Englands gehörten, eine Volksdichte von über 15, fast alle übrigen Gr. der Midlands 10—15, nur Staffordshire, die dünnst besiedelte, weniger als 10. Allein die großen Krisen vor Einbruch der Neuzeit brachten in manchen Gr. die Verödung ganzer Dörfer (vgl. S. 390).

Der besseren Böden hatte sich das Zweifeldersystem bemächtigt, das erst gegen Ende des Mittelalters, namentlich im SE, allmählich dem Dreifeldersystem zu weichen begann [69*]. Immerhin ging die Landwirtschaft in allen Gr. auch im 16. Jh. noch in den alten Geleisen weiter. Getreidebau und Viehzucht waren die Hauptsache. Gewisse Striche wurden wegen ihres Weizens geschätzt, das „Feldon" („Champaign") von Warwickshire, das Gebiet zwischen Avon und Edge Hill, geradezu als „Eden" gepriesen. Leicestershire rühmte sich seiner vorzüglichen Gerste, Northamptonshire seines Birnmostes, Stafford, Coventry, Warwick, Worcester u. a. Städte waren wichtige Getreidemärkte. Auf den Cotswolds und den anderen Kalkplateaus weideten nach wie vor große Mengen von Schafen. Aber zwischen den Feldern, Wiesen und Weiden gab es auch zu LELAND's Zeiten noch große Eichenwälder: in Rockingham Forest, Kingswood F., in den F. of Bere, of Wyre usw. Sherwood F. war durch seinen Wildreichtum bekannt. Dagegen war das „Woodland" von Warwickshire, das Gebiet w. des Avon, schon stärker von Getreidefeldern und Weiden durchsetzt; und Feckenham Forest in Worcestershire wurde von den Salzsudwerken von Droitwich aufgezehrt. Mehr und mehr Hölzer verbrauchten die Schmelzöfen für die Eisenerze in Warwickshire, die reichen Baumbestände von Cannock Chase schwanden im 17. Jh. dahin [C 96], Needwood Forest wandelte sich in ein Parkland um. Seit der Wende vom Mittelalter zur Neuzeit entstanden viele neue Herrenhäuser und Ansitze [624*].

Stärker waren die Wandlungen im 17. Jh. Die Tucherzeugung und überhaupt das Textilgewerbe breiteten sich wieder weiter aus, vor allem in Gloucestershire (Tewkesbury) und in Worcestershire (Worcester, Bewdley, Kidderminster, das durch seine Vorhangstoffe bekannt war und Garn sogar aus Deutschland einführte), auch in Stafford- und Warwickshire, in Derby- und Nottinghamshire [11, versch.orts]. Im NE blühte die Spitzenerzeugung auf (vgl. S. 424) [B 11a]. Schon früher hatte man Kalke und Sandsteine des Jura als Bausteine, gewisse plattige Gesteine zur Bedachung verwendet, die Schiefer des Charnwood Forest, den Gipsalabaster der Isle of Axholme (vgl. S. 415), der Gegend von Leicester und Burton-on-Trent verwertet, das Salz von Droitwich, das Eisen des Forest of Dean. Jetzt aber wurde dieses zum größten T. in die Hammerwerke der Midlands, deren Wälder daher rasch abnahmen, geschickt, nach Dudley, Wolverhampton, Walsall, Birmingham [C 610; 81b]. Hier gab es schon in der 1. H. des 17. Jh. „Stahlmühlen" und wurden Nägel und andere Eisenkurzwaren verfertigt; die Eisenindustrie war im Werden. Auch die Glasindustrie ließ sich in den Midlands nieder: in North Staffordshire [C 69, 611], in Nottingham, Coventry, Gloucester, Worcester. Stourbridge hatte 1696 17 Manufakturen für Fenster-, Flaschen- und Flintglas [624*]. In Derby wurden Bleierze aus den Pennines geschmolzen. Im NW begannen sich die Potteries zu entfalten [C 614]. Diese industrielle Entwicklung wurde durch die Ausbeutung der Kohlenfelder ermöglicht. Bereits zu CAMDEN's Zeit hatte Staffordshire viele Kohlengruben. Nun stieg die Kohlenförderung rasch an, schätzungsweise von 65 000 tons 1551/60 auf 850 000 1681/90 und auf 4 Mill. 1787/90 [714*]. Immer mehr Kohle wurde auch in andere Teile Englands versandt, auf dem Avon und Severn nach Bristol, auf dem Trent, selbst auf der Themse von Lechlade, später sogar von Cricklade hinab. Flüsse wurden reguliert, und besonders seit dem 18. Jh. entstand das Kanalnetz der Midlands (vgl. S. 392). Die Straßen wurden verbessert und vermehrt, das Turnpike=System eingeführt. Außer den Gr.St. waren viele andere Städte, Coventry, Banbury, wichtige Straßenknoten. Trotzdem waren selbst die größten nach unseren heutigen Begriffen klein [624*]. Zur Zeit Karls II. gab es noch keine mit 10 000 E., Nottingham und Worcester hatten 8000, Derby, Birmingham, Gloucester höchstens 5000. Bloß Birmingham zählte 1700 bereits 15 000 und war ein Jh. später mit 74 000 E. die größte Stadt der Br. Inseln nach London, während die übrigen weit zurückgeblieben waren, Nottingham mit 29 000, Coventry mit 16 000, Oxford mit 12 000, Derby mit 11 000 E.

Gewisse Veränderungen zeigten sich auch in der Landwirtschaft. Um 1700 herrschte noch das Offenfeld-System vor. Northamptonshire wies fast nur uneingehegte Fluren auf, die benachbarten Gr. hatten zumindest ¾ common fields und commons, bloß die w. Midlands mit dem jüngeren Ausbau ihrer Besiedlung weniger als die Hälfte der Gemarkungen im Gemeinbetrieb. Um 1800 waren dagegen die Einhegungen bereits erheblich fortgeschritten, die Gemeinfelder hatten in allen Gr. um mindestens 10% abgenommen. Gerade weil früher verhältnismäßig wenig Einhegungen durchgeführt worden waren, nahmen sie jetzt einen größeren Umfang an: die durch die verschiedenen Enclosure Acts veranlaßten betrugen in Northamptonshire 51,5%, in Rutland und Oxfordshire 46%, in Nottingham-, Buckingham- und Leicestershire über 30%, im W dagegen viel weniger, in Warwickshire 25%, in Gloucestershire 22,5%, in Derbyshire 15,9%, in Staffordshire bloß 2,8%. Um 1830 waren sie dann im großen ganzen abgeschlossen; bloß ausnahmsweise erhielt sich das Offenfeldsystem bis in die jüngste Zeit (vgl. S. 419).

Indes waren in der 2. H. des 18. Jh. noch große Striche uneingehegt, zumal im S zwischen Tetsworth und Oxford und bis nach Northleach, ferner im Vale bei Ivinghoe, hier im Gegensatz zu den eingefriedigten Feldern auf den Chiltern Hills. Sogar im NW, im besten Gebiet, gab es noch viele commons. Die Cotswolds waren 1759 noch offenes Gebiet mit Kuh- und Schafweiden; 1789 war dort alles eingehegt, im Vale of Gloucester zur selben Zeit ungefähr die Hälfte des Pflugbodens. Doch durchzogen gegen Ende des Jh. noch nicht die schönen gewachsenen Hecken die Gefilde. In Worcester- und Staffordshire und in den Wälschen Marken war das Offenfeld-System im 18. Jh. ziemlich verschwunden [67*, 69*, 624*, 625*, 752*; A 113, B 115, 117, 65; C 73; vgl. S. 444].

Durch besonders gute Farmen, Äcker und Weiden war nach wie vor Leicestershire bekannt, seine Viehmärkte waren berühmt [625 a*]. Als eines der reichsten Midlandgebiete galt das Land zwischen Charnwood Forest, Trent, Tame und Anker mit seinen gemischten Betrieben. Die Gr. hatte gute Entwässerung, Fruchtwechsel, ausgiebige Düngung eingeführt und die Viehzucht verbessert. Mehr ließen die Farmen von Oxfordshire zu wünschen übrig. Die Niederungen von N-Wiltshire waren wegen ihres Käses und ihres Specks geschätzt, die Höhen der Gr. wegen ihres Getreides und ihrer Wolle. Cheshirekäse wurde auch in Warwickshire bereitet [C 73]. Flachsbau war ehemals namentlich in den ö. Gr. betrieben worden, jedoch schon im Rückgang. Der Obstbau blühte nach wie vor in Worcester- und Gloucestershire. Schon machte sich indes die neue industrielle Entwicklung in einer Verschiebung der Volksdichte bemerkbar: noch um 1700 war sie in den sö. Gr. größer gewesen (40—60) als in den n. und nw.; um 1800 war sie in Stafford- und Warwickshire bereits auf 80—100, in den sö. nur wenig gewachsen.

Dank der wirtschaftlichen Erholung unter den Tudors, die ihren Höhepunkt unter Elisabeth erreichte, und abermals dank dem wirtschaftlichen und politischen Aufschwung seit den letzten Jz. des 17. Jh. entstand eine große Anzahl prächtiger Wohnbauten, durch welche Landschafts- und Ortsbilder ihre eigenen, neuen Züge erhielten. Viele Schlösser, Ansitze, manor halls, mansions aus jenen Zeiten stehen noch heute, allerdings gewöhnlich nicht mehr in der ursprünglichen Gestalt. Nur einige wenige Beispiele können hier genannt werden: Ashby de la Zouch Castle (2. H. des 15. Jh.), Belvoir Castle (1. H. des 16. Jh.); Quenby Hall (ö. Leicester), Croxall Hall (bei Tamworth), Charlecote Hall (bei Stratford), Hardwick Hall (bei Mansfield), alle im Elisabethstil; Blenheim Palace (bei Woodstock; 1705—1722) und Woburn Abbey (an Stelle der ehemal. Zisterzienserabtei, bei Fenny Stratford; 1747), beide bekannt durch ihre Wildparke. Zahlreich sind ein paar Jh. alte Farmhäuser in den Gebieten mit gutem örtlichem Baustein, während man in den Tonniederungen seinerzeit „wattle-and-daub-", bzw. Fachwerkhäuser errichtete. Erst seit Ende des 17. Jh. verwendete man hier zunehmend Ziegel. Infolge relativ billiger Massenproduktion wurden sie immer mehr auch den einheimischen Bausteinen vorgezogen (vgl. S. 410).

Ältere, mittelalterliche Profanbauten sind wenig übrig geblieben, obwohl es noch etliche Beispiele von „moated mansions" gibt. Sie waren seit dem 12. und 13. Jh. in den gewässerreichen Flachlandstrichen sehr verbreitet (in Northamptonshire allein über 50!). Sehr eindrucksvoll sind die großen Burgen, bzw. Burgruinen, etwa von Kenilworth, Warwick, Tamworth, Rockingham; doch meist sind die Überreste spärlich. Dagegen sind die Midlands in Dorf und Stadt reich an Kirchen aus dem Mittelalter, überwiegend aus der Hochgotik. Auch Früh- und Spätgotik sind gut vertreten, einigemal der nor-

mannische Stil (u. a. St. Sepulchre in Northampton, St. Nicholas in Leicester).
Namentlich für die gotischen Kirchen Northamptonshires ist eine gewisse
Art von Turmhelmen („broach"-Typ) bezeichnend, die weiter s. selten ist.
Bemerkenswert ist die schon um 680 erbaute Kirche von Brixworth (w.
Northampton).

Von der Industrialisierung des 19. Jh. wurde ein Teil der nw. Midlands
am kräftigsten erfaßt. Zu seinem Beginn waren sie noch überwiegend mit
Ackerbau und Viehzucht beschäftigt gewesen und bis zur Mitte des Jh. nahm
die ländliche Bevölkerung entsprechend der natürlichen Vermehrung zu.
Das damalige Bild der Landschaft hat sich in den Strichen, die nicht von
der Ausbreitung der Industrielandschaft erfaßt wurden, in wesentlichen
Zügen bis heute erhalten [C 72]: es wird von kleinen Feldern beherrscht,
deren Heckenrahmen mit ihrem Buschwerk von der Ferne einen dichten
Wald vortäuschen. Die Dörfer werden von ihren Fluren umschlossen, eine
Gruppe kleiner Häuser und Bauernhöfe, die neben der Kirche stehen und
vom Friedhof oft nur durch eine Ziegelmauer getrennt sind. Dazwischen
sind vereinzelte Gehöfte inmitten ihrer Felder über das leichtwellige Gelände
verstreut. Noch waren aber die Häuser aus örtlichem Baustein erbaut, wo
solcher fehlte, meist aus Lehm, in den reicheren Gebieten schon aus Ziegeln.
Feldwege und kotige Fahrwege führten aus dem Dorfe heraus, das von der
Hauptstraße nicht berührt wurde. Auf dieser fuhren die Postkutschen, deren
Verkehr manche Kleinstadt viel von ihrer Wohlhabenheit verdankte. Während aber in den trockeneren ö. Gr. mehr Gerste und Weizen gebaut wurde
und die Schafzucht vorherrschte, waren in Staffordshire die Weiden häufiger.
Im W wurden mehr Hafer, dessen Mehl ein Hauptnahrungsmittel der ärmeren Bevölkerung war, und Kartoffeln gepflanzt und mehr Milchvieh gehalten.
Übrigens wurde auch in Staffordshire und S-Derbyshire viel Gerste gebaut
und an die Brauer von Burton verkauft, das Haferstroh an die Töpfer der
„Potteries". Mit Fleisch, Milch und Käse wurden die Fabrikarbeiter beliefert, Käse aus Derbyshire sogar von Händlern aus London aufgekauft und
auf dem Trent und über das Meer dorthin gebracht. Die anwachsenden
Industriezentren lockten aber immer mehr von der bäuerlichen Bevölkerung
an, die ländliche Bevölkerung wuchs seit den Fünfzigerj. nicht weiter, im
Gegenteil, sie begann abzunehmen. Im Zusammenhang mit der Entwicklung
der Eisenbahnen, des Nachrichtenwesens, des Überseehandels usw. mußten
sich auch die Midlandsfarmer umstellen. Die Landwirtschaft nahm seit den
Siebzigerj. allmählich ihr heutiges Gepräge an. Viehzucht erschien vorteilhafter als Ackerbau, der Weizen wurde auf die geeignetsten Böden beschränkt,
im übrigen aus dem Ausland bezogen; auch die Gerste verlor an Fläche.
Dafür nahm der Anbau von Futterhafer, Futtergräsern und Hackfrüchten zu.
Immerhin haben in den s. und nö. Midlands Weizen und Gerste eine gewisse
Bedeutung behauptet. Zwischen 1840 und 1880 waren die Wandlungen in der
Landwirtschaft verhältnismäßig gering gewesen trotz verschiedener Versuche
einzelner, sie zu heben, Land urbar zu machen, besser zu düngen usw. Stark
ausgeprägt war jedoch bereits die Tendenz, gegenüber früher viel mehr flüssige Milch als Butter und Käse in den rasch anwachsenden Städten abzusetzen [C 619].

Im allgemeinen beschränkt sich jetzt der Ackerbau auf die leichteren
Böden, wobei er die kalkhältigen bevorzugt. In allen Gr. nimmt unter den
Halmfrüchten der Weizen die erste Stelle ein, zum Unterschied von Westengland, wo der Hafer an der Spitze steht; allerdings ist schon in Leicester-
und in Staffordshire die Hafer- fast ebenso groß wie die Weizenfl., z. T.

wegen des Haferstrohs im Zusammenhang mit der Molkereiwirtschaft der Industriegebiete, hauptsächlich aber wegen des Anbaus von Futterhafer. Gerste für Brauereizwecke bieten einerseits die nö. Midlands, anderseits E-Shropshire um Bridgnorth und Shifnal, dessen breitährige Gerste von der Industrie sehr geschätzt wird, indes den Nachteil hat, daß sie der Wind leicht bricht. Etwas Roggen baut man noch in N-Staffordshire, wo in sein Stroh die Tonwaren der Potteries verpackt werden. Verschiedentlich werden Zuckerrüben gepflanzt (Fabriken von Kelham, Newark, Kidderminster). Im allgemeinen herrscht die vierschlägige Fruchtfolge von Norfolk. In der Nachbarschaft der Großstädte werden überall Gemüse, auch Kartoffeln angebaut, namentlich auf den sandigen Böden. Große Gemüsegärten und viele Kartoffelfelder weisen zumal die Triassandsteine des Severntals oberhalb Worcester auf, ferner die Gegend von Bromsgrove und das Vale of Evesham, das zu den reichsten Obstbaustrichen Englands gehört (vgl. S. 445 f.; Abb. 6).

Die schwereren steifen, kalten Tonböden, z. B. des Keupers im ehemaligen Forest of Arden und in Leicestershire, die Lias- und Oxfordtone tragen größtenteils Grasland, in ihrem Bereich herrscht die Rinderhaltung weitaus vor. Sie dient meist der Molkereiwirtschaft, deren Aufschwung dem Bedarf der Industriegebiete zu danken ist, die aber selbst London beliefert; weniger der Viehzucht oder der Mast. Immerhin werden Rinder aus den Wiesengründen zwischen den Cotswolds und der oberen Themse auch ausgeführt, solche aus den nö. Kalkplateaus nach Ostanglien zur Mast gebracht. Shorthorns sind die beliebteste Rasse. Die Rinderdichte ist besonders hoch auf den schweren Böden von Mittel-Staffordshire (über 70/ha). Die Schafzucht hat ihren Hauptbereich auf den Kalkhöhen von den Cotswolds angefangen bis nach Rutland und Lincolnshire, auf den Sandsteinen von E-Shropshire ist sie bedeutend (über 200/ha); die Downs und Leicesters sind die bekanntesten Rassen, auch die Shropshireschafe zugleich wegen ihres Fleisches und ihrer Wolle geschätzt [717*]. Schweinezucht hat sich im Anschluß an die Molkereiwirtschaft ansteigend entwickelt; schon früher war sie in einzelnen Gebieten (Tamworth) bemerkenswert. Sehr zugenommen hat neuestens die Hühnerzucht, vornehmlich in den w. Midlands, sie ist jedoch mit der von Lancashire nicht zu vergleichen (im ganzen fast 10 Mill. Hühner); auch die Entenzucht ist verbreitet, vor allem in Buckinghamshire (vgl. S. 391).

Die heutigen Midlandindustrien zeigen die schon in der vortechnischen Zeit erkennbare Raumverteilung [716*]. Die meisten von ihnen sind ursprünglich bodenständig gewesen. Sie arbeiten mit der einheimischen Kohle, die in gewaltigen Mengen gefördert wird, im M. der J. 1927—1931 nicht weniger als 50, 1931—1935 46 Mill. tons, fast ¼ der Ges.Erz. Großbritanniens (Kohlenfelder von: Nottingham-Derbyshire 26,6 Mill. tons; North Staffordshire 5,9; South Staffordshire 6,2; Warwickshire 5,0; Leicestershire 2,4) [113*]. Erst jüngst sind überdies Erdöllager erschlossen worden (vgl. S. 408). Nur infolge des Vorhandenseins von Kohle konnte sich in verschiedenen Industriezweigen, die ehemals auch die örtlichen Rohstoffe verwerteten, während sie heute in hohem Maße oder fast ganz auf Zufuhr aus anderen Teilen des Landes oder sogar aus Übersee angewiesen sind, das geographische Beharrungsvermögen geltend machen, so in der Wirkwaren- und Lederindustrie, in der Tonwaren- und in der Eisenindustrie, zumal der des Black Country, zeigten doch schon um 1850 die besten Erzlager der Coal Measures von South Staffordshire Anzeichen der Erschöpfung. Zwar werden die tatsächlichen Vorräte des Gebietes noch auf mindestens 1 Milld. tons geschätzt, aber sie sind jedenfalls derzeit nicht abbauwert. Einen gewissen Ertrag an

Eisenerz gewähren die Coal Measures von North Staffordshire (dermalen jährl. 100 000—150 000 tons). Weitaus mehr liefern die Bergbaue im Unterlias von Frodingham und Scunthorpe im n. Lincolnshire, bei einem mäßigen Erzgehalt von durchschn. bloß 22% Eisen, fast ¼ der brit. Eisenerzeugung; noch mehr, rund ²/₅, die zwischen Lincoln und Northampton aus den Northampton Sands (vgl. S. 409) [A 24, B 72]. In beiden hat die Ausbeutung jüngst zugenommen, in den ersteren von 1,8 Mill. tons im M. der J. 1930—1932 auf 2,6 Mill. 1934—1936, bei den letzteren von 3,2 Mill. auf 4,4 (1936: 4,93). Die Eisenerze der Northampton Sands gehören mit einem Eisengehalt von 33% zu den reichsten Großbritanniens — nur übertroffen von den Hämatiten Cumberlands und Lancashires; ihre Vorräte sind die größten der Br. Inseln, bei dem gegenwärtigen Verbrauch schätzungsweise für etwa 500 J. ausreichend. Auch der „Marlstone" des Mittellias (vgl. S. 406) enthält Eisenerze, von denen in den Gebieten von Caythorpe (S-Lincolnshire), Holwell und Easton bei Melton Mowbray (Leicestershire) und Banbury jährl. je 1—1,5 Mill. tons gehoben werden. Insges. werden die Reserven des Juragürtels auf 2,8 Milld. tons beziffert (in Oxfordshire — Banbury! — 320, Northamptonshire 1750, Lincolnshire 874 Mill. tons). In steigendem Maße liefert er das im U.K. verbrauchte Eisen (1937: 47,6%) und Stahl (1945, einschl. Nottingham- und Derbyshire: 33,9%). 36% der in diesem Industriezweig tätigen Arbeiter sind dort beschäftigt [752*]. Der Verbreitung der Eisenerzlager entspricht die der Schmelzwerke und Hochöfen: in den w. Midlands hat deren Zahl in den letzten Jz. stark abgenommen — in Staffordshire seit der M. des vorigen Jh. von rund 200 auf etwa zwei Dutzend —, in Lincoln-, Northampton- und im ö. Leicestershire trotz des Fehlens der Kohle sehr zugenommen (rund 50), denn seit 1913 kann man 2 tons Erz mit 1 t Kohle schmelzen, zumal die geförderten Erze leichtflüssig sind. Auch können diese durch eine Art Tagbau gewonnen werden, so daß die Gestehungskosten verhältnismäßig gering sind: mittels Maschinen wird die bis zu 15 m mächtige Deckschicht abgeräumt. Eine Zeitlang hat die damit verbundene Zerstörung der Böden berechtigte Klagen verursacht, obwohl man da und dort mit der Pflanzung von Lärchen, Eschen und anderen Bäumen auf dem entstellten Gelände einen gewissen Ersatz zu schaffen versucht. Der Aufschwung der Erzförderung wurde übrigens erst durch die Aufnahme des basischen Siemens-Martin-Verfahrens ermöglicht [113*]. Die Hauptsitze der Schmelzindustrie befinden sich zwischen Kettering, Wellingborough und Corby (vgl. S. 409 f., 412), bei Scunthorpe (vgl. S. 416) und bei Melton Mowbray (Holwell). Von hier aus werden die Eisen- und Stahlwerke der Midlands, namentlich im Black Country, überdies die Eisenindustrie von S-Derbyshire und S-Yorkshire versorgt, etwas Roheisen sogar über Boston nach Schottland und dem Kontinent ausgeführt. Ein Teil der Erze wird im Bereich des Kohlenfeldes von Derby-Nottinghamshire geschmolzen.

Die Eisenverarbeitung selbst hat ihr Zentrum in Birmingham und im Black Country (vgl. S. 458). Im übrigen erzeugen Nottingham und Leicester die für ihre Spitzen-, Wirkwaren- und Lederindustrie, die Potteries die für ihre Keramikfabriken erforderlichen Maschinen. Derby, Stafford, Swindon haben Lokomotivfabriken, Leicester stellt Heiz- und Lüftungsanlagen her, Warwick, Nottingham, Rotherham Öfen und Roste, Nottingham, Ilkeston, Chesterfield, Birmingham Röhren für Wasser- und Gasleitungen. Corby verarbeitet seine Erze bis zu fertigen Stahlrohren; der hochwertige Stahl wird neuestens in Northamptonshire selbst bereitet. Frodingham wetteifert in der Herstellung von Trägern, Winkel- und T-Eisen

mit den Clevelands. Die ö. Midlands sind außerdem durch die Erzeugung
von landwirtschaftlichen Maschinen und Geräten weltberühmt. Eisengießerei
und Gußeisenindustrie haben Derby und überhaupt S-Derbyshire usw.
Werkzeugmaschinen werden in Birmingham, Wednesbury, Dudley, Wolverhampton, Coventry, Stratford, Stafford, Leicester, Newark-on-Trent hergestellt.

Auch die übrigen Metallindustrien haben einen ihrer wichtigsten Stand-
orte in den Midlands, u. zw. wieder in und um Birmingham, das heute
geradezu als „metallurgical capital" von Großbritannien bezeichnet wird.
Die Kupfer- und Messingindustrie, die sich mehr und mehr von S-Wales
hierher verlagert hat, die junge Aluminiumindustrie, die Erzeugung von
Bronze- und Nickelsilberwaren gruppieren sich um diesen Mittelpunkt.
Geschickte Arbeiter und gute Absatzmärkte stehen zur Verfügung, z. B. für
Kupferfabrikate zu Swindon. So waren in Birmingham und im Black
Country 1931 rund 75 000, d. i. 49% aller Metallarbeiter Großbritanniens
(außerhalb der Eisenindustrie), beschäftigt, von ungef. 40 000 Arbeitern der
Messingindustrie entfällt fast die Hälfte auf das Gebiet [113*]. Erzeugnisse
aus Aluminium spielen in der Auto-, Flugzeug-, Schiffbau- und elektrischen
Industrie eine große Rolle; Birmingham selbst befaßt sich überdies vorzüglich mit der Herstellung von Haushaltsware und anderen Gegenständen
aus Aluminium. Messingindustrie hat ferner Wolverhampton, Coventry
Aluminium- und Bronzeindustrie. Darüber hinaus ist Birmingham, neben
London und Sheffield, in Gold-, Silber- und Juwelierarbeiten hervorragend
tätig. Berühmt war die Nähnadelindustrie von Redditch und anderen benachbarten Orten, doch hatte sie sich neuestens infolge deutschen Wettbewerbs
mehr auf die Anfertigung von Stricknadeln umgestellt; und die Messingindustrie ist etwas zurückgegangen, dafür hat die Fahrradfabrikation zugenommen. Im Anschluß an diese hat sich während des letzten halben Jh.
eine großartige Autoindustrie entwickelt, in Wolverhampton, wo die ersten
Motorräder hergestellt wurden und das heute in der Herstellung der verschiedenen Typen derselben führend sowie außerdem durch seine Autos
bekannt ist; in Coventry, das hauptsächlich Motoren und Flugzeuge baut;
in Birmingham, das namentlich Lastkraftwagen produziert, die größte Auto-
fabrik der Midlands hat und Autozubehörteile liefert. Tatsächlich sind ja
alle Gewerbe, die für den Bau von Motoren und Autos Einzelteile anfertigen,
in den w. Midlands vorhanden, wodurch die Autoindustrie von Lancashire
und N-Cheshire anscheinend in zunehmendem Maße angelockt wird. Doch
haben auch Nottingham, Derby, Oxford Autoindustrie, ja selbst Towcester
und Abingdon. Außerdem werden Lastkraftwagen in Warwick, Stratford,
Rugby, Chassis u. a. in Tamworth, Lichfield, Leamington, Motorräder in
Stroud, Gloucester, Malvern erzeugt. Im Zusammenhang mit diesem Industriezweig stehen die Gummifabriken von Wolverhampton, Stoke-on-Trent
und insbesondere das gewaltige Unternehmen der Dunlopwerke von Birmingham. Neuestens fabriziert auch Melksham (am Bristol Avon) Autoreifen und andere Gummiwaren. Die elektrische Industrie blüht in Rugby
(elektrische Apparate und Maschinen, Turbogeneratoren), Coventry (Rundfunkgeräte), Loughborough (Kraftmaschinen) und besonders wieder in Birmingham und seiner Umgebung (Walsall, Bilston; Rundfunkindustrie).

Die Textilindustrie ist im wesentlichen auf den Raum um Nottingham
und Leicester beschränkt, die sog. „knitwear province", in welcher Strick-
und Wirkwaren aus Baumwolle, Wolle, Seide und Kunstseide hergestellt
werden: in Leicester, Hinckley, Loughborough, Shepshed, Nottingham, an

verschiedenen Orten im Derwenttal bis Belper hinauf, im Erewash- und Leental, zu Sutton-in-Ashfield und Mansfield. Außerdem ist die Spitzenerzeugung von Nottingham und Long Eaton (zusammen über 250 Firmen), von Beeston, Sandiacre berühmt; an ihr nehmen auch etliche kleinere Orte im Umkreis von Nottingham bis Heanor, Loughborough und Derby teil (1931 14 000 Arbeiter). Die einst blühende Seidenindustrie von Derby ist ebenso wie die von Nottingham heute unbedeutend, die von Coventry so gut wie erloschen. Dafür hat sich die Kunstseidenindustrie in den letzten Jz. in der „knitwear province" niedergelassen, in Nottingham, Leicester, Ilkeston, Long Eaton, neuerdings auch in Coventry, Nuneaton, Wolverhampton. Wollindustrie wird gegenwärtig bloß in den Cotwolds mit Stroud als Mittelpunkt und in Leicestershire (zu Leicester, Loughborough, Melton Mowbray) betrieben. Noch immer spezialisieren sich Witney auf Bettdecken, Kidderminster und Stourport auf Teppiche. Die Baumwollindustrie, die zu Beginn des 19. Jh. in Nottingham und seiner Nachbarschaft hervorragend war, spielt in den eigentlichen Midlands keine Rolle. Sehr entwickelt ist dagegen die Bekleidungsindustrie in den großen Fabrikstädten Birmingham, Walsall, Wolverhampton, Leicester usw. Dieses, Nottingham, Northampton haben ihr Ledergewerbe zu einer großartigen Schuh- und Stiefelindustrie ausgebaut; Birmingham und Walsall sind besonders in der Herstellung von Koffern, Taschen, Mappen ausgezeichnet tätig. Schließlich fehlt auch die Juteindustrie in den Midlands nicht (Walsall, Tamworth, Beeston; Kabelfabriken in Coventry und Derby).

Die Herstellung von Lebens- und Genußmitteln tritt in den Midlandstädten im Vergleich zu den großen Küstenhäfen zurück. Bekannt sind aber die Schokoladefabriken von Birmingham, die Tabakindustrie von Nottingham, die Brauereien von Burton. Um Birmingham nimmt übrigens die Lebensmittel- und Getränkeindustrie neuestens zu.

Eine alte bodenständige Industrie knüpft sich an die Verwertung der einheimischen Steine und Erden, u. a. mit den großen Zementwerken des Juragebietes. Allerdings werden dessen Bausteine heute nicht mehr so ausgebeutet wie früher, viele Steinbrüche sind aufgelassen oder überhaupt verfallen; nach den Stonefield Slates herrschte noch vor zwei Jz. eine gewisse Nachfrage (vgl. S. 403). Große Zementwerke haben Rugby, Leicester, Loughborough, Newark, Nottingham, Uttoxeter, Burton, Birmingham. Groß ist die Zahl der Ziegelwerke; sie verwerten Keupertone, eiszeitliche Bändertone, Lehme. Dagegen arbeiten die Potteries, die in rund 300 Betrieben 35% der ganzen Keramikarbeiter Großbritanniens beschäftigen, heute nicht mehr mit den einheimischen örtlichen Rohstoffen (vgl. S. 454). Dort haben sich ebenso wie im Anschluß an die Metallindustrie des Black Country gewisse chemische Industrien (Färberei, Glasieren u. dgl.) entwickelt; Farbenfabriken haben u. a. außer Birmingham, Wednesbury und Oldbury auch Stafford und Madeley. Bei Stafford, Stone und zumal Droitwich wird Salz gewonnen.

Über die Entwicklung der Bevölkerung seit dem Ende des 18. Jh. gibt umseitige Tabelle Aufschluß.

Während des 19. Jh. hat sich demnach die Bevölkerung der Midlands im ganzen verdreieinhalbfacht, 1801—1931 verviereinhalbfacht. Aber während sich die von Oxfordshire nicht einmal verdoppelte, die von Northamptonshire kaum auf das Dreifache anwuchs, ist die der stärker industrialisierten Gr. auf das 6—7fache angestiegen. Auch hat sich das Ausmaß des Zuwachses im Laufe der Zeit geändert. In Staffordshire war er um die M.

des vorigen Jh. am größten gewesen (1831—1841 24,4%), in Warwick- und
Nottingham- und Leicestershire 1871—1881 (16,3, bzw. 19,3%). In Warwickshire entfällt der Hauptanteil der Zunahme auf das Wachstum Birminghams.
Im 20. Jh. weist sonst nur Nottinghamshire eine größere relative Zunahme
auf. In Oxfordshire, das in der 1. H. des 19. Jh. noch das normale Wachstum einer landwirtschaftlichen Gr., in der 2. nur mehr ein geringes gezeigt
hatte, macht sich neuerdings der Einfluß einer beginnenden Industrialisierung bemerkbar. Die im wesentlichen agrarischen Landschaften zeigen zwar
noch eine gewisse Zunahme der Bevölkerung, allein auch in ihnen gehört sie
hauptsächlich den Städten an. Viele ländliche Bezirke zeigten dagegen
1921—1931 einen erheblichen Rückgang, so u. a. in Oxfordshire Banbury
(—4,0%), in Northamptonshire u. a. Middleton Cheney (—6,7), Oundle

	1801	1851	1901	1931]	Zunahme 1921—1931 in %
Nottinghamshire. . . .	140 350	270 427	514 459	712 731	11,2
Leicestershire	130 082	230 308	437 490	541 861	9,6
Rutlandshire	16 300	22 983	19 709	27 401	— 5,3
Northamptonshire . . .	131 757	212 380	335 628	361 313	3,4
Oxfordshire	111 977	170 434	179 662	209 621	10,6
Warwickshire	206 798	475 013	897 835	1 535 007	10,1
Staffordshire	242 693	608 716	1 234 533	1 431 359	5,6
Worcestershire	146 441	276 926	488 355	420 056	5,6
Gloucestershire	250 723	458 805	634 729	786 000	3,9
	1 377 121	2 725 992	4 742 400	6 035 349	

(Die Gebietsveränderungen der einzelnen Gr. sind hiebei nicht berücksichtigt, Wilt-,
Berk- und Buckinghamshire, die über die Midlands weiter hinausgreifen, nicht mit eingeschlossen.)

(—5,6), Towcester (—5,1), in Leicestershire Hallaton (—11,0) und Belvoir
(—6,3), in Warwickshire Tamworth (—6,7) und Monks Kirby (—4,0), in
Staffordshire Uttoxeter (—13,5), Stafford (—12,4), Mayfield (—6,9), in
Nottinghamshire nur Misterton (—4,6%); in Worcestershire nahm die Bevölkerung in 8 von 12 R.D. ab, in Gloucestershire in 10 von 20. Zugenommen
hat sie nur in jenen Landbezirken, in welche Industrie oder Bergbau eingedrungen sind, wie z. B. um Coventry (Abb. 70), oder welche in den Siedlungsraum einer benachbarten Großstadt einbezogen wurden. Um diese
gruppieren sich wie immer die Gebiete größter Volksdichte, mit 200 bis 500
und mehr, während sie in den rein ländlichen Bezirken meist 40 bis 60 beträgt, in der fruchtbaren Severnniederung etwa 80, in den Cotswolds dagegen
auf unter 40 absinkt (R.D. Northleach 25, Stow-on-the-Wold 35, Winchcombe 37, Cirencester 37), in vielen Gemeinden sogar unter 20 (vgl. S. 401)
[92*].

Den Midlands gehört eine der größten Stadtverwachsungen („conurbations") an, Birmingham mit dem Black Country mit nahezu 2 Mill. E.
(1931: 1,86 Mill.), von denen etwas mehr als die Hälfte auf Birmingham
selbst entfallen. Im übrigen zählen sie 7 Großstädte, von denen Stoke-on-
Trent und Nottingham Mittelpunkte kleinerer Bevölkerungsballungen sind
(ungef. 350 000 E.). Auch um Leicester ist eine solche in Entwicklung begriffen (ungef. 260 000 E.).

A. Die südlichen Midlands

Von den Höhen der Chiltern Hills schweift der Blick über die **mittel-englische Tonniederung (Clay Vales)**, deren weite Flächen dem Auge nahezu eben erscheinen; eine grüne Park-, Wiesen- und Weidelandschaft, von einem dichten Gewässernetz durchzogen, mit vielen Dörfern und Einzelhöfen besetzt, verliert sich in der dunstigen Ferne. Hell schimmern die Linien der Straßen, anscheinend wahllos in das Netz der dunkleren Heckenmaschen gezeichnet. Die Rauchdecken der Industrie fehlen, obgleich mitunter deren Gewölk durch das Themsetal, von E-Winden getrieben, heraufzieht. Wohl aber kriechen häufig, besonders im Herbst und Winter, schwere, kalte Nebel den Flüssen entlang und umhüllen den Fuß der Höhen, die gleichzeitig, bei Temperaturumkehr, eine milde Sonne genießen.

Die Niederung, hier 20—30 km breit, verschmälert sich im SW, am (Bristol) Avon, zu einer geräumigen Talfurche; im NE dagegen wird sie noch breiter und geht unmerklich in das Tiefland der Fens über. Schräg zieht sie, im ganzen fast 200 km lang, als einer der auffälligsten Züge im Landschaftsbild durch das mittlere S-England. Hydrographisch ist sie nicht einheitlich, so daß verschiedene „Vales" unterschieden werden müssen: Vale of the White Horse (nach der alten Zeichnung eines galoppierenden Pferdes, die s. Uffington am Abfall der Berkshire Downs in die Kreide geschnitten ist), V. of Oxford, V. of Thame, V. of Aylesbury, V. of Bedford. In Wirklichkeit ist sie keineswegs völlig ebenes Land. Solches schmiegt sich vielmehr nur an die Themse und die Unterläufe ihrer Nebenflüsse; sehr flach sind auch das Vale of the White Horse und zumal das eintönige Thametal vor den Chiltern Hills. Weiter nö. dehnt sich vor deren Fuße die Ebene von Aylesbury aus. Aber gerade vor dem höchsten Punkt der Chilterns zieht eine sanfte Schwelle zur Ouse bei Buckingham, bloß örtlich über 100 m hoch; sie trägt hier die Wasserscheide zwischen Themse und Ouse. Unterhalb Buckingham fließt diese mit unregelmäßigen Krümmungen und wohlausgezogenen Schlingen durch ein leichtwelliges Hügelland hinab zum nassen Bedford Lowland, das geographisch den Fenlands nähersteht (vgl. S. 340). Auch ohne dieses haben nicht weniger als 5 Gr. Anteil an der Niederung, aus der sie fast alle in die

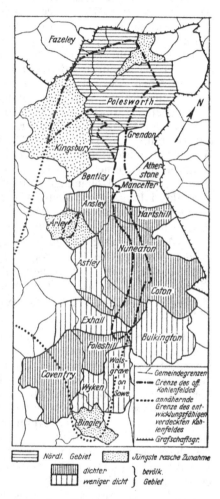

Abb. 70. Wachstum der Bevölkerung im Kohlengebiet von East Warwickshire. (Nach C. E. REDMILL.)

Nachbarschaft übergreifen: Wilt-, Berk-, Oxford-, Buckingham- und Bedford-shire, ganz wenig, im oberen Themsegebiet, überdies Gloucestershire.

Da die Schichten im allgemeinen, obwohl nur schwach gegen SE geneigt, von der Landoberfläche geschnitten werden, gelangt man von SE nach NW in immer ältere Gebilde, u. zw. durchquert man in einem vollständigen Quer-schnitt dreimal Tone verschiedenen Alters: Gault-, Kimmeridge- und Oxford-tone (Abb. 67). Im landschaftlichen Gepräge weichen sie nicht merklich voneinander ab. Allein zwischen die Oxford- und die Kimmeridgetone schal-ten sich die widerständigeren Gesteine des Corallian ein (Upper Jurassic), hauptsächlich oolithische und sandige Kalksteine [214]. Ihnen gehören die Oxford Heights an, die mit den Faringdon Hills im W beginnen (Badbury Hill 160 m) und von Swindon her über Faringdon gegen Oxford ziehen: hier werden sie unter Boars Hill (163 m) von der ungef. 100 m tief ein-geschnittenen Themse durchbrochen. Weiter n. tragen sie, verwickelter gebaut und stärker gegliedert, dabei in S—N oder selbst SE—NW gerichtet, die höchsten Punkte der Niederung: Shotover Hill (180 m) und Muswell Hill (198 m), die von widerstandsfähigen Portlandkalken mit Resten unbedeutend jüngerer Sande (Shotover Sands, entsprechend den untersten Wealdenschichten) gekrönt werden. Weiter gegen NE folgt, von den Oxford Heights durch eine breite Querfurche getrennt, Quainton Hill (185 m). N., bzw. w. dieser Höhenzüge bilden die bläulich-grünlichen Oxfordtone das Tiefenland längs der Themse bis hinüber nach Witney am Windrush, Long Hanborough am Evenlode, Bicester usw., 10—12 km breit. Kaum zu trennen sind von ihnen die sandigen und lehmigen Liegendschichten (Kellaways), deren Ausbiß häufig ein Quellstrich bezeichnet. Das Vale of the White Horse, im S der Faringdon Hills, folgt dagegen den dunkelgrauen, meist schiefrigen Kimmeridge- und Gaulttonen, ebenso das untere Thametal; an dessen Flanke erscheinen sie auch im Sockel von Shotover Hill und Muswell Hill, in welche die Quellerosion tiefe Kerben und Klingen eingenagt hat [14 e, 22, 23 b, c, 215, 216; 19].

Übrigens ist der anscheinend einfache Bau von leichten Wellungen und von Brüchen durchsetzt, die für die Anordnung der Gesteine und des Fluß-netzes oft wesentlich sind [12, 19 a, 31, 33 a]. So knüpft sich der Durchbruch der Themse durch die Oxford Heights an eine leichte Einwalmung im Schichtstreichen, die auch den Lauf des Cherwell bestimmt hat, während sich der Windrush bei Witney nahe einer Verwerfung hält. Längs einer Linie n. Oxford bis s. Bicester bilden infolge einer Aufsattelung Cornbrash und Forest Marble (vgl. S. 197), aus den Oxfordtonen aufsteigend, eine leichte Erhebung, auf welcher mehrere größere Dörfer stehen. Zwischen der Themse und Wheatley (ö. Oxford) verläuft eine Mulde W—E, während das Shotover-gebiet gehoben ist; das Knie des Thame hängt damit zusammen [215]. Abgesehen von diesen tektonischen Ursachen wird die gleichmäßige Aus-bildung von Stufen und Tälern gestört durch den ursprünglichen Wechsel in der Mächtigkeit bestimmter Schichtkomplexe, den Übergang widerstän-diger Schichten in weniger widerständige im Streichen, durch die Ungleich-mäßigkeit der Abtragung des Liegend- vor Ablagerung des Hangendgesteins. Auffallend stark dünnen sich von den Cotswolds her Lias und Oolithe gegen SE hin aus: jener ist z. B. bei Chipping Campden 416 m, bei Burford 191 m, zwischen Fawler und Evenlode nur 21 m mächtig. Auch die Oxfordtone sind verschieden mächtig. Wo die Corallian Beds bei Wheatley weicheren Schich-ten Platz machen, hört ihre Stufe auf. Manchmal lappen die Gaulttone unmittelbar diskordant auf Kimmeridgetone über; dann wird die Niederung besonders weit, wie im Vale of the White Horse oder gar zwischen Fenny Stratford und Aylesbury, wo überdies die Oxfordtone neben ihnen liegen. Immerhin nimmt der Ausstrich des Selbornian (Gault + Unt. Grünsand) den größten Teil des Vale of Aylesbury ein, im SW gegen 7 km breit, im NE noch breiter, während der ältere Teil der Stadt Aylesbury auf einem Portlandsockel steht („Aylesburykalk") [21 c]. Wo anderseits zwei widerständige Schichtfolgen unmittelbar übereinander lagern, sind die Stufen entsprechend höher [39].

Die Entwicklung dieser Ausräumungslandschaft ist noch nicht hinreichend geklärt; jedenfalls kann sie nur im Zusammenhang mit der ihrer benachbarten Gebiete, zumal des Londoner Beckens, der Chiltern und Cotswolds Hills verstanden werden. Während des langdauernden Höchststandes des Lenhammeeres (vgl. S. 10) kann die Landoberfläche über den Vales nicht unter 170—200 m gelegen gewesen sein, d. h. ungef. in der Höhe der Oxford Heights, von wo sie sich in die Schnittflächen auf dem Oolith der Cotswolds fortzusetzen scheint. Doch sind dieser Einebnung ältere vorangegangen, u. a. eine vor der Kreidezeit, deren Ablagerungen diskordant über einem Sockel mit welliger Oberfläche aufgetragen wurden. Gewiß hat die Auffassung viel für sich, daß ein konsequentes Flußnetz durch ein mehr oder weniger subsequentes abgelöst und längs der weicheren Schichten die breiteren Niederungen ausgeräumt worden sind [31]. Dabei wurden einzelne alte Flußläufe durch die Chilterns außer Betrieb gesetzt. Heute führt die Kerbe von Goring, tektonisch vorgezeichnet, allein die Gewässer der sw. Niederung ab. Demgemäß ist im Grunde genommen der Cherwell als der Sammelfluß anzusehen, die obere Themse (Isis genannt im Renaissancelatein von Oxford, hier schon um 1350 Isa oder Ise geheißen [63 a, 623*]), als ein subsequenter Nebenfluß. Auch der Windrush, der die Berkshire Downs in der Lücke von Didcot (Compton Gap) durchfloß, ist abgefangen worden. Ock und Thame sind Schichtflüsse. Zwar ist der Thame von der Chilternstufe an die 10 km entfernt, doch dürfte er sie seinerzeit, als die Kreidekalke noch weiter gegen NW reichten und ihre Stufe dort eben erst herauszuwachsen begann, als Randfluß begleitet haben. Bei der großen Ausräumung sind ansehnliche Gesteinsmassen entfernt worden, um Oxford über 200 m. Weder Schreibkreide noch Tertiär haben sich im Bereiche der Vales gefunden [12, 19 c, 21 c, 22].

Die Hauptausräumung hängt auf das engste mit den tertiären Krustenbewegungen, namentlich mit der Einbiegung des Londoner Beckens, zusammen; zu Beginn des Pleistozäns waren die heutigen Grundlinien des Talnetzes bereits vorhanden, die Tiefennagung weit fortgeschritten. Vermutlich im Oberpliozän hatten sich jene breiten Flächen in 120—150 m H. gebildet, deren Reste uns so oft als Riedelfluren im Inneren und am Rand des Niederungsgürtels begegnen [35]. Auf ihnen mußten die Gewässer schon geringen tektonischen Einwirkungen nachgeben. So mag sich die Wasserscheide zwischen Themse und Ouse sö. Buckingham an einen flachen Wölbungsscheitel zwischen Einbiegungen innerhalb der Niederung geknüpft haben; jedenfalls macht sich bei Ouse und Ouzel schon der Einfluß der Fenlandsenkung bemerkbar. Aber Moränenstreu hat dort der Landschaft eine gewisse Unruhe aufgeprägt und die Anpassung von Formen und Gewässernetz an das Gestein etwas verwischt (vgl. u.).

Im Vergleich zum Londoner Becken sind die s. Midlands stärker von den pleistozänen Vergletscherungen erfaßt worden, allerdings auch nur von

Ferneis und bloß während der ersten zwei Eiszeiten. Der ersten (Be [vgl.
S. 72]) werden mannigfaltige Ablagerungen, Kiese, Sande, Lehme, zugeschrieben, die man bis vor kurzem als „Plateau Drift" bezeichnete und im wesentlichen als Grundmoräne, fluvioglaziales und später mehrfach umgelagertes
Material ansieht. Ortsfremde Geschiebe aus dem W, aus Wales und den
w. Midlands, aus deren Gesteinen auch ursprünglich aus SW-England stammende Bestandteile übernommen wurden, weisen eindeutig auf die Verfrachtung durch die dort nachgewiesene First Great Welsh Glaciation (vgl. S. 367).
Quarze aus dem Buntsandstein der Midlands wurden auf den Cotswolds
bis 300 m H. abgelagert und lassen sich, mit den Plateauriedeln absteigend,
über Oxford hinab bis in den Themsedurchbruch bei Goring verfolgen (n.
Pangbourne in 165 m H.). Der breiteste Streifen zieht durch die Lücke von
Moreton (Moreton Gap) und das Evenlodetal. Eis bedeckte die Niederung von
Oxford, und nur damals erreichte es Berkshire (daher „Berrocien"). Soweit
die Cotswolds nicht von ihm überwältigt wurden, dessen aufgestaute Schmelzwässer die SE-Abdachung hinabflossen, waren sie der periglazialen Verwitterung und Solifluktion ausgesetzt. Flintgerölle nö. Ursprungs verraten
das Vorhandensein eines Gletschers auch im N. Während der zweiten Eiszeit
(Ca [vgl. S. 72]) drang zwar kein Ferneis aus dem W in die sö. Midlands
ein, aber „fan gravels" am Fuße der über 200 m hohen Kalkvorstufe des
Inferior Oolite der Cotswolds zeugen von der Nachbarschaft des Eises [216*,
311]. Dagegen schob sich ein Zweig der Great Eastern Glaciation (oder
Drift) von NE durch das Ousetal längs dem Abfall der Chilterns in den
Oxfordtonen bis in das Vale of Aylesbury vor, von wo der Eisrand s. und w.
von Buckingham bogenförmig, zuletzt nordwärts, in das Vale of Warwickshire hinüberzog. Periglaziale „fan gravels" liegen weiter s. auch am Fuße
der Chilterns.

Die Zerschneidung hat während des Pleistozäns fortgedauert, besonders
im SW-Flügel, u. zw. hier verursacht durch die Eintiefung der Themse [216,
217]. Wie an deren Unterlauf, so kann man durch das Goring Gap herauf
Hoch-, Mittel- und Niederterrassen unterscheiden: die „Hanborough-" oder
„100'-Terrasse" in 21—28 m, die „Wolvercote-" und die „Summertown-(Rad-
ley-)Terrasse" in 10—15, bzw. 4—5 m über der Talsohle. Unter ihnen folgt
die „Northam-", früher gewöhnlich „Flood Plain Terrace" genannt. Aber nur
ausnahmsweise sind alle vier so prächtig auseinanderzuhalten wie in dem
Querschnitt von Radley unterhalb Oxford. Hier stehen das Dorf Radley auf
der Northam-, der Bahnhof auf der Summertown-, die Kirche auf der Wolver-
cote-, Radley College auf der Hanborough-Terrasse. Die leichte Zerstör-
barkeit ihrer Unterlage, der Oxford-, bzw. Kimmeridgetone, ist sonst ihrer
Erhaltung keineswegs günstig gewesen. So fehlt die Hanborough-Terrasse im
Vale of the White Horse und im Vale of Aylesbury völlig, desgleichen an der
Themse oberhalb Oxford; doch zieht sie an deren N-Seite von Lechlade her
bis zum Windrush entlang, auch kehrt sie am Evenlode zwischen Long Hanborough und Church Hanborough und am Cherwell mehrfach wieder. Der
Evenlode wird ferner von der Wolvercote-Terrasse mehrere Meilen begleitet;
im übrigen sind von ihr nur einzelne Reste, z. B. bei Wolvercote selbst (oberhalb Oxford) übriggeblieben. Die Summertown-(Radley-)Terrasse ist am besten
oberhalb Oxford erhalten geblieben, wo sie zugleich die Unterläufe von Windrush, Evenlode und Cherwell flankiert, dann in Oxford selbst und weiter
unterhalb bei Radley und Abingdon. Erst die „Flood Plain"-Schotter ziehen
sich auffallend gleichmäßig neben dem Alluvium dahin, manchmal von diesem überdeckt, manchmal über ihm als niedrige, 1,5—3 m hohe Terrasse, wie

an der Mündung des Windrush. Bei Oxford reichen sie unter das heutige Flußbett hinab [19 c, 22, 35, 37]. Die Talauen selbst werden auch heute noch, infolge der Stauwirkung der Enge von Goring, bei Hochwasser breit überflutet, so oberhalb Oxford, am unteren Cherwell; Ot Moor, neben dem Flüßchen Ray (nö. Oxford), ist weithin versumpft. Vielleicht dauert das Einsinken noch fort, fließen doch die Flüsse streckenweise zwischen selbstaufgeschütteten Dämmen. An der Mündung des Thame ist die Themse gegen S zurückgewichen.

Reste höherer Flußterrassen, die älter sind als die Hanborough-Terrasse, wurden am Evenlode in 115—120 m H. (rel. 50—55 m) bei Combe (w. Woodstock) und beiderseits seiner Mündung, bzw. 10 m niedriger bei Freeland festgestellt und ihre Aufbaustoffe, die sich an den Schutt der als Endmoräne gedeuteten Campden Drift im Moreton Gap [38] anschließen, der II. Eiszeit zugeschrieben. Die Hanborough-Terrasse, bei Freeland abermals 9—10 m niedriger und von der vorigen durch einen Ausstrich von Oxfordtonen getrennt, ist sicher jünger als die unterste „Plateau-Drift". Diese hängt auf das engste mit dem Geschiebeton im Quellgebiet des Cherwell und des Evenlode zusammen, der seinerseits dem Lower Chalky Boulder Clay beigeordnet wird, also der Great Eastern Glaciation entspräche (Ca [216]; vgl. S. 303). Sie ist aber nicht so sehr eine Grundmoräne als vielmehr eine Summe fluvioglazialer Aufschüttungen, die in der Folge wiederholt umgelagert wurden. Früher kalkhältig, ist sie heute entkalkt. Bereits sie neigt sich ganz gleichmäßig zum Goring Gap, freilich nur mehr in einzelnen Fetzen erhalten. Bald reichen diese bis zu den heutigen Flüssen hinab, bald liegen sie hoch über dem Themsetal (auf Boars Hill in 163 m, 108 m über dem Fluß). Zwischen die Plateau-Drift und die Hanborough-Terrasse schalten sich stellenweise weitere Terrassen in etlichen Niveaus ein.

Die Hanborough-Terrasse, mit reichlichen Resten einer wärmeren Fauna (Elephas antiquus) und Abbevillianfunden, dürfte nicht, wie man früher geglaubt hat, dem II., sondern dem I. Interglazial (Milazzian) entsprechen. Die Wolvercote-Terrasse, deren Aufschüttung eine 15 m tiefe Erosion vorausgegangen war, hat keine Reste geliefert; sie wird in das Große Interglazial gestellt. Nicht geklärt ist der Befund der Summertown-Terrasse. Diese enthält nämlich in ihren unteren Schichten eine kalte Fauna (u. a. Elephas primigenius), in den diskordant darüber lagernden, mächtigeren oberen Kiesen eine ausgesprochene warme (Hippopotamus, Urus, Cervus elephas; Scrobicularia). Es ist daher sehr fraglich, ob man sie ohneweiters in das II. Interglazial stellen kann [216] oder ob die kalte Fauna nicht doch schon der vorletzten Vergletscherung (Co; PGl) angehört, die wärmere deren Interstadial oder überhaupt bereits dem letzten Interglazial, wie man bisher angenommen hat [19 c, 39 a]. Für die erstere Ansicht könnte sprechen, daß auch in den Middle Gravels der Swanscombe-Terrasse Mittelacheulwerkzeuge gefunden wurden (vgl. S. 74). In diesem Zusammenhang ist der „Wolvercote Channel" bemerkenswert, eine eigenartige Flußrinne, die bei Upper Wolvercote 12—15 m durch die Wolvercote-Terrasse bis in die liegenden Oxfordtone geschnitten und dann wieder aufgefüllt wurde. Sie birgt im Grunde noch Kiese mit der gleichen warmen Fauna wie die oberen Schichten der Summertown-Terrasse und mit Jungacheulwerkzeugen, darüber zwei Ortsteinschichten, weiter oben eine Torfschicht und Sande, zwar mit gemäßigter Flora und Fauna, die aber doch schon auf eine Klimaverschlechterung hinweisen. Die Hangendtone und -silte und das sie bedeckende „warp" mit ihren Verstauchungen und Solifluktion lassen deutlich das periglaziale Klima einer Eiszeit

erkennen. War dies die vorletzte oder die letzte? Je nach der Entscheidung
richtet sich auch die Deutung der Northam-Terrasse. Da ihrer Aufschüttung
eine Erosionsphase vorausging und nachfolgte, die beide Tiefstände des
Meeresspiegels voraussetzen, könnte sie einem Interstadial der letzten Eiszeit
entsprechen. Parallelisiert man sie mit der Taplow-Terrasse, so bleibt die
vorausgehende Erosion unklar. Im ganzen entspricht sie anscheinend besser
der „Upper Flood Plain"=Terrasse des Themsegebiets.

Die Ursachen der Terrassenbildung sind hier noch weniger geklärt als
im Londoner Becken. Schwankungen des Meeresspiegels sind wohl am wichtigsten gewesen. Auffallend ist, daß die Flüsse, die heute bloß Silte führen,
seinerzeit gröbere Frachtstoffe ablagerten, ohne daß ihr Gefälle steiler war,
auffallend das geringe Gefälle überhaupt, namentlich im Vergleich mit dem
im Londoner Becken. Vielleicht ist seit der Ablagerung jener Schotter eine
leichte Rückkippung eingetreten, daher wohl auch das Übergreifen des jüngsten Alluviums über die „Flood Plain". Isokinetische Bewegungen beim Kommen und Schwinden der Vergletscherung dürften sich mit ausgewirkt haben.
Schließlich haben die Klimaschwankungen als solche die Belastung der
Flüsse beeinflußt, obwohl es bemerkenswert ist, daß gröbere Stoffe sowohl in
wärmeren als auch in kälteren Abschnitten abgelagert wurden.

Noch während der Ausbildung jener Terrassen veränderten sich manche
Züge des Flußnetzes. Ehemals hatten die Oxfordtone weiter gegen N und
NW gereicht; auf ihnen entwickelten die aus den Cotswolds kommenden
Flüsse schöne freie Mäander. Bei der nachfolgenden Verjüngung wurden die
Tone so stark abgeräumt, daß nur noch einige Flecken beiderseits des Even-
lode und am Cherwell übrigblieben. Die Mäander wurden in die Kalke vererbt und ausgezogen, offenbar besonders nachdrücklich von eiszeitlichen
Schmelzwässern, da heute die Flüsse „unterfähig" sind [31a, 34]. Sie haben
eine Schwingungsweite von 0,8 km, so daß sich die Tallänge auf der Mäander-
strecke des Evenlode nahezu verdoppelt. Unter anderem zeigt dieser bei
Long Hanborough prächtige Gleit- und Prallhänge. Die ganze Entwicklung hat sich erst während des Pleistozäns abgespielt. Anderswo glitten
die Flüsse, wenn sie beim Einschneiden auf das festere Cornbrash
unter den Oxfordtonen gerieten, im Schichtfallen gegen S ab und
legten den Untergrund frei [22, 31, 34a, 313; vgl. S. 399]. Im übrigen konnten sie der Tiefennagung der Themse, welche in den weicheren Gesteinen
arbeitete, gerade noch nachkommen; deshalb und wegen der Durchlässigkeit
der Kalke blieben zwischen ihnen mehr oder weniger breite Plateauriedel erhalten. Zur Zeit der Wolvercote-Terrasse floß die Themse ö. von ihrem
heutigen Lauf über Chislehampton nach Dorchester; auch ist sie vor der
Mündung des Windrush mehr und mehr gegen S gegen die Corallianstufe
hin ausgebogen. Der Ock lag zur Zeit der Hanborough-Terrasse noch weiter
n. als heute usw. [19, 22].

Die Vales trugen ursprünglich große, dichte, nasse Wälder und Sümpfe,
im Gegensatz zu den benachbarten Kalkhöhen mit lichteren Beständen und
waldfreien Abschnitten. Die spärlichen altsteinzeitlichen Bewohner hielten
sich vorerst nur an die Terrassen in der Nähe der Flüsse [312]. Stärker stieg
die Besiedlung in der Bronzezeit auf die Schotter der oberen Themse hinab,
als die Weiden auf den Höhen nicht mehr ausreichten und vielleicht am Ende
der jüngeren Steinzeit das trockenere Subboreal den Grundwasserspiegel
senkte. Die Niederungen wurden, abgesehen von Watling Street, von den
wichtigsten vorgeschichtlichen Wegen umgangen, so vom Ridgeway oder Ick-

nield Way (vgl. S. 310). Ähnlich zog der Port Way, vielleicht erst römischen Ursprungs, in tieferer Lage am Fuß der Berkshire Downs von Avebury über Wantage. Bereits damals lag ein Straßenknoten in der Gegend von Banbury, wo Wege von den Cotswolds, von Northampton (Banbury Lane), aus den Chilterns und aus der Niederung selbst zusammenliefen [53, 57 b, 510].

Mehr verstreut war die Besiedlung in römischer Zeit; Reste römischer villae sind nicht selten. An den Schnittpunkten des wohlbedachten Straßennetzes wuchsen größere Orte heran, u. a. Alchester (3 km sw. Bicester), wo sich mit Akeman Street (vgl. S. 370) eine Straße von Venta Belgarum nach Lactodurum kreuzte. Über dieses führte Watling Street nach NW (vgl. S. 371) [57]. Vorgermanische Ortsnamen sind spärlich, häufiger sind keltische Flußnamen (vgl. S. 372). Dorchester wird als „Wasserburg" oder als „Leuchtenburg" gedeutet (um 730 Doric) [623*; 62].

Erst die Angelsachsen ließen sich mit Vorliebe auf den trockenen fruchtbaren Böden in der Nähe der Quellen und Flüsse nieder, auf dem Lower Oolite, dem Corallian, den Portlandschichten, dem Unteren Grünsand, den wasserführenden Schottern und Sanden. Viele ihrer Siedlungen stehen auf Flußterrassen, entlang der Themse besonders gern auf der Summertown-Terrasse (Oxford, Abingdon u. a.). Die Angelsachsen lichteten die großen Wälder und schufen Dörfer und Weiler, nachdem sie die römisch-britische Bevölkerung unterworfen oder in abseitige Waldstriche vertrieben hatten. Die Vales füllten sich mit Namen auf -ton und -tun, auf -field und -cot. Sehr auffällig fehlen Namen auf -ham fast völlig, solche auf -den sind selten, zum Unterschied von den Chiltern Hills. Im feuchten Tiefland bevorzugte man wie immer die etwas erhöhten Punkte mit oberflächlich trockenen, aber in der Tiefe wasserhaltigen Sandböden. In den Talauen sind Namen auf -ey (Insel) nicht ungewöhnlich. Häufig sind die Namen auf -ford. Von den Eigentümlichkeiten der gewählten Ortsstätten zeigen die vielen Namen auf -worth, -well, -leach, -low, -ley, -hoe. Bloß vereinzelt finden sich Namen auf -cester, bzw. -chester (Bicester, Alchester, Dorchester), häufiger die auf -bury, -burgh und -borough. Z. T. spiegelt sich in ihnen der Fortschritt der Besiedlung wider. Nur wenige Namen deuten — übrigens fraglich — auf dänische Niederlassungen (Astrop, Tythrop) [617*; 14 a, b, c, f, 61—63].

Die Lage abseits vom Meer hatte also das Eindringen fremder Feinde nicht verhindert. Von der E- und der S-Küste, durch die Niederungen vom Wash her und durch das Themsetal und über die Downs boten sich Zugänge in das Binnenland der Mitte, in dessen Besitz man ganz S-England leichter beherrschte. Daher die Okkupation durch die Römer, die Kämpfe zwischen Wessex und Mercia, die Vorstöße der Dänen von der Themse und der Ouse her [68, 610, 612, 614; 19]. 571 waren die Germanen unter Cuthwulf von NE nach Aylesbury (Ægelesburh) und Eynsham (Egonesham) vorgedrungen [622* u. ao.]. Im allgemeinen blieb jedoch die Ouse die Grenze zwischen Angeln und Sachsen. Nach der Vereinigung der Teilkönigreiche unter Egbert von Wessex werden Wantage (um 880 Waneting) und Faringdon (924 Fearndun), Headington (1004 Hedenedune), Islip (2. H. des 10. Jh. Isslepe), Woodstock (um 1000 Wudustoc) als Königssitze genannt [11 f], die Münze in Wallingford (821 Wælingford), das Stift zu Abingdon (c. 730 Æbbanduna, 931 Abbandun) [65]. Schon im 7. Jh. war Dorchester Sitz eines Bistums, das von der Themse bis zum Humber reichte (vgl. S. 350). Bensington (571 Baenesingtun) und Thame (675 Tamu) gehören zu den ältesten Orten, zu den älteren auch Buckingham (918 Buccingaham). Mit der Zeit wurde das Gebiet eines der dichtest besiedelten Englands. Von den 230

Namen der Dörfer und Weiler des heutigen Buckinghamshire werden im D.B. rund 200 genannt, seine damalige Bevölkerung wird auf 30 000 geschätzt [624*]. Bloß wenige Ortsnamen weisen auf Neugründungen durch die dünne Herrenschicht der Normannen hin, obwohl der allmähliche Ausbau in der Folge noch neue Siedlungen entstehen ließ (nicht selten zweigliedrige Ortsnamen). Wohl aber wurden seit Wilhelm dem Eroberer Burgen errichtet (Oxford, Bampton, Woodstock usw.) [11 f]. Im späteren Mittelalter brachten die Thronstreitigkeiten, die wirtschaftlichen und sozialen Krisen, der Schwarze Tod, später die Glaubenskämpfe und Bürgerkriege einen starken Rückgang der Bevölkerung. Zwar ist die Zahl der Wüstungen verhältnismäßig gering; immerhin sind von manchen Dörfern nur die Kirche, anderswo Weiler ohne Kirche übriggeblieben.

Am längsten blieben die schweren, zur Versumpfung neigenden Tonstriche gemieden; obwohl teilweise recht fruchtbar, waren sie doch nicht leicht zu entwässern und zu bearbeiten, abgesehen von der Gefahr häufiger Überschwemmungen. Erst infolge der Zunahme der Viehzucht wurden sie in die Wirtschaft einbezogen.

Auffallend ist jedoch, daß der Wald auf den Tonen des n. Berkshire und Wiltshire schon zur Zeit der Domesdayaufnahme weithin gerodet war, verhältnismäßig viel mehr als auf den Kreidekalken im S-Teil der Gr., die Besiedlung dichter, die Zahl der vills größer, die Wiesen bereits sehr wichtig waren [616, 616 a; 61, 61 a; 610]. Leichter zu bearbeiten waren die zerreiblichen sandigen Lehmböden des Corallian, die kalkigen und sandigen Böden der Portlandschichten, die warmen trockenen Böden der feinkörnigen Terrassensande. Danach regelte sich die Verbreitung von Acker- und Weideland; allerdings mit mancherlei Schwankungen. Noch erkennt man z. B. auf den Wiesen von Buckinghamshire Entwässerungsgräben, fast ½ m tief, zwischen denen bis in das 19. Jh. lange, 9 m breite Streifen („lands") lagen, und unbekümmert um die heutigen Wege und Besitzgrenzen ziehen an den Hängen der Downs und der Chilterns ehemalige Ackerterrassen („lynchets") so gleichmäßig entlang, daß man sie mit Strandterrassen verwechseln könnte, erstaunlich wenig abgespült [15, 21 d; 22]. Allmählich ist der Wald aus den Niederungen bis auf kleine Buchen- und Ulmengehölze (zumal auf den Oxford Heights) fast völlig verschwunden. Schon gegen Ende des 18. Jh. ist die Bedeutung von Wald-, Gras- und Pflugland in den Tälern von Oxfordshire nicht wesentlich anders gewesen als heute. Manchmal täuschen allerdings die Parklandschaften der Vales mit dem sichtbedingten Zusammenrücken der Bäume förmliche Wälder vor. Noch ragen in ihnen da und dort mächtige Eichen auf, riesige Eschen, Hainbuchen, Bergulmen, Nachkommen jener einst ausgedehnten Forste, welche Bau- und Brennholz lieferten und Eichelmast für Schweine. Eichen und Ulmen stehen in den Heckenzeilen; Schwarz- und Weißdorn, Haselnuß- und Brombeersträucher, auch der Spindelbaum bilden das Buschwerk [91—93].

Gras- und Weideland herrschen in den Vales beträchtlich vor. In Oxford- und Berkshire nimmt es fast ²/₃, in Buckinghamshire mehr als ³/₄ der Nutzfläche ein (vgl. Tab. 6). Außerdem liegt ein Teil des Ackerlandes regelmäßig brach oder es wird mit Futterfrüchten bestellt. Rinderzucht und besonders Milchwirtschaft sind auf den Tonböden die Hauptsache, im Avontal, im Vale of the White Horse, im Themse- und Thametal, im Vale of Aylesbury; dank der Güte der Weiden ist Kunstfutter unnötig [717*]. Besonders verbreitet ist die Shorthornrasse. Die Schafzucht ist zwar ansehnlich, aber der Zahl nach zurückgegangen. Erst recht hat die Pferdezucht abgenommen; bloß die großen Shire horses, die man noch immer gern vor schwere Lastwagen spannt und für Feldarbeiten verwendet, werden gezüchtet. Schweinehaltung ist relativ unbedeutend. Auf den Tonböden des Vale of Aylesbury sind Ententeiche und Entenzucht häufig, doch ist sie im Vergleich zu etwa 1890 gering (1938: nur mehr 26 000 gegenüber 800 000) [112]. Vom Pflugland entfällt ein ansehnlicher Teil auf den Weizen, in den Niederungen 20—30%. An 2. Stelle steht der Hafer, an 3. die Gerste. Namentlich im unteren Vale of the White Horse, auf den Oxford Heights und in der Themseebene unterhalb Oxford liegt fruchtbares Getreideland allenthalben auf den leichteren Böden. Reichtragende Apfel- und Kirschbäume konnten im Vale of the White Horse gepflanzt werden [72]. Durch seine Wasserkresse ist das anmutige Ewelme (nö. Wallingford) bekannt [11 f, 110, 112, 113].

Wohl beschäftigen sich verschiedene kleinere Landstädte mit allerlei Industrie, doch weisen die Vales wenig wirkliche Fabrikstädte auf und kein größeres Industriegebiet. Möglich, daß sich ein solches, vielen sehr unerwünscht, um Oxford entwickeln wird. Aber es gibt keine Kohle, kein Eisen, keine wichtigen Rohstoffe, keine stärkeren Wasserkräfte. Windmühlen sind früher weitverbreitet gewesen, besonders in Buckinghamshire. Die Tuchweberei, die Oxford und Abingdon vom 13. bis ins 18. Jh. Wohlstand und Blüte verbürgt hatte, ist fast völlig eingegangen, seit sich die moderne Textilindustrie im N entfaltete. Schon im Mittelalter nahm auch die Papiererzeugung ihren Aufschwung, im engsten Zusammenhang mit der Universität Oxford und dem Aufblühen der Buchdruckerkunst, die hier einen ihrer ältesten und wichtigsten Sitze hatte; heute findet man sie in Wolvercote und Eynsham. Auch die Buchbinderei blühte in der Universitätsstadt. Längst verschwunden sind die Brauereien des Klosters Abingdon, die Malzmühle von Wallingford, die Glockengießerei von Oxford und Woodstock. Die handwerksmäßige Erzeugung von Möbeln (besonders von Stühlen), von Molkereigeräten und Kinderspielzeug, wie sie ehemals in den Chilterns daheim war, ist der Fabriksindustrie gewichen. Brill, seit dem 13. Jh. wegen seiner Töpferei hochangesehen, stellt heute nur Ziegel her. Deren Erzeugung war früher im Tongelände sehr verbreitet, besonders in der Nähe der Eisenbahnen (Wolvercote, Summertown, Goring, Bicester usw.), die ihnen den Absatz in das Londoner Becken vermitteln. Bausteine für örtliche Verwendung gibt es genug. Namentlich der „Headington Stone" (aus dem Corallian) wurde bei den Prachtbauten des nahen Oxford verwendet [11 f, 217].

Wie den Vales größere Industrien, so fehlen ihnen auch moderne Großstädte; selbst Oxford ist noch keine. Ziemlich häufig sind kleine Landstädte und Marktflecken mit mehr als 5000 E., aber die ländlichen Siedlungen überwiegen bei weitem, Dörfer, Weiler und Einzelfarmen. Die Dörfer sind durchwegs mehr oder weniger dicht gebaute Straßen-, seltener Haufendörfer, fast alle mit neuen Wachstumsspitzen entlang der Straßen und demgemäß mit dreizinkigem, T- oder speichenförmigem Grundriß. Angerdörfer sind nicht selten. Ein typisches Beispiel eines größeren Dorfes von Oxfordshire ist Kidlington „Green", mit Häusern im Georgstil und kleinen Cottages, mit offenen Plätzen in ganz unregelmäßiger Folge längs der vier Hauptstraßen, die in die Mitte führen, mit der etwas abseits stehenden Kirche [110]. Die Dörfer halten sich an den Quellenstrich am Fuße der benachbarten Höhen, so am Fuße der Chiltern Hills, und an die vor normalen Hochwässern sicheren Terrassen der Flußtäler oder leicht erhöhte Kiesflecken. Bloß wenige nähern sich der Themse oberhalb Oxford, wo sie durch

die breite grüne Talau auf den Tonen zwischen sumpfigen Ufern dahinfließt.
Dazwischen liegen allenthalben Einzelhöfe verstreut. Die Wohngebäude
werden heutzutage nur mehr aus Backstein errichtet und mit Ziegeln gedeckt,
doch stößt man gelegentlich noch auf prächtige Beispiele von „brick and
timber"-Häusern mit Lattenbekleidung und Bewurf („lath and plaster"),
oft gekrönt mit lang hinabgezogenen Strohdächern. Nicht selten sind
die mächtigen Wirtschaftsgebäude daneben, aus schwarzgeteerten oder
dunkel verwitterten Balken und Brettern gefügt [112 a*; 911]. Gerne
umgeben sich die Bauernhöfe mit Obstgärten, die Dörfer mit einem Kranz
alter Bäume. Wo es das Gelände gestattet, schließen sich gegen den Talbach
hin die Wiesen, am Hang hinter dem Dorf die Felder an, auf der Höhe das
Gemeindeland mit Gehölzen, Heide, Busch und Grasflächen. Überhaupt stellt
die Einteilung der Gemeinden eine Anpassung kleiner Agrargemeinschaften
an die verschiedenen örtlichen Bedingungen dar, an Relief, Boden, Wasserversorgung und natürliche Vegetation [12, 112 a*]. Am unregelmäßigsten
sind ihre Grenzen auf den Corallian Heights und im Bereiche der glazialen
Aufschüttungen.

Die größeren Siedlungen verdanken ihren Aufstieg vor allem der Gunst
der Verkehrslage. So auch Oxford. Seine Anfänge hängen damit zusammen,
daß sich hier der Wasserweg der Themse mit einer wichtigen E—W-Straße
schnitt (912 Oxnaford, „Ochsenfurt") [81 d]. Früh im Mittelalter liefen hier
Straßen aus dem ganzen Lande zusammen, von Gloucester über Burford, von
London über Stokenchurch und High Wycombe (viel Wollhandel ist ihnen
einst gefolgt); von Bristol über Malmesbury und Faringdon, von Chichester
über Basingstoke, von Derby, Coventry, Northampton und Peterborough, von
Norwich, Cambridge, Buckingham, Aylesbury [81 c]. Dem Längsverkehr
war durch die Niederung und die Flüsse, dem Querverkehr durch die Öffnungen zwischen und in den umragenden Höhen der Weg gewiesen. Freilich
entsetzlich schlecht sind damals die Straßen auf den Tonböden trotz der
Mühewaltung der Mönche gewesen, vollends verfallen während der inneren
Wirren, wo überdies die Unsicherheit bedrohlich überhandnahm. Immerhin
konnte man schon im 17. Jh. mit der Eilpost („flying coaches") in einem Tag
von London nach Oxford gelangen. Erst mit der Anlegung der Mautstraßen
wurde es besser. Um so wichtiger sind seinerzeit die Wasserwege gewesen.
Die Themse wurde in erster Linie für den Verkehr von schweren Gütern, aber
auch von Personen benützt, trotz der Gefahren, welche ihr wechselnder
Wasserstand oder manchmal Eistreiben verursachten. Man führte auf ihr
Bausteine hinab, ferner Salz, das von Droitwich auf dem Salt Way der Cotswolds nach Lechlade gebracht wurde, Gerste für die Brauereien; seit dem
17. Jh. wurde Kohle auf ihr heraufgebracht. In der Kanalbauzeit wurde sie
zu Beginn des 19. Jh. reguliert und Wehre, Brücken und Schleusen wurden
angelegt. Man verband sie von Abingdon aus durch das Vale of the White
Horse mit dem Avon (Wiltshire—Berkshire Canal), 1790 durch das Tal des
Cherwell mit Birmingham, so daß nunmehr Kohle auf Kähnen nach Oxford geführt und auf der Themse abwärts verfrachtet werden konnte — noch
jetzt dient der Oxford—Birmingham Canal (Leistung 1938: 0,36 Mill. tons
[752*]) zur Versorgung des Oxforder Elektrizitätswerkes [11f]. Der Grand
Junction, bzw. Union Canal (vgl. S. 150) verband die untere Themse durch
die Lücke von Tring mit Aylesbury, Daventry und Birmingham (vgl. S. 94,
413). Auch er ist zwar noch in Verwendung, aber auf der Strecke Aylesbury—Wolverton fast um die Hälfte länger als der Schienenweg. Der Wiltshire—Berkshire Canal ist z. T. verschilft, z. T. überhaupt ausgetrocknet, und

der Verkehr auf der mittleren Themse selbst dient fast ausschließlich dem Vergnügen, besonders für Oxford. Bis hierher kommen große Boote und kleine Dampfer; Kähne und Barken fahren bis Lechlade. In Oxford blüht nach wie vor der Bootsbau.

Die Haupteisenbahnlinien dienen, speichenförmig angeordnet, dem Durchgangsverkehr zwischen London und dem Kanal einerseits, dem übrigen Großbritannien anderseits. Auf der Reise von London nach Bristol, Holyhead, Manchester und Liverpool, Derby, nach Schottland auf dem W- oder

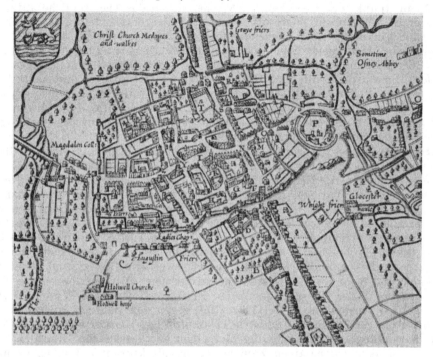

Abb. 71. Oxford im 17. Jh. Aus J. Speed.
A Sainte Giles, B Sainte Iohn Colledge, C Trinity C., D Balliol C., G Iesus C., H Exiter C., I Universitie schools, L All Hallowes C., N Corne Markett, P The Castle, S Saint Aldates, T Christes Church C., V Christes Church, X Merton C., Y Saint Maries, Z All Souls C., 2 Brasenose C., 3 Oriall C., 4 East Gate.

E-Weg übersetzt man die Chilterns, muß man die Vales durchqueren. Prächtig ausgebaut ist das moderne Straßennetz, das der sumpfigen Niederungen und der Höhenunterschiede leichter Herr wurde als die alten Mautstraßen, von welchen die von Henley an der Themse über die Chilterns hinweg nach Oxford und weiter über Woodstock und Moreton in the Marsh nach Worcester noch vor 120 J. der Stolz von Oxfordshire war. Stärker denn je strahlen heute von den Großstädten benachbarter Landschaften Fernwirkungen in die ehemals so stillen Vales.

Für Oxfords Entwicklung (80 539; *98 020*) ist außer der Verkehrs- auch seine Ortslage bedeutsam geworden: es erwuchs im Zwiesel zwischen Themse und Cherwell auf einem 7—8 m hohen Riedel der Summertown-Terrasse, vor Hochwasser sicher, aber auf drei Seiten von versumpften Talauen umgeben und so gegen Angriffe geschützt (Abb. 71). Nur gegen N, dem Riedel aufwärts folgend, führte eine Hauptstraße aus der Stadt hinaus, ohne

die nassen Talgründe übersetzen zu müssen [112 a*]. In der Römerzeit hatte
der Platz allerdings keine Rolle gespielt, zum Unterschied von Dorchester, das den Themsedurchbruch durch die Oxford Heights im S bewachte.
Erst in der angelsächsischen Zeit wurde der Übergang (912 Oxnaford [623*])
und Durchgang durch das Sumpfland über die Themse wichtig genug, um
durch eine Feste geschützt zu werden. 1071 errichteten die Normannen das
Castle im W der Stadt. Heinrich I. erbaute einen Palast. Die Stadt selbst
wurde umwallt — spärliche Reste der Stadtmauer sind noch vorhanden.
Der Schnittpunkt der N—S-Straße, welcher durch das Themsetal heraufkam,
mit der E—W-Straße blieb bis heute der Verkehrsmittelpunkt (Carfax,
„Quatuor Furcas"). Als Brückenort und Straßenknoten (vgl. o.) entfaltete
Oxford sein Marktgebiet über eine ausgedehnte Umgebung, in der Richtung
auf Didcot, Banbury und die Cotswolds, die zum „Oxford District" gestellt
werden. Es wurde Gr.St. und Hauptmarkt von Oxfordshire und nach Aufhebung der Klöster 1546 Bischofssitz, von London hinreichend entfernt, um
nicht von ihm erdrückt zu werden [12, 81 e]. Seine St. Giles Fair wurde von
weit her besucht. Bereits im 13. Jh. hatte es eine Weberzunft und beteiligte
es sich an der Tucherzeugung („russets").

Sein besonderes Gepräge verdankt Oxford seit mehr als einem halben
Jt. seiner Hohen Schule (University College 1249, Merton C. 1264). Colleges
(22 für Männer, 4 für Frauen), Kirchen, Kapellen bestimmen das Stadtbild
mit seinen vielen Türmen, Schöpfungen, angefangen von der vornormannischen Zeit (St. Michael's Church) bis in die Renaissance (Bodleian Library),
aber vor allem der englischen Gotik [11 f; 217, 81 b, f, m] (Abb. 72). Das Leben
der Studenten strömt froh durch seine mit prunkvollen Gebäuden besetzte
High Street. Wohn- und Villenviertel schieben sich auf dem Riedel immer
weiter gegen N vor, andere stehen ö. des Cherwell, wo Cowley und Headington mehr und mehr an die Altstadt heranwachsen. Weniger locken die Niederungen im W der Themse, bis an den Fluß von Boars und Wytham Hills
reichend, zur Ansiedlung [110, 111]. Bloß gegen den Bahnhof zu hatte sich
schon vor einiger Zeit auch Industrie (Dampfpflüge, Heizkörper) eingenistet;
deshalb empfängt der Ankömmling hier einen enttäuschenden Eindruck, der
freilich von dem eigenartigen Zauber der Architektur und des Lebens und
Schaffens der Universitätsstadt bald verwischt wird. In der Zwischenkriegszeit hat sich in Cowley eine großartige Automobil- und Motorenindustrie
(1912 gegr.) sowie Preßstahlindustrie entwickelt, welche jährl. an die 50 000
Wagen erzeugt [751*]. Ansehnlich sind die Druckerei- und Buchbinderei-
gewerbe Oxfords. Von etwa 50 000 im J. 1901 erhob sich die E.Z. seines
Siedlungsgebietes zu der einer Großstadt (etwa 120 000). Im Verkehr spielte
es keineswegs mehr die Rolle wie ehemals. Wohl verlief hier Jz. lang
die Hauptlinie London—Birmingham, indes 1912 wurde die kürzere Verbindung durch die Lücke von Princes Risborough eröffnet. Auch die Hauptstrecke nach Bristol berührt Oxford nicht. Immerhin kreuzen die Linie London—Worcester, die durch das Evenlodetal aufsteigt, Züge aus Birmingham,
Wolverhampton, Bradford, Newcastle zur S-Küste, und die Straßen London—Gloucester—S-Wales und Birmingham—Southampton schneiden hier
einander. Von Southampton, Bristol, Birmingham, Cambridge und London
ist Oxford in der Luftlinie annähernd gleich weit, rund 100 km, entfernt. Das
begünstigt auch den modernen Fremdenverkehr, eine bedeutende Einnahmsquelle der Stadt. Um so begreiflicher ist es, daß die Industrialisierung der
Stadt und ihrer Umgebung bei vielen Bedenken und Mißfallen erregt und
sogar die Wegverlegung der Autoindustrie verlangt wird [81 i, l, n, o].

Dagegen ist B u c k i n g h a m (3083; *3527*), unfern der Grenze der Oxfordtone schon auf Great Oolite, klein geblieben. Es gab der Gr. den Namen, seine Funktion als Gr.St. hat es an Aylesbury verloren. Als Wachtposten ist es dort erwachsen, wo die Ouse aus engerem Tal in die breitere Niederung heraustritt. Obwohl durch einen Zweig des Grand Junction Canal bedient und siebenstrahliger Straßenschnittpunkt, ist es bloß Markt für die fruchtbare Umgebung. Schon um 1800 in argem Verfall begriffen, wenngleich bis heute durch einen malerischen Marktplatz und alte Stadtbilder ausgezeichnet, sah es sein Schicksal besiegelt, als der Herzog von Buckingham, für die Ruhe seines Schlosses zu Stowe (seit 1923 das Gebäude der Stowe

School — ein Beispiel für den Wandel der Dinge; mit einem der gepriesensten Gärten des 18. Jh.) fürchtend, die Anlage der Bahn verhinderte, welche Stephenson von London nach Birmingham dort vorbeiführen wollte [11 e, 913]. A y l e s b u r y (13 387; *19 120*), nicht fern den Pforten von Tring, Wendover und Princes Risborough, die es einst behütete, hat als Eisenbahnknoten mehr Verkehr, engere Beziehungen zu London und etwas Industrie (Büchsenmilch, Hüte, Spitzen, Maschinen, Druckereien). Das Vale of Aylesbury hat die

Abb. 72. Oxford, Christ Church. 1525 von Kardinal Wolsey gegründet. Der Torturm „Tom Tower" 1681/82 von Wren erbaut. Im Hgr. die Kathedrale im Übergangsstil (2. H. d. 12. Jh.), der Helm engl. Frühgotik. (Nach einer käufl. Ansichtskarte.)

besten Straußgras-Raigras-Weiden für „beef cattle" im S, mehr die gewöhnlichen Straußgrasweiden im N, wo die Molkereiwirtschaft vorherrscht. Frischmilchversand ist an die Stelle der bedeutenden Buttererzeugung getreten [112]. Große Vieh- und Wollmärkte hält L e i g h t o n B u z z a r d (7030; in Bedfordshire) ab; wie Aylesbury liegt es schräg gegenüber der Pforte von Tring, jenseits der Gaultfurche, am Eintritt der Ouzel in die niedrigen, waldbestandenen Höhen des Unteren Grünsands (Woburn Sands) [82]. Auf den reich mit Geschiebetonen und Glazialschottern bedeckten Oxfordtonen, an der Kreuzung der „main line" in die Midlands mit der Querlinie Oxford—Cambridge, steht B l e t c h l e y (6170, Eisenbahnwerkstätten, Ziegelfabriken), während das benachbarte Fenny Stratford an der Ouzel und das entferntere und auf Great Oolite gelegene Stony Stratford an der Ouse in ihren Namen an ihre Funktion in römischer und angelsächsischer Zeit erinnern. Stony Stratford, vom Grand Junction Canal berührt, betreibt Bootsbau [11 e]. Lebhaftere Industrie weist W o l v e r t o n (12 873, 5000 Arbeiter) dank der Waggonfabrik (L.N.W.R.) auf. Dagegen hat es den Lokomotivenbau nach der 1866 erfolgten Vereinigung jener Bahnunternehmung mit der Grand Junction R. (Birmingham—Manchester—Liverpool) an Crewe abtreten müssen. Etwas industriell ist auch N e w p o r t P a g n e l l (3956) im Zwiesel zwischen Ouse und Ouzel, das, früher durch Spitzenerzeugung bekannt, Kraftwagen und Wagen herstellt und Brauereien hat. Jüngst sehr gewachsen ist das Gartenstädtchen B i c e s t e r (3110; Flug-

platz) an der direkten Linie London—Birmingham („Bicester route"), halbwegs Buckingham und Oxford, am W-Rand der Oxfordtone auf dem Oolithe
gelegen, aber in einer Landschaft weit mehr von Midland- als von Cotswold-
charakter [110], klein das hochgelegene B r i l l, beide von Wäldern umringt,
einst Jagdgebieten der Könige. Unansehnlich und still sind das freundliche
T h a m e (3012), dessen breite Hauptstraße und Ziegelhäuser im Georgstil
Beziehungen zu Buckingham und Hertfordshire zeigt [110], und das Dorf
Dorchester (774) am Thamefluß (vgl. S. 389); an der Themse der Brückenort
W a l l i n g f o r d (2840; *3526*, trotz seines Kornmarktes) und A b i n g d o n
(7241; *9350*, mit Teppich-, Wollwaren- und Autoindustrie) [65]. Steigende Bedeutung gewinnt D i d c o t (7655) als Bahnknoten und durch die benachbarten Anlagen des R. Army Ordnance Corps und des Milton Stores Depot
der R. Air Force. Bescheiden blieb W a n t a g e (3426) am Fuß der Berkshire Downs, trotz Eisenwerken und Maschinenindustrie; ehemals, um die
M. des 18. Jh., wurde es wegen seines Handels mit Hanf, Tuch, Hüten, Malz
und Mehl als „Golden Wantage" bezeichnet [11 c]. Faringdon ist durch
Rinder-, Schafe- und Schweinemärkte bekannt. Zur „Oxford Region" gehören
schließlich Städtchen an der Themse und ihren Nebenflüssen oberhalb Oxford,
die bereits außerhalb des Vale auf dem Oolite liegen (vgl. S. 402). Auf
den Tonen der Niederung selbst beginnt E y n s h a m (1963) im Tal des
Windrush einige Industrie zu entwickeln. In Lechlade, 50 km oberhalb
Oxford, endigt die normale Bootfahrt auf der Themse (vgl. S. 393).

Zu Beginn des 19. Jh. hatte man in Oxford- und Buckinghamshire ungef.
100 000 Menschen gezählt, d. h. rund dreimal soviel als zur Zeit des
D.B. Im 19. Jh. hat sich die Zahl verdoppelt, im 20. ist sie langsam weiter
gewachsen. Deshalb ist die Bevölkerungsdichte der meisten R.D. ziemlich
klein (40—70). Dabei sind allerhand Verschiebungen eingetreten. Die
Städte in günstiger Verkehrslage sind stärker gewachsen (Oxford), viele
ländliche Siedlungen haben dagegen im Vergleich zu 1831 verloren, manche
sogar recht beträchtlich. Wenngleich heute dank dem Kraftwagen auch in
diesen Landschaften der Verkehr lebhafter pulsiert, wird sich doch ihre
innere und äußere Wandlung immer verhältnismäßig langsam vollziehen.
Ackerbau und Viehzucht werden ihr auch in Zukunft das Gepräge geben,
selbst wenn sich örtlich die Industrie voller entfalten und die Verbindungen
mit den Ballungsgebieten der Midlands und des Londoner Beckens noch
zahlreicher werden. Wohl liegen im NW und im E Kohlenschätze in der
Tiefe, zu Burford Signet in 316 m, zu Balsford (40 km nw. Oxford) in 313 m.
Aber ihr Abbau dürfte sich noch lange nicht lohnen, namentlich im Vergleich
zu den küstennahen Lagern von Kent. So wird hier ein Stück Altengland
zwischen den Industriewüsten der Gegenwart vorläufig erhalten bleiben, ein
Zwischengebiet zwischen dem „Metropolitan" und dem „Industrial England",
keineswegs scharf abgegrenzt gegen sie, sondern durch vielerlei Übergänge
und Beziehungen in Landschaft und Leben mit ihnen verknüpft.

Gegen SW spitzt sich der Gürtel der Vales aus; zugleich sind hier, nahe
der Wasserscheide zwischen oberer Themse und Bristol Avon, selbst die
Oxfordtone stärker zerschnitten. Die flachen Riedel zwischen den Tälern
lassen eine alte Abtragungsfläche erkennen, die vielleicht noch zur Zeit der
Hanborough-Terrasse ganz allmählich von den benachbarten Kalken auf die
Tone übergriff. Der Bristol Avon besorgt die Entwässerung. Bei Bradford
tritt er in seinen Durchbruch durch die Cotswolds ein und beschreibt in ihm
eine große Schleife oberhalb Bath, gegen welche von N her auffallend viele
kleinere Täler zusammenlaufen. Oxfordtone, zuunterst mit den Kellaways-

schichten, die hier nach dem Dorfe Kellaways (nö. Chippenham) ihren
Namen erhalten haben, und Kimmeridgetone, soweit gut entwässert, größtenteils Grasland, bilden auch hier die Niederung, während dazwischen die
niedrigeren Anhöhen der Kalksandsteine des Corallian, die zu leichten sandigen Lehmen verwittern, Wiesen und Äcker, die schweren Lehme auf dem
Corallian Crag gemischte Betriebe tragen. Freilich wird durch die Nässe
der Böden die Ernte verzögert. Die Wiesen am unteren Churn und Coln
mit Milchwirtschaft beliefern London und Swindon [717*]. Der Gault zeigt
wieder nur Grasland. Der Untere Grünsandstein dient um Bromham und
Melksham dem Anbau von Kartoffeln und Gemüsen aller Art (Erbsen, Karotten, Kohl, Kohlsprossen, Blumenkohl), von Salat u. dgl. Auf dem Oberen
Grünsand dehnen sich Gras- und Getreidefelder, und unter ihrer Grenze
gegen den Lower Chalk, der eine terrassenartige Vorstufe der Downs bildet
(vgl. S. 171), erheben sich stellenweise schöne Bestände von Buchen, Eschen
und Eichen.

Der größte Ort dieses sw., zu Wiltshire gehörigen Flügels und „shopping centre" ist S w i n d o n (62 401; 65 520), die Schöpfung der G.W.R.
Große Werkstätten, Kanzleien und Magazine, unzählige Geleise, lange Reihen von Waggons und Lokomotiven, ältere und neuere große Arbeiterviertel
(etwa 12 000 Arbeiter) und Erholungsanlagen haben den Kern von Alt-
Swindon, das auf hartem, trockenem Portland Stone steht, umwuchert, und
St. Margaret wächst mit diesem durch moderne Wohnhäuserzeilen bereits
zusammen. Linien nach Gloucester einerseits, nach Southampton anderseits
zweigen hier von der nach W führenden Hauptlinie ab. Etwas Industrie
haben die Städtchen des oberen Avontals: M a l m e s b u r y (2334; *2564*,
Seidenweberei), erwachsen als eine der ersten Klostergründungen des Gebie-
tes noch vor 700 n. Chr. (Mealdumesburg 675); C h i p p e n h a m (7700;
12 920; Tuch, Maschinen), ein Straßenknoten, Käse- und Getreidemarkt;
C a l n e (1945: 5400), bekannt durch seine 1771 gegr. „bacon"-Erzeugung;
M e l k s h a m (3881) an der Kreuzung der Straße Bath—Devizes mit dem
Wasserkraft spendenden Avon (Tuch, Kautschuk, Maschinen; seine Stahl-
und Salzquellen werden nicht weiter verwertet). Am malerischsten ist
B r a d f o r d - o n - A v o n (4735; 652 Bradanforda; Tuch, Kautschuk), der
alte Brückenort und Verkehrsknoten am Avon, gegen welchen von allen Sei-
ten her Straßen zusammenlaufen. Bereits im 8. Jh. stand hier eine vom
Bischof von Sherborne gegründete Abtei. Aus seiner unter Heinrich VIII.
blühenden Tuchwirkerei entwickelte sich eine angesehene Industrie, es hatte
bereits vor 100 J. eine ganze Anzahl Fabriken und Färbereien, für deren
Betrieb der Kennet-Avon-Kanal günstig war. Auch in T r o w b r i d g e, der
Gr.St. von Wiltshire mit den County Offices (12 011; 1184 Trobrigge, „Holzbrücke"), 4 km sö. Bradford, einem vielbesuchten Rinder-, Geflügel- und Eier-
markt, hat sich die schon von CAMDEN gerühmte Tuchmacherei erhalten [84,
115*].

Schräg durch die s. Midlands ziehen zwischen dem Bristol Avon und der
Lücke von Moreton in the Marsh, etwa 90 km lang, die C o t s w o l d H i l l s,
eine Doggerstufe, gegen NE. Scharf hebt sie sich über die Severnsenke
heraus, 200—250 m hoch, eine steile, geschlossene Mauer. Die Stufenflur
dacht sich ungef. im Sinne des Schichtfallens allmählich zum Vale of
Oxford ab, im ganzen eine breite, leicht gewellte, von flachen Talkerben zerschnittene Tafel. Aber da deren Schichten steiler geneigt sind als die Riedel
und die Talböden, tauchen in diesen talaufwärts immer ältere Schichten auf.

Nur schwer ist morphologisch die Grenze gegen die Vales anzugeben, denn die Flächen greifen wiederholt von den Kalken der Cotswolds gleichmäßig auf die Oxfordtone über; deutlich macht sie sich jedoch in den Böden geltend, auch im Gegensatz der Heckenzeilen auf den Tonen gegenüber den Steinmauern der Kalklandschaft [27, 112 a* u. ao.]. Der „Cotswold-Typus" der Landschaft und der Siedlungen greift im NE über das Evenlodetal hinweg bis zum Cherwell vor. Nicht bloß Burford und Witney, auch Chipping Norton einerseits, Northleach anderseits zeigen das Gepräge der Cotswoldstädtchen [110]. Von Meon Hill (s. Stratford-on-Avon) bis zum Chelt reichen die n., von hier bis zum Frome die mittleren, bis zum Avon dann die s. Cotswolds [17, 25 a, 26—29, 213].

Im allgemeinen steigen längs einer Linie Bradford—Chippenham—Malmesbury—Fairford—Witney—Woodstock unter den Oxfordtonen zuerst die Kalke des Cornbrash auf, bloß wenige m mächtig und morphologisch unmerklich, darunter die Kalke des Forest Marble, hierauf der Great Oolite Limestone, hier etwa 40 m mächtig, der die Hochflächen trägt; unter ihm erscheint der Inferior Oolite. Den kräftigsten Ausläufer, Wychwood Forest, entsendet das Plateau zwischen unterem Windrush und Evenlode gegen SE, auf die Oxford Heights zu. Hier ist die Grenze zwischen den kalkigen Gesteinen und den Oxfordtonen durch die ehemalige Seitennagung der Themse zu einer förmlichen „Schichtgegenstufe" verschärft worden [12, 19 a]. Am tiefsten zerschnitten und am unruhigsten ist das Gelände um Stroud. Nahe der Stufentraufe erreichen die Cotswolds ihre größte Höhe, im Cleeve Cloud (326 m) und Leckhampton Hill (299 m; Abb. 73) über Cheltenham, im Broadway Hill (312 m) sö. Evesham; im M. bleiben sie jedoch noch unter 200 m.

Der NW-Abfall ist übrigens keineswegs einheitlich, sondern infolge Gesteinswechsels doppelt oder mehrfach gestuft, dabei wegen des Wechsels der Fazies oder infolge von Brüchen oder Faltungen in den einzelnen Abschnitten verschieden. Der Wechsel der Fazies und die Mächtigkeit der Stufenbildner hängt häufig mit älteren Krustenbewegungen zusammen. Schon zur Zeit des Inferior Oolite entstanden z. B. quer zum heutigen Streichen der Cotswolds Faltenwellen, so die Birdlip Anticline, begleitet von der Painswick und der Cleeve Cloud Syncline; in Verbindung damit waren die Ablagerungen ungleichartig und ungleichmäßig, auch Phasen der Abtragung schalteten sich ein („Bajocian Denudation") [21 a—c; 25 a, 212]. So ist der Inferior Oolite in den s. Cotswolds am mächtigsten (an die 100 m), aber seine Unterabteilungen sind in den n. zahlreicher; verschiedene Oolithe, Mergel, Sande, Tone und sog. „Ragstones" oder „Grits" (in Wirklichkeit muschelige Kalke) bauen die Schichtfolge auf. In der Great Oolite Series folgen im allgemeinen Fuller's Earth, Great Oolite Limestone und Forest Marble aufeinander, aber im S treten Limestones an Stelle der oberen Teile des Fuller's Earth Clay, während im NE dessen basale Teile in den Kalk übergehen (Chipping Norton Limestone). In den mittleren und n. Cotswolds bildet die Fuller's Earth mit ihren Tonen eine lithologische Einheit, im S wird sie durch einen Kalk („Fuller's Earth Rock") in einen oberen und einen unteren Ton zerlegt. In Somerset lagert der Forest Marble unmittelbar auf dem oberen; erst bei Bath schalten sich dazwischen die Stonesfield Slates und darüber, an Mächtigkeit gegen N zunehmend, der Great Oolite ein, oolithische und andere Kalke und Kalkmergel, im einzelnen sehr wechselvoll und mit mehreren Lokalnamen belegt. Viel beständiger ist der nach dem Forest of Wychwood benannte Forest Marble. Mit dem Auftreten der verschieden widerständigen Gesteine hängt die Gliederung des Stufenabfalles zusammen. Im Cleeve Cloud und ebenso zu Birdlip, einem gepriesenen Aussichtspunkt bei Gloucester, knüpft sich die Hauptstufe an die Kalke des Inferior Oolite. Über ihnen bildet der Forest Marble eine kleinere Stufe, unter ihnen Oberliastone eine flache Böschung, vielfach bedeckt von verrutschtem Oolithschutt, und wieder darunter treten dann Mittelliaskalke und -mergelkalke als sehr ausgeprägte Sockelstufe vor. Der Abfall wird durch scharfe Bachkerben, breitere, buchtartige Comben und Dellen gegliedert; nur der Frome greift weiter zurück, und der Bristol Avon, der zunächst der Hauptabdachung gegen E folgt, dann im Schichtstreichen gegen SW fließt, durchbricht zuletzt, gegen W gewendet, das Upland (vgl. S. 201). In der Hauptsache bezeichnet dessen First die Wasserscheide zwischen Themse und Severn. Die Themse selbst entspringt hier; ihr fließen der aus den

„Seven Springs" kommende längere Churn, gegen den sie, weil wasserreicher, ihren Namen behauptet, ferner in anmutigen Tälern, Coln, Leach, Windrush und Evenlode zu.

Wie die Chiltern Hills und die Downs, sind auch die Cotswolds von „wind gaps" durchbrochen, Strunkpaßlük, lüken, die, so vermutet man, entstanden, als der Themse ihr ehemals weiter nach NW reichendes Einzugsgebiet an die Severnsenke verlorenging [14*, 19a, 31, 31a, 32, 33a, 310]. Doch hat es sich dabei kaum um einfache subsequente

Abb. 73. „Combe" bei Crickley Hill (ö. Gloucester) w. unter der Stufentraufe der Cotswods. Im Hgr. flache Kuppe des Leckhampton Hill mit r. gegen E anschließender Plateaufläche. Aufn. J. SÖLCH (1926).

Anzapfungen gehandelt, sondern es sind wahrscheinlich tektonische Vorgänge mit im Spiel gewesen; ohne solche wäre namentlich der Durchbruch des Avon nicht verständlich. Auch ist die heutige Tallandschaft kaum unmittelbar aus einer jungen Küstenebene hervorgegangen [31], sondern aus einem subaerilen Tafelrumpf, der so weit eingeebnet war, daß sich unbedeutende Verbiegungen auf die Anordnung des Talnetzes und der Wasserscheiden auswirkten. Daß Evenlode und Cherwell nicht rechtwinkelig zum Streichen des Oolite fließen, sondern etwas schräg, hängt vielleicht mit solchen zusammen. Problematisch sind die Mäanderbildungen des Evenlode (vgl. S. 388). Daß die alte Oberfläche einst weiter nach W reichte und die Stufenstirn zurückgewichen ist, erweisen Zeugenberge in der Severnniederung (Robin's Wood Hill; Oxenton und Dumbleton Hills und Bredon Hill, der größte von allen). Ihre Erhaltung ist durch die Einkrümmung der Severnsenke begünstigt worden. Zuletzt hat sich noch das Eiszeitalter an der Landformung beteiligt. Schon die sog. „Cheltenham Sands and Gravels" entstammen einer Kälteperiode [21 a, b]. Dann aber hat die größte Vergletscherung die Höhen wenigstens der n. Cotswolds überwältigt und einen Geschiebeton hinterlassen, freilich meist nur in Flecken; noch bei Burford findet man Geschiebe der „Northern Drift" in Kalkklüften [32a, 33b, 36, 38]. Im SW sind in der „Plateau-Drift" des oberen Themsegebiets solche aus Devon und Cornwall auffällig, die wohl kaum von Küsteneis durch den Bristolkanal herbeigeführt wurden; eine starke Senkung der Midlands wäre hiefür die Voraussetzung. Die Hauptmasse des Boulder Clay wurde nach dem Rückzug des Eises, als nur Eis- oder Schneekappen die Höhen bedeckten, von deren Schmelzwässern beseitigt [21 a, b, 216, 36]. Auf diese werden auch die vielen merkwürdig strahlenförmig angeordneten Trockentäler des Uplands zwischen Broadway und Cirencester, von denen manche 8—12 m über dem heutigen Talboden hängen, zurückgeführt [19, 21 b]. Bei der Aus- und Weiterbildung der Täler wirkte die Entfernung der Kalke durch Lösung mit [33], doch spielte sie neben der normalen Talbildung bloß eine untergeordnete Rolle. Übrigens weisen sie merkwürdig wenig Schotter auf [21 b, 216].

Die Kalke der Cotswolds speichern unterirdische Wasser mit ansehnlichen Spiegelschwankungen auf — daher auch hier „winter-bournes" wie in den Downs —, während die Hochflächen wasserarm sind, dabei rauh, regenreich und windig. Ungünstig ist die starke Verdunstung, bzw. die rasche Austrocknung selbst der tonigen Böden [48]. Die wichtigsten Wasserspeicher sind die Inferior und die Great Oolite Limestones; über den Liastonen treten die meisten Quellen aus, deren Wasser den Dörfern und kleinen Städten in Röhrenleitungen zugeführt wird, viele auch aus der Fuller's Earth, andere aus undurchlässigen Schichten des Great Oolite selbst. Der Boden ist oft seicht und steinig („Stonebrash"). Armselig sind meist die Getreidefelder, spät reift die Ernte, ihr Ertrag ist gering. Zwar ließe sich bei entsprechender Auswahl der Sorten selbst der Weizenanbau steigern; doch besser werden immer Gerste und Futtergräser gedeihen. Nur auf den schweren Böden werden Bohnen gepflanzt. Hackfrüchte als Futter sind in der Fruchtfolge eingeschlossen. Kartoffeln, Obst und Gemüse werden für den Handel wenig gepflanzt, bloß um Toddington (bei Winchcombe) und Moreton, wo aber die Früchte einen Monat später reifen als in der Severnsenke [21 a]. Die Cotswolds tragen größtenteils Weideland für Schafe, weniger für Rinder, obwohl die Milchtierhaltung langsam zunimmt (Shorthorns). Übrigens ist die echte Cotswoldrasse (vgl. u.) fast erloschen, ersetzt durch Oxford Downs, Cheviots u. a. [752*]. Die an den kalkigen Hängen weitverbreiteten groben Gräser, namentlich die Zwecke (*Brachypodium pinnatum*), und anderes Unkraut beeinträchtigen allerdings, abgesehen von Dürren und von Überbeanspruchung, den Wert der Weideflächen. Besseren Graswuchs erzielt man bei entsprechender Behandlung auf den Tonen des Forest Marble (Raigras) [21 a, b]. Der Wald ist durch den Menschen seit Jh. fortschreitend eingeengt worden; abgesehen von dem normalen Bedarf wurde er für Schiffbau, Holzindustrie und Gerberei in Anspruch genommen, die Schafhaltung verhinderte den Nachwuchs, der Grundwasserspiegel sank und im entwaldeten Gelände wurde die dünne Tondecke abgespült [49]. Der Name der Landschaft selbst weist jedoch auf sein ehemaliges Vorhandensein hin (sowohl „coed" als auch „wold" bedeutet Wald). Heute beschränken sich die Gehölze meist auf die steileren Hänge der Täler, Mischbestände von Eschen, Eichen, Ulmen und Buchen; diese erreichen hier die W-Grenze ihrer ursprünglichen Verbreitung. Buchen und Ulmen stehen oft in den Dörfern, Eschen gerne an Straßen und in den Hecken. Die paar Föhrenpflanzungen sind jüngeren Datums. Größere Wälder sind selten, etwa die Reste von Wychwood Forest, an dessen einstige Ausdehnung ein paar Ortsnamen erinnern. Die Einhegungen fanden in der 2. II. des 18. Jh. statt (vgl. S. 375) [44, 49; 440*].

Boden und Klima [42] ziehen der Landnutzung und damit dem Wachstum der Bevölkerung ziemlich enge Grenzen, zumal es abbauwerte Mineralschätze nicht gibt. Die Volksdichte ist demgemäß gering, im allgem. 30—40;

die Gem.Fl. sind groß. Im R.D. Northleach haben von 29 Gem. nur 4 mehr als 30, aber 8 weniger als 20, 11 20—25 Volksdichte, von 28 Gem. des R.D. Winchcombe (Glouc.) 15 unter 25 (davon 10 weniger als 15). Bloß um Stroud und Painswick übersteigt die Dichte 100. Riesengemarkungen haben Bisley (R.D. Stroud) mit 30 km², Painswick, Temple Guiting (R.D. Winchcombe), Withington (R.D. Northleach) mit je 24 km² usw. Relativ viel dichter besiedelt war das Gebiet in der Vergangenheit (vgl. S. 370) [55, 58; 511*]. An die Römerzeit erinnern die Überreste etlicher villae (u. a. Chedworth). Corinium (Cirencester), der Hauptort der Dobuni, auf einer Schotterterrasse am r. Ufer des Churn, war als wichtigster Straßenknoten (vgl. ebd.) der beherrschende Stützpunkt, von einer 3 km langen Mauer umgeben, „die größte und kultivierteste der Stammeshauptstädte Britanniens". Allein 577 wurde es von den Westsachsen zerstört, die von Hampshire her bis in die Severnniederung vorstießen. Über den Fortschritt der germanischen Besiedlung ist nichts bekannt. Jedenfalls werden nicht bloß Fluß-, sondern auch gewisse Ortsnamen lange vor dem D.B. genannt (u. a. Bibury, Beaganbyrig 721—743; Chippenham, Cippanhamm 878; Slaughterford, Slohtran ford schon im 8. Jh.; Cricklade, Crecca gelad 901). Die Verdopplung mancher Ortsnamen weist auf den jüngeren Ausbau (Bourton-on-the-Water und on-the-Hill, Upper und Lower Slaughter bei Stow, die drei Duntisbournes nw. Cirencester usw.) [623*].

Ihre größte Blütezeit erreichten die Cotswolds seit dem 12. Jh., als sich die Schafzucht beträchtlich entfaltete und Wolle nach Flandern lieferte [617]. Eine eigene langwollige Schafrasse („Cotswolds") wurde herangezüchtet. Nach und nach entwickelte sich eine einheimische Tucherzeugung, begünstigt durch die klaren Gewässer. In das 14. und 15. Jh. fällt ihr Höhepunkt. Der damalige Wohlstand spiegelt sich in malerischen alten Stadt- und Dorfbildern wider, namentlich in denen der ehemaligen Hauptwollmärkte: in Chipping Campden (1645; seit 1883 kein Borough mehr), wo William Grevil, „flos mercatorum tocius Anglie" die prächtige Kirche schuf, wo das alte Markthaus in der breiten Hauptstraße, die Woolstaplers' Hall und schöne Steinhäuser (Grammar School, Almshouses) an eine reiche Vergangenheit erinnern — heute hat es Holzschnitzerei, Metall- und Emailarbeit; in dem 200 m hoch gelegenen, windigen S t o w - o n - t h e - W o l d (1266), wo viele Straßen zusammenlaufen und seit 1477 zweimal jährl. die „Stow Fair" abgehalten wurde, große Schafmärkte, bei denen auf dem geräumigen Marktplatz auch Käse, Hopfen und „Birmingham ware" verkauft wurden; in Cirencester, wo eine Zeitlang eine Normannenburg stand und Heinrich I. eine Abtei gründete (1117) — es wurde die Hauptstadt der Cotswolds genannt und ist bis in das 18. Jh. ein führender Wollmarkt für das West Country gewesen; in Stroud (vgl. u.), das, erst 1221 genannt, aber schon unter Eduard III. angesehen, im 17. und 18. Jh. durch sein Broadcloth und durch seine Scharlachrotfärberei bekannt war; in Burford am Windrush, mit alten Gebäuden und Toren, mit vielbesuchten Messen und berühmt durch Glockenguß, Lederei, Sattlerei, Gerberei [83]; in Winchcombe (3121), einer der ehemaligen Hauptstädte von Mercia; in Painswick [69, 611], Dursley (3288), Wotton-under-Edge (3121), T e t b u r y (2237); Bibury, Northleach. Mächtige Kirchen in englischer Hochgotik, auch in den Dörfern, sind die Denkmäler jener Zeit. Spitztürme sind selten. Später entstanden stattliche Schlösser, wie Compton Wynyates bei Moreton im Tudor-, das Manorhouse von Dowdeswell und Postlip Hall bei Cheltenham im Elisabethstil, Bibury Court, Stanway House. Allein seit etwa 1700 begann der Abstieg, und infolge der Industrierevolution sind die einst so betriebsamen Städtchen ziemlich still geworden. Bloß bei S t r o u d (8364) reihen sich im engen Stroudwatertal Tuchfabriken (für Uniformen, Livreen, Billardtische) aneinander, auch in das Seitental von N a i l s w o r t h (3132) zieht etwas Industrie hinauf [26, 912]. C i r e n - c e s t e r (7209) hat dagegen nur durch sein Agricultural College und als Jagdzentrum Bedeutung [41 a, 52]. Im E rühmt sich W i t n e y (3409), das einst dem Bistum Winchester gehört hatte, bis heute seiner Bettdecken- erzeugung, die schon unter den Stuarts aufgeblüht war. Seit 1721 hatte es eine eigene Blanket Hall. Zu Beginn des 19. Jh. führte es jährl. an die 100 000 „blankets" aus, auch nach Übersee [615]. W o o d s t o c k (1484; *1809*) am Glyme und C h i p p i n g N o r t o n (3499; *3580*), jenseits des Evenlode, verfertigen Handschuhe, dieses hat auch etwas Tuchindustrie, Bierbrauerei und Maschinenfabriken [618].

Die ländlichen Siedlungen knüpfen sich mit Vorliebe an Quellenlinien, z. B. die des Cornbrash über den Liegendtonen, und an die Nähe der Flüsse [66, 611]. Perlenschnurartig reihen sich geschlossene Dörfer in den Upland- tälern aneinander, am Coln, Windrush, Evenlode, andere entlang dem NW- Abfall, entweder unmittelbar vor seinem Fuß oder in die Comben geschmiegt, mit Acker- und Wiesenbesitz draußen in der Niederung, etwas Wald an den Steilhängen, wo gute Steine für Straßen- und Hausbau gewonnen werden, oben dem Weideland. Auf der SE-Abdachung bleiben die einen unten an den Talhängen oder auf den Terrassen, dem Wasser näher als die Hauptstraßen, die einsam über die Plateaus ziehen und den Krümmungen und der Nässe der Talgründe ausweichen; andere, namentlich viele der alten Dörfer und Weiler, liegen in der Nähe der früheren Verkehrswege: des White Way Ciren- cester-Winchcombe; des Saltway, auf welchem Salz von Droitwich über Hayles, ein 1246 gegründetes Zisterzienserkloster, nach Lechlade zu den Themsekähnen verfrachtet wurde; des Welsh Way, auf welchem man über Barnsley (nö. Cirencester) Vieh und Kohle ebendorthin brachte. Mulden- und Nestlage sind besonders beliebt. Selten sind dagegen echte Höhensied- lungen auf Kuppen oder Rücken (Birdlip) [114]. Das höchste Dorf (240 m) ist Elkstone ö. Birdlip am Hange einer Quellmulde der Hochfläche, Puesdown Inn (251 m) nw. Northleach an der Straße nach Cheltenham das höchst- gelegene Gasthaus. Haufen- und Reihendörfer überwiegen. Aber allenthalben schalten sich Einzelhöfe dazwischen ein. Ihre Zahl hat sich seit den Ein- hegungen in manchen Strichen noch etwas vermehrt, so auf der Kalkfläche zwischen Windrush und Evenlode [34]. Kleinere Streusiedlungen umringen den ehemaligen Wychwood Forest, wo bis in das 19. Jh. „Squatters" hausten, Kohlenbrenner und Wilddiebe. Noch 1858 barg sich Leafield (schon 1176 genannt?) als Rodungssiedlung im Wald, weltabgeschieden und bis vor kur- zem auf Regenwasser oder auf mit Wagen herbeigeführtes Wasser angewie- sen [112 a*].

Die wuchtigen, aber nur ein Zimmer breiten alten Farmhäuser fügen sich harmonisch in die Landschaft, meist im 17. Jh. errichtet aus heimischen Kalksteinen, die, bald mehr massig, bald mehr schieferig, infolge der Ver- witterung in der Sonne goldig aufleuchten. Mächtige Rauchfänge, Stein- balkenfenster, steile Giebeldächer, oft ohne Traufrinnen, häufig von Fenstern durchbrochen, sind für sie bezeichnend. Vorlauben fehlen. Auch die Wirt- schaftsgebäude, gewöhnlich als Drei- oder Vierseithöfe geordnet, sind aus Stein. Noch stehen da und dort geräumige Scheunen, in denen einst Wolle aufgespeichert wurde. Manche von den Bausteinen des Great Oolite wurden auch außerhalb der Cotswolds verwertet, so der Taynton Stone aus der

Gegend von Burford bei Bauten in Oxford [21 a], der Burford Stone beim Bau der St. Paulskirche in London, wohin er auf der Themse gebracht wurde. Für die Bedachung dienten in den N-Cotswolds die Stonefield Slates des Great Oolite, welche noch vor kurzem bei Salperton (10 km w. Bourton), auf Eyford Hill (w. Stow) und anderswo gebrochen wurden, u. zw. im Herbst. Über den Winter mit der besseren Seite auf den Boden gelegt und der Frostverwitterung ausgesetzt, lassen sie sich dann im Frühjahr in dünne Platten spalten [25 b, 217]. Oolitesteinbrüche sind auch sonst vorhanden, auf Cleeve Hill, Leckhampton Hill, Painswick Hill usw. Niedrige, mörtellose Steinwälle begleiten die Straßen und umschließen die Fluren. Übrigens werden die Schafe in Hürden gehalten, und im Zusammenhang damit hat sich die Zaunflechterei in alten Formen bis heute erhalten.

Überhaupt ist die Umwandlung zum Modernen geringer, als man bei der Mittellage der Landschaft erwarten würde. Wohl sind manche Taldörfer längs ihrer Bäche und Quellenlinien oder an den Straßen etwas gewachsen, andere vom Fluß auf die Hänge terrassenartig emporgestiegen (Chalford oberhalb Stroud), Ackergrund ist in Weideland umgewandelt worden; neue Straßen verlaufen über die Höhen. Allein die wichtigsten Eisenbahnlinien gehen im S oder im N vorbei (London—Bristol, bzw. Birmingham), nur die Linien Banbury—Chipping Norton—Cheltenham und (London, bzw. Southampton—) Swindon—Stroud—Gloucester, miteinander durch die Linie Andoversford—Cirencester verbunden, überqueren die Cotswolds. Erst der moderne Kraftwagenverkehr hat wieder mehr Leben in die Landschaft gebracht, deren Einsamkeit und Unberührtheit von den Engländern mit Recht als eigenartiger Reiz empfunden wird. Viele Fremde werden alljährlich durch die entzückende Verbindung von Wiesen, Parken, Wasser, alten Stadt- und Herrenhäusern in die sonst stillen Städtchen und Dörfer gelockt. Das malerische Broadway mit seinen Häusern aus der Elisabethzeit, an der Straße (Worcester—)Evesham—Stow(—London), ist ein Lieblingsaufenthalt der Künstler und Schriftsteller geworden [98 a]. Immer mehr lassen sich Städter, zumal Ruheständler, auch dauernd im Gebiet nieder, um die Freude am eigenen Heim und etwas Land- und Gartenbau zu genießen, in vieler Hinsicht Pioniere des Neuen, kapitalkräftiger und wagemutiger als die eingesessenen Farmer [92, 94, 96—910, 914].

Die Stufe der Cotswolds springt, noch über 300 m hoch, spornartig gegen N bis Chipping Campden vor, fortgesetzt durch den Auslieger von Hidcote (263 m) und Meon Hill. An der E-Seite des Sporns, bei Moreton in the Marsh, greifen umgekehrt die Unterliastone buchtförmig weit nach S aus, reich mit eiszeitlichen Aufschüttungen bedeckt und nach N vom Stour, nach SE vom Evenlode entwässert. Infolgedessen verschmälert sich hier die Oolitelandschaft, die vom Evenlode kataklinal in engem Tal durchbrochen wird, auf 10 km; zugleich senkt sich ihre Oberfläche von 200 m im NW auf 100—120 m gegen das Vale of Oxford hin ab. An der E-Seite der Bucht tritt zwar abermals eine Stufe auf, aber merklich niedriger als die Cotswolds (höchster Punkt 225 m). Sie wird hier, um Chipping Norton und n. davon, noch vom Inferior Oolite gebildet, auf welchem Auslieger des Great Oolite liegen; bloß gegen SE nimmt dieser zusammenhängend die Hochflächen ein [25 b, 39]. Dann übernimmt der Marlstone des Mittellias, genauer dessen oberster Horizont, das Marlstone rock-bed, die Führung: an ihn knüpft sich die schöne Stufe des E d g e H i l l, die auf die w. Midlands hinabblickt (219 m). Vor ihrem Abfall stehen einzelne Zeugenberge mit Oolitekappen, kleinere

Gegenstücke zu dem Auslieger von Hidcote. Etwas weiter ö. greift das Tal des Cherwell fast durch die Stufe hindurch. Es wird von dem Flachland des Avon nur durch einen niedrigen Sattel getrennt, in welchem der Oxford Canal (Rugby—Oxford) die Wasserscheide zwischen Avon und Themse über-setzt (vgl. S. 392). Das Cherwelltal mit auffallender N—S-Richtung folgt je-ner tektonischen Einsenkung, die sich noch weit im S in den Oxford Heights als Synklinale zwischen zwei Antiklinalen erkennen läßt und offenbar die ursprüngliche Entwässerung gelenkt hat [19]. In ihr kommen die Lias-gesteine in großer Breite zum Aufbruch, so daß hier die Oolitestufe aber-mals stark eingeschnürt wird. Ungefähr in der Mitte der Liashöhen liegt im Cherwelltal Banbury. Der Rand des „U p l a n d s v o n B a n b u r y" zieht gegen NNE weiter auf Daventry zu. Er knüpft sich hier überall an den Marl-stone, in H. von 150—180 m. Die Hauptabdachung bleibt allenthalben gegen SE gerichtet. Auf dieser stehen zahlreiche Zeugen des Inferior Oolite, bald flache Kuppen, bald Tafelberge oder plateauartige Rücken, die gegen E an Zusammenhang gewinnen, aber ihrerseits bald unter den Great Oolite hin-untersinken. Im Bereich des Lias, wo Tone weit verbreitet sind, ist die Tal-dichte groß, im Bereich des Great Oolite, der ungefähr ö. der Linie Heyford (s. Banbury)—Brackley—Towcester—Northampton herrscht, viel geringer. Tove und Nene sind die einzigen größeren Gewässer dieses Abschnitts, bei normalem Wasser nur Bäche, beide mit Laufrichtungen, die merkwürdig un-abhängig vom allgemeinen Bau der Landschaft sind, so daß sie sich nicht einfach als Abdachungs- oder als Schichtflüsse erklären lassen. Während der Nene selbständig seinen Weg zu den Fenlands findet, schwenkt der Tove aus der gleichen Richtung zur Great Ouse hin ab. Diese selbst fließt zuerst gegen NE und zieht dann ihre schönen, bis in den Great Oolite eingeschnit-tenen Schlingen bis Bedford gegen S, strömt hierauf gegen E und schließlich gegen N auf Huntingdon zu (vgl. S. 340).

Ö. von Daventry springt eine dritte Bucht liassischen Gesteins, u. zw. in der Richtung auf Northampton, in das Oolitegebiet vor, ohne es jedoch so stark einzuschnüren wie am Cherwell. Weiter nö. folgt jene über Leicester und Market Harborough ziehende paläozoische Erhebungsachse des „Char-noid Belt", die für die Paläogeographie der Trias und des Jura wichtig ge-worden ist. Noch heute setzt dort ein so bemerkenswerter Wechsel in den Gesteinsverhältnissen ein, daß man in dieser Gegend die S-Grenze des East Midland Plateau annimmt [B 38].

Das ganze Gebiet gehört zum „Agricultural England"; für die Entwick-lung von Industriestädten fehlt fast jede Voraussetzung, obwohl mehrere wichtige Verkehrswege zwischen London und den w. Midlands seine Höhen übersetzen. In der Römerzeit war der wichtigste Watling Street (vgl. S. 83, 371), die von der Ouse bei Stony Stratford schnurgerade gegen NW in wieder-holtem Auf und Ab über die niedrigen Riedel im SW des Tovetals nach Towcester (Lactodurum) und dann, mehr gegen NW gerichtet, ö. Daventry und Rugby durch das Land zog. In der angelsächsisch-dänischen Zeit hat sie hier als Grenze gedient. Tatsächlich fehlen sw. von ihr skandinavische Ortsnamen so gut wie ganz. Selbst die paar Orte mit Namen auf -by brauchen nicht als dänische Neugründungen angesehen zu werden. Damals gewann Towcester (2252; heute ein Dorf) Bedeutung, als hier Eduard der Ältere einen seiner Stützpunkte gegen die Dänen schuf. Es war nicht bloß Marktflecken, sondern auch Raststätte an der Straße London—Holyhead. Im 18. Jh. wurde es durch Spitzen-, Stiefel- und Schuherzeugung ein Außen-posten von Leicester, bzw. Northampton [B 11 b, 60*]. Aber schon der Grand

Junction Canal (Gr. Union C., vgl. S. 150) berührte das Städtchen nicht, und die Eisenbahn wurde über die Höhen mitten zwischen Northampton und Towcester gelegt. Von dem gleichen Nachteil ist auch D a v e n t r y (3609; *3890*) betroffen worden, seinerzeit infolge der Vereinigung von vier Hauptstraßen einer der wichtigsten Plätze im Straßenverkehr, 80 Kutschen haben dort täglich haltgemacht; berühmt war seine Verfertigung von Peitschen. Seit dem Bahnbau wurde es von Rugby völlig in den Schatten gestellt. Heute erzeugt es hauptsächlich Schuhe und Stiefel. Auf dem nahen Borough Hill im E stehen nahe einem britisch-römischen Camp die Maste des Senders von Daventry, zwei von ihnen über 150 m hoch. B a n b u r y (13 953; *16 560*) endlich, die nördlichste Stadt von Oxfordshire, noch mit schönen Fachwerkhäusern im Kerne, im Cherwelltal an der Linie Oxford—Birmingham gelegen, stellt Wollstoffe her und Lederwaren, hat dank der benachbarten Eisenerzvorkommen im Marlstone Eisenindustrie (landwirtschaftliche Maschinen), außerdem Aluminiumwerke und bereitet seine „Banbury Cakes", bietet jedoch nicht mehr so bunte Bilder wie ehedem, als auf den Wegen von den Chiltern Hills und den n. Vales her, von Northampton (Banbury Lane) und den Cotswolds lebhafter Verkehr herrschte und hier auf der „Welsh Road" viel Vieh über die Cotswolds nach den ö. Midlands getrieben wurde [11 f; 110]. Unterhalb Banbury im Cherwelltal hat Adderbury Eisen-, Skipton-on-Cherwell Zementwerke. B r a c k l e y (2181; *2422*), einst lebhaft im Wollhandel tätig, ist heute bedeutungslos. Sehr fortgeschritten war auf dem „Red Land", den fruchtbaren rötlichen Lehm- und Sandböden des Lias, die Landwirtschaft, die ursprünglichen Zweifelder waren in Viertelfelder mit viergliedriger Fruchtfolge umgewandelt worden. Auch heute noch gehört das Gebiet zu den geschätztesten von Oxfordshire. Im übrigen gibt es keine größeren Siedlungen — Blisworth, wo die Eisenbahn nach Northampton von der Hauptlinie der L.M.S. abzweigt, ist unbedeutend —, dafür ziemlich viele Dörfer und dazwischen Einzelhöfe. Zu ihnen gehört Sulgrave mit dem Manor house der Ahnen George Washingtons, das als Museum eingerichtet ist. Echte Haufendörfer sind selten, Nestlage mit Windschutz wird bevorzugt. Das Weideland überwiegt. Wie weiterhin im NE auf dem East Midland Plateau wird das Vieh im Sommer auf den Grasfluren gehalten, im Winter huldigt man der Jagd. Die Wälder von Salcey und Whittlewood (ö., bzw. sö. Towcester) sind bloß die letzten Überreste eines einst weit nach E reichenden Grenzwaldes. Im einzelnen richtet sich die Nutzung nach der Beschaffenheit der Böden, der Art der Nachfrage und des Verkehrsmittels. Ein lehrreiches Beispiel für ein Dorf der englischen Kulturlandschaft in diesem Gebiet ist Helidon (8 km sw. Daventry): in einer Mulde am N-Rand des Marlstone Plateau gelegen, verbindet es Ackerbau und Viehzucht, es baut etwas Eisenerz ab und hat nicht bloß Kirche und Schule, aus Bruchstein gebaute Häuser und mächtige Heuschober, sondern auch ein Cricket Team und Fuchsjagden [110 a].

B. Die nordöstlichen Midlands

Im E a s t M i d l a n d P l a t e a u sind die Schichten verhältnismäßig schwach gegen SE oder E geneigt, wobei die ganze Reihe vom Rhät am Soartal bis zu den Oxfordtonen am Rand der Nenenniederung nach der Reihe von der Landoberfläche geschnitten wird. In dieser Folge treten etliche Stufenbildner auf, Kalke, Sandmergel und Sandsteine, zwischen die sich jeweils weniger widerständige Tone und Schiefertone einschalten. Allerdings wechselt die Mächtigkeit mancher stufenbildender Horizonte so sehr, daß die ihnen entsprechenden Stufen nicht durch das ganze Gebiet in überall gleich guter Ausprägung ziehen. Auch sind namentlich die niedrigeren öfters durch Geschiebelehme mehr oder weniger verwischt, doch ohne daß das allgemeine Formenbild der Landschaft wesentlich verändert wäre. Offensichtlich ist diese aus alten Einebnungsflächen hervorgegangen, deren Reste heute in 150—200 m H. liegen. Infolge einer leichten Kippung (oder vielleicht sogar wiederholter?) ist ein konsequentes Talnetz eingeschnitten worden; noch hat die subsequente Talbildung das Übergewicht nicht erlangt. Dagegen ist die randliche Auflösung der Stufenbildner auf den Höhen weit vorgeschritten, jeder hat seine Auslieger im W, oft sogar in beträchtlicher Entfernung von dem mehr geschlossenen Verbreitungsgebiet im E. Bei der Zerschneidung sind überall auch tiefere Horizonte erreicht worden, und der Wechsel in der Gesteinshärte hat an den Talgehängen Schichtleisten verursacht, die nur zu leicht alte Talterrassen vortäuschen. Inwieweit solche tatsächlich vorhanden sind, ist noch nicht untersucht. Je nach der Taldichte überwiegt bald mehr der Eindruck einer Stufen- und Terrassenlandschaft, bald mehr der eines Plateaus. „Ein Mosaik von großen Talfurchen und Tälern, Bergen und Höhenzügen, ausgestattet mit zahlreichen kleinen Städten und Dörfern, nach allen Richtungen von Bächen und Verkehrswegen durchzogen", kennzeichnet das East Midland Plateau [38]. Es wird im S geologisch begrenzt mit der Achse von Market Harborough [210], im W mit dem Soar-, im N mit dem Trenttal; durch das Ancaster Gap (vgl. S. 349, 351) wird Lincoln Heath von ihm gegliedert, die wir zur Stufenlandschaft von Lincolnshire stellen. Das Plateau von Kesteven, zwar auch noch zu dieser Gr. gehörig und die Fortsetzung von Lincoln Heath gegen S, ist im Grunde genommen nichts anderes als der NE-Flügel des East Midland Plateau; kulturgeographisch ähnelt es den Wolds (vgl. S. 349, 407).

Als Stufenbildner treten folgende Schichten auf: 1. geringmächtige Rhätkalke, über denen unmittelbar die allerdings höchstens 1′ mächtigen „Hydraulischen Kalke" (Hydraulic Limestone) des Unterlias folgen; 2. der mittelliassische Marlstone, eigentlich dünn geschichtete kalkige Sandsteine und Schiefertone, die nach oben in einen schiefrigen Kalk („sandrock") übergehen, über welchem dann die eisenhaltigen Kalke und „Eisensteine" liegen; 3. die Sand- und Eisensteine der Northampton Sands und 4. der Lincolnshire Limestone (beide der Inferior Oolite); 5. der Great Oolite und 6. der kalkige Cornbrash-Sandstein. Die Mächtigkeit der beiden letzteren ist zwar gering, regelmäßig weniger als 6—7 m, trotzdem formt besonders der Great Oolite Stufen. Die weniger widerstandsfähigen Schichten zwischen den Stufenbildnern sind: die „teegrünen" Mergel des obersten Keuper unter den Rhätkalken; die blauen Tone des Unterlias und die ebenfalls blauen Tone und sandigen Tonschiefer des Mittellias im Liegenden der Marlstone; die blauen Tone des Oberlias, die Sande und Tone der Estuarine Beds des Inferior und des Great Oolite. Die beiden Hauptstufen sind die Marlstonestufe des Mittellias und die Sandsteinstufe der Northampton Sands. Man kann bei einer Fahrt von Leicester nach Peterborough oder nach Bedford alle die genannten Stufen beobachten. Von Market Harborough divergieren die beiden Hauptstufen zuerst, indem der Marlstone gegen N, die Sandsteinstufe gegen NE zieht, während die Stufenflächen dazwischen von den Oberliastonen und Geschiebelehmen eingenommen werden. N. des Welland ziehen beide Stufen ungefähr nach N, dann schwenkt die Marlstonestufe, die auch beiderseits des Wreaktals weit nach E zurückbiegt, angesichts des Trent endgültig nach NE ein, nähert sich bei Grantham der Stufe der Northampton Sands und verliert dann n. des Ancaster Gap überhaupt ihre Selbständigkeit, indem sie nur mehr als Vorstufe des Lincolnshire Limestone auftritt [21 b, d, e; 25, 27, 29, 214—218].

Etwas genauer betrachtet, zeigen die einzelnen Stufen folgenden Verlauf: Die Rhätstufe trägt die neuen ö. Stadtteile von Leicester, tritt dann wieder, bedeckt von den Hydraulischen Kalken des untersten Lias, bei Loughborough an der E-Seite des Soartals auf (Bunny Hill) und schwenkt hierauf gegen E ab, bloß etwa 30—40 m über der Trentniederung, über Cropwell Bishop auf Barnstone zu (Zementwerke). Schließlich bildet sie die Wasserscheide zwischen den Flüssen Smithe und Devon im Vale of Belvoir. Auch bei Barrow-on-Soar wurden die Hydraulischen Kalke seit langem gebrochen; sie haben dort eine der reichsten Saurierfaunen der Erde geliefert. Heute lohnt sich die Abräumung der darüberliegenden Tone und der mächtigen Geschiebelehme nicht mehr. Solche Tone und Lehme bilden nun die Oberfläche bis zur Marlstonestufe [21 e; 11 d].

Diese zieht von Market Harborough über Billesdon und Tilton, umfaßt das Gebiet von Melton Mowbray beiderseits des Wreaktals in einem breiten Bogen und bildet Belvoir Ridge, die Wasserscheide zwischen Wreaktal und dem Vale of Belvoir (173 m) [213]. S. derselben ist das Land von mächtigen Geschiebelehmen bedeckt, während sie im Vale of Belvoir fehlen. Gegen dieses kehrt sich eine 60—100 m hohe Stufe, die unfern Grantham vorüber auf das Ancaster Gap hin zieht. Wiederholt liegen Zeugenberge vor ihr, so der driftfreie Life Hill (222 m), andere bei Foxton nw. Market Harborough usw. Weit nach W reichen anderseits Auslieger der Northampton Sands-Stufe als Kappen der Oberliastone, welche hier ihre größte Breite erreichen (Whatborough 230 m; Robin-a-Tiptoe usw.) [111 b; 21 b, d].

Die Stufe der Northampton Sand- und Ironstones und Lincolnshire Limestones des Inferior Oolite zieht von Desborough (sö. Market Harborough) gegen NE an den Welland heran. Über diesen gegen NW blickend, hält sie bei Cottingham und Rockingham die Wasserscheide zwischen seinem und dem Nenegebiet [11 b]. N. des Welland richtet sie sich gegen N, trägt Uppingham etwas ö. von ihrer „Trauf" und schwenkt dann, von Zeugenbergen begleitet, etwas nach E zurück. Kataklinal wird sie vom Welland und von dessen Nebenflüssen Chater und Gwash durchbrochen. Deren Täler sind bis in die Oberliasmergel, im breiten Vale of Catmose (bei Oakham) sogar in die Marl- und Ironstones eingeschnitten, die hier Leisten an den Talgehängen bilden, so um Oakham. Darüber bilden die Northampton Sandstones im E die Höhen von Burley-on-the-Hill bis Market Overton, springen hierauf kräftig gegen W bis Waltham-on-the-Wolds vor und bauen, gegen NE zuletzt bis Grantham verlaufend, über der Marlstonestufe ein zweites Stockwerk auf, über dem sich dann im E ein drittes entwickelt, geknüpft an den Lincolnshire Limestone. Das ist das Gebiet von Kesteven [11 c; 12, 14; vgl. S. 326, 406]. Eigenartig sind das „cambering" und die „valley bulges" im Northampton Sandstone, durch die Talbildung verursachte Verlagerungen erzhältiger Schichten in die Oberliastone, bzw. domartige Auffaltungen des Talbodens [214; 741*].

Der Lincolnshire Limestone nimmt besonders zwischen Stamford, Thistledon und Barrowden eine größere Fläche ein; ihm gehören die Steinbrüche von Ketton, Casterton und Clipsham an. Zwischen ihm und den Northampton Sands sind sandige Schiefer eingeschaltet, die sich in Platten spalten lassen und in weitem Umkreis für die Bedachung verwendet worden sind, die Colly-

weston Slates, nach dem Dorf C. sö. Stamford benannt, wo sie hauptsächlich
gewonnen wurden [11 b, c].

Die Great Oolite Series stellt sich als letzte gegen SE und E ein. Mit
den Upper Estuarine Beds im Liegenden, bildet sie die Höhen neben dem
Nenetal von Northampton über Wellingborough bis Thrapston und der Ise
entlang aufwärts bis oberhalb Kettering. Aber beide Täler sind bis in die
Ironstones der Northampton Sands eingeschnitten, wodurch sie ihre besondere Stellung im Wirtschaftsleben Englands erhalten [213 a, 217].

Unterhalb Thrapston erreicht das Nenetal die „Eisensteine" nicht mehr,
sondern es bleibt in den Oolites, über die aber Cornbrash und sogar schon
die Oxfordtone ziemlich weit nach W übergreifen. Hier, in Northamptonshire
und erst recht im ö. Rutlandshire, bilden die Great Oolite Limestones nur
mehr so niedrige, flache Höhenwellen, z. B. nnw. Stamford, daß man kaum
mehr von einer Stufe sprechen kann. In der Umgebung von Bedford tritt
die Landoberfläche fast unmerklich aus ihnen durch den Cornbrash in die
Oxfordtone über.

Wichtig ist das Vorhandensein von Erdöllagern. Nachdem man schon
vor ungef. 30 J. durch Versuchsbohrungen Öl in Derbyshire festgestellt
hatte, wurde seit 1936 eine gründliche Suche in Gr. Br. durchgeführt
(400 Bohrungen in 45 Gebieten; 240 erwiesen sich als produktiv). Dabei
wurden größere Vorräte bei Eakring (16 km nw. Newark) und den benachbarten Dörfern Caunton und Kelham festgestellt. Sie knüpfen sich an drei
Karbonantiklinalen, hauptsächlich den Millstone Grit, etwas auch an die
Kalktonschiefer der Carboniferous Limestone Group und der Lower Coal
Measures (vgl. Kap. IX) in Tiefen von 500 bis 600 m. Bis 1948 waren über
250 Schächte mehr als 600 m abgeteuft und im ganzen über 300 000 tons
Erdöl erzielt worden. Geologisch bemerkenswert ist, daß eine der Bohrungen
bei Eakring in 1690 m Tiefe rötliche Konglomerate und Sandsteine, insges.
506 m mächtig, erreichte (teilweise Devon?), in 2195 m unzweifelhafte präkambrische Tonschiefer und Quarzite. Bei Grantham stieß man auf phylli-
tische Schiefer, ähnlich denen von Charnwood Forest (vgl. S. 420), bei
Lincoln auf Quarzite [IX[27b], 215, 215 a; 212*].

Verschieden wie die Gesteine sind Landnutzung und Siedlungen [114 bis
117, 71, 71a, 72a]. Zwar wird dieser Unterschied im NW-Teil des Plateaus
sehr abgeändert durch das Auftreten der mächtigen Decken von Geschiebelehm,
stellenweise auch von eiszeitlichen Schotterfetzen, wodurch besondere Bedingungen für die Wirtschaft geschaffen werden, allein der Gegensatz zwischen
den Landschaften der Liastone und der Northampton Sands oder auch der
Great Oolite Limestones ist scharf und kehrt in jedem W—E-Querschnitt
durch das East Midland Plateau wieder. So werden z. B. die Tonböden auf
den welligen Höhen ö. von Leicester größtenteils von Grasland eingenommen,
mit Weiden für die Rinder, mit vielen kleinen Farmen, mit kleinen ärmlichen
Dörfern und schmalen Fahrwegen. Hier liegen altberühmte Jagdgebiete von
Leicestershire [12]. Dagegen sind die Kalke des ö. Rutland reicher, hier
stehen große Farmen mit vielen Nebengebäuden; die Fahrwege sind besser,
die Hecken sorgfältiger gehalten, das Ganze macht einen wohlhabenderen
Eindruck. Der Ackerbau blüht hier, wobei die Gerste in Rutland obenan
steht, in Northamptonshire an Fl. dem Hafer fast gleichkommt (eine der
besten Gersten, die hohe Preise in Burton erzielt, liefert die Umgebung
von Stamford). Die wichtigste Halmfrucht ist sonst aber der Weizen; er
nahm vor 1938 in Northamptonshire $^1/_3$, in Leicestershire hingegen nur
$^1/_5$ des Pfluglandes ein. Er steht auf den schweren Böden im Fruchtwechsel

mit Bohnen und Brache, die Gerste auf den leichteren in höheren Lagen.
Aber beide haben in der 2. H. des 19. Jh. fast die Hälfte ihrer Fl. eingebüßt.
Dafür hat sich der Anbau von Hafer und anderer Futterpflanzen, von
Rüben, Kartoffeln, Wicken, Klee, Luzerne (diese gedeiht besonders auf den
Kalkböden gut) ausgedehnt, entsprechend der Zunahme der Rinderhaltung,
bzw. der wachsenden Nachfrage in London und den Midlands nach Fleisch
und Milch. Etwas Vieh wird im Herbst zur Mast nach Ostengland gebracht.
Hauptsache ist die Molkereiwirtschaft [14]. Butter- und Käseerzeugung
sind gleichwohl verhältnismäßig unbedeutend. Der Stilton cheese hat hier,
zu Braunston (sw. Oakham), seine Heimat;
seinen Namen erhielt er deshalb, weil er von
Stilton (zwischen Stamford und Huntingdon)
aus auf der Great North Road nach London verschickt wurde. Heute ist Melton Mowbray ein
Mittelpunkt des Käsehandels [11 c]. In den ö.
Gr. ist auch die Schafzucht sehr verbreitet (Rutland hatte 1938 durchschn. 2200 Schafe auf
1 ha).

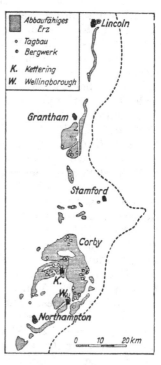

Die vorzüglichen Raigrasweiden auf den
Unterlias- und Geschiebetonen, die auf 1 acre
(40 a) 1 Ochsen und 1—2 Schafe nähren, dienen
zur Aufzucht von „beef cattle" (Shorthorns).
Die besten liegen im und s. des Wellandtals und
ziehen von Market Harborough bis Oakham.
Selbst aus Wales und Irland wird Jungvieh hin-
gebracht. Auf den schweren Straußgrasböden des
Vale of Belvoir hält man hauptsächlich Milchvieh. Mehr als die Hälfte der Milch wird flüssig
— bis in das Black Country — versandt, aber
Käsebereitung bedeutet dort das beste Geschäft
(13 Fabriken). Die Äcker, mit Hackfrüchten und
überhaupt mit Futterpflanzen bestellt, bleiben
auf der Höhe der Marlstonestufe, deren Abfall
Gehölze trägt. Handelsgemüse wird bloß auf
den leichteren Schotterböden des Soartals bei
Leicester und Loughborough gepflanzt [115,
752*].

Abb. 74. Eisenbergbau im Gebiet der Northampton Sands
in Northamptonshire und
Lincolnshire. (Nach L. D.
Stamp und S. H. Beaver.)

Die Industrie hat sich im East Midland
Plateau nur im Anschluß an die Eisenvorkommen
des Mittellias und der Northampton Sands stärker
entwickelt (Abb. 74) [A 24, 214; 72—74, 76; 752*]. Die ersteren werden
in den Hochöfen zu Holwell an der S-Seite des Melton Ridge ausgebeutet,
Asfordby im Wreaktal erzeugt Eisenwaren. Wie in den Kalksteinbrüchen
von Barrow werden die Decken von Geschiebelehm oder -ton abgeräumt
und das eisenhaltige Gestein im Tagbau gebrochen. Weit wichtiger ist die
Eisengewinnung in Northamptonshire, im Nenetal bei Wellingborough und
Irchester und um Northampton, bei Kettering und Desborough im Isetal
und bei Corby. Die Tagbaue reihen sich in ganzen Ketten aneinander und
liegen meist auf der Höhe des Stufen- oder eines Plateaurandes. Namentlich
Corby, 1910, als der erste Hochofen errichtet wurde, ein Dorf, ist seit der
Erbauung einer großen Fabrikanlage (1933) mit Hoch- und Koksöfen, Stahl-
und Walzwerken und Röhrenerzeugung, außerdem mit Bekleidungsindustrie,

Erzeugung von Straßenbaustoff (tarmac) rasch zu einem bedeutenden
Industrieort angewachsen (1931: 1596; heute wohl mindestens 12 000). Doch
wird ein Teil der Erze nach Derbyshire und Yorkshire verschickt. In jenen
Abschnitten des Nenetals ist demgemäß auch die Bevölkerungsdichte verhältnismäßig groß (R.D. Northampton 170, Wellingborough 95, Thrapston 67;
mittl. Dichte der R.D. von Northamptonshire 50). In Rutland wird bei
Market Overton etwas Eisen gewonnen. Der andere Hauptzweig der Industrie,
die Erzeugung von Stiefeln und Schuhen, stützt sich auf die Viehzucht; er
hat seine Brennpunkte in Leicester und in Northampton, selbst in Oakham
ist eine kleine Schuhfabrik. Schon im Mittelalter hatten Northampton und
Peterborough mit Leder und Lederwaren gehandelt; das Nenetal lieferte die
Häute, die Eichen von Rockingham Forest die Gerberlohe. Seit dem 17. Jh.
entwickelte sich die Schuherzeugung in immer größerem Maßstab, nicht bloß
in Northampton, das zeitweilig den Schuhhandel der Welt beherrschte
(1939: 37,1% der Schuharbeiter der Gr.), sondern auch das Nenetal hinab
in Wellingborough (20,1%), Rushden (19,0%), Irthlingborough, Raunds,
außerdem in Higham Ferrers, Kettering, Desborough usw. Heute verwertet
sie reichlich eingeführtes Material sowohl an Häuten, die vornehmlich durch
Liverpool vermittelt werden (1937: 53% der E.), als auch an Gerbstoffen
(Wattle, Quebracho). Ähnlich wichtig ist die Schuhwarenindustrie von Leicestershire, wo sie sich aber mehr in und um Leicester selbst konzentriert
(mit rund $^4/_5$ aller Schuharbeiter der Gr.) und sich weit mehr auf die Erzeugung von Frauen- und Kinderschuhen verlegt, während Northamptonshire
größtenteils Stiefel und Schuhe für Männer fabriziert (1935: 84,5% der
GesErz.). Diese Arbeitsteilung dürfte darauf zurückgehen, daß Northamptonshire, das keine Textil- und Eisenindustrie hatte, sich schon zu einer Zeit
auf das Leder- und Schuhgewerbe einstellte, wo Leicester vornehmlich Wirkwaren anfertigte. 1931 entfielen auf die East Midlands 30% der Schuharbeiter Gr.Brit. (1851 erst 7,4%!), weit mehr als in SE-England mit Groß-
London (17,5%). Von den beiden Gr. zusammen werden 59,1% der Ges.Pro-
duktion des Landes (dem Werte nach) geliefert [752*].

Leinenindustrie und Wollhandel von Oakham und Uppingham, auch die
einst sehr geschätzte Strohhuterzeugung sind schon seit Jahren verschwunden. Dahin ist die von eingewanderten Hugenotten verbreitete Anfertigung
von Spitzen in Northampton, Olney, Towcester usw., die von Bürsten in
Northampton, Kettering und Wellingborough. Auch die Gewinnung der
Steine und Erden hat abgenommen. Die Oolitekalke von Ketton und Barnack („Hills and Holes"; 3 km ö. Stamford) sind seinerzeit nicht bloß in
den Fenlands (vgl. S. 335), sondern auch in York, in London (Tower), sogar
in Exeter verwendet worden, die grauen Collyweston Slates für die älteren
Häuser eines weiten Gebietes geradezu bezeichnend (vgl. S. 407/8). Bei den
Neubauten werden dagegen fast nur Ziegel verwendet [11 b, c].

Das East Midland Plateau ist altbesiedeltes Land. Zahlreich sind die
Funde von Stein- und Bronzewerkzeugen und die britischen Schanzen und
„Erdwerke" sowohl in Northampton- wie in Leicestershire (Borough Hill bei
Daventry, Arbury Hill bei Thenford, Hunsbury Camp bei Northampton;
andere bei Billesdon, Tilton, Houghton usw.). Zahlreich sind auch die
Spuren der Römerzeit, Reste von villae, Tonwaren, Mosaikböden, Münzen
[11 b—d, 13]. Wie Watling Street im SW über Towcester, die Via Devana
(vgl. S. 343) auf Leicester zu die Höhen querte, so führte Ermine Street
im NE über das Plateau von Kesteven. Die Römer haben auch bereits das
Eisen ausgebeutet. Dann wurde das ganze Gebiet von den Angeln besetzt,

von der Ouse und dem Nene her. Häufig sind anglische Gräberfelder in Northamptonshire. Schon vor der Einführung des Christentums müssen die Mitte und der W der Gr. dicht besiedelt gewesen sein. Die ältesten Ortsnamen finden sich längs der Täler des Nene und seiner Nebenflüsse (Fotheringhay, Oundle, Thrapston usw.), im Isetal um Kettering, um Daventry. Während im W dieser Siedlungsbereich durch breite Wälder (Rockingham Forest) begrenzt war, reizten ö. des Nenetals die Oxfordtone wenig zur Besiedlung [617*, 624*; 11b, c; 13b, d, 16].

Das s. Northamptonshire ist auch später fast rein angelsächsisch geblieben, während vom Nene gegen N dänische Ortsnamen häufiger werden, zumal längs dem Welland und dem Wreaktal und ö. von Leicester. Dagegen weist Rutland wenig dänische Besiedlung auf. Wie schon in der vorgeschichtlichen Zeit, lockten ebenso in der germanischen besonders die Quellausstriche auf den Höhen, z. B. an der Grenze zwischen dem Lincolnshire Limestone und den Northampton Sands, zur Niederlassung. Hier waren auch die besten Ackerböden zu finden. In den Talgründen bezog man wie anderswo hochwassersichere Terrassen oder die Ausläufer der randlichen Höhen, so entlang dem so oft schwere Überschwemmungen bringenden Nene. Die weniger fruchtbaren Böden blieben Heide und Wald. In die mehr abseits gelegenen Waldgebiete wich die ältere dunkelhaarige und -äugige Bevölkerung zurück; noch jetzt ist sie in manchen Strichen von Northampton- und Huntingdonshire stark vertreten. Rockingham Forest war ein beliebter Jagdgrund der ersten normannischen Könige. Bis heute sind die „shires" ein Hauptgebiet der Fuchsjagden geblieben, Quorn bei Loughborough, Cottesmore bei Oakham, Pytchley bei Kettering die bekanntesten Namen, Melton Mowbray, Oakham, Market Harborough die beliebtesten Sammelplätze. Diese Jagden knüpfen sich an die Gebiete, wo kleine Farmen auf leichtem Grasland zwar während des Sommers Rinder ernähren können, aber nicht im Winter, wo also das Vieh im Herbst dem Fleischer verkauft werden muß. Dann hat der Farmer reichliche Mußezeit für die Fuchshatz [12].

Bis in das Zeitalter der Eisenbahnen und Autostraßen hatte sich die Wirtschaft des East Midland Plateau nicht wesentlich geändert, ja nicht einmal das Bild der Dörfer, nachdem sie ihre Kirchen erhalten hatten. Wegen seiner schmalen hochragenden Turmnadeln wird Northamptonshire geradezu als das Land der „(squires and) spires" bezeichnet. Viele von den Kirchen sind hier und in Rutland Jh. alt. Die Häuser sind jüngeren Datums, immerhin weisen Preston (n. Uffingham) und Braunston alte Bauten mit hohen Giebeln und Steinbalkenfenstern aus der 2. H. des 17. Jh. auf, und selbst in Oakham standen noch vor wenigen Jz. Häuser mit Strohdächern an der Hauptstraße. Etwas größere Siedlungen hat erst die moderne Industrie entstehen lassen. Das Städtchen O a k h a m (3191) und das Dorf Uppingham (ungef. 2000), beide, namentlich das letztere, durch ihre 1584, bzw. 1587 gegr. Lateinschulen bekannt, sind kleine Lokalmärkte geblieben, obwohl Oakham ehemals Wollhandel betrieb und um die Wende zum 19. Jh. durch einen Kanal über Melton Mowbray mit dem Soar verbunden wurde, so daß es Kohle aus Derbyshire beziehen, Getreide nach Manchester und Liverpool schicken konnte [11c, 13d; 60*] — schon CAMDEN hatte von dem „fertile vale of Catmose" gesprochen [624*]. Im Grunde genommen ist diese Gr.St. Rutlands nur ein langer Straßenort mit einem ansprechenden Marktplatz. Dagegen hat M e l t o n M o w b r a y (10437), geschmückt mit einer der schönsten Pfarrkirchen des Landes, Eisen- und Wirkwarenindustrie entwickelt, ein Außenposten von Leicester. Geschätzt sind seine Schweinefleischpasteten und sein Stiltonkäse. Für das obere Wellandtal ist in ungemein fruchtbarer Umgebung M a r k e t H a r b o r o u g h (9312) der wirtschaftliche Mittelpunkt. Wie zu Camden's Zeit, ist es ein wichtiger Markt, besonders für den Handel mit Pferden und Rindern (Mastochsen), dank dem ausgezeichneten Weideland für 2½—3jähr., zur Mast bestimmte Ochsen, das sich bis Rockingham in Norhamptonshire erstreckt, zugleich Eisenbahnknoten für die Linie Peterborough—Rugby und Northampton—Leicester [11 d, 77, 84]. Ehemals trafen hier Kutschen aus London, Sheffield, Derby, Manchester ein. Im Isetal ist K e t t e r i n g (31 220; *34 560*), auf einem Riedel des Ironstone, durch lebhafte Industrie (Kleider, Schuhe, Eisengießereien) ausgezeichnet; R o t h w e l l (4516; *22 910*!), w. davon auf einem Sporn zwischen dem Isefluß und einem Seitenbach, hat Schuhindustrie. An der Mündung des Isetals steht das betriebsame W e l l i n g b o r o u g h (21 223; *25 670*) im Nenetal mit einem großen Güterbahnhof, ihm gegenüber Irchester (2503: Schuhe, Eisenwerke). Auch R u s h d e n (14 248) und H i g h a m F e r r e r s ingborough; 4100), Burton Latimer (3507), Raunds (s. Thrapston, 3683) sind von der Industrialisierung erfaßt. In Rushden sind 73,1%, in Rounds 72,4% ihrer Arbeiter in Schuhfabriken tätig [752*]. T h r a p s t o n (1679) ist Getreidemarkt. Hier ist das Nenetal schon sehr breit, noch breiter bei O u n d l e (2001), wo die Straße auf hohen Dämmen zur Brücke geführt wird. Bis vor einem Menschenalter fuhr man auf dem Nene mit Booten bis Northampton, jetzt ist der Treidelpfad unterbrochen und die Schleusen sind verfallen; allerdings plant man, den Fluß wieder schiffbar zu machen. Das Schuhmacherhandwerk ist dem Fabriksbetrieb gewichen, Reihen von Arbeiterhäusern aus roten Ziegeln sind an die alten Dörfer angeschlossen worden, die heute nicht Dorf und nicht Stadt sind. Das Ousetal ist dagegen der Industrialisierung entgangen, hier stehen noch immer die gelb-, rot- oder ockerfarbig getünchten Häuser, gebaut aus den einheimischen Kalken, und die alten Mühlen am Fluß, der sich durch Wiesen und kleine Gehölze windet und wegen seiner Krümmungen, seines Schilfs, seiner Weidenbäume und Wasserrosen keine Boote trägt.

Die größte Stadt dieses ö. Gebiets, allerdings noch nicht Großstadt, N o r t h a m p t o n (92 341; *98 520*), liegt etwas über dem Nene in guter strategischer Stellung. Das Tal und den Eintritt in das Innere des Landes beherrschend, war es eine Schöpfung der Angelsachsen, spätestens im 8. Jh. entstanden (917 Hamtun, erst seit dem 11. Jh. North Hamptun im Gegensatz zu Southampton, als dieses seit der normannischen Eroberung wichtiger wurde). Größere Bedeutung erlangte es anscheinend seit der Besetzung durch die Dänen, die es zum Mittelpunkt eines Heeresbezirkes machten. Bedeutsam war seine Lage halbwegs zwischen Winchester und York. Die Normannenburg war ein beliebter Aufenthalt der englischen Könige; heute steht Castle Station an ihrem Platz.

Wie in Nottingham und Norwich gründeten die Normannen eine eigene Stadt neben der angelsächsischen. Durch das Mittelalter bis tief in die Neuzeit hindurch behauptete Northampton seine Rolle in guten und bösen Tagen. Der schreckliche Brand von 1675 hat freilich die meisten älteren Bauten vernichtet, aber die eigenartige Rundkirche (des Hl. Grabes) mit acht normannischen Pfeilern ist übriggeblieben. Die County Hall entstammt der Zeit unmittelbar nach dem Brand. Damals erhielt es seinen regelmäßigen Grundriß: noch zu Beginn des 19. Jh. bestand es im wesentlichen aus zwei nahezu eine Meile langen, einander rechtwinkelig schneidenden Straßen, so daß es in vier fast gleich große Teile gegliedert war. Der Marktplatz ist

einer der größten Englands. Aus der Gerberei und Ledererzeugung, die es
schon im Mittelalter betrieb, hat sich seit der M. des 17. Jh. die moderne
Schuhindustrie entwickelt, die heute hier und das Nenetal hinab ein Drittel
aller in diesem Beruf Tätigen Englands (vgl. S. 410) beschäftigt. Auch hat es
Eisenwerke und Papierfabrikation. Außerdem ist es ein wichtiger Viehmarkt (für Rinder, Schafe und Schweine). Allein es hat den Schaden, den
es durch seine seinerzeitige ablehnende Haltung gegenüber der Eisenbahn
erlitt, nicht wieder völlig gutmachen können. Es erhoffte wohl zuviel von
der Schiffahrt auf dem Nene — auf dem man aber drei Tage nach Peterborough braucht, mit der Bahn kaum 1½ St. —, von dem Kanal, der seit
1815 den Nene mit dem Grand Junction Canal bei Blisworth verband, wodurch es Kanalverbindung mit London und Liverpool und Anschluß an die
übrigen Kanalsysteme der Midlands erhielt, und von den zehn Straßen, die
nach allen Richtungen ausstrahlen. So wurden die großen Eisenbahnwerkstätten nicht in Northampton, sondern in Wolverton eingerichtet [11 b, 16].

Die Kernlandschaft der nö. Midlands ist die Niederung (Vale)
des Trent zwischen Burton und seiner Vereinigung mit der Yorkshire
Ouse, wo sie sich ganz unmerklich in das Vale of York gegen N fortsetzt,
aber doch entlang dem Humber gegen E zum Meer öffnet. Wie die Ouseniederung dem Verkehr den Weg nach N-England und Schottland weist, so
die Trentfurche den Weg in die inneren und w. Midlands und hinüber zur
W-Küste, einerseits zum Bristolkanal, anderseits durch die Midlandpforte
zum Dee und Mersey. Nirgends sind dabei höhere Wasserscheiden zu bewältigen, und der Kahnverkehr, der seinerzeit von der Humbermündung her, vom
Gezeitenhub begünstigt, Seefahrzeuge bis Gainsborough trug und bei Nottingham den obersten größeren Hafen besaß, konnte im Zeitalter der Wasserstraßen durch den Trent-Mersey Canal (1777 eröffnet) von Wilne Ferry
(w. Long Eaton) am Trent nach Runcorn am Mersey die Potteries und
Liverpool erreichen, während anderseits der Trent durch den kanalisierten
Soarfluß, bzw. den Loughborough Canal und den Grand Junction Canal auch
mit London, außerdem über Stafford-Wolverhampton und auch über Birmingham mit dem Severn bei Stourport und dadurch mit Bristol verbunden wurde.
Noch heute werden diese Kanäle benützt, in erster Linie für den Kohlenversand. Bis Nottingham können 100 tons-Boote gelangen.

Das Vale of Trent, grabenartig fast ganz in die leicht ausräumbaren
Keupermergel, u. zw. schräg, nicht im Streichen derselben eingeschnitten,
wird unterhalb Nottingham 2—3 km breit. Unterhalb Newark wird es zu
einer weiten Niederung, unterhalb Gainsborough zwischen Lincoln Heath im
E und Bawtry im W 30 km breit. Denn die Marlstonestufe, die noch ö. Newark
auf 150 m ansteigt, weicht gegen NE zurück, und bloß ganz schwache Erhebungen, geknüpft an härtere Gesteine, durchziehen das Tiefland gegen N,
wobei sie immer mehr ausklingen. Inselartig treten sie schließlich aus den
jungen Aufschüttungen noch an die Oberfläche, wie etwa bei Gainsborough
und in der „I. of Axholme".

Der Trent selbst durchmißt dieses breite Tal, im allgemeinen etwas
r. drängend, mitunter an Prallstellen Steilabfälle erzeugend, in Schlingen,
die für seine gegenwärtige Wasserführung zu groß sind. Dieser entsprechen
vielmehr die kleineren Krümmungen, die er heute entwickelt, jene großen
einem gesammelten Schmelzwasserstrom der Midlandvergletscherung. Aber
der Geschiebelehm ist innerhalb der Niederung nirgends mehr in einer geschlossenen Decke, sondern nur in Fetzen verbreitet. Der Fluß hat gröbere

Schotter abgelagert und dann wieder zerschnitten, so daß stellenweise Terrassen vorhanden sind bis zu 10 oder 12 m über der Talau („High-level
Valley Gravel"). Außerdem sind jüngere postglaziale Schotter inselartig,
höchstens 4—6 m über dem Fluß, vorhanden, gleich den Terrassen mit Vorliebe von alten Siedlungen zwischen Nottingham und Newark aufgesucht
(z. B. Stoke Bardolph und Shelford). Trentschotter ziehen als eine leichte,
oft unterbrochene Welle von Farndon und Newark her auf Collingham (nö.
Newark) und dann in einem S-förmigen Streifen fast bis Lincoln [21 b, c,
31—34, 36, 37]. Tatsächlich ist die Niederung verheerenden Hochwässern
des Trent ausgesetzt: Fluten wie die des J. 1875 haben das untere Nottingham samt dem Bahnhof unter Wasser gesetzt. Daher wird der Fluß nicht
von Äckern begleitet, sondern nur von Wiesen; Gehöfte sind hier selten.
Einst war der ganze Grund überhaupt Sumpfland. Erst in jüngster Zeit
(1931) hat das River Trent Catchment Board die Regulierung des gefährlichen Flusses nachdrücklich in Angriff genommen; das Maihochwasser von
1932, bei welchem 600 km² Landes im Trentgebiet bis hinauf nach Tamworth
und Nuneaton überflutet wurden, und kürzlich die ähnlich großen Überschwemmungen im Februar 1947 sind neuerdings ernste Mahnungen gewesen.
Schwerer wird es gelingen, das verheerende Fischsterben, das wiederholt von
den Industrien verursacht wurde, einzuschränken [34, 35].

Der langen Abdachung der Pennines entsprechend, empfängt der Trent
im allgemeinen die größeren Nebenflüsse von l., von r. nur Soar und Devon.
Dieser kommt aus dem Vale of Belvoir, das längs der Marlstonestufe am
NW-Rand des East Midland Plateau fast parallel zum Vale of Trent verläuft, sich aber bei Newark gegen dieses hin öffnet. Schon aus dem Vale of
Belvoir erheben sich ganz niedrige Höhen. Sie ziehen in das Vale of Trent
hinaus und tragen jede eine Kette von Siedlungen: der „Hydraulische Kalk"
des Unterlias, der, im S nur 35—40 m hoch, 7—10 m über dem Tal, sich im
N in der Niederung verliert; parallel dazu der ebenfalls unterliassische eisen-
hältige Kalk, der sich von 60 bis 65 m im S bis Stow nw. Lincoln auf 18 m
senkt [21 b]. Erst ganz im N, bei Scunthorpe-Frodingham, hebt er sich wieder
auf wenigstens 50 m heraus, hier wertvoll durch sein Eisenerz. Zwischen
diesen nur leicht angedeuteten Zug von Erhebungen und Lincoln Heath
schaltet sich das West Clay Vale von Lincolnshire ein [19]. Gleich den
Siedlungen auf den Schotterresten bestanden alle jene Dörfer schon zur Zeit
des D.B.; der Kalk bot ihnen gutes Wasser und guten Baustein, die sandig-
lehmigen Böden ringsum Ackerland. Manche von ihnen waren damals volk-
reicher als heute, Collingham hatte z. B. 2 Kirchen und 65 Familien. Sehr
schön zeigen die Dörfer dieser Landschaft auch in ihrer Anordnung und
Größe und nach der Lage zur Talstraße verschiedene Typen der Anpassung an
Relief und Gestein [83], während sich die Landnutzung nach den Böden und
der Nachfrage richtet. Dauerweiden begleiten die Flüsse; sie werden am Trent
vornehmlich für Viehmast verwendet, im Soartal hauptsächlich für Milchvieh.

Man würde nun vor den Ausgängen aller größeren Seitentäler größere
Siedlungen erwarten. Soweit dies überhaupt der Fall ist, meiden sie jedoch
den Trent, und bei Nottingham, der volkreichsten Stadt des Gebietes, mündet
überhaupt kein größeres Tal aus. Am Trent selbst haben nur Newark
(Nottinghamshire) und Gainsborough (Lincolnshire) Bedeutung erlangt. Die
Stätte von N e w a r k (18 060; *21 150*) hat schon der Fosse Way nach Lincoln
berührt. Nach der Zerstörung einer älteren sächsischen Siedlung (Sidna-
cester? vgl. aber S. 328) durch die Dänen hieß der neugegründete Ort Newerc
(2. H. des 11. Jh. Newercha, Niweweorce). Als „Schlüssel des Nordens" im

12. Jh. mit einer Burg bewehrt, machte es immer wieder Durchzüge von Truppen und Belagerungen mit, besonders während der Bürgerkriege. Hier querte die Great North Road, 1770 als turnpike-road ausgebaut, von London, bzw. dem Withamtal her kommend, den Trent, genauer einen Nebenarm desselben, in welchen kurz vorher der Devon mündet, auf der damals einzigen Brücke unterhalb Nottinghams. So war Newark im Zeitalter der Postkutschen ein rühriger Handelsplatz, es unterhielt lebhaften Malz- und Getreidehandel bis Liverpool und London und erzeugte Eisen- und Messingwaren [60*]. Bis zur Gegenwart blieb es ein bedeutender Rindermarkt, es hat Brauereien, Dampfmühlen, Zementwerke, baut Werkzeugmaschinen und ist ein vielstrahliger Straßenknoten. Beim nahen Hawton wird Gips im Tagbau gewonnen, in Kelham Rübenzucker bereitet [11 a, 112].

Gainsborough (18 689) ist als Furt- und Anlegeplatz entstanden, an einer Stelle, wo eine niedrige Sandsteinstufe an den Trent herantritt. Die Furt ist später überbrückt worden, etwa 15 km unterhalb des Punktes, bis zu welchem die Springflut aufwärts gelangt — sie erscheint hier mit einer kräftigen Woge („eagre"), bei der das Wasser 10 m tief werden kann. Auf dem Trent waren die Dänen eingedrungen, und von Gainsborough und von Torksey (13 km nö.) aus sind sie auf Lincoln vorgestoßen, um die Verbindung mit ihren Landsleuten, die durch die Fenlands gekommen waren, herzustellen. Die Erdwerke (Castle Hills) sind anscheinend von ihnen benützt worden. Während des Mittelalters mit der Wollausfuhr beschäftigt, wird die Stadt heute durch die hohen Schlote ihrer Eisengießereien gekennzeichnet. Sie erzeugt Maschinen, Leinöl und Viehkuchen und neuestens wie Grantham Traktoren für die Landwirtschaft [751*]. Hier kreuzt sich die Eisenbahn London—Cambridge—Ely—Doncaster mit einer der Linien von Manchester und den Midlands zum Humber (Grimsby, Cleethorpes) [11 f; 19].

Eine kleine Welt für sich ist lange Zeit die I. of Axholme gewesen. Bloß 20 m, am höchsten Punkt 40 m hoch, knüpft sie sich an die härteren (gipsführenden) Keupermergel, die gegen W und NW eine quellenarme, wenig gegliederte Stufe kehren und ausgedehnt von Dünensanden, stellenweise von Schottern bedeckt sind. Diese bieten trockene Böden, speichern Wasser auf und sind mit Dörfern besetzt, welche ehemals einen kärglichen Getreidebau betrieben. Heute dehnen sich auf den Sanden Kartoffeläcker, und die umliegenden Niederungen sind ähnlich wie die Fenlands durch ein ausgedehntes Netz von Gräben (Mother Drain, Folly Drain, Stainforth-Keadby Canal, Pauper's Drain) zum Trent hin entwässert und in Ackerland verwandelt worden, z. T. durch „warping" (vgl. S. 336). Die Flüsse Idle und Thorne sind kanalisiert. So ist jetzt die Bevölkerungsdichte verhältnismäßig groß (110—115). Haxey (1892) war vielleicht einst der Hauptort und sicher der Namengeber der „Insel" („ey" und „holm" bedeuten Insel). Kaum bedeutender sind Epworth (1795), das vor 100 J. aus dem Flachs und Hanf der Umgebung Säcke und Segeltuch erzeugte und wie Haxney, Eakring und Laxton (vgl. S. 419) noch Reste des Offenfeldsystems aufweist, und Crowle (2833) im N, jenseits einer Einschnürung der Isle. Noch weiter draußen wird im SW Wroot, auf einer nur 8 m hohen Kuppe von Waterstone (Keuper), zu ihr gerechnet. Gegen NW vorgeschoben und von ausgedehnten Torfstichen umschlossen, liegt Thorne, das seinerzeit mit Torf handelte und mit Bau von Booten für die Küstenschiffahrt Geld verdiente [60*], besonders seitdem es durch den Stainforth-Keadby Canal mit dem Trent unmittelbar verbunden war; es vergrößert sich merklich infolge der Ausdehnung des

Kohlenbergbaus (14 606, 1921: 6076; R.D. Thorne 1921: 11 133; 1931: 31 153!). Keadby Bridge, an der 1863 gebauten Trentbrücke, über welche Straße und Bahn von dem nahen Scunthorpe (s. u.) nach Doncaster führen, wächst neuestens rasch an, seit eine Ölraffinerie und Speicher für das über Hull kommende Öl errichtet wurden und es außerdem ein großes Pumpwerk zur Entwässerung der „carr lands" zwischen Crowle und Thorne besitzt [Frdl. Mitt. von Prof. K. C. Edwards]. Die Grundstücke der I. of Axholme sind überhaupt nicht oder nur niedrig eingehegt und in viele schmale Streifen aufgeteilt, welche an die alten Gewannfluren erinnern; aber sie werden von den einzelnen Besitzern nach Belieben bebaut und zeigen daher ein buntes Durcheinander von Weizen, Kartoffeln und Gemüse [19].

Am r. Ufer des untersten Trent bilden schließlich die Kalke des Unterlias Burton Cliff. Nur im Sockel erscheinen schwarze Rhätschiefer und rote Keupermergel; Dünen bedecken die Höhe, ein unbesiedeltes Gebiet mit Heiden und Kaninchenbauen. Das s. davon gelegene Plateau von Scunthorpe-Frodingham besteht aus den gleichen Liaskalken. Dank den Eisenerzen, welche in ihnen stellenweise angerichtet sind, ist es wirtschaftlich ungemein wertvoll und dicht besiedelt (etwa 30 000). Schon zur Zeit der Domesday-aufnahme bekannt, sind die Erze doch erst seit 1859 stärker abgebaut worden, und die alten Dörfer Ashby, Scunthorpe und Crosby, an der Grenze des Unterlias und eines langen, 2—3 km breiten Dünengürtels, welcher von Scunthorpe weit nach S zieht und aus seinen „warrens" die silbergrauen Kaninchen nach Brigg lieferte, sogar Appleby schon jenseits der Höhe drüben in der Ancholmeniederung und vor allem Frodingham bilden mit ihren Hochöfen das zweitwichtigste Zentrum der Eisengewinnung des Landes und sind z. T. Sitze einer ansehnlichen Eisen- und Stahlindustrie (vgl. S. 379). Der Mangangehalt macht das Eisen besonders für die Drahterzeugung verwendbar. Der Ironstone selbst ist 6—9 m mächtig und wird im Tagbau gewonnen, sobald die weichen Hangendtone, obwohl gelegentlich 20 m dick, abgeräumt sind [741*].

Zwischen die Pennines und das untere Vale of Trent schaltet sich das niedrige, leicht gegen SE geneigte Plateau von Nottinghamshire ein. Es wird durch mehrere gegen W schauende Stufen und die eingeschnittenen, zum Trent hinausführenden Täler gut gegliedert [38]. In mancher Hinsicht dem East Midland Plateau ähnlich, unterscheidet es sich von ihm dadurch, daß es aus älteren Gesteinen besteht, z. T. mit anderer Nutzbarkeit der Böden, und vor allem durch die unmittelbare Nachbarschaft der offenen und die Erreichbarkeit der unterirdischen Kohlenfelder. Infolgedessen ist hier die vortechnische Kulturlandschaft viel stärker umgewandelt worden und in weiterer Umgestaltung begriffen. Die postkarbonen Gesteine, welche dem Karbon diskordant auflagern und, abgesehen von späteren tektonischen Störungen, schon in ihrem ursprünglichen Niederschlag Ungleichförmigkeiten zeigen, umfassen eine Schichtfolge vom Perm bis in den Keuper, während das East Midland Plateau von Rhät, Lias und Dogger aufgebaut ist. Auch im Plateau von Nottinghamshire wechseln mehrfach verschieden widerständige Gesteine, so daß sich bei ihrer flachen Lagerung eine Stufenlandschaft entwickeln konnte, u. zw. vermutlich aus der gleichen alten Einebnungsfläche wie im East Midland Plateau. Die Schichten unter spitzem Winkel schneidend, wird sie freilich kaum eine tischglatte Ebene gewesen sein, vielmehr dürften die härteren Gesteine immer ganz niedrige Wellen verursacht haben, etwa von der Art, wie sie heute innerhalb des Vale of

Trent auftreten. Anscheinend sind in geringerer Höhe noch jüngere Systeme von Einflächungen vorhanden; doch fehlen diesbezüglich weitere Untersuchungen [112 d].

Die verschiedenen Stufen laufen nun in der Richtung auf Nottingham gegen das S-Ende der Pennines so eigenartig zusammen, daß innerhalb des Stadtbereiches selbst die ganze Schichtfolge vom Karbon bis zur Obertrias vertreten ist. Alle Formationsstreifen werden von N her gegen Nottingham schmäler, zugleich ändern sie ihre Richtung: das Karbon gegen SE, Buntsandstein und Keuper gegen SW. Dieser weicht gerade bei Nottingham auf das r. Ufer des Trent zurück, der Buntsandstein tritt auf eine kurze Strecke l. an den Fluß heran und, in schmalem Ausbiß gegen W ziehend, kommt er w. des Leentals unmittelbar mit dem Karbon zur Berührung. Der Permstreifen klingt hier zwischen beiden aus und damit auch die an seine dolomitischen Kalke geknüpfte Stufe [112 a, d; 21 a b, 27, 27 a, 28, 212].

Nur wenig n., schon bei Kimberley, etwa 150 m hoch und aus massigem, unregelmäßig gebanktem Kalkstein gebildet, ist diese hingegen gut ausgeprägt (w. Annesley, Sutton-in-Ashfield, Mansfield und weiter im N). Eine Reihe Steinbrüche sind in sie geschlagen worden. Stellenweise werden auch die im Hangenden der Kalke auftretenden mittelpermischen Mergel verwertet (z. B. zu Bulwell im Leental unfern Nottingham). Die Stufe setzt sich dann, durchbrochen von den Penninesflüssen, in jenem Zug fort, dem wir als W-Umrahmung des Vale of York wieder begegnen. Sie blickt, von einzelnen kleinen malerischen Schluchten durchquert (z. B. bei den Creswell Crags, jenem wichtigen altsteinzeitlichen Fundort, von dem aber wegen seiner Zugehörigkeit zu dem damaligen Siedlungsbereich der Pennines an anderer Stelle die Rede sein soll; vgl. S. 562), auf welliges Land gegen W hinab, das, aus Tonschiefern und geringmächtigen Sandsteinen des Karbons aufgebaut, die s. Pennines umschließt. Das Erewashtal folgt auf einer längeren Strecke einer Antiklinale, an deren Seiten, so wichtig für die Erschließung des Kohlenfeldes von Derbyshire-Nottinghamshire, die Kohlenflöze mit dem Top Hard-Flöz (entsprechend dem Barnsley-Flöz; vgl. S. 568) heraufkommen; es bildet im s. Abschnitt eine gute Grenze [21 a]. Die zweite Stufe, geknüpft an die Konglomerate des Buntsandsteins, ist das „Bluff", der Steilabfall, der den Kern von Nottingham trägt. Sie wird vom unteren Leen durchbrochen, aber gleich n. bildet sie im allgemeinen das E-Gehänge seines Tals, obwohl Triasgesteine gelegentlich auf seine W-Seite hinübergreifen. Auch sie zieht weit gegen N, bei Mansfield, Warsop, Worksop vorbei und noch w. von Bawtry. Die dritte Stufe endlich wird von den Waterstones, den Sandsteinen des Keupers, gebildet. Sie läuft von Mapperley (gleich n. Nottingham) gegen NNE über Calverton auf Ollerton zu, weiterhin w. Tuxford und über East Retford gegen N. Hier fließt ihr der Maun, weiter n. der Idle annähernd als Schichtfluß entlang. Ihr S-Flügel wird dagegen vom Dover Beck und vom Greet, dem Fluß von Southwell, kataklinal durchmessen, deren Quellgebiete bis in den Buntsandstein zurückreichen. Doch bilden die Waterstones bloß die Stufenkante. Auf ihrer obersten Abdachung stellen sich dann sofort die Keupermergel ein. Diese enthalten Lagen eines widerstandsfähigen Sandsteins („skerries"), die wenig mächtig sind, aber an den Talgehängen in Leisten hervortreten und von Bächlein in schluchtartigen Einschnitten, manchmal mit kleinen Wasserfällen, durchschnitten werden („dumbles" genannt) [112 a].

Unter der Decke der jüngeren Gesteine begraben liegt das unterirdische Kohlenfeld, das zum erstenmal 1859 durch die Bohrung von Shireoaks bei

Mansfield erreicht wurde [24 b]. Seither ist der Kohlenbergbau von der
Linie des Erewashtals (Brinsley, Eastwood, Trowell) andauernd nach E gerückt, 1870—1890 ist eine ganze Reihe von Gruben bei Mansfield abgeteuft
worden (Kirkby- und Sutton-in-Ashfield), ebenso entlang dem Leental (Huck-
nall, Radford, Newstead, Linby usw.) [112 a]. Dieses Vorrücken hält unver-
mindert an. Dadurch geht der Stufenlandschaft immer mehr der Hauch der
Ursprünglichkeit und jener Natürlichkeit verloren, welcher sich der Mensch
in weiterem Maß angepaßt hatte, und die moderne Industrielandschaft, trotz
ihrer neuen Siedlungen, Bahnen, Straßen, Garagen armselig und reizlos, gewinnt an Raum. Am stärksten sind die Veränderungen im W. Nicht bloß
das Erewash-, sondern auch das Leental sind erfüllt von Arbeiterhäusern,
Zechen und Schlackenhügeln. Die Permflächen zwischen den beiden Tälern
(Kalke, bedeckt mit Flecken von Mergeln und mit Fetzen von Glazialschutt)
sind von solchen Anlagen schon stark überwältigt. Nicht bloß das Pflugland ist heute sehr zusammengeschrumpft, obwohl es an günstigen Plätzen
auch Weizen im Fruchtwechsel liefert, sondern sogar das Heide- und Weideland, das auf den trockeneren Kalkböden ein Hauptgelände der Schafzucht ist.

Auch der meist durchlässige Buntsandstein ist an der Oberfläche trocken,
aber dafür ein wichtiger Wasserspeicher, der nicht bloß den eigenen Siedlungen aus Brunnen und Pumpwerken Wasser bietet, sondern auch Nottingham und Newark, selbst das ferne Lincoln damit versorgen hilft [23 c].
Allerdings ist durch starke Beanspruchung der Grundwasserspiegel noch
weiter erniedrigt worden, so daß heute viele Vertiefungen und Täler, die
früher naß waren, trocken sind. Zum Anbau hat der Boden, dessen Humus-
schichte nur 3—8 cm mächtig ist, wenig gelockt. Er blieb Weide- und Ödland
[42, 43], teils im Besitz der im 12. Jh. gegründeten Klöster (so der Augustiner
von Newstead Abbey und Worksop Priory, der Zisterzienser von Rufford,
der Prämonstratenser von Welbeck Abbey usw.; 7 von den 12 Klöstern von
Nottinghamshire lagen auf dem Buntsandstein oder nahe seinem Rand!),
teils Jagdgebiet der Herrscher oder Eigentum vornehmer Herren. Diese
übernahmen nach der Aufhebung der Klöster deren Güter, und an Stelle der
Klosterbauten oder neben deren Ruinen traten die Herrensitze des 17. Jh.,
aus dem warmen roten Sandstein gebaut, jene „ducal seats", von denen die
„Dukeries" zwischen Mansfield, Worksop und Ollerton ihren Namen haben,
ein vielbesuchtes Wald- und Parkland mit alten Eichen und km-langen
Teichen, gegen das allerdings von Mansfield her der Kohlenbergbau bedrohlich heranrückt. Diese Gehölze sind die letzten größeren Überreste des ehemaligen Forest of Sherwood, der, 40 km lang, 13—16 km breit, auf der Bunt-
sandsteintafel bis vor die Mauern von Nottingham reichte, noch zu Camden's
Zeit wichtig für die Holzversorgung der Stadt, obwohl sie bereits viel Steinkohle verwendete. So war der Wald schon damals nicht mehr so zusammenhängend wie etwa zur Zeit der dänischen Besiedlung, deren Ortsnamen besonders um Nottingham und w. des Forest auftreten (Kirkby), in diesem
selbst aber fehlen. Seit dem 18. Jh. wurden 16 km² in „Parks" umgewandelt,
durch die Enclosure Acts von 1789 bis 1796 über 12 km² in Anbau genommen.
Die Baumbestände schrumpften zusammen: hatte man 1609 noch über 23 000
„timber-trees" und fast 35 000 „decayed trees", darunter 50 000 Eichen, gezählt, so 1686 nur 37 000, 1789/90 nur mehr 10 000 Bäume [42, 624*]. Zu
Napoleons Zeit wurden sie zum letztenmal stark beansprucht. Da und dort
wurden seitdem Anpflanzungen mit Eichen, Edelkastanien und Nadelhölzern
durchgeführt, auch deshalb, um die Felder gegen die Frühjahrsstürme aus
dem E zu schützen, welche so große Staubwolken aufwirbeln, daß die Hecken-

zeilen, an die sie sich anlagern, mitunter geradezu den Eindruck von Dünen machen. Weithin herrschen jedoch die „open wastes", Gras- und Ginster-heiden, Farne, Heidekraut. Auch heute sind die Farmen weder zahlreich noch einträglich; denn abgesehen von der Trockenheit, sind diese „hungrigen" Böden arm an Pottasche, Stickstoff und Kalk. Eine kürzlich durchgeführte Aufnahme ergab, daß auf der von ihr erfaßten Farmfl. von 48 km² 70% Acker- (und davon 45% Getreideland), 30% Dauergrasland waren. Fast die Hälfte des Getreides stellt der Hafer, der Weizen wird jetzt der vormals an der Spitze stehenden Gerste vorgezogen, Roggen ist nicht mehr häufig. ¼ des pflügbaren Landes nehmen Hackfrüchte ein, Futterrüben, Kartoffeln und neuestens auch etwas Zuckerrüben [112g, 113, 117, 752*].

Die besten Böden des Keupergebietes gehören dem Waterstone an. Etwas unterhalb seiner obersten Kante ist eine Siedlungszeile entwickelt, da hier das Grundwasser am höchsten steigt, manchmal bis innerhalb 6 m von der Oberfl., also Brunnen möglich sind. Die roten Tone auf den Keupermergeln, welche im allgemeinen die Höhen bedecken, sind zwar schwer, aber, ausge-stattet mit Pottasche, Stickstoff und organischen Bestandteilen, ein gutes „wheat and bean"-Land [112 a, g, u. ao.]. Allerdings sind die Äcker größten-teils Wiesen gewichen, stellenweise, wie um Woodborough, Southwell und Tuxford, auch Obstgärten. Verhältnismäßig groß ist die Zahl der Dörfer. Die meisten haben Namen auf -ton, ausnahmsweise begegnet man einem auf -thorpe (Bilsthorpe). Ohne Zweifel war dieses Gebiet schon in vorrömischer Zeit bewohnt (Erdwerke von Oxton). Nachdem die Siedlungen durch Jh. rein landwirtschaftlich gewesen waren, brachte die Erfindung des Handkulier-stuhles (1589) in Calverton die Strumpfwirkerei zur Blüte (vgl .S. 423). Daran erinnern in manchen Orten um Nottingham die vielteiligen Fenster, welche unmittelbar unter dem Dach die Arbeitsräume erhellten. Die In-dustrialisierung selbst hat vorläufig nur das SW-Ende der Keuperstufe er-faßt. Das Dorf Laxton (ö. Ollerton) hat als seltenes Beispiel bis heute die alte Dreifelderwirtschaft bewahrt, ähnliche Verhältnisse auch Eakring (s. Ollerton) [717*, 64 a].

Dem Plateau von Nottingham fehlen größere Städte. Die meiste Zukunft hat beim heutigen Gang der Dinge M a n s f i e l d (46 077; 47 030) in der flachen Mulde des Maunflusses, umringt von den Kohlenzechen — darunter denen von S u t t o n - i n - A s h f i e l d (25 153; 36 760) und von Kirkby-in-Ashfield (17 797) — und mit Wirkwaren- und Lautsprechererzeugung, Straßenknoten und lokaler Marktort. Ein solcher ist auch das freundliche Southwell (2991) am Greet, einer der ältesten christlichen Mittelpunkte der Gegend, im 12.—14. Jh. mit einem Münster geschmückt, seit 1884 Bischofssitz; in Industrie und Verkehr freilich ganz von Newark in den Schatten gestellt. An der Great North Road, die weit nach W ausbiegen mußte, um im „Gateway of Bawtry-Doncaster" die Sumpfgründe von Hatfield und Thorne zu ver-meiden, ist das Landstädtchen E a s t R e t f o r d (14 229; 15 260) am Idle, der hier vom Chesterfield Canal übersetzt wird, Eisenbahnknoten. Früher war Bawtry (1460; hart jenseits der Grenze in Yorkshire) viel bedeutender, weiter unterhalb am Idle, der dort infolge der Aufnahme des Ryton, welchen unfern die Great North Road überbrückt, für Kähne schiffbar wird. Deshalb zielten die Saumwege von Sheffield und aus den Bleilagergebieten von Derbyshire über Matlock und Sheffield hierher [60*]. Durch den Bau der Kanäle und Eisenbahnen hat es seine Bedeutung verloren. W o r k s o p (26 285; 27 840), am Oberlauf des Ryton, welcher hier den Buntsandsteinzug durchbricht, bzw. am Chesterfield Canal, der weiter im W in einem Tunnel

die Permstufe quert, ist bereits vom Kohlenbergbau erreicht und wird wie
Mansfield mehr und mehr zu einer Arbeiterstadt. Wo die N-Straße endlich
den Don überschreitet, steht, ö. seines Durchbruchs durch den Permkalk,
D o n c a s t e r (63 316; *70 820*) auf einer glazialen Schotterterrasse an Stelle
des römischen Danum, das an der untersten festen Übergangsstelle über den
Fluß angelegt worden war. Mit Ermine Street vereinigte sich hier die Straße
von Little Chester (Ryknild Way). Im Mittelalter hatte Doncaster ähnliche
Aufgaben wie Bawtry. Es lag etwas oberhalb des Endpunkts der Schiffahrt
auf dem Don, bediente Sheffields Verkehr, hatte Getreide- und Viehhandel
und verfertigte Wollwaren. Eine wichtige Straße verband es mit Lincoln,
Lynn und Norwich. Aus der bescheidenen Eisenindustrie, die es vor 100 J.
hatte, sind die großen Eisen- und Stahlwerke hervorgegangen (Lokomotiven-
und Waggonfabriken der L.N.E.R.; Draht- und Maschinenfabriken; elektrische Motoren). Außerdem hat es Brauereien, Zementwerke, es erzeugt Segeltuch, Seile und Säcke. Diese Entwicklung wurde ermöglicht durch die Ausbeutung des unterirdischen Kohlenfeldes, das, 1900 noch weit w. der Stadt,
heute schon über sie nach E und NE vorgeschoben ist, ähnlich wie über
Mansfild [18; vgl. S. 569]. Dort wiesen schon 1921—1931 die Gem. Stainforth
und Hatfield starkes Wachstum der Bevölkerung auf (von 2217 auf 7989,
bzw. von 1820 auf 7486), ein fast ebenso starkes noch weiter draußen Thorne
(vgl. S. 415) [18, 26].

Das Gebiet s. Nottingham, zwischen Leicester und Burton-upon-Trent,
gehört geologisch und morphologisch schon den w. Midlands an (vgl. S. 429/
430), doch wird es vom kulturgeographischen Standpunkt zweckmäßiger zu
den nö. gestellt.[1]) Das empfiehlt sich auch mit Rücksicht auf die Gr.-Ein-
teilung. Denn mehr als die Hälfte gehört zu Leicestershire, in den
Rest im N und NW teilen sich Nottingham- und Derbyshire, das s. Derby
und Burton ein Stück über den Trent nach S reicht, während es sonst mit
Ausnahme eines kleinen Vorsprungs seiner E-Seite den Pennines angehört.
In jenem Abschnitt s. des Trent herrscht bereits die Trias, unter der Karbon,
u. a. mit Kohlenlagern, und ältere Gesteine aufbrechen. In W-Leicestershire
überwiegen gemischte Betriebe mit viel Milchvieh und Schweinezucht.
Besonders eindrucksvoll für den Morphologen und Geologen ist die durch
die junge Abtragung bewirkte Wiedererweckung eines schon in vortriassi-
scher Zeit entstandenen alten Reliefs, das, unter Triasgesteinen begraben und
so durch Jahrmillionen vor der Vernichtung bewahrt, heute stellenweise freigelegt ist und fremdartig in der sonst viel jüngeren Landschaft steht. Ein
Musterbeispiel hierfür bietet C h a r n w o o d F o r e s t [C 21g, 27, 214, 217,
219, 223, 225, 231; 11 e]. In diesem sind die Firste eines Gebirges herausgeschält worden, dessen Gesteine — Hornsteine, Tuffe, Agglomerate, Sandsteine, Schiefer, Quarzite („Charnian rocks") — gegen Ende des Präkam-
briums zu einer großen, länglichen Antiklinale in NW—SE-Richtung auf-
gefaltet worden waren. Im NW des Gebietes sind auch intrusive sog.
„Porphyroide" (in Wirklichkeit Dazite und Dioritporphyre) und an verschiedenen Stellen Syenite am Aufbau des alten Gebirges beteiligt. Derselbe
ist durch zahlreiche Brüche und selbst Schubflächen sehr verwickelt. An

---

[1]) Ursprünglich hatte ich diesen Abschnitt tatsächlich bei den w. Midlands eingereiht.
Einer Anregung von Herrn Prof. K. C. Edwards folgend, habe ich mich bei der Neubearbeitung entschlossen, ihn hieher zu stellen. Aus drucktechnischen Gründen blieben jedoch
die Literaturangaben bei den w. Midlands, wie dies das C, das für alle dahinter folgenden
Zahlen gilt, zum Ausdruck bringt.

der W-Seite werden die Charnwood Hills durch eine große Verwerfung (Thringstone Fault) begrenzt. Plutonische Massen, vermutlich ebenfalls präkambrischen Alters, treten ebenso in der Nachbarschaft mehrfach an die Oberfläche, bei Enderby (7 km sw. Leicester), Croft, Sapcote (6—7 km ö. Hinckley), oder sind durch Tiefbohrungen nachgewiesen. Dagegen hängen die auf fast 2 km Länge aufgeschlossenen Granodiorite von Mt. Sorrel, mit abweichender Tektonik und andersartigem Kluftsystem, erst mit der kaledonischen Gebirgsbildung zusammen. Während nun das alte Gebirge im Pflanzenkarbon seine Umgebung noch kräftig überragte, war es zu Beginn der Trias bereits stark erniedrigt, und schließlich wurden Berg und Tal vollständig unter Triasmergeln begraben. Anscheinend im jüngeren Tertiär begannen die abtragenden Kräfte den Felsgrund wieder aufzudecken. Zugleich entwickelte sich ein „aufgelegtes" Gewässernetz, dessen Täler dort breit wurden, wo die Bäche bloß die weichen Füllstoffe auszuräumen brauchten, dagegen eng und steilfällig sind, wo sie in die festeren älteren Gesteine gerieten. Manchmal kann man, wie um Ulverscroft und im Brandtal (ö. Bardon Hill), neben der Kerbe des heutigen Baches eine frühere, noch nicht ausgeräumte Rinne erkennen. Besonders haben die älteren felsitischen und die jüngeren Schieferagglomerate der Abtragung getrotzt. Ihre aufgerichteten Kanten bilden, obwohl unterbrochen und unregelmäßig, im großen ganzen gut verfolgbare Höhen in elliptischer Krümmung um das etwas stärker ausgehobene NW-Ende der Antiklinale, nur daß deren Scheitel fehlt. Den älteren felsitischen Agglomeraten entspricht eine innere, den Schieferagglomeraten eine äußere Reihe. So steigt das Upland des Charnwood Forest im allgemeinen bis zu 150 m über das Flachland auf (Bardon Hill, 278 m), mit scharfen, steilen Felsen, abenteuerlichen Graten und Wandbildungen (z. B. High Sharpley) im Bereich der harten aufgedeckten Gesteine, mit weichen Formen im Mergelmantel unmittelbar daneben. Trägt dieser Acker- und Parkland, so jene kleine Nadelwälder oder Baumgruppen, oder sie sind überhaupt nackt. Die steinige Beschaffenheit des Geländes hatte lange jeder landwirtschaftlichen Nutzung getrotzt, und nach dem Fall der Wälder (1673 z. B. waren über 6000 Eichen und Eschen an einen Eisenmeister in Birmingham verkauft worden) nahmen den „Forest" weithin offene Striche mit Heidekraut, Ginster und Farnen ein [C 68a]. Der Wechsel von „pastoral" und „mountain type" auf engem Raum verleiht der Landschaft des Charnwood Forest einen eigenen Reiz [C 219]. Leider wurde sie durch zahlreiche Steinbrüche (so auch auf Bardon Hill) entstellt, mögen diese auch für die Erkundung der geologischen Geschichte überaus wertvoll gewesen sein. Seitenbäche des Soar, in Wasserspeichern gestaut, versorgen Leicester und Loughborough mit Trinkwasser.

Wnw. von Charnwood Forest schließt unmittelbar das Kohlenfeld von Leicestershire und South Derbyshire mit etwa 180 km² Fl. an [23c]. Eine Antiklinale von unproduktiven Lower Coal Measures zieht über Ashby-de-la-Zouch nach Hartshorne (halbwegs Burton). Im SW, jenseits einer Hauptverwerfung (Boothorpe Fault) wird sie vom South Derbyshire und Moira Coalfield (um Swadlincote, Moira und Donisthorpe) begleitet, im NE von einem zweiten Kohlenfeld um Coalville (1945: 23 870) und Cole Overton (Coleorton). Nö. stößt, wieder an einer Hauptverwerfung (Thringstone Fault, s. o.), die nach Ticknall (n. Ashby) zieht, Millstone Grit, sogar mit einzelnen Aufbrüchen von Kohlenkalk, an die Coal Measures an, die gegen NW von Keupersandsteinen und -mergeln verhüllt werden. Unter diesen kommen schließlich gegen den Trent hin, besonders in den Bachkerben, die Buntsandsteinkonglomerate zum Vorschein, welche die Szenerie, z. B. um

Bretby und Repton, etwas reizvoller machen. Die Keupersandsteine greifen
diskordant auf das Karbon über, auf dem sie manchmal mit einer gut ausgeprägten Stufe endigen, z. B. den Pistern Hills n. Ashby-de-la-Zouch oder
in der Stufe über den Grits zwischen Melbourne und Thringstone [C 212].
Keuper lagert auch weiter im SE auf dem Karbon. Vor allem aber umfassen
seine Mergel das Kohlengebiet und Charnwood Forest, am ausgedehntesten
zwischen diesem einerseits, dem Trent- und dem unteren Soartal anderseits,
wo sie zwischen Castle Donington und Kegworth, durch ein „skerry band"
(vgl. S. 417) verstärkt, eine niedrige Stufe bilden, außerdem im W über Burton
(Waterloo Clump). Die von ihnen geführten Gipse werden u. a. bei Gotham
(sö. Long Eaton) abgebaut, sie selbst zur Ziegelherstellung verwendet. Wiederholt trifft man auf Reste von Drift, doch spielt diese hier keine solche
Rolle mehr wie weiter im S, obwohl sie auf den Pistern Hills auf über 180 m
aufsteigt. Noch herrscht hier der Chalky Boulder Clay (Cole Overton).
Glazialschotterkappen sind entlang dem N-Fuß der Charnwood Hills und
auf verschiedenen Anhöhen (Bretby, Ashby, Chellaston, Castle Donington
usw.) erhalten geblieben. Die genauere Ordnung der eiszeitlichen Ablagerungen ist jedoch schwierig [C 21 c, e, 31, 32, 36, 37]. Die guten Böden der drift-
bedeckten Mergel gestatten einträglichen Weizen-, Gemüse- und Obstbau,
namentlich um Melbourne (11 km ssö. Derby; je 20 ha Obstbaum- und Kleinobstgärten, u. a. viel Erdbeeren; 4 km² Gemüsegärten) [114; C 64 b].
Zwischen ihm und Burton liegt am Rande des Trenttals Repton mit einer
(1557 gegr.) berühmten Schule (vgl. S. 371 ff.). 3 km nö. Coalville steht das
erste nach der Reformation in England errichtete Kloster, die Zisterzienserabtei Mount St. Bernard (1835).

Von den Flözen des Leicestershire Coalfield ist die Main Coal am wertvollsten, als Bunker-, Hausbrand- und Industriekohle verwendbar, im N zwei
Flöze, gegen S zu einem 14—16' mächtigen vereinigt. Die Rayster Coal, das
unterste abbauwürdige Flöz des ö. Kohlenfeldes, bietet Industriekohle [23 c].

Nottingham (City and County; 268 801; *265 090*), die größte Stadt des
Vale of Trent und überhaupt der ö. Midlands, verdankt die ältere Entwicklung seiner Schutz- und Verkehrslage, den modernen Aufstieg der geologischen Mannigfaltigkeit, bzw. der darauf beruhenden wirtschaftlichen Ausstattung seiner Umgebung, vor allem dem Reichtum an Kohlen [11 a; 112 a;
88, 89]. Hier tritt ö. vom Leental der Buntsandstein mit seinem Steilabfall
an die Trentniederung heran, von einer Furche eingekerbt, so daß zwei Hügel
entstehen, von denen der w. etwas höher ist (75 m, bzw. 45 m). Am Fuß des
Abfalls fließt der Bach entlang, der erst später den Trent erreicht, ehemals
begleitet von der versumpften Talau, einem natürlichen Graben (Abb. 75).
Die Höhen im N bedeckten die Wälder des Sherwood Forest. So wurde dieser wehrhafte Platz von den Angelsachsen im 6. Jh. besiedelt (Snotengaham um
895 [61, 62 a]), dann von den Dänen besetzt und diesen als eines der Boroughs
des Danelaw zuerkannt. Dagegen hatten die Römer hier keinen Stützpunkt
gehabt, vielmehr lag der nächste Übergang über den Trent bei Little Chester.
Die angelsächsische Niederlassung stand auf dem ö. Hügel, die Normannen
bezogen nach der Eroberung den höheren w. und erbauten dort eine Burg.
Dieses Nebeneinander der beiden Siedlungen hat der Stadt für immer ein
besonderes Gepräge verliehen. Die Mulde zwischen ihnen wurde als Marktplatz verwendet (Great Market; einer der größten von England), aber eine
Mauer trennte bis 1835 den englischen vom ursprünglich normannischen
Teil. Schon 924 (oder gar 910) war eine Brücke über den Trent gebaut wor-

den, auf welchem die Schiffahrt unter Benützung des Leen bis an die Stadt
herangeführt wurde.

Der Trent selbst wurde die Lebensader Nottinghams. Dank ihm konnte
es früh in den Woll- und Tuchhandel eintreten. So war es schon 1155, als es
einen ersten Freibrief erhielt, ein Mittelpunkt für Tucherzeugung und Tuch-
färberei (das Wasser des Leen war für Färben und Bleichen besonders geeignet; an ihm standen die Mühlen, aus denen sich die Dörfer Radford, Basford,
Bulwell entwickelten). Um die M. des 13. Jh. handelt es bereits mit der bei
Cossall (gegenüber Ilkeston) gewonnenen Kohle, verfertigt es aus den Gipsen
des Keuper Alabasterwaren. Es sammelt Wolle und Tuche aus den w. Midlands und sendet sie nach Hull. Fast jedes folgende Jh. hat, trotz der unver-
meidlichen Rückschläge infolge der inneren Kriege, neue Beweise für den
Wohlstand der Stadt und der benachbarten Herren hinterlassen: die Kirche

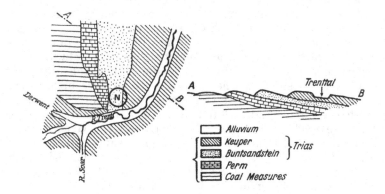

Abb. 75. Lage von Nottingham in der Stufenlandschaft.
(Nach K. C. Edwards.)

St. Mary's Hill (1380—1480), Wollaton Hall (1588), welche heute das
Naturhist. Museum birgt, das Schloß des Duke of Newcastle, das 1674 an
Stelle der alten Burg trat (Abb. 76). Gerne ließen sich um die Wende des
18. Jh. vornehme Leute in der Stadt oder ihrer näheren Umgebung nieder
und die Höhen im NE wurden mit Ansitzen geschmückt. Die Erfindungen
jener Zeit, angefangen von W. Lee's Handkulierstuhl über die von Arkwright,
Hargreaves, Heathcoat, Levers u. a., ermöglichten den einzigartigen Aufschwung der Wirkerei, die noch lange Zeit Heimarbeit blieb, neben der
sich aber immer erfolgreicher der Fabriksbetrieb durchsetzte. Nottingham
selbst erhielt 1790 die erste dampfbetriebene Fabrik. Die Zahl der Kohlengruben im benachbarten Erewashtal wuchs. Es wurde durch einen Kanal
mit der Stadt verbunden, sie gewann Anschluß an den Trent-Mersey- und
den Grand Union Canal. Rasch stieg ihre Bevölkerung an (um 1750 etwa
10 000; 1801: 29 000; 1821: 41 000; 1831 über 53 000). Allein der Ausdehnung der Stadt waren durch den umgebenden Großgrundbesitz Schran-
ken gesetzt, und so entstanden damals jene „back-to-back houses" (1845
waren ihrer fast 8000), die bloß durch schmale Höfe voneinander getrennt
waren und nur von einer Seite her einen „tunnelartigen Eingang" hatten
[112 h]. Zum Glück konnte die Wasserversorgung dank der Wasserhältig-
keit des Buntsandsteins gesichert werden; später kamen die Wasserwerke
am Derwent im Peak District dazu, zu gemeinsamer Nutzung mit Derby,
Leicester und einigen anderen Städten. Allmählich wurden die Wachstums-

spitzen kräftiger, vor allem in der Richtung auf das Leental, seitdem dort
das unterirdische Kohlenfeld in Angriff genommen wurde, und in der Au
zwischen Leen und Trent, welche von der Straße nach dem S auf einem
Damm übersetzt wurde und in der seit 1839 der Bahnhof stand. Nunmehr
ist das Gelände zwischen der Altstadt und dem Trent nahezu völlig aufgefüllt, eine neue Brücke (1871 erbaut, 1926 erweitert) an Stelle der alten
getreten und West Bridgford und Radcliffe sind Wohnorte von Angestellten in Nottingham geworden. Doch reicht das geschlossen verbaute Gebiet
am weitesten gegen NW vor, dem Leental entlang, bis Basford, ja fast bis
Bulwell; überall die langweiligen Zeilen sehr bescheidener Arbeiterhäuser,
dazwischen viele Fabriken, das Ganze von Rauch überschattet. 1919—1936
sind in Nottingham nicht weniger als 15 000 Arbeiterhäuser entstanden.
Die besseren Wohnviertel und die Spitäler sind dagegen im W, hinter dem
Schloß, errichtet worden; sie wachsen in der Richtung auf Beeston weiter.
Hier thront seit 1928, schon w. des Leentals, das 1881 gegr. University
College, bzw. seit 1948 die Universität Nottingham, die großartige
Schöpfung Sir Jesse Boot's, auf einer Terrasse inmitten schöner
Parkanlagen, äußerlich heute das Wahrzeichen der Stadt. Wohnviertel
schließen sich auch gegen NE hin an, wo die Höhen von Mapperley einen
weiten Rundblick bieten. Von Sherwood Forest ist hier nichts mehr übriggeblieben. 1923 beträchtlich erweitert, greift das Stadtgebiet ringsum weit
über das verbaute Land hinaus. Mit fast 300 000 E. enthält es über 60% der
„Nottingham Region" (465 000) [112a, 88]. Solcher Größe entsprechend,
zugleich Verwaltungsmittelpunkt von Nottinghamshire und in mancher Hinsicht überhaupt der nö. Midlands, ist es ein wichtiger Eisenbahnknoten
und, wie schon vor 100 J., ein Schnittpunkt von Straßen aus allen Richtungen. Beim nahen Tollerton in der Trentniederung hat es einen Flugplatz. Lebhaft ist der Verkehr auf dem Trent, auf dem jederzeit 100 tons-
Motorboote die Stadt erreichen können, mit Massengütern beladen. Die
Handelstonn. für den Abschnitt Nottingham—Newark hat sich in der jüngsten Zeit fast vervierfacht (1928: 66 960 tons, 1936: 230 514; davon Erdöl
4920, bzw. 117 449! Im übrigen Holz, Zement, Getreide, Viehkuchen u. dgl.)
[112 c].

In erster Linie ist Nottingham Industrie-, Geschäfts- und Handelsstadt.
In der Erzeugung von Spitzen aus Baumwolle hat es den Ruf seines berühmten „Lace Market" (auf dem ö. Hügel) ebenso bewährt wie in der Wirkwarenindustrie. Die Spitzenindustrie, in zahlreiche Kleinbetriebe, aber über bestimmte Gebiete, z. B. Radford, verteilt, hatte zu Beginn des 20. Jh. ihren
Höhepunkt erreicht: sie beschäftigte 1907 25 000 Arbeiter und lieferte ⁴/₅ für
die Ausfuhr. Infolge Änderungen der Mode zählte sie 1930 nur mehr
14 000 Arbeiter. In der Wirkwarenerzeugung hat Leicester die Führung
übernommen. Im Zusammenhang mit den beiden genannten Industrien
stehen die Färbereien und Bleichereien am Leen (besonders um Basford
und Bulwell), ferner Zweige des Maschinenbaus. Außerdem erzeugt
Nottingham Fahr- und Motorräder, Leder und Möbel, Schreibmaschinen.
Es hat Eisenwerke, Ziegelfabriken (Mapperley Hill, Arnold), Brauereien,
Druckereien, die größte Tabakfabrik im Binnenland und große chemische
Fabriken (Farben, Arzneimittel). Es gehört zu den Städten, die für das
Empire und die beiden Amerika arbeiten. Gleich Leicester, mit dem es
überhaupt gewisse Züge gemeinsam hat, ist es auch ein führender Getreide-
und Viehmarkt, und immer noch hält es seine Goose Fair ab, allerdings seit
1920 nicht mehr auf dem Great Market Place. Kurzum, Nottinghams städti-

sche Funktionen sind überaus mannigfach und seine wirtschaftliche Tätigkeit ist nichts weniger als einseitig [89, 112 i].

Nottingham wird in weitem Bogen von kleinen Städten und Dörfern umgeben, die z. T. die gleichen Industrien betätigen, z. T. als „dormitories" dienen. Sie ziehen von Burton Joyce, dem großen Verladebahnhof Netherfield und von Colwick (Zuckerfabrik) unterhalb der Stadt bis zu den „Toton Sidings" am Erewash und den Geleiseschlingen von Trent Station. Hier steht am r. Ufer des Erewash auf einem Schotterflecken L o n g E a t o n (22 345; *25 720*; Derbyshire), ein Sprößling der Spitzen- und Kunstseidenindustrie von Nottingham und, mit ihm konkurrierend, ein rasch anwachsen-

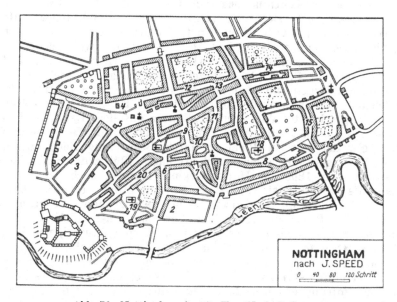

Abb. 76. Nottingham im 17. Jh. (Nach J. Speed.)
1 The Castle, 2 Graye Friers, 3 White Friers, 4 Corne market, 5 Timber Hill, 6 Lowe paument, 7 Middle paument, 8 Highe paument, 9 Bridlesmith. 10 Woller Lane, 11 Flesher Gate. 12 Griddlesmith, 13 Swine Grene, 14 Gosse Gate. 15 Bellar Gate. 16 Fisher Gate, 17 Stony Stret, 18 St. Maryes Church, 19 St. Nicholas. 20 Whelwright Lan. Man beachte die vielen auf das Gewerbe bezüglichen Namen!

der Straßenknoten mit einer ausgeprägten Wachstumsspitze auf Sawley zu, wo die erste Straßenbrücke oberhalb Nottinghams (1790 errichtet) den Trent überschreitet [17]. Zwischen Long Eaton und Nottingham schalten sich Chilwell (2584) und B e e s t o n (16 017; 1945: Beeston und Stapleford, s. u., *42 300*) ein, beide ursprünglich einfache Straßendörfer auf der oberen Schotterterrasse über dem Trent; besonders Beeston, das im 18. Jh. Spitzen und Wirkwaren erzeugte, nach dem Bau der Eisenbahn nach Derby auch Eisenwerke erhielt, ist in fortschreitender Industrialisierung begriffen. Hier stehen die Anlagen der chemischen Fabriken von Boot, auch werden Telephone und Dampfkessel („Beeston Boilers") erzeugt. Nach Nottingham gravitieren ferner die alten Dörfer und heutigen Bergbauorte des Leentals: Bulwell, H u c k n a l l (17 338; *21 090*), Annesley sowie die Siedlungen der Stufenlandschaft im N und NE bis Sutton-in-Ashfield und Mansfield (vgl. S. 419). Auch das Erewashtal hat starke und mannigfache Beziehungen zu Nottingham, trotz mancher Unterschiede und Besonderheiten [112 a]. An der E-

Seite des Tals, noch in Nottinghamshire, sind jene Beziehungen stärker:
S t a p l e f o r d (8838), noch auf Buntsandstein, hat Strumpfwirkerei und
Maschinenbau. Auch Sandiacre (4513, Wirkwaren), I l k e s t o n (32 813;
30 320), H e a n o r (22 381; *22 410*), R i p l e y (13 413), A l f r e t o n (*21 270*)
gehören, obwohl in Derbyshire gelegen, zum Raum des „Greater Nottingham".
Dagegen ist das Derwenttal naturgemäß auf die zweitgrößte Siedlung der
mittleren Trentniederung eingestellt, auf Derby, die Gr.St. von Derbyshire.

Derby. 8 km vom Trent entfernt und nur durch den Derby Canal an
den Trent-Mersey Canal angeschlossen, verdankt Derby (142 403; *132 520*)
seine Bedeutung von Anfang an seiner wichtigen strategischen Lage an der
Ausmündung des Derwenttals, das den Weg in den Peak District öffnet.
In römischer Zeit hatte Derventio (Little Chester) am l. Derwentufer die
Wacht (vgl. o.); das Angelndorf Northworthig stand dagegen auf dem
r. Ufer, die Dänen nannten es Deor(a)by. Es war das westlichste der fünf
Boroughs des Danelaw, hat aber wiederholt den Herrn gewechselt. Auf dem
Trent, bzw. Derwent für flache Fahrzeuge erreichbar, entwickelte es sich,
umgeben von anglischen und dänischen Siedlungen, zu einem Straßenknoten.
Seit Heinrich I. erhielt es wiederholt Privilegien. Es handelte mit Malz und
Wolle, braute geschätztes Ale, schmolz Bleierz aus dem Derwentgebiet und
sandte das Blei nach Hull (Abb. 77). Seit 1717, seit dem Unternehmen
John Lombe's, der sich in Piemont durch Bestechung Zeichnungen und
Modelle der dortigen Maschinen verschafft hatte, blühte die Seidenindustrie
auf, ja sie war um 1800 das Hauptmerkmal Derbys; nach der Aufhebung
der Seidenzölle (1860) ist sie infolge der Einfuhr billiger französischer Seide
erloschen. 1755 wurde die keramische Industrie gegründet, die nach langem
Tiefstand von der R. Crown Derby Porcelain Comp. neu belebt wurde. 1773
errichtete Arkwright auch in Derby eine Baumwollspinnerei, wie kurz vorher (1771) zu Cromford und gleich nachher (1776) zu Belper (vgl. S. 577).
1777 wurde der Grand Junction Canal eröffnet, aber die Wasserwege, die
Derby zur Verfügung standen, waren recht bescheiden. Um so besser schnitt
es bei der Entfaltung des Eisenbahnnetzes ab; schon in den Vierzigerj. ist
es über Leicester mit Rugby (Midland Counties R.), über Chesterfield mit
Leeds (North Midland R.) und mit Birmingham verbunden. Hauptsache
war der Kohlenversand. Es erhielt dann die großen Werkstätten der Midland R. (Bau von Lokomotiven und Eisenbahnwagen) und wurde neuerdings
ein Zentrum der britischen Auto- und Flugzeugmotorenindustrie (Rolls
Royce). Es hat Textil- und Porzellanindustrie — ein Außenposten, 5 km
ö., ist Spondon mit einer der größten Kunstseidefabriken der ö. Midlands —,
erzeugt Dampfröhren für Kraftwerke [89] und überhaupt Gußeisenröhren,
Wirkmaschinen, Kühlapparate, Ketten, ferner, wie Lincoln und Newark,
landwirtschaftliche Maschinen. Dies hängt mit seiner Rolle als Handelsplatz für Ackerbau und Viehzucht zusammen; es ist einer der größten
Viehmärkte für Rinder, Schafe und Schweine im Inneren Englands [11 e,
82, BE]. Um den kleinen Kern der Altstadt, welcher von N und S her je
drei Straßen in einem kurzen Mittelstück sammelt, liegen heute gegen N
und S 2 km weit verbaute Flächen, die auf den flachen Riedeln im W der
Stadt langsam ansteigen; nach E haben die Gr.Grenze und der Derwent-
fluß das Wachstum gehemmt. Die Stadt ist an Baudenkmälern arm und
überhaupt auffallend reizlos.

Das obere Ende der Trentsenke und den Abschluß der Schiffahrt auf
dem Trent bezeichnet B u r t o n - u p o n - T r e n t (49 486; *45 490*; in Staffordshire). Hier übersetzte der Ryknild Way, von Birmingham her kommend,

den Fluß. Eine fast 500 m lange Brücke mit 37 Bogen ist noch vor der Eroberung gebaut worden. Die 1004 gegründete Benediktinerabtei wurde der Ausgangspunkt des kulturellen Lebens. 1320 entstand die Grammar School, die sich großen Ansehens erfreute. Obwohl es Handel mit Wolle trieb und um 1800 Baumwoll- und Eisenwaren erzeugte, so dankt es doch seinen Ruf in erster Linie seinem Bier. Schon die Mönche hatten es gebraut, seit dem 1. Jz. des 18. Jh. datiert der eigentliche Aufschwung. Es ist der Sitz der größten englischen Brauereiindustrie, die in 16 Brauereien ungef. 8000 Menschen beschäftigt und jährlich 3 000 000 Faß Bier erzeugt. Die Brauereianlagen allein von Bass und Co. (1777 gegründet) nehmen 0,3 km² Fl. ein. Für die Brauerei ist das Wasser des Trent sehr günstig, da es wegen seines

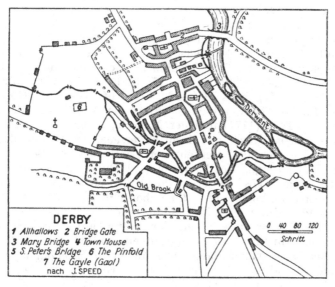

Abb. 77. Derby im 17. Jh. (Nach J. Speed.)

Gehalts an Kalziumsulfat die richtige Härte hat. Hopfen wird aus Herefordshire, Gerste aus Norfolk bezogen. Malzdüfte erfüllen die Stadt [C 11 c; 21 c, 23 d].

Leicester. Ungefähr in der Mitte des Soartals, das der Fluß in Schlingen durchmißt, und etwas oberhalb der Mündung des Wreaktals steht auf einer trockenen, hochwassersicheren Glazialschotterterrasse [21 e] der Kern des heutigen Leicester (239 169; *256 960*), Nachfolger einer britischen Schanze und — seit etwa 50 n. Chr. — der Lagerstadt Ratae Coritanorum (rath = „Wohnburg") der Römer; der Fosse Way wurde hier von der Via Devana erreicht. Von der starken römischen Mauer war auch das anglische Ligea-ceaster (D.B. Ledecaster) umschlossen — noch schimmert hier Lyger oder Leire, der alte Name des Soar, durch. 874 von den Dänen besetzt und dann eines der fünf Boroughs des Danelaw, wurde es Ausgangspunkt ihrer Kolonisation der Umgebung (besonders im Wreaktal; vgl. S. 411). 918 von den Angelsachsen erobert und 942 den norwegischen Königen von York, die es inzwischen besetzt hatten, entrissen, später von den Normannen mit einer Burg ausgestattet, bewahrte es andauernd die Hauptlinien des römischen Grundrisses in seiner N—S ziehenden High Street (heute High Cross

Street) und der darauf normalen heutigen High Street sowie den entsprechenden vier Toren, von denen das w. zur Brücke über den Soar führte.
Im Schnitt der beiden Hauptstraßen lag der Marktplatz, von Buden umrahmt, mit dem Marktkreuz. Hier wurde Getreide verkauft, auf anderen
Plätzen Schweine und Fische. Die Rinder- und Pferdemärkte wurden außerhalb der S-Mauer abgehalten (bei der heutigen Horse Fair Street) [81].
Die Schafzucht in der Nachbarschaft, schon früher sehr ansehnlich, hat seit
den Bemühungen Bakewell's, eines Sohnes des benachbarten Loughborough,
großartige Fortschritte gemacht (New Leicester Breed, zum Unterschied
von der älteren L.B.), die Rinderzucht namentlich in den letzten Jz. wesentlich zugenommen, begünstigt durch die Wiesengründe am Soar und Wreak
und auf den Höhen der „Uplands" im E. Selbst London erhält Schafe und
Rinder aus Leicestershire. Altberühmt ist dessen Pferdezucht. Bis heute
ist Leicester einer der wichtigsten Viehmärkte Englands geblieben [611, 81].

Mit der alten Schafzucht der Umgebung hängt seine Bedeutung als
Industriestadt zusammen. Seit dem 13. Jh. war es durch Wollwaren, besonders „russets" (vgl. S. 373), berühmt. Auch Leicestershire brachte die
Erfindung des Handkulierstuhles im 17. und 18. Jh. den stärksten Aufschwung. Schon 1727 gab es 500—600 Strumpfwirker, die E.Z. Leicesters
stieg im 18. Jh. von 7000 auf 17 000 [86]. Dieses Wachstum zwang zur
Niederlegung der Tore (1774) und der Mauern; leider verschwanden damals
die malerischen Giebelhäuser mit ihren Erkerfenstern aus den Straßen [81].
Rasch entwickelte sich das Verkehrsnetz: mit den Straßen nach London
über Market Harborough, Northampton und Dunstable (1760 traf auf ihr
die erste Stage Coach, 1785 der erste Postwagen ein); über Melton Mowbray
und Grantham nach Lincoln; über Loughborough einerseits nach Derby und
Manchester, anderseits nach Nottingham und Sheffield. 1791 wurde der
Kanal nach Loughborough eröffnet, der später mit dem Grand Junction
Canal verbunden wurde; und bald darauf ein anderer ins Kohlengebiet von
Coalville. Ebendahin wurde dann 1833 die erste Eisenbahn von Leicester
(West Bridge-Swannington) gebaut, 1840 wurden die Linien nach Derby
und Leeds, York und Hull, nach Rugby (und London) eröffnet [15]. So
konnten sich auch die Industrien immer reicher und verschiedenartiger entwickeln. Zwar sind bis heute Wirkwaren aller Art (Unterwäsche, Strümpfe,
Bademäntel, Pullovers usw.) seine Haupterzeugnisse, doch daneben steht
als zweite führende Industrie die Anfertigung von Stiefeln und Schuhen.
Es erzeugt ferner nicht bloß die von diesen Industrien benötigten, sondern
auch landwirtschaftliche Maschinen, Heiz- und Lüftungsanlagen, Schreibmaschinen und betreibt Mälzereien, Druckereien, Gummi- und Kunstseidenindustrie usw. Alte Gr.St. und Vorort eines größeren Wirtschaftsgebietes,
hat es sich unlängst (1921) in seinem University College auch ein neues,
geistig-kulturelles Wahrzeichen geschaffen. Es steht auf der Höhe der Rhätstufe im E der Stadt, deren beste Wohnviertel in der Nachbarschaft längs
der Straße nach London, auf dem Riedel zwischen Willow Brook und Knighton Brook, weiterwachsen. Die Arbeiter- und Industriebezirke ziehen über
dem r. Ufer des Soar entlang und erfüllen bereits die Talau am l. Ufer; auf
den Anhöhen der Dane Hills ist seit kurzem auch w. der Stadt ein neues
Wohnviertel entstanden [11 d, 111].

Wie Nottingham, so ist Leicester von einer Anzahl kleinerer Städte mit
den gleichen wirtschaftlichen Bestrebungen und Einrichtungen umgeben.
Unter ihnen ist L o u g h b o r o u g h (26 945; *32 640*), hart an der Grenze
von Leicestershire und schon nahe der Ausmündung des Soartals in das

Vale of Trent gelegen, am ansehnlichsten. Hier trennen sich die Bahnen und Straßen nach Derby und Nottingham. Es erzeugt Wirkwaren, elektrische Apparate und Motoren, allerhand Eisenbahnmaterial und Glocken [810]. S. Leicester sind auch W i g s t o n M a g n a (11 389), South Wigston und H i n c k l e y (16 030; *34 400!*) mit Textilindustrie und wie Loughborough mit Käsefabrikation beschäftigt [115].

C. Die westlichen Midlands

Von der Jurastufe im E bis zu den Vorhöhen des Berglandes von Wales im W erstreckt sich die M i d l a n d P l a i n, meist ein welliges Hügel- und Riedelland mit niedrigen Stufen. Nur strichweise wird sie von etwas höheren Erhebungen durchzogen, die wie kleine Inselgebirge über ihre Umgebung aufragen. Sie geht im NW unmerklich in das mittlere W-England über, indem sich dort zwischen dem Berglande von Wales und den Pennines eine geräumige Pforte öffnet, das M i d l a n d G a t e ; eine scharfe Grenze läßt sich weder gegen Lancastria ziehen noch gegen jenen Streifen etwas höheren Landes, der sich weiter im S zwischen die „Plain" und das Bergland von Wales einschaltet und physisch- wie anthropogeographisch eine gewisse Sonderstellung einnimmt. Ihn werden wir unter dem Namen die Wälschen Marken (Welsh Borderland) zusammenfassend betrachten. Da die Jurastufe gegen SW zieht und sich dabei dem Bergland von Wales stark nähert, verschmälern sich die w. Midlands in jener Richtung so sehr, daß ihr Umriß annähernd die Gestalt eines Dreiecks einnimmt, dessen N-Seite durch den S-Rand der Pennines gebildet ist [11, 12].

Im Herzen Englands gelegen, wird dieses Flachland zum wichtigsten Vermittler zwischen SE und NW, SW und NE. In der ersteren Richtung wird es von den Wegen durchzogen, welche von London und SE-England durch die Lücken und über die niedrigeren Teile der Landschaft hinein- und durch das Midland-Tor gegen Liverpool und zur Irischen See hinausführen; in der letzteren weisen die Vales des Severn und des Trent vom Bristolkanal, bzw. vom Humber her dem Verkehr die Bahn. Aus den nw. Midlands gewinnt man ebenso Zugänge zu den Pennines wie aus den sw. durch die Wälschen Marken in das Bergland von Wales. So haben sie nach allen Seiten Berührungen und Beziehungen. Im Mittelalter gleich den übrigen Midlands, soweit die Böden dazu einigermaßen geeignet waren, in ein ertragreiches Acker- und Weideland umgewandelt und auch gegenwärtig in vielen Teilen mit Landwirtschaft beschäftigt, erhalten sie doch durch die starke Industrialisierung, namentlich im „Black Country", ihr Gepräge. Schon während des 16., viel auffälliger und zahlreicher während des 18. Jh. stellen sich die Vorboten der kommenden Umwälzung ein, und die „Industrierevolution" hat hier einen ihrer besten Nährböden gefunden, begünstigt durch das Vorhandensein von Eisen und Kohle, durch die Mittellage und die Eignung des Gebietes für den Verkehr [615*, 618*, 619*; 616, 81b u. ao.].

Einst haben triassische Ablagerungen den ganzen Raum erfüllt und noch heute erstrecken sie sich weithin, zwischen Leicester und Shrewsbury über 80 km breit, im S zwischen Worcester und Gloucester auf 15 km verschmälert. Im W greifen sie längs einer unregelmäßigen Linie w. des Severn diskordant auf paläozoische Gesteine über oder stoßen sie an Verwerfungen gegen diese ab; gegen SE tauchen sie, an Mächtigkeit stark verlierend, unter

Rhät-, bzw. Liasschichten unter. Der Unterlias bildet hier zwischen Leicester und Stratford-on-Avon vor der Oolitestufe eine 10—15 km breite Vorstufe. Lutterworth, Rugby, Kineton liegen noch im Liasgelände. Am stärksten dringt die Trias (Keupermergel) in der Richtung auf Hidcote Hill, den nördlichsten Ausläufer der Cotswolds, gegen S vor. Die Mündung des Stour in den Avon ist noch in sie eingeschnitten, der Lias bildet dort bloß eine schmale Brücke. Weiter w. gewinnt er wieder an Raum, indem er gegen N ungefähr bis zu einer Linie Worcester—Warwick reicht, aber mit mehreren Zungen auf den Höhen vorgebirgsartig über dem Keupermergel vorspringt, so w. Stratford, n. Evesham und besonders ö. Droitwich, wo er sich Bromsgrove auf wenige Meilen nähert. Ein entfernterer Auslieger ist bei Knowle erhalten.

Die Trias ist jedoch keineswegs mehr als geschlossene Decke vorhanden. Denn das ganze Gebiet ist von mehreren Aufwölbungen und Einkrümmungen betroffen und überdies in Schollen zerlegt worden. Die wichtigsten der vielen Verwerfungen ziehen ungefähr in N—S-Richtung, andere schräg oder normal dazu. Zwar erlischt die große Antiklinale der Pennines im Tal des Trent, dafür strahlen von deren S-Ende vier kleinere aus. Sie sind zwischen den Verwerfungen etwas herausgehoben worden, die Synklinalen zwischen ihnen etwas abgesunken. In diesen hat sich die Triasdecke erhalten. Von dem Scheitel der Antiklinalen wurde sie dagegen abgetragen und paläozoische, stellenweise sogar vorkambrische Gesteine mit sehr verwickeltem innerem Bau wurden bloßgelegt. Bereits von den älteren Gebirgsbildungen betroffen [25, 26*—29*], haben sie der Abtragung größeren Widerstand entgegengesetzt. Daher ragen die Antiklinalen über ihre Umgebung auf. Sie bilden eine Anzahl von „Plateaus" oder „Uplands", deren besonderer wirtschaftlicher Wert darin besteht, daß in ihnen auch die Kohlenschichten an die Oberfläche kommen oder wenigstens in erreichbarer Tiefe bleiben. So viele Antiklinalen, ebenso viele „Uplands" und ebenso viele Kohlenfelder. Es sind deren von E nach W folgende: 1. Charnwood Forest mit dem Kohlenfeld von Leicestershire und S-Derbyshire (vgl. S. 421); 2. das Upland und das Kohlengebiet von East Warwickshire; 3. das Upland von South Staffordshire mit seinen Kohlengruben (Cannock Chase, Dudley, Clent und Lickey Hills) — ihm gehört das Black Country an; 4. das schon zu den Wälschen Marken gehörige Shropshire-Hereford Upland (Wrekin Mts., Clee Hills usw.) mit den Kohlenfeldern von Coalbrookdale und des Forest of Wyre. Eine 5. Antiklinale, ganz im SW und zugleich am äußersten W-Rand der Trias, tritt in den Abberley und Malvern Hills auf, die ebenfalls stellenweise von abbaufähigen Kohlenfeldern begleitet werden [21b, 23, 25b, 26, 29, 213, 216, 220, 222, 224, 226, 229, 230].

Sehr ausgedehnt, über 300 km² groß, ist der Aufbruch älterer Gesteine im E a s t W a r w i c k s h i r e P l a t e a u [21f, h; 26, 210, 211, 213, 22a] zwischen dem Flüßchen Anker im N, Warwick im S, dem Tame- und Blythetal im W, dem Coventry Canal, Sowe- und Avontal im E. Diese Furchen selbst liegen in der Trias, nur der Anker hat bis in das Karbon eingeschnitten, das fast den ganzen Raum des Uplands einnimmt. Entlang dem Ankertal im NE bauen jedoch über 250 m mächtige kambrische Quarzite (Hartshill Q.) einen breiten, 5 km langen, bis 137 m hohen Rücken auf, überlagert von ebenfalls kambrischen, über 900 m mächtigen Tonschiefern (Stockingford Shales). Beide Glieder sind von präkarbonen Dioriten durchsetzt, die lange Kämme bilden. Die Coal Measures setzen mit den das wichtige Hawkesbury

Seam enthaltenden grauen Sandsteinen und Tonschiefern ein. Darüber folgen dann die jüngeren unproduktiven Horizonte der Upper Coal Measures in normaler Reihe, aber keineswegs überall gleich gut ausgeprägt: die roten Etruria Marls, die grauen Halesowen Sandstones, die rötlichen Sandsteine der Keele Group, die Enville (oder Corley) Group. Das Karbongebiet wird im W von dem Western Boundary Fault (ö. des Tame-Blythe-Tals, bzw. Kingsbury-Berkswell), im E von dem Eastern B.F. begrenzt. Die großen Randbrüche bringen in der Regel Trias neben das Karbon. Dieses hat der Abtragung besser widerstanden als die Keupermergel an den Flanken, doch steigen selbst die wasserscheidenden Höhen nur ausnahmsweise über 150 m H. (höchster Punkt Hollyberry End, nw. Coventry, 180 m). Demgemäß ist das Upland ziemlich ausdruckslos. Nur harte Sandsteine der Keele und der Enville Groups gestalten mitunter das Relief etwas lebhafter, so in der Richtung NNW—SSE bei Fillingley (in der M. zwischen Coventry und Kingsbury) oder sö. Tamworth, wo sie bei Wilncote, bzw. Woodend zwei deutliche Stufen übereinander verursachen [21 f, g].

Das unproduktive Karbon erscheint bloß als ein schmaler Saum im N und E. Das Hawkesbury Seam geht aus der Vereinigung mehrerer im N getrennter, kleiner Flöze hervor; seine Mächtigkeit (bis zu 23′, im M. 20′) macht durch den Bedarf an Grubenholz den Abbau bei Coventry und Axley kostspielig. Unter ihm liegt das Seven Feet Seam, das wie einige andere dünnere in etlichen Gruben zwischen Tamworth und Nuneaton ausgebeutet wird [21 h].

Ö. des Uplands von East Warwickshire fehlt der Buntsandstein. Diskordant greift die Trias auf das Paläozoikum über. Von Nuneaton über Redworth bis Leamington bilden die Keupersandsteine, nicht sehr mächtig, den Rahmen, schöne Stufen, an deren Fuß Quellen austreten. Dann folgt gegen E die ausgedehnte Decke der Keupermergel; nur stellenweise tritt der Keupersandstein in Aufbrüchen zutage. Auf einem solchen steht u. a. ein Teil der Stadt Coventry [21 i]. Weiter ö., jenseits einer Linie Alderminster (ssö. Stratford)—Leicester, folgen dann die Tone des Unterlias, in deren Bereich Rugby und Lutterworth (n. Market Bosworth) liegen und die bis an den Fuß der Marlstonestufe reichen (vgl. S. 407). Aber die Formen von Keupermergel und Liastonen weichen kaum voneinander ab. Auch die Höhenunterschiede sind zu unbedeutend, um morphologisch wirksam zu werden, obwohl das Land n. des Avon um Rugby und Lutterworth etwas höher ist (bis zu 120—150 m) als weiter im S (110—120 m). Nicht einmal die Syenite und Quarzdoleriten von Croft und Sapcote (vgl. S. 421) heben sich stärker heraus. Im ganzen genommen hat man wiederholt den Eindruck, daß eine weit gespannte alte Einflächung, die heute in 150 m H. über die Midlands zieht, durch eine leichte Hebung zerschnitten und entlang der weicheren Gesteine zerstört worden ist. Diese Hebung ist anscheinend nicht gleichmäßig gewesen, sondern hat die schon vorhandenen Antiklinalen und Synklinalen noch etwas verstärkt. Eine neue Hebung von 100 bis 200 m müßte ähnliche Wirkungen ausüben, nur daß sich dann der Bereich der an die Oberfläche tretenden älteren Gesteine auf Kosten der Triasfüllung beträchtlich erweitern und die plutonischen Gebirge um Sapcote so ähnlich aufgedeckt würden, wie dies im Charnwood Forest bereits eingetreten ist.

Im NW, zwischen dem N-Ende des Warwickshire Plateau und dem Kohlenfeld von Leicestershire, kommen noch einmal die Keupersandsteine unter den Keupermergeln zum Vorschein, ohne sich im Gelände, das hier bloß ausnahmsweise über 100 m H. erreicht, geltend zu machen. Auf ihnen

liegen Ibstock und Mesham an der S-Seite des Kohlengebietes. Sie reichen
fast bis Ashby-de-la-Zouch, umfassen das N-Ende des Warwickshire Plateau
im W und erfüllen von hier den ganzen Raum bis Derby, Ashbourne und
Stone bis zum Fuß der Pennines. Erst an diesem tauchen wieder die Keupersandsteine und stellenweise sogar die Buntsandsteine auf, niedrige Vorstufen
bildend. Uttoxeter und Abbot's Bromley liegen inmitten einer Keuperland-
schaft, die wie in dem ganzen eben betrachteten Gebiet von Glazialablagerun-
gen (Geschiebelehmen, Sanden und Schottern) bedeckt ist. Diese sind für
die Verbreitung der Siedlungen grundlegend wichtig und werden im Zusammenhang mit ihnen erwähnt werden.

Auch w. des Warwickshire Plateau folgt niedriges Land, „eine verfestigte See triassischer Ablagerungen" [213]. Sie erfüllen die Hohlformen
eines sehr unregelmäßigen Beckens, bzw. einer alten Landoberfläche, die aus
den paläozoischen Gesteinen herausgeschnitten worden war, ein flaches, aus-
drucksloses Gebiet, obwohl es namentlich im N von vielen Verwerfungen zerbrochen ist. Die wichtigste, Hints Fault, zieht w. Tamworth gegen SW,
andere Brüche schließen sich bogenförmig gegen NW an. Bloß hier, zwischen
Birmingham und Hints (wsw. Tamworth), herrscht der Buntsandstein vor,
ja hier steht w. Hints nicht nur die wahrscheinlich permische Hepwasbrekzie
an, sondern kommen sogar die Upper Coal Measures (Hamstead Beds) an
die Oberfläche. Im übrigen ist alles Keuperbereich. Die Schichten, meist
2—5°, selten mehr als 10° geneigt, werden von der Landoberfläche unter
spitzem Winkel geschnitten. Im allgemeinen sind die Gesteine weich und
wenig widerständig, so der Variegated Sandstone des „Bunter", dem entlang breite Täler ausgeräumt sind, und die Keupermergel, die stellenweise
durch Skerrybänder etwas härter sind. Vielfach ist auch ein geringmäch-
tiger Upper Keuper Sandstone in den oberen Teil der Mergel eingelagert
(Shrewley Sandstone). So sind nur zwei Horizonte widerständiger, die
Pebble Beds des Buntsandsteins und der Lower Keuper Sandstone. Sie
bilden niedrige Höhenzüge oder auch schärfere, meist gegen NW schauende
Stufen, die Keupermergel dagegen das von den größeren Flußtälern
unterbrochene und vielen Bächen dicht zerfiederte, flache Riedel- und
Wellenland im Herzen von Warwickshire, im Gebiet des ehemaligen Forest
of Arden. Ausnahmsweise wird es zwischen Henley und Birmingham über
150 m hoch. Die Wasserscheide zwischen Blythe und Alne bei Kingswood
(101 m, rel. 50 m) kann leicht von Kanal und Bahn überschritten werden.
Die Keupersandsteine treten übrigens bloß in schmalen Streifen längs dem
Rand der benachbarten Uplands auf, im E von Warwick und Berkswell (im
Blythetal w. Coventry) gegen Maxstoke (sö. Coleshill), im W entlang den
Lickey Hills und in Birmingham, im NW, ziemlich ausgedehnt und von
vielen Brüchen durchsetzt, um Shenstone und Lichfield. Das Trenttal selbst
liegt im Bereich der Keupermergel. Auf einem mit Geschiebelehm bedeckten
Ausläufer derselben steht auch Tamworth. Hier ist der Buntsandstein
wieder auf den W-Rand beschränkt, wo er auf die Höhen von Cannock Chase
aufsteigt, das dem South Staffordshire Plateau angehört [21 f—i].

Auch in diesem Gelände spielen Drift, Glazialsande und -schotter eine
große Rolle. Hier ist es gelungen, sie etwas genauer zu gliedern [38, 313].
Während die W-Grenze der Eastern Drift w. Kenilworth über Coventry gegen
Atherstone nach NNE zieht, verläuft die E-Grenze der Western Drift ö.
parallel dem Blythe-Tame-Tal. N. des Warwickshire Plateau, das nur wenig
Drift aufweist, springt sie sogar bis zur Linie Market Bosworth—Ashby-
de-la-Zouch vor. Die Drift zeigt zwei Altersstufen, die durch Sand- und

Schotterablagerungen voneinander getrennt werden, z. B. im Blythetal. Als
die jüngere von ihnen, welche die „High-level Drift" zurückließ, das Land
im N bedeckte und das Osteis heranrückte, mußte der Tame nach S fließen.
Dabei schnitt er das Kingswood Gap ein (vgl. S. 367) [35]. Nach dem Great
Interglacial stieß der Irish Sea Glacier (Co), der durch die Dee-Mersey=
Niederung in das Land eindrang, über die damalige Wasserscheide bis Brid-
port, Wolverhampton, Burton, Derby vor, wobei er in Cannon Chase noch
240 m H. erreichte und u. a. auch Erratika aus Schottland und dem Lake
District hinterließ. Das Gelände ö. blieb eisfrei, während die kleinen letzten
Vergletscherung (Cy) überhaupt die ganzen Midlands mit Ausnahme des
Severntals oberhalb Shrewsbury (vgl. S. 437 f.). Für die Stratigraphie des
Pleistozäns sind die fünf Terrassen des (Warwickshire) Avon wichtig.
Terr. 5, die oberste, ist inter- oder fluvioglazial (aufgeschüttet von einem
Schmelzwasserfluß der ö. Drift?). Hierauf wurde das Tal auf 9—12 m über
seinem heutigen Niveau eingefurcht, und dann, nach dem Schwinden des
Osteises, wurden die Stöffe der Terr. 4 ungef. 18 m mächtig aufgeschüttet,
welche eine warme Fauna bergen und ein Acheulbeil geliefert haben („Great"
oder „Mid Acheulean Interglacial"). Nach einer abermaligen Erosion, ebenfalls noch während des Großen Interglazials, entstand Terr. 3 12—15 m über
dem heutigen Fluß. Hierauf schnitt dieser wiederum ein, fast bis zum heutigen Alluvium, führte dann aber eine neue Auftragung von 9 m durch, gut
durch eine „kalte Fauna" (Mammut, wollhaariges Nashorn, Rentier) gekennzeichnet. Durch Wiedereinschneiden entstand als vorletzte Terr. 2, endlich
durch Aufschüttung und eine letzte Eintiefung Terr. 1 [38].

Ungefähr ebenso groß wie das Upland von Warwickshire, dabei· bis zu
30 km breit, ist das von S o u t h   S t a f f o r d s h i r e mit dem gleichnamigen
Karbongebiet. Dieses reicht oberflächlich mit der N-Spitze seines mandel-
förmigen Umrisses bis fast zum Trent bei Rugeley, im S bis in das Quellgebiet des Arrow [23 d; 21 e—h]. Auch geologisch hat es viele Züge mit dem
Warwickshire Coalfield gemeinsam: die w. und ö. Randbrüche, zwischen denen
es in der Hauptsache antiklinalen Bau zeigt; das Fehlen der Lower Coal
Measures (zum mindesten im S-Flügel); die starke Abnahme der Mächtigkeit
der Middle Coal Measures von N nach S und die damit verbundene Verschmelzung der dünneren Flöze von N gegen S zu einem einzigen, sogar bis zu 30'
mächtigen Flöz, der berühmten „Thick Coal" (oder „Ten Yard"); die Beschaffenheit der Kohle, die als Hausbrand- und Industriekohle verwendet wird.
Bei Dudley ist die „Thick Coal" bereits erschöpft. Gegenwärtig arbeitet der
Bergbau hauptsächlich im Gebiet von Cannock Chase, darüber hinaus im W
bis nahe Wolverhampton, im E bis an den Außenrand von Birmingham. Im
ganzen werden ungef. 6,5 Mill. tons im J. gefördert [811]. Während jedoch
im Warwickshire Plateau das Karbon auf kambrischen Gesteinen liegt, breiten sich hier die Coal Measures meist über einen Silursockel; zudem werden
sie nicht ausschließlich von Keupermergeln oder -sandsteinen, sondern größtenteils von Buntsandstein umrahmt, ja dieser beteiligt sich selbst am Aufbau des Plateaus. Weit mehr Verwerfungen kennzeichnen die Tektonik, so
das Birmingham Fault, das ö. Sutton Coldfield und über Birmingham verläuft und Keupermergel am Buntsandstein abstoßen läßt. Vor allem ist die
breite Antiklinale in drei kleinere zerbrochen, zwischen denen Synklinalen
liegen. In jeder der drei Antiklinen (der Dudley Hills; von Barr; von Nether-
ton) ist Silur erschlossen. Das Eastern Boundary Fault verläuft von Rugeley über Oldbury bis gegen Northfield ssw. Birmingham, das Western B.F.

von den Clent Hills über Stourbridge und Wolverhampton in das Cannock
Chase [215].

.. .. Dieses Upland unterscheidet sich vom Warwickshire Plateau auch durch
die etwas größeren Höhen, die es im N und S erreicht: dort im Cannock Chase
244 m, im S in den Lickey Hills 292 m, in den Clent Hills mit Walton Hill
sogar 316 m. Hier „krümmen sie sich wie ein Angelhaken um den oberen
Stour" [213], mit Rowley und Dudley Castle Hills, Wren's Nest (über 200 m)
und den Anhöhen von Sedgley (213 m): es ist dies dank seiner natürlichen
Reize und seiner weiten Ausblicke — besonders hinüber über die Severnniederung bis auf die Berge von Wales — das beliebteste Ausflugsgebiet der
Landschaft von Birmingham. Gegen N ist diese dagegen in eine der greu-
lichsten Industriewüsten umgewandelt worden, das sog. „Black Country",
wo der natürliche Boden, überall mit den Abfallstoffen der Minen und Hochöfen bedeckt, unsichtbar geworden ist und „eine endlose Folge von Bohr-
schutthügeln, Schlackenhaufen, Ziegelöfen, Fabriken, wassererfüllten Löchern, gähnenden Tongruben, öden Zeilen von Arbeiterhäusern" den Gesichtskreis erfüllt (vgl. S. 457). Ihm gehören die Städte Wolverhampton, Dudley,
Walsall, Wednesbury, West Bromwich usw. an. Zwischen Walsall und
Wednesbury fließt der obere Tame schmächtig und schmutzig in einer breiten
Furche gegen SE, hier ist das Land etwas niedriger und flacher. Nur Barr
Beacon (ö. Walsall) erreicht wenigstens 216 m (vgl. u.) [21 h, 26, 213].

Wiederum knüpfen sich die größten Höhen an die festeren Gesteine, die wie
in Charnwood Forest (vgl. S. 421) aus weicherer Hülle herausgeschält werden.
Die Lickey Hills sind in der Hauptsache eine Antiklinale, deren Achse in der
Richtung des Aufbruchs der alten Gesteine streicht. In diesem kommen harte
grobkörnige kambrische Quarzite zum Vorschein, höchstwahrscheinlich gleich
alt mit den Hartshillquarziten von Nuneaton (Präkambrium ist nur an einer
Stelle weiter s. nachgewiesen). Der Kern der Lickey Hills zieht aus der Gegend von Barnt Green im S, wo pyroklastische Schiefer, von Dioriten durchbohrt, auftreten, bis Rugeley [218, 229]. An seine E-Seite schließen sich
Silurgesteine an, so bei Leach Heath Upper Llandovery Sandstone, Tone und
Kalke des Woolhope Limestone und Wenlock Shales (vgl. Kap. X). Sie kehren hier eine kleine Stufe gegen SW, Beacon Hill eine höhere gegen SE,
die sich an die viel jüngere Clentbrekzie knüpft (deren Alter, ob oberes Karbon oder Perm, ist umstritten). Silur bildet ferner die drei Aufragungen
der Dudley Hills, nämlich die steileren, bewaldeten Kuppen von Dudley
Castle und Wren's Nest, in denen die Wenlock Shales aufgeschlossen sind
[227], und Sedgley Hill. Dieser richtet längs des W. Boundary Fault eine
steile Stufe gegen W, während der Buntsandstein eine Gegenstufe bei Tettenhall bildet. Zu Sedgley ist über Wenlock Shales und Limestones, welche
hier eine scharfe Antiklinale bilden, auch noch die Basis der Upper Ludlow
Series vorhanden, Schiefer und darüber Kalke. Dieser Sedgley Limestone
trägt die höchste Erhebung (Sedgley Beacon, 229 m). Silurgesteine erheben
sich auch als niedrige Rücken von der Art der „hog backs" in N—S-Richtung
im Gebiet von West Bromwich etwas über das allgemeine Niveau des Kohlengebietes, wohl nur ein stärker verdecktes Gegenstück zu den Lickey Hills.
Ein anderer solcher Rücken altpaläozoischer Gesteine, durch Trias verhüllt,
ist weiter ö. durch Bohrungen nachgewiesen. Am größten ist schließlich der
Siluraufbruch von Walsall (abermals Llandovery Sandstone, Barr Limestone
— entsprechend dem Woolhope Limestone der Malverns —, Wenlock Shales
und Wenlock Limestone), im E durch das E. Boundary Fault begrenzt, auf
allen anderen Seiten diskordant von den Coal Measures überlagert. Aber die

schöne Stufe des Barr Beacon, die sich ö. Walsall über die Wenlockgesteine erhebt und bis Shire Oak nach N zieht, wird bereits vom Buntsandstein gebildet, dessen Fläche übrigens, sehr bezeichnend, bei Brownhills unmerklich auf Karbongestein übergreift. S. vom Barr Beacon durchbricht der obere Tame die Erhebung n. Birmingham [213, 224; 21 h].

Den größten Raum im Upland von South Staffordshire nehmen jedoch die Karbongesteine ein, die mit starker Diskordanz über dem Silur lagern [23 d]. Sie beginnen mit den Middle Coal Measures, aber an der Oberfläche herrschen, durch die vielen Brüche in bunten Mustern nebeneinander gelagert, die Upper Coal Measures weitaus vor. Die sehr ungleich mächtigen rötlichen, schokolade- oder ockerfarbigen Etruria Marls bedecken das produktive Karbon u. a. zwischen Wednesbury und Halesowen. An den Flanken der Rowley Hills bilden sie dank einer lakkolithischen Basalt- und Doleritkappe („Rowley Rags"; für Straßenschotter gebrochen) eine beherrschende Höhe. Die Halesowen Group, graue Sandsteine und Mergel, hier durchschn. 100—120 m mächtig, hat in diesem Gebiet ihren Namen erhalten. Die Keele Beds und die Hamstead Group (Enville Beds), rote Mergel und Sandsteine (beide durch Kalkbänder mit Spirorbis ausgezeichnet, welche die Zuweisung zum Karbon gestatten), begleiten die E-Seite des South Staffordshire-Kohlengebietes und sind an der W-Seite zwischen Quinton und Romsley in den Waldgräben der Quellbäche des Stour erschlossen. Zwischen Northfield und Romsley knüpft sich an die trappartige Clentbrekzie die höchste Erhebung. Im Profil von Romsley Hill erscheinen darüber noch die Pebble Beds des Buntsandsteines (ebenso wie im Gegenflügel derselben Antiklinale auf der Stufe des Barr Beacon), während das stark zerschollte Gebiet dazwischen z. T. Halesowen, z. T. Keele Beds an der Oberfläche aufweist, bedeckt von Drift. Die „kühnen Ketten" der Clent Hills selbst werden von der Clentbrekzie gekrönt, die hier, fast 140 m mächtig, über roten Sandsteinen und Mergeln lagert.

Den Rahmen des Kohlengebietes bildet im allgem. der Buntsandstein, der oft mit einer deutlichen, obwohl niedrigen Stufe darüber aufsteigt, von dem aber anderswo Flächen unmerklich auf Karbon übergehen (sehr häufig wirken Drift, Glazialsande ausgleichend). Er beherrscht den größeren Teil von Cannock Chase, vor allem im Raum zwischen Colwich, Stafford und dem Trent. Auf Cannock Chase trägt er ein welliges, mit Heide und Gehölzen bedecktes Plateau von 10 km Breite (Rawnsley Hill 237 m). Hier ruhen die Pebble Beds unmittelbar auf den Coal Measures. Im S umfaßt der Buntsandstein das Kohlenfeld an der W-Seite von Bromsgrove bis Stourbridge, im E nimmt er das Gebiet des w. und n. Birmingham ein (Harborne, Handsworth, Perry), von wo er über den Tame gegen N zieht auf Sutton Park und Barr Beacon zu. Jenseits der „Tame Head Depression" inmitten der Stadt Birmingham bildet bereits der Keupersandstein, der von Barnt Green über Selly Oak und Edgbaston heranzieht, den höheren Grund (mit Town Hall und Council House usw.), gegen N fortgesetzt über Erdington und Sutton Coldfield in der Richtung auf Lichfield und Rugeley [21 g, 26, 213].

W. des South Staffordshire Plateau bis hinüber zum Shropshire-Hereford Upland der Wälschen Marken [213] dehnt sich wieder ein niedrigeres, flacheres Land aus. Es erstreckt sich im N bis zum Aufbruch des North Staffordshire-Kohlenfelds und wird hier noch vom Trent und dessen Nebenflusse Sow entwässert, der den Meece Brook und unterhalb Stafford den von S kommenden Penk aufnimmt. Es handelt sich in der Hauptsache wieder um eine große, zerbrochene Synklinale, deren Achse gegen SSW etwas ansteigt

und die in ihrem Kern die von N heranziehenden Keupermergel aufweist. Sie
wird im E durch das W. Boundary Fault des South Staffordshire-Kohlenfelds begrenzt, im W greift die Trias diskordant auf Perm und Karbon über
[21 d]. Das Relief dieses Flachlands, das nur ausnahmsweise über 140 m H.
erreicht, wird, soweit es nicht vom Eiszeitalter umgestaltet worden ist,
durch die verschiedene Gesteinshärte und die im einzelnen sehr verwickelte
Tektonik über Erwarten mannigfach. Auch hier knüpfen sich die Erhebungen an die Konglomerate (Pebble Beds) des „Bunter" und an die Keupersandsteine, die entsprechend dem inneren Bau nach S leicht ansteigen und
dabei konvergieren [274]. Die tieferen Streifen folgen häufig den weicheren
Lower und Upper Mottled (oder Variegated) Sandstones und den Keupermergeln. Die Keupersandsteine bilden einen inneren Ring, die Bunterkonglo-
merate einen äußeren, der sich schon eng an die benachbarten Uplands anschließt und z. T. sogar in sie übergeht, nicht bloß, wie schon erwähnt,
im Cannock Chase im NE, sondern auch im Woodcote Plateau ö. Oakengates
im NW (Redhill 190 m). Von Newport her ziehen hier die Pebble Beds, 90
bis 200 m mächtig, ober Sheriff Hales (5 km n. Shifnal), das niedriger auf
Lower Mottled Sandstone liegt (Heath Hill 160 m), und über Shifnal gegen S.
Sie begleiten den Worfe, der dem Severngebiet angehört, an seiner E-Seite
— bei Beckbury (7 km s. Shifnal) mit einer ungef. 100 m hohen, gut ausgeprägten Stufe — und verlaufen dann in SSE in dem langgestreckten Castle
Hill (138 m). Zwischen Enville (10 km n. Kidderminster) und dem Stour-
fluß schwenken sie entlang dem Rand des Karbongebiets im Kinver Edge
nach SSW dort zurück, wo sich das Shropshire-Hereford Plateau dem South
Staffordshire Upland am stärksten nähert. Bei Kidderminster endigen sie mit
einer Verwerfung an dem Kohlenfeld des Forest of Wyre [216]. Auf Kinver
Edge (166 m) ist die Stufe besonders schön ausgebildet, da hier die oberen
Schichten des Sandsteins durch ein Kalkzement stärker verhärtet sind. Hier
enthält auch ein Auslieger, Holy Austin Rock, die eigentümlichen „rock
houses". Aus der Gegend von Kinver (w. Stourbridge am Stour) zieht der
Buntsandstein mit seinen Pebble Beds vor dem W-Rand des South Staffordshire Plateau gegen N, über Wolverhampton und ö. des oberen Penktals
[21 d, e].

W. Wolverhampton erhebt sich bei Tettenhall die Keupersandsteinstufe
(144 m) in ihrer besten Ausprägung. Sie läßt sich, im einzelnen stark zerschnitten und aufgelöst, ö. Brewood nach Penkridge verfolgen, wo sie unter
spitzem Winkel auf der E-Seite des Penktals auftritt. W. Tettenhall zieht
mit breitem, flachem Rücken die höchste Erhebung (140—150 m) inmitten
dieses Flachlands, das Wrottesley Plateau, von Pattingham (9 km w. Wolverhampton) nach N. Sie trägt die Wasserscheide zwischen Severn und Trent
auf Keupermergeln im Hangenden der Keupersandsteine, deren W-Flügel
darunter sö. Shifnal wieder zum Vorschein kommt.

S. der Einschnürung zwischen Enville und Stourbridge erweitert sich
das Flachland beträchtlich. Zugleich übernimmt der Severn, der bei Bewdley
aus dem w. Upland austritt und bei Stourport den Stour aufnimmt, die Führung des Gewässernetzes. Immer niedriger wird das Gelände. Eine weite
Niederung entwickelt sich gegen S, das Vale of Severn, das s. Worcester, wo
eine letzte Erhebung von knapp 100 m an den Fluß herantritt, mit dem Vale
of Evesham, der Senke des Avon, verwächst. Hier gibt es keine Buntsandsteinstufe mehr; dieser ist vielmehr schon bei Kidderminster auf ein Drittel
seiner Mächtigkeit im Vergleich zur Gegend von Bridgnorth zusammengeschrumpft und einige Meilen weiter gegen S ganz verschwunden. Keuper-

sandsteine ziehen daselbst von den Abberley Hills (vgl. S. 655) über den
Severn auf die Clent Hills zu. Sie nehmen sw. der Lickey Hills ein großes
Dreieck um Bromsgrave ein. Innerhalb von ihnen aber bildet das Keuper-
mergelgebiet von Central Worcestershire eine fast völlige Ebene, die im
Parallel von Worcester 20 km breit ist und sich gegen S in der Richtung auf
Gloucester verschmälert. Im E von den Cotswolds und dem breiten Dom des
Bredon Hill, deren bedeutendstem Auslieger (vgl. S. 399), begleitet, wird sie
im W von dem langen Steilabfall der Malverns überragt [21 e, h; 22 c; 25 b;
26, 29, 213].

Den letzten Ausläufer ganz im SW entsendet die Midland Plain entlang
dem unteren Severn zwischen den Cotswold Hills im SE, den Malvern Hills
und dem Forest of Dean im NW: das V a l e   o f   G l o u c e s t e r. Sein Grund,
nur wenige m über dem Meeresspiegel gelegen, wird vor den Cotswolds von
den leicht ausräumbaren Tonen und Tonschiefern des unteren Lias, stellenweise von Mergeln und Schiefern des Rhät, w. des Severn von den Keupermergeln eingenommen, welche auf den Buntsandstein und paläozoische Gesteine übergreifen und im unteren Teile auch die roten und weißen „Waterstones" (vgl. S. 417) aufweisen. Im SW bringen die Aufbrüche älterer Gesteine längs W—E streichenden Faltenachsen, welche um Bristol noch deutlicher erscheinen, einen gewissen Abschluß (vgl. S. 200) [222].

Viel stärker als das Gebiet ö. vom S-Staffordshire Plateau ist das im W
vom Eis überarbeitet worden. Zur Zeit seines Höchststandes reichte es an
den Caradoc Hills (vgl. S. 652) über 300 m empor, gegen S bedeckte es bis
Worcester hinaus bis auf die Cotswolds und an Edge Hill das Land (vgl.
S. 367). Areniggeschiebe liegen auf Romsley Hill (250 m; 16 km sw. Birmingham, Stadtmitte), besonders häufig sind sie zwischen Wolverhampton und
Birmingham. Weiter gegen E, etwa zwischen Stafford und Lichfield, sind
Geschiebe aus dem Lake District und Schottland bezeichnend. Ö. einer Linie
Tamworth—Warwick hat sich zeitweilig der Ostgletscher der Midlands
bemächtigt (vgl. S. 432). Doch haben die älteren Vergletscherungen das präglaziale Relief nur wenig ausgehobelt, es vielmehr je nachdem mit Geschiebelehmen, Moränen oder periglazialen Sanden und Schottern bedeckt. Die jüngeren Vergletscherungen waren wesentlich kleiner. Die Main Irish Sea Glaciation erstreckte sich, wie bereits erwähnt, bloß bis Bridgnorth und Wolverhampton (vgl. S. 433). Doch erhielt das Gelände durch sie neue Züge und
das Flußnetz wurde verändert. Denn der Severn selbst wie seine Nebenflüsse
wurden durch die Eisrandlagen und Moränenwälle in neue Bahnen gezwun-
gen — und manche von ihnen haben diese nach dem endgültigen Rückzug des
Eises beibehalten —, während die alten Talfurchen mit Glazialschutt eingedeckt wurden. Beim Rückzug der Irish Sea Glaciation bildeten sich zeitweilig große Stauseen, die an der niedrigsten Stelle der Umrahmung überflossen, so „Lake Newport" zwischen der Eisstirn und der Wasserscheide
gegen Trent und Severn und „Lake Buildwas", welcher den S-Winkel der
Ebene von N-Shropshire erfüllte und die Wrekins bespülte. Beim weiteren
Rückzug des Eises vereinigten sich die beiden Seen zum „Lake Lapworth"
über der Ebene von N-Shropshire [39, 314, 315; 21 c, d; 25 b]. In dem Raume
zwischen Much Wenlock, Wolverhampton und Newport wurden im ganzen
nicht weniger als 18 Phasen des Eisrückzuges, bzw. die ihnen entsprechenden
Deltas, Esker und — meist nur vorübergehend funktionierende — Überflußrinnen, z. B. Doley Gate (1 M. nw. Gnosall—Church Eaton Brook) festgestellt
(Abb. 78). Auch wurde gezeigt, wie die Eisränder zwischen Wolverhampton
und Newport mit SW—NE-Richtung haltmachten, wie die der Eisbewegung

entgegenschauenden Hänge und die Tiefenlinien den Lauf der subglazialen
Gewässer bestimmten und diese besonders auf den sö. Abdachungen ihre
Fracht ablagerten. Zwei schöne Eskerzüge („esker chains") lassen sich in
NW—SE-Richtung verfolgen, der eine im W, von Newport über Blymhill auf
Wolverhampton zu, der andere im E bei Penkridge. Das wichtigste Ergebnis
aber war der neue Lauf des Severn [37, 316]. Vor der Vergletscherung war
dieser weiter ö., streckenweise die heutigen Täler des Smestow, Stour, Sal-
warpe benützend, gegen S geflossen, ja vor dem Eiszeitalter vermutlich überhaupt nicht zum Bristolkanal, sondern zum Dee; nunmehr schlug er als Abfluß von „Lake Lapworth" den Weg über Ironbridge gegen S ein, den schon
vorher der Abfluß des kleinen „Lake Coalbrookedale", später der des „Lake
Buildwas" benützt hatte. So schnitt er die malerische Furche, 50—80 m tief,
dort ein, wo vorher nur ein flacher Sattel die Wasserscheide zum Worfe eingekerbt hatte: es entstand der Überflußdurchbruch zwischen Ironbridge und
Bridgnorth, „Great Gorge", schmal, steilhängig, von dem Severn mit starkem
Gefälle und selbst Schnellen durchmessen, von den Seitenbächen in Mün-
dungsschluchten erreicht, besonders auffällig durch den Gegensatz zu dem
daneben gelegenen breiten, flachen Tal des unbedeutenden Worfe. Im übrigen schütteten die eiszeitlichen Schmelzwässer die Täler mächtig auf, im
Trent- und Sowtal bis zu 90 m, während sie gleichzeitig den Fuß der benachbarten Höhen durch Seitenerosion versteilten wie bei Eccleshall. Das Ober-
flächengefälle ihrer Übergangskegel ist verhältnismäßig groß. Durch spätere
Zerschneidung entstanden Terrassen, die je nachdem bis zu 6—7 m, an anderen Stellen nur wenig über dem Talboden liegen. Besonders schön ausgeprägt
sind sie z. B. im Trenttal unterhalb Stone. Da und dort sind darunter jüngere Flußterrassen entwickelt, am Trent, Sow, Meece Brook usw. Unterhalb
des Severndurchbruchs s. Bridgnorth liegt die oberste, die Flur der „Main
Terrace", die sich an den Übergangskegel der Irish Sea Glaciation anschließt
(fluvioglaziale Sande und Schotter bis zu 75 m H.), 26—36 m, der Sockel dieser Schotterterrasse 21—27 m über dem heutigen Hochwasserspiegel. 4—6 m,
bzw. 13—15 m tiefer folgen zwei weitere Terrassen („Upper" und „Lower
Danesford Terrace"), die untere 9 m über dem Alluvium, das stellenweise bei
Hochwasser noch überflutet werden kann. Das N.W.Niveau des Sommers
bleibt 3 m darunter. Aber die Ausbildung der Terrassen und des oberhalb
gelegenen Severndurchbruchs selbst ist noch nicht restlos geklärt, und noch
offen ist die Frage junger Krustenbewegungen etwa infolge isostatischer Anpassung.

Auch den unteren Severn begleiten Terrassen, Gegenstücke zu denen am
Avon (vgl. S. 433), u. zw. im ganzen sechs; sie werden alle nach Örtlichkeiten benannt, außer der vierten von oben, der wichtigsten, der „Main Terrace". Sie läßt sich vom Severnästuar, hier in 10,5—11 m, bis Bridgnorth
verfolgen, zieht aber dann ins Worfetal hinein, wo ihre Ablagerungen schließlich im Talgrund unmittelbar mit solchen der Irish Sea Glaciation zusammen-
gebracht werden können. Ihr entsprechen Terr. 2 und (?) 3 im Avontal und
vermutlich die Niederterrassen des Trent und des Tame sowie Aufschüttungen in den Seitentälern des Severn. Während des damals sehr rauhen Klimas
wurden, wie auch schon in den früheren Eiszeiten, periglaziale Tjäle- und
Schmelzwasserschotter abgelagert, namentlich am Fuß der benachbarten
Höhenzüge, so der Cotswolds, des Bredon Hill, der Malverns, des Plateaus
von Enville, der Clent-Lickey Hills [32a, 317; A 216].

Zum Unterschied von der Main Terrace enthalten die älteren Terrassen
der unteren Severnniederung kaum Geschiebe aus der Irischen See, Schott-

land oder dem englischen Seengebiet. Die nächst höhere Terrasse, die „Kidderminster Terrace", gehört dem Großen Interglazial an, weil ihr die Terrasse 4 des Avon mit ihrer warmen Fauna entspricht (vgl. S. 433); die noch etwas höhere „Bushley Green Terrace" in ein älteres, also wohl das 1. Interglazial (gemäßigte Fauna), ihr entspricht (?) am Avon die Terrasse 4. Die Ablagerungen der obersten der Severnterrassen, der „Woolridge Terrace", zwischen Gloucester und Tewkesbury in 60—87 m O.D., ziehen in das Leadontal hinauf, wo sie, noch w. der Malverns, längs dem Rand der 1. Wälschen Vergletscherung abgesetzt wurden. Die Aufschüttung der „High Terrace" (mit Hippopotamus), die im Trenttal in Resten erhalten ist, dürfte aus derselben Zeit stammen [25 a, 36, 315—317].

Schon beim Herannahen der 3. Vergletscherung ist das Severntal unter die Kidderminster-Terrasse vertieft worden, als das Eis die alte Wasserscheide bei Ironbridge und im Quellgebiet des Worfe und Smestow überschritt. Aber erst bei ihrem Rückzug entstand das „Great Gorge". Als dann nach einem starken weiteren Rückzug („Aurignacian warm oscillation") das wälsche Eis nochmals bis Shrewsbury vorstieß („Welsh Re-advance" oder „Little Western Glaciation"; Cy), war der Durchbruch bereits gebildet [37]. Aus dieser Zeit stammt die „Worcester Terrace" des Severn, der — wieder etwas fraglich — die Terrasse 1 des Avon beigeordnet wird. Jene liegt zwar

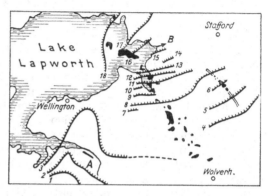

Abb. 78. Rückzug der letzten Vergletscherung im Gebiet von Wolverhampton. (Nach L. J. WILLS.) Aufeinanderfolgende Eisstände numeriert. Eskerzüge schwarz. Subglaziale Kanäle kreuzen die Stände 5, 6, 8. A Überfließrinne von Ironbridge. B desgl. von Newport.

nur 3 m über der Talau des Severn, ist aber von Ripple (5 km oberhalb Tewkesbury) bis hinauf zum Great Gorge sehr gut ausgeprägt und kann auch oberhalb desselben bis Shrewsbury verfolgt werden, wo sie in den Übergangskegel verläuft. Bei Upton hat sie Mammutreste geliefert. Noch einmal herrschte ein rauhes Klima mit reicher Schuttbildung und Auffüllung des Severnbetts, das vorher bereits bis unter O.D. eingeschnitten worden war. Während dann das Great Gorge andauernd weiter vertieft wurde, wobei zeitweilig die Seiten- über die Tiefennagung überwog, machten sich im Unterlauf die Änderungen des Meeresspiegels geltend. Infolge seines postglazialen Tiefstandes in der „Forest Period" wurde eine mindestens 30 m unter die heutige hinabreichende Rinne im untersten Severn und demgemäß auch das Bett seiner dortigen Nebenflüsse eingetieft. Jene in den Fels geschnittene Kerbe ist das Hauptmerkmal für die Strecke des Flußgeschwelles, das „tidal reach" des Severn. Sie wird noch auffälliger dadurch, daß die Talwände gerade hier hoch (bis auf 44 m) ansteigen, während daneben tiefere Alluvialstriche unter Spr.H.W.M. bleiben. Der Flußspiegel liegt bei N.W. auf —5,8 m O.D., aber außergewöhnliche Fluthochwässer haben schon +10,7 m erreicht. Bekannt ist die Flutwoge des Severn („bore") [41—43]. Auf jeden Fall strömen die Tiden mit großer Geschwindigkeit und Gewalt durch diese Enge („The Shoots"). Daß sich der Fluß selbst im Fels zwischen älteren, von Alluvionen aufgefüllten Niederungen festlegte, kann nur durch Epigenese erklärt werden; bei ihr dürften sich auch die Mäander vererbt haben, die älter sind als die Terrassen, da diese bereits dem gewundenen Talverlauf folgen [32, 316].

Die Altersstellung der Severn- im Vergleich zu den Themseterrassen des Londoner Beckens ist schwierig, obwohl die Beziehungen zu den Avonterrassen, den glazialen Ablagerungen in der Talflucht von Moreton in the Marsh und zur „Plateau Drift" der Cotswolds gewisse Schlüsse gestatten. Am ehesten dürfte die Kidderminster= der Boyn Hill=Terrasse, die „Main Terrace" der Taplowterrasse, die „Worcester Terrace" der „Flood Plain Terrace" entsprechen (vgl. S. 72 ff.). Die zeitweilige postglaziale Senkung des Meeresspiegels ließ bei beiden Flüssen tiefe Rinnen entstehen, die aber nicht weit landeinwärts reichten [311, 315; A 216, A 35, A 37].

Gegen N erweitert sich der Flachlandstreifen, der sich zwischen das South Staffordshire und das Shropshire-Hereford Plateau (vgl. S. 651) einschaltet, indem die Flügel der Synklinale von Staffordshire etwas zurückweichen. In deren Kern erstrecken sich die Keupermergel über 15 km in W—E; w. Wolverhampton treten sie nur in einem schmalen Streifen an die Oberfläche. Ringsum werden sie von den Keupersandsteinen umfaßt, welche sehr häufig niedrige Stufen bilden und einen Ring von Siedlungen tragen. Darunter taucht wieder Bunter auf, der von Cannock Chase her bis hart an Stafford heranreicht und weiter n. das Kohlengebiet von N-Staffordshire einrahmt, nur auf kurze Strecken unterbrochen, so daß hier der Keuper w. und ö. des oberen Trent fast zusammenhängt. In großer Ausdehnung erfüllt er den ganzen Raum bis hinüber nach Lichfield, Uttoxeter und Derby. Besser ausgeprägt ist seine Abgrenzung im W. Denn hier ist die Buntsandsteinbrücke zwischen den Pennines und dem Bergland von Shropshire geschlossener, breiter und höher, ja hier kommen sogar die Upper Coal Measures entlang einer sö. Market Drayton vorbeiziehenden Antiklinale an den Tag und s. Newport zwischen Lilleshall und Oakengates in E-Shropshire selbst die Middle Coal Measures und die Karbonkalke: es ist die posttriassische „Coalbrookdale Anticline", an deren beiden Flanken Trias, bzw. Perm dem Karbon diskordant auflagert. Verwerfungen, in derselben (kaledonischen) Richtung gespannt, durchsetzen die Synklinale von Staffordshire, so die Adbaston und Hopton Faults in ihrer Mitte, zwischen denen die abgesunkenen Keupermergel an die 300 m mächtig sind. Aber sie wirken auf die Landform bloß mittelbar ein, dadurch, daß sie die Verbreitung der weicheren und härteren Gesteine beeinflussen. Übrigens betragen die Höhenunterschiede nur selten mehr als 130 m (Hook Gate ö. Market Drayton über 200 m S.H., Weald Moors wsw. Newport unter 60 m). Die Hauptwasserläufe wenden sich, offenbar einer alten Abdachung folgend, gegen den sö. Viertelkreis: der (untere) Dove, Trent, Sow. Bloß der Penk, der dem Sow entgegenfließt, bildet eine auffällige Ausnahme [21 a, d].

N. der flachen Keupermergelwellen von Stafford, Stone und Eccleshall ist das Land beiderseits des obersten Trent etwas höher, 180—200 m. Geologisch entspricht dies einer Karbonantiklinale, in welcher sich bereits die Nachbarschaft der Pennines deutlich ankündigt. Diese „West Staffordshire Anticline", die auch weiter s. mehrfach Karbon an die Oberfläche bringt, ist das n. Gegenstück zur Antiklinale von Oakengates-Lilleshall in Shropshire (vgl. S. 654). Ihr w. Randverwurf, aus der Gegend von Market Drayton über Audley (nw. Newcastle-under-Lyme) gegen NNE verfolgbar, im einzelnen in der Form von Staffelbrüchen entwickelt, weist Sprunghöhen von über 250 m auf. Noch größer, bis über 600 m, wird die des „Apedale Fault", der wichtigsten Bruchlinie des Gebietes. Sie und einige weitere Brüche strahlen gegen Congleton zusammen, gekreuzt von einem E—W-System. Durch die Schollentektonik sind die alten Falten stark zerstückelt worden. Dadurch werden Lage, Größe und Gestalt der Kohlenfelder von Cheadle, Shaffalong und der Potteries wesentlich bestimmt. So ist zwischen dem Apedale Fault und dem parallelen Newcastle Fault eine keilförmige Scholle der Upper Coal Measures innerhalb produktiver Kohle abgesunken; darauf beruht Newcastles Sonderstellung zwischen den beiderseitigen Bergbaugebieten (vgl. S. 457). Die wichtigsten Flöze sind die Bullhurst Coal an der Basis der Middle Coal Measures, eine vortreffliche Hausbrand- und Gaskohle, bis über 4 m mächtig, die beiden Banbury Coals und die Ten Foot Coal. Insgesamt werden jährlich 6—7 Mill. tons gewonnen und größtenteils im Gebiet selbst verbraucht. Die Upper Coal Measures enthalten keine wertvollen Flöze, dafür aber Eisenerze („Blackband Ironstones") und hauptsächlich jene Töpfertone, auf deren Ausbeutung die Entstehung des Potteries beruht. Etruria Marl und Keele Beds haben hier ihre Namen erhalten [23 a, b].

Auch morphologisch wirkt sich die Tektonik infolge der Gesteinsunterschiede aus, u. zw. schon innerhalb der Coal Measures, stärker im E, wo die Millstone Grit Series zum erstenmal an die Oberfläche kommt. In ihr wechseln Tonschiefer mit Sandsteinen ab; bis zu fünf „Grits" sind festgestellt worden. Sie bilden die heidebedeckten Höhen von Wetley Moor (247 m) und Brown Edge (271 m), Vorhöhen der Pennines im E der Potteries. An ihnen ist das Nordeis entlanggeströmt und hat die Penninesbäche zu Seen aufgestaut, so um Endon (nö. Stoke), wo sich der Abfluß durch den Millstone Grit-Zug von Wall Grange zum Churnet hinüber eine Kerbe einschnitt, die von Straße, Kanal (Caldon Canal) und Bahn benützt wird. Drift findet sich selbst auf der Höhe von Wetley Moor; im Trenttal unten bei Stoke wird sie über 20 m mächtig. Der Trent hat hier seinen alten Lauf nicht wiedergefunden, auch die ehemalige Taltiefe noch nicht erreicht. Furchen eiszeitlicher Schmelzwässer durchziehen das Plateau w. Stoke (sö. Audley, zwischen Madeley und Whitmore usw.) [21 a].

Noch mehr als die ö. Midlands sind die w. von Natur aus mit Wald bedeckt gewesen; denn das Klima ist hier feuchter, undurchlässige Böden — Mergel, Tonschiefer, Geschiebelehm — nehmen einen großen Raum ein. Als ein Waldland, von Sümpfen entlang den Flüssen begleitet, im unruhigen Moränengelände Seen bergend, treten sie in die Geschichte ein, und größere Waldbestände haben sich bis in die Neuzeit erhalten. Weithin erstreckte sich der Forest of Arden über die Keupermergel im Gebiet des Tame und Blythe. An ihn schloß sich im W des Arrow der Forest of Feckenham, im N Cannock Forest. N. des Trent bedeckte Needwood Forest die Riedel bis hinüber zum Dove, im NE lagen jenseits eines bloß schmalen Streifens offenen Landes Leicester Forest und Charnwood Forest. Das gleiche unwirtliche Bild zeigte das Land im nw. Staffordshire und in Worcestershire: Forest of Blore, zwischen Trent und Tern, mit den benachbarten „Heathlands" und „Mosslands" von N-Shropshire; Brewood Forest, zwischen Penk und oberem Worfe; Morfe und Kinver Forests s. davon zwischen Stour und Severn; jenseits des Severn der Forest of Wyre — zusammen ein so geschlossener Urwald, daß ihn die Briten als „Coed", den Wald schlechtweg, bezeichnet hatten, um so mehr als er sich in die Wälschen Marken ununterbrochen fortsetzte (vgl. S. 660).

Auch der Forest of Dean noch weiter im S gehörte dem Waldgürtel an. Die vorgeschichtlichen Kulturen sind dieser Wälder nicht Herr geworden, gering ist die Zahl prähistorischer Erdwerke; nur wenige Wege führten, die Niederungen vermeidend und den Wasserscheiden folgend, durch sie hindurch. Auch das Straßennetz der römischen Zeit war hier weitmaschig und die Besiedlung spärlich [51—53, 615]. Die Angelsachsen haben in Jh. langer Arbeit das Gebiet der Landwirtschaft erschlossen, ohne jedoch den Wald völlig zu verdrängen. Am längsten konnte er sich auf jenen Böden erhalten, welche sich nicht für Ackerbau und Wiesen eignen, am besten auf den Konglomeraten und Schottern des Buntsandsteins. Auf ihnen sind lichte Gehölze und Heide oder Parke an Stelle der Wälder getreten. Dort, wo diese von der Rodung verschont geblieben waren, sind sie den Eisenschmieden und Eisenhämmern bis weit in die Neuzeit hinein zum Opfer gefallen [615].

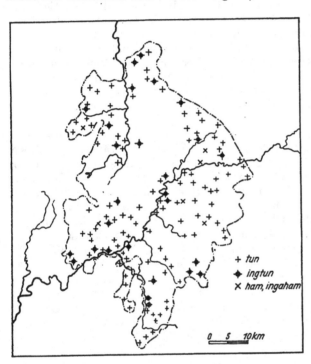

Abb. 79. Ortsnamen in Warwickshire. (Nach J. B. E. GOVER, A. MAWER und F. M. STENTON.)

Ein besonders lehrreiches Beispiel des spätmittelalterlichen Ausbaus bietet der Forest of Arden, ehemals eines der schönsten Waldgebiete [45]. Mit seinem unruhigen Relief und seinen Sumpftälern lockte es die ältesten Ansiedler wenig. Anscheinend kamen hier vielmehr die aus verschiedenen Richtungen andringenden Bewegungen der germanischen Einwanderer vorerst ins Stocken: der Hwicce, die durch das Severntal vorgestoßen waren und schon vor 700 das sw. Drittel von Warwickshire eingenommen haben dürften — ein wichtiges Gräberfeld zu Bidford am Avon (unterhalb Stratford) gehört noch der heidnischen Zeit an; der Angeln von Mercia, die auf dem Trent gekommen waren und schon in der 1. H. des 7. Jh. in Staffordshire saßen; der mittleren Angeln, die sich vom Nenetal und Northamptonshire bis ins Leamtal ausgebreitet hatten (Gräberfeld von Marton am Leam). So trennte der Forest of Arden in der Folge auch das Gebiet der Bistümer von Worcester, der Hauptstadt der Hwicce, und von Lichfield, dem Sitze der ersten Bischöfe von Mercia. In der Normannenzeit hat die Rodung weitere Fortschritte gemacht. Allein noch im 17. Jh. wurde das Land n. des Avon als Weldon (= Waldland), das s. von ihm als Feldon bezeichnet [624*].

Dieser Gegensatz zwischen dem alten offenen Ackerland und dem erst später besiedelten, jüngeren Rodungsland ist in Warwickshire bis heute erkennbar geblieben. Im n. Warwickshire gibt es nur wenige Dörfer, es herrschen die Weiler und Einzelhöfe, umringt von verschieden großen, oft sehr unregelmäßig geformten Grundstücken. Noch 1221 durfte man nach dem alten „Law in Arden" auf dem Weideland Gebäude errichten und eine Farm anlegen. Das s. Warwickshire dagegen ist durch Dörfer gekennzeichnet mit offenen Fluren und der üblichen Flureinteilung in Viertel- und Achtelhufen (virgates, bzw. half virgates). So treten denn im Bereich des Forest of Arden die Namen auf -leah besonders zahlreich auf. Alten Ursprungs ist dagegen an seinem W-Rand auch Birmingham, einer der in Warwickshire seltenen Namen auf -ing-ham, der mindestens bis in die 1. H. des 7. Jh. zurückreichen muß [66]. Etwas häufiger sind dort die Namen auf -ingtun (26, darunter 17 Kirchspielnamen), sehr weit verbreitet wie auch in den benachbarten Gr. die auf -tun (etwa 100, davon 71 schon im D.B.). Sie finden sich hauptsächlich entlang den Flüssen, besonders im SW; der Forest of Arden weist fast gar keine auf (Abb. 79 und 80). Sehr bezeichnend sind ferner die vielen Namen auf -ford (etwa 45) und -cot oder -cote (etwa 50); auch die auf -heath und -hyrst sind ziemlich häufig. Der skandinavische Einfluß war sw. der Watling Street unbedeutend. Zwar finden sich Namen wie Kirby, Rugby, Web-

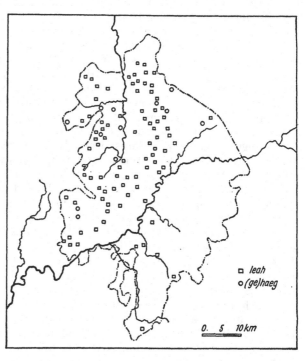

Abb. 80. Ortsnamen in Warwickshire. (Nach J. B. E. GOVER, A. MAWER und F. M. STENTON.)

toft und einige auf -thorpe, aber nur wenige sind für nordische Gründungen beweisend. Die keltischen Ortsnamen sind in Warwickshire selten (so Arden = Wald, vgl. Ardennen; Brailes und ein paar andere). Merklich zahlreicher sind sie in Worcestershire, offenbar deshalb, weil das Severnflachland schon in britischer Zeit besser besiedelt war als das heutige Warwickshire Plateau. Die Hwicce können sich erst nach der Schlacht bei Dyrham (577) des Raumes zwischen dem großen „Coed" im W, den Clent und Lickey Hills im E bemächtigt haben. Jedenfalls sind hier altenglische Namenbildungen (z. B. auf -ingas) nicht vorhanden, und bloß im S von Worcestershire lassen sich westsächsische Siedlungen aus der Heidenzeit nachweisen. Während sich selbst mehrere Ortsnamen mit dem Namen der Hwicce verbinden lassen (Wichnor, Witchley Green usw.), deuten andere auf eine Einwanderung der Angeln in das Severntal hin. Bemerkenswert sind die Gruppen der -hamtun= (14) und -ingtun=Namen. Im 8. Jh. sollen

im Bereich der Hwicce nicht weniger als 7000 abgabenpflichtige Familien
vorhanden gewesen sein. Im einzelnen stößt die Deutung der Ortsnamen auf
viele Schwierigkeiten, besonders die der vorgermanischen, wie Clent, Pendock,
Mamble, auch Worcester selbst (Wegornensis, Wegerna castra, vielleicht im
Zusammenhang mit Wyre Forest) und die meisten Waldnamen [61—66, 68 b;
623*].

Verbreitung und Lage der älteren Siedlungen werden vornehmlich durch
die Beschaffenheit der Böden, bzw. deren Wasserlieferung bestimmt. Die
wasser- und quellenreichen Sandsteine des Buntsandsteins und des Keupers
mit ihren leichten Böden wurden von ihnen ebenso bevorzugt wie die Sand-
und Schotterterrassen entlang den Flüssen, wieder, abgesehen von den
Brückenorten, nur ausnahmsweise unmittelbar an ihnen, vielmehr in sicherer
Höhe über deren Hochfluten, nahe den Wiesen der Talsohlen, über denen
am Hang aufwärts Felder und Wälder folgten. Auf den Höhen stehen selten
Dörfer, häufiger in Bachmulden oder auf flachen Riedelspornen. Von der Besiedlung besonders auserwählt waren die wasserhältigen Sande und Kiese
glazialer Herkunft; mit deren Verbreitung deckt sich in stärkstem Maße die
der alten Dörfer. Das gilt für die gesamten Midlands. Glaziale Sande oder
Schotter tragen z. B. fast alle die Dörfer zwischen Coventry und Rugby nach
N bis gegen Charnwood Forest hin: Harborough Magna, Pailton, Bitteswell,
Monks Kirby, Claybrook Magna, Copston, Wolvey, Burton Hastings, Burbage
und die Stadt Hinckley; ferner Earl Shilton, Kirkby Mallory, Desford, Newbold Verdon, Cadeby, Bagworth, Barlestone, Church Nailston, Market Bosworth, Congerstone, Twycross usw. Die dazwischen auftretenden Geschiebelehme, die hier größere Flächen einnehmen, sind dagegen nur mit Einzelfarmen besetzt. Aus der Gegend sw. Birmingham ziehen Sande und Schotter
gegen NNE in großer Breite über Erdington auf Sutton Coldfield. Auf ihnen
liegen auch Coleshill und andere Orte beiderseits des Tame. Das gleiche
wiederholt sich im W, z. B. w. des Penk (Lapley, Brewood und noch weiter
drüben Shifnal) [16, 21 f—h].

Auch die Keupersandsteine haben zur Besiedlung gelockt. Auf ihnen
stehen die ältesten Städte von Warwickshire: so Warwick, Coventry, Lichfield, das alte Birmingham; außerdem eine ganze Anzahl Dörfer, z. B. Ibstock (n. Market Bosworth), Attleborough und Marston Hall bei Nuneaton.
Noch heute werden sie gerne von neuen Siedlungen aufgesucht (Edgbaston,
Erdington, Tettenhall usw.). Buntsandsteinkonglomerate tragen inmitten
eines geschiebelehmbedeckten Gebietes ö. des Penktals die Dörfer nnö. Wolverhampton. Dagegen steht Wednesfield auf dem früher genannten Doleritsill
in den Coal Measures, ebenfalls umrahmt von Geschiebelehm, ähnlich Enderby (sw. Leicester) auf Syenit [21, 213].

An der Erschließung des Landes waren wieder die Abteien hervorragend
beteiligt, u. a. die der Benediktiner von Evesham (8. Jh.) und Pershore
(984), von Malvern, der Cluniazenser von Dudley, der Zisterzienser von
Stoneleigh (am Avon ö. Kenilworth, 1154).

Mit der fortschreitenden Landnahme erwiesen sich die weitverbreiteten
Keupermergel- und -tonböden, die früher gemieden waren, als besonders
fruchtbar, und das Ackerland dehnte sich auf ihnen immer mehr aus. In
Warwickshire waren zu Beginn der Neuzeit die Unterschiede in der Bodennutzung zwischen Feldon und Weldon gering geworden. Dann gewann allmählich die Viehzucht das Übergewicht über den Ackerbau, obwohl dieser
seit den Einhegungen — das Offenfeld-System verschwand in Warwickshire
zwischen 1760 und 1830 — auch in den w. Midlands große Fortschritte

gemacht hatte, namentlich seit der Einführung des Fruchtwechsels (zuerst mit 5jähriger, seit der M. des 19. Jh. mit 6jähriger Abfolge) [69a]. Schon seit dem Schwarzen Tod hatte die Schafzucht sehr zugenommen, die Rinderzucht entfaltete sich erst seit dem Entstehen der Industriesiedlungen stark. So war Warwickshire gegen Ende des 18. Jh. fast ausschließlich Grasland. Vorübergehend wurde dieses während der Kriege gegen Napoleon vielfach wieder durch Getreideland ersetzt. Hatten die w. Midlands früher vornehmlich Käse geliefert, so sind im Zeitalter der Eisenbahnen Milch und Butter die Haupterzeugnisse der Landwirtschaft, wichtig nicht bloß für die Versorgung von Birmingham, Coventry und der kleineren Gruben- und Industriebezirke des Gebietes selbst, sondern auch für London, Bristol usw. Viele Milchfarmen haben mehr als 1 km² Fl., davon ²/₃ Weideland. Zwar ist auch die Zucht von Masttieren ansehnlich, aber seit der Einfuhr von Gefrierfleisch aus Übersee verhältnismäßig zurückgeblieben. Sehr verbreitet ist die Schweinezucht, die um Tamworth eine besondere Rasse erzeugt hat, während im übrigen die Berkshirerasse vorherrscht. Bei den Schafrassen sind im n. Warwickshire Kreuzungen der Shropshire mit Leicester, im s. mit North Cotswolds beliebt. Die Zahl der Geflügelfarmen wächst fortdauernd [710*, 717*; 11 c, d; 19, 110, 71, 73 a, b].

Die Umwandlung von Acker- in Weideland schreitet noch immer fort. Aber die Beschaffenheit der Böden bestimmt das gegenwärtige Verhältnis ihrer Flächen sehr wesentlich. Im Forest of Arden mit seinen Mergelböden sind 80% der Ges.Fl. Dauerweide. Auf den Keupermergeln des mittleren Staffordshire wiederholt sich das gleiche Bild: die Rinderdichte für den ha beträgt hier über 70 [717*]. Wie einstmals knüpfen sich die Äcker wieder mehr an die Sandsteingebiete, nicht an die Mergel, die an und für sich den besten Boden für sie geben würden, so für Rüben, Mangold, Raps; ein kleiner Teil ist den „rotation grasses" (Klee, Esparsette, Saatgräsern) vorbehalten. Auf den Sandsteinstrichen um Lichfield und Penkridge nehmen Acker- und Weideland ungef. gleich große Flächen ein. Die Rinderdichte beträgt dort etwa 40. Besonders im Black Country werden allerdings die leichteren, sandigen Böden auf Kosten des Ackerbaus in steigendem Maße für Gemüse- und Marktgärtnerei verwendet, meist in Kleinbetrieben, so seit 1890 um Bromsgrove, wo dank der Gunst des Klimas die Pflanzen durchschn. 14 T. früher blühen und reifen als auf den höheren Hängen der windigen Lickey Hills. Selbst im Bereich des ehemaligen Forest of Arden werden Gemüse und Kartoffeln auf den Glazialsanden angebaut, so bei Coleshill und Solihull. Hauptgebiete des Gemüsebaus sind das Severntal zwischen Kidderminster und Worcester und das Avontal um Evesham (Zwiebeln, Bohnen, grüne Erbsen, Kohl, Salat, aber auch Tomaten, Gurken und Spargel. Dieser wird durch ganz England versandt, zumal nach London). In Worcester- und Gloucestershire blüht nach wie vor der Obstbau, der die Tonböden bevorzugt — sehr bezeichnend führt die Stadt Worcester drei Birnen in ihrem Wappen. 1936 zählte man in Worcestershire 695 000 Apfel-, 119 000 Birn-, 54 000 Kirsch-, 1,3 Mill. Pflaumenbäume, in Gloucestershire 432 000 Apfel-, 91 000 Birn-, 281 000 Pflaumenbäume [76]. Die Umgebung von Pershore und das Vale of Evesham sind durch ihre Damaszenerpflaumen („damsons") bekannt. Große Kirschbaumhaine stehen u. a. im Severntal von Bewdley hinab bis nach Gloucester. In beiden Gr. sind Kleinobstkulturen sehr verbreitet, von Johannis-, Stachel- und Himbeeren. Die Fl. der Obstbaumgärten in Worcestershire belief sich 1936 auf 82 km², in Gloucestershire auf 64 km², die der „small fruit" in Worcestershire auf

20 km². Doch hat die erstere sehr abgenommen, in Gloucestershire seit 1908
fast um ein Drittel (1908: 93 km²); in Worcestershire hatte die Zahl der
Birnbäume 1908 noch 201 000 betragen. Als besonderer Zug des w. Wor-
cestershire, namentlich im Tametal, hier schon auf den leichten lehmigen
Verwitterungsböden des Old Red, ist der Anbau des Hopfens bemerkenswert.
Seine Ernte wird meistens von Leuten aus dem Black Country besorgt, wie
die in Kent von Londonern. Auch die Heumahd, die Erbsenlese und das
Obstpflücken und -einmachen beschäftigen Scharen von Saisonarbeitern. Der
Obstversand wird in der Erntezeit von Mai bis Sept. durch Sonderzüge nach
allen Richtungen vermittelt, nach Birmingham, dem nächsten Großabnehmer,
nach London, S-Wales und Lancashire. Die Nachfrage nach Frühgemüse hat
bereits zu Beginn des Jh. viele Glashäuser im Vale of Evesham entstehen
lassen [17, 18, 114; 752*].

Lage und Art der ländlichen Siedlungen sind mannigfacher, als man bei
der gewissen Einförmigkeit des Geländes, des Bodens und der Wirtschaft
erwarten würde; hat man doch geradezu vom „confluence-feature" der Midlands gesprochen [74]. Allerdings ist es schwierig, die verschiedenen Formen
nach bestimmten Merkmalen zu klassifizieren. Heute sind die Farmgebäude
meist aus Ziegeln gebaut, nur in den Sandsteinstrichen noch häufig aus
Bruchstein. Im Buntsandsteingebiet von Worcestershire fügen sie sich mit
ihrer warmen roten Farbe harmonisch in die Landschaft mit ihren roten
Böden und Wegen ein. Ehemals wiesen die w. Midlands dank ihrem Holz-
reichtum mächtige Fachwerkbauten auf, und in Stadt und Land sind schöne
Beispiele dafür erhalten. Straßendörfer herrschen vor, aber in Warwickshire
haben die älteren Siedlungen öfters unregelmäßige, haufendorfartige Grundrisse. Viele Kirchen sind Sehenswürdigkeiten [93a, 94a, 96a, 97].

Auffallend groß sind die Gem.Gebiete im Bereich des Forest of Arden
und nw. von ihm (besonders groß Sutton Coldfield, Solihull, Coleshill) und
auch sonst in den ehemaligen Waldstrichen (Berkswell, Stoneleagh). S. der
Trent-Severn-Wasserscheide sind in Warwickshire die Gemeinden viel kleiner,
verhältnismäßig klein auch im NE der Gr.

Jede der Niederungen hat schon im Mittelalter eine oder mehrere städtische Siedlungen entwickelt, sehr oft im Anschluß an die angelsächsischen
Burgen. Solche sind z. B. Tamworth und Warwick, die bereits von Ethelfleda,
der Tochter Alfreds des Großen, gegründet wurden, beide an strategisch
wichtigen Punkten, das eine am Tame in der Vorstoßrichtung auf Derby
und gegen das Midland Gate, das andere am Avon an der wichtigen Verbindung mit dem Severnland. Heute haben beide nur mäßige Bedeutung, obwohl T a m w o r t h (7509; *11 970*) u. a. Kleider und Bier erzeugt, die benachbarten Kohlengruben verwertet und als zentral gelegener Bahnknotenpunkt
die Post für besondere Postzüge sammelt, die einander hier von London,
Schottland, Bristol und York begegnen. In seiner Umgebung wird seit jeher
Schweinezucht betrieben (vgl. S. 378; „Tamworth pork pies"). Ungef. ebenso
groß ist das benachbarte, einst verkehrsreiche, heute stille L i c h f i e l d (8507;
9082); sein Stolz ist die prächtige hochgotische Kathedrale aus rotem Sandstein mit drei Spitztürmen. Ein alter Marktflecken an der Watling Street
ist Atherstone (6245), dessen Pfarrkirche sich aus den Überresten der Zisterzienserabtei Merevale erhebt. Seinerzeit erzeugte es in Heimarbeit sehr beliebte Seiden-, heute verfertigt es in großen Fabriken Filzhüte. Die größte
Siedlung des n. Kohlengebietes, etwa halbwegs zwischen Leicester und Birmingham, ist N u n e a t o n (46 291; *49 140*) am Ankerbach, mit vielerlei
Industrien (Hüte, Kleider, Bänder, Kunstseide; Nadeln, Schachteln und

Lederwaren; Dampfmühlen; Bergbaumaschinen, Abzugsröhren und Ziegel). An einigen davon beteiligt sich auch das s. benachbarte B e d w o r t h (12 055; *21 800!*). Wie Nuneaton das nahe ö. an der Linie nach Leicester gelegene Hinckley (vgl. S. 429) in den Schatten stellt, so wird es selbst an Verkehrsbedeutung von R u g b y (23 826; *42 820!*) übertroffen, einem der ältesten Eisenbahnknoten Englands (1840), in dessen großem Bahnhof Züge aus Birmingham, Leicester und — über Market Harborough — aus E-England in die „main line" einmünden [112 a*]. Dagegen war es in der vortechnischen Zeit von keiner der drei Hauptstraßen, welche von London nach Holyhead führten, berührt worden, es war bloß durch seine Schule (gegr. 1567), Jagden, Viehmärkte und die große Zahl seiner Metzger bekannt. Der alte Kern, gruppiert um den Marktplatz, auf einer schotterbedeckten, flachen Anhöhe, 2 km von dem hier noch ganz kleinen Avon entfernt, liegt heute ganz exzentrisch. Denn die Stadt ist zur Bahn und damit zum Fluß hinab gewachsen, zumal seit 1897, als große Fabriken für Maschinenbau und für elektrische Apparate, ferner Portlandzementwerke (Liaskalk) in der Nähe des Bahnhofs errichtet wurden. Außerdem ist Rugby Mittelpunkt eines ausgedehnten landwirtschaftlichen Gebietes, ein Hauptviehmarkt, auf welchem Rinder aus Irland und Wales an die „Graziers" in den benachbarten Gr. verkauft werden und von dem aus Mastvieh in alle Teile von England versandt wird. 6 km sö. erheben sich die 12 Maste der Langwellensender, jeder 250 m hoch, und 36 Maste der Kurzwellensender, 36—55 m hoch, der Government Radio Station, welche die Verbindung mit der ganzen Welt, hauptsächlich den Ver. Staaten, vermittelt.

Die einzige Großstadt der oberen Avonsenke ist C o v e n t r y (167 083; *221 970!*). Es geht auf eine sächsische Kirchensiedlung zurück, die mit der Gründung eines Benediktinerstiftes (1043) in die Geschichte eintrat. Eine Zeitlang war es Bischofssitz. An der von London über Towcester und Daventry kommenden Straße gelegen, hat es im Laufe der Jh. abwechselnd die verschiedensten Gewerbe und Handwerke zu hoher Blüte entwickelt. Im Mittelalter spielte es im Woll- und Tuchhandel eine große Rolle, seine Waren fanden nicht bloß in London, sondern auch im Ausland guten Absatz, so in Stralsund und durch dessen Vermittlung im Ostseegebiet, erst recht über Calais, dessen „Staple" seine Kaufleute angehörten. 1347 wurde es zum Borough erhoben, um 1400 war es Hauptsitz des Wollhandels [610]. Diesem dienten damals besondere Gebäude in der Stadt, Drapery, Wool Hall, Searching House (Prüf- und Siegelstelle für die Tuche) [82]. Von einem Mauerring mit 12 mächtigen Toren und hohen Türmen umgeben, zeigte es noch die Fachwerkbauten in seinen engen, gepflasterten Straßen, Häuser mit überkragendem Oberstock (Abb. 81). Im 15. Jh. verfertigte es Knöpfe und Leder, später Tuch, Handschuhe und Zwirn; 1696 besaß es eine Glasfabrik. Zu Beginn des 18. Jh. brachten französische Auswanderer die Erzeugung von Bändern und Uhren, durch das ganze Jh. blühten auch Woll- und Seidenweberei, Kleider-, Hut- und Kappenmacherei, und noch vor Birmingham erzeugte es Eisenwaren (Messer). Durch Herstellung von Taschen-, Zimmer- und Turmuhren war es in der 1. H. des 19. Jh. berühmt (1837 zählte man nicht weniger als 2000 Uhrmacher mit 3000 Lehrlingen). Doch ist die Uhrenindustrie infolge des Wettbewerbes der Schweiz und auch Amerikas stark zurückgegangen. Dafür konnte es dank dem Kohlenfelde von South Warwickshire seine Eisenindustrie entfalten, es baute Eisenbahnwagen und Sämaschinen, später Nähmaschinen und wurde seit 1878 ein Mittelpunkt der Fahrraderzeugung. Daran hat die blühende Kraftwagenindustrie angeschlossen (Daimler

1896; 1938 14 Kraftwagen- und etliche Kraftradfabriken [751*, 752*]).
Dazu sind Flugzeug- und Flugmotorenbau, Elektro- und Kunstseidenindustrie
gekommen. Seit jeher hat es auch als Vieh- und besonders als Pferdemarkt
Bedeutung (Lincoln breed). Die Stadt ist ziemlich gleichmäßig um ihren
alten Kern gewachsen, der manches malerische Bild bewahrt hatte, bevor ihn
die verheerenden Bombenangriffe im Nov. 1940 trafen — ihnen fiel u. a. die
Kathedrale St. Michael's zum Opfer. Neue Wohnviertel entwickelten sich
besonders im angrenzenden R. D. Foleshill, dessen E.Z. sich infolgedessen
und wegen der Entwicklung des Kohlenbergbaus 1921—1931 mehr als verdoppelte (Binley, ö. Coventry, 1921: 835, 1931: 3189; Wyken 364, bzw. 3729;
n. der Stadt starke Zunahme in Keresley und Exhall). Schon vor dem
Kriege hatte man Pläne zur dringend notwendig gewordenen Modernisierung
der Stadt gefaßt — sie sind jetzt in rascher Durchführung begriffen [74].

Neben Coventry hat W a r w i c k (13 459; *13 880*), die Gr.St. von Warwickshire, an einem strategisch wichtigen Platz unterhalb der Leammündung
am Avon gelegen, nicht aufkommen können, obwohl Waerincgwican (723 bis
737; aet Waeringwicum 914 [623*]) vielleicht schon in einer britischen und
später in einer römischen Niederlassung einen Vorläufer gehabt hatte und
um 915 von Ethelfled mit einer Burg bewehrt wurde, die später die Normannen ausbauten [811]. Das stimmungsvolle Warwick Castle (14./15. Jh.) und
einige alte Gebäude, so der Fachwerkbau von Lord Leycester's Hospital,
locken heute den Fremden zum Besuch der einst umwallten Stadt (zwei Tore
sind noch erhalten), ähnlich wie das noch kleinere K e n i l w o r t h (7592),
dessen Burg, seit der Normannenzeit wiederholt erweitert und umgebaut,
von Cromwells Anhängern zerstört wurde. Der berühmteste Ort des „Shakespeare Country", dem diese beiden Städte angehören, ist der Geburtsort des
Dichters, S t r a t f o r d - o n - A v o n (11 605; *13 110*), mit jährl. etwa
100 000 Besuchern. Eine Furt- und Brückenstadt wie Coventry, jedoch viel
älter (seine Anfänge knüpfen sich an ein 691 gegr. Kloster), hat es seinen
ursprünglichen Grundriß und alte Fachwerkriegelbauten, u. a. Shakespeare's
House, das als Geburtshaus des Dichters gilt, Guild Hall, Harvard House,
gut erhalten. Zu mancherlei Erörterungen gab der hochmoderne Neubau
(1932) des Shakespeare Memorial Theatre Anlaß. Hier laufen die Straßen
von Birmingham, Alcester und Evesham zusammen, die sich mit der parallel
zum Fluß ziehenden High Street dort vereinigen, wo Bridge Street zu der
14bogigen, nach ihrem Erbauer Clopton († 1496) benannten Brücke hinabführt, um sich in der Banbury Road fortzusetzen. Eine „Old Town",
deren Holy Trinity Church das Grab Shakespeares birgt, liegt s. von diesem
Kern, während ihn im N der wertlos gewordene Kanal nach Birmingham umfaßt [84 a]. Auch die Kanäle, die Warwick mit Birmingham und
den Kanälen im E verbinden, haben ihre Bedeutung verloren.

Jung und ganz anderen Ursprungs ist der Aufschwung des Bades
L e a m i n g t o n (Royal L. Spa, 29 669; *34 200*), dessen stahl-, salz- und
schwefelhältige kalte Mineralquellen seit 1786 für Heilzwecke benützt
wurden. Noch vor 130 J. war es ein Dorf. Seitdem ist es auf die Anhöhen
n. des unteren Leam hinaufgewachsen und mit schönen Parkanlagen am
Fluß ein vornehmes „Spa" geworden. Aber weder hier noch in Warwick
fehlt die Industrie völlig (Lastautos, Chassis) [89].

Das Fruchtland des unteren Severn weist drei größere Städte auf, die
beiden Gr.St. Gloucester und Worcester und das Bad Cheltenham. G l o u-
c e s t e r (52 437; *61 670*), an der untersten Furtstelle des Severn, der wenige
Meilen talabwärts zum Ästuar wird, auf Lias und auf Flußaufschüttungen

gelegen, begann sich schon in der Römerzeit als Glevum zu einem wichtigen
Straßenknoten von großer militärischer Bedeutung zu entwickeln — es war
eine der coloniae Britanniens [54]. Wieder spielte es in der sächsischen
Zeit als Brückenstadt eine große Rolle. Unter den normannischen Herrschern betrieb es lebhaften Wollhandel. Seine Abteikirche (1089 begonnen),
die das älteste Beispiel eines normannischen Spitzbogens enthält, wurde der
Ausgang der englischen Hochgotik (S-Fenster des Querschiffes). Obwohl
unter Heinrich VIII. zum Bischofssitz erhoben, vermochte jedoch die Stadt
nicht mehr mit Bristol zu wetteifern, zumal die Windungen des unteren
Severn und die starken Gezeitenströmungen (vgl. S. 439) den Verkehr er-

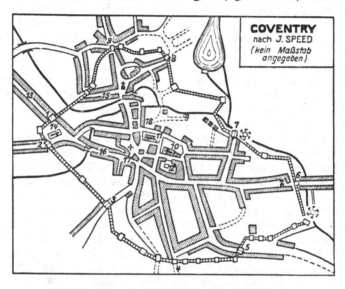

Abb. 81. Coventry im 17. Jh. (Nach J. Speed.)

1 Hill Gate, 2 Spone Gate, 3 Grey friers Gate, 4 Little park Gate, 5 Newe Gate, 6 Gosford
Gate, 7 Bastle Gate, 8 Cooke Gate, 9 Byshops Gate, 10 S. Michaels, 11 Trinity Church,
12 S. Margar hall [St. Mary's], 13 Hill Stret, 14 Bablak Church, 15 Well Stret, 16 Smitford
Stret, 17 Brod Gate, 18 Priors Gate.

schwerten. Wohl können sie auf dem 1827 vollendeten, 5,4 m tiefen Schiffskanal 1200 tons-Fahrzeuge erreichen, solche von 5000 tons dagegen selbst
bei T.H.W. nur den Vorhafen Sharpness, und dieser beschränkt sich so ziemlich auf die Einfuhr von Getreide und Holz, an seiner geringen Ausfuhr
ist nicht einmal das Black Country beteiligt [11a, 83]. Dagegen war der
Fluß ehemals eine überaus wichtige Wasserstraße [615a, 617]. Mehr und
mehr entwickelt sich Gloucester zu einer Industriestadt (Waggon-, Maschi-
nen-, Flugzeug-, Zündholzfabriken, Teppichweberei, Dampfmühlen) [12a, 114].

W o r c e s t e r (50 546; 58 610), am l. Ufer des Severn am Fuß einer
50—60 m höheren Keupermergelplatte gelegen, beherrschte eine Furt und
damit die Zugänge durch die Wälder in das mittlere Wales. So wurde es,
wohl an Stelle einer römischen Siedlung, Hauptort der Hwicce (Uuegorra
civitas 692, aet Wigorna caestre 779 [623]) und bereits um 680 Bischofssitz
[BE]. Diesem unterstanden damals auch Gloucester- und Warwickshire.
Sein Wahrzeichen blieb die prächtige Kathedrale unten am Severn, ½ km
s. Angel Place, der Kreuzung der Hauptstraßen (Abb. 82). Unter Heinrich VIII. blühte die Tuchweberei. Die berühmte, 1751 von dem Hydropathen

Dr. Wall gegr. königliche Porzellanmanufaktur besteht heute noch. Seine Handschuh- und Schuherzeugung sind seit langem hochangesehen; schon im 13. Jh. gab es eine Glovemakers Street (s. in Abb. 82 Glouvers Stret). Die schon zu Leland's Zeit geschätzte Obstbaumkultur der Umgebung hat große Fortschritte gemacht, der Hopfenmarkt mit der seit Königin Maria im Sept. abgehaltenen Messe ist führend. Es erzeugt Essig und die nicht bloß in Großbritannien ungemein beliebte „Worcester Sauce". Durchlaufende Züge von London (3 St.) nach Hereford und Wales und von Birmingham, ja von Newcastle und Edinburgh, von Glasgow und Liverpool nach dem S — nach Bristol, Cardiff, Plymouth und Penzance — berühren die Stadt. Man sieht in ihrem Kern alte Fachwerkhäuser und an der High Street die Guild Hall im „Queen Anne"-Stil. Darüber hinaus erstreckt sie sich nun 4 km entlang dem Severn, im weiten Umkreis umrahmt von Fruchtgärten, Schloßparken und Jagdgelände [88; 112, 113].

Cheltenham endlich (49 418; *59 030*) verdankt seinen Aufstieg Salzquellen, die seit 1715 für Kuren verwendet wurden. Seit dem Besuche Georgs III. (1788) kam es vollends in Mode. Um 1750 hatte es eigentlich nur „eine erträgliche Straße, durch deren Mitte ein klarer Bach floß". Heute ist es eine schöne Gartenstadt mit modernen Bädern, bekannt durch seine Schulen, beliebt bei Ruheständlern des Heeres und der Beamtenschaft [87 a].

Die anderen städtischen Siedlungen der Severnsenke treten weit hinter diesen drei Städten zurück. Droitwich Spa (4553; *5675*), 10 km nö. Worcester am Salwarp, gewann aus dem Keuper bis in unsere Tage Salz. Vielleicht schon in vorgeschichtlicher Zeit, sicher in römischer zogen von hier Salzstraßen durch das Land. Die Bezeichnungen Saltwic (888) und Salinae für den Ort sind aus dem Mittelalter überliefert. Den neben den Quellen („wyches") errichteten Gebäuden verdankt es seinen Namen. Bis in das 17. Jh. hinein wurde Holz zum Betrieb des Sudwerks verwendet, dann war der Forest of Feckenham erschöpft (vgl. S. 374) und die Kohle trat an Stelle des Holzes. Zur Abfuhr des Salzes wurde schließlich (1767) ein Kanal für 60 tons-Boote zum Severn eröffnet. Doch in neuester Zeit sind die Salt Works, die ihre Sole aus 40—60 m Tiefe bezogen, aufgelassen und dafür andere in dem benachbarten Stoke Prior in Betrieb. Droitwich nützt die Heilkraft der Quellen nunmehr als „Brine Baths Spa" aus und hat das übliche Kurortgepräge angenommen. 12 km sw. Worcester ist Great Malvern (15 634; *20 980*), am E-Fuß der Malvern Hills (vgl. S. 655), schon vor 100 J. ein beliebtes Bad (Malvern Wells, mit Stahlquellen; 1860 wurde die erste Wasserheilanstalt eröffnet) gewesen, gebettet in eine Gartenlandschaft mit würziger Luft. Seinen Ursprung nahm es von einem 1171 gegründeten Priorat der Abtei Worcester. Noch heute gibt es hier beliebte Jagdgehege, wie seinerzeit um den Herefordshire Beacon (vgl. ebd.) die Earls of Gloucester und die Bischöfe von Hereford ihre Jagdanteile an Malvern Chase durch einen Doppelgraben abgegrenzt hatten.

Upton-upon-Severn (1968), ein Brückenstädtchen auf dem r. Severnufer, vor der Eisenbahnzeit ein lebhafter Flußhafen mit Werften und Ciderversand, ist still geworden, Tewkesbury (4352; *4401*), am Avon knapp oberhalb seiner Mündung, unbedeutend. Doch wird es wegen seiner prächtigen Abteikirche — schon 715 wurde hier ein Benediktinerkloster gestiftet — gerne besucht. Ehemals beteiligte es sich an der Schiffahrt auf dem Severn, es erzeugte Senf, Wollwaren und dann Baumwollspitzen [69 d]. Still und lieblich ist Pershore Holy Cross (2394; Pershore St. Andrews 1049), eine alte kirchliche Gründung, seit 984 Benediktinerkloster, später mit einer Brücke über den Avon, im Bereich des Vale of Evesham, von Pflaumenbaumhainen, Gemüsegärten und Mahdwiesen umschlossen. Markt und Mittelpunkt des Vale ist Evesham (8799; *11 350*) selbst, das ebenfalls einer Benediktinerabtei (8. Jh.) seine ältere Blüte verdankte — Turm und Tor zeugen als letzte Reste von ihr. Die anmutige Umgebung, die verschiedenen Sportmöglichkeiten machen es zu einer beliebten Sommerfrische und Touristenstation [14]. Ringsum, namentlich ö. und nö., ist die Fruchtlandschaft — bei stärkster Parzellierung der Grundstücke — am vollsten entfaltet (in erster Linie Erd- und Stachelbeeren; auch Johannisbeeren; wichtigstes Spargelgebiet des Landes, Kohlsprossen, Kohl, Bohnen, Erbsen, Zwiebeln, Schnittlauch, Rettiche usw.). Die Gunst der Verkehrslage und des Klimas, die Mannigfaltigkeit der Böden, gute Marktorganisation usw. haben diese Entwicklung in SE-Worcestershire seit 1880 bewirkt, auf Kosten des Getreidebaus (1880: 1800 ha; 1937: 80 ha! Strauchobstfl. im Vale of Evesham, 1943: 400 ha; Gemüsefl. ungef. 4500 ha, davon Kohlsprossen 1700, Erbsen 800, Zwiebeln 290, Spargel 250) [78].

Zwischen Worcester und dem Severndurchbruch von Ironbridge ist städtisches Leben gering. Bridgnorth (5151; *5966*; in Shropshire),

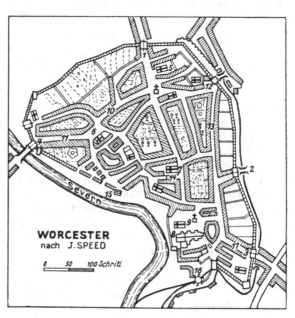

Abb. 82. Worcester im 17. Jh. (Nach J. Speed.)
1 Foregate, 2 Friers Gate, 3 Sudbury Gate, 4 Martines Gate, 5 St. Nicholas, 6 Alhallows, 7 St. Helens, 8 Cathedral, 9 St. Michaels, 10 Broade Street, 11 Newport Stret, 12 Corne Market, 13 Glouvers Stret, 14 Fishe Stret, 15 The Key, 16 Frogge Hill, 17 Sudbury.

einst der Endpunkt des Kahnverkehrs, ist trotz seines vielstrahligen Straßennetzes klein geblieben; malerisch liegt es in zwei Zeilen neben dem Fluß, die High Town auf dem r. Ufer auf einem Buntsandsteinfels, die Low Town auf dem l. Ufer, eine Burgsiedlung, die auf Ethelfleda zurückgeführt wird — der wehrhafte, von den Normannen errichtete Bau wurde von den Cromwellianern zerstört. Malerisch sind alte Häuser, wie der Fachwerkbau der Town Hall, der aus der Blütezeit der Tuchindustrie stammt (1652). Schon 1503 hatte es eine Grammar School erhalten. Es betreibt etwas Teppichweberei, Kammgarnspinnerei und -färberei und Mälzerei.

Lebhaft war einst auch Bewdley (2868; *4376*) mit Tuch- und Kappenmacherei und einem Flußhafen, der den Handel mit Wales, Bristol und Lancashire vermittelte. Allein kurzsichtig wehrte es sich gegen die Anlage des um 1770 vollendeten Worcester-Staffordshire-Kanals. So wurde dessen Endpunkt nach Stourport gelegt, wo damals bloß eine einzelne Farm stand, und während Bewdley verfiel — es erzeugt jetzt Kämme und Hornwaren —, ist Stourport (5949) Industrieort geworden, mit Weißblechfabriken,

29*

Keramik, Teppichweberei. Doch hat diese ihren Mittelpunkt in dem bloß
5 km nö. Stourport gelegenen K i d d e r m i n s t e r (28 917; *34 670*), das
zur Zeit Heinrichs VIII. so wie die anderen Städte von Worcestershire
Tuchhandel betrieb und sich dann (seit 1735) auf Teppichweberei umstellte.
Das Wasser des Stour erwies sich für die Haltbarkeit der Farben als besonders günstig; „schottische" und „Brüsseler" Teppiche wurden erzeugt
und immer neue Muster erfunden. Etwa 7000 Menschen sind in dieser
Industrie beschäftigt. Außerdem hat es eine große Zuckerfabrik.

Ein wichtiges Landbaugebiet ist das mittlere Staffordshire. Hier gedeihen auf den roten Keupermergeln der Weizen, auf den leichteren Bunt-
sandstein- und Driftböden Gerste und Hafer, auf den Geschiebelehmen die
Milchwirtschaft [19]. Als Markt hat sich S t a f f o r d (29 485; *33 610*) in
guter Verkehrs- und Schutzlage zur Gr.St. entwickelt, auf dem inselartigen
Rest einer niedrigen fluvioglazialen Schotterterrasse zwischen dem Sow und
der Niederung des Pearl Brook, eines Seitenbachs. Auf drei Seiten war es
von Sumpfland umschlossen; in neuerer Zeit wurde dieses gedränt [83a].
Bloß im S bot jene Furt einen Zugang, nach welcher der Ort benannt wurde,
seit Ethelfled's Regierung mit einer Burg bewehrt. Aus vier Toren zogen
die Hauptstraßen durch die Umwallung hinaus. Um diesen alten Kern ist
das heutige Stafford gewachsen, zumal längs der Straße nach Wolverhampton (Abb. 83). Noch blickt das Castle mit seinen zwei zinnengekrönten,
dicken Türmen ins Land, wo sich die Industrieanlagen vermehren; Loko-
motiven-, Maschinen-, Schuh- und Stiefelfabriken, Zementwerke, etwas weiter
draußen sö. die Staffordshire Salt Works in Baswich. Fast in der Mitte der
Gr. gelegen, ist Stafford ein Hauptverkehrsknoten der Midlands geworden,
um so mehr als in seiner Umgebung Täler und niedrige Höhenzüge zusammenlaufen. Der Staffordshire-Worcestershire-Kanal, durch welchen es mit
dem Black Country verbunden wird, benützt die Furche des Penktals, das
Sowtal mündet 8 km unterhalb in das Trenttal und weist zusammen mit
diesem der Bahnlinie London—Crewe, der wichtigsten der Midlands, den
Weg über Stafford. Auch gegen N erreicht man das Trenttal über einen
niedrigen Paß, entlang der Keupersandsteinstufe von Hopton in einer
Marschstunde, in einer weiteren Stone, in abermals 2 St. Stoke am Trent.
Nicht weiter entfernt und nur durch niedrige Anhöhen getrennt ist Uttoxeter
im NE.

Im übrigen ist das mittlere Staffordshire von der Großindustrie ziemlich
unberührt geblieben, und viele freundliche Landschaftsbilder haben sich erhalten, wie etwa um Abbot's Bromley im ehemaligen Needwood Forest. Dagegen
haben sich mehrfach kleinere Industrien im Trenttal unterhalb der Sowmün-
dung niedergelassen: Ziegelwerke in dem alten R u g e l e y (5262), das, am
Rande von Cannock Chase gelegen, Kohlenbergbau und Eisenindustrie entwickelte, die Erzeugung von sanitären Anlagen zu Armitage, die Zementwerke von Barton-under-Needwood. Jenseits des Cannock Chase, dessen Heiden, durchsetzt von Fichten-, Birken-, Buchen- und Eichengruppen lohnende
Wanderungen bieten und Damwild und Heidehühner bergen, liegt der Straßenknoten C a n n o c k (34 885; *38 060*), der Marktort für das Kohlengruben-
gebiet im s. Teile des Chase. Im Dovetal stellt der alte Burgflecken Tutbury
(2003), der den Zugang vom Trent her bewachte, Glas-, Gips- und Alabasterwaren her, U t t o x e t e r (spr. „Uxeter"; 5909) Eisenwaren und Zement. Vor
dem Austritt des Dove aus den Pennines stehend, der hier an ihrem Rande
den Tean, etwas weiter oberhalb noch in ihren Vorhöhen den Churnet auf-

nimmt, ist dieses Marktstädtchen ein Verkehrsknoten zwischen Derby und Stoke. Das kleine Kohlenfeld von C h e a d l e (6754; 1945: Cheadle and Gatley 28 580) liegt im Teantal nur 12 km entfernt. Anmutig ländlich ist das untere Churnettal, wo die mächtigen Gebäude und schönen Anlagen von Denstone College auf einer Anhöhe gegen die Weaver Hills blicken, den vordersten Höhenzug der Pennines.

Ein 10 km gegen S vorgeschobener Außenposten von Stafford ist Penkridge (2550), in der Sachsenzeit wichtig, heute unbedeutend, und fast in gleichem Abstand halten sich, im w. Halbkreis geordnet, die anderen: Gnosall, Eccleshall und im N Stone — alle kirchlichen Ursprungs. Das uralte S t o n e (5952), Brückenstadt am Trent an der Straße London—Liverpool, im Kern nur eine einzige lange Straße, war ein lebhafter Getreidemarkt mit Mühlen und Brauereien, gefördert durch den Trent-Mersey-Kanal; es wurde von Stoke ganz in den Schatten gestellt. Die Eröffnung jenes Kanals hatte dagegen für den einst wichtigen Straßenschnittpunkt am oberen Tern M a r k e t D r a y t o n (Drayton-in-Hales, 4749) den Rückgang seiner Vieh- und Tuchmärkte bedeutet. Es lag schon jenseits des Forest of Blore (vgl. u.) in Shropshire, ebenso N e w p o r t (3473; um 1050 Niweport [624*]), eine langgestreckte Straßensiedlung unfern dem E-Ende der Weald

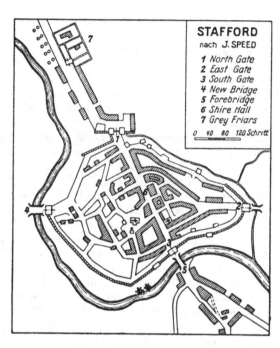

Abb. 83. Stafford im 17. Jh. (Nach J. Speed.)

Moors-Niederung und dem Shropshire Union Canal, seinerzeit der wichtigste Verkehrsknoten und Markt zwischen Stafford und Shrewsbury.

Verhältnismäßig groß ist die Fl. der Gehölze in N-Staffordshire (Bishop's Woods, Maer Hills, Hanchurch Hills), zahlreich sind Parke (Trentham, Keele Hall). Denn weder die steifen Tonschieferböden noch die wasserdurchlässigen Buntsandsteinkonglomerate, die übrigens nur in schmalen Streifen die Karbonantiklinale umsäumen, sind dem Ackerbau günstig. Die Keele Beds tragen ergiebigere Felder und die besten Weiden. Weideland sind meist die Driftböden. Es ist eine „sylvan region", durchzogen von trägen, braunen Moorbächen [21 a]. Ehemals dehnte sich an der Grenze von Staffordshire einerseits, Shropshire und Cheshire andererseits der Forest of Blore von Newport bis fast Newcastle-under-Lyme. Auch „Lyme" ist ein alter Name des Waldgebietes, der in Ortsnamen wiederkehrt (Burslem, D.B. Barcadeslim [623*]; Audlem usw.). Weiter n. gehörte Macclesfield Forest zu ihm, der Grenzwald gegen Lancashire. Namen auf -ley sind nicht selten, einzelne schon vor dem D.B. genannt (Madeley; 975 Madanlieg), die meisten dann in

ihm (Betley, Barthomley usw.). Solche auf -ton sind bloß entlang dem Trent
häufig an der alten N-Straße vor dem W-Abfall der Pennines. Der Wald
wich hier dem Ackerland zuallererst, dieses wieder ist der Industrialisierung
der „Potteries" erlegen, welche durch die Ausnutzung der rötlichen Tone,
der Eisensteine und der Kohle ermöglicht war. Die 1769 von J. WEDGWOOD
aus Burslem gegründete, 1771 vollendete Manufaktur Etruria (benannt nach
den ältesten Vasen, denen man etrurische Herkunft zuschrieb und die ihm
damals als Modelle dienten) wurde der Ausgangspunkt der neuen Entwicklung [613, 614; 11 c]. CAMDEN hatte die Töpferei des Gebietes noch nicht
erwähnt, obwohl die Buttertöpfe von Burslem, der „Mother of the Potteries",
bereits im 17. Jh. bekannt waren; 1686 wurde es bereits als Sitz des größten
Töpfereigewerbes des Landes bezeichnet; 1802 wies es 149 Keramikwerke auf.
Zwei Menschenalter nach der Gründung von Etruria sah J. KOHL die ganze
Gegend in eine dicke Rauchwolke gehüllt, die wie ein Gewitter über dem
Trenttal hing; er erwähnte die hohen Pfeiler und förmlichen Pyramiden der
vielen Schornsteine, die Dutzende der „großmächtigen Bombenmörsern" glei-
chenden Öfen. Ähnlich heute: die hohen Schlote der Fabriken, die riesigen Flaschen vergleichbaren Öfen, die weißen, grauen, roten Tonhaufen, Schlacken-
berge, öde, eintönige Arbeitersiedlungen, die den Himmel verhüllenden Rauchwolken. Wie zur Zeit von WEDGWOOD werden alle Arten von Tonwaren
erzeugt, feinstes Porzellan und billigste Alltagsware. Verschiedene Rohstoffe
werden über Liverpool eingeführt: blaue Tone aus Devon und Dorset von
Teignmouth und Poole her, Kaolin besonders aus Cornwall, Flinte aus S-England und der Normandie, Gips, Feldspat usw. und auf dem Trent-Mersey-
Kanal herangebracht. Porzellanwaren, bemalte Fayence, Wasserröhren, sanitäre Einrichtungen, Fußbodenplatten, Spiegel werden ausgeführt. Anlege-
stellen und Magazine begleiten den Kanal. Ein paar tausend „kilns" (Öfen)
bilden zusammen die ungef. 300 Potteries in völlig planlosem Durcheinander
der Fabriken, Wohnhäuser und Geschäfte [120*]. Ungefähr ¼ der ges. Arbeiterbevölkerung sind in dieser Industrie in vielen Fabriken beschäftigt, darunter solchen mit mehr als 1500 Arbeitern. Über 10 km lang ist das Gebiet
des 1925 zur City erhobenen S t o k e - o n - T r e n t (276 639; *251 410*), das
1908 aus der Vereinigung von Longton (bis 1865 Lane End; mit verschiedenen Vierteln: Dresden, Florenz! usw.), Fenton, Hanley, Burslem und Tunstall mit Stoke hervorgegangen war. Noch bestehen diese einst selbständigen
Kerne nebeneinander, ein richtiges Stadtzentrum fehlt [69 b, 610 a, 86]. Dagegen hat sich N e w c a s t l e - u n d e r - L y m e (23 264; *63 850!*), ursprünglich
(1162) ein „viculus" zu Füßen der vorerst nur palisadenbewehrten, 1142 bis
1146 errichteten „Neuen Burg", die den Übergang zum Mersey bewachte
— der Burgflecken neben der alten Klostersiedlung Stoke [83, 85] —, dann
durch Jh. als R. Borough der Markt für NW-Staffordshire, bisher (zuletzt
1930) der Eingemeindung siegreich widersetzt. Es hat keinen Kohlenbergbau, denn es liegt auf einer Scholle der Keele Group (vgl. S. 441). Zwar hat
es sich die Industrie nicht völlig ferngehalten (Mälzerei und Brauerei, Papier, Baumwolle; Erzeugung von Uniformen), aber es ist dank seiner höheren
Lage und reineren Luft immer mehr zu einer Wohn- und Schlafstadt für die
Wohlhabenderen der Potteries geworden. In deren Bereich und Nachbarschaft haben sich auch andere Industrien niedergelassen (Eisenindustrie von
Apedale; chemische Fabriken und Aluminiumwalzwerke zu Milton; Herstellung verschiedenfarbiger Dachziegel zu Chesterton). Zur Gr. Staffordshire
gehören hier schließlich die Städtchen K i d s g r o v e (9938), A u d l e y
(13 621) und L e e k (vgl. S. 625).

Birmingham. Heute hat Birmingham (1 002 603; *1 001 900*) die unbestrittene Führung der w. Midlands, es ist deren volkreichste Stadt und größte
Industriesiedlung, die „Werkstatt Englands" (seit 1889 mit dem Rang einer
City). Es war das ganze Mittelalter hindurch ein unbedeutender Platz gewesen, obwohl die Herren von Birmingham seit 1166 bei ihrer Burg einen Wochenmarkt, seit 1250 eine viertägige Pfingstmesse abhalten durften. Bis in
das 19. Jh. hinein blieb es ohne das Recht, Vertreter in das Parlament zu entsenden [15, 81]. 1700 mit etwa 15 000 E., 1801 aber bereits mit 74 000, zählte
es 1851 schon 225 000, 1881 rund 400 000. Am l. Ufer des Rea auf einer Anhöhe des Keupersandsteins gelegen, wuchs es in der 2. H. des 18. Jh. rascher
an, seitdem es durch Kanäle, vorerst den Birmingham-Wolverhampton
Canal (1767—1769), mit den benachbarten Wasserstraßen, dem Shropshire
Union Canal (Mersey), dem Grand Junction Canal (Trent und London!),
verbunden war. Fortab konnten Kohle und Rohstoffe viel bequemer und fast
um die Hälfte billiger herangeführt werden [81 n]. Es folgten u. a. 1771 der
Droitwich C., 1790 der Coventry C., der vom Trent zwischen Rugeley und
Burton abzweigte und mit dem Birmingham durch den Jazeley C. bei Tamworth verbunden ist; 1791 der Worcester C., 1793 der Warwick C., an den
sich der Warwick-Nopton C. zum Oxford C. hinüber anschließt. Aber das
ganze „Birmingham canal system", über 250 km lang, weist infolge der Ge-
ländegestaltung nicht weniger als 216 Schleusen und etliche Tunnel auf
[12], und obwohl es von den Bahnen nicht völlig ausgeschaltet wurde, besorgt
es doch nur mehr einen kleinen Bruchteil des Ges.Verkehrs (1937: 2,45 Mill.
tons, davon 58% Kohle, im übrigen Rohstoffe, Erdöl, Kunstdünger u. dgl.;
1938: 2,0 Mill. tons, d. i. 26% der Leistung von 1888). Bloß kleine Boote, d. i.
bis zu 30 tons, können den Birmingham Canal befahren [752*].

Schon längst hat Birmingham, an der Berührung von drei Gr. gelegen,
mit dem alten Kern in Staffordshire, deren Grenzen überschritten. Es erfüllt
heute den Raum im N bis zum Tame, im SE reicht es weit über die flache
Furche des Rea bis ans Tal des Cole, im W ist es mit den benachbarten Orten
bis Smethwick und selbst West Bromwich zu einer großen „conurbation" verwachsen (vgl. S. 382), während es gegen SW und S seine Wohnviertel über
die Höhen von Edgbaston mit schönen Villen, Parken, Alleen, von Selly Oak,
Cotteridge und Kings Heath vorschob. Selbst Knowle mit seinen alten Häusern und Solihull erhalten immer mehr moderne Villen und Häuserzeilen,
als Schlafplätze („dormitories") der Stadt. Der Mittelpunkt ihres Lebens,
die Hauptgeschäftsstraße, ist New Street, an deren W-Ende auf dem Hauptplatz Victoria Square seit 1858 das Rathaus steht, im Stil eines römischen
Tempels. In der nächsten Umgebung erheben sich etliche Gebäude, in denen
die geistig-kulturellen Funktionen der Stadt ihren Ausdruck finden, wie
Kunstgalerie und Museum, Bücherei, das Birmingham-Midland Institute, das
Mason College, das einen Teil der 1900 gegründeten Universität Birmingham
birgt. Aber deren neues Gebäude, überragt von einem fast 100 m hohen Mit-
telturm, einer bedeutenden Landmarke, steht 5 km s. noch jenseits Edgbaston.
Von Victoria Square laufen die verkehrsreichsten Straßen nach allen Richtungen. Der eine der beiden Hauptbahnhöfe, New Street Station (L.M.S.),
liegt ö., weiter n., unter dem Straßenniveau, Snow Hill Station (G.W.R.),
zwischen beiden die Kathedrale St. Philip's, eine ehemalige Pfarrkirche (Birmingham ist seit 1905 Bischofssitz). Älter ist St. Martin's Church, ö. von
New Street Station; von ihr aus zieht Birminghams älteste Straße gegen SE.
In den engen, gekrümmten Gassen dieses Viertels sieht man noch einzelne
mittelalterliche Häuser. Ein ungemein lebhafter Verkehr durchpulst die

Stadt: 1937 wurden 174 Mill. Fahrgäste mit der Tram, 250 Mill. mit dem „Bus" befördert. Sie hat fünf Märkte und seit der Jh.-Wende eine groß-angelegte Wasserversorgung aus den Speichern des Elantals in Wales (vgl. S. 775), von wo das Wasser in einer 117 km langen Leitung herbeigeführt wird (tägl. Verbrauch im M. 1938 1,62 Mill. hl [81]). Bei Castle Bromwich, 8 km von der Stadtmitte an der Bahn nach Tamworth, hat sie ihren Flug-platz und das riesige Ausstellungsgebäude der British Industries Fair.

Birminghams beispielloser Aufschwung könnte auf den ersten Blick unverständlich erscheinen, ist es doch die einzige Großstadt der Br. Inseln, die nicht an einem schiffbaren Fluß liegt, so daß es keine unmittelbare Ver-bindung zum Meer hat. Frühzeitig kam ihm das Vorhandensein von Eisen in der Umgebung, besonders im Forest of Dean, zugute, und im 16. Jh. ist es als Erzeuger von Messern, Nägeln und Sporen bekannt. Es bestanden viele kleine Schmieden, welche z. T. schon mit Steinkohle, gewöhnlich noch mit Holzkohle arbeiteten, die in den benachbarten Wäldern gewonnen wurde. Allein ringsum wetteiferten andere Orte mit ihm, Wolverhampton und Wil-lenhall, welche Schlösser verfertigten, Coleshill, das, im Zwiesel zwischen Tame und Cole gelegen, viel eher zu einer großen Rolle berufen schien. So ist der erste Aufstieg der Stadt ziemlich unklar [81 b]. Noch um 1550 bot sie den Anblick eines Dorfes mit Anger und Pfarrkirche, mit grabenumschlos-senem Herrenhaus und Gutsmühlen; noch unter Elisabeth war sie „half vil-lage, half town" [610]. Offenbar haben mehrere Umstände bei dem Auf-schwung zusammengewirkt: das Zusammenlaufen wichtiger Straßen an der Furt, bzw. später an der Brücke über den Rea, dessen versumpfter Talgrund hier beiderseits von festen Sandsteinhängen eingefaßt wird; seine Funktion als Rindermarkt, welcher viele Gerbereien belieferte und ein blühendes Leder-gewerbe ermöglichte; das Freisein von den Hemmungen des Zunftwesens der Städte; die Toleranz gegen Katholiken und Protestanten. Jedenfalls haben sich aber auch bestimmte Männer um die Entwicklung der Stadt hervor-ragend verdient gemacht. Sehr günstig für den Aufstieg einer großen Indu-striesiedlung war die Möglichkeit ausreichender Wasserversorgung, die sich lange mit den Vorräten aus dem Buntsandstein der Gegend behelfen konnte. Schließlich wurde seine zentrale Lage fast in der Mitte zwischen London (160 km) und Birkenhead (177 km), Hull, Bristol und Southampton wirk-sam. Aus allen Großstädten der Insel laufen hier direkte Züge ein [12, 15, 81 b u. ao.].

Entscheidend für alle Zukunft wurde, daß sich Birmingham, das sich vorher meist mit Gerberei und Lederei beschäftigt hatte, immer mehr der Erzeugung von Werkzeugen, Wehr und Waffen zuwandte. LELAND bezeich-nete es als einen hauptsächlich von Schmieden bewohnten Ort. Seit dem Bürgerkrieg verdiente es mit der Herstellung von Schwertern und Flinten Unsummen Geldes. Es arbeitete nicht mehr bloß für die w. Midlands, zu deren Wirtschaftszentrum es aufstieg, sondern auch für das Reich, und seine Unternehmer lieferten gewinnreich Waren für den Handel mit Westafrika. In der Napoleonischen Zeit entwickelte es sich geradezu zum Arsenal der Verbündeten. Allein es vernachlässigte auch die von Gebrauchsgegenständen aus poliertem Eisen nicht („toys" genannt). Die Messingindustrie, von Dis-senters, die nach der Restauration in die „freie", d. h. nicht korporierte Stadt einwanderten, zur Blüte gebracht, wurde von den Eisenarbeitern geschickt übernommen, und allerhand Schmuckgegenstände wurden in den Handel gebracht. Sie fand immer neue Aufgaben in der paläotechnischen Zeit, Bir-mingham wurde in ihr geradezu führend (vgl. u.). Allerdings hatte es gegen

Ende des 17. Jh. seine Nagler durch Abwanderung nach Dudley und Stour-bridge verloren, dafür lockte es andere neue Industriezweige an, wie die Silberplattierung von Sheffield. Zugleich faßte das Juweliergeschäft Fuß. Ein bedeutsames Ereignis war (1761) die Gründung der berühmten Soho Manu-factury durch BOULTON [81 n]. Eben als die Holzvorräte erschöpft waren, die Eisenschmelzen gegen W rückten und bereits schwedisches Eisen auf dem Severn herauf angeführt werden mußte, ermöglichte noch rechtzeitig die moderne Technik Birminghams stärksten Aufstieg, dank der Kohlenlager der nächsten Umgebung und — seit 1840 — der Anlage der Eisenbahnen (1837 nach Liverpool, bzw. Manchester, 1838 nach London; nach Derby 1839, Gloucester 1840, Leamington-Rugby 1851, Wolverhampton 1852) [11 d]. Diese machten zwar die schmalen Kanäle nicht wertlos (vgl. o.), aber bloß kleine Boote können sie befahren; sie zu verbreitern wäre schwierig und zu kostspielig gewesen. Nun wandelte sich die ehemals so anmutige grüne Hügel- und Tallandschaft in jenes „Black Country" von heute um: mit rau-chenden Schloten, Kohlengruben, Ziegelteichen und Arbeitersiedlungen, mit seiner von schädlichen Gasen und Säuren erfüllten Luft und seinen Rauch-nebeldecken [811, 99]. Oftmals recht unvermittelt grenzt es sich von freund-lichem Farmland ab [19]. Inmitten dieses Gebietes hat Birmingham alle seine Nachbarn weit überholt, obgleich es im einzelnen die verschiedensten Indu-strien mit ihnen teilen mußte. So hat es schon auf J. KOHL einen tiefen Ein-druck gemacht. Er hat freilich auch über die „erstickende Einförmigkeit" der Stadt geklagt, die bereits damals eine Fl. von 24 km² einnahm und dabei im wesentlichen nichts anderes war als eine „Häuserwüstenei, wo ein Haus so häßlich wie das andere aussieht und wo die ganze einförmige Masse von keinem freundlichen oder prächtig gebauten Gebäude unterbrochen wird", wo kein Fluß, kein Meerarm, kein Hafen „etwas Licht und Anmut hinein-brächte", dafür aber die verschiedensten Klassen von „Vagabonden" ihr Un-wesen treiben.

Nicht ohne Wechselfälle hat sich Birmingham, das erst 1838 seinen Inkorporationsbrief erhielt, im 19. Jh. weiterentwickelt. In der Erzeugung von Stahlwaren blieb es hinter Sheffield zurück, die Baumwollindustrie war ihm durch die Entwicklung in Lancashire von Anfang an versagt. Es behaup-tete jedoch seinen Platz in der Verarbeitung von Silber und Gold, es ent-wickelte nicht nur seine Messingindustrie, sondern veredelte Nickel, erzeugte seit den Zwanzigerj. Stahlfedern, seit 1838 Eisenbahnwagen, seit den Vier-zigerj. Drahtseile, seit den Fünfzigerj. die verschiedensten Maschinen. Um 1860 lieferten seine vier Hauptindustrien Messingwaren, Gewehre, Knöpfe und Juwelierarbeiten. 1861 waren in der Messingindustrie allein über 8000 Personen beschäftigt. 1864 erzeugte es fast 100 000 Gros Stahlfedern, 1865 wöchentlich 5000—6000 Bettstellen usw. Wichtig war, daß sich damals das Black Country einen Teil seines Eisenbedarfes selbst decken konnte (aus N-Staffordshire) und daß sich später die Umstellung auf die Einfuhr frem-den Erzes nicht so störend bemerkbar machte wie in anderen Städten, weil Birmingham schon vorher sein Eisen teilweise aus entfernten Gebieten hatte beziehen müssen. Zink- und Kupferindustrie entwickelten sich, in der ersteren ist es noch führend. Das Kupfer wurde aus SW-England, später größtenteils aus Nordamerika bezogen [68, 613 a]. Nach einem Höhepunkt, „Boom", 1872, folgte 1876—1886 ein Tiefstand, der durch das Erscheinen neuer Wettbewer-ber in der Weltwirtschaft (Deutsches Reich), durch die Erschöpfung der ört-lichen Rohstoffe, die stärkere Verwendung von Koks, der aus Wales und N-England geholt werden mußte, und die Veralterung vieler Fabrikanlagen

verursacht war. Manche Industriezweige gingen zurück, zahlreiche Arbeiter
wanderten ab, besonders in der Eisenindustrie. Doch dann brachten die letzten Jz. vor dem ersten Weltkrieg eine neue Blütezeit des Black Country, die
älteren Industrien lebten wieder auf, neue kamen hinzu. Vor allem die
„Nicht-Eisenindustrien" entwickelten sich, Birmingham wurde ihr Hauptsitz
in Großbritannien. In der Stahlfedererzeugung beherrschte es bis 1914 den
Weltmarkt, 75% davon wurden ausgeführt. Die Metallindustrie lieferte
nun die verschiedensten Bestandteile für elektrische Anlagen und Apparate
und allerhand Kurzwaren. In der Stahlindustrie und in der Herstellung
und Verwertung alter und neuer Legierungen gehört es zu den führenden
Plätzen Großbritanniens. Eisenbahnmaterial wird für das Inland, für die
Kolonien, Indien und Südamerika geliefert, die Kupferindustrie erzeugt
Drähte, Kabel, Röhren für Dampfkessel u. dgl. m. Nach wie vor blieb
Birmingham einer der Hauptsitze für die Anfertigung aller Arten von Feuerwaffen; während der beiden Weltkriege stellte es Geschosse und Sprengstoffe in riesigen Massen her. Fahrrad-, Flugmotoren- und Autoindustrie
(1938 6 Kraftwagen-, 12 Kraftradfabriken; allein drei Firmen liefern fast
50% der Ges.Erzeugung an Motorrädern) und Autoausrüstung (Gummi-
reifen; Dunlop Rubber Co.) geben Tausenden von Menschen Arbeit [751*].
Es hat Glas- und Aluminiumindustrie und erzeugt Rundfunkgeräte und
elektrische Apparate, Gas- und elektrische Öfen, Beleuchtungsanlagen,
Scheinwerfer, Stellwerke, Pumpen, Dampfturbinen, Werkzeugmaschinen usw.
[81 d]. Auch die chemische Industrie hat sich entwickelt (u. a. Farbstoff-
fabriken), ferner die Bekleidungsindustrie und die Erzeugung von Kunstseide, Knöpfen und Reiseausrüstung (Koffer aller Art, Sportartikel), die
Erzeugung von Schokolade (Mustersiedlung zu Bournville, 6,5 km s. der
Stadtmitte, für 10 000 Arb., gegr. 1879 [87]), Biskuits und Zuckerwaren. In
einer wichtigen Münzfabrik hat die berühmte Prägewerkstätte von Soho eine
Nachfolgerin erhalten [15, 81b, d—g, 1]. Im ganzen gruppieren sich
diese mannigfaltigen Industrien in drei Ringen: die älteren, Messing- und
Juweliergewerbe und Gewehrfabrikation, sitzen im Zentrum, die Motoren-,
Fahrrad-, Flugzeug- und elektrischen Industrien in einem mittleren und
äußeren Gürtel, wegen der billigen Baugründe namentlich im N, im Tametal
[115, 77, 81 f, g, i—n].

Nur als Außenposten von Birmingham erscheinen heute verschiedene
Fabrikstädte seines Umkreises, obwohl manche selbst schon auf eine bemerkenswerte alte Geschichte ihrer Industrie zurückblickt. Die wichtigsten
von ihnen ordnen sich in einem gegen NW gerichteten Streifen beiderseits
des Birmingham Canal bis hinüber nach Wolverhampton. Dort liegen sie auf
den Höhen oder in flachen Tälern. S m e t h w i c k (84 406; 71 620), in dessen District Soho einst Watt seine Versuche machte, baut Maschinen (Zähl-,
Meß-, Rechenmasch.), Lokomotiven, Waggons und Lastkraftwagen, es hat
Metallindustrie (Messing, Kupfer und seit 1900 Aluminium) und erzeugt
Fensterrahmen und alle Arten von Glas: für Brillen, Fenster, Verkehrs-
signale und die großen Linsen für die Scheinwerfer der Leuchttürme und
Flugplätze. O l d b u r y (1945: *50 040*) und W e s t B r o m w i c h (81 303;
79 840), durch dessen breite Hauptstraße ehemals die Kutschen zwischen
London und Holyhead fuhren, beschäftigen sich vornehmlich mit chemischer
und elektrischer Industrie, W e d n e s b u r y (31 531; *32 200*), der älteste
Ort des Gebiets, von Ethelfled befestigt, mit der Herstellung von Dampf-
kesseln und Stahlwerk für Eisenbahnen. W a l s a l l (103 059; *102 570*) hatte
seinerzeit Schnallen, später Messingwaren angefertigt, es war nach der M.

des 19. Jh. gleich Wednesbury, das damals besonders Nägel, Räder, Rollen-
bolzen u. dgl. herstellte, ein Haupterzeuger von Gasrohren. Seine Spezialität
sind Lederwaren (Galanterieartikel, Brieftaschen, Reise- und Handkoffer;
Autoausstattung). Außerdem betreibt es Weiß- und Emailleblech-, Kupfer-,
Messing- und Chemikalienindustrie und verfertigt Kurzwaren (Abb. 84).
W i l l e n h a l l (21 550; 28 220) ist seit langem berühmt als Lieferant der
verschiedenartigsten Schlösser, von Schloßbestandteilen und Schlüsseln
(rund 200 Fabriken; schon 1770 hatte es an die 150 Schlosser) [81 l].
D u d l e y (59 583; 58 850), überragt von der Ruine seiner auf einer Silur-
kuppe stehenden Burg, erzeugte seit 1842 Eisenketten und Drahtseile, später
eiserne Anker [810, 812]. Nunmehr hat es die Fabrikation von Kunstseide und
Fertigkleidern aufgenommen.

Bei Sedgley, Bilston (Rundfunkgeräte) und Wednesbury
wurde im 16. Jh. Kohle geschürft, der Bau des Birmingham Canal bewirkte die Anlage von Hochöfen und Fabriken (Schrauben, Schraub-
stöcke, Ambosse) [81 b]. Kaum
sonstwo ist das Gelände durch
Ziegeleien, Kohlengruben,
Schlackenhaufen und Eisenwerke mehr entstellt. H a l e s-
o w e n (1945: *37 030*) am
Quellbach des Stour (w. Birmingham) macht Kantenste-
cher und Nietwerkzeuge. Der
Birmingham Canal kam auch
dem Aufschwung von W o l v e r-
h a m p t o n (133 212; 146 820)

Abb. 84. Walsall, chemische Fabriken. Industrielandschaft des Black Country. Aerofilm Lond. Ltd.
GP. 308.

zugute, einem alten Platz mit Manor und Kirche (985 „aet Heantune", um 1080
Wolvrenehamptonia), der als die Hauptstadt des Black Country bezeichnet
wird, obwohl es strenggenommen ebensowenig dazugehört wie Birmingham. Es
gruppiert sich um die große St. Peters-Kirche, einen Buntsandsteinbau (13. bis
15. Jh.), hat eine Grammar School (1515 gegr.), ein Technical College und
außer der Town Hall eine funkelnagelneue Civic Hall. Altberühmt und bis
heute wichtig durch die Herstellung von Schlössern (meist in Kleinbetrieben), Schlüsseln, Messing- und Kupferwaren, Ackerwerkzeugen, erzeugt es
auch Kunstseide, Maschinen, Safes, Motoren, Fahrräder, Lastautos, Gummi-
reifen; Töpfe, Tiegel und Röhren („hollow-ware"); Polsterknöpfe und -nägel,
Ahlen, Nadeln u. dgl. („hardware") und Papier. Noch immer sind für die
Stadt die alten Kanalverbindungen von Wert, der Birmingham-Wolverhamp-
ton-Bristol- und der Shropshire Union Canal. Auch S t o u r b r i d g e
(19 904; *33 960!*), als Brückenort über den Stour schon 1255 erwähnt, gehört
zum Bereich des Industriegebietes von Birmingham, ein alter Nebenbuhler,
aber längst überholt. Schon seit dem 16. Jh. ist es ein Sitz der Glasbläserei
die 1557 von Flüchtlingen aus Ungarn und Lothringen eingeführt wurde.
Kräftig entwickelte sich die Eisenindustrie, um 1830 fabrizierte es Dampf-
maschinen und -kessel, Gasometer, Draht, Ketten [60*], Sensen, Ambosse;
Dach- und Bauziegel, feuerfeste Schmelztiegel, für welche der Buntsandstein
vortreffliche Formsande liefert, sind eine Spezialität von Stourbridge. Dem

Dreieck Birmingham, Wolverhampton, Stourbridge gehören ferner die Städte
T i p t o n (35 814; *35 950*), C o s e l e y (25 137; *30 320*) und B i l s t o n
(31 255) an der Bahn Dudley—Wolverhampton an, B r i e r l e y H i l l
(14 317; *44 410!*) zwischen Dudley und Stourbridge, das sö. benachbarte
Q u a r r y B a n k (8100), R o w l e y R e g i s (41 235; *45 480*) sö. Dudley,
S e d g l e y (19 262; *20 970*) nw. Dudley — alle in der Gr. Staffordshire
[89 Zusatz].

Im N ist Sutton Coldfield (29 928) ein Außenposten von Birmingham.
Andere Auslieger von dessen Bereich sind nach S vorgeschoben, ohne aber
hier die Landschaft der Midland Plain so stark zu verunstalten, obwohl
Solihull (11 230) rasch wächst. Vor allem hat sich dort die Nadelindustrie
(Steck-, Näh-, neuestens Stricknadeln; Angelhaken) im S niedergelassen.
Längere Zeit von Long Crendon geführt und auch in Henley-in-Arden ge-
tätigt [810], blüht sie namentlich in R e d d i t c h (19 281; *25 470*), das 1911
von den 3000 Nadelmachern Großbritanniens 1600 hatte, jetzt aber Strick-
und Häkelnadeln, Fahrräder und Federn für Motoren erzeugt [120*], und
dem mit dem Bau von Lastkraftwagen beschäftigten Alcester (2195), die
beide freundlich im grünen Arrowtal liegen, auch zu B r o m s g r o v e (9520;
24 600!), das noch alte Giebelhäuser aufweist, und Studley (3092), ursprünglich einer Klostergründung (bei Alcester).

Besonders große und mannigfaltige Aufgaben der Landesplanung harren
in der „West Midland region" einer befriedigenden Lösung; eben ist man
dabei, hiefür durch sorgfältigste, die geographischen Grundlagen und Zusammenhänge gebührend berücksichtigende Aufnahmen der wirtschaftlichen
und sozialen Verhältnisse die besten Voraussetzungen zu schaffen [112, 113,
115].

Literatur

A. Die südlichen Midlands

11. Cambr. Co. Geographies:
    a) BRADLEY, A. G., Wiltshire. 1909.
    b) EVANS, H. A., Gloucestershire. 1909.
    c) MONCKTON, H. W., Berkshire. 1911.
    d) BROWN, M. W., Northamptonshire. 1911.
    e) DAVIES, A. M., Buckinghamshire. 1912.
    f) DITCHFIELD, P. H., Oxfordshire. 1912.
12. BECKIT, H. O., The South-East Midlands (in: 112*, 125—142).
13. JERVIS, W. W., The Lower Severn Basin and the Plain of Somerset. Ebd., 110—114.
14. The Victoria Hist. of the Co. of E.:
    a) Berkshire (I. 1906; II. 1907; III. 1923; IV. 1924; Index vol. 1924).
    b) Buckinghamshire (I. 1905; II. 1908; III. 1925; IV. 1927; Index vol. 1928).
    c) Gloucestershire (II. 1907).
    d) Northamptonshire (I. 1902; II. 1906; III. 1930; IV. 1937).
    e) Oxfordshire (I. 1939. Enthält u. a. die Geol. von W. J. ARKELL; II. 1907).
15. STEPHENSON, J., Berkshire. LBr., pt. 78, 1936.
16. SAUNDERS, H. A., A reg. bibliogr. of the Un. Kgd.: Gloucestershire. GT. 5, 1910,
    279—281.
17. BUCKMAN, S. S., The Cotteswold Hills: a. g. inquiry. PrCotteswNlistsFCl. 14, pt. 3,
    1903, 205—250. Vgl. auch ebd. 13, 1901, 175—200.
18. FIELD, T., The Radley distr., the hist., bot. and gl. Oxf. 1912.
19. WALKER, J. J. (ed.), The nat. hist. of the Oxford distr. Oxf. 1926.
    [U. a. a) BECKIT, H. O., Physiogr. of the O. region; b) KENDREW, W. G., Climate;
    c) SOLLAS, W. J., SANDFORD, K. S., Gl.]
110. Reg. Planning Rep. on Oxfordshire. By the Earl of Mayo, S. D. Adshead and
    P. Abercrombie. Oxf. 1931.
110 a. BRYAN, P. W., Man's adaptation of nature. 1933. (Kap. 9: The cultural landscape
    of the Helidon village community, S. 196—216.)

111. BOURDILLON, A. F. C. (ed.), A sv. of the social services in the Oxford distr. Econ. and government of a changing area. Oxf. 1938.
112. FRYER, D. W., Buckinghamshire. LBr., pt. 54, 1943.
113. MARSHALL, M., Oxfordshire. Ebd., pt. 56, 1943.
114. SIMPSON, C. A., A venture in field g. G. 30, 1945, 35—44 [Cranham in den Cotswolds sö. Gloucester].

21. Gl. Sv., Mem., Explan. sheets:
    a) 217. Moreton in Marsh. By L. Richardson, with contrib. by others. 1929.
    b) 235. Cirencester. By L. Richardson, J. A. Hanley. H. G. Dines. 1933.
    c) 236. Witney. By L. Richardson. 1947.
    d) 238. Aylesbury and Hemel Hempstead. By R. L. Sherlock, with contrib. by others. 1922.
22. Gl. Sv., Distr. Mem.:
    Oxford. By T. I. Pocock. 2nd ed. by J. Pringle. 1908 (Ed. 2, 1926).
23. Gl. Sv., Water Supply:
    a) WOODWARD, H. B., Bedfordshire and Northamptonshire. 1909.
    b) TIDDEMAN, R. H., Oxfordshire. 1910.
    c) WHITAKER, W., Buckinghamshire and Hertfordshire. 1921.
    d) WHITAKER, W., Cambridgeshire, Huntingdonshire, and Rutland. 1922.
    e) RICHARDSON, L., Gloucestershire. 1930.
24. Gl. Sv., Econ. Mem.:
    vol. XII. LAMPLUGH, G. W., WEDD, C. B., and PRINGLE, J., Iron ores: Bedded ores of the Lias, Oolites and later formations in E. 1920.
25. Gl. Sv., Br. Reg. Geologies:
    a) KELLAWAY, G. A., and WELSH, F. B. A., Bristol and Gloucester distr. 1948. [1st die 2., z. T. stark umgearbeitete Aufl. der gleichn. Schrift von WELSH, F. B. A., und OAKLEY, K. P., 1935.]
    b) EDMUNDS, F. H., and OAKLEY, K. P., The Central E. distr. (ohne Jahr [1936]). 2nd ed. 1947. [Wenig verändert.]
    c) SHERLOCK, R. L., London and the Thames valley. 2nd ed. 1947.
26. WETHERED, E., and BUCKMAN, S. S., Exc. to Cheltenham and Stroud. PrGlAss. 15, 1897/1898, 175—182.
27. RICHARDSON, L., A HB. to the gl. of Cheltenham. Chelthm. 1904.
28. RICHARDSON, L., and REYNOLDS, S. H., Exc. to the Mid and South Cotteswolds and to the Tortworth area. PrGlAss. 20, 1907/1908, 514—532.
29. RICHARDSON, L., Exc. to the Frome distr., Somerset. Ebd. 21, 1909/1910, 209—228.
210. RASTALL, R. H., The tectonics of the S Midlands. GlMg. 62, 1925, 193—222.
211. THOMPSON, B., The tectonics of the S Midlands. Ebd., 410—416.
212. ARKELL, W. J., The Jurassic system in Gr. Br. Oxf. 1933.
213. GARDINER, C. I., REYNOLDS, S. H., and others, The gl. of the Gloucester distr. PrGlAss. 45, 1934, 109—144.
214. ARKELL, W. J., On the nature, origin and climatic significance of the coral reefs in the vicinity of Oxford. QJGlS. 91, 1935, 77—110.
215. ARKELL, W. J., Stratigr. and structures east of Oxford. QJGlS. 98, 1942, 187—204; 100, 1944, 45—60, 61—73.
215 a. HAWKINS, H. L., Some episodes in the gl. hist. of the South of E. QJGlS. 98, 1942, 49—70.
216. ARKELL, W. J., The gl. of Oxford. Oxf. 1947.
217. ARKELL, W. J., Oxford stone. 1947.

31. DAVIS, W. M., The development of certain E. rivers. GT. 5. 1895, 127—146.
31 a. DAVIS, W. M., The drainage of cuestas. PrGlAss. 16, 1899, 87—93.
32. BUCKMAN, S. S., The development of rivers, and partic. the genesis of the Severn. NSci. 14, 1899, 273—289.
32 a. CALLAWAY, C., The occurrence of glacial clay on the Cotteswold plateau. GlMg. Dec. V, vol. 2, 1905, 216—219.
33. SPICER, E. C., Solution valleys in the Glyme area (Oxfordshire). QJGlS. 64. 1908, 335—344.
33 a. DAVIS, W. M., The evolution of the Cotswold rivers. PrGlAss. 21, 1909/10. 150—152.
33 b. GRAY, J. W., The North and Mid Cotswolds and the Vale of Moreton during the glacial epoch. PrCotteswNlistsFCl. 17, 1911, 257—274.
34. DAVIES, A. M., The abandonment of entrenched meanders: Wye, Evenlode. Cherwell, Thames. PrGlAss. 34, 1923, 81—96.
34 a. SIMPSON, C. A., Some examples of processes of valley formation. GT. 12, 1924. 381—388.

35. SANDFORD, K. S., The river gravels of the Oxford district. QJGlS. 80, 1924, 113—179 (vgl. a. Ders., RepBritAssOxford. 1926, 347).
35 a. PRINGLE, J., Rep. of an exc. to the Oxford distr. PrGlAss. 37, 1926, 447—458.
36. DINES, H. G., On the glaciation of the North Cotteswold area. SummProgrGlSvGrBrit. 1927, pt. II, 1928, 66—71.
37. SANDFORD, K. S., The erratic rocks and the age of the s. limit of glaciation in the Oxford distr. QJGlS. 85, 1929, 359—388.
38. TOMLINSON, M. E., The drifts of the Stour-Evenlode watershed and their extension into the valleys of the Warwickshire Stour and Upper Evenlode. PrBirminghamNHist- PhilS. 15, 1929, 157—195.
39. BEAVER, S. H., The Jurassic scarplands. G. 16, 1931, 298—307.
39 a. SANDFORD, K. S., Some recent contrib. to the pleistocene succession in E. GlMg. 69, 1932, 1—18.
310. LAKE, P., The rivers of Wales and their connection with the Thames. SciProgr. 29, 1934, 25—40.
311. TOMLINSON, M. E., Pleistocene gravels of the Cotswold subedge plain from Middleton to the Frome valley. QJGlS. 96, 1941, 385—421.
312. ARKELL, W. J., Three Oxfordshire paleoliths. PrPrehistS. für 1945, 27—29.
313. ARKELL, W. J., The gl. of the Evenlode gorge. PrGlAss. 58, 1947, 87—144.

41. MILL, H. R., The rainfall of Oxfordshire (in 23 b).
41 a. PROSSER, T. F., Meteorol. of Cirencester. QJMetS. 59, 1933, 279—283.
41 b. Results of meteorol. observ., made at the Radcliffe Obs., Oxford, in the years 1926—1930, under the dir. of H. KNOX-SHAW, vol. 55, Oxf. 1932.
42. BECKINSALE, R. P., The climate of the Cotteswold Hills. PrCotteswNlistsFCl. 25, pt. 2, 1934, 155—181.
43. LEWIS, L. F., Variations of temp. at Oxford, 1815—1934. MetOff., ProfNotes., No. 77, 1937.
44. TANSLEY, A. E., and ADAMSON, R. S., Reconnaissance in the Cotswolds and the Forest of Dean. JEcol. 1, 1913, 81—99.
45. DRUCE, G. C., The Flora of Oxfordshire. 2nd ed., rewritten. 1927.
46. TEMPLE, M. S., A sv. of the soils of Bucks. UnivReadingBull. 38, 1929.
47. PIZER, N. H., A sv. of the soils of Berkshire. UnivReadingBull. 39, 1931.
48. VELTEN, E. C. W., and CLARKE, G. R., Rep. on Cotswold soils. MinAgricSoilSvConfer. 1934.
49. BECKINSALE, R. P., Veget. of the Cotteswold Hills. PrCotteswNlistsFCl. 25, pt. 3, 1935, 283—295.
49 a. KAY, F. F., A soil sv. of the eastern portion of the Vale of the White Horse. Ebd., Bull. 48, 1935. (Vgl. N. 135, 1935, 439.)
410. SCHOFIELD, R. K., Noteees on the freezing of soil. QJMetS. 66, 1940, 167—170.

51. BUXTON, L. H. D., TREVOR, I. C., and BLACKWOOD, B., Measurements of Oxfords. villagers JAnthrInst. 69, 1939.
52. HAVERFIELD, F., Roman Cirencester. Arch. 69, 1917/1918, 161—209.
52 a. BURROW, E. J., The ancient entrenchments and camps of Gloucestershire. Cheltenham/London. 1919.
53. MANNING, P., and LEEDS, E. T., An arch. sv. of Oxfordshire. Arch. 71, 1921, 217—265.
54. COX, R. H., The Green Roads of England. 2nd ed. 1923. 3rd ed. 1927.
55. CRAWFORD, O. G. S., The long barrows of the Cotswolds. Glouc. 1925. (Vgl. auch Ders., Notes on arch. information, incorp. in the O.Sv. maps I. OSvProfP. N.S. VI, 1922, VIII, 1924.)
55 a. BLAY, W. F., Letocetum. Wall 1925.
56. WALTERS, R. C., The ancient wells, springs and holy wells of Gloucestershire. Brist. 1928.
56 a. THOMAS, E., The Icknield Way. 1929.
57. PEAKE, H., Archaeol. of Berkshire (Co. Archaeol.) 1931.
57 a. O'NEIL, B. H. S. J., Akeman Street and the R. Cherwell. AntJ. 9, 1929, 30—34.
57 b. LEEDS, E. T., Recent Iron Age discov. in Oxfords. and N Berks. AntJ. 15, 1935, 30—41.
58. CLIFFORD, E. M., Types of long barrows on the Cotswolds. RepBrAssNottingh. 1937, 407.
59. SWEETING, H. R., A pre-Roman road in Warwickshire. G. 23, 1938, 258—261 [in den Cotswolds].
510. BRADFORD, J. S. R., An Early Iron Age settlement at Strandlake, Oxon. AntJ. 22, 1942, 465—476.

61. Skeat, W. W., The place-names of Berkshire. Oxf. 1911.
61a. Stenton, F. M., The place-names of Berkshire. Reading 1911.
62. Alexander, H., The place-names of Oxfordshire: their origin and development. Oxf. 1912.
63. Mawer, E., and Stenton, F. M., The place-names of Buckinghamshire (EPlNSII.). Cbr. 1925.
63a. Förster, M., Der Flußname Themse und seine Sippe. SberBayrAkWiss., Phil-hist. Abt. 1941, I. München 1941 (ausgegeb. 1942).
63b. Arkell, W. J., Place-names and topogr. in the Upper Thames valley. Oxoniensia. 8. 1942, 1—23.
64. Henderson, M. S., Three cent. of North Oxfordshire. 1902.
65. Stenton, F. M., The early hist. of the abbey of Abingdon. ReadingUnivCollStudies-LocHist. Reading 1913.
66. Playne, A. T., Hist. of Minchinhampton and Avening. 1915.
67. Kinvig, R. H., The hist. g. of the West country woollen industry. GT. 8, 1916, 243 bis 254, 290—306.
68. Leeds, E. T., The West Saxon invasion and the Icknield Way. Hist. 10, 1925, 97—109.
69. Hyett, Sir F. A., Glimpses of the hist. of Painswick. 1928.
610. Leeds, E. T., Early settlement in the Upper Thames basin. G. 14, 1928, 527—535.
611. Baddeley, W. S. C., A Cotteswold manor: being the hist. of Painswick. 1929.
612. Grundy, G. B. (ed.), Saxon Oxfordshire. Charters and ancient highways. OxfRecS. 15. 1932.
613. Simpson, J. J., The wool trade and the woolmen of Gloucestershire. TrBristolGlouc-ArchS. 52, 1932.
614. Leeds, E. T., The early Saxon penetration of the Upper Thames area. AntJ. 13, 1933, 229—252.
615. Plummer, A., The Witney blanket industry (The Rec. of the Witney blanket weavers). 1934.
616. Morgan, F. W., The Domesday g. of Berkshire. ScGMg. 51, 1935, 353—363.
616a. Morgan, F. W., Woodland in Wiltshire at the time of the Domesday Book. Wilts-ArchMg. 47, 1935, 25—33.
616b. Leeds, E. T., and Harden, D. B., The Anglo-Saxon cemetery at Abingdon, Berks. Oxf. 1936.
617. Beckinsale, R. P., Factors in the development of the Cotswold woollen industry. GJ. 90, 1937, 349—362.
618. Schulz, T. E., The Woodstock glove ind. Oxoniensia. 3, 1938, 139—152.

71. Orr, J., Agr. in Oxfordshire. With a chapter on soils by C. G. T. Morison. Oxf. 1916.
72. Thomas, E., and Elms, C. E., An econ. sv. of Buckingham agric. Pt. I. Farms and estates. UnivReadingBull. 51, 1938.

81. Oxford:
   a) [Blowfield and] Salter, H. (ed.), Sv. of O. in 1772. Oxf. 1912.
   b) Wells, J., O. and its Colleges. Lond. 1919.
   b') Taylor, R. G. S., O.: a guide to its hist. and buildings. 1925.
   c) Beckit, H. O., The site and growth of O. RepBritAssOxf. 1926, 370.
   d) Salter, H. E., The ford of O. Ant. 2, 1928, 458—460.
   e) Salter, H. E., The City of O. in the Middle Ages. History 14, 1929.
   f) Long, E. J., O., mother of Anglo-Saxon learning. NatGMg. 56, 1929, 563—596.
   g) Marriott, Sir J. A. R., O.: its place in nat. hist. Oxf. 1933.
   h) Thomas, E., O. 1933.
   i) Hobhouse, C., O.: As it is to-day. 1939.
   k) Ward, J. D. U., Some O. gardens. CanadGJ. 25, 1942, 103—110.
   l) Harris, G. M., Changing O. GMg. 17, 1944, 70—83.
   m) Panton, W. A., The devel. of domestic archit. in O. AntJ. 27, 1947, 120—150.
   n) Gilbert, E. W., The ind. of O. GJ. 109, 1947, 1—25.
   o) Sharp, T., O. replanned. Publ. for the O. City Council by the Archit. Press. 1948.
   p) Pitt, E. W., Some O. Colleges. CanadGJ. 39, 1949, 250—257.
82. Richmond, R., Leighton Buzzard and its hamlets. L. B. 1928.
83. Gretton, M. S., Burford, past and present. Oxf. 1920.
84. Goodrich, P. J., Trowbridge and its times: a tribute. 1932.

91. Roscoe, E. S., Buckinghamshire. 1903.
92. Evans, H. A., Highways and byways in Oxfordshire and the Cotswolds. 1905.
92a. Vincent. J. E., Highways and byways in Berkshire. 1906.
93. Shorter, C., Highways and byways in Buckinghamshire. 1910.

93 a. GÜNTHER, R. T., The Oxford Country. 1912.
94. DITCHFIELD, P. H., Byways in Berkshire and the Cotswolds. 1920.
95. MORLEY, W. F., The R. Thames. 1926.
96. MONK, W. J., By Thames and Windrush: some hist. account of Witney, Eynsham etc. Oxf. 1926.
96 a. GIBBS, J. A., A Cotswold village: or, country life and pursuits in Gloucersters. 1929.
97. TIMPERLEY, H. W., A Cotswold book. 1931.
98. MURRAY, A. D., The Cotswolds. Glouc. (ohne Jahr).
98 a. CARRINGTON, N. (ed.), Broadway and the Cotwolds. Introd. on the Cotsw. scene by H. W. TIMPERLEY. Birmgh. 1933.
99. MASSINGHAM, H. J., Cotswold country: a sv. of limestone E. from the Dorset coast to Lincolnshire (The Face of Britain). Lond. 1937.
910. MASSINGHAM, H. J., Shepherd's country: a rec. of the crafts and people of the hills [Cotswolds]. Lond. 1938.
911. GULLICK, C. F. W. R., A pictorial sv. of E. and W. I. The Oxford region. 1939.
912. CASH, J. A., Military scarlet and billiard cloth. A Gloucestershire village. GMg. 19, 1946, 189—194.
913. BEITEMAN, J., and RIPER, J. (ed.), Murray's Buckingham architect. guide. 1948.
914. GROSVENOR, M. B., By Cotswold lanes to Wold's End. NatGMg. 93, 1948, 615—654
915. TURNER, R., Oxfordshire (Vision E. Ser.). 1949.
    Vgl. ferner: GMg. 10, 1940 (MASSINGHAM, The Cotswolds); 15, 1942 (L. LEE, A Cotswold festival); 17, 1945 (I. W. HUTCHINSON, Recoll. of Woodstock and Blendheim).

B. Die nordöstlichen Midlands

11. Cambr. Co. Geographies:
    a) SWINNERTON, H. H., Nottinghamshire. 1910.
    b) BROWN, M. W., Northamptonshire. 1911.
    c) PHILLIPS, G., Rutland. 1912.
    d) PINGRIFF, G. N., Leicestershire. 1920.
    Vgl. auch e) ARNOLD-BEMROSE, Derbyshire. 1910; und f) SYMPSON, E. M., Lincolnshire. 1913.
12. BRYAN, P. W., The North-East Midlands. In: 112*, 193—208.
13. The Victoria Hist. of the Co. of E.:
    a) Leicestershire (I. 1907).
    b) Northamptonshire (vgl. S. 460).
    c) Nottinghamshire (I. 1906; II. 1910).
    d) Rutland (I. 1908; II. 1935; Index vol. 1936).
14. BROUGHTON, M. E., Rutland. LBr., pt. 53, 1937.
15. A Guide to Leicester and distr. (Versch. Verf.) BrAssLeic. 1907.
16. WILLISON, A. A., Northampton and distr. GT. 7, 1913, 57—65.
17. FAWCETT, C. B., The Long Eaton distr. GT. 8, 1915, 16—26.
18. ABERCROMBIE, P., and others, The Doncaster reg. planning scheme. Liverp. 1922.
19. BYGOTT, J., Eastern E. Lond. 1923.
110. JONES, L. R., North E. An econ. g. Lond. 1924.
111. A sci. sv. of Leicester and distr. RepBrAssLeic. 1933. (Versch. Beitr., u. a.: a) BRYAN, P. W., Leicester in its regional setting. Außerdem: b) GREGORY, H. H., zur Gl.; c) BILLIAM, E. G., zum Klima; d) HORWOOD, A. R., zur Flora; e) LOWE, E. E., u. a. zur Zool.; HACKING, T., über Farmwesen; f) KERSHAW, L. W., u. a. zur Industrie usw.)
112. A sci. sv. of Nottingham and distr. RepBrAssNott. 1937. (Versch. Beitr., u. a.: a) EDWARDS, K. C., N. and its region. b) Ders., The climate of Notts. c) Ders., The econ. aspects of the Trent. Außerdem: d) SWINNERTON, H. H., CLIFT, S. G., und KENT, P. E., zur Gl.; e) CARR, J. W., zur Bot.; f) Ders., zur Zool.; g) ROBINSON, H. G., zur Landwirtschaft; h) CHAMBERS. J. D., The growth of modern N.; i) RADFORD, A., and BURROWS, W. O., Industrial N. u. a.)
113. SWINNERTON, H. H., The Bunter Sandstone of Notts. and its influence upon the g. of the co. TrNottsNS. 1909/1910.
114. HARRIS, A. H., Derbyshire. (With a contrib. by H. C. K. Henderson.) LBr., pt. 63, 1941.
115. ANTY, D. M., Leicestershire. Ebd., pt. 57, 1944.
116. BEAVER, S. H., Northamptonshire and the Soke of Peterborough. Ebd., pt. 58/59, 1944.
117. EDWARDS, K. C., Nottinghamshire. Ebd., pt. 60, 1944.
118. GRIMSON, B. L., and RUSSELL, P., Leicestershire maps. A hist. sv. Leicester. 1947.
119. WHITAKER, H., A descript. hist. of the printed maps of Northamptons. A.D. 1576 bis 1900. NhsRecS. 1949.

21. Gl. Sv., Mem., Explan. sheets:
    a) 125. Southern part of the Derbyshire and Nottinghamshire coalfield. By W. Gibson, T. I. Pocock, C. B. Wedd and R. L. Sherlock. 1908.
    b) 126. Newark and Nottingham. By G. W. Lamplugh, W. Gibson, R. L. Sherlock and W. B. Wright. 1908.
    c) 141. Derby, Burton-on-Trent, Ashby-de-la-Zouch, and Loughborough. By C. Fox-Strangways. 1905.
    d) 142. Melton Mowbray distr. and SE Nottinghamshire. By G. W. Lamplugh, W. Gibson, C. B. Wedd, R. L. Sherlock and B. Smith. 1909.
    e) 156. Leicester. By C. Fox-Strangways. 1925.
22. Gl. Sv., Distr. Mem.: Nottingham. By G. W. Lamplugh and W. Gibson. 1910.
23. Gl. Sv., Water Supply:
    a) WOODWARD, H. B., Lincolnshire. 1904.
    b) WOODWARD, H. B., Bedfordshire and Northamptonshire. 1909.
    c) LAMPLUGH, G. W., Nottinghamshire. 1914.
    d) STEPHENS, J. V., Derbyshire. 1929.
    e) RICHARDSON, L., Leicestershire. 1931.
24. Gl. Sv., Coalfields:
    a) Leicestershire and South Derbyshire coalfield. By C. Fox-Strangways. 1907. (Vgl. dazu Wartime Pamphlet No. 22 von G. H. MITCHELL und C. J. STUBBLEFIELD.)
    b) The concealed coalfield of Yorkshire and Nottinghamshire. By W. Gibson. 2nd ed. by G. V. Wilson, 1913. Ed. 2, 1926.
25. Gl. Sv., Br. Reg. Geologies:
    EDMUNDS, F. H., and OAKLEY, K. P., The Central E. distr. (ohne Jahr [1936]). 2nd ed. 1948. [Wenig verändert.]
26. ROWLEY, W., Notes on the development of the Yorkshire coalfield in the neighbourhood of Doncaster. PrYorksGlS. 16, 1908, 403/404.
27. SMITH, B., The Upper Keuper sandstones of East Nottinghamshire. GlMg. Dec. V, vol. 7, 1910, 302—311.
27 a. SMITH, B., The gl. of the Nottingham distr. PrGlAss. 24, 1913, 205—240.
28. CARR, J. W., and SWINNERTON, H. H., Rep. of an exc. to the Nottingham distr. PrGlAss. 25, 1914, 84—87.
29. THOMPSON, B., The Northampton Sand of Northamptonshire. JNorthamptsNHist. 8, 1921—1928.
210. RASTALL, R. H., The tect. of the S Midlands. GlMg. 62, 1925, 193—222. Vgl. auch T. BEEBY, ebd., 410—416.
210 a. FEARNSIDES, W. G., A correlation of structures in the coalfield of the Midland province. RepBrAssLeicester 1933, 57—80.
211. BOULTON, W. S., The sequence and struct. of the south-eastern portion of the Leicestershire coalfield. GlMg. 71, 1934, 318—329.
212. KENT, P. E., The Lower Lias of S Nottinghamshire. PrGlAss. 48, 1937, 163—174.
213. KENT, P. E., The Melton Mowbray Anticline. GlMg. 74, 1937, 154—160.
213 a. RICHARDSON, L., and KENT, P. E., Weekend field meeting in the Kettering distr. PrGlAss. 49, 1938, 59—76.
214. HOLLINGWORTH, S. E., and others, Large-scale superficial struct. in the Northampton Ironstone Field. QJGlS. 100, 1944, 1—44.
215. LEES, G., and TAITT, A. H., The geol. results of the search of oilfields in Gr. Br. QJGlS. 101, 1945, 255—317.
216. TAYLOR, J. H., Evidence of submarine erosion in the Lincolnshire Limestone of Northamptons. PrGlAss. 57, 1946, 246—262.
217. HOLLINGWORTH, S. E., and TAYLOR, J. H., An outline of the gl. of the Kettering distr. Ebd., 204—233. Vgl. auch Dies., Kettering field meeting, June 7th—10th. 1946. Ebd., 235—245.
218. PRENDICE, J. E., and SABINE, P. A., Some superficial struct. in the Cornbrash of Northamptonshire. GlMg. 84, 1947, 89—97.

31. DEELEY, R. M., The pleistocene succession in the Trent Basin. QJGlS. 42, 1886, 437 bis 480.
32. HARRISON, W. J., The ancient glaciers of the Midland Co. of E. PrGlAss. 15, 1897/1898, 400—408.
33. BURTON, F. M., The shaping of Lindsey by the Trent. Lond. 1906.
34. MACALDOWIE, The life hist. of the R. Trent. TrNorthStaffsFCl. 1909.
35. SMITH, B., Some recent changes in the course of the Trent. GJ. 35, 1910, 568—579.
36. DEELEY, R. M., Ice-flows in the Trent Basin. GlMg. Dec. V, vol. 1, 1914, 69—73.
37. POCOCK, T. I., The Trent valley in the glacial period. ZGlk. 17, 1929, 302—318.

38. Swinnerton, H. H., The physiogr. subdivisions of the East Midlands. G. 15, 1929, 215—226.
39. Raw, F., Triassic and pleistocene surfaces in some Leicestershire igneous rocks. GlMg. 71, 1934, 23—31.

41. Dunston, G., The rivers of Axholme, with a hist. of the navigable rivers and canals of the district. Lond. 1909.
42. Hopkinson, J. W., Studies in the veget. of Nottinghamshire. I. The ecol. of the Bunter Sandstone. JEcol. 15, 1927, 130—171.
43. Horwood, A. R., and Noel, C. W., The flowers of Leicestershire and Rutlandshire. Oxf. 1933.
44. Tinn, A. B., Climatol. data for Nottingham. QJMetS. 61, 1935, 180 ff. 1938, 391—405.
45. Tinn, A. B., Local temp. variations in the Nottingham distr. QJMetS. 64, 1938, 391—405.
46. Tinn, A. B., Local distrib. of thunder rains around Nottingham. Ebd. 66, 1940. 47—64.
47. Meatham, A. R., Turbulence and atmosph. pollution. Weather. 1. 1946, 200—205 [Leicester].

51. Garrod, D. A. E., The Upper Palaeol. Age in Br. Oxf. 1926.
52. Oswald, F., Margidunum [Im Trenttal w. Ancaster]. Nottgh. 1928.
53. Philipps, W. C., Map of the Trent basin. OSvSouthpton. 1933 [Farb. Fundkarte mit 31 S. Erläut.].
54. Fox, C., The colonisation of Br. with spec. ref. to the Midlands. RepBrAssLeic. 1933, 527.
54 a. Armstrong, A. L., Palaeolithic. man in Nottinghamshire. RepBrAssNottingh. 1937, 395/396.
55. Armstrong, A. L., Palaeolithic man in the North Midlands. MemPrManchesterLit PhilS. 83, 1939, 116.
56. Haverfield, F., Roman Leicester. ArchJ. 76, 1918, 1—46.

61. Mutschmann, H., The place-names of Nottinghamshire, their origin and development Cambr. 1913.
62. Gover, J. E. B., Mawer, A., and Stenton, F. M., The place-names of Nottinghamshire (EPINS. XVII). Cambr. 1940.
63. Kelsey, C. E., Leicestershire (Oxf. County Hist.). Oxf. 1915.
63 a. Foster, C. W., A hist. of the villages of Aisthorpe and Thorpe in the Fallows. Lincoln. 1927.
63 b. Macdonald, A., A short hist. of Repton. 1929.
64. Chambers, J. D., Nottinghamshire in the 18th cent.: a study of life and labour under the Squirearchy. Lond. 1932.
64 a. Orwin, C. S., The open field parish of Laxton. RepBrAssLeic. 1933, 574.
64 b. Jacques, A. S., A hist. of Melbourne. 1933.
64 c. Armitage, F. P., Leicester. 1914—1918. The war-time story of a Midland town. Leic. 1934.
65. Tate, E., The parliamentary land enclosures in the Co. of Nottingham during the 18th and 19th cent. ThorntonSRecSer. 5, Nott. 1937. [Vgl. auch Ders., The 18th cent. enclosure of the townships of (Sutton) Bonnington St. Michael's and Sutton St. Anne's, Notts. TrThorntonS. 34, 1931.]
66. Cossons, A., The turnpike roads of Nottinghamshire. HistAssLeaflet. Lond. 1938.
67. Nelson, E. G., The E. framework-knitting industry. JEconBusinessHist. 2, 1938, No. 3.
68. Sargant, W. L., The pattern of the Anglo-Saxon settlement of Rutland. G. 31, 1946, 62—65.
69. Hoskins, W. G., The Anglian and Scandinavian settlement of Leicestershire. TrLeicsArchS. 17, 1937/38.
610. Holly, D., The Domesday G. of Leicestershire. Ebd.
611. Colin, D. B. E., Hist. in Leicester, 53 B.C.—A.D. 1900. Leicester 1948.

71. Robinson, H. G., Features of Nottinghamshire agr. JAgrS. 88, 1927, 3—16.
71 a. Davies, J. L., Grassland farming in the Welland valley. Oxf. 1928.
72. Beaver, S. H., The iron industry of Nottinghamshire, Rutland and South Lincolnshire. G. 18, 1933, 102—117.
72 a. Holland, J. L., The land utilis. sv. of Northamptons. RepBrAssNorwich. 1935, 480.
73. The potential mineral resources of Nottingham- und Lincolnshire and their g. significance. RepBrAssNott. 1937, 357—359 (versch. Beitr.).

74. KENDALL. O. D., Iron and steel industry of Scunthorpe. EconG. **14**, 1938, 271—281.
75. PEEL, R. F., Local intermarriage and the stability of rural popul. in the E Midlands. G. **27**, 1942, 22—30.
76. EVANS, W. D., The open cast mining of ironstone and coal. GJ. **104**, 1944, 102—119.
76 a. SOUTHWELL, C. A. P., Petroleum production in E. JRSArts. **93**, 1945, 94—141.
77. PAYNE, E. R., The agric. regions of the Market Harborough-Rugby area. G. **31**, 1946, 98—105.
78. CONSTANT, A., The g. background of intervillage popul. movements in Northpts. and Huntingdons., 1754—1943. G. **33**, 1948, 78—88.

81. JOHNSON, T. F. (Mrs.), Glimpses of ancient Leicester. 2nd ed. Leic./Lond. 1906.
82. DAWSON, M., The development of a Midland town: Derby. Observ. II, 1926, 224—232.
83. BRADY, R. P., Rural settlements in the Middle Trent valley. RepBrAssLeeds. 1927, 343.
84. Market Harborough. An ind. centre. 4th ed. Cheltenham 1931.
85. GIMSON, M., The water supply of Leicestershire with spec. ref. to human settlements. RepBrAssLeic. 1933, 494.
86. SARSON, G. M., The growth of population in Leicester. Ebd., 494/495.
87. HEATING, H. M., Village types and their distrib. in the Plain of Nottingham. G. **20**, 1935, 283—294.
88. EDWARDS, K. C., Nottingham. G. **20**, 1935, 85—96. (Vgl. auch Ders., RepBrAssNott. 1937, 373.)
89. Nottingham. The Daily Telegraph. Supplement. 16. Sept. 1935.
810. JENKINS, A. K. H., Places and products. II. Loughborough bells. GMg. **7**, 1938, 289—298.

91. EVANS, H. A., Highways and byways in Northamptonshire and Rutland. 1924.
92. FIRTH, J. B., Highways and byways in Nottinghamshire. 1924.
93. HOSKINS, W. G., Midland E. (The Face of Br.). 1949.

C. Die westlichen Midlands

11. Cambr. Co. Geographies:
    a) EVANS, H. A., Gloucestershire. 1909.
    b) WILLS, L. J., Worcestershire. 1911.
    c) SMITH, W. B., Staffordshire. 1915.
    d) BLOOM, J. H., Warwickshire. 1916.
    Vgl. auch e) PINGRIFF, G. N., Leicestershire. 1920.
11 a. SAUNDERS, H. A., A reg. bibliogr. of the Un. Kingdom. Gloucestershire. GT. **5**, 1910, 279—281.
12. KINVIG, R. H., The North-West Midlands (in: 112*, 209—229).
12 a. JERVIS, W. W., The Lower Severn Basin and the Plain of Somerset. Ebd., 110—124.
13. The Vict. Hist. of the Co. of E.:
    a) Gloucestershire (II. 1907).
    b) Worcestershire (I. 1901; II. 1906; III. 1913; IV. 1924; Indeex vol. 1926).
    c) Staffordshire (I. 1908).
    d) Warwickshire (I. 1904; II. 1908; III. 1945; IV. 1947; V. 1949).
14. MACMUNN, N. E., The Upper Thames ctry. and the Severn-Avon Plain. Oxf. 1913.
15. A HB. for Birmingham and the neighbourhood. BrAss. 1913. Ed. by G. A. Auden. Birm. 1913. [Ungef. 40 Beitr. z. Geschichte, Stadtverwaltung, Wirtschaft, Bot., Zool. u. Gl., u. a. LAPWORTH, s. Nr. 213.]
16. SIMPSON, C. A., The upper basin of the Warwick Avon. GT. **7**, 1914, 369—382.
17. VINCE, S. W. E., Gloucestershire. LBr., pt. **67**, 1942.
18. BUCHANAN, K. M., Worcestershire. Ebd., pt. **68**, 1944.
19. MYERS, J., Staffordshire. (With an appendix on the Black Ctry. by S. H. Beaver.) Ebd., pt. **61**, 1945.
110. MCPHERSON, A. W., Warwickshire. Ebd., pt. **62**, 1946.
111. SIMPSON, C. A., A venture in field g. G. **30**, 1945, 35—44.
112. West-Midland Group of Post-war Reconstr. and Planning. Constitution, organis. and research program. Birm. 1946.
113. Dies., Land classif. in the W-Midl. region. Lond. 1947.
114. PAYNE, G. E., Gloucestershire: a sv. and plan. Gloucester 1948.
115. Conurbation. A sv. of Birm. and the Black Ctry. By the W-Midl. Group. 1948.

21. Gl. Sv., Mem., Explan. sheets:
    a) 123. Stoke-upon-Trent. By W. Gibson, 1902, ed. 3, 1925.
    b) 125. Derbyshire and Nottinghamshire coalfield. By W. Gibson and others, 1908.

c) 138. Wem. By R. W. Pocock and D. A. Wray, 1925.
d) 139. Stafford and Market Drayton. By T. H. Whitehead and others, 1927.
e) 153. Wolverhampton and Oakengates. By T. H. Whitehead and others, 1928.
f) 154. Lichfield. By G. Barrow and others, 1919.
g) 155. Atherstone and Charnwood Forest. By C. Fox-Strangways. 1900.
gg) 167. Dudley. By R. W. Pocock and T. H. Whitehead. 1947.
h) 168. Birmingham. By T. Eastwood and others, 1919.
i) 169. Coventry. By T. Eastwood and others, 1923.
22. Gl. Sv., Water Supply:
a) RICHARDSON, L., Warwickshire. 1928.
b) STEPHENS, J. V., Derbyshire. 1929.
c) RICHARDSON, L., Worcestershire. 1930.
23. Gl. Sv., Coalfields:
a) Cheadle coalfield. By G. Barrow, 1903.
b) North Staffordshire coalfields. By W. Gibson and others, 1905.
c) Leicestershire and South Derbyshire coalfield. By C. Fox-Strangways, 1907.
d) South Staffordshire coalfield. By T. H. Whitehead, T. Eastwood and T. Robertson. 1927.
e) Vgl. dazu die Wartime Pamphlets, Nos. 25 und 43 (Warwicks., bzw. S Staffs. Coalfield) von G. H. MITCHELL, C. J. STUBBLEFIELD und R. CROOKALL.
24. Gl. Sv., Econ. Memoirs:
a) vol. XIV. Refractory materials: Fireclays, resources and gl. 1920.
b) vol. XXX, Copper ores of the Midlands etc. By H. Dewey and T. Eastwood, 1925.
25. Gl. Sv., Br. Reg. Geologies:
a) KELLAWAY, G. A., and WELSH, F. B. A., Bristol and Gloucester distr., 1948. (Vgl. VII A, 25 a.)
b) EDMUNDS, F. H., and OAKLEY, K. P., The Central England distr. (ohne Jahr [1936]). 2nd ed. 1947. [Wenig verändert.]
26. LAPWORTH, C., Sketch of the gl. of the Birmingham distr. With contrib. by WATTS, W. W., and HARRISON, W. J. PrGlAss. 15, 1898, 313—416. Birmingham distr. PrGlAss. 15, 1898, 315 ff.
27. WATTS, W. W., Charnwood Forest. A buried triassic landscape. GJ. 21, 1903, 623—636.
28. RICHARDSON, L., A HB. to the gl. of Cheltenham. Chelt. 1904.
29. WILLS, L. J., The fossiliferous Lower Keuper rocks of Worcestershire. PrGlAss. 21. 1910, 249—331.
210. VERNON, R. D., The gl. and palaeont. of the Warwickshire coalfield. QJGlS. 68, 1912. 587—638.
211. MATLEY, G. A., The Upper Keuper (Arden) Sandstone Group etc. of Warwickshire. QJGlS. 68, 1912, 252—280.
212. BOSWORTH, T. O., The Keuper Marls ar. Charnwood. PrLeicLitPhS. 1912.
213. LAPWORTH, C., The Birmingham ctry.: its gl. and physiogr. Birmingh. 1913.
214. BONNEY, T. G., The North-Western region of Charnwood Forest. GlMg. 52, 1915, 545—554.
215. FOXALL, W. H., The gl. of the Eastern Boundary Fault of the S Staffords coalfield. PrBirmNHistPhS. 14, 1916, 46—54.
216. KIDSTONE, R. T., CANTRILL, T. C., DIXON, E. E., The Forest of Wyre and the Titterstone Clee Hill coalfield. TrRSEdinb. 51, 1917.
217. LOWE, E. E., Igneous rocks of the Mount Sorrel distr. PrLeicLitPhS. 1926.
218. BOULTON, W. S., The gl. of the northern part of the Lickey Hills near Birmingham. GlMg. 65, 1928, 255—266.
219. BENNET, F. W., and others, The gl. of Charnwood Forest. PrGlass. 39, 1928, 248—298.
220. SHOTTON, W. F., The gl. of the ctry. ar. Kenilworth. QJGlS. 85, 1929, 167—222.
221. POCOCK, R. W., The age of the Midlands basalts. QJGlS. 87, 1931, 1—12.
222. GARDINER, C. I., REYNOLDS, S. H., and others, The gl. of the Gloucester distr. PrGlAss. 45, 1934, 109—144.
223. RAW, F., Triassic and pleistocene surfaces on some Leicestershire igneous rocks. GlMg. 71, 1934, 23—31.
224. WILLS, L. J., An outline of the palaeogeogr. of the Birmingham ctry. PrGlAss. 46, 1935, 211—246.
225. WATTS, W. W., and GREGORY, H. H., Rep. on field meeting in Charnwood Forest. PrGlAss. 48, 1937, 1—12.
226. SHOTTON, W. F., The Lower Bunter Sandstones of N Worcestershire and E Shropshire. GlMg. 74, 1937, 534—553.
227. BUTLER, A. J., The stratigr. of the Wenlock Limestone of Dudley. QJGlS. 95, 1939, 37—74.

228. WATTS, W. W., Leicestershire in triassic time. GMg. 82, 1945, 32—36.
229. The Lickey Hills [Verf. ungenannt]. PrGlAss. 56, 1945, 23—25.
230. MARSHALL, C. E., The Barrow Hill intrusion, S Staffords. QJGlS. 101, 1946, 177—206.
231. WATTS, W. W., Gl. of the ancient rocks of Charnwood Forest, Leics. LeicLitPhilS. 1947, 1—160.

31. BUCKMAN, S. S., The development of rivers, and partic. the genesis of the Severn. NSci. 14, 1899, 273—289. (Vgl. GJ. 14, 1899, 88/89.)
32. ELLIS, T. S., The Lower Severn valley, river, and estuary from the Warwickshire Avon to the Bristol Avon. PrCotteswNlistsFCl. 16, 1909, 241—263.
32 a. GRAY, J. W., The Lower Severn plain during the glacial epoch. PrCotteswNlists-FCl. 17, 1912, 365—380.
33. WILLS. L. J., On the occurrence of wind-worn pebbles etc. in Worcestershire. GlMg. Dec. V, vol. 9, 1912, 61—86.
34. KAY, H., On the stream courses in the Black Country plateau. RepBrAssBirm. 1913, (1914), 473/474.
35. BOULTON, W. S., An esker near Kingswingford, S Staffs. PrBirmNHistPhilS. 14, 1916, 25—35.
36. POCOCK, T. I., Terraces and glacial drift of the Severn valley. ZGlk. 12, 1922, 123—136.
37. WILLS, L. J., The development of the Severn valley in the neighbourhood of Ironbridge and Bridgnorth. QJGlS. 80, 1924, 274—315.
38. TOMLINSON, M. E., River terraces of the lower valley of the Warwick Avon. QJGlS. 81, 1925, 157—169.
39. POCOCK, T. I., Terraces and glacial drift of the Welsh Border and their relation to the drift of the Eastern Midlands. ZGlk. 14, 1925, 10—38.
310. WALKER, W., Notes on the Rea valley. TrBirmArchS. 52, pt. 2, 1927 (Oxf. 1930).
311. TOMLINSON, M. E., The drifts of the Stour-Evenlode watershed. PrBirmNHistS. 15, 1929.
312. LAKE, P., The rivers of Wales and their connection with the Thames. SciProgr. 29, 1934, 25—40.
313. TOMLINSON, M. E., The superficial deposits of the ctry N of Stratford-on-Avon. QJGlS. 91, 1935, 423—460.
313 a. PALMER, L. S., Some pleistocene breccias near the Severn estuary. PrGlAss. 45, 1935, 145—161.
314. POCOCK, T. I., Glacial deposits between North Wales and the Pennine Range. ZGlk. 26, 1937, 52—69.
315. WILLS, L. J., The pleistocene history of the West Midlands. RepBritAssNottingh. 1937 (Lond. 1937), 71—94. (Vgl. auch N. 140, 1937, II, 409/410, 995—997, 1036—1039.)
316. WILLS, L. J., The pleistocene development of the Severn from Bridgnorth to the Sea. QJGlS. 94, 1938, 161—242.
317. TOMLINSON, M. E., Pleistocene gravels of the Cotswold sub-edge plain from Middleton to the Frome valley. QJGlS. 96, 1941, 385—421.

41. CORNISH, V., Cinematographing the Severn Bore. GJ. 19, 1902, 52—54.
42. PREVOST, E. W., The tidal wave or " Bore " in the Severn. Hereford Times, 15.6.1907.
43. DIXON, S. M., FITZGIBBON, G., HOGAN, M. A., The flow of the R. Severn 1921—1936. JInstCivEng. 1936/1937, 7, 81, 160.
44. SALISBURY, E. J., The veget. of the Forest of Wyre. JEcol. 13, 1925, 314—321.
45. MARTINEAU, P. E., The Forest of Arden. EmpForestryJ. 6, 1927, 197—201.
46. NEWBOLD, A. A., Ice formation in Worcesters. N. 145, 1940, 514/515.
47. The Severn barrage scheme. N. 155, 1945, 746/747.
48. RIDDELSDELL. H. J., HEDLEY. G. W., and PRICE. W. R. (ed.), Flora of Gloucestershire. CotteswNlistsFCl. (care of Gloucester City Library), 1949.

51. FIELDHOUSE, W. J., MAY, T., and WELLSTOOD, F. C., A Roman-British ind. settlement near Tiddington, Stratford-upon-Avon. Stratf. 1931.
52. SWEETING, H. R., A pre-Roman road in Warwicks. G. 28, 1938, 258—261.
53. WALKER, B., The Rycknield Street in the neighbh. of Birmingham. TrBirmArchS. 60, 1936 (Oxf. 1940), 42—55.
54. FULBROOK-LEGGATT, L. E. W., Roman Gloucester (Glevum). Glouc. 1946.

61. DUIGNAN, W. H., Notes on Staffordshire place-names. Lond. 1902.
62. DUIGNAN, W. H., Worcestershire place-names. Lond. 1905.
63. DUIGNAN, W. H., Warwickshire place-names. Lond. 1912.
64. BADDELEY, W. S. C., Place-names of Gloucestershire. Glouc. 1913.
65. MAWER, A., and STENTON, F. M., The place-names of Worcestershire (EPINS. IV). Cbr. 1927.

66. GOVER J .E. B., MAWER, A., and STENTON, F. M., The place-names of Warwickshire (EPlNS. XIII). Cbr. 1936.
67. KINVIG, R. H., The hist. g. of the West Country woollen industries. GT. 8, 1916, 243—254, 290—306.
68. HAMILTON, H., The English brass and copper industries, to 1800. Lond. 1926.
68 a. FARNHAM, G. F., Charnwood Forest and its historians and the Charnwood manors. LeicArchS. 1928.
68 b. GRUNDY, G. B., The Saxon settlement in Worcestershire. TrBirmArchS. 53, 1928, 1—17.
69. PAPE, T., The glass industry in the Burnt Woods. TrNorthStaffsFCl. 65, 1931.
69 a. THOMAS, H. R., The enclosure of open fields and commons in Staffords. StaffsHistColl. for 1931.
69 b. NICHOLLS, R., The hist. of Stoke-on-Trent and the Borough of Newcastle-under-Lyme. From the hist. publ. by J. WARD in 1843. Pt. I. The Potteries. Hanley 1931.
69 c. BRATLEY-BIRT, F. B., Tewkesbury: the story of the abbey, town, and neighbh. Worcester 1931.
610. GILL, C., Studies in Midland hist. Oxf. 1930.
610 a. THOMAS, A. L., The g. aspects of the devel. of transport and communic., affecting the pottery ind. of N Staffords. during the 18th cent. StaffsHistColl. for 1934.
611. PAPE, T., Mediaeval glass workers in North Staffordshire. TrNorthStaffsFCl. 68, 1934.
612. Wolverhampton and the wool trade. WolverhAntiquary. 1, 1934.
613. BLADON, V. W., The potteries in the industrial revolution. EconHist. 1, 1934.
614. HOWER, R. M., The Wedgwoods: ten generations of potters. JBusinessHist. 4, 1934.
615. GRUNDY, G. B., The ancient highways and tracks of Worcestershire and the Middle Severn. Pt. I. ArchJ. 91, 1934.
615 a. EAST, W. G., The Severn waterway in the 18th and 19th cent. RepBrAssBlackpool. 1936, 373.
615 b. FRASER, H. M., The Staffords. Domesday. With an English transl. Stone 1936.
616 COURT, W. H. B., The rise of the Midland industries, 1600—1838. Oxf. 1938.
617. WILLAN, T. S., The river navigation and trade of the Severn valley, 1600—1750. EconHistRev. 8, 1937/1938, 68 ff.
618. GAUT, R. C., The hist. of Worcesters. agric., and rural evolution. Worc. 1939 [Nicht geogr., ober für den G. verwertbar; viele Einzelheeiten].
619. FUSSELL, G. E., "High farming" in the W Midland counties 1840—1880. EconG. 25. 1949, 159—179 [U. a. Angaben über die damaligen Ernteerträge].

71. ANGELBECK, A., Agr. g. of Staffordshire. GT. 8, 1915, 154—163; 9, 1917, 88—93.
72. WALLIS, B. C., Central E. during the 19th cent.: the breakdown of industrial isolation. GRev. 3, 1917, 18—52.
73. FUSSELL, G. E., Agr. and econ. history g. in the 18th cent. GJ. 74, 1929, 170—178.
73 a. SKINNER, A., Livestock in Warwicks. JAgrSEngl. 91, 1930.
73 b. IRONS, W., Agric. in Warwicks. Ebd., 39—49.
74. REDMILL. C. E., The growth of popul. in the East Warwickshire coalfield. G. 16. 1931. 125—140.
74 a. WALLACE, T., A sv. of soil and fruit in the Vale of Evesham. JBathWCoS., 6. Ser. 11, 1936/7.
75. BRADY, R. P., Rural settlements in the Middle Trent valley. RepBrAssLeeds. 1937, 343.
76. HOBBIS, E. W., Plum plantations of Worcesters. JMinAgr. 1939, 337 ff.
76 a. FARR, G., Severn navigation and the trow. MarMirror. 32, 1946. 66—95.
77. WALKER, G., The growth of popul. of Birmingham and the Black Ctry. between the two wars. UnivBirmHistJ. I, No. 1. Birm. 1947.
78. BUCHANAN, K., Modern farming in the Vale of Evesham. EconG. 24, 1948, 235—250.

81. Birmingham:
    a) MASTERMANN, J. H. B., B. (The Story of the E. Towns.) 1920.
    b) ALLEN, G. C., The industrial development of B. and the Black Country. (With an introd. by J. F. Rees.) 1929.
    c) RENSHAW, T. L., B., its rise and progress. A short hist. Birm. 1932.
    d) The Times. Weekly ed., 4. Oct. 1934: Special B. Number.
    e) B., commercially considered. The off. brochure of the Corpor. of the City of B.
    f) PELHAM, R. A., The immigrant popul. of B., 1686—1726. TrBirmArchS. 61, 1937, 45—80.
    g) City of B. HB. 1939.
    h) PELHAM, R. A., Medieval trade relations of B. Ebd. 62, 1938. 40 ff.
    i) When we build again. A study, based on research into conditions of living and working in B. Lond. 1941.

k) KNAGE, K. L., B. TijdschrEconGAmsterdam. **39**, 1942, 17—26.
l) REES, H., B. and the Black Ctry. EconG. **22**, 1946, 133—141.
m) BRADNOCK, F. W. (ed.), The city of B. OffHB. Birm. 1947.
n) WISE, M. T., Some factors influencing the growth of B. G. **33**, 1948, 176—190.
82. Coventry:
  a) LAPPINGTON, C. H. d'E., The evol. of an ind. town [C.]. EconJ. **17**, 1907, 345—357.
  b) HARRIS, M. D., The story of C. (The Medieval Town Series). 1911.
  c) SMITH, F., C.: 600 years of municipal life. Cov. 1945.
  d) PITT, E. W., Medieval C. CanadJG. **33**, 1946,38—42.
  e) FOX, L., C.'s heritage. An introd. to the hist. of the City. Cov. 1948.
83. HOWARD, F. T., Gloucester. GT. **12**, 1923, 110—124.
83 a. GARBETT, H. L. E., Note on an old plan of Stafford. TrNorthStaffsFCl. **58**, 1924.
84. PAPE, T., Mediaeval Newcastle-under-Lyme. PublUnivManch. **187**, HistSer. 50. Manch. 1928.
84 a. Stratford-on-Avon:
  a) LEE, S., St. from the earliest times to the death of Shakespeare. 1902.
  b) FORREST, H. E., The old houses of St. 1925.
  c) FRIPP, E. F., Shakespeare's St. 1928.
  d) VENTURINI, M. E., Stratford sull' Avon. VieItaliaMondo. **3**, 1945, 445—461.
  e) FOX, L., St. Bristol 1949.
85. PAPE, T., Newcastle-under-Lyme in Tudor and early Stuart times. Manch. 1938.
86. MORGAN, A. H., Reg. consciousness in the N Staffords. potteries. G. **27**, 1942, 95—102.
87. Sixty years planning: The Bournville experience. Bournville (CadburyBrPublDept.) 1942.
87 a. CASSON, H., Cheltenham. A Regency town. GMg. **15**, 1942/1943, 500—506.
88. GLAISYER, J., BRENNAN, T., and others, County town. A civic sv. for the planning of Worcester. Prep. for the Worcester City Council. 1946.
89. JAMES, C. H., and PEARCE, S. R., Leamington Spa. A plan for devel. Prep. for the Council 1947.
810. CHANDLER, G., and HANNAH, I. C., Dudley: as it was and as it is today. 1949.
811. ABERCROMBIE, Sir P., and NICKSON, R., Warwick: its preserv. and redevelopment 1949.
812. CHANDLER, G., and HANNAH, I. C., Dudley. 1949.
  Vgl. auch die OffHB. (Cheltenham) für: Wednesbury (1929), Leek (1929), Willenhall (2nd ed. 1929), Cheltenham (1930), Coseley (1930), Dudley (1930).

91. HUTTON, W. H., Highways and byways in Shakespeare's Ctry. Lond. 1914.
92. LANCHESTER, M., The River Severn from source to mouth. Lond. 1915.
93. HARRIS, M. D., Unknown Warwickshire. Lond. 1924.
93 a. BIRD, W. H., Old Gloucesters. churches: a concise guide. 1928.
94. HUTTON, E., Highways and byways in Gloucestershire. Lond. 1932.
94 a. BROADBERT, A. T., The minor archit. of Gloucesters. 1932.
95. WAKEMAN, F., The beauties of the Severn valley. NatGMg. **63**, 1933, 417—452.
96. The best of Cannock Chase. By "Pitman" (M. Wright). Wolverh. 1933.
96 a. BIRD, W. H., Old Warwicks. churches. 1936.
97. INGEMAN, W. M., The minor archit. of Worcestershire (Domestic Archit. of Old E.). Lond. 1938.
98. RUSSELL, J., Shakespeare's Country. 1942.
99. ALLEN, W., The Black Country. 1947.
910. INGRAM, J. H., North Midland Country. (The Face of Br.) 1948.
911. EDWARDS, T., Worcestershire (Vision E. Series). 1949.
912. HOSKINS, W. G., Midland E. (The Face of Br.). 1949.
913. WATERS, B., Severn stream. 1949.
  Vgl. auch GMg.: **7**, 1938 (J. WOOLCOMBE, Places and Products I. Staffords. potteries); **15**, 1942 (H. J. MASSINGHAM, Shakespeare, the Midland country man).

VIII. Nordostengland

An der E-Seite Großbritanniens beginnt für die Engländer N-England am Humber wie für viele an der W-Seite bereits am Mersey [so z. B. auch 16]; sie sprechen auch vom North-East und der North-East Coast, und eine der großen britischen Eisenbahngesellschaften, die mit ihren Linien das ganze Gebiet beherrschte, hieß London and North Eastern Railway. In einem anderen, engeren Sinn wird neuerdings, namentlich bei der Landesplanung, von einer NE-Region gesprochen. Die Bezeichnung NE-England für das Flachland bis zum schottischen Grenzstrich am Tweed ist durchaus berechtigt. Mit einer großen natürlichen Einheit fällt es allerdings ebensowenig zusammen wie Mittelostengland; denn Landschaften von sehr verschiedenem Gepräge sind in ihm vereinigt. Schräg zum Hauptstreichen der Gesteine, von den kretazischen n. des Humber angefangen bis zu den karbonen n. des Tyne, verläuft die Küstenlinie, zugleich nähert sie sich gegen N immer mehr der Hauptachse der „Central Highlands" [115], so daß das Flachland schließlich zwischen den Cheviots und dem Meer auf einen schmalen Streifen zusammenschrumpft, das „Cheviot Gate". Im S geht die Trentsenke aus den Midlands ohne scharfe Grenze in die Yorkshire Plain über, eine Niederung, in welcher die Yorkshire Ouse die Gewässer aus den benachbarten Bergen sammelt; als Vale of Ouse, Vale of York, Vale of Mowbray werden ihre einzelnen Teile bezeichnet. Triasgesteine bilden ihren Untergrund, durch mächtige pleistozäne und alluviale Ablagerungen verdeckt. Die Mitte der Plain öffnet sich durch das Vale of Pickering gegen E zur Küste, aber dessen Fluß, der Derwent, nimmt den Weg landeinwärts und später gegen S zur Ouse. Deren Vale hängt hier längs dem Humber mit Holderness zusammen, einer niedrigen Küstenebene, über welche sich gegen NW die Yorkshire Wolds erheben. In ihnen steigen nochmals die Kreidekalke auf. N. des Vale of Pickering bilden dagegen bereits Juragesteine die höher ragende Plateau- und Stufenlandschaft der North Yorkshire Moors, vor deren NW-Fuß dann am Tees die Trias auftaucht, auch hier unter eiszeitlichen Ablagerungen begraben. Weiter n. streichen permische Kalke und Dolomite, schließlich jenseits des Tyne Karbonschiefer- und Sandsteinzüge unter spitzem Winkel an der Küste aus. Zwischen dem unteren Tees und der Mündung des Tyne bleiben sie noch in der Tiefe; gegen W heben sie sich unter dem Perm allmählich herauf. Zwar schauen dessen Kalke mit einer gut ausgeprägten Stufe über sie hinweg, aber sie ist so niedrig, daß der ö. Teil der Gr. Durham das Bild eines welligen, leicht zerschnittenen Plateaus zeigt. Dieses setzt sich auch n. des Tyne, in der Gr. Northumberland, im Bereich des Karbons fort, obwohl der Wechsel von härteren und weicheren Baustoffen eine Folge von unansehnlichen Stufen erzeugt. Schwierig ist die Abgrenzung gegen die Pennines, da deren Ausläufer oft allmählich gegen das Flachland absteigen, während dieses umgekehrt mit breiten Tälern zwischen ihnen einspringt; auch nach bestimmten geologischen Linien läßt sie sich dort nicht ziehen. Kulturgeographisch ist der Saum um die 300 m-Linie bedeutsam, wo das eingehegte

Kulturland den Heiden, Mooren und Schafweiden auf den Höhen im W Platz macht. Das Kohlengebiet am SE-Rand der Pennines wird an anderer Stelle betrachtet (vgl. S. 568); tatsächlich senkt es sich unter der Decke jüngerer Gesteine unter die Trent-Ouse-Senke ab, die an sich eine ausgesprochene Einheit, aber zugleich eine Übergangslandschaft zwischen N und S ist und die Verbindungen zwischen den Midlands und den Pennines einerseits, dem ö. England anderseits vermittelt.

Ebensowenig wie mit einer natürlichen Landschaft fällt NE-England mit bestimmten Verwaltungseinheiten zusammen, denn alle die Gr., denen es angehört, reichen in das mittlere N-England hinein: Northumberland im N; in der Mitte, zwischen Tyne und Tees, Durham; im S Yorkshire. Dieses besteht aus drei Verwaltungsgrafschaften, gegründet auf die von den Dänen eingeführte Einteilung in Ridings („Drittel"), North, West und East Riding. Als Ganzes genommen ist Yorkshire mit über 15 000 km² Fl. die größte Gr. Englands, mehr als doppelt so groß wie Lincolnshire (vgl. Tab. 5) und nicht viel kleiner als Wales. Indes nicht ihrer Größe verdankt sie ihre besondere Stellung, vielmehr, abgesehen von ihren Mineralschätzen und der damit verbundenen modernen Industrialisierung des West Riding (vgl. Kap. IX), ihrer die E-Seite Englands beherrschenden Lage. Denn hier öffnen sich nicht bloß wichtige Verbindungen mit der Küste und mit den Berglandtälern im W, sondern in ihrem Kerngebiet, in der Plain of Yorkshire, wird auch der Verkehr aus ganz S-England einschließlich der Midlands zusammengefaßt in einen Strang, den einzigen bequemen Weg nach dem N, der von der Natur durch die Pforte zwischen den Pennines und den North Yorkshire Moors vorgezeichnet ist, das „Northallerton Gate". Durham und Northumberland liegen schon außerhalb dieses Tores, sie haben durch Jh. hindurch die Rolle einer Grenzmark gespielt, und Grenzlandgepräge ist ihnen in mancher Hinsicht geblieben. Ihre heutige Bedeutung beruht auf Kohlenbergbau, den Industrien am Tyne und Tees und auf mehreren am Weltverkehr und Welthandel hervorragend beteiligten Häfen, unter denen Newcastle am wichtigsten ist. Es wird nur von Hull weit übertroffen, dem führenden der Humberhäfen, dessen Hinterland bis in die Midlands und Pennines hineinreicht [11—13, 16; 111*, 112*, 113*].

Ebenen, Landstufen und wellige Plateaus kennzeichnen NE-England. Die Ausgangsfläche des heutigen Reliefs ist wahrscheinlich eine mesozoische Fastebene gewesen, die sich zwischen der Perm- und der Kreideperiode ausbildete und dann vom Kreidemeer überflutet wurde. Schon in diesem langen Zeitraum hatten Krustenbewegungen stattgefunden und war am Ende der Oolithzeit jene eigentümliche Hauptantiklinale der Yorkshire Moors gebildet worden, in deren Achse sich die große, vom Seengebiet in W—E ziehende Aufwölbung („Cleveland Uplift") fortsetzt und die im S von der Synklinale des Vale of Pickering begleitet wird [25b, 28, 219, 33]. Eine postkretazische Hebung, welche im W stärker war als im E, leitete einen zweiten Zyklus ein. Gegen Ende des Oligozäns war die Einebnung abermals weit fortgeschritten. Vielleicht noch im Jungoligozän beginnend, folgte im Miozän abermals eine Hebung, bei welcher die Moors längs der alten Achse neuerdings etwas aufstiegen und das Flußnetz (Wear, Tees) durch die Entstehung neuer Abdachungen und Wasserscheiden und durch die Entwicklung neuer subsequenter Flußläufe in den weicheren Schichten vielfach umgeändert wurde [31, 334]. Bei verstärkter Erosion wurden die Kreidekalke weithin abgetragen; bloß in den weniger aufgebogenen Wolds blieben sie z. T. erhalten. Nament-

lich im älteren Pliozän muß die Einebnung ausgedehnte Flächen und breite
Täler geschaffen haben, ähnlich wie in SE-England, ohne daß sich aber das
Meer über das Gebiet ausgebreitet hätte wie längs dem Ärmelkanal. Infolge
einer neuerlichen Hebung stand das Land am Beginn des Eiszeitalters etwas
höher, die Täler waren etwas tiefer eingeschnitten als heute. Der Grund des
alten Teestales lag im Ästuar 30 m unter H.W.M., die präglaziale Mündung
des Wear in den Tyne — 43 m O.D. (vgl. S. 520); das heutige Ousetal liegt
bei York 20 m über dem präglazialen Bett. Viele im Zusammenhang mit dem
Kohlenbergbau vorgenommene Bohrungen haben diesen ehemals höheren
Stand des Landes auch an verschiedenen anderen und dabei Hohlformen
auch an solchen Stellen erwiesen, wo Gletscherschurf unmöglich in Frage
kommt. Auch an der Küste sind diese 15—30 m tiefen präglazialen Talkerben
wiederholt festgestellt worden (bei Scarborough, Bridlington usw.). Strittig
ist, ob kurz vor der Ankunft der Vergletscherung das Meer wieder etwas
angestiegen war; der u. a. oft als Beweis dafür genannte Strand von Sewerby
bei Bridlington scheint dafür zu sprechen, der jedoch von anderen für interglazial angesehen wird [311, 317, 322—324, 333, 336, 349; 32*, 312*].

Jedenfalls war zu Beginn des Eiszeitalters das Relief NE-Englands vom
heutigen nicht wesentlich verschieden. Immerhin wurden durch die Vergletscherungen allerhand Umgestaltungen bewirkt, vor allem durch Aufschüttungen. Mehrere Phasen der Vereisung, mit großer Wahrscheinlichkeit
sogar mehrere Eiszeiten, lassen sich feststellen. Wie auch sonst an der E-Küste
Großbritanniens entstammen die ältesten glazialen Ablagerungen skandinavischem Eis, das allerdings nicht tief in das Land eindrang. Sie finden sich
an der Küste von Durham [331, 332, 341; 214] und von Yorkshire [28], hier
u. a. auf Flamborough Head und in Holderness [33]. In Durham enthalten
sie norwegisches Geschiebe, in S-Yorkshire außerdem schwedische, in Holderness auch baltische Granite (vom Rapakivityp) [332]. In Northumberland
und Durham folgen darüber blaue oder violette Tone, deren reichliche Erratika von den Cheviots und den Pennines herabgeschleppt wurden; in den
präglazialen Tälern des Wear und des Wansbeck, eines n. Begleiters des
Tyne, werden sie über 30 m mächtig (Main oder British Drift). Ein vorherr-
schender rötlicher Upper Clay, wegen seiner beim Austrocknen entstehenden
Formen auch „Prismatic Clay" genannt, führt im N Geschiebe aus dem
Tweed- und Forthgebiet und aus den Cheviots, weiter s. solche aus SW-Schottland und dem Lake District, die durch das Tyne Gap, die Furche zwischen
den Cheviots und den N-Pennines, herübergetragen wurden [25 a, 214, 225, 320,
331]. Zwischen der skandinavischen Drift und der Main Drift ist örtlich
ein lößartiges Gebilde, das nördlichste in Europa, eingeschaltet, das mindestens auf ein wärmeres „Interval-in-the-glaciation" deutet, aber wohl als
interglazial angesehen werden darf [332, 337, 341]. Während jedoch zur Zeit
der Main Drift die Eisströme, nach dem Befund eines älteren Schrammen-
systems zu schließen, frei über das Plateau von Northumberland hinweg-
strömen konnten, annähernd radial von den Cheviots aus, wurden sie in einer
späteren Phase durch das skandinavische Eis und das von diesem heran-
gedrängte Forth-Eis gegen SE bis SSE abgelenkt [214 u. ao.]. Allein auch
schon in der früheren Phase hatte das Eis zusammenhängend das ganze Gebiet bedeckt. Deutlich lassen sich etliche Hauptstränge erkennen: das
Tweed-Eis, das Cheviot-Eis mit dem benachbarten Carter-Eis, das Lake
District-Tyne- und Lake District-Stainmoor-Eis, das über Stainmoor [1])

---

[1]) (Vgl. S. 543 f.) Manche Autoren und Behörden schreiben Stainmore. Im folgenden
Text wird Stainmoor beibehalten.

durch Teesdale herabzog. Zwischen dem Tyne- und dem Stainmoor-Eis stiegen aus dem Cross-Fell-Massiv kleinere Gletscher im Derwent- und Weartal hinab. Gletscher kamen aus den mittleren Pennines durch Swale-, Yoredale usw. in die Ebene von Yorkshire, auch sie durch Eis vom Seengebiet über Stainmoor her genährt. Bezeichnende Erratika geben über die Ausdehnung der einzelnen Eisströme hinreichend Auskunft, mögen auch deren Grenzen wiederholt geschwankt haben: die silurischen Grauwacken des Tweedgebiets, die Porphyrite der Cheviots, die Criffelgranite SW-Schottlands, bestimmte Erstarrungsgesteine des Seenlandes und die Shapgranite. Nur kleinere Gebiete blieben während der größten Vergletscherung frei, so die Höhen der Yorkshire Moors [110, 28; 39, 331, 339, 341]. Bemerkenswert ist, daß W-Eis zeitweilig die Küste n. der Cleveland Hills erreichte, während vorher und nachher Cheviot-Eis bis in oder sogar über dieses Gebiet vorstieß. Ein endgültiges Bild vom Verlauf des Eiszeitalters läßt sich infolge dieser und noch anderer Schwierigkeiten vorläufig nicht gewinnen. Im ganzen glaubt man jedoch auch in NE-England vier glaziale „Episoden", getrennt durch „Intervalle", unterscheiden zu können: 1. Scandinavian Clay, 2. Northern (Scottish) Clay, 3. Western (Lake District, Pennine und Southern Uplands) Clay, 4. Northern (Cheviot und Scottish) Clay im Küstenflachland und Western Clay weiter landeinwärts; sie würden den Vergletscherungen von Ostanglien entsprechen [342 b]. Doch sind über alle diese und die im folg. behandelten Fragen die Meinungen sehr verschieden, und von ihrer endgültigen Lösung ist man noch weit entfernt [32*, 520*; 350, 351, 355 u. ao.].

Die Beiordnung zu den glazialen Ablagerungen von Mittelostengland wird durch den Befund in Holderness und an der S-Küste des Humberästuars ermöglicht. In Holderness lagert „Head" auf dem präglazialen (pliozänen?) Strand, darüber Lower und Upper Basement Clay mit vielen skandinavischen Erratika, wieder darüber der nach der Farbe benannte Lower und Upper Purple Clay und schließlich, durch eine Verwitterungsschichte getrennt, der fuchsrote Hessle Clay, jeder von ihnen durch andersartigen Geschiebe- und Mineralgehalt gekennzeichnet [28, 34, 316, 340]. (Nach einer anderen Auffassung hätte man nur e i n e n Purple Clay, aber z w e i Hessle Clays zu unterscheiden [342].) Der Upper Basement Clay nun dürfte dem Great Chalky Boulder Clay, d. i. dem jüngsten Glied der „Older Drift", der Great Eastern Glaciation von Ostanglien, entsprechen, der Upper Purple Clay wohl der Upper Chalky Drift der Little Eastern Glaciation, der Hessle Clay dem Hunstanton (Brown) Clay [32*, 342 a—346]. Die Verbindung ergibt sich zu Kirmington s. des Humberästuars: hier finden sich in 18—24 m H. zwei Geschiebetone, von denen der liegende dem Purple Clay, der hangende dem Hessle Clay gleicht. Sie werden voneinander durch marine und ästuarine Schichten getrennt, die auf einen entsprechend höheren Stand des Meeres und zugleich auf ein Interglazial vor dem Hessleglazial weisen, gleich alt entweder mit den fluviatilen March Gravels in Cambridgeshire oder wohl mit der Nar-Senkung im Fenland (vgl. S. 332) [37 a, 312 a, 345]. Bei dieser Senkung drang das Meer in die Yorkshire Plain ein. Es hinterließ an deren W-Rand auf den Permkalken von Tadcaster bis Doncaster Strandablagerungen, die sich regelmäßig in ± 30 m an eine steilere, kliffartige Böschung anlehnen; auch im E, zwischen Market Weighton und Humber, kehren Lokalschotter in der gleichen Höhe wieder. Bei der nachfolgenden Hebung wurde hier, in der Gegend von Holme-upon-Spalding Moor, die Oberfläche mindestens 30 m tief zerschnitten, ehe die Schotter und Sande der Hesslezeit aufgeschüttet wurden [346]. Im Vale of York gehören dieser letzten Vergletscherung zwei schöne Endmoränenwälle bei York an, die vielleicht erst bei ihrem Rückzug aufgeworfen wurden (vgl. S. 488 f.). Bei Höchststand spalteten sich die von N kommenden Eismassen (hauptsächlich mit Silur-, Tweed- und Cheviotgesteinen) in zwei Ströme, von denen sich der w., verbunden mit dem abgedrängten Stainmoor-Tees=Eis, schon bis York auf 30 m absenkte, der ö. dagegen infolge des Drucks des skandinavischen Eises noch bei Scarborough 180 m H., erst am Wash den Meeresspiegel erreichte und bis an die Küste von Norfolk vorstieß. Ein ausgesprochener Moränenrücken zieht von den Yorkshire Wolds her in das alluviale Küstenland von Holderness bei Hessle w. Hull, wonach der Hessle Clay benannt ist. In den Wolds selbst reichte das Eis von E her bis Great Driffield und über Beverley westwärts [343]. Da durch dasselbe der Abfluß der Schmelzwässer des Vale of York-Gletschers verlegt war, bildeten sich Stauseen, „Lake Pickering" (Abb. 85; vgl. S. 514) und „Lake Humber" [28, 354]. W. des Vale of Ouse beobachtet man im Caldertal zwischen Castleford und Ferrybridge zwei Schotterterrassen, von denen die untere talabwärts in die sog. 25′-Drift, d. h. in die oberen Sande und Tone des Vale übergeht, also gleich alt mit der Hesslemoräne ist [346]. Fluvioglazialen Ursprungs, hängt sie mit der letzten Vergletscherung der Yorkshire Dales und dem Überflußgerinne im Todmorden Gap zusammen. Somit reicht die „Dales Glaciation" selbst noch in die Hessle-Eiszeit hinein (vgl. S. 550 f.).

Außer dem interglazialen Strand von Kirmington weist die Küste NE-Englands andere pleistozäne Strande auf, aber ihr genaueres Alter ist strittig. Bei Easington in Durham z. B. (halbwegs Sunderland und Hartlepool) greift eine heute 18 m über dem Meeresspiegel liegende Strandplatte vom Permkalkfels auf Geschiebelehm der Main Drift über; der Strand ist also jünger als dieser und wohl gleich alt mit dem von Kirmington. Weiter n., zwischen Sunderland und South Shields (bei Fulham, auf den Cleadon Hills, bei Marsden), liegen marine und ästuarine Ablagerungen in 40—45 m H. Sie können mit den spätglazialen gehobenen Strandlinien des Firth of Forth und des Firth of Tay verglichen werden (vgl. Kap. XIV); die postglaziale Hebung von N-Britannien mag auch s. des Tyne erheblich gewesen sein [318, 321, 336, 337, 355, 356].

Nicht bloß das Vale of Pickering und das Vale of Ouse, sondern auch andere eisfrei gebliebene oder wieder eisfrei gewordene Täler wurden zeitweilig von Stauseen erfüllt, so etliche Täler der Cleveland Hills selbst bei der größten Vergletscherung, da auch diese das Gebiet nur umfaßte, nicht überwältigte (vgl. S. 509 f.) [38, 310]. Am klarsten nachweisbar sind sonst nur die beim Rückzug der letzten Vergletscherung gebildeten Stauseen. Solche entstanden z. B. zwischen dem Tyne—Lake District=Eis und den Ausläufern des Cross Fell-Massivs in verschiedenen Tälern (Allen Dales, Derwenttal). Ein großer „Wear Lake" wurde abgedämmt zu einer Zeit, wo sich der Weargletscher schon vom Eis Mittel-Durhams abgelöst hatte, das Weartal aber weiter unterhalb noch vom Stainmoor-Eis verlegt war. Später vergrößerte er sich zum „Ferryhill Lake". Dieser nahm auch den Abfluß des Derwent-Stausees auf, erstreckte sich im Weartal von Chester-le-Street gegen S und entsandte seinen Abfluß durch das Ferryhill Gap (s. Durham) zu einem „Skearne Lake" genannten Stausee, der durch das Cheviot-Eis im E und eine Reihe von Seitenmoränen des Teesdalegletschers im S abgeriegelt war und bei Aycliffe (n. Darlington) in 67 m H. zum unteren Tees abfloß; der Skearne ist der armselige Nachkomme dieses Wasserstranges [28, 339, 341, 341 a]. Als später das Tyne-Eis weiter gegen W zurückge-

wichen war, verlegte doch noch Tweed-Cheviot=Eis die Täler der Platte von
Northumberland und der Cheviots. Nun entstanden hier eine Anzahl Stauseen, die beim weiteren Rückzug des Eises ihre Formen, Höhenlage, oft
auch die Richtung ihrer Ausflüsse änderten. Deren Rinnen („slacks" oder
„swires" genannt) sind ein wichtiger Zug jener Landschaft. Auch das Tyne
Gap hat als „swire" funktioniert, eine im Präglazial wahrscheinlich vom
Irthing, der damals ein Nebenfluß des South Tyne war, benützte Furche
[320, 331]. Von den postglazialen Seen ist der im Vale of York besonders
bemerkenswert, welcher, durch die Hesslemoräne von York aufgestaut, im N
bis Northallerton reichte [28, 346]. Noch viel häufiger sind die meist nicht

sehr tiefen Kerben von Randgerinnen, welche beim Sinken
der Eisspiegel in die umrahmenden Talgehänge und Sporne in
verschiedener Höhe eingeschnitten wurden.

Nicht minder wichtig sind
die eiszeitlichen Aufschüttungen, bald echte Grundmoränen-
decken, bald unregelmäßige,
flache Schotter- und Moränen-
hügel, an der Unterseite des
Eises beim Rückzug ausge-
schmolzen, manchmal in Verbindung mit Söllen („kettle
moraines"); manchmal End-
moränenwälle; selten einmal
ein Esker; dann wieder fluvioglaziale Aufschüttungen vom
Sandertyp, Bändertone in den
Stauseen usw. [21, 22, 25, 28].
Manche epigenetische Flußlaufverlegungen hängen mit die-

Abb. 85. Die Vergletscherung von NE-Yorkshire
zur Zeit des „Lake Pickering". (Nach W. B.
Wright u. a.) 1 Lake Eskdale, 2 Lake Glaisdale,
3 Lake Wheeldale. N.D. Newton Dale.

sen Aufschüttungen zusammen. So fließt der Wear nur in seinem Oberlauf
bis Bishop Auckland auf Drift über seinem präglazialen Talboden, zwischen
Durham und Sunderland im Fels. Sein heutiger Unterlauf (Wear Gorge)
geht auf einen Überflußdurchbruch zurück aus der Zeit, wo ihm der Tweed-
Cheviot=Gletscher den alten Lauf verlegte (vgl. S. 520) [331, 341, 341 a].

Postglaziale Höhenschwankungen des Landes sind an der Küste oft
bemerkbar. Ertrunkene Wälder (in der Humberniederung — 15 m O.D.; zu
Whitburn Bay, West Hartlepool) weisen auf einen höheren Stand des
Landes, dem wieder ein tieferer folgte; auf einen solchen auch ein 9 m-Strand
in Saltburn, der von einem höheren abgelöst wurde [28, 33, 321, 324, 336,
337; 312*]. Die heutige Küste ist größtenteils eine Steilküste, wenn auch
nur selten über 50 m hoch — beträchtlich höher bloß am Abfall der Yorkshire Moors —, nur von wenigen in das Land eingreifenden Buchten gekerbt.
Wo sie aus minder widerständigen Gesteinen besteht, weicht sie rasch zurück,
namentlich in den Geschiebelehmen [327, 328, 330, 338]. Flachküsten umsäumen Holderness, das Teesästuar und eine gegen N anschließende Strecke,
auf welcher auch Dünen nicht fehlen. Vor der Küste von Northumberland
sind kleine Felsinseln und Riffe häufig; hier ist die Schiffahrt immer besonders gefährdet gewesen [11]. Größere Häfen stehen dieser bloß in den Mün-

dungen von Humber, Tees, Wear und Tyne zur Verfügung, aber auch sie
bedurften der Ausgestaltung durch den Menschen.

Die klimatischen Unterschiede zwischen NE-England und Mittelostengland sind unbedeutend, sowohl in der Temperatur wie in den Nieder-
schlagsverhältnissen [48*—411*; 118—122, 124, 41—44, 47]. Der kälteste Monat, an der Küste manchmal der Febr., sonst der Jan., hat keine niedrigeren
Temperaturen als gleich hoch gelegene Orte im S; der Jan. von Durham
(3,3°) ist im M. nicht kälter als der von Rothamsted, der von Tynemouth
(4,8°; Febr. 4,5°!) nicht kälter als der von Cambridge. Allein es muß doch
lange mit naßkalter Witterung gerechnet werden, mit Schneeschauern im
März, im April mehr mit beißenden, trockenen NE-Winden. In Northumberland und Durham spannt sich bei ruhigem Wetter oft eine niedrige Wolke
(„sea-fret") über das Land, wenn die schon wärmere Luft vom Kontinent
über die noch kalte Nordsee hereinströmt. Dadurch verzögert sich der Frühling und er wird verkürzt; Flieder und Goldregen blühen 14 T. später als in
gleicher Breite in Westmorland [118, 120]. Wohl aber bleiben die JuliM. mit
± 15° C um 0,5—1,0° C niedriger als in Ostanglien (Durham 14,6°, York fast
16°, Scarborough 15,3°, Hull 15,7°). Größer sind die Temperaturunterschiede
zwischen Küsten- und Binnenstationen, z. B. zwischen Scarborough und York
(im J.D. zwar nur — 0,2, aber V und VI im M. 2°, bei einem Höchstausmaß
von 4,6°, um welche York wärmer ist). Die Binnenorte haben natürlich auch
eine etwas größere J.Schw. der Temperatur (Bellingham 25 m, I 2,0°; VII
13,5°). Wesentlich kühler als an der S-Küste ist dagegen die Temperatur der
Meeresoberfläche (Scarborough II 4,6°; VIII 13,7°; J. 8,8°) [47*, 415*]. Die
Niederschläge [47*, 48*; 41, 42, 44] sind im Inneren, näher dem Lee der Pennines, etwas geringer als an der Küste (York 62 cm, Hull 65 cm, im unteren
Ousetal 57 cm [120]), sie überschreiten im Tiefland kaum irgendwo 700 mm;
in den Wolds erreichen sie mehr als 800 mm, auf den Yorkshire Moors dürften sie mindestens ebensoviel betragen. Sehr ausgeprägt ist das Maximum
im Okt. (12%), das Minimum im April oder Mai; ein sekundäres Maximum
weist der Aug. (10—11%), ein sekundäres Minimum, manchmal sehr ausgeprägt, der Sept. auf, wie folgende Tabelle beleuchtet [47*].

Niederschl. in mm	I	II	III	IV	V	VI	VII	VIII	IX	X	XI	XII	Jahr
York	44	41	42	42	50	54	63	63	42	67	54	56	618
Hull	45	45	45	41	48	53	58	73	45	75	57	60	645
Tynemouth .	41	36	45	35	51	51	61	71	46	76	52	55	614

Groß ist die relative Feuchtigkeit (Tynemouth I 85—88%, VII 76 bis
84%; Spurn Head 91—93, bzw. 83—88%) [48*]. Durchschn. erhält NE-
England kaum ⅓ des mögl. Sonnenscheins, in den Wintermonaten kaum ¼,
manche Orte bloß 15—20%. Stärkere Unterschiede weist, wohl im Zusammenhang mit seinen Industrien, Hull auf, das im Dez. im M. bloß (1926 bis
1935) 27 St. Sonnenschein (12%), von Nov. bis Febr. weniger als 20%, von
Juni bis Sept. mehr als 30% (im Juli 39%) erhält; im ganzen nur 1327 St.
im J. Spurn Head hatte dagegen (1921—1935) durchschn. 1520 St. (34%),
Scarborough (1906—1934) 1393, Bridlington (1920—1935) 1447 [411*].
Nebelreich ist besonders das Gebiet um Tynemouth (42 T. mit Nebel), viel
mehr als Spurn Head (26); die meisten Nebeltage haben die Monate Dez.
bis Febr. (Spurn Head 12, davon 5 im Jan.; Tynemouth 15) [48*].

Abwechslungsreich ist das Pflanzenkleid, schon wegen der Mannigfaltigkeit der Böden, freilich mit Ausnahme der Höhen der Yorkshire Moors und einzelner Sumpfstriche kaum irgendwo in natürlichem Zustand erhalten. Die Wolds, die Permkalkstufe, die Karbonkalke, im N die Schiefer und Sandsteine, die verschiedenartigen glazialen Ablagerungen, Schwemmlandböden, Dünen, Strandbildungen haben alle ihre bezeichnende Flora; am gegebenen Platz wird in der Folge davon die Rede sein (vgl. S. 491, 511). Der ursprünglich weitverbreitete Wald, in den Niederungen mit Eichen und Eschen, häufig versumpft, höher oben lichtere Birkengehölze, ist jedoch vom Menschen in allen Gr. sehr vermindert worden [514*]. Immerhin gibt es einzelne schöne Waldbestände.

Die heutige Kulturlandschaft NE-Englands weist überhaupt nur wenige unberührte Striche auf. Die vorgermanische Besiedlung hat zwar mancherlei Spuren in ihr hinterlassen, ist aber auf ihr heutiges Gepräge ohne Einfluß geblieben, obwohl manche Schöpfungen der Römerzeit die Vorläufer von späteren geworden, andere wenigstens als Ruinen erhalten geblieben sind. Dagegen hat das kulturgeographische Bild des Mittelalters, das die Germanen schufen, die Grundlage für das gegenwärtige abgegeben; erst in den letzten 150—200 J. wurde es stark umgestaltet und sind einzelne Abschnitte NE-Englands der Schauplatz größerer Menschenballungen geworden.

Nur wenige Funde aus der Altsteinzeit sind in Yorkshire auf uns gekommen, so aus Durham ein Quarzitwerkzeug der Chelles- oder Acheulkultur [59]. Erst vor kurzem wurde eine große Anzahl bearbeiteter mesolithischer Flinte entdeckt; auffallend reich an solchen ist Yorkshire (Mikrolithe auf den North York Moors), wo auch die Maglemosekultur nachgewiesen wurde (bei Skipsea und Hornsea in Holderness) [514—515a]. Werkzeuge und andere Gegenstände aus der Jungsteinzeit und besonders aus der Bronzezeit sind schon viel häufiger [511*, 511, 513 u. ao.]. Ihre Verbreitung lehrt, daß die Kalkberge der Yorkshire Moors und die Wolds damals verhältnismäßig dicht besiedelt waren und der Mensch längs der Täler des Wear, des Tyne usw. in das Innere vorgestoßen war. Auch das breite, niedrige Karbongelände zwischen Hexham und Alnwick hat jungsteinzeitliche Funde und „Bechertöpferei" geliefert [11, 513* u. ao.]. Im Gegensatz zu der reichen Hinterlassenschaft der Bronzezeitkultur hat die Hallstattzeit nahezu nichts auf uns vererbt, die La Tène-Kultur wieder mehr — in den Wolds mit bezeichnenden „chariot-burials", die ohne Zweifel von Eindringlingen aus Gallien nach Yorkshire gebracht worden waren. Allein selbst hier sind bisher keine Siedlungen nachgewiesen worden, außer einer Anzahl von Wohngruben [52]. Bemerkenswert sind die Seesiedlungen von Holderness [54]. Im East Riding verknüpft sich die La Tène-Kultur mit dem Namen der Parisi. Die Yorkshire Plain war das Kerngebiet des Reichs der Brigantes, als die Römer ins Land kamen. Northumberland gehörte anscheinend zum Bereich der Votadini, der sich bis zum Firth of Forth erstreckte. Die Bevölkerung, die von Jagd und Viehzucht lebte und primitiven Ackerbau betrieb, wohnte um die Cheviots herum, mit Vorliebe in den oberen Talabschnitten in kleinen Dörfern und Einzelsiedlungen, von der eisenzeitlichen Kultur kaum beeinflußt, ehe die Römer kamen. Von ihren Wehranlagen sind „multiple ring forts" bemerkenswert, weil sie im übrigen auf Cornwall und SW-Wales beschränkt sind [511, 513, 520; 517*—519*].

Unter den Römern erhielt NE-England zum erstenmal in der Geschichte die Rolle eines Grenzlandes. Der beste Zeuge hierfür ist das Vallum Hadriani,

mochten sie auch zeitweise ihre Herrschaft bis über die schottischen Lowlands ausdehnen [511*; 51, 58a, b, 512, 513a, 516, 518, 519]. Das berühmte
Bauwerk zieht, mit etlichen Forts ausgerüstet, einige Meilen n. des Tynetals
von Wallsend (unterhalb Newcastle) nach Bowness am Solway. Es deckte die
wichtigste Querverbindung im N des römischen Britannien, die Straße durch
das Tyne Gap. Noch heute bilden ansehnliche Reste desselben einen eigenartigen Zug in der Landschaft. Eburacum (York) war die große Lagerfestung, Straßenknoten, Hauptstützpunkt der römischen Macht [115h, 56, 57].
Von dort lief die N-Straße, die von Lindum über Danum (Doncaster) und
Calcaria (Tadcaster) herankam, über eine Reihe kleinerer Befestigungen zur
n. Grenzwehr nach Corstopitum (bei Corbridge) im Tynetal [55, 511a]. Ein
anderer wichtiger Platz war Derventio (Malton). welches NE-Yorkshire beherrschte [115i, 510, 517]. Stationen standen u. a. zu Chester-le-Street und
South Shields. Eine Reihe von Signalposten sollte die Küste gegen Einbrüche von der See sichern, z. B. bei Scarborough [58, 521; 517*].

Anscheinend erst lange nach dem Abzug der Römer, welcher das Gebiet
den Raubzügen der Pikten freigegeben hatte, im 6. Jh., drangen die Germanen
ein. Angeln besetzten Holderness, unterwarfen das East Riding, ließen sich
im unteren Derwenttal nieder und bemächtigten sich bald ganz Yorkshires
[67, 68]. Ihr Kgr. Deira reichte sogar über den Tees. Um dieselbe Zeit (547)
war zwischen den Cheviots und dem Meer, dem Firth of Forth und dem Tyne
das Kgr. Bernicia von Germanen gegründet worden, mit dem Königssitz zu
Bamburgh [621; 637*]. Gegen Ende des 6. Jh. wurden beide vereinigt und das
ganze Gebiet zwischen Humber und Forth Northumbria genannt [621]; erst
im 11. Jh. erscheint der Name Northumberland, der später auf die heutige
Gr. beschränkt wird [BE, 11a, 11b]. Im 7. Jh. wurde das Christentum
eingeführt, es entstanden die Bischofssitze von York (627) und von Hexham,
das berühmte, älteste Kloster zu Lindisfarne (635), andere zu Whitby (657)
[620], Ripon (660), Jarrow (685), Beverley (um 700), Monkwearmouth, Hartlepool usw. Wiederholt mußte Northumbria mit Mercia schwer kämpfen.
Schon 793 zerstörten die Wikinger Lindisfarne, 794 plünderten sie Jarrow
und Monkwearmouth. 867 kamen die Dänen von Ostanglien her über den
Humber und nahmen York. 871 wurde ihr König Ivar als Herrscher aller
Wikinger Britanniens anerkannt; sein Nachfolger Halfdan eroberte 874
Mercia, rückte 875 durch Durham, wo sich nur wenige niederließen, in Northumberland ein und verteilte das Land unter seine Leute. Später zog die
N-Grenze des Danelaw längs dem Tees, n. von ihm lag nunmehr das Earldom
of Northumbria, das allerdings etliche Exklaven anderer Herren umschloß.
Aber die Kämpfe zwischen Dänen und Angelsachsen dauerten fort. Bald
nach Beginn des 10. Jh. drangen auch Scharen von Norwegern, von Irland
herkommend, durch das Tyne Gap in Northumberland ein und eroberten
918 York. Doch stellte 952 Wessex seine Oberherrschaft wieder her [617,
624*, 625d*, 635*, 637*]. Auf die Dänen geht (vgl. o.) die Einteilung in die
Ridings und deren Unterteilung in „wapentakes" zurück. Zu der früheren
angelsächsischen Besiedlung traten also die dänische und die skandinavische
hinzu. Im ganzen hat das Germanentum so gründlich durchgegriffen, daß
sich in NE-England nur wenige Überreste britischer Ortsnamen erhalten
haben; Flußnamen keltischen Ursprungs sind wie im übrigen England etwas
häufiger [61—68]. Aber selbst im East Riding reichen die alten Namen auf
-ing und -ingaham kaum vor 600 zurück. Sie gruppieren sich an der Küste,
im Vale of Pickering, im Derwenttal und längs der römischen Hauptstraße
in Yorkshire. Der Forest of Galtres auf den schweren Böden der Plain of

Yorkshire (vgl. S. 490) und die North York Moors blieben unbesiedelt. Im 7. Jh. wurde, nach den Ortsnamen zu schließen, das Siedlungsgebiet von Northumbria her bis nach Yorkshire erweitert. Um Whitby, in Cleveland, im unteren Teesdale überwiegen skandinavische Ortsnamen aus dem 10. Jh.; die Ortsnamen auf -by mögen allerdings schon der dänischen Besiedlung angehören. Im North Riding gibt es vier Normanbys und drei Danbys. Das Nordgermanische war jedenfalls so verbreitet, daß sich im 10. und 11. Jh. eine eigene anglonordische Mundart entwickelte. Im allgemeinen scheinen sich die Norweger nicht an Stelle der Dänen, sondern neben ihnen niedergelassen zu haben; dagegen besetzten beide Völker ohne Bedenken Gebiete, die vorher den Angeln gehört hatten (Abb. 86 u. 87) [617, 616*]. Im großen und ganzen war die Kolonisation bei der Ankunft der Normannen abgeschlossen: Siedlungen keltischen Ursprungs in höheren Lagen, in den Plateautälern anglische Dörfer mit quadratischem oder rechteckigem Anger, kleine Weiler der Dänen und Norweger im Teestal waren damals z. B. die Elemente der Kulturlandschaft von Durham und blieben es bis zur Industrierevolution [118].

In den Kämpfen zwischen Dänen und Angelsachsen erfocht zwar König Harold von England 1066 bei Stamford Bridge unfern York einen entscheidenden Sieg, erlitt aber noch im selben Jahr Niederlage und Tod bei Hastings. In der Folge verheerten die Normannen das Land furchtbar, weite Gebiete zwischen Durham und York blieben jahrelang unbewohnt. Dafür errichteten sie eine große Anzahl Burgen, u. a. zu Pickering, Scarborough, zu Knaresborough und Richmond in Yorkshire, die von Newcastle, Morpeth, Alnwick, Warkworth, Dunstanburgh, Bamburgh, Chillingham u. a. in Northumberland. Sie riefen auch die ehemaligen sächsischen, von den Dänen zerstörten Klöster (Whitby, Beverley u. a.) wieder ins Leben und gründeten viele neue, besonders solche des Zisterzienserordens, so die Abteien Rievaulx (1131), Fountains (1132), Jerveaux (1136), Meaux, Byland (1177), das Prämonstratenserstift Blanchland im Tal des Northumberland Derwent (1165), Newminster bei Morpeth. Andere angesehene Klöster standen zu Selby (1069, Benediktiner), Kirkham (1122), Bridlington, Guisborough (1109, Augustiner), York; Brinkburn bei Morpeth (Augustiner), in Hulne bei Alnwick seit 1240 das älteste Karmeliterkloster, bei Northallerton Mount Grace Priory, das älteste Karthäuserkloster Englands (1397) [11]. Zur Zeit der Aufhebung der Klöster (1536) zählte man allein in Yorkshire 28 Abteien, 26 Prioreien, 23 Nonnenklöster [BE]. Eine besondere Stellung unter den Kirchenfürsten gewannen die Bischöfe von Durham. Als das von St. Cuthbert gegründete Bistum Lindisfarne nach der Zerstörung des Klosters durch die Dänen nach Chester-le-Street verlegt wurde, schenkte ihm der Däne Guthred das Land zwischen Wear und Tyne; bei der neuerlichen Verlegung des Sitzes nach Durham (995) wurde die Schenkung noch vergrößert. Zur Zeit der Eroberung durch Wilhelm umfaßten die bischöflichen Besitzungen fast das ganze Gebiet zwischen Tees und Tyne, außerdem verschiedene Exklaven (Teviotdale z. T., Hexhamshire, die Stadt Carlisle). Rechtlich unterstand es damals dem Earl of Northumbria. Aber noch im 11. Jh. begannen die Bischöfe königliche Rechte auszuüben und 1293 wurde das Palatinat Durham geschaffen. Zwar wiederholt, besonders 1536 stark eingeschränkt, während der Republik sogar aufgehoben, bestand es bis 1836 fort [11 b; 69 a].

Mit der normannischen Eroberung war allerdings NE-England kein dauernder Friede beschieden; immer wieder lebten die Kämpfe mit den Schotten auf. Besonders das Borderland am Tweed und die Striche bis zum

Tyne wurden wiederholt verheert. Zur Abwehr wurden hier wie drüben in
Cumberland die massiven pele-towers (vgl. S. 695) errichtet. Mehrmals
drangen die Schotten nach S vor (Schlachten von Northallerton 1138, Nevil's
Cross bei Durham 1346, Otterburn vor dem SE-Abfall der Cheviots 1388,
Flodden Field bei Wooler 1513), dann wieder gab es innere Kämpfe zwischen
der Weißen und der Roten Rose (Hexham 1464), in den Bürgerkriegen
(Marston Moor bei York 1644). Kein Wunder, daß die Wirtschaft in solchen
Zeiten schwere Rückschläge erlitt.

Trotz allem blühten seit dem 12. Jh. nicht bloß die Landwirtschaft,
sondern auch, dank der Unternehmungslust und der Arbeit der Mönche,

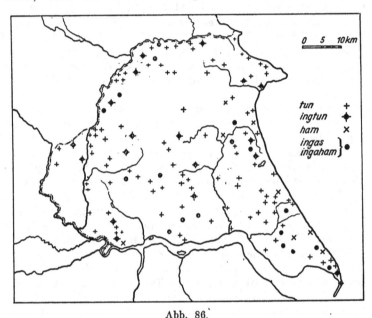

Abb. 86.

Abb. 86 und 87. Ortsnamen im East Riding von Yorkshire.
(Nach A. H. SMITH.)

Bergbau und Handel auf [624*]. Yorkshire verwertete frühzeitig seine
Wolle; nach Tausenden zählten die Schafe von Fountains Abbey, von Rievaulx Abbey. Spätestens im 13. Jh. wurde auf Kohle gegraben, so zu Blyth.
Der Handel mit der hier an der Küste gebrochenen „sea coal" entwickelte
sich sehr rasch, als Newcastle ein Monopol für ihn und für die Flußschiffahrt
erhielt, und im Zusammenhang damit auch der Schiffbau (Jarrow). Um
1600 wurde bereits 1/4 Mill. tons ausgeführt (vgl. S. 528) [124, 82 d]. Bei
Blyth, North und South Shields wurde Seesalz gewonnen, im Inneren aller
drei Gr. auf das silberhältige Bleierz, Silber und Eisen geschürft. Zwar entstanden die Eisenhämmer nicht im Flachland, sondern in den Tälern der
Pennines (vgl. S. 582), aber der Absatz der Waren erfolgte über die Häfen
der E-Küste, zumal Hull und Stockton. Kalk wurde an verschiedenen Stellen
gebrochen. Im 17. Jh. wurde Whitby durch seinen Gagat und durch seinen
Alaun bekannt. Flüchtlinge aus Frankreich errichteten Glashütten am Tyne.
Noch im 18. Jh. trug auch das heute industrialisierte Gebiet durchaus das
Gepräge der Landwirtschaft, z. T. mit den alten Formen des „infield-out-
field"=Systems und den darüber hinaus liegenden Schafweiden, u. zw. nicht

bloß im N, sondern u. a. auch in manchen Dörfern des East Riding. Nach
MARSHALL's Bericht (1812) war hier nahezu ¹/₃ der Fl. Ödland, noch mehr
im W der Gr. mit ihren unwirtlichen Höhen. Dagegen zogen sich, freilich
oft von Heide und Moor unterbrochen, an der Küste und längs der Täler
von Northumberland Wiesen und Äcker, ebenso zwischen Wear und Tees in
E- und S-Durham auf seinen trockenen Lehmen und Tonen. Die Plain of
Yorkshire war reichlich mit Weizen und Gerste bestellt. Viel Weizenbau
wurde im Vale of Cleveland betrieben, aber wie in Durham war die Aufzucht
von Rindern die Hauptsache, Butter und Käse waren wichtige Erzeugnisse
der Landwirtschaft. Wie dort und in der Plain of Yorkshire waren im Vale

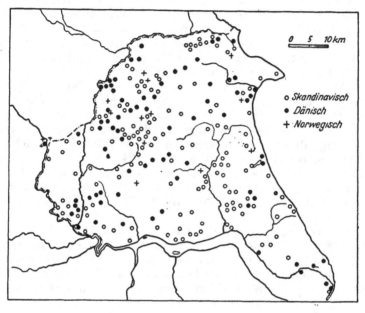

Abb. 87.

of Pickering, wo man mit der Entwässerung der nassen Gründe begonnen
hatte und Viehzucht mit Ackerbau verband, die commons bereits verschwunden, auf den Wolds im Verschwinden begriffen; neben der Haltung von langwolligen Schafen und der Jagd auf Kaninchen war Hafer- und Gerstenbau
mit bestem Erfolg getreten. Besonders im East Riding machte die Eroberung
des Ödlandes große Fortschritte, dank der Arbeit von kleinen Anwesen, die
für dieses Gebiet bezeichnend blieben. Dagegen war und blieb Northumberland ein Gebiet von Großfarmen. Durham stand in dieser Hinsicht in der Mitte.
Von den ehemaligen großen Wäldern war nicht viel übrig, der ausgedehnte
Forest of Galtres war Heide geworden. Kohlenbergbau und Schiffbau beanspruchten, abgesehen vom gewöhnlichen Bedarf, viel Holz. Heute beschränken sich nennenswerte Bestände auf die unteren Hänge einzelner Talkerben
(etwa im Ryedale der Yorkshire Moors; Chopwell am Derwent).

Der Kohlenbergbau und die Ausbildung von Industriezentren trieben
immer mehr zur Verbesserung der Verkehrswege: der Versand der Kohle
auf Packtieren wich dem auf „waggon-ways" (vgl. S. 531), die Hauptstraßen
wurden ausgebaut und in Yorkshire mehrere Kanäle angelegt. Auch die
Häfen wurden besser ausgestattet und vergrößert.

Die starken Veränderungen in der Wirtschaft während des 19. Jh. bestanden in der Industrialisierung der Landstriche am unteren Tyne und
Tees, in der damit verbundenen Bevölkerungsverdichtung, welcher eine immer
stärkere Bevölkerungsabnahme in den Landbaugebieten entsprach; in der
Umstellung dieser von Ackerbau auf Viehhaltung, namentlich auf Milchviehzucht und Molkereiwesen, entsprechend dem Bedarf der Industriegebiete, einer
Erscheinung, die sich auch um Hull und in der Nachbarschaft der Industriestädte des West Riding bemerkbar machte. Die Industrialisierung selbst
wurde ermöglicht durch das Vorhandensein der Kohlenlager von Durham
und Northumberland (in Tees-side besonders gefördert durch die Entdeckung,
1851, bzw. Verwertung der Eisenerze von Cleveland), durch die Modernisierung des See- und Landverkehrs (Abb. 88). Newcastle behauptete dabei die
Führung im N, im S wurde das alte Stockton von dem mit amerikanischer
Geschwindigkeit anwachsenden Middlesbrough abgelöst. Im Flachland von
Yorkshire beschränkte sich die Industrialisierung auf Hull, den ö. Haupthafen für die Industrien der Penninestäler im West Riding, und — in viel
geringerem Ausmaße — auf ein paar andere Städte. Im 20. Jh. traten zu
diesen Entwicklungen das Übergreifen des Bergbaus auf die verdeckten
Kohlenflöze E-Durhams, im Zusammenhang damit die Umgestaltung der
Landschaft, das Zusammenballen einer Arbeiterbevölkerung und, verursacht
oder beschleunigt durch die wiederholten Wirtschaftskrisen, auch das Aufsteigen neuer gesellschaftlicher Bewegungen [124 u. ao.].

Die Umwälzungen in der Landwirtschaft werden grell durch die Statistik
beleuchtet, z. B. für Northumberland 1803, 1912, 1928: danach betrug die
Weizenfl. jeweils 157, 21, 14 km², die Haferfl. 287, 163, 134 km²; im Vergleich
zu 1869 hatte 1939 der Weizen über $^3/_4$, die Gerste $^2/_3$, der Hafer $^3/_5$ an Fl.
verloren [122]. Das ges. Pflugland macht heute bloß 600 km² aus, und davon
ist fast die Hälfte im Fruchtwechsel Grasland. Demgegenüber war (1936)
die Zahl der Schafe von 351 000 auf weit über 1 Mill. angewachsen, die der
Rinder (1803: 76 000) hatte sich verdoppelt, nur die der Schweine und Pferde
stark abgenommen. Wie in Northumberland, so hat man sich auch im North
Riding und in Durham immer mehr auf die Viehzucht umgestellt. Damit
hängt das relative Anwachsen der Haferfl. auf Kosten der übrigen Halmfrüchte zusammen; in Durham war noch in der 2. H. des 18. Jh. das Ackerland zu fast je $^1/_3$ auf Roggen, Weizen und Gerste verteilt, der Haferanbau
geringfügig. Auch von der Kartoffelernte wird ein Teil als Viehfutter verwendet (vgl. Tab. 7).

Bei diesen Zahlen ist zu beachten, daß die ersten drei genannten Gr. aus
dem Flachland ins Gebirge hinaufgreifen, das Kulturland jedoch hauptsächlich dem Flachland angehört, und daß auch in diesem nach Böden, Klima,
Bedarf und Verkehrsmöglichkeiten im einzelnen große Unterschiede bestehen.
Am besten sind kalkreiche Mischböden wie etwa in den Wolds, wo aber die
Bewässerung Schwierigkeiten macht; hier verbindet sich der Getreidebau
mit der Schafzucht und dem Anbau von Futterpflanzen. Die alluvialen Tone
des Vale of York sind hauptsächlich Dauergrasland. Mehr sandige Böden,
auch die Böden der dolomitischen Permkalke, werden gern mit Kartoffeln
bestellt, besonders in der Nähe der Industriesiedlungen. Auffallend groß ist
der Weizenbau auf den kalkhaltigen Böden der Karbongesteine Northumberlands; allerdings beschränkt er sich hier auf windgeschützte Talgründe, die
höheren Striche bleiben wie immer dem Hafer- und dem Gerstenbau vorbehalten [113*; 74*; 717*]. Gegen die Pennines hin steigen diese, oft in
gemischter Saat, auf 300 m H., während der Weizen nur ausnahmsweise über

100 m erreicht. In größerer Höhe werden die Ernten unsicher, obgleich man auch dort in Notzeiten Äcker anlegt. Auf dem Plateau von Durham ist der Weizen immer mehr vom Hafer verdrängt worden, der Kartoffelanbau sehr gewachsen. Der Obstbau ist wegen der meist unzureichenden Besonnung nirgends von Bedeutung. Die Futterpflanzen, Rüben, Klee, Gräser, in den Fruchtwechsel eingeordnet, nehmen zusammen überall mindestens ein Drittel, in Northumberland sogar mehr als die Hälfte des Ackerlandes ein. In allen Gr. blüht die Viehzucht. Durham ist schon seit langem durch seine milchergiebigen Shorthorns bekannt, in Northumberland, wo mehr Aufmast betrieben wird, sind auch die Galloways (vgl. Kap. XIII) verbreitet. Die Schafbestände Northumberlands und des North Riding gehören zu den größten aller englischen Gr. (schwarzköpfige Cheviots, weißköpfige Leicester; Border Leicester, zuerst, seit 1767, in Fenton bei Wooler, gezüchtet [124]; auch Mischrassen). Yorkshire ist durch Schweine- ("White Yorkshire") und Pferdezucht ausgezeichnet; das North Riding hat eine Anzahl Übungsplätze für Rennpferde (Malton u. a.). Die Geflügelzucht nimmt in einzelnen Strichen von Yorkshire einen hervorragenden Platz ein. Kein Wunder, daß York durch seine landwirtschaftlichen Messen und Ausstellungen weithin bekannt ist. Manche Orte halten wenigstens große Viehmärkte ab (Northallerton), in Northumberland haben ganz unbedeutende Städtchen zur Zeit der Schafmärkte einen Riesenverkehr (Morpeth, Alnwick, Rothbury, Wooler, Hexham usw.) mit einem jährl. Auftrieb von mehr als 50 000 Stück Tieren [122, 124, 710, 715a].

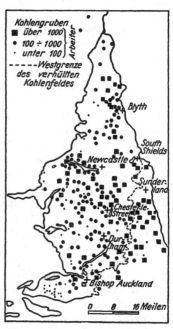

Abb. 88. Das Grubengebiet von NE-England. 1931. (Nach L. D. STAMP und S. H. BEAVER.) (20 Gruben mit über 1000 Arbeitern; 1920 erst 11.)

Die industrialisierten Gebiete knüpfen sich alle an die Nachbarschaft der großen Häfen an, über die sie einen Teil der Rohstoffe und Lebensmittel beziehen. Obenan stehen die Eisenerzeugung und die Eisenindustrie. In der Eisenerzeugung hat Middlesbrough mit mehr als 60 Hochöfen die Führung, dank der Nähe der Kokskohle von SW-Durham, der Karbon- und Permkalke, dank dem Tees und den Eisenerzen aus dem „Marlstone" des Mittellias der Cleveland Hills. Allerdings ist hier die Erzgewinnung bereits stark zurückgegangen (vgl. S. 512) und wird bei dem heutigen Abbau überhaupt nur mehr ein halbes Jh. weitergehen können. Um so mehr werden ausländische Erze eingeführt, etwa $1/_3$ der Ges.E. Großbritanniens, allerdings mit starken Schwankungen (1929: 1,97, 1935: bloß 1,47 Mill. tons). Dazu kommt die Einfuhr ausländischen Stahls und Eisens. Auch sie hatte 1929—1935 stark abgenommen (von 93 000 auf 19 000 tons), ähnlich im benachbarten Stockton (von 95 000 auf 23 000 tons). Anderseits war die Ausfuhr der Erzeugnisse der dortigen Schwerindustrie (Stahlplatten und Barren, Eisenbahnschienen usw.) in derselben Zeit stark gesunken (von 761 000 auf 335 000 tons). In der Erzeugung von Gußeisen mußte Cleveland jüngst hinter Northamptonshire sogar zurücktreten [113*]. Das gleiche gilt von der Eisenerzeugung von Newcastle

und Hull. 1947 belief sich die Stahlproduktion der NE-Region auf 2,524 Mill.
tons (Yorkshire einschl. Sheffield 2,726, S-Wales und Monmouth 2,653 Mill.)
[124].

Unmittelbare Hauptabnehmer des Eisens sind der Schiffbau und die
Maschinenindustrie. Tyne (South Shields, Newcastle, Hebburn, Wallsend,
Jarrow), Wear (Sunderland) und Tees (Stockton, Middlesbrough, West
Hartlepool) leisteten noch vor wenigen Jz. zusammen gut 40% des brit.
Schiffbaus (noch um die Jh.Wende sogar die Hälfte); die verschiedensten
Arten von Schiffen werden gebaut, Kriegsschiffe, Kohlenschiffe, Öltanker usw.,
außerdem kleinere Boote in den meisten Fischerhäfen. Für die Schiffsausrüstung arbeiten zahlreiche Maschinenfabriken (Schiffsmaschinen, Dampfkessel, Anker, Ketten u. dgl.). Im übrigen beschäftigt sich die Maschinenindustrie mit dem Bau von Lokomotiven (Newcastle, Darlington), Druckerei-
maschinen (South Shields), Maschinen für Ölfabrikation und Fischverwer-
tung (Hull) und von Werkzeugmaschinen (Gateshead, Felling-on-Tyne). Tees-
side produzierte vor dem zweiten Weltkrieg rund $1/4$ des Roheisens und $1/5$ des
Rohstahls von England [121*]. Tyneside ist überdies eine hervorragende
britische Waffenschmiede. Im Zusammenhang mit diesen Eisenindustrien
steht ferner die Verarbeitung von Blei und Messing (Newcastle). Z. T. in
Verbindung mit dem Kohlenbergbau, namentlich in Verbindung mit der Verwertung seiner Nebenerzeugnisse, vor allem aber dank der Salzlager am unteren Tees ist die chemische Großindustrie von Billingham erwachsen (vgl.
S. 516); auch zu Washington am Wear, Prudhoe und Newcastle stehen chemische Fabriken. Jegliche Art von Schiffbau erfordert große Mengen von Farben,
Firnissen und Lacken; sie werden in Tyneside (z. B. Gateshead, Wallsend)
und in Hull bereitet. Zu Greatham bei Hartlepool arbeiten große, Bohr-
türmen vergleichbare Pumpwerke an der Ausbeutung der Salzlager. Feuerfeste Tone, beim Kohlenbergbau gewonnen, werden bei der Eisenerzeugung
verwertet, Kalk in der Eisen- und Zementindustrie, Tone in den Ziegeleien
von Tyneside, Tees-side, Hull u. ao. und in der Töpferei von Tyneside. Dagegen ist die um 1850 ihren Höhepunkt erreichende berühmte Glasindustrie (Fla-
schen- und Spiegelglas) fast eingegangen [717, 718]. Eingeführte Rohstoffe
werden in der Papierindustrie von Hartlepool, den Ölraffinerien von Hull
(Palm-, Baumwoll-, Sojabohnenöl) verarbeitet. Unbedeutend ist in NE-England die Textilindustrie. Nur an wenigen Orten stehen einzelne Leinwand-
oder Baumwollwarenfabriken. Segeltuch wird noch an einigen Plätzen, z. B.
Hull, hergestellt, hier neuerdings auch Kunstseide [11]. In der Zwischenkriegszeit haben die meisten dieser Industrien, namentlich der Schiffbau,
schwer gelitten, Tausende von Arbeitern blieben unbeschäftigt (vgl. S. 520,
532). Seit 1943 machte sich eine gewisse Besserung bemerkbar, besonders die
„basic industries"[1] wuchsen an. Neue Fabriken entstanden in Ashington,
Prudhoe, Aycliffe, Spennymoor, und von Newcastle erstreckt sich jetzt ein
Industriestreifen über Birtley durch das Teamtal hinauf bis nach Chester-
le-Street (vgl. S. 521) im Weartal.

Eine alte Quelle des Lebensunterhaltes bietet schließlich die Fischerei
[11, 711*]. Sie hat seit der M. des 19. Jh. einen großen Aufschwung genommen, dank dem Bahnverkehr, dem Ausbau der Hafenanlagen, der Einführung
der Dampftrawler (in Hull 1884), der Herstellung der Fischfilets vor dem

---

[1] „Basic ind." sind Bergbau, Schiffbau, Metall- und Maschinenindustrie, chemische
und angeschlossene Industrien. Sie bilden die eine Gruppe der „Productive ind.", die andere
umfaßt alle übrigen, soweit sie nicht zu den „Service ind." gehören (Verkehr, Gas, Wasser,
Banken, Handel, Beamte, Lehrer, Hotels usw.).

Versand („filleting"; in Hull seit 1926). Dieser erfolgt vornehmlich mit der Bahn von Hull und Grimsby (vgl. S. 500 f.). Im übrigen hat die Fischerei Sitze zu Blyth, North Shields, Sunderland, Hartlepool, Whitby, Scarborough. Sie versorgt in erster Linie das eigene Industriegebiet und das West Riding; Hartlepool sendet auch große Mengen von Seelachs nach London. Der Heringsfang in den einheimischen Gewässern schreitet von Juli bis Sept. an der Küste gegen S vor; die Doggerbank liegt in nächster Nähe. Die Trawler fahren bis zu den Lofoten, den Färöer und besonders nach Island; von Hulls Dampftrawlern waren 1930 70% Islandtrawler, die ungef. 80% der Ges.Landung von 253 000 tons einbrachten. Hauptsächlich werden übrigens „white fish" gelandet, d. h. nicht Heringe und Makrelen, sondern Kabeljau, Schellfisch, Seezunge, Scholle, Wittling, Kliesche, Meeraal usw. Makrelen, Hummer, Krabben werden mehr vor der Küste Northumberlands, um Holy Island, Blyth, ferner vor Whitby usw. gefangen. Die meisten kleineren Fischereisiedlungen stellen sich auf den Fremdenverkehr ein; größere moderne Seebäder, die nicht bloß den unmittelbar benachbarten Industriesiedlungen die Wochenenderholung bieten, sondern auch von London und den Midlands aus viel besucht werden, schmücken die Küste des East Riding.

Das Hauptballungsgebiet der Bevölkerung von NE-England liegt in Tyneside einschließlich der Küste bis Sunderland; rund eine Mill. Menschen wohnt hier auf einem Raum von bloß 200 km², fast nur Fabriks- und Hafenarbeiter und Bergleute mit ihren Familien. Auch Tees-side und Wearside sind ähnlich dicht besiedelt. Im Inneren der Gr. Durham hat die Entwicklung des Kohlenbergbaus die E.Z., die schon zu Beginn des 19. Jh. verhältnismäßig groß war, neuestens ungemein anwachsen lassen. Hier gibt es eine ganze Menge Gem. mit mehr als 5000 E., etliche mit mehr als 10 000 (1931: Shotton 19 529, Easington 11 986, Wingate 12 348, alle im R.D. Easington; Birtley, R.D. Chester-le-Street, 12 297 E.). Entsprechend hoch ist die Volksdichte der R.D. (Sunderland 1100, Easington über 600, Houghton-le-Spring über 500, Chester-le-Street fast 500 auf dem km²). In diesen Bez. hat die Bevölkerung 1921—1931 am stärksten zugenommen (Easington 16,7%, Houghton-le-Spring 13,1%), u. zw. hauptsächlich durch Zuwanderung. Kleinere Dichtezentren liegen in Tees-side, um Hull und York. Im übrigen NE-England übersteigt die Dichte bloß ausnahmsweise 40, und fast immer nur in Verbindung mit Industriebetätigung oder infolge der Entwicklung von Wohnvororten am Rande größerer Städte. Die durchschn. Volksdichte der R.D. des East Riding, des North Riding, von Northumberland beträgt bloß 30; selbst um Hexham und Alnwick ist sie nicht größer. Schon auf den Wolds sinkt sie z. T. unter 20, in den North York Moors und im Vorgelände der Cheviots auf unter 10. Der Zuwanderung der Bevölkerung in den Bergbau- und Industriegebieten stehen auf dem Land große Verluste durch Abwanderung gegenüber, z. T. so groß, daß sie nicht durch Geburtenüberschuß gedeckt werden konnten, sowohl im North Riding als auch in Northumberland. In den R.D. dieser Gr. hat sich die E.Z. im J.D. 1921—1931 um 6,6% vermindert (durch Abwanderung hat sie sogar 11,6% eingebüßt), in einzelnen Bez. um ein Mehrfaches (Norham und Islandshires 18, Belford 18,4, Hexham 13,3%) [92*].

Die Siedlungsformen wechseln von Landschaft zu Landschaft, nicht bloß zwischen Ackerbau treibenden Strichen einerseits, den Zechendörfern, den Fabriks- und Hafenstädten anderseits, sondern auch im Bereich der vorwiegend ländlichen Gebiete. Auffallend zahlreich sind in Northumberland und Durham Angerdörfer und -weiler mit drei- oder rechteckigem, quadrati-

schem oder linsenförmigem („spindle-shaped") Anger, namentlich im Flachland zwischen Tees und Tyne, Straßendörfer und -weiler treten dort ganz
hinter ihnen zurück. Offenbar hängt dies mit der größeren Wehrkraft zusammen, die in den vielen Kämpfen um das Grenzland wichtig war. Nach
deren Abschluß sind dann im Zusammenhang mit der Wirtschaftsentwicklung seit Beginn des 18. Jh. viele ehemalige Dörfer verschwunden und durch
Weiler oder Einzelfarmen ersetzt worden. Heute sind diese für die landwirtschaftlichen Gebiete bezeichnend. Die Kleinstädte und ebenso die alten
Kerne der Großstädte weisen mit ganz wenigen Ausnahmen einen quadratischen oder rechteckigen Marktplatz auf (Darlington, Durham, Harkepool
u. a.), manchmal einen spindelförmigen (Redcar, Sunderland, Rothbury
usw.) oder dreieckigen (Morpeth, Wooler) [816]. Leider fehlen systemati-
sche Untersuchungen im übrigen fast völlig.

Für die Verbindung NE-Englands sowohl mit London als auch mit den
Midlands ist die Yorkshire Plain (Vale of York) seit jeher am
wichtigsten gewesen, nur sie ermöglicht bequemen Verkehr mit dem Tynegebiet und E-Schottland. Zwar schwenkt das Tiefland im N in der Tees-
niederung zum Meere hin ab, aber die Straße von Darlington zum Wear und
nach Durham braucht keine 100 m anzusteigen. Von S her führt die Trentniederung dem Vale von York entgegen; mit 50 km Breite gehen beide ineinander über. Der Sammelfluß des Vale of York, die Ouse, eigentlich der Unterlauf des Swale, nimmt von W her der Reihe nach die Abdachungsflüsse der
Pennines auf: Ure, Nidd, Wharfe und Aire und von l. den Foss, einen echten
Tieflandfluß, und den durch Lauf und Entstehung so merkwürdigen Derwent,
und vereinigt sich unterhalb Goole, bereits gegen E gewendet, mit dem Trent
zum Humberästuar, das sich unterhalb Hull voll entfaltet. Überdies steht
das Vale of York durch das Gilling Gap mit dem Vale of Pickering und der
Küste in Verbindung.

Während sich die Niederung ungefähr längs der 60 m-H.L. am Abfall
der Wolds und Moors im E ziemlich deutlich absetzt, ist sie im W weniger
scharf begrenzt. Denn hier steigt sie ganz allmählich zu der Permkalkstufe
auf, welche, gegen die Pennines blickend, trotz ihrer geringen Höhe ausgesprochenes Eigengepräge hat. Weiter im N zieht diese durch das Plateau
von Durham gegen NE an das Meer hin, in Yorkshire kann sie als W-Rahmen
des Vale of York angesehen, aber in der Darstellung an dieses angeschlossen werden.

Das Vale of York ist eine Senke, deren Untergrund die roten Sandsteine
der Untertrias bilden. Über dieser folgen der Keuper, zunächst ebenfalls
Sandstein und darüber rote, mitunter gipshaltige Mergel. Das Karbon in der
Tiefe dürfte kein Flöz enthalten, doch ist ein genauerer Einblick nicht
gewonnen [115 b]. Die Oberfläche nehmen Grundmoränen und jüngere Aufschüttungen ein, bloß ausnahmsweise erscheint der Keupersandstein, so zwischen Northallerton und Bedale. Der Vale of York-Gletscher hat mitten im
Vale die zwei schönen, ungefähr gleichlaufenden Moränenzüge von Escrick
und York hinterlassen. Die „Escrick Moraine", ein Wall größtenteils aus
rötlichem Geschiebelehm mit viel Triasmaterial, zieht nahe den Wolds, an
ihrer Außenseite von einigen Fetzen alter Moränen begleitet [28], ö. des
Derwent von Stamford Bridge, bei Sutton-upon-Derwent von dem Flusse
durchbrochen, nach Escrick und klingt dann w. der Ouse in flachen Wellen
gegen den Wharfe unterhalb Tadcaster aus. Die „York Moraine", die innere,
mit verhältnismäßig mehr Geschieben aus dem NW, spannt sich von Sand

Hutton (nw. Stamford Bridge) nach York, wo sich gegen S ein Esker (Straße!) anschließt, und weiter auf Wetherby zu. Am Askham Bog, dem Überbleibsel eines Moränensees, umfängt sie noch einen letzten Rest unberührten Sumpflands mit eigentümlicher Pflanzen- und Tierwelt, wie es bis in die Neuzeit das Vale of York erfüllte [115 b, d, e, 32, 36].

Beim Rückzug hinterließ der Vale of York-Gletscher abermals Endmoränen 25 km n. York zwischen Thormansby und Raskelf und weitere 20 km n. bei Masham und Well, wo das Vale am schmalsten ist. Durch sie wurden, wie vorher durch den Moränenbogen von York, Seen aufgestaut, in denen Sande und Bändertone abgesetzt wurden, während sich an die Außenseite der Moränen Schotter und Sande von Übergangskegeln anschließen. In der „Northern Outwash Plain" ziehen eskerartige Gebilde parallel zu den Talrändern, auf die sich daselbst die Geschiebetone beschränken [121]. Flußverlegungen sind hier im Grenzgebiet zwischen Swale und Tees mehrfach eingetreten [341 a]. So ist der Wiske dem Tees entfremdet worden. Von den Cleveland Hills kommend, nähert er sich diesem zwar auf 3 km, fließt dann aber entgegengesetzt gegen W, bis er scharf nach S umbiegt, um schließlich durch eine Drumlinlandschaft den Swale zu erreichen. Auch dieser dürfte früher zum Tees geflossen sein. Heute schwenkt er beim Austritt aus den Pennines oberhalb Catterick gegen SSE ab, längs der W-Seite des Vale of Mowbray. Nördl. Northallerton, zwischen Swale und Tees, erhebt sich die wellige Drumlinflur aus Geschiebetonen auf 50—80 m H., von den beiden Flüssen kaum 30 m tief zerschnitten. Jene füllen, durch mächtige Sande in zwei Decken geteilt, eine flache Mulde aus, gegen deren Rand sie sich ausdünnen und die unter den Meeresspiegel absteigt. In — 30 m O.D. ist durch Bohrungen auch ein alter Lauf des Tees bei Teesmouth nachgewiesen, aus einer Zeit, wo das Land (relativ) ungef. 60 m höher stand als heute. Schließlich ist s. des Tyne unterhalb Yarm unter 30 m H. der Boulder Clay von Bändertonen bedeckt, die in einem Eisstausee abgelagert wurden, und die Landschaft ist fast eben. Die Ausweitung des Teesbeckens wurde durch die geringe Widerständigkeit der Triasgesteine begünstigt, braucht aber nicht auf den Schurf jenes Gletschers zurückgeführt zu werden, der sich von N durch die Pforte von Northallerton schob. Vermutlich während einer seiner Rückzugsphasen ist der Swale zur Ouse hin abgedrängt worden. Auch ist bei einem höheren Eisstand der Greta zeitweilig zum Swale geflossen, über die Höhen nw. und später n. von Richmond; er hat jedoch seinen Weg zum Tees zurückgefunden in der epigenetischen Mündungsschlucht von Rokeby Park (unterhalb Barnard Castle). Postglazial ist ferner die Kerbe des Tees in den dortigen Kalken, doch ist hier keine Laufverlegung eingetreten; vielmehr ist das breitere, ältere Teestal über dem jüngsten Einschnitt durch seine Terrassierung noch gut erkennbar [334].

Ebenso besteht das Land s. der Endmoränen aus eiszeitlichen und jüngeren Aufschüttungen, teils lakustren, teils fluvioglazialen und fluviatilen. Die eiszeitlichen entstammen einem Stadium, wo zwischen der Moräne von Escrick und dem Eis, das die Moräne von Holderness hinterließ, ein Stausee entstand („Lake Humber"; vgl. S. 476). Nach neueren Untersuchungen hätte sich ein solcher, entsprechend zwei durch ein Interglazial getrennten Vergletscherungen, sogar zweimal gebildet [344]. Jedenfalls spielen Schotter im s. Vale of York keine größere Rolle, es herrschen vielmehr sandige Lehme und sandig-tonige Schlicke, so der jüngere „warp", der in der Regel die tiefsten Furchen einnimmt und im Derwenttal bis Sutton, an der Ouse bis oberhalb York hinaufreicht. S. der Linie Selby-Hull ist der Schlick über-

wiegend künstlich aufgetragen worden („artificial warp"), mit Hilfe des Ge-
zeitenspiels und von Gräben und Sielen. In 3 J. kann der Grund derart
um 1 m erhöht werden.

Nach alledem wird also das Vale of York von sehr verschiedenen Böden
in buntem Wechsel eingenommen, von ganz leichten bis zu ganz schweren.
Das spiegelt sich in der Landnutzung und Besiedlung wider, in voller Klarheit allerdings erst seit etwa 1670, als man Entwässerungen und Einhegungen
anzulegen begann [115 a, o]. Denn vorher war die Niederung weithin ein
Sumpf-, Wald- und Bruchland gewesen, in welchem nur höhere Sandrücken
Heiden trugen. Von Wald, Sumpf und Heide ist heute wenig erhalten. Der
große Forest of Galtres (gall = Eiche), der sich von York bis Northallerton
erstreckte, ein großes Verkehrshindernis, ein Schlupfwinkel für Räuber, aber
ein Schutz für die Stadt York, ist seit 1670 verschwunden. Auch sonst ist der
Wald (Birken, Weiden, Föhren) bloß stellenweise erhalten geblieben. Häufiger sind die mit Gras oder Heide oder mit Schilf- und Wollgras bestandenen
sandigen commons, ausgezeichnet durch eine mannigfache Vogel- und überhaupt Tierwelt. Diese ist sonst infolge der Entwicklung der Kulturlandschaft stark verarmt. Auch der Fischreichtum der Flüsse hat schon erheblich
abgenommen, obwohl wenigstens Ouse (bis Asgarth) und Ure noch wichtige
„Lachsflüsse" sind.

Bis auf kleine Ausnahmen ist heute das Vale of York eine in sich einheitliche Kulturlandschaft, eine Mischung von Äckern, Wiesen und Weiden, von
Wasserläufen, Teichen, commons, Heckenzeilen. Zahlreich sind im s. Teil
die aus roten Ziegeln gebauten Einzelhöfe in allen Größen. Bei den wohlhabenderen steht das Wohnhaus, nach städtischem Muster geformt und eingerichtet, getrennt von dem Viereck der Wirtschaftsgebäude, die einen meist
mehrgliedrigen, geschlossenen Hof umringen, in der Regel begleitet von den
großen, offenen Heudächern („Dutch barns"). Manchmal rücken die Einzelhöfe so nahe aneinander, daß sie Weiler oder Kirchdörfer bilden. Diese
werden von weißschimmernden viereckigen Türmen überragt — manches
prächtige Beispiel der Baukunst findet sich darunter, wie die Kirche von
Howden, die aus demselben schönen Stein gebaut ist wie die Mauern von
York. Anderswo liegen die Höfe weit auseinander, aber die Entfernung spielt
heute dank dem Kraftwagen und den guten Straßen keine Rolle mehr.
N. York sind größere Straßendörfer häufig; im n. Teil der „plain" überwiegen kleinere Dörfer und Weiler und die Einzelhöfe sind zahlreicher [121].

Das leicht kontinentale Gepräge des Tieflandes mit warmen Sommern
(vgl. S. 478) hat die Feldwirtschaft begünstigt [115 c; 43, 44]. Da größere
Höhenunterschiede fehlen, ist das Klima überall ziemlich gleich, nur daß
selbst in York, obwohl es keine eigentliche Industriestadt ist, die Zahl der
Sonnenscheinstunden durch den Rauch merklich verringert wird. So ent-
scheidet die Beschaffenheit des Bodens über seine Verwertung. Gemischte
Betriebe sind die Regel, sie finden ihren Absatz hauptsächlich auf dem Markt
von York, im N überwiegend im Industriegebiet von Tees-side. Im Vale of
Mowbray ist die Rinderzucht relativ etwas größer, hier wird auch viel Vieh
aus NW-England und aus Irland gemästet, während im S schon der Mangel
an Mauern oder Hecken, die Seltenheit der Einzäunungen verrät, daß die
Viehzucht etwas zurücktritt [115 o]. Immerhin werden auch hier Rinder,
besonders aus Irland, im Winter auf den Höfen gehalten, um Felddünger
zu gewinnen. Um York selbst ist die Milchwirtschaft stärker entwickelt.
Allgemein verbreitet ist die Schweinezucht, die Schafzucht unbedeutend.
Thirsk ist ein Hauptmarkt NE-Englands für Geflügel.

Der Ackerbau ist am ergiebigsten auf den neugewonnenen Warpböden, die 10 J. und mehr ohne künstlichen Dünger volle Ernten geben. Auf ihnen und überhaupt auf den schweren Böden gedeiht der Weizen; Roggen, selten geworden, zieht die mehr sandigen vor. Auch Hafer und — etwas weniger — Gerste werden in die Fruchtfolge eingereiht, die übrigens hier nicht sehr einheitlich ist. Erbsen sind eine Spezialität des Vale [119]. Das besonders reiche Fruchtland um Selby und von hier ostwärts erzielt auf Warp- und Sandböden hohe Kartoffelerträge (sehr oft 25 t je ha). Hier wird die Zucker-rübe angebaut, und am W-Ufer der Ouse, in dem Knie n. der Stadt, dehnen sich Tulpen- und Narzissenfelder aus. Die Zuckerrübe ist auch sonst ver-breitet, z. B. um Pocklington. Hier, zu Selby und zu Poppleton bei York stehen Zuckerfabriken. Gemüse (Sellerie, Broccoli) werden um Naburn und Howden gepflanzt, auf dem Warp bei Howden Flachs und Senf, hier auch in Glashäusern Tomaten gezogen. Karotten und Kohlrüben erntet man beson-ders um Market Weighton und Pocklington, Karotten auch im N bei Thirsk. Ganz allgemein ist der Anbau von Futterrüben, obwohl sie stellenweise durch die Zuckerrübe verdrängt worden sind [115o, 723].

Ein abwechslungsreiches Bild bieten die Permkalkhöhen im W des Vale. Hier mischen sich auf den fruchtbaren rötlichen Böden Felder und Weiden im Netz der Heckenmaschen, die sich aus Ahorn, Spindelbaum, Schwarzdorn, Stechpalmen zusammensetzen; dazwischen schalten sich Gehölze, vorwiegend mit Eschen und vielen Buchen, auf gemischten Böden mit Eichen, ein — eine Parklandschaft, in der außerdem schöne Pflanzungen mit europäischen und überseeischen Bäumen nicht fehlen (Studley Park bei Ripon). Nur wenige Flecken Landes sind unkultiviert, Grasland oder Haselbusch [115 d]. Sehr bemerkenswert ist dieser Kalkzug bis hinüber nach Durham eine Haupt-grenze der postglazialen Einwanderung oder Fortdauer südlicher Arten. Für die benachbarte Niederung ist der Permkalkstein als Baustein genau so wichtig wie der Northampton Stone für die Fenlands; „Tadcaster Stone" (vgl. S. 494) ist schon von den Römern und später für große Bauten des mittelalterlichen York, dessen Kathedrale, Kirche und Umwallung, verwendet worden, während die Angelsachsen beim Kirchenbau den Millstone Grit auffallend bevorzugten.

York. In alter Zeit hat der Verkehr die trockenen Böden am Rande des Sumpflandes aufgesucht. So verlief im W die alte Römerstraße Danum (Doncaster)—Isurium (Boroughbridge). Aber die Römer erkannten sehr bald die ausgezeichnete Verkehrs- und Schutzlage von Caer Ebrauc der Briganter, des ältesten Vorläufers der heutigen City and County of York (84 813; 96 700): hier bot die n. Moräne den einzigen guten Weg quer durch die Niederung, ihr Schnittpunkt mit der Ouse die beste Überschreitung des Flusses, der Zwiesel zwischen diesem und dem Foss auf einer kleinen natürlichen Anschwellung den Platz für eine natürliche Wasserfestung. So ist seit 71 n. Chr. Eboracum der stärkste Stützpunkt der Römerherrschaft in N-England geworden, mit der besonderen Aufgabe, die Hauptstraßen beider-seits der Niederung zu bewachen, mit denen es durch mehrere Querstraßen verbunden war [115 h; 56, 57, 516]. Noch sind Reste der römischen Umwal-lung, übrigens aus verschiedener Zeit, erhalten, noch schimmert der Grund-riß des römischen Lagers im heutigen Stadtplan durch. Aus dem Dunkel des frühesten Mittelalters trat dann Eboracum als Eoforwic [623*] unter dem Angelnkönig Edwin wieder hervor, der hier 627 die Taufe empfing. Bald war es die Hauptstadt von Deira und der blühende kirchliche Mittelpunkt

N-Englands, als Sitz eines Erzbischofs. 867 von den Dänen erobert, wurde
es ein Hauptausgangspunkt für deren Niederlassung in Yorkshire; ihnen
verdankt es die heutige Form seines Namens. 915—950 beherrschten von
hier aus die Norweger das Land. In den folgenden Jh. hat es wiederholt eine
hervorragende Rolle in der Kriegsgeschichte gespielt: die Schlacht von
Stamford Bridge, der Widerstand gegen Wilhelm den Eroberer und die
Strafe der Vernichtung, die Errichtung zweier Burgen bezeichnen nur den
Anfang jener wechselvollen Schicksale, denen die Stadt in den Kämpfen
zwischen Engländern und Schotten bis zur Revolution ausgesetzt war [115 f].
Trotzdem konnte es sich während des Friedens zu einer der angesehensten
Städte Englands entwickeln; schon zur Zeit des D.B. zählte es
1890 Bürger, also wohl gegen 10 000 E. [624*]. Seine Bedeutung lag im Wollhandel. Bereits unter Heinrich III. erhielt es eine Weberzunft. Seit 1389
hatte es Gr.Rang [18; vgl. S. 206], eine Zeitlang war es die zweitgrößte Stadt
Englands. Seinen Handel über See ermöglichte ihm die Ouse, welche bis 1757,
wo eine Schleuse zu Naburn (8 km weiter unterhalb) gebaut wurde, durch
den Gezeitenhub auch für die damaligen Seeschiffe befahrbar war, allerdings
schon während des 16. Jh. bedrohlich verschlammte [11 e]. In der Zeit der
Industrierevolution mußte York naturgemäß hinter vielen anderen Städten
zurücktreten. 1801 hatte es erst 16 000 E. Übrigens führt die Ouse noch heute
der Stadt auf Booten mit 80—110 tons Tragfähigkeit Kohle, Schotter und
Zement, auf größeren, mit etwa 230 tons Tragfähigkeit, Getreide und Ölsamen zu, im ganzen über 100 000 tons jährlich [115 a].

Aus seiner Blütezeit hat York eine Menge prächtiger Bauten bewahrt.
Das Münster, an dem ein Vierteljahrtausend seine Kunst entfaltet hatte, als
es mit der Errichtung der beiden 60 m hohen Westtürme 1474 endlich vollendet war, die größte der englischen Kathedralen des Mittelalters, ist das
Wahrzeichen der Stadt; mit den Nebenbauten nimmt es deren ganze N-Ecke
ein. Erhalten ist die mittelalterliche Stadtmauer, großenteils aus der Zeit
Eduards III. (1327—1377), mit vier großen Toren, aus denen die Hauptstraßen ins Land liefen: durch Micklegate Bar im SW nach Tadcaster, durch
Bootham Bar im NW nach Edinburgh, durch Monk Bar im NE nach Malton
und Scarborough; durch Walmgate Bar im SE nach Beverley. Dazwischen
führten acht kleinere Pforten (posterns) ins Freie. Erhalten sind ferner
die Guildhall unten am Fluß, die Merchant Adventurers Hall und verschiedene Kirchen. Die „Shambles" (Fleischbänke), eine enge, gekrümmte Gasse
mit Fachwerkbauten, deren obere Stockwerke und Dächer überdies vorspringen, bieten ein völlig mittelalterliches Stadtbild. Der eine Zug der
Hauptstraßen (Petergate) fällt mit der römischen Via Praetoria zusammen,
Stonegate mit der Via Principalis. Die wichtigste Querstraße des Mittelalters übersetzte die 60 m breite Ouse und führte in leicht geschwungenem
Bogen zum SW-Tor. Wie in anderen nordostenglischen Städten heißen die
Straßen gates (Abb. 89).

Über diesen geräumigen alten Kern ist York nach allen Seiten hinausgewachsen, am wenigsten nahe der hochwassergefährlichen Ouse; am stärksten entlang den alten Landstraßen in der Richtung auf Escrick und Boroughbridge. Im NE stehen die Fabriksviertel, im NW Wohnviertel, im W außerhalb der Stadtmauern der Bahnhof (der alte ihm gegenüber innerhalb der
Mauer). York ist der größte Brennpunkt des Eisenbahnnetzes in N-England,
hier sammeln sich dessen Linien aus ganz S-England, von Bristol bis London,
um in einheitlichem Strange nach Edinburgh weiterzulaufen. Schon 1839 von
der Bahn erreicht, wurde es 1854 der Sitz der Verwaltung der N.E.R. [71 a].

1884 wurde eine Waggonfabrik errichtet und seither wiederholt erweitert. 1932 wurde die Zahl der Güterwagen, welche im J.D. den Bahnhof passieren, auf 1,9 Mill. angegeben; fast 0,5 Mill. tons Güter nimmt die Stadt selbst auf (hauptsächlich Kohle), gegen 150 000 tons versendet sie. Vor allem ist sie der führende Markt der Yorkshire Plain mit entsprechenden Einrichtungen, u. a. großen Viehpferchen; rund 6300 Waggons Rinder im J. werden abgeschickt. Die Industrie ist im Vergleich zu anderen derartigen Verkehrsknoten gering, es müssen eben doch sowohl Roh- wie Betriebsstoffe herangebracht werden [1151]. Guten Namen haben die Kakao-, Schokolade- und Zuckerwarenfabriken. Außerdem erzeugt York Biskuits, Rübenzucker, Bier, Flaschen, Ziegel. Hochangesehen ist die Fabrik für geodätische und astronomische Instrumente und photographische Apparate. Nach wie vor ist York ein militärisch wichtiger Platz mit starker Besatzung und ein Brennpunkt kirchlichen Lebens. Die zahlreichen Besucher empfangen von ihm den Eindruck einer gemütlichen Stadt, in der sich der Zauber der Vergangenheit mit dem regen Leben der Gegenwart harmonisch verbindet.

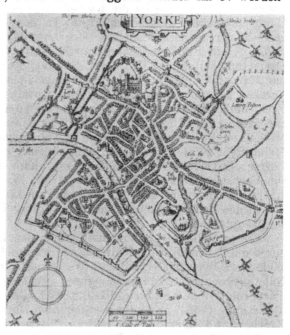

Abb. 89. York in der 1. H. des 17. Jh. (Aus J. SPEED.) B St. Peters, E St. Martines, K St. Saviour, Y Trinity Abbey, 8 Peter Gate, 9 Collier Gate, 11 Monke Gate, 12 Aldwarke, 13 St. Antonyes Hospital, 14 Connye strete, 15 Blake strete, 17 Ouse Bridge, 18 Thursdayes mark, 19 Copper Gate, 21 Cliffords Towre, 22 The Castle.

Außer York gibt es innerhalb der Niederung keine größere Siedlung. Dagegen bezeichnen an ihrem Rand kleinere Städte mit Marktfunktion die Stellen, wo sich größere Täler des benachbarten Hochlandes öffnen. Einige von ihnen haben schon seit alters Bedeutung. So war seit der normannischen Zeit Boroughbridge, an der Brücke der Great North Road über den Ure, als Umschlagplatz der von Hull auf dem Wasserweg beförderten Waren und als Sammelplatz von Wolle, die talwärts verschickt wurde, bis in die Neuzeit berühmt, es hatte gut besuchte Messen und Märkte, zumal viel schottisches Vieh auf dem Weg in die Midlands vorüberkam. Es hatte das sächsische Aldborough abgelöst, welches an Stelle des römischen Isurium steht, das selbst wieder auf eine vorrömische Siedlung der Briganter gefolgt war. Von hier führte Leeming Lane, benannt nach dem Dorf Leeming, wo sie den Bedale Beck übersetzte, fast schnurgerade nach Catterick (849, vor dem Austritt des Swale aus den Pennines; röm. Cataractonium), das aber hinter Richmond zurücktreten mußte, wie Leeming selbst hinter dem nahe dem Gebirgsfluß gelegenen Bedale. Am Unterlauf des Ure, im Zwiesel zwischen ihm und dem Laver, trägt eine Terrasse am Rand der Permkalke die Bischofs-

stadt R i p o n (8591; 8874), ursprünglich eine Klostergründung aus der M.
des 7. Jh. und somit eine der ältesten kirchlichen Gründungen Yorkshires.
Von den Dänen verbrannt, abermals von Wilhelm dem Eroberer zerstört,
gewann es dann durch Woll- und Tuchhandel Bedeutung. Auf dem Ure, den
hier eine uralte Steinbrücke auf 17 Bogen übersetzt, brachten Boote Kohle
herauf; Blei und Butter führten sie abwärts. Der Schmuck des heute bescheidenen Landstädtchens ist die Kathedrale, aufragend am Hang zwischen dem
Hauptplatz oben, unten dem Fluß. In der Landwirtschaft der Umgebung
herrscht der gemischte Betrieb, doch tritt das Pflugland zurück, während es
weiter s. am Fuße der Pennines die Hälfte, im Dolomitzug $^2/_3$ bis $^3/_4$ des
Farmlands einnimmt [IX^{111}; vgl. S. 491]. Auf der E-Seite des Vale of York
hat Market Weighton (1717) dank einer Lücke in den Wolds seit jeher den
Verkehr zwischen York und Beverley vermittelt; es ist umringt von regem
Feld- und Gemüsebau wie P o c k l i n g t o n (2640) und Thirsk (2658).
Dieses, fast im Mittelpunkt des Vale of Mowbray gelegen, war ein Außen-
posten von York und daher lange mit einer starken Burg bewehrt; an ihrer
Stelle steht jetzt New Thirsk. Aus einem Straßendorf, wie es die meisten
Dörfer des Gebietes sind, ist auch die kleine Hauptstadt des North Riding
von Yorkshire N o r t h a l l e r t o n (4786) hervorgegangen, die Getreide ver-
mahlt, Flachs und Hanf verarbeitet und Linoleum erzeugt. Hier zweigen
Bahnlinien nach Stockton und nach W über Bedale zum Wensley Dale von
der Hauptstrecke ab.

Einige Städtchen bezeichnen endlich den Durchbruch der Penninesflüsse
durch die Permkalkstufe. Unter ihnen war und ist Tadcaster, beiderseits des
Wharfe (T.West 2317, T.East 1370), durch seine Brauereien und den in der
Nähe gebrochenen „Tadcaster Stone" berühmt (vgl. S. 491). Weiter flußaufwärts folgt W e t h e r b y (16 449) [86 a]. Besonders malerisch ist K n a r e s-
b o r o u g h (5942) an einem postglazialen Durchbruch des Nidd (vgl. S. 550),
Brücken- und Marktort, mit reichen Überresten der alten Burg und geräumigem Hauptplatz (Abb. 90). Es führt heute ein stilles Dasein, während vor dem
Bahnbau (1847) reger Verkehr durch seine „gates" flutete, war es doch noch
um 1820 ein Sitz der Flachsspinnerei und Leinweberei [IX^{95}]. S. Tadcaster
liegen Knottingley und Doncaster noch draußen in der Niederung, Pontefract
und Castleford schon in etwas unruhigerem Gelände, alle heute einbezogen
in die Industrielandschaft von Sheffield, bzw. Leeds (vgl. S. 590).

An der Ouse selbst hat die Nähe von York eine weite Strecke talabwärts
keine größere Siedlung aufkommen lassen. Erst S e l b y (10 064), eine dänische Gründung in Verbindung mit einer Abtei, ist die nächste Stadt. Es
erlangte eine gewisse Bedeutung, als die Ouse mit dem Aire durch einen
Kanal verbunden wurde, und vollends als Eisenbahnknotenpunkt, wo sich
die Nordbahn mit der Linie Hull—Midlands schneidet. Heute ist es durch
seine Dampfmühlen und die Verarbeitung von Ölsamen wichtig (vgl. S. 498).
Neuestens wird es jedoch vom Humberhafen Goole (vgl. S. 501) überschattet,
mit dem es sich in die Ausrüstung der Trawler von Hull und Grimsby teilt.
Durch die Errichtung der Brücke bei Goole ist Howden (2052), vorher der
Fährplatz an der Ouse, schwer geschädigt worden, einst eine der wertvollsten Besitzungen des Bistums Durham, berühmt durch Pferdezucht. Zu
Brough am Humber, knapp vor dem SW-Abfall der Wolds, steht eine Flug-
zeug- und Motorenfabrik. H e s s l e (6429), Barton, ferner Thorne am Don
betreiben Schiffbau.

Die Humberhäfen. Das Humberästuar, in der Mitte der englischen
E-Küste gelegen, öffnet den einzigen bequemen Weg zwischen Themse- und

Tynemündung in das Innere des Landes; durch die Senke von Ouse und Trent kann es den ganzen Verkehr der sö. Pennines sammeln, durch die des Trent sein Einzugsgebiet bis in die w. Midlands und selbst Lancashire vorschieben. Es verfügt also über ein geräumiges, volk-, erzeugnis- und bedarfsreiches Hinterland, zum Unterschied vom Teesästuar, vom Wash gar nicht zu reden. So wurde Hull, genauer Kingston-upon-Hull (313 544; 245 740!), der dritte Hafen Großbritanniens nach Wert und Menge seines Außenhandels. Seinen Vorgänger, Beverley, hat es ganz in den Schatten gestellt, seine alten Nebenbuhler Lincoln, Boston, York weit überflügelt. Den Blick auf die Gegengestade der Nordsee und des europäischen Nordmeers gerichtet, hat es einen mannigfachen Handel mit Skandinavien, Dänemark, der deutschen Küste, den Ostseestaaten und — ehemals — nach Rußland entwickelt; alt sind seine Beziehungen nach den Niederlanden und nach Belgien. Allmählich hat es auch seinen Überseehandel ausgebaut. Es beutet, zusammen mit Grimsby und Yarmouth, die Fischgründe der Doggerbank aus und sendet seine Trawler in die Gewässer von Island und des Weißen Meeres, so wie es einst in denen von Island und Spitzbergen Walfischfang betrieb.

Abb. 90. Knaresborough. Blick von der Schloßterrasse auf die epigenetisch in den Permkalk eingeschnittene Kerbe des Nidd, die Brücke und die Pfarrkirche. Aufn. J. SÖLCH (1932).

Seine eigentliche Zeit ist erst mit den großen, tiefgehenden Schiffen gekommen. Während ursprünglich die kleinen seefahrenden Boote auf dem Trent bis Nottingham, der Ouse bis York, dem Aire bis Doncaster, dem Ure bis Boroughbridge fuhren und ihnen der Hullfluß oben zu Beverley einen gegen Sturm und Gezeiten geschützteren Platz als unten an seiner Mündung bot, wurde diese nur im Notfall zum Aufenthalt benützt. Aber je mehr sich der Wollhandel im w. Hinterland entfaltete, desto weniger konnte ihm Beverley genügen [81a, b]. Damit begann der Aufstieg von Wyke-upon-Hull, wie es zum erstenmal 1160 in einer Urkunde genannt wird, wo es den Mönchen der 1150 gegründeten Zisterzienserabtei von Meaux (Holderness) geschenkt wurde [81g]. 1270 erhielt es Markt- und Messerecht. Schon 1275 führte es 4000 Säcke Wölle aus. Damals waren noch fremde Schiffe und Kaufleute, aus den Niederlanden, Deutschland und Frankreich und besonders Italien, stark in der Überzahl. Eduard I. erstand den Platz von Meaux (1293), gab ihm den Namen Kingston-upon-Hull, verbriefte ihm seine Rechte als ein Free Borough (1299) und errichtete eine Münze (1300). 1440 erhielt es seine charter of incorporation und wurde es eine von der Gr. York getrennte, eigene Gr. Viele andere Privilegien folgten.

Um die M. des 14. Jh. wurde Wolle aus einem weiten Umkreis nach Hull gebracht, auf dem Wasserwege von Nottingham, Bawtry, Boroughbridge und York; ja Shrewsbury sandte auf Saumpferden und Wagen Wolle für Hull nach Nottingham, und Burton vermittelte Waren von Chester und aus Lancashire [624*]. Von Doncaster, Tadcaster und Boroughbridge bezog es Getreide, Blei aus Nidderdale und von Chesterfield, um es nach London zu

verschiffen [81 c, 60*, 619*]. Dazu kamen Eisenwaren von Sheffield, durch
Bawtry überstellt. So ist Hull schon lange vor der Kanalzeit und vor der
Industrierevolution Sammler für ein weites Gebiet gewesen. Auf dem Hullfluß wimmelte es von Segelschiffen und Booten. Auf seinem r. Ufer lag die
Stadt, umwallt und von ihm und vom Humber umschlossen, an der W-Seite
von einem Graben, der ein altes Bachbett benützte; von einer Zitadelle am
l. Ufer des Hullflusses geschützt, überdies von Sumpfland umringt, also in
wehrhafter Lage, ein vortrefflicher Stützpunkt für Unternehmungen über See
gegen Schottland. Jener Zeit entstammen die auf alten Bildern und Plänen
wuchtig hervorragende Holy Trinity Church am Marktplatz, eine der größten englischen Pfarrkirchen und zugleich der älteste Ziegelbau dieser Art
(1315 begonnen), das Rathaus und die beiden Hauptstraßenzüge: High Street,
von Anfang an das Handelszentrum, und Low Gate, ungefähr parallel zum
Hull, die erstere dessen Krümmungen folgend, und quer dazu Beverley Road.
Es war eine der von Eduard I. „geplanten" Stadtgründungen, wenn auch
nicht ganz regelmäßig angelegt. Wie in York heißen fast alle Straßen im
alten Hull gates, die Quergäßchen lanes. Die streets gehören der späteren
Ausbreitung der Stadt an [81 i].

Die Kanalbauten und Flußregulierungen des 18. Jh. haben Hulls Bedeutung noch vergrößert. Nach der Regulierung von Aire und Calder konnten Leeds und Wakefield ihre Wollerzeugnisse über Hull nach London und
zum Festland senden, seit 1782 Schiffe fast bis Sheffield gelangen; 1771 wurde
der Trent-Mersey-Kanal eröffnet, selbst Manchester erhielt Kanalverbindung
mit Hull — allerdings mit schwierigem Verkehr (auf 225 km Länge gab es
147 Schleusen, davon 92 auf den 50 km über den Scheitel des Rochdale-Kanal,
vgl. S. 570). Es folgen die Kanäle Selby—Haddlesey (1774), Knottingley—
Goole (1826). Dann lösten die Eisenbahnen die Wasserstraßen ab, obwohl
Trent, Ouse und der Aire-Calder-Kanal noch heute von vielen Kähnen befahren und auf diesem jährlich rund 500 000 tons von oder nach Hull verfrachtet werden. Die erste Eisenbahn, von (Leeds—) Selby her, traf 1840
ein, sie vermittelt den Verkehr mit den Midlands und mit London; 1885
wurde die Hull-Barnsley-Bahn durch die Lücke der Wolds über Market
Weighton nach York dem Betrieb übergeben. 1929 wurde ö. der Stadt ein
Flugplatz eingerichtet [11 e, 12, 617 a, 81 c, i, k].

Inzwischen hatte man in Hull mit dem Bau von Docks begonnen: in dem
Graben an der W-Seite der Stadt war das (jetzt aufgefüllte) Queen's oder
Old Dock 1778 eröffnet worden. Heute sind die ganze „Wasserfront" der
Stadt und ein ausgedehnter Streifen unterhalb von ihr auf fast 30 km Länge
von Kais, bzw. 10 Schwimmdocks mit nahezu 1 km² Wasserfl. eingenommen.
Die oberhalb der Hullmündung sind die älteren (Humber D. 1807; Prince's D.
1829; Railway D. 1848; Albert and William Wright D. 1869; St. Andrew's D.
1883). Victoria Dock (1850), flußabwärts gelegen, schaltet sich seitlich dazwischen ein. An dieses schlossen sich 1885 das besonders geräumige Alexandra Dock an und 1914 King George Dock (Abb. 91) [113*]. Um den Ausbau der Docks hat sich seit 1893 die L.N.E.R., bzw. die in ihr aufgegangene
N.E.R. die größten Verdienste erworben, bis zur Verstaatlichung Eigentümer
der großen Anlagen (500 km Schienenlänge). Der Humber bietet eine ausgezeichnete Fahrtrinne, die mit zwei weiten Biegungen zunächst l. bei Hull,
dann r. bei Immingham ihre Prallstellen hat. Nur sie bleibt bei Ebbe von
Wasser erfüllt. Der Gezeitenhub ist groß: bei Hull 5,8 m, bei Immingham
fast 6 m. Die Rinne ist bei H.W. am oberen Ende 9,1 m tief. Allerdings
kostet ihre Freihaltung durch Baggern reichlich Geld [81 l].

Hulls Güterverkehr ist außerordentlich mannigfaltig [81c, 83*, 85*, 87*]. In der E. standen 1938 obenan Weizen und andere Lebensmittel, Wolle,

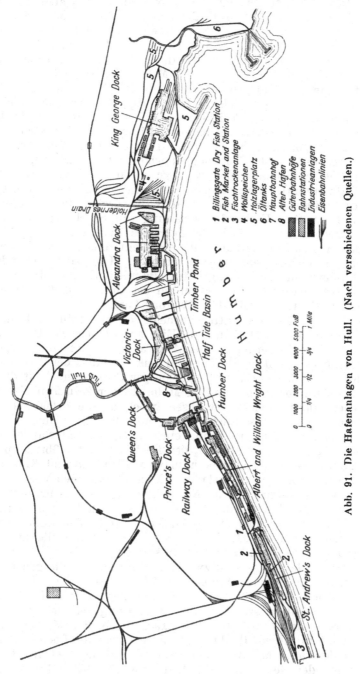

Abb. 91. Die Hafenanlagen von Hull. (Nach verschiedenen Quellen.)

Holz, Metalle, Erdöl; Ölsamen und -früchte, bis zu 50% der E. dieser Ware in Gr. Brit.; in der A. die Textil-, Eisenwaren und Stahlwaren der Midlands und Kohle. Aber während sein Ges.H.W. im M. 1921—1925 106 Mill. Pf.St.

betragen hatte, war er 1932 auf 63,8 Mill. Pf.St. abgesunken; 1936 stieg er
wieder auf 81,6 Mill., 1938 auf 85,6 (E.W. 60,0, davon Weizen 5,6, Butter 4,7,
Speck 3,1, Eier 0,985, frisches Obst 0,8, Wolle 9,2, Holz aller Art 4,4, Erdnüsse 1,1, Pappendeckel 1,7 Erdöl 2,9 usw.; A.W. 25,6 Mill. Pf.St., davon
Baumwollgarne und -stückgut 6,5, Wollwaren aller Art 4,6, Eisen- und Stahlwaren, Maschinen u. dgl. 3,8). Es war also der E.W. ungefähr 2½mal so
groß wie der A.W. In beiden stand Hull an dritter Stelle (ungef. 6%), an
Ges.Tonn. der einlaufenden Schiffe (6,1 Mill. tons, davon 0,84 Küstenschiff-
fahrt) erst an vierter (und Southampton an dritter). Mit der Umladung von
Gütern sind Hunderte von Leichtern beschäftigt, ihr Gewimmel verleiht dem
Hafenbild sein Gepräge. Ein Teil der eingeführten Stoffe wird gleich an Ort
und Stelle verarbeitet. Ungemein mannigfaltig sind die Industrien von Hull
(einschl. Wilmington und Stoneferry): Dampfmühlen, Ölkuchen-, Stärke-,
Seifen-, Margarine- und Schokoladefabriken, Eisengießerei, Sägewerke,
Schiff- und Maschinenbau; die Erzeugung von Farben und Firnissen,
Zement (Wilmington), Glas, Papier, elektrischen Lampen, Blechgefäßen,
Flugzeugbestandteilen; die Gerbereien und Brauereien, die Reinigungswerke
für Mineralöl (zu Salt End), die Bereitung von Speck, Jams, Marmelade,
Lebertran. Doch wird ein Teil des Getreides in Goole, Selby, Tadcaster,
Gainsborough vermahlen, und in Selby steht eine der größten Fabriken zur
Herstellung von Viehkuchen und Kunstdünger. Hull selbst versendet im J.
über 2 Mill. tons Mehl und Kleie, größtenteils mit der Bahn, einiges auch mit
Booten von etwa 40 tons Fassungsraum auf der Ouse. Auf dem Trent fahren
täglich etwa 30 Fahrzeuge mit 100—120 tons Last.

Eingeführt wurden die Butter vornehmlich aus Dänemark und Finn-
land, die Margarine aus Holland, die Eier aus Dänemark, Polen und den
Ostseestaaten, das Gefrierfleisch aus Australien, Neuseeland, Argentinien,
Obst und Gemüse aus dem Empire und aus Holland, der Speck aus den
Ver. St., Kanada, Dänemark. Ein eigenartiger Saisonhandel ist die Zufuhr
von Frühkartoffeln von Jersey und St.-Malo. In der Zwischenkriegszeit war
die Bananeneinfuhr ungemein gewachsen (wöch. an die 50 000 Bündel); die
Ges.E. an Obst und Gemüse allein betrug über 6 Mill. Kisten. Es handelt
sich eben darum, bei der Ernährung eines riesigen Hinterlandes mit vielleicht 13 Mill. Menschen, d. i. fast ⅓ der Bevölkerung Großbritanniens, mit-
zuwirken. Das Holz wurde aus Skandinavien, Finnland und Kanada geholt
(1930 wurden fast 1½ Mill. m³ verladen); Mineralöl aus den Ver. St., Mexiko,
Borneo; Wolle aus Australien und Neuseeland (in den J. 1923—1933 50 000
bis 70 000 tons; außerdem wurde ein Teil zuerst nach London gebracht und
in dessen Zufuhr eingerechnet, in Wirklichkeit auf Küstenschiffen nach Hull
befördert); Leinsamen aus Indien, Argentinien; Baumwolle aus Ägypten
und Indien; Erdnüsse, Palmkerne usw. aus Afrika.

Die Gegenstände der A. sind zwar im Laufe der Jz. die gleichen geblieben, haben jedoch auch nach Menge und Wert erheblich geschwankt. 1928
und 1929 wurden z. B. Wollwaren im W. von über 13 Mill. Pf.St., 1931 dagegen für bloß 5,7 Mill. ausgeführt; 1927 Baumwollgarne und -waren — auch
aus Lancashire — für 11,2 Mill. Pf.St., 1931 für bloß 6 Mill. (dabei stand
es übrigens 1931 in diesem Punkt sogar noch etwas vor London). Der Versand der Kohle war schon vor dem ersten Weltkrieg bedeutend gewesen:
1913 gingen von der Ges.A. von 90,5 Mill. tons 11,4 Mill. über die Humberhäfen, davon die Hälfte über Hull. In normalen J. konnte man mit 6—7 Mill.
tons Kohle rechnen, von denen ungefähr ¾ weitergeschickt wurden. Mehr
als 150 Gruben sandten ihre Kohle nach Hull, davon über 50 in größeren

Quantitäten, besonders die aus dem Gebiet von Doncaster. Die Wasserstraßen hatten einen beträchtlichen Anteil an der Fracht (450 000 tons) [81; 11 e, 12, 16, 113; 113*, 85*, 87*].

Eine eigene Note verleiht dieser großen Hafenstadt die Hochseefischerei, seit sie einen guten Teil des britischen Fischfangs an sich gerissen hat und für die rasche Versendung der Fische vorgesorgt ist. Tatsächlich wetteifert Hull mit Grimsby um die erste Stelle unter den Fischereihäfen Großbritanniens (1923—1927 durchschn. Landung 114 000 tons, 1934/35 261 000 tons). U. a. bewältigt es $^1/_8$ des Heringfangs. St. Andrew's Dock ist der Landung der Fische gewidmet, hier begleiten den Kai nicht bloß die gewöhnlichen Gleisanlagen, Schuppen, Kohlenaufzüge und Krane, sondern hier befinden sich auch die Eis-, Fischmehl- und Tranfabriken (80 000 tons Fischköpfe und -wirbelsäulen wurden zu Fischmehl verarbeitet, das als Vieh- und Hühnerfutter dient), 50 große Räucherhäuser, in denen u. a. die sehr beliebten „kippers", besonders auserlesene junge Heringe, in den Monaten Jan. bis Mai behandelt werden, und die Plätze für das Einsalzen und Trocknen von Fischen. Hier laufen die Trawler ein, die für ihre oft drei Wochen dauernden Fahrten ausgiebig Kohle (jährl. über $^1/_2$ Mill. tons) und Eis (jährl. fast 3 Mill. tons) benötigen. Trawler aus Hull bringen Fische auch direkt nach Billingsgate und selbst nach Belgien, darüber hinaus vermittelt es den Versand nach dem Kontinent, besonders in das Mittelmeergebiet; Rußland ist heute kein Abnehmer mehr. Hauptsächlich dient jedoch Hulls Fischerei der Versorgung von London und der Midlands; eigene Fischexpreßzüge verlassen zwischen 13 und 19 Uhr Hull und treffen in den Midlands und Lancashire noch am selben Tag, in London, den Städten des S, W und N schon am folgenden frühen Morgen ein. Bis nach Schottland und Irland geht der Versand. An manchen Tagen werden bis zu 5000 Fischüberweisungen erledigt und 20 000 Kisten abgeschickt. 1930 betrug der Fischhandel über 215 000 tons im W. von 6,3 Mill. Pf.St., abgesehen vom norwegischen Heringsfang. 1939 wurden 292 000 tons Fische gelandet [81 i]. Die Islandfischerei liefert namentlich Scholle, Heilbutt, Schellfisch und andere „white fish" [72 a, 78 a; 75*, 712*, 713 a*].

Auch sonst dienen gewisse Docks ganz bestimmten Zweigen des Handels und demgemäß sind sie bei aller Ähnlichkeit doch in Anlage und Ausrüstung, im Anblick und auch in den Düften verschieden. Am King George Dock stehen der große Getreidesilo mit 40 000 tons Fassungsraum und lange, aneinander gebaute Wollschuppen, am Alexandra Dock große Kühlhäuser für Gefrierfleisch. Hier und am Wright Dock (bzw. am Riverside Quai, der auch dem Passagierverkehr dient) werden Obst und Gemüse ausgeladen usw. Besonders auffällig im Landschaftsbild sind die 60 Tanks bei Salt End, wo die Ölschiffe landen.

Infolge der gewaltigen Zunahme des Betriebs hat sich Hull nach allen Richtungen ausgedehnt, selbst im S ein wenig gegen den Humber hin (Humber Street bezeichnet die alte Uferzeile). Nach wie vor ist der Stadtkern der Sitz der Schiffahrtsgesellschaften und Reedereien, der Banken, Versicherungsanstalten usw. Von den größeren Straßen zweigen eine Menge Sackgassen ab mit billigen Arbeiterhäusern und erfüllt von Fisch- und Fettduft, manche mit Slumgepräge. Den Hullfluß entlang stehen die Dampfmühlen, im N und NE dehnen sich die Hauptindustrieviertel mit den oben genannten Fabriken, mit Holz- und Kohlenlagern. Bessere Wohnviertel ziehen gegen NW ins Land hinein. Die geistig-kulturelle Funktion kommt jüngst besonders im University College zum Ausdruck (1929 eröffnet), an dem u. a. eine wichtige Forschungsanstalt für Meeresbiologie (Marine Biological Research Laboratory) eingerichtet wurde.

Durch die Bombenangriffe des zweiten Weltkrieges erlebte Hull schwere Verwüstungen, einige tausend Häuser, viele Fabriken (besonders für Ölverwertung, Raffinerien, Dampfmühlen), Magazine usw. wurden zerstört. Von ähnlichem Ausmaß wie in Plymouth, sind die Schäden mehr auf eine große Anzahl von „Taschen" verteilt; verhältnismäßig wenig haben die neuen Gebäude im Stadtkern gelitten. Die Einwohnerzahl sank um 30%. Doch ist der Wiederaufbau eingeleitet. Er wird viele Verbesserungen gegenüber früher ermöglichen. Die ausgezeichnete Verkehrslage und die ganze bisherige Entwicklung bürgen dafür, daß Stadt und Hafen ihre Bedeutung in vollem Umfang zurückgewinnen werden. Die Planung sieht die Erweiterung der Hafenanlagen flußabwärts auf Paull, Industriegelände in der Richtung auf Hedon vor, außerdem neue Wohnviertel in der Nachbarschaft. Die schon seit zwei Jz. geplante Brücke über den Humber, mit einer zentralen Spanne von 1370 m, wird die Versorgung Hulls mit den Eisenerzen und den landwirtschaftlichen Erzeugnissen Lincolnshires wesentlich erleichtern und seine Funktion als „shopping centre" beträchtlich erweitern [81i].

Hull hat zwar kein Birkenhead gegenüber, es war auch bis Kriegsbeginn mit dem S-Ufer des Humber weder durch eine Brücke noch durch einen Tunnel verbunden, obwohl man diesbezügliche Pläne schon seit längerem erörtert hatte; aber Grimsby und seit 1912 Immingham sind nicht unbedeutende Partner im Verkehr an der Humbermündung. Die Eröffnung des neuen Hafens von Immingham hat Hull mit einer gewissen Besorgnis gesehen. Eigentlich zur Entlastung von Grimsby bestimmt, vor dem er die Lage an der Hauptrinne des Humber voraus hat, ganz modern ausgestattet, verfügt er über das tiefste Dock der E-Küste (10,9 m, 18 ha Wasserfl. und 1,8 km Kailänge). Hydraulische Kohlenaufzüge können hier stündlich 700 tons verschiffen, die Kohlenspeicher an 200 000 tons Kohle aufnehmen, die Gleisanlagen 5500 Kohlenwagen. Schon 1913 hat Immingham 2,5 Mill. tons, 1923 3,4 Mill. tons verschickt, 1929 und 1930 je 2,8 Mill. Getreide, Holz (besonders Grubenholz), Eisenerz, Butter werden eingeführt.

Nutzt Immingham die r.-seitige Krümmung des Humber aus, so G r e a t G r i m s b y (92 458; 78 030), ein altes Fischerdorf in Lincolnshire, die Mündung des Freshney in den Humber. Der ursprüngliche Hafen erstreckte sich kanalartig in die Stadt. 1801 wurde in ihm das Old Dock eröffnet. Nachdem die Manchester-Sheffield-Lincoln R. Grimsby erreicht hatte, entstanden 1850 Royal Dock, 1879 Alexandra Dock, durch die Vergrößerung und Vertiefung des Old Dock erzielt. Gleichzeitig wurde auch Union Dock eröffnet. Ö. davon sind die beiden Fischdocks (1854, bzw. 1870) angelegt und in der Folge vergrößert worden; neuerdings ein drittes, etwas weiter unterhalb. Der Eingang zu den Docks führt durch ein Tidenbecken mit großen Schleusen. In weitem Bogen umfassen Eisenbahnanlagen Stadt und Docks. Auch Grimsby führte vor allem Butter (1938: 45 000 tons für 4,9 Mill. Pf.St.) und Speck (über 43 000 tons für 4,1 Mill. Pf.St.) — beide Waren in größerer Menge als Hull —, ferner Eier, Zucker, Wolle, Holz, Erze, Erdöl ein, Baumwoll- und Wollgarne, bzw. -waren, Maschinen, Kohle aus (E.W. 1938: 15 Mill. Pf.St., A.W. 4,2). Es hat unmittelbare Verbindungen mit Hamburg, Rotterdam, Antwerpen. Aber wenn auch die Bauholzbecken, „timber-ponds" (Holz-E. über 300 000 tons), einen großen Raum einnehmen, besonders am Alexandra Dock, wenn Verladungsschuppen für Getreide, Baumwolle, Wolle Royal Dock kennzeichnen, Union Dock hauptsächlich Eisenerz, Roheisen und Zellulose landet,

so ist Grimsby doch in erster Linie Fischereihafen, besonders für Heringsfang. Es besaß 1937 439 Dampfer, 83 Motorschiffe, hatte also eine größere
Fischerflotte als Hull (mit 108 Dampfern, 69 Motorbooten) und damit eine
der größten Großbritanniens überhaupt. Etliche 100 Drifters und Luggers
landen ihren Fang am Royal Dock, ein gedeckter Fischmarkt, über 1 km
lang, vereinigt Kai, Markt und Verpackungsschuppen; hier stehen die
Räucherhäuser, Fischmehl- und Eisfabriken (die größte von diesen erzeugt
täglich 1000 tons Eis). Wie in Hull, so herrscht auch hier in den frühen
Morgenstunden ein höchst eigenartiges lebhaftes Getriebe. 1900 hatte der
Fischfang 136 00 tons, 1920 255 000 tons geliefert, 1923—1927 durchschn.
159 000 tons, 1934/35 160 000 tons. Aus dem alten Fischerdorf war 1938 eine
Stadt mit fast 100 000 E. geworden, allerdings noch ohne jedes Großstadt-
gepräge.

G o o l e (20 239; *17 780*) endlich, 1820 noch ein Dörfchen mit bloß 450 E.,
begann seine Entwicklung seit der Eröffnung des Kanals nach Knottingley.
Heute gehört es zu den bedeutenderen englischen Seehandelsplätzen. Sein
Hafen, 1888 mit dem von Hull zusammengefaßt (Humber Conservancy
Board), ist mit Docks, modernen Einrichtungen und langen Kais ausge-
stattet. Es verschifft große Mengen von Kohlen, Maschinen, Woll- und
Baumwollwaren; Getreide, Butter, Holz, Chemikalien, Farben und Eisen
führt es ein. Es hat Getreidemühlen, erzeugt Ölkuchen und rüstet wie Selby
Trawlers aus. In manchen Zweigen übertrifft sein Handel sogar den von
Hull; im Ges.W. ist er nicht viel kleiner als der von Grimsby (1938: 12,9 Mill.
Pf.St.; E.W. 5,9, A.W. 6,9). Dagegen bleibt es in der N.Tonn. des Schiffs-
verkehrs bedeutend hinter Grimsby zurück bei relativ stärkerem Anteil der
Küstenschiffahrt (1936: 1,2 Mill. tons, davon fast genau die Hälfte Küsten-
verkehr; Grimsby: 1,7 Mill., davon 0,35 Küstenschiffahrt).

Den Winkel zwischen Humberästuar, Yorkshire Wolds und Nordsee
füllt das Tiefland von H o l d e r n e s s aus, in NNW—SSE-Richtung ungefähr
60 km lang, im N 20—25 km breit, unterhalb Hull nur mehr 15. Schließlich
spitzt es sich zu dem über 6 km langen, leicht gekrümmten Haken des Spurn
zu, der in Spurn Head endigt. Glazialschutt, Geschiebelehm, Schotter und
Sand, die über- und durcheinander greifenden Ablagerungen verschiedener
Abschnitte des Eiszeitalters, 30—40 m mächtig, nehmen die Oberfläche ein,
der Kreidekalk, von einer anteglazialen Abrasionsebene gekappt, bleibt überall in der Tiefe [22, 28, 34]. Das Land ist jedoch keineswegs völlig eben,
vielmehr ziehen flachkuppige Moränen- und Schotterstriche, nirgends über
30 m hoch, von Bridlington nach Paull am Humber (ö. Hull). Zwischen sie
und die Wolds schaltet sich längs dem R. Hull die Niederung des Vale of
Beverley ein, ein postglaziales Aufschüttungsfeld unter 7 m H., ehemals gegen
den Humber hin ein Watt, dann ein Bruch (viele „carr"=Namen; wahrsch. von
skand. koer, Pfuhl, Weiler). Die N-Seite des Humberästuars unterhalb Hull
begleiten Marschen, junge Aufschlickungen, welche wohl weniger den Sinkstoffen des Humber als denen der Abrasion zu danken sind, die von den Gezeitenströmungen an der E-Küste südwärts geschleppt werden. Sunk Island,
zu Beginn des 17. Jh. noch eine Insel, 2,6 km von der Küste entfernt, heute mit
ihr verwachsen und in fruchtbares Nutzland verwandelt, ist ein bekanntes Beispiel [17, 312, 330 u. ao.]. So ist hier der Landgewinn in den letzten 150 J.
beträchtlich. Dadurch werden die Landverluste einigermaßen ausgeglichen,
welche die E-Küste mit ihren leicht zerstörbaren pleistozänen Stoffen durch
die Brandung erleidet [12, 312, 327, 328, 330, 338]. Entwässerungsanlagen,

schon seit zwei Jh. — nicht immer gerade erfolgreich — ausgeführt, haben
für Holderness große Bedeutung [619].

Über die Geschichte der E-Küste während des letzten halben Jt. geben
alte Land- und Seekarten und alte Berichte Aufschluß [314, 319, 327, 330,
338, 338a]. Die Vorgänger des heutigen Hornsea, Withernsea, Kilnsea usw.
sind dem Meer zum Opfer gefallen, seit der 1. H. des 14. Jh. im ganzen drei
Dutzend Siedlungen zwischen Bridlington und Spurn Head. Auch die kleinen,
in das Moränengelände der Küstenzone eingebetteten Seen, die „meres", sind
verschwunden, nur das etwas weiter landeinwärts gelegene Hornsea Mere
ist geblieben. Früher lief die Straße von Hull s. von Bridlington am Rand
des Kliffs; sie ist zerstört, Dörfer sind weggespült. Von Auburn z. B.
(s. Bridlington) war zuletzt nur die Hälfte eines Hauses übriggeblieben,
als sich, wahrscheinlich im Zusammenhang mit den Schutzbauten bei Bridlington, eine Düne schützend davor bildete. Jährl. werden auf der 55 km langen Strecke Bridlington—Easington im Durchschn. über 2 m Landes beseitigt, bzw. nahezu 2 000 000 tons [312*, 314]. Unter dieser Voraussetzung müßte
seit der Ankunft der Römer ein 4—5 km breiter Streifen mit über 250 km² Fl.
vernichtet worden sein. Erst 1911 ist das Kirchlein von Out Newton (unweit
Whithernsea) verschwunden [11e]. Um dem weiteren Vordringen des Meeres
Halt zu gebieten, sind feste Zementbauten errichtet worden, und im Zusammenhang damit haben sich einzelne Orte als Seebäder zu entwickeln
begonnen, so Withernsea und Hornsea, das aus drei Kernen zusammenwächst:
dem alten Dorf, der Siedlung am Strand und dem Bahnhof. Außergewöhnliche Sturmfluten wie im J. 1906, welche das ganze Gebiet zwischen Easington und Kilnsea bis zum Humber hin überschwemmten, schädigen selbst heute
noch weithin das Kulturland; in früheren Jh., wo die Entwässerung noch
nicht so geregelt war, sind die Verheerungen entsprechend größer gewesen
(Abb. 92) [327, 328, 330, 338].

Wegen der Küsten- und Gezeitenströmungen hat auch das Spurn Lage
und Gestalt fortdauernd gewechselt. Aus Dünensanden aufgebaut und nur
mit Strandhafer bestanden, mußte es ebenfalls durch Steinmauern gefestigt
werden, sollte der neue Leuchtturm nicht wie sein Vorgänger ins Wasser
geraten. Die auffallende Umbiegung des Humber in die SE-Richtung hängt
mit den Moränenaufschüttungen von Paull zusammen; vorher ist er gegen E
auf Withernsea zu geflossen.

In Formen, Boden und Klima an die Küstengebiete jenseits der Nordsee
erinnernd und sein Antlitz gegen diese kehrend, hat das Tiefland von Holderness Germanen zur Niederlassung gelockt; erst sie haben es gestaltet,
wenn es auch Spuren aus vorgeschichtlicher und römischer Zeit aufweist.
Namen auf -ham und -ton herrschen vor, dazwischen fehlen auch solche auf
-by, -thorpe und -wick nicht. Im ehemaligen Sumpfland, das allmählich durch
Abzugskanäle gedränt und in Wiesen umgewandelt werden konnte, sind Namen mit Mar- oder auf -mere und solche auf -ley nicht selten. Die größeren
Dörfer ordnen sich in drei Linien: eine folgt der Küste, eine zweite dem Fuße
der Wolds, die dritte bezeichnet den Rand des älteren Holderness gegen die
Marschen von Sunk Island. Es sind wohlhabende Siedlungen mit schönen
Kirchen, meist den einzigen Überresten aus vergangener Zeit. Doch hat
Easington noch seine alte Zehentscheune, einen breit ausladenden Bau mit
steilem, hohem Halbwalmdach, und alte Kotterhäuser. Auch auf Holderness
gab es viel geistlichen Besitz, so der Erzbischöfe von York, ferner des mitten
auf der H.I. gelegenen Klosters Meaux, der Priorei Swine usw. Die Küstenorte verbanden als Selbstversorger Fischfang mit Ackerbau; für Fernhandel

fehlte es an geeigneten Häfen und Hinterland. Nur B e v e r l e y (14 012; *16 450*) nahm an ihm teil, einst der ansehnlichste Platz des Gebietes (vgl. S. 495). Noch zeugt das Münster von seiner früheren Bedeutung. Aus fünf Toren, von denen bloß das N-Tor erhalten ist, führte der Verkehr gegen York, Great Driffield, Hessle, Hull und Hornsea; der R. Hull, frühzeitig eingedeicht

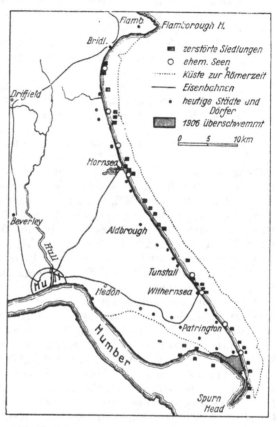

und bis Beverley Gezeitenfluß, vermittelte den Anschluß an das Meer. Allein der Aufschwung von Hull mußte Beverley schaden. Es ist zwar Sitz der Verwaltung des East Riding geblieben, aber eigentlich nur ein Marktstädtchen mit bescheidener Industrie, ein Vorort von Hull. Auf dem Hullfluß können kleine Boote sogar bis G r e a t D r i f f i e l d (5915) gelangen, wo sich der Verkehr mit den Tälern der n. Wolds sammelt. So ist es ein reger Marktflecken geworden, dessen Getreide-, Widder- und Schafmärkte gut besucht sind; seine Versuche, auch Industrie zu entwickeln, brachten wegen der Nähe von Hull bloß vorübergehend Erfolg [17]. C o t t i n g h a m (6179), das schon vor 100 J. Hull mit Gemüse belieferte, gehört zum unmittelbaren Bannkreis der Großstadt.

Holderness ist hauptsächlich Ackerland, im allgemeinen bebaut im Dreifeldersystem mit zwei Getreideernten und Brache. Seltener besteht vierjähriger Fruchtwechsel (Rüben, Gerste, Klee, Weizen), auf den schweren

Abb. 92. Die vom Meere zerstörten Siedlungen von Holderness. (Nach T. Sheppard.)

Tonböden ein sechsjähriger mit ein J. Brache. Die Güter sind groß (120 bis 320 ha). Am Rande der Wolds, wo Kreidekalkschutt noch über die Geschiebelehme verfrachtet worden ist, wird es am fruchtbarsten. Weizen ist das Haupterzeugnis. Für Gerste und Hackfrüchte ist der Boden oft zu schwer [717*; 17, 74, 120]. Stellenweise wird heute Zuckerrübe angebaut, besonders um Great Driffield. Obst- und Gemüsebau spielen eine untergeordnete Rolle, auch die Viehhaltung tritt zurück, obwohl Aufzucht weitverbreitet ist, Mästung nicht fehlt und der Milchbedarf von Hull und im Sommer für Bridlington und die anderen Seebäder (vgl. S. 507) neuestens das Molkereiwesen anwachsen ließ (Cottingham; Sutton-on-the-Ings, nö. Hull). Dauergrasland findet sich namentlich um Beverley und beiderseits des Hullflusses sowie auf der H.I. Holderness. Auf ihm werden Schafe von der Lämmerzeit im Frühjahr bis zum Sommer gehalten, der Überschuß wird später entweder auf den Fleischmärkten oder zu weiterer Mast an die Farmer der Wolds verkauft. Bodenschätze gibt es nicht, höchstens daß die Schottergruben von Kelsey Bill, Burstwick usw. abgebaut und in der Umgebung von Hull die „Warptone" in großem Ausmaß zur Ziegelerzeugung verwendet werden. Die kleinen Seebäder an der E-Küste, wie H o r n s e a (4450; vgl. o.), Withernsea (4251), haben wenigstens im Sommer guten Besuch; still sind dagegen Patrington, das einst an einem befahrbaren Arm des Humber lag (1869 wurde der Hafen geschlossen), und das Städtchen H e d o n (1501; *1708*) geworden, welches ehedem mit Hull in Wettbewerb stand, heute jedoch 3 km vom Humber entfernt ist und nur etwas Getreidehandel betreibt und Ziegel erzeugt. Immerhin wächst hier und in Hessle (vgl. S. 494) die Bevölkerung infolge Zuwanderung aus Hull rasch an (1921—1931 um 13,6, bzw. 15,1%), während sie in den von der Industrialisierung kaum erfaßten Landbez. abgenommen hat (Patrington 2,4%, Abwanderung 9,9%; ähnlich R.D. Howden, vgl. ebd., 4,8,% Abwanderung 12,5% !).

Nö. des Humber setzen sich die Kreidekalke der Lincolnshire Wolds in den Y o r k s h i r e W o l d s fort, zuerst, von North Ferriby an, ein schmaler Höhenzug, bloß 100—150 m über dem Vale of York, weiter n. ein breites Plateau, dessen Rand angesichts des Derwent schräg zur Doggerstufe der Howardian Hills gegen NE, dann über dem Vale of Pickering gegen E zurückbiegt. Nahe der Umbiegungsstelle wird es über 200 m hoch; auf Garrowby Head, wo sich von der Straße Driffield—York ein weiter Blick auf das Land im W öffnet, 246 m. Zwischen Filey und Bridlington bildet es eine weißschimmernde Steilküste, die von kleineren Baien („doodles") gekerbt wird und in dem 54 m hohen Flamborough Head kräftig gegen E vorspringt. Sie ist mit Klippen („stacks") besetzt, den Brut- und Niststellen unzähliger Seevögel, von Brandungstoren und Spritzlöchern („blow holes") durchbrochen und von gefährlichen Riffen begleitet (Abb. 93) [312*]. In der Hauptsache handelt es sich um eine Kreidekalktafel, deren Schichten 3—5° gegen S und SE einfallen. Über Market Weighton zieht eine sanfte vorkretazische Antiklinale in W—E, in welcher zwar Triasgesteine heraufkommen, aber Mittel- und Oberjura fehlen [212a, 216]. Im N, gegen das Vale of Pickering, fällt das Plateau mit einer durch Brüche betonten Schichtstufe der Kreide ab. Im W hat es eine niedrige Vorstufe, geknüpft an die härteren Calcareous Grits des Corallian; während Lias, Dogger und Kreidekalk s. des Humber drei getrennte Erhebungen bilden, sind sie n. von ihm in einem einzigen Abfall verbunden [25b, 28, 211a, 214a, 218]. Allmählich gehen die Wolds an der SE-Seite in die Niederung des Vale of Beverley über. Doch zieht ein präglaziales (?) Kliff, in den Kreidekalk geschnitten, von Sewerby über Driffield bis Hessle [32*; vgl. aber S. 474]. Der dazugehörige Meeresboden liegt unter den Aufschüttungen von Holderness begraben [28].

Die Oberfläche der Kreidekalktafel ist leicht gewellt; trotzdem macht sie im ganzen den Eindruck einer alten Einflächung. Diese ist spätestens im älteren Pliozän, vielleicht schon im Miozän entstanden und später leicht gekippt worden. Nicht selten findet man in den Klüften („pipes") des Kalks wohlgerundete Quarzitgerölle, die älter sein müssen als die Drift, Überreste einer längst abgeräumten Schotterdecke unbekannten Alters. Im E schneiden die Flächen den Upper Chalk ab, der in seinen untersten Lagen sehr flintreich ist, im übrigen fast flintfrei; im W dagegen den ebenfalls flintführenden Middle Chalk. Lower Chalk spielt oberflächlich keine Rolle. Der ganze „White Chalk" ist bis zu 500 m mächtig. Am schönsten und vollständigsten sind wie so oft die Querschnitte längs der Küste, zwischen Sewerby und

Speeton. Gerade hier wird der Kalk von reichlichen Geschiebetonen bedeckt, die auch in voreiszeitliche Hohlformen eingefüllt sind und von Holderness her auf die Wolds bis zu 50—60 m H. hinaufreichen. Im übrigen bildet er tatsächlich fast allein die Oberfläche der Wolds. Ungemein durchlässig, trägt er eine 10—15 cm mächtige Verwitterungsschicht. Sie kann das Regenwasser nicht verhindern einzusickern. Nur wenige Bächlein rieseln durch die Wellenmulden, die Wasserversorgung muß bis heute „Tauweiher" zu Hilfe nehmen (vgl. S. 19), künstliche Gräben, die mit nassen Tonen und nassen Strohschichten, zuoberst mit feinem, nassem Kalk ausgebettet und abgedichtet sind. Sie werden zur größeren Hälfte mit Wasser gefüllt, und dessen Spiegel wird angeblich durch die natürliche Kondensation ungefähr in derselben Höhe gehalten. Viele dieser „dew ponds" werden allerdings, bei gleicher Art der Anlage, durch Abzugsröhren von feuchten Stellen her gespeist. Denn auf dem Kreidekalk kommen stellenweise Lehme, Tone und Sande und sogar Torfbildungen vor.

Auffällig sind mehrere tief eingeschnittene Furchen, am meisten das 25 km lange Tal, das den N-Flügel von Settrington bei Malton fast in seiner

Abb. 93. „Stack" im Kreidekalk von Flamborough Head. Rest einer Abrasionsplatte auf der Höhe. Brandungstor. Aufn. J. SÖLCH (1932).

ganzen W—E-Breite durchzieht, bei Foxholes sich weitet und bei Bridlington mündet, das „Great Wold Valley" oder „Gipsey Race Valley", vielleicht ein ehemaliges Uretal; ferner das Tal von Fimber, das gegen Driffield hinabführt. Diese Täler und auch ihre Seitenzweige sollen in niederschlags- oder schmelzwasserreichen Abschnitten des Eiszeitalters eingekerbt worden sein, während der Boden in der Tiefe gefroren war [33] — allerdings wäre das eine erstaunlich große Leistung. Eine tiefe Lücke, welche die Wolds ö. Market Weighton durchbricht, ist von einem eiszeitlichen Überflußgerinne eingenagt worden. Marine Schotter unter dem „Purple Clay", welche sich u. a. im „Wold Valley" finden, werden als interglazial gedeutet. Auch in anderen Furchen, die das Plateau vorwiegend in NW—SW durchziehen, finden sich Kreidekalkschotter und Lehme. Auf diesen treten Quellen aus, viele, wie die „winter-bournes" der Downs, freilich bloß im Winter, z. B. die Quellen des Gipsey Race ö. Foxholes, die aber manchmal mehrere J. ganz ausbleiben [11 e]. Wichtige Quellstriche folgen den undurchlässigen Schichten unter dem Kalk; an sie knüpfen sich eine Reihe Siedlungen am N- und W-Fuß der Wolds. Im allgemeinen strömen jedoch die versickerten Niederschläge im Schichtfallen gegen SE ab, wo sie aus dem Untergrund von Holderness durch Pumpwerke emporgehoben werden und Hull und andere Orte mit Wasser versorgen. Außergewöhnliche Niederschläge befördern allerdings auch große Schottermassen in die randlichen Kerben hinab, und auf den offenen Fluren werden die dünnen Verwitterungsböden mitunter so gründlich abgespült, daß der gesunde Fels bloßgelegt wird. Für die Ausbildung der welligen Formen dürften solche Vorgänge nicht zu unterschätzen sein.

An und für sich würden die Niederschläge auf den Höhen der Wolds,

750—900 mm im J., ausreichen, um reiche Ernten zu ermöglichen, um so
mehr, als sie auch in der Wachstumszeit (April—Juni) ausgiebig fallen
(selbst unten in Hull 300 mm) [17]. Allein wegen der starken Durchlässigkeit des Kalkes kommt den Feldern nicht mehr Wasser zugute als unten in
Holderness, das im J.M. nur 600 mm empfängt. Die Kalkböden wären an sich
leicht und fruchtbar, besonders die auf den etwas tieferen Plateauflächen. Aber
sie sind dünn und wegen ihrer Trockenheit und des häufigen Kieselsäure-
gehalts [17] sind selbst die Gräser nicht so zart und süß wie die der Downs
mit ihren mehr lehmigen Böden. So sind die Wolds (Wald; dann Ödland)
schon frühzeitig waldarm gewesen. Die Besiedlung hat dann den Wald so
gut wie beseitigt.

Die Wolds sind reich an vorgeschichtlichen Funden, abgesehen von fraglichen Eolithen und einigen wenigen altsteinzeitlichen Überresten, an neolithischen und jüngeren. Schon die „long-barrow people" wanderten von
Lincolnshire her ihrem W-Rand entlang und durch das Great Wold Valley
zur Küste. Das Bechervolk hatte hier sein Hauptsiedlungsgebiet, von den
mindestens 150 in Yorkshire gefundenen Bechern gehören über 90% den
Wolds an. Auch „round-barrows" („howes"; z. B. Howe Hill) sind noch
vorhanden. Später wohnte hier das Urnenvolk. Die Träger der La Tène-
Kultur drangen zuerst hier ein, sie hinterließen zahlreiche Gräber (Danes
Graves n. Driffield), aber keine Siedlungen; ihre Felder sind nicht mehr
erkennbar. Römerstraßen, Befestigungen und später Wachtplätze an der
Küste sind in der Nachbarschaft nachgewiesen. Die Angeln siedelten hier
schon in ihrer Heidenzeit, besonders längs der S-Seite des Great Wold Valley.
Die Ortsnamen bezeugen angelsächsische, dänische und norwegische Elemente,
ohne daß man Näheres über den Gang der Besiedlung aussagen könnte. Jedenfalls sind bereits im D.B. oder wenigstens in den ältesten Urkunden von Yorkshire die Namen der heutigen Dörfer angeführt, wie etwa Sedmere, Fimber,
Thrixendale, Fridaythorpe, Huggate, Wetwang usw. Die Erzbischöfe von
York, die Abteien, bzw. Priorate von Kirkham, Bridlington, Warter und verschiedene weltliche Herren waren die Grundeigentümer. Doch war dem Boden seinerzeit nicht viel abzuringen. Bis zum Ende des 18. Jh. waren die
Wolds weithin eine von Kaninchenbauten durchzogene, uneingehegte Schafweide [71]. Nur ein Bruchteil davon wurde alljährlich gepflügt, dann bis
zur Erschöpfung mit Getreide bestellt und dann wieder der Weide zurück-
gegeben. Einzelne Einhegungen reichen bis ins 16. Jh. zurück, mehr wurden
in der 2. H. des 18. Jh. durchgeführt. Das größte Verdienst für die Neu-
gestaltung der Kulturlandschaft gebührt der Familie Sykes, Sir Christopher
(† 1801) und dessen Sohn Sir Tatton († 1863). Etliche km² öde Schafheide
wurde in Farmland umgewandelt und prächtige Buchenbestände gepflanzt,
welche Holz für die Einhegungen lieferten und dem Vieh und den Saaten
Windschutz boten. Zahlreiche Einzelfarmen traten damals neben die alten
Dorfsiedlungen, die meist lange Straßendörfer sind. Doch waren noch um
die M. des 19. Jh. weite Striche commons [17, 71].

Mit der Einhegung zog auch der Fruchtwechsel ein, wobei die Rüben,
seit etwa 1769 angebaut, schon um 1800 für die Landwirtschaft wesentlich
wurden. In der 1. H. des 19. Jh. machte der Ackerbau große Fortschritte,
zumal sich die gemischten Betriebe immer mehr entwickelten. Nach den
Rückschlägen der nassen J. 1876—1879, welche eine lange, schwere Krise
herbeiführten, sind heute die Yorkshire Wolds eine der wichtigsten Getreide-
kammern Englands geworden. 1914 waren nur mehr 9% (in Holderness 8%)
Ödland [71]. Im Weizenbau stehen sie ein wenig hinter Holderness zurück.

Er reicht in tieferen Lagen und auf den besten Böden über die W-Grenze des geschlossenen Geschiebelehmgebiets ungef. so weit nach W wie einst der höchste Eisstand, d. h. bis gegen Sledmere [17]. Ausgezeichnet ist die Gerste der Wolds: diese sind ein „turnip-and-barley land". Bohnen und Kartoffeln werden bloß in Farmgärten und auf kleinen Feldflecken gezogen. Auf den Rübenfeldern werden von Okt. bis März, bis zur Lammzeit, die Mutterschafe gepfercht, dann auf das Dauergras oder die Kleefelder getrieben. Im Mai werden die neuen Hackfrüchte gepflanzt, deren Ausreifung das Regenmaximum im Okt. begünstigt. Rüben und Klee sind in der vierjährigen Fruchtfolge beständig, während dazwischen einmal Gerste, das anderemal Hafer oder Weizen gesät wird. Doch während die Hackfrüchte auf dem Felde in den Schafpferchen verbraucht werden, wird das Getreide größtenteils verkauft [17, 120].

Tatsächlich sind die Schafe (hauptsächlich Leicester) dank der natürlichen Schafschwingelweiden die Grundlage der Wirtschaft in den Wolds. Die Rinderzucht steht dahinter zurück. Manche große Farmen haben außerdem Gänse- und Entenzucht entwickelt. Auf Blanch Farm sö. Huggate waren in den ersten neun Monaten des J. 1932 nicht weniger als 13 000 Enten, aus dem Ei gezüchtet, auf den Markt gebracht worden.

Schon zur Zeit der Einhegungen wurden oft Ziegel als Bausteine verwendet; aus Ziegeln sind heute selbst mitten im Kalkland fast alle Farmgebäude errichtet. Die Gehöfte sind geräumig, aber nicht nach einem allgemein herrschenden Muster angelegt — häufig sind lose gebaute Mehrseithöfe. Sehr oft sind sie an der W-Seite durch Bäume oder Wäldchen gegen den Wind geschützt, näher zur Küste hin sehr bezeichnend an der NE-Seite; nach S sind sie dagegen frei. Die Farmgüter sind meist 40—50 ha groß. In breiten Blöcken liegen die Felder nebeneinander, von Weißdornhecken umsäumt. Aber trotz aller Fortschritte ist die Volksdichte dünn, die Bevölkerungszahl nicht viel größer als 1821, während sie in den Siebzigerj. um 40—50% darüber angewachsen war [17].

Wegen der Abseitigkeit hat sich in den Wolds der moderne Verkehr langsam entwickelt. Noch sieht man gelegentlich die großen „wains", Frachtwagen mit kleinen Vorder- und großen Hinterrädern; noch gibt es größere Orte ohne regelmäßigen Autobusanschluß. Immerhin übersetzt eine Reihe guter Straßen die niedrigen Höhen. Sie werden im E von Beverley und Great Driffield (vgl. S. 503), im W von Market Weighton (vgl. S. 494) gesammelt. Hier vereinigen sich auch die beiden Eisenbahnlinien von York und von Selby her, die dann nach Beverley und Great Driffield weiterführen. Außerdem ist dieses gerade durch den höchsten Teil der Wolds mit Malton(-York) verbunden; die Bahn Hull—Scarborough endlich ersteigt das Plateau im E, n. von B r i d l i n g t o n (19 705; 19 210), dem ansehnlichsten Seebad des Gebietes. Die alte Siedlung liegt 2 km von der Küste, an dieser das neue Bridlington Quay mit seinen vier „Promenaden", seinen Hotels und Pavillons, Theater und Opernhaus und all der übrigen Ausstattung der größeren „seaside resorts".

NE-Yorkshire wird von einem in E—W über 50 km langen, in N—S ungefähr halb so breiten Plateau erfüllt, mit weiten Flächen in über 300 m H., aber tief zerschnitten; den Y o r k s h i r e M o o r s oder Uplands [91, 95; 110, 121, 25 b, 28]. An ihrem Bau beteiligen sich hauptsächlich Lower und Middle Oolite, überwiegend, ²/₃ bis ³/₄, Sandsteine und Schiefertone mit einer Anzahl meist dünner Kalkbänder. Die höchste Erhebung, die „Moorland

Range", entspricht einer großen flachen Antiklinale, die von Carlton und Burton Head im W (454 m) zur Robin Hood's Bay (s. Whitby) im E etwas absteigt. An der N-Seite wird sie vom Eskdale begleitet, an der S-Seite dagegen von längeren Abdachungstälern, den „Dales", zum Vale of Pickering entwässert (Rye-, Brans-, Farn-, Rose-, Newton-, Derwentdale). Sie wird von den sandigen Estuarine Beds des Lower Oolite aufgebaut. Auf diesen lagert sich gegen S ein Streifen der weichen Oxfordtone (Middle Oolite), nur daß an deren Basis der Kellaways Rock mit seinen „doggers" häufig eine kleine Stufe bildet. Viel ansehnlicher steigt darüber die Hauptstufe der Tabular Mts. oder Hills auf, das Tabular Escarpment, geknüpft an die bis über 100 m mächtigen Kalke und Kalksandsteine des Corallian (ebenfalls noch Middle Oolite), die gegen das Vale of Pickering einfallen. Die Tabular Hills ziehen von Scarborough gegen W und setzen sich hier in den H a m b l e t o n H i l l s fort, ebenfalls Plateauhöhen, welche mit steilem Erosionsabfall über das Vale of York zwischen Thirsk und Northallerton hinausschauen. Ihren Sockel bilden die Estuarine Beds, die sich nach N über den Eckpfeiler des Black Hambleton (393 m) in die Cleveland Hills (s. u.) fortsetzen. Im Vale of Pickering folgen dann die Kimmeridgetone (Upper Oolite), streckenweise, z. B. bei Pickering und im Gilling Gap, an kräftigen Verwerfungen abgesunken. Die Flüsse der S-Abdachung haben mitunter bis in die Kellawayssandsteine eingeschnitten, diese bilden dann Leisten unten entlang dem Talgehänge, die Oxfordtone darüber sanftere Böschungen mit einer Quellenlinie längs dem oberen Rande, darüber die Calcareous Grits steile Böschungen bis zur Plateaukante. Größere und kleinere Verwerfungen schaffen dabei mancherlei Abwechslung in den Formen. Auch jenseits der Lücke von Coxwold-Gilling kehrt Corallian wieder in den nach Castle Howard (unweit Malton) benannten H o w a r d i a n H i l l s, jedoch mit nö. Einfallen und meist nicht über 150 m hoch [28, 213]. Über Oberliastonen als flachem Sockel bilden hier die Oolitesandsteine eine gegen SW gerichtete Stufe, die auf ihrer Höhe Kalke (Grey Limestone) mit Feldern und Wiesen, gegen Gilling zu Sande (Middle Estuarine) mit Gehölzen trägt. Ein Ausläufer der Oolitesandsteine, vorgeschoben in das Vale of York, erhebt sich bei Crayke. Die Gesteine der Howardian Hills bilden weiterhin den Sockel der Yorkshire Wolds [217, 219, 221].

Auch im NW und W werden die Yorkshire Moors von Verwerfungen begrenzt, so zwischen Osmotherly und Guisborough. Der hier 300 m hohe, kräftig zernagte Abfall ist so eindrucksvoll, daß er einen eigenen Namen: Cleveland Hills, erhalten hat, der mit einiger Berechtigung auf die Berge bis zum Esk, manchmal dagegen sehr unpassend auf das ganze Plateau übertragen worden ist. Das Gebiet bis zu der Stufe der Tabular Mts. im S wird auch als Eastern Moorlands bezeichnet oder mit einem schon vor 800 J. gebräuchlichen als Blackamore [110, 513, 812]. Hier im N kommt aber der Lias zum Vorschein: der untere, weiche Schiefertone, über 200 m mächtig, bildet noch das niedrige Land am Tees; der mittlere mit härteren Sandsteinen und darüber der sog. Ironstone Series, bis zu 140 m mächtig, baut den steilen Abfall auf, über welchem dann oberliassische Tonschiefer wieder flachere Hänge bilden. Gekrönt werden die Cleveland Hills von Northallerton bis gegen Guisborough von den gleichen Estuarine Beds (Sandstein) wie die Moorland Range. Im übrigen fehlt es nicht an Störungen des inneren Baues. So verläuft zwischen Guisborough und Whitby eine sekundäre Synklinale, mit Kellaways Rock im Kern, vom Eskdale durch eine leichte Aufwölbung getrennt; morphologisch kommt sie übrigens kaum zur Geltung. Verwerfungen

sind besonders an der Küste gut erkennbar: der E-Pier von Whitby z. B.
steht auf den Alaunschiefern des Oberlias, der W-Pier auf dem 60 m abgesunkenen Sandstein der Estuarine Series des Ooliths [88].

Trotz des verhältnismäßig einfachen Baues lassen sich Formenschatz
und Talnetz der Yorkshire Moors nicht ohne weiteres erklären. Wohl waren
die Hauptzüge der Tektonik schon am Ende der Oolithzeit angelegt worden,
aber während und nach der Kreideperiode haben neue Bewegungen eingesetzt
[37]. Sie konnten den Fortgang der Einebnung nicht verhindern, vielmehr
war gegen das Ende des Oligozäns eine ausgedehnte Peneplain vorhanden
(1. Zyklus). Vermutlich war damals der Esk der Unterlauf eines konse-
quenten Tees. Noch auf der prämiozänen Landoberfläche wurde dieser durch
subsequente Anzapfung längs der weicheren Schichten von Cleveland oder
durch eine Einbiegung nach NE abgelenkt; der Leven wäre demgemäß ein
obsequenter Wasserlauf. Der Esk selbst ist jedenfalls nicht an das Streichen
gebunden. Bis in den Lias eingeschnitten, quert er u. a. auch das Cleveland
Dyke, einen für miozän gehaltenen Lagergang, der s. Whitby ansetzt und
gegen 150 km weit nach WNW in das Land hineinzieht. Der Swale ist vielleicht ursprünglich über Scalby geflossen, aber später von der Ouse her angezapft worden, genau so wie der Ure, der durch das Gilling Gap in das Vale of
Pickering oder das Great Wold Valley geflossen sei (vgl. S. 505) [36 a, 37].
Spätere Hebungen, verbunden mit leichteren Verkrümmungen, besonders im
Miozän („miocene upheaval"), haben zur Entwicklung des heutigen Flußnetzes mit tiefen, engen Tälern, mit Abdachungs- und Schichtflüssen geführt
und zur Bildung der Stufenlandschaft (2. Zyklus). Besonders der Esk, nahe
der Achse der Aufwölbung, hat sich kräftig eingesägt, und demgemäß haben
sich auch seine Nebenflüsse stärker nach rückwärts verlängert und benachbarte Bäche enthauptet. Trotzdem hat er sein Quellgebiet beiderseits des
Kildale Gap an den Leven verloren. Gegen Ende des Pliozäns waren die
Täler an der Küste tiefer eingeschnitten als heute. Die pleistozänen Schwankungen in der relativen Lage von Land und Meer brachten keine wesentlichen
Veränderungen mehr.

Leider ist es bei der flachen Lagerung der Schichten und ihrer verschiedenen Widerständigkeit schwer zu entscheiden, inwieweit die deutlich vorhandenen Einflächungen auf eine ehemalige Peneplain, bzw. auf eine
Folge von Talgeschlechtern zurückzuführen sind, bzw. inwieweit sie als reines
Denudationswerk aufgefaßt werden können. Auffallend ist jedenfalls, daß
um Burton Head km-lange, breite Rücken in 400—450 m H. vorhanden sind,
die mit wohlausgeprägten Fluren die etwas stärker geneigten Schichten kappen. In der E-Hälfte scheint ein 2. Flächensystem in 250—280 m die Höhen
zu überspannen, das westwärts auf rund 300 m ansteigt. Sehr scharf hebt
sich darüber das Tabular Escarpment heraus, von den Dales in kataklinalen
Durchbrüchen gequert. Gegen die Küste hin wird die Zerschlitzung besonders
stark. Trotzdem ist hier ein weiteres System in 190—210 m erkennbar,
welchem auch die Vorhöhen bei Guisborough und Middlesbrough angehören.
Anderseits lassen sich immer wieder Leisten an den Gehängen auf festere
Schichten zurückführen, so z. B. auf den Moor Grit, einen groben Sandstein
innerhalb der Estuarine Series an den Flanken von Eskdale. Für ältere Einebnung spricht die Tatsache, daß auf der Abdachung gegen das Vale of
Pickering die geneigten Plateauflächen gelegentlich von Kimmeridgetonen
bis auf die Middle Calcareous Grits fast glatt übergreifen.

Während des Eiszeitalters haben die Cleveland Moors zwar keine eigenen
Gletscher erzeugt, wohl aber hat fremdes Eis ihre Abfälle umringt und bei

einem Hochstand, der den unteren Geschiebelehm hinterließ, z. T. überwältigt, im N bis zu etwa 300 m H., zuerst der Nordseegletscher, später Eis von den Pennines und Cheviots her (vgl. Abb. 85, S. 477). Cheviot-Eis reichte über die Wasserscheide sö. Guisborough hinüber und lagerte bei Lealholm eine Moräne quer über das Tal des Esk; dieser hat später epigenetisch eine neue Kerbe — Crunkly Gorge — bis in den Fels geschnitten. Gegen S neigte sich die Eisfläche. An der Mündung des Vale of Pickering lag sie in etwa 100 m H.; hier hinterließ das Eis die Moränen von Seamer und Hunmanby bei Filey. Moorsholme High Moor bei Guisborough und Danby Low Moor sind eisfrei geblieben. Die mittleren Glazialsande und Schotter steigen dagegen bloß bis 120—180 m, der obere Geschiebelehm sogar nur bis 120 m. Der Nordsee-gletscher staute zuletzt noch die Gewässer des Eskgebietes zu einem fast 20 km langen, 170 m tiefen See auf, „Lake Eskdale". Da dessen Abfluß auch der Weg nach W über Kildale versperrt war, mußte er ihn durch die Tabular Hills über den Paß im Hintergrund des Eller Beck gegen Pickering nehmen. Dabei kerbte er das breite, gewundene Newton Dale am Scheitel bis auf 160 m O.D. ein [38, 310, 315, 28]. An den Spornen zwischen den einzelnen Seitentälern im S des Esk schnitten die Abflüsse der Stauseen Überfluß-rinnen („overflow-channels") ein, allerdings nur selten mehr als 30 m tief, u. zw. entsprechend dem verschiedenen Ausmaß der Stauung stellenweise mehrfach untereinander. Mit dem Schwinden der Vergletscherung an der Küste wurde für den Esk der Weg nach Whitby wieder frei, doch hat er auch hier eine neue Furche 30 m tief epigenetisch in den Fels genagt, ö. von dem alten Tal, das mit Drift verstopft ist. Stauseebildungen mit ihren Deltas, Rand- und Überflußgerinne gibt es auch sonst in verschiedenen Teilen der Moors [38, 310, 325, 352].

Am mannigfachsten ist der Formenschatz längs der Steilküste, da diese die verschieden alten und ungleich widerständigen Gesteine, welche über-dies durch tektonische Störungen gegeneinander verschoben sind, schräg schneidet. Mit kurzen Vorsprüngen, „nabs" (Nasen), und kleinen halbkreis-förmigen Buchten, nur von kleinen, manchmal bewaldeten Tälern („glens") mit rauschenden Bächen („becks") gegliedert, weist sie zwischen Skinning-grove und Staithes (s. Saltburn) die höchsten Kliffe Englands auf (204 m). Beiderseits Whitby herrschen die Estuarine Beds; bei Saltburn bildet der Unter-, in Robin Hood's Bay und in den benachbarten Hawsker Cliffs der Oberlias den Sockel. Das kühn vorspringende, 75 m hohe Vorgebirge des Castle Hill von Scarborough bietet ein Profil durch den mittleren Dogger bis hinab in die sandigen Tonschiefer des Oxford Clay und zum Kellaways Rock. Auch der eigentümlich spitze Vorsprung von Carr Naze—Brigg bei Filey zeigt an seiner Basis in den Riffen der Vorküste noch den Middle Calcareous Grit, aber das Kliff selbst besteht in der Hauptsache aus Ge-schiebeton, zerfressen von tiefen Schluchten, mit Graten, Zinnen und Erd-pfeilern [35]. Überhaupt werden die Kliffe zwischen Saltburn und Flam-borough Head oft wenigstens in ihren oberen Teilen vom Geschiebelehm gebildet, so z. B. auch zwischen Long Nab und Scarborough. In ihm hat das Meer leicht gearbeitet; allein auch dort, wo sich tonige Zwischenlagen zwi-schen die Kalke und Sandsteine des Jura einschalten, sind Rutschungen weit-verbreitet, und die Küste weicht stellenweise so rasch zurück, daß manche der glens über dem Strand „hängen" [28, 33, 312*].

Blackamore ist heute die einsamste, verlassenste Landschaft von ganz E-England. Rauh ist das Klima der Höhen, die Temperaturen sind ver-hältnismäßig niedrig, die Niederschläge reichlich (800—900 mm), die Winde

heftig, die Böden unfruchtbar, größtenteils undurchlässig und wasserdurch-
tränkt. Weithin herrscht das Heidekraut auf den Hochflächen, zumal auf
den sandigen Böden und den Sandböden, bis zu 1 m hoch, gelegentlich begleitet von der Glockenheide und der Heidelbeere, an feuchten Stellen von
Wollgras, Pfeifengras usw. „Moor" ist im besonderen das von ihm überzogene
Land, im weiteren Sinne schließt es auch die Sümpfe und Möser ein mit
ihren Wasserpflanzen und Torfmoosen. Moors bedecken noch die höchsten
Plateaus im W, bei Whitby steigen sie fast bis zum Meeresspiegel hinab. Das
„moorland edge" hält sich im allgem. in ± 200 m. Auf trockeneren Stellen,
den „Thin Moors" im Gegensatz zu den „Fat Moors", sind die Gräser
(Straußgras), auch die Glockenheide zahlreicher, die Torf- und Ortsteinbildung geringer. Die Hänge hinab zieht sich, z. T. im Anschluß an die gürtel-
förmige Anordnung der Gesteine, sehr häufig zunächst ein Band von Heidelbeeren, darunter eine breite Zone von Farnen; der Adlerfarn, welchem Roh-
humus und Wind ungünstig sind, bedeckt oft meilenweit die unteren Talflanken. Ganz unten stellen sich gewöhnlich Stechginster und Gräser ein,
seltener Waldbestände, z. B. im Eskdale, während Newtondale stellenweise
ganz überwuchert ist von Eichen-, Birken- und Weißdorngebüschen. Weitverbreitet sind Bäume und Baumgruppen, die Eiche ist unten, die Birke weiter
oben der Hauptbaum. Diese steigt, wenn auch verkümmert, bis etwa 200 m
empor; aber die obersten Vorposten sind oft Vogelbeerbäume, wie z. B. bei
Salters Gate, dem hochgelegenen Wirtshaus an der Straße Pickering—
Whitby. Es ist eine echte „Moor"-Farm, im Herbst ein grüner Grasfleck
inmitten der Heide. Kein Zweifel, daß die Talgründe einst alle bewaldet
waren, Birke und Vogelbeerbaum bis in die oberen Quellgebiete hinaufreichten — in Farndale bis fast 400 m H.; das erweisen die Torffunde, die
Verbreitung der Farne, das Vorkommen einzelner Bäume, die Aschenhaufen
der Holzkohle. Sie zeigen, daß hier vor allem der Mensch den Waldschwund
verursacht hat, besonders seit der Gewinnung des Eisens. Dagegen ist es
unwahrscheinlich, daß die hochgelegenen Plateaus selbst jemals Bäume getragen hätten [110, 116, 49].

Armselig ist die höhere Tierwelt. Das Heidehuhn ist der Vogel der Heide
schlechtweg, auf Blackamore ist es besonders groß und besonders schön ge-
fiedert. Um seinetwillen wird die Heide im März und April gebrannt, allenthalben steigen dann die Rauchsäulen auf. Dadurch wird nicht nur dem
jungen Heidekraut das Wachstum ermöglicht, sondern auch eine Über-
stockung der Heide verhindert. Überstockte Heiden werden namentlich durch
den Fadenwurm (*Trichostringylus perigracilis*) besiedelt, auf den eine Krank-
heit der Moorhühner zurückgeht. Die abgebrannte Heide wird als „swidden"
bezeichnet, die grauen Strünke der Pflanzen, vielfach ein Zug in der Landschaft, als „gouldens". Ringdrosseln erscheinen im Frühjahr in der Heide,
auch Berghänflinge und eine Falkenart (*Falco aesalon*) sind ihre Bewohner,
Brachvögel, Kibitze, Schnepfen besuchen sie regelmäßig. Früher waren hier
Adler, Bussarde usw. heimisch. Kaninchen und Hasen sind nicht selten,
Mäuse, Hasen, Füchse kommen gelegentlich vor. Sehr verbreitet ist das
schwarzweißköpfige, schwarzbeinige, sandgraue Heideschaf, das sich von
Gräsern, Heidekrauttrieben und selbst vom Stechginster nährt [110].

Weit voneinander entfernt liegen die wenigen Farmen in größerer Höhe,
steinige Fahr- und Karrenwege führen zu den entlegensten von ihnen. Nur
wenige gute Straßen (Stokesley—Helmsley; Whitby—Saltersgate—Pickering), nur eine einzige Eisenbahn (Pickering—Whitby), welche die Kerbe
von Newton Dale benützt, führen durch das Gebiet. Ein zweiter Schienen-

strang, von Whitby nach Scarborough, umgeht es im E, meist nahe dem
Kliffrand. Häufiger sind die Einzelhöfe an den Hängen der s. Dales, sehr
oft in halber Höhe, in der Nähe von Quellen, gerne inmitten ihrer paar
Felder, in leichter Verbindung mit den Höhen, von denen sie Rasen und Torf
holen dürfen [513 a]. Im allgemeinen bleibt das Kulturland unter 150 m H.
Am wichtigsten ist die Schafzucht; manche Moorfarmen haben 100—200 Schafe.
Diese bleiben auch im Winter im Freien auf den Höhen, erst nach zwei J.
werden sie in die Dales zum „finishing" hinabgebracht. Im N sind Eskdale und
seine Nebentäler dank der glazialen Ablagerungen noch am fruchtbarsten.
Mit den grauen Sandsteinen des Oolite, weiter unten mit Hagedornhecken
sind die Grundstücke umsäumt. Die wärmsten, trockensten Böden weisen die
Kalkplateaus auf. Auf ihnen stehen sogar größere Dörfer, davon zwei.
Newton und Spaunton, am Rande des Tabular Escarpment, zwei andere vor
dessen Fuß, Lastingham und Hutton-le-Hole.

Eine weiter reichende wirtschaftliche Bedeutung haben bloß die mittel-
liassischen Erze der Cleveland Hills, allerdings erst seit etwa 1850 (Bergbau
von Eston und Upleatham), obwohl schon im 14. Jh. die Mönche von Rievaulx
und die Nonnen von Rosedale Abbey einzelne Vorkommen genutzt hatten.
Sie werden einerseits in den tief eingeschnittenen Seitentälern des Esk gebrochen, anderseits am N-Fuß des Plateaus. Zu dem ursprünglichen Stol-
len- ist später auch der Schachtbau gekommen (North Skelton 219 m tief).
Die Bergwerke ordnen sich heute in einem Streifen zwischen Staithes im E,
Eston Nab im W. Weil die Mächtigkeit der Erzlager gegen SE abnimmt und
der Abbau zugleich immer schwieriger und teurer wird, ist die Erzgewinnung, die insgesamt etwa $^1/_3$ Milld. tons geliefert hat, seit 1913 auf $^1/_4$ gesunken (1935: 1,6 Mill. tons) [722]. So kostspielig machte übrigens auch der
Phosphorgehalt der Erze die Gewinnung des Eisens, daß Middlesbrough vielfach spanische Erze bevorzugte. Jedenfalls hängt mit der Ausbeutung der
Clevelanderze der Aufschwung von Tees-side unmittelbar zusammen, außerdem mit der Hafenarmut der Küste sö. des Teesästuars. Hier schmiegen sich
bloß kleine Fischersiedlungen in die Buchten, ehemals oft Schlupfwinkel von
Räubern. Von Redcar (20 160; 24 120) über Marske, Saltburn-by-the-Sea
(3911) nach Staithes sind sie die Ausflugs- und Wochenendorte von Tees-
side geworden, obwohl sie von der Industrialisierung nicht alle verschont
blieben (vgl. S. 517). Einzig Whitby (11 451), an der Mündung des Esk-
tales, hat seit den Tagen der Wikinger eine gewisse Rolle gespielt (Abb. 94).
Zu Cook's Zeiten war es durch seinen Walfischfang berühmt. Fischfang betreibt es noch immer (1937: 50 Motorboote). Eine Zeitlang blühte die Erzeugung von Gagatwaren („jet") [88, 89 a]. Diese Pechglanzkohle wird im
Oberlias gewonnen — ebenso wie ehemals Alaun — und, wie schon in vorgeschichtlicher Zeit, zu Schmuckgegenständen verarbeitet. Von Whitby
strahlen die Bahnen nach Scarborough, Pickering, Kildale—Stockton, Loftus
—Middlesbrough aus. Im Sommer hat es starken Fremdenverkehr, u. a. angelockt durch die Ruinen der alten Abtei. Allein es kann sich darin nicht
messen mit Scarborough (41 788; 37 360), das sich von einem kleinen
Fischerhafen zu einem ausgedehnten, großstädtischen Seebad entwickelt hat,
nachdem es zuerst im 17. Jh. sein Mineralwasser in den Handel gebracht hatte
[87]. Eine vorgeschichtliche Siedlung, eine Wachstation zur Römerzeit und
zuletzt eine Normannenburg sind auf seinem Castle Hill errichtet worden,
der zwischen zwei Buchten vorspringt. Noch immer ist es ansehnlich am
Fischfang beteiligt (1937: 74 Motorschiffe, 10 Dampfer).

Der besondere Zug von Blackamore ist sein Reichtum an Spuren vor-

geschichtlicher Besiedlung. Während die Kalkhochflächen der Moors schon
während der Jungsteinzeit von den „Axe-people" und den „Longbarrow
men" besiedelt gewesen waren und dort, über Pickering und auf den Hambleton Hills, auch das Bechervolk gehaust hatte, flüchteten sich um 1000 v. Chr.,
vertrieben von fremden Eindringlingen, Urnenleute in das bis dahin von
Menschen nur gelegentlich berührte Ödland und errichteten hier ihre primitiven Wohngruben („hut-pits"), teils verstreut an den Talhängen, teils in
dorfartigen Siedlungen auf den Spornen zwischen zwei Tälern, oft an dem
Platze der heutigen Farmen. Sie waren zugleich Jäger, Fischer und Bauern.
Sie pflügten den Hängen entlang ihre Felder, deren Terrassen („lynchets")
der Regen bis heute nicht völlig verwischt hat. Sie waren Jäger und Fischer.
Neben den Dörfern lagen die Begräbnisstätten unter runden Steinhaufen.

Abb. 94. Whitby. Hafen, unten die alte Siedlung an der Mündung des schmalen Kerb-
tals des Esk, oben das „moderne" Whitby auf gut ausgebildeter Abrasionsfläche.
Aufn. J. SÖLCH (1932).

Hunderte solcher „cairns", wie in den Wolds „howes" genannt (vgl. S. 506),
zählt man noch heute auf Blackamore. Nur die Leichen der Herrschenden
wurden verbrannt und die Asche in Urnen unter geräumigen Erdhügeln, mit
Vorliebe auf den Höhen über den Dörfern, beigesetzt. Diese „barrows" sind
ein Merkmal der Landschaft geblieben. Sie stehen besonders längs der uralten
Plateaupfade. Auch Steinkreise entstammen jener Zeit. Jh. später wurde
Blackamore abermals ein Rückzugsgebiet, u. zw. der Kelten, als sich die
Angeln des Vale of Pickering und seiner fruchtbaren Umgebung bemächtig-
ten. Für den anglischen Ackerbauer hatte Blackamore nichts Verlockendes.
Keltische Ortsnamen und Keltenfelder erweisen, daß die „Moorlands und
Dales eine britische Insel bildeten, umringt von einem sächsischen Meer".
Ebensowenig haben sich die Dänen um Blackamore gekümmert. Erst die
Norweger haben sich auch dort niedergelassen und mit den Briten vermischt,
bis diese schließlich in ihnen aufgegangen sind [511, 513, 68, 89].

Zwischen den Yorkshire Wolds und den Yorkshire Moors zieht das V a l e
o f   P i c k e r i n g nach E zum Meer, bis zu 15 km breit, fast 50 km lang.
Es knüpft sich an eine große Synklinale mit leicht ausräumbaren Kimmeridgetonen, die, über 200 m mächtig, vom Gilling Gap bis zur Küste bei
Filey reichen. Sie stoßen mehrfach an Verwerfungen, durch welche die Syn-

klinale noch stärker betont wird, gegen die umrahmenden Höhen ab. Nur von den Moors im N strömen längere Gewässer zu der Senke hinab, aber ihr Sammelfluß, der Derwent, dem Meere am nächsten, wendet sich landeinwärts und durchquert dann bei Malton gegen SW in einem 70 m tiefen Überflußdurchbruch die Howardian Hills; auf dem grünen Grund der Kerbe stehen die Ruinen von Kirkham Abbey. Als der Nordseegletscher das Tal im E, der Vale of York-Gletscher im W abriegelte, lag in ihm ein ausgedehnter Stausee, „Lake Pickering", welcher bei Malton einen Auslaß fand [28 u. ao.]. Dieser war beim Schwinden der Vergletscherung bereits unter die Höhe der Moräne bei Filey (40 m) eingeschnitten; daher wurde seine Kerbe vom Derwent beibehalten. Das Eiszeitalter hat ferner die Geschiebelehme hinterlassen, die durch das Gilling Gap hereinreichen und die untere Talflanke wiederholt bedecken. Die Talsohle ist meist von mächtigen Sanden und Tonen, z. T. Ablagerungen des genannten Stausees, erfüllt, über welche die Kimmeridgetone des Untergrundes bloß mit einigen flachen Kuppen auftauchen. Stellenweise beobachtet man postglaziale Terrassen, von denen die oberste merkwürdigerweise in fast 70 m H. liegt, also höher als die Wasserscheide von Filey; sie entspricht vielleicht dem Spiegel des Stausees. Wenig geklärt ist die vorpleistozäne Entwicklung des Gebietes. Nach der einen Auffassung wäre der Rye ursprünglich durch die Yorkshire Wolds geflossen, aber dann durch einen subsequenten Fluß nach E gegen Filey hin abgelenkt worden [37]; nach einer anderen ist einst der Ure oder der Swale (oder beide) über Gilling durch das Vale of Pickering zum Meer geströmt (vgl. S. 509).

Bis ins Mittelalter von ausgedehnten Sümpfen und Wässern eingenommen, ist der Talgrund auch derzeit vor schweren Überschwemmungen nicht sicher. Mit Ausnahme der eisenzeitlichen „lake-dwellings" hat die vorgeschichtliche Siedlung diese Striche gemieden. Erst die Angeln und die Dänen sind von den benachbarten Terrassen herabgestiegen, haben sich aber wohlweislich etwas über der Talsohle selbst niedergelassen, am unteren Rand der durchlässigen Kalk- oder Kreidegesteine, wo ein Quellhorizont über dem Kimmeridgeton verläuft [68]. Hier hatten die Ansiedler wie so oft saftige Weiden und Wiesen unterhalb, fruchtbares Ackerland oberhalb ihrer Dörfer. Nach dem ansehnlichsten von diesen (alter -ing=Name!) ist das Tal benannt. Heute ist es durch ein vielverzweigtes Netz von Gräben entwässert, der Derwent selbst durch ein künstliches Bett geleitet. Die Normannenzeit brachte die Burgen von Pickering und Helmsley, die Gründung des Augustinerklosters Kirkham (1122) und der Abtei Rievaulx im Ryedale oberhalb Helmsley, des ältesten Zisterzienserstiftes in Yorkshire (1131). Vor der Einhegung nahmen im Gemeinbetrieb Schafweiden die höheren Teile ein, Pflugland die unteren Teile der umrahmenden Abdachungen, Viehweiden und Wiesen das Tal in der Mitte. Gegen Ende des 18. Jh. war fast das ganze Vale eingehegt, die Ausdehnung und Lage von Gras- und Pflugland sehr verändert. Getreidebau, Viehzucht und Buttererzeugung waren wichtig. Viele Einzelhöfe und kleine Anwesen teilen sich jetzt in das Land, allenthalben gewinnt man den Eindruck von Wohlhabenheit (Abb. 95). Gerste, Hafer und Rüben werden angebaut, es blühen Rinder-, Schaf- und Pferdezucht. Die größeren Siedlungen liegen, verkehrsgeographisch günstig, vor den Ausmündungen der Dales der Yorkshire Moors, in der Mitte der kleine Bahnknoten Pickering (3668) [85] mit Mühlenindustrie und im W das malerische Helmsley (1238) mit dem geräumigen, von alten Häusern umringten Marktplatz und seiner Burgruine. Am lebhaftesten ist Malton (4419) vor dem Derwentdurchbruch, ein stets strategisch wichtiger Platz (Derventio, vgl. S. 480, war

sein Vorläufer; Normannenburg) und Verkehrsknoten; doch war es in der
vortechnischen Zeit, wo es durch den kanalisierten Derwent mit der Ouse
und dadurch mit Hull und Leeds in Verbindung stand, in Handel (Kohle,
Getreide) und Gewerbe (Hüte, Handschuhe, Leinenwaren) viel wichtiger als
heute. Durch alle diese Städtchen strömt im Sommer ein lebhafter Durchgangsverkehr zu den Seebädern der E-Küste, nach Scarborough (vgl. S. 512),
F i l e y (3733) und Bridlington (vgl. S. 507).

Vor die Cleveland Hills legt sich im NW die T e e s s e n k e in einer
Breite von 15 bis 20 km. Sie verdankt ihre Entstehung der Niederbiegung
der Schichten und der geringen Widerständigkeit der Keupermergel, unter
denen dann, ungefähr an der Linie Darlington—West Hartlepool, die Kalke
und Dolomite des Perm aufsteigen. Zwischen Hartlepool und Seaton Carew
(3 km s.) ist die Trias an einer über 200 m hohen Verwerfung abgesunken

Abb. 95. Vale of Pickering bei Ebberston gegen den Südfuß des North York Moors.
Aufn. J. Sölch (1932).

[214]. Der Tees, an den sich die Grenze zwischen Durham und Yorkshire
anlehnt, durchzieht das grüne Flachland in etlichen großen und vielen kleineren Schlingen. Aus dem oberen Teesgebiet, den großen Speichern in Lune-
und Baldersdale, wird Tees-side-Wasser geliefert, z. T. auch unmittelbar dem
Fluß entnommen [726]. Bei Middlesbrough erreicht er sein Ästuar. Unterhalb
Yarm, 30 km von der Küste, nimmt er den Leven auf; dort endigte ehemals
die Seeschiffahrt, heute bietet ihr schon die Victoria Bridge von Stockton
Halt. Jene hat sich in der 2. H. des 19. Jh. sehr stark entwickelt, allerdings
unter großen Schwierigkeiten. 1863 war das Wasser über der damaligen
Mündungsbarre nur 1,4 m tief. Durch große Wellenbrecher, durch die Ein-
zwängung des Flusses zwischen Dämme, die man hauptsächlich aus Schlacke
aufführte, und durch fortwährendes Baggern hat man schließlich eine Fahrtrinne durch die Seal Sands hergestellt, welche am Ausgang 14,3 m unter
N.W., 19,5 m unter H.W. hinabreicht. Außerdem hat man damit neues Land
gewonnen, und andauernd werden dem Meere weitere Striche abgerungen,
indem man längs dem Ufer eine Pfahlwand ansetzt, sie durch Schlacken-
abwurf zu einem starken Damm ausbaut und jenseits die Baggerstoffe auf-
schüttet. Die neuen Flächen dienen für Fabriken, Kaianlagen und Siedlungen. Das Gesicht der Landschaft hat sich hier in den letzten Jz. gewaltig
verändert, am meisten n. vom Tees zwischen Stockton und Middlesbrough
bei Billingham. Über eine halbe Mill. E. zählt heute Tees-side; davon wohnt

die größere Hälfte in der unmittelbaren, durch Rauchsäulen und -wolken
gekennzeichneten Nachbarschaft der Teesmündung.

In Billingham hatte die britische Regierung während des ersten Weltkrieges den Bau einer Stickstoffabrik begonnen, der dann von den chemischen Werken Brunner, Mond und Co. fortgeführt wurde. Aus deren Verschmelzung mit mehreren anderen Unternehmungen (Nobel Industries Ltd.)
entstand 1926 der mächtige Verband der Imperial Chemical Industries Ltd.
Schon vor 20 J. waren dort 15 000 Arbeiter beschäftigt. Hohe Speicher, Gasbehälter, Kokereien, Kraftwerke, Riesenkräne kennzeichnen die „chemische
Stadt", Namen wie Ammonia, Nitrate, Phosphate Avenues ihre Straßen.
Verschiedene Stoffe: Anhydrit, Salz, Gips werden aus den Oberpermschich-
ten, u. a. bei Greatham, entnommen. 1859 war das Salz in 300 m Tiefe entdeckt, 1875 sein Abbau begonnen worden; in einem etwas höheren Horizont
liegt die Anhydritschicht. Der Luftstickstoff, ursprünglich für die Herstellung von Explosiven verwendet, und die anderen Erzeugnisse werden heute
auch beim Ackerbau, bei der Herstellung von Farbstoffen, Kunstseide, Kühl-
anlagen usw. verwertet. Ein großer Teil davon wurde vor dem zweiten Weltkrieg nach dem Fernen Osten und nach Indien ausgeführt. Im Stadtbezirk
von Billingham allein war die Bevölkerung 1921—1931 um nahezu
10 000 Köpfe auf rund 18 000 E. angewachsen (1945: 20 900). Beim Beginn
des neuen Krieges ging es von der Kohlehydrierung zur Erzeugung von Flug-
benzin und Spezialprodukten über. Eine gewisse Zunahme zeigen auch die
anderen Industrieorte von Tees-side: Stockton, Middlesbrough, Redcar usw.

Seine industrielle Entwicklung verdankte das Gebiet in erster Linie der
Ausbeutung der Eisenerze der benachbarten Cleveland Hills (vgl. S. 572),
zu deren Verhüttung man Koks und Kohle aus dem sw. Durham verhältnismäßig leicht herbeischaffen konnte. Diesem Zwecke diente ursprünglich auch
die Eisenbahn Darlington—Stockton (Kohle von Witten Park). Den größten Aufschwung hat in der Folge Middlesbrough (138 274; *128 620*)
genommen. 1831 ein kleines Dorf des North Riding (mit 154 E.), ist es heute
der Hauptsitz der Eisenindustrie von Tees-side. 1830 durch eine Bahn mit
Stockton zur Verschiffung von Kohle verbunden, wurde es infolge der Entdeckung der Eisenerze der Cleveland Hills „fast über Nacht aus einer Kohlen-
in eine Eisenstadt verwandelt", die 1872 1000 Puddelöfen aufwies. Nach der
Erfindung des Bessemerverfahrens wurde es geradezu das Musterbeispiel einer
„Victorian boom town". 1876 begann die Stahlproduktion. Sie stieg im M.
der J. 1881—1885 auf 316 000, 1910 auf 1 632 000 und 1938 auf 2,2 Mill. tons,
während die Roheisenerzeugung 1,8 Mill. tons betrug. Entsprechend sank
die Zahl der Puddelöfen, bis 1922 der letzte aufgelassen wurde. Überdies
entfaltete sich zwischen den beiden Weltkriegen, wie vorhin dargetan, die
chemische Industrie, und die Zementfabrikation wuchs mit dem vielseitigen
Bedarf [812]. Mit über 60 Hochöfen ausgerüstet, führte es vor 1938 jährl.
rund 2 Mill. tons Eisenerze ein (zuletzt 1937: 2,4 Mill., 1938: 1,7), ungefähr
dreimal so viel wie das ihm darin nächstfolgende Cardiff und fast viermal
so viel wie Newcastle (im ganzen rund 1/3 der gesamten Eisenerzeinfuhr Englands). Im übrigen fehlen auch Schiffbau und Fischfang (1937: 39 Motorschiffe) nicht [83 a, 812, 813].

Der älteste Teil Middlesbroughs wird von der untersten großen N-Bie-
gung des Tees umfaßt. Gleich unterhalb, wo die Strömung tiefes Wasser an
das S-Ufer führt, wurde seinerzeit der Hafen angelegt. Durch die Docks,
Eisen- und Stahlwerke mit ihrem Zubehör, Schlackenhaufen, Schuppen,
Schloten und Geleisen, wird die Stadt von ihm getrennt. In vier Gürteln

folgen von dem alten Kern gegen S zunächst die armseligen Behausungen
der Dock- und der ungelernten Arbeiter, dann die etwas besseren der Fach-
arbeiter und Handwerker, hierauf die größeren, ehemals von den wohlhabenden Familien bewohnten Häuser — jetzt meist mit Mietwohnungen, Büros
oder Klubräumen — und schließlich die modernen Bauten der Mittelklasse
mit schönen Gärten. Handel, Verkehr, überhaupt das öffentliche Leben spielen sich im n. Stadtteil ab. Für den Verkehr wichtig sind die Transporter
Bridge (1911) und seit 1935 die Newport Bridge in West Middlesbrough,
welche die schnellste Verbindung mit dem ö. Durham und den Hartlepools
ermöglicht [812]. Industrialisiert (Schiffbau, Kraftfahrzeuge, Eisen- und
Zementwerke, chemische Fabriken), zugleich aber, zum Unterschied von
Middlesbrough, ein bedeutender landwirtschaftlicher Markt ist das alte
S t o c k t o n - o n - T e e s (67 227; 65 660) in der Gr. Durham. Zwischen ihm
und Darlington werden auf guten Alluvialböden Zwiebeln und Pilze gezogen
[118]. Ehemals führte es Wolle, Getreide und Blei aus, Holz ein. 1815 wurde
es durch einen Kanal mit dem 1 Mile flußabwärts gelegenen Portrack verbunden, so daß 300 tons-Schiffe bis zur Stadt gelangen konnten. Um 1830
war es eine Fabriksstadt mit Schiffswerften, Tau- und Segeltuchfabriken,
etwas Textilindustrie, Brauereien, Mühlen und zwei Eisengießereien [60*].
Die Eisenindustrie entwickelte sich seit der Verwendung der Clevelanderze,
und als diese den Bedarf immer weniger deckten, wurden Erze aus Spanien
(seit 1867; mit Kohle als Rückfracht) herbeigebracht, in der Folge auch aus
Schweden und Algier. Neuerdings spielen die aus Northamptonshire und
Rutland eine größere Rolle (jährl. über 300 000 tons); Cumberland und Furness steuern Hämatit bei. So konnte sich hier die bedeutendste Eisen- und
Stahlindustrie von Großbritannien entwickeln. Große Verbände („Com-
bines") sind entstanden, welche Koks- und Erzlieferung, Hochöfen und Stahlwerke in vertikalem Aufbau miteinander vereinigen. Weniger Maschinenindustrie als vielmehr die Erzeugung von Schiffspanzerplatten und von Stahl-
gerüsten für Gebäude und Brücken ist für Teesmouth bezeichnend. Die berühmte Brücke über Sidney Harbour (1932) ist u. a. das Werk einer dortigen Firma, die sich auch größtenteils die Ausbeutung der Kohle von E-Kent
gesichert hat. Ein Teil des Eisens wird übrigens an die anderen Eisenindustrien Großbritanniens, namentlich nach Sheffield und Glasgow, weiter-
gegeben. Im Zusammenhang mit der Stahlerzeugung ist die E. von Manganerzen wichtig (1929: 142 000, 1937: 115 000, 1938: 56 000 tons — größtenteils
aus Indien —, d. i. fast die Hälfte der Ges.E. Großbritanniens). Middlesbrough gehört heute überhaupt zu dessen bedeutenderen Häfen, zumal sein
A.W. den E.W. stark übertrifft (1938: 7,6 Mill. Pf.St., bzw. 4,1). Den Hauptanteil der A. stellen Eisen und Stahl und deren Fabrikate (3,3 Mill. Pf.St.),
Maschinen (0,7), Chemikalien einschl. Kunstdünger (0,75), in den einzelnen J.
freilich mit sehr erheblichen Schwankungen. Durch den Geschäftsrückgang
gegen Ende der Zwischenkriegszeit waren freilich auch in Teesmouth
weniger wichtige Betriebe geschlossen worden, dafür sind anderswo neue
Werke entstanden, so in Redcar. Die Industrialisierung greift aber andauernd weiter um sich, sie macht auch vor den Seebädern nicht Halt, welche
der Bevölkerung der Arbeiterstädte zur Erholung dienen. Weder G u i s -
b o r o u g h (6306), ein freundliches Landstädtchen, einst Sitz eines Augustinerklosters, ist von ihr verschont geblieben, noch L o f t u s (7631), dessen
Eisenwerke oben auf den Vorhöhen der Yorkshire Moors stehen. Saltburn
(vgl. S. 572) ist ihr zwar bisher entgangen, aber Redcar und Skinninggrove
haben Eisenwerke [76, 77, 79a, 721, 812].

Im W-Teil der Senke, etwas vor dem Austritt des Tees aus dem Gebirge, dort nämlich, wo sie von der Straße nach Schottland gekreuzt wird, steht, von der Sumpfniederung einige km entfernt, D a r l i n g t o n (72 086; 78 280). Der quadratische alte Kern, überragt von einem mächtigen Spitzturm, liegt unten auf dem Hang und auf der Talsohle des trägen, schmutzigen Skerne. Mit Markt- und Verkehrsfunktion verband die Stadt die Erzeugung von Woll-, Leinen- und Eisenwaren. Hier wurde 1787 die erste Spinnmaschine verwendet. R. der Bahn liest man nach der Ausfahrt gegen N auf einer Fabrik den Namen Robert Stephenson and Co. Ltd. und erinnert sich, daß die erste Dampfeisenbahn (1825) Darlington mit Stockton verband. Gegenwärtig erzeugt Darlington Textilien (Teppiche), Eisenkonstruktionen (für Brücken, Gebäude) und Chemikalien. Es ist zu einer Industriesiedlung geworden, deren Häuser auf allen Seiten die Altstadt und den großen Bahnhof (ausgedehnte Werkstätten) umschließen, in welchem sich die Bahn nach Schottland mit der Linie von Tees-side nach dem Lake District und Lancashire (über Barnard Castle und Stainmoor) kreuzt.

Zwischen der Teessenke und dem Tynetal dehnt sich das im einzelnen recht unruhige P l a t e a u v o n E - D u r h a m aus, das sich einerseits zum Meer hin, andererseits nach N und S leicht abdacht. Sein Merkmal ist jener Zug permischer Kalke und Dolomite, der sich mit einer niedrigen Stufe von Nottingham gegen NNE bis zum Tyneästuar verfolgen läßt, ein 3 bis 8 km breiter Streifen, welcher bei Conisborough noch auf den Upper Coal Measures, nö. Leeds bereits auf Millstone Grit diskordant aufruht. Sö. Durham liegt die Kante der Stufe in 180 m, über Houghton-le-Spring in 197 m. Die Permschichten sind übrigens keineswegs einfach zusammengesetzt. Der gegen W schauende Abfall wird im wesentlichen von dem blaugrauen Lower Limestone gebildet, unter dem im N wasserführende Sande und ein schmaler Horizont von Mergelschiefern lagern. Im S nähern sich dagegen in seinem Hangenden die geschichteten Dolomite des Middle Limestone der Stufenkante. Mit ihnen verzahnen sich im E Bryozoenriffkalke, die sich von Downhill (nw. Sunderland) bis in die Gegend von West Hartlepool verfolgen lassen. Gegen E schließen sich an sie brekziöse Kalke von umstrittener Entstehung an. Bei Hartlepool werden Riff- und Brekzienkalke von den 30 m mächtigen oolithischen Dolomiten des Upper Limestone überragt, unter denen sich weiter n. noch eigentümliche konkretionäre Kalke („Cannon Ball Limestone") zwischenschalten [211, 212, 214].

Das Kohlenkarbon, das in Durham w. unter der Permstufe aufsteigt, besteht teils aus weichen Schiefern, teils aus widerständigeren Sandsteinen in mehrfachem Wechsel (Abb. 96). Ö. einer Linie Newcastle—Cornforth (10 km ssö. Durham) herrschen die Upper Coal Measures, vorwiegend Sandsteine (z. B. die Newcastle Grindstones, die sö. der Stadt gebrochen werden); w. die Middle Coal Measures, in deren Bereich bei Lanchester einige abgesunkene Schollen der Upper Coal Measures erhalten geblieben sind. Eine Hauptverwerfung (Butter Knowle Fault) bringt solche auch s. Durham in ein Niveau mit den Middle Coal Measures. Die wichtigsten Kohlenflöze gehören diesen an. Im ganzen sind an die zwei Dutzend abbauwürdig, die teils Gaskohle und Hausbrand, teils Dampfkohle und Koks liefern. Die produktiven Schichten beginnen mit der Brockwell oder Denton Low Main Coal. Wertvoller sind die Hutton oder Low Main und die höhere High Main (Wallsend) Coal [25 a, 223, 113*]. Im Durchschn. der J. 1931—1935 lieferten

die Gruben von Durham 29,3 Mill. tons Kohle, d. i. 13,5% der Ges.Förderung
Großbritanniens.

Durch den Wechsel von Schiefer und Sandstein werden die Talgehänge
in verschiedenen Höhen leicht gestuft. So wird es schwierig, alte Talterrassen zu verfolgen, zumal die Zerschneidung in den undurchlässigen Schiefern
allenthalben dicht ist. Dazu kommt die Überdeckung des Geländes mit
Glazialschutt, dessen Beschaffenheit man noch am besten in den Aufschlüssen längs der Küste beobachten kann. Diese schneidet, da die Schichten gegen NNE streichen, während sie selbst gegen SSE zieht, in der Richtung vom **Tyne** gegen den **Tees** hin immer jüngere Gesteine ab. Die
Brandungstore und Brandungspfeiler von Marsden Rock (4 km sö. South
Shields) sind aus schön geschichteten Kalken geformt, an den Black Halls
Rocks (nw. Hartlepool) tragen die Riffkalke noch eine Kappe von geschichtetem Dolomit; bei West Hartlepool verläuft die Küstenlinie in diesem und
die Riffkalke bleiben w. des Ortes 30 m unter der Oberfläche [210—212].

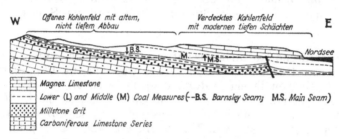

Abb. 96. Schematisches geolog. Profil durch die Gr. Durham.
(Nach L. D. Stamp und S. H. Beaver.)

S. Hartlepool wird die Küste bereits von den Mergeln und Tonen der Trias,
bzw. des Lias erreicht, in denen das Teesästuar ausgeräumt ist. Hier also
eine Flachküste mit ausgedehnten Watten, Schlamm- und Sandbänken, weiter
im N dagegen eine Steilküste, 10—30 m hoch, langsam zurückweichend vor
der Brandung, ursprünglich wohl geknüpft an jene Bruchlinien, längs deren
das Nordseebecken einsank. Ihre glatte Geradlinigkeit ist durch die glaziale
Verstopfung der Mündungen der kleineren Täler mitverursacht. Nur an
wenigen Stellen haben sich vor unbedeutenden Buchten Sandbänke gebildet.
So ist der Felsen von Hartlepool, einst eine Insel, durch eine Sand- und
Siltnehrung landfest geworden, welche eine Lagune, das „Pool“, umfaßt, den
Hafen der beiden Hartlepools.

Das anstehende Gestein wird weithin von glazialem Schutt bedeckt,
verschieden nach Alter und Herkunft [317, 318, 321, 332, 335, 336, 337]. In
die Kerben der Kalkkliffe sind norwegische Geschiebe gepreßt. Jünger ist
eine feinkörnige lößartige Ablagerung, die für interglazial gilt oder einem
„glaciation interval“ zugeschrieben wird. Über die Reihenfolge der Ablagerung herrscht e i n e Meinung: es folgten aufeinander skandinavische
Drift, **Vorstoß** westlichen Eises von Tyne Gap über die Pennines, Vorstoß
des Firth of Forth- und des Tweed-Cheviot-Gletschers (vgl. S. 474).

Im Pliozän, vielleicht schon im Miozän war die Oberfläche von Durham — wie die von Northumberland und Yorkshire — von einer Anzahl gegen E
fließender Flüsse zerschnitten worden, ja infolge einer präglazialen
Hebung bis unter den heutigen Meeresspiegel. Das ältere Weartal ist bei
Bishop Auckland 25 m glazial aufgefüllt, bei Durham liegt sein Untergrund

schon etwas unter O.D. Von hier setzt es sich im „Wash" fort, einer alten, schon 1864 erkannten Furche, die an ihrer Mündung in den Tyne 43 m unter O.D. in die Coal Measures eingeschnitten war, dann mit Geschiebelehmen, Sanden und Schottern zugefüllt wurde und heute nur vom Team benützt wird [317]. Dem Wear hatte nämlich das Eis während einer Rückzugsphase seinen alten Weg versperrt, so daß er heute bei Chester-le-Street nach E abbiegt und im Durchbruch von Hylton das Meer bei Sunderland erreicht. Während er in seinem neuen Unterlauf wenige Schlingen aufweist, ist sein Mittellauf, der sich 5—10 km von der Permstufe entfernt hält, durch prächtige eingesenkte Mäander gekennzeichnet. Einer von ihnen umfaßt den Sporn von Durham. Auch zwischen Durham und Chester-le-Street hat der Wear sein altes Tal nicht wiedergefunden, sondern epigenetisch ein neues eingenagt [311, 317, 322—324, 353]. Wie in anderen Teilen von NE-England hängt mit der Höhe und Ausdehnung der verschiedenen Eiskörper auch die Bildung von Stauseen und Überflußrinnen zusammen (vgl. S. 476 f.). Im übrigen birgt das Gebiet manche ungelöste morphologische Frage (Furche von Durham nach Houghton-le-Spring; Niederland im S des Tyneästuars usw.).

Die vortechnische Kulturlandschaft von Durham ist unter der Führung der Bischöfe von Durham entstanden. Sie war bis ins 19. Jh. ein Agrargebiet, obwohl sie von ihrem N-Rand dem Tyne schon vor der Wende zur Neuzeit Kohle lieferte. Gegenwärtig ist die Landwirtschaft, überwiegend gemischte Betriebe, zwar noch keineswegs völlig verschwunden, aber in den letzten Jz. hat das Plateau von E-Durham ein anderes Gepräge erhalten: durch die Ausbeutung der unterirdischen Kohlenlager, die zwar durch viele Verwerfungen und durch die präglaziale Zerschneidung und postglaziale Auffüllung erschwert wurde, aber der modernen Technik nicht unmöglich blieb [223]. Immer weiter sind die Schächte gegen E vorgerückt, immer tiefer müssen sie abgeteuft werden, immer kostspieliger sind die Anlagen; nur ein Großbetrieb kann sie lohnen. Schon haben sie zwischen Easington und Black Hall Rocks das Gestade erreicht und sogar das malerische Castle Eden·Dene nicht verschont; bei Easington wird der Abraum gleich über das Kliff hinabgestürzt [312*]. 1900—1931 hat sich die Zahl der großen Kohlengruben mit mehr als 1000 Arbeitern von 11 auf 20 erhöht, während die kleineren, dafür zahlreicheren Betriebe im W nach der Reihe erlöschen. So wird heute auch E-Durhams Landschaft immer mehr entstellt durch die Förderanlagen der Gruben, die riesigen Schlackenhaufen („tips"). die trostlosen Bergarbeitersiedlungen mit ihren kleinen Häusern und armseligen Gemüsegärten, mit ihren Kramläden, Bars und Kinos. Das Leben ihrer Bevölkerung hat J. R. Priestley bedrückend geschildert. Die Kohlenkrise und die allgemeine Verödung des Weltmarktes haben hier viele Menschen arbeitslos gemacht [712, 716]. Allein von der schlimmen Entwicklung der Zwischenkriegszeit sind auch die Hafenplätze der Küste, ihre Industrie und ihr Handel nicht verschont geblieben. So waren 1930 eine Anzahl Schiffswerften in Sunderland, South Shields, Hebburn geschlossen woden, und 1931 betrug der Tonnengehalt der aus Sunderland auslaufenden Schiffe (1,35 Mill.) nur $^3/_4$ von dem des J. 1913; in den Hartlepools 1927—1930 nur $^3/_5$ vom Durchschn. der J. 1900—1903, d. i. 0,96 Mill. tons, 1936 sogar nur mehr 0,73 Mill. [714a].

Sunderland, die größte Stadt der Gr. Durham (185 824; *165 310)*, obwohl an der Küste gelegen, erfreut sich nicht solcher Gunst der Lage wie

Newcastle, zumal ihm dieses das Hinterland einengt. Seit Heinrich VIII. an Bedeutung gewinnend, war es doch erst 1719 eine selbständige Gemeinde geworden. Vor 100 J. zählte es kaum 15 000 E. Sein Aufschwung beginnt im 19. Jh., im Handel mit Holz, Wein, Eisen und im Fischfang; dieser ist auch heute bedeutend (1937: 3 Dampfer, 82 Motorschiffe). Die Erzeugnisse seiner Glas-, Messing- und Tonwarenfabriken, die Ausfuhr von Kohle und Kalk brachten ihm die Mittel ein, um sich neuzeitlich auszurüsten. Aber das Flußbett des Wear gestattet nur kleineren Schiffen Zugang; größere können bloß 2 km von der Mündung aufwärts fahren. Zwei gewaltige Wellenbrecher schützen den Hafen, eine hohe Brücke überspannt seit 1796 den Fluß, zu dessen beiden Seiten die Stadt am Meer entlangzieht, eifrig beschäftigt mit der E. von Eisen und Holz, von Weizen, Butter und Speck, von Petroleum, Espartogras, mit der A. von Kohle (1938: E.W. 1 Mill. Pf.St., A.W. 3,74, davon 2,35 für 2,5 Mill. tons Kohle); mit Schiffbau, mit der Erzeugung von Schiffskesseln, Kabeln und Seilen, Ketten und Ankern, von Ziegeln, Zement, Papier- und Glaswaren. Im ganzen genommen ist es als ein Auslieger von Tyneside zu betrachten, während die beiden Hartlepools Tees-side näherstehen.

(East) H a r t l e p o o l (20 537; *14 950*) steht auf jener schon erwähnten landfest gewordenen Felsklippe, ein alter Platz, z. T. noch umwallt, mit hochragender Kirche und weithin sichtbarem Leuchtturm; die Straßenführung ist den Umrissen der Insel angepaßt. Mit Fischfang und Muschelsammeln beschäftigen sich die Bewohner. W e s t H a r t l e p o o l (68 135; *64 370*), ihm gegenüber an der Küste, ist erst seit 1847 erwachsen, wo das erste der Docks eröffnet wurde. Heute nehmen diese, darunter das Victoria Tidal Dock, und Kais den ganzen Raum zwischen den beiden Siedlungen ein, mit Middleton in der Mitte, gekennzeichnet durch große Maschinenfabriken. Gegen N bietet die künstlich verstärkte Nehrung dem Hafen Schutz, gegen SE ein Wellenbrecher. Auch hier werden hauptsächlich Holz (namentlich Grubenholz), Eisen für die Eisen- und Stahlwerke und Erdöl eingeführt, ferner besonders Zinkerze (aus Australien), die in einer Zinkschmelze verhüttet werden. Wie Sunderland widmet es sich außerdem der Fischerei (1937: 12 Dampfer, 24 Motorschiffe); dicht drängen sich am Fischkai die Heringsboote. Mit Heringen und „white fish" (d. i. alle Fische außer Heringen und Makrelen; vgl. S. 487) werden von hier aus selbst London, Birmingham und Manchester versehen [815].

Die übrigen Küstenplätze sind unbedeutend geblieben. Entweder dienen sie der Erholung, wie das malerische Roker (zu Sunderland gehörig), oder sie beschäftigen sich mit Kohlenbergbau und -verschiffung, wie S e a h a m H a r b o u r (19 399; *23 930*), das, 1828 gegründet, Kalksteinbrüche ausbeutet, Ölraffinerien und -bunker hat und Sprengstoff erzeugt, im Halbmondbogen umringt von der Siedlung oben auf dem Felskliff; oder sie vereinigen beides wie W h i t b u r n (6082), das ebenfalls Kohle und Kalk gewinnt und versendet, aber um Whitburn Bay schöne Wohnviertel entwickelt. Die größeren Orte des Binnenlandes sind dagegen bloße Grubensiedlungen, wie etwa H o u g h t o n - l e - S p r i n g (10 616; *27 290*), Newbottle (6811) usw. Nur C h e s t e r - l e - S t r e e t (16 640), an Stelle einer römischen Station entstanden (vgl. S. 480), hat städtisches Gepräge bekommen.

Der Kohlenbergbau hat übrigens die Landwirtschaft noch keineswegs verdrängt, ja sie bestimmt in der Regel das Bild. Man würde bei der geringen Höhe und dem verhältnismäßig günstigen Klima sogar ergiebigen Ackerbau erwarten. Indes bloß um Elwick und Hart (R.D. Hartlepool) liefern schwere,

fruchtbare Tonböden befriedigende Erträge von Weizen, Bohnen, Klee
und Hackfrüchten, die Tone des Karbons dagegen meist nur magere Getreideernten und dürftige Gräser. Etwas günstiger sind die Keuperböden, wo
wenigstens mäßige Ernten von Weizen, größere von Hafer, Kartoffeln, Rüben
und Futtergräsern erzielt werden. Nicht selten werden Roggen und Weizen
gemischt angebaut („maslin"). Viehzucht und Hühnerhaltung sind in Zunahme begriffen. Die Gr. Durham ist seit langem durch die „Durhams"
(Shorthorns) berühmt.

Einigermaßen verschont geblieben vom „Fortschritt" der Kohlen- und
Dampftechnik ist die alte Gr.St. und Bischofsstadt D u r h a m (16 224;
17 400) [811, 911]. Auf einem vom Wear umschlungenen Mäandersporn trägt
sie als Wahrzeichen ihre herrliche burgartige Kathedrale und ihr Schloß,
den ehemaligen Bischofssitz. Von hier steigt sie nach N leicht ab zu dem dreieckigen, dem Gelände angepaßten Marktplatz und zu der Brücke über den
Wear, umfaßt von der alten Stadtmauer und umsäumt von dem frischen Grün
der Gärten und Parke, die an den Hängen des Sporns bis zum Fluß hinabreichen. Gegründet von Mönchen aus Lindisfarne und Grabstätte von
St. Cuthbert, wurde Durham nach der normannischen Eroberung Sitz eines
Bischofs mit den Rechten eines Pfalzgrafen („Palatinate of Durham").
Bischöfe haben die ältesten Brücken gebaut (Framwellgate Bridge 1120, umgebaut 1388—1406; Elvet Bridge ungef. 1238 vollendet), die Umwallung und
den Dom (in der Hauptsache im 12. Jh.). Das Schloß, die Wegwacht und
Sperre an der Straße nach Schottland, geht auf Wilhelm den Eroberer zurück.
Der Stadt gegenüber, hoch oben auf dem W-Ufer des Wear, steht der Bahnhof. Wohl ist die Industrie nicht völlig ausgeblieben (Textil- und Eisenindustrie, Wagengestelle), doch ist Durham mehr Marktstadt und seine Viehmessen sind wichtig. Die geistig-kulturelle Funktion der Bischofsstadt hat
schließlich (1832) zur Gründung einer Universität geführt. Zu Durham University gehören auch die Colleges von Newcastle (vgl. S. 530). Seine militärische Lage, einst so wichtig, ist seit dem Ende der inneren Kriege nicht
mehr zur Geltung gekommen.

N. des Tyne schaltet sich bis zum Tweed hin zwischen die Cheviots und
die Küste das leicht gewellte und von niedrigen Stufen durchsetzte P l a t e a u
v o n N o r t h u m b e r l a n d ein, das sich, etwas zerschnitten, sanft gegen
E abdacht. Im großen ganzen ordnen sich die Gesteine dem Alter nach in
flachen Bögen um die Cheviots. Bis auf die Ablagerungen des Eiszeitalters
entstammen sie ausschließlich dem Karbon. Der Fell Sandstone, eine Folge
grober Sandsteine mit Einschaltung roter und dunkelgrauer Tonschiefer (Tuedian; in der Calciferous Sandstone Series des Unterkarbons), ist der Hauptstufenbildner; an ihn knüpfen sich die höchsten Erhebungen, so die Simonside
Hills, die der Coquet bei Rothbury durchbricht (447 m). Sie kehren gegen
die Cheviots hin eine Stufe, die, sich allmählich erniedrigend, bis an die
E-Flanke des Till zieht (Ross Castle sö. Chillingham 315 m S.H., 150 m
über der Tillfurche). Sie wird auch vom Aln durchbrochen (Edlingham
escarpment). Weit überwiegen jedoch im Unterkarbon verschieden gefärbte,
manchmal mergelige Tonschiefer mit Bänken eines unreinen Kalkes (Cementstone; daher C. Group), im Tweedgebiet bis 100 m mächtig; sie zieht vor der
Stufe des Fell Sandstone entlang („Cementstone vales"). Nur die Limestone
Group (Bernician; Lower, Middle und Upper Lst.Gr., vgl. S. 591) weist marine
Kalkhorizonte auf, die jedoch in der Oberfläche nicht weiter hervortreten.
Diese ist verhältnismäßig unabhängig von der alten Faltungsstruktur, die

von vielen Verwerfungen und Staffelbrüchen durchsetzt ist. Manche davon lassen sich weit verfolgen, z. B. das große Bolton Fault auf 35 km. Es schwenkt aus der SW-Richtung weiter s. gegen Otterburn, also nach WSW ab (hier Swindon Fault genannt). Der Widerstand der Cheviots gegen den von E her wirkenden Druck macht sich darin bemerkbar, außerdem in der Absplitterung von Nebenbrüchen, wobei regelmäßig die w., bzw. nw. Schollen abgesunken sind. Ö. der Boltonverwerfung herrschen dagegen E—W-Brüche. Auch Horizontalverschiebungen sind eingetreten (Long Houghton Fault n. des unteren Alntals). Infolge dieser Zertrümmerung besteht die Landschaft aus einem geologischen Mosaik, und die Fell Sandstones können mehrfach hintereinander die Höhen bilden. Weiter im S zieht eine Antiklinale von den Cheviots her gegen SE auf den North Tyne zu. Damit hängt die Anlage der Wasserscheide zwischen ihm und Redewater einerseits, dem Coquet und anderen nach E abfließenden Gewässern anderseits zusammen [324].

Als Stufenbildner erscheint streckenweise das Whin Sill, ein Lagergang, der vom Cross Fell her 130 km weit bis zur Küste bei Bamburgh und den dort vorgelagerten Farne Islands streicht. Es ist eine unterkarbone Intrusion von Quarzdoleriten, die sich hier, im M. 24—30 m mächtig, meist an oder nahe dem Great Limestone (dem untersten Kalkhorizonte der Upper Limestone Gr.) hält [212 a]. Es bildet u. a. die Kliffküste zwischen Dunstanburgh Castle und Cullernose Pt. und zieht dann von Howick (8 km nö. Alnwick) — keineswegs ununterbrochen aufgeschlossen — landeinwärts gegen Alnwick und weiter gegen SW. Es ist jedenfalls jünger als die oben erwähnten Verwerfungen, aber sicher präpermisch [21 b, 25 a, 27, 210, 225].

Der Millstone Grit, der in den Pennines eine so große Rolle spielt, nimmt n. vom Tyne einen höchstens 10 km breiten Streifen ein, der w. Morpeth ungef. in S—N vorüberzieht und n. Alnmouth an der Küste endigt. Weiter ö. schließt sich das Kohlengebiet von SE-Northumberland an, dem Newcastle-Tyneside ihre Bedeutung verdanken. Mit 13 Mill. tons Förderung im M. der J. 1931—1935 steuerte es 6% des britischen Kohlenbergbaus bei, seine Mindestvorräte werden auf 5,5 Milld. tons geschätzt und bloß von denen der SE-Pennines, bzw. ihrer Nachbarschaft und von S-Wales übertroffen (je 26 Milld.) [113*].

Über diesen verwickelten inneren Bau spannt sich ein anscheinend einheitliches Hauptflächensystem in durchschn. 180—200 m H., aus welchem die härteren Gesteine ein wenig herausgearbeitet sind. Im S steigt es allmählich auf 240—260 m an (Catern Hill 267 m); gegen E senkt es sich auf 100—120 m ab. In ihm setzen sich jene Flächen fort, von denen die Cheviot Hills umrahmt werden, nur daß es etwas verkrümmt und niedergebogen ist (vgl. S. 591). Auf ihm hatte sich, den Abdachungen folgend, das jungpliozäne Flußnetz entwickelt. Infolge der präglazialen Hebung wurde es etwas eingeschnitten. Bereits vor der Vergletscherung waren die Täler bei etwas höherem Stande des Landes als heute in Verbreiterung begriffen. Das Eiszeitalter hat dann Schotter, Sande und vor allem Geschiebetone ausgebreitet, einen unteren von dunkelvioletter oder grauer Farbe mit — z. T. sehr großen — Geschieben, eine echte Grundmoränendecke; und einen oberen mehr rötlichen mit kleineren Geschieben, hauptsächlich inglaziales Material, abgelagert beim Abschmelzen des Eises. Mitunter begleitet von Bändertonen, schalten sich zwischen die beiden Geschiebetone Sande und Schotter ein, sehr ungleich mächtig, im Till- und Tweedgebiet meist nur wenige Zoll. Aus ihnen entnehmen u. a. Alnmouth, Warkworth ihr Trinkwasser. Die Hauptaufschüttung ist der Upper Boulder Clay, der weithin die Hänge und oft auch die Höhen der Tonschiefer und Sandsteine überzieht. Manche Talstrecken sind durch Drumlinlandschaften ausgezeichnet. Am Tweed ziehen Drumlins sö. Carham in ENE bis NE. Sie stoßen s. Cornhill auf Sölle und Kessel zeigende Schotter („kettled gravels") auf, reichen dann über den Unterlauf des Till und setzen sich gegen Norham fort, in der Richtung des Tweedgletschers gestreckt. Manche sind über 1 km, eines fast 2 km lang; viele sind über 30 m hoch. Mindestens ein Teil von ihnen dürfte einen festen Kern haben. Bei Cornhill sind ansehnliche jüngere Schotter über sie gebreitet [21, 22, 25 a].

Die „kettled gravels" ö. und s. Cornhill nehmen eine Fl. von 21 km² ein, steile Hügel ohne jede Ordnung, mit über 80 tiefen Kesseln. Sie gehören dem Eisrückzug an. Die mit „kettles" besetzten Schotter waren ursprünglich eine Seitenmoräne des Tweedgletschers aus der Zeit, wo er noch um die NE-Flanke der Cheviots herumreichte. Unterbrochen durch die Alluvialgefilde von Milfield Plain, setzt die Moräne weiter s. bei Wooler neuerdings ein und zieht dann als „Hedgeley kettle moraine" noch über das Breamishtal hinweg. Seinerzeit bildeten wohl beide Striche einen einheitlichen, über 30 km langen Zug. Das Becken von Hedgeley muß längere Zeit einen Toteiskörper beherbergt haben. Einen Stausee, der sich oberhalb der Moräne von Cornhill gebildet hatte, füllte der Tillfluß allmählich zu. Dadurch erhielt das Tal zwischen Wooler und Milfield sein heutiges Gepräge. Ein 15 km langes, 7 km breites Becken wird von mächtigen Sanden, Schottern, Bändertonen mit einer ebenen Aufschüttungsfläche eingenommen: Milfield Plain. Von zwei Terrassen, stellenweise vielleicht von drei umsäumt, wird sie von Till, Glen und deren Seitenbächen leicht zerschnitten. Schotter mit Söllen liegen auch im Gebiet von Chalton (ö. Wooler)—Wooler—Etal (am Till, ö. Cornhill). Auch sie gehören der letzten Phase der Eiszeit an, eben dieser ferner die Bändertone von Chillingham, Ablagerungen in einem großen Stausee, welcher von Chillingham über Wooler bis Etal reichte (Uferterrassen in 60 m H.). Ein besonders eigenartiges Gebilde ist das „Bradford Kame" oder „Bradford Esker", ein etwas geschlängelter, hügeliger Sandrücken, der von Spilestone (n. Bradford) 19 km gegen S bis zum Aln zieht, offenbar ein Os. Ähnliche Ablagerungen finden sich in der Nähe des Tweed bei Wask und Cornhill. Verschiedentlich sind Kerben von Randgerinnen und Überfließwässern zurückgeblieben, z. B. das 30 m tiefe „Dene", durch welches der Stausee „Hedgeley Lake" in das Alntal abfloß und das von der Bahn Alnwick—Coldstream benützt wurde. Weiter draußen sind die Überflußrinnen seltener. Streifen grober Schotter, von rasch fließenden Gewässern abgeworfen, begleiten alle größeren Flüsse, so Coquet, Alwin, Aln, Breamish. Gelegentlich sind mehrere Terrassen übereinander erkennbar. Schön sind die in das Plateau eingesenkten Schlingen des unteren Aln. Seine heutige Mündung erhielt er jedoch erst 1806, als er einen niedrigen Hals s. des Church Hill von Alnmouth durchbrach. Auch andere Flüsse haben nach der letzten Eiszeit ihren Lauf verlegt. Der Till z. B. mündete ehemals, von Milfield Plain über Branxton kommend, bei Cornhill [21, 320, 331].

Obwohl im Regenschatten der Cheviots gelegen und daher nicht so starker Durchnässung ausgesetzt wie NW-England — die J.Summe der Niederschläge bleibt unter 1 m, im Tillgebiet sogar unter 70 cm, und gerade die Sommermonate sind verhältnismäßig trocken —, ist doch das Gebiet weithin Ödland. Denn ungehemmt brausen die Winde über die welligen Flächen, und namentlich die über die E-Küste hereinströmenden Frühjahrsstürme von der Nordsee her sind eiskalt und heftig. Daher stehen in den

Hecken verhältnismäßig wenig Bäume. Wenig günstig ist der Boden, weder die Karbonsandsteine noch die überfeuchten Geschiebetone. Somit beherrscht meist die Heide das Landschaftsbild, nicht bloß auf den Höhen, etwa der Simonside Hills, sondern auch in viel tieferen Lagen (Chatton Moor, Middle Moor, Belford Moor usw.). Sie tragen je nachdem Heidekraut, Farne und Gräser. Der Wald ist frühzeitig gelichtet und größtenteils beseitigt worden. Immerhin können manche große Güter auf ihre Waldungen und Parke stolz sein, besonders in der Umgebung von Alnwick (Hulne Park) und Rothbury. Schöne Wälder mit Eichen, Eschen, Buchen, Nadelhölzern wachsen an den Hängen des unteren Aln- und Blythtals und in anderen der windgeschützten Kerben, welche zur Küste hinabführen, entlang dem Tyne- tal und seinen Seitenbächen. In den Talgründen werden Hafer, Hackfrüchte und Kartoffeln angebaut, im Tweedgebiet Weizen und viel Gerste; Obstbäume

Abb. 97. Stamfordham (20 km nw. Newcastle). Seinerzeit Marktflecken. Geräumiger Platz mit Marktkreuz. Aufn. J. SÖLCH (1932).

gibt es keine. Im allgemeinen wird an einem 4—6jährigen Fruchtwechsel fest- gehalten (Hafer oder — seltener — Weizen, Hackfrüchte, Gerste oder Hafer, 1—3 J. Gras) [122]. Ausgedehnt sind Wiesen und Weideland. Schafzucht (viel Border-Leicester) spielt eine große Rolle, und Rinderzucht (Shorthorns, Aberdeen-Angus) für Molkereizwecke nimmt zu. Farmhöfe mit gemischtem Betrieb bilden z. T. kleine Dörfer, welche gegen die Cheviots hin mit Vorliebe etwas über den breiteren Alluvialböden („haughs") stehen, auf Schichtleisten oder Terrassen, weiter gegen E die Trinkwasser liefernden Schotterflecken aufsuchen oder feste Sandsteinkuppen, die über den Geschiebeton aufragen und am Rand Quellen liefern. Sehr bezeichnend sind die alten Ortsnamen auf -ing [324], häufig solche auf -ham, aber auch die auf -ley. Die Dörfer sind entweder Straßen-(bzw. Reihen-)dörfer oder Angerdörfer mit meist drei- oder rechteckigem Anger (Abb. 97), selten mit quadratischem oder linsenförmigem. Zwischen sie schalten sich in den fruchtbaren Strichen viele Einzelhöfe ein. Sie liegen mit Vorliebe inmitten ihrer Flur, ihnen zu- nächst die Pflugfelder, die Weiden gewöhnlich mehr nach außen zu. Die Flachlandfarmen sind groß (0,8—1,2 ha), namentlich im n. Teil, im Tweed- gebiet und auf dem niedrigen Küstenplateau. Steinbauten, Wohnhäuser mit einer ganzen Anzahl von Wirtschaftsgebäuden, bilden die stattlichen Ge- höfte. S. des Coquet gegen den Tyne hin und im Kohlengebiet werden dann einerseits mittelgroße und kleinere Farmen, anderseits Sammelsiedlungen häufiger, während in die Gebirgstäler im W überhaupt fast nur jene auf-

steigen, allerdings wegen des Bedarfs an Weidegrund für die Schafe mit
ausgedehnten Fl. (bis zu 400 ha) [79b; 816].

Allein auch im S ist das Land zwischen den Siedlungen weithin öde,
von stehenden Gewässern und Mooren durchsetzt. Die Volksdichte bleibt
außerhalb des Kohlengebietes überall gering, meist unter 30, oft unter 20,
und nimmt vollends gegen die Cheviots hin ab. Schon früh haben sich in günstiger Nahverkehrslage kleine Marktstädte entwickelt, einzelne von ihnen
sind wichtige Rastorte an den nach N führenden Straßen gewesen. Denn der
Verkehr von S-England nach Schottland mußte hier zwischen dem Meer
und den Cheviots hindurchführen. Das Plateau von Northumberland bietet
das Tor an der E-Seite der Insel, das „Cheviot Gate". Daher die große
strategische Bedeutung, die diesem Landstrich bei den vielen Kämpfen durch
Jh. hindurch zukam; daher die Anlage vieler wichtiger Stützpunkte zur Abwehr der Feinde. Hier lag die Grenzmark zwischen N und S im engeren
Sinne des Wortes, das „Borderland". Nach Dutzenden zählt man schon die
prähistorischen Camps, die zugleich auf eine verhältnismäßig starke Besiedlung hinweisen; und bis in die Neuzeit herauf bewachten mehrere Sperr-
linien zwischen Tweed und Tyne mit Burgen und befestigten Städtchen die
Zugänge aus dem N.

Die Fernverkehrswege haben sich allerdings im Laufe der Zeit mehrmals verlegt. Während eine Römerstraße von Corstopitum (bei Corbridge)
gegen NNE zog, an der E-Seite der Simonside Hills entlang, über den mittleren Aln hinüber in das Breamishtal und weiter gegen die Mündung des
Tweed, führte die N-Straße der neueren Zeit von Morpeth über Wooler und
durch das Tilltal nach Schottland. Sie teilt sich heute mit einer zweiten in
den Verkehr, die von Newcastle und Morpeth weiter ö. über Alnwick und
Belford nach Berwick läuft — auch sie keine Küstenstraße, sondern vom
Meer durchschnittlich 2 Gehstunden entfernt. Näher an das Meer heran tritt
die Hauptlinie der L.N.E.R., die schließlich im N den schmalen Durchlaß
zwischen den Kyloe Hills (sw. Beal) und der See benützt. Auf der ganzen
Strecke bis Berwick weist sie keine Schnellzugsstation auf. Durch sie haben
die alten Burg- und Marktstädte ihre frühere Bedeutung verloren, so A l n -
w i c k (6883), das eine der Hauptstädte Northumberlands war, bewehrt mit
einer starken, im 14. Jh. errichteten Feste — hoch ragt sie noch über
die mit Türmen besetzten Mauern auf. Dagegen sind von der 1147 gegründeten Zisterzienserabtei Alnwick kaum mehr Überreste vorhanden. Die
Klöster Hulne, 11 km nö. Alnwick, und Brinkburn (vgl. S. 481) sind Ruinen.
Dahin ist auch die Bedeutung von Bamburgh, das, einst Sitz der Könige Ber-
nicias und später Northumbrias, heute seine größte Einnahme als Seebad
und aus dem Fremdenverkehr zieht, welchen das wuchtige Schloß, auf steilem Doleritfelsen zwischen Dorf und Meer, anlockt. Drinnen im Land ist das
freundliche R o t h b u r y am Durchbruch des Coquet (1255) seit jeher ein
wichtiger Schafmarkt und neuerdings eine vielbesuchte Sommerfrische.

Der einzige Markt des Tillgebietes ist das kleine graue W o o l e r (1505),
der ebenfalls viel von Sommerfrischlern und Touristen besuchte Sammelpunkt
der Straßen von Newcastle über Morpeth und Alnwick, von der Küste bei
Bamburgh, von Berwick, Coldstream und Kelso. Aber die Eisenbahn, die von
Alnwick her mit großem Umweg über den N-Sporn des Rothbury Forest und
die Chatton Hills hinweg die Tillfurche erreicht, hat ihren Bahnhof geschlossen — ein Zeichen der Zeit. Um Wooler ist die Besiedlung etwas dichter,
denn die Böden seines Beckens gestatten stärkeren Feldbau. Noch beschäftigt
in erster Linie er die Bewohner, die Viehzucht gewinnt indes allmählich

das Übergewicht. Hafer und Gerste nehmen (1925) zusammen nicht ganz $^1/_5$ der eingehegten Fl. ein, ein weiteres Futterrüben und Heu; mehr als die Hälfte des Nutzlandes ist Grasweide. Nur wenig Kartoffeln werden angebaut, Weizen fast gar nicht. Im ganzen ist die Bevölkerung dieser heute abseits gelegenen Gebiete ärmlich und rückständig. Daß hier einst die Hauptstraße nach N durch die heißumstrittene Grenzmark führte, daran erinnern, abgesehen von den Namen der Schlachtorte Carham, Hermildon Hill (1402), Flodden Field (5 km sö. Cornhill; 1513), die vielen Burgen und Burgruinen, die vielen „Pele-towers" und manche Wehrkirchen bis hinüber ins Tynegebiet (Elsdon, Embleton). Unter den Burgen ist die aus dem 14. Jh. stammende Chillingham besonders bekannt durch ein Gehege von weißem „wild cattle", das letzte in England. Auch Harbottle bei Rothbury, Warkworth und Morpeth hatten ihre Festen, aber nur zu M o r p e t h hat sich wegen der Nähe des Kohlenfeldes als Einkaufsplatz eine kräftigere Siedlung (7391) mit etwas Industrie (Kraftwagen) und großen Viehmärkten entwickelt. Je weiter gegen N, gegen die Tweedsenke hin, desto stärker zeigt die Mundart den schottischen Akzent. Auch darin kommt der Übergangscharakter des Gebietes zum Ausdruck [114].

Die Platte von Northumberland endigt im E mit einer Kliffküste über der Nordsee [312*]. Ganz im S noch von dem Kohlengebirge aufgebaut, weiter n. vom Millstone Grit, wird sie am steilsten und wildesten, wo das Whin Sill an sie herantritt. Aus dessen schwarzen oder dunkelvioletten Gesteinen bestehen auch die Farne Islands, 26 kleine Inseln, von denen die größte, Inner Farne, bloß 2 km lang, der Pinnacle Rock ein Nistplatz von Zehntausenden von Seemöwen ist, ferner die „Heilige Insel" Lindisfarne, die nur bei Flut vom Festland getrennt wird. Berühmt als Sitz St. Aidans und später St. Cuthberts († 687), dessen Gebeine von den Mönchen auf der Flucht vor den Dänen nach Durham gebracht wurden (vgl. S. 522), erhielt es von hier aus 1083 ein Benediktinerkloster. Bis zum J. 1844 blieb es mit dem Palatinat von Durham verbunden. Die durchaus unwirtliche Küste selbst ist zwar wiederholt durch sanft geschwungene Buchten gegliedert, aber bloß armselige Fischerdörfer schmiegen sich an den engen Strand; manche verdienen heute als Seebäder eine bescheidene Summe. Stellenweise säumen Dünen die Küste, so bei Blyth und bei Alnmouth (933), das sie als Golf Links verwertet und im Alnfluß Fischerei auf Forellen und Lachse bietet.

Der am meisten gegen N vorgeschobene Posten Englands ist B e r w i c k (12 299; *10 850*) an der Mündung des Tweed, eine Stadt mit stolzer Vergangenheit, einst mehr noch als Carlisle ein Zankapfel zwischen England und Schottland infolge seiner Schlüsselstellung in der ö. Grenzmark; über ein dutzendmal hat es trotz seiner festen Mauern den Herrn gewechselt. Dank dem Wollhandel mit Flandern und Calais, der auch flämische Ansiedler herbeigelockt hatte, war es eine der reichsten Städte Großbritanniens geworden, seine Zollgebühren eine beachtliche Einnahmsquelle der schottischen Herrscher. Aber von der Eroberung durch Eduard I. und der Hinmordung von 8000 Bürgern (1302) konnte es sich, obwohl von ihm selbst mit regelmäßigem Grundriß neu gegründet, nie wieder recht erholen, obwohl es von ihm das Messerecht erhielt. 1482 wurde es endgültig zu England geschlagen. Als Hauptmarkt eines bis zu den Lammermuirs und den Cheviot Hills reichenden Gebietes, besonders der fruchtbaren Tweedniederung, und durch seine Heringsfischerei (1937: 12 Dampfer, 140 Motorboote) hat es Bedeutung. Zusammen mit Tweedmouth und Spittal, das ihm gegenüber auf dem S-Ufer des Tweed liegt, umrahmt es den im N von einem 800 m langen, 100jährigen

Wellenbrecher geschützten Hafen. Vor allem Holz, außerdem Kunstdünger
und Chemikalien werden eingeführt; die A. ist gering [99*]. Noch stehen die
alten Stadtmauern aus der Zeit Elisabeths, eines der ältesten Beispiele früh-
neuzeitlicher Befestigung überhaupt [BE; 11 a, 87 a, 93]. Malerisch sind die
drei Brücken über den Tweed: die 39 m hohe Eisenbahnbrücke (1850) und
die beiden Straßenbrücken, die alte fünfzehnbogige von 1624 und die 1926
vollendete neue.

Newcastle-Tyneside. Der Hauptweg durch NE-England ist von der
Natur deutlich vorgezeichnet durch die Lage der Pforten im S und im N.
dort das Northallerton Gate, hier das Cheviot Gate, ferner durch die fast
geradlinige N-Richtung des mittleren Wear- und in seiner Fortsetzung des
Teamtals, das zum Tynetal hinabführt. Wo dessen Steilhänge unterhalb der
Teammündung nahe aneinandertreten, bot sich der beste Übergang über den
Fluß. Bereits in der Römerzeit überbrückt und mit einem Fort ausgerüstet
(Pons Aelii), schon im frühen Mittelalter ein befestigter Platz, welcher den
Mönchen der benachbarten Klöster Schutz bot (Monkchester), wurde er nach
der normannischen Eroberung mit einer neuen Burg, Newcastle, bewehrt,
unter deren Obhut seit 1080 eine neue Siedlung erwuchs. Schon unter Heinrich II. und unter Johann mit Privilegien begabt (Gilde der Kaufleute 1216),
entwickelte sie sich mit zwei Handelszentren beiderseits Castle Hill, unten
am Fluß dem Hafen, oben jenseits der Kirche St. Nicholas dem Markt [82 c].
Wohl hatte sie unter ihrer Aufgabe als Grenzwacht wiederholt schwer zu
leiden, zeitweilig wurde sie überhaupt von den Schotten beherrscht (so 1095
bis 1157); doch allen Wechselfällen zum Trotz entfaltete sie sich rasch zum
bedeutendsten Handelsplatz des NE [82]. Diese Stellung hat N e w c a s t l e -
u p o n - T y n e (283 156; *265 990*) bis heute behauptet, dank einer Reihe von
glücklichen Umständen. Verheißungsvoll war von Anfang die Gunst der Verkehrslage: die Great North Road kreuzt sich hier mit der vom Tynetal und
Tyne Gap gebotenen Querverbindung zwischen der W- und der E-Küste N-Englands; schon eine Römerstraße hat auch diese benützt. Gegen SW erschließt
das Derwenttal die nö. Pennines, im NW ist das Vorland der Cheviots leicht
erreichbar, diese selbst zur Not überschreitbar, jedenfalls an der E-Seite um-
gehbar. Entscheidend wurde jedoch die Nähe des Meeres: ohne dessen Stürmen
ausgesetzt zu sein, konnte sich Newcastle zum führenden Hafen am Tyne behaupten. Die Entwicklung der modernen Schiffahrt nötigte freilich zu kostspieligen und fortdauernden Maßnahmen: man schützte die Mündung des
Flusses durch weitausgreifende Wellenbrecher gegen Wind und Wogen und
regelte zugleich die Laufrichtung der Gezeitenwellen so, daß die Mündungsbarre, welche bei N.W. nur 1,8 m unter O.D. lag, beseitigt wurde. Die heutige
Fahrtrinne ist selbst bei N.W. mindestens 9 m tief, und sogar die Riesenschiffe
der jüngsten Zeit wie die Mauretania konnten das Meer ohne Unfall gewinnen.
Allerdings müssen Jahr für Jahr 2 Mill. tons gebaggert werden, um die Rinne
offenzuhalten.

Ausschlaggebend für den Aufschwung der Stadt, die unter Eduard I.
zum Borough erhoben und stark befestigt wurde, war immer mehr der Versand von Kohle geworden (Abb. 98). Seit dem 13. Jh. wurde sie in steigenden Mengen nach London („sea coal"), auch anderen englischen Küstenorten
und sogar ins Ausland, besonders in die Niederlande und gewisse Häfen der
Ostsee, z. B. nach Stralsund, geschickt. Von den hölzernen Kohlenbrücken
(„staithes") unmittelbar in die kleinen Leichter („keels") geschüttet, wurde
sie unterhalb der Brücke von Newcastle in die hölzernen 100 tons-Seeschiffe

verladen, deren man vor 300 J. etwa 400 auf dem unteren Tyne zählte. Die „staithes" sind noch heute ein Merkmal des Tynetals bei Newcastle. Am schwierigsten war die Verfrachtung von den Kohlengruben zu den Flüssen. Denn auf den Glaziallehmen, die weithin das Land bedecken, konnte man sie seinerzeit nur auf Saumtieren befördern. Erst später legte man Knüppelwege („corduroy roads") an; es folgte die Verwendung von Holzschienen und von Kohlenwagen, die von Pferden gezogen wurden, oder die man, wenn es das Gelände gestattete, mit ihren Ladungen einfach auf Bremsbergen abwärts rollen ließ, während gleichzeitig die leeren Kohlenwagen zurückkehrten. Hingegen war seinerzeit der Abbau verhältnismäßig einfach, da man die Flöze zunächst bloß im Tagbau anzugreifen und dann ihnen entlang in einfachen Stollen zu arbeiten brauchte (Abb. 99) [111, 82]. Derzeit ergeben Kohle und Koks über die Hälfte des A.W. von Newcastle (einschl. North Shields und South Shields; 1938: 7,4 Mill. Pf.St.).

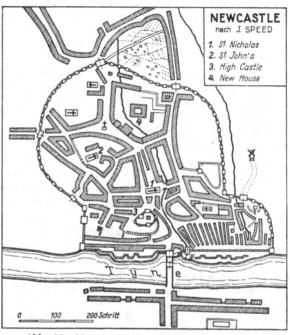

Abb. 98. Newcastle in der 1. H. des 17. Jh.
(Nach J. Speed.)

1353 wurde es auch Wollstapelhafen [82 d]. Gegen Ende des 14. Jh. liefen fremde Schiffe ähnlich zahlreich ein wie in Boston; nur Hull und London waren damals Newcastle im Seeverkehr überlegen. Später ließen sich andere Industrien nieder; u. a. blühte um 1700 die Glaserzeugung [717, 718]. Noch war die Stadt von ergiebigem Farmland umschlossen (1801: 28 000 E.). 1823 gründete Stephenson jene Fabrik in Newcastle, wo die ersten Lokomotiven für die Bahnen Stockton—Darlington und Manchester—Liverpool gebaut und bald andere nach dem Festland ausgeführt wurden. Newcastle selbst wurde 1844 von der Eisenbahn erreicht. 1847 wurde die Schiffsbauwerft zu Elswick von den Armstrongs gegründet, die, mit anderen vereinigt, ihre führende Stellung bis heute bewahrt hat. Immer neue Industrien entstanden, die z. T. für die Ausfuhr arbeiten. Es hat Getreidemühlen, Farben-, Zementfabriken, Großbunker für Öl und Ölraffinerien. Außer der Kohle, Lokomotiven und Schiffen sind besonders Eisen- und Stahlwaren, Maschinen, Baumwollwaren, Wollgarne, Tauwerk, Glaswaren, optische Artikel, Chemikalien usw. Gegenstände der A. von Newcastle. Eingeführt werden Rohstoffe für die Industrie, Eisenerze (1938: 402 000 tons), Kupfer, Blei, Zink, Nickel, Holz; ferner Lebensmittel, namentlich Butter, Eier, Speck, Weizen, Fleisch, Obst (E.W. 1938 17,1 Mill. Pf.St., A.W. bei unbedeutender Wa. 13,5 Mill. Pf.St.; N.-Tonn. der einlaufenden Schiffe fast 9 Mill. tons, davon ungefähr die Hälfte Küstenschiffahrt). Newcastle hat damit nicht bloß sich selbst zu versorgen,

sondern die Bevölkerung einer bis zu 150 km entfernten Umgebung, denn es
ist das Herz von Tyneside. Die alte Eisenbahnlinie nach Carlisle [622] verbindet es mit dem W, aus dem es einen Teil der Milch bezieht (Galloway)
[124].

Der Zunahme der Bevölkerung entspricht das räumliche Wachstum der
Stadt. Die Industrieanlagen suchen naturgemäß die Nähe des Flusses auf,
die „haughs" (vgl. S. 525), die ihn oberhalb der Stadt begleiten. Hier vor
allem stehen die großen Fabriken. Die Kais längs der Stadt sind fast 2 km
lang. Ö. von ihr liegen die Docks, wegen der Enge des Tals unter spitzem
Winkel gegen das Ästuar gestellt. Besonders im N dehnen sich die Wohnviertel und Wohnvorstädte aus, so G o s f o r t h (18 044; *20 650*; 1921: 15 717)
mit seinen villenartigen Einfamilienhäusern, während am S-Hang des Tals
in der Gr. Durham G a t e s h e a d (122 447; *105 560*) mit seinen trostlos einförmigen Häuserzeilen, in mehreren Reihen übereinander geordnet, dahinzieht.
Hier wie überhaupt in Tyneside ist die Zahl der einräumigen Häuser verhältnismäßig groß. Seine Industrien (Waffen, Munition, Luftpreßapparate, Glas,
Werkzeugmaschinen) hatten unter der Krise und der Arbeitslosigkeit schwer
zu leiden. Die Talsohle selbst wird immer mehr zum Fabriksgelände. Fünf
Brücken führen heute über den Tyne, seitdem (1928) eine zweite Hochbrücke
eröffnet wurde, die sich mit einem einzigen, 162 m langen Bogen 30 m über
N.W. über ihn spannt. Ihnen zumal dankt das Stadtbild einen eigenen Reiz,
wenn es, nicht wie so oft, schon auf kurze Entfernung in Rauch und Nebelschwaden verschwindet. Wo die ältere High Level Bridge (1849) etwas weiter
oberhalb das N-Ufer erreicht, stehen Überreste der Burg und nicht weit davon
die Stadtkirche und Kathedrale St. Nicholas — 1882 ist Newcastle Bischofssitz
geworden — in der Altstadt, die noch immer ihre engen Gassen hat, wenn
auch breite Hauptstraßen durchgebrochen worden sind. Die wichtigste von
ihnen steigt schräg vom Bahnhof aus am Gehänge empor. Die unregelmäßigen Häuser im Elisabethstil sind selten geworden, vom Stadtwall nur mehr
spärliche Bruchstücke übrig. Dafür schmücken oben die Höhe die Bauten des
King's College, das wie die School für Medizin ein Glied der Universität
Durham ist. Denn Newcastle ist auch der geistige Mittelpunkt des NE, Sitz
verschiedener gelehrter Gesellschaften und Unterrichtsanstalten und ausgestattet mit Krankenhäusern, Wohltätigkeitsanstalten usw. So weit sich
sein Wirtschaftsbereich ausdehnt, so weit erstreckt sich „Tyneside". Zwei Gr.
angehörig, zählte dieses 1931 875 000 E., das ist mehr als ¹/₃ der Ges.Bevölke-
rung der „NE-Coast-Region" [78, 714].

Der unmittelbare Einflußbereich von Newcastle reicht bis an das Tyne
Gap heran; selbst in Corbridge (2050) und H e x h a m (8888) wohnen in Newcastle Beschäftigte. Hatte jenes schon einen römischen Vorläufer, so war
Hexham eines der ältesten anglischen Bistümer gewesen (Ende des 7. Jh. bis
Anfang des 9. Jh.); neuestens ist es wieder Sitz eines röm.-kath. Bischofs.
Etwas unterhalb der Vereinigung von North und South Tyne gelegen, bis 1572
den Erzbischöfen von York untertan, blühte es auf als Brückenort, als Halteplatz an der Straße nach Carlisle; es übernahm das in der Nachbarschaft
gewonnene Blei, betrieb Getreide- und Viehhandel, Webe- und Ledergewerbe
(Handschuhe) und Hutmacherei. Malerisch sind sein geräumiger Marktplatz,
die Moot Hall, die ehemalige Klosterkirche der Augustiner und die neun-
bogige Brücke. Aber auch die Industrien von Tyneside beginnen schon oberhalb von Newcastle mit den Kohlengruben und den neuen chemischen Werken von P r u d h o e (9259; *29 160!*) und N e w b u r n (19 542), den Fabriken
von Blaydon (32 260) und Derwent Haugh an der Mündung des Derwenttals,

welches die Verbindung mit den Zechen und vor der M. des 19. Jh. gegründeten Eisenwerken von C o n s e t t (12 354) und Leadgate (6395) vermittelt. Elswick mit den Armstrongwerken (Schlachtschiffe, Kreuzer, Kanonen) am n. Ufer des Tyne, Dunston (Kohlenverladung, Getreidemühlen) am s. liegen noch oberhalb der Mündung des Teamtals, in das eine weitere Wachstumsspitze der Industrielandschaft hineinreicht (vgl. S. 486).

Unterhalb Newcastle-Gateshead begleitet diese den Tyne fast ununterbrochen bis zu seiner Mündung, mit Fabriken, Kohlenbrücken, Holzlagerplätzen und „timber ponds", meilenlangen Werften und vor allem mit ziemlich regelmäßig angelegten, aber armseligen Arbeitersiedlungen [111, 912]. Der

Tyne biegt unterhalb Newcastle zunächst leicht gegen S aus und wendet sich dann unfern F e l l i n g (27 040; *23 210*; Werkzeugmaschinen), das eng an Gateshead anschließt, scharf nach N. Hier folgen l. Walker und alsbald r. H e b b u r n (24 123; *22 250*), beide mit großen Werften (Armstrong u. a.; Schlachtschiffe, Kreuzer, Flugzeugträger, Zerstörer), mit Schiffausbesserung, mit Kabel-, Segel-, Seilerzeugung und chemischer Industrie, zugleich Wohnorte vieler Bergarbeiter. Vor Wallsend biegt sich der Fluß, immer noch leicht in das Plateau eingeschnitten, wieder gegen E, er berührt l. Willigton Quay und Howdon, r. Jarrow. Nun weitet sich das Tal, es läßt l. Raum für das

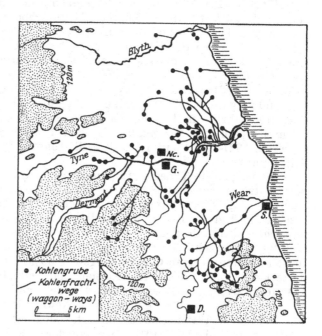

Abb. 99. Kohlenbergbau in NE-England um 1830. (Nach L. RODWELL JONES.)

Northumberland Dock (1857), r. Jarrow Slake und das Tyne Dock (1859). Wieder gegen NE gerichtet, gewinnt der Tyne am r.-ufrigen Albert Edward Dock (1884) vorbei zwischen South Shields und North Shields die Mündung. Überall hier die Industrielandschaft: W a l l s e n d (44 587; *44 240*), wo der Hadrianwall endigte (Kriegsschiffe, Schiffsmaschinen, Dampfturbinen, Kraftwagen) [86]; J a r r o w (32 018; *26 191*), einst berühmt durch seine Abtei, mit einer der ältesten Steinkirchen Großbritanniens inmitten des Sumpflandes („in Gyrwum" bei Beda, dem bedeutendsten Mönche des Klosters, genannt; ae. gyr, Schlamm), später mit Kohlenhandel beschäftigt, schließlich immer mehr mit Schiffbau — die berühmte „Mauretania" lief hier 1907 vom Stapel —, besonders dem Bau von Kriegsschiffen und von „Tramp"-Dampfern für Kohle, außerdem mit Stahl- und Röhrenerzeugung, Abtakeln von Schiffen usw.; S o u t h S h i e l d s (113 455; *93 680*), an Stelle einer römischen Station, wohl hervorgegangen aus einer Fischersiedlung, seit 1499 bis ins 19. Jh. hauptsächlich mit Salzhandel (150 Pfannen!), dann mit Kohlenversand befaßt; ursprünglich bloß eine lange, schmale Straße mit geräumigem Hauptplatz, heute z. T. auf abgeworfenem Schotter- und Sandballast der Kohlenschiffe erbaut, mit Hochöfen, Stahlwerken, Maschinenfabriken und Werften [84]. North Shields, nunmehr samt einigen Nachbardörfern mit T y n e m o u t h (64 922; *58 670*) verbunden, dessen Sandstrand im Sommer Ströme von Menschen aufsuchen, betreibt vor allem Seefischerei in der nw. Nordsee und sw. Norwegen (1938: 58 Trawler; 1948: 43) und damit im Zusammenhang allerlei Industrien (Fischkonserven und -mehl; Seile, Taue) [124]. Howdon und Willington Quay haben Schiffbau. Kohle wird von den verschiedensten Stellen des Tyne ausgeführt. Weiter n. hat B l y t h (31 680; *31 080*), an der Mündung des Blyth, regen Kohlenhandel in das Ausland (1938: 2 Mill. tons für 1,9 Mill. Pf.St.) und Fischerei (82 Motorboote).

Eine größere Anzahl von Kohlenzechen liegt zwischen Newcastle—Tynemouth im S, Morpeth—N e w b i g g i n - b y - t h e - S e a (6904) im N. Etliche Gem. dieses Bergbaugebietes zählen fast oder über 10 000 E., so L o n g b e n t o n (14 074), E a r s d o n (13 086; 1921: 11 303), W h i t l e y a n d M o n k s e a t o n (24 210; 1945: Whitley Bay 27 230), durchschn. 5 km n. des Tyne; C r a m l i n g t o n (8223) s., B e d l i n g t o n s h i r e (27 461; *25 460*; neue Maschinenfabrik) n. des unteren Blyth, A s h i n g t o n (19 148; *27 290*) zwischen Morpeth und Newbiggin. Im ganzen belief sich der Kohlenhandel von Tyneside 1927—1931 auf fast 18 Mill. tons, d. i. etwa $^2/_5$ der Ges.A. Großbritanniens.

Leider gehörte Tyneside in jüngster Zeit und noch 1938 zu den schlimmsten Notstandsgebieten Großbritanniens mit allen ihren Übeln, Armut, Unterernährung, Krankheiten und Lastern. Die Zahl der Arbeitslosen war erschreckend groß. Die gesundheitlichen Verhältnisse ließen um so mehr zu wünschen übrig, als über eine Viertelmillion Menschen in überfüllten, meist bloß 2—3räumigen Häusern wohnt, in Hebburn und Jarrow sogar über 40%, in den meisten übrigen Orten wenigstens 30%. Die Lungenschwindsucht forderte viele Opfer [75]. Viele Zechen und Industrien ruhten, Fabriken und Werften waren geschlossen worden, Handel und Verkehr hatten abgenommen. Man merkte dies vielleicht weniger in Newcastle selbst als in Wallsend, Jarrow, Hebburn. Unter anderem lieferte die Kohlen- und Kokserzeugung 1933 7 Mill. tons weniger als 1913; 1938 wurden nur rund 12 Mill. tons Kohle aus NE-England ausgeführt. Der Kriegsschiffbau betrug im M. der J. 1924—1930 nur 12% des M. von 1907—1910 und blieb bis 1937 gering. Eine Ausnahme machte einzig der Bau von Öltankern. Überhaupt war die Eisen- und Stahlindustrie viel ungünstiger daran als vor dem ersten Weltkrieg; dabei lebt fast $^1/_6$ der Bevölkerung Tynesides von ihr. Die chemische Industrie ist größtenteils nach Tees-side übersiedelt. So kann es nicht überraschen, daß schon seit 1920 die Geburtenzahl abnahm und seit 1926 eine starke Abwanderung einsetzte (M. 1926—M. 1929: 35 000; M. 1929—M. 1932, trotz verschiedener behördlicher Maßnahmen, noch immer fast 22 000; 1921—1931 rund 200 000!). Das Problem der verlassenen Dörfer erhob sich [729]. Tausende von Arbeitern waren unbeschäftigt, in Jarrow 1931—1935 70%, kaum weniger an der N-Seite des Tyne. Sehr schwierig ist die Lage ferner in SW-Durham, wo die Kohlengruben erschöpft sind. Man sucht nun der Not durch Anlage neuer Fabriken zu steuern und zugleich die verfallenden Grubendörfer durch menschenwürdigere Siedlungen zu ersetzen. Über 100 neue Fabriken waren 1939 im Teamtal allein entstanden, andere in St. Helen Auckland, in Pallion bei Sunderland, in Tynemouth, Gateshead, Birtley (Munitionsfabrik) usw. [72—75, 78, 79, 711, 713—715, 719]. Der zweite Weltkrieg beendigte die Arbeitslosigkeit.

Die Besserung, die seit 1943 eintrat (vgl. S. 486), drückt sich bereits in der Zunahme der Bevölkerung aus. Doch bleibt die Schaffung günstigerer Lebensbedingungen für die Arbeiter und Bergleute auch hier die größte und wichtigste Aufgabe für die Zukunft. Eine der wichtigsten Voraussetzungen für den Erfolg ist zielbewußte Planung, die sich auf vielseitige wissenschaftliche Landesaufnahme stützt. Hervorragende Beiträge zu einer solchen sind seit zwei Jz. von geographischer Seite teils angeregt, teils unmittelbar geleistet worden [78, 715, 719, 724, 724—727 u. ao.].

Literatur [1])

11. Cambr. Co. Geographies:
    a) HASELHURST, S. R., Nhl. 1913.
    b) WESTON, W. J., D. 1914.
    c) WESTON, W. J., Ys., North R. 1919.
    d) HOBSON, B., Ys., West R. 1921.
    e) HOBSON, B., Ys., East R. 1924.
12. BROWN, Rudmose N., Holderness and the Humber (in: 112*, 301—310).
13. FAWCETT, C. B., The Ys. Region. NE E. (Ebd., 311—320, bzw. 321—337.)
14. The Victoria Hist. of the Co. of E.:
    a) D. (I. 1905; II. 1907; III. 1928).
    b) Ys. General (I. 1907; II. 1912; III. 1913. Index vol. 1925).
    c) Ys. North Riding (I. 1914; II. 1923. Index vol. 1925).
15. The Co. Hist. of Nhl. 1893 ff., zuletzt vol. XIV, 1935. (Versch. Beitr., u. a. von E. J. GARWOOD zur Gl.)
16. JONES, L. R., N E. An econ. g. Sec. ed. (rev.). 1924.
17. BEST, S. E. J., E Ys.: A study in agric. g. 1930.
18. AUDEN, G. A., and others, A HB. to York and distr. BrAssYork. York/Lond. 1906
19. BAKER, J. G., N Ys.: Studies in climatol., gl. and botany. 1863. New ed. 1906.
110. ELGEE, F., The Moorlands of NE Ys. 1912.
111. SARGENT, A. J., The Tyne. GJ. 40, 1912, 469—486.
112. FAWCETT, C. B., A reg. study of NE E. GT. 10, 1920, 223—230.
113. SHEPPARD, T., HB. to Hull and the East R. of Ys. BrAss Hull 1922.
114. HOUSTON, H., The Till valley: a study of a Border area. ScGMg. 43, 1927, 78—91.
115. A scient. sv. of York and distr. BrAssYork. 1932. Lond. 1932. a) WILLIAMSON, A. V., Y. in its reg. setting. b) BROMEHEAD, C. E. N., Gl. c) BILHAM, E. G., Climate. d) WOODHEAD, T. W., Plant ecol. e) WOODCOCK, A. J. A., Zool. f) THOMPSON, H., Hist. g. g) ELGEE, F., Prehist. arch. (Ausführl. SchrVerz.) h) RAINE, A., Roman excav. at Y. i) CORDER, P., Roman Malton and distr. k) GRAY, G. H., Education. l) Industries of Y. m) LUPTON, A. R., Engineering. n) Buckingham Works. o) STRACHAN, J., and others, Agric. p) HOWARTH, O. J. R., First Meeting of the BrAss. York 1831.
116. ELGEE, F., Scarth Wood Moor. Nat. Trust for places of hist. interest or natural beauty. 1933.
117. WHITAKER, H., A descr. list of printed maps of Ys. and its R., 1577—1900. YsArchS-RecSer. 86. Leeds 1934 [262 S.].
118. TEMPLE, A., MANLEY, G., and others, Co. D. LBr., pt. 47, 1941.
119. BEAVER, S. H., Ys. (West R.). Ebd., pt. 46, 1941.
120. STAMP, L. D., Ys. (East R.). Ebd., pt. 48, 1942.
121. WOOLDRIDGE, S. W., Ys. (North R.). Ebd., pt. 51, 1945.
122. STAMP, L. D., and others, Nhl. Ebd., pt. 52. 1945.
123. DONKIN, W. C., and PATTERSON, Nhl. and Tyneside. A bibliogr. Ministry Town CtryPl. 1946.
124. Sci. Sv. of NE E. Prep. for the meeting held in Newcastle upon Tyne 31st Aug. to 7th Sept. 1949. 274 S. Newc. 1949. Forew. by Sir E. John Russell, introd. by G. H. J. Daysh. [N. hist. of the region, 7 Beitr.; Regional settlement, 3 Beitr.; Ind. of the region, 9 Beitr.; Agric. and fish., 2 Beitr.; Newc. upon Tyne, 2 Beitr.].

21. Gl. Sv., Mem.. New Series, Explan. sheets:
    a) 1/2. Berwick-on-Tweed, Norham and Scremerston. By A. Fowler. 1926.

[1]) Im folgenden wird gekürzt: Nhl. für Northumberland, D. für Durham, Ys. für Yorkshire, R. für Riding.

b) 4. Belford, Holy I., and Farne I. 2nd ed. By R. G. Carruthers, C. H. Dinham and others. 1927.

c) 5. Cheviot Hills and Ford. 1932.

d) 6. Alnwick distr. By R. G. Carruthers, G. A. Burnett and W. Anderson. 1930.

e) 9. Rothbury, Amble and Ashington. 1936. By A. Fowler.

f) 35—44. Whitby and Scarborough. By C. Fox-Strangways and G. Barrow. 1882. Ed. 2, 1915.

g) 62. Harrogate. By C. Fox-Strangways. 1893. Ed. 2, 1908.

h) 78. Wakefield. By W. Edwards, D. A. Wray and G. H. Mitchell. 1940.

In Vorbereitung: 8 (Elsdon), 10 (Newbiggin), 14 (Morpeth), 15 (Tynemouth).

22. Gl. Sv., Mem.: Old Series. Diesen gehört der größte Teil der einschlägigen Mem. an (die meisten aus den Achtzigerj.). Wichtig auch: The gl. of Holderness. By C. Reid. 1855. — Anm.: Verhältnismäßig groß ist die Zahl der Blätter der neuen farbigen „Drift Edition" ohne Erläut., so von sh. 33, 34, 35/44, 42, 43, 52—55, 62—65, 71—73, das ganze Gebiet zw. den Pennines, Humber, Nordsee und Tyne umfassend. fast alle aus den J. 1909—1912.

23. Gl. Sv., Water Supply:
Fox-Strangways, C., East R. of Ys. 1906.

24. Gl. Sv., Econ. Mem.:
a) vol. XXV. Lead and zinc ores of Nhl. and Alston Moor. By Stanley Smith. 1923.
b) vol. XXVI. Lead and zinc ores of D. etc. By R. G. Carruthers and Sir Aubrey Strahan. 1923.

25. Gl. Sv., Br. Reg. Geologies:
a) Eastwood, T., N E. 1935. 2nd ed. 1946. [Fast unverändert.]
b) Wilson, V., E Ys. and Lincolnshire. 1948.

26. Sheppard, T., Gl. rambles in East Ys. Lond. 1903.

27. Garwood, E. J., Nhl. and D. Gl. in the field (JubVolGlAss.). 1910, 624—660.

28. Kendall, P. F., and Wroot, H., The Gl. of Ys. Vienna 1924. (Vgl. A. Rastall. GlMg. 62, 1925, 137—140.)

29. Sheppard, T., Bibl. of Ys. gl. PrYsGlS. 18. 1915.

210. Woolacott, D., Gl. of NE D. and SE Nhl. PrGlAss. 24. 1913, 87—107.

211. Trechman, C. T., On the lithol. and composition of D. Magnesian Limestones. QJGlS. 70, 1914. 232—234.

211 a. Gibson, W., On a deep boring in the Market Weighton area. SummProgrGlSv. 1917 (1918), 42—45.

212. Woolacott, D., The Magnesian Limestone of D. GlMg. 56, 1919, 452—465, 485—498.

212 a. Holmes, A., and Harwood, H. F., The age and composition of the Whin Sill etc. MinMag. 21, 1928, 493—542.

212 b. Rastall, R. H., The underground struct. of E Engl. GlMg. 64, 1927, 10—26.

213. Versey, H. C., The tectonic struct. of the Howardian Hills and adjacent areas. PrYsGlS. 21, 1927—1930, 197—228. (Vgl. Ders., ebd. 22, 1931. 22 ff.)

213 a. Smithson, J., The triassic sandstones of Ys. and D. PrGlAss. 42. 1931. 125—156.

214. Contrib. to the gl. of Nhl. and D. PrGlAss. 42, 1931, 217—296. (Versch. Verf., ausführl. Schr.-Verz.)

214 a. Wilson, V., Hemingway, J. E., and Black, M., A synopsis of the Jurassic rocks of Ys. PrGlAss. 45, 1934, 248—291.

215. Hudson, R. G., The gl. of the ctry ar. Harrogate. PrGlAss. 49, 1938, 293—332. (Im Anschluß Edwards, W., The glacial gl. 333—352.)

216. Kent, P. E., The Melton Mowbray anticline. GlMg. 74, 1937, 154—160.

217. Rastall, R. H., and Hemingway, J. E., The Ys. Dogger. I. The coastal region. II. Lower Eskdale. GlMg. 77, 1940, 177—199, 257—275, 78, 1941, 351—370.

218. Wright, C. W., and E. V., The chalk of the Ys. Wolds. PrGlAss. 53, 1942. 112—128.

219. Rastall, R. H., The Cleveland axis. GlMg. 80, 1943, 30—36. Vgl. dazu Arkell, W. J., ebd. 79/80.

220. Westoll, T. S., Mineralis. of permic rocks of South D. Ebd., 119/120.

221. Smithson, F., The Middle Jur. rocks of Ys., a petrolog. and paleogeogr. study. QJGlS. 98, 1942, 27—59.

222. Fowler, A., A deep bore in the Cleveld. Hills. GlMg. 81, 1944, 193—206, 254—264.

223. Hartley, H., The D. coalfield. N. 155, 1945, 602.

224. Wilcockson, W. H., Some variations in the Ys. coal measures. PrYsGlS. 27, 1947, 58—81.

225. Hickling, H. G. A., and Robertson, Gl. In: 124, 10—30.

31. Davis, W. M., The development of certain E. rivers. GJ. 5, 1895, 127—146.

32. Fox-Strangways, C., Glacial phenomena near York. PrYsGlS., N.S. 13, 1895—1899, 15—20.

33. LAMPLUGH, G. W., Notes on the White Chalk of Ys. III. The gl. of Flamborough Head. Ebd., 171—191. [Vgl. außerdem verschied. andere Abh. dess. Verf. in PrYsGlS. 8, 1882—1884 (Leeds 1884), 9, 1885—1887 (Halifax 1887), 11, 1888—1890 (Halifax 1891), 12, 1891—1894 (Halifax 1895) und 13, 1895—1899 (Leeds 1899).]

34. SHEPPARD, T., Interglacial gravels of Holderness. Ebd., 12—14.

35. FOX-STRANGWAYS, C., Filey Bay and Brigg. Ebd., 338—345.

36. KENDALL, P. F., Notes on the superficial gl. of the Vale of York. Ebd., 89—91. (Vgl. auch Ders., Post-pliocene Changes in the phys g. of Ys. RepBrAss. 1896, 802.)

36 a. FOX-STRANGWAYS, C., The valleys of NE Ys. and their mode of formation. TrLeicesterLitPhilS. 3, 7, 1894, 333—344.

37. COWPER, R. F. R., The gl. hist. of the rivers of E Ys. 1901.

37 a. STATHER, J. W., The drift deposits of Kirmington and Great Kimber, Lincs. TrHullGlS. 6, 1, 1901—1905 (1906), 28—32.

38. KENDALL, P. F., A system of glacier-lakes in the Cleveland Hills. QJGlS. 58, 1902. 471—571.

39. DWERRYHOUSE, A. R., The glaciation of Teesdale, Weardale and the Tyne valley and their tributary valleys. QJGlS. 58, 1902. 572—608.

310. KENDALL, P. F., The glacier-lakes of Cleveland. PrYsGlS., N.S. 15, 1, 1903, 1—45. (Vgl. dazu HOWARTH, J. H., ebd., 46—51.)

311. WOOLACOTT, D., The gl. hist. of the Tyne, Wear and associated streams. PrDPhilS. 2, 3, Newcastle-upon-Tyne, 1903, 1—11.

312. BUTTERFIELD, A. E., Islands in the Humber. TrHullGlS. 6, 1901—1905 (1906), 33—37.

312 a. Rep. Comm. on the investigation of the fossiliferous drift deposits at Kirmington, Lincs. etc. RepBrAssCambridge. 1904, 272—274.

313. CARTER, W. L., The evolut. of the Don river-system. PrYsGlS., N.S. 15, 1905, 388—410.

314. MATTHEWS, E. R., Erosion on the Holderness coast of Ys. MinPrInstCivEng., 1905.

315. SEWELL, J. T., Notes on the "overflow channel" in Newtondale between Lake Wheeldale and Lake Pickering. PrYsGlS. 15, 1905, 446—452.

316. CROFTS, W. H., Notes on the indications of a raised beach at Hessle. TrHullGlS. 6, 1, 1901—1905 (1906), 58—64.

317. WOOLACOTT, D., The superficial deposits and pre-glacial valleys of the Nhl. and D. coalfield. QJGlS. 61. 1905, 64—94. (Vgl. die ältere Arbeit von WOOD, N., and BOYD, E. F., On a "Wash" of "Drift" through a portion of the coalfield of D. TrNorthEInstMinEng. 13, 1864.)

317 a. FOX-STRANGWAYS, C., Excurs. to the Whitby distr. TrLeicesterLitPhilS. 9, 1, 1905, 50—60.

318. WOOLACOTT, D., On a portion of a raised beach on the Fulwell Hills, near Sunderland. TrNHistSNhlD. 3, 1909, 165 ff.

319. SHEPPARD, T., List of papers, maps etc. relating to the erosion of the Holderness coast, and to changes in the Humber estuary. TrHullGlS. 6. 1. 1906. 43—57.

320. SMYTHE, J. A., The glacial phenomena of the ctry between the Tyne and the Wansbeck. TrNHistSNhlD. 3, 1908, 141—153.

320 a. HERDMAN, T., Glacial phenomena of the Vale of Derwent. Ebd., 109 ff.

321. WOOLACOTT, D., On an exposure of the 100-ft raised beach at Cleadon. PrUnivDPhilS. 2. 1906, 233—238.

322. WOOLACOTT, D., Gl. hist. of the rivers, flowing over the coalfield of Nhl. and D. Ebd.

323. WOOLACOTT, D., The pre-glacial "Wash" of the Nhl. and D. coalfield. Ebd., 205—213 und 3, 1909, 153.

324. WOOLACOTT, D., The origin and influence of the chief physical features of Nhl. and D. GJ. 30, 1907, 36—62.

325. ELGEE, F., The glaciation of N Cleveland. PrYsGlS. 16, 1906—1908, 372—382.

326. MERRICK, E., On the superficial deposits ar. Newcastle-on-Tyne. PrUnivDPhilS. 3. 1909, 141 ff.

327. SHEPPARD, T., Changes on the East coast of E. within the hist. period. I. Ys. GJ. 34. 1909, 500—513.

328. SHEPPARD, T., The Humber during the Human Period. RepBrAssSheffield. 1910 (1911), 654.

329. SHEPPARD, T., A buried valley at the North Sea Landing. Flamborough. GlMg., Dec. IV, vol. 5, 1910, 356/357.

330. SHEPPARD, T., The lost towns of the Ys. coast etc. Lond. 1912. (Vgl. auch Ders., Spurn Point and the lost towns of the Humber. S.-Abdr. InstWaterEng. Ohne Jahr.)

331. SMYTHE, J. A., The glacial gl. of Nhl. TrNHistSNhlD. 4, 1912. 86—116.

332. TRECHMAN, C. T., The Scandinavian drift of the D. coast and the general glaciol. of SE D. QJGlS. 71, 1915, 53—82. (Vgl. auch TrNHistSNhlD.. N.S. 4. 1912.)

333. MERRICK, E., On the formation of the R. Tyne drainage area. GlMg. 52, 1915, 294 bis 304, 353—360.
334. FAWCETT, C. B., The middle Tees and its tributaries: a study in river development. GJ. 48, 1916, 310—325. (Vgl. RepBrAssManch. 1915 [1916].)
335. TRECHMAN, C. T., On a deposit of interglacial loess etc. from the D. coast. QJGlS. 75, 1919, 173—203.
336. WOOLACOTT, D., On an exposure of sands and gravels, containing marine shells at Easington, Co. D. GlMg. 57, 1920, 307—311.
337. WOOLACOTT, D., The interglacial problem in Nhl. and D. GlMg. 58, 1921, 21—32, 60—69.
337 a. WOOLACOTT, D., On the 60-ft raised beach at Easington. GlMg. 59, 1922, 64—74.
338. SHEPPARD, T., Early Humber g. and Hull's water supply. TrHullGlS. 6, 4, 1922, 223—231.
338 a. THOMPSON, C., The erosion of the Holderness coast. PrYsGlS. 20, 1923—1926, 32—39.
338 b. COUPLAND, G., and WOOLACOTT, D., The superficial deposits near Sunderland and the quaternary sequence in E D. GlMg. 63, 1926, 1—12.
339. RAISTRICK, A., The glaciation of Wensleydale, Swaledale etc. PrYsGlS. 20, 3, 1923 bis 1926, 366—410.
340. RAISTRICK, A., The petrol. of some Ys. Boulder Clays. GlMg. 66, 1929, 337—344.
340 a. SLATHER, J. W., Vertical distrib. of E Ys. erratics. PrYsGlS. 21, 1927—1930, 150 bis 160.
341. RAISTRICK, A., The glaciation of Nhl. and D. PrGlAss. 42, 1931, 281—291.
341 a. RAISTRICK, A., The pre-glacial Swale. The Nlist. 1931.
342. BISAT, W. S., On the subdivision of the Holderness Boulder Clays, und: The Holderness glacial sequence. The Nlist. 1932, 215 ff., bzw. 297 ff.
342 a. MELMORE, S., The buried valleys of Holderness and the Vale of York. Ebd., 357 ff.
342 b. TROTTER, F. M., and HOLLINGWORTH, S. E., The glacial sequence in the North of E. GlMg. 69, 1932, 374—380.
343. MELMORE, S., The glacial gravels of the Market Weighton area and related deposits. QJGlS. 90, 1934, 141—157.
344. MELMORE, S., and HARRISON, K., The western limit of the final glaciation in the Vale of York. PrYsGlS. 22, 1931—1934, 246—253.
345. BURCHELL, J. P. T., Pleistocene deposits at Kirmington and Crayford. GlMg. 72, 1935, 257—262. Vgl. auch Ders., Palaeolithic implements from Kirmington, Lincs., and their relation to the 100-ft raised beach of late pliocene times. AntJ. 11, 1931, 262—272.
346. EDWARDS, W., A pleistocene strandline in the Vale of York. PrYsGlS. 23, 1935—1937, 103—118.
347. HARRISON, K., The glaciation of the eastern side of the Vale of York. Ebd., 54—59.
348. VERSEY, H. C., The tertiary hist. of E Ys. Ebd., 302—319.
349. VERSEY, H. C., Speeton pre-glacial shell bed. The Nlist. 1938, 227.
Anm.: Im übrigen vgl. besonders PrYsGlS. und TrGlSHull.
350. CARRUTHERS. R. G., On Northern glacial drifts: some peculiar. and their significance. QJGlS. 95, 1939, 299—333.
351. BISAT, W. S., Older and Newer Drift in E Ys. PrYsGlS. 24, 1939, 137—151.
352. HADGE, S. W., The glac. of N Cleveld. Ebd., 180—205.
353. ANDERSON, W., Buried valleys and late-glacial drainage systems in NW D. PrGlAss. 51, 1940, 274—281.
354. BOER. G. DE, A system of glacier lakes in the Ys. Wolds. Ebd. 25, 1944, 223—233.
355. TRECHMAN. C. T., Coastal uplift and glacial problems in E D. QJGlS. 103, 1947, S. III—VI.
356. TRECHMAN, C. T., The submerged forest beds of the D. coast. PrYsGlS. 27, 1947, 23—32.

41. MILL. H. R., in 23 (über den Niederschlag).
42. GLASSPOOLE, J., The rainfall of the Tees valley. BrRainfall, 1932, 289—291.
43. BILHAM, E. G., Variat. in the climate of York during the 60 years 1871—1930, and compar. with Oxford. QJMetS. 59, 1933.
44. CLARK, J. E., The York rainfall 1831—1930; also 1811—1824, and for 114 years. Ebd.
45. MANLEY, G., Some notes on the climate of NE E. QJMetS. 61, 1935, 405—410.
46. VERYARD. R. G., Remarkable pressure fluctuations in the Vale of York. MetMg. 74, 1939, 137—144.
47. MANLEY, G., The D. meteor. record, 1847—1940. QJMetS. 67, 1941, 363—380.
48. Sv. of the R. Tees, Pt. 1. Hydrogr. DepSciIndustrialResearch. Water Pollution Research. TechnP. 2. Lond. 1931.
49. ELGEE, F., The veget. of the Eastern Moorlands of Ys. JEcol. 2, 1914, 1—18.
410. GOOD, R. D'O., and WAUGH, W. L., The veget. of Redcliff Sand: a contrib. to the ecol. of the Humber. JEcol. 22, 1934, 420—438.

411. CHONG, C., Ecol. relations between the herring and the plancton off the NE coast of E. HullBMarEcol. 1, 1941, 239—254.
412. BLACKBURN, K. B., Forests and man. N. 164, 1949. 687/688.

51. GLEAVE, J. J., The Roman Wall near Hexham. JManchGS. 19, 1903, 13—22.
52. GREENWELL, C., and GATTY, R. A., The pit-dwellings at Holderness. Man. 10, 1910, 86—90.
53. CLARK, E. K., A prehist. route in Ys. PrSAnt., Ser. II, 23, 1910/1911, 509—524.
54. BOYNTON, T., and SMITH, A., Lake-dwellings in Holderness. Ys. Arch. 62, 1911, 593 bis 610.
55. KNOWLES, W. H., Excav. at Corstopitum. JInstBrArchit. 16, 1909, 509—524.
56. HOME, G., Roman York. 1924.
57. MILLER, S. H., The excav. of Roman York 1925/1926. RepBrAssLeeds., 1927, 356.
58. COLLINGWOOD, R. G., Roman signal-stations on the Ys. coast. Ebd., 356. (Vgl. auch HORNBY, W., The Roman signal-station at Goldsborough [Whitby]. ArchJ. 89, 1932.)
58 a. COLLINGWOOD, R. G. A., A guide to the Roman Wall. Newc. 1926.
58 b. MOTHERSOLE, J., Agricola's road into Scotland: the great Roman road from York to the Tweed. 1927.
59. TRECHMAN, C. T., A supposed implement of quarzite from beneath the boulder clay of D. coast. GlMg. 65, 1928, 25—29.
510. CORDER, P., and KIRK, J. L., Roman Malton. Ant. 2, 1928, 69—82. (Vgl. auch CORDER, P., The defences of the Roman Fort at Malton, 1930; kurz Ders.; RepBrAss-York., 1932, 366.)
510 a. BURCHELL, J. P. T., Upper palaeolithic implements from beneath the uppermost boulder clay of Flamborough Head. AntJ. 10, 1930, 359—383. (Vgl. Ders., PrPrchist SEastAnglia. 6, 1930, 226—230.)
510 b. BURCHELL, J. P. T., Palaeol. implements from Kirmington, Lincs., and their relation to the 100-foot raised beach of late pleistocene times. AntJ. 11, 1931, 262—272.
511. ELGEE, F., Early man in NE Ys. Glouc. 1930. (Ausf. Schr.-Verz.; mit Hinweisen auf die ält. Werke von J. C. ATKINSON und von G. R. MORTIMER.)
512. COLLINGWOOD, R. G., Hadrian's Wall: 1921—1930. JRS. 22, 1931, 36—64. (Vgl. auch Ders., Hadrian's Wall: A hist. of the problem. Ebd. 11, 1921, 37—66. Siehe auch 511*, mit reichl. Lit.-Ang.).
512 a. WILLIAMS, H. G., Pygmy flints from the Cleveland Hills. RepBrAssYork., 1932, 372.
513. ELGEE, F., and WRAGG, H., The arch. of Ys. (The Co. Arch.). 1933. (Guter geogr. Überblick als Einleitung; reichliche Schr.-Verw.)
513 a. BRUCE, J. C., The HB. of the Roman Wall: a guide to tourists. Ed. by R. G. Colling-wood. 1933.
514. RAISTRICK, A., Mesolithic sites on the NE coast of E. PrPrehistSEastAnglia. 7, 1933, 188—198.
514 a. CORDER, P., Excav. at the Roman fort at Brough-on-Humber. HullUnivColl. 1934.
514 b. GODWIN, H., and M. E., Br. Maglemose harpoons. Ant. 7, 1933, 36—48.
515. RAISTRICK, A., A mesolithic site on the SE D. coast. TrNorthNlistsUnion. 1, 4, 1936, 207—216 (Schr.-Verz.).
515 a. TRECHMAN, C. T., Mesolithic flints from the submerged forest at West Hartlepool. PrPrehistS. 2, 1936, 161—168.
516. PEARSON, F. R., Roman Ys. 1936.
517. KITSON-CLARK, M., Gazetteers of Roman remains in E Ys.: Roman Malton and distr. rep. YsArchS(Leeds.) 1936.
518. BROWN, P., The Great Wall of Hadrian in Roman times. 1936.
519. NICHOLSON, N., The Roman Wall. GMg. 11, 1940, 223—235.
520. HOGG, A. H. A., Native settlements of Nhl. Ant. 17, 1943, 136—147.
521. RICHMOND, I. A., Roman settlement. In: 124, 61—68.

61. GOODALL, A., The place-names of SW Ys. Cambr. 1913.
62. JACKSON, C. E., The place-names of D. 1916.
63. MAWER, A., The place-names of Nhl. and D. Cambr. 1920.
64. MAWER, A., Place-names and ethnol. in the East R. of Ys. BrAssHull. 1922 (1923), 389.
65. GORDON, E. V., and SMITH, A. H., River names of Ys. YsDialS. 36. 1925.
66. NICHOLSON, T., Place-names of the East R. of Ys. TrEastRAntS. 25. 1926.
67. SMITH, A. H., The place-names of the North R. of Ys. (EPINS. V). Cambr. 1928.
68. SMITH, A. H., The place-names of the East R. of Ys. and York (EPINS. XIV). Cambr. 1937.
69. TOMLINSON, W. W., Life in Nhl. during the 16th cent. Lond. 1897.

610. SHEPPARD, T., E Ys. hist. in plan and chart. TrEastRAntS. **19**, 1912. (S. auch JManchGS. 1913.)
611. EDWARDS, W., The early hist. of the North R. 1924.
612. PEARSON, F. R., Ys. (The Co. Hist.). 1928.
613. WROOT, H. E., Ys. abbeys and the wool trade. ThoresbyS. **33**, 1, 1930.
614. JEFFERY, R. W., Thornton-le-Dale. Wakefield 1931.
614 a. SEPHERD, W. R., The hist. of Kirby Underdale [12 km n. Pocklington]. New ed. 1931.
615. MYRES, J. N. L., The Teutonic settlement of N E. Hist., 1935, 250 ff.
615 a. MANLEY, G., The earliest maps of the Co. of D. TrArchitArchaeolS. 1936, 271—287.
616. LAWSON-TANCRED, T., Rec. of a Ys. manor. 1937. [Aldborough-Boroughbridge.]
617. EKWALL, E., The Scandinavian settlement (in 624*, 132—164).
617 a. WILLAN, T. S., Ys. river navigation. G. **22**, 1937, 189—199. (Vgl. Ders., RepBrAss Nottingham. 1937, 379/380.)
618. BRADLEY, E., The story of the E. counties. I. The Northern counties. 1938.
619. LYTHE, S. G. E., Drainage and reclamation in Holderness and the R. Hull valley, 1760—1880. G. **23**, 1938, 237—249.
620. PEARS, Sir CHARLES, The Saxon monastery of Whitby. Archaeol. **89**, 1943, 27—88.
621. BLAIR, P. H., The origins of Nhbria. ArchAel. (JSAntNewc. Ed. by H. H. Blaer). Newcastle 1948.
622. MACLEAN, J. S., The Newcastle and Carlisle Railway, 1825—1862. Newc. 1949.
623. ANGUS, W. S., Anglo-saxon and medieval settlement. In: **124**, 69—74.
624. SMAILES, A. E., Early ind. settlement in NE E. AdvSci. 1950.

71. WARD, E. M., The agr. g. of E. on a reg. basis. II. Ys. GT. **7**, 1914, 382—394.
71 a. TOMLINSON, W. W., The North-Eastern Railway: its rise and development. Newcastle 1914.
72. HESLOP, M. K., The trade of the Tyne. GT. **10**, 1919, 12—20.
72 a. GREEN, N., The fishing industry and its by-products. JRSArts. **72**, 1924, 388 ff.
73. Lond. and North-Eastern Railway: Commercial g. Lond. 1925.
74. ROBERTSON, G. S. A., Farming in Ys. JAgrS. **89**, 1928, 50—66. (Zusammenhänge mit der Gl.)
75. MESS, H. A., Industrial Tyneside: a social sv. etc. 1928.
76. FREY, J. W., Iron and steel ind. of the Middlesbrough distr. EconG. **5**, 1929, 176—182.
77. APPLETON, J. B., Iron and steel ind. of the Cleveland distr. EconG. **5**, 1929, 308—319.
77 a. JOHNSON, R. W., and AUGHTON, R. (ed.), The River Tyne: its trade and facilities. An off. HB. Newcastle 1930.
78. An ind. sv. of the North-East coast area, made for the Board of Trade, by Armstrong College (Univ. D.). Newcastle/Lond. 1932.
78 a. JACOBS, E., The Hull fishing industry. RepBrAssYork. 1932, 346.
79. Ports of the London and North-Eastern Railway. 1932.
79 a. DAYSH, G. H. J., and ALLEN, E., Features of the ind. g. of the Tyne, Wear and Tees. ScGMg. **49**, 1933, 1—18. (Vgl. RepBrAssYork. 1932, 340/341.)
79 b. HENDERSON, R., Some aspects of the employment of farm workers in Nhl. SocRev. **25**, 1933, 175—187.
710. SYKES, E. C., The agr. g. of Nhl. G. **18**, 1933, 269—282.
711. PILBIN, P. A. G., A g. analysis of the sea-salt ind. of NE E. ScGMg. **51**, 1935, 23—28.
712. SMAILES, A. E., The development of the Nhl. and D. coalfield. ScGMg. **51**, 1935, 201—214.
713. DAYSH, G. H. J., A distressed ind. region—Tyneside. EconG. **11**, 1935, 159—166.
714. The ind. position of the North-East coast of E. By the Staff of the Econ. Dep.. Armstrong College. Newcastle 1935.
714 a. SHARP, T., A derelict area: the SW D. coalfield. 1935.
715. A sv. of ind. facilities of the North-East coast. North-East Devel. Board. 1936.
716 a. HANLEY, J. A., BOYD, A. L., and WILLAMSON, W., Agr. sv. of the N provinces. 1936.
716. HEDLEY, A. M., Mineral sv. of coal mines in SW D. Rep. to the SW D. Reconstr. and Devel. Board. 1936.
717. PILBIN, P. A. G., The influence of local g. in the glass ind. of Tyneside. JTyneside-GS. **1**. Newcastle 1936, 31—45. (Ausf. Schr.-Verz.)
718. PILBIN, P. A. G., External relations of the Tyneside glass ind. EconG. **13**, 1937.
719. DAYSH, G. H. J., Econ. problems of the North-East coast. G. **22**, 1937, 105—115. (Vgl. auch Ders., A note on devel. work in the area of the n. province. JTyneside-GS. [N.S.] 1. 1938/1939, 167—171; ferner Ders., Tyneside. GMg. **6**, 1937, 51—66.)
720. GLEAVE, J. T., The Tees-side iron and steel ind. EconG. **13**, 1937, 454—467.
722. CAESAR, A. A. L., A prelimin. note on the major exports on the NE coast during the 20th cent. JTynesideGS. **1**, 1938/1939, 145—152.

723. HODGSON, G. D., G. aspects of farming in the Vale of York. EconG. 14, 1938, 73—79.
724. The Northern Ind. Group: objects, organis. and methods. Newcastle.
724 a. A sv. of SW D. by the SW D. Improvement Ass. Ltd. 1940.
725. A sv. of ind. facilities of the NE-Region (NE Devel. Board). Compiled by A. A. C. Caesar. Newcastle 1942.
726. CAESAR, A. A. C., The NE-devel. aera. WaterSuppliesNEDevelAss. No. 1. Newcastle 1946.
727. The Northern Region, May 1946. Nhl., D. and North R. NEDevelAssPubl. No. 2. Newcastle 1946.
728. The Northern Region, May 1948. A further rev. of employment need in Nhl., D. and North R. Ebd., No. 3, 1948.
729. Migration, a study of movement of popul. and its effects on the NE. Publ. by the NEDevelAss. The N Ind. Group. Newc. 1950.

81. Kingston-upon-Hull:
  a) TRAVIS-COCK, J., Notes on the origin of K. 1909.
  b) SHEPPARD, T., The evol. of K., as shown by its plans. Hull 1911.
  c) JONES, L. R., K., a study in port devel. ScGMg. 35, 1919, 161—174.
  d) Hull and Dominion trade. UnEmp. (JRCollInst.) 14, 1927.
  e) EAST, W. G., The Port of K. during the Ind. Revol. Economica, No. 32, 1931, 190—212.
  f) Port Hull Annual.
  g) BILSON, T., Wyke-upon-Hull in 1293. TEastRAntS. 26, 1928.
  h) TILL, F., Gates of adventure. III. Hull: city of character. GMg. 7, 1938, 423—432.
  i) LUTYENS, E., and ABERCROMBIE, P., Plan for K. Hull 1945.
  k) BOER, G. DE, The evol. of K. G. 31, 1946, 139—146.
  l) YARNHAM, E. R., Port of Hull. The Trident 9, 1947, 25—27. (Vgl. auch A. GAUNT, Visible hist. Hull. Ebd. 5, 1943, 231—233.)
82. Newcastle-upon-Tyne:
  a) HEARNSHAW, F. J. C., The story of the E Towns: N. 1921.
  b) DENDRY, F. W.: Three lectures ... on Old N., its suburbs and guilds etc. Lit-PhilSNewc. 1921.
  c) CONZEN, M. R. G., G. setting of N. In: 124, 191—197.
  d) ALLEN, E., Econ. status of N. Ebd., 198—204.
83. York, s. 115. Vgl. auch KENDALL, P. F., The physical setting of York. RepBrAss-York. 1932, 338/339; RAINE, A., The beginnings of Y. Ebd., 364/365. Vgl. außerdem KNIGHT, C. B., A hist. of York. York 1944.
83 a. POSTGATE, C., Middlesbrough—its hist., environs and trade. 1899.
84. HODGSON, B., The Borough of South Shields. Newcastle 1903.
85. HOME, G., The evol. of an E town (Pickering). 1905.
86. RICHARDSON, W., Hist. of the Parish of Wallsend. Newcastle 1923.
86 a. Wetherby market and market area. Compiled from materials supplied by Miss L. JACKSON. Observ. 3, 1927, 140—151.
86 b. HOOD, H., Middlesbrough: pictorial and hist. Middlesb. 1926.
87. ROWNTREE, A. (Ed.), The hist. of Scarborough. 1931.
87 a. WALLACE, H. M., Berwick in the reign of Queen Elizabeth. EHistRev. 46, 1931, 79—88.
88. EAST, W. G., The hist. g. of the Town, Port, and Roads of Whitby. GJ. 80, 1932, 484—497. (Hier weitere Lit.)
89. ELGEE, F., Human g. of the Moorland of NE Ys. RepBrAssYork. 1932, 340.
89 a. BAGSHAWE, G. W., The wooden ships of Whitby. Whitby 1933.
810. MANLEY, G., The city of D. G. 23, 1938, 147—155.
811. SHARP, T., Cathedral city, a plan for D. 1945.
812. LOCK, M., Middlesbrough sv. and plan. M. Borough Corporat. 1947. [Enthält u. a. 2 Beiträge von A. E. SMAILES: The g. setting, S. 63—80; und: The econ. struct. and devel. of Tees-side and Cleveland, S. 81—105. Für den Geogr. ist ferner wichtig: M. LOCK, The post war location of ind. in M., S. 106—118.]
813. SMAILES, A. E., The analysis and delimitation of urban fields. G. 32, 1947, 151—161. [Verweist wiederholt auf Middlesbrough.]
814. North-East Devel. Ass. Publ. No. 1. CAESAR, A. A. C., Water supplies. Publ. No. 3. The Northern Region (1948).
815. LOCK, M., and others, The Hartlepools. A sv. and a plan. West Hartlepool Corp. 1949.
816. CONZEN, M. R. G., Modern settlement. In: 124, 75—86. [Mit vorzügl. Karte.]

91. LEYLAND, J., The Ys. coast and the Cleveland Hills and Lakes. 1892. (Vgl. auch Ders., Guide to the Ys. coast. Newc./Lond. 1896.)

92. Lady BELL, At the works [Middlesbrough]. 1907.
93. BRADLEY, A. G., The gateway of Scotland etc. 1910.
94. GRAHAM, P. A., Highways and byways in Nhl. 1920.
94 a. TOMLINSON, W. W., Comprehensive Guide to the co. of Nhl. 1930.
95. WALMSLEY, L., Between the heather and the North Sea. NatGMg. 63, 1931, 197—233.
96. WEDGWOOD, I., Nhl. and D. 1932.
96 a. DUNCOMBE, C. W. E., Ryedale. RepRyedaleBranchCouncilPreservRuralE. 1935.
97. The Manch. Guardian Pictorial g. of Ys. Manch. 1937.
98. WADE, B., Ys.'s ruined abbeys. 1938.
99. RATCLIFFE, D. U., What do they know of Ys. 1940.
910. PERRY, R., A naturalist on Lindisfarne. 1946. [Historisches und Ornitholog.]
911. RUSHFORD, F. H., In and around D. 1946. [Führer.]
912. CASH, J. A., Following the Tyne. GMg. 21, 1948.
913. HONEYMAN, H. L., Nhl. 1950.

IX. Mittelnordengland

Mittelnordengland wird in einer Länge von 240 km und bis zu 50 km Breite von dem kräftig zerschnittenen Plateaugebirge oder Upland der P e n - n i n e s eingenommen, deren flach gewölbte Rücken leicht gegen E bis SE geneigt sind und hier ohne scharfe Grenze in das benachbarte Niederland übergehen. Gegen die Edensenke im W aber kehren die Pennines einen 400—600 m hohen Steilabfall. Weiter s. legen sich die Howgill Fells vor sie, welche die Verbindung mit dem Seenbergland herstellen, dann Bowland Forest und zuletzt Rossendale Forest, die sich als kräftige Vorposten in das Tiefland von Lancashire vorschieben und kulturgeographisch mehr zu ihm gehören als zu dem Hauptzug der Pennines. Dieser, das „Rückgrat" von N-England, endigt schließlich im S an der Trentfurche, nur mehr 250—300 m hoch. Die N-Grenze wird herkömmlich in das Tyne Gap (120 m) verlegt, unterhalb dessen der Irthing gegen W zum Eden, der Tyne nach E zur Nordsee fließt. Allein n. davon setzt sich das Hochland durch Vermittlung der Bewcastle Fells in den C h e v i o t H i l l s fort, welche zwar auch mit den schottischen Uplands zusammenhängen, jedoch gewisse Züge mit den Pennines gemeinsam haben und ihre Hauptabdachung gleich diesen gegen E kehren. Sie werden hier daher in unmittelbarem Anschluß betrachtet werden. Wie vom Tyne Gap im N, so wird das Gebirge im S vom Aire Gap durchquert, das zur Gruppe der Craven Gaps gehört, jenen Talsätteln, die der Landschaft Craven n. Skipton ihre verkehrsgeographische Bedeutung verleihen [11—13].

Bloß wenige Gipfel der Pennines übersteigen 700 m H., aber größere Teile liegen immerhin in 500—600 m, zumal nahe dem W-Rand. Diese sind rauh, naß und stürmisch. Schon deshalb kommen sie für den Feldbau nicht in Betracht, vielmehr sind ihre Heiden und Moore im besten Fall bloß als Schafweiden verwertbar. Allein auch in den tieferen Lagen ist das Kulturland spärlich, da hauptsächlich Schiefertone und Sandsteine mit nährstoffarmen Böden die Landschaft einnehmen. Selbst die in einzelnen Gebieten herrschenden Kalke tragen meist nur Grasfluren. So beschränken sich Nutzland und Farmen auf die breiteren Talgründe und die unteren Teile der Gehänge, schmale Streifen, die nur ausnahmsweise über 300 m aufsteigen. Selbst an der klimatisch begünstigten E-Seite darf man auf ein Reifen der Feldfrüchte in größerer Höhe nicht rechnen. Ausgedehnte Gemeinden mit geringer Volkszahl sind für das Upland bezeichnend. Zwischen die Siedlungsbänder und -inseln schalten sich meilenweit unbesiedelte und unbewirtschaftete Flächen ein. Trotzdem stellt das Gebirge dank seiner Durchgangstäler und Talpässe kein schwieriges Verkehrshindernis dar, obgleich es von den Hauptstraßen nach N lieber umgangen wird. Die trockeneren, besten Böden seiner niedrigeren Teile sind sogar schon auffallend früh, im Meso- und Neolithikum, verhältnismäßig gut besiedelt gewesen.

Gegenüber der Öde weiter Räume zumal der n. Pennines hebt sich sonder-

bar eine große Menschenballung ab, die einzige Englands, die in ein Hochland
eingreift. Mit den Städten Leeds und Bradford im Kern, zählt sie ungef.
1,5 Mill. E. Sie knüpft sich an die Verbindung von Kohlenbergbau und Industrie, u. zw. hier in erster Linie der Textilindustrie, die in der Natur des Landes besonders günstige Vorbedingungen antraf und sich aus dem ursprünglichen Wollhandel des Mittelalters über die Heimweberei zu ihrer heutigen
Bedeutung entfaltete. Auch der Anfang des Kohlenbergbaus reicht noch ins
Mittelalter zurück, doch gewann er erst seit dem 18. Jh. seine heutige Bedeutung. In der 2. H. des 19. Jh. ist er, dem Einfallen der flözführenden Schichten folgend, immer weiter nach E gerückt, in das überdeckte Kohlenfeld
hinein, das unter der Trentniederung liegt. Dadurch erhält auch diese, obwohl
sie noch viele Farmstriche vom Midlandtyp aufweist, mehr und mehr das
Gepräge einer Industrielandschaft, so daß sich hier die Pennines auch kulturgeographisch nicht scharf abgrenzen lassen. Das Kohlengebiet selbst hängt
ja unmittelbar mit dem von Nottinghamshire zusammen. Etwas weiter s. hat
sich am Rand der Pennines noch ein zweiter Kern starker Bevölkerungsdichte
entwickelt, das Eisenindustriegebiet von Sheffield und seiner Nachbarschaft,
namentlich um Rotherham, wo ebenfalls auf verhältnismäßig engem Raum
fast 1 Mill. Menschen wohnt. Die beiden Industrielandschaften spielen, jede
in ihrer Art, eine führende Rolle im Wirtschaftsleben der Br. Inseln. Vornehmlich in ihnen sammelt sich die wirtschaftliche Kraft der Pennines, ihre
Erzeugnisse spielen im Handel der Häfen von Liverpool, Manchester, Hull
u. a. eine hervorragende Rolle; auch ihre Bedürfnisse an überseeischen Lebensmitteln und Rohstoffen werden zum guten Teil über jene befriedigt [14].

Überwiegend von E, von Deira, und von S, von Mercia, her war die Landnahme durch die Germanen erfolgt. Von Nottingham, von Derby, von York
schoben sich die Angeln in die s. Pennines vor, von York in die Täler der
mittleren, von Durham und vom unteren Tyne her in die n. Wieder wiesen
die Hauptwege durch das Gebirge der Besiedlung die Richtung. Diese Entwicklung wirkte sich auch in der Verwaltung aus: nicht weniger als neun Gr.
haben an den Pennines Anteil, aber keine einzige bleibt ausschließlich auf
sie beschränkt [11, 13]. Im N umfaßt Northumberland das obere Tynegebiet
bis zur Wasserscheide auf den Cheviots einerseits, bis zum Tal des Tyne-
nebenflusses Derwent anderseits, der dort die Grenze gegen die Gr. Durham
bildet. Diese reicht vor allem mit Weardale tief in die Pennines hinein, während sie sich mit Yorkshire in den Bereich des Tees teilt, dessen Lauf fast
auf der ganzen Strecke die Grenze bildet und bloß mit einigen Quellbächen
zu Cumberland gehört. Sowohl das North als auch das West Riding von
Yorkshire greifen auf die W-Seite der Hauptwasserscheide über, dieses durch
das Aire Gap sogar über den Oberlauf des Ribble auf die Bowland Fells und
fast bis an den Lune. Dagegen treten Lancashire und Cheshire nur gerade
an die W-Seite der Pennines heran. Deren s. Teil vom Etherow an, zwischen
Dovedale im W und Erewash im E, nimmt Derbyshire ein, die einzige Gr.,
die im wesentlichen innerhalb der Pennines liegt; nur s. Derby entsendet sie
einen Ausläufer in die Midlands (vgl. S. 426). W. des Dove hat schließlich
auch Staffordshire einen kleinen Anteil an der SW-Flanke der Uplands.
Nottinghamshire im SE bleibt außerhalb der eigentlichen Pennines. Auch
hier findet man wegen des Übergreifens des Kohlenbergbau- und Industriegebietes vom Gebirge auf die Niederung keine in jeder Hinsicht befriedigende
geographische Grenze, um so weniger, als morphologisch die höhere Stufenlandschaft der Karbongesteine allmählich in die flachere der Triasgesteine
der Midlands absteigt.

Schon in seiner Grundgestalt spiegelt sich der innere Bau des Hochlandes wider, das nur als Ganzes betrachtet den Namen „Kette" (Pennine Chain) verdient [27*] (Abb. 100). Eine breite, ungleichseitige, sattelförmige Aufwölbung, genauer eine Folge von domförmigen Aufkrümmungen [222], ist an einer Anzahl ausgiebiger Verwerfungen über ihre w. Nachbarschaft herausgehoben: an dem großen Pennines-Randbruch (Pennine Faults) über die Edensenke, an den über 30 km langen Dent Faults über den oberen Ribble (Dent ist ein Dorf nö. Kirkby Lonsdale). Die Dent Faults laufen aus der Gegend von Kirkby Stephen zum Leck Fell (6 km ö. Kirkby Lonsdale), wo Karbon gegen Silur verworfen ist. Wo die beiden Verwerfungssysteme von NNW, bzw. SSW in spitzem Winkel aufeinandertreffen, werden sie, bei Stainmoor, durch eine Anzahl größerer und kleinerer Brüche abgelöst, die einer transversalen Synklinale angehörigen Stainmoor Faults, welche das Hochland gegen E hin queren. Weiterhin kreuzt sich die Achse der großen Monoklinale mit jener quer dazu stehenden Aufwölbungsachse, welcher im W das Seenbergland, im E die North York Moors entsprechen. Auch an das S-Ende der Dentbrüche schließen sich, bündelförmig angeordnet, Querverwerfungen an, die Craven Faults. Der nördlichste der drei Hauptbrüche läuft

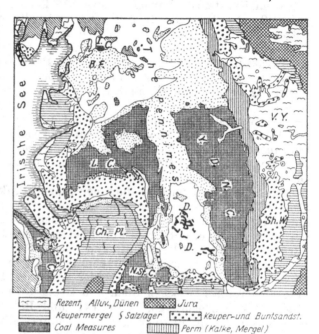

Abb. 100. Pennines und Nachbargebiete. (Nach D. A. WRAY.) B.F. Bowland Fells, Ch.Pl. Cheshire Plain, D.D. Derbyshire Dome, Sh.W. Sherwood Forest, V.Y. Vale of York, C = Kohlenfelder: F.C. Flintshire, I.C. Ingleton, L.C. Lancashire, N.St.C. North Staffordshire, Y.D.N.C. York-Derby-Nottinghamshire.

NB. Die beiden Bögen der Escrick- und der York-Moräne (n. V.Y. der Zeichnung) sind irrtümlich mit der Keupersignatur bezeichnet.

vom Leck Fell ESE bis nahe Pateley Bridge im Nidderdale, mit Sprunghöhen von mehr als 180 m; Karbonkalke stoßen hier an Ordoviz und Silur. An dem fast parallel verlaufenden mittleren sind Coal Measures und Perm abgesunken, weiter ö. Millstone Grit und die Yoredaleserie (vgl. u.) gegen Karbonkalk. Mit diesem System hängen Giggleswick Scar (nw. Settle, w. des oberen Ribble), Malham Cove (bei Malham am obersten Aire) und das benachbarte Gordale Scar zusammen (die Sprunghöhe wurde auf 1638 m berechnet). Die dritte Verwerfung zieht aus der Gegend von Settle sö. gegen Gargrave bei Skipton. Die „Pennine Anticline" selbst streicht, abermals stärker aufgewölbt, zwischen Manchester und Huddersfield weiter gegen SSE. Westl. Derby leicht

gegen SE umbiegend, findet sie ihre Fortsetzung in den Midlands („Charnian
Anticline"). Eine zweite Antiklinale („Pendle Anticline") zieht etwa halbwegs Manchester und Lancaster gegen SW. Brüche umschließen das Hochland auch im N (Stublick Fault usw.) gegen die Synklinale des Tyne Gap
und im S und durchsetzen seinen Körper selbst mannigfach. Außerdem haben
sich kleinere Bogen- und Monoklinalfalten und Schubflächen bei jenen jungkarbonen Krustenbewegungen an der NW-Ecke des „Pennines Massif" gebildet [212—215, 218, 219, 221, 230]. Die großen Randbrüche im W sind jünger;
mögen sie auch alten Schwächelinien folgen; denn die Triassandsteine der
Edensenke sind noch von ihnen gestört worden. Im wesentlichen war jedoch
die Struktur des Gebirges noch vor dem Perm vollendet, ja die Abtragung
bereits stark fortgeschritten und eine präpermische Rumpffläche entstanden,
die in der Folge — unbestimmt, ob noch während des Mesozoikums oder erst
während des Tertiärs — außer jenen beträchtlichen Randverwürfen nun von
leichten Verbeulungen und Kippungen betroffen wurde [222, 310, 321 a].

Wie mit den Stainmoor, so verbindet sich auch mit den Craven Faults
ein einspringender Winkel an der W-Seite des Abfalls. An beiden Stellen
verschmälert sich das Hochland stark, auf 30 km. Diese Verengungen gestatten eine Gliederung desselben in die n., mittleren und s. Pennines. Für den
höchsten Teil der s. wird vielfach der Namen Peak District gebraucht (High
Peak 636 m). Etwas höher sind die mittleren im Quellgebiet von Ribble,
Eden, Ure (Whernside 735 m, Ingleborough 723 m; Wild Boar Fell usw.),
am höchsten die n. mit Cross Fell (893 m, nicht 881, wie meistens angegeben
wird), Great Dun Fell (847 m) und Mickle Fell (790 m; der höchste Gipfel
in Yorkshire). Man spricht hier vom „Cross Fell Massif", bzw. vom „Alston
Block" [215]. Die Stainmoor-Furche selbst senkt sich auf unter 500 m ein
(Stainmoor Pass zwischen Eden und Greta 437 m; Lune Head Pass 429 m).
High Peak, Ingleborough, Cross Fell und Bewcastle Fells bezeichnen die
Scheitel der Hauptaufwölbungen der Pennines [222].

Dem ungleichen Ausmaß der Hebung entsprechend, zeigt die E-Abdachung lange Folgetäler, der steile W-Abfall kurze Kerben. Jene sind in
eine alte Fastebene eingeschnitten, welche die gewöhnlich nur unter 5—10°
gegen E einfallenden Schichten spitzwinkelig schneidet und aus der sich der
heutige Formenschatz entwickelt hat. Sie ist prämiozänen Alters, aber vermutlich im Altpliozän noch weiter ausgebildet worden. Ihr dürften ältere
Einebnungsflächen vorausgegangen sein, wie u. a. für den Alston Block
gezeigt wurde [215]. Inwieweit solche, etwa die präpermische, durch Wiederaufdeckung in den heutigen Plateauflächen erscheinen, ist eine offene Frage:
neuerdings gewinnt die Auffassung Raum, daß die präpermische Abtragungsfläche, die sich im E vor dem Fuß der Permstufe in Yorkshire in etwa
100 m H. zeigt, gegen W auf über 400 ansteige und hier schließlich in die
stark erodierte alttertiäre Peneplain von 600 m H. übergehe [224; vgl. 217,
310]. Auch wird eine bemerkenswerte Anpassung der heutigen Topographie
und Entwässerung an die karbone Tektonik behauptet [222]. Fraglich ist
ferner, ob und inwieweit sich Flußläufe von einem früheren Deckgebirge aus,
einem jurassischen oder kretazischen, epigenetisch vererbt haben, wie dies
z. B. für den Derbyshire Derwent erörtert wurde [326]. Die Formen selbst
sind wesentlich durch die wechselnde Gesteinshärte bestimmt. Die meist
flache Lagerung hat die Ausbildung von Schichtstufen und Tafelbergen
begünstigt. Jedoch verbinden sich wegen der zahlreichen Brüche Schicht-
und Bruchstufen mannigfach miteinander („scars" oder „edges" genannt).
Genauer genommen handelt es sich allerdings oft nicht um Bruchstufen, son-

dern um Bruchlinienstufen, bei denen längs Verwerfungen das weniger widerständige Gestein ausgeräumt worden ist, wie z. B. am Giggleswick Scar der Millstone Grit neben Kalken. Die kleineren Gewässer an den Stufenabfällen haben meistens bloß scharfe Kerben oder geradezu Schluchten eingenagt („gills" der n. Pennines, „cloughs" des Peak District).

Wegen der größeren Steilheit des Gefälles der W-Seite und deren stärkeren Benetzung haben sich einige der dortigen „gills" auf Kosten der Abdachungsflüsse der E-Seite so sehr rückwärts verlängert, daß es zu Anzapfungen gekommen ist, so der High Cup Gill, ein Seitenbach des Eden. Dem Maize Gill, einem Seitenbach des Tees, fehlt sein Hintergehänge; im natürlichen Gang der Dinge wird auch er einmal dem Bereich des Eden einverleibt werden. Greta und Balder haben ihre Quellgebiete an diesen bereits verloren und im N der Tyne [XI 31; 27*]. Auch sonst wird Anzapfungen eine nicht geringe Rolle in der Entwicklung des heutigen Talnetzes zugeschrieben, u. a. im Quellgebiet des Ure [329], im Peak District [330], in der Geschichte des

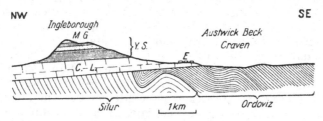

Abb. 101. Geol. Schnitt durch den Ingleborough. (Nach D. A. WRAY.) C.L. Carboniferous Limestone, Y.S. Yoredale Series, M.G. Millstone Grit, E Erratika.

NB. Durch ein Versehen wurde das Sockelgestein falsch beschriftet. 3 km links längs der unteren Profillinie sind Ingletonian (präkambrisch), 3 km rechts Silur, dazwischen etwa 2 km Ordoviz.

Donsystems — dieses soll ursprünglich ö. Penistone zum Dove und Deare geflossen und bei Mexborough in den Sheaf gemündet haben. Von Sheffield aus habe sich ein Seitenbach des Sheaf bei Sheffield gegen NW zurückgenagt und den Oberlauf des Don erobert, der aber seinen Namen behauptete [36 a].

Infolge der ungleichen Aufwölbung bilden bald die unterkarbonen Gesteine, nämlich der (Main) Carboniferous Limestone und darüber die Yoredale Group, zusammengefaßt als Carboniferous Limestone Series, bald die oberkarbonen, bestehend aus der Millstone Grit Series und den Coal Measures, das Gebirge [215a] (Abb. 101). So bauen im „Derbyshire Dome", dem Peak District, dessen Achse aus der Gegend ö. Buxton südwärts bis in die von Ashbourne verfolgt werden kann, in großer Ausdehnung dickbankige graue Kohlenkalke das Hochland auf, bis 460 m sichtbar mächtig, ohne daß das Liegende erschlossen ist. Nebenfalten laufen parallel, so ö. Matlock und Crich [235]. Hauptsächlich aus unterkarbonem Kalk bestehen auch die „Fells" n. der Cravenverwerfungen bis zum Stainmoor Pass, während zwischen den beiden Kalklandschaften Sandstein und Tonschiefer des Millstone Grit herrschen [a7*, 28, 223]. Als eine eigentümliche Fazies des Carboniferous Limestone machen sich bei Clitheroe, Skipton, Malham riffartige Kalke als „reef knolls" in den Formen geltend [214, 239]; weiter s., noch im Craven District, lassen sie aber gutgeschichteten schwarzen Kalken und Tonschiefern Platz (Pendleside Limestone Series), indes n. nur lichtgraue Kalke (Great Scar Limestone) auftreten. Besonders diese sind durch einander kreuzende Kluftsysteme ausgezeichnet, die anscheinend schon in präpermischer Zeit angelegt wurden, denn die Klüfte werden mitunter von Bleierzgängen eingenommen, deren Alter präpermisch sein dürfte [216, 219 a, 229]. Weiter im N dünnen sich die Kalke aus, und Schiefertone und Sandsteine schalten sich immer häufiger zwischen sie ein; die Einzeichnung des „Mountain Limestone" auf den geologischen Karten kann hier irreführen. In Northumberland treten die Kalke im Unterkarbon ganz zurück; im Übergangsgebiet bilden sie vorerst den unteren Teil. Die stratigraphische Stellung der über ihnen folgenden Schiefertone und Sandsteine, der Yoredaleserie, ist überhaupt umstritten. Manches spricht dafür, daß sie wie die Pendlesideserie besser schon zum Oberkarbon gestellt werden [27*]. Der Cross Fell, um die höchste Erhebung als Beispiel zu wählen, zeigt an seinem Sockel noch älterpaläozoische Schiefer und Sandsteine und Rhyolithe des Seengebietes, die in einem langen, schmalen Gürtel von Melmerby (nö. Penrith) bis Roman Fell (nw. Brough) zwischen den fast gleichlaufenden äußeren und inneren Verwerfungen des Pennine Fault-Systems aufbrechen („Cross Fell Inlier"). In Vertiefungen der Oberfläche dieser älteren Gesteine lagern Basiskonglomerate des Unterkarbons; darüber Quarzkonglomerate, weiter Plattensandstein; es folgt ein Kalkhorizont (Melmerby Scar Limestone), dann die Yoredaleserie. Der Millstone Grit bildet die Höhen [221]. Die Yoredaleserie ist hier noch von dem jungkarbonen Whin Sill (vgl. S. 523) durchdrungen, das bis Burton Fell (n. Brough) reicht. Über diesen Lagergang stürzt u. a. einer der schönsten Wasserfälle der Pennines, der High Force (norw. foss, Wasserfall) in Upper Teesdale, 21 m hoch, auf die Kalksteine und Tonschiefer des Sockels hinab. Auch der einige Meilen weiter oberhalb gelegene Wasserfall Caldron Snout wird durch das Whin Sill verursacht [11 b; 27*].

Die Kalklandschaften sind nicht bloß durch eigenartige Oberflächenformen und Pflanzenbedeckung gekennzeichnet, sondern auch durch das Auftreten des Karstphänomens. In Yorkshire, z. B. auf dem Ingleborough, ist es genauer untersucht worden [26, 417, 418, 316 a, 327 b, 331, 337]. Eigenartig ist der Dale Beck (an der E-Seite des Whernside); er fließt mehrere Strecken unterirdisch, nur bei Hochwasser in einer Oberflächenrinne. W. der Station Ribblehead versinkt er; einige 100 m talabwärts kommt er am unteren Ende von Gatekirk Cave aus zwei Öffnungen wieder zum Vorschein, verschwindet abermals für eine Meile, um aus Weathercote Cave (mit einem schönen Wasserfall) wieder zu erscheinen. Eine 25 m lange, 15 m tiefe Kluft („Jingle Pot", gewöhnlich trocken) schließt sich an, dann eine Doline von 9 m Tiefe und 27 m Durchmesser („Hurtle Pot"), die mit dem unterirdischen Wasserlauf verbunden ist. Erst bei God's Bridge, 16 km weiter, tritt der Bach endgültig an den Tag. Ingleborough trägt auf seinen Kalken rund 50 Dolinen, u. a. „Alum Pot" an der E-Seite (40 m lang, 88 m tief). Ein kleiner Bach tritt dort aus, fließt unterirdisch unter dem Ribble durch und steigt auf der anderen Talseite in einer Quelle (Turn Dub) wieder an den Tag. An der S-Flanke desselben Berges klafft mit einer elliptischen Öffnung (9 × 5 m) eines der größten vertikalen Schlundlöcher, Gaping Gill, 81 m tief, mit einer geräumigen Kammer im Grunde; weitere Kammern und Höhlengänge reihen sich an. Der Fell Beck fällt in den Schlund, erscheint nach einer Meile wieder im Clapham Beck, nahe dem Eingang von Ingleborough Cave, einer Höhle, die nichts anderes ist als ein Stück eines älteren unterirdischen Laufes des Fell Beck und noch jetzt von ihm bei Hochwasser benützt wird [11 h]. Anscheinend ordnen sich die Höhlengänge in zwei Niveaus

(365—380 und 290—305 m H.), die zwei Hauptphasen der Talbildung entsprechen (vgl. S. 549) [337]. Von den Höhlen ist Victoria Cave durch vorgeschichtliche Funde besonders bemerkenswert (vgl. S. 564).

Auch der Nidd, der auf Great Whernside entspringt, versinkt in einer
Höhle (Manchester Hole) und tritt 3 km weiter wieder aus (Nidd Heads
unterhalb Lofthouse); das eigentliche Flußbett unterhalb Manchester Hole
ist in der Regel ein paar 100 m weit trocken. Füllt er bei höherem Wasserstand die Rinne, d. h. kommt er über Manchester Hole hinweg, so verschlingt
ihn Goydin Pot Hole, eine Höhle an seinem l. Ufer. Gerade unterhalb deren
Öffnung tritt jedoch ein Seitenbach in das trockene Bett ein, nimmt noch
einige Nebenbäche auf und fließt hinab bis Lofthouse, wo er, unterhalb des
Wasserfalls Lofthouse Foss, in einer Kluft verschwindet. Viel besucht werden
die Höhlen von Chapel-le-Dale [11 h] und im Peak District, wo ebenfalls
Bäche streckenweise unterirdisch strömen, z. B. der Manifold fast 7 km weit,
ehe er bei Ilam Hall (7 km nw. Ashbourne) zum Vorschein kommt (vgl. auch
S. 577).

Wie in der Yoredale, so wechseln auch in den Millstone Grit Series
wiederholt Sandsteine, aber besonders grobkörnig und hart (grits), und
weiche Schiefertone und Tongesteine ab und die Talgehänge sind demgemäß
allenthalben mit Schichtterrassen besetzt, die nur allzuleicht alte Talböden
vortäuschen. In manchen Abschnitten, namentlich den stärker herausge-
hobenen Schollenstücken (z. B. n. der Craven Faults), ist der Millstone Grit
bloß mehr in Gestalt größerer oder kleinerer dunkler gefärbter Platten und
Tafeln erhalten, in Restbergen, welche auf dem grauen Kalksockel aufruhen
(Ingleborough, Penyghent) [26]; in den n. Pennines tritt er überhaupt mehr
zurück. Erst s. Richmond setzt ein geschlossener Streifen ein, der dann
vom oberen Nidderdale bis zum Airefluß 25—40 km, von dort bis Sheffield
± 15 km breit ist. Er hält sich im allgemeinen ö. des Derbyshire Derwent,
längs dem er 50 km bis über Belper südwärts vorstößt. Er bildet die huf-
eisenförmige Umrahmung des High Peak-Plateaus und in einer untergeordneten Synklinale auch dessen zentralen Teil mit dem Kinderscout. An seine
grobkörnigen Sandsteine, zumal den „Kinderscout Grit" und den höher
folgenden „Middle Grit", knüpfen sich die schönsten Schichtstufen, so Axe
Edge und Black Edge bei Buxton, Derwent Edge, Bamford Edge u. a., von
tiefen Kerben mit Wasserfällen zerfressen (Downfall am Kinderscout) [27 b,
236, 326]. Die oberste harte Bank des Millstone Grit, Rough Rock genannt, der
„beständigste und gleichförmigste der Millstone Grits", der in fast ununter-
brochenem Zusammenhang vom oberen Airedale bis nach S-Derbyshire verfolgt werden kann [27 b], zeichnet wiederholt eine deutlich ausgeprägte
Terrasse vor. Er wittert nicht selten in abenteuerlich gestalteten Felsen,
öfters mit Formen der Winderosion, aus, welche an die tors von Dartmoor
erinnern und gerne unter besonderen Namen bekannt sind (Pot and Pans;
Wolf, Raven und Cat Stones; Ilkley Crag, Idol Rock [Brimham Rocks] bei
Pateley Bradge usw.) [11 h; 28, 224, 237, 311]. Auch Wackelsteine finden sich;
der Name von Buxton wird auf einen solchen zurückgeführt [623*].

Die Coal Measures endlich (Lower, Middle und Upper), die von einer
wechselnden Folge von Sandsteinen und Schiefertonen gebildet werden,
treten nur im S-Flügel in den Bereich des Hochlandes ein: aus der Gegend
von Bradford—Leeds ziehen sie in SSE gegen Sheffield und Nottingham, allmählich absteigend unter die mesozoische Bedeckung. Ö. des Derwent bilden
die Sandsteine Stufen, zwischen die sich längs der Schiefertone Furchen einschalten. Auch im SW schließt das Hochland noch Kohlengebirge ein. Da-

zwischen springt die Kalklandschaft des Derbyshire Dome gegen S vor.
Weiter n. sind die Coal Measures infolge der stärkeren Heraushebung abgetragen worden, n. Leeds schätzungsweise mindestens 900 m. Gegen N,
gegen die Craven Faults hin, wo das Land in Falten gelegt ist, steigen dann
in den Antiklinalen („Skipton Anticline") die Schichten steil an, so daß
der Millstone Grit die Oberfläche beherrscht und mehrfach sogar der Kohlenkalk wieder erscheint. In den Steinbrüchen von Skipton Rock wird er ausgenützt. Die Coal Measures von Derby- und Yorkshire sind zwar nicht so
von Verwürfen zerhackt wie die von Lancashire, aber doch auch von solchen,
hauptsächlich in SW—NE und annähernd normal dazu durchsetzt. Zu den
ersteren gehören die Don Faults längs dem mittleren Don zwischen Sheffield
und Mexborough (längs des Flusses fallen die Schichten SE, n. davon NE),
ferner die von Pontefract und Leeds. Sie kommen landschaftlich im Verlauf
der Stufen zum Ausdruck [710; vgl. im übr. 22, 27 b, 215 a, 215 b, 220, 227,
231, 232, 235].

Schon die natürliche Coal Measures-Szenerie weicht von der des Millstone Grit merklich ab, sehr auffällig z. B. um Huddersfield, das ungefähr
an der Grenze beider gelegen ist [311; vgl. u.]. An die Kohlengebiete
knüpfen sich aber auch die wichtigsten Industrielandschaften Englands,
deren Entstehung und Entwicklung ohne die Nachbarschaft des Hochlandes
nicht denkbar wäre. Denn schon im Mittelalter wurden die Steilstrecken
der Flüsse zur Gewinnung von Wasserkraft verwendet, und das weiche Wasser
des Millstone Grit war in der Wollverarbeitung unentbehrlich. Das erste
Aufblühen der Industriesiedlungen hing damit zusammen. Millstone Grit
und Coal Measures versorgen aus ihren höher gelegenen Talgebieten, wo
ausgiebige Niederschläge fallen (vgl. u.), unter Zuhilfenahme von Stauwerken
die großen Menschenballungen der Pennines und deren Nachbarschaft mit
Wasser, etwa 18 Mill. Menschen, d. i. fast die Hälfte der Bevölkerung von
England. Über 200 Wasserspeicher weisen allein die s. Pennines auf [414*],
und immer wieder werden neue gebaut. Im N beziehen u. a. Tees-side Wasser
aus Speichern im oberen Teesgebiet (vgl. S. 515), Newcastle aus solchen in den
Tälern des North Tyne und des Rede Water.

Hauptsächlich an die Kalksteine des Unterkarbon knüpfen sich die Vorkommen von Blei- und Zinkerzen ö. der Hauptwasserscheide der Pennines
vom Derbyshire Dome im S bis zu den „Lead Dales" von Durham und Northumberland (Tees-, Wear-, Allendales), von Flußspat (Castleton, Matlock;
Swale-, Wensley- und „Lead Dales") sowie von Baryt (zwischen Castleton
und Worksworth; oberes Airdale, Swale-, Wensley-, Teesdale usw.). Die
Karbonkalke liefern auch vorzüglichen Baustein, ebenso der Millstone Grit
und die Sandsteine der Coal Measures in etlichen Varietäten. Viele der älteren
Städte, bzw. Stadtteile sind aus den „gritstones" erbaut, die in zahlreichen,
z. T. auch jetzt noch benützten Steinbrüchen gewonnen wurden. Die Erzeugung von „Portlandzement" hat sich in den letzten 100 J. namentlich in
N-Derbyshire entwickelt. Eine ganze Anzahl von Kalköfen steht in den Tälern
des Peak District, um Matlock, Buxton, aber auch bei Clitheroe und Settle
(vgl. S. 574). Die großen Anlagen im Gebiet von Buxton-Doveholes haben
allerdings die Landschaft leider furchtbar entstellt [737*]. Riesig ist der
Kalkbedarf von Landwirtschaft und zumal der Industrie (Hochöfen, Gerberei,
chemische Industrie) in weitem Umkreis. Etwa 1 Mill. tons Kalkstein wird
jährl. in den Pennines gebrochen [713*]. Sein Versand ist ein wichtiger Posten
des Güterverkehrs der Eisenbahnen [752]. Aus Kalk- oder aus Sandstein
sind auch die insges. viele Hunderte km langen Feldmauern errichtet. Auch

der Millstone Grit wird in der Industrie auf das mannigfachste verwendet [737*].

Jüngere Gesteine treten im Inneren der Pennines nur ausnahmsweise auf, wie etwa das Perm im Bereich der Craven Faults. Es mag ehemals ein viel größeres Gebiet bedeckt haben, doch ist es beiderseits des Gebirges verschieden entwickelt. Vielleicht haben auch Keuper, Rhät, Lias und Kreide über dieses hinweggereicht, allein bis jetzt ist keine Spur davon nachgewiesen.

Die jungtertiäre Geschichte der Landformung der Pennines läßt sich deshalb nur unvollkommen erfassen, weil sie durch die eiszeitliche Vergletscherung merklich verwischt wurde, zwar weniger durch den unmittelbaren Gletscherschurf selbst als durch die Ablagerung glazialen und fluvioglazialen Schutts, durch Aufdämmung von Seen, welche später verlandeten, und durch Flußverlegungen [329, 330]. Die Haupttäler waren, als sie von der ersten Vergletscherung angetroffen wurden, gut ausgereift und sehr breit, bis zu 2—3 km. Zwar verengen sie sich merklich in widerständigerem Gestein, aber auch in diesem sind sie in der Regel Sohlentäler, bloß ausnahmsweise schmale Kerben. Weit öffnen sich diese „dales" gegen die Niederung von York, als breite Furchen durchsetzen Tyne Gap und die Craven Gaps das Hochland [217]. Als Typus solcher Täler möge Wharfedale dienen [322]. Vom Ursprung bis etwa Appletreewick ist es breit in die Yoredaleserie eingeschnitten (Kalkstein, Tonschiefer, Sandstein); der gröbere, festere Millstone Grit deckt nur die Höhen der Fells. Bei Linton quert es die Craven Faults, an welchen jener abgesunken ist; in ihm verengt es sich. Bei Bolton Abbey steigen in der Skipton Anticline die Kalke und Schiefertone der Yoredaleserie auf, das Tal wird wieder breiter. Dann verschmälert es sich neuerdings beim Übertritt in den Millstone Grit, der bis Wetherby anhält. Da er hier gegen S einfällt, richtet er gegen das Wharfetal eine Schichtstufe, während die S-Abdachung zu längeren Platten ausgezogen ist. Entsprechend verschieden sind die Querschnitte der Seitentäler. Zwischen Linton im Wharfetal und Skipton sind u. a. die weicheren Gesteine der Yoredaleserie der Skipton-Antiklinale zu einem Talzug ausgeräumt worden, der eine niedrige Verbindung zum Airetal gestattet.

Im Ingleboroughgebiet ist unter den Resten der 600-m-Einflächung (vgl. S. 544) ein ziemlich ausgedehntes Plateau in ± 400 m H., vermutlich pliozän und marin abradiert, entwickelt, aber in zwei Verjüngungsphasen zerschnitten. Deren erste erzeugte breite, U-förmige dales mit mäandrierenden Bächen in 270—200 m, die zweite schärfere, bis 60 m tiefe Einschnitte mit bis zu 60‰ Gefälle. Mindestens die erste dürfte präglazialen Alters sein [217, 337].

Mit dem Verlauf und den Wirkungen der Vergletscherung in den Pennines hat man sich wiederholt befaßt [28, 32, 33, 311—322, 325, 327, 328]. Als Hinterlassenschaft der größten Vergletscherung („Maximum Glaciation") wird die sog. Höhendrift („High altitude gravelly drift") gedeutet, die als dünne Schicht sogar höhere Gipfel bedeckt und an den Hängen im W bis 270 m, im E bis 180 m hinabsteigt, hier mächtiger, stellenweise zerschnitten und mit buckliger Oberfläche; die feineren Bestandteile sind längst ausgespült, selten ist das tonige Bindemittel noch erhalten. Möglicherweise entspricht sie dem Lower Purple Clay der E-Küste (vgl. S. 475), fast sicher dem Lower Boulder Clay des Vale of York. Unvergletschert — jedoch verfirnt — waren damals in den mittleren Pennines bloß wenige Gipfel, z. B. Ramsden Peak, Great und Little Whernside, im N vielleicht Cross Fell. Die höchsten Punkte von Rombalds Moor (s. Ilkley) mit 350—400 m H. scheinen über das Eis hinausgeragt zu haben. Kleine unvergletscherte Gebiete wiesen

die s. Pennines auf, doch brach auch in ihre Täler fremdbürtiges Eis ein
(vgl. u.) [35, 37, 317, 320, 436].

Sicher einer jüngeren Eiszeit („Main Dales Glaciation" = Upper Purple
Clay, bzw. Little Eastern Glaciation? [224]) entstammen steife tonige Geschiebelehme der Talgründe und Talhänge, zumal an den Leeseiten der Eisbewegung; sie sind sichtlich viel weniger verwittert. Sie reichen im W bis
zu 450 m, seltener zu 550—600 m H. Das Hauptnährgebiet der Pennines-
gletscher lag im W auf Boar Fell, Widdale Fell usw. Das Eis überwältigte
die Höhen von Dodd Fell (s. Hawes), stieg an der W-Seite des Penyghent
auf 550 m, an der E-Seite des Ingleborough bis 600 m empor und floß z. T.
durch das Ribbletal ab, wo es sich über die Niederung von Hellifield in das
Airetal hinüberschob, um sich um Skipton aufzustauen; z. T. durch das
Wharfetal, wo es mit dem Eis des Airetals durch das Tal von Embsey ver-
wuchs; z. T. durch Wensleydale. Eine mächtige Masse zog gegen N durch
das Edental abwärts, stieß auf den Gletscher der Howgill Fells und auf
schottisches Upland-Eis und strömte mit diesem über Stainmoor Pass ins
Teestal hinüber, wohl 120 m mächtig. Erratika reichen hier und im oberen
Wensleydale auf 400—450 m H. hinauf [27 b, 312, 315, 319 u. ao.].

Auffallend sind mehrere ausgedehnte Drumlinlandschaften, so in der
Talflucht Mallerstang-Lunds (oberstes Eden-, bzw. oberstes Uretal) und im
benachbarten Garsdale; ferner zwischen Ribblehead und Horton-in-Ribbles-
dale, wo die Hügel, in der Talrichtung gestreckt, bis zu 360—400 m lang,
180—270 m breit und 8—16 m hoch sind; dann zwischen Hellifield und Skipton, wo sie noch etwas länger und höher sind und Eisenbahn und Straße
zu vielen Krümmungen zwingen. Sie knüpfen sich hier an ein Haupt-
stauungsgebiet der Eismassen. In Wensleydale oberhalb Aysgarth zählt man
auf 20 km Entfernung über 80 größere Drumlins. Auch im Swaledale fehlen
sie nicht (zwischen Muker und Gunnerside). Die einen bestehen aus lokalem
Geschiebeton mit höchstens undeutlicher Schichtung, andere sind fluvioglazial mit Kreuzschichtung abgelagert, wieder andere zeigen einen Felskern,
aber Geschiebelehm an der Leeseite [315, 319; 28].

Im E sperrte der aus mehreren Eisströmen zusammengesetzte Vale of
York-Gletscher bei seinem Höchststand die „Dales" ab. Deshalb hören z. B.
im Wharfetal bei Wetherby die Erratika des Wharfegebietes auf, dafür
stellen sich Whinsilldolerite, Shapgranite usw. ein, die über Stainmoor herübergekommen und vom Teesgletscher hinabgetragen worden waren. Selbst
unfern Doncaster enthält der Geschiebeton noch Shapgranite. Die Gletscher
der Dales hatten sich bereits zurückzuziehen begonnen, als der Vale of York-
Gletscher seine größte Ausdehnung erreichte. Er staute die Flüsse der Dales
zu Seen auf und zwang sie, längs seinem Rand zu fließen, wo sie in die Ge-
hängesporne Kerben einschnitten. Als er selbst später schrumpfte, senkten
die Seen ihre Spiegel oder sie entleerten sich auch ganz. Die Randgerinne
kamen bei jedem Halt tiefer zu liegen. Die Kerben der ehemaligen Eisrand-
bäche zählen an den Hängen der Pennines nach Dutzenden [312, 317, 322].
Mehrfach sind Flußablenkungen in die Randgerinne dauernd geworden
(Wharfe bei Wetherby, Nidd oberhalb Knaresborough zwischen Nidd Bridge
und Bilton). Am Harrogate-Leithley Edge reichte der Vale of York-Gletscher
bis 160 m, bzw. 100 m und der dabei gebildete Stausee floß gegen S in knapp
60 m durch eine Rinne ab, die heute vom Crompt R. benützt wird. Der präglaziale Ure war von Leyburn in der Richtung des oberen Wensleydale über
Snape (s. Bedale) gegen E geflossen; heute schlägt er den Weg über West
Tanfield ein. Im Swaledale kann man das Absinken der Stauseen in den

Seitentälern sö. Richmond sehr gut beobachten [312]. Hier waren sie aufgestaut durch den Teesdale-Greta-Gletscher, der damals bis auf Hauxwell
Moor hinaufreichte. Das Schloß und ein Teil der Stadt Richmond stehen
auf Bändertonen und Sanden; die heutige postglaziale Kerbe des Swale liegt
s. des alten Tales, über welchem der Marktplatz der Stadt liegt (vgl. auch
S. 573). Weiter im S war u. a. das Caldertal eine Zeitlang von einem Stausee
erfüllt („Lake Calderdale" bei Horbury s. Wakefield). Daß diese Seen ziemlich tief werden konnten, haben Bohrungen im Airetal erwiesen (Bändertone
und Silte fast 30 m mächtig) [28, 32, 34 a, 36, 37, 39, 317].

Seen bildeten sich oftmals auch hinter den Endmoränenwällen der Rückzugsstadien der Dalesgletscher
[312, 316 u. ao.]; sie sind jedoch
infolge Einschneidens ihrer Abflüsse und normaler Verlandung
verschwunden. So dämmen Moränen bei Kilnsey (gegenüber Conistone im oberen Wharfetal) einen
alten Seegrund ab. 3 km oberhalb
bei Skirfare Bridge, quert eine
große Endmoräne das Tal; andere
folgen talabwärts bei Drebley
(nächst Appletreewick), Middleton, zwischen Burley und Ilkley
und unterhalb Otley bei Pool, fast
alle mit ehemaligen Seebecken oberhalb. Ähnlich zeigen Nidder-, Wensley-, Swale- und Teesdale, ferner
Airedale Reihen von Endmoränenwällen. Im ganzen dürften sechs
solche Stadien zu unterscheiden
sein, um so mehr, als man diese
Zahl ebenso in manchen Tälern
von Cumberland und S-Irland
beobachtet hat; die gleiche Periodizität im Rückzug ist sehr deutlich. Die Abfolge ist aber nur im

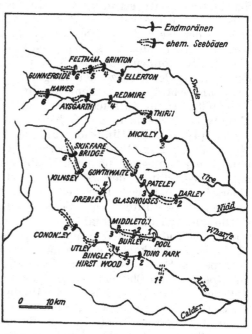

Abb. 102. Stadien des Gletscherrückzugs in
West Yorkshire. (Nach A. RAISTRICK.)

Wharfetal vollständig, weil die Gletscher der weiter n. folgenden Täler erst
beim 2. oder wie beim Swaletal sogar erst beim 3. Rückzugsstadium die Verbindung mit dem Vale of York-Gletscher verloren; im Nidderdale fehlt
dagegen das jüngste Stadium, weil sein kleiner Gletscher schon vorher verschwunden war [34, 36, 312, 313, 319, 320, 322, 327, 327 a] (Abb. 102).

Wiederholt sind auch im Zusammenhang mit diesen Gletscherstadien
in den Tälern Seitenmoränen abgelagert und Randgerinne eingeschnitten
worden, z. B. im Wharfetal unterhalb Kilnsey, im Ribbletal unterhalb Settle,
und kleine Epigenesen eingetreten (im Wharfetal bei Drebley). Erst damals
hat der Aire seinen alten Oberlauf an den Ribble verloren: hinter den Endmoränen von Cononley (s. Settle) und Hellifield hatte sich ein Stausee gebildet, der gegen S nach Clitheroe zum damaligen oberen Ribble abfloß.
Dieser Durchbruch, bei Swinden, heute schon bis in den Fels vertieft, ist
dauernd geworden [319]. Schmelzwässer strömten aus dem Wharfetal zeitweilig hinüber zum Washburn und aus dessen Bereich sogar zum Nidd
(beiderseits des Forest Moor sw. Harrogate). Überflußrinnen des Aireglet

schers sind auf Yeadon Moor zwischen Leeds und Otley eingenagt. Eine
besonders schöne Seitenmoräne des Ribblegletschers zieht über Skipton auf
Rombalds Moor s. Ilkley (hier sogar mit besonderen Namen für einzelne
Strecken) und quert den Aire bei Bingley [28, 36 b, 37 u. ao.].

Im S endlich hatte das Eis der größten Vergletscherung den „Derbyshire
Dome" s. Buxton völlig überwältigt, wie die weite Verbreitung von Erratika
aus dem Lake District, aus den schottischen Uplands, ferner schön gekritzte
lokale Geschiebe und vor allem zahlreiche Vorkommnisse von Geschiebelehm
bis über das Derwenttal bei Matlock gegen SE hin erweisen [38, 39, 317, 328].
Die Einsenkung von Dove Holes ö. des Black Edge (340 m) muß zur Zeit
der älteren Drift geradezu wie ein „Stainmoor Pass im kleinen" gewirkt
haben. Durch die Täler des Dove, Wye und Derwent strömte das Eis ab, um
sich in der Gegend von Derby mit dem Hauptgletscher zu vereinigen, der
über die Niederungen von Cheshire und Shropshire herankam. Bloß kleine
Nunatakker können sich über seine Oberfläche erhoben haben. Dagegen zeigt
der Verlauf der Grenze der jüngeren Drift, daß sich das NW-Eis damals
zwar am Abfall der s. Pennines staute, aber im allgemeinen nicht über
380—400 m H. hinaufreichte. Nur zu Dove Holes drang es wieder über die
Hauptwasserscheide in das Gebiet des Derwent und Dove vor; Macclesfield
Forest (478 m), Shutlingslow (511 m), The Roches, Hen Clouds usw. waren
Nunatakker. Der Gletscher sperrte die größeren Täler der W-Seite ab, es
entstanden Stauseen, die nach E abflossen. Auch hier lassen sich eine Anzahl Spiegelstände der Seen mit bestimmten Überflußrinnen und Deltas
einerseits, Rückzugshalten der Vergletscherung anderseits in Verbindung
bringen. So erfüllten große Seen das Etherowtal bei Glossop, das Tametal
ö. Oldham und das Rochtal bei Rochdale, deren Abfluß schließlich durch die
Rinne von Todmorden-Walsden („Walsden Gorge") in das Caldertal erfolgte.
„Lake Etherow" konnte später nach S abfließen und sich damit einer zweiten
Gruppe von Seen anschließen, die ihren Auslauf aus dem Danetal über Rush-
ton Spencer zum Churnet bei Leek nahmen („Rudyard Gorge"). Auch der Abfluß des „L. Goyt", welcher sich bildete, als das Eis von dem Paß von Dove
Holes nach NW zurückwich, gehörte diesem System an. Weiter im SW folgen
ebenfalls Überflußrinnen, so bei Biddulph, Kidsgrove (n. Stoke-on-Trent)
usw. Jünger war „Lake Macclesfield", der bis zu einer Fl. von 88 km² gewachsen sein dürfte. Schließlich strömten die gesamten Schmelzwässer der
W-Seite der s. Pennines in der Gegend von Market Drayton („Lake Crewe")
zum Severn ab (vgl. S. 606) [317, 336].

Im Vergleich zu allen diesen Ergebnissen sind die Wirkungen des Glet-
scherschurfs unbedeutend. Höchstens ganz seichte Wannen sind ausgepflügt
worden, die glaziale Talverbreiterung ist gering. Wohl treten trogartige
Querschnitte gelegentlich auf, allein meistens entsprechen die Steilwände der
gewöhnlichen Hangverwitterung der widerständigeren Gesteine. Im Swaledale greifen sogar die Querschnitte noch kulissenartig etwas übereinander,
ja für das Stück von Reeth bis unterhalb Richmond ist die Vergletscherung
überhaupt bezweifelt worden. Ein gewisses Übereinandergreifen der Hang-
sporne kann man auch im Oberlauf der anderen Täler beobachten. Nicht einmal Kare sind besonders ausgebildet, wohl weil die Zeit dafür zu kurz war.
Bloß im Cross Fell—Murton Fell=Gebiet finden sich einige besser ausgeprägte,
ein paar auch mit Seen im Grunde; von ihnen aus ziehen U-förmige Furchen
(High Gill Cup mit dem Kar High Cup Nick), während benachbarte Einschnitte V-förmig geblieben sind. Nur das Tal des Hilton Beck weist deutliche Stufen auf. Kare tragen auch Burnhope Seat (775 m) zwischen Seiten-

bächen des Tees, bzw. Wear [320], desgleichen Mickle Fell an seiner S-Seite im Hintergrunde des Lune Dale.

Die Höhen der Pennines werden von ausgiebigen Niederschlägen benetzt (120—160 cm und mehr). Auf den „Fells" von W-Yorkshire fallen über 150 cm, auch im Peak District noch mindestens 100—120. Im N haben Alston und Wearhead über 120 cm, dagegen das schon weiter draußen vor dem regenreichen W-Abfall in Edendale gelegene Penrith nur 84 cm. Gegen E nehmen die Niederschläge, namentlich in den Tälern, rasch ab: auf Black Hill (582 m) betragen sie 142 cm, in Huddersfield 84, in Dewsbury, 24 km von Black Hill entfernt, bloß 66 cm. Sheffield hat ungef. 76 cm, Barnsley 69 [43]. Die 75 cm-Isohyete liegt an der E-Seite nahe der 180 m-Isohypse [VIII[118]]. Auffallend wenig hat im W das von Bergen umschlossene Skipton (86 cm). Meist sind April oder Mai die trockensten Monate, verhältnismäßig trocken ist auch der Sept., wodurch die Weidezeit im Freien verlängert wird, am feuchtesten der Okt., in manchen Orten im W der Dez. Gelegentlich entladen sich über den Pennines verheerende Unwetter, welche plötzliche Hochwässer und Vermurungen bewirken. Am 12. Juli 1901 stieg der Wharfe bei Ilkley um 2 m und richtete gewaltigen Schaden an; bei dem Wolkenbruch vom 3. Juni 1906 schnitten Bäche um Burnsall und Bolton Abbey (Wharfetal) tiefe Gräben ein, stellenweise sogar im Grit bis zu 6 m Tiefe und 3,6 m Breite; Barden Beck schwoll 3 m an, kleine Seitenbäche des Wharfe rissen Steinbrücken und Feldmauern ein [41]. Anderseits erzeugt eine Dürreperiode im Kalksteingebiet schweren Wassermangel, besonders verhängnisvoll im Milchviehgebiet von Derbyshire, wo dann die Dörfer das Wasser oft aus beträchtlicher Entfernung holen müssen. Schneefälle sind in den Pennines häufig, in größeren Höhen liegt Schnee viele Tage, auf den Scheiteln der Straßen Haydon Bridge (w. Hexham)—Alston—Penrith (580 m), Manchester—Sheffield (512 m), Buxton—Macclesfield (515 m) im Durchschn. 70, bzw. 40, bzw. 35 T., selbst auf dem der Straße Leeds—Ilkley—Skipton (244 m) 25 T. In Nenthead, einer der höchsten Siedlungen Englands (450 m; sö. Alston) muß man im M. mindestens 55 T. mit einer Schneedecke erwarten, auf Cross Fell 120 T., auf Great Whernside 70—75, auf der E-Abdachung in W-Durham in 450 m H. 60 T. [XI[110], VIII[118]; 419*]. In den niedrigeren Lagen wird der Verkehr durch Schneeverwehungen allerdings selten gestört, in über 300 m müßte man in den n. und nw. Pennines durchschn. an 7—10 T., in über 450 m an 20—30, in den mittl. und s. Pennines an 5, bzw. 15 T. mit Unterbrechung rechnen; infolge des Eingreifens des Menschen tritt eine solche tatsächlich nur an wenigen T. ein [49]. In Übereinstimmung mit der Niederschlagsverteilung steht die Bewölkung, doch wird die Sonnenscheindauer auch von den Nebelbildungen beeinflußt. Die Beobachtungsstationen zeigen nicht unerhebliche Unterschiede (Harrogate 1389, Huddersfield 1147 St.; Sheffield hat mit 1276 mehr als das hochgelegene Buxton mit 1216). Im Jan. haben viele Orte bloß 30—35 St., Huddersfield nur 29, Harrogate dagegen 45. Vielfach ist der Febr. der kälteste Monat. Die Temp.-J.M. halten sich in den niedrigeren Lagen zwischen 8,5° und 9,5° (Sheffield 9,3°), in den höheren, noch besiedelten Gebieten zwischen 7,5° (Buxton, 307 m) und 8° (Giggleswick, 175 m), oben auf den Fells in 5°—6°. Die J.Schw. wächst kaum über 12° (Buxton I 2,3°, VII 14,0°; Sheffield I 4,3°, VII 15,7°; Huddersfield I 3,8°, VII 15,3°; Belper I 3,7°, VII 15,1°; Giggleswick I 3,0°, VII 14,4°; Nenthead I 0,5°, VII 12,2°. Die Zahlen sind nicht absolut vergleichbar, weil die Beob.J. verschieden sind). Deutlich macht sich in den Erwärmungsverhält-

nissen die Rolle der Pennines als einer Klimascheide bemerkbar, indem sich
auf der E-Abdachung der atlantische Einfluß abschwächt [43—49, 411—415,
419, 420; 110, 111; 48*—411*, 419*].

Eine eigenartige Erscheinung längs dem hohen W-Abfall der Pennines
vom Cross Fell bis nach Brough ist der „helm wind", ein föhnartiger Fall-
wind, der am häufigsten im Winterhalbj., im allgemeinen aber selten auftritt. Sie ist schon vor mehr als 100 J. beschrieben worden. Auf dem Kamm
oben lagert eine lichte Wolke, die bis ungef. zur halben Höhe herab-
reicht; über ihr zeigt sich gewöhnlich der blaue Himmel, darüber aber eine
zweite dunklere Wolke, bei den Einheimischen „bar" (oder „burr") genannt,
da sie glauben, sie halte die Gewalt des Sturmes zurück. Wenn sich dann
die beiden Wolken vereinigen, stürzt der Wind so heftig hinab, daß er mitunter Gebäudeschaden anrichtet, Bäume entwurzelt und zur Erntezeit die
Feldfrüchte zerstören kann, zumal er stark austrocknend wirkt. Besonders
die Dörfer Dufton, Murton, Milton bekommen ihn zu spüren. Doch ist das
von ihm heimgesuchte Gebiet nur ein paar km breit, weiter draußen herrscht
Windstille, ja sogar ein entgegengesetzt gerichteter Wind [vgl. schon 60*.
Art. Westmorland]. Die „helm winds" gehören einer gut ausgeprägten Luft-
strömung zwischen E und NE an, die mit der Richtung der Stufe einen
Winkel von 60 bis 90° bildet. Bei größerem Winkel oder bei zu großer
Mächtigkeit der Strömung entwickeln sie sich nicht oder wenigstens nicht
typisch. Wie über ein Wehr, das stromaufwärts schwach, stromabwärts steil
geneigt ist, stürzen die Luftmassen in die Niederung ab; auf offenen Hängen
können sie Windstärke 9 erreichen. Von den gewöhnlichen NE-Winden und
auch vom „fell wind", einer katabatischen Strömung bei ruhigem Wetter, sind
sie wesentlich verschieden [410, 416].

Wegen der weiten Verbreitung undurchlässigen Gesteins und des
Mangels an stärkerem Gefälle auf den Hochflächen erweisen sich die vielen
Niederschläge dem Pflanzenkleid keineswegs günstig, ebensowenig die Rauheit der Höhen und die Häufigkeit heftiger Winde. So beherrschen die
trockeneren Heiden („moors") und die nasseren Moore („mosses") das Bild
der Landschaft über der oberen Nutzlandgrenze. Am trostlosesten sind die
großen Torfmoore, wie sie sich etwa im Quellgebiet des Tees unter den
Nebeln des Cross Fell zeigen. Sie stellen längs der Gr.Grenze von Durham
in den n. Pennines in 400—700 m H. einen über 100 km² Fl. einnehmenden,
menschenfeindlichen, siedlungsleeren Ödraum dar, uneingehegt und unbewirt-
schaftet, den bis in die neueste Zeit bloß ganz wenige schlechte, sich oft völlig
verlierende Saum- oder Fußpfade durchzogen. Gefährliche Wollgrasmoore
liegen auf dem Peak in einer geräumigen flachen Wanne, aus der ein Ausblick ins freie Land unmöglich ist. Auch sonst sind sie weitverbreitet, begleitet von Rasensimsen und Torfmoosen, so um Huddersfield oder zwischen
Nidd- und Wharfetal. Sie entwickeln sich im W-Riding in über 360 m H. bei
mehr als 140 cm Niederschlag [110] auf den undurchlässigen Tonschiefern,
Glazialtonen und -lehmen, sobald das Wasser stagniert und wo der nasse
Torf am mächtigsten wird (selten unter 1,5 m, oft 3—6 m, örtlich selbst
9—12 m). Sie sind in der nassen Jahreszeit von Wasser erfüllt, das zwischen
den Wollgrasbulten hervorguckt, und nur mit Vorsicht durchschreitbar.
Heidel-, Krähen- und Moltebeeren suchen die trockeneren Stellen auf, gerne
die Gipfel. Manchmal beherrschen Rasensimsen die Assoziation. Sphagnum-
torf ist heute verhältnismäßig wenig verbreitet. Gewöhnlich findet sich Ortstein („moor pan") unter dem Torf. Wo dieser aber künstlich oder von den
Bächen angeschnitten wird und Entwässerung einsetzen kann, bricht er auf

und stirbt ab; er wird zu einem pulverigen Staub, eine Beute von Wind und Wetter. Auf den trockenen Silikatböden siedelt das Borstengras, an feuchteren Stellen stellt sich Pfeifengras ein.

Für seichteren, weniger nassen Torf (selten mehr als 1,5 m, manchmal sogar bloß ein paar Zoll mächtig) sind Heidekraut- und Grasheiden bezeichnend [421—425, 430, 432]. Diese treten besonders an den Kanten der Tonschieferplateaus auf, jene am Rande der Wollgrasmoore. Oft wechselt die Assoziation je nach Böschung, Boden und Feuchtigkeit auf engen Abständen. Die Grasheiden, häufig von Heidekraut durchsetzt, erscheinen in zwei Haupttypen. Auf nur leicht geneigten, schlecht entwässerten Tonschieferböden stellt sich das Pfeifengras ein, dazwischen Seggen, die beim Absterben im Herbst rotbraun schimmern, und Binsen; auf steilerem, etwas besser entwässertem torfarmen Grund oder mindestens nicht dauernd nassem Torf das Borstengras, in den s. Pennines oft begleitet von der Drahtschmiele; in den n. Pennines fehlt diese. Ausgedehnte Borstengrasheiden überziehen u. a. die niedriger gelegenen, trockeneren Hänge von Tyne-, Wear-, Edendale, die schattigen Lehnen des hinteren Edale. Auf leichten, torffreien Kalkböden treten sie durch ihre lichtgrüne Farbe hervor. Meist setzen sie scharf gegen die natürlichen Matten („natural pastures") [425] ab, die keine Heidepflanzen aufweisen und vorherrschend Straußgras, be-

Abb. 103.
„Clints" bei Chapel-le-Dale. Aufn. J. SÖLCH (1932).

sonders in den tieferen Lagen, Schafschwingel, auch Blau- und Rispengras tragen. Sie gedeihen am besten auf den von wenig Drift bedeckten, jedoch durch reichere torffreie Böden ausgezeichneten Abfällen der Kalkstufen (daher auch „scar-pastures" genannt), z. B. in Craven. Heidekraut, Adlerfarn, gewisse Blumen (z. B. Fingerhut) meiden im allgemeinen den Kalk, ebenso Schleh- und Weißdorn, Besen- und Stechginster, während sie sich an offenen Stellen und an Waldrändern bei genügender Trockenheit einfinden. Auf schwach geneigten, klüftigen Kalken herrscht trotz der großen Niederschläge die Trockenheide, die geradezu an den Karst erinnert, wenn sich, vorgezeichnet durch das rechtwinkelig angeordnete Kluftnetz, sonderbare Steinpflaster entwickeln („clints", auch „helks" oder „grykes" genannt), nackte Karrenflächen mit einer dürftigen Chomo- und Chasmophytenflora, Farnen und ein paar Kräutern, die aus den Klüften aufsprießen, da sich in diesen die spärlichen Witterstoffe ansammeln. In tieferen geschützten Lagen sind die „clints" nicht selten unter Gehölz oder Buschwerk, Farnkrautdecken und Moospolstern verborgen. Besonders schöne Beispiele zeigen die Kalklandschaften des Gretatales bei Ingleton (Chapel-le-Dale) und des oberen Ribbletals (Abb. 103).

In der Regel folgen die Grasheiden über den Dauerwiesen, darüber die Callunaheiden, oft schon mit Wollgrasbeständen. Sie sind u. a. an den

Hängen der Dales und auf den trockeneren Böden der dazwischen gelegenen
Hochflächen verbreitet [422, 431 a], verleihen aber selbst im Industriegebiet des
West Riding manchen Talabschnitten im Herbst den Reiz ihrer Farbe, etwa
dem Wharfetal bei Ilkley. Sie bevorzugen mäßig feuchte Torfe. Mit zunehmender Höhe stellen sich immer mehr Heidel-, auch Preisel- und Krähenbeeren
ein, in den n. Pennines im allgemeinen in ± 600 m. In jenen Höhen verkümmert das Heidekraut, manchmal herrschen auf den windgepeitschten
trockenen Rücken, namentlich an den „moorland-edges", und auf den breiten
Gipfelkuppen die Heidelbeerassoziationen allein. Mitunter bilden sie einen
eigenen, wenn auch nicht sehr breiten Gürtel über der Heidekraut- und unter
der alpinen Region. In den Dales des North Riding und von Durham steigen
sie dagegen nicht über 670 m H. auf. Vielmehr werden sie in 600—650 m
durch die alpinen Heiden („alpine moors") abgelöst mit Sonnentau, Silber-
wurz, Steinbrecharten, filziger Fetthenne, alpiner Wiesenraute — bezeichnend
ist auch die Moltebeere, die selten unter 600 m H. vorkommt —, die sich
jedoch an die Nähe der Bäche, Quellen oder Felsen halten. An geschützten
Stellen gelangen auch Pflanzen aus dem Tiefland hoch hinauf, Sauerklee
bis 760 m, Brennessel bis 700 m, Lichtnelke und Felsbrombeere bis 740 m.
In mehr als 750 bis 770 m wird die Flora überhaupt bereits sehr dürftig
[425, 432; 110].

Diese Abfolge der Formationen kann man, obwohl nicht immer vollständig und gleich gut ausgeprägt, in allen Teilen der Pennines beobachten.
Vielfach fällt die obere Grenze der Grasheide, bzw. die untere der Heide-
krautheide mit der Grenze von Kalkgestein und Tonschiefer zusammen. Sehr
lehrreich ist z. B. der gestufte NE-Hang des oberen Edendale bei Appleby.
Hier tragen die steilen Abfälle über den Haferfeldern und Weideflächen des
Talgrundes trockene Borstengrasheiden (bis ungef. 460 m), die schmale darüber folgende Stufenflur auf nassem Torf Wollgrasmoor, die nächste Kalk-
böschung Pfeifengras, Binsen und Seggen. In 540 m folgt eine neue Verflachung mit zwar mächtigem, aber trockenem Torf; hier herrscht die Heide-
krautheide. Kleinere Kalkstufen darüber, bis zu 600 m, weisen wieder mehr
Gräser auf. Dann erscheint die Heidekraut-Heidelbeer-Assoziation, doch das
Heidekraut ist schon verkümmert, in 670 m hört es auf. Kein Glaziallehm
ist hier vorhanden, der Boden noch trockener [425]. Über 760 m bildet vielfach nackter, verwitterter Fels die Oberfläche. Im W des Cross Fell-Gebietes
steigen die Heidekrautheiden nicht über 460 m H. auf; an seiner E-Seite
gehen sie in 670 m in die Grasheide über, während den gegenüberliegenden
Hang des Tals des South Tyne überhaupt die Grasheiden einnehmen.
Pfeifengras ist hier selten, im Gegensatz zu dem Gebirge n. des S-Tyne
(vgl. S. 594). Das Gipfelplateau des Cross Fell in über 850 m trägt bloß ein
dürftiges Pflanzenkleid. Schutt, mitunter in eigentümlichen, der Böschung
folgenden Streifen geordnet, mit Blöcken in allen Größen, überzieht die
Flächen; nackter Moostorf, verkümmertes Heidekraut, Sumpfpfühle mit
Wollgras, auf trockenen Stellen *Rhacomitrium lanuginosum* sind die Vertreter des Pflanzenlebens. Alpine Heiden beschränken sich auf trockeneren
Kalkstein und Sandstein in einzelnen Teilen von Cross Fell und Milburn
Forest. Im Peak District reicht das Heidekraut bis etwa 470 m, die Heide-
kraut-Wollgras-Heide bis 540 [431]. Auf den Platten und breiten Rücken der
E-Abdachung herrscht jenes im Verein mit Straußgras über dem „moorland
edge", das talaufwärts leicht ansteigt, in Wensleydale z. B. von 300 m im E
auf 360 m im W; je weiter nach N, desto mehr macht sich die Auslage
geltend [VIII[118,121]].

Immerhin bestehen.in der Verbreitung der verschiedenen Assoziationen Unterschiede. Die flachen Höhen der s. Pennines sind stärker von Wollgrasmooren beherrscht, die Heidekrautheiden bilden nur schmale Streifen zwischen diesen und dem Kulturland. Im N treten die Wollgrasmoore etwas mehr zurück, dafür erstrecken sich die Heidekraut- und Grasheiden über viele km². Auf den Kalken sind die „natürlichen Weiden" besonders entfaltet, diese und die Grasheiden daher auch die gewöhnliche Formation an der W-Seite der Pennines; bloß nahe der Höhe der Fells herrscht die Heidekrautassoziation. Der Wechsel des Gesteins verursacht im einzelnen oft eine bezeichnende Verdoppelung des „moorland edge" [79; 422, 433, 437].

Nur fleckenweise tritt der Wald auf. Er nimmt im Durchschn. 3—4% der Fl. ein, weite Striche sind waldlos. Selbst in den klimatisch begünstigten Dales der E-Abdachung stellen sich größere Bestände Laubwaldes nicht über 350 m H. ein, in Weardale z. B. erst unterhalb Stanhope. Kleine Wälder überschreiten im Tees- und Weartal in der Regel 360—450 m H. nicht. Ganz ausnahmsweise finden sich im Quellgebiet des Tees Gehölze, freilich nur in Pflanzungen, noch beträchtlich höher; der Wald von Ashgill Head weist in 530 m aufrecht gewachsene Fichten, Lärchen, Douglastannen und Eschen auf, bis 500 m auch Föhren, Buchen und Ebereschen. Indes schon in 580 m verkrüppeln die Lärchen krummholzartig und halten ihre Äste nahe dem Boden. Eine 1,8 m hohe Mauer bietet der Anlage Windschutz, die bis 614 m emporreicht. Auch bei Alston (Garrigill) sind Pflanzungen in 450—520 m H. gelungen; bei günstigen Verhältnissen kommen dort auch sonst Zwergbäume, allerdings verkrüppelt, bis zur gleichen Höhe fort [XI¹¹⁰]. Hier stehen also auch die wetterfesten Bäume an der oberen Grenze ihres Lebensraumes. An der W-Seite liegt diese viel niedriger, wegen der größeren Niederschläge und der Steilheit des Abfalls und wegen der Winde, namentlich auch der „helm winds"; der Laubwald (Eichen) steigt hier nur bis 200 m auf, einzelne Pflanzungen bei Brough auf 300 m [425]. Der Baumwuchs hört im allgemeinen dort auf, wo der Wind kräftig genug ist, die Bildung der jungen Schößlinge zu verhindern. Selbst viel weiter s., im Peakgebiet, reichen Eichen- und Eschenbestände kaum bis 300 m, Birkenwäldchen bis 380, Buschwerk und einzelne Bäume bis 470 m [427, 431], also weniger hoch als in den Dales von N-Yorkshire. Der Einfluß der Massenerhebung wird als Ursache dieses auffälligen Unterschiedes angesehen.

Die Zusammensetzung der Wälder wird unter sonst gleichen Bedingungen durch die Bodenart bestimmt. Auf flachen, undurchlässigen Tonschieferböden, überhaupt auf den nicht kalkhaltigen Gesteinen stehen vornehmlich nasse Eichenwälder mit einem bunten Blumenteppich im Grund, auf stärker geneigten, daher besser entwässerten Hängen trockenere Eichenwälder fast nur mit Gräsern und Farnen; auf steilen Tonschieferabfällen und auf Sandstein sind sie noch lichter und gewöhnlich durch Heidepflanzen (Heidekraut, Heidelbeeren) gekennzeichnet. Im allgemeinen herrscht die Stieleiche, die Steineiche beschränkt sich auf tiefere Lagen und die feuchteren Böden. Auf den Kalken nehmen häufig Eschen den ersten Platz ein. Im West Riding und in N-Derbyshire, wo sie örtlich bis 470 m, im M. bis 370 m aufsteigen, bilden sie stellenweise schöne Wälder in derselben Höhe, in welcher in der Nachbarschaft auf Silikatböden Eichen-Birken-Wälder stehen. Die Polsterbirke, der häufigste Begleiter der Stieleiche, und wo diese entfernt wird, der herrschende Baum, steigt jedoch höher empor und bildet dann oft noch kleine Gehölze. Dagegen tritt sie in den besser besiedelten Gebieten manchmal nur beschränkt auf, z. T. wohl deshalb, weil man früher mit Vorliebe aus ihrem

Holz Schuhe anfertigte. Auf feuchteren Böden ist die Bergulme (bis zu 300 m, in Pflanzungen bis 450 m), auf trockeneren der Weißdorn häufig, oft ein letzter Vorposten an der Baumgrenze, z. B. am SW-Abfall der n. Pennines. Stechpalmen weist fast jeder Eichenwald auf, doch reifen ihre Früchte gewöhnlich nicht. In den gemischten Wäldern erscheint nicht selten die ursprünglich nicht einheimische Buche, die an günstigen Plätzen bis 450 m H. Frucht bringt. Von den Nadelhölzern war in vorgeschichtlicher Zeit die Kiefer weitverbreitet; heute gedeiht sie nicht einmal in den Pflanzungen gut, obwohl gerade sie bei Aufforstungen mit Vorliebe verwendet wird. Mehr verstreut kommen Eibe und Wacholder vor. Einen besonderen Zug bildet dieser im oberen Teestal, wo er sich an das Whin Sill hält und einige km entlang der Stufe unterhalb Caldron Snout von 460 m H. abwärts bis zum High Force reicht [425].

Die nassen Eichenwälder finden sich naturgemäß vor allem weiter draußen in den breiteren Talgründen, in die sie von den benachbarten Niederungen hineinziehen, im Wharfetal bis Burnsall hinauf, im Niddtal bis Pateley Bridge. In einer ausgedehnteren Zone erscheinen sie s. von Leeds auf den Coal Measures [422]. Die trockenen Eichenwälder dagegen stehen an den Uplandhängen. Ein eigener Gehölztyp sind kleine Wälder, die in windgeschützten Bachkerben (daher „gill woods" genannt) manchmal 50—100 m höher gelangen als auf den benachbarten freien Talgehängen, allerdings meistens bloß mit verkümmertem Wuchs von Birken, Ebereschen, Eschen, Eichen, Stechpalmen, Schwarz- und Weißdorn. Bei Bolton Abbey im Wharfetal stehen solche Schluchtwäldchen, Tief- und Uplandwälder auf engem Raum nebeneinander; auf den Talterrassen der Tiefland-Eichenwald mit gemischten Beständen, auch Buchen; weiter oberhalb auf Millstone Grit trockenere Upland-Eichenwälder mit Heidelbeeren, Farnen, Heidekraut im Grunde; nahe dem „moorland edge" die „gill woods".

Im einzelnen herrscht je nach dem Gestein, zugleich mit dessen Formen und Farben, oft große Abwechslung im Pflanzenkleid. Die treppenartigen Talgehänge etwa von Kettlewell im oberen Wharfetal oder die des oberen Airetals, von Yoredale usw. zeigen weißschimmernde Steilabfälle, von Runsen zerfressen, und dazwischen Terrassen mit dem kurzen, aber guten Rasen der „natural pastures" hoch hinauf. Oft ummänteln unten den Fuß ansehnliche Schutthalden, auf welchen kleine Gehölze von Haseln, Eschen und Eiben wachsen. Solche Strecken bieten ein angenehmeres Bild als die dunkleren verwitterten Sandsteine und Tonschiefer mit ihren Pfeifen- und Borstengrasheiden und Wollgrasmooren.

Schon viel erörtert worden ist die Frage, ob die Torfmoore und Heiden oder der Wald dem heutigen Klima entsprechen. Während man früher mit dem Hinweis auf römische Schriftsteller (z. B. Tacitus Agric. 31) annahm, daß die Römer, um ihre Straßen zu bauen und zu sichern, den Wald arg gelichtet und dadurch die Vertorfung herbeigeführt hätten, haben namentlich die seit 1918 vorgenommenen Untersuchungen der Marsden Moors (sw. Huddersfield) ergeben, daß der Torf wenigstens z. T. schon älter sein muß, da die Straße dort streckenweise auf ihm ruht, auch Blackstone Edge (8 km nö. Rochdale) auf einer 56 cm mächtigen Torfschicht [435, 436, 55]. Bemerkenswert ist, daß sich heute auf Calluna- und Grasheiden der Rough Rock-Terrasse (vgl. S. 547) kein Torf mehr bildet; vielmehr dürften sich Zerstörung und Wachstum ausgleichen. Der Befund in den Mooren lehrte aber darüber hinaus die postglaziale Geschichte des Pflanzenkleides kennen. Ohne Zweifel war dieses durch die größte Vergletscherung so gut wie vernichtet worden, allein in der darauffolgenden eisfreien Zeit hatte es sich bis zu einem gewissen Grade wieder entfalten können. Vermutlich trugen dann während der letzten Eiszeit die Nunatakker der Pennines eine ähnliche Flora wie heute die Tundren von Lappland oder Grönland und anderen subarktischen Gebieten, d. h. gewisse arktische, bzw. alpine Arten. Durch solche sind namentlich Craven und das obere Teesgebiet ausgezeichnet: nur hier findet man vereinzelt den Frühlingsenzian, nur dort die Zwergweide, in beiden alpine Steinbreche und Wiesenraute, Knöllchenknöterich u. a. In den s. Pennines mögen trotz der Herrschaft der Tundra auch anpassungsfähige nördlich-gemäßigte Arten die letzte Eiszeit überdauert haben und somit eine Reliktenflora sein. Bei der Verbesserung des Klimas starben dann die meisten hocharktischen, bzw. -alpinen Pflanzen aus [320, 436, 437].

Das Ausklingen der letzten Eiszeit begünstigte zuerst die Ansammlung von stehenden Gewässern und die Entwicklung von Niedertorf (marsh oder lowland peat), das Boreal dagegen, um 2^0 C wärmer als das heutige Klima, Aufschlickung, Austrocknung und Einzug von Birken, Haseln und Kiefern. Eichen fanden sich ein, Linden und Ulmen, selbst die Hainbuche [323]. Ein Waldkleid überzog die Landschaft bis zu großen Höhen, wie gut ausgeprägte Baumreste im Torf erweisen. Darnach hat z. B. Birkenwald das Quellgebiet des Wear (Weardale Fells) bis 700 m bedeckt, wo heute Wollgras, Heidelbeeren und Heidekraut herrschen. An den Quellen des Tees ist das Wurzelwerk ausgedehnter Birkenbestände durch Torferosion bloßgelegt; am Cross Fell reichten Föhren bis fast 800 m, Birken bis 700 m, d. h. 400—500 m über die heutige Baumgrenze; Birken auf Mickle, Murton, Hilton, Dufton Fells über dem oberen Edental bis zu 670—700 m [35, 425]. Auf Heathery Burn Moor (8 km sw. Blanchland) wurden Baumreste bis zu 700 m H. gefunden [323]. Birkenwälder müssen vom Lune und Eden die Höhen weit nach E bedeckt haben. Überreste alter Wälder wurden ferner im Gebiet der Swale- und Wensleydale Fells beobachtet, hauptsächlich Birken, Weiden, Erlen, Vogelbeerbäume, tiefer unten Ulmen, Eschen, Haseln, Linden usw., ja schon 1881 hat man erkannt, daß ehemals im Nidderdale Eichen- und höher oben Birkenwälder sehr verbreitet gewesen sind [423]. Im Peak District finden sich Baumreste (Birken) bis zu 530—550 m; dort lag also die Baumgrenze 70 bis 80 m höher als heute [421, 424, 428, 430, 431, 434—436].

Gegen Ende des Boreals oder im Frühatlantikum erreichte die Entwicklung des Waldkleides mit Föhren und Birken ihren Höhepunkt. Aber schon weicht die Föhre zurück, Birken und zumal Erlen gewinnen Raum. Wo die Linie der Föhrenpollen absteigend die aufsteigende der Erlenpollen schneidet, wird die Grenze zwischen Boreal und Atlantikum angenommen [320 u. ao.]. Die Verschlechterung des Klimas, zumal die Zunahme der Regen, führte zur Auslaugung besonders der zerklüfteten, porösen Sandsteine. Auf den wassererfüllten, schlecht durchlüfteten Böden um den Fuß der Baumstämme begann sich Torf, hauptsächlich Wollgrastorf, zu bilden. Noch im Frühneolithikum schwanden die Kiefernwälder, später die Eichen und Ulmen, zuletzt auch Haseln, Birken und Erlen dahin, und schon vor der Bronzezeit waren die Höhen der Pennines von sumpfigen Torfflächen eingenommen ähnlich wie heute, während in tieferen Lagen bei Entartung der Wälder Calluna- und Grasheiden entstanden. Zwar trocknete im Subboreal der Torf etwas und dehnten sich die Callunaheiden auf Kosten der Wollgrasmoore etwas aus, aber der Wald kehrte nicht wieder [436, 438].

Das Sinken der Wald- und Baumgrenze um mehrere 100 Fuß darf also nicht ausschließlich dem Menschen zugeschrieben werden. Doch hat dieser

dabei wesentlich mitgewirkt, indem er die Bäume unterschiedslos fällte, lange
nicht an Wiederaufforstung dachte, Vieh zur Weide auf Waldschläge auftrieb usw. Das Schwinden der Wälder in den Talgründen ist überhaupt sein
Werk. Daß noch zur Zeit der germanischen Besiedelung ein großer Teil des
Landes, das heute Gras oder Busch trägt, bewaldet war, darauf weisen viele
Orts- und Flurnamen, teils englischer Herkunft (auf -clough, -den, -haigh,
-shaw, -ley usw.), teils skandinavischer (auf -carr, -lund, -royd, -thwaithe,
-with u. a.). Die verschiedenen „Forests" waren zwar nicht lauter, aber
wohl zum größeren Teil Wald, die Forests im Bearnetal um Barnsley, of
Elmet, Knaresborough, Wensleydale u. a. m. Noch bis zur Normannenzeit
waren die Felssporne und -leisten des Kohlensandsteins bei Huddersfield und
Halifax mit Eichen-Birken-Heidekraut-Wäldern bestanden, um Bradford gab
es noch im 14. Jh. Wälder [81 c]. Indes ist schon im D.B. von den Wald-
weiden und dem Pflugland die Rede, die der Mensch immer weiter in die
Wildnis vorschob, zugleich die Waldgrenze immer mehr herabdrückend [436].
Mit der fortschreitenden Besiedlung wurde der Bedarf an Bau- und Brennholz immer größer. Die Rodungen gingen in den folgenden Jh. weiter, ver-
anlaßt durch die Zunahme der Bevölkerung; die vielen Namen auf -ley und
auf -royd (in der Gem. Halifax allein zählt man über 100 auf -royd [424])
gehören sehr verschiedenen Zeiten an. Schwer mußte der Wald überdies
durch solche Verwüstungen leiden wie die auf Befehl Wilhelms des Eroberers
1069 durchgeführten. Später, in der Neuzeit, erlitt der Wald durch Bergbau
(Blei, Eisen), bzw. Schmelzwerke große Verluste. U. a. sind die Wälder
um Harrogate erst in den auf die Wiederentdeckung der dortigen Heilquellen
(1571) folgenden zwei Jh. durch die Eisenschmelzen aufgezehrt worden [437].
    Für die Neupflanzungen, wie sie namentlich um die Wasserspeicher an-
gelegt werden, hat der Mensch nicht immer die ursprünglichen Baumarten
wiedergewählt, sondern an Stelle des Laubholzes im Tyne- und Weargebiet
Föhren und Fichten gepflanzt, die Eichenbestände des Edentals durch Nadel-
hölzer ersetzt, die Lärche und die „österreichische" Kiefer eingeführt, in
neuester Zeit auch Überseehölzer, besonders Douglastannen und Sequoien.
Am meisten bevorzugt ist die Föhre [425].
    Auch in das Leben der Heiden und Moore hat der Mensch eingegriffen.
Das Heidekraut weicht bei starkem Auftrieb von Schafen dem Borstengras.
Durch Heidebrände, wie sie in trockenen Sommern, z. B. 1938, wiederholt
auftreten, gewöhnlich durch eine Unvorsichtigkeit verursacht, und durch das
absichtliche Niederbrennen des Heidekrauts, das bis zu H. von 350 bis 380 m
geübt wird, um die den Moorhühnern erwünschteren jungen Pflanzen zu
fördern, hat sich das Wollgras ausgebreitet. Der Torf besonders der Wollgrasmoore wurde als Brennstoff abgebaut, oft auch durch künstliche Entwässerung zum Absterben gebracht („peat-hags"); einige Bedeutung hat er
nur mehr auf Stainmoor.
    Im Lauf der geschichtlichen Zeit sind übrigens mehrfach Wandlungen
eingetreten. Hatten die Ansiedler des Mittelalters den Wald und die Heide
beseitigt, um Getreidefelder und Wiesenland zu gewinnen, so hat sich der
Ackerbau dort wieder zurückgezogen, wo er aus klimatischen Gründen unsicher oder aus wirtschaftlichen unrentabel wurde. Im oberen Edendale und
im Teesdale, hier hinauf bis zum High Force, im Lunedale und Baldersdale
findet man noch Ackerfurchen und -raine in einem Gürtel zwischen der gegenwärtigen oberen Hafergrenze (ungef. 180 m) und der oberen Nutzlandgrenze
(ungef. 360 m), also im Bereich der Dauerwiesen [425]; und im Tale des
Washburn sind Felder und Farmen, die dort auf Callunaheiden angelegt

worden waren, wieder verlassen worden, teils wegen Unrentabilität, teils bei
der Anlage der großen Wasserwerke von Bradford. Heidekraut und Stechginster dringen in solchen Fällen zuerst wieder ein, es folgen Heidelbeere,
Binsen, später Birken, Weißdorn usw. [422]. Auch bei Huddersfield sind
viele Farmen an der oberen Grenze des Nutzlandes aufgegeben, die Wiesen
wieder moorland geworden [311].

Mehr noch als der Wald beschränkt sich das Kulturland auf die Sohlen
und unteren Hänge der Haupttäler. Bloß in den flacheren sö. Pennines ziehen
die Einhegungen auf den Coal Measures über die Wasserscheiden hinweg,
schließen aber auch dort bloß wenige Getreidefelder ein. Auf dem besonders
ungünstigen Millstone Grit herrschen selbst in niedrigen Lagen Heiden und
Wildweiden. Nicht über eine gewisse Höhe steigen im Gebirge die Steinwälle
auf, je nachdem aus dunklem Sandstein- oder weißen Kalkblöcken oder aus
grauem, mehr plattigem Schiefergestein errichtet; Hecken umschließen weiter
unten die Grundstücke zumal auf den Schiefertonen. Die Einhegungen begannen in der 1. H. des 18. Jh., in Derbyshire zuerst auf den Permkalken
im NE der Gr. (Scarcliffe, Palterton). 1809 hatten nur mehr 13 Gem. „open
fields". In Hooton Pagnell (W-Riding) gibt es sie noch heute (vgl. S. 590)
[110, 111]. Schon wegen der Unterschiede des Klimas sind die Bedingungen
der Landnutzung längs dem W-Abfall anders als auf der E-Abdachung, im
N ungünstiger als im S. Im einzelnen macht sich außer der Bodenbeschaffenheit die Auslage gegen Sonne, Wind und Wetter stärker geltend. Darüber
hinaus werden Größe und Art des Kulturlandes und überhaupt die Wirtschaft der Farmen von der allgemeinen Wirtschaftslage, dem Weltmarkt und
den Bedürfnissen der großen Industriebezirke bestimmt. Besonders in diesen
und ihrer Nachbarschaft hält der Rückgang der Getreidefläche an, teils wegen
der fortschreitenden Verbauung mit Häusern, Fabriken und Straßen, teils
wegen der Umstellung auf Molkereibetriebe, der zuliebe die Grasflächen ausgedehnt werden. Auch der Gemüsebau nimmt in der Umgebung der Städte
und in den Hausgärten zu, gerichtet auf Kartoffeln, grüne Erbsen, Blumenkohl, Frühkartoffeln und besonders um Leeds auf Rhabarber, in dessen Anbau West Riding mit 15 km² Fl. in England führend ist [17 e]. Während
des ersten Weltkrieges hatte man wieder mehr Getreide angebaut, nachher
ist es wieder Wiese und Weide gewichen. 1867 hatten Weizen, Gerste und
Hafer im West Riding zusammen noch rund 950 km² Fl. eingenommen, 1911
nur mehr 700 km²; 1936 betrug sie noch 580 km². Dabei war in diesem J. die
Haferfläche fast so groß wie 70 J. zuvor. Infolge des Weizengesetzes von
1932 hatte die Weizenfl. hier wie in Derbyshire bis 1935 etwas zugenommen,
doch schon 1936 war wieder ein Rückgang bemerkbar. Naturgemäß ist dieser
am größten auf den ungünstigeren Böden und an der oberen Grenze des
Anbaus.

Für Derbyshire, die einzige Grafschaft, die, wie erwähnt, größtenteils
in den Pennines liegt (2666 km²), verteilte sich die Landnutzung 1936 wie
folgt: 284 km² Pflugland, davon 72 Weizen, 4 Gerste, 65 Hafer, 12 Kartoffeln,
17 Rüben, 18 Mangold, 10 Futterkohl, 48 Klee und Gräser für Heu (11 nicht
für Heu); 484 km² Dauergrasland für Heu; 1008 km² Dauergrasland nicht
für Heu; 285 km² Wildweide. Das Pflugland nahm also nur etwa 17% der
Ges.Fl. ein, der Weizen ungef. ¼ des Pfluglandes, den Rest ausschließlich
Futterpflanzen. Schon viel ungünstiger liegen die Verhältnisse im West
Riding, von dessen 6773 km² 1936 zwar 1218 km², d. i. fast 19%, Pflugland
(274 km² Weizen, 48 Gerste) waren, 1972 km² (44%) Dauergrasland, 1329 km²

(fast 20%) Wildweide. Aber vom Pflugland entfällt im West Riding nur ein geringer Teil auf die Pennines, noch weniger in den n. Grafschaften. Während des zweiten Weltkrieges hat man, wie ja überhaupt im U.K., die Ackerfl. abermals bedeutend vergrößert. 1944 betrug sie im West Riding 1618 km² (davon Weizen 445, Gerste 158), in Derbyshire 534 km² (Weizen 153, Gerste 14). Auch die Anbaufl. aller anderen Feldfrüchte waren merklich gewachsen (in Derbyshire z. B. 1944: Rüben 26, Klee 165). Dagegen hatte das Dauergrasland ungef. ¹/₃ seiner Fl. eingebüßt (in Derbyshire 1944: Dauergrasland für Heu 274, nicht für Heu 750 km²). Inwieweit dieser Stand der Dinge bleiben wird, ist allerdings die Frage. (Vgl. im übrigen die Tab. 8.)

Der n. und der größte Teil der s. Pennines gehören zum „No-wheat land" [422]. Der Weizenbau dringt dort aus den Niederungen im E nirgends tiefer in sie ein, verlangt er doch anscheinend mindestens 13,3° C (56° F.) im Juli-M. bei höchstens 1000 mm J.Niederschlag [421]. Den Kalkboden meidet er, auf Millstone Grit bleibt er in den Dales unter 150 m H. In Edale (200—250 m) kann er bloß in besonders günstigen Jahren reifen [83]. Selbst auf den Coal Measures im SE gedeiht er einigermaßen gut nur bis zu 200 m — selten kommt er hier bis 275 m, ganz ausnahmsweise noch in 300 m vor —, auf den Schiefertonen der Pendleside oder der Yoredale Series gewöhnlich bis zu 180 m, manchmal bis zu 250 m; auf dem Millstone Grit wird er dort fast gar nicht gepflanzt [422]. Gerste und Roggen spielen in den Pennines keine Rolle. Das einzige Getreide ist also der Hafer, der häufiger auf Kalk als auf Sandstein gepflanzt wird, u. zw. unter den günstigsten Bedingungen bis 380—400 m H. Im Weartal stellt er sich erst unterhalb St. John's Chapel ein. Im allgemeinen gehen die „lowland cultivation" mit Getreidebau in W-Durham nicht über 180—200 m, die Heuwiesen nicht über 330 m hinauf. Die Dales haben zwar auf ihren breiten Sohlen oft gute Böden, indes ist das Wetter für die Ackerpflanzen, außer Hafer, Rüben und Saatgräser, zu unsicher [VIII¹¹⁸]. Wohl aber folgt darüber in allen Tälern ein Streifen mit „upland cultivation", gekennzeichnet durch die von Steinwällen umschlossenen Dauerweiden. Sie reichen in den n. Dales auffallenderweise höher hinauf als weiter im S — allerdings nicht so hoch wie im schottischen Perthshire —, im Quellgebiet des South Tyne bis ungef. 560 m, ja beiderseits der Wasserscheide von Yad Moss am Oberlauf des Harwood Beck (vgl. S. 573) in s. Auslage bei den kleinen Bergfarmen von Manor Gill House und Grashill bis fast 600, in derselben Gegend, wo auch die obersten Waldpflanzungen stehen. Am W-Abfall des Cross Fell-Zuges bis gegen Brough, im Bereich der Helmwinde, liegt die obere Grenze des Nutzlandes in nur ± 250 m, kaum niedriger, in 210—240 m, die des Hafers. Sö. Brough bleibt dieser sogar schon in 180 m H. zurück, während die ummauerten Weidefl. erst in ± 350 m H. am Wildland endigen, wieder in demselben Strich, wo auch der Wald ausnahmsweise über 250 m, einzelne Eschen, Vogelbeer- und Weißdornbüsche an geschützten Plätzen, dabei sehr verkümmert, bis 520 m aufsteigen. Weiter im S, in Craven, herrscht ausschließlich das Grasland.

Der Anbau steht vornehmlich im Dienste der Rinderzucht und der Milchviehhaltung. Wegen des Bedarfs der benachbarten Industriegebiete ist diese im S bedeutend. In Derbyshire sind fast die Hälfte der Rinder Milchkühe (besonders Shorthorns; 1936: 68 342 von 164 758), im West Riding ein Drittel (97 277 von 290 177), selbst im North Riding fast ein Viertel (50 048 von 216 622. Bei diesen Zahlen ist wieder zu beachten, daß beide Gr. aus den Pennines weit hinausgreifen). Molkereiwirtschaft wird namentlich auch in der Senke von Craven bis gegen Bradford und Leeds hin betrieben, ferner von Airedale bis nach Lancashire hinein, hier in Verbindung mit Geflügelzucht. Im Derwentgebiet hat sie die früher verbreitete Käsebereitung (Bakewell Cheese Fair!) abgelöst [111]. Die Dales zeigen keineswegs alle die gleichen wirtschaftlichen Verhältnisse. Wensleydale z. B. ist durch Käseerzeugung bekannt; nur ein Teil der Milch wird frisch nach Darlington und Bradford geschafft. Die Talwiesen („holms") liefern gutes Straußgrasheu, das in stattlichen Scheunen aufgespeichert wird [110, 111; VIII¹¹⁸, ¹²¹].

Die entlegenen Bergfarmen sind fast ausschließlich auf Schafhaltung eingestellt; sie halten höchstens 1—2 Kühe und ein paar Hühner [VIII¹¹⁸]. Die Heiden sind der Bereich der „Scotch Blackface", einer kleinen, bei ausgiebiger Nahrung zur Mast gut geeigneten langwolligen Rasse mit schwarzem Gesicht und schwarzen Beinen. Etwas größer und ebenfalls sehr abgehärtet sind die Swaledale mit schwarzem Gesicht, grauer Nase und gefleckten Beinen; sie sind von Swaledale westwärts verbreitet. Weniger widerstandsfähig, dafür durch dichteres, feineres Vlies und zugleich als Fleischtiere ausgezeichnet sind die Lonk im SW-Teil des Gebirges [715a*]. Selbst auf dem Cross Fell fehlen die Blackface im Sommer nicht, die auch mit dürftiger Nahrung zufrieden und Wind und Wetter am besten angepaßt sind. Sie und ihre Kreuzungen bilden die Hauptmasse der Herden. Ihre Pflege ist übrigens keineswegs immer leicht, namentlich die Überwinterung der Mutterschafe oft umständlich und schwierig. Viele Farmer bringen diese im Dez. auf die Rübenfelder der Talfarmen hinab, um sie vor den Unbilden der rauhen Jahreszeit zu schützen, denen mitunter eine große Anzahl von Tieren erliegt. Manchenorts, z. B. in Craven, muß auch der Rinderbestand wegen Futtermangels stark vermindert werden, der „Auszug des Viehs" gehört zum Wesen der Farmwirtschaft im oberen Aire- und Wharfetal. Immerhin ließen sich vielleicht durch Verbesserung der Bergweiden günstigere Verhältnisse schaffen [79]. In den Industriegebieten tritt die Schafzucht mehr und mehr zurück, da der Rauch der Fabriken für sie ungünstig ist. Gewaltig zugenommen hat die Geflügelzucht des West Riding, das darin bloß hinter Lancashire zurückbleibt (1928: 2,4 Mill., 1936: fast 3,6 Mill., davon 3,4 Hühner) und in Derbyshire (0,79, bzw. 1,05 Mill.) [72—74].

Abseits der Kohlen- und Industriegebiete sind andere Einnahmsquellen außer Landwirtschaft und Viehzucht spärlich. Der Bleibergbau, einst durch das ganze Gebirge sehr verbreitet, wird nur mehr an wenigen Stellen betrieben (vgl. S. 573, 577). Baryt und Flußspat, für den Hochofenbetrieb wichtig, werden u. a. im Weartal gewonnen [25a], Flußspat auch bei Castleton im Peakgebiet verwertet (vgl. S. 577). Namentlich in Derbyshire wird viel Kalk gebrochen, auch Millstone Grit, um industriellen Zwecken zugeführt zu werden. Kalk und Sandstein sind im Inneren des Gebirges der gewöhnliche Baustein geblieben. Erst in jüngster Zeit, seitdem das Land durch den Kraftwagen besser erschlossen ist, hat der Fremdenverkehr sehr zugenommen. Der Bergwanderer muß freilich nach wie vor mit der Absperrung der „grouse moors" rechnen, zu denen hier hartnäckige Jagdhüter den Zutritt ebenso verwehren wie in vielen Gebieten des schottischen Hochlands.

Die Rauheit und der Niederschlagsreichtum der Höhen, die große Ausdehnung unwirtlichen Ödlands, die Unmöglichkeit, den Getreidebau über 200—300 m H. ertragreich zu machen, dazu die große Breite des Gebirges, ehemals auch die Sümpfe und Wälder der Talgründe haben die Pennines weithin zu einem siedlungsarmen, ja -leeren Raum gemacht. Und doch fehlt es keineswegs an Spuren vorgeschichtlicher Besiedlung. U. a. haben jüngst

die geschichteten Ablagerungen des Pin Hole Cave in den allerdings schon
etwas außerhalb der Pennines gelegenen Creswell Crags (sw. Worksop in der
Permstufe; vgl. S. 417) drei glaziale und drei gemäßigt warme Perioden
erkennen lassen. Während dieser waren die dortigen Höhlen bewohnt, u. zw.
Pin Hole Cave, wo die wichtigsten Funde gemacht wurden, in der 1. und 2.
warmen vom Moustier-Menschen; in der 3. folgten die Proto-Solutré- und die
Jung-Aurignac-Kultur, diese z. T. auch schon mit Madeleine-Einflüssen („Cres-
wellian"). Ein Stück einer Tierrippe mit der eingravierten Zeichnung einer
maskierten Figur, halb Mensch, halb Tier, wurde hier gefunden — die älteste
derartige Darstellung (Aurignac), die in England entdeckt wurde. Über die
chronologische Deutung der Schichten („Lower) Yellow Cave Earth" mit
einer eingeschalteten Blockschicht und, davon durch eine zweite solche getrennt, die („Upper) Red Cave Earth", zuoberst Stalagmiten, sind die
Meinungen noch geteilt. Doch gehören höchstwahrscheinlich die Blockschich-
ten den drei Phasen der letzten Eiszeit an. In der benachbarten Höhle
Mother Grundy's Parlour stellt sich bereits Azilio-Tardenoisian ein [57a, b;
513, 514; 311*, 516*, 520*, 523 u. ao.]. Andere Höhlen des Gebietes hatten schon
in den Siebzigerj. eine reiche Ausbeute an Flintwerkzeugen ergeben. Aurignacwerkzeuge fand man auch auf Wind Hill bei Huddersfield unter dem Torf
[436]. Das obere Niddtal hat sogar Acheulfunde geliefert [59], Victoria Cave
(440 m, über Settle in der Kalkmauer des Langcliff) eine Harpune aus Renn-
tiergeweih vom Aziltyp [55a]. Mesolithische Mikrolithe und Flinte, offenbar
aus der Borealzeit stammend, wurden besonders um Huddersfield und das
benachbarte Marsden (March Hill, Warcock Hill) entdeckt, Tardenoiswerk-
zeuge ebenso in der Gegend von Sheffield und Penistone in 300—500 m H.,
ferner auf Derwent Edge, Standedge u. ao. [436]. Neolithikum ist im S, in
Derbyshire, reich vertreten, spärlicher in W-Yorkshire, wo auch die altbronze-
zeitliche Becherkultur im Airetal (Shipley) und Wharfetal nachgewiesen ist.
Bemerkenswert sind von hier die Funde aus Höhlen oberhalb Burnsall [55a].
Zur Zeit der „food vessels" durchzog diese beiden Täler ein alter Handelsweg
vom Ribbletal und durch das Aire Gap nach York. Dann wohnten die Urnenleute im Aire-, Calder-, Ribbletal, bei Sheffield und Doncaster, am Ure oberhalb Ripon. Seltener sind Steinkreise (Wharfe-, Wensleydale, Peak District),
häufiger dagegen guterhaltene Hüttenkreise auf den Sandsteinterrassen
(Addleborough Mt. bei Bainbridge, Wensleydale usw.). Weitverbreitet sind
in W-Yorkshire eisenzeitliche Fundstätten auf dem Plateau des Great Scar
Limestone (Wharfedale). Grabhügel und „lynchets" des keltischen Typs
fand man n. Grassington, rechteckige Felder unbestimmten Alters wiederholt,
auf Ingleborough in über 700 m sogar die Überreste eines befestigten Dorfes
mit einem Steinwall, vielleicht eine Wehranlage der Briganter. Eine Festung
derselben stand auf der Höhe bei Almondbury. Auch sonst fehlt es nicht
an Überresten alter Camps. Nur vereinzelte Spuren aus der La Tène-Zeit
hat man entdeckt, darunter jene Swastika, die in einen Fels auf Addington
High Moor (w. Ilkley) eingeschnitten worden war [11, 13, 52—54, 56, 58, 510
bis 512, 88].

Durch die Römer wurde das Gebirge besser erschlossen [55]. Straßen,
von Forts gesichert, führten durch das wichtige Tyne Gap (vgl. S. 480) über
Stainmoor zwischen Lavatrae (Bowes) und Verterae (Brough) und durch das
Airetal von Olicana (Ilkley) nach Bremetennacum (Ribchester). Von Olicana
zog außerdem eine Straße über Blackstone Edge nach Mamucium (Manchester), von hier eine andere über Aquae (Buxton), wo eine Abzweigung
nach Anavio (Brough) bei Hope im Noetal anschloß, nach Little Chester

(vgl. S. 422), von dort eine weiter über die Höhen nach Danum (Doncaster). Besonders wurden die Römer durch die Bleierze der Pennines angelockt; auch deren Eisen beuteten sie aus (Spental zwischen Caldertal und Bradford) [13·b, d; 517*, 624*].

Die germanische Besiedlung hat sich in Kämpfen mit der einheimischen Bevölkerung, die in den Wäldern und hinter unwegsamen Mooren noch spät eine Zuflucht fand und ihr Königreich Elmet („in silva Elmete" 730) lange behauptete, von verschiedenen Seiten herangeschoben, wohl hauptsächlich von E und SE, später auch von der W-Seite her. So wurde Lancashire zunächst nicht von Mercia aus erobert, sondern von den Angeln Deiras, die durch das Craven Gap vorgestoßen waren und die Briten N-Englands von denen in Wales trennten [16]. Allein noch in der 1. H. des 7. Jh. machte ihnen Mercia das Gebiet strittig. Die von ihm eingeleitete Kolonisation kommt in den Ortsnamen und in der heutigen Mundart zum Ausdruck, deren N-Grenze ungefähr durch die Linie Ribbletal—Aire Gap—Wharfetal—Ouse gegeben ist. Zu Beginn des 10. Jh. drangen Norweger aus Irland von den Niederungen der Morecambe Bay gegen das Aire Gap vor, wo sie auf die Dänen stießen, die in der 2. H. des 9. Jh. von York in das obere Airetal vorgestoßen waren. Beide ließen sich mit Vorliebe auf den niedrigen Flußterrassen in dem damals noch ausgedehnten Waldland nieder [311; 624*]. Bis heute herrscht eine blondhaarige Bevölkerung in Craven vor, nordischer Typ anscheinend auch sonst in SW-Yorkshire und NE-Derbyshire. Dunklere Typen haben sich dagegen in entlegenen Strichen, so im Quellgebiet des Don erhalten oder sind erst spät, u. a. aus Irland, in das Industriegebiet eingewandert; in Sheffield fand man die dunkelsten Kinder in den ärmsten Stadtteilen. Auch Mischtypen sind in den übervölkerten Städten des West Riding am häufigsten [51].

Der Gang der germanischen Besiedlung im einzelnen ist schwer zu verfolgen [13]. Aus der Zeit vor dem D.B. ist darüber kaum etwas bekannt, nur wenige alte Ortsnamen sind überliefert. Doch erweisen sie die Besetzung der Täler durch die Angeln: Hexham (vgl. S. 530; Hagustaldesham 685) im Tynetal, Gainford (Gegenford) in Teesdale, Gilling (in Getlingum) bei Richmond, Coverham (Cobre) im Uretal, Ilkley und Otley am Aire, Bakewell, Wirkworth in Derbyshire und einige andere. Im D.B. werden deren bereits mehr genannt, u. a. Reeth, Grinton, Redmire, Wensley, Skipton, Linton-in-Craven, Kettlewick, Dewsbury, Eyam; schon die Namen von Halifax, Huddersfield erscheinen, Buxton dagegen erst später. Im Airetal von Skipton bis Leeds sind die vielen Namen auf -ley auffällig, während sie oberhalb Skipton fehlen, wo infolge der Beschaffenheit des Landes Rodungen nicht nötig waren. Zahlreich sind die Namen auf -ton, ferner — bei kleineren Orten — solche auf -shaw, -wick, -wike, -royd, -worth, seltener solche auf -croft. Die Namen auf -by und -thorpe liegen im s. Yorkshire mit wenigen Ausnahmen ö. einer N-S-Linie durch Bingley, die auf -thwaite bleiben im allgemeinen w. Diese weisen auf skandinavische Herkunft ebenso wie die gills, tarns, fells usw. Auch in den n. Dales bekunden viele Ortsnamen die stärkere Durchdringung mit nordischen Volksbestandteilen (Romaldkirk, Muker, Aysgarth u. a.); Namen auf -by kommen recht häufig vor. Der Fortschritt der Besiedlung läßt sich hier an mancherlei Beispielen belegen (Namen auf -thwaite, mehrfaches Vorkommen von Newbiggin = Neuhaus; ältere und jüngere Namen auf -ley u. dgl. m.). Viele Ortsnamen werden nicht vor dem 12. Jh. zum erstenmal genannt, manche noch später [623*; 61, 62, 62 a].

Die Normannen drangen von SE gegen das Aire Gap vor und schützten es durch die Feste von Skipton. Auch viele andere Burgen wurden von ihnen in guter Verkehrs- und Schutzlage errichtet, u. a. zu Leeds, Pontefract, Knaresborough, Richmond, Barnard Castle. Die von den neuen Herren gegründeten Klöster wurden die Mittelpunkte wirtschaftlichen Aufschwungs und weiter ausgreifender Besiedlung; kein größeres Tal hat eines solchen entbehrt. Zisterzienser und Prämonstratenser teilten sich in die Aufgabe. Blanchland im Derwenttal im N (1165; Präm.), Eggleston Abbey in Teesdale (um 1200; Präm.), Ellerton Priory (Zist.), Marrick Priory (2. H. des 12. Jh.) und Easby Abbey (1152; Präm.) in Swaledale, Jervaulx Abbey (1156; Zist.) in Wensleydale und Codesham Abbey in Coverdale, einem Seitentale desselben, Bolton Abbey in Wharfedale, Fountains Abbey am Rande des Hochlandes sw. Ripon (1132) sind die bekanntesten Namen. Die Ruine von Fountains Abbey ist eine der größten und verhältnismäßig noch am besten erhaltenen Klosterruinen Großbritanniens. Mönche waren es, welche nicht bloß schwieriges Land durch Rodung urbar machen lehrten, Brücken bauten und Wege anlegten, sondern auch den alten Bleibergbau wiedererweckten, Eisen und Kohle verwerteten, Wollhandel betrieben und die ersten Industrien schufen [69 a]. Ihrem Beispiel folgten die weltlichen Herren, die zugleich das Land bewachten. Die großen Wandlungen des Wirtschaftslebens im späteren Mittelalter fanden in den s. Pennines wegen ihrer besseren Aufgeschlossenheit und einflußreicheren Nachbarschaft besonders günstige Voraussetzungen. Dagegen führten die Talschaften im N ein mehr oder weniger abgeschiedenes Dasein. Bloß wenige Saumpfade durchzogen hier das Gebirge. Steinbrücken, welche nicht gleich von jedem Hochwasser zerstört wurden, gab es kaum vor dem 14. Jh. Nur der Bleibergbau brachte auch in die n. Täler stellenweise mehr Betrieb. Noch im 17. Jh. zogen bloß von Richmond aus Straßen nach Barnard Castle und nach Skipton, selbst die s. Pennines wiesen damals erst wenige auf. Skipton war einer ihrer Hauptknoten; außer der von Richmond strahlten hier die von York über Knaresborough, von Lancaster und von Rotherham über Barnsley und Halifax zusammen. Straßen führten auch von Manchester über Rochdale und die Höhen in die Nähe von Halifax und nach Leeds mit York als Ziel, bzw. über das Plateau zwischen Dove und Derwent nach Derby hinab. Gar nicht sehr abgeschiedene Orte wie Giggleswick hatten bis 1770, bis in die Zeit der turnpike roads, nur Saumtierverkehr [65 a, 69].

Schon im 14. und 15. Jh. hatten sich in den s. Pennines mit der Landwirtschaft immer mehr Wollverarbeitung und -handel verbunden und waren die Grundlagen ihrer heutigen Textilindustrie gelegt worden. Ebenso weit reichen die Anfänge der Eisenindustrie zurück. Die Rohstoffe lieferte das Gebiet ursprünglich selbst, ebenso als Betriebsstoffe Holzkohle und das Wasser der vielen Bäche. Das weiche und dabei vortreffliche naturgefilterte Wasser des Millstone Grit erwies sich für die Wollindustrie als unvergleichlich wertvoll, die vielen, z. T. durch Verwerfungen verursachten Steilen und Stufen der Wasserläufe ebenso für den Betrieb der Hammerwerke, der Webstühle und der Färberei. Im Laufe der Zeit war die Kulturlandschaft der s. Pennines schon dadurch sehr verändert worden. Eine vollständige Umwälzung brachte dann die Kohle als Erzeuger von Dampfkraft. Manche früher einmal wesentliche Züge im Landschaftsbilde verschwanden oder traten hinter neuen zurück, untergeordnet und entstellt, anderes hat sich behauptet und weiterentwickelt. Das gilt ganz besonders von den alten Mittelpunkten der Industrie, an welchen sich das Gesetz der geographischen

Beharrung verwirklichte, als die heimischen Rohstoffe nicht mehr ausreichten oder minder bewertet wurden. Die Schafwolle wurde nunmehr in steigendem Maße und wird auch jetzt hauptsächlich aus Australien, Neuseeland, Südafrika, etwas aus Argentinien bezogen, Mohair aus der Türkei und Südafrika [64, 65].

Vor dem Maschinenzeitalter waren Spinnerei und Weberei eine Hausindustrie der Ackerbaudörfer und Einzelfarmen im Bereich des Millstone Grit und der Lower Coal Measures gewesen. Noch sieht man um Huddersfield und Halifax alte Weberhäuser aus Quadern des Millstone Grit, mit Sandsteinplatten gedeckt (Abb. 104). Heute wohnen meist Arbeiterfamilien in ihnen, der Farmbetrieb spielt keine Rolle mehr, selbst die kleinen Küchengärten sind dort seltener. Aber noch sind die dreiteiligen Fenster des Obergeschosses, durch welche einst die Weberäume erhellt wurden, ein auffälliges Merkmal jener alten Gebäude. Allenthalben standen diese an den Hängen, Wasserläufe flossen, in Rinnen oder Röhren gefaßt, von einem zum anderen hinab, wie es DEFOE vor mehr als 200 J. beschrieben hat. Dazwischen gab es noch reichlich reine Landbaufarmen.

Zuerst, bereits um 1300, hatte die Walkerei, von der Kraft der Flüsse gelockt, in die Talgründe abzusteigen begonnen, nach der Aufhebung der Klöster verstärkte sich diese Entwicklung; denn die neuen Grundherren sahen in den Walkmühlen ihre beste Einnahmsquelle. Schon vorher, um 1500, hatte das Textilgebiet des West Riding Gestalt gewonnen,

Abb. 104. Altes Weberhaus in Helme bei Maltham. Aufn. J. SÖLCH (1932).

um 1470 Halifax Ripon überflügelt, Wakefield Pontefract; Huddersfields Vorläufer, Almondbury, war Wakefield, Leeds und Bradford überlegen. Um 1600 hatte York seine lange behauptete Führung verloren und sich auf die Ausfuhr der Erzeugnisse der Pennines verlegt. In der 1. H. des 18. Jh. machte die Kammgarnerzeugung im West Riding große Fortschritte, namentlich im Caldertal, auch im Colne- und im Worthtal (bei Keighley). Nachdrücklich machten sich dazu die Beziehungen nach Lancashire geltend, nach Rochdale, Burnley, Manchester. Die wichtigeren Städte hatte entweder Cloth Halls (für Wolle) oder Piece Halls (für „worsted") [68, 68 a, 610, 613; 76].

Nach 1780 wurde der Abstieg der „mills" in die Täler eine „Lawine". Der Maschinenbetrieb verlegte die neuen Fabriken in die Täler hinab, wo auf den Wasserwegen Kohle und Rohstoffe am bequemsten herangeführt werden konnten [613, 76, 78]. Spinnereien und Krempelwerke (scribbling mills) entstanden an jedem kleinen Bach, nur die mit Handwebstühlen betriebenen Webereien erhielten sich verhältnismäßig lange noch auf den Höhen. An den Plätzen, die für den Verkehr am günstigsten waren oder wo geschäftstüchtige Unternehmer oder besonders geschulte Arbeiter wirkten, sammelten sich Fabriken in größerer Zahl an, das Übergewicht einzelner Orte wurde immer stärker. Es entstanden die großen Fabriksstädte des West Riding, deren Schlote in ganzen Scharen emporstreben, manche weithin über die Talhänge

ins Land hinauslugend. Allmählich begannen sich die Talfurchen zwischen
den alten Siedlungen mit Industrieanlagen zu füllen und diese miteinander
zu verwachsen. Vor allem an die Hauptorte legten sich, durch das Gelände,
Verkehrswege, Wasserversorgung und Besitzverhältnisse im einzelnen mannigfach beeinflußt, Arbeiter- und Wohnviertel an, und die große Stadtballung
des West Riding trat in Erscheinung. Zwar sind auch heute noch ansehnliche Räume innerhalb der Städteverwachsung von West Yorkshire unverbaut, vor allem das höher gelegene Land — Q u e e n s b u r y (57 615) zwischen Halifax und Keighley ist die höchstgelegene Siedlung in ihrem Bereich,
in etwa 350—370 m —; allein fortschreitend überwuchert die Stadt das Land.
Die kulturellen und wirtschaftlichen Kräfte der Vergangenheit sprechen
heute bestenfalls in den Ruinen alter Klöster (Kirkstall Abbey) oder auf-
gegebenen Faktoreien zu uns.

Jene ganze Entwicklung der paläotechnischen Kulturlandschaft in den
sö. Pennines beruhte auf dem Vorhandensein der flözführenden Coal Measures
[24, 21f] (Abb. 105). Diese bilden einen im N bis zu 35 km, bei Sheffield noch
über 20 km, im S 16 km breiten Streifen, der sich von Bradford bis gegen
Nottingham erstreckt und somit vom West Riding nach Derbyshire und Nottinghamshire reicht. Die Lower C. M., 275 bis fast 500 m mächtig, enthalten
bloß unbedeutende Kohlenflöze (Kilburn Coal für Hausbrand; Better Bed
Coal um Bradford, Leeds, Wakefield, sehr reine Kohle, für Hochöfen wichtig;
Beeston Coal um Leeds), gelegentlich aber die 2,5—10 cm mächtige Ganister
oder Halifax Hard Coal, mit sehr harten, kieseligen Tonen im Liegenden, die
für die Auskleidung von Stahlschmelzöfen verwendet werden („sealstone").
Die Middle C. M., 500—900 m mächtig, rechnet man von der Silkstone Coal
an der Basis bis zur Etrurian Marl Group. Sie enthalten die größten, an-
dauerndsten und besten Kohlenflöze. Das Silkstoneflöz liefert Gas- und Kokskohle und Hausbrand, dazu heute viel Nebenprodukte, so ö. Huddersfield.
Weiter im S. wird die Barnsley Coal wichtiger, welcher in Nottinghamshire
die Top Hard Coal entspricht, 10—30 cm mächtig. Die „Hard Coal" ist eine
halbanthrazitische Kohle, die eine ausgezeichnete Dampfkohle gibt. Die Upper C. M., eine bis zu 1000 m mächtige Folge von Schiefern und Sandsteinen,
sind für die Kohlengewinnung ziemlich ohne Wert, im West Riding überhaupt
nur bei Conisborough erschlossen [713*].

Im allgemeinen fallen die Schichten nicht sehr steil ein, auch sind sie
weniger stark verworfen als in den anderen Kohlengebieten, obwohl Brüche
keineswegs fehlen (vgl. S. 548) und Erschließung und Gewinnung erschweren.
Das macht sich namentlich in dem großen verdeckten Kohlenfeld bemerkbar,
das sich im E an das sichtbare anschließt, indem die Coal Measures dort unter
die Permkalke und -dolomite hinabtauchen [220]. Je weiter gegen E, desto
mächtiger wird die Decke, desto tiefer müssen die Schächte reichen. Das
unterirdische Kohlenfeld, mit einer Fläche von fast 6000 km², bildet die größte
Kohlenreserve der Br. Inseln. Allerdings konnte es erst dank der Fortschritte
der modernen Bohr- und Grubentechnik, mit entsprechender Fürsorge gegen
Wassereinbrüche und schlagende Wetter, erschlossen werden. 1859 war das
erste Bohrloch zu Shireoaks (vgl. S. 417) abgeteuft worden. Zu Harby, schon
ö. des Trent, drang man bis 704 m in die Tiefe. Das Deckgebirge ist hier
ungef. 600 m mächtig. Das Bohrloch von Market Weighton jenseits des Vale of
York ist 945 m tief (vgl. S. 494). Es hat das Kohlengebirge nicht mehr erreicht,
obwohl die Schichten hier ganz im E wiederum leicht ansteigen. Die östlich-
sten Kohlengruben der Trentsenke liegen bei Thorne und Ollerton (vgl.
S. 425). Am wichtigsten ist derzeit das unterirdische Kohlenfeld um Don-

caster, weil hier infolge einer Aufwölbung das wertvolle Barnsleyflöz verhältnismäßig hoch, aber wenig gestört und dabei sehr ergiebig ist. Im ganzen
wird dessen unterirdische Ausdehnung auf etwa 1550 km², sein Vorrat bis zu
900 m Tiefe auf 2 Milld. tons geschätzt. Um Doncaster, das schon einige
Meilen ö. der Grenze des „sichtbaren" Kohlenfeldes liegt, scharen sich die
Schächte am zahlreichsten. Unverkennbar ist die Tendenz zu einer Verschiebung der Minen gegen E: 1900 waren im verdeckten Feld nur 11 mit mehr
als 1000 Arbeitern in Betrieb, 1931 bereits 35. Etwa 30% der ganzen J.Er-
zeugung Großbritanniens von ¹/₄ Milld. tons entfallen auf die großen Kohlen-

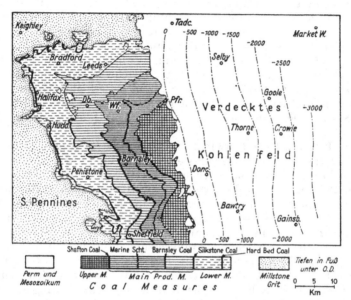

Abb. 105. Kohlengebiet von Yorkshire. (Nach D. A. WRAY.)

gebiete im SE der Pennines. Ein guter Teil der hier gewonnenen Kohle wird
wegen der großen Entfernung vom Meer im eigenen Industriegebiet verbraucht, ein Teil auf zahlreichen Kohlen- und weiter auf den Hauptbahnen
nach Goole, Hull, Immingham und Grimsby gebracht. Wie seinerzeit die
Kanäle vor allem der Kohlenförderung dienen sollten, so ist später die Bahn
Hull—Barnsley wegen des Kohlenversands erbaut worden [710; 113*].
    Die Tonschiefer der Kohlengebirge enthalten verschiedentlich Knollen
und Streifen eines allerdings sehr unreinen Eisenkarbonats, des „blackband
ironstone" oder „clay ironstone". Er ist für die Eisengewinnung seinerzeit
wichtig gewesen und die daran geknüpfte Eisenindustrie hat sich, einmal
entwickelt, auch behauptet, als die gesteigerten Ansprüche an Menge und
Güte der Erze die Zufuhr ortsfremder, auch ausländischer Erze erforderten.
Jenen Eisenvorkommen verdankt u. a. Sheffield sein Aufblühen und seine
besondere Stellung (vgl. S. 586 ff.). Die Hochöfen der Gegenwart gruppieren
sich am E-Rande der Pennines um Ilkeston und Chesterfield in Derbyshire,
um Rotherham und Leeds im West Riding. Schmiede- und Gußeisen, bzw.
-stahl werden erzeugt, Wasserleitungs- und Gasrohre, Öfen und Herde. Auch
die Maschinenindustrie blüht, im W in Bradford, Keighley, Bingley, Halifax,
hauptsächlich mit der Herstellung von Textilmaschinen beschäftigt, in Leeds,
Huddersfield, Wakefield, Calder Bridge, Sowerby mit dem Bau von Loko-

motiven, Eisenbahnwagen, Werkzeugmaschinen u. dgl. (vgl. S. 585). Ansehnlich ist ferner die Messingindustrie von Leeds, Huddersfield, Sheffield, Rotherham, bemerkenswert die Nickelstahlindustrie und die Elektroplatierung von Sheffield [113*, 713*, 715*, 716* u. ao.].

Fast erloschen ist die einheimische Bleigewinnung. Wie bereits erwähnt, hatte man in der Römerzeit und wieder im Mittelalter auf die Erze geschürft. U. a. wird dies für Wirksworth schon im D.B. bezeugt. Ähnlich wie in Cornwall waren Bergbau und die Rechte der Bergleute bis in das 19. Jh. nach altem Brauche geregelt [60*]. Das Blei verwendete man zur Herstellung von Röhren, zur Bedachung, zur Fassung von Butzenscheiben. Im 19. Jh. nahm der Abbau infolge der Ansprüche der Technik einen großen Aufschwung und erreichte um 1850 seinen Höhepunkt. Seit den Siebzigerj. nahm er jedoch infolge der Einfuhr spanischer Erze unaufhaltsam ab, die Bergwerke verfielen; ihre häßlichen Begleiter, Abraum, Schlacken, Unkräuter, entstellen die vereinsamte Landschaft. Nur wenige Betriebe haben sich erhalten. Entsprechend stark hat die Bevölkerung der „Lead Dales" abgenommen, in Upper South Tynedale und Allendales in den 100 J. um ungef. die Hälfte, in Weardale seit 1871 um mehr als ein Viertel (vgl. S. 573) [25 d, e, 218 b, 225, 226 a: 66, 77].

Hand in Hand mit der Entwicklung der Industrie ging, bald als Ursache, bald als Wirkung, die der Verkehrswege. Noch im 17. Jh. hatten die Kaufleute das in Leeds erstandene Tuch meilenweit auf Saumpferden wegführen müssen, im 18. Jh. wurden die Straßen soweit verbessert, daß man Frachtwagen, von 6 oder 8 Pferden gezogen, in Dienst stellen konnte. Eine tägliche Verbindung Leeds—London mit 36 St. Reisezeit wurde eingerichtet [81 i]. In der 2. H. des 18. Jh. begann man auch mit dem Bau von Kanälen, obwohl für sie die natürlichen Voraussetzungen nicht günstig waren. Sie sollten vor allem die Verbindung mit Hull vermitteln. Dorthin hatte man schon in der 1. H. des 18. Jh. von Leeds und Wakefield Wollwaren auf dem künstlich vertieften Aire, bzw. Calder befördert, deren Schlingen man durchstach, um den Weg abzukürzen; von Hull wurden sie nach London und dem Festland verschifft. 1751 wurde die Bootfahrt auf dem Don bis nahe an Sheffield verbessert (vgl. S. 586) und dadurch die dortige Eisenindustrie mit Hull verknüpft. 1799 wurde der Kanal Wakefield—Barnsley, 1804 der Dearne—Dove Canal von Swinton nach Barnsley eröffnet. Inzwischen begann man Kanäle sogar über die Wasserscheide hinwegzuführen: den Leeds—Liverpool Canal auf dem großen Umweg durch die Craven Gaps, zusammengesetzt aus dem schon 1774 eröffneten Abschnitt der Aire-Calder Navigation Leeds, bzw. Bradford—Skipton [85] und dem erst 1816 völlig ausgebauten Kanal Skipton—Nelson—Blackburn—Chorley—Liverpool; den Calder—Hebble Canal (Akte von 1757) mit der um 1780 vollendeten Hauptlinie Wakefield—Sowerby Bridge (Abzweigung nach Halifax 1829), wo sich später der Rochdale Canal (Akte von 1794) über Todmorden nach Rochdale(—Manchester) anschloß; den Huddersfield Canal über Huddersfield—Marsden—Stalybridge nach Manchester. Aber sie waren schwierig zu bauen, erforderten viele Schleusen — der Leeds—Liverpool Canal 99, der Calder—Rochdale Canal 92 — und selbst Tunnel (der des Huddersfield Canal bei Marsden ist über 5 km lang) und waren entsprechend kostspielig. Der Verkehr auf ihnen ist immer mehr zurückgegangen; für 1913 wurde er noch auf rund 7 Mill. tons angegeben [11 h]. 1937 betrug er auf dem Aire—Calder Canal 2,8 Mill. tons (72% Kohle, 8% Rohstoffe, 7% Erdöl), auf dem Leeds—Liverpool Canal 1,5 Mill. tons (69% Kohle, 20% landwirtsch. Erzeugnisse) [III[721]].

Auch die Eisenbahnen bleiben zwar, zum Unterschied von den Straßen, in der Tiefe der Täler, vermeiden jedoch die eigentliche Talsohle, sie benützen lieber Terrassen oder führen am Gehänge entlang. Die Hauptwasserscheide wird meist in Tunneln durchbohrt. Von den Querverbindungen sind am wichtigsten: im S die Linien von Sheffield nach Manchester, die eine durch den Totley Tunnel (1893), der, an Länge (über 5 km) nur vom Severntunnel übertroffen, das Quellgebiet des Sheaf mit dem Derwent verbindet, und weiter durch den Cowburn Tunnel zwischen Edale und Chinley (73 km; L.M.S.), die andere über Penistone und durch den fast 5 km langen Woodhead Tunnel zwischen Don und Etherow (66 km; L.N.E.R.); weiter n. die von Leeds nach Manchester durch den ein klein wenig längeren Standedge Tunnel zwischen Colne und Tame, die von Expreßzügen Newcastle—Liverpool benützt wird (L.M.S., 225 km in 4—4½ St.); ferner die Linien von Leeds und Bradford über Halifax—Hebden Bridge—Todmorden—Rochdale nach Manchester, bzw. Todmorden—Burnley—Blackburn—Preston—Blackpool, sowie Leeds/Bradford über Skipton nach Carlisle. Über Stainmoor (420 km) führt die Linie (Darlington—)Barnard Castle—Kirkby Stephen ins Edendale, durch das Tyne Gap die wichtige Querverbindung Newcastle—Carlisle. Den Peak District durchzieht die an malerischen Bildern reiche Strecke Manchester—Derby (—Nottingham, Leicester, London). Die Dales der E-Abdachung sind nur z. T. in das Eisenbahnnetz einbezogen. In Weardale endigt der Schienenstrang bei Wearhead, in Teesdale zu Middleton, in Nidderdale zu Pateley Bridge; in Upper Swaledale dringt überhaupt keiner ein. Wensleydale ist mit Hawes Junction (in der Kerbe zwischen Bough Fell und Widdale Fell) zwar durch eine Bahnlinie verbunden, jedoch ohne Schnellzugsverkehr; und selbst den Stainmoorpaß benützt nur einer der Bäderzüge (Newcastle—Blackpool, bzw. Southport!) an Samstagen im Sommer. Das obere Wharfetal (Grassington, Linton) wird bloß von Skipton aus mit der Bahn erreicht (vgl. aber S. 575). Sehr engmaschig ist das Eisenbahnnetz im Industriegebiet des West Riding, wo Leeds und Bradford von Durchgangszügen aus allen Teilen der Insel berührt werden, am dichtesten zwischen Aire und Caldertal. Auch im Kohlengebiet weiter sö. ist es eng, zumal wegen der vielen Grubenbahnen.

In der Hauptsache wurde das Bahnnetz schon vor 1850 angelegt. Die älteste Linie war die von Leeds nach Selby (1834). Es folgten die Strecken Derby—Leeds (1840), fortgesetzt nach Skipton (1847), Morecambe (1849) und über Hawes Junction nach Carlisle (1875); Manchester—Todmorden—Wakefield—Normanton (—Goole; 1841); Manchester—Woodhouse—Sheffield—Doncaster (—Grimsby; 1845). Sheffield wurde 1832 mit Rotherham, 1875 mit Chesterfield verbunden. Die Dales weiter im N erhielten ihre Bahnen erst später (Harrogate—Pateley Bridge, 1862). Erst 1894 wurde die Linie Sheffield—Cowburn Tunnel—Manchester eröffnet [11h].

Heute wird das Eisenbahnnetz durch vorzügliche Autostraßen ergänzt, die außer dem örtlichen Personen- und Frachten- auch weitreichendem Fernverkehr dienen. Leeds, Bradford, Sheffield sind dessen Hauptknoten. Leeds z. B. ist durch Autobus mit Blackpool und Morecambe im W, Scarborough und Hull im E verbunden. Tief dringen die Verkehrsbereiche von Manchester, Derby und anderer Randsiedlungen in die Pennines ein. Über große Höhen hinweg verbinden Straßen auch die inneren Talwinkel miteinander, Wharfe- mit Wensleydale, Tyne- mit Teesdale und Weardale usw. Abseits dieser modernen Straßen führen allerdings vielfach nur schlechte Pfade über das Gebirge, streckenweise verlieren sie sich völlig. Sie sind in der Zeit des Saum-

verkehrs und des Bleibergbaus einmal wichtig gewesen, haben jedoch ihre
Rolle ausgespielt.

Durch die Industrialisierung haben die Täler des West Riding siedlungs-
geographisch ein neues Gepräge erhalten [18]. Zwar sind auch außerhalb
der Industriegebiete moderne Einrichtungen und Züge erschienen, allein
weder sind neue Ortschaften entstanden noch hat sich das Siedlungsbild
wesentlich geändert. Wie die Kulturfläche, so beschränken sich erst recht
Kirchdörfer und Weiler des Hochlandes auf die Talgründe. Über diese steigen sie bloß in den niedrigeren Gebieten im SE empor, die auf etwas besseren
Böden mehr Anbau gestatten. Dort sind auch Einzelhöfe am meisten ver-

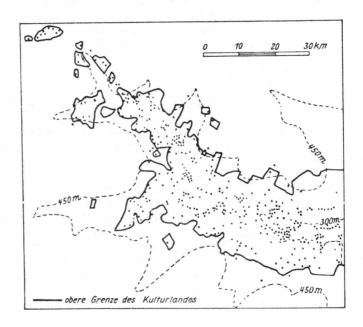

Abb. 106. Upper Weardale. Siedlungen und obere Grenze der Bewirtschaftung.
(Nach A. E. Smailes.)

breitet. Die größeren Siedlungen stellen sich fast durchwegs auf niedrigen
Terrassen oder flachen Talspornen in geringer, aber möglichst sicherer Entfernung vom Fluß oder Bach ein. Gebaut aus dem heimischen Baustein, je
nachdem Kohlenkalk oder Millstone Grit oder den Sandsteinen der Coal
Measures, machen die Farmgebäude einen massiven, dabei etwas düsteren
Eindruck, zumal die Quadern durch die Verwitterung ihre Frische verloren
haben. Straßendörfer sind in den Dales die Regel, nicht selten sind Angerdörfer. In günstiger Verkehrslage sind kleine Märkte entstanden für den
örtlichen Bedarf, besonders in der Nähe des E-Randes, wo eine „Marktlinie"
deutlich entwickelt ist. Der Lebensunterhalt wird mühsam gewonnen und
ist spärlich. Selbst in S-Auslage erheben sich hier Siedlungen und Kulturland nicht auf mehr als 450 m H., an der Schattseite sind sie schon in 350 m
spärlicher (Abb. 106). Cosh am Ursprung von Littondale, des obersten s. Sei-
tentals von Wharfedale, liegt in 435 m, Cam Houses am Ursprung des Cam
(Quellbach des Ribble) in 460 m [110].

Am einsamsten sind die Täler der E-Seite der n. Pennines, weil in mehr als 200 m H. bloß Hafer und Kartoffeln gedeihen und selbst sie nur in geschützten Lagen. Sie schließen sich wirtschaftlich bereits an das Kohlen- und Industriegebiet von Northumberland—Durham an, dorthin liefern sie Kalkstein für die Hochöfen, Basalt für den Straßenbau. Ihre Randsiedlungen sind unbedeutend. Im oberen Teesdale ist Middleton (-in-Teesdale; 1657), der Endpunkt der Eisenbahn (die Abzweigung über Stainmoor erfolgt knapp oberhalb Barnard Castle), ein Markt- und Touristenort (High Force!). Weiter drunten steht Romaldkirk, die Mutterkirche der Talschaft, vor der Ausmündung das malerische B a r n a r d C a s t l e (3884), ein altes Brücken- und Marktstädtchen, bewacht von der Burg auf dem l. Steilufer des Flusses. Von Middleton führt eine der höchsten Straßen Britanniens über Yad Moss (593 m) nach Alston (rund 3000), einer echten Penninessiedlung im Tal des South Tyne; mit fast 300 m H. ist sein Marktplatz der höchstgelegene Marktflecken Englands. Verbunden ist es auch mit Penrith sowie über Kill-

hope Cross (627 m; höchste Straße Englands) mit Wear-head, dem Endpunkt der Bahn in Weardale. Grasshill im obersten Teestal ist der höchste Wohnplatz der Br. Inseln (604 m) [VIII[118]]. Der Blei-bergbau, dessen Anfänge in diesen Tälern in das 12. Jh. zurückreichen, ist ziemlich er-loschen, einzig Middleton und S t a n h o p e (1746), schon weiter unten im Weartal [910], betreiben ihn. Auch Fluß- und Schwerspat werden verwertet [25, 218 b, 226; 77]. Der Bergwerksbetrieb hatte seiner-zeit die Viehhaltung sehr ge-

Abb. 107. Butter Tubs. Schlundlöcher nahe der Wasserscheide, n. Hawes zwischen Ure und Swale. Aufn. J. SÖLCH (1932).

fördert. In den Allendales stellte sich nach seiner Schließung die Bevöl-kerung, soweit sie nicht abwanderte, auf Milchwirtschaft ein. Das Grasland ist in „stints" (1,2 ha) geteilt, die den „Kuhgräsern" unserer Alpen ent-sprechen, d. h. als Nährfläche für ein 2jähr. Rind (oder fünf 1jähr. Schafe) ausreichen sollen [VIII[122]].

An der Ausmündung von Upper Swaledale liegt eine der schönsten Rand-siedlungen, R i c h m o n d (4769; 5774), reizvoll durch Lage und Bauart, am Hals eines terrassenartigen Sporns, der die mächtige Ruine jener Feste trägt, welche einst die epigenetisch gebildete Enge am Taleingang bewachte. Hier laufen die Straßen aus der benachbarten Niederung zusammen. Malerisch gruppiert sich das Städtchen um den Marktplatz, auf welchem sich die alte Abteikirche erhebt, mit an die N-Seite angebauten Geschäftsläden [84 a]. Schöner Wald begleitet hier den Fluß. Das Tal, dessen Mutterkirche zu Grinton steht, wird oberhalb enger, öder und dünn besiedelt. Grashänge senken sich von den umrahmenden Höhen ab (High Seat 710 m), wegen des wiederholten Wechsels in der Gesteinshärte gestuft. Verfallene Blei- und auf-gelassene Kohlengruben sind zu erkennen, jene z. B. in der Nachbarschaft des nach Hawes führenden Butter Tubs-Passes, der eigenartigen Dolinen seinen Namen verdankt (Abb. 107). Nordwärts gelangt man aus dem oberen Swaledale von Reeth über Tan Hill, an dem höchstgelegenen dauernd bewohnten Gasthof der Pennines (528 m) und einer Kohlengrube vorbei, nach Brough (vgl. S. 702) [712; 912, 913].

Breiter öffnet sich das reichere Wensleydale [914] gegen E, wo das „windige" L e y b u r n (1440), ein altes Städtchen, viermal im J. Rinder- und Schafmärkte abhält und einige Industrie entwickelt. Auch Masham's Schafmärkte (im September) werden viel besucht. Upper Wensleydale ist hauptsächlich Weideland; es erzeugt einen geschätzten Käse. Die einzige Eisenbahn zwischen Stainmoor und Aire Gap durchquert hier das Gebirge (vgl. S. 571), und doch war früher der Verkehr eher reger als gegenwärtig, wie die Brücken zu Wensley (15. Jh.), dem ehemaligen Hauptort, und Aysgarth (1539) und alte Marktflecken, so Bainbridge, Askrigg und H a w e s (1404), bezeugen. Dieses ist heute der wichtigste Platz im obersten, noch breiten Talstück, dank seinem Straßenknoten und der Nähe der Bahnlinie im W (Hawes Junction), dem Butterhandel und Fremdenverkehr (Hardraw Force).

Oberhalb Knaresborough (vgl. S. 494) mündet das Tal des Nidd in die Yorkshire Plain aus. Das benachbarte H a r r o g a t e (39 770) lehnt sich an die letzten Ausläufer der Pennines an, ein sehr geschätzter Bade- und Luftkurort mit 88 dicht nebeneinander entspringenden Salz-, Stahl- und Schwefelquellen, mit der üblichen modernen Ausstattung und im Sommer mit großstädtischem Betrieb (50 000 Kurgäste). Das obere Nidderdale ist abgeschiedener als Wensleydale [95]. Oberhalb Pateley Bridge, dem Endpunkt der Bahn von Harrogate, hat es neue Züge erhalten durch Wasserspeicher (für Bradford); u. a. ist Gouthwaite Hall im Gouthwaite-Reservoir ertrunken. Bis hierher reichen die kulturgeographischen Auswirkungen der großen Menschenballung des West Riding. Gegen S werden sie immer auffälliger. Beschränken sie sich im Tale des Washburn, der hier von Moorhuhngründen umrahmt wird (Blubberhouses Moor), auf die großen Reservoire der Stadt Leeds und die damit verbundenen Verkehrsanlagen, so ist das Wharfetal bereits stärker von der Industrie selbst erfaßt [911, 917].

Der W-Abfall der n. Pennines weist keine größeren Täler auf, Siedlungen und Kulturen halten sich durchaus an die Edensenke (vgl. S. 701 f.) [918]. S. von Brough verschmälert sich diese jedoch zur einsamen Quellfurche des Mallerstang (s. S. 550), aus der die Eisenbahn Carlisle—Leeds, bzw. Manchester das obere Uretal mit Hawes Junction über einem Talsattel von 365 m erreicht. In zwei langen Tunnel (Black Moss und Blea Moor Tunnel; dieser 2378 m lang) gewinnt sie das Ribbletal, dazwischen übersetzt sie das obere ·Denttal, das gegen W hinabführt. Im Ribbletal wird ihr Weg trotz der ausgedehnten Drumlinlandschaft wieder freier. S e t t l e (2455) und H e l l i - f i e l d (1026) liegen schon in der Schollenlandschaft des Cravengebietes, eindrucksvoll umschlossen von den Tafeln des Great Whernside, Ingleborough und Penyghent mit ihren gestuften Abfällen, Terrassen und „scars" und den vielbesuchten und bewunderten Karsterscheinungen (vgl. S. 546). Heide bedeckt die Höhen, Felder und Wiesen überziehen die flachen Hänge der breiten Täler, Einzelhöfe mit Windschutzbäumen stehen da und dort im Netzwerk der Steinmauern (Abb. 108) [713]. Hier springt die Grenze von Yorkshire am weitesten nach W vor. Der Hauptort der Landschaft ist S k i p t o n (12 461) im oberen Airetal, der Paßwächter der Craven Gaps; die alte, noch unter Wilhelm dem Eroberer erbaute Burg ist allerdings längst zerstört. Als Wegeknoten wurde es ein wichtiger Rinder- und Schafmarkt. Woll- und Baumwollindustrie konnten dank dem Leeds—Liverpool Canal, bzw. der Nähe der Koh-

lenfelder einsetzen und sich bis heute aufsteigend entwickeln. In dieser Hinsicht ist es ein Außenposten des Industriegebietes von Leeds—Bradford [85].
Außerdem hat es Leder- und chemische Industrie, Blechwalz- und Eisenwerke.
Mit guten Gründen wurde 1938 eine Planung des ganzen Craven District von
Skipton bis Sedbergh und Grassington in Aussicht genommen, eines Gebietes,
das nach Verfall des im 18. und in der 1. H. des 19. Jh. blühenden Bleibergbaus vorzüglich von Schafzucht lebt, aber seit der Eröffnung der Bahn Skipton—Grassington (1902; seit 1930 nur noch für Güterverkehr — Kalk, Bausteine, Kohle — verwendet) immer mehr Fremdenverkehr entwickelt [88;
612, 918].

S. der Craven Gaps und des Einzugsgebietes des Ribble ist die W-Abdachung der Pennines von kurzen Seitentälern zerschnitten. Sie erhalten ihr
Gepräge durch die zahlreichen Industrieanlagen, welche die Verbindung
zwischen größeren Siedlungen herstellen. Diese gehören durchaus zum Wirkungsbereich von Manchester,
bzw. dem großen Baumwoll-
industriegebiet von Lancashire (vgl. S. 622, 626), so
auch New Mills im Goyttal
(8551) und Glossop (19 509;
16 950; in Derbyshire, nahe
dem Etherow, in dessen Tal
km-lange Reservoire zur Wasserversorgung für Manchester
gebaut wurden), das durch
den Woodhead Tunnel (in
Millstone Grit) mit dem
Dontal verbunden ist. Es
liegt vor dem NW-Abfall des
High Peak und ist unter dessen N-Hängen durch eine
einsame Höhenstraße (512 m)
mit Snake Inn im Ashop-

Abb. 108. Landschaft in Craven bei Chapel-le-Dale.
Im Hgr. Great Whernside. Aufn. J. Sölch (1932).

tal und weiter mit dem Derwenttal und mit Sheffield verbunden. Das Peakgebiet selbst, samt dem Blacklow im N, den Derwent Moors im E eine Fl. von
über 200 km², ist größtenteils unbewohnt, mit bloß 5% Kulturland und
ebensowenig Wald, zwar von guten Straßen durchzogen, aber bloß einzelnen
Fußpfaden (ungef. 120 km); der Wunsch, es zu einem „Nationalpark" zu
machen, ist groß [91—94, 96—98]. Vor dem S-Abfall des High Peak führt
von Hayfield (2593) ein seinerzeit viel begangener Pfad zuletzt mit
steilem Abstieg („Jacob's Ladder") in das obere Edale hinab, das Tal des
Noe, eines Quellflusses des Derwent. Hier unten herrscht ausschließlich die
Farmwirtschaft. Nicht die Coal Measures bauen daselbst das Gebirge auf,
sondern Kohlenkalke, Yoredaleschichten und Millstone Grit. Demgemäß ist
der Anblick von Edale viel natürlicher und anmutiger; im wesentlichen ist
es ähnlich den Dales der n. Pennines, jedoch milder. Mit Recht ist es als
typisches Tal dieses s. Abschnittes der Pennines näher beschrieben worden
[83]. Es ist vom Eise kaum überformt worden. Seine auffallende Breite erklärt sich daraus, daß es gerade bis in die Schiefertone eingeschnitten ist,
über welchen die Sandsteine und Grits des Peak die Talgehänge aufbauen.
Rutschungen und Abbrüche arbeiten dauernd an der Rückverlegung der
Hänge, die abwärts bewegten Massen häufen sich am Fuß der steilen Sand-

steinböschungen an und führen allmählich in die aufgeschüttete Talsohle über, in welche der Fluß etwas eingeschnitten ist. Auf den Terrassen liegen Wiesen und Felder, teils von Hecken, teils von mörtellosen Mauern umschlossen. Solche, aus den dünnplattigen Sandsteinen der Gegend errichtet, umfassen auch die höher gelegenen Fluren. Der Boden ist meist dürftig und arm, das Klima unfreundlich, schneereich im Winter und durch Spätfröste und kühle, wolkenreiche Sommer dem Anbau ungünstig. Schon lange ist der Wald im Talgrund (250—300 m H.) vor dem Pfluge gewichen, aber die Weizenernte ist unsicher, selbst die Gerste wird nur stellenweise gebaut, der Hafer ist die Hauptfeldfrucht, Kartoffeln, etwas Gemüse und Rüben bilden im übrigen die Ackerfläche, der Rest ist Grasland. In Rinder- und vor allem Schafzucht finden die Bewohner, meist kleinere Besitzer, ihren kärglichen Lebensunterhalt. Einst wurden Wolle, Häute, Leder und der Überschuß an Tieren ausgeführt, heute hat die ehemalige, allerdings sehr bescheidene Selbstversorgung der Talschaft aufgehört, der Torf ist durch die Kohle ersetzt, Ziegel verdrängen die einheimischen Bausteine. Aus der alten Getreidemühle Edale Mill ist die einzige Baumwollspinnerei des Gebietes hervorgegangen. Diese Veränderungen wurden durch den Bau der Eisenbahnlinie Sheffield– Manchester (1804) besonders begünstigt; Sheffield ist für das Tal „The Town". Allein die Viehzucht kann bloß eine beschränkte Anzahl von Einwohnern erhalten, deren Überschuß wandert ab. Vielleicht ließe sich durch Aufforstung eine neue Einnahmsquelle erschließen, eine andere durch stärkeren Zuzug wohlhabender Städter aus den benachbarten

Abb. 109. Stufenlandschaft in Derbyshire. Aerofilm London Ltd., 1905.

Industriegebieten; dazu hat die reine Luft schon bisher gelockt. Vorderhand sind die meisten Siedlungen allerdings Farmen, die sichtlich S-Auslage bevorzugen. Die obersten sind vermutlich aus ehemaligen Almen hervorgegangen (booth=Namen).

S. vom Edale entfaltet sich die Kalklandschaft immer voller. Aufgebaut z. T. aus Yoredaleschiefern und -kalken, z. T., u. zw. namentlich in der Mitte, aus den Kohlenkalken (Mountain Limestone), reicht sie im S und W bis an den Rand des Gebirges, im E ungefähr bis an das Derwenttal, jenseits dessen der Millstone Grit eine mannigfach zerschnittene, aber im ganzen einheitliche Stufe gegen S bis über Matlock hinaus bildet. Im E folgen die Sandsteinstufen der Coal Measures mit abnehmender Höhe (vgl. S. 547 f.). Besonders zwischen diesem und Buxton enthalten die Karbonkalke Einlagerungen basaltischer Laven („toadstone"), Tuffe und Agglomerate und stellenweise Doleritlagergänge [27b, 210, 211]. Wohl sind manche Talstrecken im Kalk bloß enge Kerben, meist weisen jedoch auch sie Wiesengründe auf und besonders an Talmündungen Becken. Zwischen den Tälern walten breite Plateauflächen vor, bei wechselnder Gesteinshärte mit gestuften Profilen (Abb. 109). Obwohl nirgends über 450 m hoch, sind sie trotzdem weithin von einsamen Heiden eingenommen, siedlungsleeren Räumen. Größere Ortschaften stehen nur in ziemlichen Abständen. Die Gemeinden nehmen Fl. von 5 bis 8 km² ein. Ehemals umfaßten manche Kirchspiele noch ausgedehntere Gebiete. So hat Buxton seinerzeit zur Pfarre Bakewell gehört. Anmutige Dörfer, Weiler und Einzelhöfe schmiegen sich an die unteren Gehänge der breiteren Haupttalstrecken, durchaus mit landwirtschaftlich gemischten Betrieben (Abb. 110). Weiße, meist alte Kalksteinmauern trennen die Fluren. Der Kalk wird in vielen Steinbrüchen um Buxton, in Miller's Dale, bei Peak Forest, um Matlock usw. gebrochen, aber die einst so zahlreichen Kalköfen sind verfallen. Bei Castleton wird Flußspat gewonnen, der zu allerhand kunstgewerblichen Gegenständen verarbeitet wird (Blue John Mine). Die alten Bleibergbaue des Low Peak, bei Bradwell, Wirksworth und Matlock sind längst erloschen; bei Matlock wird etwas Bleierz geschmolzen [113*]. Die Industrie schiebt sich bloß von den Rändern heran, im E zu Belper (13 024; Baumwolle), das schon am Rand der Kohlenschichten liegt, im S in The Matlocks (1924 geschaffen aus Matlock, Matlock Bath und einem Teil des R.D. Bakewell, 10 599; Baumwoll-, Seiden- und Kleintextilindustrie) und Cromford, das sich der ältesten Baumwollfabrik rühmen darf (1771 von Arkwright gegründet). Leichte Industrien herrschen vor (Nägel, Draht, Rollengarn, Papier) [111]. Ein vielbesuchter Badeort ist Buxton (15 349; *17 940*),

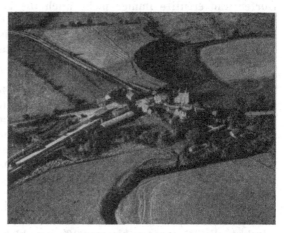

Abb. 110. Farm bei Hulme End, Staffordshire. Aerofilm London Ltd. 34239. Ehemaliger Endbahnhof der jetzt aufgelassenen, durch das Manifoldtal heraufkommenden Bahn, ungef. 12 km onö. Leek. Talweitung in 230 m, Höhen ringsum in 370—400 m.

mit „allem Komfort der Neuzeit". Dank seiner Höhe (300 m) kann es sich auch zeitweise lebhaften Wintersport leisten. Besonders für das nahe Industriegebiet von Lancashire ist es eine beliebte Erholungsstätte. Seine Thermen (27,8⁰ C) hängen mit der Zerschollung der Landschaft zusammen. Auch Matlock Bath hat warme Quellen (18⁰ C). Die Umgebung beider Orte lockt Touristen stark an, welche gerne die Höhlen der Umgebung von Buxton, die malerischen Täler der Kalklandschaft (Dovedale, Miller's Dale; High Tor), die aussichtsreichen Höhen (Axe Edge) und die alten Schlösser und Herrensitze besuchen (Haddon Hall, Chatsworth House, Wingfield Manor). Den wichtigsten Zugang bietet die Eisenbahnlinie Derby—Manchester, die bei der Station Peak Forest 300 m H. erreicht und die Wasserscheide in einem fast 1 km langen Tunnel (Doveholes) durchbricht. Vielbesucht sind ferner die Höhlen von Castleton (Peak Cavern, Speedwell Mine, Blue John Mine), der von Kalkmauern flankierte Paß The Winnats und Mam Tor, der „Shivering Mountain", an dessen Flanken vorgeschichtliche und geschichtliche Bergstürze niedergegangen sind; sie kann man von der Hauptstraße Manchester—Sheffield leicht erreichen [11h, 228, 93, 96 u. ao.].

Leeds. Kurz bevor der Aire in sein 3—4 km breites Flachlandtal eintritt, verengen 100—150 m hohe Ausläufer der Pennines seine Talfurche.
Oberhalb folgt eine Weitung, gegen die sich von beiden Seiten geräumige Talmündungen öffnen, von S die des Hole Beck, von N die des Sheepscar Beck
[17 a]. Am unteren Ende des Zwiesels zwischen Hole Beck und Aire steht
die alte Pfarrkirche von L e e d s (482 809; *451 670*), dessen Name (bei Beda
in regione Loidis) als „Sumpfland" [17 g] oder als „Landschaft am Fluß"
[623*] gedeutet wird. Zwischen ihr und der Airebrücke — „Leeds Bridge" —
entwickelte sich der Kern der Stadt, bezeichnet durch zwei Hauptstraßen
(Kirkgate und Briggate), die mit dem Fluß ein gleichschenkliges Dreieck
bilden [17 f]. Schon um 1700 hatte sich im W ein neuer Stadtteil mit annähernd rostförmigem Straßennetz angeschlossen. In der Folge wuchs die
Siedlung namentlich entlang den Hauptstraßen, erfaßte die benachbarten
Dörfer und erfüllte immer mehr auch die Zwischenräume, glücklicherweise
ohne sie ganz zu verbauen (Abb. 111). Im Gegenteil, die Zahl der grünen
Anlagen, Parke und Spielplätze ist verhältnismäßig groß; und selbst Äcker
und Felder sind aus dem Weichbild der Stadt nicht völlig verschwunden.
Freilich können auch sie nicht verhindern, daß sich meist ein schwerer
schwarzer Rauchnebel über das Gelände legt, begünstigt durch die Feuchtigkeit der Luft und die vielen Fabriken. Der Gegensatz zu der oft gleichzeitig
von der Sonne bestrahlten Umgebung kann geradezu überraschend sein.
Manchen Tag geht in den Industrievierteln und in der inneren Stadt mehr
als die Hälfte des möglichen Sonnenlichts verloren. Kein Wunder, wenn in
Leeds das „Rauchproblem" besonders aufmerksam und anhaltend verfolgt
wird. Schon im J. Nov. 1907—Okt. 1908 hat man an zehn ausgewählten
Stellen die festen Verunreinigungen (Kohle, Teer und. Asche) im Leedser
Regen festgestellt und den aus dem Ruß (soot) gewonnenen Teer gemessen.
In Hunslet betrug er, auf das J. bezogen, nicht weniger als 2158 kg je km²
[17 d]. Nicht bloß die Pflanzen leiden darunter, indem die Insolation vermindert, die Blattporen bis zu 80% von klebrigen Stoffen verstopft und dadurch die Atmung erschwert werden, ganz abgesehen von den schädlichen
im Regenwasser enthaltenen Säuren, sondern auch die Gesundheit der Bevölkerung. Der heimische Baustein, im frischen Zustand schön braungelb,
wird in wenigen J. schwarz und der düstere Eindruck der so häufig unter den
Rauchwolken begrabenen Stadt dadurch noch trübseliger. Ihre großen Bauwerke wirken dann nur noch durch ihre Maße, nicht durch ihre Farbe.
Allerdings ist Leeds an edlen Schöpfungen der Architektur recht arm, abgesehen vom Rathaus (1933), der neuen Civic Hall und den städtischen Ver-
waltungsgebäuden, seiner Geld- und seiner Getreidebörse, mehreren Bank-
gebäuden und einigen Kirchen im Kern der Stadt. Das eigentliche Gepräge
verleihen deren Bild vielmehr die Heere der Schlote, das ununterbrochene
Aufsteigen und Zischen der Qualmwellen und Dampfsäulen ähnlich wie in
Sheffield. Wohl haben sich, besonders im NE der Stadt, schönere Wohnviertel
entwickelt, doch weitaus überwiegen die Arbeiterhäuser, mehr als sonstwo
noch von dem „back-to-back"-Typ (vgl. S. 423, 588); und die Einfahrt in die
Stadt führt auch heute noch durch widerliche Elendsviertel. Das freundliche
Markt- und Brückenstädtchen von ehemals ist zu einer führenden Industrie-
stadt geworden mit aller modernen Ausstattung an Straßenpflege und Verkehr, Beleuchtung und Beheizung, zahlreichen Anstalten für Kranke und
Arme; mit ausreichender Wasserversorgung, für welche es im Tale des Washburn (einem Seitental des Wharfe) seit 1899 bei Eccup und seit 1926 bei
Leighton (Uretal) Speicher (insges. über 200 Mill. hl) besitzt; auch mit zweck-

mäßiger Abfuhr und Verwertung der Abfallstoffe in den Knostropwerken
unten am Aire (die mittl. tägl. Wassermenge — dry weather flow — beträgt
allein 0,8 Mill. hl). Die Hauptindustriebezirke umschließen die Stadt im W
(Kirkstall, wo einst eine 1152 gegründete Zisterzienserabtei — längst eine
Ruine — ihre Tätigkeit entfaltete) und S (Hunslet, Beeston Hill usw.) [17].

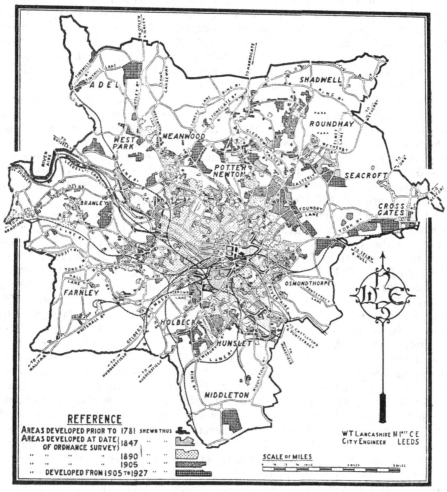

Abb. 111. Entwicklung von Leeds 1781—1927 [17].

Der industrielle Aufschwung von Leeds gehört der Neuzeit an [81 b, f].
York und Beverley wurden erst im 16. Jh. von ihm in der Tuchweberei überholt. 1576—1626 verdoppelte es seine Bevölkerung. Nach den Rückschlägen
im 17. Jh. infolge von Kriegen, Seuchen und Wettbewerb des Auslandes spielte
es in der 1. H. des 18. Jh. neben Halifax eine führende Rolle in der Erzeugung von Kammgarn [68 a], in der 1. H. des 19. Jh. verlegte es sich auf
die Herstellung von Fertigwaren in der Bekleidungsindustrie, wobei es eine
Zeitlang mit der Verwertung von „shoddy" oder „mungo" (so nannte man
das nur aus Wollabfällen und Lumpen gewonnene Material) sein Geschäft
machte. Auf den Br. Inseln steht es in der Fabrikation von fertigen Anzügen

und Kleidern („ready mades"), welche der augenblicklichen Mode entsprechen,
an der Spitze (etliche hundert Firmen, 70 000 Beschäftigte) [81 i]. Zugleich
ist es ein Mittelpunkt des Tuchhandels. Doch hat sich auch die Eisenindustrie kräftig entwickelt, voran der Maschinenbau (für die Textilindustrie,
Landwirtschaft; Eisenbahnmaterial, Last- und Personenwagen, Straßenlokomotiven; etwa 50% aller Trambahnschienen Großbritanniens; Panzerplatten
für Schiffe; Eisenbestandteile für Flugzeuge; Bohrmaschinen, hydraulische
Maschinen für den Bergbau; Dynamomaschinen, Motoren; Gasbehälter usw.).
Dagegen ist die über ein Jh. geübte Töpferei eingegangen. In Lederwaren-
erzeugung ist Leeds ein führender Platz geblieben. Schuhfabriken, Gerbereien
und Färbereien stehen entlang dem Sheepscar Beck, die übrigen Fabriken
größtenteils beiderseits des Aire [17 i, 81 i].

Hand in Hand mit dem industriellen Aufschwung entfaltete sich der
Verkehr, zuerst durch den Bau der Kanäle, dann durch die Entfaltung des
Eisenbahnnetzes (vgl. o.) [17]. Heute fährt man von einem der zwei Hauptbahnhöfe, die beide in der Nähe des kleinen Stadtplatzes (City Square) und
teilweise über dem schmutzigen Airefluß im Herzen der Stadt stehen, in
$4^1/_4$—5 St. (1937 in $3^1/_2$—$3^3/_4$!) nach London, in $1^1/_2$ St. nach Manchester und
nach Hull. Die Hauptindustrien allein beschäftigen über 100 000 Menschen,
der Handel etwa 20 000 Menschen, der Verkehr etwa 5000.

Über seiner industriellen Tätigkeit hat Leeds die Pflege des geistigen
Lebens nicht vernachlässigt; davon zeugen Museen, Büchereien, Theater und
vor allem die Universität, die 1904 aus dem Yorkshire College of Science
hervorgegangen ist (1874). Ihr großer Neubau (zuerst Brotherton Library
1936) wird ein würdiges Denkmal der kulturellen Bestrebungen der Stadt sein.

Bradford. Mit Leeds, von dem es durch P u d s e y (1945: 26 890) getrennt ist, hat B r a d f o r d (298 041; *262 660*) bereits früher gewetteifert,
obwohl nicht so günstig gelegen. Denn es bettet sich in die sackartige Mulde
eines s. Nebenflusses des Aire, des Bradford Beck, der dort zwei Seitenbäche
aufnimmt. Daselbst lockte eine Furt (D.B. Brade ford, breite oder Brade's
Furt?) den Verkehr durch das Waldland an, der, um die sumpfige
Niederung des Airetals zu vermeiden, über die Höhen von Halifax und Leeds
her nach Keighley und zum Aire Gap führte. Eine Burg und das Recht,
einen Wochenmarkt (seit 1251) und alljährlich eine Messe abzuhalten, lassen
es um 1300 als einen wichtigen Ort des West Riding erkennen [81 a, c, d].
Schon beschäftigt es sich mit Wollweberei, Färberei und Walkerei und wird
es zu einem Mittelpunkt des Kammgarnhandels. Von den Nöten der Zeit
wiederholt schwer betroffen, erholt es sich immer wieder, doch ist es zu
Beginn des 19. Jh. „kaum viel mehr als ein übergroßes Dorf" mit drei
schmalen und gut gepflasterten Hauptstraßen (Kirk-, West-, Ivegate) im
Kern und den Seitengassen (lanes), die an den flachen Spornen zwischen den
Bächen hinaufsteigen. Die Häuser waren bereits größtenteils aus heimischen
Bausteinen erbaut und mit braunen Schieferplatten gedeckt. Pfarrkirche und
Lateinschule (1662 gegründet) waren die geistigen Mittelpunkte, die Piece
Hall in Kirkgate die Vorläuferin der 1867 eröffneten Börse. Lange Zeit waren
die Handelsgeschäfte in den Gasthöfen des Städtchens abgewickelt worden,
das 1800 erst 3000 E. zählte. Seit 1740 wurden die alten Saumwege durch
Wasserstraßen ersetzt (nach Leeds, Selby; Halifax; Pool, Ripon; nach Keighley und Kendal) und der Anschluß an den Leeds—Liverpool Canal wurde
hergestellt.

Inzwischen ist Bradford aus dem Talkessel weit hinausgewachsen, mehrfaches Bahnziel trotz seiner abseitigen Lage, ein Brennpunkt des Trolleybus-

und Kraftwagenverkehrs wie Leeds. Wie dieses ohne besondere architektonische
Glanzstücke und nicht mehr wie ehedem durch würzige Luft bekannt, sondern
meist von einem Rauchnebel bedeckt, hat es doch viel getan, um seinen Ruf
als schmutzige, ungesunde Stadt zu beseitigen: durch Kanalisierung, Anlage
von Parken, gute Trinkwasserversorgung (zuerst von den Moors oberhalb
Barden zwischen Aire und Wharfe und dem Quellgebiet des Worth, der bei
Keighley in den Aire mündet; seit 1900 aus einem 58 km entfernten Wasserwerk in Nidderdale, vgl. S. 574). Sein emsiges Industrie- und Verkehrsleben
machen einen starken Eindruck. In der Tat ist es das Herz der Wollerzeugung und des Wollhandels von England; 1900 umfaßte dieser $^5/_6$ der
Ges.Erzeugung Großbritanniens. Diese Stellung verdankte es z. T. der Tüchtigkeit seiner Söhne, welche die Erfindungen von Arkwright und Cartwright
(1798) einführten, z. T. dem Umstande, daß schottische und deutsche Unternehmer (aus Frankfurt, Hamburg und Lübeck) ihre Geschäfte von Leeds
nach Bradford verlegten, ein Beispiel, dem andere folgten. 1850 betrieb es
129 Spinnereien. Hatte man um 1800 noch 90% einheimische Wolle verarbeitet und war 1808 zum erstenmal australische nach England gebracht
und im nahen Guiseley zu Tuch verarbeitet worden, so wurde um 1900 zu
$^4/_5$ ausländische Wolle aus Australien, Neuseeland, Kapland, Südamerika
verwendet. Besonders wichtig war die Verwertung der Haare der Angora-
ziege (Mohair) und der Wolle des Alpaka; darin behauptete es die Führung.
Dies geht auf Titus Salt zurück, der außerdem die Mustersiedlung (model
town) von Saltaire schuf, eine große einheitliche Fabriksanlage mit Arbeiterhäusern, Schulen usw. (1853). Alle die Verfeinerungen des Spinn- und Web-
verfahrens sind in Bradford sorgsam verfolgt und angewendet worden. Im
Zusammenhang damit nahm die Färberei rasch zu. Kammgarn (worsted)-
und Streichwoll (wool) weberei hielten einander ziemlich das Gleichgewicht,
doch ist Bradford vorzüglich durch Kammgarn bekannt. Ungef. die Hälfte
aller Beschäftigten erzeugt Wollwaren (in Leeds nur 6%). Auch Baumwollindustrie ist vertreten; die Seidenindustrie hat hier die größten Fabriken
Großbritanniens (Erzeugung von Plüsch, Möbelstoffen usw.), die Herstellung
von Kunstseide ist aufgeblüht, wie übrigens auch in Halifax, Keighley und
Huddersfield. Der Aufschwung in der Wollindustrie hing wieder mit den
Wässern des Millstone Grit, später mit der Nachbarschaft der Kohlenflöze
zusammen. Der Eisenbergbau ist wegen Erschöpfung der Lager seit 1896
erloschen, aber die Eisenindustrie, die er seinerzeit ins Leben rief (Bowling
1788, Lowmoor 1787, Bierley 1810), ist geblieben. Sie erzeugt hier, in Keighley, Bingley und Halifax namentlich Maschinen für die Textilindustrie. Die
Steinindustrie hat ihre Bedeutung bewahrt, öffentliche Gebäude und Denkmäler der Stadt bekunden eine berechtigte Vorliebe für die schönen weißen
Quadern von Bolton Wood, die braunen von Idle (nnö.) oder die „blauen"
von Bowling (ssw.).

In der Stadtverwachsung von W-Yorkshire treten Leeds und Bradford
wie ein Doppelstern auf, um welchen sich größere und kleinere Trabanten
ordnen, ohne ihr Eigenleben ganz aufzugeben. Bemerkenswert ist, wie sich
die Aufgaben und Bereiche der beiden führenden Städte nicht bloß gegeneinander, sondern auch gegen die benachbarten Großstädte abgrenzen [81 g]
(Abb. 112). Während sich Bradford im wesentlichen auf die Organisation
der Wollindustrie beschränkt und in dieser Hinsicht in enger Verbindung
mit Keighley und Halifax steht, sind die Funktionen von Leeds dank der
Verschiedenartigkeit seiner Industrien, seiner größeren Bevölkerung, seiner
günstigeren Verkehrslage viel mannigfacher. Es birgt die Kohlenbörse (Coal

Exchange) und die größte Getreidebörse im West Riding, ist Sitz zahlreicher industrieller Verbände und Gesellschaften, des Bank- und Versicherungswesens und zugleich der Mittelpunkt der Verwaltung des West Riding mit Eisenbahn- und Postdirektion usw. Die überragende Stellung von Leeds kommt ferner in seiner Rolle als Verteiler zur Geltung, in der Versorgung einer weiten Umgebung mit Kleidung, Lebensmitteln, Mastvieh, Fleisch. Mit Obst und Gemüse beliefert es selbst Harrogate, York, Wakefield und Castleford. Zu seinen Abnehmern gehört in mancher Hinsicht sogar das East Riding mit Hull, dessen Hafen ohne die Industrie des West Riding nie zu solcher Bedeutung gelangt wäre. Weit reichen die kulturellen Funktionen von Leeds. Im N liegen erst Cleveland und North Yorkshire außerhalb seines eigentlichen Wirkungskreises; deren geistiger Vorort ist Newcastle. Ebenso wird das Wirtschaftsleben n. einer Linie Northallerton nach Whitby bereits von Middlesbrough, das Newcastle untergeordnet ist, geleitet. Im S macht sich dagegen der Einfluß von Sheffield geltend, u. zw. infolge der starken Steigung der Verkehrswege, welche die Calder—Dearne-Wasserscheide übersetzen, wo die Bereiche der Stadtballungen von West und South Yorkshire aneinandergrenzen. Das Verteilungsgebiet von Bradford ist enger, es beschränkt sich vornehmlich auf die nähere Umgebung einschließlich des oberen Airetals bis Skipton. Halifax neigt mehr zu Bradford, Huddersfield mehr zu Leeds. Der Industriebereich des West Riding erlischt an seiner SW-Grenze, jenseits deren die Baumwollindustrie vorherrscht: Todmorden, Springhead, Saddleworth, schon jenseits der Hauptwasserscheide, sind ausgesprochen nach Manchester eingestellt.

Die „West Yorkshire conurbation", die nach ihrer Bevölkerungszahl an 4. Stelle unter den brit. steht, verlangt, gebieterisch nach einer wohldurchdachten und sorgsam ausgeführten Planung. Allein das Vorhandensein von zwei Hauptmittelpunkten und einer großen Anzahl größerer und kleinerer Städte, zusammen mit dem unleugbaren Lokalpatriotismus ihrer Einwohner, bedeutet erhebliche Schwierigkeiten. Leeds, das durch seine Größe und als Verkehrsknoten am ehesten berufen wäre, die Führung zu erhalten, liegt nicht zentral genug. Das unruhige Gelände ist einer einheitlichen Zusammenfassung nicht günstig. Schon hat sich eine unerfreuliche „brick-and-mortar"Einheit herausgebildet, doch gibt es immer noch viel offenes Land. Daher wird hier eine Planung eher Erfolg haben als bei den anderen großen Stadtballungen Großbritanniens [81 h].

Auch im Airetal oberhalb Leeds hat die Industrialisierung große Fortschritte gemacht. Der Hauptort ist dort K e i g h l e y (40 441; 52 540). Es erzeugt Maschinen für die Schaf- und Baumwollindustrie, Kammgarne, Kunstseide und Strickwaren, ferner Schiffsmaschinen, Eisenwaren, Leder und Treibriemen und Ziegel. Kleiner sind B i n g l e y (20 553; 20 010) und S h i p l e y (30 242; 28 940), das bereits mit Bradford verwächst (Werkzeugmaschinen, Flugzeugmotoren, Motorräder, Textilien, Leder, Papier). Vorposten der Industrie n. des Airedale sind G u i s e l e y (5607) nahe der Wasserscheide zum Wharfetal, wo sich ähnlich wie um Halifax hauptsächlich Färberei und Wollveredelung lokalisiert haben [75], und in diesem selbst O t l e y (11 034) mit Kammgarn-, Papier- und etwas Maschinenindustrie. Die natürliche Schönheit der Landschaft ist hier, außerhalb des Kohlengebietes, besser erhalten und der Touristen- wird neben dem Geschäftsverkehr eine immer wichtigere Einnahmsquelle. Jenen locken ganz besonders: Bolton Abbey; die 46 m lange, bloß 1—2 m breite Schlucht des Wharfe, der unfern mit Wasserstürzen hinabschießt („Strid"); die Dörfer Kettlewell am Fuß des Great Whernside; Buck-

den und Hubberholme, umrahmt von Heiden und moltebeerreichen Mooren,
durch welche man das obere Wensleydale auf guter Straße erreichen kann.
   Unter den übrigen Städten des West Riding sind, abgesehen von Sheffield, Halifax und Huddersfield am wichtigsten. H a l i f a x (98 115; 89 390;
D.B. Fesley; um 1175 Haliflex, „heiliges Flachsfeld" [623*], gehörte zum großen
Krongut Wakefield) entstand auf einem flachen Millstone Grit-Sporn am
W-Gehänge des Tals des Hebble, eines r. Seitenbachs des Calder. Die Hauptstraße nach Leeds übersetzte jenen frühzeitig auf einer Brücke, um dann das
steile E-Gehänge zu ersteigen. Zwar hatte sich die Tucherzeugung in Halifax
schon zu Beginn des 15. Jh. niedergelassen; trotzdem war es damals nur ein
großes Dorf trotz seiner 12 000 Männer [624*]. In der Folge wurde es sehr
gefördert durch die Einwanderung von Alba vertriebener niederländischer
Flüchtlinge. Seit 1607 hielt es jede Woche zwei Märkte, jedes Jahr zwei Messen ab [BE]. Zu Beginn des 19. Jh. hatte es in der Erzeugung von Wollstof-

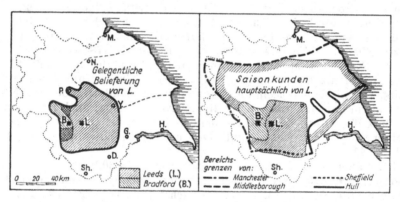

Abb. 112. Einflußgebiet von Leeds und Bradford. a (links) als Belieferungs-, b (rechts)
als Markt- und Einkaufszentren. Die Bereichsgrenzen entsprechen den Linien gleicher
Erreichbarkeit, bzw. Fahrtdauer von Leeds—Bradford und der betreffenden Städte.
(Nach R. E. DICKINSON.)

fen, Teppichen und Decken einen guten Namen, das äußere Zeichen des Er-
folges war seit 1799 seine Tuchhalle (heute als Markthalle benützt). Der Bau
des Rochdale Canal und die Kanalisierung des Calder kamen ihm sehr zustat-
ten. Kohle und Dampfkraft beschleunigten die Entwicklung und riefen andere
Industrien herbei: Baumwoll-, Kunstseide-, Lederindustrie, Färberei, Eisen-
und Zementindustrie. Auch stellt es Präzisionsinstrumente her. Doch ist die
Erzeugung von Kammgarn und anderer Wollstoffe (Serges, Kerseys; Decken,
Flaggentuch usw.) die Hauptsache. Neunzig Firmen waren vor dem zweiten
Weltkrieg in der Wollindustrie tätig, nur zwei erzeugten Teppiche [81i].
Die meisten Fabriken und Werkstätten und der Bahnhof stehen unten im Tal,
die verkehrsreichsten Straßen steigen gegen W merklich an, überragt von dem
75 m hohen Turm der Allerheiligenkirche, einer weithin sichtbaren Landmarke.
   Etwas jünger ist der Aufschwung von H u d d e r s f i e l d (113 475;
115 560) [613]. Ausgezeichnet durch breitere Straßen, durch große Lagerhäuser und Magazine, die meist aus dem grauen Sandstein der Umgebung
gebaut sind, hält es sich an das l. Gehänge des Colne, der hier gegenüber den
kleinen Holme von S her aufnimmt. Dieser bezeichnet jenen Wechsel der

Landschaft, der auf dem Gegensatz von Millstone Grit und Coal Measures
beruht. Der Millstone Grit bildet die scharfkantigen Platten im W, die Tonschiefer der Coal Measures ein weicher geformtes Hügelland im E. Allein
auch sie enthalten Horizonte kieseliger Sandsteine, welche Stufen bilden.
Den Fuß einer solchen fließt der Holme entlang, an einer anderen ö. davon
die Eisenbahn nach Penistone. Der Millstone Grit trägt zumeist Ödland und
Heide, liefert aber das beste Wasser. Die Böden der Coal Measures sind Kulturland, heute größtenteils Wiesen (nur während der beiden Weltkriege wieder vorwiegend mit Getreide bestellt). Auf dem Millstone Grit herrschen die
Steinmauern, auf den Coal Measures z. T. schon die Hecken, besonders auf den
Schiefern, häufig mit Bäumen besetzt, so daß der Eindruck eines lichten Waldes entstehen kann. Das Hauptkohlengebiet stellt sich erst weiter im E ein,
jenseits der Bahn nach Penistone. Dort liegen die Grubendörfer Lepton,
Thornhill usw., noch umgeben von kleinen Farmen, Gehölzen und Parken
[311]. Huddersfield selbst, durch Sir John Ramsden's Canal mit dem Calder
verbunden, später durch Kanal und Eisenbahn (Standedgetunnel) mit Lancashire und bald durch die Nähe der Kohlenfelder gefördert, entfaltete seinen
Handel seit der 2. H. des 18. Jh. Es hatte 1670 das Marktrecht erlangt und
schon um 1700 eine blühende Wollweberei (Kerseys). 1784 vollendete es seine
Tuchhalle. Es liefert namentlich Kammgarn und erstklassige Tuche für hochwertige Herrenanzüge, ist ausgezeichnet durch Färberei und Bleicherei und
entfaltet, von Leeds her beeinflußt, in steigendem Maße Handel mit Kleidern
und vor allem mit Modetuchen und Modewaren in Seide; auch ist es ein wichtiger Platz für Kunstseide. Dazu kommen Eisengießereien, Schwerindustrie,
Maschinenfabriken, Messing-, Kautschuk- und Chemikalienindustrie (Farben)
[BE, 81 i, 84 b].

Alt ist auch die Industrie von D e w s b u r y (54 302; *46 650*; Wollwaren:
Kleider, Teppiche, Decken; Wollaufbereitung, „shoddy"; Chemikalien, Farben
und Lacke; Bleiröhren). Mit ihm verwächst B a t l e y (34 573; *36 100*), der
eigentliche Sitz der „shoddy"-Verwertung. Hier sind die Kohlengruben
schon häufiger. Weiter gegen E gewinnt der Bergbau das Übergewicht (vgl.
S. 589). Im W ist auch H e c k m o n d w i k e (8991) schon lange durch
Teppich- und Deckenfabrikation bekannt, während zwischen Dewsbury und
Leeds M o r l e y (23 396; *36 280*) mit Wollindustrie anwächst (auch Fabrikation von Sicherheitslampen).

Eine eigenartige Zwischenstellung nimmt W a k e f i e l d (59 122;
54 470) ein. Es liegt im E-Saum der Pennines am Calder an der ersten Stelle
oberhalb der Tieflandsümpfe, wo man ihn vor dem Brückenbau auch bei
Hochwasser am ehesten übersetzen konnte. Erst 1343 erhielt es eine Steinbrücke. Frühzeitig war es ein wichtiger Verkehrsknoten, von einer Normannenfeste geschützt, 1203 mit dem Messerecht, seit ungef. 1231 mit dem
Stadtrecht begabt. In der 2. H. des 15. Jh. ließen sich Tuchweber aus Flandern nieder und seine Wollstoffe gewannen einen guten Namen. 1710 eröffnete
es seine Tuchhalle. Im 19. Jh. wurde es von Leeds überholt, nicht zuletzt
infolge des Konservatismus seiner Fabriks- und Kaufherren [78, 87]. Doch
raffte es sich auf, und heute ist es eine ansehnliche Fabriksstadt. Seine Textilindustrie erzeugt Kammgarne, Wollteppiche, „shoddy", seine Eisenindustrie
Drähte aller Art, Maschinen, Bergbaumaschinen, Kessel u. dgl. m., es hat
Seifenfabriken, Dampfmühlen, Mälzereien und Brauerei. Nach wie vor ist es
der Mittelpunkt des Ackerbaus im West Riding mit großem Vieh- und Getreidehandel. Es ist die Gr.St. des West Riding und seit 1886 City und
Bischofssitz [BE].

Überhaupt sind das ganze Calder- und Colnetal von Industrieanlagen erfüllt (Abb. 113). Im Caldertal, wo Spinnerei besonders wichtig ist [75],

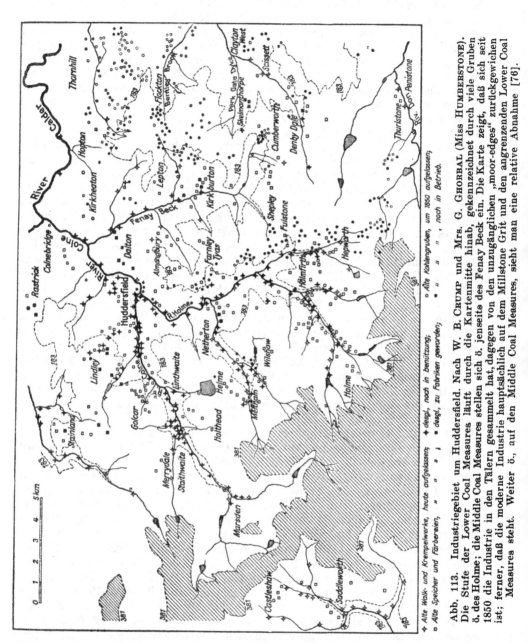

Abb. 113. Industriegebiet um Huddersfield. Nach W. B. Crump und Mrs. G. Ghorbal (Miss Humberstone). Die Stufe der Lower Coal Measures läuft durch die Kartenmitte hinab, gekennzeichnet durch viele Gruben ö. des Holme; die Middle Coal Measures stellen sich ö. jenseits des Fenay Beck ein. Die Karte zeigt, daß sich seit 1850 die Industrie in den Tälern gesammelt hat, dagegen von den unzugänglichen „moor-edges" zurückgewichen ist; ferner, daß die moderne Industrie hauptsächlich auf dem Millstone Grit und den angrenzenden Lower Coal Measures steht. Weiter ö., auf den Middle Coal Measures, sieht man eine relative Abnahme [76].

+ Alte Walk- und Krempelwerke, heute aufgelassen;   + desgl., noch in benützung;   ○ Alte Kohlengruben, um 1850 aufgelassen;
□ Alte Speicher und Färbereien;   „   „   „   ;   ✛ desgl., zu Fabriken geworden;   ■   „   „   , noch in Betrieb.

folgen talaufwärts Brighouse (19 756; 27 540; Maschinen, Chassis, Leder, Seifen), Elland (10 326), Sowerby (mit dem seit 1926 Sowerby Bridge vereinigt ist; 14 680; Woll- und Baumwollind., Färberei), Luddenden Foot (2881), Midgley (1882), Mytholmroyd (4468; Baumwollspinnerei), Hebden Bridge (6312; Eisen- und Textilind.), Todmorden (22 222;

17550; Kammgarn- und Baumwollind.; Maschinen, Leder, Chemikalien) aufeinander, im Colnetal L i n t h w a i t e (9688; Wollspinnerei, Maschinen, Farben), G o l c a r (9812; Wollspinnerei, Eisengießerei, chemische Ind.), S l a i t h-
w a i t e (5183; Wollspinnerei; Öle und Fette), M a r s d e n (5723). Zwar
unterbrechen die Höhen der Pennines beiderseits des Standedgetunnels dieses
Getriebe, doch setzt es gleich jenseits der Wasserscheide wieder ein, zu Little-
borough, bzw. Mossley (vgl. S. 626). Die beiden Täler haben im Verlauf der
letzten Jh. starke Wandlungen durchgemacht, die Reize ihrer Natur sind von
der Industrie zerstört worden, das Pflanzenkleid ist verwüstet, in die Talgehänge sind viele Steinbrüche geschlagen worden, welche die benachbarten
Großstädte mit Baustoffen versehen; fast ununterbrochen erfüllen Rauch-
und Nebelschwaden die Talgründe.

Sheffield. Auch das zweite große Industriegebiet an der SE-Abdachung
der Pennines, das von Sheffield (511 757; *476 360*), begann sich schon im
Mittelalter zu entwickeln, dank den Toneisensteinen des Kohlengebirges, die
seit 1160 von den Mönchen von Kirkstead Abbey (Lincolnshire) zu Kimber-
worth bei Rotherham verwertet wurden, dank dem Holze der damals noch
reichlich vorhandenen Wälder und den Wasserkräften. Seinen Mittelpunkt
fand es seit dem 12. Jh. in dem Hauptort des ausgedehnten, ursprünglich
sächsischen Gutes Hallam, der auf dem sanft ansteigenden Zwiesel zwischen
Don und Sheaf stand und von einer Normannenfeste bewacht war. Der Name
Sheffield (D.B. Scafeld) wird gewöhnlich als „Feld am Sheaf" [so 623*]
gedeutet, manchmal als „shauffield" („Waldfeld"); dann hätte es vielleicht
seinerseits dem Sheaf den Namen gegeben (ehemals Schau(a), Shawa) [82h].
Tatsächlich münden in der Nähe von Sheffield fünf Flüsse zusammen: der
Don nimmt kurz vor seiner Vereinigung mit dem Sheaf den Loxley auf, in
welchen sich der Rivelin ergießt, und der Sheaf seinerseits den Porter Beck,
der mit zur Umfassung von Sheffield diente. In allen diesen Tälern entstanden Messerschmieden und Schleifmühlen [14, 82]. Für die Schleifsteine war
der Millstone Grit vorzüglich geeignet; schon Chaucer erwähnt um 1390
„Shefeld thwytel" (whittel). Ein paar tausend Handwerker erzeugten Messer, Sicheln, Sensen, Pflugscharen, Werkzeuge usw. 1296 hatte Sheffield
Markt- und Messerecht erhalten, 1297 Stadtrecht. Flämische Flüchtlinge
brachten neue Erfahrungen und neuen Antrieb mit. 1570 zählte man 61 quali-
fizierte Messerschmiede; 1624 wurden sie in einer Gilde zusammengefaßt (The
Cutler's Company) [63]. Bereits im 18. Jh. erstreckte sich der Ort 1,5 km in
N—S, 1,2 km in W—E, durchzogen von vielen engen Gassen, mit Häusern
meistens aus Ziegelstein. 1485 war eine dreibogige Brücke über den Don
gebaut worden, 1789 wurde auch der Sheaf überbrückt; die anderen Brücken
gehören dem 19. Jh. an. Unter dem Bürgerkrieg hatte Sheffield schwer zu
leiden; u. a. wurde 1648 die Burg, der am r. Sheafufer Obst- und Hopfengärten gegenüberlagen, niedergelegt. Aber die Stadt erholte sich bald. 1726
wurde die alte Halle der Messerschmiede vollendet, 1751 der Don bis zum
5 km entfernten Tinsley herauf schiffbar gemacht und dieses 1819 durch einen
Kanal mit Sheffield verbunden [60*]. In Tinsley lagen die Kais für den Um-
schlag der Waren; sie konnten über 40 Frachtkähne von ungef. 50 tons aufnehmen, welche von Hull, aber auch von Leeds, Manchester und Liverpool
kamen. Neben der Eisenindustrie, die besonders seit der Einführung des Guß-
stahls (1740) einen großen Aufschwung nahm, verarbeitete man Elfenbein
und betrieb Silberplattierung (1742 von Thomas Bolsover erfunden — „Old
Sheffield plate with silver edges"). Seit 1845 erfolgte diese galvanoplastisch.
Um 1769 hatte man das Britanniametall, eine Legierung von Zinn, Antimon

und Kupfer, in Sheffield erfunden; es wurde zur Herstellung von Teekannen, Löffeln u. dgl. verwendet [82a bis c, g, h, BE, 113*].

Vielleicht schon im 14. Jh. hatten sich die einheimischen Erze als unzureichend und zu unrein erwiesen, um mit fremdländischen konkurrieren zu können. Solche wurden später vor allem aus Spanien und Mittelschweden eingeführt und ins Binnenland gebracht: so groß erwies sich das „geographische Beharrungsvermögen" dank dem reichlichen Vorhandensein besonders geschulter Kräfte. Es würde viel zu weit führen, hier die Fortschritte in der Stahl- und Stahlwarenerzeugung von Sheffield im Laufe des 19. Jh. auch nur kurz zu umreißen. Heute ragt es besonders in der Herstellung von Edelstahl hervor; Magnetstahl erzeugt es allein. Seine Stahlwerke liefern jährl. ungef. 1,5 Mill. tons, d. i. mehr als $^1/_7$ der Ges.Leistung Großbritanniens [752*]. Anderseits beschäftigen sich über 6000 Personen mit der Anfertigung von Messern und Bestecken. Die besten Fabrikate erforderten auch die besten Erze. Spanien und Schweden blieben Hauptlieferanten, dazu traten im 19. Jh. die Cleveland Hills und Cumberland. Die Erze wurden jedoch nicht erst in Sheffield, sondern in den Hochöfen von Teesmouth, Workington und Furness geschmolzen und Roheisen und Stahlblöcke nach Sheffield gebracht. Jetzt sind Scunthorpe und Corby (vgl. S. 409) die Hauptlieferanten. Eingeführt werden ferner die in der modernen Stahlindustrie unentbehrlichen Metalle Chrom (Chromeisenlegierungen, rostfreier Stahl), Molybdän und Wolfram (für besonders harten Stahl); sie werden zu Sheffield raffiniert. Die schwer schmelzbaren, feuerfesten Tone zur Auskleidung der Öfen werden dagegen z. T. in der Nähe aus der Ganister Coal gewonnen (zumal um Oughty Bridge).

Der gewaltige Aufschwung von Sheffield wurde durch seine Mittellage im sö. Kohlenfeld ungemein begünstigt — es liegt selbst im Bereich der Coal Measures —; doch erhielt es wegen der im Gelände begründeten Verkehrsschwierigkeiten erst verhältnismäßig spät befriedigenden Anschluß an das Eisenbahnnetz. Einen großen Fortschritt brachten die Anlage des Dronfield-Tunnels, welche raschere Verbindung mit Derby ermöglichte, und die Eröffnung der Linie nach Manchester durch den Totleytunnel [83h]. Die Br. R. haben in Sheffield zwei Bahnhöfe (früher L.M.S. und L.N.E.R.). Weit überwiegend werden die Rohstoffe und die Erzeugnisse auf den Eisenbahnen verfrachtet; diese besorgen auch die Zufuhr der Kohle. Die Hunderte von Kohlenwagen, groß gemärkt mit den Anfangsbuchstaben der Grubenfirmen, sind in allen englischen Industriegebieten für die Güterbahnhöfe bezeichnend.

Anfänglich hatten sich die Fabriken mit Vorliebe an der S- und SW-Seite der Stadt niedergelassen. Die größten Anlagen begannen jedoch schon im 18. Jh. das Dontal unterhalb der Einmündung des Sheaf zu bevorzugen, die freundlichen Talgründe von Attercliffe, Brightside und Tinsley. Fabriken nahmen (im J. 1924) ungef. 10% der Fl. der Stadtgemeinde (14 km²) ein [82e]. In geschlossenen Reihen ziehen Eisen- und Stahlwerke Sheaf und Don entlang, aus Dutzenden von Schornsteinen steigen Rauchsäulen auf, die Sheffield einen guten Teil des möglichen Sonnenscheins rauben und das Auftreten der Lungenschwindsucht begünstigen, welche besonders die Messerschmiede und Schleifer befällt. Im J. 1909 z. B. erhielten selbst die Höhen von Weston Park an der W-Seite der Stadt mit 1333 St. bloß $^1/_3$, Attercliffe mit 1003 St. sogar bloß $^1/_4$ desselben; immerhin ist es damit noch günstiger gestellt als etwa Leeds oder Manchester [42, 82a]. Die Messer- und Kleineisenindustrien (Handwerkszeuge, Uhrfedern, Schreibfedern, optische und chirurgische Geräte, Präzisionsinstrumente) sitzen vornehmlich im Sheaftal, die Schwereisenindustrie mit ihren Panzer- und Edelstahlwerken und Stahlwalzwerken drun-

ten im Dontal. Diese erzeugt Dampfmaschinen und elektrische Apparate und
Maschinen, Maschinenbestandteile, Panzerplatten, Kanonen, Geschosse (Bomben), Eisenbahnwaggons und Eisenbahnmaterial überhaupt, Trambahnwagen,
Stahlkonstruktionen und Flugmaschinen. Der Kraftwagenbau in Birmingham, Coventry usw. arbeitet mit Stahlbestandteilen aus Sheffield. Wichtig
sind ferner die Herstellung von Gegenständen aus Nickel und Nickelstahl,
Kupfer (besonders für elektrische Industrien) und Bronze und die Elektro-
plattierung. Die größten Firmen haben ihre eigenen Kohlengruben und verbinden ihre Tätigkeit in Sheffield mit ihren Fabriken in anderen Industriegebieten, wie J. Brown und Co. Atlas Works mit dem Schiffbau am Clyde,
Cammell, Laird und Co. Cyclops Works mit dem zu Birkenhead; Vickers,
Manchester Electr. Industries mit dem zu Barrow. Im übrigen auch nur die
wichtigsten von ihnen hier anzuführen, ist unmöglich. Manche reichen in
ihren Anfängen in das 18. Jh., einzelne sogar weiter zurück. Die Marken von
Sheffield erfreuen sich verdienten Weltrufs. Hinter der Eisenindustrie treten
die anderen Gewerbe (Bekleidungsindustrie, Gerberei, Papiererzeugung usw.)
ganz zurück [71].

Im Zusammenhang mit der gewaltigen Industrie ist die Stadt bis 1921
rasch angewachsen (1801: 31 000; 1881: 285 000; 1921: 511 757); u. zw. zuerst
radial entsprechend dem Gelände, welches den Querverkehr bis in die Zeit
der Autostraßen erschwerte. Lange blieben die Räume zwischen den gestreckten Wachstumsspitzen unverbaut, erst in den letzten Jz. sind große Ring-
straßen entstanden, welche die hochgelegenen, gesunden Wohnviertel der Be-
mittelten miteinander verbinden. Vernünftige Stadtplanung, welche einerseits dem starken Bedürfnis an neuen Häusern möglichst nahe dem Mittelpunkt der Stadt Rechnung tragen, anderseits offene Plätze, Parke, Gärten
und Erholungsanlagen schaffen und erhalten will, ist am Werke, um den
ersten Teil des Ausspruchs von H. WALPOLE, Sheffield sei „one of the foulest
towns in England in the most charming situation" ungültig zu machen. Leider sind die „back-to-back houses", deren man 1909 unter rund 100 000 Häusern noch 16 000 zählte, nicht alle verschwunden, diese kleinen, nur aus je
drei übereinander gelegenen Räumen (house, chamber, attic) bestehenden
Doppelhäuser, das Vorderhaus mit der Front gegen die Straße, das Hinter-
haus mit der Front gegen den Hof. Gegen diesen blickten mitunter bis zu 20
solcher Gebäude, angewiesen auf einen einzigen Brunnen (vgl. S. 423). Immerhin ist der Fortschritt gewaltig. Augenblicklich wächst die Stadt besonders in der Richtung auf Ringinglow im SW, entlang des Tales des Sheaf
und hinüber zum Rivelin; etliche „satellite centres" sind entstanden [18].
Auch der alte Stadtkern hat sich verändert, die engen Straßen von ehedem
sind beseitigt, Fleisch-, Eier-, Geflügel- und Obstmarkt, die seinerzeit sämt-
lich in der Nähe von New Market lagen, sind von Großmarkthallen abgelöst
worden. Dort stehen das Hauptpostamt, Banken, die Häuser großer Firmen,
unten, nahe dem Sheaf, der hier eingedeckt ist, bzw. dem Don die Getreidebörse und die beiden Hauptbahnhöfe. Die mächtige Stadtpfarrkirche St. Peter (aus dem 14.—16. Jh., seit 1913 Kathedrale) erhebt sich auf einer Terrasse, seinerzeit das Gegenstück zur Burg unten im Tal; in ihrer Nähe die
Cutlers' Hall (1832) und das Rathaus (1897) mit einem 55 m hohen Turm,
der von einer Statue des Vulkan gekrönt wird. Noch weiter oben, im neuen
Sheffield, zeigt sich neben dem Weston Park die Universität (gegr. 1905),
die u. a. eigene Fakultäten für Metallurgie, angewandte Chemie und Glas-
technologie hat und zugleich eine Hochschule für Bergbau ist, der Mittelpunkt
des geistigen Lebens, das lange vorher in gelehrten Gesellschaften blühte und

in den prächtigen Sammlungen des Museums zum Ausdruck kommt. Ein bemerkenswerter Vorzug der Stadt ist ihre reizvolle Umgebung: die Heidekrautheiden im Rivelintal, die Eichenwälder von Wharncliffe, die eigenartigen Felsbildungen auf den Grit-Stufen im W, von denen der Blick weit über Berg und Tal schweifen kann, die munteren Wasserläufe mit ihren kleinen Schnellen, die künstlichen Seen in den Tälern des Rivelin, Redmires, Loxley, Little Don und Derwent, die der Wasserversorgung der Stadt dienen. Das jüngste derartige Unternehmen ist das 1937—1939 angelegte, 5 km lange, bis zu 40 m tiefe Ladybower Reservoir im Derwenttal, das allein 250 Mill. hl aufspeichern kann und auch Derby, Nottingham und Leicester beliefert. Bei dem Dorf Ashopton entsendet der Stausee eine Zinke in das Ashoptal. Jenes und das Dorf Derwent mußten fast gänzlich verlegt und die Wasserleitung zum Rivelintal durch einen 7 km langen Tunnel geführt werden.

Um Sheffield ist vorläufig noch keine solche Stadtballung entstanden wie um Leeds-Bradford, mit dessen Einzugsbereich sich das seine berührt; die Industrialisierung hat das Land noch nicht in solchem Maße überwältigt wie dort. Zwar weist das Dontal auch oberhalb Sheffield, durchzogen von Eisenbahn und Straße, verstreute Fabriken auf, aber die schönen Eichenwälder am Wharncliffe Edge, das im M. fast 200 m über den Talgrund aufragt, sind erhalten geblieben, und das langgestreckte S t o c k s b r i d g e (9255; Stahlwerke) im Tal des Little Don hat wenigstens eine Gartensiedlung angelegt. Wie dort sind auch in dem hochgelegenen, aus dem grauen Sandstein der Gegend gebauten Markt- und Industriestädtchen P e n i s t o n e (3264, 1921: 3791), das etwas abseits der Hauptlinie Sheffield—Huddersfield bleibt, die Metallarbeiter (Stahlwerke!) stark in der Überzahl [18, 78]. Hier beherrschen noch Farmen und Cottages das Bild, und die Einsamkeit der Weiler und Felder längs dem obersten Little Don und dem oberen Don ist trotz ihrer Wasserspeicher kaum ernstlich berührt. Weiter im E, auf den Ausläufern der Pennines, bestimmen Kohlenbergbau und Industrialisierung immer mehr das Gepräge. Vorläufig gruppieren sie sich um bestimmte Mittelpunkte, vor allem um B a r n s l e y (71 522; 69 170, mit Umgebung über 100 000 E.). Von seinen Arbeitern sind keine 10% in der Metall- (besonders Stahl-) Industrie beschäftigt, dagegen ungef. $^{1}/_{3}$ im Bergbau (Barnsley Seam!), viele in der Textil- und Glasindustrie [82 h]. Eine alte Siedlung (D.B. Berneslai), entwickelte es sich dank der günstigen Lage auf einem Riedel zwischen Dearne und Dove und dank seiner engen Verbindung mit den Mönchen des nahen Monk Bretton, von Rockley Abbey und anderen Klöstern zu einem wichtigen Markt. Ein solcher ist es geblieben, Straßen- und Bahnknoten. Eine Zeitlang war seine Leinenweberei weltberühmt; sie wurde aber später durch billigere irische Erzeugnisse stark beeinträchtigt. Ansehnlich ist seine Textilindustrie (Hemden, Steppdecken, Samt und fertige Anzüge). Dazu kommen Maschinenfabriken, Dampfmühlen, Ölraffinerie, Verschwelwerke. Den Kohlenlagern verdankt es die Bahnverbindung mit Goole, freilich auch seinen Ruf als „bleak and black", trotz der Zufuhr frischer Höhenluft aus dem W [18]. Im S, im oberen Rothertal, gehört die öde Fabriksstadt C h e s t e r f i e l d (61 460; 63 870) dem Industriebereich von Sheffield an (Koksöfen mit Benzolgewinnung, Schmelzöfen, Stahlwerke, Waggonfabrik; Röhren, Margarine) [710, 714].

Zwischen Barnsley und Sheffield bedecken, begünstigt durch pleistozäne Lehme und Sande, Äcker und Wiesen die Vorhöhen der Pennines, dazwischen prächtige Schloßparke (Wenthwort Castle, Wortley Hall usw.). Freundliches Farmland umschließt Barnsley auch im W, selbst um Silkstone, das

ebenfalls einem wichtigen Kohlenflöz seinen Namen gegeben hat (vgl. S. 568).
Nach der Aufnahme des Dearne durchbricht der Don unterhalb M e x -
b o r o u g h (15 848) die Dolomitstufe bei C o n i s b o r o u g h (18 174), wo
seinerzeit eine Sachsen-, später eine Normannenfeste als Wächter stand.
Etwas unterhalb, draußen im Niederland der Trentsenke, inmitten des jungen
Kohlenzechengebietes liegt Doncaster (vgl. S. 420) und weiter nördlich das
Städtedreieck C a s t l e f o r d (21 784), P o n t e f r a c t (19 057; *19 810*) und
K n o t t i n g l e y (6839), umschlossen von offenem Land mit Kohlengruben.
Castleford, wo der Calder in den Aire mündet (Aire—Calder-Schiffskanal!),
und Knottingley, in dessen nächster Nähe der Kanal nach Goole beginnt, sind
Fabriksorte. Pontefract erwuchs etwas abseits an einer strategisch wichtigen
Stelle, welche es gestattete, die zwei Hauptwege durch das Sumpfland, bzw.
die Übergänge über den Aire bei Castleford und Ferrybridge zu bewachen.
Hier entstand eine dänische Siedlung (heute als Tanshelf ein Teil der Stadt)
an der W-Seite eines festen Permkalk- und -sandsteinhügels, hier errichtete
Ilbert de Lacy eine Burg, sein Sohn eine Kluniazenserabtei. In deren Obhut
entwickelte sich das Städtchen, das in Woll- und Pferdehandel sein Einkommen fand. Der ehemalige Pferdemarkt ist jetzt die breite Hauptgeschäftsstraße zwischen der Burgruine und dem Hauptplatz, auf welchem
ein altes Butter Cross steht. Besonders bekannt war und blieb Pontefract
durch sein Süßholz (1562 eingeführt! Nur mehr pharmazeutisch verwendet)
und Zuckerwerk [84]. Jung ist der Bergbau, der gleich n. der Stadt einsetzt
(Prince of Wales und Glass Houghton Collieries) und schon um die Jh.-
Wende eine starke Bevölkerungszunahme verursachte. Die meisten Gruben
liegen jedoch im W in der Richtung auf Wakefield und im SW um F e a t h e r -
s t o n e (14 955). Der Dolomitkalkzug zwischen Don und Aire trägt ergiebige
Weizen-, Klee- und Rübenfelder und schöne Gehölze. Die Farmen der hier
und auf den Coal Measures stehenden, von Parken umrahmten „gentlemen's
seats" haben gut gepflegte Wiesen und erstklassiges Vieh. Die besten Böden
liegen dort, wo kalkhaltige Verwitterungsstoffe unmittelbar auf sandige Coal
Measures gespült werden. Die Dörfer stehen mit Vorliebe nahe dem W- und
dem E-Rand der Anhöhen [111]. Zu ihnen gehört u. a. Hooton Pagnell,
dessen Wirtschaftsgeschichte für das Gebiet typisch ist. 1595 hatte es
noch das Dreifeldersystem, 280 ha Pflugland waren in 554 Parzellen auf
10 Besitzer aufgeteilt. Um 1780 war es schon auf die Hälfte vermindert,
um 1794 waren die Einhegungen, von welchen auch das Unland erfaßt wurde,
größtenteils durchgeführt; abgeschlossen wurden sie jedoch erst 1917 [611].

Von den Pennines schlagen im N die C h e v i o t   H i l l s die Brücke zu
den schottischen Uplands, mit denen sie viele Züge gemein haben. Sie
stehen zwischen dem Oberlaufe des Tyne und dem Till, einem r. Nebenfluß
des Tweed, ein Bergland mit langgestreckten, von Heiden und Mooren bedeckten Rücken und flachen Gipfelkuppen, mit breit ausladenden, waldlosen,
kaum besiedelten Talgebieten [15]. Auf 50—60 km Länge spannt sich der
Hauptkamm vom Peel Fell im SW (601 m) gegen Wooler am Rand der Till-
niederung. Weit reicht die Aussicht vom Cheviot, der sich auffallend stark
heraushebt, nach Schottland hinein und über die Niederungen NE-Englands
hinweg bis zu den 100 km entfernten Cleveland Hills, die schon DEFOE von
ihm aus erblickte. Er beherrscht die Mitte des E-Flügels, eines präkarbonen
zentralen Granitlakkoliths von über 50 km² Fl. [227]. Dieser wurde in eine
Masse grober Aschen und Agglomerate des Lower Old Red Sandstone intrudiert, der „Cheviot Lavas", von Andesit-Porphyriten, Pyroxenandesiten, Quarz-

felsiten, Rhyolithen. Sie umschließen den Granit fast allseitig. Zuletzt wurden dieser und die Laven von einer großen Anzahl von Gängen durchsetzt, u. zw. im wesentlichen zwei Schwärmen in NNW und NNE, hauptsächlich im Raum zwischen Alwinton und Wooler. Ungefähr in diesen Richtungen ziehen auch die präkarbonen Brüche des eigentlichen Cheviotgebietes, manchmal durch quarzige Mylonite gekennzeichnet, die mauerartige Rücken oder am Gehänge Leisten bilden. Dem Granit gehören auch die anderen Gipfel von über 600 m H. an, so Comb Fell und Hedgehope (731 m) [21a und Anm., 27a, 29]. Nur selten weisen sie scharfe Formen auf. Nicht einmal der Cheviot trägt eine Schuttfläche, sondern ausgedehnte, bis zu 6 m tiefe Moore. Unter dem Torf ist der Granit oft gebleicht und zu einem weißen porösen Gestein aus Quarz und weißem Glimmer zersetzt, aber kein Kaolinit ist vorhanden [315a]. Der SW-Flügel besteht dagegen vom Rede Water an, wo an der Grenze gegen Schottland auch silurische Tonschiefer, gröbere Grauwacken und Kalke (der Wenlockserie) — intensiv gefaltet und aufgerichtet, jedoch noch vor der Old Red-Periode wieder abgetragen — am Aufbau beteiligt sind, aus unterkarbonen Sandsteinen, Tonschiefern und Kalken der Lower Carboniferous Limestone Series. Diese wird seit langem von unten nach oben in das Tuedian: Lower Freestone, Cementstone Group und Fell Sandstone Group, und das Bernician: Scremerston Coal Group und Limestone Group (Lower, Middle und Upper L. Gr.) gegliedert. Im einzelnen zeigen die Gruppen im Streichen große Veränderlichkeit. Sie wurden erst nach einer auf die Granitintrusion folgenden Abtragungsphase abgelagert. Jüngere Intrusiva (Jungkarbon?, tertiär?) sind Gänge von Quarzdoleriten und Tholeiten. Ein Bündel jungkarboner Verwerfungen zieht im allgemeinen in W—E-Richtung.

Vom wasserscheidenden Kamme führen die Haupttäler unter spitzem Winkel hinab, gegen N die des Jed, Oxnam und Kale Water zum Teviot und damit zur Tweedsenke, gegen ESE oder E die von Rede Water, Coquet, Aln und des Breamish, eines Quellflusses des Till. In diesen mündet Bowmont Water, das an der N-Seite merkwürdig gegen E umbiegt (vgl. u.), statt zum Tweed weiterzufließen. Sonderbar sind die vielen geraden Talstrecken (Rede Water; Harthope Burn an der E-Seite des Cheviot) und die oft ganz plötzlichen Knicke der Flußrichtungen. Ihre Ursachen sind noch nicht für jeden Einzelfall geklärt. Schwächelinien, an Verwerfungen geknüpft, Vergletscherung, Krustenbewegungen und Schrägstellungen eines Flachreliefs haben dabei zusammengewirkt. Der Cheviot, ganz gegen NE gerückt, ist mit seiner Umgebung der Rest eines alten Flächensystems, das heute über 800 m ansteigt. Darunter überspannt ein besonders deutlich ausgeprägtes von 550 bis 600 m H. ringsum das Bergland, so auf den plateauartigen Rücken zwischen North Tyne und Rede Water — im Peel Fell, Carter Fell (554 m), Wool Meath (552 m) —; im Quellgebiet des Coquet um Thirl Moose (559 m); an der S-Flanke des oberen Breamish (559 m). Wenig tiefer hält es sich ö., n. und nw. vom Cheviot (Newton Tors 537 m). Ein drittes Flächensystem in ungef. 280—300 m H., ebenfalls noch zerschnitten, entfaltet sich außerhalb im ö. Halbkreis bis zur Küste hinüber (vgl. S. 523), buchtet sich aber unverkennbar in die Cheviottäler hinein. Auf diesen großen Verebnungsflächen haben ehemalige Tieflandflüsse auch geringen Schrägstellungen leicht nachgegeben, ihre Läufe verschoben und erst mit dem Einschneiden festgelegt. Dann regelten sich ihre Leistungen nach der Widerständigkeit des Gesteins, Flußnetz und Talformen, mit Wechsel von Engen und Weitungen, glatten oder treppenartigen Hängen, paßten sich ihm weitgehend an. Das Alter jener Flächensysteme ist nicht sicher bestimmbar, vielleicht ist das älteste noch alttertiär, das dritte wahrscheinlich unterpliozän. Eine letzte „Verjüngung" macht sich anscheinend im Tale des North Tyne durch einen Kerbenscheitel („knickpoint") unmittelbar oberhalb der Redemündung bemerkbar [333].

Der durch Gesteinswechsel verursachte Unterschied in den Formen [21, Anm.] zeigt sich schon im oberen Coquettale: auf dessen l. Seite die zugerundeten Rücken der Porphyrite mit gleichmäßig geneigten Böschungen, auf der r. die mit vielen Stufen aufsteigenden Hänge der Fell Sandstones. Zumeist sind die Porphyrithänge von einer frischen grünen Pflanzendecke überzogen, wenn nicht Schutthalden, hier „glidders" genannt, über sie hinabziehen. Die Quadern der Fell Sandstones, soweit frei von Moränenschutt, tragen dagegen ausgedehnte Callunaheiden. Auch die Lower Freestones neigen zur Terrassierung, weniger regelmäßig die Old Red-Konglomerate, die übrigens nur am Windygate Hill auftreten, und die Silurgesteine. Die dünnen, jedoch härteren Kalke der Cementstones prägen sich als niedrige Wände und Stufen aus, ihre Tonschiefer sind wasserundurchlässig, leicht abspülbar und flach geneigt. Auch die Intrusivgänge des Old Red sind je nach der Lagerung als Kämme oder als Stufen herausgearbeitet. So verleihen Basalte dem S- und E-Hang des Sandsteingipfels Carter Fell ihre eigentümlichen Züge, verstärkt durch das lebhafte Grün ihres Pflanzenkleides. In den Graniten sind zumal in dem höchsten Teil des Berglandes wiederholt „tors" (vgl. S. 262) ausgewittert, mehr oder weniger zerfallenen Mauerresten ähnlich [21, Anm.]. Freilich, vor dem Blick aus der Ferne verschwinden alle diese Kleinformen in den leicht auf und ab steigenden Wellenlinien.

Die Höhen der Cheviots sind bis zu 300—500 m H. von Ferneis aus dem W, bzw. NW überflossen worden [21 a und Anm.; VIII[331]; 34[*]]; an der E-Seite von Caplestone Fell (sw. des oberen North Tyne; 514 m) wurden Gallowaygranite bis fast 430 m emporgetragen. Auf den Cheviotgipfeln selbst finden sich dagegen bloß ortsbürtige Geschiebe, überwiegend eckiges Material; hier lag ein unabhängiges Eiszentrum. Neuestens gilt übrigens der lokale Glazialschutt um die Cheviots bloß als „snowdrift"-Material, bestenfalls als Moränenschutt kleinerer Gletscher [21 a]. Der Hauptgipfel hätte also sogar während der größten Vergletscherung als Nunatak über das Eis aufgeragt, sicher ist er beim Rückzug des Eises schon viel früher als das benachbarte Tiefland eisfrei geworden. Die eiszeitliche Schneegrenze dürfte sich kaum unter 600 m H. gesenkt haben. Immerhin sind die Spuren des Eiszeitalters reichlich: Rundbuckel, Schrammen, Fetzen von Geschiebeton, Moränenschutt, Untergrabung der Talwände, leichte Ausschürfung der Talsohlen. Kare sind allerdings bloß um den Cheviot selbst in N-, bzw. W-Auslage typisch entwickelt. Hen Hole ebendort ist gestuft und das Tal des R. Glen ein Hängetal. Vermutlich hat das Eis gerade die für die Ausbildung der Kare geeignetsten Höhen rasch verlassen. Sehr ausgeprägt sind die Halte des Rückzuges des schottischen Eises in Endmoränenwällen, z. B. am Kale Water oberhalb seiner Mündung in den Teviot und bei Morebattle. Mit den Gletscherständen und glazialen Aufschüttungen hängen vorübergehende und dauernde Flußlaufverlegungen zusammen. Bei Morebattle floß zeitweise ein Gewässer nach E zum Bowmont Water ab, wobei anscheinend ein alter Talzug wieder auflebte; Kale Water schnitt n. seines alten, mit Glazialschutt verstopften Weges bei Eckford einen neuen ein. Jed Water fließt nicht mehr gegen NE zum Oxnam Water, sondern gegen Jedburgh. Bowmont Water wandte sich vielleicht zu einer Zeit, wo ihm n. Eismassen den alten Weg gegen Cornhill sperrten, nach E zum Till. Auch in den höheren Teilen der Gruppe deuten gewisse

Zusammenhänge zwischen Relief und Richtung der Bäche auf junge Veränderungen im Talnetz, aber nur die „dry channels", die Kerben der Randgerinne, die beim Rückzug des Tweedgletschers am N-Abfall der Cheviots eingenagt wurden, sind z. T. näher untersucht, z. B. nw. Wooler. Gute Beispiele derartiger Erscheinungen sind kürzlich auch aus den S-Cheviots genauer beschrieben worden [21 a, 31].

Die heutige Waldlosigkeit der Cheviots hat im wesentlichen der Mensch verursacht; von Natur aus müßte der Wald auf mindestens 450—500 m H. emporsteigen. In Wirklichkeit beschränkt er sich auf wenige kleine Inseln. Auf etwas größere stößt man eigentlich erst am Rande des Gebirges, z. B. am Coquet bei Harbottle, wo schöne Pflanzungen während des ersten Weltkrieges arg gelichtet wurden, und am Rede Water, wo sie beim Catcleugh Reservoir, das Newcastle und Gateshead mit Wasser versorgt, von Kiefern, korsischen Schwarzföhren und Sitkafichten gebildet werden. Andere stehen im Tal des N-Tyne. Mehrfach haben Torfmoore, welche namentlich die flachen Gipfel bedecken, Stämme von Birken („saughs") geliefert, auf Coldlaw Hope bis zu 500 m H. [21, Anm.]. Mag auch die Waldgrenze durch die Klimaänderung im Subatlantikum etwas herabgedrückt worden sein, so wird doch die Einwirkung des Menschen durch viele Reste vorgeschichtlicher Camps und Forts bekundet, die sich bis in die obersten Talzweige hinauf auf den Bergkuppen finden; durch die Erdwälle und Gräben; die breiten, waagrechten Terrassen [15]; die kleinen, kegelförmigen tumuli, welche Tonscherben liefern; die Menhirs oder „Standing Stones". Offenbar ist das Bergland in vorrömischer Zeit verhältnismäßig dicht bewohnt gewesen; bloß die nassen Talgründe waren gemieden, die Siedlungen lieber in Schutzlage auf die Höhen gestellt. Auf den sanfteren Hängen ließ die Bevölkerung das Vieh weiden und betrieb etwas Ackerbau, in den Wäldern ging sie auf die Jagd. Ihr Schicksal kennen wir nicht. Jedenfalls wurde sie schließlich von den Römern unterworfen. Diese bauten eine „Watling Street" von Rede Water hinauf auf den Kamm des Golden Pot und über das Quellgebiet des Coquet zum Hindhope Burn und hinüber zum Teviot; die Bezeichnung Gammels Path weist zugleich darauf hin, daß sich hier auch nordische Elemente niedergelassen haben. Aber die häufigen Namen auf -hope und -haugh für die spärlichen Einzelsiedlungen, die bis in die inneren Talwinkel aufsteigen, und die vielen Bergnamen auf -law bekunden das Übergewicht der anglischen Einwanderung.

Auch die mittelalterliche Besiedlung reichte höher als die heutige. Man findet über dieser Namen wie Churchhope Hill (w. von Windy Gate), Memmer Kirk (am Oberlauf des Alwin) u. dgl. Getreide wurde viel weiter talaufwärts gebaut als gegenwärtig. Noch vor 80 J. sah man auf derzeitigem Heideland am North Tyne unfern der Belling Burn-Mündung alte Pflugfurchen, die Ruinen einer Getreidemühle und eines Malzofens; Pflugfurchen auch im Coquettal oberhalb Harbottle und Alwinton bis über 350 m H. und im Breamishtal [21, Anm. u. 21 a]. Jetzt ist das ganze Gebiet, wenn nicht mit dichten Farnkräutern verwachsen und überhaupt Unland, Schafweide, seine einzigen Bewohner sind Schäfer. Tief unten in den Tälern, nahe den Talwurzeln, nisten kleine Einzelsiedlungen. Ihre Häuschen, ursprünglich mit Stroh gedeckt, heute mit Schindeln, manchmal durch einen neu aufgesetzten Oberstock vergrößert, sind merkwürdigerweise selbst in abseitigen Gegenden aus eingeführten Bausteinen errichtet. Im Winter sind sie oft eine Zeitlang von der Außenwelt abgeschnitten. Die Schotterböden an den Bächen lassen nur dürftige Kartoffeln ernten. Beispiele sind Low und High Bleakhope im Breamishtal, Goldscleugh am Lamslade Burn, Kelsocleugh und Cocklawfoot am oberen Bowmont Water usw. Nicht alle Hänge bieten gute Schafweiden. Ganz abgesehen von den trostlosen Torfmooren und -sümpfen, von den Fels-stufen und Schutthalden, sind auch die Gräser je nach dem Gestein sehr verschieden; kurzes Süßgras gedeiht namentlich auf den alkalifeldspatreichen Vulkanböden. Im N-Teil des Gebirges ist Schafschwingel sehr verbreitet, ebenso in Redesdale (hier sogar eingehegt), auf den höheren Rücken zu-sammen mit Borstengras, auf den Bewcastle Fells bis zum S-Tyne hin auf-fallend viel Pfeifengras. Heidekraut wächst auf den Karbonschiefern und -sandsteinen. Übrigens soll Wechsel in der Nahrung den Schafen bekömmlich sein. Ungünstig wirken sich die Länge des Winters, die starken Schneefälle aus. Diesen Unbilden trotzen die schottischen Blackface besser als die weiß-köpfige und -beinige Cheviotrasse, die feine Wolle und ausgezeichnetes Fleisch liefert; wird diese auch bevorzugt, so werden jene doch in den rauheren Teilen gehalten. Weibliche Lämmer und schwache Tiere werden übrigens für den Winter lieber ins Tiefland gebracht. Beeinträchtigt werden Schafzucht und -weide durch die zunehmende Ausbreitung des Adlerfarns [VIII[122]].

Weiler und kleinere Dörfer stellen sich erst am Rande der Cheviots ein, wo die Täler breiter, die Aufschüttungsböden reicher werden, das Klima milder und der Anbau etwas ergiebiger und sicherer ist. Sie umsäumen den Fuß des Gebirges. In ihnen enden die besseren Straßen, oft viele km weit von der Wasserscheide; allein selbst in so entlegene Winkel wie Alwinton fährt regelmäßig der Autobus. Eine einzige Straße quert, durch das Tal des Rede Water aufsteigend, den Hauptkamm zwischen Carter Fell und Hungry Law in 335 m, um sich jenseits in zwei Äste (nach Hawick und Jedburgh) zu teilen. Sie bleibt s. der alten „Watling Street". Eine Bahnlinie führt durch das Tal des North Tyne, das dank seiner Terrassenreste, Schuttkegel und „haughs" bis zu fast 200 m H. den Anbau von Hafer, Rüben und Kartoffeln und damit eine gewisse Besiedlung gestattet. Sie verbindet Hexham mit Riccarton an der Strecke, die von Carlisle über Hawick nach Edinburgh durch die ö. Uplands läuft. Ziemlich groß war seinerzeit die Zahl schlechter Saumwege. Heute sind viele verfallen, so auch die ehemals wichtige Ver-bindung zwischen North Tyne und Liddesdale, wo unfern der schottischen Grenze auf der Höhe Bloody Bush auf einer Steinsäule eine Liste der Zölle für Vieh, Kohlenkarren usw. angebracht war, oder der Weg von der Post-straße durch das Rede Water-Tal zu den Kohlengruben von Carter Fell, die angeblich bis zu 90 Karren Kohle im T. nach Jedburgh hinab lieferten. In der Tat sind die kleinen Kohlengruben, die einst in den sw. Cheviots ausge-beutet wurden (die älteste Kohle, Scremerston Coal, wurde schon vor 1660 auf Ford Moss geschürft; vor ungef. 120 J. Höhepunkt des Betriebes, erst 1914 Einstellung), die kleinen Eisenbergbaue, die Steinbrüche in den Sand- und Kalksteinen oder gewissen plattigen Andesiten, aus denen man gern Feld-mauern errichtete, längst außer Betrieb. Nur unten bei Wooler werden Cheviotandesite für Straßenbau gebrochen.

Das unwirtliche, nahezu siedlungsleere, breite Gebirge, das sich zwischen die Teviot-Tweed-Senke im NW und das niedrige Flachland an der SE-Seite einschaltet und im W mit den schottischen Uplands verbunden ist, hat sich besonders dazu geeignet, die Grenze zwischen England und Schottland zu tragen. Seine Ein- und Umwohner haben durch Jh. alle die Leiden von Grenzern durchmachen müssen; die Ruinen der „pele-towers" und „beacons" sind letzte Erinnerungen daran. Heute lockt viele gerade die Einsamkeit der Cheviots zum Besuch, und bekannte Namen finden sich unter jenen, welche deren eigenartigen Reiz begeistert geschildert haben.

Literatur

11. Cambr. Co. Geographies:
    a) Northumberland (vgl. S. 533).
    b) Durham (vgl. S. 533).
    c) Cumberland (vgl. S. 704).
    d) Westmorland (vgl. S. 704).
    e) South and North Lancashire (vgl. S. 669).
    f) Nottinghamshire (vgl. S. 464).
    g) North Riding of Yorkshire (vgl. S. 533).
    h) West Riding of Yorkshire (vgl. S. 533).
    i) ARNOLD-BEMROSE, H. H., Derbyshire. 1910.
12. a) FAWCETT, C. B., The Pennine Highland (In: 112*, 256—261).
    b) BROWN, R. N. R., The Don valley and South Yorkshire coalfield. (Ebd., 290—300.)
13. The Victoria Hist. of the Co. of E.:
    a) Cumberland (vgl. S. 704).
    b) Derbyshire. (I. 1905. II. 1907.)
    c) Nottinghamshire (vgl. S. 464).
    d) Yorkshire (vgl. S. 533).
14. JONES, Ll. R., North E.: An econ. g. Sec. ed. (revised). 1924.
15. GEIKIE, J., The Cheviot Hills. Good Words, 17. 1876. Auch aufgenommen in: Fragments of earth lore. Edinb. 1893, 62—124. (Noch immer beachtenswert. Vgl. dazu auch Ders., Ancient Volcanoes of Great Britain. 1897.)
16. WILMORE, A., Some g. problems of the Mid-Pennines. JManchGS. 27, 1911, 33—38.
17. FAWCETT, C. B. (Ed.), GenHBAssLeeds. 1927. Leeds 1927. Enthält u. a.: a) FAWCETT, C. B., The location of L. b) GILLIGAN, A., VERSEY, H. C., and HUDSON, R. G., Gl. c) SLEDGE, W. A., Bot. d) COHEN, J. B., The smoke in L. e) Agric. in the West Riding (ROBERTSON, G. C. A., Soils and crops; McMILLAN, J. A., Live stock). f) HAMILTON THOMPSON, A., Old L. g) SMITH, A. H., The place-names and dialect. h) FAWCETT, C. B., The site and plan. i) SHIMMIN, A. N., The industries of L.
18. ABERCROMBIE, P., KELLY, S. A., and JOHNSON, T. H., Sheffield and distr. reg. planning scheme. Liv. 1931.
19. ORMOND, J., Derbyshire: a select catalogue of books about the co. [of Derbys.]. DerbyPublicLibr. 1930.
110. BEAVER, S. H., Yorkshire (W Riding). LBr., pt. 46, 1941.
111. HARRIS, A. H., Derbyshire. (With a contrib. by H. C. K. Henderson.) Ebd., pt. 63, 1941.

21. Gl. Sv., Mem., Explan. sheets:
    a) 5. Cheviot Hills. By R. G. Carruthers, G. A. Burnett and W. Anderson. 1932.
    b) 62. Harrogate. By C. Fox-Strangways. 1873. Ed. 2, 1908.
    c) 77. Huddersfield and Halifax. By D. A. Wray, J. V. Stephens, W. N. Edwards and C. E. N. Bromehead. 1930.
    d) 78. Wakefield. By W. N. Edwards, D. A. Wray and G. H. Mitchell. 1940.
    e) 86. Holmfirth and Glossop. By C. E. N. Bromehead and others. 1933.
    f) 87. Barnsley. By G. H. Mitchell and others. 1947.
       In Vorbereitung: sh. 69 (Bradford), 70 (Leeds).
    g) 125. Derbyshire and Nottinghamshire coalfield, southern part. By W. Gibson and others. 1908.
       Anm.: Die Sheet Mem. für Old Series Maps des Gebietes gehören fast alle den Sechziger- und Siebzigerj. an. Nur die Blätter Mallerstang und Ingleborough (von J. R. DAKYNS u. a.) sind jünger (entsprechend New Ser. sheet 40, bzw. 50). Besonders beachtenswert sind auch heute noch die Mem. über Cheviot Hills (English side; 1888), bzw. Plashetts and Kielder (1889), beide von C. T. CLOUGH; und Otterburn and Elsdon (1887) von H. MILLER.
22. Gl. Sv., Distr. Mem.:
    LAMPLUGH, G. W., Gl. of the ctry ar. Nottingham. 1910.
23. Gl. Sv., Water Supply:
    a) LAMPLUGH, G. W., and SMITH, B., W.s. of Nottinghamshire from underground sources. 1914.
    b) STEPHENS, J. V., Wells and springs of Derbyshire. 1929.
24. Gl. Sv., Coalfields:
    a) Gl. of the Yorkshire coalfield. By A. H. Green and others. 1875.
    b) Gl. of the northern part of the Derbyshire coalfield and bordering tracts. By W. Gibson and C. B. Wedd. 1913.

c) The concealed coalfield of Yorkshire and Nottinghamshire. By W. Gibson. Sec. ed. by G. V. Wilson. 1913. Ed. 2, 1926.

25. Gl. Sv., Econ. Mem., u. a.:
  a) vol. IV. Fluorspar. By R. G. Carruthers and R. W. Pocock, 1916. Ed. 3, 1922.
  b) vol. VI. Refractory materials: ganister and silica-rock etc. Resources and gl. 1918, ed. 2, 1920. Vgl. auch vol. XVI.
  c) vol. IX. Sundry unbedded [iron] ores of Durham, E Cumberland, N Wales, Derbyshire etc. By T. C. Cantrill, R. L. Sherlock and H. Dewey. 1919.
  d) vol. XXV. Lead and zinc ores of Northumberland and Alston Moor. By S. Smith. 1923.
  e) vol. XXVI. Lead and zinc ores of Durham, Yorkshire and Derbyshire etc. By R. G. Carruthers and Sir Aubrey Strahan. 1923.
  f) vol. XXX. Copper ores of the Midlands etc. By H. Dewey and T. Eastwood. 1925. Man vgl. außerdem die einschläg. Veröff. des Fuel Research Board, Phys. and chem. sv. of the nat. coal resources.

26. Gl. Sv.:
  Guide to the gl. model of Ingleborough and distr. By A. Strahan. 1910.

27. Gl. Sv., Br. Reg. Geologies:
  a) EASTWOOD, T., Northern E. 1935. 2nd ed. 1946. [Wenig verändert.]
  b) WRAY, D. A., The Pennines and adjacent areas. 1936. 2nd ed. 1948. [Stellenweise umgearb., bzw. ergänzt, u. a. bezüglich der Erdölbohrungen.]

28. KENDALL, P. F., and WROOT, H. E., Gl. of Yorkshire. Vienna 1924.

29. Contrib. to the gl. of Northumberland and Durham. Verschied. Verf.; vgl. u. a. Nr. 321. PrGlAss. 42, 1931, 217—296.

210. ARNOLD-BEMROSE, H. H., The gl. of the Ashbourne and Buxton Branch etc. QJGlS. 59, 1903, 337—346.

211. ARNOLD-BEMROSE, H. H., The toadstones of Derbyshire: their field relations and petrogr. QJGlS. 63, 1907, 241—281.

212. HUGHES, T., MACKENNY, Ingleborough. PrYsGlS. 16, 1908 (Lond. 1909), 253—320. Ebd., 347—381.

213. WILMORE, A., Notes on the gl. of Thornton, Marton and Broughton-in-Craven Ebd., 347—387.

214. VAUGHAN, A., The Knoll region of Clitheroe, Bowland and Craven. Ebd. 19. 1916. 41 ff.

214 a. JONES, O. T., The foundations of the Pennines. JManchGlS. 1, 1925/1926, 514. (Vgl. auch RepBrAssNewcastle. 1916 [1917], 398—400.)

215. TROTTER, F. M., and HOLLINGWORTH, S. E., The Alston Block. GlMg. 65, 1928, 433 bis 448.

215 a. WRAY, D. A., The carboniferous succession in the Central Pennines area. PrYsGlS. 21. 1927—1931 (Manch. 1931), 228—287.

215 b. Excurs. to the W Pennines. PrGlAss. 39, 1928, 169—192.

216. WAGER, L. R., Jointing in the Great Scar Limestone of Craven etc. QJGlS. 87, 1931, 392—424.

217. HUDSON, R. G. S. (and others), The scenery and gl. of the Yorkshire Dales. PrGlAss. 44, 1933, 227—269.

218. DUNHAM, K. C., Struct. features of the Alston Block. GlMg. 70, 1933, 241—254.

218 a. WRAY, D. A., and MELMORE, S., Notes on some deep borings at Huddersfield. PrYsGlS. 22, 1931—1934 (Manch. 1934), 31—51.

218 b. DUNHAM, K. C., The genesis of the N Pennine ore deposits. QJGlS. 90, 1934, 689 bis 720.

219. TURNER, J. S., Struct. gl. of Stainmore etc. PrGlAss. 46, 1935, 121—150.

219 a. PARKINSON, D., The gl. and topogr. of the limestone knolls in Bolland (Bowland), Lancs. and Yorks. PrGlAss. 46, 1935, 97—120.

220. FEARNSIDES, W. G., The framework of the SE Pennine coalfield. PrYsGlS. 23, 1935 bis 1937 (Wakefield 1937), 39—58.

221. SHOTTON, T. W., and TROTTER, F. M., The Cross Fell Inlier and Stainmore. PrGlAss. 47, 1936, 376—387. Vgl. auch SHOTTON in QJGlS. 91, 1935, 639—704.

222. HICKLING, H. G. A., Discussion on earth-movements in the North of England. RepBrAssBlackpool. 1936, 349.

223. HUDSON, R. G. S., Sudetic earth-movements in the Craven area. Ebd., 350.

224. HUDSON, R. G. S., The gl. of the ctry ar. Harrogate. PrGlAss. 49, 1938, 293—352. (Anschließend: EDWARDS, W., The glacial gl., 333—352.)

225. VARVILL, W., A study of the shape and distrib. of the lead deposits in the Pennine limestone in rel. to econ. mining. TrInstMiningMetall. 46, 1937.

226. POOLE, G., The barytes, fluorspar and lead resources in Upper Teesdale and Weardale. NEastDevelBoard. 1937.

226 a. BRAY, A., Struct. and non-calcareous residues of the Carbonif. Limestone of the Clitheroe area. PrGlAss. 50, 1939, 423—430.

226 b. SHIRLEY, J., and HOOSFIELD, E. L., The Carbonif. Limestone of the Castleton-Bradwell area, N-Derbys. QJGlS. 96, 1940. 271—299.

227. JHINGRAN, A. G., The Cheviot granite. QJGlS. 98, 1942, 241—254. (Vgl. N. 147, 1941, 211.)

228. JONES, O. T., The struct. of the Edale, Mam Tor and Castleton area. GlMg. 79, 1942, 188—196.

229. PARKINSON, D., The age of the Reef-Limestone in the Lower Carbonif. of N Derbys. GlMg. 80, 1943, 121—131.

230. HUDSON, R. G. S., The carbonif. rocks of the Broughton Anticline. PrYsGlS. 25, 1941 bis 1943, 140—214.

231. HUDSON, R. G. S., and DUNINGTON, H. V., The carbonif. rocks of the Swinden Anticline. PrGlAss. 55, 1944, 195—215 [Stratigr.].

232. HUDSON, R. G. S., and COTTON, G., The carbonif. rocks of Edale Anticline, Derbys. QJGlS. 101, 1945, 1—36.

233. DUNHAM, K. C., and STUBBLEFIELD, C. J., The stratigr., structure and mineralis. of the Greenlaw mining area. QJGlS. 100, 1944, 209—265. [5 km w. Pateley Bridge.]

234. SHIRLEY, J., and HORSFIELD, E. L., The struct. and ore deposits of the Carbonif. Limestone of the Eyam distr. Ebd., 289—308.

235. SWEETING, G. S., An outline of the gl. of Ashover, Derbys. PrGlAss. 57, 1946, 117 bis 136. (Vgl. dazu Ders. und G. W. HIMUS, ebd., 137—152; stratigraphisch.)

236. SWINNERTON, H. H., The Middle Grit of Derbys. GlMg. 83, 1946, 115—120.

237. PARKINSON, D., The Lower Carbonif. of the Castleton distr., Derbys. PrYsGlS. 27, 1947, 99 ff.

238. VERSEY, H. C., Gl. and scenery of the countryside ar. Leeds and Bradford. 1949.

239. BOND, G., The Lower Carbonif. Reef Limestone of Cracoe. Ys. n. Skipton. QJGlS. 105, 1950, 157—188.

31. KENDALL, P. F., and MUFF, H. B., On the evidence for glacier-dammed lakes in the Cheviot Hills. TrGlSEdinb. 8, 1902, 226 ff. (Vgl. auch Dies., GlMg., Dec. IV, vol. 8, 1901, 513—515.)

32. MONCKMAN, J., The glac. gl. of Bradford etc. PrYsGlPolytS. 14, 1901, 151—158.

33. DWERRYHOUSE, A. R., Glaciation of Teesdale, Weardale and the Tyne valley. QJGlS. 58, 1902, 572—608.

34. DAKYNS, J. R., Notes on the glac. phenomena of part of Wharfedale, near Grassington, from my MS. written in 1878. PrYsGlPolytS. 15, 1903, 52—58.

34 a. WILSON, J. E., The glaciation of Airedale. Bradford SciJ. 1904.

35. LEWIS, F. G., Interglacial and post-glacial beds of the Cross Fell distr. RepBrAssCambr., 1904, 798/799.

36. CARTER, W. L., The glaciation of the Don and Dearne valleys. PrYsGlS. 15, pt. 14, 1905, 411—436.

36 a. CARTER, W. L., The evolution of the Don river system. Ebd., 388—410.

36 b. HAWKESWORTH, E., Some drift deposits near Leeds. Ebd., 456—462.

37. JOWETT, A., and MUFF, H. B., Glacial gl. of the Bradford and Keighley distr. Ebd., 193—247.

38. WRENCH, E. M., Observ. of the effects of glaciers in Derwent valley, Derbys. JManchGS. 1908, 1—4.

39. JOWETT, A., The glacial gl. of East Lancashire. QJGlS. 70, 1914, 199—231 (vgl. auch Ders. in RepBrAssManchester. 1915 [1916], 43 f.).

310. MERRICK, E., On the formation of the R. Tyne drainage area. GlMg., Dec. VI, vol. 2, 1915, 294—304, 353—360.

311. WOODHEAD, T. W., The scenery of Huddersfield and its significance. Huddersfield. 1923.

312. RAISTRICK, A., The glaciation of Wensleydale, Swaledale and adjoining parts of the Pennines. PrYsGlS. 20, 3, 1926, 366—410.

313. RAISTRICK, A., Periodicity in the glacial retreat in West Yorkshire. PrYsGlS. 21, 1927—1930 (Manch. 1931), 24—28.

314. RAISTRICK, A., The postglacial deposits of Airedale, Yorkshire. GlMg. 63, 1926, 555 bis 557.

315. GREGORY, J. W., Swaledale glacial gl. The Nlist. 1927, 293—295.

315 a. TOMKEIEFF, S. L., On the weathering of the Cheviot granits under the peat. PrUnivDPhilS. 7, 1928, 233—243.

316. RAISTRICK, A., Some Yorkshire glacial lakes. The Nlist. 1929, 209—212.

316 a. REYNOLDS, S. H., Limestone scenery. PrBristolNS. 7, 1929, 114—119.

317. JOWETT, A., and CHARLESWORTH, J. K., The glac. gl. of the Derbyshire Dome etc. QJGlS. 85, 1929, 307—334.

318. TROTTER, F. M., The glaciation of Eastern Edenside, the Alston Block and the Carlisle
     Plain. QJGlS. 85, 1929, 549—612.
319. RAISTRICK, A., Some glacial features of the Settle district. PrUnivDPhilS. 8, 1930,
     239—251.
320. RAISTRICK, A., and BLACKBURN, K. B., The late-glacial and postglacial periods in the
     North Pennines. TrNorthernNlists'UnionNewcastle. 1, 1931, 16 ff.; 30—36; 79—103.
321. RAISTRICK, A., The glaciation of Northumberland and Durham. In: 29, 281—289.
322. RAISTRICK, A., The glaciation of Wharfedale, Yorkshire. PrYsGlS. 22, 1931—1934
     (Manch. 1934), 9—30.
322 a. TROTTER, F. M., The tertiary uplift and resultant drainage of the Alston Block and
     adjacent areas. PrYsGlS. 21, 1927—1930 (Manch. 1931), 161—180.
323. RAISTRICK, A., and BLACKBURN, K. B., Pollen analysis of the peat on Heathery Burn
     Moor, Northumberland [sw. Blanchland]. PrUnivDPhilS. 8, 1931, 351—358.
324. RAISTRICK, A., The pre-glacial Swale. The Nlist., 1931, 233—237.
325. TROTTER, F. M., and HOLLINGWORTH, S. E., The glacial sequence in the North of E.
     GlMg. 69, 1932, 374—379.
326. FEARNSIDES, W. G., The valley of the Derbyshire Derwent. PrGlAss. 43, 1932, 153
     bis 178.
327. TILLOTSON, E., The glacial gl. of Nidderdale. PrYsGlS. 22, 1931—1934 (Manch. 1934),
     215—228.
327 a. RAISTRICK, A., The correlation of glacial retreat stages across the Pennines. Ebd.,
     199—214.
327 b. SIMPSON, E., Formation of the Ys. caves and pot-holes. PrUnivBristolSpelS. 4,
     1935, 224—232.
328. JESSOP, P., A glacial tract in the Peak Distr. of Derbys. GlMg. 72, 1935, 96.
329. KING, W. B. R., The Upper Wensleydale river system. PrYsGlS. 23, 1935—1937 (Wake-
     field 1937), 16—24. (Vgl. Ders., River captures in the Lunds. The Nlist. 24, 41 ff.)
330. PLATT, W., Some examples of river-capture in the Peak Distr. PrGlAss. 46, 1935,
     40—47.
331. MITCHELL, A., Yorkshire caves and potholes. No. 1. North Ribblesdale, Skipton 1937.
     No. 2. Under Ingleborough. Skipton 1949. [Mit Bibliogr.]
331 a. CARRUTHERS, R. G., On Northern glacial drifts: some peculiarities and their signi-
     ficance. QJGlS. 95, 1939, 299—333.
332. MELMORE, S., The river terraces of the Ouse and Derwent. PrYsGlS. 24, 1940,
     245—250.
333. PEEL, R. F., The N Tyne valley. GJ. 98, 1941, 5—19.
334. DALTON, A. C., Notes on some glacial features in NE Derbys. PrGlAss. 56, 1945,
     26—31.
335. LEWIS, W. V., Stream profiles in the Vale of Edale, Derbys. PrGlAss. 57, 1946, 1—7.
336. DEAN, V., and HODSON, F., The age and origin of the Thrutch Gorge. [Oberer Irwell.]
     Ebd. 58, 1947, 340—344.
337. SWEETING, M. M., Erosion cycles and limestone caverns in the Ingleborough distr.
     GJ. 115, 1950, 63—78.
       Anm.: Sehr viele wichtige Arbeiten zur Gl., Morphol. usw. enthalten die PrYs-
     GlS. Vgl. Index in Bd. 15 (1905), bzw. 18 (1915); außerdem in jedem Bd. Jber. über
     die auf Yorkshire bezügl. Veröff. gl. und verwandten Inhalts.

41. GILLIGAN, A., Some effects of the storm of June 3rd, on Bardon Fell. PrYsGlS. 16,
     1906—1909 (Leeds/Lond. 1909), 383—390.
42. PALMER, W. WYNNIE, Rep. of the investigation of atmospheric pollution, City of
     Sheffield, 1914/1915.
43. WALLIS, B. C., The rainfall of the Southern Pennines. QJMetS. 40, 1914, 311—326.
44. HUNTER, J., Belper, Derbys. Summ. of observ. on rainfall and temp. 1877—1926.
     Belper 1926 (vgl. QJMetS. 54, 1928, 10).
45. HUDDESTON, F., The cloudburst on Stainmore. Brit. Rainfall. 1930.
46. GLASSPOOLE, J., The rainfall of the Tees valley. Brit. Rainfall. 1932.
47. MANLEY, G., The climate of the Northern Pennines: the coldest part of E. QJMetS.
     62, 1936, 103—115.
48. MANLEY, G., The weather of 1936 of the N Pennines. MetMg. 72, 1937, 8—11.
49. MANLEY, G., Snowfall and its relation to transport problems, with spec. ref. to
     Northern E. GJ. 92, 1938, 522—536.
410. MANLEY, G., The Helm Wind of Cross Fell. N. 143, 1939, 376/377.
411. MANLEY, G., High altitude records from the N Pennines. MetMg. 74, 1939, 114—117;
     vgl. auch ebd. 67, 1932, 306—308; 68, 1933, 180/181.
412. ODELL, N. E., Pancake ice in the Pennines. N. 148, 1941, 54.
413. MANLEY, G., Meteorol. observ. on Dun Fell, a mountain station in N England. QJMetS.
     68, 1942, 151—165.

414. MANLEY, G., A remark. winter day on the High Pennines. Weather. 2, 1943, 6—8.
415. MANLEY, G., Further climatol. averages for the N Pennines, with a note on topogr. effects. QJMetS. 69, 1943, 251—261.
416. MANLEY, G., The Helm Wind of Cross Fell, 1937—1939. Ebd. 71, 1945, 197—219.
417. DWERRYHOUSE, A. R., The movement of underground waters in Craven. RepBrAss-Bradford. 1900, 346—349.
418. HOWARTH, J. T. (and others), The underground waters of NW Yorkshire. I, PrYsGl-PolytechnS. 14, 1, 1900, 1—44. II, Ebd. 15, 2, 1904, 248—292.
419. SANDEMAN, E., Measurement of the flow of the river Derwent, Derbyshire. MinPrInst-CivEng. 194, 20—152.
420. Sv. of the R. Tees. DepSciIndResearchTechnP. No. 2. Lond. 1931.
421. MOSS, C. E., Moors of SW Yorkshire. Halifax Nlist. 1902, 88—94.
422. SMITH, W. G., and MOSS, C. E., G. distrib. of veget. in Yorkshire. Pt. I. Leeds and Halifax distr. GJ. 21, 1903, 375—401.
423. SMITH, W. G., and RANKIN, W. M., G. distrib. etc. Pt. II. Harrogate and Skipton distr. GJ. 22, 1903, 149—178.
424. MOSS, C. E., Peat moors of the Pennines; their age, origin and utilization. GJ. 23, 1904, 660—671.
425. LEWIS, F. J., G. distrib. of veget. of the basins of the R. Eden, Tees, Wear and Tyne. Ebd., 313—331.
426. MOSS, C. E., The botan. g. of a Pennine stream. JManchGS. 21, 1905, 89 ff.
427. WOODHEAD, T. W., Ecol. of woodland plants in the neighbourhood of Huddersfield. JLinnSBot. 27, 1906.
428. LEWIS, F. J., The changes in the veget. of Br. peat mosses since the pleistocene period. PrGlSLiverp., N.S. 3, 1908, 24—30.
429. MARGERISON, L., The veget. of some disused quarries. Bradf. 1909. [Bezieht sich auf Steinbrüche im Airetal.]
430. LEWIS, F. J., and MOSS, C. E., The upland moors of the Pennine Chains, in: Tansley, Types of Br. vegetation 1911, ch. XII, 266 ff.
431. MOSS, C. E., Veget. of the Peak Distr. Cambr. 1913.
431 a. JEFFERSON, T. A., Ecol. of the purple heath grass. JEcol. 3, 1915, 93—109.
432. JEFFREYS, H., On the veget. of four Durham coal-measure fells. JEcol. 4, 1916, 174 bis 195.
432 a. ADAMSON, R. S., On the relationship of some associations of the S Pennines. Ebd. 6, 1918, 97—109.
433. WOODHEAD, T. W., Botan. sv. and ecol. in Yorkshire. The Nlist., 1923, 97—128.
434. WOODHEAD, T. W., The age and composition of Pennine peat. JBot. 1924, 301—304. Vgl. auch AntJ. 1924, 416/417.
435. WOODHEAD, T. W., and ERDTMAN, G., Remains in the peat of the S Pennines. The Nlist., 1926, 245—253.
436. WOODHEAD, T. W., Hist of the veget. of the S Pennines. JEcol. 17, 1—34, 1929. (S. auch TolsonMemMusPublHB. 5. Huddersfield. 1929.)
437. WOODHEAD, T. W., Climate, veget. and man. TolsonMemMusPublHB. 8. Huddersfield. 1931.
438. GODWIN, H., and CLARK, J. G. D., The age of the Pennine peats. Man. 34, 1934, 53—55.

51. McINNES, M., An ethnol. sv. of Sheffield and the surrounding distr. RepBrAssLeeds. 1927, 367.
52. LEWIS, A. L., Stone circles in Derbyshire. Man. 3, 1903, 133—136.
53. PETCH. J. A., Early man in the Huddersfield distr. TolsonMemMusPublHB. 3. Huddersfield. 1924.
54. BUCKLEY, F., A microlithic industry of the Pennine Chain. 1924.
55. RICHMOND, I. A., Huddersfield in Roman times. TolsonMemMusPublHB. 4. Huddersfield. 1926.
55 a. RAISTRICK, A., Cave dwellers in Upper Wharfedale. Observ. 2, 1926, 80—86.
56. CURWEN, E., Ancient cultivations at Grassington. Ant. 2, 1928.
57. ARMSTRONG, A. L., Explor. at Mother Grundy's Parlour, Creswell Crags, Derbys. JAnthrInst. 55, 1925, 146—178.
57 a. ARMSTRONG, A. L., Flint and stone implements of the Sheffield district. PrSorbySciS. 1, 1929.
57 b. ARMSTRONG, A. L., Excav. in the Pin Hole Cave, Creswell Crags, Derbys. PrPrehistS-EastAnglia. 6 (4), 1931, 330—334. (Vgl. auch ebd., 5 (2), 1926, 253 ff.; 6 (1), 1928, 27 ff. und TrHunterArchS. 1926.)
58. RAISTRICK, A., and CHAPMAN, S. E., The lynchet systems of Upper Wharfedale. Ant. 3, 1929, 165—181.

59. COLLINS, E. R., Palaeol. implements of Nidderdale. PrPrehistSEastAnglia. **6**, 1930, 156—173.
510. RAISTRICK, A., The Bronze age in W Yorkshire. YsArchJ. **29**, 1931.
511. ELGEE, F., and ELGEE, H. W., The archaeol. of Yorkshire (The Co. Arch.). Lond. 1932.
512. RAISTRICK, A., Prehist. cultivations at Grassington, Yorkshire. YsArchJ. **33**, 1936, 166—174.
513. ARMSTRONG, A. L., Evidence for climatic variations in the Pleistocene revealed by excavations at Creswell Crags, Derbys. RepBrAssNottingham. 1937, 356.
514. ARMSTRONG, A. L., Palaeolithic man in the N Midlands. MemPrManchesterLitPhilS. **83**, 1939, 87—116. (Vgl. N. 145, 1940, 78/79.)
515. OSWALD, F., The origin of the Coritani. AntJ. **21**, 1941, 323—332.
516. O'NEIL, B. H. S. J., Grey Ditch, Bradwell, Derbys. Ant. **19**, 1945, 11—19.

61. GOODALL, A., Place-names of SW Yorkshire. Cambr. 1914.
62. WALKER, B., Place-names of Derbyshire. 1915.
62 a. COLLINGWOOD, W. G., Angles, Danes and Norse in the neighbourhood of Huddersfield. TolsonMemMusPublHB. **1**, 1921. Sec. ed. 1929.
63. LLOYD, G. I. H., The cutlery trade. 1913.
64. HEATON, H., The Yorkshire woollen and worsted industries. Oxf. 1920.
65. LIPSON, E., The hist. of the woollen and worsted industries. 1921.
65 a. CRUMP, W. B., The ancient highways of the parish of Halifax. PublHalifaxAntS. 1924.
66. RAISTRICK, A., Lead-mining and smelting in W Yorkshire. TrNewcomenS. **8**, 1927, 81 bis 96.
66 a. RAISTRICK, A., A 14th cent. reg. sv. [Craven]. SocRev. **21**, 1929, 241—249.
67. WROOT, H. E., The Pennines in hist. The Nlist., 1930.
68. CRUMP, W. B. (Ed.), The Leeds woollen industry, 1780—1820. Leeds (ThoresbyS.) 1931.
68 a. HEATON, H., Benjamin Gott and the industrial revolution in Yorkshire. EconHistRev. **3**, 1931/1932, 45—66.
69. BRAYSHAW, T., and ROBINSON, R. M., A hist. of the ancient parish of Giggleswick. 1932.
69 a. WROOT, H. E., Yorkshire abbeys and the wool trade. MiscellThoresbyS. **33**, 1933.
610. CLAPHAM, J. H., The transference of the worsted industry from East Anglia to the West Riding. EconJ. XX.
611. RUSTON, A. G., and WITNEY, D., Hooton Pagnell, The agric. evolution of a Yorkshire village. 1934.
612. MORKILL, J. W., The parish of Kirkby Malhamdale in the West Riding of Yorks. Glouc. 1934.
613. CRUMP, W. B., and GHORBAL, G., Hist. of the Huddersfield woollen industry. PublTolsonMemMus. **9**, Huddersfield 1935.
614. CRUMP, W. B., Huddersfield highways down the ages. PublTolsonMemMus. 1950.

71. MACWILLIAM, A., The metallurgical industries in rel. to the rocks of the distr. RepBrAssSheffield. 1910 (1911), 652/653.
72. PLATTS, W. C., Dales and fell farming. JAgrS. **89**, 1928, 77—86.
73. ANDERSON, The live stock of Yorkshire. Ebd. **89**, 1928.
74. GREEN, J. J., Agric. in Lancashire. Ebd. **90**, 1929.
75. HENDERSON, H. C. K., The distrib. of occupations in the West Riding, with partic. ref. to textiles. RepBrAssYork. 1932, 341/342.
76. CRUMP, W. B., The wool-textile industry of the Pennines in its physical setting. JTextInd. **26**, 1935. Vgl. auch RepBrAssYork. 1932, 341.
77. SMAILES, A. E., The lead dales of the N Pennines. G. **21**, 1936, 120—129.
77 a. RICHARDSON, J. H., Ind. development and unemployment in W Yorks.: a statist. rev. of recent trends. 1936.
78. CHARLESWORTH, E., A local example of the factors influencing industrial location. GJ. **91**, 1938, 340—351.
79. CUMBERLAND, K. B., Livestock distrib. in Craven. ScGMg. **53**, 1938, 75—92. (Vgl. RepBrAssNottingham 1932, 377.)
710. GRAY, G. D. B., The S Yorks. coalfield. G. **32**, 1947, 113—131.
711. COUZENS, F. C., Distrib. of popul. of the mid-Derwent basin since the ind. revol. G. **26**, 1941, 31—38.
712. LONG, W. H., and DAVIES, G. M., Farm life in a Yorkshire dale. An econ. sv. of Swaledale. Foreword by C. S. Orwin. (Clapham, via Lancaster: Dalesman Publ. Comp.) 1948.
713. RAISTRICK, A., The story of the Pennine walls. (Walesman Pocket Books I.) Lancaster 1948 [Anfänge der Steinwälle].

714. MAGEE, G. A., Open-cast coal mining in S Ys. Compass (MgCbrUnivGS.) 1 (1), 1948, 28—43.
81. Bradford und Leeds (Leeds s. auch unter 17):
a) HB. to Br. and the neighbourhood. BrAssBradford 1900.
b) PRICE, A. C., L. and its neighbourhood: an illustr. of E. hist. Oxf. 1909.
c) LAW, M. C. D., The story of Br. 1913.
d) The Book of Br. (Versch. Verf.) 1924.
e) L. and Br. Region Joint Town Planning Comm. PrelimRep. 1926, FinalRep. 1928.
f) L. and its hist.: Three hundred years of achievement. The Yorkshire Post. 1928.
g) DICKINSON, R. E., The reg. functions and zones of influence of L. and Br. G. 15, 1930, 548—557.
h) Br.: The growth and devel. of a great city, 1847—1947 (The Br. and the Distr. Newsp. Co. Ltd.). Br. 1947.
i) REES, H., L. and the Ys. woollen ind. EconG. 24, 1948, 28—34.
Vgl. auch FAWCETT, C. B., Br. conurbations in 1921. SocRev. 14, 1922, 111—122.
82. Sheffield:
a) HB. and guide to Sheffield. BrAssSheffield 1910. (Versch. Verf.)
b) DERRY, J., The story of Sh. 1915.
c) FLETCHER, J. S., Sh. (The Story of the E. Towns). 1919.
d) DESCH, C. H., The steel industry of S Yorkshire. SocRev. 14, 1922, 131—137.
e) ABERCROMBIE, P., and MATTOCKS, R. H., Sh.: A civic sv. Liv. 1924.
f) DESCH, C. H., A study of Sh. G. 14, 1928, 497—501.
g) JAMESON, N., A study of Sh. JManchGS. 46, 1935/1936, 49—59.
h) BROWN, RUDMOSE, N., Sh.: its rise and growth. G. 21, 1936, 175—184.
83. FAWCETT, C. B., Edale: a study of a Pennine dale. ScGMg. 33, 1917, 12—25.
84. GILBERT, E. W., Pontefract. GT. 13, 1925, 130—135.
84 a. Richmond market: compiled from materials collected during the Leplay House meeting at R., 1926. Observ. 3, 1927, 174—179.
84 b. WRAY, D. A., The mining industry in the Huddersfield distr. TolsonMemMusPubl-HB. 6, 1929.
85. RAISTRICK, A., and S. E., Skipton—a study in site value. G. 15, 1930, 461—467.
86. HENDERSON, H. C., The distrib. of occupations in the West Riding of Yorks. RepBrit-AssYork. 1932, 341.
87. WALKER, J. W., Wakefield, its history and people. Wakef. 1934.
88. RAISTRICK, A., Linton-in-Craven, W Yorkshire. G. 23, 1938, 14—24. Vgl. Ders., Rep-BrAssBlackpool. 1936, 375/376.
89. DAVIES, A., Logarithmic analysis and population studies. G. 33. 1948, 53—60 [Halifax].

91. LEYLAND, J., The Peak of Derbyshire, its scenery and antiquities. 1891.
91 a. SUTCLIFFE, H., By moor and fell. Landscapes and lang-settle lore from W Yorkshire. 1899.
92. DALE, E., Scenery and gl. of the Peak of Derbyshire. 1900.
93. COX, C. J., Derbyshire. 1903.
94. FIRTH, J. B., Highways and byways in Derbyshire. 1905.
95. SPEIGHT, H., Upper Nidderdale. 1906.
96. MONCRIEFF, A. R. H., Derbyshire. 1927.
96 a. TUDOR, T. L., Derbyshire. 1929.
97. The threat to the Peak: the Peak Distr., its scenery, disfigurement and preservation. Sheff. 1931.
97 a. WEDGWOOD, I., Northumberland and Durham. 1932.
98. MONKHOUSE, P., On foot in the Peak. 1932.
99. BOYD, D., On foot in Yorkshire. 1932.
910. CLEMENTS, R., Weardale sketches. 1932.
911. ATKINSON, C. J. F., Recollections from a Yorkshire dale [Wharfedale]. 1934.
912. PONTEFRACT, E., Swaledale. 1934.
913. RILEY, W., The Yorkshire Pennines of the NW. 1935. [Vortreffl. Bilder.]
914. PONTEFRACT, E., and HARTLEY, M., Wensleydale. 1936.
915. LEWIS, C., Wharfedale. 1937.
915 a. The Manchester Guardian Pictorial G. of Yorkshire. Manch. 1937.
916. BOYD, D., and MONKHOUSE, P., Walking in the Pennines. 1937.
916 a. VALE, E., North Country. (The Face of Br.) 1937.
917. PONTEFRACT, E., Wharfedale. 1938.
918. LOFTHOUSE, J., Three rivers: being an account of many wanderings in the dales of Ribble, Hodder and Calder. 1946.
919. KIRKHAM, N., Derbyshire. 1947.
920. WILLIAMS, E. C., Companion into Derbyshire. 1948.

X. Mittelwestengland

Unter Mittelwestengland werden im folgenden die Ebenen und Hügel-
länder verstanden, die sich zwischen dem Bristolkanal im S und dem Lake
District im N erstrecken. Während aber ihr n. Teil im W vom Meere, der
Irischen See, und im E von den Höhen der Pennines begrenzt wird, begleitet
den s. Flügel gebirgiges Land im W, während er im E unmerklich in die
Midlands übergeht. Im N überwiegen die Niederungen, z. T. sogar mit wirklichen Tiefebenen. Nur gegen die Pennines hin wird das Relief etwas stärker,
zumal sie zwei ansehnliche, wenn auch nicht besonders hohe Vorposten
spornartig vorschieben, die Bowland Fells n., die Rossendale Fells s. der
breiten Furche des Ribbletals. Der S weist zwar ebenfalls geräumige Täler,
jedoch keine größeren Ebenen auf, dafür etliche kräftigere Erhebungen,
Außenwälle des Berglandes von Wales. Das Tiefland im N bietet dank dem
Midland Gate nicht bloß Mittel-, sondern überhaupt fast ganz England,
namentlich London, den nächsten und bequemsten Zugang zu der Irischen See,
es vermittelt die Hauptverbindungen mit Irland und hat seit vorgeschichtlichen Zeiten eine entsprechende Rolle in den Beziehungen zwischen den
beiden Inseln gespielt. Eine ähnliche Bedeutung hat das Flachland im S, das
gegen die Midlands durch mehrere Flußtore gut geöffnet ist, für den Verkehr
zwischen England und Wales. Allein von Natur aus weniger lockend, auch
gegen eindringende Feinde leichter zu verteidigen, wurde es erst später in
den Machtbereich der Engländer einbezogen, die einen Gürtel von Grenz-
marken einrichteten und sich von dort an die Unterwerfung der Bergbewohner von Wales selbst machten. Die spätere wirtschaftliche Entwicklung
hat den Gegensatz zwischen den beiden Teilen Mittelwestenglands noch verschärft: der S blieb wegen Mangels an Kohle und wegen minder günstiger
Verkehrslage rein landwirtschaftlich, verhältnismäßig dünn besiedelt und ver-
kehrsarm, im N entstand dank seiner Mineralschätze und seiner Verkehrs-
beziehungen zu Wasser und zu Land in der neueren Zeit eines der gewaltigsten Industriegebiete der Erde mit einer großartigen Organisation und
weitgehender Spezialisierung, mit großen Bevölkerungsballungen, zwei Konurbationen, jede mit mehr als $^5/_4$ Mill. Menschen, und mehr als einem halben
Dutzend anderer Großstädte, mit einer ausgedehnten Industrielandschaft,
dichtem Eisenbahn- und Straßennetz. Die Entwicklung ging von S-Lancashire aus, hat die angrenzenden Teile von Cheshire erfaßt und in das Tiefland
von Shropshire übergegriffen. Dieses Gebiet wird im folgenden als L a n -
c a s t r i a bezeichnet, mit einem neuestens im englischen Schrifttum üblich
gewordenen, hauptsächlich wirtschaftsgeographischen Erwägungen ent-
stammenden Ausdruck, der dort allerdings nur Lancashire und Cheshire
umfaßt [12]; das s. als die W ä l s c h e n M a r k e n (über die Schreibung
„wälsch" s. Kap. XII). Beide zusammen bilden das mittlere Westengland.
Aber weil physisch- und kulturgeographisch so sehr verschieden, werden sie
gesondert betrachtet werden.

Keines der beiden Gebiete deckt sich mit einer natürlichen Landschaft, keines mit einer oder mehreren bestimmten Gr. Denn Lancastria greift einerseits im E aus dem Tiefland auf die umrahmenden Höhen über und ist anderseits physisch-geographisch von den Midlands so wenig verschieden, daß die Abgrenzung willkürlich bleibt, ein Gegenstück zu den Niederungen an der E-Seite der s. Pennines, gleich denen es auch einen Hauptweg nach Schottland bietet; wie von E, so reichen auch von W her die Industriegebiete in die Pennines hinein, so daß sie strichweise förmlich zusammenwachsen. In den Wälschen Marken aber klingt das Bergland von Wales allmählich gegen die Midlands hin aus, sie sind nach beiden Richtungen ohne scharfe Grenzen. Lancastria ist wohl im großen ganzen das Gebiet der Gr. Lancashire und Cheshire, aber die erstere greift in den s. Teil des Seengebietes über, während von E her sogar Yorkshire mit seinen Ausläufern noch in den Raum hineindringt. Den Wälschen Marken entsprechen im allgemeinen die Gr. Monmouth, Hereford und Shropshire; allein dieses hat, wie bereits bemerkt, Anteil am Tiefland. Für die statistischen Angaben wird es zur Gänze in die Wälschen Marken einbezogen werden, zu denen es auch vom geschichtlichen Standpunkt gehört. Umgekehrt greift Monmouthshire auf das Kohlengebiet von S-Wales über; darauf werden wir später zurückkommen (vgl. S. 661 und Kap. XII).

A. Lancastria

Lancastria zieht nw. jener Antiklinale, welche durch die Karbonaufbrüche von Oakengates-Lilleshall im S, von N-Staffordshire im N gekennzeichnet wird (vgl. S. 440), bis an die Berge von N-Wales, die Gestade der Liverpool Bay und bis zur Morecambe Bay. Morphologisch ist diese Ablösung von den Midlands nicht haltbar; im Gegenteil: mit ihnen ist Lancastria nach Gestein, Entwicklungsgeschichte und Formen enger verbunden als etwa das East Midland Plateau. Die Cheshire Plain ist die unmittelbare Fortsetzung der Midland Plain.

W. der Karbonantiklinale von Market Drayton (vgl. S. 440) folgt wieder eine geräumige Synklinale, die in ENE vom Austritt des Severn aus dem Gebirge bis gegen Stockport reicht. Auch ihre Mitte nehmen in großer Ausdehnung Keupermergel ein, die sich im S Shrewsbury auf 10 km nähern, im N stellenweise bis an das Merseytal heranreichen. Im Kern der Synklinale, zwischen Wem und Audlem, sind sogar Unter- und Mittellias erhalten, und dieser bildet die 30 m über ihre Umgebung aufragenden Höhen sö. Whitchurch und von Prees. Die Keupermergel werden wieder von den liegenden Keupersandsteinen (Waterstone) umrahmt, die aber nicht einen geschlossenen Ring bilden, sondern durch Verwerfungen stellenweise in mehrere gegeneinander verschobene Züge geordnet sind. Sie treten in der Landschaft als niedrige, indes gut ausgeprägte Stufen hervor, so im Nesscliff halbwegs zwischen Shrewsbury und Oswestry (156 m), Prim Hill n. Shrewsbury (163 m), Grinshill bei Clive (192 m), wo auch ältere Ganggesteine an die Oberfläche gelangen, Hawkstone ö. Wem (208 m). Gegen die Ränder der Synklinale folgen die Buntsandsteine. Sie werden im S vom Severn durchflossen, der nach einer großen, mehrgliedrigen, gegen N gewundenen Schleife bei Shrewsbury in die Upper Coal Measures übertritt und abermals eine größere Schlinge nach N beschreibt. Im W kehren die Buntsandsteine am unteren Dee bei Holt und Chester wieder. Von hier ziehen sie in die H.I. Wirral hinein, wo sie w. Birkenhead einen Rest von Keupermergeln tragen. An der SW-Seite des Dee herrscht dagegen das Karbon, das w. Chester gegen S dreht, am Vyrnwyflusse zwar unterbrochen

ist, jedoch s. des Severn wieder erscheint und in leichtem Bogen gegen Shrewsbury schwenkt. Im allgemeinen grenzen die Upper, stellenweise die Lower
Coal Measures an den Buntsandstein an, nur s. Oswestry der Kohlenkalk.
Die flözführenden Middle Coal Measures verlaufen in einem schmalen Streifen
aus der Gegend von Oswestry über Ruabon und w. Wrexham gegen N am
Deeästuar entlang und tauchen eine kleine Strecke weit sogar an dessen
N-Gestade auf. Die jungkarbonen Gesteine bauen übrigens bloß die niedrigen,
stark zerschnittenen Vorhöhen vor dem Bergland von Wales auf, sie laufen
allmählich in die tiefe, 20 km breite beckenförmige Niederung aus, welche der
mäandrierende Dee oberhalb Chester entwässert [21 g—21 l].

Eine andere solche Niederung reicht vom Mersey her am Weaver bis über
Nantwich südwärts ins Land; eine dritte, vom Gowy durchflossen und nur
durch eine ganz flache Wasserscheide vom Dee bei Chester getrennt, mündet
bei Ellesmere Port in das Merseyästuar [21 e]. Zwischen diesen beiden bilden
Keupersandsteine den auffälligsten Höhenzug in der Cheshire Plain. Sie
schauen mit einer prächtigen Stufe gegen W, die bei Peckforton (sö. Chester)
228 m hoch wird und bei Frodsham angesichts der Weavermündung endigt
(Peckforton-Overton Ridge). S. des Mersey zieht der Keupersandstein, die
Keupermergel der großen Synklinale umfassend, bis gegen Stockport, doch
bleibt hier das Gelände flach. Die Keupermergel sind ausgezeichnet durch
ihr wichtiges Salzvorkommen, das eine Fl. von fast 100 km² einnimmt und
zwei Salzlager aufweist: das Bottom Bed, 18—24 m mächtig, und davon
getrennt durch 9—27 m mächtige Mergel, das Top Bed, 9—27 m mächtig
[22 a]. Das Hauptgebiet streicht von Heatley zwischen Altrincham und
Warrington gegen S über Winsford und Middlewich und über Sandbach
gegen SE. Infolge des Auspumpens der Sole sind, namentlich in Northwich
und Winsford, Senkungen eingetreten, wobei sich wassererfüllte Gruben
(„flashes") gebildet haben, während manchmal infolge des Druckes Wasser
und Sand emporgeschleudert werden („sand boils") [11 a, 73].

N. des Mersey bildet im Anschluß an die kräftige Rossendale Anticline
Karbon den Grund bis über St. Helens im SW; mit einzelnen Ausliegern
nähert es sich Liverpool auf wenige km. Im E wird die gesamte Mächtigkeit
der Coal Measures auf 2300 m, für Prescot (ö. Liverpool) auf ungef. 1000 m
angegeben [24 b]. Die Karbonzone wird ringsum vom New Red Sandstone
umschlossen, der im wesentlichen dem Buntsandstein angehört, nur in den
untersten Horizonten z. T. noch dem Perm. Dieses wird durch Mergel und
wahrscheinlich auch durch den Collyhurstsandstein (bei Manchester und
Stockport) vertreten. Das New Red nimmt den ganzen Raum zwischen Lancaster Bay und dem Ribble bis gegen Ribchester ein, zieht von Preston gegen
Liverpool, das von über 300 m mächtigem mittlerem Buntsandstein, dem
Hauptbaustein des Gebietes, unterlagert wird [24 a], und von hier beiderseits des Mersey aufwärts bis über Manchester. Aber sö. Southport erscheinen
über ihm noch einmal Keupermergel [21 b, c, e; 23, 24 a].

Das Karbon von Lancashire ist ausgezeichnet durch seine Flözführung;
in der Tat verdankt ihm die ganze dortige Industrie ihr Vorhandensein.
Ungünstig für den Abbau sind seine Zersplitterung durch zahlreiche, z. T. fast
senkrechte Verwerfungen, deren wichtigste in der Richtung NW—SE
streichen, und das rasche Absinken der Schichten im S zu Tiefen von 1000 m
und mehr. Pendleton Colliery bei Manchester beutet ein Flöz, die Rams
Mine, in einer Tiefe von fast 1100 m aus. Auch ist das Kohlengebiet nicht
einheitlich, sondern es besteht aus drei Abteilungen, dem Burnley Coalfield
im N der Rossendale Anticline, dem South Lancashire Coalfield, das von

St. Helens über Bolton gegen Rochdale zieht, und einer schmalen Verlängerung desselben gegen S, die entlang dem W-Rand der Pennines verläuft, bei dem eigentümlichen Grenzverlauf der Gr. bis nach Cheshire hineinreicht und bei Congleton mit dem Kohlenfeld von North Staffordshire zusammenhängt. Über den weniger abgesunkenen Schollen ist das Karbon stark abgetragen, über der Rossendale Anticline ist es ganz beseitigt und der Millstone Grit bildet die Oberfläche [21 a]. Übrigens sind hier auch die Lower Coal Measures produktiv, die ihnen angehörigen Lower und Upper Mountain Mines hatten für Burnley große Bedeutung. Die größten Erträge geben jedoch die Flöze der Middle Coal Measures, so die Arley Mine an deren Basis, die unter verschiedenen Namen in den verschiedenen Bezirken erscheint (Little Delf zu St. Helens, Orrell Four Feet bei Wigan). Sie liefern Hausbrand- und Fabrikskohle und Koks, die im Gebiet selbst verbraucht werden. Die jährl. Erzeugung betrug in den J. 1931—1935 13,7 Mill. tons, war aber sehr zurückgegangen (1922—1924 im M. 19,2 Mill.). Die Vorräte werden auf mindestens 2, von manchen sogar auf über 4 Milld. geschätzt [113*, 713*; 21 c, 22, 24 b]. Die mächtigsten, ergiebigsten Flöze sind jedoch stark erschöpft, namentlich im N wurden viele Gruben aufgelassen. Der Bergbau rückt immer mehr nach S, die Gestehungskosten wachsen an. Trotz der Modernisierung der Betriebe reicht die Produktion für den Bedarf des Industriegebietes nicht aus, so daß Kohle aus dem Kohlenfeld von Derbyshire—Nottinghamshire herbeigeführt werden muß [752].

Mit Ausnahme der wenigen Höhenzüge ist das Flachland ausdruckslos, wenngleich nur in den Flußniederungen völlig eben [16, 32, 36, 117 b]. Denn es wird allenthalben von den leichten Wellen glazialer und postglazialer Aufschüttungen beherrscht. Wiederholt stößt man auf die Abfolge: unterer Geschiebeton, Sand und Schotter, oberer Geschiebeton, sowohl auf Wirral wie auch n. des Mersey und im Fylde [314]. Die Sande und Schotter werden jetzt meist als interglazial angesehen. Schon vor dem Eiszeitalter waren die Niederungen in den weniger widerständigen Gesteinen ausgeräumt worden, es war das Relief sogar etwas stärker betont als heute, weil das Land etwas höher stand. Dann hat der Glazialschutt die alten Talfurchen und Senken weithin eingedeckt. Bei Crewe hat eine 98 m tiefe Bohrung die Drift noch nicht durchteuft, hier muß das Anstehende mindestens 50 m unter dem Meeresspiegel liegen; Bohrungen bei Heatley, Widnes, Hooton (nnw. Chester) ergaben 61, 50, 52 m Mächtigkeit. Der Felsgrund des Deeästuars reicht mindestens 60 m unter das Meeresniveau hinab [XII²¹ᵃ]. Ganz abgesehen davon, daß der obere Severn früher nach N, wahrscheinlich zum Dee hin abgeflossen ist (vgl. S. 438), haben manche Flüsse beim Rückzug des Eises ihre alten Wege nicht wiedergefunden, so der Dee oberhalb Chester, der Mersey bei Runcorn und bei Liverpool [31, 36—38], der Irwell unterhalb Radcliffe, wo sein Tal eine enge Kerbe („Radcliffe Gorge") ist, während es oberhalb eine breite Sohle hat. Auch verbirgt die gleichmäßige Oberfläche von Manchester ein ganz anders gemustertes präglaziales Talnetz unter sich [35]. Wichtiger noch sind die verschiedenen Stadien des Eisrückzuges für die Gestaltung der Landschaft und die Laufrichtung der Flüsse geworden. Aus der Gegend von Ellesmere verläuft ein Zug unregelmäßiger Moränenhaufen gegen Whitchurch. Sie bergen eine Anzahl kleiner Seen („meres") und vertorfter Wannen, wahrscheinlich echte Sölle, die einst vom „Lake Lapworth" (vgl. S. 437), der damals in ungef. 90 m seinen Spiegel hatte, überflutet gewesen sein dürften. Der Zug setzt sich n. Market Drayton über Woore gegen ENE und weiter in der Richtung gegen Alsager (ö. Crewe) fort. Manchenorts wer-

den diese unruhigen „Drift Hills", die dort die Keupermergel in 120—150 m
Höhe krönen, 40—50 m mächtig. Schon seinerzeit hat man sie, wohl mit
Recht, als eine Endmoräne aufgefaßt, obwohl ihre mit Geschiebetonen bedeckten Sande und Schotter stellenweise Ablagerungen von Schmelzwässern sind.
An die „Hills" knüpft sich die Wasserscheide zwischen Dee und Mersey einerseits, Severn und Trent anderseits. So fließt von den Höhen ö. Ellesmere der
Rodden zum Severn, den er nach dem Durchbruch durch die Keupersandsteinstufe (sö. Wem) oberhalb Shrewsbury erreicht. Sw. von ihm fließt der Perry
zum Severn, nachdem er Nesscliff durchbrochen. Weiter ö. sammelt der Tern
die Gewässer des Flachlands, um sie ebenfalls dem Severn zuzuführen. Sein
Schicksal ist recht wechselvoll gewesen. Zuletzt noch hat ihm der Weaver
einige Seitenbäche nw. Market Drayton geraubt. Sw., bei Wollerton, wird
sein Tal auffallend breit: es ist offenbar von dem Schmelzwasserfluß benützt
worden, der später jene Schotter ablagerte, welche heute als Terrassen bis zu
den Weald Moors (vgl. S. 440) hinabziehen [21 i, k].

Nw. der „Drift Hills" folgen zwei weitere Gürtel, ebenfalls 2—3 km breit,
aber flacher und durchschn. bloß 90—100 m H. erreichend, der eine von Buer-
ton (3 km ö. Audlem) über Betley nach Barthomley (7 km osö. Crewe), der
andere nö. Audlem. Dann folgt die Niederung um Crewe mit Geschiebelehmen und Bändertonen, mit Torfmooren und Wasserbecken. Als sich das
Eis an die W-Seite des Peckforton-Overton Ridge zurückgezogen hatte, entsandte es seine Schmelzwässer durch das heute vom Gowy (und der Haupteisenbahnlinie nach Chester) benützte Beeston Gap, auch durch Delamere
Valley zur Weaverniederung. Zu dieser setzen die damals abgelagerten, den
E-Abfall von Delamere Forest umsäumenden Delta- und Schwemmkegelbil-
dungen mit scharfer Böschung ab, ein günstiger Platz für Siedlungen.

Auch weiter im N bildeten sich zwischen dem jeweiligen Eisrand und den
vor ihm liegenden Höhenzügen Stauseen, welche sich in Überflußdurchbrüchen
entleerten. Bei jedem weiteren Rückzug änderten sie ihre Lage, Größe und
Spiegelhöhe, die einen flossen aus, andere bildeten sich neu; neue Ausläufe
wurden freigegeben. Als das Eis beim Höchststand ö. Stoke auf rund 245 m,
ö. Manchester 380 m reichte und Rossendale Forest stellenweise bis mindestens 460 m H. umfaßte, bildeten sich in den Tälern des Rossendale Upland
Seen, welche durch die Cliviger-Rinne (sö. Burnley) und die Walsden-Rinne
bei Todmorden abströmten. Beim weiteren Zurückweichen des Eises wurden die
Stauseen an der N-Seite von Rossendale noch größer, aber sie fanden einen
anderen Ausweg im W durch das Rivington Gap sö. Chorley. Weiter im S ist
die auffälligste Überflußfurche die von Rudyard (ö. Congleton), welche aus
dem Danegebiet nach Leek führt (vgl. S. 553) [34]; in ihr liegt der Wasserspeicher für Macclesfield und Uttoxeter. Später traten an Stelle dieses Aus-
laufs (von fast 180 m H.) nach der Reihe die von Madeley (107 m) und
Market Drayton (77 m). Auch hier im N sind die verschiedenen Sand- und
Schotterstreifen und -flecken für die Siedlungen und Kulturen wichtig, genau
so wie in den Midlands; doch würde es zu weit führen, auf die vielen Stadien
des Eisrückzugs und deren Hinterlassenschaft im einzelnen einzugehen. Die
spät- oder postglazialen, größtenteils äolischen Shirdley Hill Sands sind
für Feld- und Gemüsebau SW-Lancashires und für die Glasindustrie von
St. Helens wichtig (vgl. S. 632).

Entlang der größeren Flüsse Lancashires haben sich seit dem Rückzug des
Eises Terrassensysteme entwickelt, am Mersey z. B. drei Alluvialterrassen
[38]. Die oberste, 7,6—9,1 m über ihm, ist die breiteste, oben auffallend eben
und für die Siedlungen am wichtigsten. Sie begleitet ihn beiderseits von

Stockport her und trägt die w. und sw. Teile Manchesters von Didsbury bis nach Flixton (Urmston). Gemeinsam mit der gleichalten Irwellterrasse reicht diese „Didsbury" oder „High Terrace", 10 km breit, bis Altrincham im S. Sie wurde von einem viel wasserreicheren Mersey schon unter dem Driftniveau abgelagert. Zwischen dem Driftgelände und den unmittelbar am Fluß entlangziehenden Dämmen der Didsbury-Terrasse war Raum für die Bildung ausgedehnter Moore, „Mosses": im N, einst wahrscheinlich einheitlich, Chat M., Glazebrook M. und Risley M., im S Carrington M. [419] und Warburton Moss [421]. Seither hat sich der Mersey weiter eingeschnitten und zwei tiefer gelegene Terrassen in 4,6 m und 2,4—3 m rel. H. gebildet. Aber es ist noch eine offene Frage, inwieweit dies durch Klimaänderungen, inwieweit durch Krustenbewegungen verursacht war. Neuerdings wird die Bildung der „Middle Terrace" auf die postglaziale Hebung von etwa 30 m zurückgeführt (vgl. u.). Die Mosses wurden von Manchester gekauft, seit 1886 systematisch entwässert, bzw. durch Ablagerung von Asche und anderer Abfallstoffe der Stadt aufgefüllt und das schließlich urbar gemachte Gelände besonders für Gemüsebau verwertet [124 u. ao.].

Gewisse Aufschlüsse über die postglaziale Klimaentwicklung hat die Untersuchung der Mosses gewährt, vor allem die von Chat Moss. Dessen Pollenspektrum ähnelt sehr denen südschwedischer Torfmoore, ohne daß allerdings die Gleichzeitigkeit der Bildungen erwiesen ist. Die Profile gehen jedenfalls vom Boreal durch bis in das Subatlantikum. Die Pollenkurven der älteren Torflager spiegeln jene großen Veränderungen in der Zusammensetzung der Wälder wider, welche in der Hauptsache durch Veränderungen des Klimatypus verursacht sind [39, 310]. Nur während des Subboreals und unmittelbar vor- und nachher ist die Waldgeschichte anscheinend ziemlich einförmig gewesen. Auch die Geschichte des Warburton Moss, seine Eroberung durch die Kulturlandschaft und seine heutige Pflanzenwelt sind lehrreich [421]. Außerdem hat man entlang der Küste einen guten Einblick in die jüngste geologische Geschichte des Gebietes gewonnen. Sicher ist im Postglazial das Land eine Zeitlang höher gestanden und hat weiter gegen W gereicht als heute. Das lehren auch die ertrunkenen Wälder, die zu Ende der Jungsteinzeit endgültig untertauchten, etwa gleichzeitig mit den älteren Stadien des Litorinameers. Unsicher ist dagegen die Deutung der Tatsache, daß man an verschiedenen Stellen zwei „forest beds" und zwei „peat beds" festgestellt hat, z. B. zu Leasowe auf Wirral. Man braucht aus diesem Befund nicht zwei verschiedene Klimaphasen, bzw. zwei verschieden alte Landoberflächen abzulesen, man kann ihn auch ohne Klimaänderung aus einer einzigen Senkung erklären, bei der das Meer zuerst bloß vorübergehend einen Dünengürtel durchbrochen und den „unteren Wald" vernichtet hat. Dann wuchs hinter einer neuen Dünenkette der „obere Wald", welcher im weiteren Verlauf der Senkung unter das Meer geriet [31, 37a, 311, 312].

Die Küste formt sich rasch und andauernd um. Denn festes Grundgestein ist nirgends unmittelbar am Gestade erschlossen, vielmehr treten entweder die Geschiebelehme und Sande der Eiszeit oder Torfmoore oder rezente Dünen an desselbe heran. Untere Geschiebelehme, von Sanden bedeckt, bilden z. B. die bis zu 30 m hohe Terrasse von Blackpool nordwärts und den Dawpool Ridge auf Wirral [313]. Dünen umsäumen die Stirn von Wirral, entfalten sich besonders breit zwischen Mersey- und Ribblemündung und kehren bei Lytham und an der Morecambe Bay wieder. An dem Kampf zwischen Land und Meer sind in diesen Küstenstrichen Flüsse, Meeres- und Gezeitenströmungen, Wind und Pflanzenkleid und heute auch der Mensch beteiligt

[33]. Die Flüsse bringen immer neue Mengen von Sand aus dem Sandstein
des Hinterlandes mit sich, z. T. liefert ihn das Meer selbst durch Zerstörung
der Küste. Die Küstenströmungen regeln im Verein mit den Gezeiten die
Ausfällung der Sinkstoffe, bzw. deren Verfrachtung. Auf der ganzen Strecke
ist der Gezeitenhub stark, durchschn. etwa 9 m. Die See ist seicht, die
5 Faden-Linie meist 8—10 km von der Küste entfernt; daher sind die Watten
sehr ausgedehnt. Die Winde kommen überwiegend aus dem W-Quadranten
(zu Southport 20% W, 13% SW, 14% NW), sie blasen die Sande gegen das
Land zu. So hat dieses in den letzten 300 J. viel Raum gewonnen. Noch um
1600 verlief die Küste von der Ribblemündung gegen Formby 1—2 km weiter
ö., heute zieht hier der ausgedehnteste Dünengürtel Englands entlang, Southport steht fast ganz auf Dünen. Fortdauernd wird Sand von den großen
Sandbänken draußen bei T.N.W. zum Land getragen. So rasch wachsen die
Dünen meerwärts vor, daß entlang dem Strand die Assoziation der Strandpflanzen fehlt und die äußersten, ganz niedrigen Dünen Strandweizen und
gemeines Kreuzkraut tragen. Auch die dahinter gelegene, durch eine Dünen-
talung davon getrennte Frontreihe der Hauptdünen ist noch beweglich.
5—8 m hoch, sind sie an der Seeseite fast ausschließlich mit Strandhafer
(„star-grass") bewachsen, an der windgeschützten Landseite dagegen mit
einem mannigfachen Pflanzenkleid, mit Arten von Stranddisteln, Labkraut,
Löwenzahn usw. Weiter landeinwärts folgen dann die festen Dünen, bis zu
20—25 m hoch. Hier stellen sich schon auf der Windseite weitere Pflanzen
ein: Sauerampfer, Hauhechel, Strandwolfsmilch, Gräser, Moose. Von den
Höhen wird durch kräftige Winde Sand in das Land hineingetragen. Für die
Dünentalungen und -wannen („slacks") sind verschiedene Formen der Kriech-
weide bezeichnend, je nach der Feuchtigkeit des Bodens begleitet von bestimmten anderen Pflanzen. Nur an den feuchtesten Stellen, die im Winter Wassertümpel bergen, erscheint eine Wattassoziation, für welche Strandbinse und
Astmoosarten besonders bezeichnend sind [440*; 417—420].

Weiter s. wurde dagegen das Land vom Meer andauernd zurückgedrängt,
zumal der Alt, der s. Formby die Dünen durchbricht, einen neuen Lauf mehr
der Küste entlang eingeschlagen hat. Denn jetzt genügt die Zufuhr von Sand
nicht mehr, um so weniger, als die Küste gegen SSE zieht und nicht in der
Richtung der NW-Winde. So werden die Dünen und ihre Unterlage, Torfschichten, Sand und Silte rasch abgespült; voriges Jz. sind Häuser und Gärten
am Strand zerstört worden. Schwer prallen mitunter sturmgepeitschte Wogen
bei Spr.H.W., das dort durchschn. 8,2 m erreicht, auch im N gegen das
Gestade bei Blackpool, das seine Promenaden bloß durch kostspielige Bauten
sichern kann. Vor deren Ausführung war das Meer jährl. 2 yards vorgedrungen [314].

Nur im Peckforton-Overton Ridge schafft das Untergrundgestein eine
gewisse Gliederung innerhalb des Tieflands von Cheshire, so daß man eine
Eastern und eine Western Drift-Plain unterscheiden kann [125]. Sonst wird
eine solche eher durch die Niederungen erzielt, welche sich an die größeren
Wasseradern anschließen. Mit breiten Ästuaren unterbrechen diese den
Landzusammenhang: Dee, Weaver, Mersey, Ribble. Ausgedehnte Sumpfstriche, heute größtenteils urbar gemacht, begleiten von Natur aus die Flüsse,
deren schlingenreiche Läufe auf große Strecken geradegelegt, deren Täler
jedoch etwas in die flache Platten- und Riedellandschaft eingeschnitten sind,
mit der Annäherung an das Gebirge am stärksten. Weitaus am wichtigsten
für das Land ist der Mersey, der aus der Vereinigung der Penninesflüsse Tame
und Goyt (der den Etherow empfangen hat) bei Stockport entsteht und unter-

halb Manchester den Irwell aufnimmt. Dieser sammelt seine Gewässer in
weitem Halbkreis aus dem Rossendale Forest, vom Coal und Tonge im W bis
zum Roch im E. Inmitten von Manchester fließen ihm Irk und gleich darauf
Medlock zu. Wegen seines ausgedehnten Einzugsbereichs kann er sehr gefährlich werden. U. a. stieg er infolge eines 16st. Regens am 20. Sept. 1946 in
$15^1/_2$ St. um 3 m an und führte er in 12 St. $10^1/_2$ Mill. m^3 Wasser durch die
niedrigeren Teile von Salford [81 t]. Der Mersey empfängt seine übrigen
größeren Nebenflüsse von S her: den Bollin mit dem Dean aus den Höhen
ö. von Macclesfield; aus den Peckforton Hills den Weaver, der bei Northwich den Dane von Axe Edge her aufnimmt; endlich den Gowy. Der Ribble
sammelt seine Hauptzuflüsse noch innerhalb des Gebirges, vor allem den
Lancashire Calder aus derselben Talflucht, in welcher der Yorkshire Calder
entgegengesetzt nach SE fließt.

Die Natur Lancastrias ist von jener der Midlands nicht wesentlich verschieden. Aber da es noch niedriger liegt und unmittelbar an die Küste der
Irischen See herantritt, ist sein Klima stärker ozeanisch, feuchter, windiger.
Die Winde kommen hauptsächlich über die Irische See, der Windwuchs der
Bäume ist weit in das Land hinein verfolgbar. Gefürchtet sind die Stürme
und die von ihnen ausgelösten Sturmfluten (vgl. o.). Eine gewisse Rolle spielt
das Relief der Nachbarschaft. So ist die J.Summe der Niederschläge im Lee
des Berglandes von N-Wales am kleinsten; an der Mündung des Dee bleibt
sie unter 76 cm, schon in Liverpool ist sie 5—6 cm größer, in Blackpool 7 bis
10 cm größer als in Liverpool. Für die J. 1930—1934 betrug sie für Blackpool
im Mittel 91 cm [117 c]. Mit der Annäherung an die Pennines und die
Rossendale Uplands nimmt sie auf 1—1,6 m zu; hier drängen sich die Isohye-
ten zusammen. Auf geringe Entfernungen zeigen sich oft große Unterschiede
(Manchester, Wythenshawe 60—75 cm, 12 km n. in N-Manchester 100—115)
[124]. Allein auch im Windschatten einer so unansehnlichen Erhebung wie
des Peckforton-Overton Ridge ist sie etwas kleiner als auf deren Luvseite.
An der Küste ist der Okt. am nässesten, aber schon in E-Wirral und erst
recht in Mittel-Cheshire der Sommer, auf den Bergen im E der Dez. Die
J.Summen der Niederschläge scheinen periodisch zu schwanken [46]. Gegen
NE wird das Klima überhaupt rauher, während es namentlich im w. Cheshire
ungemein mild ist. Die J.Schw. der Temperatur sind entlang der Küste am
kleinsten, 10,5—11,0°, an und auf den Höhen im E ungef. 1° größer. Das
Jan.M. und das annähernd gleiche Febr.M. liegt an der Küste in über 4°
(Lancaster 4,1°, Blackpool 4,3°, Southport 4,5°, Liverpool sogar 5,3°), das
JuliM. zwischen 15° und 16° (Lancaster 15,2°, Blackpool 15,2°, Southport 15,4°,
Liverpool 15,8°). Dagegen haben Bolton (104 m) im Jan.M. 3,8°, Burnley
(140 m) 3,4°, Darwen (221 m) 3,1°, nur Manchester (Whitworth Park, 38 m)
4,6°, Stonyhurst (115 m) 3,7°, Macclesfield (152 m) 3,3°; für Juli sind die
entsprechenden Zahlen 14,5°, 14,5°, 15,9°, 14,9°, 15,2° [410*]. Mit Frösten muß
man zwar zwischen Okt. und Mai rechnen, aber sie sind verhältnismäßig
selten, und der Schnee bleibt bloß ausnahmsweise länger als 2—3 T. liegen;
manches J. fällt überhaupt keiner. Die große relative Feuchtigkeit wird
durch die Verbreitung der wasserundurchlässigen Tone verstärkt. Gelegentlich treten dicke Seenebel am Dee und noch mehr im Merseyästuar auf
— Liverpool (Bidston Observat.) zählt 47 Nebeltage im J., davon 15 von Dez.
bis Febr., nur wenige von Mai bis Sept. —, häufig sind nasse Bergnebel entlang den Pennines. Hier erzeugt jedoch vor allem die Industrie schwere
Rauchnebel und setzt so die Sonnenscheindauer beträchtlich herab. Im

allgem. erhalten die nicht industrialisierten Gebiete im Dez., wo sie am kleinsten ist, mit durchschn. etwas über 1 St. tägl. Sonnenschein noch 15% des
möglichen, von Mai bis Juli mit 6—7 St. 40%, die Industrieorte dagegen
im Dez. weniger als 10%, selbst im Juni nur 32—35% (Manchester, Whitworth Park, sogar bloß 5%, bzw. 31%) [411*]. Manchester hatte im
J.Durchschn. 1906—1935 je nach der Lage der Örtlichkeit ± 1000 St., die Seebäder im W wie Hoylake oder West Kirby über 1500. In den 10 J. April 1914
bis März 1924 stand Oldham nach der Ges.Menge der abgelagerten Verunreinigungen mit durchschn. 21—29 t/km² in jedem der Monate April—Sept.,
mit 33—35 t/km² für Okt.—März an der Spitze der diesbezüglich untersuchten
Städte; davon waren 20% kohlige Bestandteile, 53% unlösliche mineralische
Stoffe einschl. Straßen- und anderen Staubs sowie Aschen aus den Rauchfängen, 17% lösliche Mineralstoffe. Auch Manchester, Bolton, Liverpool ergaben fast in jedem Monat über 20 t [44; 124]. Auf die Fl. von Rochdale
(4 km²) entfallen im J. ungef. 1200 t — 120 Waggonladungen! — Verunreinigungen [47a*]. Vorhänge, die in Aberdeen einmal im J. gewaschen
würden, müssen in Manchester alle 14 T. geputzt werden [43].

Infolge der großen Luftfeuchtigkeit, des Niederschlagsreichtums, der
weiten Verbreitung undurchlässigen Bodens, des geringen Gefälles, des Vorhandenseins vieler Sumpfstriche haben einst Wald und Bruch die größte
Fläche eingenommen. Der Raum für Wirtschaft und Siedlung war gering,
der Verkehr auf bestimmte Linien beschränkt. Diese waren schon von den
Römerstraßen ausgenützt, welche stets auf wichtige Flußübergänge zielten,
wie die Vorläufer von Chester (Deva), Manchester (Mamucium), Warrington, Ribchester (Bremetennacum) usw. erkennen lassen. Alle diese Stationen
der Römer waren zugleich wichtige Verkehrsknoten, von denen die Straßen
nicht bloß durch die Niederungen führten, sondern auch in die benachbarten
Gebirge hinein und über die trennenden Höhen hinweg, so von Mamucium
einerseits ö. Rossendale Forest nach Colne, anderseits über den W-Flügel
desselben nach Ribchester und von hier über Logridge Fell in das obere
Hoddertal, über die Bowland Fells in das Wenning- und das Lunetal. Auch
von Ribchester zog eine Straße nach Colne und weiter nach Olicana (Ilkley;
vgl. S. 564) [11 c]. Doch waren gewisse Gebiete bereits in vorrömischer Zeit
besiedelt gewesen, wie Grabhügel und Schanzen auf den Delamere Hills (u. a.
Eddisbury Hill) und Funde im ö. Teile der Cheshire Plain erweisen, und
Wege führten aus der Gegend von Chester zum oberen Trenttal, s. des Mersey
und am Fuße der Pennines entlang. Bronzewerkzeuge haben sich über die
Berge und Täler des Merseygebietes verstreut gefunden. Anscheinend vermittelte ein Hafen bei Warrington die Verbindung zwischen Irland und den
Siedlungsgebieten der Pennines und Rossendale Forest, auf dessen Moors
Steinkreise n. Bolton und s. Burnley errichtet wurden, ebenso wie auf den
Höhen über Macclesfield und Congleton [11 a, c; BrE. u. ao.].

Durch die Lage an der Irischen See, vor dem Midland Gate, mit den
Bergen von N-Wales in der Nachbarschaft, zugleich zwischen den Pennines
und der W-Küste einen Weg zwischen N und S gewährend, hat dieses Gebiet
den Verkehr von allen Seiten angelockt und schon im Laufe der Vorgeschichte
verschiedene Völker gesehen und aufgenommen. Zur Zeit der großen Midlandswälder waren die Einflüsse von der Seeseite am stärksten, so stark, daß
es in seinen prähistorischen Kulturen enger mit Irland als mit dem übrigen
Großbrit. verbunden war, zumal in der Bronzezeit [513*, 519*; 55, 56]. Bei der
Ankunft der Römer saßen die Cornovii im heutigen Cheshire, die Brigantes in
Lancashire. Durch die Römer wurde das Land mehr an den SE angeschlossen.

Sie nutzten die Bleierze der Pennines und Flintshires, schmolzen Eisen zu Wilderspool am S-Ufer des Mersey [52] und verwerteten das Salz von Cheshire [51—54]. Nach ihrem Abzug konnten sich hinter der Mauer der Pennines und den großen Wäldern der w. Midlands britische Königreiche länger gegen die germanischen Eindringlinge behaupten. Allein nach dem Siege Ethelfrids von Northumbria bei Chester (ca. 616) [622*], seit dem die Briten von Wales von denen n. des Mersey abgeschnitten waren, wurde das Land s. des Ribble von den Germanen kolonisiert, anscheinend zuerst mehr von Mercia aus, das sich seiner unter Penda (626—655) bemächtigt hatte und zeitweilig auch Gebiete n. des Ribble besetzt hielt. Im allgemeinen verlief jedoch die Grenze zwischen Mercia und Northumbria ungefähr längs dem Ribble; dies kommt noch heute in der Mundart und außerdem in den Ortsnamen zum Ausdruck. Auch gehörte das Land zwischen Ribble und Mersey bis in die Normannenzeit zu Cheshire, N. Lancashire zu Yorkshire, jenes seit 923 durch das Mittelalter bis 1541 zum Bistum Lichfield, dieses zu York; erst 1541 wurde alles dem neugegründeten Bistum Chester unterstellt [13 a, b; BE].

813 bemächtigte sich Egbert von Wessex Mercias. Während des 9. Jh. drangen Nordmänner und Dänen, nachdem sie Northumbria und Mercia in ihre Gewalt gebracht hatten, in W-England ein; 878 mußte es ihnen überlassen werden. Als aber die Dänen 893 aus dem von ihnen besetzten Chester von Alfred vertrieben worden waren [622*], sicherte dessen Tochter Ethelfled das Land bis zum Mersey durch die Burgen von Eddisbury Hill, Warburton und Runcorn und Eduard der Ältere gewann 923 (vgl. S. 618) die Gegend bis zum Ribble zurück. Schließlich wurden die Normannen Herren von Cheshire, Shropshire und Lancashire. Doch erscheint dieser Name im D.B. noch nicht, während ein „shire" für Chester schon 980 erwähnt wird (1070—1273 County Palatine) [13 b; BE]. 1118 wurde das „Honour of Lancaster" geschaffen, 1169 „County of L." genannt, aber erst 1194 trat es wirklich ins Leben [13 a, 69 a]. Im 14. Jh. wurde das Herzogtum (Duchy) eingerichtet und dieses 1377 (endgültig 1396) zum Palatinat erhoben. Die einzelnen Entwicklungsphasen zu schildern, ist nicht unsere Aufgabe. Während Cheshire und Shropshire trotz gelegentlicher Vorstöße der Gebirgsbewohner von Wales (namentlich unter Llewellyn dem Großen im 13. Jh.) der immer gesicherte Besitz der Engländer blieben, ist besonders das n. Lancashire wiederholt von den Schotten heimgesucht worden, und Lancaster und Preston hatten dann schwer zu leiden.

Die Ortsnamen geben Zeugnis von der Niederlassung verschiedener germanischer Stämme; keltische sind selten [61—63]. Nur keltische Flußnamen sind häufiger und im höheren Teile von Shropshire außerdem Bergnamen. Im w. Teil dieser Gr., um Oswestry, stellen sich dann bereits viele wälsche Namen ein, auch in einigen Strichen von Lancashire ein paar wenige, die mit einer Einwanderung im 12. Jh. zusammenhängen mögen. Doch überwog im späteren Mittelalter sicher die Auswanderung von Engländern nach N-Wales (z. B. nach Denbigh). Spärlich sind im ganzen Gebiet die alten germanischen Namen auf -ing und -ingaham, um so zahlreicher die Namen auf -tun (-ton), von denen viele noch der älteren Kolonisationsperiode angehören, ferner solche auf -ham, -burh (-bury), -wic, -stoke. Sie halten sich in den Hügel- und Berglandschaften an die geeigneten Böden der Niederungen und Täler, in den nassen Niederungen an die Anhöhen, manchmal in der Nähe der Römerstraßen. Auch Namen auf -ford sind häufig, ferner die jüngeren, für Rodung bezeichnenden auf -ley, -field, -wood, -hurst. In Nieder-Shropshire begegnet man mehrfach solchen auf -hall, -nal, -wardine. Während aber in dieser

Gr. skandinavische fast völlig fehlen, ist das ganze Küstengebiet von Wirral
angefangen bis nach N-Lancashire reichlich mit Namen norwegischen Ursprungs besetzt. In NW-Cheshire (Wirral und Nachbarschaft) geht diese
Kolonisation bis in den Anfang des 10. Jh. zurück, indem ein norwegischer An-
führer von Ethelfled um 902 Land bei Chester erhielt [617*, 624*, 624, 624a].
Norwegische Ansiedler drangen auch, vermutlich vom Lune, durch das
Wenningtal und aus den Craven Gaps, in das Ribbletal ein. An der Küste
besetzten sie hauptsächlich die vorher höchstens dünn besiedelten Gebiete
w. der leichten Anhöhen, auf denen sich schon die Angeln niedergelassen
hatten. Besonders reich an skandinavischen Namen ist Amounderness (Age-
mundrenesse im D.B.), das vorspringende Land zwischen Ribble und Cocker,
obwohl englische Namen, genau so wie auf Wirral, häufig sind und um
Preston überhaupt herrschen. Von Amounderness ziehen sie einerseits nach
S (Hornby, Formby u. a.), anderseits nordwärts bis nach Westmorland.
Dänische Ortsnamen treten dagegen, obwohl das Land zum Danelaw gehörte,
mehr inselartig auf, so s. und sw. von Manchester, n. des Mersey (Flixton,
Urmston, mehrere Namen auf -hulme), hier vermutlich im Zusammenhang
mit dänischen Kolonien in Staffordshire und E-Cheshire; auch um Lancaster
scheinen dänische Ansiedlungen bestanden zu haben. Viele Siedlungen sind
übrigens nach den entsetzlichen Verheerungen durch Wilhelm den Eroberer
aufs neue angelegt worden. Die normannische Zeit brachte nicht viel fremdbürtige Ansiedler, aber sehr tatkräftige neue Herren, sie brachte auch hier
Burgen und Klöster, die Burgen zur Bewachung aller einigermaßen wichtigen
Plätze und als Stützpunkte in den Kämpfen mit den Wälschen im S, den
Schotten im N (Lancaster, Preston, Clitheroe; Beeston in Cheshire; in Nieder-
Shropshire Whitchurch, Ellesmere, Wem, Shrewsbury u. v. a.). Die Klöster
schufen eifrig neues Kulturland: die Abtei Stanlow (1178); das Priorat
Birkenhead (1150); die Abtei Vale Royal (1277) am Rande des Delamere
Forest; die Abtei Whalley (1296 gegründet von den Zisterziensern von Stanlow, deren Kloster durch den Mersey bedroht war), die Priorate Burscough
(nö. Ormskirk) und Upholland (w. Wigan), die Klöster jenseits der Morecambe Bay, vor allem Furness u. a. vom Ende des 12. Jh. oder Anfang des
13. Jh.; die Zisterzienserabtei Wyresdale, das Augustinerkloster Cartmel, um
nur einige zu nennen. Gegründet von Herren aus Lancashire, haben sie
stets zu diesem gehört und sind damit die Ursache geworden, daß es einen
durch die Morecambe Bay völlig abgetrennten Anteil am Seenland hat (vgl.
S. 692). Im Zusammenhang mit der Kolonisation und der Ausdehnung von
Acker und Weide schrumpften die weiten Wälder im Midland Gate, in den
Plains, auf Wirral zusammen.

Bemerkenswert sind gewisse keltische Einflüsse in der mittelalterlichen
Flurverfassung Mittelwestenglands zum Unterschied von den Midlands [69*].
Bloß über die Wälschen Marken breitete sich deren Dreifelderwirtschaft im
Offenfeld-System aus. In Cheshire und Lancashire trat sie dagegen ganz
zurück, obwohl man Spuren davon in Cheshire noch in der Tudorzeit, in
Lancashire sogar bis in das 18. Jh. findet. In Cheshire erinnern die Dinge an
Wales, nur daß hier die Aufteilung unter die Erben viel länger fortdauerte
(vgl. Kap. XII), in Lancashire an die von Cumberland und Schottland mit
dem „run-rig“-System (vgl. Kap. XIV). In beiden Gr. waren die Anwesen,
bzw. die Felder viel kleiner als in den Midlands. Infolge der andersartigen
Besitzverhältnisse setzten sich die Einhegungen verhältnismäßig früh durch
[63*, 67*]. In Cheshire waren sie größtenteils schon im 16., fast vollständig
im 18. Jh. ausgeführt, in Lancashire bereits in der 1. H. des 17. Jh. sehr

fortgeschritten, soweit dies die allerdings spärlichen Quellen erkennen lassen
— auf dem Manor von Rochdale z. B. waren 1626 schon $^3/_4$ eingehegt, der
Rest Ödland —, und Ende des 18. Jh. so gut wie abgeschlossen. Sehr bezeichnend sind die Verhältnisse im Forest of Rossendale. Hier ließ sich das
Offenfeld-System überhaupt nicht nachweisen, vielmehr bauten die Farmer
das unbedingt nötige Getreide auf kleinen, unmittelbar neben den Wohnstätten gelegenen Äckern an. Noch in der Tudorzeit fanden die Einhegungen
statt: sie bezweckten die Gewinnung von Weideland für die Schafe, die Rinderzucht des Mittelalters trat zurück. Dabei wurden zum Unterschied von den
Midlands die Güter nicht vergrößert, die Pächter nicht vertrieben, sondern
im Gegenteil die Zahl der kleinen Anwesen vermehrt; die bäuerliche Bevölkerung nahm so sehr zu, daß sie ihren Unterhalt durch Heimweberei,
später durch Arbeit in den Manufakturen ergänzen mußte. Jene kleinen, verstreuten Bergfarmen haben fortbestanden, als der Bergbau einzog und sich
längs den Bächen die Fabriken aneinanderreihten; sie sind ein Zug im Landschaftsbild geblieben [611]. Manche andere Forests sind dagegen erst bedeutend später eingehegt worden; die Hügel von Delamere Forest z. B. mit
schönen Gehölzen, Viehweiden, Rot- und Damwild und ihren fischreichen
Weihern waren bis 1812 commons [66, 121, 125].

Während des verhältnismäßig friedlichen 13. Jh. wurden die ersten Stadt-
rechte in Lancashire verliehen, nur Lancaster wurde schon 1193, Preston
1179 zum Borough erhoben; 1207 Liverpool, 1230 Salford, 1246 Wigan, um
1300 Manchester. Die folgenden Zeiten brachten jedoch neue Not, Einbrüche
der Schotten, die riesigen Menschenverluste durch die Pest (1348/49), die
Rosenkriege, im 17. Jh. die Bürgerkriege, zuletzt noch 1715 und 1745 die Aufstände der „Jakobiter" in Schottland. Auch die unter vielem Blutvergießen
durchgeführte Aufhebung der Klöster unter Heinrich VIII. hat im Verein mit
den Übergriffen der neuen weltlichen Besitzer die Bauernschaft oft schwer
geschädigt, allerdings mehr die in den benachbarten Gebirgen als die in der
Ebene, wo die Einhegungen manchen Vorteil mit sich brachten. Schon hatte
sich die Tucherzeugung, gestützt auf die Schafhaltung in den Pennines, im
Lande festgesetzt, aus welcher sich später die einzigartige Baumwollindustrie
von Lancashire entwickeln sollte. Sie beschränkte sich jedoch auf den Gebirgs-
rand, während SW-Lancashire, durch Torfmoore und Sümpfe mehr abgesondert, bei günstigerem Klima und Boden an der Landwirtschaft festhielt. Die
Erhaltung des Katholizismus daselbst dürfte damit zusammenhängen [621].
Nicht wenig haben zum Aufschwung des Tuchhandels Flamen und Wallonen
beigetragen, die unter Eduard III. eingewandert waren. Immer mehr wurden
die Wälder in Anspruch genommen, im späteren Mittelalter waren die meisten
so gut wie verschwunden. Erst in der neueren und neuesten Zeit wurden
viele Sümpfe urbar gemacht und im 18. Jh. bessere Straßen und vor allem
Kanäle angelegt, die den Schwergüterverkehr wesentlich erleichterten (vgl.
S. 570, 622). Schließlich konnte man in 2 T. mit der Postkutsche von Liverpool nach London reisen [125]. Seit der Eröffnung der Bahn Manchester—
Liverpool (1830) [614] und der Linie Liverpool—Crewe (1837) hat sich
das Eisenbahnnetz Lancastrias ungemein rasch entfaltet, mit allen seinen Auswirkungen für das Leben von Stadt und Land, überaus dicht in den Industriebezirken, dünner, aber ausreichend und zweckmäßig in den ländlichen Gebieten im W und S, und heute wirksam ergänzt durch eine Unmenge von modernen Straßen mit starkem Autobusverkehr [752*]. Durch die Midlandpforte
führen die Wege von London und S-England nach Irland, zum Mersey und
nach Schottland. Wie einstmals Watling Street und die anderen Römer-

straßen, so gehörten bereits zu Beginn des 19. Jh. die Poststraßen nach
Holyhead, nach Liverpool, Manchester, Lancaster zu den wichtigsten Verkehrswegen Englands. Der „Welshman", der „Irish Mail" und der „Royal
Scot" sind auf den ganzen Br. Inseln bekannte Expreßzüge. Crewe ist eine
der „Hauptdrehscheiben" des britischen Eisenbahnnetzes; es ist derzeit von
London in $3^1/_2$ St., dieses von Liverpool und Manchester mit den besten Zügen
in 4 St., sonst in $4^1/_2$—5 St. erreichbar. Auch über die Pennines führen wich-
tige Bahnlinien (vgl. S. 571), doch ist die vor dem zweiten Weltkrieg geplante
Elektrifizierung der 120 km langen Strecke Manchester—Woodhead Tunnnel
—Sheffield vorläufig noch nicht verwirklicht worden.

Das Flachland Lancastrias ist fast völlig von der Landwirtschaft erfaßt
[11, 16, 712, 714]. Die Ausbreitung der Industrie hat den Aufschwung der
Viehzucht überaus gefördert und zugleich die Urbarmachung der Sümpfe,
Torf- und Heidegründe begünstigt, allerdings dafür die Ackerflächen erheblich eingeschränkt. Immer wieder kann man die unerfreulichen Formen des
Einbruchs der Städte und Fabriken in die „countryside" beobachten. Diese
zeigt dem flüchtigen Blick keine besondere Verschiedenheit, bei größerer Aufmerksamkeit aber doch Unterschiede, die vornehmlich durch die Beschaffenheit der Böden bedingt sind. Danach kann man in den Ebenen von Lancashire
zwei, in denen von Cheshire vier landwirtschaftliche Gebiete unterscheiden
[712]. An sie schließt sich das im wesentlichen gleichartige Niederland von
Shropshire an, das daher gleich hier betrachtet werden soll (vgl. Tab. 9).

In ganz Cheshire ist heute die Haltung von Milchvieh die Hauptsache,
auf den steifen Lehmen des Boulder Clay in den Niederungen entlang dem
Dee, dem Weaver, dem Mersey, auf Wirral. Dagegen sind die weitver-
breiteten Sandböden, soweit sie nicht von Heiden, Wildweiden oder kleinen
Waldbeständen behauptet werden, vom Ackerbau (Weizen, Hafer, Kartoffeln,
Kohl) in Verbindung mit Vieh-, Schweine- und Geflügelzucht besetzt, in der
Umgebung von Chester, von Wallasey und Hoylake in Wirral, von Man-
chester usw. von Gemüsegärten (Salat, Sellerie, Rhabarber, Kohlsprossen,
Blumen- und Krauskohl, Zwiebeln), oft im Windschutz hoher Hecken, und
Glashauskulturen (Tomaten, Gurken, Blumen). Bloß auf den Poldern von
Burton im Hintergrund des Deeästuars werden in größerer Zahl Schafe, auf
den Märkten im N gekauft, zur Aufmast gehalten. Sehr verbreitet ist im
Anschluß an die Milchwirtschaft Schweinezucht [78]. Altberühmt ist hier
die Käsebereitung — Cheshire-Käse wurde schon im 12. Jh. geschätzt. Im
16. Jh. wurde sie zum Gewerbe. Erst um die M. des 19. Jh. begann sie zugunsten des Verkaufs von Milch abzunehmen, während sonst zwischen 1840
und 1880 keine wesentlichen Veränderungen in der Landwirtschaft eintraten
[VIIC[619]]. Sie wird vornehmlich während des Sommers betrieben, während
im Winter mehr Milch in die Städte verkauft wird, und erzielt unter
der Aufsicht einer eigenen Organisation besondere Qualitäten (C.C.C. —
Choice Cheshire Cheese). Der eigentliche Mittelpunkt der Erzeugung
ist Whitchurch (Shropshire), wo der größte der sieben Käsemärkte (Cheese
fairs) des Gebietes zwischen Shrewsbury und Chester regelmäßig abgehalten wird. 1936 wurden 1,67 Mill. kg Farmkäse, 1,91 Mill. kg fabrikmäßig erzeugter Cheshire Cheese unter der Nationalmarke auf den Markt
gebracht, davon 60% aus Cheshire, der Rest zumeist aus Shropshire. Natürlich wird außer dem Markenkäse auch sonst viel „Cheshire" auf den Farmen
hergestellt (1936 insgesamt über 4,5 Mill. kg). Schon nach dem ersten Weltkrieg war übrigens die Käsebereitung stark zurückgegangen. Zwar wurde

das Grasland auf Kosten des Ackerlandes zugunsten der Milchproduktion noch mehr ausgedehnt, doch noch mehr nahm der Bedarf an frischer Milch zu. Vor dem ersten Weltkrieg waren schätzungsweise über 30 Mill. kg im J. erzeugt worden [72 a], 1938 rund 15 Mill. Zugleich war die Produktion größtenteils fabriksmäßig geworden; der „Farmhouse Cheshire" belief sich 1938 auf 5,9 Mill. kg, die Fabriken stellten 9,3 Mill. kg bei (Zunahme der „surplus milk"!). 1938 waren nur mehr 200 Farmer in Cheshire ganz oder teilweise selbst mit Käsebereitung für den Markt beschäftigt, 120 in Shropshire, 50 in Flintshire. Dagegen zählte man über 6000 Milchfarmen. Größere Fabriken stehen u. a. in Aldford (s. Chester), Middlewich und Haslington (ö. Crewe). Der zweite Weltkrieg brachte einen starken Rückgang (einheimischer Käse war noch 1949 geradezu spärlich). Vorher waren ungef. $^1/_3$ der Fl. von Cheshire unter Dauergras, 40% des Pfluglandes mit Fruchtwechselgräsern und Klee bestellt; 80% des gut kultivierten Landes konnten als Weide verwertet werden. Während des Krieges wurde $^1/_3$ des früheren Dauergraslandes umgepflügt, die Weizenfl. um 70%, die Kartoffelfl. um 60% vergrößert. Die Anbaufl. für „green crops" wurde zwar verdreifacht, trotzdem sank die Milchproduktion [121, 125].

Auch im Flachland von Mittel-Shropshire zwischen Newport und Oswestry wird auf den Lehm- und Tonböden viel Milchwirtschaft betrieben, auf den Sandböden neben etwas Ackerbau mehr Rinderzucht. Shrewsbury, Wellington, Oswestry sind dort die bedeutendsten Mastviehmärkte, die Industriegebiete der Midlands die Abnehmer. Auf den Feldern werden Futterpflanzen angebaut, u. a. Hafer, der noch bis in die 1. H. des 19. Jh. das Hauptnahrungsmittel der ärmeren Bevölkerung war [VII C^{72}].

In SW-Lancashire sind die Böden leichtere Lehme, auch leichter zu bearbeiten. Bei dem in der Regel 4jähr. Fruchtwechsel sind 2 J. dem Getreide, 2 dem Gras vorbehalten. Besonders warm und leicht sind die Böden in dem Niederland um den Dalton-Billinge Ridge (w. Wigan), vom Flusse Douglas im N bis Liverpool und St. Helens im S. Auch dort sind vielfach Moore trockengelegt worden. Aber es tritt die Milchwirtschaft zurück, und im Ackerbau nimmt die Kartoffel die erste Stelle ein, entweder eingeschaltet in den daselbst geübten 3jähr. Fruchtwechsel (Kartoffel, Weizen oder Hafer, Gras) oder, zumal auf Torfböden, als „single crop". Auf den schweren Lehmen des Fylde, der früher die Kornkammer von Lancashire genannt werden konnte [115, 117 d, e], hat dagegen wieder die Milchwirtschaft die Führung, mit viel Schweine- und etwas Schafzucht verbunden. Auch Lancashire erzeugt große Mengen Käse (1936: ungef. 0,45 Mill. kg). Der Ackerbau ist auf das den Sümpfen abgewonnene Neuland abgedrängt worden [719]. Der besondere Zug der Landschaft n. des Ribble ist aber die Hühnerzucht mit 500 bis 1000 Stück selbst auf gewöhnlichen Farmen, mit 2000—5000 auf den vielen Spezialfarmen. Überall sieht man die „Lancashire cabins", Hühnerhäuser von Standardgröße (24 $\times$ 12'), die 100 eierlegende Hühner aufnehmen können, überall die weißen Wyandottes, weißen Leghorns und die Rhode Island Reds [116]. Diese „poultry-industry" hat sich von hier auch nach S, bis nach Cheshire, verbreitet. Auf den Vorhöhen des Rossendale Forest hat die Milchwirtschaft den Ackerbau verdrängt, und entlang dem Ribbletal steigt sie mit großen Beständen von Shorthorns, der hier am weitesten verbreiteten Rasse, bis Clitheroe und Settle hinauf und in das Airetal (Skipton) hinüber.

Ganz allgemein sind die Großstädte und die großen Seebäder Lancashires von Gemüsegärten mit den gleichen Handelspflanzen wie in Cheshire umringt. Um Formby, Hale und Ormskirk, diese wichtigen Kartoffelmärkte, werden die Blumengärten besonders gepflegt; die vielen Glashäuser sind dort ein Merkmal der Landschaft [712, 714]. Stachel- und schwarze Johannisbeeren sowie Himbeeren werden für den Markt gepflanzt, dazu etwas Erdbeeren; Kirschen, Pflaumen, Reineclauden meist nur in Privatgärten.

In den von der Landwirtschaft beherrschten Strichen im SW sind Straßen- und Bahnnetz verhältnismäßig weitmaschig, die Voraussetzungen für die Entstehung größerer städtischer Siedlungen nicht günstig. Im Gegenteil, mancher einst wichtige Straßenknoten hat durch die Eisenbahnen seine Bedeutung eingebüßt. Die ländlichen Siedlungen, meist Weiler und Einzelhöfe, überwiegen in der Landschaft, über die sich fast ununterbrochen die Heckenmaschen mit ihren Bäumen und Baumgruppen erstrecken [87, 88; 99, 916]. Wenige von ihnen reichen in die vorsächsische Zeit zurück, am ehesten die durch Sümpfe geschützten „Inseln" der Moss Lands auf der Wasserscheide zwischen Dee und Mersey, die bis ins 19. Jh. bloß der Torfgewinnung dienten. In Nieder-Shropshire gibt es fast nur Talsiedlungen, u. zw. kleine, unregelmäßig angeordnete Haufendörfer oder Weiler, die auf hochwassersicheren, aber trinkwasserspendenden Sand- oder Schotterstrichen, sehr oft auf Terrassen stehen, mit der Flur zwischen Bach und Wasserscheide, unten den Wiesen, darüber den Äckern, zuoberst dem Weideland. Die Farmen sind im allgemeinen klein. Bloß wenig Pflugland stand zur Verfügung, am meisten noch in den Tälern. Von hier aus ist später auch das Ödland auf den Wasserscheiden urbar gemacht, der Boulder Clay näher der Gemeindegrenze mit Weilern und Einzelfarmen besetzt worden. Doch werden auch von diesen manche schon im D.B. erwähnt. So ist es, wie drüben im Tern- und Worfetal, hier im Perrytal und in der Shrewsbury Plain am mittleren Severn, der mit vielen Schlingen durch einen breiten, versumpften Grund fließt, fast auf der ganzen Strecke von Melverley bis zum Eintritt in seinen Durchbruch die Grenze der Gemeinden bildet und von dem aus ebenfalls die Landnahme mit Weilern und Einzelfarmen auf die Wasserscheide hinaufgestiegen ist. Am wenigsten lockten die nährstoffarmen Heiden auf gewissen glazialen Sanden und Geschiebelehmen und auf dem Buntsandstein zur Besiedlung. Hier mußten sich die „Squatters", d. s. die Neusiedler auf dem Gemeinland, auf die Viehzucht beschränken, daher sind die Gemeindegebiete auffallend groß. Viehzucht war auch die Beschäftigung von Prees (s. Whitchurch), der einzigen Höhensiedlung von Nieder-Shropshire [B 81, 82]. Ein paar Dörfer sind kleine Marktflecken geworden, wie etwa an der Straße Shrewsbury—Chester W e m (2157), das im Roddental am Rand von Sanden und Sümpfen stand und erst seit Ende des 16. Jh. die Talau einhegte und in Wiesen verwandelte, ein Leinen- und Rindermarkt war und seit 1650 sogar eine Lateinschule hatte, und weiter n. das mit Käsehandel beschäftigte W h i t c h u r c h (6017; ehemals Blancminster), das im Schnittpunkt der Straßen, heute der Eisenbahnen nach Nantwich, bzw. Oswestry liegt, von dem n. Ast des Shropshire Union Canal erreicht wird, seinerzeit mit Hopfen und Malz handelte und Schuhe für Manchester erzeugte [60*]. Ähnliches gilt für die Siedlungen der Cheshire Plain [87 a] und des Flachlands von Lancashire: alle älteren, sowohl die dänischen wie die sächsischen, stehen auf Glazialsanden und -schottern der Rückzugsstadien der letzten Vergletscherung, z. B. auf den Anhöhen zwischen Macclesfield und Congleton, oder auf den Schotterterrassen längs der Flüsse, wie neben dem Mersey und in der Weavorniederung; bloß wegen der Salzquellen sind sie dort auch auf die Tone hinabgestiegen. W. des Peckforton-Overton Ridge ordnen sich die Dörfer in drei Linien, entsprechend dem Auftreten von Glazialsanden und Buntsandstein. Auf Wirral bevorzugen sie durchwegs die eiszeitlichen Aufschüttungen. Große Dörfer sind selten, klein die Kirchspiele, zahlreich Weiler und kleine Dörfer, klein sind die Farmen und Felder; um diese zu vergrößern, hat man vielfach die Hecken und Gräben beseitigt. Die Farmgebäude sind jetzt fast allgemein aus Ziegeln errichtet, neun Zehntel entfallen auf die sauber gehaltenen und gut beleuchteten Kuhställe. Ein eigenartiger Schmuck von Cheshire und Nieder-Shropshire sind die vielen „halls", prächtige Ansitze, umringt von Parken und Teichen („meres"), z. B. Moreton Old Hall (ssw. Congleton), Gawsworth Hall (sw. Macclesfield), Tatton Hall und Tatton Mere (n. Knutsford), Eaton Hall bei Chester [11 a]. Die schönsten alten Fachwerkbauten, mit weißem Bewurf der Füllungen („black-and-white-" oder „magpie"-Architektur), gehören dem 16. und der 1. H. des 17. Jh. an. Fachwerkbauten waren im Mittelalter auch die Kirchen gewesen, einige wenige blieben wenigstens teilweise bis heute erhalten. Erst nach den Rosenkriegen begann man Kirchen aus Stein zu errichten (daher spätgotisch) [91—95, 99, 910].

Größere Siedlungen sind nur an den Rändern dieses Flachlands in einer guten Verkehrslage entstanden. Das gilt namentlich von der Gr.St. von Shropshire, S h r e w s b u r y (32 372; 42 820). Hier hatten schon die Briten in einer lang ausgezogenen Schleife des Severn auf einer Anhöhe ihren Stützpunkt Pengwern gehabt (d. i. Ende des Sumpfes), der als Scrobesbyryg (d. i. Waldburg? oder Scrobb's Burg?) bei den Sachsen wieder erscheint. Daraus wurde im Munde der französischen Normannen Sloppesbury und danach Salop auch Name der Gr. (heute übrigens vorzüglich der Stadt selbst). Von Offa von Mercia gegen Ende des 8. Jh. erobert und zu seiner Hauptstadt gemacht, wurde es unter Sachsen und Normannen wiederholt von den Wälschen belagert und geplündert, u. a. 1215 und 1232 von Llewellyn dem Großen eingenommen; es gehörte aus guten Gründen den Wälschen Marken an (vgl. S. 661 ff.). 1277—1283 wurden von hier aus die Kämpfe gegen Wales geleitet. Seit dem Ende des 11. Jh. wurde es von den Normannen (Roger von Montgomery) umwallt und am Hals der Flußschlinge durch eine Burg gedeckt; mehrfach umgebaut und zuletzt durch den berühmten Telford modernisiert, steht sie noch heute neben dem Bahnhof. Ein zweiter Kern lag jenseits des Flusses neben der ebenfalls von Roger gegr. Benediktinerabtei (1083). Nach der Befriedung von Wales erblühte Shrewsburys Handel — besonders mit Wolle und Flanell aus Wales (vgl. Kap. XII) —, begünstigt durch die Straßen, die aus Hoch-Shropshire, von Montgomery, Oswestry, Chester, Stafford heranführten. Es wurde der Hauptmarkt. Aus jener Zeit stammen die sonderbar benannten Straßen (Wyle Cop, Dogpole, Shoplatch, Mardol, Murivance u. a.), deren Krümmungen z. T. noch den Verlauf der zweiten, unter Heinrich III. erbauten, heute größtenteils beseitigten Mauer widerspiegeln, Kirchen (St. Mary's mit 60 m hohem Turm) und aus dem 14.—16. Jh. viele malerische Fachwerkhäuser, welche die alten Funktionen der Stadt kundtun: Shire Hall, Guild Hall und Town Hall, Drapers' Hall und Old Market Hall; alte Mansions (Ireland's und Owen's) und Wohnhäuser (in Butcher Row, Dowpole u. a.). Seit 1551 stand die berühmte Lateinschule auf der Terrasse am l. Ufer des Flusses. Zwei alte Brücken, die Welsh und die English Bridge, führen über diesen, die letztere zu der aus rotem Sandstein gebauten Abteikirche, welche die Auflösung des alten Peter-Pauls-Klosters überlebt hat (Abb. 114). Aber schon zu Beginn des 19. Jh. war Shrewsbury hinter den rasch aufsteigenden modernen Industriezentren merklich zurückgeblieben (derzeit Textil-, Leder- und chemische Industrie; Lokomotivfabrik). Geschätzt werden sein Bier, seine Cakes und Schweinesulzen [13 c, 14, 814].

Vielleicht noch mehr hat der Wandel der natur- und kulturgeographischen Bedingungen C h e s t e r (41 440; *44 430*) mitgespielt. Bis ins 18. Jh. war es dank dem Dee und seiner Verkehrs- und Schutzlage der wichtigste Handelsplatz Englands mit Irland u. vom Bergland von Wales gewesen, allein nach dem Abschluß der Kämpfe mit Wales und Irland verlor es seinen militärischen Wert. Die Versandung des Dee-, die Nachbarschaft des Mersey-ästuars haben mit dem Aufblühen von Liverpool sein Schicksal besiegelt. Heute zehrt es in hohem Maße von den Erinnerungen der Vergangenheit. Gerne unterbrechen die Reisenden nach Irland und Wales die Fahrt, um die Stadt, ihre Fachwerkbauten aus dem 16.—18. Jh., die Kathedrale, die Umwallung (14. Jh.; normannischer Grundbau) und die Tore (1769—1808 erneuert) zu besichtigen. Wohl ist es noch Markt für seine Umgebung (monatl. Käsemärkte), aber sein Seehandel ist gering, seine alten Industrien sind fast alle abgewandert, die neuen haben z. T. bessere Standorte anderswo gefunden. Als Eisenbahnknoten wird es von Crewe in Schatten gestellt, der Irish Mail-Expreß hält hier nicht. Aber seine Lieblichkeit und seine gute Luft, die nicht durch den Rauch vieler Fabriken verpestet wird (nur Waggon-, Chassis-, Schienenfabriken; Gerberei und Lederei), hat es zu einem Wohnort für Reiche selbst aus Liverpool gemacht.

Auf einem vom Dee auf zwei Seiten umflossenen roten Sandsteinfels von 30 m H. stand hier vielleicht schon eine neolithische Siedlung. Dann errichteten die Römer auf ihm eine geräumige Lagerfestung für eine ganze Legion. Von der eigentlichen Küste 30 km entfernt, war sie ringsum durch Wälder und durch die Sümpfe am Gowy und Dee vorzüglich geschützt. Von Deva, oder Caer Lleon fawr ar Ddyfrdwy, wie es die Kelten nannten, strahlten die Römerstraßen nach allen Richtungen aus, über Viroconium nach Isca (Caerleon), nach Mamucium, nach Londinium (Watling Street). Es bewachte den Haupteingang von N-Wales und der Irischen See her und betrieb zugleich ausgiebigen Handel, besonders mit dem Blei von Wales, dem Salz von Cheshire, selbst dem Eisen und Kupfer von Alderley Edge. Nach dem Abzug der Römer wirkte sich die Grenzlage weniger günstig aus. Abwechselnd von den Briten, von Northumbria und von Mercia, von den Dänen bedroht, besetzt, zerstört, wurde es als erster jener Plätze von den Angelsachsen befestigt, welche den Eintritt in das Midland Gate gegen NW, gegen die Dänen sperren sollten (Eddisbury, Runcorn, Thelwall bei Warrington, Manchester, 913 bis 923; vgl. S. 611). Als es unter Knuts Herrschaft kam, hatte sein Handel mit Dublin davon Gewinn. Er verstärkte sich vollends in der Normannenzeit, als Chester eine Burg und eine starke Besatzung erhielt und Hauptstadt des County Palatine of Chester wurde. Vorher war es mehr Wächter und Sperre gewesen, in der Folge wurde es immer mehr Ausfallspforte in den Kämpfen mit den Wälschen. Dazu kam die Funktion als Übergangsplatz über den Dee, die alte Brücke mit ihren 7 Bögen wurde um 1280 erbaut. Um jene Zeit erreichte es den Scheitel seiner Entwicklung. Seine Kaufleute führten den Handel mit den Häfen von N-Wales (Wolle), mit Dublin und Drogheda (Getreide, Fische, Felle, Häute, Leinwand), mit der Bretagne und Gascogne (Wein, Salz). Stets war der Bedarf der Burg und der starken Garnison groß [84].

Nach der Unterwerfung von Wales wurde Lancashire verhältnismäßig wichtiger. Die Aufschwemmung des Deeästuars machte es den Schiffen unmöglich, an Chester heranzukommen, der Handel begann nach Beaumaris und Liverpool abzuwandern. In der 2. H. des 16. Jh. wurde ein neuer Kai 10 km unterhalb der Stadt angelegt. Allein 1674 konnten selbst 20 tons-Schiffe

nur mehr bis Neston gelangen, auf dem 1737 vollendeten Kanal wieder
350 tons-Schiffe. Trotzdem blühte damals der Leinwandhandel mit Irland auf,
der seinen Ausdruck in der Linen Hall (um 1780) fand. Andere Kanal-
pläne wurden bloß halb ausgeführt oder waren von Anfang an erfolglos, wie
die Regulierung des Weaver, welche den Handel mit Cheshiresalz beleben
sollte, indes nur bis Nantwich statt bis Middlewich durchgeführt wurde und
schließlich Liverpool mehr zugute kam. Die Unmöglichkeit, den Anforderungen des modernen Seeverkehrs zu genügen, hat Chesters Geschick bestimmt. Zwar blieb es Vorort und Hauptmarkt eines großen Gebietes, aber
während Liverpool 1801 bereits 78 000 E. zählte, hatte es kaum 15 000. Um

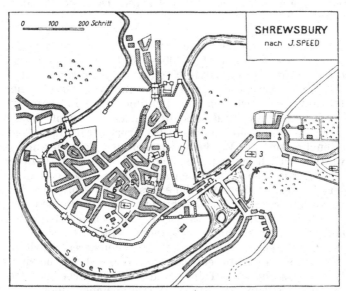

Abb. 114. Shrewsbury um 1600. (Nach J. Speed.)
1 Castle, 2 Stone Bridge, 3 Abbey, 4 Shoemakers' Row. 5 High Street, 6 Market House.
7 St. Alkmund's Church, 8 Welsh Bridge, 9 St. Mary's, 10 Dogpole.

1830 erzeugte es Rauchwaren, Tabakspfeifen und Lederwaren, es handelte mit
Erzeugnissen von Manchester, Sheffield, Birmingham und mit wälschen Flanellen, aber dieser Handel wanderte nach Shrewsbury ab [60*]. Würde der
Plan ausgeführt, über die Mündung des Deeästuars einen Damm zu errichten,
um die Verbindung von Lancashire über Liverpool und West Kirby nach den
Seebädern von N-Wales und Holyhead abzukürzen, so würde seine Verkehrsbedeutung abermals beeinträchtigt; bereits durch die Erbauung der Brücke
von Queensferry, die schon 1928 täglich von Fahrzeugen mit insges. 5000 tons
passiert wurde, hat sie sehr abgenommen.

Der Plan des Stadtkerns von Chester ist noch der des römischen Lagers;
Eastgate und Watergate entsprechen der via principalis, Bridgegate und mit
gewissen Abweichungen Northgate der via praetoria. Diese treffen einander
beim „Cross" (Abb. 115). Das Wahrzeichen Chesters ist seine Kathedrale,
die im 12.—14. Jh. erbaute Kirche der 1093 gegründeten Benediktinerabtei,
nach deren Aufhebung Heinrich VIII. 1541 die Diözese schuf (vgl. S. 611).
Eigentümlich sind Chester die sog. „Rows", d. h. laubenartige Gänge mit
Geschäften und Auslagen im 1. Stock, unter denen sich im Erdgeschoß Läden
und düstere Magazine befinden. In kleinen Abständen führen von den

„Rows" Treppen zum Straßenniveau hinab, über ihnen springen die oberen
Geschosse der Häuser vor. Diese Bauweise hängt wahrscheinlich damit zusammen, daß das Straßenniveau einige Fuß unter der allgemeinen Oberfläche
in den Fels gehauen ist [60*]. Dagegen ist von der Normannenburg, die
ganz an den Fluß vorgeschoben war, fast nichts mehr erhalten. Die Mühlen
bei der alten Deebrücke, im Lauf der Jh. mehrmals zerstört und stets wieder
erneuert, sind seit 1909 durch ein elektrisches Kraftwerk abgelöst. Der Raum
zwischen der w. Stadtmauer und dem von ihr abgerückten Dee wird von
dem großen Rennplatz Roodee (ursprünglich eine Deeinsel — Roodeye) eingenommen, auf welcher seit 1540 regelmäßig Rennen stattfinden. Am l. Flußufer ist Handbridge Sitz der Dee-Lachsfischerei. Dort steht auch eine Tabakfabrik [11 a, 13 b].

Am stärksten und ausgedehntesten ist die Landschaft von SE-Lancashire
und E-Cheshire während der letzten 100—150 J. umgestaltet worden. Denn
hier hat sich die Baumwollindustrie Englands niedergelassen und mit ihren
unzähligen Fabriken, Werkstätten, Speichern und Arbeitersiedlungen die einst
freien Gefilde auf den Vorhöhen der Pennines und in deren Tälern überwältigt. Warum gerade hier und nicht drüben in Liverpool, dem Haupthafen
für die Einfuhr des Rohstoffes, ist eine oft erörterte Frage. Man hat dafür
die größere Feuchtigkeit des Winkels zwischen den Pennines und den Rossendale Fells verantwortlich gemacht, jedoch wohl mit unzulänglichen Gründen
[711; 713*, 752*]. Nicht so sehr in den ausgiebigen, über das ganze Jahr verteilten Niederschlägen ist die eigentliche Ursache zu erblicken als vielmehr in
dem Aufbau des Gebirges aus Karbonschiefern und -sandsteinen, besonders dem
Millstone Grit, aus welchen die Flüsse in zahlreichen Talfurchen weiches
Wasser hinabführen. An sie hatte sich früher eine gut entwickelte Wollverarbeitung mit Tuchweberei in Heimarbeit, Bleicherei, Färberei geknüpft
(vgl. S. 566 f.), an sie auch die ehemals von Wasserkraft betriebenen Manufakturen. Bei dem steigenden Trink- und Nutzwasserbedarf des Industriegebietes konnten überall in den Tälern Wasserspeicher angelegt werden; mit
solchen sind wie die Pennines so auch die Rossendale Fells förmlich übersät.
Außerdem stand in dem alten Textilgebiet eine vortrefflich geschulte Arbeiter-
schaft zur Verfügung, und rasch und zielbewußt wurden die neuen Erfindungen in der Spinnerei und Weberei ausgenützt, von denen etliche Männern
aus Lancashire zu verdanken waren (Kay's Weberschiffchen 1733, Hargreave's
Spinnjenny 1764, Arkwright's Wasserspinnrahmen 1769, Crompton's Mule-
jenny 1779, Roberts' Kraftwebstuhl 1822 u. a.). Vor Georg I. gab es noch
keine Baumwollfabriken, fast keine Kanäle in Lancashire; die Landwirtschaft
bestimmte sein Gepräge, die Straßen waren schrecklich schlecht — „infernal
highway" nannte A. Young die zwischen Wigan und Preston. Um 1750 begann die Wandlung. Die Geschichte Manchester-Salfords zwischen 1750 und
1820 ist die Geschichte der „Industrierevolution" selbst. 1787 gab es in
Lancashire 40 mit Wasserkraft betriebene Baumwollfabriken, 1789 wurde
zum erstenmal die Dampfkraft verwendet, 1839 in Bolton bereits von 98 Fabriken gegenüber 18 mit Wasserrädern [81 m]. Die alte Heimspinnerei und
-weberei wurde durch die Fabriken und das kapitalistische System abgelöst:
es begann das paläotechnische Zeitalter mit all seinen wirtschaftlichen Fortschritten und Errungenschaften und seinen sozialen Übeln, und das kulturgeographische Bild der Gr. änderte sich von Grund aus. Die Entwicklung im
einzelnen zu verfolgen, ist hier nicht möglich; sie kann nur mit wenigen
Strichen angedeutet werden [67, 69, 615, 616, 618].

Erst um 1600 wird Baumwolle, u. zw. aus der Levante, bezogen und mit einheimischem, nach 1650 vorzüglich aus Irland eingeführtem Leinengarn zu einem „fustian" (Barchent) genannten Stoff verarbeitet; im 18. Jh. in steigenden Mengen aus Westindien und Nordamerika. Im 17. Jh. wurden außer „fustian" (Leinenkette-Baumwolleinschlag) auch „cotton-linen" (Baumwoll-

Abb. 115. Chester, East Gate Street.
(Aus: C. ROUSE, The Old Towns of England. London 1936.)

kette-Leineneinschlag) erzeugt. Gegen Ende des Jh. wuchs in Afrika und Westindien die Nachfrage nach den leichteren Textilien immer mehr, Lancashires Baumwollindustrie begann aufzublühen, der Kapitalismus durchzudringen. Auch für Liverpool war die Zeit gekommen (vgl. S. 641f.) [616]. Als Mittelpunkte des Baumwollgewerbes erscheinen damals Bolton und besonders Manchester. Seine Verkehrslage macht dies ohne weiteres verständlich. Denn hier strahlen die Täler aus dem weiten Halbkreis von Bolton bis Macclesfield zusammen, von hier boten die Sande der Hochterrasse zwischen dem Mersey und den Mosses den einzigen einigermaßen gangbaren Weg nach Liverpool. Vorteilhafter für den Massenverkehr wurde trotz seiner Krümmungen der

Bridgewater Canal (1761, ganz vollendet 1776), der s. des Mersey nach Runcorn verlief [619 a], während andere Kanäle Manchester mit den Fabriksorten der Nachbarschaft verbanden (M.-Rochdale, M.-Bolton-Burnley Canals usw.). Für Liverpools Aufschwung wurden dann der Leeds—Liverpool Canal, St. Helens C., Trent—Mersey C., Shropshire Union C., Weaver Navigation ungemein wichtig, die alle nach dem Mersey zusammenstrahlen. Zwar hat die Verfrachtung auf ihnen seit dem vorigen Jh. sehr abgenommen, doch ist sie noch immer beachtlich (vgl. S. 642). Immer enger knüpfte sich die Schicksalsgemeinschaft von Manchester einerseits mit Liverpool, andererseits mit der des ganzen Industriegebietes im neuzeitlichen Verkehr. In der 2. H. des 18. Jh. waren viele Mautstraßen angelegt worden, 1830—1850 (vgl. S. 613) wurden die Hauptlinien des Bahnnetzes ausgebaut. Gewaltig angewachsen ist der Straßenverkehr seit dem Erscheinen des Kraftwagens, auf manchen Hauptstraßen passieren im T.Durchschnitt viele tausend Tonnen; bei Sale z. B. (vgl. S. 641) fuhren 1936 an bestimmten Beobachtungstagen 18 000, bei Cheadle 15 000 tons in NE-Cheshire ein. Viele Tausende von Arbeitern benützen das Fahrrad für den Weg zwischen Wohnung und Fabrik. Gegen Ende des 19. Jh. hat Manchester die völlige Abhängigkeit von Liverpool durch den Bau des Manchester Ship Canal (1887—1894) gelockert, der bei Runcorn (Eastham) das Merseyästuar erreicht, hier 97 m im Spiegel, 37 m im Grunde breit. 57 km lang, mindestens 8,5 m, im unteren Abschnitt sogar 9,1 m tief, mit einer kleinsten Sohlenweite von 36,5 m, erlaubt er Schiffen von 15 000 Br.Reg.T., ihre Fracht bis in den Hafen von Trafford Park (Manchester) zu bringen, der mit 9 Docks von insges. fast 0,5 km² Wasserfl. ausgestattet ist, darunter dem 820 m langen, 75 m breiten Dock Nr. 9. In achtstündiger Fahrt müssen 5 Schleusenanlagen (21 m Höhenunterschied!) passiert werden (vgl. S. 639) [11 a, 85*, 87*].

Manchesters wirtschaftliche Funktionen haben sich allerdings im Laufe der Zeit erheblich geändert. Zwar ist es auch selbst ein Mittelpunkt der Textilindustrie geblieben und viele andere Industrien sind dazugekommen, aber heute ist es vor allem der Zentralmarkt, der wichtigste Verteiler jenes großen Industriegebietes geworden, das seine Vorposten im S in Macclesfield und Congleton hat und sich in den Potteries fortsetzt, ringsum in die Täler der Pennines und der Rossendale Fells hineinreicht und über diese hinweggreift, sogar Preston und das Kohlengebiet im W mit seinen Industrien umfaßt. Neue Fabriken entwickelten sich in jüngster Zeit am Manchester Ship Canal und am Mersey. Die beiden Hauptzweige der Textilindustrie selbst, Spinnerei und Weberei, stets begleitet von der Erzeugung von Textilmaschinen und im Gebirge von Bleichereien und Färbereien, sind — nur z. T. aus geographischen Gründen [67, 615] — ganz verschieden verteilt, die Spinnerei vornehmlich an der S-Seite der Rossendale Fells in dem Dreieck Bolton—Oldham—Manchester mit dem Kernsitz in Oldham (um 1930 17 Mill. Spindeln, 12 000 Webstühle), die Weberei dagegen an der N-Seite, in dem Dreieck Preston—Burnley—Bolton, mit dem Hauptsitz in Burnley (5,6 Mill. Spindeln, über 100 000 Webstühle; 1936 90% der Spindeln, 26% der Webstühle in SE-Lancashire, 10%, bzw. 74% in E-Lancashire und Rossendale). 1936 entfielen 83% aller Spindeln, 72% aller Webstühle, 1946 81,5, bzw. 75% auf die Spezialfirmen, bloß der Rest auf kombinierte Unternehmungen: die Baumwollindustrie von Lancashire ist „ein klassisches Beispiel einer horizontal organisierten Industrie". Während ferner Bolton, Leigh, Stockport, Manchester Feingarne aus langstapliger amerikanischer oder auch aus ägyptischer Baumwolle spinnen, werden in Oldham, Rochdale, Bury grobe und mittlere Garne aus kürzerstapliger amerikanischer oder aus indischer erzeugt [752*, 713*; 710].

Außer der Baumwollindustrie ist aber eine ganze Reihe anderer Industrien entstanden. Schon 1790 erhielt Bolton eine Fabrik zur Herstellung von Textilmaschinen; ungefähr seit jener Zeit datiert die Entwicklung der Eisenindustrie, die sich in der Folge sehr vielfältig gestaltete, entsprechend dem Bedarf der Fabriken an verschiedenen Maschinen (Werkzeugmaschinen in Manchester, Oldham, Rochdale, Bolton). Dazu gesellte sich der Bau von Lokomotiven und Eisenbahnmaterial überhaupt (Gorton, Patricroft, Newton-le-Willows bei Warrington), im 20. Jh. der von Kraftwagen, sowohl von Privatautos wie besonders von Autobussen und Lastwagen (Manchester, Leyland, Preston, Lancaster, Liverpool, Southport), zuletzt auch von Flugzeugen (Manchester). Einen großen Aufschwung haben, z. T. damit im Zusammenhang, die Elektroindustrien genommen (Manchester, St. Helens, Warrington, Preston, Prescot — hier wurde u. a. die Ausrüstung für den elektrischen Betrieb der Bahn Manchester—Sheffield in Auftrag gegeben). Patricroft erzeugt Dieselmotoren, Prescot hat Kupferwerke. Bodenständig erwuchs die chemische Industrie, die auf dem Vorhandensein der reichen Salzlager von Cheshire beruhte, sich hauptsächlich zwischen diesen und dem Kohlenfeld von SW-Lancashire niedergelassen hat (Warrington, Widnes), beiderseits des Merseyästuars große Fabriken aufweist (Liverpool; auf der Cheshireseite Birkenhead, Bebington, Port Sunlight) und im Inneren Lancashire nicht fehlt (Manchester, Accrington, Bolton usw.). Sie hat von Anfang an Beziehung zur Textilindustrie gehabt, welcher sie Farben, Seifen und allerlei Chemikalien liefert; sie arbeitet außerdem für die Ausfuhr. Die größte Glasindustrie Großbritanniens knüpft sich an die Nachbarschaft des Mersey, auf dem ihr und anderen Industrien wichtige Rohstoffe zugeführt werden (St. Helens, Newton-le-Willows, Warrington, Manchester). Dank dem verhältnismäßig reinen, weichen Wasser des Millstone Grit und der Kohlensandsteine der Rossendale Fells ist zugleich mit der Baumwollindustrie, deren Abfälle sie verwertete, die dortige Papierindustrie aufgeblüht, außerdem begünstigt durch den gewaltigen Bedarf des Industriegebietes selbst, das auch von anderen Fabriken beliefert wird (vgl. im folg.). Alten Ursprungs sind Gerberei und Lederindustrie, die von Liverpool über Warrington bis zur Grenze von Yorkshire reicht und in Colne einen Vorposten hat; die Industrie der Steine und Erden (Sandsteinbrüche von Rochdale, Rawtenstall, Burnley, Nelson usw.; Tonverarbeitung zu Ziegeln und Tonwaren zu Accrington, Burnley, Bolton, Rochdale, um Manchester, Wigan, St. Helens usw.). Umfänglich sind Bekleidungs- und Lebensmittelindustrie. 1931 entfielen ungef. $^1/_4$ aller Beschäftigten von Lancashire auf das Textilgewerbe, 9% auf die Metallindustrie, 8 auf Handel, Bank- und Versicherungswesen, 7 auf den Verkehr. Im Textilgewerbe (außer Kleiderindustrie) gehörten 43,8% der Beschäftigten des Ver.Kgr. Lancashire an, speziell in der Baumwollweberei sogar 85,2%, in der Baumwollkardierung und -spinnerei 79,7%, in der Herstellung von Baumwollfabrikaten 50%. Entsprechende Zahlen (in %) sind: Kunstseide 30, Kleider 14,1, Filzhüte 35,1; Textilmaschinen 64,4; Chemikalien 18,6 (Seife sogar 27,4); Glas 32,6, Papier 17,7, Linoleum und Wachsleinwand 50, Schuhe und Stiefel 19,6 [96; 752*].

Das Industriegebiet von Lancashire setzt sich nach Cheshire fort: die Textilindustrie mit der Baumwollweberei und Kleiderfabrikation (besonders in Stockport und Umgebung; im Weavertal: Middlewich, Winsford, Nantwich; auch in Crewe); die Eisen- und Stahlindustrie (am Fuße der Pennines, im W am Merseyästuar); die chemischen Industrien entlang dem Weavertal und in seiner Nachbarschaft (Runcorn, Northwich und das w. anschließende

Winnington, wo 1874 die große Fabrik von Brunner Mond eröffnet wurde, Middlewich, Sandbach) und in Wirral (Birkenhead, Bebington, Port Sunlight); Elektroindustrien und Motorenbau (Sandbach); Papierindustrie (Hyde, Bredbury, Mobberley, Ellesmere Port); Lebensmittelindustrie (Häfen von Wirral) usw. [125]. Im Gebiet von Manchester liegt das Gegenstück der Industrie- und Bevölkerungsballung zu dem von London, durch die beide in NW—SE-Richtung deren „axial belt" verläuft, nach seiner Gestalt allerdings besser mit einer Sanduhr zu vergleichen, die bei Northampton am engsten ist [725*; 724*].

Wenn schon im 19. Jh., u. a. während des amerikanischen Bürgerkrieges, schwere Krisen die aufsteigende Entwicklung unterbrochen hatten, so haben die Weltkriege und die Zwischenkriegszeit Lancashire besonders schwer geschädigt. Am verhängnisvollsten war, abgesehen von den Bestrebungen einstiger Abnehmerstaaten, ihre eigene Industrie zu entfalten, der Verlust des indischen Marktes [75, 713, 714b, 716]. 1912 hatte das Ver.Kgr. 2,8 Milld. yards Baumwollstückgüter nach Indien ausgeführt, 1936 nur mehr 380 Mill. Vor dem ersten Weltkrieg hatten über ein Drittel der Baumwollfabriken Lancashires für Indien gearbeitet, über 3000 Firmen mit über 400 000 Arbeitern wurden nun von der Krise getroffen. 1929—1936 hatte die Z. der Spindeln in Oldham um 34% abgenommen, in der Gruppe Ashton-under-Lyne, Dukinfield, Stalybridge, Mossley um 43 (in Bolton und Leigh, den Zentren der Feinspinnerei, bloß um 5, bzw. 2%!) [752*]. Zwar versuchte Lancashire, auf verschiedene Art der Schwierigkeiten Herr zu werden, u. a. durch Umstellung auf Kunstseide [714a, 717a, 719, 721, 724; 752*], und durch Einführung neuer Industrien die Arbeitslosigkeit zu bekämpfen. Indes der Rückschlag war zu schwer. Er zeigte sich auch in der Bewegung der Bevölkerung. Durch das ganze 19. Jh. und bis 1931 war sie fortdauernd gewachsen (1801: 0,67 Mill.; 1821: 1,05 Mill.; 1851: 2,03; 1881: 3,45; 1901: 4,9; 1931: 5,04), so daß heute in E-Lancashire weithin 2000 Menschen und mehr auf 1 km² wohnen, ja selbst die ländlich gebliebenen Gebiete im W verhältnismäßig große Dichte, bis zu 200, aufweisen. Aber 1937 hatte das Wachstum aufgehört, ja die Webereigebiete (Blackburn, Burnley, Darwen, Accrington u. a.) und das Kohlengebiet von Wigan zeigten bereits eine erhebliche Abnahme. Freilich, in Manchester selbst und in Liverpool war die E.Z. weitergestiegen, sehr bezeichnend auch auf der H.I. Wirral infolge der Eröffnung des neuen Merseytunnels (vgl. S. 650). Durch den zweiten Weltkrieg wurde die Lage abermals verschlechtert, während sich zugleich der Mangel an Arbeitern — viele wollten nicht mehr in ihren Dienst zurückkehren — verstärkte (1945: rund 200 000, d. i. ²/₅ der Z. für 1924).

Einen großen Einfluß haben Verkehrs- und Ortslage auf die Entwicklung und Gestalt der einzelnen Städte ausgeübt [89]. Sie alle, von Macclesfield im S angefangen bis hinüber an die N-Seite der Rossendale Fells, knüpfen sich entweder an wichtige Paßstraßen, an Talknoten oder Brückenplätze. Sie alle gehören zwar einer einzigen ungeheuren Industrieballung an, haben aber jede eine gewisse Eigenstellung bezogen und behauptet; die Aufgabe, aus diesem Agglomerat eine harmonische Einheit zu machen, ist viel zu spät erkannt worden, als daß die Sünden der Vergangenheit so schnell wieder gutgemacht werden könnten. Die eifrig aufgegriffene Stadtplanung der jüngsten Zeit will daher wenigstens erreichen, daß die weitere Gestaltung des Raumes modernen und zukünftigen Kulturforderungen besser entspreche. Während der älteren paläotechnischen Zeit sind diese Industrieorte ohne richtiges Maß und Ziel gewachsen, obwohl sie bemüht waren, die materiellen Grundlagen ihrer Gemeinwesen in Verkehr, Wasserversorgung, Beleuchtung zu sichern, und mächtige Rathäuser und viele Kirchen, Unterrichts- und Wohltätigkeitsanstalten, Büchereien, Museen usw. errichteten.

M a c c l e s f i e l d (34 905; *33 100*) eröffnet die Reihe im S. Auf einer Schotterterrasse über dem Bollintal an der Mündung des Dams Brook steht sein alter Kern mit Pfarrkirche, Marktplatz und Guildhall, unten an beiden Gewässern stehen die Fabriken. Seit 1756 entwickelte sich hier die Seidenindustrie, in welcher es bis heute führend geblieben ist (40 Fabriken). Es erzeugt auch Tonwaren, Maschinen, Papier, Schuhe und neuerdings Kunstseide. Es hat sich namentlich auf die Erzeugung von Kurzwaren verlegt (Schuhbänder, Hosenträger, Quasten, Fransen, Gummibänder). Vorläufig hat es aufgehört zu wachsen (1921: 34 000, weniger als 1881). Hier sammeln sich Straßen aus dem Peakgebiet, dem Rudyard Gap und den Potteries, hier stand eine Normannenburg, von hier führte die alte Hauptstraße nordwärts. Auch das sw. benachbarte C o n g l e t o n (12 885; *13 890*), das auf einer Terrasse über dem Dane am Fuß der Vorhöhen der Pennines gelegen ist und mit dem B u g l a w t o n (1651) verwächst, hat alte Seidenindustrie. Ferner erzeugt es Zigarren, seitdem diese Industrie von dem nahen Dorf Havannah hierher verlegt worden ist. B i d d u l p h (8346), sö. davon jenseits der Gr.Grenze, hat Kohlengruben, Eisenwerke und Tuchfabriken, B o l l i n g t o n (5027) am Dean Baumwollindustrie; solche und Seidenindustrie L e e k (18 569) schon im Bereiche der „moorlands" der Pennines. Die Umgebung ist jedoch im allgemeinen bis gegen Stockport hin bisher ländlich geblieben und weist einige schöne alte Herrenhäuser im Fachwerkbau auf, wie Moreton Old Hall (s. Congleton) und vor allem Bramhall Hall (s. Stockport). Besonders freundlich ist die über 200 m hohe, aussichtsreiche Stufe von A l d e r l e y E d g e (3145), die auf 3 km Länge z. T. mit Waldungen, z. T. mit Villen und Gärten besetzt ist. Mobberley, w. davon, erzeugt photographische Papiere. W i l m s l o w (9760) und Handforth (1031) gehören gleichfalls schon zu den Wohnvororten von Manchester, H a z e l g r o v e - B r a m h a l l (13 300) verwächst mit Stockport. In Wilmslow ist kürzlich Styal eingemeindet worden, in dessen Geschichte sich das Schicksal der ländlichen Siedlungen des Industriegebietes in einer der vielen Abwandlungen zeigt: ein ehemaliges Bauerndorf, das 1787 eine vom Deanfluß betriebene Baumwollfabrik erhielt, in der Folge halb industrialisiert wurde — neuerdings noch durch Errichtung einer großen Ziegelfabrik —, sich jedoch auch auf Gemüsebau und Molkerei verlegte und immer stärker in den Bannkreis von Manchester einbezogen wird, zumal seitdem dieses nun in der Nachbarschaft seinen Flughafen Ringway eingerichtet hat [811].

Wo die N-Straße den Mersey gleich unterhalb der Vereinigung von Goyt und Tame übersetzt, ursprünglich an einer Furt, entstand die Großstadt S t o c k p o r t (125 490; *129 280*), im D.B. zwar nicht erwähnt, aber von den Normannen bald mit einer Burg ausgerüstet. Wie Macclesfield liegt es noch im hügeligen Gelände des Buntsandsteins von Cheshire, u. zw. im Schnittpunkt der Straßen von York (Millgate), London (Hillgate), Chester (Chestergate), Manchester (Old Road). Wieder steht der alte Kern mit Pfarrkirche, Markt und Burg auf einer Terrasse, deren Hang schon vor 100 J. mit übereinandergelegenen Häuserzeilen und Fabriken besetzt war. Von ihm aus ist die Stadt entlang den Straßen gewachsen und hat mit ihren Industrieanlagen die Höhen bedeckt (Abb. 116). Obwohl zu Cheshire gehörig, ist sie doch nur ein Vorposten des nahen Manchester, mit dem sie allmählich verwächst. Im 16. Jh. verarbeitete es Hanf zu Seilen und Tauen, in der 1. H. des 18. Jh. führte es die Seidenweberei in das Gebiet ein, und bald nahm es die Baumwollindustrie auf. Heute ist es ähnlich mannigfaltig beschäftigt wie Manchester (Baumwollstoffe, Kleider, Hüte, Leder, Maschinen für Getreide- und Kohlenverladung, Flugzeug- und Motorenbestandteile, Koksöfen, Tabak, Mehl, Biskuits, Schokolade). Die Flüsse Tame, Etherow und Roch bieten Zugänge nach Yorkshire. Das Tametal ist von einem etliche km langen Siedlungs- und Industriestreifen erfüllt, fünf einander berührenden Städten: H y d e (32 075; 28 820; Filzhüte, Papier, Bleicherei, Färberei), D u k i n f i e l d (19 311; 17 370), S t a l y b r i d g e (24 831; 20 630; Textilien, Bleche, Eisenwaren, Kabel, Leder- und Gummiverarbeitung), A s h t o n - u n d e r - L y n e (51 573; 44 270) [813] und M o s s l e y (12 047), die ersten drei zu dem „pan-handle" von Cheshire, die beiden anderen zu Lancashire, alle zur Stadtverwachsung von Manchester gehörig; Ashton hängt über Droylsden (13 274; Kleider, Maschinen, Chemikalien), Hyde über Denton (17 384; 22 680; Hüte, Kleider, Gummiwaren, elektrische Maschinen) mit ihm zusammen [78 a, 125]. Von allen Seiten vereinigen sich Straßen und Bahnen, darunter die Linie von Manchester nach Derby und Sheffield. Hier bilden ehemalige Dörfer, in denen seinerzeit die Wollweberei in Heimarbeit blühte, lange Siedlungszeilen, allein die Grenze von Cheshire folgt noch wie vor 100 J. dem Tame. Dort haben Baumwoll- und Maschinenindustrie ihre Werkstätten, nur gegen den Talknoten von Moss-

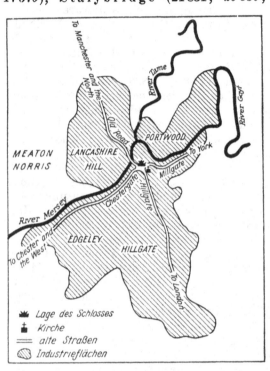

Abb. 116. Stockport. (Nach W. H. BARKER.) Anm. Statt Meaton lies Heaton N.

ley, von wo ein niedriger Paß nach Oldham führt, reichen die Ausläufer der Wollindustrie von Yorkshire herein. In diesem Abschnitt nimmt auch Derbyshire teil am Industriegebiete, mit Glossop (Kattunerzeugung), Hayfield und New Mills, die bereits zwischen den Vorhöhen des Peak liegen (vgl. S. 575). Longdendale, das von seeartig großen Wasserspeichern Manchesters eingenommene Tal des Etherow, bildet hier die Grenze zwischen Derbyshire und Cheshire, das ihm entlang einen schmalen Ausläufer bis auf die Wasserscheide der Pennines (Woodhead Tunnel; vgl. S. 571) entsendet; weiter s. das Tal des Goyt mit dem 1937 eröffneten Fernilee Res. für Stockport. Außer New Mills sind M a r p l e (7389) und R o m i l e y (U.D. Bredbury and Romiley 10 876; Baumwollwaren, Stahl, Papier) Vorposten von Stockport, M o t t r a m in Longdendale (2636) und H o l l i n g w o r t h (2299). Mehrere Kanäle durchziehen schon seit anderthalb Jh. jene Täler.

Ohne jede Verkehrsbedeutung waren die durch zwei Bachfurchen getrennten Weiler an den Flanken von Oldham Edge und Glodwick Lows gewesen;

aus denen O l d h a m (140 134; *112 250*) hervorgegangen ist, nachdem gegen
die M. des 18. Jh. eine Straße von Manchester über die Höhen nach Yorkshire
gelegt und das Kohlenfeld in Abbau genommen worden war. Heute führt die
Autostraße nach Halifax und Huddersfield über das niedrige Plateau, während die Eisenbahn möglichst im Tal bleibt, und die Stadt hat sich weit ausgedehnt, eine reine Industriesiedlung, in welcher die Baumwollspinnerei mit
ihren Hilfsindustrien den Ton angibt (Maschinen aller Art, besonders Textilmaschinen; Dampfkessel, Kräne, Elektromaschinen, Flugzeugteile, sanitäre
Einrichtungen, optische Instrumente; Treibriemen; Chemikalien, Färberei,
Bleicherei) [78 a, 89]. Dutzende

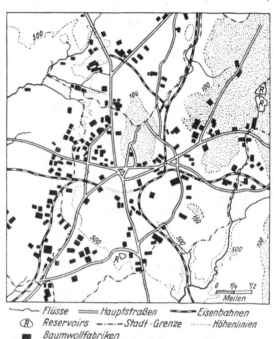

großer Fabriksanlagen — im
ganzen zählt Oldham rund
300 Fabriken — schalten sich
zwischen die kleinen Arbeiterhäuser ein, und viele hohe
Schlote, schwere Rauchwolken
ausspeiend (vgl. S. 610), überragen die Kirchtürme (Abb. 117).
Oldham steht an 5. Stelle unter
den Städten Lancashires, umringt von etlichen kleineren Industrieorten, hauptsächlich auch
mit Baumwollfabriken: C r o m p -
t o n (17 764) und R o y t o n
(16 689) an den Straßen in das
Rochtal; C h a d d e r t o n (27 450;
29 360) an der Bahn nach Middleton (29 188; *28 290*; elektrische Maschinen); F a i l s -
w o r t h (15 726) an der nach
Manchester — die Siedlungs-
zeile zwischen den beiden Städten ist bereits völlig geschlossen —; Lees, bereits eingemeindet, an der Straße nach Huddersfield.

Flüsse	Hauptstraßen	Eisenbahnen
Reservoirs	Stadt-Grenze	Höhenlinien
Baumwollfabriken		

Abb. 117. Oldham. Verteilung der Baumwollfabriken.
(Nach W. H. Barker.)

Dagegen ist R o c h d a l e (90 263) von Anfang an, schon in der Römer-
zeit, für den Verkehr wichtig gewesen. Denn hier zwangen Talsümpfe die alte
Straße von Manchester zum Walsden Gap (nach Todmorden am Yorkshire
Calder) auf das N-Ufer des Roch über, an einer Stelle, wo ein Sporn dessen
Kerbe einengt. Auf ihm entstand um die Kirche St. Charles über der Furt,
bzw. der Brücke der Marktflecken [68]. Allmählich saugte er die benachbarten Weiler auf, die an den Mündungen der n. Seitenbäche ursprünglich
Wolle verspannen und Bleicherei und Färberei betrieben. Noch heute hat hier
die Wollindustrie von Yorkshire einen Auslieger (Erzeugung von Bettdecken,
Hemdenflanellen, Uniformstoffen für Heer und Marine). Aber die Baumwollspinnerei, spezialisiert in feinen Garnen, beschäftigte vor 1939 7mal soviel
Arbeiter (3,8 Mill. Spindeln). Die meisten Fabriken stehen am Rochdale Canal s. des Roch und in der Richtung auf Manchester, andere am Roch
selbst. Dazu kommen Färbereien, Bleichereien, Fabrikation von Textilmaschinen, Kautschukwaren, Asbestplatten und Papier [78a, 89]. Das benachbarte
Castleton, wo ehemals eine Sachsenburg den Weg sperrte und jetzt die Bahn-

linien nach Manchester und Bolton auseinanderstrahlen, hat Eisenbahnwerkstätten; H e y w o o d (25 968; 22 880), an der Straße nach Bury, Spinnereien,
einige Industrie auch L i t t l e b o r o u g h (12 018) im oberen Rochtal.

B u r y (56 182; *52 530*) hat ähnliche Wirtschaftsaufgaben wie Oldham,
nur daß bei ihm die Weberei neben der Spinnerei etwas stärker betont ist
(über 1 Mill. Spindeln, fast 20 000 Webstühle) [114]. Stark vertreten sind
die Pantoffelerzeugung (slipper industry), ein Vorposten des Hauptgebietes
in Rossendale, gestützt auf Samt (Baumwolle), Filz (Wolle) und Leder (Gerberei), und die Papierindustrie. Dieser liefert es auch die Maschinen. Außerdem hat es Teerfarben-, Kautschuk-, Leder- und etwas Baumwollindustrie
[78 a]. Neuestens ist auch eine Riesenfabrik zur Erzeugung elektrischer Apparate u. dgl. gegründet worden. Der Kern der Stadt umfaßt die Pfarrkirche
auf einem Sporn („Wylde") zwischen dem einst versumpften Talgrund des
Irwell („Mosses") im W und dem Barn Brook, einem Seitenbach des Roch
im E. Als Brückenort bewachte Bury den Hauptzugang zu den Rossendale
Fells; Leland sah noch die Reste einer Burg [65 a*; 85 a]. Ringsum entstanden wie bei Rochdale an verschiedenen Bächen Fabriken mit Arbeiterhäusern,
in der Folge Industriedörfer; aus deren Einbeziehung ist die heutige Stadt
hervorgegangen. Seit 1892 ist auch der Brückenkopf Elton am r. Irwellufer
eingemeindet, wo ein Seitenzweig des Manchester—Bolton-Kanals (1791 angelegt) endigt. Zwischen diesem und dem Irwell erstreckt sich die eine Hauptreihe der Fabriken, die andere längs dem überwölbten Barn Brook. Etwas
unterhalb der Rochmündung bettet sich R a d c l i f f e (24 675; *25 360*; Baumwollspinnerei, Kattun- und Barchentfabriken, Färberei, Bleicherei) in das
Tal des Irwell, mit dem P r e s t w i c h (23 881; *32 400*; Textilien, Chemikalien, Holzverarbeitung) an der Straße nach Manchester bereits zu verwachsen beginnt.

Die größte Industriestadt SE-Lancashires nach Manchester-Salford ist
B o l t o n (177 250; *153 750*) geworden, teils durch seine Lage, teils dank der
Tüchtigkeit seiner Unternehmer [78 a, 810]. Gleich Macclesfield, Stockport und
Manchester lag es an der Hauptstraße nach NW-England, die hier durch
die Rossendale Fells nach W gedrängt wird. Von Manchester her die Irwell-
furche begleitend, mußte sie den scharf eingeschnittenen Croal überschreiten.
So ist auch Bolton ursprünglich eine Brückensiedlung. Jenseits des Croal
gabelte sich die Straße. Der eine Zweig umging das Bergland in der Richtung
auf Chorley und Preston, der andere stieg über die Wasserscheide hinüber
nach Blackburn. Überdies trafen mit der S—N-Straße die Straßen von Liverpool und Warrington einerseits, anderseits die von Rochdale über Bury
zusammen, welche ö. der Stadt zwei größere Bäche, Bradshaw Brook und
Tonge Brook, übersetzen mußte. Wie in Bury, entwickelten sich ebenso in
diesem wichtigen Straßenknoten die Tuchweberei, Bleicherei und Gerberei
besonders seit der Ankunft der Flamen (1337). Im 18. Jh. blühte die Baumwollindustrie auf, begünstigt durch den Kohlenbergbau der Umgebung. Seit
der Erfindung Crompton's spezialisierte sich Bolton in der Feingarnspinnerei,
der Erzeugung von Batist, Satin usw. (über 6,5 Mill. Spindeln und 15 000
Webstühle) [114]; es spinnt die feinen amerikanischen und ägyptischen
Garne. Neuerdings verfertigt es außerdem Kunstseide. Dazu auch hier Erzeugung von Papier, von Maschinen für Textil- und Papierfabriken; von
Farben, Lederwaren, Bier. Ohne bestimmte Verteilung erheben sich weit über
100 Fabriken allenthalben aus dem Gewirr der Arbeiterhäuser, mit denen
der W-Flügel der Stadt dicht verbaut ist, besonders längs der Straße nach
Manchester, wo F a r n w o r t h (28 717; *25 230*) bereits mit ihr zusammen-

hängt. Dagegen ist der E-Flügel des Stadtgebietes beiderseits des Bradshaw Brook vorläufig noch ziemlich leer.

Auch die inneren Talgründe des Rossendale Forest sind von der allgemeinen Entwicklung erfaßt worden [67, 611]. Namentlich Bleicherei und Färberei finden hier einen geeigneten natürlichen Platz, um Turton (11 847, n. Bolton), im obersten Irwellgebiet zu Ramsbottom (14 929), Rawtenstall (28 857; *23 000*) und Bacup (20 590; *16 880*) ganz im Hintergrund. Hier hat die größte Filzpantoffelindustrie der Welt ihren Sitz; die Baumwoll- und Wollabfälle werden von ihr verwertet. Auch aus Leder werden „slippers" und billige Damenschuhe angefertigt [752*]. Sie alle weisen, gleich Haslingden (16 639; *13 520*), das schon nach Accrington gravitiert, etwas Weberei (Bettdecken u. dgl.) auf.

Getrennt durch die Haupthöhen von Rossendale Forest, dieses mit Heide und Moor bedeckten Ausflugsgeländes, Luftspenders und Wasserspeichers der benachbarten Arbeiterstädte, folgt weiter n. die Industrielandschaft des Ribblegebietes. Obwohl schon entfernter von Manchester, sieht sie doch in diesem ihren wirtschaftlichen Mittelpunkt. Überdies öffnen sich hier aber auch die Verbindungen mit Yorkshire, z. T. schon von den Römern und wieder im Mittelalter benützt, dann mit Kanälen, besonders dem Leeds—Liverpool Canal, und mit Eisenbahnen und Straßen nach allen Richtungen ausgestattet. Die weichen Wasser der Rossendale Fells stehen zur Verfügung, Burnleys Kohlenfeld, dessen beste Kohle allerdings schon erschöpft ist, bietet den Brennstoff. Hier ist das Hauptgebiet der Baumwollweberei von Lancashire. Die Führung hat Blackburn (122 697; *102 590*), obwohl von Burnley in der Zahl der Webstühle übertroffen [85 b]. Am Blake Burn, einem braunen Seitenbach des Darwen, gelegen, in der Mitte zwischen Preston im W, Burnley im E, widmet es sich zugleich der Spinnerei (über 1 Mill. Spindeln) und Weberei. Es stellt feine und grobe Baumwollstoffe her. Vor allem sandte es früher, wie auch das nö. benachbarte Great Harwood (12 789), Millionen von Lendenschurzen („dhooties") nach Indien. Es erzeugt ferner Textilmaschinen und wie seine Nachbarn, namentlich Darwen (36 012; *28 270*), Papier- und Kautschukwaren. In Accrington (42 991; *37 510*) — mit Church und Clayton-le-Moors, wo auch Kohlenbergbau lebhaft betrieben wird, eine Gemeinde, während Oswaldtwistle (14 288) noch selbständig ist — überwiegt der Maschinenbau (u. a. Textilmaschinen) beträchtlich die Textilindustrie, die mit leichten Baumwollstoffen einst in Indien gute Geschäfte machte. Burnley (98 258; *79 080*) endlich, am Lancashire Calder vor dem Ausgang des Colnetals gelegen, beherrscht die zwei wichtigsten Straßen in die Pennines und nach Yorkshire. Dank dem benachbarten Kohlenfeld, das noch unterhalb der Colnemündung bei Padiham (11 633; Kattunweberei) am Calder ein Bergwerk aufweist, ist es bis in die jüngste Zeit der eigentliche Sitz der Baumwollweberei gewesen (vgl. S. 622). Der Handel mit „Burnley Lumps" hat Lancashires Weltstellung begründen helfen. Außerdem sind Spinnerei, Erzeugung von Textilmaschinen und Papier wichtig. Dagegen haben sich Nelson (38 304; *31 100*. Früher Marsden geheißen) und Colne (23 791; *19 300*) fast ausschließlich auf die Weberei, besonders Wollweberei, verlegt, unter dem Einfluß des angrenzenden West Riding etwas Kammgarnerzeugung beibehalten und dazu Seiden- und Kunstseidenindustrie entwickelt. Nelson liefert Satine, Köper, Popelin, Drells, Arbeiterkittel, Colne Shirtings, karierte Stoffe, Halbleinen für die Buchbinderei, mehrfarbige gemusterte Modestoffe usw. Bei weiterem Wachstum würden Burnley, Nelson und Colne zu einer Siedlung verschmelzen. Doch hat sich in diesem Abschnitt

im großen ganzen der ländliche Anblick erhalten. In den Tälern blüht die
Milchwirtschaft, die Höhen bieten magere Schafweiden und sind im übrigen
unberührt geblieben, nur daß viele Steinbrüche in ihre Flanken geschlagen
sind. C l i t h e r o e (12 008; *10 790*), im Ribbletal, ist im N der letzte Vorposten der Industrie mit etwas Spinnerei, Druckerei und einem Zementwerk,
ein Marktstädtchen für seine Milchvieh züchtende Umgebung, jedoch ohne
richtigen Marktplatz, eigentlich eine Straßensiedlung, auf welche die Ruinen
einer alten Normannenburg hinabblicken [615 a]. Der Ribble bildet hier die
Grenze zwischen Lancashire und Yorkshire, das bis auf den Hauptkamm des
Forest of Bowland hinaufreicht und damit das Quellgebiet des Hodder umfaßt [17]. Es sind von Fremden wenig besuchte, einsame Höhen, die von
der einzigen Straße (Lancaster—Whalley) im Hintergrunde des Wyretals
überschritten werden. Erst n. der Bowland Fells führen von Settle die nächste
und eine Bahnlinie in das Wenning- und Lunetal, wo sich gegen Lancaster
hin wieder etwas Industrie einstellt (vgl. u.). Im Zwiesel zwischen dem
Hodder und dem Unterlauf des Ribble steht auf der SE-Abdachung des
Longridge Fell (350 m; Millstone Grit) gewissermaßen als Nachfolger der
alten Abtei Whalley (vgl. S. 612) das 1794 gegründete Stonyhurst College
der Jesuiten, wichtig durch seine Wetterwarte [42 a].

Am meisten gegen NW vorgeschoben ist P r e s t o n (119 001; *108 480*),
vom Kohlengebiet schon etwas entfernt [86]. Dort laufen aus allen Richtungen
Straßen zusammen, um den Ribble zu übersetzen, der von der Mündung des
Calder an in großen Schlingen einen bis zu 2 km breiten, versumpften Talgrund durchmißt. Unterhalb der Stadt erweitert sich dieser noch, wird aber
gerade hier durch eine rechtsufrige, 30—40 m hohe Terrasse etwas eingeengt.
Dies war talabwärts für die Straße nach dem N der letzte geeignete Platz
zur Überschreitung des Flusses. Auch konnten bis dorthin die kleinen Seeschiffe durch das Ribbleästuar hinaufgelangen. Darin lag der entscheidende
Vorteil gegenüber dem 12 km oberhalb gelegenen Ribchester, wo einst die
Römerstraße den Ribble übersetzt hatte. Bis weit in das 18. Jh. führte
übrigens die unterste Brücke von W a l t o n - l e - D a l e (12 720; im Zwiesel
zwischen Darwen und Ribble, jetzt eine Vorstadt) nach Preston hinüber im
Zuge der Straße Manchester—Bolton—Chorley. Erst 1775 wurde über die
vorher bloß von einer Fähre übersetzte Furt etwas weiter unterhalb eine
Brücke nach Penwortham (5586) gebaut und dadurch der Verkehr mit Orms-
kirk und Liverpool bedeutend erleichtert [114]. So hatte Preston, zugleich
Wächter gegen N und Sperre des Zugangs zu den Aire und Calder Gaps,
großen strategischen Wert und demgemäß in den Kämpfen mit den Schotten
und während des Bürgerkriegs seine besonderen Aufgaben und Schicksale.
Die fruchtbaren Fluren der Umgebung, vor allem des Fylde, haben es zum
Hauptmarkt des n. Lancashire gemacht; nach wie vor ist es im Viehhandel
NW-Englands führend, beschickt sogar von Schottland und Irland. Die Bedeutung der Stadt, die unter Heinrich II. 1179 den ersten Freibrief erhalten
hatte und deren Rechte u. a. unter Elisabeth und unter Karl I. erweitert
wurden, wuchs seit dem Einzug der Baumwollindustrie rasch an (1777 erste
Spinnerei, 1835 bereits 40 Textilfabriken, heute fast 2 Mill. Spindeln) [85].
Diese widmet sich jetzt vornehmlich der Herstellung von Hemden- und Mode-
stoffen und jüngst von Kunstseidegarn. Die ältere Woll- und Leinenweberei
tritt zurück. Inzwischen sind die Industrien sehr mannigfach geworden:
Eisen- und Messinggießerei, Maschinenbau (besonders für die Baumwollindustrie; Dampfkessel), Chemikalien-, Margarine- und Seifenfabriken,
Schiffbau und -ausrüstung. Es konnte die Fahrtrinne im Ribble auf 5,8 m

vertiefen, hat geräumige Schwimmdocks und Kais angelegt und ist ein Hafen
geworden, der direkt Holz und Zellulose aus Kanada und Skandinavien,
Kaolin, Espartogras (für die Papierindustrie), Erdöl, Weizen einführt
(1938: E.W. 3,1 Mill. Pf.St., A.W. 0,12). Der Kanal nach Lancaster hat kaum
noch Bedeutung. Dagegen ist Preston der wichtigste Eisenbahnknoten zwischen dem Merseygebiet und Carlisle. Vom S-Ufer des Flusses betrachtet,
bietet es, trotz der vielen Fabriken, ein freundliches Bild. Die hohen Türme
seiner Kirchen, besonders der röm.-kath. Walburgiskirche, und der Turm
seines Rathauses schauen weit ins Land.

Auch in der Nachbarschaft hat sich da und dort Industrie niedergelassen,
schon früh in C h o r l e y (30 796; *29 410*; Tonwaren, Papier, Treibriemen,
Linoleum; neuestens große Munitionsfabriken) und Horwich (15 680; Eisenbahnwerkstätten; Papier), in neuerer Zeit in L e y l a n d (10 571; Chemikalien, Kautschuk, Kattundruckerei; und besonders Erzeugung von Lastautos
und Autobussen); leider auch schon im Fylde District (Kirkham) [96].

Ein letzter Pfeiler der Industrie, schon ganz im N des Tieflands, von
Preston getrennt durch eine leicht gewellte Parklandschaft, Wiesen, Felder,
Heckenmaschen und Hühnerfarmen, ist die Gr.St. von Lancashire, L a n-
c a s t e r (43 383; *47 510*; Linoleumwerke, Zellulose- und Möbelfabriken;
Kattun, Kunstseide, Teppiche, Tischdecken. Lancaster Ale wird geschätzt).
Wichtig ist seine verkehrsgeographische und strategische Lage, die in den
Kämpfen mit den von N eindringenden Feinden, Pikten, Skandinaviern,
Schotten und bei den inneren Kämpfen im Rosen- und im Bürgerkrieg und
1715 eine große Rolle gespielt hat. Denn der Raum zwischen den Bergen und
dem Meer verschmälert sich hier auf wenige km. Aber das Lunetal bietet
eine Pforte in das Innere zum Shap-Paß, nach Edendale und Carlisle, über
die Pennines nach Hawes oder durch das Wenning- hinüber in das oberste
Ribbletal und weiter nach Skipton. Diese Stelle zu bewachen, war die Aufgabe von Lancaster. Bereits die Römer hatten hier seit Agricola eine Station,
später die Sachsen eine Befestigung; und doch war das Loncastre des D.B.
nur ein Weiler des Manor Halton. Indes schon 1193 wurde es zur Stadt erhoben und wiederholt mit besonderen Rechten ausgestattet. Es prägte bis
gegen 1800 Münzen und hatte die älteste Lateinschule der Gr. (1472 gegründet). Das mächtige Castle, das bald nach dem Erscheinen der normannischen Eroberer errichtet, aber wiederholt umgebaut wurde, und die hochgotische Pfarrkirche stehen nebeneinander auf einem Hügel, auf dessen flachen
Hang die Stadt zwischen dem engen Marktplatz, dem alten Rathaus und
der Brücke in das Tal hinabzieht (Abb. 118). Von den früheren schmalen,
aus Millstone Grit gebauten und mit Schiefer gedeckten Häusern sind viele
verschwunden, moderne Bauten allseits rund um den Burgberg gewachsen.
Der Lune hat seinerzeit Schiffsverkehr gestattet, allein der Versuch, das 8 km
entfernte Glasson zum Hafen von Lancaster zu machen, hatte bloß einen sehr
bescheidenen Erfolg, obwohl man es mit einem Dock ausrüstete und durch
einen Kanal mit dem Preston—Kendal Canal und so mit dem Kohlengebiet
im S verband und dann eine Bahnlinie nach Lancaster selbst anlegte.

Auch s. Preston tritt die Industrie vorläufig noch etwas zurück, trotz
der Fabriken von Leyland und Chorley (vgl. o.). Beide haben auch chemische Industrie, die weiter im S viel wichtiger wird [76]. Dagegen sind
Wigan, St. Helens und Warrington die Kerne einer immer weiter wachsenden Kulturwüste geworden, die sich besonders des Raumes zwischen Wigan,
Bolton und Manchester bemächtigt hat. Vornehmlich in dieser Richtung,
gegen Leigh, dringt der Kohlenbergbau vor [88]. Der Anblick der Städte

mit ihren langweiligen, endlosen Häuserzeilen, oft nur zweistöckigen cottages
ist ebensowenig erfreulich wie der der schmutzigen Wasserspiegel („flashes")
in den Einsturztrichtern verlassener Schächte, und außer den Rauchwolken
entströmen den Fabriken der „obnoxious industries" üble Düfte. W i g a n
(85 357; *79 020*) am Douglas und W a r r i n g t o n (79 317; *72 360*) am N-Ufer
des Mersey haben ihren Anfang als Furt-, bzw. Brückenorte genommen.
Warrington, schon 1230 zum Borough erhoben, aber bald wieder erniedrigt,
behauptete seit 1277 wenigstens sein Marktrecht. Sein Marktplatz, der Treffpunkt seiner Hauptstraßen, liegt n. der alten Brücke, sein ältester Kern
etwas weiter ö., da die Schlinge des Mersey einst anders verlief und die alte
Straße einen großen Umweg machte, um ihn zu übersetzen. Wigan, seit 1246
Stadt, war im 17. Jh. durch Eisenwerke, Töpferei, Zinnwaren und Glockengießerei bekannt. Dann wurde es ein Mittelpunkt des Kohlenbergbaus, seine
„cannel coal" [1]) wurde in weitem Umkreis verlangt. Textilindustrie (Baumwolle, Kunstseide) und Eisenindustrie (Eisenbahnwaggons, Schrauben, Nägel)
sind heute seine Beschäftigung. Warrington erzeugte in der vortechnischen
Zeit grobes Tuch, Barchent und Drell, hatte Gerbereien und eine Glasfabrik;
jetzt liefert es Baumwollstoffe (über 70 000 Spindeln, 2000 Webstühle), Gegenstände aus Aluminium, Stahlrohre, Drahtwaren (Walzwerke), Stacheldraht,
Siebnetze, Moskitonetze, Faßreifen, Sohlenleder, Glas und das beliebte Warrington Ale [812]. An beiden Orten ist die chemische Industrie (Seife) bedeutend. Ihr Zentrum ist jedoch W i d n e s (40 619; *42 030*). Am Scheitel des
Merseyästuars gelegen und mit R u n c o r n (in Cheshire; 915 Rumcofa, breite
Bucht [623*]) durch die zwei untersten Brücken über den Fluß verbunden,
ein wichtiger Eisenbahnknoten, mit geräumigen Docks ausgestattet, war diese
junge Stadt 1881—1921 „amerikanisch gewachsen (2000, bzw. 39 000) und
hatte das ältere Runcorn (18 127; *21 690*) überholt, wo der Mersey in einer
gegen S gewendeten Schleife tiefer ist und festen Grund anschneidet und wohin man daher seinerzeit den Bridgewater Canal von Manchester führte. Der
jähe Aufstieg von Widnes hängt mit der Entwicklung der chemischen Industrie, bzw. dem Bedarf der Textilindustrie an Seifen, Farbstoffen, Bleich-
mitteln u. dgl. zusammen. Die nötigen Rohstoffe werden teils aus der Nähe
(Salz aus Cheshire, Kalk aus Buxton), teils über See bezogen (Pflanzenöle
und -fette, Pyrit). Darüber hinaus erzeugt es eine Menge anderer Chemikalien
(u. a. Schmiermittel). Runcorn hat gleichfalls chemische Werke, außerdem
Eisengießerei, Gerberei, Seilfabrikation [730]. Auch S t. H e l e n s (106 789;
99 150), das, am Rand des Kohlengebietes gelegen, 1755 durch den Sankey
(Weston Port) Canal mit Warrington und Widnes verbunden wurde, hatte
chemische Fabriken — ja es ist der Ausgangspunkt der heutigen chemischen
Industrie gewesen, seitdem hier J. Muspratt 1828 die ersten Alkaliwerke
gründete. Seit ihrer Verlegung ist die Glaserzeugung die Hauptsache, die schon
im 17. Jh., geknüpft an die Shirdley Hill Sands, aufblühte. Sie beschäftigte
um 1930 10 000 Arbeiter, der Kohlenbergbau 8000. In dem sw. benachbarten,
durch den großen Knowsley Park getrennten Prescot wird seit 1932 feuer-
raffiniertes Kupfer hergestellt [71, 19*, 719*]; außerdem ist es durch Taschen-

---

[1]) „Cannel coal is a dull black coal which does not soil the fingers. When ignited it
burns with a candle-like flame, hence the name" [F. J. NORTH, XII[259], S. 73]. Ähnlich
schon NEMNICH [II[68], 361]: Die „sogenannte Cannel oder Kennel Coal ... schmutzt nicht
beym Anfühlen, und wird gelegentlich in Figuren und andere Kleinigkeiten, verarbeitet;
sie ist leicht entzündbar und, stört man sie, so brennt sie schnell, gibt eine helle Flamme
und knistert. Ist sie sich aber selbst überlassen, so klumpt sie zusammen, und unterhält
ein gelindes Feuer auf lange Zeit". (Cannel, dial. für candle.)

uhren- und Kabelanfertigung bemerkenswert. Rainford (7 km nw.) hat Teer-
und Tonwarenfabriken. Eine ganze Anzahl kleinerer Städte gruppiert sich in
dem Raume zwischen Wigan, St. Helens und Manchester, z. T. mehr Industrie-,
z. T. Bergbausiedlungen; so an den Bahnen und Straßen Manchester—Wigan
S w i n t o n a n d P e n d l e b u r y (32 761; *37 320*), W o r s l e y (14 502; *25 160*),
T y l d e s l e y w i t h S h a k e r l e y (14 846), A t h e r t o n (19 989), H i n d -
l e y (21 632), W e s t h o u g h t o n (16 018; halbwegs Bolton und Wigan)
und zumal L e i g h (45 317; *43 600*; Feingarne, Seiden- und Lederindustrie,
Glashütte, Brauerei, Mühlen); weiter w. A s h t o n i n M a k e r f i e l d 2(0 546)

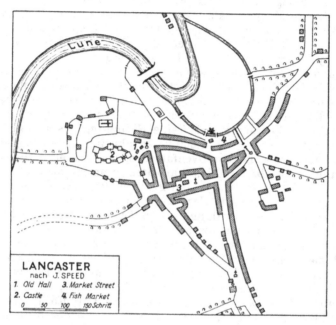

Abb. 118. Lancaster um 1600. (Nach J. SPEED.)

und N e w t o n i n M a k e r f i e l d (20 152) und dazwischen H a y d o c k
(10 350). Mit Wigan verwachsen ist I n c e i n M a k e r f i e l d (21 761).
Dagegen ist das farmenüberstreute Gebiet w. des Höhenzuges von Upholland
(w. Wigan) bisher von Industrie wenig erfaßt. O r m s k i r k (17 118), ein
wichtiger landwirtschaftlicher Markt (besonders für Kartoffeln; vgl. S. 615),
hat immerhin außer Sägemühlen auch Brauereien und das benachbarte Burscough Biskuit- und Cakesfabriken und Ziegelwerke, beide außerdem etwas
Maschinenbau. Die Volksdichte sinkt hier im R.D. West Lancashire auf 92,
die kleinste im S der Gr.
    Die große Ausdehnung der chemischen Industrie in Lancashire erklärt
sich, wie bereits bemerkt, einerseits aus den besonderen Bedürfnissen der
Textilindustrie, andererseits aus dem Vorhandensein der Salzlager von Cheshire und der Kalksteine von Derbyshire [76]. Über Liverpool werden die
Schwefelkiese aus Sizilien eingeführt. Auch der Kohlenbergbau stellt seinen
Anteil. Im Mittelalter wurde das Speisesalz aus Salzquellen („wiches"),
seit dem 17. Jh. (1670) in Stollen gewonnen. Der heutige moderne Betrieb
steht im Dienste der chemischen Industrie, der Erzeugung von Soda, Bleich-
und Waschmitteln, der Seifen- und Glasfabrikation. Der wichtigste Platz

ist N o r t h w i c h (18 732) in Cheshire mit dem benachbarten Winnington.
Leider hat hier die Untergrabung des Grundes mehrfach zu Einbrüchen geführt und ganze Straßenzeilen gefährdet (vgl. S. 604). N a n t w i c h (7133),
im Mittelalter das Zentrum der Salzproduktion und einst die zweitgrößte
Stadt Cheshires mit geräumiger Pfarrkirche, nützt heute die Sole nur in
einem kleinen (privaten) Solbad, hat jedoch etwas Eisenindustrie und fabriziert Schuhe und Stiefel — schon unter Elisabeth und Jakob I. war es durch
Gerberei, Schuh- und Handschuherzeugung bekannt. Gleich ihm beschäftigt
sich W i n s f o r d (10 968) mit Kleiderfabrikation. Es ist der Mittelpunkt
im s. Teil des Salzgebietes, seine Sudwerke versenden $1/2$ Mill. tons Salz
im J. [73]. Große Mengen Salz werden auf dem Weaver hinabgeführt und
in verschiedenen Orten am Mersey gereinigt. Kleinere Industriestädte sind
M i d d l e w i c h (5458), wo ein Zweig des Shropshire Union Canal in den
Trent—Mersey Canal mündet, S a n d b a c h (6411; Elektroindustrie, Diesel-
maschinen und -motoren) und, schon etwas entfernter, die alten Straßenknoten K n u t s f o r d (2452) halbwegs zwischen Northwich und Altrincham
(vgl. S. 641) und T a p o r l e y (2452) zwischen Nantwich und Chester. Eine
besondere Stellung hat C r e w e (46 069; 50 160) inne, 1831 nur ein Dorf mit
3000 E. der Gem. Barthomley, als reine Schöpfung des Eisenbahnverkehrs
ein Gegenstück zu Swindon; rund 600 Eisenbahnzüge laufen täglich in seinen
Bahnhof ein, und große Lokomotivenfabriken, von der ehemaligen L.N.W.R.
errichtet, dann im Besitz der L.M.S., arbeiten nunmehr für die Br. Railways.
Neuestens hat es Elektroindustrie und Flugzeugbau (vgl. S. 614).

Eine ungemein vorteilhafte Ergänzung zu den Industriegebieten drinnen
im Lande sind die Badeorte entlang der Irischen See. Einige von ihnen haben
in den letzten Jz. einen beispiellosen Aufschwung genommen. Zwar erreichen
die Temperaturen des Meeres auch im August bloß ± 14°, aber die Luft ist
würzig und man kann nach Belieben einen kleineren, stilleren Platz aus-
wählen oder in einem großen alle Zerstreuungen der Großstadt genießen.
Southport, Blackpool, Morecambe sind die belebtesten, jene hauptsächlich
von Lancashire, dieses besonders von Yorkshire (Bradford, Leeds) her besucht. S o u t h p o r t (78 925; 81 360) rühmt sich seiner 60 m breiten, mit
einer Allee geschmückten Lord Street, der Kolonnade, des Marine Drive,
seiner Parke und Gärten und jährlichen Blumenausstellung [87]. Gleichwohl ist es auch industriell rege (Autobusse, Chassis; Kunstseide). B l a c k -
p o o l s (101 553; 143 650) weithin sichtbares Wahrzeichen wurde sein „Eiffel-
turm"; es preist seine 6 km lange Promenade, die Winter Gardens, seinen
Stanley Park (mit seinen zahlreichen Spielplätzen, darunter 40 Tennis-
plätzen). M o r e c a m b e (mit Heysham 25 542; 36 400), 1902 zur Stadt erhoben, ist stolz auf seinen Moorish Pavillion und verweist auf die Nähe des
Lake District. Im übrigen ist die ganze Küste Lancastrias von kleineren
„seaside-resorts" besetzt: H o y l a k e a n d W e s t K i r b y (16 631; 24 770),
Wallasey auf Wirral, Formby n. Liverpool, L y t h a m — S t. A n n e's
(25 764; 29 510; Schuhfabr.) und T h o r n t o n C l e v e l e y s (10 512) beiderseits Blackpool, Bolton-le-Sands noch jenseits von Morecambe. Angelegent-
lich hat sich die L.M.S. um deren Aufschwung bemüht, mit ausgezeichneten
Zugverbindungen (von London 6 St. — vor dem Krieg nicht ganz 5 St.! —),
Wochenend- und Sonderzügen, lebhaften Anpreisungen und — reichlichem
Gewinn. 1935 haben rund 6 Mill. fremde Besucher Blackpool mit der Bahn
erreicht, davon ¾ Mill. allein in der Woche vor dem Bank Holiday im August
und ebenso viele anläßlich der großen Festbeleuchtung im Herbst. In unzähligen Sonderzügen werden da die Fabrikarbeiter und -arbeiterinnen herbei-

gebracht, die dann auf dem überfüllten Strand, in den Vergnügungsstätten —
zumal in vielen großen Tanzsälen — ihren Feiertag zu genießen suchen. Wo
um 1800 bloß ein kleines Wirtshaus, 1871 bloß ein Dorf mit 7000 E. gestanden,
das 1876 Stadtrecht erhielt, war 1901 bereits eine Stadt mit 47 000 E. erwachsen; heute ist es Großstadt. Es hatte bereits 1938 zwei Flughäfen
und regelmäßige Flugverbindung mit London (2 St.), Glasgow, Belfast und
der Insel Man, der es die Tageszeitungen aus Liverpool nach 45 Minuten
Flugzeit zum Frühstück übermittelt [117 f, h; 97].

Nur zwei Küstenorte verbinden mit ihrer Funktion als Seebäder noch
eine andere: H e y s h a m, das mit Morecambe eine Stadtgem. bildet (vgl. o.),
hat einen durch zwei große Wellenbrecher geschützten Hafen [71], der aus
Irland Rinder bezieht und den Personen- und Postverkehr mit Belfast vermittelt [71]. In F l e e t w o o d (23 001; *23 810*) wurde in jüngster Zeit die
Hauptmasse des Fischfangs von W-England gelandet (1935: über 62 000 tons,
besonders Hechtdorsche) und von dort gut ein Drittel nach London, je 9%
nach Lancaster und Liverpool, etliche Prozent in die Midlands, der Rest in die
n. Gr. versendet. Ungef. 150 Trawler, für welche an die 400 000 tons Kohle
aus Lancashire und Yorkshire herbeigeschafft werden müssen, besorgen den
Fang, vornehmlich bei den w. Hebriden, den Färöer und S-Island. Fleetwood
hat entsprechende Eisfabriken und Kühlräume. Sein Aufblühen verdankte
es Sir P. H. Fleetwood, der die Preston and Wyre Harbour Dock Co. gegründet und den Bau der 1840 eröffneten Bahn von Preston her durchgesetzt
hatte [117 g]. Nach der großen Sturmflut vom 30. Okt. 1927 wurde es durch
einen neuen Deich besser gesichert. Von seiner früheren Bedeutung für den
Güterverkehr hat es seit der Eröffnung des Manchester Ship Canal erheblich
eingebüßt; aber es beteiligt sich noch immer am Handel mit Irland und hat
auch eine blühende chemische Industrie.

Manchester. Inmitten des großen Industriegebietes hat Manchester
(City of M. 766 378; *623 480*) mit seiner in der Verwaltung selbständig gebliebenen Schwesterstadt S a l f o r d (City of S. 223 438; *157 300*) die unbestrittene Führung inne, von Anfang an durch seine Verkehrslage im Vorteil
[81 f, g, p]. Nicht ganz 2 km von der Mündung des Medlock, wo einst die
Römer ihr Mamucium über den Sümpfen des Irwell angelegt hatten [81 c],
war eine sächsische Siedlung im Bereich des Manor of Salford an der Mündung des Irk in den Irwell entstanden. Sie wurde später von den Dänen
besetzt, ihnen aber 923, Mameceaster genannt, wieder entrissen. Im 12. Jh.
von Salford unabhängig geworden, entwickelte sie sich rasch und wurde schon
um 1300 Borough mit Markt und Messe, mit Tuchweberei, Walkerei, Bleicherei, Schmiede- und Goldschmiedearbeit. Die Weberei wurde immer mehr
zur Hauptsache [81 d]. Im 16. Jh., noch mehr im 17. führte es grobe Baumwollstoffe und Halbwollstoffe, „fustians" und „bays", Spitzen, Bänder, Zwirne
(„Manchester Goods") nicht bloß nach anderen englischen Städten, sondern
auch nach Frankreich, Spanien, Südamerika aus. Im weiten Umkreis arbeiteten die Heimweber für die Kaufherren von Manchester, von denen sie Leinengarn und später Baumwolle, roh oder gesponnen, bezogen. Im Zeitalter der
Dampfmaschinen und der Kohle wurden die Handwerker sehr rasch durch
Fabrikarbeiter ersetzt, die Landbevölkerung strömte in die Stadt. Man-
chester zählte um 1650 etwa 5000, 1760 17 000, 1801 über 70 000 E. [616].
Salford, bereits 1231 ein Free Borough, blieb weit zurück; es wurde erst 1889
County Borough, erst 1927 zur City erhoben [81 ee].

Dementsprechend wuchs auch die Stadt und änderte sich ihr Antlitz.
Um 1650 bestand sie nur aus dem alten Kern auf der Terrasse über der Irk-

mündung: der Pfarrkirche, dem Collegiumhaus, dem Marktplatz mit den
„Booths" — dem Mittelpunkt städtischen Lebens — den Shambles, dem
Brunnen. „Circum vicinis oppidis praecellit suo ornatu, frequentia, lanificio,
foro, templo et collegio" hatte CAMDEN geschrieben und lange vor ihm (1536)
LELAND die Stadt bezeichnet als „the fairest, best builded, quikkest and most
populous toune of all Lancastershire". Zwischen dem Kirchplatz und dem
ungef. 6 m höher gelegenen Markt führte eine kleine, heute überwölbte Bach-
kerbe zum Irwell hinab, längs des heutigen Straßenzugs Withy Grove—
Hanging Ditch. Dadurch und durch die Lage der schon im 14. Jh. erbauten
Brücke über den Irwell wurde die Straßenführung bestimmt. Von diesem
Kern schoben sich nur zwei Häuserzeilen mit Gärten weiter vor, längs Deansgate, der alten Straße nach Stockport-Chester, bis zur heutigen Peter Street
und längs Market Street Lane ungefähr bis zur heutigen High Street.
Zwischen Deansgate und Market Street dehnte sich im freien Gelände der
Messeplatz aus. Eine dritte, kleinere Wachstumsspitze, Millgate, zog am Irk
aufwärts. Salford, jenseits der Brücke, bestand noch um 1750 nur aus zwei
auf diese zusammenlaufenden Straßen, dem „village green" mit dem Marktkreuz und der Cloth Hall (Abb. 119). Noch waren die Häuser der besseren
Klassen die schwarzweißen Fachwerkbauten mit vorkragenden Giebeln und
Stabfenstern, die Häuser der Armen strohgedeckte Hütten. Aus den „Daub-
holes", der Gegend, wo jetzt das Viktoriadenkmal steht, wurde der Ton für
den Verputz der Holzbauten geholt. Um 1750 war der Raum zwischen
Market Street Lane und Deansgate bereits mit einem ziemlich rechtwinkeligen
Straßennetz bis Peter Street, bzw. Spring Gardens erfüllt, waren zwischen
Deansgate und Irwell Häuser entstanden; High Street und die benachbarten
Straßen waren angelegt und mehrere Kirchen erbaut worden, und seit 1729
stand auf dem Marktplatz die erste Börse. Um 1800 war das alte Manchester
von verwickelten Gassen und Gäßchen durchzogen, kaum ein unverbauter
Fleck vorhanden bis hinüber zur Angel Street im E, Liverpool Road im S.
Das Ufer des Irwell bei der alten Brücke war mit Arbeiterhäusern, Werkstätten und Trinkstuben besetzt. Salford hatte den Raum zwischen den beiden
Straßen ausgefüllt bis Gravel Lane und darüber hinauszuwachsen begonnen
[81a, k]. KOHL hat seine Eindrücke von Manchester in den Vierzigerj. geschildert, wo es schon gegen 400 000 E. zählte, sich besonders mit den gesell-
schaftlichen Zuständen befaßt, welche viele Schattenseiten moderner Groß-
stadtentwicklung aufwiesen, und wertvolle Angaben über die damaligen Betriebe, eine Baumwollspinnerei, eine Mackintosh-, eine Maschinenfabrik, die
Magazine usw. gemacht. Im Handelsadreßbuch zählte er über 1000 „verschiedene und zum Teil ungeheuer große Fabriksetablissements". Allein die
Hauptsache war der Handel: 1000 Fabrikanten aus der Umgebung waren
Besucher der Börse, des wirtschaftlichen Herzens von Lancashire. Den
Straßenzug Market Street, Piccadilly, London Road sah er von überwältigen-
dem Leben erfüllt, er staunte über die 4—6 Stockwerke hohen Lagerhäuser,
deren einförmige Reihen hier und da von einem öffentlichen Gebäude in einem
klassischen oder gotischen Stil und von etlichen Kirchen unterbrochen waren.
Entlang den drei von vielen Brücken und Stegen übersetzten Flüssen reihten sich Fabriken mit hohen Schornsteinen, Arbeiterviertel dehnten sich in
den Vorstädten aus, „ganze Quartiere, die von lauter einförmigen, gleich
niedrigen und nach einem Plan erbauten Arbeiterhäuschen erfüllt werden ...
mit größtem Elend und traurigstem Schmutz". Trotz allem war damals
Manchesters Wachstum noch sehr gehemmt durch die Manorialrechte der
Familie der Mosleys; erst 1846 konnte es sie um teures Geld ablösen, selb-

ständig Vertreter ins Parlament entsenden und in eine neue Phase der Entwicklung eintreten.

Seither hat sich Manchesters E.Z. mehr als verdoppelt (vgl. o.). Vieles ist besser geworden, die „Slums" sind eingeengt. In den äußeren Teilen der Stadt, deren Wohnviertel auf das S-Ufer des Mersey übergreifen, sind große Grünflächen erhalten geblieben, schöne Villenviertel umschließen sie im SW und W. Allein die ausgedehnte Verbauung und die vielen Industrieanlagen erzeugen über ihrem Häusermeer sehr oft eine schwere schwarze Rauchdecke, und nieselnde Nebel sind häufig. „Stundenlang kann man mit der Straßenbahn fahren, ohne je aus der Stadt heraus in das helle Tageslicht zu kommen",

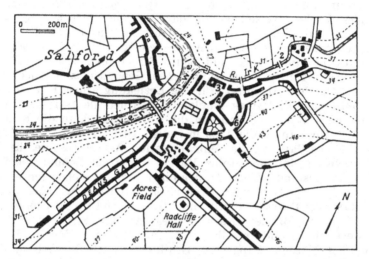

Abb. 119. Manchester und Salford um 1650. (Nach G. H. TUPLING.)
1 Salford Bridge, 2 Tanners Bridge, 3 College, 4 Millgate, 5 Hanging Ditch, 6 Toad Lane, 7 Market (mit Booths, Shambles und Market Cross). Höhenlinien in Fuß.

schrieb kürzlich J. H. PRIESTLEY. Die durch die Nebel verursachten Kosten (Mehrverbrauch an Beleuchtung, Beheizung, Reinigung usw.) werden auf jährl. 2,5—3 Mill. Pf.St. veranschlagt. Der „schwarze Rauch" entstammt allerdings nur zum kleineren Teile Manchester selbst. 1930 zählte die Stadt rund 3700 Fabriken und ebenso viele Werkstätten, 175 000 Häuser. 1925—1939 waren über 18 000 neue Häuser errichtet worden. Das Gem.Gebiet beträgt zwar bloß 87 km², aber der Wohn- und der unmittelbare Wirtschaftsraum reichen gewaltig darüber hinaus, von Lancashire hinüber nach Cheshire und Derbyshire. Das so unerwünschte Wachstum entlang der Hauptstraßen („ribbon development") ist typisch ausgeprägt.

An Manchester knüpft sich heute die größte „conurbation" der Br. Inseln außerhalb Londons. Man kann in ihr leicht zwei Teile unterscheiden: die „Inner City", gebildet von Manchester und Salford mit sechs kleineren Stadtgebieten ringsum, und — in 13—19 km Entfernung vom Rathaus Manchesters — den „Manchester Ring", eine Reihe von größeren und kleineren Städten (1938: 5 County Boroughs und 38 U.D.), welche Manchester in Form eines nach W offenen Hufeisens umgeben. Die einzelnen Segmente des Ringes sind mit der Zentrale durch Stadtstreifen verbunden, die speichenförmig von Manchester gegen Bolton, Bury, Rochdale, Oldham, Stockport usw. strahlen. Der „Ring" zählte 1921 über 1,2, Inner-Manchester über 1,1,

die ganze Konurbation über 2,3 Mill. E. Heute ist die Zahl auf rund 2,5 Mill.
angewachsen [82*]. Der Bevölkerungszuwachs wird nicht in dem Maße wie
in Liverpool durch fremde Zuwanderung gekennzeichnet, obwohl diese ansehnlich ist. Ungewöhnlich groß ist der Anteil der Juden, von denen die
meisten entweder auf Cheetham Hill n. Salford oder in Didsbury wohnen.
In Kersal (zwischen Cheetham Hill und der gegen N gerichteten Schlinge
des Irwell) haben sich viele Griechen und Levantiner niedergelassen. Vor
dem ersten Weltkrieg ist auch die Zahl der Deutschen verhältnismäßig groß
gewesen — schon zur Zeit Kohl's soll sie gegen 1000 betragen haben
[81 m; 723].

Manchesters Funktionen sind die mannigfaltigen einer Metropole. Industrie, Handel, Verkehr verleihen ihm das Gepräge. Jedoch schon früh hat
es auch geistig-kulturellen Aufgaben gedient. In einem 200—300 m breiten,
1¹/₂ km langen Streifen zwischen den Straßenzügen Victoria Street—Deansgate im W, Corporation, Cross und South Streets und deren Nachbarschaft
kommt jene Mannigfaltigkeit in zahlreichen Gebäuden zum Ausdruck: Victoria Station, Chetham Hospital (für die Erziehung armer Knaben; mit der
ältesten öffentlichen Bibliothek Englands), Kathedrale (seit 1847 ist Manchester Bischofssitz) — und daneben die Kornbörse; dann die R. Exchange
(hauptsächlich für Baumwolle, 1869 in italien. Stil errichtet), die Town Hall
(1877; Gotik), das Rathaus, die Central Station. Von der Börse, die den ehemaligen Marktplatz einnimmt, führt Market Street zur London Road Station
im E, am Hauptpostamt vorbei. In der inneren Stadt stehen ferner die Coal
Exchange, die Produce Exchange, deren Keller mit Käse, Schinken und Speck,
mit Eiern auch aus Übersee gefüllt sind; in Portland Street große Magazine
für Stoffe, Teppiche, Bänder. Aber in Great Ancoats Street sieht man noch
alte Fachwerkbauten und in Tib Street Händler mit Vögeln, Kaninchen,
Katzen, weißen Mäusen, Papageien, Schildkröten, Goldfischen u. dgl. und
viele kleine Kaffeeschenken. In der Mitte Manchesters stehen weiters nicht
nur die großen Gebäude der Hauptbanken, Versicherungsanstalten, vieler
großer Handelsgesellschaften und führender Firmen, sondern hier sammelt
sich auch das starke geistige und kulturelle Leben. Beweis dessen: die neue
Stadtbibliothek, John Rylands Library — der stolzeste Bau der Stadt (1899;
Spätgotik), zum Andenken an einen ihrer führenden Handelsherren von
seiner Witwe errichtet —, Kunstgalerie (1825), Musikhaus. Dagegen nimmt
die Victoria University, die 1881 aus dem 1851 gegründeten Owen's College
hervorgegangen ist, mit ihren Gebäuden und Anlagen einen großen Raum
weiter im S ein. Manchester ist Sitz verschiedener wissenschaftlicher Gesellschaften, u. a. der 1919 gegründeten Forschungsgesellschaft für Baumwollindustrie (Br. Cotton Ind. Research Assoc.) [81 hh, r].

Fast auf allen Seiten ist Manchester von Fabriken umringt [716, 96].
Mit der Textilindustrie hängen viele andere Industrien zusammen: die Erzeugung von Textilmaschinen, Chemikalien (Teerdestillation), Kleidern und
Kappen, von Baumwollkurzwaren (hauptsächlich für den örtlichen Bedarf),
Lederwaren (Hutleder). 1824 erhielt Manchester seine Mackintosh-Fabrik;
heute ist sie die größte der Welt. Zusammen mit dem benachbarten Salford,
mit Ancoats, Miles Platting, Clayton, Pendleton, E c c l e s (44 416; *39 440*)
ist es ein Mittelpunkt der Kautschukverarbeitung. Die Nahrungsmittelindustrie ist durch Dampfmühlen, Brot- und Cakes-, Margarine-, Obstkon-
serven-, Zuckerwarenfabriken vertreten. Es erzeugt Motoren, Kraftwagen,
Rundfunkgeräte, Kabel, Kisten; bedeutend ist die Glasindustrie (optische
Linsen, Gläser, Flaschen). Die ganze „Manchester Region" hatte 1943 6895

Fabriken, Manchester selbst 4688, davon 1040 für Kleider, 937 für Lebensmittel, Tabak u. dgl., 772 für Maschinen, 394 für Baumwoll- und andere Textilien, 334 für Papier und Druck, 192 für Gummiwaren und Chemikalien usw.; Salford hatte 868, Stretford 313 und selbst kleinere Orte, wie Urmston oder Denton, über 100 [124].

Dieses Industrieleben hat sich im engsten Zusammenhang mit Manchester-Salfords Verkehrsstellung entwickelt: die Doppelstadt hat vier große Bahnhöfe, direkte Zugsverbindungen durch ganz Großbritannien; sie steht im Mittelpunkt des alten Kanalnetzes (Macclesfield, Ashton, Rochdale, Bury-Bolton Canals) und eines vielstrahligen Straßensterns mit gewaltigem Frachtauto- und Autobusverkehr, sie hat zwei Flughäfen und vor allem den Manchester Ship Canal, der sie mit Übersee unmittelbar verbindet [82]. Zwi-

Abb. 120. Manchester Ship Canal, Trafford Park. Aufn. J. Sölch (1932).

schen ihm und dem Bridgewater Canal hat sich auf den Gründen des ehemaligen Gutes Trafford eines der modernsten Hafen- und Industrieviertel Großbritanniens entwickelt, Trafford Park (Abb. 120). Ununterbrochen wird der Kanal, abgesehen von Docks und Eisenbahnanlagen, von großen Fabriken, Magazinen, Kühlhäusern, Holzlagerplätzen begleitet. Hier stehen vielstöckige Getreidemühlen, Biskuitfabriken, Ölraffinerien, stehen ferner die Westinghouse Works, große Stahlwerke, Fabriken für Motoren aller Art und Größe, auch die der Ford's Motor Co., andere für die Erzeugung elektrischer Maschinen, von Schaltbrettern, Heizanlagen, Kupferdrähten. Hier wird Tee geschnitten, sortiert und gemischt; werden Käse, Eier, Butter, Fleisch aufgespeichert. Hier hat die British Oxygen Co. ihre Werke, weiter drüben am Bridgewater Canal werden Chemikalien, Farben, Asbest erzeugt. Zu Barton, wo der nach Leigh führende Zweig des Bridgewater Canal den Schiffskanal kreuzt, stehen die großen städtischen Elektrizitätswerke, daneben Fabriken für die Herstellung von Benzin, Schmieröl usw. Industrieanlagen kehren auch an anderen Stellen wieder: die Crossley Cars werden in Gorton erzeugt, Newton Heath hat Glasfabriken usw.

Allein nicht bloß die Versorgung mit Rohstoffen und die Abfuhr der Erzeugnisse, sondern auch die Ernährung der großen Menschenballung bietet viele Probleme [81 o]. Großzügig war die Frage der Wasserversorgung schon seinerzeit gelöst worden, als Thirlmere im Seenland in ihren Dienst gestellt wurde. Mit anderen kleineren Speichern zusammen standen so über

0,7 Milld. hl jährlich zur Verfügung. So groß war jedoch der Bedarf — 1929:
über 2,5 Mill. hl täglich —, daß nun auch Haweswater nutzbar gemacht
wurde, dessen Wasserspende auf über 0,8 Milld. hl im J. angegeben wird
(vgl. S. 686). Manchesters Wholesale Meat Market, bzw. Fishmarket wird
bloß von Londons Smithfield, bzw. Billingsgate übertroffen. Manchesters
Smithfield Flower and Vegetable Market ist der größte seiner Art im Kgr.
Jede Woche werden an die 20 000 Stück Schlachttiere verbraucht. Für die
Milchversorgung kommen wie bei Liverpool (das täglich 170 000—200 000 l
benötigt) außer den Midlands ganz N-England und selbst Galloway in Betracht. Lebhaftes Treiben herrscht an den großen Börsen der Stadt, der
R. Exchange (vornehmlich für schon verarbeitete Baumwolle), der Corn, Gro-
cery and Produce Exchange usw. Manchester ist in der Tat die Metropole des
Gebiets, der eigentliche Verteiler von dessen Erzeugnissen und sein Haupt-
zahlungsplatz. Salford steht unter den Viehmärkten der sechs n. Gr. nur
hinter Newcastle-upon-Tyne zurück [752*].

Mehr als die Hälfte des Ges.Verkehrs von Manchester nimmt (1938!)
der mit den Vereinigten Staaten ein; zum Unterschied von Liverpool ist der
mit Südamerika verhältnismäßig gering. Bedeutend ist der Verkehr mit Irland. Die Hälfte der von Ägypten nach Großbritannien eingeführten Baumwolle kommt unmittelbar nach Manchester, ungef. $^1/_5$ der aus den Vereinigten
Staaten. Im Ölbezug, dem die Tanks an verschiedenen Stellen des Schiffs-
kanals dienen, wetteifert Manchester mit Liverpool, auch seine Holz- und
Metalleinfuhr sind bedeutend. Lebensmittel werden in großen Mengen direkt
nach Manchester geliefert, Getreide, Gefrierfleisch, Orangen, Bananen, Tabak
und Tee. Eine große Rolle kommt dem Küstenverkehr zu, Manchester rechnet
sich mit Recht auch zu den „Inland Ports". Wichtig ist, daß der Verband
aller Verbrauchergesellschaften (über 1200, mit rund $6^1/_2$ Mill. Mitgliedern),
die Cooperative Wholesale Society Ltd., seinen Sitz in Manchester hat, zumal
ihm auch verschiedene große Betriebe angehören, mit einem Umsatz, der im
Werte dem von Manchester selbst nicht viel nachsteht [87*]. Manchesters
Hafen zeichnet sich durch seine modernen Anlagen, durch Geräumigkeit und
Zweckmäßigkeit aus. So hat man es etwas übertreibend geradezu als „ein
ins Moderne übersetztes Liverpool" bezeichnet [85*]. Nun ist es zwar trotz
seiner Lage weit drinnen im Land (80 km von der Mündung des Mersey entfernt) zum viertwichtigsten Hafen von Großbritannien aufgestiegen, aber
Liverpool zu schädigen vermag es nicht, da selbst die Baumwolle zum größeren
Teil über dessen Händler bezogen wird, von denen viele Spinnereien in Lancashire abhängig sind. Immerhin war die Einfuhr von Rohbaumwolle in Liverpool 1913—1931 auf unter die Hälfte gesunken, in Manchester dagegen gleich-
geblieben; dann war sie mit Ausnahme eines Scheitels im J. 1937 (E.W.
14,7 Mill. Pf.St.) ebenso wie in Liverpool noch weiter zurückgegangen und
hatte 1938 einen Tiefpunkt erreicht (E.W. 7,8 Mill. Pf.St.). Liverpool hat
in fast allen Gütern die Führung beibehalten (weitere Angaben vgl. S. 648),
und innerhalb dessen Hinterlands nimmt das von Manchester nur einen
verhältnismäßig kleinen Raum ein.

Die neuen Niederlassungen am Schiffskanal sind die Kerne der Umwandlung der noch offenen landwirtschaftlichen „countryside" in Industrieland:
Barton Moss, U r m s t o n mit Flixton (1945: 35 140; Elektroindustrie), I r l a m
(12 901; mit Hochöfen, Stahl- und Eisenwerken, Koksöfen mit Treibstoff-
gewinnung, Papierfabrik); Partington (Maschinen, Chemikalien, Lebensmittel); Weston Point vor der Mündung des Weaver, das Porzellanerde,
Schiefer, Feuersteine für die Potteries umschlägt und das Salz von Cheshire

verlädt. Mehr oder weniger sind auch die sw. Manchester an der Bahn und der Straße nach Northwich (mit Kohlenverladung und neuestens großer Chemikalienfabrik) gelegenen Städte Stretford (56 791; *54 550*), Sale (28 071; *39 630*) und Altrincham (21 356; *36 620*; optische Ind.; Werkzeug-, Schreib-, Schiffsmaschinen; Ölraffinerie) mit dem benachbarten Bowdon (3285) industrialisiert, alle nahe dem alten Bridgewater Canal. Broadheath (n. Altrincham) erzeugt Bohrmaschinen, Es ist begreiflich, daß vorausblickende Männer eifrig darum bemüht sind, die Planung dieses verhältnismäßig noch dünn besiedelten SW-Quadranten in gesunde Bahnen zu lenken. Doch gilt es derzeit, in erster Linie die große Notlage der Textilindustrie zu bekämpfen (vgl. S. 624). 1932—1934 wurden in allen Bezirken des Gebietes mehr Baumwollfabriken stillgelegt als in Betrieb genommen [719*], nur Manchester selbst machte eine Ausnahme. Dahin, auch nach Bolton und Oldham, bewegt sich nämlich, schon seit 1923 erkennbar, die Baumwollindustrie von N her, wie der Anteil der einzelnen Bezirke an der Ges.Zahl der in ihr Beschäftigten erweist. Das hängt mit der erwähnten Spezialisierung zusammen. Die einfachen billigen Zeuge, die hauptsächlich nach Indien geliefert wurden, so die „dhooties", wurden vornehmlich in Blackburn, Burnley, überhaupt im N hergestellt, diese Städte hatten daher unter dem Rückgang der Ausfuhr am meisten zu leiden. Dagegen wächst die Nachfrage nach den feineren Stoffen, so z. B. von seiten der Autoreifenindustrie. Diese Veränderung spiegelt sich auch in der Herkunft der bezogenen Baumwolle wider: die Einfuhr amerikanischer Baumwolle, mit welcher der N arbeitete, ist zurückgegangen, die der ägyptischen, welche im S benützt wird, brauchte nicht eingeschränkt zu werden.

Liverpool. Warum das Merseyästuar vom Menschen so lange vernachlässigt und bis ins 18. Jh. herauf Chester weit wichtiger war als Liverpool, das um 1540 erst 12 Schiffe mit 177 tons und 75 Mann Besatzung besaß, ist oft gefragt und sehr verschieden beantwortet worden. Die Meinung, daß der Mersey selbst noch in geschichtlicher Zeit in den Dee gemündet habe, ist jedenfalls abzulehnen [37]. Besser erkennbar sind die Umstände, die bei Liverpools Aufschwung zusammengewirkt haben: die natürlichen Vorzüge der Merseymündung als solcher, ihre Wasser- und Fahrtverhältnisse und ihre vorgeschobene Lage, die Entwicklung der Industrie in Lancashire und W-Yorkshire, das Bestreben der Kaufleute von Liverpool, durch den Überseehandel zu gewinnen, was ihnen durch die Schwierigkeit eigener Industrieentwicklung vorerst versagt war [83 a, b]. Bekannt sind die Fahrten ihrer Schiffe im Dreieck: mit Flinten und Alkohol nach W-Afrika, von dort mit dem „schwarzen Elfenbein" nach W-Indien und mit Zucker, Rum, Tabak und Baumwolle zurück in die Heimat. Dieses Geschäft erreichte mit raschem Aufstieg in den J. 1770—1793 seinen Höhepunkt: 1709 war das erste Liverpooler Schiff nach Afrika gesegelt; 1756 waren es 60; 1769 96 mit insges. fast 10 000 tons. In den J. 1783—1789 fanden 878 solcher Fahrten statt, 300 000 Sklaven wurden nach Amerika gebracht [83 i]. Nach der Unterwerfung Irlands vermittelte es Leinengarne aus Ulster für die Barchentweberei Lancashires. Um dieselbe Zeit hatte es Verbindungen mit den Häfen der Nord- und Ostsee angeknüpft. 1668 errichtete es die erste Zuckerraffinerie, und um 1700 konnte es betonen, daß es den größten Teil der Br. Inseln mit Tabak versorge. Während Chester mühsam und zuletzt doch vergeblich mit den Sandbänken des Dee ringen mußte, eröffnete Liverpool 1715 sein erstes Dock. Bis in die Zeit der Kriege mit Napoleon war ihm allerdings Bristol im Weltverkehr überlegen. Während aber in dessen Hinterland die Textil-

industrie immer mehr verfiel, entfaltete sie sich damals in Lancashire immer
großartiger: hier waren Lebenshaltung, Schiffahrt, Arbeitskraft billiger.
Liverpool hat selbst das Seine dazu beigetragen. Es hatte den Hauptnutzen
von den neuen Kanälen, die den Mersey und seine Nebenflüsse begleiteten
oder aus den benachbarten Flußgebieten an ihn heranführten: von der Vertiefung des Weaver, so daß es das Salz von Cheshire erhalten konnte (Salthouse Dock ist eines der ältesten), von der Kanalisierung des Sankey Brook
von St. Helens und Warrington her (1760 eröffnet), von der Anlage des Bridgewater Canal (vgl. S. 622), des Trent—Mersey Canal, des Leeds—Liverpool Canal
(vgl. S. 570). Der Verkehr auf diesen Kanälen ist ansehnlich, allerdings im
Vergleich zum Beginn des Jh. stark zurückgegangen (Bridgewater C., 1905:
2,17 Mill. tons; 1938: 1,045. Leeds—Liverpool C., 1905: 2,468 Mill. tons; 1938:
1,459, davon fast $\frac{1}{2}$, bzw. $\frac{2}{3}$ Steinkohle, im übrigen hauptsächlich Agrar-
produkte und Baustoffe; Trent—Mersey C., 1905: 1,138; 1928: 0,286! Shropshire Union C. 0,605, bzw. 0,215). Die Weaver Navigation beförderte 1938
0,567 Mill. tons (0,461 Salz und Alkalien!) [752*]. Sie wurde so verbessert,
daß sie 36 m lange 400 tons-Kähne benützen können — 200—300 tons-Kähne
sind die üblichen. In Anderton, gleich unterhalb Northwich, erfolgt die Umladung auf den Trent—Mersey C., hauptsächlich für die Potteries. Durch
weitere Ausgestaltung plant man, es zu ermöglichen, daß Küstenfahrzeuge
bis Winsford, 100 tons-Kähne sogar bis nahe Wolverhampton fahren können
[125]. Schon um 1800 dehnten sich die Docks von der Kirche St. Nicholas,
des Schutzheiligen der Seefahrer, am Mersey aufwärts bis zur Stadtgrenze.
Schon damals hatte sich Liverpools Handel mit den Ver. Staaten blühend
entfaltet und der nach Skandinavien, Deutschland, Rußland wesentlich zugenommen [717; 83 a, b, l].

Nach den Kriegen mit Frankreich fand es weitere Betätigungsfelder, in
der 1. H. des 19. Jh. in den neuen Staaten Südamerikas, nach der Aufhebung
des Monopols der Ostindischen Handelskompagnie in Indien und alsbald im
Fernen Osten, gegen Ende des 19. Jh. und im 20. im tropischen Afrika und
in Australien. Das war nur möglich im Zusammenhang mit der Ausdehnung
und Sicherung seines Hinterlands durch die Ausgestaltung des Verkehrs
und der fortschreitenden Vergrößerung seiner Hafenanlagen. In der 1. H.
des 18. Jh. wurde die Straße über Prescot nach Warrington und Manchester
(vgl. im folg.) verbessert, wurden die ersten Kanäle angelegt, Weaver, Mersey und Irwell vertieft. Die Weaver Navigation vermittelte die Verbindung
mit dem Salzbergbau von Cheshire und der sich entwickelnden chemischen
Industrie sowie mit den Midlands. 1830 wurde, wie bereits bemerkt, die
Bahnlinie Manchester—Liverpool eröffnet, bald darauf folgten die Linien
nach N-Lancashire und Yorkshire, zuletzt die nach Cheshire. Seit 1838 bestand ein regelmäßiger Dampferverkehr mit Neuyork. Die Zahl der Docks
(89; 21 Trockendocks) ist den Mersey entlang in dem Niederungsstreifen
fort und fort gewachsen, der sich im S bis Dingle Point (gegenüber Port
Sunlight), im N um die ehemalige Bootle Bay gegen Seaforth erstreckt: im
ganzen (1937) mit 8,2 km² Fl. (2,6 km² Wasserfl.) und 63 km Kailänge. Das
Gladstone Dock-System, das jüngste, nördlichste, erst 1927 vollendet, weist
mit einer Wasserfl. von über 20 ha eines der größten Trockendocks der Welt
auf (320 m lang, 43 m breit, bei T.H.W. über 14 m tief). In fast 12 km Länge
begleiten diese Anlagen, umrahmt von Fabriken, Speichern und Bürogebäuden
(vgl. S. 645), die Stadt, dazu kommen noch die flußaufwärts bei Garston
gelegenen Railway Docks und die verschiedenen, seit 1897 angelegten Docks
auf der anderen Seite des Mersey, die auch zum Port of Liverpool gehören.

Bei Speke, nahe Garston, wurde der Flugplatz für den Zivilverkehr angelegt. Über 21 000 Personen sind in den Docks beschäftigt, davon 18 000 Dockarbeiter und 5400 Angestellte; 2000 bedienen die Hafenfahrzeuge [123]. Weit hat sich Liverpool ausgedehnt, sein Häusermeer erstreckt sich auf 10 und mehr km ins Land hinein, und obwohl durch den Mersey von Cheshire getrennt, bildet es zusammen mit Birkenhead, Wallasey und den am r. Ufer gelegenen, aber nicht eingemeindeten Städten B o o t l e (76 770; *58 660*), W a t e r l o o w i t h S e a f o r t h (31 187), (G r e a t) C r o s b y (18 285; *53 670*), L i t h e r l a n d (15 959; mit „obnoxious industries", wie Teerdestillation und Gerberei) eine der großen Konurbationen von Großbritannien mit fast 1,3 Mill. E., eine wirtschaftliche Einheit, die neuerdings unter dem Namen Merseyside zusammengefaßt wird [12, 111, 125, 79, 715, 719 u. ao.] (Abb. 121).

Infolge seiner Jugend hat Liverpool keine altehrwürdigen Bauten aufzuweisen, nicht einmal in seinem Kern. Dessen Lage war ebenso wie die seines ältesten Hafens von der Natur klar vorgezeichnet. Eine NNW—SSE streichende, bis 30 m hohe Buntsandsteinstufe tritt hier an den Mersey heran, so daß sich das Ästuar, das weiter oberhalb bis zu 5 km breit wird, auf 1 km verengt: das Liverpool Plateau. Ziemlich steil, mit einem „Bluff", fällt es zum Fluß ab, der beim Einschneiden durch die Driftdecke seinen alten Lauf nicht wiedergefunden hat, wie sich beim Bau des Merseytunnels ergab. Eine

Abb. 121. Merseyästuar, Blick von New Brighton gegen Bootle. Aerofilm London Ltd. 45253.

Epigenese ist also eine der letzten Ursachen von Liverpools Dasein, denn ohne sie sähe die Mündung des Mersey kaum anders aus als die des Dee. So aber fegt der Gezeitenstrom — der Tidenhub ist groß, im M. 8,0 m, bei Spr.H.W. bis zu 9,1 m — mit erhöhter Geschwindigkeit (11 km/St.) das Flußbett in der Verengung aus (15—18 m tief). In diesem Abschnitt besteht keine Gefahr des Versandens [410, 411]. Gegen E dacht sich die Stufe allmählich zu einer Talfurche ab, in welche ehemals ein „creek" des Ästuars hineinreichte. Dort bot der „Old Pool" den kleinen Fahrzeugen der Vergangenheit Schutz gegen Flut und Sturm (Abb. 124). Auf dem Plateau stand vor dem 13. Jh. nur ein Weiler des Manor West Derby. Noch lange blieb er eingepfarrt in Walton-on-the-Hill [79], obwohl er schon 1129 den ersten Freibrief erhalten hatte; 1207 wurde er von König Johann, der ihn zu einem Stützpunkt für die Eroberung Irlands machen wollte, zum Borough erhoben und Bauern aus der Umgebung an den sieben neu angelegten Straßen angesiedelt. 1229 erhielt Liverpool von Heinrich II. weitere Vorrechte. 1232 wurde in beherrschender Lage auf einem seither künstlich etwas erniedrigten Felsbuckel das Castle erbaut (1715 abgetragen), dort, wo heute das Viktoriadenkmal steht, und später die Stadt umwallt. Von der Burg führte der Zug Castle Street, High Street und Old Hall Street gegen NNW, rechtwinkelig dazu Water Street (ehemals Banke Street) und Chapel Street, an deren unteren Enden seit 1406

der Tower, bzw. seit 1356 die Chapel of St. Nicholas standen, steil zum Fluß
hinab; entgegengesetzt zogen mehrere Straßen zum Pool und die Hauptstraße
ins Hinterland, deren Verlauf gleichfalls die Natur vorzeichnete (Abb. 122).
Denn jenseits der Poolniederung steigt das Gelände abermals zu einem Höhenzug an, der auf Sanden eine Ginsterheide und Moore trug (Great Heath).
Längst ist dieses Gelände verbaut. Noch weiter ö. folgt eine dritte Erhebung
(mit Edge Hill), 50—70 m hoch, einst mit Dörfern besetzt, die nun in Liverpool aufgegangen sind. Sie wird schließlich im E von einer tiefen Furche,
wohl auch einer alten Schmelzwasserrinne, begrenzt, aus welcher nach N der
Alt, nach S Ditton Brook durch versumpften Grund fließen. Bloß die Wasserscheide zwischen beiden bot einen trockenen Weg; auf ihn war die Straße
nach Prescot und weiter angewiesen, die einzige in das Innere des Landes.
    Lange Zeit blieb Liverpools Handel bescheiden. Es bezog Kohle von
Wigan, Rohleinwand von Manchester und Kendal, Wolle aus Yorkshire, Messer und Sicheln aus Sheffield und verkaufte sie nach Irland, von wo es Schaf-
felle, Häute und Talg bezog [730]. Aus Frankreich holte es Wein im Aus-
tausch für Fische und Wollwaren. Jh. hindurch hatte sich die Stadt auf die
Höhe zwischen Mersey und dem Pool beschränkt; 1565 zählte sie erst 138
Haushalte. Als dann das erste Dock an der Mündung des Pool angelegt und
dieser im übrigen zugeschüttet worden war — an seiner Stelle zieht heute
Paradise Street — und der Handel seinen ersten Aufschwung nahm, wuchs
sie rasch an. Im 18. Jh. war ihre Fl. zur Hälfte, 1861 völlig verbaut. Schon
um 1800 standen auf Edge Hill Villen der reicheren Bürger, um 1861 war
der ganze Höhenzug von Kirkdale bis Toxteth von einem trostlosen Häusermeer bedeckt [83 h]. 1801—1861 wuchs die E.Z. von 78 000 auf über $^1/_2$ Mill.
an. Die den Docks benachbarten Viertel waren „slums" geworden; 1864
zählte man nicht weniger als 22 000 der berüchtigten „back-to-back houses".
Die Altstadt wurde von der Citybildung erfaßt, sie wurde der Mittelpunkt
von Verwaltung, Handel und Verkehr, erhielt prunkvolle Großstadtbauten,
aber ihre Wohnbevölkerung nahm fortdauernd ab und ist heute gering. Dagegen stieg die Ges.E.Z. rasch an (1871: 555 000; 1891: 652 000; 1911: 753 000;
1931: 855 688; 1945: *681 120!*). Dementsprechend sind fortwährend neue
Wohnviertel hinzugekommen, so jenseits der Great Heath, wo sie sich in
einen breiten Ring von Parken einschalten, und weiter draußen, stärker auf-
gelockert und reich an Gärten [123]. Nach dem ersten Weltkrieg hat die
Stadtverwaltung im Verein mit den Behörden von Lancashire die weitere
Planung zielbewußt in die Hand genommen und den Wohnbau durch die
Schaffung von Baugründen (housing estates, jedes mit ein paar 100 Häusern)
geregelt. Gleich 1919—1921 sind nicht weniger als 22 000 Häuser errichtet
worden. Allein noch sind die „slums" nicht völlig beseitigt, noch immer viele
Kleinwohnungen überfüllt, und etwa ein Sechstel der Bevölkerung lebt unter
der „poverty line" [717]. Die Planung selbst sieht einerseits die Entwicklung
auch noch entfernterer Siedlungskerne (Speke, Hale, Knowsley und selbst
Ormskirk) zu Gefolgstädten, „satellite towns", vor, anderseits die Erhaltung
offenen Landes, einer Ausflugs- und Erholungslandschaft mit Wald und Wiesen, Heide und Moor. Die Industrie tritt im Leben Liverpools hinter Handel
und Verkehr zurück — 1931 waren von 381 000 versicherten Arbeitern 50%
in diesen, 37% in der Industrie beschäftigt —, aber sie hat sich in engem
Anschluß an ihn und infolge der eigenen Bedürfnisse gewaltig entfaltet. Ehemals beschränkte sie sich auf Schiffbau, Seilerei, Töpferei, Uhrenerzeugung,
Zucker- und Ölerzeugung, Sägewerke. Heute zeigt sie Dampfmühlen mit
riesigen Weizensilos, Biskuitfabriken, Zündholzfabriken, Textilindustrie,

Färberei, Eisengießerei, Seifenfabrikation, große chemische Werke. Sie hat sich vornehmlich längs der Docks, ferner entlang dem Leeds—Liverpool Canal (Litherland, Aintree) und an der Straße nach Manchester niedergelassen: hinter den North Docks, dem ältesten und wichtigsten Industriebezirk, Schiffsausbesserung, Ölsamenpreßwerke, Viehfutter-, Tabak-, Zuckerfabriken und weiter hinab die Fabriken von Litherland (vgl. S. 643); an den South Docks u. a. Dampfmühlen und Farbenwerke; bei Dingle Ölspeicher, in Garston Gerbereien und die größte Spulenfabrik, in Speke u. a. Sperrholz-, Chemi-

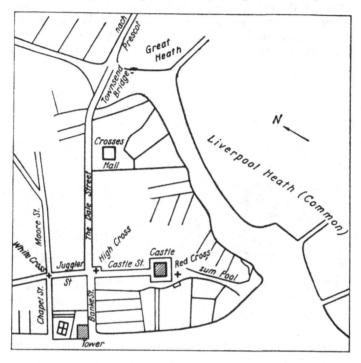

Abb. 122. Liverpool im Mittelalter. (Nach P. M. Roxby.)

kalien- und Maschinenfabriken. Innerhalb der Stadt ist das Gebiet im E-Teil das bedeutendste Industrieviertel, u. a. mit großen Fabriken für elektrische Apparate und Maschinen, dem Elektrizitätswerk und den Trambahnwerken. Auch Huyton with Roby (1945: 44160; an der Bahn nach Manchester), erzeugt Elektrowaren. (Über die zu Merseyside gehörigen Industrien s. des Flusses vgl. S. 650.) [123, 715, 717, 83 ff., g.]

Durch die Docks erhält Liverpool sein besonderes Gepräge. Zwar konnten die Einrichtungen noch kürzlich [85*, 87*] als auffallend rückständig bezeichnet werden, so hinsichtlich ihrer Verladeeinrichtungen (weit mehr Schiffs- als Dachkräne) und ihres Raummangels für Eisenbahnanlagen; allein sie gewähren doch, ob man sie von der begleitenden Hochbahn (Overhead Railway) oder vom Mersey her betrachtet, ein großartiges Gesamtbild, und auch im einzelnen bleiben in jedem Besucher starke Eindrücke zurück: von dem Speicher der Colonial-East India Wool Co. (für 150 000 Ballen), dem Cold Store der Union Cold Storage Co. (für fast 1,2 Mill. Stück gefrorene Lämmer oder 260 000 Viertel gefrorenes Ochsenfleisch), dem 13 Stock hohen Tabakspeicher am Stanley Dock (für 70 000 Fässer); von den Erdöltanks, die durch Röhrenleitungen mit dem Herculaneumdock verbunden sind; von dem ganz modernen New Gladstone Dock-System mit seinen 3stöckigen Lagerhäusern aus Eisenbeton, mit elektrischen Kränen, zwei Hafenbecken, dem Trockendock, wo die Schiffe der Cunard Line, der Canadian Pacific, der Ocean Steam Ship Co. ihre Ladungen absetzen. Frei im Fluß schwimmen unten vor der St. Niklas-Kirche Prince's und George's Landing Stages, gegenwärtig ungef. 800 m lang, die Landungsbrücken für den Personenverkehr, und daneben ragt das weithin sichtbare Wahrzeichen des heutigen Liverpool auf, der 17stöckige Wolkenkratzer des R. Liver Building mit seinen beiden 90 m hohen Türmen. Daneben stehen das Cunard Building im Stile des Palazzo Farnese in Rom und das Gebäude der Dock Board Offices im Renaissancestil, weiter flußaufwärts, hinter den Albert und Salthouse Docks das

Abb. 123. Liverpool, Kai mit R. Liver Building. (Aus: Manchester Guardian [96].)

Custom House. Hier zeigt sich Liverpool von seiner besten und gewaltigsten Seite (Abb. 123). Mit Vorliebe sind bei den neueren Bauten Portland- und Bathstein verwendet worden, oft der Mountain Limestone von Beaumaris, Shapgranite von Wasdale Head (Lake District), Granite aus Aberdeenshire und aus Norwegen [83 h]. Ein riesiger Steinbau ist die neue anglik. Kathedrale, an Fl. aber weit größer (über 2 ha) der Ziegelbau der röm.-kath. (1933 begonnen), die eine der größten Kirchen der Welt werden soll.

Der Personenverkehr des Hafens ist an und für sich groß — Zehntausende von Auswanderern sind von hier aus über das Meer gefahren —, doch tritt er hinter dem Güterverkehr weit zurück und wird von dem ohne Umweg erreichbaren Southampton stärker angelockt. Auch können die größten Dampfer nur bei T.H.W. die Querbarre am Ausgang des Ästuars überschreiten, denn bei Spr.T.N.W. ist dort die Fahrtrinne bloß 7,62 m tief, und auch diese Tiefe bleibt nur durch fortwährendes Baggern erhalten. Früher mußten die Fahrgäste unter erheblichen Kosten an Zeit und Geld vor der Barre in Leichter umgeschifft werden. Über $^1/_2$ Milld. tons Sinkstoffe sind seit 1890 aus der Barre und den Hauptzufahrtsrinnen, dem Crosby und dem Queen's Channel, entfernt worden. So muß heute auch Liverpool mit der Natur um die Erhaltung seines Lebensnervs kämpfen, ähnlich wie einst Chester, wenngleich anders in Form und Maßstab [85*, 87*] (Abb. 124).

Liverpools Überseegebiet ist die ganze Welt. Aus Canada bezieht es Getreide, Vieh und Holz, aus den Vereinigten Staaten Getreide, Baumwolle und Tabak, aus Westindien Melasse, aus Südamerika und Australien Gefrierfleisch und Wolle, aus Malaya Kautschuk, Reis aus Indien, Ölsamen aus dem tropischen Afrika, Erdöl aus den verschiedenen Erdölgebieten der Welt. Es sind also vornehmlich Massen-

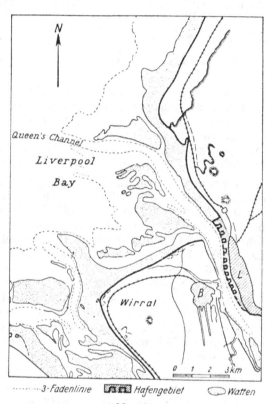

güter. Das meiste davon geht weiter in das Hinterland, das nicht bloß Lancashire und Cheshire, sondern z. T. auch die Midlands mit den Potteries umfaßt und bis an die E-Abdachung der Pennines übergreift. Es liefert den Hauptteil der Lebensmittel den dortigen Industriebezirken, versorgt unmittelbar oder wenigstens mittelbar die Baumwoll- und die Wollindustrie mit ihren Rohstoffen, mit Holz und Erdöl; seine Baumwollbörse beherrschte lange Zeit den Weltmarkt. Mehr als die Hälfte der Häuteeinfuhr geht über Liverpool, in Merseyside und im unteren Merseytal (Warrington) hat die Gerberei von Sohlenleder ihr größtes Einzelzentrum [752*]. Umgekehrt führt es die Erzeugnisse der w. Industriegebiete aus, ihre Textilien und Eisenwaren, selbst von Leeds, Sheffield und Birmingham her, und das Salz von Cheshire. Es ist und bleibt der wichtigste Hafen für den Handelsverkehr zwischen England und Irland; Nordirland ist geradezu ein Stück seines Hinterlands. Inner-

Abb. 124.
Liverpool Bay mit Hafengebiet von Liverpool.
(Nach Sir PERCY DONOLD.)

halb Englands berührt sich dieses, im einzelnen schwer abgrenzbar und vielfach überlappend, mit den Bereichen von Bistol, Southampton, Newcastle und London.

Die Zahlen für Liverpools Güterverkehr sind im Laufe des 19. Jh. unglaublich gewachsen. Die Hafentonn. verdoppelte sich 1815—1830, abermals bis 1845 und nochmals bis 1860. 1889 und 1892 stieg der A.W. auf 100 Mill. Pf.St. 1913 hatte der E.W. 175,5 Mill. Pf.St. erreicht, der A.W. 170,1 Mill.; im M. der J. 1921—1925 wuchsen sie sogar auf 255,0, bzw. 262,2 Mill. Pf.St. an. Dagegen war die weitere Entwicklung in den J. 1926—1930 durch ein gewaltiges Absinken beider Werte gekennzeichnet, besonders tief 1931 (131,7, bzw. 105,2 Mill. Pf.St.) [83 c—f, k].

Die Entwicklung des Hafenverkehrs von Liverpool während der letzten 5 J. vor dem Ausbruch des zweiten Weltkrieges wird in der folgenden Tabelle

beleuchtet und mit ihr zugleich die des Hafens von Manchester verglichen.
(Dabei sind in der Statistik von Manchester Ellesmere Port, Partington,
Runcorn und Warrington einbezogen, in der von Liverpool Birkenhead und
Garston. Auf Birkenhead entfallen ungef. 10% des Wertes der ausländi-
schen E., 20% der A. in das Ausland [123].)

		1934	1935	1936	1937	1938	
Liverpool:	E.W.	136,1	139,8	158,3	194,3	162,77	Mill. Pf.St.
	A.W.	114,7	125,5	130,3	155,3	132,4	
	Wa.A.	6,7	6,5	7,9	11,8	6,6	
Manchester:	E.W.	38,7	39,8	38,7	56,4	44,96	Mill. Pf.St.
	A.W.	11,1	12,8	13,3	15,0	12,4	
	Wa.A.	0,30	0,39	0,28	0,35	0,29	

Manchester ist hauptsächlich E.-Hafen, Liverpools Handel ist ausgegli-
chener. Daß Manchesters A. im Vergleich zu der von Liverpool auch relativ
so weit zurückbleibt, hängt u. a. damit zusammen, daß die Masse der E.-Güter
zum guten Teil auf tramps und tankers herbeigeführt wird; die Masse der
industriellen Fertigwaren wird dagegen überwiegend von liners verfrachtet,
und solche fahren weniger häufig in Manchester als in Liverpool ein [752*].[1])

1937, also in dem J., wo der Hafenverkehr noch einmal einen Höhepunkt
erreichte, betrug die N.Tonn. der br. und fremden Schiffe, die im Außenhandel ausliefen, in Liverpool 13,03, in Manchester 2,94 Mill. tons (1913: 11,2,
bzw. 1,5 Mill. tons). In Liverpool kommt noch eine ansehnliche Küstenschiff-
fahrt mit ± 2 Mill. tons dazu. Der Aufschwung von Manchester hängt mit
der großen Zunahme des Verkehrs auf dem Manchester Ship Canal zusammen: 1937 wurden Kanalgebühren für 7,05 Mill. tons Ladegut gezahlt, ein
Ausmaß, das vorher nur einmal erzielt worden war (1926: für 6,83 Mill. tons).
Davon entfielen rund $^3/_4$ auf die Einfuhr. Bemerkenswert ist, daß 1936 $^3/_4$ der
Rohbaumwolle, die Liverpool und Manchester an die Spinnereien lieferten,
auf der Straße, $^1/_4$ mit der Bahn zugestellt wurden, wobei für Liverpool bis
in die jüngste Zeit nur die eine Straße (vgl. S. 644) verfügbar war; erst kürzlich ist die neue East Lancashire Road n. St. Helens vorbei nach Manchester
eröffnet worden [730].

Dem Werte nach erscheinen 1938 in Manchester [99*] Rohbaumwolle
(7,98 Mill. Pf.St.; 1937: 14,7!), raffiniertes Erdöl (5,1), Weizen (4,5) an der
Spitze der E.; im übrigen führte es u. a. ein: Tabak (1,4), Schweineschmalz
(1,2), Tee (1,0), Papier- und Pappendeckel (1,4), Papiererzeugungsmaterial
(1,6); Rohöl (1,1), unbearbeitetes Kupfer (1,95), Farben, Farbstoffe u. dgl.
(0,96), Chemikalien (0,76), Maschinen und Maschinenbestandteile (0,77 Mill.
Pf.St.). Die Menge der eingeführten Baumwolle betrug im J. 1935/36 (endi-
gend mit 31. Juli 1936) 0,963 Mill. Ballen (die Ges.E. des Ver.Kgr. 3,15 Mill.;
1913/14: 0,762, bzw. 4,9 Mill.). In der A. standen Baumwollwaren und -stück-
güter obenan (3,0), Maschinen und Maschinenbestandteile (1,8), Wollgarne,
-gewebe und -„tops" (0,86), Eisenbahnwagen verschiedener Art (0,93),
Straßenfahrzeuge mit mechanischem Antrieb (0,32).

Auch in der E. Liverpools hält die Rohbaumwolle die Spitze (19,7;
1937: 38,8 Pf.St.!); es führt außerdem große Mengen von Schaf- und Lamm-

---

[1]) Die (passenger, bzw. cargo) liners verkehren zum Unterschied von tramps fahrplan-
mäßig. Bei diesen und den cargo liners überwiegt die Tragfähigkeit (deadweight tonnage)
sehr über die Nettotonn., bei den passenger liners ist diese etwas größer. Im übrigen vgl.
über die Unterschiede 752*, 632 ff.

wolle ein (10), von Fellen und Häuten (3), dazu Rohgummi (4,1), Rohseide, Hanf. Es folgen die Lebensmittel für die Industriegebiete: (1938) Ochsenfleisch (4,6), Schaffleisch (3,3), Speck, Schinken und Schweinefleisch (4,6), Fische (3,2), Frischobst (Orangen 2,2; Bananen 1,6; Äpfel 1,5) und getrocknetes Obst (3,3), Speisenüsse (0,9), Tomaten (0,8) und allerhand frisches Gemüse. In der E. von Fleisch bleibt es zwar hinter London, ausgenommen Schweinefleisch, Schinken und Speck, bedeutend zurück, nur wenig dagegen in der Obsteinfuhr. Wichtige E.Güter sind ferner Weizen (7,7), Reis (0,9), Rohkakao (1,3), Tee (0,9), Wein (0,53), Bier (0,72), Butter (2,7), Käse (0,94), Eier (0,73). In der Tabak-E. nimmt es den 1. Platz ein (9,7; Bristol 5,8, London 4,3). Ansehnliche Posten sind Lebendvieh (Rinder 2,97; Schafe und Lämmer 0,28) und Viehfutter (Mais 4,6; andere Futtermittel 3,5). Es beliefert die Metallindustrie mit Eisen, Blei, Mangan, Molybdän, Wolfram, Zinn, die chemische Industrie mit verschiedenen Ölen, Palmkernen usw. In der A. Liverpools stehen die Erzeugnisse der Textilindustrie obenan: Baumwollwaren und -stückgüter (33,9 Mill. Pf.St.), Woll- und Kammgarngewebe und -fabrikate (5,6), Kunstseidengarne und -fabrikate (1,6). Aber fast ebenso groß ist der A.W. der Eisen-, Stahl- und Maschinenindustrie: Maschinen und Maschinenbestandteile (21,9), Eisen- und Stahlerzeugnisse (12,3), Lokomotiven (1938: 38% der Ges.A.), Eisenbahnwagen (4), Straßenfahrzeuge (4,1), Fahrräder und Fahrradteile (1,6); Erzeugnisse der Kupfer- und Messingindustrie (1,9, bzw. 0,9). Beträchtlich sind die Posten für Chemikalien (8,0) und Seife (0,96), elektrische Instrumente und Apparate (3,1), Erzeugnisse der keramischen Industrie (2,4), der Glas- und Papierindustrie (0,9, bzw. 1,3). Diese Angaben erhärten genügend die Tatsache, daß Liverpool der Hafen von „Industrial England" schlechtweg ist. Im A.W. ist es sogar London etwas überlegen (vgl. S. 157), so daß es in dieser Hinsicht an erster Stelle in Großbritannien steht, mit fast $^8/_{10}$ der Ges.A. des Ver.Kgr. Im E.W. bleibt es zwar weit hinter London zurück, doch nimmt es mit über $^1/_5$ des Ges.E.W. unbestritten die zweite Stelle ein. Während London mehr den Verkehr mit den Kolonien sammelt, besorgt Liverpool besonders den mit dem Ausland, fast ganz unter britischer Flagge. Erst gegen Ende der Zwischenkriegszeit ist übrigens eine gewisse Änderung in den Verkehrszielen erkennbar geworden: auf Waren aus den Ver. Staaten und Canada entfielen 1936 nur mehr 25% der Gebühren (1925: 25%), auf Australien 4 (8), dafür auf Brasilien und Argentinien 15 (11), auf Afrika 10,5 (8). Im großen ganzen sind die beiden Welthäfen mehr Handelspartner als Handelsrivalen [752*].

Die Verkehrsstellung Liverpools kommt auch im Wachstum und in der Zusammensetzung seiner Bevölkerung auffällig zur Geltung. Das Ansteigen der E.Z. wird nur z. T. durch den Geburtenüberschuß gedeckt, z. T. erklärt es sich aus den wiederholten Eingemeindungen, z. T. aus der Zuwanderung. Diese hat im Laufe der Zeit sehr stark geschwankt. Für die J. 1927—1929 wird sie im M. auf ungef. 6000 beziffert. Das ländliche Cheshire, N-Wales und NW-England stellen die meisten Einwanderer, dazu E-England (Yorkshire, Lincolnshire, Norfolk), wiederholt ist auch der Zustrom aus S-Schottland groß gewesen; aus Irland hat er ununterbrochen angehalten — damit ist ein verhältnismäßig starkes katholisches Element in die Stadt gekommen, abgesehen davon, daß W-Lancashire immer ein solches gehabt hat. 1851 war weniger als $^1/_3$ der Bevölkerung aus Lancashire gebürtig gewesen, bloß die Hälfte überhaupt aus England, $^1/_3$ stammte aus Irland, der Rest aus Wales, Schottland und von der Insel Man. Mit kleineren Zahlen sind fast alle Völker Europas vertreten, Italiener, Spanier, Skandinavier, Deutsche (1849 hatten

sich über 2000 Flüchtlinge aus Deutschland niedergelassen, sind aber allmählich anglisiert worden), Juden (ungef. 9000, hauptsächlich um den Bahnhof Lime Street). Auch etliche hundert Neger und Chinesen haben sich in
Liverpool angesiedelt (besonders im Stadtteil Abercromby). Im übrigen
bringt schon der Weltverkehr Angehörige aller Völker und Rassen nach
Liverpool, und Rassenmischlinge sind in der Stadt auffallend häufig [83 o].

Ziemlich spät hat sich Liverpool, zum Unterschied von Manchester, der
geistig-kulturellen Belange erinnert. Gewiß, es war erst 1699 eine selbständige Pfarrgemeinde geworden, aber 1760 hatte es bei etwa 30 000 E. nur
eine einzige kleine Lateinschule. Zwar bemerkte NEMNICH, 1807, anerkennend,
es habe „in neueren Zeiten angefangen, sich durch literarische Institute, vor
anderen Städten, glänzend auszuzeichnen [II⁶⁸], allein erst nach 1850 schuf
die schon über 400 000 E. zählende Stadt ein öffentliches Museum mit einer
Bücherei und einer Kunstgalerie. 1882 wurde ein University College gegründet, das 1903 zur Universität erhoben wurde. Zu sehr war es lange Zeit von
den schwierigen Aufgaben in Anspruch genommen, welche auf die Ausgestaltung des Hafens, die Unterbringung der rasch anwachsenden Bevölkerung und
die Besserung der sanitären Verhältnisse abzielten. In dieser Hinsicht ist
die Schaffung der Wasserwerke am Vyrnwysee (mit einer tägl. Lieferung von
mehr als 450 000 hl) eine besondere Leistung gewesen (vgl. S. 773 f.).

Von der Entwicklung Liverpools ist das l. Merseyufer nicht unberührt
geblieben, im Gegenteil, das schachbrettförmig angelegte B i r k e n h e a d,
Cheshires volkreichste Stadt (147 803; *121 660*), und W a l l a s e y (97 626;
87 890), ein ehemaliges Bauerndorf, werden vom Handel des Port of Liverpool beherscht. Auch dort hat sich die Industrie niedergelassen und haben
sich Wohnviertel für die Arbeiter und die Mittelklasse entwickelt. Die Docks,
in dem Watt des die beiden Orte trennenden Wallasey Pool gebaut, sind
über 3 km lang. Schon 1827 wurde eine Dampffähre über den Mersey eingerichtet, 1884 eine zweigleisige Untergrundbahn unter dem Mersey. In dem
1934 eröffneten, 5 km langen Merseytunnel, der mit 13,4 m Durchm. auf 51 m
unter H.W.M. absteigt und der längste Unterwasser-Straßentunnel der Erde
ist, außerdem auch durch eine Straße mit Liverpool verbunden, ist
Birkenhead der Mittelpunkt der Industrie des W-Ufers geworden, vor allem
mit Schiffbau und -ausbesserung, mit Eisengießerei, Dampfmühlen, chemischen Fabriken (Seife, Schellack, Leime, Knochenmehl). ¹/₅ seiner Bevölkerung arbeitet in Liverpool, ebenso ¹/₃ der E. Wallaseys, das ein echtes Schlaf-
viertel Liverpools ist. Bietet dieses mit Ausnahme einiger Prunkbauten architektonisch wenig, so sind die Städte von West Merseyside erst recht reizlos:
unten nahe dem Fluß endlose Reihen von Arbeiterhäusern, da und dort noch
Slumwinkel; darüber leicht ansteigende Straßenzüge mit den Häusern und
Villen der besseren Mittelklasse, immer wieder nach dem gleichen Schema gebaut. Etliche benachbarte Dörfer sind von Birkenhead ganz oder zum Teil
eingemeindet worden (Prenton, Biston), aber im übrigen hat die H.I. Wirral
bis jetzt ihr freundliches Aussehen gewahrt [19, 79, 717]. Mit ihren alten
Dörfern, ihren Parken, Wiesen und Gehölzen und den weiten Ausblicken von
den niedrigen Höhen auf den Mersey, das Meer und die Berge von Wales
ist sie ein beliebtes Ausflugsgebiet für die Bewohner von Merseyside. Viele
haben sich dort bis hinüber nach Chester überhaupt ansässig gemacht,
schließt doch ein Halbmesser von 10 km Länge mit dem Mittelpunkt am
Ausgang des Merseytunnels den größten Teil der H.I. ein, und Chester ist
nicht mehr als 25 km von ihm entfernt. Die Industrie bleibt auf Merseyside
beschränkt, u. zw. auf die an Birkenhead anschließende Stadtgemeinde

Bebington-Bromborough (26 740; Öle, Fette, Kerzen, Glyzerin;
große Margarinefabrik mit 3000 tons wöch. Erzeugung). Auf ödem Sumpfland ist Port Sunlight, das, 1888 von W. H. Lever gegründet (Lever Bros., Ltd.,
seit 1929/30 mit der Margarine Union zu dem Weltkonzern Unileva, Ltd.
vereinigt), vor allem Seife, dazu Zahnpasten, Pomaden, Puder, Brillantine
und sonstige Kosmetika (wöch. 4000 tons) erzeugt, trotz seiner Fabriken das
Beispiel einer mustergültig geplanten Gartenstadt geworden, mit breiten
Straßen, grünen Rasenflächen, Kirchen, Spitälern, Bücherei, Kunstgalerie
und Vergnügungsanstalten. 5 km s. öffnet sich die Einfahrt in den Manchester Ship Canal. An der Mündung des Gowy und des Shropshire Union
Canal steht Ellesmere Port-Whitby (18 911; 27 110; Stahlplatten
und -gerüste; Papier, große Erdölraffinerie mit 100 000 tons J.Erzeugung),
3 km ö. der Ölhafen Stanlow, wo 4 Mill. hl Öl aufgespeichert werden können,
nachdem 1927 die unteren 7 km des Schiffkanals von 28 auf 30 Fuß vertieft
worden waren. Nahe der Küste des Deeästuars, gegenüber Flint, betreibt
Neston(-Parkgate; 5676) Kohlenbergbau. West Kirby, wo einst die Nordmänner landeten und das bis ins 18. Jh. viel Verkehr mit Irland hatte, dann
als Seebad beliebt wurde, könnte durch den Bau des Deedamms (vgl. S. 619)
neue Bedeutung gewinnen [19, 610, 612 a, b, 613].

B. Die Wälschen Marken

Etwas höher als das Upland im E steigt der W-Rahmen des Flachlands
von SW-Staffordshire und besonders der Severnniederung von Central Worcestershire an, allerdings nicht geschlossen, sondern von breiteren und schmäleren Lücken durchbrochen, während die höchsten Erhebungen inselartig
aufragen: im N die Wrekins (407 m), s. des „Severn Gorge" Brown Clee Hill
(546 m), die Abberley Hills (276 m), endlich sw. Worcester die Kette der
Malvern Hills (Worcestershire Beacon 425 m, North Hill 399 m), die sich
dem Blick besonders eindrucksvoll von der Severnsenke her (bei Upton-upon-
Severn nur mehr 15 m H.!) darbietet. Sie alle bilden zusammen eine Art Vor-
wall vor dem Bergland von Wales und gehören mit dem unruhigen Flachland bereits den Wälschen Marken an, welche die Gr. Shropshire, Herefordshire — deshalb hat man auch von dem Shropshire-Herefordshire Plateau gesprochen [26] — und Monmouthshire umfassen [11—15, 92, 94—96, 910—912].

Geologisch ist das ganze Gebiet ein Teil des Altlandes von Wales, denn
es wird fast ausschließlich aus Gesteinen des Paläozoikums aufgebaut. Verschiedene Örtlichkeiten haben ihren Namen für dessen feinere Gliederung
geliefert (Uriconian, Malvernian, Longmyndian; Caradoc, Wenlock, Aymestry,
Downton, Ludlow usw.). Durch gründliche Forschung wurde auch der
innere Bau aufgehellt, der in dem gegenwärtigen Formenschatze stark zum
Ausdruck kommt. Besonders wichtig ist die Verschiedenheit in der Streichrichtung der einzelnen Bestandteile: die Achsen der alten Massen der kaledonischen Gebirgsbildung liegen in SW—NE (Old Radnor, Longmynd), die
große postkarbone (herzynische) Gebirgsbildung, von S her wirksam, staute
sich an ihnen und wurde abgelenkt. So entstanden die N—S-Falte der
Malverns, die NW—SE-Falte der Woolhope Anticline, die Synkline des
Forest of Dean, im S die Usk-Antikline. Im N schwenken die Falten in den
Abberley Hills vor der Longmynd-Achse gegen NE. Noch weiter n. streichen
Falten und Brüche sogar in WSW—ENE (Ludlow, Clee District). Im SW
stellt sich das charnische NW—SE-Streichen ein. Somit bestehen zwischen
dem N und dem S auffallende Gegensätze [24—28, 212—214].

Die nördlichsten Erhebungen laufen in die Niederung von Shropshire
aus. Sie werden hier vom Severn umflossen und schließlich durchbrochen.
Am weitesten vorgeschoben sind, nö. Welshpool, Breidden Hill (366 m) und
Moel-y-Golfa (404 m), zwei über dem sanft geböschten Ordoviztonschiefer
steil aufragende Köpfe, der erstere ein Doleritlakkolith mit antiklinalem Bau,
der letztere eine Andesitintrusion [216]. S. von ihnen folgt, geknüpft an
eine Synklinale des Obersilur (mit Ludlow und Downtonian im Kern; über
die Gliederung des Altpaläozoikums s. S. 711), der breite, ungefähr ebenso
hohe Rücken des Long Mountain. Er kehrt gegen Welshpool eine bewaldete
Stufe, während er gegen E zu dem geräumigen Talzug von Marton abdacht,
wo die weichen Silurschiefer stark ausgeräumt sind. Jenseits dieser Furche,
in dem „Upland" oder „Plateau von Shelve", steigen unter ihnen in einer
Antiklinale (Achse Hope—Shelve) wieder Ordovizgesteine auf, im SW überragt von der Doleritstufe des Corndon Hill (513 m) [215, 218]. Von dem
Upland werden die ungef. gleich hohen Stiperstones im E durch eine zerbrochene Synklinale getrennt (Abb. 125). Sie bestehen aus sehr harten
kieseligen Sandsteinen und aus Quarziten des Silur (Arenig), die auf den
von Heidekraut bedeckten Höhen vielfach mit wilden Felsformen, riesigen
Ruinen vergleichbar, ausgewittert sind (Devil's Chair, 528 m; Cranberry
Rocks), und darüber den Hope Shales (Llanvirn). Ihre Schichtköpfe kehren
sie gegen E in einer steilen Stufe, unter welcher sich Sandsteine und kristalline Schiefer mit flacherer Böschung zu der breiten Talfurche von Ratling-
hope neigen, die im einzelnen ein sehr unruhiges Relief zeigt. Sie wird nämlich in der Mitte von Schichtkämmen durchzogen, die bereits den präkambrischen Vulkaniten an der W-Seite des Longmynd angehören („Western Uriconian Group") und weiter n. in den flachkuppigen Pontesford und Earl's
Hills ein letztesmal aus der Reaniederung auftauchen (Tuffe, Laven und
Brekzien, Rhyolithe, intrudiert von ansehnlichen Dolerit- und Basaltmassen).

Es folgen im E Longmynd (517 m), aufgebaut aus fast senkrecht gestellten, an 5000 m mächtigen präkambrischen grauen, grünen und violetten
Schiefern, Sandsteinen und Konglomeraten (mit Geröllen aus den Wrekin-
gesteinen, die also älter sind; vgl. u.). Oben fast eben (im allgem. in 450 m),
fällt der breite, plateauartige Rücken im E zum Stretton Dale mit einem
ziemlich steilen Hang ab, der durch Gesteinsleisten gegliedert und durch
V-förmige Kerben („gutters" oder „batches") — zwischen z. T. recht zugeschärften Seitenkämmen — dicht zerschnitten wird. Deren Bäche haben kleine
Schwemmkegel in die Furche vorgebaut, welche vom Pass of Stretton
(Watling Street!) her durch den Cound Brook nach N, den Quinny Brook
nach S entwässert wird. Zwischen großen Verwerfungen ist bei Church
Stretton Silur abgesunken. Von NE reichen Coal Measures über Leebotwood
keilförmig nahe heran (vgl. u.) [14, 221, 46].

ö. des Stretton Dale erheben sich jenseits des Church Stretton Fault die
Stretton Hills, in der Hauptsache aus Ordovizgestein aufgebaut. Aber sie
werden durch die präkambrische Vulkanmasse („Eastern Uriconian Group")
der Cardington oder Caradoc Hills geteilt, unruhige Kuppen, die über die
benachbarten Schichtkämme — „hog backs" — kräftig aufragen, u. zw.
wieder ähnlich hoch wie die Bergzüge im W (Caer Caradoc 459 m; nach ihm
wird diese Scholle oft auch als „Horst von Caer Caradoc" bezeichnet). Die
Stretton Hills schwenken jedoch etwas stärker gegen NE ab und setzen sich
schließlich n. des Severn draußen in der Ebene von Shropshire in den Wrekins fort, einem 5 km langen, geraden, scharf ausgeprägten Bergzug (407 m).
Hier kommen längs der Achse der „Eastern Uriconian Group" noch einmal

präkambrische Rhyolithe und Tuffe mit jüngeren intrusiven Doleriten und Basalten, von Verwerfungen durchzogen, an die Oberfläche, an den Flanken

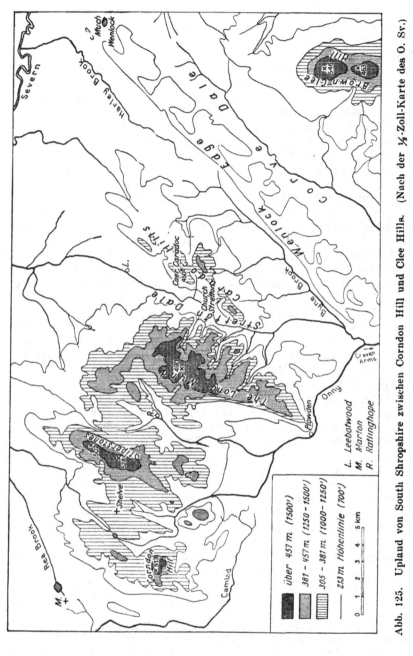

Abb. 125. Upland von South Shropshire zwischen Corndon Hill und Clee Hills. (Nach der ½-Zoll-Karte des O. Sv.)

von mächtigen kambrischen Quarziten diskordant überlagert, im NW bereits von Trias. Der etwas niedrigere Rücken von Wrockwardine (w. Welling-ton) ist ein Vorposten der Wrekins. Dagegen gehören die gleich alten Rhyo-lithe und rhyolitischen Tuffe, die sich nw., zwischen Ercall und Shrewsbury,

also ebenfalls n. des Severn, aus den Coal Measures (Keele Beds) herausheben
und die von jüngeren Granophyren durchsetzt und z. T. ebenfalls von kambrischen Quarziten flankiert sind, alles mit NE-Streichen, der „Western Uriconian Group" an. Sie bezeichnen die Fortsetzung der Longmynd-Achse, die,
durch weitere Karbonaufbrüche gekennzeichnet, auf das Kohlenfeld von
N-Staffordshire gerichtet ist [24, 26].

Coal Measures umschließen überhaupt auf große Strecken das ältere
Gestein an den Rändern der Midland Plain, ihm diskordant aufgelagert und
oft an Verwürfen abgesunken. So liegen nw. der Longmynd-Achse bis hin-
über zum Kohlenfeld von Oswestry die Middle Coal Measures: Ruabon Marl,
Coed-yr-Allt (oder Halesowen) Group und Keele Beds übereinander und bei
Hanwood inmitten aufgelassener Schächte der einzige in der Gegend noch
betriebene Bergbau. In einem gegen S gekrümmten Bogen ziehen hier die
Coal Measures s. Melverley (17 km w. Shrewsbury) jenseits des Severn bis
Shrewsbury, dann gegen Ercall n. des Flusses. Die gleichen Schichten des
Oberkarbon füllen den Raum zwischen dem Longmynd im NW und den
Stretton Hills im SE im Leebotwood Coalfield, das übrigens keinen Kohlen-
bergbau mehr aufweist. W. Shrewsbury und beiderseits Wroxeter greift der
Buntsandstein auf das S-Ufer des Severn über. Noch stärker als dieses Gebiet
ist das Karbongebiet zwischen Wellington und Oakengates zersplittert, wo
ö. der Wrekins der Kohlenkalk an der Oberfläche erscheint (so um Little
Wenlock). Das Grubenfeld von Oakengates-Coalbrookdale ist das wichtigste
des Shropshire-Hereford Plateau; es hat in der Entwicklung des englischen
Kohlenbergbaus eine große Rolle gespielt, sein Vorrat wird auf 150 Mill. tons
geschätzt [713*, 67]. Die Coal Measures, vom Severn bei Ironbridge durchbrochen, ziehen w. des Flusses in verhältnismäßig schmalem Streifen gegen
S bis zum Karbongebiet des Forest of Wyre. Oberhalb Bewdley springt dieses
über den Severn nach NE bis Enville (w. Birmingham) vor, während es im
SW noch die Gegend von Mamble (halbwegs zwischen Bewdley und Tenbury)
umfaßt; es hat heute wenig Bedeutung.

Erst 15 km sö. Church Stretton stellen sich, in den Clee Hills, wieder
Erhebungen von über 500 m H. ein; dazwischen ist der Rahmen zwischen
dem Inneren der Marken und dem Severntal einigermaßen unterbrochen. Das
Land wird hier durch eine prächtige, 25 km lange Stufe in zwei Talfurchen
zerlegt, Apedale im NW, Corve Dale im SE. Die verschiedene Gesteinshärte
hat den Verlauf von Berg und Tal vorgezeichnet: den gegen NW blickenden
Hauptabfall bildet der Wenlock Limestone (Wenlock Edge), darüber eine
zweite Stufe der Aymestry Limestone (zwischen Lower und Upper Ludlow
Shales), der vom „View Edge" (ungef. 360 m [14]) eine umfassende Aussicht
bietet [27].[1]) Die Täler folgen den weicheren Schiefertonen und Sandsteinen,
so Hopedale zwischen den beiden Kalkstufen, wo sich bereits eine deutliche
Subsequenzzone ausgebildet hat. Aus ihr brechen Seitenbäche des Corve durch
die Aymestrykalke durch. Auch s. des Wenlock Edge kehrt das gleiche Profil
wieder, mit einer leichten Stufe in den Aymestrykalken. Gegen SE kommen,
entsprechend dem Schichtfallen, immer jüngere Gesteine an die Oberfläche,

---

[1]) Schichtfolge des Silur (aufsteigend) [24; 111]: Upper Llandovery (Sandsteine und
Schiefertone, 30—300 m mächtig), Woolhope Limestone (3—45 m), Wenlock Shale (300 bis
600 m), Wenlock Limestone (30—75 m), Lower Ludlow Shales (180—450 m), Aymestry
Limestone (30—120 m), Upper Ludlow Shales (75—200 m). — Schichtfolge des Old Red
Sandstone: Downtonian (unten Grey D. oder Temeside Group: gelbe Sandsteine, grünlich-
graue Schiefertone; oben Red D. oder Ledbury Group: mächtige rote Mergel und Sand-
steine; insge. 600 m mächtig); Dittonian (Sandsteine, Mergel); Brownstones; Upper Old
Red Sandstone (Quarzkonglomerate und Sandsteine).

die Sohle von Corve Dale liegt schon im Old Red. Dieser beherrscht dann
den Raum in Hereford- und Breconshire weithin nach SW über Abergavenny
und Brecon hinein in das Bergland von Wales, nach S durch Monmouthshire bis zum Bristolkanal [18]. Vom Severntal im SE sind die Old Red-
Gesteine durch den Forest of Dean und die Höhen von Chepstow—Caerwent
getrennt, eine Synklinale, in welcher sich Karbonkalke erhalten haben, im
Forest of Dean sogar Coal Measures (vgl. u.). Ein Auslieger dieser hat sich
auch zwischen Ludlow und Bridgnorth unter dem Schutz einer mächtigen
karbonen Basaltdecke behauptet, Brown Clee Hill, die höchste Erhebung an
der E-Seite der Wälschen Marken (546 m). Die Basalte („dhu stone") liefern
in großen Steinbrüchen vorzügliches Material für Straßenbau, das weithin
verschickt wird. Der fast ebenso hohe Titterstone Clee Hill (533 m) gehört
dagegen dem Old Red Sandstone an; nur an seiner E-Flanke zeigt er Karbon,
u. a. Kohlenkalke und -sandsteine (Hoar Edge Grit) [28, 28 a]. Auch die
Gipfel der Clee Hills sind also ungef. gleich hoch (± 500 m) mit den Bergzügen im NW. Daher darf man an eine ehemals das ganze Gebiet über-
ziehende einheitliche Rumpffläche denken, aus der die heutige Tallandschaft
in engster Anpassung an das Gestein entstanden ist. Unter ihr liegen weitere
Einflächungen, die auf die Mehrphasigkeit der Zertalung weisen.

So bilden die Old Red-Gesteine s. des Teme eine zerschnittene Platte
von bloß 120—150 m H. Sie nehmen ¹/₅ der Fl. von Herefordshire ein, das
Downtonian 57% [111]. Nur die Abberley Hills (Woodbury Hill 276 m)
steigen ungef. 100 m darüber an, noch n. vom Teme, der vor ihnen gegen S
schwenkt und erst nach einem krümmungsreichen Laufe den Weg nach E zum
Severn findet. Sie gehören einer zerbrochenen Faltenzone mit Silurgesteinen
an, die sich weiter im S kräftig entwickelt [26 a]. Hier zeigt ein Querschnitt
durch sie zwei nach NW gekippte Antiklinalen aus Ludlowschiefern, doch
ist der Scheitel der ö. zwischen Verwerfungen abgesunken. Über den schon
stark eingeflächten Rumpf waren diskordant Coal Measures gebreitet worden; auf Woodbury Hill sind sie von einer wahrscheinlich permischen
Brekzie (Haffield Breccia) überlagert, welche die höchsten Erhebungen
bildet. Aus den Einebnungsflächen sind wieder die Aymestrykalke zwischen
den oberen und unteren Ludlowschiefern als niedrige Schichtkämme und
-stufen herausgearbeitet. Coal Measures, die als schmaler s. Ausläufer des
Forest of Wyre Coalfield das N-Ende der Abberley Hills im W umfassen,
sind noch in die Faltung mit einbezogen.

Weiter s. steigt der Außenrand der Wälschen Marken ein letztesmal zu
größerer Höhe an, in den Malvern Hills. Ihr schmaler, 13 km langer Streifen
entspricht dem aufgebogenen E-Rand einer geräumigen Synklinale, also einer
Antiklinale, in deren Kern präkambrische Erstarrungsgesteine (Uriconian)
und stark gefaltete Gneise, Glimmerschiefer und überhaupt metamorphe Gesteine (Malvernian) auftreten, wie in den Wrekins diskordant überlagert
von kambrischen Sandsteinen (Hollybush Sandstone). Nach E kehren die
Malverns einen über 300 m hohen, wenig gegliederten Steilabfall gegen die
Severnniederung, deren Keupermergel längs Verwerfungen an das Gebirge
herantreten; im W wird dagegen der alte Kern von einem Silurstreifen gesäumt. Wiederholt von Krustenbewegungen betroffen, nicht bloß gefaltet,
sondern auch zerbrochen, wobei die Malverngneise nach W auf das Silur
überschoben wurden, hat der innere Bau die Formen des Gebirges wesentlich
beeinflußt. Mehrfach sind Talfurchen längs der Brüche herausgearbeitet
worden (Gullet Pass). Bald verschmälert sich der Kamm, bald ist er ein
breiter Rücken. Worcester(shire) Beacon und North Hill (vgl. o.) sind seine

Zwillingsgipfel im N, Hereford(shire) Beacon ist der Hauptgipfel im S [26 a, 217, 219, 220].

W. des Hereford Beacon hebt sich gegen Ledbury hin ein kleineres, noch weiter w., etwa halbwegs Ledbury—Hereford, ein größeres Silurgewölbe, die Antikline von Woolhope, mit NW-Streichen aus dem Old Red heraus; in ihm sind sogar die Llandoverysandsteine erschlossen. Die Wenlock- und Aymestrykalke kehren auf seinem abgetragenen Scheitel in zwei Ringen ihre Stufen in 220—270 m H. gegeneinander, zwischen denen grüne Wiesentäler längs der Lower Ludlow Shales, bzw. Wenlock Shales liegen [214] (Abb. 126).

W. Gloucester bezeichnet ein Siluraufbruch, im E und N an Verwerfungen gegen die Trias abstoßend, im W von Old Red-Sandstein überlagert, die Grenze der Severnniederung. Jenseits des Old Red-Striches erhebt sich darüber der Forest of Dean, ein plateauartiges Upland, zu Gloucestershire gehörig, bis zu 200—250 m. In der Mitte einer 20 km langen, asymmetrischen Synklinale lagern die Coal Measures, unter denen ein schmaler Streifen grober Sandsteine (Drybrook Sandstone) aufsteigt, der oberste Horizont des darunter folgenden Karbonkalks. Dieser bildet im W, wo die Schichten flacher lagern, einen breiteren, im E infolge steilen Einfallens einen ganz schmalen Saum an der Grenze gegen den Old Red, der das Ganze umfaßt und auf den die Coal Measures übergreifen. Der stark aufgebogene E-Rand blickt gegen die Severnsenke als eine auf 10 km geschlossene Stufe mit den höchsten Erhebungen (Edgehills 270 m), welche hier den Zugang lange sehr erschwert hat. Am leichtesten gelangt man von S her durch das Tal des Cannop Brook, der bei Lydney in die Severnniederung mündet, in das Innere. Der Drybrook-Sandstein und der Kohlenkalk enthalten Eisenerze (Hämatit), die schon von den Römern und dann wieder im Mittelalter ausgebeutet wurden, im Tagbau und in Stollen, u. zw. im NE um Cinderford, im W um Coleford, im SW bei Bream und bei Lydney. Zur Erzschmelze wurden bis ins 18. Jh. die schönen Buchen-, Eichen- und Eibenwälder stark in Anspruch genommen, überdies für den Schiffbau in Bristol. Das ungef. 80 km² große Kohlenfeld birgt schätzungsweise 0,25 Milld. tons, wovon jährlich 1,2 bis 1,3 Mill. abgebaut werden [23 a, 29 a, 39, 47].

Die W-Grenze der Wälschen Marken ist nicht überall leicht zu ziehen: Clun Forest gehört jedenfalls schon ihrem Rahmen an. Vom Shelve Country ist er durch die Talfurche Montgomery-Lydham getrennt, in welcher der Cadmal zum Severn, jenseits einer flachen Wasserscheide der Onny auf Ludlow zu fließt. Obersilur, in synklinaler Lagerung, baut ihn auf (Beacon Hill 548 m) [27, 29, 210]. Im allgemeinen halten sich auch seine breiten, plateauförmigen Rücken in H. von 450 bis 480 m, mit der Hauptabdachung gegen ESE. Dorthin sind die Oberläufe von Clun und Teme gerichtet, deren viele Seitenbäche die einst zusammenhängenden Flächen schon stark aufgelöst haben. Im Black Hill und Stow Hill s. Clun springen sie, in ± 400 m weit nach E ziehend, gegen das untere Cluntal vor, das sich im Vale of Wigmore bis zum Luggtal bei Aymestry fortsetzt. Hier befindet man sich bereits wieder im Kern einer zerbrochenen Silurantiklinale (Wenlock Shale), aus welchem sich bewaldete Kalkzüge, den Aymestry- und Wenlockkalken folgend, noch auf 300—360 m erheben. Gegenüber dem Fuße des White Cliff, dem malerischen NE-Ende des Hauptzugs, liegt Ludlow schon im Bereich des Old Red, der nun zusammen mit dem Downtonian den weiten niedrigen Raum ungefähr s. einer Linie Ludlow—Aymestry—Hay einnimmt und von hier an der S-Seite des Wyetals in das Bergland von Wales hineinreicht. Obwohl meist unter 100 m H. bleibend, ist jedoch die Landschaft keineswegs eben, sondern im NE vom Teme, in der Mitte vom Lugg und vom Arrow, im S vom Wye, Monnow und deren Nebenflüssen dicht zerfurcht und in ein Wellenland umgewandelt worden. Nw. Hereford erheben sich zwischen Wye und Lugg Höhenzüge mit bewaldeten Flanken auf fast 250 m. Sie grenzen die Becken von Leominster und Hereford voneinander ab, indem sie sich an das ungefähr ebenso hohe Plateau von Bromyard anschließen, das durch NNW—SSE streichende Rücken und Stufen härterer Gesteine und dazwischengelegene Täler (Fromefluß) gegliedert ist; in diesem Abschnitt geht die Severnsenke bei Worcester ganz unmerklich in die Marken über. Erst weiter s. sind dann die Malverns eine gut ausgeprägte Scheide. NNW—SSE-Richtung beherrscht auch die Riedel s. des Wye unterhalb Hereford. Bloß sö. Pontrilas bilden grobe Sandsteine des Old Red beiderseits des Monnow eine Stufe von 300—400 m H. („South Central Hills" von Herefordshire), während ein bis zu 265 m hoher Hügelzug gegen SE die Verbindung mit dem

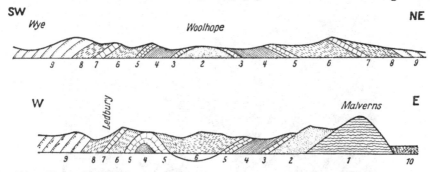

Abb. 126. Oben: Gl. Schnitt durch die Woolhope Anticline. (Nach R. I. Murchison.) Unten: Gl. Schnitt durch das Silurgebiet Ledbury—Malverns. (Nach R. W. Pocock und T. H. Whitehead.)
1 Präkambrium, 2 Llandovery Sandst., 3 Woolhope Limest., 4 Wenlock Shale, 5 Wenlock Limest., 6 Lower Ludlow Shale, 7 Aymestry Limest., 8 Upper Ludlow Shale, 9 Downtonian, 10 Trias.

Forest of Dean herstellt, vom Wye oberhalb Monmouth durchbrochen. So erhält das Becken von Ross (S-Herefordshire), ein leichtwelliges Sandstein-tiefland (Dittonian, Brownstones) in 60—120 m H., seinen Rahmen.

Großartig sind die Wyeschlingen bei Fawley und Foy oberhalb Ross, etwas kleiner, aber immer noch lang ausgezogen die tief eingesenkten zwischen Ross und Monmouth an der Grenze von Old Red und Karbonkalk und im Durchbruch durch diesen oberhalb Chepstow [31, 32, 39]; die vielbesuchten „beauty spots" von Symonds Yat mit dem aussichtsreichen Yat Rock (198 m) oberhalb Monmouth und von Tintern Abbey und Wyndcliff (296 m) unweit Chepstow mit ihrer reichen Vegetation [43] gehören dieser Talstrecke an (Abb. 127 u. 128). Ein Streifen tieferen Landes führt jedoch in der Fortsetzung des mittleren Wyetals ö. Hereford in weniger als 90 m H. hinüber nach Ledbury und zum Leadontal.

Das heutige Relief der Wälschen Marken hat sich wahrscheinlich von der Oberfläche einer Kreidekalkdecke aus entwickelt, die sich über die älteren Gesteine gelegt hatte; auf ihr flossen die Flüsse der Hauptabdachung gemäß gegen SE. Nach ihrer Abtragung machten sich die Unterschiede in der Härte des Grundgebirges immer mehr geltend, und es entwickelte sich im Zusammenhang mit der flachen Lagerung eine niedrige Stufenlandschaft mit langen Höhenzügen und breiten Ausräumungsfurchen. Schon vor Beginn

des Eiszeitalters hatten die gegen S gerichteten subsequenten Ent-
wässerungsbahnen das Übergewicht erlangt. Wie die Severnniederung jenseits des ö. Bergrahmens, so zogen im Inneren der Marken zwei Furchen
südwärts, die eine im W vom oberen Onny zum Clun, Teme und durch das
Vale of Wigmore gegen Wellington und Hereford, die andere im E, welche
beiderseits Wenlock Edge ihre Gewässer sammelte und über Ludlow und
Leominster ebenfalls dorthin verlief. Diese Furchen waren in ein Flächensystem eingenagt worden, dessen Überreste heute in 220—250 m H. liegen
und das aus einem älteren herausgeschnitten worden war, dessen Spuren
uns wiederholt in 450—500 m H. begegnet sind. Dann aber hat die Vergletscherung Talnetz und Talformen umgestaltet [31a, 33—35, 37]. Eine
mächtige Gletschermasse aus Mittel-Wales, gespeist aus dem oberen Wye-

Abb. 127. Wyetal bei Symonds Yat. Aufn. J. SÖLCH (1926).

und dem Arrowtal, schob sich über das Tiefland zwischen Lugg und Wye
gegen E bis auf das Plateau von Bromyard vor. Bei seinem Vorstoß hatte
der Wyegletscher die noch eisfreien Täler an der N-Seite bei Presteigne
und Aymestry versperrt. Aus den dadurch verursachten Überflußdurchbrüchen ist der heutige Lauf des Lugg hervorgegangen. Im Vale of Wigmore wurde ein See aufgestaut, der bei Burrington (nö. Wigmore) gegen
ENE auf Downton Castle (w. Ludlow) zu überfloß. Diese Furche wird jetzt
vom Teme benützt, der unterhalb Ludlow seinen Lauf verlegte, als ihm das
Eis und Moränen bei Orleton (halbwegs Ludlow und Leominster) den Weg
nach S verwehrten. Er wandte sich gegen E in ein Seitental über Tenbury.
Im N war das Eis aus der Ebene von Shropshire in das Stretton Dale eingedrungen und hatte einen See abgedämmt, der gegen S in das Tal des
heutigen Onny abfloß. Dieser selbst war früher gegen S zum Clun geströmt.
Da sich ihm aber dort Eis aus dem W in den Weg stellte, schlug er einen
neuen Lauf ein — durch Plowden Gorge (am S-Ende des Longmynd) [38].
Verschiedene Laufverlegungen haben auch in der Umgebung von Montgomery
stattgefunden: der Severngletscher sperrte das Camladtal, der Abfluß von
dessen Stausee ging durch Kerben am Eisrand längs der W-Abdachung der
Shelve Hills gegen N (Marrington Dale) und konnte sich dann durch die
Talfurche von Marton gegen NE wenden zum „Lake Lapworth" (vgl. S. 457)
hin, ein Zeichen dafür, daß diese Entwicklung einer späteren Phase angehörte, wo das Irischsee-Eis aus der Niederung von Shrewsbury bereits ge-

wichen, das Eis aus Central Wales dagegen etwas vorgestoßen war [24]. Am mächtigsten sind die glazialen Aufschüttungen im N, wo sie stellenweise das präglaziale Relief entlang dem Fuß des Berglands verhüllen. Sie sind im einzelnen sehr ungleich verteilt und unregelmäßig geformt (Kames und Kessel z. B. in den Moränen s. Shrewsbury). Rötliche Geschiebetone entstammen dem Irischsee-Gletscher, braune in der Regel dem Wälschen Eise [21]. Zur Zeit seiner größten Ausdehnung hatte das Nord- und Irischsee-Eis ungef. bis zu einer Linie Rea Brook (sö. Long Mtn.; vgl. Abb. 125) — Bridgnorth gereicht und gekritzte Geschiebe aus Schottland und dem Seengebiet auf Wenlock Edge bis 240 m, am NE-Ende des Longmynd in über 300 m H. hinterlegt. Marine Schaltiere vermutlich vom Boden der Irischen See finden sich in den Sanden und Kiesen von Buildwas unter dem Geschiebe-

Abb. 128.   Tintern im Wyetal.   Aufn. J. Sölch (1926).   Typisches Gehöft im Vgr.

ton. Im einzelnen ist freilich noch vieles fraglich, kann man doch nicht einmal ältere und jüngere Drift voneinander unterscheiden, sondern alles zusammen gilt vorläufig für Newer Drift (Abb. 129). Selbst die jüngste Geschichte ist nicht überall geklärt. Wie der Severn, so sind auch Teme, Wye und die übrigen Flüsse stellenweise von postglazialen und alluvialen Terrassen begleitet, aber die Ursachen von deren Bildung müssen namentlich bezüglich der Rolle von Krustenbewegungen noch genauer geprüft werden. Im Wyetal bei Hereford sind z. B. Terrassen in 6, 12, 21, 36, 49 und 67 m über dem Fluß vorhanden, auf der zweiten steht die Stadt. Etwas weiter oberhalb quert eine schöne Endmoräne das Tal, das zur Zeit ihrer Ablagerung bereits zur heutigen Tiefe eingeschnitten war. Vielleicht gehören dieser Phase die Foraminiferentone von Bredwardine (w. Hereford im Wyetal) an, die auf eine Überflutung vom Bristolkanal her weisen; vermutlich erst nachher sind die beiden unteren Terrassen gebildet worden, die auch bei Ross auftreten. Endmoränen und an sie anschließend Terrassen finden sich ferner im oberen Wyetal, mehrfach auch epigenetische Kerben des Wye, u. a. bei Hay. Aber die Einordnung jener Gebilde in die Chronologie des alpinen Eiszeitalters ist vorläufig noch bedenklich [310].

Das Flachland der Wälschen Marken, durch breite Tore zur Severnsenke geöffnet, hat schon in alter Zeit von E kommende Fremdvölker zur Eroberung angelockt; das Bergland im Hintergrund, rauh, arm, unwirtlich

und einsam, reizte viel weniger zur Besitznahme, war auch viel schwerer
zu bewältigen. Da aber seine Bewohner von dort aus den Widerstand schür-
ten und immer wieder hervorbrachen, während sich die Eroberer mit dem
bereits Gewonnenen nicht zufrieden gaben, so waren Jh. lange Kämpfe die
Folge. Schon die Römer, die zwischen 50 und 60 n. Chr. die Stämme der
Ordovizer, Silurer und Cornovier bezwangen, hatten sich nicht mit der Errichtung von Deva und Glevum begnügt, sondern vorgeschobene Stützpunkte zu Viroconium oder Uriconium Cornoviorum (Wroxeter) im N [54,
55], Venta Silurum (Caerwent) und zumal in der Legionsfestung Isca (Caerleon) im S geschaffen und durch eine N—S-Straße miteinander verbunden
(Watling Street, Stone Street; vgl. die Namen Stretton, Stretford u. dgl.).
Mehrere Städte der Marken haben römische Vorläufer gehabt, so Aber-
gavenny (Gobannium), Usk (Burrium), Leintwardine (Bravonium). Der
Straßenknoten Magna (bei Kenchester) wurde dagegen von Hereford abgelöst,
Ariconium von Ross. Schon die Römer schmolzen das Eisen des Forest of
Dean und nutzten das Blei des Shelvegebietes [624*; 14]. Im 6. Jh. schoben
sich dann die Germanen heran, im 8. Jh. hatten sie bereits einen großen
Teil des Gebietes in ihrer Hand, wie Offa's Dyke, ein um 770 errichteter
Erdwall, bezeugt, der an seiner steileren W-Seite von einem Graben begleitet
war. Er zieht vom Dee bei Chirk her ö. Montgomery vorbei über Knighton
am Teme, dann w. Presteigne und erreicht das Wyetal zwischen Hereford
und Hay. Im eigentlichen Waldgebiet setzt er aus [62a, b]. W. von ihm
herrschen die keltischen topographischen Namen weitaus vor, ö. beschränken sie sich in der Hauptsache auf Berg- und Flußnamen [313* u. ao.].

Die Bevölkerung der Jungstein- und der Bronzezeit hatte die Höhen
besetzt gehabt, diese trugen die tumuli, Kultstätten und camps, auf ihnen
verliefen die Wege; dagegen wurden die meist versumpften, stets von Hochwässern bedrohten Talböden gemieden. Altsteinzeitliche Funde sind selten
(Höhlen von Great Doward und Symonds Yat im Wyetal), übrigens auch
Steinkreise, Dolmen, Menhirs nicht häufig. Um so zahlreicher sind die „hill-
forts" und „earth works", die erst recht in der Eisenzeit und noch in der
römisch-britischen Zeit errichtet wurden. Auffallend reich an solchen Denkmälern sind die Clee Hills, die Caradoc Hills, Longmynd, die Gebiete von
Shelve und von Clun. Camps standen ferner u. a. auf dem Herefordshire
Beacon, auf Wall Hill bei Ledbury, Credenhill bei Kenchester, Gaer Fawr
(bei Newchurch zwischen Chepstow und Usk) [511a*, 52]. Aber schon die
Watling Street der Römer war im Tal gezogen, und die Hauptstützpunkte
ihrer Herrschaft waren Talsperren in günstiger Verkehrslage. Die Sachsen
bevorzugten wie immer die tieferen Lagen. Ihre Siedlungen sind auch im
höheren Gelände Talsiedlungen, jedoch mit ausgedehnten Bergweiden ausgestattet. Zwar bedeckten endlose Wälder noch lange die Erhebungen von
den Wrekins bis zum Forest of Dean: Stiperstone Forest, Long Forest (Wenlock Edge, Longmynd), Clee Forest, allein viele Namen auf -ton, -ford, -hill
bekunden, daß schon vor der Eroberung durch die Normannen fast alle
breiten Haupttäler bewohnt waren. Höhensiedlungen, wie etwa Wentmore
auf Longmynd, sind Ausnahmen, Hangsiedlungen beschränken sich auf die
Clee Hills mit ihren Steinbrüchen und auf Longmynd [65, 66, 68]. Schon
im D.B. werden 211, d. i. $^4/_5$ der heutigen Gem. von Shropshire genannt,
außerdem 250 Manors, die heute jenen eingegliedert sind. Ähnliches gilt von
Herefordshire und dem n. Monmouthshire. Zu den ältesten überlieferten
Ortsnamen gehören außer Hereford selbst Archenfield (Ircingafeld), Bromyard (Bromyard), Wenlock (Wimnicas) [623*, 13].

Bereits die angelsächsische Besiedlung war stellenweise in das Gebirge selbst eingedrungen, z. B. um Radnor. Unter den Normannen verstärkte sich der Kampf mit den Wälschen, die wiederholt in die Marken vorstießen. Noch im 13. Jh. verbrannte Llewelyn der Große Oswestry und Clun und plünderte sogar Shrewsbury, erst 1282 sicherte Eduard I. das Gebiet. In jenen Auseinandersetzungen spielten die sog. Lords Marchers eine besondere Rolle; ihrer Unternehmungslust, ihren Gewalttaten und Ränken überließen es die englischen Herrscher, auf eigene Faust neues Land zu erobern. Genauer genommen waren also die Wälschen Marken der Normannenzeit nur die Bereiche jener Kleinkönige in Monmouth-, Brecon-, Radnor-, Montgomery- und Denbighshire, unter denen viele bekannte Namen der englischen Geschichte erscheinen (die Lacys, Mortimers u. a.); bloß Herefordshire und Shropshire (Salop) unterstanden unmittelbar dem König. Gerade sie haben durch Jh. hindurch die Funktionen eines Grenzlandes gegen Wales ausgeübt, während die Herrschaften der normannischen Vasallen einen vorgeschobenen Gürtel bildeten, der wenigstens zum Teil schon dem Berglande angehörte. Dementsprechend wird im englischen Schrifttum unter „Celtic Borderland" sehr oft der Raum verstanden, der hier als Wälsche Marken bezeichnet ist. Erst 1535 beseitigte Heinrich VIII. die Hoheit der Lords Marchers und verteilte deren Gebiet auf die fünf oben genannten neuen Gr. (shires), nur daß einige der „Lordships"

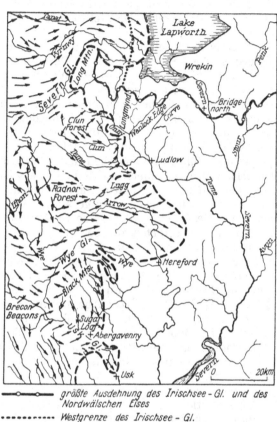

——○—— größte Ausdehnung des Irischsee-Gl. und des Nordwälschen Eises

·········· Westgrenze des Irischsee-Gl.

— — — größte Ausdehnung des Mittelwälschen Eises und des „Welsh Re-advance" im N

——→ annähernde Eisstromrichtung

Abb. 129. Eiszeitl. Vergletscherung der Wälschen Marken. (Nach A. R. DWERRYHOUSE, A. A. MILLER, R. W. POCOCK in: [24].)

zu den älteren englischen oder wälschen geschlagen wurden. Monmouthshire wurde damals aus dem alten Gwent (zwischen Wye und Usk) und dem Gebiete von Gwynllwg (zwischen Usk und Rhymney) gebildet und mit dem übrigen Wales dem königlichen Obergericht von Chester unterstellt, unter Karl II. aber dem Gerichtshof von Oxford. Bei der Neuregelung von 1830 blieb es in rechtlicher Hinsicht eine englische Gr., in den übrigen Belangen dagegen gehört es zu Wales — daher bei Gesetzen, die sich auf Wales beziehen, der Zusatz: „and Monmouthshire". Tatsächlich bezeichnet der Rhymney eine gut ausgeprägte geogr. Grenze innerhalb der Gr. zwischen dem landwirtschaftlichen Flachland

im E (Gwent), dem heute industrialisierten Bergland im W (Gwynllwg). Sie
kommt bis zu einem gewissen Grade auch ethnographisch zur Geltung. Zwar
klingen schon in Herefordshire und im ö. Montgomeryshire wälsche Elemente
etwas mit, in der Akzentuierung und in der Beibehaltung einer Anzahl wälscher
Wörter, auch im Charakter seiner Menschen; im w. Montgomeryshire ist wälsches Volkstum viel stärker vertreten. Hier sind u. a. die Farmen aus Stein
gebaut und meist weiß getüncht oder gelb oder fleischrot angestrichen [120*].
Daher wird in unserer Darstellung auch Monmouthshire ähnlich wie Shropshire zerrissen.

Bereits die Sachsen hatten, meist unter Verdrängung der wälschen Bevölkerung, die besseren Böden in Pflugland verwandelt. Nur im Gebiet von
Archenfield, s. Hereford zwischen Wye und Monnow, beließen sie aus irgend-
welchen Gründen eine größere Anzahl von Eingeborenen; noch heute fallen
die dortigen keltischen Ortsnamen auf. Häufiger sind wälsche Personennamen, ein Zeichen für die nicht unbedeutende Vermischung von Wälschen
und Engländern [11b]. Skandinavische Einflüsse sind kaum bemerkbar. Die
Normannen haben dann sowohl Sachsen wie Wälsche unterworfen, das Manorsystem eingeführt und zwischen dem Severn und dem Bristolkanal viele Burgen errichtet, u. zw. meist an Stellen, die schon früher dank ihrer guten Verkehrslage militärisch wichtig waren; fast alle hatten Brücken oder Straßenkreuzungen zu bewachen. Einige sind die Keime der heutigen Städte geworden. Von diesen liegt eine Reihe in der zentralen N—S-Furche, eine zweite
im E an den Talpforten zur Severnniederung, eine dritte im W am Austritt
der Flüsse aus dem Bergland. Am Wye oberhalb Hereford standen die Burgen von Clifford und Hay, am Unterlauf Goodrich Castle und die Burgen von
Monmouth und Striguil (Chepstow), am Usk die von Abergavenny, Usk, Caerleon und Newport. Ein förmliches Festungsdreieck bildeten, etwas jünger
(13. Jh.), White Castle (bei Abergavenny), Grosmont und Skinfrith am Usk
im N der Gr. Monmouth, während Caldicot Castle den Weg von Chepstow
durch die Küstenebene zu decken hatte. Wichtig waren ferner Wigmore und
Clun Castle, das gewaltige Ludlow Castle, die Burgen von Cleobury Mortimer, Stretton usw. bis hinaus nach Shrewsbury und hinüber nach Oswestry
[XII[129, 375]].

Auch geistliche Herren haben Burgen und Städte gegründet. So hat
Bishop's Castle im N, Ross im S dem Bischof von Hereford gehört. Außerdem
entstanden in der Normannenzeit viele neue Klöster, so, um nur einige zu
nennen, die Abteien Tintern (1131), Buildwas (1135) und Abbey Dore (1147)
der Zisterzienser; die Benediktinerklöster von Brecon, Shrewsbury (1083),
die Augustinerklöster von Haughmond (1135), Lilleshall (1145). Das alte
Kloster von Much Wenlock aus dem 7. Jh. wurde 1080 erneuert und Clunia-
zensern übergeben. Sie alle zeigen die englische Früh- oder Hochgotik,
manche noch den normannischen Stil. Dem 12. und 13. Jh. entstammen eine
große Anzahl Kirchen, auch sie meist früh- oder hochgotisch, viele gotisch
umgebaut; Stilgemische sind häufig. Immer verleihen jene dem Ortsbild sein
Gepräge, am meisten die Wehrkirchen, die in diesem Grenzland häufig sind.
Starke quadratische Türme sind die Regel; aber auch hohe Turmnadeln wie in
Ross oder Leominster, die weit über die Gefilde blicken, sind nicht selten [95].

Die ersten Jh. der Normannenherrschaft brachten auch den Ausbau der
Landschaft, der Wald wich immer weiter zurück. Noch unter Eduard I. fanden große Rodungen statt [65]. Aber viel verheerender wurden die übriggebliebenen Bestände in der Neuzeit gelichtet, zuerst infolge der starken Inanspruchnahme für die englische Flotte, für welche besonders der Forest of

Dean ausgebeutet wurde, später infolge des Holzverbrauches in den Eisenschmelzen, von denen u. a. sogar eine zu Tintern errichtet wurde. Andere
wichtige Einnahmsquellen der Marken boten das Webereigewerbe und der
Handel mit wälschen Flanellen. Im übrigen waren der wirtschaftliche Fortschritt und die kulturgeographischen Veränderungen bis ins 19. Jh. herauf
unbedeutend. Neu im Landschaftsbild waren dazumal die vielen jüngeren
Schlösser — heute allerdings auch sie gleich den alten Burgen und Klöstern
meist Ruinen, manche in Farmhäuser umgewandelt. Besonders Shropshire
weist prächtige Bauten auf: das alte Stokesay Castle bei Craven Arms, eines
der schönsten Beispiele eines von einem Graben umschlossenen, befestigten
Herrenhauses (13. Jh.); aus der Tudorzeit (2. H. des 15. Jh.) das herrliche
Fachwerk von Pitchford Hall (s. Shrewsbury), aus der Elisabethzeit den
Steinbau von Condover Hall bei Church Stretton. Wieder andere sind im
Königin Anna- oder im Georgstil aufgeführt. Aus Herefordshire sind besonders die Fachwerkbauten von Hampton Court (15. Jh.) und Orleton Court
(16. Jh.) bekannt (7 km s., bzw. n. Leominster). Das stolze Raglan Castle
(unweit Usk in Monm.; 15. Jh.) wurde 1646 geschleift. Herefordshire allein
verzeichnet über 50 alte kirchliche Denkmäler und an die 100 weltliche
— Schlösser und Ansitze („halls", „courts", „houses"), Farmhäuser, Gasthöfe, Hospitäler, Brücken usw. [53, 111].

Die breiten, flachen Täler und niedrigen Hügel der Marken, welche längs
der Hauptflüsse weit hinauf unter 150 m H. bleiben, sind grünes Weide-, Wie-
sen- und Ackerland mit unendlichen Heckenmaschen, mit Baumzeilen, Baumgruppen und Waldstreifen, unter denen Eichen und Ulmen vorherrschen, mit
zahlreichen, oft recht stattlichen Einzelhöfen, aber auch vielen Weilern, im
ganzen also dicht besiedelt [68, 82, 95]. Reizvoll sind die „Schwarz-weiß-
Dörfer" mit ihren Fachwerkbauten, die von Shropshire nach Montgomery-
und Radnorshire hineinreichen (vgl. Kap. XII) und in Herefordshire größtenteils n. der Linie Hereford—Hay, namentlich zwischen Hereford, Kington
und Ludlow, zu finden sind. Auch die Städtchen haben meist noch alte Gebäude dieser Art [53]. Anmutig sind besonders die ländlichen Siedlungen
im S, in der fruchtbaren „Champagne von Hereford". Die oft mergeligen
oder auch kalkhaltigen Tonböden des Old Red Sandstone [71] und die Driftböden sind dem Feldbau günstig, ebenso das Klima, das hier, im Lee des
Berglands von Wales, trockener und sonniger ist als in dessen Innerem
(Ross: I 5,4°, VII 16,5; Hereford: I 4,2°, VII 15,9°). Am größten und von gut
gehaltenen Hecken umsäumt sind die hauptsächlich für Saatgräser, während
des Krieges auch für Getreide verwendeten Felder in der zentralen NS-
Furche. Gegen N und gegen die Höhen herrscht der Hafer, denn auf den
Uplands verspätet sich Reife und Ernte der Früchte um 1—2 Wochen. Im S,
zumal w. Hereford und im S und SE der Gr. wird viel Weizen gebaut, auch
mehr Gerste als sonstwo in den Marken, dort und ö. Leominster außerdem
viel Zuckerrübe gepflanzt, die nach Kidderminster geliefert wird (vgl. S. 452).
Auf den ärmeren Böden des Höhenrahmens sind die Felder kleiner, unregelmäßiger, wenig ergiebig; daher übertrifft das Weideland an Fl. weit die
Ackerfluren (vgl. Tab. 9).

Allein auch in den günstigen Strichen des Flachlandes überwiegt die
Viehzucht. Kuhherden gehören zum Bild der Gegend, im S namentlich die
schönen dunkelroten, weißköpfigen und -bauchigen Herefords (Fleischvieh),
das für die Midlands gemästet wird und das auf den feuchten Hügelweiden

besser gedeiht als die Shorthorns (Milchvieh). Die höher gelegenen Grasfluren der Clee Hills, die für die Mast nicht mehr ausreichen, widmen sich
seiner Aufzucht. Auch leichte Pferde werden in den Marken gezüchtet, ferner
das kurzwollige Forest Sheep, das als Welsh Mountain Sheep sonst bloß im
benachbarten Hochland reinrassig erhalten blieb (vgl. Kap. XII). Die einst
hochgeschätzte Ryelandrasse ist selten unvermischt vorhanden, auch die weitverbreiteten Clun Forest und Kerry Hill werden oft mit anderen Rassen
gekreuzt. Die Heideflächen dienen allenthalben als Schafweiden [18—111].

Auffallend ausgedehnt ist der Obstbau in Herefordshire. Er stellt sich
im Wyetal bei Hay ein. Im ganzen Gebiet zwischen Lugg und Wye, im Temetal und zumal im SE der Gr. stehen Apfelbäume und Birnbäume (Ges.Fl. der
Apfelbaumgärten von Herefords. 1936: 77 km², davon 53 für Cider; Birnbäume
für „perry", 5 km²). Cider wird in verschiedenen Sorten erzeugt, mehr
saueren, die von den Einheimischen bevorzugt werden, und süßeren, schmack-
hafteren, die in ganz England Absatz finden. Das Temetal liefert außerdem
feines Tafelobst. Seltener sieht man Pflaumenbäume. Im welligen Lehm-
gelände des Old Red Sandstone zwischen Bromyard, Ledbury und Bodenham
(10 km sö. Leominster), sowie im Temetal unterhalb Fenbury (in Worcestershire) wird viel Hopfen gepflanzt, in der Regel, weil weniger frostempfindlich,
unterhalb der Obstgärten in den niedrigeren Lagen und auf den tieferen Böden. Auch die alten Hopfendarren fehlen nicht. Scharenweise strömen Leute
aus den Midlands, im S aus S-Wales zur Hopfenernte herbei, die in der 1. H.
des Sept. beginnt und einen Monat dauert. Besonders bei Ross werden Gemüsebau (Bohnen, Karotten, Kohlsprossen) und Erdbeerkulturen betrieben
[111, 45; 120*].

Ein nicht unbedeutender eigener Wirtschaftszweig ist die Lachsfischerei
im Wye. Weil der Fluß nicht wie so viele andere englische Gewässer durch
die Industrie verunreinigt und der Fischfang behördlich überwacht wird,
konnte die Ausbeute in den letzten Jz. sehr zunehmen, von angeblich 6000
Fischen (1906) auf 11 000 (1927). Prachtstücke von 16 kg sind gar nicht
selten, einzelne über 25 kg schwer. Schon seinerzeit wurden die Lachse nach
Bristol, später von Postkutschen sogar nach London gebracht. Netzfischerei
verschiedener Art ist auf den Gezeitenbereich beschränkt. Auch der Usk ist
ein geschätztes Fischwasser [11a, 93].

Mineralschätze gibt es im ganzen mittleren Streifen nicht. Die Kohlenfelder von Mittel-Shropshire und des Forest of Dean liegen randlich, bloß
dort haben sich Industrielandschaften entwickelt, unter verschiedenen Bedingungen und daher mit verschiedenem Gepräge. Nur in ihnen steigt die Volksdichte auch in den R.D. beträchtlich über das M. an, das in Herefordshire
bloß 25 beträgt, so im R.D. East Dean and United Parishes auf 173, West
Dean auf 163, Wellington 87; im R.D. Clun sinkt sie dagegen auf 17 herab.
In fast allen ländlichen Gebieten der Marken hat die Bevölkerung in der letzten Zeit erheblich abgenommen; die E.Z. in Herefordshire hat sich 1921—1931
um 1,3%, die von Monmouthshire um 3,5% (namentlich im Kohlengebiet)
vermindert, überhaupt seit den Achtzigerj. fast ununterbrochen abgenommen,
selbst im fruchtbaren Flachland von Herefordshire um 10—20%, in den ärmeren Uplands bis zu 50% (Black Mts, vgl. S. 777). Bloß Hereford und Ross
bildeten eine Ausnahme. 1931 entfielen 37% der Ges.Bevölkerung der Gr. auf
die städtische Bevölkerung (³/₅ davon auf die Gr.St.) [111].

Im Kohlenfeld von Coalbrookdale wäre vielleicht, hätte man den Severn
rechtzeitig besser für den Verkehr ausgestaltet, ein „miniature Black Country" entstanden [67]. Die Anfänge waren verheißungsvoll genug. Denn

schon im Mittelalter hat dort die Töpferei die Tone der Coal Measures, namentlich die Mergel der Coalport Group (= Etruria Marls) ausgebeutet, Eisenerz und Roheisen wurden auf dem Severn, an welchem sich die Eisenhämmer reihten, bis nach Bristol versandt, um die M. des 17. Jh. auch Kohle. Als es ABR. DARBY's Ausdauer um 1730 in Coalbrookdale gelang, die Kohle als Brennstoff für die Erzschmelzen zu verwerten, entwickelte sich die Eisenindustrie des Gebietes, indem sie einheimische Erze ausbeutete; um 1800 zählte es bereits über 20 Hochöfen. In den Hammerwerken wurde dagegen noch lange Holzkohle verwendet, erst seit dem Ende des 18. Jh. mehr Koks. Allmählich wandte sich der Kohlenbergbau den zwar tieferen, aber reicheren Teilen des Kohlenfeldes weiter im NE zu. Noch vor 1800 wurde der Kanal Coalport—Donnington Wood (12 km n. Coalport) erbaut; an ihm entstanden die meisten Eisenwerke. Aber schon wurden große Mengen Eisenerz und Roheisen auf dem Kanal Stourport—Wolverhampton in das Black Country geschickt, und dessen Übergewicht machte sich immer fühlbarer, zumal sich die Eisenvorräte von Shropshire zu erschöpfen begannen. 1933 gab es dort nur mehr drei Hochöfen, und keiner war in Betrieb. Die Eisenerze müssen aus anderen Teilen von England und aus Spanien eingeführt werden, Roheisen aus Middlesbrough und dem Black Country. Die Eisenindustrie erzeugt nicht mehr wie früher Schwereisenwaren, sondern Stahlmöbel, Räder, Autogestelle und Draht, hauptsächlich um Hadley (3278), Ketley und Priorslee. Von hier gegen NE liegt derzeit auch das wichtigste Grubengebiet, welches nun gegen das überdeckte Kohlenfeld im E vorrückt. Dort hat daher die Bevölkerung am stärksten zugenommen, während sie infolge des Abzugs der Eisen- und Kohlegewinnung in Little Wenlock 1801—1901 um fast 57%, in Broseley um 19% (1931: 3216) abgenommen hat. Broseley fand wenigstens in der Tonwarenerzeugung einigen Ersatz; es war vor dem ersten Weltkrieg ein Hauptlieferant von Tonpfeifen. Heute werden hier, zu Benthall, bei Coalport im Severntal, zu Lightmoor, Hadley usw. namentlich Röhren für Klosettanlagen, Dachziegel und glasierte Ziegel erzeugt. Allerdings kämpft auch dieser Industriezweig gegenwärtig mit großen Schwierigkeiten; die Porzellanfabrik in Coalport z. B. besteht nicht mehr. Die wichtigsten Industriestädte sind O a k e n g a t e s (11190; Hochöfen, Stahl- und Walzwerke; in Priorslee Koksöfen mit Benzolgewinnung), W e l l i n g t o n (8166; Walzwerk, Maschinen, Nägel; Autowerke im benachbarten Hadley) und D a w l e y (7309; Eisenwerke, Kalk- und Ziegelbrennerei; chemische Industrie). Dagegen hat die ehemalige Abteisiedlung W e n l o c k (14199; *13870*), unter Eduard IV. zum Borough erhoben, ihre größte Blüte längst hinter sich, bloß die Guildhall, einer der schönen Fachwerkbauten des 16. Jh., erinnert an sie. Schon außerhalb des Kohlenfeldes, dankt das anmutig an den Fuß des Longmynd gelehnte C h u r c h   S t r e t t o n, in 200 m gelegen, seiner frischen Luft starken Besuch als Erholungsort und raschem Anwachsen seiner E.Z. (1901: 816, 1931: 2398).

In auffallend gleichmäßigen Abständen folgen in der mittleren Furche der Marken kleine Städte aufeinander, ursprünglich Burgflecken und Marktorte. Etwas lebhafter ist heute nur das reizvolle L u d l o w (5642; *5965*) am Teme (1187 Ludelaue, etwa „Laufenberg" — reißend strömt der Fluß; im D.B. noch nicht erwähnt). Um 1085 errichtete Robert von Montgomery auf einem Kalkzug, der sich vom Corvetal her allmählich erhebt und vom Teme durchbrochen wird, eine mächtige Burg; selbst ihre Ruine macht einen tiefen Eindruck. Die Mauern des im 12. Jh. umwallten Städtchens sind verschwunden, von den sieben Toren ist nur Broad Gate übrig. Noch hat es alte

Fachwerkbauten (The Feathers Hotel, wohl eines der schönsten Beispiele dieser Architektur überhaupt; 1. H. des 16. Jh.), überragt von dem
hochgotischen Turm seiner St. Laurentius-Kirche, einer meilenweit sichtbaren
Landmarke, seinen Buttermarkt mit dem Market Cross, seine Gärten. Wie
Oswestry und Welshpool beteiligte es sich am Handel mit wälschen Wollwaren, seine Grammar School (14. Jh.) gehört zu den ältesten Englands.
Heute beschäftigt es sich vornehmlich mit Getreide- und Viehhandel (Hereford-
rinder!) [63, 83, 84, 99]. Ludford, ihm gegenüber (in Herefordshire), weist
im Namen auf die Funktion dieser Stelle. Auch Leominster (5707;
5862) am Lugg, in dem alten Siedlungsgebiet von Lene, dessen Name, kaum
mehr erkennbar, auch in den Namen der benachbarten Dörfer und ehemaligen Manors Monkland, Kirkland, Eardisland fortlebt, ist eine alte Brückenstadt. Ursprünglich eine Niederlassung sächsischer Benediktiner (Leo-
minstre), seit Heinrich I. der Abtei Reading gehörig, hat es in der ehemaligen Prioratskirche ein stattliches mittelalterliches Denkmal. Schöne Fachwerkbauten bekunden seine Blüte in der Stuartzeit, wo es Weizenmehl und
die Wolle der Ryelandschafe („Lemster Ore") verkaufte. Doch erlag es dem
Neide der einflußreichen Nebenbuhler Hereford und Worcester. Heute ist es
wie Ludlow Marktort einer reichen landwirtschaftlichen Umgebung, führend
in N-Herefordshire; im Viehauftrieb der Gr. steht es bloß hinter der Gr.St.
zurück.

Altehrwürdig ist die Stadt Hereford (24 163; *30 510*; Abb. 130). Sie
ist ausgezeichnet durch ihre prächtige, großenteils im 12. Jh. errichtete
Kathedrale (mit der berühmten Mappa Mundi, um 1300), eines der Meisterwerke englischer Gotik; nur das Hauptschiff und das s. Querschiff sind
noch normannisch. Schon vor 700 war die Furtsiedlung Hereford Bischofssitz
geworden, in der Sachsenzeit der Übergang über den Wye durch eine Burg
gesichert, einen Bau „high and stronge, and full of great towers"; davon ist
nichts erhalten. Immerhin ist es reich an alten Gebäuden (Butchers Row)
[85]. Stets ist es der wichtigste geistig-kulturelle Mittelpunkt zwischen der
Severnsenke und dem Bergland von Wales gewesen, aber — ohne besondere
industrielle Entwicklung (Dampfmühlen; neuestens Kraftwagen- und Muni-
tionserzeugung; Flanelle, Hüte, Leder, Handschuhe) — eine Kleinstadt geblieben. Wirtschaftliche Bedeutung hat es als ein Mittelpunkt der Cidererzeugung und -füllung, die hier heute fabrikmäßig erfolgt (riesige Kellereien), und als Straßen- und Bahnknoten mit lebhaftem Marktverkehr. Hier
mündet der Schienenweg aus den Midlands über Worcester und Ledbury in
die zentrale N—S-Linie von Shrewsbury (Liverpool, Manchester) nach Newport (Cardiff, Bristol). Über 100 Autobusse laufen täglich aus, an Samstagen
(Markttagen) über 200 [111]. In einer Halbellipse ordnen sich um Hereford
als Brennpunkt im Abstand von 20—25 km und untereinander etwa 11 km
die Städtchen Hay, Kington, Leominster, Bromyard, Ledbury und Ross. Der
Touristenzustrom ist stark [111].

Auch das heute bescheidene Ross (4735; in Herefordshire; landwirtschaftliche Geräte, Eisenwaren, Dampfmühle, Brauerei) in beherrschender
Lage vor der Brücke zwischen Woolhope Dome und Forest of Dean, der einen
bewaldeten Ausläufer, Penyard Hill, nahe heransendet, auf einer Terrasse über dem Wye gelegen (vgl. S. 659), den hier Bahn und Straße von
Gloucester erreichen, hat seine Rolle als Brückenstadt und Bollwerk in den
Grenzkämpfen gespielt; ebenso Monmouth (4731), die nicht größere,
einst ummauerte Gr.St. an der Mündung des Monnow in den Wye, die beide
von alten Steinbrücken übersetzt werden. Von seiner stattlichen Burg ist

leider nicht mehr viel übrig. Hochangesehen ist seit langem seine Grammar School (1614). Die Verkehrslage ist ähnlich günstig wie die von Hereford, gegeben durch die Verknotung von Talfurchen, welchen Straßen und z. T. Bahnen folgen, so gegen W nach U s k (1315), einem Brücken- und Burg-städtchen an dem gleichnamigen Fluß, in dessen Tal ausgezeichneter Hafer wächst. Das „Red Land of Gwent" ist überhaupt durch seine Getreidefelder (auch Weizen und Gerste) und Obstgärten bekannt [111, 71].

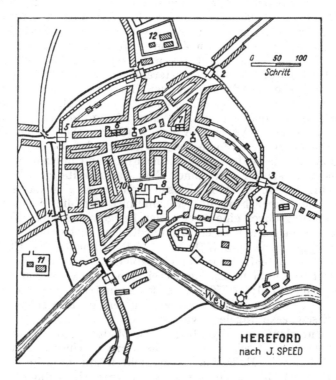

Abb. 130. Hereford um 1600. (Nach J. SPEED.)
1 Wydmarsh Gate, 2 Bisters Gate, 3 St. Owyns Gate, 4 Friers Gate, 5 Eygne Gate, 6 Alhallow's, 7 St. Peter's, 8 Cathedral, 9 Castle, 10 Brode Strete, 11 White Friers, 12 Black Friers.

In dem Raum zwischen dieser Hauptreihe ursprünglicher Burg- und Brückenstädte und dem E-Rand der Marken sind T e n b u r y (1755; in Worcestershire) im mittleren Temetal, B r o m y a r d (1815), Markt für das nö. Herefordshire am Übertritt des Frome vom Plateau- ins Tiefland dort, wo dieser von der Bahnlinie Leominster—Worcester übersetzt wird, und L e d b u r y (3284) im Tal des Leadon bemerkenswert, eigenartig durch seine schönen Fachwerkhäuser und seine Kirche mit dem frei stehenden, zinnen-tragenden, von einer schlanken Nadel gekrönten Vierkantturm, Marktort für den SE der Gr. (Marmeladefabrik), Station der Linie Birmingham—Wor-cester—Hereford. Auch werden bei Ledbury Kalke und graue Marmore gebrochen. Bishops Frome, zwischen ihm und Bromyard, ist das Zentrum des Hopfenbaus [98].

Ebenso knüpfen sich Zwergstädte an den Fuß des Hochlands im W: B i s h o p ' s C a s t l e (1352; 1324; in Shropshire) im N; C l u n (1723), schon umschlossen von Bergzügen, am Clun, erst aus der Zeit König Stefans als Burgort erwähnt; K n i g h t o n (1836; in Radnorshire), ein wichtiger Viehmarkt, auf einer Terrasse leicht ansteigend im Zwiesel zwischen dem Teme und einem Seitenbach, an Offa's Dyke; P r e s t e i g n e (1102), die Gr.St. von Radnorshire, am Oberlauf des Lugg, der hier die Grenze zwischen Wales und England bildet; New Radnor (367), bereits im Inneren des Hochlands, an einem Seitenbach des Lugg planmäßig angelegt neben einem „moat-and-bailey", einst ein „umwalltes Burgus"; Old Radnor (312; 260 m) neben der alten Kirche der Talschaft; K i n g t o n, 2 km lang, am Arrow (1742), Schaf- und Ponymarkt, von wo die Bahn von Leominster nach New Radnor weiterführt, die Straße nach dem 40 km entfernten Builth über die Berge zieht; H a y (1509), Brückenstädtchen auf dem steilen S-Ufer des Wye in Breconshire hart an der Grenze von Herefordshire („Welsh"- und „English Hay"), eine Burggründung der Normannen (La Haye); Pontrilas am unteren Ende des breiten, vom Dove durchflossenen „Golden Valley" der Black Mts., ein einsamer Bahnknoten, wie sie in Wales häufig sind (z. B. Three Cocks Junction, Moat Lane). A b e r g a v e n n y (8608) endlich (in Monmouthshire) liegt in der breiten Pforte des Usktals an der Mündung des Baches Gavenny, flankiert einerseits vom weit ins Flachland blickenden Sugar Loaf (569 m), einem Ausläufer der Black Mts., anderseits den Plateaubergen des Kohlengebirges von S-Wales. Diesen Hauptzugang in das sö. Hochland hatten schon die Römer bewacht (Gobannium) und die Normannen gleich nach der Eroberung durch eine ihrer vielen Burgen gesichert. Neben sie trat auch in Avergavenny ein Kloster. In friedlichen Zeiten blühte der Handel zwischen den Engländern und Wälschen (Wolle, Flanell). Im 19. Jh. machte sich die Nähe des Kohlenfeldes in der Industrialisierung der Stadt bemerkbar (Brauerei, Getreidemühlen, Eisengießerei, Maschinenfabriken, Kalkwerke). Zu P o n t y p o o l (6790; 41 550!) wird das Industriegebiet von Wales selbst erreicht, u. zw. eines der ältesten seiner Zentren, da hier schon gegen Ende des 16. Jh. Eisenwerke angelegt wurden (vgl. S. 779).

Ö. vom Unterlauf des Wye liegen die Wälder und Kohlenzechen des F o r e s t o f D e a n. Noch wird auf Eisenerze geschürft, aber sie werden meist nach S-Wales (z. B. Dowlais) verfrachtet, nur z. T. im Gebiete selbst mit einheimischer Kohle geschmolzen. Diese wird rings um den Forest abgebaut, von C o l e f o r d (2777) bis Bream reihen sich die Gruben aneinander und wieder um Cinderford; in diesen Abschnitten ist die Volksdichte am größten (über 250). Namentlich die Dampfkohle des untersten Flözes (Coleford High Delf) wird sehr geschätzt und überwiegend nach Bristol, etwas nach N-Devon und N-Cornwall gebracht. Neuerdings werden auch die Sandsteine der Coal Measures (Forest Stone) als ausgezeichneter, wetterfester Baustoff verwertet (Severntunnel und -brücke; S-Wales). Die Wälder haben sich wieder erholt. Zumal auf den Sandsteinen herrscht die Eiche vor, deren Holz in erster Linie in Gloucester und Stroud (Wagenbau) verkauft wird. Indes werden immer mehr die schneller reifenden Weichhölzer, Föhre, Fichte, Lärche, gepflanzt und die einst weitverbreitete Gerberei hat sich bloß in Newnham erhalten. Nur ein paar Lokalbahnen durchziehen, abgesehen von Fördergeleisen, den Forest, dagegen viele Straßen, die sich in dem häßlichen, am Hang von Edgehills (ungef. 250 m) gelegenen Cinderford und in Coleford verknoten — einige von ihnen folgen alten Römerstraßen. Für die Abfuhr der Kohle ist der kleine Hafen von L y d n e y (4158) am wichtigsten, von wo ab das Flüßchen Cannop kanalisiert ist (4,26 m tief); Lydney hat außerdem etwas Industrie (Blech, Ziegel). Ganz im W, schon nahe der Kante des Wyetals, liegt das alte St. Briavels, dessen „Free Miners", d. h. die aus seinem Hundred Gebürtigen, nach einem alten Privileg allein Schurfrecht im Forest erwerben dürfen, eine Bestimmung, die allerdings in der Praxis nicht mehr gilt [16, 17, 22, 23a, 42, 47, 61, 64, 69].

Am Austritt des Wye in die Severnsenke erwuchs im Schutze einer gleich nach der Eroberung von den Normannen errichteten Feste Chepstow (4302), selbst umwallt, Brückenort, Straßenknoten, seit 1850 mit Swansea durch die Bahn verbunden, seit 1853, nach Vollendung der großen Brücke über den Wye, auch mit Gloucester. Dank dem Gezeitenhub auf dem Wye war es früher ein wichtiger Umschlagplatz für die Hölzer des Forest of Dean, bis in die 1. H. des 19. Jh. hatte es einen größeren Handel als Newport. Aber schon durch den Monmouthshire Canal, welcher den untersten Usk mit dem Bergbaugebiet verband, und vollends seit dem Bau der Docks von Newport ward es von diesem weit überflügelt. Seine Industrie ist gering (Maschinenfabriken, u. a. für Eisenbahnen und Schiffbau). Dank der Nähe des Forest of Dean und besonders dank dem anmutigen Wyetal (vgl. S. 657) hat es viele fremde Besucher.

Zwischen dem Grubengebiet und dem Bristolkanal zieht vom Usktal gegen die Wyemündung ein niedriges Plateau, zerschnitten von einer Menge Bachfurchen, seit langem fast völlig entwaldet und der Landwirtschaft gewidmet [71]. Beiderseits der Uskmündung wird jedoch das Meer von Marschen umsäumt. Ihre postneolithischen Schlicke und Sande ruhen auf den Keupermergeln, die von Chepstow herüberziehen, dem Caldicot Level im E, dem Wentloog Level im W. Da ihr Rand nur 5—6 m O.D. liegt, wären sie ohne den Schutz eines alten, immer wieder erneuerten Deiches den furchtbaren Sturmfluten des Severnästuars ausgesetzt, in welchem schon die normalen Spr.H.W. 10 m H. erreichen (vgl. Kap. XII). Von dem letzten verheerenden Ereignis dieser Art, der „Great Sea Flood" (20. I. 1607), zeugen noch heute Hochwassermarken an den Kirchen. Viele Sumpf- und Wasservögel (Reiher, Taucher, Steißfuß) lassen sich hier nieder; Wildschwäne und Wildenten sind indes verschwunden. Die Siedlungen, ein paar Dörfer und etliche Weiler, tragen überwiegend englische Namen, doch gleich auf den angrenzenden Old Red Sandstone-Höhen mischen sich mit ihnen Llan=Namen, und n. der waldbedeckten, gegen den Usk schauenden Stufe von Wadwood herrschen diese vor, obwohl alles englisches Sprachgebiet ist. Am Innenrand der Levels läuft die durch den Severntunnel kommende Hauptlinie der G.W.R. nach S-Wales, über die Wellen des Plateaus die Straße von Chepstow nach Newport. Hier hatte in der Römerzeit Caerwent (Venta Silurum), vielleicht der Nachfolger einer britischen Höhensiedlung, die Pforte zum Severntal bewacht, weiter w., 4 km oberhalb Newport, Caerleon (vgl. Kap. XII) den Übergang über den Usk.

Literatur

A. Lancastria

11. Cambr. Co. Geographies:
    a) COWARD, T. A., Cheshire. 1910.
    b) MARR, E. J., North Lancashire. 1912.
    c) WILMORE, A., South Lancashire. 1928.
12. FITZGERALD, W., KING, H., and KERSHAW, J., Lancastria. (In: 112*, 262—289).
13. The Victoria Hist. of the Co. of E.:
    a) Lancashire (I—VIII [vollständig] 1906—1914).
    b) Shropshire (I, 1906).
14. WATTS, W. W., Shropshire. The g. of the Co. of Salop. Sec. ed. Shrewsbury 1939.
15. A reg. bibliogr. of the U. Kingdom: Lancashire. GT. 5, 1910, 225—228.

16. PARKINSON, T. W. F., The Lancashire region. GT. 6, 1911, 129—139.
17. COUNSELL, T., Ribblesdale and the Pendle Chain. GT. 7, 1913, 94—109.
18. BAKER, B. W., The Macclesfield distr. GJ. 46, 1915, 117—140, 213—228, 289—303.
19. HEWITT, H. J., The Wirral peninsula: an outline reg. sv. Liverp. 1922.
110. ABERCROMBIE, P., and others, The Deeside reg. planning scheme (Chester and Flint-shire). Liverp. 1923.
111. JONES, L. RODWELL, North England: an econ. g. 1921. 2nd ed. (rev.) 1924.
112. HOLT, A. (ed.), Merseyside: a HB. to Liverpool and distr. Lond. 1923.
112 a. RepBrAssLiverpool. 1923 (1924). Ed. by R. E. Thompson.
113. ROXBY, P. M., Aspects of the development of Merseyside. G. 14, 1927, 91—100
114. FITZGERALD, W., The Ribble basin. JManchGS. 43, 1927 (1928), 75—96.
115. THOMPSON, R. E., The Fylde. G. 18, 1933, 307—320. Vgl. dazu
116. SMITH, W., The Fylde. Ebd. 19, 1934, 50—54.
117. A scient. sv. of Blackpool and distr. Ed. by A. Grime. RepBrAssBlackpool. 1936.
24 versch. Beiträge, u. a.: a) MAWSON, E. P., "Amounderness": A reg. sv. of the
Fylde. b) GRESWELL, R. K., The Fylde: Gl. and phys. features. c) SMITH. W.,
Climate of the Fylde. d) Ders., Agrar. evolution since the 18th cent. e) GREEN, J. J.,
Agric. of the Fylde. f) DAVIES, A., Transport in the Fylde by road, rail. sea and air.
g) ORTON, J. H., and PAYNTER, H., Lancashire sea fisheries. h) CURNOW. W. I.,
Growth of Blackpool as a health and holiday resort. i) EASTWOOD, T., The Lake
Distr.: gl. k) PEARSALL, W. H., Botany in the Lake Distr.
118. HOLFORD, W. G., and EDEN, W. A., The future of Merseyside. 1937.
119. MASON, T. H., and Son, Amounderness. The Fylde Reg. Rep. (In collab. with
J. Crossland). 1937.
120. New HB. of social statistics relating to Merseyside. SocSciDepUnivLiverpool. 1940.
(Vgl. N. 146, 1940, II, 206.)
121. BOON, E. P., Cheshire. LBr., pt. 65, 1941.
122. SMITH, W., Lancashire. (With an hist. section by L. D. Stamp.) Ebd., pt. 45, 1941.
123. THOMPSON, F. L., Merscyside plan, 1944. A Rep. prepared ... at the request of the
Min. Town Ctry Planning. 1945.
124. NICHOLAS, R., Manchester and distr. Rep. on the tentative regional planning proposals. Norwich and Lond. 1945. (S. auch 81 r.)
125. CHAPMAN, W. D., County Palatine—a sv. and plan for Cheshire. Prep. for the Ch. Co.
Council. Chester 1946. 2nd ed. 1948.
126. WHITAKER, H., A descr. list of the printed maps of Lancashire, 1577—1900. Manch.
1938.
127. WHITAKER, H., A descript. list of the printed maps of Cheshire, 1577—1900. Manch.
(For the Chetham S.) 1942.

21. Gl. Sv., Mem., Explan. sheets:
a) 76. Rochdale (Rossendale Anticline). By W. B. Wright and others. 1927.
b) 84. Wigan West. By R. C. B. Jones, L. H. Tonks and W. B. Wright. 1938.
c) 85. Manchester and the SE Lancashire coalfield. By L. H. Tonks, R. C. B. Jones,
W. Lloyd and R. L. Sherlock. 1931.
d) 86. Holmfirth and Glossop. By C. E. N. Bromehead and others. 1933.
e) 96. Liverpool (with Wirral and part of the Flintshire coalfield). By C. B. Wedd
and others. 1923.
f) 110. Macclesfield, Congleton, Crewe and Middlewich. By T. I. Pocock (with contrib. by others). 1906.
g) 121. Wrexham. By C. B. Wedd, B. Smith, L. J. Wills. Pt. I. 1927. Pt. II. 1928.
h) 137. Oswestry. By C. B. Wedd and others. 1929.
i) 138. Wem. By R. W. Pocock and D. A. Wray. 1925.
k) 152. Shrewsbury. By R. W. Pocock, T. H. Whitehead and others. 1938.
l) 153. Wolverhampton and Oakengates. By T. H. Whitehead and others. 1938.
In Vorber. 74/83 (Southport u. Formby), 75 (Preston), 97 (Runcorn).
22. Br. Reg. Geologies:
WRAY, D. A., The Pennines and adjacent areas. 1936. 2nd ed. 1948. [Stellenweise
umgearb., bzw. ergänzt.]
22 a. SHERLOCK. R. L., Rock salt and brine. SpecRepMinerResGrBr. 18, 1921 (vgl. auch
RepBrAssLiverpool.. s. 112 a).
23. HEWITT, W., The gl. of the ctry ar. Liverpool (in: Merseyside, s. Nr. 112). 1923.
24 a. JONES, T. A., The Middle Bunter Sandstone of the Liverpool distr. and their pebbles
(in: 112 a). Ausführlich in PrLiverpGlS. 12, 1914—1919 (1920), 281—308.
24 b. HICKLING, G., The tectonics of the Lancashire coalfield (in: 112 a, 443—445).
25. BOSWELL, P. G. H., The gl. of the New Mersey Tunnel. N. 116, 1925, 902—908.

26. Boswell, P. G. H., Records of exploratory borings made in connexion with the new Mersey tunnel. PrLiverpGlS. **17**, 1938, 267—278.
27. Owen, D. E., The story of Mersey and Deeside rocks. Liverp./Lond. 1939.
28. Cope, E. W., Oil occurrences in SW Lancs. BGlSvGrBr. **2**, 1939, 18—25.
29. Owen, D. E., The gl. struct. of Wirral. GlMg. **83**, 1946, 230—235.
210. Kent, P. E., A deep bore hole at Formby, Lancs. GlMg. **85**, 1948, 253—264.

31. Reade, J. Mellard, Oscillations in the level of the land ... in the neighbourhood of Liverpool. GlMg. Dec. IV, vol. **3**, 1896, 488—492.
32. Bolton, H., The phys. g. of NE Lancashire. JManchGS. **12**, 1896/1897, 188—197.
33. Ashton, W., The battle of land and sea on the Lancashire, Cheshire and North Wales coasts. Sec. ed. Southport. 1909 (vgl. auch Ders., More windmill land. 1917).
34. Jowett, A., The glacial gl. of E Lancashire. QJGlS. **70**, 1914, 199—231.
35. March, M. C., The superficial gl. of Manchester. MemManchLitPhilS. **62**, 1918, Nr. 11, 1—17.
36. Hewitt, W., The physiogr. features of the ctry ar. Liverpool (in: Merseyside, s. o. Nr. 112).
37. Strahan, A., The g. of the Liverpool distr. from the pre-glacial times to the present (in: Nr. 112 a, 437—439).
37 a. Travis, C. B., Recent gl. changes on the northern shore of the Mersey estuary. Ebd., 439/440.
38. Jones, O. T., The origin of the Manchester Plain. JManchGS. **39/40**, 1925, 89—123.
39. Erdtmann, G., Studies in the protoarctic hist. of the forests of North-Western Europe. I. Investig. in the BrI. GlFörFörhStockh. **50**, 2, Nr. 373.
310. Erdtmann, G., Den br. veget. pliocena och kvartära historia. Svensk BotTidsk. **20**, 1926, 237 ff. (Vgl. auch C. Reid, Submerged forests. Cambr. 1913.)
311. Travis, C. B., The peat and forest bed of the SW Lancashire coast. PrLiverpGlS. **14**, 1926, 263—277.
312. Travis, C. B., The peat and forest beds of Leasowe, Cheshire. PrLiverpGlS. **15**, 1931, 157—178.
313. Slater, G., The Dawpool section of the Dee estuary. Ebd., 134—143.
314. Gresswell, R. K., The geomorph. of the SW Lancashire coast-line. GJ. **90**, 1937, 335—349. Vgl. auch Ders., RepBrAssBlackpool 1936, 369.
315. Jones, T. A., The subglacial rock surface in the Widnes distr., and the buried valley of the Mersey. PrLiverpGlS. **18**, pt. 4, 1943, 120—134.
316. Neaverson ,E., Coastal changes around Liverpool Bay since the Ice Age. Ebd. **19**, pt. 5, 1947, 184—209.
317. Owen, D. E., The pleistocene hist. of the Wirral peninsula. Ebd.

41. Jenkins, W. E., Note on foggy days in Manchester. MemPrManchLitPhilS. **59**, 1915. [Ebd. auch eine Abhandlung über den monatlichen Sonnenschein.]
42. Bonacina, L. C. W., Stonyhurst climate and climate. SymMetMg. **52**, 1917, 87—89.
42 a. Sidgraves, W., Results of Stonyhurst Observatory observ. Blackburn 1918.
43. Air Pollution Advis. Board: The blacksmoke tax. Manch. 1919.
44. Lloyd, D., Rainfall over the Rivington catchment area. QJMetS. **63**, 1937, 55—68.
45. Zoch, R. T., On the frequency distrib. of rainfall at the Liverpool Obs. QJMetS. **62**, 1936, 421—432.
46. Boyd, D. A., Fluctuations of annual rainfall in S Lancs. and W Cheshire. QJMetS. **63**, 1937, 503—506.
47. Hawke, E. L., The land-breeze of autumn and winter in NW E. JRMetS. **67**, 1941, 380—382.
47 a. Akworth, J. R., Smoke and rain. N. **154**, 1944, 213/214. [Auf Lancs. bezüglich.] Vgl. dazu Bibly, J. R., ebd., 434.
48. Manley, G., The climate of Lancs. MemPrManchLitPhilS. **87**, 1945/1946, 1—31.
49. Manley, G., Temp. trend in Lancs. 1753—1945. QJMetS. **72**, 1946, 1—31.
410. The tidal regime of the R. Mersey. RepBrAssSouthport 1903 (1904), 318—321.
411. Shoolbred, J. N., The tidal regime of the R. Mersey, as affected by the recent dredgings at the bar in Liverpool Bay. PrRS., Ser. A, **78**, 1906, 161—166.
412. Davies, F., Drifting ice on the sea near Chester. MetMg. **64**, 1929, 66/67.
413. Pearson, S., The Mersey and Irwell basin: its history and control. REngJ. 1939 (März).
414. Liverpool Observ. and Tidal Institute. N. **157**, 1946, 382 f.
415. De Tabley, Flora of Cheshire. 1899.
416. Green, C. T., Flora of the Liverpool distr. Marple 1902.

417. WHELDON, J. A., and WILSON, A., The Flora of W Lancashire. 1907.
418. BAILEY, C., On the adventitious veget. of the sandhills of St. Anne's-on-the-Sea, Lancs.
     McmManchPhilS. **47**, 1902/1903; **51**, 1907; **54**, 1909/1910.
419. EVANS, E. PRICE, Carrington Moss. JEcol. **11**, 1923, 64—77.
420. DARBISHIRE, O. V., Die Dünen der englischen Westküste s. Southport. Karsten-Schencks
     Veget.-Bilder, 16. Reihe, Heft 1/2, 1924. (Vgl. dazu N. **135**, 1935, 62.)
421. EVANS, E. PRICE, Warburton Moss. JEcol. **16**, 1928, 366—398.
422. GREEN, C. T. (ed.), The flora of the Liverpool distr. Arbroath 1933.
423. LIND, E. M., The phyto-plancton of some Cheshire meres. McmPrManchLitPhilS. 86,
     1943—1945, 83—105.

51. HARRISON, W., An archaeol. sv. of Lancashire. Westm. 1896.
52. MAY, T., Warrington's Roman remains. 1904.
53. JACKSON, J. W., The prehist. archaeol. of Lancashire and Cheshire. TrLancCheshAntS.
    49, 1935 (Manch.).
54. O'DWYER, S., The Roman roads of Cheshire: a hist. sv. Newton, Montgom. 1935.
55. CHITTEY, L. F., The Irish Sea in relation to the Bronze Age culture. RepBrAssBlack-
    pool 1936, 395/396.
56. VARLEY, W. J., and JACKSON, J. W., Prehist. Cheshire. Chester 1940.

61. HARRISON, W., The place-names of the Liverpool distr. etc. 1898.
62. WYLD, H. C., and HIRST, T. O., The place-names of Lancashire. 1911.
63. EKWALL, E., The place-names of Lancashire. Manch. 1922. (Vgl. auch Ders.; Scan-
    dinavians and Celts in the NW of England. Lunds Univ. Årskr., N.F., Avd. I, XIV, 2,
    Lund 1918.)
64. HARRISON, W., Early maps of Lancashire and their makers. TrLancCheshAntS. **25**.
    Manch. 1908. Andere Abh. dess. Verf. zur hist. G. von Lanc. s. ebd. **12** ff.
65. HARRISON, W., Early maps of Cheshire. Ebd. **26**, 1909.
66. HARRISON, W., Cheshire parks and deer forests. 1903.
67. CHAPMAN, S. J., The Lancashire cotton industry. 1904.
68. FISHWICK, H., The Sv. of the Manor of Rochdale, made in 1626. ChethamSPubl.
    72. Manch. 1913.
68 a. BARBER and DITCHFIELD (ed.), Memorials of Old Cheshire. 1909.
68 b. KELSEY, C. E., A hist. of Cheshire (Oxf. Co. Hist.). 1911.
68 c. TAIT, J., The Domesday Sv. of Cheshire. ChethamSPubl. **75**. Manch. 1916.
69. DANIELS, G. W., The early E. cotton industry. Manch. 1920. (Vgl. auch Ders., The
    effect of the Napoleonic War on the cotton trade. ManchStatS. 1915/1916, und The
    cotton trade at the close of the Nap. War. Ebd., 1917/1918.)
69 a. HEWLETT, E. G. W., A hist. of Lancaster. (Oxf. Co. Hist.) 1922.
610. RIDEOUT, E. H., The site of ancient villages in Wirral. TrHistSLancChesh. N.S. **41**,
     1926, 54 ff.
610 a. TRAPPES-LOMAX, R., The hist. of the township and manor of Clayton-le-Moors, Co.
     Lancaster. ChethamSPubl. **85**. Manch. 1926.
611. TUPLING, G. H., The econ. development of Rossendale. ChethamSPubl. **86**. Manch. 1927.
612. MADGE, S. J., and others, Cheshire (Borzoi Co. Hist.). 1928.
612 a. BROWNBILL, J., West Kirby and Hilbre. A parochial hist. Liverp. 1928.
612 b. RIDEOUT, E. H., The growth of Wirral, Cheshire. Liverp. 1928.
612 c. PORTEUS, T. C., A hist. of the parish of Standish, Lancashire. Wigan 1928.
613. HEWITT, H. J., Medieval Cheshire. PublUnivManch. 1929.
614. MARSHALL, C. F. D., Centenary hist. of the Liverpool and Manchester Railway. 1930.
615. JEWKES, J., The localis. of the cotton industry. EconHist. **2**, 1930, No. 5.
615 a. CLARKE, S., Clitheroe in the coaching and railway days. Clitheroe 1930.
616. WADSWORTH, A. P., and MANN, J. DE LACY, The cotton trade and industrial Lanca-
     shire, 1600—1780. Manch. 1931.
617. COWARD, T. A., Cheshire: traditional and hist. 1932.
618. HENDERSON, W. G., The Lancashire cotton famine, 1861—1865. Manch. 1934.
619. TUPLING, G. H., Early Lancashire markets and their tolls. TrLancCheshAntS. **50**,
     1936. (Vgl. auch Ders., The origins of markets and fairs in Lancashire. Mit Karte.
     Ebd. **49**, 1935.)
619 a. THOMAS, A. L., The Duke of Bridgewater and the Canal Era. G. **21**, 1936, 297—300.
620. WALKER, F., The hist. of reg. differences between SW and SE Lancashire. RepBr-
     AssNottingham. 1937, 380/381.
621. WALKER, F., Hist. g. of SW Lancs. before the ind. revol. ChethamSPubl. Manch. 1939.
622. SYLVESTER, D., The g. of Domesday Cheshire. RepBrAssAdvSci. 1940, 275.
623. CRUMP, W. D., Saltways from the Cheshire wiches. TrLancCheshAntS. **54**. Bristol 1940.

624. WAINRIGHT, F. T., The Anglian settlement of Lancs. TrHistSLancChesh. **93**, 1941.
624 a. WAINRIGHT, F. T., NW Mercia, 871—924. Ebd., 1942. (Vgl. auch Ders., Field-names. Ant. **17**, 1943, 57—66.)
625. ZIMMERN, W. H., Lancs. and Latin America. G. **28**, 1943, 47—54.
626. DAVIES, M., A note on an early group of cotton mills. G. **29**, 1944, 62—65.
627. TUPLING, G. H., Lancs. markets in the 16th and 17th cent. TrLancCheshAntS. **58**, 1945/1946 (1948).

71. ABERNETHY, G. N., The Midland Railway Co.'s Harbour at Heysham. LancPrICiv-Eng. **166**, 1905/1906, 229—242.
72. ELLIS, S. H., The Tranmere Bay development works. Ebd. **171**, 1907/1908, 127—150.
72 a. DRIVER, E., Cheshire, its cheesemakers. 1909.
73. CALVERT, A. F., Salt in Cheshire. 1915.
74. WALLIS, B. C., Central E. during the 19th cent.: the break-down of industrial isolation. GRev. **3**, 1917, 28—52.
75. ENGELS, H., Zur Rohstoff-, Arbeiter- und Absatzfrage der englischen Baumwollindustrie. Diss. Jena. 1920.
76. THOMAS, H., The development of the alkali industry in the Mersey area. JManchGS. **39/40**, 1923/1924 (1925), 145—152.
77. KING, H., The distrib. of population in SW Lancashire, its social significance. Ebd., 137—144.
78. YOUNG, T. J., Agric. in the Co. of Chester. JAgrSEngl. **85**, 1924, 160—175.
78 a. Manch. Guardian Commercial 1925. Industrial surveys of Bolton (5. II.), Oldham (19. II.), Burton (2. IV.), Rochdale (7. V.), Stockport (21. V.), Warrington (28. V.), Bury (9. VII.), Stalybridge (3. XII.) u. a.
79. ROXBY, P. M., Aspects of the development of Merseyside. G. **14**, 1927, 91—100.
79 a. REDFORD, A., Labour migration in England, 1800—1850. 1927.
710. ATWOOD, R. S., Localis. of the cotton industry in Lancashire, Engl. EconG. **4**, 1928, 187—195.
711. OGDEN, H. W., The g. basis of the Lancashire cotton industry. JManchGS. **43**, 1927 (1928), 8—30.
712. KING, H., The agric. g. of Lancashire. Ebd., 55—73.
713. BOWKER, B., Lancashire under the hammer. 1928.
714. GREEN, J. J., The agric. of Lancashire. JAgrSEngl. **90**, 1929, 42—55.
714 a. The future development of SW Lancashire: RepSWLancsJointTownPlanningAdvis-Comm. Liv. 1930.
714 b. UTLEY, F., Lancashire and the Far East. 1931.
715. An Industrial Sv. of Merseyside. 1932.
716. An Industrial Sv. of the Lancashire area (exclud. Merseyside). 1932.
717. The Social Sv. of Merseyside. Ed. by D. Caradoc Jones. Liverp./Lond. 1934.
717 a. LOUCH, R. E., The poultry ind. of Cheshire. Cheshire Life, April 1935.
718. SMITH, W., The agric. g. of the Fylde. G. **22**, 1937, 29—43. (Vgl. auch Ders., RepBr-AssBlackpool. 1936, 368/369.)
719. Re-adjustment in Lancashire. ManchUnivEconResearchStation. Manch. 1936.
720. NOLEN, L. C., Merseyside. JG. 1937, Oct.
721. Lancashire and the future. Publ. by the Joint Comm. of Cotton Trade Organis. Manch. 1937.
722. MERCER, W. B., Two cent. of Cheshire cheese farming. JRAgrS. **98**, 1937, 61—89.
723. DUNLOP, M., The demography of SE Lancashire. CRCongrGInternAmsterd. 1938, II., Sect. 3, Leiden 1938, 177—181.
724. The Lancashire Year Book of Industry and Commerce.
725. THOMAS, B., The influx of labour into the Midlands, 1920—1937. Economica (Lond.) **5**, 1938, 410—434.
726. WALSHAW, R. S., Migration to and from Merseyside, Home, Irish, Overseas. Liverp. 1938.
727. SMITH, W., A live-stock index for the Fylde distr. of Lancs. EmpJExperAgr. 1939, 63—75.
728. SMITH, W., Trends of g. distrib. of the Lancs. cotton ind. G. **26**, 1941, 7—17.
729. SMITH, W., Distrib. of population and the location of ind. on Merseyside. Univ-LiverpSSciDep. Liverp. 1942. (Vgl. N. 150, 1942, 437/438.)
730. REES, H., Evol. of Mersey estuarine settlement. EconG. **21**, 1945, 97—103.
731. REES, H., A growth map for the Manchester region. EconG. **23**, 1947, 136—142.
732. CARR, W. A. C., and MERCER, B. B., Reclamation of Fresham Marshes. JAgrSEngl. **108**, 1947, 112—126.
733. SMITH, W., Phys. sv. of Merseyside. A background to town and ctry planning. Liverp. 1946.

81. Manchester-Salford:
   a) SHAW, W. A., M., Old and New. 1896.
   b) OAKLEY, F. M., M., some notes on its development. JInstBrArchit. 7, 1900, 453
      bis 464.
   c) ROEDER, C., Roman M. 1901.
   d) TAIT, J., Medieval M. and the beginnings of Lancashire. Manch. 1904.
   e) SWINDELLS, T., M. streets and M. men. Manch. 1906/1907.
   ee) BRUTON, F. A., Short hist. of M. and Salford. Manch. 1924.
   f) BARKER, W. H., and FITZGERALD, W., The City and Port of M. JManchGS. 41/42,
      1925/1926, 11—31.
   g) FITZGERALD, W., The reg. significance of M., City and Port. RepBrAssOxford 1926.
   h) M. at work, a sv. Ed. by H. Clay and H. R. Brady. Manch. 1929.
   hh) Book of M. and Salford: written for the 97th annual meeting of the BrMedicalAss..
      July 1929. Manch. 1929. Vgl. außerdem Manchester Civic Week, Oct. 2—9, 1929,
      Off. HB.
   i) The soul of M. Ed. by W. H. Brindley. Manch. 1929.
   k) TUPLING, G. H., Old M. JManchGS. 45, 1934/1935, 5—23.
   l) REDFORD, A. (and others), M. merchants and foreign trade, 1794—1858. Manch.
      1934.
   m) ASHTON, T. S., Econ. and social investigations in M., 1833—1933: a centenary of
      hist. of the M. Statist. S. Westminster 1934.
   n) RYAN, R., A biography of M. 1937.
   o) SIMON, S. D., A cent. of City government: M. 1838—1938. 1938.
   p) BAKER, H., M.—heart of ind. E. CanadGJ. 18, 1939, 346—357.
   q) NICHOLAS, R., City of M. plan. Abridged. Lond. 1945. (S. auch 124.)
   r) PICKERING, E., "Meandering in M." JManchGS. 50, 1939/1940, 5—24.
82. Manchester Ship Canal und Hafen:
   a) OLDHAM, H. V., The M. Ship C. GJ. 3, 1894, 455—491.
   b) TRACY, W. B., The M. Ship Canal: the story in brief form 1708 to 1896. JManchGS.
      12, 1896/1897, 205—236.
   c) BEAR, W. E., The food supply of M. JAgrSEngl. (3) 8, 1897, 205—228, 490—515.
   d) WISWALL, W. H., The Bridgewater Canal navigations. MinBrInstCivEng. 160, 1905,
      340—344.
   e) LEECH, Sir B., Hist. of the M. Ship C. 2 Bde. 1907.
   f) MACFARLANE, J., The port of M. GJ. 32, 1908, 496—503.
   g) DESCUBES, F., Le Ship Canal et le Port du M. BSGLille. 52, 1909, 152—164.
   h) FIELD, A. M., Rep. on the present state of the navig. of the R. Mersey (1922).
      Lond. 1923.
   i) DOUGLAS, Sir PERCY, The M. Ship C. JSArts. 86, 1937, 109—129.
83. Liverpool:
   a) NEVINS, J. BIRKBECK, L., past and present: from Domesday Book to 1902. TrLiv-
      GS., 1902, 21—68.
   b) MUIR, R., A hist. of L. 1907.
   c) MACLELLAN, A. G., The growth of L. NautMg. 84, 1910, 265—270, 365—369.
   d) WIEDENFELD, K. v., L. im Welthandel. GZ. 21, 1915, 453—459.
   e) DAVIDSON, K. W., The making of a great modern harbour—Liverpool. JG. 14, 1916,
      150—153.
   f) FIRWOOD, W., L., an Imperial City. United Emp. (JRColInst.) 12, 1921, 81—84.
   ff) THOMPSON, E., Excurs. and visits to works. BrAssLiverp. 1923.
   g) L. and Distr. Reg. Sv. Association. GT. 12, 1924, 375—380.
   h) WILDING, J., The stones of a city (The building stones of L.). PrGlSLiverp. 15,
      1931, 149—156.
   i) STEWART-BROWN, R., L. ships in the 18th cent. Liverp. 1932.
   k) DOUGLAS, Sir PERCY, The Port of L. JSArts. 84, 1936, 811—834. (Vgl. auch Ders.
      in: ScGMg. 52, 1936, 241—253.)
   l) LAMB, C. L., and SMALLPAGE, E. M., The story of L. 3rd ed. Liverp. 1937.
   m) L.—City of ships. By Liverpolitan. CanadGJ. 33, 1946, 128—137.
   n) YARHAM, E. R., The Port of L. The Trident, 8, 1946, 276—280.
   o) The econ. status of coloured families in the Port of L. UnivLiverpSSciDep. 1948.
84. Chester:
   a) MORRIS, R. H., Ch. in the Plantagenet and Tudor reigns. Chester. 1893.
   b) HOWARD, F. T., The g. position of Ch. GT. 10, 1919, 95—100.
   c) LAWSON, P. H., Schedule of Roman remains of Ch. with maps and plans. Chester-
      ArchJ. 27, 1928, 162—189.
   d) The rare old City of Ch. The sole off. guide. Publ. for the Ch. Corpor. Cheltenham
      1930.

c) JENKIN, A. K. H., Places and products. V. Chester. GMg. 8, 1939, 203—214.
f) GREENWOOD, C., Chester: a plan for redevelopment. Chester 1946.
g) NEWSTEAD, R., The Roman occupation of Ch. (Deva). Chester 1949.

85 a. LORD, J., Bygone Bury. Rochdale 1903.
85 b. WHITTLE, R. A., Blackburn as it is. Blackburn. O. J.
86. Preston:
  a) FISHWICK, H., Hist. of the Parish of Pr. 1900.
  b) CLOMESHA, H. W., A hist. of Pr. in Amounderness. UnivManchPubl. 67, 1912.
87. Southport. A HB. of the town and surrounding distr. Southp. 1903.
87 a. OGDEN, W. H., Cheshire villages. JManchGS. 39/40, 1923/1924 (1925), 125—134.
88. KING, H., The g. of settlements in SW Lancashire. G. 14, 1927, 193—200.
89. BARKER, W. H., Towns of SE Lancashire. JManchGS. 43, 1927/1928, 31—54.
810. HAMER, H., and SPARKE, A., The Book of Bolton. 1930. Sec. ed. 1948.
811. McCLURE, H. R., A hist. and reg. sv. of the village of Styal, Cheshire. GJ. 93, 1939, 512—520.
812. BOSCOW, H., Warrington. A heritage. 1944.
813. FOSTER, G. E. (ed.), Ashton-under-Lyne. Its story through the ages. CentHB., 1847 bis 1947. A.-u.-L. 1947.
814. WARD, A. WALBURG, Shrewsbury: a rich heritage. Shrewsb. 1947.

91. EVANS, E., Lancashire. 1913.
92. CHEETHAM, F. H., Lancashire. 1920.
93. WOODS, A., and BRUTON, F. A., Lancashire. 1921.
94. WALTERS, J. C., Romantic Cheshire. 1931.
95. WALTERS, J. C., Lancashire ways. 1932.
96. The Manchester Guardian Pictorial G. of Lancashire. Manch. 1936. Sec. ed. 1937.
97. HARRISON, T., The fifty-second week: impressions of Blackpool. GMg. 6, 1938, 387—404.
98. PALMER, W. T., The River Mersey. 1944.
99. PEARSON, S., Irwell indiscretions. JManchGS. 1945—1947, 31—34 [Hochwässer des Irwell].
910. INGRAM, J. H., Companion into Cheshire. 1948.
911. INGRAM, J. H., North Midland Country. A sv. of Cheshire, Derbys., Leics., Notts., Lancs. and Staffs. (The Face of Br. Series). 1948.
912. CROSSLEY, F. H., Cheshire (County Books Series). 1949.

B. Die Wälschen Marken

11. Cambr. Co. Geographies:
  a) EVANS, H. A., Monmouthshire. 1911.
  b) BRADLEY, A. G., Herefordshire. 1913.
12. JERVIS, W. W., The Lower Severn Basin and the Plain of Somerset. (In: 112*, 110—124.)
13. The Victoria Hist. of the Co. of E.: a) Herefordshire (I. 1908), b) Shropshire (I. 1906).
14. WATTS, W. W., Shropshire. The g. of the Co. of Salop. Sec. ed. Shrewsbury 1938.
15. HEWINS, G. S., A bibliogr. of Shropshire. 1922.
16. CHOVEAUX, A., La Forest of Dean. AnnG. 31, 1922, 215—233.
17. POGGI, E. M., The Forest of Dean in Gloucestershire. EconG. 1, 1925, 309—320.
18. BROUGHTON, M. E., Herefordshire. LBr., pt. 64, 1941.
19. HOWELL, E. J., Shropshire. Ebd., pt. 66, 1941.
110. CLARKE, A. RHYS, Monmouth. (With a hist. sect. by E. J. Howell.) Ebd., pt. 38, 1943.
111. English County: A planning sv. of Herefordshire. By the W Midland Group on Postwar Reconstr. and Planning. 1945.

21. Gl. Sv., Mem., Explan. sheets:
  a) 121. Wrexham. By C. B. Wedd, B. Smith, L. J. Wills. Pt. I, 1927; pt. II, 1928.
  b) 137. Oswestry. By C. B. Wedd and others. 1929.
  c) 152. Shrewsbury. By R. W. Pocock, T. H. Whitehead, C. B. Wedd. T. Robertson, with contrib. by others. 1938. [Behandelt u. a. Longmynd, Caradoc. Wrekins.]
21 a. MemGlSv. Gl. of the Forest of Dean coal and iron-ore fields. By F. M. Trotter. 1942.
22. Gl. Sv., Water Supply:
  RICHARDSON, L., Wells and springs of Herefordshire. 1935.
23. Spec. Rep. on the mineral resources of Gr. Br.:
  a) vol. X, Iron ores: The haematites of the Forest of Dean and S Wales. By T. F. Sibly, 1919, ed. 2, 1927.
  b) vol. XXX, Copper ores of the Midlands, the Lake distr. and the I. of Man. By H. Dewey and T. Eastwood. 1925.

24. Br. Reg. Geologies:
POCOCK, R. W., and WHITEHEAD, T. H., The Welsh Borderland. 1935. 2nd ed. 1948.
25. ELLES, G. H., and SLATER, I. L., The highest Silurian rocks of the Ludlow distr. QJGlS. 62, 1906, 195—221.
26. LAPWORTH, C., and WATTS, W. W., Shropshire. (In: Gl. of the Field. JubVolGlAss. 1910, 739—769.)
26 a. GROOM, T. T., The Malvern and Abberley Hills and the Ledbury distr. Ebd., 698—738.
27. WADE, A., The Llandovery and associated rocks of NE Montgomeryshire. QJGlS. 67, 1911, 415—459.
28. DIXON, E. E. L., The gl. of the Titterstone, Clee Hills. GlMg. Dec. V, vol. 7, 1910, 458—460.
28 a. KIDSTONE, R. T., CANTRILL, T. C., DIXON, E. E., The Forest of Wyre and the Clee Hills coalfield. TrRSEdb. 51, 1917.
29. GARWOOD, E. J., and GOODYEAR, E., The gl. of the Old Radnor distr. QJGlS. 74, 1918, 1—29.
29 a. SIBLY, T. C., On the gl. struct. of the Forest of Dean. GlMg. 55, 1918, 23—28.
210. STAMP, L. D., The highest Silurian rocks of the Clun Forest distr. (Shropshire). QJGlS. 74, 1918, 211—244.
212. WATTS, W. W., and others, The gl. of S Shropshire. PrGlAss. 36, 1925, 321—393. [Ausführl. Lit.-Verz.]
213. COBBOLD, E. S., The stratigr. and gl. struct. of the Cambrian area of Comley (Shropshire). QJGlS. 83, 1927, 551—572.
214. GARDINER, S. I., The Silurian inlier of Woolhope (Herefordshire). QJGlS. 83, 1927, 501—530.
214 a. DAVISON, C., The Hereford earthquake of 15th Aug., 1926. GlMg. 64, 1927, 162—167.
215. WHITTARD, W. F., The gl. of the Ordovician and Valentian rocks of the Shelve ctry, Shropshire. PrGlAss. 42, 1931, 322—339. (Vgl. auch ebd., S. 340—344.)
216. WHITTARD, W. F., The stratigr. of the Valentian rocks of Shropshire: the Longmynd-Shelve and Breidden outcrops. QJGlS. 88, 1932, 859—900.
217. BENNETT. A.. The gl. of Malvernia. MalvernNlistsFCl. 1942.
218. BLYTH, F. G., Intrusive rocks of the Shelve area, S Shropshire. QJGlS. 99, 1943, 169—204.
219. FALCON, N. L., Major clues in the tect. hist. of the Malverns. GlMg. 84, 1947, 229—240.
220. FALCON, N. L., Tect. hist. of the Malverns. Ebd. 85, 1948, 56/57.
221. CHALLINOR, J., New evidence concerning the original order of deposition of the Longmyndian rocks. Ebd., 107—109.

31. BUCKMAN, S. S., The valley of the Lower Wye. PrCotteswoldNFCl. 13, 1899, 25—32.
31 a. CARTER, W. LOWER, Notes on the glaciation of the Usk and Wye valleys. RepBrAssYork 1906 (1907), 579/580.
32. ELLIS, T. S., The winding course of the R. Wye. Gloucester 1910.
33. GRAY, J. W., The drift deposits of the Malverns and their supposed glacial origin. PrBirmNHistPhilS. 13, 1914, S. 1 ff.
34. GRINDLEY, H. E., Superficial deposits of the R. Wye. TrWoolhopeCl., 1918, pp. II—VII. (Vgl. auch Ders., ebd., 1904, 336—338; 1905, 163/164; 1915, 65—68.)
35. POCOCK, T. I., Terraces and glacial drift of the Severn valley. ZGletscherk. 12, 1922, 123—130.
36. WILLS, L. J., The development of the Severn valley in the neighbourhood of Ironbridge and Bridgnorth. QJGlS. 80, 1924, 294—315.
37. POCOCK, T. I., Terraces and drifts of the Welsh Border and their relation to the drift of the E Midlands. ZGletscherk. 14, 1925, 10—38.
38. DWERRYHOUSE, A. R., and MILLER, A. A., The glaciation of Clun Forest, Radnor Forest and some adjoining distr. QJGlS. 86, 1930, 96—129. (Vgl. auch RepBrAssLeeds. 1927 [1928], 328.)
39. MILLER, A. A., The entrenched meanders of the Herefordshire Wye. GJ. 85, 1935, 160—178. (Vgl. Ders., The physiogr. evolution of the lower Wye valley. RepBrAssYork. 1932, 347.)
310. POCOCK, T. I., Glacial drift and river-terraces of the Hereford Wye. ZGletscherk. 27, 1940, 98—117.

41. ASHMORE, S. E., The rainfall of the Wrexham distr. QJMetS. 70, 1944, 241—274.
41 a. MOORE, N. C., The tidal wave in the Wye and Severn. GJ. 3, 1894, 232/233.
42. TANSLEY. A. E., and ADAMSON, R. S., Reconnaissance in the Cotteswolds and in the Forest of Dean. JEcol. 1, 1913, 81—89.
43. ARMITAGE, E., Veget. of the Wye gorge at Symonds Yat. JEcol. 2, 1914, 98—109.

44. ROBINSON, G. W., A sv. of the soils and agric. of Shropshire. Co. of Salop Higher Educ. Comm. [O. J.]
45. WALLACE, T., SPINTS, G. T., and BOLL, E., The fruit growing areas in the Old Red Sandstone in the W Midlands: a sv. of the soils and fruit. MinAgricBull. 15, 1931.
46. LEACH, W., The veget. of the Longmynd. JEcol. 19, 1931, 34—45.
47. TAYLOR, L., The nation's forests. I. The Forest of Dean. Forestry 8, 1934.
48. DAVIS, W. MORLEY, and OWEN, G., Soil sv. of N Shropshire. EmpJExperAgr. 1935. Nos. 6 und 8.

51. BEAVANT, J. O., DAVIES, J., and HAVERFIELD, F., An arch. sv. of Herefordshire. Westminster 1896.
52. CHITTY, L. F., The Bronze Age trade-ways of Shropshire. Observ. 2, 1926, 8—17, 103—110.
53. R. Comm. Hist. Monuments. An Inventory of the hist. mon. in Herefordshire, vol. I. South-West. Lond. 1931; vol. III. North-West. 1934.
54. KENON, K. M., Excav. at Viroconium 1936/1937. Archaeol. 88, 1940, 176—228.
55. ATKINSON, D., Rep. of excav. at Wroxeter. (The Roman city of Viroconium in the cty of Salop, 1923—1927.) Oxf. 1942.

61. NISBETH, J., Hist. of the Forest of Dean. EHistRev. 21, 1906.
61 a. BANNISTER, A. T., The place-names of Herefordshire, their origin and development. Cambr. 1916.
62. BOWCOCK, E. W., Shropshire place-names. Shrewsbury 1923.
62 a. DODD, C., Offa's Dyke in Denbighshire. Observ. 2, 1926, 169—175.
62 b. FOX, C., Offa's Dyke: a field sv. rep., in: ArchCambr. 1926 ff. (Vgl. auch Ders., Dykes. Ant. 3, 1929, 135—154.)
63. HOPE, W. H., The ancient topogr. of the town of Ludlow. Archaeol. 61, 1910, 383—388.
64. RHYS-JENKINS, Iron-making in the Forest of Dean. TrNewcomenS. VI, 1925/1926.
65. AUDEN, H. M., Early enclosures in Shropshire. TrShropsArchS. 11, 1927/1928, 203.
66. SYLVESTER, D., Rural settlement in Domesday Shropshire. SocRev. 25, 1933, 244—257.
67. BIRCH, T. W., Development and decline of Coalbrookdale coalfield. G. 19, 1934, 114—126.
68. SLACK, W. J., The Shropshire village, its origin and evol. TrCaradocSevernValleyFCl. 10, 1938, 204 ff.
69. BAKER, F. T., Hist. g. of the iron ind. of the Forest of Dean. G. 27, 1942, 54—62.

71. POGGI, E. M., The Red Land of Gwent in E Monmouthshire. EconG. 4, 1928, 31—43.
72. BUTLER, J. B., Sugar beet in Shropshire, 1926—1938. HarperAdamsAgrCollPubl. Shrewsbury 1939.

81. SYLVESTER, D., Rural settlement in Shropshire. TrShropsArchNHistS. IV, ser. XI, 2, 1928.
82. SYLVESTER, D., Rural habitation in Shropshire. 2. Rapp. Comm. de l'habit. rurale (UnionGIntern.). 1930.
83. Ludlow and L. Castle. Cheltenham 1929.
84. O'CONNOR (Mrs.) ,A., Romantic Ludlow. Ludlow 1934.
85. HOWSE, W. H., Historic Hereford. Heref. 1947.

91. WINDLE, B. C., The Malvern country. 1901.
92. SNELL, J. F., The Celtic Borderland: a rediscovery of the Marshes from Wye to Dee. Cambr. 1928.
93. GILBERT, H. A., The tale of a Wye fisherman. 1928.
94. MOORE, J., The Welsh Marches. 1933.
95. JONES, T., The Welsh Borderland country. 1938.
96. Shropshire. A beautiful E. county. The scenery, its hist., its industries. Shrewsbury 1938.
97. MAIS, S. P. B., Highways and byways in the Welsh Marches. 1939.
98. LUCAS, E., Half-timbering in Ledbury. Notes and photogr. GMg. 20, 1947, 80—83.
99. A Companion of Castles. I. Ludlow. Ebd. 20, 1948, 387/388.
910. FLETCHER, H. L. V., Herefordshire. (The Co. Books.) 1948.
911. TIMPERLEY, H. W., Shropshire Hills. 1948.
912. VALE, E., Shropshire. (County Books Series.) 1949.
913. HERRING, M., Shropshire (The Vision of E. Series). 1949.
914. SMART, W. J., Where Wye and Severn meet. Newport 1949.

XI. Nordwestengland

Zwischen der Morecambe Bay und dem Solway Firth der Irischen See und den Pennines liegt Nordwestengland, auch eine Grenzmark wie Nordostengland und wie dieses vielumstritten, auch durchzogen von einer Hauptstraße nach dem N, aber noch weiter entfernt von London und der Themsemündung; zwar auch mit Mineralschätzen und Industriegebieten, aber kleineren als im NE und ohne einen großen Hafen; überdies in seiner Mitte erfüllt von einem massigen Hochland; an der W-Seite der Insel gelegen und daher feuchter und milder, mit etwas anderen natürlichen Bedingungen der Landschaft und ebenso anderem Verlauf seiner kulturgeographischen Entwicklung.

Den Kern Nordwestenglands bildet der L a k e D i s t r i c t, das englische Seenland oder Seenbergland, die schönste Gebirgslandschaft Englands, von der Ausdehnung des s. Schwarzwalds (ungef. 2000 km²). Aber keiner seiner Gipfel erreicht 1000 m. Es ist — sehr auffällig und schon von WORDSWORTH und 1848 von HOPKINS betont — von einem im großen ganzen speichenförmig angeordneten Netz von Tälern zerschnitten. Lange Seen („meres" oder „waters") erfüllen meist deren Gründe, breite Rücken, nur ausnahmsweise zu Graten verschmälert, tragen die Wasserscheiden. Durch niedrige Talpässe ist das Gebirge verhältnismäßig stark aufgelöst. Die tiefste Talfurche durchzieht es in NNW- bis SSE-Richtung ungefähr in der Mitte, mit Bassenthwaite Lake, Thirlmere, dem Paß von Dunmail Raise (239 m) und Windermere. N. Thirlmere mündet normal dazu eine andere von E her ein. Dadurch werden die drei Hauptgruppen des Berglands voneinander gesondert. Im N liegt die des Skiddaw (931 m) und des Saddleback oder Blencathra (868 m). Ihr Hauptfluß ist der gegen NE, am Rand der Gruppe gegen N sich wendende Caldew, ihr am meisten gegen N vorgeschobener Gipfel der Caldbeck (658 m). Sie ermangelt der Talseen. E. Thirlmere und Dunmail Raise erhebt sich der Zug des Helvellyn (950 m), der W-Flügel einer zwar vielfach eingesattelten, jedoch zusammenhängenden Gruppe, die u. a. hufeisenförmig das Einzugsgebiet von Ullswater, des zweitgrößten der Seen, umfaßt. Nö. des einzigen tieferen Passes, des Kirkstone Pass (450 m), zweigt vom E-Flügel (High Street 813 m) ein Rücken gegen E ab, der rasch an Höhe verliert und allmählich zu der wichtigsten Furche des Gebietes, dem Shap Pass (300 m), absteigt. Die Gruppe birgt eine Anzahl von Hochseen, teils echte Karseen („tarns"; vgl. norw. tjern), so zwischen den z. T. zugeschärften Seitenkämmen ö. unter dem Helvellyn, teils Talseen. Die größeren Wasserläufe richten sich nach NE: der Eamont, der Abfluß von Ullswater; Haweswater Beck, der Haweswater entwässert; die Bäche von Swindale und Wet Sleddale, die gegen N zum Lowther strömen. Von Dunmail Raise zum Shap Pass zieht ein Stück der Hauptwasserscheide des Seenlands. S. von ihr erniedrigt sich das Gebirge ziemlich rasch, gegliedert von einem halben Dutzend tieferer Täler, deren Achen vom Kent drunten im flacheren Land, das nur noch ausnahmsweise über 200 m hoch ist, gesammelt werden.

W. von Dunmail Raise erhebt sich der Hauptstock des Berglands. Neben Scafell (höchster Gipfel Scafell Pikes 978 m) wölben sich mehrere andere Kuppen von ± 900 m über die breiten Rücken, so im N Great Gable (896 m), im NE Great End (910 m) und im E Bow Fell (902 m). Im E des Scafell-Stocks erheben sich die oft abgebildeten Langdale Pikes mit ihren plumpen Köpfen auf 782 m (Abb. 131). Schnell senken sich dann die Höhen gegen S. Bloß die mit Karseen bedeckten Coniston Fells erreichen im Old Man of Coniston noch 803 m. Weiter gegen SSW, w. des Duddontals, entsendet das Seengebirge einen Ausläufer von mehr als 500 m H., der im Black Combe (600 m) endigt; ö. des Duddontals bleibt dagegen das Gelände fast ganz unter 200 m. Viel langsamer erniedrigen sich die gegen NW und N gerichteten Bergzüge (Pillar 892 m; Crag Hill 838 m usw.); doch sind auch sie durch tiefe Pässe stärker aufgelöst.

Besonders dieser Flügel des Gebirges wird durch die strahlenförmige Anordnung der Täler gekennzeichnet, die alle im Scafell-Stock ihren Ursprung haben und von denen die meisten wenigstens e i n e n größeren Talsee bergen: gegen N Borrowdale mit Derwent Water und weiter draußen Bassenthwaite Lake, entwässert vom Derwent; gegen NW das Tal von Buttermere und Crummock Water mit dem Cocker als Abfluß; Ennerdale mit dem gleichnamigen Water entleert vom Ehen, gegen W; gegen SW Wasdale mit Wastwater; gegen SSW Eskdale mit dem Eskfluß, gegen S Longstrath, durchzogen vom Duddon, diese beiden ohne Talseen; Coniston Water, entwässert vom Crake,

Abb. 131. Langdale beim New Dungeon Hotel und Pikes. (Nach einer käufl. Ansichtskarte.)
Glazial überformte Tallandschaft in der Borrowdale Volcanic Series. Geschichtete Tuffe mit Laven und Rhyolite bauen die Berggruppe auf; die ungleiche Widerständigkeit kommt in der Gehängestufung deutlich zum Ausdruck. Unten steinumwallte Fluren, darüber Bergheiden.

ganz am Rand der höheren Berge im SSE gelegen, aber gegen S gerichtet; endlich Great und Little Langdale im E des Bow Fell.

Das Seengebirge wird fast ringsum von niedrigem Land umschlossen. Dieses zieht sich bald schmäler, bald breiter entlang der W-Küste von der Lunemündung im S bis zum Scheitel des Solway Firth bei Carlisle im N und von hier gegen SSE entlang dem Edenfluß binnenwärts (Edenside). Eine breite Senke trennt hier das Seengebirge von den Pennines; zu ihnen schlägt erst im SE höheres Land von den Shap Fells her über die Howgill Fells eine Brücke. Dadurch wird die Edensenke von dem Flachland von Lancashire nachdrücklich abgesondert. Nur der Durchbruch des Lune durch die Howgill Fells bietet einen schmalen Zugang, der von der Haupteisenbahnlinie (L.M.S.) benützt wird. Das Gebiet vom Lune im E bis zum Duddon, bzw. dem Black Combe-Zug im W bleibt unter 300 m, im ganzen genommen ein zerschnittenes Plateau, und durch breite Niederungen winden sich die Unterläufe der größeren Flüsse, die mit geräumigen, stark versandeten Ästuaren münden: so Lune, Kent, Leven, Duddon. Mit Halbinseln springt dazwischen das Plateau gegen das Meer hin vor, der H.I. Cartmel, der H.I. Furness. Wieder-

holt wechseln Kliffküste und versumpfte, manchmal mit Dünen besetzte Flach-
gestade ab. Als der schönste Punkt der W-Seite gilt das 200 m hohe Kap
St. Bees Head bei Whitehaven, doch säumt auch weiter n. eine niedrige
Steilküste den Strand. Am Solway Firth dagegen bleiben die Ufer flach, das
Land dahinter meist unter 50 m H. Niedrige marine Terrassen mit großen
Torfmooren begleiten die Ästuare des Waver und des Wampool. Gehobene
Strandwälle, rezente Nehrungen, Haken und Dünenstriche treten in diesem
Abschnitt auf, ausgedehnte Watten legen sich überall vor die Küste.

In vieler Hinsicht erinnert das Seengebirge an das Bergland von Wales,
hinter dem es zwar sehr an Ausdehnung, aber wenig an Höhe zurücksteht. Wie
dieses ist es größtenteils mit Heide und Moor bedeckt, da und dort noch mit
Wald. Oft gliedern niedrige Felswände die Hänge, oft ummänteln mächtige
Schutthalden deren Fuß, Hochseen schmiegen sich in die Nischen der Bergflanken. Reicher ist der Schmuck seiner Talseen; bloß Snowdonia läßt sich
hierin mit dem Seenland einigermaßen vergleichen. Siedlungen und Haupt-
verkehrswege beschränken sich auf die Täler, ebenso die Wirtschaft mit winzigen Flecken von Feldern und mit Wiesenstreifen; nur Schafherden bevölkern
die einsamen Höhen. Reichlich sind die Niederschläge des Seengebirges, das sich
den atlantischen Winden unmittelbar entgegenstellt und sie in seinen gegen
die Scafell-Gruppe zusammenstrahlenden Tälern wie in Sackgassen auffängt.
Hier erreichen sie Mengen von mehr als 2 m (Great Langdale 2,5 m). Styhead,
am Ursprung des Borrowdale unmittelbar jenseits des Gebirgsscheitels, verzeichnet eine der größten durchschn. Regensummen von England (375 cm),
Ambleside und Coniston ungef. 150 cm. Selbst an der Küste fällt im allgemeinen mindestens 1 m (Whitehaven: 105 cm), bloß Edenside, an der Leeseite, und das Gebiet nw. Carlisle sind trockener (Penrith 82 cm). Im
Gebirge sind alle Monate reich an Niederschlägen, aber die meisten fallen
im Spätherbst. Auch der August hat ein Maximum [42, 45c]. Schneestürme
sind im Winter nicht selten. Die Schneedecke hält sich allerdings im Tiefland nur 10 T. Denn hier bleiben die langjährigen M. auch des kältesten
Monats, des Febr., noch 2—5° über dem Gefrierpunkt (Keswick 4,4°; Appleby
2,7°, 1901—1930). Dafür sind die Sommer ziemlich kühl (Juli in Keswick
15,0°; Appleby 13,9°). Die Höhen von mehr als 600 m sind dagegen durchschn.
$2^1/_2$—3 Monate mit Schnee bedeckt, der Helvellyn u. a. sogar 4; Firnflecken
bleiben in den Nischen seiner E-Seite oft bis in den Mai, in den Runsen im
N-Hang des Scafell manchmal bis in den Juni liegen [110]. So verhängnisvoll
die plötzlich einsetzenden Schneestürme den Schafen, die z. T. auch während
des Winters im Gebirge bleiben, werden können [16], viel gefährlicher sind
die Regenfluten im Spätherbst, wenn die Seen über ihre Ufer treten und die
Wiesen der Talsohlen unter den Wässern verschwinden. Am schönsten sind
April und Mai, in der Regel die trockensten Monate, in manchen J. so trocken,
daß sie im Verein mit den gerade in dieser Zeit nicht seltenen trockenen NE-
Winden sehr ungünstig auf den Graswuchs wirken. Sobald der Frühling
einzieht, sich die Bäume belauben und blühende Blumen Wiesen und Berghänge schmücken, dann setzt der Fremdenverkehr ein. Er erreicht im Juli
und August seinen Höhepunkt und erfüllt die Straßen des Seenlandes mit
dem lebhaften Treiben von Tausenden von Besuchern. Allein im Sept. ebbt er
ab, und mit dem Herbst beginnt die Stille und Verlassenheit des Winters.
Der Fremdenverkehr ist zu einer Haupteinnahmsquelle geworden. Denn die
blühenden Erwerbszweige des späteren Mittelalters und der vortechnischen
Zeit, der Bergbau und die Tuchweberei, sind fast völlig eingegangen.

Die Lakeland und die Howgill Fells sind aus alten Gesteinen verschiedenen Ursprungs errichtet, aber ihr Relief ist verhältnismäßig jung und zuletzt noch vom Eis umgeprägt worden. Bau und Formengeschichte, auf das engste miteinander verbunden, sind verwickelt [12, 211a, 33, 36, 320, 330 u. ao.].

Sehr deutlich ist eine geologische Dreigliederung des Seenlandes erkennbar [23, 24]. Ungef. n. einer Linie Egremont—Troutbeck (halbwegs Keswick und Penrith) herrschen die Skiddaw Slates, an der Basis vielleicht noch kambrisch, im wesentlichen ordovizisch, marine Sandsteine, Schiefersandsteine und Tonschiefer, sehr veränderlich auf kleine Entfernungen und in allerhand Übergängen miteinander verbunden, daher schwer in Horizonte zu gliedern. Die quarzitischen Sandsteine (wie etwa der Letterbarrow Sandstone) sind härter; alle anderen Gesteine erliegen der Verwitterung und Abtragung leichter, runde Formen, sanfte Hänge sind ihnen eigen. Weiter s., etwa bis zu einer Linie Duddonästuar—Broughton-in-Furness—Coniston—Ambleside—Shap, folgen in der Regel diskordant, stellenweise entlang Bruch- oder Schubflächen Laven, Tuffe und Agglomerate, von Intrusionen durchbrochen, insgesamt an die 3000 m mächtig. Sie werden als Borrowdale Volcanic Series zusammengefaßt [27, 211, 214, 220]. Diese dürfte der Llandilo-Gruppe (Ordoviz), die diskordant darüber folgende, zwar geringer mächtige, aber sehr deutlich in Erscheinung tretende Coniston Limestone Series und die Ashgill Series (Kalk und Schieferton) im Kentmere District dem Caradoc von Wales (ebenfalls Ordoviz; vgl. S. 711) entsprechen. Die Laven und ein Teil der Aschen sind besonders widerständig, aber ihre zahlreichen Klüfte Schwächelinien, entlang denen Verwitterung und Regenwasser Einrisse und Kerben, oft dicht nebeneinander, herausgearbeitet haben. So findet man in ihrem Bereiche die wildesten Formen, Felsen und Felszinken, zerfressene, getreppte Hänge, massige Felsköpfe (Pikes genannt). Es ist das landschaftlich abwechslungsreichste Gebiet und wird daher von Bergsteigern besonders gerne besucht. Der Abschnitt endlich von der vorhin erwähnten Linie und deren Fortsetzung bis zum Quellgebiet des Eden im E, gegen S bis Kirkby Lonsdale, Kendal und Ulverston wird von Silurschiefern und Sandsteinen eingenommen. Sie umrahmen also Windermere und bauen die Howgill Fells auf. Weicher als die vulkanischen Gesteine, zeigen sie längere, flache Rücken, ihre Abtragung ist sichtlich viel weiter fortgeschritten [213a, 34, 36].

Diese Dreiteilung gilt im allgemeinen; im einzelnen gibt es mancherlei Abweichungen. Skiddaw Slates erscheinen auch im Black Combe-Gebiet und jenseits Edenside im Cross Fell-Aufbruch wieder, hier ebenso die Borrowdale Volcanic Series, die auch an der N-Seite des Skiddaw-Stocks selbst wiederkehrt. Sie gehört dort dem N-Schenkel der flachgewölbten Skiddaw Anticline an, die durch die kaledonische Gebirgsbildung geschaffen wurde. Bei dieser wurden die älteren Gesteine des Seengebietes in WSW—ENE streichende Falten gelegt, auch von Verwerfungen durchsetzt, im Zusammenhang mit dem Aufstieg intrusiver Magmen, die heute als Erstarrungsgesteine oft freigelegt sind. Die genauere Abfolge dieser ungemein mannigfaltigen Bildungen geht uns hier nicht näher an, aber wichtig sind ihre Beschaffenheit und ihre Verbreitung. In der Borrowdale Volcanic Series des Shap-Gebietes sind es porphyrische Biotitgranite, die von dem verhältnismäßig kleinen Vorkommen (ungef. 80 km² Fl.) glaziale Erratika bis zur E-Küste Englands geliefert haben (vgl. S. 475). Im Skiddaw-Massiv sind es lichtgraue Granite, umrahmt von einem prächtigen Kontakthof, dessen harte Hornfelse nach außen in die unveränderten Schiefer übergehen; im benachbarten Carrock

Fell Granophyre, Gabbros und Diabase. Die Ennerdalegranophyre, lichtröt-
liche, feinkörnige Quarz-Feldspat-Gesteine, bauen das Gebirge zwischen Buttermere und Wastwater auf, die Eskdalegranite das größte Intrusionsgebiet des
Seenlandes vom unteren Ende des Wastwater südwärts bis gegen Bootle.
Sie sind in die Borrowdale Series intrudiert. Außerdem ist eine Anzahl
kleinerer Vorkommen aufgedeckt. Altkarbone Basaltlaven liegen randlich
bei Cockermouth [23—26, 28, 215, 218, 220, 222].

Die postkaledonische Geschichte des Seengebirges wird nur in Verbindung mit der Entwicklung seiner Umgebung verständlich. Das Kernland der
altpaläozoischen Gesteine wird nämlich von einem mehr weniger breiten Ring
von Karbon und permotriassischen Ablagerungen umschlossen. Sie bauen in
der Hauptsache das Flachland auf [21, 23, 210, 212, 213, 219]. Diskordant
greift das Karbon über die verschiedenen Glieder des Ordoviz und Silur über,
zuunterst sehr häufig gebildet von roten Konglomeraten, die im Mill Fell
Conglomerate w. Penrith am stärksten hervortreten. Sö. Penrith herrschen
vorwiegend kalkige Gesteine des marinen Unterkarbons bis Shap, Ravenstonedale, wo zuunterst Dolomite und Tonschiefer auftreten, und Mallerstang (vgl. S. 702), ferner im Kent-Gebiet bis Kendal und in Furness. Meist
flach gelagert, bilden sie lange, tafelförmige Berge oder auch Stufen, die ihren
Steilabfall gegen das Seengebirge, bzw. die Howgill Fells richten. Längs
der SW-Küste Cumberlands fehlt das Karbon, an ihr zieht der Mottled Sandstone (New Red) entlang, der St. Bees Head bildet, nach welchem er örtlich
benannt wird (vgl. u.). Dann setzt wieder das Karbon ein, das an der Küste
gegen N bis Maryport, landeinwärts bis gegen Cockermouth reicht, u. zw. Coal
Measures mit zwei Gruppen, unten dem ungef. 300 m mächtigen produktiven
Karbon, Sandsteinen und tonigen Gesteinen, oben der 180—300 m mächtigen
Whitehaven Sandstone Group, welche den Upper Coal Measures der Midlands
entsprechen mag. Das produktive Karbon enthält einige Flöze, von denen
das Main Band um Whitehaven das wichtigste ist, der Whitehaven Sandstone
abbaufähige Kohle bei Maryport. Das ganze Gebiet ist von vielen, meist
NNW—SSE streichenden großen Verwerfungen und zahlreichen kleineren
durchsetzt, so daß Schollen der beiden Gruppen von verschiedener Gestalt
und Größe nebeneinander liegen. Der Kohlenbergbau wird dadurch sehr ver-
teuert (Abb. 132). Maschinen lassen sich hier weniger als bei den anderen
brit. Kohlenfeldern verwenden. Die Kohle eignet sich besonders für Hausbrand, Gas- und Kokserzeugung, zur Dampfheizung und, weil reich an flüchtigen Bestandteilen (30—35%), zur Gewinnung von Nebenprodukten. Im
Durchschn. der J. 1931—1935 wurden in Cumberland 1,5 Mill. tons gehoben,
deren Abnehmer vornehmlich die Eisen- und Stahlwerke von Workington (41%)
und Irland (30%) waren (vgl. S. 698 f.) [74]. Östl. Maryport tritt zwischen
den Coal Measures und den alten Gesteinen des Gebirges wieder Unterkarbon
auf. Seine über 2000 m mächtige untere Gruppe besteht überwiegend aus
Kalksteinen, die von oben nach unten als First bis Seventh Limestone bezeichnet werden, seine sehr ungleich mächtige obere aus Sandstein und
Schiefertonen mit wenig Kalk (Hensington Group). Zwischen das basale Kar-
bonkonglomerat und den „siebenten Kalkstein" von Cumberland schalten sich
die Cockermouth Lavas ein. Geologisch bemerkenswert ist das Fehlen des
Millstone Grit.

Außer der Kohle birgt das Gebiet auch andere nutzbare Mineralien.
Kleinere Hämatitlager kommen in den älteren Gesteinen vor, größere, un-
regelmäßige Massen in den Karbonkalken von W-Cumberland um Cleator und
Whitehaven, wo sie noch immer ansehnliche Ausbeute ergeben, während diese

weiter s. um Dalton bereits sehr gering geworden ist [22a, 221, 223, 224;
113*, 752*]. Kupfer wurde seinerzeit bei Keswick und Coniston gewonnen;
Blei, Antimon, Wismut sind heute nicht abbauwert. Gips wird im Vale of
Eden abgebaut [217]. Vielerlei Bausteine werden gebrochen, Granite, Kalke,
Sandstein und vor allem die grünen, zur Bedachung verwendeten Schiefer der
Borrowdale Volcanic Series von Coniston, Borrowdale, Honister u. ao.
[22b, c, 23].

Edensides Grundgestein ist der grobkörnige rötliche Penrith Sandstone
(permischen Alters), der von
Kirkby Stephen im SE bis
über den Esk im NW reicht.
Bei Appleby sind an seiner
Basis und zuoberst Brek-
zien („Brockrams") ent-
wickelt; hier folgen dar-
über graue und gelbe dolomitische Schiefer und Sandsteine (Hilton Plant Beds)
und dolomitischer Kalk
[23a]. Dagegen geht er
weiter n. durch Wechsel-
lagerung in die St. Bees
Shales über und diese ihrerseits bei Carlisle, wo sie
gipshaltig sind, in den St.
Bees Sandstone, der dem
Buntsandstein der Mid-
lands entspricht. Ja hier
folgen sogar noch Vertre-
ter des Keuper (Stanwix
Shales) und des Unterlias
(Tonschiefer und Kalksteine des 60 m hohen Plateaus
von Great Orton w. Carl-
isle). Rhätschichten sind
hier nicht nachgewiesen.
S. Whitehaven werden die
Brockrambrekzien landein-
wärts auf Kosten der übrigen Horizonte des New Red

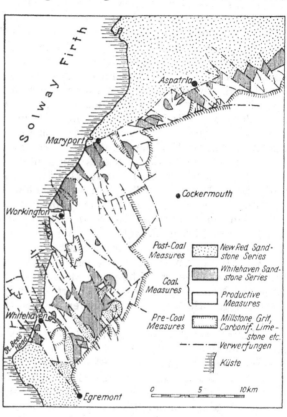

Abb. 132. Kohlengebiet von Cumberland.
(Nach T. Eastwood.)

bis in den St. Bees Sandstone hinauf auffallend mächtig; sie übergreifen hier
das ganze Karbon [21, 23, 219].

Diese einen mehr weniger zusammenhängenden Ring bildenden karbonen
und jüngeren Ablagerungen fallen, von kleinen Abweichungen abgesehen, von
dem alten Massiv nach allen Richtungen ab. Das ist das Ergebnis wiederholter Krustenbewegungen, die schließlich im älteren Miozän oder schon etwas
früher [24, 33] jene Dome aufgewölbt und jene Abdachungen geschaffen
haben, welche den Hauptflüssen des Gebietes ihre Wege wiesen. Von der damaligen Landoberfläche aus schnitten sie durch die zu jener Zeit noch vorhandene Schichtdecke in den alten Sockel ein, vorerst unbekümmert um dessen
Tektonik, wenn sie sich auch im Laufe der Zeit der verschiedenen Widerständigkeit seiner Gesteine mehr oder weniger anpassen mußten. Die Decke

selbst wurde in der hochgehobenen Mitte abgetragen. Es handelt sich also
um ein vererbtes System („superimposed drainage") konsequenter Abdachungsflüsse, die heute als solche allerdings nur im Bereich des Karbons
und des New Red erkennbar sind. Inwieweit in der heutigen Landoberfläche
auch ältere wiederaufgedeckte Flächenbestandteile enthalten sind, ist eine
offene Frage [27*, 34, 314].

Die größte jener kuppelförmigen Aufwölbungen stellt das eigentliche
Seengebirge selbst dar. Ihre Längsachse fällt nicht mit der alten kaledonischen Antiklinale zusammen, sondern verläuft s. von ihr vom Scafell zum
Shap Pass. Die Howgill Fells und das Skiddaw-Gebiet sind sekundäre Dome
[34]. Noch folgt die Wasserscheide inmitten des Seengebirges dem Scheitel
des elliptischen Gewölbes, während die Howgill Fells vom wohl antezedenten
Lune durchbrochen werden, ein Zeichen, daß sie nur ganz langsam aufgestiegen sind [314]. Der Grundform des Domes entspricht die speichenförmige
Anordnung der Täler. Am wirksamsten wurde die Talbildung entlang der
alten Zerrüttungsstreifen, von denen mehrere der wichtigsten nahe dem oberen
Ende des Lake Windermere zusammentreffen. Darauf führte man die Ausbildung der Talflucht von Dunmail Raise zurück [32], ebenso die fast rechtwinkelig dazu gegen WSW ziehende, durch Täler und Pässe bezeichnete Furche Little
Langdale—Wrynose Pass—oberes Duddontal—Hardknott Pass—Eskdale und
im NW die Furche Little Langdale Tarn—Blea Tarn—Mickleden—Rossett
Gill—Ennerdale usw. [33]. An verschiedenen Stellen ist es dabei zu Anzapfungen gekommen, um so mehr als das Talnetz in den undurchlässigen
Gesteinen sehr dicht und die Niederschläge stets reich waren, überdies auch
das ganze Gebiet im Präglazial höher über dem Meere stand als heute und
die Mill. J. des späteren Miozäns und des ganzen Pliozäns Zeit genug für die
Entwicklung boten. Im Bereich des Kent hat man diese näher verfolgt. Jedenfalls ist das Gebirge schon vor dem Eintritt des Eiszeitalters ausgereift
gewesen. Nur dort, wo besonders harte Gesteine neben wenig widerständigen
lagen, mögen Seitentäler mit Stufen in das Haupttal gemündet haben [317,
318, 325].

Wenn irgendwo auf den Br. Inseln, so kann man im Seengebirge Pied-
monttreppen erwarten. Tatsächlich ordnen sich die Reste alter Landoberflächen in einer Anzahl von Stockwerken um das zentrale Gebiet, aber der
Nachweis, daß es sich um eine Hebung mit wachsender Phase handelt, ist
nicht zu erbringen, wenigstens nicht beim heutigen Stand unserer Kenntnis.
Schon die alten Landoberflächen selbst nach Zahl, Höhe und Ausdehnung
festzustellen, ist schwierig; denn die starke Abtragung im Anteglazial und die
eiszeitliche Überformung haben sie verwischt oder überhaupt aufgezehrt. Erst
recht schwierig ist es, sie in Systeme zusammenzufassen. Ohne Zweifel sind
solche Reste in allen Teilen des Gebirges und seiner Umrahmung vorhanden,
wie ich schon 1926 beobachtet habe. Allein erst vor kurzem sind sie in Cumberland und von Furness über Ennerdale bis in die Carlisle Plain sowie in den
Howgill Fells untersucht worden [317a, 323, 324, 324a, 326, 326a]. Die Zahl
der Reste von „platforms" oder „planation surfaces" um den Lake District
ist danach groß. Am besten entwickelt und besonders verbreitet sind solche
in ungef. 120, 245, 300 m, häufig weitere in 175, 350 und 400 m. Höhere Einflächungen treten in ± 500 m, 600—650 m und anscheinend um 800 m auf.
Stellenweise ist auch ein „300-ft level" auffallend. Die Flächen bis hinauf
zum 350 m-Niveau sind sicher verbogen worden, für die von ± 600 m läßt sich
dies wegen ihrer weitgehenden Zerstörung nicht mehr nachweisen. Inwieweit
sie mariner, inwieweit subaeriler Entstehung sind, ist schwer zu entscheiden;

wahrscheinlich gingen beide Hand in Hand. Um eine wiederaufgedeckte ältere
Rumpffläche dürfte es sich jedoch kaum handeln [317a], finden doch z. B. die
Systeme von 380—425 m und in $\pm$ 300 m, die im sö. Lake District und in den
Howgill Fells auftreten [326a], ihr Gegenstück im Gebiet des Ingleborough,
wo eine solche Entwicklung unwahrscheinlich ist (vgl. S. 546 f.).

Seinen heutigen Formenschatz hat das Gebirge erst durch die Vergletscherung erhalten; darüber sind alle Forscher einig [34—38, 316, 325]. Nur
über das Ausmaß der glazialen Erosion gehen die Ansichten auseinander.
Tatsache ist, daß sich da und dort mächtige Schuttdecken, die nur präglazial sein können, erhalten haben, so im ö. Lakeland (High Street), wo die
präglazialen Formen wenig verändert sind [317 a, 325], aber ebenso sicher ist,
daß zumal im W die Talfurchen tiefer ausgeschürft und seichte Wannen in
den Fels gebrochen sind. Karseen [31a], Trogtäler, Riegel, abgestutzte Sporne
sind häufig, am schönsten in der Borrowdale Volcanic Series, weit weniger in
den Skiddaw Slates [31 a, 33,
313]. Doch ist die Ansicht,
daß im E die präglazialen
Talböden 60—100 m über den
heutigen gelegen gewesen und
die heutigen Taltiefen durch
rückschreitenden   Gletscherschurf entstanden seien, m. E.
nicht ausreichend begründet
[318].

Bei seiner großen Höhe
wurde das Gebirge ein Haupt-
zentrum der Vergletscherung,
namentlich von dem Zeitpunkt
an, wo die Schneegrenze unter
500 m und zuletzt auf 400 m
herabsank und damit die ausgedehnten Einflächungen auch
jenes Niveaus dem Nährgebiet
einverleibt wurden. Schließ-

Abb. 133. Red Screes w. über dem Kirkstone Pass.
Aufn. J. SÖLCH (1926).
Glazial überformte Bergrücken (Kar mit Wandstufen. Rundbuckeln und Moränenschutt) und
rezente Schutthalden.

lich dürfte das ganze Seenland unter Eis begraben gewesen sein — allerdings
wurden auch gegenteilige Meinungen geäußert. Um den Helvellyn liegen
jedenfalls erratische Blöcke noch in 750—800 m H., doch ragten vielleicht die
höchsten Gipfel über das Eis auf [34*; 318, 321, 325, 328, 330]. Die gegen N
abfließenden Eisströme fanden hier ihren Weg durch das hochangeschwollene
schottische Eis versperrt, sie wurden längs der Flanken des Gebirges gegen S
abgelenkt. Eine Eisscheide legte sich vom Helvellyn quer über Edenside hinüber zum Cross Fell. Die basalen Eismassen schlugen übrigens z. T. andere
Wege ein als die oberen, genau so wie in Wales und im Schottischen Hochland [318, 318 a], drinnen im Gebirge flossen wiederholt die ersteren die
Täler hinab, die letzteren quer über die Kämme hinweg. In Borrowdale laufen
die Schrammen im S bis zu 600 m, im N bis zu 380 m dem Talgehänge parallel,
in größerer Höhe ganz allgemein in NNW-Richtung [310]. Schon 1875 wurde
das Vorhandensein von Differentialbewegungen des Eises in verschiedenen
Höhen erkannt, aber erst kürzlich die Rolle der basalen Eisteilung („basal
partings") gewürdigt [318]. Wie in den anderen Gebirgen der Br. Inseln ist
später auf die größte Vergletscherung eine Tal- und zuletzt die Karver-
gletscherung gefolgt. Die Verbreitung der Moränen läßt das Zurückweichen

des Eises in den einzelnen Tälern gut verfolgen, z. B. in Borrowdale, wo
Sea- und Stonethwaite-Gletscher s. Rosthwaite nebeneinander schöne Wälle
hinterlassen haben [310, 329], im Bereich des Ullswater [321], Eskdale usw.
[37, 319]. Die Moränen, welche die Karseen umschließen, gehören dem letzten
Stadium des Eisrückzuges an. Auch die großen Talseen sind z. T. durch
Moränen abgedämmt, z. T. echte Felswannen, wenn auch nirgends von größerer
Tiefe [311]. Manche Seen sind schon wieder zugeschüttet worden, u. a. die im
Newlands Vale und im oberen Borrowdale, andere durch Aufschüttungen aus
einem früher einheitlichen See in zwei zerlegt worden (Derwent Water und
Bassenthwaite Lake, Buttermere und Crummock Water). Eigentümlich sind
dabei in manchen E—W gerichteten Seen die Ungleichseitigkeiten der Deltas,
eine Wirkung der W-Winde [312, 315, 325].

Über die Größenverhältnisse usw. der wichtigsten Seen des Lake District
gibt folgende Tabelle Aufschluß [44]:

See-höhe	Länge in km	Breite in m		Tiefe in m		Fläche in km²	Vo-lumen in Mill. m³	Ein-zugs-gebiet in km²
		größte	mitt-lere	größte	mitt-lere			
Windermere 39,6	17,0	1475	869	66,8	23,8	14,79	347,0	230,5
Ullswater 145,0	11,8	1005	756	62,5	25,3	8,94	223,0	145,5
Wastwater 61,0	4,8	805	595	78,6	41,0	2,91	117,0	48,5
Coniston Water 43,5	8,7	795	549	56,1	24,1	4,91	113,3	60,7
Crummock Water 98,0	4,0	914	640	43,9	26,7	2,53	66,4	43,6
Ennerdale Water 112,5	3,8	914	732	45,1	18,9	2,91	56,0	44,1
Bassenthwaite Lake ... 68,0	6,2	1190	869	21,3	5,5	5,35	29,0	237,9
Derwent Water 74,5	4,6	1950	1160	22,0	5,5	5,35	29,0	82,7
Haweswater 211,5	3,7	549	370	31,4	12,0	1,40	16,7	29,1
Buttermere 101,0	2,0	613	567	28,6	16,6	0,94	15,2	16,9

Diese Zahlen gelten für Haweswater, seitdem es zu Zwecken der Wasserversorgung von Manchester gestaut wurde (vgl. S. 640), nicht mehr. 1935
bis 1937 wurde ein großer Damm gebaut, durch welchen es 29 m höher
gestaut und seine Fl. auf 4 km², seine Länge auf 7 km vergrößert wurde.
Etliche Farmen und die alte Kirche von Mardale wurden dabei überflutet.
Durch eine ganze Anzahl von Tunneln (der längste 8 km) führt die Wasserleitung im Sommer täglich 150 Mill. l nach Manchester [46 a]. Schon in den
Neunzigerj. war, ebenfalls zur Wasserversorgung von Manchester, der Spiegel
von Thirlmere um 16 m gehoben worden [45]. Andere Seen dienen der Wasser-
versorgung des Industriegebietes im W, Ennerdale Water für Whitehaven,
Crummock Water für Workington und Cockermouth. Ende Juni 1893 wurden
Wärmemessungen in verschiedenen Tiefen von Derwent Water, Bassenthwaite
Lake, Wastwater, Ullswater usw. vorgenommen. Die Oberflächentemperaturen
lagen meist zwischen 17° und 20° C, nur Ullswater war am oberen Ende auffallend kälter (14,4°). Derwent Water zeigte in 21 m Tiefe — auf dem
Grunde — 10,2° C [44, 45 b]. Im allgemeinen erwärmen sich jedoch die Wasserspiegel im Juli und August auf höchstens 17°, durchschn. auf 15,5° (IV
4,9°; V 7,7°; VI 12,3°) [48 a].

Bereits seinerzeit ist aufgefallen, daß auch die Seewannen nur unbedeutend erodiert und häufig noch die Kerben ehemaliger Flußtäler in ihrem
Grunde gut erkennbar sind; aufgefallen ist auch die Asymmetrie mancher Berg-

züge, die sich im Bereich der alten Gesteine nicht um deren Beschaffenheit und
Tektonik kümmert. Man schrieb sie ursprünglich der starken Abspülung der
Wetterseite zu, später der längeren Einwirkung des Eises an der schattigen
W-Seite der Täler, während an der E-Seite Moränen aufgeschüttet und von
Schmelzwässern in Randgerinnen eingeschnitten wurden [33, 36]. Dabei ist
es wiederholt zu postglazialen Epigenesen gekommen.

Eigentümlich und bisher nicht genügend gewürdigt sind die Gabelungen
vieler Täler am Rand des Gebirges, so daß dieses hier besonders stark aufgelöst erscheint. U. a. sind Miter- und Eskdale in ihrem Mittellauf nur durch
eine niedrige Wasserscheide getrennt; w. des Rothay-Windermere-Tals zieht
jene Furche gegen S, in welche Esthwaite Water gebettet ist; auch w. des
heutigen Kentdale eine Talfurche gegen S, w. Coniston Water eine Talfurche
über Torver gegen Broughton. St. John's Beck, der Abfluß von Thirlmere,
biegt in eine ö. gelegene Furche ab, während ehemals eine andere weiter w.
sicher die Hauptrinne war. Drüben im W ist St. Bees Head durch eine schon
mehrmals erörterte Talfurche vom Hinterland völlig abgelöst, eine kleine
Senkung würde es zu einer Insel machen. Eisschurf kann diese Gabelungen
nicht verursacht, stadiale Schmelzwässer können nicht genug Zeit gehabt
haben, solche Furchen auszunagen, angesichts der Tatsache, daß sich die
schönen postglazialen Epigenesen des Gebietes, z. B. im Duddontal, bisher
nur wenige Meter tief in den Fels einnagen konnten. In diesem Zusammenhang
sind einerseits die wahrscheinlich noch pliozäne Zerschneidung, die stellenweise unter den Meeresspiegel hinabreichte (z. B. in einer Bohrung zu Park
House Mines, Furness, bis — 137 m), anderseits die Wiederauffüllung der
damals entstandenen Täler („buried valleys"), die Driftaufschüttungen und
die Abdämmung der Seen, wichtig. Jedenfalls drängt sich der Gedanke an
alte ante- und vielleicht auch interglaziale Epigenesen auf, verursacht durch
die Schwankungen in der Höhe der nahen Erosionsbasis und die dadurch verursachte Aufschüttung und Wiederzerschneidung. Auch heute würde ein Ansteigen des Meeresspiegels um bloß 50 m Windermere und Coniston Lake, ein
Ansteigen um 100 m fast alle oben genannten Seen in weit ins Land eingreifende Fjorde verwandeln und die Bedingungen der Flußarbeit völlig verändern.

Dieselben Krustenbewegungen, welche die Dome des Seengebietes auf-
wölbten, haben auch die Synklinalen und Gräben in ihrer Umgebung geschaffen, in bezeichnender Anlehnung an schon früher vorhandene Senkungs-
gebiete. Solche sind im W die Irische See, im N die daran anschließende und
in ihren äußeren Teilen ebenfalls ertrunkene Niederung des Solway Firth,
im NE die Senke von Edenside, eine asymmetrische Synklinale, die über
60 km keilförmig in das Innere des Berglands von N-England eindringt.
Ihre erste Anlage reicht schon in die vormesozoische Zeit zurück, ihre letzte
tektonische Ausgestaltung hat jedoch auch sie erst im Jungtertiär erhalten:
erst nach der Hebung der Pennines konnte deren gegen W blickende Mauer,
z. T. entlang der alten Verwerfungen, als Bruchlinienstufe herausgearbeitet
werden [21 b—e; 23, 25, 213]. Langsam steigen dagegen im SW immer ältere
Schichten aus ihr auf. Wie der Penrith Sandstone zwischen den Tälern des
Eden und des Petterill eine niedrige, gegen das Seengebiet schauende Stufe
in der Senke selbst bildet, so weiter sw. das Unterkarbon eine zweite, höhere
in Form eines Kranzes von tafelbergartigen Erhebungen, die in 350 bis 400 m
Höhe vom Caldbeck über Shap zum Ash Fell (386 m; sw. Kirkby Stephen)
im SE ziehen, voneinander durch Strunkpässe getrennt. Diese wurden von

den alten Abdachungsflüssen an der NE-Seite des Seengebirges bei der Entwicklung subsequenter Gewässer verlassen, nur der Eamont hat seinen ursprünglichen Lauf beibehalten, desgleichen der Eden selbst, welcher die
Gewässer entlang der Synklinale sammelte [314]. Im S wird Edenside durch
die Antiklinale der Howgill Fells begrenzt, welche an den Dent Faults gegen
das Karbon der Pennines abstoßen [34]. Hier hat der Rawthey, der Fluß von
Sedbergh, ein tiefes Tal eingeschnitten. Eigenartig sind die Beziehungen der
Quellbäche des Edengebietes zu denen des Ure und des Lune. Der Durchbruch des Lune wird bald aus einer Anzapfung, bald als antezedent erklärt
[317, 317a, 318; vgl. S. 684].

Die Niederungen des Solway Firth und von Edenside haben während der
Vergletscherung den Eisströmen den Weg gewiesen, sie sind von ihnen überformt und mit ansehnlichen Schuttmassen bedeckt worden. Bloß dort konnte
man, abgesehen von St. Bees Head, wo sich zwischen zwei Geschiebelehmen
eine interglaziale (-stadiale?) Torfschicht findet, ältere und jüngere Vergletscherung stratigraphisch voneinander trennen [318a], obwohl interglaziale
Stufenbildungen innerhalb des Seengebirges, z. B. am Old Man of Coniston,
vorhanden sein sollen [39]. Nach dem gegenwärtigen Stand unserer Kenntnis
sind in jenem Gebiet anscheinend 4—5 eiszeitliche „Episoden" eingetreten,
jede gekennzeichnet durch einen Boulder Clay, der dem Vorstoß entspricht,
und Sande, Schotter und Bändertone, welche dem Rückzug angehören. Von
den ältesten liegen freilich nur wenige Spuren vor, u. a. stark verwitterte Geschiebelehme mit Lake District-Erratika am Caldew. Die folgende, die „Early
Scottish Glaciation" (wahrscheinlich „Episode 3", Entsprechung der Upper
Purple Clay Glaciation Yorkshires), brachte Geschiebe aus SW-Schottland
herbei; das aus den dortigen Uplands stammende Eis rückte durch Edenside
aufwärts, versperrte dem Lake District-Eis den Weg und strömte mit ihm
zusammen über Stainmoor gegen E zum Teesästuar. Bei der „Lake District-
Edenside" oder „Main Glaciation" („Episode 4"), die der Hessle-Eiszeit des E
gleichgesetzt wird (vgl. S. 475f.), wurde Edenside von Eis aus dem Lake District
und den Pennines eingenommen; doch wurden die Gletscher, welche im Cross
Fell-Gebiet wurzelten, durch das Lake District-Eis auf einen schmalen Gürtel
zusammengedrängt, während sie ihm umgekehrt verwehrten, in die Täler der
Pennines einzudringen. Erst bei ihrem Rückzug erreichte das Lake District-
Eis an deren W-Seite seinen Höchststand. Von der Eisscheide zwischen Helvellyn und Cross Fell fand es einen wichtigen Auslauf gegen N zum Solway,
wo es, gestaut durch das schottische Eis, einerseits gegen W und SW, anderseits durch das Tyne Gap abschwenkte. Das gegen SE ziehende Eis spaltete
sich vor der selbständigen Eiskappe der How Gill Fells und des Boar Fell:
ein Ast zog gegen Kendal, der andere ö. über Stainmoor. Nach einer eisfreien
Zeit, welcher der erwähnte Torf von St. Bees angehört, überdeckte schottisches Eis noch einmal die Niederung im S des Solway Firth zwischen Meer
und Gebirge („Scottish Re-advance", „Upper Boulder Clay"; „Episode 5").
Die Early Scottish Glaciation dürfte der größten Ausdehnung des Eises auf
den Br. Inseln entsprechen, aber die heute noch vorhandenen Formen gehören
den beiden letzten Abschnitten des Eiszeitalters an. In diesem Sinne, d. h.
zur Bezeichnung jener Vergletscherung, welche die größte morphologische
Wirkung in Edenside ausgeübt hat, soll ja überhaupt der Ausdruck „Main
Glaciation" verwendet werden. Von den glazialen Formen hat man besonders
die weitverbreiteten Drumlins (Umgebung von Appleby; Lunetal zwischen
Shap, Tebay und Ravenstonedale; Penrith; Gegend ö. Carlisle usw.) bezüglich ihrer Entstehung und ihres Alters erörtert. Anscheinend sind sie wäh-

rend des Maximums der „Main Glaciation" gebildet worden, u. zw. durch die
Bewegung der basalen Eismassen. Auffallend ist, daß die Drumlins der Solwayniederung weder beim Rückzug der „Main Glaciation" noch beim Vorrücken des „Scottish Re-advance" in Form oder Richtung bestimmt und auch
nicht von den postglazialen Abtragungsvorgängen umgeformt oder zerstört
worden sind [316, 318].

Zahlreich sind die Formen, welche den verschiedenen Stadien des Rückzuges der Main Glaciation entsprechen. Als der Gletscher durch das Tyne
Gap zurückwich, hinterließ er hier einen fast 40 km langen „ose-train", d. h.
einen aus Osern, Kames, Übergangskegeln und -deltas gebildeten Aufschüt-
tungsstreifen englazialen Ursprungs, den längsten seiner Art in England.
Ein sehr schöner, später gebildeter Kamesgürtel zieht von Boothby (2 km nö.
Brampton) bis Ainstable (15 km n. Penrith), 19 km lang, durchschn. fast
5 km breit. Deltas und Überflußrinnen lassen erkennen, daß sich sowohl
längs der Bewcastle Fells wie der Cross Fell-Stufe Stauseen bildeten, deren
Abflüsse sich im Irthingtal sammelten und von hier als mächtige Wasser-
stränge durch das Tyne Gap abströmten. Die Abdämmung wurde durch das
schottische Eis im N, das Lake District-Eis des Edentals im S verursacht.
Als dieses weiter zurückwich, wurden die im NW vor dem Cross Fell frei-
gegebenen Täler von Seen erfüllt („Farlam Lake", „Lake Geltdale", „Croglin
Lake" usw.), die sich später mit dem „Lake Eden" verbanden, als dieser durch
das Edental hinauswuchs. Weithin haben feine Sande und Bändertone dessen
Boden bedeckt. Nicht weniger als 24 Rückzugshalte der „Main Glaciation"
wurden hier unterschieden. Eine jüngere Gruppe von Stauseen und Oser-
zügen bei Carlisle („Smithfield—Gretna ose-train"; „Bromhills—Cummertree
ose-train") gehört dagegen erst dem Rückzug des „Scottish Re-advance Ice"
an, dessen Grundmoräne teils über den Sanden einer eisfreien Zeit (Middle
Sands) lagert, teils über Bändertonen, die gelegentlich gestaucht sind. Die
Rückzugslinien des schottischen Eisvorstoßes, der um die Ebene von Carlisle
höchstens 140—150 m H. erreichte, ordneten sich in flachen Bögen zunächst
s., später nw. Carlisle. Damals, als das Eis noch den unteren Teil des Solway
Firth erfüllte, bildete sich zwischen seinem Rande und den Erhebungen im
SE und E im unteren Edental wieder ein Stausee („Lake Carlisle"), der, wie
Strandlinien, Überflußrinnen und Deltas erweisen, sicher jünger ist als die
Drumlins, zwischen denen er sich ausbuchtete. Ruckweise sank der Seespiegel
von 45 m auf 30 und später auf 15 m O.D., als das Eis zurückwich. Dabei
wurden wieder Kames, Eskers und Eskerdeltas aufgeschüttet. Jünger sind der
ertrunkene Wald der Cadurnock Flats am Solway, noch jünger eine gehobene
Strandlinie (in höchstens 4,7 m), welche dem „Neolithic Raised Beach" beigeordnet wird. Mariner Schlick („warp") nimmt den größten Teil der Niederung zwischen dem Driftland und dem Meere ein. Er tritt in zwei Terrassen
auf, von denen die zweite auch in mehrere Flußtäler hineinzieht. In diesen
selbst zeigen sich, allerdings nicht überall und nicht zusammenhängend verfolgbar, zwei bis drei Alluvialterrassen, von denen die unterste jünger, die
anderen älter sein dürften als die zweite marine Terrasse. Am Esk, wo sie
am besten entwickelt sind, liegen sie in H. bis zu 1,5, bzw. 6 und 9 m [21b,
c, e, f].

Im SW und W ist auch noch Irischsee-Eis mit ins Spiel gekommen. Seine
Ablagerungen, bis 250 m H. emporreichend, stauten Ennerdale Lake, Windermere usw. auf und riegelten das untere Duddontal ab, so daß der Überfluß in
das Tal des Whicham Beck (sw. Broughton) erfolgte. Im Interstadial vor
dem Scottish Re-advance trennte es sich vom Lake District Ice. Postglaziale

ästuarine Ablagerungen füllen, 17,8 m mächtig, die ertrunkene Kerbe von Workington Harbour [21e, 35, 36, 39; 312*].

Bemerkenswert sind die Bodenablagerungen von Windermere, Bändertone, getrennt durch eine graue Schuttschicht, deren Inhalt auf ein kühlgemäßigtes Klima als Entstehungszeit weist. Die unteren Tone sollen dem „Scottish Re-advance", die oberen dem Stadium der letzten Talvergletscherung des Lake District entsprechen; diese müßte also ein neuer Vorstoß gewesen sein, erst nach 8300 v. Chr. (?) [327].

Mit dem Rückzug der letzten Vergletscherung rückte eine arktisch-alpine Pflanzenwelt ein, deren letzte Vertreter heute auf die Höhen des Berglands beschränkt sind. Immer höher stieg der Wald, bis er, nach der jetzigen Verbreitung des Adlerfarns zu schließen, mit geschlossenen Beständen am W-Hang des Helvellyn zu 750—800 m emporreichte, am felsigen E-Hang bis ungef. 700 m [49—411]. In manchen Torfmooren NW-Englands, u. a. in Borrowdale, fand man in einer Tiefe von 1,5 m außer Birken und Föhren vornehmlich Eichenstrünke; die Eiche war der vorherrschende Waldbaum. Allein die spätere Klimaverschlechterung schob die Waldgrenze um etwa 200 m hinab. Im übrigen hat der Mensch, besonders beim Bergbau des 16. und 17. Jh. (vgl. S. 693, 695 ff.), das Schwinden des Waldes verursacht. Dieser, bestehend aus Stein- und Stieleichen, Eschen, Birken, auch Ahorn und Buchen, Stechpalmen und den erst später eingeführten Lärchen, Roß- und selbst Edelkastanien, nimmt heute nur mehr 5% der Ges.Fl. ein. Er hat sich auf gewisse Bestände an den Ufern der Seen (Windermere, Coniston) und entlang den unteren Talhängen, besonders im S, zurückgezogen; bloß einzelne Vorposten erinnern daran, daß er vor den Eingriffen des Menschen bis zu 300—400 m an den Windseiten im W (heute 150—180 m!), zu 500—600 m an den besser geschützten Abdachungen emporstieg. Aber auch dort ist er z. T. bloß Niederwald. Die zwei obersten Traubeneichengehölze stehen, bis 3,6 m hoch, auf 30⁰, bzw. 40⁰ S geneigten Hängen (Skiddawschiefer) in Keskadale (6—7 km sw. Keswick) in 360—426 m, bzw. 305—457 m H. [410; 452*]. Die Höhen darüber nehmen wie schon früher Grasfluren und vor allem Callunaheiden ein; der Lake District ist das größte Heidekrautgebiet Englands [729*; 110]. Torfmoore sind verhältnismäßig selten. Die Grasfluren, je nachdem mit Pfeifengras, Schafschwingel, Borstengras, gehen nach oben, immer dürftiger werdend, in *Rhacomitrium lanuginosum*-Heiden mit Heidelbeere, Preiselbeere, Bärlapp über. In 600—700 m stellen sich alpine Pflanzen ein (*Lychnis alpina, Allosurus crispa, Saxifraga oppositifolia, Thalictrum alpinum, Oxyria reniformis, Sedum rhodiola* u. a.), noch höher arktische (*Salix herbacea*, im allgem. erst in über 800 m). An das ehemalige Vorhandensein von Raubtieren und anderen Jagdtieren erinnern gewisse Örtlichkeitsnamen, so die verschiedenen Grisedales (gris, Wildschwein, -eber). Auffallend arm ist die Vogelwelt; „grouse moors" finden sich auf den Shap Fells [11a, 16, 414]. Auf den flachen Böschungen der schuttreichen Kuppen arbeiten Gekriech und Rutschungen an der Abtragung, auch das Bodenfließen, das zur Ausbildung von Steinnetzen, Steinstreifen und Schuttwülsten führt [322, 324b, 325]. Die höchsten Gipfel, in den Bereich des Spaltenfrosts aufsteigend, sind ein Blocktrümmerwerk ähnlich wie die Schneekoppe; das gilt vor allem von den Granophyren und den Borrowdalegesteinen. Merkwürdig ist, daß die schärfer geformten Höhen Erratika tragen, die „unterjochten" dagegen nicht; diese sind vielmehr oft von mächtigem Verwitterungsschutt fraglichen Alters bedeckt [328, 330]. Gewaltige Geröllmassen („screes") mit bezeichnender Vegetation [412] steigen mitunter weit herab, so am Kirkstone Pass (Abb. 133) und am Wastwater. Die Grasfluren tragen Tausende von Schafsteigen, die bei gewisser schräger Beleuchtung am deutlichsten sichtbar werden [413]. Auf die Wasser- und Ufervegetation der Seen [48, 49] und die Besiedlung der Watten der Morecambe Bay durch die Pflanzenwelt (Foulshaw Mors nö. Grange-over-Sands) [440*] kann hier nicht eingegangen werden. Wie in Irland führt die Verlandung der kleineren Binnensümpfe nicht zur Entwicklung von Wald, sondern von Torfmoor oder von Heide [440*].

Die ältesten Spuren des Menschen in NW-England sind auf den Höhen am häufigsten, besonders auf den flacheren Ausläufern des Berglands. Altsteinzeitliche Funde liegen nicht vor, dagegen reichliche Überreste, Siedlungen und Gräber aus der Jungsteinzeit und zumal der Bronzezeit, wo Einwanderer aus NE-England durch das Tyne Gap nach Edenside schon zahlreicher eingedrungen waren. Viele tumuli, cairns, camps finden sich neben jenem alten Hauptwege zwischen Lune und Eden, den W. Scott Mayden Way genannt hat, ferner auf Black Combe und um Windermere sowie hoch oben auf High Street s. Ullswater und dem Gipfel des Carrock Fell; weiters gut erhaltene Steinkreise auf Castlerigg bei Keswick, bei Penrith („Long Meg and Her Daughters"; „King Arthur's Round Table"), zu Swinside (Black Combe), bei Shap und Crosby Ravensworth (ö. Shap) [11, 13, 14, 17, 18]. Die Täler waren von Sümpfen und Urwäldern eingenommen, aber auch diese stellenweise besiedelt. Zahlreiche „hut-villages", Ringe von Steinhäusern um einen Viehkraal, in Westmorland allein etwa 50, sind nachgewiesen, meist unbestimmten Alters, jedoch in ihrer Art ganz bronzezeitlich [53, 517*]. Sie mögen durch die ältere Eisenzeit bis in die La Tène-Zeit fortbestanden haben. Die Römer, welche hier wie in NE-England die Briganter antrafen, legten Straßen um und durch das Seengebirge an. Vom Hafen Clanoventa (Ravenglass; vgl. S. 697) zog eine über Hardknott Pass und Wrynose Pass nach Langdale und Galava (Ambleside), das einerseits über „High Street" mit Brocavum (Brougham bei Penrith), anderseits über Alone (bei Natland s. Kendal) mit Lancaster verbunden war, wahrscheinlich auch gegen N über Dunmail Raise mit Keswick, gegen S mit Dalton-in-Furness [17]. Nach Edenside und Brocavum führten Straßen über Stainmoor und Verterae (Brough) und vom Lunetal her. Hauptstraßenknoten war Luguvallium, der Vorläufer Carlisles, flankiert von Wachposten längs dem Hadrianswall. Hier liefen auch die Straßen aus der Solwayniederung und durch das Tyne Gap zusammen. Allein die Spuren der Römerzeit sind in NW-England nicht so häufig wie in anderen, lockenderen Strichen der Insel [52].

Nach dem Sieg Ethelfrids von Northumbria über die Briten bei Chester (vgl. S. 611) besetzten die Angeln das Gebiet s. der Shap Fells; das n. davon blieb vorerst beim britischen Königreich Strathclyde, kam jedoch noch im 7. Jh. unter anglische Herrschaft. Dauernde Ruhe war ihm nicht beschieden. Denn im 9. Jh. erschienen die Dänen über die Pässe der Pennines, im 10. Jh. die Norweger von Irland und der I. Man her. 945 wurde Cumbria von den Schotten erobert, nur das s. Westmorland blieb englisch. Erst 1092 unterwarf Wilhelm Rufus das n. Cumberland.

NW-England war somit von mehreren Wellen germanischer Einwanderung betroffen worden. Die alte keltische Bevölkerung schwand dahin, weniger in der Rasse als in der Sprache. Wohl sieht man im Seengebiet hochgewachsene, blonde, blauäugige Typen, die Nachkommen der nordischen Einwanderer, verhältnismäßig häufig, im ganzen überwiegen aber dunkle, langund kurzschädelige der vorgermanischen Bevölkerung bedeutend. Spärlich

sind die keltischen Namen für Berge und Orte, noch am häufigsten die für
Gewässer. Immerhin stößt man auf keltische Siedlungsnamen längs dem
Irthing und in Edenside (Penrith, um 1100 pen-rhyd, Hauptfurt [623*];
Carlisle), vereinzelt auch anderswo auf solche goidelischen Ursprungs (Ravenglass). Nicht immer ist es leicht, den Anteil der verschiedenen germanischen
Elemente und den Gang der germanischen Besiedlung festzustellen. Ältere
englische Namen sind ohne Zweifel um das Seenbergland vorhanden (Workington, Brougham, Brough, Brampton usw.). Dänen siedelten sich am oberen Eden an und waren vielleicht schon vor den Norwegern in die Nachbarschaft gelangt. In diesem Gebiet sind -by-Namen häufig, wiederholt begegnet
man dem Namen Kirkby (Lonsdale, Stephen, Thore). Die bezeichnenden Ortsnamen des Seengebirges selbst sind norwegisch, so die vielen auf -thwaite
(Gereut; Feld- oder Wiesenhänge am See), deren man weit über 100 zählt,
die auf -side (altnord. sætr, engl. dial. seat, Alm), -scale (Hütte), -garth
(Hag), mit gill (Tal), lathe (Scheune), abgesehen von den Verbindungen mit
dale, fell, force, gate (Weg), ness, die ebenso im dänischen Siedlungsgebiet
vorkommen. Zur Zeit der norwegischen Einwanderung war anscheinend das
bessere Acker- und Weideland am Rande des Lake District bereits besetzt;
daher besiedelte sie auch das Innere, wobei häufig aus ursprünglichen sætar
dauernde Niederlassungen geworden sind. Im ganzen genommen sind im Vergleich zum übrigen England wenige Ortsnamen aus der vornormannischen
Zeit bekannt, die meisten des Seengebietes erscheinen überhaupt nicht vor
dem Ende des 12. Jh. oder noch später zum erstenmal in den Urkunden
(Windermere: Winendemere, Vinand's See, um 1160; Patterdale: Patriches-
dale, 1184; Ennerdale: Ananderdale, Anund's Tal, um 1195; Haweswater:
Havereswater, Hafr's See, 1149; Borrowdale: Borgordale, 12. Jh.; Buttermere, 1230 Butermere, und Keswick, 1276 Kesewick, weisen auf Viehzucht;
Ullswater wird erst 1292 genannt: Ulneswater, Ulf's See). Hawkshead und
Ambleside sind Bildungen auf sete (um 1220 Hookesete, bzw. 1275 Amelsete).
Das Skandinavische dürfte in Furness mindestens bis 1100, in der Gegend
von Carlisle noch um 1200 gesprochen worden sein. Hier entstanden sogar
nach der Eroberung durch die Normannen noch Siedlungsnamen auf -by, die
mit flämischen oder normannischen Personennamen als erstem Bestandteil
zusammengesetzt sind. Rein normannische Ortsnamen sind übrigens in NW-
England selten (Egremont: um 1130 Acrimonte) [617*, 623*; 61—63, 66, 67].
    Auf die Normannen geht die Aufteilung des alten Königreichs Cumbria
in drei verschiedene Gr. zurück. Das Mittelstück, zwischen Duddon und
Winster, Windermere und Little Langdale, kam schließlich zu Lancashire
(vgl. S. 612), da das dortige Land Mönchen aus der Gegend von Preston
zur Gründung von Furness Abbey geschenkt wurde. Im E hatten schon die
Angelsachsen zwei Baronien eingerichtet, Kendal und Appleby, und den
Namen Westmoringa-land („Land der Leute der w. Moore") verwendet. Unter
Heinrich I. wurde es, damals Westmarieland („Land der w. meres") genannt,
von Carliol (Carleslum) ungef. entlang der heutigen Grenze abgetrennt und
1177 als Gr. Cumberland eingerichtet; in ihrem Namen wenigstens hat sich
jener der Cumbri, der ursprünglichen Bevölkerung (Cymry, in der angels.
Chron. Cumbri) erhalten. Diese Einteilung ist bis heute geblieben. Westmorland (2043 km²) reicht vom Stainmoor Forest im E bis Bow Fell im W,
von Ullswater, der Gegend von Penrith und dem Cross Fell-Gebiet bis über
das Kentästuar und Kirkby Lonsdale im S; Furness gehört zu Lancashire.
Cumberland (3938 km²) umfaßt den ganzen übrigen Raum vom Duddon bis
zum Solway Firth, es schließt Carlisle Plain, Edenside mit Penrith und mit

der Höhe der Pennines um Cross Fell und sogar dem Oberlauf des South
Tyne um Alston ein. Eigentümlich verläuft die Grenze zwischen Westmorland
und Furness um Windermere: dessen Wasserspiegel gehört ganz zu Westmorland, die zu Furness gehörigen Boothäuser sind von ihm durch die alte Grenze
getrennt [11 a—c; BE].

Jedenfalls war um 1200 die Besiedlung auch des Berglands so gut wie
vollendet. Die Bevölkerung lebte nach wie vor von Rinder- und Schafzucht
und baute Gerste, Hafer und Roggen an, auf offenen Feldern, aber nicht im
Zwei- und Dreifeldersystem wie in den Midlands, sondern im „infield-outfield"-, bzw. „run-rig"-system (vgl. Kap. XIII); die Einhegungen wurden
erst in der 2. H. des 18. Jh. weitgehend durchgeführt [69*; 110]. Ein Stand
von selbstbewußten Freibauern (statesmen = estates men) mit 12—120 ha
Besitz entwickelte sich in den dales zwischen den Gütern der adeligen Herren
und der großen Klöster Furness (1127 gegründet, 1148 Zisterzienser), Cartmel
(1188), St. Bees, Holme Cultram (1150 während einer Periode schottischer
Herrschaft von Zist. aus Melrose geschaffen), Shap (um 1150, Prämonstr.)
usw. Als dann im 15. und 16. Jh. die Oberherrschaft der Herren und der
Äbte abgeschafft wurde, führte man die Einhegungen durch; viel später, erst
im 18. und zu Beginn des 19. Jh., wurden diese auch in den übrigen Land-
strichen vollzogen. Mächtige Steinwälle bezeichnen in den höheren Tälern,
die gewöhnlichen grünen Hecken in den niedrigeren die Flurgrenzen. Aber
weite Gebiete, in Westmorland mehr als die Hälfte der Fl., waren um 1800
Ödland, bloß die flacheren und niedrigeren Striche und Täler besiedelt und
in Feldbau und Viehzucht beschäftigt. Gerste und Hafer, auch schon Futtergräser und Hackfrüchte nahmen die Äcker ein. Cumberland galt bereits um
1750 als eine „grazing county" [625 a*]. Verschwunden waren die Wälder.
Sie waren z. T. schon der mittelalterlichen Kolonisation zum Opfer gefallen,
dem steigenden Bedarf an Acker- und Weideland, Brenn- und Bauholz. Noch
gründlicher waren sie gelichtet worden, seitdem man begonnen, die Bodenschätze des Gebirges, vor allem sein Eisen, Kupfer und Blei, zu heben; hiebei
gingen die Mönche von Furness voran. In den Jz. vor und nach 1600 erreichte
der Bergbau seinen Höhepunkt (vgl. S. 675) [64 a]. Er wirkte sich verheerend
auf die Wälder aus. Als er nach kurzer Blüte erlosch, wandte sich die Bevölkerung immer mehr zur Schafzucht. Allenthalben wurde Wollweberei in
den Tälern NW-Englands betrieben. Doch lag das Gebiet verhältnismäßig
abseits. Nicht vor der 2. H. des 18. Jh. wurde es durch bessere Straßen erschlossen; Kendal, Keswick, Penrith, Carlisle waren die wichtigsten Straßenknoten. Die niedrigeren Striche beteiligten sich noch bis in die M. des vorigen
Jh. an der Versorgung der benachbarten Industriegebiete auch mit Getreide,
allein Erzeugnisse der Viehzucht waren schon damals die Hauptsache. Auf
den Märkten von Brough wurden Zehntausende Stück Rinder verkauft, große
Mengen nach York- und Lancashire. Schinken, Butter wurden nach Lancaster, Liverpool und selbst nach London geschickt. Um die M. des 19. Jh.
beginnt sich das Industriegebiet von Furness zu entwickeln und der Kohlenbergbau — schon im Mittelalter hatte man dort Kohle verwertet — auszudehnen; allmählich dringt er gegen das verdeckte Kohlenfeld vor, das unter
dem Solway Firth lagert. In einem gewissen Zusammenhang mit dieser Entwicklung stehen schließlich die zunehmende Umstellung der Farmer von
der Viehzucht auf die Molkereiwirtschaft und die Ausdehnung der Kartoffel-
flächen sowie unerfreuliche Verschiebungen in der Zusammensetzung und Verteilung der Bevölkerung (vgl. S. 704).

Immer haben es die Bewohner des Seenlands im Kampfe ums Dasein schwer gehabt. Spärlich und unsicher waren die Erträge der Äcker, klein deren Fl. (Tab. 10). Das Klima gestattet den Anbau überhaupt nur unten in den Tälern, am ehesten auf den Grundmoränenböden, aber selbst der Hafer, naturgemäß die wichtigste Halmfrucht, die $^1/_4$ bis $^1/_3$ der Fl. des Pfluglands einnimmt, übrigens neuerdings auch stark zurückgegangen war (weniger Pferde!), kann manchmal nicht völlig ausreifen. Die alten Seeböden bieten zwar saftige Wiesen, sind aber fast alljährlich durch große Überschwemmungen gefährdet. Nach wie vor ist die Schafzucht die Grundlage der Wirtschaft. Die langhaarige, weißköpfige Herdwickrasse, welche zugleich Wolle und Fleisch von bester Art liefert und die besonders wetterhart und bergtüchtig ist, wird auf den mehr ausgesetzten Bergen im W bevorzugt, während von E her die schwarzköpfigen Rough Fell Raum gewinnen und z. T. schottische Black Face die niedrigen Höhen im S besetzen. Ringsum züchtet man unten auf den Hängen Fettlämmer aus der Kreuzung der kleinen Bergschafe mit den kräftigeren Wensley Dale und Border Leicester [12]. Immerhin werden namentlich die Lämmer vor dem Winter in die Niederungen an der Morecambe Bay und am Solway Firth gebracht, nicht mehr die bis zu 60 oder 80 km lange Strecke auf schlechten Straßen getrieben, sondern auf Autos oder mit der Bahn befördert. Ungefährdet sind sie allerdings auch dort nicht, eine plötzliche Sturmflut kann tausend Schafen das Leben kosten [78]. Im Tiefland sind auch Rinder- und Pferdezucht ansehnlich (vgl. Tab. 10). Das Milchvieh muß im Winter im Stall gehalten werden. Auffallend oft stimmt im Bergland die obere Grenze der eingehegten Fluren mit der Ausdehnung der Drift überein [72, 317a]. Für große Farmen, geschweige Dörfer ist hier kaum genug Raum. Um so mehr ist jedes kleine, einigermaßen entsprechende Stückchen Erde ausgenützt. Namentlich die Täler der s. Abdachung sind ziemlich reich an Einzelhöfen und Weilern, die sich ursprünglich in Abständen um die großen Herrenhäuser oder die Pfarrkirchen gruppierten. Lose und unregelmäßig gebaut sind auch die wenigen größeren Dörfer [84]. Von den ungef. 900 Farmen Westmorlands sind bloß rund $^1/_6$ über 0,6 km² groß. Sie beschäftigen fast nur Familienmitglieder, durchschn. 4 Personen. Diese Aufteilung stammt schon aus der Zeit der „statesmen" [17].

Felder und Wohnstätten steigen selten über 250 m H. und selten über die 150 cm-Isohyete auf [110]. Das Einkehrhaus auf dem Kirkstone Pass, das auch im Winter offen bleibt, ist die höchstgelegene Dauersiedlung (454 m). Die älteren Farmhäuser stehen regelmäßig etwas über der Talsohle (hier Hochwassergefahr!), gern auf Moränen. Sehr oft verläuft ihre Längsachse in der Talrichtung, d. h. sie kehren die Schmalseite dem Wind entgegen und sind überdies meist durch Bäume geschützt. Sie sind aus einheimischem Stein gebaut, im S aus grauen Sandsteinen, im mittleren Gebiet aus graugrünen Eruptiven, im N aus schwarzgrauen Schiefern und Sandsteinen, ein dickes Mauerwerk aus ungleich großen, roh behauenen Blöcken. Sie haben kleine Türen und Fenster, niedrige Schieferdächer und viereckige, sich nach oben verjüngende Rauchfänge. Mitunter sind die Mauern weiß gekalkt, in der Regel aber ohne Verputz. Alte Cottages zeigen eine einfache Einteilung: unten Wohnraum und Küche, oben die Schlafräume. (Noch vor 100 J. schliefen Gesinde und Kinder einfach auf dem Dachboden, das Ehepaar im Wohnraum, „bower", darunter [110].) Die primitiven älteren Formen, die sich bei den Köhlerhütten am längsten erhalten haben, sind selten geworden. Bei ihnen bildeten zwei Paare von gegeneinander gebogenen Holzbalken („siles") eine Art gotischen Bogen, die Zwischenräume wurden mit Steinen

oder verschmiertem Flechtwerk ausgefüllt und vom Firstbalken ein Strohdach
bis fast zum Fußboden hinabgezogen [16]. Im 17. Jh. begannen die statesmen die manor halls (Jakobstil) des Adels nachzuahmen und bessere Häuser
zu bauen (kleine, überdachte Vorbauten vor der Haustür; Mittelgang, zu
dessen beiden Seiten Wohnräume und Küche; Schlafkammern im oberen
Stock. Stabfenster. Massive Kamine an den Schmalseiten des Hauses). Die
Wirtschaftsgebäude sind bald unmittelbar angefügt, bald danebengestellt,
manchmal um einen Hof gruppiert; eine bestimmte Anordnung läßt sich
nicht erkennen. Früher war anscheinend ein Einheitstyp verbreitet, indem
die Hälfte des Hauses aus der Scheune, die andere unten aus dem Stall und
oben aus dem Wohnraum bestand, zu dem eine Treppe an der Außenseite
hinaufführte; darauf läßt manchmal die Fensteranordnung bei alten, jetzt
bloß als Nebengebäude dienenden Häusern schließen [14].

Besonders in Edenside und im Kentdale, aber auch vom Solway Firth
bis Workington sind in Schlösser und Farmbauten nicht selten sog. „pele-
towers" eingefügt worden, wie
man sie seit Eduard III. im
14. und 15. Jh. zum Schutz
gegen die Schotten an gefährdeten Plätzen, an Furten,
Brücken, Paßwegen errichtete.
Es waren dies kleine, viereckige Türme mit dicken Mauern, einem gewölbten Keller
unten, darüber einer schmal-
fenstrigen Kammer, zuoberst
einem luftigeren Raum für
die Frauen. Manchmal waren
sie samt einem anschließenden
Hof noch besonders umwallt
[14, 17]. Kentmere Hall (nö.
Windermere), später durch
Wohn- und Wirtschaftsbauten
erweitert, ist ein typisches

Abb. 134. Keswick mit Derwent Water. (Nach einer
käufl. Ansichtskarte.)

Im Hgr. Mündung von Borrowdale und die Derwent
Fells. Im See r. die schärenartige I. Lingholme,
darüber Cat Bells (415 m), dahinter Newlands Vale.

Beispiel [64]. Eines der prächtigsten Bauwerke aus der Elisabethzeit ist
Levens Hall n. Milnthorpe [18].

Die wenigen Städte des Seengebietes haben sich dank ihrer Verkehrslage entwickelt. Bloß Keswick (4635) liegt mitten im Gebirge, u. zw. auf
einer Moräne in der breiten Furche zwischen dem Skiddaw im N und dem
Hauptstock des Berglands im S (Abb. 134). Von E her bringt das flachere
Land aus der Edensenke her die Straßen von Appleby und Carlisle über
Penrith bequem heran, von S kommt die Straße von Kendal über Windermere
und Dunmail Raise, die sich nach Cockermouth und zur W-Küste fortsetzt.
Gegen Keswick öffnen sich auch Borrowdale und Newlands Vale, und Whin-
latter Pass verknüpft es im W mit Lorton Vale. Unter Eduard I. mit dem
Marktrecht begabt, handelte es mit Wolle, Häuten, Eisenerz und Graphit.
Dieser („wad" oder „blacklead" genannt) wurde aus Seathwaite in Borrowdale zunächst zur Zeichnung der Schafe verwendet, später als Arzneimittel
und in der Färberei. Der Eisenbergbau, schon unter Heinrich III. und
Heinrich IV. betrieben, blühte auf, als im 16. Jh. alle Minen von der Krone
übernommen wurden. An ihm waren deutsche Bergleute hervorragend beteiligt. Bereits 1350 wurde drüben in den Pennines bei Alston von einem

gewissen Tillmann aus Köln auf Silber und Blei geschürft. Mit Erlaubnis
der Königin Elisabeth brachten 1565 Thomas Thurland und Daniel Höch-
stetter 300—400 Bergleute (Tiroler und Steirer), z. T. mit deren Familien,
nach Keswick. Nicht übermäßig freundlich von der einheimischen Bevölkerung aufgenommen, legten sie n. der Stadt eine Kolonie aus Holzhäusern
an. Mit Hausbedarf, Nahrungsmitteln, selbst Kleidern und Kerzen wurden
sie von einer den Fuggern gehörigen Augsburger Handelsgesellschaft versorgt, welche in Keswick Seidenstoffe verkaufte. Sie errichteten in den
Tälern von Newlands, St. John's und des Derwent Water Kupfer- und Eisenschmelzen und betrieben auch um Patterdale und bei Coniston Bergbau.
Die Wälder an den Hängen des Skiddaw und ringsum in den Talgründen
wurden gefällt. Doch machte der Bürgerkrieg ihrer Tätigkeit ein Ende [14,
68, 69, 612]. Den Hauptnutzen von diesen Betrieben hatte Keswick, da sich
in seiner Umgebung viele Holzfäller, Köhler und Schiffer ansiedelten, in der
Stadt verschiedene Gewerbe und Industrien aufkamen, Graphit nach Holland,
auf Derwent Water und den Derwent hinab Kupfer über Workington nach der
I. Man und Irland verfrachtet wurde. Heute ist es der Mittelpunkt des
Fremdenverkehrs im n. Lake District und noch immer der wichtigste Marktort (Butter, Hühner, Hammelfleisch). Mit dem ehemaligen Bergbau hängt
seine Bleistifterzeugung zusammen; etwas Kunsthandwerk findet Abnehmer
bei Touristen und Sommerfrischlern. Am S-Ufer des Greta, gesichert vor
den furchtbaren Überschwemmungen der Niederung, bei denen Derwent Water
und Bassenthwaite Lake zu e i n e m Seespiegel verwachsen, liegt der alte
Stadtkern mit einem schmalen, dreieckigen Platz, an dessen Ecken die Hauptstraßen einmünden und in dessen Mitte das Rathaus steht. Keswick hat außer
einer Kunstgewerbe- eine eigene Stickereischule [12, 16, 18, 82, 85, 86].

Das Gegenstück im S ist K e n d a l (15 577; *17 710*; ursprünglich Kirkby
in Kentdale genannt), schon mehr draußen im flacheren Gelände, wo einander die Tafelberge des Karbons und die Schieferlandschaft berühren. Hier
sammelt der Kent seine Quellbäche in einem Flußknoten, aus allen Welt-
gegenden strahlen Straßen zusammen; die in das Seengebiet zweigt hier von
der Shap-Straße (nach Carlisle und Schottland) ab. Auf einem Drumlin,
50 m über dem Fluß, wurde die alte Feste erbaut, unter Richard Löwenherz
erhielt der Ort Marktrecht. Seit der Ankunft flämischer Weber (1330) blühte
die Wollweberei auf. Die „Kendal Coatings", mit dem Saft des einheimischen
Färberginsters grün gefärbt („Kendal Green"), wurden in ganz England,
namentlich in London, von Minderbemittelten gekauft. In Kendal kamen
auch Tausende im weiten Umkreis gestrickter Strümpfe, welche zu den Knie-
hosen getragen wurden, auf den Markt [14]. Heute ist es ein Mittelpunkt
der Textilindustrie (Strickwaren, Kammgarne, Tweeds, Reise- und Pferde-
decken), bemerkenswert sein Handel mit Webwaren und Kleidung [17]. Es
erzeugt — schon seit dem Beginn des 18. Jh. — Lederwaren (Schuhe und
Stiefel) und Kämme und neuerdings landwirtschaftliche Maschinen. 1819 war
es durch einen Kanal mit Lancaster verbunden worden, welcher auch dem
Personenverkehr diente; 1846 wurde es von der Bahn erreicht, freilich nur
von einer Seitenlinie, die von der Hauptstrecke bei Oxenholme abzweigt.
Burnside (3 km n.) hat alte Papierindustrie, ebenso Beetham s. Milnthorpe.
Dieses selbst, gelegen am ö. Rande der Niederung des Kentästuars, der
einzige Hafen von Westmorland, hat ebensowenig Bedeutung mehr wie sein
ehemals von friesischen Händlern aufgesuchter Vorgänger, das alte Havers-
ham. Auch Burton-in-Kendal ist nur ein kleiner Marktflecken.

Kendal hat Ambleside (2436) den Rang abgelaufen, das einst ein blühender Wollmarkt war und im 16. Jh. Spinnereien und Webereien hatte; jetzt lebt es hauptsächlich vom Fremdenverkehr [81]. Ebenso W i n d e r m e r e am Endpunkt einer Zweigbahn von Kendal und das benachbarte, zu seiner Stadtgemeinde (5702) gehörige Bowness, die wichtigste Sommerfrische im Lake District; auch Grasmere (988), das von der Erinnerung an WORDSWORTH zehrt und im August durchschn. alle 5 Minuten einen großen Gesellschaftswagen in seiner von Gärten umrahmten Dorfstraße haltmachen sieht. Dagegen ist das abseits gelegene Hawkshead still geworden. Von hier aus leiteten ehemals die Mönche von Furness die Holzgewinnung und gingen auf die Jagd in den Wäldern. Seit 1219 war es die Pfarre für das ganze Bergland zwischen Windermere und Coniston. Auch dieses ist unansehnlich geblieben (932). In seiner Umgebung wurde seinerzeit auf Eisen (Glen Mary) gegraben, und an jedem der Bäche, die zum See hinabfließen, standen kleine Schmelzwerke, zu denen das erzhaltige Gestein auch von Niederfurness auf Tragpferden oder Booten heraufgebracht wurde. An Holz war damals kein Mangel. Lebhaft war der Verkehr nach Seathwaite und Eskdale. Seinen größten Gewinn hat Coniston später aus den Schiefern von Tilberthwaite gezogen, den besten des Seengebietes [14, 16]. Bloß die graugrünen „Schiefer" (eigentlich Erstarrungsgesteine) am Honister Pass werden außer ihnen noch gebrochen. Gern besucht wird die formen- und farbenreiche Landschaft von Tarn Hows (n. Coniston), mit Lärchen, Föhren, Farnen, Felsen, „looking more like Austria than England" [916].

Das Flachland längs der Küste von Morecambe Bay bis an den Solway Firth wird, soweit es Wetter und Boden gestatten, von Wiesen und Weideland eingenommen; nur Dünen und Sumpfland sind öde geblieben. Haferanbau, die Aufzucht von Shorthorns und Pferden und Molkereiwesen stehen obenan. Einzelhöfe, Weiler und kleine Dörfer, oft in ziemlichen Abständen, sind am zahlreichsten vor den Ausmündungen der Täler des Seenberglands. An dessen Fuß halten sich auch die größeren Dörfer, verbunden durch die Hauptstraße, die von Lancaster über Carnforth, Ulverston, Bootle nach Egremont und Whitehaven führt. In meilenweiten Bogen muß sie die großen Ästuare umgehen; weniger muß die Eisenbahn, die sich meist nahe der Küste hält und wiederholt unmittelbar an sie herantritt, landeinwärts schwenken, da sie die Ästuare von Kent, Leven, Duddon ein gutes Stück unterhalb auf langen Brücken übersetzt. Von ihr aus führen Sackbahnen in die meisten Täler des Seengebietes hinein: von Ulverston nach Lakeside am S-Ende des Windermere, von Broughton-in-Furness nach Coniston, von Ravenglass in das Eskdale. Besonderes Gepräge weisen nur die paar Seebäder und die Industriegebiete auf. Von jenen ist Grange am freundlichsten, das sich mit schönen Gärten an den windgeschützten, bewaldeten E-Abfall eines 200 m hohen Bergzuges schmiegt; auch Arndale und Silverdale bieten mit ihren Parken und Gehölzen neben dem Meer ansprechende Bilder.

Die Industriegebiete knüpfen sich einerseits an die namentlich in den Karbonkalken vorkommenden Hämatite von Beckermet, Egremont, Cleator, Millom usw., anderseits, n. Bees Head, an die Kohlenlager. In den Sechzigerj. des 19. Jh. wurden in NW-Cumberland und Furness im J. $2^1/_2$—$2^3/_4$ Mill. tons Erz gebrochen, im 1. Jz. unseres Jh. $1^1/_2$, noch 1927—1929 $1^1/_4$, aber 1937 bloß 0,8, 1945 sogar nur mehr 0,4 Mill. tons [752*; 113*, 71, 73, 74]. Der Eisengehalt beträgt 50—60%, der größte der britischen Eisenerze. Von U l v e r s t o n (9234) aus, dem 1280 mit Marktrecht ausgestatteten Hauptort von Furness, haben schon die Mönche von Furness den Bergbau betrieben [64a]. Gleich ihm haben das benachbarte D a l t o n - i n - F u r n e s s (10339), ferner

— am Ufer des Duddonästuars — Askam Eisenindustrie. M i l l o m (7405; 1921: 8708; große Gerbereien), w. gegenüber, ist ein Zentrum der Roheisen-erzeugung [15, 89]. Am wichtigsten ist B a r r o w - i n - F u r n e s s (66 202; *66 440*) an der SW.-Spitze der H.I. Furness, gegenüber der langgestreckten Insel Walney, auf die es schon übergreift. Dazwischen schaltet sich das kleinere Old Barrow Island ein. Hier wurden die ältesten Docks angelegt (seit 1867), nachdem kurz vorher die ersten Eisenwerke errichtet worden waren (1859). Seitdem hat sich Barrow, 1837 noch ein kleines Dorf mit 100 E., zum betriebsamsten Hafen- und Industrieort zwischen Liverpool und dem Clyde entwickelt (1938 E.W.: Metalle, Eisenerz 0,49 Mill. Pf.St.; Papier-erzeugungsstoffe 0,22, Holz 0,085; Erdöl 0,086; A.W.: Eisen- und Stahlerzeug-nisse 0,22; Schiffe 1,15) [99*]. Auf seinen Werften werden hauptsächlich Fahrzeuge der Kriegsmarine gebaut, Schlachtkreuzer, Kanonen- und Untersee-bote; es hat große Verschwelanlagen. Auf der I. Walney stehen die Armstrong-Vickerswerke [12, 87]. Barrow hat überdies Flachs-, Jute- und Papierindu-strie sowie Öltanks. Dagegen ist Ravenglass, am gemeinsamen Ästuar von Esk, Irt und Mite gelegen, in der technischen Zeit verfallen, zumal eine Barre die schmale, dünenflankierte Hafenzufahrt sperrt. Ehemals hatte die Enge zwischen Gebirge und Meer, mit Flußübergängen und Seeverkehr, große militärische Bedeutung (römische Befestigungen von Clanoventa; Muncaster Castle; pele-towers usw.).

Weit älter als Barrow sind W h i t e h a v e n (21 159; *21 600*) und W o r-k i n g t o n (24 755; *26 250*). Beide waren bis ins 17. Jh. ärmliche Fischer-dörfer, obwohl Workington bereits eine römische Station gehabt hatte und eine der alten angelsächsischen Siedlungen gewesen war. In der 1. H. des 12. Jh. wurde die Mündung des Derwent durch eine Burg geschützt, die auf einer Anhöhe stand; zwischen ihr und der im Talgrund stehenden Kirche erwuchs die Siedlung. Später wurde der „pele-tower" von Workington Hall errichtet. Das älteste Whitehaven schmiegte sich in eine Bucht unter dem Kap aus weißem Sandstein, wonach es den Namen erhalten hat (Whit-hofd, weißes Vorgebirge). An beiden Plätzen wurde von ihren Herren (den Lowthers) im 17. Jh. mit der Ausfuhr von Kohle begonnen, die damals aus geringer Tiefe gehoben werden konnte. Schon seit dem Mittelalter wurde unfern E g r e m o n t (6017) Eisenerz und aus ihm in vielen kleinen Schmelz-öfen längs der Achen der benachbarten Täler das Eisen gewonnen, wobei die Kohle der Umgebung zur Feuerung verwendet wurde. Seit der M. des 19. Jh. wurden dann moderne Hochöfen eingerichtet, namentlich zwischen 1871 und 1881, wo ihre Zahl von 34 auf 55 stieg (davon 29, bzw. 43 in Betrieb). Mit zunehmender Industrialisierung wuchs die Bevölkerung durch Zuwanderung an, in jenem Jz. in den Grubenorten und Fabrikstädten um 20—30% und mehr. Der Zuzug namentlich von Iren war stark, Cleator Moor wurde als „Little Ireland" bezeichnet, auch Schotten, Leute aus Cornwall, Devon und von der I. Man kamen herbei. Die E.Z. von Cumberland stieg damals um 13,8%, obwohl anderseits die Abwanderung — nach Manchester, Newcastle usw. — nicht gering war [89]. In jener Zeit wurden die Eisenwerke in Whitehaven gegründet, das inzwischen seine Minen eine Meile weit vor die Küste unter dem Meeresgrund vorgeschoben hatte, ferner zu C l e a t o r M o o r (6581) und Workington [15, 83]. Dieses erhielt auch Ölraffinerien, White-haven eine Waggonfabrik. Besonders in den Irischen Freistaat sendet White-haven Kohle, wie schon im 18. Jh., wo es überhaupt der wichtigste Kohlenhafen an der W-Seite Englands war [624*], Workington größtenteils nach Ulster (Belfast, Londonderry) [74]. In die Entwicklung mit einbezogen wurde ferner M a r y p o r t (10 183), ein 1748 angelegter Kohlenhafen (vorher nur zwei Häuser) an der Mündung des Ellen; heute können 6500 tons-Schiffe in ihn einlaufen (Hüttenwerke, Schiffsbau). So ist die Industrielandschaft von W-Cumberland entstanden, mit Hochöfen, Docks, Schloten, Rauch und all den anderen Übeln, eine sonst, abgesehen von Barrow, im Umkreis des Seengebietes fremdartige Erscheinung. Infolge der langen Krise in der Zwischenkriegszeit gestalteten sich die Verhältnisse sehr unerfreulich. Gegenwärtig (1947) sind 6 Kohlengruben, 5 Eisenbergbaue, 2 Hochöfen, 40 Steinbrüche in Betrieb (Z. für 1921: 26, 24, 13, 40!), sie beschäftigen insgesamt nur mehr etwa ¼ der Arbeiterzahl von 1921.

Unter diesen Umständen überrascht es nicht, daß eine starke Abwanderung eingesetzt hat, die wesentlich dazu beitrug, daß die E.Z. Cumberlands 1931 um 3,7% niedriger war als 1921 (vgl. S. 704). Allerhand Versuche wurden gemacht, die Lage zu bessern, u. a. in Cleator Moor eine große Fabrik für Gartenwerkzeuge errichtet [83]. 1937 wurden die alten Kohlengruben wiedereröffnet (1938: A. 111 200 tons für 121 000 Pf.St.), von denen Whitehavens Leben abhängt, und in und um Workington, der größten der drei Städte, hat die United Steel Co. neue Fabriken errichtet. Um Whitehaven, Workington, Lowca hat der Kohlenbergbau seinen Mittelpunkt, dort befinden sich auch die wichtigsten Kokereien, und in Lowca, auf dem Kliff bei Whitehaven, eine der modernsten Teergewinnungsanlagen des Ver.Kgr. 1938 war Workington nach Barrow der verkehrsreichste Hafen NW-Englands (E.W. 0,606 Mill. Pf.St., mit zwei Hauptposten: Eisenerzen für 0,443 und Manganerzen für 0,159; A.W. 0,154 Mill., davon Kohle 0,061; Chemikalien 0,037) [99*]. Allein noch Ende 1937 waren dort 25% der Arbeiter beschäftigungslos, in Maryport sogar 40%. Denn dieses war durch die Eröffnung eines neuen Docks in Workington (1927) seines Handels in Eisenerzen und Stahlschienen beraubt und dadurch so schwer getroffen worden, daß es kaum seinen Hafen instand halten konnte [74, 76, 77]. Ungünstig wirkt hier überhaupt der Wettbewerb der vielen kleinen Häfen. Allerdings, manchen von ihnen hat die Natur ausgeschieden: Parton wurde durch eine Sturmflut vernichtet (1796), die Kohlengruben zu H a r r i n g t o n (4128) wurden durch einen Einbruch des Meeres ersäuft [14], zuletzt 1938 der Hafen von Maryport schwer beschädigt.

Nach einer vorübergehenden Zunahme während der ersten J. des zweiten Weltkriegs sank die E.Z. Cumberlands bis M. 1945 wieder auf den Stand von 1939 zurück. Doch hatte sich manches geändert. Kohlen- und Eisenbergbau sowie Eisen- und Stahlerzeugung hatten sich verstärkt, leichte Industrien waren dazugekommen und neue Fabriken geschaffen worden, andere sind im Bau (Maryport: Mähmaschinen, Möbel, Kinderkleider, Knöpfe — tägl. 1 Mill.!; Workington: Woll-, bzw. Kammgarnstoffe, Bergbaumaschinen; Whitehaven: Kinderwagen, Chemikalien für die Textilindustrie, für kosmetische und pharmazeutische Artikel; Hensingham: „toilet preparations"). Derzeit stehen nach der Zahl der Beschäftigten in Cleator Moor Bergbau und Steinbrucharbeit an erster Stelle, eine neue Bekleidungsindustrie an zweiter, in Whitehaven die chemische Industrie an erster, Bergbau und Steinbrucharbeit an zweiter, in Workington Eisen- und Stahlindustrie weitaus an der Spitze. Neu sind Fabriken für Kriegsbedarf s. Egremont in Sellafield und Drigg (nahe der Calder-, bzw. der Irtmündung) und zwischen Workington und Whitehaven in Harrington und Distington. Ihre zukünftige Verwertung gehört zu den wichtigsten Fragen der Landesplanung von Cumberland, an der ebenso wie für Tyneside (vgl. S. 533) Geographen eifrig mitwirken [121*; 111, 112]. Ein wichtiger Anfang ist bereits gemacht. So erzeugt heute

Distington aus dem Altaluminium ehemaliger Flugzeuge Milcheimer, Küchengeschirr, Waschmaschinen, Motorbestandteile usw.

Außerhalb der Kohlenfelder hört die Industrie sofort auf, ja es gibt im Flachland NW-Cumberlands nur wenige Marktflecken. Das kleine C o c k e r - m o u t h (4789), an der Mündung des Cocker in den Derwent, als Wegknoten einst mit einer normannischen Feste bewehrt (heute Ruine), hat als Geburtsort von WORDSWORTH, des Verkünders der Reize des Seenlands, den meisten Fremdenbesuch.

Mehr Raum für den Ackerbau bietet die Solwayniederung. Hier nimmt er auf den fruchtbaren Böden der marinen Terrassen und auf lehmigen Strichen des Geschiebetons, u. a. auf dem Plateau von Orton, bis zu 50% der Kulturfl. ein; Voraussetzung ist bloß eine genügende Entwässerung. Angebaut werden in erster Linie Kartoffeln, außerdem Hafer und etwas Weizen und Gerste. Doch wird das Bild der leichtwelligen Landschaft bis hinüber nach Cockermouth von Straußgraswiesen (mit etwas Raigras) und Weiden beherrscht. Die Milchwirtschaft der meist kleinen Farmen findet in den Industrieorten der W-Küste und in Carlisle ihren Absatz. Reiche Weiden trägt auch das marine Alluvium zwischen Silloth und Holme Cultram, im Sommer von Pferden und Rindern benützt, im Winter von Schafen des Berglands. Auch Rindermast wird betrieben, aber die Aufzucht von Milch- und Fleischvieh ist etwas zurückgegangen. Im allgemeinen herrschen Mischfarmen mit überwiegender Schafzucht (viel Border Leicester) [110] vor. W. von Orton hat sich, ähnlich wie in Laxton (vgl. S. 419), die Dreifelderwirtschaft erhalten. Der Wald spielt keine Rolle, obwohl die Hänge der Esker und manchmal auch die der Drumlins Gehölze tragen. Die Torfmoore liefern Brennstoff. Unfruchtbar sind gewisse Sandböden, namentlich die Küstendünen. Dafür sind sie für die Wasserversorgung um so wertvoller, als diese in dem Tongelände oft schwierig ist und größtenteils auf Brunnen beruht. Die trockeneren Striche, besonders die Esker, locken auch Siedlungen und Straßen an sich, indes hat das Gebiet fast keine Beziehungen zum benachbarten Meere und es bleibt abseits der Hauptverkehrslinien. Dies war anders in der Vergangenheit, wo der Weg durch die Küstenlandschaft im W noch wichtig war und von verschiedenen Völkern begangen wurde. Die Erinnerungen daran spielen im Gepräge der Siedlungen keine Rolle mehr, alte Kirchen sind selten, die normannischen Burgen verfallen, und von der einst berühmten, aus rotem Sandstein gebauten Holme Cultram Abbey (vgl. S. 693) steht nur mehr ein Teil des Kirchenschiffes. Drumburgh Castle, ein alter Herrensitz, ist heute ein Farmerwohnhaus; gleich den Kirchen von Burg-by-Sands und von Orton ist es aus Steinen des großen Römerwalles gebaut, der bei Bowness endigte. Denn weithin gibt es keinen festen Baustein, und der Straßenschotter mußte aus den Strandwällen und Moränen entnommen werden. Bowness, wo früher eine Furt über den Solway nach Schottland führte und diesen jetzt eine Eisenbahnbrücke (Annan!) übersetzt, hat keine Bedeutung mehr. Silloth, 1859 mit einem Dock ausgestattet, gibt sich als kleines Seebad — mit Golfplätzen in seinen Dünen — zufrieden, Port Carlisle ist ein „Ausdruck unbefriedigten Ehrgeizes" geblieben [14]. W i g t o n (3521), dessen ältere Häuser (wie die von Cockermouth) aus den Steinen eines nahen Römercamps gebaut wurden, und H o l m e C u l t r a m (4793) betätigen sich als Marktflecken für ein reiches Ackergebiet. A s p a t r i a (3239) am Rand des Kohlenfeldes hat seit 1874 ein Agricultural College, und sein Molkereibetrieb sammelte im Juni 1936 täglich etwa 60 000 l Milch.

Rein landwirtschaftlich ist E d e n s i d e. Das Klima, nicht so regenreich, ist günstig, wenn auch manchmal der „helm wind" die Fluren am Fuße
des Cross Fell schädigt (mit Baumgürteln sucht man sie gegen ihn zu
schützen) oder die „fell-side"-Dörfer durch Schneewehen der NE-Stürme
manchmal tagelang abgesperrt werden, und trotz gelegentlicher Temperaturumkehr [110]. Verhältnismäßig fruchtbar sind die roten sandigen Lehme auf
dem Buntsandstein und den Glazialböden seines sanft gewellten Geländes.
Durch freundliche Wiesengründe winden sich in leicht eingeschnittenem Tal
Petterill und Eden. Nur die über 150 m hohen Hügelkuppen, die dem Winde
stark ausgesetzt sind, tragen oben Heide. Weißdorn- und Haselhecken trennen
die Äcker der kleinen Güter (meist gemischte Betriebe) mit Kartoffeln,
Rüben und Klee, mit etwas Gerste und Hafer, die Wiesen und Weiden mit
vielen Rinder- und Schafherden (Abb. 135). Die Einhegungen haben hier

Abb. 135. Eden Vale und Cross Fell von der Höhe zwischen Newbiggin und Millburn.
Aufn. J. Sölch (1926).

nach der Union von 1707 begonnen [611]. Im unteren Edental dürfte das Ackerland bis zu 30% der Kulturfl. betragen, im kälteren und feuchteren oberen
überwiegen die Dauerweiden. Längst beseitigt ist Inglewood (Forest) der
Angeln, das ehedem das ganze Gelände zwischen Carlisle und Penrith überzog. Da und dort stehen Eschen, Föhren oder Lärchen oder sind kleine
Fichtenpflanzungen angelegt. Gegen Carlisle wird der Eindruck der Parklandschaft stärker. Weiler und Einzelhöfe überwiegen, sehr oft Vierseithöfe
aus dem roten Sandstein. Entlang dem Eden und bis hinüber zum Abfall der
Pennines finden sich etliche größere Dörfer, die meisten in lockerer Bauart
ohne besondere Anordnung des Grundrisses in eine Mulde geschmiegt, manche
wie Millburn mit einem geräumigen Anger (Abb. 136). Namen auf -by sind
hier häufig — einige in Verbindung mit alten irischen Bezeichnungen (Glas-
sonby, Melmerby). Ja man stößt sogar auf Ortsnamen rein keltischen Ursprungs (Blencarn; Culgaith, d. i. Hinterwald! ö. Penrith). Von der Abtei
Skirwich ö. Edenhall ist nichts mehr übrig, von der Abtei Shap so gut wie
nichts. Aber um Penrith sind alte Kirchen zahlreich, und alte halls mit
ihren peles, in Bauernhäuser umgewandelt, nicht selten. Ausnahmsweise
steigen Vorposten von Besiedlung und Kulturland auf 300 m empor.

Edenside weist wenig Städte auf. Im SE steht A p p l e b y (1618; *1658*: Eisenhütte, Walzwerk), die Gr.St. Westmorlands, auf steilem Sporn in einer Schlinge des Eden, oben auf dem höchsten Punkt die Burg, die bis heute ihren normannischen Bergfried bewahrt hat, unten am anderen Ende der einzigen Straße die große Pfarrkirche, die über den Marktplatz mit der Moot Hall hinwegblickt. Als Brückenort und Straßenknoten kam es empor (schon 1179 erhielt es den ersten Stadtbrief), hatte es aber auch in den Kriegen mit den Schotten besonders zu leiden. Von diesen 1313 und 1388 verbrannt, konnte es sich nicht mehr recht erholen. Erst in neuester Zeit ist es auf dem gegenüberliegenden E-Ufer im Anschluß an den Bahnhof etwas gewachsen (in Bongate, um 1300 „Old Appleby" genannt). Ganz in die inneren Winkel des Eden Vale zurückgeschoben sind Brough am Swindale Beck, einem Seitenbach des Eden, vor dem Stainmoorpaß, außerdem mit Teesdale durch eine Straße verbunden, und K i r k b y S t e p h e n (1588) am Eingang des Mallerstang (oberstes Edental zwischen Wild Boar Fell im W, High Seat im E), durch welches die Straße von S her kommt und wo die von Schnellzügen aus London, Manchester usw. befahrene Linie von Hellifield über Settle und Ribblehead (L.M.S.) sowie die von Hawes Edenside erreichen. Auch die Bahn nach Penrith von Darlington über Barnard Castle und durch das Gretatal (L.N.E.R.) über Stainmoor steigt nach Kirkby Stephen ab und umfährt das kleine Brough (596) auf weitem Umweg. Dieses, 1331 mit dem Marktrecht ausgestattet, wurde durch seine Messe (Brough Hill Fair, am letzten Sept. nahe Warcop abgehalten) berühmt, wo Leinwand, Wolle, Schafe und Rindvieh verhandelt wurden; bis in die Gegenwart sind seine Viehmärkte wichtig. Auch Kirkby Stephen erzeugte Wollwaren und Strümpfe und gewann etwas Blei, Kupfer und, wie Brough, Kohle. Seine Kirche mit dem hohen viereckigen Turm ist eine der schönsten Westmorlands.

Im mittleren Edenside ist P e n r i t h (9066) der geschäftigste Platz (erster Marktbrief von 1228). Hier münden die Straßen von Appleby, Keswick und Alston — diese von Macadam vor ungef. 130 J. erbaut — in die Hauptstraße ein. Es ist Marktort für einen durch den modernen Autobusverkehr sehr verbreiteten Umkreis. Ein Rest des einst von den Bürgern der Stadt erbauten Schlosses steht auf einer Anhöhe w. der Stadt, deren Merkmal die Kirche mit ihrem „pele"-artigen Turm ist.

An der Berührung des Solway-Gebietes mit Edenside hat sich die City of C a r l i s l e (57 304; *59 960*) zum wichtigsten Platz Englands n. des Seengebietes entwickelt. Denn hier sammeln sich die Straßen, die von Schottland her aus Nith-, Annan-, Esk- und Liddesdale auf das niedere Land zielen, das zwischen dem tief eingreifenden Solway Firth und den Pennines den Weg nach S bietet. Im E öffnet das Tyne Gap die kürzeste und bequemste Verbindung zur E-Küste, die es zwischen den schottischen Lowlands im N, den englischen Midlands im S gibt. Für die Entwicklung der Stadt war es stets von größter Bedeutung, zur Römerzeit, im Mittelalter und namentlich seit dem Bau der Militärstraße durch General Wade (1754) und dann der Eisenbahn nach Newcastle, der ersten in N-England (1838; vgl. S. 530). Carlisle wurde zugleich Ausfallstor und Sperre. Es folgten aufeinander das römische Luguvallium, das Caerluel der Briten, deren Könige damals ihre Herrschaft über das ganze Strathclyde ausdehnten, die Besitznahme durch die Angeln noch vor 700 (um 730 Lugubalia, später Luel, Caerleoil), die Zerstörung durch die Dänen bald nach 876, endlich die Herrschaft der Normannen. Auch weiterhin ist die „Geschichte von Cumberland im wesentlichen die seiner großen Grenzstadt gewesen" [11 b]. Ehemals ringsum von Sümpfen und Sumpfwäldern umschlossen, bot der etwas höhere Grund im Zwiesel zwischen Petterill im W, Caldew im E und Eden im N den sichersten Platz. Im S war er durch die Annäherung von Caldew und Petterill inselförmig abgeschnürt; hier wies er früher eine niedrigere, im N eine höhere Kuppe auf — die Mulde dazwischen ist längst mit Bauschutt ausgefüllt. Auf der n., deren roter Sandstein steil zum Eden abfällt, errichtete Wilhelm Rufus 1092 die Burg, deren massiger Bergfried erhalten ist; etwas unterhalb bot eine Verengung des Tals die beste Brückenstelle. Auf der s. Anhöhe stehen die Stadt und die Kathedrale, ursprünglich die Kirche einer Augustinerabtei, die 1133 Bischofssitz wurde. Sonst sind nur wenige alte Bauten übrig, die sog. Guild Hall, ein Fachwerkbau, auf dem Green Market, das Tullie House aus dem 17. Jh. mit seinem Museum, das Rathaus von 1709 auf dem geräumigen Marktplatz und Reste der alten Stadtmauer. Die beiden Rundtürme, ein Wahrzeichen der Stadt gleich neben dem Bahnhof, sozusagen die Vertreter der von

Heinrich VIII. gegründeten Zitadelle, und die schöne Sandsteinbrücke über den Eden stammen erst aus dem 19. Jh. (1815). Carlisle ist der wichtigste Eisenbahnknoten NW-Englands, tägl. verlassen 230 Züge, eine im Vergleiche selbst mit Newcastle (rund 1000!) bemerkenswerte Zahl, seine weit ausgedehnte Citadel Station. Es beherrscht den landwirtschaftlichen Verkehr des NW mit Tyneside und den Midlands und ist vor allem nach Newcastle und Salford der wichtigste Markt der sechs n. Gr. Englands für Lebendvieh

Abb. 136. Village Green in Millburn.
Aufn. J. Sölch (1926).
Wohn- u. Wirtschaftsgebäude von versch. Typus.

(Fleischochsen und Kälber aus Irland, Hammel und Lämmer aus Westmor- und Northumberland, auch aus Schottland). Rinder werden bis nach Kent, Wales, Perthshire verkauft, geschlachtete Schafe namentlich nach London und Birmingham. Bedeutend ist der Milchversand (Tyneside, London, Furness). Der Hafenverkehr ist nicht unbeachtlich (größter Posten der E. lebende Rinder und Bier aus Irland, 1938 für 256 000, bzw. 173 000 Pf.St.; der A. Eisen- und Stahlwaren, Papier), doch ist Carlisle selbst von Port Carlisle nur auf einem 18 km langen Kanal erreichbar (1819—1823 angelegt; 100 tons-Kähne) und ein guter Teil des Verkehrs mit Irland geht über Silloth. Unter den mannifaltigen Industrien ist die Textilindustrie in Verbindung mit Bleicherei und Färberei die wichtigste (Kleiderstoffe aus Wolle, Baumwolle, Kunstseide, Möbelstoffe, Buchbinderleinen; Hemden, Pyjamas, Schlafröcke, Decken, Teppiche) und zugleich die älteste: bereits 1747 hatten Hamburger Kaufleute eine Wollmanufaktur gegründet und sich bald darauf auch die Leinenweberei entwickelt, seitdem man auf der neuen Militärstraße (vgl. oben) Flachs aus Hamburg beziehen konnte. Alt ist auch die Hutindustrie. Andere Fabriken beschäftigen sich mit Eisenverarbeitung (Schleifmaschinen, Steinbrecher, Conveyer, Drehscheiben, Spillen). Weit ist die Stadt über ihren alten Kern hinausgewachsen. Als Gr.Stadt und Bischofssitz hat sie die geistig-kulturelle Führung des nw. Grenzlandes [88, 12, 15].

„Lakeland" wird mit Recht als Erholungsraum für Tausende von Menschen aus den benachbarten Industriebezirken hochgeschätzt [91 ff.]. Gewisse Teile werden als Naturschutzgebiet erhalten und von Zeit zu Zeit von dem National Trust neue erworben (z. B. 1929 im Langdale); ja man denkt daran, den ganzen Lake District zu einem „Nationalpark" zu machen. Versuche, seine Wirtschaftlichkeit auf Kosten seiner Reize zu steigern, begegnen in der öffentlichen Meinung viel Widerspruch. Man bekämpft nicht bloß die Anlegung elektrischer Überlandleitungen als eine Entstellung der Landschaft, sondern selbst die Aufforstungen, die (1924—1938 45 km²) [110] vorgenommen wurden, z. B. in Ennerdale, wo u. a. Sitkafichten und Lärchen gepflanzt wurden [75]. Auch wollen die Besitzer der großen Schaffarmen von den Einschränkungen der Weidefläche nichts wissen. Allein die Verwertung der Seen für die Wasserversorgung der Industriegebiete der Midlands erheischt die Schonung der Wälder und benötigt neue Pflanzungen, um den Wasserhaushalt zu regeln. Tatsächlich sind weite leere Räume vorhanden, wo die Natur selbst ihre Unberührtheit verteidigt. Ja der Mensch ist stellenweise auch aus einst besiedelten Gebieten zurückgewichen (Wadendlath, Mardale). Von den rund 3900 km² Cumberlands sind 35% „mountain heath", 35% Dauergrasland, von den rund 2000 km² Westmorlands sogar 48, bzw. 39%. Der größte Teil davon gehört dem Seenland an.

In beiden Gr. beträgt die durchschn. Bevölkerungsdichte der R.D. nur 24, in manchen sinkt sie auf 15—20, in nicht wenigen Gem. auf 7—8, viele km² im eigentlichen Lakeland sind menschenleer, bloß in den beiden Industriegebieten an der Küste steigt die Volksdichte auf über 150. Zu riesigen Gem.-Gebieten gehören bloß wenige Einwohner. So zählte die Gem. Eskdale and Wasdale bei einer Fl. von 70 km² bloß 338 E. (1931), Ulpha (Duddontal) bei 52 km² nur 191 E., d. h. nicht einmal 5 auf 1 km² [92*; 12]. Die Farmen der wenigen Bewohner beschränken sich auf kurze Streifen und Flecken der Talgründe. Jedenfalls könnte das Seenland aus der Erschließung neuer Wirtschaftsquellen nur gewinnen. Die Voraussetzung hierfür, eine vernünftige Planung, ist eingeleitet [16—18]. Vorläufig gehören jedoch Cumberland und Westmorland zu den Gr. mit negativer Bevölkerungsbilanz, wenn sie auch nicht so groß ist, wie sie für 1921—1931 statistisch erscheint (— 3,7, bzw. — 0,5%), denn im Juni 1921 wurden die vielen Sommerbesucher mitgezählt, dagegen nicht im April 1931. Sehr erheblich ist die Abwanderung zumal aus den w. Industriegebieten in Stadt und Land gewesen, in den U.D. Cleator Moor (26,5%), Millom (18,4%), Maryport (14,7%), in den R.D. Bootle (22,4%), Whitehaven (18,5%), Wigton (15,5%) usw. Dort hängt sie mit der Wirtschaftskrise zusammen.

Literatur [1])

11. Cambr. Co. Geographies:
    a) MARR, J. E., Westmorland. 1909.
    b) Ders., Cumberland. 1910.
    c) Ders., North Lancashire. 1912.
12. CAMPBELL, F. J., Cumbria. (In: 112*, 338—356.)
13. The Victoria Hist. of the Co: Cl. (I. 1901; II. 1905).
14. COLLINGWOOD W. G., and others, The Lake Counties. 1902. New ed. 1932 und 1938.
15. JONES, L. R., North England. An econ. study. 2nd ed. 1924.
16. FORSHAW, J. H., Lancaster and Morecambe reg. plann. scheme. Liverp. 1927.
17. MATTOCKS, R. H., The L.D. (South) Reg. Planning Comm. Rep. sv. and reg. plann. scheme. Kendal 1930.
18. ABERCROMBIE, P., and KELLY, S. A., Cumbrian reg. plann. scheme. Liverp. 1932.

[1]) Abkürzungen: L.D. = Lake District; Cl. = Cumberland; Wml. = Westmorland.

19. JEWKES, J., and WINTERBOTTOM, A., An ind. sv. of Cl. and Furness. Manch. 1933.
110. STAMP, L. D., Cl. and Wml. (With contrib. by G. Manley and E. Davies.) LBr., pt. 49/50, 1943.
111. DEVEREUX, W. C., An ind. plan for W Cl. Whitehaven 1944.
112. DAYSH, G. H. J., Memorandum on Cl., with spec. refer. to the Devel. Area. ClDevelCouncil. Whitehaven 1945.

21. Geol. Sv., Mem., Explan. sheets:
   a) 102 [Old series]. Appleby, Ullswater, and Haweswater. By J. R. Dakyns and others. 1899.
   b) 11, 16, 17. Carlisle, Longtown, and Silloth distr. By E. E. Dixon and others. 1926.
   c) 18. Brampton. By F. M. Trotter and S. E. Hollingworth. 1932.
   d) 22. Maryport . By T. Eastwood and others. 1930.
   e) 28. Whitehaven and Workington. By T. Eastwood and others. 1931.
   f) 37. Gosforth distr. By F. M. Trotter, S. E. Hollingworth, T. Eastwood, W. C. Rose. 1937.
   In Vorbereitung: 23 (Cockermouth).
22. Gl. Sv., Econ. Memoirs:
   a) vol. VIII. Iron ores: Haematites of W Cb., Lancashire and the L.D. By B. Smith. 1919. Ed. 2, 1924.
   b) vol. XXII. Lead and zinc ores of the L.D. By T. Eastwood. 1921.
   c) vol. XXX. Copper ores of the Midlands, Wales, the L.D. and the I. of Man. By H. Dewey and T. Eastwood. 1925.
23. Brit. Reg. Geol.: EASTWOOD, T., Northern England. 1935. 2nd ed. 1946. [Fast unverändert.]
23 a. MARR, J. E., The gl. of the Appleby distr. PrGlAss. 20, 1907/1908, 129—148 (vgl. auch 193—200).
24. MARR, J. E., The L.D. and neighbourhood. (In: Gl. in the Field. JubVolGlAss., 1910, 624—660.)
25. HOLMES, T. V., Evidence as to the struct. gl. of Cl. near the Solway. GlMg., Dec. VI, vol. 2, 1915, 410—418.
26. GREEN, J. F. N., The struct. of the eastern part of the L.D. PrGlAss. 26, 1915, 195—223.
27. GREEN, J. F. N., The vulcanicity of the L.D. PrGlAss. 30, 1919, 153—182.
28. GREEN, J. F. N., The gl. struct. of the L.D. PrGlAss. 31, 1920, 109—126.
29. GREEN, J. F. N., Long excurs. to the L.D. PrGlAss. 32, 1921, 123—138.
210. EDMONDS, C., The Carbonif. Limestone Series of W Cl. GlMg. 59, 1922, 74—83, 117—131.
211. HARTLEY, J. J., The succession and struct. of the Borrowdale Volcanic Series, as developed in the area lying between the Lakes of Grasmere, Windermere and Coniston. PrGlAss. 36, 1925, 203—226.
211 a. EASTWOOD, T., The L.D.; s. Lit.-Verz. X, A. 117 i.
212. SMITH, B., and others, A sketch of the gl. of the Whitehaven distr. PrGlAss. 36, 1925. 37—62. (Vgl. auch Long excurs. etc. ebd., 62—75.)
213. DIXON, E. E., and TROTTER, F. M., The Carlisle Basin. GlMg. 64, 1927, 201—205.
213 a. WILSON, A. E., and GALLIGAN, A., The basic dykes and sills of the Howgill Fells. PrYsGlS. 21, 1927, 129—162.
214. MITCHELL, G. H., The succession and struct. of the Borrowdale Volcanic Series in Troutbeck, Kentmere, and the W part of Long Sleddale (Wml.). QJGlS. 85, 1929, 9—44.
215. MILLER, A. A., and TURNER, J. S., The Lower Carboniferous succession etc. of the Shap distr. PrGlAss. 42, 1931, 1—28.
216. TURNER, J. S., Struct. gl. of Stainmore, Wml., and notes on the Late Palaeozoic (Late Variscan) tectonics of the North of E. PrGlAss. 46, 1935, 121—153.
217. HOLLINGWORTH, S. E., The gypsum deposits of the Vale of Eden. RepBrAssNottingham, 1937, 355.
218. HOLLINGWORTH, S. E., Carrock Fells and adjoining areas. PrYsGlS. 23, 1937 (1938), 208—218.
219. TROTTER, F. M., Reddened carbonif. beds in the Carlisle basin and Edendale. GlMg. 76. 1939, 408—416.
220. MITCHELL, G. H., The Borrowdale volcanic series of Coniston, Lancs. QJGlS. 96, 1940 (1941), 301—320.
221. RASTALL, R. H., The ore deposits of the Skiddaw distr. PrYorksGlS. 24, 1941, 329—343.
222. HARTLEY, J. J., The gl. of Helvellyn and the southern part of Thirlmere. QJGlS. 97, 1942, 59—71.
223. TROTTER, F. M., The age of the ore deposits of the L.D. and the Alston Block. GlMg. 81, 1944, 223—229.

224. TROTTER, F. M., The origin of the W Cumbrian haematites. Ebd. 82, 1945, 67—80.
    Anmerk.: Etliche weitere Arbeiten s. Schr.-Verz. in 23.

31. MARR, J. E., The waterways of E. Lakeland. GJ. 7, 1896, 602—625.
31 a. MARR, J. E., The tarns of Lakeland. QJGlS. 51, 1895, 35—48. (Vgl. auch 52, 1896,
    12—16; PrGlAss. 14, 1896, 273—286.)
32. OLDHAM, R. D., On the origin of the Dunmail Rise (L.D.). QJGlS. 57, 1901, 189—197.
33. MARR, J. E., The influence of the gl. struct. of English Lakeland upon its present
    features. A study in physiogr. AddrAnnivMeetGlS. QJGlS. 62, 1906, LXVI—CXXVII.
34. MARR, J. E., and FEARNSIDES, W. G., The Howgill Fells and their topogr. QJGlS. 65,
    1909, 587—610.
35. SMITH, B., The glaciation of the Black Comb distr., Cl. QJGlS. 68, 1912, 402—448.
36. MARR, J. E., The gl. of the L.D. and the scenery, as influenced by gl. struct. Cbr. 1916.
37. DIXON, E. E., The retreat of the L.D. ice-cap in the Ennerdale area, West Cl. Summ-
    ProgrGlSv., 1921 (1922), 118—128.
38. GRACE, G., and SMITH, F. H., Some observ. on the glaciation of Furness. PrYsGlS. 19,
    1919—1922 (Hull 1922), 401—419.
39. MARR, J. E., Notes on the glaciation of the Coniston Fells. GlMg. 61, 1924, 264—269.
310. RAISTRICK, A., The glaciation of Borrowdale. PrYsGlS. 20, 1923—1926, 155—181.
311. KENDALL, J. D., The formation of rock basins. GlMg. 63, 1926, 164—174.
312. HAY, T., Delta formation in the E. lakes. Ebd., 292—301.
313. MARR, J. E., The Kailpot, Ullswater. GlMg. 63, 1926, 338—341. [Gletschertopf.]
314. HOLLINGWORTH, S. E., The evol. of the Eden drainage in the South and West. PrGlAss.
    40, 1929, 115—138.
315. HAY, T., The shore topogr. of the E. lakes. GJ. 72, 1928, 38—57.
316. TROTTER, F. M., The glaciation of eastern Edenside, the Alston Block, and the Carlisle
    Plain. QJGlS. 85, 1929, 594—612.
317. MITCHELL, G. H., The preglacial hist. of the R. Kent, Wml. PrGlSLiverpool. 15, 1931,
    78—83.
317 a. MITCHELL, G. H., The geomorph. of the eastern part of the L.D. Ebd., 322—338.
318. HOLLINGWORTH, S. E., The glaciation of western Edenside and adjoining areas and the
    drumlins of Edenside and the Solway Basin. QJGlS. 87, 1931, 281—360.
318 a. TROTTER, F. M., and HOLLINGWORTH, S. E., The glacial sequence in the North of E.
    GlMg. 69, 1932, 374—380.
319. SMITH, B. S., The glacier lakes of Eskdale, Miterdale, and Wasdale, Cl., etc. QJGlS. 88,
    1932, 57—83.
320. SMITH, B. S., Building of the L.D. In: 14, S. 228 ff.
321. HAY, T., The glaciation of the Ullswater area. GJ. 84, 1934, 136—198.
322. HOLLINGWORTH, S. E., Some solifluction phenomena in the northern part of the L.D.
    PrGlAss. 45, 1934, 167—188.
323. HOLLINGWORTH, S. E., Coastal plateaus. GlMg. 72, 1935, 48.
324. HOLLINGWORTH, S. E., High level erosional platforms in Cl. and Furness. PrYsGlS. 23,
    1935—1937, 159—177.
324 a. HOLLINGWORTH, S. E., Platforms in the L.D. RepBrAssBlackpool., 1936, 348/349.
324 b. HAY, T., Stone stripes. GJ. 87, 1936, 47—50.
325. HAY, T., Physiogr. notes on the Ullswater area. GJ. 90, 1937, 426—445.
326. MCCONNELL, R. B., Residual erosion surfaces in mountain ranges. PrYsGlS. 24, 1938
    (1939), 76—98.
326 a. MCCONNELL, R. B., The relic surfaces of the Howgill Fells. Ebd., 152—164.
327. BAKER, H. G., Bottom deposits of L. Windermere in rel. to the quaternary hist. of the
    Br. I. EmpJExperAgr. 147, 1939, 175—183. (Vgl. N. 161, 1948, 988.)
328. HAY, T., Physiogr. notes from Lakeland. GJ. 100, 1942, 165—173.
329. HAY, T., Rosthwaite moraines and other Lakeland notes. Ebd. 103, 1944, 119—124.
330. HAY, T., Mountain form in Lakeland. Ebd., 263—271.
331. SHARP, J., Floods in a L.D. valley. Compass (MgCbrUnivGS.) 1, no. 1, 1948, 3—21.
332. RILEY, A., The glacial deposits in the Borrowdale valley. Ebd., no. 3, 1949, 95—102.

41. MANLEY, G., Some notes on the climate of NW E. QJMetS. 61, 1935, 405—410.
41 a. HAWKE, E. L., The land breeze of autumn and winter in NW E. Ebd. 67, 1941, 381
    bis 383.
42. MANLEY, G., The centenary of rainfall observ. at Seathwaite. Weather. 1, 1946, 163
    bis 168. (Vgl. dazu MARRIOTT, W., The rainfall of S. QJMetS. 24, 1898, 42—50.)
43. JEFFERSON, G. J., Helm cloud in the L.D. Ebd. 2, 1947, 41—43.
44. MILL, H. R., Bathymetr. sv. of the E. lakes. GJ. 6, 1895, 46—73, 135—166. (Vgl. Ders.,
    A study of the E. lakes. GJ. 4, 1894, 237—246.)
45. HILL, G. H., The Thirlmere works for the water supply of Manchester. PrInstCivEng.
    126, 1896, 2—23.

45 a. DOBSON, G., Seiches in Windermere. N. **86**, 1911, 278/279.
45 b. ULLYOT, P., and HOLMES, P., Thermal stratific. in lakes. N. **138**, 1936, 972. [Windermere.]
45 c. McCLEAN, W. N., Windermere basin: rainfall, run-off and storage. QJMetS. **66**, 1940, 337—362.
46. BAINBRIDGE, T. H., The soils of Cumbria. A prelim. study. EmpJExperAgr. 1939, 175—183.
46 a. Publ. Waterworks Assoc. Manchester. 1928.
46 b. HODGSON, W., The flora of Cl. Carlisle 1899.
47. LEWIS, F. J., Geogr. distr. of veget. of the basins of the R. Eden, Tees, Wear and Tyne. GJ. **23**, 1904, 313—331.
48. PEARSALL, W. H., The aquatic and marsh veget. of Eastwaithe Water. JEcol. **5**, 1917, 180—201; **6**, 1918, 53—74.
48 a. PEARSALL, W. H., The aquatic veget. of the E. lakes. Ebd., **8**, 1920 (1921), 163—201.
49. PEARSALL, W. H., The development of veget. in the E. L.D. etc. PrRS., Ser. B, **92**, 1921, 259—284.
410. LEACH, W., Two relict upland oak woods in Cl. JEcol. **13**, 1925, 288—300.
411. LEACH, W., The veget. of the Derwent Fells, Cl. PrBirmNHistPhilS. **15**, 1925, 85—93.
412. LEACH, W., A prelim. acc. of the veget. of some non-calcareous Br. screes. JEcol. **20**, 1932, 1—52.
413. PEARSALL, W. H., Bot. in the L.D., s. Lit.-Verz. X, A, 117 k.
414. WILSON, J. O., Birds of Wml. and the northern Pennines. Lond. 1933.
415. WILSON, A., Flora of Wml. Selbstverl. (Tyr-y-Coed, Roe Wen near Conway) 1938.

51. DYMONT, C. W., and HODGSON, T. H., An ancient village near Threkeld. TrClWmlAntArchS., N.S. **2**, Kendal 1902.
52. COLLINGWOOD, R. G., Roman Eskdale. Whitehaven 1929.
53. An inventory of the hist. monuments in Wml. RCommHistMonE. Lond. 1936. (Verschied. Verf., u. a. R. E. M. WHEELER, F. M. STENTON.)

61. SEDGEFIELD, W. J., Place-names of Cl. and Wml. Manch. 1915.
62. EKWALL, E., The place-names of Lancashire. Manch. 1922.
63. EKWALL, E., English place-names in -ing. 1923.
64. CROPPER, J., Kentmere Hall. TrClWmlAntArchS., N.S. **1**. Kendal 1901.
64 a. FELL, A., The early iron ind. of Furness and distr. Ulverston 1908.
65. COX, J. C., Churches of Cl. and Wml. 1913.
66. EKWALL, E., Scandinavians and Celts in the NW of E. Lund 1918.
67. BUGGE, A., The Norse Settlements in the Br. I. TrRHistS., 4th Ser., vol. IV. Lond. 1921.
68. COLLINGWOOD, W. G., L.D. hist . Kendal 1925.
69. HASSLER, F., Augsburger Kaufleute und Tiroler Bergarbeiter im 16. Jh. in E. Beitr-GeschTechnIndustrie. **17**, 80—88.
610. LUCAS, J., A hist. of Warton parish (compiled 1710—1740) [am Lancaster Canal].
611. BAINBRIDGE, T. H., Eighteenth cent. agr. in Cumbria. TrClWmAntArchS. **(15)**, 1942, 56—66.
612. MONKHOUSE, F. J., Some features of the hist. g. of the German mining enterprise in Elizabethan Lakeland. G. **28**, 1943, 107—112.

71. POSTLETHWAITE, J., Mines and mining in the L.D. Whitehaven 1913.
72. PLATTS, W. C., Dales and fell farming. JAgrSE. **89**, 1928, 77—86.
73. BAINBRIDGE, T. H., Iron ore mining in Cumbria. G. **19**, 1934, 274—287.
74. BAINBRIDGE, T. H., The West Cl. coalfield. EconG. **12**, 1936, 167—174.
75. SYMONDS, H. H., Afforestation in the L.D.: a reply to the Forestry Comm.'s White Paper of Aug. 26, 1936. Lond. 1936.
76. DAYSH, G. H. J., Changes in the relative status of the ports of the Cl. coalfield. CRCongrGInternAmsterd. 1938, II. Leiden 1938, 37—45.
77. DAYSH, G. H. J., West Cl. (with Alston): a sv. of ind. facilities. Whitehaven 1938.
78. BAINBRIDGE, T. H., A note on transhumance in Cl. G. **25**, 1940, 35/36.
79. STAMP, L. D., West Cl. and its utilisation. N. **154**, 1944, 467. Vgl. dazu
710. TROTTER, F. M., ebd., 802 (Rejoinder by L. D. Stamp).

81. ARMITT, M. L., Ambleside town and chapel. TrClWmlAntArchS., N.S. **6**. Kendal 1906.
82. COLLINGWOOD, W. G., The Elizabethan Keswick. Ebd. **8**. Kendal 1912.
83. CAINE, C., Cleator and Cleator Moor [bei Whitehaven], past and present. Kendal 1916.
84. FETHERSTONHAUGH, T., Our Cl. village. Carlisle 1926.
85. ASHBY, L., Keswick and its message. 1933.
86. BROATCH, M., Keswick and Derwentwater. Penrith 1934.

87. BAINBRIDGE, T. H., Barrow-in-Furness. EconG. **12**, 1936, 167—174.
88. BAINBRIDGE, T. H., Carlisle—a g. analysis. JTynesideGS. (N.S.) **1**, 1939, 102—111.
89. BAINBRIDGE, T. H., Cl. population movements, 1871–1881. GJ. **108**, 1946, 80—84.

91. BRADLEY, A. G., Highways and byways in the L.D. 1901.
92. BRABANT, F. G., The E. Lakes. 1901.
93. PALMER, F. W., The E. Lakes. 1918.
94. SCOTT, D., Cl. and Wml. 1920.
95. BARON, I.. All about the E. Lakes. Kendal 1925.
96. PALMER, F. W., Things seen at the E. Lakes. 1926.
97. HALBFASS, W., Der L.D. in N Engl. GAnz. 1927, 149—153.
97 a. GRAVES, R. A., Through the E. L.D. afoot and awheel. NatGMg. **55**, 1929, 577—604.
98. WARD, E. M., Days in Lakeland. 1929. 2nd ed. 1948.
99. BARBER, J. B., and ATKINSON, G., Lakeland passes. Ulverston 1931 (Lond. 1934).
910. WITHERS, P., In a Cl. dale. 1933.
911. SYMONDS, H. H., Walking in the L.D. 1933; und: Edinb. 1938. (Cheap ed. Glasg. 1938.)
911 a. WALPOLE, H., and ABERCROMBIE, P., The L.D., a national park? GMg. **1**, 1935, 14
    bis 23.
912. CLARK, G., and THOMPSON, W. H., The Lakeland landscape. (The Co. Landscapes.) 1938.
913. PALMER, W. T., The verge of Lakeland. 1938.
914. POUCHER, W. A., Lakeland through the lens: a ramble over fell and dale. 1940.
915. WALLACE, D., E. Lakeland (The Face of Br.). 1940.
916. COOPER, W. H., Hills and valleys in Lakeland. GMg. **11**, 1940, 89—98.
916 a. SELINCOURT, E. DE, Wordsworth's Lakeland. Ebd. **15**, 1942/1943, 470—477.
917. CURL, J., Cl.: The corridor country. Ebd. **18**, 1945, 287—292.
918. CURL, J., Wordsworth wanted a national park too. Fortnightby. **157**, 1945, 334—340.
919. POUCHER, W. A., Over Lakeland fells. 1948.
920. SUTTON, G., Fell days. 1948.
921. McINTIRE, W. T., Lakeland and the Borders of long ago. (Ed. by T. Gray.) Carlisle
    1948.
922. NICHOLSON, N., Cl. and Wml. 1949.

XII. Wales

Zwischen dem Bristolkanal und der Irischen See springt Großbritannien mit einer in N—S über 200 km langen, in E—W 100—200 km breiten Halbinsel gegen W vor. Bei einer Fl. von rund 20 000 km² hat sie eine Küstenlänge von ungef. 650 km. Sie deckt sich annähernd mit dem Fürstentum (Principality) Wales, läßt sich aber gegen E, gegen die Übergangslandschaft der Wälschen Marken, nicht leicht abgrenzen (vgl. S. 656). Die wälschen [1]) Gr. Denbigh- und Flintshire greifen nämlich auch in das Tiefland über, umgekehrt Hereford- und Moumouthshire (über dessen eigenartige Stellung vgl. S. 661) in das Bergland ein. Die natürliche E-Grenze von Wales nimmt man am besten entlang dem Fuß der Höhen an, von welchen die Hügelwellen der Marken, die meist unter 200 m H. bleiben, im W umsäumt werden. Denn Wales selbst ist morphologisch in der Hauptsache ein zerschnittenes Hochplateau, über das sich, oft inselförmig, einzelne Berggruppen und -rücken herausheben und das nur längs der Küste von bald breiteren, bald schmäleren Streifen niedriger Plateaus und ausnahmsweise von kleinen Tiefebenen begleitet wird. Fast überall beherrschen sanft geschwungene Linien das Blickfeld, leicht wogen die Plateauflächen auf und ab, manchmal auch im Inneren zu weiten Talfluchten erniedrigt. Ausgedehnte Teile halten sich in über 300 m H., nur wenige erwecken den Eindruck eines wirklichen Gebirges; so stark ist die Auflösung des Hochlandes. Daher trifft die Bezeichnung „Bergland von Wales" am ehesten zu. Wegen der größeren Höhe und der Nähe des Meeres unterscheidet es sich auch in Klima und Pflanzenkleid von den Marken. Diese sind trockener, ihre Böden besser, das Kulturland ausgedehnter, ihre Siedlungen zahlreicher, ihre Bevölkerung ist dichter, die Verknüpfung mit dem übrigen England enger und mannigfaltiger [11, 12, 15, 110, 111, 119, 130]. Von den Marken her zwar zugängig, indes durch seine Berge und deren Natur verhältnismäßig abgeschlossen und überdies durch die großen Wälder im E gedeckt, hat Wales viel früher mit Irland und Cornwall Verkehr entwickelt als mit dem ö. England. Durch Jh. hat es, mochten auch fremde Völker und Kulturen in seine abgeschiedenen Landschaften eindringen, seine Sonderstellung und Eigenart bewahrt; nicht einmal die Oberherrschaft der Römer konnte diese beeinträchtigen [69]. Fast ein Jt. nach der Ankunft der Angeln und Sachsen in Britannien verging, ehe England ganz Wales unbestritten und endgültig in der Hand hatte. Aber bis zur Gegenwart blieben trotz aller Schwierigkeiten und Schicksalsschläge das wälsche Volk mit seinen durch Rasse, Boden und Geschichte geprägten Charaktereigenschaften erhalten, alte Traditionen und Sprache lebendig, das Nationalbewußtsein ungebrochen; und noch heute wird Wales trotz der Angliederung an England und der Angleichung an dieses in Verwaltung, Recht usw. amtlich stets eigens neben ihm genannt.

---

[1]) Bei uns ist die unschöne Schreibung „walisisch" schon lange üblich; die englische ist bekanntlich „welsh". Ich habe mich für die bei uns ehemals (z. B. in A. F. Büschings Neuer Erdbeschr., II. T., 2. Bd.) zu findende „wälsch" entschieden und nicht einfach für „welsch", weil wir unter Welschen unsere romanischen Nachbarn verstehen.

Wales ohne Monmouthshire besteht aus zwölf Gr., drei im S: Glamor-
gan-, Carmarthen- und Pembrokeshire; vier im N: Flint-, Denbigh-, Caernarvonshire und der I. of Anglesey; fünf in der Mitte: Merioneth- und Cardiganshire an der W-Küste, die dazwischen von Montgomeryshire mit einem Ausläufer beinahe erreicht wird, Radnor- und Brecknock- (Brecon-) shire völlig
im Binnenland [1]).

Von den 650 km Küstenlänge entfällt der größte Teil auf die Gestade der
Irischen See, die mit der Cardigan Bay zwischen der kleinen H.I. Lleyn im N
und der H.I. Pembroke im S fast bis zum Meridian von Swansea reicht. Die
I. Ang. im NW wird nur durch die flußartige Menaistraße vom Hauptland
getrennt, so daß Caernarvon Bay zwischen ihr und Lleyn wirklich ihre Be-
zeichnung verdient. Mit der H.I. Pembroke springt Wales, beiderseits der
St. Bride's Bay, am weitesten gegen W vor; zwischen St. David's Head und
dem in Irland gegenüberliegenden Carnsore Point verschmälert sich der
St. Georgs-Kanal, der S-Ausgang der Irischen See, auf 80 km Breite. S. der
H.I. Pembroke greift der Atlantische Ozean selbst nach E vor: Carmarthen
Bay und Burry Inlet, dann jenseits der kleinen H.I. Gower Swansea Bay und
Bristolkanal unterstehen unmittelbar seinem Regime.

Eigenartig ist die Verteilung der größeren Erhebungen innerhalb des
Berglandes. Im NW, unfern der Küste, gruppieren sie sich um den Snowdon,
den höchsten Gebirgsstock Großbritanniens außerhalb des schottischen Hochlands (Y Wyddfa 1085 m). Mit jenem Namen wurde einst der ganze NW-
Flügel des Hochlandes bezeichnet; nunmehr ist der Name Snowdonia dafür
üblich geworden. Der Moel Siabod (872 m) stellt einen ö. Vorposten dar.
Im S schließen sich Berge von über 700 m H. an: die Moelwyns (770 m), die
Rhinogs (711 m) und der Diphwys (750 m). Weiter drinnen im Land ragen
inselbergartig die Arenigs (A. Fach 700 m, A. Fawr 750 m), Rhobell Fawr
(734 m) und die Arans (A. Benllyn 884 m, A. Fawddwy oder Mawddwy 905 m)
über Plateauflächen von 500—600 m H. auf. Ungef. ebenso hoch ist Cader
Idris (892 m), der auf Cardigan Bay hinabblickt. Etwas weiter zurück stehen der plumpe Plynlumon (752 m) und ganz drüben im E die Berwyns (Moel
Sych 827 m). Dann bleibt das Bergland unter 700 m bis zum SE-Rand, wo
die Brecon Beacons wieder 886, die Black Mts. of Carm. 800 m H. erreichen.
Über das Plateau von Pem. erheben sich inselförmig die Preseli Hills
(537 m) [2]) und einige andere Berge.

Dieser Verteilung der Höhen entsprechend, gehören die längsten Flüsse
von Wales der E-Abdachung an: Dee, Severn, Wye, Usk. Durch ihre Täler
wird das Innere von Wales gegen die Marken hin erschlossen. Viel kürzer
sind die Flüsse, die sich unmittelbar zur benachbarten Küste wenden: zur
Liverpool Bay im N Clwyd und Conway, zur Cardigan Bay im W Afon Glas-

---

[1]) Um Raum zu sparen, werden im folgenden für die Gr.Bezeichnung die nachstehen-
den, ohneweiters verständlichen Abkürzungen verwendet: Ang., Brec., Card., Carm., Caer.
(im Lit.-Verz. öfters Carn.; heute ist die Schreibung Caernarvon üblich), Den., Fl., Glam.,
Mer., Monm., Mgom., Pem., Rad.

[2]) Die häufige Schreibung Prescelly (Precelly) wird von Ifor WILLIAMS abgelehnt
[Ant. 10, 1936, 460]. Auch die Form Presely wird angenommen, und zwar in einer Er-
örterung der richtigen Schreibung der wälschen „physikalischen" Ortsnamen überhaupt.
U. a. wurden, entsprechend dem Gebrauch der einheimischen wälschen Bevölkerung, anstatt
Plynlimon Pumlumon (d. i. 5 Gipfel) und Plynlumon vorgeschlagen, statt Black Mtn (of
Carm.) Mynydd Du, für Carnedd Llewelyn C. Lywelyn und C. Llywelyn, für den Fluß
Loughor Llwchwr usw. [118*]. Im folg. wird die Schreibung des O. S. beibehalten, aus-
genommen Plynlumon.

lyn und Afon Dwyryd, Mawddach, Dyfi (Dovey), Ystwyth, Rheidol und Teifi,
im S zur Carmarthen Bay Taf und Towy, zur Swansea Bay der Neath, zur
Cardiff Bay der Taff. Aber keiner erreicht sein Ziel auf dem kürzesten Wege,
ihre Geschichte ist voll schwieriger Fragen. Leider ist auch der allgemeine
Entwicklungsverlauf des Gebietes noch nicht hinreichend geklärt; und doch
ist das Bergland von Wales für manche Kapitel der Geologie und Morphologie
klassischer Boden, namentlich für die Erforschung des Altpaläozoikums, die
Erkenntnis alter Einebnungsflächen und die Rolle der eiszeitlichen Vergletscherung. Hier hat einst MURCHISON die Bezeichnung Silur-, SEDGWICK
Kambriumformation aufgestellt (1835) und später, um den darüber entbrann-
ten Streitigkeiten zu begegnen, LAPWORTH das Ordoviz als eine eigene Periode
ausgeschieden (1879). Seither hat die Erkundung des Paläozoikums in jeder
Hinsicht großartige Fortschritte gemacht[1]) [25, 26, 250, 251; 26*, 29*]. Die
Grundlagen für die morphologische Auffassung von Wales hat schon vor fast
einem Jh. A. RAMSAY geschaffen [21*], der die großen Einflächungen erkannte
und auf marine Abrasion zurückführte und der auch die Wirkungen der ehemaligen Vergletscherung vor allem im Snowdongebiet würdigte.

Wales ist fast ausschließlich aus alten Gesteinen aufgebaut; bloß nahe
der S-Küste haben sich auf ihnen Reste von Trias, Rhät und Unterlias erhalten und im N ist ein Buntsandsteinstreifen längs dem Vale of Clwyd ein-
gesunken und dadurch der Zerstörung entgangen, ebenso ein kleines Vorkommen desselben auf Anglesey. Aus der Zeit zwischen Unterlias und
Pleistozän sind überhaupt fast keine Ablagerungen vorhanden, doch ist sicher
ein Teil von Wales vom Kreidemeer und wahrscheinlich, wenigstens vorübergehend, schon von Jurameeren bedeckt gewesen. Die ältesten Schollen, noch
präkambrisch, treten auf Ang. und in NW-Caer. auf, ferner in N-Pem., in
denselben Gebieten außerdem kambrische Gesteine, solche zumal in W-Mer.
Im übrigen wird fast ganz N- und Mittelwales von Ordoviz und Silur eingenommen bis gegen den E-Rand hin, wo sich Karbon darüber lagert. Dieses
erscheint mehrfach an der N-Küste und sogar auf Ang. wieder. Im SE entfaltet sich der Old Red Sandstone zu großer Breite bis hinein in die Wälschen Marken; in schmäleren Streifen kehrt er im S wieder von Glam. bis
nach Pem. und umfaßt so das wichtige Karbongebiet von S-Wales, das mit
einzelnen Ausläufern bis an die W-Küste reicht.

Die heutige Lagerung dieser Gesteine ist, abgesehen von ganz alten, noch
vorkambrischen Gebirgsbildungsphasen und schwächeren jüngeren Krustenbewegungen, denen Abtragungsvorgänge, bzw. Diskordanzen entsprechen, vor
allem durch die kaledonischen und die armorikanischen Faltungen bestimmt.
Durch erstere wurde eine Anzahl langgestreckter, SW—NE streichender
Antiklinalen und Synklinalen („St. George's Land") erzeugt, welche den Bau
von N- und Mittelwales beherrschen [24*, 26*—29*; 25, 26]. In S-Wales
wurden sie dagegen von der armorikanischen Gebirgsbildung überwältigt,
welche W—E bis WNW—ESE gerichtete Falten schuf. Bloß in dem toten
Winkel zwischen den Massiven im NW und der alten Scholle der Malverns

---

[1]) Die Schichtfolge der verschiedenen Formationen ist natürlich nicht im ganzen
Raume von Wales überall dieselbe, und manche Unsicherheiten bestehen bez. ihrer Zusammen-
ordnung. Dabei ist die Gliederung sehr ins einzelne vorgetrieben, besonders die des Kam-
briums (vgl. z. B. S. 715). Das Ordoviz wird (von unten nach oben) eingeteilt in: Arenig,
Llanvirn, Lland(e)ilo, Caradoc und Ashgill (letztere beide auch Bala genannt); das Silur
in Llandovery (oder Valentian mit Tarannon), Wenlock, Ludlow. Das Downton, früher als
oberstes Silur angesehen, wird jetzt meist zum Old Red Sandstone gestellt.

im E behaupteten die Old Red-Gesteine in Brec., Monm., Teilen von Herefordshire und Rad. eine ziemlich ungestörte flache Lagerung. Wie schon die vorkambrischen Krustenbewegungen, so waren auch die späteren von lebhaften
Magmaförderungen begleitet. Besonders das Ordoviz ist reich an vulkanischen, u. zw. hauptsächlich submarinen Ausbrüchen gewesen; auf dem Gipfel
des Snowdon haben marine Ablagerungen, die sich zwischen die Ergußgesteine einschalten, Fossilien geliefert. Die Falten selbst sind z. T. überaus
verwickelt, Überfaltungen, Überschiebungen und Drehfalten nicht selten.
Manche der großen Faltenwürfe lassen sich viele km weit verfolgen, obwohl
sie im Streichen auf- und absteigen. Manchmal sind kürzere Falten kulissenartig angeordnet. Im heutigen Formenschatz kommt diese Tektonik meist
nur mittelbar durch die verschiedene Widerständigkeit der Gesteine zum
Ausdruck. Wo härtere Gesteine den Kern von Synklinalen, weichere den von
Antiklinalen bilden, tritt öfters Reliefumkehr auf (vgl. S. 717) [21*, 22*].

Will man annähernd einen Überblick über den inneren Bau von Wales
erhalten, so geht man am besten aus von der Central Wales Syncline und den
beiden sie begleitenden Erhebungsachsen, der Teifi Anticline im NW, der
Towy Anticline im SE (Abb. 137) [213, 223, 273, 332]. Das ganze, der kaledonischen Gebirgsbildung entstammende System ist vom Plynlumongebiet
(„Plynlumon Dome") in der Achsenrichtung zuerst gegen SW geneigt, steigt
dann aber gegen Pem. hin wieder an. Auch n. vom Plynlimon senken sich die
Faltenachsen. Demgemäß verschmälert sich die Central Wales Syncline im
SW so sehr, daß sie sich in Pem. nur schwer verfolgen läßt; dagegen verbreitert sie sich gegen N und damit auch der Raum der Silurgesteine. Im NE
geht sie in die Tarannon Syncline über, die sich in dem großen Graben fortsetzt, durch welchen das Gebiet von Bala und das Gewölbe der Berwyns
(„Berwyn Dome") voneinander getrennt werden. Umgekehrt verschmälert
sich die Teifi Anticline, die mit Ordoviz und Kambrium ein wesentliches
Strukturelement in N-Pem. bei St. David's und in Carm. bildet [210—212,
214, 218, 232, 256, 257, 270, 295, 2104], gegen NE; vielleicht setzt sie sich in
der Erhebungsachse des Plynlumon fort. Die Towy Anticline wird durch das
Towytal zwischen Llandovery und Carmarthen bezeichnet. Weiter sw. gabelt
sie sich, ein Zweig führt gegen W über Whitland. Viele kleinere Falten, deren
Achsen in N—S verlaufen, vereinigen sich zu großen Gewölben, kräftige
Längs- und Querverwerfungen durchsetzen diese. Am Ystwyth Fault ist der
N-Flügel um rund 900 m abgesunken, am Tal-y-Llyn Fault des Cader Idris
eine horizontale Verschiebung von 520—670 m eingetreten, während die ver-
tikale bloß 20—190 m beträgt [273]. Die Hauptfaltenachsen beschreiben
leicht gekrümmte Linien, auffallend parallel zur Küste der Cardigan Bay
[213]. W. Lland(e)ilo wurden sie durch die armorikanische Gebirgsbildung
in die E—W-Richtung umgestellt. Die Central Wales Syncline nimmt die
wasserscheidenden Höhen zwischen Towy- und Teifigebiet ein, die Haupttäler
(Teifi und oberer Rheidol, bzw. Towy) folgen den Antiklinalen. Leicht aus-
räumbare Gesteine überwiegen in Mittelwales, namentlich Tonschiefer und
überhaupt Tongesteine. In diesen bilden bloß gewisse plattige, etwas festere
Arten, wie sie u. a. als jüngste Glieder der Central Wales Syncline auftreten,
gelegentlich Aufragungen, bzw. Stufen. Widerständiger sind jedoch vor allem
die Aberystwyth Grits (Llandovery Series), die einerseits an der Küste von
Llangranog (nö. Cardigan) über Aberystwyth bis Borth ziehen, anderseits
das hohe Tafelland ö. vom Teifital aufbauen (aber nicht mit denen des Plynlimon zusammengehören). Ganz besonders an sie knüpfen sich die Höhenzüge in den Synklinalen [211, 227, 236, 241, 266, 285, 297, 299].

Sö. der Towy Anticline herrscht bis zum Bristolkanal im großen ganzen ein synklinaler Bau, das Erzeugnis der armorikanischen Krustenbewegungen (Abb. 138) [211, 227, 236, 241, 266, 283, 285, 297—299, 2101]. Über das gegen SE bis S einfallende Silur lagert sich etwas s. der Linie Carmarthen—Builth der Old Red Sandstone, der auch eine schmale Zunge vom Towyästuar gegen W entsendet und den ganzen Raum zwischen Builth, Kington und Ludlow einerseits, den Höhen der Brecon Beacons und s. Abergavenny andererseits einnimmt. S. davon folgen Kohlenkalk (Lower, Main und Upper Limestone), Millstone Grit (Basal Grit, Middle Grit und Farewell Rock) und zuoberst die Coal Measures im Kern der Synklinale des Kohlenfeldes von S-Wales [23, 25 b, 220, 223, 223 a, 229—231, 233, 244 a, 249, 254, 255, 259, 260, 267, 269, 271, 272, 275, 276 b, 282, 282 a, 284, 2102, 2103] (Abb. 139). Dieses, von elliptischem, gegen W etwas zugespitztem Umriß, wird im E von der N—S streichenden Usk Anticline, im S von den Antiklinalen des Vale of Glamorgan und der H.I. Gower begrenzt, in welchen stellenweise sogar noch einmal Silur an die

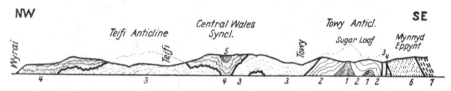

Abb. 137. Geol. Profil durch Mittelwales. (Nach O. T. JONES.)
1 Caradoc Series, 2 Ashgill S., 3—5 Llandovery S. (4 Aberystwyth Grits), 6 Wenlock-Ludlow S., 7 Old Red Sandstone.

Oberfläche kommt. Genauer genommen besteht die Einbiegung aus etlichen Flexuren, bzw. Falten, die ihre Ausmaße im Streichen rasch ändern und einander kulissenartig folgen. So wird die Pontypridd-Maesteg Anticline, die beiderseits von Synklinalen begleitet wird (Gelligaer-Blackwood Basin im N, Caerphilly Basin im S), westwärts durch eine Verwerfung fortgesetzt (Abb. 138). Einer Synklinale entspricht das Neath-Tiefland. N. Swansea zieht die Gowerton Syncline gegen Loughor, welche n. des Burry Inlet durch die Llanelly Syncline abgelöst wird. Kürzere Anti- und Synklinalen zeigen sich in dem aufgebogenen S-Rand des Kohlenfeldes (Cardiff-Cowbridge A. im Vale of Glam.; Cefn Bryn A. als Rückgrat von Gower). Jenseits der Carmarthen Bay kehrt der armorikanische Bau mit enggedrängten Falten bis zur St. Bride's Bay wieder. In dem ganzen Raum sind Brüche zahlreich, in der Neathsenke und überhaupt am S-Rand besonders in N—S-Richtung, am Mittellauf des Neath und Tawe im kaledonischen Streichen. Hier werden sie von Antiklinalen begleitet (Cribarth A. am Tawe, Penderyn A. am Neath), welche quer zu den Achsen des Kohlenfeldes verlaufen und wahrscheinlich posthum sind. Posthume Krustenbewegungen, vermutlich miozän und gleich alt mit den Verbiegungen von SE-England, verursachten auch die leichten Verkrümmungen, von welchen noch die mesozoischen Gesteine betroffen wurden, und die letzte Einbiegung des Bristolkanals (vgl. S. 726 f.).

Die synklinale Lagerung des Paläozoikums mit ihren untergeordneten Faltungen kommt in den Landstufenzügen des Kohlenfeldes von S-Wales zum Ausdruck. Sie knüpfen sich namentlich an den härteren Pennant Sandstone, der sich zwischen die Lower und Upper Coal Measures einschaltet [36*, 25 b]. Infolge der vielen Brüche verlaufen sie im einzelnen sehr unregelmäßig. Auch der Millstone Grit erzeugt dort, wo er aus Sandstein, Quarzit oder Quarzkonglomeraten besteht, Stufen, z. B. in den Black Mts. von Carm.; bei toniger Ausbildung, die vorherrscht, tritt er nicht weiter hervor. In einem großen Teil des Vale of Glam. ist der paläozoische Sockel unter einer fast waagrechten, diskordant auflagernden mesozoischen Decke begraben, die manchmal mit

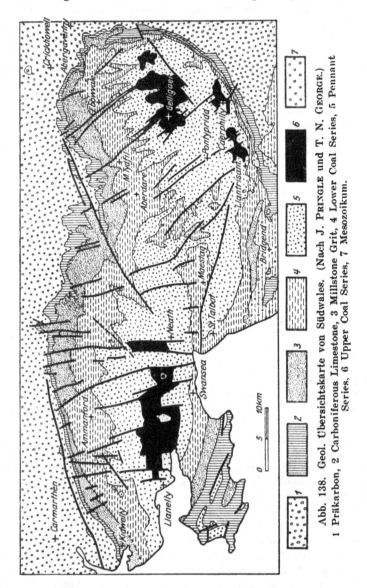

Abb. 138. Geol. Übersichtskarte von Südwales. (Nach J. PRINGLE und T. N. GEORGE.) 1 Präkarbon, 2 Carboniferous Limestone, 3 Millstone Grit, 4 Lower Coal Series, 5 Pennant Series. 6 Upper Coal Series, 7 Mesozoikum.

Strandbildungen an alte Kliffe der prätriassischen Landschaft herantritt und damit bekundet, daß die damalige Höhe des Meeresspiegels nicht sehr von der heutigen abwich (vgl. S. 721) [27, 222, 223 b, 225, 340, 341]. Auch hier ist also, wie in verschiedenen Gebieten der Midlands, eine alte Landoberfläche in Wiederaufdeckung („Exhumierung") begriffen. Unter den weicheren Schichten des Silurs und des Oberordoviz, welche die Central Wales Syncline einnehmen und ein flachwelliges Plateau bilden, kommen gegen NW hin wieder härtere älterordovizische und kambrische Gesteine herauf. Hier ist das schöne Gewölbe des „Harlech Dome" (oder H. Anticline), das teilweise schon im Präordoviz gefaltet wurde, der bemerkenswerteste Zug der Struktur von W-Wales; aber sein breiter Scheitel ist abgetragen und in den Rhinogs und ihrer Umgebung, zwischen Harlech und Barmouth, der Kern freigelegt, die größte kambrische Masse Britanniens: Unterkambrium, umschlossen von mittel- und oberkambrischen Gesteinen, in aufeinanderfolgenden Bögen, im großen ganzen regelmäßig, jedoch von vielen Verwerfungen und untergeordneten Falten durchsetzt[1]). Die Rhinog Grits und die Barmouth Grits (Sandsteine und Konglomerate) sind dort die Gipfel- und Stufenbildner. Wilde Formen knüpfen sich häufig an eisbearbeitete Ffestiniog Beds [298]. Gegen

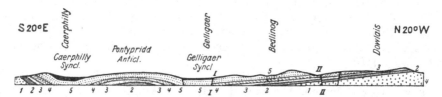

Abb. 139. Geol. Profil durch das Kohlenfeld von Südwales. (Nach J. Pringle und T. N. George.)

1—5 s. Abb. 138, I—I Gelligaer Fault. II—II Rhos Fault.

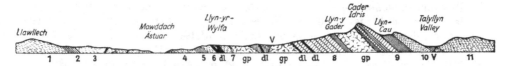

Abb. 140. Geol. Profil Harlech Dome—Cader Idris. (Nach A. H. Cox u. a.)

1 Harlech Beds, 2 Menevian Shales, 3 Maentwrog Beds, 4 Ffestiniog Beds, 5 Dolgelley Beds, 6 Tremadoc Beds, 7 Arenig Beds, 8 Lower Basic Volcanic Group, 9 Llyn-y-Gader Mudstones mit Upper Basic Volcanic Group, 10 Craig-y-Llam Acid Volcanic Group, 11 Talyllyn Mudstones, dl Dolerit, gp Granophyr, v Verwerfung.

E und SE lagert sich über die in die Tiefe versinkenden kambrischen Gebilde ein Gürtel von Ordoviz, reich an Erstarrungsgesteinen, besonders Laven und Tuffsandsteinen, die meist sehr widerstandsfähig sind: sie bilden eine Reihe von mächtigen Stufen, welche gegen die Rhinogs schauen, namentlich den Bogen der über 700 m hohen Landmarken von den Arenigs bis zum Cader Idris, dessen 16 km lange, abschüssige N-Mauer in der Hauptsache aus Granophyren besteht (Abb. 140) [25 a, 26, 28, 213, 219, 222 a, 224, 226, 235, 237, 240, 246, 247, 252, 253, 265, 288, 298].

Die Harlech Anticline, überhaupt die größte Aufwölbung von N-Wales, läßt sich gegen NE bis an die Grenze des Berglandes von Wales verfolgen. Sie zieht durch Mer. und Den. n. des Dee bis nach Fl., wobei sie allmählich abklingt, aber durch untergeordnete Falten immer verwickelter wird und gegen E schwenkt, um mit der hufeisenförmig gebogenen sog. Horse-shoe Anticline (in Cyrn-y-brain n. Llangollen 564 m) unter das Karbon von Fl.

---

[1]) Das Kambrium dieses Gebietes wird gegliedert in 1. unteres: Lower und Upper Harlech Beds (in denen Sandsteine und Schiefer miteinander abwechseln: Dolwen Grits, Llanbedr Slates, Rhinog Grits, Manganese Shales, Barmouth Grits, Gamlan Shales); 2. mittleres: Menevian Beds; 3. oberes: Lingula Flags (mit Maentwrog, Ffestiniog und Dolgelley Beds) und Tremadoc Slates.

und die benachbarte Deeniederung zu versinken [21a]. W. der Horse-shoe A.
bildet eine schwächer gekrümmte Querfalte von Silurgesteinen, die Clwydian
Anticline (mit Wenlock und Ludlow Beds), die Clwydian Range (vgl. u.).
Als Fortsetzung der Central Wales Syncline tritt dort die Llangollen Syncline auf (mit 1500 m mächtiger Ludlow Series), die, mit ungef. E 10⁰ S streichender Achse, in die große Synklinale von Cheshire und N-Shropshire übergeht
[221, 222 b, 279]. Sie wird im N durch den Anstieg der Horse-shoe Anticline
begrenzt, im S durch die Antiklinale der Berwyns [21b, 29a, 228, 279, 294].
Diese streicht von SSW her am E-Ende des Lake Vyrnwy vorbei, wird dann
breiter und höher und biegt sw. Corwen ziemlich unvermittelt gegen E, wo
sie unter Karbon verschwindet. Sie wird wieder aus Ordoviz aufgebaut (vom
Llanvirn aufwärts), doch treten vulkanische Gesteine im Vergleich zum W
zurück. Daher haben die Berwyns trotz ihrer Höhe sanftere Umrisse als etwa
der Cader Idris. S. der Berwyn Anticline folgt abermals eine synklinale Ein-
muldung. Um Lake Vyrnwy verursachen Wenlock Grits malerische Landschaftsbilder [25a].

Das Abschwenken der Strukturlinien aus der SW—NE- in die W—E-
Richtung wird auf das nö. Absinken der Harlech Anticline zusammen mit der
Schutzwirkung des alten Longmyndmassivs in Shropshire zurückgeführt
(vgl. S. 651 f.). Hier, im NE, sind jedoch noch jüngere Krustenbewegungen
erkennbar. So entspricht das Vale of Clwyd mit seinen abgesunkenen Bunt-
sandsteinen einer transversalen Synklinale, die an dem „Clwydian Fault"
darüber herausgehobene Clwydian Range ö. davon einer Aufwölbung; auch
w. der Clwydsenke ist eine solche festgestellt worden. Diese transversalen
Falten werden im S durch eine der bedeutendsten Verwerfungen des Gebietes, das „Llanelidan Fault", von der hier gegen ENE ziehenden Horse-shoe
Anticline abgeschnitten. Auch sonst wird das Gebiet von großen Brüchen
durchsetzt, welche in zwei Systemen angeordnet sind, einem in W—E oder
WSW—ENE (herzynisch) und einem anderen ungef. normal dazu [238, 244,
245, 262, 263, 274, 276 a, 279, 280, 284 a, 287, 289, 290, 2105]. An einigen haben
seitliche Verschiebungen und sogar Drehungen stattgefunden. Weiter s. folgt
das lange „Bryneglwys Fault", das von manchen als Fortsetzung des „Bala
Fault" angesehen wird, der Hauptlinie eines sw-wärts fast bis zum Meer
reichenden Bruchsystems, an welcher starke Horizontalverwürfe auftreten
[21 b]. Durch diese gegen NE zunehmende Zersplitterung wird die Morphologie
der Landschaft merklich beeinflußt, indem u. a. Härtestufen plötzlich auf-
hören und in anderer Höhe und seitlich davon wieder einsetzen, z. B. jene
Karbonkalkstufe, die von Prestatyn an der Irischen See im Bogen über Halkyn
Mtn (w. Flint) zieht und dann am Llanelidan Fault gegen E gerückt
(Eglwyseg Mtn n. Llangollen) und quer über die Llangollen Syncline und
Berwyn Anticline bis zum Vyrnwytal hin zu verfolgen ist. Wegen der allgemeinen Niederbeugung gegen die Midlands sinken die Karbonkalke gegen E
unter die Sandsteine des Millstone Grit (dort Cefn-y-fedw Sandstone genannt, nach den Höhen, welche sie über Eglwyseg Mtn bilden) und diese
wieder unter die Coal Measures, die hier am Saum gegen das Niederland,
in Fl. und Den., flözführend sind. Der Cefn-y-fedw Sandstone ist ein Stufenbildner, die Coal Measures dagegen sind weniger widerständig und daher
weitgehend abgetragen und ausgeräumt.

Im NW des Harlech Dome endlich folgt wieder eine geräumige Ordoviz-
synklinale, wie die Central Wales Syncline mit kaledonischem Streichen
und deren Gegenstück. Ihr gehören die Berge von Snowdonia sowie die

niedrigeren Höhen auf der H.I. Lleyn an [112, 25 a, 26; 211 a, 221 a, 239, 243, 258, 276; 215—217, 248, 261, 264, 278, 281, 286, 291—293, 296, 2100]. Wieder besteht sie vorwiegend aus Erstarrungsgesteinen, deren Härte im Verein mit der stärkeren Hebung die große Höhe des Gebietes verursacht hat. Auch sie wird von untergeordneten Falten durchzogen, z. B. der Idwal Syncline (Nant Ffrancon—Llyn Idwal—Paß von Llanberis). Etwas weiter nw. erheben sich dann noch einmal antiklinal kambrische und sogar präkambrische Gesteine zwischen Bethesda und Llanllyfni (11 km s. Caernarvon; „Padarn Ridge") und zwischen Bangor und Caernarvon („Bangor Ridge") heraus, durch ihre Schieferbrüche wichtig (vgl. S. 718), ebenso an der W-Seite von Lleyn, hier als Liegendschenkel einer großen, vorpaläozoischen liegenden Falte angesehen, und auf Bardsey I., begleitet von Ordoviz. Dieses und Silur sind schließlich auf Ang. vertreten, wo u. a. mächtige Arenigkonglomerate auf einem stark abgetragenen vorkambrischen Sockel, dem „Mona Complex", lagern [22, 277]. Dieser besteht aus kristallinen Gesteinen, die aus Granit, Gabbro und Diorit hervorgegangen sind, ferner aus Tonschiefern, Schiefersandsteinen, Quarziten (z. B. dem weißen Holyhead-Quarzit) und vielfach aus eingeschalteten Laven, Aschen und Tuffen („Bedded Series"), endlich den intrusiven Coedanagraniten (C. ein Dorf 3 km ssö. Llanerchymedd, vgl. S. 763), durch welche die Gesteine der Bedded Series häufig in Hornfels umgewandelt wurden. Im SE-Flügel der Insel sind Karbonkalk, Millstone Grit und Coal Measures erhalten, diese und Buntsandstein, bedeckt von Alluvium und Moränenschutt, längs der Malldraeth Marshes (vgl. S. 762), wo eine Zeitlang Kohle gehoben wurde [25 a].

Die kambrischen und ordovizischen Schichtgesteine Snowdonias sind hauptsächlich Sandsteine, Grits und Schiefer, die vulkanischen vornehmlich Laven und Tuffe, die u. a. eine Lower und eine Upper Rhyolitic Series (Oberordoviz) bilden. Die dazwischen geschaltete Bedded Pyroclastic Series baut z. B. den Snowdongipfel auf [243], der im Bereich einer flachen untergeordneten Synklinale liegt — ein altes Beispiel für Reliefumkehr. Ganz allgemein erzeugen die rhyolithischen Serien und die Grits die Aufragungen und Steilformen, die weichen Schiefer die Hohlformen. Allein abgesehen von dem im einzelnen ungemein verwickelten Bau werden auch die Intrusivgesteine im Formenbild wirksam. Größere Granitmassive (Bwlch y Cynion, Moel Perfedd, ferner Y Foel Fras im NE) ordnen sich in einer Reihe zwischen Conway und Pwllheli. Auch Yr Eifl nö. Nevin (563 m) ist ein Bergstock aus Intrusivgesteinen (Dolerit, Granit, Porphyrit).

Die alten Gesteine des Hochlandes von Wales bergen kleine Vorräte an Erzen: Blei, Kupfer, Zink, etwas Silber und Gold; was die alten, z. T. schon in vorgeschichtlichen Zeit zurückreichenden Bergbaue von ihnen übriggelassen haben, ist kaum mehr der Rede wert. Auch die Eisenvorkommen von S-Wales lohnen den weiteren Abbau nicht mehr (vgl. S. 745) [24]. Aber dieses weist das bedeutendste Kohlenlager der Brit. Inseln auf, mit einer auf 26 Milld. tons geschätzten Ges.Menge, theoretisch ausreichend, um die größte bisherige J.Förderung durch mehr als 5000 J. fortzusetzen oder durch 1200 J. allein die Ges.Leistung des gegenwärtigen Kohlenbergbaus des Ver.Kgr. zu übernehmen [23]. Im ganzen 150 km lang und bis zu 30 km breit, nimmt es mit dem in Swansea Bay und Carmarthen Bay überfluteten Teil ein Fl. von rund 2500 km² ein. Gegen W. verschmälert es sich, aber seine letzten Ausläufer reichen bis fast zur W-Küste von Pem. — der kleine Hafen von St. David's verfrachtete noch um 1800 Kohle nach Irland [II¹⁸]. Das Hauptkohlengebiet

liegt in SE-Wales. Ungef. 50% der verfügbaren Kohle sind steam coal
(Dampf-, Kessel- oder Bunkerkohle), eine raucharme Magerkohle von großer
Heizkraft, 30% bituminous coal (20—40% flüchtige Bestandteile, also vergleichbar der Fett-, Gas- und Gasflammkohle des Ruhrgebietes; eine gute
Hausbrand-, Gas- und Kokskohle [25 b]) und 20% Anthrazit [113*]. Dieser
findet sich in der Lower Coal Series im NW jenseits einer Linie Gwendraeth-
tal—oberes Vale of Neath und in Pem. Gegen E und SE gehen die Flöze
zuerst in die Kesselkohle und weiter in Gaskohle über, die sich gegen den
s. Ausbiß der Coal Measures zwischen Swansea und Newport einstellt. Von
den Kesselkohlen sind die um Aberdare und im Rhonddatal besonders geschätzt. Die Upper Coal Series weist vornehmlich Gaskohle auf. Die Verbreitung dieser verschiedenartigen Kohlen hat sich auf die Erschließung des
Kohlenfeldes, seine Industrialisierung und seine heutigen wirtschaftlichen
Verhältnisse entscheidend ausgewirkt (vgl. S. 779 ff.). Im J.Durchschn. 1931
bis 1935 wurden etwa 35 Mill. tons gefördert. Im Vergleich dazu unansehnlich
ist das Kohlenfeld von Den. und Fl. mit einer (1931—1935) J.Förderung
von 2,6 Mill. und ungef. 1,7 Milld. tons Vorrat (Koks- und Gaskohle und
Hausbrand). In einem ungef. 60 km langen, 3—12 km breiten Streifen zieht
es aus der Gegend von Oswestry an der E-Flanke der Clwydian Range gegen
N in der Richtung auf Point of Air (w. des Deeästuares). Ein kleineres
Industriegebiet ist auch dort entstanden.

Einen besonderen Posten in der Wirtschaft von Wales bedeuten seine
Schieferbrüche, vor allem die kambrischen bei Bethesda (Penrhyn), Llanberis
(Dinorwic), Nantlle in N-Wales, die jeder seinen eigenen Hafen haben:
Bethesda-Penrhyn verschifft die bläulich-violetten über Caernarvon, Llanberis über Port Dinorwic, Nantlle rötlich-violette über Caernarvon. Schiefer
werden auch bei Corris, Abergynolwyn, Blaenau Ffestiniog (hier in berg-
werkmäßigem Betrieb) u. ao. und für den örtlichen Bedarf in vielen kleineren
Brüchen gewonnen (teils kambrische, teils ordovizische Schiefer) [242,
712 a, b, 734]. Die hoch ansteigenden Terrassen der großen Schieferbrüche
geben dem Landschaftsbild eine eigene Note. Dieses ist auch dadurch verändert worden, daß im 19. Jh. auf den einst von Gräsern und Heidekraut
bedeckten Vorhöhen des Snowdon vielfach kleine Anwesen mit winzigen
Feldern und Wiesen, sorgsam mit Steinen umwallt, angelegt worden sind
[76]. Im übrigen sind Steinbrüche durch das ganze Land verteilt, in den
Kohlenkalken, Pennantsandsteinen, Millstone Grits, Liaskalken im S (vgl.
S. 786), in den Erstarrungsgesteinen und verschiedenen Sandsteinen im N, in
den roten Devonsandsteinen usw. Sie liefern Bausteine für Häuser, Brücken,
Straßen. Der Cefn Stone aus Den. (Middle Coal Measures) wurde sogar für
öffentliche Gebäude in Liverpool und das University College in Bangor
verwendet [21 b]. An edleren Bausteinen ist Wales arm.

In eindruckvollstem Gegensatz zu dem verwickelten inneren Bau von
Wales stehen ausgedehnte Einflächungen, welche unbekümmert um ihn überall
das Landschaftsbild beherrschen, selbst in den von der Vergletscherung
ausgiebig überarbeiteten Gebieten. Aber die Versuche, sie in bestimmte
Systeme von gleichem Alter zusammenzufassen, sind bisher noch nicht ge-
glückt. Daher bezeichnet man sie vorläufig lieber für jeden Flußbereich mit
Lokalnamen [332, 374, 379 u. ao.]. Denn sie sind von jüngeren Krustenbewegungen zu ungleicher Höhe emporgehoben, dicht zerschnitten und bei
der verschiedenen Widerständigkeit der Baustoffe sehr ungleichmäßig abge-

tragen worden; die Kanten zwischen den alten Flächen und den jüngeren
Kerben sind abgefast, zugerundet und viele Gipfel mehr oder weniger breite
Kuppen mit konvexen Hängen [381]. Auch sind die korrelaten Ablagerungen,
soweit solche hier vorhanden waren, bis auf ganz wenige fragliche Reste von
Tonen (Flimston in Pem., Aquitan?), Flintschottern (pliozän?) und Verwitterungsböden bereits beseitigt worden, namentlich während der Eiszeiten. Das Vorhandensein mehrerer Einebnungssysteme ist nicht zu
bezweifeln, und mit Recht wurde als der bemerkenswerteste Zug in der
Physiographie von Wales das große „Plateau" bezeichnet, das trotz seiner
Zertalung fast zusammenhängend von der Liverpool Bay bis zum Bristolkanal
verfolgt werden kann [332]. Seine Fläche kappt die stark gefalteten altpaläozoischen Gesteine von N- und Mittelwales ebenso wie die schwächer

geneigten Old Red-Sandsteine
und -Mergel von Brec., während sie an den höheren Bergen von Snowdonia und von
Mer. einerseits, von Carm.
und Brec. anderseits absetzt.
Schon A. RAMSAY hat die
Stufe der Brecon Beacons
geradezu als ein altes Kliff
angesehen. Tatsächlich lassen
sich in Mittelwales zwei „Plateaus" unterscheiden, das
„High Plateau" im Innern
und das „Coastal Plateau",
das s. des Dyfiästuars vom
Gestade der Cardigan Bay 5
bis 25 km landeinwärts reicht
[21*; 26, 273, 332]. Besonders schön ist das „Hoch-
plateau" im Plynlumongebiet
zu beobachten (Abb. 141).
Beiderseits der Wnion-Mawd-

Abb. 141. Plynlumongebiet ö. Aberystwyth. (Aerofilm
Lond. Ltd., 40033.) Gegensatz der alten Flächen und
der in sie eingeschnittenen V- und Kastentäler. Talterrassen. Verhältnismäßig viel Waldpflanzungen.

dachfurche, in Cader Idris- und Diphwysgebiet, sind „Facetten" und Leisten
von drei Talgeschlechtern in 60, 150, 300 unter den 600 m-Fl. beobachtet
worden [379]. Im Towygebiet wurden drei Niveaus festgestellt. Dem
höchsten entsprechen die glatten, etwas konvexen Gehänge des oberen
Towytales, welche in die leichten Unebenheiten der Plateauoberfläche
übergehen. Weiter talab werden die Gehänge unregelmäßiger, U-Profile stellen
sich ein, der Fluß schneidet in Fels und tritt in eine enge Kerbe über, die er
mit steilerem Gefälle durchmißt und neben welcher Talbodenreste in
240—250 m H. erhalten sind. Ähnlich verhalten sich seine Nebenflüsse. Die
Konstruktion der Gefällskurven, welche dem höheren Talabschnitt entsprechen, ergibt unter gewissen Voraussetzungen eine Erosionsbasis von
± 120 m H. Infolge einer jüngeren Hebung war jedoch der zugehörige Kerbenscheitel bereits vor der Ankunft des Eises, dessen Schurf hier unbedeutend
war, 80 km talaufwärts gewandert, die Verjüngung muß also schon lange
vorher erfolgt sein [332]. Auch die Nachbarflüsse des Towy haben das alte
Plateau mehrphasig zerschnitten, so Teifi, Tawe, Usk, Rheidol [273, 367, 374].
Weiter s. zeigen Pem., Gower, das Vale of Glam. alte Flächen. In W-Gower

steigt eine 60 m-Fl. gegen E auf 120 m an, manchmal ganz allmählich, anderswo ziemlich unvermittelt, während sie sich gegen W, auf Worm's Head zu, etwas neigt. Weiter ö. stößt die 120 m-Fl. an den Bergen des Kohlengebietes ab. In ganz S-Wales ist jene 60 m-Verebnung, in vielen Strichen die 120 m-Fl., nur in Pem. auch eine in ± 180 m festgestellt worden (vgl. S. 785, 788 f., 790 f.) [23 i—n, 256, 346, 356, 357, 362, 367, 373, 374, 379].

Die H. von 120 m stimmt auffällig überein mit jener der weiten Einflächungen von Cornwall, die eine sehr lange Ruhelage des Meeresspiegels voraussetzen. Eine solche muß sich auch rings um das Bergland von Wales ausgewirkt haben. In der Tat sind Einflächungen in annähernd entsprechenden H. auch sonst in Wales festgestellt worden, dazu noch verschiedene andere, so auf Ang. und in NW-Caern. drei Niveaus: in 70—90 m („Menaian Platform"), in 110—130 m („Tregarth Shelf") und in 150—180 m („Monadnock Platform", so genannt, weil auf Ang. über die „Menaian Platform" etliche isolierte Erhebungen vom „Monadnock-Typus" auf ± 170 m aufsteigen [22, 238]). In NW-Caer. wurde überdies ein System in etwas über 200 m wahrgenommen, im Snowdongebiet ein höheres von 400 m („basis of the cwms"; Turbary Plain über Bethesda). Tatsächlich scheint hier eine ganze Folge von Flächensystemen vorhanden zu sein: in 80 m, 130—150 m, ± 250 m, ± 300 m?, ± 400 m, außerdem auch in 600—650 m und vielleicht ein oberstes, das in 900 m kulminiert. Einige von ihnen kehren an der S-Seite des Moelwyn Bach wieder. Am wichtigsten ist wohl das Niveau von ± 250 m, viele Seitenbäche der Haupttäler Snowdonias haben in dieser Höhe ihre Stufenmündungen. Je älter die Niveaus, desto mehr sind sie aber verbogen oder gekippt worden, ja die breiten, sanft zum Snowdon ansteigenden Rücken werden für gleich alt mit der „Menaian Platform" angesehen; das kann allerdings nur in beschränktem Maße zutreffen [22, 26, 326, 328, 331, 361, 363; 37*]. Jedenfalls sind die Einflächungen des 400 m- und des 250 m-Systems bis in das Conwaygebiet zu verfolgen, wo sie leicht absteigen, und in die Den. Uplands, von wo sie sich mit leichtem Anstieg nach S fortsetzen [276, 338]. Die in der Umgebung des Cader Idris und des Plynlumon beobachtete Peneplain von ± 600 m setzt sich in das Innere fort. Um Llanidloes liegt sie in rund 500 m [297]. Über sie erheben sich die Inselberge von Mittelwales bis hinüber zu den Berwyns, vor denen sie auch gegen die N-Küste hin auf unter 400 m absteigt [346, 348]. Auch in diesen Gebieten sind Einflächungen in mehreren Niveaus erkennbar; erst im NE werden die Verhältnisse durch die Komplikationen des inneren Baues und den damit verbundenen wiederholten Gesteinswechsel verwischt. Nach der vorherrschenden Ansicht hat bei der Entstehung dieser Einflächungen die marine Abrasion die entscheidende Rolle gespielt, doch ist dagegen auch begründeter Widerspruch erhoben und die subaerile Destruktion immer mehr betont worden [21 c, 22, 326, 356, 357, 379].

Das Alter der Flächensysteme ist schwer zu bestimmen. Wahrscheinlich sind die beiden unteren des Snowdongebietes jungpliozän, das 250 m-Niveau alpiozän, die übrigen miozän. Die „Monadnock Platform" wird in das Altpliozän, die „Menaian Platform" in das Jungpliozän gestellt. Die Gipfelflur des Snowdon und seiner Nachbarschaft wurde für die „subcretaceous plane of marine denudation" erklärt, und für diese wurden jungkarbone und altmesozoische Einflächungen als Vorläufer vermutet. Ja es wurde sogar die Frage aufgeworfen, ob das „High Plateau" nicht überhaupt mit einer (prä-?) triassischen Landoberfläche zusammenfalle, und in diesem Sinne geltend gemacht, daß in S-Wales schon in der Triasperiode eine der heutigen ähnliche

Stufenlandschaft vorhanden gewesen sei (vgl. u.), denn Triasablagerungen lehnen sich an Karbonkalkkliffe (u. a. nur wenig über O.D. bei Barry, wo übrigens auch ein unterliassischer Strand erhalten ist [225]) und an zugerundete Old Red-Berge an. Keupermergel haben noch bis auf das Plateau von S-Pem. gereicht [23 n]. Dieses steigt aber gegen N an, seine Oberfläche greift dort bis auf präkambrische Gesteine über und wird von den Preseli Hills ebenso überragt wie die alte Fläche in Mittel- und N-Wales vom Cader Idris, den Arenigs usw. Wie dem auch sei, jedenfalls wurde jene während des Alttertiärs oder spätestens zu Beginn des Miozäns zu einer breiten Antiklinale gehoben. Damit schlug die „Geburtsstunde des Hochlands von Wales" [111, 22, 328, 361]. Bereits gegen Ende des Pliozäns, noch vor Einbruch der Vergletscherung, hatte das Land im wesentlichen seine heutige Gestalt angenommen. Ohne Zweifel sind auch die übrigen Teile des Berglands von Auf- und Niederwölbungen erfaßt worden; dafür spricht u. a. wiederholt die Anordnung des Flußnetzes, z. B. in SE-Wales.

Im Zusammenhang mit diesen Vorgängen mußten sich nämlich auf den weiten verbogenen Fastebenen Abdachungsflüsse entwickeln, die sich in den Senken zu größeren Gewässern sammelten und in die benachbarten Tiefländer, bzw. Meere hinabströmten. Anderen war der Lauf durch Verwerfungen oder durch Zerrüttungslinien („shatter-belts") vorgezeichnet (Snowdonia [330], Conwaytal [338]). Mit der Zeit gewannen diejenigen Flüsse, welche in weicheren oder zerrütteten Gesteinen arbeiteten, das Übergewicht, es kam zu Anzapfungen und Richtungsänderungen und zur Entstehung von Talgittern, so im Snowdon- und Balagebiet, im Mawddach-Wnion-, im Towy- und Teifibereich [37, 330, 332, 343, 348, 356 a, 367, 374, 379]. Ursprünglich war z. B. der obere Rheidol der Oberlauf des Teifi gewesen; jener wurde jedoch durch den Ystwyth von W her angezapft, später dieser Rheidol-Ystwyth von dem heutigen unteren Rheidol, dessen junger Kerbenscheitel derzeit nächst der vielbesuchten Devil's Bridge (20 km osö. Aberystwyth) hält [273]. Auch in E- und SE-Wales sind bei der Entwicklung des Talnetzes Anzapfungen eingetreten (Usk-Rhymney-, Neath-, Towy-, Cothigebiet usw.), z. T. bei einfacher vertikaler Hebung in Bruch- oder Zerrüttungszonen infolge Rückwärtsverlängerung von Flüssen, z. T. infolge junger Verbiegungen der Oberfläche und der Zunahme der Erosion auf den versteilten Abdachungen. In vielen Fällen lassen dies schon das rechtwinklige Abbiegen eines Flusses und das Vorhandensein einer tiefen Einsattelung in der Fortsetzung seines oberhalb gelegenen Laufstückes vermuten. Dagegen sind die Durchbrüche durch die Stufen des Kohlenfeldes von S-Wales epigenetisch (Taff bei Taffs Well und Tongwynlais, Rhymney bei Machen, Ebbw bei Risca u. a.) [223, 230, 311, 312 a, 314 a, 319, 322, 332, 343, 344, 348, 367, 374, 379; 36*]. Die Flußläufe entwickelten sich hier höchstwahrscheinlich auf den landfest gewordenen kretazischen Sedimenten als Abdachungsflüsse und vererbten sich in den älteren Sockel. Während des Oligo- und des Miozäns fand eine starke Abtragung statt, die Kreidekalke wurden beseitigt, auch die weicheren Gesteine im Untergrund ausgeräumt, die härteren dazwischen als Stufen herausgeschält [360]. Umstritten ist allerdings gerade dort die Frage, inwieweit es sich dabei um bloße Wiederaufdeckung einer schon vortriassischen Stufenlandschaft handelt und inwieweit um pliozäne Flächenbildung. Mit einer solchen ist unbedingt zu rechnen, wenn auch die älteren Einebnungsvorgänge ausgiebig vorgearbeitet hatten. Die große Ausdehnung der Flächen wurde dadurch sehr erleichtert, daß der Meeresspiegel im Pliozän zeitweise wieder in ungef. derselben H. stand wie während der mesozoischen Trans-

gressionen [322] (vgl. S. 725). Sicherlich handelt es sich hier um einen poly-
genetischen Formenschatz.

Auch an der E-Seite des Berglands schwenken etliche Flüsse unter
rechtem Winkel aus der Richtung ihres Oberlaufes ab, während sich ihre
Talfurchen über einen niedrigen Paß zu einem anderen Flußgebiet fortsetzen. Auch hier mögen manchmal Rückwärtsverlängerungen und Anzapfungen die Umgruppierung des Flußnetzes verursacht haben [340]. Öfters
sind eiszeitliche Vorgänge ins Spiel gekommen, z. B. in der Geschichte des
Tanat, der zuerst gegen Oswestry floß und noch im Präglazial vom
Vyrnwy her angezapft wurde. Als ihm dann der Vyrnwygletscher in einer
bestimmten Phase den Weg versperrte, schlug er eine Zeitlang wieder seinen
alten Weg ein, bis er nach dem Schwinden des Eises zum Vyrnwy zurück-
kehrte [21 c, 25 a].

Im großen ganzen waren wenigstens die Haupttäler des Berglands von
Wales schon im Präglazial so tief eingeschnitten wie heute, ja sogar tiefer:
die glaziale Übertiefung ist unbedeutend. Immerhin ist die voreiszeitliche
Landschaft von Wales, besonders von Snowdonia, durch die Vergletscherung
nachhaltig überformt worden. Talgehänge wurden überschliffen und ausgebrochen, Talsporne abgestutzt, Quelltrichter und Bergsturznischen zu Karen
ausgeweitet, flache Felswannen in den Talsohlen ausgeschürft. Durch die oft
sehr mächtigen (20, 30 m und mehr) glazialen Ablagerungen wurden Täler
aufgefüllt und verstopft, Seebecken abgedämmt, Überflußrinnen und Randgerinne eingekerbt, manchen Flüssen und Bächen neue Richtungen aufge-
zwungen, über ehemalige Wasserscheiden hinweg oder neben ihren alten
Läufen im Tal selbst. In erster Linie haben aber die Gletscher die unter
einem lange währenden wärmeren Klima gebildeten, mächtigen Verwitterungs-
decken abgeräumt und dadurch neue Flächen der Zerstörung ausgesetzt [22,
31, 320, 328, 330, 337, 338, 361, 379 u. ao.].

Allen den höheren Erhebungen des Berglands entquollen Eisströme,
von Snowdonia bis zu den Berwyns und den Brecon Beacons. Sie verwuchsen
im Gebirge zu einem zusammenhängenden Netz und an seinem Rand zu
breiten Vorlandvergletscherungen. Die niedrigste eiszeitliche Schneegrenze
dürfte in ± 450 m gelegen gewesen sein. Damals war das Gebiet unter einer
förmlichen Eisüberschwemmung begraben, welche die Ursprungskare des
Snowdon, wo sich die stauende Wirkung des Irischsee-Eises geltend machte
(vgl. u.), bis zu 800 m H. füllte [25, 314, 316, 318, 323, 338, 345; 34*]. Von
dort zog die Eisscheide über die Arenigs, den Harlech Dome und Plynlumon,
die Carmarthen Fans, Brecon Beacons und die Höhen im Quellgebiet des
Taff und Rhymney. Von ihr floß das Eis, der Richtung der Haupttäler folgend,
einerseits zur Küste, anderseits, u. zw. überwiegend, gegen E hin ab, als
Dee-, Severn-, Wye-, Uskgletscher usw. Der Teifigletscher zog zur Cardigan
Bay, der Towygletscher zur Carmarthen Bay. Die Brecon Beacons entsandten
ihr Eis gegen N teils gegen Llandilo, teils zum Uskgletscher, der auch von
Mynydd Eppynt und den Black Mts. von Brec. gespeist wurde, und gegen
S in das Kohlenfeld, wo sich Eis vom Craig-y-Llyn dazugesellte. So waren
auch hier alle Täler vom Ebbw im E bis zum Loughor im W von Gletschern
durchzogen, der Loughorgletscher überdies durch einen Seitenast des Towy-
gletschers verstärkt, der über den Paß von Llandebie (s. Llandilo) kam.
Bei ihrer größten Ausdehnung bedeckte die Vergletscherung das ganze Flachland bis in den heutigen Bristolkanal hinein [316, 318, 323, 339, 366 a].

Wie im Lake District (vgl. S. 688), so konnten jedoch auch in Wales die
Eisströme nicht überall ungehindert zur Küste hinabfließen. Denn gegen diese

drängte der gewaltige Irischsee-Gletscher heran und zwang das einheimische
Eis abzuschwenken. Im N gabelte er sich am Great Orme bei Llandudno in
zwei Äste; der ö. drang in die untere Clwydsenke und durch das Deeästuar
in das Niederland von Cheshire und Shropshire ein, der w. zog von N und NE
her über Ang., die Menaistraße, NW-Caer. und Lleyn hinweg, wobei er an
den Abfällen des Snowdonmassivs auf mehr als 500 m H. emporstieg, hat er
doch auf dem Moel Wnion einen Granitirrling aus Schottland sogar in 579 m H.
zurückgelassen [338] und auf dem Moel Tryfaen bis zu 425 m H. die schon
1831 von J. TRIMMER beobachteten marinen Sande mit Schaltieren aus der
Irischen See und weitgewanderte Erratika emporgetragen [32*, 35a]. Nicht
selten sind hier überhaupt, wie drüben in der Cheshire Plain, Geschiebe aus
dem Lake District und dem sw. Schottland (Eskdalegranite, Ennerdalegranophyre, Ailsa Craig-Riebeckite usw.). Irischsee-Eis hat sich von Lleyn
her auf die Küste der Cardigan Bay geschoben, wo es bei seinem Höchststand
trotz der vom Plynlumon herabsteigenden Gletscher noch bis zu 200 m H. angeschwollen war, es lappte in das Teifital hinein und entsandte von dort, aus
der Gegend von Llandyssul, zeitweilig einen Ast zum Towygletscher bei Carmarthen. Pem. war damals völlig unter ihm begraben, selbst die Preseli Hills
bis zu 180 m. Vom St.Georgs-Kanal her zog es an der N-Seite des Bristolkanals
über W-Gower bis in die Gegend von Bridgend; wiederholt hinterließ es Irr-
linge aus den Schottischen Uplands, da und dort solche von Arran und Ailsa
Craig und aus N-Wales (diese bis hinüber nach Cardiff) und aus dem Grund
der Irischen See (Flinte aus dem Kreidekalk, Lias- und Jurageschiebe mit
Versteinerungen), stellenweise in Card. und N-Pem. auch Sande mit arktischen Schaltieren. Die durch den Irischsee-Gletscher bewirkte Stauung hat
jedenfalls die Schurfkraft der einheimischen Eisströme sehr geschwächt,
deren wirr aufgeschüttete schotterige Ablagerungen von den Carmarthen
Fans, Brecon Beacons und Pennantsandsteinhöhen stammen und von E-Gower
ostwärts herrschen [39, 335, 339, 350].

Da und dort ist bereits eine gewisse Gliederung der eiszeitlichen Ablagerungen erzielt worden, obwohl sie schwierig ist. Wie im Deegebiet im NE,
so schalten sich auch auf Ang. und in W-Caer. bisweilen Sande und Schotter
zwischen zwei Horizonte von Grundmoränen ein [321], ebenso längs der Cardigan Bay zwischen Dyfi- und Teifiästuar, z. B. bei New Quay, und in N-Pem.
Z. T. sind sie fluviatil oder fluvioglazial, z. t. marin. Mögen auch einige von
ihnen interstadiale Eisrandbildungen sein, so dürften doch die meisten einem
Interglazial und die beiden Geschiebelehme zwei Eiszeiten angehören [313,
324, 335, 350]. Dafür sprechen namentlich die Verhältnisse in S-Wales. Hier
war die letzte Vergletscherung — Newer Drift — nachweislich nicht so ausgedehnt wie die ältere, das Irischsee-Eis hat bei ihr nicht mehr nach Carm.
oder gar nach Glam. gereicht, die Gletscher der Fans und Beacons beschränkten sich auf die Haupttäler und umhüllten bloß die Flanken der höheren
Berge des Kohlenfeldes. Die Endmoräne dieser jüngeren Vergletscherung läßt
sich durch ganz S-Wales verfolgen. Sie ist zwar meist nur dürftig entwickelt,
jedoch in einzelnen Abschnitten gut ausgeprägt in Gestalt von Sand- und
Schotterhügeln [339]. Sie verläuft über Mathry (zwischen St. David's und
Fishguard) in einigem Abstand von der Küste bis in die Gegend s. Aberystwyth, schwenkt dann gegen SE und zieht s. Tregaron vorbei. Dann stellt sie
sich bei Llandovery wieder ein, umfaßt die Carmarthen Fans im W und zieht
an der freien W-Seite des ehemaligen Tawegletschers gut ausgebildet gegen
Swansea. Cowbridge, Cardiff, Risca, Usk bezeichnen ungef. die S-Grenze einer
ansehnlichen Piedmontvergletscherung, zu der sich die aus den Brecon

Beacons und ihrer Umgebung hinabziehenden Eisströme vom Tawetal im W
bis zum Usktal im E vereinigten. Besonders mächtig war der Neathgletscher,
da er von den hoch angeschwollenen Eismassen genährt wurde, die sich zwischen Fforest Fawr und Craig-y-Llyn stauten. In vielen Tälern sind überdies
glaziale Aufschüttungen — nicht selten prächtige Endmoränenwälle — aus
der Zeit des letzten Eisrückganges beobachtet worden, die älteren unten in
den Talgründen, die obersten in den Karen. Seit langem und sehr genau sind
sie aus Snowdonia bekannt, das die meisten und schönsten Kare aufweist,
zumal im N-, bzw. NE-Abfall der Glyder Fach (994 m)—Glyder Fawr (999 m)
—Y Garn (946 m)—Elidyr Fawr-Kette über Nant Ffrancon. Regelmäßig knüpfen sie sich hier an die weicheren Schiefer zwischen den harten Sandsteinen
oder vulkanischen Gesteinen (Abb. 142) [243, 33, 326, 328 u. a.]. Besonders
eindrucksvoll sind die Landschaft von Llyn Idwal mit seinem vierfachen Mo-
ränengürtel (Abb. 143) und die Kartreppe ö. unter dem Snowdongipfel mit
Llyn Llydaw und Glaslyn (vgl. S. 765). Gegen SW sind die Böschungen sanfter, die Kare länger, offener, nicht durch so schroffe Stufen von den Talgründen getrennt [258]. Auch Cader Idris, die Arans, Berwyns, Plynlimon, die
Fans und Brecons tragen Kare. Die meisten Karseen füllen Abdämmungs-
wannen hinter Moränen, aber manche sind in echte Schurfwannen gebettet.
Abgesehen vom Balasee, weist heute nur Snowdonia noch Talseen auf (Llyn
Padarn, Llyn Ogwen u. a.), doch sind sie viel kleiner als die des Lake District
(vgl. S. 686) [33, 35, 37, 310]. Llangorse Lake (ö. Brecon) ist bloß ein seich-
tes Schilfwasser. Lake Vyrnwy [411], die Elanseen und das Trawsfynydd Res.
im Oberlauf des Afon Cwm Prysor (s. Ffestiniog) sind große künstliche Stauseen. Eine ganze Menge solcher Wasserspeicher wurde in den Tälern in der
Nachbarschaft der Kohlengebiete des NE und SE angelegt. Etliche alte Seebecken sind seit dem Ende der Eiszeit bereits verlandet. Längst verschwunden sind die Stauseen, die sich während bestimmter Phasen des Eisrückzuges
zwischen dem Irischsee-Eis und dem einheimischen Eis, bzw. den Abfällen des
Gebirges bildeten, z. B. auf Lleyn [359], bei Aberdaron und Pwllheli, an der
Cardigan Bay beiderseits des Dyfiästuars und im unteren Ayrontal. Dessen
Überflußrinne führte zu dem schön verästelten, großen „Lake Teifi" hinüber,
der zu dem tiefer stehenden „Lake Nevern" (ö. Newport) abfloß. Dieser wieder
entwässerte durch das heutige Gwauntal in die Fishguard Bay. Wahrscheinlich ging die Entwässerung von hier zum Oberlauf des West Cleddau und
damit zum Milford Haven. Ähnliche Seen, abgedämmt vom Irischsee-Gletscher, dürften schon bei den späteren Stadien der Older Drift-Vergletscherung
im Niederland des Loughor und des Tawetals bestanden haben, wo ebenfalls
Überflußrinnen vorhanden sind [273, 335].

Die Postglazialzeit hat an den Formen des Hochlands nicht mehr viel
verändert [22, 337, 370]. Die Bergflanken haben sich da und dort mit Schutthalden umsäumt, hauptsächlich wohl gleich beim Rückzug des Eises, Bergstürze und Rutschungen sind niedergegangen; im Kohlengebiet von S-Wales
sind solche noch jetzt häufig [34, 317, 334] und haben ihre Nischen hinterlassen. Schwemmkegel wurden auf die Talsohlen, Deltas in die Seen geworfen
und diese dadurch verkleinert oder zum Verschwinden gebracht; hinter einem
Moränendamm liegt z. B. das weite Moor von Tregaron im oberen Teifigebiet
[339, 365, 422]. Die Flüsse haben die Drift und die spätglazialen Schotter
zerschnitten und dadurch Terrassen erzeugt, je nach den örtlichen Voraussetzungen in verschiedener Höhe und Zahl, im unteren Rheidoltal z. B. in II.
bis zu 30 m [273, 377]. Epigenetische Kerben im Fels sind häufig. Aber die
Eintiefung wechselte, wie schon während des Eiszeitalters, mehrmals mit Auf-

schüttung ab, sie schuf keine wesentlich neuen Züge mehr, sondern räumte bloß ältere Schuttmassen aus Tälern wieder aus, die schon bei einem vorhergehenden prä- oder interglazialen höheren Stand des Landes eingefurcht worden waren.

Tatsächlich sind solche Schwankungen der Strandlinie im Spiel der isokinetischen Bewegungen [32*] sehr verwickelt gewesen. Gewisse Profile gewährten Einblick in die Ereignisse, die seit der Bildung des älteren „Head" eingetreten sind. Am auffälligsten ist der sog. „Patella Beach" mit zugehörigem Kliff in ± 7,6 m O.D. Man findet ihn bei Llanstephan am Towyästuar, bei Pendine (sw. Laugharne) und besonders schön auf Gower, ein Gegenstück übrigens auch auf der anderen Seite des Bristolkanals bei Weston-super-Mare. Er ist noch vor der größten Vergletscherung des Gebietes gebildet worden, höchstwahrscheinlich während einer Kälteperiode, und mindestens älter, wenn nicht präpleistozän. Schon verlief die Küste annähernd so wie heute. Auf Gower wird der „Patella Beach" von einer knochenführenden Brekzie überlagert, die auf ein gemäßigtes Klima weist und vielleicht dem großen Interglazial zwischen dem Chalky-Jurassic Boulder Clay und dem Upper Chalky Boulder Clay (vgl. S. 303 ff.) angehört. Nur wenig jünger ist der folgende „Neritoides Beach", über welchem Dünen mit Landschaltieren eines warmen Klimas liegen. Erst darüber stellen sich die Aufschüttungen der Older Drift ein, vermutlich dem Upper Chalky Boulder Clay Ostangliens entsprechend (mittleres oder jüngeres Moustier). Zwischen der Bildung der älteren und der jüngeren Drift war das Gebiet bis gegen Ende der Altsteinzeit eisfrei, Paviland Cave im Aurignac und älteren Solutré bewohnt (vgl. S. 730, 789). Der Newer Drift wird Madeleinealter zugeschrieben. Allein die Altersfrage dieser Strandlinien ist noch nicht endgültig gelöst. Neuestens wurde der „Neritoides Beach" analog dem Befund von Trevetherick in das „Great Interglacial" gestellt, und mit ihm auch der „Patella Beach" [V³³⁷], von anderer Seite dieser dagegen sogar erst in das letzte Interglazial [520*]. Abgesehen von einer als Abrasionswerk gedeuteten Terrasse fraglichen Alters, die in einigen größeren Buchten von Gower in die ältere Drift in ± 15 m eingeschnitten wurde, ist endlich der frühneolithische (Litorina?) „Heatherslade Beach" vorhanden, gewöhnlich 3—4,5 m unter dem „Patella Beach". Mit ihm fällt der heutige Strand fast zusammen, ja dieser ist vielleicht überhaupt z. T. schon damals gebildet worden. Ein alter „prä-" oder „interglazialer" Strand wurde auch in Pem. beobachtet, bei Porthclais, Fishguard West, in Whitesand Bay, auf Caldey I.; nur bei Fishguard enthält er so reichlich Erratika, daß man an eine ältere Vergletscherung denken muß. Doch hat sich hier im W bisher nur e i n gehobener Strand nachweisen lassen. „Head"-Bildungen sind häufig [312*; 22 n, 25 b, 230, 38, 312, 324, 340, 342, 349, 350, 351, 353, 355, 371, 372, 375].

In frühneolithischer Zeit stand das Land 20—30 m höher als heute. Mehrfach wird dies durch ertrunkene Wälder erwiesen, bei Cardiff, Borth bei Aberystwyth, Llanaber bei Barmouth u. ao. [325, 329, 342, 362 a, 364, 368, 371; vgl. zum folg. bes. 312*]. Besonders lehrreich sind die Aufschlüsse, die bei den Hafenbauten an der S-Küste gewonnen wurden. Einen der wichtigsten haben die Barry Docks geliefert. Hier hat man nicht weniger als vier Torfschichten, durch blaue Tone mit Binsen, Schilf und Süßwasserschaltieren voneinander getrennt, beobachtet. Die unterste, 10,7 m unter O.D., erwies, daß das Gelände seit der Waldzeit etwa 17 m gesunken war; die oberste lieferte ein geglättetes Steinbeil. Damals lagen die Menaistraße, der innere Teil des Bristolkanals ö. des Meridians Neath—Minehead und ein breiter

Küstenstreifen in der Cardigan Bay trocken; in diese reichen meilenweit flache, heute untergetauchte Moränenzüge hinaus. Die Erinnerung an die einstige Ausdehnung des Landes hat in den Sagen vom Cantre'r Gwaelod (Cardigan Bay) und von Llys Helig (zwischen Ang. und Deeästuar) fort-gelebt [340, 368, 369, 69]. Deren Fluren ertranken bei der folgenden neolithi-schen Senkung, als die Strandlinie auf ein im Vergleich zum heutigen min-destens 8, zeitweilig sogar 12,15 m höheres Niveau stieg. Nun entstanden auch die Baien und Ästuare der S-Küste, von Pem. (Milford Haven) und der Car-digan Bay (des Mawddach und Dyfi, mindestens 35—40 m tief) und aus einer glazial überformten Talfurche die Menaistraße, welche, 27 km lang, im M. bloß 4 m tief und sich auf 180 m verengend, Ang. abgliederte [22, 376, 379]. Durch eine letzte kleine Hebung wurde der Verlauf der Küste nur mehr wenig geändert, der neolithische Strand von S-Wales liegt nahe dem heutigen (s. o.), aber er ist bloß auf den Karbonkalken erhalten. Wann sich der Meeresspiegel auf seinen gegenwärtigen Stand eingestellt hat, ist nicht ganz sicher; jeden-falls scheinen an der Küste von Glam. seit der alteisenzeitlichen Besiedlung zwischen 500—400 v. Chr. [515] die Bewegungen bis auf weiteres abgeschlos-sen zu sein. In den letzten zwei Jt. hat dann die Abrasion das Gestade an verschiedenen Stellen merklich zurückgetrieben, am erfolgreichsten in den weichen Triasmergeln und in den klüftigen Liaskalken, namentlich wo diese von Rhätmergeln unterlagert werden. Wilde Brandungsformen bilden und erhalten sich jedoch besser in den härteren Gesteinen, manche Sehenswürdig-keit darunter wie die „Green Bridge of Wales" im Karbonkalk w. Bosherston (Pem.) [11f, 18, 23h, i, n, 354, 355 u. ao.]. Anderswo wurde dagegen Land durch Aufschüttung oder Aufschlickung gewonnen, so die Wentloog und Caldicot Levels mit ihren blauen Wattentonen (vgl. S. 669) und gewisse Striche an der Cardigan Bay. Häufig haben Dünenwälle wesentlich dazu beigetragen [333, 352, 368]. Solche haben sich u. a. bei Pwllheli und beider-seits Harlech an der Cardigan Bay [298], an der N-Küste bei Rhyl [362a], an der Carmarthen Bay beiderseits des Towy-Taf-Ästuars (Laugharne Bur-rows, Towyn Burrows) und an der E-Seite der Swansea Bay beiderseits Port Talbot (Baglan, bzw. Margam Burrows) entwickelt. Ihr Material entstammt größtenteils den küstennahen eiszeitlichen Sanden und Schlammen, die bei N.W. trocken liegen. Im Gebiet von Kenfig-Merthyr Mawr wandern die Dü-nen in der Windrichtung gegen E und NE landeinwärts. Ein mächtiger Strandwall, von SW-Winden erzeugt, hat sich vor die Mündung des Dyfi-ästuars bei Borth gelegt (Borth Sands) und dadurch das Sumpfland Cors Fochno erzeugt [327]. Sandbänke und Riffe begleiten die Ufer des Bristol-kanals, viele Schiffe sind dort ehemals zugrunde gegangen; eine Reihe von Leuchttürmen weist heute den Fahrzeugen den Weg [11f].

Im Zusammenhang mit diesen Bedingungen haben sich Umriß und Tiefen-verhältnisse des Bristolkanals wiederholt geändert; ereignisreich war schon seine ältere Geschichte verlaufen [312*; 341, 342]. Bereits während der Trias war hier eine breite, von Landstufen umsäumte Senke vorhanden gewesen, in welche das Rhät- und dann das Liasmeer eindrang; ob und wie weit auch die jüngeren Jurameere, ist ungewiß. Vom Kreidemeer wurde sie bestimmt überflutet. Aber die heutige Anlage hängt mit dem miozänen Faltenwurf zusammen, welcher die südenglische Stufenlandschaft schuf und sich bis nach Devon und nach S-Wales hinein bemerkbar machte. Wohl liegt der Bristol-kanal klar in der Fortsetzung der Avon-Severn-Niederung, indes ist seine Synklinale ein Gegenstück zum Londoner Becken genau so wie die Synklinale der „Plain" von N-Devon das des Hampshire Basin und Exmoor das der

Antiklinale des Weald. Derzeit dringt er fast 130 km tief in das Land ein, eine geräumige Ria, deren Buchten nichts anderes sind als die ertrunkenen Unterläufe ihrer Zuflüsse; noch sind deren ehemaligen Rinnen erkennbar. Mit 70 km Breite öffnet er sich gegen den Ozean, trotzdem so seicht, daß er schon bei einer Hebung von 30 m trockengelegt würde; dagegen würde eine Senkung gleichen Ausmaßes seine Umrisse wenig verändern, bloß die vorhandenen Buchten vergrößern und einige neue · erzeugen und die niedrigsten Küstenstriche, wie die Wentloog und Caldicot Levels, unter Wasser setzen. Ungefähr von Cardiff ab rechnet man das Severnästuar. In diesem erreicht die atlantische Flutwelle infolge seiner geringen Tiefe und der trichterförmigen Verengung die größte Hubhöhe Europas, in Chepstow bei Spr.H.W. 18,3 m [31*, 312*].

Boden und Klima schränken die Kulturfl. ein. Die weitverbreiteten Tonböden sind nährstoffarm und naß, die Sandböden dürftig, die Kalksteine tragen nur eine dünne Bodenschicht. Im Tiefland sind auf Grundmoräne in trockeneren Strichen Braunerde, im übrigen Gleyböden sehr verbreitet; zwischen 200 und 300 m ist der Oberboden infolge des Abholzens und der größeren Niederschläge gewöhnlich abgespült. Podsolierung ist häufig. In den Hohlformen sind Gleyböden oft torfig, und Torfböden nehmen auf den Hängen und Höhen große Flächen ein. Am besten sind gewisse mergelige oder sandiglehmige Drift- und Alluvialstriche. Neuestens sind mehrfach gründliche Bodenuntersuchungen vorgenommen und in einzelnen Gegenden genauere Profile („suites") ermittelt worden [13, 121, 126, 128, 413—415, 423]. Das Klima ist dem Getreidebau abhold, nebel- und regenreich, rauh und windig. Im M. der J. 1892—1906 erhielt das Snowdongebiet über 3,8 m Niederschläge (Glaslyn sogar fast 5 m), die meisten anderen Gebirgsgruppen auf ihren Höhen 2—2,5 m, selbst die Preseli Hills über 1,5 m. Einigermaßen trocken sind in normalen J. bloß Ang. (±1 m; Holyhead 87 cm), Conway (86 cm) und der niedrige Saum der W-Küste (bis zu 1 m), ferner die im Regenschatten gelegenen Täler des Conway, Clwyd und unteren Dee, die unteren Abschnitte der nach E geöffneten Täler und die S-Küste ö. Newport (0,8 m). Auch das Teifi- und das untere Towytal sowie S-Pem. haben 1—1,3 m Niederschlag; das Kohlengebiet ist etwas feuchter. In Innerwales verzeichnet Llanderfel bei Bala 1,2 m, das Lake Vyrnwy-Gebiet, das obere Wye- und Ithontal 1,5 m, die Black Mts. 1,8 m [41, 42, 44, 47—49]. Für die J. 1899—1933 ergeben sich so ziemlich die gleichen M.Werte. Groß ist die Z. der T. mit Niederschlag, betragen sie doch in Llangammarch Wells (unterhalb Builth Wells), also im Inneren des Landes, durchschn. im J. 220! [123]. Auch in leeseitigen Tälern treten bei anhaltenden Regen infolge der Gefällsverhältnisse verheerende Überschwemmungen auf; im Conwaytal z. B. wird manchmal die Straße bei Trefriw mehrere Fuß tief überflutet [43, 45]. Die jahreszeitl. Verteilung der Niederschläge ist im großen ganzen die gleiche wie in England: die wenigsten bringt der Frühling (April, Mai), der August schon reichlich, dann folgen nach einem etwas trockeneren September die nassen Herbst- und Wintermon. mit einem Max. im Dez., dem jedoch Okt. und Nov. kaum nachstehen. Im Gebirge muß man dabei im M. 50—60 T. mit Schneefällen erwarten (Plynlumon 45, Berwyns 60—65), und diese können bei andauernden E-Winden eine mehrere Meter mächtige Schneedecke liefern, wie z. B. im März 1916 auf den Black Mts. An der W-Küste von Card. beträgt die Zahl der Schnee-T. unter 60 m H. 7, am Unterlauf des Severn und des Wye im E weniger als 10 [412*, 419*]. Der Dez. ist der trübste Monat, der Juni der sonnigste (mittl. tägl. Sonnen-

scheindauer in Aberystwyth 1,27, bzw. 6,42 St.; in Rhayader 1,11, bzw. 6,72).
Sehr häufig sind kräftige Winde, u. zw. nicht bloß auf den Bergen oder in der
Nähe der W- und der S-Küste, sondern auch unten im Tal und weit landeinwärts. Turmhoch tragen Stürme den Gischt der Seen Snowdonias als
Sprühregen empor; der Balasee ist früher, als er noch nicht künstlich
abgedämmt war, manchmal an seinem nö. Ende förmlich in den Dee hinein-
geblasen worden, so daß dieser Hochwasser erhielt. Besonders an der W-Küste
wachsen Büsche und Bäumchen in den Gärten meist nicht über die Mauer
empor, in deren Schutz sie stehen, und Sturmfluten haben dort öfters
schweren Schaden angerichtet, so in Aberystwyth im Dez. 1910, als die
Brandung große Blöcke aus der Kaimauer riß und Gerölle und losgelöste
Pflastersteine auf die Promenade fast 1 m hoch hinauswarf, und wieder 1928
und 1937/38.

Die Winter sind an der Küste überall mild (das Febr.M., in der Regel
das niedrigste Mon.M., bleibt über 5° C). Im Tiefland von Carm. können die
Farmer ihr Vieh 8 Mon. im Freien lassen, spez. im unteren Towytal bis in den
Dez., manchmal sogar bis Ende desselben, in den höheren Tälern bis M. Okt.
Dafür verspätet sich wegen der Nachbarschaft des Meeres der Frühling etwas
gegenüber den Midlands, dementsprechend auch die Arbeit auf den Feldern
und wegen der Kühle des Sommers — das höchste Mon.M. (Juli oder Aug.)
erreicht in N- und W-Wales selbst in den Tal- und Küstenstationen nirgends
16° C — erst recht die Reife und Ernte der Feldfrüchte. Mit der Höhe und
mit der Entfernung vom Meere sinken im Winter die Temp. nach Schätzungen
im durchschn. Jan.M. auf dem Snowdongipfel auf —1,1°, auf den Brecon
Beacons auf 0,5° C. Viel geringer sind die Unterschiede im Sommer: das
JuliM. von Pembroke ist nur um 1,7° höher als das der Brecon Beacons
(15,6, bzw. 13,9°) [130]. Ausnahmsweise kann der Winter allerdings grimmige
Kälte bringen. So verzeichnete Rhayader am 20. I. 1940 — 23,3° C (— 10° F),
Llandrindod Wells— 21,8° C (— 7° F) [GJ 95, 1940, 403/04]. Wie die mittl.
JSchw. (9—12°), so ist auch die mittl. T.Schw. gering (Aberystwyth 5,3,
Welshpool 8,9°).

Folgende Tab. gibt über die Temp.Verhältnisse von Wales (in C°) Aufschluß [410*].

	S.H. in m	J.	Kältester Mon.	Wärmster Mon.	J.M.
Holyhead	7,9	1921—30	II 5,3	VIII 14,7	10,0
Llandudno	4,0	1901—20, 1926—30	II 5,5	VIII 15,6	10,0
Aberystwyth	21,0	1900—20, 1926—30	II 5,8	VIII 15,6	10,3
Rhayader.	230,7	1919—30	II 3,4	VII 14,4	10,0
Swansea	8,2	1908—20, 1926—30	II 5,4	VII 16,6	10,6
Cardiff	61,3	1904—30	II 4,7	VII 16,0	9,7
Newport	81,0	1921—35	II 5,7	VII 17,7	10,6

Einst bedeckten ausgedehnte Wälder das Land bis zu Höhen von
250—300 m, soweit es nicht dem unmittelbaren Angriff der atlantischen
Stürme ausgesetzt ist. Mächtige Traubeneichen standen auf den feuchten Talböden, kleinere zusammen mit Birken und Ebereschen an den Hängen, in den
Küstenstrichen Birken und Weißdornbäumchen. Die Kalksteine von Glam.
trugen ausgedehnte Eschenwälder. Vor 2000—3000 J. war mindestens in
S-Wales die Buche verbreitet [440*, 452*]. Vorher, während des Subboreals,

war die Waldgrenze um 300 m höher, stellenweise bis 560 m, aufgestiegen gewesen; erst in der subatlantischen Periode (gegen Ende der Zone VII, vgl. S. 332 f.) war sie in ihre heutige Lage zurückgewichen. Die kleinen Rodungen, die schon die Megalithleute da und dort vornahmen [513*], waren winzige Löcher im Waldkleid, das nicht bloß das Innere, sondern auch das Flachland überzog, so die Hänge der Täler des Kohlengebietes oder Ang., das seinerzeit sogar die I. Man mit Holz versorgte. Trotz der fortschreitenden Besiedlung blieb es im großen ganzen bis weit in das Mittelalter erhalten. Noch Eduard I. brauchte 10 Tage, um sein Heer durch den dichten Wald zwischen Chester und Flint zu führen, und mußte ganze Scharen von Holzfällern aufbieten, um einen Pfad von Flint nach Rhuddlan zu bahnen [11 e]. Allein schon seit dem Eindringen der Normannen hatte der Wald vor deren Vorliebe für Talsiedlungen und für den Ackerbau zurückweichen müssen; seit der endgültigen Aufrichtung der englischen Herrschaft und infolge der Bevölkerungszunahme und der wirtschaftlichen Wandlungen sowie der Anforderungen der Neuzeit an Holz wurde er mehr und mehr eingeengt. Heute beträgt sein Anteil an der Ges.Fl. von Wales nur 5% (rund 1000 km²), und davon ist bloß die Hälfte wirklicher Hochwald [716]. Gemischte Bestände machen in diesem rund $1/5$, Laub- und Nadelholz je $2/5$ aus. Buschwald und Niederwald mit Überständern nehmen je 140—150 km² ein. Über 350 m H. gibt es nirgends mehr Wald, erst unter 300 m stellt er sich mit einzelnen Flecken und Streifen von Eichen, Birken, Erlen, Weißdorn ein. Dagegen weisen manche Talgründe streckenweise schöne Bestände auf (Dee, Conway, Mawddach-Wnion, Towy, Wye). Prächtige Bäume sind häufig, selbst im windigen W hinter Aberystwyth Eichen bis etwa 150 m H., auch Eschen, Buchen, Ahorne. Im E, gegen die Marken zu, steigen selbst Weißdorn und Holunder und erst recht Birken und Vogelbeerbäume höher hinauf. Schöne Hartholzexemplare sind in Parken und Hecken häufig. Aber vorläufig liefern nur wenige Gebiete Holz für den Handel (z. B. Rad.).

Die letzten schweren Verheerungen hatte der erste Weltkrieg gebracht. Seitdem hat man ausgedehnte Aufforstungen vorgenommen, namentlich in der Umgebung der großen Wasserspeicher, so um Lake Vyrnwy und das Trawsfynydd Res. (vgl. S. 773 f.). In Mer. allein wurden 1922—1938 32 km² neu bepflanzt und 12 km² wieder aufgeforstet, im ganzen mit etwa 60 Mill. Bäumen, davon aber — und das ist bezeichnend — zu $2/3$ mit norwegischen und Sitkafichten [123]. Ähnliches hat man in den n. Gr. und in Carm. unternommen: hier wurden z. B. in Pembrey Forest an der Küste über 40 km² bepflanzt [126, 127]. In N-Wales wurden 1920—1936 ungef. 160 km² mit Mill. Bäumen, zumeist Föhren, europäischen und japanischen Lärchen, besiedelt.

Über den spärlichen Wäldern und den „verbesserten" Grasflächen erstrecken sich die Bergheiden, die „moorlands", die, uneingehegt, nur als Schafweide verwertet werden können („rough grazings"). Sie werden hauptsächlich von Pfeifen- und Bürstengras eingenommen; rund 5000 km², gut $1/4$ der Ges.Fl. von Wales, entfällt auf deren Bereich. Das Heidekraut ist im E mehr verbreitet als im W, es bedeckt den ö. Teil von Mynydd Hiraethog, die Berge bei Ruabon, die Berwyns, Radnor Forest, im ganzen ungef. 600 km². Auf den steilen Hängen des Snowdonstockes tritt das Pfeifengras auffallend zurück, und das Bürstengras ist dort und auf der Clwydian Range überwiegend mit Bergschwingel vergesellschaftet, anderswo, auf feuchteren Böden, mit Wollgras und Rasensimse („deer grass") oder sogar mit einer Binsenart (*Juncus squarrosus*). Sehr ausgedehnt hat sich der Adlerfarn und andauernd besetzt er weitere Gebiete — z. T. im Zusammenhang mit der Ab-

nahme der Schafe —, auf windigen Höhen bis 450 m, an den geschützteren
E-Seiten der Bergzüge bis 580 m hinauf (insges. etwa 600 km²) [120, 130, 667;
420*]. Das „moorland edge" hält sich im allgemeinen in 250—300 m H.

Auffallend reichlich sind die Spuren vorgeschichtlicher Bevölkerung,
allein ihre zeitliche Einordnung ist z. T. schwierig. Zwar treten Stein-,
Bronze- und Eisenzeit deutlich in Erscheinung, aber Alter und Dauer der
verschiedenen Kulturen lassen sich im einzelnen nicht immer ermitteln. Denn
ältere Kulturstadien haben in dem entlegenen, mehr abgeschiedenen Inneren
länger fortgedauert als an der Küste, in Wales überhaupt länger als in
England. So finden sich Überbleibsel megalithischer Bräuche in den Gräbern
der Bronzezeit, Züge der Bronzezeitkultur blieben im Gebirge bis zur Römerzeit erhalten, einzelne Hügelgräber wurden noch nach der Einführung des
Christentums errichtet [510, 511, 513; 511* u. ao.]. Nur in Paviland Cave
(„Red Lady of P.", 1823 von Buckland entdeckt; w. Port Eynon in Gower,
vgl. S. 789) [53 a] und in Höhlen von Fl. und Den. sind Aurignacwerkzeuge
entdeckt und in den älteren untergetauchten Wäldern einige mesolithische
Funde gemacht worden (Tardenois von Aberystwyth und Pem.). Wales hatte
ja keinen Feuerstein für Werkzeuge und Waffen zu bieten, außer in den
Grundmoränen nahe der Küste, wo sie tatsächlich stellenweise bearbeitet
wurden (z. B. Llanaber bei Barmouth). Trotzdem hat die Jungsteinzeit
viele Reste hinterlassen. Peterboroughkeramik reichte von E- bis nach
N-Wales. Long barrows sind u. a. von Capel Garmon (Den.), Pen-Y-Wyrlod
(Brec.), Ffostill (Brec.) bekannt; eine große Werkstätte an den Hängen
von Craig Llwyd bei Penmaenmawr lieferte Steinbeile [511 a*]. Weitverbreitet sind Megalithdenkmäler auf den niedrigen, waldarmen Küstenstrichen
und -plateaus im W, namentlich in NW-Pem. (St. David's Penins. und S-Abdachung der Preseli Hills, von wo die Steine des inneren Kreises von Stonehenge stammen; vgl. S. 178, 792), und wieder jenseits einer auffälligen, noch
nicht recht erklärten Lücke (sind hier alle Spuren infolge der „neolithischen
Senkung" vom Meer bedeckt worden?) bei Barmouth (Carneddau Hengwm), in
Caer. (ungef. ein Dutzend Dolmen; Steinkreise von Great Orme, Clynnog
usw.), auf Ang., in Fl. (viele Menhirs). Im Inneren gehören sie fast ausnahmslos erst der Bronzezeit an [511, 516]. In dieser drang die Besiedlung
dank der größeren Trockenheit des Subboreals auch in die Gebirgstäler ein,
wo sie mit Vorliebe die unteren Teile der Talgehänge bis 300 m H. bezog.
Überreste der Becherkultur sind spärlicher, doch hinterließ sie solche in den
Tälern des Severn, Usk, Taff und mehr vereinzelt an der NW- und nahe der
S-Küste. Um 1000 v. Chr. drangen — zum mindesten in N-Wales —, Blatt-
schwerterleute ein, die von vielen als Träger des Goidelischen angesehen
werden, während dieses nach anderen vom Bechervolk eingeführt wurde,
nach wieder anderen dagegen viel später von Irland herübergekommen ist
[110]. Sicher erschienen dann im 6. und 5. Jh. Kelten mit Eisenwaffen und
-werkzeugen in Wales (Hallstattkultur), und in den letzten 2 Jh. v. Chr. folgte
ihnen eine weitere Welle (La Tène II). Kurz vor oder gleich nach den Angriffen Cäsars auf Britannien tauchten belgische Stämme in den Tälern der
E-Abdachung und an den Küsten von Wales auf und unterwarfen die spätere
Bevölkerung. Ihre Sprache gehörte zur brythonischen Gruppe, also derselben
wie das heutige Wälsch. Aus ihrer Zeit rühren jene Stammesnamen (Ordo-
vices im N, Silures im S), welche in die Geologie aufgenommen wurden.
        Die Megalithkultur war auf der „Atlantischen Straße" aus SW-Europa
nach Wales gelangt, daher der Reichtum ihrer Denkmäler in SW- und

NW-Wales. In der Bronzezeit war der N stärker besetzt als der S, am dichtesten in Snowdonia, auf den unteren Hängen der Berwyns, auch schon auf der N-Abdachung des Plynlumon. Wahrscheinlich hing dies mit dem irischen Handel zusammen, der dort auf zwei Wegen nach England ging: einerseits von den Buchten von NW-Wales zu den Berwyns und in die Gegend von Oswestry und den Severn hinab, anderseits vom Dyfiästuar durch das Innere auf den Höhenwegen über die Kerry-, Clun- und Clee Hills zum Severn bei Bewdley. Nur dieser Fluß bot schon in der Becherzeit Verbindung über Gloucester mit dem mittleren S-Britannien (Wessex und Themsetal); im übrigen war Wales durch die Midlandurwälder vom Verkehr nach dem Tiefland abgeschnitten. Ein anderer alter Handelsweg verband N-Wales mit Derbyshire, Yorkshire und darüber hinaus mit dem Nord- und Ostseegebiet. Auf jungbronzezeitlichen Handel mit diesem weisen Funde von Bernsteinperlen auf Ang. und bei Mold (Fl.), auf den mit Irland Bronzebeile und Goldschmuck. S-Wales zeigt dagegen hauptsächlich Einflüsse aus S- und in geringerem Maße von SE-England einerseits, von SE-Irland anderseits. N- und S-Wales waren in erster Linie durch den Verkehr längs der Küste miteinander verbunden, z. T. allerdings auch auf einem Landweg über Rhayader [513*; 541].

Die vielen tumuli und cairns, die camps und hill-forts gehören verschiedenen Perioden an, von der Bronzezeit bis in die römisch-britische und in die nachrömische Zeit [59, 511, 512 a, 515, 517, 521 a, 522, 526]. Nach wie vor hat die Bevölkerung waldfreie Anhöhen aufgesucht und an beherrschenden Plätzen Schanzen angelegt, namentlich in der Nähe der Küste. Von 180 tragbaren Bronze- und Goldfunden der Jungbronzezeit wurden 164 unter 300 m H. gefunden [541]. Die hill-forts von N-Wales, vermutlich alle aus der Zeit von 300 v.—700 n. Chr., standen nur ausnahmsweise höher (Tre'r Ceiri 450 m, vgl. u.). Ähnlich in Carm. [116]. Ein bestimmter Typ, die starken forts mit „inturned entrances", hängt vermutlich mit dem Eindringen der kriegerischen Vertreter der eisenzeitlichen B-Kultur aus SW-England zusammen, deren Wehrtechnik auch von Einheimischen übernommen wurde [513*]. Wie ehemals Elemente der „Wessex"-Bronzekultur über See nach S-Wales gekommen waren, so richteten hier nunmehr die ersten Eisenarbeiter ihre Schmelzöfen ein („Llyn Faw Hoard" in Glam.). Am zahlreichsten sind jene forts im E, in den Tälern des Dee, Severn, Wye, Usk, entlang der Küste von Glam. und Mittelwales. Die größeren hill-forts, mit etwa 1 ha Fl., rund oder oval, waren mit einfachen oder doppelten Wällen umschlossen, die „promontory forts", auf Bergsponen oder Vorgebirgen, gewöhnlich kleiner. Das größte „hill-top camp" ist Carn Goch auf einer Anhöhe über dem Towytal bei Llandilo. Zu den bedeutendsten vorgeschichtlichen Denkmälern von Wales gehören ferner die hill-forts auf dem Gipfel von Yr Eifl (Tre'r Ceiri) [11a, 12, 110, 112, 511; 513*], von Craig-y-Ddinas (bei Barmouth), von Pen Dinas bei Aberystwyth [527], die kreisförmigen und rechteckigen „cytiau'r Gwyddelod" („irische Hütten") von Ty Mawr auf einer 90 m hohen Terrasse an der S-Seite von Holyhead Mtn. und an der N-Küste auf Penmaenmawr. Besonders bemerkenswert sind die jüngst auf Ang., unmittelbar gegenüber Holyhead, gemachten Funde von Llyn Cerrig Bach, einer wahrscheinlich von Druiden betreuten Kultstätte. Sie haben bisher 138 Gegenstände geliefert und lassen Leben und Kultur der dortigen Bevölkerung um die Zeit von Chr. Geburt näherkennen. Noch der älteren Eisenzeit angehörig, weisen auch sie auf Beziehungen nach Mittel- und SW-England (Gloucesters., Somerset, Mendips), nach SE- und E-England (Themsegebiet, N-Lincolns., SE-Yorks.) und zu NE-Irland (Antrim-

Down) [536, 538, 540 und bes. 541]. Reich an Resten von Niederlassungen und
Gräbern sind die Küstenplateaus von Ardudwy, Arfon, Lleyn (vgl. S. 764, 768).
Im Inneren standen Höhensiedlungen und Camps u. a. bei Corwen, Dolgelley,
auf den Berwyns am Scheitel des Balasses, im Ithontal. Viele „mounds"
weisen die oberen Talabschnitte des Severn, Wye, Lugg, Arrow usw. auf, bei
Rhayader, St. Harmon's, Llandrindod [59, 511]. Die Küstenwege in N- und
S-Wales sowie die Verbindung von S-Shropshire mit der Cardigan Bay, die das
Dyfital als Pforte benützte (vgl. o.), wurden in steigendem Maße benützt.
Das obere Dee- und das obere Clwydtal, das Teifi-, Towy- und Gwilytal waren
von Hang- und Höhenwegen („hillside-", bzw. „hill-tracks") begleitet. Die Wirtschaft beruhte in erster Linie auf der Viehhaltung, wie erst vor kurzem die
Überreste von Ochsen, Schafen und Ziegen, dazu Schweinen in den Funden
von Llanmelin (Mgom.) und Breiddin Hill wieder bestätigt haben [528], und
daher auf den Bergweiden. Deshalb bevorzugten die Siedlungen auch noch
in der Römerzeit höhere Lagen, mit Vorliebe Berghänge in den oberen Tal-
winkeln in 150—300 m H., wo man überwinterte und im Sommer die Herden
auf die angrenzenden „moorlands" trieb. Durch diese bewegte sich der Verkehr
längs der Wasserscheiden; noch erinnern zahlreiche Gräber und Cairns an
diese Verhältnisse, wie u. a. das Beispiel des Glam.Plateaus lehrt [526, 616].
In den Talgründen entstanden Niederlassungen zunächst bloß vereinzelt;
das „valleyward movement" setzte erst ein, als sich der Ackerbau stärker zu
entfalten und dort die einst dichten Wälder zu verdrängen begann [57, 522].
    Wie die Entfaltung neuer Kulturen, so gingen auch starke rassische Ein-
flüsse, die sich bis in die Gegenwart ausgewirkt haben, von den einzelnen Volks-
wellen aus [57*, 51, 52, 54—56, 58, 512]. Der älteste Hominidenrest aus Wales
ist die sog. Red Lady of Paviland, die einst „gefeierte Urahnin" aller Wälschen, tatsächlich allerdings ein Jüngling. Auch ein paar andere Fundstel-
len haben aurignacartige Typen geliefert (Port Talbot, Newport) [53a, 524].
Nachkommen derselben, Menschen mit langen, schmalen Schädeln, vorspringenden Kiefern und starken Überaugenbrauen, mit dunklen Haaren und
Augen scheinen um den Plynlumon fortzubestehen. Die Jungsteinzeit brachte
Gruppen kleinwüchsiger, langköpfiger, kurzgesichtiger, dunkelhaariger Elemente ins Land, eine ausgesprochen mediterrane (oder iberische) Rasse. Ihr
Vorhandensein wird auf alte Völker- und Kulturbeziehungen zurückgeführt,
welche zwischen NW-Spanien, der Bretagne, den Halbinseln an der W-Seite
Großbritanniens und Irland bestanden haben. Sie ließen sich meist in den
Küstengebieten von S- und W-Wales nieder. Dort stößt man stellenweise
auf brünette Breitköpfige mit kräftigen Schultern, manchmal groß und stark,
vielleicht aus der Bronze- oder der vorrömischen Eisenzeit. In der Bala-
senke fand man „Bechertöpferei" in Verbindung mit größeren Menschen, die
an dinarische Typen erinnern. Vielleicht etwas jünger sind kleine, rund-
köpfige, rundgesichtige Angehörige der „alpinen" Rasse. Spätestens mit
dem Blattschwertervolk erreichte die hochgewachsene, blonde, langschädelige
Rasse, etwas weniger langköpfig (relativ), weil mit etwas längerem Gesicht
als die Mediterranen, Wales (besonders im Severn- und Wyetal vertreten).
Fürderhin ist dessen Rassengeschichte, wie die von England überhaupt, „die
Geschichte des Ringens zwischen atlantischen Mediterranen und kontinentalen Nordischen" [524]. Dabei sind in Wales die Mediterranen bis heute
trotz späterer erneuter Einwanderungen von Nordischen (vgl. u.) im Über-
gewicht geblieben, vor allem im Inneren des Hochlands, doch sind blonde
Nordische allgemein verbreitet, im W verhältnismäßig am stärksten in
Gower, um Newcastle Emlyn und im Teifital bis hinauf nach Tregaron, ferner

in Lleyn, Arfon und auf Ang. [52]. Eigenartige Mischtypen sind entstanden, unter ihnen auffallend häufig dunkelhaarige mit richtig hellen Augen. Auch kann man bei den Mediterranen eine kleinwüchsige „silurische" und eine hochwüchsige „atlantische" Lokalform unterscheiden. Alpine Kurzköpfe sind nicht selten; große, kurzköpfige Menschen mit gewölbten Schädeln, tiefliegenden Augen, lichthaarig, hat man in der Balaseefurche festgestellt [524].

Kulturell haben die Römer Wales trotz ihrer langen Herrschaft (ungef. 75—380) verhältnismäßig wenig durchdrungen, es aber seit den Feldzügen des Frontinus und Agricola (74—78) fest in der Hand gehabt [52*, 53*, 517*; 53, 516, 521]. Sie holten sich Blei aus Halkyn Mtn. (Schmelzen von Pentre bei Flint) [624*, 510a, 530], Kupfer aus den Parys Mts. auf Ang. und von Great Orme's Head [511]. Gold gewannen sie zu Dolaucothi im oberen Cothital bei Pumpsaint [735a], bei Ponddu (Clogau mines, Mer.), am Dyfi und im obersten Mawddachtal. Sie beherrschten das Land von einem Umkreis von Lagerfestungen aus: Deva, Viroconium, Glevum im E, Venta Silurum (Caerwent), Isca Silurum (Caerleon), wo zur Zeit des Konzils von Arles bereits ein Bischofssitz bestand [519, 524a, 532], Maridunum (Carmarthen) im S, Kanovium (Caerhun) und Segontium (Caernarvon) im N [542]. Sie sicherten es sich mittels Straßen nicht bloß nahe der Küste im N und durch das Küstenplateau im S (sog. „Via Julia montana, bzw. maritima"), sondern auch im Inneren, namentlich in den Haupttälern und in den Bergbaugebieten [523]. Die wichtigsten Pforten waren naturgemäß im NE das Dee- und das Severntal; im SE das Wye- und das Usktal, dieses mit Gobannium (Abergavenny; vgl. S. 660) und Y Gaer, dem Vorläufer von Brecon bei Moat Lane im Severntal oberhalb Newton. Es gab eine ganze Menge von Straßenknoten im Inneren (u. a. Caersws, Tomen-y-mûr bei Trawsfynydd s. Ffestiniog [529], Llandovery), doch ist der Verlauf der Straßen (mehrfach „Sarn Helen" genannt[1])) erst streckenweise festgestellt. Die „Roman Steps" mit ihren Steinplatten ö. Harlech, im N des Rhinog Fawr, sind dagegen wohl erst ein mittelalterlicher Saumweg [11, 518].

Nach dem Abzug der Römer entspannen sich bald Kämpfe zwischen den britischen Fürsten untereinander und mit Eindringlingen aus Irland. Bereits um die M. des 3. Jh. hatten sich die Deisi aus Meath in S-Wales niedergelassen, nun bedrohten die „Gwyddul" (Goidelen) die Küste des Bristolkanals immer mehr. Damals wurden die Hill-forts verstärkt und neue Schanzen im Tiefland errichtet. An Stelle des aufgelassenen Caerleon trat eine starke Anlage vom Typ der Forts der „Saxon Shore" (vgl. S. 311) zu Cardiff. Viele villae wurden geräumt [59]. Um 420 eroberte dann Cunedda, welcher das w. Britannien bis zum Clyde beherrschte, Wales — etliche Landschaftsnamen werden auf die Namen seiner Söhne zurückgeführt, so Merioneth und Cardigan auf Meirion, bzw. Ceredig. Dadurch wurde der irische Einfluß zurückgedrängt und die Sprache der einheimischen brythonischen Bevölkerung, welche sich zum erstenmal mit dem einheitlichen Namen Cymry bezeichnete, endgültig zur Landessprache, die von den germanischen Engländern Welsh genannt wurde. Nur auf kirchlichem Gebiet dauerte er noch lange fort, vor allem auf den w. Halbinseln, die wieder wie einst in der Megalithzeit in Verkehr auch mit der Bretagne und NW-Spanien traten und in der keltischen Heiligenbewegung große Bedeutung erhielten [64, 612]. Die Gründung vie-

---

[1]) „Helena's Weg", zu Ehren von Helena, Konstantins Mutter [Llwyd, Hist. of W., Topogr. notices, S. 169; zit. in der Anm. zu Gottfried von Monmouth, Hist. regum Britanniae, V. 6, Brut Tysylio. Herausg. von San Marte, Halle 1854.]

ler Klöster und Kirchen und deren Namen gehen auf einheimische Heilige
zurück. Mit Bedacht wurden die charakteristischen Heiligtümer vorerst auf
alten Kultplätzen errichtet. Die Kirche von Ysbytty Cynfyn bei Aberystwyth steht in einem Steinkreis [110], ein anderes Beispiel ist die von Mathry
bei Fishguard. An uralte Traditionen knüpfen im N Bangor, Clynnog Fawr
an der Küste nw. Caernarvon, St. Asaph an, im S St. David's und Llantwit
Major, dieses wohl die älteste christliche Bildungsstätte des Landes, nach
St. Illtyd benannt, der in der 1. H. des 6. Jh. lebte. St. Dyfryg, der Begrün-
der des Mönchtums in Wales, schuf den Bischofssitz von Llandaff. „Llan"
(d. i. Einhegung, Klostergut, Kirche) kehrt ungemein häufig in Ortsnamen
wieder, oft in Verbindung mit Namen von Missionaren wie etwa Llanbadarn
(Paternus), Llanelly (Elli) oder Llandyssul (Tysul) [69].

Verhängnisvoll wurde das Eindringen der Germanen von Wessex und
von Mercia her. Durch die Niederlagen von Dyrham (577) und Chester (616)
verlor das Britentum von Wales seinen politischen und völkischen Zusammenhang mit den übrigen britischen Gebieten N- und SW-Englands. Jh.lang
dauerten die Kämpfe, sie sind für die Angreifer keineswegs immer siegreich
verlaufen. Das Bergland wurde Zufluchts- und Ausfallsfestung, die Marken
begannen ihre Rolle zu spielen. König Offa, der 779 den Herrscher von Powys
und Shrewsbury vertrieben hatte, wollte Mercia durch Erdwall und Graben
gegen die Wälschmänner schützen. An diese Anlage, „Offas's Dyke", hat sich
lange eine scharfe Grenze zwischen englischer und wälscher Sprache geknüpft
(vgl. S. 660) [513*; 520 u. ao.].

Wales selbst war damals noch frei. Kräftige Herrschergestalten erwarben sich auch um die kulturelle Hebung ihres Landes die größten Verdienste,
so Rhodri Mawr († 877) und dessen Enkel Hywel Dda († 950), der als erster
die alten Rechte kodifizierte; später Gruffydd op Cynan, der 1094/7 die Normannen zurückschlug; Llewelyn ab Iorwerth (der „Große") und dessen Enkel Llewelyn ap Gruffydd (1255?—1282), einer der späteren Vorkämpfer der
Unabhängigkeit von Wales. Allein für dieses ist es stets gefährlich gewesen,
daß es keinen natürlichen Mittelpunkt hatte, um den sich eine starke politische Einheit hätte bilden können. Die Fürsten von N-Wales hielten Hof zu
Deganwy (bei Conway), zu Aber-Gwyn-Gregin (bei Bangor), zu Aberffraw
auf Ang.; Powys (Mgom.) und das nö. Mittelwales wurden von Mathyrafal
am Vyrnwy beherrscht, Dynevor (w. Llandilo) und Caer Dydd (Cardiff)
waren zu verschiedenen Zeiten die Stützpunkte der Gebieter von S-Wales,
ganz kurz Machynlleth später der Sitz Owain Glyn Dwr's (engl. Owen Glen-
dower's), der noch ein letztesmal für die Freiheit seines Landes kämpfte
(† um 1416) [621a]. Nur lose war der Zusammenhang der „cantrefi" (cant,
100; tref, Sippe, Siedlung), welche meist bestimmten Talschaften oder Küsten-
abschnitten entsprachen und mehrere „commotes" („cymydau"; sg. cymwd)
umfaßten, eine Art Großgemeinden, die als Kern eine Bergweide hatten. Bis
heute sind manche alte Gaunamen gebräuchlich, wie Eifionydd für den Strich
w. des Glaslyn, Ardudwy für das Küstengebiet bei Harlech, Arfon für das
Niederland an der Menaistraße gegenüber Ang. usw. [130, 63, 68, 69, 618, 666
u. ao.]. Als Grenzen dienten vor allem die — oft von Sümpfen und Wäldern
begleiteten — Wasserläufe. Die soziale und wirtschaftliche Einheit war die
patriarchalisch geführte Sippe („gwely", eigentlich Bett, Rastplatz [14]),
welche, ausgehend vom Urgroßvater, wenigstens theoretisch vier Geschlechter
umfaßte. Mehrere „gwely" hatten im selben Gebiet Weide- und andere Rechte.
Die Bevölkerung wohnte verstreut in Einzelhöfen („tyddyn", pl. „tyddyn-
nod"), höchstens um die kleine Kirche standen vielleicht deren zwei oder drei.

Jedes commote hatte einen Häuptling mit einer eigenen Siedlung („maer-
dref"), bestehend aus dessen Hof und ringsum den Hütten der Halbfreien
und Sklaven. Infolge der Sitte der Erbteilung (gavelkind) nahm die Zersplitterung immer mehr zu, bis es schließlich auf 2 ha oft zehn Besitzer gab.
Siedlungskundlich entsprach dem eine wachsende Zahl von Einzelfarmen
[643], wie sie zu Hunderten an den unteren Rändern der Heidegürtel
von Wales stehen. Doch war seit dem früheren Mittelalter die talwärts gerichtete Bewegung stärker geworden, in den Niederungen und Tälern kamen neue,
zunächst nur im Winter bezogene Niederlassungen auf, während im Sommer
ihre Bewohner mit den Herden auf die Höhen zurückkehrten [619, 724a].
Regelrecht bebaute Ackerfelder gab es zwar stellenweise schon zu Offas Zeit
auch w. des von ihm errichteten Walls, aber echte Dörfer entstanden nur in
den schon früh von den Normannen beherrschten Landschaften, d. h. in der
Küstenebene im S und den Grenzgebieten im E, und auch dort nicht allgemein, am ehesten noch in Pem., in Gower, im Tal des Towy, im Severntal
von Mgom. [130, 670].

Schon vor dem Normanneneinbruch hatten die Germanen weitere Fortschritte gemacht. Angelsächsische Siedlungen waren im Bergland von Shropshire entstanden. Schließlich hatte Harald, Sohn des mächtigen Grafen Godwin, später der letzte angelsächsische König, auch das Gebiet zwischen
Chepstow, Usk und Monmouth erobert, das gleich darauf eine Beute der Normannen wurde. Außerdem hatte er einen Stützpunkt in New Radnor gegründet und bereits vor dem D.B. waren auch w. Offa's Dyke sächsische Dörfer
vorhanden, um Knighton, Kington usw. (vgl. S. 668). Noch im 9. Jh. wurde
Chepstow sächsisch, der Wye die Grenze. W. von ihm trifft man dort fast nur
wälsche Ortsnamen. Über See herkommend, drangen ferner Nordmänner,
allerdings nicht sehr zahlreich, von Irland her in Ang., in S-Pem. und S-Glam.
ein, wie Siedlungs- und Inselnamen bekunden. Hier ließen sie sich teils als
Farmer, teils als Händler und Seefahrer nieder (Weg Dublin—Bristol!).
Anglesey selbst und Orme's Head sind vielleicht skandinavische Namen [617*,
624*; 615, 616, 621 u. ao.].

Indes kam das Verhängnis erst durch die Normannen. Sie bemächtigten
sich zunächst der Tore im E und schnell der flachen Striche im S, führten
hier überall die Manorverfassung ein — Brecon z. B. wurde auf 15 Manors
aufgeteilt [652, 914] — und sicherten alle beherrschenden Plätze und Linien,
die Häfen, die Furten, die Straßenknoten ursprünglich mit den einfacheren
„motte-and-bailey"-Anlagen, deren „mounds" noch zu Dutzenden vorhanden
sind, später, im 13. und 14. Jh., mit Steinburgen; mehr als 100 größere haben
ihre Reste hinterlassen, fast alle freilich nur Trümmerwerk: im Dee-, Severn-
und Wyetal und in deren Seitentälern, im Usktal, an den Flußübergängen
in S-Wales, wo sie an die ehemaligen Römerorte anknüpfen konnten (Brecon,
Neath, Cardiff, Carmarthen), auf den Plateaus von S-Glam. und S-Pem., im
Towytal bis Llandovery hinauf, im Teifital, sehr oft im Anschluß an alte
Wehranlagen [130 u. ao.]. Eine Reihe von Burgflecken verdankte ihnen den
Ursprung; bis in die Neuzeit herauf sind die meisten von ihnen selbst um-
mauert gewesen, Cardiff, Swansea, Carmarthen, Tenby, Pembroke, Cowbridge,
Kenfig u. a. Sehenswert sind die Ruinen von Pembroke Castle (13. Jh.), der
Wasserburg Caerphilly (1272), von Kidwelly Castle (1270—1320 gebaut),
Carew Castle (Pem.; 13. Jh.). Die einheimischen Fürsten suchten dem Bei-
spiel zu folgen, aber um die wälschen Burgen jener Zeit, Dinas Bran (300 m)
bei Llangollen, Carreg Cennen im Cennental, Dynevor Castle und Dryslwyn
Castle bei Llandilo usw., entstanden keine Städte. Länger als im S hielten

sich die Wälschen in dem schwerer zugänglichen NW, wo Gwynned (Snowdon) der Sammelplatz für den letzten Widerstand war; erst 1276—1282
konnte ihn Eduard I., nachdem er Ang. besetzt hatte, auch dort brechen. Er,
bzw. seine Vasallen erbauten nunmehr oder erneuerten die Festen von Flint
(1277), Montgomery, Denbigh, Rhuddlan, die vieltürmigen Küstenburgen von
Conway und Caernarvon (1284), die Wasserburg Beaumaris (1295—1298),
die Burgen von Criccieth, Harlech und Aberystwyth [11a, e; 65, 610, 623,
624; 632*] und gründeten und umwallten die englischen Städte, die neben
einigen nach dem Muster der französischen „bastides" angelegt wurden.
Caernarvon, Conway, Criccieth erhielten nach dem Tode des letzten Llewelyn
Stadtbriefe (1284) [638]. Im selben J. wurde mit dem Statut von Rhuddlan
die neue Einteilung des Landes bestimmt: Eduard vereinigte in der „Principality of Wales" die neu geschaffenen shires Ang., Caer., Mer., Card., Carm.;
Pem., schon 1130 eine „county" (wenn auch kleiner als die heutige Gr.) und
am frühesten anglisiert, Glam. und Fl. waren counties palatine. Dagegen sind
die Gr. des E-Randes erst 1536 (Act of Union) unter Heinrich VIII. aus den
ungef. 150 lordships der „Marches" hervorgegangen: Den., Mgom., Rad.,
Monm. und Brec. Damals erhielten auch die anderen Gr. im großen ganzen
die heutigen Grenzen. Bei jenen neuen Einteilungen wurden die cantrefi
z. T. etwas anders verbunden als früher. Übrigens waren sie bereits unter
Eduard III. in townships und parishes eingeteilt worden, wobei diese bis zu
einem gewissen Grad den älteren manors entsprachen und demgemäß sehr
verschieden groß ausfielen [66, 611, 617, 620].

Mit der Ankunft der normannischen Herren hatte das Klosterleben
einen neuen Aufschwung genommen. Das 12. Jh. sah die Gründung etlicher
Zisterzienser- und einzelner Benediktinerabteien, die nun für ihre Umgebung
die Träger des geistigen und wirtschaftlichen Lebens wurden und das politische nachhaltig beeinflußten. Das keltische Klosterwesen setzte sich in ihnen
mit veränderten Aufgaben und Formen fort [64, 612]. Schon seit dem 7. Jh.
war die Macht der römischen Kirche in Wales angewachsen und deren Oberhoheit von der keltischen 798 anerkannt worden. Dieser Zeit und der Normannenherrschaft entstammen Patrozinien wie die vielen Llanfihangel
(St. Michael), die Llanbedr (St. Peter), Llangors (Allerheiligen), Llanfair
(Marienkirche) usw. Die späteren Versuche, z. B. von Giraldus Cambrensis
(Ende des 12. Jh.), für Wales die kirchliche Unabhängigkeit zu gewinnen,
waren erfolglos. Als kirchlicher Mittelpunkt für S-Wales (ohne Glam., aber
einschl. Gower) entwickelte sich St. David's, wohin der Schutzheilige von
Wales, St. David, in der 2. H. des 6. Jh. den Bischofssitz von Caerleon (vgl.
S. 733) verlegt haben soll.

Zu den bekanntesten und einflußreichsten Abteien gehörten in S-Wales
Neath (1129), Margam (1147), Whitland (1143); im W St. David's und
Dogmael's; im Inneren Cwmhir Abbey (1143) und Strata Florida (1164) mit
Mönchen aus Whitland; ferner Talley Abbey bei Llandovery (2. H. des
12. Jh.); im N Aberconway, die Gründung Llewelyn's des Großen (1186, von
Mönchen von Strata Florida bezogen), Valle Crucis Abbey bei Llangollen
(um 1200), Cymmer Abbey bei Dolgelley (1198), fast alle Zisterzienserstifter.
Sie sind heute Ruinen. Dagegen hat sich von den vielen alten Kirchen, in
denen das starke religiöse Leben von Wales seinen Ausdruck fand, eine große
Anzahl bis in die Gegenwart erhalten, natürlich nicht die ursprünglichen
Bauten aus der Frühzeit und selten solche aus der Zeit vor dem 12. Jh.
Selbst die Frühgotik ist noch wenig vertreten, dagegen reichlich die Hoch-
gotik seit ungef. 1300 und die Spätgotik aus den Jz. nach dem Schwarzen

Tod. Sie sind die häufigsten, wenn nicht die einzigen unzerstörten Denkmäler des Mittelalters im Bilde der heutigen Siedlungen; alles andere ist — bis auf ein paar alte Brücken — jüngeren Ursprungs. Besondere Aufmerksamkeit erwecken die umwallten Wehrkirchen mit ihren massiven bergfriedartigen Türmen, wie etwa die Klosterkirche von Brecon oder Ewenny Priory bei Bridgend (1141 gegr.; Benediktiner) und andere im Vale of Glamorgan. Auch drüben in S-Pem. bezeugen die starken, mit Zinnen und Wehrgängen ausgestatteten Kirchen, die dort meist aus der Normannenzeit stammen und auf Anhöhen stehen, den Einfluß militärischer Erwägungen, zum Unterschied von den einfachen, turmlosen Gebäuden n. des „Landsker" (vgl. S. 792) [14, 614].

Während des Mittelalters waren die wirtschaftlichen und demgemäß die kulturgeographischen Wandlungen von Wales gering. Nach dem Berichte des Giraldus Cambrensis [67] lebte die Bevölkerung nach wie vor vom Ertrag ihrer Rinderherden, von Milch, Käse und Butter und mehr von Fleisch als von Brot. Getreide wurde wenig gepflanzt, obwohl in den Gesetzen Hywel Dda's Weizen, Gerste und Hafer erwähnt werden, etwas sogar aus England eingeführt. Außer den Rindern hielt man auch Schafe, Schweine, Pferde, Ziegen, Geflügel und Bienen [113]. Schafzucht in größerem Ausmaß war zuerst von Zisterziensermönchen in den Marken gepflegt worden, seit dem 13. Jh. immer mehr auch von den wälschen Klöstern, von Strata Florida, Cwmhir Abbey, Neath Abbey. Schon im 14. Jh. wird Transhumance in Wales erwähnt [618]. Gemischte Betriebe entwickelten sich am ehesten um die Burgen und manors der normannischen Herren in S-Wales, in Glam. und Pem., doch wurde der an sich langsame Fortschritt durch das feindselige Verhalten der Einheimischen gehemmt, und zuerst, zwischen 1348 und 1361, der Schwarze Tod, später namentlich die Erhebung Glyn Dwr's brachten schwere Rückschläge, da bei dieser die manors systematisch verwüstet wurden. Nahrung boten ferner der Fischfang in den lachsreichen Flüssen und die Seefischerei als Nebenbeschäftigung der Farmer-Fischer, welche in den vielen kleinen Häfen an der Irischen See von Pem. bis Ang. wohnten. Der Küstenverkehr war rege. Mit der Zeit wurden die Handelsbeziehungen mit England stärker, im N hauptsächlich mit Chester, im S mit Bristol; indes traten wälsche Kaufleute und Schiffe erst im 14. und 15. Jh. in Wettbewerb mit den englischen und mit den ausländischen aus der Bretagne und SW-Frankreich (Bayonne) [65, 611]. Eingeführt wurden solche Rohstoffe und Nahrungsmittel, über welche das Land selbst nur unzulänglich oder überhaupt nicht verfügte (Wachs, Harz, Salz, Wein, Öl), ausgeführt Häute, Felle und vor allem Wolle, dann seit dem 15. Jh. in wachsenden Mengen die groben wälschen Flanelle (das Wort selbst stammt aus Wales: gwlanen, Wollwaren, von gwlan, Wolle) [914]. Ursprünglich waren Strata Florida, Neath und Margam, die Tausende von Schafen besaßen, die wichtigsten Lieferanten des Wollhandels, die Abnehmer englische, flämische, französische und lombardische Kaufleute. Wolle und Garne, später Tuch wurden entweder über das Gebirge in die Wälschen Marken gebracht, nach Chester, Oswestry, Welshpool, Shrewsbury, Hereford, Gloucester, oder über die Häfen von S-Wales nach Bristol und von dort weiter zur großen St. Bartholomäus-Tuchmesse nach London oder nach Spanien und Portugal. Haverfordwest, Cardiff, Carmarthen waren in der 1. H. des 14. Jh. Stapelplätze für Wolle, seit 1353 Carmarthen allein. Diese drei Häfen und Tenby führten außerdem Häute und Felle, Heringe und andere Seefische, welche sie aus Irland bezogen hatten,

nach Bristol aus [624*; 622, 648]. Im Zusammenhang mit Handel und Verkehr begannen sich die genannten Plätze und einige andere der alten Burg-
siedlungen, so Pembroke, Cardigan, Caerphilly, Newport, zu kleinen Städten
zu entwickeln.

Auch in den neu gegründeten Garnisonsorten von N-Wales sammelte
sich der Handel. Am besten entfaltete sich Beaumaris („beau marais"), das,
mit verhältnismäßig windgeschütztem Hafen, dank der Insellage den Angriffen der wälschen Bergbewohner weniger ausgesetzt war als der Hafen
von Caernarvon, und das vor allem den Verkehr zwischen Irland und Chester
vermittelte, aber auch mit Devon, der Bretagne und der Gascogne Handel
trieb. Seine Blütezeit begann unter den Tudors und erreichte im 18. Jh. ihren
Höhepunkt. Caernarvon war der Hauptstützpunkt der englischen Macht in
NW-Wales. Vom Schwarzen Prinzen wurden später Nevin und Pwllheli zu
Boroughs erhoben, allein zum Unterschied von den größeren englischen Burg-
städten, welche von den Wälschen lange als Fremdkörper empfunden und
angefeindet wurden, blieben sie klein. In günstiger Verkehrslage, an Straßenkreuzungen oder Flußübergängen, bildeten sich auch sonst geschlossene
Siedlungen, welche mit der Zeit als Märkte aufkeimten, es jedoch nicht weiter
brachten, „die sich nicht über das Niveau großer Weiler hinaus entwickelten"
[718] und ihre wälsche Bevölkerung behielten, so Towyn, die Klostergründung Clynnog Fawr, die einsamen Wegeknoten Tregaron, Llanerchymedd
(Ang.), Dolgelley. Von wälschen Fürsten wurden Welshpool und Llanfyllin
(nw. Oswestry am Cain, einem Nebenfluß des Vyrnwy) mit Stadtbriefen nach
Art der englischen Boroughs begabt. Im Inneren erlangte bloß Bala Stadtrecht. Noch heute haben jene wälschen Städtchen eine ganz andere Atmosphäre
als die ehemaligen Burgstädte, deren wichtigste seit Heinrich VIII. der Sitz
der Gr.Verwaltung sind [914].

Unter Heinrich VIII. wurde 1536 mit der Act of Union ein Schicksals-
jahr für Wales. Es brachte nicht bloß die Neuordnung der Verwaltung
(vgl. S. 736), sondern auch die Aufhebung der Klöster und mit der englischen Agrargesetzgebung die Vererbung des Besitzes auf den Erstgeborenen
an Stelle des gavelkind. Die Klostergüter wurden aufgeteilt und hauptsächlich von dem kleinen Landadel (gentry) erworben. Die ärmeren Pächter, die früher oder später die Zinse nicht zahlen konnten, und erst recht
die jüngeren Farmersöhne sanken zu armseligen Landarbeitern herab. Allmählich setzten nunmehr die Einhegungen ein. Wie im übrigen Großbritannien, so brachten sie auch in Wales neue Züge in das Landschaftsbild
[629, 641 u. ao.]. Obwohl sie durch die Ausdehnung der Schafweiden begünstigt wurden, gehört die erste Enclosure Act doch erst dem 18. Jh. an
(1732); in den nächsten 60 J. folgten bloß ein Dutzend weitere. Dann
erreichte diese Entwicklung 1790—1815 durch die Kriege mit Frankreich und
durch die Industrierevolution ihren Scheitelpunkt (1800—1815 12 Enclosure
Acts) [69*, 62, 629, 639, 641, 656, 660]. Öfters wurden nun auch die commons
in größerer Höhe von „Squatters" in Besitz genommen und zur Schafhaltung
verwendet. Viele „small holdings" gehen auf Landnahme durch Errichtung
eines „Eine-Nacht-Hauses" („ty-un-nos") zurück [128]. Manches ehemalige „hafod", d. h. Sommerplatz, wurde dabei in eine Dauer-
farm umgewandelt und allmählich von dem „hendre", der Wohnstätte,
Wintersiedlung, unabhängig [12, 619, 724 a]. Viel Nutzland wurde dadurch
freilich ebensowenig gewonnen wie durch die Eindeichung einzelner Watten,
z. B. im NE-Winkel der Cardigan Bay (vgl. S. 764) oder entlang dem
Deeästuar [11 e]. Grundlage der Wirtschaft blieb die Viehzucht. Große

Herden des schwarzen wälschen Rindviehs wurden auf die Märkte Englands gebracht [644, 649, 914], außerdem schwarze wälsche Ponies und kräftige Zugpferde, diese namentlich aus Mgom. Immer mehr bevorzugte man die Schafe vor den Kühen, seitdem die Erzeugung von Wollstoffen und später die Wintermast der Lämmer zunahm (vgl. S. 747). Durch den Tuchhandel wurde der kleine Landadel reich; seine Ansitze, prächtige Fachwerkbauten, oft schloßartig, die namentlich in den Tälern des Clwyd, Dee, Severn errichtet wurden, bezeugen dies. Von Ruthin und Chester bis Gloucester und Bristol reihten sich die Tuchmärkte aneinander. Der W war an dieser Entwicklung zunächst wenig beteiligt. Der Ackerbau, der damals noch fast ebensoviel Roggen lieferte wie Gerste (1764 von der Ges.Ernte an Gerste, Roggen und Weizen 47,1% G., 42,7% R., der Rest W. [624*]), beschränkte sich auf die besseren Böden der Niederungen und breiteren Täler; das Vale of Glam. (der „Garten von Wales“), Teile von Brec., Carm., Pem., Caer., Fl. wurden als fruchtbar bezeichnet, die Landwirtschaft des Vale of Clwyd am meisten bewundert, allerdings viel größere Striche von den Reisenden immer wieder als trostlos, öde, unfreundlich beschrieben [625 a*, 628]. Zu NEMNICH's Zeit führte Pem. viele Ochsen und Schweine, „Salzbutter“ und Käse aus, Carmarthen Hafer, Eier, Butter, Schweine und Rindvieh — meist über Bristol nach England —, Aberystwyth Gerste und Hafer nach Bristol und Liverpool, nach Bristol auch Schweine und Salzbutter, Rinder sogar nach Kent und Essex. Viele Tausende Rinder, eine Menge Schafe und Schweine und „große Quantitäten“ Hafer und Gerste wurden von Ang. nach England geschickt [II⁶⁸]. Durch Jh. gehörten die „drovers“ zu den wichtigsten Personen im Lande [677]. Mit dem Einzug der Eisenbahn verschwand ihr Beruf, und eine Reihe von Orten, die als Sammel-, Rast- und Hufbeschlagplätze bei dem Herdentrieb gedient hatten, verfielen, z. B. Llansawel und Pumpsaint in Carm. [126].

Unerfreuliche Veränderungen der Landschaft bewirkte die fortschreitende Zerstörung ihres Waldkleides. Die Sicherung der englischen Stützpunkte und das Aufblühen des Handels hatten neue Wege durch die noch immer ausgedehnten Wälder erfordert, die auch wegen des steigenden Bedarfs an Brenn- und Bauholz zu schrumpfen begannen. Eine gewisse Einbuße erlitten sie ferner im Zusammenhang mit den Einhegungen, die ärgste aber durch den Bergbau und die Errichtung von Erzschmelzen, vor allem in S-Wales seit dem Ende des 16. Jh. (vgl. u.); um die M. des 18. Jh. waren sie hier sehr dahingeschwunden, in allen Gr. am Ende des 18. Jh. stark zurückgegangen. Ein Hauptgebiet des Bleibergbaus war im 17. Jh. der Plynlimonstock, der auch Zink und Silber lieferte [24 c, d, 633]. Die Erze wurden über Aberystwyth und Aberayron nach Neath gebracht. Blei, Silber und Eisen gewann man im Halkyn Mtn. in Fl. Kupferminen wurden u. a. bei Llanberis und Dolgelley betrieben. In der 2. H. des 18. Jh. blühte jählings der Kupferbergbau des Parys Mtn. auf Ang. auf, das allerdings schon längst in eine Acherlandschaft umgewandelt worden war und geradezu als „Kornkammer“ bezeichnet wurde. Von den großen Eichenwäldern, deretwegen es von den Barden Ynys Dywyll, die „schattige Insel“, genannt worden war und welche noch die Römer angetroffen hatten, war nichts mehr übrig [22]. 1787 erreichte der dortige Bergbau seinen Höhepunkt [642, 682]. Allein 1844 waren die besten Vorkommen erschöpft, die meisten Gruben aufgelassen. Das Erz wurde zum kleineren Teil im benachbarten Amlwch geschmolzen, zum größeren nach Liverpool und besonders nach Holywell (vgl. u.) und nach Swansea befördert, d. h. zu den Kohlenfeldern von Fl. und Glam. [II⁶⁸; 642,

914]: es kündigt sich der Einzug der Industrierevolution an, deren Vorboten sich bereits unter Elisabeth und dann verstärkt nach dem Umsturz von 1688 bemerkbar gemacht hatten [630, 656].

In N- und Mittelwales waren allerdings vorläufig noch die Flanelle, grobe Zeuge („Welsh webs") und Strümpfe Hauptgegenstände des einheimischen Gewerbes, namentlich seitdem französische Einwanderer nach der Aufhebung des Ediktes von Nantes Spinnerei und Weberei auf eine höhere Stufe gebracht hatten [631]. Auch wollten die Wälschen selbst nur die einheimischen Erzeugnisse tragen. Mgom.'s „einziger Reichtum besteht in Wolle", der „Haupterwerb der gefühllosen Gebirgsbewohner [von Mer.] in gestrickten wollenen Strümpfen", schrieb NEMNICH [II⁶⁸]. Als Woll- und Tuchmärkte fanden jetzt auch Orte im W, wie Beaumaris, Caernarvon, Barmouth und Aberystwyth, und selbst kleinere, wie Llanidloes, Dolgelley, Rhayader, Builth, Brecon, Newtown, eine Haupteinnahme. Für den Strumpfhandel waren Bala und das benachbarte Llanuwchllyn wichtige Märkte. Um 1800 begannen Spinn- und Kardiermaschinen einzuziehen, dagegen bestand die Handweberei noch lange fort. In Newtown, Holywell, Llangollen, Llanidloes, am Teifi usw. entstanden Fabriken. Indes wurde durch die napoleonischen Kriege die knospende wälsche Wollindustrie schwer beeinträchtigt [656], und vor allem war sie jedoch auf die Dauer der Konkurrenz von Bradford nicht gewachsen. Dorthin geht heute die Wolle größtenteils unmittelbar. In ganz Wales selbst zählt man gegenwärtig nur ungef. 120 Textilfirmen, von denen die wenigen größeren hauptsächlich Wolldecken, die kleineren Tweed und Modestoffe erzeugen. Die groben, kratzigen einheimischen Flanelle sind heute nicht einmal mehr im Lande selbst so beliebt wie ehemals [668, 719, 914].

Bloß in NE-Wales begann sich auch Eisen- und überhaupt Metallindustrie, u. zw. in Verbindung mit dem Kohlenbergbau von Fl. und Den., zu entwickeln, dessen Anfänge bis in die Zeit Eduards I. zurückreichen. Für 1410 wird er aus Brymbo, von LELAND aus Mines (wahrscheinlich Minera) erwähnt. Mit Kohle wurden dann die Blei- und Zinkerze des Carboniferous Limestone des Halkyn Mtn. und in den letzten Jz. des 18. Jh. die eigens deshalb herbeigeführten Kupfererze des Parys Mtn. geschmolzen. U. a. war Ruabon ein Dorf zwischen Kohlengruben [671]. Auch die Erzverarbeitung ließ sich in dem Gebiet nieder. Um 1800 gab es nach NEMNICH Kupfer-, Messing- und Drahtmühlen in Holywell, Schmieden, Messing- und Bleigießerei bei Wrexham und, besonders bemerkenswert, die großen Eisenwerke von Bersham, die wie die berühmten Carron Works (vgl. Kap. XIV) Kanonen erzeugten [II⁶⁸]. Aus diesen Anfängen entstand in der 1. H. des 19. Jh. eine kleinere paläotechnische Industrielandschaft [656]. Als um die M. des Jh. die Metallgewinnung und -verarbeitung zurückgingen, begann man die stark bituminöse Kohle von Mold-Hope für die Herstellung von Brenn- und Schmierölen zu benützen. Damit wurde eine chemische Industrie gegründet. Deren Bedarf an säurefesten Gefäßen belebte die Glasindustrie, welche gewisse Feinsande der Coal Measures verwerten konnte. Große chemische Fabriken stehen heute w. des Deeästuars (Saltney, Hawarden, Sandicraft, Connah's Quai), andere zwischen Ruabon und Chirk (Acrefair, Cefn). Die Metallindustrien (vgl. S. 760) müssen ihre Rohstoffe von auswärts beziehen, obwohl bei Halkyn noch etwas Blei und Zink gewonnen werden, ebenso die Wollfabriken von Holywell, das seinerzeit wälsche Wolle verarbeitete, die neue Kunstseiden- und die Papierindustrie (um Flint und Holywell), die auch letzten Endes mit der chemischen zusammenhängen. Dagegen knüpft sich die Bau- und Dachziegelindustrie von Ruabon, Cefn, Rhosllanerchrugog im S, von Buckley und Mold im N an die lokalen Vorkommen guter feuerfester Tone (vgl. S. 759). Die vielen Steinbrüche, Bergwerke und Fabriken entstellen leider vielenorts die dicht besiedelte Landschaft (Volksdichte von Fl. rund 200) [130].

Im übrigen fehlt in N-Wales die Fabriksindustrie so gut wie ganz. Hydro-elektrische Werke stehen in Dolgarrog, Maentwrog (Vale of Ffestiniog) und Cym Dyli (Snowdon), die mit Crewe durch eine Überlandsleitung verbunden sind und außer den großen Schiefer- und Granitbrüchen die Industrien in Flint, Wrexham, Ruabon usw. mit Strom beliefern. Bei Dolgarrog werden unten im Conwaytal Aluminiumwerke betrieben (Erzeugung von Barren, Platten, Drähten, Blechen) [112].

Viel gewaltiger waren die wirtschaftlichen Umwälzungen in S-Wales [130, 634; 632, 643, 651, 657, 914]. Wegen des Waldreichtums der Um-gebung hatten dort Bergleute aus Cornwall 1584 die erste Kupferschmelze in Neath (Abbey) angelegt, wo auch holländische und deutsche Arbeiter beschäftigt waren. Außerdem bezog es Blei und Silber aus Card. Bereits im 17. Jh. wurde es durch baldige Verwertung der Kohle ein Mittelpunkt der Metallindustrie mit regem Ausfuhrhandel. Kupferwerke entstanden auch in Loughor, Llanelly und Aberavon (bei Port Talbot). Bald nach 1700 schaltete sich besonders Swansea ein (erstes Schmelzwerk 1717) [640, 82 d]. Schon früher hatte es sich nicht bloß als landwirtschaftlicher Markt betätigt, son-dern auch Kohle zu den Kanalinseln und sogar bis in den Golf von Biscaya geschickt und dafür Salz und Wein bezogen. Schätzungsweise war seine Kohlenverschiffung (zusammen mit der von Neath) von 2400 tons 1551—1560 auf 40 000 1688—1690 gestiegen [82 d]. Sein Aufstieg war ungemein rasch: schon NEMNICH sah dort „mehrere Meilen weit Kupfer-Schmelzwerke, Kupfermühlen, Messingwerke, Eisengießereien, Schmieden usw., Dampf-maschinen von verschiedener Art, um Wasser auszuschöpfen, Kohlen aufzu-fördern, Pochmühlen, Walzwerke usw. in Bewegung zu setzen". Noch im 17. Jh. begann ferner die Herstellung verzinnter Eisenplatten, zuerst (1675), wenngleich bloß vorübergehend, bei Pontypool, wohin ein gewisser Andrew Yarranton das von ihm in Sachsen beobachtete Verfahren gebracht hatte [18*]. Die Weißblecherzeugung, dort endgültig seit 1720 eingerichtet, wurde in der Folge eine der wichtigsten Industrien von S-Wales. Während aber das Zinn aus Cornwall zugeführt werden mußte, standen Eisenerze in S-Wales selbst zur Verfügung, Hämatite im Karbonkalk, hauptsächlich in der Gegend von Cardiff, Toneisenstein in den Coal Measures [24 a, b]. Zunächst durch deren Verbreitung wurden die Standorte der in der 2. H. des 18. Jh. auf-blühenden Eisenindustrie vorgezeichnet [626, 627]. Eisen war allerdings schon im Mittelalter in der Gegend geschmolzen worden, so von den Mönchen von Margam. Besonders auf den windigen Höhen standen ursprünglich die primitiven Schmelzgebläse („bloomeries"), in denen man Eisenbarren („blooms") gewann; sie wurden mit Holzkohle gefeuert. Diese wurde von den Wäldern der Talgehänge noch zu einer Zeit geliefert, wo die Holzvorräte Englands fast aufgebraucht waren. Um so eifriger suchte man die wälschen Erze auszubeuten. Seit dem 16. Jh. standen Eisenschmelzen u. a. in Merthyr Tydfil, Aberdare, Pontypool [634, 640]. Mit der raschen Abnahme der Wälder, die um 1740 zu einer schweren Krise in der Eisengewinnung führte, und den Fortschritten im Eisenschmelzverfahren wurde immer mehr die Steinkohle verwendet, die gerade dort im NE an den Tag tritt und wegen der geringen

Schichtneigung verhältnismäßig leicht abgebaut werden konnte; ihre Ausbeutung ist also der des Eisenerzes nachgefolgt. Neue Unternehmer, die aus Staffordshire und Cumberland gekommen waren, 1757 die ersten Hochöfen zu Hirwaun am oberen Cynon, 1759 zu Merthyr Tidfil (Myrthy Furnace, die späteren Dowlaiswerke) errichtet und 1765 daselbst auch die Cyfarthfawerke gegründet hatten, gingen in den Achtzigerj. von der Holzkohle endgültig zur Steinkohle über, mit der die Eisenerzlagerstätten im nö. S-Wales in enger Verbindung auftreten [625, 635, 645]. Bald entstanden andere Werke längs dem Ausstrich der Lower Coal Series in Ebbw Vale, Rhymney, Blaenavon, Treforest (1800), Abersychan (1810). 1796 zählte man um Merthyr Tydfil bereits 9, 1820 in S-Wales 90, 1839 rund 130 Hochöfen, die 453 000 tons Roheisen erzeugten. Um 1850 war Roheisen das Hauptprodukt von S-Wales, 10 000 Arbeiter waren im Eisenbergbau, 15 000 in der Eisenverhüttung beschäftigt. Größtenteils über Cardiff und Newport ging die Ausfuhr. Ungemein rasch wuchs die Kohlengewinnung an: schon 1781—1790 erreichte sie mit 800 000 tons das Vierfache der Erzeugung von 1681—1690 [113, 820; 714*].

Der Aufschwung von Bergbau und Industrie war nur in Wechselwirkung mit der Verbesserung und dem Ausbau der Verkehrswege möglich [11, 113, 647]. Schon im 16. Jh. war „sea cole" von Tenby und anderen Plätzen nach Swansea verfrachtet worden, ein Zeichen, wie schwierig damals der Landverkehr war. Auch hier natürlich die immer wiederkehrenden Klagen der Reisenden über die elenden Wege! Erst in den Fünfzigerj. des 18. Jh. wurden ein paar bessere Straßen angelegt, u. a. eine von Hereford über Brecon, Llandilo, Carmarthen nach Milford Haven, eine von Chepstow über Newport, Cardiff, Neath nach Swansea. Seit 1757 verkehrte die Postkutsche regelmäßig zwischen London und Brecon [126]. In N-Wales wurde die Holyhead Road Shrewsbury—Llangollen—Corwen—Bettws-y-Coed—Capel Curig—Bangor um 1800 (vgl. S. 759) der wichtigste Verkehrsweg, der auch die Postbeförderung von der älteren Straße Chester—Denbigh—Conway—Bangor übernahm [11a, 112, 636]. Entsprechend primitiv waren vorher die Fahrzeuge. Im Gebirge konnte man überhaupt nur Schlitten und Karren verwenden, ja noch heute sind jene in Mittelwales in zwei Typen gebräuchlich, die einen zur Beförderung von Getreide, Heu, Torf, die anderen zur Abfuhr von Holz oder Ginster. Dagegen wurde in Glam. das Getreide auf langen Wagen mit schön geschwungenem Gestell verfrachtet [653a, 661a]. Nun erforderte das Anwachsen der Industrie und der Bevölkerung im Kohlenfeld von S-Wales bessere Verbindungen als die Saumwege, auf welchen bisher Maultiere das Eisen zur Küste hinabgetragen hatten [113, 74]. 1767 wurde die Straße von Merthyr Tydfil nach Cardiff eröffnet, bald folgten die durch das Neathtal nach Swansea und eine andere über die Berge nach Abergavenny. Zwischen 1790 und 1800 wurden dann in NE- und S-Wales die meisten Kanäle angelegt, dort namentlich der Montgomeryzweig des Shropshire Union Canal (1794), hier der Glamorganshire C. von den Cyfarthfawerken nach Cardiff (1791—1794), der Neath C. (1791), der Monmouthshire C. von Pontnewynydd nach Newport (1792), der rasch über Abergavenny nach Brecon verlängert wurde (1793), der Swansea C. durch das Tawetal (1798) nach Swansea, der später durch den Port Tennant C. mit dem Neath C. bei Aberdulais verbunden wurde (1824). Allein die großen Höhenunterschiede auf kurzem Abstand (Glam. C. fast 200 m auf 39 km, Swansea C. 266 m auf 27 km) machten viele Schleusen notwendig, der Verkehr war infolgedessen langsam und bei niedrigem Wasserstand noch mehr erschwert. So unzulänglich diese Kanäle heute erscheinen, so waren sie

doch viel leistungsfähiger als die Straßen, wurden doch auf dem Glamorganshire C. noch 1849 248 000 tons Eisen verfrachtet. Ein Vierteljh. später aber
war ihre Rolle zugunsten der Eisenbahn ausgespielt. Derzeit ist selbst der
Glam. C. größtenteils verfallen [113, 820].

Gegen Ende des 18. Jh. hatte man begonnen, Trambahnen, mit flachen
Eisenschienen und Pferdebetrieb, wie sie ursprünglich bloß als Zubringer
zu den Kanälen gebaut worden waren, über größere Entfernungen auszudehnen und selbständig neben die Kanäle zu legen. Die wichtigsten entstanden zwischen 1810 und 1830, so die im Sirhowytal (1811) und im Rhymneytal, die beide Newport bedienten, während andere von Porthcawl, Swansea,
Llanelly (schon 1806 eröffnet) ausstrahlten. 1830 gab es etliche 100 km
Schienenwege in S-Wales. Langsam zog die Eisenbahn in das Kohlengebiet
ein, obwohl Richard Trevethick hier schon 1804 einen Versuch mit einer
Dampflokomotive gemacht hatte: 1835 wurde die Strecke Llanelly—Llandilo,
1841 die von Cardiff nach Merthyr Tydfil eröffnet. 1852 wurde eine durchlaufende Zugsverbindung zwischen London und den südwälschen Häfen
durch die Vollendung der Hängebrücke über den Wye bei Chepstow möglich,
1853 die South Wales R., welche seit 1850 Chepstow mit Swansea verband,
bis Carmarthen, 1854 bis Haverfordwest geführt, 1858 die Linie Carmarthen—Llandovery und 1868 deren Fortsetzung nach Shrewsbury eröffnet,
1888 brachte die Eröffnung des Severntunnels (7011 m, längster Bahntunnel
der Br. I.) eine Verkürzung der Fahrzeit Cardiff—Bristol (—London) um 1 St.
In N-Wales wurde die wichtigste nach Irland zielende Bahnlinie Chester—
Holyhead 1850 dem Verkehr übergeben. Jünger sind die Bahnen durch Mittelwales (Cambrian R. durch das Severn- und Carnotal 1865) [646, 710b,
737]. Namentlich in N-Wales entstanden eine Unzahl Schmalspurbahnen zur
Beförderung der Schiefer, zuerst die Penrhyn R. für Bethesda (1801), die
letzte 1881 eröffnet [744]. Im übrigen teilten sich seit den Achtzigerj. die
G.W. und die L.N.W.R., mit der nach dem ersten Weltkrieg die Cambrian R.
vereinigt wurde, in den Verkehr [740].

Heute ist ganz Wales von vielen vorzüglichen Straßen mit gut organi-
siertem Autobusverkehr durchzogen.

Hauptaufgabe der Bahnlinien des Bergbaugebietes von S-Wales war und
blieb der Verkehr mit den Hafenstädten, welche Kohlen ausführten und die
stark zunehmende Bevölkerung mit Lebensmitteln und anderem Bedarf zu
versehen hatten. Rasch wuchs die Zahl der einlaufenden Schiffe und ihre
Tonnage an, in Cardiff 1840—1870 von 492 Schiffen mit 41 000 tons auf 6892
mit durchschn. je 240 tons. Es überflügelte schließlich Swansea, dessen
Hafenverkehr ihm am Ende des 18. Jh. in der Tonnage fast fünffach überlegen
gewesen, und erst recht Llanelly, obwohl dieses 1836 das erste Dock in
S-Wales eröffnet hatte. Bald waren Cardiff (1839) und Newport (1842), verhältnismäßig spät Swansea (1852) mit ihren ältesten Docks gefolgt. Seitdem sind die Hafenanlagen dieser Städte beträchtlich erweitert worden
— gegenwärtig benützen Schiffe von durchschn. 800 tons die Häfen von
S-Wales [113] — und neue Plätze emporgekommen, wie namentlich Barry und
Port Talbot (vgl. S. 784, 788). Da man immer mehr auswärtige Erze benützen
mußte, ließen sich die neuen Stahlwerke lieber in der Küstenzone nieder.

Die Eisenbahnen waren just zu einer Zeit gekommen, wo die Roheisen-
produktion infolge der Erschöpfung der Erze zu welken drohte, während die
Nachfrage der Welt nach der Bunkerkohle von S-Wales einsetzte. So wandte
man sich dem Kohlenbergbau im großen zu, zuerst, seit 1836/37, um Merthyr
Tydfil und Aberdare. Von dort wanderte er das Taff-, bzw. das Cynontal

hinab, 1841 erreichte er Pontypridd. Bald darauf zog er in das damals noch
unberührte Rhonddagebiet ein und drang dann dort, gelockt von dessen ausgezeichneter Dampfkohle, seit 1854 sehr rasch talaufwärts vor [77, 710, 83].
Erfahrene Persönlichkeiten NE-Englands haben die Erschließung geleitet.
Im wesentlichen in jenen Jz. (1850—1880) haben die Uplandtäler des Kohlenfeldes ihr heutiges Gepräge erhalten (vgl. S. 779 ff.) [113, 718]. Die Kohlenausfuhr vervielfachte sich: 1819—1830 hatten Newport, Swansea und Cardiff
zusammen über 6 Mill. tons (davon Newport fast die Hälfte), 1831—1840
über 7 Mill. tons verschifft, 1841—1850 14½ Mill.; 1860 wurden in S-Wales
über 10 Mill., 1872 über 15 Mill. tons gefördert und in diesem J. allein in
Cardiff, das inzwischen die Führung gewonnen, 3,5 Mill. tons verladen, in den
drei genannten Häfen zusammen 5,3 Mill. [113]. Weiter im W hat die
moderne Entwicklung später eingesetzt und ist etwas anders verlaufen.
Während nämlich die Kohle im NE eine gute Kokskohle ist, liefern die Flöze
des Gwendraeth- und des Neathtals vorzüglichen Anthrazit (vgl. S. 718)
[259]. Da dieser mit gewaltiger Hitze verbrennt und starkes Gebläse erfordert, wie sie erst nachher zur Verfügung standen, mußten sich dort die Eisenschmelzen viel länger mit Holzkohle, später mit zugeführter Gaskohle behelfen, die man hauptsächlich im s. Ausbiß findet. Zwar sind die Überreste
alter Öfen und Eisenbergbaue zahlreich, aber erst seit 1838, wo im oberen
Tawetal zum erstenmal ein Heißluftgebläse mit Anthrazitfeuerung angelegt
wurde, begann sich eine größere Eisenerzeugung zu entwickeln, im Wettbewerb mit den Eisenwerken des E-Flügels und denjenigen, welche inzwischen bei den küstennahen Gruben zu Llanelly, Swansea, Port Talbot, Briton
Ferry entstanden waren.

Für die weitere Entwicklung wurden die teilweise Umstellung von der
Roheisen- auf die Stahlerzeugung und die Erfindung des Bessemer- und des
Siemens-Martin-Verfahrens entscheidend. Denn für diese waren die Toneisensteine wegen ihres Phosphor- und Schwefelgehalts nicht brauchbar,
dagegen die Roheisensteine des Little Garth, der Höhe w. des Durchbruchs
von Taff's Well, geeignet. Aber nach einem Abbau von etwa 1 Mill. tons nahm
die Rentabilität ab, und man zog es vor, Erze aus Spanien, später auch aus
Algier und Rußland einzuführen. So verlagerten sich die Roheisen- und die
Stahlproduktion immer mehr zur Küste. Schon 1859 wurden die alten Pen-
deryn- und Plymouthwerke in Merthyr Tydfil, 1890 sogar die Cyfarthfawerke
geschlossen (während des ersten Weltkriegs wieder in Tätigkeit [frdl. Mitt.
von Dr. E. Davies]). Die Hauptbetriebe wurden nach Cardiff (vgl. S. 783),
Newport usw. verlegt und selbst in Port Talbot neue Fabriken gegründet.

Der Aufschwung der Eisen- und Stahlindustrie von S-Wales in der 2. H.
des 19. Jh. hängt u. a. eng mit der Entwicklung der Weißblechindustrie
zusammen. Um 1800 war diese noch unbedeutend gewesen, NEMNICH hatte
bloß die von Carmarthen erwähnt und ausführlich beschrieben [II⁶⁸]. Sie
machte ihre größten Fortschritte, seitdem man weiche Stähle herstellen
konnte, die sich zu „tin plates" walzen ließen (zuerst W. Siemens 1875 in
den Landorewerken bei Swansea). Schon in den letzten Jz. des 19. Jh. reichten die Zinnerze von Cornwall nicht mehr aus, an ihre Stelle traten die von
Malaya. Daher zogen neue Weißblechfabriken die Nähe der Küste als Standorte vor, wo sie überdies die Stahlwerke näher hatten und manche Stoffe,
die sie für die Herstellung bestimmter Blechsorten benötigten und z. T. aus
Übersee beziehen mußten, z. B. Palmöl, auf kürzerem Wege und billiger
erhielten. Anthrazit und Gaskohle als Brennstoffe und eine ausreichende
Zahl von Arbeitern standen dort gleichfalls zur Verfügung. So erhoben sich

um Swansea, dessen Kupferraffinerien als Nebenprodukt schwefelige Säure
lieferten, die bei der Behandlung der „black plates" (d. h. Schwarzblech,
dünne Stahlplatten ohne Zinnüberzug, zum Unterschied von „galvanised
sheets" mit Zinküberzug und von „terne plates" mit Zinn-Blei-Überzug)
[113*] wichtig ist, um Port Talbot, Swansea und namentlich Llanelly Dutzende von Werken (vgl. S. 781 f.). Ein kleineres Gebiet der Blechproduktion
im E (Pontnewydd, Caerlon usw.) steht mit der dortigen Eisen- und Stahlproduktion in Verbindung. Zwischen 1880 und 1890 hatte die Weißblecherzeugung einen Höhepunkt erreicht, war dann aber in große Schwierigkeiten
geraten, als sie durch die Zollpolitik der Vereinigten Staaten (MacKinley
Tariff-Bill 1890) den Hauptkäufer verlor und sich dieser sogar zum ernsten
Wettbewerber entwickelte. Doch gelang es ihr nach dem ersten Weltkrieg,
durch geschickte Vereinbarungen mit dem Ausland und dank der Schutzzoll-
politik der jüngsten Zeit, wodurch ihr der Binnenmarkt gesichert wurde,
ihre Stellung auszubauen. Die bedeutendsten inländischen Absatzgebiete
sind die Midlands und London — manche der dortigen Unternehmungen
haben sich sogar eigene Weißblechfabriken in S-Wales eingerichtet —, die
Hauptabnehmer die Kraftfahr- und Flugzeugindustrie, die Konserven- und
die Tabakindustrie (Büchsen, Dosen u. dgl.). Milchversand, Ölbeheizung,
Verwendung von Blechdächern usw. haben die Nachfrage gewaltig gesteigert.
Die Metal Box Co. z. B. fertigte 1932 mehr als 100 Mill. Blechbüchsen allein
für Obst und Gemüse [113*]. Großbrit. selbst verbrauchte 1928—1931
durchschn. ungef. 250 000 tons Blech im J. Fast ½ Mill. tons gingen ins
Ausland, nach Europa, dem Fernen Osten, Australien, Kanada, S-Amerika.
Hier war allerdings der Wettbewerb der Ver.Staaten besonders spürbar.
Die Stahlplatten für die Blecherzeugung werden im Gebiet selbst hergestellt,
z. T. wird Stahl, z. T. Roheisen aus dem Ausland bezogen, z. T. Alteisen aus
den engl. Industriegebieten verwertet (jährl. über 1 Mill. tons, mehr als doppelt soviel wie Roheisen). Allerhand Hilfsindustrien (Galvanisierung,
Lackieren, Aufdruck der Firmen und Inhaltsbezeichnungen auf den Blechgefäßen) sind angeschlossen. Außerdem hat sich im Zusammenhang mit der
für die Weißblechfabrikation wichtigen Herstellung von schwefliger Säure
auch etwas chemische Industrie entwickelt (Kunstdünger, Desinfektions-
mittel) [130, 75, 721a].

Die Weißblechindustrie von S-Wales konnte 1938 bis zu 1 Mill. tons
Stahl aufnehmen, ihre Ausdehnung ist für die mit ihr in Verbindung stehenden Stahlwerke, die sich für diesen Zweck spezialisiert haben, ungemein
förderlich gewesen. Im übrigen ist allerdings auch die Eisen- und Stahlerzeugung von der großen Krise nicht verschont geblieben (vgl. S. 780 f.). Von
den Eisenwerken, die Halbfabrikate herstellen, wie Barren, Platten u. dgl.,
mußten viele ihre Belegschaft seit 1927 sehr vermindern [719]. Besser
konnte sich die Roheisenindustrie behaupten (in den letzten J. vor dem
neuen Krieg jährl. ½ Mill. tons, gut 1/10 der brit. Ges.Leistung). Von allen
Hochöfen Großbritanniens sind die von Wales am leistungsfähigsten (1932:
über 100 000 tons je Ofen, ungef. das Vierfache des Dschn. der schottischen);
1933 waren noch 22 in Betrieb. Die Stahlproduktion betrug 1933 1,9 Mill.
tons (nahezu 1/5 der brit. Ges.Leistung), 1937 3,35 Mill. Ihre Hauptstandorte
liegen einerseits zwischen Llanelly, Port Talbot und Pontardawe (im Tawetal oberhalb Swansea), anderseits um Newport, Cardiff, im Ebbwtal bei
Pontymister, im Tal des Afon Llwyd bei Panteg und Pontnewydd. Nickelstahl (für Flugzeuge, Autos, Eisenbahnwaggons) werden in Clydach im
Tawetal erzeugt [130]. Aber die Ein- und Ausfuhr von Eisen und Stahl, bzw.

Stahlerzeugnissen waren in den J. 1929—1935 stark zurückgegangen. In deren E. stand Newport an erster Stelle (in T. tons: 1929 431, 1935 282) in der A. Swansea (626, bzw. 399); in der E. folgten in weitem Abstand Cardiff (78, bzw. 25), Swansea (49, bzw. 15), Port Talbot (71, bzw. 1!), in der A. Newport (284, bzw. 155) und Cardiff (63, bzw. 14). 1935 gingen etwa 35% der Ges.E., 42% der Ges.A. dieses Industriezweiges Großbritanniens über die Häfen von S-Wales [721; 113*, 99*].

So gut wie ganz aufgehört hat die Kupferverhüttung, die 1828 zum erstenmal ausländisches Kupfer verwertete, in der Folge neben einheimischen aus Cornwall reichlich Erze aus Chile und Cuba benützte und 1866 ihren Scheitel erreicht hatte. Allein infolge der Gründung einer überseeischen Kupferindustrie, die nicht zuletzt durch die zu sehr betonte Monopolherrschaft der britischen herbeigeführt worden war, ist diese in S-Wales fast ganz erloschen, sie beschränkt sich heute auf die Herstellung von Kupferplatten und -blechen in Landore und Port Talbot [719*, 720]. Schon seit dem Ende der Achtzigerj. hat Swansea seine führende Stellung in der Kupferbelieferung der Welt eingebüßt, aber es behauptete sie in der Kupfer-E., Eisen- und Stahl-, bzw. Weißblech-A. und wurde neuestens der wichtigste Ölhafen der Br.I. Von der Kohlen-A. aus S-Wales gingen vor dem zweiten Weltkrieg rund $^3/_5$ über Cardiff (mit Penarth und Barry), $^1/_6$ über Newport, $^1/_9$ über Swansea, $^1/_{12}$ über Port Talbot. Dieses und Barry dienen fast ausschließlich ihr, doch hat Barry auch Zement-A. Grubenholz wird über alle Häfen in das Land gebracht.

Abgesehen von der Eisen-, Stahl- und Weißblecherzeugung und der unbedeutenden Herstellung von Spinnstoffen, spielte die Industrie in S-Wales bis jüngst eine untergeordnete Rolle [715]. Maschinenfabriken sind nicht zahlreich. Auffallend war und blieb das Fehlen des Schiffbaus, nur Schiffsausbesserung wird in den Häfen der S-Küste betrieben. Aberthaw (5 km w. Barry), Cardiff, Swansea, Penarth haben Zementwerke. Cardiff hat eine große Dampfmühle, während N-Wales hauptsächlich von Liverpool mit Mehl versorgt wird [frdl. Mitt. von Dr. E. Davies]. Im allgemeinen liefern die Kokereien den Treibstoff (Dowlais, Bargoed, Margam, Ebbw Vale, Cwmbran, Trethomas u. a. im S, Brynmawr, Plas Power im N). Außer der Kohle werden jetzt Öl und Elektrizität in steigendem Maße als Kraftstoff verwertet. Die Haupthäfen verfügen über große Tanks für die Ölversorgung der Seeschiffe. Llandarcy hat eine Ölraffinerie und Verschwelwerke. Eine elektrische Überlandleitung führt von Gloucester über Lydney, Cardiff und Swansea nach Llanelly, Ferngasleitungen und neue Gaswerke für Industriebedarf sind im Bau [742].

Über 150—200 m H. ist kein Ackerbau möglich, und selbst in den Tälern liefert er, sieht man von einigen besonders begünstigten ab, fast nur Hafer (Tab. 11). Früher ist die Gerste viel weiter verbreitet gewesen. Der Anbau von Futterpflanzen hat zugenommen. Von den rund 20 000 km² von Wales waren 1939 nur 800—900 mit Getreide, davon etwa 650 mit Hafer (in den meisten Gr. 25—30% der Ackerfl.), bestellt, ungef. 300 mit Kartoffeln — auffallend wenig im Vergleich zu Irland — und anderen Hackfrüchten, 1000 bis 1100 mit Klee und Futtergräsern; die Ackerfl. nimmt bloß $^1/_8$ der Ges.Fl. ein. Dabei liegen die Erträge, namentlich in Innerwales, weit unter dem M. von England. Obstbau spielt eine geringe Rolle, nur ungef. 12 000 Apfel- und 10 000 Birnbäume zählt man. Versuche, die Rebe in Glam. einzuführen — die Mönche von Margam hatten um das J. 1200 Weingärten gehabt —, sind geschei-

tert; nur in 7 von 46 J. (1875—1920) reifte sie [714 a]. Bis zu 200—300 m H.
ist das Netz der Heckenmaschen entwickelt, eine Schöpfung meist erst des
19. Jh. Sehr verbreitet ist die Feldgraswirtschaft mit der Abfolge: Hafer, Kartoffeln oder Hackfrüchte, Hafer oder Gerste, Heu und dann 4—5 J. Brache.
Der Hafer wächst an günstigen Plätzen bis zu 300 m H. Im Tiefland von S-Wales
(Carm.) findet die Heuernte Ende Juni, auf den Uplandfarmen M. Juli statt,
im Gebirge erst im August. Frühgetreide reift in den Tälern bei s. Auslage in
der 1. H. August, wenn das Wetter einigermaßen trocken ist, im allgem. bis
M. August, im Gebirge 2—3 Wochen später [126]. Die Feldarbeit und die
Schafhut obliegen den Männern, den Frauen die Fütterung der Haustiere,
die Butter- und Käseerzeugung usw. Schon zwischen 120—300 m H. liegt
eine zweite Höhenstufe, noch da und dort mit Gehölzen, mit viel Stechginster
und Farnen, die immer mehr Raum gewinnen, mit Schafschwingel- und bestenfalls Straußgrasfluren. Im E reicht das verbesserte Land manchmal über
400 m, ausnahmsweise sogar bis 450 m empor, im W endet es bereits in
200—250 m, doch fehlt auch in niedrigen Lagen das Ödland mit Farnkraut-
fluren und Stechginster nicht, nimmt doch dieser in Wales rund 50 km² Fl.
ein. Angeblich wurde er erst im 18. Jh. als Viehfutter aus Irland eingeführt
und hat sich erst ausgebreitet, als man ihn nicht länger benötigte und daher
nicht mehr wie ursprünglich alle zwei J. schnitt [452*].

1933 waren 22% der Ges.Fl. Dauergrasland, 34% Wildweide, 12% Pflugland, 5% Wald; in Mer. betrug der Anteil des Graslandes an der landwirtschaftlich genutzten Fl. sogar 97%, in Brec. und Glam. 96, in Caer. und
Rad. 94, in Monm. und Mgom. 93% (s. Tab. 11) [725]. 60% der Fl. würden
sich allerdings durch gute Entwässerung, künstliche Düngung und rationelle
Beweidung erheblich verbessern, Borsten- und Pfeifengras- z. T. in Schaf-
schwingel-, Straußgrasweiden umwandeln und die Raigrasfl., die im ganzen
höchstens 70 km² ausmachen, vergrößern lassen [727].

Während des zweiten Weltkrieges wurde soviel Weideland als möglich
in Getreideböden verwandelt. 1943 erreichte deren Fl. mit rund 2700 km²,
d. i. dem 3¹/₂fachen von 1939, ihre größte Ausdehnung. Die Weizenfl. hatte
sich verzehnfacht (auf 530 km²), die Gerstenfl. nahezu vervierfacht (auf
350 km²), die Haferfl. (1500 km²) war 2¹/₂mal so groß wie 1939, außerdem
die Kartoffelfl. auf 270 km² angewachsen. Die Fl. der Hackfrüchte und anderer Futterpflanzen hatte ebenfalls sehr zugenommen, so die von Klee und
Fruchtwechselgräsern sich verdoppelt. Die Ges.Fl. des Ackerlandes betrug
1944 fast 5000 km² (1939 2170 km²!). Dafür hatte das Dauergrasland sehr
abgenommen (für Heu: 1939 2520 km², 1944 1470 km²; für Weide: 6200 km²,
bzw. 6860 km²). Natürlich war diese Entwicklung in den einzelnen Gr. verschieden verlaufen, der absolute Zuwachs der Weizenfl. z. B. am größten in
Monm. (100 km²), Carm. (76 km²) und Glam. (60 km²), der prozentuelle am
größten in Den., einer Gr., die vorher nur wenig Weizenanbau gehabt hatte
und 1944 52 km² auswies. Dagegen nahm sie in Mer. so gut wie gar nicht zu.
In dieser und in den nw. Gr. überhaupt waren naturgemäß die Bedingungen
für die Vergrößerung der Getreidefl. am ungünstigsten.

Boden, Klima und Pflanzenkleid machen in Mittel- und N-Wales (außer
in Fl.) die Schafzucht zur Grundlage der Landwirtschaft [721b]. Allerdings,
so alt sie dort ist, das heutige Übergewicht über die Rinderzucht entwickelte
sich erst seit der 2. H. des 17. Jh. und besonders im 18. Jh., als die Einführung der Hackfrüchte die Wintermast der Lämmer wesentlich erleichterte
[724a]; vorher waren Kühe der wertvollste Besitz der wälschen Farmer
gewesen. Bis in das 20. Jh. wuchs die Zahl der Schafe an, von 1867 bis 1930

in ganz Wales um 70%, in Ang. sogar um 189% [121]. 1939 zählte es ohne
Monm. 4,36 Mill. (2 je Kopf der Bevölkerung, Rad. sogar 16, Mgom. 12,
Mer. 10), 1944 immerhin noch 3,73 Mill. Sie hatte also nicht so stark ab-
genommen wie in England, erheblich bloß in den Industriegebieten von Fl.
und S-Wales. Mer. wies sogar eine bemerkenswerte Zunahme auf (vgl.
Tab.). Die Welsh mountain sheep, die der Natur der Uplandweiden am
besten angepaßt sind, herrschen durchaus vor; sie sind klein, langleibig,
weißköpfig und -beinig. Sie liefern kurze, dicke Wolle und gutes Fleisch.
„Mutton" ist das Hauptgericht in den wälschen Gasthäusern. Die Kerry
Hills, Clun Forest und Radnor Forest haben Lokalrassen, deren Fleisch und
Wolle besonders geschätzt und mit denen in Rad. die wälschen Bergschafe
gekreuzt werden [120]. Auf den Brecon Beacons und dem Fforest Fawr
haben schottische Farmer Cheviots eingeführt [710*]. Schottische Blackface
findet man in Den., namentlich auf den Landegla Moors (w. Wrexham) [frdl.
Mitt. von Dr. E. Davies]. Bloß die Tieflandfarmen betreiben in erster Linie
Milchwirtschaft, dazu etwas Ackerbau, Schafzucht und -mast mehr nebenbei,
die unteren Uplandfarmen Rinderzucht, etwas Molkerei und sehr wenig
Ackerbau (hauptsächlich Hafer und Saatgräser, Futterpflanzen). Dagegen
sind die höheren Uplandfarmen Schaffarmen. Sie haben zwar neben dem
Cottage auch eine kleine eingehegte Flur, die sie für Heugewinnung, nur
spärlich für Hackfrüchte und Getreide benützen, aber die Hauptsache sind
das von einer Mauer umschlossene Weideland („ffrydd") und die darüber
in 300—600 m H. gelegenen, nicht eingehegten Bergheiden, auf denen sie
Weiderecht haben [715a*, 731]. Lose gefügte Steinmauern, ein häufiger Zug
im Landschaftsbild, oder einzelne Steinhaufen märken die Grenzen der
Weidegebiete. Da diese Farmen im Sommer viel größere Herden auf den
Höhen halten können als im Winter auf dem Acker, senden sie die heikleren
Tiere während der schlechten Jahreszeit auf die Felder der unteren Farmen
hinab, die dann ihre Kühe im Stall halten müssen. Selbst Tieflandfarmen
nehmen im Winter Herden von Bergschafen auf, doch werden diese nicht
auf die nährstoffreichen Wiesen etwa des Clwyd- oder des Towytals geschickt,
weil sie die Lämmer für die nächste Bergsömmerung weniger widerstandsfähig machen. Somit verbringen Tausende von Schafen die Zeit von etwa
M. April oder Anfang Mai, in den obersten Tälern von Anfang Juli an im
Gebirge, u. zw. bis in den Sept. oder Okt., je nach Klima und Wetter und
nach Alter und Geschlecht der Schafe. Heute werden sie zwar oft mit Bahn
oder Kraftwagen befördert, z. T. haben sich jedoch die Herdenwanderungen
erhalten, die 1—3 T. dauern. So senden die Farmer Snowdonias ihre Schafe
zum Überwintern entweder an die E-Seite des Conwaytals oder in das Vorland im W und SW zwischen Cardigan Bay und Menaistraße und selbst nach
Ang., die Farmer der Uplands von Mer. die ihrigen zur Küste im NE der
Cardigan Bay, wohin selbst Schafe aus dem Dyfigebiet mit der Bahn gebracht
werden. Dagegen haben die Schafe des oberen Deebereichs ihre Winter-
weiden im Raum von Bala, Corwen, Derwen (bei Corwen) usw., die der Berwyn Mts. im niedrigeren Land zwischen Vyrnwy und Severn. Eine wichtige
Winterweide bietet das Küstenplateau von N-Card. zwischen Ayron und Dyfi
landeinwärts bis zu den Oberläufen des Rheidol und des Teifi. Hierher wandern nicht bloß die Schafe des Plynlimonstocks, sondern sogar diejenigen,
welche den Sommer auf den Fans und den Brecon Beacons verbringen. Jede
Gr. hat ihre Schafmärkte, teils für Zuchttiere, teils für Fleischhammel und
zur Mast bestimmte Lämmer: Ang. in Menai Bridge, Rad. in Rhayader,

Presteigne, Knighton, außerdem in Craven Arms (Salop) und Hereford. In Mgom. ist Kerry, in Den. sind Llangollen und Abergele am wichtigsten, dieses der größte Mastlämmermarkt von Wales überhaupt. Für N-Wales ist naturgemäß das Industriegebiet von Lancashire—Cheshire der beste Abnehmer [128]. Während der 3. Okt.Woche finden u. a. die großen Schafmärkte in den Dörfern am Rande der Uplands statt, z. B. Cynwyd bei Corwen (Mer.), Devil's Bridge (Card.) nicht weit von Aberystwyth usw. So werden die Wirtschaft und die jahreszeitlichen Arbeiten auch der gemischten Farmen der tieferen Striche sehr wesentlich von den Bedürfnissen der Schafzucht bestimmt [76] und zugleich gewisse sozialgeographische Erscheinungen verursacht [78, 724, 724a]. Riesige Herden werden von M. Juli bis 21. Sept. zu den gegen die Räude vorgeschriebenen Schafbädern aufgetrieben, aus dem Gebiet von Corwen, das auf ungef. 250 km² 30 000 Schafe aufweist, auch wieder bei Cynwyd. Llangollen ist durch den Verkauf von Schäferhunden bekannt [736].

Die Rinderzucht bevorzugt das einheimische schwarze Langhornvieh (Black Welsh), die Shorthorns (Card., Carm., Fl., Den.) und in den ö. Gr. (Mgom., Rad., Brec.) die Herefords. Neuestens nimmt wegen des steigenden Milchbedarfs die Zahl der Friesians zu. Die beiden wälschen Rassen, die North Wales oder Anglesey und die Pembroke oder Castle Martin, werden seit 1904 in den Herdebüchern nicht mehr unterschieden [710*]. Es sind sehr abgehärtete Tiere, auch auf armen Weiden und im Winter mit Heu zufrieden, die Kühe sehr milchergiebig. Teils handelt es sich um die Aufzucht von Fleisch-, teils um die Haltung von Milchvieh, u. zw. sowohl zur Deckung des lokalen und einheimischen Bedarfs als auch zur Belieferung der benachbarten englischen Industriegebiete und selbst Londons. Die n. Gr. stellen hauptsächlich Fleisch-, bzw. Mastvieh auf den Märkten von Caernarvon, Conway, Pwllheli, Mold, Holywell für Merseyside [121, 128], die Viehmärkte von Montgomery und Welshpool für Birmingham, Wolverhampton und S-Lancashire, die von Rad. nach Hereford- und Shropshire. Die Molkereiwirtschaft hat hier noch nicht solche Bedeutung wie in S-Wales, jedoch jüngst zugenommen. Milch wird nach Merseyside geschickt oder in Fabriken verarbeitet, in Rhyl, Wrexham, Llandyrnog (Vale of Clwyd) und seit 1937 in Chwilog (nö. Pwllheli) [128]. Beträchtlich stärker entfaltet ist die Molkereiwirtschaft im S. Carm. steht diesbezüglich in Wales an der Spitze. Noch vor der Jh.Wende setzte dort die Umstellung von Fleisch- auf Milcherzeugung ein. Bis dahin hatte man im W der Gr. die Castle martin-Rasse, im ö. Teil die Herefords bevorzugt. Seit etwa 1905 herrschten die Cumberland Shorthorns vor. Im Zusammenhang mit dieser Entwicklung nahm die Getreidefl. bereits vor dem ersten Weltkrieg und besonders stark in der Zwischenkriegszeit ab, und obwohl sich während des zweiten Weltkriegs auch Weizen- und Kartoffelanbau beträchtlich ausdehnten, kam die Vergrößerung der Ackerfl. doch in erster Linie der Gewinnung von Viehfutter (Hafer, Mischklee, Kohl, Grünfutter) zugute. Zugleich wurden die Weiden fortdauernd verbessert. 1948 zählte man in Carm. um 15% mehr Milchkühe als 1939. Dagegen hat das „beef cattle" weiter abgenommen [126, 743]. Die Molkerei von S-Wales findet in dem industrialisierten Kohlenfeld und z. T. in London ihr Absatzgebiet. Die Ges.Milchlieferung von N-Wales betrug im Betriebsjahr 1935/36 (bis 4. Juni 1936) 2,5 Mill. hl, in S-Wales 3,6; der durchschn. Ertrag je Kuh lag stark unter dem M. für England. Die Erzeugung des Caerphillykäses, der geschätztesten wälschen Käsesorte, ist zurückgegangen (1935/36: 248 840 kg), in Caerphilly selbst wird er überhaupt nicht mehr bereitet. Vielfach wird das einheimische Vieh zur Mast in die Midlands gebracht und später dort oder in London verkauft.

Die Zucht der wälschen Bergponies (merlod) ist jetzt nicht mehr so wichtig wie früher. U. a. ist Card. lange darin berühmt gewesen; seine Pferdemärkte waren von Engländern und Wälschen besucht. Noch heute weist es deren etliche auf (Aberystwyth, Tregaron, Lampeter u. a.) [127]. Die Schweinezucht ist nicht bedeutend, überdies sanken ihre Bestände während des zweiten Weltkrieges auf die Hälfte herab. Wichtigere Märkte sind Wrexham, Ruthin, Conway, Criccieth, Cardigan, Newcaste Emlyn, Llandyssul. Geflügel wird fast überall, Gänse werden verhältnismäßig mehr als in England gehalten [13, 14, 112, 113, 120—128; 711, 716a, 726].

Die Güter sind klein. Carn. hatte 1939 fast 5700 landwirtschaftliche Betriebe, $1/4$ davon zählte unter 0,4 ha, bloß 15 besaßen mehr als 120 ha; in Mer. betrug die durchschn. Fl. 24—28 ha [11a, d]. In Carm. hatten 1913 von 7846 Anwesen 12,9% bis zu 2 ha, 31,3% 2—8 ha Fl., in Glam. von 5560 17,0, bzw. 28,6%. Seit dem ersten Weltkrieg sind die größeren Anwesen, von 8—40 ha, auf Kosten der kleineren, merklich zahlreicher geworden (z. B. Carm. 1913: 39,5%; 1930: 50,7%; 1939: 52%; Glam. 1913: 41,4%; 1930: 47,9%; 1939: 50%). Darin kommt das Bestreben zum Ausdruck, eine „family farm" zu besitzen, d. h. ein Anwesen von solcher Größe, daß es vom Inhaber und seiner Familie möglichst ohne fremde Arbeitskräfte bewirtschaftet werden kann; Farmen von 20—40 ha Fl. entsprechen dem unter den gegebenen Verhältnissen am besten. Große Farmen sind im Gebirge selten, das Personal besteht dort, wie man sagt, in den meisten Monaten bloß aus einem Mann, einem Hund und einem Eschenstock [720; 716 u. ao.].

Ein verhältnismäßig kleiner Teil der Bevölkerung findet seinen Lebensunterhalt in der Fluß- oder in der Seefischerei. In allen Flüssen von Wales wird Lachs- und Forellenfang betrieben, besonders im Wye bis Rhayader hinauf (vgl. S. 664), im Teifi, Dyfi, Conway, Dee usw. Auf dem Teifi und unterhalb Carmarthen auf dem Towy werden dabei noch die Einmannsboote von uralten Formen („coracles") verwendet, walnußförmige, mit Häuten überzogene Weiden- oder Eschenholzrahmen [729]. Die Seefischerei erfolgt vornehmlich aus den Häfen von S-Wales: Milford Haven, Swansea, Fishguard, weniger von Cardiff (Landungen 1934/35 in T. t: 35,7, bzw. 9,5, bzw. 6,8). Außerdem findet sie von einer ganzen Reihe kleinerer Küstenplätze aus statt [97*; 11, 75a, 722]. Die alte, noch um 1920 blühende Austernfischerei hat sich von einer vernichtenden Austernkrankheit bisher nicht recht erholt [721 c].

Eine sehr wichtige Einnahmsquelle ist in neuerer Zeit der Fremdenverkehr geworden. Er suchte zunächst, wie begreiflich, vor allem Snowdonia auf [1]); die Holyhead Road von Llangollen über Bettws-y-coed nach Holyhead bot den bequemsten Zugang. Naturgemäß ist jenes das beliebteste Ziel der Touristen geblieben. Nunmehr sind die Haupttäler von Wales von vorzüglichen Straßen durchzogen, der Snowdongipfel kann seit 1896 mit einer Zahnradbahn erreicht werden. Sammelpunkte des Fremdenverkehrs sind ferner die Seebäder. Manche sind ganz neu entstanden, wie Rhyl an der N-Küste, andere

---

[1]) Schon um 1800 gingen nach NEMNICH viele „Plaisier-Reisen" in das n. Wales, u. zw. war es „für den Gentleman anständig, das Land von Chester bis Carnarvon zu Fuß zu durchwandern. Pedestrians nennt man dergleichen Spazierhelden". Ja, er sah „mit Verwunderung", wie zwei solche, „bey umzogenen Himmel und beständig nassem Wetter, den Cader Idris erkletterten" [II08].

aus Fischersiedlungen oder kleinen Handelshäfen hervorgegangen (Pwllheli, Barmouth, Towyn, New Quay). Im N sind Llandudno, Colwyn Bay und Rhyl, im W Aberystwyth am bedeutendsten, in S-Wales Tenby, Porthcawl, Barry und Penarth vielbesucht. Sie alle sind durch Expreßzüge mit London und den Midlands verbunden. Auch die Mineralquellen der innerwälschen „spas" und Luftkurorte bewirken lebhaften Fremdenverkehr. Sie sind seit dem 18. Jh. bekannt geworden, verdanken jedoch ihren eigentlichen Aufschwung den Anpreisungen der Eisenbahngesellschaften. Ein riesiges „holiday camp" bei Pwllheli, 1948 eröffnet, hat dieses ungemein aufleben lassen [frdl. Mitt. von Dr. E. Davies].

Außerhalb der Industriegebiete mit ihren bandartig langen Häuserzeilen, die nach Geschichte und Funktion weder als große Dörfer noch Städte bezeichnet werden können [130], sind die Siedlungen klein; abgesehen von ein paar Seebädern, haben nur wenige Stadt-Gem. mehr als 3000 E. Wirkliche Dörfer sind, wie bereits bemerkt, selten, selbst mit den Kirchen ist oft bloß ein Weiler verbunden. Immerhin lassen sich bei den Dörfern eine Anzahl Typen unterscheiden [611*, 86]. Vielleicht am merkwürdigsten sind nahezu kreisrunde Anlagen mit der Kirche innerhalb eines ummauerten Kirchhofs in der Mitte und lose stehenden Gehöften, zwischen denen die Fahr- und Feldwege speichenförmig hinausführen und deren Felder in einer Blockflur hinter ihnen liegen. Ein Musterbeispiel ist Mathry in Pem. (vgl. S. 734) [14]. Nicht überall sind die ummauerten Friedhöfe erhalten, doch sind ihrer 72 allein in Carm. und viele andere in Pem. festgestellt worden. Ehemals vertraten sie geradezu den Dorfanger als Markt- und Sammelplatz. Meist kommt diese Siedlungsform auf flachen Einzelkuppen vor, selten unten im Tal und dann stets im Bereich jungsteinzeitlicher Talwege, so daß man auf uralte Siedlungsstätten schließt, die allerdings durch spätere (normannische) Einflüsse umgestaltet wurden. Pem. weist ferner, sehr bezeichnend im Bereich der normannischen Besiedlung, auch Talgewanndörfer auf, die ehemals im Zwei- oder Dreifeldersystem bewirtschaftet waren. In den Tieflandstrichen von Glam., Monm., Den., Fl. sind sie infolge der Ausbreitung der Industrieflächen größtenteils verschwunden. Ein anderer Typ von Siedlungen in Carm. und Pem. wird auf skandinavische Seeräuber zurückgeführt, Dörfer ohne jeden bestimmten Plan in einer der schmalen Küstenbuchten mit einem Garten hinter den Häusern; ihre Bevölkerung (zu 80% der nordischen Rasse angehörig) lebt hauptsächlich von Schweine- und Geflügelzucht, Fischerei und Muschelsammeln.

Die weithin vorherrschende Siedlungsform sind nach wie vor die Einzelfarmen. Sie sind über die niedrigen Landstriche ziemlich gut und oft auffallend gleichmäßig verstreut, steigen aber selten zu mehr als 250—300 m, ganz ausnahmsweise auf 350 m auf. In der Regel setzen sich die Gehöfte aus dem Wohnhaus und je nach der Größe des Besitzes aus zwei oder mehreren Nebengebäuden zusammen (Kuh- und Schweinestall, Wagenschuppen, Scheune usw.). Eine bestimmte Orientierung oder Anordnung läßt sich ohne Nachprüfung im einzelnen nicht erkennen; diesbezügliche Beobachtungen fehlen vorläufig so gut wie ganz. Gewöhnlich ist das Wohnhaus von den Wirtschaftsgebäuden getrennt, immerhin sehr oft wenigstens der Stall entweder in seiner Verlängerung oder unter rechtem Winkel, also hakenförmig, angebaut. Scheunen und Schuppen stehen lose daneben, nicht selten so, daß eine Art Drei- oder selbst Vierseithof gebildet wird; dann schaut die Längsseite des Hauses gern nach S. Fast geschlossene Vierseithöfe sieht man mitunter in Pem. Sehr verbreitet sind die Heudächer („Dutch barns"), die wie

in England bald mitten im Hof, bald außerhalb stehen. Auffallend, obgleich
nicht häufig, sind in S-Wales Doppelhäuser mit getrennten Giebeln und
gleichlaufenden Firsten, aber gemeinsamer Zwischenmauer. Mindestens ein
paar mächtige Bäume ragen fast immer neben den Gehöften auf, in den
Flachlandstrichen von W-Wales, in Pem. und Card. usw. sind diese in der
Regel auf einer Seite gegen die starken SW- oder W-Winde durch Baum-
gürtel geschützt. Die Gebäude sind überall aus einheimischem Bruchstein
gebaut, also je nachdem aus Schiefer, Pennant- oder Silursandstein, Karbon-
oder Liaskalk (Vale of Glam.) usw. Mit Vorliebe sind sie weiß, manchmal
farbig (rosa, ockergelb) getüncht. Fachwerkbauten finden sich nur in NE-
und Mittelwales (Montg.), wohin sie aus den Eichenwaldgebieten von Shropshire durch das Deetal und das obere Severntal nach W, mit den letzten Vorposten bis an das Dyfiästuar vorgedrungen sind (vgl. S. 663) [812, 813; BE].
Allgemein wird Schiefer zur Bedachung verwendet. Gegen die Marken hin
stellen sich Ziegelbauten und -dächer ein, im Wyetal z. B. unterhalb Hay.
Die alten zweiräumigen Cottages und die Strohdächer sind selten, dagegen
werden jetzt bei den minderen Wirtschaftsgebäuden die unerfreulichen Well-
blechdächer immer häufiger. Noch findet man im Gebirge das „Heide-Lang-
haus" („moorland long-house"), doch verschwindet es immer mehr. Meist
aus Ton oder Erde gebaut, die mit Flechtwerk oder Kuhhaaren oder beiden
zusammengehalten werden, trägt es ein Dach aus Zweigen, die mit Binsen,
Heidekraut, Farnen und zuoberst mit einer Strohschicht gedeckt sind. Ursprünglich zweiräumig, mit Wohnraum und Stall, die durch einen Gang
zwischen Vorder- und Hintertür getrennt waren, wurde es durch Teilung des
Wohnraumes, Anlegung einer Milchkammer usw. mehrräumig [815, 818, 93
u. ao.].

Bei der Beschränktheit der Wirtschaftsquellen und der Abgelegenheit
von Wales konnte seine Bevölkerung durch Jh. nicht über eine gewisse
Höchstzahl hinauswachsen; während des 18. Jh. vermehrte sie sich um etwa
50% (1801: ungef. 560 000, schon damals weniger als gleichzeitig London,
vgl. S. 92) [92*]. 1871 zählte sie infolge des Aufblühens der Industrie in
S-Wales 1,42 Mill. Während aber seinerzeit die fortwährenden äußeren und
inneren Kämpfe, Seuchen und Hungersnot den Überschuß beseitigten,
machte sich seit der Befriedung durch die Engländer die Auswanderung
geltend, zumal da sie die alte wirtschaftliche Organisation aufhoben (vgl.
S. 738) [66]. Die jüngeren Söhne mußten sich nun anderswo ihren Unterhalt
suchen, nicht selten als Kriegsknechte. Seit der Industrierevolution gingen
sie als Arbeiter in die Grubengebiete von Wales selbst, dann in die Fabrikstädte der Midlands, in die großen Seehäfen und besonders nach London.
Während sich z. B. die E.Z. des fruchtbaren Vale of Glamorgan im 19. Jh.
kaum verändert hat, war die von ganz Glam. bis 1921 gewaltig gestiegen
(1801: 70 879; 1851: 231 849; 1901: 859 931; 1921: 1 252 481; 1931: 1 225 717).
In vielen landwirtschaftlichen Strichen und besonders in den Berggemeinden
hat sie dagegen abgenommen. So sind in den Black Mts. von Brec. während
der letzten 50 J. nicht weniger als 50 größere und 152 kleine Farmen verlassen worden [124; XB¹¹¹]. Ähnliche Beispiele liegen aus anderen Gr. vor.
Die Abwanderung dauert noch an. Die jungen Leute aus Caer. oder Ang.
gehen z. B. nach Liverpool, wo sie im Hafen, bei den Straßenbahnen oder in
kleinen Geschäften ihr Fortkommen suchen. Aus Card. sind viele Familien
in die Midlands oder nach London gezogen, wo sie sich als Milchverkäufer,
Wollhändler u. dgl. ihren Lebensunterhalt verdienen. Viele haben auswärts

in der Schifferei oder Fischerei Beschäftigung gefunden. Aus W- und Mittelwales, namentlich aus Card., Pem. und W-Carm., gehen viele junge Mädchen
als Hausgehilfinnen nach London usw. Freilich sind die Männer, wenn sie
in der Fremde halbwegs erfolgreich waren, später gerne wieder in die Heimat zurückgekehrt, und manche von ihnen haben sich dort einen Ansitz
erworben. Möglich, daß die stärkere Verbindung mit der übrigen Welt durch
den modernen Kraftwagenverkehr auf einem ausgebauten und verbesserten
Straßennetz, durch den Rundfunk, die Kinos die Entvölkerung der ländlichen
Gebiete zum Stillstand bringen oder wenigstens verlangsamen wird. Jedenfalls wird Wales, ausgenommen die Bergbau- und Industriebezirke, noch
längere Zeit ein dünn besiedeltes Land bleiben. 1931 betrug seine Volksdichte (ohne Monm.) zwar 110, ohne die Großstädte, Industrie- und Bergbauorte jedoch nur 55, in den rein landwirtschaftlichen Gebieten im allgem.
nur 30, in Mer. 26, in Rad. 17. In vielen R.D. sinkt die Volksdichte auf
20—30 ab, in einigen sogar auf 10 (Machynlleth, Knighton, Brecknock,
Builth). Gem. mit riesigen Fl. haben oft bloß ein paar Hundert E., so in
Mer. Llanfor mit 130 km², Llanuwchllyn mit 86 km², Corwen mit 60 km²
(Dichte 7), in Mgom. Llanwddyn mit 73 km² (D. 5) u. a. m. So gut wie
unbewohnt sind ein 20—30 km breiter Streifen Landes von Snowdonia über
die Carmarthen Fans und Brecknock Beacons bis nach Glam. hinein und
ein anderer von den Berwyn Mts. gegen SW bis zur Küste. Etwas besser
besiedelt sind von den landwirtschaftlichen Gebieten nur die schmale Küstenniederung im N, Ang. und S-Pem. Selbst im Kohlengebiet von S-Wales
drängt sich die Bevölkerung in den Tälern zusammen, während die Höhen
dazwischen fast unbewohnt sind. So zählte Rhondda U.D. 1911 auf 97 km²
166 873 E. (D. 1720); tatsächlich wohnten diese auf einer verbauten Fl. von
18 km² (D. 9270!) [113; 92*].

Durch die germanischen Völker, mit denen Wales während des Mittelalters in Beziehung geriet, hat es abermals neue Rasseelemente erhalten.
Doch die fremden Einwanderungen waren damit noch nicht zu Ende. So
sind zu Beginn des 12. Jh. unter Heinrich I., ferner 1156 unter Heinrich II.
systematisch Flamen in S-Wales (Glam., Gower, Pem.) angesiedelt worden,
wo sie sich mit den Normannen vermischten. Im 14. Jh. wanderten Flamen
in Powysland (Montg.) ein. Hier wie überall sind sie in der Wollverarbeitung und im Tuchhandel führend gewesen. Trotzdem ist das Gebiet w. Offa's
Dyke und n. der Küstenplateaus von S-Wales noch lange wälsch geblieben.
In Pem. hat der Unterschied zwischen der „Englisherie" im S und der
„Welsherie" im N kulturgeographisch bis heute nachgewirkt (vgl. S. 792).
In Rad. soll die Ansiedlung von Soldaten durch Cromwell das Schwinden
der wälschen Sprache eingeleitet haben. Jedenfalls hatte sich deren Rück-
gang schon im 17. Jh., besonders im E, bemerkbar gemacht. Um 1800 brachte
die Industrierevolution unternehmungslustige Schotten und Engländer nach
Monm., es entstanden die neuen großen Industriesiedlungen. Die alten wäl-
schen Orte blieben zurück; einsam stehen ihre Kirchen, daneben ein paar
Cottages wie zu Mynyddislwyn über dem dicht besiedelten Talgrund von
Ynysddu. Wohl hat sich die wälsche Sprache in einzelnen Dörfern erhalten
bis hinüber zu den Malvern Hills und Worcester, allein trotz ihrer wälschen
Namen haben nur noch wenige Orte ö. des Usk wälschen Gottesdienst. Die
Sprachgrenze hat sich hier während der letzten 170 J. weit gegen W verschoben und fällt ungef. mit der wirtschaftsgeographischen Grenze zusam-
men, welche durch Monm. zieht. Denn w. haben manche Orte wälsche Zu-

wanderung erhalten, so Rhymney und Tredegar aus den Schieferbrüchen in
N-Wales, und es sind starke wälsche und auch wälschfühlende Kolonien entstanden [719a]. In den Wälschen Marken und in S-Glam. (Gower, Vale of
Glamorgan) und S-Pem. herrscht demgegenüber fast ausschließlich das Englische. Sonst weist eigentlich das ganze Gebiet von Ang. im N bis Llanelly
im S, von Bardsey I. und St. David's Head im W bis ungef. zu einer Linie
w. Welshpool—Llanidloes—Builth Wells 80—100% Zweisprachige auf. Ausnahmen sind der Küstenstreifen im N, wo das Englische an dem Hauptverkehrsweg nach Irland, zumal infolge der Entwicklung der Seebäder, das
Wälsche zurückgedrängt hat (60—80% Zweisprachige; Llandudno, Colwyn
Bay, Rhyl 20—40%); die Industriestriche von Fl. und Den., die w. Ausläufer von Mgom., Glam. (40—60%); ein paar Gebiete um das Mawddach-
und Dyfiästuar und Aberystwyth. Nur-Wälschsprechende[1]) machen in den
w. Gr. $^1/_5$—$^1/_4$ der Ges.Bev. aus (1931: Ang. 23,9%; Caer. 21,3; Mer. 22,1;
Card. 20,0; Carm. 9,2, in W-Carm. wohl auch um 20%), ö. der Cardigan Bay,
in dem Grenzgebiet von Card., Carm. und Pem., sw. des Plynlumon, um
Mynydd Bach und überhaupt in den mehr entlegenen, dünn besiedelten Teilen jener Gr. 50% und mehr. Doch ist auch im zweisprachigen Wales die
Verhandlungssprache der städtischen Behörden fast n u r englisch, bestenfalls a u c h wälsch [92*; 11, 12, 113; 87, 812, 819]. An und für sich ist dieses
Fortbestehen der wälschen Sprache trotz der Eroberung, trotz der Doppel-
sprachigkeit, die durch die Arbeitnahme von Wälschen in England und das
moderne Verkehrswesen sehr gefördert wird, erstaunlich. Vielleicht hängt
auch diese Tatsache mit dem Fehlen einer zentralen Hauptstadt zusammen.
Die wichtigste Ursache liegt in der Entwicklung der religiösen Verhältnisse
[12]. Die Dissenters, Methodisten, Baptisten, Kongregationisten, haben sich
gegenüber der anglikanischen Kirche durchgesetzt, die schließlich auch hier
1914 — viel später als selbst in Irland (1869) — entstaatlicht wurde. Die
damit geschaffene „Welsh Church" hat einen Erzbischof, dessen Sitz nicht
an eines der sechs Bistümer gebunden ist. Die Nonkonformisten machen
rund 80% der Bevölkerung aus. Inwieweit bei ihrer Ausbreitung rassische,
völkische und soziale Momente mitspielten, läßt sich nicht leicht abschätzen.
Der Behauptung, daß die „Mediterranen" der entlegenen Gebiete die Träger
der kalvinistischen Bewegung in ihrer Opposition gegen die anglikanischen
Engländer waren [88], steht die andere gegenüber, daß gerade die nur
Wälsch sprechenden Gebirgsbewohner der anglikanischen Kirche, der sie
nach 1536 — keineswegs immer freiwillig — beigetreten waren, treu blieben
[130]. Jedenfalls war, wie die früheren Volksbewegungen und Kultur-
einflüsse, seit der Zeit der Königin Elisabeth auch der Puritanismus von E
her, aus den Midlands und den Marken, eingedrungen, und schon unter
Cromwell waren in Rad. stärkere Gemeinden der Dissenters entstanden.
Einen wesentlichen Zuwachs erhielten diese durch französische Einwanderer
in den Webereiorten von Mgom. und Rad., welche Zentren der Independen-
ten, bzw. der Quäker und Baptisten wurden. Nach 1700 gab es Puritaner-
kongregationen in Wrexham, Oswestry, Abergavenny, Brecon und außerdem
in größerer Zahl in S- und SW-Wales (in Monm. 14, in Glam. und Carm.
je 13), d. h. besonders in den am stärksten anglisierten Gebieten. Der Methodismus zog unter dem Einfluß der Bergleute aus Cornwall in die Bergbaugebiete ein und entwickelte sich dann um die M. des 18. Jh. unter dem Ein-

---

[1]) Nicht ganz wörtlich zu nehmen, d. h. viele radebrechen etwas englisch. Wirklich
rein Einsprachige gibt es verhältnismäßig wenig. [Freundl. Mitt. von Dr. E. Davies.]

fluß von Howell Harris und Whitefield vornehmlich in den w. und nw. Gr. 1861 gehörten ihm in Caer. über 20, in Card. über 25, in Mer. und Ang. über 30% der mehr als 15 J. alten Bevölkerung an. Auch in Fl. und Den. ist er stärker vertreten, weil dort seinerzeit Familien aus NW-Wales im Zusammenhang mit der Industrialisierung des Kohlenfeldes eingewandert sind [671a]. Dank der wälschen Predigten, Bibelübersetzung und überhaupt reichlichen wälschen kirchlichen Literatur konnte er die Bauern und Arbeiter erfassen, während sich der ältere Puritanismus auf die wohlhabenden und gebildeten Kaufmanns- und Handwerkerkreise beschränkt hatte. Indem sich der Methodismus der alten Landessprache bediente, hat er nicht nur zu deren Erhaltung wesentlich beigetragen, sondern darüber hinaus zur Kräftigung des wälschen Volkstums überhaupt [12, 110, 130, 914 u. ao.].

Das römisch-katholische Bekenntnis ist aus geschichtlichen Gründen am meisten in Fl. und wegen des Einströmens irischer Arbeiter in S-Wales sehr stark vertreten (Erzbistum Menevia, mit dem Sitz in Wrexham, für ganz Wales außer Glam., für dieses Erzbistum Cardiff) [12].

Wälsche Züge und wälsches Wesen haben sich am besten in W-Wales behauptet, nicht bloß die älteren rassischen Elemente, sondern auch, abgesehen von der wälschen Sprache, das geistig-kulturelle Eigengepräge, die alten Bräuche und Sagen, alte Lebensformen und Anschauungen [51, 91, 92, 93, 97]. Im ganzen genommen ist Wales in vieler Hinsicht geradezu „der Zufluchts- und Aufbewahrungsraum eines alten Erbes geworden, das einst England besaß" [12], und mit großer Liebe suchen es die Wälschen, anknüpfend an die Bemühungen um ihre Sprache, durch allerhand Einrichtungen und Verbände weiter zu bewahren und zu fördern. Dem dienen u. a. die Festlichkeiten und Aufführungen des Eisteddfod (d. i. Sitzung, Tagung), die nachweislich bereits 1451 in Carmarthen abgehalten wurden, aber sicher viel älter sind — nunmehr finden sie alljährlich statt, immer an einem anderen Ort — und die 1893 geschaffene University of Wales, die aus der Vereinigung der vier Colleges von Aberystwyth (gegr. 1872), Bangor (1884), Cardiff (1883) und Swansea (1920) hervorgegangen ist und deren Institute auf diese vier Städte verteilt sind, auch ein Zeichen der Schwierigkeiten, welche jeder Zentralisation gegenüberstehen. Das wälsche Nationalgefühl, stets sehr lebendig, ist jedenfalls in der jüngsten Zeit noch stärker aufgelebt; jedoch betätigt es sich vornehmlich in sozialen Fragen, in Literatur und Unterricht [12, 914 u. ao.]. Nicht günstig sind die moderne Entwicklung des Verkehrs und die starke Berührung mit der Umwelt überhaupt. Dies wirkt namentlich auf die Jugend anglisierend und entfremdend, selbst die, welche im Lande bleibt. Dazu kommt das Einströmen neuer Ansiedler, von Pensionisten, Gewerbetätigen usw. Das Englische ist im Vordringen, die Zahl der Englisch-Sprechenden größer als die der Zweisprachigen. Demgegenüber strebt eine starke Gegenbewegung nicht bloß die wälsche Schulsprache, sondern, wie einst die Iren, eine Art Home rule an.

Die Zwischenkriegszeit brachte in der Wirtschaft von Wales starke Veränderungen. In der Landwirtschaft war am auffallendsten die fortdauernde Umstellung vom Getreidebau auf Fleisch- und Milchtierzucht; viel Pflugland wurde in Weide verwandelt (vgl. S. 749). Die Schaffarmen sind jetzt hauptsächlich darauf bedacht, Lämmer auf den Markt zu bringen. Die Schweinehaltung nahm zu, weil Schinken bessere Preise erzielen als die Schlachtrinder. Besondere Wirkung muß man sich von der Durchführung der Vorschläge erwarten, die Weideflächen für Schafe ertragreicher zu machen und sie zu größerer Höhe auszudehnen, während zugleich die Rinderhaltung unten etwas nachrücken könnte (vgl. S. 747 ff., 772). In dieser Hinsicht wurden neuerdings durch die Verbesserung des Graslandes, periodisches Pflügen, künstliche Düngung, Entwässerung und durch Steigerung der Landarbeiterlöhne beachtenswerte Fortschritte erzielt. Unter diesen Voraussetzungen können Lämmer in 300—400 m H. weiden und 2 Mutterschafe im Hochland auf 40 a gut gedeihen, wo früher 80 a nur für eines ausreichten. Durchschn. ist für 1 Schaf und 1 Lamm auf den Bergweiden eine Nährfl. von 40 a erforderlich. Auf den verbesserten Flächen wird in der Weidezeit vom 19. Mai bis 14. Sept. doppelt soviel Zuwachs an Lebendgewicht für die Fl. Einheit gemeldet als auf den nicht verbesserten [725, 727, 728, 731]. In den Industriegebieten will man mehr Gemüse anbauen, in dem klimatisch dazu besonders geeigneten Pem. Frühgemüse und Frühkartoffeln. Bemerkenswert sind die Aufforstungen (vgl. S. 729).

Durchgreifende Maßnahmen erheischte aber vor allem die Bekämpfung der Arbeitslosigkeit, die infolge der großen Kohlenkrise der Nachkriegszeit in den Bergbaugebieten eintrat. Vor besonders schwierige Aufgaben sah man sich in S-Wales gestellt [720, 723, 732]. 1901—1910 waren dort im J.Durchschn. 50 Mill. tons Kohle gefördert worden, 1922—1924 sogar 52,3 Mill. Dann trat eine überaus schwere Krise ein. Die Inflation in verschiedenen Absatzländern, die „Reparationskohle" des Deutschen Reiches, die von Polen gelieferte oberschlesische Kohle, der Wettbewerb der Ver.Staaten, welcher sogar in Genua fühlbar wurde, der teilweise Ersatz der Kohle durch die von Wasserkraftwerken erzeugte Elektrizität in Frankreich und Italien, die Ölfeuerung auf den Schiffen (die britische Kriegsmarine hatte 1913 1,75 Mill. tons Kohle aus Wales bezogen, 1926 nahm sie nur 0,25 Mill. tons ab [713]), all dies führte zu Preisstürzen und zu Einschränkungen im Bergbaugebiet: im J.Durchschn. 1927—1929 betrug die Förderung nur mehr 45,9 Mill. tons, 1931—1935 35,3. Außerdem hielt die schon vor dem ersten Weltkrieg bemerkbare Abnahme der Hochöfen an; von den rund 170 der Siebzigerj. waren 1930 bloß noch 22 übrig. Es half nichts, daß die näher der Küste errichteten 5—6mal leistungsfähiger waren, so daß die Eisen- und Stahlproduktion trotzdem anstieg. Einen besonders schweren Schlag bedeutete die Schließung der Stahlwerke von Dowlais (1930), Ebbw Vale, Blaenavon. Gut hielt sich bloß die Weißblechindustrie (vgl. S. 745). Furchtbare Arbeitslosigkeit war die Folge dieser Entwicklung, und in manchen Gem. sank die E.Z. beträchtlich, in Merthyr Tydfil 1921—1931 von 162 717 auf 71 108 E., bis 1938 auf 63 000 [714, 813], in Rhondda (vgl. S. 780) 1924—1936 um 25 000. Ähnliche Rückgänge zeigten auch kleinere Orte: Brynmawr's E.Z. fiel 1925—1931, als seine Arbeiter auch in den benachbarten Ebbwtälern keine Arbeit mehr fanden, von 8700 auf kaum 7300 E. Im ganzen waren schon 1921—1931 fast ¼ Mill. Menschen aus S-Wales abgewandert. Trotzdem gab es 1936 rund 80 000, 1937 112 000 Unbeschäftigte. Ungemein abstoßend sah das dem Verfall preisgegebene Gelände aus, z. B. erblickte man zwischen Llansamlet (nnö. Swansea) bis über Landore hinaus weithin verwahrloste Gebäude ohne Fensterscheiben, mit verrosteten Blechdächern, dazwischen Schlackenhaufen, mit dürftigen Gräsern und Besenginster bewachsen, zerbrochene Schienen, Räder, Drahtseile — eine an sich häßliche Industrielandschaft im Greuel der Verwüstung!

Mancherlei Erhebungen und Versuche wurden gemacht, um wenigstens den ärgsten Notstand zu beheben. Man begann mit der Neuorganisation und dem Umbau von älteren Fabriken, so 1936 in Ebbw Vale, und empfahl besonders die Einführung von neuen kleineren Industrien im Anschluß an die großen älteren, u. a. eine Steigerung der Textilien-, einschl. der Kunstseidenerzeugung, ferner der Holzverarbeitung, der Herstellung und Verarbeitung von Kunstharzen, der Erzeugung von Farben [730, 733, 813]. Tatsächlich wurden neue Fabriken zu Dowlais (Seidenstrümpfe), Bridgend und Glascoed (bei Ponypool) eröffnet, andere in Treorchy und Porth im Rhonddatal, in Llantarnam und Cwmbran im unteren Llwydtal, in Pontypool und Newport. Die verschiedensten Waren werden in ihnen erzeugt, Biskotten, Knöpfe, Wirkwaren, Kleider, Telephonzubehör. Am großartigsten entwickelte sich die neue Industriesiedlung Treforest am Taff unterhalb Pontypridd, wo bis April 1939 bereits über 50 moderne Fabriken gebaut worden waren (photographische Artikel, Reißverschlüsse, Uhrbänder aus Leder). Dank dieser Maßnahmen waren eine gewisse Anzahl Bergleute zur Fabrikarbeit übergegangen [733]. Ferner wurden, um Beschäftigung zu ermöglichen, neue Straßen gebaut, z. B. die von Port Talbot in das Avontal hinauf oder die von Treherbert, dem Endpunkt der Bahn im obersten Rhonddatal, über die Höhe (482 m) nach Hirwaun (vgl. S. 780). Man hoffte, auch im Glam. durch Hebung von Landwirtschaft und Forstwesen der allgemeinen Not zu steuern, und drängte auf bessere Organisation [ebd.; 914]. Sie sollten einen Teil der Arbeitslosen unmittelbar aufnehmen, während ein anderer infolge der voraussichtlichen Zunahme des Kohlenbedarfs wieder in den Gruben Arbeit finden würde. Ein paar hundert Bergarbeiter waren Gemüsegärtner geworden, die ersten zu Boverton (ö. Llantwit Major), manche auswärts in Pem., Monm. und selbst in Fl. Erbsen, Bohnen, Salat, Kohl, Blumenkohl, Erdbeeren wurden geerntet und besonders in Cardiff und Pontypridd abgesetzt.

Nunmehr hat der zweite Weltkrieg eine neue Phase des Wirtschaftslebens in S-Wales eingeleitet, die sich auch sozial- und kulturgeographisch auswirkt. Um der Arbeitslosigkeit und dem Notstand zu steuern, wurde ein umfassendes Industrialisierungsprogramm, der Bau von 141 neuen und die Erweiterung von 118 bestehenden Fabriken, genehmigt. Für diesen Zweck wurden u. a. viele Werke von der Kriegsindustrie zur Verfügung gestellt, ehemalige Waffen- und Munitionsfabriken, Speicher und andere der Kriegführung dienende Anlagen. So sind in den letzten J. allenthalben große Bauarbeiten in Gang gekommen, und schon Ende 1947 waren über 100 der geplanten Bauten fertiggestellt. Wie in der Zwischenkriegszeit wurde dabei auf möglichste Vielseitigkeit und auf die Niederlassung vorher noch nicht vorhandener Industrien großes Gewicht gelegt. Neu eingezogen sind u. a. die Erzeugung von Uhren, Rundfunkgeräten, Spielwaren, Gummiartikeln. Beträchtlich ausgedehnt haben sich die chemischen und elektrischen Industrien, Textil- und Bekleidungsindustrien, u. zw. auch in ausgesprochenen Bergarbeitergemeinden. Sehr zugenommen hat ferner die Eisen- und Stahlindustrie (ihre größeren Betriebe und ebenso die der Weißblechindustrie wurden bekanntlich jüngst verstaatlicht). Am stärksten ist der Zuwachs an Fabriken einerseits in und um Cardiff, Swansea und Newport, anderseits in Bridgend und Hirwaun, wo zwei der größten britischen Wehrmachtsfabriken (1,7, bzw. 1,2 km²) von 95, bzw. 30 Firmen übernommen wurden (7000, bzw. 5000 Arbeiter). Die neuen Gebäude sind durchaus modern, überwiegend einstöckig, licht und luftig. Gelegentlich hat man die Bauplätze durch Einebnung von Abraum- und Schlackenhaufen hergestellt, z. B. für die neuen Stahlwerke von Pentrebach (Merthyr Tydfil). Auch hofft man, auf diese Weise mit der Zeit wenigstens etwas Grünfläche schaffen zu können. Anscheinend dürfte der Zweck des gewaltigen Planes erreicht werden: im

April 1947, nach seiner ersten teilweisen Ausführung, waren nur mehr
48 000 Unbeschäftigte vorhanden (1937, wie bereits erwähnt, 112 000). Kohlen-
und Stahlproduktion von S-Wales entwickeln sich befriedigend: die erstere
betrug im BetriebsJ. 1947/48 (Ende 26. Juni) 2183 Mill. tons, d. i. 0,72 Mill.
tons mehr als im vorhergehenden J., die Ges.A. (außerhalb Gr.Brit.) 2,559
Mill. tons (21% des U.K.), letztere belief sich 1947 auf 2,67 Mill. tons, dazu
die von Weißblech auf 0,654 Mill. tons (98,4% des U.K.) [741, 742].

A. Nordwales

Schmal ist der Tieflandstreifen, mit dem Wales im N an die Irische
See herantritt, aber nur stellenweise brechen die Berge mit Felswänden
unmittelbar gegen das Meer ab, so im Penmaen-Rhos ö., im Penmaenbach
und besonders gewaltig im Penmaenmawr (473 m) sw. Conway. Dafür zieht
das Tiefland längs der Conway- und der Clwydfurche breit landeinwärts;
bei einer Senkung von 30 m würden diese als 20 km lange Ästuare bis über
Llanrwst, bzw. Denbigh hinaufreichen. Noch heute gibt das Meer am Conway
bei Ebbe bloß ein schmutzigbraunes Watt frei, das er träge durchfließt; dagegen hat der Clwyd die Niederung bei Rhyl fast völlig ausgefüllt, hinter
einem langen Dünengürtel, der bei Stürmen schwer gefährdet ist. Umgekehrt
würde eine Hebung von 9 m die Küstenlinie 5 km und mehr seewärts verschieben. Die Conway Sands vor der Mündung des Conway, die Lavan Sands
zwischen dem Festland und Beaumaris auf Ang. bleiben über N.W. Im Hintergrund steigen wellenförmig die Den. Uplands w., die Clwydian Range
ö. des Vale of Clwyd auf, breite, aus Silurtonschiefern und -sandsteinen bestehende Rücken mit flachen, kahlen Gipfelkuppen („moels"; z. B. Moel
Fammau sö. Denbigh 555 m) [262]. Reste alter Einebnungsflächen sind in
mehreren Niveaus erkennbar (vgl. S. 720). Nur die festen Sandsteine bilden
mitunter schöne Stufen. Höhlenreiche Karbonkalke umsäumen die Den. Uplands längs der Clwydsenke, die von driftbedecktem New Red eingenommen
wird, und schwenken im N hinüber bis Great Orme's Head. Zwischen Denbigh
und Abergele stellen sich Coal Measures ein. Kohlenkalke lagern ferner auf
dem Silur der Clwydian Range in einem langen Gürtel von w. Oswestry bis
Prestatyn, darüber auf dem Halkyn Mtn. (287 m) Millstone Grit und zuoberst
die Coal Measures von Fl. Wegen des Wechsels in der Widerständigkeit der
flach gegen E einfallenden Schichten ist hier eine — allerdings durch kräftige
Verwerfungen komplizierte — Schichtstufenlandschaft entstanden (vgl.
S. 716). Viele „heilige Quellen" entströmen dem Kohlenkalk. Keine wurde
so berühmt wie Holywell mit durchschn. 150 l/sec, im Winter sogar mit
220—230 l und einer beständigen Temperatur von 11° (vgl. S. 760) [11 e;
BE]. Bis zu 200—250 m H. sind die Hänge von Flurmaschen bedeckt und mit
weißgetünchten Einzelfarmen besetzt. W. des Conway, wo sich die Ausläufer
der Snowdongruppe im Tal-y-fan (600 m) der Küste auf 4 km nähern, beschränken sie sich auf den schmalen Vorlandstreifen mit seinen Drift- und
fluviatilen und marinen Anschwemmungsböden. Schon die „moels" der
Clwydian Range und erst recht die Höhen der Den. Uplands tragen Heidekraut, Borsten- oder Wollgras und können bloß als Schafweiden dienen.
Dicht und tief zerschnitten, werden sie nur von wenigen untergeordneten
Straßen überschritten. Aber sie bergen mehrere Wasserspeicher, u. a. sw.
Denbigh das Alwen Reservoir für Birkenhead [21 b]. In der Clwydian Range
bietet das Bodfari Gap die bequemste Pforte; Bahn und Straße von Chester
über Mold und durch das Alyntal nach Denbigh ziehen hier durch.

Der niedrige Küstenstreifen hat seine Hauptbedeutung als wichtigste Verkehrsader zwischen England und Irland mit der Eröffnung der Eisenbahn von Chester nach Holyhead gewonnen (von London 6—7 St.). Auch die kürzeste Straße von den Midlands nach W zieht hier durch. Wie die Bahn, hatte sie mit erheblichen Geländeschwierigkeiten und infolgedessen mit dem Wettbewerb jener „Holyhead Road" zu kämpfen, die weiter s. von Shrewsbury über Llangollen und durch das Deetal in das Hochland eindringt (vgl. S. 742) und durch das Herz von Snowdonia führt und durch die Chester und Conway arg benachteiligt wurden. Erst seit 1826 konnte man, wie bereits erwähnt, das Convayästuar auf einer Brücke überschreiten, und in demselben J. wurde die berühmte Hängebrücke über die Menaistraße eröffnet. Ehemals war der Verkehr, nicht ungefährlich, von Aber (ö. Bangor) über die Lavan Sands und von Bangor nach Ang. gegangen. Die Bahn und dann die moderne Straße haben fast alle die kleinen Küstenorte zu Seebädern gemacht und neue Siedlungen entstehen lassen, die von London, den Midlands und Lancastria aus viel besucht werden: P r e s t a t y n (4512), R h y l (13 485) — vor 100 J. bloß ein paar Fischerhäuser, nunmehr die volkreichste Siedlung von Fl.; A b e r g e l e - P e n s a r n (2650), C o l w y n B a y (20 886; 23 840), 1931 die größte Stadt in Den. an einem Platz, wo vor 70 J. nur wenige Häuser im offenen Felde standen, während das alte Colwyn, etwas weiter landeinwärts, ein ärmliches Kirchdorf war; und besonders L l a n d u d n o in Caer. (13 679; 17 540), das, am besten für die Ansprüche der englischen Besucher ausgerüstet, am E-Fuß des grünrasigen, für das Golfspiel beliebten Kalkberges Great Orme an der schön geschwungenen Linie der Orme's Bay entlang zieht. Auch P e n m a e n m a w r (4021) und L l a n f a i r f e c h a n (3162) sind Seebäder, getrennt durch das jähe Vorgebirge Penmaenmawr, dessen Granite schon der Neolithiker verwertet hat und die in großen, die Landschaft greulich entstellenden Steinbrüchen abgebaut werden [72]. Sonst sind hier die Hänge meist mit Heidekraut und Ginster überkleidet, deren Blüten im Spätsommer ihr Dunkelrosa und Goldgelb in leuchtenden Farben mischen [36*].

Nur im NE, im Kohlengebiet von Den. und Fl., haben sich größere Industrien entwickelt, deren Anfänge in das 18. Jh. zurückreichen. Eine wirkliche Zechen- und Fabrikslandschaft ist dort entstanden. Schließlich wurden Schächte bis Gresford (5 km nnö. Wrexham) hinüber abgeteuft. Um Oswestry ist der Bergbau zurückgegangen, um so lebhafter wird er bei Brymbo, Minera, Wrexham, Chirk, Ruabon betrieben. Ausgedehnte Zechendörfer haben dort die Gefilde überwältigt. Die Industrien sind mannigfach (vgl. S. 740). Bei dem wichtigen Eisenbahnknoten Ruabon (zu Ponciau) in Den. wird Eisen gewonnen, und aus den roten Ruabon-(Etruria-)Mergeln der Oberen Coal Measures werden Ziegel und Tonwaren erzeugt. Außerdem hat es Maschinenbau und chemische Fabriken (Acrefair). W r e x h a m (18 659; 25 670), an der Straße von Chester zur Öffnung des Deetals ungef. halbwegs gelegen, 1945 die größte Siedlung in Den., Sitz des röm.-kath. Erzbistums Menevia (für ganz Wales außer Glam.), verarbeitet die Nebenprodukte des Kohlenbergbaus und hält große Märkte ab. Dagegen blieb Chirk, das im Zwiesel zwischen Dee und Ceiriog einst deren Taleingänge mit seiner Burg bewachte, ein Dorf. Schon zwischen Bergen schmiegt sich, von Wäldern umrahmt, L l a n g o l l e n (2937) in das Tal des Dee, der hier prächtige Mäander beschreibt (Durchbruchsberg Pen-y-Coed unterhalb der Stadt). Die halbtausendjährige Brücke und andere alte Bauten, die Schlösser und Ruinen in der Umgebung, darunter die von Valle Crucis Abbey (vgl. S. 736), die landschaftlichen Reize der Gegend (Eglwyseg Mts., Berwyn Mts.), die leichte

Erreichbarkeit locken im Sommer Scharen von Besuchern herbei. Auch
rühmt es sich seiner Flanelle und seines Bieres. Ein alter, seinerzeit viel
umkämpfter Grenzort ist, ziemlich in der Mitte zwischen Dee und Vyrnwy
in etwas höherer Lage, O s w e s t r y (9754; *10 750*; in Shropshire), dessen
Name auf den 642 erschlagenen König Oswald von Northumberland zurückgeht. Auf den leichten Erhebungen der Ebene verhältnismäßig bequem erreichbar, ohne jedoch einen unmittelbaren Zugang in das Bergland zu bieten
— jetzt führt eine Straße über L l a n f i l l i n (1379) zum Lake Vyrnwy —,
konnte es Shrewsbury nicht gleichkommen, doch ist es durch seine Märkte
und durch Eisen- und Messinggießerei, Brauerei, etwas Textilindustrie und
Eisenbahnwerkstätten (beim Burgberg von Old Oswestry) wichtig. Bereits
außerhalb des Kohlenfeldes liegt im breiten Tal des Severn vor dessen
Austritt in das Niederland W e l s h p o o l (5639; *5475*; in Mgom.), das ehemals Woll- und Flanellhandel trieb und auf dem Severn, der zu Yarranton's
Zeit (vgl. S. 741) von dort ab als Wasserweg diente [18*; 659], Eichenholz
zum Bau für die Flotte sandte, heute aber nur Markt für seine ländliche
Umgebung und Gerichtsort für Mgom. ist. Das nahe Powis Castle, wo die
mächtigen Herren von Powys hausten, war die Sperre des Severntals. 10 km
oberhalb Welshpool hatte Robert de Montgomery 1072 eine Burg gegründet;
ihr folgte 1223 das heutige Schloß auf einem langen, schmalen Felssporn.
M o n t g o m e r y (918; *841!*), in seinem Schutz um einen geräumigen Marktplatz angelegt und bereits 1227 als free borough nach dem Muster von
Hereford eingerichtet [670], ist eine stille Zwergstadt, die sich bloß während
der großen Viehmärkte belebt (BE). Während es einst den Verkehr durch
das Severntal, aus Marton Dale (von Shrewsbury) und von Ludlow—Bishop's
Castle sammelte, ist es jetzt mit diesem nicht einmal durch eine Eisenbahn
verbunden.

Auch weiter n., gegen die Liverpool Bay hin, im Bereich der Kohlenlager von Fl., haben sich Industrien niedergelassen, ohne bisher die Landschaft völlig zu überwältigen. Dörfer sind zu Fabrikstädten geworden, die
sich am Deeästuar aneinanderreihen [11 e]: nahe dessen Ausgang Mostyn
mit Hochöfen, chemischer Industrie (Kunstdünger); dann, mit Kohlenzechen,
Flanell-, Seifen- und Papierfabriken, Greenfield, bzw. dahinter am Fuße des
Halkyn Mtn. H o l y w e l l (3424), betroffen von der Verlegung der mächtigen
„Heiligen Quelle", der es seinen Namen und starken Pilgerbesuch verdankte
(vgl. S. 716) — ein Tunnel, von Bagillt (zwischen Holywell und Flint) für den
Betrieb des Bleibergwerkes des Halkyn Mtn. in den Berg getrieben, bohrte
den unterirdischen Wasserspeicher an. F l i n t (7655; *11 650*) selbst, am Dee,
auf einem sich kaum über seine Umgebung erhebenden Sandsteinvorsprung
(1277 „Le Caillou" genannt!) [669], eröffnet die Reihe jener alten Städtchen, die einst als Stützpunkte der Engländer oder Wälschen an strategisch
wichtigen Punkten entstanden: von Eduard I. neben der 1277 errichteten
Burg regelmäßig angelegt und mit Wall und Graben umschlossen, gewann
es damals und hatte es dann bis zum 19. Jh. als Hafen Bedeutung. Allein
es ist nur mehr dem Namen nach Gr.St. Sö. folgen C o n n a h ' s Q u a y
(5980) an der Grenze zwischen den Watten und Marschen des Ästuars, eine
Zeitlang für den Verkehr mit Irland beliebt (erst 1777 von einem Iren gegründet); fast unmittelbar anschließend Shotton mit Stahlwalzwerken; dann
Queensferry mit der untersten Straßenbrücke über den Dee (vgl. S. 619)
und Schiff- (besonders Flußschiff-)bau; endlich Sandycroft (Bergbau:
elektrische Maschinen). Im Hintergrund liegen der alte Burgflecken Hawarden
(Eisenindustrie, Brückenbau, Chemikalien), weiter landein die lange

Straßensiedlung B u c k l e y (6899; Tonwaren- und Ziegelfabriken) auf dem sö. Ausläufer des Halkyn Mtn. und jenseits davon im Tale des Alyn der Straßenknoten M o l d (5137) mit den Funktionen der Gr.St. von Fl. (seine Burg hieß um 1100 bei den neuen normannischen Ansiedlern Mont haut, daher der Name [669]). Caerwys, ehedem Wächter am Bodfari Gap, Stätte der Gerichtstagungen und durch das Eisteddfod von 1568 berühmt, hat seine Rolle längst ausgespielt. Die Industrie beschränkt sich auf große Zementwerke (Caerwys, Afonwen).

Eine Burggründung Eduards I. ist auch Rhuddlan am Übergang über den Clwyd; es war früher als Hafen wichtig. Im E durch Wälder gedeckt, welche die Hänge der Fl. Uplands bekleideten, im W durch Sümpfe (Morfa Rhuddlan), war der Platz schon vorher viel umkämpft gewesen; u. a. hatte dort Offa die Wälschen besiegt. Zeitweilig war es Fürstensitz, es hatte eine Münze und war unter den Normannen eines der größten manors. Aber wie es später, weil schon außerhalb der Kohlenfelder gelegen, in der Entwicklung zurückblieb, so seinerzeit, weil mit ihm der uralte Wallfahrtsort und ehrwürdige, um 600 von St. Kentigern gegründete Bischofssitz St. Asaph, dessen Kathedrale auf dem niedrigen Riedel zwischen dem Clwyd und dem Elwy steht, und D e n b i g h (7249; *8384*) wetteiferten, das im Schutz einer ebenfalls von Eduard I. auf einem Kalkhügel erbauten Burg erwuchs. Doch das County Office ist in R u t h i n („Rotenburg"; 2912; *3526*), einem schon in der ersten Normannenzeit befestigten Platz auf einer Anhöhe über dem Clwyd, wo gleichfalls Eduard I. eine Burg aus rotem Buntsandstein errichtete. Wie zu Denbigh Straßen einerseits nach Chester, anderseits nach Pentre Voelas und Ffestiniog das Clwydtal verlassen, so zu Ruthin die nach Corwen, Wrexham, Mold und Llangollen. Das Clwydtal selbst mit seinen Buntsandstein- und Driftböden wird in seiner ganzen Breite von Wiesen, Feldern, Heckenmaschen, Baumzeilen und -gruppen eingenommen, seine Fruchtbarkeit steht in starkem Gegensatz zu den Heiden der Clwydian Range im E und der Den. Moors im W. Es ist alter Siedlungsboden mit englisch sprechender Bevölkerung, aber überwiegend wälschen Ortsnamen.

Die schönste der alten Städte der N-Küste ist das von Eduard I. angelegte C o n w a y (8772; *9888*), das auf einem niedrigen Felssporn am W-Ufer des Conwayästuars steht. Seine mächtige Feste, bewehrt mit 8 runden, zinnengekrönten Türmen, bewachte die Zugänge von Ang. und Snowdonia her gegen die Vorstöße der Wälschen aus ihrem letzten Rückzugsgebiet. Sie löste die ältere Sperre von Deganwy (am gegenüberliegenden Ufer) ab [112, 69, 664, 673a]. Damals wurde das 1185 gegründete Zisterzienserkloster, das in der Folge als Maenan Abbey eine der größten Abteien von Wales wurde, weiter landeinwärts verlegt an einen Platz im Conwaytal gegenüber Dolgarrog, das durch seine Aluminiumwerke (vgl. S. 741) und den unheilvollen Dammbruch von 1925 bekannt ist [336a, 43]. Noch sind die Stadtmauern von Conway, St. Mary's Church und etliche alte Gebäude erhalten, darunter Plâs Mwr aus der Elisabethzeit (Sitz der R. Cambrian Acad. of Arts). Als Hafen hat es keine Bedeutung mehr, dagegen lebhaften Fremdenzustrom, der sich z. T. in die benachbarten Seebäder, z. T. über das altmodische Städtchen L l a n r w s t (2372) nach Bettws-y-Coed (vgl. S. 766) ergießt. Als eines der lehrreichsten Beispiele für die Siedlungs- und Wirtschaftsentwicklung des ländlichen Wales im Zusammenhang mit den natürlichen Bedingungen ist jüngst die des Commote Arllechwedd Isaf (zwischen Conway und Dolgarrog) beschrieben worden [667].

Viel älter ist B a n g o r (10 960; *12 220*). Es entstand noch vor 600 als

Niederlassung irischer Mönche in einer buchtartigen Talfurche hinter den ersten Anhöhen, welche das NE-Ende der Menaistraße begleiten, wurde schon damals Bischofssitz und spielte im religiösen und geistigen Leben von Wales eine große Rolle. Aber seine Kathedrale wurde mehrmals zerstört, und nicht ihr heutiger Bau ist das eigentliche Wahrzeichen der Stadt, sondern die seit 1911 oben in Upper Bangor gelegenen Gebäude und Anlagen des 1884 gegründeten University College of North Wales (vgl. S. 755). Seine frühere Verkehrsbedeutung hat Bangor, obwohl es der Menaistraße am nächsten liegt, verloren, seitdem die Holyhead Road, welche durch das Tal des Nant Ffrancon herabkommt, von der Eisenbahn abgelöst wurde. Sein Hafen, zu welchem die lange Hauptstraße hinabführt, dient nur dem Küstenverkehr, u. zw. hauptsächlich dem Versand der Schiefer von B e t h e s d a (4480), der bedeutendsten Arbeitersiedlung von NW-Wales [11 a, 112, 242]. Hier und in den Dinorwicbrüchen (vgl. S. 767) waren 1935 von ungef. 9000 eingetragenen Schieferwerksleuten von Wales fast 5000 beschäftigt.

Nahe dem SW-Ausgang der Menaistraße endlich ist C a e r n a r v o n (8469; 9467), die größte der Stadtgründungen Eduards I., erwachsen. Auf einer niedrigen Felshöhe über dem Ästuar des Flüßchens Seiont steht das verhältnismäßig gut erhaltene Mauerwerk der Gebäude und Türme der mächtigen Zwingburg [623 c]. Zwischen ihr und Twt Hill, einem 58 m hohen Bergkegel im E, liegt die umwallte Stadt mit rechteckigem Umriß. Schon die Römer hatten in der Nähe einen befestigten PPlatz (Segontium), die Normannen an der Stelle der Feste einen Burgturm gehabt. Denn von hier aus ließen sich nicht bloß das Flachland von Arfon und seine Verbindungen mit Ang. bewachen, sondern auch die Ausgänge der Haupttäler Snowdonias. So hat sich Caernarvon ganz besonders zur Gr.St. geeignet. Es ist der Marktort für eine ziemlich dicht mit Farmen besetzte, vornehmlich Viehzucht betreibende Umgebung. Sein Hafen hat heute nur für die Fischerei (1937: 39 Motorboote) und für die Ausfuhr der Schiefer von Nantlle Bedeutung, schon die von Llanberis werden über Port Dinorwic (ungef. halbwegs Caernarvon und Bangor) versandt (vgl. S. 718, 767) [542, 674, 684, 83].

Den gleichen Charakter wie Arfon, das Flachland von NW-Caer., zeigt A n g l e s e y (656 km²). Je nachdem bilden Glazialschutt, Tonschiefer, Sandstein, Kalk die Oberfläche (vgl. S. 717). Indem die Talfurchen den weicheren Gesteinen folgen, den härteren die flachen Rücken, gliedert sie sich in eine Anzahl NE—SW gerichteter Streifen [22, 314, 315, 318]. Von den Talfurchen ist am breitesten und tiefsten die der Malldraeth Marshes, die, vom Cefni gegen SW durchflossen, in dessen breites Ästuar ausläuft; diesem entspricht auf der entgegengesetzten Seite Red Wharf Bay. Größtenteils umschließt eine Steilküste die Insel; nur die Niederungen sind von Watten oder — wie Aberffraw Bay und das ausgedehnte Newborough Warren (nw., bzw. sö. des Cefniästuars) — von Dünen umsäumt. Wenige Höhenzüge steigen auf über 150 m H. an. Die alten Einebnungsflächen sind trotz der Gletscherarbeit gut ausgeprägt, welche die präglazialen Erhebungen in die charakteristischen „boss-lands" umgestaltet hat [22]. Reich an vorgeschichtlichen Resten (vgl. S. 731), wurde Ang. später das legendenumwobene Heim der Druiden, bis das Christentum einzog. Durch das ganze Mittelalter und bis in die Neuzeit herauf war es, seinerzeit „Mother of Wales" genannt, als Kornkammer geschätzt; Wiesen und Weiden überwiegen im Kulturland: in normalen Zeiten trägt fast ½ der Fl. Dauergras, nur ⅕ ist Ackergrund, der aber auch zur Hälfte zeitweise Wiese ist, im übrigen hauptsächlich mit Hafer bestellt wird

(1944 aber: 41% Ackerland, 36% Dauergras. Vgl. Tab. 11 [121]. Ödland nimmt mit Heide, Mooren und Sümpfen über 12% der Ges.Fl. ein. Das Klima ist zwar nicht so niederschlagsreich (J.M. ungef. 1 m) wie das Snowdonias, aber die undurchlässigen Böden sind vielfach naß und überhaupt mäßig [412c]. Außer Schaf- wird auch etwas Rinderzucht betrieben. Die Gem. haben durchschn. bloß 9 km² Fl. Die Landschaft ist überstreut mit Einzelhöfen, locker gebauten Weilern und kleinen Straßendörfern, von denen jedes ein — meist turmloses — Kirchlein aufweist (sehr viele Llan-Namen!). Während ferner bis weit in die Neuzeit herauf das von Eduard I. mit einer Wasserburg bewehrte B e a u m a r i s (1710; *1860*) im E der bedeutendste Handelsplatz war (vgl. S. 738), führen jetzt die wichtigste Straße und etwas s. von ihr die Eisenbahn von der Menaibrücke hinüber nach Holyhead (10 700; über ¹/₅ der E.Z. von Ang.) im W, mit dem 1845—1873 erbauten, durch einen 2,5 km langen Wellenbrecher geschützten Haupthafen für die Überfahrt nach Irland (4 St. nach Dün Laoghaire). Er liegt an der N-Seite des durch Holyhead Bay von Ang. getrennten Holyhead I., das im Holyhead Mtn. auf 226 m ansteigt. Abgesehen von dem Personenverkehr mit Irland, ist auch sein Güterversand beträchtlich (Ges.E.W. 1938: 4,5 Mill. Pf.St.; Ges.A.W. 3,58 Mill.). Hauptposten der E. aus dem Ir. Freistaat sind Lebendvieh (für fast 2 Mill. Pf.St.), Speck und Schweinefleisch (0,6), Kartoffeln, Bier, Schaf- und Lammwolle, die der A. die Erzeugnisse der englischen Textil-, Bekleidungs-, Eisen- und Stahl-, Papier- und Glasindustrie, Chemikalien, elektrische Apparate. Der Buchhandel zwischen England und dem Freistaat geht größtenteils über Holyhead. Mit einer N.Tonn. von rund 1,5 Mill. tons auslaufender Schiffe stand Holyhead (mit Beaumaris) an vierter Stelle unter den Häfen von Wales [99*; 327].

Einige der Küstenorte haben sich dem Fremdenverkehr zu widmen begonnen, außer Beaumaris u. a. A m l w c h (2562), das dem Kupferbergbau auf Parys Mtn. vor etwa 120—150 J. eine kurze Blüte verdankte (vgl. S. 739) — 1828 zählte es über 5000 E. — und heute etwas Industrie hat (Vitriol-, Alaun- und Ockerwerke; Tabakfabrikation). Der Schiffbau spielt keine Rolle mehr [655]. Von alten Heimgewerben hat sich nur die Anfertigung von Matten und Tauen aus Strandhafer, der auf den Dünen wächst, in Newborough erhalten [22, 656]. Das zentral gelegene Dorf Llanerchymedd, in der 1. H. des 18. Jh. wegen seiner Schuhmacherei als „Northampton bach" (Klein-N.) bezeichnet, ist der wichtigste Rindermarkt im Inneren der Insel. Junge Städtchen sind L l a n g e f n i (1782), mit der Shire Hall der Gr., am Austritt des Cefni in die Malldraeth Marshes, und M e n a i B r i d g e (1675) neben der Hängebrücke Telfords über die Menaistraße (vgl. S. 759), in welcher der Kampf zwischen Flut- und Ebbestrom — jener fließt 2 St. ungehemmt von Aber Menai gegen NE, dieser begegnet ihm, von Bangor gegen Caernarvon gerichtet — den für kleine Fahrzeuge gefährlichen Wirbel der „Swellies" erzeugt [11a].

Auf kleinerem Raum bietet drüben auf dem Festland L l e y n, d. i. Halbinsel, ähnliche Bilder wie Ang. Auch dort sind die alten Gesteine eingeflächt, vom Eis überarbeitet und mit Drift bedeckt, von einzelnen tiefen Furchen durchzogen, im großen ganzen ein welliges Gelände, nur etwas kräftiger überragt von Inselbergen wie dem Bwlch Mawr-Stock (522 m) und den Kuppen Yr Eifl („The Rivals" englisch verballhornt; 563, bzw. 485 m) mit ihren Granitbrüchen [71], weiter im S dem Carn Fadryn (371 m) und Mynydd Rhiw (300 m). Bald treten die glazialen Aufschüttungen, bald die präkambrischen und kambrischen Gesteine mit steilen Kliffen an die Küste heran und springt diese mit kräftigen Vorgebirgen gegen das Meer vor; bald öffnen sich Niederungen zur See mit sanft geschwungenen, von Strandwällen und Dünen eingesäumten Bögen. Verschiedentlich ist der 50'-Strand erkennbar, eine Terrasse in derselben Höhe an der Menaistraße um Caernarvon und Bangor und noch bei Llandudno [312*; 215—217, 248, 278, 359]. Wieder die weiten, oft steinigen Grasflächen, durch Heidestriche getrennt, von schwarzbraunen Bächen hier in engen Einschnitten, dort in versumpften, mit Weiden und Erlen bestandenen Gründen durchflossen; die weißgetünchten, oft mit Stroh gedeckten Cottages, in denen Torffeuer brennen, die locker gebauten Kirchweiler mit manchen 700jährigen oder noch älteren Kirchen. Denn hier haben schon im 5. und 6. Jh. irische Glaubensboten gewirkt, wie die Namen etlicher Pfarren erkennen lassen. Bardsey I., vom Festland durch Bardsey Sound getrennt, umrankt mit Sagen von Merlin, galt geradezu als die „Insel der Heiligen" und wurde von Wallfahrern viel besucht. Heute führen die paar Fischer und Farmer ein so kümmerliches Dasein, daß die Verödung der Insel bloß eine Frage der Zeit ist (1900 noch über 100 E., 1935 weniger als 30) [419, 667a, 94]. Auf den Berghöhen von Lleyn finden sich reichliche Spuren vorgeschichtlicher Niederlassung, zumal Tre'r Ceiri, die umwallte „Stadt der Riesen" auf dem niedrigeren der Yr Eiflgipfel mit über 100 „Hüttenkreisen" (cytiau) [11a, 511a*]. Wie auf Ang. werden auf den paar zu einer Farm gehörigen Feldern hauptsächlich Hafer, dazu etwas Gerste, selten Weizen geerntet und vor allem aber Futterfrüchte angebaut. Denn bedeutend sind die Viehwirtschaft, die Gewinnung von Milch, die in den Seebädern im Sommer abgesetzt wird, und die Zucht von Jungvieh, das nachher auf den Weiden E-Englands aufgemästet wird. Obenan steht jedoch die Schafzucht, welche im Winter die Herden betreut, die aus den Tälern Snowdonias im Okt. herabgetrieben werden und bis in den April hier bleiben [724, 724a]. Schon hat sich das Fischerdorf Nevin, ehemals ein Borough (1335), gebettet in eine Driftkerbe der w. Kliffküste, zum Seebad entwickelt, und das Marktstädtchen P w l l h e l i (3598; 3861), der Endpunkt der Eisenbahn, dessen Hafen hinter dem Haken des South Beach einst mit Chester und Irland Handel trieb, hat seinem alten Kern, der bereits unter dem Schwarzen Prinzen als Borough erschien, eine moderne Strandhäuserzeile angeschlossen [673]. Auch C r i c c i e t h (1449), in der angrenzenden Landschaft Eifionnydd, um eine der alten Burgen am Meere erwachsen [632*, 623b, 679], ist Seebad. Etwas ö. davon öffnet sich zwischen den Ausläufern Snowdonias und dem Harlech Dome mit 12 km langer Küstenlinie längs dem unteren Afon Glaslyn die breite Niederung Y Traeth Mawr („Der Große Sand"). Lediglich einzelne eisüberschliffene Felskuppen erheben sich aus ihr; bei einer Senkung von nur 10 m würde sie wieder ertrinken. Tatsächlich ist Y Traeth Mawr erst zwischen 1800 und 1811 trockengelegt worden dank der Tatkraft W. A. Madocks', der außerdem zuerst am Bergfuß das nach ihm benannte Tremadoc planmäßig anlegte mit Marktplatz, Kirche und Schule und 1821 den Hafen P o r t m a d o c (3986) gründete (Abb. 142), welcher die Schiefer von Blaenau Ffestiniog versandte; eine kleine Bahn, die, 1833 bis 1836 angelegt, schon seit 1876 als „Toy Railway" auch für den Personenverkehr benützt wird, brachte sie von den Schiefergruben herbei (vgl. S. 767) [11a, 111, 327, 368, 678, 740]. Portmadoc ist von Snowdonia und von Mittelwales auf guten Straßen leicht erreichbar, dank seiner windgeschützten Lage, welche ausnahmsweise an der W-Küste üppig gedeihende Gärten ermöglicht, Seebad und ein Mittelpunkt des Fremdenverkehrs. Die Berge der Snowdongruppe, die Pyramide des Cnicht (690 m) — des „Matterhorns von

Wales"! —, die Moelwyns und Rhinogs schließen sein Blickfeld ab. Auf der anderen Seite der Bucht und des Mawddachästuars, am Traeth Bach, stand als dritte und südlichste der hier von Eduard I. gegründeten Burgen Harlech Castle auf einem Fels am Meere [632*, 623c; 368], heute eine Ruine und von Feldern umringt, die von einer hohen Dünenreihe mit Gras und Buschwerk gesäumt werden [312*]. Der Burgflecken selbst, ehemals Gr.St. von Mer., heute ein Dorf, wird als Seebad besucht.

Den Hintergrund von Arfon und Lleyn bilden die Berge S n o w d o n i a s, mit ihren charakteristischen Profilen weit hinaus in die Irische See sichtbar. Nur hier zeigt Wales ein wirklich alpines Gepräge mit Karen, Karlinggraten und Torsäulen, mit Trogformen, Talstufen, Riegeln (vgl. S. 724). Wegen der ungleichen Härte der Gesteine und im Zusammenhang mit ihrer Lagerung

Abb. 142. Portmadoc, Hafen. Aufn. J. SÖLCH (1934).
Das von W. A. Madocks entwässerte Traeth Mawr mit einzelnen vom Eise überschliffenen Felsrippenbergen, z. B. rechts Y Stach (107 m). Der heute Bahn und Straße tragende Damm („cob") wurde 1811 gebaut. Im Hgr. Cnicht und die Moelwyns.

und Klüftung hat die Abtragung Gesimse und Bastionen in die Gehänge gemeißelt. Scharfe, steilwandige Formen knüpfen sich namentlich an die häufigen Dolerite, welche in die Ordovizschiefer und in die Tuffe eingelagert sind, auch an die Tuffe selbst und an die Laven der Snowdon Volcanic Series. Die schönsten Kare, oft noch mit Seen im Grunde, erscheinen an den E- und N-Abfällen der Kämme, so in der n. Hauptgruppe, welche sich um den Carnedd Llewelyn (1062 m) gruppiert. Die dortigen Seen werden zur Erzeugung elektrischer Kraft verwertet (vgl. S. 741), Llyn Dulyn zur Wasserversorgung von Llandudno. Die Grundzüge des inneren Baus jener Gruppe setzen sich mit ihren NNE—SSW streichenden Schichten und ihren tektonischen Leitlinien jenseits der Talfurche Nant Ffrancon—Llyn Ogwen (vgl. u.) in der Kette Elidyr Fawr (923 m)—Glyder Fawr (999 m)—Glyder Fach (994 m)—Tryfan (918 m) fort und kehren s. des Pass of Llanberis im Snowdonstock wieder. Das ganze Gebiet gehört der großen Snowdon Syncline an, innerhalb deren untergeordnete Syn- und Antiklinalen auftreten, u. a. die Idwal Syncline, benannt nach dem See, der sich unter dem N-Fuß des Glyder Fawr hinter schöne Moränen bettet (Abb. 143; vgl. S. 724). In ihrem Kern erscheinen die unteren Snowdonlaven und die Snowdontuffe, unter denen gegen WNW immer ältere Gesteine heraufkommen, zuerst Schiefer im Y Foel

Goch (831 m), dann die harten oberkambrischen Grits im Elidyr Fawr. Ö. des Glyder Fawr steigen dagegen die gleichen Tuffe, welche den größten Teil der Carneddgruppe aufbauen, im Glyder Fach und in der scharfen Pyramide des Tryfan, einer der auffallendsten Berggestalten von Wales, zu einer Antiklinale auf. Weitere Falten folgen gegen E. U. a. bilden S-fallende Schichtgesteine des Ordoviz den Moel Siabod (872 m), unter dessen felsigem Doleritgipfel im E ein steilwandiges Kar liegt. Im Snowdonstock, welchen die Idwal Syncl. knapp 2 km n. vom Hauptgipfel quert, herrschen die vulkanischen Gesteine, größtenteils gewaltige Anhäufungen von Laven, gutgeschichteten Tuffen und feinen Rhyolithaschen, aber den Scheitel des Y Wyddfa selbst (1085 m) nehmen geringmächtige Tonschiefer ein (vgl. S. 717). Solche, ferner marine Sande und mitunter auch Kalke schalten sich in dünnen Lagen zwischen die Vulkanite ein, dem Ordoviz angehörig, das im ganzen rund 4500 m mächtig ist. Im einzelnen wechseln Gesteine und Lagerung oft auf engem Raum und damit auch die Kleinformen der Landschaft, deren Mannigfaltigkeit durch die glaziale Überarbeitung noch erhöht wird. Die Berge weiter im W und SW, einfacher gebaut und niedriger (Mynydd Mawr 698 m, Carnedd Goch 701 m, Moel Hebog 783 m), sind im Vergleich dazu viel einförmiger, obwohl auch ihnen hohe Wandstufen und Kare nicht fehlen.

Abb. 143. Llyn Idwal. Im Hgr. Devil's Kitchen. Aufn. J. Sölch (1934).

Ein besonderer Schmuck Snowdonias sind seine Seen. Von ihnen haben die größten Oberfl. Llyn Padarn (1,1 km²; 3,2 km lang), Ll. Cwellyn (0,89 km²; 1,9 km lang), Ll. Cowlyd (0,8 km²; 2,6 km lang), Ll. Peris (0,5 km²; 1,77 km lang), Ll. Llydaw (0,49 km²; 1,78 km lang); die größten Rauminhalte Ll. Cowlyd (26,6 Mill. m³), Ll. Cwellyn (20,2), Ll. Padarn (17,9), Ll. Llydaw (11,6); die größten Tiefen aber Ll. Cowlyd (67,7 m), Ll. Llydaw (57,9 m), Ll. Dulyn (57,6), Glaslyn (38,7), Ll. Cwellyn (37,2). Am höchsten liegt der Karsee Glaslyn (601 m), Ll. Cowlyd in 355 m [310].

Drei seengeschmückte Haupttalfurchen ziehen von der NW-Küste her ungef. gegen SE. Im N liegt das Tal Nant Ffrancon, dessen Fluß Afon Ogwen unterhalb des Llyn Ogwen angesichts des karbesetzten Kammes Glyder Fawr—Y Foel Goch (vgl. Abb. 144) in einem mehrgliedrigen Wasserfall zu einem ehemaligen, von Mahdwiesen eingenommenen Seegrund hinabstürzt und dann bei Bethesda einen Riegel durchbricht; in entgegengesetzter Richtung fließt, jenseits einer flachen Schwemmkegelscheide, der Afon Llugwy an einzelnen Farmen vorbei, z. T. durch mooriges Gelände, nach Capel Curig und schließlich zwischen bewaldeten Hängen, u. a. die „Swallow Falls" bildend, hinab zum Conwaytal bei Bettws-y-Coed (912), einer aufstrebenden Sommerfrische. Den Talzug benützt die alte Holyhead Road (vgl. S. 742). Gegenüber Bethesda verleihen die Terrassen der großen Schieferbrüche der Landschaft das Gepräge (vgl. S. 718, 762) [11 a, 242]. Die mittlere Furche, die schönste von allen, steigt allmählich über Llyn Padarn (104 m) und Llyn Peris und, flankiert von den schrofigen Abfällen des Glyder Fawr

und des Snowdon, durch den berühmten Paß von Llanberis zum Scheitelpunkt von Pen-y-Pass (Gorphwysfa Hotel; 356 m), jenseits dessen sich die Quellbäche des Afon Glaslyn in einer tiefen Talmulde sammeln. Doch die Straße umgeht sie, um über den Sattel von Pen-y-Gwryd (275 m) den Gwrydbach und längs diesem die Holyhead Road bei Capel Curig zu erreichen. Einst bewachte den Pass of Llanberis die kleine Feste Dolbadarn zwischen den beiden Seen. Heute ist das anmutige Llanberis (2370) am Llyn Padarn der wichtigste Ort — ihm gegenüber liegen die Schieferbrüche von Dinorwic bis zu 600 m H. hinauf —, es wird als Sommerfrische geschätzt und hat den stärksten Touristenverkehr (Abb. 145). Denn von hier aus erklimmt seit 1896 eine Zahnradbahn den Blockgipfel des Snowdon, längs einem langen, zahmen NW-Ausläufer, während die E-Seite mit ihren Fels-
mauern und Abstürzen und wilden Einrissen, mit Schutthalden und Moränen Hochgebirgs-
formen aufweist (vgl. S. 724)
[111]. Die dritte Talfurche
endlich begleitet den Snowdon-
zug im W, die einzige, durch
die bis jüngst außer der Straße
seit 1877 auch eine Bahn führte
(Caernarvon—Beddgelert). N.
der flachen Paßhöhe von Pitt's
Head (198 m) fließt der Afon
Gwyrfai aus dem Llyn Cwellyn
zur Menaistraße; im S liegt
unter ihr die vielbesuchte Sommerfrische Beddgelert, wo einst
das älteste Kloster Snowdonias

Abb. 144. Y Foel Goch mit Cwm Goch, W-Seite von Nant Ffrancon. Aufn. J. SÖLCH (1934).

(Abb. 146) stand [112], am Afon Glaslyn, der hierauf durch eine fichtenbestandene Enge zum Traeth Mawr durchbricht, von Bahn und Straße gefolgt. Eine andere Straße steigt von Beddgelert am Afon Glaslyn talaufwärts an den beiden von mächtigen Riegeln abgesperrten Seen Llyn-y-Ddinas und Llyn Gwynant vorbei zum Sattel von Pen-y-Gwryd (Abb. 147). Ö. von ihr stehen breite, mit Heide, Moor und Schutt bedeckte Berge, Moel Siabod (872 m), Cnicht (696 m), die Moelwyns (770 m), in völliger Einsamkeit, nur wenig von Touristen begangen. Auch weiter ö. übersetzt zunächst keine Straße das Gebirge, aber ein Schienenweg, der vom Conway in das ziemlich gut besiedelte Tal des Lledr einbiegt und Dolwyddelan, eine alte Paßsperre [631*, 623 d], berührt, durchbohrt die Wasserscheide in einem 3 km langen Tunnel (385 m), um Blaenau Ffestiniog am S-Ausgang zu erreichen, die zwar saubere, jedoch wegen der dunklen Schieferhäuser düster anmutende Siedlung der Arbeiter der dortigen Gruben [242]; die Schiefer werden heute über Bettws-y-Coed nach Conway verfrachtet. Der größte Ort der vom Afon Dwyryd durchflossenen Talschaft, der es den Namen gegeben hat, ist Ffestiniog (9078) selbst. Von ihm führen Straße und Bahn durch längst verödete Heidestriche, die reich an vorgeschichtlichen Resten sind und u. a. auch von einer Römerstraße durchzogen waren, zur Paßhöhe (401 m), auf welche der baumlose Inselberg der Arenigs (A. Fawr 853 m) hinabblickt, und nach Bala im oberen Deetal, eine andere am Trawsfynydd Res., dessen Fl. (5 km²) die des Lake Vyrnwy noch etwas übertrifft, vorbei nach Dolgelley.

Snowdonia ist der von Fremden besuchteste Teil von Wales. Seine landschaftlichen Reize, seine Pflanzen- und Tierwelt [91a], seine vorgeschichtlichen Denkmäler — Hill-forts, Grabkammern, Steinkreise, Hüttensiedlun-
gen —, mehrere Römerforts, alte wälsche und die romantischen mittelalterlichen englischen Burgen haben zu der Anregung geführt, das ganze Gebiet zwischen Conway, Caernarvon, Bettws-y-Coed und Beddgelert zu einem
„Nationalpark" zu erklären [132, im Nachtrag].

Das obere Deetal endlich hat seinen Mittelpunkt in Corwen. Oberhalb
ist es ein geräumiges Becken (Vale of Edeyrnion), unterhalb eine schmale
Kerbe, 70—80 m eingeschnitten in Verebnungen von ungef. 120 m H., auch

Abb. 145. Llanberis. Aufn. J. Sölch (1934).

mit eingesenkten Mäandern. Mächtige Schwemmkegel bauen sich in das Tal
vor, verheerende Hochwässer sind nicht selten; 1846 ist Corwen durch Wild-
wässer bis zu den Dächern vermurt worden. Seine gute Verkehrslage verbindet es mehr mit N- als mit Mittelwales. Über niedrige Höhen kann man
im N mittels Bahn oder Straße das Clwydtal (Ruthin und Denbigh) erreichen, über die Clwydian Hills auf einer Straße das Kohlengebiet von
Flint und Wrexham. Gegen W führt die Holyhead Road, die durch das
Deetal heraufkommt (vgl. S. 742), weiter längs dem Alwen und seinem Nebenfluß Geirw und über einen nur 275 m hohen Paß nach Pentre Voelas zum
oberen Conway und nach Bettws-y-Coed. Von Corwen her wird sie von einer
lockeren Kette von kleinen Farmen begleitet, die meist am Hange etwas
über einem der vielen Seitenbäche stehen, einzelne in 350—380 m H. Allein
die Höhen um Pentre Voelas sind nur Moorhuhngründe und Torfmoore. Der
Raum um Corwen war militärisch ehemals sehr wichtig, schon in der Bronzezeit, wo die Steinwälle eines Camp auf dem nahen Caer Dinas entstanden,
im Mittelalter in den Kämpfen Owain Glyn Dwr's. Kleiner als Corwen ist
B a l a (1395), dank seinem See viel besucht, dem größten natürlichen von
Wales (6 km lang, 1,1 km breit; Fl. 4,5 km²), der von freundlichen Kirch-
weilern und Farmen, von Heckenmaschen, kleineren Gehölzen, Heidekraut
und Farnen umsäumt wird und seltene Fische birgt. Auch Bala ist ein
Verkehrsknoten. Es hat Verbindungen mit Ffestiniog (vgl. o.), Corwen und

nach dem S. Straße und Bahn nach Dolgelley und zur Cardigan Bay gewinnen zu Füßen der Arans (905, bzw. 884 m) in 235 m ihren Scheitelpunkt. Straßen führen auch über die Pässe („Bylchau"; sg. „Bwlch") zwischen den Berwyns und den Arans — die höchste über den Bwlch-y-Groes (d. i. Kreuzpaß: 546 m, 285 m über Bala) — in die Täler der SE-, bzw. S-Abdachung. Ursprünglich vielleicht nur eine normannische Wehranlage im Kirchspiel Llanycil, wurde Bala im 18. Jh. der Markt für die in der Umgebung gestrickten Wollstrümpfe, -socken, -handschuhe und -kappen. Außerdem spielte es eine gewisse Rolle als ein Mittelpunkt der kalvinistischen Methodisten und des religiösen Lebens von Wales überhaupt (vgl. S. 754) [11 d, 327].

B. Mittelwales

Das m i t t l e r e W - W a l e s ist das Einzugsgebiet der Cardigan Bay zwischen Y Traeth Bach im N, Fishguard Bay und Preseli Mts. im S. Ziemlich weit landeinwärts greifen bloß die Bereiche des Mawddach, Dyfi (Dovey) und Teifi aus; dazwischen schalten sich die kleineren des Afon Dysynni, Rheidol, Ystwyth und Ayron ein. In dem ausdruckslosen Plynlumon (755 m), aus dessen Mooren Severn, Wye und etliche ihrer Zuflüsse entspringen, nähert sich die Wasserscheide der Küste auf 18—20 km. Im Inneren ziehen die Täler meist in NE—SW oder N—S, einige schwenken im Unterlauf gegen W ein. Von den N—S-Furchen sind am auffälligsten die des oberen Mawddach (Afon Eden), welcher den Harlech Dome im E umfaßt, die des Corris, durch

Abb. 146. Beddgelert. Aufn. J. Sölch (1934). Afon Glaslyn mit den „Stepping Stones" (Trittsteinen). Blick auf die Abfälle des Snowdonstockes gegen Nant Gwynant.

welche ehemals vielleicht der vom Cader Idris kommende Nant Cader floß, die des oberen Rheidol, welche sich im Teifital fortsetzt. Dysynni, Rheidol, Ystwyth haben sich längs Zerrüttungsstreifen von der Küste her verlängert und so ihre heutigen Oberläufe erobert (vgl. S. 721). Der Gürtel der höchsten Erhebungen streicht vom Cader Idris längs dem Mawddach und dessen Nebenfluß Wnion gegen NE zu den Arans. Geknüpft an die harten Ordovizsandsteine und -laven, erreichen ihre walfischförmigen, breiten Rücken, die aus der hochgelegenen, alten Einebnungsfläche herausgeschnitten sind, wiederholt 600 m, in den höchsten Gipfeln fast 900 m H. Zwischen Wnion und oberem Mawddach erheben sich dagegen außer dem aussichtsreichen Rhobell Fawr (734 m) nur wenige Kuppen über 600 m. Derselben Höhenordnung gehören die Gipfel des zentralen Harlech Dome an, Diphwys (750 m) und die beiden Rhinogs (Rh. Fawr 720 m), die dem Wechsel verschieden fester Gesteine etwas mehr Formenwechsel verdanken. Alle diese größeren Aufragungen sind entweder noch mit Pfeifen- oder Borstengras, weniger mit Heidekraut oder Wollgrasrasen, oder bereits, wie der mächtige Cader Idris (889 m), mit großen Blockfeldern bedeckt. Ihre Gehänge sind durch Härtestufen und in mehreren Niveaus durch Verebnungen reich gegliedert und, wo sie mauerartig abfallen, wie besonders am Cader Idris, der auch die schönsten Karseen des ganzen Gebietes trägt, von Runsen und eisüberformten Kerben zersägt. Aus einem geräumigen Kar in dem steilen N-Abfall des Plynlimon kommt der Rheidol. Kare sind auch sonst in die Rücken genagt worden, zumal an den E-Seiten. Heide und Moor bedecken die Hänge bis zu 300 m, manchmal 200 m herab [416, 725]. Nur die niedrigeren Wellen und Leisten sind von den Heckenmaschen überzogen und mit Einzelfarmen besetzt, nur die unteren Strecken der Haupttäler von ziemlich zusammenhängenden Siedlungsstreifen begleitet. Vom Mawddachtal zieht eine lockere Kette von Farmen durch das Wniontal fast bis zur Wasserscheide (235 m; vgl. S. 769), im Dyfital reichen sie bis über Machynlleth hinauf, sie stehen an den Flanken des unteren Ystwyth, Rheidol und Teifitals. Während jedoch im N das Küstenplateau zwischen den Bergen und dem Meere meist nur schmal ist, wird es s. der Dyfi- und erst recht s. der Ayronmündung immer breiter. Hier reichen seine Wellen bis zum Teifi hinüber, 250—300 m hoch, und damit auch das besiedelte Gebiet mit Feldern, Wiesen und Weiden. Aber schon die Berge sö. des Teifi, von den Mynydd Llanbyther im SW bis in sein Quellgebiet, sind, obwohl im S kaum über 300 m, im N ausnahmsweise an 500 m hoch, wieder ein Ödlandgürtel. Sehr bezeichnend trägt er streckenweise die Grenze zwischen Card. und Carm. In der Regel lehnen sich die Grenzen allerdings an die Flüsse, so an den Teifi, dessen alte Schlingen nicht überall mit den heutigen zusammenfallen, an den Cribyn, Towy usw.

In W-Wales herrscht die Viehzucht, mit der sich manchmal etwas Ackerbau verbindet, wie am Unterlauf des Ystwyth und des Teifi. Neben dem Hafer wird hier als Futterfrucht etwas mehr Gerste gebaut als sonst in Wales (außer in Pem.). Die Schafzucht, welche die ausgedehnten Bergweiden nutzen kann, ist für viele kleine Farmen die Hauptsache. Über $^2/_5$ der Ges.Fl. sind in Card., fast $^2/_3$ in Mer., das ja weit nach Innerwales hineinreicht, „mountain und heath". Auch vom Pflugland entfallen dort fast $^2/_3$, hier die Hälfte auf zeitweilige Grasflächen. Die größeren Farmen halten außerdem das schwarze einheimische Rind, vornehmlich als Milchtier.

Jedes der bedeutenderen Täler weist einen oder mehrere kleine Marktflecken auf, von denen manche durch Bergbau oder durch Fremdenverkehr etwas gefördert werden. So steht D o l g e l l e y (2260) mit dem County Office von Mer. auf dem Schwemmkegel des Afon Aran am Wnion etwas oberhalb seiner Mündung in den Mawddach, der gleich darauf sein hier windgeschütztes, gärtengeschmücktes Ästuar erreicht [312*]. Die Straßen von Ffestiniog, Bala, aus dem Dyfi- und Dysynnital münden dort zusammen und die Bahn Ruabon—Bala—Barmouth berührt es. Daher eignet es sich besser als Harlech zur Gr.St. von Mer. Bis in Napoleons Zeit fand es in der Flanellweberei, die schon unter Jakob I. nachweisbar ist, die wichtigste Einnahme, heute bringt sie im Sommer der Touristenstrom, der durch die abwechslungsreiche Landschaft mit dem Cader Idris im Hintergrund angelockt wird. 1919 wurde ferner das alte Gold- und Kupferbergwerk St. David's vor dem S-Fuß des Diphwys wieder eröffnet. Im Dysynnital verdankt Abergynolwyn, im Dulastal Corris Schieferbrüchen Beschäftigung. Im mittleren Dyfital ist M a c h y n l l e t h (Mgom., 1892), das zuerst unter Owain Glyn Dwr hervortrat, der Markt für eine mit Einzelfarmen bestandene Umgebung, es verlädt die von einer Förderbahn herbeigeführten Schieferplatten von Corris und betreibt Wollweberei und Gerberei. Durch Bahn und Straße mit den Seebädern im W, dem Severngebiet im E verbunden, hat es im Juli und August regen Fremdenbesuch. Am Oberlauf des Dyfi beutet Dinas Mawddwy — ebenso wie das benachbarte Aberangell — Schieferbrüche aus und ist deshalb Endpunkt eines Seitenzweiges der Eisenbahnlinie, welche das Severntal zwischen Llanidloes und Newtown erreicht. Etliche kleine Marktflecken schalten sich zwischen die Einzelfarmen und Kirchweiler des Teifitales ein, dem die Bahn Aberystwyth—Carmarthen folgt. S. des 6 km langen Moors Gors Goch Glan Teifi, das einen breiten alten Talboden (160 m) einnimmt [422], führt T r e g a r o n (600) heute ein einsameres Dasein als zur Zeit des Viehhandels und der Heimweberei, doch behauptete es als Straßenkreuzung seine Markt-funktion, ein typisches Beispiel für das wälsche Mittelding zwischen Dorf und Stadt [827]. Nördlich stehen in einem abgeschiedenen Winkel die Ruinen der Zisterzienserabtei Strata Florida (vgl. S. 736 f.), eines der

Abb. 147. Dinas Emrys, Riegelberg im Nant Gwynant nö. Beddgelert.
Aufn. J. SÖLCH (1934).
L. Ausläufer von Yr Aran (747 m), eines Vorberges des Y Wyddfa. Talsohle in ungef. 50 m.
Gehölze in S- oder SSE-Auslage bis 270 m H. Einzelfarmen, weißgetünchte Häuser.

berühmtesten und einflußreichsten Klöster von Wales, der Begräbnis-stätte vieler wälscher Fürsten. Besonders unterhalb Tregaron, wo den Teifi ein eigenartiges Doppeltal begleitet, stellen sich reichlich Spuren vorge-schichtlicher Besiedlung, Menhire, Hügelgräber u. dgl., ein, hier zog ein „Sarn Helen" (vgl. S. 733) durch. Bei Llanfair schürften die Römer auf Silber. Am S-Ende des die beiden Talfurchen trennenden Rückens ist L a m p e t e r (Card.; 1742; *1880*) Gerichtsort für Card., mit höherer Schule (St. David's College, 1882 gegr., im Verband der Univ. Oxford und Cam-bridge) und Straßenknoten; neben einer Normannenburg gegründet, zeigt es noch den „bastide"-plan [827]. Von hier läuft ein Schieneweg in das Ayrontal und nach Aberayron (vgl. S. 773) hinab. Immer an der Grenze des Küsten-plateaus im W und der höheren Berge im E durchmißt der Teifi bald einen breiten Talgrund, oft in langgezogenen Schlingen, dann wieder durchbricht er in schmalen Kerben einen Riegel. Llandyssul mit alter Kirche und Brücke und N e w c a s t l e E m l y n (Carm.; 763), dessen Feste auf einem der Tal-sporne stand, sind unbedeutend. Lebhafter ist C a r d i g a n (wälsch Aber-teifi; 3310; *3411*), 5 km oberhalb der Teifimündung, ein Brückenort, welcher schon zur Zeit Heinrichs II. von einem wälschen Fürsten durch eine Burg geschützt wurde. Als wichtigster Platz des ganzen Gebietes wurde es die Gr.St. des nach ihm benannten Shire. Es ist mit Whitland durch eine Sack-

bahn verbunden. Sein Marktbereich erstreckt sich bis nach Pem. hinüber.
Der Grenzfluß Teifi bietet Lachsfischerei, bei der noch viele selbstgefertigte
„coracles" (vgl. S. 750) verwendet werden und die den — ausschließlich
wälschen — Fischern mitunter 50—60% ihres J.Einkommens einbringt.
Doch lassen die Sandbarren und Schlammbänke in seinem Ästuar und Ver-
änderungen der Flußrinne die Entwicklung eines Seehafens nicht zu [326a].
Der kirchliche Mittelpunkt war seinerzeit die berühmte, im 12. Jh. gegründete
Benediktinerabtei St. Dogmael's.

In der Mitte der Cardigan Bay ist A b e r y s t w y t h (9473; 9753) die
bedeutendste Siedlung, der wirtschaftliche Brennpunkt für das Rheidol- und
das Ystwythtal, die hier nebeneinander münden. Aus dem unteren Ystwyth-
führt die Bahn hinüber ins Teifital und nach Carmarthen, aus dem unteren
Rheidoltal tritt die beste Straße ins Gebirge ein, die zwischen dem Paß von
Carno und der Straße Lampeter—Pumpsaint—Llanwrda (6 km unterhalb
Llandovery) jenes durchquert; sie scheitelt unter den S-Hängen des Plynlumon im Eisteddfa Gurig-Paß (412 m) und gelangt über Llangurig im
oberen Wyetal nach Llanidloes. Vom Dyfital her kommen die Schnellzüge
aus London, Birmingham, Manchester usw., Straßen- und Bahnverbindungen
bestehen auch nach N mit Barmouth, Bala, Pwllheli. · Gegen SW, nach
Aberayron und Cardigan, führt bloß eine Straße, durch das Relief zu wiederholten Abschwenkungen landeinwärts und wiederholtem Auf und Ab ge-
zwungen. So verknüpft Aberystwyth den N mit dem S und zugleich die
W-Küste mit Innerwales. Alte Erdwerke auf den umliegenden Höhen, u. a.
namentlich das prächtige neolithische Camp von Pen Dinas mit einer Flint-
werkstatt an dessen Fuß, bekunden, daß das Gebiet bereits in der vorgeschichtlichen und der britisch-römischen Zeit bevölkert war. 1,5 km oberhalb
der Rheidolmündung steht das Kirchdorf Llanbadarn Fawr, vom 6.—8. Jh.
ein Bischofssitz, den St. Paternus gegründet hatte; Aberystwyth ist eine
Tochtersiedlung. Die heutige Stadt ist im Schutz einer von Eduard I. (1277)
errichteten Burg erwachsen, die eine ungef. 100 J. ältere, von dem Normannen Strongbow erbaute an der Mündung des Ystwyth ablöste, im NE
durch die Sümpfe am Rheidol gedeckt. Ursprünglich umwallt und Llanbadarn
Gaerog (das „befestigte Ll.") genannt, wurde sie in den folgenden Jh.
wiederholt von den Wälschen eingeäschert. Das neuzeitliche Aberystwyth
ist bis in das 19. Jh. klein geblieben, obwohl es in der 1. H. des 17. Jh. den
Bleibergwerken des Plynlumon als Hafen diente und 1637—1642 sogar Silber-
münzen prägte [327, 85]. Noch sind die Umrisse des alten Kerns auf dem
Plan erkennbar: zwei Hauptstraßenzüge kreuzen sich in seinem Mittelpunkt,
von denen der durch das S-Tor hinaus zur Rheidolbrücke führte. Noch sind
zwischen den gewöhnlichen englischen Haustypen einzelne alte Häuser vorhanden, aus hartem Sandstein erbaut, weiß getüncht, mit wenigen Fenstern.
Den Strand aber begleitet die lange Zeile der neuen Hotels und Pensions-
häuser, denn Aberystwyth ist ein vielbesuchtes Seebad geworden. Sein Hafenverkehr ist unbedeutend, seitdem die Bleiausfuhr aufgehört hat und es fast
nur Kohle einführt; bloß die Fischerei belebt ihn. Architektonisch wird das
Stadtbild von den großen Gebäuden der Wälschen Nationalbibliothek (1916
vollendet) und des University College of Wales (1872 gegründet) beherrscht.
Neue Stadtteile haben gegen NE hin die ehemaligen Sumpfstriche aufgefüllt.
In der Versuchsanstalt auf dem nahen Cahn Hill beschäftigt man sich
erfolgreich mit der für die Wirtschaft von ganz Wales grundlegend wichtigen
Verbesserung der Hochlandweiden (vgl. S. 756).

Auch einige andere Küstenorte sind beliebte Seebäder, so n. Aberystwyth

am Meere B a r m o u t h (2489) an der Mündung des Mawddach zu Füßen
der Llawllechkette (Diphwys) [327]; T o w y n (3802), das die Schiefer von
Abergynolwyn ausführt und wo neben dem alten Binnendorf die Esplanaden
und Villenviertel am Strand der Dysynni Marshes entstanden sind; Aber-
dovey, das an der Mündung des Dyfi mit schönen Gärten (Fuchsien, Magnolien, Hydrangien) am Abfall des Küstenplateaus aufsteigt. S. Aberystwyth
kann nur A b e r a y r o n (1155) mit der Bahn erreicht werden, das gerne
von wälschen Bergleuten zur Erholung aufgesucht wird. Weiter sw. sind
N e w Q u a y (1112) und am Nevernästuar Newport (Pem.), auch dieses
ursprünglich ein Burgflecken mit lebhaftem Wollhandel im späteren Mittelalter, kleine, aber aufstrebende Seebäder.

Das binnenländische Mittelwales, das Gebiet zwischen den Berwyn Mts.
im N, den Brecon Beacons im S, dem Plynlumon und der Wasserscheide
zwischen Teifi und Towy in W und den Forests (Clun F., Radnor F.) und
den Black Mts. im E kann man als I n n e r w a l e s zusammenfassen. Wiederholt erhebt sich jener Rahmen auf über 600 m, mehrfach auf über 700 m H.
Er umfängt im großen ganzen die oberen Einzugsbereiche der Flüsse, welche
einerseits in die Marken, die ja geo- und morphologisch nichts anderes als
E-Wales sind, anderseits nach S-Wales hinabströmen. Jedes von ihnen bildet
anthropogeographisch eine Kammer für sich, die durch ihren Fluß und durch
Pässe mehr minder gut mit ihren Nachbarn verbunden ist. Das gilt namentlich für die beiden Talschaften des oberen Severn und des oberen Wye,
welche, durch den Paß von St. Harmon's n. Rhayader verknüpft, als die
eigentliche Kernlandschaft erscheinen. Mit dem oberen Wyetal hängt noch
innerhalb des Hochlandes die Kammer von Brecon durch den Talsattel von
Talgarth zusammen, das obere Brantal durch den Paß von Llanwrtyd, der
die kürzeste Verbindung mit S-Wales vermittelt. Zur W-Küste führt bloß
ein einziger Schienenweg (Moat Lane am Severn—Paß von Carno—
Machynlleth), zum oberen Deetal überhaupt keiner; dieses hat engere Beziehungen zu N-Wales und den n. Marken. Jedem der Hauptflußgebiete entspricht annähernd eine Gr.: Mgom. dem Severn-, Rad. dem Wye-, Brec. dem
Uskgebiet. Längs diesen drei Flüssen sind die fremden Völker und Einwirkungen von E seit jeher am stärksten gegen Innerwales wirksam geworden.

Im N sind die B e r w y n s eine wirksame Scheide gegen das obere
Deetal (Mer.), über welches sie mit mehreren Absätzen aufsteigen. Eine
breitere Einflächung liegt hier in ± 400 m, im E, vom Ceiriog zerschnitten,
in 430—450 m H. Gegen W erheben sich ihre welligen, mit viel Heidekraut
bedeckten Rücken allmählich auf 670—700 m H., kräftig überragt vom Moel
Sych (828 m) und seiner Umgebung. Eine Reihe Kare sind in den S-Abfall
eingenagt, die eiszeitliche Überformung ist stark, Felsmauern und Stufen
sind nicht selten. Der Wasserfall Pistyll Rhaiadr gilt als einer der schönsten
von Wales [228; 21 c, 29 a]. Nur an der SE-Seite der Berwyns stellen sich
unten Schafschwingel- und Straußgrasfluren ein, aber der Adlerfarn dringt
immer weiter vor, stellenweise bis zu fast 500 m H. [725]. Weltabgeschieden
liegen die obersten Farmen in etwa 300 m H., in das Tanattal hinauf führt
eine Bahn zu den Granitbrüchen von Llangynog (die Schieferbrüche und
Bleibergwerke der Umgebung sind aufgelassen). Weiter s. hat das oberste
Vyrnwytal (in 251 m) durch den 1881—1892 für die Wasserversorgung von
Liverpool angelegten Stausee Lake Vyrnwy (mit 4,53 km² Fl., 8 km Länge,
durchschn. 1,5 km Breite bis vor kurzem der größte Wasserspiegel von Wales;

mit ungef. 59 Mill. m³ Fassung einer der größten künstlichen Speicher
Europas) ein neues Gepräge erhalten; ein 357 m langer, 48,8 m hoher Stein-
damm wird von einem Riegel getragen, der einst einen natürlichen See
abdämmte. In zwei 1 m weiten Röhren wird das Wasser über Oswestry und
unter dem Mersey bei Widnes nach dem 105 km entfernten Liverpool geleitet
[414*; 48, 411]. Ausgedehnte Aufforstungen haben in der Umgebung des
Sees stattgefunden (vgl. S. 729).

Obwohl von drei Seiten her, von Welshpool, Builth und Aberystwyth,
mit der Bahn erreichbar, ist das obere Severngebiet noch immer ein ziemlich
unberührtes Stück Innerwales. Zerstreut stehen die Farmhöfe — einzelne
davon sind Fachwerkbauten, deren Stil einst aus Shropshire heraufgekommen ist (vgl. S. 752) — auf den Talböden oder unten am Talgehänge,
umringt von Heuwiesen und Viehweiden und spärlichen Äckern. Deren
Flurmaschen steigen in S-Auslage gewöhnlich bis zu 150—200 m, ausnahmsweise auf 350—400 m H. auf, während in N-Auslage Heiden und Buschwerk
der Commons selbst unterhalb Llanidloes bis zur Talsohle hinabreichen. Die
Grenze des Plynlumongebietes und die benachbarten Erhebungen werden in
über 450 m H. auf etwa ²/₃ ihrer Fl. von Borstengras, auf ¹/₄ von Pfeifengras
eingenommen, im übrigen meist von Heidekraut, Heidelbeeren, Wollgras;
zwischen 200 und 450 m überwiegt bei weitem das Pfeifengras über das
Borstengras, die zusammen ungef. die Hälfte der Fl. beherrschen; fast ¹/₄
entfällt auf den Adlerfarn. Hier ließe sich sehr viel für eine Verbesserung
der Weidewirtschaft tun; eben deshalb hat man unlängst das ganze Gebiet
bis zum Dovey im N, dem Severn im E, der Linie Llanidloes—Pont Erwyd im
S und Tal-y-bont im W für die Schaffung eines „Nationalparks", nicht im
Sinne einer Überführung in den Naturzustand, sondern einer wohlgeplanten
Graslandnutzung, vorgeschlagen [725, 727, 731]. Die meist kleinen Waldbestände beschränken sich auf die unteren Talflanken, soweit sie nicht von
der Bewirtschaftung erfaßt oder den Farnen oder dem Stechginster überlassen
sind; noch am häufigsten sind sie im Severntal unterhalb Llanidloes. Viele
breitkronige Bäume fallen im Becken von Caersws auf, wo die Bahn aus dem
Dyfital über den Paß von Carno an den Severn gelangt, und bei Carno selbst
stehen hohe Fichten, allerdings wegen der W-Winde mit einseitigen Ast-
fahnen. Seit unvordenklicher Zeit ist der Wald auch hier im Inneren der
Weide, z. T. den Bleibergbauen des Plynlumon zum Opfer gefallen. Schon
im späten Mittelalter, wo die Zisterzienser von Cwmhir Abbey bei Newtown
das kulturelle Leben der Talschaft leiteten, waren Schafzucht und die Er-
zeugung von Flanell die Hauptsache. Auf jener beruht bis heute die Wirt-
schaft. Große Schafherden weiden auf den häufig fast ausschließlich mit
Borstengras besetzten Hängen der Kerry Hills und der Forests. Viele
Pfeifengrasfluren ließen sich ö. der Severn—Wye-Linie verbessern [725]. In
Newtown (-Llanllwchaiarn, 5154) zeugen die Reihen mehrgeschossiger
Weberhäuser mit den langen Fenstern im obersten Stock von der ehemaligen
Blüte des „Leeds of Wales". Hier und in Llanidloes stellten dann im 19. Jh.
Fabriken besonders Hemdenflanell für die wälschen Grubenarbeiter her.
Allein auf die Dauer war ein Wettbewerb mit Bradford unmöglich, da sich
Geschmack und Ansprüche änderten. Immerhin ist das Städtchen Newtown
ein wichtiger Sitz der wälschen Flanellindustrie geblieben. Mit Welshpool
teilt es sich in die Funktionen einer Gr.St. von Mgom., für die es durch seine
mittlere Lage besser geeignet wäre, greift doch diese Gr. entlang der Carno
Paß-Furche und dem Dyfi über Machynlleth hinab bis fast an das Ästuar,
während umgekehrt Mer. von W her aus der Balafurche bis an den Ausgang

des Deetals unterhalb Llangollen reicht. Am obersten Severn, nur 15 km von seinen Quellen, steht gegenüber der Mündung des Clywedog das kleinere Llanidloes (2356; Mgom.), rührig im Schafhandel, ebenso stolz auf seinen „mutton" wie auf den Fachwerkbau seiner alten Markthalle. Von der Hauptverbindung Welshpool—Swansea zweigt hier eine vielgewundene Straße über die n. Ausläufer des Plynlumon nach Machynlleth ab, eine der höchsten der Br. Inseln (scheitelnd in 511 m). Auffallend ist, daß eine größere Siedlung an der Ausmündung der Carno Paß-Furche fehlt; neben dem Bahnknoten Moat Lane stehen bloß ein paar Häuser. Vielfältig sind dagegen die Spuren der vorgeschichtlichen Besiedlung, tumuli, Dolmen, einzelne größere Camps, namentlich auf den Old Red-Höhen im SE, die eine Steilstufe (in 530—550) gegen W kehren und eines der höchsten Gehöfte von Wales tragen (in etwa 420 m H.). Noch höher hausten zeitweilig die Arbeiter der bereits aufgelassenen Bleigruben des Plynlumonstockes.

Wohl am besten gegen außen abgeschlossen ist die Kammer des oberen Wyetals mit ihren beiden Seitenflügeln, Streifen niedrigen Landes, welche längs Ithon und Irfon in NE—SW-Richtung ziehen und sich mit dem Wyetal im Becken von Builth treffen. Etwas weiter unterhalb tritt der Wye in jenes malerische Engtal ein, welches, von den Terrassen der Aberedw Rocks (Silur) flankiert, Bahn und Straße eine Pforte nach Herefordshire bietet. Dem Wye folgt hier und auch oberhalb Builth die Grenze zwischen Brec. und Rad., während sie dann längs dem Elan abschwenkt (Wasserwerk von Birmingham, vgl. S. 456) [412]. Ein wenig oberhalb von dessen Mündung stand am Wye Rhayader Castle, wahrscheinlich von Rhys ap Gruffydd 1178 gegründet. Es verdankte seinen Namen den Schnellen des Wye (etwa „Laufenburg"), doch sind Burg und Schnellen zerstört, diese seit dem Bau der Brücke 1780. Infolge seiner Mittlerrolle zwischen Mer., dem Plynlimon- und Rheidolgebiet (Aberystwyth) einerseits, den sö. Marken andererseits entwickelte sich in verhältnismäßig hoher Lage (über 200 m) der Marktflecken Rhayader (jetzt bloß ein Dorf; c. p. 927 E.) mit Gerberei, Spinnerei und Tuchweberei; in Vieh- und Pferdehandel und in Gerberei betätigt es sich bis heute [11 c]. Rhayader gehört zu Rad., das hier bis zur Wasserscheide gegen die Cardigan Bay westwärts reicht und über den Paß von St. Harmon's bis zur nächsten Talenge und damit in das Severnbereich übergreift. Oberhalb Rhayader fließt der Wye in einem breiten Tal mit geringem Gefälle, unterhalb durch eine Enge steiler hinab nach Newbridge, das weithin durch seine Okt.Pferdemärkte bekannt ist. Hauptort des oberen Wyegebietes, dessen uralte Besiedlung wieder durch die „iberischen" Langhügel- und die „keltischen" Rundhügelgräber bekundet wird, ist jedoch Builth Wells (1663; Brec.), das, nahe der Kreuzung des Wyetals mit der Ithon—Irfon-Furche, neben einer Normannenburg (von 1098) aufkam, Brückenort (sechsbogige Brücke von 1779 über den Wye), der alle Straßen aus Rad. und Brec. sammelt, daher strategisch wertvoll. Die Linie Shrewsbury—Craven Arms—Swansea kreuzt sich hier mit der Linie Aberystwyth—Brecon (Eisenbahnwerkstätten). Vor allem dient es dem Viehhandel des breiten, flachen Talbeckens, dessen Gehänge unten die Flurmaschen, durchsetzt mit kleinen Wäldern und weißen Häuschen, bedecken, während sich darüber die breiten Bergdome mit den Heideflächen wölben.

Starken Besuch verdanken ihren Salz-, Stahl- und Schwefelquellen Builth Wells und der bedeutendste der Kurorte von Wales, Llandrindod Wells (Rad.; 2925) in der Ithonfurche (mit ungef. 36 Quellen), das seit der M. des 19. Jh. in Mode kam und dadurch einen Ersatz für den Niedergang

seiner Woll- und Strumpfweberei fand. Derselben Reihe gehört endlich
L l a n w r t y d W e l l s (742, Brec.; 200 m) an, am Knie des Irfon, der wie
seine Nachbarn, der obere Towy und Camddwr, in seinem Oberlauf nur
wenig in die hier zwischen 430 und 480 m verbreiteten Hochflächen eingeschnitten ist; weiterhin wird er von felsigen Hängen begleitet, ehe er in das
wellige Gelände seines Unterlaufs eintritt. Nur dieses ist wie voralters gut
besiedelt, der Gegensatz zu den ausgedehnten Ödflächen der Heiden und
Moore gewaltig. Sw. Llanwrtyd Wells durchbricht die Shrewsbury—Swansea-
Linie (der L.M.S., die alle drei Badeorte verband und für sie Reklame
machte; jetzt Br.R.), im 900 m langen Sugar Loaf-Tunnel die Wasserscheide
zum Brantal (275 m), um sich in dessen Kerbe in kunstvoller Anlage, von
etwa 240 m H. abwärts an Waldbeständen vorbei, nach Llandovery zu senken
[11 b, c, 912].

Die südlichste Kammer von Innerwales ist das obere Uskgebiet, der
Kern der Gr. Brec., die im NW bis zu den Elan-Reservoiren, im NE bis zum
Wye reicht und im S über die Stufen und Tafelberge des Fforest Fawr und
die Brecons bis fast zur Karbontalfurche von N-Glam. hinübergreift, ja noch
Brynmawr (vgl. S. 779) einschließt. Ziemlich in der Mitte liegt die Gr.St.
B r e c o n (Brecknock; 5332; _4618_) im Usktal, das von beiden Seiten her
schmale Nebentäler aufnimmt, welche regelmäßig bis zur 1000'-Linie besiedelt und von Heckenmaschen überzogen sind. Der Honddu mündet hier in
den Usk (daher der wälsche Name der Stadt: Aberhonddu); durch sein Tal
führt eine in 418 m H. scheitelnde Straße über den Mynydd Eppynt nach
Builth, eine andere nach Merthyr Tydfil (37 km) über die Höhe Torpantau
(441 m) w. der Brecon Beacons. Gegen S beherrschen diese das Blickfeld,
das Stadtbild dagegen die schwere, alte Brücke über den Usk und die Ruinen
der Normannenburg, die gleich nach der Eroberung des Gebietes von
„Brecheiniog" unter Wilhelm dem Roten (1094) gegründet wurde [11 b,
652]. Vorangegangen waren ihr, obwohl nicht an ganz derselben Stelle, das
britische Camp von Pen-y-Crug (332 m), die römische Station Bannium
(Caer Bannau oder einfach Y Gaer) und ein normannischer mound auf dem
W-Ufer des Honddu. Der Erbauer der Feste, Bernard of Newmarch, gründete auch ein Kloster für Benediktiner aus Battle. Die Klosterkirche mit
ihrem mächtigen, wehrhaften, zinnengekrönten Turm ist seit 1923 Kathedrale
für das Bistum Swansea-Brecon. Neben Kloster und Burg entwickelte sich,
weil dort viele Schaftriebwege aus dem W zusammenliefen, ein Marktstädtchen, das im 15. Jh. ansehnlichen Wollstoffhandel hatte und im 16. Jh. durch
seine nach englischem Muster geführte Schule bekannt wurde. Trotz der
Nähe des Kohlenfeldes blieb seine Industrie unbedeutend (Flanell- und Ledererzeugung; Brauerei).

Das obere Usk- ist im W vom Brantal bei Llandovery durch niedrige
Plateaus getrennt, im NE gegen die Marken hin gut geöffnet; ein altes Usktal im Streichen des Old Red vor der Stufe der Black Mts. (von Breconshire)
verbindet es mit dem Wye. In diesem fruchtbaren Abschnitt liegt Talgarth
mit vielbesuchten Vieh- und namentlich Pferdemärkten, aber außer Säge-
werken ohne Industrie. Steinkreise und britische Camps fehlen auch in seiner Umgebung nicht. Ein massiver Burgturm in Talgarth, der den Paß nach
Crickhowell sperrte, und Dinas Castle, das den Paß beherrschte, zeugen von
der Wichtigkeit dieses Durchgangs in den Kämpfen zwischen Wälschen und
Engländern. Crickhowell endlich war einst ein Gegenstück zu Brecon und
Abergavenny: alter Burg- und Brückenort und später Wollhandelsplatz;
heute ist es ein Dorf. Llangorse Lake, zwischen ihm und Talgarth, der zweit-

größte natürliche Wasserspiegel von Wales, seicht und verschilft, ist wegen seines Fischreichtums und der Überreste eines vorgeschichtlichen Pfahlbaudorfes bemerkenswert.

C. Südwales

S-Wales umfaßt physiogeographisch das Gebiet zwischen dem St. Georgs-Kanal im W und dem Flachland von Gwent am Usk im E, politisch Pem., den größeren Teil von Carm. und Glam., W-Monm. und S-Brec. Pem. wird durch Cardigan Bay und Carmarthen Bay so stark abgegliedert, daß es halbinselförmig zwischen Irischer See und Bristolkanal vorspringt. Es blickt hinüber nach Irland und hat mit diesem viel Berührung gehabt. Es hat auch sonst manche eigene Züge und bildet daher bis zu einem gewissen Grade eine eigene Landschaft.

Morphologisch besteht S-Wales im allgemeinen aus zerschnittenen, welligen Rumpfflächen, die landeinwärts in zwei oder mehr Stockwerken etwas ansteigen. Ö. Carmarthen Bay, im Kohlenfeld und seiner Umrahmung, tritt an ihre Stelle eine Stufenlandschaft. Niedrige Plateaus begleiten in wechselnder Breite den Bristolkanal, gegen N erheben sich die Stufenfluren der Uplands auf 300—500 m.

Geräumige Buchten gliedern in der Fortsetzung der Haupttalfurchen die Küste, außer Carmarthen Bay, in welche sich Taf und Towy ergießen, Burry Inlet mit dem Loughorästuar und die Swansea Bay, zu welcher die Täler des Tawe und des Neath (Nedd) hinabführen. W. Swansea Bay erstreckt sich in W—E die H.I. Gower, ö. springt das Plateau von S-Glam., das Bro, noch stärker gegen S vor. Dagegen begleiten dann von Cardiff ostwärts junge Niederungen das N-Gestade des Severnästuars. Hier münden Taff, Rhymney (Grenzfluß gegen Monm.) und Usk, mit dessen Ästuar sich der Ebbw vereinigt. Es tritt dort bereits das Flachland der Wälschen Marken an das Severnästuar heran (vgl. S. 662, 669 f.), aber kulturgeographisch ist das Gebiet um Newport von dem Kohlengebiet nicht zu trennen.

Den N-Rahmen des Kohlenfeldes bilden B l a c k M t n. v o n C a r m. w. des oberen Towy, ö. von ihm Fforest Fawr mit den Fans (Carmarthen Fan 750 m, Brecknock Fan 802 m u. a.) und die B r e c o n B e a c o n s (Pen-y-Fan 886 m), bei annähernd gleicher H. aus verschiedenem Gestein geformt. In den Brecon Beacons werden die Sandsteine und Konglomerate des Old Red besonders wichtig. Graue „Grits" bilden den Oberbau. Unter ihnen erscheinen grobe Quarzkonglomerate (Plateau Beds), braune und olivgrüne Sandsteine (Brownstones, bzw. Senni Beds). Gegen S einfallend, kehren diese Schichtfolgen eine große Stufe nordwärts gegen das Becken von Brecon (vgl. S. 776), das in den darunter liegenden roten Mergeln ausgeräumt ist. welche nur dünne Sandsteinbänder und Kalksteinbänke („cornstones") enthalten. Die Old Red-Stufe setzt sich dann jenseits des Usk zwischen Crickhowell und Hay in der Stufe der B l a c k M t s. v o n B r e c. (811 m) fort, während s. des Usk Millstone Grit, begleitet von einer kleineren Kohlenkalkstufe, den NE-Rand des Kohlenfeldes bildet. Auch im Black Mtn. von Carm. bauen harte weiße Quarzite und Quarzkonglomerate an der Basis des Millstone Grit, hier sehr mächtig, die Höhen auf, der Old Red nur eine n. Vorstufe [113; 23 b, e, g; 25 b; 36*], weil seine Konglomerate gegen W an Mächtigkeit verlieren; zwischen Ammanford und Llandilo tritt er bloß wenig hervor. Heiden und Moore bedecken das regenreiche Gebirge (jährl. Niederschlagsmenge 2—2,5 m), das der eiszeitlichen Vergletscherung Karseen und

stellenweise Trogformen verdankt. Hauptsächlich Pfeifen- und Borstengrasheiden und Wollgrasmoore, auch große Flecken von Farnen und Stechginster-
überziehen die Hänge und Höhen der Fans und der Brecon Beacons; die
Farmen und die wenigen Äcker überschreiten die 300 m-H.L. nicht. Die oberen Kammteile sind reichlich von den Scherben und Prismen des Sandstein-
schutts bedeckt, Rutschungen häufig. Am W-Hang der N-seitigen Kare der
Brecon Beacons steigen einzelne Weißdornbäumchen bis zu 450 m H. auf, wo
sie erst Ende Juni blühen. Wenige Straßen führen aus den langen Tälern
der S-Abdachung — des Gr. und Kl. Taff (T. Fawr, bzw. Fechan) und der
Quellbäche des Neath — über die Wasserscheide, bloß die von Merthyr Tydfil
nach Brecon (vgl. S. 776) hat einige Bedeutung. Die alten Saumpfade
dienen dem Auftrieb der Schafherden, die hier große Weideflächen finden.
Bergschätze gibt es nicht, aber Trink- und Nutzwasser für das Kohlenfeld.
Die drei großen Wasserspeicher im Tale des Taff Fawr mit einem Fassungsraum von insges. 86 Mill. hl beliefern selbst an trockenen T. Cardiff im
T.Durchschn. mit über 80 Mill. l, die Reservoire am Taff Fechan versorgen Merthyr Tydfil, Pontypridd usw. Andere wurden für Aberdare, Llanelly,
Rhondda, Neath, Swansea errichtet [414*]. In dem besonders abseits gelegenen Black Mtn. von Carm. haben sich anscheinend Rassenmerkmale der
altsteinzeitlichen Urbevölkerung bis heute erhalten [12].

Die Rücken der Brecon Beacons und der Fans senken sich gegen S allmählich zu einer Talflucht ab, die sich an die weniger widerständigen Schiefer der Lower Coal Series knüpft. In ihr fließt gegen SE der Cynon zum Taff,
gegen SW der Neath. Dieser, durch das Vorhandensein der Neathverwerfung
(vgl. S. 713) in seiner Erosionsarbeit begünstigt, strömt vielfach in einer
schmalen Talau zwischen steilen Hängen, während manche seiner Seitenbäche noch in Wasserfällen über ihre Mündungsstufen hinabstürzen, so die
von Resolven (Wasserfall von Melincourt) und bei Pont Nedd Fechan. Auch
hat er wegen seiner leichteren Arbeit dem Cynon sein Quellgebiet geraubt,
u. a. die Flüsse Mellte und Hepste, die ein Kohlenkalk-Upland durchqueren
und durch ihre unterirdischen Laufstrecken, Schlucklöcher und Wasserfälle
eigenartig sind [223, 344 u. ao.]. S. der Neath—Cynon-Furche ragt die
300—400 m hohe, mit zwei Karseen geschmückte Schichtstufe des Pennant-
sandsteins im Craig-y-Llyn (600 m) auf, von welchem etliche kleinere Flüsse
zwischen Neath und Taff auseinanderstrahlen, der Avon parallel dem Neath
gegen SW zur Swansea Bay, die beiden Rhondda gegen SE zum Taff, den sie
bei Pontypridd erreichen. Ö. des Taff schlagen annähernd dieselbe Richtung
Bargoed Rhymney, Sirhowy und Ebbw ein. Deren Täler sind streckenweise
auffallend gerade Kerben, steilhangig und schmal, soweit sie im Pennantsandstein liegen. Dieser bildet zwischen ihnen lange, öde Plateaustreifen,
die wieder nur als Schafweiden genutzt werden können und, abgesehen von
einsamen Weilern und Hirtenhäuschen und einzelnen alten Pfarrkirchen,
fast unbewohnt, aber reich an Spuren bronzezeitlicher Besiedlung sind. Ihre
Flächen senken sich auf 200—300 m H. im S ab, biegen aber in der Maesteg—
Pontypridd-Antikline auf, an deren S-Abdachung der Ogmore einen eigenen
Flußfächer entfaltet. In den weichen Schiefern der Upper Coal Series in
den beiderseitigen Synklinalen haben die Flüsse ihre Täler etwas verbreitert,
während sie dann die stärker aufgebogenen Schichtstufen am S-Rand des
Kohlenfeldes, Pennantsandstein, Kohlenkalk, Old Red, wieder in schmäleren
Strecken durchbrechen (vgl. S. 721) [23 a, c, d, e; 223, 231; 13; 36*].

Im schroffen Gegensatz zu den Heiden, Mooren und Schafweiden der Höhen steht das Gepräge der Talgründe des K o h l e n f e l d e s v o n S - W a l e s [820, 914]. Mehr oder weniger zusammenhängende Bergarbeitersiedlungen ziehen km-weit ihnen entlang und steigen auch, oft auf künstlichen Terrassen, an den Hängen, wegen deren Steilheit und des geologischen Baues leider sehr von Rutschungen bedroht [317, 334], in übereinander gereihten Straßenzeilen auf. Die kleinen, festen Häuser sind aus dem gelbbraunen Pennantsandstein gebaut und mit Schiefer gedeckt. Straßen, Bahnen und Brücken führen zwischen ihnen durch, Förderschächte, Aufzüge, Schlote, berghohe Abraumhaufen folgen aufeinander, Rauch und Dampfwolken, oft nasse Nebel verdüstern den Himmel; durchdringend ist der Kohlengestank (Abb. 148). Jedes dieser Täler, von denen manches zu den

Abb. 148. Tal des Rhondda Fawr unterhalb Trealaw. Aufn. J. SÖLCH (1926).

dichtest besiedelten Gebieten Großbritanniens gehört, stellt eine eigene Zelle des Wirtschaftslebens dar, aber ihr gemeinsames Um und Auf sind Gewinnung und Absatz der Kohle. Dagegen war die Industrie für Jz. größtenteils in die 30—40 km entfernten Hafenstädte abgewandert (Bahnstrecke Merthyr Tydfil—Cardiff 37 km, M.T.—Newport 37 km; Brynmawr—Newport 36 km; Treherbert—Cardiff 38 km; die Ringbahn Swansea—Pontypool 80 km); erst seit ganz kurzem beginnt sie wieder einzuziehen (vgl. S. 757). Die Reihe der Grubenorte [11f, g] beginnt mit dem hochgelegenen B r y n m a w r (380 m, in Brec.; 7247, 1921: 8067; neuestens Gummiartikel, Bälle, Sohlen, Röhrchen, Schläuche, Handschuhe u. dgl.), wo die Lower Coal Series am weitesten gegen N ausbiegt. Diese wird durch eine Subsequenzzone gekennzeichnet, aus welcher der Clydach zum Usk hinabfließt und welche von der Bahn und Straße Abergavenny—Merthyr Tydfil benützt wird [810]. Die Kohlenschichten schwenken von hier nach SE zum Cwm Avon (Lwyd) hinüber (B l a e n a v o n, 11076; A b e r s y c h a n, 25748), der nach seinem Durchbruch durch den Kohlenkalk das Flachland unterhalb P o n t y p o o l (6790; vgl. S. 668) erreicht, einem Straßen- und Bahnknoten, welcher durch einen Schienenweg mitten durch das Kohlengebiet hindurch mit Maes-y-cymmer (bei Hengoed) verbunden ist und sich jetzt der größten Nylonfabrik des Ver.Kgr. rühmt (außerdem Erzeugung von Spiegelglas, Spiel-

waren). Unterhalb schließen sich P a n t e g (11 499), P o n t n e w y d d
(Weißblechwerke), C w m b r a n (Aluminiumverarbeitung; Kleider) und
L l a n t a r n a m (7283) in der Richtung auf C a e r l e o n - o n - U s k (2326)
an, das als Isca Silurum unter den Römern die S-Pforte von Wales bewachte
(röm. Amphitheater) [733] und schon um 300 n. Chr. Bischofssitz war,
heute jedoch bloß ein Vorort von Newport ist. S. Brynmawr liegen N a n t -
y g l o - B l a i n a (13 189) und A b e r t i l l e r y (31 803, 1921: 38 805;
28 260) im Tal des Ebbw Fach; weiter w. E b b w V a l e (31 686; *28 000*) im
Tal des Ebbw Fawr; A b e r c a r n (20 551) oberhalb, R i s c a (16 605) unterhalb der Sirhowymündung am Ebbw; M y n y d d i s l w y n (16 204) im
Zwiesel zwischen beiden Flüssen; T r e d e g a r (23 192) und B e d w e l l t y
(30 074) am oberen Sirhowy; R h y m n e y (10 506; Stahlwerke), Bargoed,
Hengoed und diesem gegenüber Maes-y-cymmer (vgl. o.) im Rhymneytal;
die Gem. G e l l i g a e r (41 043) am Bargoed Taff, und an dessen Mündung in
den Taff Treharris; Merthyr Tydfil (vgl. u.) im Tafftal, Dowlais (Kunstseide-
fabrik) ö. davon. Merthyr Tydfil ist der Hauptverkehrsknoten, zwei Bahnlinien
kommen durch das Tafftal herauf (vgl. o.), andere von Brecon (bzw. Hereford), Abergavenny und aus dem Neathtal über Hirwaun (Präzisions-
maschinen, Rundfunkapparate, Uhren; vgl. S. 757). Zwischen diesem und
Abercynon zieht im Cynontal ein fast ununterbrochener Siedlungsstreifen
über A b e r d a r e (48 746) und M o u n t a i n A s h (38 386) entlang, weitere
in den Rhonddatälern, in denen der Bergbau von Porth wieder in das Quellgebiet hinaufsteigt: Tylorstown, Ferndale usw. am Rhondda Fach;
R h o n d d a (früher Ystrad Dyfodwg, 141 346; 1921: 162 717) am Rhondda
[811]. Dessen Entwicklung ist typisch verlaufen. Bis gegen 1850 ein freundliches grünes Tal mit einfachen Einzelfarmen (1801: 542; 1851: 1998), wurde
das Gebiet um 1860 vom Bergbau erfaßt. 1851—1901 wuchs die E.Z. des
Rhondda U.D. auf 111 735 an, 1911 wohnten in ihm auf rund 100 km²
166 873 E,. auf 1 km² der verbauten Fl. über 9000. In der Zwischenkriegszeit ging es gewaltig zurück, 1921—1931 sank die E.Z. um 13,1%, die Abwanderung betrug 21,7%, 1924—1935 im J.Durchschn. 2000 Personen. Seitdem hat das obere Rhonddatal einige Industrie erhalten (Kleider- und
Möbelfabriken in Treorchy).

Von P o n t y p r i d d (42 717; *38 020*) an der Mündung des Rhondda
in den Taff, benannt nach der 1755 erbauten Steinbrücke über diesen, strahlt
der Verkehr von Cardiff und Newport her in die einzelnen Täler aus, von
Treherbert im oberen Rhonddatal sogar unter dem Sandsteinplateau hindurch
zu den Gruben in den Quelltälern des Avon. An Pontypridd schließt sich
gleich unterhalb Treforest an, mit den größten in der Zwischenkriegszeit
in Wales neugeschaffenen Fabrikanlagen (0,9 km² Fl.; 1947: 71 Firmen.
Erzeugung von Kämmen, Knöpfen, Reißverschlüssen, Zigaretten- und Durch-
schlagpapier, Schachteln, Staubsaugern, Gelatine, Phosphatdünger u. a.;
vgl. S. 757). Reich an Kohlenbergwerken sind auch die Quelltäler des Ogmore
im W längs der Pontypridd— Maesteg-Antikline (M a e s t e g 25 570, *22 410*;
O g m o r e - G a r w 26 981, *23 560*; C l y n c o r w g 10 203). An den Ausgang
des Taff in die flache Ausräumungsfurche der Upper Coal Measures knüpft
sich keine größere Siedlung, dagegen steht ö. nahe dem Knie des Rhymney
n. Cardiff C a e r p h i l l y (35 768; *32 160*; Kleiderfabrikation), umringt von
Kohlengruben. Die Ruinen der größten Burg von Wales (um 1272 erbaut)
bezeugen die Wichtigkeit dieses Platzes im Mittelalter. Der Höhenzug des
Pennant Sandstone im S wird im E vom Rhymney umflossen, in dessen Tal
sich die Gruben, Fabriken und Werkstätten von B e d w a s - M a c h e n (9142)

in der Richtung auf Newport aneinanderreihen; in der Mitte vom Taff (bei Taff's Well) durchbrochen, während im W der Ely bei Llantrisant (1946; Blei- und Farbstiftefabrik) aus ihnen in das flachere Land übertritt.

Den stärksten Aufschwung hat seinerzeit M e r t h y r T y d f i l (71 108; *59 620*) genommen; es wurde der Mittelpunkt der Bergbau- und Hüttenwerke des oberen Taffgebietes. Das Dorf, das der Kirche der Märtyrerin Tydfil seinen Namen verdankt, zählte 1831 ebenso viele E. wie Cardiff, Newport und Swansea zusammen und noch 1861 (50 000) mehr als Swansea (34 000). Erst 1881 war es von Cardiff weit überholt; bis 1921 wuchs seine Bevölkerung auf 80 116 E. an. Schon 1851 betrug die Volksdichte in diesem Gebiet über 400, heute das Doppelte und mehr. Nach dem ersten Weltkrieg ging es ungemein zurück (vgl. S. 756), erst infolge der jüngsten Maßnahmen beginnt es sich zu erholen (Elektroindustrie, Automotoren, Mehl, Süßwaren; Fabriken in Pentrebach, u. a. eine Staubsaugerfabrik an Stelle der ehemaligen Cyfarthfawerke).

Der W-Flügel des Kohlenfeldes zeigt manche abweichende Züge [23 f—i, 259, 272, 275; vgl. S. 713]. Er ist flacher, seine Haupttäler führen gegen SW, ihr Einzugsgebiet ist einseitig gegen N entfaltet (Neath mit Dulais, Tawe mit den Clydachs, Loughor mit Gwili und Morlais). Während im E ein konsequentes Talnetz erhalten blieb, haben im W kräftige Störungen dem Neath (vgl. S. 721) und dem Tawe die Richtung vorgezeichnet. Auffällig sind Talvergitterungen, die auf Anzapfungen zurückgeführt werden, zwischen den Flüssen Amman und Tawe, Tawe und Neath. So dürfte der Upper Clydach einst in dem Black Mt. von Carm. entsprungen und über das heutige Tal hinweg zum Tawe bei Pontardawe und von hier gegen Neath geflossen sein; die Straße Neath—Llandilo benützt diese Furche [113]. Die größere Breite der Täler im W hängt z. T. auch damit zusammen, daß dort in der Pennant-Serie die Sandsteine zugunsten von leichter ausräumbaren Tonschiefern zurücktreten. Ferner beschreiben im E die flözführenden Schichten einen breiten Bogen zwischen den n. und s. Ausbissen, aber die Upper Coal Series ist überhaupt abgetragen, die Lower C.S. wird nur in den tieferen Tälern angeschnitten. Im W laufen dagegen die N- und S-Vorkommen unter spitzem Winkel aufeinander zu, und die Flöze sind hier in geringer Tiefe zugänglich. Die flacher als im E gelagerten und daher breiter ausstreichenden Schichten der Lower Coal Series sind die Hauptfundstätte der Kohle. Sie ziehen von Hirwaun her in das Neathgebiet (Glyn Neath) zum oberen Tawe (Ystradgynlais; hier neuestens Aufblühen der Uhrenindustrie [741]) und zum Amman (C w m a m m a n, 5217), dann diesen hinab zum Loughor bei A m m a n f o r d (7164) und schließlich zum Gwendraethfluß und nach Kidwelly. Im S treten sie bloß in einem schmäleren Streifen zwischen Burry Port w. Llanelly und Neath auf. Flöze der Lower Coal Series werden ferner längs der Pontypridd—Maesteg-Antikline im Ogmoregebiet abgebaut [721 a, 820].

Auch die wirtschaftliche Entwicklung ist im W anders verlaufen (vgl. S. 744). Heute tritt der Kohlenbergbau in dem Streifen zwischen Neath und Llanelly sehr zurück, viele Gruben sind auch hier geschlossen worden. Dagegen hat die Nachfrage nach Anthrazit nach dem ersten Weltkrieg, wenngleich mit Schwankungen, angehalten [720 a]. Die wichtigste Industrie ist die Weißblecherzeugung (vgl. S. 744 f.) [717]. Über 300 Fabriken mit mehr als 20 000 Arbeitern stehen in einem Streifen von Llanelly über Pontardulais (am Loughor), Gorseinon (n. Gowerton) bis zum Tawetal, in diesem zwischen Swansea und Clydach, zu Neath und im Neathtal, in Port Talbot,

Briton Ferry. Auch das Amman- und das obere Tawetal widmen sich dieser Industrie (1933 je 18 Fabriken). Nur zwei Fabriken stellen noch Kupferplatten her (vgl. S. 746), eine einzige gewinnt aus den Erzen von Broken Hill (Australien) das im ganzen Raum benötigte Zink. Der Niedergang der Kupfer- und der Metallindustrie überhaupt hat auch eine Abnahme der chemischen Industrie bewirkt. Dagegen hat die Nickelveredelung Großbritanniens hier, in Clydach, ihre wichtigste Stätte [720].

Cardiff. Den größten Gewinn aus der industriellen Entwicklung des 19. Jh. hat Cardiff (233 589; *217 410*; 31. III. 1948 auf 234 370 geschätzt) gehabt, das bis dahin hinter Merthyr Tydfil hatte zurückstehen müssen, nun aber einen ungeahnten Aufschwung nahm. Seine Bevölkerung wuchs in der 2. H. des Jh. „amerikanisch" an (1801: 1840; 1840: 10 000; 1881: 82 000; 1911: 182 000; 1921: 200 000). Es wurde die größte Stadt von Wales überhaupt. Es gewann die wirtschaftliche Führung von S-Wales, wurde dessen wichtigster Hafen und Handelsplatz und sein geistiger und politischer Brennpunkt (1905 City, 1916 Sitz eines röm.-kath. Erzbischofs).

Cardiff hat wohl schon in der Briten-, sicher in der Römerzeit einen Vorläufer gehabt in der Sperre, welche von einer fluvioglazialen Terrasse aus den Übergang der E—W-Straße über den Taff bewachte, namentlich später in den Kämpfen gegen die Iren wichtig war und in einem wälschen Dorf (Caer Dyf) fortlebte [19, 113; 81 b]. In der Nähe wurden in der 2. H. des 5. Jh. das bald sehr berühmte Kloster Llanilltyd am Scheitel eines kleinen Ästuars (das heutige Dorf heißt Llantwit Major) und vor 547 der Bischofssitz Llandaff gegründet (vgl. S. 734). Im 9. Jh. ließen sich Nordmänner in Cardiff nieder; sollte wirklich dessen Name wie der von Swansea und Kenfig auf eine skandinavische Niederlassung hinweisen [616]? Jedenfalls tritt erst die von Wilhelm dem Eroberer 1086 gegründete „Villa Cardiviae", die seit ungef. 1090 von einer an Stelle der römischen Station errichteten Burg gesichert war, in die Geschichte ein. Zwar wichtig für die Beherrschung des W und umwallt, spielte Cardiff jedoch im Handel noch lange keine Rolle; nur vorübergehend war es Stapelplatz für Wolle. Sein 1263 angelegter Hafen blieb durch Jh. unbedeutend — noch 1710 besaß es bloß 11 Schiffe. Bis zur M. des 18. Jh. war es ein Marktstädtchen des Vale of Glamorgan wie weiter w. Cowbridge und Bridgend (Abb. 149). Seinen Aufstieg verdankte es erst der Kohlenausfuhr aus dem Flußfächer des Taff.

„Cardiff Roads", die Reede von Cardiff, sind durch das Küstenplateau vorteilhaft gegen die W-Winde geschützt, die Mündungen des Taff und seines Nachbarflusses Ely überdies durch das Kalkvorgebirge Penarth Head auch gegen S-Winde. Wegen des großen Tidenhubs (11,1 m bei Spr.H.W.) wurden Docks angelegt: 1839 das Bute West D., mit dem Kapital und auf dem Grund des Marquis von Bute, dem Taff ö. parallel; 1855 ö. davon das Bute East D., 1887 das Roath D., 1907 endlich, am weitesten gegen das Meer vorgeschoben, Queen Alexandra D., das geräumigste und modernste von allen (0,2 km²; Ges.Fl. der D. 0,68 km²). Bute West Dock dient für die Küstendampfer, die übrigen hauptsächlich dem Kohlenversand. Sie sind mit Hafenbahnen und Kränen vortrefflich ausgerüstet und erledigen Kohlenwagen von 20 tons Fassungsraum. Die jüngeren Docks sind jenen Kreisen zu verdanken, welche sich von dem Diktat der Butes frei machen wollten, u. zw. besonders den später in der G.W.R. vereinigten Eisenbahnunternehmungen, von welchen sie schließlich erworben und mit dem Hinterland durch einen Schienenweg verbunden wurden [85*; 712, 713, 721, 721 a, 81 a, 81 c].

Hauptgegenstand des Handels von Cardiff ist die Kohle geblieben. 1924 sandte es nach Frankreich 4, S-Amerika (Brasilien, Argentinien) 2,95, Italien 2,2, Ägypten 1,17 Mill. tons. Auch Kanada und Neufundland waren wichtige Abnehmer. 1927 betrug seine gesamte Kohlenausfuhr 17,3 Mill. tons, 1934 besorgte es ungef. $\frac{1}{4}$ der Ges.A. der britischen Kohle. Allerdings wurde auch Cardiff von der großen Kohlenkrise der Nachkriegszeit nicht verschont, obwohl es keineswegs ausschließlich auf den Bergbau angewiesen ist. Immerhin ist die Ausfuhr von Kohle in den letzten J. der Zwischenkriegszeit wieder größer gewesen als um 1930 (1938: 7,35 Mill. tons). 1930 war fast die Hälfte der versicherten Schiffer und Hafenarbeiter unbeschäftigt, über die Hälfte der Arbeiter in der Schwereisenindustrie, sogar $\frac{2}{3}$ in der Schiffsausbesserung. Am besten haben sich noch die Nahrungsmittelindustrie und die kommerziellen Berufe gehalten. Schon die äthiopische Krise hat dann neue Schwierigkeiten gebracht.

Die Einfuhr von Cardiff dient in erster Linie der Lebensmittelversorgung des Industriegebietes, die nur hinsichtlich der Milch von der einheimischen Erzeugung befriedigt wird: Getreide (aus Übersee und dem Pontus), Kartoffeln, Butter, Käse, Zucker, Obst (jährl. 50 000 tons; besonders Orangen), Fleisch aus Kanada und Argentinien. Doch bezieht Cardiff auch Rohstoffe für die Industrie des Hinterlandes, Eisen, Kupfer, Gruben- und Bauholz, und hat im Zusam-

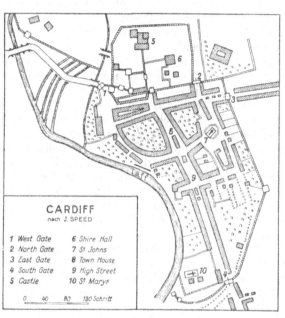

Abb. 149. Cardiff in der 1. H. des 17. Jh. (Nach J. Speed.)

menhang damit selbst allerlei Industrien entwickelt (Dampfmühlen, Brauereien, Biskuit- und Konservenfabriken). Neben dem Bute East Dock steht seit 1891 das riesige Stahlwerk der Dowlais Co. (4 Hochöfen, 6 Siemensöfen), das in normalen Zeiten 15 000 Arbeiter beschäftigt. Schon 1866 hatte die Tharsis Co. ihre Kupferschmelzwerke auf den East Moors errichtet. Noch vor dem zweiten Weltkrieg war die einzige große Papierfabrik von S-Wales (Ely Paper Works) hinzugekommen und neuestens erzeugt Cardiff Motoren, Maschinenbestandteile, Zentralheizungen, photogr. Apparate, Uhren, Chemikalien, Gummiwaren, Treibriemen, Kunstseide usw. Jüngeren Datums sind ferner die Einfuhr von Rohöl, in der es jedoch weit hinter Swansea, und die Seefischerei, in der es besonders hinter Milford Haven zurückbleibt (1937: 13 Dampfer, 3 Motorboote). Der Ges.W. der E. belief sich 1938 auf 7,43 Mill. Pf.St. (Weizen 1,41; Eisenerze 0,65; Holz aller Art 1,4), der Ges.A.W. auf 9,47 Mill. Pf.St. (davon Kohle 8,1!). 1937 liefen im Auslandverkehr Schiffe mit 6,2 Mill. N.Tonn. aus. Dazu kommt ein starker Küstenverkehr [99*].

Zum Unterschied etwa von Swansea ist Cardiff, sieht man von den eigentlichen Industrievierteln, den rauchigen und schmutzigen Stadtteilen Butetown und Grangetown ab, eine schöne Stadt, allerdings nahezu ohne alte Bauwerke. Auch Cardiff Castle, ihr 1947 von dem Marquis of Bute gegeben, ist ein Neubau (2. H. des 19. Jh.), jedoch mit römischem Sockel seiner Kurtine und einem normannischen Bergfried. Stolz und doch nicht aufdringlich stehen die großen öffentlichen Gebäude, in denen sie seine verschiedenen Funktionen im öffentlichen und geistigen Leben von Wales und als Gr.St. von Glam. zum Ausdruck bringt, um Cathays Park: das Stadthaus, das Gerichtsgebäude, das Wälsche Nationalmuseum, das Gr. Haus, die Universitätsgebäude, das Technische Institut. Cardiff ist von freundlichen Vororten umringt. U. a. gehört im S das Seebad Penarth jenseits der 1805, bzw. 1881 eröffneten Penarth Docks zu seinem Wohnbereich (vgl. S. 786), nordwärts begann es in diesen Llandaff, Whitchurch, Llanishen einzubeziehen. In einem Herrenhaus der Elisabethzeit bei St. Fagan's (5 km w.) ist seit 1948 das Wälsche Volkskundenmuseum eingerichtet worden. Cardiffs wirtschaftliches Einflußgebiet reicht in mancher Hinsicht bis in das Black Country und Birmingham.

1889 und 1899 wurden die Docks von Barry (45 ha) eröffnet, die mit den Rhonddatälern durch eine Bahn verbunden sind. Ungemein rasch wuchs der Weiler B a r r y zu einer ansehnlichen Stadt an (38 891; 1881: 100; 1891: 13 000; 1921: 39 000; *36 440*). Neuerdings entfaltete es sich zum Seebad. Auch sein Hafen führt hauptsächlich Kohle, außerdem etwas Zement aus den Kalkwerken von Glam. aus (vgl. S. 786), Grubenholz und Getreide ein — deshalb Getreidespeicher und Dampfmühlen! Ein großes Gefrierhaus kann 50 000 Schafkörper aufnehmen. Die Docks haben nahe ihrem Eingang tiefes Wasser, während die Taffmündung bei Cardiff durch Baggern frei gehalten werden muß.

Newport. In Anlage und Entwicklung erinnert Newport (in Monm.; 89 203; *94 320*; 31. III. 1948: 102 070), der andere wichtige Hafen für den E-Flügel des Kohlenfeldes, an Cardiff. Noch vor 120 J. war es diesem im Kohlenversand weit überlegen (vgl. S. 744). Mehrere Täler ziehen aus den Karbon-Uplands zum Usk hinab, der auf seinem breiten Talboden große Krümmungen beschreibt und die Stadt im Bogen umfließt, dann aber einen 60—80 m hohen Plateaurücken (Old Red) durchbrechen muß, um sein Mündungswatt zu erreichen [113]. 4 km oberhalb des Durchbruchs ergießt sich in ihn der Afon Lwyd, 4 km unterhalb, schon draußen in der Niederung, der Ebbw. Sein Unterlauf w. Newport wird vom Rhymneytal durch eine nur 6 km breite, niedrige Anhöhe getrennt. Dank diesem Zusammenstrahlen der Täler und der Nähe des Meeres ist die Verkehrslage günstig. An der schmalsten Stelle des Usktales, wo schon die römische W-Straße den Fluß gekreuzt hatte, entstand später eine Brückensiedlung und die Normannen erbauten hier auf dem r. Ufer hart am Fluß eine Burg. Zwischen ihr und der hochgelegenen Kirche St. Gwynllegw-up-Stow Hill (St. Woollos) — jetzt Kathedrale des Bistums Monmouth — lag die alte Stadt. Indes blieb Newport unansehnlich bis zur Eröffnung des Monm. Canal (vgl. S. 742) [84, 654]. Er und die Trambahnen jener Zeit (vgl. ebd.), von denen besonders die durch das Sirhowytal nach Tredegar hinauf eine große Leistung war, brachten das Eisen von den Schmelzwerken des Rhymney-, Ebbw- und Lwydtals (Blaenavon) nach Newport. Bald darauf wurde aber die Kohlenausfuhr die Hauptaufgabe, namentlich nach Bristol und Bridgwater. Um die Mitte des Jh. gewann jedoch Cardiff durch seine Hafenanlagen dauerndes Übergewicht. Zwar erhielt auch Newport bereits 1842 das erste Dock, allein erst 1872 eine

moderne Anlage (Alexandra D.). Heute verfügt es in seinem zwischen
Usk und Ebbw gelegenen South Dock über das größte von S-Wales (0,38 km²)
und steht es im Kohlenversand bloß hinter Cardiff — allerdings weit —
zurück (1938: 2,4 Mill. tons). In der E. von Eisenerz wird es auch von
Port Talbot übertroffen. Dagegen führt es mehr Eisen und Stahl ein als alle
anderen Häfen von S-Wales zusammengenommen (1938: für fast 1 Mill.
Pf.St.). Außerdem werden Gruben- und überhaupt Nutzhölzer und neuestens
Maschinen und Maschinenbestandteile über Newport eingeführt, in der A.
wetteifern mit der Kohle Eisen- und Stahlerzeugnisse (1938: 2,9 Mill. Pf.St.,
Kohle 2,7; Ges.A.W. 5,9 Mill.; Ges.E.W. 2,13 Mill. Pf.St. Hafenverkehr 1937:
2,05 Mill. tons N.Tonn. der auslaufenden Schiffe). Es hat große Eisen- und
Stahlwerke (Konstruktionen für Kraftwerke, Flugzeugschuppen, Brücken,
Piers u. dgl.), chemische Werke und auch sonst mancherlei Industrien
(u. a. Konfektions-, Gummi-, Tonwaren; Ziegel). Das Bild der Stadt wird
von der 55 m hohen Transporter Bridge über den Usk beherrscht [721].

Im B r o (Y Fro = the Vale [V. o f G l a m.]) bilden die paläozoischen
Gesteine die Hauptmasse des zerschnittenen Plateaus, doch sind sie namentlich im S von einer Decke fast waagrecht gelagerter mesozoischer Gesteine
überkleidet. Rote Keupermergel ziehen von Penarth gegen Bridgend, in kleineren Vorkommen bis Porthcawl, Ablagerungen eines Binnensees, von
welchem eisenhaltige Lösungen in den liegenden Karbonkalk drangen und
die Hämatite des Gebietes lieferten. Auch Rhätschichten sind vertreten
sowie der Unterlias, Kalke und Tonschiefer von blauer Farbe, welche einst
viel weiter verbreitet waren, heute aber nur zwischen Penarth und Bridgend
vorkommen und von Barry fast bis zu der Ewennymündung ein fast ge-
schlossenes, 20—40 m hohes Kliff erzeugen. Die Plateauflächen selbst halten
sich meist in 60—80 m H. Landeinwärts steigen sie auf über 100 m an, nur
gegen den unteren Thaw, der sie gegen SSE durchquert, auf 40—50 m ab.
N. Cardiff bilden die vom Taff unterhalb Taff's Well durchbrochenen, an
Kohlenkalk und Old Red geknüpften Stufen einen doppelten Rahmen, wäh-
rend der Millstone Grit, hier durch Schiefer vertreten, niedriger bleibt.
Weiter w. hebt er sich in dem Höhenzug Cefn Hirgoed (142 m) und Cefn
Cribwr (130 m) stärker heraus, hinter welchem der Ogmore in der Upper
Coal Series seinen Flußfächer sammelt, um gegen Bridgend durchzubrechen.
Diese Höhen sind meist nur mit Gräsern und Farnen bedeckt, auf einzelnen
Spornen noch bewaldet [36*; 13, 113, 117, 222, 223 b, 225, 341, 356].

Das Bro ist altbesiedeltes Gebiet, reich an Überresten schon der jüngeren
Steinzeit [526] und der vorgeschichtlichen Perioden überhaupt. Doch tritt
es erst im 6. Jh. in die Geschichte ein, es entstehen religiöse und kulturelle
Mittelpunkte wie Llantwit (Major) und Llandaff (vgl. S. 734, 782). Das fruchtbare Land mit seinen verschiedenen Böden und seinem günstigen Klima —
einem Übergangsklima zwischen dem milden W und den Midlands — war
den Normannen eine wertvolle Beute, die Eingeborenen mußten in die öden
Uplands im N zurückweichen. Die neuen Herren erbauten hier viele Burgen,
vor allem zur Wacht an der Küste, wie noch manche Ruinen bekunden
(Barry, Rhoose, St. Donat's, Dunraven). Sie und die von Heinrich I. herbeigerufenen Flamen brachten Landwirtschaft und Viehzucht auf einen verhältnismäßig hohen Stand. Gerste, Roggen und Hafer wurden geerntet.
Noch im 18. Jh. wurde das Vale geradezu als der „Garten von Wales" bezeichnet. Anderseits gab es im 16. Jh. erst wenige Einhegungen, und ein
großer Teil der offenen Fluren, zumal die grasbedeckten Kalkflächen, dienten

als Rinderweiden, ja man mußte sogar Getreide aus Carm. und Pem. einführen. Dafür wurden große Mengen von Butter und Käse auf den Markt
gebracht, die Butter aus Glam. war selbst in London geschätzt. Im 19. Jh.
widmete sich das Vale immer mehr der Milchwirtschaft. Die dicht be-
völkerten Industriegebiete sind die Hauptabnehmer, über die nahen Häfen
werden Kunstdünger und Futtermittel bezogen. Auf die noch immer reichlich
vorhandenen ungepflegten Weiden werden Schafherden aus den Uplands
gebracht, ihr Fleisch wird in den Fabrikstädten verbraucht. Auffallend verbreitet ist Gänsezucht. Industrie gibt es wenig, abgesehen von der Zement-
erzeugung zu Penarth, Bridgend, Aberthaw, Rhoose, welche die Liaskalke
verwertet. Diese werden dort auch gern beim Bau der Cottages verwendet
[13, 113, 726].

Zwar wird das Vale von dem Hauptschienenweg im N umgangen, aber
— zum Unterschied von Gower (vgl. u.) — wenigstens von mehreren Neben-
linien gequert, von denen die nach Barry am wichtigsten ist. Das zentral
gelegene C o w b r i d g e (1018; *1207*), ehemals der Hauptort, im Schnittpunkt der Straße von Cardiff nach Neath mit dem Thaw gelegen, daher
durch eine Feste gesichert und überdies selbst umwallt, ist seit der Anlage
der Eisenbahn ein stiller Landmarkt geworden. Einen großen Auftrieb erhielt
jüngst B r i d g e n d (10 029), der Burgflecken am Übergang über den
Ogmore, wo die Anlagen einer riesigen Bombenfabrik jetzt der Herstellung
von Chemikalien, Kunstharz, Geschirr, Sitzen für Flugzeuge und Autos usw.
dienen (vgl. S. 757). In jüngster Zeit hat dank dem Kraftwagen der
Fremdenverkehr eingesetzt und einige Seebäder sind entstanden, unter denen
P e n a r t h (17 719) mit Esplanade und prächtigen Gärten wegen der Nähe
von Cardiff am meisten besucht ist; seine schöne Bucht wurde durch die
Ausräumung der Lias- zwischen Karbonkalkschichten erzeugt. In bescheidenen Anfängen steckt Southerndown. Porthkerry und Aberthaw (Zementfabrik), ehemals kleine Seehäfen, haben ihre Rolle längst ausgespielt, aber
manches von ihrem alten Baustil bewahrt. W. der Ogmoremündung liegen
zunächst ausgedehnte Dünen (Merthyr Mawr Warren), dann das kräftig aufstrebende P o r t h c a w l (6447), endlich jenseits einer Felsküstenstrecke die
Kenfig Burrows, deren Sand die ehemalige ummauerte Hafenstadt Kenfig
begraben hat. Der Kampf mit den Dünen dauert fort. Ein breites Marschland zieht weiterhin die Küste entlang nach Port Talbot (vgl. S. 788), von
der Hauptstraße und der Eisenbahnlinie begleitet, am Rand der nahen
Uplands, an deren Fuß sich die Zisterzienserabtei Margam lehnte (vgl. S. 736 f.)
und heute die moderne Abtei, umringt von Parkanlagen und hohen Eichengehölzen, steht — „Margam-in-the-Trees" [18]. In der Nachbarschaft erzeugen
Stahlwerke Blechplatten für die Motorindustrie, im Tal des Afon Fabriken
in Cymmer Kunstedelsteine und Büroartikel [741].

Swansea. Unter den Hafenstädten des W-Flügels steht Swansea
(164 797; *139 950*; 31. III. 1948 154 510) an der Spitze. Denn hier strahlen
von allen Seiten natürliche Verkehrswege zusammen, die Küstenstraße von
Carmarthen und SW-Wales, die Straßen aus dem Hinterland des Tawe und
Neath, die Straße von England über Cardiff und durch das Vale of Glamorgan. In seinem Bahnhof laufen Fernzüge aus London, Liverpool, Birmingham, Newcastle und N-Wales ein. Die Mündung des Tawe, ein Gezeitenhafen,
ermöglichte die Anlage der insges. 10 km langen Docks, die 45 m breite Fahrtrinne gestattet 13 000 tons-Schiffen die Zufahrt. Zuletzt (1920) wurde
Queen's Dock, das geräumigste Becken, vollendet, das u. a. für die Erdöl-
zufuhr verwendet wird [82c]. Seit 1923 war der Hafen, gleich den anderen

wichtigeren Häfen von S-Wales, im Besitz der G.W.R. Er hat die größten Silos und Speicher in Wales (25 000 tons; Cardiff: 16 000), aber viel kleinere Kühlhausanlagen (1500 tons) als Cardiff (7700), Newport (6500) und selbst Barry (1730). Im Jz. 1929—1938 wechselte die A. zwischen rund 4 und 6 Mill. tons, u. zw. infolge der Schwankungen im Kohlenversand, der $^3/_4$—$^4/_5$ der Ges.Menge ausmachte — wurden doch $^2/_3$ der wälschen Anthraziterzeugung von hier nach Kanada, Frankreich, bis 1935 auch nach Italien usw. geliefert. Guernsey allein verbraucht in seinen Glashäusern 200 000 tons (vgl. S. 229). Am E-Ufer des Tawe beschäftigen sich etwa 80 Fabriken mit der Herstellung von Weißblech, 90% der galvanisierten Platten kommen von hier. Außerdem werden Nickel, Zink und Kupfer verarbeitet. Neuestens betätigt sich Swansea auch sonst industriell (Motorenbau und -reparaturen, Schreinerei, Kunstschwämme usw.). Im benachbarten Fforestfach ist eine freundliche neue Vorstadt mit modernen Fabriken entstanden (Blechspielwaren, Bürsten, Besen, Kleider) [741]. Die Erzeugnisse dieser Industrien werden größtenteils über Swansea verschifft, umgekehrt die von ihr benötigten Rohstoffe fast zur Gänze hier eingeführt (auffallend viel 1937), so Alteisen und -stahl, Kupfer, Blei, Zink und deren Erze, ferner Zinnerz, Nickel und 1937 und 1938 große Mengen von Nickelerz. Im A.W. stehen die Eisen- und Stahlerzeugnisse (über 8 Mill. Pf.St.) und Nickel weit vor der Kohle voran (3,9 Mill. Pf.St.) [99*]. Eine besondere Stellung hat Swansea in der Ölindustrie; in dem nahen Dorf Llandarcy (6 km von Swansea) stehen die größte Ölraffinerie Europas (2,6 km² Fl.; Anglo-Persian Oil Co.) und die 60 Behälter, in welche persisches Rohöl von Queen's Dock her geleitet wird, aus 10 000 tons-Tankern übernommen. Von dort wird es in die Fabrik weiter- und gereinigt zurückgeleitet. Vor dem neuen Krieg wurde es weithin, in die Erdölspeicher von Antwerpen, Hamburg, Danzig, Suez usw., versandt. 1938 wurden 4,2 Mill. hl Rohöl und fast 2 Mill. hl raffiniertes Öl eingeführt, 0,63 Mill. hl solches ausgeführt. Andere Gegenstände der E. sind Holz und Getreide. Neuestens ist Swansea auch ein moderner Fischerhafen geworden (1937: 28 Dampfer, 38 Motorboote), mit einem großen Fischmarkt, Erzeugung von Fischmehl und -öl, Eisfabriken usw. South Dock dient fast ausschließlich den Trawlern der Fischerflotte [721, 721a].

Trotz dieser großen wirtschaftlichen Rolle ist Swansea eine der häßlichsten Städte Großbritanniens geblieben, obwohl heute die Kupferdämpfe, die seinerzeit ringsum das Pflanzenkleid vernichteten, fehlen. Oft erfüllen es üble Düfte, es macht keinen sauberen Eindruck, am wenigsten in den n. Vororten längs des Tawe. An architektonisch bemerkenswerten Schöpfungen hatte es bis zur Errichtung der neuen Guidhall (1934) so gut wie nichts aufzuweisen. Sein Kern war die um 1100 gegründete Normannenburg, welche den Übergang über den Tawe beherrschte. Neben ihr erwuchs eine Siedlung, welche 1210 ihren ersten Stadtbrief erhielt [82a, b]. Aber nur wenige Gebäude stammen aus alter Zeit. Eher findet man solche in seiner Umgebung, etwa Singleton Abbey (an der Straße gegen Mumbles), heute mit den dortigen Neubauten im Besitz eines der Colleges der University of Wales (vgl. S. 755) und einiger anderer Institute, und Oystermouth Castle, ebenfalls eine Normannengründung, welche die Einfahrt in Swansea bewachte. Oystermouth, das etwas Austernfischerei betreibt (vgl. S. 750), ist seit 1920 Swansea einverleibt. Auf der anderen Seite des malerischen Vorgebirges Mumbles Head ist Langland Bay ein kleines Seebad geworden (Abb. 150).

Fast ausschließlich Kohlenhafen (1938 waren 98% seiner A. von etwa 3 Mill. tons Kohle), industriell weniger tätig (Blechbehälter und -spielzeuge), ist P o r t T a l b o t (40 678; *38 440*) an der Mündung des Afon [84]. Während es vor dem ersten Weltkrieg die Bunker- und Gaskohle des Ogmoregebietes versandte, hat es, seitdem die Ölfeuerung deren Absatz verminderte, im Hinterland von Swansea Fuß gefaßt, von wo es Anthrazit ausführt und dem es Metalle und Holz zubringt. Briton Ferry an der Mündung des Neath ist der Hafen des alten Brückenortes N e a t h (33 340; *29 400*), wo einst Normannenburg und Zisterzienserabtei, ungef. gleichzeitig gegründet (1130), beiderseits des Flusses einander gegenüberstanden. Die Metallindustrie hat hier einen Hauptsitz; u. a. erzeugt, lackiert und bedruckt es Blechbüchsen und -dosen. Bedeutend ist die Produktion von Arbeits- und anderen Kleidern [741, 89]. Im W weist L l a n e l l y (38 416; *33 400*), an der N-Seite des Loughorästuars gelegen, große Docks und ansehnlichen Schiffsverkehr auf,

Abb. 150. Küste von Gower bei Langland Bay.
Aufn. J. SÖLCH (1926).
Pliozäne Abrasionsplatte auf der Höhe, jüngere Talbuchten, rezente Kliffbildung im Kohlenkalk. Siedlungen in den Buchtwinkeln. Felder, Weiden und Wiesen auf den flacheren Hängen und auf den Plateaurücken; viel Ginster auf den steileren Böschungen. Im Hgr. Pwlldu Head (90 m).

namentlich mit Irland und dem Kontinent (ungef. 500 000 tons), lebhafte Industrie (Emaillegeschirr für Haushalt und ärztliche Zwecke) und Bergbau (Abb. 151) [18, 721, 721 a]. In kleinem Ausmaß führt es die gleichen Güter ein, bzw. aus wie Port Talbot, das (zusammen mit Briton Ferry, Neath Abbey und Portcawl) 1938 einen Ges.E.W. von 0,9 Mill. Pf.St. (davon $^2/_3$ für Eisenerz, Alteisen und -stahl, $^1/_3$ für Grubenholz), einen Ges.A.W. von 1,61 Mill. Pf.St. (davon 1,57 für Kohle!) verzeichnete. B u r r y P o r t (5755) hat Kohlenausfuhr.   K i d w e l l y (3159; 2785), nahe an der Mündung des Gwendraeth, ist ein kleiner Hafen, der ehemals im Schutze einer mächtigen Normannenfeste (vgl. S. 735) [632*; 623 d] eine gewisse Rolle spielte.

Die H.I. G o w e r zwischen Swansea Bay und Carmarthen Bay nimmt eine ähnliche Stellung gegenüber Swansea ein wie das Bro zu Cardiff. Auch hier die alte, höchstwahrscheinlich pliozäne Einebnungsfläche in 80 bis 100 m H., darunter ein Steilgestade mit Resten eines gehobenen Strandes in ungef. 7,5 m O.D. An die weichen Tonschiefer des Millstone Grit in den Synklinalen knüpfen sich Talfurchen und einzelne Buchten (z. B. Oxwich Bay). Dagegen bilden die Old Red-Sandsteine und -Konglomerate in den Antiklinalen eine Reihe von Höhenzügen: Cefn Bryn (186 m), Llanmadog Hill, Rhossili Down, die einst als Inseln über das Pliozänmeer ragten. W. Swansea verursachen Sandsteine im Millstone Grit und in den Lower Coal Measures einen Zug von Erhebungen, zu welchen sich s. des Afon auch der Pennantsandstein gesellt. N. davon bilden die Upper Coal Measures den Kern einer Synklinale, welcher das Tal des Afon Llan und der untere Loughor gegen W folgen. Im Umkreis von Gowerton, bei Penclawdd und Llanmorlais, wird Kohle gewonnen [113; 23i, 260, 272]. Am schönsten sind die Einflächungen im Karbonkalk, der vornehmlich S-Gower einnimmt, meist die Steilküste bildet und Höhlen und unterirdische Bäche birgt [36*; 356]. Gehölze und Parke beschränken sich im allgemeinen auf die Täler; die den SW-Winden ausgesetzten Höhen sind waldfrei, die Sandsteinzüge meist mit Ginsterheiden oder Brombeergebüsch bedeckt. Geschiebetone, die vielfach das Grundgestein verhüllen (vgl. S. 723), liefern fruchtbare Erde, zumal wenn sie mit Karbonkalk gedüngt werden; die vielen kleinen aufgelassenen Kalköfen gehören noch immer zum Bilde der Dörfer und Farmen, während heute Kalk von großen außerhalb gelegenen Kalkwerken geliefert wird, die nahe der Eisenbahn liegen (Kidwelly, Llandebie usw.). So hat Gower, mit ähnlichen Böden und ähnlichem Klima, auch die gleiche wirtschaftliche Entwicklung durchgemacht wie das Bro und ist wie dieses uraltbesiedeltes Land. Paviland Cave (w. Port Eynon) hat den wichtigsten Skelettfund aus der jüngeren Altsteinzeit geliefert (vgl. S. 725, 732). Viehzucht und Ackerbau waren seit jeher wichtig. Das Molkereiwesen ist gut entfaltet. Gemüsegärten sind um Swansea ähnlich häufig wie bei Cardiff. Große Herden von Bergschafen weiden im Sommer auf den Karbonkalken und auf den Plateaus des Old Red, in den tieferen Strichen eingeführte Rassen (Leicester, Cotswolds, South Downs). In allen diesen landwirtschaftlichen Gebieten ist die Volksdichte während der

Abb. 161. Eindringen des Kohlenbergbaus in die Agrarlandschaft bei Llanelly. Aerofilm Lond. Ltd.. 43067.

letzten 100 J. kaum gewachsen, sie hatte sich zu Beginn des 19. Jh. infolge der Abwanderung in die Kohlengebiete sogar eine Zeitlang vermindert. Gower wird von der Eisenbahn nur berührt. Die Dörfer sind entlang den Niederungen ziemlich dicht, überwiegend mit englischen -ton= Namen; nur im W und NW überwiegen wälsche Namen, doch ist die Umgangssprache fast nur englisch. Die Hauptlinie der G.W.R. führt von Swansea über den 10 km breiten Hals der H.I. hinweg. Sie kreuzt sich mit der von N kommenden Linie Shrewsbury—Builth—Swansea zu Gowerton, das mit den Kohlengruben um Penclawdd Bahnverbindung hat und Stahlwerke besitzt. L o u g h o r (oder Castell Llwchwr; 26 626; 24 640), am Burry Inlet, auf das römische Leucarum zurückgehend, an der Entwicklung der Kupfer-, Blech- und Stahlindustrie beteiligt, hat an Bedeutung verloren. Der Fremdenverkehr hat sich erst jüngst stärker entwickelt, obwohl die wildzersägte S-Küste von den Mumbles im E bis zum eigenartig geformten Vorgebirge Worm's Head prächtige Bilder aufweist, während von Rhossili Bay Dünenstriche gegen N bis an das Loughorästuar ziehen (Whiteford Burrows) [11f, 13; 36*].

Im N i e d e r l a n d v o n C a r m. w. des Loughor schrumpfen die flözführenden Schichten auf einen schmalen Saum zusammen; es gibt auch sonst keine Mineralschätze. So fehlt die Industrie, fast ausschließlich herrscht die Landwirtschaft. Kein größerer Hafen liegt an Carmarthen Bay. Die Mündungen des Towy und des Taf sind flach und versandet, und Dünen begleiten anschließend auf große Strecken das Gestade (Towyn Burrows, Laugharne

Burrows). Die Bay zwingt Bahn und Straße, tief in das Land hinein aus-
zubiegen; deren Brücken überspannen den Towy erst bei Carmarthen 13 km
oberhalb seiner Mündung, den Taf 9 km oberhalb bei St. Clears. Bloß kleinere Schiffe können bis nach C a r m a r t h e n (10 310; *10 020*) hinauffahren,
wo der Towy seine Richtung ändert. Schon die Römer hatten dort eine Station angelegt, Maridunum, dessen Name in dem von Carmarthen fortlebt.
Sie bewachte den Übergang der Via Julia, von welchem Straßen gegen E
durch das Towytal hinauf und gegen N gegen die Wasserscheide zum Teifi
zogen (ein „Sarn Helen", vgl. S. 733). Keltische Mönche bauten in der Nähe
eine Kirche. Die Normannen erfaßten schnell die ausgezeichnete strategische
Lage des Platzes und errichteten auf einer Anhöhe neben der Brücke eine
königliche Burg. Um das unter ihrem Schutz aufkeimende und bald selbst
ummauerte Städtchen kristallisierte sich, an der Grenze zweier alter Königreiche und aus diesen herausgeschnitten, die neue territoriale Einheit, die
1241 Gr. genannt und 1284 förmlich als solche eingerichtet wurde. Immer
mehr wurde Carmarthen der Mittelpunkt des politischen und wirtschaftlichen Lebens von S-Wales überhaupt. Sein Hafen, nahe der Tidengrenze
gelegen und vor den Seeräubern des Bristolkanals dank seiner Entfernung
vom Meere verhältnismäßig gesichert, war um 1350 der einzige Stapelhafen
von Wales, durch sein viel größeres, reiches Hinterland Neath überlegen.
Damals erreichte die Weberei einen Höhepunkt, auch Tuchmacher ließen
sich in der Umgebung nieder [116]. Noch um 1800 war Carmarthen die führende Stadt, durch neue bessere Straßen über Llandilo und Brecon mit Hereford, mit dem Vale of Glamorgan, mit Milford Haven verbunden. Allein,
obwohl es schon seit 1853, bzw. 1854 mit Swansea und Haverfordwest durch
die Bahn verknüpft war, konnte es verkehrsgeographisch mit Swansea und
den anderen Kohlenhäfen um so weniger wetteifern, als seine Industrie unbedeutend blieb (Textilien). Aber es ist der Hauptmarkt des w. S-Wales, dessen
Molkereiwirtschaft von hier aus selbst London durch direkte Milchzüge [18,
113, 130] beliefert. Vorzügliche Milchkühe werden hier verkauft, und die Hun-
ters' Show im Sommer ist für Jäger und Pferdekenner ein großes Ereignis.

Oberhalb Carmarthen windet sich der Towy mit geringem Gefälle durch
das breite Alluvialtal, das er längs dem Scheitel der Towy Anticline ausgeräumt hat. Bei dem 20 km oberhalb gelegenen L l a n d i l o in nur 25 m H.
(1886) mündet der Dulas in ihn, dessen Furche sich zum Loughor fortsetzt.
Die Lücke des Strunkpasses war stets ein wichtiges Tor gegen S-Wales und
von einer der stärksten Festen, Castle Carreg Cennen, bewacht. Heute wird
sie von der Bahn nach Swansea benützt. So ist auch Llandilo Verkehrsknoten und Marktort. 18 km weiter oberhalb liegt, schon am Bran nahe dessen Mündung in den Towy, im Grenzsaum gegen Innerwales L l a n d o v e r y
(1980; *1943*), wie Brecon einst ein wichtiger Tal- und Wegeknoten mit einer
Normannenburg, jetzt ein bescheidenes Städtchen mit einem College.

Zwischen der Cardigan Bay und der Öffnung des Bristolkanals springt
das leichtwellige P l a t e a u v o n P e m. gegen den S-Eingang des St. Georgs-
Kanals vor, am weitesten mit den beiden durch die 10—15 km breite St. Bride's Bay getrennten Landzungen von St. David's und St. Bride's. S. davon
greift Milford Haven, eine schmälere Ria, tief ins Land, das Ästuar der beiden Cleddau, das im Inneren nordwärts umbiegt und den Gezeitenhub in
beide Flüsse eindringen läßt. Viele kleine Bäche durchströmen das Plateau
im N, nur gegen die Hauptflüsse oder gegen die Küste hin tiefer eingeschnitten; allein der Zusammenhang der alten, vermutlich altpliozänen Rumpf-

fläche ist gut erkennbar. Sie ist gegen W leicht niedergekippt: bei St. David's und um Milford Haven liegt sie in 50—60 m H., bei Hayscastle, Cardigan und Whitland in 90—120 m (vgl. S. 720). Sie greift über den Faltenwurf der präkambrischen bis oberkarbonen Schichten und starke Verwerfungen unbekümmert hinweg. Zwei große Antiklinalen präkambrischer Gesteine, umsäumt von unterkambrischen, bilden im N die „Massen" von St. David's und Hayscastle. Im allgemeinen herrschen jedoch Ordovizsandsteine und -schiefer, stark gefaltet, manchmal sogar überfaltet. An die widerständigen Arenigsandsteine knüpfen sich etliche Härtlinge, zumal der lange, kahle Rücken der Preseli Hills (537 m), andere gegen St. David's zu (Pen Berry 174 m; Carn Llidi 178 m) an ältere Dolerite, endlich in ihrer Fortsetzung auf dem klippenreichen Ramsey I. (136 m) Carn Llandain an Rhyolithe. Besser eingeflächt sind die Balaschichten zwischen Hayscastle und Haverfordwest [231, m; 25 b; 212, 214, 218, 232, 256, 257, 270]. In S-Pem. kommt das Ordoviz bloß im Kern der armorikanischen Antiklinalen herauf, aber der höchste Grund entspricht im allgemeinen den Sandsteinen des Old Red und des Millstone Grit (Abb. 152). Besonders flach sind die

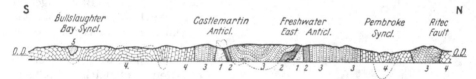

Abb. 152. Geol. Schnitt durch S-Pem. (Nach J. PRINGLE und T. N. GEORGE.)
1 Ordoviz, 2 Silur, 3 Old Red Sandstone, 4 Carboniferous Limestone, 5 Millstone Grit.

„limestone flats" des Kohlenkalks, welcher meist nur in den Synklinalen erhalten ist. Tatsächlich ist auch im S die Einebnungsfläche deutlich erkennbar, selbst in dem verhältnismäßig schmalen Zug des „Ridgeway" zwischen Pembroke und Penally (bei Tenby) [23 n, 25 b, 354, 356]. Noch im Pliozän war sie mit ihren ausgereiften Tälern gehoben und randlich kräftig zerschnitten, die Flüsse waren verjüngt, Mäander eingesenkt worden (Cleddau; Solva R.). Drifterfüllte Kerben steigen bis unter den Meeresspiegel hinab [362, 256]. Doch dann drängte das Irischsee-Eis an die N-Küste heran, an Carn Llidi bis fast zum Gipfel. Zwischen ihm und dem höheren Land stauten sich Seen, die zeitweilig zum Cleddaugebiet entwässerten (vgl. S. 724). Zweimal wurde Geschiebelehm und dazwischen Sand und Schotter im N abgelagert. Dagegen blieb S-Pem. unvergletschert [313, 339]. Fast überall tritt das Plateau mit einem mannigfach gegliederten, von Brandungshöhlen und natürlichen Brücken besetzten, 30—50 m hohen Kliff an das Meer heran, begleitet von Klippen („stacks"), auf denen oft Tausende von Seevögeln nisten; auf der I. Skokholm (w. Milford Haven), wo eine Vogelwarte eingerichtet wurde, brüten über 60000 (Abb. 153) [915, 924, 930]. Dünen sind seltener und klein (Whitesand Bay bei St. David's; Newgale Sands an St. Bride's Bay), ansehnlicher nur The Burrows bei Tenby, hinter denen erst in historischer Zeit eine Lagune aufgefüllt wurde. Ein wahrscheinlich interglazialer, jedenfalls von Geschiebetonen überlagerter Strandwall in Whitesand Bay, ertrunkene Wälder und Flußmündungen zeigen junge Strandverschiebungen an, ähnlich wie auf Gower (vgl. S. 725) [354; 312, 329; 312*].

Wegen der geringen Höhe, der Mannigfaltigkeit der Böden, einer gewissen Gunst des Klimas (Milde der Winternächte, Seltenheit von Frost und Schnee, weniger Niederschläge, mehr Sonnenscheinst. als weiter im N von

Wales; Frühlingseinzug um eine Woche früher als in E-England) ist hier
bis auf gewisse Heidestriche von N-Pem. („Gwaundir") wenig Ödland vorhanden. Grüne Wiesen und viel Dauerweiden und gelegentlich Felder ziehen
über Täler und Höhen hinweg. In den Gartenhecken sind Fuchsien häufig.
Wald gibt es wegen der heftigen Winde nur wenig. Schon seit der normannischen Eroberung, die mit der Errichtung verhältnismäßig vieler Burgen
verbunden war — die einen heute Ruinen (Pem., Manorbier, Carew usw.),
die anderen ganz verschwunden (Narberth) —, haben sich die Engländer im
fruchtbaren S-Pem. („Englishrie") festgesetzt, wo sie auf Niederlassungen
der Nordmänner stießen (vgl. S. 735), während ihnen unter Heinrich I. (1107)
und Heinrich II. flämische Einwanderer folgten (vgl. Namen wie Flemings-
ton und Flemiston). Ortsnamen mit sächsischem Suffix, namentlich -ton,
dazu solche nordischer Herkunft sind nicht selten (Tenby, Fishguard; Inselnamen wie Gate-, Grass-, Skokholm, Skomer, Caldey u. a. [624*]). Haver-

ford(west) und Milford sind
skandinavische Gründungen. N.
einer Linie, die von Newgale an
der St. Bride's Bay ungefähr
über Narberth zieht, dem sog.
„Landsker" (norwegisch Grenze!), hat sich dagegen das
wälsche Element („Welsherie")
erhalten, obgleich englische
Ortsnamen keineswegs fehlen
(Whitchurch, Hayscastle usw.)
[14]. Es ist uralter Siedlungs-
grund. Zahlreich sind die Spuren der vorgeschichtlichen lang-
schädeligen Bevölkerung, die
camps, raths, Dolmen, Men-

Abb. 153. Eligug Stack. Vogelfels (u. a. besonders Tordalken) an der Küste s. Flimston, Pem.
Aufn. J. Sölch (1926).

hirs usw., die auf die regen Beziehungen zu Cornwall,
Lleyn, Irland weisen. Aus den
Preseli Hills sind die Steine
von Stonehenge bezogen worden (vgl. S. 178). Im 6. Jh. wurde St. David's
eine der vornehmsten und besuchtesten Kulturstätten von Wales und
Bischofssitz (vgl. u.). Dort im N sind die verstreuten Farmen kleiner und
dürftiger als im S. Ihre meist weiß, manchmal rosa getünchten Wohngebäude, hie und da mit Zwei- oder Dreiseithöfen daneben, stehen meist am
Gehänge, manchmal im Talgrund, seltener oben auf den flachen Höhen. Womöglich sind sie durch Windbäume geschützt. Noch findet man dort ganz
primitive Cottages [815; vgl. S. 752]. Im S sind die Farmen auffallend groß,
auch die Wohnhäuser in Anlage und Einrichtung; die geräumigen Ställe für
Kühe, Pferde, Schweine, Geflügel umringen oft einen rechteckigen oder
quadratischen Hof (Abb. 154; vgl. S. 751). Molkereiwesen ist die Grundlage
der Landwirtschaft. Shorthorns und das schwarze wälsche Rind werden
gehalten; die langhörnige schwarze Castlemartin-Rasse hat hier ihre Heimat
(vgl. S. 749). Auf den Pflugfeldern überwiegen die Futterpflanzen, Hackfrüchte, Hafer, Gerste. Außerdem werden neuestens Frühkartoffeln angebaut, ferner Zuckerrüben, angeblich mit dem höchsten Zuckergehalt der
englischen Erzeugung. Das Getreide reift allerdings wegen der niedrigen
Sommertemperaturen nur langsam. Häufig wird drei J. hindurch Getreide,

dann eine Hackfrucht gepflanzt, worauf eine mehrjährige Brache folgt. Die Böden der Sandsteine und Tonschiefer erfordern ausgiebige künstliche Düngung. Ungünstig ist die Marktferne, doch wird viel Milch in das benachbarte Kohlengebiet geliefert. Dieses reicht zwar bis nach Pem. hinein, noch um Narberth und Saundersfoot waren bis vor kurzem Kohlengruben in Betrieb; doch wurde die letzte 1948 geschlossen. Die Industrie ist unbedeutend; dichter besiedelte Gebiete gibt es daher nicht [14].

Unansehnlich sind die Städte von SW-Wales. P e m b r o k e (12 009; *10 070*), die Gr.St. am Pembroke R., einem der oberen Arme des Milford Haven, gelegen, ist der Markt für die Bauern von S-Pem., auf den sie Fleisch, Eier, Butter, Käse und Gemüse bringen. Es besteht eigentlich bloß aus seiner Hauptstraße [17, 18; BE]. Auf einem Kalkfelsen, etwa 15 m über dem Fluß, ragt in starker natürlicher Wehrlage die Ruine seiner gewaltigen Burg auf. Unten am Fluß ist Pembroke Dock 1814 mit großen Werften und Dampfhämmern angelegt worden und eine Arbeitersiedlung entstanden, die seinerzeit auch Handwerker und Angestellte aus den Kriegshäfen E-Englands herbeirief. Dort sind vorzüglich leichte Kreuzer und Zerstörer gebaut worden. 1925 geschlossen, wurde es 1930 der R. Air Force zugewiesen. Zuletzt diente es als Kohlenhafen für die Marine. Das mit ihm durch eine Fähre verbundene N e y l a n d (New Milford; 2157), wo ein von Haverfordwest kommender Bahnzweig endigt, hatte vor der Anlegung der Fishguard Docks (1906) Dampferverkehr mit Irland. Heute sammelt sich das regste Leben

Abb. 154. Gehöft Loveston [sw. Pembroke]. Aufn. J. Sölch (1926).

des Gebietes in dem Städtchen M i l f o r d H a v e n (10 104), das am Hang eines Hügels an der N-Seite der Ria aufsteigt. Näher dem Meere, hatte es seit dem Mittelalter einen nicht unbedeutenden Handel mit Irland, aber die Errichtung von Pembroke Dock und die Versendung der irischen Post über Holyhead schädigten es schwer. Erst seit 1888, wo der erste kleine Dampftrawler hier einlief, ist es, abgesehen vom Kohlenversand, einer der wichtigsten Fischerhäfen geworden (jährl. 35 000—45 000 tons; 1937: 49 Dampfer, 79 Motorboote). Vor dem zweiten Weltkrieg in der Fischerei Englands an 4. Stelle stehend, wurde es jährl. von ungef. 5000 Fischerbooten angelaufen, darunter 300 ausländischen, namentlich kleinen spanischen Trawlern (parejas). Fahrzeuge aus Lowestoft, Hull, Yarmouth usw. beteiligen sich am Fang von Hechtdorschen (1933 ungef. 7000 tons), Glattrochen, Meeraalen, Makrelen und Heringen. Die größeren Trawler fischen in Fahrten von ungef. 15 T. vor der W-Küste Irlands bis zu Tiefen von 360 Faden, die kleineren Boote in der Irischen See, vor der S-Küste Irlands und im Bristolkanal in einwöchigen Fahrten. Die Heringfischerei (mit Driftnetzen) wird im Dez. und Jan. und wieder im Mai und Juni betrieben, die übrige von April bis in den Hochsommer. Das Absatzgebiet umfaßt London und die Midlands und reicht sogar bis Cambridge, Dundee und Aberdeen und nach

Boulogne, Paris, Ostende. Tägl. verlassen Fischexpreßzüge (1938: 4)
den Hafen, der mit allen für die Fischerei nötigen Anlagen (Eisfabriken, Taudreherei, Kohlenspeichern usw.) und Schiffsausbesserungs-
werken ausgestattet ist. Außerdem beschäftigt die Herstellung von Kisten,
Seilen, Netzen die Bevölkerung. 1934 waren 1500 Arbeiter in den Docks,
1200 auf den Trawlern tätig [722].

Für das Gebiet n. des Milford Haven ist der Brückenort H a v e r f o r d -
w e s t (6121; 7214) mit den County Offices von Pem. der führende Markt.
Fünf Hauptstraßen laufen hier zusammen, bei T.H.W. ist es auf dem Fluß
für 150 tons-Schiffe erreichbar. Auch wird es von der Bahnlinie Carmarthen
—Milford Haven, bzw. Pembroke berührt. Mit nordischem Namen, aber
sicher schon älteren Ursprungs (heute von den Wälschen Hwlffordd geheißen), wurde es im 12. Jh. ein Mittelpunkt der flämischen Besiedlung, welche
den ganzen Raum bis Milford Haven einnahm, das Hundred of Roos. Neben
der Ruine der Normannenburg steigt es mit enggewundenen Gassen und z. T.
älteren Häusern an; St. Mary's (13. Jh.) gilt als eine der schönsten Kirchen
von S-Wales. Mit seiner Funktion als Großhandelsverteiler verbindet es
etwas Industrie (Gerberei und Lederbereitung, Brauerei, Holzverarbeitung,
Kalkbrennerei) [17]. Ringsum wird es von Feldern und Wiesen mit Einzelhöfen umrahmt, an den Hängen der Cleddaukerben stehen Ansitze in Gärten
und Parken. Solche reichen bis zu der alten Burgstadt N a r b e r t h (1046;
etwas Textilindustrie) hinüber, welche von der Höhe zwischen Cleddau und
Taf die Straße von Carmarthen nach Haverfordwest bewachte; heute wird
ihr stilles Dasein nur zur Zeit der großen Viehmärkte von lebhaftem Treiben
unterbrochen. Das Dorf Whitland am Taf, nahe den spärlichen Resten des
großen Zisterzienserklosters (vgl. S. 736), ist ein moderner Eisenbahnknoten.

Im NW ist das altehrwürdige St. David's jetzt nur ein Dorf. In frühgeschichtlicher Zeit lag es im Brennpunkt der Wege, welche von mehreren
kleinen benachbarten Häfen, die den Verkehr mit Irland besorgten, zusam-
menstrahlten; zugleich war es eine heilige Kultstätte. An diese hat um 550
das Christentum angeknüpft, als hier St. David Kirche und Kloster und
jenes Bistum schuf, das später das größte von Wales wurde [BE, Art.
Wales; 12, 110]. Wahrzeichen und einzige Sehenswürdigkeit des Ortes ist
die im Tal stehende, von der See her nicht sichtbare Kathedrale, die größte
und schönste Kirche von Wales (aus dem 12. Jh.; mehrmals umgebaut,
zuletzt 1862—1878 erneuert). Der Bischofspalast ist eine Ruine. Weltabgeschieden, abseits der Bahn, umgeben von windgepeitschtem, baumlosem,
mit Stechginster und Farnkräutern besetztem Ödland, lockt es Fremde selbst
im Sommer kaum zu längerem Verweilen. Der Bischof residiert bei Carmarthen inmitten seiner Diözese.

Der wichtigste Hafen von SW-Wales ist in den letzten Jz. F i s h g u a r d
(2926) an der Fishguard Bay der N-Küste von Pem. geworden. Von London
in 6¹/₄ St. erreichbar, vermittelte es seit 1906 den Verkehr mit Rosslare in
Irland (Fahrzeit 2³/₄ St.; derzeit auch Verbindungen mit Waterford, 8 St.,
und Cork, 11 St.). Größeren Aufschwung nahm es, seitdem dort die „Mauretania" anlegte (30. 8. 1909) und die Post London—Neuyork diesen Weg
geleitet wurde [83c]. Über dem alten Fischerdorf, das sich am Fuße des
Kliffs hinten in einen schmalen Winkel schmiegt, steht oben das Städtchen,
der Bahnhof an der W-Seite der Bai in G o o d w i c k (2314), etwas n. davon
die Endstation Fishguard Harbour am Hafen, dessen Anlage große Fels-
sprengungen erforderte und der, bei N.W. 6,1 m, bei H.W. 10,3 m tief, durch
einen 760 m langen Wellenbrecher geschützt wird. Hier wurden in zuneh-

mendem Ausmaß hauptsächlich Butter, Speck, Eier, Fleisch, Sahne, lebende Rinder, Schweine und Schafe aus dem Irischen Freistaat eingeführt, Erzeugnisse der Eisen- und Textilindustrie dorthin ausgeführt (1938: E.W. 2,94 Mill. Pf.St., davon 0,65 für Butter, 0,53 für Speck, 0,48 für lebende Rinder; A.W. 1,04 Mill. Pf.St.). Die Wa. entfiel 1938 fast ganz auf Tee (0,35 Mill. Pf.St.) [99*].

Wegen seiner Abgelegenheit, ewigen Winde, steilen, sandarmen Küste hat Pem. auch keine größeren Seebäder, T e n b y (4108; *4311*) ausgenommen, das auf einem niedrigen Vorgebirge der SE-Küste steht. Ehemals war es der wichtigste Platz an der N-Seite des Eingangs zum Bristolkanal, eine von einer starken Burg geschützte, umwallte Siedlung, in dieser Gestalt eine Schöpfung der von Heinrich I. um 1111 herbeigerufenen flämischen Weber, die hier ein dänisches Fischerdorf bezogen. Noch sind Abschnitte der Stadtmauer und ein Tor erhalten. Wiederholt blühte der Seehandel auf; durch Jz. lieferte es Kohle für die Kupferbergwerke von Swansea. Für den modernen Verkehr war der Hafen zu eng. Seit der Ankunft der Bahn hat es sich zu einem vielbesuchten modernen Seebad entwickelt. Oben auf der Höhe des Kliffs stehen die Hotels, dahinter die kleineren Pensionen; unten hausen die Fischer. Die Burrows (vgl. S. 791) bieten die unentbehrlichen Golfspielplätze [83b]. Das s. benachbarte kleine Caldey I., von gleichem Gepräge und gleicher Entwicklungsgeschichte wie die gegenüberliegende Küste [355], war schon in neolithischer und wieder in römischer Zeit besiedelt gewesen und durch sein gegen 500 gegründetes Kloster berühmt. Nachdem es dann eine Zeitlang den Nordmännern als Stützpunkt gedient hatte, wurde es unter den Normannen 1127 von Benediktinern aus St. Dogmael's (vgl. S. 736) bezogen. Lange war es verödet, aber seit 1906 betrieb eine anglikanische Niederlassung Farmwirtschaft und Handwerk, 1913 wurde sie durch eine katholische Abtei abgelöst. Seit 1929 ist Caldey I. im Besitz belgischer Trappisten [817].

Literatur[1])

11. Cambr. Co. Geographies:
   a) LLOYD, J. E., Carnarvonshire. 1911.
   b) EVANS, C. J., Breconshire. 1912.
   c) DAVIES, L., Radnorshire. 1912.
   d) MORRIS, A., Merionethshire. 1913.
   e) EDWARDS, J. M., Flintshire. 1914.
   f) WADE, J. H., Glamorganshire. 1914.
   g) EVANS, H. A., Monmouthshire. 1911.
12. FLEURE, H. J., Wales (In: 112*, 230—255).
13. THOMAS, A. N., Glamorganshire. LBr., pt. 31, 1938.
14. DAVIES, M. F., Pembrokeshire. Ebd., pt. 32, 1939.
15. HUDSON, A. E. L., A g. of W. 1901.
16. EDWARDS, O. M., W. 1902. [Haupts. geschichtlich.]
17. REED, J. H., Little E. beyond W. JManchGS. 19, 1903, 85—99.
18. RHYS, E., The South W. coast from Chepstow to Aberystwyth. 1911.
19. BrAssHBCardiff. 1920. (Versch. Mitarbeiter: vgl. u. a. 710—710 c.)
110. FLEURE, H. J., The Land of W. In: W. The Blue Guides. 1922. (Vgl. Ders., Art. Wales in BE.) Neudruck 1948.
111. DAVIES, W. W., Wales. 1924.
112. CARR, H. R. C., and LISTER, G. A., The mountains of Snowdonia in hist., the sciences. liter., and sport. [U. a. Sage und Geschichte von J. E. LLOYD, Gl. von E. GREENLY.] 1925. 2. A. 1948.
113. RIDER, S. W., and TRUEMAN, A. E., South W.: a phys. and econ. g. 1929.

---

[1]) Abkürz. W. = Wales.

113 a. PAWLOWSKI, S., Le Pays de Galles, comme l'individualité géogr. RevPolonG. 1929.
114. NORTH, F. J., Maps, their hist. and uses, with spec. ref. to W. Cardiff, NatMus. 1933.
115. NORTH, F. J., The map of W. (bef. 1600 A.D.). Ebd. 1935.
116. LLOYD, Sir J. E. (ed.), A hist. of Carm. I. From prehist. times to the Act of Union (1536). LondonCarmS. 1935. [Beitr. von C. Fox zur Arch., E. G. BOWEN zur Physiogr. u. a.] 2. A. 1948.
117. TATTERSALL, W. M. (ed.), GlamCoHist., Vol. I. Natural hist. Cardiff 1936. [Beitr. von A. E. TRUEMAN, A. H. COX, E. VACHELL u. a.]
118. EVANS, C. J. O., Glamorgan: its hist. and topogr. Cardiff 1938.
119. HARRIS, A. N., A g. of W. 1939. [Lehrbuch.]
120. HOLLIDAY, L. A., Merioneth. LBr., pt. 33, 1940.
121. LEWIS, A. D., Anglesey. Ebd., pt. 34, 1940.
122. REDFORD, L. K., Radnor. Ebd., pt. 35, 1940.
123. MAY, J., and WELLS, S. F., Montgomeryshire. Ebd., pt. 36, 1942.
124. WHYTE, R. M., Brecon. (With sect. on land use in Brec. and Rad. 150 years ago, by E. J. Howell, and on the Black Mts. by L. S. McCaw and E. J. Howell.) Ebd., pt. 37, 1943.
125. CLARKE, A. RHYS, Monmouth. (With an hist. section by E. J. Howell.) Ebd., pt. 38, 1943.
126. DAVIES, B. L., and MILLER, H., Carmarthenshire. Ebd., pt. 39, 1944.
127. HOWELL, E. J., Cardiganshire. Ebd., pt. 40, 1946.
128. HOWELL, E. J., North W. [Caer., Den. and Fl.] Ebd., pt. 41—43, 1946.
129. Nomenclature in the Mts. of Caer. G. 26, 1941, 142.
130. BOWEN, E. G., W.—A study in g. and hist. Cardiff 1941. (Third impress. 1946.)
131. LLOYD, T. A., The S Wales Outline Plan. JTownPlInst. 34, 1948, 109—127.

21. Gl. Sv., Mem., Explan. sheets:
   a) 108. Flint, Hawarden and Caergwrle. By C. B. Wedd, W. B. R. King and others. 1924.
   b) 121. Wrexham. By C. B. Wedd, B. Smith and L. J. Wills. Pt. I, 1927; pt. II, 1928.
   c) 137. Oswestry. By C. B. Wedd and others. 1929.
22. Gl. Sv., Distr. Mem.:
   GREENLY, E., The gl. of Ang. 2 vol. 1919.
23. Gl. Sv., Coalfields: The gl. of the S W. coalfield.
   a) Pt. I. sheet 249. Newport. By A. Strahan. Sec. ed. 1909.
   b) Pt. II. sh. 232. Abergavenny. By A. Strahan. Sec. ed. 1927.
   c) Pt. III. sh. 263. Cardiff. By A. Strahan and T. C. Cantrill. Sec. ed. 1912.
   d) Pt. IV. sh. 248. Pontypridd and Maesteg. By A. Strahan, R. H. Tiddeman, W. Gibson. Sec. ed. 1917.
   e) Pt. V. sh. 231. Merthyr Tydfil. By A. Strahan, W. Gibson, T. C. Cantrill. 1904. Sec. ed. 1932. By T. Robertson and others.
   f) Pt. VI. sh. 261/2. Bridgend. By A. Strahan, T. C. Cantrill and others. 1904.
   g) Pt. VII. sh. 230. Ammanford. By A. Strahan and others. 1907.
   h) Pt. VIII. sh. 247. Swansea. By A. Strahan and others. 1907.
   i) Pt. IX. sh. 246. West Gower, Pembrey. By A. Strahan. 1907.
   k) Pt. X. sh. 229. Carmarthen. By A. Strahan and others. 1909.
   l) Pt. XI. sh. 228. Haverfordwest. By A. Strahan and others. 1914.
   m) Pt. XII. sh. 227. Milford. By T. C. Cantrill, E. E. L. Dixon and others. 1916.
   n) Pt. XIII. sh. 244/5. Pembroke and Tenby. By E. E. L. Dixon. 1921.
   o) Vgl. außerdem: The coals of S W., with spec. ref. to the origin and distrib. of anthracite. By A. Strahan and W. Pollard. 1908. 2nd ed. 1915.
24. Gl. Sv., Econ. Mem.:
   a) vol. IX. Iron ores: Sundry unbedded ores of Durham, E Cumberland, N W. etc. By T. C. Cantrill, R. L. Sherlock and H. Dewey. 1919.
   b) vol. X. Iron ores: The haematites of the Forest of Dean and S W. By T. F. Sibly. Rev. by W. Lloyd. 1919. 2nd ed. 1927.
   c) vol. XIX. Lead and zinc ores in the Carboniferous rocks of N W. By B. Smith. 1921.
   d) vol. XX. Lead and zinc. The mining distr. of N Card. and W Mgom. By O. T. Jones. 1922.
   e) vol. XXIII. Lead and zinc ores in pre-Carboniferous rocks of W Shrops. and N W. By H. Dewey and B. Smith. 1922.
   f) vol. XXX. Copper ores of the Midlands, W. etc. By H. Dewey and T. Eastwood. 1925.
   g) Vgl. auch VI und XVI (Refractory materials); XIII (Bedded iron ores).
25. Gl. Sv., Br. Reg. Geologies:

a) Smith, B., and George, T. N., N W. 1935. 2nd ed. 1948.

b) Pringle, J., and George, T. N., S W. 1937. 2nd ed. 1948.

26. Fearnsides, W. G., Gl. of N and Central W.; Strahan, A., Gl. of S W. (In: Gl. in the field. JubVolGlAss. 1910, 787—825, bzw. 826—858.)

27. Richardson, L., The Rhaetic and contiguous deposits of Glam. QJGlS. 61, 1905, 385—424.

28. Fearnsides, W. G., On the gl. of Arenig Fawr and Moel Llyfnant. Ebd., 608—640.

29. Davison, C., The Swansea earthquake of June 24, 1906. Ebd. 63, 1907, 351—374. (Vgl. auch Ders., N. 74, 1905, 225/226.)

29 a. Lomas, J., The gl. of the Berwyn Mts. PrGlAss. 20, 1907/1908, 477—500. (Vgl. auch Ders., Excurs. 1908. PrYorksGlS. 16, 1909, 409—423.)

210. Green, J. F. N., The gl. struct. of the St. David's area (Pem.). QJGlS. 64, 1908, 363—383.

210 a. Lake, P., and Groom, T., The Bala and Llandovery rocks of Glyn Ceiriog. (N W.). Ebd., 546—595.

210 b. Leach, A. L., Excurs. to Tenby, Easter 1909. PrGlAss. 21, 1909, 177—194.

211. Drew, H., and Slater, I. L., Notes on the gl. of the distr. ar. Llansawel, Carm. QJGlS. 66, 1910, 402—429.

211 a. Fearnsides, W. G., The Tremadoc Slates and associated rocks of SE Carn. Ebd., 142—188.

212. Green, J. F. N., The gl. of the distr. ar. St. David's, Pem. PrGlAss. 22, 1911, 121 bis 137; vgl. ebd., 215—234.

213. Jones, O. T., The gl. struct. of Central W. and adjoining regions. QJGlS. 68, 1912, 328—344.

214. Thomas, H. H., and Jones, O. T., On the pre-Cambrian and Cambrian rocks of Brawdy, Hayscastle and Brimaston (Pem.). Ebd., 374—401.

215. Matley, C. A., and Flett, J. S., The gl. of Bardsey I. QJGlS. 69, 1913, 514—528.

216. Matley, C. A., An outline of the gl. of SW Lleyn. GlMg. Dec. VI, vol. 2, 1915, 129—132.

217. Nicholas. T. C., The gl. of St. Tudwal's Penins. QJGlS. 71, 1915, 83—143.

218. Cox, A. H., The gl. of the distr. between Aberciddy and Abercastle (Pem.). Ebd., 273—342. (Vgl. auch Cox. A. H., and Jones, O. T., The gl. of the distr. between Abereiddy and Pen Caer. RepBrAssBirm. 1913, 484.)

219. Jones, O. T., and Pugh, W. J., The gl. of the distr. between Machynlleth and the Llyfnant valley. QJGlS. 71 (1915), 1916, 343—385.

220. Dixey, F., and Sibly, T. F., The Carbonif. Limestone Series on the SE margin of the S W. coalfield. QJGlS. 73, 1917, 111—160.

221 a. Lowe, W. B., and Davies, I., The gl. of the distr. between Conway and Aber. 1918, 1—29. PrLlandudnoDistrFCl. 1918.

222. Miskin, F. F., The Triassic rocks of South Glam. TrCardiffNlistsS. 1919, 17 ff.

222 a. Cox, A. H., and Wells, A. K., The Lower Palaeozoic rocks of the Arthog-Dolgelley distr. (Mer.). QJGlS. 76. 1920, 254—324.

222 b. Wills, L. J., The gl. of the Llangollen distr. PrGlAss. 31. 1920, 1—15. (Vgl. auch QJGlS. 78, 1922, 196—226.)

223. Cox, A. H., The gl. of the Cardiff distr. PrGlAss. 31, 1920, 45—75.

223 a. Sibly, T. F., The Carbonif. Limestone of the Cardiff distr. Ebd., 76—93.

223 b. Trueman, A. E., The Liassic rocks of the Cardiff distr. Ebd., 93—107.

224. Elles, G. L., The Bala ctry. its struct. and rock-succession. QJGlS. 78, 1922, 132—173.

225. Trueman, A. E., The Liassic rocks of Glam. PrGlAss. 33, 1922, 245—284.

226. Pugh, W. J., The gl. of the distr. ar. Corris and Aberllefenni (Mer.). QJGlS. 79. 1923, 508—545.

227. Stamp, L. D., and Wooldridge, S. W., The igneous and associated rocks of Llanwrtyd, Brec. Ebd., 16—44.

228. King, W. B. R., The Upper Ordovician rocks of the SW Berwyn Hills. Ebd., 487—507.

229. Dix, E., and Trueman, A. E., The Coal Measures of N Gower. PrSouthWalesInstEng. 40, 1924, 353 ff.

230. Trueman, A. E., The gl. of the Swansea distr. PrGlAss. 35, 1924. 283—307.

231. Heard, A., and Davies, R., The Old Red Sandstone of the Cardiff distr. QJGlS. 80. 1924, 489—515.

232. Thomas, H. H., and Cox, A. H., The Volcanic Series of Trefgarn, Roch, and Ambleston (Pem.). Ebd., 520—547.

233. George, T. N., and Trueman, A. E., Notes on the Coal Measures of E Pem. PrSouthWalesInstEng. 41. 1925, 409 ff.

234. Smyth, L. B., A contrib. to the gl. of Great Orme's Head. PrRDublinS. 18. 1925, 141 ff.

235. Cox, A. H., The gl. of the Cader Idris Range. QJGlS. 81, 1925, 539—594.
236. Jones, O. T., The gl. of the Llandovery distr. Ebd., 344—388.
237. Wells, A. K., The gl. of the Rhobell Fawr distr. Ebd., 463—538.
238. Boswell, P. G. H., A contrib. to the gl. of the E part of the Den. Moors. Ebd. 82, 1926, 556—584. (Vgl. auch Ders., RepBrAssLiverpool. 1923, 441/442.)
239. Morris, T. O., and Fearnsides, W. G., The stratigr. and struct. of the Cambrian slate-belt of Nantlle, Carn. Ebd., 250—299.
240. Jehu, R. M., The gl. of the distr. ar. Towyn and Abergynolwyn (Mer.). Ebd., 465 bis 489.
241. Davies, K. A., The gl. of the ctry between Drygarn and Abergwesyn, Brec. Ebd., 436—463.
242. North, F. J., The slates of W. Cardiff, NatMus. 1927. 3rd ed. 1946. [Vollst. Lit.-Verz.]
243. Williams, H., The gl. of Snowdon. QJGlS. 83, 1927, 346—427.
244. Boswell, P. G. H., The Salopian rocks and tect. of the distr. SW of Ruthin (Den.). QJGlS. 83 (für 1927), 1928, 687—710.
244 a. George, T. N., The Carbonif. Limestone (Avonian) succession ... of the S W. coalfield. QJGlS. 83, 1927, 38—95.
245. Blackie, R. C., The gl. of the ctry between Llanelidan and Bryneglwys. Ebd., 711—735.
246. Cox, A. H., and Wells, A. K., The gl. of the Dolgelley distr. PrGlAss. 38, 1927, 265—318.
247. Davies, K. A., Contrib. to the gl. of Central W. PrGlAss. 39, 1928, 157—168.
248. Matley, C. A., The pre-Cambrian complex and associated rocks of SW Lleyn (Carn.). QJGlS. 84, 1928, 440—445, 460—504.
248 a. Pugh, W. J., The gl. of the distr. ar. Dinas Mawddwy. Ebd., 345—381.
249. Dix, E., The Coal Measures of the Gwendraeth and adjoining distr. PrSouthWales-InstEng. 44, 1928, 243 ff.
250. North, F. J., Gl. maps, their hist. and development, with spec. ref. to W. Cardiff, NatMus. 1928. (Verzeichnis der gl. Karten S. 88—120!)
251. Challinor, J., The gl. map of W. — a g. review. G. 14, 1928, 511—514.
252. Pugh, W. J., The gl. of the distr. between Llanymawddwy and Llanuwchllyn (Mer.). QJGlS. 85, 1929, 242—306.
253. Roberts, R. O., The gl. of the distr. ar. Abbey Cwmhir (Rad.). Ebd., 651—675.
254. Robertson, T., and George, T. N., The Carbonif. Limestone of the N Crop of the S W. coalfield. PrGlAss. 40, 1929, 18—40.
255. Evans, D. G., and Jones, R. O., Notes on the Millstone Grit of the N Crop of the S W. coalfield. GlMg. 66, 1929, 164—180.
256. Cox, A. H. (and others), The gl. of the St. David's distr. PrGlAss. 41, 1930, 241—273.
257. Pringle, J., The gl. of Ramsey I., Pem. Ebd., 1—31.
257 a. Pugh, W. J., A contrib. to the gl. of Central W. (Stud. in regional consciousness and environment. Ed. by I. C. Peate.) Oxf. 1930, 159—173.
258. Williams, D., The gl. of the ctry between Nant Peris and Nant Ffrancon. QJGlS. 86, 1930, 191—230.
259. North, F. J., Coal, and the coalfields of W. Sec. ed. Cardiff, NatMus. 1931. (First ed. 1926.) [Ausführl. Schr.-Verz.]
260. Dix, E., The Millstone Grit of Gower. GlMg. 68, 1931, 529—543.
261. Williams, H., and Bulman, O. M. B., The gl. of the Dolwyddelan Syncline. QJGlS. 87, 1931, 425—456.
262. Boswell, P. G. H., The Ludlow rocks of the northern part of the Clwydian Range, Fl. PrLiverpGlS. 15, pt. 4, 1931, 297—308.
263. Blackie, R. C., The gl. of the S end of the Clwydian Range. Ebd., 21—65.
264. Matley, C. A., The gl. of Mynydd Rhiw and Sarn, SW Lleyn (Carn.). QJGlS. 88, 1932, 238—272.
265. Jones, O. T., The gl. of the Fairbourne-Llwyngwril distr., Mer. [s. Barmouth]. Ebd., 89, 1933, 145—171.
266. Davies, A. K., The gl. of the ctry between Abergwesyn [9 km n. Llanwrtyd im Yrfontal], Brec., and Pumpsaint, Carm. Ebd., 172—201.
267. George, T. N., The Carbonif. Limestone Series in the West of the Vale of Glam. Ebd., 221—271.
268. North, F. J., From Giraldus Cambrensis to the gl. map. TrCardiffNlistsS. 66, 1933, 20—97.
269. North, F. J., Further chapters in the hist. of gl. in S W. Ebd. 67, 1934, 31—103.
270. Williams, T. G., The pre-Cambrian and Lower Palaeozoic rocks of the E end of St. David's pre-Cambrian area, Pem. QJGlS. 90, 1934, 32—72.
271. Evans, W. H., and Simpson, B., The Coal Measures of the Maesteg distr. PrSouthWalesInstEng. 49, 1933 (1934), 447 ff.
272. Jones, S. H., The Lower Coal Series of NW Gower. Ebd., 409 ff.

273. Jones, O. T., and Pugh, W. J., The gl. of the distr. ar. Machynlleth and Aberystwyth. PrGlAss. **46**, 1935, 247—300. Vgl. auch Dies., Rep. of summer field-meeting to the Aberystwyth distr. Ebd., 413—428.

274. Boswell, P. G. H., The gl. of NW Den. PrGlAss. **46**, 1935, 152—186.

275. North, F. J., The fossils and gl. hist. of the S W. Coal Measures. PrSouthWales-InstEng. **51**, 1935, 272 ff.

276. Davies, D. A. B., The Ordovician rocks of the Trefriw distr. (N W.). QJGlS. **92**, 1936, 62—87.

276 a. Boswell, P. G. H., The tect. problems of an area of Salopian rocks in NW Den. QJGlS. **93**, 1937, 284—321.

276 b. Cox, A. H., and Heard, A., Rep. on week-end field meeting in the Cardiff distr. PrGlAss. **48**, 1937, 52—60.

277. Greenly, E., The Red Measures of the Menaian region of Carn. Ebd. **49**, 1938, 331—346.

278. Matley, C. A., The gl. of the ctry ar. Pwllheli, Llanbedrog and Madryn (SW Carn.). Ebd., 555—605.

279. Earp, J. R., The Higher Silurian rocks of the Kerry distr., Mgom. Ebd., 125—160.

280. Whittington, H. B., The gl. of the distr. ar. Llansaintffraid-ym-Mechain, Mgom. QJGlS. **94**, 1938, 423—454.

281. Matley, C. A., Nicholas, T. C., and Heard, A., Summer field-meeting to the W part of the Lleyn penins. PrGlAss. **50**, 1939, 83—100.

282. Ware, W. D., The Millstone Grit of Carm. Ebd., 168—204.

282 a. George, T. N., The gl., phys. features and natural resources of the Swansea distr. Cardiff 1939.

283. Earp, J. R., The gl. of the SW part of Clwn Forest. QJGlS. **96**, 1940, 1—11.

284. George, T. N., The struct. of Gower. Ebd., 131—198. [Viel Lit.]

284 a. Jones, O. T., The gl. of the Colwyn Bay distr. QJGlS. **95**, 1939, 335—382.

285. Jones, O. T., and Pugh, W. J., The Ordovician rocks of the Builth distr. GlMg. **78**, 1941, 185—191.

286. Greenly, E., The igneous rocks of Arvon. GlMg. **79**, 1942, 328—331.

287. Boswell, P. G. H., The Wenlock and Ludlow rocks of the distr. ar. Gwytherin, NW Den. PrLiverpGlS. **18**, pt. II/III, 1942, 86—100.

288. Fearnsides, W. G., and Davies, W., The gl. of Deudraeth, the ctry betw. Traeth Mawr and Traeth Bach, Mer. QJGlS. **99**, 1943 (1944), 247—276.

289. Jones, O. T., A comment on a new area of slumped beds in Den. GlMg. **80**, 1943, 66—68.

290. Boswell, P. G. H., The Salopian rocks and gl. struct. of the ctry ar. Eglwys-fâch and Glen Conway, NW Den. PrGlAss. **54**, 1943, 93—112.

291. Greenly, E., The older rocks of Carn. PrLiverpGlS. **18**, pt. IV, 1943, 113—119.

292. Greenly, E., The Cambrian rocks of Arvon. GlMg. **81**, 1944, 170—180.

293. Greenly, E., The Ordovician rocks of Arvon. QJGlS. **100**, 1944, 75—84.

294. Travis, C. B., The gl. hist. of the Berwyn Hills, N W. PrLiverpGlS. **19**, pt. I, 1944, 14—28.

295. Evans, W. D., The gl. of the Prescelly Hills, N Pem. QJGlS. **100**, 1944 (1945), 89—110.

296. Greenly, E., The Arvonian rocks of Arvon. Ebd., 269—287.

297 Jones, W. D. V., The Valentian succession ar. Llanidloes, Mgom. QJGlS. **100**, 1944 (1945), 309—332.

298. Matley, C. A., and Wilson, T. S., The Harlech Dome, N of the Barmouth estuary. QJGlS. **102**, 1946, 1—40.

299. Jones, O. T., and Pugh, W. J., The complex intrusion of Welfield, near Builth Wells, Rad. Ebd., 157—188.

2100. Greenly, E., The gl. of the City of Bangor. PrLiverpGlS. **19**, pt. III (1947), 105 bis 112.

2101. Jones, O. T., The gl. of the Silurian rocks W and S of the Carneddau Range, Rad. QJGlS. **103**, 1947, 1—36. [Stratigr., Tekt.]

2102. Trotter. F. M., The struct. of the Coal Measures in the Pontardawe-Ammanford area, S W. Ebd., 89—134.

2103. Moore, L. R., The sequence and struct. of the S portion of the E Crop of the S W. coalfield. QJGlS. **103**, 1947, 261—300. (Vgl. AbsPrGlSLond. No. 1437, 1947, 26—33; ferner PrSouthWalesInstEng. **59**, 1943, 189 ff.; **60**, 1945, 141 ff.)

2104. Kuenen, P., Slumping in the Carboniferous rocks of Pem. AbsPrGlSLond. Nr. 1443, 1948, 96—102.

2105. Boswell, P. G. H., The Middle Silurian rocks of N W. 1949. (Vgl. N. **164**, 1942, 681.)

31. Keeping, W., The glacial gl. of Central W. GlMg. N.S. Dec. II, vol. **9**, 1882, 251—257. 251—257.

32. Strahan, A., A submerged land-surface at Barry, Glam. QJGlS. **52**. 1896. 474—489.

33. MARR, J. E., and ADIE, R. N., The lakes of Snowdon. GlMg. Dec. IV, vol. 5, 1898, 51—61.
34. DAKYNS, J. R., Modern denudation in N W. Ebd., Dec. IV, vol. 7, 1900, 18—20.
35. DAKYNS, J. R., Some Snowdon tarns. Ebd., 58—61.
35 a. GREENLY, E., Rep. on the drift at Moel Tryfaen. Ebd., 115—123.
36. DAKYNS, J. R., Glacial notes at Rhyd-ddu, Carn. RepBrAssBradford. 1900, 763.
37. LAKE, P., Bala Lake and the river system of N W. GlMg. Dec. IV, vol. 7, 1900, 204—215, 241—245.
38. TIDDEMAN, R. H., On the age of the raised beach of S Br., as seen in Gower. Ebd., 441—443. (Vgl. RepBrAssBradford. 1900, 760—762.)
39. HOWARD, F. T., and SMALL, A. W., Notes on ice action in S W. TrCardiffNHistS. 32, 1901, 14 ff.
310. JEHU, T. J., A bathym. and gl. sv. of the lakes of Snowdonia etc. TrRSEdinb. 40 (1901/1902), 419—467.
311. STRAHAN, A., On the origin of the river-system in S W., and its connection with that of the Severn and the Thames. QJGlS. 58, 1902, 207—225.
312. CODRINGTON, T., Note on a submerged and glaciated rock-valley, recently exposed to view in Carm. Ebd., 35/36. (Vgl. dazu Ders., ebd. 54, 1898, 251 ff.)
313. JEHU, T. J., The glacial deposits of N Pem. TrRSEdinb. 41, 1904, 53—87.
314. GREENLY, E., The glaciation of Holyhead Mtn. GlMg. Dec. V, vol. 1, 1904, 504/505.
314 a. HOWARD, F. T., The origin of the phys. features of S W. TrCardiffNHistS. 36, 1904. 21 ff.
315. GREENLY, E., The R. Cefni in Ang. GlMg. Dec. V, vol. 3, 1906, 262—265.
316. CARTER, W. L., Notes on the glaciation of the Usk and Wye valleys. RepBrAssYork. 1906 (1907), 579/580.
317. GALLOWAY, W., The land slide in Rhymney valley. N. 73, 1906, 425/426.
318. GREENLY, E., Glaciation and physiogr. in the NE of Ang. GlMg. Dec. V, vol. 4, 1907, 348/349.
319. HARMER, F. W., On the origin of certain canon-like valleys associated with lake-like areas of depression. QJGlS. 63, 1907, 470—514.
320. DAVIS, W. M., Glacial erosion in N W. QJGlS. 65, 1909, 281—350.
321. JEHU, T. J., The glacial deposits of W Carn. TrRSEdinb. 47. 1, 1909. 17—56.
322. RICHARDSON, L., On river development in Mid-South W. GlMg. Dec. V, vol. 6, 1909, 508—512.
323. RICHARDSON, L., Some glacial features of Aberedw in the Wye valley, near Builth Wells. Ebd., 490—492.
324. LEACH, A. L., On the relation of the glacial drift to the raised beach near Porth Clais, St. David's. GlMg. Dec. V, vol. 8, 1911, 462—466.
325. OSBORN, T. G. B., A note on the submerged forest of Llanaber, Barmouth. MemManchLitPhilS. 56, 1911/1912.
326. SAWICKI, L. v., Die Einebnungsflächen in W. und Devon. JberWarschauerGesWiss. 1912. Vgl. auch WALDBAUR, H., Die Exkursion in W. In: Eine g. Studienreise durch das westl. Europa. Herausgeg. v. VerGUnivLeipzig. 1913. 9—26.
326 a. LATTER, M. P., Recent changes in the Teify estuary. GlMg. Dec. VI, 2, 1915, 223.
327. WHITEHOUSE, W. E., and FLEURE, H. J., Descr. HB. of the relief model of W. Cardiff 1915.
328. DEWEY, H., On the origin of some land-forms in Carn. GlMg. Dec. VI, 5, 1918, 145—157.
329. LEACH, A. L., Flint-working sites on the submerged land (submerged forest) bordering the Pem. coast. PrGlAss. 29, 1918. 46—64.
329 a. SMITH, B., The late-glacial gravels of the Vale of Edeyrnion, Corwen, W. GlMg. 56, 1919, 312—318.
330. GREGORY, J. W., The preglacial valleys of Arran and Snowdon. GlMg. 57, 1920, 148—164.
330 a. COLE, G. A. J., The floor of Ang. N. 106, 1920, 282—284.
331. GREENLY, E., Mon and Arvon: a study in the development of a land surface. GT. 11, 1921/1922, 154/155.
332. JONES, O. T., The Upper Towy drainage system. QJGlS. 80. 1924. 568—609.
333. STUART, A., The petrol. of the dune sands of S W. PrGlAss. 35. 1924. 316—331.
334. KNOX, G., Landslides in S W. valleys. PrSouthWalesInstEng. 43. 1927, 161 ff.
335. WILLIAMS, K. E., The glacial drifts of W Card. GlMg. 64. 1927, 205—227.
336. DAVIES, D. F., DIX, E., and TRUEMAN, A. E., Boreholes in Cwmgorse valley. PrSouthWalesInstEng. 44, 1928, 37 ff.
336 a. FEARNSIDES. W. G., and WILCOCKSON, W. H., A topogr. study of the flood-swept course of the Porth Llwyd above Dolgarrog. GJ. 72, 1928, 401—419.
337. LAKE, P., On hill-slopes. GlMg. 65, 1928, 108—116.

338. BILLINGHURST, L. A., Notes on the physiogr. and glaciol. of NE Carn. GlMg. 66, 1929, 145—163.
339. CHARLESWORTH, J. K., The S W. end-moraine. QJGlS. 85, 1929, 335—358.
340. NORTH, F. J., The evolution of the Bristol Channel. Cardiff, NatMus. 1929.
341. JONES, O. T., Some episodes of the gl. hist. of the Bristol Channel region. RepBrAss-Bristol 1930 (1931), 57—82.
342. GEORGE, T. N., The submerged forest in Gower. PrSwanseaSciFNlistsS. I, pt. 4, 1930, 100 ff.
343. DEWHURST, M., The rivers of W. in their relation to struct. lines. G. 15, 1930, 374—383.
344. NORTH, F. J., The river scenery at the head of the Vale of Neath. Cardiff, NatMus. 1930. (Auch in: TrCardiffNHistS. 61, 1928, 12—54.)
345. DWERRYHOUSE, A. R., and MILLER, A. A., The glaciation of Clun Forest, Rad. Forest and some adjoining distr. QJGlS. 86, 1930, 96—179. (Vgl. auch Dies., RepBrAss-Leeds. 1927 [1928], 328.)
346. CHALLINOR, J., The hill-top surface of N Card. G. 15, 1930, 651—656.
347. CHALLINOR, J., Some coastal features of N Card. GlMg. 68, 1931, 111—121, 145—165.
348. JONES, R. O., The development of the Tawe drainage. PrGlAss. 42, 1931, 305—321.
349. GEORGE, T. N., The quaternary beaches of Gower. PrGlAss. 43, 1932, 291—324.
350. GEORGE, T. N., The glacial deposits of the Gower Penins. GlMg. 70, 1933, 208—232. (Vgl. auch dazu BADEN-POWELL, D., Raised beaches in Gower, ebd., 239 und weiter Diskuss., ebd., 284 und 432.)
350 a. CHALLINOR, J., The " incised meanders " near Pont-erwyd, Card. GlMg. 70, 1933, 90—92.
351. GEORGE, T. N., The coast of Gower. PrSwanseaSciFNlistsS. I, pt. 7, 1933, 192 ff.
352. HIGGINS, L. S., An invest. into the problem of the sand dunes areas of the S W. coast. ArchCambr. 1933, 675—732.
353. HIGGINS, L. S., Coastal changes in S W. — The excav. of an old beach. GlMg. 70, 1933, 541—549.
354. LEACH, A. L., The gl. and scenery of Tenby and the S Pem. coast. PrGlAss. 44. 1933, 187—216.
355. LEACH, A. L., The gl. and archaeol. of the I. of Caldey. Ebd. 45, 1934. 189—204.
356. GOSKAR, K. L., and TRUEMAN, A. E., The coast plateaus of S W. GlMg. 71, 1934, 468—477.
356 a. LAKE, P., The rivers of W. and their connection with the Thames. SciProgr. No. 113, 1934, 25—40.
357. GOSKAR, K. L., The form of the high plateau in S W. PrSwanseaSciFNlistsS. I, pt. 9, 1935, 305 ff.
358. GEORGE, T. N., The gl. of the Swansea main drainage excav. Ebd. I, pt. 10, 1936, 311.
359. MATLEY, C. A., A 50'-coastal terrace etc. in the Lleyn Penins. PrGlAss. 47, 1936. 221—233.
360. CLARKE, B. B., The post-cret. geomorph. of the Black Mts. PrBirmNHistS. 16, 1936, 155—172.
361. SÖLCH, J., Alte Flächensysteme und pleistozäne Talformung im Snowdongebiet. SberHeidelbAkWiss., m.-n. Kl. 1936, 5 (1937), 3—31.
362. MILLER, A. A., The 600'-plateau in Pem. and Carm. GJ. 90, 1937, 148—159. (Vgl. dazu RepBrAssNorwich. 1935, Sect. C 375 f.)
362 a. NEWSTEAD, R., and NEAVERSON, E., The postglacial deposits of the Roman site at Prestatyn, Fl. PrLiverpGlS. 17, 1937/1938, 243—254.
363. GREENLY, E., The age of the mountains of Snowdonia. QJGlS. 94, 1938, 117—124.
364. GODWIN, H., and NEWTON, L., The submerged forest at Borth and Ynysglas, Card. New Phyt. 37, 1938, 333—344.
365. GODWIN, H., and MITCHELL, G. F., Stratigr. and development of two raised bogs near Tregaron, Card. Ebd., 425—454.
365 a. GEORGE, T. N., Shoreline evol. in the Swansea distr. PrSwanseaSciFNlistsS. 2, 1938, 23—48.
366. MILLER, A. A., Preglacial erosion surfaces around the Irish Sea. PrYorksGlS. 24, pt. I, 1938, 31—59.
366 a. GRIFFITHS, J. C., The mineral. of the glacial deposits of the region between the R. Neath and Towy, S W. PrGlAss. 50, 1939, 433—462.
367. JONES, R. O., The evol. of the Neath-Tawe drainage system, S W. Ebd., 530—566. 530—566.
368. STEERS, J. A., Sand and shingle formations in Card. Bay. GJ. 94, 1939, 209—227.
369. NORTH, F. J., The legend of Llys Helig—its origin and significances. With an appendix on the arch. aspect by W. F. Grimes. (SupplPrLlandudno, Colwyn Bay, DistrFCl.) Llandudno 1940.

370. Pocock, T. I., Glacial drift and river-terraces of the Hereford Wye. ZGlK. **27**, 1940, 98—117.

371. Godwin, H., A boreal transgression in Swansea Bay. New Phytol. **39**, 1940, 308.

372. Greenly, E., Notes on the glacial phenomena of Arvon. QJGlS. **97**, 1941, 163—178. (Disk. ebd. 98, 1942, 144—146.)

373. Jones, O. T., The buried channel of the Tawe valley near Ynystowe, Glam. Ebd. **98**, 1942, 61—88.

374. George, T. N., The devel. of the Towy and Upper Usk drainage pattern. Ebd. **98**, 1942, 89—137.

375. Neaverson, E., A summ. of the records of pleistoc. and postglacial Mammalia from N W. and Merseyside. PrLiverpGlS. **18**, pt. II/III, 1942, 70—85.

376. Montag, E., The origin of the Menai Straits. Ebd. **19**, pt. II, 1945, 69—71.

377. Challinor, J., Two contrasted types of alluvial deposit: with an illustr. from the Rheidol valley, Card. GlMg. **83**, 1946, 162—164.

378. Allen, E. E., and Rutter, J. G., A sv. of the Gower caves. Pts. I and II. Cardiff 1946—1948.

379. Miller, A. A., Some phys. features, related to the river devel. in the Dolgelley distr. PrGlAss. **57**, 1946, 174—203.

380. Challinor, J., A remarkable example of superficial folding due to glacial drag at Aberystwyth. GlMg. **84**, 1947, 270—272.

381. Challinor, J., A note on convex erosion-slopes, with sp. ref. to N Card. G. **33**, 1948, 27—31.

41. Gethin-Jones, J. R., The wettest place in W. etc. SymMetMg. **39**, 1904, 121—126.

42. Williams, G. B., The g. distrib. of the mean annual rainfall of W. and Monm. GJ. **33**, 1909, 299—310.

43. Dolgarrog Dam disaster [1925. Ber. von E. Greenly u. a.]. RepBritAssLeeds. 1927, 276—280.

44. Glasspoole, J., Aver. annual rainfall over Pem., 1881—1915. BrRainfall. 1929, 282 bis 283.

45. Stapledon, R. G., Climate and the improvement of hill land. G. **18**, 1933, 17—25.

46. Brooks, C. E. P., Variations of wind direction in S W. in hist. times. QJMetS. **60**, 1934, 165/166.

47. Sketch, G., The mean annual rainfall of W. and Monm. G. **21**, 1936, 218—222. (Mit einer Niederschlagskarte.)

48. Lloyd, D., Rainfall and loss in the Vyrnwy catchment area. QJMetS. **62**, 1936, 219—245.

49. Ashmore, S. E., The rainfall in the Wrexham distr. Ebd. **70**, 1944, 241—274.

410. Menzies, T. R., Meteorol. experiences during a midwinter camp on the summit of Snowdon. Weather **3**, 1948, 55—57.

411. Deacon, G. F., The Vyrnwy works for the water supply of Liverpool. MinPrInstCiv-Eng. **126**, 1896, 24—125.

412. Mansergh, E. L. and W. L., The works for the supply of water for the City of Birmingham, from Mid-W. Ebd. **190**, 1912, 3—88.

412 a. Lloyd, D., Rainfall and loss in the Vyrnwy catchment area. QJMetS. **62**, 1936, 219—245.

412 b. Yapp, R. H., Johns, D., and Jones, O. T., The salt marshes of the Dovey estuary. JEcol. **4**, 1916, 27—42.

412 c. Barnes, F. A., Shelter and exposure in W Ang. Weather. **4**, 1949, 110—113, 183—189.

413. Robinson, G. W., Stud. on the palaeoz. soils of N W. JAgrSci. **8**, 1917, 338 ff.

414. Robinson, G. W., and Hill, C. F., Further stud. on the soils of N W. Ebd. **9**, 1919, 259 ff.

415. Robinson, G. W., The development of the soil profile in N W., as illustrated by the character of the clay formation. JAgrSci. **20**, 1930, 618 ff.

416. Evans, E. P., Cader Idris: a study of certain plant communities in SW Mer. JEcol. **30**, 1932, 1—52.

417. Newton, L., Plant distrib. in the Aberystwyth distr. Aberystwyth 1933.

418. Woodhead, N., and Hodgson. L. M., A prelim. study of some Snowdonian peats. New Phytol. V, 1935, No. 4, 262—282.

419. Kidd, F. L., Pyefinch, K. A., and Butler, P. M., The ecol. of Bardsey I. Topogr. and types of environment. JAnimalEcol. **4**, 1935, 231—243.

420. Hyde, H. A., The position of the beech in S W. RepBrAssBlackpool. 1936, 428.

421. Hyde, H. A., Welsh timber trees: native and introduced. Sec. ed., rev. Cardiff, Nat. Mus. 1936 [1. Aufl. 1931].

422. Godwin, H., and Conway, V. M., The ecol. of a raised bog near Tregaron, Card. JEcol. **27**, 1939, 313—363. (Vgl. auch [365].)

423. HUGHES, R. E., The veget. of the NW Conway valley, N W. JEcol. **37**, 1949, 306—334.

51. RHYS, J., and JONES, D. B., The Welsh people. Chapters in their origin, hist., laws etc. 3rd rev. ed. 1909.

52. FLEURE, H. J., The people of Card. LiverpAnnalsArchAnthrop. 1911. (Vgl. RepBr-AssSheffield. 1910 [1911], 726 f.

53. HAVERFIELD, F., Military aspects of Roman W. TrCymmrodS. 1908/1909 (1910), 53—189.

53 a. SOLLAS, W. J., The Paviland Cave: an Aurignacien station in W. JAnthrInst. **43**, 1913, 325—374.

54. FLEURE, H. J., Arch. problems of the W coast of Br. ArchCambr. **70**, 1915, 405—415.

55. FLEURE, H. J., and JAMES, T. C., G. distrib. of anthrop. types in W. JAnthrInst. **46**, 1916, 35—153. (Vgl. Ders., Photographs of Welsh anthrop. types. Man. **16**, 1916, 183/184.)

56. FLEURE, H. J., Ancient W.: Anthrop. evidences. TrCymmrodS. 1915/1916 (1917), 75—164.

57. FLEURE, H. J., and WHITEHOUSE, W. E., Early distrib. and valley-ward movement of population in S Br. ArchCambr. **71**, 1916, 101 ff.

58. FLEURE, H. J., and WINSTANLEY, L., Anthropol. and our older histories. JAnthrInst. **48**, 1918, 155—178.

59. SAYCE, R. U., "Hill-top camps", with spec. ref. to those of N Card. TrCymmrodS. 1920/1921 (1922), 97—134.

510. PEAKE, H., The Bronze Age in W. Aberystwyth Studies IV. (JubVol.) Aberystwyth 1922.

510 a. TAYLOR, M. V., Roman Flintshire. FlHistSJ. **9**, 1922, 1—39.

511. WHEELER, R. E. M., Prehist. and Roman W. Oxf. 1925. Vgl. auch Ders., Segontium and the Roman occupation of W. TrCymmrodS. 1923. The Roman fort near Brecon, ebd. 1926; Romans and natives in W., ebd. 1920/1921 (1922), 40—96; Roman buildings and earthworks on the Cardiff Race Course. Cardiff, NatMus. 1925 (bzw. TrCardiff-NlistsS. **55**, 19—45); ferner Ders., W. and archaeol. (SirJohnRhysMemLect., BrAcad.), 1930.

512. PEATE, I. C., The Dyfi basin: a study in phys. anthropol. and dialect distrib. JAnthr-Inst. **55**, 1925, 58—72.

512 a. GARDNER, W., The native hill-forts of N W. and their defences. ArchCambr. **81**, 1926,

513. PEAKE, H., The introduction of metals into W. TrCardAntS. 1927.

514. KENDRICK, T. D., The Druids. 1927.

515. FOX, C., A settlement of the Early Iron Age (La Tène I Sub-period) on Merthyr Mawr Warren. ArchCambr. **82**, 1927, 44—66.

516. DAVIES, E., Prehist. and Roman remains of Den. Cardiff 1929.

517. HUGHES, J. T., Out of the dark. A study of Early W. Wrexham 1930.

518. PRYCE, T. O., The fort at Caersws and the Roman occup. of W. MgomColl. **42** (1931), 17—52.

519. The Roman legionary fortress at Caerleon in Monm.: excav., carried out in the Prysg field, 1927—1929, by V. E. Nash-Williams. 1931.

520. FOX, C., The frontier dykes of W. RepBrAssYork. 1932, 370/371.

521. PRYCE, T. O., A sketch of Roman Powysland. MgomColl. **42** (1932), 86—113.

521 a. GRIMES, W. F., Prehist. arch. in W. since 1925. PrPrehistSEastAnglia **7**, 1932, 82 bis 106. — Vgl. dazu Ders., Guide to the collect. illustr. the prehist. of W. in the NatMus. Cardiff 1939.

522. BOWEN, E. G., Hill-forts and valley-ward movements of popul. in W. RepBrAss-Leicester. 1933, 525/526.

522 a. FOX, Sir C., and AILEAN FOX, Forts and farms on Margam Mtn., Glam. Ant. **8**, 1934, 395—413.

523. O'DWYER, S., The Roman roads of W. I—VI. Newtown 1934—1937.

524. EICKSTEDT, E. Frh. v., Die Mediterranen in W. ZRassenk. **1**, 1935, 19—64.

524 a. GRIMES, W. F., The Roman legionary fortress at Caerleon, Monm. ArchCambr. **90**, 1935, 112—122.

525. Map of S W., showing the distrib. of long barrows and megaliths [4 miles to 1 inch]. O. Sv. Southpt. 1936.

526. FREEMAN, T. W., The early settlement of Glam. ScGMg. **52**, 1936, 12—33.

527. FORDE, C. D., Excav. on Pen Dinas. 1937. AntJ. **18**. 1938.

528. O'NEIL, B. H. S. J., Excav. at Breiddin Hill Camp, Mgom., 1933—1935. ArchCambr. **92**. 1937.

529. GRESHAM, C. A., The Roman fort at Tomen-y-Muir. ArchCambr. **93**, 1938, 192—211.

530. NEWSTEAD, R., The Roman station at Prestatyn. Ebd., 175—191.

531. FOX, Sir C., Two Bronze Age cairns in S W.: Simondston and Pond Cairns, Coity Higher parish, Bridgend. Arch. **87**, 1938, 129—180.

532. FOX, A., The legionary fortress at Caerleon, Monm.: excav. in Myrtle Cottage Orchard. ArchCambr. **95**, 1940, 101—152.

532 a. NORTH, F. C., A geologist amongst the cairns. Ant. 14, 1940, 377—394.
533. Fox, Sir C., Stake circles in turf barrows: a record of excav. in Glam., 1939/1940. AntJ. 21, 1941, 97—127.
534. Fox, Sir C., A datable "ritual barrow" in Glam. Ant. 15, 1941, 142—161.
535. Fox, Sir C., A Bronze Age barrow (Sutton) in Llandow parish, Glam. Arch. 89, 1943, 91—125.
536. Fox, Sir C., Life in Ang. 2000 years ago. An Early Iron Age discov. Ant. 18, 1944, 95—97.
537. HEMP, W. J., and GRESHAM, C. A., Hut-circles in NW W. Ebd., 183—196.
538. Fox, Sir C., An Early Iron Age disc. in Ang. TrAngAntSFCl. 1944, 49. (S. auch Ders., ArchCambr. 1944/1945, 134—152.)
539. GRIMES, W. F., Early man and the soils of Ang. Ant. 19, 1945, 169—174.
540. BURKITT, M. C., Iron Age finds from Ang. N. 156, 1945, 309/310.
541. Fox, Sir C., A find of the Early Iron Age from Llyn Cerring Bach, Ang. Cardiff, NatMus., 1946.
542. GRIFFITHS, W. E., Roman Caernarvon. TrCaerHistS. 7, 1946, 1—10.
543. RUTTER, J. G., Prehist. Gower: The early arch. of W Glam. Swansea 1949.

Anm.: Vgl. ferner die Veröff. der R. Comm. on the ancient and hist. monuments and constructions in W. and Monm. (z. B. Angl. Inventory, 1937).

61. MAWER, A., Sv. of the place-names of W. Cardiff 1932.
61 a. CHARLES, B. G., Non-Celtic place-names of W. LondMediaevalStud. Monogr. No. 1. Lond. Univ. Coll. 1938.
61 b. Vgl. ferner JONES, T., A bibliogr. of monographs on the place-names of W. BullBoardCeltStud. 5, 1930, 249—264.
61 c. MORGAN, R. S., Appendix on the E. equivalents and quasi-equivalents of certain Welsh place-names. PrGlAss. 38, 1927, 332—338.
62. Rep. R. Comm. on land in W. and Monm. 5 Bde. 1894—1896.
63. SEEBOHM, F., The tribal system in W. 1895.
64. ZIMMER, H., The Celtic church in Br. and Ireld. 1902.
65. LEWIS, E. A., The development of ind. and commerce in W. during the Middle Ages. TrRHistS. N.S. 17, 1903, 121—173.
66. LEWIS, E. A., The decay of tribalism in N W. TrCymmrodS. 1902/1903 (1904), 1—74.
67. Giraldus Cambrensis. The itinerary through W. and the descr. of W. (1188). Engl. transl. by Sir R. C. Hoare. 1908.
68. PALMER, A. N., and OWEN, E., Tenure of land in the Marches of N W. 2nd ed. 1910.
69. LLOYD, J. E., A hist. of W. from the earliest times to the Edwardian Conquest. 2 Bde. 1911. 2nd ed. 1938. (Vgl. auch, kürzer und neuer, Ders., A hist. of W. 1930. 3rd ed. 1939).
610. LEWIS, E. A., The mediaeval boroughs of Snowdonia etc. 1912.
611. LEWIS, E. A., A contrib. to the commercial hist. of mediaeval W. TrCymmrodS. 24, 1913.
612. SPENCE-JONES, H. D. M., The Celtic Church—a tragedy in hist. Ebd. 25, 1913/1914 (1915), 1—82.
613. STONE, G. W., W., her origins, struggles and later hist. institutions and manners. 1915.
614. TYRELL-GREEN, E., The ecclesiology of Pem. TrCymmrodS. 1921/1922.
615. PATERSON, D. R., Scandinavian influence in the place-names etc. of Glam. ArchCambr. 75, 1920, 31 ff.
616. PATERSON, D. R., Pre-Norman settlement of Glam. ArchCambr. 77, 1922, 37 ff. (Vgl. auch Ders., The Scandinavian settlement of Cardiff. Ebd. 1921, 53 ff., und Early Cardiff, with some account of its place-names. TrCardiffNlistsS. 54, 1921.)
617. REES, W., S W. and the March, 1284—1415. Oxf. 1924.
617 a. JONES, E. J., Enclosure movement in Ang. TrAngAntS. 1925.
618. ELLIS, T. P., Welsh tribal law and costums in the Middle Ages. 2 Bde. Oxf. 1926.
619. LLOYD, J. E., Hendred and hafod [Sommer- und Winterwanderungen im alten „wälschen System"]. BullBoardCelticStudUnivWales. IV, 1928.
620. REES, W., Hist. map of S W. and the Border in the 14th cent. [Mit Erläut.] UnivCollCardiff. 1933.
621. CHARLES, B. G., Old Norse relations with W. Cardiff 1934.
621 a. DAVIES, J. D. G., Owen Glyn Dwr. 1934. (Vgl. auch LLOYD, J. E., Owain Glyn Dwr. LeafletHistAssLondon. 1931.)
622. RHYS, M., Minister's account for West W., 1277—1306, pt. I. Text and translation. CymmrodSRecordSer., No. 13, 1936. [Wertvolle Angaben zur Wirtschaftsgesch.]
623. Veröff. des H. M. Stat. Off. über alte Burgen: a) HEMP, W. J., Ewloe Castle [bei Hawarden], 1929; Flint Ca. 1929; Beaumaris Ca. 1935; b) O'NEIL, B. H., Criccieth Ca. 1934; c) PEARS, C., Caernarvon Ca. 1923; Harlech Ca. 1934; d) RALEGH RADFORD,

C. A., Ogmore Ca. (o. J.); Dolwyddelan Ca. 1934; Denbigh Ca. 1934; Kidwelly Ca. 1935.
624. WATERS, W. H., The Edwardian settlement of N W. in its administr. and legal aspects. 1935.
625. WILKINS, C., The S W. coal trade and its allied industries from the earliest days to the present time. Cardiff 1888. [Ausführl. Schr.-Verz.]
626. WILKINS, C., The history of the iron, steel and tin-plate and other trades of S W. Merthyr Tydfil. 1903.
627. LLOYD, J., The early hist. of the S W. iron works, 1760—1840. 1906.
628. SMITH, L. T., The itinerary in W. of J. Leland, in or about the years 1536—1539. 1906.
629. BOWEN, I., The great enclosures of common fields in W. 1914.
630. SKEEL, A. C. J., Social and econ. conditions in W. in the early 17th cent. TrCymmrod-S. 1916/1917.
631. SKEEL, A. C. J., The Welsh woollen ind. in the 16th and 17th cent. ArchCambr. 77. 1922, 220—257.
632. REES, J. M., Some notes on the ind. revol. in S W. AberystwythStud. 4, 1922.
633. CARPENTER, K., Notes on the hist. of the Card. lead mines. Ebd. 1923.
634. EDWARDS, NESS, The industr. revol. in S W. 1924.
634 a. WILLIAMS, E. R., Elizabethan W. Newtown 1924.
635. PHILIPPS, E., A hist. of the pioniers of the Welsh coalfield. Cardiff 1925.
636. DODD, A. H., The roads of N W., 1750—1850. ArchCambr. 80, 1925.
637. Bibliogr. of publ. works on the municipal hist. of W. and the Border etc. BullBoard-CelticStudUnivWales. II, IV, 2 (auch III, 1).
638. EDWARDS, O. M., Wales. With a chapter on modern W. by Prof. E. EDWARDS. 1925.
639. JONES, E. J., The enclosure movement in Ang. TrAngAntS. 1925/1926. (Vgl. zum Unterschied „M. C. J.", The enclos. of common lands in Mgom. MgomColl. XII, XV.)
640. PHILLIPS, D. RHYS, The hist. of the Vale of Neath. Swansea 1925.
641. DODD, A. H., The enclosure movement in N W. BullBoardCelticStudUnivWales. 3, 3, 1926.
642. DODD, A. H., Parys Mtn. during the ind. revol., 1760—1841. TrAngAntS. 1926.
643. ELLIS, T. P., Welsh tribal law and custom in the Middle Ages. 2 vol. 1926.
644. SKEEL, C. A. J., The cattle trade between E. and W. from the 15th to the 19th cent. TrRHistS. Ser. IV, vol. 9, 1926, 135—158.
645. EDWARDS, NESS, The hist. of the S W. miners. 1926.
646. MACDERMOT, E. T., The hist. of the G.W.R. Vol. I, 1833—1863. 1927.
647. FORDHAM, H. G., The Road Books of W., with a catal., 1775—1850. ArchCambr. 82, 1927.
648. LEWIS, E. A., The Welsh Port Books (1550—1603), with analysis of the custom accounts of W. CymmrodSRecordSeries 1927.
649. JONES, E. J., "Scotch cattle" and early unionism in W. EconJ., EconHistSer. No. 3, 1928.
650. JONES, E. J., Some contrib. to the econ. hist. of W. 1928.
651. EVANS, D. O., The non-ferrous metallurg. ind. of S W. and Welshmen's share in their development. TrCymmrodS. 1929/1930 (1931).
652. JONES, T., A hist. of the Co. of Brecknock. 1930.
653. JENKINS, R. T., and REES, W. (ed.), A bibliogr. of the hist. of W. Univ. of W., Cardiff 1931. [Sehr wichtig.]
653 a. Fox, C., Sleds, carts and waggons. Ant. 5, 1931, 185 ff.
654. DAWSON, J. W., Commerce and customs. A hist. of the ports of Newport and Caerleon. Newport, Monm. 1932.
655. THOMAS, D., Ang. ship building down to 1840. TrAngAntS. 1932.
656. DODD, A. H., The ind. revol. in N W. Cardiff 1933.
656 a. REES, W., Hist. Map of S W. and the Border in the 14th cent., together with HB. Cardiff 1933.
657. DAVIES, D. J., The econ. hist. of S W., prior to 1800. Cardiff 1933 (Lond. 1934).
658. JONES, I., Modern Welsh hist., from 1485 to the present day. 1934.
659. DAVIES, A. S., The river trade of Mgom. and its borders. MgomColl. 43, 1, 1934.
660. DAVIS, J. L., Livestock trade in W. in the 14th cent. AberystwythStud. 13. Cardiff 1934.
661. OWEN, G., Description of Pem. (Ed. by H. Owen.) CymmrodSRecSeries. 4 Bde. (IV, 1936). [Wichtig für die hist. G.]
661 a. PEATE, I. C., Some aspects of agr. transport in W. ArchCambr. 90, 1935. 219—238.
662. TOY, S., The town and castle of Conway. Arch. 86, 1937, 163—193.
663. WILLIAMS. D. T., Hist. of W., 1485—1931. 1937.
664. HUGHES, H. H., The Edwardian Castle and town defences at Conway. ArchCambr. 93,

1938, 75—92, 212—225. (Vgl. HEMP, W. J., Conway Castle. Ebd. **96**, 1941, 163—174.)

665. FUSSELL, G. E., Welsh farming in 1879. TrCymmrodS. 1939 (1940), 181—208.

666. JONES-PIERCE, T., Some tendencies in the agr. hist. of Caer. during the later Middle Ages. TrCaerHistS. **1**, 1939, 18—36.

667. HUGHES, R. E., Environment and early settlement in the commote of Arllechwedd Isaf. Ebd. **2**, 1940, 1—26.

667 a. LLOYD. Sir J. E., The early hist. of Lleyn. Ebd., 26—38.

668. JONES, M. J., The Mer. woollen ind. from 1758 to 1820. TrCymmrodS. 1939 (1940), 181—208.

668 a. SIMPSON, W. D., Flint Castle. Ebd., 20—26. — Harlech Ca. and the Edwardian castle-plan. Ebd., 153—168.

669. LLOYD. Sir J. E., Flintshire notes: Flint and Mold. ArchCambr. **95**. 1940. 57—64.

670. O'NEIL, B. H. S. J., and FORSTER-SMITH, A. H., Montgomery town wall. Ebd., 217—225.

671. RAWSON, R. R., The coal-mining ind. of the Hawarden distr. on the eve of the ind. revol. Ebd. **96**, 1941, 109—135.

671 a. DODD, A. H., Welsh and English in E Den.: a hist. sv. TrCymmrodS. 1940 (1941), 34—65.

672. NORTH, F. J., Place-names and early maps (with spec. ref. to W.). Ant. **15**. 1941, 176—193.

673. JONES-PIERCE, T. G., A Caer. manorial borough (Pwllheli). TrCaerHistS. **3**, 1941, 9—32; **5**, 1944, 1—11; **6**, 1945, 64—67.

673 a. HEMP, W. J., Conway Castle. ArchCambr. **96**, 1941, 163—174.

674. EVANS, K., Y Porth Mawr, Caer. TrCaerHistS. **3**, 1941, 33—42; **4**, 1942/1943. 30—35; **5**. 1944, 20—40. (Behandelt die Stadt Caernarvon.)

675. WILLIAMS, A. H., An introd. to the hist. of W.; vol. I (to 1063). Cardiff 1941; vol. II. pt. 1 (1063—1284). Cardiff 1948.

676. DAVIES, H. R., A review of the records of the Conway and Menai ferries. BullBoard-CelticStudUnivWales, HistLawSeries. No. 8. Cardiff 1942.

677. HUGHES, P. G., W. and the Drovers. 1943.

678. RICHARDS, W. M., Some aspects of the ind. revol. in SE Caer. Pt. I. Y Traeth Mawr. TrCaerHistS. **4**, 1942/1943, 67—85. Pt. II. Portmadoc. Ebd. **5**, 1944, 71—87.

679. O'NEILL, B. N. S. J., Criccieth Castle, Caer. ArchCambr. **98**, 1944/1945, 1 ff.

680. BOWEN, E. G., The settlements of the Celtic Saints in S W. Ant. **19**, 1945, 175—186.

681. REES, J. T., Studies in W. hist. Cardiff 1945. [Kap. IX über die Industrialisierung von S W.]

682. RICHARDS, T., Mona Mine letters. TrAngAntSFCl. 1946, 80—91. [Amlwch.]

683. ROBERTS. O. G., The Britannia Bridge. Ebd., 92—112.

684. EVANS, K., 18th cent. Caernarvon. TrCaerHistS. **7**, 1946, 24—54; **8**, 1947, 44—80.

685. RepCentMeeting, hold at Aberystwyth, Sept. 2nd to 6th 1946. ArchCambr. **99**. 1946. 129—160. [Enthält Beiträge von Sir C. Fox und anderen über Pen Dinas hill-fort, Aberystwyth Castle, Ponterwyd und Devil's Bridge, Machynlleth usw.]

686. NEAVERSON, E., Medieval castles in N W. 1947. [Geogr. wichtig.]

71. The granite quarries or Yr Eifl. The Quarry **7**, 1902, 424—430.

72. The Penmaenmawr quarries. Ebd. **10**, 1905, 539—548.

73. COWLING, M. J., The relationship of the coalfields and the population of E. and W. BullGSPhiladelphia. **27**, 1909, 54—63.

74. HOWELLS, C. S., Transport facil. in the mining and ind. distr. of S W. and Monm.: their hist. and future devel. PublDepEconPolSciUnivCollSouthW. No. 2, 1911.

75. JONES, J. H., The tin-plate industry ... a study in econ. organisation. 1911.

75 a. FLEURE, H. J., Rep. on work done at the ZoolDepUnivWales, Aberystwyth, for ... fishing mussels, cockles. lobsters, crabs, and salmon in Cardigan Bay and the rivers entering it. AberystwythStud. 1913.

76. STAPLEDON, R. G., The sheep walks of Mid-W. Aberystwyth 1914.

77. ENGELHARDT, R., E.'s Kohle und sein Überseehandel. Meereskunde, Heft 103, Berl. 1915.

78. WALTON, C. L., Transhumance and its survival in Gr.Br. GT. **10**, 1919/1920, 103—116.

79. TRUEMAN, A. E., Population changes in the E part of the S W. coalfield. GJ. **53**. 1919, 410—419.

710. GIBSON, F. A., The coal trade of S W. In: **19**, 169 ff.

710 a. WARREN, G. DE G., The patent fuel industry. Ebd.. 188.

710 b. WALKER, T. H., The railways of the Cardiff distr. Ebd., 125.

710 c. HOLLOWAY, W. C., The docks of the Cardiff distr. Ebd., 143.

711. HOWELL, J. PRYSE, An Agric. Atlas of W. OSv. Shptn. 1921.

712. TRUEMAN, A. E., The iron ind. of S W. GT. **11**, 1921, 26—28.

712 a. HOBSON, W. D., Slate quarrying in N W. The Quarry **26**, 1921, 94—96 (vgl. auch JONES, O. T., ebd., 7—12).

712 b. WILLIAMS-ELLIS, M. I., Slate mining in N W. Ebd. 28, 1923, 5—9.
713. CUNDALL, L. B., and LANDMAN, T., W.: an econ. g. 1925.
714. DAVIES, A., Crit. analysis of the census returns of the Merthyr Tydfil area. GT. 13, 1926, 473—479.
714 a. PETTIGREW, A. A., Welsh vineyards. TrCardiffNlistsS. 59, 1926, 25—34.
715. JONES, A. M., The rural ind. of E. and W. Vol. 4, W. 1927.
716. THOMAS, E., The econ. of small holdings: a study based on a sv. of small scale farming in Carn. Pref. by C. S. Orwin. 1927.
716 a. BENSUSAN, S. L., Agr. in W. QRev. 1928, 297—313.
717. DARBY, H. C., Tinplate migration in the Vale of the Neath. G. 15, 1929, 30—35.
718. BOWEN, E. G., and FLEURE, H. J., Denmark and W. G. 15, 1930, 468—476.
719. ROBERTS, R. A., Welsh Homespun. Newton 1930.
719 a. THOMAS BRINLEY, The migration of labour into the Glam. coalfield, 1861—1911. Economica (Lond.) 1930 (Nov.).
719 b. JONES, W. H., Sv. of agr. and econ. condit. of a parish of Carm. Cambr. 1930.
719 c. PEATE, I. W., Some Welsh wood turners and their trade. Stud. in regional consciousness and environment. Oxf. 1930, 176—188.
720. Board of Trade: An ind. sv. of S W. Made for the Board of Trade by the Univ. Coll. of S W. and Monm. 1932.
720 a. WILLIAMS, D. T., Output, variation, and migration of mining intensity within the W part of the S W. coalfield during the past 25 years. PrSouthWalesInstEng. 48, 1932, 93—112.
720 b. BROOKE, E. H., Monogr. on the tin-plate works of Gr.Br. (With an introd. on the early days of the tin-plate ind. by Rhys Jenkins.) Swansea 1932.
721. APPLEBY, H. N., Great Western ports. Cardiff 1932.
721 a. WILLIAMS, D. T., The econ. g. of the W half of the S W. coalfield. ScGMg. 49, 1933, 274—289.
721 b. WILLIAMS, J. G., Changes in the sheep population of W. WelshJAgr. 8, 1932, 51—70.
721 c. MATHESON, C., The oyster fish. at Mumbles, Glam. TrCardiffNlistsS. 66. 1933, 81—86.
722. Milford Haven [Fischerei]. The Times, 3. 9. 1934.
723. Rep. of investig. into the ind. conditions in certain depressed areas. III. S W. 1934.
724. DAVIES, E., Seasonal movements of sheep in W. JManchGS. 45, 1934/1935, 24—40.
724 a. DAVIES, E., Sheep farming in Upland W. G. 20, 1935, 97—111.
725. STAPLEDON, R. G., The land now and to-morrow. 1935.
726. DAVIDSON, J. D., Glam. agriculture. JBathWestSouthCountiesS. 1935/1936.
727. STAPLEDON, R. G. (ed.), A sv. of the agr. and waste lands of W., includ.: The grasslands of W., by W. Davies; Soil sv. of W., by G. W. Robinson; Soil sv. of sandy coastal areas, by G. W. Robinson and E. Roberts. 1936.
728. STAPLEDON, R. G., The case for land improvement and reclamation. JSArts. 84, 1936, 971—994.
729. HORNELL, J., The coracles and curraghs of the Br. I. RepBrAssBlackpool. 1936, 391.
730. MARQUAND, H. A. (assisted by GWYNNE MEARA), S W. needs a plan. 1936.
731. STAPLEDON, R. G., The hill lands of Br. 1937.
732. MARQUAND, H., and others, The second ind. sv. of S W. 3 vol. Cardiff 1937.
733. The Times. Special areas number. 27. Juni 1939 (Nr. 48, 342).
734. JENKIN, A. K. H., Places and products. III. N W. slate. GMg. 8, 1938, 21—32.
735. HOWELL, E. J., Movement of miners in the S W. coalfield. GJ. 94, 1939, 225—237.
735 a. Gold mining in W. N. 146, 1939, 489. [Pumpsaint.]
736. BLOCH, S., Sheep dog trials in Llangollen. NatGMg. 77, 1940, 559—574.
737. BARRIE, D. S., and LEE, C. E., The Sirhowy valley and its railways. [Monm.] 1940.
738. OWEN, A. E., Agric. divisions of W. G. 26, 1941, 69—76.
739. ASHBY, A. W., and EVANS, L. L., The agric. of W. and Monm. Cardiff 1944. (Vgl. auch ASHBY, A. W., and HARRY, E. L., in 720*, ch. XII.)
740. LEE, C. E., Narrow-gauge railways in N W. 1945.
741. The development areas to-day. 1947.
742. W. and Monm. Rep. of Government Action for the year ended 30th June 1948. 1948.
743. JONES, A., and EVANS, H. E., Carm. farming. BrAgrBull. 2, 1949, 211—216.
744. BOYD, J. I. C., Narrow gauge railways to Portmadoc. South Godstone, Surrey. 1949.

81. Cardiff:
   a) SMITH. T. W. D., The City, Port and distr. of C. 2nd ed. 1926.
   b) THOMPSON, H. M., C. from the coming of the Romans to the dominance of Cromwell. Cardiff 1930.
   c) CRUBELLIER, M., Le développement de C. aux cours du XIXme siècle et jusqu'à la crise actuelle. AnnG. 45, 1936, 469—485.

82. Swansea:
    a) JONES, W. H., The hist. of S. and the Lordship of Gower. 1920.
    b) JONES, W. H., The hist. of the Port of S. Carmarthen 1922.
    c) HAUCK, P., S., port et centre industriel. AnnG. 34, 1925, 46—52.
    d) WILLIAMS, D. T., The econ. devel. of Swansea and distr. to 1921. UnivCollSwansea..
      SocEconSvSwansea. and distr. Pamphlet No. 4. Swansea 1940.
83. MORIEN, Hist. of Pontypridd and the Rhondda valley. 1903.
83 a. OSWELL, F., Port Dinorwic docks. MinPrInstCivEng. 147, 1902, 290—307.
83 b. Guide to Tenby, 1908. [U. a. Beitrag von A. L. LEACH zur Gl.]
83 c. Fishguard, Pem. NautMg. 82, 1909, 327—331.
84. MATTHEWS, J., Historic Newport. 1910.
84 a. CLEAVER, W., Alterations and improvements of the Port Talbot docks etc. MinPr-
      InstCivEng. 191, 1913, 103—118.
85. FLEURE, H. J., An outline story of our neighbourhood. AberystwythStud. IV (JubVol.),
      1922, 111—123.
86. BOWEN, E. G., A study of rural settlements in SW W. · GT. 13, 1926, 317—324.
87. WILLIAMS, D. T., Sur la distrib. du parler gallois dans le Pays de Galles, d'après le
      recensement de 1921. AnnG. 35, 1926, 413—418.
87 a. REES, J. M., Introd. to the ind. revol. in S W. Wrexham 1927.
88. DANIEL, J. E., Distrib. of religious denominations in W. in its relation to racial and
      social factors. RepBrAssLeeds. 1927, 366/367.
88 a. The story of Merthyr Tydfil. Merthyr N.U.T. Ass. Cardiff 1932.
89. DAVIES, D., Hist. of Briton Ferry. Br. Ferry 1933 [Selbstverlag].
810. JENNINGS, H., Brynmawr: a study of a distressed area. 1930.
810 a. BOWEN, E. G., The rural settlements of Central W. CRCongrInternGParis. 1931.
      III. Sect. IV, 205—213.
811. JONES, J., Rhondda roundabout. 1934.
812. WILLIAMS, D. T., Gower: a study in linguistic movements and hist. g. ArchCambr.
      1934, 302—327.
813. Rep. R. Comm. on Merthyr Tydfil. 1935. (Zur Entwickl. von M. T. vgl. das ältere
      Werk von C. WILKINS, Hist. of M. T. 1867.)
814. WILLIAMS, D. T., Linguistic divides in S W. and N W. respectively. ArchCambr. 90.
      1935, 239—266; 91, 1936, 194—209. (Vgl. auch RepBrAssNorwich. 1935, 403.)
815. PEATE, I. C., Some Welsh houses. Ant. 10, 1936, 448—459.
816. PEATE, I. C., The moorland long-house in W. RepBrAssBlackpool. 1936, 389.
817. HOARE, G. G., Caldey: an isle of the Severn Sea. 1936.
818. FOX, C. S., Peasant crofts in N Pem. Ant. 11, 1937, 441 ff.
819. WILLIAMS, D. T., A linguistic map of W. according to the 1931 census etc. GJ. 89,
      1937, 146—151.
820. BERGER, P., Das Industriegebiet des Taff und seiner Nebentäler. ZErdk. 5, 1937,
      2, 913—924.
821. PEATE, I. C., The Welsh house. Cardiff 1940.
822. Fox, Sir C., A croft in the Upper Nedd valley, Ystradfellte, Brec. Ant. 14, 1940,
      363—376. (Vgl. N. 147, 1940, 120.)
823. Fox, Sir C., Some Pem. cottages. Ant. 16, 1942, 307—329.
824. HOWSE, W. H., Radnor old and new. Presteigne 1943.
825. HOWSE, W. H., Presteigne: past and present. Presteigne 1945.
826. JONES, E., Settlement patterns in the Middle Teify valley. G. 30, 1945, 103—111.
827. JONES, E., Tregaron, a Welsh market town. G. 35, 1950, 20—31.

91. HUGHES, H., and NORTH, L., The old cottages of Snowdonia. Bangor 1908. ·
91 a. THOMSON, J. M., Climbing in the Ogwen distr. 1910. [Enthält im 1. Abschnitt
      ausführl. Mitt. über Pflanzen- und Tierwelt.]
92. DAVIES, J. C., Folk-lore of W and Mid-W. Aberystwyth 1911.
93. MARKS, J., Gallant Little W.: sketches of its people, places and costumes. 1912.
94. CHITTY, L. F., A day in Bardsey I. Observat. 1, 1925, 188—199.
95. BORROW, G., Wild W. Lond. 1925 und wieder 1928 und 1930.
95 a. BRADLEY, A. G., In praise of N W. 1925.
95 b. HARRIES, F. J., Famous writers and W. Pontypridd, GlamCoTimes. 1925.
96. BORROW, G., Celtic bards, chiefs and kings. 1928.
97. JONES, T. G., Welsh folklore and folk-custom. 1930.
98. DAVIES, W. W., A wayfarer in W. 1930.
99. BRADLEY, A. G., Highways and byways in S W. 1931.
910. MORTON, H. V., In search of W. 1932.
911. PALMER, W. T., The splendour of W. 1932.
912. PIEHLER, H. A., W. for everyman. 1935. Rev. ed. 1939. [Sehr guter Führer.]
912 a. DAVIES, M., The Rhondda valley. GMg. 2, 1936, 372—386.

913. PALMER, W. T., Odd corners in N W. Skeffington [in Leicestershire] 1937.
914. LEWIS, E., and LEWIS, P., The Land of W. (The Face of Br.) 1937. [Eines der besten Bücher der ganzen Reihe.]
915. LOCKLEY, R. M., We live alone, and like it — on an island [Skokholm]. NatGMg. **74**, 1938, 252—278.
916. LOCKLEY, R. M., I bought an island. 1938.
917. WILLIAMS-ELLIS, C., Snowdonia. GMg. **9**, 1939, 59—72.
918. FIRBANK, T., I bought a mountain. 1940. [Snowdongebiet; Schafhaltung.]
919. SMYTHE, F. S., Over Welsh hills. 1941.
920. SITWELL, S., Welsh costumes. GMg. **14**, 1941, 82—85.
921. COOMBES, R. L., The Vale of Neath. GMg. **15**, 1943, 510—518.
921 a. MONKHOUSE, On foot in N W. 1943.
922. LLOYD, T. A., Preservation of coastal amenities in W.: a sv. JTownPlanningInst. **31**, 1945, 164—171 [Disk. 171—175].
923. LOCKLEY, R. M., The island farmers. (Farming in Pem.) 1946.
924. LOCKLEY, R. M., Letters from Skokholm. 1946.
925. HUXLEY, J., and LOCKLEY, R. M., The Pem. Nat. Park. GMg. **20**, 1947, 220—229.
926. LOCKLEY, R. M., I know an island. 1947.
927. LOCKLEY, R. M., Inland farm. 1948.
928. MAIS, S. P. B., Little E. beyond W. (E. Old and New). 1949.
929. RICHARDS, T., S W. and Monm. (Vision of E. Series). 1949.
930. MAIS, S. P. B., I return to W. 1949.
931. CORY-WRIGHT, G., Angles on Skomer. [Inselchen n. Skokholm I, St. Bride's Bay.] GMg. **22**, 1950, 349—358. [Vogelleben.]
932. EDWARDS, T., The face of W. 1950.

Nachtrag:

132. NORTH, F. J., CAMPBELL, B., and SCOTT, R., Snowdonia, the National Park of N W. (The New Naturalist). 1949. Dieses reich ausgestattete, vortreffliche Buch kam mir leider erst nach dem Umbruch der Druckfahnen zu Gesicht und konnte daher nicht mehr von mir verwertet werden. (Die oben genannten Verf. behandeln in den drei Hauptteilen: I. Gl. and the physical background. II. Natural hist. III. The hist. background.)

Abkürzungen im Literaturverzeichnis

Ac. Academy; Adv. Advancement; Agr. Agriculture, Agricultural; Ann. Annals, Annaler u. dgl.; Ant. Antiquity, Antiquarian, Antiquaries; ar. around; Arch. Archaeology, Archaeological, Archaeologia. — Br. British; Bull. Bulletin. — Cent. century; Cl. Club; Civ. Civil; Co. County; Coll. Collection; Comm. Committee, Commission; Ctry country. — Dep. Departement; descr. description; disc. discovery; distr. district. — E. English, England; Econ. Economy, Economical; Ecol. Ecology, Ecological; Edb. Edinburgh; Eng. Engineering, Engineers; Expl. Explanation; Exc. Excursion. — F. Field. — G. Geography, Geographical; Gl. Geology, Geological, Geologist(s). — Hist. History, Historical; HB. Handbuch. — Ind. Industry, industrial; Inst. Institut(e); Ir. Ireland, Irish. — J. Journal. — Linn. Linnean; Lit. Literary. — Mem. Memoir(s); Mg. Magazin; Met. Meteorology, Meteorological; Min. Ministry; Miner. Mineralogy, -ical; Mitt. Mitteilungen; Mount. Mountaineering; Mus. Museum; M.T.L. Mean tide level (vgl. u. O.D.). — N. Nature; Nlist(s) Naturalist(s); Nat. National; Naut. Nautical; Neol. neolithic: N.S. New Series; No. Numero; Nu. Number. — Obs. Observation, Observatory, Observer; Off. Office; O. Ordnance; O.D. Ordnance Datum. — Pal. paleolithic; P. Paper(s); Part. particularly; Ph. Philosophical; Pr. Proceedings; Prof. Professional; Progr. Progress; Publ. Publication(s); Phys. Physical, Physics, Physiogr. — Q. Quarterly. — R. Royal; Reg. Regional; Rep. Report; Rev. Review, Revue. — S. Society; Sc. Scotland, Scottish; Sch. School; Sci. Science, Scientific; Sh. (N.S.) Sheet (New Series); Stat. Statistical; Sv. Survey; Struct. Structure, structural. — Top. Topographical; Tr. Transactions. — U.K. United Kingdom; Un. Union, United (UnEmp. United Empire); Univ. University. — W. sp. ref. with special reference. — YB. Yearbook. — Z. Zeitschrift.

Einige andere, seltener vorkommende Abkürzungen wird der Leser leicht verstehen.

Abkürzungen im Text

A.W. Ausfuhrwert; E.W. Einfuhrwert; Wa.W. Wiederausfuhrwert. — D.B. Domesday Book. — E. Einwohner. — Fl. Fläche. — Ges. Gesamt (Ges.Fl. Gesamtfläche, Ges.W. Gesamtwert, Ges.Z. Gesamtzahl); Gr. Grafschaft(en); Gr.St. Grafschaftsstadt. — H. Höhe (S.H. Seehöhe); bzw. Hälfte (1. H. des 17. Jh.); H.I. Halbinsel; (T.) H.W. (Tiden-)Hochwasser; Spr.H.W. Springtidenhochwasser; H.W.M. Hochwassermarke. — I. Insel, Isle. — J. Jahr; Jh. Jahrhundert; J.M. Jahresmittel; J.Schw. Jahresschwankung; Jz. Jahrzehnt. — M. Mittel; bei Entfernungsangaben engl. Meilen; M.T.L. mittl. Tidenspiegel (mean tide level); Mill. Million(en); Milld. Milliarde(n); N.Tonn. Nettotonnage; N.W. Niederwasser (der Tiden). — O.D. Ordnance Datum (Bezugsniveau der brit. Landesvermessung; bei der älteren der mittl. Meeresspiegel — M.T.L., vgl. o. — von Liverpool, bei der neuen, 1912 bis 1921 ausgeführten der 0,4' niedrigere von Newlyn, Cornwall, das Newlyn-Datum). — Pf.St. Pfund Sterling. — R. vor Flußnamen River; R. Railway (L.N.E.R. London and North Eastern R., L.M.S. London, Midland and Scottish R., G.W.R. Great Western R., S.R. Southern Railway); R.D. Rural District. — St. Stunden. — T. (bei meteorol. Ang.) Tag; T.Schw. Tagesschwankung; T. (bei Zahlenangaben) Tausend; z. T. zum Teil. — U.D. Urban District. — Ver.Kgr. Vereinigtes Königreich (England, Wales, Schottland, Nordirland).

N, W, S, E werden wie üblich für die Haupt-, NW usw. für die Nebenweltgegenden verwendet, und zwar auch im Literaturverzeichnis bei den Titeln der Schriften. NW kann dabei Northwest (North and West) oder North-western bedeuten.

Wichtigste allgemeine Literatur[1]

11. RECLUS, E., L'Europe du Nord-Ouest (Nouv. G. Univ.). Paris 1879.
12. HAHN, F., Die Br. I. (in KIRCHHOFF's Länderk. v. Europa. II. 1). Leipzig 1890.
13. NEUSE, R., Landesk. der Br. I. Breslau 1903.
14. MACKINDER, H. J., Br. and the Br. Seas. Oxford 1906, 2. A. 1925.
15. The Oxford Sv. of the Br. Empire. I. The Br. I. Oxford 1914. (Versch. Mitarbeiter.)
16. HETTNER, A., E.'s Weltherrschaft. Leipzig 1915, 4. A. 1928.
17. FAWCETT, C. B., The provinces of E. (The Making of the Future.) 1919.
18. Europe. Vol. II. The Western Margin and the Core. Ed. by B. C. Wallis. (STANFORD's Compend. of G. and Travel. New Issue.) 1925.
19. HALBFASS, W., Die Br. I. In: W. GERBING, Das Erdbild der Gegenwart. I. 209—262. Leipzig 1926.
110. OBST, E., E., Europa und die Welt. Berlin 1927.
111. DEMANGEON, A., Les I. Br. (G. Univers.) Paris 1927. (Ins Englische übersetzt von E. D. LABORDE: The Br. I. 1939.)
112. Gr. Br. Essays in reg. g. Ed. by A. G. Ogilvie. Cbr. 1928, 2. A. 1930.
112a. SIMPSON, C. A., Rediscovering E. 1930.
113. STAMP, L. D., and BEAVER, S. H., The Br. I. A g. and econ. sv. 1933, 3. A. 1947.
114. CAZAMIAN, L., La Gr. Br. Paris 1934.
115. UNSTEAD, J. F., The Br. I. (A systematic reg. g., vol. I.) 1935.
116. DÖRRIES, H., Die Br. I. (in KLUTE's HBGWiss.). Berlin 1936.
117. HAMILTON, C., Modern E. 1938.
118. WILLATTS, E. C., and others, Physical names for the maps of Br. GJ. 102, 1943, 145—169.
118a. LEHMANN, H., Großbritannien. (Kleine Auslandskunde. Herausgeg. von F. A. Six, Bd. 27/8.) Berlin 1943.
119. FLEURE, H. J., Some aspects of Br. civilisation. The Fraser Lect. 1947. Oxford 1948.
120. The E. Counties. (Advis. ed. C. E. M. Joad.) [Versch. Mitarbeiter.] 1948.
121. DAYSH, G. H. J., and others, Studies in reg. planning. 1949.

    Anmerkung. Als Werke über die staatlichen Verhältnisse E.'s (Verfassung, Verwaltung, Rechtswesen, Kirche, Unterricht usw.) seien genannt: DIBELIUS, W., E. 2 Bde. Stuttg. 1924. (Auch ins Engl. übersetzt, von Mary A. Hamilton, 1930.) BRUNNER, K., Großbritannien. Land, Volk, Staat. (Handbibl. d. Philologen.) Bielefeld u. Leipzig 1929.

21. RAMSAY, A., Physical gl. and g. of Gr. Br. 6. A. 1894.
22. LORD AVEBURY, The scenery of E. 1906.
23. JUKES-BROWNE, A. J., The building of the Br. I. 3. A. 1911, 4. A. 1922.
24. BOSWELL, P. G. H., The Br. I., HBRegGl. III. Heidelberg 1917.
25. COLE, G. A. J., and HALLISSY, I., HB. of the gl. of Ireland. L. 1924.
25a. DAVISON, C., Hist. of Br. earth-quakes. 1924.
26. BUBNOFF, S. v., Gl. von Europa. I. Berlin 1926, II. 1930.
27. LAKE, P., and RASTALL, R. H., A textbook of gl. L. 1929.
28. EVANS, J. W., and STUBBLEFIELD, C. J., HB. of the gl. of Gr. Br. L. 1929.

---

[1] Die in den Reihen der Cambridge County Geographies und der Victoria History of the Counties of England seit 1900 erschienenen Veröffentlichungen werden zu den einzelnen Kapiteln angeführt, ebenso die Veröff. des Gl. Survey und des ungemein wichtigen, kürzlich abgeschlossenen Rep. of the Land Utilisation Sv., der unter dem Titel „The Land of Britain" (zit. LBr.) erschienen ist, angeregt, organisiert und herausgeg. von L. D. Stamp. Die in dem obigen Verzeichnis angeführten Schriften sind bei den Verweisen im Text mit einem * gekennzeichnet. Fallweise wurden auch Artikel der Encyclopaedia Britannica (14. ed.) benützt (Verweise im Text unter BE). Vortreffliche Behelfe, deren Zuverlässigkeit wiederholt überprüft wurde, bieten ferner: Great Britain. HB. for travellers by K. Baedeker. Ninth rev. ed. Leipzig, 1937, und The Blue Guides: Gr. Br. (1930), Engl. (5. A. 1950), Wales (3. A. 1936), Scotl. (3. A. 1949), Irel. (1949). London and its environs (1935), Short Guide to London (1947), herausg. von F. Muirhead. bzw. L. R. Muirhead (Lond., Macmillan; neuestens von Ernst Benn Ltd.).

29. WILLS, L. J., The physiogr. evolution of Br. L. 1929.
210. NORTH, F. J., Limestones, their origins, distribution and uses. 1930.
211. LEES, G. M., and TAITT, A. H., The gl. results of the search for oilfields in Gr. Br. QJGlS. 101, 1946, 255—317.
212. KENT, P. E., Oilfields in Gr. Br. G. 22, 1947, 103—113. [Weitere Lit.]
213. KENT, P. E., A struct. contour map of the surface of the buried pre-Permian rocks of E. and Wales. PrGlAss. 60, 1949, 87—104.

31. Rep. Comm. on coast erosion and afforestation. 3 vol., 1907/11.
31a. REID, C., Submerged forests. Cambr. 1913.
32. WRIGHT, W. B., The Quaternary Ice Age. 1914, 2. A. 1937.
32a. CAREY, A. E., and OLIVER, F. W., Tidal lands: a story of shore problems. 1918.
32b. WARD, E. M., E. coastal evolution 1922.
33. SHERLOCK, R. L., Man as a geological agent. 1922. (Vgl. auch Ders., Man's influence on the earth. Home Univ. Libr. 1931.)
33a. HARMER, F. W., The distribution of erratics and drift. PrYorksGlS. 21, 1928, 79—150.
33b. BOSWELL, P. G. H., The contacts of gl.: the Ice Age and early man in Br. RepBrAss-York. 1932. Pres. Addr. Sect. C, 57—88.
34. LOUIS, H., Glazialmorphol. Studien in den Gebirgen der Br. I. BerlGStud. 6. Stuttgart 1934.
35. WOOLDRIDGE, S., and MORGAN, R. S., The physical basis of g., an outline of geomorphol. 1937.
36. TRUEMAN, A. E., The scenery of E. and W. 1938.
37. HOLLINGWORTH, S. E., The recognition and correlation of high-level erosion surfaces in Br.: a statist. study. QJGlS. 94, 1938, 55—84.
38. PUGSLEY, A. P., Dew ponds in fable and fact. 1939.
38a. BULL, A. J., Pleistocene chronology. PrGlAss. 53, 1942, 1—20; disc. 20—45.
39. ZEUNER, F. E., The pleistocene period. Its climate, chronol. and faunal successions. Lond., Ray S., 1944 (1945).
310. STAMP, L. D., Br.'s structure and scenery. 1946.
311. ZEUNER, F. E., Dating the past. An introd. to geochronol. 1946.
312. STEERS, J. A., The coastline of E. and W. 1946. Neudruck 1948. Vgl. dazu Ders.. A picture books of the whole coast of E. and W. 1948.
313. LAKE, P., Phys. g. 2nd ed., rev. and enlarged by J. A. Steers, G. Manley and W. V. Lewis. 1950 [1. A. 1915].

41. HANN, J. v., HB. der Klimatol. III. 3. A. Stuttgart 1911.
42. The Book of Normals. Sect. I—VI. AirMinMetOff., 1919—1928.
43. SALTER, M. de CARLE S., The rainfall of the Br. I. 1921.
44. SHAW, Sir NAPIER, und OWNES, J. S., The smoke problem of great cities. 1925. Vgl. Atmospheric pollution. RepAdvisComm. atmosph. poll. 1—12, 1916—1926.
44a. BROOKS, C. E. P., The evolution of climate. 1922. 3rd ed. 1949.
45. Rainfall Atlas of the Br. I. Publ. by the RMetS. 1926.
46. BROOKS, C. E. P., and GLASSPOOLE, J., Br. floods and droughts. 1928.
47. BIRKELAND, B. J., and FÖYN, N. J., Klima von NW-Europa (in KÖPPEN-GEIGER, HB. der Klimat., III). Berlin 1932.
47a. CONRAD, V., Die klimatol. Elemente und ihre Abhängigkeit von terrestr. Einflüssen. (Ebd., I. B., 1936.)
48. BILHAM, E. G., The climate of the Br. I. London 1937.
49. GLASSPOOLE, J., and HANCOCK, D. S., The distrib. over the Br. I. of the average duration of bright sunshine. QJMetS. 62, 1936, 247—259. (Vgl. dazu ebd. 71, 1945, 430/431.)
410. Averages of temperature for the Br. I., for periods ending 1935. Ebd., 1936.
411. Averages of bright sunshine for the Br. I., for periods ending 1935. Ebd., 1936.
412. BONACINA, L. C. W., Snowfall in the Br. I. during the decade 1926—1935. Br. Rainfall, 1936, 272—292. (Vgl. Ders., Snowfall in the Br. I., 1876—1925. Br. Rainfall, 1927, 260—287.)
413. GOLD, E., Wind in Br. QJMetS. 62, 1936, 167—206.
414. WALTERS, R. C. S., The nation's water supply. 1936.
415. Averages of humidity for the Br. I. AirMinMetOff., 1938.
416. GLASSPOOLE, J., Rainfall over the Br. I., 1901—1930. Br. Rainfall, 1937 (1938), 264—279.
417. BONACINA, L. C. W., Drift problems, suggested by severe snowstorms in the Br. I. With spec. ref. to the permanent Sc. snow-beds. TrMeetingInternatCommSnowGlaciers. Edinb. 1936. (InternAssHydrol. B. 23.) Riga 1938, 91—110.
418. BONACINA, L. C. W., Problems of drifting snows in mountain districts of the Br. I. QJMetS. 63, 1937, 81/2.
419. MANLEY, G., On the occurrence of snow-cover in Gr. Br. QJMetS. 65, 1939, 2—27.
420. MANLEY, G., Snowfall in the Br. I. MetMg. 75, 1940, 41—48.

421. MANLEY, G., Observ. of snow-cover on Br. mountains. QJMetS. **67**, 1941, 1—4. (Vgl. dazu Ders., PapDiscussAssStudSnowIce, 1939, 18—20.)

422. GLASSPOOLE, J., Variat. in annual, saisonal and monthly rainfall over the Br. I., 1870—1939. QJMetS. **67**, 1941, 5—14. (Vgl. Ders., ebd. **54**, 1928, 89—104.)

423. GLASSPOOLE, J., Notable falls of rain in Gr. Br. QJMetS. **69**, 1943, 133—141.

424. GLASSPOOLE, J., Rainfall over the Br. I., 1930—1939. Ebd., 205/206. (Vgl. Ders., ebd., 133—141.)

425. LEWIS, L. F., The seasonal distrib. over the Br. I. of the number of days with a screen minimum temp. of 32° F or below. Ebd., 155—160.

426. LEWIS, L. F., Snow-cover in the Br. I. in Jan. and Febr. of the severe winters of 1940, 1941 and 1942. QJMetS. **69**, 1943, 215—219, 286—288.

427. MANLEY, G., Topogr. features and the climate of Br.: a review of some outstanding effects. GJ. **103**, 1944, 241—263.

428. PYE, N., The formation of land fogs and the atmospheric pollution of towns. G. **29**, 1944, 71—80.

429. MANLEY, G., Variat. in the length of the frost-free season. QJMetS. **72**, 1946, 180—182.

430. TINN, A., This weather of ours. 1946.

430a. BONE, S., Br. weather. [Behandelt die Wirkungen des Wetters auf die Bevölk.] 1946.

431. BILHAM, E. G., Here is the weather forecast. 1947.

431a. SPINK, P. C., Famous Br. frosts and skating winters, 1878—1945. Weather. **2**, 1947, 2—5.

431b. SPINK, R. C., Famous snowstorms, 1875—1945. Ebd., 50—55.

431c. MANLEY, G., Snow cover in the Br. I. MetMg. **76**, No. 896, 1947.

432. SCHOTT, G., G. des Atlant. Ozeans. 2. A. Hamburg 1925, 3. A. 1942.

433. Deutsche Seewarte, Atlas der Gezeiten und Gezeitenströme für das Gebiet der Nordsee, des Kanals und der Br. Gewässer. Hamburg 1925.

434. Deutsche Seewarte, Atlas für Temperatur, Salzgehalt und Dichte der Nordsee und der Ostsee. Hamburg 1927.

435. PARDÉ, M., Hydrologie fluviale des I. Br. AnnG. **48**, 1939, 369—384.

436. Guide Book for the excurs. round Br. of the 3rd InternCgrSoilSci. Oxf. 1935. [N-Shrops., Yorks., East Anglia, Wales, Schottland.]

437. CROWTHER, E. M., The soils of Br. and their classific. G. **21**, 1936, 106—119.

438. ROBINSON, G. W., Soils, their origin, constitution, and classification. 1936.

440. TANSLEY, A. G., Types of Br. veget. Cbr. 1911. In 2., stark umgearb. Aufl. unter dem Titel: The Br. Islands and their veget. Cbr. 1939.

441. HORWOOD, A. R., The story of plant life in the Br. I. I—III. 1913—1915.

442. BEVIS, J. F., and JEFFERY, H. T., Br. plants: their biol. and ecol. 1920.

443. JOHNSTONE, M. A., Plant ecol.: the distrib. of veget. in the Br. I., arranged on a geol. basis. 1928.

444. ANDERSON, M. L., The natural woodlands of Br. and Ireland. DeptForestryOxf., 1933.

445. LEACH, W., Plant ecol. for the stud. of Br. veget. 1933.

446. RUSSELL, E. J., Boden und Pflanze. 2. A. Dresden/Leipzig 1936.

447. RUSSELL, E. J., Soil conditions and plant growth. 1937.

448. WEAVER, J. E., and CLEMENTS, F. C., Plant ecol. 2nd ed. 1938.

449. EDLIN, H. L., Br. woodland trees. 1944.

450. TANSLEY, A. G., Our heritage of wild nature: a play for organised nature conservation. Cbr. 1945.

451. TURRILL, W. B., Br. plant life. (The New Nlist.) 1948.

452. TANSLEY, A. G., Br.'s green mantle. 1949.

453. VERSEY-FITZGERALD, B., Br. game. A natural hist. of Br. game, mammals and birds. 1946.

51. BEDDOE, J., The races of Br. Bristol 1885.

51a. SCHEIDT, W., Zur Rassenkunde der Br. I. HBAuslandkunde. Englandkunde. Frankfurt a. M. 1929. II. 54—88. (Vgl. Ders., Die rassischen Verhältn. von N-Europa, nach dem gegenwärt. Stand der Forschung. ZMorphAnthrop. **28**, 1930, 1—198.)

51b. FLEURE, H. J., Biolog. types of man in E. and Wales. VjschrNforschGesZürich. **83**, 1938. Beibl. Nr. 30, 137—148.

52. RHYS, J., Celtic Br. 1904.

53. HAVERFIELD, F. J., The Romaniz. of Roman Br. PrBrAc. II, 1905/6 (1907). 4th ed. 1923.

54. HOLMES, T. R., Ancient Br. and the invasions of Julius Caesar. Oxford 1907.

55. CODRINGTON, T., Roman roads in Br. 1919.

56. PEAKE, H., The Bronze Age and the Celtic World. 1923.

57. FLEURE, H. J., The races of E. and W. 1928.

58. BURKITT, M. C., Our early ancestors. Cbr. 1928.

59. Childe, V. G., The dawn of European civilization. 1925. 4. A. 1947. [Vollständig umgearb. und erweitert.]
59a. Childe, V. G., The Bronze Age. 1930.
59b. Collingwood, R. G., The archaeol. of Roman Br. 1930.
510. Clark, J. G. D., The Mesolithic Age in Br. 1932. (Vgl. dazu Ders., The Mesolithic settlement of N Europe. 1936.)
511a. Kendrick, T. D., and Hawkes, C. F. C., Archaeol. in E. and W., 1914—1931. 1932.
511b. Dies., Die Erforschung der Steinzeit und der älteren und mittleren Bronzezeit in E. und W., 1914—1931. 21. Ber. röm.-germ. Komm. 1931. Frankfurt a. M. 1933, 11—85.
511c. Hawkes, C. F. C., Die Erforschung der Spätbronzezeit, Hallstatt- und La Tènezeit in E. und W., 1924—1931. Ebd., 86—175.
512. Collingwood, R. G., Roman Br. Oxford 1932. (1. A. 1923.)
513. Fox, C., The personality of Br. Cardiff 1932, 4. A. 1947.
514. Wilcox, H. A., Woodlands and marshlands of E. 1933. (Vgl. auch Ders., Map of prehist. woodlands etc. in: Studies in reg. consciousness and environment. Essays, pres. to H. J. Fleure. Oxford 1930.)
515. Hubert, H., The Rise of the Celts. 1934.
516. Garrod, D. A. F., The Upper Palaeol. Age in Br. Oxford 1936.
517. Collingwood, R. G., and Myres, J. N. L., Roman Br. and the E. settlement. OxfHistE. Ed. by G. N. Clark. Oxford 1936.
518. Clark, G. N., Prehist. E. 1940. 4th ed., rev. 1949.
518a. Hawkes, C. F. C., The prehist. foundations of Europe. 1940.
519. Childe, V. G., Prehist. communities of the Br. I. 1940. 2nd ed. 1947.
520. Movius, H. L., The Irish Stone Age. Cbr. 1943. Vgl. Ders., The Chronol. of the Irish Stone Age. InstArchUnivLondon, Geochron. Table No. 3, 1940.
521. Joseph, J. K. S., Air photogr. and archaeol. GJ. 105, 1945, 47—61.
522. Hawkes, Jacquetta, Early Br. 1946.
523. Lacaille, A. D., The northward march of palaeol. man in Br. PrGlAss. 57, 1946, 57—81.
524. Hawkes, J., and Hawkes, C., Prehist. Br. 1947.

60. Topogr. Dictionary of E. ... with hist. and statist. descriptions etc. By S. Lewis. 4 vol. 1831.
60a. Klöpper, A., E. Reallexikon. Leipzig 1899.
61. Vinogradoff, P., Growth of the Manor. 1905.
62. Maitland, F., Domesday Book and Beyond. Cbr. 1907.
63. Slater, G., The E. peasantry and the enclosure of common fields. 1907.
64. Curtler, W. H. R., Hist. of E. agric. Oxford 1909.
65. Cunningham, W., Growth of E. industry and commerce. 5. A. 1910.
65a. Leland, J., Itinerary. Ed. by L. T. Smith. 5 vol. 1906—1910.
66. Pratt, E. J., A hist. of inland transport and communication in E. 1912.
67. Gonner, E. C. K., Common law and enclosure. 1912.
67a. Armitage, E. S., The early Norman castle of the Br. I. 1912.
68. Leeds, E. T., The archaeol. of Anglo-Saxon settlements. Oxford 1913.
69. Gray, H. L., E. field systems. Cbr. (Mass.) 1915.
69a. Johnston, J. B., The place-names of E. and W. 1915.
610. Franklin, T., Hist. g. of Br. 1915.
610a. Brodnitz, G., Engl. Wirtschaftsgeschichte. (HBWgesch. I.) Jena 1918.
610b. Curtler, W. H. R., The enclosure and restrib. of our land. Oxford 1920.
610c. Lipson, E., Hist. of the woollen and worsted ind. 1921.
611. Peake, H., The E. village. 1923.
612. Salzman, L. F., E. industries of the Middle Ages. 2. A. 1923.
612a. Liljigren, S. B., The fall of the monasteries and the social changes in E. LundsUniv-Årskr. N.F. Avd. 1, 10, Nr. 10. Lund/Leipzig 1924.
612b. Ashton, T. S., Iron and steel in the ind. revol. 1924.
613. Aberg, N., The Anglo-Saxons in E. Upsala-Leipzig 1926.
613a. Hamilton, H., The E. brass and copper ind. to 1800. 1926.
613b. Chambers, R. W., E. before the Norman conquest. 1926.
614. Seebohm, M. E., Evolution of the E. farm. Cbr. 1927.
614a. Stenton, F. M., The Danes in E. PrBrAc. 13, 1928.
615. Brentano, L., Geschichte der wirtschaftl. Entwicklung E.'s. 2 Bde. Jena 1927.
616. Ekwall, E., E. river-names. Oxford 1928.
617. Mawer, A., and Stenton, F. M., Introd. to the Sv. of E. place-names. Cbr. 1929.
618. Salzman, L. F., E. trade in the Middle Ages. 1931.
619. Lipson, E., Econ. hist. of E. 3 vol. 1929—1931.
620. Gregory, J. W., The story of the road. 1932.

621. JOLLIFFE, J. E. A., Pre-feudal E. The Jutes. 1933.
621a. STEPHENSON, C., Borough and town. Study of urban origins in Europe. Cbr. (Mass.) 1933.
622. HODGKIN, R. H., A hist. of the Anglo-Saxons. 2 vol. Oxford 1935.
623. EKWALL, E., The Concise Oxford Dictionary of E. place-names. Oxford 1936.
624. An hist. G. of E. before A.D. 1800. Fourteen studies, ed. by H. C. Darby. Cbr. 1936.
625. TREVELYAN, G. M., Geschichte E.'s. 2 Bde. München 1935. [Übersetz. von des Verf. Hist. of E. 10th ed. 1934.]
625a. FUSSELL, G. E., E. countryside and population in the 18th cent. EconG. 12, 1936, 294—310, 411—430.
625b. TAIT, J., The medieval E. borough. Studies on its origin and constitut. hist. Manchester 1936.
625c. CAPPER, O. F., The Vikings of Br. 1937.
626. WILLAN, T. S., The E. coasting trade, 1600—1750. Manch. 1938.
627. CLAPHAM, J. H. C., An econ. hist. of modern Br.: I. The early railway age, 1820—1850. II. Free trade and steel, 1850—1886. III. Machines and nat. rivalries, 1887—1914. Cbr. 1932—1938.
628. MORGAN, Sir GILBERT T., and PRATT, D. D., Br. chemical industry: its rise and development. 1938.
629. BARGER, E., The present position of studies in E. field systems. EHistRev. 53, 1938.
630. SÖLCH, J., Die Entwicklung der Kulturlandschaft E.'s. in der vortechnischen Zeit. GZ. 43, 1937, 254—272.
630a. SÖLCH, J., Die Städte in der vortechn. Kulturlandschaft E.'s. Ebd., 44, 1938, 41—56.
630b. MARSHALL, C. F. D., A hist. of Br. railways down to the year 1830. Oxford 1938.
631. ORWIN, C. S., and Mrs. ORWIN, The open fields. Oxford 1938.
632. EBHARDT, B., Der Wehrbau Europas im Mittelalter. I. Berlin 1939.
633. WILKINSON, J. W., From track to bypass, a hist. of the E. way. 1939.
634. SLATER, G., The growth of modern E. 2. A. 1939.
635. STENTON, F. M., Anglo-Saxon E. 1943. (OxfHistE. Ed. G. N. Clark.) 2nd ed. 1947.
636. TREVELYAN, G. M., E.'s social hist. A sv. of six cent., Chaucer to Queen Victoria 3rd impr. 1945.
637. JERROLD, D., An introduction to the hist. of E. 1949.
638. COX, E. G., A Reference Guide to the literat. of travel. vol. III. Gr. Br. Seattle. Wash., USA. 1949.
639. CLAPHAM, Sir John, A concise econ. hist. of Br. from the earliest times to 1750. Cbr. 1950.

71. AFLALO, F. G., The sea-fishing industry of E. and W. 1904.
72. HULL, E., The coalfields of Gr. Br. 1905.
73a. BRINKMANN, F., Grundlagen der engl. Landwirtschaft. Hannover 1909.
74. HALL, A. D., A pilgrimage of Br. farming, 1910—1912. 1913.
74a. SKALWEIT, B., Die engl. Landwirtschaft. Berlin 1915.
75. JENKINS, J. T., The sea-fisheries. 1920.
75a. LEVY, H., Die engl. Wirtschaft. Leipzig/Berlin 1921.
76. GARDINER, J. S., G. of Br. fisheries. GJ. 45, 1915, 472—497.
77. MACKINTOSH, W. C., The resources of the sea. 2. A. Cbr. 1921.
78. HOWELL, J. P., Agric. Atlas of E. and W. Southpt. (O.Sv.) 1925, 2. A. 1933.
79. GIBSON, W., Coal in Gr. Br. 2. A. 1927.
710. PROTHERO, E. R., E. farming, past and present. 4. A. 1927.
711. DAY, C., The distrib. of ind. occupations in E. 1841—1861. TrConnecticutAcArtsSci. 28, 1927, 79—235.
711a. Bradshaw's Canals and Navigable Rivers of E. and W. A HB. of inland navig. for manufacturers, merchants, traders and others. Compiled by H. R. de Salis. 1928.
712. KYLE, H. M., Die Seefischerei von Gr. Br. und Irl. HB. Seefisch. Nordeur. VI. Stuttgart 1929.
713. WILMORE, A., Industrial Br. A sv. 1931. (Neu aufgelegt durch L. R. Latham, 1939.)
713a. ALWARD, G. I., The sea fisheries of Gr. Br. and Ireld. Grimsby 1932.
714. NEF, J. U., The rise of the Br. coal industry. 1932.
714a. COLE, G. D. H., Br. ind. past and future. 1932.
715. RUTTER, W. P., Commercial g. of the Br. I. 1933.
715a. WATSON, J. A. S., and MORE, J. A., Agriculture. The science of Br. farming. 3rd ed. Edinb. 1933.
716. ALLEN, G. C., Br. industries and their organiz. 1933.
717. KELDORFER, H., Die Landwirtschaft von E. und W. Badische GAbh. 11. Freiburg 1933.
718. AUFRÈRE, L., Les systèmes agraires dans les Î. Br. AnnG. 44, 1935, 385—409.

719. SCHUMANN, H. J. v., Standortsänderungen der Industrien in Gr.-Br. seit dem Kriege. Langensalza 1936.
720. MAXTON, J. R. (ed.), Reg. types of Br. agric. 1936.
721. SÖLCH, J., „Der Zug nach dem Süden" in Gr. Br. MGGesWien. 80, 1937, 179—193. (Vgl.' auch GLEY, W., ZErdk. 8, 1940, 574.)
722. WATSON, J. A. S., The farming year. 1938.
722a. MORGAN, Sir GILBERT T., and PRATT, D. D., Br. chemical industry: its rise and development. 1938.
723. Memorandum on the g. factors, relevant to the location of industry. GJ. 92, 1938. 499—526.
724. MEARS, E. G., Post-war locational changes of Br. industry. GRev. 29, 1939, 233—251. (Vgl. auch TAYLOR, E. G. R., GJ. 94, 1939, 334/335; GLENDAY, R. G., JRSArts. 91, 1943, 246—255; 1944, 102—119.)
725. GILBERT, E. W., Practical regionalism in E. and W., GJ. 94, 1939, 29—44.
726. Rep. on the location of ind. 1939. Vgl. N. 143, 1939/I, 770.
727. DENNISON, S. R., Location of ind. and the depressed areas. 1940.
728. PEP, Rep. on the Br. coal ind. 1940.
728a. DECKEN, H. v., Die engl. Ernährungslage im Frieden und im Kriege. Schr.Deutsch-InstAußenpolForsch. Berlin 1940.
728b. BERBER, H., Die engl. Rohstoffbasis in Krieg und Frieden. Berlin 1940.
729. STAPLEDON, Sir GEORGE, and DAVIES, M., Grassland sv. of E. and W. 1940.
729a. SIEVERS, A., Die Bodennutzung Gr.-Br.'s. PMitt. 1940, 321—329.
729b. ROLFES, M., Bemerkungen zur brit. Nutzviehhaltung. Ebd., 330—339.
729c. BERBER, H., Die engl. Rohstoffbasis in Krieg und Frieden. Berlin 1940.
730. Barlow-Rep., R. Comm. on the distrib. of ind. population. 1940.
731. HALL, Sir A. D., Reconstr. and the land: an approach to farming in the nat. interest. 1941.
732. RUSSELL, Sir JOHN (ed.), English farming. 1941.
733. MASSINGHAM, H. J. (ed.), E. and the farmer. 1941.
734. SÖLCH, J., Die landwirtsch. Tragfähigkeit der Br. I. In: Lebensraumfragen europ. Völker. Hgg. von K. H. Dietzel, O. Schmieder, H. Schmitthenner, Bd. I. Leipzig 1941, 260—272.
735. LÜTGENS, R., Die Industriewirtschaft E. in ihrer Entwicklung und ihrer Bedeutung. Ebd., 273—309.
736. Rep. of the Comm. on Land Utilis. in Rural Areas (Lord Justice Scott's Comm.). MinWorksPlann. 1942.
737. BEAVER, S. H., Minerals and planning. GJ. 104, 1944, 166—198.
738. STAMP, L. D., Land utilis. in Br. GRev. 33, 1943, 523—544.
739. BURNHAM, T. H., and HOSKINS, G. O., Iron and steel in Br., 1870—1930. 1943.
740. GARNER, F. H., Cattle of Br. 1944.
741. EVANS, W. D., The opencast mining of ironstone and coal. GJ. 104, 1944, 102—119.
741a. BAKER, J. N. L., and GILBERT, E. W., The doctrine of an axial belt of ind. in E. GJ. 103, 1944, 49—63 (Disk. 63—72).
742. MENZIES-KITCHIN, A. W., The future of Br. farming. 1945.
743. FOGARTY, M. P., Prospects of the ind. areas of Gr. Br. 1945.
744. TAYLOR, W. L., Forests and forestry in Gr. Br. 1946.
744a. MARCHANT, Sir JAMES (ed.), Post-war Br. 1945. (U. a. A. W. ASHBY über Landwirtsch., C. H. DESH, Entwickl. von Eisen und Stahl, A. PARKER, Die Zukunft der Kohle.)
745. STAMP, L. D., The land of Br. and how it is used. 1946.
746. LEES, G. M., The explor. for oil in Gr. Br. and its econ. consequences. AbbotMemLect. 1946. Nottingham 1946. (Vgl. Ders., N. 155, 1945, 567—569.)
746a. Nat. farm sv. of E. and W. (1941—1943). A summ. rep. MinAgrFish. 1946
747. BALLIN, H. H., The organis. of electricity supply in Gr. Br. 1946. [Geschichte u. bes. Organis. seit den Achtzigerj.]
747a. The Development Areas to-day. Stat. Office 1947. (Abdruck einer Reihe von Artikeln aus BoardTradeJ.)
748. ROWE, W. H., Our forests. 1947.
749. AHRAMS, M., Br. and her export trade. 1947.
749a. STAMP, L. D., War time changes in Br. agric. GJ. 109, 1947, 39—57.
749b. DAYSH, G. H. J., The development areas and location of ind. TijdschrEconSG. 40. 1949, 46—57 [Rotterdam].
750. STAMP, L. D., The Land of Br. Its use and misuse. 1948.
751. FRYER, D. W., The Br. vehicle and aircraft ind. G. 33, 1948, 136—149.
752. SMITH, W., An econ. g. of Gr. Br. 1949.
753. DAYSH, G. H. J., and others, Studies in regional planning. Outline sv. and proposals for the devel. of certain regions of E. and W. 1949.

754. MOISLEY, H. A., Rayon ind. in Gr. Br. G. **34**, 1949, 78—89.

81. ACWORTH, W. M., Railways of E. 1889. 5. A. 1900.
81a. PRATT, E. A., E. canals. 1908.
81b. JACKMAN, W. T., The devel. of transportation in modern E. Cbr. 1916.
82. FAWCETT, C. B., Br. conurbations in 1921. SocRev. **14**, 1922, 111—122. Vgl. Ders., Br. conurbations in 1931. CRCongrInternGParis 1931. III. Sect. IV—VI. Paris 1934, 454—465.
83. COLE, S., Our home ports. 1923.
83a. PAGE, W., Notes on the types of E. villages and their distrib. Ant. 1927, 447—468.
84. OLIVER, B., The cottages of E. 1929.
85. SCHULTZE, H. J., Die Häfen E.'s. Leipzig 1930.
86. FAWCETT, C. B., Distrib. of the urban population in Gr. Br. 1931. GJ. **79**, 1932, 100—116.
86a. Ports of the L.N.E.R. 1932.
86b. ANDERSON, R. M. C., The roads of E. 1932. [Billige Ausg. 1935.]
87. DEUTSCH, R., G. der Haupt- und Großverkehrshäfen Gr.-Br. unter bes. Berücksicht. der Zeit nach dem Krieg. Wien-Klosterneuburg 1933.
88. WICKHAM, A. K., The villages of E. 1932.
88a. SHERRINGTON, C. E. R., 100 years of inland transport. 1934.
89. WALSHAW, R. S., Irish migration to and from the rest of the Br. I. SocRev. **28**, 1936, 412—422.
810. ROUSE, CL., The old towns of E. (The Br. Heritage Series.) 1936.
811. PAKINGTON, H., E. villages and hamlets. 1936.
812. BATSFORD, H., and FRY, E., The E. cottage. 1938.

In derselben Serie des Verlages B. T. Batsford wie 810—812 sind etliche andere Bücher über Kirchen, Abteien, Kathedralen, Landhäuser, Gärten, Schlösser u. dgl. erschienen, mit vortrefflichen Bildern und mit kurzem, meist gut einführendem Text ausgestattet (vgl. Schlußbemerkung, S. 818).

813. OWEN, D. J., The ports of the U.K. 1939.
813a. GREENLEAF, H., and HAYDEN, H., Br. railways. 1939.
814. McDOUGALL, G. D. A., Interwar popul. changes in town and country. JStatS. **103**, 1940, 30—60.
815. DÖRRIES, H., Die bevölkerungsgeographische Struktur der Br. I. In: Lebensraumfragen europ. Völker (vgl. Nr. 734), I. 226—259. Siehe auch W. GLEY, ZErdk. **8**, 1940, 117—122.
816. ESCRITT, L. B., Regional planning. 1943.
817. SHARP, T., The anatomy of the village. 1946.
818. STEVENS, A., The distrib. of rural popul. in Gr. Br. TrInstBrG. No. 11, 1946, 21—51.
819. SMAILES, A. E., The urban mesh of E. and W. Ebd., 87—101.
820. McALLISTER, G., and M. ELIZABETH, Homes, towns and countryside. 1945. [Enthält u. a.: HALL, Sir A. DANIEL, Agr. in a planned E.; STAMP, L. D., The planning of land use; WEIR, Sir CECIL M., The location of ind.]
820a. SHARP, T., The anatomy of the village. 1946. [Bloß kleine Veröff., aber sehr nützlich.]
821. SYLVESTER, D., The hill villages of E. and W. GJ. **110**, 1947, 76—93.
822. WARREN, C. H., E. cottages and farmhouses. (Br. in Pictures.) 1948.
823. NOCK, O. S., The railways of Br. Past and present. 1948.

91. BARTHOLOMEW, J. G., The Sv. Gazetteer of the Br. I., topogr., statist. and commercial. 9th ed. Edinb. 1943.
92. Census of E. and W. 1931. County volumes. 1932 ff.
93. Census 1931. Sect. volumes (Classif. of ind., of occupations etc.).
94. The agr. out.out and food supplies of Gr. Br. 1929.
95. The agr. outout of E. and W. 1925. 1927.
96. Agr. Statistics of E. and W. 1936. MinAgrFish. **71**, 1937.
96a. Ann. Rep. Forestry Comm. [Zuletzt 1949, für das am 30. 9. 1948 endigende J.]
97. Ann. Rep. on Sea Fisheries, Stat. of Sea fisheries. MinAgrFish.
98. A statement of the trade of the U.K. with Br. countries and foreign countries. Vol. IV.
99. Trade at individual ports and with individual countries, value of imports from and exports to each country etc. Jährl.
910. Annual statement of the navigation and shipping of the U.K.
911. Statist. Abstract for the U.K. Jährl.
912. Monthly Digest of Statistics. CentrStatistOff.
913. Whitakers Almanack. 1948.

Schlußbemerkung

Immer größer wird die Zahl der Bücherreihen, in denen einzelne Graf- oder Landschaften mehr oder weniger populärwissenschaftlich oder journalistisch behandelt werden, bald mehr mit historischen oder kunsthistorischen, bald mehr mit geographischen Beschreibungen und Angaben; die einen mehr persönliche Erlebnisse und Eindrücke vorbringend, oft in breiter, plaudernder Darstellung, die anderen strenger sachlich gehalten. Manche Bände bieten auch dem Fachgeographen brauchbares, mitunter sogar wertvolles Material. Unter Indexziffer 9 werden in den Lit.-Verz. der einzelnen Kapitel gelegentlich Beispiele genannt werden. Auf die von B. T. Batsford herausgegebene „The British Heritage Series" wurde schon bei Nr. 810—812 aufmerksam gemacht. Eine andere Reihe (desselben Verlags) ist „The Face of Britain Series", in der britische Landschaften von einem einzelnen Autor behandelt werden, während in „The Pilgrims Library" Beiträge mehrerer Verfasser einen Band bilden („The beauty of Br.", „The E. countryside", „Nature in Br.", „The legacy of Br."). Fast alle Bände dieser Reihen sind bereits in zwei oder mehr Auflagen erschienen, „The Cathedrals of E." sogar schon in sechster, „E. villages and hamlets" kürzlich in fünfter.

Andere derartige Veröffentlichungen sind: „Companion Book" (Methuen), „The Little Guides" (eine alte, sehr beliebte Serie, die jetzt in neuen, umgearb. Bändchen herausgegeben wird; Methuen and Batsford), „The County Books" (R. Hale), „The Vision of E. Series" (P. Elek), „Kings E. Series", „The Penguin Guides". Eine neue, für den Geographen wichtige Reihe „The New Naturalist" ist vom Verlag Collins eröffnet worden; ihr gehört z. B. Nr. 310 an. Im selben Verlag werden außerdem „New Naturalist Regional Books" erscheinen.

Tabellen

Tabelle 1. Bodennutzung, Vieh- und
(Zu beachten ist, daß Kent und Surrey

Kent: 1 219 273;

	A.	Dgr. a)	b)	WW.	We.	Ge.	Ha.	Bo.	Ka.	Rü.	M.	Ko.	O.
1936	252,6	104,8	289,3	42,2	32,2	14,6	24,2	3,7	15,5	5,2	6,1	6,5	68,2
1939	253,9	99,3	284,4	41,0	35,2	16,2	21,9	2,1	15,2	3,9	5,2	5,8	70,7
1940	289,9	88,3	260,1	40,9	40,2	23,2	37,1	2,7	17,9	5,9	6,2	7,6	70,2
1941	347,5	79,3	214,3	37,1	61,7	27,4	48,9	6,4	21,3	5,5	6,9	8,9	70,4
1942	375,7	67,1	169,9	33,4	73,7	26,8	40,2	7,9	24,2	5,7	7,6	8,5	70,0
1943	411,2	52,5	173,9	31,3	96,6	30,1	41,5	7,5	25,2	5,3	7,8	8,6	69,9
1944	427,7	39,4	169,9	28,3	87,9	33,5	46,3	9,8	24,0	5,4	8,5	7,5	69,1

Sussex East: 546 864

	A.	Dgr. a)	b)	WW.	We.	Ge.	Ha.	Bo.	Ka.	Rü	M.	Ko.	O.
1936	57,3	88,1	160,5	54,3	11,0	0,7	12,2	0,8	1,9	1,3	2,8	2,9	3,3
1939	56,0	86,5	159,5	54,3	12,3	0,6	10,6	0,9	1,9	1,1	2,5	2,4	3,5
1940	76,9	81,6	147,6	49,7	15,1	2,4	20,2	1,3	2,9	2,0	3 0	3,4	3,6
1941	109,1	72,9	130,4	46,9	24,3	4,4	27,8	3,6	3,6	2,5	3,8	4,5	3,7
1942	119,1	65,4	119,3	31,2	31,0	3,5	23,0	4,4	4,1	2,5	4,0	4,1	3,6
1943	145,4	53,7	108,3	29,3	45,3	5,9	24,4	4,8	3,9	3,5	4,4	4,6	3,5
1944	156,2	43,3	108,2	27,8	41,6	5,8	27,9	4,8	4,3	3,4	4,6	4,8	3,5

Sussex West:

	A.	Dgr. a)	b)	WW.	We.	Ge.	Ha.	Bo.	Ka.	Rü.	M.	Ko.	O.
1936	81,2	52,7	99,0	40.3	17,8	3,5	16,0	0,9	1,9	5,1	3,9	3,0	2,1
1939	78,7	54,8	95,4	40,4	17,9	3,5	15,2	0,6	1,9	4,2	3,6	2,4	2,2
1940	93,9	45,8	88,9	37,6	19,0	6,6	22,5	0,4	2,6	4,9	3,9	3,1	2,3
1941	113,2	44,5	80,2	32,2	25,2	9,9	24,6	1,3	3,3	4,6	4.6	4,0	2,4
1942	120,0	39,5	75,4	23,0	28,6	9,3	20,7	1,6	5,0	4,2	4,3	3,3	2,3
1943	133,8	33,7	69,0	20,4	37,4	11,7	20,5	1,8	5,5	3,5	4,7	3,2	2,2
1944	143,4	26,7	67,5	19,1	36,2	13,4	24,3	2,0	5,8	3,4	4,8	3,5	2,3

Surrey: 1 180 878

	A.	Dgr. a)	b)	WW.	We.	Ge.	Ha.	Bo.	Ka.	Rü.	M.	Ko.	O.
1936	47,1	51,7	80,9	25,8	7,2	1,3	7,9	0,4	2,7	2,0	2,0	2,1	1,6
1939	44,2	50,3	77,1	25,0	7,6	1,3	6,9	0,2	2,5	1,5	1,8	1,9	1,4
1940	57,2	45,6	72,5	23,9	9,4	2,9	13,3	0,3	5,2	2,1	2,2	2,4	1,5
1941	75,6	40,5	62,9	24,6	13,5	4,5	17,1	0,8	7,6	2,3	2,6	3,1	1,7
1942	90,3	35,0	58,1	23,4	21,5	4,3	16,3	0,5	9,2	3,0	2,7	3,0	1,6
1943	106,5	27,1	50,3	22,4	28,5	4,4	16,7	1,1	8,9	2,4	3,3	3,5	1,6
1944	119,8	19,6	46,2	21,0	29,0	5,1	21,4	0,9	8,2	2,3	3,6	3,5	1,6

[1]) Die Abkürzungen bedeuten: A. Ackerland; Dgr. Dauergrasland, a) für Heu, b) nicht
für Heu; WW. Wildweiden („rough pastures"); We. Weizen, Ge. Gerste, Ha. Hafer;
Bo. Bohnen, Ka. Kartoffeln, Rü. Rüben (turnips, swedes), M. Mangold, Ko. Kohl, O. Obstgärten, Kl. Klee, Br. Brache; MK. Milchkühe, Ri. Rinder (Ges.Z.), Scha. Schafe,
Schw. Schweine, Pf. Pferde, Hü. Hühner, E. Enten, Gä. Gänse, Tr. Truthühner.
[2]) Hier und in den folg. derartigen Tabellen ist zu beachten: Die erste Zahl nach
dem Namen ist die E.Z. (1931) der betreff. Gr. einschl. der County Boroughs, die zweite (in
der Klammer) ohne diese (wo solche fehlen, fällt sie weg). Die erste Zahl nach dem Strich-

Geflügelhaltung in SE-England[1])
auch am Londoner Becken Anteil haben.)

975,9 (3935) [2])

Kl.	Br.	MK.	Ri.	Scha.	Schw.	Pf.	Hü.	E.	Gä.	Tr.
17,9	9,6	36,3	100,6	778,8	95,0	11,1	1850,0	48,9	18,5	12,4
19,6	10,0	35,5	104,7	788,4	95,4	13,1	1649,6	45,0	15,9	12,3
18,0	8,3	34,9	107,6	721,7	92,9	12,7	1586,2	47,9	17,9	9,5
20,3	6,3	33,3	101,9	562,8	56,2	13,5	986,5	42,5	18,7	4,8
29,9	10,3	32,9	113,3	585,1	49,7	13,0	872,7	46,8	20,2	4,1
42,5	9,9	35,6	121,9	527,1	44,1	12,8	679,9	46,1	21,5	4,3
58,1	8,3	34,4	119,3	455,5	51,7	11,4	741,9	48,0	25,3	5,2

(276 795); 530,6 (2140)

Kl.	Br.	MK.	Ri.	Scha.	Schw.	Pf.	Hü.	E.	Gä.	Tr.
9,4	4,7	35,7	86,0	150,6	36,0	7,9	1044,9	23,4	6,2	5,3
9,7	3,9	35,9	92,1	153,1	36,9	7,2	807,5	15,6	5,9	6,3
9,3	4,0	36,6	97,0	147,7	40,2	7,2	764,0	17,2	6,6	4,2
9,7	2,8	35,6	91,1	109,1	24,6	7,0	501,7	17,3	7,7	2,2
14,9	4,5	34,5	95,6	107,9	20,4	6,7	401,3	18,3	7,7	1,9
21,4	5,1	36,7	99,5	88,4	18,0	6,4	301,9	19,5	8,4	1,9
32,0	4,8	36,0	100,6	81,5	18,7	6,2	323,9	22,5	8,7	3,4

222 995; 401,9 (1620)

Kl.	Br.	MK.	Ri.	Scha.	Schw.	Pf.	Hü.	E.	Gä.	Tr.
14,4	4,7	24,4	60,0	83,4	29,6	6,1	563,0	15,3	3,7	4,4
13,7	4,3	24,7	61,4	75,2	30,9	5,5	536,9	21,0	3,8	4,5
14,2	3,4	25,1	65,6	76,7	33,1	5,5	515,2	20,2	3,7	4,4
12,5	1,8	24,9	62,6	60,2	18,4	5,3	321,3	17,7	4,2	3,2
18,4	3,5	24,1	65,6	59,8	13,0	4,8	272,9	21,6	4,4	2,3
21,7	3,6	25,0	67,7	47,9	11,7	4,7	196,7	20,5	4,7	2,9
27,4	3,5	24,1	68,4	37,9	11,5	4,3	213,0	24,2	5,2	3,1

(947 695); 461,8 (1854)

Kl.	Br.	MK.	Ri.	Scha.	Schw.	Pf.	Hü.	E.	Gä.	Tr.
8,7	3,9	20,1	45,6	31,8	32,7	5,8	634,2	14,9	3,6	3,6
7,4	3,8	18,9	45,1	33,1	30,3	5,3	552,4	9,9	3,1	3,6
7,7	2,7	18,9	48,0	36,1	37,4	5,4	583,4	13,0	3,9	3,2
6,6	3,0	18,8	46,4	28,5	35,4	5,9	469,7	15,9	5,5	2,5
10,6	4,4	18,4	49,1	27,5	32,0	5,5	427,5	19,5	6,2	2,0
15,9	4,9	19,0	50,4	21,5	28,3	5,2	310,3	19,6	6,8	2,2
24,5	4,1	19,1	50,4	13,6	26,0	4,9	371,7	22,9	7,8	2,8

punkt gibt die Fl. (e i n s c h l. Binnengewässer und County Boroughs) in Tausenden statute
acres an, die letzte (eingeklammerte) in km² (o h n e Wasserfläche). Diese Zahlen sind alle
aus The Statesman's Yearbook ... for the year 1947 (Lond. 1948) entnommen. Die Zahlen
der Tabellen selbst sind aus den Agric. Stat. für 1936, bzw. den letzten mir zugänglichen
für 1939—1944, pt. I (1947) [96*] entnommen und geben die Fl. in Tausenden statute acres,
Vieh und Geflügel in T. Stück an, auf Zehntel abgerundet [1000 acres sind 404,68 ha, also
rund 4 km²].

Tabelle 2. Bodennutzung, Vieh- und Geflügel

Essex: 1 755 459

	A	Dgr. a)	b)	WW.	We.	Ge.	Ha.	Bo.	Ka.	Rü.	M.	Ko.	O.
1936	393,6	96,6	212,9	35,4	105,1	60,2	37,3	12,7	15,3	3,0	7,5	5,8	7,4
1939	340,7	92,3	210,5	38,9	107,7	63,9	35,5	12,6	15,7	2,3	6,3	4,5	8,4
1940	358,4	82,1	197,8	29,9	84,0	85,0	52,8	6,0	16,1	3,6	6,9	5,1	9,0
1941	422,6	66,8	166,0	31,9	113,6	83,2	62,2	17,2	19,3	3,2	9,1	6,9	9,1
1942	427,7	56,0	151,8	31,1	113,4	81,1	56,1	17,0	21,7	3,0	8,9	6,2	8,8
1943	448,6	41,2	141,1	27,7	144,0	82,2	50,6	21,4	22,9	1,8	10,0	5,6	8,9
1944	450,0	31,8	137,8	25,1	135,3	91,8	54,6	24,2	23,8	1,8	10,1	5,8	9,0

Hertfordshire:

	A.	Dgr. a)	b)	WW.	We.	Ge.	Ha.	Bo.	Ka.	Rü.	M.	Ko.	O.
1936	147,2	43,3	95,0	12,0	45,4	11,9	22,4	2,6	3,6	1,8	2,8	2,9	1,5
1939	142,7	41,1	94,6	13,6	46,3	13,8	20,9	3,1	3,4	1,6	2,2	1,6	1,9
1940	154,7	39,8	88,0	9,9	43,8	20,4	25,8	2,0	6,2	2,1	2,6	2,1	2,0
1941	180,1	29,3	77,2	9,6	53,9	23,8	35,6	4,1	9,5	2,2	3,4	2,1	2,2
1942	191,1	23,7	70,9	8,6	54,3	24,3	30,3	3,6	11,2	2,2	3,5	2,4	2,2
1943	206,5	17,4	63,3	8,3	65,8	28,1	25,6	3,9	11,6	1,9	3,9	2,6	2,0
1944	213,0	13,7	59,6	7,7	61,3	33,4	28,6	4,5	11,2	1,7	4,1	2,8	1,9

Middlesex (und London):

	A.	Dgr. a)	b)	WW.	We.	Ge.	Ha.	Bo.	Ka.	Rü.	M.	Ko.	O.
1936	12,4	9,2	16,2	3,3	1,2	0	0,7	0,5	1,1	0,1	0,2	0,3	1,4
1939	10,3	7,1	12,8	3,6	0,8	0	0,6	0	0,8	0	0,1	0,2	0,9
1940	11,5	7,7	10,9	3,7	1,2	0,3	1,2	0	1,3	0,2	0,2	0,2	1,0
1941	14,6	7,7	10,8	3,9	1,9	0,5	2,4	0	1,6	0,2	0,3	0,4	0,9
1942	16,5	6,6	9,9	4,2	3,3	0,3	1,9	0	1,8	0,2	0,3	0,3	0,9
1943	20,7	5,6	9,3	3,1	6,0	1,1	2,3	0	2,0	0,1	0,5	0,4	0,9
1944	21,7	3,3	8,0	3,5	6,2	1,1	2,6	0,2	1,8	0,1	0,5	0,4	0,7

Buckinghamshire:

	A.	Dgr. a)	b)	WW.	We.	Ge.	Ha.	Bo.	Ka.	Rü.	M.	Ko.	O.
1936	77,0	105,6	180,8	11,6	21,2	3,2	13,7	3,2	1,5	1,5	2,3	1,9	2,98
1939	67,8	100,9	189,6	13,6	19,2	3,0	13,0	2,6	12,4	1,0	1,6	1,3	2,8
1940	89,3	94,6	177,9	11,1	19,9	7,3	24,7	1,2	32,1	1,8	2,1	1,8	2,8
1941	119,1	85,2	160,5	10,6	34,0	9,3	31,4	3,8	52,0	2,3	2,9	3,2	3,0
1942	140,2	72,9	147,7	9,5	42,0	8,8	30,9	5,3	53,1	2,4	3,0	2,7	2,8
1943	173,1	57,3	130,3	8,8	61,9	11,1	27,4	6,5	58,0	2,0	3,8	3,2	3,3
1944	209,3	37,0	114,2	9,4	71,2	14,5	34,8	8,4	55,0	1,8	4,0	3,2	3,2

haltung im Londoner Becken (1936) [96*] [1])

(1 198 601); 979,5 (2844)

Kl.	Br.	MK.	Ri.	Scha.	Schw.	Pf.	Hü.	E.	Gä.	Tr.
62,6	26,5	41,7	111,1	160,8	132,8	21,6	2251,5	43,3	6,6	29,8
46,2	23,5	41,5	112,7	165,5	135,8	19,4	1971,7	33,7	7,8	40,1
56.4	23,9	42,0	121,8	169,1	126,2	19,3	2005,1	39,7	9,1	31,2
43,6	17,3	41,9	118,6	126,9	80,7	19,0	1408,7	40,2	11,3	20,4
61,5	17,5	40,9	125,0	101,2	62,1	17,8	1160,8	49,5	12,2	16,5
66,6	12,2	42,3	128,5	77,0	50,9	17,0	855,7	48,1	13,1	11,9
78,8	8,9	41,2	126,0	61,5	52,2	15,8	981,2	51,6	14,5	13,4

401 206; 404,5 (1630)

Kl.	Br.	MK.	Ri.	Scha.	Schw.	Pf.	Hü.	E.	Gä.	Tr.
29,4	11,8	17,3	49,0	64,9	44,9	7,9	674,4	29,4	2,2	9,0
24,6	11,9	17,7	52,8	64,3	44,9	7,3	547,6	25,1	2,7	9,7
26,9	9,8	18,2	56,5	69,1	41,1	7,1	569,7	25,8	3,1	7,5
23,1	5,3	18,9	56,3	56,3	27,0	7,4	505,0	24,1	4,0	5,7
32,4	7,5	17,7	57,0	44,9	24,5	6,7	406,9	24,2	4,4	4,5
38,3	5,2	18,6	58,1	34,5	20,0	6,5	296,5	21,7	5,3	3,4
42,0	4,2	18,1	58,6	28,1	20,2	5,9	323,4	23,3	5,7	5,8

1 638 728; 148,7 (891)

Kl.	Br.	MK.	Ri.	Scha.	Schw.	Pf.	Hü.	E.	Gä.	Tr.
0,6	0,7	3,7	8,4	5,1	19,2	1,9	77,0	2,6	13,4	0,5
0,3	0,8	2,9	7,2	4,8	18,2	1,6	50,9	2,0	0,7	0,2
0,4	0,7	2,8	7,8	6,7	13,5	1,6	60,0	2,6	0,7	0,1
0,5	0,6	2,9	8,0	6,9	20,1	1,7	62,7	3,3	1,0	0,1
0,7	1,1	2,7	8,1	5,7	21,6	1,6	51,0	5,0	1,2	0,2
1,3	0,9	2,9	8,0	5,1	24,5	1,5	41,4	4,4	1,5	0,2
3,0	1,3	2,7	7,5	3,5	21,6	1,3	44,9	4,7	1,6	0,2

271 586; 479,4 (1932)

Kl.	Br.	MK.	Ri.	Scha.	Schw.	Pf.	Hü.	E.	Gä.	Tr.
16,7	5,8	28,8	93,6	179,7	46,7	11,2	594,1	32,2	3,8	8,3
10,5	6,5	29,4	101,9	198,6	45,2	10,6	571,2	24,5	3,7	10,2
11,4	7,5	30,0	107,9	212,6	43,8	10,1	583,6	23,2	4,4	9,4
9,9	4,0	30,3	104,7	168,4	28,0	10,2	434,2	21,2	5,0	5,9
17,0	7,7	27,8	104,2	152,3	24,0	9,5	332,1	23,7	5,9	4,0
25,7	8,7	29,5	102,0	117,0	21,4	9,0	274,4	24,9	7,0	4,1
44,3	6,9	29,4	100,0	87,5	21,4	8,2	294,0	27,3	8,0	6,3

[1]) Abkürzungen s. S. 820/1.

Tabelle 3. Bodennutzung, Vieh- und, Geflügelhaltung
(Zu beachten ist, daß sich der Bereich

Hampshire: 1 014 310

	A.	Dgr.a)	b)	WW.	We.	Ge.	Ha.	Bo.	Ka.	Rü.	M.	Ko.	O.
1936	235,5	97,7	192,0	128,8	46,6	15,1	40,7	0,7	3,6	14,0	6,8	7,9	2,1
1939	235,7	97,5	190.0	136,0	45,8	21,1	41,3	0,5	3,9	12,1	5,9	5,3	2,2
1940	268,5	84,4	178,0	121,8	46,3	31,0	60,3	0,2	5,6·	13,9	6,0	5,6	2,3
1941	310,0	79,5	147,4	119,1	65,0	41,7	67,8	0,7	13,6	15,0	6,8	7,6	2,5
1942	336,0	65,7	141,0	112,5	68,7	46,4	61,3	1,4	16,1	14,7	6,8	6,2	2,6
1943	363,4	51,5	126,6	109,4	93,1	50,0	48,8	1,4	19,1	14,0	7,3	7,0	2,4
1944	382,6	38,6	119,7	108,9	82,2	56,7	52,7	1,6	20,4	13,1	7,7	7,8	2,6

I. of Wight:

	A.	Dgr.a)	b)	WW.	We.	Ge.	Ha.	Bo.	Ka.	Rü.	M.	Ko.	O.
1936	17,7	12,8	29,4	12,7	2,9	2,1	2,8	0,2	0,7	2,1	0,8	0,3	0,1
1939	17,4	13,7	27,8	13,2	3,2	2,0	2,9	0,2	0,9	1,8	0,6	0,2	0,1
1940	20,7	12,2	26,0	12,9	2,5	2,9	4,5	0,1	1,2	·2,1	0,6	0,4	0,1
1941	24,3	11,5	23,1	13,3	4,6	3,2	5,1	0,2	1,7;	2,1	0,8	0,7	0,1
1942	27,2	10,0	21,6	11,8	5,7	3,3	4,7	0,4	2,4	1,9	0,8	0,6	0,2
1943	31,3	8,6	19,9	11,7	9,0	3,6	4,0	0,4	2,6	1,8	0,9	0,7	0,1
1944	33,5	7,1	18,8	12,0	7,6	3,8	4,7	0,4	2,8	2,0	1,0	0,7	0,1

Wiltshire:

	A.	Dgr.a)	b)	WW.	We.	Ge.	Ha.	Bo.	Ka.	Rü.	M.	Ko.	O.
1936	157,5	190,7	253,6	139,2	40,5	9,3	24,4	0,4	1,5	9,3	4,1	6,9	1,3
1939	159,9	187,3	246,9	141,0	39,6	12,7	24,5	0,9	8,7	7,4	3,4	3,4	1,2
1940	191,2	176,8	228,4	126,2	45,2	19,5	42,8	0,3	9,7	8,0	3,4	3,9	1,3
1941	232,8	162,3	204,9	118,6	61,0	27,6	45,6	1,5	15,5	9,6	4,2	6,1	1,5
1942	265,7	144,6	188,2	119,2	68,2	32,6	42,8	2,4	18,6	10,5	4,5	5,9	1,5
1943	298,2	126,6	172,7	111,2	89,9	43,0	31,2	2,3	18,6	10,1	5,3	6,5	1,3
1944	314,1	107,8	171,7	99,4	86,6	46,3	34,5	3,1	18,9	10,2	5,6	6,6	1,3

Somerset: 475 142

	A.	Dgr.a)	b)	WW.	We.	Ge.	Ha.	Bo.	Ka.	Rü.	M.	Ko.	O.
1936	129,7	248,0	404,3	98,5	22,1	10,2	14,4	1,4	2,4	8,9	7,0	4,2	19,5
1939	125,4	259,7	397,9	96,6	19,2	11,2	14,9	2,2	2,4	8,2	6,0	2,6	18,8
1940	160,0	254,9	371,6	93,3	28,5	16,8	31,4	1,4	3,7	9,9	6,8	3,2	18,7
1941	198,5	242,8	353,1	92,0	43,5	17,4	39,3	4,3	5,6	11,7	8,3	5,5	19,9
1942	233,0	221,6	341,3	87,7	54,4	18,1	44,1	6,7	6,7	12,4	8,8	6,0	19,8
1943	289,6	192,2	312,5	87,5	91,2	19,8	39,3	8,2	6,3	12,7	9,8	7,5	20,3
1944	324,4	167.7	303,2	85,1	90,3	24,9	43,9	8,0	5,9	13,7	10,4	8,0	20,1

in Mittelsüdengland und auf der I. Wight [96*] [1]
der vier Gr. nicht völlig mit M. deckt.)

(469 085); 961,7 (3875)

Kl.	Br.	MK.	Ri.	Scha.	Schw.	Pf.	Hü.	E.	Gä.	Tr.
53,6	24,8	49,6	110,5	135,3	76,0	9,2	1355,7	35,5	8,1	16,5
50,4	23,6	49,6	112,6	141,4	80,6	12,9	1244,3	28,9	6,2	17,7
49,6	21,5	49,1	117,8	134,5	80,9	12,4	1182,2	29,1	7,3	16,3
40,2	13,5	48,1	112,8	115,9	57,9	12,7	868,0	30,1	8,0	9,2
56,0	18,4	48,0	122,8	107,0	48,1	11,9	709,6	31,4	8,6	7,2
63,9	13,6	50,0	130,2	96,4	42,5	11,2	532,1	31,7	9,8	5,9
82,0	14,3	50,4	134,0	86,6	45,2	10,2	581,0	38,0	10,5	8,5

88 454; 94,1 (380)

Kl.	Br.	MK.	Ri.	Scha.	Schw.	Pf.	Hü.	E.	Gä.	Tr.
2,8	1,1	9,2	14,8	15,3	22,3	1,3	137,9	4,8	0,7	2,1
2,5	0,9	8,5	18,3	13,9	19,4	1,6	112,7	3,1	0,6	1,7
3,2	0,6	8,5	18,8	15,6	18,4	1,6	107,5	3,5	0,7	1,1
2,6	0,4	8,4	17,5	11,9	8,8	1,6	86,5	3,9	0,9	0,8
3,6	0,6	8,1	18,0	11,5	8,2	1,6	69,5	4,1	0,1	0,7
3,8	0,6	8,3	19,6	11,7	6,1	1,5	55,2	4,2	1,3	0,7
5,1	0,8	8,3	20,1	10,4	6,2	1,4	54,6	4,8	1,3	0,8

303 373; 860,8 (3471)

Kl.	Br.	MK.	Ri.	Scha.	Schw.	Pf.	Hü.	E.	Gä.	Tr.
37,3	14,4	86,0	169,8	208,1	93,6	10,8	1074,5	37,6	4,8	9,0
39,3	14,6	83,9	168,6	218,8	85,9	13,8	978,5	30,5	4,6	11,3
38,0	13.7	83,2	177,2	214,1	78,9	13,2	901,8	30,5	4,8	6,4
34,0	9,3	82,4	171,7	174,3	36,7	13,2	730,3	29,7	5,4	3,9
46.8	12,9	78,8	176,4	157,0	28,7	13,4	551,0	33,0	5,6	2,7
58,4	12,0	81,9	176,0	139,5	20,7	11,6	386,9	28,6	6,3	2,6
69,1	14,9	81,2	174,7	120,0	26,5	10,6	407,3	32,3	7,7	3,7

(406 327); 1036,8 (4172)

Kl.	Br.	MK.	Ri.	Scha.	Schw.	Pf.	Hü.	E.	Gä.	Tr.
28,9	4,1	120,8	260,0	348,8	150,6	17,4	1741,7	86,8	17,2	20,8
28,8	3,7	120,7	266,6	379,6	134,8	24,9	1626,0	67,5	12,5	16,9
25,4	2,9	121,8	279,8	381,9	126,0	23,8	1462,2	69,3	13,2	15,4
23,6	2,7	124,0	286,3	325,2	66,2	24,1	1251,3	66,8	15,8	9,3
33,0	3,2	121,6	294,5	318,5	49,5	23,0	1025,4	68,2	18,0	6,8
46,2	4,7	124,8	295,4	288,3	32,1	21,8	740,3	59,0	20,5	6,2
70,1	4,5	124,1	292,7	285,4	38,2	20,4	794,1	66,8	23,5	7,1

[1] Abkürzungen s. S. 820/1.

(Fortsetzung S. 826)

(Fortsetzung der Tab. 3)　　　　　　　　　　　　　　　　　　　　　Dorset: 239 352;

	A.	Dgr. a)	b)	WW.	We.	Ge.	Ha.	Bo.	Ka.	Rü.	M.	Ko.	O.
1936	103,2	114,7	202,0	67,3	16,8	7,3	16,2	0,4	1,2	12,6	3,5	3,1	2,5
1939	97,5	118,9	199,3	69,2	15,6	8,4	16,3	0,2	1,2	11,2	3,0	2,0	2,3
1940	120,8	115,2	181,0	65,8	17,8	13,1	29,4	0,2	1,6	11,7	3,2	2,4	2,3
1941	144,3	108,2	170,3	67,3	28,1	15,4	31,5	0,8	4,7	12,8	3,8	4,3	2,5
1942	165,2	96,5	163,1	64,4	33,3	18,0	32,7	1,3	6,2	13,1	3,8	4,0	2,4
1943	185,5	85,9	152,0	59,1	50,0	20,6	24,7	1,1	6,5	12,4	4,2	4,7	2,7
1944	200,2	73,7	147,5	55,8	49,2	25,0	27,2	1,2	6,7	12,1	4,4	4,8	2,2

Tabelle 4. Bodennutzung, Vieh- und

Devonshire: 732 968

	A.	Dgr. a)	b)	WW.	We.	Ge.	Ha.	Bo.	Ka.	Rü.	M.	Ko.	O.
1936	420,0	155,8	552,8	304,2	29,7	17,4	85,7	0,6	6,8	25.2	16,9	14,1	22,4
1939	415,4	158,0	550,3	364,4	22,9	21,3	83,6	0,2	6,2	22,3	15,0	4,8	21,4
1940	464,9	156,3	501,5	364,9	29,3	34,8	126,7	0,3	12,4	21,9	13,7	4,4	21,5
1941	519,3	144,9	469,0	360,5	61,5	34,8	130,3	1,1	27,8	25,9	15,1	7,8	22,0
1942	559,0	132,8	442,6	355,9	64,5	43,8	144,5	2,1	33,7	28,6	15,2	9,6	21,8
1943	603,1	118,6	417,6	339,2	95,5	65,2	130,9	2,5	35,9	28,5	15,4	10,4	21,6
1944	596,4	108,2	417,9	336,5	78,6	66,7	117,5	2,4	31,6	30,8	16,1	11,0	21,0

Cornwall: 317 968;

	A.	Dgr. a)	b)	WW.	We	Ge.	Ha.	Bo.	Ka.	Rü.	M.	Ko.	O.
1936	325,4	44,0	240,1	112,3	12,6	8,1	43,3	0,1	4,5	6,4	5,4	9,1	3,6
1939	326,7	42,5	241,4	114,6	8,5	8,1	44,0	0	4,7	5,5	4,7	2,0	3,4
1940	351,0	38,5	221,1	115,0	14,8	10,6	60,4	0	7,7	5,4	4,4	2,2	3,3
1941	376,9	33,0	206,0	115,5	21,1	11,7	61,6	0,1	16,3	6,0	4,7	3,9	3,7
1942	398,7	29,4	189,9	114,0	19,6	15,4	68,3	0,1	20,9	6,2	4,6	5,7	3,3
1943	417,8	24,3	176,1	112,7	35,0	27,1	66,2	0,2	22,6	5,9	4,9	5,6	3,3
1944	419,2	22,1	174,5	112,4	32,1	32,9	55,3	0,2	23,9	6,4	5,4	6,0	3,3

Tabelle 5. Bodennutzung, Vieh- und

Suffolk (East):

	A.	Dgr. a)	b)	WW.	We.	Ge.	Ha.	Bo.	Ka.	Rü.	M.	Ko.	O.
1936	285,2	37,2	107,2	30,9	56,4	66,7	21,1	4,0	2,1	6,4	10,6	5,1	2,6
1939	285,3	35,5	106,8	31,0	58,6	69,3	22,0	20,1	2,1	5,0	9,2	4,5	2,8
1940	299,5	27,1	103,3	27,0	48,0	83,1	32,0	13,8	2,8	7,1	9,1	4,8	2,8
1941	313,9	27,9	90,4	24,2	55,2	78,2	34,3	21,4	4,3	6,7	10,6	6,3	2,8
1942	316,1	22,3	90,2	21,1	48,6	77,9	34,0	16,1	5,3	5,8	11,0	5,8	2,6
1943	317,4	17,9	85,5	19,3	62,1	74,9	31,5	17,1	9,3	4,3	10,6	5,2	2,6
1944	318,5	16,5	83,1	17,2	60,0	80,4	34,1	17,3	8,3	3,3	11,5	5,6	2,6

622,8 (2514)

Kl.	Br.	MK.	Ri.	Scha.	Schw.	Pf.	Hü.	E.	Gä.	Tr.
20,5	5,0	63,2	117,0	142,0	58,1	11,0	752,0	29,2	5,6	8,5
27,6	4,3	63,3	120,8	149,8	48,8	9,9	715,0	43,3	5,4	9,3
26,5	4,0	61,6	122,9	138,8	45,1	9,5	643,0	36,6	4,8	5,6
25,2	2,8	61,3	122,0	122,5	26,2	9,6	544,6	26,2	5,7	3,9
32,6	4,0	60,0	126,2	118,0	20,0	9,1	447,4	26,2	5,7	3,0
40,2	4,6	61,6	127,9	108,0	13,4	8,6	326,5	22,1	7,0	2,8
48,8	5,0	61,4	127,7	97,4	17,1	8,0	332,0	26,0	7,4	2,9

Geflügelhaltung in Südwestengland [96*] [1]

(458 757); 1671,4 (6745)

Kl.	Br.	MK.	Ri.	Scha.	Schw.	Pf.	Hü.	E.	Gä.	Tr.
183,1	3,9	95,6	332,7	862,8	184,4	24,0	2645,3	145,8	37,8	48,5
193,8	4,1	96,2	339,4	973,2	156,8	36,6	2523,8	128,7	34,6	40,6
162,3	1,6	99,0	357,6	1015,8	163,4	35,7	2256,7	123,1	33,3	32,7
139,9	1,2	101,3	361,4	867,4	90,9	36,1	2005,7	102,0	35,1	24,0
130,5	1,9	100,5	362,7	819,4	72,8	34,5	1694,5	109,7	35,9	19,7
136,2	2,1	108,1	375,5	796,6	51,7	32,6	1388,4	112,0	41,4	17,1
152,5	2,3	107,5	375,5	805,1	54,7	32,6	1366,9	113,6	44,0	19,0

868,2 (3513)

Kl.	Br.	MK.	Ri.	Scha.	Schw.	Pf.	Hü.	E.	Gä.	Tr.
183,5	2,3	72,4	235,9	270,6	194,7	15,5	1613,8	81,3	23,3	18,4
188,8	2,4	72,6	240,3	287,4	196,0	23,6	1615,9	69,8	22,8	21,9
165,6	1,4	74,9	244,8	285,6	181,0	23,0	1446,3	66,2	22,0	15,7
153,1	1,3	75,6	243,1	235,1	85,4	22,8	1212,8	51,0	21,0	10,5
144,3	2,2	73,0	241,5	219,7	72,7	22,5	1196,4	61,6	23,2	10,3
146,2	2,1	78,3	256,6	215,9	54,7	21,6	1059,0	66,8	24,4	10,2
151,0	2,0	77,7	260,0	222,0	45,8	20,9	973,2	68,2	27,0	10,0

Geflügelhaltung in Mittelostengland [96*] [1]

294 977 (207 475); 557,4 (2248)

Kl.	Br.	MK.	Ri.	Scha.	Schw.	Pf.	Hü.	E.	Gä.	Tr.
40,0	12,6	22,3	70,1	94,0	171,5	17,2	1099,7	103,3	4,2	24,5
36,8	12,4	22,5	68,8	88,8	144,8	16,2	931,0	80,0	4,1	23,6
40,0	11,2	23,2	74,3	79,0	113,1	15,8	961,0	67,0	5,4	23,2
32,0	3,3	23,1	73,9	57,2	62,3	15,7	704,0	31,0	5,6	14,4
44,2	3,3	24,0	79,1	58,6	43,2	15,2	643,6	37,0	6,7	11,6
42,8	3,4	24,6	81,6	52,3	31,6	15,0	510,0	30,0	7,8	10,2
39,0	2,0	24,8	79,1	44,6	33,9	14,4	556,0	36,0	9,0	11,1

[1]) Abkürzungen s. S. 820/1.   (Fortsetzung S. 828)

(Fortsetzung der Tab. 5)　　　　　　　　　　　　　　　Suffolk (West):

	A.	Dgr. a)	b)	WW.	We.	Ge.	Ha.	Bo.	Ka	Rü.	M.	Ko.	O.
1936	213,4	19,3	51,9	26,0	48,4	43,4	17,6	3,0	2,3	3,3	4,0	3,3	2,0
1939	214,0	17,0	53,7	25,9	49,3	50,7	15,0	9,8	4,1	2,4	3,0	2,2	1,9
1940	226,2	12,7	47,6	23,9	44,6	60,3	19,5	6,4	5,8	3,3	3,1	2,3	2,0
1941	239,6	10,5	41,2	19,8	46,0	61,2	24,0	10,0	9,9	3,2	3,3	3,4	1,9
1942	241,6	7,7	39,0	18,0	44,0	56,1	24,8	8,0	10,2	2,9	3,7	3,2	2,0
1943	245,0	5,8	36,1	15,6	52,7	53,0	26,4	8,8	9,9	2,2	3,6	2,8	2,0
1944	247,1	5,7	34,7	13,0	55,8	55,1	23,9	8,9	9,0	1,7	3,7	3,0	1,8

Norfolk: 434 958

	A.	Dgr. a)	b)	WW.	We.	Ge.	Ha.	Bo.	Ka.	Rü.	M.	Ko.	O.
1936	704,0	38,9	237,2	81,4	123,5	161,7	33,4	4,9	22,2	22,8	39,3	10,9	10,1
1939	706,6	30,7	237,0	79,6	119,4	184,7	53,6	4,7	24,9	21,7	32,6	9,4	9,7
1940	737,3	25,4	221,9	69,6	106,0	209,1	67,1	4,3	27,7	21,6	31,5	8,9	9,3
1941	774,2	24,8	194,7	61,0	101,1	214,6	79,5	8,2	33,1	22,7	32,8	12,1	9,1
1942	786,8	18,4	188,4	57,9	89,8	213,5	76,7	7,8	34,9	21,8	32,9	11,4	8,9
1943	790,6	14,3	175,4	55,1	138,6	196,2	65,7	8,3	36,1	16,6	31,1	10,1	8,7
1944	794,2	13,0	172,9	52,4	133,8	207,0	65,9	8,8	38,3	13,8	32,2	12,1	9,0

Cambridgeshire:

	A.	Dgr. a)	b)	WW.	We.	Ge.	Ha.	Bo	Ka.	Rü.	M.	Ko.	O.
1936	193,6	20,3	43,8	10,6	52,6	29,4	19,5	6,0	3,5	2,7	3,4	3,6	5,9
1939	171,3	10,3	29,3	2,6	53,7	3,8	13,7	2,4	3,3	0.3	3,0	0,2	4,7
1940	176,6	8,8	25,6	3,1	48,0	10,7	17,9	2,1	3,1	0,2	3,0	0,2	4,5
1941	181,6	7,5	22,6	4,7	49,4	9,6	16,1	2,6	4,4	0,2	3,0	0,2	4,4
1942	183,7	6,7	22,2	4,5	47,4	8,3	15,5	2,5	4,8	0,1	2,8	0,1	4,2
1943	186,0	5,4	19.3	5,0	52,7	10,0	13,6	2,5	5,1	0,2	2,7	0,1	4,4
1944	186,2	4,5	20,1	5,0	51,6	11,1	13,8	2,6	4,1	0,1	2,7	0,1	4,5

Isle of Ely:

	A.	Dgr. a)	b)	WW.	We.	Ge.	Ha.	Bo.	Ka.	Rü.	M.	Ko.	O.
1936	169,0	11,1	30,1	1,6	52,1	3,6	14,0	2,1	37,8	0,2	3,6	0,3	5,0
1939	171,3	10,3	29,3	2,6	53,8	3,8	13,7	2,4	38,7	0,3	3,0	0,2	4,7
1940	176,6	8,8	25,6	3,1	48,1	10,7	17,9	2,1	42,7	0,2	3,0	0,2	4,5
1941	181,6	7.5	22,6	4,7	49,4	9,6	16,1	2,6	47,8	0,2	3,0	0,2	4,4
1942	183,6	6,7	22,6	4,5	47,4	8,3	15,5	2,5	47,8	0,1	2,8	0,1	4,2
1943	186,0	5,4	19,3	5,0	52,7	10,0	13,6	2,5	49,1	0,2	2,7	0,1	4,4
1944	186,2	4,5	20,1	4,9	51,6	11,1	13,8	2,6	47,3	0,1	2,7	0,1	4,5

106 137; 390,9 (1415)

Kl.	Br.	MK.	Ri.	Scha.	Schw.	Pf.	Hü.	E.	Gä.	Tr.
29,3	9,8	7,9	28,3	79,5	84,1	10,9	772,4	28,1	3,5	19,0
26,3	10,4	8,0	28,7	81,6	78,6	10,1	615,8	21,1	2,8	21,1
30,4	7,9	8,3	30,6	73,0	70,7	9,7	648,9	20,8	3,6	19,3
22,4	2,8	8,7	32,1	55,0	39,3	9,6	473,4	13,3	4,2	10,9
21,9	3,0	8,8	33,5	52,4	28,2	9,3	425,2	17,4	4,2	7,3
31,4	3,1	9,4	36,1	47,2	21,0	8,8	324,4	14,9	4,8	6,7
31,8	1,5	9,2	36,7	39,1	24,7	8,6	356,8	16,8	5,5	7,4

(345 755); 1315,1 (5290)

Kl.	Br.	MK.	Ri	Scha.	Schw.	Pf.	Hü.	E.	Gä.	Tr.
107,5	10,3	40,1	143,9	213,1	211,6	27,9	1866,4	343,9	0,9	73,8
100,4	11,2	41,2	148,2	203,9	195,9	39,4	1665,9	349,0	14,8	76,9
107,5	7,0	41,6	158,2	185,2	171,2	37,6	1603,3	264,0	13,6	61,5
86,4	3,6	43,3	161,7	139,5	89,1	37,6	1352,5	167,9	18,1	41,0
110,1	4,7	44,0	170,9	133,7	65,2	35,6	1202,9	109,4	19,0	31,0
107,9	2,9	45,7	177,2	117,0	49,2	34,1	899,7	104,3	21,0	26,7
90,3	1,9	45,8	174,0	96,1	62,7	32,6	995,4	118,3	22,8	31,8

140 004; 315,2 (1448)

Kl.	Br.	MK.	Ri.	Scha.	Schw.	Pf.	Hü.	E.	Gä.	Tr.
25,1	10,3	7,7	25,7	54,3	58,2	5,8	486,4	9,6	1.8	7,4
4,2	1,7	4,5	18,8	7,0	52,7	12,0	357,6	6,1	3,7	1,2
4,7	1,7	4,5	19,8	7,0	42,2	11,7	403,8	8,9	3,6	0,7
4,0	0,6	4,8	20,5	3,8	20,1	11,5	334,5	8,8	3,6	0,7
5,8	0,4	4,8	21,8	3,0	17,1	10,1	299,0	12,2	4,1	0,5
7,0	0,3	4,9	21,3	2,9	12,5	10,5	222,5	10,8	4,6	0,4
7,2	0,2	4,8	21,7	3,0	16,1	10,1	248,4	12,0	5,1	0,7

77 698; 238,1 (966)

Kl.	Br.	MK.	Ri.	Scha.	Schw.	Pf.	Hü.	E.	Gä.	Tr.
7,8	1,8	4,8	19,6	8,2	59,8	8,6	409,6	7,3	2,9	1,6
4,2	1,7	4,5	18,8	7,0	52,7	12,0	357,6	6,1	3,7	1,2
4,7	1,7	4,5	19,8	7,0	42,2	11,7	403.8	8,9	3,6	0,7
4,0	0,6	4,8	20,5	3,8	20,1	11,5	334.5	8,8	3,6	0,7
5,8	0,4	4,8	21,8	3,0	17,1	10,1	299,0	12,2	4,1	0,5
7,0	0.3	4,9	21,3	2,9	12,6	10,5	222,5	10,8	4,6	0,4
7,2	0,2	4,7	21,7	3,0	16,1	10,1	248,4	12,0	5,1	0,7

(Fortsetzung S. 830)

(Fortsetzung der Tab. 5)   Bedfordshire:

	A.	Dgr. a)	b)	WW.	We.	Ge.	Ha.	Bo.	Ka.	Rü.	M.	Ko.	O.
1936	118,6	32,7	88,3	8,2	32,8	5,7	12,9	5,4	10,6	0,5	1,9	1,2	0,9
1939	116,8	33,8	87,5	8,6	34,1	4,8	12,4	4,4	10,0	0,5	1,6	0,8	1,6
1940	130,9	29,6	80,7	6,6	34,6	10,0	18,7	1,8	11,6	0,8	1,8	1,3	1,6
1941	147,4	25,1	69,5	5,0	43,8	12,5	21,1	4,5	15,7	0,9	2,4	1,8	1,9
1942	160,0	18,1	62,5	4,5	44,3	10,1	20,7	5,8	16,8	0,8	2,6	1,5	1,6
1943	175,5	12,1	51,3	4,4	59,9	14,2	18,5	6,3	17,2	0,7	3,2	1,6	1,7
1944	183,9	8,8	47,3	3,7	56,9	17,0	21,2	8,3	17,9	0,5	3,4	1,4	1,8

Huntingdonshire:

	A.	Dgr. a)	b)	WW.	We.	Ge.	Ha.	Bo.	Ka.	Rü.	M.	Ko.	O.
1936	114,5	24,3	58,6	5,7	36,8	9,5	8,4	5,5	9,5	0,4	1,8	0,6	1,8
1939	102,9	23,4	59,4	6,5	38,7	9,4	8,3	6,0	9,1	0,3	1,5	0,2	1,8
1940	108,0	20,8	57,3	5,0	34,0	16,5	12,5	2,8	10,5	0,5	1,5	0,3	1,8
1941	121,4	19,2	49,6	3,4	39,2	15,1	11,6	5,5	14,2	0,5	1,9	0,7	1,9
1942	123,6	14,9	45,0	3,0	37,4	12,8	12,5	6,7	15,2	0,5	1,5	0,4	1,9
1943	131,8	11,2	37,8	2,8	49,0	17,7	9,2	6,4	16,0	0,3	1,7	0,4	1,8
1944	134,6	8,4	36,1	2,3	45,9	21,6	10,4	7,7	17,2	0,3	1,7	0,5	1,8

Lincolnshire (Holland):

	A.	Dgr. a)	b)	WW.	We.	Ge.	Ha.	Bo.	Ka.	Rü.	M.	Ko.	O.
1936	190,5	19,1	38,6	1,1	46,0	4,3	16,6	4,8	57,9	0,9	3,1	0,4	2,2
1939	193,2	7,8	37,0	1,3	49,3	3,4	16,4	4,8	58,0	2,4	2,9	0,3	1,6
1940	197,8	6,3	33,0	1,4	46,7	9,0	18,8	4,3	61,3	1,1	2,6	0,2	1,6
1941	202,7	5,0	30,8	1,3	46,7	8,5	17,7	3,2	63,3	0,9	2,9	0,4	1,4
1942	204,8	4,9	30,3	1,3	44,0	9,3	18,2	4,3	60,4	0,7	2,8	0,3	1,3
1943	210,5	3,3	24,9	1,7	54,5	8,6	15,4	3,4	61,0	0,8	2,7	0,2	1,3
1944	210,5	3,1	24,8	2,7	53,1	8,2	14,9	4,5	58,9	1,0	2,9	0,2	1,3

Lincolnshire (Kesteven):

	A.	Dgr. a)	b)	WW.	We.	Ge.	Ha.	Bo.	Ka.	Rü.	M.	Ko.	O.
1936	243,5	38,7	124,6	6,0	65,9	34,7	23,2	6,0	15,9	10,3	4,9	2,9	0,4
1939	242,1	34,6	125,0	6,2	66,0	36,0	20,6	5,9	18,1	9,9	3,9	1,0	0,3
1940	252,4	29,5	118,6	7,1	55,5	48,0	27,1	3,0	21,9	10,8	3,9	1,5	0,3
1941	267,2	26,1	106,6	8,2	57,6	53,9	26,6	4,2	34,0	11,9	4,5	2,7	0,4
1942	279,5	21,3	98,5	6,8	58,8	45,9	26,2	5,9	34,1	10,0	4,1	1,7	0,3
1943	294,9	14,7	88,7	5,8	81,2	46,1	20,4	5,8	34,1	7,9	3,8	1,6	0,3
1944	304,6	12,8	80,1	5,3	74,4	53,6	21,8	7,8	36,9	6,9	4,1	2,3	0,3

220 525; 302,9 (1222)

Kl.	Br.	MK.	Ri.	Scha.	Schw.	Pf.	Hü.	E.	Gä.	Tr.
15,2	10,6	8,6	40,2	62,4	42,9	4,6	396.4	18,9	2,9	2,2
11,5	10,5	8,9	41,2	68,2	41,9	6,4	360,2	19,3	2,4	1,9
12,8	12,4	9,2	45,9	66,3	40,3	6,2	376,7	15,1	2,3	1,9
10,4	6,7	9,9	44,5	49,5	24,2	6,3	289,9	11,3	2,6	1,2
16,9	9,3	9,5	45,7	38,6	21,4	5,9	262,7	18,0	3,3	1,0
17,8	5,3	10,1	44,2	27,9	17,0	5,5	213,5	17,1	3,8	1,2
21,0	4,2	10,5	44,2	19,8	18,8	5,2	240,6	14,9	4,1	1,3

56 206; 233,98 (943)

Kl.	Br.	MK.	Ri.	Scha.	Schw.	Pf.	Hü.	E.	Gä.	Tr.
10,0	7,9	5,3	27,3	41,1	30,7	6,6	227,0	4,1	1,9	0,7
11,8	7,1	5,5	26,6	45,0	27,7	6,0	225,7	4,5	1,8	0,8
11,7	8,2	5,5	29,0	43,7	23,1	5,8	223,2	5,9	2,0	1,5
8,4	6,7	5,6	28,8	31,8	13,5	5,7	183,9	5,9	2,1	0,8
14,1	6,6	5,5	28,9	26,2	10,7	5,2	160,9	8,0	2,4	1,0
14,9	2,8	6,0	29,2	19,3	8,0	4,7	120,0	6,0	2,5	1,0
16,2	1,7	6,1	28,8	15,1	9,5	4,5	132,6	6,3	2,9	1,0

92 330; 269 (1079)

Kl.	Br.	MK.	Ri.	Scha.	Schw.	Pf.	Hü.	E.	Gä.	Tr.
7 7	2,9	6,1	31,2	13,3	67,0	9,9	622,9	15,8	3,1	3,2
10,4	3,5	5,6	30,4	11,6	63,4	12,3	555,5	13,2	3,0	1,6
10,9	2,0	5 4	30,9	10,3	50,6	11,7	557,3	17,3	3,0	1,7
10,4	1,0	5,5	30,0	8,3	27,0	11,7	449,6	14,9	3,4	1,2
11,0	0,9	5,4	30,3	5,4	24,4	11,5	363,1	20,3	3,6	1,2
11,8	0,8	5,4	27,3	4,2	17,3	10,8	270,9	18,2	4,2	1,0
11,7	0,7	5,4	29,0	3,2	20,5	10,4	302,1	20,6	4,6	1,0

110 060; 463,5 (1880)

Kl.	Br.	MK.	Ri.	Scha.	Schw.	Pf.	Hü.	E.	Gä.	Tr.
30,6	9,9	12,1	61,2	151,0	40,6	8,5	575,2	15,9	3,3	7,6
34,6	11,9	12,3	65,6	162,9	37,1	11,7	496,4	14,4	3,1	5,5
33,5	10,7	12,6	68,9	167,5	35,8	11,3	488,2	16,4	3,2	4,5
26,0	7,9	12,2	63,8	130,8	18,6	10,7	412,8	14,5	3,6	2,7
38,2	8,6	11,4	63,6	125,5	17,8	10,3	338,9	18,0	3,8	2,0
36,9	8,0	12,3	67,2	115,1	13,8	9,9	273,3	16,4	4,7	1,8
36,9	6,1	12,1	67,0	88,1	16,0	9,2	298,0	17,0	4,4	1,8

(Fortsetzung S. 832)

(Fortsetzung der Tab. 5)   Lincolnshire (Lindsey):

	A.	Dgr. a)	b)	WW.	We.	Ge.	Ha.	Bo.	Ka.	Rü.	M.	Ko.	O.
1936	498,5	69,2	265,0	16,5	123,0	61,7	58,5	22,3	37,4	31,5	8,3	4,2	0,8
1939	495,8	65,0	267,7	18,8	122,3	70,5	52,2	8,5	40,0	28,2	6,8	1,5	0,8
1940	518,9	57,5	252,2	15,1	116,0	89,5	66,0	6,1	44,3	30,2	7,1	2,2	0,8
1941	541,6	50,7	236,5	15,3	108,5	90,2	62,0	8,7	51,5	31,4	7,7	3,8	0,9
1942	552,9	46,3	224,9	14,3	105,0	88,7	60,0	9,2	56,5	28,6	7,2	3,0	0,8
1943	570,6	36,4	212,6	13,4	136,7	92,8	52,2	8,8	59,4	26,3	7,1	2,2	0,8
1944	579,7	32,9	205,7	14,0	126,0	100,2	51,0	11,5	59,8	24,7	7,6	2,5	0,8

Soke of Peterborough:

	A.	Dgr. a)	b)	WW.	We.	Ge.	Ha.	Bo.	Ka.	Rü.	M.	Ko.	O.
1936	23,6	4,9	13,9	0,9	6,3	3,8	2,1	0,8	1,4	0,7	0,7	0,2	0,1
1939	23,4	4,7	14,0	1,0	6,6	4,1	1.9	0,3	1,5	0,6	0,5	0,1	0,1
1940	24,9	4,2	13,2	0,8	5,6	5.3	2,7	0,1	1,8	0,7	0,5	0,2	0,1
1941	28,3	3,5	11,0	1,1	6,4	5,9	3,1	0,4	2,4	0,6	0,6	0,4	0,1
1942	29,4	2,9	11,1	0,8	6,4	5,3	2,9	0,6	2,6	0,6	0,6	0.2	0,1
1943	31,4	2,4	8,9	1,0	9,1	5,7	2,2	0,5	3,3	0,4	0,6	0,2	0,1
1944	33,4	2,0	7,6	0,6	8,5	6,6	2,3	0,6	3,2	0,4	0,6	0,3	0,1

Tabelle 6. Bodennutzung, Vieh- und

Berkshire:

	A.	Dgr. a)	b)	WW.	We.	Ge.	Ha.	Bo.	Ka.	Rü.	M.	Ko.	O.
1936	120,3	72,6	120,9	29,3	29,3	10,0	19,4	1,5	1,6	4,6	3,1	3,3	2,4
1939	118,1	72,1	120,0	31,1	31,0	12,5	18,3	1,6	1,5	4,1	2,8	2,2	2,4
1940	134,1	64,7	112,3	27,2	31,8	17,6	27,6	0,4	2,0	4,8	2,9	2,5	2,5
1941	161,0	56 0	96,5	25,4	39,9	21,9	34,6	2,1	3,8	5,8	3,6	3,5	2,7
1942	191,8	40,8	82,3	23,2	50,7	24,5	34,6	2,9	4,9	6,1	3,6	3,5	2,7
1943	208,1	31,9	74,6	20.5	66,1	32,6	25,2	3,3	5,7	5,9	4,0	4,1	2,5
1944	216,5	24,8	72,6	19,5•	55,6	35,9	28,4	4,2	6,1	5,7	4,2	4,2	2,6

Oxfordshire: 209 621

	A.	Dgr. a)	b)	WW.	We.	Ge.	Ha.	Bo.	Ka.	Rü.	M.	Ko.	O.
1936	142,5	85,4	161,8	10,8	38,7	14,4	23,0	0,9	1,7	6,5	3,2	3,6	1,0
1939	135,1	85,1	165,6	10,5	38,3	15,6	21,3	2,8	1 7	5 7	2,8	2,4	0,9
1940	156.6	77,5	152,2	8,2	39,4	23,2	33.3	0,8	2,0	6 4	3.1	2,8	1,0
1941	181,7	69,9	135,3	9,4	48,8	26,4	37,2	3,2	6,0	7,5	3,7	5,1	1,1
1942	203,2	56,1	121,0	8,4	56,9	28,0	33,0	3,9	7,3	7,6	3,6	3,0	1.1
1943	228,8	44,0	109,5	7,3	78,1	35,7	26,2	4,4	8,4	7,3	3 9	4,2	1,1
1944	241,0	34,6	104,9	7,2	73,5	39,9	29,1	4,9	9,6	6,5	4,2	4,4	1,1

422 199 (263 498); 972,8 (3919)

Kl.	Br.	MK.	Ri.	Scha.	Schw.	Pf.	Hü.	E.	Gä.	Tr.
73,7	19,9	33,1	146,0	353,4	120,1	19,7	1872,0	65,1	3,7	14,0
79,4	27,0	34,1	148,3	398,2	105,1	27,4	1700,5	48,7	12,5	13,8
74,2	18,9	33,9	152,9	386,1	98,1	26,2	1668,3	48,9	13,2	11,1
72,1	14,0	34,0	148,1	329,1	57,6	25,9	1240,3	39,0	13,1	6,5
78,6	15,0	30,8	144,9	306,1	47,5	24,7	981,3	45,7	12,6	5,5
81,8	12,7	33,6	151,7	295,9	40,7	23,8	792,3	42,3	13,6	4,5
82,5	12,6	33,8	156,0	264,3	46,3	22,7	871,4	49,0	14,4	5,9

51 839; 53,5 (215)

Kl.	Br.	MK.	Ri.	Scha.	Schw.	Pf.	Hü.	E.	Gä.	Tr.
2,1	0,5	1,7	7,4	15,0	5,4	1,4	58,3	1,4	4,0	0,1
2,3	0,7	1,8	7,5	15,6	4,0	1,4	51,1	1,2	0,7	0,1
2,3	0,8	1,8	7,6	15,4	3.7	1,3	53,0	1,9	0,7	0,0
1,7	0,6	1,8	7,0	11,8	2,9	1,2	51,7	1,6	0,6	0,1
3,0	0,6	1,8	7,5	13,1	2,8	1,2	45,9	2,0	0,6	0,1
3,3	0,3	1,9	7,5	10,0	2,0	1,1	39,3	1,8	0,7	0,1
4,3	0,3	1,9	7,5	7,4	2,1	1,0	43,3	2,1	0,9	0,0

Geflügelhaltung in Mittelengland [96*] [1]

311 453; 463,8 (1847)

Kl.	Br.	MK.	Ri.	Scha.	Schw.	Pf.	Hü.	E.	Gä.	Tr.
22,0	17,1	26,0	71,1	73,5	41,9	5,4	492,5	15,1	2,8	5,1
20,7	14,5	26,6	74,3	75,7	39,8	8,0	498,9	12,4	3,0	4,2
21,3	12,0	26,8	78,9	77,9	43,3	8,4	484,2	12,7	3,1	3,9
18,5	10,2	27,2	75,4	66,3	23,9	8,1	358,1	15,5	4,0	2,6
29,4	13,1	25,0	73,4	62,0	19,3	7,6	301,5	17,3	4,4	3,0
35,6	6,0	26,3	75,7	57,7	15,9	7,1	239,1	15,9	4,6	2,4
44,3	10,2	25,3	75,1	45,6	17,3	6,4	257,8	18,2	5,8	3,4

(129 082); 479,2 (1926)

Kl.	Br.	MK.	Ri.	Scha.	Schw.	Pf.	Hü.	E.	Gä.	Tr.
31,9	11,1	23,7	86,4	142,1	48,6	10,7	647,0	18,9	7,7	6,6
28,7	8,9	24,2	92,8	159,3	45,4	10,0	579,4	16,7	2,9	4,9
28,9	7,6	24,3	97,3	170,3	46,9	10,0	578,3	16,9	3,0	4,2
24,1	5,0	25,0	95,3	140,4	23,5	10,0	411,0	16,8	3,5	3,0
34,0	9,0	23,0	93,2	121,0	18,7	8,7	321,8	18,4	4,1	1,8
39,0	6,6	24,1	91,9	103,3	15,9	8,0	246,9	16,6	4,7	1,9
48,8	6,3	24,4	95,7	83,3	18,1	7,2	279,0	18,8	5,6	2,8

[1] Abkürzungen s. S. 820/1.
Sölch, Britische Inseln I

(Fortsetzung S. 834)

(Fortsetzung der Tab. 6)

Northamptonshire: 309 474

	A.	Dgr. a)	b)	WW.	We.	Ge.	Ha.	Bo.	Ka.	Rü.	M.	Ko.	O.
1936	115,2	99,1	285,3	3,9	37,9	11,1	13,6	1,4	1,9	2,9	3,6	3,3	0,9
1939	112,7	98,9	284,3	4,5	37,7	10,6	12,6	5,2	1,6	2,8	3,0	2,1	0,7
1940	140,4	88,9	267,7	3,5	38,0	19,1	27,2	1,7	1,9	3,4	3,4	2,9	0,9
1941	208,6	69,3	217,9	5,0	60,1	28,0	44,7	5,5	6,6	4,5	4,5	5,4	0,9
1942	224,8	54,9	208,1	4,3	72,7	20,5	32,9	7,4	9,7	4,6	4,6	4,0	0,9
1943	267,4	41,6	179,3	4,2	96,2	26,9	27,3	10,1	11,6	5,6	5,6	4,5	0,9
1944	292,3	29,6	164,6	3,9	95,2	31,6	30,0	12,2	12,7	6,1	6,1	4,7	0,9

Rutlandshire:

	A.	Dgr. a)	b)	WW.	We.	Ge.	Ha.	Bo.	Ka.	Rü.	M.	Ko.	O.
1936	26,4	16,2	44,4	1,2	5,2	6,3	2,3	0,3	0.3	2,2	0,6	0,6	0,1
1939	26,4	14,5	44,6	1,2	5,1	6,8	2,1	0,5	0,4	1,9	0,5	0,3	0,1
1940	28,7	12,8	43,2	1,0	5,3	7,8	3,2	0,1	0,4	2,0	0,6	0,4	0,1
1941	36,7	11,8	36,9	0,9	7,4	9,4	4,6	0,7	1,3	2,5	0,7	0,8	0,1
1942	41,2	9,1	33,9	1,1	9,0	8,3	4,0	1,3	2,0	2,0	0,6	0,4	0,1
1943	48,5	6,6	28,5	1,3	14,3	10,2	3,1	1,2	2,4	1,7	0,7	0,5	0,1
1944	51,3	5,8	26,6	1,1	14,2	10,9	3,0	1,4	2,8	1,8	0,8	0,6	0,1

Leicestershire: 541 681

	A.	Dgr. a)	b)	WW.	We.	Ge.	Ha.	Bo.	Ka.	Rü.	M.	Ko.	O.
1936	68,6	120,7	258,3	2,6	14,6	2,6	12,6	1,3	2,0	2,4	4,4	1,4	0,5
1939	67,6	116,2	261,9	3,3	21,4	2,6	10,3	1,4	1,9	2,3	3,9	1,6	0,5
1940	95,4	102,8	248,7	3,6	23,5	5,6	27,1	0,5	2,7	2,5	4,8	1,7	0,6
1941	171,7	75,6	201,2	4,6	47,5	10,8	46,5	4,0	7,8	7,4	6,3	3,9	0,6
1942	188,6	63,5	193,2	4,1	65,4	8,0	34,7	6,3	15,3	11,3	6,6	3,2	0,6
1943	224,5	46,2	171,7	4,5	87,4	11,1	29,0	6,8	16,3	13,1	7,7	3,6	0,5
1944	238,0	36,5	166,8	4,1	83,6	10,7	30,2	9,1	18,4	15,5	8,6	3,9	0,5

Nottinghamshire: 712 731

	A.	Dgr. a)	b)	WW.	We.	Ge.	Ha.	Bo.	Ka.	Rü.	M.	Ko.	O.
1936	183,9	71,2	153,8	13,0	51,2	7,2	30,7	4,8	7,8	11,6	5,1	3,3	2,1
1939	178,9	66,2	158,1	12,7	48,5	8,6	28,7	4,4	7,6	10,2	4,2	1,8	2,0
1940	194,6	58,1	148,5	12,3	44,2	16,4	42,1	0,8	8,4	11,4	4,5	2,0	2,1
1941	215,4	51,3	134,6	13,0	49,5	17,9	40,2	5,1	14,9	13,0	5,3	3,3	2,2
1942	229,3	44,1	127,7	12,9	54,3	14,3	35,9	6,4	19,1	11,6	4,8	2,4	2,0
1943	245,5	35,0	119,6	10,5	70,6	18,3	30,2	6,5	21,3	10,3	5,4	2,1	2,0
1944	253,5	31,1	115,5	9,7	69,1	21,7	31,5	8,3	24,0	8,9	6,1	2,4	2,0

(217 133); 585,1 (2358)

Kl.	Br.	MK.	Ri.	Scha.	Schw.	Pf.	Hü.	E.	Gä.	Tr.
19,3	8,6	25,9	141,2	337,2	48,7	13,0	776,3	17,0	13,5	4,0
19,9	8,9	26,3	144,6	368,9	35,8	12,6	552,5	12,4	3,9	2,7
19,8	9,8	26,2	153,2	390,0	32,4	12,0	583,9	14,3	4,2	2,7
18,4	10,6	26,1	135,8	292,2	21,7	12,1	474,6	14,1	4,4	1,7
32,9	13,3	24,1	136,4	270,2	19,5	10,9	405,6	15,8	4,8	1,4
42,7	12,0	26,4	131,4	216,2	15,8	9,9	321,5	16,1	5,4	1,2
62,8	9,5	26,4	134,0	193,6	17,9	9,1	327,5	18,1	6,5	2,1

17 401; 97,3 (392)

Kl.	Br.	MK.	Ri.	Scha.	Schw.	Pf.	Hü.	E.	Gä.	Tr.
4,2	1,2	2,9	21,2	56,0	5,6	2,3	101,6	2,0	0,5	0,3
5,1	1,4	2,8	21,4	62,8	3,6	2,1	84,5	1,7	0,5	0,3
4,4	1,9	2,7	23,0	66,6	3,5	1,8	77,0	1,9	0,6	0,3
3,8	1,9	2,7	20,9	52,2	1,9	2,0	60,8	1,8	0,7	0,1
5,6	3,1	2,6	20,5	51,3	2,0	1,7	52,5	2,0	0,6	0,1
6,5	2,4	2,8	19,2	41,3	1,6	1,7	43,8	2,2	0,6	0,1
8,3	1,9	2,7	19,3	38,1	1,7	1,5	51,0	2,6	0,8	0,2

(302 692); 532,8 (2145)

Kl.	Br.	MK.	Ri.	Scha.	Schw.	Pf.	Hü.	E.	Gä.	Tr.
14,2	3,5	41,4	159,0	240,3	35,4	8,9	921,1	15,8	3,1	3,2
14,5	3,6	42,1	164,6	266,6	33,7	14,4	824,9	21,6	5,0	4,0
12,7	4,5	41,9	172,4	273,9	36,2	14,2	782,2	17,3	17,3	4,6
12,8	3,6	42,0	149,1	185,7	19,6	13,7	523,4	15,3	15,3	2,8
22,0	5,9	40,2	149,0	167,1	21,0	12,5	458,7	21,2	21,2	2,1
32,7	6,3	43,0	144,7	118,2	16,8	11,9	350,2	19,5	19,5	2,1
46,4	5,3	42,9	149,3	102,0	16,7	11,5	398,9	24,2	24,2	2,4

(443 930); 540 (2172)

Kl.	Br.	MK.	Ri.	Scha.	Schw.	Pf.	Hü.	E.	Gä.	Tr.
29,0	8,2	25,8	94,6	122,9	52,1	9,3	787,0	24,4	6,1	5,0
22,1	11,1	26,7	99,4	142,9	48,6	14,1	734,4	19,7	6,1	8,7
21,4	11,1	27,1	106,3	144,0	45,1	13,6	725,4	17,9	6,7	5,7
18,1	7,3	27,5	100,6	107,3	25,2	13,4	553,8	14,1	6,1	2,2
25,5	7,0	26,2	100,2	98,7	26,3	12,4	481,1	19,6	6,4	2,0
27,5	6,0	27,4	103,9	84,0	23,3	11,8	376,0	20,5	7,1	2,2
27,5	5,2	26,8	105,4	66,6	23,4	11,3	409,3	24,7	8,2	2,5

[1] Abkürzungen s. S. 820/1.

(Fortsetzung S. 836)
53*

(Fortsetzung der Tab. 6)   Warwickshire: 1 535 007

	A.	Dgr. a)	b)	WW.	We.	Ge.	Ha.	Bo.	Ka.	Rü.	M.	Ko.	O.
1936	97,2	110,2	249,9	10,8	26,6	2,5	17,1	1,7	5,4	2,5	4,1	1,9	2,4
1939	95,0	111,1	258,6	12,1	26,3	1,9	15,8	2,1	4,4	2,3	3,4	1,6	2,6
1940	121,0	105,8	239,8	11,6	28,1	5,2	29,0	1,8	5,6	2,9	3,8	2,0	2,8
1941	199,3	75,4	191,4	13,2	55,1	10,1	46,4	6,6	8,9	3,6	4,8	3,7	3,0
1942	226,7	58,1	177,8	11,5	78,5	7,6	37,6	7,7	12,7	3,9	5,0	3,5	2,8
1943	262,4	47,0	155,1	10,8	100,2	10,9	32,2	9,1	15,4	3,3	6,3	4,1	2,9
1944	284,6	34,1	146,2	9,6	98,7	13,0	36,0	10,2	17,3	6,7	6,7	4,0	3,0

Staffordshire: 1 431 359

	A.	Dgr. a)	b)	WW.	We.	Ge.	Ha.	Bo.	Ka.	Rü.	M.	Ko.	O.
1936	120,5	123,3	297,7	27,8	26,0	1,5	23,4	1,0	11,6	5,4	5,2	2,5	0,7
1939	115,4	118,0	301,1	28,2	26,0	1,7	21,3	0,1	10,5	4,6	4,3	2,1	0,7
1940	142,7	112,2	280,0	27,1	28,1	3,8	39,0	0,1	12,5	5,8	4,8	2,3	0,7
1941	177,4	98,0	260,3	29,0	34,5	5,0	44,7	0,3	18,7	7,5	5,9	4,3	0,8
1942	198,6	86,1	249,7	29,6	40,5	5,0	48,6	0,2	23,6	8,9	6,4	4,3	0,7
1943	221,2	74,2	236,0	30,1	55,9	5,4	39,7	0,4	23,3	8,8	7,4	5,2	0,6
1944	229,6	66,4	235,6	29,6	48,7	6,9	43,1	0,3	25,0	8,2	8,2	4,9	0,6

Gloucestershire: 786 000

	A.	Dgr. a)	b)	WW.	We.	Ge.	Ha.	Bo.	Ka.	Rü.	M.	Ko.	O.
1936	166,1	170,9	282,0	29,8	35,0	7,0	19,2	2,5	1,7	7,9	3,0	2,9	16,1
1939	154,6	170,4	281,8	32,4	32,3	8,6	18,7	1,8	1,7	7,1	2,4	1,5	14,6
1940	185,1	164,8	258,0	29,4	38,4	15,3	37,4	1,1	2,6	7,9	2,7	2,2	15,2
1941	233,3	142,3	255,1	35,0	60,2	20,6	46,0	3,5	9,9	9,6	3,5	4,4	16,6
1942	274,2	122,7	201,9	32,6	79,5	21,7	45,0	6,2	12,7	10,4	3,9	4,4	16,5
1943	314,3	106,4	177,1	31,5	102,2	30,8	33,5	8,8	14,2	9,5	5,1	5,5	16,5
1944	331,9	89,0	175,3	31,2	98,7	35,1	36,5	10,2	15,4	8,4	5,4	5,5	16,5

Worcestershire: 420 056

	A.	Dgr. a)	b)	WW.	We.	Ge.	Ha.	Bo.	Ka.	Rü.	M.	Ko.	O.
1936	105,7	87,4	170,2	14,9	16,8	1,2	11,7	5,6	3,9	1,5	2,5	1,1	25,5
1939	100,8	80,9	167,6	15,6	14,8	0,9	9,9	2,5	3,9	1,3	2,1	0,8	23,2
1940	120,5	79,2	150,4	14,7	19,0	3,6	19,4	1,7	5,2	2,0	2,3	1,1	23,3
1941	149,6	68,5	134,1	16,0	28,6	4,1	23,0	4,7	10,4	2,1	2,8	1,8	25,9
1942	176,9	55,0	118,3	15,1	38,9	4,2	26,8	7,1	12,1	2,3	2,9	2,0	25,2
1943	206,3	44,4	101,4	14,3	62,1	5,7	22,3	8,8	13,2	1,9	3,5	2,0	26,8
1944	215,8	35,1	100,2	14,5	56,2	6,6	24,9	9,4	13,5	1,8	3,7	2,0	26,0

(365 323); 624,7 (2579)

Kl.	Br.	MK.	Ri.	Scha.	Schw.	Pf.	Hü.	E.	Gä.	Tr.
20,8	4,9	39,5	132,8	246,8	55,3	9,0	802,9	38,9	8,3	11,0
21,6	5,2	41,0	139,2	302,5	46,9	14,9	736,0	40,2	9,5	12,3
20,9	6,2	40,6	148,3	311,1	46,4	14,3	711,3	37,3	9,3	11,0
19,8	9,1	42,0	139,4	206,3	32,0	14,6	593,1	29,0	9,8	7,4
31,2	10,7	39,3	139,2	174,9	32,2	13,2	444,2	30,4	9,9	5,7
39,4	10,1	40,3	133,6	131,8	28,5	12,4	355,8	27,8	10,9	5,0
58,7	8,3	40,5	136,9	115,5	28,3	11,5	412,7	31,4	11,5	6,0

(703 254); 737,9 (2960)

Kl.	Br.	MK.	Ri.	Scha.	Schw.	Pf.	Hü.	E.	Gä.	Tr.
32,8	1,7	97,3	205,7	178,7	60,5	12,9	1340,8	54,5	14,5	17,0
32,9	2,3	102,0	220,3	225,8	59,0	19,7	1363,8	49,8	13,2	16,6
30,2	1,4	102,7	228,2	213,9	58,5	18,9	1320,8	55,7	12,7	14,2
26,9	0,8	99,5	225,2	149,1	33,5	19,8	1086,2	49,9	13,3	9,2
33,8	0,9	94,8	224,4	131,0	32,0	19,1	884,9	58,1	13,9	7,6
43,1	0,9	95,7	222,4	96,3	24,2	18,3	660,2	55,7	14,8	6,5
54,3	1,0	98,7	230,1	86,5	25,8	17,3	774,4	66,3	17,0	8,6

(336 051); 804,6 (3237)

Kl.	Br.	MK.	Ri.	Scha.	Schw.	Pf.	Hü.	E.	Gä.	Tr.
54,0	7,0	51,9	156,3	285,3	105,0	19,4	1057,8	49,7	9,2	15,6
50,0	6,4	52,8	165,9	315,3	80,6	18,6	934,9	43,8	8,2	15,2
44,9	5,1	53,5	175,9	327,1	81,4	17,8	890,4	43,1	8,7	12,4
33,0	4,4	55,9	176,4	263,8	45,1	18,5	754,2	39,4	10,0	7,2
40,6	8,7	53,0	169,8	213,9	39,1	17,1	610,5	41,2	11,2	5,4
50,2	8,3	55,6	166,7	161,0	29,0	15,8	451,4	35,3	12,8	4,8
62,6	8,9	56,9	170,4	140,9	35,7	14,6	485,2	37,5	14,1	6,7

(309 927); 447,7 (1799)

Kl.	Br.	MK.	Ri.	Scha.	Schw.	Pf.	Hü.	E.	Gä.	Tr.
8,3	4,8	22,3	82,9	177,4	70,0	12,3	1047,5	39,4	8,2	10,3
11,2	5,6	22,0	84,7	209,4	60,2	11,7	967,4	32,7	7,6	9,8
10,9	4,8	22,3	91,0	213,0	57,6	12,3	883,2	31,4	8,0	8,6
9,7	3,8	23,6	93,9	161,7	35,2	11,8	743,3	30,2	9,6	5,6
13,9	5,9	22,6	92,0	136,5	31,5	11,0	591,1	31,7	11,5	3,8
21,2	4,3	23,3	89,2	102,0	26,3	10,3	438,4	29,1	13,0	4,1
31,0	4,8	23,3	88,9	96,2	26,8	9,5	491,4	30,9	13,9	5,1

Tabelle 7. Bodennützung, Vieh- und

Yorkshire (East Riding):

	A.	Dgr.a)	b)	WW.	We.	Ge.	Ha.	Bo.	Ka.	Rü.	M.	Ko.	O.
1936	415,3	48,8	190,5	14,4	91,1	49,2	71,2	5,9	11,4	50,0	8,0	8,8	0,7
1939	407,2	50,1	193,3	15,1	85,3	56,7	65,7	5,3	12,0	49,5	6,0	2,4	0,6
1940	429,9	42,1	177,5	14,7	84,5	69,4	83,7	3,0	13,0	51,0	7,0	2,8	0,7
1941	445,5	36,5	164,6	16,5	81,4	71,7	76,3	6,6	17,7	52,7	7,4	5,3	0,7
1942	460,3	32,2	151,2	15,8	80,3	72,8	74,8	6,5	23,7	51,6	7,5	3,2	0,6
1943	480,5	24,6	136,5	15,8	110,1	82,3	56,8	6,8	23,9	40,5	8,0	2,1	0,6
1944	495,1	20,8	125,7	14,8	95,8	96,9	58,2	8,4	25,6	41,3	9,4	2,4	0,6

Yorkshire (North Riding):

	A.	Dgr.a)	b)	WW.	We.	Ge.	Ha.	Bo.	Ka.	Rü.	M.	Ko.	O.
1936	286,2	155,9	373,5	379,7	42,9	41,8	58,3	0,9	12,9	29,3	6,9	4,5	0,6
1939	278,9	156,6	377,3	387,2	39,8	48,3	55,5	1,2	12,0	28,5	5,5	1,4	0,6
1940	307,8	143,2	359,1	386,4	41,0	57,0	73,9	2,3	13,5	29,3	6,6	1,9	0,6
1941	349,5	125,7	332,5	393,8	50,4	58,7	81,7	3,4	20,6	29,6	7,2	3,8	0,8
1942	392,6	106,4	300,7	401,2	52,9	68,0	90,6	3,8	25,7	30,0	7,2	3,4	0,6
1943	433,7	88,8	261,5	417,9	83,3	80,6	78,3	3,5	28,7	31,0	7,3	3,2	0,6
1944	450,9	81,2	249,1	419,9	83,7	96,5	71,8	3,9	29,6	31,3	8,2	3,1	0,6

Durham: 1 486 175

	A.	Dgr.a)	b)	WW.	We.	Ge.	Ha.	Bo.	Ka.	Rü.	M.	Ko.	O.
1936	131,2	96,9	155,8	133,3	16,8	5,4	35,6	0,4	13,3	12,7	0,9	1,3	0,1
1939	127,8	95,8	154,8	132,5	20,7	5,8	33,9	0,2	23,7	11,8	0,8	0,7	0,1
1940	146,9	85,0	146,0	131,5	21,1	9,1	45,6	0,9	25,7	12,2	12,2	1,1	0,1
1941	179,1	71,0	126,0	136,3	33,9	9,1	54,7	1,4	31,4	11,1	2,3	0,2	0,2
1942	204,2	57,7	113,3	137,7	43,0	10,9	57,5	1,4	36,3	12,1	3,1	0,2	0,2
1943	224,4	46,9	102,6	138,2	59,6	16,8	46,2	1,4	37,2	12,5	2,9	0,1	0,1
1944	233,8	41,3	100,3	137,2	56,7	19,8	45,5	1,7	37,4	13,4	2,4	0,1	

Northumberland: 756 782

	A.	Dgr.a)	b)	WW.	We.	Ge.	Ha.	Bo.	Ka.	Rü.	M.	Ko.	O.
1936	139,5	100,5	405,7	512,2	10,6	8,9	29,4	0,1	4,8	17,8	0,9	2,1	0,1
1939	133,7	102,3	404,1	497,0	9,8	9,9	27,7	0,3	4,7	15,7	1,2	0,7	0,1
1940	161,7	94,9	382,6	482,7	15,2	13,4	43,2	1,6	5,9	15,6	1,7	1,0	0,1
1941	203,9	85,1	333,6	501,8	25,4	18,4	60,9	2,9	9,9	18,2	1,7	1,6	0,1
1942	259,6	66,8	282,9	508,9	44,4	26,7	79,2	3,2	12,1	22,1	1,5	1,8	0,1
1943	294,4	53,6	249,7	512,1	71,7	33,6	56,4	4,0	13,8	25,2	1,5	1,9	0,1
1944	304,8	46,5	243,9	510,5	60,0	37,4	57,3	4,7	12,0	27,7	1,7	1,7	0,1

Geflügelhaltung in Nordostengland [96*] [1]

482 936 (169 302); 750,1 (3028)

Kl.	Br.	MK.	Ri.	Scha.	Schw.	Pf.	Hü.	E.	Gä.	Tr.
72,3	12,6	25,0	99,7	354,7	116,4	26,1	1057,2	53,7	16,3	12,0
76,7	17,5	25,1	107,2	410,7	105,4	24,9	1001,6	43,4	15,2	10,2
71,8	11,9	25,5	114,3	415,2	112,2	23,6	979,7	43,8	15,4	9,2
71,1	10,1	25,9	107,9	361,6	57,1	22,5	701,6	27,0	13,0	5,2
74,6	11,6	24,7	111,8	356,8	46,2	21,3	597,6	29,9	12,3	4,6
79,1	10,0	26,1	113,7	318,2	37,5	20,0	496,7	32,0	13,3	3,7
84,4	9,7	26,7	117,5	250,7	49,5	18,3	550,8	37,1	13,4	3,8

469 375 (331 101); 1362 (5491)

Kl.	Br.	MK.	Ri.	Scha.	Schw.	Pf.	Hü.	E.	Gä.	Tr.
61,1	10,6	49,7	204,2	759,5	105,6	31,0	1620,7	66,0	32,0	20,0
57,9	13,3	50,7	211,0	812,2	93,6	31,4	1534,7	48,8	28,6	15,3
52,5	7,6	51,8	219,7	810,7	99,8	30,0	1446,6	46,3	27,1	12,0
53,0	6,5	52,2	207,5	679,5	59,1	29,8	1136,3	33,8	25,5	8,1
59,3	8,2	51,3	208,7	637,5	50,2	28,2	941,7	38,1	26,0	7,3
69,6	8,2	53,2	211,5	610,8	42,8	27,1	826,1	38,0	26,6	7,5
80,5	9,3	54,1	223,4	604,9	53,1	25,9	936,3	48,1	28,0	7,9

(924 228); 640,2 (2613)

Kl.	Br.	MK.	Ri.	Scha.	Schw.	Pf.	Hü.	E.	Gä.	Tr.
38,4	3,5	29,1	100,7	281,2	29,6	15,5	597,9	15,6	10,0	10,0
34,9	4,1	29,5	104,9	297,9	30,0	15,0	608,9	13,6	9,2	10,2
33,9	2,5	29,9	107,4	297,5	32,6	14,4	596,8	13,5	8,1	8,6
33,4	1,4	30,5	97,1	222,3	22,8	15,5	457,3	10,6	6,9	6,0
36,7	1,5	28,9	94,7	199,7	19,9	13,9	376,3	14,5	6,8	5,8
44,9	1,5	29,5	98,1	192,5	21,7	13,4	304,7	15,4	6,8	5,6
53,8	1,9	30,5	107,3	206,7	20,6	12,9	333,4	19,8	7,4	6,6

(408 704); 1292 (5198)

Kl.	Br.	MK.	Ri.	Scha.	Schw.	Pf.	Hü.	E.	Gä.	Tr.
61,5	0,9	30,9	182,9	1136,1	18,7	12,3	464,5	17,0	0,7	8,4
58,9	1,1	32,0	189,9	1147,4	18,1	11,8	421,5	12,2	5,4	7,5
57,3	0,1	31,7	188,6	1074,3	22,1	11,3	422,8	12,2	4,6	6,9
53,3	0,1	30,1	158,0	931,6	17,8	11,8	327,4	9,7	4,2	4,6
51,6	1,6	27,5	155,3	895,6	15,4	10,9	294,1	12,0	4,1	4,4
66,2	3,0	28,0	160,2	853,7	16,9	10,3	251,3	12,2	4,5	4,7
79,7	5,5	29,0	177,5	892,3	14,5	9,9	261,7	15,1	4,9	5,6

[1] Abkürzungen s. S. 820/1.

Tabelle 8. Bodennutzung, Vieh- und

Derbyshire: 757 374

	A.	Dgr. a)	b)	WW.	We.	Ge.	Ha.	Bo.	Ka.	Rü.	M.	Ko.	O.
1936	70,1	119.7	249,1	70,4	17,9	1,1	16,0	0,2	2,9	4,3	4,5	2,5	0,6
1939	53,7	114,8	249,5	71,0	19,3	1,1	13,9	—	2,8	3,7	3,9	2,2	0,6
1940	82,2	103,2	225,9	93,7	21,1	2,9	32,4	0,1	3,7	4,7	4,4	2,6	0,6
1941	113,2	90,2	207,0	96,1	25,2	3,8	38,2	0,5	7,6	6,9	5,1	4,6	0,8
1942	123,4	79,6	198,5	99,0	28,7	3,1	42,3	0,7	8,7	7,9	5,2	4,4	0,7
1943	130,0	69,0	192,0	107,3	38,1	3,3	39,9	0,6	9,2	7,8	5,9	4,9	0,6
1944	132,1	61,6	185,2	109,8	37,7	3,5	42,5	1,2	10,8	7,0	6,6	4,6	0,6

Yorkshire (West Riding):

	A.	Dgr. a)	b)	WW.	We.	Ge.	Ha.	Bo.	Ka.	Rü.	M.	Ko.	O.
1936	300,9	230,0	504,0	328,4	67,6	11,7	64,7	14,2	26,0	23,6	7,5	3,9	0,8
1939	244,7	228,1	506,1	342,7	67,7	15,1	60,2	0,6	26,0	21,7	6,7	2,2	0,8
1940	289,4	208,1	476,5	348,8	69,4	21,2	87,8	0,5	29,6	24,2	7,3	3,9	0,8
1941	348,3	186,5	431,4	368,2	76,3	23.9	101,7	1,6	36,2	29,5	8,7	8,0	1,0
1942	383,3	164,8	400,0	370,8	83,8	23,6	112,1	2,0	42,2	31,8	8,6	7,0	0,8
1943	413,8	142,6	354,8	384,3	105,2	34,0	107,8	2,2	47,5	31,5	9,2	5,7	0,7
1944	416,1	134,7	341,2	394,5	109,8	39,2	99,6	2,8	50,5	28,7	11,2	5,6	0,8

Tabelle 9. Bodennutzung, Vieh- und

Lancashire: 5 039 455

	A.	Dgr. a)	b)	WW.	We.	Ge.	Ha.	Bo.	Ka.	Rü.	M.	Ko.	O.
1936	188,6	168,6	329,4	142,8	24,8	1,1	53,1	0,1	34,4	4,3	1,4	1,0	1,9
1939	181,5	164,3	331,4	144,1	24,2	0,8	54,9	—	32,4	3,5	1,7	1,0	1,8
1940	227,0	147,8	301,5	142,0	34,0	1,1	83,0	0,2	38,1	5,0	2,2	2,5	2,0
1941	265,2	131,8	283,3	150,7	27,2	2,1	99,8	1,0	42,1	9,4	3,6	6,2	2,0
1942	289,9	117,9	269,3	155,2	32,7	1,7	100,8	1,8	45,4	10,5	4,0	5,5	1,9
1943	310,9	107,1	254,1	158,4	40,1	2,2	97,9	1,7	48,0	11,1	4,3	5,0	1,9
1944	315,8	101,3	250,4	163,0	31,1	2,2	101,0	1,9	47,1	10,0	4,6	4,3	1,8

Cheshire: 1 087 655

	A.	Dgr. a)	b)	WW.	We.	Ge.	Ha.	Bo.	Ka.	Rü.	M.	Ko.	O.
1936	156,0	79,0	255,3	21,0	21,9	0,5	36,7	0,1	18,5	4,5	3,4	1,6	1,6
1939	148,9	79,1	254,6	27,9	22,4	0,5	35,2	—	16,4	3,6	3,1	1,4	1,5
1940	177,5	72,0	232,6	28,1	24,7	1,1	56,6	0,1	18,9	4,6	3,8	2,0	1,6
1941	206,4	62,8	214,7	29,9	25,3	1,5	61,0	0,4	24,2	8,1	5,5	4,0	1,6
1942	227,3	51,5	203,4	32,5	35,1	1,2	64,4	0,5	26,6	9,1	5,9	3,7	1,5
1943	245,3	40,6	193,2	35,3	44,1	3,1	59,2	0,8	26,5	9,1	6,6	4,0	1,5
1944	253,4	34,5	190,5	35,7	34,7	2,9	65,4	1,4	25,6	8,5	7,2	3,9	1,4

Geflügelhaltung in Mittelnordengland [96*] [1]

(614 971); 647,8 (2666)

Kl.	Br.	MK.	Ri.	Scha.	Schw.	Pf.	Hü.	E.	Gä.	Tr.
14,6	2,0	68,3	164,6	125,7	38,8	17,2	1023,2	22,8	8,4	8,0
15,1	2,5	69,6	168,2	147,8	40,3	17,4	969,9	20,0	7,4	6,9
14,0	1,8	70,7	176,0	152,5	41,2	17,2	942,8	22,7	8,2	6,9
14,1	1,1	69,7	170,7	125,0	24,7	17,8	756,6	18,1	7,4	4,7
22,5	1,4	68,1	173,4	118,3	24,1	16,4	627,0	24,8	7,8	3,3
32,1	1,2	70,5	179,6	110,2	19,1	15,8	469,4	25,1	9,1	3,0
41,0	1,4	70,4	183,4	105,6	19,8	15,1	524,1	32,5	10,6	3,7

3 352 555 (1 530 405); 1776 (7168)

Kl.	Br.	MK.	Ri.	Scha.	Schw.	Pf.	Hü.	E.	Gä.	Tr.
49,5	8,1	97,3	290,2	694,6	169,1	38,0	3403,8	163,8	30,1	14,2
48,5	11,8	100,5	305,7	783,4	149,8	37,6	3135,6	148,1	28,1	17,2
43,6	7,8	103,1	318,3	763,7	148,8	36,6	3182,3	85,5	28,0	16,1
41,2	5,5	106,7	306,1	663,6	96,2	38,3	2489,7	49,4	29,8	10,3
55,4	5,2	103,7	312,8	632,2	82,8	36,1	1989,1	60,5	28,2	5,2
76,7	4,5	104,4	319,1	598,0	75,8	34,8	1493,2	63,8	30,7	5,0
92,5	4,9	104,6	325,1	603,0	83,4	33,4	1660,9	86,3	33,6	5,9

Geflügelhaltung in Mittelwestengland [96*] [1]

(1 794 857); 1200,1 (4818)

Kl.	Br.	MK.	Ri.	Scha.	Schw.	Pf.	Hü.	E.	Gä.	Tr.
51,5	1,5	120,6	256,6	400,1	144,2	19,7	6294,8	200,8	33,7	23,1
45,8	1,2	128,6	276,2	445,4	157,7	28,4	5968,9	159,9	30,8	25,2
44,2	0,7	131,8	280,8	419,3	162,7	28,4	6162,2	136,5	31,4	20,8
47,7	0,6	131,8	279,1	365,9	109,1	30,5	4145,7	90,4	34,6	12,2
57,8	0,7	129,4	290,0	351,8	92,3	29,7	3579,4	108,4	37,6	12,5
73,2	0,9	127,1	292,4	325,1	82,8	28,5	2406,1	105,6	42,1	10,5
86,9	0,8	125,4	295,8	319,6	79,2	27,6	2678,2	153,3	49,5	15,2

(675 296); 652,4 (2595)

Kl.	Br.	MK.	Ri.	Scha.	Schw.	Pf.	Hü.	E.	Gä.	Tr.
62,2	0,4	124,0	215,8	91,5	103,5	17,3	1669,7	72,5	11,8	13,8
59,9	0,5	130,2	234,8	106,7	115,3	17,5	1517,9	52,9	12,0	14,1
55,8	0,3	128,8	237,8	105,5	98,0	17,0	1470,5	57,9	11,1	13,0
54,4	0,2	123,1	234,5	78,1	53,4	18,1	1237,9	49,1	11,4	8,2
58,1	0,5	119,7	233,6	62,9	33,3	17,7	1013,5	62,5	12,6	6,9
69,2	0,4	122,6	236,7	44,5	28,4	16,9	761,4	60,4	14,3	6,6
82,3	0,3	123,1	242,8	43,6	28,0	16,3	840,3	73,3	17,3	9,4

[1] Abkürzungen s. S. 820/1.

(Fortsetzung S. 842)

(Fortsetzung der Tab. 9)   Shropshire (Salop):

	A.	Dgr. a)	b)	WW.	We.	Ge.	Ha.	Bo.	Ka.	Rü.	M.	Ko.	O.
1936	171,8	138,8	383,1	55,6	31,5	11,2	32,7	0,7	5,1	9,8	6,5	2,5	3,1
1939	167,8	134,0	389,0	57,9	29,0	12,0	31,7	0,9	5,0	8,9	5,9	1,3	2,8
1940	203,4	125,4	360,0	59,4	31,2	17,3	52,1	0,9	6,5	10,3	5,9	1,6	2,8
1941	247,8	106,3	333,1	63,1	45,5	20,9	51,7	2,5	17,4	12,0	6,8	2,6	3,2
1942	285,8	90,0	305,9	63,3	55,5	24,9	58,1	4,2	19,2	12,9	7,7	2,9	3,1
1943	320,4	72,1	284,4	63,0	77,7	28,3	48,6	5,6	20,2	13,4	8,7	3,0	3,1
1944	340,1	59,9	276,6	63,2	65,2	32,0	50,4	6,7	21,6	13,0	9,3	2,9	3,0

Herefordshire:

	A.	Dgr. a)	b)	WW.	We.	Ge.	Ha.	Bo.	Ka.	Rü.	M.	Ko.	O.
1936	119,3	95,5	220,0	29,7	18,2	6,1	21,1	1,5	1,2	6,6	4,2	1,5	22,4
1939	90,5	94,4	225,4	31,1	18,0	6,1	20,8	1,6	1,1	6,1	4,1	0,6	20,5
1940	113,3	87,9	210,1	29,4	21,9	10,6	31,2	0,9	1,7	7,1	4,1	0,8	21,1
1941	147,3	77,6	187,9	31,8	29,6	13,9	36,4	2,8	8,7	7,7	4,4	1,6	23,9
1942	170,6	62,7	171,2	32,2	36,9	17,3	41,4	4,6	8,9	8,6	4,3	1,4	24,1
1943	192,2	50,8	153,5	31,7	57,7	23,4	32,8	5,5	10,3	8,7	4,7	1,6	24,9
1944	189,8	42,4	151,5	29,7	48,8	26,1	33,7	5,9	10,5	9,8	5,2	1,8	24,2

Monmouthshire: 434 958

	A.	Dgr. a)	b)	WW.	We.	Ge.	Ha.	Bo.	Ka.	Rü.	M.	Ko.	O.
1936	22,9	71,1	119,4	56,2	3,7	0,6	4,2	0,2	0,9	1,7	0,9	0,4	2,7
1939	21,3	68,2	121,0	57,0	2,9	0,5	3,8	0,1	0,9	1,3	0,7	0,2	2,4
1940	35,3	63,8	109,3	58,7	5,8	1,6	12,2	0,1	1,2	1,7	0,7	0,5	2,4
1941	50,2	56,3	100,3	62,9	10,0	2,5	17,4	0,2	4,0	2,1	0,9	1,1	2,6
1942	72,7	47,5	81,6	62,4	16,9	3,4	23,6	0,7	6,1	2,8	1,0	1,5	2,7
1943	83,2	42,1	83,0	61,6	26,6	4,2	18,5	0,9	6,5	2,8	1,2	2,1	2,7
1944	92,0	35,3	79,9	61,4	23,5	4,6	21,3	1,1	6,6	3,4	1,4	2,3	2,7

Tabelle 10. Bodennutzung, Vieh- und

Westmorland: 65 408;

	A.	Dgr. a)	b)	WW.	We.	Ge.	Ha.	Bo.	Ka.	Rü.	M.	Ko.	O.
1936	32,4	58,6	135,1	236,6	0,1	0,1	9,5	—	0,7	4,0	0,6	0,3	0,3
1939	28,9	58,9	137,3	236,2	—	0,1	8,3	—	0,6	3,1	0,5	0,1	0,3
1940	38,7	54,5	124,0	244,8	0,3	0,3	16,4	0,1	1,1	3,4	0,6	0,4	0,3
1941	47,4	50,9	114,0	249,3	1,1	0,4	20,5	0,1	2,2	5,1	0,7	0,8	0,3
1942	58,9	45,5	105,3	249,0	2,3	0,6	26,1	0,1	3,0	6,5	0,8	0,8	0,3
1943	66,4	40,5	95,6	253,8	4,0	1,9	24,5	0,1	3,2	7,1	0,8	0,6	0,3
1944	65,7	39,2	95,0	254,0	3,4	2,3	20,2	0,1	3,2	7,0	0,7	0,5	0,3

244,156; 861,8 (3465)

Kl.	Br.	MK.	Ri.	Scha.	Schw.	Pf.	Hü.	E.	Gä.	Tr.
49,1	1,4	90,9	240,0	503,7	112,7	24,2	1624,5	84,8	20,4	21,2
51,2	1,7	89,3	246,1	577,2	111,6	24,1	1421,0	67,6	19,7	20,4
46,3	1,1	88,8	249,5	572,5	98,4	23,3	1331,1	68,7	18,8	17,2
38,0	0,7	87,9	252,8	449,1	48,4	23,2	1071,0	51,0	17,9	9,7
44,8	1,5	82,8	246,7	386,6	39,7	22,9	883,7	57,8	18,5	8,5
58,7	1,3	85,4	250,9	336,3	32,6	21,6	729,3	53,1	20,6	9,3
78,9	1,2	86,1	258,7	336,1	32,9	20,5	772,3	59,6	22,6	11,1

111 767; 538,9 (2174)

Kl.	Br.	MK.	Ri.	Scha.	Schw.	Pf.	Hü.	E.	Gä.	Tr.
24,8	1,4	30,5	119,1	414,4	51,8	16,2	746,8	57,7	16,6	16,6
24,1	1,2	30,1	120,6	465,9	41,2	16,5	664,0	48,4	15,3	11,8
24,0	0,7	29,9	124,0	466,4	42,4	15,9	598,8	46,8	15,0	9,7
20,5	0,4	30,7	127,8	385,9	22,8	15,7	544,2	37,8	15,1	5,7
27,3	0,6	28,4	124,9	363,4	21,0	14,8	477,4	41,4	16,1	4,7
33,5	0,6	29,3	122,3	330,0	14,8	13,6	399,7	34,6	17,2	3,8
47,7	1,0	29,9	123,6	349,9	17,4	12,6	448,9	38,7	17,8	5,4

(345 755); 349,6 (1406)

Kl.	Br.	MK.	Ri.	Scha.	Schw.	Pf.	Hü.	E.	Gä.	Tr.
6,9	0,4	17,4	58,2	248,9	24,3	9,3	483,7	24,7	10,2	3,3
6,4	0,5	17,2	59,0	284,4	18,9	9,5	434,6	21,8	9,7	2,8
6,7	0,4	17,3	59,1	285,5	19,0	9,5	361,5	19,2	8,7	3,2
4,4	0,3	18,2	62,5	252,8	14,7	10,1	332,0	18,1	9,5	2,0
5,9	0,5	16,6	58,4	223,4	12,1	9,1	238,3	16,3	9,2	1,3
10,0	0,5	17,8	63,1	213,0	9,4	8,4	196,6	15,2	9,9	1,1.
16,8	0,7	18,7	64,9	215,9	10,8	8,2	213,5	16,4	11,0	1,5

Geflügelhaltung in Nordwestengland [96*] [1]

504,9 (2010; mit Wasserfl. 2043)

Kl.	Br.	MK.	Ri	Scha.	Schw.	Pf.	Hü.	E.	Gä.	Tr.
16,5	—	21,9	81,7	462,0	5,9	6,9	441,8	13,8	9,9	5,7
15,4	0,1	23,0	85,9	482,3	4,6	7,2	408,9	12,8	8,6	5,0
14,8	—	23,3	87,3	481,5	5,4	7,1	367,0	11.8	8,4	4,5
13,5	—	24,2	84,9	437,0	4,4	7,3	280,0	9,5	8,1	3,6
13,9	0,2	23,9	85,9	418,5	4,4	7,1	244,3	10,6	7,8	3,0
20,0	0,7	24,1	88,6	405,9	4,2	6,8	201,3	10,1	8,0	3,1
25,3	0,2	24,5	92,2	420,8	3,4	6,6	211,7	11,4	8,5	3,8

[1] Abkürzungen s. S. 820/1.

(Fortsetzung S. 844)

(Fortsetzung der Tab. 10)   Cumberland: 263 151 (205 847);

	A.	Dgr.a)	b)	WW.	We.	Ge.	Ha.	Bo.	Ka.	Rü.	M.	Ko.	O.
1936	172,7	87,7	253,7	341,1	0,7	0,5	48,2	0,2	5,3	19,4	1,9	1,2	0,3
1939	165,2	85,9	255,3	342,5	0,3	0,4	43,1	—	4,8	15,8	1,8	0,6	0,3
1940	189,0	80,1	228,1	350,3	2,4	1,0	63,1	0,2	6,8	15,6	2,1	1,0	0,3
1941	219,4	71,0	200,2	359,4	6,5	1,5	75,3	0,5	11,6	19,2	2,1	2,1	0,3
1942	240,1	60,8	186,5	362,1	10,0	2,3	83,9	0,4	14,7	20,5	2,0	2,0	0,3
1943	263,6	52,1	167,9	365,5	19,7	4,9	83,2	0,1	15,2	21,7	1,7	2,0	0,3
1944	272,2	40,9	163,1	363,9	14,4	5,5	82,8	0,1	14,6	22,9	1,8	2,1	0,3

Tabelle 11. Bodennutzung, Vieh- und

Anglesey: 49 029

	A.	Dgr. a)	b)	WW.	We.	Ge.	Ha.	Bo.	Ka.	Rü.	M.	Ko.	O.
1936	38,9	20,1	79,6	22,4	0,1	0,8	10,9	—	1,1	2,8	0,8	0,3	—
1939	32,5	22,5	82,2	23,6	—	0,8	9,9	—	1,9	1,8	0,6	0,1	—
1940	43,9	22,1	70,7	23,0	0,3	1,9	17,2	—	1,2	2,1	0,6	0,2	—
1941	59,4	17,1	57,9	26,4	0,7	3,0	28,6	—	2,6	2,3	0,8	0,6	—
1942	68,3	13,9	51,4	24,3	0,9	3,2	35,7	—	4,0	2,5	0,7	0,6	—
1943	72,3	14,5	46,7	24,0	2,4	4,0	35,6	—	4,3	2,3	0,7	0,8	—
1944	72,4	12,2	48,8	23,4	2,1	4,2	32,5	—	3,8	2,2	0,7	0,9	—

Brecknockshire: 57 775

	A.	Dgr. a)	b)	WW.	We.	Ge.	Ha.	Bo.	Ka.	Rü.	M.	Ko.	O.
1936	34,1	36,0	99,5	295,4	0,9	1,0	9,7	—	0,5	3,0	0,8	0,6	0,8
1939	32,4	35,1	101,4	252,2	0,6	0,7	9,7	—	0,5	2,7	0,8	—	0,7
1940	42,1	30,6	91,1	240,4	1,9	2,2	17,2	—	0,7	2,3	0,7	0,1	0,7
1941	51,6	28,2	74,5	245,9	4,4	3,3	20,9	—	2,2	3,5	0,8	0,4	0,7
1942	53,9	26,6	69,2	255,6	5,4	4,8	21,3	—	2,6	4,1	0,9	0,6	0,7
1943	.67,6	23,7	60,9	251,2	7,6	6,4	19,0	—	3,0	5,1	0,9	0,8	0,7
1944	74,8	21,3	55,9	254,0	7,1	4,3	19,3	—	2,9	5,0	0,9	0,8	0,7

Caernarvonshire: 120 829

	A.	Dgr. a)	b)	WW.	We.	Ge.	Ha.	Bo.	Ka.	Rü.	M.	Ko.	O.
1936	40,6	36,6	74,9	173,7	0,1	1,6	7,7	—	1,8	1,6	0,8	0,1	—
1939	36,0	37,8	75,8	175,1	0,1	1,2	7,7	—	0,2	1,2	0,6	0,1	—
1940	43,2	34,0	58,1	189,9	0,3	1,6	13,4	—	0,2	1,4	0,6	0,2	—
1941	51,5	29,3	46,8	196,7	0,6	2,1	16,7	—	0,3	1,6	0,8	0,5	—
1942	58,7	26,1	40,8	197,2	0,6	2,8	20,6	—	0,3	1,8	0,6	0,7	—
1943	62,6	23,6	37,6	198,9	1,2	3,2	20,4	—	0,5	1,8	0,7	0,9	—
1944	66,5	21,4	36,1	200,2	0,8	2,6	19,6	—	0,4	1,8	0,9	0,9	—

973,1 (3891; mit Wasserfl. 3938)

Kl.	Br.	MK.	Ri.	Scha.	Schw.	Pf.	Hü.	E.	Gä.	Tr.
93,0	0,2	49,7	190,8	693,3	18,0	18,0	1046,5	47,1	25,7	17,6
95,7	0,4	49,7	199,5	749,6	21,0	18,4	1154,1	32,2	24,5	21,2
91,2	0,2	50,4	201,3	712,9	21,6	18,1	1076,2	31,4	24,0	18,0
88,5	0,2	52,4	191,2	620,9	15,4	18,4	971,4	23,7	21,7	12,4
91,2	0,2	53,6	201,2	597,6	13,1	17,9	697,2	25,5	21,1	10,7
103,1	0,4	55,3	201,6	529,4	14,4	17,3	597,6	24,3	20,6	10,5
117,1	0,6	56,0	210,4	540,3	11,1	16,9	635,1	29,0	20,2	11,3

Geflügelhaltung in Wales [96*] [1]

(47 980) [2]; 176,6 (711)

Kl.	Br.	MK.	Ri.	Scha.	Schw.	Pf.	Hü.	E.	Gä.	Tr.
21,9	—	11,9	51,5	162,2	12,0	5,2	170,8	13,3	12,6	8,8
17,9	—	10,8	50,1	179,1	10,6	5,7	160,4	10,4	12,5	9,4
19,2	—	10,4	48,5	171,0	11,8	5,5	152,9	9,5	11,9	8,9
18,4	—	10,7	48,9	122,1	9,3	5,3	141,7	6,9	11,2	8,5
18,5	—	10,6	48,0	85,3	9,1	5,3	153,5	8,9	11,5	9,6
20,4	—	11,2	50,3	73,8	8,7	4,8	139,0	8,7	11,0	8,8
24,0	0,1	12,0	54,4	73,7	6,2	4,7	160,9	10,3	11,8	10,2

(51 970); 469,3 (1888)

Kl.	Br.	MK.	Ri.	Scha.	Schw.	Pf.	Hü.	E.	Gä.	Tr.
16,4	0,1	13,0	40,4	529,4	8,7	9,2	177,3	16,3	12,6	8,7
15,7	0,1	12,7	40,4	555,4	7,9	9,9	167,7	13,1	10,9	8,1
18,6	0,1	12,4	40,0	541,2	7,1	9,9	143,3	11,2	10,6	7,4
11,9	—	12,9	42,2	474,9	6,0	9,2	150,4	9,5	9,9	5,6
13,1	0,2	12,1	42,0	508,8	5,7	8,5	129,0	9,2	10,0	4,8
18,0	0,2	12,8	44,8	539,7	4,5	8,0	119,8	8,9	10,5	4,6
25,7	0,2	13,3	45,6	553,8	4,8	7,9	129,7	10,1	10,9	5,4

(122 255); 364 108 (1458)

Kl.	Br.	MK.	Ri.	Scha.	Schw.	Pf.	Hü.	E.	Gä.	Tr.
24,8	0,2	16,3	51,9	318,3	14,7	5,8	242,3	13,2	12,9	2,9
21,7	0,1	15,6	51,2	347,1	10,7	5,9	230,0	9,8	12,1	3,3
20,1	0,1	15,2	49,2	342,2	11,6	5,5	214,9	8,5	11,4	2,7
19,1	—	16,9	54,0	317,4	8,6	5,6	199,5	6,1	11,4	2,4
18,4	0,1	17,0	55,7	314,9	8,4	5,7	197,1	7,8	11,7	2,8
21,8	0,1	18,1	59,1	319,7	7,7	5,2	178,1	7,7	12,7	2,8
26,6	0,2	19,1	60,9	327,6	5,4	5,1	201,6	9,8	12,9	3,1

[1] Abkürzungen s. S. 820/1
[2] Die eingeklammerten Zahlen geben die E.Z. für 31. III. 1948 schätzungsweise an [XII [742]].

(Fortsetzung S. 846)

(Fortsetzung der Tab. 11)   Cardiganshire: 55 184

	A.	Dgr.a)	b)	WW.	We.	Ge.	Ha.	Bo.	Ka.	Rü.	M.	Ko.	O.
1936	74,9	41,4	121,9	173,2	1,4	6,7	23,8	—	2,8	2,7	1,7	2,7	—
1939	73,1	42,5	121,8	172,1	0,7	5,5	26,1	—	2,5	2,1	1,6	0,2	—
1940	92,5	38,5	103,0	174,0	1,9	5,2	38,8	—	3,0	2,5	1,7	0,3	—
1941	104,2	35,2	95,4	175,8	4,4	6,0	42,5	—	5,7	2,8	1,9	0,6	—
1942	114,0	33,2	89,8	171,7	2,6	7,3	47,3	—	6,6	2,9	1,8	0,9	—
1943	123,0	31,2	82,2	172,2	7,2	11,6	41,6	—	7,0	2,7	1,8	1,1	—
1944	128,9	28,6	78,0	173,7	4,5	9,7	39,5	—	7,1	2,3	1,9	1,7	—

Carmarthenshire: 179 100

	A.	Dgr.a)	b)	WW.	We.	Ge.	Ha.	Bo.	Ka.	Rü.	M.	Ko.	O.
1936	47,9	103,3	248,0	104,0	0,6	1,7	17,1	—	2,1	1,8	0,8	1,5	0,1
1939	40,1	107,0	250,7	104,6	0,2	1,1	16,0	—	1,8	1,1	0,6	0,2	—
1940	75,3	91,6	204,5	128,6	3,6	2,2	40,7	—	2,6	1,6	0,7	0,5	0,1
1941	112,3	78,6	182,9	131,6	13,3	4,8	51,9	—	5,8	2,1	1,0	1,7	0,1
1942	140,3	70,5	166,1	123,6	16,8	7,3	58,2	0,1	7,9	2,3	1,1	2,4	0,1
1943	158,2	61,0	155,2	125,1	19,8	8,2	51,4	0,2	8,1	2,9	1,7	5,1	0,1
1944	160,9	61,7	153,0	123,2	15,2	4,3	45,6	0,1	8,1	2,7	1,8	4,1	0,1

Denbigshire: 157 648

	A.	Dgr.a)	b)	WW.	We.	Ge.	Ha.	Bo.	Ka.	Rü.	M.	Ko.	O.
1936	66,5	42,4	138,1	137,5	2,2	3,1	16,9	0,1	1,5	4,0	0,9	2,7	0,2
1939	59,9	45,2	141,5	143,4	1,5	2,2	17,1	0,1	1,3	2,8	0,9	0,3	0,2
1940	77,1	40,2	120,6	150,4	3,1	3,3	28,9	0,4	1,7	3,4	0,9	0,4	0,2
1941	93,2	35,9	106,5	151,7	5,3	4,5	34,6	1,6	3,6	4,5	1,3	0,9	0,2
1942	108,0	32,1	97,0	149,1	8,1	5,4	41,2	1,8	4,5	4,8	1,3	1,0	0,2
1943	118,3	27,8	88,9	152,5	13,4	7,1	39,6	1,5	4,5	4,8	1,4	1,1	0,2
1944	121,9	25,0	88,7	151,6	11,2	10,2	35,0	1,3	4,5	4,6	1,7	1,0	0,2

Flintshire: 112 889

	A.	Dgr.a)	b)	WW.	We.	Ge.	Ha.	Bo.	Ka.	Rü.	M.	Ko.	O.
1936	22,9	24,5	73,0	14,0	1,5	0,6	5,7	—	0,9	1,2	0,5	0,4	0,1
1939	21,9	25,0	72,0	16,0	1,2	0,4	5,5	0,1	0,9	0,9	0,4	0,2	0,1
1940	30,8	22,9	64,3	16,4	2,0	0,9	11,5	0,6	1,1	1,1	0,5	0,3	0,1
1941	39,5	20,1	58,3	17,8	3,5	1,6	14,0	1,2	2,4	1,6	0,6	0,4	0,1
1942	46,7	17,3	58,1	18,0	4,7	1,9	16,7	1,2	3,4	1,7	0,8	0,7	0,1
1943	55,2	13,3	47,7	18,7	9,3	3,9	16,5	1,3	4,2	1,6	1,0	0,7	0,1
1944	57,4	11,8	46,9	18,7	7,0	5,1	16,9	1,2	3,9	1,7	1,1	0,9	0,1

(52 073)[1]); 443,2 (1787)

Kl.	Br.	MK.	Ri.	Scha.	Schw.	Pf.	Hü.	E.	Gä.	Tr.
27,8	0,4	22,5	65,8	309,0	21,8	12,9	425,4	22,6	13,7	9,1
28,2	0,6	22,1	66,7	327,7	17,3	13,9	374,4	17,6	11,7	8,5
28,2	0,4	22,4	64,6	325,7	16,3	13,2	317,2	15,3	10,9	6,7
28,8	0,5	24,0	69,1	288,0	13,0	12,8	319,8	14,0	10,7	5,5
27,3	0,5	24,2	69,5	295,0	12,4	12,3	298,9	15,8	11,0	5,7
34,4	0,5	26,1	74,5	294,6	10,0	11,7	276,1	16,0	11,0	5,5
44,1	0,6	27,1	75,0	295,1	8,2	11,6	292,7	17,5	11,9	5,9

(165 710); 588 472 (2372)

Kl.	Br.	MK.	Ri.	Scha.	Schw.	Pf.	Hü.	E.	Gä.	Tr.
18,1	0,7	54,7	124,6	321,2	23,9	17,9	658,9	44,5	17,6	21,6
15,0	0,7	53,9	129,2	351,1	17,7	19,1	565,2	34,5	15,1	16,9
13,7	0,3	53,1	126,0	333,0	17,3	18,4	489,8	30,5	13,8	14,8
12,8	0,6	54,2	125,5	264,5	15,2	17,5	514,5	27,3	13,0	13,4
16,2	1,1	51,3	123,7	240,5	14,7	16,6	444,6	27,7	12,8	13,0
32,0	1,2	53,3	129,7	235,3	11,1	15,8	370,7	24,4	12,7	11,1
49,2	1,1	54,6	133,7	230,7	9,7	15,3	394,2	27,5	14,3	11,2

(167 445); 428 (1725)

Kl.	Br.	MK.	Ri.	Scha.	Schw.	Pf.	Hü.	E.	Gä.	Tr.
33,1	0,1	25,7	81,8	481,4	30,5	5,6	365,1	16,9	10,6	7,2
29,1	0,2	27,3	86,4	524,3	25,0	8,9	328,0	13,1	8,7	6,1
26,1	0,1	27,3	86,5	492,8	23,1	8,7	300,1	12,3	8,8	5,3
24,3	0,3	28,7	91,1	406,0	16,4	8,4	266,0	9,4	8,1	4,2
24,0	0,1	28,2	89,3	373,8	14,5	8,7	251,3	11,6	8,0	4,3
30,0	0,2	29,8	94,5	353,6	13,0	8,5	227,6	14,0	8.6	4,4
38,0	0,2	30,1	98,8	363,2	11,3	8,3	249,5	17,3	9,6	5,5

(136 370); 163,7 (660)

Kl.	Br.	MK.	Ri.	Scha.	Schw.	Pf.	Hü.	E.	Gä.	Tr.
10,8	0,1	20,4	49,6	142,9	20,4	4,0	289,1	11,9	3,7	4,9
10,2	0,2	21,7	52,0	156,4	20,2	4,2	271,7	8,1	3,6	5,1
9,5	0,1	21,6	53,9	143,6	19,2	4,2	250,4	8,9	3,3	4,5
8,6	—	21,9	55,4	110,2	12,3	4,5	202,1	7,6	3,3	3,1
9,0	0,1	20,9	54,7	87,6	10,6	4,4	184,0	10,0	3,4	3,1
11,1	0,1	21,3	55,5	66,6	9,0	4,3	153,4	10.8	3,9	2,5
14,0	0,1	22,1	59,0	62,4	8,6	4,2	171,0	13,0	4,4	3,5

[1]) Vgl. Anm. [2]), S. 845.

(Fortsetzung S. 848)

(Fortsetzung der Tab. 11) Glamorganshire: 1 225 177

	A.	Dgr. a)	b)	WW.	We.	Ge.	Ha.	Bo.	Ka.	Rü.	M.	Ko.	O.
1936	33,9	69,5	110,4	146,5	2,2	1,4	7,4	0,2	1,6	3,0	1,0	0,4	0,2
1939	32,0	70,3	110,9	170,0	1,6	1,2	7,4	—	1,7	2,4	0,9	0,3	0,2
1940	47,5	64,1	100,0	170,9	3,8	2,5	17,9	—	2,5	2,7	0,9	0,6	0,2
1941	59,2	59,1	88,5	179,2	7,3	3,8	21,0	0,1	4,9	3,1	1,1	0,3	0,2
1942	73,9	52,2	77,2	183,1	10,5	4,5	25,0	0,2	6,6	3,5	1,3	1,6	0,2
1943	82,1	47,1	75,2	184,6	15,0	6,3	21,0	0,3	6,8	3,2	1,4	2,2	0,2
1944	86,3	43,9	71,9	185,9	14,1	6,1	20,4	0,3	6,9	3,4	1,5	2,1	0,1

Merionethshire: 43 201

	A.	Dgr. a)	b)	WW.	We.	Ge.	Ha.	Bo.	Ka.	Rü.	M.	Ko.	O.
1936	23,3	35,0	64,1	232,4	0,1	1,3	7,0	—	0,8	0,8	0,2	0,6	—
1939	22,7	32,3	65,8	234,5	0,1	1,0	7,1	—	0,7	0,5	0,2	—	—
1940	28,0	28,5	52,5	244,9	0,3	1,3	11,0	—	0,9	0,6	0,1	0,1	—
1941	32,2	27,1	45,6	251,7	0,6	1,6	12,6	—	2,0	0,7	0,2	0,1	—
1942	35,2	26,5	42,2	254,4	0,5	1,8	14,7	—	2,3	0,8	0,1	0,1	—
1943	38,7	24,6	36,0	258,3	0,8	2,0	14,6	—	2,1	0,8	0,1	0,2	—
1944	43,9	22,1	33,7	257,0	0,5	1,8	13,6	—	1,9	0,8	0,2	0,3	—

Montgomeryshire: 48 473

	A.	Dgr. a)	b)	WW.	We.	Ge.	Ha.	Bo.	Ka.	Rü.	M.	Ko.	O.
1936	57,0	52,2	148,5	194,6	4,4	1,8	16,0	—	1,0	2,8	0,8	1,6	0,4
1939	53,0	52,6	151,7	198,5	2,9	1,8	15,8	0,1	0,9	2,0	0,9	0,1	0,4
1940	65,9	48,5	140,5	210,1	5,5	2,7	22,7	0,1	1,2	2,5	0,8	0,1	0,4
1941	86,7	43,2	123,6	205,6	8,3	4,2	29,6	0,7	3,6	3,3	1,2	0,5	0,5
1942	96,8	38,2	119,1	204,9	10,0	4,7	29,1	1,1	3,5	3,9	1,4	0,4	0,4
1943	113,4	32,1	108,7	208,5	17,2	9,6	28,3	1,4	4,0	3,3	1,4	0,6	0,4
1944	119,2	29,6	105,4	208,0	15,6	9,9	26,7	1,6	3,9	3,3	1,7	0,6	0,4

Pembrokeshire: 87 206

	A.	Dgr. a)	b)	WW.	We.	Ge.	Ha.	Bo.	Ka.	Rü.	M.	Ko.	O.
1936	80,6	59,5	147,3	68,1	2,0	6,4	23,0	—	2,0	2,4	1,1	4,6	—
1939	75,7	60,5	150,2	70,0	0,5	5,6	23,2	—	2,5	1,8	1,0	0,7	—
1940	95,4	55,3	131,5	70,3	1,4	7,4	35,8	—	3,1	2,0	0,9	1,1	—
1941	114,1	48,5	113,9	72,1	2,5	11,2	44,4	0,1	6,2	2,3	1,1	2,8	—
1942	128,0	42,3	104,0	72,8	2,3	13,2	47,2	0,1	8,3	2,3	1,0	3,2	—
1943	140,1	37,2	96,7	71,8	7,1	14,6	42,3	0,2	9,4	2,0	1,0	3,9	—
1944	144,2	33,6	95,7	70,8	6,7	13,3	37,5	0,2	9,9	1,9	1,2	3,9	—

(ohne Cty Bor. 717 540)[1]) 520,5 (2453)

Kl.	Br.	MK.	Ri.	Scha.	Schw.	Pf.	Hü.	E.	Gä.	Tr.
14,2	0,4	24,1	65,1	328,7	22,1	11,3	337,0	23,6	18,4	6,8
13,4	0,5	24,8	69,1	364,1	20,3	12,1	309,8	17,2	15,9	5,9
12,7	0,4	24,6	68,0	341,0	20,4	11,9	278,9	15,1	15,1	3,9
10,5	0,3	25,0	68,8	303,6	16,1	11,4	256,7	13,4	14,5	3,1
12,8	0,6	24,0	67,6	296,2	15,8	11,3	209,0	13,9	13,9	1,9
17,9	0,4	24,9	72,4	298,1	15,1	10,7	165,1	13,2	13,8	1,7
22,4	0,7	25,4	76,1	297,6	15,1	10,4	180,0	16,2	14,5	1,4

(38 222); 422,4 (1694)

Kl.	Br.	MK.	Ri.	Scha.	Schw.	Pf.	Hü.	E.	Gä.	Tr.
11,7	0,1	9,6	36,2	440,3	6,4	3,6	105,1	5,6	4,3	1,6
12,0	0,1	9,5	36,6	443,2	5,4	3,7	93,6	3,9	4,1	1,4
11,2	0,1	9,4	36,0	446,6	6,0	3,6	88,0	3,2	3,8	0,9
10,4	0,1	10,1	38,4	428,0	4,1	3,3	81,2	2,4	3,7	0,6
10,4	0,1	10,2	38,4	467,4	4,3	3,6	83,8	2,6	3,7	0,6
12,8	0,3	10,6	39,9	495,6	4,0	3,4	77,0	2,5	3,5	0,6
17,0	0,4	10,8	41,1	506,7	3,3	3,4	84,1	3,1	3,5	0,6

(45 490); 510,1 (2046)

Kl.	Br.	MK.	Ri.	Scha.	Schw.	Pf.	Hü.	E.	Gä.	Tr.
26,0	0,5	22,3	83,5	568,6	28,2	11,4	553,4	28,1	14,4	7,4
25,0	0,5	21,8	83,0	595,4	23,9	11,6	497,0	24,4	13,4	4,2
23,6	0,4	21,8	82,3	585,1	24,2	11,3	419,4	21,2	13,6	3,9
20,4	0,2	22,7	86,4	519,5	16,1	10,9	411,2	19,1	13,5	2,9
26,3	0,3	22,3	88,3	539,0	16,0	11,1	381,0	21,6	13,6	3,3
30,8	0,4	23,3	91,3	548,7	12,7	10,7	367,6	20,9	14,7	3,2
40,3	0,6	23,4	92,8	568,9	13,2	10,5	412,9	25,5	15,5	4,8

(84 467); 393 (1588)

Kl.	Br.	MK.	Ri.	Scha.	Schw.	Pf.	Hü.	E.	Gä.	Tr.
32,8	0,7	31,8	97,0	157,6	37,1	12,1	434,6	30,0	16,2	17,4
31,5	1,0	31,3	99,4	165,6	25,6	12,9	372,8	24,1	12,4	13,3
30,0	0,3	31,1	95,7	154,4	23,8	12,3	326,9	20,9	12,1	11,5
25,0	0,4	30,9	91,7	115,2	16,2	11,6	318,2	17,0	11,7	10,6
26,8	0,5	30,0	88,9	99,2	17,5	10,8	301,4	20,1	11,4	9,4
33,8	0,6	32,7	95,5	94,0	12,5	10,3	266,5	19,3	11,8	8,4
42,6	0,9	33,5	99,7	96,2	10,3	10,1	283,1	19,8	12,5	8,9

[1]) Vgl. Anm. [2]), S. 845.

(Fortsetzung S. 850)

(Fortsetzung der Tab. 11)

Radnorshire: 21 323 (19 443)[1]); 301,2 (1212)

	A.	Dgr. a)	b)	WW.	We.	Ge.	Ha.	Bo.	Ka.	Rü.	M.	Ko.	O.
1936	37,9	25,3	90,9	128,1	0,8	0,7	11,1	—	0,5	3,8	0,5	0,6	0,3
1939	37,2	24,0	90,9	128,9	0,5	0,5	11,2	—	0,4	3,4	0,5	0,1	0,3
1940	42,6	23,3	80,9	135,2	1,4	1,5	17,4	—	0,6	3,0	0,4	—	0,3
1941	48,7	21,3	74,8	135,7	2,8	2,3	20,2	—	1,3	3,9	0,4	0,1	0,3
1942	55,2	19,5	69,5	136,4	3,8	2,6	22,8	—	1,8	4,7	0,5	0,1	0,3
1943	60,9	17,2	63,8	138.2	5,3	4,8	20,9	—	1,8	5,1	0,5	0,2	0,3
1944	65,8	15,6	59,7	140,4	4,7	4,2	19,9	—	2,2	5,2	0,5	0,2	0,3

	Kl.	Br.	MK.	Ri.	Scha.	Schw.	Pf.	Hü.	'E.	Gä.	Tr.
1936	19,1	—	9,1	34,3	337,6	5,1	7,3	163,8	15,0	8,4	6,1
1939	19,3	0,1	8,6	34,5	354,6	4,2	7,9	161,7	13,4	7,7	5,5
1940	16,8	0,1	8,6	33,6	350,8	4,4	7,6	143,4	11,7	7,7	4,9
1941	14,7	—	8,7	35,3	306,8	3,6	7,3	145,9	10,6	7,6	4,0
1942	14,9	0,1	8,2	35,1	317,9	3,5	6,7	130,7	10,2	7,8	4,0
1943	17,1	0,3	8,6	35,8	331,5	3,1	6,3	120,1	9,6	8,1	4,0
1944	22,1	0,2	8,8	36,0	355,9	3,0	6,0	137,4	10,4	8,2	4,1

[1]) Vgl. Anm. [2]), S. 845.

SPRINGER-VERLAG IN WIEN

Handbuch der
Gletscherkunde und Glazialgeologie

Von

R. v. Klebelsberg

Innsbruck

Erster Band: **Allgemeiner Teil**

Mit 55 Textabbildungen. XI, Seite 1—404. Lex.-8⁰. 1948

Zweiter Band: **Historisch-regionaler Teil**

Mit 38 Abbildungen im Text und auf einer Ausschlagtafel. VIII, S. 405—1028. Lex.-8⁰. 1949

Die beiden Bände werden nur zusammen abgegeben

DM 149.—, $ 44.70, sfr. 192.—; in Leinen gebunden DM 155.—, $ 46.50, sfr. 200.—

„... Das vorliegende Handbuch ist wohl die umfangreichste Darstellung auf diesem Gebiet, die je erschienen ist. Dem Autor, der heute einer der erfahrensten Glaziologen ist, kommt besonders auch seine große Literaturkenntnis zustatten, die ihm als langjährigem Herausgeber der Zeitschrift für Gletscherkunde in reichem Ausmaß zur Verfügung steht. Man mußte daher dem angekündigten Erscheinen dieses Standardwerkes mit größtem Interesse entgegensehen. Der Verfasser behandelt darin die Gletscherkunde, die in erster Linie den Gletschern von heute, und die Glazialgeologie, die vorwiegend den Gletschern der Vergangenheit gilt, und betont, daß erst die Verbindung beider dem gerecht zu werden vermag, was die Gletscher für die Erde sind und bedeuten."

Archiv für Meteorologie, Geophysik und Bioklimatologie.

„... Das Werk von *Klebelsberg* ist ein Handbuch im wahren Sinne des Wortes, ein Kompendium der Gletscherkunde und Glazialgeologie von ihren frühesten Anfängen bis in die Gegenwart, in dem eine ungeheure Schrifttumsfülle liebevoll, sachlich und verantwortungsvoll zu Wort gebracht wird. Hinter der Konzeption steht das reiche Wissen eines erfahrenen Feldforschers und eines langjährigen Herausgebers der Zeitschrift für Gletscherkunde. Dadurch ist das Werk mehr geworden als nur lexikalisches Handbuch oder Nachschlagewerk im Sinne der Stoffsammlung. Das Nebeneinander divergierender Erfahrungen und Deutungen wird geklärt und überbrückt durch eine gründliche Sonde der mit Sicherheit und Sachlichkeit geübten Prüfung und Kritik, die das feste Resultat ebenso sichtbar macht wie das bleibende Problem. Das Handbuch wird dadurch zum Wegweiser durch die bisherige und zum Wegbereiter für die weitere Forschung. Hinter der Konzeption steht aber auch die Erfahrung des akademischen Lehrers. Von ihr ist eine Diktion ausgegangen, die das Handbuch zu einem stofflich wie sprachlich wohlabgewogenen Lehrbuch werden ließ. ... Sorgfältiger Quellennachweis, ausführliche Literaturverzeichnisse am Schluß der Abschnitte, eingefügte Bilder, Kärtchen und Skizzen, dazu ein langes Namen-, Orts- und Sachverzeichnis erhöhen die Benutzbarkeit des Werkes und verleihen ihm zu allen anderen Vorzügen noch den Charakter eines Quellenwerkes. Das Buch kommt einem dringenden Bedürfnis nach Ähnlichem entgegen und schließt eine längst empfundene Lücke." *Petermanns Geographische Mitteilungen.*

Zu beziehen durch jede Buchhandlung

Waldbau auf pflanzengeographisch-ökologischer Grundlage.
Von Prof. Dr. L. Tschermak, Wien. Mit 153 Abbildungen im Text und auf Tafeln. XIV, 722 Seiten. Lex.-8⁰. 1950. DM 57.—, $ 13.80, sfr. 60.—
Geb. DM 60.—, $ 14.50, sfr. 63.—

Pflanzensoziologie.
Grundzüge der Vegetationskunde. Von Prof. Dr. J. Braun-Blanquet, Montpellier. Zweite, umgearbeitete und vermehrte Auflage. Mit etwa 350 Textabbildungen. Etwa 400 Seiten. *Erscheint im Sommer 1951.*

Die Vegetationsverhältnisse der Donauniederung des Machlandes.
Eine Vegetationskartierung im Dienste der Landwirtschaft und Kulturtechnik. Von Doz. Dr. H. Wagner, Wien. Mit 7 Textabbildungen. VII, 32 Seiten. 4⁰. 1950. (Bundesversuchsinstitut für Kulturtechnik und technische Bodenkunde, Petzenkirchen, Niederösterreich, 5. Mitteilung.) DM 7.—, $ 1.70, sfr. 7.20

Entwicklungslehre des Bodens.
Von Prof. Dr.-Ing. W. L. Kubiëna, Wien. Mit 5 Textfiguren und 36 großenteils mehrfarbigen Abbildungen auf 9 Tafeln. XI, 215 Seiten. 1948. DM 22.—, $ 6.60, sfr. 28.70
Geb. DM 24.—, $ 7.20, sfr. 31.50

Vorräte und Verteilung der mineralischen Rohstoffe.
Ein Buch zur Unterrichtung für jedermann. Von Prof. Dr. phil. F. Machatschki, Wien. Mit 6 Textabbildungen. VIII, 191 Seiten. 1948. DM 12.—, $ 3.70, sfr. 16.—

Die Bodenschätze Österreichs und ihre wirtschaftliche Bedeutung.
Von Prof. Dr. mont. Dr. ès sc. phys. B. Granigg, Graz. Mit 5 Textabbildungen. VII, 132 Seiten. 1947. DM 14.—, $ 4.20, sfr. 18.—

Die Lagerstätten nutzbarer Mineralien, ihre Entstehung, Bewertung und Erschließung.
Von Prof. Dr. mont. Dr. ès sc. phys. B. Granigg, Graz. Mit Beiträgen von Dr.-Ing. J. Horvath, Berlin, und Dipl.-Ing. V. E. Gerzabek, Wien. Mit 156 Textabbildungen. Etwa 230 Seiten. Lex.-8⁰. 1951.
DM 18.50, $ 4.40, sfr. 19.—
Geb. DM 21.—, $ 5.—, sfr. 21.50

Lagerstättenlehre.
Ein kurzes Lehrbuch von den Bodenschätzen in der Erde. Von Prof. Dr. phil. Dr.-Ing. h. c. W. Petrascheck, Leoben, und Prof. Dr. phil. W. E. Petrascheck, Leoben. Mit 233 Textabbildungen. VIII, 410 Seiten. Lex.-8⁰. 1950.
DM 35.—, $ 8.40, sfr. 36.50
Geb. DM 37.80, $ 9.—, sfr. 39.—

Hundert Jahre österreichischer Wirtschaftsentwicklung 1848 bis 1948.
Auf Veranlassung der Bundeskammer der gewerblichen Wirtschaft zum hundertjährigen Bestande der Kammerorganisation herausgegeben von Prof. Dr. H. Mayer, Wien. XIII, 714 Seiten. Lex.-8⁰. 1949. DM 40.—, $ 12.—, sfr. 52.20
Geb. DM 43.—, $ 13.20, sfr. 57.40